MIGUEL AGUILÓ

Forma y tipo
en el arte de construir puentes

LECTURAS
Serie **Historia del Arte y de la Arquitectura**
DIRECTORES Juan Miguel Hernández León y Juan Calatrava

IMAGEN DE PORTADA: Puente sobre el río Lérez en Pontevedra
(Leonardo Fernández Troyano)

Calle del Gobernador, 18
28014 Madrid
tel.: 914 296 882
fax: 914 297 507
www.abadaeditores.com

diseño Estudio Joaquín Gallego

producción Guadalupe Gisbert

ISBN 978-84-96775-26-8
depósito legal M-24.549-2008

preimpresión Amparo Díaz-Corralejo
impresión Lavel

MIGUEL AGUILÓ

Forma y tipo en el arte de construir puentes

MADRID 2008
ABADA EDITORES
LECTURAS DE INGENIERÍA

AGRADECIMIENTOS

Agradezco a Javier Manterola, Julio Martínez Calzón, Antonio Sarabia y Juan Miguel Hernández León la lectura del primer borrador de este libro, y sus aportaciones críticas y de detalle. La incorporación de sus sugerencias y correcciones retrasó casi un año la terminación de este trabajo, pero ha permitido mejorarlo notablemente.

1. INTRODUCCIÓN
Tareas

Los libros sobre puentes tienden a ser folklóricos
o, si son artísticos, resultan técnicamente engañosos.
JOSEPH NEEDHAM [167:145]

En pocos años, la manera de diseñar los puentes ha cambiado radicalmente. La acumulación de nuevos conocimientos y nuevos procesos constructivos se suma al vértigo informático causado por la radical alteración de la manera de afrontar la visualización, la formalización y el cálculo. Ante el impulso de nuevas necesidades creadas por el bienestar se han multiplicado las realizaciones. Proliferan nuevos esquemas estructurales y se enriquece el repertorio formal de los puentes.

Con inusitada premura, el diseño se desprende del antes imprescindible apoyo en lo previamente realizado. La técnica se vuelve autocomplaciente y la práctica profesional se ensimisma en un mundo que se aleja de sus orígenes y de las exigencias promotoras de su actividad. Cada día parece más necesaria una consolidación de las bases culturales de ese quehacer, para devolverlo a su condición de servicio a la sociedad. Se precisa la puesta a punto de un entramado crítico capaz de reorientar el diseño, de manera que la innovación creativa no se despilfarre en caprichosos fuegos artificiales.

Como punto de partida en esa tarea se realizó una investigación teórica sobre los problemas de lugar y emplazamiento [4], orientada a recuperar el sentido de la presencia de la obra en el paisaje. Como segundo escalón, se ha elegido una investigación centrada en las ideas de forma y tipo.

Tras el *locus* como entronque en el mundo, se estudian el *typos* como vehículo de experiencia y conocimientos, y la *forma* como síntesis creativa del diseñador. El tipo es un instrumento útil para ordenar los conocimientos de una disciplina y opera como esquema básico en la preconcepción de la forma. La forma creada por el diseñador condensa el ser de la obra en el respeto a la función que la origina, al sitio donde se instala, a la tecnología que garantiza su realización, y a la economía que la hace viable.

Necesariamente, esa tarea crítica debe basarse en la historia. *Los puentes tienen historia* –señala Javier Manterola– *y son el resultado de ella, la única definición acertada de su esencia* [142:41]. Quizás sin llegar a la *total identificación de la crítica con la Historia*, postulada por Manfredo Tafuri, pero aceptando que cualquier tentativa por separar crítica e historia es artificiosa.

La crítica siempre consigue arrancar el acontecimiento actual del ámbito cotidiano, con sólo buscar sus significados y razones; y no resulta posible definir aquellos significados y aquellas razones sin insertar el acontecimiento en las estructuras de la historia. En caso contrario no tendremos crítica sino una hagiografía vacía o una exégesis abstracta, que no es otra cosa que una crítica fracasada [228:304].

Sin embargo, la escasa historiografía dedicada a la ingeniería civil obliga a reconsiderar previamente una serie de supuestos, habitualmente dados por buenos cuando se teoriza sobre el diseño de lo construido. Ante el número, excelencia y variedad de los puentes construidos no se comprende el escaso rigor con que se ha conformado la estética de la ingeniería, ni la permanente confusión entre cálculo y diseño, ni el uso de los principios de funcionalidad y belleza para su valoración. Y de todo ello surge la necesidad de sentar las bases para hacer posible esa crítica, que aquí se establecen en torno a las ideas de tipo y forma.

Una estética poco rigurosa

Los teóricos del movimiento moderno utilizaron el ejemplo de la ingeniería para destacar el callejón sin salida de la construcción decimonónica, basada en la revitalización de las formas históricas. Los textos de los críticos más influyentes individualizaron las características creativas de la ingeniería más adecuadas para estimular las nuevas formas características de la modernidad. Utilizaron la ingeniería como contraste del historicismo que imperaba en la construcción al uso, sin un interés real en valores o cualidades específicos de la propia ingeniería.

En la década de los treinta, historiadores como Giedion [95], Pevsner [181] o Behrendt [22] formalizaron las virtudes de la ingeniería exagerando de un modo algo frívolo la dependencia funcional y tecnológica de sus formas. Giedion tenía especial interés en contrastar las *tendencias nacientes y frescas* que apuntaban a una nueva síntesis de forma, estructura y honradez cultural, frente a las *formas degradadas* del eclecticismo.

Giedion creía que los valores de la ingeniería, fruto de las nuevas posibilidades de la ciencia y la construcción, eran del mayor interés para el presente y el futuro de la arquitectura. Frente al engaño o mentira de la imitación de los estilos históricos, los precursores del movimiento moderno[1] respondieron con la verdad y moralidad de integrar la nueva capacidad técnica con la expresión artística [234:43 y 57].

En realidad, Giedion estudió poco la ingeniería y los puentes que no fueran de Maillart. En su obra fundamental *Espacio, tiempo y arquitectura*, aparecida en 1941, sólo menciona los puentes de Coalbrookdale y Sunderland –como primeras construcciones en hierro–, el viaducto de Garabit, al hilo de la Torre Eiffel, y los puentes de Maillart (suizo como él), sobre los cuales había escrito varias monografías[2] y les dedica 28 páginas. Con excepción de estos últimos, los demás son simplemente mencionados y con errores de bulto [95:172, 288,471-499].

Pevsner, cuyo influyente libro *Pioneros del diseño moderno* apareció en 1936, aunque bastante más informado sobre el empleo del hierro que Giedion, dedica sólo tres páginas a los puentes. Indica que a los diseñadores comenzó a gustarles el aspecto del hierro solo con los puentes, quizás porque *eran posibles solamente por el empleo del hierro* [181:89]. Para él, la ruptura con el historicismo de la primera mitad del XIX se produjo en 1851, con el Crystal Palace de la Exposición Universal de Londres, que marcó el comienzo de la transición, y entre los precursores de ese avance estaban los ingenieros y sus estructuras metálicas[3].

Para enfatizar lo nuevo y lo moderno, ambos autores valoraron específicamente los componentes morfológicos inspirados en las formas técnicas, con geometrías nítidas, superficies lisas, volúmenes simples y colores puros[4]

1 Para Gideon, estos precusores eran Henry van der Velde, Victor Horta, Hendrick Verlage, Otto Wagner, Auguste Perret, Frank Lloyd Wright y la escuela de Chicago. El movimiento moderno culmina en los años treinta con las figuras de Walter Gropius, Le Corbusier y Mies van der Rohe.

2 La bibliografía sobre Maillart y sus puentes es muy numerosa y ya lo era en 1931. Entre las referencias dedicadas a sus puentes existentes desde antes de 1940 en la biblioteca de la ETH de Zúrich, algunas debidas al propio Giedion, cabe destacar: Giedion, S.; *Maillart, der Konstrukteur der Pilzdecken*, 1930. Giedion, S.; «Maillart, constructeur des planchers & champignons et sur utilisation pour des fins architecturales». *Cahiers d'Art*, 5 (1930). Giedion, S.; «Nouveau ponts de Maillart». *Cahiers d'Art*, 9 (1934) 5, 66-69. Giedion, S.; *Construction and aesthetics (Notes on the reinforced-concrete bridges designed by the Swiss engineer, Robert Maillart. Circle. International survey of constructive art*, pp. 220-236. Londres: Faber & Faber, 1937.

3 Para Pevsner, quienes pusieron los cimientos de la nueva arquitectura moderna fueron Frank Lloyd Wright, Tony Garnier, Adolf Loos y Peter Behrens, con Walter Gropius como figura clave.

4 Además, vincularon estas formas simples a la sociedad y les asignaron calificaciones morales: universal frente a individual, firme frente a débil, honesto frente a deshonesto, puro frente a impuro. Hay una especie de retorno a las raíces, a lo ingenuo, a la pureza y a la sencillez y una clara intención de encontrar raíces éticas para la nueva arquitectura.

[234:45]. De acuerdo con ello, subrayaron la dependencia tecnológica de las formas como necesario antídoto contra la arbitrariedad y, por tanto, esas formas debían doblegarse frente a las exigencias de la función [63:12]. Por tanto, no interesaba que las formas de la ingeniería pudiesen crearse libremente, tenían que ser establecidas por la técnica, debían surgir de la propia obra y no de espúreas intenciones externas, tanto del diseñador como de su mundo cultural.

En 1937, Walter Behrendt señaló que los ingenieros, ajenos a los problemas formales de estilo, permanecieron en íntimo contacto con su época y avanzaron con el mismo paso que la práctica de la construcción. *Con los productos de su labor... los ingenieros propagaron la exigencia moral de mantenerse apartados de la estética y de ocuparse ante todo de los problemas técnicos de la construcción y de las exigencias de la utilidad*[5] [22:65].

Por otro lado, aunque esta utilización instrumental de lo tecnológico fue más bien concisa y poco consistente, los ingenieros puestos como ejemplo asumieron con entusiasmo los valores enfatizados por los apóstoles de la modernidad. Faltos de una elaboración teórica sobre la propia ingeniería, que un siglo después todavía está por formular, se dejaron llevar por la corriente moderna y alimentaron los presupuestos funcionalistas de su trabajo sin apoyarlos en una historiografía consistente de las obras construidas en el XIX.

Como señalaba un memorable trabajo sobre la forma en la ingeniería, realizado en los años sesenta por un arquitecto y un ingeniero, *la mayoría de los ingenieros recibió el movimiento moderno como una retrasada reivindicación de su enfoque global, y ello llevaba consigo la tentación de aceptar nociones muy simplificadas de «honestidad estructural», «funcionalismo» y otras semejantes, recogidas de una aceptación superficial de su propaganda* [72:276]. El movimiento moderno hizo que la ingeniería fuera respetada en los círculos artísticos, pero la escoró de manera muy simplista hacia un funcionalismo de escaso recorrido estético[6].

Ese entusiasmo funcionalista fue muy apoyado por ingenieros del hormigón, como Maillart, Torroja o Nervi (y poco por Freyssinet), especialmente necesitados de construir una nueva estética ligada al empleo de ese nuevo material. Sin embargo, su ruptura con la ingeniería anterior se focalizaba en las virtudes intrínsecas del hormigón –barato, dúctil y disponible– frente al hierro,

5 Sin embargo, Behrendt también afirmó que el valor estético atribuido a la forma útil no debe eclipsar esa verdad fundamental de que *la esfera de la técnica es independiente de la del arte... y la obra se convierte en obra de arte cuando... liberada de la idea de utilidad y objetivo, atrae los sentidos y suscita emociones sólo por su forma* [22:171].

6 El arquitecto Volkwin Marg, colaborador de Jörg Schlaich, afirma que desde 1950 los arquitectos de la modernidad intentaron romper la ideológica torre de marfil del «arte por el arte» que se habían creado para sí mismos, con la idea de recuperar la perdida experiencia constructiva. Y *trataron de saltar por encima de las diferencias culturales entre ellos y la tecnología, propagando una imagen de la tecnología construida pura y simplemente con intenciones iconográficas y propagandísticas.* (Volkwin Marg; 2003. «Encontrando e implementando la forma: el diálogo ingeniero-arquitecto». En [206:43]).

Puente de García Sola (Manterola, 2005)
[235:Fig 12]

más que en un rechazo a los principios o formas empleados por aquélla, que no se molestaron en rebatir, limitándose a negarlos.

Se trataba de una funcionalidad bastante ajena a esa estética del hierro, sólidamente anclada en lo realizado durante todo un siglo, que artistas y pensadores habían aceptado, teorizado y consagrado en aquellos años. Críticos como Alfred Gotfried Mayer, Viollet-le-Duc, o el mismo Walter Benjamin, fueron limpiamente ignorados porque sus presupuestos eran ajenos a la revolución del arte moderno, no servían a los propósitos de la modernidad, o no cuadraban con los intereses de los nuevos ingenieros volcados en el hormigón.

Era como si la ingeniería hubiese nacido en el siglo XX, de la mano de los pequeños puentes de Maillart o de las preciosas láminas de Torroja. A lo moderno no le interesaba el hierro y prefería ignorar el tamaño, pues ese material y esa variable fundamentales para la ingeniería no le resultaban aprovechables. Cuando Maillart construye sus arcos de hormigón en torno a los 40 m de luz[7], el puente de acero del Fith of Forth tenía más de 500 m de luz y 50 años, y se estaba terminando el Golden Gate con 1.280 m de luz, pero ni el acero ni los cables ni la dimensión servían para luchar contra el historicismo[8].

7 El mayor es el de Salginatobel con 87 m.
8 Un historicismo que, de hecho, la gran ingeniería nunca tuvo empacho en incorporar, como hizo Roebling en las pilas del puente de Brooklyn.

Aunque la historiografía arquitectónica enriqueció enseguida las simplistas formulaciones iniciales, la referencia funcionalista permaneció como único pilar de una inexistente o mal formulada estética de la ingeniería, totalmente alejada de una historiografía crítica propia, mínimamente rigurosa.

La forma como producto del cálculo

Mientras tanto, algunos ingenieros clarividentes (incluyendo los citados) alertaban sobre el riesgo de que el diseño en cuanto tal fuera subsumido en el cálculo. En su *Cours de béton armé* de 1910, Charles Rabut, apuntaba como error corriente entre los ingenieros jóvenes el creer que los cálculos son el objeto de la investigación principal. *Con la experiencia perciben que los cálculos son sólo un instrumento para precisar y poner a punto la concepción del ingeniero. Esta puesta a punto es el único papel del cálculo y sólo entonces debe intervenir* [147:173].

La glorificación de unas formas entendidas como producto de los cálculos, contrapuestas por los teóricos del movimiento moderno a las utilizadas tradicionalmente, era producto de una cierta fascinación tecnológica, más que del conocimiento sólido y documentado del nacimiento y evolución de las formas de la ingeniería y, en particular, de los puentes. Como señaló Félix Candela, la arquitectura moderna nació pasada de moda, pues creía en la infalibilidad y exactitud del razonamiento científico funcionalista: una vez fijadas las premisas iniciales de cada problema arquitectónico, *de ellas se derivaría una solución única e inequívoca, que sería independiente del sujeto o agente productor* [49:17].

Frente a la extendida opinión de la unívoca determinación de las formas por el cálculo, Maillart advierte que *el cálculo no puede ser más que una base y, según las circunstancias, podrá ser empleada o deberá sufrir modificaciones... pues es un constructor y no un matemático quien está trabajando* [32:20]. La selección de una solución entre las muchas posibles y el cuidado en la formalización del esquema y sus detalles, independientemente de los requisitos del cálculo, trascienden los aspectos puramente técnicos e, intencionadamente o no, contribuyen a la creación artística.

Candela insistió en varios de sus escritos sobre la diferencia entre cálculo y diseño: *El cálculo es un método analítico de investigación cuantitativa de los esfuerzos que se producen en una determinada estructura bajo la acción de unas cargas. Para poder aplicar este método es necesario determinar de antemano la forma y dimensiones de la estructura sobre la que se va a operar. Esta determinación es el resultado de un acto personal de síntesis creativa, que llamamos diseño, en el que intervienen la imaginación, la intuición, la experiencia y los conocimientos del creador* [50:125].

Otra negación de esa necesaria creación de la forma ingenieril, más sutil pero igualmente confusa, tiende a llamar arquitectura a la obra creativa del ingeniero, o arquitectos a aquellos ingenieros capaces de evidenciar capacidad creativa en sus obras. Parece probable que, quizás involuntariamente, fuera

Le Corbusier uno de los primeros en contribuir a su formulación cuando contrapuso los términos de arquitectura e ingeniería.

Con el título *Estética del Ingeniero, Arquitectura, dos entes solidarios, consecutivos, uno en pleno desarrollo otro en penosa regresión* glorifica la ingeniería como *herramienta* de su tiempo frente a la mentira o falsedad de la arquitectura. Continúa luego con la famosa pirueta retórica de *Los ingenieros son sanos y viriles, activos y útiles, morales y alegres. Los arquitectos son desencantados y desocupados, charlatanes o taciturnos.* Y desemboca en un diagnóstico precipitado y confuso: *Los ingenieros hacen arquitectura porque emplean el cálculo surgido de las leyes de la naturaleza, y sus obras nos hacen sentir la ARMONÍA*[9] [130:7].

Más allá de esa estéril o polémica contraposición entre ingenieros y arquitectos, esa idea de que se hace arquitectura porque se emplea el cálculo induce a una gran confusión, pues los medios no determinan el resultado, y la armonía es producto del talento del diseñador. Todo parece una *boutade* pero, impulsada por la enorme influencia teórica de Le Corbusier, caló bien hondo. Y lo hizo en un doble sentido pues, recíprocamente, a los ingenieros preocupados por el diseño de la forma, por encima del automatismo del cálculo, se les confunde con arquitectos o se entiende su trabajo como arquitectura. Y, a menudo, libros o exposiciones dedicados al diseño o a la reflexión teórica o estética de ingeniería civil reciben nombres como *Arquitectura del ingeniero* [74], *Arquitectura de los puentes* [163] o *Arquitectura del diseño de puentes* [29].

Todavía en 1994, esto es, sesenta y cuatro años después, Peter Rice declara con orgullo: *Yo soy un ingeniero. Creyendo hacerme un cumplido, a menudo la gente me califica de arquitecto-ingeniero; con ello creen designar un ingeniero más imaginativo y más preocupado por la forma que un ingeniero tradicional. No es que sea un inconveniente que me denominen así, pero que no lo hagan en nombre de una hipotética diferencia fundamental entre el modo de trabajar del ingeniero y del arquitecto* [192:76].

En cualquier caso y de acuerdo con David Billington, *la creencia de que el feliz ingeniero, como el hombre salvaje, nos proporciona cosas útiles pero sólo el arquitecto puede convertirlas en arte, ignora la centralidad de la estética en la creación de puentes y estructuras* [36:37].

Desde el campo de la ingeniería, el *Razón y Ser de los tipos estructurales* de Eduardo Torroja [233] supuso un verdadero soplo de aire fresco para toda la profesión, y tuvo una gran repercusión para arquitectos e ingenieros, tanto dentro como fuera de España. La novedad y trascendencia de su aportación teórica supera la de cualquier otra reflexión conocida sobre el diseño estructural.

Fue escrito como alegato contra quienes pretendían reducir las estructuras a una mera cuestión de cálculo. Para Torroja, *lo resistente es esencial pero nunca es la razón única y primordial de la construcción*. Su tema es *cómo elegir el tipo estructural, que dentro de las condiciones que le impone su finalidad, resulte más adecuado y económico para construirlo con los materiales y técnicas de que se dispone*.

9 De nada sirve que, a continuación, reconozca el hecho esencial de que *hay una estética del ingeniero ya que, al calcular, necesita calificar ciertos términos de la ecuación y el gusto es el que interviene*. O que luego precise: *Ahora bien, cuando se maneja el cálculo, uno se halla en un estado de espíritu puro y, en ese estado de espíritu, el gusto sigue los caminos seguros.*

Puente de Khundah, India (A. M. Rendel) [155:175]

Enseguida aclara que, *al decir tipo estructural*, hace referencia al conjunto de elementos resistentes capaz de mantener su forma y cualidades a lo largo del tiempo, bajo la acción de las cargas y agentes externos a que ha de estar sometido; es decir, a la parte de construcción que garantiza la función estática antes citada y que, a falta de otra palabra mejor, se llama *estructura*[10].

En *Razón y Ser*, Torroja utiliza diferentes criterios para distinguir o explicar los tipos estructurales. Corrobora con ello la riqueza y flexibilidad características de la idea de tipo, permitiéndole adaptarse a conceptos y situaciones definidas unas veces como elementos primarios y otras como estructuras que, a su vez, se diferencian según su material, su forma de trabajar, su disposición, sus vinculaciones externas o su proceso de construcción. Sin embargo, este modo de proceder da origen a dos tipos de dificultades.

Por un lado, la extensión del análisis de la idea de tipo de la línea a la superficie, del arco a la bóveda y a la cúpula, o de la viga a la placa, obliga a marginar la convención inicial de tipo como elemento primario de una estructura, para hablar directamente de estructura. Y es deseable hablar de diferentes tipos de estructura, pero quizás no simultáneamente con los elementos primarios.

Por otro, una consideración casi metafísica de los tipos, en su profundo *Razón y Ser*, sin contacto con sus procesos históricos de consolidación, proporciona una visión descontextualizada de las estructuras que nos rodean. La riqueza de matices y situaciones de diseño, posibilitados con la introducción del análisis

10 Torroja aclara que *en las construcciones de la antigüedad no era tan frecuente separar la parte estructural, o sustentante de la construcción, del resto de los elementos de relleno. Hoy esta distinción total es corriente; y, por ello, hay motivo para ocuparse de la estructura en sí y de las relaciones con el resto de elementos* [233:10].

histórico para estudiar su *origen y evolución*, permite una mejor comprensión de la esencia de los tipos que el mero análisis tensional de su comportamiento.

Sin embargo, el título posee más implicaciones metafísicas que las realmente existentes en el contenido, lo que minimiza la repercusión de estas dificultades. *Razón y Ser* es una expresión de gran fuerza sintáctica que distingue el libro de todo lo entonces conocido sobre el tema y, en ese sentido, supone un total acierto[II]. Pues la flexibilidad de Torroja hacia los criterios definitorios de los tipos, con escaso apego a dogmatismos de cualquier género, aproxima sus ideas a las concepciones más ricas de la tipología, bastante alejadas de los presupuestos de la simple clasificación.

Los principios de funcionalidad y belleza

La inexistencia de una verdadera teoría crítica de la ingeniería civil ha dado apoyo a ciertas ideas algo confusas, con una doble consecuencia. Por un lado, ha consagrado la funcionalidad y la belleza como principios rectores de su validez y, por otro, ha confinado su diseño en un territorio de escaso interés teórico y de pobres consecuencias prácticas, que sólo cobra vida cuando es sacudida por la introducción de alguna novedad o por el talento creador de algún ingeniero.

En cierto modo, la misma necesidad de disponer de unos principios de referencia para valorar una actividad ya tiene una raíz castradora de su propia vitalidad. Pues, si esos principios se pretenden fijos e inmutables, el margen para lo creativo es bastante escaso. Pero si su modificación depende de variables ajenas, como las nuevas necesidades sociales o un nuevo sentido de la belleza, la ingeniería se queda sin recorrido propio.

Carlos Fernández Casado se lamentaba del prejuicio de la incompatibilidad entre belleza y utilidad, heredada como un axioma de la revolución industrial, contra el cual los ingenieros no han sabido luchar, y se han abandonado con verdadera pereza mental a la idea de que la belleza de una obra reside en su utilidad. Utilidad que es menospreciada, pues su persecución inhibe la posibilidad del arte.

Con razón, don Carlos argumentaba que un templo es bastante más útil que un acueducto, pues nunca el hombre ha sabido vivir sin él, mientras ha podido prescindir del acueducto durante largos períodos. Y recíprocamente,

II El título se tradujo al francés e inglés como *Filosofía de las estructuras* y al alemán como *Lógica de las formas*, títulos más o menos afortunados desde el punto de vista editorial, pero claramente enfocados a la misma reflexión teórica.

Cajón neumático para construcción de pilas [155:38]

establecía que estamos rodeados de cosas útiles que son horrorosas.

A pesar de la contundencia de tan simples argumentos, el «lamentable axioma» sigue vigente, con demoledores resultados. La continua remisión de la ingeniería civil a esos criterios de funcionalidad y belleza consigue reducir al mínimo ese territorio crítico, y la condena a una mera supervivencia. Para Fernández Casado, indiferencia o incompatibilidad conducen a lo mismo: falta de relación entre belleza y utilidad [75:19].

Para José A. Fernández Ordóñez, en cambio, la relación entre ambos principios es compleja. Comenzaba su discurso de ingreso a la Academia de Bellas Artes, titulado precisamente *El pensamiento estético de los ingenieros, funcionalidad y belleza*, calificando la *relación entre utilidad y belleza como dialéctica, contradictoria y misteriosa* [78:13].

En ese mismo párrafo afirma que *el problema de conciliar la funcionalidad exigida con la belleza es irresoluble*. Y en el siguiente dice que la tradición ingenieril *identifica la belleza con la funcionalidad*. En la subsiguiente elaboración, establece diversos funcionalismos: *puros, románticos, pragmáticos y poéticos*, y luego admite que *las formas no se derivan automáticamente de las exigencias funcionales y resistentes*. Pero añade que, *cuanto más avanza la técnica de la ingeniería civil, tanto más se restringe para el ingeniero la elección de las formas* [78:17 y 47].

Como se puede ver, la utilización de funcionalidad y belleza como criterios de valoración exige un difícil, si no imposible, equilibrio que complica excesivamente el discurso, pues se trata de criterios contradictorios que, para colmo, la tradición ingenieril entiende coincidentes.

Basándose en ese punto de partida, ¿qué posible utilidad puede tener su empleo como criterio para guiar la crítica? Si no es posible establecerlos claramente, en sí mismos y en su mutua relación, ¿cómo utilizarlos? Considerados fríamente como criterios, parecen más bien pobres y su utilidad para entender y explicar unos puentes como los actuales, cargados de innovación creativa, es claramente cuestionable [12:sp].

Necesidad de una historiografía crítica de los puentes

Tanto para los no especialistas como para quienes lo son, los puentes tienen un profundo atractivo ligado tanto a su apariencia formal como a su significación en torno a la idea de unir lo separado. Sin embargo, lo surtido de la muestra induce a establecer una cierta sistemática de tratamiento que supere el pasivo registro del dato o la simple acumulación de informaciones sobre la obra, su época o su creador.

Una historia debe atender a un gran número de obras, sobre todo a las más válidas, y permitir o alentar el espíritu de las consideraciones comparativas; siempre *tratará de separar y conectar lo caduco de lo eterno*. Cualquier historiografía procura encontrar y percibir lo universal en lo particular, se justifica en la identificación de los trascendentales inmanentes en esa multiforme articulación de las obras en estilos, tipos, tareas o géneros[12]. Tales universales serán útiles, pues el reciente interés suscitado por la historia de la ingeniería civil parece necesitado de cierto contenido teórico[13].

La actual apelación a la historia parece quedarse en un divertimento más o menos culto que, a menudo, no pasa del prólogo. Aunque es bien cierto

12 Pero, como dice Burckhardt, tales universales no deben ser ideas *pensables* en el sentido de una ontología de la trascendencia, ni hipótesis metafísicas que consiguen trasfigurar los fenómenos o, en el peor de los casos, llegan incluso a negarlos, sino condiciones de posibilidad y reconocimiento que habitan en los propios fenómenos, y no pueden captarse si no es en ellos, sin que puedan reducirse a uno de ellos en particular [182:172].

13 El habitual rosario de conmemoraciones históricas, o mejor, de conspicuos cumpleaños —centenarios, sesquicentenarios o bicentenarios— de hechos considerados relevantes, debe ser aprovechado para mayores metas que la simple autocomplacencia.

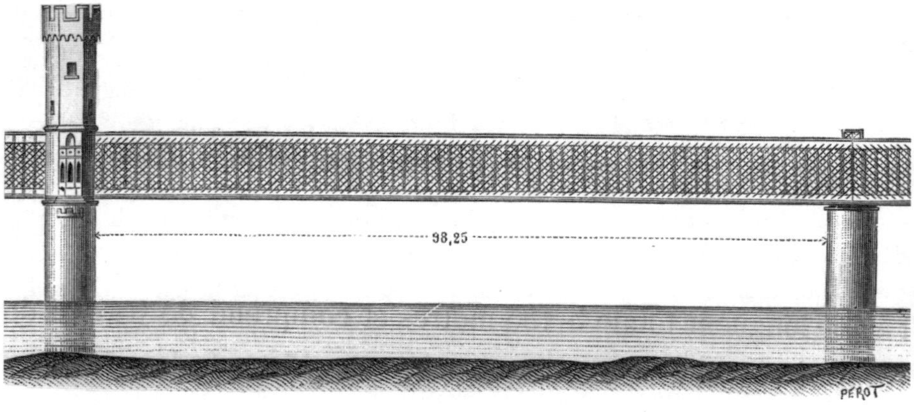

Puente de Colonia sobre el Rin, en celosía metálica fina con torreón [62:V.I-166]

que el mero repaso de los ejemplos históricos constituye un excelente método de familiarización con el arte de construir de nuestros antepasados, la historia de la ingeniería no debería quedarse ahí. Una vez documentado su rico patrimonio histórico, se hace preciso pasar del dato a la tendencia, del ejemplo al discurso crítico, como paso ineludible para que sea útil en los proyectos actuales.

Pues el verdadero sentido histórico de la obra se descubre cuando se trasciende el relato lineal de los ejemplos de diseño, para buscar relaciones de precedencia, inspiración o independencia. Interesa trazar el camino recorrido por las ideas hasta llegar a su actual presencia en el abanico de soluciones utilizables, o explicar las razones por las cuales han sido abandonadas. Y en el núcleo de ese devenir está la idea de tipo como factor ordenador de los conocimientos tecnológicos.

Dado el estado actual de estos estudios globales sobre la tipología estructural y morfológica de los puentes –prácticamente abandonados, con enfoques parciales y sin muchas posibilidades de desarrollo– es imperativo realizar una nueva formulación de los tipos en clave histórica, estableciendo sus procesos de gestación y sus desarrollos evolutivos, paralelamente al estudio de su manera de resistir los esfuerzos hasta ahora utilizada como guía.

Probablemente, los puentes son las obras de ingeniería más conocidas y han conseguido traspasar los ámbitos de la especialización para interesar a un público más amplio. Es probable que esta investigación sobre formas y tipos pudiera desarrollarse sobre otra obra de ingeniería distinta del puente. Recientes estudios sobre presas, puertos, túneles o viaductos ponen de manifiesto la existencia de similares elecciones formales de diseño, siempre sujetas a restricciones de material y coste, pero fruto indudable de la creatividad de los ingenieros[14].

Sin embargo, el puente es la manifestación prototípica de la imagen de la ingeniería civil y se presta mejor que ninguna otra obra a tal estudio. Se trata pues de perfilar el concepto de tipo y elaborar con él un cuadro ordenado del arte de construir puentes, en el cual se insertan las múltiples innovaciones formales, estructurales y tecnológicas que lo enriquecen, desde una lectura crítica de los ejemplos históricos.

Para la historiografía de una disciplina resulta de gran interés rastrear los momentos de ruptura con lo establecido, que permiten clarificar sus líneas de fuerza y sus debilidades, para entender su devenir. El actual diseño de puentes muestra claros signos de cambio, pero para elaborar sus causas y características es preciso perfeccionar unas herramientas teóricas capaces de establecer similitudes y diferencias, y de detectar direcciones e hitos de su evolución.

Conforme a ello, los tres capítulos siguientes se dedican a establecer unos territorios de acuerdo sobre cómo se producen y evolucionan los puentes, y a definir un lenguaje para su análisis crítico, centrado en los conceptos de diseño, tipo y forma. Moviéndose en esos territorios, se revisan después los principales tipos de puentes, con la intención de esbozar las principales direcciones y momentos de su evolución. En los dos últimos capítulos se apuntan los principales rasgos de la actual ruptura con la anterior manera de diseñar puentes, y se ofrecen algunos ejemplos de nuevas direcciones de diseño.

14 Un primer desbroce de ese camino se ha desarrollado para las presas en [7], para los túneles y viaductos en [10], para los puertos en [9], y para la energía en [11].

2. EL DISEÑO DEL PUENTE
Creación

La ingeniería puede ser creativa,
pero el placer es arduo.
JÖRG SCHLAICH

Y continúa: *Es preciso inspeccionar el sitio, rumiarlo, producir un esquema, valorarlo, ponderar sus méritos, un esquema tras otro, dejarlo de lado insatisfecho, forcejear con él, incubar nuevos planes, consultar a otros, sudar —hasta que finalmente la solución emerge de entre un montón de alternativas* [206:11].

Durante muchos siglos los puentes construidos fueron muy similares entre sí, pero el actual cúmulo de novedades incorporadas a su diseño en los últimos veinte años exige una revisión de los rutinarios conceptos utilizados para su estudio.

Hasta ahora, la ingeniería se suele valorar con criterios de funcionalidad y belleza, pero la utilidad de éstos palidece frente a la radical novedad de muchos diseños actuales. Por ejemplo, a la pregunta de si el puente de Euskalduna (Javier Manterola, 1996) es funcional, parece obligado responder afirmativamente. Pero esa afirmación aporta poco, pues cualquier obra de esa envergadura, donde han intervenido más de un centenar de buenos profesionales y que constituye un importante eslabón en la trama urbana de Bilbao, está obligada a serlo. Lo funcional es una condición necesaria y, cuando no está presente, la obra resulta fallida, no puede ser considerada como puente.

Por otra parte, la pregunta de si el puente de Euskalduna es bello no lleva a ningún sitio, pues lo bello es una categoría útil para comparar objetos similares, pero añade poco a algo que es ferozmente individual, irrepetible o extraordinario. El puente de Euskalduna puede ser bello o no serlo, pero esa cualificación aporta muy poco al valor del puente como obra de ingeniería civil.

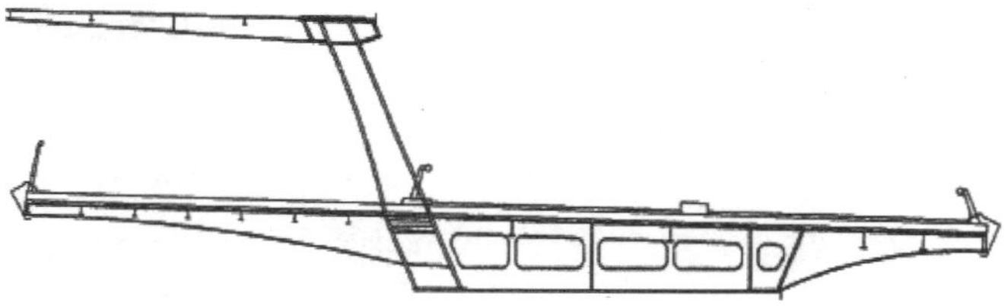

Puente de Euskalduna (Manterola, 1996)

Se quiera o no, el puente de Euskalduna se sitúa más allá de lo funcional, por pura obviedad, y más allá de lo bello, por ser extraordinario. Como diría Georg Simmel, todo arte que se limita a tratar lo bello es chato. Para entender lo que significa el puente de Euskalduna para la ingeniería civil es necesario elaborar un discurso crítico fundado en un conocimiento completo del puente y en unas categorías de análisis bastante más elaboradas que esos dos criterios tan generales.

A esa elaboración se dedica lo que sigue.

El puente: propósito, estructura y significados

Los puentes son omnipresentes en el habla, expresan un concepto bien perfilado en muy diversos contextos[1]. Expresan la superación de un obstáculo, de una incomunicación, de una situación comprometida. Pero estas situaciones incómodas o indeseadas están bien definidas, poseen principio y fin, proporcionan apoyo para el arranque y recepción tras la superación. Puede no haber pilares o apoyos intermedios, pero empieza y termina, siempre hay estribos en un puente.

El tipo de obstáculo a salvar es indiferente. Puede tratarse de un barranco o de una situación de tesorería que precisa un crédito puente. Un plan de pensiones es un puente para la vejez, y se alivia a los sitiados con un puente aéreo. Se puede arrancar un coche sin la llave, o saltarse el trabajo entre dos fiestas, haciendo un puente.

El concepto ni siquiera precisa corporeidad o soporte material y tampoco importa el tamaño. Los casi dos kilómetros del puente de Agashi encajan en la idea con el mismo confort que los doscientos metros de Plougastel, los dos metros del barranco rural, los dos centímetros que salva el dentista para suplir una muela fallida o las dos micras para comunicar diversos tramos de un circuito impreso. La estructura conceptual apoyo-obstáculo-apoyo es indiferente al tamaño y se presenta a cualquier escala.

1 Lo que sigue utiliza parcialmente lo publicado por el autor en [8].

Por el contrario, el modo de salvar el obstáculo sí parece consustancial al concepto. Los puentes comunican o reúnen pasando por encima del obstáculo, nunca lo atraviesan, no se enfangan mezclándose con él. No funcionan como los túneles, que también permiten superar un obstáculo, pero a costa de meterse en sus entrañas. El puente siempre supera el obstáculo, sin romperlo ni mancharlo, es algo consustancialmente más limpio que el túnel [8:9].

Sin embargo, la materialización del concepto de puente como realidad construida se estructura en la existencia de unos estribos y un espacio entre ellos, con eventuales apoyos intermedios que definen unos vanos a salvar. Convertido en estructura, el puente multiplica las posibles situaciones donde demuestra su utilidad. Servirá para el simple cruce de un río, para el paso sobre otras vías, para ennoblecer la ciudad, para el cruce de un valle en altura, para no herir una media ladera, para mantener la cota de una vía, para adentrarse en el mar, para resolver un trazado.

Quizás con ello adquiera otras denominaciones y deje de ser puente para convertirse en viaducto, pasarela, rampa o pantalán, o adquiera adjetivos que cualifiquen su dedicación, como puente urbano o de ferrocarril, o expliquen su apariencia como puente plataforma o pérgola. Es también probable que los pontífices agreguen siempre el tipo estructural para referirse a ellos como puente arco, dintel recto, puente atirantado o puente colgante.

El propósito de salvar un vano siempre fue un reto, y su logro era considerado como un importante hito en el proceso humano de ocupar el espacio y habitar el mundo. Son por ello unánimemente apreciados y constituyen verdaderos hechos de civilización, con perfiles históricos y estéticos indudables más propiamente que cualquier otra obra de ingeniería. En su consideración no cabe ignorar estos perfiles, ni tampoco separar lo técnico de lo

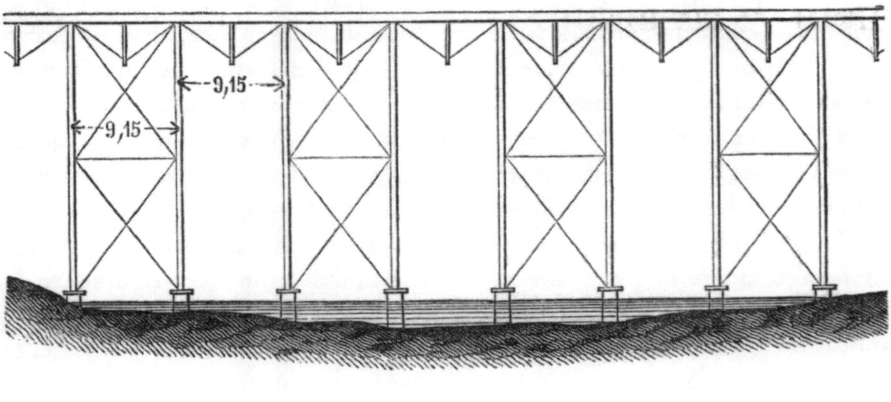

Viaducto de Oak Orchard

cultural. Es ahí donde la idea de tipo adquiere importancia, en tanto categoría conceptual surgida de la consideración global de lo construido y de su ordenación reflexiva, cuando su base resistente es expresada y entendida con la riqueza cultural obtenida de la aproximación histórica.

Pilas metálicas tubulares de los puentes de Szegedin, Mâcon, Moulins, Argenteuil, Bordeauz y Lorient (hacia 1880) [62:V.I-341]

Durante muchos siglos, el arco se utilizó como la solución única para salvar un vano, aunque no había conocimientos teóricos para explicarlo. Cuando Hooke logró desentrañar su comportamiento estructural, el tipo no se alteró y se continuaron construyendo los mismos arcos durante otros dos siglos más (cuadro 5, en cap. 9). Sólo se entendió de manera distinta cuando se construyó el primer arco de hierro y, de pronto, surgió el problema de cómo se resolvía el tímpano, hasta entonces un elemento consustancial al arco propiamente dicho en los puentes de piedra. Pero ese nuevo problema fue abordado de diferentes maneras y dio lugar a nuevas clases de arcos, enseguida imprescindibles para comprender, *de nuevo,* el tipo arco.

La multiplicación de puentes construidos produce nuevas soluciones y enriquece su complejidad estructural. En su más simple configuración, un puente engloba estribos, pilas y tablero, que puede ser autoportante, estar apoyado en un arco o colgado de un tablero. Pero, muy a menudo, el tablero se integra en el arco, se ayuda con unos tirantes, o incorpora las pilas para convertirse en pórtico. Se difumina con ello la primaria distinción entre sus elementos básicos, aunque todavía se pueda visualizar el papel estructural de cada uno.

Sin embargo, los nuevos diseños consiguen incorporar restricciones o condicionantes del diseño, antes ajenas a lo resistente, como parte sustancial del esquema estructural. Un trazado curvo, por ejemplo, se resolvía de forma pasiva adaptando poligonalmente varios tramos rectos a esa planta curva. Una solución más depurada es que el propio elemento resistente adopte la forma curva, adecuándolo para resistir la torsión así inducida. Con ello, lo resistente se acomoda a lo funcional, pero hay posibilidades aún más integradoras si la sección transversal del puente se configura para aprovechar la curvatura longitudinal del tablero en un esquema resistente integrador de flexión y torsión más eficaz.

Ese proceso integrador de lo funcional y lo resistente puede alcanzar incluso al puente como totalidad. El cruce de una vía sobre otra, por ejemplo, se suele resolver con un paso superior y una glorieta a cada lado para ordenar los enlaces. Cabe también desdoblar el paso superior en dos puentes paralelos, e incluso dotarles de planta curva para canalizar mejor el tráfico.

Pero la solución utilizada en la glorieta de Zizur (Manterola, 2003), supone una importante transformación cualitativa. Los dos puentes curvos y las dos glorietas se integran en una única entidad que asume las funciones viales y resistentes de todos ellos. Esa brillante y simple solución consiste en una corona circular que se apoya solamente en cuatro puntos de su circunferencia exterior, con el borde interior del tablero completamente libre (véase cap. 16).

Mas allá de fructificar en nuevas formas y conceptos estructurales, los puentes constituyen un sólido anclaje de la presencia del ser humano en el mundo. Su profundo significado vital está en la raíz de las múltiples connotaciones positivas asociadas al concepto. Los puentes son queridos porque hacen la vida más fácil, permiten superar limpiamente los obstáculos y evitan nuestro contacto con ellos. Por eso nos sirven como imagen donde aferrarse cuando se trata de superar grandes problemas, de establecer ínfimas conexiones, o de suavizar situaciones de inseguridad.

Parecen poseer una belleza emanada del propio concepto. Es difícil hacer un puente feo, aunque algunos se afanen en conseguirlo. El fuerte atractivo del concepto arrastra consigo la percepción de su apariencia; sus connotaciones positivas bastan para el aprecio. Como dice Abercombrie, *el puente es el más antiguo y, a la vez, el más moderno problema de la ingeniería civil, es el símbolo más antiguo de la civilización en el paisaje, y es causa de legítimo orgullo para el ingeniero* [1:78].

Ese aprecio está firmemente soldado a su carácter de obra pública y a las dificultades de su construcción. Para la tradición, el logro de construir un puente se conseguía luchando con los espíritus del mal y colmaba de orgullo a la colectividad. Siempre fueron lugares de honda significación, muchas veces convertidos en símbolos. Y si el propósito inicial decae, su valor como símbolo se acrecienta y los hace más resistentes y duraderos que una mera construcción.

DISEÑO: *TOPOS*, *TYPOS* Y FORMA

Parafraseando a Kenneth Frampton, lo construido nace de la interacción siempre cambiante de tres vectores convergentes en el diseño, que actúan desde tres mundos diferentes aunque muy relacionados:

- El *topos* responde al mundo donde se habita y actúa desde el sitio, que puede evolucionar a lugar si los significados son profundos.
- El *typos* resume la tecnología de conocimientos y experiencia acumuladas en las soluciones formales ya probadas, organizada en tipos y directamente utilizable.
- La *forma* resume la expresión del diseñador, elaborada desde su experiencia y preconcepciones envueltas en su propia creatividad.

En su propuesta, Frampton establecía los vectores de *topos*, *typos* y tectónica. El *topos* en el sentido aquí propuesto, el tipo más ligado al destino funcional o institucional del edificio a construir –como nexo a las categorías más arcaicas de hogar, templo, ágora, etc.– que aquí se resume en lo estructural-constructivo-formal, y la tectónica como expresión propia del material y técnica empleados [85:265]. Aquí se prefiere incluir la forma como acción externa del diseñador (y no como resultado del diseño) en lugar de la tectónica, que es un concepto más restringido.

El diseño del puente es producto de la tensión entre las preexistencias contenidas en dichos vectores. El sitio o contexto proporciona los datos y sugerencias particulares de la naturaleza y de la previa labor del hombre allí donde se va a instalar la obra, y aparece ligado al *ser de las cosas*. La práctica constructiva proporciona los conocimientos tecnológicos de la propia disciplina como síntesis decantada en una tipología o conjunto de tipos elaborada durante siglos con las soluciones utilizadas, y aparece más ligada al *devenir de las cosas*. Por su parte, el diseñador actúa desde su experiencia personal según unas pautas de trabajo acomodadas a su proceso creativo, que aparecen ligadas al *hacer del sujeto* como producto de su potencial acumulado mediado por el impulso actual.

El diseñador –quien define la solución a la necesidad planteada– interpreta datos y sugerencias, y da forma a su solución sobre la conjunción, confrontación o superación de esas sugerencias. Puede afirmar o negar su pertenencia o afinidad con las sugerencias del sitio y puede, también, adherirse o no a alguna de las líneas tipológicas que concentran los conocimientos sobre puentes. La solución se polarizará hacia lo singular cuando primen las sugerencias del contexto, hacia la copia o repetición cuando se acepte como modelo lo consolidado en el tipo, o hacia la innovación cuando se trascienda lo conocido.

El problema planteado al diseñador pretende solucionar una necesidad y contiene en sí mismo una serie de datos que, en la obra de ingeniería, generalmente provienen de la función, tal y como la entiende el responsable del encargo. En un puente, por ejemplo, serán las características del trazado, la sección de la calzada o la planta de la vía. Muchas veces, los datos contienen indicaciones suplementarias a las puramente funcionales, orientadas a la acomodación del diseño a las preferencias del cliente en cuanto a coste, mantenimiento, simbología o, incluso, formas esperadas.

El sitio presenta sugerencias de índole natural, bien morfológicas como producto del sustrato geológico y de las formas resultantes del relieve, bien orgánicas, producto del funcionamiento de los componentes biológicos. También puede haber sugerencias de índole geográfica o estratégica, derivadas de la posición del sitio en un entorno más amplio, y del papel que puede jugar en relación con actividades de implantación extensiva en el territorio. A las naturales y geográficas hay que añadir las sugerencias de lo ya construido anteriormente, que suelen ser de gran trascendencia en entornos donde se valora lo cultural.

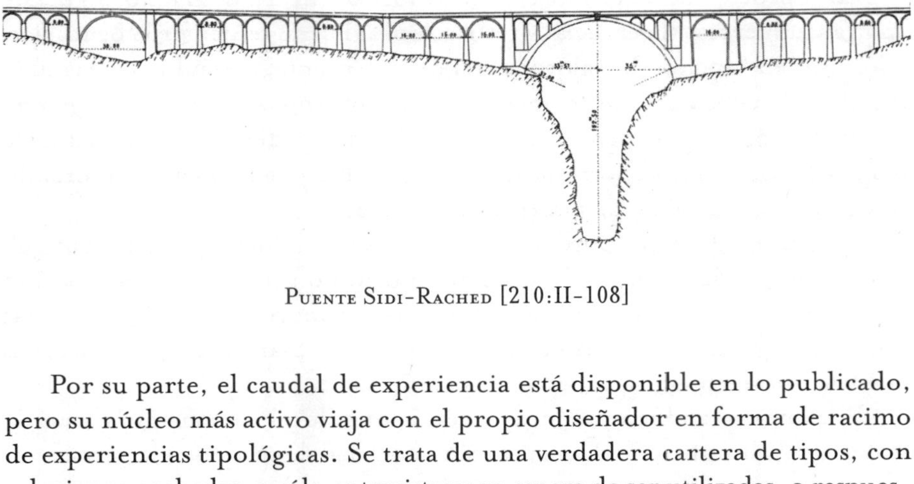

PUENTE SIDI-RACHED [210:II-108]

Por su parte, el caudal de experiencia está disponible en lo publicado, pero su núcleo más activo viaja con el propio diseñador en forma de racimo de experiencias tipológicas. Se trata de una verdadera cartera de tipos, con soluciones probadas, o sólo entrevistas y en espera de ser utilizadas, o respuestas formales parciales a problemas anteriores. Lo hecho o sugerido por el diseño de los demás es tan importante como lo ya realizado por el propio diseñador, pues actúa como estímulo para su experimentación personal. Carlos Fernández Casado defendía el interés de *copiar* lo que hacen los ingenieros punteros como medio de penetrar en el diseño de los detalles y problemas particulares de cada solución para acumular experiencia.

En principio, lugar y tipo son mundos independientes que confluyen en el diseño, donde lo concreto del mundo donde estamos –el *ser* de aquí y ahora– se confronta con una abstracción del mundo de donde venimos –el *devenir* ordenado en los tipos. Pero las sugerencias del lugar pueden no ser totalmente ajenas al tipo. En el pasado, similares configuraciones morfológicas han generado soluciones que, sometidas a un proceso histórico de prueba y error, han decantado el tipo más adecuado para resolver allí una necesidad funcional. Por su parte, tipo y forma están estrechamente relacionados, como se verá más adelante.

TOPOS, LAS SUGERENCIAS DEL LUGAR

La relación entre obra y entorno se establece según un proceso de ajuste que se elabora en torno a los conceptos de ubicación, configuración espacial, articulación y límites. Estos conceptos tratan de responder a preguntas fundamentales: dónde su ubica la obra, cómo la disponemos, cómo expresa su relación con el entorno y hasta dónde llega[2].

En el proceso de determinación de la forma construida el entorno puede aportar numerosas sugerencias y restricciones. Puede restringir la ocupación o los usos en función del valor natural de lo existente, o condicionar la ubicación de lo construido y sus vínculos con el entorno. Hay también sugerencias morfológicas y de procesos naturales para la ordenación espacial de la obra: si la naturaleza sugiere una dirección, la obra puede abrir un recorrido; si se presenta centralizada, construye un centro.

El lugar también proporciona sugerencias morfológicas para la configuración formal de la obra. Un entorno movido o variado siempre ha sido bienvenido por el creador de la forma, pues proporciona motivos y pautas por las que guiarse, elimina el horror al papel en blanco, crea condiciones que fructifican en asociaciones u oposiciones.

El contexto también muestra las tradiciones locales en cuanto a usos de materiales y disposiciones formales. Sin necesidad de recurrir a lo vernáculo,

2 Este apartado recoge lo publicado por el autor sobre este tema en [5:32].

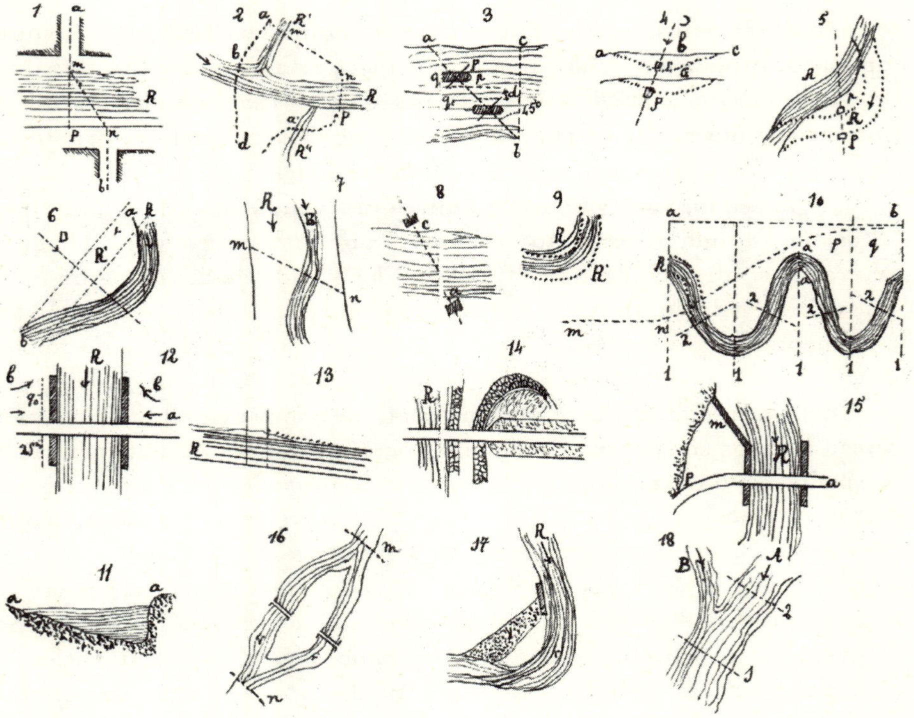

Ubicación del puente según morfología [93:Lám. 1]

lo construido anteriormente en el entorno es de obligado reconocimiento, como muestra del carácter del lugar que está ligado a su uso histórico. El impacto más difícil de reducir es el producido por la diferencia de carácter entre lo que se pretende construir y el carácter del lugar[3].

Las sugerencias del entorno pueden ser interpretadas de muy diversas maneras. Como en todo problema de relación, hay dos aproximaciones extremas, la afinidad o el contraste, apoyarse en las sugerencias y rasgos comunes, o subrayar las diferencias. En principio, no hay una claramente mejor que la otra, pero suelen exigir diferentes enfoques.

La actitud más común es la adaptación a lo natural, es lo que el hombre ha hecho siempre y constituye la esencia de lo vernáculo. Lo construido no quiere ser extraño y busca acentuar lo existente, subrayar lo sugerido, precisar la estructura natural. Adaptándose a lo natural, lo construido es la síntesis o la expresión concreta de la capacidad o potencialidad espacial del territorio.

3 Las instalaciones energéticas, por ejemplo, suelen ser de difícil compatibilidad con entornos humanizados a escala rural. La producción, transformación o transporte de la energía suelen ser totalmente ajenos a la vida cotidiana de los lugares donde pretenden instalarse.

Al describir el diseño de su puente des Amidonnièrs en Toulouse, Séjourné explica que el puente *debe estar adaptado no sólo al lugar, sino al clima, a los monumentos vecinos, a la luz, al calor local: debe dejar entrever el terruño, empujar naturalmente sobre el terreno, no presentar un aire importado o trasplantado: Toulouse necesita un puente tolosano* [210:98].

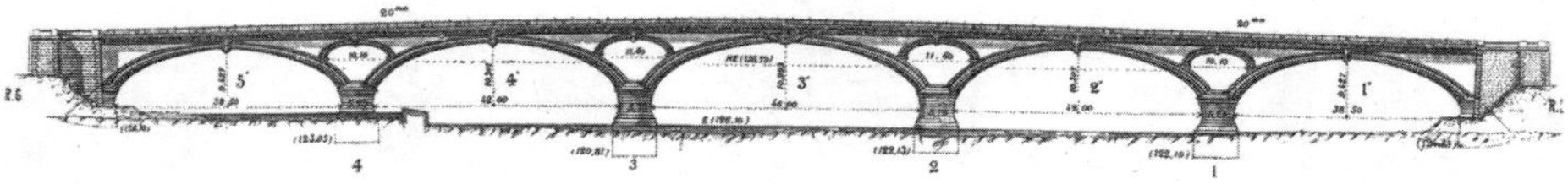

Puente des Amidonnièrs (Paul Séjourné, 1911) [210:I-196]

Otras veces, en cambio, se busca un contraste con lo natural. En principio parece un juego simple: se violentan las sugerencias y el resultado parece fácil. Normalmente no lo es, y precisa de un delicado juego de equilibrios y simbolismos. Pero en la mayor parte de los casos el contraste no es buscado, sino que surge por la falta de consideración de los parámetros del entorno.

De forma un poco más elaborada, la relación entre lo natural y lo construido se pueden identificar distintas pautas o actitudes generales de trabajo. Se podría hablar de **imitación** cuando lo construido adquiere algunos modelos de identidad ambiental del emplazamiento natural, como la textura, los materiales, la forma y sobre las transposiciones de éstos en formas artificiales. Los mejores ejemplos se encuentran en las arquitecturas primitivas, en las construcciones de tierra, y en las construcciones vernáculas poco evolucionadas.

Si la forma se fundamenta en la adquisición del modelo geométrico de lo natural, pero lo construido funciona como contraste racionalizador, cabría hablar de **fusión**. Los teatros griegos excavados en las laderas, donde el espectáculo se prolonga en la naturaleza, son un buen ejemplo. O los asentamientos enrocados en altura cuyo perímetro de muros geometriza el relieve, como proyección de la necesidad de defensa. En muchos casos, también las presas responden a esta pauta de relación.

La **integración** precisa un concepto de síntesis que hace depender lo construido sea del mundo natural, sea del mundo artificial. Los modelos de identidad de uno se modifican y modifican los del otro, en un proceso continuo de integración recíproca. Ejemplos modernos de integración son la arquitectura orgánica de Frank Lloyd Wright o las *parkways* norteamericanas, construidas en los años treinta para que el conductor pudiera disfrutar del paisaje en condiciones seguras.

Por el contrario, cuando la obra se basa en parámetros propios del mundo artificial, configurando la tipología de lo construido de modo autónomo del soporte natural, tanto para afirmarlo como para negarlo, se podría hablar de **contraposición**. Ejemplos clásicos son el templo griego, la pirámide egipcia, el palacio o la villa renacentista, que por su aislamiento y en su majestuosidad han desarrollado un papel de exaltación en las confrontaciones de valores del lugar natural en el cual están insertos.

Por supuesto, lo apuntado no pretende agotar los infinitos matices de esa relación de ajuste o encaje, cuya riqueza es bien patente en cualquier etapa de la historia de lo construido. Como afirma Javier Manterola, *terreno y puente se interaccionan en la forma, y la experiencia de ver puentes encajados en terrenos va configurando la manera en que se deben relacionar, y de paso crea la disciplina de lo que está bien o mal* [142:34].

Typos, ESTRUCTURAS PRIMARIAS CON FORMAS ACTIVAS

Para salvar un vano se utilizan tres tipos primarios de estructura: el puente en arco, el puente recto o en viga, y el puente colgante, tradicionalmente asociados a comportamientos resistentes de compresión, flexión y tracción. Sin embargo, estos comportamientos resistentes nunca son puros, sino sólo dominantes. Un arco, por ejemplo, siempre soportará algún tipo de flexión en cuanto se consideren acciones derivadas de cargas puntuales ligeramente diferentes de las previstas para fijar su forma, o si se tienen en cuenta deformaciones debidas a la temperatura, o a procesos diferidos de fluencia o retracción.

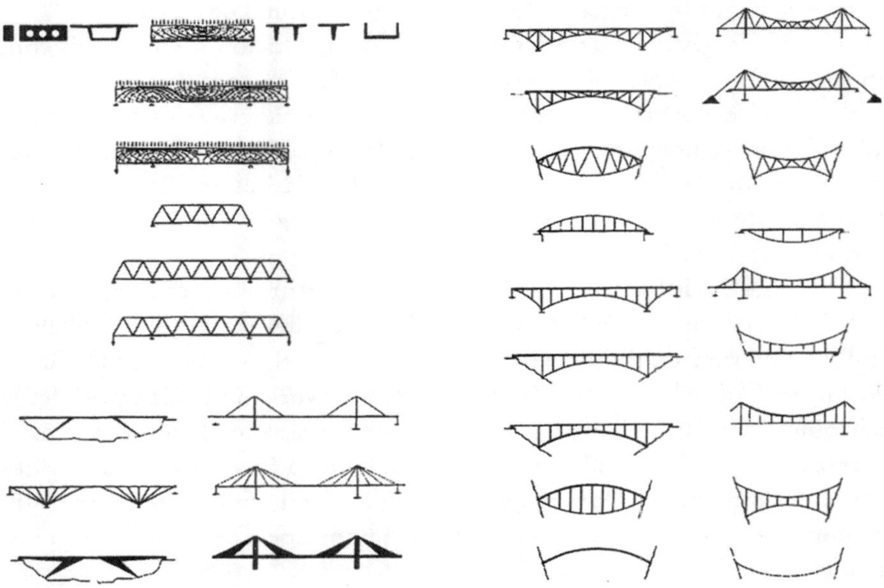

Tipos primarios de puentes (J. Schlaich) [65:44]

Otra posibilidad para explicar los tipos primarios es asociarlos a la dirección de las acciones sobre los apoyos. Bajo cargas verticales, un puente es una viga si traslada acciones también verticales a los apoyos. Si con las mismas cargas las acciones son oblicuas y empujan de los apoyos hacia afuera, se tratará de puentes en arco, y cuando tiran de ellos hacia dentro dan lugar a los puentes colgantes.

Estas acciones oblicuas sobre los apoyos se producen como resultado de la forma de la estructura, o por la disposición de sus elementos y de los apoyos. Cuando el diseño da lugar a acciones sobre el terreno de componente horizontal, esas formas adquieren un papel activo en el comportamiento resistente de la estructura, como ocurre en los puentes en arco y en los colgantes. La viga, en cambio, sigue siendo viga en tanto su forma mantiene un papel estructural pasivo, y deja de serlo para convertirse en un arco o en un puente colgante cuando se altera esa cualidad.

Ese papel activo subvierte el tradicional enunciado de que la forma sigue a la función. Cuando una forma es activa, lo es porque modifica su manera de resistir y por tanto condiciona su función resistente. *Function follows form* es entonces la sentencia adecuada [35:87], pues la función (de resistir) sigue la forma (diseñada) y no al revés. Con ello, la posición del diseñador en el proceso de diseño adquiere su verdadera dimensión. No se trata de un papel pasivo, orientado a dimensionar la estructura para resistir esfuerzos inexorables dictados por leyes naturales, sino de un agente activo, capaz de conformar la materia para adecuar esos esfuerzos a sus intenciones de diseño.

Hoy en día, este papel de la forma para fijar la función se contempla como un paso previo al papel del material para fijar la forma, en lo que se ha dado en llamar *materiales inteligentes*. Se trata de materiales sensibles, capaces de detectar las solicitaciones cambiantes, y activos para modificar la forma, y por tanto su respuesta, en función de los estímulos recibidos. Las clásicas formas estables serán superadas por formas variables, materializadas por medio de sensores y actuadores incorporados [69:67].

En general, las formas activas producen estructuras más eficientes en términos de utilización de la capacidad resistente del material empleado. A partir de la experiencia histórica condensada en la tipología, el diseñador de cada puente debe buscar esa eficiencia con la mayor simplicidad posible. En cierto modo, ambas cualidades son contradictorias, pues la optimización de lo resistente puede complicar innecesariamente la forma estructural y desvirtuar su eficiencia. Conciliarlas no resulta fácil y puede ser imperativo cuando aumenta la luz, de lo que deriva la importancia de la escala en la obra de ingeniería.

Dentro de cada uno de estos tres tipos primarios caben sucesivas diferenciaciones o niveles de análisis para establecer nuevos subtipos. En lo que sigue, de acuerdo con lo establecido anteriormente, se distinguen nuevos subtipos según materiales o procesos constructivos, cuando las diferencias resistentes o formales producidas en la estructura final se consideran significativas.

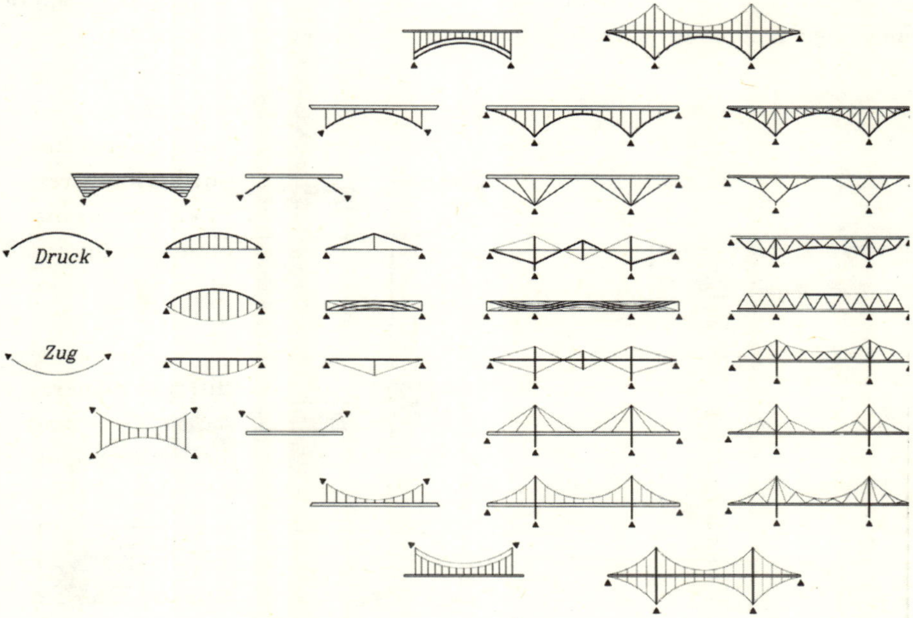

Estructura y forma [65:56]

La utilización de la celosía como disposición estructural puede ser un ejemplo para examinar esa significación. En principio, la celosía es una disposición de barras o piezas rectilíneas conectadas por sus extremos para conseguir elementos estructurales de mayores dimensiones. Esa disposición es aplicable a cualquier elemento estructural, ya se trate de elementos lineales, superficiales, o tridimensionales.

A su vez, estos elementos lineales pueden ser considerados como barras y formar parte de celosías más complejas, según una jerarquía dimensional o posicional. Por ejemplo, una gran viga en celosía puede estar formada por unas barras que, a su vez, son celosías más pequeñas, y puede arriostrarse transversalmente con otras vigas paralelas por medio de nuevas barras, también en celosía, para formar un tablero de puente. Como puede presentarse en todos los tipos y en todos los elementos principales y secundarios, se ha optado por dedicar un capítulo a la celosía como viga o elemento lineal, que es su consideración básica, y mencionarla en los otros tipos cuando su papel es significativo desde un punto de vista formal o resistente.

La influencia de los procesos constructivos es decisiva, tanto en la creación de nuevas variantes de tipos o subtipos, a cualquier nivel de la escala, como en las posibilidades y velocidad de desarrollo de cada uno de ellos. La construcción por voladizos sucesivos, por ejemplo, proporcionó un enorme empuje a la utilización del hormigón en los puentes, tanto en vigas continuas pretensadas para luces medias como en arcos de gran luz, al evitar la necesidad de las cimbras.

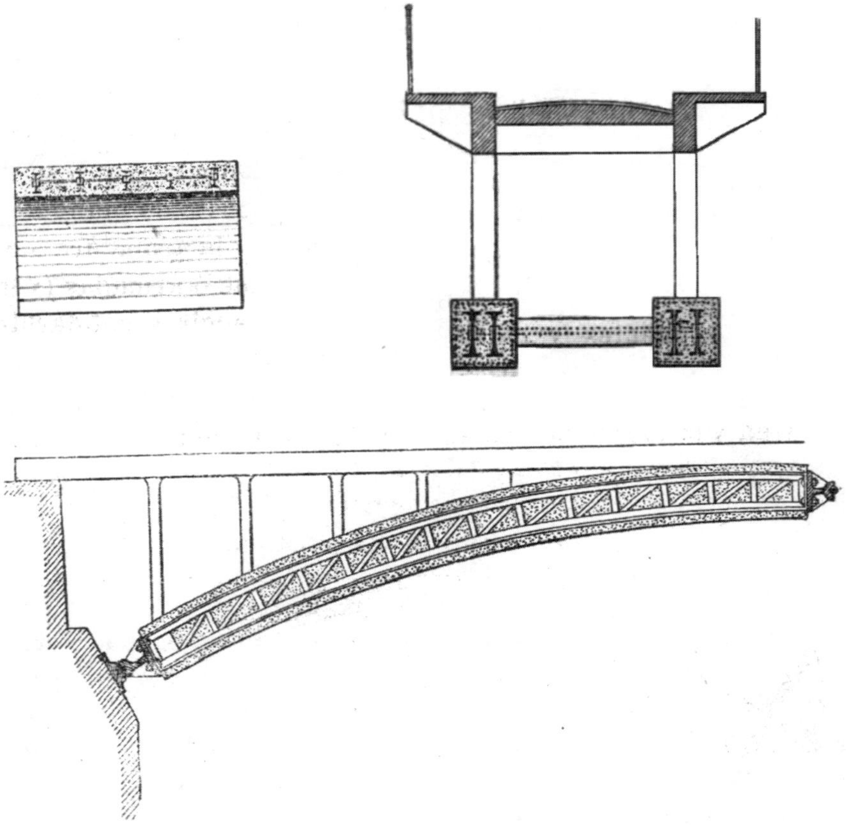

Puentes de armadura rígida sistema Melan-Ribera [191:sp]

Forma, síntesis creativa del diseñador

El variado muestrario de los puentes construidos es fruto de un antiguo y vigente linaje de ingenieros preocupados por la apariencia de sus obras, quienes, conscientes de la importancia de las formas, diseñaron unos puentes sobresalientes. Y su atractivo no es resultado involuntario de la búsqueda de economía, ni producto de unos cálculos optimizados, sino de la elección consciente de la forma por los ingenieros [36:3-3].

En cada caso, estos ingenieros conocieron los precedentes de anteriores soluciones a problemas similares. Y sus escritos demuestran que no basaron su diseño en criterios de eficiencia y economía, sino que hicieron elecciones formales concretas para fijar la solución final. Dentro de ambas restricciones –que no objetivos– encontraron la libertad para inventar formas. Formas nuevas, surgidas en el respeto de esa austera disciplina de minimizar materiales y costes, que hace posible la construcción y permanencia de un puente.

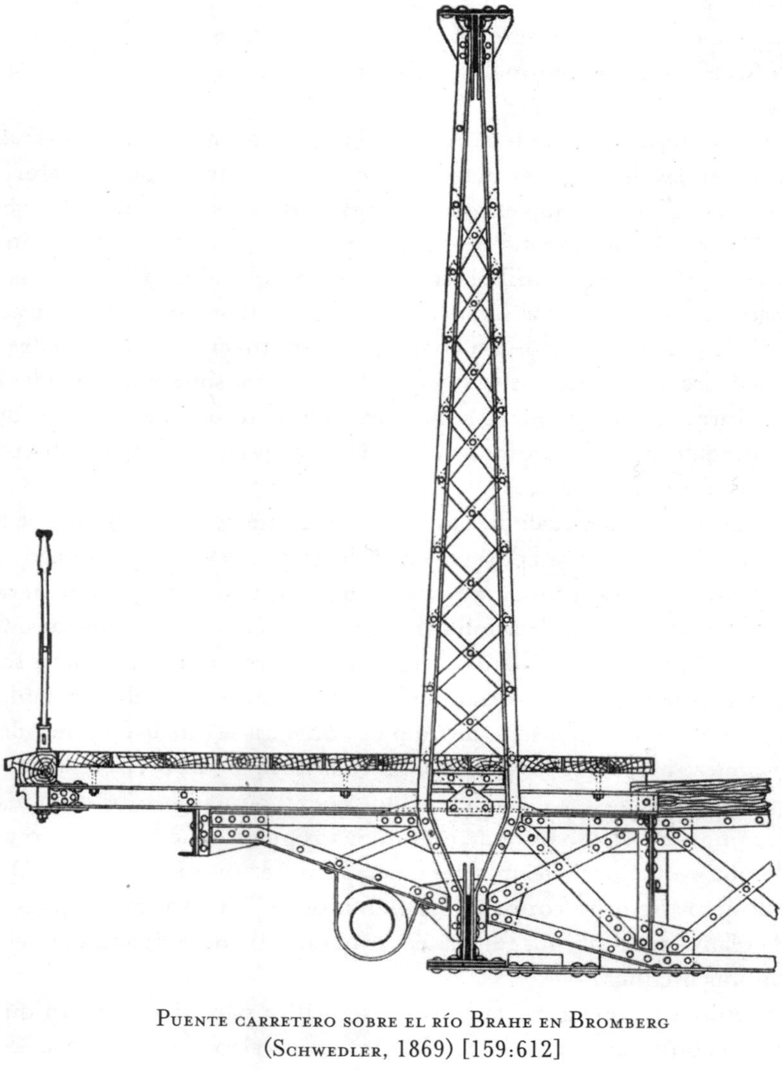

Puente carretero sobre el río Brahe en Bromberg (Schwedler, 1869) [159:612]

Como ya se mencionó, aquí se prefiere entender la forma como aportación del diseñador (más que como resultado del proceso), desde luego influida por material y técnica, pero con autonomía para encontrar su expresión propia dentro de ellos. En cierto modo, apelando a la idea de *estilo* (Gottfried Semper) propio de cada diseñador, que maneja tanto la idea que preside el diseño como las características particulares de todos los factores que contribuyen a su formalización desde su propio mundo creativo.

Esa capacidad de crear se manifiesta con dos *tempos* diferentes: la *tectónica* como potencial expresivo de su manera de construir, en lo relacionado con formas, materiales y técnicas, que es bastante estable y se ha acumulado a lo largo de su *experiencia* profesional y su *voluntad de expresión formal*, lo que el diseñador quiere crear en el momento de afrontar el diseño, que viene modulada por los avatares profesionales, aunque no suele evolucionar de manera errática.

Inicialmente, la idea de tectónica surgió al contemplar las maneras de expresión propias del hierro y luego del hormigón, como nuevos materiales de construcción, por lo que estaba más ligada al material. Sin embargo, el dominio de estos materiales no permite hablar ya de una única expresión del hierro o del hormigón. La influencia del diseñador se deja percibir más allá de los materiales concretos, al ser capaz de integrar su propio estilo de trabajo –perceptible y característico– en cualquier combinación de materiales. La evolución de las formas tiene su origen en las sucesivas soluciones creadas por los diseñadores, que desde luego se apoyan en lo anterior, pero son autónomas y no predeterminadas, como se pone de manifiesto en el desarrollo tipológico de los capítulos 5 al 14.

De acuerdo con ello, cualquier estudio que se interese en la apariencia formal de los puentes precisa apoyarse en su historia. Pero no para hacer una historia de los puentes, sino para rescatar su sentido histórico, su manera de estar en la historia y su significación para quienes diseñan nuevos puentes. Con ello, además del valor de los datos o ideas particulares, o de las noticias sobre una determinada época que surjan de la investigación, se podrán establecer sus vínculos con el actual diseño de puentes. Sólo así se puede comprender la enorme riqueza formal de los puentes, más allá de la mera apreciación.

No se pretende desarrollar un sentido general o una filosofía de la historia de los puentes. No se trata de entender los puentes actuales como producto de una evolución determinista de etapas anteriores a la nuestra. Quienes los diseñan siempre conocen los ejemplos del pasado, pero ejercen su libertad creativa para fijar sus formas cada vez que afrontan una nueva necesidad en un lugar concreto.

Siguiendo a Burckhardt, la historia se utiliza para fijarse en lo que se repite, en lo constante, en lo típico (*Typische*), como algo que encuentra eco en

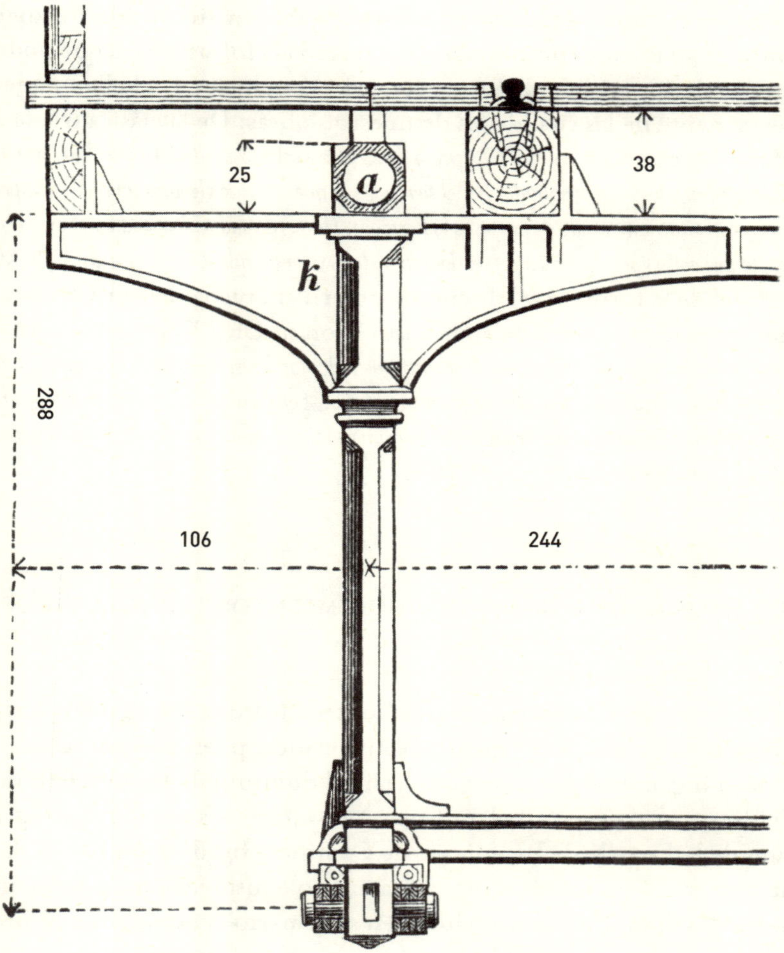

PUENTE EN CELOSÍA FINK S/WHEELING EN LA LÍNEA BALTIMORE-OHIO (1852) [159:589]

nosotros y nos es comprensible. Pero, para aportar ese testimonio de continuidad o persistencia de ciertos rasgos de su diseño es preciso desarrollar *una trabazón adecuada* que permita hacer hincapié en las afinidades y similitudes, más allá de los contrastes y las diferencias [47:29, 46, 60].

Y esa trabazón destilada de la historia pero no determinista se puede establecer, precisamente, en torno a la idea de tipo. Con el tipo se puede relacionar lo viejo con lo actual y éste con lo antiguo. Y, con ello, comprender las nuevas y cambiantes formas de unos puentes cada vez más atractivos. Pues *sólo el conocimiento del pasado nos da la pauta para medir la velocidad y fuerza del movimiento en que vivimos* [47:58].

La mejor cualidad de los puentes para establecer su sentido histórico se encuentra en su forma, como concreción de toda la información que podemos absorber y relacionar. Pues la forma conecta el puente con la belleza, que es la más permanente de las cualidades de nuestras obras. De la clásica tríada de lo verdadero, lo bueno y lo bello, para Burckhardt *lo verdadero y lo bueno se hallan muchas veces matizados y condicionados por el tiempo, y lo que sí puede elevarse sobre los tiempos y sus mudanzas, y constituir un mundo de por sí, es lo hermoso. Homero y Fidias son, todavía hoy, hermosos; en cambio lo que en su época era bueno y verdadero no lo es ya enteramente en la nuestra* [47:52].

El papel de la forma en el diseño ingenieril era recogido por Ove Arup en una conferencia pronunciada en la Institution of Civil Engineers en 1972: *El diseño es la clave de lo que se construye, es el registro de todas las decisiones que se apoyan en la forma. El diseño creativo utiliza desde luego la experiencia anterior, pero está ligado al lugar y a la gente para quien se construye, y la síntesis requerida para crear un todo, que economiza en los medios pero satisface los fines, es un proceso artístico* [241:232].

El patrimonio de formas y conocimientos tecnológicos

En ingeniería civil son escasos los estudios teóricos que trascienden la simple enumeración de obras con una perspectiva crítica, pues, en general, la enseñanza de la ingeniería se ha dirigido hacia el dominio de los procedimientos de cálculo y construcción de las obras. Aunque en los primeros programas docentes de la Escuela de Ingenieros de Caminos, fundada en 1802, ya existía una asignatura orientada al estudio artístico e histórico de lo construido[4], eran pocas las disciplinas que incluían en su temario el examen de las propias realizaciones específicas anteriores.

Sin embargo, el uso de los tipos es general en todas las especialidades, que generalmente organizan sus contenidos recurriendo a ellos. Hay presas bóveda, de gravedad, de contrafuertes, o de materiales sueltos [7]; de forma similar, los puertos se organizan por tipos, tanto referidos a su función comercial, pesquera, de graneles o de contenedores, como por sus diques reflectantes o de rompeolas [9]; o los túneles, tipificados habitualmente por el método empleado en su construcción [10]. Especialmente rica es su utilización en las estructuras, donde los tipos han recibido una gran atención teórica.

Como cualquier otra realidad construida, los puentes se han ordenado según tipologías que se trasforman de acuerdo con los conocimientos y las

4 Al principio se denominó *Arquitectura*, y tras algunos cambios hoy se sigue impartiendo con el nombre de *Arte y estética de la Ingeniería*.

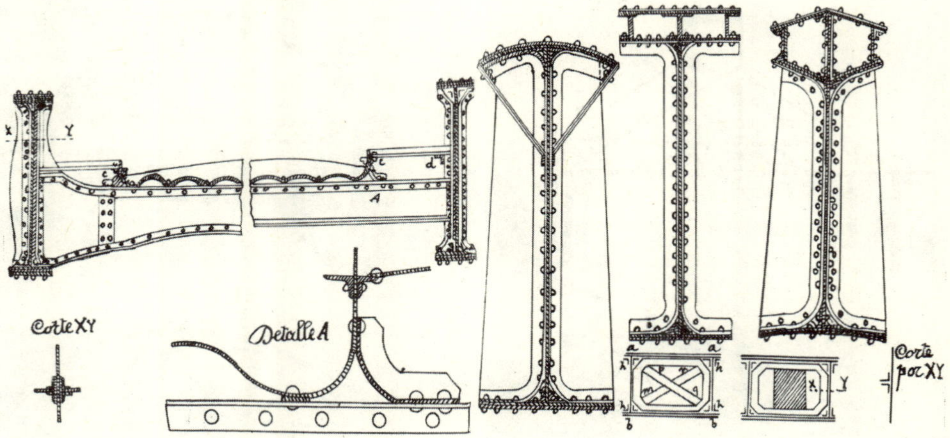

Formas de vigas metálicas [93:lám. 20]

necesidades de cada época. Un buen conocedor de los puentes podría adivinar de qué época es cada uno con sólo observar los casos que se incluyen y el orden establecido.

Una tipología de puentes pionera se puede encontrar en el tratado *Machinae novae*, publicado por Faustus Verantius[5] en 1595[6] quien, entre una variopinta colección de edificios, turbinas eólicas, corrientes de agua, máquinas y dragas, incluye una serie de puentes de madera, de piedra y de metal. Hay dos en madera, uno en celosía *bowstring* y otro en celosía lenticular (con ambos cordones curvados), cuyo despiece de juntas sugiere una buena comprensión de su funcionamiento. Dos puentes son arcos de piedra atirantados con cadenas de hierro, esquema que repite con el bronce como único material. Hay por último un punte colgante-atirantado con cadenas de hierro colgadas de sendas torres de piedra, que es el más reproducido, pero también hay un puente colgante clásico, con cable y péndolas, y un pórtico[7].

5 No hay muchos datos acerca de Verantius. Parece haber nacido en la actual Croacia, y llegó a ser obispo y secretario del emperador de Austria, aunque por problemas con la Santa Sede tuvo que dejar sus cargos y se retiró a Venecia, donde escribió su tratado [173:491].

6 En 1617, según otros.

7 Muchos libros sobre puentes, habitualmente escritos sin acudir a la referencia original sino sólo a lo recogido en otros libros, mencionan solamente el puente atirantado con cadenas de hierro al hablar de Verantius, y su imagen aparece siempre al tratar los precedentes de los puentes colgantes. El verdadero interés de esta tipología está en su enfoque de los materiales, tanto como del esquema estructural, pues mencionar el hierro o el bronce como materiales de construcción para la totalidad de una obra es absolutamente novedoso.

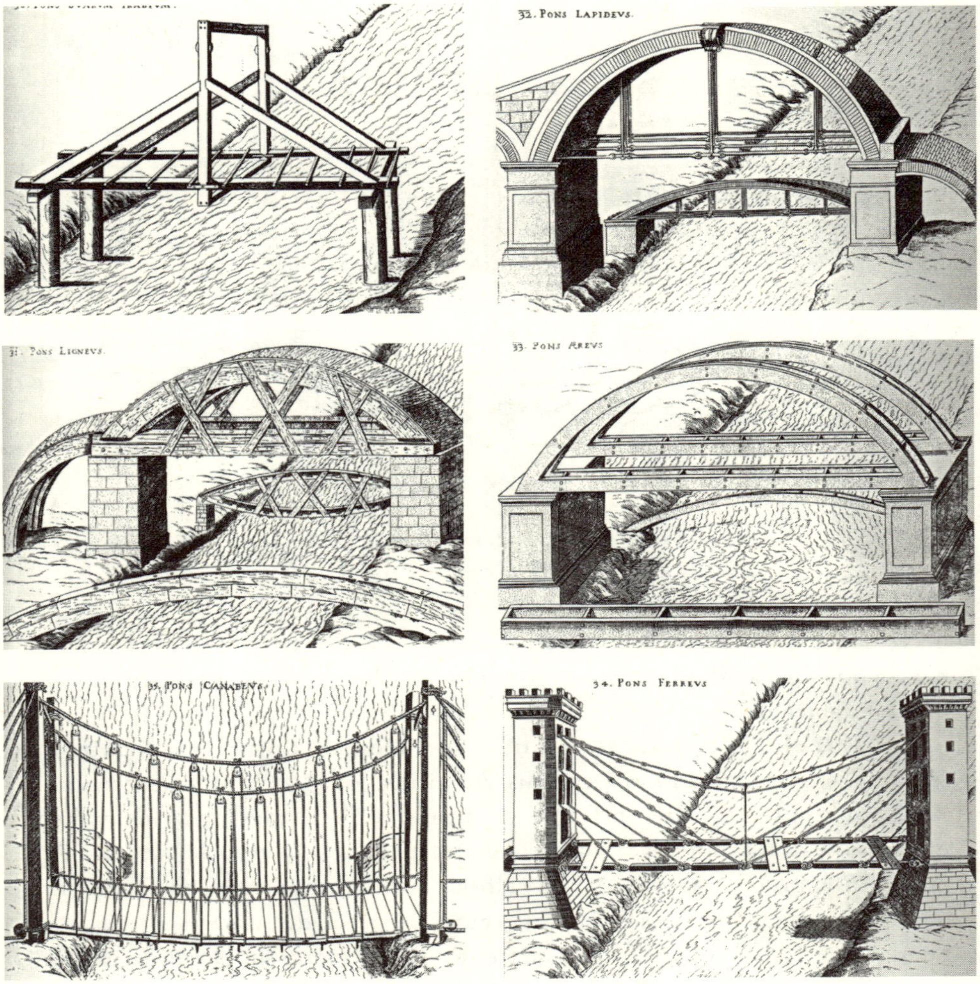

SEIS TIPOS DE PUENTES SEGÚN FAUSTUS VERANTIUS
[*MACHINAE NOVAE,* 1615]

Cuando lo estructural no es discriminatorio, se recurre a lo formal. Vitorio Galliazzo, por ejemplo, ordena su material sobre los puentes romanos según la amplitud, el perfil, el número y la distribución de las luces o arcadas. Trata con ello de expresar la manera en que un puente, jugando con sus huecos y macizos, resuelve el problema de atravesar un obstáculo. Encuentra treinta y dos tipos distintos de puentes, al tomar en consideración *el número de vanos y su progresión en relación con el aumento de las luces y su recíproca relación dimensional* [89:556-565].

Una tipología más personal es la recogida por Guy Grattesat en el índice de su libro *La concepción de puentes* [101], centrada, precisamente, en la elección del tipo de puente más conveniente para cada problema concreto de paso. En su ordenación de la disciplina se aprecian las preferencias de la época por determinados tipos de puente, entonces en pleno desarrollo[8]. Utiliza primero un criterio temporal o histórico para los puentes que ya considera superados, como los primitivos o los de piedra, y los clasifica después por el material, el tipo estructural y el proceso constructivo, adecuándose a lo que mejor recoge la variedad que quiere mostrar. Reafirma luego el carácter temporal de la tipología, al concluir que la selección del tipo es una operación de síntesis, basada en la experiencia del diseñador, y que nunca puede considerarse como definitiva, pues *está fuera de toda duda que aparecerán nuevos tipos de puentes y que otros verán reducirse su dominio de aplicación, como se ha producido siempre en el pasado* [101:143].

El nivel de conocimientos estructurales también ha sido relevante en los procesos de aparición y desarrollo de los tipos. Hasta finales del siglo XX, cada tipo estructural solía calcularse mediante procedimientos específicamente establecidos, con independencia del avance general de la ciencia de las estructuras. Como explica Heyman [109], no debe olvidarse la diferencia entre conocimiento técnico y conocimiento científico, en tanto lo perseguido por los diseñadores es la certeza de estar del lado de la seguridad y no el dominio del verdadero funcionamiento de la estructura.

8 El índice de su libro sigue la siguiente tipología.
Tipología para la concepción de puentes (1978)
Los puentes primitivos
- Pasarelas colgantes
- Pasarelas de vigas
- Construcción en voladizo
- Voladizos de piedra

Los puentes de fábrica
- El período romano
- De la Edad Media al siglo XVIII
- El siglo XVIII
- Del XIX a los últimos puentes de piedra

Los puentes metálicos
- Puentes de fundición
- Puentes de hierro
  - puentes colgantes
  - puentes de vigas
  - puentes en arco
- Puentes en acero
  - puentes colgantes
  - puentes de vigas
  - puentes en arco
- Período reciente y tendencias actuales
  - el acero
  - las uniones
  - los tableros
  - las secciones transversales
  - principales tipos actuales en acero

Los puentes en hormigón armado
- Orígenes y primeros desarrollos del hormigón armado.
- Evolución de puentes en hormigón armado
  - los diferentes tipos de obras
  - evolución técnicas y reglamentos
- El período reciente y la situación actual

Los puentes en hormigón pretensado
- Los orígenes
- Puentes en hormigón pretensado 1945-1960
  - las primeras realizaciones
  - los vanos independientes
  - la construcción en voladizo
  - otros tipos de obra
  - los sistemas de pretensado
  - los primeros reglamentos
- Evolución desde 1960 y situación actual
- Rápida extensión del hormigón pretensado
  - puentes losa
  - puentes de vigas independientes
  - puentes de vigas continuas
  - puentes por voladizos sucesivos
  - puentes de células triangulares
  - puentes arco
  - puentes atirantados
  - reglamentación actual del hormigón pretensado

Los puentes de hormigón ligero

Fuente: Guy Grattesat; 1978 [101:VIII]

Para comprender bien la asociación entre diseño y conocimientos es necesario profundizar algo en las peculiaridades del conocimiento tecnológico. Generalmente, se asume que la ingeniería no es sino ciencia aplicada: los ingenieros toman el conocimiento de los científicos y, con procedimientos generalmente poco interesantes y ocasionalmente dramáticos, lo utilizan para producir cosas. Sin embargo, la tecnología no es una derivación de la ciencia sino un cuerpo de conocimientos autónomo, diferente del conocimiento científico con el cual interactúa. *La tecnología, aunque puede aplicar la ciencia, no es ciencia aplicada, no sirve solamente para dar aplicación práctica a los descubrimientos científicos* [239:4].

Para los ingenieros, el tema central de su relación con el conocimiento es el diseño, orientado a la construcción y operación de cualquier artificio que transforma el mundo para solventar una necesidad, en un proceso que incluye numerosas y difíciles concesiones y equilibrios, a realizar con un conocimiento incompleto o incierto que puede requerir cálculos, ensayos o investigaciones específicas. En ese trabajo, y a diferencia de los científicos, los ingenieros están habituados a actuar con recursos muy limitados de tiempo y

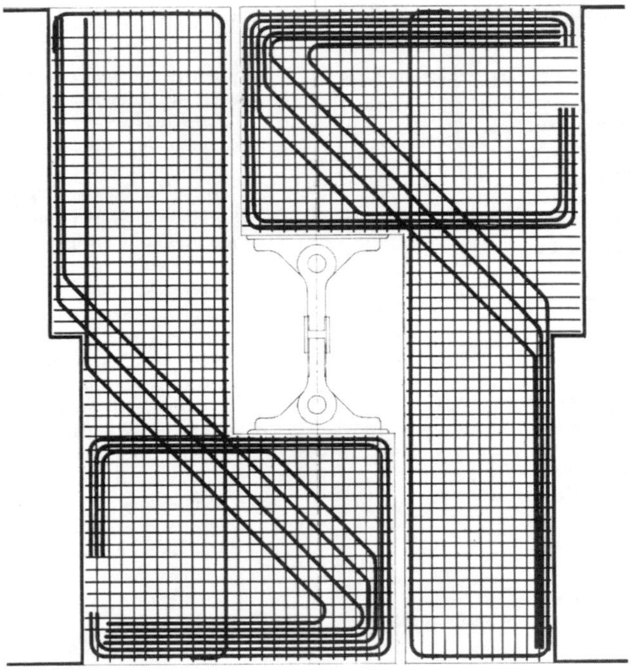

Viaducto sobre la bahía del Banco, Abidjan. Detalle de armadura en apoyo (Morandi) [37:82]

dinero, y no pueden cometer errores: un error en ingeniería puede tener enormes repercusiones y su trabajo debe eliminarlos.

Esos requerimientos de economía y precisión están ligados a la necesidad de unos conocimientos claramente ordenados y disponibles, e ilustran el papel fundamental de la *manera de pensar* en ingeniería. Frente a la intención científica de producir conocimientos, el propósito del diseño ingenieril es determinativo. Esto afecta a las cuestiones a que se adapta el conocimiento, a la manera como se formula y a la profundidad de detalles que debe proveer. *Por ello, la organización de los conocimientos, lejos de ser un asunto trivial, genera un nuevo cuerpo de conocimientos de gran importancia, y es un aspecto esencial de la ciencia ingenieril* [239:135].

Las mejoras de diseño se consiguen por la selección y solución de problemas tecnológicos, seguido de la elección entre soluciones rivales [129:84]. Y en ese proceso el recurso al tipo como elemento ordenador de las soluciones en torno al cual se acumulan los conocimientos tecnológicos es fundamental. El tipo es muy flexible en cuanto a la asociación de formas, materiales, detalles y procesos constructivos, según criterios de similaridad y diferencia, que serían de difícil clasificación científica por su enorme variedad.

Pues se trata de unos conocimientos tecnológicos que incluyen muy diferentes categorías, como conceptos fundamentales de diseño (configuraciones), criterios y especificaciones (cargas y requisitos), herramientas teóricas y conceptos intelectuales (modelos y teorías, desde fórmulas a sistemas complejos), teorías generales ingenieriles (elasticidad, mecánica de fluidos), teorías restringidas a casos concretos (cálculo de arcos), precisiones fenomenológicas específicas (máxima flecha vinculada a la luz a salvar), conceptos sobre *cómo deben ser* las obras (relación canto/luz), datos cuantitativos empíricos (desarrollados y contenidos en la normativa) y consideraciones prácticas derivadas de la experiencia e imposibles de sistematizar[9].

9 Listado parcialmente basado en [239:208 y ss], con ejemplos propios.

3. EL TIPO COMO MEMORIA Y RAZÓN DE LO CONSTRUIDO
Variedad

La historia es demasiado imprecisa y breve para ser considerada como una sucesión temporal, estructurada mediante períodos, y sería más justo describirla como un inmenso océano lleno de multitud de seres pertenecientes, sin embargo, a un número limitado de tipos[1].

Las cosas construidas son múltiples y diversas, y de su examen comparativo se deriva el tipo, como núcleo de sentido compartido entre muchas de ellas. Estas múltiples cosas responden a necesidades concretas y no suelen producirse todas de una vez, se basan en las anteriores y permiten una acumulación de experiencia, que se recoge en los tipos. El tipo no es causa, origen, principio, o razón de ser de las cosas, sino una abstracción deducida de sus similitudes y diferencias.

El tipo no es unívoco y se dice de muchas maneras, pero to-

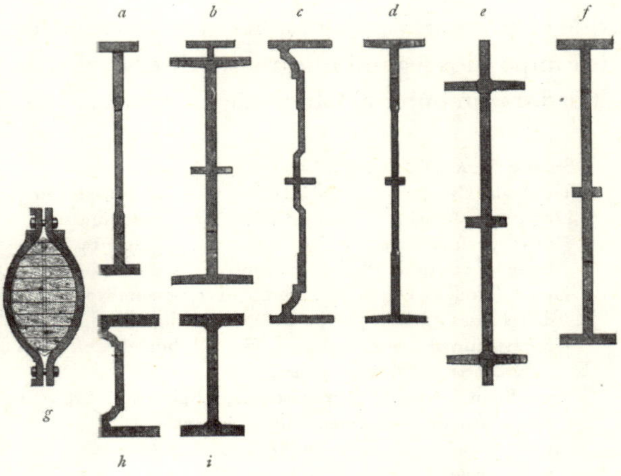

Secciones de vigas metálicas para puentes de ferrocarril y carretera [159:345]

1 Kubler, Georges; 1962. *The shape of time*. New Haven: 32.

das referibles a un significado fundamental y, con él, a su capacidad de identificar un tema invariante en una serie de variaciones figurativas. El desarrollo histórico de la idea de tipo está muy ligado al del concepto de forma, con el que se entrecruza y a veces confunde, y que se desarrolla en el capítulo 4.

Consolidación del concepto de tipo

En los diccionarios, la noción primaria de tipo aparece vinculada a las de modelo y género, mientras que la de tipología se entiende como el estudio de los distintos tipos. Y para mayor precisión del tipo, la RAE recurre a la botánica, y para la tipología a la lingüística[2]. Por ello, para entender la idea de tipo parece necesario abordar su desarrollo histórico.

La multiplicidad de lo construido se ordenó con arreglo a sus formas, pero también según otras características más directamente funcionales, objetivadas según la necesidad que resuelve lo construido, interpretadas como necesidades «objetivas». Igualmente, las formas típicas no expresan requerimientos particulares, sino exigencias consolidadas por la tradición constructiva, más estables y duraderas.

Todavía en 1781, Francesco Milizia cataloga los edificios únicamente según su uso, dando valor universal y exclusivo a una forma de clasificación adoptada anteriormente por todos los tratadistas, Vitruvio y Alberti incluidos. Primero los divide en privados y públicos; después subdivide los primeros en casa de ciudad y de campo y los segundos según sus diversos destinos funcionales de seguridad, utilidad, razón pública, salud, magnificencia, espectáculos o sublimidad[3].

2 *Diccionario de la Real Academia Española:*
Tipología. Ciencia que estudia las distintos tipos raciales en que se divide la especie humana.
Lingüística. Actividad y resultado de tal actividad, consistente en comparar las lenguas para clasificarlas y establecer entre ellas relaciones, genealógicas o no, según las afinidades que se adviertan entre los rasgos de sus sistemas fonológico, morfológico y sintáctico.
Tipo. 1, Modelo, ejemplar. 2, Símbolo representativo de cosa figurada. 6, clase, índole, naturaleza de las cosas. 9, Bot. y Zoo. Cada uno de los grandes grupos taxonómicos en que se dividen los reinos animal y vegetal que, a su vez, se subdividen en clases.
Diccionario de sinónimos Fernando Corripio.
Tipo. Ejemplar, modelo, muestra, prototipo, pauta, arquetipo, dechado, ejemplo, original, paradigma, patrón, espécimen, molde, horma.
Típico. Característico, propio, peculiar, distintivo, particular, diferente, inconfundible, representativo, original, especial, exclusivo.

3 Milizia agrupa los edificios por la seguridad (puertas de la ciudad, cuarteles, prisiones, arsenales, faros, carreteras...), por la utilidad (universidades, bibliotecas, academias, colegios), por la «razón pública» (tribunales, bolsas, fábricas de moneda y bancos), por la «abundancia pública» (plazas, ferias, almacenes, manufacturas, mataderos), de salud o necesidad (hospitales, lazaretos, cementerios, cloacas ... cisternas), de magnificencia (monumentos, arcos triunfales, obeliscos, columnas), de espectáculos (circos, teatros, ... iluminaciones y fiestas) y por la «mayor sublimidad» (templos). Milizia, Francesco; 1781. *Principios de arquitectura civil*. libro 3, cap. 4. Cit. en [182:58].

Tipo, modelo y arquetipo en Quatremère de Quincy

En su diccionario de 1788, Quatremère de Quincy indica que la palabra **tipo** viene del griego y expresa, en sentido general y por ello aplicable a muchas gradaciones o variedades de la misma idea, *modelo, matriz, impronta, forma, figura*. Pero enseguida señala las diferencias con el **modelo**: *el tipo no representa tanto la imagen de una cosa que debe ser copiada o imitada perfectamente, cuanto la idea de un elemento que debe servir, él mismo, de regla al modelo ... El modelo, entendido según la ejecución práctica del arte, es un objeto que tiene que repetirse tal cual es; el tipo es, por el contrario, un objeto según el cual cada uno puede concebir obras que no se parecerán en absoluto entre ellas* [188: s.v. tipo].

Para él, el tipo es como una especie de núcleo en torno al cual se han aglomerado y coordinado a continuación los desarrollos y las variaciones de la forma, de los que era susceptible el objeto. Por tanto, no se le puede desnaturalizar imponiéndole el rigor de un modelo que *implicaría las condiciones de copia idéntica*. A los conceptos de tipo y modelo, Platón anticipó el de **arquetipo**, que reúne aspectos de ambos[4].

En lo referente a lo construido, el arquetipo aparece ligado a la relación de necesidad entre problemas estáticos recurrentes y articulación espacial: a determinados esquemas constructivos o estructurales correspondían soluciones morfológicas definidas[5]. Esta interdependencia ha sido una garantía secular para la propia permanencia de los tipos clásicos y para la relación armónica entre los diversos componentes de la arquitectura[6].

Para Quatremère, el tipo no deriva del patrimonio transmitido por las obras anteriores sino que se identifica con la *primera casa* del hombre. Según él, sólo hay tres formas tipo originales, la caverna, la tienda y la cabaña, y de ellas arranca (y a ellas se refiere, necesariamente) todo lo construido posteriormente.

Tipo, composición y construcción: Jean Louis Durand y Gottfried Semper

A finales del XVIII, el esfuerzo enciclopédico de los profesores de ingeniería y arquitectura produjo una primera ordenación de los contenidos disciplinares

4 La Real Academia Española lo define como *Tipo soberano y eterno que sirve de ejemplar y modelo al entendimiento y la voluntad de los hombres*. Y también como *modelo original y primario en un arte u otra cosa*.

5 Esa relación de necesidad entre formas típicas y lógica constructiva, suele ser determinante en la configuración de arquetipos ideales. En realidad, para Quatremère de Quincy, la palabra tipo tenía un significado completamente diferente del que le atribuye la cultura contemporánea. De hecho, los cerca de ciento cincuenta años transcurridos desde su enunciación, no inciden en la validez de la propia definición, sino sobre los intentos culturales de interpretarla.

6 Esa consideración particular del tipo ha sido utilizada por grandes teóricos del arte de construir, como Vitruvio, Rykwert o Laugier, siempre interesados en la generación de las primeras formas realizadas por el hombre. En la historia del pensamiento hay una constante identificación de la habitación original del hombre como el arquetipo que hace resaltar el propio origen del construir [94:46].

de estas nuevas enseñanzas. Bethancourt recogió ejemplos de máquinas en un gabinete, para facilitar su estudio y, conjuntamente con Lanz, publicó un libro sobre su composición en 1808. Jean-Nicolas-Louis Durand, hizo un esfuerzo similar en la estructuración de lo construido.

Durand escribió dos libros; el primero de 1801, titulado *Recueil et parallèle des édifices de tout genre...* [67] es una recopilación de tipos de edificios. El segundo, de 1802, titulado *Précis des leçons d'architecture...* [68] es un tratado de composición.

El *Recueil...* está compuesto de noventa y dos láminas que recogen los edificios más interesantes realizados en todos los países y en todas las épocas. Durand cree que los edificios merecedores de una cierta consideración están mezclados en cientos de volúmenes con otros de escaso valor. Como los artistas no pueden conocer directamente todo lo construido, deben hacerlo en las bibliotecas. Pero éstas son costosas y sólo son factibles en las grandes ciudades.

Según Durand, el único modo de juzgar y razonar es comparar. Y ello es difícil cuando hay que consultar muchas obras a distintas escalas. Entre la enorme masa documental y con una intención predominantemente formal, Durand elige *sólo los objetos que es esencial conocer, para tener en un solo volumen de precio asequible —adquirible incluso por fascículos— un cuadro general de la arquitectura*.

En el *Précis...*, Durand pasa de considerar edificios a tener en cuenta partes y elementos, que se combinan con ciertas reglas en un proceso de composición. Esos elementos surgen de la consideración conjunta del material construido y de las formas y proporciones. Los principios que han de guiar el proyecto de un edificio surgen del conocimiento científico —que exige la comprensión lógica del asunto— y el conocimiento artístico —que exige talento para la *aplicación justa y fácil de los conocimientos*, y que se consigue con un ejercicio sostenido de la actividad de proyectar.

Si el primer volumen es una especie de atlas de la arquitectura, organizado según un criterio tipológico, el segundo libro es un verdadero tratado de arquitectura, probablemente el más fecundo de la primera mitad del XIX. Aunque Durand mantiene los mismos principios en ambos, el hilo conductor que liga —en un coherente proyecto didáctico— el precedente tipológico del *Recueil...* con las primeras partes del *Précis...* y con la siguiente parte gráfica privilegia explícitamente un enfoque que, por medio de un programa, conduce paso a paso de lo simple a lo complejo en un itinerario rigurosamente racional para establecer el proyecto [45:285].

Una vez que se dispone de la idea de composición, la manera anterior de entender el tipo se acerca demasiado a la idea de modelo. Su aportación es enorme, pues la composición aumenta el estrecho margen

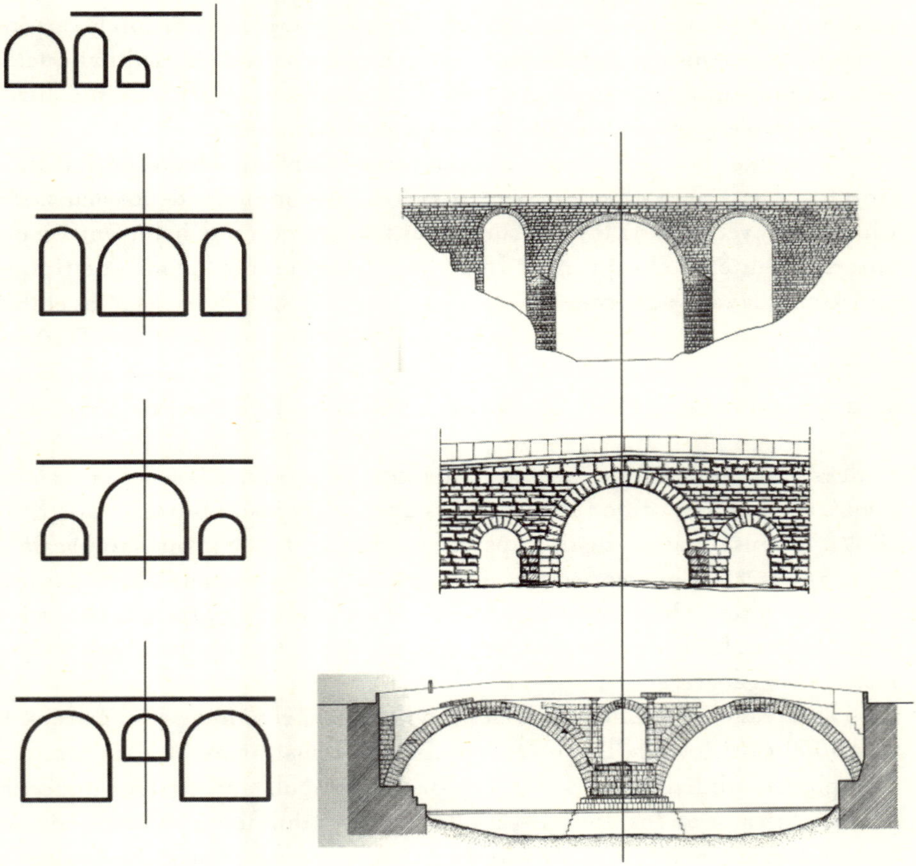

Composiciones romanas con dos tipos de arco [elaboración propia]

de creatividad inherente a la adaptación del modelo contenida en el uso anterior del tipo.

Paralelamente, Gottfried Semper descubrió en la botánica que las formas de la naturaleza y el arte compartían algunas ideas fundamentales, reducibles a unos pocos tipos, y estableció las bases de una doctrina del estilo. Para ello propuso unos principios básicos que determinan el tipo en arquitectura [135:32]. La teoría cuatripartita de Semper está contenida en su ensayo *Los cuatro elementos de la arquitectura* (1852), donde reelabora el paradigma de la choza primitiva, en los términos de una exposición antropológica que él vio en la Gran Exposición de 1851, entendiendo que comprendía los siguientes componentes: 1) un terraplén, 2) un hogar, 3) un armazón con techo, y 4) un cerramiento. Cada uno de ellos iba asociado a un material y una técnica: la piedra con la estereotomía, el hogar con la cerámica, la madera con la carpintería, las telas con el tejer, en una interacción de naturaleza y cultura que da entrada a lo constructivo.

El terraplén vincula lo construido al lugar, como primer acto de posesión del topos, que se concreta con el tipo –hogar o templo de acuerdo con la función institucional– y el modo de construcción dependiente de los materiales y la técnica, vectores de los que surgen las formas, como se había enunciado anteriormente en el capítulo 2 [85:268]. Con Semper, la idea de tipo se aproxima a la idea de forma.

El tipo, lo particular y lo general en Jakob Burckhardt

El desarrollo de la estética a lo largo del XIX, reintroduce la forma paralelamente a la función como sustrato de los tipos. Para Jakob Burckhardt (1818-1897), la consideración de tipo aparece ligada a la tarea o propósito (*Aufgabe*), siempre directamente conectada al contenido y determinada por el devenir histórico cultural del ámbito donde se produce la obra. Su *Programa de arquitectura* considera los tipos de edificios según el propósito, subdivididos en tipos históricos y geográficos.

Las tareas o propósitos generales son la tumba, el santuario, el palacio, la villa, o el castillo, que luego se organizan por sus formas. La tumba, por ejemplo, se subdivide a su vez según formas, articulación espacial y épocas, para cualificarse en los tipos de túmulo, menhir, dolmen, pirámide egipcia, tumba circular, mausoleo, edificios en forma de torre, criptas, capillas en las iglesias, tumbas o mausoleos modernos familiares, iglesias sepulcrales, tumbas colectivas, camposantos... [182:139].

Para Burckhardt, el tipo recoge un principio morfológico de reconocimiento en virtud del cual una multiplicidad de fenómenos se reúne en torno a un centro del cual representa posibles declinaciones, que lo varían sin poderlo agotar o encarnarlo de una vez por todas. Esa invariante no constituye al tipo como entidad en sentido metafísico, pues éste vive operativamente en el fenómeno históricamente concretado en la obra e identifica su lado no reducible a la mera descripción o enumeración [182:144].

Según esa aproximación, los tipos se definen mediante un proceso de reducción de la multiplicidad de los ejemplos históricos a un esquema morfológico común. Son la respuesta a exigencias ideológicas, prácticas y constructivas recurrentes en una determinada sociedad, en un preciso momento histórico y cultural, resueltos bajo el aspecto de requisitos esenciales compendiados en un esquema formal. Estos requisitos son resultado de la selección espontánea operada en el tiempo, seguida por una verificación de congruencia entre la obra y las instancias culturales, técnicas y sociales que la motivaron [94:32].

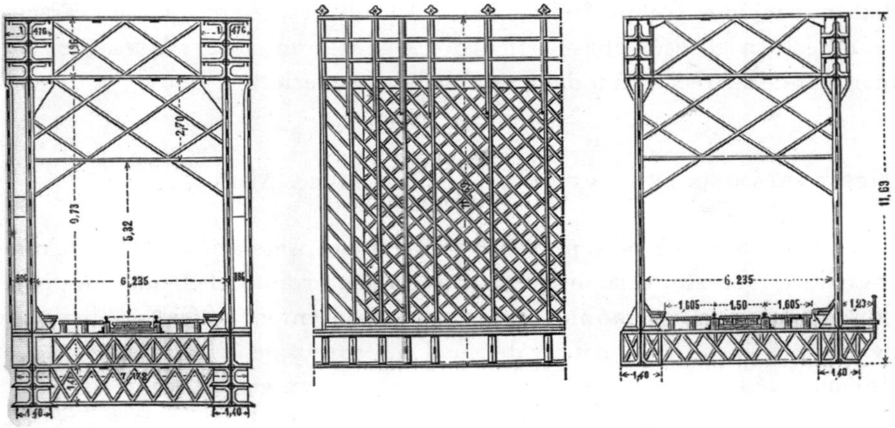

Puente de Dirshau sobre el Vistula, secciones (Stüler, 1859) [62:VII-375]

De acuerdo con ello, el tipo es una categoría que conecta lo general con lo particular; permite manejar lo abstracto del discurso como una cristalización en cada realización concreta. El tipo actúa como vínculo entre ciertas características ligadas a la forma y contenido de la solución particular, con las determinaciones abstractas de la teoría. Permite manejar múltiples soluciones de diferentes formas, y relacionarlas según proximidad o parentesco, sin reducir su condición de unicidad a un mero caso particular de la teoría. La idea de tipo es mucho más flexible que la idea científica de género, que exige la presencia confirmada y contrastable de determinadas peculiaridades de forma o comportamiento.

La referencia al tipo permite una adecuada equidistancia entre idealismo y realismo, pues cuando éstos son entendidos literalmente, sofocan el contenido creativo de las soluciones por motivos opuestos: el uno las convierte en un discurso, el otro en su reproducción. Al representar la figuración de un determinado carácter contenido en el tipo, la solución vinculada a ese tipo-muestra la concreción de unas propiedades inequívocamente pertenecientes al objeto sin necesidad de convertirse en mero ejemplo.

El tipo, como categoría derivada del examen histórico, no es un concepto científico aunque trasmita conceptos y cualidades dignas de ser conocidas. Procede de un mundo donde todo es fluctuante y está sujeto a constantes transiciones, mezclas e interpretaciones y tiene, por tanto, un carácter flexible y abierto [47:129].

Su propia vaguedad le impide influir sobre la invención y la calidad estética de las formas, como se deduce del modo de formarse el tipo, que nunca se formula *a priori,* sino se deduce siempre de una serie de ejemplares. En su determinación se comparan las formas individuales, se eliminan los caracteres específicos de cada obra particular y se conservan, *todos y solamente*, los elementos que aparecen en todas las unidades de la serie.

Tipo y estándar en la modernidad: Gropius y Mies

El movimiento moderno supone una primera reconsideración que añade nuevos matices. Cuestiona la obra orgánica cerrada, propia del clasicismo, portadora de una unidad armónica entre forma y contenido, y fuerza al abandono de la lógica de la clasificación y del cuadro, propios de la Ilustración y de los sistemas estéticos [145:227]. Pero la idea de tipo resurge por otro lado.

En 1919, tras la primera guerra, el problema de la vivienda se agudiza, tanto por lo destruido por la propia guerra como por lo dejado de construir. En los diez años trascurridos hasta la crisis de 1929, se realiza una profunda tarea de análisis, tras la cual *Gropius y Le Corbusier ven la necesidad de volver a empezar y descomponer el hecho arquitectónico en sus componentes elementales para plantear la necesaria generalidad* [24:554]. De hecho, ya en 1914, Hermann Muthesius en su decálogo para el grupo del Deutsche Werkbund, sostenía que la arquitectura y el diseño industrial sólo podrían recobrar su significación mediante el desarrollo y el perfeccionamiento de los tipos. *El tipo descarta lo extraordinario y establece el orden*, permitiendo una progresiva depuración del objeto producido [84:114].

La forma básica completa inferida por la historia no resulta ya operativa; ni la planta ni el esquema tridimensional completo son ya útiles para las nuevas necesidades. En el edificio de la Bauhaus, Gropius reunifica la definición funcional y formal de las partes por medio de un análisis autónomo de las exigencias vitales, anterior a la síntesis creativa. Individualiza separadamente las características (incluso formales) de los componentes, enviando la determinación (incluso formal) del conjunto a la definición de un sistema de relaciones lógico y funcional. Gropius recupera o recae en la idea de tipo como esquema bidimensional que individualiza en la planta las relaciones funcionales a instaurar entre las partes [94:27].

Una vez tomado ese camino, la lógica de los hechos obliga a ampliar el campo de acción progresivamente. De la tipología de los elementos se pasa a la de las estructuras; de los edificios al barrio, del barrio a la ciudad. Muchos grandes arquitectos de aquella época[7] se esfuerzan en definir un nuevo tipo de vivienda

7 Como Oud en Rótterdam 1924, May en Frankfurt 1920, Taut en Berlín 1925 y, sobre todo, Gropius en Dessau 1926 o en Karlsruhe 1927, y más tardíamente Le Corbusier con la *Unité d'habitation* (1922, 1952),

que combinan en diferentes disposiciones urbanísticas, superando las disposiciones vigentes de edificios alineados con la calle y casas aisladas [24:865].

Los tipos seguían siendo útiles, pero no estaban ya consagrados como expresiones de la totalidad formal y funcional de los edificios. Para Giulio Carlo Argan, *la restauración de las tipologías, iniciada por Gropius, coincide con la intentada restauración de una razón o una finalidad ideológica (y digamos también social y laica, que no son términos de los cuales se ha de tener vergüenza) de la arquitectura* [18:142].

Resurge también desde otros planteamientos, como en el caso de las casas con patio de Mies van der Rohe. Para Rafael Moneo, aun cuando Mies podía referirse a una serie de casas bajo el apelativo genérico de casa patio, utilizaba tal calificativo *más como la alusión a un tipo bien conocido que como un intento de caracterizar con él un desarrollo tipológico*. En último término, las cosas están definidas por el modo en que el arquitecto ha materializado el espacio; el patio propiamente dicho no es en este caso quien estructura la forma; el espacio es más importante, más activo que el tipo [164:594].

Las necesidades derivadas de la destrucción de la Segunda Guerra Mundial reabren el debate iniciado en los años veinte. En marzo de 1952, Walter Gropius recopilaba la manera de afrontar el hecho constructivo en el pasado, frente a una audiencia de arquitectos: *Si observamos el pasado, vemos que existía un evidente denominador común en la variedad de expresiones individuales. El deseo de repetir una buena forma estándar parece una función constante de la sociedad* [102:111].

Estos estándares eran el resultado de los medios de producción y las maneras de vivir, y constituían la síntesis de las mejores aportaciones individuales para solucionar determinados problemas repetitivos. Las formas estándar de la pasada arquitectura ofrecen una feliz combinación de técnica e imaginación, o mejor, una completa coincidencia de ambas. Pero si no se supervisan y se renuevan continuamente, los estándares se hacen inciertos.

Tipo como forma o esquema base: Argan y Rossi

Cuando de una solución se deriva un tipo, no hay una reproducción o una consagración intocable de sus formas. Lo que se perpetúa como tipo es la idea principal que caracteriza a esa solución frente a las demás, aquello que la hace diferente de lo hasta entonces ocurrido y que posee cualidades o valores de suficiente interés como para despegarse de la formalización concreta de la solución y abstraerse como tipo.

En tales procesos, el tipo precede y dirige el diseño; lo que incluye cuanto existe de codificable y transmisible, no sólo en el patrimonio arquitectónico, sino en el patrimonio cultural de una determinada sociedad anterior, cuyos valores son retenidos total o parcialmente como todavía actuales.

Esta vinculación patrimonial es extendida por Aldo Rossi del elemento al edificio y de éste a la ciudad.

Para Aldo Rossi el tipo *–como enunciado lógico permanente y complejo que se antepone a la forma–* es fundamental, pues *se va constituyendo según la necesidad y según la aspiración de belleza: es único y sin embargo variadísimo en las diferentes sociedades, y está ligado a la forma y al modo de vida. Es lógico, por tanto, que el concepto de tipo se constituya como fundamento de la arquitectura y vaya repitiéndose tanto en la práctica como en los tratados ... Importantes cuestiones tipológicas siempre han recorrido la historia de la arquitectura y se plantean normalmente cuando afrontamos problemas urbanos* [200:78].

La mejor referencia del tipo en la relación con lo construido quizás sea la de Giulio Carlo Argan, quien lo define en su enciclopedia como *un modo de organización del espacio y de prefiguración de la forma, una forma-base deducida por la superposición selectiva de una serie de realizaciones confrontadas entre sí* [19:vol. XIV, col. 4].

En esta definición se maneja un proceso, un objeto y un resultado; el primero se refleja en los conceptos de superposición selectiva, serie de realizaciones y confrontación entre ellas; el objeto del proceso aparece referido a cualidades de forma y espacio; su resultado, por último, se ofrece como modo de organización y prefiguración, o forma básica. Ese proceso de reconocimiento o identificación de algo entre una serie de ejemplos es sustancial al origen del concepto. El tipo es el resultado de una comparación o confrontación entre objetos similares de los cuales se induce, intuye, entresaca o identifica un núcleo de sentido[8].

Para Argan el tipo se configura así como un esquema deducido a través de un proceso de reducción de un conjunto de variantes formales a una forma-base común [18:61]. El concepto de forma-base o básica se ha utilizado en sobre todo relación con la articulación y características de la planta en arquitectura, pero en realidad funciona como esquema tridimensional. Se trata de una morfología en sentido amplio, más como expresión sensible total de la obra (*Gestalt*) que como pura consideración o enumeración de variaciones formales.

En cualquier caso, el estudio de los tipos proporciona eficaces puntos de apoyo al proceso de diseño, y es el único camino para una reutilización más directa de la historia. De acuerdo con Argan, *a través de la reducción de las obras precedentes a un tipo, el artista se libera de los condicionamientos de una forma históricamente definida y neutraliza el pasado*. Según ello, entiende Oriol Bohigas, con la

8 Como excepción y de forma aislada, Muratori y algunos de sus discípulos defienden un concepto de tipo ajeno a la búsqueda intuitiva de semejanzas. Lo consideran como una *síntesis a priori*, no derivada de procedimientos analíticos, pero que existe en la mente del diseñador antes de una utilización particular de él. Es un *proyecto mental* elaborado colectivamente a través de concretas experiencias vitales, expresión de una cultura codificada independientemente de la voluntad individual y es por ello utilizado espontáneamente por el operador. Véase [94:16].

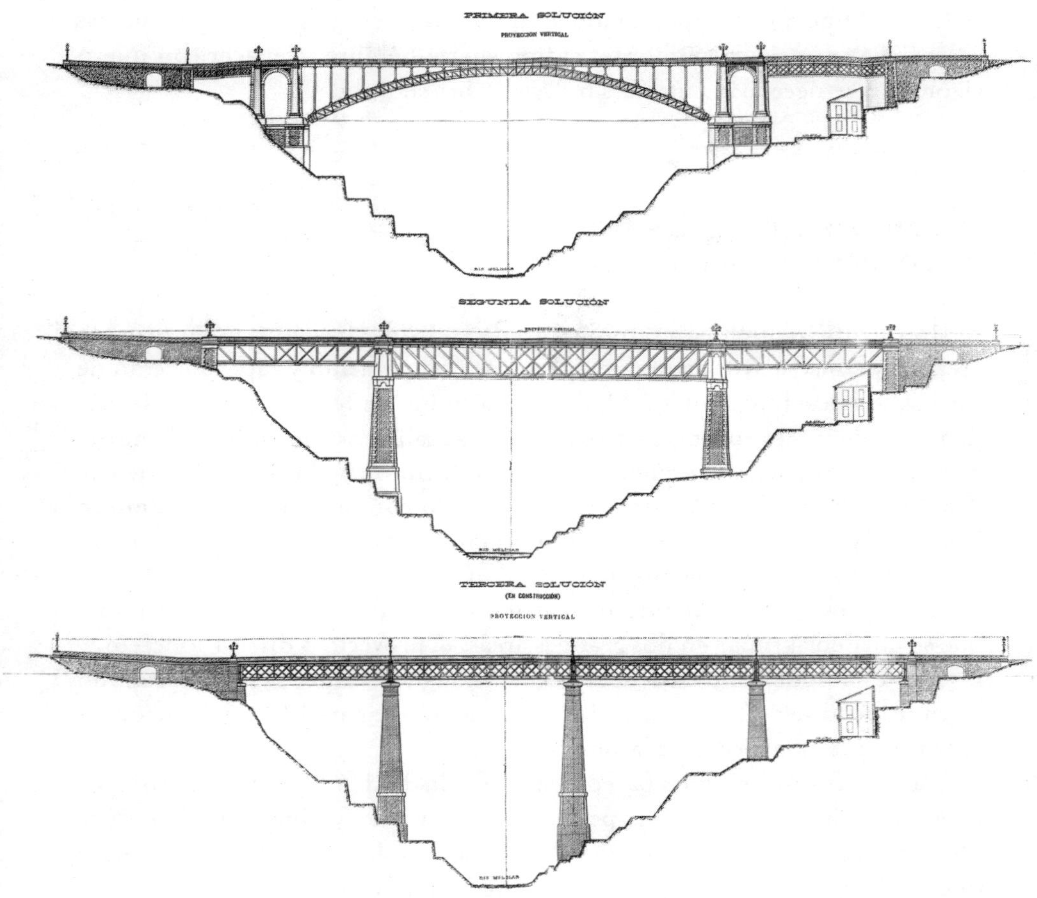

Viaducto de Alcoy, soluciones de diseño [Rop. 3419:65]

utilización de los tipos se puede absorber la experiencia histórica sin caer en la imitación [39:163].

* * *

La idea de tipo es, en el fondo, indestructible. Cuando crece la variedad de elementos presente en un sistema, el recurso al tipo como posibilidad para su agrupación o clasificación resulta ineludible. El rigor politécnico reduce la escala del tipo desde el edificio al componente, mientras la creatividad de Mies la amplía a la propia manera de proyectar. Los arquitectos del movimiento moderno lo trasladan a un nuevo ámbito, el de la repetición. Gropius o Le Corbusier, preocupados por la enorme cantidad de viviendas a construir, reducen el tipo a prototipo, a modelo industrial o estándar. Aunque muchas veces se ha anunciado su muerte, el tipo vuelve siempre a renacer con nuevo vigor. Parece necesario entonces indagar sobre su utilidad.

Utilidad del tipo para el diseño y la ordenación de soluciones

El tipo se utiliza bien como momento de individualización de un proceso creativo y constructivo dado que opera por comparación y superposición de formas constructivas simples, bien como término de referencia capaz de evidenciar soluciones constructivas particulares realizadas a lo largo de la historia. El tipo entra como esquema difuso e indistinto en el proceso creativo de diseño, vaciando las soluciones simples que lo componen de su contenido funcional y expresivo. En la práctica funciona como un esquema previo respecto a la materialidad del objeto a construir.

El tipo es un instrumento de trabajo útil en una amplia gama de tareas que se pueden agrupar en dos grandes áreas, el proyecto o diseño concreto, y la clasificación de conocimientos y experiencias. En ambos casos, el sentido de su utilidad se deriva de las facilidades que ofrece para la consideración de lo construido por medio de la similitud.

En la *ordenación*, el tipo aparece como resultado de un proceso de comparación de soluciones históricas por analogías formales y funcionales donde se identifican una serie de características comunes; sólo así pueden definirse los tipos y nunca como proyectos, definiciones o desarrollos *ex novo.*

El establecimiento de tipos requiere un modo de operar quizás similar al del coleccionista, en la medida en que se entiende el coleccionismo como un recoger y acumular los fenómenos de una misma familia en torno a su centro propulsor, a su núcleo pulsante, y a su principio de reconocimiento que, en último análisis, es como un comparar. Con el coleccionismo se relaciona esencialmente el juicio comparativo que sustrae los objetos de su dispersión empírica y compone el cuadro de sentido, en el cual cada objeto es expresión enciclopédica de toda su propia época [100:173].

Los tipos no sólo transmiten organizaciones espacio-estructurales recurrentes, sino también aquellos aspectos del patrimonio cultural del cual son expresión y que pueden ser clasificados tipológicamente. En esta fase, ese patrimonio heredado del pasado viene confrontado con la cultura, las exigencias y las experiencias del momento.

En cuanto al *diseño*, los caracteres sintetizados por el tipo son retenidos y re-propuestos por el diseñador, en tanto los encuentre compatibles con sus

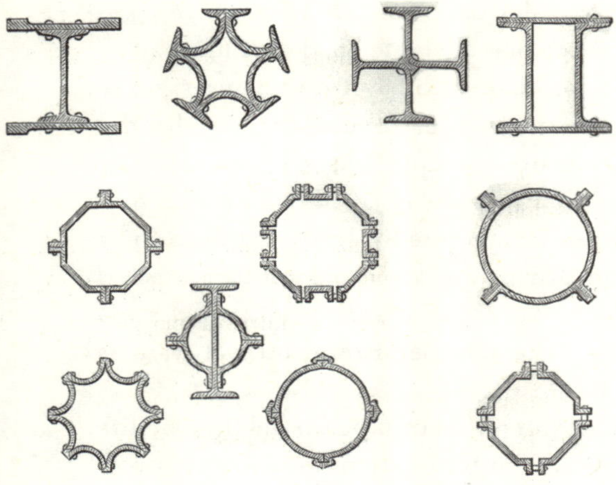

Celosías con tubos fundición y forja, secciones [62:V.II-412]

objetivos de proyecto. El tipo se utiliza como esquema morfológico básico y provisional, en torno al cual se organiza la forma. Las preexistencias históricas en él recurrentes ayudan a encaminar la composición inicial hacia una prefiguración satisfactoria para las intenciones del diseñador. No es forma, sino intención o proyecto de forma, y no se limita a una idea morfológica, pues también aporta una anticipación fundamentada de la organización general, los detalles y el proceso constructivo [94:23-26].

Puente de Nottingham (Tarbotton, 1870) [155:159]

El recurso al tipo no implica necesariamente una nueva propuesta basada completamente en formas del pasado, pues puede ser invocado dialécticamente como vía para su reconsideración o su transformación con nuevas ideas. No es por tanto un instrumento determinista, pues sobre esas prefiguraciones iniciales trabaja la voluntad de expresión formal de cada diseñador, en principio no sólo diferentes sino hasta alejadas o contrapuestas entre sí según su bagaje cultural, tal como se elabora más adelante en el capítulo 4.

De acuerdo con ello, Colquhoun piensa que no hay arquitectura si no se acepta una cierta dependencia con respecto a las formas inteligibles del pasado, es decir, no hay arquitectura si no se acepta la noción de tipo. La conciencia de la convención permite u obliga a que el creador dote de significado a la obra, y acepte o rechace voluntariamente los tipos, explicando su posición ideológica. Más directamente, afirma que *la obra de arquitectura necesita el tipo para evitar el vacío existente entre el pasado, el instante en que la creación tiene lugar, y el mundo en que se inscribe*, pues los tipos y formas culturales persisten y estructuran las direcciones del desarrollo tecnológico [55:sp].

En las siguientes fases del proceso de diseño, la utilización del tipo facilita el desarrollo de la solución. Habitualmente nunca hay tiempo de estudiar con extremo cuidado los detalles, las disposiciones de armaduras, los anclajes o los apoyos, y no suele ser fácil encontrar de golpe las mejores soluciones a problemas concretos. Por ello, el recurso a la propia experiencia y a la de los colaboradores se completa con la ayuda de lo aportado por proyectos y soluciones anteriores del mismo tipo[9].

Con la *síntesis creativa*, en la cual los resultados unificados antes son posteriormente confirmados y renovados, se alcanza la definición de una nueva forma, enriquecida de precisas referencias a la historia, que podrá quizás constituirse en tipo en función de su utilización posterior, y pasará a formar parte de la clasificación o a reestructurarla completamente, como se desarrolla más adelante en el capítulo 4.2.

Clasificación y tipología

La ordenación generada con el tipo tiene marcadas diferencias con las clasificaciones promovidas científicamente para abarcar la totalidad de un campo de conocimiento. Es cierto que la identificación de tipos es una tarea ineludible de la ciencia, la filosofía o la historia, pero las diferencias entre género natural y tipo cultural, en lo referente a la problemática de unicidad y repetición, muestran el distinto carácter de su indagación.

La investigación científica es, por definición, reproducible y con los mismos sujetos e idéntica manipulación deben coincidir los resultados. No así en la indagación cultural, donde la unicidad de la obra, en principio no reproducible

9 Nicolas Esquillan, en [139:171].

por la naturaleza, viene asociada a una peculiar mirada que elabora una interpretación comprehensiva de múltiples obras esparcidas por diferentes lugares del mundo. Nunca dos críticos escogerán el mismo universo de obras a interpretar, ni lo harán en términos idénticos [182:148].

La ordenación tipológica nunca aspira a afectar a toda la población, es ajena a cualquier pretensión de generalidad. Su validez viene relacionada con la potencia o claridad del universal abstraído para construir un cuadro o conjunto que permita valorar mejor cada uno de esos individuos.

Por ello, el establecimiento de una tipología no es una operación con aspiraciones científicas, y aparece claramente vinculado a la perecedera crítica de lo cultural surgida de la visión personal. De hecho, la capacidad descriptiva de una tipología puede ser muy superior a la de una clasificación, como bien demostró Borges cuando dividió los animales en: *pertenecientes al emperador, embalsamados, amaestrados, lechones, sirenas, fabulosos, perros sueltos, incluidos en esta clasificación, que se agitan como locos, innumerables, dibujados con un pincel finísimo de pelo de camello, etcétera, que acaban de romper un jarrón, que de lejos parecen moscas*[10].

Igualmente notable es otra reflexión suya sobre la dificultad de aprehender la totalidad, realizada en otro cuento: *Me quedé pensando y le pregunté si verdaderamente se sentía hermano de todos. Por ejemplo, de todos los empresarios de pompas fúnebres, de todos los carteros, de todos los buzos, de todos los que viven en la acera de los números pares, de todos los afónicos, etc.*[11]

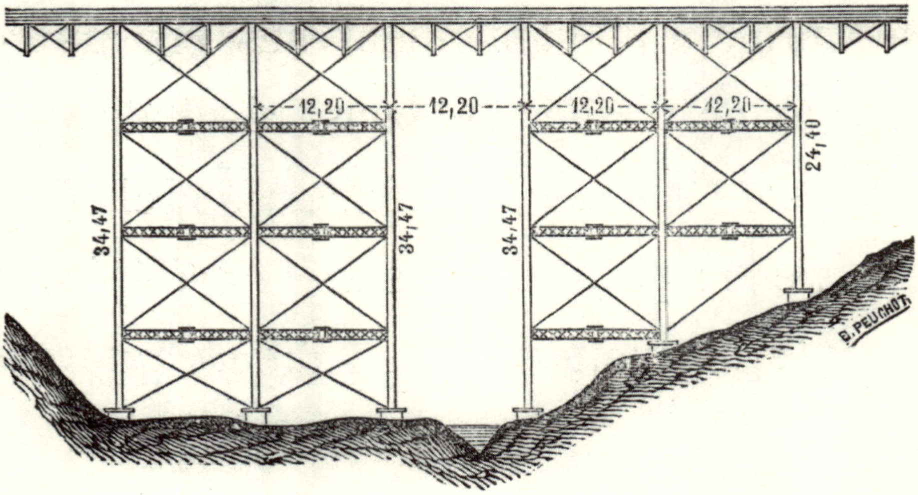

VIADUCTO DE DALE CREEK [62:V.II-438]

10 Borges, Jorge Luis; 1951. *El idioma analítico de John Wilkins. Otras inquisiciones*. Buenos Aires, Emece, 1983.
11 Borges, Jorge Luis; 1951. «El Otro». En: *El libro de arena*. Alianza Editorial, Madrid, 1979.

En la **clasificación**, la sistematización se obtiene por discriminación de los individuos según su respuesta a un criterio ordenador, afecta a todos ellos y los define como pertenecientes o ajenos a una clase. Para establecer una clasificación es necesario fijar unos criterios. De manera general, los criterios se van adecuando a las cambiantes condiciones del universo que se pretende clasificar.

En el mundo antiguo, los puentes construidos se muestran como una solución indiferenciada a un problema de paso: no cabe discriminar, porque todos los puentes son iguales. Para su clasificación acaso pueden utilizarse las *medidas*, con puentes estrechos o anchos, de mucha o poca luz; la *forma*, como los puentes planos o en lomo de asno; la distinción entre puentes fijos y *provisionales*, de madera, con pilotes o sobre barcas. Pero no se habla de puentes en arco, porque todos lo son, ni de puentes de fábrica porque todos los fijos son de piedra.

Viaducto de madera en Austria, alzado, pila y sección [62:V.II-290]

Más adelante, el *comportamiento estructural* surge como criterio de fijación del género. El desarrollo de los puentes colgantes produce el efecto reflejo de reforzar la idea de arco, dado por supuesto hasta entonces como solución habitual de los puentes (cuadro 5 en cap. 9). Hay entonces un tipo y su inverso, y se distinguen porque uno trabaja a tracción y otro a compresión, lo que se extiende a la flexión de la viga.

Posteriormente, se utiliza la *disposición* de los elementos para organizar la multiplicidad de vigas en celosía, y el uso del hierro fundido en el puente de Coalbrookdale supone la introducción del *material* como criterio diferenciador, lo que es potenciado con la reaparición del hormigón. Por último surge el *proceso constructivo* como criterio clasificador.

En cualquier caso, cada época pone su acento en uno u otro criterio diferenciador, y son los propios puentes quienes, en definitiva, marcan la pauta para su estudio y producen las diferencias que estimulan su percepción, comprensión y disfrute.

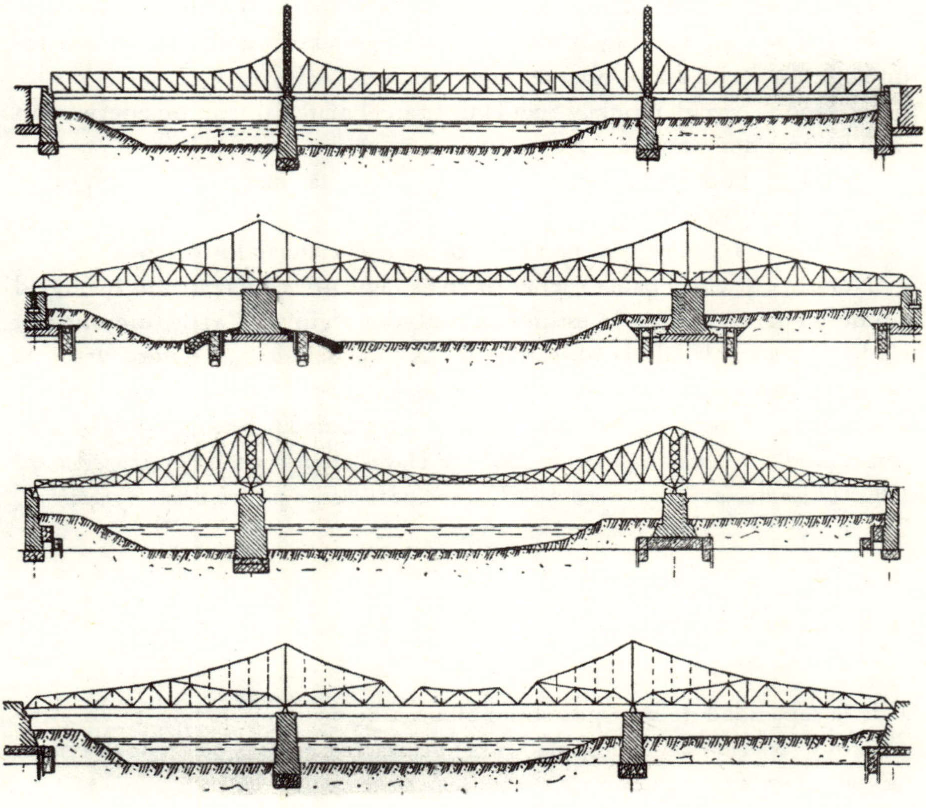

Cuatro soluciones para el puente de Mamnhein (1887) [159:579]

Por su parte, una **tipología estructural** es una ordenación de las soluciones estructurales que se han consagrado como tipos. En los tipos se deposita la esencia de lo ingenieril, aquello que permite la asimilación de nuestro quehacer a las actuaciones anteriores y lo incorpora a los conocimientos existentes de manera utilizable en el futuro.

El tipo no se presenta como resultado de una operación de clasificación, según la aplicación de un criterio o ley superior. No se *deriva* de una idea, sino que *surge* de la apreciación intuitiva de las similaridades observadas en muchas obras particulares. La construcción de una tipología responde a la discriminación perceptiva de las diferencias similares y las similitudes diferentes. Cada diseñador entiende su disciplina de una manera peculiar y organiza sus conocimientos con diferentes criterios.

Un voluminoso manual sobre ingeniería de puentes muestra una organización del estado de la técnica a finales del siglo definida por T. Y. Lin, donde hay una parte destinada a la práctica en todo el mundo, encargada a diferentes diseñadores. Cada uno de ellos ha organizado la exposición de conocimientos y realizaciones con criterios personales [52:sp]:

en Europa, el criterio utilizado por Jean Muller es la luz del vano;

en China, Guohao Li y Rucheng Xiao eligen el comportamiento estructural con un inciso en los puentes metálicos;

en Japón, Nagai, Yabuki y Suzuki utilizan el material, con una derivación hacia los grandes vanos;

en Rusia, Popov y sus colegas mezclan historia, materiales, comportamiento estructural y teoría;

en Estados Unidos, Norman F. Root sigue el criterio histórico.

Nuestra capacidad para ordenar las cosas viene precedida por una habilidad aprendida para ordenar los estímulos recibidos según pautas de diferencias y similitudes surgidas de la observación. Es bien sabido que vemos desde la memoria, por lo que no cabe una interpretación secuencial de observación y ordenación, ni tampoco descansar en una racionalidad previa, pues la observación la modifica constantemente. Fiedrich Hayek afirmó que *la mente no es guía sino más bien producto de la evolución cultural, y se basa más en la imitación que en la intuición y la razón*[12].

El papel del tipo en el proceso de diseño

Dada la capacidad de los tipos como elementos ordenadores de los conocimientos y experiencias del diseñador, su utilización en el proceso de diseño es necesariamente muy temprana.

12 Hayek, Friedich A.; 1990. *La fatal arrogancia: los errores del socialismo*. Unión Editorial, Madrid: 54.

El primer contacto –quizás chispazo– entre el sitio y los conocimientos del diseñador se produce a través de la consideración del tipo. Hay una primera impresión, probablemente fugaz, en torno al tipo idóneo para resolver el paso planteado. A la concepción clásica del trabajo de los ingenieros le gusta presentar ese contacto como un repaso sistemático de los tipos, sopesando los pros y los contras de cada uno de ellos, con la inestimable ayuda de

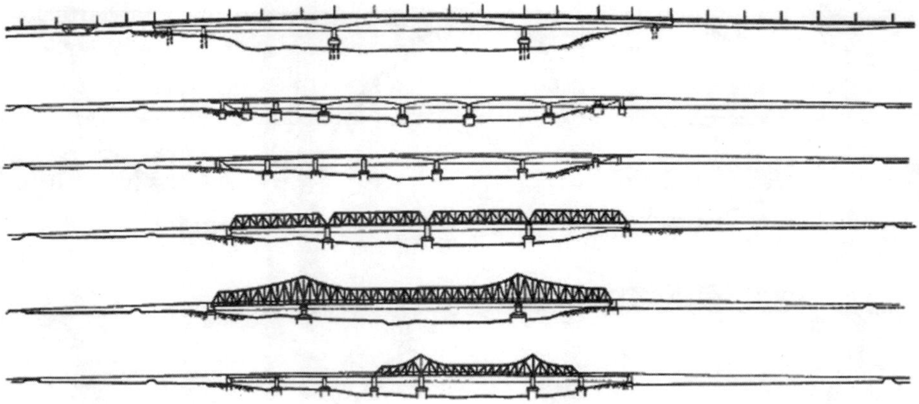

ALTERNATIVAS PARA EL PUENTE KUT (1960)

algún tanteo previo. Pero hay también otras pulsiones más potentes, relacionadas con su trayectoria y momento profesional al abordar el encargo. Antes de enfrentarse a un nuevo diseño, de manera consciente o inconsciente, el *momento creativo* del diseñador lleva consigo apetencias de utilización de conocimientos y experiencia todavía no aplicados.

Es frecuente que el diseñador disponga de una *cartera* de ideas previas que contiene una especie de subconjunto de la tipología, con los tipos más atractivos en ese momento, más una serie de soluciones, esquemas o detalles disponibles para nuevos diseños. Estos últimos pueden provenir de soluciones utilizadas anteriormente en concursos no ganados, soluciones desarrolladas pero no utilizadas en obras construidas por razones locales, ideas prometedoras pero no desarrolladas, o simples caprichos personales que esperan la oportunidad de ser utilizados. Estas ideas normalmente ligadas y ordenadas con los tipos constituyen esa especie de *cartera*, *portfolio* o catálogo de retazos e intenciones, que nutre de manera activa y disponible «la paleta» del diseñador.

Ojo y corazón terminan por lograr un compromiso en torno a una primera hipótesis de selección del tipo. En este sitio viene bien un arco; este barranco necesita un viaducto en tramo recto pues no hay ladera donde apoyarse; con este terreno mejor ampliar la luz; aquella celosía que no salió allí quedaría bien aquí... Del primer aluvión de posibilidades surgidas tanto del lado del tipo como del lado del lugar, sólo unas pocas pasan a una etapa de contraste más sistemático.

José Eugenio Ribera nos legó un voluminoso, aunque algo forzado, ejemplo de sistemática. Para su puente del Pino sobre el Duero probó hasta doce soluciones que fueron desarrolladas hasta obtener una primera estimación de coste.

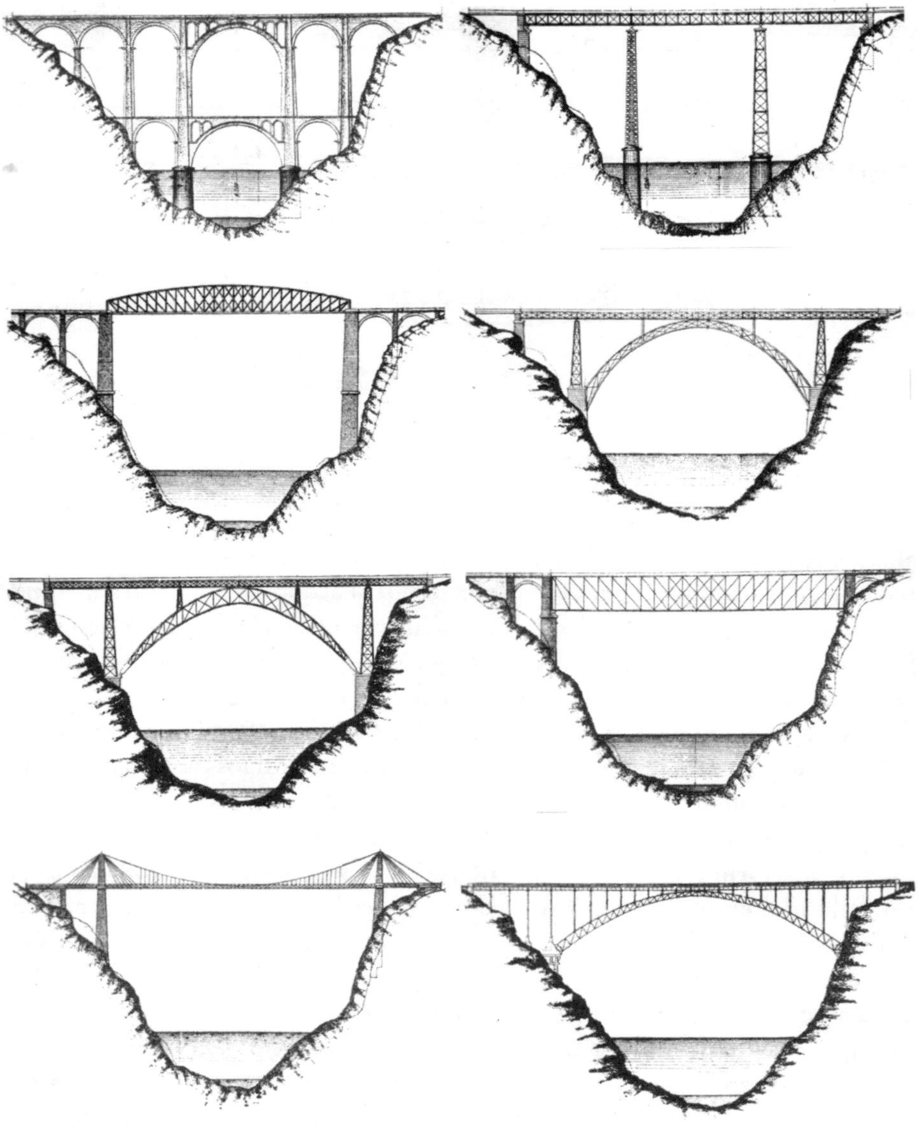

Soluciones para el puente del Pino (José E. Ribera, 1902)

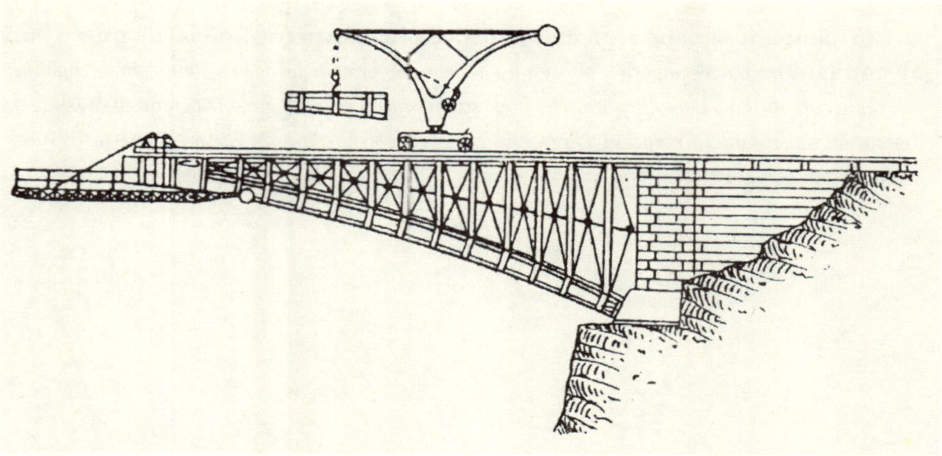

Puente sobre el Cinca, montaje (Mathieu, 1865) [98:436]

Ribera eligió el diseño más barato, casualmente un arco perfectamente encajado en el sitio, convertido con el tiempo en una de las joyas del patrimonio de la ingeniería española. En el libro luego publicado sobre este proyecto, reconoció que su diseño era excesivamente ligero y que fue necesario reforzarlo[13].

El proceso de diseño continúa con la fijación inicial del número de vanos y sus respectivas luces. De acuerdo con el ingeniero francés Nicolas Esquillan, *la primera y esencial tarea es la determinación de los puntos de apoyo más juiciosos, tanto verticales como horizontales, y organizar la estructura para conducir las fuerzas de la forma más racional posible y en todo caso la más económica* [147:166].

Luego hay una primera interrogación sobre material y proceso constructivo, ya totalmente del lado de la experiencia personal y de nuevo recurrente al tipo, ahora a un nivel inferior como subtipo. El arco, ¿será metálico o mixto?, ¿se podrá construir por voladizos sucesivos? Continúa Esquillan, *tras haber bosquejado sumariamente algunas posibles estructuras y sus dimensiones aproximadas, bien recurriendo a obras anteriores o por medio de métodos de cálculo simples, la cuestión que debe plantearse el ingeniero-constructor, antes de seguir sus investigaciones sobre formas y disposiciones es: ¿cómo realizar estas estructuras?, ¿por qué procedimientos?, ¿con qué material?*

En esta etapa las pulsiones deben superar el contraste de la experiencia y de las cifras para salir adelante. Hay un continuo ir y venir de la idea al detalle, de lo particular a lo general, en un apasionante proceso donde todo tiene que cuajar. Croquis y números se alternan en el protagonismo de un proceso cuya maduración puede llevar días, semanas o meses. Oficio y creatividad comparten el esfuerzo del que surgen los primeros atisbos de la forma.

13 En la España de principios del siglo XX, un kilogramo de hierro de más era un enorme dispendio y cabe preguntarse si no forzaría Ribera el cálculo para sacar adelante el arco.

Y también se debe anticipar el proceso constructivo, pues, de nuevo con Esquillan, *me parece imposible disociar los dos estadios principales de la elaboración de cualquier obra: la concepción y la realización. Desde el estudio inicial es indispensable pensar en su modo de ejecución y adaptar la concepción a las condiciones probables de la construcción, en sus fases, sucesión y ritmo* [147:175].

4. CREACIÓN Y TRASCENDENCIA DE LA FORMA
Esencia

Forma dat esse rei
(La forma da el ser a la cosa)

El concepto de forma es un componente sustancial de todos los ámbitos del conocimiento, tanto en la ciencia, como el pensamiento o el arte, y está en la base de los procesos mentales de percibir y conocer. Por ello, sus posibles definiciones suelen ser tautológicas y es mejor acercarse al concepto a través de las diferentes acepciones que ha ido adoptando para adecuarse al modo de pensar de cada época. Para destacar alguno de sus múltiples significados se ha recurrido a palabras como figura, idea, apariencia, estructura o imagen, e incluso se ha mezclado con las palabras modelo o tipo, aquí precisadas de otra manera. Pero, aunque todas tienen sus connotaciones particulares, comparten algo de ese principio común que es la forma.

Leandro Madrazo, en su estudio sobre el concepto de forma como nexo entre pensamiento y arquitectura [135:22 y ss], distingue diferentes modos de pensar la *forma-Idea, idea, tipo, sistema, estructura, imagen*, que se han sucedido temporalmente.

En la filosofía de Platón, el concepto de forma está en el centro de la distinción entre lo inteligible y lo sensible, entre las realidades eternas –las *Ideas* o formas– y el mundo de las apariencias. En su origen el concepto aparece ligado a la doctrina griega de la mimesis, primero entendida como personificación y posteriormente como relación entre el modelo (paradigma) y la copia, que Platón explica recurriendo a la producción de objetos: los muebles que fabrica el artesano son copias imperfectas de una Idea, el pintor imita en el cuadro la apariencia de las cosas. No transmiten por tanto el conocimiento verdadero –ligado a esa Idea cuyo artífice es el demiurgo– sino sólo la apariencia. El concepto de Idea está inextricablemente unido a la Verdad y la Belleza.

En el Renacimiento, la *Idea* trascendente de Platón se hace más racional y es sustituida por la *idea* que el sujeto obtiene a partir de la experiencia; ya no se contrapone a la realidad sensible ni se propone como prototipo de ella, sino que aparece como producto del conocimiento. El vínculo entre lo bello y lo metafísico comienza a disolverse, y la estética comienza a hacerse autónoma, lo que culminará en el siglo XVIII cuando Baumgarten la formule como disciplina. Empieza a haber conciencia de su percepción; la forma puede ser pensada por el artista, representada luego con el dibujo o la maqueta, y realizada después por el constructor. Esa disociación entre la idea y su representación es la aportación fundamental del período al concepto de forma.

En los siglos XVII y XVIII el interés por la forma se plantea en lo metodológico, en la necesidad de distinguir sus leyes de formación o principios constitutivos, en entenderla como referencia de la idea. Surgen así las primeras nociones de *tipo* como forma primaria o principio generador, derivadas de la observación de la naturaleza, con las derivaciones de arquetipo y modelo ya analizadas en el capítulo anterior. El capricho del artista renacentista debía basarse en principios objetivos ligados con lo esencial del objeto.

El racionalismo de finales del XVIII dio un paso más con Durand, hacia la idea de *sistema* y composición, haciendo intervenir el procedimiento para la conformación de lo construido por medio de unas reglas. Y con Semper, que asocia el material y la técnica a los principios básicos determinantes del tipo, como bases para establecer el origen de las formas. Ideas que evolucionan a lo largo del siglo XIX hacia el concepto de *estructura*, como condición de la forma, primeramente utilizado para explicar la manera en que se organizan las moléculas de los cristales y las formas que adoptan.

Con el formalismo de finales del siglo XIX, el concepto de forma se relaciona con el estudio científico de la percepción. La *forma* percibida se distingue de la cosa percibida, añadiendo la componente de su representación en el cerebro y haciendo intervenir ya las condiciones de observación[1]. Se perfila la idea de *Gestalt* –la organización más simple, estable y regular que los objetos parecen adoptar en unas condiciones determinadas– que no está ni en el

1 En relación con ello, el *tipo* –según la definición de Wundt– es la forma más simple que puede representar a una determinada ley de la estructura o de la composición [135:34]. Wilhem Wundt (1832-1920), fundador de la psicología experimental, en su obra *Logik* (1880-1883), cit. en [135:34].

Composición con diferentes arcos y rasantes

objeto (no es su configuración interna) ni en el sujeto (no es un *a priori* de las sensaciones), sino que se da simultáneamente en ambos.

Según ello, precisamente a través de la forma es posible percibir artísticamente la realidad, no tanto como simple percepción sino como representación[2]. Y esa representación es capaz de expresar rasgos funcionales a través de asociaciones con nuestra experiencia, capaces de sugerir movimiento o caracteres, como señala Hildebrand en su tratado sobre la forma, en el capítulo significativamente titulado *La forma como expresión de la función* [110:83].

Cuando lo que se analiza es una totalidad construida, las formas percibidas de esa realidad compleja, al movernos en su interior y exterior, se estructuran en torno a una *imagen*, de manera que la visión, la masa, el espacio y la forma concurren en una única estructura percibida. Para que esa imagen se afirme con fuerza es preciso despojarla de lo adherido, extraer lo esencial que se oculta tras el ornamento y hacerla visible para darle un significado estético. Actualmente, la imagen ya no se considera una consecuencia de la idea, sino

2 En su más simple expresión, la forma representa el componente material que la condiciona pero, de manera más elaborada, puede representar también motivo, ocasión o acontecimiento, en tanto condicionantes de los cambios de la forma. Véase: Pérez Carreño, Francisca, 1988. *Forma y Visión*, en [110:13].

más bien al revés: las ideas son producto de las imágenes. Y las imágenes actúan como *signos* que antes se referían al mundo trascendente de las ideas y ahora se relacionan con otras imágenes [135:37 y 39].

La creación autónoma de la forma

En ese paseo por las sucesivas interpretaciones de idea, tipo, estructura, imagen o signo, la forma adquiere perfiles relacionados con los conocimientos y preocupaciones de cada época, pero siempre fue reconocido su importante papel en la apreciación de la obra. Tal como ya reconocía Joseph Husband en 1901, *La forma expresa directa e instantáneamente la respuesta creativa del diseñador a una necesidad, función o entorno particular, y demuestra la magnitud de su talento en el uso de los materiales* [116:sp].

La importancia obvia de la forma en el diseño de los puentes ha sido muchas veces arrumbada en favor de un cierto determinismo. Son frecuentes las opiniones críticas que entienden las formas como producto directo del cálculo o como una especie de manifestación primigenia de los propios materiales o de las técnicas. Hay un cierto afán en considerar las formas de los puentes –y en general de cualquier obra de ingeniería– como algo por completo ajeno al diseñador, a su cultura, y al acto creativo realizado en el propio diseño.

Como ya se vio, ese pretendido determinismo, quizás enraizado en aquellas concepciones de la forma volcadas a su vinculación con lo esencial, se reforzó con la sesgada consideración de la obra de ingeniería como contraste frente a una arquitectura historicista, empleado para enfatizar las virtudes de la arquitectura moderna (cap. 1). Todo ello estaba basado en una pretendida separación entre técnica y creación, surgida de las doctrinas antiindustrialistas que proliferaron a mediados del XIX.

Su principal exponente fue William Morris, quien, en su batalla fundamentalista contra la técnica y la industria, vinculó el concepto de *forma técnica* a los objetos producidos industrialmente: *Toda forma técnica se desarrolló exclusivamente a partir de la función, y la historia de las formas técnicas sólo es un proceso continuo de perfeccionamiento de la forma, adaptándola más y más a su función. La forma técnica no es inventada en la mesa de dibujo mediante los esfuerzos de determinado diseñador, sino que se desarrolla en la práctica mediante un esfuerzo colectivo*. No obstante, a pesar del origen y la orientación industrial de esta afirmación, algunos teóricos de la arquitectura la extendieron frívolamente al mundo de la ingeniería civil, ignorando la obligada particularidad conferida por su necesaria adaptación a la naturaleza que la motiva y acoge [22:66].

La creciente variedad de soluciones ha abierto paso a la aceptación profesional de la incidencia del diseñador sobre las formas de los puentes construidos.

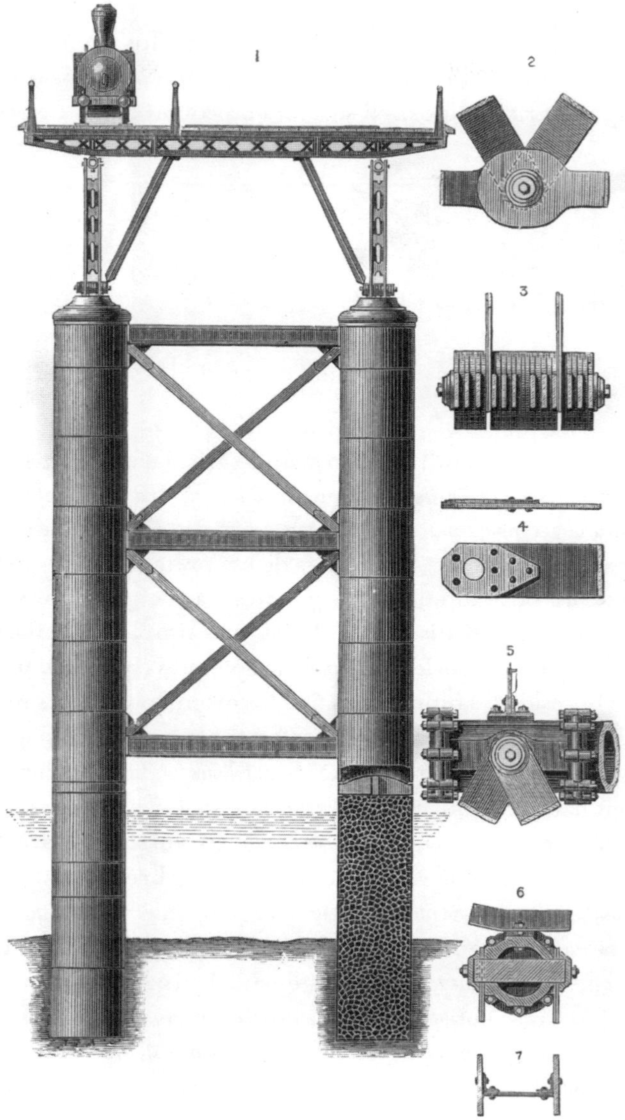

Puente de Queensland, pila y sección con detalles [155:173]

Esto puede parecer obvio pero, durante muchos siglos, el diseño de la forma de los puentes de gran luz parecía dominado por razones de necesidad. Sólo en las obras de menor entidad, como pasarelas o puentes de poca luz, implantadas en la ciudad, afloraba la autonomía formal del diseñador, enseguida etiquetada como simple decoración. Sin embargo, un examen atento de las formas y composición de los puentes construidos permite apreciar significativas aportaciones formales en los puentes de cualquier material, época o tipo. No hay dos puentes iguales, salvo los diseñados específicamente para ser repetidos. Ni siquiera las copias pasan desapercibidas.

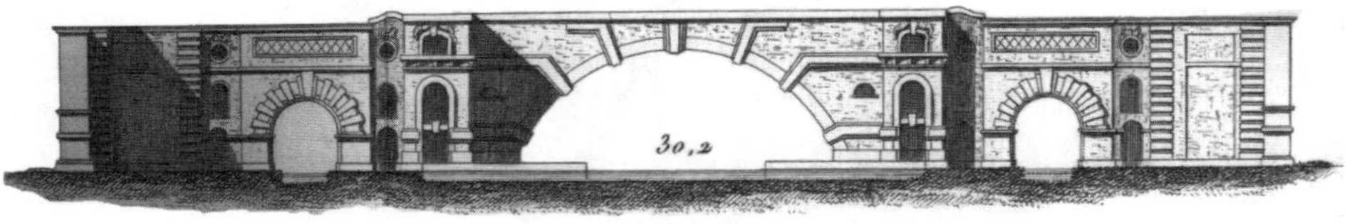

Puente de Blenheim, Oxford [91:I, Pl. II]

En este sentido, Morandi es claro cuando afirma: *Sólo es necesario estar moderadamente familiarizado con el diseño de estructuras para darse cuenta de que siempre es posible resolver funcional, estructural y económicamente un problema de varias maneras igualmente válidas*[3].

No parece fácil averiguar las razones de ese pretendido determinismo formal adjudicado *a priori* al diseño de los puentes o a cualquier obra de ingeniería, ni encontrar sus orígenes históricos. En su más simple formulación esta tendencia se concreta en la consideración de los puentes como productos determinados por las necesidades funcionales que los originan y por los requerimientos estructurales que los concretan como artefactos construidos. En cierto modo, se insiste en el principio funcionalista del *Form follows function,* enunciado por Sullivan, ya mencionado anteriormente al tratar de las formas activas.

Los propios ingenieros contribuyen a la confusión. El propio Nervi, en su influyente libro *Construir correctamente*, afirma sobre la arquitectura: *No hay duda de que cualquier producto de alta eficiencia es siempre estéticamente satisfactorio* [169:27]. La versión francesa introduce, inmediatamente después de la palabra eficiencia, la frase: *cést-à-dire d'une total vérité* (es decir, de una verdad total) [168:49].

Eduardo Torroja, consciente de las influencias funcionales y resistentes, señala que *el artista sabe jugar con los elementos estrictamente estático-resistentes de manera que, sin contravenir su esencial función mecánica, su aspecto, forma y hasta su expresión se modifiquen completamente* [233:316].

Todo ello no es óbice para que tanto el propio Nervi como los críticos más serios y los ingenieros más creativos coincidan en la autonomía de la forma en la obra de ingeniería. Nervi afirma que una obra de arquitectura correcta, es decir, que satisfaga totalmente las necesidades funcionales, estáticas, constructivas y económicas, puede ser estéticamente insignificante o expresivamente bella, *dependiendo de la esencial e inconsciente (sic) capacidad del diseñador*, pero nunca será agresivamente enojosa [169:27].

3 Ricardo Morandi, en el prólogo de [38:10].

En su análisis de la obra de Nervi, Giulio Carlo Argan afirma que *la forma de las estructuras no es solamente la manifestación sensible o la representación práctica de las fuerzas constructivas, sino también un agente especial de su determinación y organización en sistemas de equilibrio*. Y no duda en reconocer las profundas raíces culturales de las formas introducidas por su diseñador, cuando se pregunta: *¿Cómo no ver que las investigaciones técnicas de Paxton están relacionadas con el eclecticismo de mediados del XIX, las de Eiffel con el Art Nouveau, o los planos libres de Maillart con el constructivismo neoplástico?*

Según Argan, a pesar de lo indicado más arriba, la tesis de Nervi es que el método de investigación propio del arte estructural[4] *se desarrolla según actos y procesos idénticos a los que son considerados propios de la actividad artística*[5]. El cálculo matemático no constituye una guía suficiente para el proyecto estructural, pues conserva un carácter de generalidad y rigidez que el proceso particular de la creación excluye [17:9].

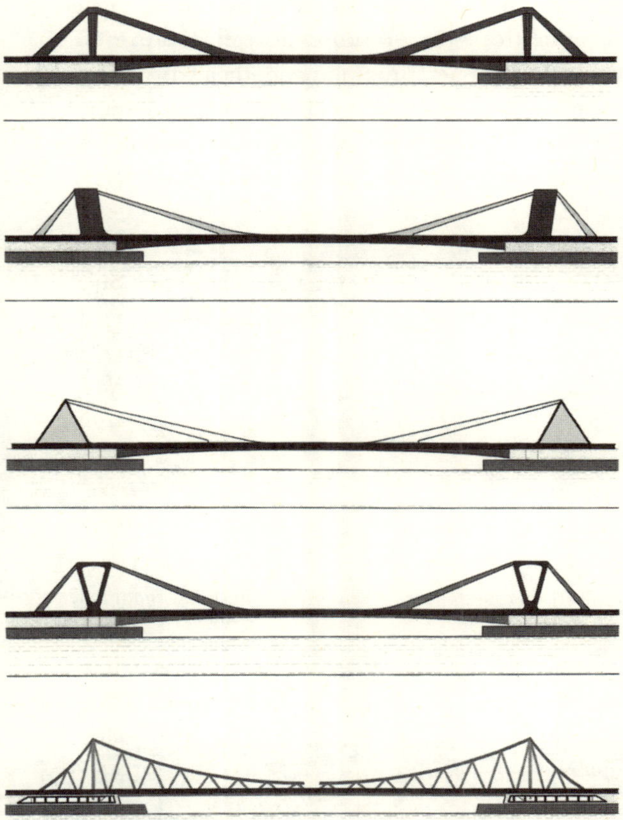

Aceptando más explícitamente la necesidad de ocuparse de la forma, Ove Arup señalaba que *un ingeniero que no se preocupe de la apariencia de lo que diseña en tanto funcione y sea barato, que no se preocupe de la elegancia, limpieza, orden y simplicidad por su propio valor intrínseco, no es un buen ingeniero* [241:232].

Cada solución, por el hecho de ser estructuralmente correcta, puede aspirar a su propia validez estética, pero no se debe confundir lo necesario con lo suficiente. Cuando no es estructuralmente correcta, ni siquiera es solución, si-

Puente levadizo, variantes formales (Martínez Calzón) [152:110]

4 Arquitectura técnica en la traducción argentina del texto.
5 Más adelante, Argan reconoce que la propia y natural inspiración, por estar inevitablemente influenciada por el conjunto de factores que constituyen el ambiente en que vivimos, es eficazmente expresiva de nuestro tiempo [17:27].

no problema; y siendo correcta, su forma alcanzará la belleza, la perfección o cualquier otra materialización de la excelencia, en función de las intenciones, la pericia o la suerte –por qué no– de su diseñador. Una vez construida, la solución transformada en obra debe pasar el filtro de la crítica, debe superar la prueba de aceptación por parte de la comunidad profesional. Tras ese primer control, la solución realizada deberá pasar nuevos filtros para convertirse en tipo e inspirar, a su vez, nuevas soluciones. A este itinerario se dedican los siguientes apartados.

Tectónica y expresión creativa

Cuando un diseñador se pone a trabajar en el desarrollo de una nueva forma, todas las formas anteriores de los puentes están presentes ante él. Esa presencia suele organizarse en forma de tipología personal, construida a base de criterios propios para encontrar similitudes y diferencias que permitan intuir o destilar los tipos. Utiliza esos tipos como esquemas-base, sobre los cuales establece nuevas formas impulsadas por su creatividad.

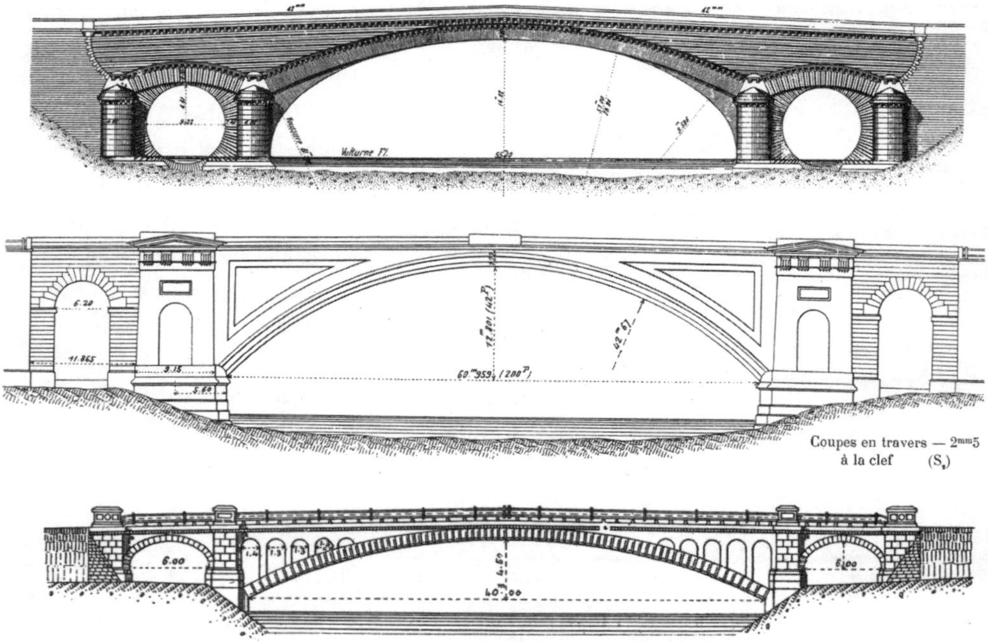

Tres puentes con la misma composición: Puente Anibal, Puente de Chester, Puente de Grasdorf [155:I-113;III-30 y IV-130]

El diseñador crea, pero no parte desde cero. Ya Gombrich estableció que *no somos libres frente a las formas del pasado*, ni frente a su validez como modelos tipológicos, pues esas formas han absorbido significados durante su devenir. Consecuentemente, habrá que tener en cuenta las formas, tipos y significados del pasado si queremos controlar conceptos que se interpondrán en el proceso creativo, tanto si nos gustan como si no[6].

Pero el arte de construir puentes es algo más que su mera fabricación, es un acto creativo. Ya maduro y habiendo construido todas sus grandes obras, Eugène Freyssinet repasa su trayectoria y la condensa en una famosa frase: *Je suis né constructeur. Imposer à la matière des formes nées de mon imagination est pour moi à la fois un besoin impérieux et une source de jouies inépuisables*[7]. La pulsión esencial de construir encuentra su cauce con el gozo de determinar la forma desde la propia imaginación.

El diseño creativo es la misión esencial del ingeniero y su más completa gratificación es trasladarla a la solución, dice Samuel Forman en su visión existencial de la ingeniería [83:142]. La ingeniería actual, dice Jörg Schlaich, requiere *creatividad, tecnología avanzada y sensibilidad artística*, si los ingenieros no pretenden reducirse a meros tecnócratas e incrementar su mala imagen pública [205:71]. Esa *creatividad* se basa en una percepción sensible a lo que es nuevo y diferente de lo anterior. No es exclusiva de unos pocos artistas, pero puede estar bloqueada, entre otras cosas, por una excesiva cultura [40:33 y ss]. Javier Manterola afirmaba recientemente que *para crear hay que ser un poco bruto y olvidarse de lo aprendido*[8].

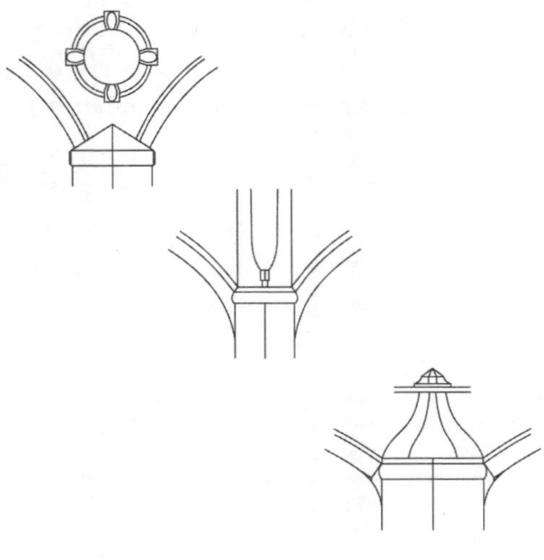

El triángulo del tajamar, soluciones [201:82 reelaborado]

Parece demostrado que la creatividad mejora con la educación de las habilidades expresivas, con el dominio del diseño de esquemas, dibujos y maquetas o por medio de enseñanzas especiales[9]. Pero también se alimenta con el conocimiento apasionado de las obras realizadas con sus aciertos y desaciertos,

6 Cit. en [39:179].

7 Freyssinet, Eugène; 1949. *La construction du pont du Veurdre*, Travaux, 194 bis.

8 En una mesa redonda sobre diseño, celebrada en la Escuelña de Ingenieros de Caminos en mayo de 2006.

9 Son bien conocidos los cursos de diseño conceptual impartidos por el profesor Jörg Schlaich en la Universidad de Stutgart para mejorar la creatividad de sus alumnos de ingeniería, muy mermada por el enorme caudal de conocimientos ténicos que se ven obligados a asimilar.

de la tipología de ejemplos y contraejemplos, de los nuevos tipos, de los hitos creativos y tecnológicos que apuntalan la fuerza de lo emblemático y del desmantelamiento de los tópicos.

Al acometer el diseño de un puente, el bagaje del diseñador contiene unos conocimientos, ordenados en su *carpeta tipológica* personal, y una capacidad expresiva de formalización que condensa su potencial creativo. Tanto los conocimientos como la manera de expresarse resultan de toda su carrera profesional, pero presentan matices y diferencias característicos del *momento creativo* del diseñador. Ese potencial creativo está ligado a una manera propia de expresarse, que se ha llamado de diferentes maneras. Una de ellas, particularmente atractiva, es la recogida en el concepto de *tectónica*.

Durante gran parte del siglo XX, la tectónica se relacionaba con el estilo general de una época o con las posibilidades expresivas de un material, sobre todo con las primeras utilizaciones del hierro y el hormigón[10]. Sin embargo, el dominio de estos materiales ha puesto en evidencia que cada diseñador puede utilizarlos de manera peculiar e imprime en ellos su sello personal. Ahora ya no cabe una estética del hormigón o del acero y, de acuerdo con ello, la tectónica surge de eso que permite reconocer la mano del autor cuando se estudia su obra. Cualquier diseñador dispone de una serie de recursos expresivos, concentrados en una particular tectónica que permite reconocer sus obras.

La tectónica se manifiesta en el potencial expresivo de su técnica constructiva, en cuanto a su capacidad de entroncar con el contexto, de articular las cualidades poéticas y cognoscitivas del material, de mantener viva la fuerza del esquema general a través de la elaboración de los detalles, o de conseguir

10 Esta aproximación floreció con las reflexiones estéticas sobre el hierro, a finales del siglo XIX, iniciadas por Gottfried Semper, profundamente impresionado por el Crystal Palace de 1851 y por las posibilidades clasificatorias de las formas desde la ciencia. Alfred Gotthold Meyer definía un estilo del hierro basado en la combinación de celosías, que permitían reconocer el recorrido de los esfuerzos por el esqueleto de barras y nodos, y que permanecía en esa condición reconocible en los pocos puntos donde se empleaban chapas [160:48].
Walter Benjamin dedica un importante capítulo de sus *Pasajes* a la construcción en hierro, donde también menciona cómo hacia 1878 se creyó encontrar la salvación en la arquitectura del hierro, que hizo esperar que *naciera un estilo* en donde reviviría lo esencial del estilo gótico, rejuvenecido gracias a los nuevos materiales [26:183]. Y destaca una gran contradicción: *Mientras que a gran escala se empleó un trabajo heroico en realizaciones ejemplares y pioneras, a pequeña escala ... era como si la gente, y en particular los artistas, no se atreviera del todo a confesarse partidaria de este nuevo material y de todas sus posibilidades* [27:879].
Más de cien años después, sin embargo, Peter Rice insiste en la aportación personal del diseñador —más allá de estilos y materiales— en las grandes estructuras del XIX. Para él, muchas estructuras actuales no poseen ni la calidez ni la personalidad de aquellas, receptoras de la gran dedicación y cariño que sus ingenieros habían puesto en ellas. *Como las catedrales góticas, estas estructuras son expresión simultánea de oficio y de elecciones subjetivas, y cada una de ellas expresa la visión personal de su creador* [192:22].

unos acabados capaces de mediar entre la tecnología del proceso y la calidad de lo artesanal. Los grandes creadores consiguen imponer su sello al material y la técnica constructiva, y son grandes por su acierto al hacerlo. *El uso del hormigón por Maillart es comparable al del hierro por Brunel o al de la fundición por Telford,* en tanto que cada uno supo sacar partido de las condiciones consideradas más propias y características del material [192:84].

Estos modos de expresión previa han sido también expresados con los conceptos de ámbito o estilo. Para Julio Martínez Calzón, que los denomina *selección de ámbito*, los diseñadores *adoptan ciertas formas, materiales o tipos en función del bagaje previo que poseen ... En general, suelen ceñirse a un procedimiento determinado de configuración de la materia, los sistemas estructurales y el cálculo ... El sello distintivo y categorizador de cada uno interviene muy activamente en las soluciones ... Hay una forma definida de expresión previa, o lenguaje previo, que selecciona el ámbito de trabajo*[11] [152:26].

Freyssinet recoge esta idea y la caracteriza como estilo o personalidad: *Nuestro subconsciente es lo más fijo y permanente que tenemos. Por eso, como toda forma surge de él, hay algo de constante e invariable en toda la obra de ese mismo creador. Es lo que constituye su estilo, expresión de su personalidad* [64:28].

Para Peter Rice, lo construido debe tener calidad táctil, debe mostrar la *trace de la main*, esa presencia tangible de su diseñador, para no resultar frío y distante. Los ingenieros muestran su competencia *al utilizar ese conocimiento de la estructura y los materiales para expresar la presencia de estos últimos de manera que uno se sienta atraído y le entren ganas de tocarlo, que se perciba la presencia del material y la de quienes lo han concebido y puesto en obra* [192:83].

Armado con su cartera de tipos y su tectónica o particular estilo, el diseñador afronta el momento creativo con una cierta *voluntad de expresión formal*, que se nutre de intenciones y sugerencias formales acumuladas en sucesivos diseños que pugnan por materializarse como soluciones. Recoge lo que el creador de la obra quiere expresar o trasladar con las formas y los materiales. Se entra entonces en un territorio de difícil indagación, dominado por la creatividad, más propio de la estética aunque nunca ajeno a la técnica.

En general, tanto la tectónica como la voluntad de expresión formal de un creador no se pueden apreciar directamente de la obra. Para aproximarse a ellas suele ser preciso conocer la trayectoria del autor y su peculiar relación con esa técnica y ese tipo. Están ligadas a la formación y al ambiente cultural en que

11 Más adelante reconoce que, en su caso, esta selección de ámbito es muy sencilla de establecer y corresponde al campo de las estructuras mixtas. En los puentes de Fernández Ordóñez y Martínez Calzón, el recurso expresivo o tectónico es la contraposición de acero corten y hormigón blanco, que funciona como una especie de marca característica de su autoría. Un acero en chapas de color natural terroso y sucio con un hormigón blanco pulido, completamente distintos a otros aceros en celosía o pintados, y a los hormigones grises habitualmente utilizados [152:30].

se mueve cada diseñador, y tienen un carácter más estable, mientras que el material y la técnica empleados son más dependientes del momento histórico[12].

PUENTE DE NOTTINGHAM SOBRE EL RÍO TRENT
(TARBOTTON-1869-70) [155:IV]

Nervi se refiere a estos conceptos de tectónica y expresión con la clásica terminología de capacidad e inspiración: *Lo importante es seguir espontáneamente las capacidades constructivas y estéticas de cada uno y, sobre todo, la propia y natural inspiración.* Una inspiración tan inevitablemente influida por la cultura que es buen reflejo de su tiempo [17:21]. Juan Benet nos habla de ambos conceptos en su ensayo *La inspiración y el estilo* [23].

Tipo, técnica y material son un vínculo neutral entre la voluntad de expresión del creador y su exteriorización formal. Son, en realidad, objetivaciones del oficio y se rigen por unas reglas generales que guían al diseñador mientras aplica a cada caso concreto su experiencia personal. Estos elementos técnicos son elegidos en función de su capacidad de vehicular el proceso de definición formal de acuerdo con su particular tectónica. A veces, es precisa una labor de adaptación o es necesario innovar para dar cabida a las nuevas invenciones.

12 Para Carlos Antonio de Arean, lo que Warringer expresó como voluntad de expresión formal es lo que el creador quiere trasladar a la obra con las formas, los materiales y la técnica (elementos técnicos) utilizadas en su especial relación y condicionamiento mutuo. Para él, *la obra alcanza la belleza —entendida con amplitud— cuando existe una perfecta adecuación entre la voluntad de expresión de una determinada cultura, una determinada época y un determinado artista, la técnica, con el oficio, la valoración del material y el destino de la obra. Lo inefable no queda excluido, sino que halla siempre en potencia en toda auténtica voluntad de expresión formal, aunque a veces no llegara a hacerse visible en el estilo ... para su objetivación se requiere una confluencia, adecuación y gradación de los elementos técnicos que sólo al genio le es dado alcanzar* [15:14].

Otras veces hay simple ejercicio u oficio personal en una especie de profundización de la colaboración entre alguno de esos elementos y el diseñador.

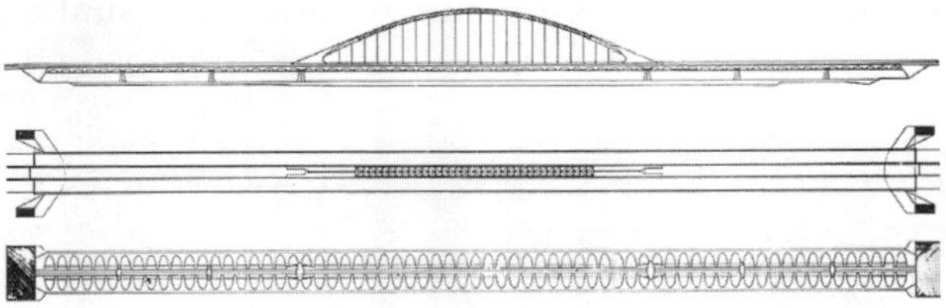

Puente romano y de Calatrava en Mérida

Con la formalización, el tipo se diluye en la solución concreta y pierde todo protagonismo. Cuando el puente *toma forma* durante el proceso de diseño, el tipo va siendo relegado y se difumina. Lo genérico se vuelve concreto de la mano del diseñador, quien abandona la guía del tipo para trasladar sus intenciones a la solución. Desde ese momento, la solución empieza a cargarse de significados en un proceso que se prolongará más allá de su construcción. Los primeros son voluntariamente introducidos por el creador del puente, pero luego siguen penetrando en él por sí mismos y acaban impregnando a los propios tipos.

Validez e innovación en las soluciones de diseño

Los puentes construidos pueden limitarse a ser copias o recreaciones de tipos ya consagrados, o incorporar nuevas formas y contenidos, según su aportación a la cadena de innovación que alimenta el diseño de nuevas soluciones. Esa aportación es valorada por la crítica activa de la comunidad de diseñadores de puentes o, en una versión más lenta pero también eficaz, por la vía de la repetición o el olvido de soluciones similares.

Una solución de diseño es una *solución válida* en tanto su construcción ha demostrado la posibilidad de llevarla a cabo. Si su coste entra en un rango de costes aceptables y las dificultades para su construcción son solventadas con medios comunes y en plazos razonables, la comunidad de diseñadores la considerará como una posibilidad para ser repetida en otras localizaciones o para resolver problemas similares.

Toda solución de diseño ha de resolver alguno de los problemas planteados y, a su vez, genera otros nuevos. El éxito o fracaso de las soluciones posteriores en resolver los flecos pendientes y los nuevos problemas planteados va definiendo una ruta o recorrido de soluciones de éxito que terminan por definir cómo se ha llegado a la *solución de referencia*.

Se llama *solución de referencia* a una solución de diseño que ha resuelto la mayor parte de los problemas sucesivamente planteados en intentos anteriores, y cuyos méritos han determinado que sea, en consecuencia, utilizada o repetida numerosas veces. Se trata por ello de soluciones de éxito que son imitadas primero y perfeccionadas después por quienes se enfrentan a similares problemas de diseño.

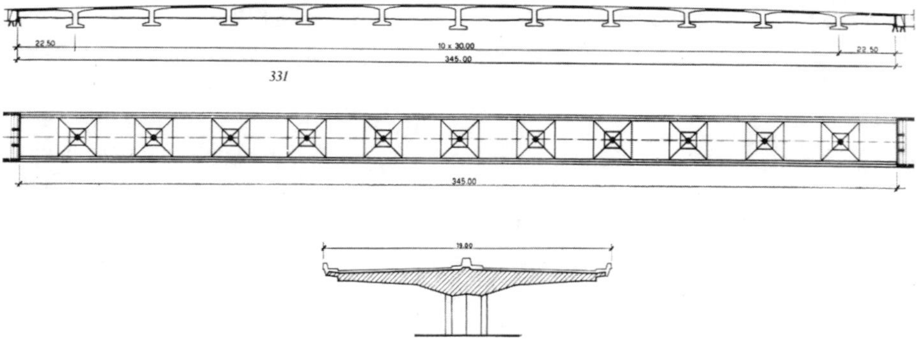

Paso elevado Vahrer Kreuz en Bremen [41:199]

Una vez resuelto satisfactoriamente el problema básico por la solución de referencia, la atención del diseñador se suele dirigir hacia la introducción de nuevas formas, cuya justificación no radica en sus aportaciones para resolver problemas conocidos, sino en sus posibilidades de expresar ideas externas o ajenas a ese problema. Se prueba con formas o disposiciones que han tenido éxito o han sido aceptadas en soluciones a otros problemas, y son incorporadas como novedades formales a la solución de referencia.

Estas soluciones son conocidas como *soluciones formalistas* o manieristas y su ocurrencia suele coincidir con los períodos finales de validez de la solución de referencia. Sería

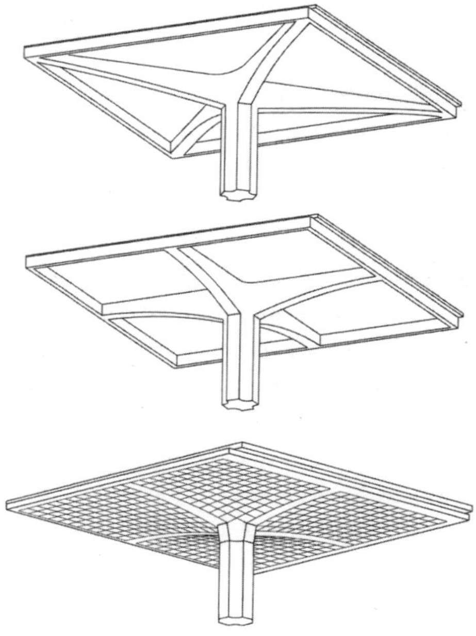

Losas-hongo [141:188]

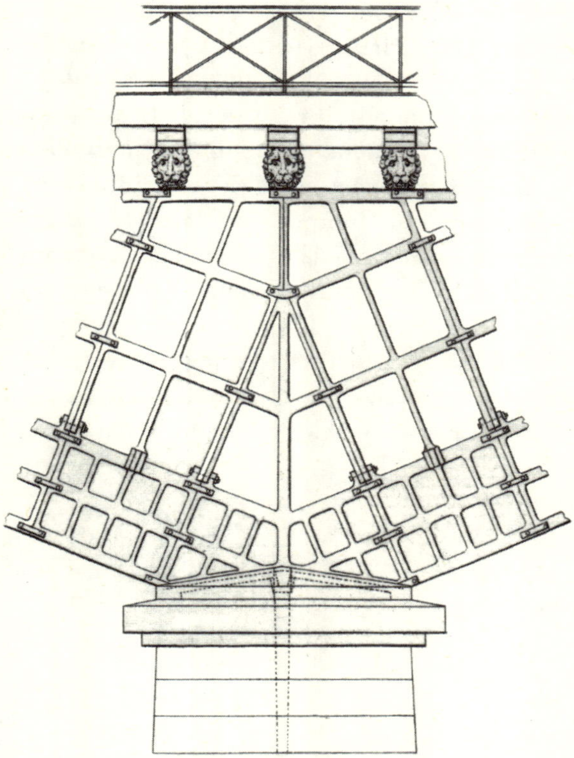

Puente de Austerlitz sobre el Sena en París (Lamandé, 1806) [91:Vol. II, Pl. VI-10]

interesante investigar si este período de decadencia de la solución de referencia es una consecuencia de ese manierismo, o si esa proliferación de soluciones formalistas está promovida por la presunción de un inminente final del valor de la referencia, apuntado o sugerido por los atisbos de nuevas soluciones tecnológicas potenciales.

En ese proceso surgen *soluciones terminales*, que son vías muertas o fondos de saco en el camino evolutivo. Se trata de realizaciones cuyo desarrollo hacia un tipo más avanzado genera más problemas de los que pretende resolver, o que son, simplemente, arrinconadas por otras soluciones contemporáneas de mayor éxito sin que se repitan suficiente número de veces para ser consideradas soluciones generales [66,5:23].

Un buen ejemplo es el conato de desarrollo de grandes puentes de viga de piedra ocurrido en China en los siglos X y XI, donde las pequeñas vigas o losas de piedra, a menudo visibles en paisajes rurales europeos, adquieren un enorme tamaño. Durante el período Sung, aparece en la provincia de Punkian[13] una serie de gigantescos puentes de vigas de piedra de longitudes de 1.200 m y vanos de 21 m de luz, con piezas de hasta 150 t correspondientes a secciones de 1,8 m de ancho por 1,5 m de canto. No ha quedado registro alguno de su construcción, aunque se apunta la utilización de la flotación como principio de transporte e izado de tales piezas. Uno de los puentes más

13 En esa provincia, la construcción de puentes parece haber estado conectada con los monjes budistas, para quienes constituía un trabajo beatífico. Se conocen los nombres de algunos de ellos: Fa-Chhao, el abad Kho-Tsun, Shou-Ching, quien construyó el puente de Wan-An de 300 m de largo, y el más famoso, Tao-Hsün (fallecido en 1278), constructor de más de 200 puentes en Fukien.

conocidos es el de Wan-An, con 20 m de luz sobre el río Loyang en Chhüan-chow, construido bajo el mandato de Tshoui Hsiang (1012-1067), prefecto de Fukien [167:145 y ss].

Son especialmente interesantes las soluciones innovadoras, tanto si son fruto de una novedad puramente formal, en cuanto no aporta nada a los conocimientos, disposiciones y esquemas estructurales ya conocidos, o de aportaciones tecnológicas en alguno de esos campos. Las *novedades formales* deben ser apreciadas con la observación directa de las obras particulares, sin que tenga especial interés delimitar categorías dentro de ellas. Antecedentes como el fuste del faro de Eddystone, elaborado por John Smeaton en 1759, o el perfil racional de las presas de gravedad, descubierto por J. Augustin de Sazilly en 1850, o las pilas metálicas de viaductos de Nordling y Eiffel en la década de 1860, permiten apreciar la capacidad de los diseñadores para proponer y realizar formas innovadoras.

Por su parte, las *innovaciones tecnológicas* pueden considerarse de carácter estratégico si suponen una gran apertura hacia nuevas soluciones, o de carácter táctico cuando sus aportaciones esenciales no trascienden su propio ámbito. La identificación del carácter de las distintas soluciones de diseño que ofrecen los ejemplos históricos posee valor didáctico y ayuda a la ordenación crítica de la disciplina.

Las soluciones de diseño revolucionarias, como el pretensado de Freyssinet[14], trascienden su propio campo y pueden ser aplicadas en la solución de otros problemas diferentes. Su trascendencia es indudable, aunque no siempre haya sido bien reconocida. En palabras de Robert Le Ricolais, *no envidio a Nervi, pero hay un Freyssinet diez veces más fuerte. Freyssinet ha enriquecido el patrimonio del ser humano de forma considerable mientras que Nervi sólo ha realizado bonitos sombreros, y por ello siempre se habla de Nervi y no de Freyssinet. Freyssinet supo, al inventar el pretensado, reemplazar la masa por tensiones que no pesan nada. La fama se equivoca a menudo de dirección, lo que no tiene importancia pero es una lástima* [147:151].

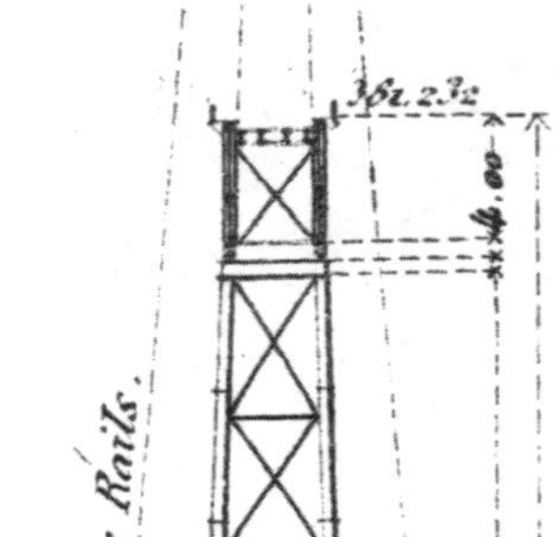

Pila del viaducto de Neuvial (Nordling y Eiffel, 1869) [172]

14 La idea del pretensado, surgida de la artesanal intuición de Freyssinet, es un claro ejemplo de revolución del diseño estructural. El pretensado es revolucionario, no tanto porque supone una solu-

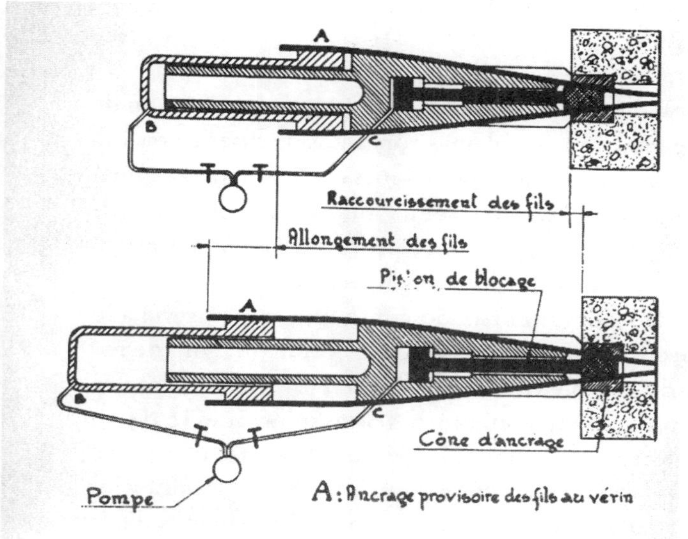

EL GATO DE PRETENSADO DISEÑADO POR FREYSSINET [77]

Las soluciones tácticas, como las cubiertas laminares de Torroja, pueden producir momentos de esplendor de difícil superación posterior, aunque no logran influir más allá de su propio campo. Sus láminas son una respuesta sublimada a una convergencia de posibilidades y soluciones cuya perfección es a la vez cumbre y final de un camino de innovación[15]. Condiciones externas, como el progresivo encarecimiento de la mano de obra, las técnicas de prefabricación, y la disponibilidad de acero y otros materiales más ligeros provocaron la disminución de su empleo y el progresivo abandono de las láminas.

---

ción al problema de fisuración del hormigón armado, convirtiéndolo en un material elástico, sino por la posibilidad de introducir acciones previas en la estructura a voluntad del diseñador. La repercusión de la idea del pretensado en la filosofía de las estructuras o, si se quiere, en el establecimiento de los principios rectores para el entendimiento básico de la disciplina es absolutamente abrumadora. El diseñador no se limita ya a estudiar la *respuesta* de la estructura a la existencia de unas cargas, como si se tratase de un elemento inerte o pasivo. Con el pretensado puede alterar *previamente* la estructura convirtiéndola en un ente vivo capaz de anticipar respuestas o de prepararse para solicitaciones imprevistas, mejorando sus propiedades resistentes.

15 Las láminas de hormigón surgidas en los años veinte del siglo pasado y llevadas a su máxima perfección por Eduardo Torroja representan otra clase de innovación. En el desarrollo de las láminas confluyen unos métodos de cálculo estructural más evolucionados, un mejor coocimiento del hormigón armado, incluidos sus problemas de retracción y posteriormente los de fluencia. Muchas estructuras metálicas envejecidas u obsoletas son reemplazadas por otras de hormigón, y una nueva estética de lo construido basada en los principios modernos de enorme influencia. Las tres obras maestras de Torroja en Algeciras, Recoletos y la Zarzuela suponen una depurada culminación del proceso creativo que caracteriza su obra de antes de la guerra. Su posterior desuso no significa que las láminas de hormigón armado hayan desaparecido del catálogo de posibilidades estructurales, pero, aunque hayan surgido esporádicas realizaciones posteriores de cierto interés de la mano de Félix Candela o Heinz Insler, se trata de ejercicios fuera de contexto. Cuando Torroja propuso sus láminas, éstas eran la mejor solución posible dentro de los conocimientos, materiales y técnicas disponibles en su momento, y eso las acercaba a la excelencia. Luego ya no volvió a ser así, y las numerosas soluciones con materiales más ligeros, realizadas en la segunda mitad del siglo, no restan un ápice al valor de las obras de Torroja, pero las sitúan en su peculiar momento cultural, cuando el hormigón armado reinaba en todo su esplendor.

Posición de la solución en la cadena de innovación

Identificadas las características de cada solución con vistas a la determinación de su trascendencia a la hora de resolver problemas concretos de diseño, resulta conveniente establecer los precedentes y las innovaciones que conlleva cada una. Eso obliga a rastrear la aparición de diferentes soluciones a problemas concretos de diseño, identificando su fecha de aparición y proceso así como los rasgos o detalles de la solución que supongan aportaciones específicas.

Con ello no se trata de considerar el pasado como una etapa previa a lo actual, que se vería como producto determinista de esa evolución, sino de resaltar lo que hay de único, de notable o de innovador en los hechos capaz de perpetuarse en los tipos para ser repetido en muchas otras soluciones [47:46].

Se trata, pues, de establecer simplemente un recorrido de las ideas, una hipótesis que permita explicar la sucesión de las soluciones ya ocurridas, y los tipos establecidos por el arte de construir para resolver el problema. Pero cualquier hipótesis que se formule sobre la repercusión de ideas de diseño o soluciones a un determinado problema debe cumplir una serie de condiciones formales para que sea tomada en consideración.

Primero, debe ser capaz de explicar un número suficientemente elevado de soluciones realizadas o, por lo menos, de soluciones totalmente elaboradas de proyecto, aunque no está obligada a explicarlas todas. Segundo, ha de tener sentido tecnológico, tanto en términos de las soluciones individuales que explica, como de contexto temporal de la realización de las obras. Por último, no puede estar formulada de forma cerrada sino que, obligadamente, debe ser susceptible de perfeccionamientos posteriores.

En el caso particular de la historia de la obra de ingeniería, las pautas de selección parecen operar en favor de las propuestas caracterizadas por su mayor simplicidad y eficiencia, con independencia de que esas ventajas sean importantes o ni siquiera reales [217:111]. No obstante, las posibles hipótesis que se desarrollan en los capítulos siguientes deben entenderse como un simple intento de interpretación. Parafraseando a Burckhardt, es probable que los mismos estudios y datos utilizados aquí pudieran experimentar distintos tratamientos y dar lugar a conclusiones fundamentalmente diferentes si se ponen en otras manos [46:46].

La cadencia del recorrido de las soluciones y los tipos puede ser muy desigual, con períodos febriles y situaciones de calma chicha, donde parece no ocurrir nada. Hay momentos de estabilidad en torno a las soluciones de referencia, caracterizados por pequeñas mejoras que van consolidando esa posición referencial. También los hay en los períodos de estancamiento, donde las soluciones de referencia no son mejoradas en absoluto y el diseño no avanza. Otras veces las pretendidas mejoras llevan a verdaderos callejones sin salida produciendo lo que se conoce como *design impasse*, donde los intentos de mejora se saldan con fracasos sistemáticos.

En cualquier caso, la búsqueda de precedentes o las hipótesis de recorrido de las soluciones no pueden entenderse ni acometerse como un intento de establecer una cadena determinista de acontecimientos. Las formas son creadas libremente por los diseñadores, en el respeto de los lógicos condicionantes funcionales, tecnológicos, económicos y sociales, y no deben entenderse como determinadas o predecibles en función de los avances anteriores.

De la solución al tipo

Ciertas soluciones tienen más facilidad que otras para convertirse en tipos, y parece interesante analizar cuáles son esas condiciones o características específicas que contribuyen a su aceptación universal por otros creadores hasta su elevación a la categoría de tipo. Con esta indagación se plantea de nuevo la cuestión metodológica apuntada en el capítulo 3 sobre el reconocimiento del tipo como algo extraíble de la observación de un gran número de realizaciones por métodos intuitivos, o como idea autónoma determinada racionalmente.

Se trata de dilucidar por qué las soluciones ya realizadas se han convertido en tipos y, en ningún caso, encontrar ideas que puedan desarrollarse autónomamente en tipos. En principio, si lo que consigue un tipo establecido es facilitar o hacer más cómoda la escritura del diseñador y la lectura por el usuario de una solución concreta, parece que la existencia de perfiles de inmediato establecimiento y rápida percepción en una solución permitiría su tránsito suave desde lo novedoso a lo establecido y su posterior consolidación como tipo.

La posibilidad de que una solución novedosa cuaje como un tipo precisa, generalmente, de la repetición de su empleo en circunstancias diversas. Será primero su autor quien use esa solución en diferentes obras, y será luego necesario que otros creadores emulen su logro y experimenten con esa misma solución, introduciendo pequeñas modificaciones que, sin alterarla, vayan reforzando las cualidades que la caracterizan o identifican. En general, las características básicas que precisa una solución para convertirse en tipo suelen mostrar tres rasgos[16].

16 Gran parte de lo que sigue está inspirado, por asociación de ideas, en el excelente ensayo de Javier Gomá sobre la imitación, aunque el contexto y el alcance de esta reflexión son mucho más restringidos. Sin embargo, algunas de sus precisiones y elaboraciones son de gran utilidad para avanzar en este terreno, especialmente las contenidas en su último capítulo, dedicado a explicar la naturaleza del prototipo. Véase [99].

En primer lugar, sólo suele propiciar la aparición de un tipo aquella solución que pueda ser *generalizable* a otros muchos casos. Lo inusitado, lo extraño o lo sobresaliente tienen pocas posibilidades de contribuir al éxito de la conversión de una solución en tipo, dado que harían difícil su repetición y cualificarían excesivamente su futura utilización. En este sentido cabría distinguir lo extraordinario de lo excepcional.

La solución *extraordinaria* acepta lo sancionado como normal y, por sus méritos, lo eleva a un grado superior de excelencia. Lo extraordinario es un verdadero hito para la disciplina del diseño de puentes. Por el contrario, la solución *excepcional* rehúye la responsabilidad de lo normal, excede lo ordinario y no es por ello generalizable ni imitable. Lo excepcional florece de la mano del arte, se aparta del camino de lo ordinario y aspira a producir sentimientos de admiración autónomos y no repetibles. No pretende ser ejemplar y aporta suficientes dosis de individualidad como para separarse de la práctica normal. Puede ser ajeno a los tipos conocidos, pero carece de intenciones de convertirse en un nuevo tipo. Según ello, generalmente lo excepcional tiene difícil entrada en el tipo.

En segundo lugar, para convertirse en tipo, la solución debe resolver un problema necesario y conocido, que sea *común* a la práctica de la disciplina. Esa necesidad variará, lógicamente, con el tiempo y vendrá formulada en términos culturales. Pero, aunque su contenido varíe, debe ser entendida formalmente como normal. No se pretende con ello restar valor a los problemas demasiado específicos o a los surgidos en condiciones límite, cuyo papel en el avance de la disciplina es indiscutible. Las soluciones a esos problemas poco habituales son muy útiles, pero actúan de otra manera, contribuyendo a extender los límites del quehacer más allá de la práctica normal y no como vivero de tipos.

Como tercer rasgo, la bondad de la solución para devenir como tipo radica, más allá de la excelencia en algún aspecto concreto, en estar *equilibrada* respecto a todos los aspectos relacionados con los diferentes matices del problema[17]. Ese equilibrio, que en cierto modo es signo de versatilidad, permite al diseñador partir de una base sólida donde todos los aspectos están contemplados, y subrayar alguno de ellos en función de sus particulares intenciones a la hora de abordar la solución de un problema concreto.

Según todo ello, esa solución candidata a tipo deberá ser *generalizable*, *normal* y *equilibrada*, más que excelente, extraordinaria, excepcional o especializada.

17 Por ejemplo, una solución con posibilidades de convertirse en tipo no destacaría especialmente por su coste a expensas de una mayor facilidad constructiva o belleza formal, ni al contrario, sino que presentaría un equilibrio aceptable entre todos ellos, sin sacrificar ninguno.

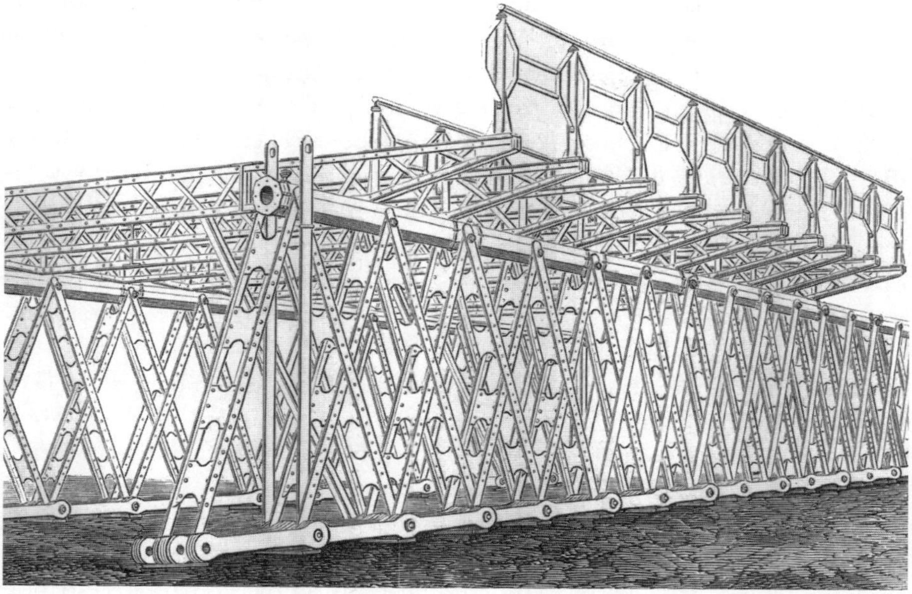

Puente de Queensland [224:173]

Esto conlleva que la vigencia de los tipos dependa también de factores culturales sobrevenidos a la racionalidad de la propia solución, pues esas cualidades son fruto del desarrollo artístico, económico y social de la colectividad que demanda las obras.

Valoración y fortuna crítica

El diseño progresa mediante la confrontación del esquema general con los detalles, primero a través de una etapa de pruebas y después gracias a una serie progresiva de ajustes cada vez más finos. El diseño acabado se reincorpora a los conocimientos del arte de construir puentes por medio de un proceso de retroalimentación[18] controlado por el filtro de la crítica. Según ello, el papel de la crítica es absolutamente fundamental tanto como alimentador del proceso de innovación, como en el impulso a las nuevas formas.

18 El proceso de retroalimentación también contribuye a la mejora de la creatividad: en la cartera de soluciones con nuevas ideas sin desarrollar; en la tectónica, con el perfeccionamiento y maestría de la técnica; y en la apreciación del contexto, con una mejor comprensión del mundo exterior.

En sus *Curiosidades estéticas*, Baudelaire hace una serie de reflexiones sobre la crítica. Primero se pregunta: *¿Para qué la crítica? No puede enseñar al burgués, que no quiere pintar ni mirar, ni al arte puesto que sale de sus entrañas.* Aunque enseguida reconoce su influencia en los creadores: *Pero, el verdadero reproche quizás sea que tantos artistas de hoy le deban su pobre fama*. Luego apunta cómo debe ser el crítico, y desde dónde debe plantearse la crítica: *Creo sinceramente que el mejor crítico es el que es divertido y poético, no aquel frío y algebraico que, so pretexto de explicarlo todo, no tiene ni odio ni amor y se despoja voluntariamente de todo temperamento*. En cuanto a la crítica propiamente dicha, *espero que los filósofos entiendan que para ser justa, es decir, para tener su razón de ser, la crítica debe ser parcial, apasionada, política, es decir, hecha desde un punto de vista excluyente, pero aquel que abra más horizontes* [20:vp].

En principio, la valoración crítica debe ser global, con independencia de la consideración de algunos los elementos de la solución. Al describir el puente de Bayonne sobre el Kill van Kull, en Nueva York, Condit escribe: *La larga y tenue línea del arco en su liberado salto sobre el agua tiene una vibrante y dinámica voluntad, que expresa poderosamente la energía del potente nervio de acero. Pero el fracaso del diseño general del puente es obvio y tan positivamente irritante como placentero es el arco.* Condit valora muy negativamente la falta del revestimiento de granito previsto para los estribos, el torpe diseño de las celosías que lo sustituyen, y la confusa relación del extradós del arco con el estribo [58:125].

El crítico debe tener conocimientos previos y estar entrenado en diseño. Es deseable que haya construido puentes o, por lo menos que haya vivido su mundo creativo. Al enfrentarse con una obra, el crítico debe tener una información completa y de primera mano de la solución. La valoración crítica de una obra sin haberla visitado personalmente puede contener errores de bulto y andar totalmente descaminada. Igualmente fundamental es la consideración de la posición de la solución en el proceso de evolución del tipo y del conocimiento. Si el conocimiento de primera mano es preciso en la aproximación formal, el carácter innovador es imprescindible en la tecnológica.

Para su apreciación, el crítico utiliza sus valores ingenieriles, el conocimiento de la obra previa del diseñador y, sobre todo, su potestad de elegir el discurso, lo que desde luego incluye administrar el silencio. El proverbio romano ya señalaba, *Laudare parce, sed vitupera parcius* (sé parco en alabar, pero más parco en censurar). Igualmente, su audiencia debe entender de diseño de puentes, pues cualquier apreciación crítica descansa en una serie de matices, inflexiones y referencias, suficientemente sutiles para precisar de la colaboración de quien la recibe[19].

19 En cuanto a la contemplación, la capacidad de prerreconocer la forma de la obra construida proporcionada por su adscripción a un tipo es decisiva para iniciar la utilización de la intuición y la razón como mecanismos inquisidores sobre la obra.

Puente Bayonne o Puente Kill Van Kull (Ammann, 1931)

En cualquier caso, la utilización de los tipos facilita en gran medida el ejercicio de la contemplación y la crítica, pero, recíprocamente, la crítica está en la base de cualquier tipología. Pues la elección de similitudes y diferencias para detectar y ordenar los tipos se basa en los mismos valores que orientan el juicio. Como sutilmente afirmaba Borges, *Ordenar bibliotecas es ejercer, de un modo silencioso y modesto, el arte de la crítica*[20].

Con el reconocimiento del tipo se desencadena una precomprensión reflexiva de la forma, ya sugerida por Kant como germen del placer estético [123:258 y ss]. La clave está en el paso de la percepción meramente sensible de la forma a la involucración más activa de la observación, gracia al conocimiento posibilitado por la adscripción a un tipo.

Para la crítica, la identificación del tipo libera la reflexión sobre su condición creativa, pues permite trascender su función y lo introduce en el mundo de las experiencias ya realizadas, que proporciona una estructura de conocimientos suficiente para el progreso de la apreciación. Permite realizar comparaciones directas e inicia un proceso de profundización en su conocimiento que está en la base de cualquier apreciación crítica. Pone de manifiesto la carga de creatividad que lleva consigo esa obra al separarse o diferenciarse de los patrones habitualmente suficientes para la catalogación.

20 Borges, Jorge Luis; *Elogio de la sombra* (junio 1968).

La posible *fortuna crítica* de una solución, en forma de apreciación reconocida y explícita de sus valores, no depende exclusivamente de las ventajas o virtudes particulares de la solución, sino de un amplio abanico de condiciones externas de muy difícil concreción e imposible sistematización. Puentes verdaderamente interesantes pueden pasar desapercibidos mucho tiempo, hasta que alguna circunstancia concreta –quizá fortuita– ocasiona que la obra salga a la luz y sea positivamente valorada por una opinión de peso, y, a veces, otros que no lo son tienen un éxito inesperado.

La crítica siempre es difícil y más en los puentes, por la insuficiencia de estudios históricos sobre la ingeniería, hasta ahora generalmente limitados a la pura anécdota o a la simple acumulación de datos, con escasa elaboración y sin ninguna perspectiva. Otro factor negativo es la carencia de historiadores con conocimientos y experiencia en la construcción de puentes. Arquitectos e historiadores del arte convirtieron los puentes en hechos generales de cultura, pero sus enfoques han actuado como freno para una historiografía más consistente por el excesivo papel determinista asociado a la técnica.

Por último, el diseñador de puentes, que podría ser un buen crítico, suele preferir dedicarse al diseño, que es más atractivo, y como cualquier otro creador menosprecia la crítica. En el libro XXXV de su *Historia Natural*, conocido como el libro *Sobre la Pintura*, Plinio el Viejo habla de un discípulo de Apolodoro tan orgulloso de su obra que escribió debajo: *invisurum aliquem facilius quam imitaturum*, sería más fácil criticarle que imitarle. A la hora de exponer su propia obra, el autor se limita a lo descriptivo, sin establecer relaciones ni valoraciones, haciendo gala de un pudor que es muy de agradecer. En cualquier caso, como dice Walter Benjamin, *jamás se debe confiar en lo que los escritores dicen de sus propias obras* [27:866].

Puente Fabricius en Roma [221:Vol. I-Pl. I]

5. LA FULGURANTE APARICIÓN DE LA VIGA CAJÓN
Innovación

Conviene comenzar el repaso de los principales tipos de puentes con la viga, como esquema básico y más utilizado. La viga está también presente en los tableros de los puentes en arco y colgantes, como solución más funcional para ofrecer un tablero horizontal con mínimas restricciones bajo o sobre ella.

CONCEPTO Y COMPRENSIÓN ESTRUCTURAL DEL TIPO VIGA

Cualquier explicación resistente de la viga contiene la consideración de la flexión, es decir, del hecho de que las fibras superiores de la sección se comprimen mientras que las inferiores se tensan. *Se siente su trabajo de comprensión en unas fibras y de tracción en otras,* dice Torroja [233:141]. Esta forma de trabajar requiere un material que sea capaz de soportar tanto compresiones como tracciones, siendo por tanto poco indicada para la piedra y protagonizada por la madera hasta la utilización estructural del hierro.

Posteriormente, la misma incapacidad del hormigón para resistir tracciones precisó el armado de la sección para enfrentarse a la flexión. Después, el pretensado será capaz de anular las tracciones mediante la introducción de fuerzas de compresión para contrarrestarlas y el hormigón pretensado será un material óptimo para resistir la flexión.

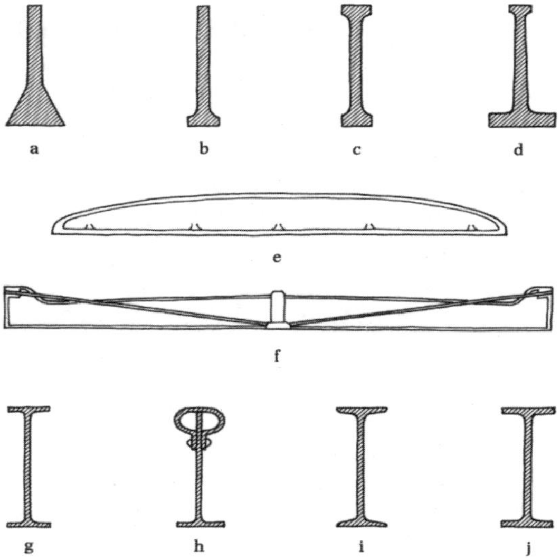

Primeras vigas de hiero fundido y forjado [137:141]

Como ya se anticipó, la forma de apoyarse en el terreno es de mayor trascendencia estructural para explicar su naturaleza como tipo. Bajo solicitaciones verticales, los otros dos tipos estructurales básicos producen acciones inclinadas sobre sus apoyos en dirección tangencial a su directriz, pero la viga sólo puede trasladar acciones verticales a sus apoyos. Descansa sobre ellos de forma directa con intercambio exclusivo de fuerzas verticales y ello supone una distinción radical de los otros tipos estructurales básicos, más discriminatoria que la forma.

En efecto, la utilización de la forma como primera sugerencia del tipo plantea problemas de adecuación al comportamiento resistente. La asimilación de formas curvas cóncavas (hacia abajo) como arcos, curvas convexas como colgantes, y rectas como viga es simple y directa, pero omite las correcciones introducidas en la estructura por la forma de los apoyos.

Por ejemplo, un arco exige una restricción lateral a sus apoyos, para garantizar el contrarresto de sus acciones horizontales. Si se libera esa restricción permitiendo el libre deslizamiento de uno de sus apoyos, el arco dejaría inmediatamente de comportarse como tal, con independencia de su forma curva. Inmediatamente aparecerían las flexiones y pasaría a comportarse como una viga, de directriz curva pero viga en cualquier caso.

El cable colgado –carente de rigidez e imposibilitado para resistir la flexión– perdería inmediatamente su forma si se deja deslizar a uno de sus apoyos, el cual tendería a juntarse con el otro extremo, y pasaría a comportarse como un simple tirante vertical. La tracción seguiría siendo su comportamiento resistente, pero la estructura perdería su capacidad de salvar un vano.

Funcionalmente, la viga es adaptable a cualquier circunstancia. Su delimitación recta, tanto en su cara superior como inferior, permite su utilización directa para usos no resistentes, sin necesidad de estructuras auxiliares. Por el contrario, los puentes en arco o colgantes necesitan generalmente un tablero recto para acoger la dimensión funcional del paso de vehículos, pero la viga es un tablero en sí misma. De igual modo, el gálibo definido bajo una viga es de altura constante, permitiendo un uso más versátil bajo toda su longitud.

Por otra parte, su alzado es mínimo, y se relaciona de manera simple y directa con su derredor, al producir una concentración visual máxima del material utilizado. Esta cualidad la convierte en la antítesis de lo vistoso, mostrándose poco adecuada para ejercicios de lucimiento, por su simple y directa funcionalidad. El predominio de la dimensión horizontal en la dirección del vano a salvar frente a la vertical es absoluto, con relaciones de canto a luz de 1 / 10 a 1 / 30. Todo ello proporciona a la viga un carácter neutro y una gran versatilidad que, unidas a la simplicidad de sus apoyos, la convierten en el tipo estructural más utilizado para salvar vanos de luces pequeñas o medias.

La viga de madera y posteriormente de hierro fue profusamente utilizada en la construcción, pero su comportamiento estructural tardó muchos siglos en ser comprendido y explicado en términos racionales. El proceso de su comprensión es paralelo al progreso de los conocimientos estructurales, pues fue precisamente la explicación de la viga lo que hizo avanzar la teoría estructural (cuadro 1).

CUADRO 1. LA COMPRENSIÓN ESTRUCTURAL DE LA VIGA

De acuerdo con William Parsons el primero en ocuparse de cómo resistían las vigas fue Leonardo da Vinci [173:67]. Reconoció las diferentes formas de apoyo, con vigas biapoyadas o en ménsula, e identificó la sección colocada más lejos de los soportes como la sometida a mayor esfuerzo. Avanzó que la resistencia de una viga era inversamente proporcional a su longitud y directamente proporcional a su anchura, aunque no mencionó la importancia del canto de la viga en su resistencia. De forma implícita, Leonardo también estableció la idea de momento, al señalar que una carga de 100 libras a dos brazas de distancia producía un efecto similar al de una carga de 200 a una braza.

La primera persona en formular científicamente las leyes de la mecánica, más allá de las anticipaciones de Leonardo, fue Galileo Galilei (1564-1642). En sus *Dialoghi delle nuove scienze*, publicados en 1638 [88], Galileo acomete por primera vez el análisis de tensiones en una viga empotrada en un extremo. Con sus experimentos, descubre que al incrementar la carga en el extremo libre, la rotura se produce por la fibra superior del empotramiento. Frente al producto de la carga por su brazo, la viga opone la resistencia de su canto como palanca para contrarrestarlo. Suponía, por tanto, que la sección del empotramiento giraría sobre su arista inferior porque toda la sección estaba sometida a tracciones.

Hay que esperar a Mariotte, quien investiga la cuestión en 1680, para que se establezca la existencia de fibras comprimidas en la cara inferior y traccionadas en la superior. Y será posteriormente Bernouilli quien formule en 1694 las leyes de flexión aplicando la ley de Mariotte [173:485]. Por otra parte, la mayor importancia del canto frente al ancho, mencionada por Galileo, fue reconocida en 1677 por Maxon, pero será en 1708 cuando Parent reconocerá de forma suficientemente práctica que la resistencia de la viga es función del producto del ancho por el cuadrado del canto[1].

Eso permitió la inmediata utilización de esa explicación para el dimensionamiento y, en pocos años, entró en los manuales y diccionarios de la construcción. Especial difusión tuvieron el de Peter Barlow para la madera, publicado en 1817, y el de Thomas Tredgold para madera y hierro publicado en 1820 y reeditado en 1822, que fueron los más utilizados en la práctica [226:6][2].

Posteriormente, la teoría fue ya perfectamente formulada gracias a los trabajos de Augustin Cauchy en 1822, Navier en 1826 y, sobre todo, Rankine quien definió con toda precisión los términos de tensión, deformación, tensión de trabajo, resistencia, coeficiente de seguridad, etc., tal como se utilizaron en todos los desarrollos posteriores, sin cambios hasta hoy.

En lo referente a las vigas continuas, los primeros progresos de cálculo fueron realizados en 1808 por Eytelvein y algo más tarde en 1824 por Navier, aunque la determinación de las reacciones en los apoyos era bastante incómoda e incorrecta [158:14], y fue preciso esperar a Clapeyron, quien desarrolló –con su teorema de los tres momentos de 1857– un esquema de cálculo simple y práctico para las vigas continuas, después mejorado por Mohr. El esquema definitivo de cálculo para el caso más general de vigas continuas de cualquier número de vanos fue desarrollado por Winkler en 1862[3].

Las nuevas posibilidades del hierro en las vigas

A finales del siglo XVII, el hierro se producía de forma tradicional, por fusión en hornos del mineral de hierro con carbón vegetal como combustible.

1 *Mémoires de l'Académie Française*, 1708.
2 También, en [2: 241-253: 242].
3 El teorema de los tres momentos resuelve sólo el caso particular de vanos con sobrecarga y sección transversal uniformes, y fue luego objeto de numerosas revisiones y mejoras [230: 2, 414 y 644].

Estas fábricas o forjas eran muy dependientes de la madera y llegaron a devastar regiones enteras por tala de sus bosques para conseguirla.

El producto de los hornos se utilizaba de dos maneras, como hierro forjado cuya forma se conseguía a golpes de martillo sobre yunque, y como hierro fundido (o colado), cuando se vertía sobre moldes de arena para darle forma. A partir de 1780 la forja manual fue progresivamente sustituida por procedimientos industriales de golpe y laminado. Para coser sillares y elementos en las fábricas de cantería siempre se utilizaron grapas y tirantes de forja, rastreables hasta la construcción romana. Posteriormente, el hierro forjado se empleó sobre todo en armamento, balaustres y rejas decorativas.

La fundición se utilizaba para producir cañones y otros grandes objetos, aunque la consecución de piezas sin defectos –generalmente oquedades– era difícil. Hacia 1714 se empezó a utilizar por primera vez la fundición en edificios, con las rejas colocadas en torno a la catedral de San Pablo en Londres, construida por Christopher Wren, y las columnas de hierro utilizadas como soportes de una nueva galería para la cámara de los Comunes, por Augustus Charles Pugin y Thomas Rowlandson, también en 1714 [223:23][4].

Con la utilización estructural del hierro fundido en el puente de Coalbrookdale en 1779 se abrieron nuevas posibilidades para las vigas y otros elementos estructurales de hierro, como alternativa a la madera. Sin embargo, las dificultades de transporte de piezas tan pesadas como las de fundición y la escasa resistencia a tracción del material redujeron su uso a pequeñas vigas sólo empleadas en edificación (cuadro 2). Se hicieron bastantes puentes en arco con hierro fundido, pero hasta 1830 no se resolvieron los problemas para su empleo en vigas.

Por otra parte, el precio del hierro cayó dramáticamente desde su primera utilización en Coalbrookdale y su utilización en los puentes arco de Telford. En 1806, el precio de barras grandes de hierro era de veinte libras por tonelada; en 1816 bajó a diez; en 1828 era de ocho; y en 1831 bajó hasta las cinco o seis libras por tonelada. El material entró rápidamente en todos los campos de la construcción y, particularmente, en las grandes y numerosas realizaciones exigidas por el desarrollo de los ferrocarriles [179], [2:317].

Pero el segundo cuarto del siglo XIX fue una época de gran creatividad en el desarrollo de materiales y su empleo conjunto, y se produjo la progresiva desa-

4 Hamilton menciona que el hierro fundido se había empleado ya en Alemania desde el siglo XIV para balas de cañón y placas de estufa, y desde el XV para la fabricación de cañones. Hacia 1755, John Smeaton introdujo ejes y engranajes de hierro en molinos y factorías, exponiéndose a severas críticas por fabricar piezas tan importantes con un material tan frágil y poco fiable. Los primeros empleos en construcción no se apoyaron en ninguna teoría. Con su utilización sucesiva surgieron problemas que el nuevo empirismo no podía resolver y, hacia 1830, la construcción con hierro fundido empezó a ser objeto de estudios científicos y ensayos deliberados. Hacia los años cincuenta vivió su período álgido, empezando luego su gradual declive [103].

parición de la fundición en 1850 y su reemplazo por el hierro forjado como material definitivo para la construcción de vigas y de otros tipos estructurales.

Si la fundición era adecuada para el trabajo a compresión, siempre y cuando estuviera bien realizada, el hierro forjado aguantaba también las tracciones y se reveló como material resistente a la flexión. Por primera vez se dispuso de un material duradero, no como la madera, especialmente indicado para la construcción de vigas.

CUADRO 2. PRECEDENTES DE VIGAS DE FUNDICIÓN EN EDIFICIOS

Aunque Giedion afirma que la introducción de las vigas de hierro laminado se produjo en una fundición francesa hacia 1871, las primeras vigas de fundición documentadas son anteriores, incluso, al puente de Coalbrookdale pero su origen es similar[5]. Se trata de unas vigas de fundición, utilizadas como dinteles en 1658 para unos talleres de fundición en el propio Coalbrookdale. Su existencia está bien acreditada pero su sección es desconocida, y han sido interpretadas como un producto doméstico para los propios talleres que las fabricaron [189:103].

De mayor interés son las vigas de fundición diseñadas por Charles Bage (1752-1822) como parte de una estructura de cinco pisos para una factoría en Shrewsbury, construida en 1797. Anteriormente, estas estructuras se construían con entramado de madera, pero su escasa resistencia al fuego motivó su sustitución por estructuras realizadas con columnas y vigas de fundición.

Las vigas utilizadas tienen una sección en forma de T invertida, con la cabeza inferior regruesada por un doble motivo. Por un lado, la menor resistencia a tracción frente a la compresión exige más cantidad de material abajo. Por otro lado, al igual que sucedía con las anteriores vigas de madera, la inclinación de las caras exteriores del talón inferior favorecía el apoyo de los arcos de ladrillo utilizados como estructura secundaria entre vigas.

La factoría tiene unos 10,8 m de anchura entre muros exteriores y cuenta con tres filas de pilares interiores, que definen cuatro vanos de 2,7 m de luz. El alma de las vigas tiene canto variable, con máximo en el centro de la luz, y se construyeron en dos tramos de 5,4 m de longitud que se juntaban sobre el pilar central, siendo continuas sobre las otras filas de pilares. Columnas y vigas fueron realizadas en la fundición de William Hazeldine, en el mismo condado de Shrewsbury[6].

5 Giedeon publicó su influyente obra en 1941, cuando la investigación sistemática sobre la historia de la ingeniería no había comenzado, pero equivocarse en más de doscientos años y señalar a Francia en vez de a Inglaterra son errores excesivos [95:198].

6 Soluciones similares fueron utilizadas en 1781 por Philips and Lee en una factoría de Salford, Manchester, con luces de 4,2 m y el talón inferior algo aligerado; por el propio Charles Bage en la factoría de Benyon en Leeds, en 1803, y por William Strutt en la estructura de cinco pisos para la

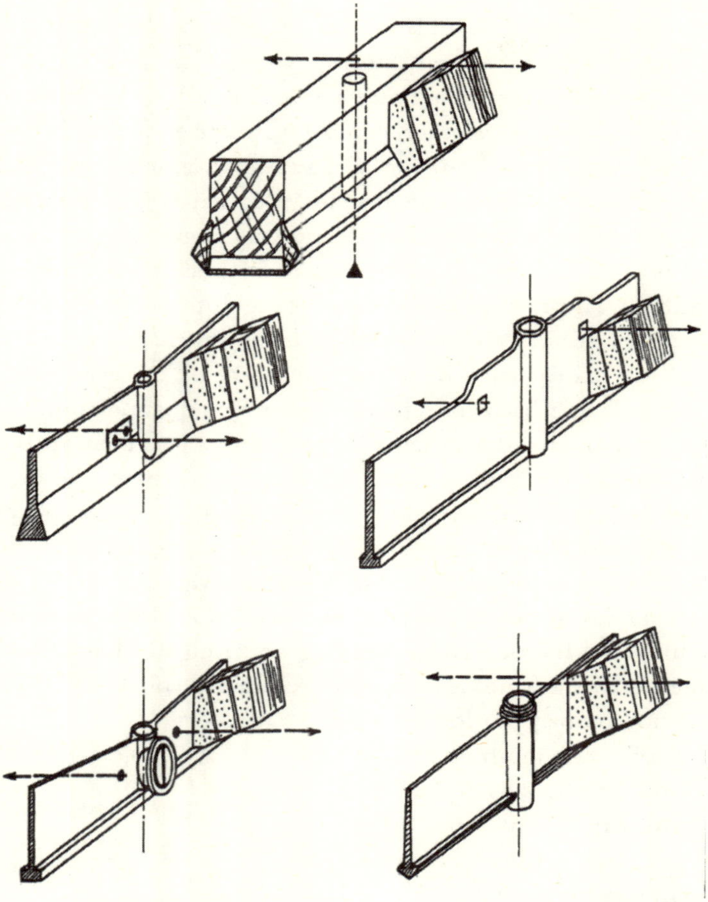

Primeras vigas de hierro fundido, según Skempton [215:211]

Primeros puentes de vigas de alma llena

Al contrario del arco, la viga de alma llena está presente con toda su integridad en la naturaleza. No es un artificio inventado por el hombre, está ahí como losa de piedra o tronco de árbol y cabe presumir que su utilización para pequeñas luces es tan antigua como el hombre mismo. Las vigas de mayor tamaño son difíciles de encontrar y transportar y resulta obligado recurrir al artificio cuando se quiere salvar vanos de luz superior a la longitud de la pieza de madera

---

factoría de North Mill en Belper, con una interesante sección triangular, con talón también triangular pero más ancho para dar apoyo a las bovedillas de ladrillo [215].

o piedra de que se dispone. Con la madera se recurrió a las conexiones, con la piedra se inventó el arco. La conexión más sencilla se produce por solapamiento de dos piezas, vinculadas entre sí por la acción de un conector, tanto pasante en forma de clavo o similar, como envolvente en forma de ligadura. La celosía de madera es el paso siguiente, y su estudio se aborda más adelante.

Paralelamente al desarrollo de dinteles y pequeñas vigas en estructuras de edificios industriales, las mejores condiciones del hierro forjado frente a solicitaciones de tracción iban siendo mejor conocidas. Hasta bien entrada la década de 1840, las principales aplicaciones del hierro forjado eran en elementos de pura tracción, como barras o cadenas, muchas veces utilizadas para trabazón y refuerzo de fábricas de sillería. Su aplicación en vigas derivó hacia las celosías, por un lado, y hacia los refuerzos de las vigas de fundición, por otro.

Estos refuerzos tomaban forma de armaduras que corrían por la cara externa de las vigas, en forma de barras inclinadas que sujetaban una bandeja central en el centro del vano y se anclaban en la cara superior sobre los apoyos. Una solución más innovadora, verdadero precedente del hormigón armado, es el refuerzo de la cabeza inferior de una viga en doble T por medio de dos platabandas, desarrollada por Peter Barlow en 1848 para una viga de 7,5 m de luz en el ferrocarril de Reading and Reigate. Las platabandas se colocaban en la base del molde de la viga y recibían la colada de fundición que las envolvía por arriba y por los lados [225:70].

El hierro forjado también fue utilizado para unir trozos de viga realizados con fundición, como la diseñada por Robert Stephenson en 1845, con 16 segmentos de fundición dispuestos en tres capas de forma contrapeada para que las juntas verticales no tuvieran continuidad y sujetas por tornillos, que superó las pruebas de carga pero utilizaba demasiado material. El puente de ferrocarril sobre el río Ashford, en la línea Rye & Hastings, realizado por Peter Barlow, utilizaba tres dovelas de fundición atornilladas para salvar un vano de 15 m de luz.

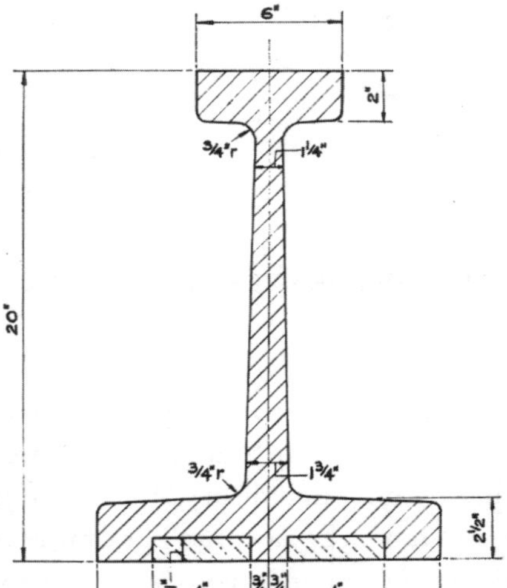

Viga de fundición reforzada con hierro forjado (Barlow, 1848) [225:71]

De todos estos tipos de vigas de hierro, las más eficientes eran las vigas asistidas o reforzadas (*trussed beams*) por medio de esos arneses de hierro forjado. Fueron introducidas en 1831 para vanos del orden de 9 m por el ingeniero civil británico Charles Blacker Vignoles. El sistema utilizaba barras de hierro forjado, para aliviar a la pieza de fundición de las tensiones de tracción de la cara inferior del tramo central y de las superiores de los extremos en su caso. Las barras se vinculaban a la viga principal por medio de piezas de fundición atornilladas en el centro del vano y el los extremos.

Casi todos los ingenieros utilizaron estas vigas, incluido el propio Stephenson en un puente sobre el río Lea en Tottenham, realizado en 1839, a pesar de algunos incidentes de rotura de vigas aisladas, atribuidos a defectos de fabricación. En general, las vigas de estos puentes no superaban los 25 m de luz y los tirantes tenían una función más bien preventiva, por si se producía alguna rotura frágil de la fundición.

En 1846, no obstante, Stephenson realizó un puente sobre el río Dee con tres vanos de unos 30 m de luz, cuya posterior ruina tuvo gran importancia en la profesión[7]. La rotura se produjo por pandeo lateral de las vigas,

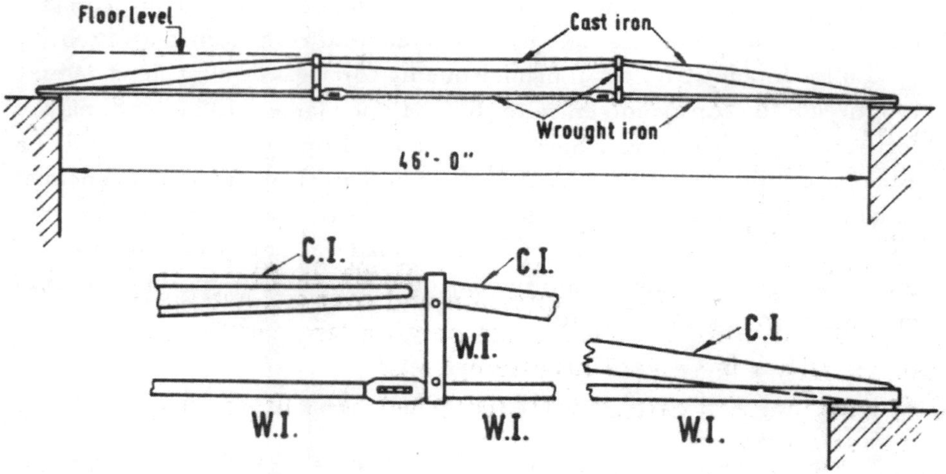

Viga de hierro fundido y forjado, diseñadas por Thomas Tredgold [224:82]

7 Los tirantes auxiliares estaban dimensionados para soportar parte de las cargas impuestas a las vigas. Sin embargo, como la viga así compuesta era una estructura estáticamente indeterminada, la parte de carga absorbida por los tirantes dependía tanto del cálculo como de la forma en que se había realizado el refuerzo que, en cierto modo actuaba como un pretensado. El puente se terminó en septiembre de 1846 y superó las pruebas de carga sin acusar más que unas pequeñas vibraciones al paso de los trenes.

inducido por las compresiones suplementarias de los tirantes diagonales excéntricos sobre una sección transversal de escasa rigidez transversal[8]. La Comisión Real de Investigación determinó que se debía utilizar un coeficiente de seguridad de seis veces la mayor carga de rotura de la viga, con la oposición de Stephenson, Brunel y otros ingenieros, que se mostraron contrarios a cualquier tipo de regla fija que limitase el uso del hierro en los puentes [178:92].

Junto a los conflictos teóricos, señala Benjamin, *se añadían los conflictos prácticos con la materia*. En la construcción del puente sobre el río Tay se emplearon seis años y, poco antes de acabarlos, el 2 de febrero de 1877, un huracán –como el que provocaría la catástrofe de 1879– derribó dos de los pilares más gigantescos. La tenacidad de los constructores se puso igualmente a prueba con los túneles, como en el de Mont Cenis en 1858, donde la duración de la perforación de 12 km se estimó en más de siete años [26:878].

En Alemania y los demás países del continente, los primeros puentes metálicos para ferrocarril surgieron con cerca de veinte años de retraso respecto a Inglaterra. Los constructores de ferrocarriles no se atrevían a utilizar los esquemas estructurales desarrollados para las carreteras, dadas las diferencias de las cargas. Los primeros fueron vigas rectas de 3 a 5 m de luz, con sección en T o en U, mientras que algún arco de fundición alcanzó los 12 m.

En los Estados Unidos, el primer puente con vigas de alma llena de hierro forjado fue construido entre 1846 y 1847 por James Millholland, para el ferrocarril de Baltimore y Susquehama en Bolton Station, Maryland. La estructura constaba de dos vigas de 15 m de luz con el tablero situado encima. El tablero entero fue prefabricado a 30 km del sitio, transportado en carretas, y posicionado sobre el viejo puente de madera. Entonces se demolió el puente antiguo y el nuevo vano fue bajado a su posición, en una maniobra que sólo duró dos horas [57:106].

En mayo de 1847, se añadió una capa de 5 cm de balasto sobre el tablero de madera donde apoyaban los carriles para prevenir el riesgo de incendio proveniente de las partículas incandescentes de carbón que caían sobre él. Se pensaba también que la adición de ese peso suavizaría el problema de las vibraciones sin deteriorar el coeficiente de seguridad de la estructura. Pero este debía ser mínimo, pues el puente se derrumbó al paso del primer tren que cruzó el puente después de la adición del balasto. El maquinista salvó la locomotora acelerando su marcha cuando sintió que el puente cedía, pero los cinco vagones que arrastraba cayeron al río, muriendo cinco personas y causando heridas a otras dieciocho.

8 En el proceso judicial subsiguiente, los jueces recomendaron que se nombrase una Comisión Real para investigar el uso del hierro en los puentes de ferrocarril que trabajó sobre muchos temas relacionados con la fatiga, las vibraciones y sus problemas asociados. No obstante, la principal discusión se centró sobre el coeficiente de seguridad que se debía utilizar en esas estructuras, con opiniones del rango de tres a siete, como si el problema se derivase de un exceso de carga y no de un fenómeno desconocido de inestabilidad.

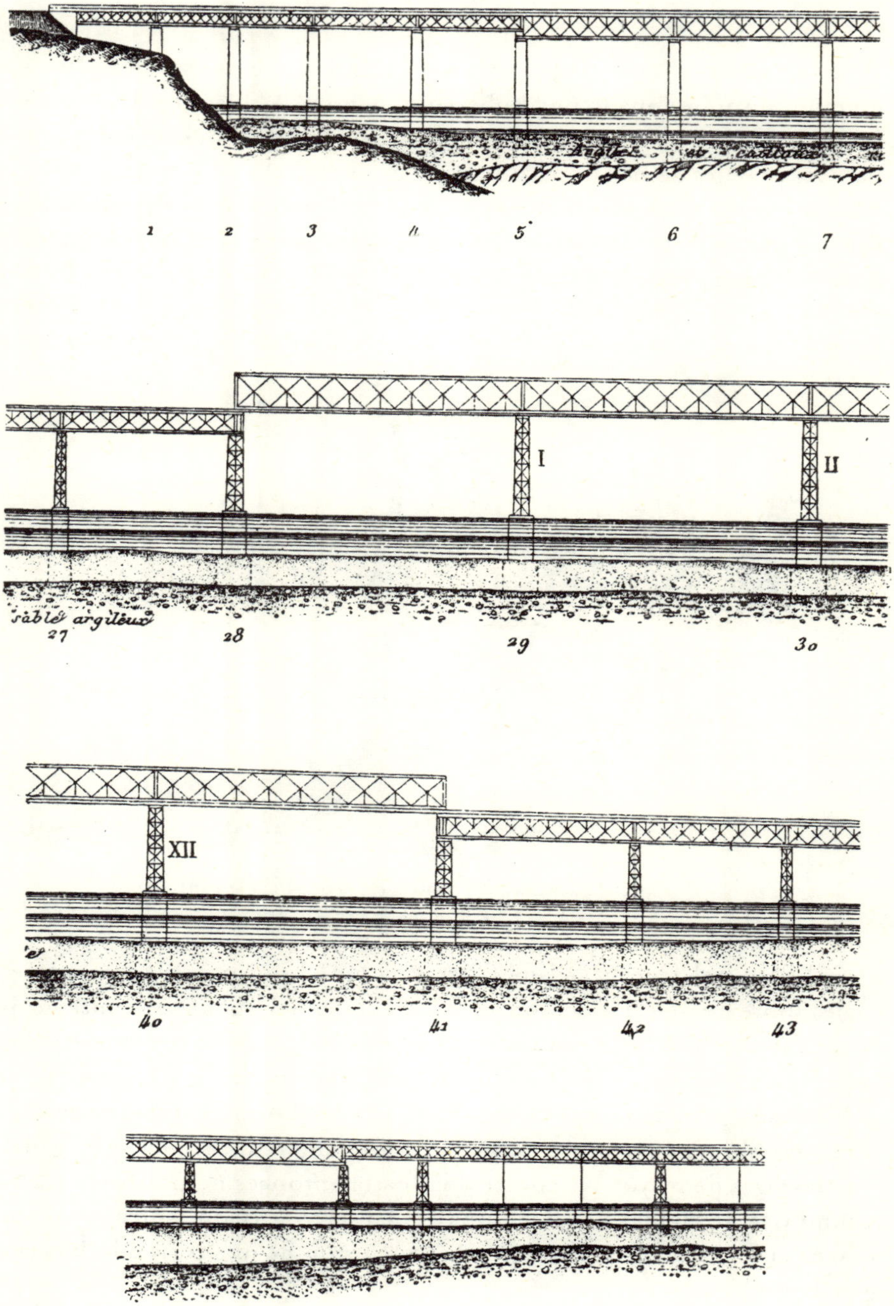

Puente sobre el Tay, alzado (T. Bouch, 1877) [98:464]

La innovación de la viga cajón: el puente Britannia

Pero, sin duda, el gran triunfo del hierro en los puentes se debe al enorme empujón proporcionado por Robert Stephenson, William Fairbairn y Eaton Hodkinson en los ensayos y desarrollo de las vigas cajón de hierro forjado para los puentes de Britannia (1849) y Conway (1848)[9]. Unas vigas que superaban todo lo realizado anteriormente en casi un orden de magnitud de forma que su diseño, en una época tan brillante como aquélla, fue entendido como un hecho trascendental para la ingeniería.

Puente Britannia (Stephenson, 1849) [209:168]

El paso del ferrocarril de Chester a Holyhead por la costa norte de Gales sobre el estrecho de Menai, justo al lado del puente colgante de Telford, fue diseñado con dos vanos centrales de 140 m de luz aprovechando una roca situada en el centro, llamada Britannia, para los cuales Robert Stephenson propuso arcos de fundición. Pero el Almirantazgo quería 31 m de altura libre en todo el vano, por lo que se eligió una solución colgada, ya que las vigas de mayor luz construidas hasta entonces no pasaban de 20 m. Como viga de rigidez pensó en una U de hierro forjado, entre cuyas almas pasaba el ferrocarril, pero llegó a la conclusión de que cerrando la sección ganaba rigidez.

9 Las referencias originales más completas sobre el puente Britannia son [73] y [54].

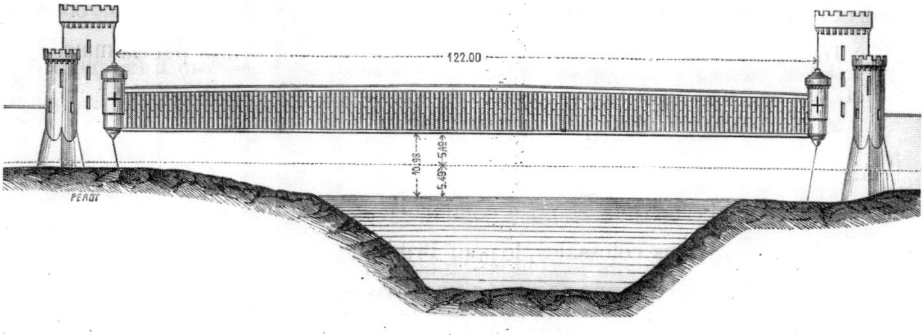

Puente de Conway (Stephenson, 1848) [62:VI-164]

Para desarrollar su idea, comenzó una serie de ensayos con la ayuda del ingeniero naval William Fairbairn y del matemático Eaton Hodkinson. Probó secciones circulares, luego elípticas y más tarde rectangulares, llegando a la conclusión de que la mejor sección era un cajón rectangular con el tren circulando por dentro. En su desarrollo, fue rigidizando las zonas que pandeaban y reforzando las que se rompían. La sección definitiva estaba formada por un cajón, cuyas caras superior e inferior estaban formadas por nueve y siete vigas de hierro fundido, solidarizadas por chapas roblonadas arriba y abajo, mientras que las caras laterales eran chapas rigidizadas con perfiles verticales colocados a escasa distancia unos de otros.

Con la rigidez conseguida, las cadenas inicialmente previstas como ayuda suplementaria al trabajo de las vigas no eran necesarias y decidió suprimirlas. De esa forma, el esquema estructural quedó como viga continua de sección rectangular y cuatro vanos de 70, 140, 140 y 70 m. Las pilas, mientras tanto, habían ido progresando hasta su terminación, bien por encima del nivel los tubos y con los cajetines para el paso de los cables perfectamente preparados.

Los tubos fueron construidos en la orilla, transportados en barcazas y elevados con gatos hidráulicos a su posición definitiva, siendo la primera vez que se aplicaron ambos métodos. Stephenson dedicó gran atención a conseguir las ventajas de la continuidad de los tubos, uniéndolos para formar uno solo. *Como era impracticable construir todo de una vez, se propuso que, antes de unir los tubos sobre las torres, cada extremo opuesto debía ser elevado sobre su apoyo definitivo y, en esa posición, los tubos deberían ser unidos. Al bajar los extremos, las tensiones requeridas serán conseguidas y el tubo poseerá las mismas ventajas de continuidad que si hubiese sido construido de una vez antes de ser colocado*[10].

10 Llamando A, al estribo de Anglesey; B, C, y D a las tres pilas; y E al estribo de Carnavon, el esquema detallado de descenso de los apoyos fue: la pieza de junta B se coloca en la torre y, con el extremo de A levantado 37 cm sobre su apoyo, se realiza la conexión de CB con BA. Luego se bajó A, consiguiendo el efecto como si se hubiera subido el centro del largo tubo CB unos 5 cm. Después se

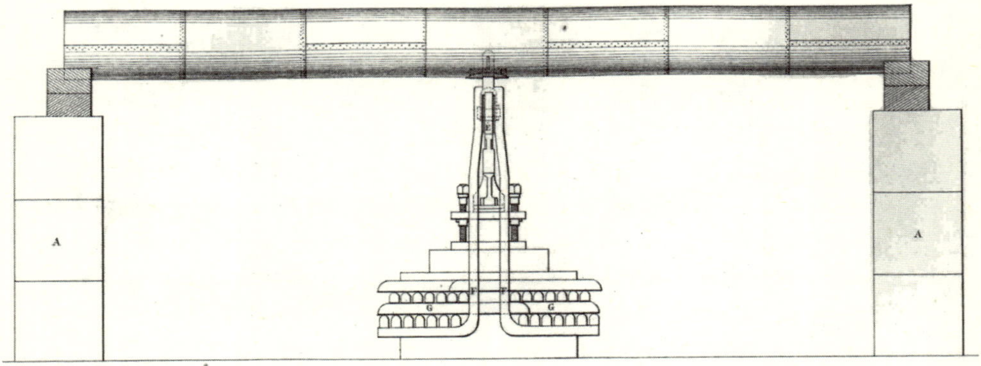

Aparato usado para los experimentos con los tubos y vigas de chapa de hierro [54:04]

Para Isaac Todhunter, el tubo difícilmente puede ser considerado una viga continua, pues la unión sobre las pilas se había realizado con la intención de igualar las tensiones en los tres apoyos más que para conseguir un efecto de continuidad. Sin embargo, considera que las contribuciones de los ensayos realizados al conocimiento de las propiedades del hierro forjado y al comportamiento resistente de las vigas son muy importantes y han sido consistentemente apoyadas por desarrollos teóricos posteriores [230:795].

Apreciación crítica del puente Britannia

Cuando Robert Stephenson comenzó su puente Britannia en 1846, despertó unas enormes expectativas en la profesión. Todas las revistas especializadas se hicieron eco de la novedad de aquellos gigantescos tubos por cuyo interior circulaban los trenes. Aquellas vigas cajón de planchas de hierro, del mayor puente de ferrocarril del mundo, eran tan resistentes como para funcionar por sí mismas y suponían un nuevo tipo estructural de brillante futuro. El plano de la sección trasversal del cajón, con la locomotora humeante

colocó la pieza de junta C sobre su torre, se unió la pieza D al tubo DC y su extremó se elevó 80 cm sobre el apoyo. Se realizó la junta C y se bajó D, lo que equivalía a subir el centro de CB unos 4 cm, y el del propio tubo DC subió 6cm, mientras que el centro de BA bajó ligeramente. Se realizó luego la unión de ED con CD, dejando el extremo E 37 cm por encima del apoyo, lo que subió el centro de DC otros 3,4 cm, alcanzando una subida total de 9,4 cm, mientras que BC bajó 2,8 cm y AB subió ligeramente [54:704].

dentro, fue mostrado en cuanto libro o revista sobre puentes se publicó en aquellos años centrales del siglo XIX.

Sin embargo, la idea no prosperó y Stephenson sólo logró hacer un par de puentes tubulares más. La cantidad de hierro exigida por ese tipo de vigas era enorme y enseguida surgieron esquemas estructurales alternativos más ligeros. La celosía metálica, en sus múltiples configuraciones desarrolladas a partir de 1850, demostró ser mucho más efectiva en el empleo de metal. Y los primeros puentes colgantes de cables, capaces de soportar el paso de los trenes, mucho más aún. Cuando Stephenson conoció el proyecto de puente colgante para ferrocarril sobre el Niágara de Roebling, comentó refiriéndose al Britannia: *Si su puente tiene éxito, el mío es una magnífica patochada* [220:199].

De hecho, es sorprendente que el puente Britannia haya tenido una influencia crucial en la evolución de las estructuras de la segunda mitad del XIX y que, simultáneamente, el tipo no tuviera el más mínimo recorrido posterior por la gran cantidad de material utilizado. Su revolucionaria forma quedó obsoleta nada más construirse y *el puente fue primero un tremendo éxito y, enseguida, un colosal fracaso* [179:313].

El diseño de este importante puente ha sido puesto como ejemplo de una especial manera de enfrentarse al diseño, dominada por una imagen preconcebida que el diseñador intenta realizar a toda costa, aportando infinidad de modificaciones en el transcurso del proceso. La idea inicial de Stephenson de cruzar el estrecho con dos potentes tubos de hierro forjado dentro de los cuales circularían los trenes fue la única motivación de todo el desarrollo. No se trataba tanto de resolver el problema del cruce, sino de sacar adelante la idea

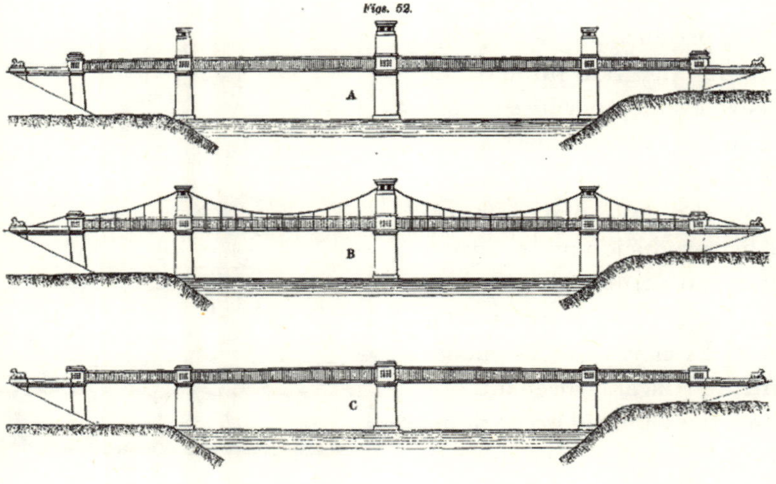

Puente Britannia (Stephenson, 1849) [116:fig. 52]

de los tubos, y, en ningún momento, se establecieron otras alternativas ni se contemplaron otras posibilidades.

El puente precisó unas 10,5 t de hierro por metro lineal, mientras que diseños para vanos similares como el de Saltash, realizado por Brunel pocos años después, requirieron sólo 7,1 t /m con un coste del orden de la mitad. Además de los problemas económicos, los trenes que circulaban por el interior de los tubos continuos de 450 m de longitud total debían soportar las altas temperaturas producidas en el interior por el calentamiento solar de las chapas, y las locomotoras de vapor llenaban su atmósfera de humo y hollín, con lo que la experiencia del cruce era muy desagradable [179:322].

Tanto sus proporciones –sus vigas salvan una luz ocho veces mayor que las anteriores– como su sección transversal que todavía hoy nos asombra, como su proceso de diseño apoyado en la primera serie de ensayos a gran escala aplicados a la ingeniería, o su proceso constructivo, un prodigio de ingenio aplicado luego cientos de veces por los grandes constructores de puentes, convierten al Britannia en la realización más grande, más importante y más atrevida de la primera época de la ingeniería civil.

En general, la identificación de un tipo se produce por la contemplación de un gran número de obras cuyo examen permite la abstracción de una idea o universal que sugiere una posible agrupación. Sin embargo, el puente Britannia parece haber producido por sí mismo un nuevo tipo estructural, sin precisar de la ocurrencia de otros casos similares. Es cierto que el puente colgante de Niágara, diseñado por Roebling, tiene un tablero de doble calzada, con los trenes circulando por arriba y los demás vehículos por el interior de un cajón en celosía,

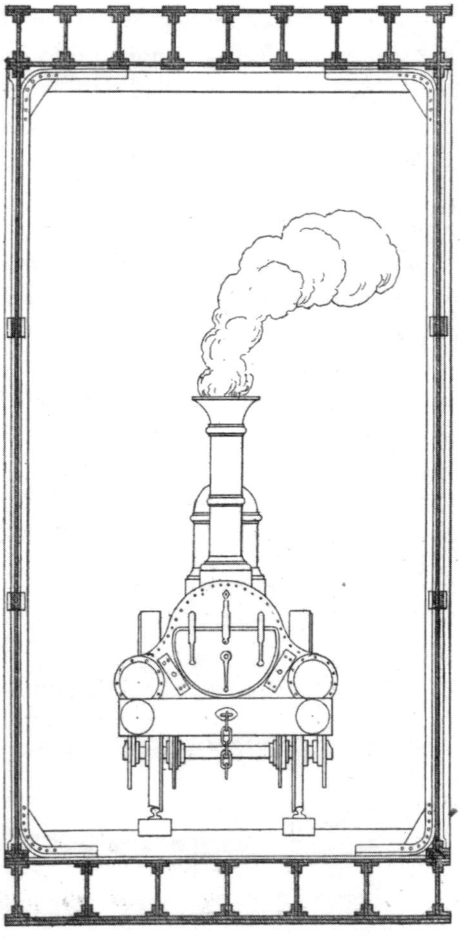

Puente Britannia, sección trasversal (1849) [159:526]

que es la imprescindible viga de rigidez del puente. Pero, tanto la doble calzada como la subordinación del cajón al cable y su construcción en celosía desnaturalizan en cierto modo la potencia del cajón cerrado con el tren dentro.

En realidad, la recuperación del cajón con el tren dentro, como soporte del tipo viga cajón, es una operación de síntesis realizada a posteriori, que reconoce el esquema de Stephenson como núcleo de sentido original y engloba lo construido después como derivado de esa idea. En el esquema de Stephenson, la viga cajón *contiene* al ferrocarril como una componente esencial. No se trata de una simple estructura para pasar, materializada como soporte de una función ejercida por el ferrocarril. El tren forma parte sustancial del esquema y es agente formal prioritario en la definición de la estructura, que hace posible el paso integrándolo en sus entrañas.

Con independencia de sus logros tecnológicos, lo que verdaderamente subyugó a toda la profesión, situada entonces en un momento verdaderamente álgido de prestigio y expectativas, y a un público general todavía entregado a los avances tecnológicos, fue esa imagen de la locomotora dentro del tubo. El puente no requería nada arriba o abajo del elemento resistente principal; se sustentaba sin cables por encima ni arcos por debajo, ni siquiera las vías o el balasto asomaban fuera de la estructura. Todo era integrado por la viga cajón, cuya entrada se ofrecía a los trenes entre dos monumentales leones y cuya sustentación se trasladaba limpia y directamente a las pilas.

El tren dentro de la viga no era el dibujo de la sección transversal de un puente importante, era un universal abierto que se ofrecía como esquema a nuevas realizaciones, a las cuales aglutinaría como referente formal. Era tan diferente a todo lo conocido y tan clarificador en su propuesta, que dio carta de naturaleza a la viga cajón como un nuevo tipo estructural. Daba igual que el gasto de material fuera excesivo, y que el paso del tren por el interior de la viga hiciera tragar humo y pasar un calor insoportable a los viajeros cuando el sol la convertía en un horno.

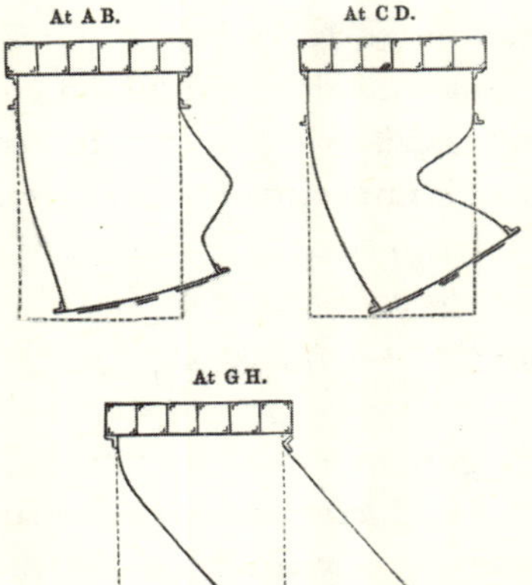

Ensayo de rotura de tubos de hierro, deformadas [73:07]

El valor del puente Britannia está en su contribución a la fijación del concepto teórico de referencia para la viga de alma llena con sección en cajón. Antes del Britannia sólo se usaban como vigas piezas prismáticas macizas u homogéneas de muy pequeñas dimensiones, o bien celosías construidas con piezas más pequeñas provenientes de un concepto diferente. Stephenson, Fairban y Clark consiguieron resolver los numerosos problemas que planteaba ese nuevo concepto de viga cajón para tan grandes vanos, con una solución verdaderamente excepcional. Fijaron el concepto subyacente al tipo y, con sus ensayos y soluciones de detalle, proporcionaron un enorme avance a la teoría estructural.

Las vigas de alma llena desaparecieron prácticamente de la escena[11], dando paso a las celosías metálicas, cuyo aprovechamiento del material es bastante más efectivo[12]. El tipo de viga continua reaparecerá con fuerza con el empleo del hormigón pretensado después de la Segunda Guerra Mundial, y con los puentes mixtos unos pocos años después. En ambos casos, la sección en cajón demostró su superioridad sobre los tableros de vigas múltiples para resistir los esfuerzos de torsión, pero el paso de los vehículos por el interior de la sección fue generalmente evitado.

El cajón en las vigas continuas de hormigón pretensado

La reaparición estructural del hormigón a finales del XIX, olvidado desde los romanos, se orientó primero hacia los puentes en arco (cap. II) para generalizarse enseguida a todo tipo de construcciones. Con hormigón armado se realizaron numerosos puentes de vigas de pequeñas luces en el rango de los 10 a 15 m, que mutaban hacia arcos de todo tipo al aumentar esos valores. Las vigas continuas se empezaron a utilizar en Europa a mediados de la década de 1910, con similares luces y por los principales constructores.

En general, el hormigón armado supuso una verdadera revolución en los tipos utilizados en los puentes y en toda la ingeniería civil. Moldeable, fácil y barato, era la solución perfecta para solventar las necesidades de cualquier rama de la ingeniería. Y los arquitectos lo saludaron con optimismo, como el brasileño Oscar Niemeyer: *Tras las robustas formas obligadas por la piedra y el ladrillo, surgieron los vanos inmensos, las formas libres e inesperadas que el hormigón permite y los temas modernos solicitan* [170:16, 20].

A partir de cierta luz, la viga cajón de hormigón pretensado se convirtió en solución estructural de referencia para puentes y viaductos de carretera cuando la velocidad forzó su conversión en autopistas. No obstante, la anchura del

11 En Francia Flachat construyó con vigas de alma llena de hierro los puentes de Asnières sobre el Sena (1850, 33 m), de Cacor sobre el Tarn (1855, 68 m) y de Langon sobre el Garona (1855, 77 m).

12 Hoy en día, la viga de alma llena, aunque consuma más material, puede ser más barata por la simplicidad de su ejecución.

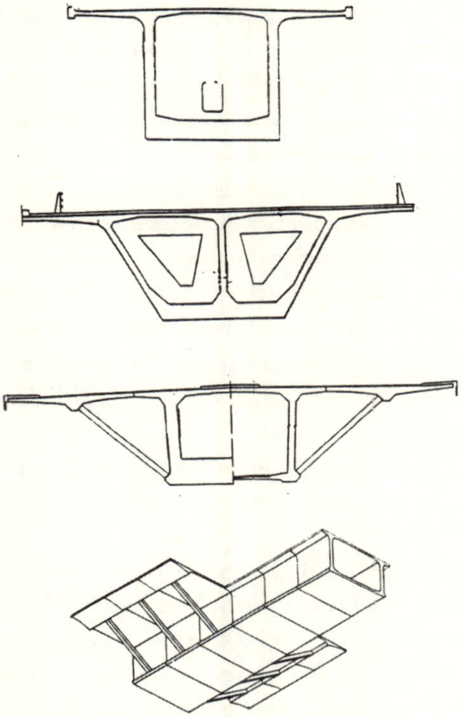

Configuraciones viga cajón, según anchura [141:81]

tablero –siempre de dos o tres carriles– y la dificultad de acomodar peraltes, pendientes y curvaturas al elemento resistente disuadieron desde el principio la inadecuada posibilidad de meter los coches dentro del cajón. La sugestiva invención del Britannia no tenía recorrido.

Como primera realización americana, Condit menciona el viaducto de la Asylum Av. en Knoxville, Tennessee (1909-1910), con un tramo de nueve vanos de 12 a 15 m de luz, desarrollados como pórticos longitudinales continuos con vigas transversales secundarias para formar el tablero. La primera viga continua en cajón de hormigón armado en Estados Unidos es la del puente sobre Henderson Bay en Purdy, Washington (1937), con un vano central de 68 m de luz, en sección de canto variable desde 4,2 m en las pilas hasta 2,1 m en el centro del vano [58:209].

El puente sobre el río Peise, en Brasil, de 68,5 m de luz construido en 1931 por el ingeniero alemán Emilio Baumgart, fue récord de luz de vigas continuas de hormigón armado y también el primero en ser construido por el sistema de voladizos sucesivos. El puente de Villeneuve-St. Georges, sobre el Sena, construido por Lossier en 1939, alcanzó los 78 m de luz, sólo un metro más que el puente de Waterloo, sobre el Támesis, terminado ese mismo año en sustitución del puente de John Rennie [79:439].

Con la invención del pretensado, Freyssinet revolucionó el hormigón y convirtió la viga continua en tipo preferido para puentes de luces bajas a medias. Su esfuerzo de racionalización de procedimientos tuvo su principal fruto en el invento del gato y el anclaje, desarrollando un prototipo que ha mantenido su vigencia hasta hoy con mínimas mejoras. Sus primeros puentes pretensados son los de la serie sobre el Marne, Luzancy, Esbly, etc., que son en realidad vigas-pórtico y se han incluido en el capítulo 12.

Su posterior puente nº 10 de Orly (1958) en el acceso al aeropuerto contiene ya todos los elementos formales de los puentes de vigas continuas de hormigón pretensado. La sección en cajón bicelular de canto variable enlaza su base plana con los voladizos laterales por medio de gráciles curvas, lo que unido a la planta curva del puente proporciona un juego de curvaturas que implican ya un absoluto dominio formal de la viga cajón.

En paralelo a Freyssinet, los alemanes desarrollaron procedimientos similares de pretensado, que aplicaron a puentes de vigas biapoyadas y continuas de luces similares o incluso mayores, como el puente de Aue en Alemania, diseñado por Dischinger (1938, 69 m). El gran ingeniero Ulrich Finsterwalder fue su principal impulsor, utilizando el procedimiento constructivo de voladizos sucesivos con los puentes de Baldwistein (1950, 62 m), los Nibelungos en Worms (1952, 114 m), Coblenza (1953, 114 m), y de la fábrica Hoescht en Frankfurt (1959, 130 m), que culminaron en el gran puente de Bendorf sobre el Rin (1964, 208 m) diseñado conjuntamente con Gerard Lohmer y la empresa Dyckerhoff und Widmann [79:446].

A partir de entonces comienza la carrera de la consecución de luces cada vez más grandes en todos los países. Tras Bendorf, el récord de luz pasó a Japón en 1972 con varios puentes en torno a los 240 m, que aumentaron hasta los 260 m en el puente Gateway en Brisbane, con cantos de 15 m en apoyos y 5,2 en clave. Se sucedieron luego otros muchos sin añadir prácticamente nada a los primeros esquemas alemanes, salvo sustanciales mejoras en los procesos constructivos. Todavía en 1979, Leonhardt diseñará el viaducto de Kochental, cerca de Gieslingen, en Alemania, donde la simplicidad de las pilas rectas de 180 m de alto y el dintel de 1.120 m de longitud con grandes vanos iguales de 138 m se aúnan en una gran obra de máxima pureza.

Con la madurez estructural y formal, la diferenciación tipológica

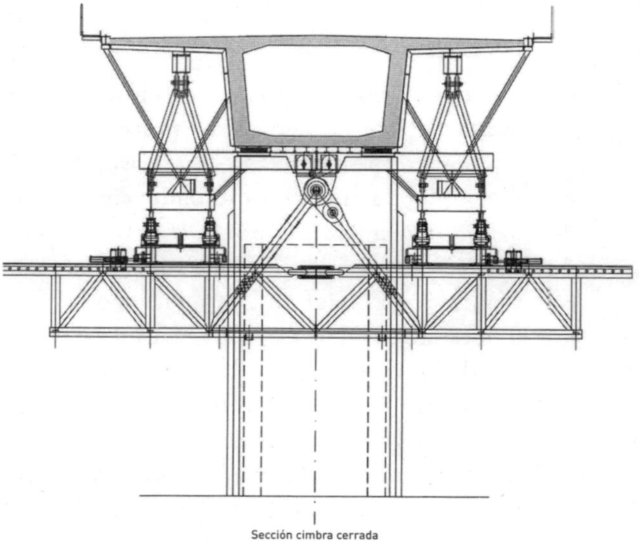

Cimbra autolanzable para puente sobre el Genil [237:sp]

se decantó hacia el proceso constructivo, con los sistemas de avance por voladizos sucesivos con carros de hormigonado *in situ*, o por dovelas prefabricadas, dovelas montadas con viga superior de lanzamiento, vigas prefabricadas montadas con grúas, o puentes empujados[13].

La principal de estas innovaciones constructivas es el montaje por voladizos sucesivos en avance simétrico desde las pilas con dovelas prefabricadas, moldeadas sobre la cara de la dovela anterior en un taller de obra, pegadas a ella cuando ya está colocada con resina y ensambladas con cables de pretensado para conseguir monolitismo. Según David Bennett, el primer puente así realizado –aunque con la ayuda de una cimbra de la cual se prescindió en realizaciones posteriores– fue el de Shelton Road (1952) al norte de Nueva York, con ideas de Freyssinet desarrolladas por Jean Muller, quien luego construyó el puente de Choisy-le-Roi (1962, 127 m) sobre el Sena en París.

Y, sobre todo, el fantástico viaducto de Linn Cove (1982) sobre las arboladas laderas de las montañas de Carolina del Norte. El viaducto se construyó con dovelas prefabricadas por voladizos sucesivos, avanzando hasta la siguiente pila, que era construida desde el voladizo para producir una mínima perturbación en la ladera. En palabras de Muller, *tratamos de salvar tantos árboles como era posible, y eliminamos las pistas de acceso a las pilas construyendo desde los vanos terminados* [30:221].

Innovación en la sección transversal

Con la sección transversal de viga cajón con almas inclinadas y losa volada por ambos lados, consolidada como solución de referencia, se aprovecharon las posibilidades estructurales del cajón en cuanto a flexión longitudinal, cortantes y torsión, y se consiguió la máxima flexibilidad en anchura, que venía dictada por la función. En cierto modo, lo estructural se centró en las propiedades del cajón, mientras que lo funcional quedó confiado a los voladizos de la losa, sin perjuicio de su parcial colaboración como incremento de la cabeza de compresión en la flexión principal.

Con el tiempo, el cajón de alma llena se hizo imprescindible para la sección transversal de puentes de gran luz, tanto de hormigón como metálicos, por su buena distribución del material y por su capacidad frente a la torsión. Con el hormigón pretensado el uso de vigas de alma llena se propagó rápi-

13 La descripción de todos estos sistemas se puede seguir en [10:158-176].

damente, ganando terreno frente a las celosías. Con las vigas mixtas, el cajón metálico con losa de hormigón se convirtió en solución de referencia para vanos medios. La posterior adición de tirantes permitió alcanzar grandes vanos con el tablero de viga cajón que, en la actualidad, es la solución de referencia para todo tipo de puentes, tanto en arco, como colgantes o atirantados.

Restringida al principio a una anchura máxima de unos 7 a 10 m, la viga cajón se mostró como solución óptima para carreteras de doble dirección. En las autopistas, la mayor anchura se acometió desdoblando el tablero y construyendo uno independiente para cada sentido con diferentes pilas y estribos. La pila en forma de pastilla tenía la misma anchura del cajón, logrando una cierta unidad compositiva con el tablero, que «se abría» merced a la inclinación de las alas inyectando cierta fluidez al alzado y la sección del puente.

Por su parte, la pila o fuste cilíndrico único garantizaba una total neutralidad direccional del

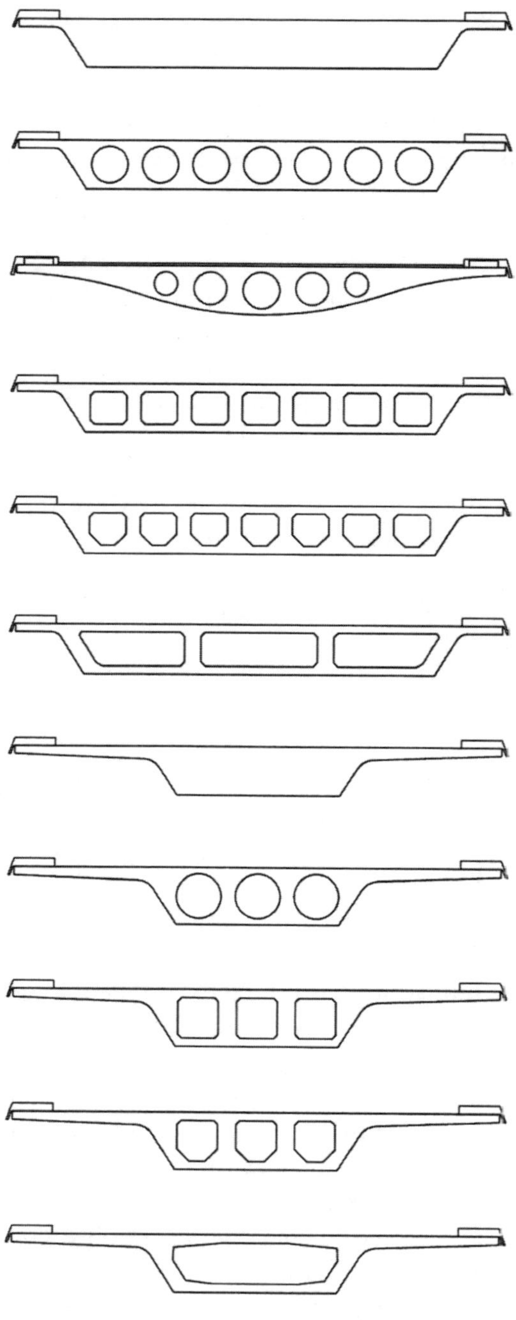

Puentes en dintel recto, sección transversal [141:180]

tablero respecto a los obstáculos inferiores. El problema del esviaje quedaba resuelto de raíz, sin más que cuidar el traslado de las torsiones a lo largo del dintel hacia los estribos. En el entronque de la pila cilíndrica con el tablero cabe la interposición de un elemento de transición –a modo de capitel– que aumente la zona de apoyo tanto transversal como longitudinalmente. Algo similar, pero de mayor complejidad por sus dimensiones, es el problema de soportar con pila única un doble tablero, con soluciones diseñadas a base de abrir su parte superior para dar apoyo a los cajones independientes.

Más recientemente, se optó por la utilización de un cajón único más ancho, de configuración multicelular, a base de varias almas interiores verticales con las exteriores inclinadas. Eso consume bastante material no necesario y presenta unas superficies demasiado «macizas» en su cara inferior. Para ahorrar peso en cajones muy anchos, los diferentes elementos del cajón se especializan: el cajón central propiamente dicho resiste la flexión y torsión longitudinal con almas de mínimo espesor, y se ayuda a los voladizos laterales con celosías, tornapuntas o nervios a modo de «costillas» que transmiten la flexión transversal al cajón.

Con esas costillas, tanto metálicas como de hormigón prefabricado, la losa puede mantener dimensiones razonables y, sobre todo, se crea un *ritmo* longitudinal, que introduce la idea dinámica de recorrido, más allá de la rutinaria simplicidad de las formas continuas y fluidas del cajón. En cuanto a las almas, los esfuerzos de reducción se han centrado en disminuir sus espesores mínimos, muchas veces dictados por los recubrimientos de las vainas del pretensado. Para ello se utilizan tendones de pretensado externos a las almas, alojados en conductos de PVC rellenos de grasa colocados en el interior del cajón, o se prefabrican las almas con armaduras pretesas que no requieren

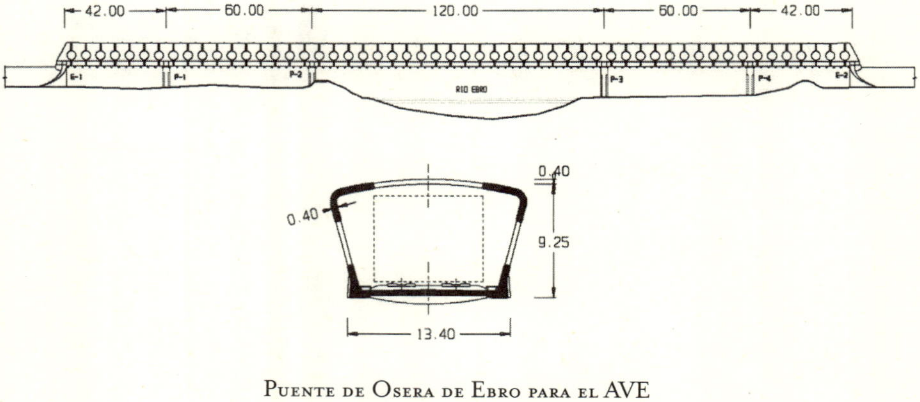

Puente de Osera de Ebro para el AVE
(Javier Manterola, 2003) [141:839]

vainas ni anclajes. La posibilidad de sacar el pretensado del alma de la viga da lugar a soluciones innovadoras que se estudian en el capítulo 7 [14:12].

* * *

El esquema del tren dentro del cajón, sin embargo, es tan potente como para que se le haya tributado algún homenaje posterior, como el realizado por Javier Manterola en el reciente puente sobre el Ebro para la línea de alta velocidad de Zaragoza a Barcelona construido en 2003. Su filiación estructural reconoce las vigas del puente Britannia como claro precedente formal, aunque con una inteligente transposición al dominio del hormigón pretensado. Con todo, a pesar de la sugerencia de cierre que presentan las cabezas superiores de las vigas laterales, el puente es más una U abierta que un cajón cerrado, y los aligeramientos circulares de las almas que parecen ventanas del cajón funcionan como los vacíos de una viga Vierendeel. Se trata de un sugestivo guiño al pasado y no de una recuperación del tipo.

Otra recuperación notable de la viga continua de alma llena es la realizada por Jörg Schlaich en el puente de ferrocarril sobre el Danubio de Ingolstadt (2001, 55 m), al lado de una celosía de 1869 y con los mismos vanos, que se incluye en el capítulo 16.

6. LA PUREZA ESTRICTA DE LA CELOSÍA WARREN

Disposición

Los constructores de puentes han utilizado celosías para los tres tipos estructurales básicos, tanto para realizar sus elementos principales como para los secundarios. En las vigas, la celosía se utiliza como disposición para construir la propia viga y, en las muy grandes, cada uno de sus elementos puede estar formado por nuevas celosías. En los arcos, la celosía puede formar parte del tablero, del tímpano o del propio arco si es de mucha luz. En los puentes colgantes, la celosía aparece generalmente en el tablero como elemento de rigidez, y sólo en algunos ejemplos tempranos y aislados sustituye al cable principal o a las péndolas.

Sin embargo, la utilización de celosías tuvo muy diferentes repercusiones formales y resistentes en cada uno de esos casos. Cuando todavía no había aparecido el hierro, las celosías de madera fueron la única alternativa a los puentes de piedra, y en condiciones de escasez de piedra o premura de plazos, la única posibilidad real de construir un puente. En las vigas metálicas, la celosía supuso una alternativa sustancial a las vigas de alma llena, dando lugar a nuevos subtipos y a un espectacular desarrollo de los puentes de vigas. Las celosías constituyen una disposición estructural bien conocida desde antiguo, utilizada como cimbras de los arcos de piedra, para cerchas de cubiertas y como vigas [90:256].

La madera siempre fue un material importante en construcción, y el dominio de su tecnología dio como fruto esa peculiar disposición de barras, o elementos largos y estrechos, para conformar elementos resistentes más grandes. Sin embargo, resistía mal la acción de la lluvia y el sol, por lo que se cubría o se protegía con diversos tratamientos. Por ejemplo, para hacer más duradera la madera de los puentes, Perronet recomendaba que se cubriese de plomo. De esa forma, su duración podría superar los 10 o 12 años habituales para las piezas de puentes y tablas de forro, y los 20 o 25 considerados para las viguetas: *Con plomo podrían durar cerca de un siglo* [51:129].

Arcos y vigas arqueadas de entramado de madera

Mientras la viga de alma llena es algo presente en la naturaleza, la celosía es una invención estructural desarrollada para superar las limitaciones de longitud de las piezas de madera. Los antecedentes estructurales mas claros están en las cerchas utilizadas para cubrir grandes vanos, generalmente con formas triangulares o de cuchillo inducidas por las obligadas pendientes de los tejados, cuyas conexiones sugieren que sus diseñadores conocían la forma de trabajar de cada uno de los elementos.

El primer empleo conocido de la celosía para un puente aparece en la columna Trajana como reproducción del puente sobre el Danubio realizado por el emperador. Se trata de un arco o celosía de forma arqueada, para la cual diversos estudios han calculado una luz de 30 a 36 m, aunque se trata de una cifra bastante especulativa. Hay también una reproducción de un puente arqueado con tablero inferior en una medalla conmemorativa romana, y ambos precedentes han permitido afirmar que los constructores romanos conocían la celosía de madera [159:34].

El siglo XVI trae nuevas soluciones de la mano de Andrea Palladio, quien recoge dos ejemplos de celosías en su tratado. Uno es un puente en Alemania,

Puente en celosía sobre el Danubio.
Columna Trajana [159:30]

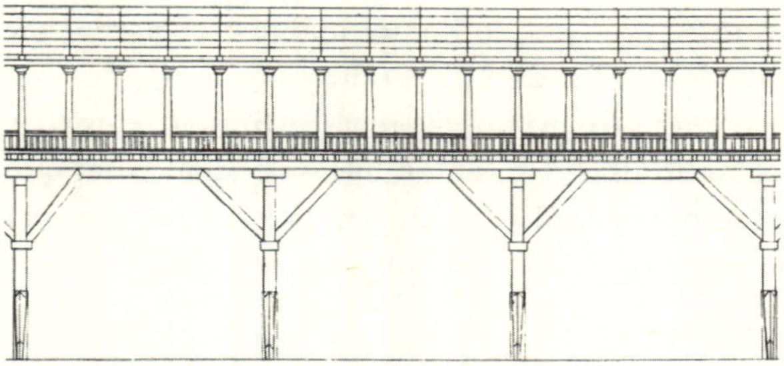

Puente de Bassano (Palladio, 1570)

Puente sobre el río Cismone en Bassano (Andrea Palladio) [65:92]

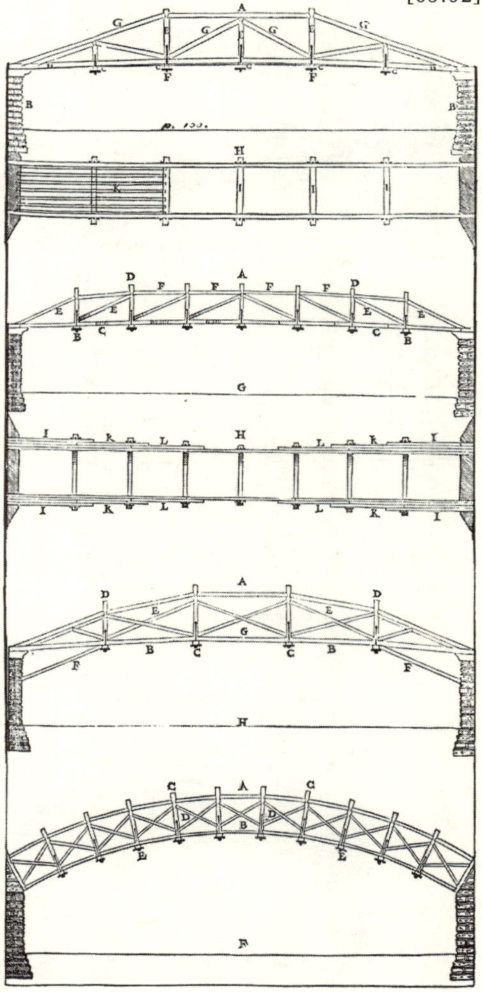

visto por Pico de la Mirandola y referido al autor. El otro es un diseño del propio Palladio sobre el río Cismone, con 36 m de luz, con una disposición de elementos a medio camino entre cercha y celosía, pues el tramo central del cordón superior y todo el inferior son rectos y paralelos, mientras que los laterales están inclinados. Menos elaborado pero bastante efectivo es el pórtico con un vano recto apoyado en los tercios de la luz en jabalcones, como el utilizado cerca de allí en el puente de gli Alpini sobre el río Brenta, en Bassano, realizado por Palladio en 1568[1].

En **Suiza**, durante el siglo XVIII, algunos constructores consiguieron salvar luces importantes con celosías de madera, entre los cuales destacan tres puentes. El puente de Schaffhausen (1757) fue construido por Hans Ulrich Grubenman (1709-1783). En principio, lo diseñó para una

1 El puente tiene una superestructura de seis pilares por tramo, para soportar una cubierta a dos aguas que protege la estructura. Unos largos y afilados tajamares recubiertos de tablas de madera defienden las pilas de los hielos y materiales arrastrados por las aguas. Véase: Strati, Claudio (coord.); 1988. *Il ponte degli Alpini a Bassano*. Ghedina & Tassotti, Bassano del Grappa.

luz de unos 120 m, que suponía cerca del doble del máximo conseguido, pero construyó una versión de dos vanos, de 54 y 59 m.

El puente de Wettingen (1778, 61 m) sobre el río Limmat, cerca de Zúrich, responde a un esquema similar, basado en haces de jabalcones que surgen de estribos y pila central como abanicos, solidarizados entre sí por una familia de barras paralelas en dirección sensiblemente perpendicular[2].

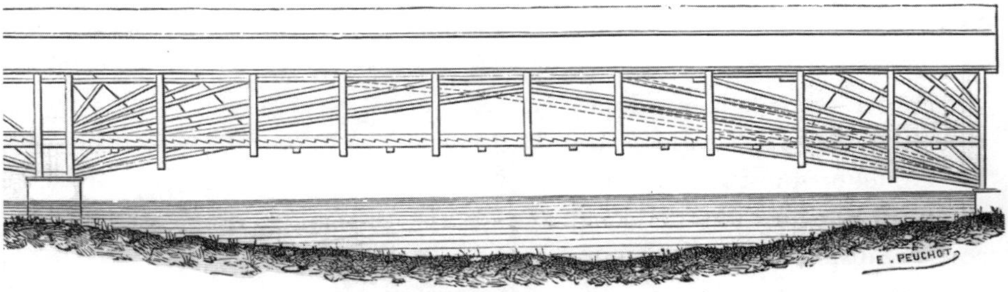

Puente de Schaffhausen sobre el Rin (Grubenmann, 1757) [62:VII-283]

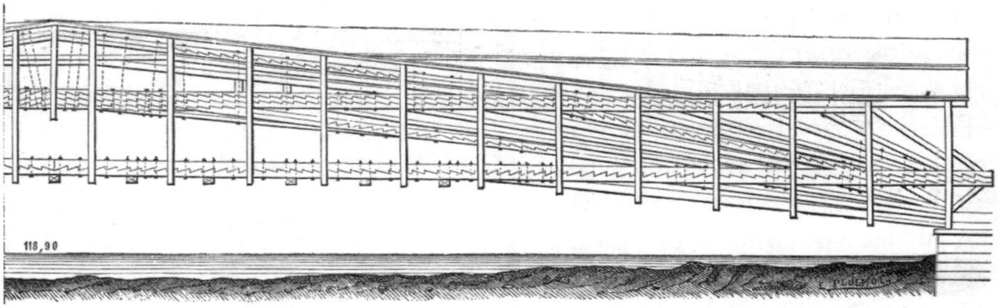

Puente de Wettingen sobre el Limmat (Grubenmann, 1778) [62:VII-284]

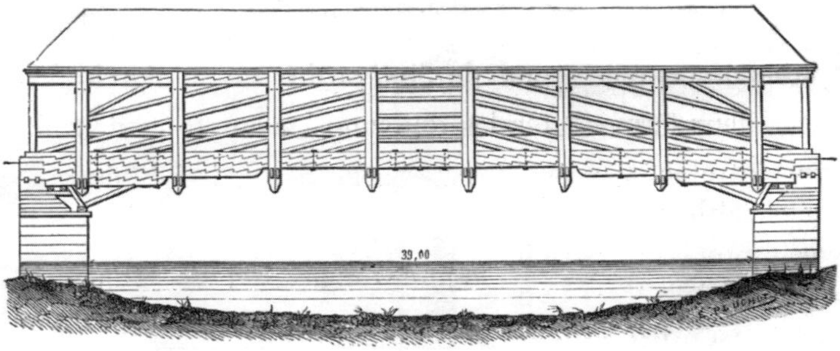

Puente de Zúrich sobre el Limmat [62:V.II-282]

2 El tablero se sitúa a media altura y está limitado por dos celosías rectas encajadas entre esas familias de barras, que actúan como diagonales entre sus cordones superior e inferior. La estructura se corona con una cubierta de madera a dos aguas, para protegerla de los elementos.

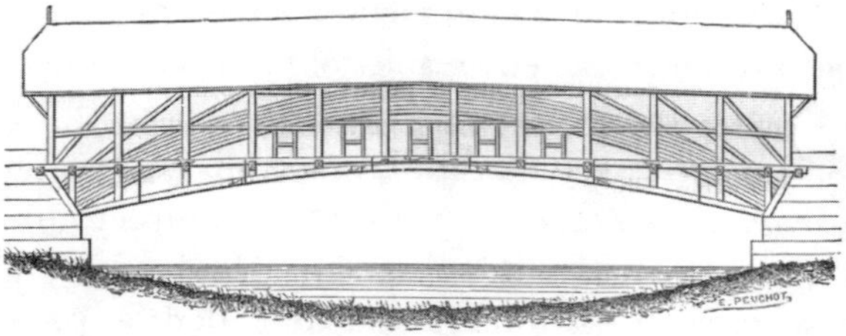

Puente de Melliguen sobre el Reuss
(J. Ritter, 1774) [62:V.II-281]

El puente en Reichenau sobre el Rin (1757, 67 m), construido por su hermano Jean Grubenman (1707-1771), respondía a un esquema estructural más claro, con un arco de madera de formado por siete tablones superpuestos, unidos entre sí por machihembrado y abrazaderas, con un tablero a media altura y todo ello cubierto a dos aguas por cerchas apoyadas en el cordón superior del tablero[3]. Estos puentes de madera cubiertos, fundamentalmente en arco pero también en celosía, se extendieron rápidamente por Europa con esquemas progresivamente simplificados, como los de Zúrich o Melliguen, y todavía se siguen construyendo en Suiza [71:9].

En **Inglaterra**, pocos años antes, el concurso del puente de Westminster sacó a la luz un interesante sistema de arcos-celosía formados por barras de madera, desarrollado por James King. La pila de piedra se prolonga en una barra recta vertical, de la cual arrancan las siguientes con ángulo cada vez más tendido y colocadas tangencialmente a un semicírculo hasta la horizontal del tablero. La forma que dibujan las barras es un arco, pero, al prolongarse y entrelazarse entre sí, funcionan como una verdadera celosía.

El primer puente del sistema King fue el puente de Walton (1750, 40 m), construido por William Etheridge, que había sido el encargado de King en Westminster[4]. Con el mismo sistema, Etheridge también diseñó la pasarela de los Matemáticos en Cambridge, reparada y restaurada numerosas veces y todavía en uso[5].

En **Estados Unidos**, el primer puente de madera documentado es el construido

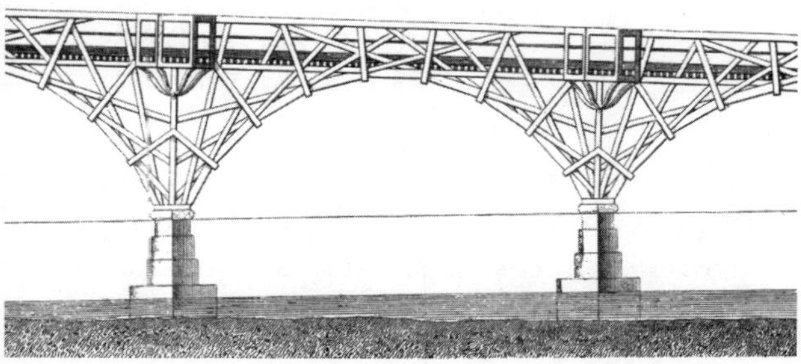

Puente de celosía de madera en Westminster, Londres
(King, 1738) [159:350]

3 La estructura es ya prácticamente un arco, aunque todavía hay algunos jabalcones colaborantes.

4 El puente fue el más largo vano de madera construido en el Reino Unido durante más de cincuenta años, y tuvo gran éxito entre el público, siendo objeto de numerosos grabados y de un par de óleos de Canaletto [201:31].

5 John Barnard, anteriormente socio de King, construyó con el mismo sistema un puente de siete vanos sobre el Thames en Kew (1759, 15 m) que sólo duró quince años. John Smeaton proyectó

en 1785 por el coronel Enoch Hale sobre el río Connecticut en Bellows Falls, Vermont[6]. Tras este primer logro vinieron las remarcables obras de tres conocidos ingenieros americanos, Palmer, Burr y Wernwag [57:78].

Timothy Palmer, arquitecto y carpintero autodidacta nacido en Massachussets, comenzó a construir puentes hacia 1780. En 1792 completó un largo puente sobre el río Merrimack en su ciudad natal de Newburyport, que contaba con dos celosías arqueadas –similares a las de Palladio– para salvar los vanos principales. Poco después completó otro gran puente de celosías arqueadas de madera sobre pilas de mampostería, sobre el río Piscataqua en Portsmouth, New Hampshire (1794). Su mejor diseño fue el Permanent Bridge sobre el río Schuylkill, en Filadelfia (1806), donde utilizó una celosía continua de tres vanos, con el cordón inferior de forma arqueada en cada vano y el superior formando un suave arco continuo a lo largo de todo el puente[7].

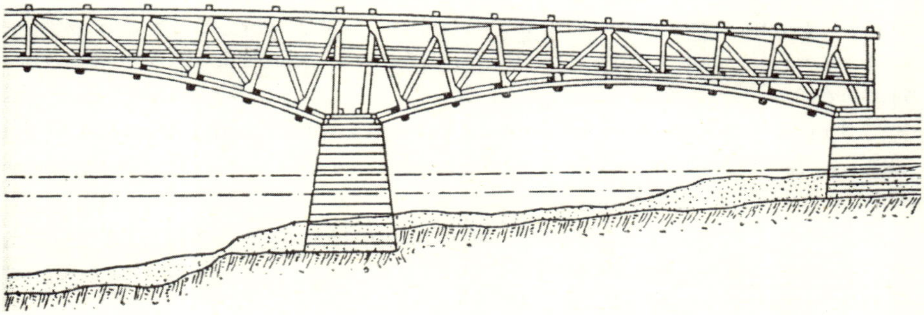

Permanent bridge, sobre el río Schuylkill en Filadelfia
(Palmer, 1806) [159:47]

Por su parte, Theodore Burr, quien comenzó a construir puentes hacia 1800, con una combinación de arco y celosía de madera inspirada en los constructores europeos. El arco era una pieza única, colocada a ambos lados del puente, mientras que la celosía principal era de cordones paralelos, montantes

también un puente con el sistema King en Richmond-on-Thames, que no se llegó a construir. El esquema dibujado por Smeaton tiene menor número de barras que los anteriores, lo cual permite ver muy claramente las conexiones entre ellas y su funcionamiento como celosía [201:34].

6 Tenía una longitud total de 110 m en dos vanos, con una pila central de entramado de madera. Desde su base y desde los estribos se proyectaban sendos jabalcones en diagonal que partían la luz de cada vano en tres tramos.

7 Los montantes estaban dispuestos radialmente, y cada célula estaba cruzada por una diagonal dirigida hacia la pila o estribo más próximo. La estructura fue protegida por los laterales y cubierta con un forro de madera para protegerla de las incidencias del clima.

verticales y diagonales simples o dobles. Arcos y celosías actuaban como elementos estructurales independientes entre los cuales se repartían las cargas del tablero y la cubierta de madera. Su realización más importante fue el puente de madera cubierto sobre el río Hudson en Waterford, Nueva York (1804), utilizando ese esquema estructural que patentará en 1817.

El tercer constructor fue Lewis Wernwag, un carpintero y mecánico alemán emigrado a Estados Unidos en 1786 que construyó unos treinta puentes de madera. Su obra más importante fue el famoso Colossus, sobre el río Schuylkill en Fairmont Park, Filadelfia (1812), un solo vano de 102 m de luz que era el mayor puente de madera construido hasta entonces en Estados Unidos[8].

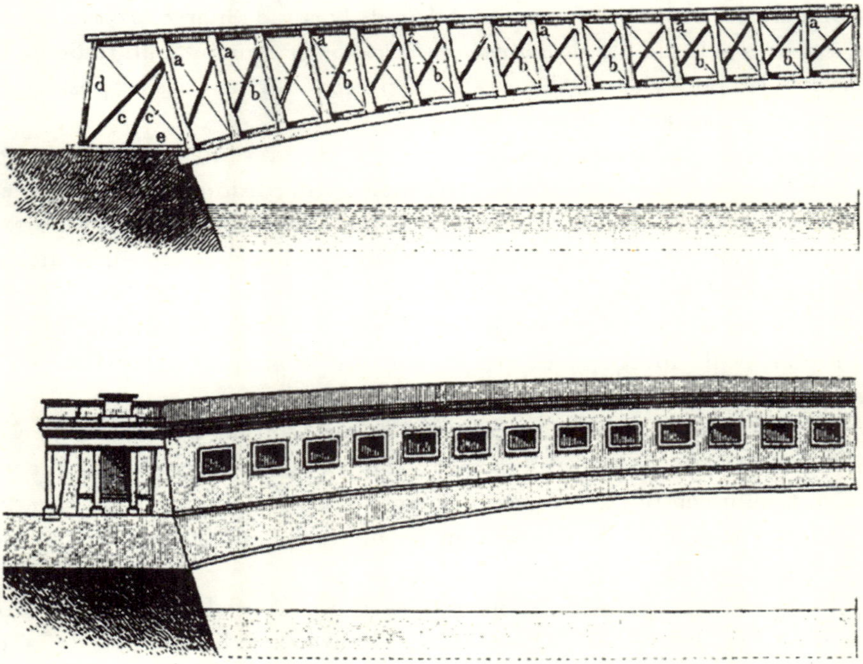

PUENTE SOBRE EL RÍO SCHUYKILL EN FILADELFIA, EL COLOSSUS (WERNWAG, 1812, 102 M)

Los primeros puentes requeridos para la construcción de ferrocarriles se realizaron con madera, pues la dinámica de ocupación territorial no permitía ni los plazos ni los costes de los puentes de piedra y la madera era abundante y barata. Para el cruce de valles amplios que exigían pilas altas los ingenieros

8 Se componía de cinco arcos bajo el tablero, que soportaban toda la carga, con una celosía de diagonales dobles a cada lado cuyo papel estructural era recoger las cargas excéntricas [57:87].

americanos emplearon puentes de palizadas, y para el cruce de ríos con grandes luces, recurrieron enseguida a los puentes colgantes de cables de acero y tableros de madera. Con el tiempo, las compañías procedieron a sustituir estos primeros puentes de madera con celosías de hierro[9].

Desarrollo del tipo con la utilización del hierro

En su historia de los puentes de hierro (1866), Ellis señala que en 1824 George Smart propuso una combinación de barras de hierro *colocadas en forma diagonal* bajo el título *The Mathematical Patent Iron Bridge*, que fue publicado en los libros de la época y parece haber sido el precedente de todas las posteriores celosías metálicas americanas [70:7].

El primer precedente de celosía metálica se presenta en 1833, cuando August Confield patentó una celosía de hierro con cordón superior de hierro forjado en forma de catenaria que se ancla por encima del estribo y soporta el resto de la celosía. La primera celosía totalmente metálica fue construida en 1840 por Earl Trumbull para un puente sobre el canal del Eire en Nueva York de 23 m de luz. La celosía, patentada en 1841, tiene un cordón superior y montantes de hierro, y cuenta con un cable parabólico anclado en el extremo superior de los montantes extremos.

En Inglaterra la primera se construyó en 1845, en Alemania en 1853, y en Rusia en 1857 [128:1101]. En Francia, Camille Polonceau patentó una cercha con su nombre en 1833, y la utilizó para cubiertas de edificios del ferrocarril. Los elementos comprimidos podían ser de madera o fundición y para los traccionados utilizó barras de hierro forjado.

Las primeras celosías de hierro diseñadas por Canfield y Trumbull parecen surgir de la conjunción de ideas estructurales de los puentes de James Finley (cap. 12) con las celosías de madera y los arcos de hierro existentes en la época, en un intento de aprovechar la mayor resistencia de la fundición a la compresión y de las cadenas a tracción [57:300].

Surgen así tipos híbridos, entre los cuales adquiere gran importancia el **arco atirantado**. La idea de sujetar los empujes laterales de las bóvedas por medio de tirantes de hierro forjado era bien conocida, y había sido aplicada en edificios pero no a los puentes, a pesar de la anticipación tipológica de Faustus Verantius.

9 Para el ferrocarril, los puentes de tablero arqueado de Palmer y Wernwag no resultaban funcionalmente adecuados y fueron rápidamente sustituidos por nuevos tipos de celosía recta.

Existen algunos esquemas mixtos de arcos en celosía de madera con tablero inferior actuando como tirante y, en cierto modo, el puente de Wettingen antes mencionado está parcialmente atirantado. J. G. James menciona también una propuesta para un arco atirantado de 180 m en hierro forjado, realizada por el fundidor francés François Calippe en 1777, y otros esquemas propuestos por Léonard Racle en 1782 [119:68].

La primera mención teórica fue realizada por Robert Fulton (1765-1815), en su tratado de canales de 1796 [87:140], donde explica el funcionamiento del arco atirantado, sin necesidad de estribos, y lo asimila a una viga al proponer una celosía de hierro de 40 m de luz:[10] ... *which I conceive would stand without butments ... and may be considered as a bow and string: which string, by keeping the bow bent, answers the purpose of butments.*

Bautizó así al arco atirantado, que es realmente una viga, como **viga *bowstring*,** una denominación que hizo fortuna y que se ha mantenido hasta ahora. El primer puente con una celosía arqueada de hierro de este tipo, sobre el canal del Eire, fue construido por Squire Whipple en 1840, quien construyó también una de las primeras *bowstring* para ferrocarril, cerca de Troy, en Nueva York [128:1101].

En las primeras décadas del XIX surgieron numerosos ejemplos de arcos atirantados, que sacaban partido a la capacidad de resistencia a la compresión de la fundición utilizada en las dovelas del arco, y utilizaban hierro forjado para la realización

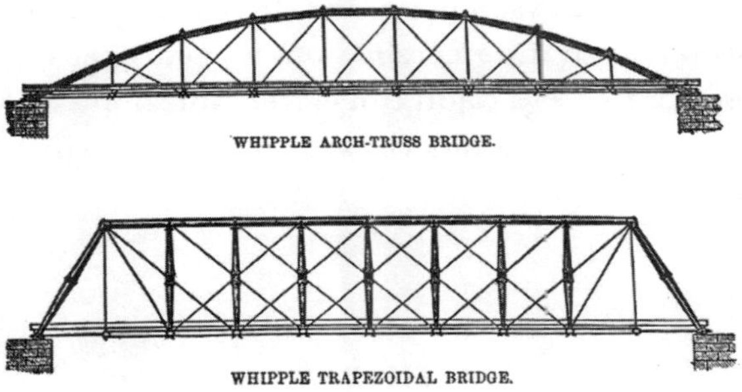

Celosías arqueada y trapezoidal de Whipple

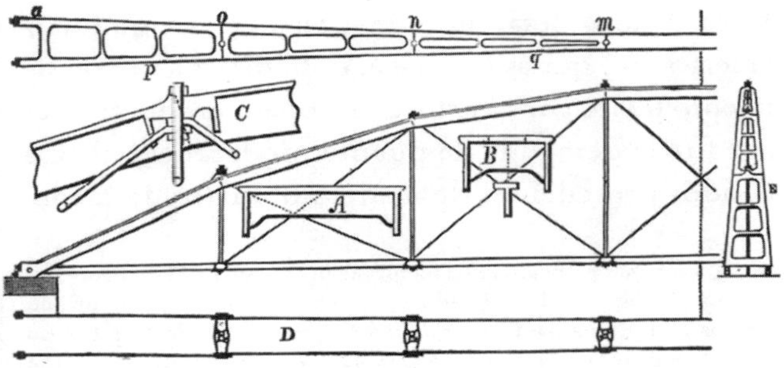

Celosía arqueada de Whipple, detalles

10 Fulton ofrece un pequeño esquema de la viga en las figuras 13 a 17 de su libro.

del tirante. Funcionalmente, los arcos atirantados son muy útiles en puentes de rasante baja, gracias a que el propio tablero actúa como tirante. En muchos casos, sin embargo, el tablero se colocaba en posición intermedia y el arco trabajaba como tal, enviando acciones oblicuas a los apoyos.

Desde un punto de vista del desarrollo de las formas resistentes, el arco atirantado suponía el mantenimiento del principal elemento formal de los puentes históricos. Pero, además, la conexión entre arco y tablero se realizaba colgando éste por medio de péndolas, con soluciones muy similares a las utilizadas en los primeros puentes colgantes. Todo ello era tranquilizador, en tanto prolongación de esquemas formales conocidos y aceptados.

Ese parentesco formal del arco atirantado con arcos y puentes colgantes se veía drásticamente reducido cuando la conexión entre el cordón superior curvo y el tirante inferior se realizaba por medio de montantes y diagonales. Progresivamente, estos puentes dejan de ser considerados como arcos atirantados y comienzan a entenderse claramente como vigas *bowstring,* o celosías de cordón superior arqueado o curvo[11].

No obstante, el verdadero empujón para la utilización del hierro en los puentes fue la viga en celosía, tanto en tramos biapoyados como en vigas continuas. Las celosías de rejilla o platabandas finas cruzadas parecen herederas directas de las vigas de alma llena, en un vago propósito de reducir el consumo de material, y fueron utilizadas en innumerables puentes europeos en la segunda mitad del XIX. El esquema de viga cajón con el tren por su interior fue enseguida emulado con la presencia de dos vigas en celosía de rejilla, arriostradas por arriba y por abajo[12].

El impulso de las vigas en celosía. Patentes y cálculos

El verdadero desarrollo de la viga en celosía fue obra de los constructores americanos, quizás porque el éxito de los arcos de fundición ingleses atrapó el talento de los constructores europeos en su utilización y mejora, y su impulsor fue la demanda de puentes de ferrocarril. Con independencia de los citados precedentes de madera o mixtos de madera y hierro, las primeras

11 J. G. James menciona una temprana propuesta de Marc Brunel (padre de Isambard) para el acceso a un pantalán desde el muelle, y varios puentes de luces importantes construidos por Kaoly Maderspach en Rumania: uno de 18 m de luz en Lugos (1833) que se cayó enseguida, y los más grandes de 39 m de luz en Mehadia (1837) y 54 m de luz en Karánsebes (1841), ambos con arcos tubulares.

12 El puente de Runcorn (1868, 3x98 m) diseñado por William Baker, el puente de Burdeos s/Garona (1860, 7x77 m) en Francia, o los primeros puentes alemanes de Dirschau (1857), Mariemburg (1857), Colonia (1857) o Kehl (1858) son buen ejemplo de esta tendencia.

CUADRO 3. PRINCIPALES PATENTES DE CELOSÍAS

Celosía	Año	Autor	Descripción
Burr	1817	Theodore Burr	Combinación de arco y celosía recta en madera, inspirada en ideas de Grubenman en Suiza, Wiebeking en Alemania y Gauthey en Francia
Town	1820	Ithiel Town	Cordones paralelos y rejilla de diagonales a 45 grados en madera, con varios cruces a lo largo de la altura
Long	1830	Stephen H. Long	Diagonales en compresión y cordón superior de madera, y verticales de hierro en tensión
Howe	1840	William Howe	Montantes en barras delgadas de hierro y diagonales de madera a compresión. Frederick Harbach la patenta en 1846 toda de hierro
Whipple	1841	Squire Whipple	Montantes verticales de fundición, diagonales de barras que salvan dos marcos (Antes usó *bowstring*)
Pratt	1842	Caleb y Thomas Pratt	Montantes verticales en compresión y diagonales simples a tracción
Warren	1848	James Warren	Mínimo número de elementos organizados en triángulos equiláteros
Bollman	1851	Wendell Bollman	Como la Fink pero con diagonales redundantes que llegan hasta la base de todas las verticales
Fink	1852	Albert Fink	Verticales en compresión, diagonales a tracción radiadas desde la cabeza de los postes extremos a las bases de las verticales centrales

Fuente: elaboración propia

patentes de celosías no aparecen hasta el siglo XIX. Los tipos más conocidos se relacionan en el cuadro 3.

Varias patentes fueron obtenidas en madera y hierro y luego transformadas a sólo metálicas. De todas ellas surgieron diversas variantes, con el cordón superior (a veces, también el inferior) curvo, diagonales redundantes para rellenar huecos, o subdiagonales desde el centro del canto, que dieron lugar a un verdadero surtido de soluciones [56], con sus correspondientes patentes y litigios, aunque la teoría iba por otro lado[13]. Con vigas en celosía se construyeron la mayor parte de los puentes de ferrocarril en todo el mundo.

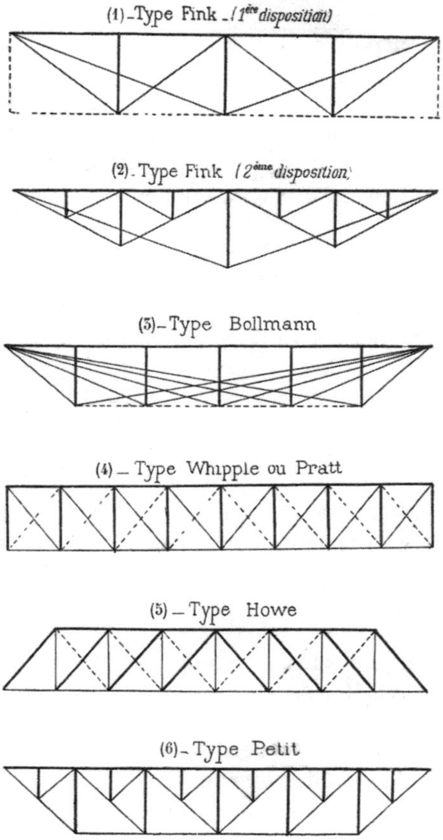

Tipos de celosías de puentes 1
[62:V.II-409]

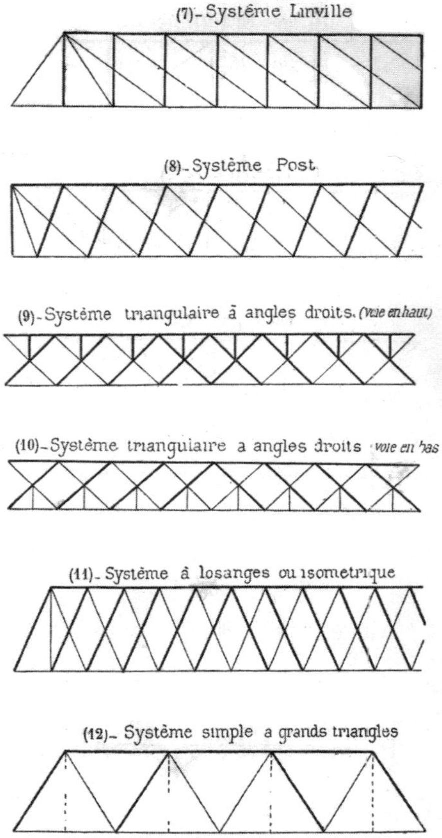

Tipos de celosías de puentes 2
[62:V.II-410]

13 Los primeros desarrollos teóricos para explicar su funcionamiento estructural surgieron en Francia a principios del XIX, de la mano de Navier, quien tuvo una gran influencia en los primeros desarrollos. Navier estableció que una celosía podía ser tratada como una viga, con una rigidez proporcional al área de los cordones superior e inferior multiplicada por el cuadrado de la altura, lo que permitía calcular fácilmente las tensiones de los cordones para una viga biapoyada [166].

La primera celosía de hierro fue construida en 1845 por Richard B. Osborne (1815-1899), en Pottstown, Pa., para el Philadelphia & Reading Railway. De hecho, muchos de los puentes de los primeros ferrocarriles americanos fueron construidos con celosías de madera, que era barata, fácil de trabajar, y estaba muy a mano, y sólo después de 20 o 30 años empezaron a ser sustituidos por puentes de celosía metálica.

En los puentes en celosía, los ingenieros americanos utilizaron estas uniones articuladas, de más fácil montaje que las roblonadas utilizadas en Alemania y los países europeos. En el diseño de puentes en celosía con barras articuladas empezó a surgir un cierto interés sobre dos problemas teóricos de importancia, el distinto efecto de las cargas móviles respecto a las fijas, y las tensiones *suplementarias* relacionadas con las articulaciones.

Respecto al primero, la teoría recomendaba utilizar menores tensiones admisibles cuando las cargas eran variables o cambiaban de signo. En una publicación sobre las vigas Pauli de 1859 Gerber proporciona una fórmula para tener en cuenta el diferente efecto de las cargas móviles respecto de las permanentes en las tensiones admisibles. Propone la fórmula $T=(E+3\ P)/1600$, siendo T la tensión admisible, E y P las tensiones en kg/cm^2 debidas al peso propio y a la sobrecarga respectivamente[14].

Respecto al segundo problema, en Alemania se sucedieron las investigaciones para la determinación de las tensiones secundarias, con los trabajos de Winkler en su teoría de puentes de 1880, Asimont en 1877, y Manderla, que dio una buena solución en 1879[15]. Sin embargo, la mayoría de los puentes en celosía se calcularon adoptando una mayoración de las cargas de un 25% para tener en cuenta esas tensiones [158:47].

En general, se adoptaron esquemas de decisión muy pragmáticos que empleaban soluciones del lado de la seguridad. Morison, por ejemplo, proponía que se utilizasen celosías roblonadas para luces pequeñas, donde bajo la acción de cargas rodantes el movimiento de las rótulas resultaba más sensible, pero recomendaba las articulaciones para vigas de mayor luz, donde el efecto era menor. En cualquier caso, la articulación era de realización más sencilla que el roblonado, por lo que éste sólo se realizaba en buenas condiciones de trabajo y, sobre todo, en las fábricas.

El desarrollo de las celosías vino marcado por una tendencia general a la simplificación, con tendencia a eliminar las contradiagonales. Menos barras cada vez, con papeles resistentes más claros, y menos uniones a realizar, con

14 Sobre ese tema habían trabajado Fairban, Wöhler y Spangenberg, pero Gerber proporcionó una fórmula práctica para tener en cuenta los efectos dinámicos, y continuó sus investigaciones entre 1894 y 1896. Sobre ello también trabajaron Launhardt, Schäffer, Winkler y Weyrauch, entre otros [158:45].

15 Posteriormente, Ritter, Landsberg, Muller Breslau y Mohr elaboraron nuevos métodos para el cálculo de las tensiones suplementarias.

progresivo uso de la articulación. En este sentido, la progresiva depuración de la celosía Warren, que permanecerá posteriormente como solución de referencia de las celosías, es buen ejemplo de la tendencia.

La primera celosía tipo Warren fue propuesta por el ingeniero belga Neuville, quien construyó en 1846 un puente en Grammene para la línea de ferrocarril de Gante a Thielt. El puente tenía unos 30 m de luz y la viga estaba formada por dos cordones horizontales unidos por barras inclinadas formando triángulos sucesivos. Todo estaba construido en hierro forjado, incluso los nudos de las diagonales con los cordones[16].

Sin embargo, sus uniones empotradas y excéntricas planteaban una serie de problemas que puso de manifiesto Cullman en 1852 haciendo fracasar las tentativas de Neuville para construir un puente sobre el Rin en Colonia, y otros sobre el Vistula en Dirschau, con luces de 144 m para ferrocarril y carretera [158:15].

En 1851, el inglés James Warren reemplazó las uniones rígidas por otras articuladas, según una patente depositada conjuntamente con Theobald Monzani en 1848, en un puente en la London Bridge Station, para el ferrocarril South Eastern, dirigido en aquellos días por su hermano Danill Warren. Con esas uniones articuladas garantizaba la inexistencia de momentos flectores en las barras, tanto las diagonales como los cordones superior e inferior, que trabajaban exclusivamente a tracción o compresión según su ubicación. Posteriormente, realizó un puente en Newark para paso del Great Northern Railway sobre el río Trent, y en 1853, construyó el gran viaducto de Crumlin, cuyas altas pilas también eran metálicas y supuso el impulso definitivo para el tipo[17].

16 El puente fue reemplazado en 1912, aunque estaba en buen estado, por la carga que suponían las nuevas locomotoras. Posteriormente, hizo varios puentes más en Bélgica y Austria [238:370].

17 El desarrollo de la celosía Warren tuvo los siguientes hitos:

1838	Neuville	Patente francesa número 11201.
1839	Neuville	Patente inglesa número 7975.
1840	Neuville	Patente francesa con cordón intermedio.
1844	Neuville	Puente s/canal St. Denis en Auberville. 18 m con 5 vigas.
1844	Neuville	Puente s/Sena en Besons, París. 7 vanos 20 m con 5 vigas.
1846	Neuville	Puente s/Lys en Granmene. Triángulos uniones empotradas.
1848	Warren	Patente 12242. Triángulos con uniones articuladas.
1850	Warren	Puente en London Bridge Station.
1851	Warren	Puente Dyke bridge s/ Trent en Newark.
1853	Warren	Viaducto de Crumlin. 10 x 43 m.
1870	Warren	Puente s/Ohio, Louisville. Montantes verticales. 113 y 122 m.

Fuente: Vierendeel, 1921 [238:370] y elaboración propia.

Dominio de las celosías y permanencia de los cordones curvos

En Europa, los primeros puentes de grandes luces en celosía de hierro fueron realizados con celosías de malla cruzada muy fina, con la idea algo difusa de obtener un comportamiento similar al de las vigas de alma llena pero con un ahorro sustancial de material. En el continente, el primero fue el puente de Dirschau, sobre el río Vístula para la línea de Berlín a Könisberg, con seis vanos de 131 m. Se terminó en 1850 y fue realizado en contra de las ideas de Cullman, quien preconizaba el empleo de cerchas trianguladas[18].

Como es natural, la proliferación de tipos de celosías dio pie a varios análisis para determinar cuál de ellos era más eficiente. Uno de los más conocidos es el realizado por Charles Shaler Smith, y refrendado por Benjamin Latrobe, entre las vigas Fink, Murphy, Bollman y triangular (Warren), que asegura la primacía de la viga Warren para todas las luces, excepto las muy grandes, donde se impone la Fink por su diseño de menos material [211:53].

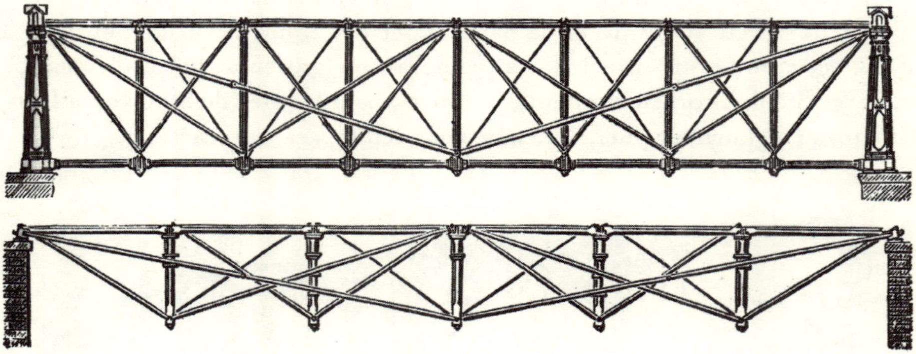

Celosía Fink [155:65]

18 En 1852, Cullman y Schewelder publicaron sus ideas en un libro, en el cual objetaban el uso de vigas de alma llena o de celosías finas para puentes de gran luz, como los recién terminados de Britannia y Dirschau. Para ellos, las vigas de alma llena presentaban mucha superficie lateral al viento, dilataciones desiguales por el sol y, sobre todo, un consumo excesivo de material. En las celosías finas, el comportamiento de las barras era incierto y no predecible. Por ello, se declaraban partidarios del uso de celosías trianguladas con conexiones articuladas, que ya habían sido utilizadas en puentes pequeños desde 1846, y desarrollaron la forma de calcular estas celosías [158:15].
James Clerk Maxwell (1831-1879) introdujo nuevas mejoras en el cálculo gráfico de celosías de Cullman, con un diagrama de fuerzas en el cual cada miembro estructural sólo aparecía una vez, existiendo una total correspondencia entre la geometría de la celosía y el diagrama de fuerzas. En 1872, el italiano Cremona publicó un libro sobre estática gráfica que ilustraba muy claramente la idea de los diagramas de fuerza de Maxwell, haciendo muy populares en toda Europa sus *polígonos* de fuerzas. Casi simultáneamente, Mohr redescubrió el método del diagrama de fuerzas e hizo importantes aportaciones, por lo que el diagrama pasó a denominarse método de Maxwell-Mohr [128:1103].

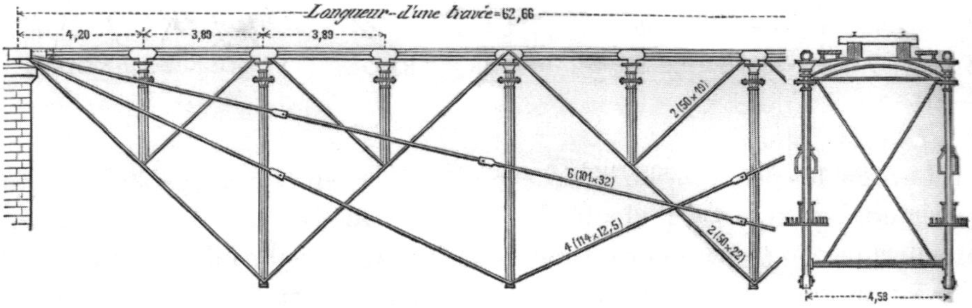

Puente sobre el río Green con celosía Fink
[62:V.II-416]

En celosías de gran luz, la compresión predominante en las barras horizontales e inclinadas –que alcanzan más de 10 m de longitud– se combina con los esfuerzos de flexión debidos a su peso propio. Por ello, el sistema Warren requería una subdivisión de los grandes paneles triangulares, lo cual motivó la aparición de otros subtipos con montantes verticales, a su vez subdivididos nuevamente con diagonales en gran variedad de configuraciones.

Además, y casi simultáneamente a las patentes de Neuville y Warren, se empezaron a utilizar en Europa otras configuraciones basadas en la utilización de cordones curvos tanto en la parte superior, como ya sucedía en la viga *bowstring*, como en la inferior. La primera viga lenticular fue utilizada por George Stephenson en el puente Gaunless, para la línea de Stockton a Darlington, en el primer puente metálico conocido para ferrocarril[19].

Puente de ferrocarril de Gaunless
(George & Robert Stephenson, 1825) [159:556]

19 Hubo otras vigas lenticulares tempranas, como la realizada por Debia en madera en 1829, y en 1834 apareció una viga del sistema Laves con estas características, aunque sus cordones superior e inferior eran tan potentes como para hacer innecesarias las diagonales [158:18].

Un ejemplo excepcional de este tipo de cordones curvos lo constituye el puente Royal Albert o puente de Salstash sobre el río Tamar (1859), construido por Brunel. Los dos vanos de 137 m de luz son salvados por medio de dos grandes celosías, compuestas por un arco superior formado por un tubo de hierro de sección elíptica de 4,8 por 2,7 m, cuyos empujes son recogidos por unas cadenas que también colaboran a soportar el tablero inferior, por medio de unos fuertes montantes verticales que unen arco, cadena y tablero junto con diagonales y contradiagonales muy finas.

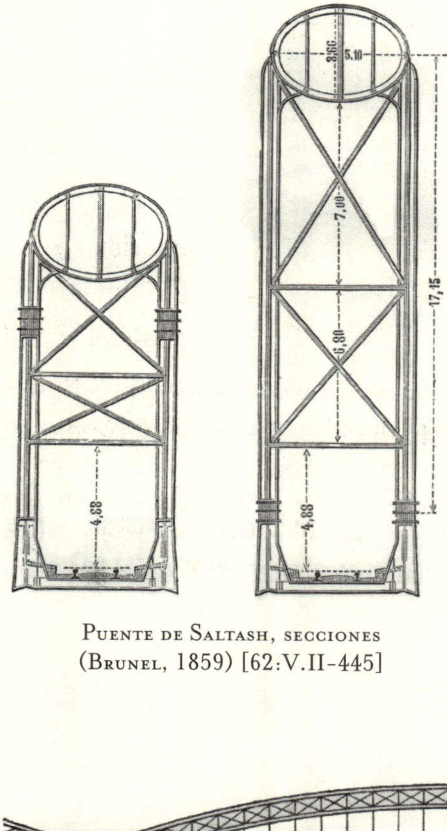

Puente de Saltash, secciones (Brunel, 1859) [62:V.II-445]

Como vigas lenticulares, en Alemania surgieron las vigas del sistema Pauli, empleadas por primera vez en el puente de Grossehesselohe s/Isar (1857). Con vigas lenticulares, Gerber consiguió los 105 m de luz en el puente de Mayence s/Rin para ferrocarril. Las uniones de los extremos puntiagudos de este tipo de celosías, justo sobre los apoyos, presentan serias dificultades de diseño para que las fuerzas puedan fluir desde la estructura hacia la cimentación.

También surgió la viga Winkler –más tarde llamada viga poligonal– con la cual se realizaron puentes como el de Tilsit s/Memel (Schwedler,1875) y los puentes de Dirschau s/Vístula (1888) y de Mariemburg s/Nogat. Y la viga Schwedler,

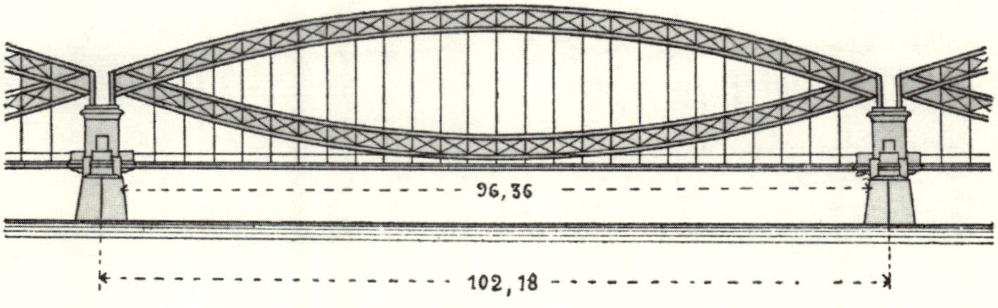

Puente de Hamburgo sobre el Elba [190:368]

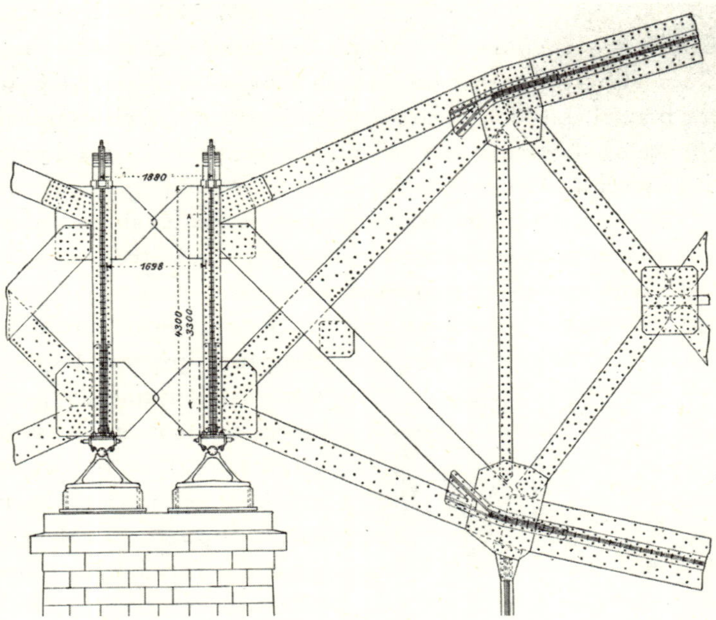

Nuevo puente sobre el Vístula en Dirschau.
Nudo de apoyo de celosía lenticular [158:69]

cuyo cordón superior está compuesto teóricamente de dos tramos de hipérbola para que ninguna diagonal trabaje a compresión, pero su extraño aspecto aconsejó su sustitución en la parte central por un tramo recto. Con este sistema se construyó el puente de Corvey sobre el Weser (1863), donde las hipérbolas fueron sustituidas por parábolas. También con parábolas realizó Brunel el cordón superior del puente de Chepstow sobre el Wye (1852).

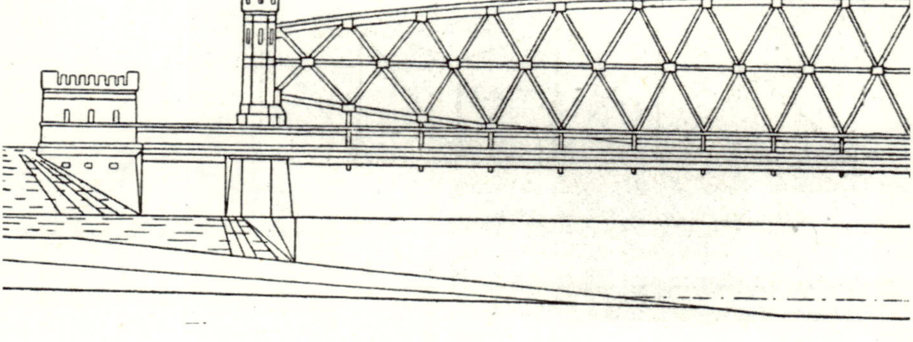

Puente Memel en Tilsit (Schwedler, 1872)
[159:563]

En Estados Unidos, las vigas lenticulares fueron menos utilizadas, pues las preferencias se decantaron por los puentes cantilever (cap. 7). Destaca sobre todo el puente de Smithfield Street en Pittsburg sobre el Monongahela (1883, 2 x 110 m) diseñado por Gustav Lindenthal con vigas Pauli. En el siglo XX, los tipos de celosía más utilizados fueron la Pratt y la Warren, que no habían tenido gran desarrollo en el siglo anterior. El tipo Pratt se utilizó con paneles subdivididos, con conexiones articuladas más frecuentemente que roblonadas, y una elevada proporción de barras con ojetes extremos en los elementos traccionados.

Hasta 1930, el tipo Warren fue utilizado para vanos simples de luz moderada, pero la introducción de aceros de alta resistencia extendió su empleo a puentes de carretera y ferrocarril de luces medias y grandes, en general con vanos continuos o cantilever. Casi siempre incluyó postes o montantes verticales, aunque no fuese subdividida, y sólo a partir de 1950 se utilizó en su pureza original.

La celosía en K, inicialmente patentada en 1830 por Stephen H. Long, no reapareció en la construcción de puentes hasta finales de siglo y revivió en 1911, con una propuesta de Ralph Modjeski para el segundo puente cantilever de Quebec. Este tipo de celosía tiene alguna ventaja suplementaria. Primero, se trata de una estructura determinada porque las diagonales no cruzan todo el panel. Segundo, no se producen problemas de pandeo al estar arriostrados los elementos verticales en su punto medio. Finalmente, la división del cortante en dos diagonales permite reducir su sección y propicia unas conexiones más simples que los demás tipos. Todo ello la convierte en una solución económica a partir de los 90 m de luz.

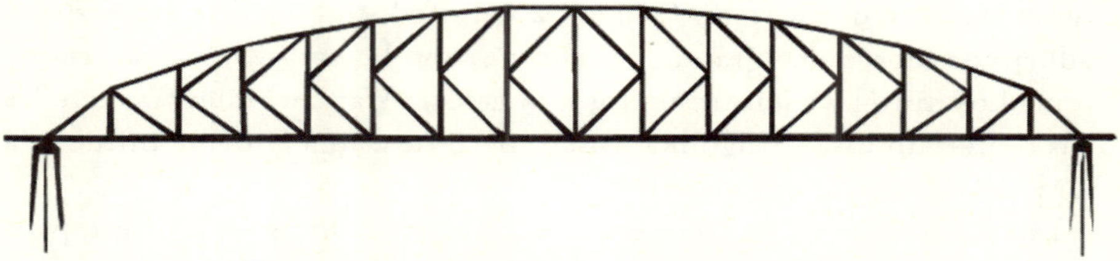

Puente sobre el río Atchafalaya en Morgan City,
vano sobre el canal con celosía en K (N.E. Lant, 1933) [elab. propia]

Aparentemente, esta celosía en K fue introducida en Estados Unidos en 1916 por A.F. Robinson, ingeniero del ferrocarril de Santa Fe, en un puente sobre el río Arkansas en Pueblo, Colorado, de unos 70 m de luz, aunque fue desplazada por los refinamientos de la más eficiente celosía Warren [58:90]. Este enorme esfuerzo tecnológico, a la búsqueda de esquemas más eficientes, vino acompañado –sobre todo en Alemania– de una formalización muy dependiente de las tendencias estilísticas del momento.

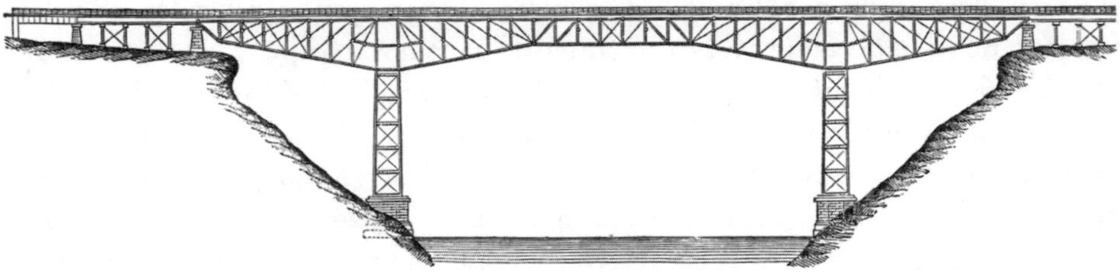

Puente cantilver sobre el Niágara (Schneider, 1883)
[62:548]

Viaductos con pilas metálicas en celosía

La mayor parte de los vanos de ferrocarril resueltos en serie con vigas metálicas de celosía fueron construidos sobre pilas de sillería. Una importante innovación fue la introducción de pilas metálicas, en principio de construcción más sencilla y económica.

Ya existía el precedente de los puentes en celosía de madera, con pilas del mismo material, como los utilizados en los puentes de palizadas americanos. En Europa estaban los más de sesenta viaductos de madera construidos por Brunel en Inglaterra, con longitudes que alcanzaban los 400 m y alturas máximas de 50 m, y algunos de ellos con pilas construidas con celosía de madera[20].

El primer[21] gran viaducto de ferrocarril completamente metálico fue el gran viaducto de Crumlin (Liddell y Kennard, 1853-1857), en su día el viaducto de hierro más grande del mundo, con luces de 45 m y alturas de 60 m. Los dinteles están resueltos con celosía Warren, mientras que las pilas tienen un diseño algo más tosco, pero tuvo una enorme influencia sobre los puentes de ferrocarril.

Está formado por diez vanos en celosía Warren de unos 45 m de luz, pero un montículo lo divide realmente en dos viaductos distintos, uno de siete vanos y otro de tres. Lo más novedoso del viaducto de Crumlin fueron sus pilas, ocho en total con alturas que alcanzaban los 60 m. Estas pilas están formadas por 14 columnas de hierro fundido colocadas en cuatro filas y dispuestas por pisos de unos 6 m de alto, cuya anchura total disminuye progresivamente hacia arriba, otorgándoles un perfil trapecial en donde todas las columnas están inclinadas hacia dentro menos las dos centrales, que son verticales.

20 Booth, L. G.; 1976. «Timber Works». En [187:107-135].
21 Casi simultáneamente se realizaron los viaductos suizos de Thur y de Bruggen, también con pilas y vigas en celosía metálica, terminados en 1855 y 1856 respectivamente.

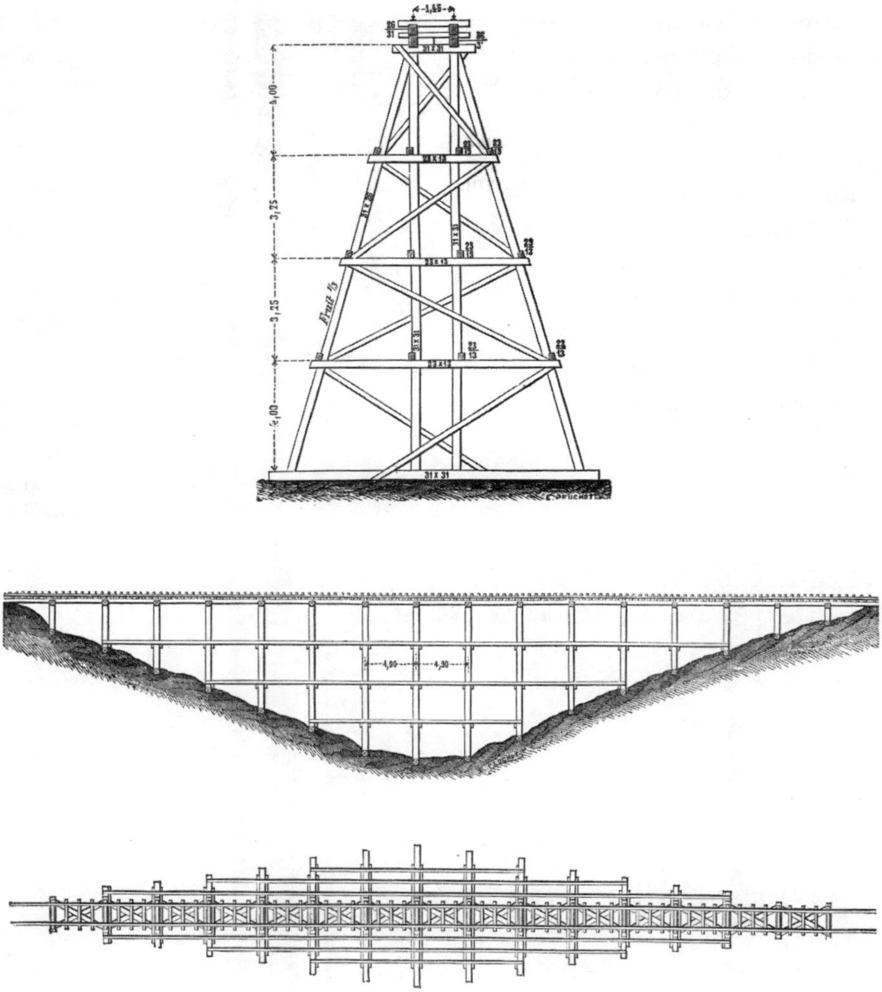

VIADUCTO DE MADERA PARA EL CENTRAL PACIFIC
[62:V.II-294]

En cada piso, las columnas están agrupadas por medio de vigas de fundición horizontales de 0,3 m de canto, y arriostradas por otras vigas horizontales y verticales en hierro forjado. Las columnas se encajan por medio de espigas que se dejan en lo alto y encajan en la base de las superiores. Las pilas más altas tienen diez pisos de columnas, y terminan por arriba en un caballete en forma de A sobre el cual se apoyan los extremos del cordón superior de las vigas en celosía de 45 m de luz, que quedan como colgadas de las pilas. En planta, el viaducto es ligeramente curvo con el piso del tablero realizado con tablones de madera y los carriles descansando sobre fuertes largueros [10:150].

Similar diseño fue utilizado en el puente de Grandfrey (1862, 48 m), con pilas de 76 m de altura en Suiza, y en el viaducto del río Cère (1866). De mayor interés formal son los viaductos diseñados por el ingeniero de origen alemán Wilhelm Nordling, que había colaborado en Grandfrey.

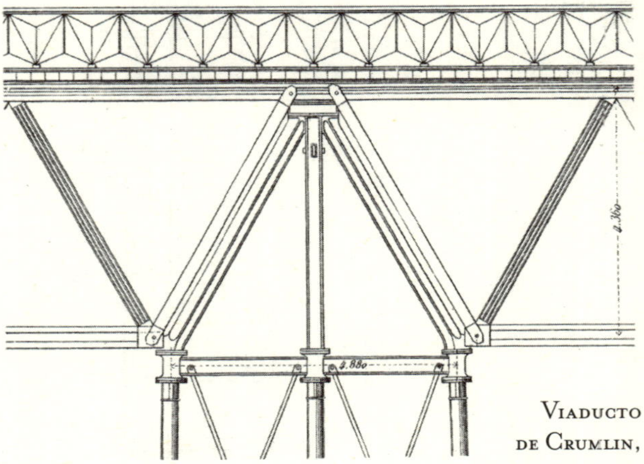

Viaducto de Crumlin, apoyo sobre la pila (Liddell y Kennard, 1857)

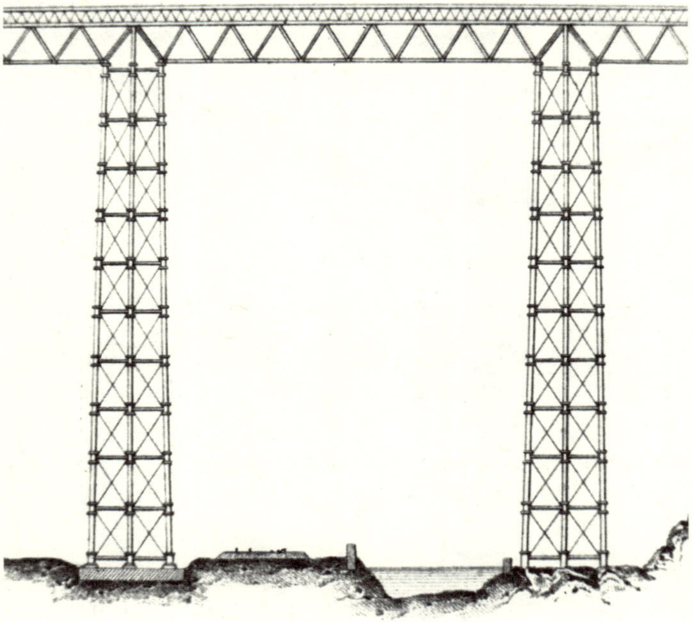

Viaducto de Crumlin (Liddell y Kennard, 1857)

El primero fue el viaducto de Busseau-sur-Creuse (1864, 50 m) con seis vanos sobre pilas hechas con tubos y celosías, cuyo tablero se colocó por empuje desde los estribos de acuerdo con un sistema de rodillos desarrollado por el ingeniero Félix Moreaux, de la empresa Cail.

Hacia 1869, Nordling dirigió la construcción de los puentes de la línea de ferrocarril de la línea Commentry-Gannat, en el Macizo Central francés,

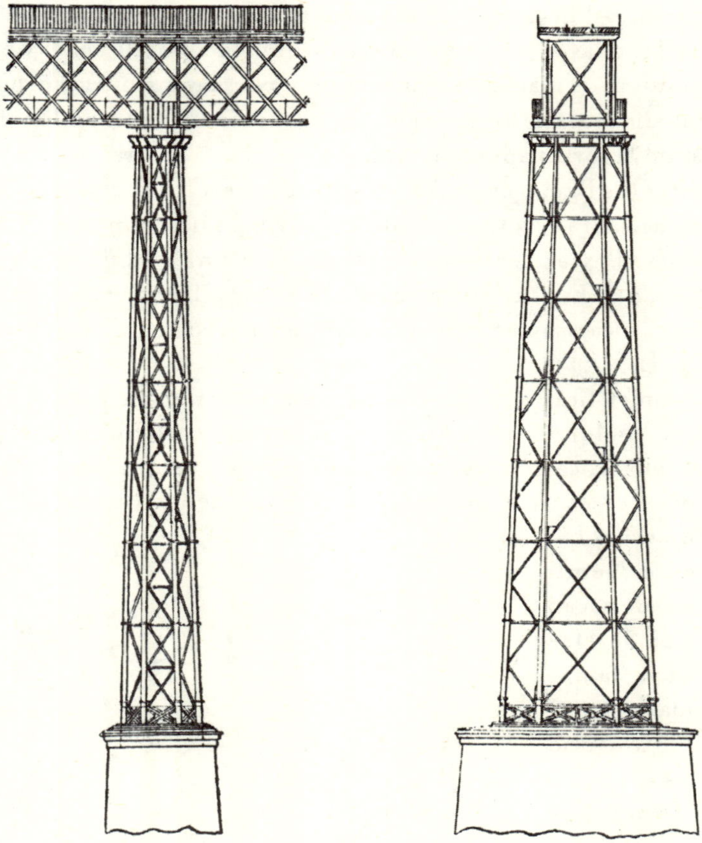

Viaducto de la Cère, Pilas (Moreaux, 1866) [159:572]

entre los cuales destacan los viaductos de la Bouble, Bellon, Rouzat, y Neuvial, con vanos de 40 a 58 m de luz[22]. Nordling consideraba las pilas metálicas como única solución para conseguir las importantes alturas necesitadas por los viaductos de ferrocarril, incapaces de ajustarse al terreno como hasta entonces se había hecho con los puentes de carretera. Se trataba de un problema nuevo, y Nordling estudió todos los puentes altos realizados anteriormente para proponer su nueva solución [172].

Sus pilas tienen un diseño mucho más perfeccionado que los anteriores, con menos tubos[23] y mayor jerarquía de elementos, e incorporan un atractivo

22 Los de Rouzat y Neuvial fueron construidos por Gustave Eiffel, habitual y equivocadamente mencionado como su autor, que también participó en Busseau-sur-Creusse.

23 Las uniones entre los tubos se realizaban con piezas de hierro forjado atornilladas, lo que produjo algunos problemas de rotura de la fundición en el montaje. A sugerencia de Eiffel, las conexiones se incorporaron al proceso de fundición, mejorando el diseño.

recurso formal. Al llegar cerca del terreno, los cuatro tubos situados en las esquinas de las pilas se bifurcan: uno continúa recto hasta abajo y el otro se curva hacia fuera, de manera que la pila aumenta suavemente la anchura de su base. Simultáneamente, los mismos tubos se curvan en sentido longitudinal, acompañando la forma apuntada de los tajamares de piedra.

Nordling los llama *jambes de force* y los prefiere a los clásicos tirantes a veces utilizados para resistir el viento transversal pues, con ellas, *las pilas conservan su esbelto talle y su ensanchamiento se produce muy cerca del suelo, justo allí donde es necesario* [171:129]. Esa curvatura de la base de los pilares *introduce una ligereza y a la vez una energía contenida* que se ha visto como antecedente de las formas de la Torre Eiffel [131:34].

Las pilas metálicas resultaron un recurso muy flexible para el diseño de viaductos de cualquier altura y, junto a la construcción por empuje del tablero de celosía, se emplearon en multitud de puentes posteriores[24]. En España, merecen especial atención los puentes de ferrocarril de las líneas Linares-Almería y Linares-Puente Genil. Entre ellos destacan los viaductos de Hacho –también llamado de Guadahortuna– de 620 m de longitud en 12 tramos, y el de Guadajoz (1893, 64+67+64 m), ambos con pilas metálicas.

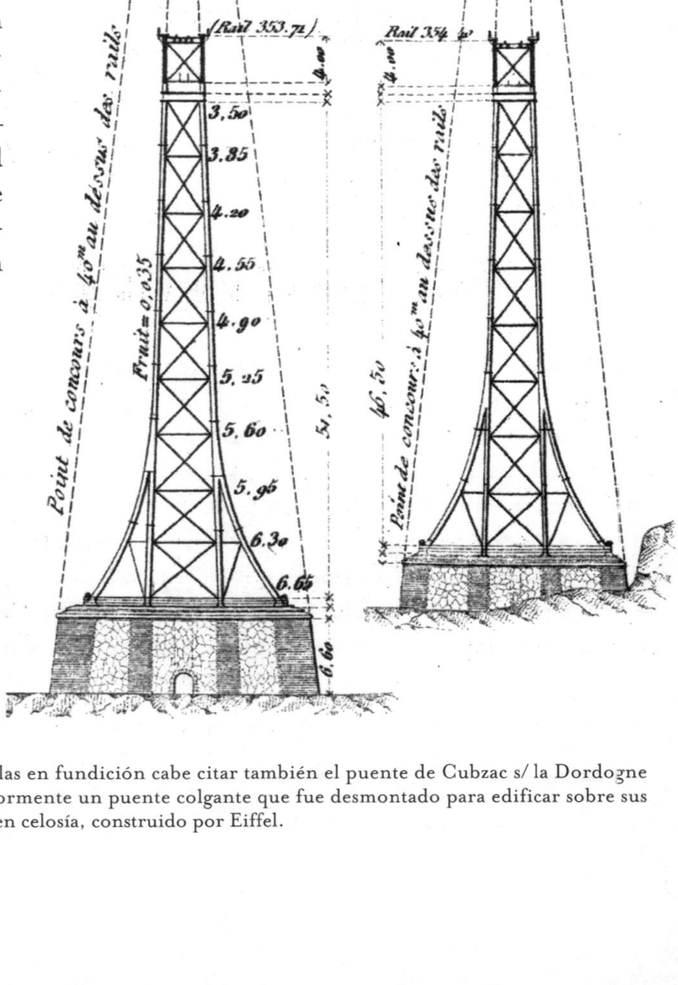

Viaducto de Rouzat sobre el Sioule, pilas (Nordling, 1864) [171:pl 24]

24 Por lo especial de sus pilas en fundición cabe citar también el puente de Cubzac s/ la Dordogne (1888, 8 x 72 m), anteriormente un puente colgante que fue desmontado para edificar sobre sus pilas un puente de vigas en celosía, construido por Eiffel.

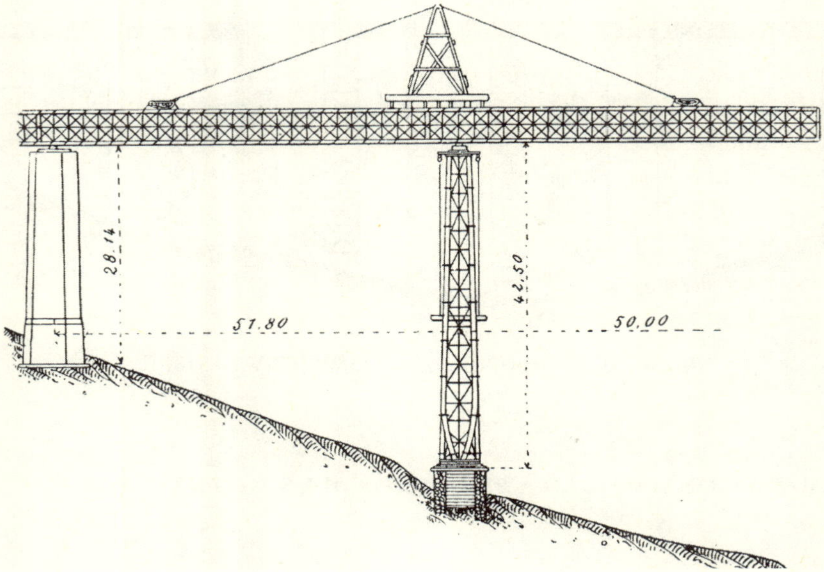

Viaducto de la Bouble, montaje por empuje (Nordling, 1869) [98:425]

En Estados Unidos, los viaductos de pilas y vigas en celosía metálica fueron muy frecuentes, pero muy distintos a los europeos, con pilas muy juntas y casi tan anchas como los vanos. De hecho, se parecen más a grandes caballetes, herederos quizás de las palizadas de madera de los primeros viaductos de ferrocarril [79:410]. Su aspecto es sorprendente, pues las pilas –al estar tan juntas– son mucho más ligeras que las celosías de los vanos. Son bien conocidos los viaductos de Verrugas en Perú (1872, 38 m luz, 78 m alto), y los de Portage (1875) y Kinzua Creek (1882) en Estados Unidos.

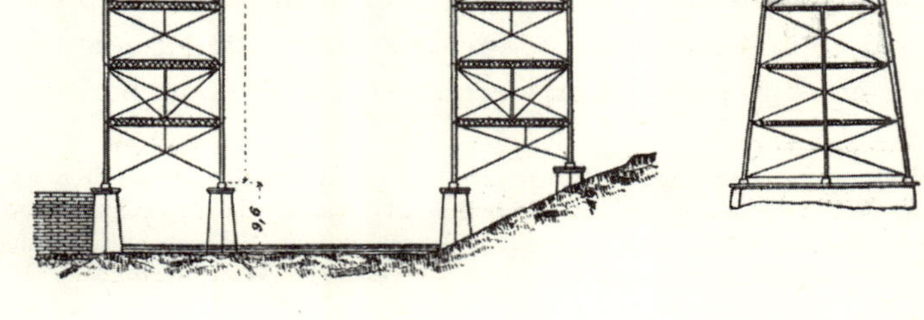

Viaducto de Portage (Morison, 1875) [159:587]

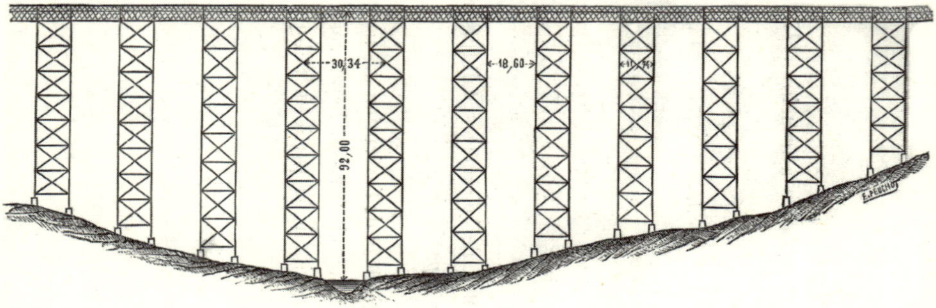

Viaducto de Kinzua (Bonzano, 1882) [62:V.II-548]

Formas y continuidad a principios del siglo XX

El principio estructural básico de la disposición de varios elementos pequeños en conjuntos más grandes –característico de la celosía– radica en la triangulación. Con ella se consigue una menor deformabilidad del conjunto a partir del mínimo empleo de material. Sin embargo, esa triangulación marca de tal modo su carácter y funcionalidad como para mover a público y diseñadores hacia un cierto rechazo de su empleo, bien porque su apariencia *brutalmente* tecnológica no acaba de satisfacer al gusto conservador, bien porque la funcionalidad de su disposición no permite determinados usos.

Cuando la celosía es utilizada aisladamente, en construcciones rurales o remotas, el rechazo no llega a manifestarse pero, confrontada con los significados emanados de otras construcciones, como en la ciudad, las protestas surgen enseguida. El caso de la Torre Eiffel en París es un claro precedente, con multitud de secuelas en cualquier parte del mundo.

Sin embargo, el empeño actual en simplificar el diseño de los elementos de acero, sustituyendo remaches por soldadura, reduciendo el número de los elementos, y eliminando lo más posible los rigidizadores, produce diseños vacíos y monótonos, faltos de escala y variación. *Un puente en celosía moderno parece plano y muerto en comparación con uno antiguo,* señala Schlaich [205:75].

Uno de los primeros tipos de celosía, cuyo diseño trascendía lo puramente estructural para aportar cualidades formales diferentes, fue la viga Vierendeel patentada en 1896 por Arthur Vierendeel[25]. En ella, las barras se

25 Arthur Vierendeel (1852-1940) fue un importante ingeniero belga, principalmente conocido por la viga portadora de su nombre, pero con numerosas aportaciones a la ciencia de las estructuras, como el cálculo de cimentaciones, la consideración del pandeo o las cargas límite del acero. Una de sus principales obras es el libro *Esquisse d'une histoire de la technique* (2 vols.). Bruselas, Vromant, 1921.

disponen ortogonalmente, con el fin de proporcionar vanos o huecos rectangulares más propicios para el paso de conductos o personas que los triangulares. Las diagonales que conectan los cordones de base y superior desaparecen, y únicamente permanecen los montantes verticales.

Esa disposición exige que las uniones entre elementos sean empotradas y no articuladas y origina una forma de trabajar menos eficiente que la triangulación. Sin embargo, se integra con facilidad en esquemas funcionales de paso o instalaciones, por lo que ha sido utilizada en edificación. El primer puente construido con celosía Vierendeel de acero es el de Avelgem (1902, 31 m) s/Leie en Bélgica que cayó enseguida por la deformación excesiva de uno de los paneles extremos.

Puente de Avelghem sobre el Scheldt
(Vierendeel, 1904) [222:225]

La celosía Vierendel es una forma simple con un mínimo número de elementos, pero exige unas mayores secciones de los montantes para que éstos sean capaces de absorber los momentos generados en los empotramientos, que es máximo en las uniones. Por ello, la mayor parte de las vigas Vierendel presentan uniones ligeramente recrecidas con formas acarteladas. Según Condit, *la forma resultante es antieconómica y escasamente atractiva*, aunque útil en edificios que requieren grandes aberturas y allí donde se quiera ocultar las celosías portantes. En Estados Unidos fue poco utilizada[26], salvo en edificios y en algunas pilas de puentes colgantes, como en el Golden Gate, donde tuvo que ser radicalmente modificada y reforzada [58:91].

26 La primera Vierendeel de Estados Unidos fue construida en 1937 por el Corp of Engineers para el paso de una calle sobre un canal de descarga de control de inundaciones en Los Ángeles. Fue diseñada por L. T. Evans, y tenía 29 m de luz con un canto de 2,4 m en los extremos y de 3,9 m en el centro del cordón superior ligeramente parabólico.

Hasta bien entrado el siglo XX, la celosía continua no fue muy utilizada a causa de las altas e impredecibles tensiones secundarias que podían surgir por asiento de los apoyos, aunque este problema era menor en vanos de mucha luz. Sin embargo, la alternancia de momentos positivos en el centro de los vanos y negativos sobre los apoyos, junto a la indeterminación de la estructura, constituía un formidable problema de diseño. El dominio de estos detalles produjo unas formas de cantos grandes y variables, muy fuertes en los apoyos, típicas de los grandes puentes metálicos americanos de la primera mitad del siglo XX.

Uno de los puentes que promovió su empleo fue el gran puente de ferrocarril para la compañía Chesapeake and Ohio Railway, sobre el río Ohio en Sciotoville (1917, 232 m), diseñado con la ayuda del gran ingeniero Gustav Lindenthal. El puente tiene un apoyo en el centro del río y dos vanos simétricos, con un canto máximo sobre la pila central de 39 m, que bajan a 23 m en los portales extremos. Fue diseñado con celosía Warren, pero su enorme tamaño requirió la subdivisión de los paneles con varios elementos, y el arrostramiento de las dos celosías principales con elementos transversales, también en celosía, de 7 m de canto.

A medida que avanzaba el siglo se fueron construyendo estructuras cada vez más depuradas. Por ejemplo, el puente de Langtry sobre el río Pecos (1944, 113 m) fue diseñado por Modjesky and Masters con siete vanos de un diseño puro y elegante que representa el último refinamiento de este tipo de estructuras, donde se aúnan belleza, sitio, simetría, altura y diseño de las pilas para producir un extraordinario puente [58:95].

Para eliminar el problema generado por el descenso de apoyos en vigas continuas, E. M. Wichert diseñó un nuevo tipo de celosía, con un panel sobre los apoyos formado por cuatro barras articuladas, formando un paralelogramo sin diagonaless, que transforman la viga en una estructura semicontinua. Esa disposición permite el reparto de la carga entre vanos contiguos, pero cada vano actúa independientemente de sus vecinos porque el cuadrilátero articulado limita la flecha y las tensiones resultantes al vano individual. Con este sistema, V. R. Covell diseñó el puente de Homestead sobre el río Monongahela en Pittsburgh (1939), con dos vanos centrales de 160 m y dos extremos de 87 m [58:98].

Nuevos materiales y tecnologías para los nudos

Con independencia de la disposición de los elementos, el empleo de distintos materiales abre nuevas posibilidades. Las vigas en celosía mixta, por ejemplo, han sido utilizadas con ventajas constructivas y de ahorro de material y recientemente han sufrido un nuevo impulso. El puente para ferrocarril de Nantenbach sobre el Main en Baviera (1993, 208 m), diseñado por HRA Bochum y Leonhardt, es una viga continua de canto variable en celosía metálica con losa de hormigón. En España existe el precedente bien conocido del puente de Tordera, realizado por Eduardo Torroja, y más recientemente dos ejemplos de luces idénticas[27] realizados en el puente del Sil (1999, 170 m) diseñado por Hugo Corres y en el puente sobre el embalse de Contreras [60:33].

El viaducto sobre el embalse de Contreras (1998, 170 m), diseñado por Julio Martínez Calzón, es una solución similar, con tres vanos y otro de acceso. Cada uno de los dos tableros está formado por dos grandes celosías Warren de canto máximo de 10 m en apoyos y mínimo de 4,8 m en clave, sobre las cuales se coloca una losa de hormigón que vuela por cada lado. En las zonas de apoyos principales se macizó la zona comprendida entre las cabezas inferiores de ambas vigas que están además arriostradas por celosías transversales en K. El proceso constructivo es de empuje y giro de los dos semipuentes en tramo continuo desde cada uno de los estribos –para ahorrar plazo–, más un montaje tradicional por elevación del tramo de acompañamiento[28].

En general, estas nuevas celosías no suelen utilizar piezas con las clásicas secciones en I, en T o en L, y prefieren formas cerradas en cajón o tubo, de mantenimiento más sencillo y apariencia más limpia. Se entronca con ello con el exhibicionismo algo impúdico del High-tech en las estructuras de edificios, donde impera una especie de obsesión por fijar la forma de manera que exprese o exhiba toda la funcionalidad en ella contenida.

Las articulaciones que garantizan la compresión pura se utilizan ahora para exhibir sus nudos y las piezas se afilan para entroncar en ellos, en un alarde de funcionalidad resistente bastante formalista. En los edificios High-tech la estructura adquiere un excesivo protagonismo aunque, es preciso reconocer, palidece ante la exhibición de las instalaciones al exterior, de aún menor justificación.

Sin caer en ello y con parámetros más contenidos, los tubos también llegan a los puentes. O mejor, vuelven, aunque con una estética distinta a la contenida en los primeros puentes del XIX, o en los grandes arcos de

27 En Contreras se adaptaron las luces para utilizar el acero preparado para el puente del Sil, por razones de plazo para el cierre de la autopista A-3 Madrid Valencia.

28 Su descripción completa consta de 35 fases, pero los momentos de mayor complejidad se producen en razón de la combinación de los movimientos de traslación y giro de tan enormes piezas, lo cual requiere patines especiales de rodadura, contrapesos, gatos de tiro en varios puntos, y un delicado sistema de control de todo el proceso [152:103].

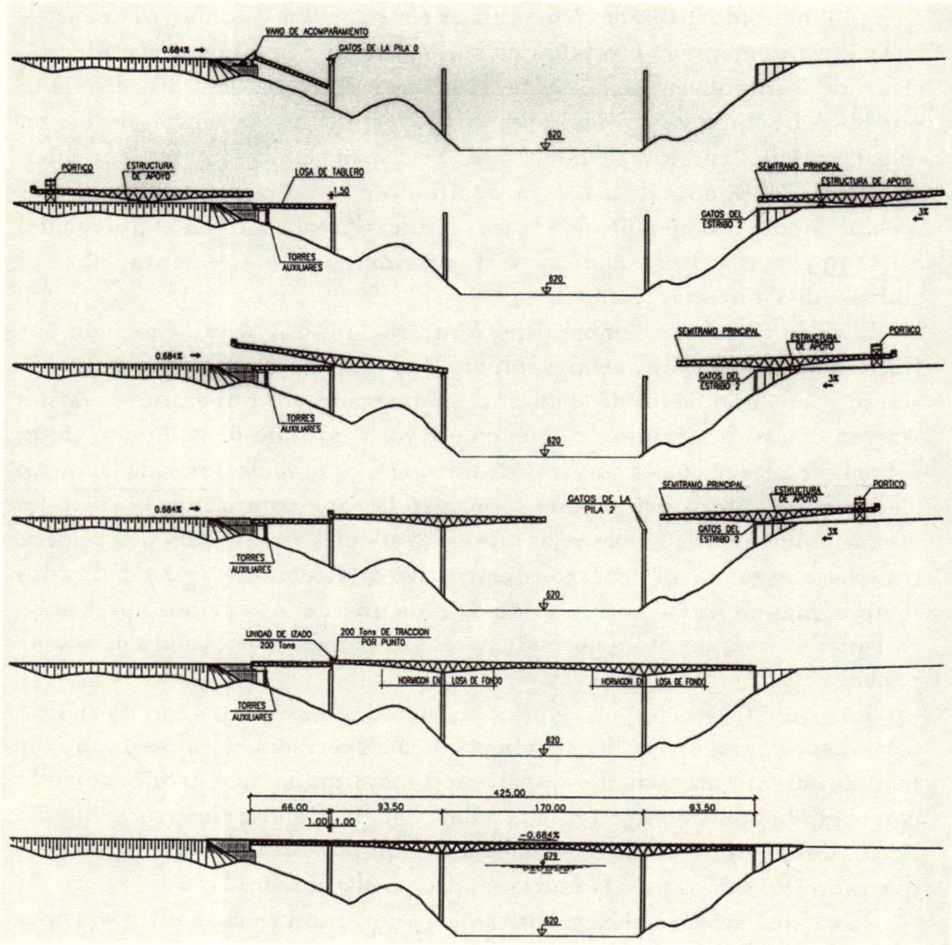

Viaducto de Contreras, proceso constructivo
(Martínez Calzón, 1998, 170 m) [153:959]

Coblenza o Saint Louis. En este sentido, es muy interesante la investigación sobre las uniones de los tubos con piezas de fundición realizada por Jörg Schlaich, en busca de una total simplificación del nudo (véase cap. 16). Las piezas auxiliares desaparecen y sólo queda la limpia geometría de los tubos con unos empalmes y transiciones prácticamente indistinguibles [205].

En el puente en celosía del Centenary en Monserrat (Manterola, 2003, 55 m), la viga continua de nueve vanos en celosía tiene una sección transversal triangular de cordón tubular único en el vértice inferior y diagonales en un plano inclinado que suben a buscar los bordes del tablero. Por su parte, la pila de hormigón es cilíndrica y su encuentro con el cordón

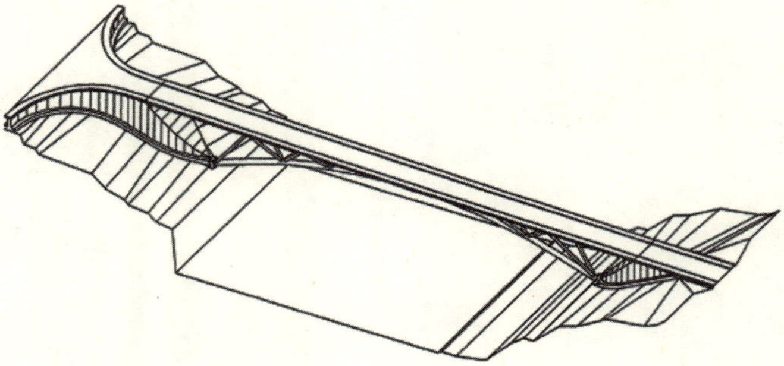

Puente de Monserrat (Manterola, 2003, 55 m)
[ROP 3.373:20]

tubular inferior de la celosía, genera un nudo inestable y conflictivo, bien resuelto con el desdoblamiento del cordón inferior de la celosía formando un triángulo horizontal apoyado sobre un capitel que aumenta el diámetro del fuste.

En el puente de García Sola (Manterola, 2005) se repite una solución similar con mayores dimensiones (figura en página 11).

7. VOLADIZOS PARA PUENTES VIGA DE MAYOR LUZ
Transiciones

El escepticismo de los ingenieros europeos sobre la idoneidad de los puentes colgantes para el ferrocarril motivó un extraordinario esfuerzo de innovación de los puentes viga para conseguir mayores luces. Por su parte, el rápido desarrollo de la red americana propició la construcción de puentes sobre unos ríos de suficiente tamaño y caudal como para forzar las luces hacia arriba. En esa búsqueda surgieron soluciones que era obligado desarrollar sin instrumentos específicos bien establecidos para el cálculo hiperestático, por lo que se favoreció el empleo de voladizos laterales con tramo central biapoyado sobre ellos, que recibió el nombre de puentes *cantilever* o en voladizo.

A principios de la década de 1880, estos puentes se entendían como *vigas continuas con articulaciones en puntos previamente definidos, que permitían calcularlos y construirlos de una manera más sencilla al transformarlos en una serie de tramos volados con vigas biapoyadas en sus extremos. Con ello se conseguía un esquema estructural más rígido y estable durante la construcción* [212:1087].

Los puentes cantilever suelen ser tratados, junto a los atirantados, como tipos más próximos a los puentes colgantes que a los puentes de vigas. Contribuyen sin duda a ello dos factores principales: las elevadas luces que pueden alcanzar y el trabajo a tracción de la parte superior de la estructura, que, en el caso de los puentes atirantados, se absorbe con cables al igual que en los puentes colgantes. Sin embargo, determinados desarrollos de cabezas de tracción con cables extradosados o de almas macizas por encima del tablero están tipológica y dimensionalmente más cerca de las vigas.

Desarrollo de la viga continua con articulaciones: viga Gerber

El criterio de entender la estructura como viga en función de la disposición de las reacciones incluye claramente los puentes cantilever y los atirantados como pertenecientes al tipo de puente de vigas. De hecho, tanto el voladizo como el tirante son disposiciones para conseguir mayor canto sobre apoyos y absorber mejor los momentos negativos originados sobre ellos.

En el primer caso, sin embargo, la sección multiplica simplemente su altura sobre el apoyo, mientras que en el segundo, mucho más eficiente, el elemento de tracción se segrega o separa de la sección, concentrándose en un cable que traslada la componente horizontal al tablero por medio de anclajes, y la vertical a la pila por medio de un mástil. El tablero es así sometido a importantes fuerzas de compresión, asemejando el comportamiento de la viga al de un pórtico con patas invertidas.

En 1870, el ingeniero Joseph Langer tuvo la idea de reforzar una viga continua añadiendo *un nervio superior suspendido de componente horizontal equilibrada* [158:22]. El esquema resultante es parecido al de un puente colgante con una viga de rigidez suficientemente robusta para absorber los empujes horizontales y evitar la necesidad de anclajes externos. Al autoanclarse, el puente colgante deja de serlo y se convierte en una viga con un nervio superior adicional de tracción que le proporciona más canto sobre el apoyo. El propio Langer lo llamaba *puente de cadenas rígido con anclaje vertical*.

En el concurso para el puente sobre el río Neckar en Mannheim convocado en 1887 se presentaron varias soluciones con esquemas mixtos entre vigas y puentes colgantes. Se trataba de evitar los problemas derivados del cable, tanto para su fabricación como lograr mayor rigidez una vez puesto en obra, o para evitar empujes horizontales en anclajes. Joseph Langer presentó una viga continua cuyo perfil superior era idéntico al de un puente colgante.

La idea de introducir una articulación en los puntos de momento nulo del vano central de una viga continua de tres vanos fue expresada por Clark y Fowler hacia mediados del siglo (entre 1846 y 1850). En Alemania, la teoría de vigas continuas con articulaciones fue propuesta por Ritter en 1863, quien la enseñaba desde 1861 en la Escuela Técnica Superior de Hanover. A este tipo de vigas continuas con articulaciones se les llamó en Alemania vigas Gerber, por ser quien primero las utilizó en un puente, pero también fueron denominadas vigas o puentes en voladizo, *porte-à-faux,* console, Auslege-Träger y, sobre todo, vigas cantilever.

Con la introducción de articulaciones, las vigas continuas se vuelven estáticamente determinadas, lo cual era muy tranquilizador, pues permitía desarrollar más fácilmente los cálculos. Al principio la facilidad de cálculo fue la principal razón de su éxito, pero enseguida se reconoció la posibilidad de construirlas sin andamiajes fijos, incluso para las mayores luces, y eso se convirtió en la ventaja definitiva que proporcionó su primacía.

En 1864, Heinrich Gerber (1832-1912)[1] construyó el primer puente cantilever, sobre el río Main en Hassfurt (Alemania), con un vano central de 130 m[2]. El alzado del puente es como una superposición de dos vigas continuas en celosía: un cordón arranca por la parte superior de los vanos laterales, aumenta de canto sobre los apoyos y desciende suavemente hacia el centro del vano principal con forma de catenaria. El otro cordón arranca de la parte inferior en los vanos laterales, baja a la altura de los apoyos, y sube con forma de arco hacia el centro del vano central. Ambos cordones se cruzan hacia el cuarto de la luz del vano central, donde Gerber introdujo las articulaciones.

En Inglaterra, hacia 1867, Benjamin Baker publicó algunos diseños de puentes cantilever en *The Engineer*. En 1871, Thomas Bouch construyó el puente de Newcastle con varios vanos de 72 m de luz. La estructura consistía en una celosía de bastante canto que estaba ayudada, a los tercios de la luz, por tirantes metálicos rígidos que *le conferían un alzado muy similar al de los futuros puentes atirantados o a los cantilever de Morandi* [212:1091], que se analizan al final de este capítulo.

En Estados Unidos, la primera realización fue el High Bridge sobre el río Kentucky, construido por Charles Shaler Smith (1836-1886)[3] y Gustavo Bouscarem (1840–1904) en 1876-1877, con un vano central de 114 m de luz. Fue montado desde las orillas, sin apoyarse sobre el terreno, y atrajo la atención de todos los ingenieros por sus posibilidades de empleo en todo tipo de situaciones de difícil apoyo sobre el terreno.

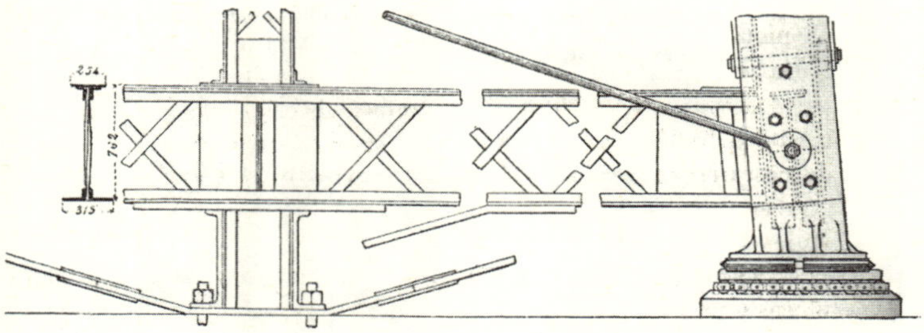

Puente sobre el río Kentucky
(C. Shaler Smith y G. Bouscaren, 1877, 114 m) [190:594]

1 El ingeniero bávaro Heinrich Gerber tuvo una gran influencia en todo lo relativo a construcción en Alemania del Sur. Su actividad comenzó con la construcción de un puente sobre el Isar en Grosshesselohe. En 1858 tomó la dirección de la sección de construcción de puentes de la fábrica Klett y Cía. en Nuremberg.

2 Shipway señala la fecha de 1867 [212:1091].

3 Charles Shaler Smith fue un gran especialista en puentes. Junto con Benjamin Latrobe fundó en 1866 la Baltimore Bridge Company, que actuó como consultora del capitán James B. Eads en la construcción del gran puente en arco de St. Louis (1874) y en el puente de Dixville (1877).

En 1883 Charles C. Schneider terminó otro puente cantilever de 151 m de luz, para el cruce del Michigan Central Railroad sobre el Niagara, paralelo al puente colgante de Roebling[4], con un aspecto formal y un proceso constructivo completamente consolidados. Las brazos de las ménsulas van perdiendo canto a medida que se alejan de las pilas, y el vano central es de canto constante. El entronque de las pilas metálicas con la viga en voladizo es de una gran limpieza, con una célula rectangular formada por la simple prolongación de las barras verticales exteriores de las pilas y sin diagonales.

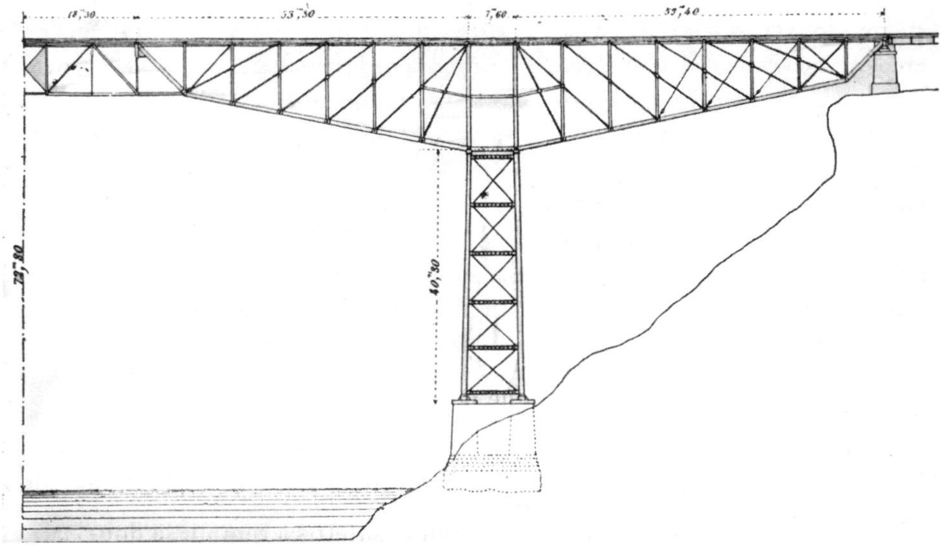

Puente del Michigan Central Railroad sobre el Niágara
(Charles S. Schneider, 1883, 151 m) [159:447]

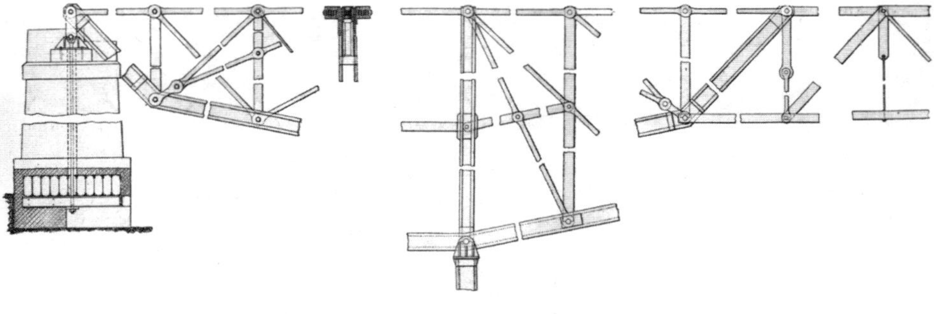

Puente de Niágara, detalles y nudos [159:448]

4 Se explica en el Cap. 12, y que fue el primero que permitió el paso del ferrocarril sobre el río.

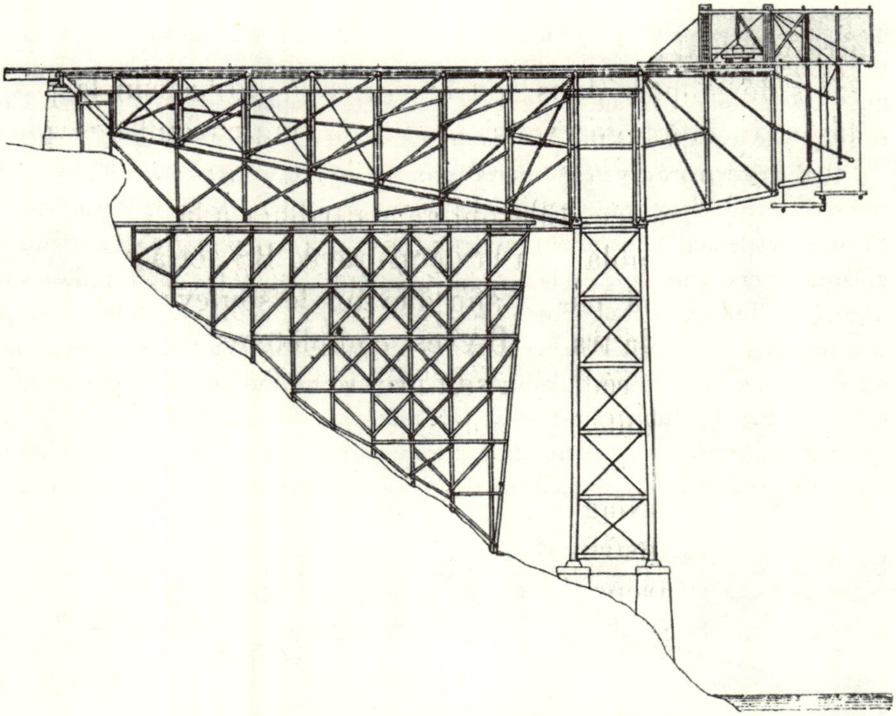

PUENTE DE NIÁGARA, MONTAJE [159:425]

TRIUNFO DE LOS PUENTES VOLADIZO: EL FORTH DE BAKER

El puente del Fifth of Forth (1889) para ferrocarril es una aplicación excepcional de las vigas en voladizo, a una escala sin precedentes. Las compañías de ferrocarril inglesas estaban conmocionadas por el desastre del puente sobre el estuario próximo del Tay en 1879[5], y querían un puente fiable y robusto para salvar el estuario del Forth. Paralizaron la construcción de un extraño proyecto de puente colgante realizado por Thomas Bouch a principios de los 1870, quien parece *se había esforzado concienzudamente en conseguir un rarísimo diseño*, y acudieron a John Fowler, quien contó con la colaboración de Benjamin Baker (1840-1907) para el diseño de la parte metálica [53:1086].

El puente del Forth coincide con el eclipse total del empleo de hierro forjado o fundido para la construcción, y ya todo él está construido con acero dulce, producido con el procedimiento Siemens Martin. Las cargas de rotura admitidas para ese acero eran de 52 kg/cm² para la máxima tensión y 58 kg/cm² para la máxima compresión, siempre que los esfuerzos no variaran sustancialmente, en

5 Una tormenta se llevó por delante trece grandes vigas en celosía y doce pilas de fundición, arrastrando un expreso que cruzaba por él y causando la muerte a setenta y cinco personas.

cuyo caso bajaban a 31,5 kg/cm². Cuando éstos alternaban ocasionalmente entre tracción y compresión, los valores bajaban a más de la mitad, quedándose en 23,5 kg/cm², pero si la alternancia era frecuente bajaban hasta 15,7 kg/cm². Como carga de trabajo se admitía generalmente un tercio de esos valores [21:110].

Baker era un competente ingeniero que añadía a sus profundos conocimientos técnicos un gran respeto por el arte. Era miembro de la Royal Society of Arts, desde la que luchó para impedir la destrucción de puentes antiguos, y colaboró personalmente en la reconstrucción de los puentes de Buildwas y de Menai, de Telford. Para el Forth, Baker desarrolló una propuesta innovadora, con una viga en celosía en el centro del vano que apoyaba sobre los extremos de dos enormes brazos en voladizo de 204 m, totalizando un vano principal de 521 m de luz. En Inglaterra este tipo de puentes era mal conocido, por lo que sus diseñadores eran continuamente requeridos para explicarlo, para lo que Baker desarrolló ese esquema humano, *fácilmente comprensible y popularmente recordado*.

Puente del Firth of Forth, esquema (Baker, 1889, 521 m)

Buscando la requerida rigidez, los cordones inferiores de los voladizos y las diagonales que trabajan a compresión se realizaron con grandes tubos de acero de 3,6 m de diámetro, mientras que los miembros a tracción se construyeron con celosías, con lo que Baker consiguió un máximo aprovechamiento del material y posibilitó una lectura muy clara del sistema estructural. La depuración del esquema inicial hasta el proyecto constructivo muestra la gran capacidad de Baker para refinar el diseño: disminuyó el tramo apoyado de 0,75 a 0,5 respecto al voladizo, proporcionó un doble apoyo a las ménsulas para facilitar la construcción, y las trianguló con aspas eliminando los montantes verticales.

Con estos refinamientos, el puente del Forth ganó en claridad y serenidad reuniendo todos los elementos en una unidad formal mucho más potente. A pesar de todo, el puente no logró un consenso sobre su estética: sólo se hablaba de él en términos superlativos, para bien o para mal. William Morris llegó a llamarlo *el supremo ejemplar de lo feo*, mientras que Ricardo Morandi opinaba que el puente del Forth *es uno de los más magníficos e importantes puentes de nuestro tiempo ... y uno de los más grandes monumentos de nuestra civilización*, y se inspiró en él para diseñar el puente de Maracaibo [38:7].

En América, el puente del Forth causó una gran impresión e impulsó la construcción de grandes puentes en cantilever para ferrocarril, como el puente de Memphis sobre el río Mississippi, construido en 1888-1892 por George S. Morison y Alfred Noble. Este puente tiene 2.400 m de largo, con un vano principal de 238 m de luz, y su alzado se caracteriza por un tablero inferior totalmente plano, sobre el cual se desarrolla el variable canto de la viga continua asimétrica. La materialización de la celosía se realizó con potentes diagonales que contribuyen a la general robustez del puente, no exenta de cierta torpeza formal.

En el cruce de los grandes ríos americanos era frecuente que los puentes de vigas de celosía o alma llena biapoyadas utilizasen tramos en cantilever para cruzar el obstáculo principal, aunque carecían de cualquier intención refinada. Entre los de mayor luz se pueden mencionar los puentes de Greater New Orleans (1958, 480 m), de Howrah (1943, 457 m), de Oakland Bay (1936, 427 m) y de Baton Rouge (1968, 376 m)[6]. Uno de los más espectaculares por su altura es el puente de Galveston sobre el río Pecos (1892), donde las pilas en caballete que alternan celosías y alma llena dan paso a unas grandes ménsulas para soportar el vano central. La carencia de intenciones no les priva de un enorme interés estético, quizás surgido precisamente de su estricta adaptación a la facilidad constructiva.

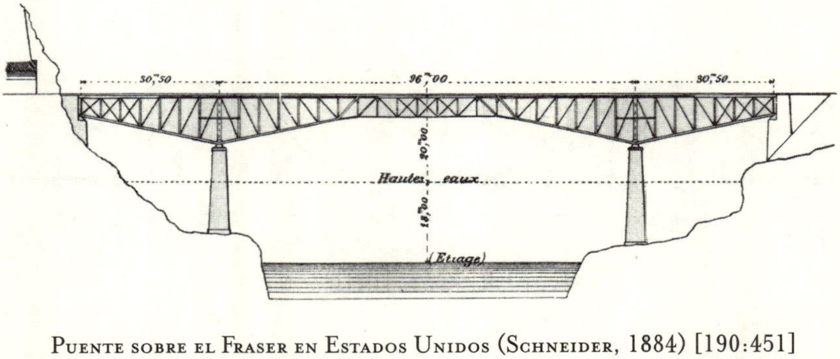

Puente sobre el Fraser en Estados Unidos (Schneider, 1884) [190:451]

6 La lista completa está disponible en Virola, J.; 1969. «Los puentes cantilever más grandes del mundo». *Acier Stahl Steel*, 4 (1969):164-170.

El rechazo estético del tipo: América y Europa

La construcción del puente cantilever de Quebec marcó simultáneamente el punto álgido del tipo y el principio de su paulatina desaparición. El proyecto inicial del ingeniero americano Theodore Cooper fue redactado en 1902 para el cruce del ferrocarril sobre el río San Lorenzo. Durante su construcción tuvo dos graves accidentes[7]; tras el primero, debido a un fallo estructural se replanteó todo el proyecto. mientras que el segundo exigió un nuevo método de elevación del vano central. Se terminó en 1917, tras 15 años de obra, y con sus 548 m de luz sigue siendo el mayor puente viga construido.

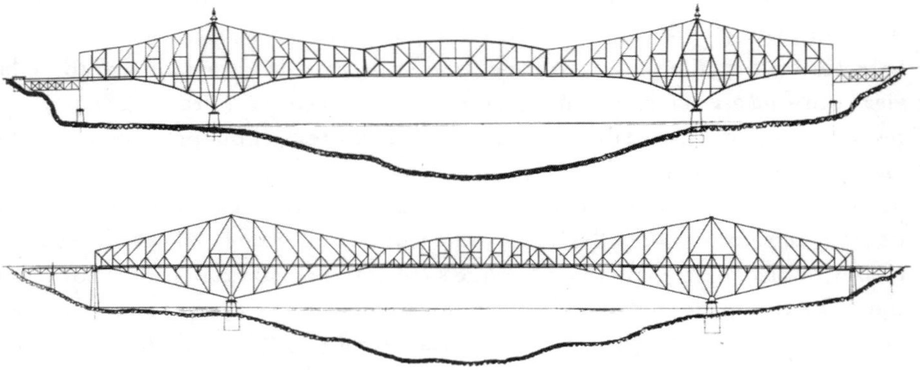

Puente de Quebec, diseño inicial y solución construida
(Cooper, 1917, 548 m)

Los puentes cantilever consiguieron que el ferrocarril pasara sobre todos los grandes obstáculos del país, pero tampoco gustaban allí. El editor de *Engineering Record* reconocía que el diseño de puentes metálicos colmaba todas las exigencias de resistencia y economía, pero impresionaba a todo el mundo por *la carencia de*

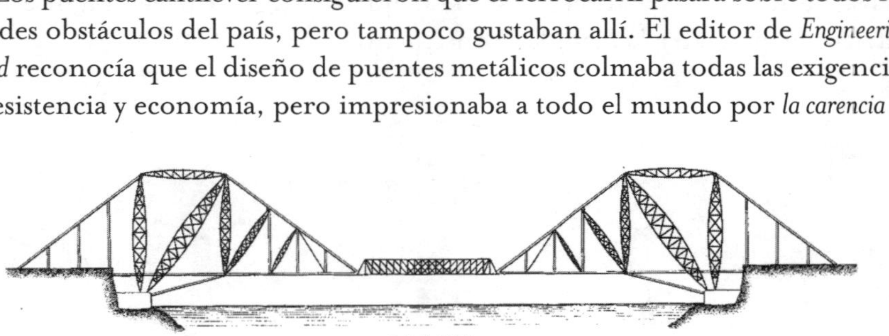

Puente de Sukkur

7 El primer accidente del puente de Quebec ocurrió en 1907, al ceder una barra por exceso de compresión cuando ya habían sido construido por voladizos sucesivos una de las ménsulas y la mitad del vano central, y se vino abajo todo el vano, muriendo 82 personas. El segundo accidente ocurrió durante la elevación del vano central desde los extremos de las dos ménsulas, que se cayó al río oca-

líneas elegantes y de componentes de belleza. Y consideraba que el ingeniero no cumplía bien su función si no era capaz de combinar belleza y utilidad[8].

En Europa se realizaron algunos puentes cantilever sin vano central de gran interés. Su apariencia es muy próxima a la de un arco, pero consisten en dos grandes ménsulas en celosía con cordón inferior curvo que se vinculan con una rótula a la mitad de la luz. Forman una especie de arco triarticulado, pero la vinculación de diagonales con el tablero hace trabajar al conjunto como dos grandes ménsulas.

El puente de Tanus sobre el río Viaur, también conocido como viaducto de Viaur (Paul Bodin, 1902, 220 m) para el ferrocarril de Rodez a Albi responde a este esquema de dos grandes ménsulas simétricas hacia ambos lados, con una particularidad. Las ménsulas externas se unen con los estribos por medio de unos vanos simplemente apoyados, lo que anula los esfuerzos debidos a cambios de temperatura permitiendo trasladar a los apoyos reacciones verticales bajo peso propio, al estar los vanos casi perfectamente compensados. Por eso este tipo de cantilever ha recibido también el nombre de arco equilibrado [79:337]. De diseño similar, aunque más rebajado y tenso, es el puente Mirabeau en París (1896, 93 m), diseñado por Jean Résal y a menudo confundido con un arco.

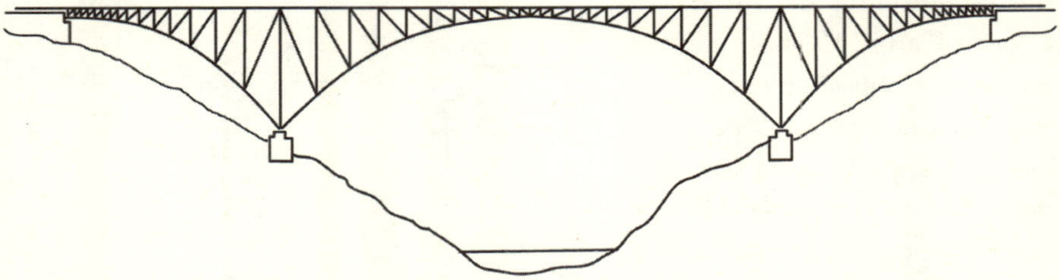

Puente de Viaur (Bodin, 1902)

En 1908 tampoco Mehrtens encontraba atractiva la franqueza estética de los puentes cantilever americanos: *los veía de una fealdad indecible, mientras que en Alemania se esforzaban por llegar a formas tan elegantes como fuera posible, por lo que preferían perfiles similares a los de los puentes colgantes* [158:24].

En realidad, los puentes alemanes diseñados de esa manera resultaban confusos, pues la catenaria sugerida por el cordón superior no viene acompañada de las esperadas péndolas verticales. El tradicional carácter pasivo y

---

sionando la muerte de otras 15 personas.

8 «Architectural Effects in the Construction of Metallic Bridges». *Engineering Record*, 30:9 (julio 28, 1894):133. Citado por Condit en [57:162].

tranquilizador de los esos elementos colgados venía alterado por una celosía con fuertes diagonales y altura variable que introducía una dinámica competidora con la catenaria. En algunos puentes, como el de Frederick sobre el Neckar en Mannheim (Gerber, 1906), las torres todavía presentan componentes simbólicos como arcos o pináculos, que introducían otro lenguaje suplementario y contribuyen a la confusión.

El fondo del rechazo, también presente en Inglaterra y en América, hay que buscarlo en la tradicional inercia del gusto del público para aceptar novedades, más que en la posible elegancia del alzado o la silueta. El hierro y el acero fueron aceptados pero, al igual que al principio precisaron de los tranquilizadores ropajes pétreos de sus pilas o de los edificios de las estaciones, a finales de siglo todavía requerían la presencia de las familiares formas del arco o del cable colgado, ya bien conocidas y asimiladas.

Como bien explicó Walter Benjamin, *paso a paso, la técnica conquistó entonces nuevos terrenos, contra dificultades y objeciones de las que hoy no podemos hacernos fácilmente idea.* A los conflictos teóricos, como aquel sobre la imposibilidad de conseguir suficiente hierro para la red ferroviaria inglesa, se añadían los conflictos prácticos, como el desastre del Tay o las dificultades del túnel de Mont Cenis. *Mientras que a gran escala se empleó un trabajo heroico en realizaciones ejemplares y pioneras, a pequeña escala suele dominar una confusión lúdica. Es como si la gente, y en particular los artistas, no se atreviera del todo a confesarse partidaria de este nuevo material y de todas sus posibilidades.* No era fácil *cubrir la grieta que el desarrollo de la técnica había abierto entre el constructor de la nueva escuela y el artista de viejo cuño* [26:879].

El cantilever tampoco se trasladó al hormigón, donde sólo cabe señalar algún pequeño puente cantilever de hormigón armado, como el puente McKee Street

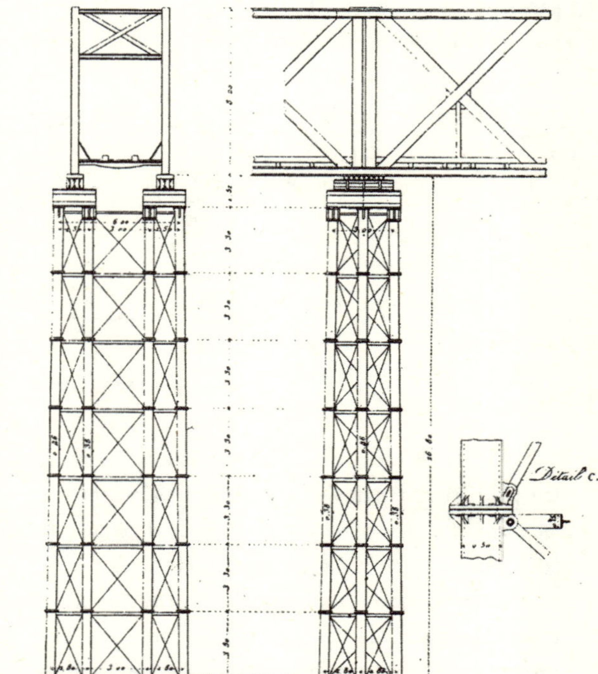

Puente sobre el Tay, pila y tablero
(Bouch, T., 1877) [98:465]

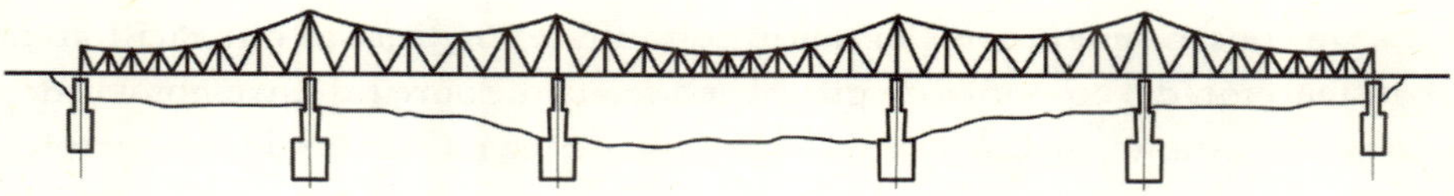

Puente de Rama VI, en Thailandia (1927, 120 m)

en Houston, con un vano central de 16 m y dos curiosos voladizos de canto variable y perfil curvo situados sobre el tablero [58:210].

La utilidad de los puentes cantilever, derivada de la independencia de su proceso constructivo respecto al terreno y de las grandes luces conseguidas, no fue de la mano con su aceptación social. Parecían excesivamente tecnológicos y no fueron bien recibidos, a pesar de la buena receptividad del público hacia los avances científicos. Sólo quienes tenían cierta formación técnica supieron apreciar sus ventajas y su potencialidad, mientras que el público en general prefirió claramente la tradicional apariencia de los arcos o los puentes colgantes.

El esquema híbrido del puente de Maracaibo

Claramente inspirado en el puente del Forth, pero de menores dimensiones y realizado en hormigón, es el gran puente sobre el lago Maracaibo (Morandi, 1962, 235 m). Cuando ganó en 1957 el concurso, aplicando una idea antigua con un material nuevo, Morandi era bien consciente de las nuevas posibilidades ofrecidas por los avances tecnológicos, capaces de sacar del olvido tipos estructurales que parecían definitivamente abandonados. En una introducción a su obra, escrita recién terminado el puente y sin excesivo pudor, afirmaba: *Una nueva idea, unida a un material nuevo o mejorado, siempre ha encontrado un diseñador de fuerte personalidad, capaz de comprender y explotar sus potencialidades* [38:7].

Se trata de un puente muy largo, de 8.687 m de longitud, cuyos vanos principales[9] consisten en vigas voladas por ambos lados, ayudadas por un par de tirantes anclados cerca de sus extremos y sujetos a unas torres de 90 m de altura. La acción horizontal de los tirantes se compensa en el propio vano, con el beneficioso efecto añadido de pretensar longitudinalmente el tablero.

9 El puente fue objeto de un concurso ganado por Morandi en 1957 frente a once competidores. Su propuesta estaba íntegramente realizada en hormigón frente a todas las demás, concebidas con acero. El jurado valoró positivamente su menor mantenimiento, su menor empleo de divisas extranjeras, el incremento de experiencia en hormigón pretensado que supondría para los técnicos venezolanos y, sobre todo, quedó impresionado por sus valores estéticos. Además, el tipo de puente respondía bien a las exigencias sísmicas, en cuanto que el posible daño en un vano no se extendiera a los siguientes, y se prestaba por ello bien a la prefabricación de sus componentes. El diseño fue objeto de varios cambios y el proyecto de 1958 reemplazó el vano de 394 m por cinco de 235 m, y los vanos de 118 m por otros de 68 m.

De la base de las torres nacen unos puntales inclinados que facilitan la construcción del conjunto de pila y vigas voladas. Sobre los extremos volados de estos conjuntos se colocan vigas de 45 m de luz en vientre de pez, simplemente apoyadas e idénticas a las utilizadas en los vanos de acceso. El esquema es muy similar al del puente del Forth, con una mayor proporción entre vano central y voladizos, pero aportaba importantes novedades.

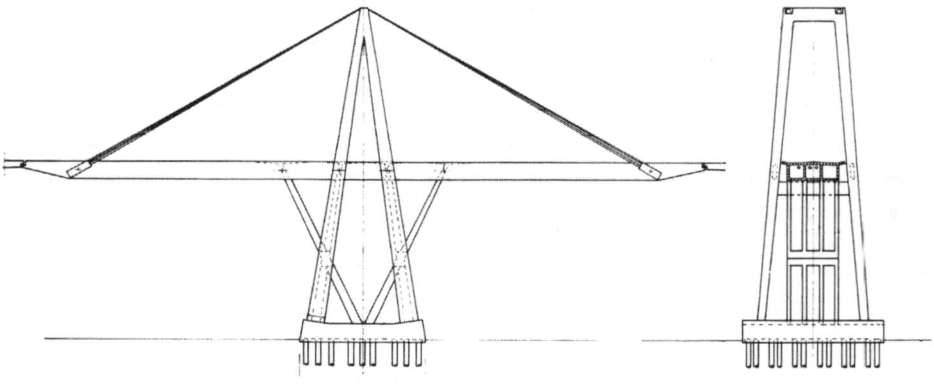

Puente sobre el lago Maracaibo (Morandi, 1962, 235 m)
[144:55]

Más allá de las ventajas derivadas del hormigón, el pretensado aportado por los tirantes supone una ayuda a la flexión de los tramos volados y permite reducir notablemente la importancia del cordón inferior comprimido. El costoso tubo de hierro arqueado del Forth es sustituido por un pórtico más liviano de hormigón, capaz de resistir mejor las flexiones en el tramo horizontal gracias a los tirantes. Y éstos, según Morandi, eran mucho más eficientes que las ménsulas metálicas frente a los esfuerzos de tracción, al estar constituidos por cables[10].

Dadas las difíciles condiciones de lluvia torrencial y viento imperantes en el lago de Maracaibo, Morandi decidió aplicar intensivamente la prefabricación[11] posibilitada por el esquema resistente que, desde su concepción, estuvo claramente orientado hacia la simplificación del proceso constructivo. Los cabezales

10 Dos conjuntos de treinta y dos cables soportan cada uno 170 t de peso propio, aumentando hasta 184 t con las sobrecargas.

11 Casi el 70% de la longitud del puente consiste en vigas prefabricadas, empleándose ochenta vigas para los vanos de 36 m y trescientas ocho para los de 45 m. Las situadas en el medio de los grandes vanos centrales fueron igualmente prefabricadas, flotadas sobre barcazas e izadas a su posición definitiva mediante cabrias flotantes.

o grandes vigas voladas por ambos lados sobre las pilas, fueron hormigonados *in situ* sobre cimbras prefabricadas[12] que se apoyaban por un lado en la pila, y por otro sobre un puntal metálico de apoyo, biarticulado en el extremo del vano y en unos pilotes provisionales [38:97].

Bajo esas pilas pendulares se situaron gatos hidráulicos con los cuales se podía compensar a voluntad los desplazamientos del extremo de los cabezales

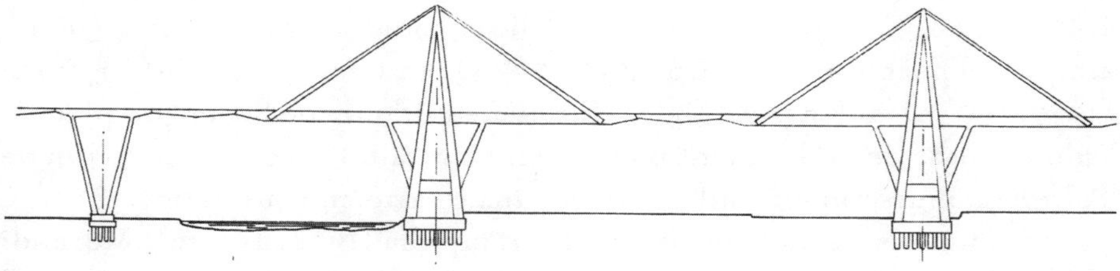

Viaducto de Polcevera (Morandi, 1967, 208 m) [144:57]

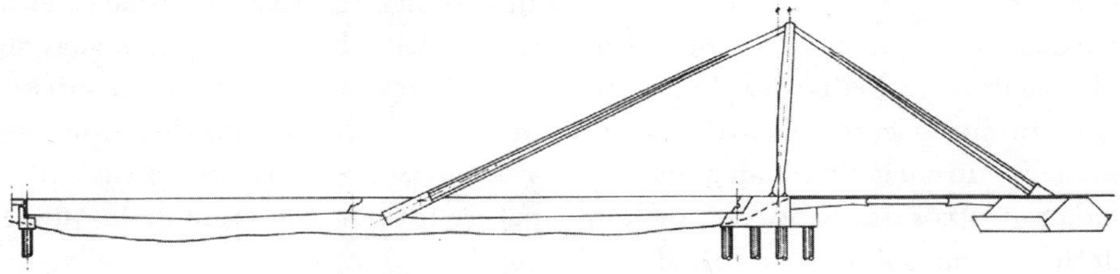

Viaducto de Ansa de la Magliana
(Morandi, 1968, 137 m) [144:78]

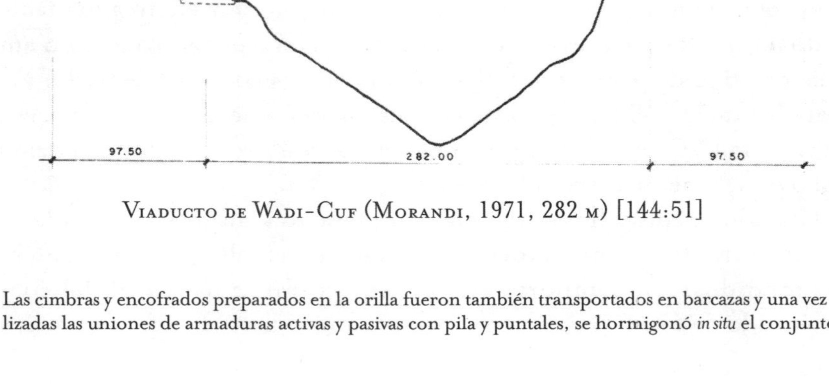

Viaducto de Wadi-Cuf (Morandi, 1971, 282 m) [144:51]

12 Las cimbras y encofrados preparados en la orilla fueron también transportados en barcazas y una vez realizadas las uniones de armaduras activas y pasivas con pila y puntales, se hormigonó *in situ* el conjunto.

mientras estaba colocada la cimbra. En este punto, el esquema de Morandi retrocedía respecto al de Forth, totalmente independiente del suelo en la construcción de los voladizos. La necesidad de manejar la tensión de los tirantes con los gatos exigía un punto de apoyo, dados los importantes pesos a manejar.

Morandi repitió el esquema en el viaducto de Polcevera (1967), con dos vanos principales de 208 m de luz, construidos sin afectar a las vías del ferrocarril de Campasso situadas debajo, en el viaducto de Ansa de la Magliana (1968, 137 m) con un solo vano muy oblicuo para la autopista Roma Fiumicino, en el puente de Wadi-Cuf (1971, 282 m) en Libia, y en el de Carpineto (1977, 160 m) en Potenza. Todos ellos tienen tirantes de hormigón pretensado en lugar de cables exentos como en Maracaibo y, con la excepción de Polcevera, muestran una utilización del tipo escasamente justificada.

Sólo una vez, para el puente de Barranquilla (1974, 140 m), Morandi utilizó el tipo atirantado desarrollado desde 1955 con el puente de Strossund y las excelentes realizaciones de Leonhardt y otros ingenieros alemanes. En Barranquilla dio continuidad al dintel y utilizó pilas torre verticales de diseño poco afortunado, abandonando el esquema Gerber y las torres apuntaladas de Maracaibo. La brillantez de Maracaibo, justificada por razones sísmicas, ambientales y culturales de carácter local, fue aplicada por Morandi de manera rutinaria y mal adaptada en otras localizaciones. Tampoco fue utilizada por otros diseñadores, por lo que parece un buen ejemplo de lo que se definió como solución terminal en el capítulo 4.

Puentes con cables extradorsales

Como se señaló en el apartado «Innovación en la sección transversal» del capítulo 5, la búsqueda de ligereza en las almas motivó la colocación del pretensado fuera del hormigón. Una posibilidad era situarlos en el hueco del cajón, pero también se puede hacer por debajo o por encima del tablero, dando lugar a los puentes con cables extradorsales o extradosados. En ambos casos, este tipo de puentes necesita un montante vertical o «desviador», que separe los cables del tablero. Estos cables pueden quedar al aire, encerrados en tubos de PVC con alguna grasa protectora, o ser recubiertos de hormigón total o parcialmente formando «velas».

Cuando se colocan por encima se obtiene una disposición similar a los puentes atirantados con la torre empotrada en el tablero. Los cables están muy tendidos y su comportamiento estructural se parece al del cordón traccionado de una viga de canto variable, aunque no transmite cortante, sino sólo compresiones al tablero y al «desviador»[13]. Dada la inclinación de los cables, el tablero no llega a funcionar como suspendido de unos muelles elásticos, como es el caso en los puentes atirantados, y su comportamiento se parece más al de un dintel de canto variable sometido a unas fuertes compresiones, por lo que necesita ser más robusto [14:12].

Ese diferente comportamiento estructural se deja adivinar en el alzado, ahora más tenso, diferente del correspondiente a un puente atirantado y muy lejano a las connotaciones de los puentes colgantes. Aunque conceptualmente se pueda entender como una viga algo especial, tampoco participa de la pasividad de las vigas. La simple aceptación de la flexión que caracteriza a la viga es aquí negada por la tensión que introducen los cables extradosados[14].

El primer puente de cables extradosados es el puente de Ganter (1982, 174 + 2 x 127 m), diseñado por Christian Menn en la subida norte del paso del Simplon sobre los Alpes [35:256]. Los tirantes de perfil muy tendido se hormigonan en formas triangulares cuyo vértice se ancla en la parte superior de las torres, pero cuya sección no llega a formar un triángulo completo. El papel de esas velas es proteger los cables pero también colaboran a la rigidez del tablero, lo que se puede graduar con esos recortes. El resultado posee un indudable atractivo formal, al que sin duda colabora su inclusión en un hermoso paisaje alpino.

Si se prescinde de Ganter, por lo específico de sus velas, el primer puente de cables extradosados en su disposición normal es el puente sobre el puerto de Okinawa (1994, 122 m) realizado por la empresa Dywidag. La altura de las torres por encima del tablero es de 10 m, lo que supone 1/12 de la luz, y el dintel es de canto variable de 2,2 m en el centro del vano a 3,5 m en los apoyos, lo cual según Manterola es una esbeltez pequeña para un puente atirantado y

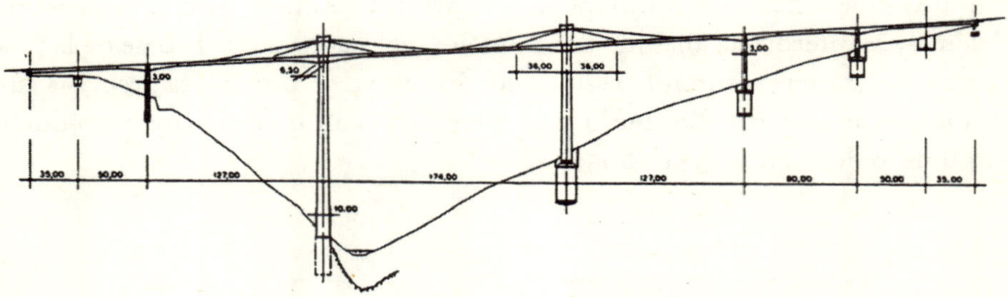

Puente de Ganter (Menn, 1982, 174 m) [141:991]

13 La altura del desviador debe ser inferior a 1/15 de la longitud del tablero comprendida entre puntos extremos de anclaje de los cables.

14 Al estar más inclinados que los tirantes y actuar sobre un dintel más robusto, los cables extradosados soportan menos fluctuaciones de tensión debidas al paso de cargas móviles. Eso permite un mejor aprovechamiento de su potencial resistente, permitiendo subir del 40-45% de la carga de rotura aceptada en aquéllos, hasta un 60%.

grande para un puente recto, con un resultado intermedio entre ambos tipos [141:1093]. En España, José A.Llombart y Jordi Revoltós han construido el puente de Deba (2003, 66 m) en Eibar, de planta ligeramente curva con cables extradosados superiores [132:157].

Posterior a Ganter pero de indudable interés es el Puente de Sunniberg (1998, 3 x 140 m), en Klosters, Suiza, también diseñado por Christian Menn. Los cables van ahora al descubierto y se integran mejor con las torres gracias a la ligera inclinación de los montantes o desviadores, concebidos aquí como una suave prolongación de las pilas que da lugar a un diseño más unitario. La inclinación de los planos que contienen las familias de cables consigue integrarlos mejor en el tablero. A esta percepción unitaria contribuye, sin duda, la ubicación del puente en el fondo de un valle alpino, con un privilegiado punto de observación desde la carretera de acceso a Arosa [242:126].

Como más adelante se verá, uno de los elementos determinantes del diseño de puentes atirantados es la relación de luces entre el vano principal y los vanos laterales de compensación. Si éstos son muy grandes, el puente tiene una respuesta demasiado flexible frente a cargas puntuales por lo que su luz no suele pasar del 40% de la luz principal. En los de cables extradorsales, en cambio, la menor altura de la torre y la mayor rigidez del dintel permiten una relación de luces en el rango del 55 al 70%, bastante más parecida a la óptima en los puentes de viga continua.

El puente sobre el río Guadalquivir en Córdoba (Manterola, 2005, 114 m) supone un ejercicio de reflexión sobre este problema, pues puede ser considerado de atirantamiento extradorsal, pero incluye algunas disposiciones suplementarias de interés. Con independencia de los accesos, el puente principal tiene dos vanos, el principal es de 114 m y el otro ha sido acortado a 90 m con una pila de retenida muy esbelta, y convertido en vano de compensación. Además, Manterola ha añadido dos puntales inclinados desde la base de la pila central, que incrementan la rigidez del dintel, ya de por sí alta gracias a sus 2,5 m de canto. Con ello, pudo aumentar algo la altura de la torre y reducir el número de tirantes [141:1095].

Viaducto de Weitingen sobre el Neckar
(Leonhardt, 1977, 263 m) [141:1097]

Cuando los cables se colocan por debajo del tablero, la misma idea estructural conduce a resultados muy diferentes. Para hacer frente a los momentos flectores positivos, el desviador se coloca en el centro del vano y los cables actúan como un pretensado interior, pero más efectivo al disponer de mayor canto. Esta disposición no altera el comportamiento del dintel como viga continua y, de hecho, estos puentes se expresan visualmente como vigas. En cierto modo, puede recordarse la celosía Fink como antecedente remoto de este tipo de dintel, aunque sus cables o barras de tracción no están pretensados.

Fritz Leonhardt utilizó los cables extradosados inferiores en los dos vanos extremos del viaducto sobre el Neckar (1977, 263 m), cerca de Weitingen, para duplicar la luz de los tres vanos centrales y evitar la cimentación de pilas sobre unas laderas inestables. Con ello se consigue un alzado insólito, de vanos más pequeños flanqueados por vanos grandes, justo donde el dintel está más cerca del suelo.

En España, es notable el viaducto de Osormort (Manterola, 1995, 13 x 40 m) de vanos continuos resueltos con una sección trasversal de doble célula triangular, arriostrada sobre la pila y en el centro del vano. En ese punto, y a través de un soporte, recibe la ayuda de dos tirantes extradorsales, separados por un desviador en V de 4,8 m de altura. El resultado estético, limpio y atractivo, mereció el premio Construmat de 1998.

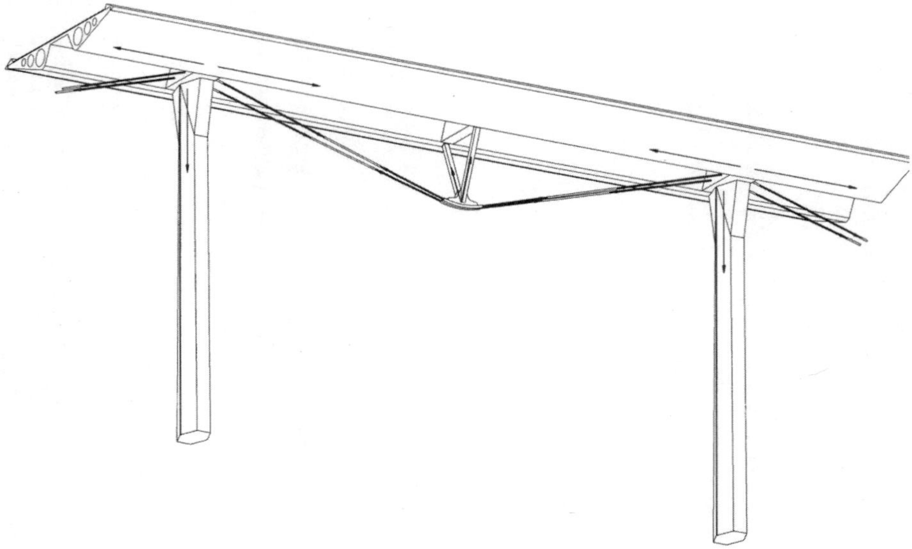

Viaducto de Osormort (Manterola, 1995)

8. EL TIRANTE, MÁS ALLÁ DE LA VIGA
Recuperación

El tirante es un elemento estructural primario, de muy antigua y variada utilización, aunque su aplicación sistemática a los puentes es bastante reciente. Su primera utilización estructural está muy ligada a los aparejos de los barcos de vela, como obenques que interaccionan con el mástil al cual rigidizan por medio de una serie de crucetas. Como soporte de tableros horizontales tiene el precedente de los puentes levadizos, por su facilidad de ser enrollados en una bobina que se puede accionar. En algunos puentes colgantes tempranos también se emplearon tirantes de varias formas: como anclaje en prolongación del cable principal en los de un solo vano, como cables portantes suplementarios, o como mecanismo de rigidez adicional, que se explican en el capítulo 13.

Algunos estudiosos entienden la idea del tirante más ligada a la sustitución de un apoyo intermedio que al aumento de canto de una viga sobre el apoyo principal. Beckett, por ejemplo, afirma que *las pilas intermedias de una viga continua pueden ser reemplazadas por cables sobre el tablero, dando como resultado un mayor ancho despejado para la navegación* [21:156]. Sin embargo, esa primera intuición flaquea cuando aumenta el número de tirantes, pues no cabe pensar en una familia de veinte apoyos suplementarios a muy poca distancia unos de otros. De ahí se ha pasado a la consideración de los tirantes como una serie de apoyos elásticos virtuales.

La delimitación estructural entre los puentes atirantados y los colgantes se puede establecer de varias maneras, aunque la más sencilla es la presencia de péndolas en éstos últimos. Por medio de esas péndolas o cables secundarios el tablero se cuelga del cable principal, mientras que los tirantes se anclan directamente en el tablero al cual trasfieren una importante compresión horizontal. En los puentes atirantados, pilas, tirantes y tablero interactúan estructuralmente y sus dimensiones y rigideces relativas son determinantes en el comportamiento final.

El tirante como solución de referencia

El primer gran puente atirantado moderno es el puente de Strömsund (1955), diseñado por el ingeniero alemán Dischinger y construido por la firma Demag, también alemana. El puente está situado en Suecia y tiene dos vanos laterales de 74 m y uno central de 183 m de luz, soportado por dos cables en abanico desde la parte superior de las pilas, diseñadas como marcos entre cuyos pilares ligeramente inclinados pasa el tablero.

Para Javier Manterola, la utilización del tirante en el puente de Strömsund es *uno de los tres grandes hitos en la evolución de los puentes*, tras la aparición del hierro en Coalbrookdale *que acabó con 2.000 años del mismo tipo de puente* y el invento de pretensado por Freyssinet, *que permite modificar las acciones a nuestra conveniencia y solidarizar partes construidas independientemente* [138:7].

Realmente sería necesario recordar aquí un puente atirantado de hormigón armado en el canal de Donzère, con un vano central de 77 m de luz, realizado por Albert Caquot en 1954, con la técnica de voladizos sucesivos, como precedente realmente moderno, pero

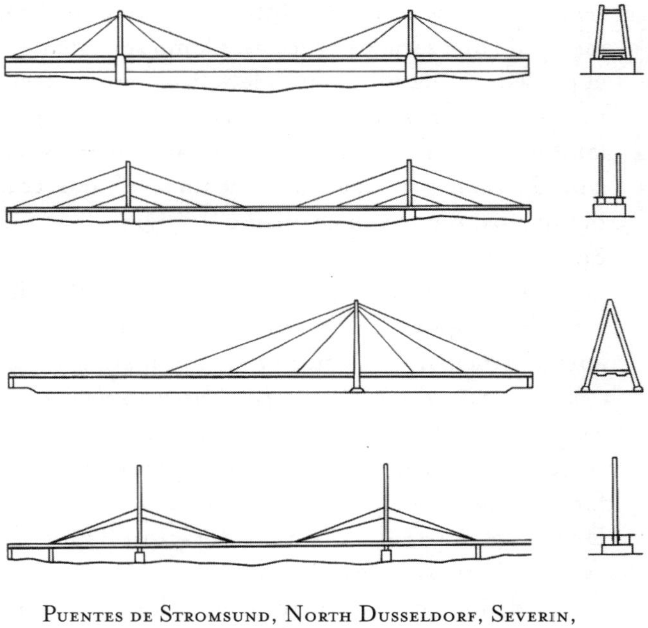

Puentes de Stromsund, North Dusseldorf, Severin, y Noth Elbe [43:136]

tuvo menor repercusión quizás por lo reducido de la luz, ya superada anteriormente por los puentes metálicos atirantados[1] [125:99].

El segundo puente atirantado en Suecia fue el puente Tjörn, con un vano de 360 m, el doble de luz que el anterior, construido en sólo catorce meses para sustituir un arco derribado en 1980 por un buque. El vano central es de sección en cajón y fue construido en acero, mientras que los laterales eran de hormigón, como luego serán los puentes de Normandie, en Francia, y de Ikuchi, en Japón.

Estos dos puentes tuvieron gran repercusión en los países nórdicos, con importantes vanos como el puente de Faro en Dinamarca (1985, 290 m) con pila romboidal y, sobre todo, el puente Kvarsund en Noruega (1992, 530 m), con sección cajón bicelular de contorno triangular, que fue el mayor del mundo en su momento [97:61].

Al puente de Strömsund le siguieron enseguida otros muchos puentes atirantados en Alemania, como los de Brucksal (1956), Nordbrücke (1958), Severin (1959), Norderelbe (1962), y pronto se propagó a Japón en Shinno (1963), Maya (1966), Onomichi (1968), Toyosato (1970) o Arakawa (1970), al Reino Unido en Wye (1966) o Erskine (1969), y a Estados Unidos en Sitka (1973) y East Hungtinton. Muchas de estas realizaciones fueron precedidas por pasarelas que sus autores utilizaron como campo de experimentación de detalles de anclaje y procedimientos de reglado.

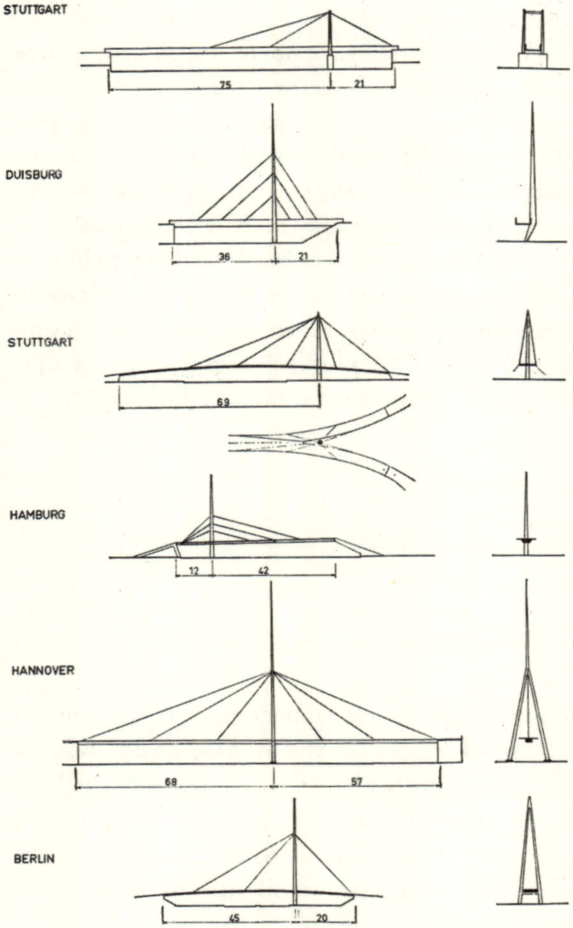

Pasarelas de peatones atirantadas construidas hasta 1972 [144:48]

1 Virlogueux lo menciona en [240:189].

Todas esas tempranas realizaciones tienen luces comprendidas en el rango de 175 a 300 m de luz, que se disparan a partir de los años ochenta, y disponen una sola pila central con dos vanos habitualmente simétricos, o dos pilas con tres vanos. En este caso el vano central suele tener una luz del 60 al 70% de la longitud total del puente para que funcione bien el sistema de vanos laterales de compensación. Más adelante se iniciaron las realizaciones de múltiples vanos atirantados, generalizando el tipo para cualquier longitud de tablero, aunque la respuesta estructural del puente deja de ser la idónea al desplazarse significativamente los puntos de anclaje de los tirantes.

En general, el tablero de las primeras obras fue construido en acero, pero el tipo demostró su versatilidad con grandes realizaciones en hormigón y mixtas. En principio, el hormigón parecía adecuado para soportar las compresiones longitudinales transmitidas al tablero por la inclinación de los cables. El gran puente sobre el embalse de Barrios de Luna (1981, 440 m), construido por Javier Manterola en hormigón, fue el récord absoluto de luz para los puentes atirantados de cualquier material. La luz de los vanos de compensación era de 66 m, algo corta para los 440 m del vano principal, y fueron necesarios unos contrapesos que la alargaron hasta los 110 m equivalentes[2]. Una de las primeras decisiones correspondía al material para el tablero, pues si bien un tablero de hormigón pesa más y por tanto requiere más cables, resiste mejor las compresiones introducidas por esos cables en el tablero. Para luces muy grandes, el tiempo demostraría que el acero es mejor, pero entonces era un tema en discusión.

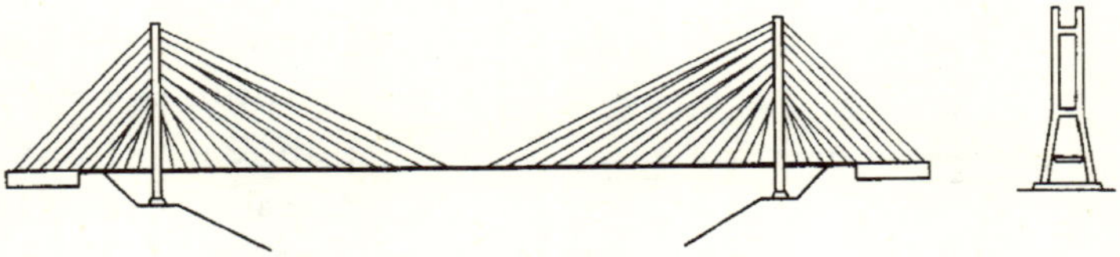

Puente de Barrios de Luna (Manterola, 1981, 440 m)

El récord de luz en puentes atirantados lo ostentaba desde 1975 el puente de Saint Nazaire sobre la desembocadura del Loire con 404 m de luz, y su tablero era metálico. Barrios de Luna significaba un incremento del 10%, y fue realizado en hormigón, con un proceso constructivo de dovelas sucesivas, manteniendo el récord de puentes atirantados de hormigón hasta 1995. El tablero esta soportado por un doble plano de atirantamiento, solución habitual en puentes de mucha luz porque resiste mejor la torsión, lo cual obliga a desdoblar las torres en dos pilas. En Barrios de Luna, las dos pilas están

2 Ello vino motivado por el difícil emplazamiento del puente, sobre unas márgenes muy abruptas, en las cuales debían disponerse los accesos de continuidad de la autopista con unos requisitos de diseño poco flexibles. El ajuste hizo necesario ampliar la luz principal, descompensando por tanto los vanos laterales.

conectadas en su parte superior, aunque no arriba del todo, por una riostra horizontal, y encima del tablero con otra similar. Desde ese punto, las pilas de las torres se abren hacia afuera para dejar pasar el tablero entre ellas sin interrumpir la sección. El diseño de la torre con esas pilas quebradas ha mantenido su vigencia a pesar de los años, superando tanto a las pilas en A como a las rectas que muerden o engloban al tablero [13:40].

Con bastante rapidez, los puentes atirantados se adueñaron del segmento de luces medias, donde las vigas continuas llegaban, pero a costa de disponer un gran canto sobre los apoyos, que se traducía en un excesivo empleo de material muy notorio en el alzado, y los puentes colgantes no conseguían amortizar el coste de los anclajes en los tableros de poca longitud. En 1995, el puente de Normandía alcanzó los 856 m de luz, aumentando la mayor luz salvada en unos 250 m, sólo un año después del récord anterior del puente de Yangpu en Shanghai.

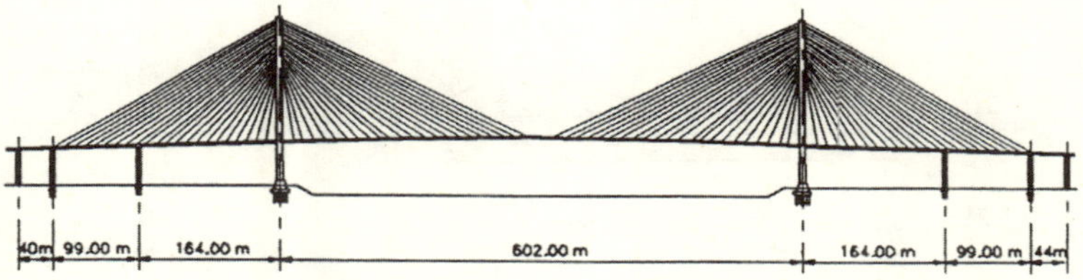

Puente de Yangpu en Shanghai [117:196]

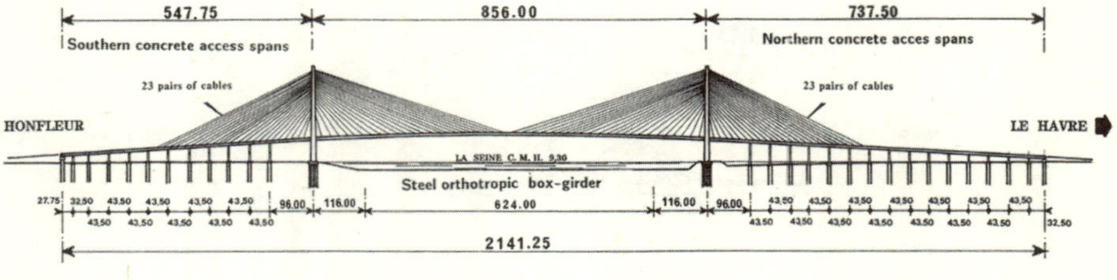

Puente de Normandía [117:606]

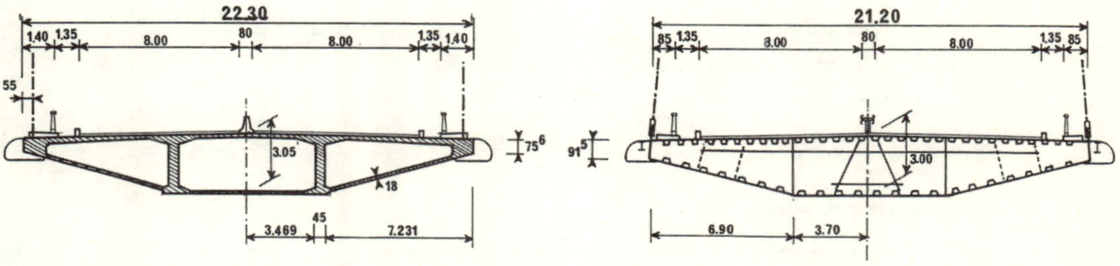

Puente de Normandía, secciones [177:607]

De hecho, el dominio de los detalles y la disponibilidad de materiales de superiores características permitió ampliar el rango a luces grandes. La simplicidad de sus apoyos proveniente de su condición de vigas, frente a lo voluminoso de los

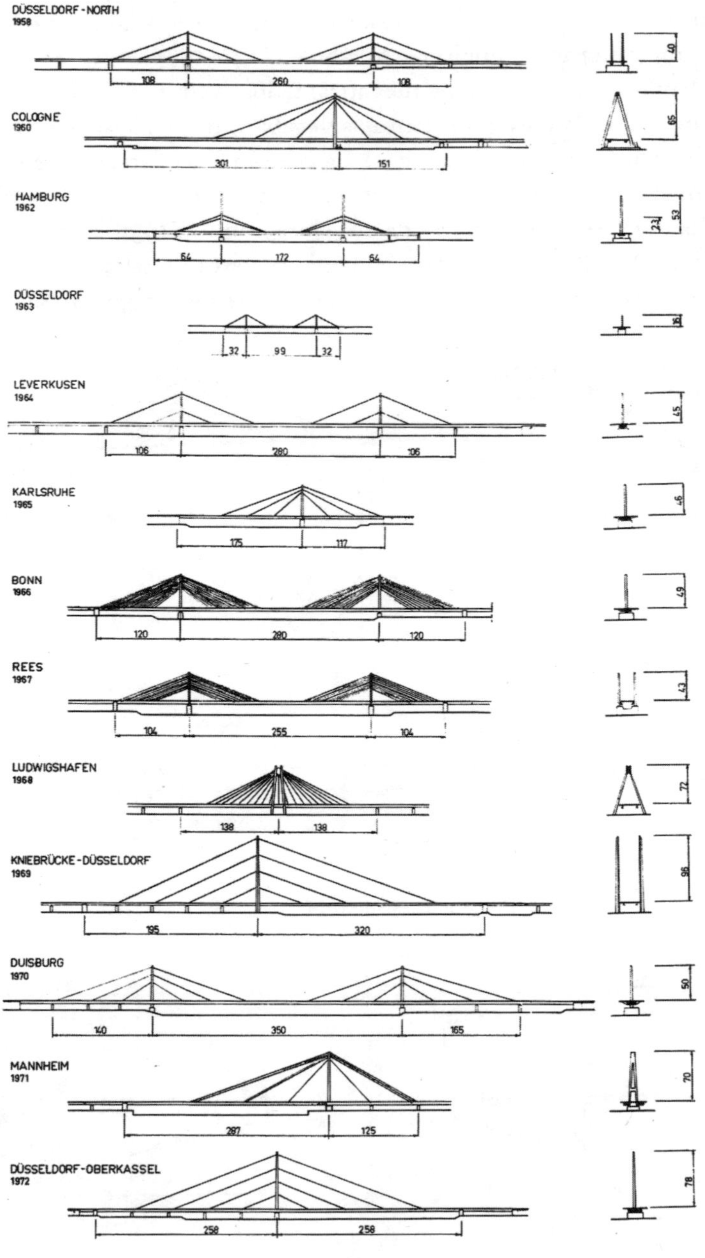

Puentes atirantados construidos en Alemania hasta 1972 [144:61]

anclajes de los puentes colgantes, así como su utilidad en configuraciones de vanos múltiples, negada en aquellos, confiere a los puentes atirantados una versatilidad que los ha colocado como soluciones de referencia para afrontar el cruce de grandes obstáculos. Hoy día es raro que en cualquier examen de posibles soluciones para un gran puente no figure una solución atirantada, y si la disposición de pilas intermedias es posible, probablemente será la solución más económica.

Algunos precedentes modernos

El puente atirantado tiene remotos antecedentes, ligados al empleo conjunto de cuerdas o cabos para sujetar los extremos de troncos o mástiles de madera, capaces de trabajar a compresión. Tanto los aparejos de los barcos de vela, como los más sencillos esquemas de grúas, con una *pluma* comprimida sujeta en posición por cables traccionados, son claros antecedentes del funcionamiento del tirante.

Cuadro 4. Los mayores puentes atirantados

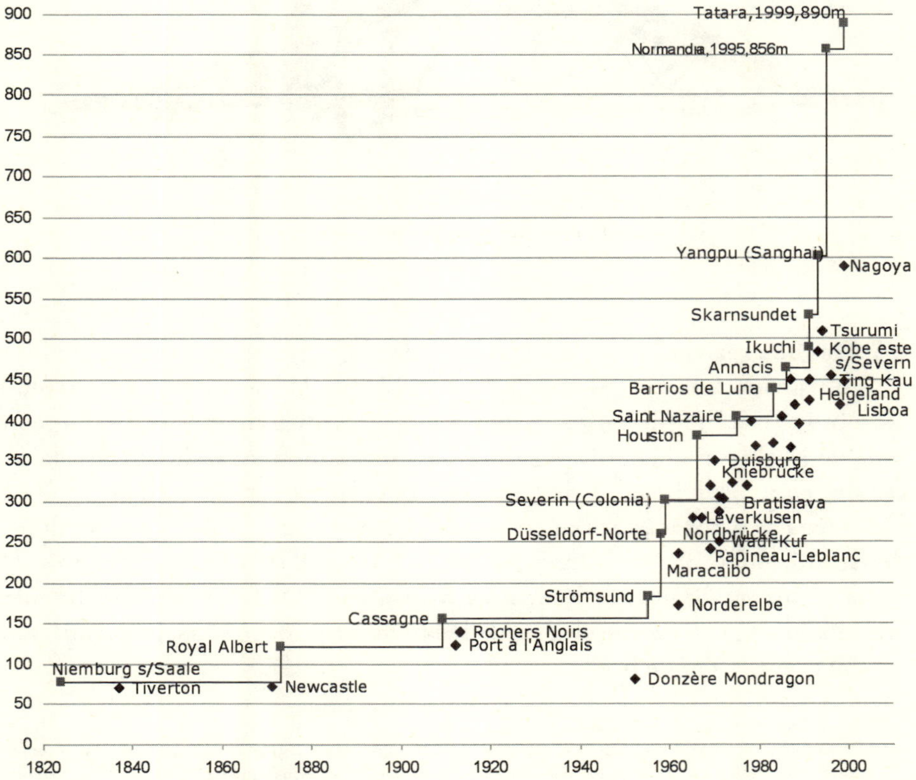

En lugar de rastrear estos antecedentes hasta la antigüedad, como se hace en el capítulo 12 con los puentes colgantes, aquí tiene más interés señalar las realizaciones con tirantes de hierro y hormigón, que son los verdaderos protagonistas de su espectacular evolución actual, referida en el apartado anterior. Sólo se menciona como precedente, más allá del esquema de Verantius ya mencionado en el capítulo 2, un interesante esquema desarrollado en madera por Leonardo da Vinci a finales del siglo XV[3].

Se trata de un puente giratorio, con un mástil principal y tirantes que parten de su extremos superior para sujetar el centro del vano. El cable se ancla en la punta más baja de un montante vertical que atraviesa la celosía arqueada de madera que resuelve el vano. El conjunto puede girar en torno a ese mástil, gracias a unos cabrestantes situados en las orillas que accionan cables horizontales anclados en el centro del vano. A excepción de la ambigüedad visual que introduce lo arqueado de la celosía, el esquema es absolutamente actual, y tiene el interés suplementario de recordar la filiación de este tipo estructural respecto a la familia de las grúas.

Puente giratorio atirantado
de Leonardo da Vinci [227:50]

Tras una realización en madera de 1784, debida a un carpintero de Friburgo llamado Löscher, el escenario se traslada a la Inglaterra de la revolución industrial, donde surgen puentes colgantes y atirantados realizados con cadenas y cables de hierro[4]. Algunos esquemas son mixtos, de difícil catalogación, como el del puente de Dryburg Abbey sobre el río Tweed de 78 m de luz, pero hay otros más claramente identificables como tableros suspendidos de tirantes metálicos inclinados, como la pasarela de King's Meadow de 33 m de luz, realizada por Redpath y Brown en 1817. El primero realmente atirantado de gran luz fue el puente de Niemburg, sobre el Saale, terminado en 1824, con 78 m de luz.

3 En su *Codex Atlanticus*, folio 855r.
4 Es también habitual la mención a un esquema del francés Poyet, con tirantes en abanico uniformemente repartidos en el tramo central y laterales, que no llegó a construirse.

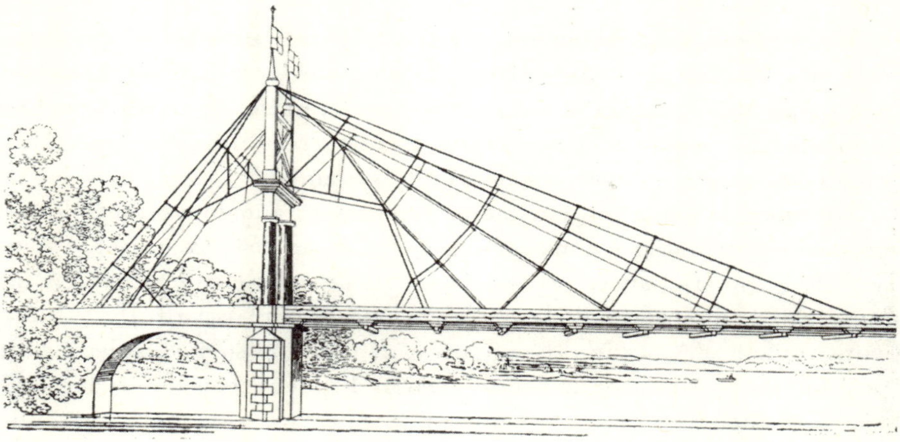

Puente de Niemburg, sobre el Saale (Bandhauer, 1824, 78 m) [159:374]

Un temprano informe sobre puentes colgantes del ingeniero francés Navier (véase capítulo 12) desaconsejó el empleo de este tipo estructural de puentes atirantados en favor de los colgantes, debido a los varios fracasos ocurridos, y el tipo tuvo escaso desarrollo en la primera mitad del XIX. El tirante no reaparece hasta la década de 1860, y lo hace como elemento auxiliar para la rigidización de los cables colgantes de la mano de John Roebling. El Royal Albert Bridge (1873, 120 m), sobre el Támesis en Londres, es un buen ejemplo de utilización mixta, donde coexisten un cable con péndolas y unos tirantes en abanico, ambos con funciones portantes.

Puente Albert en Londres, sobre el Támesis (Ordish, 1873) [159:178]

Más ajustado al tipo es el puente de la 40th Street sobre las vías del ferrocarril en Filadelfia, construido por el ingeniero del ferrocarril de Pennsylvania, Joseph M. Wilson. El vano apoyado central característico de los puentes en voladizo no existe y, además, el sistema de torres y tirante es bien claro, con un cable colgado mucho más leve que los tirantes.

Un interesante y temprano puente metálico atirantado, ya diseñado con composición y detalles más modernos, es el viaducto de Cassagne sobre el río Têt (1909, 156 m), para el ferrocarril que discurre por el valle de la Cerdaña francesa[5]. Fue diseñado por el *comandant du Génie* Albert Gisclard (1844-1909) y construido por Arnodin. El esquema se denominó sistema Gisclard, y fue conocido en su época con la denominación de puente colgante rígido. Los tirantes se anclan en cables casi horizontales próximos al tablero, evitando introducirle compresiones[6].

Se podría señalar algún otro ejemplo de la primera mitad del siglo XX, pero las dificultades de implantación del tirante, provenientes de la poca calidad del material, retrasaron el desarrollo del tipo. En efecto, para que los tirantes participen con su tracción en todo momento, es necesario que la estructura se deforme substancialmente, introduciendo unas condiciones inaceptables para el conjunto. Pero sus bajas tensiones admisibles no permitían aplicarles tensión previamente para limitar las deformaciones producidas por las cargas [184:9].

El tirón de la demanda producido tras la Segunda Guerra Mundial fue una oportunidad para el desarrollo de este tipo estructural, en sustitución de las grandes celosías metálicas lenticulares que garantizaban el paso del ferrocarril y la carretera sobre los grandes ríos alemanes[7]. Los nuevos aceros permitían un uso eficiente del tirante, y su concurso permitió realizar puentes con un 40% de ahorro de material sobre los anteriores.

Interacción de tirantes, pilas y sección transversal

En un puente atirantado de tres vanos, una carga central produce una deflexión del vano central que, al tirar de los cables que lo sujetan, tiende a acercar las cabezas de los pilonos. Los vanos laterales se flexionan hacia arriba

5 Ubicado en el fondo de la preciosa garganta del Têt, es de muy difícil acceso, pero puede recorrerse en el pequeño tren amarillo turístico que discurre por la línea.

6 Gisclard también construyó los viaductos de Rochers Noirs (1913, 140 m) también construido con Arnodin, Tres Cases sobre el Garona (1911), Port à l'Anglais sobre el Sena (1912, 124 m) [79:665].

7 Fue necesario reconstruir más de 15.000 puentes destruidos durante el conflicto.

traccionados por unos tirantes que están sometidos a tensiones limitadas debido a su reducida rigidez, con la salvedad de los tirantes extremos cuyo anclaje cerca del estribo no les permite seguir la deformación.

Estos tirantes traseros controlan la flecha del pilono hacia el vano cargado, pero sus diferencias de tensión producen elevados momentos flectores en los pilonos. La manera de reducirlos es disminuir las distancias entre sus anclajes en lo alto del pilono central o, en el caso extremo, disponer los tirantes en abanico.

Cuando se carga el vano lateral, su flexión aumenta la tensión de los tirantes traseros, moviendo la cabeza de los pilonos hacia el vano cargado, descargando los tirantes traseros, y levantando el vano principal. Para mejorar el comportamiento estructural de estos puentes se colocan apoyos intermedios en los vanos laterales, con lo que mayor número de tirantes actúan como tirantes traseros, tanto si están anclados en pilas como si son intermedios, dada la rigidez del tablero en vanos tan cortos. Con ello se reduce la flecha lateral de la cabeza del pilono y la del vano central [240:199].

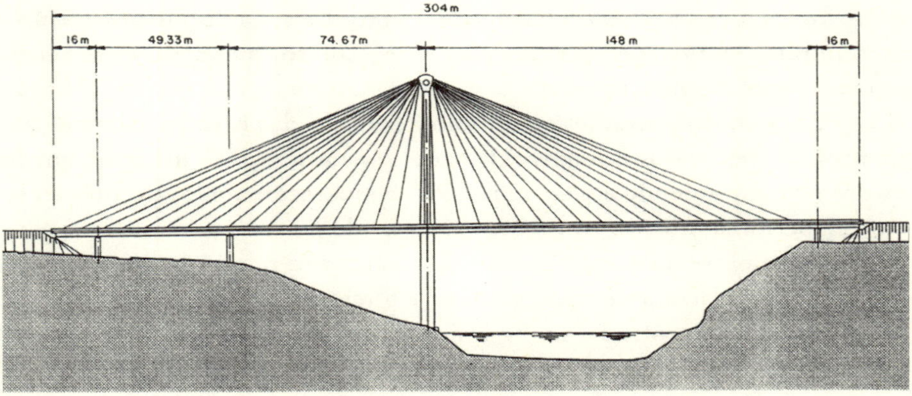

Puente sobre el río Isère (Francia) [117:259]

Si, por motivos de diseño, el vano lateral es mayor del 40% del vano central, sus flexiones positivas se hacen muy grandes, pues el vano principal es muy flexible y no puede contrarrestarlas. Por su parte, las flexiones del vano principal tampoco encuentran contrarresto y también se hacen excesivas. Una solución es limitar los movimientos de la cabeza de los pilonos, lo que se consigue estableciendo un tirante que las vincule o, en una solución más general, anclando las cabezas a las bases de los vanos adyacentes. Otra solución, bastante más empleada es aumentar extraordinariamente la rigidez a flexión longitudinal de las pilas [141:995].

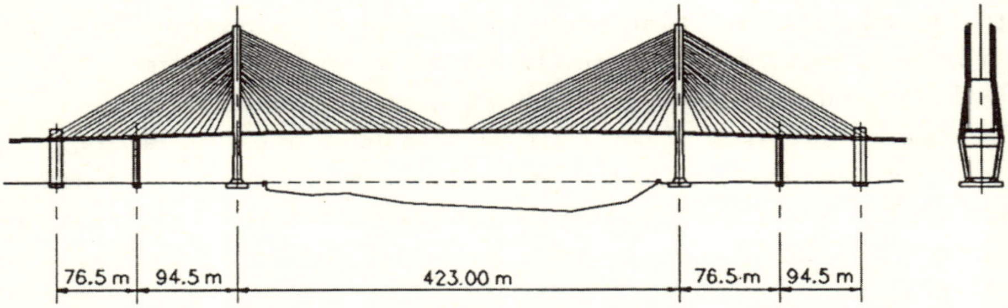

Puente de Nanpu, en Shanghai [117:192]

La rigidez de la pila se complementa con la disposición de las familias de tirantes que, básicamente, puede ser radiada o en *abanico*, cuando arrancan de un mismo punto, en *arpa* cuando se disponen en paralelo, arpa corregida o intermedia (*fan* en inglés) cuando se combinan ambas, y en *estrella* cuando arrancan a diversas alturas de la pila y confluyen en un solo punto en el tablero.

La disposición en arpa funciona bien cuando la pila es rígida o el vano de compensación está anclado al terreno en puntos fijos. La disposición en abanico implica menores esfuerzos axiles en el tablero, menores flexiones en pilonos y menor cantidad de acero en tirantes, pero resulta muy complicado el anclaje de muchos tirantes en un solo punto. La disposición intermedia o *fan* presenta ventajas resistentes del abanico, y constructivas del arpa, por lo que se está imponiendo a base de reducir la separación de los tirantes en su parte superior al mínimo constructivo requerido por los anclajes.

Por otra parte, la disposición de los tirantes en relación con la sección transversal se relaciona con la resistencia a torsión del tablero. Con una sola familia de cables centrada, la torsión debe ser resistida totalmente por el tablero. Con una familia a cada lado, los tirantes también colaboran a la torsión además de resistir la flexión y cortante longitudinales. Si esas familias, en lugar de ser paralelas, se disponen en planos inclinados que intersectan en el vértice superior del pilono, las deformaciones y esfuerzos de torsión serán del orden de la mitad, al repartirse en cuatro familias en lugar de dos. Lógicamente, esa disposición permite reducir la rigidez torsional del tablero [141:997].

Por último, la separación de los tirantes entre sí está relacionada con la rigidez del dintel a la flexión y con la simplicidad del anclaje de los tirantes. Si éstos son muy grandes, el tirante y su anclaje son difícilmente industrializables, mientras que si son muy pequeños, su número puede ser excesivo. El óptimo de separación es de 5 a 15 m cuando se utiliza tablero de hormigón, y de 10 a 20 m cuando es metálico. En cualquier caso, se debe tener en cuenta que las situaciones intermedias del proceso constructivo suelen presentar esfuerzos de flexión superiores a los de servicio.

Puentes atirantados de más de tres vanos

En los puentes de más de tres vanos la situación es distinta a la tratada en el apartado anterior. La flexión de los pilonos centrales hacia el vano cargado descarga los laterales y produce que los pilonos siguientes flecten en dirección opuesta. Su deformación es controlada solamente por la rigidez del tablero y las torres, sin que haya tirantes traseros de retenida. Si se carga el vano adyacente, las deformaciones se producen en la dirección opuesta a la del caso anterior.

Si en lugar de torres el puente se apoya sobre unas pilas y los pilonos están rígidamente unidos al tablero, la situación es aún peor, al perderse la colaboración de la rigidez de las torres y poder girar libremente el tablero sobre las pilas. En este caso, sólo la rigidez del tablero puede compensar los efectos de las cargas variables, mientras que los tirantes son eficaces para compensar las cargas permanentes. Para mejorar este comportamiento, se han propuesto numerosas soluciones que se resumen en el esquema de la figura.

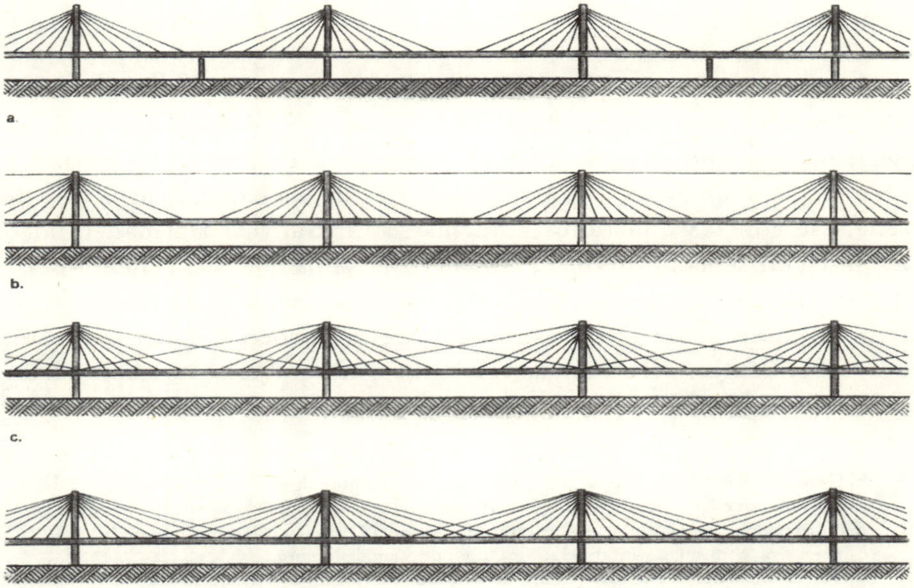

Control de deformaciones en puentes atirantados
de varios vanos [240:201]

La primera propuesta para reducir estos problemas fue realizada en 1967 por Ulrich Fisterwalder, para los vanos de 350 m del puente atirantado de Gran Belt[8]. El tablero disponía de juntas de dilatación en el centro del vano, y estaba rígidamente conectado a los pilonos. Por debajo del tablero, en cambio, las pilas se desdoblaban longitudinalmente en dos fustes, para permitir algunas variaciones de longitud en el tablero de gran esbeltez. Leonhardt propuso después una solución similar para cruzar el Ganges con nueve vanos atirantados de 159 m de luz, con pilas desdobladas por abajo y pilonos muy rígidos en forma de V invertida.

El sistema más eficaz (2 en la figura) para mejorar el comportamiento de los puentes atirantados múltiples consiste en arriostrar las cabezas de los pilonos por medio de un cable que las une y se ancla en los estribos, como se indicaba para el caso de tres vanos. Esta solución fue empleada en algunos de los primeros puentes colgantes de cables[9]. Otra solución (3), también como entonces, es anclar los cables de retenida a la base de los pilonos de los vanos adyacentes, como se hizo en el puente de Tinkao o Ting Kau (Schlaich, 1998, 448 m) en Hong Kong con vanos de 127, 448, 475 y 127 m. También se puede aumentar la rigidez de las torres con el tablero pasante por su interior, como se hizo en el puente de Millau (4). Otra alternativa es conectar rígidamente torres y tablero, pero eso produce efectos adicionales de flexión en las torres por acortamientos o alargamientos del tablero debidos a la temperatura, fluencia, retracción o por fuerzas de pretensado [240:201].

El reciente puente de Millau (Virgoleux, 2004, 342 m) es, probablemente, el más conocido y apreciado de todos los últimos puentes atirantados. A su favor juega lo grandioso del valle del Tarn, realzado por la altura del tablero situado a 245 m, a la cual se añaden otros 90 m de las pilas, con un total que sobrepasa la altura de la Torre Eiffel, dato que no ha dejado de señalarse con los oportunos esquemas comparativos. De manera algo inconsciente se han proclamado su encaje en el paisaje o su belleza a pesar del tamaño, cuando es obvio que interesa precisamente por su altura y que todo el paisaje gira en torno suyo. Su diseño y proceso constructivo son muy interesantes, pero imposibles de recoger aquí por su complejidad y sofisticación[10].

8 El Great Bell East (Birdsall, 1998, 1624 m) es un gran puente colgante de tres vanos, cuyos cables se anclan en unos estribos en forma de célula triangular de gran porte, forma parte del cruce del Great Belt, formado por un largo acceso denominado Great Belt West (1994) de 51 vanos de 110 m y 12 de 81 m en vigas continuas, y un túnel de dos tubos de 8 km de longitud.

9 Virgoleux menciona el puente de Sully-sur-Loire, caído en 1985, y los de Chateauneuf-sur-Loire, Langeais y Mas d'Agenais [240:209].

10 Los artículos sobre Millau son muy numerosos. En [29:116 y ss] se relatan los principales pasos para su diseño y se incluye una valoración estética.

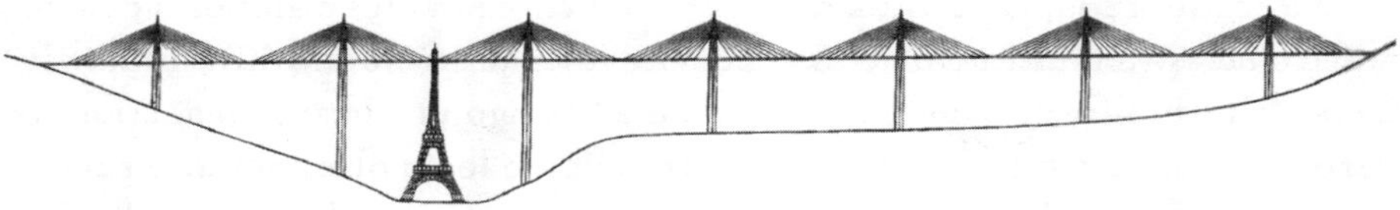

Puente de Millau, altura (Virgoleux, 2004) [232:396]

Minimalismo formal y ligereza en los puentes atirantados

Las variables definitorias de la composición de los puentes atirantados son pocas y dan lugar a una tipología bastante reducida pero con suficiente juego para albergar posibles variaciones formales. Una de las primeras decisiones, más allá del número de vanos, es el número de planos de cables que han de sustentar el tablero en los mástiles. En principio, cabe disponer un plano central, con el tablero volando hacia ambos lados, o dos planos con el tablero entre ellos, y son escasos los puentes con tres o más planos.

Los primeros puentes atirantados fueron construidos con dos familias o planos de tirantes, pero la construcción del puente de Norderelbe puso de relieve las posibilidades compositivas y estéticas derivadas de la utilización de un solo plano central.

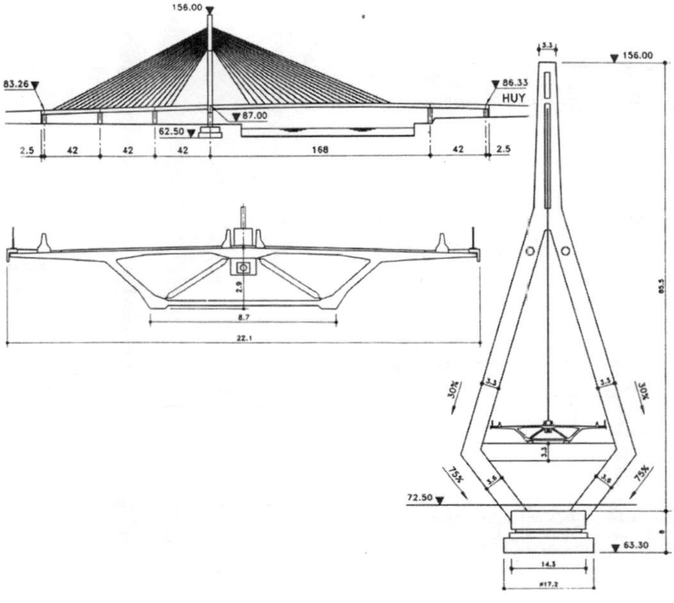

Puente Ben-Ahin [117:238]

La equilibrada tranquilidad de la presencia de cables a ambos lados del tablero arrastra multitud de consecuencias formales y compositivas. Más allá de la obvia duplicación de los anclajes, lleva consigo una lectura más atractiva pero algo confusa o menos limpia del trazado de los cables, siempre superpuestos con los de detrás desde cualquier punto de vista. Además, condiciona la sección transversal del tablero, la relación del tablero con la pila, y el diseño de la pila propiamente dicha.

En cuanto a la sección transversal, con dos familias de cables no queda margen para volar el tablero más allá de los anclajes excepto para ubicar unas hipotéticas aceras. Sólo

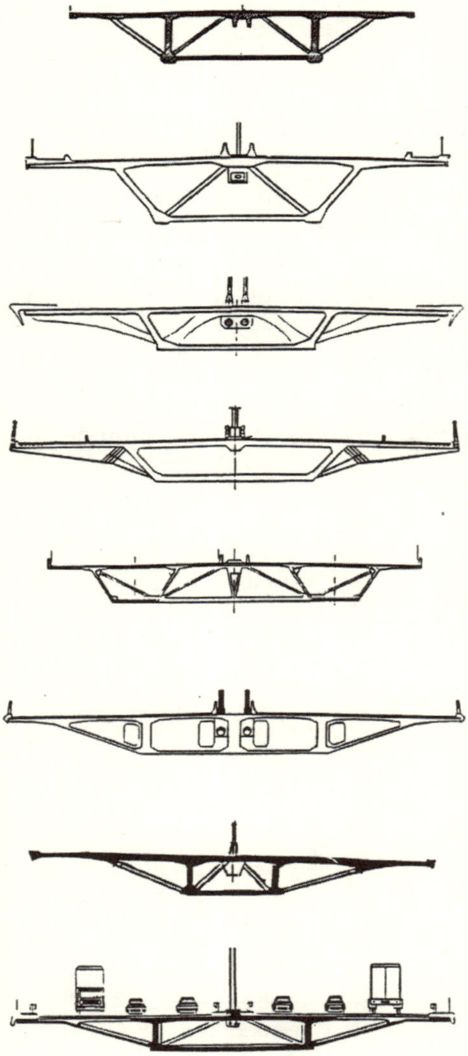

Dintel con atirantamiento al centro, formas de la sección [141:1.009]

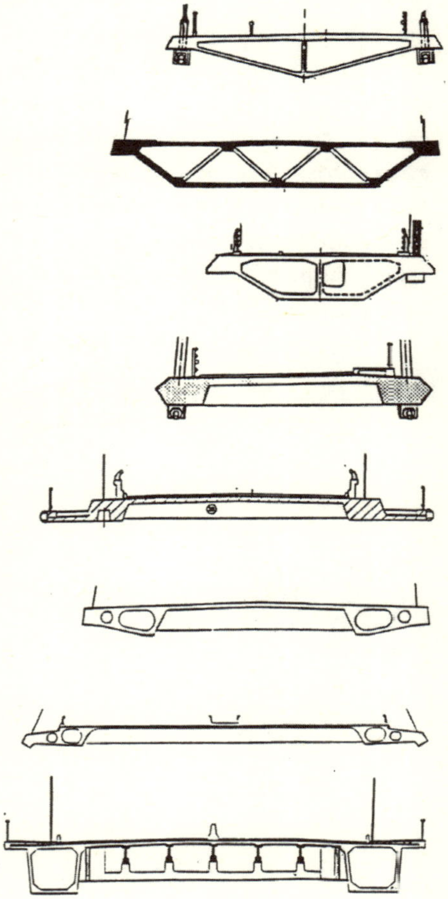

Dintel atirantado en los bordes, formas [141:1.013]

cabe aflorar los anclajes por abajo o hacia el exterior, lo que se ha hecho numerosas veces con desigual fortuna, o priorizar la continuidad de líneas y superficies manteniéndolos alojados en el espesor del tablero.

Por otra parte, el diseño de la pila está muy condicionado por la existencia de dos familias de cables. Si se mantiene la verticalidad de los planos de tirantes, sus anclajes en la pila vienen obligados y condicionan su diseño por un doble motivo. Por un lado, la zona superior que los alberga –pues no es posible concentrarlos en un solo punto– debe ser vertical y se sitúa dentro del plano pero, si la pila se mantiene en toda su altura en ese plano, incide obligadamente con el tablero. Eso se puede resolver, a su vez, de varias maneras. Una posibilidad es aceptar el «pinchazo» formal de la pila en el tablero y resolver su interacción estructural con dispositivos de apoyo o liberación poco visibles. Otra es separar pila y tablero, sacando a aquella parcial o totalmente del plano de los tirantes.

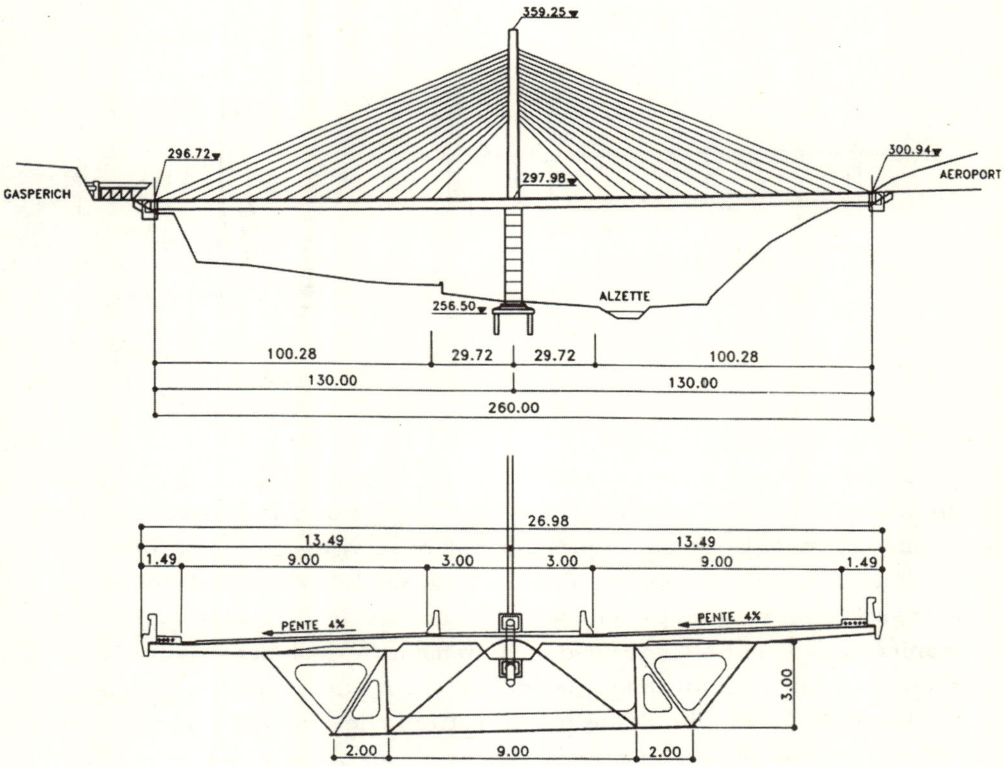

Puente Alzette [117:242]

En el puente de Strömsund, toda la pila sobresale lateralmente del tablero, dando inicio a toda una familia de pilas en pórtico de patas inclinadas. La solución de la pila del puente de Barrios de Luna formalizada por Manterola expresa limpiamente esta problemática, al inclinar hacia afuera solamente la parte inferior de la pila. Otra solución es la pila que se abre para dejar paso al tablero, y se puede cerrar o no nuevamente por debajo dando lugar a una especie de rombo o diamante, con múltiples variantes en A, en Δ, en Π con patas rectas o inclinadas, en Λ o en cualquiera de sus posibles combinaciones. Muchas de ellas se adaptan bien a la posible inclinación de los planos de los cables, que no introduce ninguna simplificación en cuanto a la formalización de la pila.

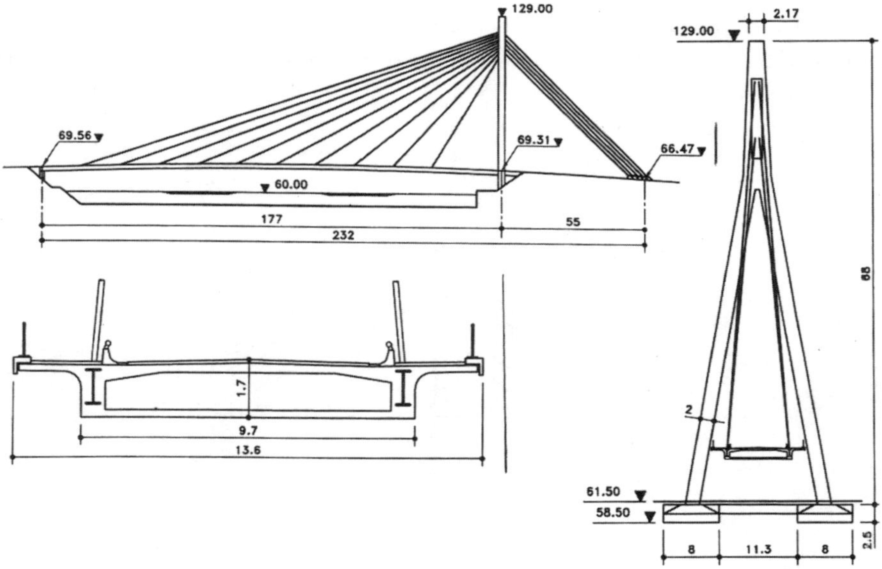

Puente de Lanaye [117:236]

En los puentes con un solo plano central de tirantes, la pila se transforma en pilono o mástil y la sección transversal queda liberada para adelgazarse volando hacia los lados, en la típica solución de las vigas continuas, con cajón de almas inclinadas y aceras en voladizo. En general, hay una cierta tendencia a prolongar los mástiles por encima de los anclajes de los cables, quizás algo manierista dado que es un recurso exclusivamente formal, pero los diseñadores parecen gustar de un alzado elevado por encima de las familias de cables.

El rápido desarrollo de los puentes atirantados en Japón, con más de ochenta grandes realizaciones en las décadas de los ochenta y de los noventa, permitieron disponer de un amplio muestrario de torres o pilas, tanto de hormigón como metálicas. Al tratarse de un período de tiempo más corto, las formas de las pilas maduraron más rápidamente que sus homólogas de los puentes colgantes, donde hubo más tiempo para la reflexión y propuestas más entroncadas con la manera de hacer de los propios diseñadores. En general, se aprecia su escasa intención de monumentalidad, por el contrario bien presente en las pilas de los puentes colgantes, como se verá en los capítulos 13 y 14.

La otra variable formal, utilizada como generadora de diferentes subtipos o familias de puentes atirantados, es la disposición de los tirantes en su plano. El clásico estudio de Podolny recoge las posibles configuraciones en una matriz, con el número de cables en las filas y su disposición formal –arpa, abanico o mixta– en columnas [184:42]. Ese esquema, sin embargo, recoge solamente las posibilidades de composición en el plano, sin entrar en configuraciones de mayor riqueza espacial, como la desarrollada en el puente de Sancho el Mayor, sobre el Ebro, o en el río Lérez (Fernández Troyano), en Pontevedra.

Esas posibilidades de configuración tuvieron gran aceptación, porque permiten *variaciones significativas de diseño* [79:614], pero se trata sólo de matices,

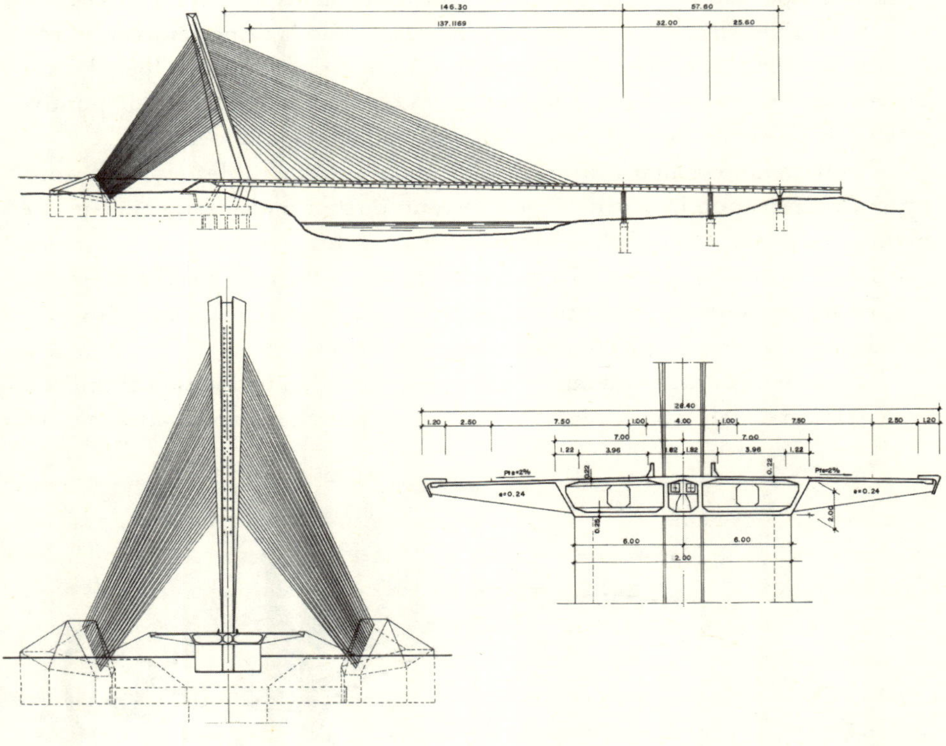

Puente de Sancho el Mayor
(Manterola, Fernández Troyano, 1978, 146 m)

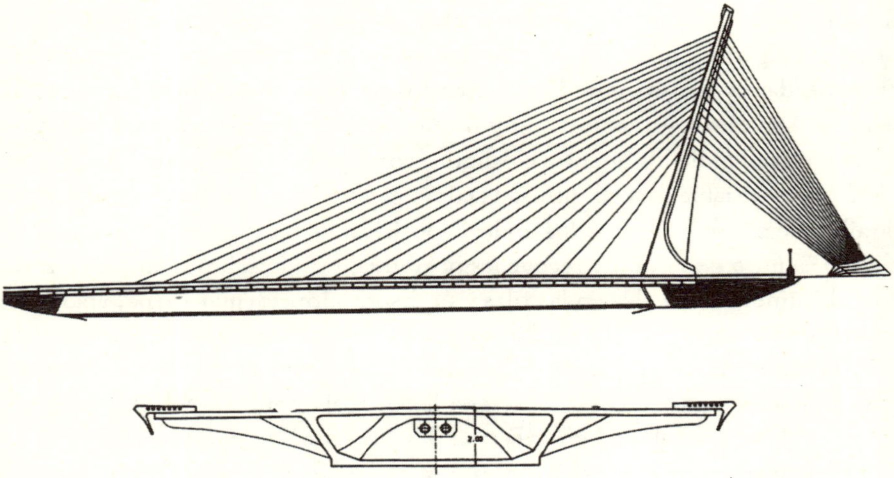

Puente sobre el río Lérez en Pontevedra
(Fernández Troyano) [117:209]

pues la composición es clara y rotunda más allá de la disposición de los cables y de las posibles alegrías escultóricas en las pilas. Sólo la disposición en estrella, introducida en los tempranos puentes alemanes de Norderelbe y Hamburgo, tiene una cierta significación estética, aunque la reducción de puntos de anclaje en el tablero va contra la racionalidad estructural del tipo.

También aporta algún interés el agrupamiento de cables en un tirante único, remarcando la distinción entre vano portante y vano de anclaje. El puente de Speyer sobre el Rin, adopta la máxima simplificación de los cables y utiliza sólo cuatro, que se agrupan en el anclaje, frente a configuraciones más comunes, como el puente de Hoesch, donde los cables adoptan una cierta simetría formal, que no estructural, respecto al mástil.

La simplicidad del esquema de pila única posibilita una más fácil utilización del tipo en tableros de planta curva, cuya específica problemática se trata

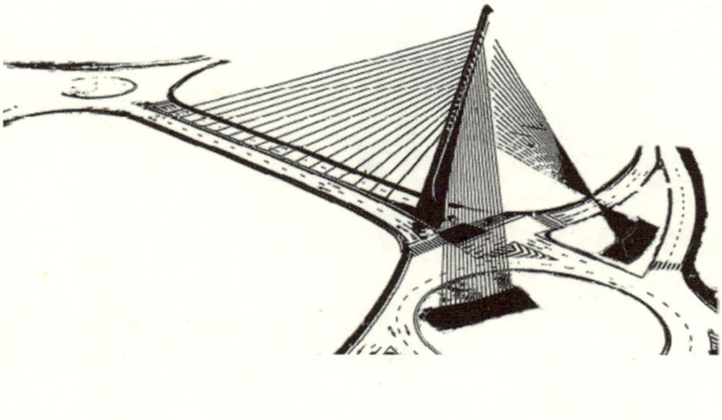

Puente sobre el río
Lérez en Pontevedra
[Rop 1997:76]

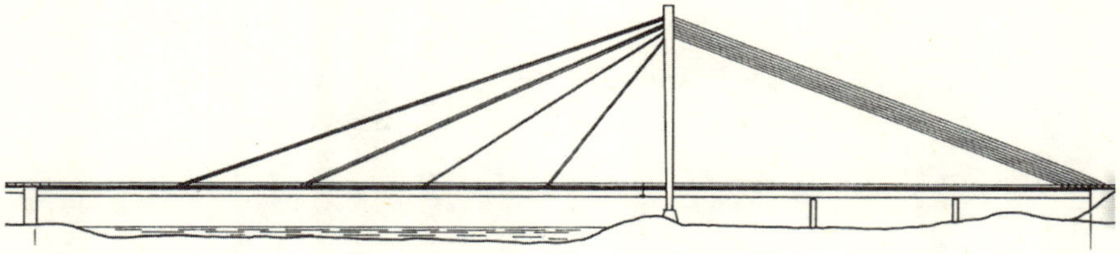

Puente en Speyer sobre el Rin (Wintergerst, 1997) [232:106]

en el último capítulo, y aclara su lectura estructural, dando paso al característico minimalismo de este tipo de puentes. En algunos casos, cables o pilonos han dado entrada al color, antes restringido en los cables al gris o negro de los tubos de polietileno utilizados para prevenir la degradación por radiaciones ultravioleta, y ahora posibles gracias a su cobertura con resinas coloreables [48:1031]. Por su parte, los pilonos se dejaban en hormigón visto o colores apagados para el metal, a excepción de algunas torres señalizadas como posibles obstáculos para la aviación, con franjas rojas y blancas.

El gran número de puentes atirantados construidos en los últimos treinta años ha permitido probar todas las posibles disposiciones de cables, pilas, secciones transversales, anclajes y dispositivos antivibraciones; y se conocen con precisión las ventajas e inconvenientes de cada disposición. Por ello y de acuerdo con Manterola, se puede decir que los puentes atirantados han alcanzado su madurez, su época de clasicismo, su forma definitiva, pues la influencia de los diferentes parámetros que caracterizan su manera de resistir ha quedado bien controlada y acotada [139:37]. Sin embargo, la creatividad de los diseñadores todavía ofrece sorpresas, como la del puente Erasmus en Rotterdam, que se analiza en el capítulo 16.

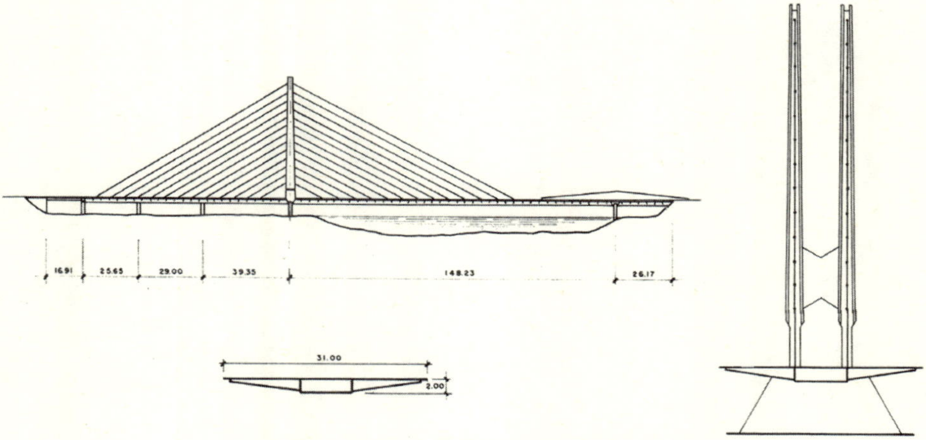

Puente Hoesch sobre el Main [144:47]

9. LUCES, FLECHAS Y HUECOS EN LOS ARCOS DE PIEDRA
Tradición

Durante más de tres mil años, el arco de piedra fue el único tipo de puente construido por el hombre con cierta garantía de durabilidad. La única alternativa eran los puentes de vigas de madera, posteriormente evolucionados como celosías, que eran entendidos como utilitarios y carentes de la deseada monumentalidad.

Se suele admitir que el hombre ha tomado de la Naturaleza los tres principales tipos constructivos, la viga, la bóveda o arco y el elemento suspendido formado por lianas colgando entre árboles a través de un río. El árbol sobre el cauce es pues el primer puente de vigas. Los puentes colgantes son también un tipo natural. En cambio, es difícil distinguir cuándo una formación natural es un arco, una bóveda o un túnel, pues entra en juego una cierta relatividad de las dimensiones, un monolitismo del material[1], y un *proceso constructivo* de excavación o erosión, opuesto a la agregación utilizada para el arco.

1 Según Steimann, el arco verdadero, tal como hoy lo entendemos, nace por sí mismo como intuición genial de algún constructor sumerio, buen conocedor del ladrillo. Al practicar las aberturas de los muros por medio de falsos arcos formados por ménsulas en voladizo, avanzaba las hiladas sobre los anteriores y algún día tuvo la idea de inclinar sucesivamente los distintos elementos, para conseguir el arco [220:36].
Rowland Mainstone cuenta el relato de un arqueólogo de finales del siglo XIX que observó en el alto Egipto un proceso de construcción de pequeños arcos de ladrillo, conceptualmente similar. Los arcos, bóvedas o túneles naturales están formados en un elemento base, generalmente monolítico o único, que ha sido *tallado* con una cierta forma, o bien elementos menos resistentes que el que los engloba han sido *borrados* por el agua y el viento, que se han encargado después de pulir y rematar las superficies del elemento más duro que permanece como elemento aislado.

Perforación y monolitismo dan lugar a que el arco o bóveda natural no trabaje como tal, sino más bien como un reparto de tensiones análogo al de una abertura. Es pues un elemento totalmente distinto que tiene forma de arco pero no ha sido formado, ni trabaja como tal. Los arcos *humanos* están formados por piezas ordenadas (sobre las cuales puede haber un tímpano) y el monolitismo surgirá bastante más tarde con el hormigón.

No hay un precedente en la naturaleza para el arco. Su grandeza radica precisamente ahí. El arco es un artificio, un invento, un producto de la mente humana. Viene a nacer en una cultura que inventa también su propio material de construcción –el ladrillo– pues no encuentra a su alrededor ni árboles ni piedra. Moldea la tierra en elementos modulares y organiza con ellos sus construcciones. Y es la dificultad de salvar grandes luces con estos elementos lo que empuja al hombre hacia nuevos tipos estructurales como el arco.

En el arco cada elemento se hace imprescindible, pues la estructura es estable por su organización conjunta, evidenciando el carácter de unidad orgánica sólo concebible con la totalidad de sus elementos. Cada dovela está donde está porque todas las demás están donde tienen que estar. Todas dependen de todas, y precisan de un soporte provisional para su colocación, pues es necesario que estén todas en su sitio para comenzar su colaboración resistente.

La forma resultante de esta organización constructiva tiene suficiente fuerza para tomar carácter por si misma, imponiéndose a las particularidades nacidas de los distintos materiales sucesivamente empleados para su construcción. Pues lo nacido como organización de pequeños elementos se reconoce inmediatamente en formaciones monolíticas de hormigón, en celosías de perfiles laminados o en armazones de tablones de madera, y la idea generatriz de su función traspasa las barreras del material o de la forma. No hay precedentes naturales, no hay un material único, no hay una forma única. Detrás, sólo están la mente humana y cincuenta siglos de historia. Por sí mismo, el arco justifica el nacimiento de la idea de *tipo estructural*.

Así nació el arco enjutado o con tímpanos macizos, cuya propia deformación está impedida por los muros situados encima, de manera que las cargas se desvían hacia los estribos. De aquí al arco exento quedaba un gran camino por recorrer, con aligeramientos pequeños primero, más grandes después, hasta diferenciar totalmente cada elemento resistente, arco, pilares y tablero, en un proceso de depuración técnica y artística del tipo conseguido por acumulación de experiencias anteriores y necesitado de muchos siglos para completarse.

La formación del concepto estructural y su explicación

Hay consenso en admitir la aparición del arco unos tres mil quinientos años antes de nuestra era, en el núcleo de civilización desarrollado en los valles del Tigris y el Eúfrates. Los sumerios parecen ser sus inventores y fabricaron los primeros arcos de ladrillo, pues su cultura no empleaba la piedra, que tenían que transportar desde Persia por los ríos, ni tampoco la madera, pues no es zona de abundante vegetación.

El arco nace como organización espacial de una serie de pequeños elementos, colocando éstos en una determinada disposición para obtener una forma resistente. El fraccionamiento no es sino el proceso evolutivo y no la base del desarrollo, y es como definir la circunferencia partiendo del triángulo. El límite es, generalmente una operación mental en el que se relacionan elementos por medio de una ley racional. La validez de esa ley no implica que el desarrollo histórico de los tipos coincida con una posición relativa y racional dentro de la serie, ni que la forma final se haya descubierto forzosamente en un proceso inductivo y como resultado de anteriores pasos.

De acuerdo con todo ello, con los conocimientos históricos disponibles parece que se llegó al arco –formado por pequeños elementos– en la civilización del ladrillo, y que fueron las civilizaciones de la piedra las que adaptaron esta organización constructiva a elementos más grandes o dovelas[2]. Por otro lado la cultura de la madera desarrolla la viga y el dintel en A que, en determinados casos, evolucionan hacia pórticos de tres elementos y excepcionalmente de cuatro, o claramente hacia la celosía. A partir de aquí no parece haber solución de continuidad y no parece fundado relacionar estos pórticos con los genuinos arcos.

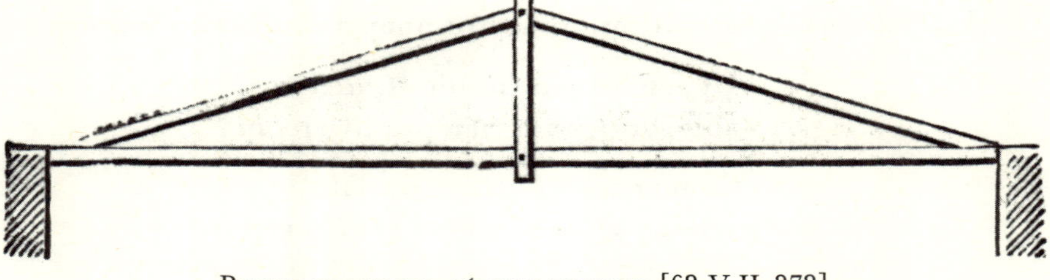

Puente de madera, pórtico primario [62:V.II-272]

2 En 1896, el arqueólogo Sommers Walk observó así el proceso: los muros de ladrillo se levantaban hasta el nivel de arranque de los arcos de las ventanas. En cada jamba se colocaba una pequeña pila de cuatro o cinco ladrillos, con mucho mortero entre ellos. Un albañil manipulaba cada una de las pilas, ponía una mano hacia su interior y de forma lenta y suave iba dándole forma curvada hasta que sus extremos superiores se aproximaban uno a otro. Al grito de «un ladrillo más», se incorporaba el último y el pequeño arco se completaba [114:96].

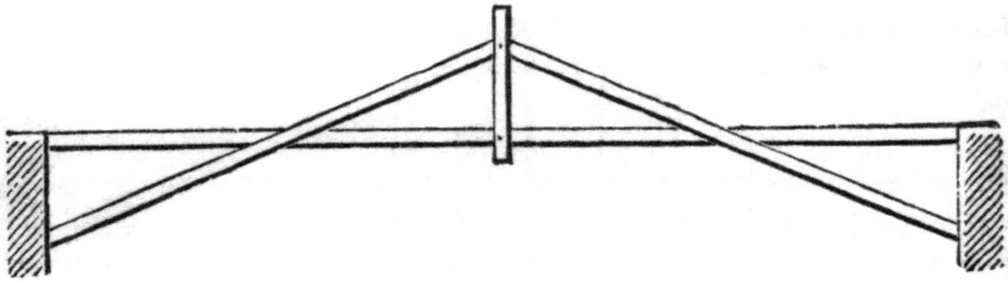

Puente de madera, celosía primaria [62:V.II-272]

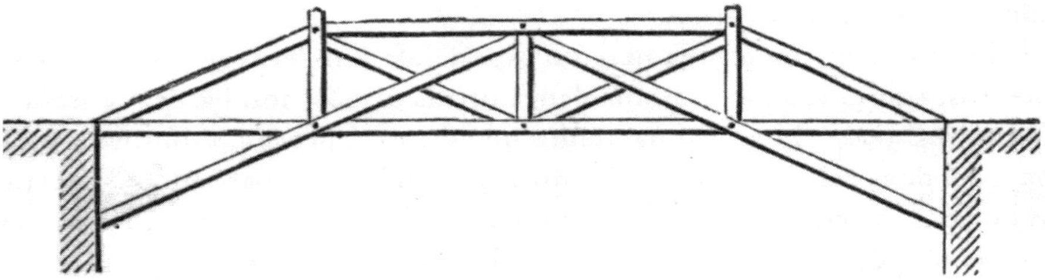

Puente de madera, celosía evolucionada [62:V.II-272]

La primera explicación acertada del arco tuvo que esperar hasta la formulación de Robert Hooke, quien la presentó a la Royal Society como un criptograma para evitar plagios e insidias en el enrarecido ambiente de los descubrimientos científicos del siglo XVII (cuadro 5). En el margen de un estudio dedicado a otro tema, apuntó que el arco funcionaba justo al revés del cable colgado y su forma era la inversa.

Cuadro 5. Funcionamiento estructural del arco (Hooke, 1676)

abcccddeeeeefggiiiiiiiillmmmmnnnnnooprrsssttttttuuuuuuuux

Ut pendet continuum flexile,
sic stabit contiguum rigidum inversum

Como cuelga la línea flexible,
igual pero invertido se yergue el arco rígido

Fuente: Robert Hooke, *Description of Helioscopes* (1676)

Posteriormente, La Hire en su *Traité de Mécanique* de 1695 idealiza las dovelas del arco en bolas de billar *agrupadas de modo a tener contacto cada dos en un solo punto y de forma que en cada bola la resultante de su propio peso y de la acción que ejerce la anterior, pase por el centro de gravedad de la siguiente,* y observa que la forma resultante es simétrica a la obtenida *engarzando las bolas en un cable perfectamente elástico y sin peso* respecto a la horizontal que pasa por sus extremos. Se define así el *antifunicular*, lo contrario del cuelgue natural.

En 1712, La Hire se ocupa de la tarea más práctica de obtener el correcto espesor de los estribos para absorber los empujes, y observa que, en un arco colapsado, la parte inferior del intradós permanece unida al estribo, marcando el punto de ruptura del arco. Como los empujes fluyen por ese punto y son tangentes al intradós, el cálculo del empuje se puede realizar estableciendo el equilibrio de la parte superior. En 1729, Bélidor sitúa los puntos de rotura en el punto medio entre arranques y coronación, pero será Coulomb en 1773 quien fije definitivamente su posición.

A finales de la década de 1830, Moseley en Inglaterra y Méry en Francia desarrollan casi simultáneamente la idea de la línea de empujes, como lugar geométrico de la aplicación de las fuerzas internas para una familia dada de juntas. Los empujes no han de ser normales a las juntas, por la existencia de rozamiento entre las dovelas, y como la piedra no resiste tracciones, la línea de empujes debe mantenerse dentro del espesor del arco[3].

Durante el siglo XVII, los tratados se ocuparon de dar reglas prácticas para la construcción de arcos, pero la teoría no prosperó realmente hasta el siglo XIX. Primero se procuró afinar estadísticamente las reglas de buena práctica, contrastándolas con los ejemplos construidos. Todavía en 1862, Rankine reconoce la gran dificultad de encontrar el espesor necesario en la clave del arco y recomienda usar reglas para su dimensionamiento [114:381].

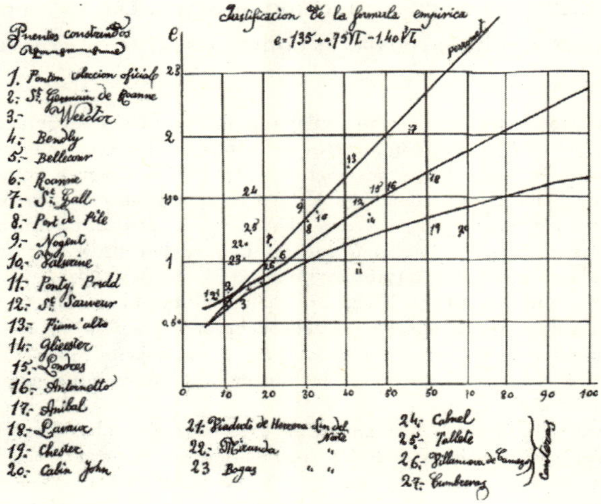

Correlación entre espesor del arco y luz salvada, según Gaztelu (1910) [93:Lám. 03]

El relato del progreso posterior de las teorías científicas sobre el comportamiento estructural del arco y de las explicaciones técnicas disponibles para los constructores

3 En una reciente ponencia, Santiago Huerta apunta la anticipación de esta teoría por Thomas Young (1773-1829) y su utilización en el diseño de algunos importantes puentes ingleses, como el proyecto de arco metálico sobre el Támesis de Telford o el puente de Blackfriars de Robert Mylne, que se mencionan más adelante [115:192].

de puentes de piedra, antes de la generalización de conocimientos del XIX, caería en la erudición y aportaría poco al estudio de las formas o los tipos[4], pero las aportaciones prácticas realmente decisivas son las realizadas por Perronet y se mencionan con mayor detalle más adelante.

ALTURA DEL PASO Y FORMA DEL ARCO EN PUENTES Y VIADUCTOS

Entre todas las posibles bóvedas, la predilecta de los romanos para sus puentes era la de medio punto o semicircular. Presentaba la ventaja de un trazado muy simple, permitía mantener el empuje sobre las pilas dentro de su tercio central con relativa facilidad, proporcionaba una amplia curva para el desagüe y la navegación, y se podía construir casi hasta los riñones sin necesidad de la propia cimbra.

Frente al lugar común –establecido hace siglos por los tratados renacentistas– de que todas las bóvedas romanas eran de medio punto, sobre todo en los cruces altos, resulta fácil encontrar arcos romanos rebajados, incluso muy rebajados, o peraltados en sitios muy conocidos y perfectamente accesibles[5].

Considerando primero los puentes *altos*, sobre valles profundos en forma de U o V, es fácil encontrar ejemplos de cualquier tipo de arcos. Los hay, por supuesto, de medio punto, pero también rebajados como el puente de Pondel

4 Un análisis detallado de las reglas propuestas por diferentes tratadistas, comparadas en un gráfico, se puede encontrar en [114:402]. A principios del siglo XVIII, las fuentes escritas sobre puentes eran escasas. Estaban los tratados de Palladio (1579), Scamozzi y Serlio, con datos y grabados de algunos puentes romanos. Palladio y Alberti incluían también algunas reglas empíricas sobre medidas y proporciones de pilas, estribos y tajamares, junto a recomendaciones para construir las cimentaciones, que era lo más preocupante de la construcción de puentes. El libro de Palladio tuvo una gran repercusión, gracias a su traducción al inglés en 1716.
El tratado de puentes de Hubert Gautier (1714) explicaba en detalle algunos puentes franceses recientes y daba reglas para las cimentaciones y sistemas constructivos. En una obra posterior recomienda proporciones entre distintos elementos: espesor estribo / luz = 0,067; espesor pilas / luz = 0,20; espesor arcos / luz = 0.067. Para vanos más cortos sugiere aumentar los valores por la mayor proporción de la sobrecarga respecto al peso propio.
Belidor, por último, en su *La science des ingénieurs* (1729), amplía el rango de recomendaciones a lo funcional y relaja las recomendaciones más estrictas de Gautier. Sugiere un número impar de vanos, pendientes máximas del 4,2% pero, si es posible, prefiere rasante horizontal. El arranque de los arcos debe estar siempre por encima de las aguas bajas, excepto para arcos apuntados, y la coronación debe estar por lo menos un metro por encima de las aguas altas. Prefiere arcos semicirculares o elípticos con flecha del tercio de la luz, y añade una corrección a la baja de los espesores de los arcos cuando aumenta mucho la luz.

5 Es, en efecto, sorprendente la validez otorgada por los investigadores a los contenidos de los tratados –sobre todo renacentistas– en contra de la evidencia directamente contrastable de monumentos del pasado, hoy perfectamente datados con todo tipo de garantías y fácilmente visitables. La profusa difusión de aquellos textos no es suficiente para renunciar a muchos descubrimientos arqueológicos, tanto posteriores como desconocidos para los autores renacentistas.

o el Pont-Saint-Martin, ambos en el valle de Aosta con altos estribos de piedra, o policéntricos como el puente de Vaison-la-Romaine, cerca de Arlés, directamente cimentado en la roca pero a bastante altura.

Pero también en las llanuras aluviales, con mayores dificultades de desagüe, donde el cruce debe ser *bajo*, además de los arcos de medio punto también se utilizan arcos poco rebajados, como los puentes Cestio, Milvio, Fabricio o Elio, en Roma, o muy rebajados, como los de Forum Apii, cerca de Fàiti, o el cercano puente Sisto, ambos en un tramo cenagoso de la vía Apia, por mencionar sólo alguno de una larga lista. Igualmente, se encuentran arcos policéntricos de baja altura, como los de del puente de San Lorenzo, en Padua, así como puentes donde conviven diferentes rebajamientos según el lugar ocupado por cada arco en su composición [89:430].

Como se ve, ni siquiera los romanos eran presa de ese pretendido determinismo de los tipos estructurales, en principio rutinariamente establecido y fácilmente asimilado después sin ningún contraste empírico. La multiplicidad de ejemplos existentes, aunque muchos de ellos estén mal clasificados como romanos en numerosos libros e investigaciones académicas, y otros sean prácticamente desconocidos[6], permite afirmar que los constructores romanos tenían plena capacidad para definir a voluntad la forma de sus puentes en arco de piedra. No disponían de otros tipos de puentes permanentes, si se acepta la corta vida de los de madera, pero matizaban las formas en función de sus intenciones o, como se dijo en el capítulo 4, de su *voluntad de expresión formal*.

Tiene interés aquí la distinción entre puentes y viaductos, a efectos de la elaboración del alzado sobre todo a partir del ferrocarril. El diseño de un puente viene generalmente gobernado por las condiciones exigidas por el obstáculo a salvar, en términos de ubicación, disposición en planta, cimentación adecuada, desagüe necesario, etc. Un viaducto, en cambio, depende geométricamente de las condiciones del camino al que sirve, en términos de número de vanos, altura, esviaje, planta curva y demás parámetros derivados del trazado y, en última instancia, de la velocidad de la vía [10:24].

En el puente de Alcántara, por ejemplo, la elevada cota del paso viene marcada por el nivel del río en crecida y no por condiciones del tráfico. La aparición del ferrocarril, cuyo trazado está gobernado por parámetros más rígidos, generalizó la necesidad de disponer viaductos para salvar cualquier hondonada, luego ampliada con la construcción de autopistas. Por ello, a partir de mediados del XIX, la altura de los arcos crece de manera significativa y se generalizan los puentes de planta curva.

6 La investigación arqueológica sobre los puentes romanos ha avanzado notablemente en los últimos veinte años, pero las excelentes monografías y libros que la documentan –en su mayoría italianas– todavía no son conocidas en los circuitos de historia de la tecnología, quizás por su tradicional desprecio a todo lo que no proviene del ámbito anglosajón.

La larga trayectoria de los puentes de piedra, con el arco como principal protagonista, fructificó en una cierta variedad de tipos o subtipos formales. Los parámetros más utilizados suelen ser el número y forma de los arcos, la luz o dimensión máxima del arco principal (como elemento discriminatorio dado el gran número de obras), la presencia o ausencia de aligeramientos en el tímpano, la función o tipo de tránsito por el puente (carretera, ferrocarril, acueducto), o alguna referencia aislada a estilos o épocas (bóvedas góticas, arcos medievales). Virtualmente, cada libro de puentes presenta una clasificación adaptada a la peculiar visión de su autor[7].

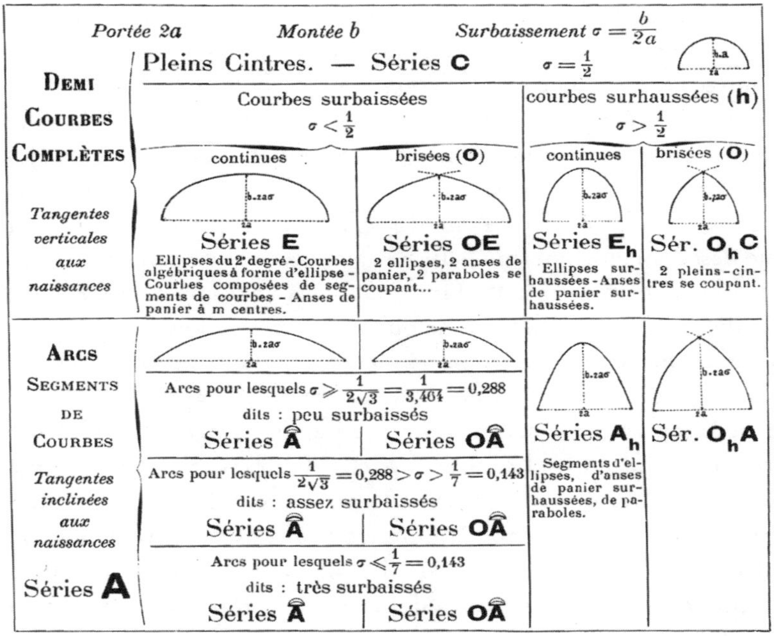

Clasificación adoptada por Séjourné para su obra *Grandes Voûtes* [210:I-3]

7 Por ejemplo, la clasificación de Leonardo Fernández Troyano para los puentes medievales es la siguiente:

Tipos de puentes medievales españoles:

Con arquillos de aligeramiento - Andújar, Puente la Reina, Magdalena sobre el Arga. De varios arcos - Puente la Reina, Magdalena, Vilumara, Pont Vell de Manresa, Besalú, Nuevo de Zamora, Frías, Alcántara en Toledo, San Martín. De un arco principal - Capella, Besians sobre el Ésera, Luco, Cangas, Camprodón, San Juan de las Abadesas, Campdevanol. Arco ojival - Martorell. De varios arcos - Tordesillas, Garray, Vinuesa, Ricobayo, Ledesma, Medina, Arévalo, Apricano. De un arco principal - Martorell, San Juan de las Abadesas, San Martín, Todolella, San Albín, Navia de Suama, Navea, Viguera, de la Hiedra, Mansilla, Úbeda la Vieja, Pedret Góticos. Con tajamares triangulares - Ramallosa. Grandes arcos de la Baja Edad Media - Monistrol, Castellbell y el Vilar, Cardona, Fanlo, del Arzobispo.

Fuente: [80]

El exhaustivo estudio de Paul Séjourné, específicamente titulado *Grandes Voûtes*, recoge todos los puentes de fábrica –piedra y hormigón– mayores de 40 m de luz realizados hasta 1912. Organiza el material con un sistema más clasificatorio que tipológico, dado el rigor de los criterios y su aplicación como reglas para la ordenación. Llega incluso a desarrollar una notación de letras y números que permite de un vistazo saber a que grupo pertenece el puente y sus principales características. Tiene, sin embargo, suficiente sensibilidad para introducir de una manera u otra todo lo que tiene algún interés [210:I-2].

Lo hidráulico: pilas, tajamares y arquillos

La lucha contra la corriente del río a salvar ha sido una de las principales dificultades y acicates para el desarrollo de los puentes. Influye en el número y disposición de los vanos, en la posición concreta de la cimentación de cada una de las pilas y en la proporción de macizo-vano que presenta el puente contra la corriente. Al estrechar el cauce natural con la interposición de una serie de pilas, se produce una alteración del flujo con consecuencias muy perjudiciales para la cimentación, al socavar de forma natural el terreno de apoyo.

Históricamente, la mayor causa de ruina de los puentes siempre estuvo más ligada a lo hidráulico que a lo estructural. *Se lo llevó una crecida* es la explicación más frecuente de la desaparición de un puente. Durante muchos siglos, la principal preocupación del constructor fue conseguir una buena cimentación para su fábrica. En general, el régimen fluvial y las condiciones geotécnicas del lecho del río, que son los factores a tener en cuenta, suelen depender de las condiciones locales y formarían parte de aquellas sugerencias o condicionantes del lugar comentadas anteriormente. Esa lucha secular del cons-

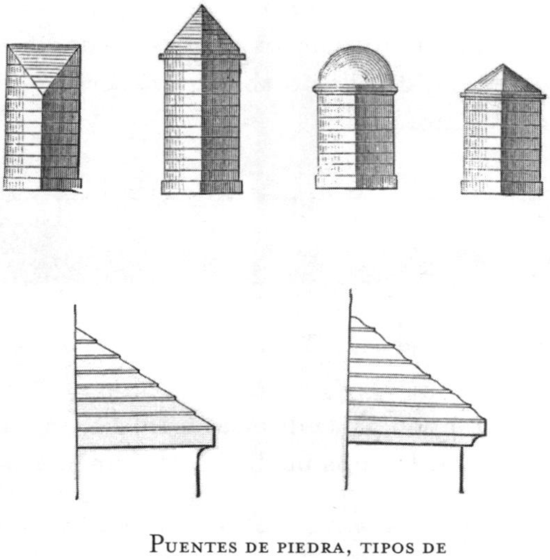

Puentes de piedra, tipos de coronación de tajamares [62:V.II-105]

tructor de puentes contra el río tuvo, sin embargo, una consecuencia directa en lo tipológico.

La **anchura de las pilas** es la variable crucial si se quiere minimizar el obstáculo ofrecido a la corriente. Pero la estabilidad de la estructura frente a los empujes horizontales de las bóvedas, junto a la necesidad de resistir la fuerza de la corriente, obliga a disponer pilas suficientemente anchas. El equilibrio entre ambos factores se ha concretado históricamente en la relación entre anchura de las pilas y luz del vano, como coeficiente adimensional para medir lo afinado del diseño del puente, su equilibrio hidráulico-estructural. Pilas muy anchas suponen un despilfarro de material, y muy estrechas suponen riesgo de derrumbe.

El progresivo desarrollo del análisis estructural reveló un problema suplementario, derivado del proceso constructivo. Con el puente terminado, los vanos adyacentes compensan los esfuerzos horizontales del peso propio que, en los puentes de piedra, puede suponer un 80% del total. Pero la economía de medios de cualquier sistema constructivo suele exigir la construcción sucesiva y no simultánea de los vanos.

El primero en aplicar sistemáticamente la reducción de las pilas junto al descimbrado simultáneo de los arcos fue Perronet. En su *Memoria sobre la reducción del espesor de las pilas y la curvatura de las bóvedas*[8], afirmó: *En Neuilly, la práctica habitual suponía emplear pilas de 27 pies para sostener arcos de 120 rebajados un cuarto ... No dudé en reducir el espesor de las pilas a 13 pies ... que superaba en 3 el doble de la longitud de las dovelas de las claves, que es el valor que propuse como espesor mínimo de las pilas, el mismo que se ha utilizado en los puentes antiguos de Vicenza* [51:142].

Con Perronet, la relación ancho de pila/luz bajó desde 0,25 o 0,20 –que era el espesor recomendado por Gautier[9]– a 0,13 o 0,10, mejorando de manera apreciable el comportamiento hidráulico de los arcos de piedra. Con todo, en los arcos de mucha luz el espesor de pila no obstaculiza la corriente e interesa la utilización repetida de la cimbra.

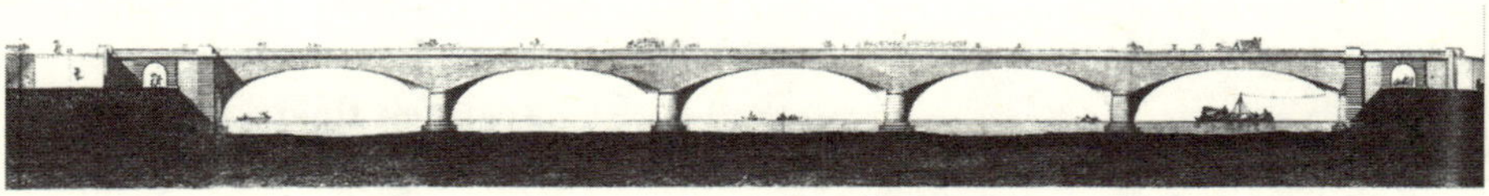

Puente de Neuilly (Perronet) [43:42]

La presencia de **arquillos** o aligeramientos de diversas formas, generalmente rematados por bóvedas superiores, fue una medida complementaria a

8 Perronet, Jean Rodolphe; 1777. *Memoria sobre la reducción del espesor de las pilas y la curvatura de las bóvedas*, París. En [51:137-146].

9 Gautier, T.; 1717. *Dissertation sur les culées, voussoirs, piles et poussées des ponts*. París.

la reducción de la anchura de las pilas. Estos aligeramientos sirven para ahorrar material en la propia fábrica y tienen un papel hidráulico al permitir un mayor desagüe. También desempeñan un claro papel compositivo, pues permiten estructurar el alzado y aligerarlo visualmente para evitar el efecto pared provocado por una fábrica continua.

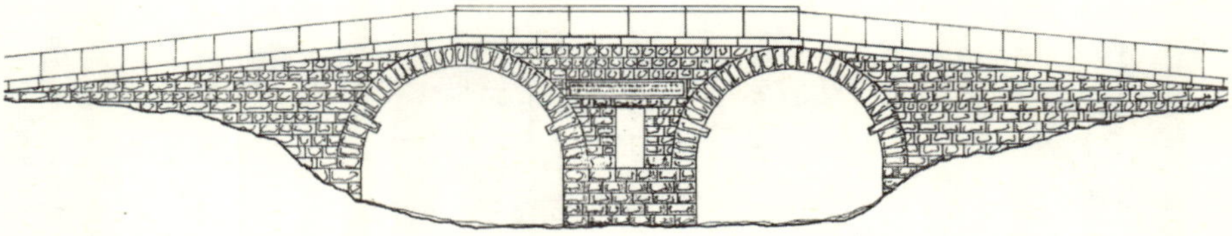

Puente de la Alcantarilla en Sevilla [89:I-560]

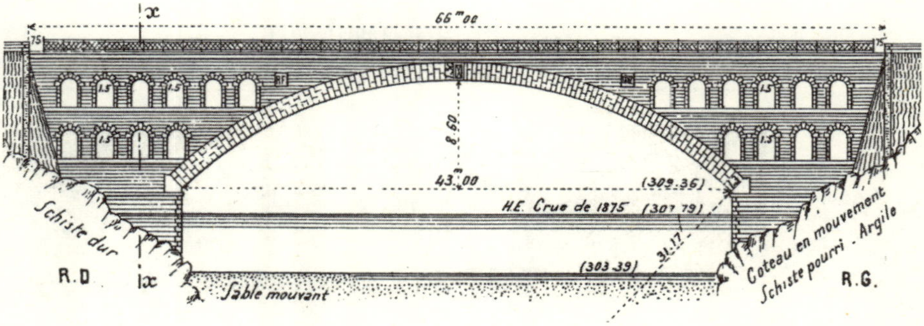

Puente de Saulnier [210:III-40]]

En los primeros puentes romanos, estos arquillos se colocaron preferentemente sobre las pilas, abriendo un hueco entre los dos arcos principales. Se formó así una especie de macla característica, centrada sobre la pila y con el arquillo sobre el tajamar, en cuyos lados donde confluían los arcos principales[10]. Esta elegante disposición, luego repetida muchas veces, tuvo su más brillante ejemplo en el puente Fabricio en Roma.

En origen, el puente Fabricio tenía dos arcos principales y tres arquillos semicirculares de aligeramiento, con el correspondiente a la pila central algo mayor que los laterales y colocado un poco más arriba. La desaparición de los arquillos laterales y la elevación del arranque opuesto de los arcos principales, antes más bajos y ahora por encima de los correspondientes en la pila, provocan un mayor énfasis en la pila central. Ésta ya estaba artificialmente levantada

10 El puente Cestio tiene tres arcos, pero originalmente tenía sólo uno, con un arquillo de aligeramiento en cada estribo.

sobre la cimentación con un plinto retranqueado, en el cual se acomoda el tajamar triangulado aguas arriba y semicircular aguas abajo. El arquillo central está flanqueado por dos semicolumnas adosadas a la fábrica y su clave se sitúa por encima de las claves de los arcos principales, consiguiendo desmaterializar prácticamente la pila.

Puente Fabricio en Roma [89:II-22a]

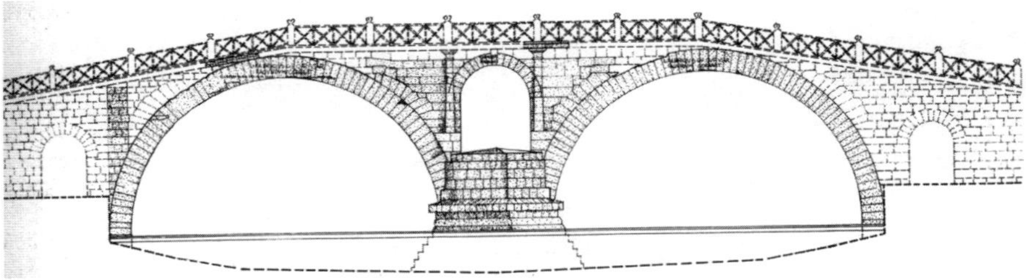

Puente Fabricio en Roma, reconstrucción [89:II-22b]

Similar disposición presenta el puente Emilio, o Ponte Rotto, pero la forma semicircular de los arcos principales, y la incorporación de una imposta perimetral triangular elimina la tensión dinámica y lo asimila inequívocamente a un arco triunfal. También el puente Milvio tiene arquillos sobre las pilas entre arcos semicirculares, pero su menor altura los hace pertenecer al tímpano y no a la pila, en la línea de la posterior solución de Mérida.

No obstante, las posibles variaciones dimensionales y de disposición no consiguen empañar el acierto de la composición de los puentes sobre el Tíber. Con sabias decisiones de diseño, el constructor del puente Fabricio consiguió una asombrosa levedad de pila y tímpanos, logrando una perfecta euritmia con los arcos. Su solución equilibra lo hidráulico y lo resistente, emplea eficientemente el material, e introduce el ritmo alterno de los arcos.

Siglos después, la ciencia estructural manejada por Perronet permitió reducir la anchura de pilas y tender los arcos, pero a costa de su monumentalidad y derivando hacia una formalización más cercana a la de los puentes de vigas. De hecho, el perfil del puente de Neully se parece al de una viga continua de canto variable, en cuanto se elimina del alzado el grafismo de dovelas y cornisas.

Lo resistente: luces, flechas y aligeramientos

Como se indicó en el capítulo 2, la forma del arco introduce un principio activo que aumenta la eficacia del material para resistir los esfuerzos. La forma debe ser establecida con el doble objetivo de minimizar las flexiones, pues la piedra y las juntas resisten mal la tracción, y de acercar las compresiones hasta los máximos valores permitidos por la seguridad, para ser eficiente.

La persecución de ese objetivo ha impulsado el desarrollo de la teoría del arco y, consecuentemente, ha gobernado su forma. Nuevamente, este problema se ha decantado tipológicamente en el **rebajamiento**, es decir, la relación flecha/luz. Para un semicírculo, ese parámetro vale 0.5, y disminuye cuando el arco se hace más tendido. Eso aprovecha más el material pero, cuanto más tendido es el arco, mayor es el empuje horizontal ejercido sobre los apoyos y mayores exigencias recaen sobre las cimentaciones. Por eso, el índice recoge lo que se ha dado en llamar *audacia estructural* de los arcos.

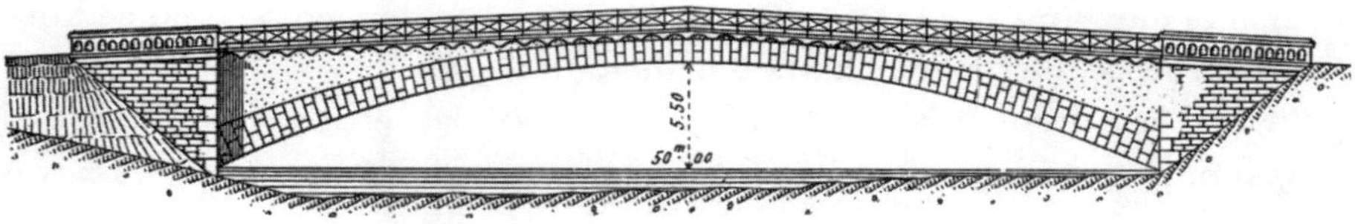

Puente sobre La Malapane en Wengern, Alemania [210:III-207]

Como consecuencia de lo antes indicado sobre el rebajamiento de algunos arcos romanos, se sigue aquí la existencia de índices de rebajamiento inferiores a ese 0,5 del medio punto. Galliazo señala valores de 0,333 (correspondientes a una flecha de la tercera parte de la luz), para los puentes poco rebajados, como el Pont-Saint-Martin antes mencionado, a los normalmente rebajados, con valores próximos a 0,2 (1/5), o a los muy rebajados, con valores que alcanzan el 0,143 (1/7), como los españoles de Alconétar o Villafáfila [89:432]. Séjourné maneja similares categorías con los umbrales en $1/2\sqrt{3} = 0{,}288$ y $1/7 = 0{,}143$. El dominio del rebajamiento se consigue plenamente hacia el siglo XVIII y se consagra en el XIX, cuando ya sólo se hacen semicirculares aquellos arcos que, por su altura o monumentalidad, se desean con esa forma[11].

En relación con la audacia estructural es imprescindible mencionar los puentes de piedra construidos en China entre los siglos VII y XII. A pesar de ser ajenos a la cultura occidental, y difíciles de ubicar en su contexto histórico, territorial y tecnológico, su importancia estructural es indiscutible. Los puentes de piedra en arco son aún más interesantes que los de vigas, antes mencionados. De acuerdo con Needham[12], en muchos casos utilizaron arcos semicirculares, sobre todo en puentes monumentales y de carácter simbólico. Otros muchos, sin embargo, presentan fuertes rebajamientos, a veces acompañados de aligeramientos en los tímpanos [167:145-210]. En la tabla 3 se ofrecen los datos de algunos de ellos, junto con los de otros puentes europeos comparables, que demuestran la existencia de puentes estructuralmente audaces durante toda su historia.

El más espectacular, por su alzado y por lo temprano de su construcción, es el puente de An-Chi, construido en el año 610 por el ingeniero Li Chhun. Con la nada despreciable luz de 37,5 m, sólo tiene 7,2 m de flecha, lo cual supone una relación flecha/ luz de 0,19. En Europa ese valor sólo se logra siete siglos después de manera esporádica –en dos puentes de Florencia– y de manera habitual hacia el siglo XIX, es decir, doce siglos más tarde. Pero, además, el tímpano del puente de An-Chi está aligerado con dos semiarcos en cada lado, de diámetro decreciente hacia la clave, que se apoyan en el arco principal y llegan hasta el tablero, a su vez ligeramente cóncavo. El resultado formal es muy similar a los puentes de fábrica, tanto de piedra como de hormigón armado, de finales del XIX o principios del XX.

Para hacer frente a cargas móviles o descentradas, el arco se ayuda con el tímpano, pero cuanto más macizo se haga el tímpano mayores serán las cargas

11 Si se toma como muestra los 162 puentes recogidos por Séjourné en su voluminoso tratado de seis tomos, con prácticamente todos los puentes de piedra construidos en Europa y América de más de 40 m de luz, las tendencias son claras. La luz aumenta ligeramente y la flecha disminuye algo, con lo cual, el cociente flecha / luz desciende hasta situarse entre 0,25 y 0,2 (un cuarto o un quinto de la luz).

12 El capítulo dedicado a los puentes por Needham en el tomo IV de su voluminoso tratado sobre China es uno de los más deliciosos textos nunca escritos sobre puentes. En el primer párrafo ya afirma que el genio de la civilización china subyace en una sutil combinación de lo racional y lo romántico, lo que da buen resultado en ingeniería estructural. A ningún puente chino le falta belleza y muchos son notablemente hermosos. Cuenta después los maravillados elogios de los viajeros extranjeros en cada siglo, desde Emnin en el XI, Marco Polo en el XIII, o los portugueses Pereira y Gonzales de Mendoza o el español Domingo de Navarrete, ya en el XVII. Para ellos resulta chocante que se construyan tan hermosos puentes en lugares muy alejados de cualquier población.

Puente de An-Chi (610, 37 m) [167:pl. 348, fig. 835]

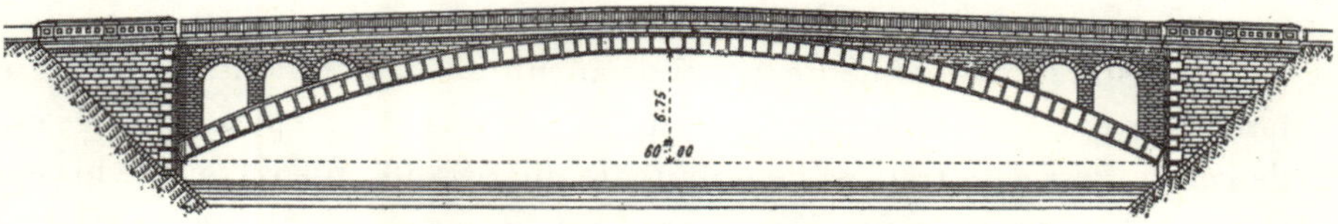

Puente Göhren (1904, 60 m) [210:IV-140]

a soportar por el arco, aunque por ser permanentes tiendan a estabilizarlo. Surge así un nuevo frente de desarrollo tipológico en la disposición de los **aligeramientos** en el tímpano. De este modo, rebaje del arco y aligeramiento del tímpano son los senderos de esa «audacia» como permanente pulsión del diseñador en busca de la ligereza.

El primer empleo práctico de aligeramientos con claro propósito estructural se produjo con el puente de Pontypridd, construido en 1756 por William Edwards, quien construyó varios puentes en arco rebajado en Gales, como el de Dolau-Herion, sobre el río Towy, y el más importante de Pontypridd, sobre el río Taff[13]. Edwards firmó el primer contrato para la construcción de Pontypridd en 1746, con sólo veintisiete años, comprometiéndose a realizar la obra por un precio cerrado que incluía el mantenimiento posterior.

13 William Edwards (1719-?) inauguró una dinastía de constructores de puentes con sus hijos Thomas y Davis, y su nieto Thomas, que construyó dieciocho puentes en Gales [201:56].

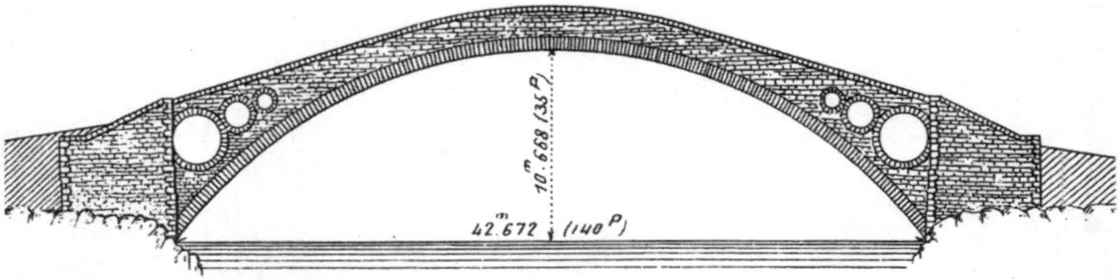

Puente de Pontypridd (Edwards, 1756) [210:III-27]

Ese mismo año comenzó la obra y construyó un puente de tres vanos, pero una riada socavó las pilas y derribó el puente. En 1749, empezó un nuevo puente con un solo arco para ahorrar el coste y dificultades de las cimentaciones, pero una nueva riada se llevó la cimbra. En 1750, consiguió construir un arco muy esbelto, para ahorrar material, pero a los seis meses y todavía sin terminar el parapeto, el arco cedió por los riñones y rompió levantando la clave. Por fin en 1756 terminó la construcción de un solo arco de 42 m de luz, con tres huecos cilíndricos en el tímpano de diámetros decrecientes hacia la clave (2,7; 1,8 y 1,2 m). Con ello, además de reducir material, consiguió aliviar significativamente las cargas debidas al peso propio en las zonas de los riñones [201:46].

Pontypridd tiene solamente 3,3 m de anchura, y la pendiente del tablero es tan fuerte que los carruajes debían ayudarse de una cadena para sujetarse en el descenso. Pese a no tratarse de un puente importante, fue récord de luz en Inglaterra durante cuarenta años y sentó un claro precedente para el tratamiento, tanto estructural como formal, de los aligeramientos del tímpano.

A mediados del siglo XVIII, se considera la ordenación del relleno del tímpano y se producen una serie de iniciativas de tratamiento del interior de las bóvedas, rigidizando el arco con tabiques longitudinales y transversales, y ordenando el relleno[14].

Posteriormente, la mejora del interior de las bóvedas es exteriorizada cuando se domina su rigidez. Los huecos circulares de los tímpanos ceden protagonismo en favor de soluciones surgidas desde el interior, haciendo confluir ambos caminos. Finalmente, la aparición en escena del hormigón armado con sus posibilidades de resistencia a la flexión decanta las formas

14 En 1750, Charles Lebelye, nacido en Suiza, de nacionalidad francesa, y residente en Londres, terminó la construcción del puente de Westminster. En el interior de los tímpanos, la bóveda principal está regruesada con un sobrearco de 0,75 m de espesor en clave y casi doble en arranques. Sobre él se dispusieron dos muros corridos longitudinales y otros dos tabiques transversales cerca de las pilas, todo ello construido en piedra seca, creando nueve cavidades luego rellenadas con grava. Con ello se repetía la acción rigidizadora exterior de los tímpanos en el interior de la bóveda, y se abría paso a la posibilidad de rellenos diferenciales para graduar las cargas permanentes soportadas por la bóveda principal.

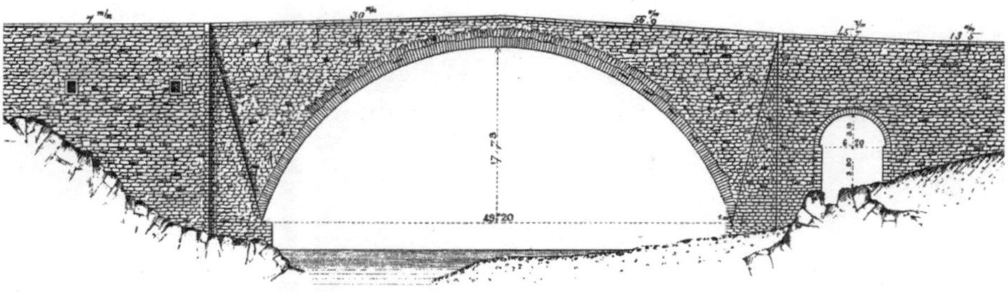

Puente de Tournon, alzado (1583) [210:II-36a]

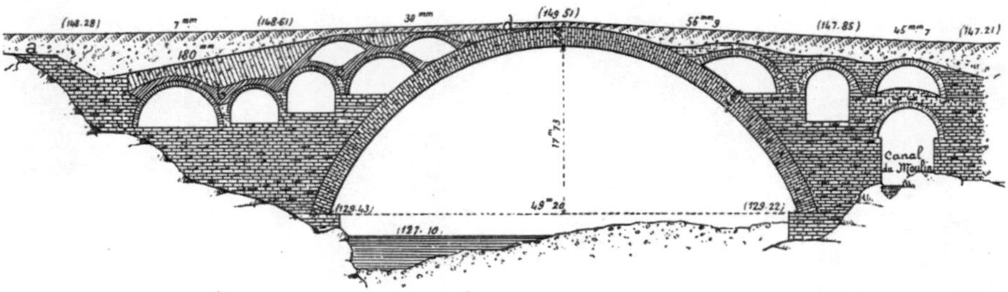

Puente de Tournon, sección (1583) [210:II-36b]

hacia una solución de referencia donde predominan los pilares verticales apoyados en el arco principal, que soportan nuevas arquerías semicirculares donde apoya directamente el tablero.

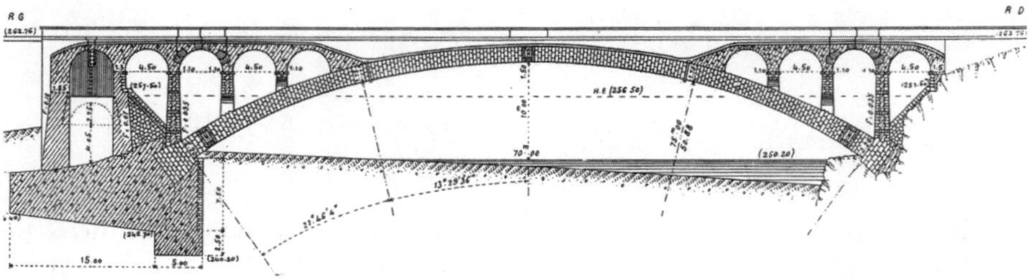

Puente de Morbegno, de piedra y hormigón, sección (1903) [210:IV-66]

El desdoblamiento del arco propuesto por Séjourné en el puente Adolphe de Luxemburgo (1902, 85 m) es otro importante paso en la definición morfológica. Allí, Séjourné dividió la bóveda en dos arcos separados, que construyó con la misma cimbra y reunió luego por su parte superior con un tablero único volado por ambos lados. Bautizó esta solución como puente en dos anillos, que algunos ingenieros franceses rebautizaron como *sistema Séjourné* y que permitía independizar la anchura estructural del arco, de la funcional del tablero. Arco y tablero buscan la eficiencia de sus dimensiones separadamente y, al ser mayor la anchura del tablero, éste puede volar por ambos lados del arco.

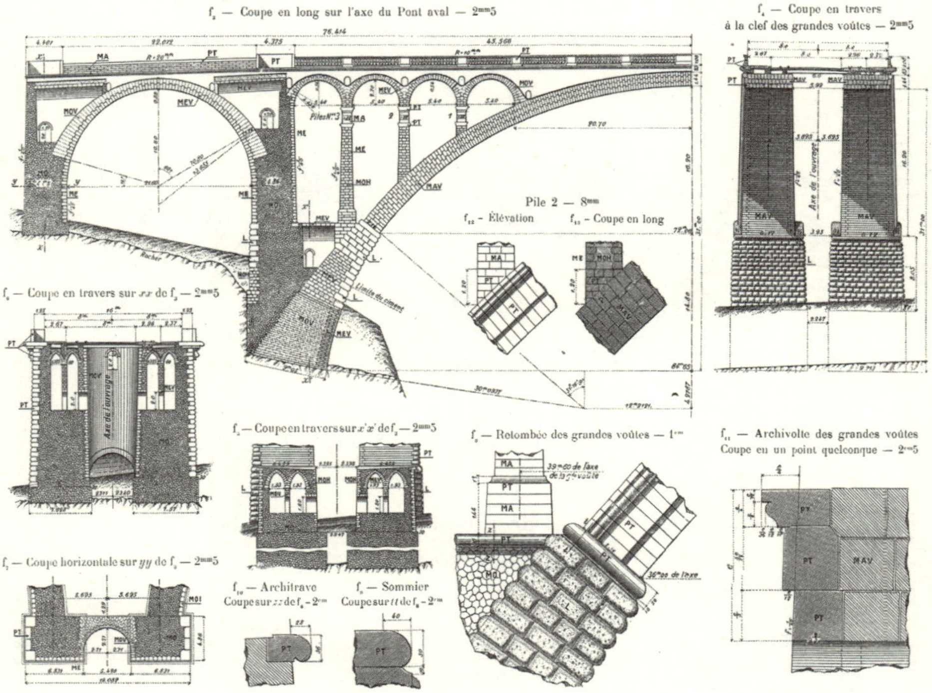

Puente de Adolphe en Luxemburgo (Séjourné, 1902, 85 m) [210:II-68]

En Fontpédrousse (1908, 30 m), uno de los últimos grandes viaductos de piedra formalmente muy *heterodoxo*, Séjourné dimensiona la anchura de la bóveda única para garantizar la resistencia y estabilidad de la estructura, mientras que el tablero obtiene la anchura precisa por medio de una plataforma volada de hormigón Su alzado se estructura en dos pisos con muy diferente tratamiento; en el inferior, un gran arco apuntado de 30 m de luz y 18 m de altura salva el cauce del río Têt, y proporciona apoyo a la pila central de la fila superior de cuatro arcos semicirculares de 17 m de luz que forman el núcleo principal del viaducto. El conjunto del puente presenta un alzado muy ajustado al lugar tanto en longitud como en altura, y la innovación de la ojiva central inferior del doble luz independiza el vano principal de los vanos corridos del piso superior [210].

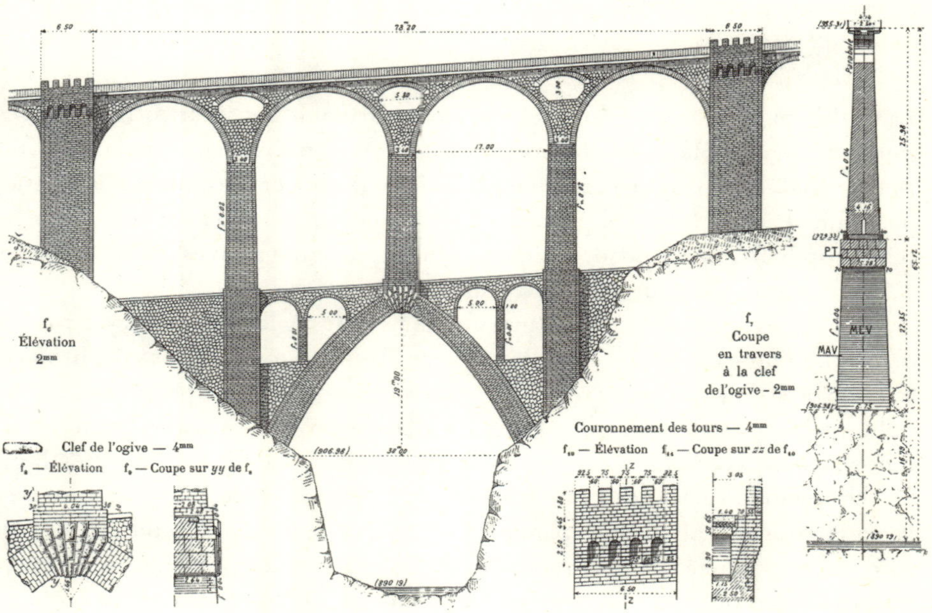

Puente de Fontpédrousse, alzado y sección
(Séjourné, 1908, 30 m) [210:IV-88]

En el posterior puente des Amidonniers en Toulouse, dos bóvedas de 3,25 de ancho sostenían un tablero de 22 m de anchura total por medio de unas vigas transversales de hormigón armado [92:65]. El esquema tuvo éxito y fue retomado en el viaducto de Sidi-Rached en Constantina y en el viaducto de Tunkhannock en Estados Unidos.

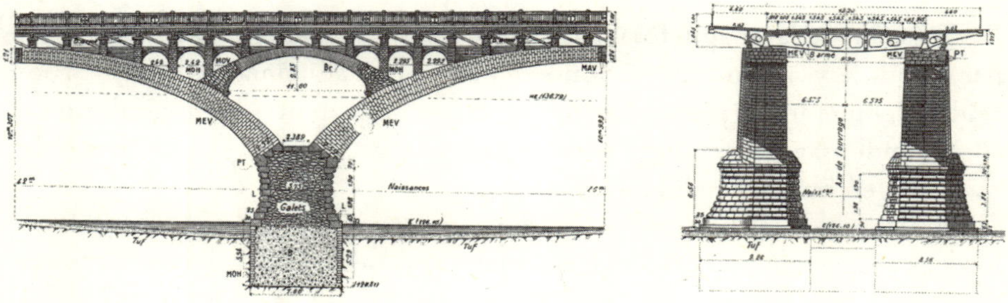

Puente des Amidonniers (Séjourné, 1911) [210:I-196]

Composición formal del alzado

La tradición romana derivaba del círculo la forma de los arcos, utilizando el semicírculo completo o sólo una porción de él con los arcos rebajados. En 1539, Amannati inauguró con su puente de la Trinità en Florencia una nueva posibilidad con la forma elíptica. Su apariencia impresionó a los constructores por su belleza y suavidad, al tiempo que lograba una gran esbeltez con sólo 4,6 m de flecha para sus 29,2 m de luz (0,158) de los arcos.

Los arcos elípticos fueron bastante utilizados en los siglos XVIII y XIX y, a partir de 1850, se multiplican los ejemplos aunque algunos constructores ya se habían quejado de la dificultad de su replanteo[15]. Perronet, por ejemplo, prefería los arcos policéntricos y en su puente de Neuilly los arcos tienen once centros, permitiéndole adaptarse a la mayor altura requerida en la proximidad de las pilas [51:50].

Un recurso formal de gran éxito en su momento fueron los biselados de la arista exterior del intradós para mostrar unos alzados más tendidos. Denominados en francés *cornes de vache*, fueron introducidos por Perronet en la mayoría de sus puentes y luego imitados por los demás constructores de la época. Este recurso de diseño contribuye a acentuar esa deriva del alzado de los puentes en arco hacia la de los puentes rectos, antes mencionada.

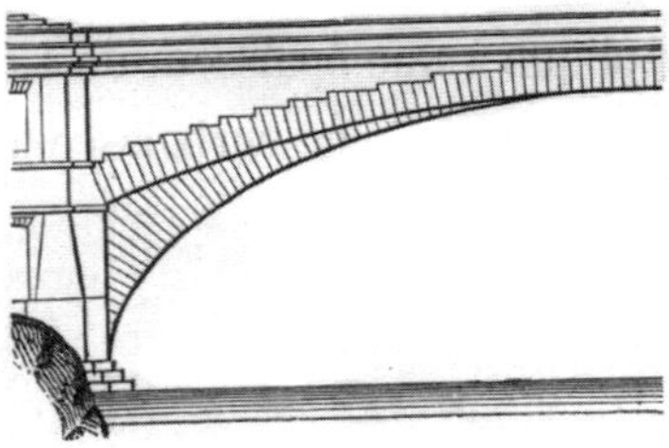

Puente Dean en Edimburgo, arquivolta (Telford) [62:V, II-80]

Más allá de la propia forma de la bóveda principal, y prescindiendo de parapetos, farolas, entradas monumentales y otros aditamentos, en la corporeidad del puente de piedra tienen una cierta importancia las pilas, donde se suele condensar toda la carga de monumentalidad insertada en el diseño del puente y, en menor medida, el tímpano.

En las pilas, los tajamares tienen gran importancia funcional, más hidráulica que resistente, y su presencia alivia el plano carácter del alzado. Su forma

15 En su recopilación, Séjourné incluye los puentes franceses de Vizille (1766), Lavaur (1791) y Gignac (1810), y los ingleses de Gloucester (1827) y Londres (New London Bridge, 1831) [210].

aguas arriba y abajo, su posible prolongación hacia lo alto, llegando incluso a la coronación para constituir descansaderos, la presencia de algún remate o tejadillo superior, y tantas otras variaciones formales constituyen a menudo señas de identidad para la datación de un puente o para afirmar su pertenencia a determinada escuela o estilo.

La afortunada integración romana de pila, tajamar y arquillos de descarga se perpetuó formalmente con hornacinas, medallones o rehundidos, flanqueados o no por columnas adosadas, que ocuparon esa zona de los tímpanos con sugerencias simbólicas de los anteriores dispositivos funcionales. En puentes más tardíos fueron sustituidos por grandes esculturas monumentales, consagrando la parte superior del tajamar como foco privilegiado de atención en el alzado del puente.

El tratamiento formal de la superficie del tímpano, una vez considerados los aligeramientos hidráulicos o estructurales, no suele tener trascendencia tipológica pues se juega con llagas, molduras, impostas, y demás recursos arquitectónicos. El resalto o rehundido de las dovelas respecto al paramento del tímpano es uno de esos recursos, pero tiene un cierto significado estructural al individualizar el arco como elemento resistente primario. La cornisa habitual en la parte superior del tímpano sirve para rematarlo y distinguirlo del tablero.

En los puentes de varios vanos, las dimensiones relativas de los arcos han sido utilizadas para acentuar el carácter unitario del puente. Los puentes de rasante horizontal, como los de Mérida o Salamanca, no tienen principio ni fin y aguantan bien las ampliaciones para acomodar el paso a los movimientos laterales del lecho del río. La pendiente a dos aguas en el tablero permite arcos de vano creciente hacia el centro. Desde los romanos los puentes de tres vanos siempre fueron preferidos por la elegancia, la solemnidad y la estabilidad del conjunto. En los de cinco vanos puede ser más difícil manejar la simetría al diluirse la visibilidad de la pendiente y aumentar la probabilidad de irregularidades.

También se ha manejado la primacía estética de los puentes de número impar de vanos, aduciendo una mayor facilidad de la corriente para fluir bajo un vano central. Sin embargo, algunos de los más hermosos puentes de la historia tienen un número par de vanos, como el puente Fabricio ya mencionado, insuperable en su equilibrada composición con solo dos vanos, el de Almaraz, cuyos arcos de distinta luz no merman la potencia de su única pila central. Y, sobre todo, el puente de Alcántara, verdadero paradigma de todos los puentes, con seis arcos semicirculares organizados en torno a una pila central cimentada en el centro del río y formalmente prolongada hacia lo alto[16].

16 Vittorio Galliazzo le considera una obra excepcional y le dedica la portada de su voluminoso y documentado tratado sobre puentes romanos: *Sus grandiosas proporciones, con más de 59 m desde el lecho del río hasta la parte superior del arco honorario central, la elegante simetría del conjunto y el excepcional estado de conservación hacen de esta obra una de las maravillas del mundo antiguo y uno de los monumentos significativos del arte clçásico* [89:153].

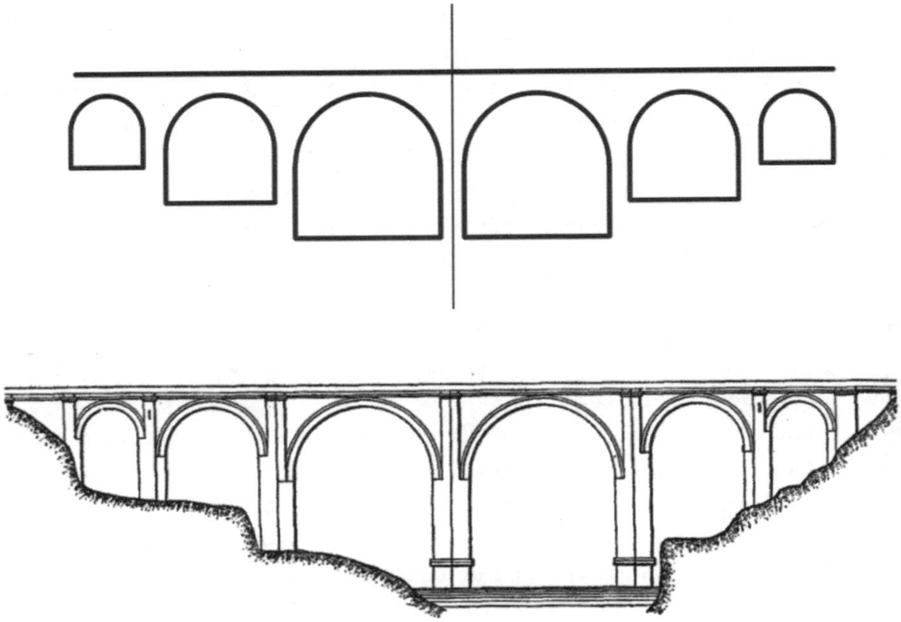

Legado compositivo del Puente de Alcántara

En su memoria de finales del siglo sobre la esbeltez de las pilas, Perronet se sumaba a los planteamientos formales más contenidos. Tras mencionar las ventajas y el mayor atractivo de los arcos rebajados, afirma: *En los grandes puentes... no se deberían dedicar demasiados medios a perfeccionar la arquitectura, que puede por otra parte ser susceptible de variación, conservando siempre en las formas y decoración el carácter de solidez que le es propio* [51:145].

10. FORMA Y ESTRUCTURA EN EL ARCO METÁLICO
Composición

Como ya se vio, la construcción de puentes de piedra se mantuvo hasta entrado el siglo XX. La aparición del hierro en los puentes a finales del XVIII no supuso una alternativa real hasta mediados del siglo XIX, y sólo perdieron protagonismo con el hormigón armado a principios del XX. Pero los primeros años de la construcción metálica fueron decisivos en la formación y consolidación de los tipos estructurales.

Al ser el hierro un material de menor disponibilidad de la piedra, los constructores comenzaron a preocuparse de la ligereza y tuvieron que resolver infinidad de detalles y problemas compositivos. Los ingenieros se pusieron a viajar para conocer de primera mano las realizaciones, y las innovaciones contenidas en cada solución fueron estudiadas y repetidas con mejoras y variantes en otros emplazamientos.

Las variables culturales adquirieron mayor relevancia y aquellos países donde no se fabricaba el hierro se quedaron atrás de los más evolucionados, viéndose obligados a importar los puentes que precisaban para sus ferrocarriles. En los más industrializados se crearon fábricas de diseño y construcción de puentes que asumían la responsabilidad del diseño, transporte y montaje, en las cuales se comprobaba el ajuste entre sus diferentes piezas, antes de despacharlos por tren o barco a todo el mundo [10:149].

Ello universalizó la estética del hierro y contribuyó a decantar unos cuantos tipos estructurales, más por motivos de facilidad de montaje y envío que por adecuación al sitio. Nunca como entonces los puentes de luces pequeñas y medias fueron verdaderos objetos, y sólo los grandes tuvieron desarrollos específicos. Paralelamente, los avances en los procesos de montaje fueron rápidos, y se consolidaron procedimientos de empuje o voladizos sucesivos, hoy todavía en uso.

Por todo ello, los primeros puentes de hierro deben ser estudiados con atención, pues en ellos está el germen de gran parte de los detalles y recursos de composición que nos han llegado incorporados a los tipos.

Formas y detalles del arco de hierro de Coalbrookdale

La primera utilización del hierro como material estructural para un puente se produjo en 1779 con la construcción del puente de Coalbrookdale, un arco de 30 m de luz, formado por dos flejes en semicírculo unidos en la clave, y vinculados al tablero con una trama de rejería. En aquellos años, la ingeniería inglesa estaba dominada por el empirismo, avanzando por el principio de prueba y error y con una asunción de riesgo empresarial por parte del constructor, que solía coincidir con el diseñador. Esta revolución del hierro fue protagonizada por un fundidor, Abraham Darby, necesitado de un puente sobre el río Severn para dar servicio a su factoría de Coalbrookdale.

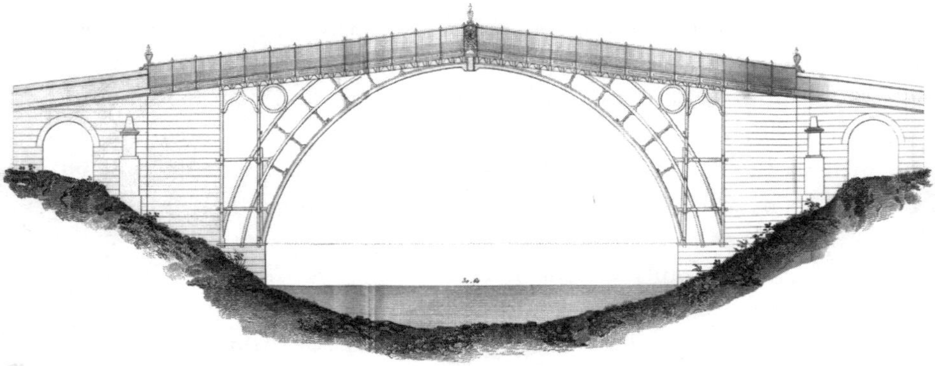

Puente de Coalbrookdale [62:Vol. II-Pl. V-01]

En 1775 se decide el sitio para el puente y Thomas Pritchard produce los primeros esquemas, con tres diferentes diseños de puente para unos 30 m de luz. El primero es de madera, el segundo es un arco de piedra con cimbra perdida de fundición, y el tercero es un arco íntegramente de fundición. Pero Pritchard fallece en 1777 y Abraham Darby, ayudado por su encargado de moldes redacta un nuevo proyecto, ajeno a esos esquemas y completamente distinto, que fue el definitivamente construido[1].

El mismo año comienzan las obras y en marzo de 1779 las piezas de fundición están listas para comenzar el montaje. En octubre del 1779 se colocan los nervios y la inauguración del puente se celebra en 1781. Las piezas fueron fundidas en moldes abiertos formados con arena y su superficie se puede identificar por su diferente textura. Los arcos estaban constituidos por dos piezas, de seis toneladas cada una[2]. El puente fue un éxito, pues la fundición se comportó bien y el único problema estructural fue originado por los empujes de tierras en los estribos, que un arco tan flexible no estaba preparado para contrarrestar. Como consecuencia, todos los puentes posteriores se hacen más tendidos.

Se ha mencionado a menudo su pertenencia a la familia de formas de los puentes de madera, pero se trata más bien de una referencia constructiva que es, incluso, dudosa pues las conexiones en madera son muy diferentes. Su forma surge de la pura artesanía de la fundición y recrea los arcos semicirculares de los únicos puentes duraderos entonces existentes para asociarse su monumentalidad. No hay en su diseño ninguna huella de los avances estructurales desarrollados por los ingenieros franceses del XVIII, ni de las celosías rectas o arqueadas de madera hasta entonces empleadas. Los Darby eran fundidores de oficio y, por tanto, ajenos a los problemas estructurales de los puentes, pero bien conscientes de las propiedades de la fundición, cuya durabilidad y monumentalidad es bien patente en el diseño.

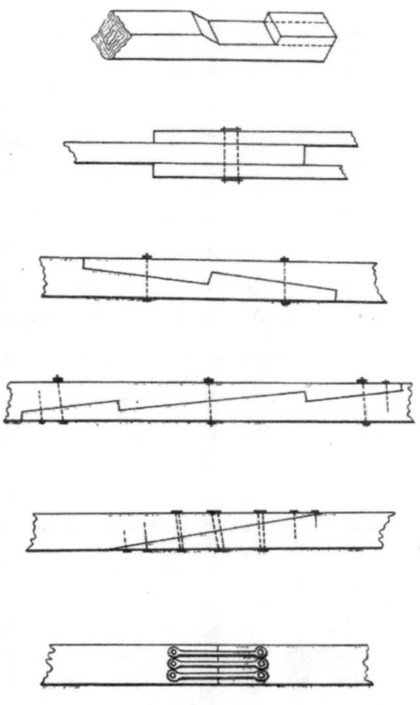

Conexiones de madera a finales del XVIII

1 El diseño del puente de Coalbrookdale aparece habitualmente asociado con un arquitecto de Shrewsbury llamado Thomas Pritchard, como si él hubiera hecho el dibujo que los fundidores habrían realizado. En realidad, Pritchard realizó tres diseños para el puente más próximos a las formas resistentes tradicionales usadas en los puentes, ninguno de los cuales fue tomado en consideración por los Darby, que fundieron su propio diseño.

2 La historia detallada del puente está recogida en muchas publicaciones. Como monografías específicas véanse [236], [136] y [42].

El **esquema estructural** del puente siempre desconcertó a los historiadores de la ingeniería. Indudablemente, se reconoce como arco, por pura inferencia geométrica de su curvatura inferior, pero no se suele pasar de ahí. El elemento resistente principal es un arco prácticamente semicircular, sobre el cual se disponen otros dos arcos que no son completos: arrancan del mismo estribo que el inferior, pero se interrumpen a la altura de la clave del primero, que es el nivel establecido para el tablero. Por ello, aunque su forma es curva, no se trata de arcos, sino de pórticos con patas arqueadas y elemento superior formado por el propio tablero. Este esquema plano se repite paralelamente cinco veces en la anchura del puente.

Probablemente, las razones de su peculiar disposición formal se deben buscar en la trayectoria previa de sus constructores y en la tecnología empleada en su fabricación. Se trataba de fundidores, acostumbrados a trabajar el hierro para su utilización en objetos y elementos aislados, generalmente desprovistos de funciones resistentes específicas, salvo la de soportarse a sí mismos. El único elemento de suficiente proyección geométrica para adquirir un carácter, si no resistente, por lo menos espacial y por tanto «constructivo», habitualmente fabricado en una fundición, eran las rejas. La clave de su concepción es la repetición de elementos idénticos a separaciones regulares, conectados de forma que resisten presiones laterales y cierran un espacio[3].

En el tímpano, las piezas radiales que vinculan los tres arcos[4] parecen directamente derivados de un diseño de balaústres. El círculo situado en el rincón definido entre el arco superior, el montante vertical extremo y el tablero[5] y el curioso arco conopial contiguo a los círculos son recursos propios de la rejería.

La forma y detalles constructivos del puente de Coalbrookdale se derivan de la propia tecnología artesanal de la fundición, para conformar el intradós

3 Los fundidores que construyeron el puente de Coalbrookdale –la familia Darby– no tenían experiencia previa de construcción, y parece probable que se limitaran a reproducir la forma clásica de los puentes habituales hasta entonces, los arcos de piedra, con el material que manejaban. El arco inferior es el elemento básico sugerido por los puentes y por ello se respeta su continuidad, mientras que el tímpano es tratado como un elemento espacial derivado de las rejas. Las barras arqueadas o arcos incompletos superiores, en cambio, son una transición entre ambos mundos: sugieren la forma del extradós de las dovelas de un arco de piedra, pero pertenecen al relleno del tímpano y responden a condicionantes del proceso de fundición, con la función estructural de proporcionar rigidez al arco inferior y soportar una parte de las cargas del tablero. De modo similar, tampoco parece que las juntas se deriven de las clásicas uniones de la madera, como indican algunos autores. No hay ingletes ni solapes luego claveteados. Las uniones de mayor importancia, las de los arcos con los elementos verticales de cada extremo, están formadas por un bucle o desdoblamiento de la pieza vertical, por cuyo interior se enhebra el arco, con una cuña entre ambas para mejorar la unión. Nunca un larguero de madera se ensancha para dejar una abertura interior, más bien al contrario, todas las uniones de la madera se conforman a base de rebajes.

4 Tampoco son concebibles en madera, tanto por su forma como por su manera de encastrarse en los arcos.

5 Es una forma fácilmente moldeable, pero difícil de conseguir por deformación de un elemento fibroso recto.

del arco con una pieza curva de hierro fundido sugeridora de monumentalidad, y solucionar el tímpano con las formas y empalmes típicos de la rejería. Este tímpano rigidiza el arco y trasmite parte de las cargas del tablero directamente a la cimentación, cumpliendo así las funciones clásicas de los tímpanos macizos de los arcos de piedra.

Este primer puente de hierro se convirtió en una especie de icono de la ingeniería civil y todas las obras de referencia se cuidan de mencionarlo, al tiempo que reflexionan sobre el importante paso que supone la primera utilización del hierro como material estructural.

En 1812, con relación a su forma y calidad, Charles Hutton se muestra crítico: *El que examine juiciosamente la construcción de este puente, podrá ver que su forma surge principalmente por haber sido el primero de su clase: pues su construcción es muy mala. La fundición está sin duda alguna en óptimo estado de conservación, pero la sillería se ha agrietado en varios sitios. Es probable, por ello, que no dure mucho, aunque no por deficiencias de la obras de fundición.*

También respecto a su forma, Joseph Gies recoge la crítica contemporánea de Telford: *En sus memorias, Teldford observa que los fundidores de Coalbrookdale merecen gran crédito por introducir un nuevo material ... pero ellos no han conseguido desenganchar sus ideas del usual arco de sillería, cuya forma en hierro no es airosa; y no ofrece la suficiente resistencia contra la presión del terreno contra los estribos que los ha empujado acercándolos, lo que ha levantado el arco de hierro en el centro* [96:91].

H. J. Hopkins, destaca la conveniencia del empleo de la fundición para los arcos: *Cuando este material se adoptó por primera vez para la construcción de puentes, se empleó con la forma estructural más reconocida en aquella época —el arco— y sin duda fue una gran suerte, pues como más tarde se comprendió, el hierro fundido es un material poco satisfactorio para resistir tensiones y muy utilizable en compresión* [112:79].

Hans Straub[6] comenta las dificultades de las conexiones en los puentes de hierro: *La mayor dificultad de estos puentes en arco de fundición residía en la conexión de unos elementos con otros. Esto se hacía de diferentes formas, por ejemplo por medio de platabandas arqueadas de hierro forjado (Sunderland) o por medio de empalmes de lengüeta y ranura (Staines). Los fracasos se debieron principalmente a estas dificultades. En un caso, el arco colapsó*

6 Su procedencia alemana permite a Straub consideraciones geográficas, casi siempre ausentes en los historiadores ingleses: *Mientras los ingenieros y científicos franceses sentaban las bases de la ingeniería civil y los constructores alemanes y suizos llevaban el arte de la construcción de puentes de madera a su más alta perfección, Gran Bretaña fue el primer país en producir este nuevo material constructivo en grandes cantidades y en mejorar enormemente su calidad.* Y no deja de señalar las repercusiones en el diseño. El alto precio del material (a diferencia de la piedra) requería una gran economía, impulsando a los diseñadores de grandes estructuras de hierro a determinar las dimensiones de los elementos constructivos tan afinada y económicamente como fuera posible, sobre las bases del análisis estructural. Por otra parte, la elasticidad y la resistencia del metal eran más uniformes que en la piedra, facilitando así la aplicación de las teorías de estructuras y resistencia de materiales, y permitiendo un mayor ratio entre la tensión de seguridad y la de rotura. Con cierta justificación, el hierro ha demostrado ser una de las mejores fuentes de inspiración y progreso en el campo de la ingeniería civil [222:173].

al retirar la cimbra. El puente de Staines, cuyos elementos fundidos estaban unidos por medio de lengüeta y ranura cayó antes de cumplir veinte años, después de muchas reparaciones insatisfactorias [222:175].

Henry J. Cowan insiste en el diseño y la forma peculiar de los ingleses en llegar hasta él. La posesión del material correcto demostró ser más importante al principio que el saber teórico y muchos de los primeros desarrollos de la construcción en hierro y acero tuvieron lugar en Gran Bretaña.

Como consecuencia de la guerra con Francia, los ingenieros ingleses de finales del XVIII y principios del XIX estaban retrasados unos cincuenta años de la escuela francesa en su trabajo teórico y dependían largamente de las pruebas de carga para la verificación de sus diseños. Los libros ingleses de ingeniería estructural a principios del XIX ponían gran énfasis en la experiencia práctica y a veces se referían al empleo de las matemáticas en términos desdeñosos [61:31].

Descomposición formal del arco enjutado

En los tradicionales puentes de piedra el arco era inseparable del tímpano por razones resistentes y constructivas. El tímpano impide la deformación del arco, manteniendo su forma frente a solicitaciones variables y, simultáneamente, traslada y reparte de las cargas del tablero sobre el arco. La primera utilización del hierro en Coalbrookdale evidenció un problema compositivo hasta entonces sólo entrevisto en algunos tempranos arcos de madera: cómo tratar el espacio entre el arco y el tablero para mantener esas funciones de proporcionar rigidez y trasladar las cargas, realizadas por el tímpano. Ese problema compositivo tiene varias facetas, que se enuncian a continuación y se desarrollan en los siguientes apartados.

En primer lugar, el arco y el tímpano deben encontrar su **propia morfología** por separado. El clásico rehundido en la piedra para marcar las correspondientes presencias no es ya posible, pues el elevado precio del hierro no permite ocupar todo el volumen del alzado. El arco se independiza, y el tímpano se ve obligado a desmaterializarse. Por similares razones, tampoco el arco puede extenderse transversalmente en toda la anchura como si fuera una bóveda, y se ve obligado a multiplicarse.

En segundo lugar, una vez independizados, arco y tablero deben encontrar una nueva **relación funcional**. Una primera variable es la altura del tablero sobre la clave del arco, que da lugar a nuevos tipos, o subtipos si se prefiere, de arcos de tablero superior, intermedio o inferior. Otra cuestión, estructuralmente significativa, es la rigidez relativa de ambos elementos en el comportamiento conjunto: un tablero muy rígido permitiría un arco fino y flexible, mientras que un tablero muy deformable exigirá un arco rígido, siempre y cuando se ayuden mutuamente compartiendo la rigidez.

En tercer lugar, arco, tablero y tímpano deben desarrollar una nueva **relación formal**. En los puentes de piedra, el tímpano unifica la expresión formal y comunica su articulación por medio de aligeramientos en su masa en forma de arquillos. Con el hierro, el arco adquiere una expresión formal propia que debe convivir con el tímpano y el tablero, en términos de dominancia, jerarquía o equiparación. Ambos elementos pueden buscar su proximidad en el centro del vano, hasta confundirse en uno solo, o alejarse para mantener su independencia. Y el tímpano puede manifestarse de forma neutra, o bien colaborar en favor de uno u otro, e incluso adquirir protagonismo por encima de ambos.

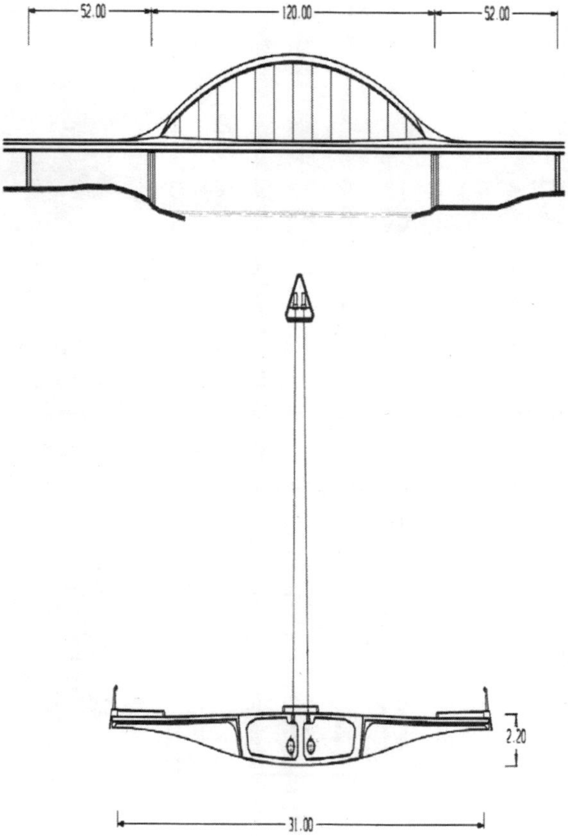

Puente de Zaragoza en arco de tablero inferior (Manterola, 2003) [141:936]

Estas cuestiones van encontrando acomodo progresivamente, a medida que se suceden las realizaciones. Aunque la utilización del nuevo material interesó a los ingenieros, el segundo puente de hierro no se construyó hasta casi veinte años después (1796), en Sunderland, con un único arco de 71 m de luz. Fue construido por el maestro de escuela Thomas Wilson por encargo de Rowland Burdon y en él colaboraron varios ingenieros y arquitectos, entre ellos Thomas Payne (1737-1809), Robert Mylne y el arquitecto John Nash.

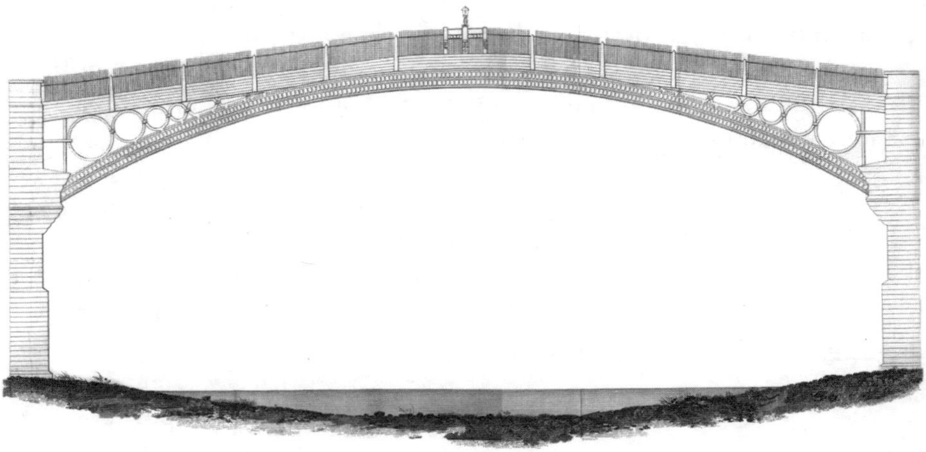

Puente de Sunderland [62:Vol. II-Pl. V-04]

Wilson[7] utilizó un sistema de dovelas de fundición muy parecido al desarrollado en Francia por Montpetit y rechazado en 1778 por Perronet, lo que irritó especialmente a los franceses. Las dovelas eran piezas de fundición con tres nervios longitudinales (según la directriz del arco) y dos nervios según los radios, que se unían a las dovelas contiguas con pletinas sobre los tubos de arrostramiento transversal y pernos pasantes.

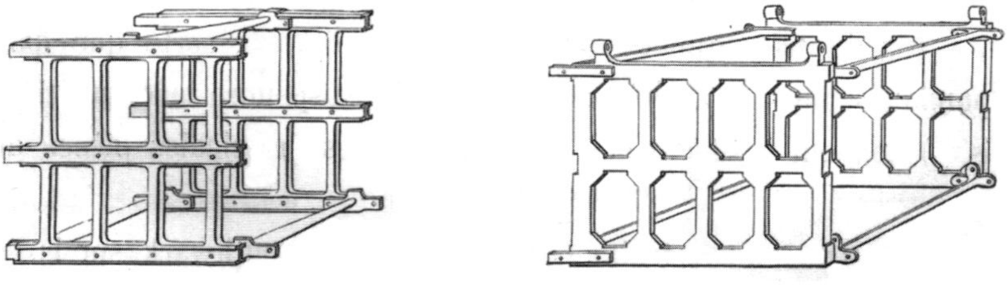

Puentes de Sunderland y de Austerlitz,
dovelas de fundición [62:V.II-297]

La participación de estos ingenieros y arquitectos, que eran profesionales de prestigio, dio credibilidad al diseño y Wilson realizó una serie de diseños de puentes de hierro caracterizados por un alzado similar, con un arco formado por dovelas de dos nervios longitudinales y –generalmente– cuatro radiales, un tímpano a base de círculos cuyo radio aumenta hacia los estribos y un tablero formado por un cintón continuo.

7 Thomas Wilson es mal conocido. Su vida parece extenderse desde 1750 a 1820 y su carrera de ingeniero comenzó en 1792, como supervisor de las obras del puente de Sunderland. Véase [118:56].

Entre los importantes y pioneros diseños de Thomas Wilson, generalmente poco conocidos, cabe destacar los puentes de Spanish Town en Jamaica (1802, 24 m) cerca de Kingston y todavía en pie, de Stratfield Saye sobre el río Loddon en Hampshire (1802, 12m) también en pie, de Staines (1802, 54 m) con importantes problemas en los estribos que John Rennie trató de reparar pero que obligaron a clausurar el puente en 1805, de Yarm (1906, 54 m) parecido al de Staines pero con tímpanos de montantes verticales en lugar de los círculos y que tuvo un similar desenlace, de Boston sobre el Witham (1807, 24 m) en colaboración con John Rennie, y de Newport Pagnell (1810, 18 m) [118:58 a 70].

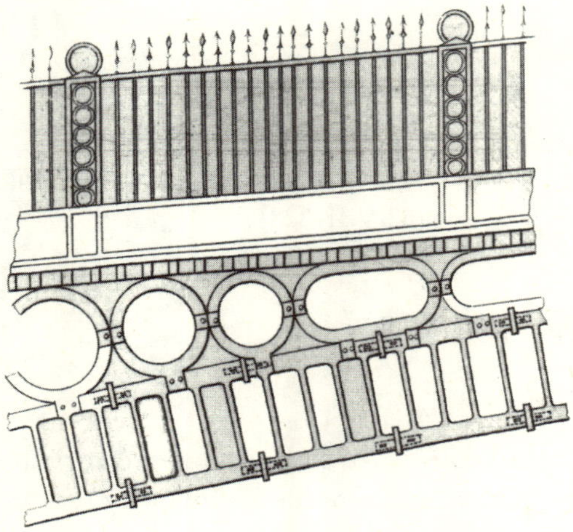

Puente de Staines sobre el Támesis, detalle (Wilson, 1802, 54 m) [91:Vol. II-Pl. VI-02]

El célebre concurso para un puente sobre el Támesis en Londres de 1800 supuso un buen incentivo para el desarrollo de propuestas con el nuevo material. Thomas Wilson propuso un puente de tres vanos de 67, 73 y 67 m, en el rango de luces de Sunderland, con su ya probado esquema de arco formado por dovelas de hierro y tímpano de anillos circulares. La segunda propuesta de Telford, que irrumpió tras el fallo con su conocido vano de 200 m, originó la posposición del proyecto ganador de Wilson aunque fue presentada fuera de plazo[8]. El tímpano de este gran vano estaba resuelto con barras radiales con adornos intermedios sugeridores de nuevos arcos, de diseño algo confuso.

El tamaño del proyecto suponía duplicar la luz del arco de Sunderland, y Telford elaboró un cuestionario con veinte preguntas para realizar consultas a numerosos científicos, ingenieros y constructores sobre la viabilidad y los posibles problemas que podría generar. El diseño está formado por una serie de arcos paralelos, que se unen al tablero por medio de una filigrana en dos niveles unidas por un nuevo arco superior más tendido, de funciones todavía ambiguas. Las dimensiones del arco y la consulta a los profesionales dieron mucha difusión al proyecto, pero nunca se planteó seriamente su construcción.

8 Telford hizo exactamente la misma faena a Isambard K. Brunnel en el concurso del puente de Clifton, en Bristol.

El tercer diseño de Telford es el puente de Buildwas (1794-1796, 39 m) con un esquema redundante basado en dos arcos entrecruzados. Aquí Telford, a pesar de sus comentarios, vuelve a utilizar el arco aunque introduce la ambigüedad de un segundo arco más tendido que se cruza con el principal, y que parece orientado a resistir el empuje de los estribos, causante de los únicos problemas del puente de Coalbrookdale.

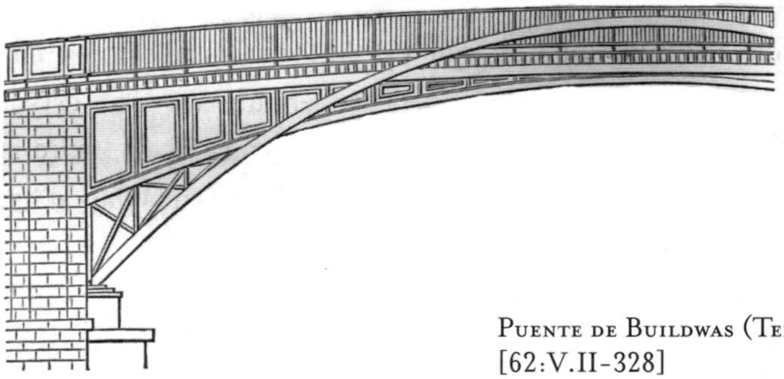

Puente de Buildwas (Telford, 1796) [62:V.II-328]

Formalización del propio arco

Como ya se vio, el puente de Coalbrookdale es formalmente deudor de los puentes hasta entonces conocidos de piedra, así como de las formas y realizaciones propias de la técnica de la fundición, especialmente de la rejería. A partir de entonces, el hierro empieza a interesar a los ingenieros proyectistas de puentes, quienes introducen una cierta racionalización estructural en el diseño y lo formalizan con diversos elementos como dovelas, barras, o tubos.

La utilización de piezas de hierro como si fueran **dovelas** es el primer paso hacia la consecución de una expresión formal propia del arco. La idea había sido propuesta, aunque no realizada por Fulton en 1796 [87: lámina VI]. En 1802, Thomas Wilson registra su patente de dovela prefabricada con nervios de hierro fundido, con clara vocación de ser utilizada como lo eran los clásicos sillares de piedra. A partir de ella se suceden numerosas patentes de bloques más o menos aligerados para su utilización como dovelas. En el puente de Sunderland la dovela tenía tres nervios longitudinales, pero Wilson los reduce a dos para sus siguientes realizaciones[9].

9 En vertical, estos nervios longitudinales están arrostrados por dos nervios radiales que más adelante se multiplican a medida que mejora la calidad del proceso de fundición del hierro, con elevado número de rechazos inicialmente. La unión de las dovelas con sus contiguas aprovechaba la presencia de rigidizadores transversales con los arcos próximos, cuyo extremo se prolongaba en unas lengüetas que permitían la conexión entre dos dovelas por medio de pernos.

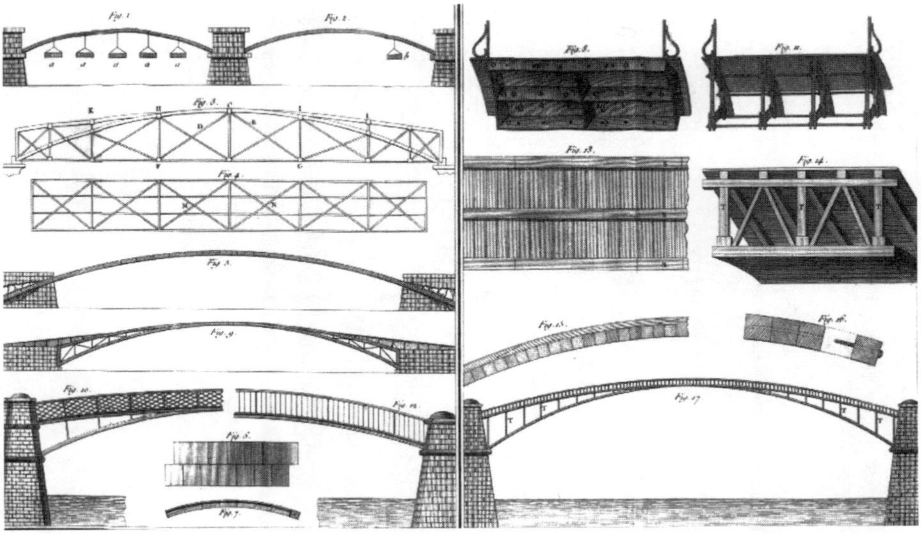

Puentes de hierro y madera (Fulton, 1796) [87:lámina VI]

La consagración definitiva del tipo vino con el puente de Cragiellache, quizás el diseño más atractivo de Telford después repetido en Tewkesbury, cuyas dovelas rectangulares rigidizadas por una cruz marcan la apariencia del alzado e independizan claramente el arco del resto del tímpano, tratado aquí por Telford con rombos de celosía muy ligera que forman una malla adimensional. El puente se convirtió en solución de referencia para los subsiguientes diseños de arcos metálicos.

Como segundo tipo, se utiliza el arco formado por **barras** prismáticas, aunque fabricada en dos o más trozos tal como se había hecho en Coalbrookdale. El primer puente francés de la pasarela de las Artes (1803), con nueve vanos de 17,3 m, tiene una sola barra con tímpano peculiar no generalizable a mayores luces.

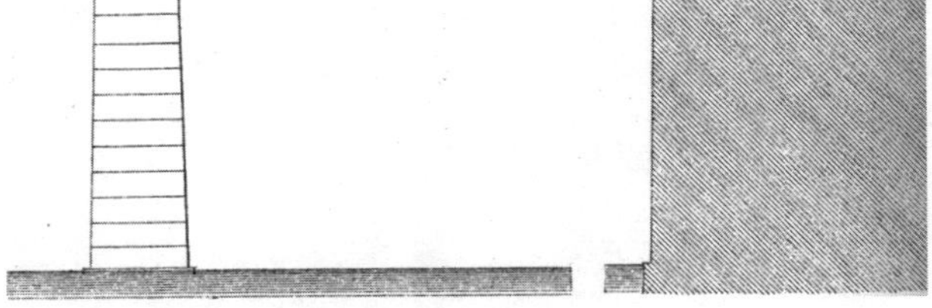

Alzado y corte trasversal del Puente de las Artes (1803) [159:284]

El vano principal del puente de Chepstow (1816), diseñado por Rastrick, es de 45,7 m de luz y tiene tres barras formando arcos completos cada vez más tendidos en el mismo plano, coincidiendo el arco superior con el tablero, mientras que los semivanos contiguos a los extremos de menor luz sólo tienen dos arcos.

Alzado del puente Chepstow s/Wye (Rastrick, 1816) [159:325]

En Alemania, el puente Friedich (1823) sobre el río Spree en Berlín tiene siete vanos de 9,2 m de luz entre ejes (6,2 m libres), resueltos con cuatro arcos dispuestos de forma similar. En ambos casos las barras de conexión son radiales, de forma que el tímpano forma siempre parte de algunos de los arcos.

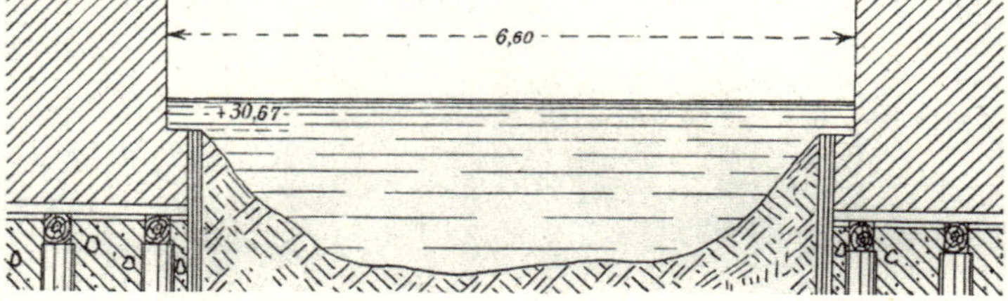

Puente Friedrich sobre el Spree en Berlín (1822-1823) [159:298]

En tercer lugar, también se emplearon **tubos** de fundición en lugar de dovelas o piezas prismáticas. Los primeros diseños de un arco de fundición de tubos datan de 1811 y son del ingeniero alemán Georg von Reichenbach, y estaban formados por tubos cilíndricos ensamblados por sus collarines como los antiguos conductos de agua. El puente podía tener uno o dos arcos tubulares en el mismo plano, unidos por tubos radiales secundarios, entre sí y con el tablero.

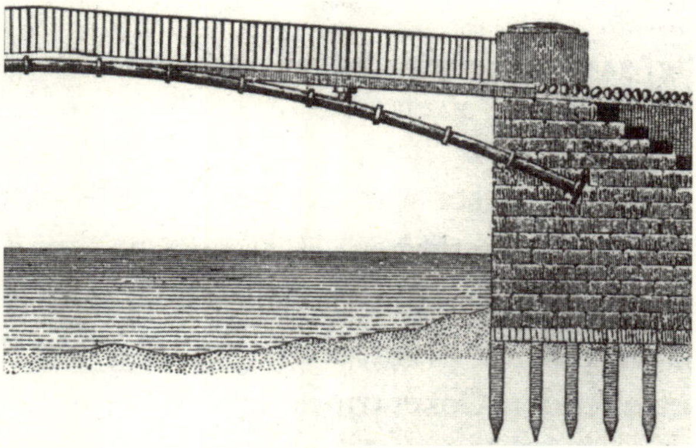

Puente en arco tubular metálico, alzado (Georg von Reichenbach, 1811) [159:303]

Antes de esa fecha, Wiebekind en Alemania, Gautier en Francia y Nash en Inglaterra habían expresado ideas similares. En 1812, el ingeniero bávaro Wiebeking propuso un sistema que suprimía los collarines; cada tubo se introduce en otro intermedio muy corto y de mayor diámetro que forma un manguito, como ciento ochenta años después hará Schlaich, y se une con los otros arcos por medio de tubos para formar los arrostramientos. La idea había sido incluida en su libro *Architecture hydraulique* en 1805, y comunicado al Instituto de Francia en 1810. En 1805, Gauthey había propuesto realizar un puente con sistema similar al de Reichenback para el arzobispado de Lyon [185:6]. Por su parte, Nash había obtenido una patente para construcción de arcos tubulares en 1797 [71:33].

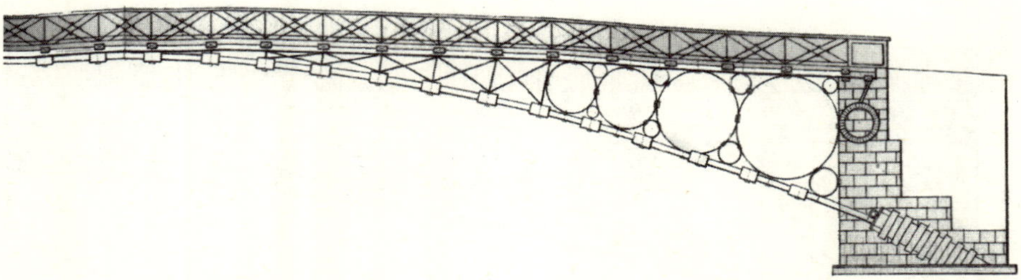

Puente de tubos de fundición (Wiebeking, 1805) [91:Vol. II-Pl. V-09]

Sin embargo, pasarán veinte años hasta la primera realización con arco tubular de fundición, el puente sobre el Ocker en Braunschweig, construido por Krahe entre 1820 y 1824, con un solo arco de 17,5 m de luz. En los módulos de tímpano próximos a los estribos, incluyó también rigidizadores diagonales.

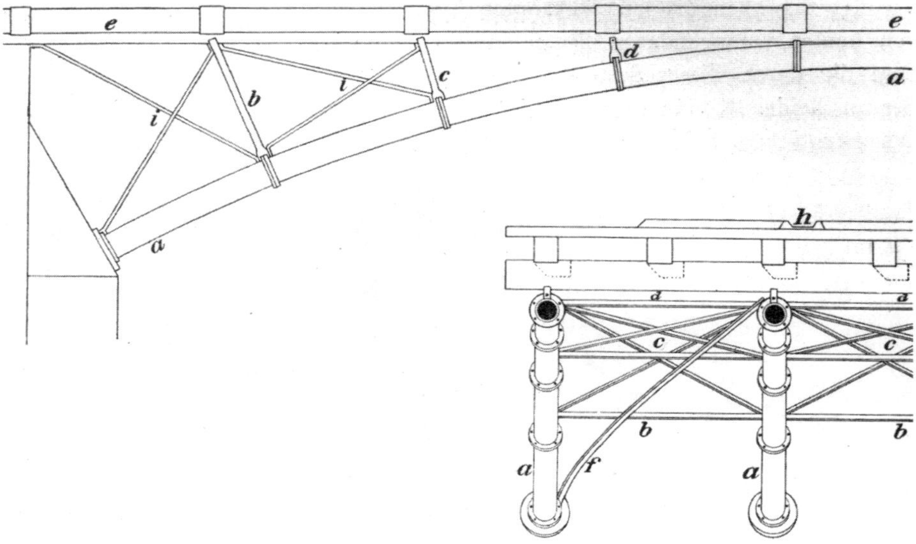

Puente sobre el Ocker en Braunschweig, con arco tubular metálico (Georg von Reichenbach, 1824) [159:305]

En París, Polonceau utiliza unos peculiares arcos tubulares para su puente de Carrousel sobre el Sena, terminado en 1834. Los arcos están formados por un núcleo de madera de sección ovalada, envuelto por dos semipiezas de fundición que lo abrazan y se atornillan en sus bordes, con un relleno de betún en caliente en los huecos. Con ello, Polonceau buscaba un suplemento de resistencia producido por *el trabajo conjunto de madera y fundición, cuya adherencia estaba garantizada por el betún* [185:35].

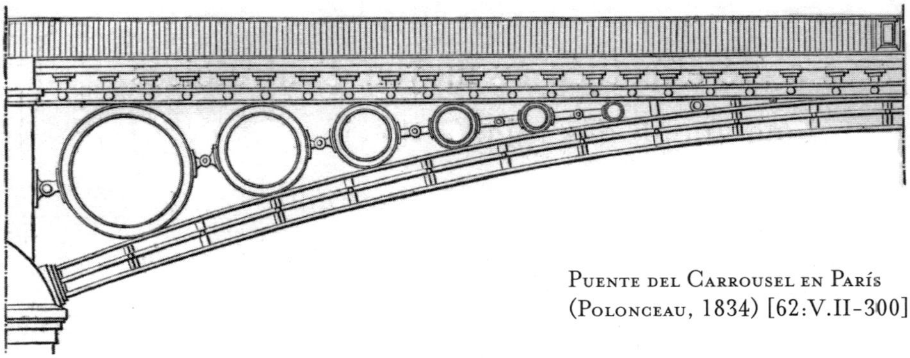

Puente del Carrousel en París (Polonceau, 1834) [62:V.II-300]

En realidad, el betún suaviza el rozamiento entre ambos materiales, pero éste no es necesario, pues la compatibilidad de deformaciones entre los dos materiales asegura su acción conjunta. De hecho, los actuales tubos metálicos rellenos de hormigón empleados en algunos puentes recientes no llevan conectores y funcionan solidariamente con ese principio. Además, la madera asumía responsabilidades estructurales autónomas durante el proceso constructivo, al estar incorporada a la cimbra, y durante las eventuales reparaciones de la fundición con el puente ya en servicio [31:sp].

Posteriormente, los puentes de arco tubular tendrán cierto protagonismo en la consecución de grandes vanos metálicos a partir de la introducción del acero, cuya primera utilización se produce en el puente de St. Louis sobre el Mississippi, terminado en 1874.

Formalización estructural del tímpano

En algunas pequeñas pasarelas realizadas en los primeros años de la fundición, el tablero se hizo coincidir con el propio arco, pero en puentes de mayor luz para vehículos tal solución no era posible por las fuertes pendientes generadas. Los primeros puentes de Coalbrookdale y Buildwas resolvieron el tímpano con soluciones particulares de imposible generalización, pero el problema del tímpano empezó a tomar cuerpo con la discusión científica originada por el diseño de Telford con un vano de 180 m de luz. A partir de entonces sus diseñadores utilizan anillos circulares, barras verticales o adoveladas, y mallas romboidales o triangulares como soluciones formales para el tímpano.

El primer tipo es el formado por **anillos circulares** de hierro de tamaño decreciente desde los estribos, utilizado por Wilson en Sunderland y repetido luego en el resto de sus puentes. La influencia del diseño de los aligeramientos del puente de piedra de Pontypridd, mencionado en el capítulo 9, parece clara y el objetivo de desmaterializar el tímpano es exactamente el mismo.

La flexibilidad del círculo permitía deformaciones considerables sin roturas súbitas, lo cual era una ventaja considerable para un material tan frágil. El tímpano es entendido como un relleno, más presidido por lo formal que por lo funcional, sin perjuicio de su posible eficacia redistributiva que sería preciso analizar con algo más de detalle.

En principio, los círculos producen dos dificultades: una compositiva, al convertirse en ineficaces cuando aumenta su diámetro lo cual sucede al aumentar la flecha, que es función directa de la luz, y otra resistente al ofrecer más rigidez en la zona donde los círculos son de menor diámetro, correspondiente a las cercanías de la clave. No obstante, la importancia del puente de Sunderland logró que el diseño fuera muy utilizado, tanto por Thomas Wilson en todos sus puentes ya mencionados, como por otros diseñadores.

Puente de Staines sobre el Tamesis
(Wilson, 1802, 54 m) [91:Vol. II-Pl. VI-01]

Otra de las realizaciones más conocidas es el ya mencionado puente del Carrousel en París, con tres vanos sobre el Sena de casi 50 m de luz en el centro de la ciudad, y publicitado por su autor Polonceau en un detallado y bien ilustrado libro [185]. Polonceau suavizó el problema geométrico, vinculando los círculos entre sí por medio de unas barras rectas.

El segundo tipo de **barras verticales** era el preferido por los científicos, con la idea de trasladar las cargas del tablero más directamente al arco. En la práctica, este tipo de tímpano supuso bastantes problemas por pandeo de piezas con defectos de fundición que acababan en roturas. En general, como el número de barras verticales era bastante elevado, las roturas tenían efectos más bien locales.

El puente de Coalport, en cambio, presenta unos montantes verticales de sorprendente modernidad para lo temprano de su construcción[10]. Tras derrumbarse dos veces, John Onions lo reconstruyó en 1818 con cinco arcos, dos de los cuales son originales, y cuatro montantes verticales por cada semiarco más una pequeña pieza central, con un total de nueve puntos de apoyo para el tablero. Cada montante se apoya sobre una pequeña protuberancia del arco, moldeada en origen, donde se conectan también las barras transversales que unen los cinco arcos. Los cinco montantes de cada fila están arrostrados entre si con esa barra inferior horizontal, otra superior y dos diagonales.

Esa organización de la conexión del arco con el tablero se convertirá con el tiempo en solución de referencia, pues, a pesar de concentrar las cargas verticales en unos pocos puntos del arco, es de limpio diseño y de sencilla construcción, aunque algunas veces se esconda tras un alzado más elaborado.

10 En el sitio hubo tres puentes, el primero, de 1780, con dos vanos de madera y pila central fue reemplazado por otro con un solo vano de 30,9 m de luz en 1799. Sobre tres arcos paralelos de fundición se dispuso una superestructura de tímpano y tablero realizada en madera, pero el nervio central se rompió en 1817 [214:168].

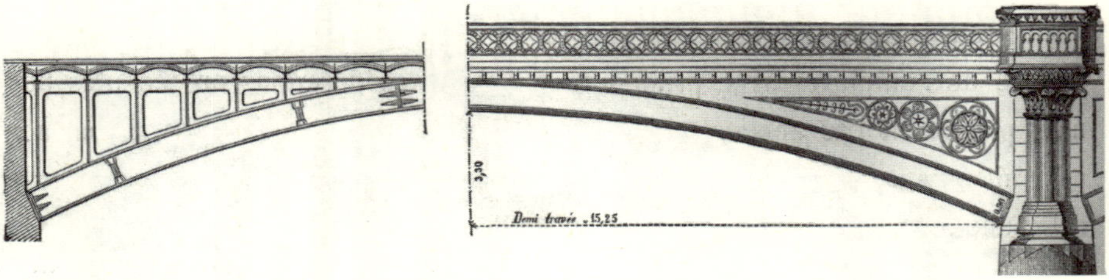

PUENTE DE NOTTINGHAM,
SECCIÓN Y ALZADO [62:V.II-326]

El tercer tipo de tímpano es **adovelado**, esto es, se formaliza en torno a las direcciones radiales de las dovelas. En principio, parece tener un mayor sentido estructural pero no es sino una desviación manierista, similar a la utilizada en algunos edificios neoclásicos para la parte superior de algunos arcos y dinteles adovelados.

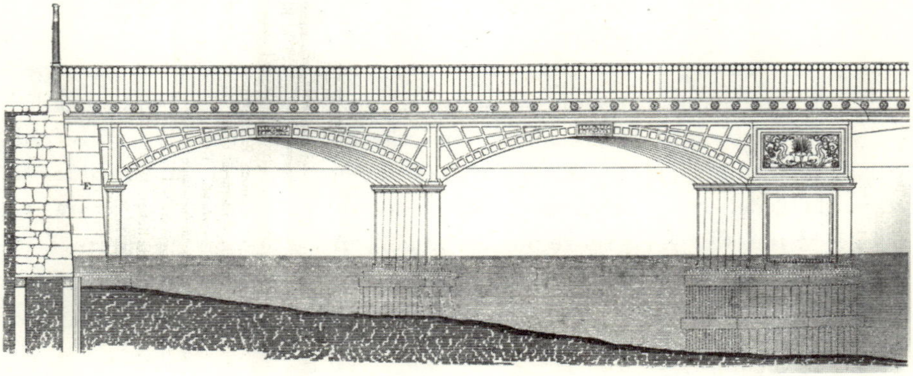

PUENTE WEIDENDAMMER SOBRE EL SPREE EN BERLIN
(1826) [158:299]

Uno de los primeros ejemplos de esa prolongación radial de las dovelas fue utilizado por Telford en su Pont-y-Csylte, eventualmente celebrado como una excelente formalización estructural, aunque realmente no responde al comportamiento de un arco. En este sentido, Telford utilizó el sistema de direcciones radiales llegando a fundir conjuntamente los arcos con las barras radiales, con un diseño también utilizado en puentes alemanes[II].

II Ya en 1794 Thomas Telford había empezado a trabajar con el hierro fundido con dos interesantes diseños. El primero fue un acueducto en Longdon on Term (1794-1795), con un vano de poca luz pero ya con un esquema de viga continua aporticada que se aparta del arco, en la cual la caja de la conducción colabora a la resistencia y es rigidizada con criterios modernos. Unos años más tarde construye un nuevo acueducto en Pont-y-Csylte (1795-1805), con un diseño que recupera el arco, pero hace colaborar la caja en su funcionamiento con una disposición de rigidizadores de trazado adovelado.

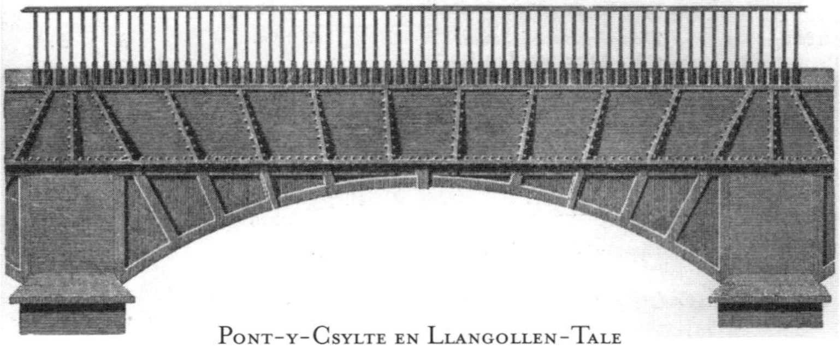

Pont-y-Csylte en Llangollen-Tale
(Teldford, 1805) [159:321]

El cuarto tipo se forma con una **malla romboidal** o triangular que es formalmente neutra tanto respecto al arco como al tablero, por sus diferentes direcciones principales, pero de mayor sentido estructural que los círculos. En cierto modo se trata de una maduración formal de la función de reparto de cargas sobre el arco de una manera homogénea, sin interferir en su independencia formal. Hay en ello una cierta recuperación del papel formal del tímpano en los puentes de piedra, pero con una nueva independencia frente al tablero al conectarse con él mediante direcciones visuales y resistentes ajenas a su horizontalidad.

El primer ejemplo es el puente de Craigellachie, ya mencionado, construido por Telford en 1815, en cuyos tímpanos las funciones están claramente diferenciadas de las del arco, y de la cinta continua del tablero[12]. De similar factura es el puente Mythe (1825), en Tewkesbury, también construido por Telford con arco, tímpanos y tablero perfectamente individualizados, cuyos estribos están aligerados con una serie de arcos ojivales de apariencia formal algo más contenida.

Puente Tewkesbury sobre el Severn (Telford, 1826) [159:328]

12 Los estribos de piedra, en cambio, mantienen un tranquilizador diseño tradicional, con una torre almenada y paramentos de sillería. El puente sobre el río Spey se inserta en una localización asimétrica, con una orilla llana y otra muy escarpada, donde la carretera debe dar un brusco giro para seguir paralela al curso.

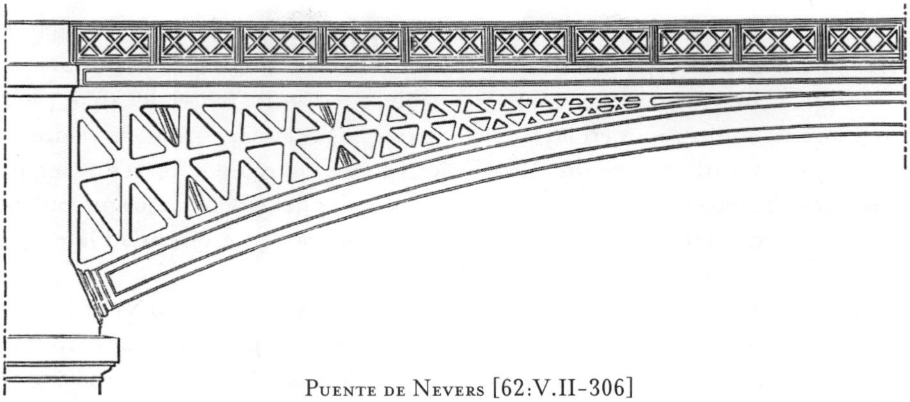

Puente de Nevers [62:V.II-306]

Arcos de celosía para grandes luces

Con el empleo de la celosía como disposición de barras elementales para formar conjuntos más complejos, la dimensión de los arcos se disparó y con ello variaron fundamentalmente los problemas compositivos. El arco es ya totalmente independiente del tímpano, y éste se ha desmaterializado y concretado en una sucesión de elementos verticales, bien pilares o péndolas, para soportar

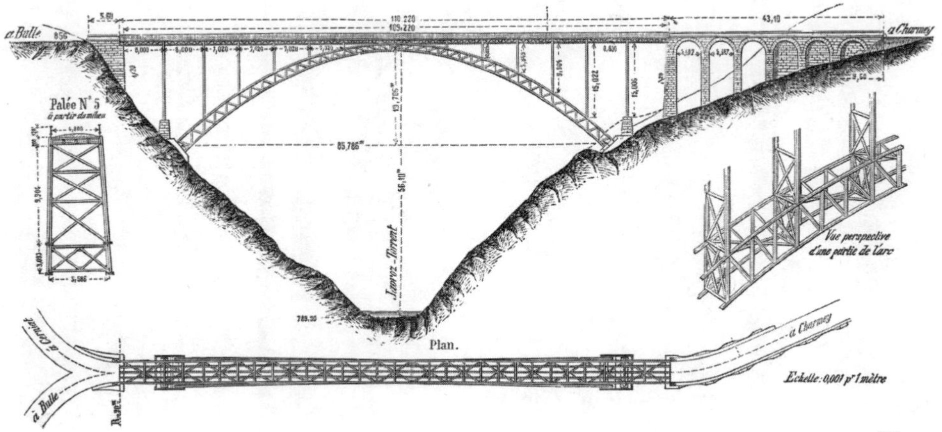

Viaducto de Javroz [62:V.II-540]

A pesar de las torres, muy utilizadas por Telford en sus puentes, los estribos del puente de Craigellachie presentan un buen acuerdo con la estructura de hierro, gracias al plano inclinado donde ésta se apoya y a su estricta dimensión lateral, de la misma anchura que el tablero, ambos de clara intención tecnológica en contraste con la figuración de las torres.

el tablero superior o inferior. Pero, si esos pilares o péndolas se inclinan y triangulan, el arco dejará de serlo y funcionará como una viga en celosía.

En posición superior, es como si el tablero *corriera por encima* del arco, pues los pilares se multiplican en las laderas, dando lugar a una especie de viaducto sobre apoyos uniformemente distribuidos sobre el arco o el terreno, según convenga. El arco pasa a ser un soporte de las pilas del tablero, aunque pueda mantener una cierta zona de contacto que ayudará a su estabilidad lateral y contribuirá a su rigidez.

El primer arco de gran luz es el puente sobre el Mississippi en Saint Louis, construido en 1874 por el gran ingeniero americano James B. Eads (1820-1887), con tres grandes vanos de 153, 158 y 153 m de luz. Entre sus logros, fue el arco más grande de su tiempo, el primer empleo a gran escala del acero, y el primer empleo de cajones de aire comprimido para la cimentación. La alternancia de los arcos realizados con elementos tubulares y las pilas de piedra que suben hasta el tablero, interrumpiendo el desarrollo longitudinal de los tímpanos de ligeros elementos verticales, unida a la escasa pero apreciable mayor luz del vano central, proporciona un fuerte sentido unitario a este espléndido diseño.

Puente de St. Louis (Eads, 1874)

El puente de Saint Louis está claramente emparentado con los interesantes arcos metálicos sobre el Rin –es prácticamente idéntico al de Coblenza, y está demostrada su filiación [208:89]– y otros grandes ríos alemanes construidos en torno a 1880, como el puente de Maguncia sobre el Rin (1885,

103 m) diseñado por Lauter, Thiersch y Bilfinguer. Tanto en estos puentes en arco alemanes como en Saint Louis, el tímpano se materializa con montantes verticales apoyados sobre los nudos de la celosía del arco.

Ese puente de Coblenza (1864, 3x97 m), diseñado por Hartwich, fue el primero en utilizar dos arcos concéntricos (tubulares en este caso) unidos por diagonales. Los arcos luego empotrados de Saint Louis eran aquí articulados, aunque Hartwich se opuso a la colocación de una tercera rótula en la clave, como luego hará Freyssinet en el arco de hormigón del puente de Boutiron. El puente de Coblenza tuvo una enorme influencia en el posterior desarrollo de los arcos en celosía, contribuyendo en gran manera a fijar el tipo, y sigue siendo uno de los puentes metálicos en arco más logrados de la historia [158:30].

En Alemania, sin embargo, el diseño evolucionó más lentamente, y los puentes en arco de celosía mantuvieron la conservadora presencia de grandes portadas barrocas de piedra, similares a las utilizadas con las grandes vigas rectas o lenticulares. El tipo alcanzó su madurez y se sucedieron diseños muy similares de mayor o menor fortuna formal.

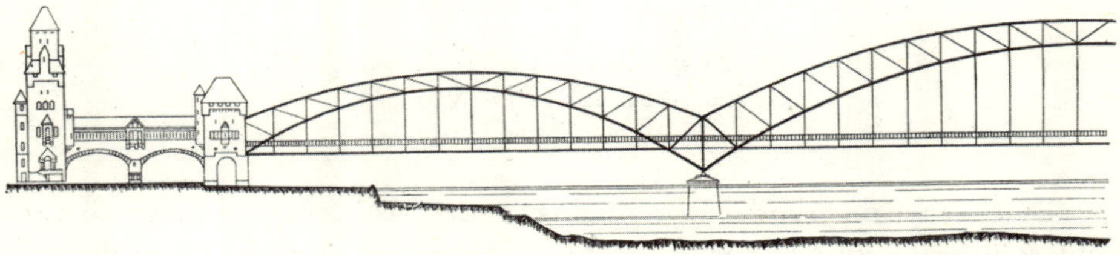

Puente de ferrocarril sobre el Rin en Colonia [158:724]

Sólo tres años después, Eiffel supera el puente de Saint Louis con el mucho más moderno de María Pía en Oporto (1877, 160 m), que ya apunta la tendencia antes indicada, aunque sólo un pilar se apoya a cada lado de la clave, con una zona de contacto con el tablero muy larga. Eiffel dispone de articulaciones en los apoyos y el arco lo acusa presentando una forma más afilada de menor espesor que en la clave.

Algo mayor y de similar diseño es su puente de Garabit en Francia (1884, 166 m), de impresionante aspecto pero con escasas novedades sobre el de Oporto. En ambos puentes, el arco tiene mayor anchura en la base para repartir mejor las cargas en el apoyo y conseguir mejor estabilidad transversal. Ambos fueron construidos por voladizos sucesivos haciendo trabajar conjuntamente al tablero al incorporar cables como diagonales. Estos arcos contienen ya todos los elementos definitivos de los arcos metálicos, aunque aumentan las luces salvadas y se perfeccionan detalles, pero el tipo está ya consolidado.

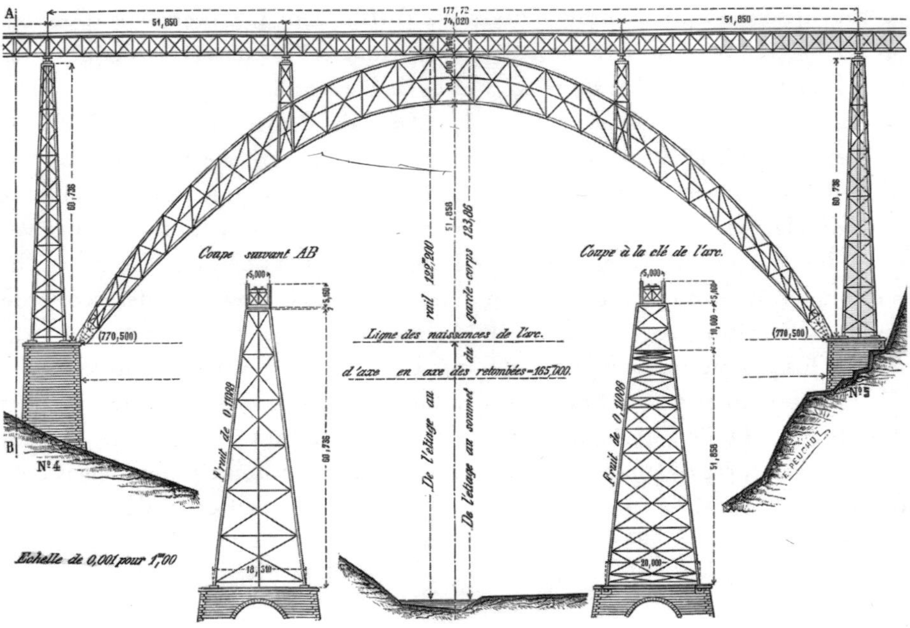

Puente de Garabit sobre la Truyère
(Eiffel, 1884, 166 m) [62:V.II-544]

En el cruce de grandes ríos o bahías se desarrolló el arco metálico con tablero inferior colgado por medio de péndolas, que a veces se confunde con la viga Bowstring o con la viga Nielsen[13]. En Estados Unidos, el puente de Hell Gate (1917, 304 m), diseñado por Gustav Lindenthal en New York, abandona la estricta funcionalidad de los puentes metálicos del interior del país y aporta alguna novedad formal. El arco termina sobre los apoyos de piedra con un gran canto, de difícil justificación formal y resistente en la situación definitiva, pero de clara utilidad para su construcción y quizás acertado en la transición visual hacia la torre.

De similar factura es el gran arco en celosía sobre el puerto de Sydney, (1932, 503 m), cuyos estribos se dividen en dos torres pétreas por encima de la calzada, con peor solución que los pórticos de Nueva York. La potencia de los aparatos de apoyo, derivada de las grandes dimensiones, adquiere un carácter casi escultórico, digno de un estudio estético más profundo. Entronca con la casuística del diseño de las uniones, con complicadas

13 La llamada viga Nielsen (véase cap. II) es como un arco pero de diagonales muy esbeltas, capaces de trabajar solo a tracción e inclinadas en ambos sentidos formando triángulos, lo cual proporciona un comportamiento más propio de la celosía si las compresiones producidas por las sobrecargas no superan a las del peso propio [233:173].

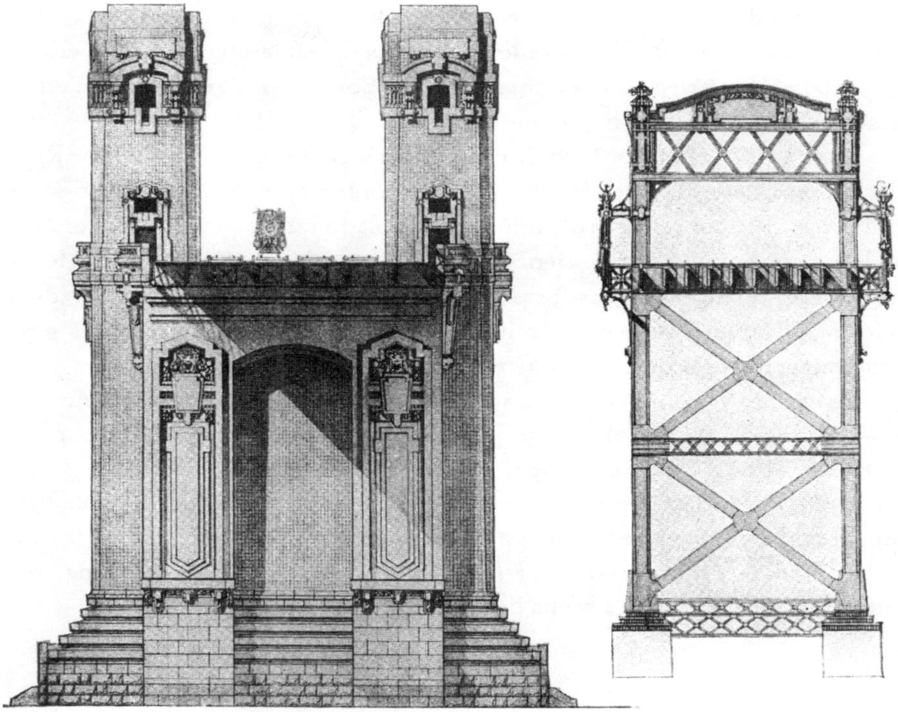

Puente Hell Gate en Nueva York, sección transversal (Lindenthal y Hornbostel, 1907, 304 m) [159:773]

decisiones de materialización de los caminos a recorrer por las fuerzas actuantes en el nudo y sus repercusiones en el dimensionamiento de los eslabones de paso en placas y cilindros.

En esa misma tendencia entronca el puente de Bayonne sobre el Kill van Kull, entre Nueva York y Nueva Jersey, (1932, 497 m) diseñado por Otmar H. Ammann (1879-1965), con un gran arco biarticulado del cual pende el tablero a media altura. La celosía de

Rótula del puente en arco de Sydney (1932, 503 m)

rigidización de los cordones del arco, diseñada con elementos verticales y diagonales radiales, así como la limpieza del cruce del tablero colgado con el arco son detalles de perfección del diseño global, pobremente rematado en estribos y accesos como ya se mencionó (véase cap. 4).

Hasta 2003, el mayor arco de celosía metálica fue el puente de New River Gorge, en Estados Unidos (1976, 518 m), diseñado por Michael Baker en un grandioso sitio sobre un profundo valle arbolado que le permite disponer el tablero superior. La celosía tiene montantes radiales y diagonales muy leves, con pilares verticales formados por marcos apoyados cada tres paneles de la celosía. El tablero superior también es de celosía metálica, con una gran coherencia formal con el resto de puente.

De estética ya completamente ajena a la de estos grandes arcos metálicos es el nuevo récord de luz, el puente Lupu en Shangai (2003, 550 m), con dos arcos de sección cajón en chapa, ligeramente tumbados uno sobre otro y arrostrados con vigas cajón transversales, y también construido por voladizos sucesivos. El tablero intermedio está soportado por péndolas en su parte central y pilares en los extremos. Su aspecto es muy similar al de los arcos de hormigón, cuando el material ya ha perdido su potencia caracterizadora.

11. UNIDAD COMPOSITIVA EN LOS ARCOS DE HORMIGÓN
Transposición

La llegada del hormigón fue saludada con alborozo por arquitectos e ingenieros. Los unos, deseosos de escapar de una estética cargada de connotaciones historicistas para comenzar desde cero con un material moldeable lleno de promesas y todavía sin contaminar por formas ya construidas. Los otros, al disponer de un material casi universal, que se podía fabricar en cualquier sitio, en contraposición a los obligados peajes industriales requeridos por la utilización del hierro.

Frente a la estela de puentes de ferrocarril de la segunda mitad del XIX, que sólo podían ser construidos en los grandes talleres ingleses, franceses o alemanes, los ingenieros de a pie de cualquier nacionalidad podían crear libremente las formas de sus puentes con sólo disponer de cemento. Ese material suelto, sin propiedades propias de forma, se mezclaba con productos del lugar y se moldeaba a voluntad en encofrados fáciles de construir. No sólo se podían construir vanos sin recurrir al hierro, sino que permitió prescindir de la piedra, indispensable para la construcción metálica en estribos, pilas e infinidad de pequeñas construcciones, hasta entonces sólo abordables con ella. La ingeniería civil había encontrado su material, y todavía lo es.

La reaparición del hormigón a finales del siglo XIX se encontró con el repertorio tipológico de los puentes metálicos, que ampliaba considerablemente el clásico de los puentes de piedra. Como material especialmente adecuado para resistir compresiones se empezó a utilizar en la construcción de arcos, reemplazando completamente a la piedra en pocos años. Como hormigón armado se empleó para vigas de pequeñas luces hasta que, a mediados del siglo XX, el pretensado permitió ampliar el rango hasta luces medias y grandes. Posteriormente, la construcción mixta amplió notablemente las posibilidades de utilización del hormigón en todos los tipos.

Modificaciones tipológicas inducidas por el hormigón

En los primeros puentes de principios del siglo XX, los arcos de hormigón compitieron con los de piedra, imitando su apariencia, y con los arcos de hierro, enfatizando su resistencia a la corrosión. Sin embargo, en pocos años hubo una transposición de elementos y pautas de composición de ambos tipos de arcos.

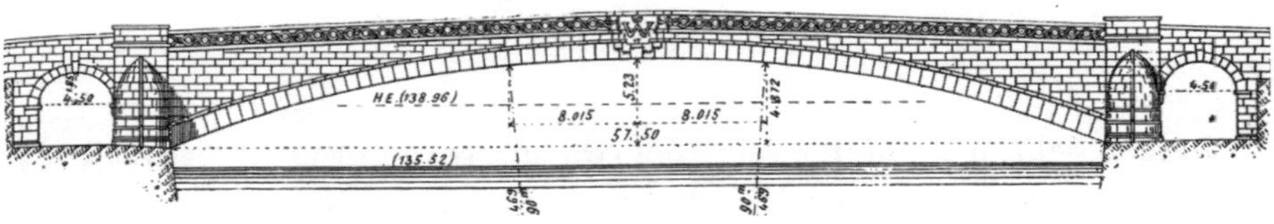

Puente de Cassel, de hormigón revestido [210:III-303]

Al principio, el monolitismo del hormigón fue visto como una complicación de cálculo en lugar de apreciar sus ventajas resistentes. Los ingenieros no disponían de análisis matemáticos de suficiente generalidad para lidiar con la compleja geometría del conjunto arco, tímpano y tablero. Esa complicación generó unas reticencias sobre fisuras y corrosión que ha condicionado la disposición de juntas y apoyos incluso hasta hoy. Como dice Jörg Schlaich, hoy que lo sabemos todo sobre el hormigón no diseñamos y construimos estructuras monolíticas, sino que las dividimos en piezas y juntas, quitándole así al hormigón su auténtico carácter, que es su moldeo en un encofrado tridimensional, produciendo formas escultóricas sin interferencias de juntas o reajustes [205:73].

Y es que la imprecisa conexión entre arco, tímpano y tablero puede producir un comportamiento estructural próximo al de una viga o a un arco, en función de cómo se dispusieron y ejecutaron sus conexiones y los apoyos. Esta indefinición de comportamiento en función del proceso constructivo puede darse en estructuras de cualquier material y época, pero fue habitual en los primeros arcos de hormigón.

Cuadro 6 Récord de luz en arcos de hormigón

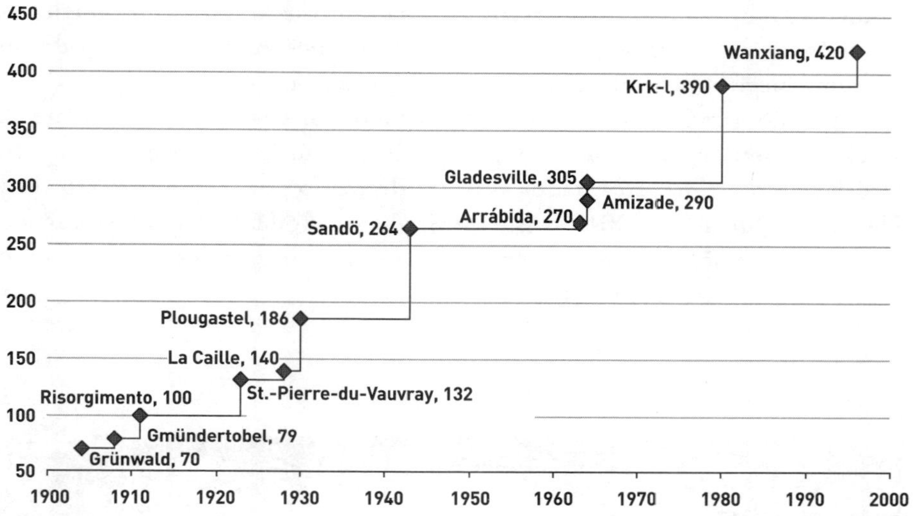

Fuente: elaboración propia

Algunos de los primeros puentes de hormigón tenían tímpanos macizos, similares a los realizados en piedra. Así se diseñaron los puentes de Munderkingen (1890), Stauffacher (1899), Zuoz (1902), Thur (1904), Lieja o Rissorgimento. Pero, las semejanzas son sólo aparentes por la diversidad de disposiciones internas y de acabados.

El puente de Lieja (1905, 55 m) es una pieza continua de sección maciza, ligeramente arqueada en la base, cuyo momento flector en el centro del vano está compensado por dos vanos laterales cortos bastante pesados y por el empotramiento en las pilas, por lo que funciona más como una viga aunque su esbeltez le proporciona un carácter muy dinámico más propio del arco.

El puente Rissorgimento en Roma (1911, 100 m), diseñado con licencia Hennebique, es una bóveda de 50 cm en arranques y sólo 20 cm en clave, pero está rígidamente unida al tablero con siete nervios longitudinales que dan lugar a una sección en cajón múltiple empotrada en los estribos, cuyo comportamiento puede estar muy próximo al de una viga biempotrada de canto variable, sobre todo si el estribo cede [35:287].

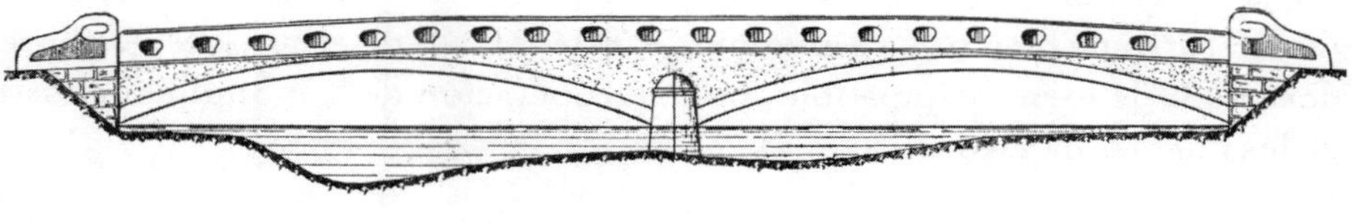

Puente de Amper cerca de Esting [126:307]

Algo anterior es el puente de Chatellerault (1899, 3 x 50 m) diseñado por François Hennebique, que presenta arcos exentos con montantes verticales sobre los que descansa el tablero, lo cual supone una anticipación de un esquema luego convertido en solución de referencia.

Ejemplos similares se multiplican por todo el mundo, como el puente de Neckarhausen en Alemania, o el puente de Walnut Lane sobre Washington Creek (1908, 71 m), en Estados Unidos, diseñado por George S. Webster y Henry H. Quinsby. Su diseño está inspirado en el puente Adolphe diseñado en piedra por Sèjourné en Luxemburgo, y contiene grandes piedras (como un hormigón ciclópeo) y muy poca armadura[1].

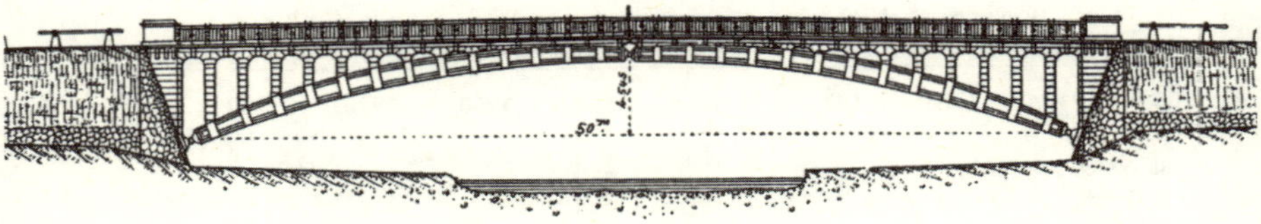

Puente de Neckarhausen (1900, 59 m) [210:IV-233]

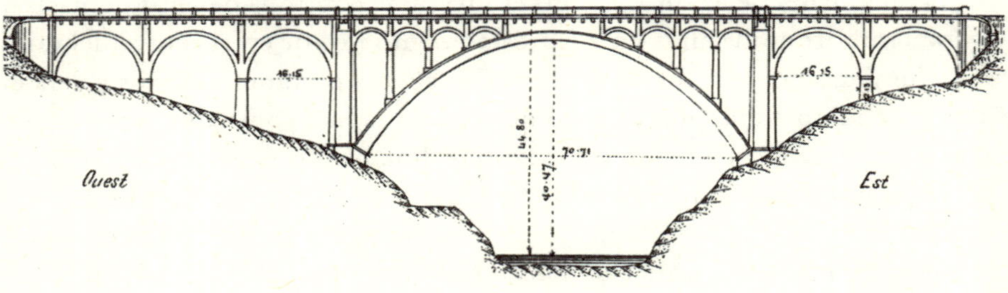

Puente de Walnut Lane en Filadelfia (1908, 71 m) [210:II-83]

Pero el diseño del tímpano ya no precisa descubrir soluciones como en el caso del arco de hierro. La economía de material, allí determinante, es ahora dosificada de forma compatible con la recuperación de la monumentalidad de los puentes de piedra.

1 Historical American Engineering Record [HAER PA-504].

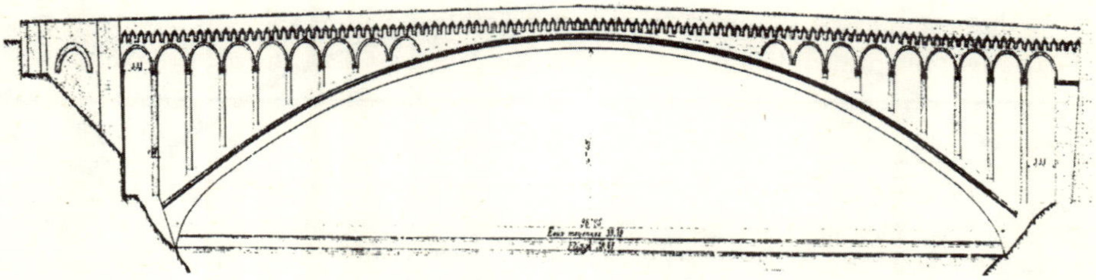

Puente de Villeneuve sur Lot
(Freyssinet, 1919, 97 m) [141:47]

Posición y rigidez del arco respecto al tablero

En general, los primeros arcos de fundición se situaron siempre por debajo del tablero, que es la posición clásica y obligada en los puentes de piedra. En la tradición de puentes de madera, sin embargo, los arcos aparecen por encima del tablero, dejando a éste en una posición intermedia. Y, también, las primeras celosías de cordón superior curvo con tirante horizontal, llamadas vigas *bowstring*, proporcionaron un sólido fundamento a la colocación inferior del tablero.

Las razones para la elección de uno u otro tipo de posición relativa suelen ser, en general, funcionales. Bien por razones de altura de la rasante sobre el agua o sobre los estribos, la altura absoluta del tablero se fija con independencia del sistema resistente de sustentación del vano. Y si se adopta el tipo de arco, la posición de la cimentación viene también obligada, de forma que la altura relativa de ambos es simple resultante de condiciones funcionales provenientes de distintas exigencias.

Cuando, por estas u otras razones, se elige la posición inferior del tablero, resulta fácil convertirlo en tirante, anulando la acción activa de la forma y convirtiendo a la estructura en una viga. En general, el tirante provisto por el tablero suele ser más económico que la absorción de acciones inclinadas en los estribos, razón por la cual muchos de los primeros arcos fueron atirantados, como se vio al tratar de las celosías.

Un tipo frontera entre arco con tablero suspendido y viga *bowstring* es el sistema diseñado por el ingeniero sueco Octavius Nielsen, donde las péndolas están inclinadas en dos direcciones simétricas respecto a la vertical creando una cierta rigidez que lo asemeja a una celosía y permite reducir el material empleado en ambos elementos [79:302].

Además, en los primeros puentes de hierro, la anchura obligaba a disponer un mínimo de cuatro o cinco arcos paralelos para no tener que fabricar piezas de mucho peso. Sin embargo, en los puentes de tablero intermedio

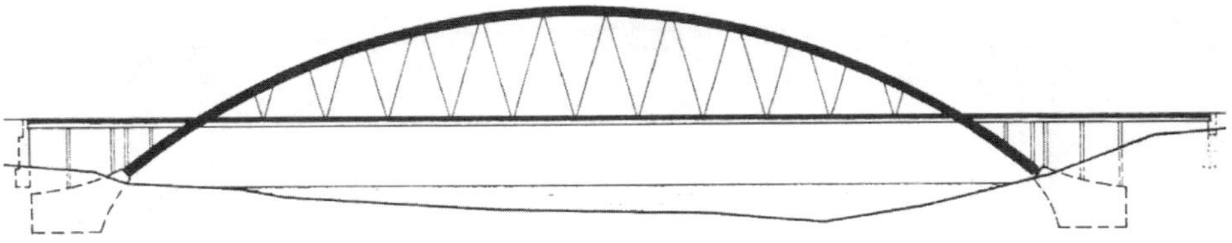

Puente de Castelmoron sobre el Lot,
sistema Nielsen (1933, 120 m) [244:126]

o inferior, esto no es posible, y sólo cabe disponer un arco a cada lado del tablero y, en contadas ocasiones, se puede disponer un tercero en el centro. Con el empleo del hierro forjado y, sobre todo, con la mayor resistencia del acero estas soluciones con arcos a cada lado de un tablero en posición inferior o intermedia se multiplicaron.

En su primer puente de Stauffacher, el ingeniero suizo Robert Maillart (1872-1940) recubrió con piedra los tímpanos macizos de hormigón, y apoyó el tablero por medio de tabiques transversales. En 1902 construyó el puente de Zuoz también con tímpanos cerrados de hormigón, ahora visto. El director de ambas obras por la propiedad era el ingeniero suizo Wilhelm Ritter (1847-1906), discípulo de Carl Cullman, quien aceptó el diseño a pesar de la imposibilidad de calcular la sección en cajón exigiendo una cuidadosa prueba de carga para asegurar su validez.

En la prueba aparecieron unas fisuras horizontales en los tímpanos, de escasa importancia en el comportamiento global, pero su agravamiento en los meses posteriores llevaron a Maillart a eliminar material de los tímpanos haciéndolos parcialmente huecos en su siguiente puente de Tavanasa, terminado en 1905[2]. Este arco, al igual que los dos anteriores, era triarticulado, disposición recomendada para garantizar el comportamiento isostático de la estructura y poder determinar acciones y esfuerzos. Este esquema, muy próximo al pórtico, fue empleado por Maillart en muchos de sus puentes posteriores, alcanzando su mayor esplendor en el puente de Salginatobel (1935, 87 m), su obra de mayor luz y uno de los principales puentes de hormigón armado de la historia.

Desde el principio, los arcos de hormigón también fueron construidos con tímpanos desmaterializados, tal y como había sucedido en los arcos de fundición. En el puente de Châtellerault (1899), Hennebique dispuso tres arcos de 50 m sobre los que se apoyan unas esbeltas pilas de hormigón para sustentar el tablero. Igual disposición se utilizó en el temprano puente de Wallstrasse en Ulm, y eligió Mörsch para su puente de Gmünder Tobel sobre el Sitter, en St. Gallen, con 79 m de luz.

2 En cierto sentido, la eliminación de material en los tímpanos sigue la pauta marcada por William Edwards en el puente de Pontypridd (1756), con sus aligeramientos circulares.

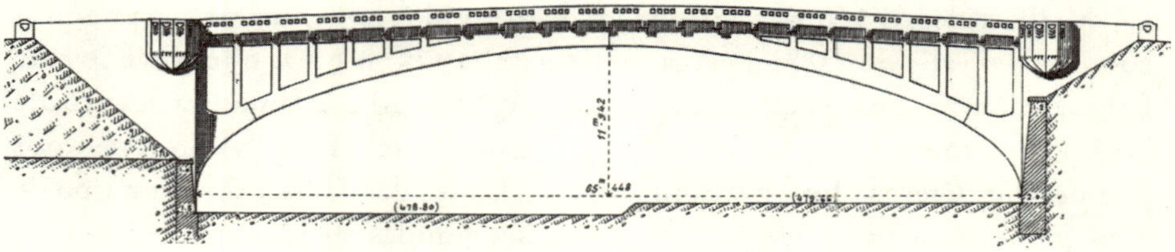

Puente de Wallstrasse en Ulm
(1905, 65 m) [210:IV-144]

Se trata de arcos empotrados, en general de secciones importantes con aspecto muy potente que los afirma como el elemento principal de la estructura. El espesor de estos arcos no se debe a la acción de unas cargas excesivas, sino a la necesidad de soportar cargas móviles y por tanto excéntricas, que producen momentos flectores en el arco y requieren mayor rigidez. Una importante innovación introducida por Ritter y Maillart fue la de transferir parte de esta rigidez al tablero, que reparte con ello la acción de estas cargas móviles a varias pilas permitiendo un arco más esbelto[3]. En palabras del propio Maillart:

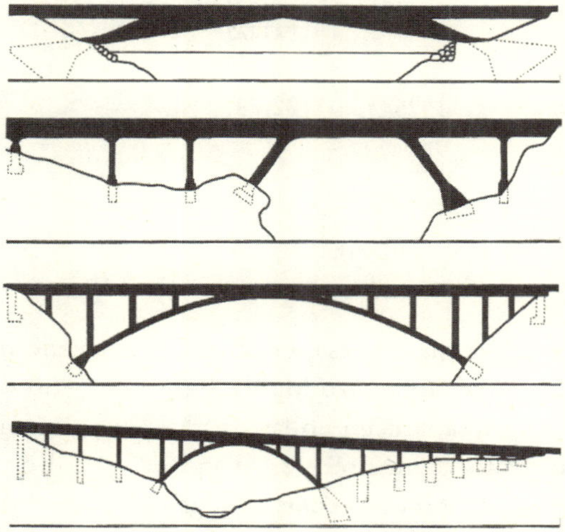

Cuatro esquemas de pórticos y arcos de Maillart para los puentes de Simme, Eau-Noire, Schwandbach, y Lancy [43:120]

Me pareció lógico asegurar el trabajo solidario de bóveda y tablero por medio de tímpanos longitudinales, con lo que el espesor de la bóveda podía ser reducido sensiblemente. La primera realización tuvo lugar en 1899 y fue seguida de muchas otras, entre ellas una bóveda de 90 m y 20 cm de espesor. Más tarde, realicé la solidarización estática de bóveda y tablero, dándole a éste una rigidez tal que el arco no debía soportar excentricidades notables de las sobrecargas. Este sistema de «arc raidi» comporta tímpanos transversales uniendo el arco con el tablero y permitiendo así bóvedas de mínimo espesor[4].

3 Steinman señala un claro precedente americano para estos puentes de tablero muy rígido a flexión, con arco muy flexible a compresión. El constructor Louis Wernwag (1770-1843) ingeniero americano nacido en Alemania, construyó cerca de treinta puentes combinando arcos y celosías de madera, como el Colossus (1812, 102 m) ya mencionado. Los arcos soportaban la carga muerta y la sobrecarga uniforme, mientras que la celosía sólo entraba en carga bajo la acción de cargas excéntricas que repartía sobre el arco [220:121].

4 Maillart, Robert; 1940. «L'ingénieur et les autorités». *Vie, art et cité* (ene-feb) [147:93].

Maillart desarrolló esta idea de arco sin rigidez en varios de sus puentes, como el del valle de Tschiel cerca de Donath (1925, 43 m), o los de Klosters (1930, 30 m) ya arruinado, Schwandbach (1933, 37 m) o la fantástica pasarela de Winthertur sobre el río Toss de 1933. La esbeltez del arco proporciona unos puentes muy ligeros y limpios, conformando la idea de Maillart como un tipo de arco que sigue siendo utilizado hoy en día para grandes puentes como el de Reichenau sobre el Rin en Suiza (1962, 100 m), diseñado por Christian Menn, o el del Infante Don Henrique en Oporto (2002, 280 m), diseñado por Adao-da Fonseca, Fernández Ordóñez y Millanes, cuyas directrices son poligonales.

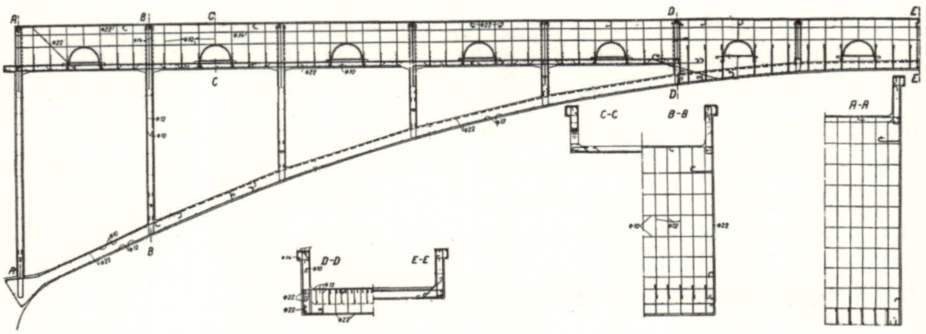

Puente de Donat (Maillart, 1925, 43 m) [32:59]

La composición del alzado en los arcos

La presencia de tres articulaciones puede pasar desapercibida en el alzado o ser utilizada como recurso expresivo tal y como hizo Maillart en sus puentes. Con las articulaciones, los momentos desaparecen en las rótulas pero siguen presentes en los dos semiarcos, con valores máximos en sus puntos medios, correspondientes aproximadamente a los tercios o cuartos de la luz.

Sacando partido de este hecho estructural, Maillart decide aumentar gradualmente la sección de los arcos hacia su punto central para igualar las tensiones en las fibras extremas de la sección, y hace coincidir ese máximo con el arranque del acuerdo del arco con el tablero. Utilizó esta idea por primera vez en el puente de Tavanasa (1906, 51 m) y la repitió luego el puente de Salginatobel (1930, 90 m), considerado como su obra maestra, y en los puentes de Rossgraben (1932, 82 m), Thur (1933, 72 m) y Vessy (1936, 56 m)[5].

5 Su último arco de este segundo tipo es el del puente de Garstatt, sobre el río Sime (1939, 32 m) prácticamente convertido en un pórtico, al abandonar el intradós curvo característico de todos sus

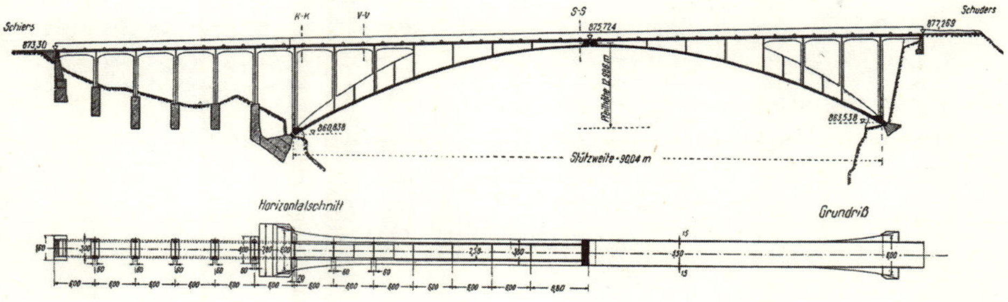

Puente de Salginatobel, sección longitudinal y planta (Maillart, 1930) [32:64]

Tanto en los arcos triarticulados como en los arcos sin rigidez, la confluencia de arco y tablero hacia el centro del vano es uno de los problemas de diseño más difíciles de resolver. Allí entran tangencialmente en contacto los dos elementos principales del puente, con funciones y formas claramente diferenciadas.

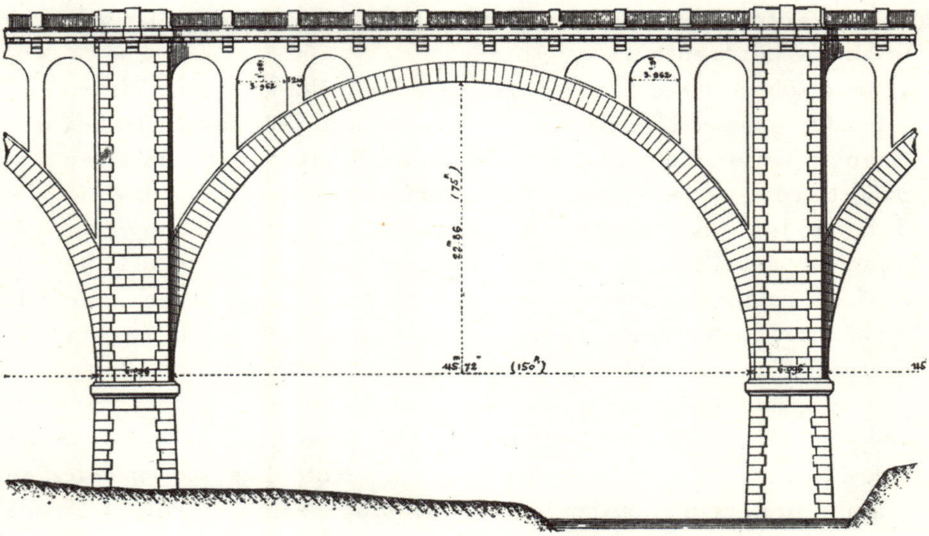

Puente de la Avenida de Connecticut sobre Rocky Creek (1908, 45 m), arco separado del tablero [210:I-07]

puentes anteriores. Se trata de un puente muy esviado resuelto con dos secciones en cajón decaladas que no presentan ninguna suavidad hacia el exterior, con un fuerte rebajamiento de relación flecha/luz de 0.073. Todo ello le proporciona un aire más agresivo que el de los demás arcos [34:141].

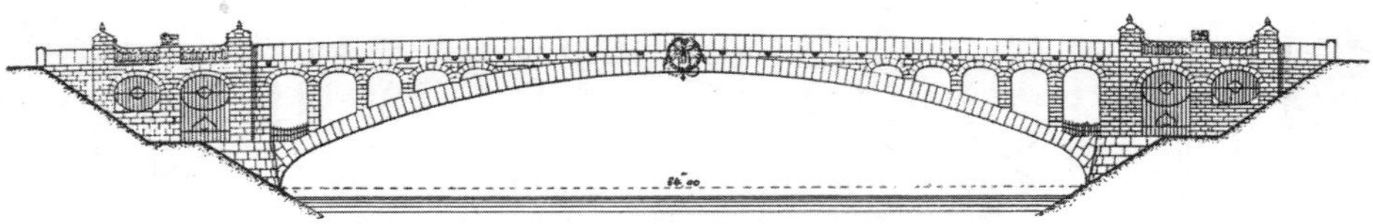

Puente Max-Joseph (1902, 64 m), arco tangente al tablero [210:IV-243]

El canto de ambos elementos puede hacerse compatible haciendo variar el del arco a lo largo de su directriz, o jugando con la separación entre pilares para justificar el canto del tablero. Las diferencias en anchura son más difíciles de conjugar pues, en general, el arco puede ser bastante más estrecho. Habitualmente, el tablero vuela sobre el arco, bien con la adopción de una sección en cajón con la misma anchura de base que el arco, o haciéndolo volar libremente si su sección es uniforme en toda la anchura.

Con la anchura requerida por las actuales autopistas resulta difícil mantener las proporciones relativas con las soluciones descritas y se recurre a duplicar el arco por traslación. Cuando las calzadas están separadas, la traslación adquiere sentido, pero el resultado compositivo de dos puentes iguales, pegados uno a otro, es indicio de un planteamiento reduccionista de las exigencias originadas por la anchura.

Una solución tradicional es la duplicación de los arcos portantes con un solo tablero de sección transversal adaptada a la anchura total. De cada arco arrancan las correspondientes columnas o tabiques que entroncan en filas paralelas con el tablero superior. El esquema mantiene algo de direccionalidad, pero funciona estéticamente bastante mejor, a pesar del obligado arriostramiento lateral de conexión entre los dos arcos.

En los arcos de tablero intermedio o inferior, la doble anchura puede acomodarse con un único arco central que pasa a través del tablero para buscar sus apoyos, o se detiene en él utilizándolo como tirante. Esta última solución no pasante es más sencilla y permite mantener la misma sección del tablero en los accesos que en el tramo o tramos principales soportados por los arcos, lo que proporciona unidad a todo el puente. Los arcos pasantes, en cambio, presentan la obvia dificultad del cruce, habitualmente afrontada separando las circulaciones con una franja abierta longitudinal.

En ambos casos es preciso hacer frente a los esfuerzos de torsión producidos por la excentricidad de las sobrecargas en el tablero. La idea de duplicar las péndolas transversalmente desde un arco único de sección más ancha, como hizo Manterola en el puente en arco metálico sobre el Ebro en Zaragoza (2002, 120 m) ya mencionado, resuelve el problema con gran simplicidad. Con el arco pasante es preciso disponer unas vigas transversales que recojan las dos mitades del tablero, como en el puente de Tamaraceite (1993, 160 m) de José A. Torroja en Las Palmas de Gran Canaria, lo cual genera un ritmo longitudinal en el tablero de cierto interés.

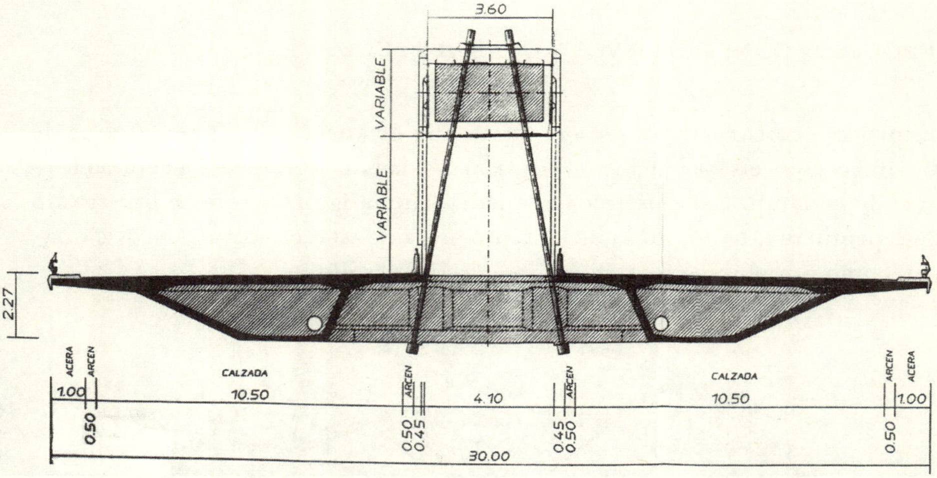

Puente de Tamaraceite en Las Palmas de Gran Canaria
(José A. Torroja, 1993, 160 m)

La forma y dimensiones de los elementos de conexión entre arco y tablero son también importantes para la composición general del arco. Las soluciones utilizadas se benefician de la exploración tipológica realizada en los puentes de fundición de principios del XIX, acusando una menor variedad, aunque hay excelentes ejemplos aislados.

El menor coste relativo del hormigón permite utilizar pantallas planas, inviables con el hierro, dispuestas verticalmente como pilares con forma de tabique, o con una cierta inclinación para adoptar formas propias de la celosía, como planteó Freyssinet en los puentes del Veurdre (1910, 3x77 m) y Boutiron (1912, 3x77 m), de aspecto más dinámico[6].

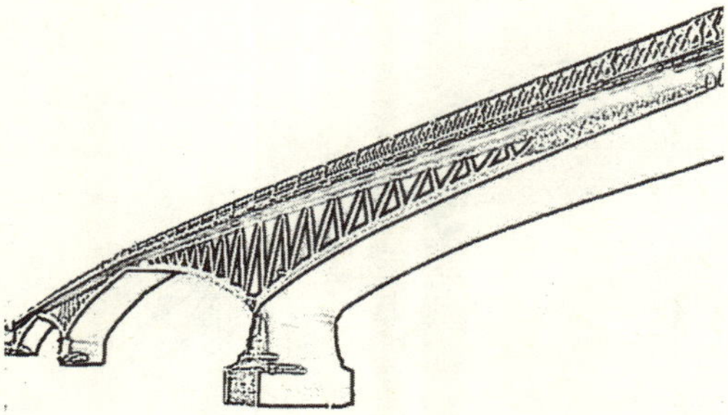

Puente del Boutiron
(Freyssinet, 1910)

Los elementos verticales han sido más utilizados que los inclinados, y su desmaterialización en pilares o columnas se

6 El tercer puente de la serie, en Châtel de Nêuvre, estaba también planteado con barras inclinadas de hormigón pero fue simplificado por Freyssinet con la utilización de tímpanos macizos, que suponían más cantidad de material, pero aportaban mayor resistencia y facilidad de ejecución.

ha decantado como solución de referencia al permitir alzados más transparentes desde perspectivas de observación oblicuas.

Procesos constructivos y grandes luces

El proceso constructivo adquiere mayor importancia en los puentes arco de hormigón que en los metálicos, por la necesidad de la cimbra. La riqueza formal de las cimbras de los arcos de piedra y hormigón merecería un estudio independiente, tanto por la belleza intrínseca de estas estructuras provisionales, como por el ingenio desplegado en su desarrollo.

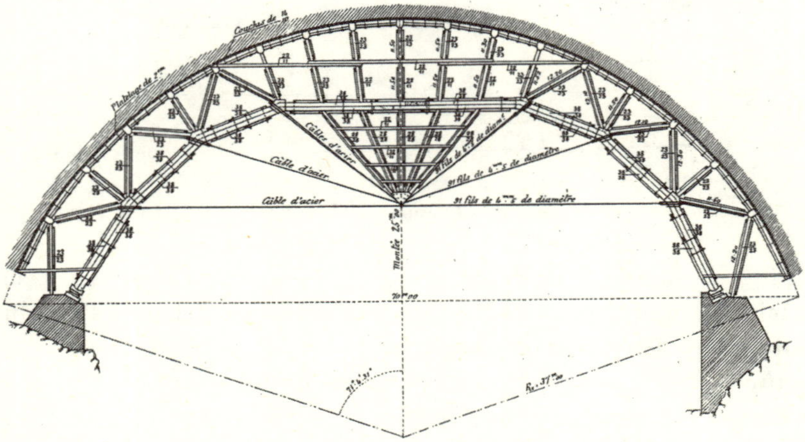

Puente Sidi-Rached, en Argelia, cimbra del gran arco central (1912, 69 m) [210:II-110]

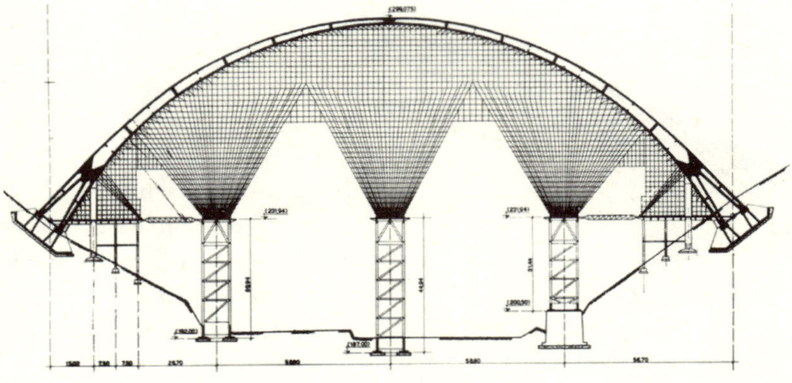

Viaducto sobre el río Fiumarella en Catanzaro, Italia (Morandi, 1962) [37:30]

También la propia cimbra es objeto de novedosos sistemas constructivos. Es bien conocida, por ejemplo, la cimbra para el arco de La Guaira, en Venezuela, diseñada por Freyssinet con dos tramos extremos en voladizo y uno central elevado desde el fondo del barranco.

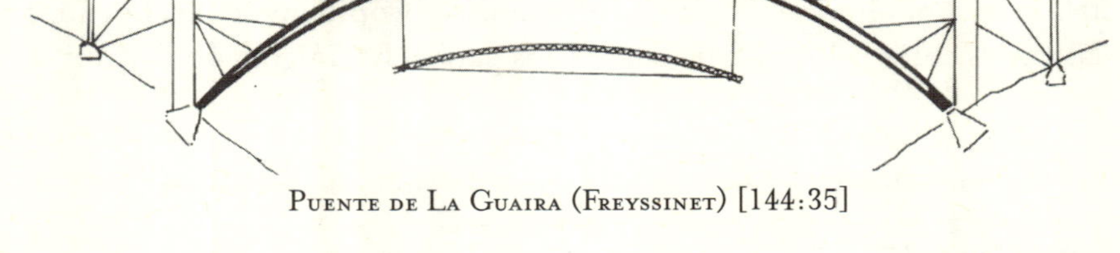

Puente de La Guaira (Freyssinet) [144:35]

El puente de la Arrábida (Cardoso, 1963, 260 m) en Oporto consiguió superar la barrera de los 300 m de luz y fue uno de los últimos puentes de gran luz construidos con cimbra, en este caso un arco metálico que se ripó transversalmente para el segundo arco.

Muchos de los procedimientos modernamente empleados en la construcción de arcos derivan de (o son similares a) los utilizados en las vigas y han evolucionado muy rápidamente permitiendo la construcción de vanos de gran luz, de difícil construcción con cimbras tradicionales[7].

Arcos de armadura rígida

A finales del XIX, se empezaron a realizar grandes arcos de hormigón armado que en sus primeras versiones tenían armadura rígida. El primero de estos puentes de hormigón con perfiles de acero fue el puente de Rock Rapids,

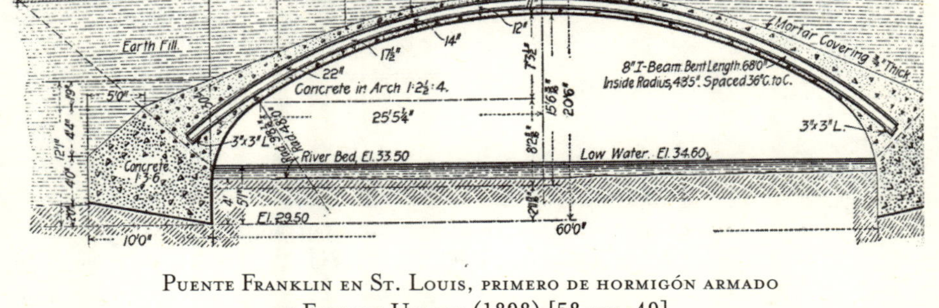

Puente Franklin en St. Louis, primero de hormigón armado en Estados Unidos (1898) [58:fig. 49]

7 Lo que sigue está basado parcialmente en el apartado 4,5 del libro *Túneles y viaductos para los caminos españoles* [10:177-184].

Iowa, construido por el ingeniero vienés Joseph Melan en 1894. El sistema permitía prescindir de las tradicionales cimbras, pues el encofrado del hormigón se podía colgar de las piezas metálicas que constituían las armaduras.

Poco después, el ingeniero de caminos José Eugenio Ribera patentó un sistema constructivo que perfeccionaba el de Melan para construir grandes arcos de hormigón con armadura metálica. Construía un arco con vigas metálicas en doble T, capaces de resistir su peso propio más el del hormigón, de las cuales colgaba los moldes corredizos para el hormigonado del arco.

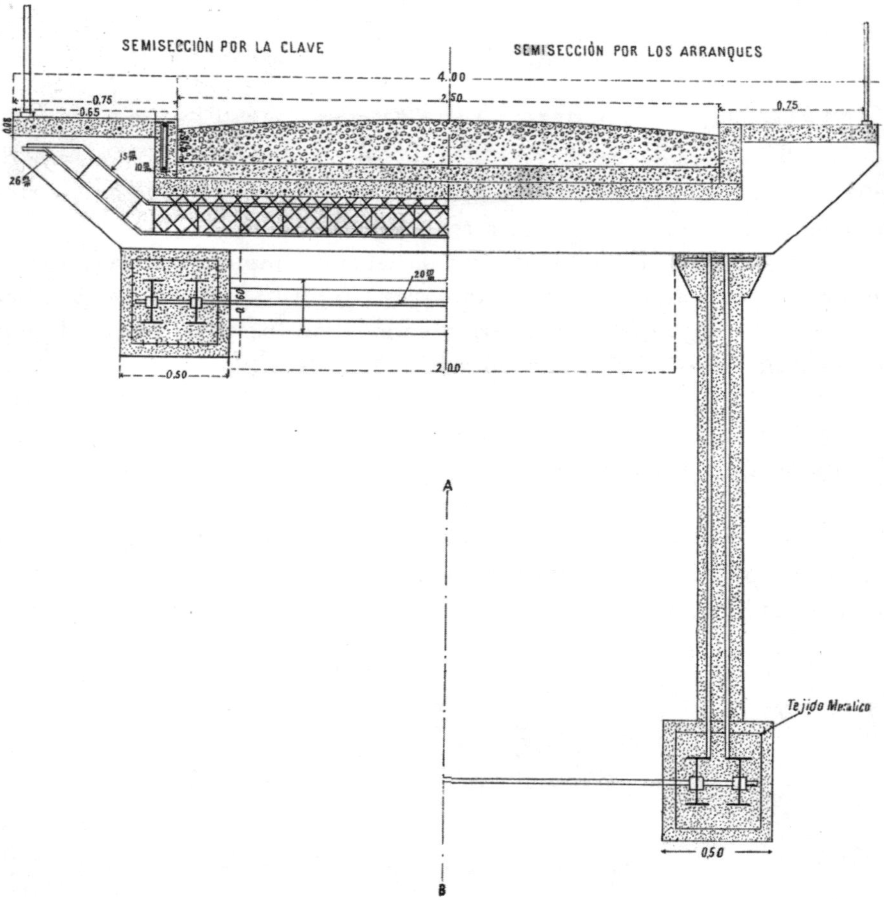

PUENTE DE GOLBARDO, PRIMERO DE HORMIGÓN ARMADO EN ESPAÑA
(J.E. RIBERA, 1903, 30 M) [191]

Con este sistema, en 1903 construyó el puente Golbardo sobre el río Saja en Santander, un arco doble de 30 m de luz de hormigón armado con perfiles metálicos embebidos, que sólo precisó un ligerísimo andamiaje para montar los arcos metálicos, y que está considerado como el primer puente de hormigón construido en España.

Ribera no llegó a aprovechar totalmente la resistencia de la armadura rígida, pues el arco de hormigón es capaz de resistir por sí solo las cargas, pero la consideraba como un suplemento de resistencia. Se trataba de un *gasto a favor de la obra* que permanecía en el arco, al contrario que los gastos en cimbras, consideradas como *gastos muertos* [191,2:5].

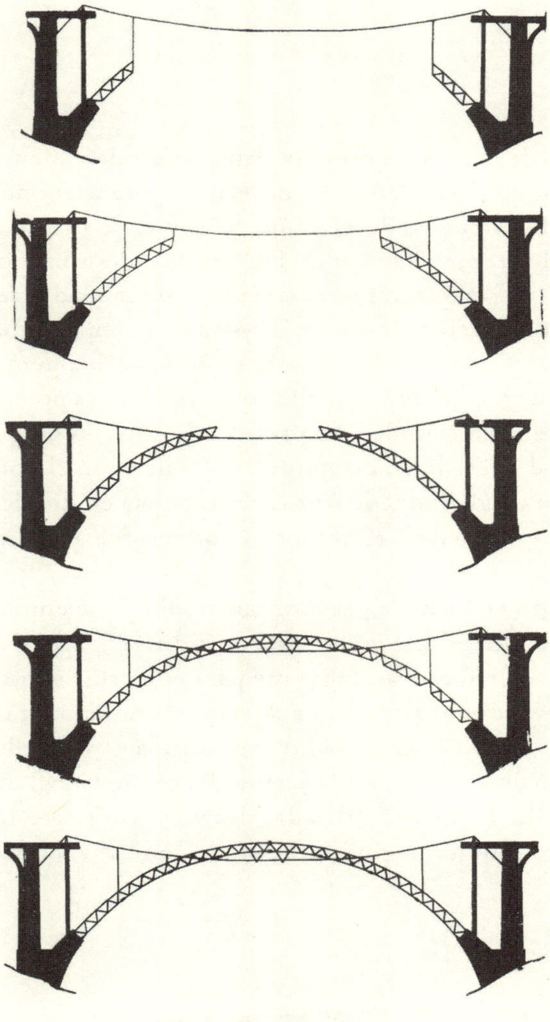

Proceso constructivo del viaducto Martín Gil

Años más tarde, Torroja recuperó la idea de Ribera aprovechando la armadura rígida utilizada para construir la cimbra del viaducto Martín Gil (1929-1942, 210 m), también como elemento resistente colaborante con el hormigón del arco. Como el peso del arco era elevado y requería una cercha muy cara, la solución propuesta consistía en ir hormigonando partes de la sección como cordones de refuerzo que, *trabajando conjuntamente con la cercha en forma de estructura mixta*, dieran resistencia suficiente para soportar el nuevo hormigón fresco en todo momento hasta la terminación total del arco[8].

8 Castellón Ortega, Francisco; Villalba Granda, César; Salazar, Antonio; Torroja Miret, Eduardo; 1942. «Viaducto Martín Gil». *Revista de Obras Públicas*, 1942, 90, tomo I (2730): 500-510; (2731): 531-541; (2732): 579-589; (2733): 17-25; (2734): 65-74.

Este procedimiento sigue siendo válido y ha sido utilizado muchos años después para la construcción del puente de Wanxian (1997) sobre el río Yangtze en la provincia de Sichuan. Con sus 420 m de luz es el actual récord del mundo de puentes en arco de hormigón, y se montó sobre una autocimbra de estructura metálica en celosía, sobre la que se fue hormigonando el arco por cordones completos, conformando una sección mixta evolutiva.

Dovelas prefabricadas

En el puente de Gladesville o de Parramata sobre la Bahía de Sindey (Maunsell, 1963, 305 m) se reintrodujo el empleo de las dovelas en la construcción de grandes puentes en arco. El uso de las dovelas, que habían dado origen al arco de piedra, había decaído frente a las ventajas del moldeado *in situ* que ofrecía el hormigón pero volvió a emplearse por las ventajas de calidad ofrecidas por la prefabricación. En él actuó de asesor Freyssinet, quien ya había utilizado dovelas prefabricadas unidas por pretensado en su serie de puentes sobre el Marne (1948). En un arco era más sencillo, pues las dovelas podían recuperar su primitivo papel sin necesidad de pretensado. Sin embargo, aportaban una ventaja esencial de facilidad de ejecución y control en el hormigonado, que se realizaba en condiciones de fabricación, puesta en molde y vibrado difíciles de conseguir encima de la cimbra, con poco espacio y peores condiciones climáticas.

Las dovelas se construyeron en la orilla y se montaron sobre una cimbra convencionalmente apoyada sobre pilotes en la bahía de Sidney. Primero se construyó un arco y después se desplazó lateralmente para construir el otro arco paralelo. La unión entre dovelas se realizó a la manera tradicional de los puentes de piedra, esto es, sin utilizar armaduras pasantes entre dovelas y confiando en el rozamiento entre ellas y en la acción del esfuerzo axil del arco. Las dovelas prefabricadas han sido utilizadas después con procedimientos constructivos que no requieren cimbra, como los que se exponen a continuación.

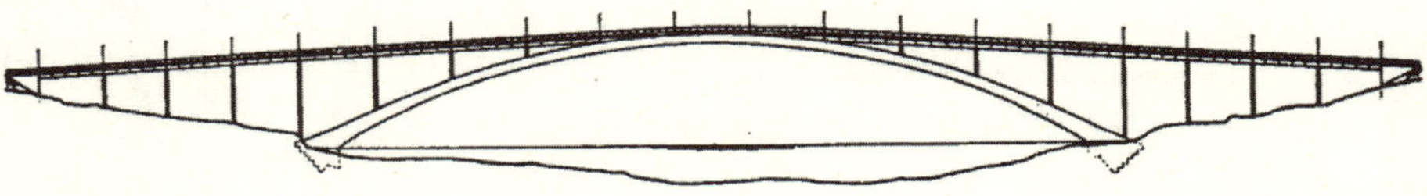

Puente de Parramata (Maunsell, 1963, 305 m)
[141:900]

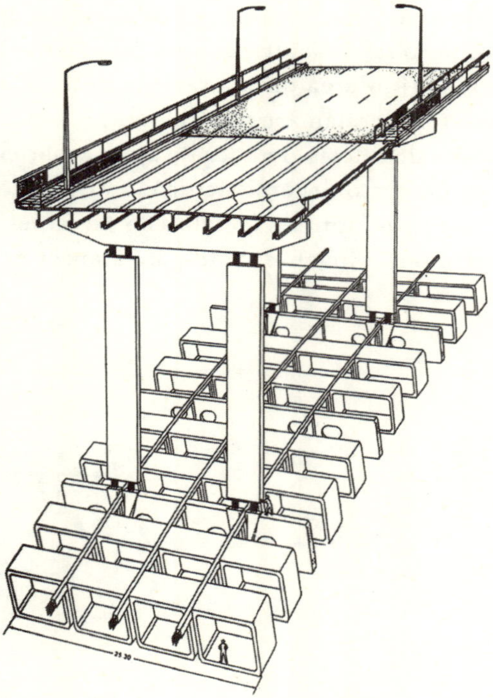

Puente de Parramata, despiece (Maunsell, 1963, 305 m) [141:16]

Voladizo simultáneo del conjunto arco tablero

La idea de construir en voladizos sucesivos desde ambos estribos no es privativa de los puentes en tramo recto y ha sido también empleada para la construcción de arcos. De hecho, el primer esquema conocido de este método de construcción aparece en unos dibujos fechados en 1805, realizados por Thomas Telford para un puente metálico en arco sobre el estrecho de Menai, el lugar donde luego construyó el gran puente colgante. En el esquema se aprecia una pequeña grúa colocada en el extremo del voladizo, a su vez sujeto por cables al estribo, que coloca los elementos metálicos que conforman la celosía del arco.

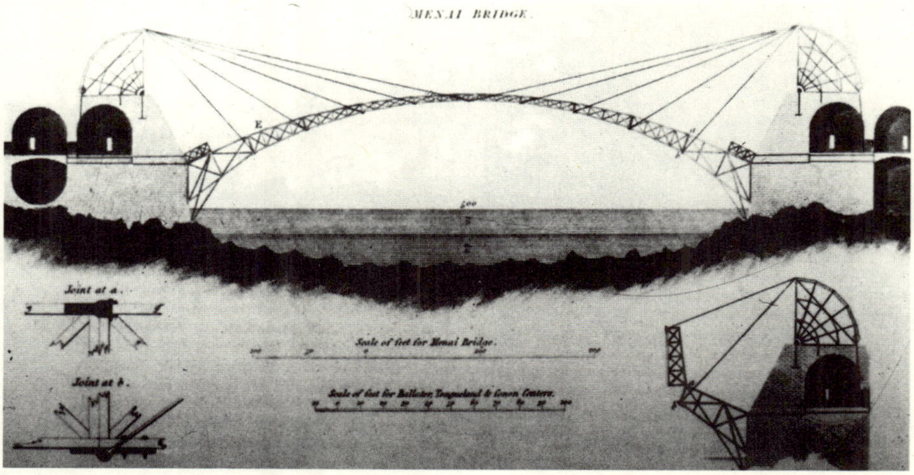

Construcción por voladizos sucesivos de un arco metálico sobre el estrecho de Menai (Thomas Telford, 1805)

Los grandes puentes metálicos en arco fueron construidos sin grandes problemas con este procedimiento, pero las dificultades aumentan con el hormigón por su mayor peso y por la tipología de pilares y tablero. En efecto, en los puentes de hormigón éstos no están arriostrados entre sí, por lo que no se puede aprovechar el efecto de celosía. La idea de aprovechar el tablero como tirante –para sujetar el progreso del arco desde el estribo– se hizo posible al añadir unas diagonales provisionales metálicas o de cables, que triangulan el tímpano y proporcionan suficiente canto para avanzar en voladizo.

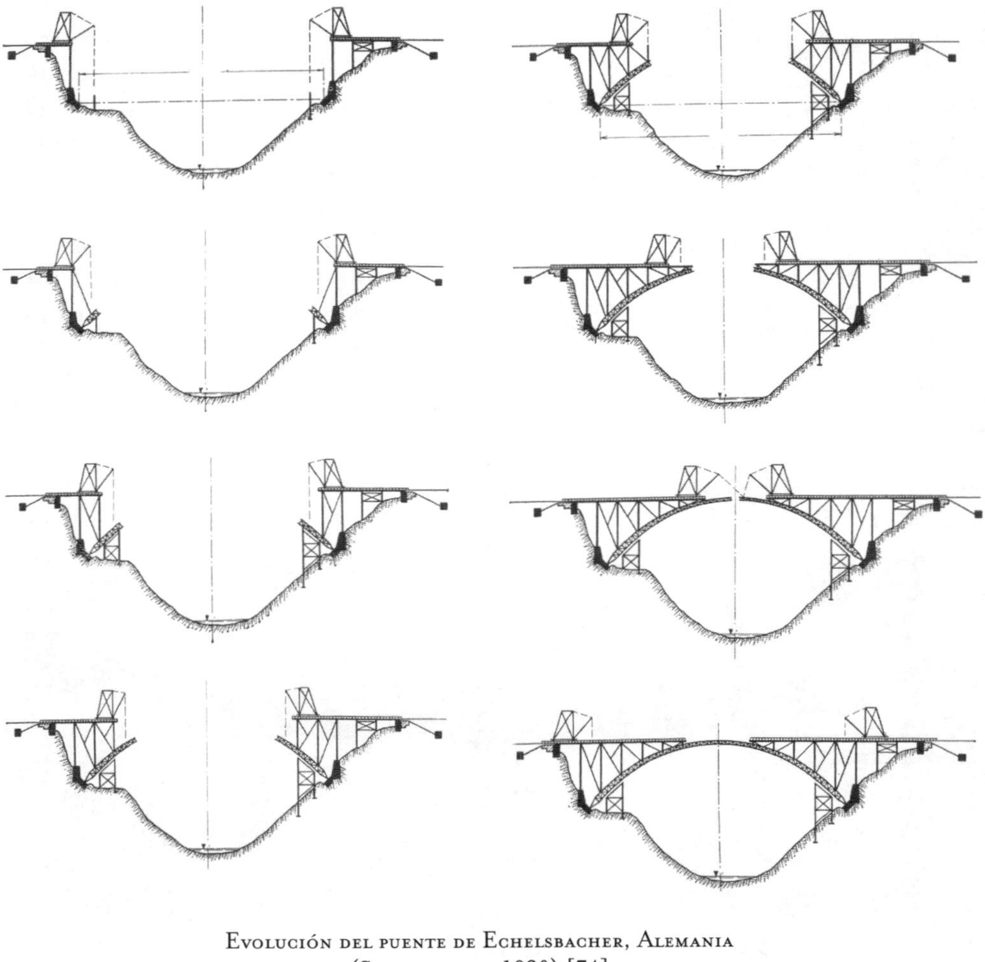

Evolución del puente de Echelsbacher, Alemania
(Spannberger, 1930) [74]

En el Adriático, la isla croata de Krk se une al continente por medio de dos grandes arcos denominados Krk I y Krk II. El mayor es el Krk I con 390 m de luz[9], que superó la luz del anterior récord de Gladesville en casi un 30% y se construyó con dovelas montadas por avance en voladizos sucesivos con diagonales temporales. Las dovelas se colocaban en posición por medio de un blondín y, para disminuir el peso a colocar, hubo que dividir la sección transversal. Primero se montó el cajón tricelular central y, una vez cerrado el arco, se colocaron dos cajones laterales adosados también montados por dovelas.

El récord actual de luz en España es el arco de los Tilos (2004, 255 m) en la isla de la Palma, proyectado por Santiago Pérez-Fadón. Tiene sección transversal constante de 6 x 3 m en cajón monocelular, con tablero mixto sobre pilares de hormigón, y fue construido por voladizos sucesivos con diagonales temporales[10].

Voladizos sucesivos para el arco

También se construyen arcos por avances sucesivos sin utilizar el tablero, sino sujetando el tramo de arco ya construido por medio de tirantes anclados en los estribos o en torres provisionales. El sistema se utilizó primero en el puente de Taf Fechan en Gran Bretaña (1964, 68 m) [79:366], y enseguida el gran puente arco de Shibenik en Croacia (1966, 246 m). El sistema es casi obligado cuando el tablero no está situado sobre el arco sino en posición intermedia o inferior.

El gran arco metálico de Lupu (2003) sobre el río Huangpu, en Sanghai, que es de tablero intermedio, utilizó un proceso constructivo mixto. Hasta el cruce del tablero, los arcos se construyeron por voladizos sucesivos con atirantamiento desde aquél y luego se continuó con atirantamiento desde dos torres provisionales construidas sobre las pilas del arco principal [175:20].

Rotación de semiarcos

Esa misma sujeción de los arcos con tirantes desde torres provisionales proporciona una nueva posibilidad constructiva. El sistema de construcción por semiarcos coloca los encofrados en posición casi vertical en las orillas, y una

9 El arco se prolonga bajo el agua con dos bielas en cada extremo, una sumergida y otra a ras del agua, cuyas longitudes no suelen tenerse en cuenta para medir la luz del puente pero, si se hiciera, la luz total sería de unos 430 m y el puente seguiría siendo el más grande en la actualidad [175:16].

10 Pérez-Fadón, Santiago; Herrero, José Emilio; Sánchez, Juan José; 2004. «El Arco de los Tilos, en la Isla de la Palma. Récord de luz en España». *Cauce*, nov.-dic. 2004, 125:30-39.

vez hormigonados los aproxima mediante la acción de su propio peso controlada con cables de retenida. Al apoyarse en el centro funcionan como arcos triarticulados, y luego se solidariza la junta para convertirlos en biarticulados. Con este sistema se abaratan las cimbras, a costa de hacer trabajar los semiarcos en condiciones más severas y muy distintas que las finales.

Según Fernández Troyano, el procedimiento nunca se utilizó en arcos metálicos, pero en 1943 se empleó para construir la cimbra de madera del viaducto de Longeray, con tres arcos de 69 m de luz sobre el Ródano. En puentes de hormigón, el ingeniero italiano Ricardo Morandi construyó la pasarela de Vagli di Soto (1953, 70 m) girando las dos mitades, que fueron provisionalmente postesadas para evitar esfuerzos superiores a los definitivos [37:20]. En 1955, Carlos Fernández Casado realizó con semiarcos las bóvedas del puente sobre el Guadiana, aunque en este caso se prefabricaron y se colocaron en obra con una torreta central provisional.

El primer empleo de semiarcos con fabricación vertical y sin torre fue realizado en 1954 por Morandi para un puente de sobre el río Storms cerca de Elisabethville (1955, 100 m), en Sudáfrica. El arco se dividió en cuatro partes: las dos primeras se colocaron en su lugar apoyadas sobre soportes provisionales,

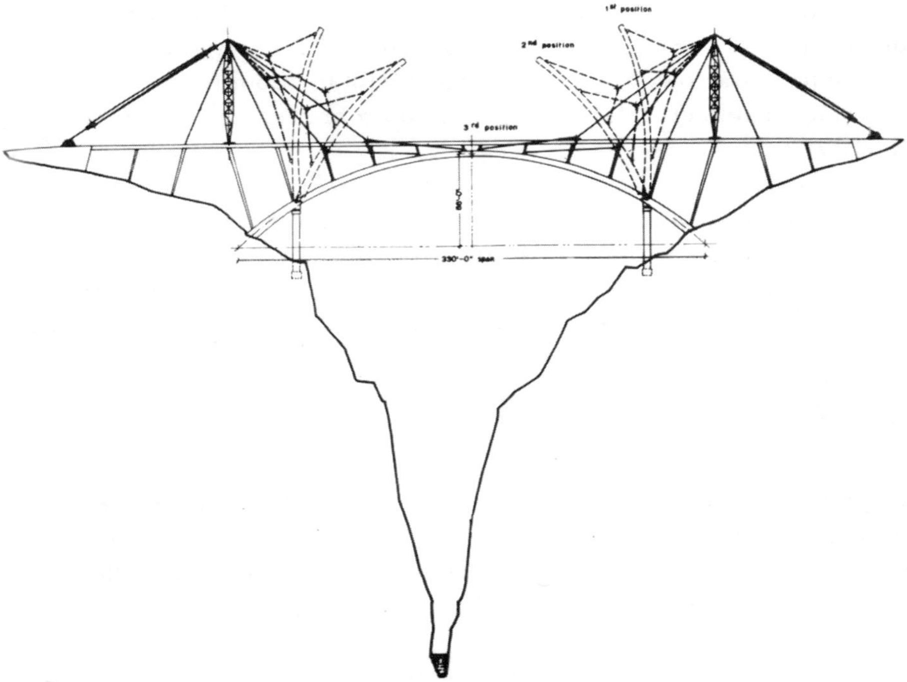

Puente sobre el río Storms en Elizabethville
(Morandi, 1955, 100 m) montaje por giro [37:27]

y sobre éstos se giraron los semiarcos que cubrían el resto del vano. El mayor vano construido con esta tecnología es de 145 m de luz, en el puente de Argentobel, en Alemania, y en Japón hay una realización reciente de 135 m de luz. En España, Leonardo Fernández Troyano ha utilizado esté método de construcción en varios puentes arco para el metro de Bilbao sobre el río Nervión [82:118].

En general, el proceso constructivo de estos grandes arcos no suele tener gran influencia sobre el diseño, aunque se deja sentir en la mayor potencia de los montantes, requerida cuando se avanza conjuntamente arco y tablero por voladizos sucesivos. La única variable formal de cierta repercusión en la apariencia final del puente es el diseño de unos montantes más o menos fuertes o tupidos, abusando de la diferenciación con la potencia del arco principal o jugando a equilibrarla.

De la ambivalencia del material a los arcos mixtos

La utilización de secciones transversales cuadradas en los arcos, formadas por cajones metálicos que sustituyen a las celosías utilizadas en la etapa inicial de los arcos metálicos, ha conseguido que el material utilizado en los arcos sea indistinguible. Sus similares dimensiones y la utilización de pinturas adecuadas logran un total mimetismo que impide la identificación del material, eliminando su papel discriminador a la hora de individualizar los tipos, que pasan a ser cautivos de la forma y, mientras dura su construcción, de los procesos.

En los últimos diez años se han realizado varios puentes de celosías mixtas para luces del orden de los 200 m, con arcos tubulares metálicos rellenos de hormigón. La mayor parte de ellos se ha construido en China, donde se contabilizan cerca de 20 grandes arcos con luces desde los 200 m del puente de Guangdong hasta los 460 m del puente de Wusham sobre el río Yangtze en Chaingqing.

También se han utilizado arcos de celosías mixtas, como en el puente de Yajisha, sobre el río Zhugiang de 360 m de luz. En la sección transversal de cada uno de los dos arcos, los cordones superior e inferior son losas de hormigón vinculados entre sí con diagonales metálicas [175:23]. En general, la apariencia de estos arcos sigue las pautas formales establecidas en los arcos de hormigón más pequeños, con el añadido de ligereza proporcionado por las mayores luces salvadas.

En España, el puente del Escudo (1999, 125 m), diseñado por Javier Manterola, presenta una composición bastante diferente. El arco se subdivide en dos parejas de tubos metálicos rellenos de hormigón, sobre cuyo eje y por medio de una ménsula especial se apoyan los montantes tubulares. El tablero es una losa mixta, con capa superior de hormigón sobre un emparrillado de vigas metálicas, que pasa limpiamente sobre los arcos sin tocarlos. Las proporciones relativas y la homogeneidad de los diferentes elementos proporcionan un esquema muy equilibrado.

La clave estética del puente del Escudo está en la adecuada relación del tamaño de los arcos en relación con el resto de la estructura, que se consigue con el empleo simultáneo de varios recursos estructurales, inteligentemente combinados. Primero, la elección del tubo metálico frente a la tradicional sección en cajón de hormigón proporciona una sección visualmente más ligera, a igualdad de canto, desde cualquier punto de vista. En segundo lugar, los tubos metálicos están rellenos de hormigón, lo cual permite reducir espesor o diámetro del tubo gracias a su colaboración resistente. En tercer lugar, en vez de resolver la sección transversal del puente con los dos arcos usuales, uno a cada lado, se prefirió desdoblar cada arco principal en una pareja de arcos arriostrados entre sí.

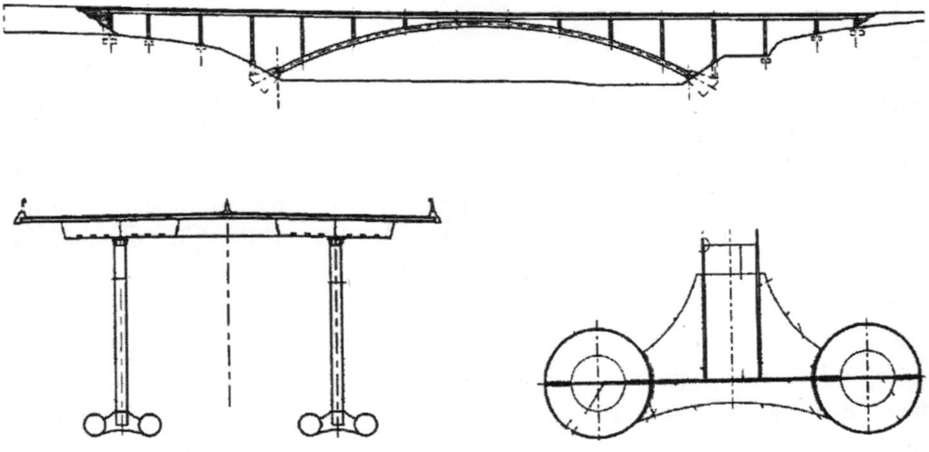

Puente del Escudo (Manterola, 1999, 125 m) [141:922]

De esta forma, el puente supera la tradicional jerarquía de arco principal, de gran potencia y dimensiones, y estructura soporte del tablero, más ligera y equilibrada, con una composición unitaria conseguida a base de elementos de similar tamaño en arco, montantes y entramado del tablero. La fuerza visual tradicionalmente asociada al arco se reparte en todo el puente, superando el esquema tradicional de una estructura ligera colocada sobre él.

12. EL PÓRTICO, CRUCE DE ARCO Y VIGA
Síntesis

El pórtico debe entenderse como una estructura muy evolucionada, a pesar de su presencia en antiguas construcciones de edificación o en puentes más o menos primitivos de madera. La clave de su comportamiento estructural está en la colaboración de los pilares a la resistencia del dintel, gracias a la vinculación de empotramiento entre ambos.

Parece claro que la vinculación de pilas y dintel es una idea estructural posterior al simple apoyo de éste en aquéllas. Para materializar su empotramiento, donde se producen los máximos esfuerzos, suele ser necesario regruesar el entronque con un triángulo o cartela, por lo menos antes de que se pudieran coser con cables de pretensado. Eduardo Torroja señala la dificultad estética de este enlace: *El dintel recto sobre la columna, con su base, fuste y capitel, determinan una envolvente racional desde el punto de vista resistente, que la arquitectura clásica prefirió rehuir, convirtiendo el perfil continuo en otro acusadamente discontinuo y heterogéneo ... y, justamente en esos ángulos entrantes es donde se alojan las mayores exuberancias ornamentales.*

Olvida aquí Torroja el nobilísimo precedente de la arquitectura adintelada egipcia, con sus capiteles suplementados en altura con dados paralepipédicos –que los griegos sublimarán en ábacos– para mantener la pureza de los entronques rectos. Frente a la posibilidad de acuerdos curvos, reconoce que *el artista prefiere sustituir la curva por la franca discontinuidad del ángulo ... que es la consecuencia esencial del encuentro de dos alineaciones* [233:347].

Más allá de su derivación del esquema adintelado, los pórticos también se relacionan con el arco, en ocasiones considerado como su límite al multiplicar los segmentos rectilíneos del pórtico. Torroja lo considera como *un arco mal trazado, cuya directriz se separa del antifunicular de las cargas* [233:115], a lo que ayuda la ya aludida utilización de cartelas, rectas o curvas. Desde un punto de vista resistente, la colaboración de las pilas con el dintel induce reacciones horizontales en el pórtico similares a los arcos, pero ofrece posibilidades de diseño muy atractivas para influir sobre los esfuerzos del dintel, variando las longitudes o las secciones relativas de los pilares.

Como es una estructura sometida a flexiones, el pórtico requiere materiales capaces de resistir tracciones y compresiones. El pretensado, al permitir el contrarresto de esas tracciones y con su capacidad para de hacer uniones monolíticas, permite que el hormigón se utilice habitualmente para los pórticos, al lado del acero que, a su natural capacidad para resistir ambas, añade la facilidad de su conexión con soldadura.

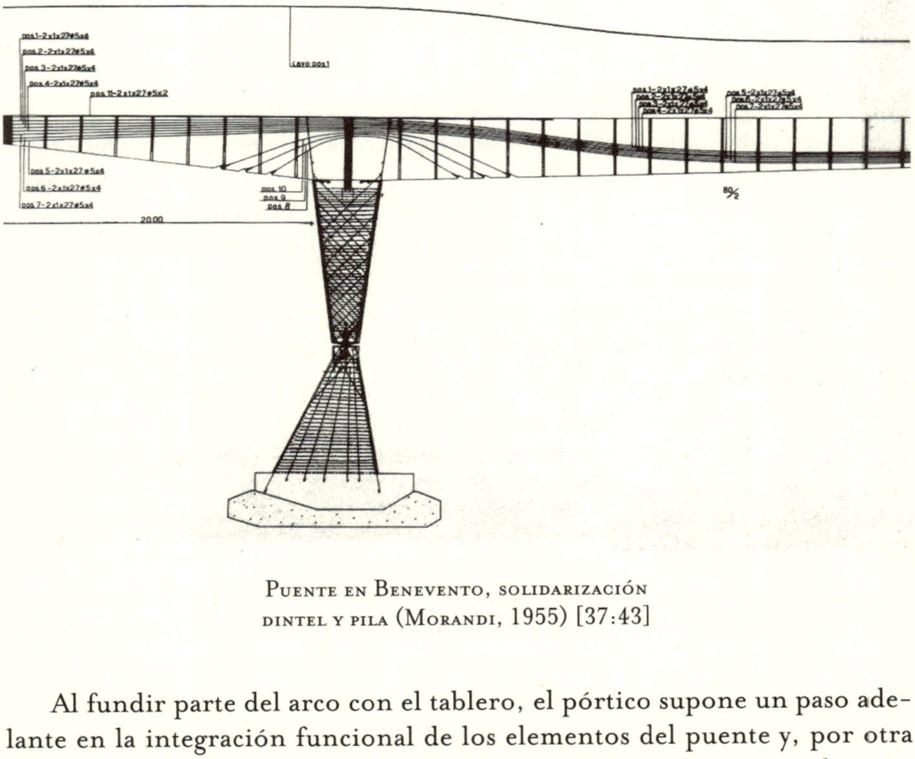

Puente en Benevento, solidarización dintel y pila (Morandi, 1955) [37:43]

Al fundir parte del arco con el tablero, el pórtico supone un paso adelante en la integración funcional de los elementos del puente y, por otra parte, una mejora clara en la potencialidad resistente de la viga, con la posibilidad añadida de graduar a voluntad el efecto de la vinculación. Su carácter de tipo intermedio, de cruce o de síntesis entre el arco y la viga, no significa que sea una estructura sin interés, sino más bien al contrario.

EL PÓRTICO COMO MEJORA FUNCIONAL DEL ARCO

Los primeros intentos de explicar la génesis del arco están en los tratados de los pensadores y artistas del Renacimiento. La tesis más difundida en aquel período es la concepción del arco como tipo resultante de la evolución de estructuras más simples, comenzando con el esquema de dos dinteles acodados en Λ, que admite luego la intercalación de otro dintel horizontal, formando un perfil trapecial en A. Es decir, aumentando el número de elementos del pórtico se alcanza el esquema de arco, tal como lo entendemos ahora.

Así, Juan Bautista Alberti consideraba el arco como forma límite del pórtico en su tratado *De re edificatoria* (1452). Sin embargo, algo más tarde, Antonio Filarete en su *Tratado de arquitectura* (1461-1467) lo concebía como un único elemento lineal curvado, apartándose de la idea de pórtico: *El arco surgió cuando al hombre que edificó la primera vivienda, de paja o cualquier otro material, le tocó hacer la puerta. Creo que tomó una pieza de madera flexible, la curvó en media circunferencia o bien la ató (de esta forma) a los pies derechos que había plantado en el lugar donde había determinado colocar la puerta. Después otra persona lo resolvió un poco mejor. Hizo una circunferencia completa y la cortó por la mitad, poniéndola simplemente sobre las dos piezas verticales, haciendo así una puerta rematada en medio punto*.

Tanto la progresión del pórtico como la pieza curvada se apartan de la esencia estructural del arco, como estructura formada por un conjunto de piezas o dovelas pequeñas colocadas en cierto orden geométrico, anteriormente analizada. De hecho, la explicación de Filarete implica una concepción del arco basada únicamente en una semejanza formal y de uso, como sucedía con los falsos arcos naturales, y está claramente más descaminada que la de Alberti, basada en una multiplicidad de piezas. El monolitismo no está en la esencia ni en el origen del concepto *arco*, aunque resulta más cercano al del *pórtico*.

El pórtico resulta una figura fundamental para la edificación, en tanto su forma permite un ajuste funcional a cualquier sistema de aperturas de una fachada o muro, sin introducir geometrías curvas ajenas a la composición. Es también adecuado en condiciones estrictas de paso, al ajustarse perfectamente a los gálibos de paso exigidos bajo la estructura. Mientras el arco se dispone de forma circunscrita al gálibo y deja unas zonas muertas entre ambos, el pórtico no desperdicia esos espacios. Algo similar a lo ocurrido en los puentes del estrecho de Menai, resueltos por Telford con un tablero colgado y por Stephenson con una viga cajón continua, como respuesta a unas exigencias de gálibo impuestas por el almirantazgo, que no permitían el empleo de arcos.

El pórtico como mejora resistente de la viga

Al vincular los soportes a la viga continua del dintel se consigue que la rigidez de éstos colabore con el tablero reduciendo las deformaciones. La proporción de la rigidez relativa de ambos elementos permite dosificar a voluntad los momentos de empotramiento inducidos por los pilares sobre la viga. Con pilas muy rígidas en relación con el tablero, el comportamiento de éste se asemejará a una viga empotrada en sus apoyos. Si las pilas son esbeltas, en cambio, éste *efecto pórtico* puede llegar a desaparecer, pues las pilas acomodarán dócilmente sus deformaciones a las del tablero. Nuevamente, la forma permite activar la función resistente en la dirección deseada, como se vio en el capítulo 2.

En general, este efecto pórtico se utiliza para introducir momentos negativos en el extremo del dintel que alivien los máximos momentos flectores positivos que se producen en el centro del vano. A cambio de ello, las reacciones de las pilas sobre el terreno adquieren una componente horizontal, y el dintel queda sometido a un esfuerzo axil equivalente. De este modo, el pórtico se asemeja a un arco, aunque de directriz inadecuada en tanto se aparta notablemente del antifunicular de las cargas. También es posible llevar esos esfuerzos horizontales hasta el estribo y el tablero, por medio de bielas, igual que se hace en los arcos, como en el puente de Arriondas (Manterola).

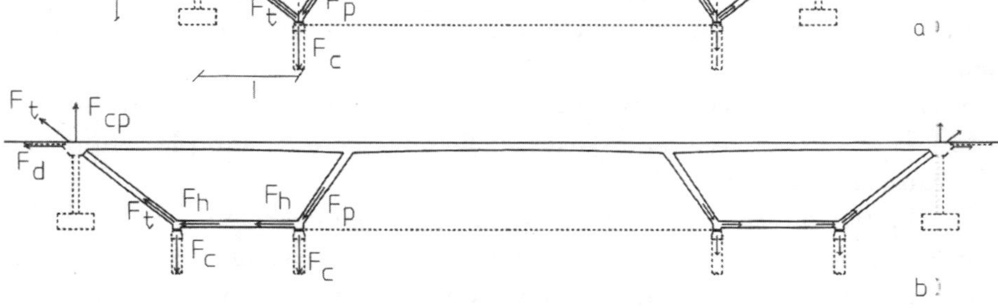

Pórticos sin empujes horizontales [141:461]

Otras veces, en cambio, el dintel se solidariza con unas pilas muy esbeltas para eliminar articulaciones o apoyos entre ambos, sin voluntad de introducir modificaciones resistentes importantes en el dintel. Para ello, muchos viaductos en viga continua de grandes luces se construyen sobre pilas dobles –de doble tabique muy esbelto– lo que permite un fácil arranque para los voladizos sucesivos, sin transmitir esfuerzos cortantes importantes a las pilas por su falta de rigidez.

Cuando las pilas se inclinan, el pórtico toma la forma π y adquiere un comportamiento aún más próximo al arco, al tangentear con mayor precisión ese antifunicular. Y, al igual que ocurría con los arcos, los pórticos admiten una, dos, o tres articulaciones y pueden construirse con cualquier material. Como ya se vio, algunos puentes de Maillart concebidos como arcos triarticulados de canto variable presentan formas y comportamientos resistentes muy similares a las de los pórticos. Cuando las pilas inclinadas se disponen en forma de células triangulares, se produce un efecto de gran interés que se analiza más adelante.

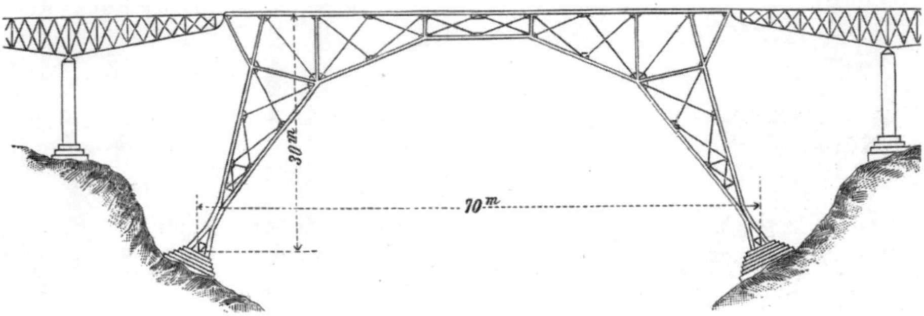

Puente de ferrocarril sobre el Blauw Krantz-Schlucht (Sudáfrica) (Max am Ende, 1884) [159:664]

En general, la mayor parte de los puentes de madera antiguos eran pórticos de pilas inclinadas –entonces llamadas jabalcones– que permitían ampliar la luz soportada por los dinteles rectos simplemente apoyados. Casi todos los primitivos tipos de celosía de madera incluían estos jabalcones como elemento de refuerzo adicional bajo el tablero que, además, facilitaba la construcción al permitir avanzar en voladizo desde el estribo. En este sentido, las cerchas utilizadas para la construcción de cubiertas son un híbrido entre pórticos de pilas inclinadas y vigas en celosía, y la forma más sencilla es una simple A que, a su vez, puede convertirse en un embrión de puente si se prolonga el travesaño horizontal para formar el tablero.

El pórtico recto de un solo vano

La historia de los pórticos rígidos comienza a principios del siglo XX con los marcos metálicos roblonados de los puentes en celosía, aunque fueron fundamentalmente utilizados en elementos secundarios de grandes estructuras, como en el puente de Sciotoville mencionado en el capítulo 6, y no como puentes propiamente dichos.

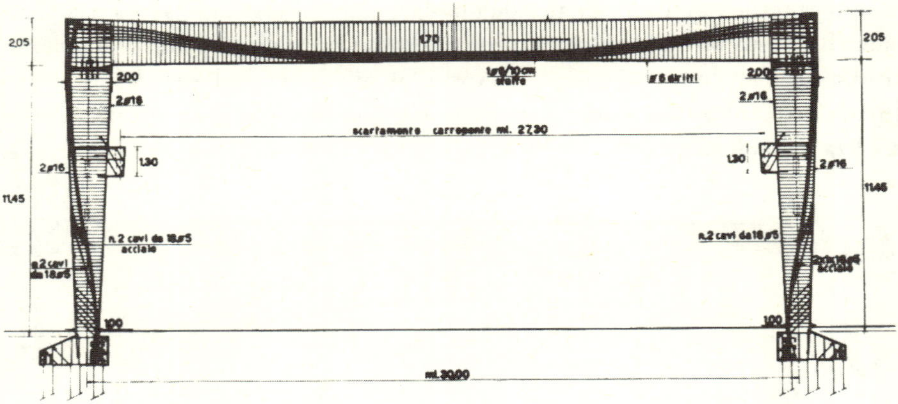

Portico para Colleferro en Roma (Morandi, 1954) [37:39]

Cuando se trata de un vano único, el pórtico permite la función adicional de sujetar las tierras eliminando la necesidad de estribos, cuando sus soportes se convierten en muros verticales. En este caso, la adecuación formal a las funciones de paso asociadas al tablero y de soporte de tierras asociada a los estribos es total, alcanzándose una máxima reducción de elementos resistentes en una aproximación verdaderamente estricta al problema del cruce.

El empuje lateral del terreno sobre los muros se une a la rigidez del cimiento para contrarrestar la fuerza horizontal producida por el efecto pórtico que tiende a abrir las pilas, pero su efecto concreto es difícil de precisar. Con roca sana, la coacción lateral se produce en toda la altura, pero si existe un relleno entre la roca y el muro, la coacción dependerá de la compactación a que se haya sometido el relleno.

Muchos túneles o pasos inferiores son, realmente, pórticos corridos, a modo de membranas o envolturas rígidas entre el gálibo y las tierras laterales o superiores. La eficacia de la solución mejora aún más con los nuevos procesos constructivos que eliminan totalmente la necesidad de encofrados. En efecto, es posible excavar grandes zanjas que, una vez hormigonadas, forman las pilas corridas y hormigonar la losa o tablero sobre el propio terreno, excavando posteriormente las tierras bajo él y entre las pilas, para generar el espacio interior.

Por ello, el pórtico es solución de referencia para puentes de un solo vano de pequeña luz y fue utilizado desde los inicios del pasado siglo. En 1901,

Goupil reseña un viaducto de la línea París Versalles sobre la calle Alésia en París, construido según un sistema ya utilizado en casos especiales por los ferrocarriles del Oeste de Francia, denominado *Pont à béquilles*. Las vigas rectas están unidas a los pilares verticales, y el ángulo entre ellos puede redondearse de acuerdo con las necesidades particulares, con lo que se puede disminuir el canto central[1]. Por su parte, Michael Chrimes señala una temprana realización en Inglaterra, una losa de hormigón armado de 5,4 m de luz y 12 m de ancho en Withycombe Road, Exmouth (1910), cuyo *esquema de armado sugiere que se trata, cuando menos inconscientemente, de un temprano pórtico* [53:411].

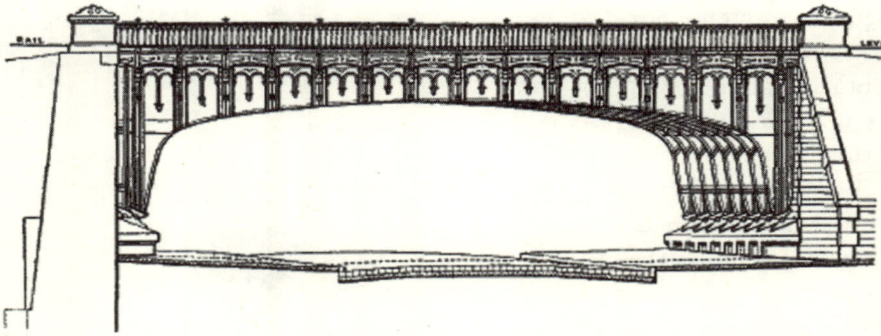

Pórtico sobre la calle Alesia en París
(1901) [100:227]

Una de las tempranas realizaciones más significativas de este tipo de pórticos fue su utilización como pasos superiores e inferiores en las parkways americanas. El ingeniero que introdujo la técnica en Estados Unidos fue Arthur G. Hayden, de la Westchester County Park Comission de Nueva York. Aunque el pórtico es de origen alemán, Hayden fue influido por el ingeniero brasileño Emilio Baumgart, quien construyó muchos puentes de hormigón desde 1920, con vanos de hasta 67 m de luz. Hayden utilizó estos pórticos para construir 74 puentes de 3 a 30 m de luz en los *parkways* de Bronx River y Cross County. En todos ellos, las pilas en forma de muros fueron hormigonadas conjuntamente con las vigas de canto variable y la losa del tablero [58:214].

Algunos puentes eran muy esviados y presentaron notables dificultades de cálculo, pero fueron resueltos satisfactoriamente con una mayor dosis de acero de refuerzo. La homogeneidad de material entre paramentos y losa estaba bastante en sintonía con la pretendida simplicidad de línea y texturas favorecida por la continuidad y fluidez de aquellas espléndidas carreteras.

1 Goupil, A.. 1901. En [116:227].

Morandi construyó varios pórticos importantes con hormigón pretensado. El puente de Sant' Apollinare (o la Giunture) sobre el Liri (1953, 61 m) está formado por tres pórticos simples adosados cuyas vigas son de sección en artesa. Fueron prefabricadas en secciones (dovelas) de 1,5 m de longitud, cosidas con cables postesados y unidas transversalmente para formar casetones rígidos. Otra familia de cables cosía los extremos de las vigas con los estribos, para garantizar la acción conjunta. Para sus siguientes pórticos, Morandi utilizó patas inclinadas [37:34].

Uno de los mayores pórticos simples de hormigón es el puente pórtico sobre el río Tagliamento en Pinzano (1965, 163 m) construido por Silvano Zorzi.

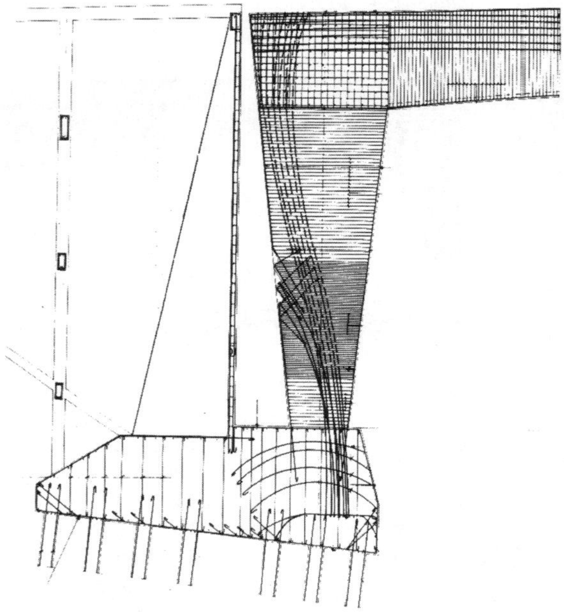

Puente en Sant Apollinare (Morandi, 1953) [37:34]

Los pórticos metálicos fueron también introducidos como estructura principal en Estados Unidos por Hayden, para la construcción de un puente para el Bronx River Parkway sobre el ferrocarril de Mount Pleasant en Nueva York (1929, 30 m). El puente tenía un fuerte esviaje y la presencia del ferrocarril hacía difícil su construcción en hormigón. No obstante, en aras de esa intención de adaptación escénica de la carretera, todo el puente a excepción de la viga principal fue recubierto de piedra [58:100].

Pórticos de varios vanos

Más allá del pórtico simple de vano único rodeado de tierras, el esquema de vano central y dos vanos laterales de compensación, con pilas verticales o inclinadas, es una estructura muy atractiva. En este caso, el esquema estructural se aproxima al de una viga continua, pues a los momentos de empotramiento de las pilas se añaden los esfuerzos de continuidad de los vanos de compensación.

En Europa este tipo de pórticos fue utilizado desde principios del siglo XX para pequeños puentes de hormigón. En Estados Unidos, el primer puente pórtico con viga prolongada en voladizo detrás de las pilas verticales fue construido para el paso de la calle McMillan sobre el ferrocarril en Cincinnati (1937, 35 m) por el ingeniero William Ivers, con unos vanos de acceso de unos 15 m de luz [58:103].

Es un esquema apropiado para salvar vanos de poca altura sobre el terreno, donde no se pueden inclinar las pilas. Cuando se trata de salvar una garganta más profunda, con laderas de fuerte pendiente, resulta interesante inclinar las pilas para reducir el vano a salvar, como se verá a continuación.

El puente de Tortosa (1987, 180 m), diseñado por Julio Martínez Calzón y José A. Fernández Ordóñez, supone un paso más en la integración del trabajo de las pilas y el tablero, que se manifiesta doblemente. Por un lado, los autores amplían su utilización *híbrida* de hormigón para las pilas y acero para los dinteles al prolongar las pilas en forma de T e invadir con ellas el espacio propio de los dinteles central y laterales. Eso resuelve muchos problemas de las secciones mixtas sobre los apoyos, anteriormente tratados con la *doble acción mixta* –aquí también utilizada– conseguida al hormigonar las zonas de fondo de las vigas en las regiones de momentos negativos.

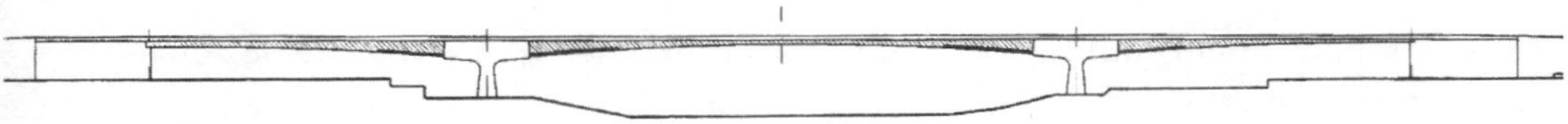

Puente de Tortosa (Fernández Ordóñez y Martínez. Calzón, 1987, 180 m) [149:174]

Pero, además, altera los clásicos papeles de pila y dintel al intersectarlos de forma tan rotunda por medio del contraste entre el blanco del hormigón de la pila y el marrón oscuro del acero corten utilizado en el dintel. Las pilas en T adquieren un destacado protagonismo visual y pregonan su participación en el pórtico, de forma mucho más conseguida que en Martorell y a pesar de (o, quizás, gracias a) la contención de su diseño y a la neutralidad del contexto. Con acierto, Javier Rui-Wamba llamó a este puente, *hermoso pórtico varias veces mixto* [203:399]. El puente fue récord mundial de luz de puentes mixtos desde 1987 hasta 1991, cuando se terminó el segundo puente sobre el río Ceroní en Venezuela [152:54].

Por su tamaño y cuidado diseño, también tienen interés varios pórticos rectos construidos en Portugal en los años noventa. El mayor es el pórtico de San Joâo en Oporto (Edgar Cardoso, 1991, 250 m) que sustituye al arco metálico de María Pía para el ferrocarril. El gran vano principal de 250 m está acompañado de dos vanos de compensación de 125 m y de varios vanos de acceso de 50 y 60 m de luz, con el tablero a unos 60 m sobre el valle. Fue diseñado como pórtico de hormigón pretensado, con la idea de conseguir una configuración compacta, contenida y minimalista que sirviera de contrapunto a los vecinos puentes de arco en celosía metálica de Doña María (1877) y Don Luis (1886).

Las pilas tienen una forma casi cilíndrica en sus arranques, que adquiere progresivamente cuatro aristas para entroncar suavemente con el dintel por medio de cartelas curvas. El dintel es de canto variable, mínimo en el centro del vano y máximo en sus extremos, pero muestra menor variación que la que utilizaría una viga continua de similares dimensiones. Otro pórtico portugués de hormigón pretensado de gran luz es el puente sobre el desfiladero de Zêzere (1995, 180 m), situado a unos 150 m sobre el cauce, resuelto con tres vanos, y pilas de líneas limpias y simples [193:287].

Inclinación de las pilas

Un pórtico muy utilizado es el dintel continuo de tres vanos sobre dos pilas inclinadas articuladas en el terreno y empotradas en el dintel. Con esa inclinación hacia el centro del puente se reduce el vano principal que, además, se empotra mejor en las pilas y se compensa por la continuidad de los vanos laterales. Ello tiene dos efectos suplementarios, un incremento en la compresión axil del vano central y la aparición de momentos flectores debidos a la sobrecarga puntual sobre apoyos, inexistente en los pórticos de pilas verticales [141:452].

Estas mejoras resistentes y funcionales tienen la consecuencia estética de conseguir una mayor tensión dinámica, sin perder la serenidad y el equilibrio producidas por la simetría. Su forma se ajusta bien a la voluntad de abrir o agrandar el vano central, y aproxima el pórtico a la forma estructural del arco. El puente sobre el Pisuerga en Valladolid (Manterola, 1993, 120 m) es un perfecto ejemplo de ambigüedad arco-pórtico, similar a los puentes desarrollados por Maillart en Tavanasa que luego culminarán en Salginatobel. Con las pilas inclinadas, las acciones horizontales sobre los apoyos, características de todos los pórticos aunque tengan pilas verticales, son más evidentes.

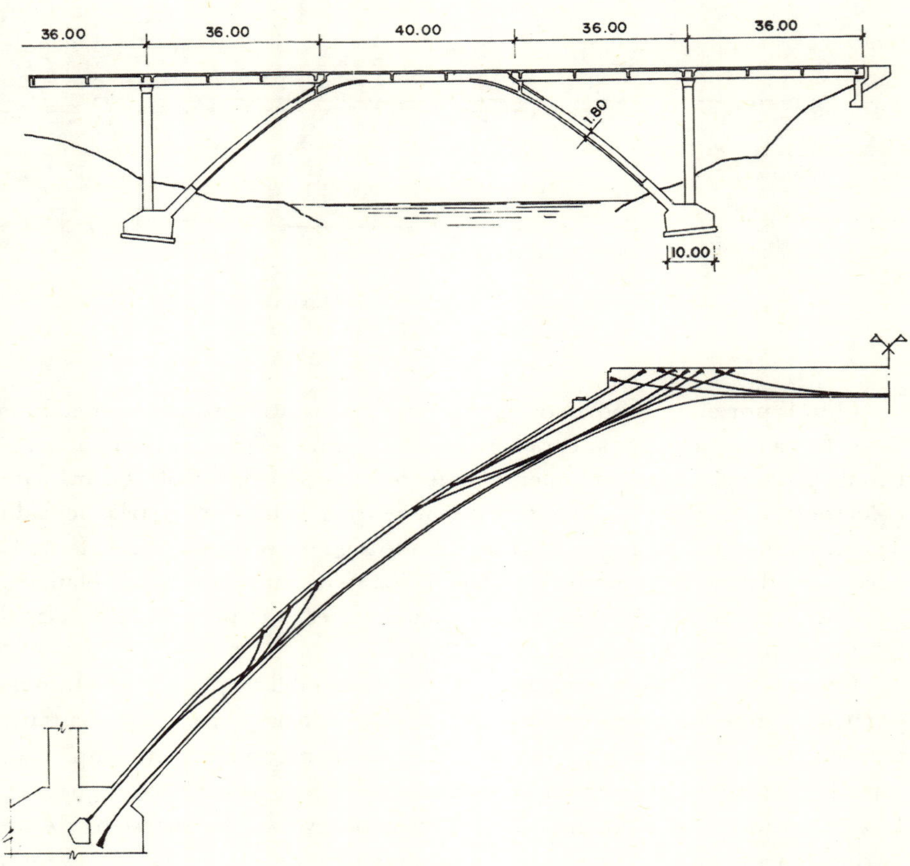

Puente sobre el río Arno en Incisa, Florencia
(Zorzi) [144:22]

La construcción de los pórticos con pilas inclinadas resulta algo más complicada que la de los pórticos simples. En primer lugar está la construcción de la propia pila, que puede requerir apoyos o tirantes provisionales cuando se hormigona en su posición definitiva, o un sistema de rotación en la base para construirla en vertical y luego bajarla por giro a su posición inclinada. En segundo lugar, dificulta la construcción por voladizos sucesivos del vano principal, haciendo necesario un apoyo vertical provisional en su extremo.

Una variante muy sugestiva fue la empleada por Ove Arup en la pasarela para la Universidad de Durham, formada por dos pilas en forma de V con un tramo de tablero superior integrado, que se construyeron alineadas con el río en las orillas, girándose después para encontrarse en el punto central del vano y solidarizarse como pórtico.

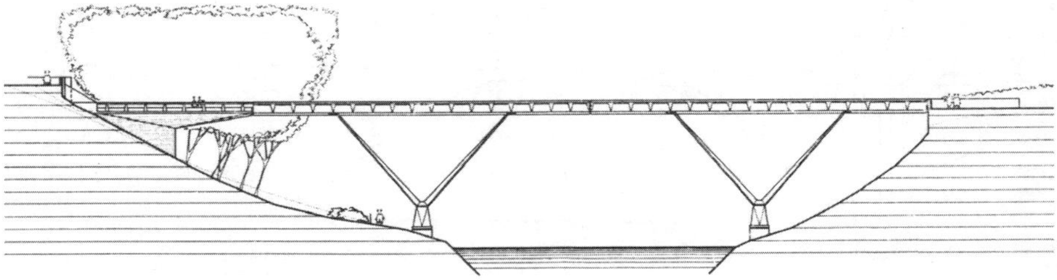

Pasarela de la Universidad de Durham
(Ove Arup) [107:124]

Quizás por ello los pórticos de pilas inclinadas utilizaron pilas metálicas desde fecha muy temprana. Para Fernández Troyano, el primer pórtico metálico de pilas inclinadas es el puente de Assopos en Grecia (1908, 80 m) para el ferrocarril del Pireo a la frontera turca. Se trata de un pórtico triarticulado de celosía metálica triangulada, cuyo alzado sugiere casi inmediatamente la derivación del arco y recuerda la silueta de los arcos triarticulados de Maillart. Bastante similar pero con sólo dos articulaciones es el puente de Bietschal (1913, 94 m) cerca de Brig, en Suiza [79:481].

En los años setenta se produjo una renovación del empleo de este tipo de pórticos, ahora con chapa de acero en lugar de celosías, y para luces bastante mayores. Su característica más definitoria es el sistema constructivo empleado, tomado tanto de las vigas como de los arcos. El puente de la Gran Duquesa en Luxemburgo (1965, 234 m) se construyó por voladizos sucesivos de un estribo a otro, con pilas provisionales para mantener el avance y construyendo las pilas inclinadas simultáneamente. En el puente de Kernours (1968, 147 m), sobre el río Bono en Francia, se apearon los extremos de las pilas inclinadas con pilas provisionales verticales. En el de Martigues (1972, 210 m) cerca de Marsella se construyó el tablero abajo, y se elevó con gatos sujetándolo sobre pilas verticales provisionales, mientras que las pilas se construyeron acostadas sobre el suelo, y se levantaron girando sobre su base hasta unirlas al tablero.

El puente de Sfalassa en Italia (Silvano Zorzi, 1973, 376 m), a 250 m de altura sobre el suelo, es el mayor de los pórticos construidos. Las pilas metálicas se construyeron en vertical, apoyándose sobre la última pila de los accesos, y se bajaron a su posición definitiva por giro sobre su base, retenidas en su extremo superior por una celosía provisional, que fue luego utilizada como cimbra para construir los vanos laterales. El vano central fue realizado por voladizos sucesivos, una vez formado el triangulo del vano lateral con la pila inclinada y la última pila vertical de los accesos. Con gran acierto, las pilas metálicas inclinadas están pintadas de color marrón y evidencian su diferente carácter de las dos pilas laterales de hormigón que, a su vez, son más potentes y de diferente sección que las correspondientes a los vanos de acceso.

Tras este gran puente se construyeron en Italia otros dos grandes pórticos metálicos, con ligeras variantes del sistema constructivo. En el de Platano (S. Procaccia, 1970, 291 m) las pilas se construyeron en horizontal sobre el tablero y se giraron para descenderlas en vertical apoyándose en las últimas pilas, adoptando luego el mismo sistema de Sfalassa. El de Caralte, sobre el río Piave (Matildi, 1980, 256 m) se colocaron las pilas como en Platano y se arriostraron con cables para empujar luego sobre ellas los dos semitableros [79:488].

Una realización de interés es el pórtico de pilas inclinadas del viaducto de Clermont Ferrand (1992, 144 m) para la A75, situado sobre el río Truyére a muy poca distancia del puente de Garabit[2]. Se trataba de que el puente respetase la escala y la topografía del cruce, al tiempo que se relacionaba visualmente con el arco metálico de Eiffel. Se probaron varios tipos, pero se rechazó el arco, al entrar en competencia con el puente histórico, y el atirantado por estar fuera de contexto.

Aunque el puente de dintel recto sobre pilas verticales era bastante más económico *el cliente insistió en preferir un esquema más satisfactorio estéticamente: el coste no era el criterio de diseño*, y finalmente se eligió el pórtico de pilas inclinadas. Las pilas inclinadas de patas separadas fueron muy difíciles de construir en esa garganta pero, para el arquitecto asesor Alain Spielman, unas pilas únicas aunque inclinadas no *ofrecían dramatismo visual exigido, ni podían crear un horizonte equilibrado para el vano*. Finalmente, además de la doble inclinación –en los planos longitudinal y transversal– las pilas se construyeron con sección cuadrada de dimensiones crecientes desde la base hacia el dintel, en sentido longitudinal, y decrecientes en el transversal [29:26].

En el puente sobre el río Turia para la circunvalación de Valencia (1991, 106 m), Julio Martínez Calzón y José A. Fernández Ordóñez introdujeron una variante de cierto interés estético, con la utilización híbrida de hormigón blanco y acero estructural característica de la obra de ambos autores. El pórtico mixto tiene pilas inclinadas de hormigón que invaden la zona del dintel metálico, pero sólo en su parte inferior, dejando que la viga metálica fluya por encima de la pila. El pórtico pierde con ello parte del rotundo carácter conseguido en el puente de Tortosa, antes mencionado, pero abre camino visual a posteriores soluciones de pilas-ábaco, de gran interés estructural y constructivo, siempre fortalecedoras de la continuidad visual de la viga frente a la composición unitaria del pórtico.

2 En 1993 el viaducto de Clermont Ferrand fue distinguido por el Ministerio de Transportes con la medalla de oro al mejor puente construido en Francia.

Otra estructura notable es el paso superior de Kirchen sobre la autopista A8 (Schlaich, 1993, 62 m), donde el pórtico de patas inclinadas adquiere una enorme plasticidad gracias a la forma del dintel, cuya fibra inferior se curva para reflejar el diagrama de momentos flectores, con máximo canto en el centro del vano y mínimo en la contracurva para acoplarse suavemente con las pilas. En el tramo central, la losa se disuelve en cinco nervios que sugieren los cables de pretensado de su armadura [206:219].

De hecho, la forma estructural inicial diseñada por Schlaich consistía en cables tensados con montantes sobre ellos para soportar el tablero, buscando una mayor expresividad de la estructura con una lógica reconocible instantáneamente. Pero la ligereza y transparencia del diseño parecieron excesivas a la propiedad, por posibles problemas de vandalismo y vulnerabilidad frente a sabotajes. Schlaich se vio obligado a recubrir de hormigón los cables, pero mantuvo la curvatura original del vano en el canto variable del pórtico, y sugirió los cables transformando la losa en vigas [29:17].

Células triangulares

En un pórtico de pilas inclinadas se puede vincular el extremo del vano de compensación a la base de la pila por medio de un tirante. Con esa disposición es como si el momento y el axil que actúan sobre la pila empotrada en el dintel se descompusieran en una compresión en la pila y una tracción en el tirante, formando una célula triangular. Con ello se puede eliminar la cimentación en el extremo del vano de compensación, lo que resulta muy útil en pasos superiores de carretera, a cambio de aumentar la componente horizontal de la acción de la pila con la del tirante, lo que exige buen terreno de cimentación[3] para absorberla [141:456].

Aunque parcialmente interrumpida por la Segunda Guerra Mundial, la construcción del puente de Luzancy (Freyssinet, 1941-1946), que era el primero de una serie de seis puentes sobre el Marne, marca el despegue del tipo. La luz de 55 m es salvada con una viga de sólo 1,22 m de canto, lo que supone una esbeltez de 1/45 de la luz. A esa ligereza ayuda la presencia de unas cartelas en forma de células triangulares, que convierten el puente en un pórtico[4].

3 La influencia del asiento horizontal del terreno se puede corregir introduciendo un gato plano entre éste y las pilas inclinadas, de manera que se deforme el terreno sin influir en la geometría del pórtico [141:451].

4 La luz de los pórticos de células triangulares se suele medir entre los ejes de apoyo de las células, por lo que la dimensión del vano central es igual a dicha luz menos la distancia entre los extremos superiores de la célula.

En su construcción, todo tiene un enorme interés pues las vigas fueron prefabricadas por dovelas, cosidas entre sí por medio de familias de cables pretensados en ambos sentidos[5]. El pretensado longitudinal fue realizado en parque, por segmentos colocados en obra por medio de un sencillo e ingenioso juego de puntales y cables, y dotados de continuidad con un pretensado adicional. Colocadas las vigas una al lado de otra, fueron pretensadas transversalmente para dar continuidad al tablero.

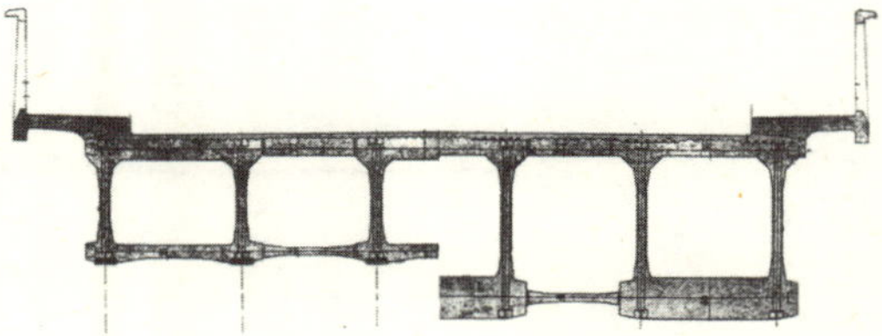

Puente de Luzancy (Freyssinet, 1946) [86:91]

Tras Luzancy, la serie de puentes sobre el Marne de Annet, Tribardou, Esbly, Ussy y Changis St. Jean, terminados en 1947, marca el inicio glorioso de una época de la construcción que concentra toda la obra de Freyssinet y es perfecto exponente de sus cualidades de rigor, potencia, pasión, simplicidad, originalidad, unidad y belleza. Una vez terminados los puentes, el gran ingeniero escribe que el hormigón pretensado es un material altamente perfeccionado y dotado de una enorme potencialidad [77:229].

También Morandi utilizó los pórticos de células triangulares desde el principio de su carrera. La primera de sus realizaciones es el puente de Gagliano Castelferrato sobre el Cerami (1954, 59 m), cuyo gran vano de casi 60 m de luz de hormigón pretensado estaba contrapesado por células de 8,5 m de luz superior. Con esquemas muy similares realizó también un paso superior sobre la Avenida Olímpica en Roma (1959, 38 m) y el puente de Sulmona sobre el Vella (1962, 37 m). Todos ellos son puentes de cuidado diseño y muestran una cierta voluntad estética.

5 Una buena descripción valorativa se puede encontrar en [21:132].

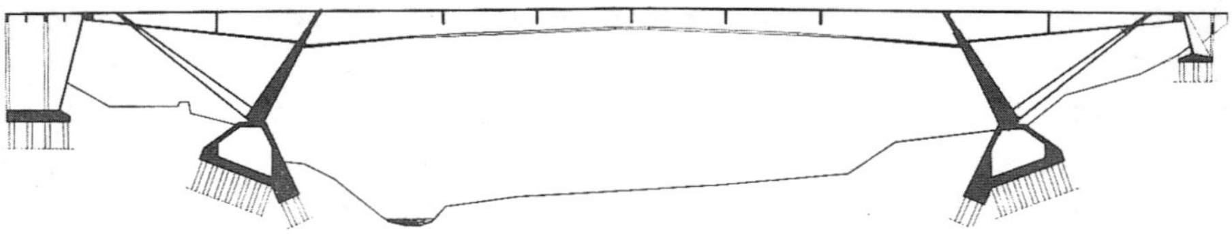

Puente sobre el Vella en Sulmona (Morandi, 1962) [37:100]

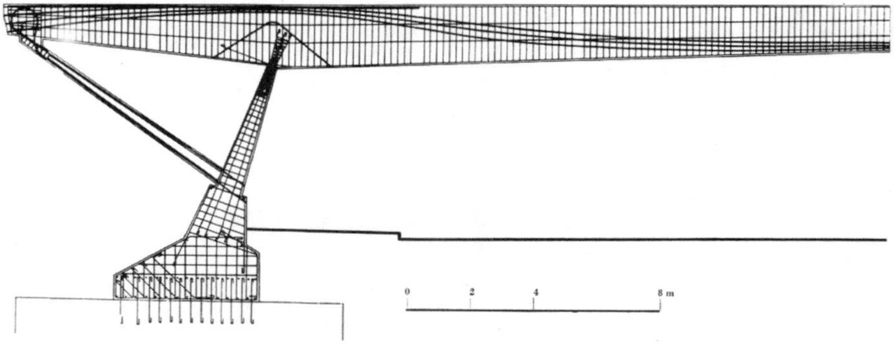

Puente sobre el Vella en Sulmona, armadura (Morandi, 1962) [37:101]

En España, es importante el puente pórtico de Martorell (1974, 100 m), inserto en un paraje denominado el Congost, elegido para cruzar el río por infraestructuras de todas las épocas. Allí se juntan con él un gran arco medieval edificado sobre un puente romano, y un mastodóntico puente de vigas sobre pilas circulares de gran diámetro y altura para la autopista, que sustituyó a una celosía *bowstring* para la carretera y fue construido casi simultáneamente.

La estructura se resuelve con un pórtico biarticulado con luces de 50, 100 y 50 m, separadas por dos células en forma de delta invertida, muy influidas por la presencia próxima del arco medieval. En ellas, el vacío triangular interior de la célula se convierte en un óvalo, que se acompaña de nuevos vacíos ovalados practicados en los planos perpendiculares. Se obtiene con ello una forma escultórica, denominada tetrapilono por sus autores, de gran espacialidad que, unida al esviaje del puente y al tratamiento de grandes muros blancos para encauzar el río, otorgan un gran protagonismo al contexto.

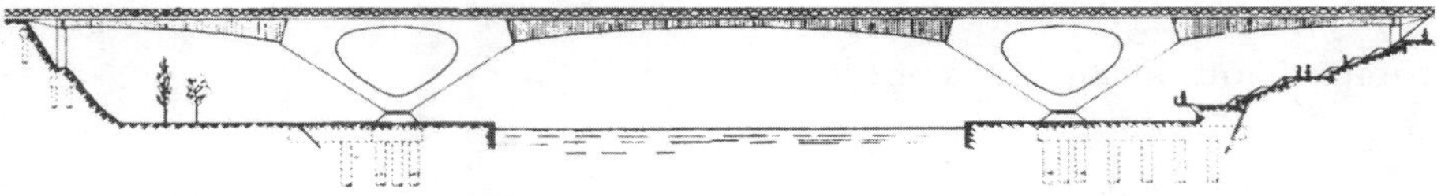

Puente de Martorell
(Fernández Ordóñez, Martínez Calzón) [244:212]

También en España, dos puentes pórtico realizados por Javier Manterola son buenos exponentes del dinamismo que pueden generar estas células triangulares[6]. El puente del Vergel, en Pamplona (1997, 60 m), la pila triangular de cuatro patas inclinadas, que genera dos desiguales vanos de 24 y 60 m, responde a una rasante del 3% en el tablero y actúa como una ballesta que empuja el puente hacia el castillo situado en lo alto de la cornisa, que se recrea en el puente con el revestimiento de los estribos con caliza de idéntica calidad material.

En el puente de los Franceses (1998, 40 m), Manterola utiliza un hermoso dintel mixto de sección triangular que se curva y se bifurca para encarrilar el tráfico, soportado por trípodes metálicos invertidos, cuyos brazos llegan a separarse hasta 25 m, que acompañan formalmente la bifurcación. Todo el puente está pintado de blanco y refulge como una especie de joya en un entorno, antes emblemático para Madrid, y ahora bastante machacado por las infraestructuras.

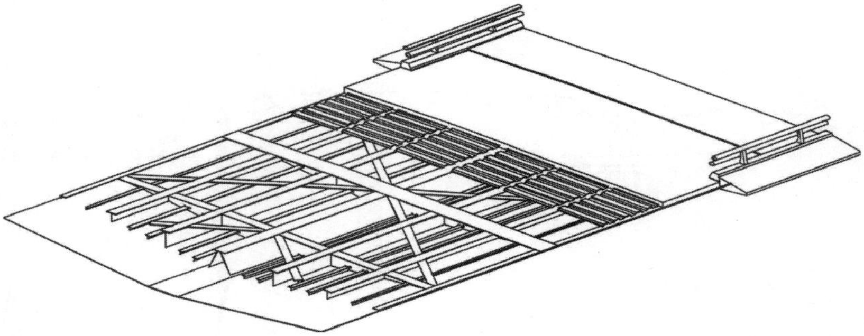

Puente de los Franceses, en Madrid.
Composición del dintel mixto (Manterola, 1998, 40 m)

Por otra parte, la célula triangular utilizada como elemento único central produce la sensación contraria de quietud. Tal es el caso del puente para la autopista del Atlántico sobre la ría de Pontevedra (Fernández Troyano, 1992),

6 Hay otro pórtico anterior de células triangulares, también diseñado por Manterola, sobre el río Piloña cuyas pilas se elevan del terreno por medio de un fuste cilíndrico, antes de subdividirse e inclinarse para formar la célula.

cuya gran célula central es el único reclamo formal de una sobria y elegante composición, magnificada por la gran luz salvada.

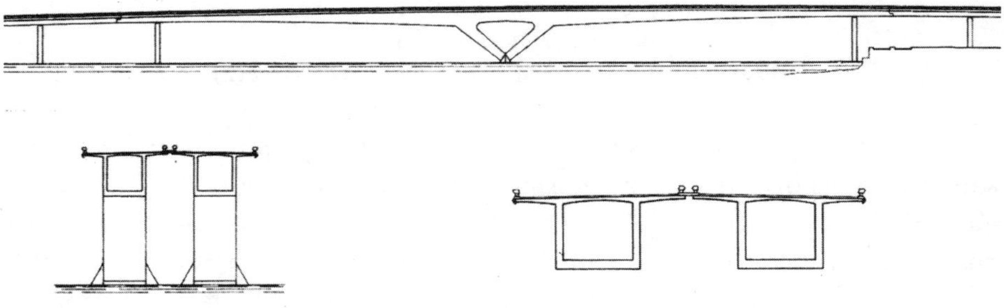

Puente sobre la ría de Pontevedra de la Autopista del Atlántico (Fernández Troyano, 1992) [76:90]

De diseño muy complejo es el pórtico para la pasarela de Abandoibarra sobre la ría del Nervión en Bilbao (Fernández Ordóñez y Millanes), cuyas pilas inclinadas se desdoblan y toman forma de rampas para permitir el acceso desde las márgenes del río, al tiempo que el tablero horizontal pasante conecta con la Universidad de Deusto situada en un nivel superior.

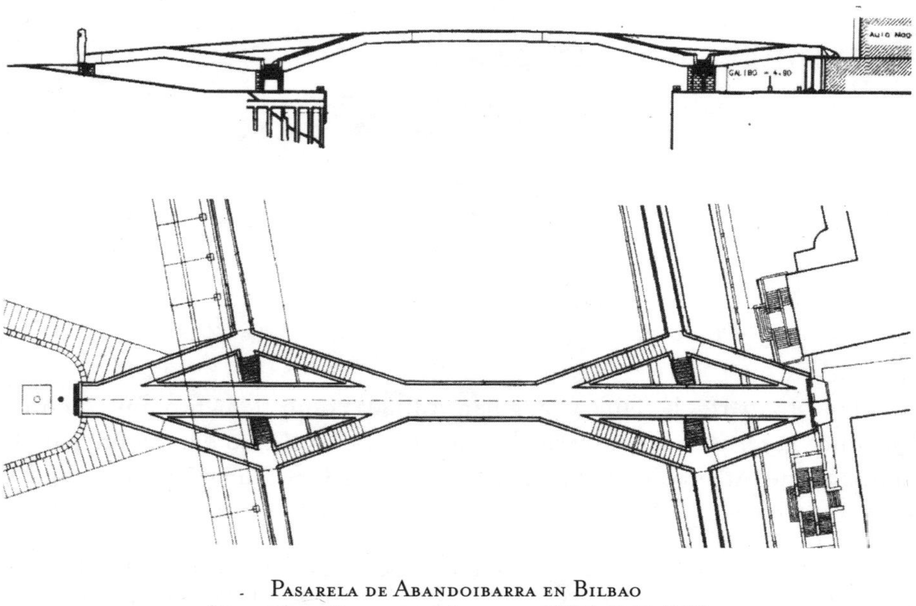

Pasarela de Abandoibarra en Bilbao (Fernández Ordóñez, Millanes, 2003) [161:355]

Por último, cabe mencionar dos grandes pórticos en Europa. Un pórtico de tres vanos y célula triangular especialmente interesante es el puente de Kylesku (1986, 132 m) diseñado por Ove Arup en el norte de Escocia. Las pilas en V se separan hacia la base formando un tetraedro, lo que unido a la planta curva proporciona al puente una gran riqueza espacial, con una forma de sugestivos y diferentes matices según el punto de vista.

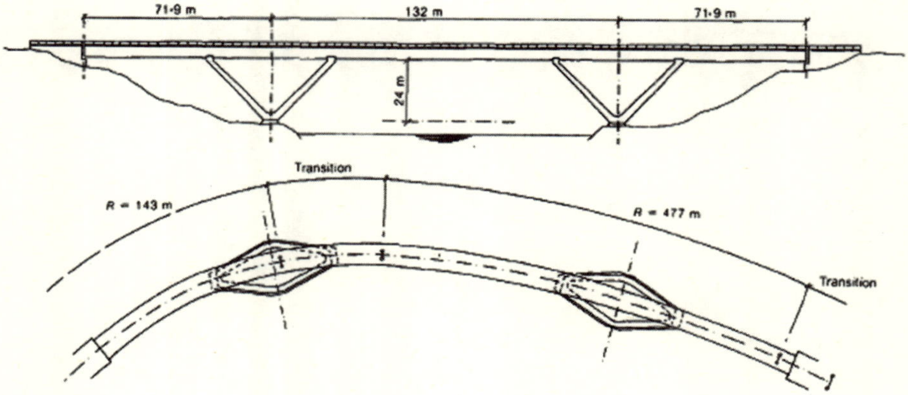

Puente de Kylesku (Arup, 1984, 132 m)
[148:318]

De bastante mayor luz y más reciente es el pórtico metálico sobre el Gran Canal del Havre (1994, 107+275+107 m), en el acceso al puente atirantado de Normandía, cuyas células triangulares subdividen el dintel en vanos de 60+95+180+95+60 m. La sección trasversal se resuelve con dos vigas en I unidas por losa ortótropa, que se prolonga con vigas mixtas de 60 m en los vanos extremos y en los accesos. Las pilas inclinadas de las células triangulares están formadas por dos grandes puntales laterales unidos por una cruz de San Andrés arriba y otra abajo. Esa disposición de las células se suma a la gran altura sobre el canal, en un alarde de gigantismo utilitario [30:220], [79:488].

13. LIGEREZA Y RIGIDEZ EN EL PUENTE COLGANTE

Legibilidad

El puente colgante es el tipo idóneo para las grandes luces, fundamentalmente por la ligereza conseguida al disponer de una sustentación principal trabajando a tracción. Contra la lógica economía derivada de la ligereza, juega el elevado coste de los anclajes, sólo minimizado cuando se puede repercutir sobre luces grandes.

Junto a esa ligereza, estos puentes se caracterizan por su situación en hermosos sitios sobre grandes láminas de agua, que colaboran en su puesta en valor. Con ellos se pudieron salvar grandes obstáculos, que durante siglos impedían el paso, por lo que también fueron celebrados como grandes gestas y colaboraron en esa estética de *dominio de la naturaleza*, tan en boga desde 1850 hasta 1930.

Además, estos grandes puentes suelen estar situados al lado de grandes ciudades, lo que moviliza el afecto popular y las tentaciones de ornato, a veces penosamente resueltas, pero en muchos casos dando lugar a obras de indudable acierto.

Los puentes colgantes siempre fueron inseparables de la medida de su luz, estableciendo el nivel con el que los demás tipos siempre se compararon. Por ello, siempre han tenido gran influencia en el desarrollo y aceptación de otros tipos estructurales por parte de la comunidad de pontífices.

CUADRO 7. LOS MAYORES PUENTES COLGANTES DESDE 1800

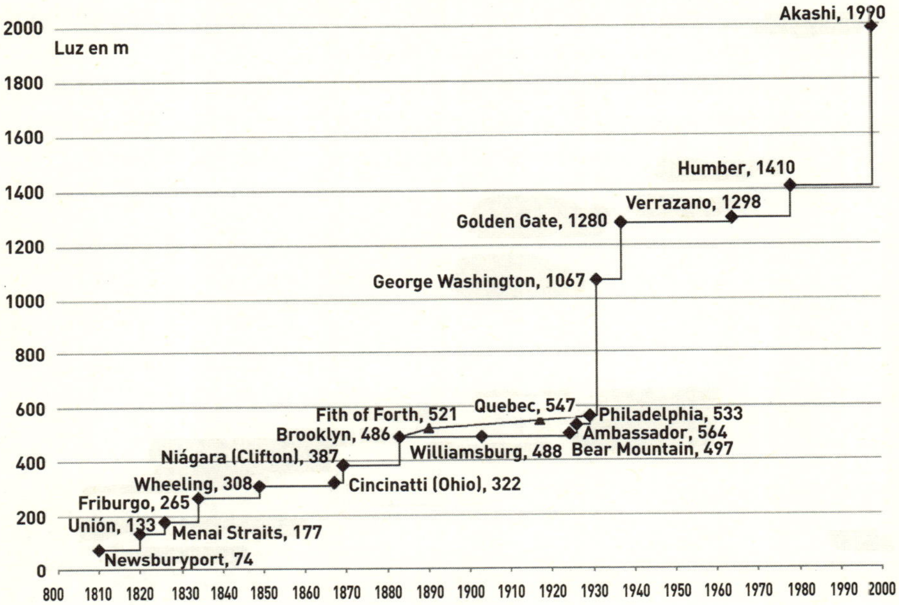

Fuente: elaboración propia

La comprensión intuitiva del tipo está asegurada, dada su presencia en la naturaleza, pero será necesaria su aplicación constructiva durante muchos siglos para alcanzar la madurez del tipo estructural tal como hoy es entendido. En ese proceso se pueden distinguir varias etapas o generaciones [79:570][1].

La primera es la de los puentes catenaria primitivos fabricados con cuerdas o cadenas de hierro en China y el Tíbet. El tablero se apoya directamente en los cables y sigue su forma, por lo que no suelen permitir el paso de carros. Para su estudio es nuevamente indispensable el tratado de Needham [167:184-210].

La segunda etapa se inicia a principios del XIX con los puentes de James Finley, en los cuales el tablero se ha independizado del cable, y se termina en 1850 con el desastre de Basse-Chaîne. Su desarrollo está presidido por la preocupación en torno al material y el proceso para construir los cables sustentantes primarios.

La tercera se inicia hacia 1860 con los puentes de Charles Ellet y John Roebling en América, e incluye todas las grandes realizaciones americanas posteriores hasta el puente Verrazano en 1964. Afirmada la superioridad del cable, la dificultad a superar es el control de las deformaciones y movimiento del tablero.

La cuarta etapa comienza con el análisis del desastre de Tacoma (1940), y el posterior informe de Ammann que obliga a reforzar todos los grandes

1 Las fechas de corte son parecidas pero no idénticas a las elegidas por Fernández Troyano.

puentes colgantes existentes. La primera realización surgida de aquellas investigaciones es el puente del Severn (1966, 978 m) con sección en cajón cerrado, y se prolonga hasta principios del siglo XXI.

Al margen del tipo principal, se pueden mencionar algunos tipos de menor desarrollo, como el puente colgante rígido[2], los puentes autoanclados[3], los de tablero superior o intermedio (*underspanned*)[4], y la banda tensada[5].

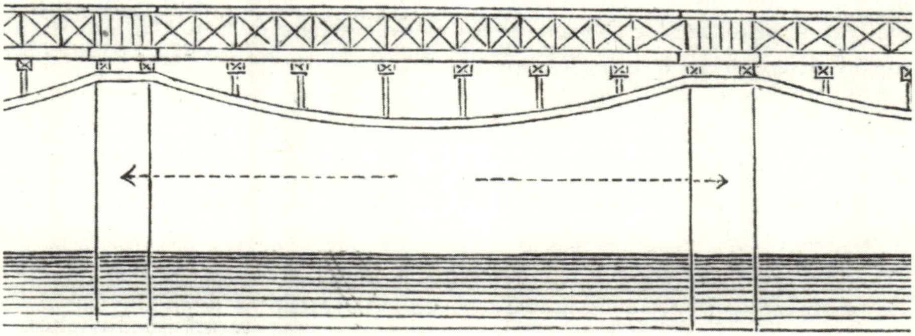

Puente colgante con tablero superior de Bergues s/Rhône en Ginebra (1834) [159:407]

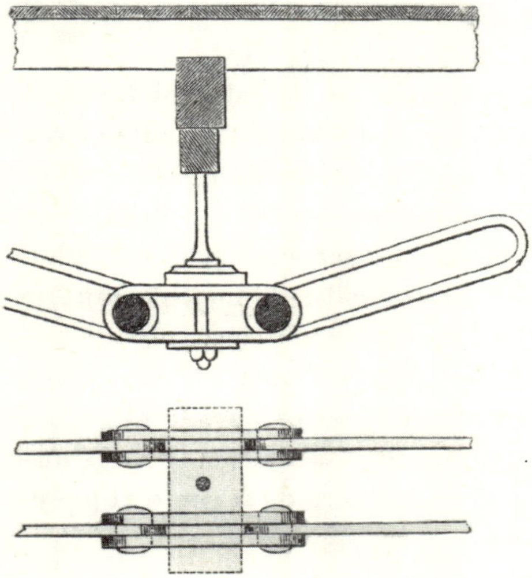

Puente colgante con tablero superior de Bergues s/Rhône en Ginebra, detalle (1834) [159:407]

2 Con los ejemplos de los puentes de Pittsburg (1879, 244 m), la Torre de Londres (1885, 82 m) o Mont Jean sur Loire (1927, 4x90 m).

3 En realidad son vigas, con reacciones verticales sobre apoyos y requieren montar el tablero antes que el cable. El ejemplo más conocido es el puente de Colonia.

4 El puente de las Cellas sobre el río Alcanadre, en Huesca (1860, 94 m) es un excelente ejemplo. Más recientes son el puente sobre el río Colorado en Costa Rica, construido por T. Y. Lin (1971, 146 m), y el viaducto de Oberargen, Schlaich (199 x 258 m).

5 Recupera la forma de los puentes de primera generación, con el empleo de hormigón pretensado (Finsterwalder) [79:538].

Las primeras discusiones sobre los movimientos ondulantes de los puentes son fiel testimonio de los conocimientos de la época, donde se mezclaban conceptos de resistencia, rigidez, resistencia al viento, vibraciones al paso de las tropas y el ganado, sobrecargas, uso de distintos materiales, y medios de sujeción de las piezas. En ellas participaron tanto diseñadores como teóricos y tratadistas americanos, ingleses y franceses, con intervenciones de demasiada complejidad para ser resumidas aquí[6]. En la tabla 7 se incluyen las referencias de los primeros libros sobre puentes colgantes, que fueron decisivos en el continuo traspaso de conocimientos que llevó consigo el desarrollo del tipo.

Tablones sobre la catenaria de bambú o hierro

Los primeros puentes colgantes integraban el camino en la propia forma de los cables, materializando la plataforma de paso por medio de tablas directamente apoyadas sobre los cables sustentantes[7]. Dadas las oscilaciones de los cables al paso de las cargas, pronto se dispusieron otros cables en ambos lados del tablero, a suficiente altura para actuar como barandillas.

El aprovechamiento del potencial resistente de los cables-barandillas para colaborar en la sustentación ha sido sugerido como el siguiente paso en la evolución de los puentes catenaria hacia los puentes colgantes de tablero horizontal. Para ello se dispusieron cuerdas o lazos verticales de unión entre ellos (a modo de péndolas), a veces inclinados hacia dentro en el plano transversal, dando lugar a una especie de cesta o malla con mejor comportamiento frente al balanceo lateral.

El gran puente catenaria de An-Lan, de 320 m de longitud repartidos en ocho vanos de 60 m de luz máxima, registra un nuevo avance tipológico, al hacer resistir conjuntamente ambos elementos[8]. Con el tiempo, las sogas principales se deterioraban y era preciso dejar fuera de servicio el puente

6 Los artículos de Emory Kemp sobre James Finley y Charles Ellet, Thomas Day sobre Samuel Brown, y A. Picon sobre Navier en [225:143, 225, 181 y 211], así como el libro de Tom Peters más centrado en los diseñadores franceses Seguin y Dufour [177], son buenas referencias para seguirlas.

7 Como subtipos, quizás más primitivos aún, de estos puentes de catenaria se han señalado el puente funicular (con una cesta colgada movida por un cable tractor), el puente en V (un cable bajo y dos más altos como barandillas, ligados con cables secundarios) y el puente tubular (como el V, pero con un cuarto cable abajo formando un tubo) [106:2].

8 Diez grandes sogas de bambú de 16 cm de diámetro colocadas una al lado de otra soportan directamente las tablas transversales del piso, que se mantienen en posición con la ayuda de cables más finos situados sobre las tablas y amarrados a los correspondientes cables portantes inferiores extremos.

durante varias semanas, para sustituirlas por otras nuevas y colocar las antiguas como parte de las barandillas. Un paso decisivo fue la utilización de cadenas de hierro en lugar de sogas. El empleo de estas cadenas está documentado en el sudeste de China no más tarde del siglo VI y, probablemente, desde el siglo I [167:193].

Los puentes de cadenas de hierro documentados en China tienen generalmente sólo un vano, con grandes estribos de piedra sobre los cuales se han construido edificios para albergar los anclajes. En los escasos ejemplos de puentes de varios vanos, las cadenas de hierro no son continuas y se anclan en la cara opuesta de cada pila formando vanos independientes (como luego harán los franceses Seguin en el siglo XIX).

Abundante documentación escrita muestra que hacia el siglo XV las sogas de muchos puentes colgantes fueron sustituidas por cadenas de hierro, siendo bien conocidos los nombres de los ingenieros, así como los lugares y fechas en que se realizó el cambio. También está registrado el empleo de cadenas de hierro con propósitos militares, como la sujeción de pontones en los ríos y la colocación de cadenas para impedir la entrada de barcos en los puertos, que formaban parte de tecnologías de ataque y defensa disponibles desde antiguo y documentadas con precisión desde el siglo X [167:201].

En Butan hay también evidencias de puentes con cadenas de hierro. construidos por un monje tibetano llamado Cherab-Öser (1365-1464). Son conocidos sus puentes de Chuka (ilustrado en 1800 por Turner), Tamcho Gang (fotografiado en 1967 y destruido al año siguiente) y Churison (del que sólo quedan restos). Otros dos puentes más, también situados en Bután, son el de Tashigang, reconstruido en 1969, y hay menciones de otro situado en el remoto nordeste, a catorce días de marcha [106:13].

El traspaso de estas tecnologías al mundo occidental puede haber ocurrido por relato verbal de antiguos viajeros, pero la primera referencia publicada parece estar en la descripción de Marino Martini contenida en su *Noves Atlas Sinensis*, publicado en 1655, donde menciona algunos puentes colgantes de madera y hierro, y explica la técnica de su construcción.

Por su parte, cada barandilla está formada por cinco grandes sogas, idénticas a las anteriores, colocadas en un plano vertical y ligeramente espaciadas una sobre otra, mantenidas en posición entre parejas de tablas verticales (montantes) situadas a intervalos regulares. Estas tablas se mantienen unidas por medio de vástagos de madera transversales, apoyados sobre las sogas. Cada pareja se une a la del otro lado por medio de redondos transversales de madera, alojados en sendos orificios practicados en su parte inferior, que abrazan por debajo los diez cables sustentantes. De esta forma, los cables de las barandillas tiran de los montantes y, a través de los redondos, descargan a los cables principales, con lo cual se garantiza su trabajo conjunto. Todas las sogas se pueden ajustar actuando sobre su longitud desde uno de sus extremos, siempre enrollados sobre un poste giratorio vertical.

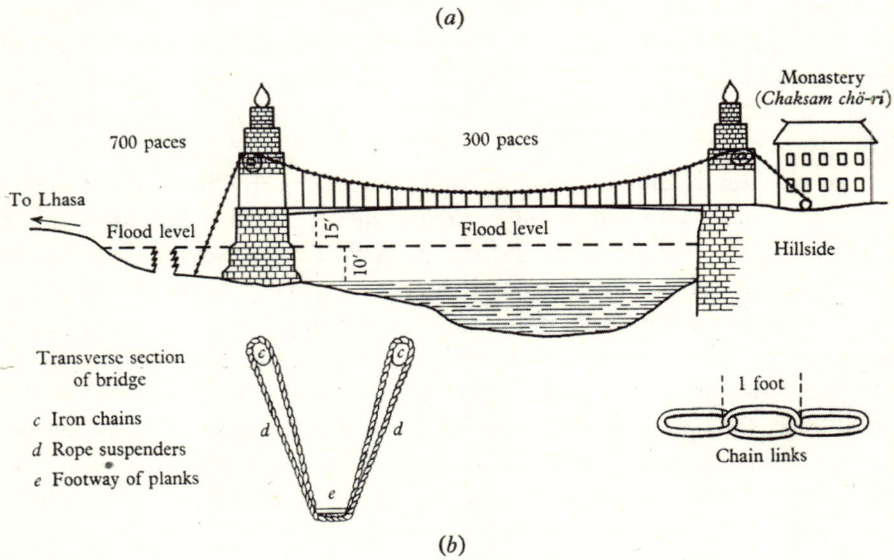

Puente colgante sobre el Brahmaputra en el Tíbet, según dibujo de 1878 (*c* cadenas, *d* cuerdas, *e* planchas) [167:358]

La invención del tablero horizontal con cadenas o cables

El paso del puente catenaria al puente colgante de tablero horizontal no está tan documentado como el empleo de cadenas de hierro. Viajeros y estudiosos dan fe de algunos ejemplos en las montañas tibetanas y butanesas, pero no incluyen dibujos o esquemas. Hay que esperar al siglo XVII para encontrar referencias gráficas de los puentes orientales en la obra del jesuita Kircher, y en alguna historia de la arquitectura alemana. El viaje de Jorge Juan y Antonio de Ulloa también recoge referencias de puentes colgantes en la cordillera andina[9].

En el relato de 1748 sobre su viaje por América meridional, Jorge Juan menciona los tipos de puente utilizados por los Incas en aquellos ríos cuyo caudal no permite vado, que *son de tres especies: o de piedra, de las cuales hay muy pocas, o de madera, que son las más comunes, o de Bejucos*. Cuando los troncos no son suficien-

9 Las referencias principales son:
- Kircher, Athanasius; 1667. *China Monumentis Illustrata*. Joannem Janssonium, Amsterdam.
- von Erlach, Fisher; Bernard, Johann; 1721. *Entwurff einer historischen Architecture*. Viena.
- Schram, Carl Christian; 1735. *Historischer Schauplatz*. Breitkopf, Leizpig.
- Juan y Santacilia, Jorge (habitualmente denominado Jorge Juan); Ulloa, Antonio de; 1748. *Relación histórica del viaje a la América meridional* [124].

temente largos para salvar el vano utilizan los puentes colgantes de bejucos. Para hacer éstos, *tuercen o colchan muchos bejucos juntos, y forman maromas gruesas del largo que necesitan; tienden seis de ellas de una a otra banda del río, y hay dos que quedan más altas que las otras cuatro: colocan unos atravesaños de palos, y poniendo encima ramazones, se forma con ellos el suelo; las dos que están más superiores las amarran con las que forman el puente y sirven como de pasamanos, para que se afirmen los que pasan; sin cuya precaución sería muy fácil el caer respeto del bamboleo continuo que tiene cuando se anda sobre ella* [124: tomo II, 577 y 588]. La mayoría de estos puentes andinos sólo servían para personas, y la carga se pasaba a nado. Si ello no era posible, se utilizaba el andarivel o tarabita[10].

PUENTES COLGANTES ANDINOS, SEGÚN JORGE JUAN
[124: TOMO I, LÁM. XIII]

10 En relación con «las puentes» de bejucos, dice Jorge Juan: *Las que hay de alta calidad en el territorio sólo sirven para personas; pasando a nado las mulas: para esto las descargan y llevan desaparejadcs cosa de media legua más arriba del puente, para que puedan salir cerca de él al otro lado por mucho que les arrastre la corriente; y los indios pasan a hombro toda la carga y aparejos. En otros ríos de Perú donde los hay de esta especie, son tan capaces que transitan por ellas las recuas cargadas; como sucede con la puente de Apurìmac, por la que se hace todo el tráfico y comercio del Perú entre las provincias de Lima, el Cuzco, la Plata y otras Meridionales.*
En otros ríos andinos, donde los Incas no pudieron construir puentes de Bejucos, se pasa por Tarabita, como sucede en el de Alchipichì; y en la de este no sólo la atraviesan las personas y las cargas, sino también los bagages; porque la mucha rapidez y peñascos que arrastra su corriente no consienten el que lo puedan hacer a nado. La tarabita consiste en *una cuerda de Bejucos, o correas de cuero de vaca, compuesta de muchos hilos de seis a ocho pulgadas de grueso: la cual está tendida de una orilla a otra con alguna inclinación, y sujeta muy fuertemente en ambas a unos palos. En uno de ellos hay un molinete o torno para templarla lo necesario: sobre la maroma descansa un zurrón de cuero de vaca capaz de recibir un hombre, y de que en él pueda recostarse: este zurrón va suspendido de dos horcones, que son los que corren sobre la maroma: de cada lado tiene atada una cuerda, para tirar por ella el zurrón a aquel que se quiere llevar: el que ha de pasar se mete en él; y dándole desde tierra un empujón va con prontitud al otro lado* [124: tomo II, 577 y 588].

También nos ha llegado un esquema realizado en 1878 de un puente de esas características construido en China, según parece en 1420, pero no hay certeza de que la disposición reflejada en el dibujo sea la original. La primera composición formal de un puente de cadenas de hierro con tablero horizontal, aunque estructuralmente muy ambigua, es la incluida en el tratado de Faustus Verantius como parte de toda una tipología de puentes de diversos materiales, ya comentada.

Los primeros desarrollos se centran en la correcta elección del material para la ejecución de los cables. Diseñadores americanos y europeos proponen diferentes alternativas con patentes, realizaciones y explicaciones teóricas en libros y artículos. El centro de interés salta de un lado a otro del Atlántico y pasan varias décadas hasta que se decanta el empleo de cables formados por mazos de alambres como la solución de referencia.

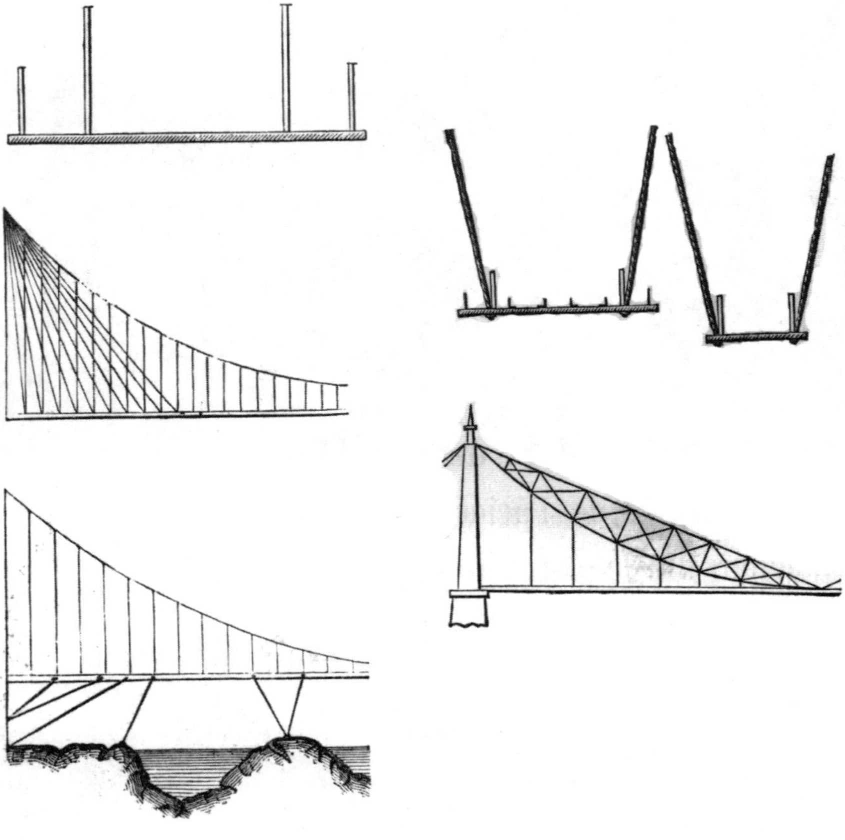

Características de los primeros puentes colgantes americanos [62:V.II-520]

Los primeros puentes colgantes mejor documentados están en América, pero hay alguna mención de realizaciones tempranas en Europa. La primera de que se tiene noticia es un puente en la garganta de Schöllenen, en la ruta del Gotardo hacia el norte, pasado Andermatt, en el mismo paso estrecho donde luego se construyó el puente del Diablo[11]. Parece que fue construido en 1218, con cadenas de hierro ancladas directamente en la roca.

Hay otras menciones de puentes colgantes provisionales, construidos en diversas campañas militares. En 1734 se menciona el puente de Glozyniz sobre el río Oder [106:17]. El ingeniero Robert Stevenson[12] da noticia de un puente colgante de hierro en Europa, aunque señala que ya en 1802 el puente se había derrumbado. Se trataba del puente de Winch, sobre el río Tees, construido en 1741, y es del tipo catenaria con cadenas de hierro[13].

Finley: cables en América

Con independencia de estas realizaciones europeas anteriores, el primer puente colgante moderno bien documentado se encuentra en América. Se trata del puente de Jacob's Creek, en Massachussets, construido por James Finley en 1801. Parece demostrado[14] que Finley conocía el tipo de puente colgante con cadenas de hierro, tal como lo construían desde antiguo en China y Perú, y construyó su primer puente colgante con cadenas de hierro y tablero horizontal, de 26,3 m de luz y 3,8 m de ancho. Finley explica así el tipo estructural: *El puente está soportado solamente por dos cadenas de hierro, una en cada lado, cuyos extremos están bien sujetos en el suelo, y las cadenas se levantan sobre pilas de suficiente altura levantadas sobre los estribos en cada lado, extendida tan floja como para describir una curva de manera que dos travesaños centrales del cordón inferior puedan descansar sobre las cadenas. Los demás travesaños de ese cordón están sujetos a las cadenas mediante péndolas de hierro de diferentes longitudes como para nivelar el conjunto.*

11 Hay datos y fotos de la garganta y del puente del Diablo en [10:60]
12 Robert Stevenson (1772-1850) constructor de faros escocés, a veces confundido con Stephenson.
13 Stevenson, Robert; 1821. «Description of bridges of suspension». *Edinburgh Philosophical Journal*, vol. 5.
14 En un artículo sobre puentes colgantes de 1910, Finley menciona haber tomado las tensiones de rotura del hierro de una enciclopedia. Tras una impecable labor de rastreo en las enciclopedias disponibles en aquella época, Emory L. Kemp [224:143-173] encuentra una, publicada en Filadelfia en 1798, donde coinciden las cifras. En la voz puentes de esa enciclopedia aparecen las referencias a puentes colgantes chinos de Kircher y otros viajeros, así como las referencias a los puentes andinos de Ulloa y Jorge Juan.
«Architectural Effects in the Construction of Metallic Bridges». *Engineering Record*, 30:9 (julio 28, 1894):133. Citado por Condit en [57:162].

Patent Chain Bridge (Finley, 1810) [43:56]

A continuación describe cómo se han de anclar los cables en pozos practicados en los estribos, y cómo se puede ajustar la tensión del cable tirando sobre las torres de madera o hierro. Luego explica detalladamente cómo ha de formarse la celosía de madera corrida a lo largo de todo el puente[15]. También explica las juntas entre piezas de la cadena, que incluye las péndolas, y señala que la flecha idónea está en torno al séptimo de la luz.

El puente de Jacob's Creek contenía todos los elementos del puente colgante moderno, las cadenas de hierro, las torres, los anclajes, las péndolas, la celosía y el tablero. Finley explicó claramente las disposiciones constructivas para el correcto ensamblaje de todos los elementos, anticipó el papel resistente de cada uno de ellos y construyó con este sistema no menos de once puentes (tabla 6).

Los puentes de Finley fueron incluidos en el tratado de Thomas Pope, y enseguida conocidos por todos los ingenieros europeos y americanos. El propio Navier reconoció a Finley como el inventor de los puentes colgantes de hierro con tablero horizontal. Sin embargo, los siguientes puentes colgantes americanos de cierta entidad no aparecerán hasta treinta años más tarde, de la mano de Charles Ellet y, mientras tanto, el escenario se traslada a Europa.

Brown, Telford y Clark: cadenas en el Reino Unido

El nuevo protagonista europeo es Samuel Brown (1774-1852), marino hasta 1811 y luego residente en Londres. Buen conocedor de la tecnología naval de las cadenas y otros utensilios de hierro, registra doce patentes para aparejos en hierro fundido para barcos de vela en 1808, dos más en 1816 para cadenas de hierro forjado, y otra en 1817 para un puente colgante.

Ya en 1814 había construido un prototipo de puente colgante *con el tablero perfectamente horizontal, gracias a barras cuya longitud se ajusta a la curva superior*. En su

15 Los largueros del cordón superior deben solaparse de forma que sus extremos descansen en diferentes travesaños del cordón inferior, aunque no detalla la vinculación entre ambos cordones.

patente de 1817 describe cómo construirlos utilizando barras rectas unidas por pernos, placas o soldadura en sus extremos en lugar de cadenas o cables, de casi el doble de peso para la misma carga y con mayor empleo de mano de obra para su fabricación. Conseguía con ello mayor flexibilidad en el uso de uno o varios cables en cada lado y en la elección de puntos para colgar las péndolas.

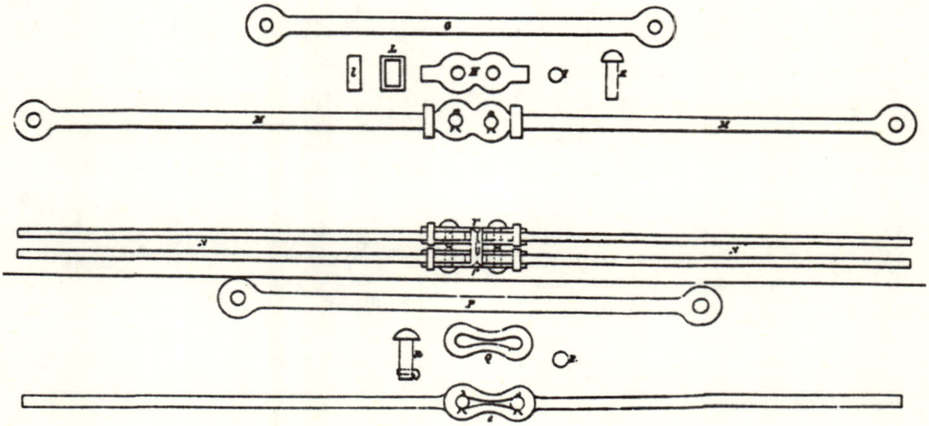

Cadenas desarrolladas por Samuel Brown (según Thomas Day) [224:186]

Con una tecnología bastante simple, muy centrada en el perfeccionamiento de las uniones de las barras entre sí y con los otros elementos del puente, y en los anclajes, Samuel Brown construyó los puentes de Union, Montrose, Aberdeen y Forres. El mayor y más conocido es el Union Bridge sobre el río Tweed, con un solo vano de 136 m de luz y 3,6 m de ancho, sustentados por dos cables formados por seis grupos de barras rectas cilíndricas de 5 cm de diámetro. Las pilas fueron construidas en piedra con forma piramidal. Todos ellos tuvieron problemas con las cargas móviles[16] y el viento, colapsando en pocos meses o años [224:184 y ss].

El nuevo tipo de puente colgante interesó al gran Thomas Telford, quien lo utilizó para el paso de la carretera de Holyhead sobre el estrecho de Menai, y en el paso de un ramal para llegar a la isla de Conway. Telford comenzó la construcción del puente de Menai en 1819 y la culminó en 1826, con un gran vano colgado de cadenas de hierro de 176 m de luz, récord absoluto durante

16 El puente de Brighton Pier duró sólo tres meses. Cuando cerca de setecientas personas que estaban contemplando una regata decidieron cambiar de lado, una de las cadenas no aguanto el cambio brusco de cargas y se rompió.

ocho años, que tuvo una enorme influencia en el desarrollo posterior de los puentes colgantes [174:105].

Cuadro 8. Primeros puentes colgantes

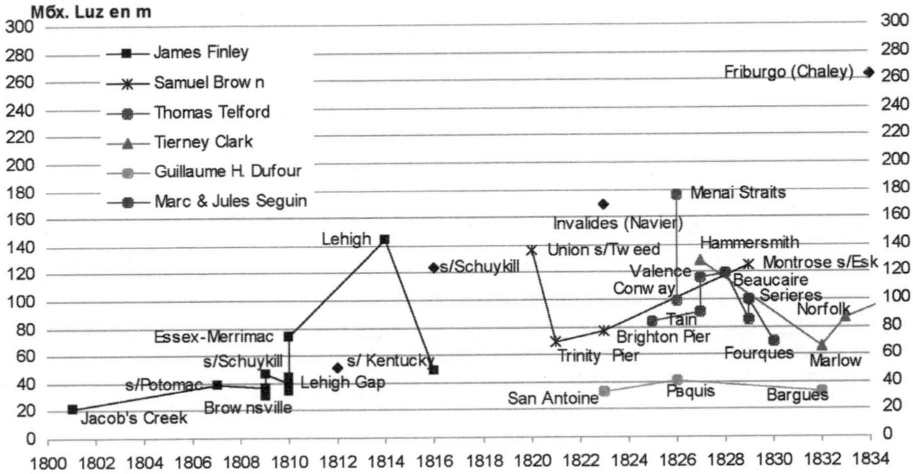

Fuente: elaboración propia

Las circunstancias del puente de Menai son bien conocidas, y basta recordar aquí su elemento más novedoso, las cuatro cadenas principales que soportaban las dos calzadas, dejando un pasillo central. En lugar de las barras de Finley y Brown, estas cadenas estaban formadas por cuatro grupos verticales de cinco platabandas planas de 2,4 m de largo. Las platabandas se unían entre sí y con las del siguiente tramo por medio de vástagos cilíndricos pasantes por sus extremos, donde también se enhebraban las péndolas[17].

Tan pesadas cadenas no impedían que el tablero de madera, sin ningún elemento de rigidez, ondulase con el viento y las cargas, siendo severamente dañado durante su construcción y posteriormente en varias ocasiones. A pesar de la importante magnitud de las deformaciones, que llegaron a alcanzar los 5 m de amplitud según un registro de 1836, tanto el movimiento como los desperfectos no generaron excesiva inquietud pues las cadenas aguantaron bien.

Sin embargo, en un accidente similar sufrido por el puente de Montrose (1829, 125 m), Telford encontró defectos de fabricación en las cadenas y ordenó repararlas y añadir dos más. Telford murió antes de la terminación de las reparaciones que fueron continuadas por su pupilo James Meadow Rendel (1799-1856). En 1838 otro huracán destruyó nuevamente la calzada de Montrose y,

17 Telford fue muy cuidadoso con las barras, ordenando ensayar una por una todas ellas al doble de carga que iban a soportar, siendo golpeadas por una maza durante la prueba.

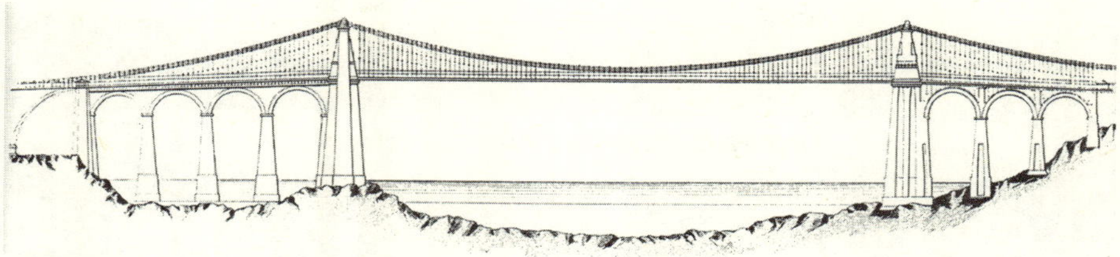

Puente de Menai Straits (Telford, 1826) [65:115]

antes de proceder a su reparación, Rendel investigó los informes sobre los movimientos de la estructura, concluyendo que sólo era necesario incrementar la rigidez de las vigas situadas a cada lado del tablero y mejorar la conexión entre ambos para aguantar la torsión. Su reparación funcionó bien y el puente aguantó sin daños hasta su demolición en 1930 por insuficiencia frente a las mayores cargas requeridas [112:190].

Tanto Rendel como Clark[18] llevaron el diseño de puentes colgantes a una posición de seguridad, aprovechada por importantes realizaciones como el puente de Clfton de Brunel[19], donde ya no se producían los habituales desastres anteriores. Sus desarrollos fueron aprovechados por Chaley[20] en el puente de Friburgo (1834, 264 m), nuevo récord absoluto y máximo exponente de esta tecnología europea de las cadenas de hierro.

Puente de Budapest, pila (W. Thierney Clark, 1900) [65]

18 William Tierney Clark (1783-1852) también había aprendido con Telford y construyó los puentes colgantes de Hammersmith (1827, 128 m), Marlow (1832, 66 m) y Norfolk (1833, 86 m), todos ellos dotados de vigas de rigidez de fundición. Pero su gran realización fue el puente de Budapest sobre el Danubio (1839-1849), con un vano principal de 202 m y dos laterales de 90 m, con cadenas tipo Telford e importantes vigas de rigidez.

19 Aunque terminado posteriormente, también pertenece tipológicamente a esta época el importante puente de Clifton (1836-1864) diseñado por Isambard K. Brunel (1806-1859). Brunel murió de un infarto y sus colegas consiguieron terminarlo bastante más tarde, con algunos refinamientos estructurales no disponibles durante el proyecto. Sus 193 m suponían la mayor luz cuando se diseñó y las aportaciones formales de sus torres y su posición en la garganta del Avon, son muy atractivas, aunque estructuralmente no aporte nada nuevo.

20 Joseph Chaley (1795-1861) físico e ingeniero francés que había trabajado con Jules Seguin en su puente de Becauaire-Tarascon.

Puente colgante de Friburgo en Suiza
(Chaley, 1834) [159:456]

Navier, Vicat y los Seguin: cables en Francia

En Francia, mientras tanto, la reflexión teórica avanzaba al ritmo de las realizaciones. Los puentes colgantes franceses eran económicos y rápidos de construir, pero las primeras obras construidas dieron lugar a numerosos desastres que fueron revisados y analizados cuidadosamente, dando lugar a sucesivos informes e instrucciones para corregir los defectos detectados.

En 1817 cayó el primer puente de Driburg Abbey; el de Menai sufrió fuertes desperfectos en 1825, durante su construcción, y posteriormente en 1836 y en 1839; el puente des Invalides los tuvo en 1826 nada más colocados los cables; en 1831 cayó el puente de Broughton por efectos de resonancia al paso de las tropas; en 1836 un temporal arruinó el puente de Brighton Pier, también de Samuel Brown.

El caso del puente des Invalides es especialmente significativo. Fue diseñado por Navier como ejemplo teórico tras la visita realizada oficialmente a Inglaterra para estudiar la seguridad de los puentes colgantes que se estaban construyendo allí. Lo incluyó en su *Memoria,* y la superioridad aceptó el lugar elegido y otorgó una concesión para construir el puente según el diseño de Navier, quien nunca había construido un puente. El accidente fue causado por los arrastres de una tubería y no tuvo mucha importancia, pero el puente había generado cierta oposición por bloquear las vistas en un lugar monumental y la desconfianza hacia el tipo se aprovechó para paralizar definitivamente su construcción.

En Francia, los hermanos Marc y Jules Seguin[21] construyeron numerosos puentes en el rango de los 60 a 100 m de luz. Su primera estructura fue una

21 En total eran cinco hermanos, pero éstos son los nombres más mencionados.

pasarela de ensayo en Annonay, cerca de su fábrica, que fue incluido en una enciclopedia suiza en 1822 y visitado por conocedores de la tecnología y el empleo del hierro[22]. En 1825 construyeron el puente de Tain-Tournon con dos vanos de 85 m disimétricos, pues de la torre central salía un cable hacia el anclaje en un estribo, mientras que en el otro estribo hay una pila que vuelve a levantar el cable. Casi todos sus puentes colgantes tenían una pila central y dos vanos, soportados por cables formados por alambres, que eran construidos en el suelo y montados de una vez. Con independencia de lo particular de algunas de sus disposiciones, los Seguin consiguieron extender el empleo de los cables a otros países, dialogaron con Telford y colaboraron con Guillaume Henri Dufour en la construcción del puente de San Antonio en Ginebra, Suiza [177] y con Larramendi en España [133].

Puente colgante de cables en Bry-sur-Marne
(Seguin, 1832) [159:470]

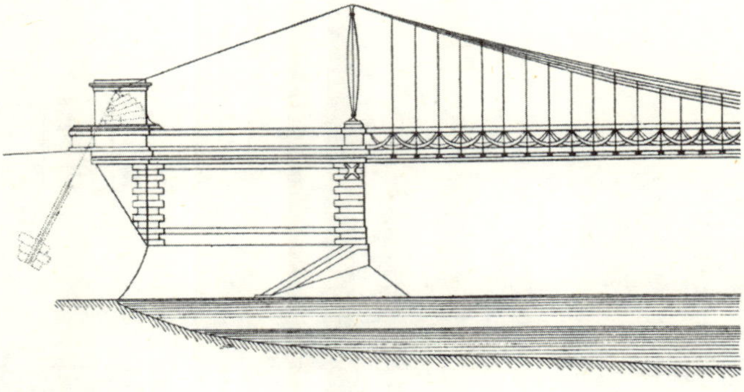

Puente colgante sobre el Rhône entre Tain y Tournon (Seguin, 1825) [159:436]

Tras el fracaso del puente des Invalides, Vicat recibió en 1830 el encargo de supervisar la construcción de los ocho puentes del Rhône[23] de los hermanos

22 Estaba colgada de un solo cable compuesto de ocho alambres de 1,2 mm de diámetro, con un vano de 17 m anclado en la roca por un lado, y en un poste de madera de 10 cm de diámetro en el otro, al cual rodeaba volviendo a cruzar dos veces. Esta disposición presentaba cuatro cables de apoyo cruzando el vano, sobre los cuales se dispusieron tablones de madera, completados con otros dos que formaban las barandillas [106:22].%.

23 Los puentes sobre el Rhône eran: Tain, Andance, Valence, Beaucaire-Tarascon, Vienne, Serrières, Fourques (de los hermanos Seguin) y el de Saint Andeol (de Plagniol)

Seguin, cuyos cables habían sido fabricados sin retorcer, con alambres paralelos y abrazaderas. Además, eran discontinuos y se anclaban en la cara opuesta al vano de cada pila, para lo cual debían curvarse un ángulo de 120°. La razón para ello es que no se podían fabricar cables de más de 120 m de longitud. Aunque se habían tomado precauciones, la pérdida de tensión llegaba hasta el 30% y, si la distorsión era alta, algunos alambres quedaban descolgados [112:206]. Con todo, el informe de Vicat era muy favorable a los puentes de cables y su construcción se disparó en Francia. Desde el primer puente de los Seguin en 1825 hasta 1842, se construyeron 114 puentes colgantes, algunos con luces notables[24].

Sin embargo, el desastre definitivo, por el gran número de víctimas causadas, ocurrió en el puente de Basse-Chaîne. El puente, construido por Chaley y Bordillon en 1839, colapsó durante una tormenta en 1850 y 478 soldados cayeron al río. Cedieron los anclajes por oxidación de los cables dentro de las vainas en el estribo. El efecto sobre la construcción de puentes colgantes en Francia fue desastroso. En 1853 Vicat publicó un nuevo informe según el cual todos los puentes cuyos cables eran inaccesibles debían ser inspeccionados y reformados inmediatamente. Este segundo informe de Vicat *dio lugar al virtual abandono de la construcción de puentes de cables durante veinte años*. En 1870 un decreto del Gobierno permite hacer puentes de cables, pero exige que los anclajes sean construidos con barras y nunca con cables y que sean visibles en todo momento. También prohíbe construir pilonos articulados y sujetos por tirantes, probablemente por la caída del puente de Cubzac en 1869 [177:171].

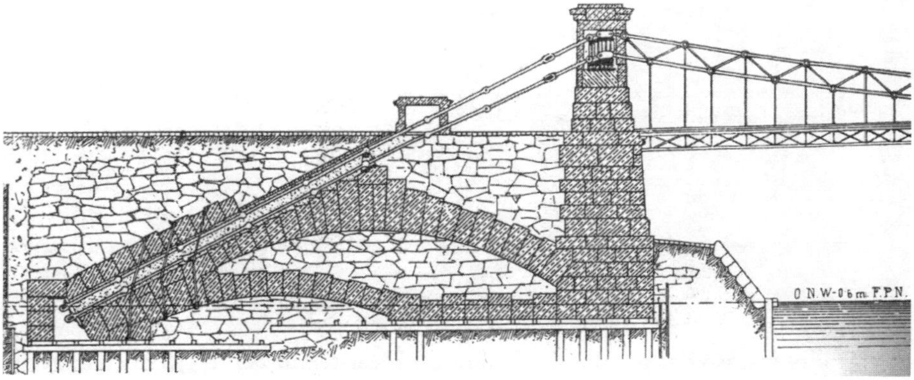

PUENTE ASPERN SOBRE EL CANAL DEL DANUBIO EN VIENA, ANCLAJE (1864) [159:398]

24 En el mismo informe, Vicat explica un método para lanzar los cables sin necesidad de soportes ni andamios provisionales. Utilizaba para ello un doble cable sin fin tendido sobre las torres y movido como una correa que permitía el tendido de uno o varios alambres simultáneamente. Con ello, Vicat afirmaba ahorros del 18%, una mayor simplicidad del proceso, y la posibilidad de utilizar solamente los operarios que cada uno desee, siendo aplicable para cualquier luz [112:220].

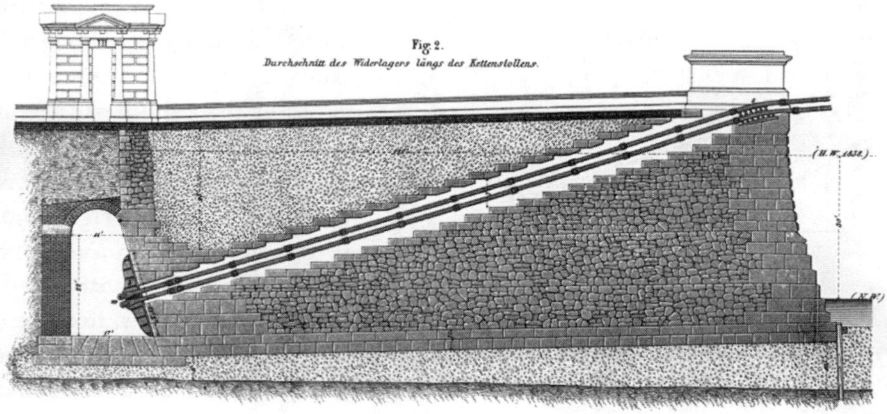

Puente de Budapest, anclaje
(W. Thierney Clark, 1900) [65]

Hacia 1890 ambos requerimientos se suavizaron, pero el enfoque de precariedad que caracterizó la vida de estos puentes no pudo colocarlos por encima de los de cadenas. Éstos, por su parte, habían resuelto todos los problemas prácticos y constructivos, y alcanzaron importantes luces con el puente de Friburgo, pero consumían más material que los alambres y se manejaban peor. Las cadenas dejaron de utilizarse[25], pues los fundamentales avances constructivos de Roebling en Estados Unidos eran claramente mejores para la construcción de grandes puentes colgantes.

Ellet y Roebling: puentes más rígidos para cargas dinámicas

Tanto los primeros puentes americanos como los europeos fueron construidos para unas sobrecargas reducidas y básicamente estáticas. Desde luego, carros y carruajes se movían, pero era relativamente sencillo exigir que circulasen despacio sobre los puentes. Por su parte, los efectos dinámicos del viento eran conocidos, pero en condiciones normales se contrarrestaron con las incipientes vigas de rigidez y, frente a los temporales, se arreglaban los desperfectos con una cierta resignación.

25 A partir de 1900 se construyeron sólo algunos puentes menores, con la salvedad del puente de Florianópolis en Brasil, de 340 m de luz, construido por Steinman en 1926.

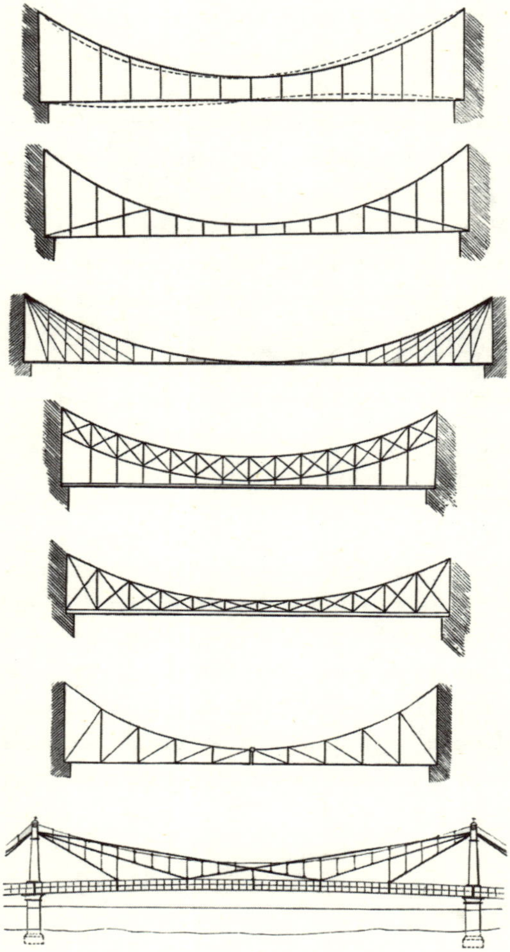

Posibilidades para los puentes colgantes [155:82]

El ferrocarril trajo consigo nuevas exigencias en la cuantía de las cargas y en su carácter dinámico, al tiempo que multiplicó el número y la importancia de los puentes a construir, pues la rigidez de su trazado obligaba a mayores luces y alturas. Frente a estas nuevas necesidades, los puentes colgantes permitían salvar grandes luces pero se movían demasiado al paso de las cargas.

Esa problemática disponibilidad del tipo motivó diferentes respuestas políticas o tecnológicas, desde la simple prohibición de su empleo hasta la asunción del reto para luces nunca salvadas, en función de pautas de comportamiento muy vinculadas al momento cultural de cada país. En algunos países europeos no se utilizaron y en otros, como Alemania, fueron directamente prohibidos. En América, la necesidad de llevar el ferrocarril al otro lado del país, pasando sobre los grandes ríos, supuso un estímulo adicional.

Frente a la formación autodidacta de Finley, juez de profesión, Charles Ellet (1810-1862) siempre trabajó como ingeniero, y su temprano interés sobre los puentes colgantes le llevó en 1830 a la escuela de Ponts et Chaussées de París. Pasó allí cuatro meses, y aprovechó para visitar varios puentes y para conocer a los ingenieros implicados en su construcción. Sin embargo, sólo consiguió construir tres puentes colgantes de importancia[26].

26 No consiguió aplicar sus conocimientos, pues muchos de sus esquemas para ferrocarril fueron rechazados –probablemente como reflejo de la misma prevención europea– y su trayectoria profesional fue truncada por la Guerra Civil, en la cual fue herido y encontró la muerte.

El primero fue un puente de carretera en Filadelfia sobre el río Schuylkill (1842, 108 m) para reemplazar el Colossus de Wernwag, en todo similar al puente des Invalides de Navier. El segundo fue el puente de Wheeling (1849, 306 m) sobre el río Ohio, soportado por cables de alambres apoyados en las primeras torres de piedra construidas en América[27]. Para Condit, este logro impresionó a Cullmann en su visita a los puentes americanos y fue decisivo en su recomendación del empleo de los puentes colgantes para ferrocarril [57:170]. Ellet no consiguió terminar el tercer puente, un vano sobre el Niágara para ferrocarril, donde sólo pudo realizar una pasarela auxiliar colgada de 233 m de luz.

La trayectoria vital de John A. Roebling (1806-1869) y sus obras son bien conocidas[28]. Su progresión viene marcada por el dominio tecnológico de la producción y puesta en obra de los cables formados por alambres de acero, y del control de las oscilaciones del tablero con la introducción de tirantes suplementarios y un adecuado manejo de su rigidez. Para Jörg Schlaich, la producción en masa y el desarrollo del sistema de tendido de los cables realizados por Roebling suponen la mayor innovación radical en el desarrollo de los puentes colgantes [204:299].

En 1837 se empezó a interesar por los cables y en 1840 desarrolló un método para fabricarlos. En 1844 realizó su primer puente, un acueducto sobre el río Allegheny, al cual siguieron cuatro acueductos más sobre los ríos Delaware, Rondout, Neversink y Lackawaxen. Las grandes cargas de los canales eran fundamentalmente estáticas y no precisaron de adicionales medidas de rigidez.

En el puente de Smithfield St. (1846) s/Monongahela en Pittsburg, dos cables de alambres sobre pilas de fundición soportaban el tablero con péndolas de barras de hierro forjado. Roebling dispuso vigas de rigidez en celosía tupida, que completó con un abanico de tirantes formados por barras de hierro que radiaba desde lo alto de las torres hasta el tablero. Este puente ya contenía las bases del esquema luego aplicado con éxito en el gran puente sobre el Niágara (1851-1855, 249 m), que consagró el tipo de puente colgante como el de mayor utilidad para grandes luces, tanto para carretera como para ferrocarril[29].

En su informe final sobre la terminación del puente colgante de ferrocarril sobre el Niágara, un Roebling orgulloso y satisfecho afirmaba: *La simple*

27 En 1854, un temporal causó graves destrozos en el puente por falta de rigidez en el tablero y produjo daños en un cable, debido al roce entre alambres indebidamente compactados.

28 Véase [219], [156] y [235].

29 El paso sobre el Niágara supuso un importante desafío, pues la fuerte corriente del río y los frecuentes hielos se sumaban a lo encajado de su cauce entre acantilados, para exigir puentes altos y sin pilas en el lecho. En esos años, además de la pasarela de Ellet (1848), se construyeron los de Lewiston-Niagara (1851), y Clifton-Niagara (1869), para culminar con el éxito del de Roebling.

observación del paso de un tren sobre el puente del Niagara convencerá a los más escépticos que la viabilidad de los puentes colgantes para ferrocarril, hasta ahora puesta en duda, ha quedado demostrada con éxito ... Los grandes ríos de este continente no supondrán ya un obstáculo insuperable al tendido de líneas ininterrumpidas de ferrocarril [195:3]. Sus puentes colgantes costaban un 10% de sus equivalentes europeos, gracias al empleo de la madera y hierro en conexión con los cables. Pero también se comportaban mejor frente al paso de los trenes y frente al viento[30].

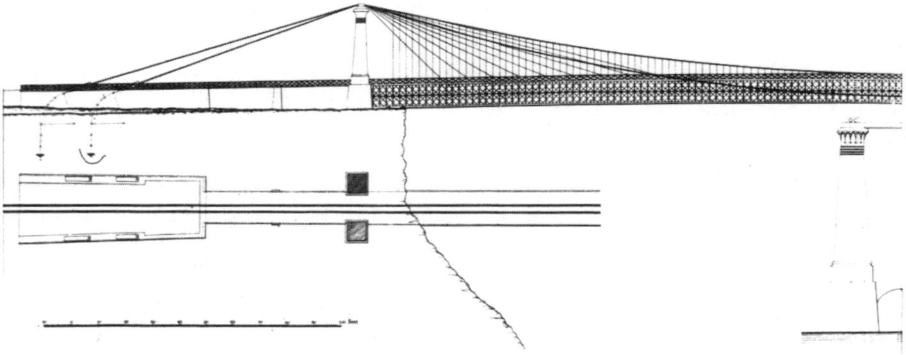

Puente sobre el Niágara (Roebling, 1855)

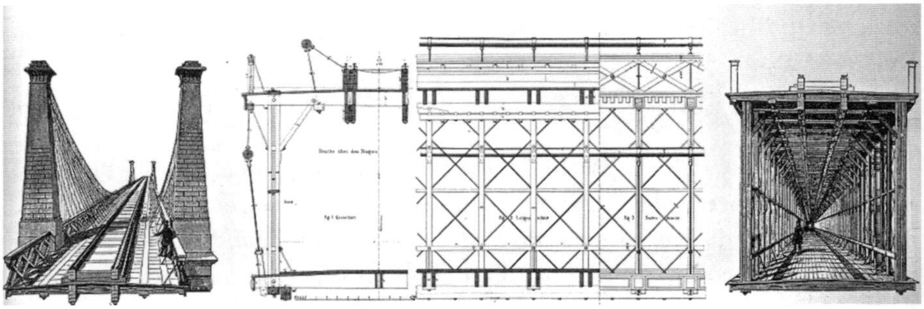

Puente sobre el Niágara, sección superior e inferior y alzado de la viga de rigidez (Roebling, 1855) [65]

Para Roebling, el tablero debía contribuir a lograr la rigidez requerida frente a la *acción de los trenes, la violencia de las tempestades e incluso huracanes*. Los medios utilizados para ello debían ser: *peso, vigas, celosías y tirantes*. Cada uno de estos medios tenía su papel en el logro de la rigidez *y ningún puente será seguro sin alguno de esos componentes* [195:7]. En Niágara, Roebling utilizó sabiamente el peso, suavizó las cargas puntuales con largueros de madera, consiguió rigidez con una

30 Dice Roebling: *El puente del Niágara posee toda la rigidez requerida, y mucha más de la realmente exigida para el paso seguro de los trenes. Todos los puentes vibran al paso de los trenes con independencia del material utilizado para su construcción, y en el del Niágara no se sienten más vibraciones que en mi casa de ladrillo de Trenton, situada a 60 m de los raíles.*

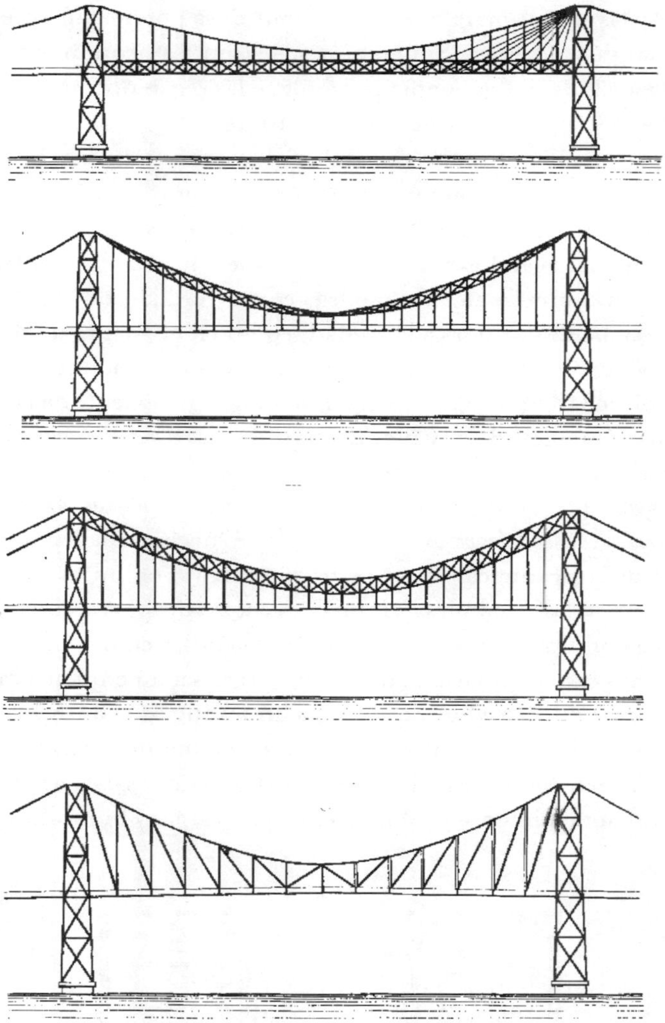

Rigidización de los cables en puentes colgantes
[ICE Proceedings 1901, vol. 145, Part. III]

sección en cajón (trenes arriba, carros abajo) de almas en celosía de hierro, y fijó el tablero con tirantes desde lo alto de la pila y desde las rocas del cauce.

En la última parte de su informe recoge su diagnóstico sobre la rotura del puente de Wheeling[31] y menciona las vibraciones producidas por el trote de

31 En 1854 Roebling es llamado a reparar el puente de Wheeling, destruido el 17 de mayo del año anterior por el viento, e identifica la causa en la insuficiente rigidez del tablero. Sólo había dos cables inferiores en cada lado, pero no estaban suficientemente tensados cuando él los vio. Los alambres estaban dispuestos en varios cables en lugar de uno solo, por lo que la transmisión de las

los caballos y las tropas marchando, que considera potencialmente más peligrosas que las de los trenes. Sin embargo, se limita a proponer que el superintendente al cuidado del puente promulgue las reglas oportunas para minimizar su efecto y vigilar su cumplimiento [195:41].

El sistema de cables, tirantes y vigas de rigidez, sucesivamente perfeccionado en sus demás puentes, no contiene la menor concesión formal[32]. En las torres, sin embargo, Roebling es permeable a las sugerencias del sitio, formalizándolas con marcos de hierro arriostrados de aire muy técnico en los puentes rurales, y con pórticos monumentales de piedra, como verdaderos arcos triunfales, cuando se trataba de entradas a la ciudad, como en el puente de Brooklyn, su mayor obra y nuevo récord de luz que fue terminado por su hijo Washington.

En Brooklyn (1869-1883, 468 m), Roebling es consciente de la magnitud e implicaciones históricas del puente: *La obra será no sólo el mayor de todos los puentes, sino la mayor obra de ingeniería de este continente y esta época*. Quería que sus torres impresionaran por su grandeza: *Sus torres serán un emblema para unir e identificar ambas ciudades, como las murallas o las catedrales de las viejas ciudades europeas*. Quería verdaderos monumentos y diseñó unas gigantescas pilas que se imponían al entonces bajo caserío de Manhattan, como las catedrales dominan las chozas de los creyentes [197].

Roebling consiguió extender al ferrocarril la utilización de los puentes colgantes y amplió extraordinariamente su luz, gracias a un esquema muy redundante para conseguir la rigidez, que exigía un minucioso control de ejecución para lograr el trabajo conjunto de los cuatro elementos. Sus logros dieron paso a una espectacular escalada de las luces máximas salvadas, al conseguir tableros fundamentalmente estables frente a las cargas y huracanes.

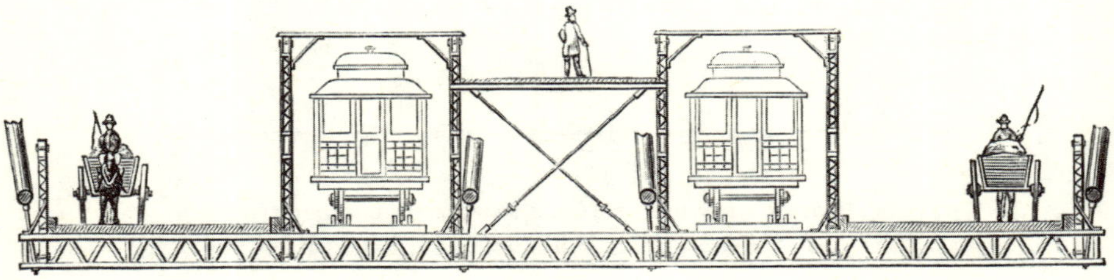

Puente de Brooklyn, sección del tablero (Roebling, 1883)
[62:V.II-529]

vibraciones a los anclajes era directa e inmediata, que fallaron en el lado de Wheeling. Ningún cable ni anclaje puede soportar esfuerzos dinámicos como los producidos por esos pesos al bajar más de 4 m en sus oscilaciones. No faltó resistencia sino rigidez, que podía haber sido proporcionada por tirantes superiores e inferiores [195:38].

32 Con un esquema similar, sucesivamente perfeccionado, Roebling construyó los puentes de Sixth Street sobre el Allegheny en Pittsburg (1860, 57 m) y Cincinnati sobre el Ohio (1867, 320 m).

14. EL VIENTO EN EL DISEÑO DE GRANDES LUCES
Dinámica

Una vez conseguida la rigidez del conjunto cables más tablero, el diseño de los puentes colgantes avanzó en el desarrollo de puentes cada vez más grandes, hasta que se encontró con las dificultades producidas por el viento. En esa carrera de mayores luces, el primer asunto a reconsiderar fueron las pilas, pues las clásicas torres de piedra resultaban prohibitivas con el incremento de altura exigido por la mayor luz.

Con las pilas resueltas, los puentes colgantes recuperaron la primacía de las grandes luces, provisionalmente en poder de los puentes cantilever. Los nuevos récords fueron acompañados de intentos de mejora formal en unos diseños muy dominados por lo tecnológico. Como siempre, las pilas fueron el primer soporte formalmente más diseñado, pero el esfuerzo se propagó al resto del puente. Los diseñadores punteros –capitaneados por Amann y apoyados por los conocimientos de Moisieff– aprovecharon el escaparate de Nueva York para introducir mejoras globales en busca de una mayor unidad formal[1].

Con el dominio del tipo, su utilización se extendió a puentes de menores luces, sobre todo en Japón donde han sido muy utilizados, de modo similar al uso de puentes atirantados para luces menores que las habituales en Occidente [52:cap. 65].

1 Hasta 1968, la lista de los mayores puentes colgantes, entonces encabezada por el puente de Verrazano, está disponible en Virola, Juhani; 1968. «Los mayores puentes colgantes del mundo antes de 1970». *Acier Sthal Steel*, 3 (1968):123-130.

El diálogo de las torres con cables y tablero

Como en casi toda la tipología constructiva del XIX, lo metálico discurrió por canales expresivos autónomos y bastante ajenos a los esquemas formales imperantes en las demás expresiones artísticas. Las grandes cubiertas metálicas convivían con fachadas y soportes pétreos, formalmente anclados en el cambiante mundo de los estilos, tanto en las estaciones de ferrocarril como en los rascacielos[2]. Los puentes no escaparon a esa tendencia, como ya se vio al tratar de vigas y arcos.

De hecho, las grandes construcciones metálicas del XIX emplearon procedimientos de fabricación y contratación diferentes de los tradicionales, en los cuales era determinante la experiencia constructiva y se presuponía su total autonomía para condicionar definitivamente el diseño formal. Las exigencias de los especialistas metálicos eran siempre atendidas pero, a cambio de ello, su voz era ignorada en todo lo concerniente al diseño de fachadas, pilas y otros elementos no necesariamente ejecutados con fundición, hierro forjado o acero.

Esa escisión nacida de la posición dominante de los especialistas en los nuevos materiales llegó a trasladarse a las obras completas. Las situadas en el medio rural eran diseñadas con atención exclusiva a lo tecnológico, y su estética derivaba directamente del compromiso compositivo con la eficiencia del material y sus necesidades constructivas. Casi todos los puentes colgantes pioneros en el empleo de un nuevo sistema o disposición constructiva respondían e este mínimo nivel de exigencia formal.

Sin embargo, las obras situadas en la ciudad o en núcleos urbanos de paso frecuente respondían a diferentes criterios, habitualmente derivados del momento cultural y las expectativas formales de los ciudadanos. Cuando la ciudad necesitaba salvar un vano lo suficientemente grande para recurrir a soluciones colgadas, el diseño de las torres era objeto de una enorme atención. Como ha sido habitual, la exigencia de monumentalidad implícita en toda gran obra es directamente proporcional al esfuerzo requerido para su realización, y sería impensable construir un gran puente urbano con formas derivadas de la simple eficiencia constructiva.

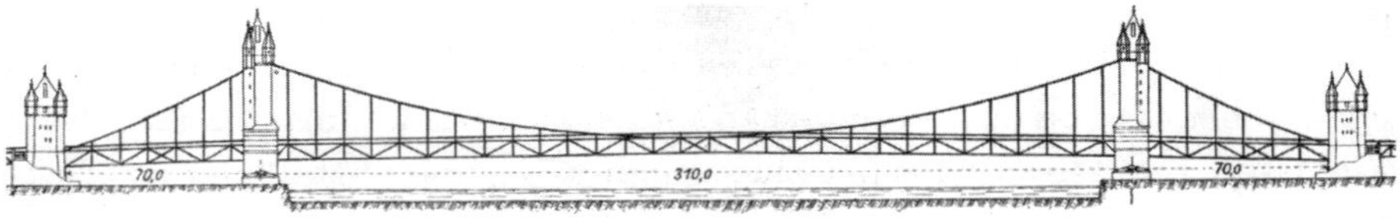

Modelo para puente de cadenas de acero niquelado sobre el Rin cerca de Worms (1897) [159:736]

2 El estudio de Carrol Meeks sobre las estaciones es un clásico no superado para el estudio de la relación entre cubiertas de acero y edificios de piedra [157].

La voluntad de expresión formal del diseñador se manifestaba, en primer lugar, en la elección del material de las pilas. Se han construido pilas de madera, de hierro, de piedra y de hormigón, con claro predominio de la piedra y el hierro o, algo más tarde, del acero. La madera, siempre olvidada en estos estudios, tuvo un papel importante en los primeros puentes colgantes americanos. Newburyport, por ejemplo, tuvo torres de formadas por un entramado de madera forrado con tablazón, y la madera también estuvo presente en las torres para las grandes luces, como en el puente de Clifton-Niágara (1869) de Samuel Keefer, récord del mundo con sus 386 metros.

Las pilas de hierro aparecieron pronto; ya en 1823 Marc I. Brunnel diseñó unas para un par de puentes colgantes en la isla de Bourbon, que fueron fabricadas pero no llegaron a colocarse en su lugar. Brown las utilizó en Brighton, Roebling en Pittsburg, e incluso en la poco propensa Francia se construyeron con pilas de fundición los puentes de Bry-sur-Marne (1832), Cubzac (1839), Seraing (1843) y Langeais (1849).

En un primer examen morfológico se pueden apreciar dos tipos claramente definidos, las torres de piedra y las pilastras independientes, junto a un tercer tipo de caballetes, al principio menos preciso pero destinado a ser punto de confluencia entre los otros dos. En las torres abundan los arcos triunfales; puertas, portalones, o arcadas, agrupables nuevamente en torres clásicas, góticas, almenadas o egipcias, constituyen un gran grupo de puentes un tanto presuntuosos que explotan la idea de entrada o paso-a-través-de, siempre cargada de monumentalidad. El primer puente con una torre de piedra así fue el pionero Union Bridge (1820), pero la serie llega hasta la cumbre de las pilas de Brooklyn (1883) [3:652].

El tipo de torres de piedra contiene alguno de los más fascinantes ejemplos de cómo se hace explícita la voluntad de expresión formal del diseñador desde el principio, y de los numerosos tanteos que realiza hasta encontrar el vehículo formal adecuado para albergarla. Los casos de Brunel en Clifton, Roebling en Brooklyn y, el ya más posterior pero con idéntica voluntad, de Amann en G. Washington, bastan por sí solos para desterrar definitivamente cualquier pretensión de determinismo formal en el diseño de puentes.

El otro gran tipo de pila dispone una pilastra aislada para cada uno de los cables principales, en ciertos casos con algún elemento de arrostramiento de escasa presencia formal. Uno de los mejores ejemplos es el fallido puente des Invalides de Navier, cuyo diseño de torres es retomado milimétricamente por Ellet en el puente de Fairmount sobre el río Schuykill y por Roebling en Niágara. En algunos casos, las pilastras se cargan de ornato aprovechando las facilidades decorativas de la fundición, como en los puentes de Chelsea, Cubzac o Pittsburg[3].

3 No es posible desarrollar aquí la casuística de estos ejemplos, que se pueden seguir de modo resumido en [3:642-650].

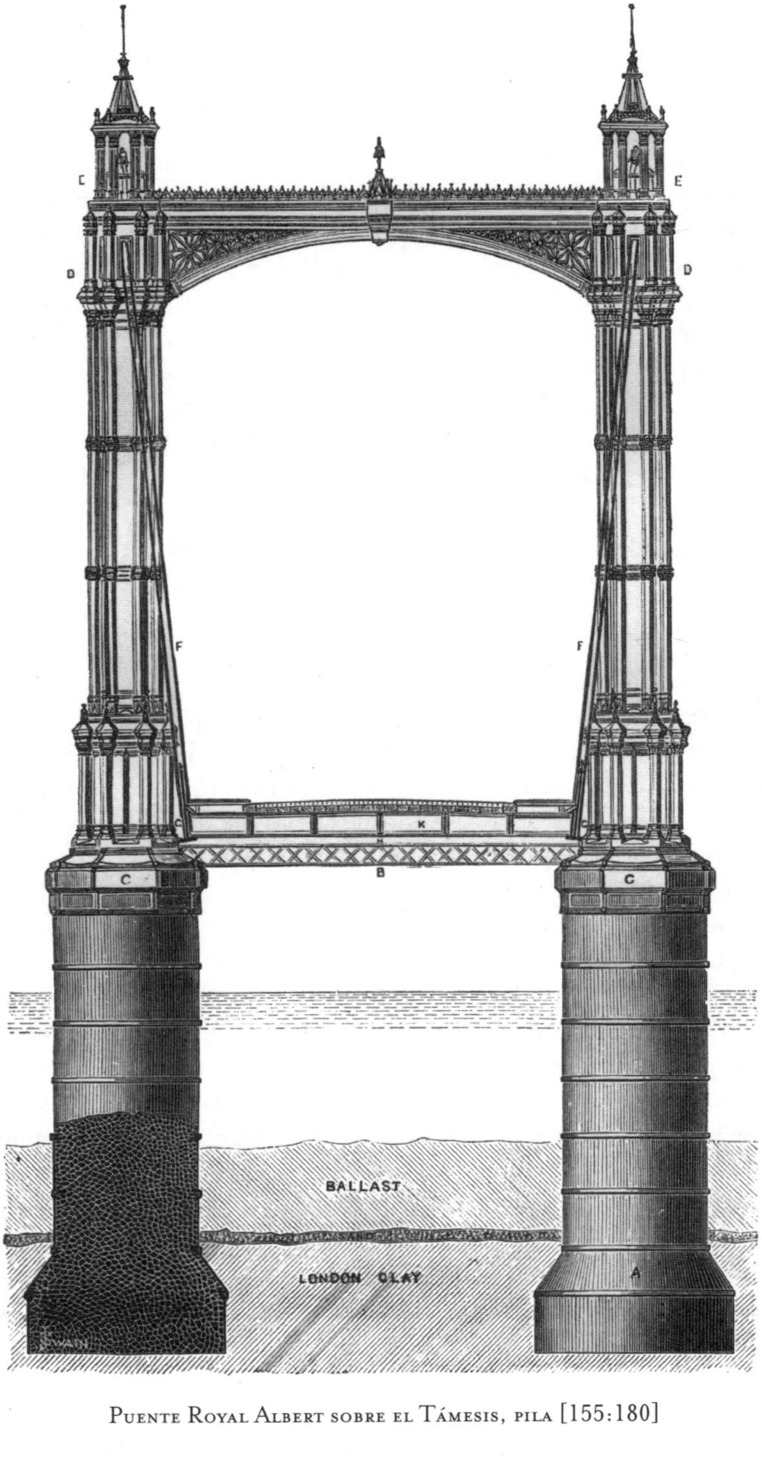

Puente Royal Albert sobre el Támesis, pila [155:180]

Integración de las pilas flexibles en el diseño global

Con las torres rígidas, tanto de piedra como de fundición en cualquiera de sus formas, el necesario movimiento longitudinal de los cables se realiza por medio de unas silletas móviles situadas en lo alto de las torres. Bien directamente sobre los rodillos, o a través de una pieza de fundición con su parte superior curvada apoyada en ellos, los cables trasmitían cargas verticales a las pilas y podían desplazarse sobre ellas. Al incrementarse la luz, las pilas debían disponer de suficiente anchura (o, mejor, espesor) en la parte superior para acomodar el cada vez mayor recorrido de estos mecanismos.

Luces más grandes significan, de acuerdo con ello, no sólo torres más altas, sino de mayor espesor, y el coste de realizarlas en piedra se convierte en prohibitivo. Con el acero ya disponible, la solución obvia era emplearlo, y así se hizo en el puente de Williamsburg, con un resultado formal penoso, donde el acero no hizo sino reproducir las formas externas de una torre maciza, internamente articuladas con las barras metálicas.

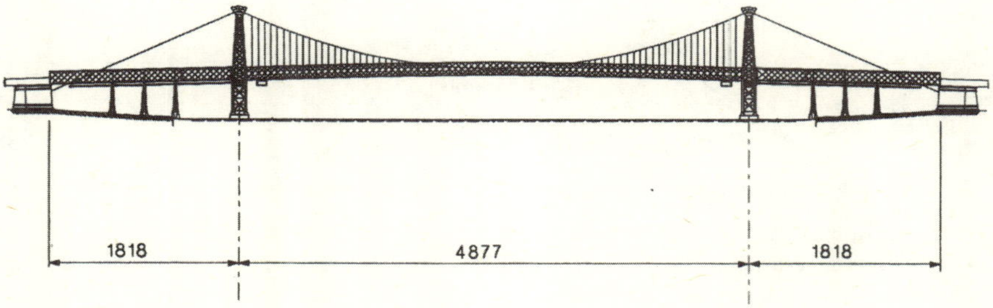

Puente de Williamsburg [117:127]

El puente de Manhattan (1909, 445 m), diseñado por O. F. Nichols con la colaboración de los arquitectos Carrère y Hastings, incorporó dos importantes innovaciones al diseño de puentes colgantes. Su celosía de rigidez era una viga Warren con montantes verticales de escaso canto, corrida de estribo a estribo, y utilizó por primera vez unas pilas flexibles que podían acompañar el movimiento de los cables en su extremo superior, aunque estaban rígidamente empotradas en la base.

Para conseguir esa flexibilidad, las pilas eran de menor espesor, tomando la forma de un marco plano de mucha rigidez transversal, conseguida con arrostramientos de barras cruzadas. Este esquema resistente fue algo adulterado con la incorporación de un alto arco central, dos arcos bajos laterales y cuatro pináculos superiores, que no son sino simples adherencias monumentales, probablemente originadas por la emulación del cercano puente de Brooklyn, cuyo evidente desacierto fue inmediatamente adjudicado a los arquitectos colaboradores de Nichols. Sin embargo, por primera vez el puente colgante adquirió una notable unidad de diseño, muy apoyada en la estética de los arrostramientos de barras cruzadas de la celosía y las torres.

CUADRO 9. PUENTES COLGANTES DESDE 1840

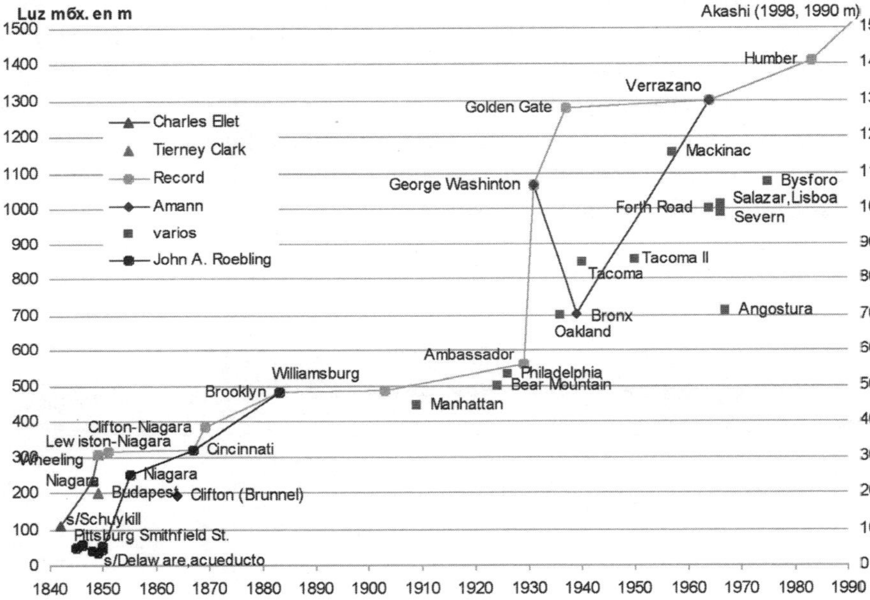

El desastre de Tacoma, punto final del diseño estático

El puente sobre el estrecho de Tacoma (1940, 853 m), con un tablero de 12,5 m de ancho y una viga de rigidez de 2,4 m de canto, no contenía grandes novedades estructurales, aunque la viga de rigidez era de alma llena y muy esbelta, con 1/350 de la luz. Su proyecto fue realizado por ingenieros muy experimentados[4], y en sus cálculos se habían tenido en cuenta el peso propio y

4 El ingeniero jefe fue Lacey V. Murrow y el consultor para la superestructura fue Leon S. Moisseiff (1872-1943), que había participado junto al principal diseñador en todos los grandes puentes colgantes americanos, en particular en los puentes de George Washington, Bronx, Tacoma Narrows y Mackinac.

la sobrecarga, como siempre, pero también los cambios de temperatura y la presión estática del viento, aunque no sus efectos aerodinámicos.

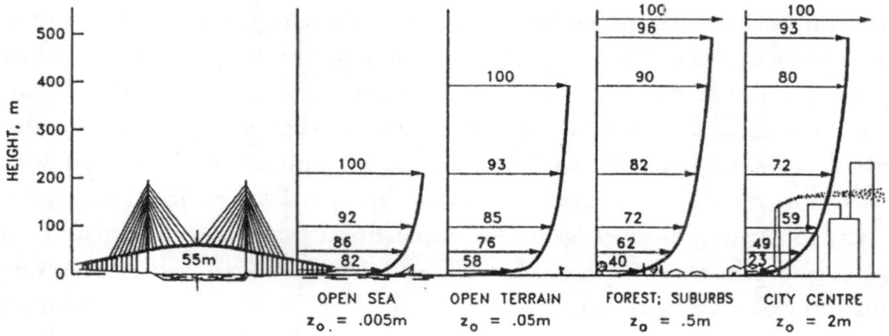

Influencia del terreno y la altura en la velocidad del viento [117:II,9]

El puente de Tacoma, el más largo tras el George Washington y el Golden Gate, fue inaugurado el 1 de julio de 1940 y se cayó bajo la acción de un viento moderado el 7 de noviembre del mismo año. Ya durante su construcción, el tablero se movía tanto que los trabajadores se mareaban y, durante sus cuatro meses de vida se hizo famoso por sus movimientos, que podían alcanzar gran amplitud con brisas de solo 7 km/h[5].

El día del accidente soplaba un viento de unos 50 a 70 km/h, nada infrecuente en el Puget Sound del estado de Washington, con el cual el tablero osciló sostenidamente con 0,90 m de amplitud a unos 36 ciclos por minuto durante unas tres horas. El puente fue cerrado al tráfico y, una hora después, comenzó a oscilar con un movimiento de torsión de doble onda con los dos lados desfasados.

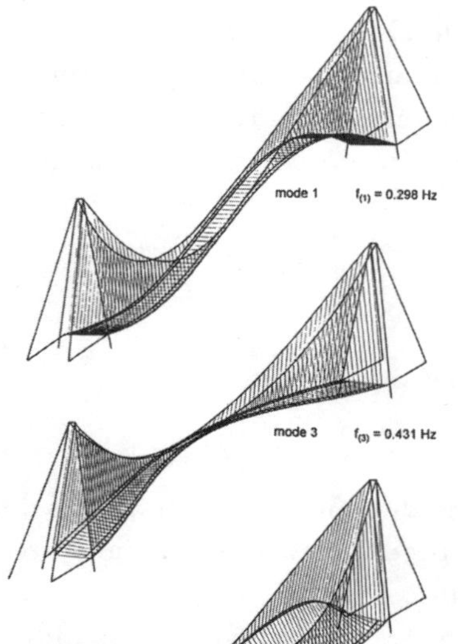

Posibles respuestas dinámicas de un puente colgante al viento [117:168]

5 Se ganó el apodo de Galloping Gertie, antes perteneciente al puente de Ellet en Wheeling, y atrajo numerosos visitantes que viajaban cientos de kilómetros en sus coches para disfrutar de la curiosa sensación de rodar sobre una montaña rusa que brincaba y galopaba [220:315].

El vano principal oscilaba en dos segmentos, con nodos en el centro de la luz. Cuando los dos puntos de los cuartos de la luz diagonalmente opuestos subían, los otros dos puntos opuestos bajaban con una frecuencia de 14 veces por minuto que enseguida subió a 20. En cada ciclo, el movimiento se hacía mayor hasta que la diferencia pasó de 0,9 m a 8,4 m de amplitud que, al instante siguiente se revertía al inclinarse la calzada de 35 a 45° a uno y otro lado. Al poco se desprendió un tramo de unos 180 m al que siguió todo el tablero del vano central. Eso descompensó los vanos laterales produciendo unas flechas de 18 m, y arruinó cables y anclajes por las sacudidas [220:315].

Las subsiguientes investigaciones[6] pusieron de manifiesto una insuficiente rigidez que, junto a la forma de la sección, facilitaban unas oscilaciones verticales acumulativas, producidas por vientos horizontales no excesivamente fuertes. La presión estática del viento actuante fue de sólo 25 kg/m², la décima parte de la presión de los 245 previstos en el cálculo, pero el efecto dinámico acumulativo no había sido previsto[7]. Bajo esos impulsos el tablero se torsionó y el vano principal fue literalmente arrancado de los cables.

Steinman considera el puente de Tacoma como la culminación de una tendencia en el diseño de puentes colgantes. Las feas proporciones del puente de Williamsburg (1903) fueron consideradas excesivas y, con ayuda de las nuevas teorías disponibles, se fue disminuyendo el canto de la viga de rigidez y se hicieron pilas cada vez más flexibles. Eso era más económico y, simultáneamente, premiaba la gracia y la esbeltez, cuyo efecto era remarcado por la utilización de vigas de alma llena en vez de celosías, con el resultado de una máxima simplicidad de líneas [220:321].

Refuerzos y diseño con tableros ultrarrígidos

Como es habitual, la catástrofe de Tacoma puso de relieve las limitaciones de los conocimientos existentes en la época para predecir esos problemas aerodinámicos, y produjo un doble efecto beneficioso.

Por un lado, se reforzaron todos los últimos grandes puentes construidos hasta entonces. La elegante y esbelta viga de alma llena del puente de Bronx

6 Facilitadas por la filmación de todo el proceso realizada por personal de un instituto técnico, aunque otros autores como Steinmann dicen que fue un aficionado [244:79].

7 A pesar de los antecedentes ocurridos en el Chain Brighton Pier de Samuel Brown en 1836 y del puente de Wheeling en 1854, cuyas roturas fueron acertadamente descritas con los mismos síntomas de lo ocurrido en Tacoma, pero nunca fueron debidamente interpretadas e incorporadas en el diseño de los grandes puentes colgantes.

fue sustituida por una celosía de mayor canto en 1946. El puente de George Washington sobrevivió gracias al peso de su tablero de hormigón armado, pero sólo en 1962 alcanzó la total seguridad aerodinámica cuando se le añadió el segundo tablero previsto desde su inicio. En la reconstrucción del propio puente de Tacoma se utilizaron vigas de rigidez en celosía Warren de 10 m de canto, con una nueva relación canto luz de sólo 1/85.

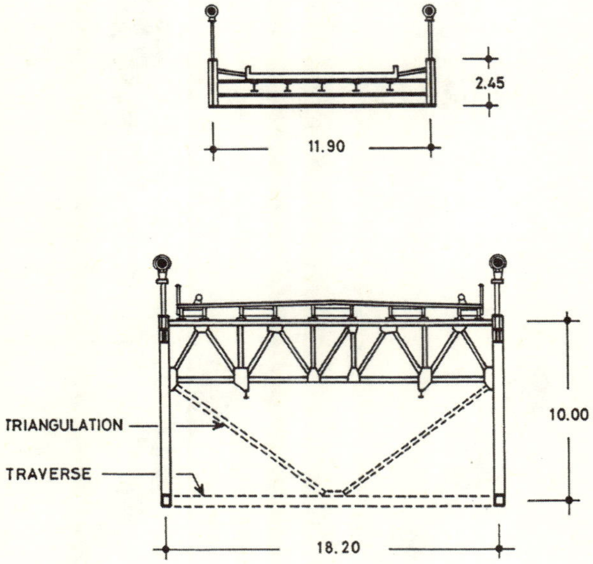

Puente de Tacoma, sección antigua y nueva [117:11]

En el Golden Gate las frecuentes oscilaciones de hasta un metro de amplitud eran toleradas sin excesiva preocupación, pero tras el desastre de Tacoma se colocaron diez acelerómetros sobre el tablero y se realizaron ensayos sobre modelo reducido. Los resultados revelaron la inestabilidad torsional del puente con una velocidad crítica de unos 100 km/h, pero fueron recibidos con cierto escepticismo. En 1851, el viento alcanzó esa velocidad crítica y, *durante 40 interminables minutos*, se comportó exactamente como había previsto el modelo, oscilando con amplitudes de hasta 3,5 m. Ello provocó el refuerzo inmediato de la celosía con unos contravientos reticulares que conseguían la eficiencia torsional de una viga cajón [218:35][8].

Por otra parte, se realizó un considerable esfuerzo de investigación para determinar las leyes rectoras de esta inestabilidad aerodinámica que involucra el acoplamiento entre los modos de vibración de flexión y torsión, típica de estructuras largas y esbeltas, denominada con el término flameo (en inglés *flutter*). Los ingenieros adquirieron conciencia de la importancia de un fenómeno, muchas veces observado y descrito, pero siempre relegado por la

8 Otros cuatro puentes de gran luz terminados hacia 1940 requirieron la colocación de contravientos para controlar las oscilaciones.

primacía absoluta de los cálculos estáticos, y se comenzaron a interesar por similares estudios de la aeronáutica. Se inició así una época en la que la investigación teórica fue acompañada por ensayos dinámicos en túnel de viento y por medidas a escala real en los grandes puentes ya realizados.

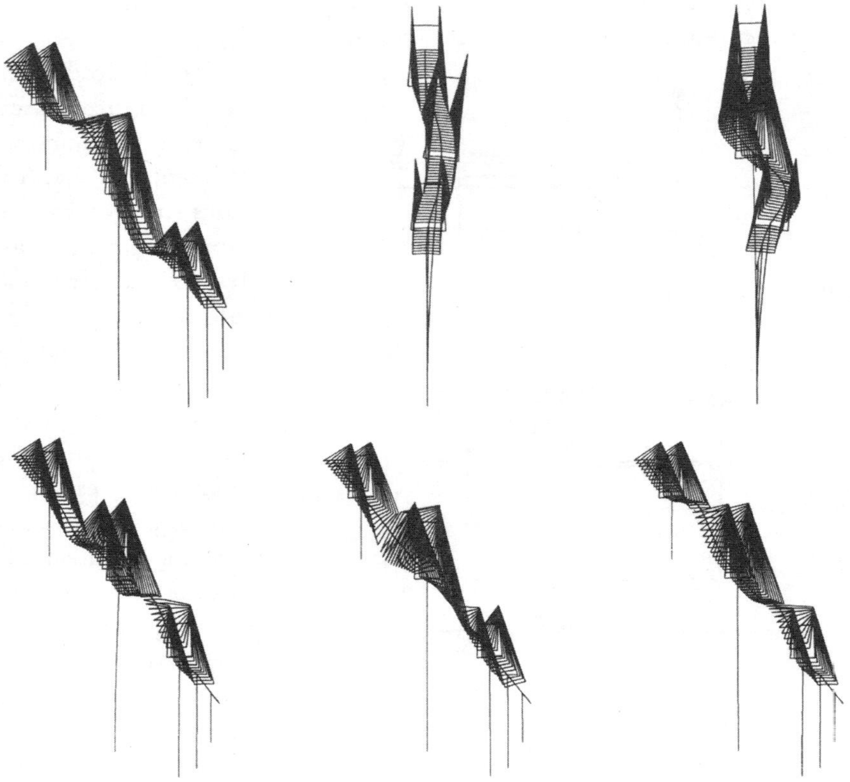

Modos de vibración de un puente [117:II, 129 y130]

Simplificando mucho, el problema aerodinámico consistía en que el tablero y su viga de rigidez de alma llena actuaban como alerones: la viga producía arrastre hacia abajo, mientras que el tablero, en ciertas condiciones, producía un empuje ascendente. Eso se puede limitar recuperando las vigas de rigidez en celosía cuyos vacíos dejan pasar el viento, y reduciendo el empuje ascensional por medio de aberturas en el tablero que equilibren las presiones. Ese efecto es agravado por la rotación del tablero, pues al abandonar la horizontal presenta mayor superficie frente al viento, lo cual agrava los empujes mencionados [112:232].

En los nuevos proyectos, el resultado fue un diseño caracterizado por vigas de gran rigidez. El primer gran puente construido después del desastre fue el puente sobre el estrecho de Mackinac (1958, 1.158 m), entre los lagos Michigan y Huron en un lugar duro, con extremas condiciones de viento y nieve[9] de cuya superación con un puente o con un túnel se venía hablando desde 1884.

El diseño de Steinman, quien había empezado a estudiar esos fenómenos de inestabilidad mucho antes de Tacoma, incorporaba una enorme celosía como viga de rigidez, que proporcionaba un tablero de sección aerodinámicamente estable frente a esas dificultades. Además, redujo ligeramente la luz del vano central, aumentando la de los vanos laterales e introdujo una pila deflectora de los cables para anclarlos en una zona más baja de los estribos. Con ello, los vanos laterales tenían 2/3 de la luz del vano central, cuando lo habitual era 1/2, lo que alargaba y tensionaba visualmente el puente compensando la importante altura de las torres.

Al puente de Mackinac siguieron los puentes de Verrazano (1964, 1298 m) terminado en Nueva York por Amann con un diseño basado muy de cerca en su anterior puente del Bronx, pero de una luz suficientemente grande para ser el nuevo récord mundial, el del Forth (1964, 1000 m), construido justo al lado del puente para ferrocarril de Fowler y Baker por Gilbert Roberts, de la firma Freeman, Fox & Partners, y el del Tajo en Lisboa, con refuerzos suplementarios para una segunda fase con ferrocarril.

Todos ellos tienen importantes celosías como vigas de rigidez, y el puente del Forth incorpora riostras transversales también de celosía, a intervalos de 18 m, para incrementar la rigidez torsional. Durante la construcción de la torre y de los cables el viento causó nuevos problemas de inestabilidad, que retrasaron la obra[10]. Fue el primer puente colgante de dimensiones comparables a los americanos realizado en Europa [194].

Introducción de formas aerodinámicas

Desde un punto de vista formal, esos enormes puentes no aportaban mucho más que la belleza derivada de sus dimensiones y de su instalación en deslumbrantes lugares, habitualmente acompañados de importantes resonancias geográficas. Suelen mostrar un impecable diseño formal, con una estructura colgada tratada con líneas muy tecnológicas y unas pilas que en el Forth siguen esa misma

9 Durante la construcción, el viento alcanzó los 125 km/h y el espesor de hielo superó los 12 m de altura [58:150].

10 La construcción de las esbeltas pilas del puente colgante del Forth se realizó mediante secciones prefabricadas atornilladas con pernos de alta resistencia. Cuando alcanzaron los 120 m de altura, pero todavía no gozaban del efecto estabilizador de los cables, los vórtices producidos por el viento se acoplaron hasta el punto de producir oscilaciones de un metro de amplitud en el extremo superior, que consiguieron abrir las juntas atornilladas de la base hasta 4 mm. Hubo que sujetar el extremo de la pila con cables [244:86].

estética, y en Verrazano se suavizan mediante la incorporación de un arco arriba, con la intención de convertirse en pórticos al modo de Bronx y Brooklyn.

Sin embargo, el desastre de Tacoma motivó la realización de investigaciones y la propuesta de soluciones prácticas para afrontar los efectos dinámicos del viento. En el National Physics Laboratory de Inglaterra, Fritz Leonhardt realizó una serie de ensayos en túnel de viento para desarrollar una sección aerodinámica capaz de reducir esos efectos [30:217].

Tras esa investigación, los diseñadores ingleses producirán un novedoso diseño que revolucionó la forma de entender la aerodinámica en los puentes colgantes. En el puente del Severn (1966, 988 m), Gilbert Roberts introdujo una nueva sección en cajón metálico mucho más aerodinámica, por su reducido canto y por la presencia de afilados voladizos en ambos lados. Con ello aunaba una mayor rigidez torsional y una menor resistencia al viento, con una rigidez a la flexión parecida a la de las celosías. El cajón permitió, además, prescindir de las clásicas pontonas para transporte de las grandes dovelas prefabricadas, que pudieron llevarse por flotación desde la orilla hasta su posición bajo del tablero.

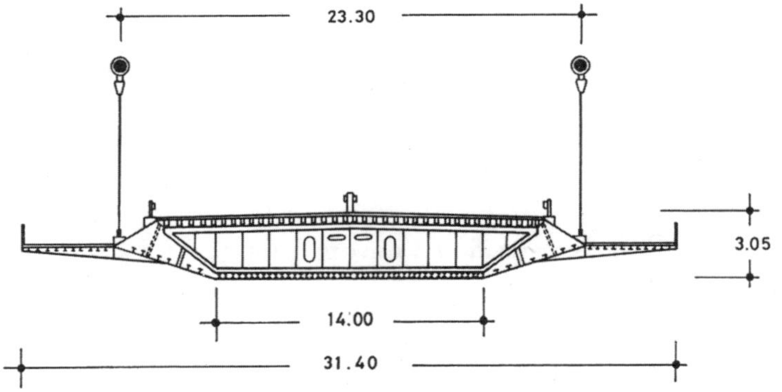

Puente sobre el Severn, sección, (1966) [117:14]

Además de la novedosa sección, las péndolas del puente del Severn estaban en un plano vertical, pero inclinadas alternativamente en sentido longitudinal, y ancladas por parejas en un nudo, tanto en el cable superior como en el tablero. Gracias a la triangulación, el plano de las péndolas adquirió una cierta «rigidez» longitudinal.

Por su parte, las pilas tienen forma de marco, con un potente travesaño intermedio de gran canto, repetido bajo el tablero, y una apariencia totalmente novedosa. Recuerdan el esquema de las torres del Golden Gate, pero con menos travesaños y un diseño mucho más simple. La esbeltez del tablero, la presencia de las péndolas inclinadas, la simplicidad de las torres y, sobre todo, la definitiva ausencia de cualquier elemento en celosía proporcionan al puente del Severn un aspecto nuevo, más fluido y dinámico, pero carente de la agresividad producida por las tradicionales cruces de san Andrés habitualmente utilizadas como rigidizadores[II].

Con similar tecnología se construyeron dos grandes puentes colgantes más, el puente sobre el estrecho del Bósforo (1975, 1074 m) [44], y el puente sobre el estuario del Humber (1983, 1410 m), ambos diseñados por la misma firma inglesa de Freeman, Fox & Partners. El puente del Bósforo es algo más pequeño, pero se beneficia de un entorno mucho más atractivo, donde lo construido y lo natural se entremezclan en hermosa asociación, plagada de referencias históricas y geográficas. El del Humber fue récord del mundo de luz, pero su estuario carece de ese singular atractivo. Con todo ambos puentes mantienen la estética del Severn en las péndolas inclinadas, pero no en la sección en cajón, de celosía en el Bósforo.

De la misma época del Severn y el Forth es también el puente Salazar sobre el río Tajo en Lisboa (1966, 1013 m), de apariencia más americana en la celosía vertical para rigidizar las pilas, y en la presencia de dos cables uno encima del otro a cada lado del tablero. Las péndolas están colgadas alternadamente y se

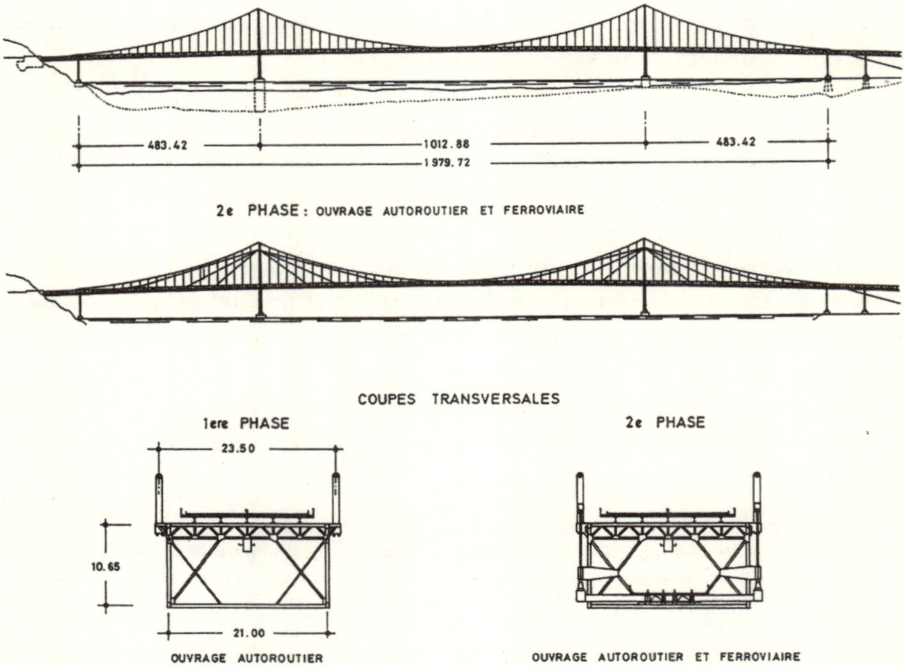

Puente de Lisboa sobre el Tajo (1966) [117:13]

II En los accesos al puente colgante del Severn se introdujo un puente atirantado sobre el río Wye, con un diseño de la sección transversal y un cuidado de los detalles muy similar.

desdoblan para pasar a la altura del cable inferior. Esa doble duplicación de cables y pilas resta algo de claridad no tanto al esquema, de fácil comprensión, sino a la apariencia formal que resulta perjudicada por la multiplicación de líneas.

Otra posible solución consistía en diseñar una sección de tablero aerodinámicamente estable frente a esos movimientos verticales y de torsión. La forma de una sección tal haría actuar al viento como elemento compensador de los movimientos primarios inducidos. Provocaría empujes ascendentes cuando el tablero sea arrastrado hacia abajo y ascendentes en caso contrario, y todo ello debe ser comprobado para diferentes modos de ondulación y giro[12].

La trasposición de las teorías aeronáuticas a los fenómenos de inestabilidad de los puentes colgantes, realizada por Robert Scanlan[13] hacia 1974, permitió disponer de un procedimiento de diseño universalmente aceptado, llamado de las *derivadas aerodinámicas*. El método utiliza ensayos estandarizados en modelo reducido, de los cuales se deducen unas funciones –las derivadas– que explican la influencia de la interacción fluido-estructura sobre la rigidez y la disipación energética del tablero. Con estas funciones, la teoría permite calcular la respuesta dinámica hasta el umbral del flameo. Posteriores desarrollos han afinado la precisión del procedimiento, simulando en laboratorio diversas hipótesis de fenómenos inestables [218:37].

El récord de luz del puente del Humber fue pulverizado casi simultáneamente por los dos últimos grandes puentes. El primero de ellos es el puente de East Storebelt (1998, 1.614 m), que une la isla danesa de Zelanda con el continente, diseñado con una sección en cajón de 4,4 m de canto, lo que supone una esbeltez de 1/369, superior a la del puente de Tacoma. La estabilidad aerodinámica fue conseguida, a pesar de esa esbeltez, con la inclusión de una pareja de alerones en las aristas inferiores del cajón, para neutralizar el efecto de una posible sincronización de ambos vórtices y retrasando así el umbral del flameo.

Antes de terminar ese año consigue el récord el puente de Akashi (1998, 1.990 m) sobre la bahía de Honshu-Shikoku, que retoma el diseño de tableros

12 Whitoff lo explica así: «Las secciones de los puentes pueden considerarse estables o inestables frente a oscilaciones verticales, de torsión o combinadas. Con una sección inestable, un viento horizontal constante produce una resultante de las fuerzas de oscilación sobre la sección del tablero, sincrónicas y en fase con las oscilaciones del vano principal siempre que el puente permita un pequeño movimiento vertical o de torsión. La acumulación resultante es logarítmica; el menor movimiento aumenta miles de veces en unos pocos minutos y puede alcanzar amplitudes que produzcan la destrucción. Con una sección estable, las fuerzas aerodinámicas resultantes son también sincrónicas con las posibles oscilaciones verticales o de torsión del puente, pero están en oposición de fase. Cuando el tablero se mueve hacia arriba, las fuerzas aerodinámicas actúan hacia abajo y viceversa. Por esa razón, una oscilación vertical de cualquier magnitud se elimina rápidamente. El puente utiliza las fuerzas del viento para producir estabilidad» [244:81].

13 Profesor de dinámica en la John Hopkins University.

ultrarrígidos, y por tanto ultrapesantes y ultracostosos de los años sesenta, con celosías de 14 m de canto, sin aportar novedades formales [218:43].

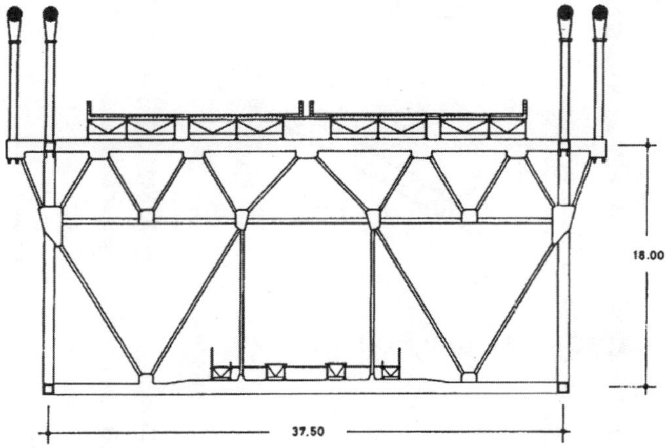

Puente de Akashi, sección (1998) [117:26]

La relevancia de los problemas aerodinámicos se hace patente en dos grandes proyectos que siempre revolotean en torno a los puentes colgantes. Se trata de los puentes para salvar los estrechos de Messina y de Gibraltar, que son los dos grandes retos europeos, sobre los cuales se han realizado numerosos tanteos. Entre ellos tiene especial interés la propuesta de tableros muy anchos y en gran parte sin cubrir, realizada por Miguel Ángel Astiz y Antonio Martínez Cutillas, especialmente pensada para solventar problemas aerodinámicos[14].

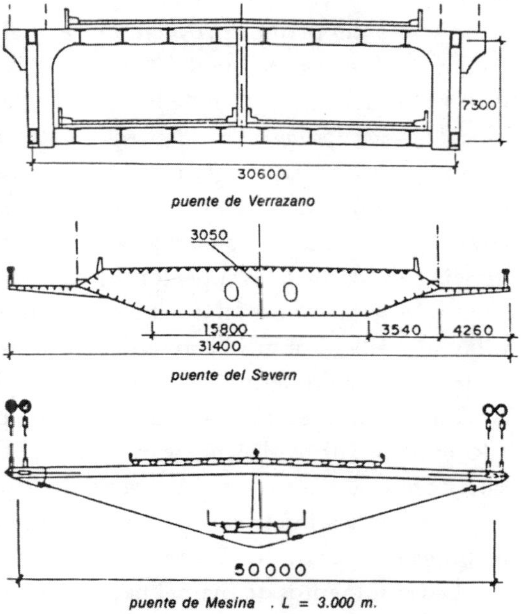

Evolución de la sección transversal de los tableros de los puentes colgantes [138:26]

14 Astiz Suárez, Miguel Ángel; Martínez Cutillas, Antonio; 1996. «El puente de Gibraltar». *Revista de Obras Públicas* (3355):7-19.

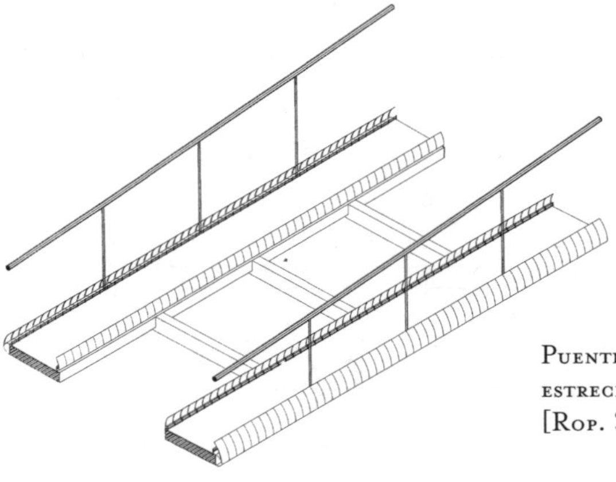

Puente sobre el estrecho de Gibraltar, tablero [Rop. 3355, 15]

Tecnificación del diseño de las pilas

En los puentes colgantes las pilas son un elemento sustancial pero también su presencia contradice su vocación de máxima luz. Están ahí para recordar que en ese caso concreto no se ha podido llegar más lejos con el vano. De hecho, no parece concebible un puente colgante sin pilas, pero la historia nos ha legado un magnífico puente, por cierto recientemente recreado aunque con menor dimensión simbólica, que ejemplifica mejor que ningún otro el deseo de ligereza característico de estos puentes.

Se trata del primer proyecto de Brunel para el puente de Clifton (1864, 193 m), sobre la garganta del Avon, realizado hacia 1832. El puente colgante de un solo vano de 300 m de luz[15] carece de pilas, y su tablero *surge del Giant Hole hacia el espléndido paisaje, alcanza los bosques del lado opuesto y sobrevuela el valle de Nightingale, hasta que corona la zona de Leigh*. Los cables se anclan en las laderas con la ayuda de unos pequeños castilletes, mientras que el tablero penetra en dos túneles, cuyas bocas están diseñadas a modo de portalones de castillo, en correspondencia con los anclajes superiores [3:643].

Esa voluntad de anclar cables o tirantes en la roca prescindiendo de las pilas se vuelve a manifestar en un proyecto de 1897 en Friburgo, y hará famoso –un siglo después– el proyecto de T. Y. Lin para el puente de Ruck-A-Chuky, un puerte atirantado de planta curva con 400 m de desarrollo en 180 grados, sobre el American River en California. La idea de un tablero saliendo de un túnel para colgarse de unos cables se ha materializado con variantes en la asimétrica pasarela del Museo de Miho (1990), en la prefectura de Shiga en Japón, diseñada por I. M. Pei y Leslie E. Robertson [242:148].

Los argumentos de Brunel para construir un vano mucho mayor que cualquier otro conocido reflejan esa pulsión de todo diseñador para aumentar el

15 El récord en aquel momento estaba en los 176 m de Menai.

Puente colgante sin torres
de Gotteron en Friburgo (1897) [159:462]

vano a salvar. Primero dice que colocar pilas intermedias es una solución tímida, que tendrá un reflejo desfavorable en la profesión. Luego entra en argumentos más ligados al concepto, afirmando que la presencia de pilas es inconsistente con la idea de simplicidad, y habla de obstrucción de las vistas, de destrucción de la grandeza de la garganta, de la incorporación de una costosa irrelevancia. Por último apela a razones más prácticas de coste, aduciendo que la presencia de las pilas implica mayores costes si las torres son altas, sobre todo con una cimentación difícil [112:199].

Evidentemente, el diseño de Brunel no es generalizable y las pilas, además de necesarias, son el único elemento de los puentes colgantes capaz de albergar intenciones formales. Cada puente es un mundo y es difícil simplificar aquí la poco explícita voluntad de expresión formal de su diseñador, que engloba las complejas sugerencias del sitio con las exigencias estructurales del tablero y los cables para producir una solución formal.

Cabe, sin embargo, señalar una cierta tipología de estas pilas que, en una primera aproximación, puede pasar por alto esa casuística. La forma o esquema básico, característica en la determinación de los tipos por medio del examen de lo construido, puede reconocerse aunque se presente disfrazada con cualquier retórica, por excesiva o minimalista que sea.

La invención de las pilas flexibles en el puente de Manhattan que encaminó el diseño hacia una unidad formal tuvo importante repercusión en la tipología de las pilas de los puentes colgantes. De hecho, esta estética de la celosía aplicada a torres y vigas de rigidez fue desde entonces la solución de referencia, aunque obviamente depurada de los excesos formales antes señalados.

Esa línea de diseño, muy tecnológica, de torres formadas por dos pilares laterales arrostrados transversalmente por cruces de san Andrés está presente en gran número de puentes. Su versión más pura sólo contiene diagonales,

Tipología de pilas en puentes colgantes, puertas y pilonos [3:sp]

como en los puentes Ambassador, Oakland[16], Lions Gate, Chesapeake, o Firth of Forth, y es probablemente la de mayor coherencia formal.

Otro tipo, algo menos riguroso, contiene arrostramientos diagonales y horizontales formando tres o cuatro cuadros en altura, como en los puentes de Bear Mountain, Filadelfia o Grand Mère. Y, con mayor carga formal y rozando el *styling*, cabe agrupar las pilas cuyos arrostramientos han sido perfilados para constituir falsos arcos, falseando su aire tecnológico.

16 El puente de San Francisco Oakland Bay, en realidad dos puentes colgantes sucesivos con un gran estribo central compartido, dirigido por Charles H. Purcell (1883-1951), no tiene un campeón individual como su vecino el Golden Gate. Purcell fue el ingeniero jefe; Charles E. Andrew, el ingeniero encargado; Glen B. Woodruff el ingeniero proyectista; entre los consultores estaban Ralph Modjeski, presidente del comité, y Leon Moisseiff.

Las pilas verticales arrostradas por elementos exclusivamente horizontales constituyen un tipo de gran presencia en puentes importantes, como el Golden Gate, el primer Tacoma, el Severn, el Bósforo y el Humber. Los travesaños macizos de estos puentes se presentan en algunos casos en forma de celosías más o menos compactas, de bastante peor fortuna, como los puentes de Triborough –un increíble pastiche– el segundo Tacoma o el puente de Mackinack.

Tipología de pilas en puentes colgantes, marcos y cruces [3:sp]

Nueva York es, quizás, el sitio cuyos puentes evidencian más intenciones formales de diseño. Las pilas del puente del Bronx o del Verrazano, ambas de Othmar H. Amman (1881-1967), suponen una recuperación sublimada y algo nostálgica, pero de excelente factura, de los arcos triunfales de Brooklyn o de las inconclusas pilas metálicas del puente de George Washington, a las que se negó su previsto revestimiento de piedra por recortes presupuestarios, enmascarados por la defensa de una pretendida pureza del esqueleto sin piel, algo aberrante y contraria a la voluntad del autor.

En España no hay muchos puentes colgantes, y los que hay tienen luces muy modestas, aunque pueden ser competitivos incluso a esa escala. Se pueden recordar los diseñados por Leonardo Fernández Troyano para reemplazar una serie de puentes destruidos por una crecida del río Segre, y el más reciente puente del Milenio en Elche, diseñado por Hugo Corres.

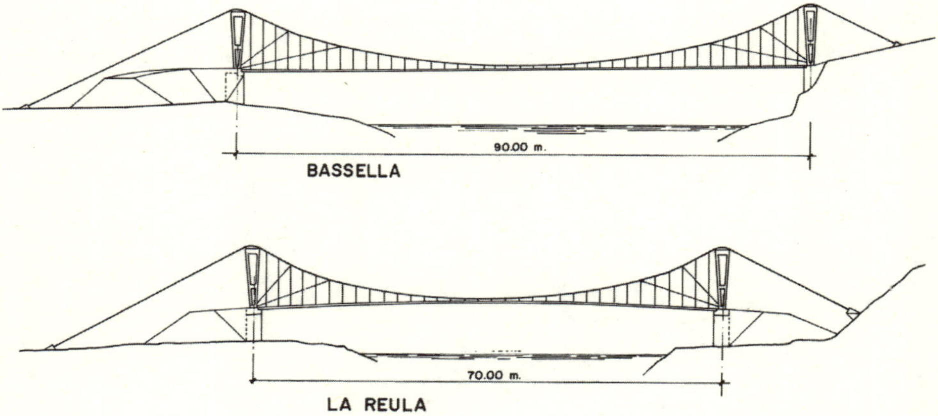

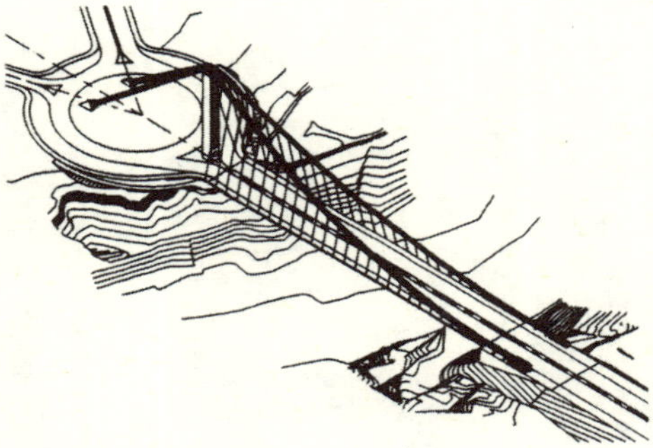

Puentes colgantes ligeros sobre el río Segre en el Alt Urgell, Lérida (Fernández Troyano) [76:68]

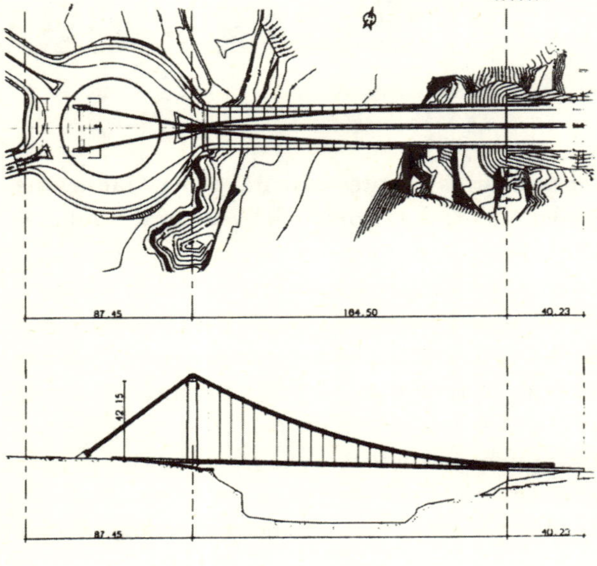

Puente colgante de Elche (Hugo Corres) [117:156]

15. DISOLUCIÓN DE LOS TIPOS CLÁSICOS
Desintegración

El tipo se ha reducido a la imagen, o mejor, la imagen es el tipo.
El tipo-imagen está más pendiente de ser reconocido
que de su propia estructura.
ROBERT VENTURI

Tras el repaso de los principales tipos estructurales utilizados en los puentes, cabe preguntarse sobre la vigencia de la idea de tipo, en una época caracterizada precisamente por una explosión de variedad, donde todo es permanentemente fugaz y transitorio.

En una valoración del estado de la técnica realizada a finales del milenio, Julio Martínez Calzón se mostraba escéptico. Para él, las formidables técnicas del pretensado, la soldadura, las estructuras mixtas, las mallas, la tierra armada, están ya bastante alejadas en el tiempo sin que se hayan aportado otras recientes de similar importancia. Pero, por otro lado, ciertas mejoras o aportaciones innovadoras menores se ven potenciadas por la informática, una «supratécnica» que permite desarrollar conexiones muy activas y profundas con otras técnicas y ramas de la ciencia, que generan una transformación trascendental.

Esa herramienta permite un control absoluto de las estructuras, el cual está acrecentando la intuición y la creatividad de los diseñadores. Sin embargo, estas posibilidades tecnológicas han provocado un *desarrollo incontrolado y turbulento de nuevos usos y formas que desafían toda clasificación y análisis* [150:109].

Si, con los nuevos métodos de cálculo, cualquiera puede comprobar la resistencia de cualquier diseño, sin necesidad de una experiencia acumulada antes entendida como imprescindible, parecería que el anclaje de esa experiencia en los tipos está ya fuera de lugar, siendo suficiente el conocimiento de esos métodos de cálculo. La intuición del tipo dejaría paso a la potencia del algoritmo.

Probablemente, el arte de construir puentes se enfrenta ahora a similares cambios. Sin el apoyo obligado en las reglas de buena práctica que han mantenido una coherencia general de lo construido, el diseñador se enfrenta al papel en blanco. De la tradición, entendida como poso o sedimento de las realizaciones anteriores, surgen principios y esquemas de similaridad que sirven para ordenarla en una tipología. Para el diseñador, esa tipología proporciona un apoyo inicial en la creación de un nuevo puente, por medio de los esquemas previos ya consagrados.

Pero la aparición de nuevos estímulos para el cambio –como la disponibilidad de nuevos materiales, procesos constructivos, o métodos de cálculo y representación– introduce mayores grados de libertad. Recientemente, los ordenadores han trastocado los nuevos métodos de representación y cálculo de las estructuras. Antes, la mera visualización de las soluciones en curso descansaba considerablemente en la familiaridad del diseñador con la imagen de los diferentes tipos estructurales, que *sabía* cómo iba a quedar un puente en arco. Era preciso recurrir al tipo para disponer de un esquema previo, al cual iba asociado un método de cálculo específicamente apropiado para ese tipo.

Raíces culturales en la recepción de la innovación

Como se ha podido ver en los capítulos precedentes, en la aceptación de una nueva solución estructural influyen tantos factores como para hacer indispensable el recurso a la cultura. Los gustos, las tendencias artísticas, los precios de los materiales, la voluntad de trascendencia del promotor, el ingenio del proyectista, su fama, o el desastre de una solución estructural anterior, son necesarios para entender la fortuna crítica de una solución y su consagración o derrota como tipo estructural. Tanto los primeros ejemplos de los tipos como los más maduros llevan consigo en sus formas una fuerte carga cultural, algo que es evidente tanto en los primeros portales de hierro como en los últimos puentes de piedra construidos por Paul Séjourné.

Ya en 1866, en una breve y prematura historia de los puentes de hierro, Teo Ellis veía diferencias sustanciales en el modo de superar las limitaciones de la fundición por los ingenieros ingleses respecto a los americanos. Como se vio en el capítulo 5, dedicado a la aparición de la viga, los ingleses intentaron com-

Puente colgante con portal de aire egipcio en San Petesburgo (Traitteur, 1826) [113:vol.I,548]

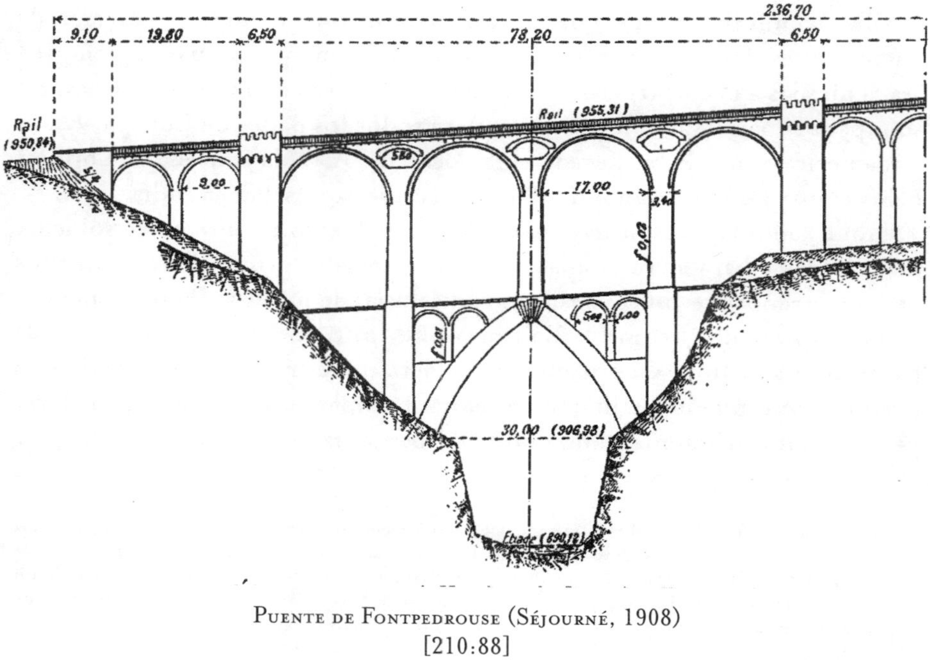

Puente de Fontpedrouse (Séjourné, 1908) [210:88]

binar el hierro fundido con el forjado en una estructura compuesta, pero las dificultades prácticas para su actuación conjunta produjeron varios fracasos y se decidió utilizar vigas totalmente construidas con hierro forjado.

Capiteles de columnas de fundición
[155:228]

Los americanos, en cambio, utilizaron la celosía para estas estructuras compuestas, colocando la fundición en los elementos comprimidos y el hierro forjado en los elementos traccionados, aunque los posibles defectos derivados del proceso de fundición aconsejaban utilizar tensiones de compresión muy bajas [70:7].

También influían en ello las distintas condiciones de industrialización de ambos países. Hacia 1860 había en Inglaterra no menos de cuarenta empresas dedicadas a la construcción de puentes de hierro en grandes talleres, no sólo para el país y sus colonias, sino para todos los países de Europa, Asia y Sudamérica donde había llegado el ferrocarril. Una sola empresa de Londres había construido 800 vanos de 18 m para un ferrocarril de la India.

En Estados Unidos, la *conquista del Oeste* con el ferrocarril requirió soluciones rápidas y baratas realizadas con los materiales disponibles, y muchos pequeños vanos fueron construidos con celosías de madera. Posteriormente, algunas compañías (como la Baltimore Ohio, o la Pennsylvania Central) empezaron a sustituir esos puentes de madera con estructuras de hierro, pues el coste de un puente de hierro era bastante superior al de uno de madera, pero el menor mantenimiento podía compensar la mayor inversión [70:9][1].

1 Para Murphy Whipple, el sobrecoste era del 35%; por ejemplo, un puente de hierro de 22 m de luz que era el vano típico para salvar el canal del Eire costaba 940 dólares, con un mantenimiento de 175 dólares/año que exigen una capitalización al 5% durante nueve años de 320 dólares, dando un total de 1260 dólares. En madera, el coste inicial era de 700 dólares, con un mantenimiento de 550 dólares/año, cuya capitalización asciende a 1.000 dólares, dando un total de 1.700 dólares [243:43].

Con independencia de sus valores intrínsecos, los tipos tenía diferente recepción en cada país. Los puentes colgantes, como se vio en el capítulo 13, tuvieron un gran empuje en Inglaterra con las realizaciones de Telford en Menai y Conway, pero no fueron considerados como un tipo estructural adecuado para las cargas mayores y dinámicas del ferrocarril. En Estados Unidos, en cambio, las realizaciones de John A. Roebling en Niágara consiguieron remontar las dificultades y el puente colgante tuvo un enorme desarrollo.

En Alemania, los arcos y los puentes colgantes se consideraban adecuados para carretera, pero no parecían idóneos para ferrocarril. En los arcos, la poca resistencia a la tracción de la fundición y la incertidumbre de su comportamiento bajo esfuerzos violentos, junto a la competencia del hierro forjado disuadieron su uso. En los colgantes, el tablero se movía demasiado, pues faltaba una vinculación conveniente para asegurar la rigidez de la obra, tanto en el plano del cable como lateralmente [158:12].

Puente de ferrocarril sobre el Nogat, en Marienburg, intenciones (1891) [158:70]

Por esa razón, la mayor parte de los grandes puentes alemanes para ferrocarril realizados en la segunda mitad del XIX son puentes de vigas en celosía metálica. Y su celosía lenticular tuvo escaso desarrollo en otros países, al igual que los grandes portales de piedra de notable que ennoblecían sus puentes.

Países tan próximos como Francia e Inglaterra tuvieron enfoques muy diferentes en la apreciación del hierro como material para la construcción de puentes. El gran Perronet, entonces en la cumbre de su carrera, tuvo un destacado papel en las objeciones iniciales de los franceses respecto a los puentes de fundición. Como Inspecteur de Ponts et Chaussées, Perronet debía informar de todas las propuestas de puentes y de forma sistemática se opuso a la utilización del hierro[2].

En sucesivos informes sobre proyectos de puentes de hierro forjado realizados por Vincent Montpetit y otros ingenieros franceses, Perronet fue dejando claro que no veía justificación para el uso del hierro para los puentes, cuando había abundante piedra de buena calidad para su construcción en Francia. Si la piedra no era viable por su precio, se podía utilizar madera de abundante disponibilidad en grandes escuadras de suficiente longitud, que podían durar más de cien años si se las trataba con cobre o plomo.

Entre 1779 y 1883, recién construido Coalbrookdale, Montpetit ya había proyectado un puente de hierro sobre el Sena, con diferente número y luces de los vanos[3]. Una propuesta tenía un vano de 180 m, otra dos vanos de 90 m, y una tercera tres vanos de 60 m [121:197]. El enfoque francés había sido más teórico que el inglés y, ya en 1788, Montpetit había publicado un artículo sobre la teoría de los puentes de hierro [165].

Los teóricos franceses despreciaban el puente de Coalbrookdale por su diseño poco científico y por el empleo de fundición, un material considerado *peligroso*. Pero pasaban por alto el hecho de que fue posible gracias al gran logro de fundir los nervios principales en dos mitades de unos 21 m de largo y 6 t de peso, cifras inalcanzables en las fundiciones francesas. Aunque William Wilkinson colaboró en la instalación de una fundición de *estilo inglés* en Francia, ésta no consiguió igualar a Coalbrookdale en tamaño y calidad. *Haciendo de necesidad virtud, la doctrina oficial fue el rechazo de la fundición como un material estructural inse-*

2 Perronet había publicado en 1782 su gran libro con 72 láminas donde contaba sus proyectos. Es muy instructivo comparar el mundo del gran ingeniero francés –resumido magistralmente en las láminas dedicadas a explicar el protocolo y las instalaciones construidas para las ceremonias de la inauguración del puente de Neuilly– con los relatos de aventuras de los empresarios ingleses para construir sus puentes a finales del siglo XVIII.

3 Perronet tuvo un activo papel en todo ello, como se ve en el siguiente cuadro:

Propuestas de puentes de hierro en Francia denegadas por Perronet

Fecha	Localización	Autor	Vanos	Luz máx	Flecha
1778	París	Callipe	1	182,0	
1778	París	Montpetit	3	60,7	3,6
1779	París	Morveau	3	60,7	12,1
1779	París	Montpetit	3	60,7	3,6
1783	París	Montpetit	2	91,0	5,5
1783	Lyon	Racle	1	38,2	2,4
1786	Toulouse	Racle	1	121,4	9,1
1786	Toulouse	Aubry	1	91,0	4,6
1787	París	Payne	1	121,4	6,1

Fuente: Elaboración propia sobre [122:155]

guro, y la insistencia en el hierro forjado, aunque la máxima sección viable con este material no pasaba de 5 x 5 cm, o equivalente, con pesos máximos de unos cientos de kilogramos [122:154].

Sería interesante rastrear esa actitud de hacer de necesidad virtud, pues es probable que algunas de las tendencias y las fobias de los más conocidos creadores de puentes se expliquen, simplemente, como aceptación de la realidad cultural que les envuelve. En este sentido, la aversión de Torroja hacia el acero puede indicar la dificultad de construir con ese material en España, como bien pudo comprobar en la marquesina de prueba para el Hipódromo de la Zarzuela, cuya armadura, una vez ensayada, fue recuperada por el constructor picando el hormigón para incorporarla a la obra en una nueva pieza.

Por encima de todo ello, el examen del sentido histórico de lo construido es una forma provechosa de reflexión cultural pues, como dice Burckhardt, la historia habla principalmente a través de lo monumental-arquitectónico, que es la expresión intencionada del poder y nos trasmite el carácter de naciones, culturas y épocas enteras como si lo construido fuera la envoltura exterior de su existencia [47:127].

Puente Palladiano en los jardines de Wilton House
[209:170]

El recorrido de los tipos: innovación, materiales y procesos

Esas raíces culturales fuertemente ancladas en la tradición fueron en muchos casos superadas, como ya se vio, gracias a las conmociones producidas por los grandes acontecimientos constructivos. Gran parte de las innovaciones tipológicas en la construcción de puentes surgió con ocasión de las oportunidades de diseño surgidas tras la aparición de nuevos materiales y procesos constructivos. Al tener que expresarse sin vínculos obligados con la tradición, los ingenieros se veían obligados a resolver infinidad de problemas y detalles nuevos que los tipos vigentes no recogían.

El examen de lo ocurrido con la aparición del hierro (cap. 10) puso de manifiesto una verdadera explosión de innovación. Tras su primer empleo en Coalbrookdale, los ingenieros se vieron obligados a buscar una nueva formalización del arco. Fue preciso desmaterializar el tímpano, y dar una nueva entidad formal al arco como elemento autónomo resistente y al tablero como elemento funcional. Aquellas primeras realizaciones, indudablemente marcadas por el sello del entusiasmo, suponen un enorme caudal de innovaciones con grandes dosis de creatividad y dan lugar a una nueva forma de diseñar que va adquiriendo consistencia propia. Lo *técnico* empieza a establecerse como valor autónomo y abandona paulatinamente la *tradición*.

Con el hierro se aceleró el desarrollo de la resistencia de materiales y del cálculo estructural, en un proceso mutuamente alimentado con la creatividad sin precedentes mostrada por los diseñadores en las sucesivas realizaciones. A mediados del XIX estos nuevos avances teóricos produjeron una decantación de las soluciones pioneras en formas más ajustadas al comportamiento de materiales perfeccionados.

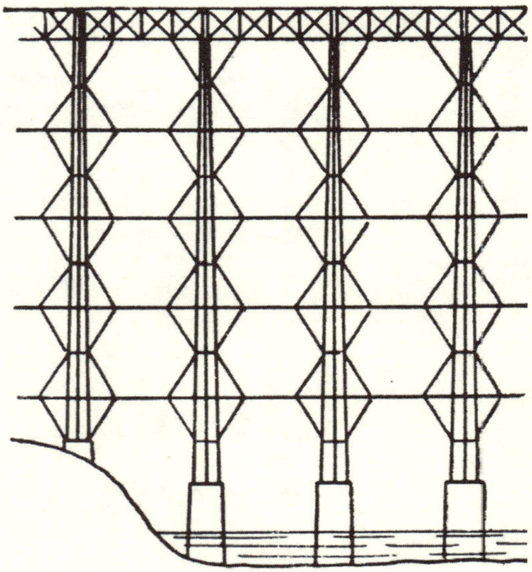

Puente de madera de ferrocarril [57:fig. 12]

Cuando la fundición da paso al hierro forjado, la celosía adquiere una nueva trascendencia. De ser el tipo obligado para la utilización de la madera, se convierte en alternativa tipológica del arco y evidencia el papel estructural de la disposición de los elementos parciales en la composición global. Con su perfeccionamiento se afianza la estética estructural, la validez de la forma como expresión de su funcionamiento estructural, sin ocultaciones ni adornos. Como dice Javier Manterola, *a partir de entonces, la estructura resistente, expresada de una forma clara y distinta, se convierte en un hecho cultural* [138:10].

Con el dominio del hormigón armado, hacia 1930 se produjo un nuevo período de esplendor cuajado de importantes realizaciones. Maillart, Torroja, Nervi y Freyssinet produjeron novedosos esquemas estructurales con el hormigón, que cristalizaron en nuevos tipos. El inmediato desarrollo del pretensado, junto con la magnitud de las obras de reconstrucción emprendidas tras la Segunda Guerra Mundial, dieron un nuevo empujón al número y dimensiones de los puentes, aportando procesos constructivos cada vez más eficientes.

Del mismo modo, tras la introducción y desarrollo del pretensado por Freyssinet, el hormigón se adueñó del diseño de puentes de luces pequeñas y medias. Con la introducción de fuerzas externas a voluntad del diseñador, fue posible prescindir de la cimbra y acometer puentes en condiciones hasta entonces imposibles. El arco dejó de ser la única opción y la viga cajón transformó la escala y la estética de los puentes de hormigón, haciendo desaparecer prácticamente su alzado. Durante un tiempo, el funcionalismo constructivo se apoderó de la escena del diseño de puentes, hasta que se aprendió a utilizar esas ventajas constructivas con otros tipos estructurales.

Torroja señala un cierto decalaje en el proceso que va desde la aparición del material a los tipos, y de éstos a la aceptación de las nuevas formas surgidas en su desarrollo: *Si cuando aparece un material nuevo, la técnica tarda en crear los tipos estructurales apropiados a sus características, la sensibilidad artística tarda todavía más en aceptar la evolución. Es necesario un período de transición para estar en condiciones de juzgar las nuevas formas* [233:316].

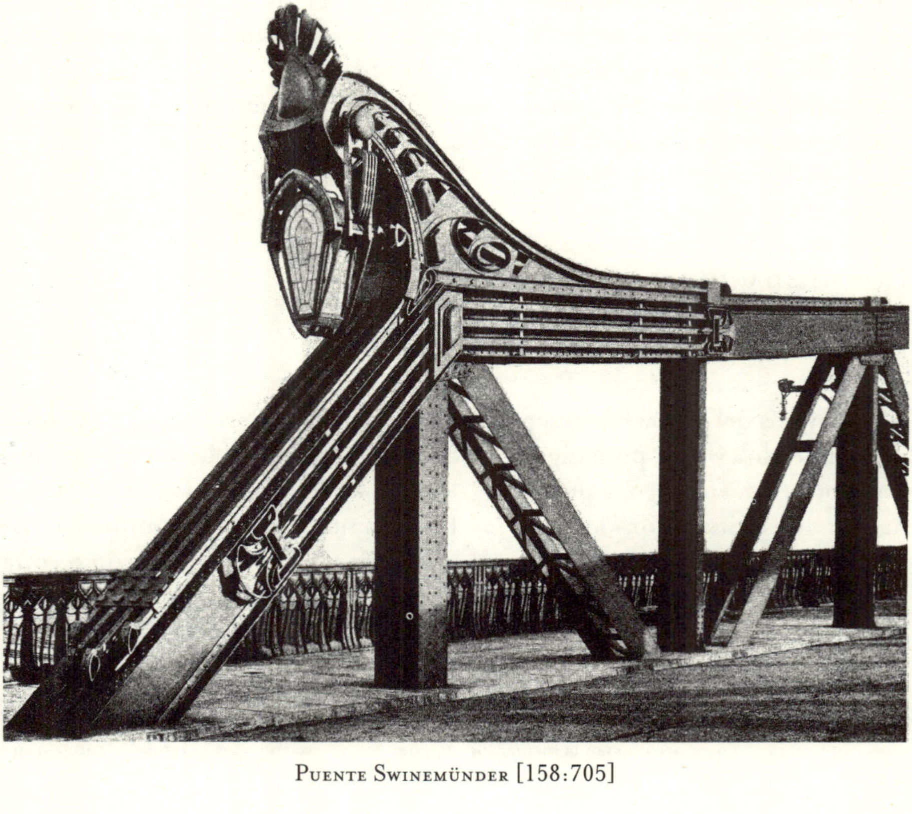

Puente Swinemünder [158:705]

Con las estructuras mixtas, la confluencia del hormigón y del acero como materiales estructurales básicos en unos esquemas de utilización simultánea han hecho converger los fundamentos individualizados de sus respectivos métodos de cálculo. Antes se utilizaban distintos enfoques para aproximarse al hormigón o al acero, y eso producía distintos especialistas. Ahora, los mayores conocimientos actuales propician un aprovechamiento más eficiente de los materiales, y difuminan los tradicionales límites de las normas e instrucciones especializadas para cada uno de ellos, conduciéndolas hacia un cuerpo de doctrina unitario. Ahora cualquier diseñador proyecta indistintamente con cualquiera de los dos, y la mayor parte de las estructuras contiene ambos. Las estructuras mixtas, primero utilizadas sólo en vigas, se aplican ya tanto a arcos como a las pilas de un puente atirantado, y los arcos tubulares de hierro se rellenan ahora de hormigón.

Jiri Strasky encuentra amplias ventajas en el empleo de métodos híbridos en construcción, que combinan diferentes materiales, tipos estructurales y procesos constructivos. Con ello, mantiene, se aprovechan mejor las propiedades individuales de cada material. Del acero, su gran resistencia a la tracción, la precisión de su fabricación y su rápida instalación; del hormigón prefabricado su elevada calidad y su simplicidad de instalación; y del hormigón *in situ,* su continuidad y monolitismo. Estos métodos híbridos también aumentan la economía y la velocidad de construcción, pues algunos elementos pueden construirse por adelantado y utilizarse como sistemas auxiliares para otras partes de la estructura [221:299].

Consolidación y agotamiento de la estética funcionalista

A principios del XIX había una profunda y empática diferencia entre la obra de arquitectura y la de pura ingeniería estructural, sin posible confusión entre una y otra. Sin embargo, a principios del siglo XX hubo una mantenida eliminación de esa distinción: los espacios de la arquitectura fueron influenciados por los nuevos esquemas estructurales y se hicieron fluidos, bien como consecuencia orgánica de la construcción reticulada, al acentuar su articulación, bien como resultado de la estética de las láminas, al acentuar su continuidad[4].

4 Esta tendencia se evidencia en el creciente estatus de la figura del ingeniero en la jerarquía estética. De su papel inicial como colaboradores necesarios en el uso de nuevos materiales, frente a unos arquitectos que proporcionaban la forma, los ingenieros comenzaron a ser entendidos como grandes creadores gracias a figuras como Maillart, Nervi, Torroja o Candela.

Para Condit, el examen de lo construido durante la primera mitad del siglo XX, desde puentes a edificios monumentales, manifiesta una clara identidad esencial en torno a un *estructuralismo sin trabas, que evoca una respuesta enfática por su pura forma empírica*. La equiparación de estructura y forma era considerada como ética y estéticamente correcta. Su virtud cardinal era la *simplicidad*, conseguida disminuyendo el número de elementos y reduciendo cada uno a su forma geométrica más simple. En las celosías, por ejemplo, el uso casi universal de los tipos Warren y Pratt ayuda a simplificar la forma y hace posible la elegancia y precisión antes inalcanzable con los primeros diseños.

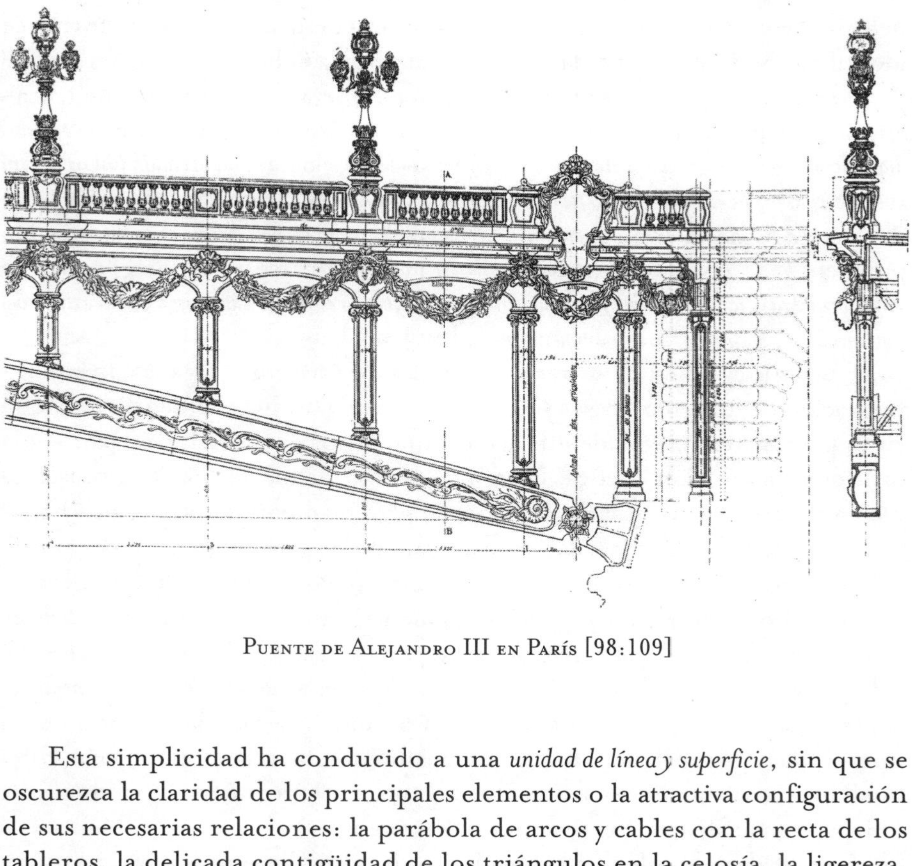

Puente de Alejandro III en París [98:109]

Esta simplicidad ha conducido a una *unidad de línea y superficie*, sin que se oscurezca la claridad de los principales elementos o la atractiva configuración de sus necesarias relaciones: la parábola de arcos y cables con la recta de los tableros, la delicada contigüidad de los triángulos en la celosía, la ligereza, apertura y vivacidad en todos los tipos. Igualmente distintiva es la *continuidad* de las fáciles transiciones de unas partes a otras, en sustitución de la torpe angularidad de las realizaciones del XIX.

Decididamente, el hormigón tuvo un activo papel en la identificación de forma y función en los años veinte. *Su continuidad aparece de una manera plástica, fluida y delicadamente equilibrada, que es generalmente aplaudida como el ideal estético del arte de construir contemporáneo.* Bajo esos principios, la obra de ingeniería alcanzó la excelencia, con una mantenida fidelidad a la naturaleza del material y a las exigencias de la ciencia estructural. El resultado es pura forma empírica: de hecho, *si algún elemento sugiriese algo incompatible con esta forma, miraríamos la estructura como excesivamente inmoral* [58:302].

De acuerdo con ello, ya a principios de los años sesenta se apreciaba una progresiva identificación de forma y función. La forma es valorada por su respeto o subordinación a unos valores, cuya trasgresión puede ser considerada como inmoral. Funcionalidad y belleza son identificados como los principios estéticos de la ingeniería estructural. Su utilización se simplifica al máximo, al prescindir de cualquier funcionalidad no estructural: cuando la forma se identifica con lo resistente, la estructura alcanza la belleza.

Nervi y otros creadores contribuyeron a reforzar esa simplista identificación. Torroja la asumió totalmente, aunque se abstuvo de valorarla. *Es en estos días cuando más conscientemente y con más posibilidades de eficacia se ha decidido fundir, en un mismo ser, la forma artística con la forma resistente ... Se pretende que la belleza surja naturalmente de la gracia de las líneas, de la proporción de las masas, del ritmo de sus formas.* Pero enseguida pone el hecho en su lugar cultural: *No se trata ahora de si esto es acertado o no: se trata simplemente de señalar el hecho y, en todo caso, de justificarlo en sus causas, como consecuencia del genio técnico que caracteriza este ambiente social* [233:319].

Quizás Freyssinet, de extracción artesanal y trayectoria ligada a la experimentación de nuevos procesos y técnicas constructivas, fue el único en introducir algunos matices en esa identificación, aunque no para negarla sino para colocarla en otra posición estética. Él admitía la enorme influencia de lo resistente y lo constructivo en la fijación de la forma, pero mantenía la autonomía y libertad en su creación y desvinculaba el resultado de la apreciación de su belleza.

Cuando reflexiona sobre su gran creación de los hangares de Orly, Freyssinet reconoce (quizás muy simplificadamente) que *su novedad está en la colocación de los medios de construcción como centro de nuestras preocupaciones y, de hecho, las formas han sido deducidas de los medios de ejecución elegidos, cuya investigación ha sido el objetivo fundamental de nuestros estudios* [77:154]. Los hangares son posibles gracias a la creación de un nuevo proceso constructivo que, naturalmente, se refleja en la forma. Su huella creativa está en el proceso y no tanto en la forma en sí misma, con independencia de que ésta sea nueva y hermosa.

Pero, todavía en plena vigencia de estos valores, los críticos más perspicaces señalaban las dificultades de esa identificación de belleza con funcionalidad, producto del pensamiento moderno. Una identificación establecida sobre los valores del diseño de la obra de ingeniería como inspiradores de la arquitectura moderna.

Ya en 1960, Condit alertaba de las consecuencias de una excesiva funcionalidad. Aunque la ingeniería estructural había sido capaz de proveernos de objetos *de extraordinaria fuerza visual, llenos de grácil y vigoroso movimiento, tenues, aéreos, evocadores de poderosas imágenes cenestésicas*, se trataba de un concepto formal *extremadamente estrecho.*

Pues, continúa Condit, *la teoría de que las estructuras bien diseñadas personifican una geometría abstracta que es la esencia de la belleza, es un sinsentido neoplatónico. La extensión de lo empírico en la forma estética por medio de las matemáticas es producto de una adolescente idolatría de la nueva tecnología* [58:303].

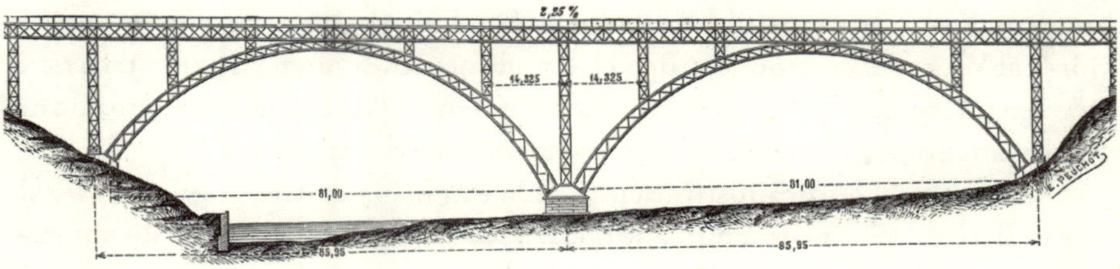

Viaducto de Kirchenfeld [62:V.II-540]

Ese énfasis en la funcionalidad, evitando cualquier distracción ornamental y circunscribiendo la expresión a la pura revelación de lo resistente, tuvo consecuencias a medio plazo. Su fruto fue una ingeniería anónima, despersonalizada, repetitiva, mera expresión analítica que terminó por reducir todos los contenidos simbólicos y culturales del puente a la exhibición de unos pocos y repetitivos componentes estructurales de similares cualidades de movimiento y fluidez. Al acercarse a la belleza por medio de la simple expresión de lo funcional, ésta se redujo a algo escasamente interesante. Como afirmaba Condit, al año de publicarse *Razón y Ser*, *en la doctrina funcional de Torroja, es claro que la fusión del arte y la estructura es lograda por la absorción de aquel en la forma empírica de ésta* [58:302].

Del cálculo por elementos individuales al diseño integrado

Lógicamente, el diseño de puentes se acompasó al avance de la ciencia estructural, a su vez espoleada por los requerimientos de los nuevos diseños. Los esquemas resistentes novedosos sólo eran abordables cuando se disponía de procedimientos de cálculo capaces de resolver las complejidades introducidas por el diseñador. Y, como ya se vio, en ello radica gran parte de la utilidad de los tipos estructurales para abordar el diseño. Sólo cuando el problema venía englobado o encarrilado por su pertenencia o proximidad a un tipo abordable, la disciplina ofrecía procedimientos para afrontarlo.

De hecho, algunas soluciones claramente más resistentes frente a determinadas solicitaciones debían abandonarse por la indeterminación de los métodos disponibles para calcularlas. Sólo diseñadores potentes y arriesgados se atrevían a desafiar los procedimientos consagrados o las normativas vigentes con argumentos de racionalidad estructural en favor de nuevas propuestas. Es bien conocida, por ejemplo, la actuación de Freyssinet en los puentes posteriores al Veurdre, cuando justificó el abandono del esquema de arco triarticulado exigido por la normativa francesa aduciendo las mayores deformaciones que llevaba consigo frente a esquemas biarticulados o empotrados.

Realmente, la única justificación de la exigencia de tres rótulas en vez de dos radicaba en la indeterminación estructural implicada, difícil de abordar con los conocimientos de entonces. Del mismo modo, la viga Gerber surgió como simplificación de una estructura más resistente, con el único fin de hacer abordable su cálculo. De hecho, los resultados del cálculo tensional clásico eran tomados con cierta distancia por esos diseñadores.

Como afirmaba Nervi a mediados de siglo: *Hay que tener en cuenta que, entre la multitud de sistemas estáticos posibles en una estructura notoriamente hiperestática, el único que no podrá realizarse nunca es justamente el que se obtiene, cualitativa y cuantitativamente, por la solución de las ecuaciones de la ciencia de la construcción* [168:39].

Con independencia de los problemas del cálculo estructural, cada material de construcción tenía sus propias normas y conocimientos tecnológicos asociados; los especialistas en hormigón no solían traspasar la barrera de las construcciones metálicas y viceversa. Y no por falta de conocimientos teóricos, sino por las dificultades de incorporar detalles y procedimientos específicos, no experimentados anteriormente y sólo asequibles desde la pertenencia a ese mundo particular de cada especialidad. Y exactamente lo mismo ocurría con los diferentes tipos estructurales, como núcleos aglutinadores del conocimiento y la experiencia acumulada en su utilización.

Hasta los años treinta, los puentes se diseñaban secuencialmente y de forma independiente para cada uno de sus elementos. Primero se calculaba el tablero, dimensionando en primer lugar la losa de hormigón armado, que era luego olvidada. Después se calculaban los nervios y rigidizadores del tablero, sin tener en cuenta la acción compuesta sobre la losa de hormigón, y se les olvidaba. Las cargas concentradas se suponían trasmitidas a las vigas principales, sin tener en cuenta el efecto repartidor del tablero.

Para resistir el viento se introducían unos rigidizadores superior e inferior especiales, y luego se añadían otras piezas para recoger los efectos de frenado. Como resultado se obtenían estructuras muy pesadas, con tensiones máximas muy bajas, aunque podía ocurrir que ciertos elementos locales estuviesen muy sobrecargados al participar en la deformación global de la estructura que se había marginado [154:16].

En otros casos, los problemas eran estéticos. Los constructores habían favorecido el empleo de celosías con barras supuestamente articuladas, pues eran de cálculo muy sencillo, pero algunos puentes no quedaban bien y muchos tenían el aspecto de un bosque de barras. Además, la proliferación de nudos producía numerosos nidos de corrosión y encarecía el mantenimiento. En estos y otros muchos casos se pone de manifiesto el carácter discontinuo que tenían los avances tecnológicos.

Pero el caudal de conocimientos y, sobre todo, las posibilidades de aplicarlos de una manera rápida, permitidas por el ordenador, comenzaron a inspirar una visión unitaria de los problemas, capaz de orientar nuevas maneras de abordar el diseño. Enseguida, lo que era una simple mecanización de los antiguos procedimientos de cálculo manual dio paso a potentes esquemas desarrollados *exnovo,* a partir de los datos elementales del problema resistente.

Eso permitió nuevas formulaciones más fiables, completamente desvinculadas de los tradicionales modos de hacer. Y obligó a varias generaciones de ingenieros a rehacer completamente sus métodos e trabajo, aprendiendo no sólo a manejar los ordenadores, sino a pensar de manera que pudieran aprovechar su potencialidad.

Todo ello tuvo gran repercusión, no tanto en los tipos tal y como estaban establecidos, sino en la forma de utilizarlos para el diseño. La selección de un tipo al principio del proceso acompañaba antes de forma permanente todo su desarrollo, al estar vinculados a él los detalles y los procedimientos particulares. Ahora el tipo sirve para fijar un esquema previo, pero la rapidez de los tanteos libera la fijación y permite al diseñador ensayar varios tipos diferentes en períodos muy breves de tiempo.

Durante su construcción, las estructuras pasan ahora por diversos sistemas estáticos; cambian las condiciones de apoyo, se montan o moldean nuevos elementos estructurales sobre los anteriores, se añaden o suprimen apoyos suplementarios, y se aplica postesado para lograr situaciones de esfuerzos favorables o compensar efectos de fluencia o retracción. Para afrontar el cálculo de estas estructuras se requieren métodos muy sofisticados de análisis estructural, que puedan ser aplicados con total generalidad, es decir, a cualquier tipo estructural, a cualquier material y en cualquier momento del proceso.

Con ello, los métodos tradicionales de cálculo adaptados a tipos específicos dejan de tener sentido. El teorema de los tres momentos para las vigas continuas, el empleo del funicular de las cargas para los arcos, o las determinaciones de la flecha en un cable bajo una carga puntual dejan paso a los métodos universales independientes del tipo. En definitiva, materiales, procesos constructivos y sistemas de cálculo se amalgaman para producir diseños más eficientes, o más adaptados a las exigencias del diseñador.

La forma se independiza de la funcionalidad resistente

La irrupción del algoritmo introducida por el ordenador hacia 1975 ha alterado los esquemas intuitivos antes utilizados por los diseñadores para iniciar el trabajo de diseño de sus propuestas. Hace sólo treinta años, para abordar la formalización y el cálculo de una estructura, ésta debía referirse a un tipo estructural, debía reconocerse como parte de una familia que disponía de formas comunes y metodologías establecidas para realizarlo. Y la forma debía ser expresable en términos analíticos como única posibilidad de que fuera calculable.

Ahora, resume Jörg Schlaich, *la calidad no puede reducirse al funcionalismo*, incluso si éste se entiende en un sentido moderno más allá de la identificación de lo estructural con lo funcional (forma-función) e incluye fabricación y construcción perfecta, seguridad y durabilidad, *sino que debe incluir —y es igualmente importante— la estética y la compatibilidad con el medio ambiente, incluyendo la escala correcta, el consumo mínimo de materiales, la facilidad de desmantelamiento y las posibilidades de reciclaje* [205:69].

Con el ordenador, el algoritmo desplazó al análisis, haciendo innecesario el obligado recurso a las formas establecidas, claramente vinculadas a su funcionalidad resistente. Permitió disponer de una nueva potencia de cálculo, capaz de abordar tanto una presa como un puente, cuya forma inicial podía ser totalmente arbitraria. Además, la rapidez de sus procesos de iteración permitía dibujar, calcular y dimensionar cualquier cosa, haciendo viables de nuevo los primitivos procesos de prueba y error, sin que fuera precisa una experiencia previa sobre las formas para encauzar el proceso.

Eso tuvo una repercusión inmediata sobre la utilización y el desarrollo de los tipos en el diseño estructural. La dificultad de los anteriores procesos de cálculo estaba en el fundamento del recurso a lo establecido, como garantía de un desarrollo del cálculo de la estructura por caminos marcados y sin grandes sorpresas. El necesario anclaje en las formas establecidas y, por tanto, en los tipos que las organizaban, dejó paso a una mayor posibilidad de innovar, pues los posibles defectos o deficiencias eran evidenciados por la máquina.

Con el ordenador, cualquier forma se puede visualizar y corregir en muy poco tiempo y, sea cual sea la forma resultante, podrá ser calculada con un único programa de amplio espectro. Con estos nuevos grados de libertad, el diseñador se enfrenta a una especie de vacío que le produce perplejidad y genera una proliferación de formas, a veces disparatadas o estrambóticas.

El problema es común a cualquier disciplina del diseño, y se presenta tanto en arquitectura como en ingeniería. Como señala Jacques Herzog, *el problema para la arquitectura actual no es la falta de libertad, sino la libertad. Las tradiciones y las tipologías arquitectónicas han quedado obsoletas; ya no hay reglas ni directrices sobre cómo construir una iglesia, un museo o una ciudad*. De hecho, esas limitaciones están en la raíz de nuestra apreciación de la apariencia de lo construido y, *paradójicamente, la belleza no pasó a ser un problema arquitectónico* hasta que la libertad de los diseñadores no eclipsó *la falta de libertad impuesta por la tradición* [108:62].

La pureza clásica de los tipos básicos se difumina, al conocerse con mayor precisión la apariencia y el comportamiento de cualquier combinación de aquéllos. Las formas puras de puentes rectos, en arco, o colgantes, antes requeridas por procesos de cálculo específicos para esos tipos, garantes de su correcta resistencia, pueden ahora mezclarse sin problemas al existir sistemas de cálculo universales para su dimensionamiento.

Aparecen así soluciones híbridas o mestizas y se retoman viejos esquemas estructurales que fueron arrumbados por las insuperables dificultades de su dimensionamiento. Lo hiperestático, lo redundante, lo inclinado o lo curvo han dejado de lado su etiqueta de inconvenientes, para ser asumidos como recursos estructurales innovadores, pues ya no es necesario sacrificarlos para poder afrontar el cálculo, y se han convertido en nuevas fuentes inspiradoras de riqueza formal.

Para Martínez Calzón, estas posibilidades han producido una situación de la ingeniería civil *a la vez dudosa y magnífica*, según la metodología que apliquemos para su uso. Y encuentra una correspondencia con *el período profundamente manierista que atraviesa la sociedad en su conjunto, destructor de las reservas procuradas por la modernidad en el pensamiento, las artes plásticas o la arquitectura*. De hecho *la capacidad de acción de la sociedad actual es muy superior a la de las fuerzas que la impulsan* [150:110].

Javier Manterola coincide en la influencia cultural: *estamos viviendo en la cultura —y también en los puentes— una fase de transición donde el manierismo se convierte en el signo de los tiempos*, pero reacciona contra las lamentaciones. *El énfasis en lo seguro, en la verdad estructural, lo mínimo, lo económico, no es sino nostalgia de tiempos en los cuales las cosas estaban dadas y las personas protegidas por conceptos a los que agarrarse* [140:63].

La forma se independiza de la belleza

En cualquier caso, no se debe entender la actual volatilidad de las formas clásicas como un rasgo de decadencia. En rigor, de acuerdo con Walter Benjamin, si no se ha aceptado la idea de un progreso en el diseño, no se puede aceptar la existencia de épocas de decadencia, pues *la superación del concepto de progreso y del concepto de período de decadencia sólo son dos caras de una y la misma cosa* [27:463].

Se trata más bien de la escasa actualidad de unos valores que, durante décadas, fueron sacrosantos para guiar el diseño estructural. Con demasiada frecuencia, el objetivo del diseño de puentes se ha entendido *teóricamente* como circunscrito a la búsqueda de la economía, a la subordinación a las exigencias estructurales, a la fidelidad a una omnipresente funcionalidad. De todo ello y de manera más o menos espontánea surgiría la belleza. En la práctica, las cosas no han sido así y siempre ha habido margen para las soluciones brillantes, pero la teoría se ha aferrado a unos criterios de funcionalidad y economía escasamente justificados y, casi nunca, justificables.

Tal pretensión está relacionada con la negación de la autonomía formal del diseño de la obra de ingeniería, y en particular de los puentes, ya tratada en los capítulos 1 y 4. La negación de la libre elección de la forma por parte del ingeniero exige que ésta sea fruto obligado de la técnica, que surja automáticamente del respeto a determinadas reglas.

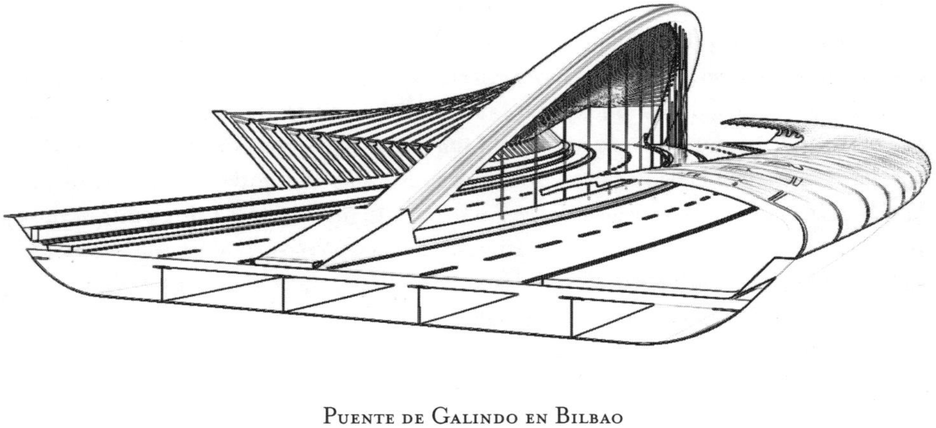

Puente de Galindo en Bilbao
(Manterola, 2007)

Para Manterola, *los valores que guiaron el diseño durante tantos años o siglos han perdido su vigencia*, y han sido desplazados o sustituidos por otros más circunstanciales y humanos. *Para hacer buenos puentes, no tendremos más remedio que eliminar de nuestra guía variables como la maximización de la verdad estructural o la economía, y quedarnos con el valor autónomo de los puentes* [140:62].

El fruto de aquella estética funcionalista tiende a ser anónimo y restringido, al revelar lo impersonal de la ciencia en su expresión tecnológica. La contemplación de aquellas obras de ingeniería, funcionalmente excelentes pero sin expresión propia, tiene un mínimo contenido de disfrute, pues esa celebración de la ciencia se apura de una sola mirada al haber prescindido de los contenidos simbólicos [58:303].

Los cientos de viaductos de hormigón del tipo viga continua, construidos por voladizos sucesivos en todo el mundo durante las últimas décadas, se agotan en su propia perfección. Su presencia basta para aprehenderlos, y sólo el remoto eco del lugar los afirma como entidades diferenciadas. Lo típico, conscientemente despojado de cualquier adherencia local, ornamental o simbólica, sin la aportación de ninguna innovación y sin la presencia de una marca o sello de autoría, acaba siendo igual a sí mismo y se convierte en copia.

En relación con esa monotonía, Jörg Schlaich insiste en el actual empobrecimiento de la variedad: hacia los años sesenta, un paso superior en una calle era bastante distinto a un puente de ferrocarril en materiales y formas; un puente dentro de la ciudad era distinto a uno sobre un río en campo abierto; se aplicaba la totalidad de cánones de formas en la construcción de puentes. Actualmente, con la excepción de algunos ejemplares sobresalientes, todos son *parecidos, torpes y monótonos puentes de vigas* realizados con vigas prefabricadas o vigas cajón de canto constante. Así, el inadecuado uso del hormigón ha causado una considerable decadencia en la aceptación de las estructuras por parte del público [205:69].

Al vincular la belleza a la funcionalidad, como Nervi que afirmaba la *natural expresividad artística de una buena solución constructiva*, o como Torroja que basaba la belleza de las obras en *la racionalidad de la estructura o la razonada justificación funcional*, se dinamita la utilidad de la idea de belleza como criterio valorativo de la excelencia de las obras. El manejo conjunto de funcionalidad y belleza –que, de por sí, son categorías en conflicto– como bases de la estética de la ingeniería conduce a difíciles equilibrios conceptuales, como los que se ve obligado a realizar José A. Fernández Ordóñez al reconocer el funcionalismo poético como una posibilidad frente al funcionalismo resistente[5].

La autonomía de la obra: autoría y valoración crítica

Frente a esas justificaciones funcionalistas de la belleza, demasiado sutiles cuando no confusas, resulta imperativo encontrar un territorio autónomo

5 Fernández Ordóñez, José A.; 1983. «Lo ligero y lo barroco en la ingeniería de los años treinta». *Cuadernos de Cauce 2000*. Colegio de Ingenieros de Caminos, Canales y Puertos, Madrid. La tesis se mantiene en Fernández Ordóñez, José A.; Navarro Vera, José Ramón; 1999. *Eduardo Torroja. Ingeniero. Engineer.* Pronaos, Madrid. Algunos fragmentos se reeditaron en la *Revista de Obras Públicas*, 3.399 (jun. 2000): 36-37.

para la crítica[6]. Es evidente que todos los puentes son funcionales, tanto por su propia definición, pues, si no lo fueran, serían simples esculturas, como por la adecuación de sus formas resistentes pues, de no estarlo, ya se habrían caído. Y si se admite que la belleza está en la funcionalidad, cabe preguntarse qué añade su empleo como criterio de valoración.

En este sentido, resulta atractiva la formulación que Javier Manterola, casi como de pasada y con muchas precauciones, hace en un reciente artículo. Entre cinco propuestas de dintel para resolver una pasarela, todas ellas justificadas estructuralmente, ¿es correcto utilizar la belleza como parámetro para elegir entre ellas? *En cierto sentido, la belleza trivializa aquello que posee*, apunta Manterola [143:sp].

Hay en ello una espléndida afirmación de la autonomía de la forma ingenieril, poseedora –en sí misma y sin ayuda de otros conceptos– de atractivo, interés, justificación o como se quiera llamar a lo que le otorga validez o es suficiente para elegir o discriminar. La idea de que la belleza podría ser una especie de suplemento no necesario o incluso detractor en la excelencia de la obra de ingeniería es atractiva y tiene hondas resonancias.

Sin duda, habría gustado a Eugène Freyssinet, quien afirmaba que las cosas del arte le eran extrañas. Quizás, también algún empecinado funcionalista, siempre vigilante de que nada externo interfiera con la propia obra, trataría de incorporarla a su ideario. Con seguridad será bien recibida por quienes niegan la posibilidad de la crítica en la obra de ingeniería, entendida por ellos como una especie de intocable arcano obediente a sus propias leyes, cuyo proceso de recepción es algo indiferente y ajeno a la valoración.

Los defensores de una estética normativa, fundada sobre unos principios cuyo respeto «garantiza» la belleza del resultado formal, e independiente por tanto de la capacidad creativa del diseñador, se equivocarían si entienden como suya esa sugerencia de que la belleza trivializa. Es más bien todo lo contrario, pues lo que establece es que ni siquiera la belleza tiene por qué ser objetivo del diseño, ni criterio para la elección entre varias soluciones a un problema dado.

No se trata de defender que «todo vale», pues la crítica es instrumento fundamental para el avance del diseño, pero es hora ya de aceptar que la valoración de la obra de ingeniería, como cualquier otro ejercicio de crítica, adquiere consistencia o validez en función de la solidez del discurso suscitado por ella[7]. No tiene necesidad de basarse en ideas o responder a principios ajenos a las determinaciones de su autor.

6 Lo que sigue ha sido parcialmente utilizado en un reciente artículo propio sobre la obra de Manterola [12].

7 Un discurso que incluye conocer la obra del autor, su trayectoria, tanto en su propia manifestación como en relación con todo lo construido. Pues en su configuración, en sus superficies o en sus detalles, la obra siempre lleva la marca de quienes la diseñaron y construyeron, el sello de su creatividad. Y, en cuanto a su relación con las demás obras, se deberá considerar tanto el tipo al que se adscribe, como el sentido histórico que se deriva de su pertenencia a una cadena de soluciones a similares problemas.

Es cierto que todavía hay nostálgicos de la tríada clásica de *firmitas, utilitas* y *venustas*, como criterios aún válidos para el ejercicio de la crítica[8]. Aunque, al decir de Jakob Burckhardt, ni siquiera estos criterios pueden ser considerados como inmutables: *Sólo la belleza, a pesar de las oscilaciones del gusto, es más permanente, pues la verdad o la función cambian con el paso del tiempo* [47:52]. Pero tampoco la belleza es estable, como bien apunta Umberto Eco en su historia del concepto[9], y su apreciación es quizás más difícil o delicada que la crítica directa sobre la propia obra.

Bien al contrario, como explicaba Walter Benjamin, la consideración de lo bello es inseparable de la preexistencia del juicio crítico: *según su existencia histórica, lo bello es una llamada para que se reúnan quienes lo han admirado precedentemente. Según ella, la esencialidad del objeto que cosecha la admiración no se encuentra en la obra, pues la admiración cosecha lo que generaciones anteriores han admirado en ella*. Y añade una frase de Goethe, *que nos hace oír la última conclusión de la sabiduría: Todo lo que haya ejercido una gran influencia ya no podrá ser juzgado nunca más* [28:155].

De ello resulta, de manera concluyente, que más que utilizar la belleza como principio para la crítica, la apreciación de aquella surgirá como resultado de ésta. Como afirma Javier Manterola en su discurso de ingreso en la Academia de Bellas Artes, *para las nuevas formas que el ingeniero ha inventado, creado y configurado no hay estética donde mirar, no existen ni pueden existir referencias. Las estéticas nunca son previas, son el resultado, con el tiempo, de comparar, de entender, de calificar, de comprender lo construido* [142:21].

Las grandes obras nos interrogan, *nos exigen una reacción* —dice Steiner— y a través de la crítica se puede intentar penetrar en su sentido. Ser crítico significa ser capaz de establecer diferencias y relaciones, de encontrar *el nexo entre muy diversos mundos*[10]. Sólo con una verdadera teoría e historia crítica de la ingeniería como marco de referencia deducido de las obras ya construidas, podemos aspirar a distinguir esa excelencia que —según Spinoza— *es tan difícil como rara*. Con ese marco se podrá iniciar ese proceso de entender, cualificar y relacionar que es herramienta imprescindible para el conocimiento de la ingeniería.

8 En este sentido, cabe destacar la defensa que de ella se hace en: Miranda, Antonio; 2005. *Un canon de arquitectura moderna (1900-2000)*. Cátedra, Madrid.

9 Eco, Umberto; 2004. *Storia della belleza.* RCS Libri, Bompiani, Milán. Ed. esp.: *Historia de la belleza.* Lumen, Barcelona, 2004.

10 Steiner, George; 2004. *La idea de Europa.* Siruela, Madrid, 2005: 27.

16. FORMAS CREATIVAS DE LA INNOVACIÓN
Promesas

Hoy, de hecho, todo es posible, aunque no siempre para bien.
Jörg Schlaich [205:73]

El inmenso legado de formas recibidas de los puentes del pasado está presente en las recientes creaciones más innovadoras. Pero la apreciación del influjo y proyección de ese legado no puede realizarse con similares pautas a las utilizadas en los capítulos anteriores. Cuando los puentes realmente grandes son entendidos por su sentido histórico, se puede apreciar su huella en los posteriores, tanto directamente como a través del tipo en que han cristalizado. Ya decía Paul Valery que *lo propio de aquello que es realmente general es ser fecundo*. Pero el examen de los puentes del presente no se puede hacer desde su repercusión, por ahora desconocida.

Si se quiere mantener la perspectiva histórica, el examen de los puentes actuales debe limitarse a unos pocos y bien elegidos ejemplos. Como explica Benjamin, *Todo conocimiento histórico se puede ilustrar con la imagen de una balanza equilibrada. Un platillo está cargado con lo que ha sido, el otro con el conocimiento del presente. Mientras que en el primero no pueden dejar de amontonarse numerosos hechos, por modestos que sean, en el otro sólo se pueden poner unas pocas y grandes pesas* [27:479].

Para elegir esos pocos ejemplos se ha tenido en cuenta la limitación o atadura del pasado que los nuevos diseños consiguen superar. En algún caso, más que de ataduras habría que referirse a costumbres, tradiciones o valores entendidos que son simplemente olvidados o dejados de lado por los nuevos diseños. De cualquier modo, mucha de la actual creatividad se basa en la ruptura o liberación de pautas pasadas, haciendo realidad aquella actitud propugnada por Karl Marx de *separarse de su pasado con alegría reconciliada*.

Superación de las premisas implícitas en los tipos

El diseño actual de puentes intenta desvincularse del rutinario quehacer del funcionalismo. Un funcionalismo que, en ingeniería, no se había preocupado de romper con el pasado, pues no se sentía oprimido por la historia. Ahora, algunos de los presupuestos compositivos implícitos en el diseño tradicional de los puentes, como el alzado plano, la simetría transversal, la planta recta, o el respeto gravitatorio, son subvertidos con formas de mayor riqueza o novedad.

Esta experimentación de nuevas formas apartadas de lo preestablecido hace más frágil el vínculo tradicional entre formas y esquemas resistentes considerado como uno de los pilares para el reconocimiento de los tipos. Quizás esta desconexión del clásico anclaje a los tipos, que ha garantizado una notable estabilidad formal a los puentes y les ha independizado de las modas, produzca un cierto despiste hasta que los proyectistas aprendan a administrar sus nuevos grados de libertad, pero algunas de las soluciones hasta ahora realizadas son realmente notables y, por ahora, permiten mantener la esperanza.

La *simetría transversal*, como regla no escrita derivada de la racionalidad de la función, ya no es necesaria. Siempre había un eje y en la representación de la sección transversal se incluía la semisección central a un lado y la correspondiente a los apoyos al otro[1]. En puentes urbanos y largos puede disponerse una única acera, siempre más ancha, segura y atractiva que una a cada lado. Y el diseñador puede individualizarla con soluciones asimétricas de voladizos de diferente luz o en distinto plano, con un progresivo enriquecimiento formal que trasciende a la sección para incorporarse al alzado. También ha sido utilizado el recurso a una cubierta o marquesina para los viandantes, con o sin implicaciones estructurales. Por su parte, los puentes curvos proporcionan una cierta excusa para diferenciar la sección, pues toda curva tiene un interior y un exterior, que pueden tener funciones diferentes.

La *planta curva* siempre fue incómoda para la estructura resistente del puente, pero ahora se utiliza como recurso estructural. La adaptación a la curva fue relativamente sencilla en los puentes de numerosos vanos de

1 En realidad, la propia sección había sido un simple rectángulo durante siglos; no había razones para diferenciar ninguna zona, salvo el tratamiento peculiar de los bordes, permitido o sugerido por la presencia de aceras. Con el puente Adolphe (1902) en Luxemburgo, Séjourné dio vida a la sección transversal, independizando lo funcional del tablero respecto a lo resistente del arco. Luego, la sección transversal se enriqueció y de la repetición de vigas, cajones o elementos particulares se pasó a esquemas unitarios, aunque generalmente simétricos. Surge la viga cajón con el tren dentro, o las celosías de rigidez marcan la sección de los puentes colgantes. Por sí misma, la sección transversal es fuente de innovación, como ocurrió en el puente del Severn, que dio entrada a las formas aerodinámicas, pero el mantenimiento de la simetría simplifica los cálculos, los ensayos y los detalles.

pequeña luz, pero lo poligonal resulta inadmisible al aumentar el vano y se desarrollaron ingeniosos recursos de diseño para ajustarse a la curva. Robert Maillart, en sus puentes de Landquart, Bohlbacht y Schwandbach, con tablero rígido sobre arcos flexibles, daba a los arcos una anchura progresiva hacia estribos que le permitía apoyar sobre ellos un tablero curvo, sin que su proyección se saliese del arco. Esta solución sólo es válida para luces reducidas, y en absoluto escalables por restricciones puramente geométricas. Un recurso habitual era curvar los accesos sobre vanos de poca luz, y cruzar en recto con vanos adecuados a las alturas a salvar. La rampa de acceso al viaducto de Polcevera de Morandi describe un arco de casi tres cuartos de circulo, apoyándose en varios pilares dobles.

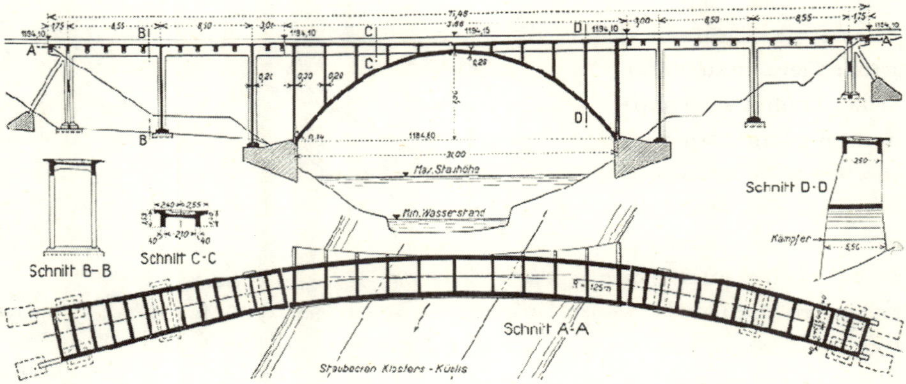

Puente de Landquart (Maillart, 1930) [32:66]

La plena aceptación del tablero curvo como geometría básica para el elemento resistente se empezó a utilizar hacia los años setenta. Con ello, el trazado de viaductos asumió ya una total libertad de planta, pudiéndose adaptar a las laderas para no invadir los valles ni perforar sus estribaciones laterales. Hay espléndidos ejemplos en Suiza, como el viaducto de Chillon (Piguet, 1969), y en Austria, como el viaducto de Lueg (1968), con tramos rectos y curvos, procurando que los de mayor luz sean siempre rectos.

Una de las primeras realizaciones más significativas fue el viaducto de Rovereto, cerca de Trento, Italia (Giovannini, 1972), también llamado de Val-Restel. Su viga longitudinal continua de sección en cajón de hormigón pretensado con luces de 32 m tiene la misma directriz curva de 150 m de radio del tablero. Además, fue construido por empuje desde un estribo, sobre pilas de 64 m de altura. Pero el paso decisivo, como se anticipó en el capítulo 2, se produce cuando lo curvo es tomado como punto de partida para el desarrollo del diseño estructural. Es decir, no se trata de adecuar una estructura a la planta curva, sino de aprovechar lo curvo para basarse en esa cualidad y diseñar un esquema, que no sería estructural o formalmente válido —o carecería de sentido— sin ella.

El *plano resistente vertical* como solución lógica para inscribir las formas también es violentado. Cuando los planos resistentes se inclinan, la estructura aparece sometida a esfuerzos de flexión transversales originados por los pesos al actuar fuera de su plano. Si las formas se disponen en planos simétricos, se puede conseguir la estabilidad lateral del conjunto de la estructura, como en el puente de Fehmarnsund (Nielsen, 1963, 248 m), compuesto por dos arcos tumbados de tablero colgado que contactan en la zona más alta y se vinculan con travesaños más abajo. Similar solución utiliza el puente de la Barqueta, en Sevilla (Arenas, 1989), con dos patas inclinadas longitudinal y transiversalmente que concurren para soportar un arco superior del cual cuelga el tablero por medio de un único plano de tirantes. En Puente la Reina (2004), Manterola utiliza dos pórticos longitudinales tumbados uno sobre otro para sujetar un gran nervio longitudinal hendido del cual vuela el tablero hacia los lados.

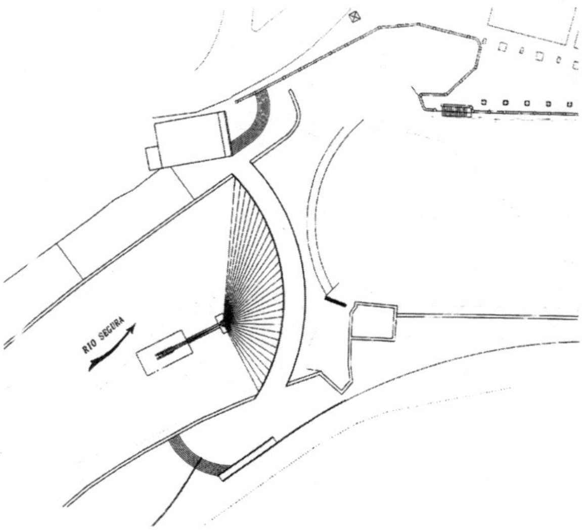

Pasarela del Malecón sobre el Segura, en Murcia (Manterola, 1996) [76:257]

Puente de la Barqueta sobre el río Guadalquivir, en Sevilla [198:165]

Sin embargo, cuando la sección transversal es asimétrica, las piezas inclinadas no se soportan mutuamente y el equilibrio lateral de la estructura se confía a la torsión, dando lugar a estructuras de menor eficiencia resistente pero formalmente muy novedosas. Un caso extremo es el de la pasarela del Millenium en Gateshead, donde el tablero casi horizontal soportado por unos tirantes desde un arco, gira conjuntamente con toda la estructura para aumentar el gálibo, dejando arco y tablero en planos inclinados.

Puente Gateshead Millenium (Wilkinson Eyre) [232:504]

Pasarelas experimentales

En las *pasarelas* surgen muchas de estas líneas de innovación. El papel de estas estructuras en el desarrollo del arte de construir puentes es importante, pero debe ser tratado con precaución. Si muchas veces han servido de cauce experimental para nuevas propuestas estructurales, en su contra juega la cuestión de la escala, pues su proceso constructivo es irrelevante y su cualidad ingenieril se diluye.

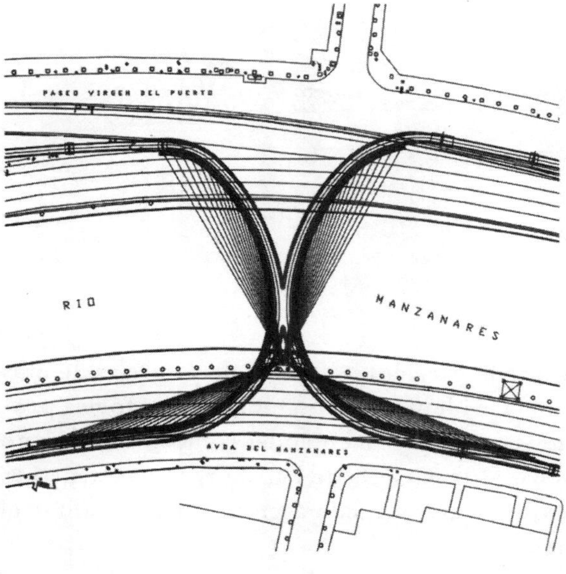

Pasarela sobre el río Manzanares, en Madrid (Manterola, 2003) [141:1033]

Ya Galileo, con su ley del cuadrado y el cubo, se encargó de demostrar que los esquemas estructurales no son escalables y, consecuentemente, el tamaño ha sido motor fundamental de creatividad. No se puede entender el papel jugado por un puente sin conocer su luz y, por ello, a lo largo de este estudio se ha procurado que cada puente vaya acompañado de su fecha de terminación y de la luz máxima salvada, como parámetros indispensables para situarle en su lugar dentro del tipo y para aproximarse a su sentido histórico.

Para los constructores, la dimensión siempre fue importante y funciona en ambos sentidos. Como explicaba Nicolás Esquillan, *la construcción de un puente mayor de lo realizado anteriormente siempre exige un tratamiento específico, difícilmente conseguible por extrapolación de las disposiciones normales. La recíproca no es cierta, porque todos los procedimientos, llevados al límite en las grandes luces, a menudo arrojan enseñanzas valiosas para las obras corrientes* [147:167].

Manterola lo formula con mayor hondura, al señalarlo como esencial: *Al configurar nuestro propio mundo, constructivo, resistente y estético, toda la novedad y originalidad de nuestras propuestas parten de un problema de escala. El tamaño de una presa, de un puente o de una carretera tiene su medida en el territorio, no en el hombre* [142:29].

Sin embargo, como indica Jörg Schlaich, las pasarelas tienen también gran interés, pues pueden ser experimentadas desde muy cerca, casi desde dentro, desde donde se las puede «tocar». Forman parte del mobiliario urbano, y están construidas a escala humana, son esbeltas y delicadas. Y además: *¿por qué los puentes arco sólo pueden ser utilizados para 200 m de luz, los atirantados para 400 m y los colgantes para vanos superiores a 800 m?*

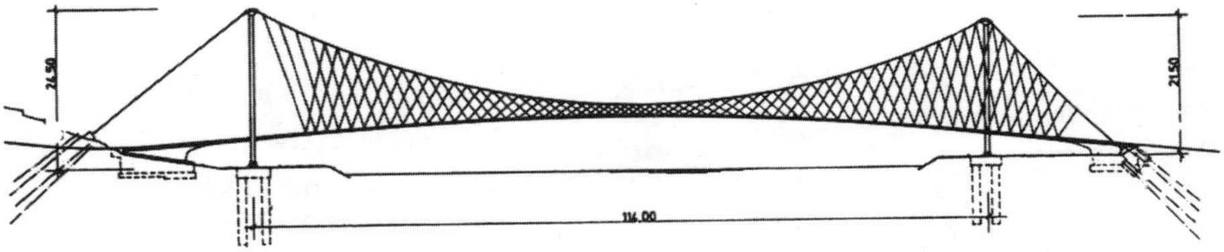

Pasarela cerca de Stuttgart sobre el río Neckar (Schlaich) [117:146]

De hecho, Schlaich ha realizado excelentes diseños de pasarelas de muy diversos tipos y en su obra está la evidente contestación a esa retórica pregunta, aunque siempre menciona que se deben entender como estructuras no escalables [207:10]. Una de ellas es la pasarela de Duisburg, una estructura colgada de unos pilonos móviles, que se puede accionar para levantar el tablero y dejar gálibo a los barcos.

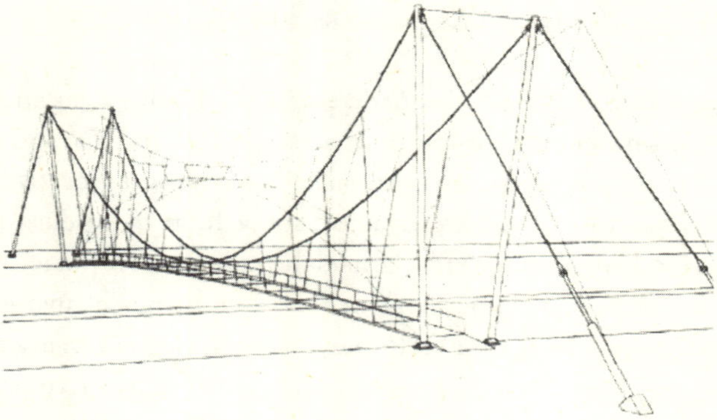

Pasarela de Duisburg, Alemania (Schlaich) [205:97]

Algunas propuestas innovadoras construidas en torno al año 2000

Jörg Schlaich en Spandau e Ingolstadt. Rigidizadores protagonistas

El puente para ferrocarril de Spandau (Schlaich, 1998, 72 m) posibilita el cruce sobre el río Havel de siete vías de ferrocarril, con un tablero muy ancho y en ángulo de 76°. Schlaich lo resuelve con tres parejas de vigas continuas mixtas cuyo canto variable sobresale por encima del tablero, y dispone radialmente los rigidizadores de las almas metálicas de estas vigas, convirtiéndolos en protagonistas visuales de la estructura.

Posteriormente realiza una estructura similar en el puente para ferrocarril de Ingolstadt sobre el Danubio (2001, 55 m), que es una ampliación de un antiguo puente de 1869. Schlaich recrea la sección transversal de la antigua celosía con tablero inferior, sustituyendo los elementos triangulados por vigas continuas mixtas de alma rigidizada radialmente. Los vanos principales tienen idéntica luz y la misma disposición transversal de la sección, pero los vanos extremos se adaptan a la nueva configuración de las orillas demostrando la flexibilidad del esquema.

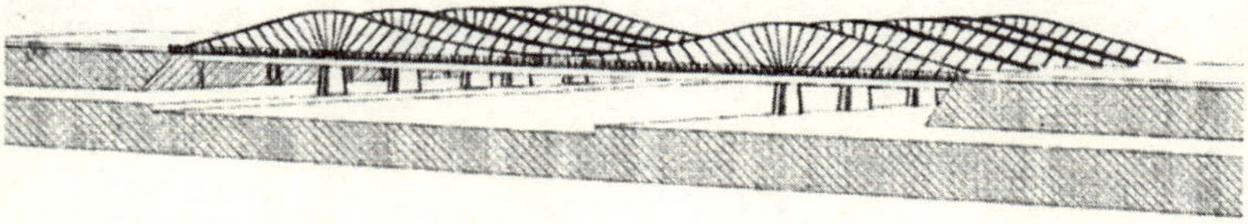

Puente de ferrocarril Havel, Spandau, Berlín (Schlaich, 1998, 72 m) [206:226]

Zaha Hadid en Zaragoza. Fluidos cascarones orgánicos

El pabellón-puente sobre el Ebro (2008), diseñado por Zaha Hadid y ganador del concurso de proyectos, será el edificio emblemático de la Expo Zaragoza 2008. Este puente de 260 m de longitud y anchura variable que alcanza los 30 m constituye un paso más de la autora en su investigación sobre formas fluidas, de remoto origen orgánico pero transmutadas por una elaborada descomposición que aleja cualquier resabio figurativo. La autora confiesa que nunca estuvo en el sitio, pero tanto la dinámica del agua –tema de la exposición que albergará el puente– como el carácter emblemático del puente como entrada a la Exposición Universal, se adecuan perfectamente a su trayectoria creativa.

El puente arranca de la ribera de la ciudad con una estrecha sección unitaria en forma de diamante que se bifurca progresivamente en tres tallos para apoyarse en la ribera izquierda opuesta, donde se ubica la Expo 2008. Zaha Hadid tampoco ha manifestado ningún interés por lo constructivo, primero encomendado a la firma Ove Arup y luego replanteado varias veces de diferente manera para su realización, a pesar de que ha exigido la mayor profundidad de cimentación nunca requerida por un puente en España. Hay sin embargo un detallado trabajo de búsqueda de materiales y configuraciones para la envoltura, en forma de escamas solapadas que han sido diseñadas para mejorar la ventilación y refrigeración del interior[2].

Puente pabellón sobre el Ebro en Zaragoza
(Zaha Hadid, 2008)

2 Massad, Fredy; Guerrero Yeste, Alicia; 2007. «Una marca sobre el Ebro». *ABCD*, 3 de marzo de 2007:48-49.

Javier Rui-Wamba en Lérida. Asimetría en la sección

La pasarela sobre el Segre (2002, 83 m), diseñada por Javier Rui-Wamba en colaboración con los arquitectos Ravetllat & Ribas, utiliza una sección mixta asimétrica con el objetivo de potenciar la sensación de pasear libremente sobre el río, minimizando los obstáculos para el paseante. El canto total de la pasarela precisado por esa luz se fragmenta en una estrecha viga cajón inferior de 2 m de canto y otra en forma de barandilla inclinada superior de 1,75 m, colocadas en distinto plano vertical y unidas por el tablero para formar una Z estructural, mientras la otra barandilla es muy ligera y algo más baja, para acentuar la apertura sobre el vano.

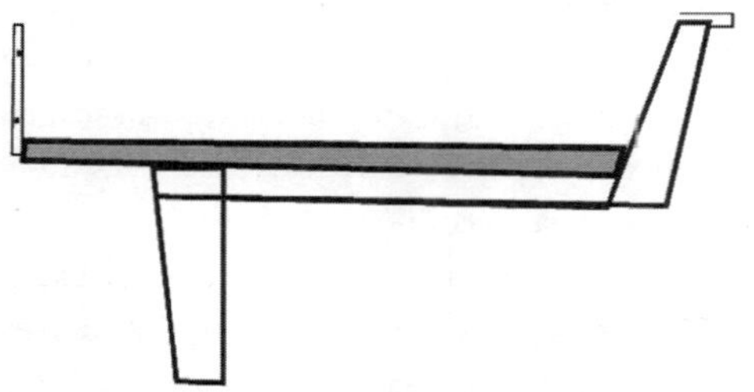

Pasarela sobre río Segre
(Rui-Wamba-Ravetllat-Ribas, 2002, 83 m)
[202:100]

La pasarela tiene dos vanos laterales de 32 y 29 m, también diseñados asimétricamente. El vano lateral izquierdo se abre en triángulo hacia la ribera y, además de actuar como contrapeso del vano central, proporciona una planta asimétrica que acentúa las diferencias entre los dos alzados de la pasarela, abierto hacia aguas abajo y más protegido hacia aguas arriba [202:100].

Santiago Calatrava en Ripoll. Torsión inclinada

Santiago Calatrava utilizó una viga *bowstring* tumbada por primera vez en su pasarela de la Devesa en Ripoll, Lérida (1991), que repitió luego en el puente de la Alameda sobre el viejo cauce del Turia en Valencia (1995). La transversalidad de la sección se magnifica con la disposición de un arco superior en uno de los lados, que se tumba para equilibrar su peso con el del tablero. Las torsiones diferenciales son absorbidas por un gran tubo recto situado en el entronque viga-tablero.

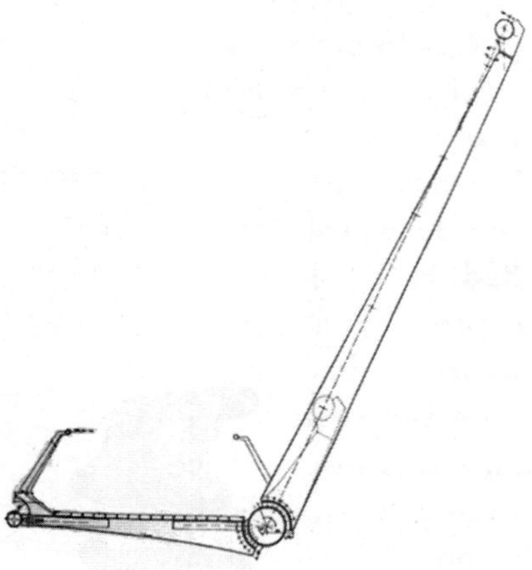

Pasarela de la Devesa, en Ripoll
(Calatrava, 1991)

Con independencia de su racionalidad estructural, a veces muy acusada y otras veces escasamente defendible, estos recursos coinciden en proporcionar una gran riqueza volumétrica. En cierto modo, los puentes se liberan del corsé bidimensional y consiguen atrapar una nueva dimensión.

Julio Martínez Calzón en Uruguay. Ábaco para dinteles empujados

El sistema ábaco, fue desarrollado por Julio Martínez Calzón para el proyecto de un viaducto sobre el Cabriel, con una viga en celosía mixta (1996, 80+114+180+114+80 m), que no llegó a utilizarse allí por cambio de ubicación. Lo utilizó en los tramos principales del el cruce sobre el río Saint John en New Brunswick, Canadá, (2000, 120 m), y en el puente de Santa Lucía en Montevideo, Uruguay (2005, 56+72+88+72+56 m), con ábacos de hormigón pretensado y cajón metálico que, una vez empujado y solidarizado a los ábacos, se completó con los voladizos laterales de la losa [152:173].

Supone una alternativa para evitar los problemas generados por el canto variable de las vigas, cuando son empujadas desde un estribo. Permiten emplear un dintel de canto constante y, durante la construcción, trasladar la sección suplementaria a unas piezas situada sobre la cabeza de las pilas, que han sido denominadas *ábacos* por su similitud funcional con el elemento superior del capitel dórico. La dimensión longitudinal de estos ábacos permite lograr luces libres entre sus extremos, parecidas a las luces entre ejes de pilas de los vanos de acceso. Funcionan como una especie de grandes capiteles empotrados sobre las pilas, para formar elementos en T de brazos largos que sirven de camino de rodadura al dintel de canto constante en el proceso de empuje. Una vez realizado el lanzamiento, el ábaco se conecta con el dintel que queda empotrado a las pilas formando un pórtico [151:183].

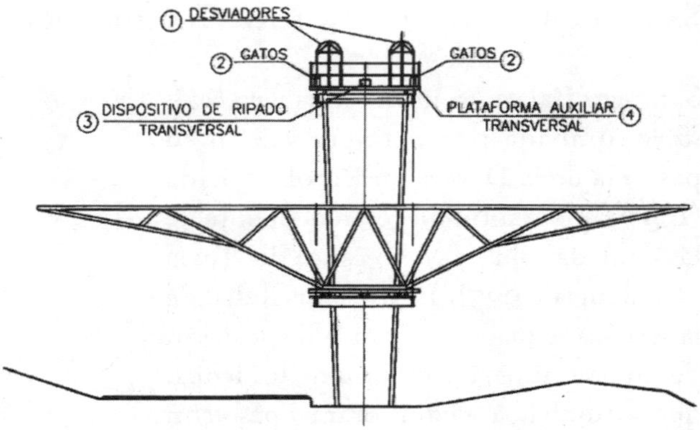

Puente de Santa Lucía en Montevideo, elevación de ábacos (Martínez Calzón, 2005, 88 m) [151:225]

Norman Foster, Anthony Caro y Ove Arup en Londres. Tensa esbeltez

El puente del Milenio (2000, 162 m) es el último paso construido sobre el Támesis en Londres y ocupa un lugar de privilegio, conectando la catedral de San Pablo con la nueva Tate Modern Gallery. El diseño de esta pasarela colgada se orienta a la consecución de la máxima esbeltez, se entiende como un *cuchillo de luz*, como una tensa línea cruzando el espacio.

Para ello se utilizan dos grupos de cuatro cables paralelos, tendidos con muy poca flecha a una cierta distancia de la pasarela central, que queda situada por encima de los cables en el centro del vano y por debajo en los apoyos, con una peculiar configuración extradorsal superior e inferior. Las dos pilas situadas en el río tienen un fuste troncocónico que se abre en forma de V con los brazos bien tendidos para dar apoyo a los cables. La apertura del ángulo de los brazos y la extrema oblicuidad de los cables sugieren situaciones de máxima tensión, que viene acentuada por una aislada pasarela central que se conecta a los cables por medio de unas sillas, cuyos tendidos desviadores se levantan en las zonas de apoyos y bajan hacia el centro del vano.

La gran esbeltez de la estructura dio lugar a unas vibraciones imprevistas, causantes de unos movimientos horizontales y verticales, que se acoplaban en un movimiento circular del tablero (denominado *ducht roll*) y originaron la clausura temporal de la estructura durante meses. Las vibraciones aparecían en especiales configuraciones de las sobrecargas móviles, y fueron contrarrestadas con algunos anclajes suplementarios de la estructura y con disipadores dinámicos que vibraban en oposición a las cargas para atenuar la resonancia [242:86].

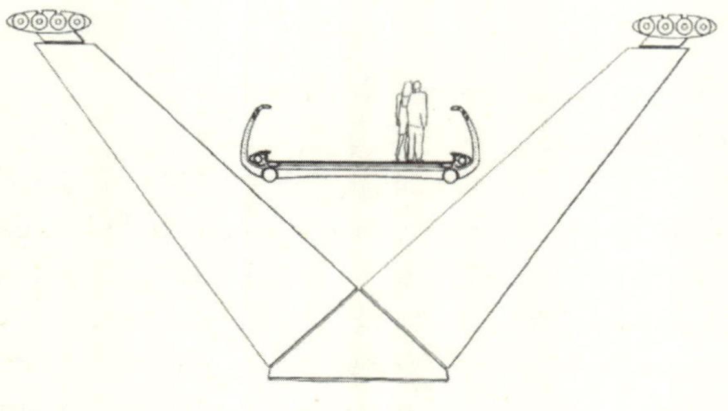

Pasarela del Millenium (Foster, Anthony Caro, Arup, 2000, 144 m) [232:391]

Juan José Arenas de Pablo en Muskiz. Haces de tirantes en ángulo

En la ría de Muskiz, la siguiente ría hacia el oeste desde Bilbao, el borde de la playa es sobrevolado por el viaducto de las Arenas, un elegante y hermoso puente atirantado de cinco vanos principales de 105 m de luz con planta en curva y contracurva, diseñado por Juan José Arenas de Pablo y Marcos Pantaleón en 1992.

Puente de la Arena (Juanjo Arenas, 1992)

Los pilonos estan situados en el eje de la planta curva del puente, de manera que las familias de tirantes en arpa forman un ligero ángulo entre sí y dan lugar a leves pantallas transparentes. El juego de su sucesión bajo diferentes ángulos de vista proporciona una cadencia del paso por el viaducto, girando suavemente en torno a los pilonos hasta las cerradas curvas de 400 m de radio de los extremos.

Ingenieros municipales y Ben van Berkel en Rótterdam. Quiebro con tracciones centradas

El puente Erasmus en Rótterdam (1996, 800 m) conecta el centro de la ciudad con el área portuaria de Kop van Zuid, foco de un importante programa de regeneración. Tiene una configuración asimétrica, con un vano principal atirantado, cuyos tirantes en disposición mixta (fan) se anclan en una pila de directriz quebrada, equilibrada por dos tirantes de retenida anclados en un estribo intermedio. Desde allí, el puente continúa con un tramo levadizo, cuyo peso propio y contrapeso equilibran el anclaje del vano principal.

El diseño manifiesta un estudiado equilibrio antropomórfico que refleja indirectamente las fuerzas actuantes. La forma quebrada de la torre proporciona suficiente espacio en la parte superior con el ángulo adecuado para alojar los anclajes de los tirantes, sin penalizar los momentos flectores que éstos producen sobre ella, pues la confluencia de los tirantes produce una resultante que se cruza con el tirante de retenida justo sobre el eje del tramo inferior de la pila. De esa forma, las compresiones y tensiones producidas por los tirantes y sus retenidas se refieren directamente a los apoyos, a su vez vinculados por una extensión horizontal de la pila que cierra el triángulo.

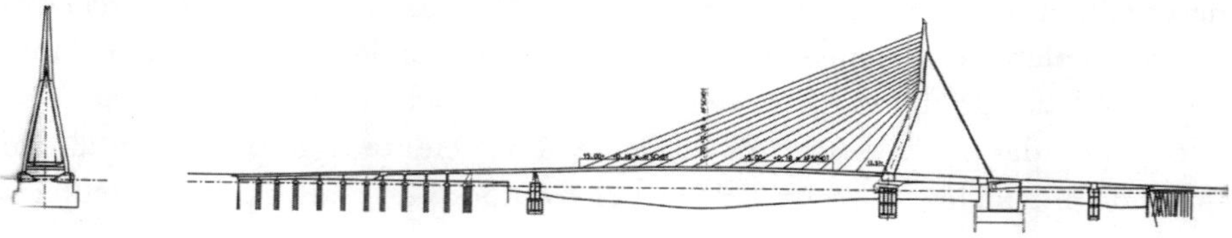

Puente Erasmus en Rótterdam sobre el río Maas
(1996, 800 m) [198:157]

Leonardo Fernández Troyano en Bilbao. Celosías en dovelas

La reciente prolongación del metro de Bilbao cruza varias veces el río Nervión, aguas arriba de la ciudad. El puente de Etxebarri (2005, 86 m) es un puente singular porque tiene dos niveles superpuestos de circulación del Metro sobre una planta muy esviada. Ello da lugar a un vano único de 86 metros de luz, cuya estructura se ha resuelto mediante dos losas superpuestas unidas por tres cuchillos triangulados del tipo Warren.

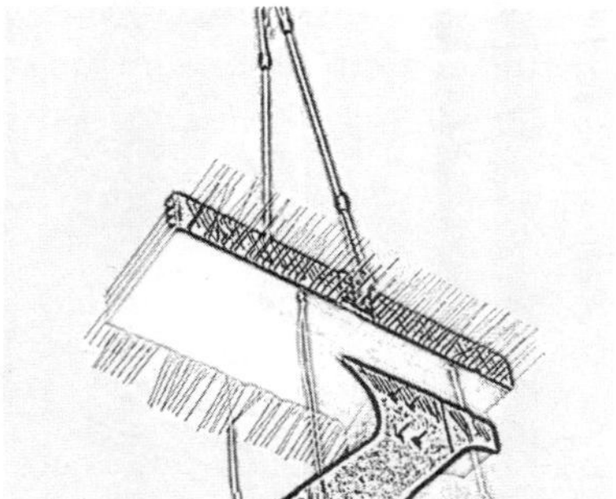

Puente de Etxebarri para
el Metro de Bilbao sobre el Nervión
(Fernández Troyano, 2005, 86 m)

La construcción se realiza por dovelas con avance en voladizo desde los estribos, con un apoyo provisional situado en cada una de las orillas del río y sujetando el extremo trasero de los cuchillos en los estribos mediante anclajes activos al terreno. El viaducto completo tiene además unos accesos para elevar las vías al nivel superior que se resuelven con unas vigas de canto variable de hormigón armado. La división de la celosía principal en dovelas en forma de Z de gran potencia, supone una innovadora utilización de las vigas en celosía, ahora descompuestas no ya en elementos lineales sino volumétricos [81:2.402 y ss] [76:80 y 120].

Javier Manterola en Navarra. Arcos de planta curva

El arco de planta curva es una sugestiva idea, más como reto estructural innovador que como promesa de nuevos tipos. A la curvatura en alzado del arco, habitualmente formalizado como una parábola plana, se yuxtapone una curvatura en planta que sigue el trazado funcional del tablero. Para ello, la planta del arco debe adoptar la forma del antifunicular de las componentes horizontales generadas por la curvatura y dotarse de suficiente rigidez horizontal. En vanos de mucha luz, el recurso a tirantes colocados en planos perpendiculares al eje del puente resulta indispensable.

Ejemplos del primer caso son el puente de Endarlatsa, entre Navarra y Guipúzcoa, con tablero curvo superior, y el puente de Carmen-Galindo con tablero inferior, colgado de péndolas anchas y rígidas del arco superior curvo (véase figura en pág. 334). Otra solución para este segundo puente establece unas péndolas livianas en forma de cable y una segunda familia de tirantes que enlazan el extradós del arco con unas costillas suplementarias en forma de arco invertido situadas en el borde cóncavo del puente, con el fin de garantizar el gálibo bajo los tirantes. En principio, el delicado encaje formado por esos tirantes casi horizontales que varían su inclinación con el progreso de la marcha, es muy atractivo, pero es probable que, dada su novedad, el diseño global sea modificado todavía varias veces.

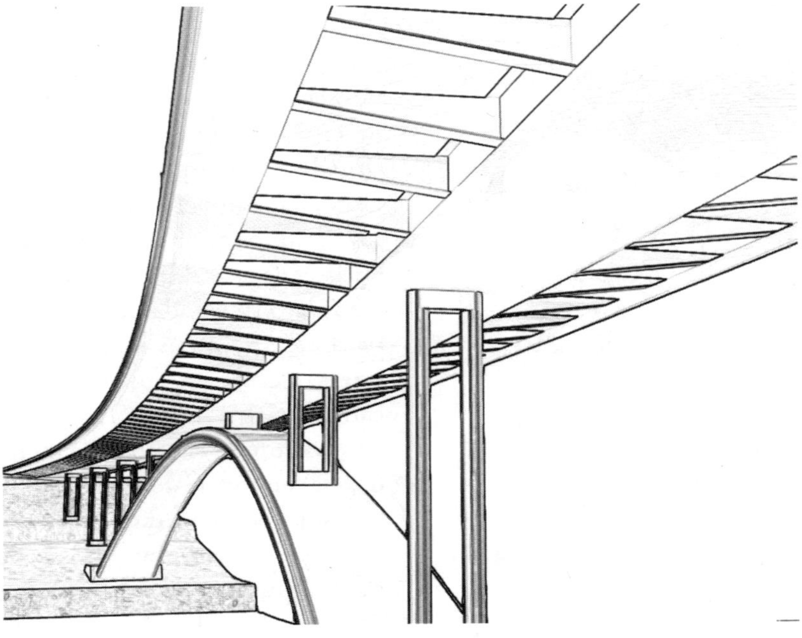

Puente de Endarlatsa (Manterola, 2008)

Jörg Schlaich en Loemberg y Nesenbach. Pilas arborescentes

En el paso superior sobre la autopista A8 en Loemberg, Jörg Schlaich avanza en su línea de experimentación de estructuras tubulares de acero con nudos de fundición. Desarrolla un esquema utilizado para una pasarela de Pragsattel II en Stuttgart (1992, 4x20 m) y lo aplica en el cruce de una carretera, utilizando pilares tubulares arborescentes que se ramifican en tubos cada vez mas pequeños para entroncar en diversos puntos de la viga en celosía mixta del tablero, como hará también en el puente Baumstützen en Zirndorf.

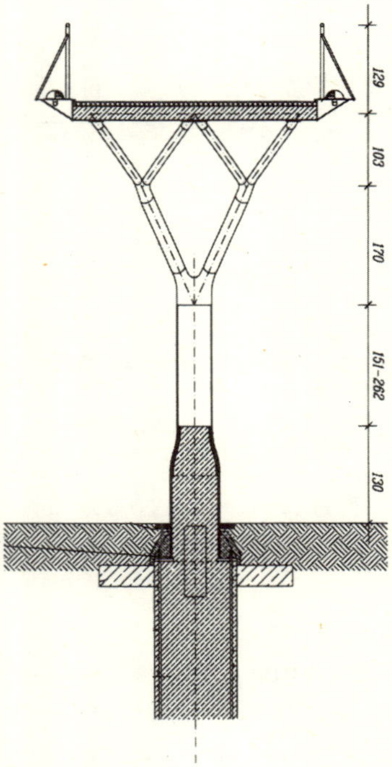

Puente Baumstützen en Zirndorf [223:247]

Su puente del Valle Nesenbach, Stuttgart (1999), supone un paso más en esa dirección, con una sección transversal insólita. El fuste vertical de pila está formado por cuatro tubos paralelos soldados, que se individualizan como puntales para recibir los cordones principales inferiores de la celosía del tablero. Por encima de éste, la estructura se prolonga para envolverlo en un bulbo protector con pantallas antirruido, parcialmente abierto y coronado por un pasillo para viandantes.

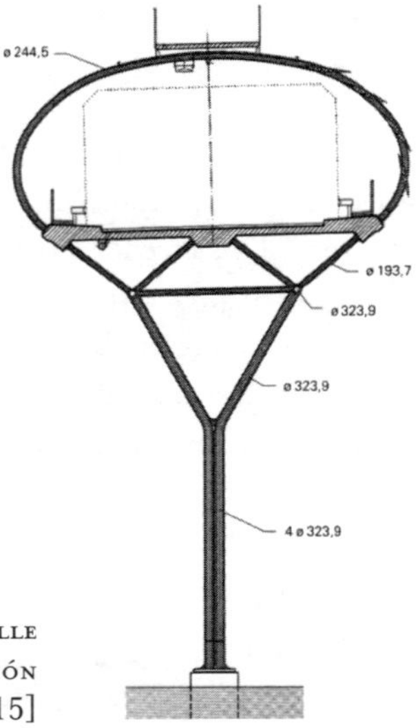

Puente del Valle Nesenbach en Stuttgart, sección (Schlaich, 1999) [206:215]

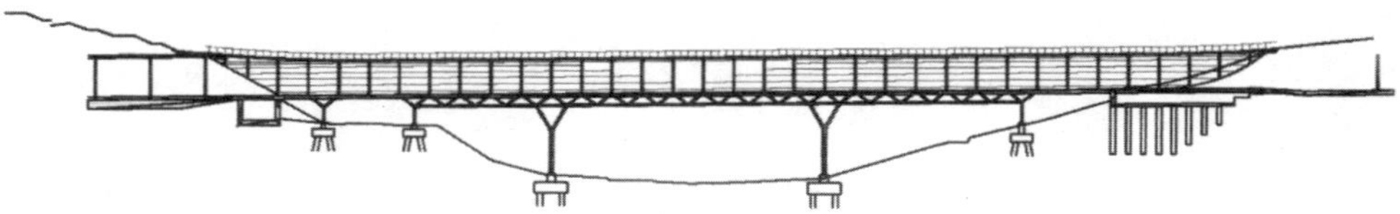

Puente del Valle Nesenbach en Stuttgart (Schlaich, 1999) [232:528]]

Ambas soluciones aportan una extraordinaria unidad al diseño de puentes con celosía, acomodando la forma, dimensiones y material de las pilas a las correspondientes al dintel Es una idea que recuerda a aquella solución tan diferente y tan brillante utilizada por Nordling y Eiffel en sus viaductos para ferrocarril del sur de Francia.

Alexander Chan y Projconsult en Brasilia. Arcos diagonales al tablero

El puente Juscelino Kubistchek (2002, 240 m), sobre el lago Paranuá en Brasilia, tiene 1.200 m de longitud y su tramo central está formado por tres grandes vanos de 240 m de luz. Cada vano está formado por un arco que cruza el tablero en diagonal, apoyándose en unos estribos situados fuera de la proyección de éste. El tablero de planta ligeramente curva está colgado del arco por medio de péndolas inclinadas en ambos sentidos que, debido a la falta de alineación entre ambos elementos, forman sugestivos haces de cambiante geometría[3].

Al paso sobre los estribos, situados fuera de su proyección, el tablero precisa de pilas independientes que se disponen en forma inclinada simétrica con tirante-dintel superior y se apoyan sobre una cimentación compartida con los apoyos del arco. Eso genera una cierta confusión visual en la proximidad de los estribos de los arcos, pero libera a éstos del habitual entronque con el tablero, que siempre es un punto conflictivo. De esta forma, los arcos aparecen exentos en toda su longitud y el tablero «pasa» a través de ellos colgado de los haces de péndolas. El trayecto en automóvil por el puente presenta una gran variedad de situaciones, muy alejada del habitual corredor lineal entre péndolas, característico de los arcos con tablero colgado. Durante el recorrido, cada arco enmarca al siguiente, dando lugar a una serie de grandes portales bajo los que pasar, ligeramente enmascarados por los haces de cables entre los cuales se va abriendo el paso el tablero [229].

Puente Juscelino Kubistchek en Brasilia
(Chan *et al.*, 2002, 240 m)

John Pawson y Simon Fryer (Buro Happold) en Kew. Curva simplicidad

En el ámbito privilegiado de los jardines de Kew, en Londres, John Pawson prosigue su línea minimalista con la pasarela de Sackler (Pawson, 2006) un

3 Desde la cimentación hasta el tablero, los arcos son de sección trapecial hueca de hormigón armado, cambiando a metálicos por encima de él pero con idéntica geometría exterior. La construcción fue realizada por Dragados en consorcio con Usimec. Véase «Puente Juscelino Kubitschek. Brasilia (Brasil). IX Premio Internacional Puente de Alcántara». *Revista de Obras Públicas*, 3.461, año 152 (dic. 2005), 102-105, y [229].

escueto tablero con planta en S, pegado al agua. Con una sección muy simple en forma de U, la pasarela está formada por bandas horizontales de granito negro de cuyos extremos surgen en voladizo unas lamas verticales de bronce para formar las barandillas. El cruce ha sido diseñado para dar la sensación de pasear sobre el agua y, en función de la posición, los espacios entre lamas se obturan o transparentan dando mayor presencia al lago.

El cruce es de una radical simplicidad, y el juego sinuoso de bordes y barandillas como único recurso formal proporciona una fluidez de paso, muy en consonancia con la suave y ondulante morfología del parque, diseñada por el paisajista Lancelot «Capability» Brown (1716-1783) y con la levedad de las escasas formas construidas que contiene[4].

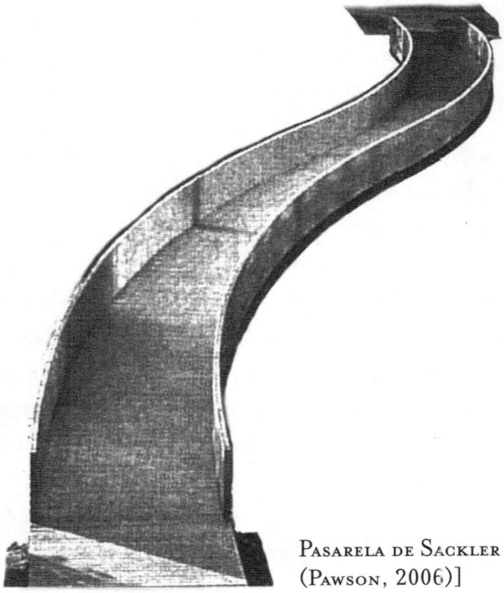

Pasarela de Sackler (Pawson, 2006)]

Fig. en Tennessee. Arco sin tímpano

El puente de la Natchez Trace Parkway (fig. 1994, 177 m), situado en Williamson County, Tennessee, tiene dos grandes arcos de hormigón de los que ha desaparecido el tímpano. El tablero en forma de viga continua de canto variable se apoya solamente en la clave del arco –convirtiéndole en un pórtico– y en pilas coincidentes con sus estribos, de forma que el alzado

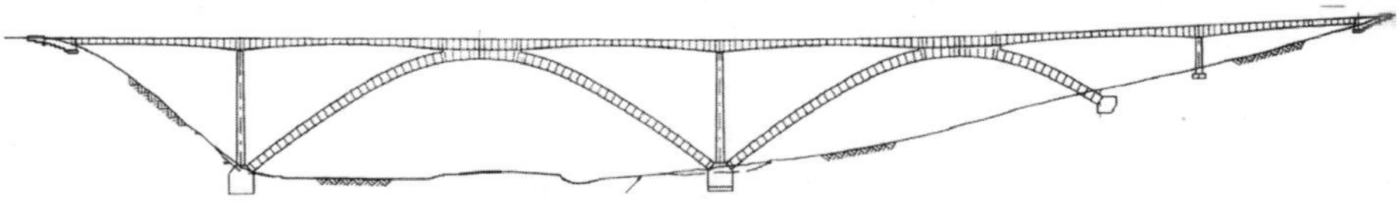

Puente del Parque Natchez, Estados Unidos (Figg, 1994, 177 m) [232:306]

4 «The Sackler Crossing. Information sheet K30, Kew Gardens». En: www.rbgkew.org.uk/ksheets/pdfs/k30sackler.pdf

adquiere una total y limpia simplicidad. Uno de los arcos es simétrico, mientras que el otro tiene un estribo situado a media ladera, lo que da lugar a un alzado asimétrico.

El puente fue construido por dovelas de unos 2,6 m de largo y 41 ton, siendo la primera vez que se empleó este procedimiento en Estados Unidos, y fue objeto de numerosos premios de diseño y de respeto al entorno. Las 122 dovelas fueron prefabricadas a unos 13 km de distancia del puente, para no alterar el sitio, y montadas con una gran grúa móvil que causaba una mínima disrupción.

Javier Manterola en Lorca y Zizur. Tirantes y apoyos para curvas

Las posibilidades estéticas de la planta curva se magnifican cuando lo curvo se integra en la estructura. Un tablero curvo permite ser soportado por tirantes situados en uno solo de sus lados, gracias a que la propia curva proporciona –a través de la torsión– estabilidad desde los estribos, como ya apuntó Schlaich en la pasarela colgada de Kelheim sobre el Main (1987).

En la pasarela de Lorca, Murcia (2002) Manterola utiliza un arco del que cuelgan dos pasarelas de planta curva independientes. Los tirantes acometen a los tableros de las pasarelas por su borde interior cóncavo, quedando el borde exterior completamente libre. Similar solución fue utilizada en el cuarto puente sobre el río Ebro en Logroño (Manterola, 2003), donde un arco único pero desdoblado en dos tubos soporta con tirantes todo el tablero, pero las aceras tienen planta curva y se separan de la calzada que es recta. Esta disposición no sólo enriquece transversalmente la planta, sino que proporciona un ámbito espacial en el puente al englobar el tablero con las dos familias de tirantes divergentes hacia arriba –originadas por el desdoblamiento del

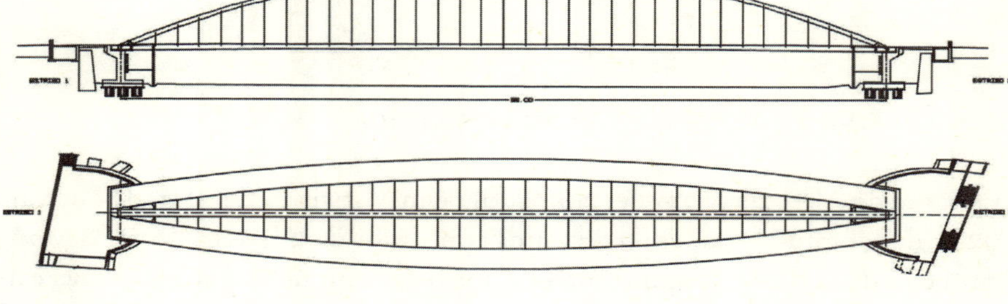

Pasarela de Lorca (Manterola, 2002)

arco— y las dos familias de tirantes divergentes hacia abajo para recoger el borde interior curvo de las aceras [13:73].

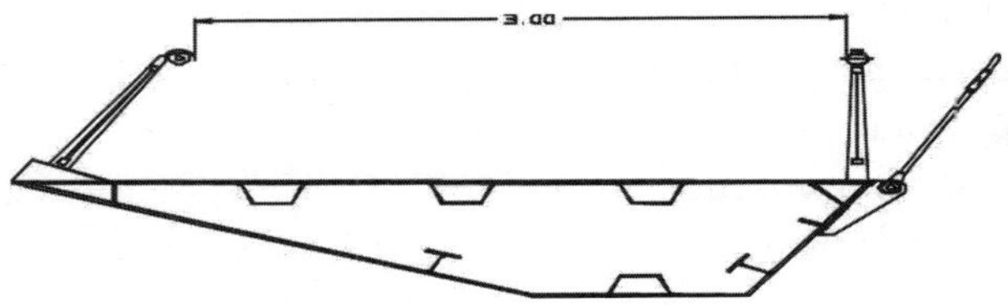

Pasarela de Lorca, sección de uno de los tableros (Manterola, 2002)

En la glorieta de Zizur (Manterola, 2005), la planta es un disco completo con un gran vacío circular central. El anillo resultante se apoya solamente en cuatro puntos situados en la circunferencia exterior, quedando libre la circunferencia interior. La movilización de la torsión como mecanismo resistente precisa de mayores armaduras de pretensado, pero produce un diseño totalmente unitario y de limpia apariencia.

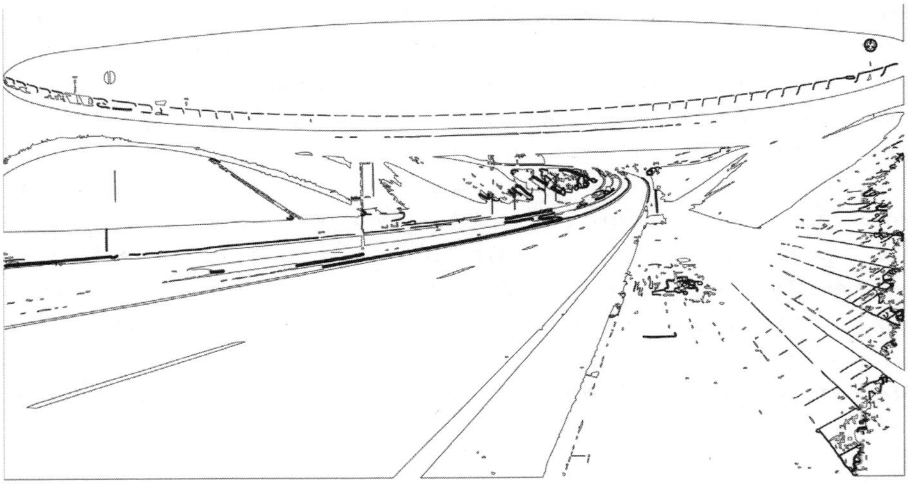

Glorieta de Zizur (Manterola, 2005)

Juan Sobrino en Vitoria. Celosía orgánica

El puente de Abetxuko sobre el río Zadorra en Vitoria tiene 31 m de anchura y 92 m de longitud total, con tres vanos continuos de 26, 40 y 26 m. Se configura con dos celosías longitudinales y una losa compuesta que soporta la calzada y se apoya a media altura sobre las celosías, que están inclinadas unos 5° hacia afuera y separan la calzada de las aceras voladas.

El diseño de las celosías supera las tradicionales formas rectas o en arco de las celosías e introduce curvas complejas, de altura aparentemente arbitraria y aspecto orgánico. El cordón superior y las diagonales componen una filigrana que cumple escrupulosamente todos los requisitos técnicos y respeta convenciones como el mayor canto en los apoyos centrales y la inclinación de las diagonales principales, pero los integra en unas formas fluidas y orgánicas de radical novedad.

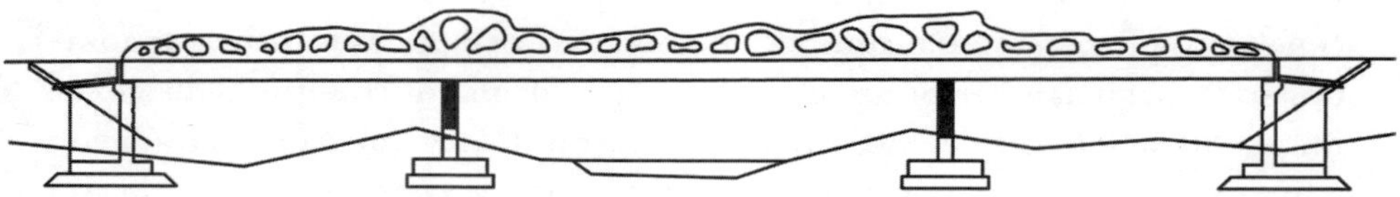

Puente de Abetxuco, alzado (Sobrino, 2006)

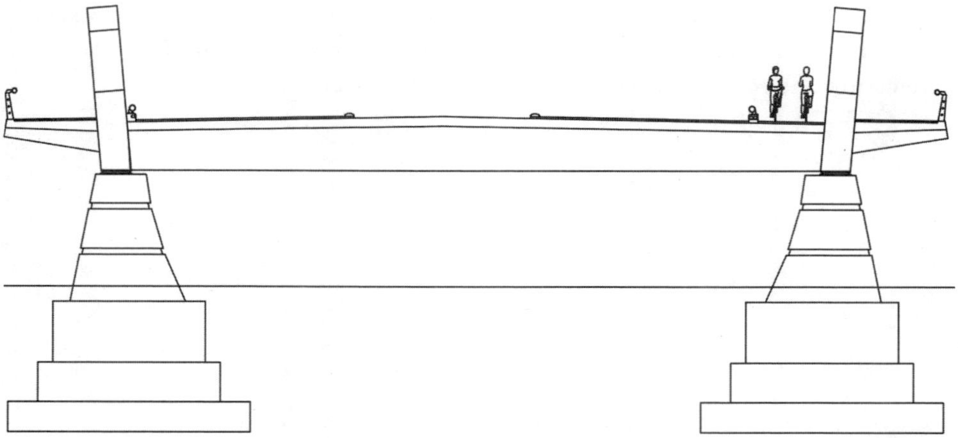

Puente de Abetxuco, sección (Sobrino, 2006)

Las celosías tienen un canto variable entre 2,6 y 5,6 m y están formadas por chapas rigidizadas de espesor variable entre 12 y 20 mm de acero corten. Con las formas curvas, los tradicionales vacíos triangulares definidos por las diagonales se convierten en alvéolos de variadas formas que cambian constantemente al moverse a su lado.

Una breve recapitulación

Construir es, sin comparación posible, la más antigua y la más importante de las actividades del hombre. Con esta frase comienza Nervi su influyente libro *Construir correctamente*, y continúa: *por sus aspectos multiformes, por su duración, por los factores científicos, estéticos, técnicos y sociales que en ella se mezclan, es justo considerar la actividad de construir como la síntesis más remarcable de las capacidades de un pueblo y como el elemento más significativo para juzgar su grado de civilización y espíritu que le caracteriza* [168:16].

Y quizás, la simple aceptación de que la actividad analizada en este estudio no es sino una manifestación del *arte de construir* elimine de golpe muchas reticencias y equivocaciones de que ha sido objeto. Los tipos y las formas analizados en las páginas anteriores ponen claramente de manifiesto que el diseño de un puente va más allá del mero análisis estructural. Hay una enorme tradición a interpretar desde una posición creadora, capaz de innovar sobre un sitio y un problema concreto.

Y ello se realiza cuando la herencia del tipo, como legado ordenado de los conocimientos y creatividad de los diseñadores anteriores, confluye con las sugerencias del lugar para resolver una concreta necesidad funcional, desde la voluntad formal del ingeniero fundada en su experiencia y creatividad. Y, según ello, la obra de ingeniería tiene suficiente consistencia en su ser y suficiente trayectoria en su devenir, como para ser valorada por sí misma, sin necesidad de recurrir a categorías o principios externos.

Características de los puentes

Puentes de vigas

Tabla 1. Primeros puentes cantilever

Com.	Fin.	Nombre	Autor	Luz máx.
	1876	High		
	1877	Cincinnati	Linville	148
	1883	Niagara, s/	C.C. Schneider	143
	1884	Frazer, s/	C.C. Schneider	96
	1885	Saint John		145
	1889	Poughkeepsie Railroad	Charles Macdonald	160
	1889	Sukkur s/Ravi	A.M. Rendel	250
1882	1890	Forth Rail	Benjamin Baker	521
	1891	Central	Louis F. G. Bouscaren	158
	1895	Borcea Branch, over the	Anghel Saligny	190
	1895	Northhampton Street	James Madison Porter III	
1893	1895	Weserbrücke, Grosse		137
1894	1896	Freedom		333
	1902	Frans	Canat	70
	1902	Viaur Viaduct	Paul Joseph Bodin	220
1901	1903	Connel		152
1898	1903	Long-Bien		106
	1905	Thebes Railroad		168
	1907	Neutorbrücke	Levi y Büttner	55
1905	1907	Schwanheimer		220
1909	1911	Sewickley	James G. Chalfant	220
	1913	Rendsburg Hochbrücke	Friedrich Voss	140
	1914	La Mulatière	Maurice Koechlin	
1915	1916	Wesel, Rheinbrücke		
1905?	1917	Quebec	Cooper & Modjesky	548
	1917	Sciotoville	Gustav Lindenthal	236
	1922	Ironton-Russell		
	1922	Pasco-Kennewick		
	1922	Saint John		137

Tabla 2. Puentes atirantados de mayor luz

Fin.	Nombre	Autor	Luz	Planos	Vanos	Tirantes
1824	Niemburg s/Saale		78	2	1	Abanico
1837	Tiverton	Motley	70			
1871	Newcastle	Thomas Bouch	73	2	3	Único
1873	Royal Albert (Londres)	Ordish	122	2	3	Abanico
1909	Cassagne s/Tet	Gisclard (Const. Arnodin)	156	2	3	Abanico
1912	Port à l'Anglais	Gisclard	124	2	3	Abanico
1913	Rochers Noirs	Gisclard (Const. Arnodin)	140	2		Abanico
1952	Donzère Mondragon	Caquot	81	2	3	Abanico
1955	Strömsund	Franz Dischinger	183	2	3	Abanico (2)
1958	Düsseldorf-Norte		260	2	3	Arpa
1959	Severin (Colonia)	G. Fisher, Gerd Lohmer (Arq.)	301	2	2	Fan
1962	Norderelbe, Hamburgo	Hellmut Homberg	172	1	3	Estrella
1962	Maracaibo	Morandi	235	2	4	Único
1965	Leverkusen	Hellmut Homberg	280	1	3	Arpa
1966	Houston (Texas)	Leonhardt	381	4	3	Abanico
1967	Nordbrücke	Hellmut Homberg	280	2	3	Arpa
1969	Papineau-Leblanc	Tecsult	241	1	3	Abanico
1969	Kniebrücke	Leonhardt	320	2	2	Arpa
1970	Duisburg	Weisskopf	350	1	3	Fan
1971	Wadi-Kuf	Morandi	250	2	3	Único
1971	Ludwigshafen	Fritz Leonhardt	287	2	3	Abanico
1971	Erskine	Freeman, Fox & Pt.	305	1	3	Único
1972	Bratislava	A. Tesár, J. Lacko (Arq.)	303	1	2	Abanico Único
1974	Köhlbrand	Hans Wittfoht	323	2	3	Abanico
1975	Saint Nazaire	Biamchi & Sanson	404	2	3	Fan
1977	Brotonne	Muller & Mathivat	320	1	3	Fan
1978	Rande (Vigo)	Miranda & del Pozo	400	2	3	
1983	Luling (Luisiana)	Frankland, Leinhard, Modjeski	372	2	3	Fan
1983	Barrios de Luna	Manterola	440	2	3	Fan
1986	Annacis s/Fraser	Taylor & Torrejón	465	2	3	Fan
1987	Sunshine Skyway (FLO)	Fig & Muller	366	1	3	Fan

Fin.	Nombre	Autor	Luz	Planos	Vanos	Tirantes
1987	Bangkok	Hellmut Homberg	450	1	1	Fan
1988	Itsuishi-jima		420	2	3	Fan
1989	Dame Point (Jacksonville)		396	2	3	Arpa
1991	Helgeland		425	2	3	Fan
1991	Queen Elisabeth II	Hellmut Homberg	450	2	3	Arpa
1991	Ikuchi		490	2	1	Fan
1991	Skarnsundet	Hovland, Isaksen y Hansvold	530	2	3	Fan
1993	Kobe este	Leonhardt	485	2	3	Fan
1993	Yangpu (Sanghai)		602	1	3	Fan
1994	Tsurumi		510			
1995	Normandía	Virlogeux	856		3	Fan
1996	s/Severn		456	2	3	Arpa
1998	Lisboa		420	2	3	Fan
1999	Ting Kau	Bergermann y M. Schlaich	448	4	4	Fan
1999	Nagoya		590			
1999	Tatara		890	2	3	Fan

PUENTES EN ARCO

Tabla 3. Luces y flechas de algunos arcos de piedra

Fecha	Nombre puente	Autor	Luz	Flecha	Flecha/luz	Ancho pila	A/l
-62	Fabricius		24,8	10,3	0,41		
-50	San Lorenzo extremo		12,9	2,9	0,22	1,8	0,14
40	Molino (Padua) extremo		7,8	1,7	0,22	1,6	0,44
150	Alconetar		10,2	1,6	0,14	4,3	0,42
610	An-Chi	Li Chhun	37,5	7,2	0,19		
615	Lou-Tien		18,3	3,4	0,18		
1130	Yung-Thung		25,9	3,0	0,12		
1150	Ching-Tê		18,3	4,2	0,23		
1175	Ling-Khung		19,8	3,0	0,15		
1187	Avignon		33,7	14,1	0,42		
1345	Vecchio (Florencia)		29,9	5,6	0,19		
1354	Castellvecchio (Verona)		48,5	13,7	0,28		
1375	Trezzo		74,1	20,7	0,28		
1539	Trinità	Amanatti	29,2	4,6	0,16		
1591	Rialto	da Ponte	28,7	6,9	0,24		
1756	Pontypridd	Edwards	42,7	10,7	0,25		
1762	Blakfriars	Mylne	23,9	4,7	0,19	6,1	0,25
1763	Coldstream	Smeaton	18,5	6,1	0,33	4,6	0,25
1764	Perth	Smeaton	22,9	7,6	0,33	5,2	0,23
1772	Banif	Smeaton	15,2	5,0	0,33	3,7	0,24
1773	Aray	Mylne	19,8	4,6	0,23	5,5	0,28
1777	Hexam	Smeaton	15,5	5,1	0,33	3,7	0,24
1783	Neuilly extremo	Perronet	39,0	4,4	0,11	4,3	0,11
1803	Esk extremo	Rennie	11,3	0,9	0,08	2,1	0,19

Fuente: Elaboración propia

Tabla 4. Primeros puentes en arco de fundición

Com.	Fin.	Nombre	Autor	Vanos	Luz máx.	Flecha
1776	1779	Coalbrookdale	Darby	1	32,0	12,2
1793	1794	Trentham Park, pasarela[1]	Gregory?	1	27,0	elip.
1793	1796	Sunderland	Wilson	1	72,0	10,4
1794	1796	Buildwas	Telford	1	39,6	8,3
1794	1796	Striegau, ca. Breslau (Polonia)	(Fund. Malapane)	1	13,0	2,9
1796	1797	Estación, Berlín	(Fund. Malapane)	1	6,0	2,0
1795	1798	Bridgwater	Gregory	1	22,8	elip.
1796	1798	Stanford-2	Nash	1	30,9	1,8
	1799	Coalport-1 s/Severn, Shropshire	Banks; Onions	1	30,9	?
1800	1801	Spanish Town s/Cobre, Jamaica	Wilson	1	24,8	3,0
	1802	Stratfield Saye s/ Loddon, Hampshire	Wilson	1	12,1	2,4
1801	1803	Pont des Arts, Paris	Cessart; Dillon	9	17,3	3,2
1802	1803	Staines s/Támesis, Windsor	Wilson	3	54,8	4,9
	1803	s/Wistham, Lincolnshire	Rennie	1	24,0	-
1795	1805	Pont-y-Csylte	Telford; Hazledine	19	13,8	2,3
1801	1805	Austerlitz, Paris	Beaupré; Lamendé	5	32,5	3,2
1804	1806	Bristol (dos puentes)	Jessop	1	30,9	4,6
1803	1806	Yarm s/Tees, Inglaterra	Wilson	1	54,8	6,1
1805	1806	Stourport	Hazledine	1	47,0	1,5
1805	1806	Narodny s/Mika, San Petersburgo	Hastie[2]	1	19,1	1,7

1 Este puente-pasarela poco conocido fue fabricado en Coalbrookdale para el parque del marqués de Sttafford mientras se definía el diseño y se fundían las primeras piezas del puente de Sunderland. Véase [122:157] y [231:46-55].

2 William Hastie (Vasily Ivanovich Geste, 1755-1832) era un albañil escocés emigrado a San Petersburgo, que llegó luego a ser arquitecto y trabajó para el ministerio de Canales, donde hizo varios diseños de puentes de hierro [120:88].

Com.	Fin.	Nombre	Autor	Vanos	Luz máx.	Flecha
1800	1807	Boston s/Witham	Rennie; Wilson	1	26,2	1,7
1809	1810	Newport Pagnell s/Ouse	Provis; Wilson	1	18,0	2,7
	1812	Craigellachie s/Spey	Telford? Hazledine	1	45,7	6,1
	1812	Bonar s/Dornoch	Telford?	1	45,7	6,1
	1813	Waterloo, Carnavonshire		1	32,0	3,5
	1814	Varios s/Moika, S. Petersburgo	Hastie	1	21,2	?
1811	1816	Vauxhall s/Támesis, Londres	Rennie; J. Walker	9	23,8	4,3
1815	1816	Chepstow s/Wye	Rastrick; Hazledine	5	34,0	4,2
	1818	Coalport-2 s/Severn, Shorpshire	John Onions	1	30,9	
1815	1819	Southwark s/Támesis, Londres	Rennie	3	64,0	6,4
1820	1824	Ocker, Braunschweig	Krahe; Reichenbach	1	17,5	2,2
1822	1823	Friedichs s/Spree, Berlín		7	9,2	2,0
1822	1823	Havel, Günther; Postdam	Becker	8	18,8	1,7
1824	1825	Roch, Berlín	Kunowwski	1	21,0	3
1823	1826	Mythe, en Tewkesbury	Telford y Hazledine	1	52,0	5,2
1824	1826	Weidendamm, Berlín		5	9,3	2,8
1826	1827	Plymouth	Rendel	5	30,5	4,25
1828	1829	Peitz s/Hammer	Naht y Voigtmann	1	10,3	1,0
1829	1830	Nandsacre s/Trent	Potter	1	42,7	4,3
	1831	Lugos, Hungría	Hoffmann	1	19,0	2,7
1831	1834	Carousel s/Seine, París	Polonceau	3	47,7	4,9
	1837	Mehadia s/Cserna, Hungría	Hoffmann	1	45,5	4,6
	1839	Acueducto de Stanley s/Calder	Leather	1	47,2	11,3
	1843	Karansebes s/Temes, Hungría	Hoffmann	1	57,0	6,8

Fuente: Elaboración propia sobre [159:322], [118], [122:158], [120:89]

Tabla 5. Primeros puentes en arco de hormigón

Com.	Fin.	Nombre	Autor	Vanos	Luz máx.	Flecha
	1875	Parque del palacio de Chazelet	Monier	1	16,5	
	1880	Pasarela en la Expo de Dusseldorf		1	12,0	
	1890	Pasarela en la feria de Bremen	Monier, Wayss	1		
	1890	Wildegg, Suiza	G. Wayss	1	21	
	1890	Munderkingen sobre el Danubio	von Leibbrand	1		
	1895	Sobre el río Kansas	Edwin Thacher			
	1898	Schwimmschule, en Steyr	Joseph Melan	1	42,5	
	1898	Pasarela en Esternay	Hennebique	1	15,0	
	1898	Glenfinnan (ffcc), Inverness		21	15,2	
	1899	Châtellerault sobre el Vienne	Hennebique	3	40,5	
	1899	Stauffacher sobre el Sihl, Zúrich	Maillart, arq. G.Gull	1	39,6	
	1899	rue Vallete, Perpiñán	Simon Boussiron	1	15,0	
	1902	Zuoz	Maillart	1	38,3	
	1904	Sobre el Isar en Grunwald	Morsch	2	70,0	
	1904	Thur en Billwil, St. Gallen, Suiza	Maillart	2	35,0	
	1904	Blagodarnoje, Cáucaso, Rusia	Hennebique	1	ap 25	
	1905	Tavanasa sobre alto Rin (1927)	Maillart	1	51,0	
	1905	Sobre el Ourthe en Lieja	Hennebique	1	55,0	
	1905	Sobre el Teme, Worcestershire				
	1907	Taft Memorial, Washington DC	Morison	5	45,0	
1905	1907	16st/Piney Branch,Washington	W.J. Douglas (s.Melan)	1	38,0	
1906	1907	Sandy Hill, s/Hudson, Nueva York	Kasson, Burr (s.Melan)	15	18,0	
	1908	GmünderTobel s/Sitter, St.Gallen	Morsch	1	79,0	
1906	1908	Walnut Lane, Filadelfia	Quimby	1	70,7	
	1910	Sobre el río Rocky, Cleveland		1	85,0	
1907	1911	Rissorgimento en Roma	Hennebique	1	100,0	10,0
	1911	Veurdre	Freyssinet	3	72,5	
1911	1915	Tunkhannock Creek, Delaware	Ray, Bush, Cohen	10	54,0	
	1913	Boutiron sobre el Alier	Freyssinet	3	72,5	
	1914	Langwies (ffcc), Chur	E. Zublin (Hennebique)	1	100,0	42,0
1913	1914	Latourelle Falls, Oregon (celosía)	Billmer	3	24,0	4,2
	1919	Villeneuve sur Lot	Freyssinet	1	97,0	
	1922	Saint Pierre du Vauvray	Freyssinet	1	131,0	
	1923	Candelier (ffcc)	Limousin-Freyssinet	1	64,0	
	1928	Royal Tweed, Berwick	Mouchel	4	110,0	
	1928	La Caille, sobre el Usses	Caquot	1	137,5	
	1929	Echelsbach, s/Ammer, Alemania	Düll, Gerhart	1	130,0	
	1930	Plougastel	Freyssinet	3	186,0	
	1932	río Rogue, Oregon	McCullough	7	70,0	
1931	1933	Bixby Creek, California	Panhorst, Purcell	1	96,0	36,0

Fuente: Elaboración propia

Puentes colgantes

Tabla 6. Puentes construidos por James Finley

Com.	Fin.	Nombre	Vanos	Luz máx.	Ancho	Flecha	Cadenas
	1801	Jacob's Creek	1	21,2	3,8	4,5	
	1807	s/Potomac	1	38,9	4,5	7,6	2
	1809	Brownsville	1	36,4	5,5		
	1809	Neshamy Creek	2x30,3	30,3			
	1809	s/Schuylkill	2x46,4	46,4	5,5		2
1807	1810	Cumberland	1	39,4	4,5		2
1807	1810	Brownsville	1	33,9	4,5		
	1810	Brandywine	1	43,9	9,1		4
	1810	Essex-Merrimac	1	73,9	9,1		10
	1814	Lehigh	4:2x143,9+2x72	143,9			
	1816	Lehigh Gap	3:24+48+24	48,5	4,8		

Fuente: [224:174]

Tabla 7. Primeros libros sobre puentes colgantes

Finley, James	1810	«A description of the Patent Chain Bridge». *The Port Folio*, 3, nº. 6, Nueva York: 441-453
Pope, Thomas	1811	*Treatise on Bridge Architecture*
Dutens, Joseph	1818	*Mémoires sur les travaux publics de l'Angleterre.* París
Stevenson, Robert	1821	*Description of Bridges of Suspension. Edinburgh Philosophical Journal*, vol. 5
Navier, Louis Marie Henri	1823	*Rapport a â Monsieur Becquey...; et Mémoire sur les ponts suspendus.* París
Berg, C. F. W.	1824	*Der bau der Hangebrücken aus Eisendraht; nach Stevenson, Séguin, Dufour, Navier, u.a.* Leizpig
Dufour, Guillaume Henri	1824	*Description du Pont Suspendu en fil de fer, construit à Genève.* Ginebra y París
von Mitis, Ferdinand Edlen	1825	*Andeutungen bei Gelegenheit der Aufstellung eines Versuches in grösserer Art über die Anwendbarkeit der Draht-Seil-Brücke.* Viena
Seguin, Jules	1826	*Des ponts en fil de fer.* París
Chaley, Joseph	1835	*Pont suspendu de Fribourg (Notice). Annales des Ponts et Chaussées.* París
Chapman, William	1856	*Practise and Architecture of Bridges of Stone, Iron, Timber and Wire; with examples on the principle of suspension.*

REFERENCIAS

[1] Abercombrie, P.; 1945. «The aesthetic aspect of civil engineering design». En: *A Record of Six Lectures on The Aesthetic Aspect of Civil Engineering Design*. The Institution of Civil Engineers, Londres, 1975:71-81.

[2] Addis, William; (ed.); 1999. *Structural and civil engineering design*. Ashgate, Aldershot.

[3] Aguiló, Miguel; 1983. «Función y diseño en las torres de los puentes colgantes». *Revista de Obras Públicas* (sep. 1983):637-656.

[4] Aguiló, Miguel; 1999. *El paisaje construido. Una aproximación a la idea de lugar*. Colegio de Ingenieros de Caminos, Madrid.

[5] Aguiló, Miguel; 2001. «Naturaleza, paisaje y lugar: estética de la obra y su entorno». *OP Obra Pública*, 54, vol. I (2001):28-35.

[6] Aguiló, Miguel; 2002. «Invariantes estéticos de la ingeniería civil». *Revista de Obras Públicas*, 3426 (oct. 2002):59-68.

[7] Aguiló, Miguel; 2002. *La enjundia de las presas españolas*. ACS, Madrid.

[8] Aguiló, Miguel; 2003. «El puente, símbolo de la ciudad». *OP Ingeniería y territorio*, 65 (2003):8-15.

[9] Aguiló, Miguel; 2004. *Al abrigo de los puertos españoles*. ACS, Madrid.

[10] Aguiló, Miguel; 2005. *Túneles y viaductos para los caminos españoles*. ACS, Madrid.

[11] Aguiló, Miguel; 2006. *La pujanza de la energía eléctrica en España*. ACS, Madrid.

[12] Aguiló, Miguel; 2007.« Javier Manterola, mas allá de la funcionalidad y la belleza». *Ingeniería y Territorio* (en prensa).

[13] Aguiló, Miguel; Manterola Armisén, Javier; Onzain, Mario; Rui-Wamba Martija, Javier; 2004. *Javier Manterola Armisén. Pensamiento y obra*. Fundación Esteyco, Madrid.
[14] Aparicio Bengoechea, Ángel; 1991. «Los puentes del futuro». *OP Obra Pública*, 20 (1991):6-23.
[15] Arean, Carlos Antonio; 1961. *Teoría del gótico*. Publicaciones Españolas, Mod.
[16] Arenas de Pablo, Juan José; 2002. *Caminos en el aire. Los puentes*. Colegio de Ingenieros de Caminos, Madrid.
[17] Argan, Giulio Carlo; 1955. *Pier Luigi Nervi*. Infinito, Buenos Aires.
[18] Argan, Giulio Carlo; 1962. «Acerca del concepto de tipología». En: *Progetto e destino*. Ed. Il Saggiatore, Milán, 1965. Ed. esp.: *Proyecto y destino*. Universidad Central de Venezuela, Caracas, 1969.
[19] Argan, Giulio Carlo; 1966. *Enciclopedia Universale dell'Arte*. Sansoni, Florencia.
[20] Baudelaire, Charles. *Curiosités esthétiques; L'art romantique: et autres ouvres critiques*. Bordás, París, 1990.
[21] Becket, Derrick; 1969. *Great buildings of the world: bridges*. Paul Hamlyn, Londres.
[22] Behrendt, Walter Curt; 1937. «Modern building. Harcourt, Brace and Company», Nueva York. Ed. Esp.: *Arquitectura moderna*. Infinito, Buenos Aires, 1959.
[23] Benet, Juan; 1973. *La inspiración y el estilo*. Seix Barral, Barcelona.
[24] Benévolo, Leonardo; 1959. «Storia del l'architettura moderna». Casa Editrice Gius, Bari. Ed. esp: *Historia de la arquitectura moderna*. Gustavo Gili, Barcelona, 1974.
[25] Benévolo, Leonardo; 1960. «Introduzione all'architettura». Laterza, Roma. Ed. esp. *Introducción a la arquitectura*. Celeste, Madrid, 1992.
[26] Benjamin, Walter; 1927-1940. «La construcción en hierro». En: *Libro de los pasajes*. Edición de Rolf Tiedemann, Akal, Madrid:173-189 y 877-879.
[27] Benjamin, Walter; 1927-1940. *Libro de los pasajes*. Edición de Rolf Tiedemann, Akal, Madrid.
[28] Benjamin, Walter; 1939. «Sobre algunos temas en Baudelaire». En: *Poesía y capitalismo*. Taurus, Madrid, 1972:121-170.
[29] Bennett, David; (ed.); 1997. *The architecture of bridge design*. Thomas Telford, Londres.
[30] Bennett, David; 1999. *The creation of bridges*. Chartwell Books, Nueva Jersey.
[31] Bernabeu Larena, Jorge; 2006. *The Iron-Wood Composite Section of the Carrousel Bridge in Paris (1834)*. Second International Congress on Construction History (29 march-2 april, 2006), Cambridge.
[32] Bill, Max; 1949. *Robert Maillart. Bridges and constructions*. Verlag für Architektur, Zúrich.
[33] Billington, David P.; 1977. «History and esthetics in concrete arch bridges». *Journal of the Structural Division ASCE* (Nov. 1977):2129-2143.

[34] Billington, David P.; 1979. *Robert Maillart's Bridges. The art of engineering*. Princeton University Press.

[35] Billington, David P.; 1983. *The Tower and the Bridge*. Princeton University Press.

[36] Billington, David P.; Gottenmoller, Frederick; 1999. «Bridge Aesthetics-Structural Art». En: *Bridge engineering handbook* [52:cap. 3].

[37] Boaga, Giorgio; 1984. *Ricardo Morandi*. Zanichelli, Bolonia.

[38] Boaga, Giorgio; Boni, Benito; 1965. *The concrete architecture of Ricardo Morandi*. Alec Tiranti, Londres.

[39] Bohigas, Oriol; 1972. *Proceso y erótica del diseño*. La Gaya Ciencia, Barcelona.

[40] Bohm, David; 1998. «On creativity. Routledge», [s. l.]. Ed. esp.: *Sobre la creatividad*. Kairós, Barcelona, 2002.

[41] Bologna, Gaetano; 1968. «Strade sopraelevate in cemento armato». Associazione Italiana Tecnico Economica del Cemento, Roma.

[42] Bracegirdle, Brian; Miles, Patricia H.; 1974. *The Darbys and the Ironbridge Gorge: great engineers and their works*. David & Charles, Londres.

[43] Brown, David J.; 2001. *Bridges. Three thousand years of defying nature*. MBI, St. Paul.

[44] Brown, W. C.; Parsons, M. F.; Knox, H. S. G.; 1976. *Bosporus Bridge: design and construction*. The Institution of Civil Engineers, Londres.

[45] Buccaro, Alfredo; Mattia, Fausto de; 2003. *Scienziati-artisti. Formazione e ruolo degli ingenieri nelle fonti dell'Archivo di Stato e della Facoltà di Ingefneria di Napoli*. Electa, Nápoles.

[46] Burckhardt, Jakob; 1860. «Die cultur der Renaissance in Italien. Ein Versuch. Basel». Ed. esp: *La cultura del Renacimiento en Italia*. Akal, Madrid, 2004.

[47] Burckhardt, Jakob; 1905. *Reflexiones sobre la historia universal*. Fondo de Cultura Económica, México, 1996.

[48] Burden, A. R.; 1991. «Japanese cable-stayed bridge design». *Proc. Instn. Civ. Engrs.*, Part 1, 90, 1991:1021-1051.

[49] Candela, Félix; 1962. *Hacia una nueva filosofía de las estructuras*. Ediciones 3, Buenos Aires.

[50] Candela, Félix; 1985. *Félix Candela: en defensa del formalismo y otros escritos*. Xarait, Madrid.

[51] Casas, Antonio de las; (ed.); 2005. *Perronet, Jean Rodolphe: La construcción de puentes en el siglo XVIII*. CEHOPU, Madrid-CEDEX, Madrid-Instituto Juan Herrera, Madrid, 2005.

[52] Chen, Wai-Fah; Duan, Lian; (eds.); 1999. *Bridge engineering handbook*. CRC Press, Boca Ratón, Nueva York.

[53] Chrimes, M M,; 1996. «The development of concrete bridges in the British Isles prior to 1940». *ICE Proceedings, Structures & Buildings, Historic Concrete*, Vol. 116, Issue 3&4, 1996:404-431.

[54] Clark, Edwin; Stephenson, Robert; (dir.); 1850. *Britannia and Conway tubular bridges*. Day and Son, Londres.

[55] Colquhoun, Alan; 1967. «Typology and Design Method». *Arena, Journal of Architectural Association* (junio 1967).

[56] Comp, T. Allan; Jackson, Donald; 1977. «Bridge Truss Types: a guide to dating and identifying». *American Association for State and Local History Technical Leaflet 95. History News*, 32, 5 (mayo 1977).

[57] Condit, Carl W.; 1960. *American building art: The nineteenth century*. Oxford University Press, Nueva York.

[58] Condit, Carl W.; 1961. *American building art: The twentieth century*. Oxford University Press, Nueva York.

[59] Condit, Carl W.; 1968. *American building: materials and techniques from the first colonial settlements to the present*. The University of Chicago Press, Nueva York.

[60] Corres, Hugo; Pérez Caldentey, Alejandro; 2001. «Tableros de celosías mixtas = Composite truss bridge decks». *Revista de Obras Públicas*, 3416 (dic. 2001):13-37.

[61] Cowan, Henry J.; 1977. *An historical outline of architectural science*. Applied Science Publishers, Londres[2].

[62] Croizette Desnoyers, M. Ph.; 1885. *Cours de construction des ponts*. Dunod, París.

[63] Curtis, William J. R.; 2006. *La arquitectura moderna desde 1900*. Phaidon Press Limited, Londres; Phaidon Press Inc. Nueva York; 1ª ed. en español, 1986; 3ª ed. en español, 2006; traducción de Jorge Sainz.

[64] Deswarte, Sylvie; Lemoine, Bertrand; 1997. *L'Architecture et les ingénieurs, deux siècles de réalisation*. Le Moniteur, París.

[65] Dietrich, Richard J.; 1998. *Faszination Brücken. Baukunst, Technik, Geschichte*. Callwey, Múnich.

[66] Duffy, M. C.; 1979. «Evolution of Engineering Design Technique» (6 parts). *Engineering Designer* (1979), ene-feb: 19-22, mar-abr: 19-22, may-jun: 21-26, jul-ago: 31-35, sep-oct: 19-23, nov-dic: 21-26.

[67] Durand, Jean Nicolas Louis; 1801 y 1802. *Recueil et parallèle des édifices de tout genre, anciens et modernes, remarquables par leur beauté, par leur grandeur ou par leur singularité, et dessinés sur une même échelle*. École Polytechnique, París.

[68] Durand, Jean Nicolas Louis; 1802 y 1805. *Précis des leçons d'architecture données à l'École Polytechnique*. París.

[69] Elices Calafat, Manuel; 2004. *Los gozos y las formas. Reflexiones sobre la estética de las formas estructurales*. Discurso inaugural del año académico 2004-2005, Real Academia de Ciencias Exactas, Físicas y Naturales, Madrid.

[70] Ellis, Teo; 1866. *A brief history of iron bridges.*

[71] ETH; (ed.); 1979. Die Entwicklung des Grossbrückenbaus= L'évolution du pont à grande portée= *The development of long-span bridge building*. ETH, Zúrich.

[72] Evans, R. H.; Houghton Evans, W,; «1964. Form and structure in engineering}. *ICE Proceedings*, vol. 27, febrero 1964:263-290.

[73] Fairbairn, William; 1849. *The construction of the Britannia and Conway tubular bridges: with a complete history of their progress*. John Weale, Londres.

[74] Fernández Casado, Carlos; 1975. *La arquitectura del ingeniero*. Alfaguara, Madrid.

[75] Fernández Casado, Carlos; 1976. *Estética de las artes del ingeniero*. Real Academia de Bellas Artes de San Fernando, Madrid.

[76] Fernández Casado, Carlos; Fernández Troyano, Leonardo; Manterola Armisén, Javier; Astiz Suárez, Miguel Ángel; 2006. *Carlos Fernández Casado S.L. Oficina de proyectos. De parte a parte*. Carlos Fernández Casado S.L., Madrid.

[77] Fernández Ordóñez, José A.; 1979. *Eugène Freyssinet*. Grupo 2c, Barcelona

[78] Fernández Ordóñez, José A.; 1990. *El pensamiento estético de los ingenieros. Funcionalidad y Belleza*. Real Academia de Bellas Artes de San Fernando, Madrid.

[79] Fernández Troyano, Leonardo; 1999. *Tierra sobre el agua: Visión histórica universal de los puentes*. Colegio de Ingenieros de Caminos, Madrid.

[80] Fernández Troyano, Leonardo; 2005. «Variantes morfológicas de los puentes medievales españoles». *Revista de Obras Públicas*, 3459 (oct. 2005):11-32.

[81] Fernández Troyano, Leonardo; Fernández Muñoz, Lucía; Cuervo González, Francisco; Ayuso Calle, Guillermo; Cuervo Fernández, José; 2005. *El puente de Etxebarri*. En: *Congreso de Puentes y Estructuras de Edificación (3º. 2005. Zaragoza)*; 2005. Las estructuras del siglo XXI. Del 14 al 17 de noviembre de 2005, Zaragoza. Asociación Científico-Técnica del Hormigón Estructural, Madrid: 2.399-2.410.

[82] Fernández Troyano, Leonardo; Fernández Muñoz, Lucía; 2004. Puentes arco sobre el río Nervión en Bilbao para el ferrocarril metropolitano de la ciudad. *Revista de Obras Públicas*, 2004, 151 (3445):115-126.

[83] Florman, Samuel C.; 1976. *The existential pleasures of engineering*. Barrie & Jenkins, Londres.

[84] Frampton, Kenneth; 1980. *Modern Architecture: A critical history. Thames and Hudson, Londres*. Ed. esp.: *Historia crítica de la arquitectura moderna*. Gustavo Gili, Barcelona, 2000. 10ª ed.

[85] Frampton, Kenneth; 1991. «Reflections on the Autonomy of Architecture: A Critique of Contemporary Production». En: Diane Ghirardo (ed.), *A Social Out of Site Criticism of Architecture*. Bay Press, Seattle:17-26. Trad. esp: *Criterios*, La Habana, nº 31, enero-junio 1994:259-267.

[86] Freyssinet, Eugène; Guyon, Frank; Rui-Wamba Martija, Javier; Fernández Alba, Antonio; 2003. «Eugène Freyssinet, un ingeniero revolucionario = un ingénieur révolutionnnaire». Fundación Esteyco, Madrid.

[87] Fulton, Robert; 1796. *A treatise on the improvement of canal navigation, etc.* Hay también edición francesa: *Recherches sur les moyens de perfectionner les canaux de navigation*. París, año VII, 1 vol. 8º.

[88] Galileo Galilei; 1638. Second day of dialogues on the two new sciences = *Jornada segunda de los diálogos sobre dos nuevas ciencias.* Instituto Técnico de Materiales y Construcciones, Madrid, 1981 (ed. facsímil).
[89] Galliazzo, Vittorio; 1994. *I ponti romani*. Canova, Treviso.
[90] Gasparini, D. A. y Provost, Caterina. «Los desarrollos de principios del siglo diecinueve en el diseño de celosías en Inglaterra, Francia y los Estados Unidos». En: Sutherland, R. J. M.; (ed.); 1997. *Structural Iron, 1750-1850*. Ashgate, Aldershot: 257-269.
[91] Gauthey, M.; 1809-1813. *Traité de la construction des ponts*. Didot, París.
[92] Gay, C.; 1924. *Ponts en maçonnerie*. J. Bailly-Baillière et Fils, París.
[93] Gaztelu, Luis; 1910. *Resumen de las lecciones de puentes de fábrica: y algunas de puentes metálicos*. Imprenta del Asilo de Huérfanos del S. C. de Jesús, Madrid. 2ª ed.
[94] Gazzola, Luigi; 1987. *Architettura e tipología*. Officina, Roma.
[95] Giedion, Sigfried; 1941. *Espacio, Tiempo y arquitectura: (el futuro de una nueva tradición)*. Dossat, Madrid, 1978[5].
[96] Gies, Joseph; 1963. *Bridges and men*. Doubleday & Company, Nueva York.
[97] Gimsing, Niels; 2000. «Puentes de grandes luces en Dinamarca». En: *Tendencias en el diseño de puentes*. Grupo Español de IABSE, Barcelona, 2000:51-65].
[98] Godard, T.; 1924. *Ponts et combles métalliques*. J. B. Baillière et Fils, París.
[99] Gomá Lanzón, Javier; 2004. *Imitación y experiencia*. Pre-textos, Madrid.
[100] Goupil, A.; 1901. «The aesthetic treatment of bridge estructures». *Correspondence. Minutes of the Proccedings of the Institute of Civil Engineers,* vol. 145, part 3, Session 1900-1901:216-244.
[101] Grattesat, Guy; 1978. *Conception des ponts*. Eyrolles, París.
[102] Gropius, Walter, 1952. «Discurso ante la Asociación de Arquitectos Americanos» (AIA). *Architectural Forum*, Chicago (mayo 1956).
[103] Hamilton S. B.; 1941. «The use of cast iron in building». *Transactions of The Newcomen Society*, 21 (1941):139-155.
[104] Happold, Edmund; «A personal perception of engineering». En: *The great engineers: the art of british engineers 1837-1987* [241:24-39].
[105] Harvey, David; 1990. «The condition of postmodernity. An enquiry into the origins of culture change». Basil Blackwell, Oxford. Trad. esp.: *La condición de la posmodernidad. Investigación sobre los orígenes del cambio cultural*. Amorrortu, Buenos Aires, 2004.
[106] Hauri, H. H.; Peters, T. F.; 1979. «The development of suspension bridge construction from the earliest attempts to the beginnings of wire cable bridges». En: *ASCE Convention Exposition*, Boston, abril 2-6, 1979.
[107] Henry, Dorothy; Jerome, J. A.; 1965. *Modern british bridges.* Applied Science Publishers, Londres.

[108] Herzog, Jacques; Wall, Jeff; 2004. *Pictures of arquitecture. Arquitecture of pictures.* Springer Verlag, Viena. Ed. esp.: *Una conversación entre Jacques Herzog y Jeff Wall*. Gustavo Gili, Barcelona, 2006.

[109] Heyman, Jacques; 1995. *Teoría, historia y restauración de estructuras de fábrica*. Instituto Juan de Herrera, Escuela de Arquitectura, Madrid².

[110] Hildebrand, Adolf von; 1893. «Das problem des form in der bildenden Kunst» = *El problema de la forma en la obra de arte*. Revisión e Introducción de Francisca Pérez Carreño. La balsa de la medusa, Visor, Madrid, 1988.

[111] Holgate, Alan; 1996. *The Art in Structural Design. An introduction and sourcebook*. Clarendon Press, Oxford.

[112] Hopkins, H. J.; 1970. *A span of bridges: an illustrated history*. David & Charles, Newton Abbot.

[113] Huerta Fernández, Santiago; (ed.); 2003. «Proceedings of the first International Congress on Construction History». Madrid, 20-24 enero, 2003. Instituto Juan Herrera, Madrid.

[114] Huerta Fernández, Santiago; 2004. *Arcos, bóvedas y cúpulas. Geometría y equilibrio en el cálculo tradicional de estructuras de fábrica*. Instituto Juan Herrera, Madrid.

[115] Huerta Fernández, Santiago; 2005. «Thomas Young's theory of the arch». En: *Essays in the history of the theory of structures. In honour of Jacques Heyman*. Instituto Juan Herrera, Madrid-CEDEX-CEHOPU, Madrid:189-233.

[116] Husband, Joseph; 1901. «The aesthetic treatment of bridge estructures. Discussion». *Institution of Civil Engineers. Minutes of Proceedings*, vol. 145 session 1900-1901, Part III:216-244.

[117] IABSE;1994. *Puentes colgantes y atirantados*. Conferencia, 12 al 15 de octubre de 1994, Deauville (Francia).

[118] James, John G.; 1979. «Thomas Wilson's cast iron bridges 1800-1810». *Transactions of the Newcomen Society*, 50 (1978-1979):55-72.

[119] James, John G.; 1981. «The Evolution of Iron Bridge Trusses to 1850». *Transactions of The Newcomen Society*, 52 (1980-1981):67-101.

[120] James, John G.; 1983. «Russian iron bridges to 1850». *Transactions of the Newcomen Society*, 53 (1981-1982):79-104.

[121] James, John G.; 1987. «Thomas Paine's iron bridge work 1785-1803». *Transactions of the Newcomen Society*, 59 (1987-1988):189-221.

[122] James, John G.; 1988. «Some steps in the evolution of early iron arched bridge designs». *Transactions of the Newcomen Society*, 59 (1987-1988):153-187.

[123] Jaques Pi, Jèssica. «Reflexión y experiencia artística: el camino hacia la inter-subjetividad artística». En: Danto, Arthur C.; Chateau, Dominique; Reed-Tsocha, Katerina; Alcaraz, Mª José [*et al*]; 2005. *Estética después del fin del arte. Ensayos sobre Arthur Danto*. A. Machado Libros, Boadilla (Madrid): 257-273.

[124] Juan y Santacilia, Jorge; 1748. *Relación histórica del viaje a la América meridional*. Antonio Marin, Madrid (4 tomos, fol).

[125] Kerisel, Jean; 1978. *Albert Caquot 1881-1976: Créateur et précurseur*. Eyrolles, París.

[126] Kersten, C.; 1909. *Puentes de hormigón armado: Guía teórica y práctica*. P. Orrier, Madrid, 1912^2. Trad. de la ed. alemana por Manuel María Arrillaga.

[127] Kruft, Hanno-Walter; 1985. *Geschichte der Architekturtheorie*. Beck'sche Verlagsbuchhandlung, Múnich. Ed. esp.: *Historia de la teoría de la arquitectura*. Alianza, Madrid, 1990.

[128] Kuzmanovic, Bogdan O.; 1977. «History of the theory of bridge structures». *Journal of the Structural Division*, ST5 (mayo 1977):1095-1111.

[129] Laudan, Rachel; 1984. «Cognitive change in Technology and Science». En: R. Laudan, (ed.). *The Nature of Technological Knowledge*. Dordrecht: 83-104.

[130] Le Corbusier; 1930. «Vers une architecture. Fondation Le Corbusier», [s. l.]. Ed. esp.: *Hacia una arquitectura*. Apóstrofe, Barcelona, 1998. 1ª reimp.

[131] Lemoine, Bertrand; 1984. *Gustave Eiffel*. Hazan, París. Ed. esp. Akal, Madrid, 2002.

[132] Llombart Jaques, José Antonio; 2005. «Puente sobre el río Deba (Autopista Vitoria Eibar)». *Revista de Obras Públicas* (2005), 3459.

[133] López García, Mercedes; 2001. «Larramendi y los inicios de los puentes colgantes en España». En: Lara Coira, Juan; (ed.); 2001. *Homenaje a José Antonio Fernández Ordóñez*. Colegio de Ingenieros de Caminos, Madrid: 307-314.

[134] Madrazo, Leandro (ed.); 2006. *Forma: Pensamiento. Interacciones entre pensamiento filosófico y arquitectónico*. Editorial Enginyeria i Arquitectura La Salle, Universitat Ramón Llull, Barcelona.

[135] Madrazo, Leandro; 2006. «El concepto de foema como nexo entre filosofía y arquitectura». En [134:21-48].

[136] Maguire, Robert; Matthews, Peter; 1958. «The ironbridge at Coalbrookdale». *Architectural Association Journal*, LXXIV (1958):31-45.

[137] Mainstone, Rowland J.; 1975. *Developments in structural form*. Allen Lane, Londres.

[138] Manterola Armisén, Javier; 1984. «Evolución de los puentes en la historia reciente». *Informes de la Construcción*, vol. 36, 359-360 (abril-mayo, 1984):5-35.

[139] Manterola Armisén, Javier; 1999. «Puentes. Nuevos planteamientos». En: Puentes al Futuro. *Carreteras*, número extraordinario (1999):26-47.

[140] Manterola Armisén, Javier; 2002. «Problemas sobre la estética de los puentes». *OP Obra Pública*, 58 (2002):60-67.

[141] Manterola Armisén, Javier; 2006. *Puentes. Apuntes para su diseño, cálculo y construcción*. Colegio de Ingenieros de Caminos, Canales y Puertos, Madrid.

[142] Manterola Armisén, Javier; 2006. *Relación entre la estructura resistente y la forma. Notas en torno a la valoración estética de los puentes*. Real Academia de Bellas Artes de San Fernando, Madrid.

[143] Manterola Armisén, Javier; 2007. «Ingeniería y escultura». *Ingeniería y Territorio* (en prensa).

[144] Manterola Armisén, Javier; Fernández Troyano, Leonardo; Cuvillo, R. del; 1976. «Puentes II. Hormigón». Serie monográfica de la Agrupación de Fabricantes de Cemento de España, 15 (1976).

[145] Marchán Fiz, Simón; 1987. *La estética de la cultura moderna: De la Ilustración a la crisis del Estructuralismo*. Alianza, Madrid.

[146] Marrey, Bernard (ed.); 2002. *La querelle du fer. Eugène Viollet-le-Duc contre Louis Auguste Boileau*. Éditions du Linteau, París.

[147] Marrey, Bernard; (ed.); 1997. *Écrits d'ingénieurs*. Éditions du Linteau, París.

[148] Martin, J. M.;1986. The construction of Kylesku Bridge. *Proc. lnstn Ciu. Enyrs*, Parte I, 1986, 80, abr., 317-342.

[149] Martínez Calzón, Julio.; 2000. «Innovaciones en construcción de puentes. Una exposición general de nuevos métodos de ejecución de puentes mixtos de hormigón y acero». En: *Tendencias en el diseño de puentes*. Grupo Español de IABSE, Barcelona, 2000:167-185.

[150] Martínez Calzón, Julio; 2000. «Nuevas técnicas, nuevas formas». *Astrágalo*, 16 (dic. 2000):107-113.

[151] Martínez Calzón, Julio; 2001. «El sistema "ábaco" para el lanzamiento de puentes mixtos de grandes luces con canto constante. Tipos y posibilidades». En: *III Jornadas Internacionales Puentes Mixtos Enero 2001*. Colegio Ingenieros de Caminos, Madrid, 2002:217-232.

[152] Martínez Calzón, Julio; 2006. *Puentes, estructuras y actitudes*. Turner, Madrid.

[153] Martínez Calzón, Julio; Bernabeu, Jorge; Álvarez Andrés, Juan Jesús; 1999. «Viaducto del embalse de Contreras, N-III autovía Madrid Valencia». *I congreso de puentes y estructuras de edificación, ACHE*, nov. 1999, 957-978.

[154] Massonet, C. H.; 1979. *Ponts en acier des cinquante dernières années*. IABSE symposium report, Zúrich:15-28.

[155] Matheson, Ewing; 1873. *Works in iron. bridge and roof structures*. E & FN Spon (Routledge), Londres, 1877^2.

[156] McCullough, David; 1972. *The great bridge*. Simon and Schuster, Nueva York.

[157] Meeks, Carroll L. V.; 1956. *The Railroad Station: an architectural history*. Yale University Press, New Haven y Londres, 1975.

[158] Mehrtens, Georges; 1900. *La construction des ponts en Allemagne au XIXe siècle*. Julius Springer, Berlín.

[159] Mehrtens, Georges; 1908. *Eisenbrückenbau*. Verlag von Wilhelm Engelman, Leipzig.

[160] Meyer, Alfred Gotthold; 1907. *Eisenbauten: ihre Geschichte und Aesthetik*. Paul Neff Verlag, [s.l.]. (ed. fra.: *Construire en fer. Histoire et esthétique*. Infolio, Gollion, 2005).

[161] Millanes Mato, Francisco; 2000. «Puente del Infante D. Henrique en Oporto y pasarela de acero inoxidable en Abandoibarra (Bilbao)». En: *Tendencias en el diseño de puentes.* Grupo Español de IABSE, Barcelona, 2000:329-365.

[162] Mizon, D. H.; Smith, N.; Yeoward, A. J.; 1997. «Second Severn crossing-cable-stayed bridge». *Proc. Instn. Civ. Engrs, Civ. Engng,* 1997:49-63.

[163] Mock, Elizabeth B.; 1949. *The architecture of bridges*. The Museum of Modern Art, Nueva York.

[164] Moneo, Rafael; 1978. «Sobre la noción de tipo». En: Márquez Cecilia, Fernando; Levene, Richard (eds.); 2004. *Rafael Moneo 1967-2004*. El Croquis, Madrid:584-607.

[165] Montpetit, V. de; 1788. «Observations Physico-Mécaniques sur la Théorie des Ponts de fer». *Journal de Physique*, 32 (1788), junio:430-437.

[166] Navier, Claude; 1833. *Résumé des leçons données a l'école des ponts et chaussés, sur l'application de la mécanique a l'établissement des constructions et de machines.* París, 1838, 2 vols. Hay edición facsímil del Instituto Técnico de Materiales y Construcciones, Madrid, 1990, basada en el primer tomo de la edición de la Société Belge de Librairie, Bruselas, 1839.

[167] Needham, Joseph; Ling, Wang; Gwei-Djen, Lu; 1971. *Science and civilization in China: Volume 4. Physics and Physical Technology: Part III: Civil engineering and nautics*. Cambridge University Press, Londres.

[168] Nervi, Pier Luigi; 1955. «Construire correttamente». Ed. en francés: *Savoir construir*. Ed. du Lintau, París.

[169] Nervi, Pier Luigi; 1955. «Construire correttamente». Ed. en inglés, traducida por Mario Salvadori: *Structures*. F. W. Dodge Corporation, [s.l.], 1956.

[170] Niemeyer, Oscar; 1978. *A forma na arquitectura*. Editira Revan, Río de Janeiro, 2005.

[171] Nordling, Wilhelm; 1870. «Documents relatifs aux viaducs métalliques de la ligne de Commentry à Gannat». *Annales des Ponts et Chaussées*, t. 19, 247:125-187.

[172] Nordling, Wilhelm; 1870. «Mémoire sur les piles en charpente métallique des grands viaducs». *Annales des Ponts et Chaussées*, t. 8, 83:1-17.

[173] Parsons, William B.; 1968. *Engineers and engineering in the renaissance*. The MIT Press, Cambridge.

[174] Paxton, R. A.; 1978. «Menai Bridge (1818-26) and its influence on suspension bridge development». *Transactions of the Newcomen Society*, 49:87-110.
[175] Pérez-Fadón, Santiago; 2005. «Arcos: Evolución y tendencias futuras». *Revista de Obras Públicas*, 2005, 152 (3451):7-24.
[176] Perronet, Jean Rodolphe; 1782. *Description des projets et de la construction des ponts de Neuilly, de Nantes, d'Orléans, de Louis XVI, etc.* París.
[177] Peters, Tom F.; 1987. *Transitions in engineering. Guillaume Henri Dufour and the early 19th century Cable Suspension Bridges*. Birkhäuser Verlag, Basilea/Boston.
[178] Petroski, Henry; 1994. *Design Paradigms. Case histories of error and judgment in engineering*. Cambridge University Press.
[179] Petroski, Henry; 1994. «The Britannia tubular bridge: a paradigm of failure-driven design». *Structural Engineering Review*, 5, núm. 4 (1994):259-270.
[180] Petroski, Henry; 1996. *Engineers of dreams. Great bridge builders and the spanning of America*. Random House, Nueva York, 1996.
[181] Pevsner, Nikolaus; 1972. *Pioneros del Diseño Moderno: de William Morris a Walter Gropius*. Infinito, Buenos Aires. 3ª ed.
[182] Pinotti, Andrea; 2004. *Quadro e tipo. L'estetico in Burckhardt*. Il Castoro, Milán.
[183] Plowden, David; 1974. *Bridges: The spans of North America*. The Viking Press, Nueva York.
[184] Podolny, Walter; Scalzi, John B.; 1976. *Construction and design of cable-stayed bridges*. John Wiley & Sons, Londres.
[185] Polonceau, A. R.; 1839. *Notice sur le nouveau système de ponts en fonte suivi dans la construction du Pont du Carrousel*. Chez Carilian-Goeury et Vr. Dalmont, París.
[186] Pope, Thomas; s.f.. *A Treatise on Bridge Architecture*.
[187] Pugsley, Alfred (ed.); 1976. *The works of Isambard Kingdom Brunel: An engineering appreciation*. Institution of Civil Engineers, Londres.
[188] Quatrèmere de Quincy, Antoine-Chrysostome; 1788. *Enciclopédie Métodique-Architecture*. París.
[189] Raistrick, A.; 1953. *Dynasty of Iron founders*. Londres.
[190] Résal, Jean; 1889. *Ponts métalliques*. Librairie Polytechnique Baudry et Cª, París. 2ª ed., aumentada y rev., 1893.
[191] Ribera, José Eugenio; 1905. «Puentes metálicos en arco y de hormigón armado». *Revista de Obras Públicas*, Imprenta Hijos J. A. García, Madrid.
[192] Rice, Peter; 1994. *An engineer Imagine*. Ellipin, London Ltd., London = *Mémoires d'un ingenieur*. Le Moniteur, París.
[193] Rito, Armando; 2000. «Estética y diseño en puentes». En: Pulido, María Dolores G.; Sobrino, Juan A.; Romo, José; (eds.); 2000. *Tendencias en el diseño de puentes* = Trends in bridge design. Grupo Español de IABSE, Barcelona:275-195.
[194] Roberts, Gilbert; 1967. *Forth Road Bridge*. Institution of Civil Engineers, Londres.

[195] Roebling, John A.; 1855. *Final Report of John A. Roebling, Civil Engineer, to the Presidents and Directors of the Niagara Falls Suspension and Niagara Falls International Bridge Companies, May 1, 1855*. Rochester, N.Y., Steam press of Lee, Mann & Co., 1855.

[196] Roebling, John A.; 1867. *Report to the president and directors of the New York Bridge Company, on the proposed East River bridge*. Daily Eagle Print, Brooklyn.

[197] Roebling, John A.; 1877. «Report of the chief engineer of the New York & Brooklyn bridge, January 1, 1877» = *Informe del ingeniero jefe del puente entre Nueva York y Brooklyn 1 de enero de 1877*. Eagle Print, Brooklyn. Ed. facsímil, Instituto Técnico de Materiales y Construcciones, Madrid, 2003.

[198] Roig, Juan; 1996. *Nuevos puentes*. Gustavo Gili, Barcelona.

[199] Roisecco, Giulio; Vannelli, Valter; Jodice, Romano; 1973. *L'architettura del ferro: la Francia (1715-1914)*. Bulzoni Editore, Roma.

[200] Rossi, Aldo; 1995. *La arquitectura de la ciudad*. Gustavo Gili, Barcelona.

[201] Ruddock, Ted; 1979. *Arch bridges and their builders, 1753-1835*. Cambridge University Press, Cambridge.

[202] Rui-Wamba Martija, Javier; 2005. *Esteyco. Catálogo de obras*. Fundación Esteyco, Madrid.

[203] Rui-Wamba, Javier; 2000. «Puentes españoles de hogaño». En: *Tendencias en el diseño de puentes*. Grupo Español de IABSE, Barcelona, 2000: 387-405.

[204] Schlaich, J. M.; 1990. «Some thoughts on cable bridge design». En: Topping, B.H.V. (ed.); 1990. *Developments in structural engineering. I. Bridges and space structures. Proceedings of the Forth Rail bridge centenary conference, held on 21-23 August 1990* [...]. E. & F. N. Spon, Londres:297-315.

[205] Schlaich, Jörg; 2000. «Diversidad en el diseño de puentes». En: *Tendencias en el diseño de puentes*. Grupo Español de IABSE, Barcelona, 2000:67-99.

[206] Schlaich, Jörg; Bergermann, Rudolf; 2003. *Leicht weit = Light structures*. Prestel, Múnich, Berlín, Londres, Nueva York.

[207] Schlaich, Jorg;1997. «What is Good Bridge Design? Bridges You Can Touch». En [29:10].

[208] Scott, Quinta; Miller, Howard S.; 1979. *The Eads Bridge*. University of Missouri Press, Columbia, Londres.

[209] Sealey, Anthony; 1976. *Bridges and aqueducts*. Hugh Evelyn, Londres.

[210] Séjourné, Paul; 1913. *Grandes voûtes*. Imp. Vve. Tardy-Pigelet, Bourges (6 vols.).

[211] Shaler Smith, Charles; 1865. *Comparative Analysis of the Fink, Murphy, Bollman & Triangular Trusses*. John W. Woods, Baltimore.

[212] Shipway, J.S.; 1990. «The Forth Railway Bridge centenary 1890-1990: some notes on its design». *Proc. Instn Civ. Engrs*, parte 1, 1990, 88, dic., 1079-1107.

[213] Simons, Hans; Wind, Heinz; Moser, W. Hans; (comps.); 1963. *El puente sobre el Lago de Maracaibo en Venezuela: Puente General Rafael Urdaneta*. Bauverlag, Berlín.

[214] Sivewright, W. J.; (ed.); 1986. *Civil engineering heritage Wales and Western England*. Thomas Telford, Londres.

[215] Skempton, A. W.; 1956. «The origin of iron beams». *Actes du VIIIe Congrès International d'Histoire des Sciences (Florence, 3-9 sept. 1956)*:1029-1039. En [2:209-220:4 y 5].

[216] Smith, Denis; 1992. «The works of William Tierney Clark (1783-1852)», civil engineer of Hammersmith. *Transactions of the Newcomen Society*, 63 (1991-1992):181-207.

[217] Smith, Norman A.F.; 2003. «Cathedral Studies: Engineering or History». *Transactions of the Newcomen Society*: 73-1 (2001-2002):95-137.

[218] Solari, Giovanni; 1995. «I ponti e il vento nel corso dei secoli. Realtá e prospettive della costruzione metallica nell'architettura, nelle infrastrutture e negli impianti industriali». *XV Congresso C.T.A. (Collegio dei Tecnici dell'Acciaio). Riva del Garda*, 15-18 /10/ 23-52.

[219] Steinman, David B.; 1950. *The builders of the bridge: the story of John Roebling and his son*. Harcourt, Brace & Company, Nueva York.

[220] Steinman, David B.; Watson, Sara Ruth; 1977. *Bridges and their builders*. Dover Publications, Nueva York. Ed. esp.: *Puentes y sus constructores*. Colegio de Ingenieros de Caminos, Madrid, 1979.

[221] Strasky, Jiri; 2000. «Estructuras construidas evolutivamente». En: *Tendencias en el diseño de puentes*. Grupo Español de IABSE, Barcelona, 2000:297-328.

[222] Straub, Hans; 1949. *Die Geschichte der Bauingenieurkunst*. Verlag Birkhäuser, Basilea. Ed. ing.: *A history of civil engineering: an outline from ancient to modern times*. Charles T. Brandford Company, Massachusetts, 1960.

[223] Strike, James; 1991.« Construction into design: the influence of new methods of construction on architectural design, 1690-1990». Butterworth-Heinemann, Oxford. Ed. esp.: *De la construcción a los proyectos*. Reverté, Barcelona, 2004.

[224] Sutherland, R. J. M.; (ed.); 1997. *Structural Iron, 1750-1850*. Ashgate, Aldershot (Studies in the history of civil engineering, 9).

[225] Sutherland, R. J. M.; 1964. «The introduction of structural wrought iron». *Transactions of the Newcomen Society*, 36 (1963-1964):67-84.

[226] Sutherland, R. J. M.; 1984. «The birth of stress: a historical review». *The art and practice of structural design*: 5-15.

[227] Taddei, Mario; Zanon, Edoardo; 2004. *Leonardo, l'Acqua e il Rinascimento* [exposición]. Federico Motta, Milán-Studioddm, Milán.

[228] Tafuri, Manfredo; 1968. *Teoria e storia dell'architettura*. Laterza & Figli, Roma/Bari. Ed. esp.: *Teorías e historia de la arquitectura*. Celeste, Madrid, 1997.

[229] Tarquis Alfonso, Felipe; Hue Ibargüen, Pilar; 2005.« Puente Juscelino Kubistchek (JK)». En: Congreso de Puentes y Estructuras de Edificación (3°. 2005. Zaragoza); 2005. Las estructuras del siglo XXI. Del 14 al 17 de noviembre de 2005, Zaragoza. Asociación Científico-Técnica del Hormigón Estructural, Madrid:1995-2004.
[230] Todhunter, Isaac; Pearson, Karl (ed.); 1960. *A history of the Theory of Elasticity and of the strength of materials*. Dover Publications, Nueva York.
[231] Torrens, H.S.; Binder, B.; 1982. «The iron bridge at Trentham Park». *Industrial Archaeology Review*, 6, vol. 1.
[232] Torres Arcila, Marta; 2002. *Puentes*. Atrium Group, México.
[233] Torroja y Miret, Eduardo; 1960. *Razón y Ser de los tipos estructurales*. Instituto Eduardo Torroja, Madrid.
[234] Tournikiotis, Panayotis; 1999. *The historiography of modern architecture*. Massachusetts Institute of Technology, Massachusetts. Ed. esp.: *La historiografía de la arquitectura moderna*. Mairea, Madrid – Celeste, Madrid, 2001.
[235] Trachtenberg, Alan; 1965. *Brooklyn Bridge fact and symbol*. Oxford University Press, Nueva York.
[236] Trinder, Barrie; 1979. «The first iron bridges». *Industrial Archaeology Review*, 3, n° 2 (1979):112-121. (Reproducido en facs, en: Sutherland, R. J. M.; (ed.); 1997. *Structural Iron*, 1750-1850. Ashgate, Aldershot: 247-256).
[237] Viartola Laborda, Luis M.; 2002. *Puentes de ferrocarril construidos por ACS Proyectos, Obras y Construcciones. Aspectos constructivos*. Grupo Español de IABSE, Barcelona.
[238] Vierendeel, Arthur; 1921. *Esquisse d'une histoire de la technique*. Vromant, Bruxelles.
[239] Vincenti, Walter G.; 1990. *What engineers know and how tey know it*. The John Hopkins University Press, Baltimore/Londres.
[240] Virlogeux, Michel; 2000. «Puentes atirantados de varios vanos». En: *Tendencias en el diseño de puentes*. Grupo Español de IABSE, Barcelona, 2000:187-233.
[241] Walker, Derek; 1987. *The great engineers: the art of british engineers 1837-1987*. Academy Editions, Londres.
[242] Wells, Matthew; Pearman, Hugh (prol.); 2002. *30 bridges*. Laurence King, Londres.
[243] Whipple, Squire; s.f.. *An essay on bridge building*.
[244] Wittfoht, Hans; 1975. *Puentes: ejemplos internacionales*. Gustavo Gili, Barcelona.

ÍNDICE ONOMÁSTICO

Abercombrie, 25, 370
Addis, 370
Aguiló, 370, 371
Alberti, 46, 192, 257
Alvarez Andrés, 379
Amannati, 206, 364
Ammann, 89, 231, 276, 297, 315
Andrew, C. E., 314
Aparicio, 371
Apolodoro, 90
Arean, 78, 371
Arenas, 342, 350, 371
Argan, 53, 54, 73, 371
Arnodin, 174, 362
Arup, 38, 73, 265, 266, 273, 346, 349
Asimont, 127
Astiz, 311, 374

Bage, 96
Baker, 149, 151, 152, 307, 361
Baker, M, 232
Baker, W., 124
Bandhauer, 173
Barlow, 93, 98
Barnard, 119
Baudelaire, 88, 371
Baumgart, 109, 261
Baumgarten, 68
Beaupré, 365
Becker, 366
Beckett, 165, 371
Behrendt, 8, 10, 371
Behrens, 9
Bélidor, 191
Benet, 78, 371
Benévolo, 371
Benjamin, 11, 76, 90, 100, 129, 156, 333, 337, 339, 371
Bennett, 111, 371
Berg, C.F.W., 369
Bergermann, 363, 382
Bernabeu, 371, 379
Bernard, J., 280
Bernouilli, 93
Bethancourt, 48
Biamchi & Sanson, 362
Bilfinguer, 229
Bill, Max, 372
Billington, 14, 372
Billmer, 367
Binder, 383
Birdsall, 178
Boaga, 372
Bochum, 143
Bodin, 155, 361
Bohigas, 55, 372
Bohm, 372
Boileau, 378
Bollman, 125, 129, 382
Bologna, 372
Boni, 372
Bonzano, 140
Booth, 134
Borges, 59, 89
Bouch, 101, 149, 151, 156, 362
Bouscarem, 149, 361
Boussiron, 367
Bracegirdle, 372
Breslau, 127
Brown, D., 372
Brown, Lancelot, 356
Brown, S., 172, 278, 284, 285, 286, 288, 304
Brown, W.C., 372
Brunel, 77, 100, 106, 131, 132, 134, 287, 299, 312, 313, 381
Brunel, M., 124
Brunnel, 217, 299
Buccaro, 372

Burckhardt, 18, 36, 38, 50, 84, 323, 337, 372, 380
Burden, 372
Buro Happold, 355
Burr, 120, 125, 367
Büttner, 361

Cail, 136
Calatrava, 79, 347
Calippe, 123
Canaletto, 119
Canat, 361
Candela, 12, 83, 326, 372
Caquot, 166, 362, 368, 377
Cardoso, 245, 264
Caro, 349
Carrère, 301
Castellón, 247
Cauchy, 93
Chaley, 287, 288, 290, 369
Chalfant, 361
Chan, 355
Chapman, 369
Cherab-Öser, 279
Chrimes, 261, 373
Clapeyron, 93
Clark, 108, 148, 284, 287, 291, 373, 382
Colquhoun, 58, 373
Comp, T., 373
Condit, 88, 109, 141, 155, 293, 327, 328, 329, 373
Confield, 122
Corp of Engineers, 141
Corres, 143, 316, 373
Coulomb, 191
Covell, 142
Cowan, 214, 373
Croizette-Desnoyers, 373
Cullman, 128, 129, 238
Curtis, W., 373
da Ponte, 364

Darby, 210, 211, 212, 365
Day, T., 278
de las Casas, A., 372
Debia, 130
Dischinger, 110, 166, 362
Dufour, 278, 289, 369, 380
Düll, 368
Durand, 47, 48, 68, 373
Dutens, 369
Dyckerhoff, 110

Eads, 149, 228, 382
Eco, 337
Edwards, 201, 202, 238, 364
Eiffel, 9, 73, 82, 137, 138, 140, 178, 229, 230, 267, 354, 377
Elices, 374
Ellet, 276, 278, 284, 291, 292, 293, 299, 303
Ellis, 122, 318, 374
Emnin, 200
Ende, 259
Esquillan, 58, 65, 66, 344
Etheridge, 119
Evans, 141, 374
Eytelvein, 93

Fa-Chhao, 81
Fairbairn, 102, 103, 108, 127, 374
Fernández Casado, 16, 17, 28, 252, 374
Fernández Muñoz, 374
Fernández Ordóñez, 17, 77, 240, 263, 267, 271, 272, 335, 374, 377
Fernández Troyano, 183, 184, 194, 252, 253, 266, 271, 272, 276, 315, 316, 351, 374, 378
Fidias, 38
Figg, 356
Filarete, 257
Fink, 37, 125, 129, 130, 163, 382
Finley, 122, 276, 278, 283, 284, 286, 292, 368, 369
Finsterwalder, 110, 178, 277
Flachat, 108
Florman, 374
Fonseca, 240
Forman, 75, 155, 344
Foster, 349
Fowler, 148, 151, 307
Frampton, 26, 375
Freeman, Fox & Partners, 307, 309, 362
Freyssinet, 10, 75, 77, 82, 83, 109, 110, 111, 166, 229, 237, 243, 245, 248, 268, 269, 325, 328, 330, 336, 367, 368, 374, 375
Fryer, 355
Fulton, 123, 218, 219, 375

Galileo, 93, 344, 375
Galliazzo, 40, 207, 375
Garnier, 9
Gasparini, 375
Gauthey, 125, 221, 375
Gautier, 192, 196, 221
Gay, C., 375
Gaztelu, 191, 375
Gazzola, 375
Gerber, 127, 131, 148, 149, 156, 160, 330
Gerhart, 368
Giedion, 8, 9, 96, 375
Gies, 213, 375
Gimsing, 375
Gisclard, 174, 362
Godard, 375
Gomá, 85, 375
Gombrich, 75
Gonzales de Mendoza, 200
Gotfried Mayer, 11
Grattesat, 40, 41, 375
Gropius, 9, 52, 53, 55, 376, 380
Grubenmann, 117, 118, 119, 125
Guerrero Yeste, 346
Günther, 366

Guohao Li, 62

Hadid, Z., 346
Hale, 120
Hamilton, 95, 376
Happold, 376
Harbach, 125
Hartwich, 229
Harvey, D., 376
Hastie, 365, 366
Hastings, 98, 301
Hauri, 376
Hayden, 261, 262
Hayek, 62
Hazeldine, 96
Hazledine, 365, 366
Hennebique, 235, 236, 238, 367
Henry, 376
Hernández León, 5
Herrero, J. E., 251
Herzog, 333, 376
Heyman, 41, 376
Hildebrand, 69, 376
Hodkinson, 102, 103
Hoffmann, 366
Holgate, 376
Homberg, 362, 363
Homero, 38
Hooke, 24, 190
Hopkins, 213, 376
Hornbostel, 231
Horta, 9
Howe, 125
Hue, P., 383
Huerta, S., 191, 376
Husband, 70, 376
Hutton, 213

IABSE, 375, 376, 378, 379, 381, 382, 383, 384
Ivers, 263

James, J. G., 123, 124, 377
Jaques Pi, 377
Jerome, 376
Jessop, 365
Jodice, 381
Jorge Juan, 280, 281, 283, 377

Kant, 89
Kemp, 278, 283
Kennard, 136
Kerisel, 377
Kersten, 377
Kho-Tsun, 81
King, 119
Kircher, 280, 283
Klett y Cía, 149
Knox, 372
Koechlin, 361
Krahe, 222, 366
Kruft, 377
Kubler, 45
Kunowwski, 366
Kuzmanovic, 377

La Hire, 190, 191
Lafarga, 55
Lamandé, 81
Lamendé, 365
Landsberg, 127
Langer, 148
Lant, 133
Latrobe, 129, 149
Laugier, 47
Launhardt, 127
Lauter, 229
Le Corbusier, 9, 12, 13, 52, 55, 377
Leather, 366
Lebelye, 202
Lee, 96, 381
Lemoine, 377
Leonardo da Vinci, 93, 172, 383
Leonhardt, 110, 143, 160, 162, 163, 178, 308, 362, 363
Li Chhun, 200, 364
Liddell, 136
Lin, 62, 277, 312
Lindenthal, 133, 142, 230, 231, 361
Linville, 361
Llombart, 162, 377
Lohmer, 110, 362
Long, 125, 133, 361
Loos, 9
López García, 377

Macdonald, 361
Maderspach, 124
Madrazo, 67, 378
Maguire, 378
Maillart, 9, 10, 11, 12, 73, 77, 238, 239, 240, 241, 259, 264, 266, 325, 326, 341, 367, 372
Mainstone, 187, 378
Manderla, 127
Manterola, 5, 8, 11, 21, 22, 25, 31, 75, 113, 114, 144, 145, 162, 163, 166, 168, 182, 183, 185, 215, 242, 253, 254, 258, 264, 271, 324, 333, 334, 336, 337, 342, 343, 344, 352, 357, 358, 362, 370, 371, 374, 378
Marchán, 378
Marco Polo, 200
Marg, 10
Mariotte, 93
Marrey, 378
Martin, J.M., 378
Martínez Calzón, 5, 73, 77, 143, 144, 263, 267, 271, 317, 333, 348, 378, 379
Martínez Cutillas, 311
Martini, 279
Marx, 339
Massad, 346
Massonet, 379
Matheson, 379
Mathieu, 65
Mathivat, 362
Matildi, 267
Matthews, 378
Mattia, 372

Maunsell, 248, 249
Maxon, 93
Maxwell, 129
May, 52
McCullough, 368, 379
Meeks, 298, 379
Mehrtens, 155, 379
Melan, 34, 246, 367
Menn, 161, 162, 240
Méry, 191
Meyer, 76, 379
Milizia, 46
Millanes, 240, 272, 379
Miller, H., 382
Millholland, 100
Miranda, 337, 362
Mirandola, 117
Mizon, 379
Mock, E., 379
Modjeski, 133, 142, 314, 361, 362
Mohr, 93, 127, 129
Moisseiff, 302, 314
Moneo, 53, 379
Monier, 367
Montpetit, 216, 322, 379
Monzani, 128
Morandi, 42, 72, 149, 153, 157, 158, 159, 160, 244, 252, 256, 260, 262, 269, 270, 341, 362, 372
Moreaux, 136, 137
Morison, 127, 139, 153, 367
Morris, 70, 153, 380
Mörsch, 238, 367
Moseley, 191
Moser, W. H., 382
Motley, 362
Mouchel, 368
Muller, 62, 111, 362
Muratori, 54
Murphy, 129, 320, 382
Murrow, 302
Muthesius, 52
Mylne, 191, 215, 364

Nagai, 62
Naht, 366
Nash, 215, 221, 365
Navarrete, 200
Navarro, 335
Navier, 93, 126, 173, 278, 284, 288, 293, 299, 369, 379
Needham, 7, 200, 276, 380
Nervi, 10, 72, 73, 78, 82, 325, 326, 328, 330, 335, 360, 371, 380
Neuville, 128, 130
Nichols, 301, 302
Nielsen, 230, 237, 238, 342
Niemeyer, 108, 380
Noble, 153
Nordling, 82, 136, 137, 138, 139, 354, 380

Onions, 224, 365, 366
Ordish, 173, 362
Osborne, 127
Oud, 52

Palladio, 116, 117, 120, 192
Palmer, 120, 122
Parent, 93
Parsons, 93, 372, 380
Pauli, 127, 131, 133
Pawson, 355, 356
Paxton, 73, 380
Payne, 215, 322
Pei, 312
Pereira, 200
Pérez Carreño, 69, 376
Pérez-Fadón, 251, 380
Perret, 9
Perronet, 116, 192, 196, 199, 206, 208, 216, 322, 364, 372, 380
Peters, T., 278, 376, 380
Petroski, 380
Pevsner, 8, 9, 380
Philips, 96
Pinotti, 380
Plagniol, 289
Platón, 47, 67, 68
Plinio el Viejo, 90
Plowden, 380
Podolny, 183, 380
Polonceau, 122, 222, 224, 366, 381
Pope, T., 369, 381
Popov, 62
Porter, J. M., 361
Potter, 366
Poyet, 172
Pratt, 125, 133, 327
Pritchard, 210, 211
Procaccia, 267
Provis, 366
Provost, 375
Pugin, 95
Pugsley, 381
Pulido, M.D., 381
Purcell, 314, 368

Quatremère de Quincy, 47, 381
Quimby, 367
Quinsby, 236

Rabut, 12
Racle, 123, 322
Raistrick, 381
Rankine, 93, 191
Rastrick, 220, 366
Ravetllat, 347
Redpath, 172
Reichenbach, 221, 222, 366
Rendel, 15, 286, 287, 361, 366
Rennie, 109, 217, 364, 365, 366
Résal, 155, 381
Revoltós, 162
Ribas, 347
Ribera, 34, 64, 246, 247, 381
Rice, 13, 76, 77, 381
Rito, 381
Ritter, 127, 148, 238, 239

Ritter, J., 119
Roberts, 307, 308, 381
Robertson, 312
Robinson, 133
Roebling, 11, 105, 106, 150, 173, 276, 291, 293, 294, 295, 296, 299, 321, 381, 382
Roig, 381
Roisecco, 381
Romo, J., 381
Root, 62
Rossi, 53, 54, 381
Rowlandson, 95
Rucheng Xiao, 62
Ruddock, 381
Rui-Wamba, 263, 347, 371, 375, 381
Rykwert, 47

Salazar, 247
Saligny, 361
Sánchez. J. J., 251
Sarabia, 5
Sazilly, 82
Scamozzi, 192
Scanlan, 310
Schäffer, 127
Schewelder, 129
Schlaich, 10, 21, 31, 75, 114, 140, 144, 178, 221, 234, 268, 277, 293, 332, 335, 339, 344, 345, 353, 354, 357, 382
Schlaich, M., 363
Schneider, 134, 150, 153, 361
Scott, Q., 382
Sealey, 382
Seguin, 278, 279, 287, 288, 289, 290, 369
Séjourné, 30, 194, 195, 200, 203, 204, 205, 206, 236, 318, 319, 340, 382
Semper, 36, 47, 49, 50, 68, 76
Serlio, 192
Shaler Smith, 129, 149, 382
Shipway, J., 382
Shou-Ching, 81
Simons, 382
Sivewright, 382
Skempton, 96, 382
Smart, 122
Smeaton, 82, 95, 119, 364
Smith, D., 382
Smith, N., 379, 382
Sobrino, 358, 359, 381
Solari, 382
Spangenberg, 127
Spannberger, 250
Spielman, 267
Steiner, 337
Steinman, 239, 291, 304, 307, 382
Steinmann, 187, 304
Stephenson, 98, 99, 102, 103, 104, 105, 107, 108, 130, 257, 283, 373
Stevenson, 283, 369
Strasky, 326, 383
Strati, 117
Straub, 213, 383
Strike, J., 383
Strutt, 96
Stüler, 51
Sutherland, 375, 383, 384
Suzuki, 62

Taddei, 383
Tafuri, 8, 383
Tao-Hsün, 81
Tarbotton, 57
Tarquis, 383
Taut, 52
Taylor & Torrejón, 362
Tecsult, 362
Telford, 77, 95, 102, 152, 191, 206, 213, 217, 218, 219, 223, 225, 226, 249, 257, 284, 285, 286, 287, 289, 320, 365, 366, 371, 382
Tesár, 362
Thacher, 367
Thiersch, 229
Todhunter, 104, 383
Torrens, 383
Torres, M., 383
Torroja, 10, 11, 14, 15, 16, 72, 83, 91, 143, 247, 255, 256, 323, 325, 326, 328, 329, 335, 383
Torroja, J.A., 243
Tournikiotis, 383
Town, 125, 217, 365
Trachtenberg, 383
Traitteur, 319
Tredgold, 93, 99
Trinder, 384
Trumbull, 122
Tshoui Hsiang, 82

Ulloa, 280, 283
van der Rohe, 9, 53
van der Velde, 9

Vannelli, 381
Venturi, 317
Verantius, 39, 40, 122, 172, 282
Verlage, 9
Viartola, 384
Vicat, 288, 289, 290
Vierendeel, 114, 128, 140, 141, 384
Villalba, 247
Vincenti, 384
Viollet-le-Duc, 11, 378
Virgoleux, 179
Virlogeux, 178, 363, 384
Virlogueux, 167
Virola, 153, 297
Vitruvio, 46, 47
Voigtmann, 366
von Erlach, 280
von Leibbrand, 367
von Mitis, 369
Voss, 361

Wagner, 9
Walker, D., 384

Warren, 125, 128, 129, 130, 133, 134, 142, 143, 301, 305, 327, 351
Warringer, 78
Watson, S., 382
Wayss, 367
Webster, 236
Weisskopf, 362
Wells, M., 384
Wernwag, 120, 121, 122, 239, 293
Weyrauch, 127
Whipple, 123, 125, 320, 384
Wichert, 142
Wiebeking, 125, 221
Wilkinson Eyre, 343
Wilkinson, W, 322
Wilson, 174, 215, 216, 217, 218, 223, 224, 365, 366, 377
Wind, H., 382
Winkler, 93, 127, 131
Wintergerst, 185
Wittfoht, 362, 384
Wöhler, 127
Woodruff, 314
Wren, 95
Wright, 9, 30
Wundt, 68

Yabuki, 62
Yeoward, 379
Young, T., 191

Zanon, 383
Zorzi, 262, 265, 266

ÍNDICE DE PUENTES

Abandoibarra, 272, 379
Aberdeen, 285
Abetxuko, 358, 359
Adolphe, 203, 204, 236, 340
Akashi, 310, 311
Alcántara, 193, 207, 208, 355
Alcántara en Toledo, 194
Alconétar, 199, 364
Almaraz, 207
Alzette, 181
Ambassador, 314
Amidonniers, 30, 205
Amper, 235
An-Chi, 200, 201, 364
Andance, 289
Andújar, 194
An-Lan, 278
Annet, 269
Ansa de la Magliana, 159, 160
Apricano, 194
Arakawa, 167
Aray, 364
Arévalo, 194
Argenteuil, 24
Argentobel, 253
Arrábida, 245
Arriondas, 258
Arzobispo, 194
Aspern, 290
Assopos, 266
Austerlitz, 81, 216, 365
Avelghem (Vierendel), 141
Avenida de Connecticut, 241
Avenida Olímpica en Roma, 269
Avignon, 364

Bahía del Banco, 42
Baldwistein, 110
Bandhauer, 173
Banif, 364
Barqueta, 342
Barranquilla, 160
Barrios de Luna, 168, 182, 362
Bassano, 117
Basse-Chaîne, 276, 290
Baton Rouge, 153
Baumstützen, 353
Bayonne, 88, 89, 231
Bear Mountain, 314
Beaucaire-Tarascon, 287, 289
Bellon, 137
Bellows Falls, 120
Bendorf, 110
Benevento, 256
Bergues s/Rhône, 277
Berlin (estación), 365
Besalú, 194
Besians, 194
Bietschal, 266
Bixby Creek, 368
Blagodarnoje, 367
Blakfriars, 364
Blenheim, 72
Bohlbacht, 341
Bonar, 366
Bonzano, 140
Bordeauz, 24
Bósforo, 309, 315
Boston (1807), 366
Bouch, 101
Boutiron, 229, 243, 367
Brandywine, 368
Braunschweig, 222, 366
Bridgwater, 365

Brighton Pier, 285, 288, 299, 304
Bristol (1804), 365
Britannia, 102, 104, 105, 106, 107, 109, 114, 129, 373, 374, 380
Bromberg, 35
Bronx, 302, 304, 307, 308, 315
Bronx River Parkway, 261, 262
Brooklyn, 11, 296, 299, 302, 308, 315, 381, 383
Broughton, 288
Brownsville (colgante), 368
Brucksal, 167
Bruggen, 134
Bry-sur-Marne, 289, 299
Budapest (colgante), 287, 291
Buildwas, 152, 218, 223, 365
Busseau-sur-Creusse, 136, 137

Calle Alésia en París, 261
Calle 16 en Filadelfia, 174
Calle 16 en Piney Branch, 367
Calle McKee en Houston, 156
Calle McMillan en Cincinnati, 263
Calle Smithfield en Pittsburg, 133, 293
Calle Vallete en Perpignan, 367
Campasso, 160
Campdevanol, 194
Camprodón, 194
Canal de Donzère, 166
Canal del Eire (Trumbull), 122
Canal del Eire (Whipple), 123
Candelier, 367
Cangas, 194
Capella, 194
Caralte, 267
Cardona, 194
Caroussel, 366
Carpineto, 160
Carrousel, 222, 224, 371, 381
Cassagne, 174, 362
Cassel, 234
Castellvecchio (Verona), 364
Castelmoron, 238
Catanzaro, 244
Cestio, 193, 197
Chain Bridge (patente), 284
Changis St. Jean, 269
Châtel de Nêuvre, 243
Châtellerault, 238, 367
Chepstow, 220, 366
Chepstow (1852), 132
Chesapeake (colgante), 314
Chillon, 341
Ching-Tê, 364
Choisy-le-Roi, 111
Chuka, 279
Churison, 279
Cincinnati (colgante), 296
Circunvalación de Valencia, 267
Clermont Ferrand, 267
Clifton, 217, 287, 299, 312
Clifton-Niagara, 293, 299
Coalbrookdale, 9, 61, 95, 96, 166, 210, 211, 212, 213, 214, 218, 219, 223, 322, 324, 365, 378
Coalport, 224, 365, 366
Coblenza, 110, 144, 228, 229
Coldstream, 364
Colleferro, 260
Colonia (1857), 124
Colossus, 121, 239, 293
Contreras, 143, 144, 379
Conway, 102, 103, 285, 321, 373, 374
Córdoba (Manterola), 162
Corvey, 132
Costa Rica, 277
Craigellachie, 219, 226, 366
Cross County parkway, 261
Crumlin, 128, 134, 136
Cubzac, 138, 290, 299
Cumberland (colgante), 368

Dale Creek, 59
De los Franceses, 271
De madera en Austria, 60
De vigas de piedra, 81
Dean, 206
Deba, 162, 377
Des Arts, 219, 365
Des Invalides, 288, 289, 293
Devesa (pasarela), 347
Diablo en Martorell, 194
Dirschau (1857), 124
Dirschau (1888), 131, 132
Dolau-Herion, 201
Don Luis en Oporto, 264
Donat, 240
Doña María en Oporto, 264
Driburg Abbey, 288
Duisburg (pasarela), 345
Durham (pasarela), 265, 266

East Hungtinton, 167
East Storebelt, 310
Eau-Noire, 239
Echelsbach, 368
Echelsbacher, 250
Elche (colgante), 316
Elio, 193
Elizabethville, 252
Endarlatsa, 352
Erasmus, 185, 350, 351
Erskine, 167, 362
Esbly, 109, 269
Escudo, 253, 254

Esk, 364
Essex-Merrimac, 368
Esternay (pasarela), 367
Euskalduna, 21, 22
Expo de Dusseldorf (pasarela), 367

Fábrica Hoescht en Frankfurt, 110
Fabricius, 90, 193, 198, 207, 364
Faro en Dinamarca, 167
Feria de Bremen (pasarela), 367
Filadelfia (colgante), 314
Fith of Forth, 11, 151, 152, 153, 157, 158, 160, 314, 361, 381, 382
Fith of Forth (colgante), 307, 308, 309
Florianópolis, 291
Fontpédrousse, 204, 205, 319
Forres, 285
Fourques, 289
Franklin en St. Luis, 245
Frías, 194
Friburgo, 172, 287, 288, 291, 312, 313, 369
Friedrich, 220, 366

Gagliano Castelferrato, 269
Galindo, 334, 352
Galveston, 153
Ganter, 161, 162
Garabit, 9, 229, 230, 267
García Sola, 11, 145
Garray, 194
Garstatt, 241
Gateshead, 343
Genève (colgante), 369
George Washington, 299, 302, 303, 305, 315
Gibraltar, 311, 312
Gignac, 206
Gladesville, 248, 251
Glenfinnan, 367
Gloucester, 206
Glozyniz, 283
GmünderTobel, 238, 367
Göhren, 201
Golbardo, 246
Golden Gate, 11, 141, 303, 305, 308, 314, 315
Gotteron (colgante), 313
Grammene, 128
Gran Belt, 178
Gran Canal del Havre, 273
Gran Duquesa, 266
Grand Mère (colgante), 314
Grandfrey, 136
Greater New Orleans, 153
Grossehesselohe (Pauli), 131
Grosshesselohe, 149
Grunwald, 367
Guadajoz, 138
Guangdong, 253

Hacho, 138
Hamburgo, 131, 184, 362
Hammersmith, 287, 382
Havel (Günther), 366
Havel (Schlaich), 345
Hell Gate, 230, 231
Hexam, 364
Hoesch, 184, 185
Homestead, 142
Howrah, 153
Humber, 309, 310, 315

Ikuchi, 167, 363
Incisa, 265
Infante Don Henrique, 240

Jacob's Creek, 283, 284, 368
Javroz, 227
Juscelino Kubistchek, 383
Juscelino Kubitschek, 354, 355
Karansebes, 366
Kehl (1858), 124
Kernours, 266
Kew (Barnard), 119
Kill van Kull, 88, 231
King's Meadow, 172
Kinzua, 139, 140
Kirchen, 268
Kirchenfeld, 329
Kochental, 110
Krk I, 251
Kut, 63
Kvarsund, 167
Kylesku, 273, 378

La Alcantarilla, 197
La Arena, 350
La Bouble, 137, 139
La Caille, 368
La Guaira, 245
Lanaye, 182
Lancy, 239
Landquart, 341
Langeais, 299
Langtry, 142
Langwies, 367
Las Cellas, 277
Latourelle Falls, 367
Lavaur, 206
Ledesma, 194
Lehigh (colgante), 368
Lehigh Gap (colgante), 368
Lérez, 183, 184
Lewiston-Niagara, 293
Liège, 235, 367
Ling-Khung, 364
Linn Cove, 111
Lions Gate, 314
Loemberg, 353
London Bridge Station, 128
Longeray, 252
Lorca (pasarela), 357, 358
Lorient, 24
Los Tilos, 251
Louisville, 128
Lou-Tien, 364

Luco, 194
Lueg, 341
Lugos, 366
Lupu, 232, 251
Luzancy, 109, 268, 269

Mackinack, 302, 307, 315
Mâcon, 24
Magdalena sobre Arga, 194
Manhattan, 296, 301, 313
Mannheim, 61, 148, 156
Manresa (viejo), 194
Manzanares (pasarela), 343
Maracaibo, 153, 157, 158, 160, 362, 382
María Pía, 229, 264
Mariemburg (1857), 124
Mariemburg (1891), 131, 321
Marlow, 287
Martigues, 266
Martín Gil, 247
Martorell, 194
Martorell (mixto), 263, 270, 271
Max-Joseph, 242
Maya, 167
Mayence (Gerber), 131
Medina, 194
Mehadia, 124, 366
Melan (sistema), 34
Melliguen, 119
Memphis (cantilever), 153
Menai, 102, 152, 249, 257, 285, 286, 287, 288, 312, 321, 380
Mérida (Calatrava), 79
Mérida (romano), 79
Messina, 311
Metro de Bilbao, 253, 351
Millau, 178, 179
Millenium, 343
Millenium (Londres), 349
Milvio, 193, 198
Mirabeau, 155
Molino (Padua), 364
Monistrol, 194
Monserrat, 144, 145
Mont Jean, 277
Montrose, 285, 286
Morbegno, 203
Moreaux, 137
Morgan City, 133
Morison, 139
Moulins, 24
Munderkingen, 235, 367
Museo de Miho, 312

Nandsacre, 366
Nanpu, 176
Nantenbach, 143
Narodny, 365
Natchez, 356
Neckarhausen, 236
Neshamy Creek, 368
Neuilly, 196, 206, 322, 364, 380
Neuvial, 82, 137
Nevers, 227
New London, 206
New River Gorge, 232
Newark (Warren), 128
Newburyport, 299
Newburyport (Palmer), 120
Newport Pagnell, 217, 366
Niágara (cantilever), 134, 150, 151
Niágara (colgante), 106, 293, 294, 299
Nibelungos en Worms, 110
Niemburg, 172, 173, 362
Nordbrücke, 167, 362
Norderelbe, 167, 179, 184, 362
Nordling, 138, 139
Norfolk (colgante), 287
Normandía, 167, 169, 273, 363
Nottingham, 57, 78, 225

Oak Orchard, 23
Oakland (cantilever), 153
Oakland (colgante), 314
Oberargen, 277
Onomichi, 167
Ordish, 173
Osormort, 163

Parramata, 248, 249
Pasarela del Malecón, 342
Pedret, 194
Peise, 109
Peitz, 366
Permanent (Palmer), 120
Perth, 364
Pino, 64
Pittsburg, 277
Pittsburg (colgante), 296, 299
Platano, 267
Plougastel, 22, 368
Plymouth (1827), 366
Polcevera, 159, 160, 341
Pondel, 193
Pont-y-Csylte, 225, 226, 365
Pontypridd, 201, 202, 223, 238, 364
Portage, 139
Potomac (colgante), 368
Pottstown, 127
Pueblo (Robinson), 133
Puente la Reina, 194
Puente la Reina (Manterola), 342
Purdy, 109

Quebec, 133, 154, 361
Queensland, 71, 87

Rama VI, 157
Ramallosa, 194
Reichenau, 119, 240
Rialto, 364
Ricobayo, 194
Rissorgimento, 235, 367
Roch en Berlín, 366
Rock Rapids, 245

Ronda Hispanidad en Zaragoza, 242
Rossgraben, 241
Rouzat, 137, 138
Rovereto, 341
Royal Albert, 131, 173, 299, 300, 362
Royal Tweed, 368
Ruck-A-Chuky, 312
Runcorn, 124

Sackler (pasarela), 355, 356
Saint Andeol, 289
Saint John en New Brunswick, 348
Saint Louis, 144, 149, 223, 228, 229
Saint Nazaire, 168, 362
Saint Pierre du Vauvray, 367
Saint-Martin, 193, 199
Salginatobel, 11, 238, 240, 241, 264
Salstash, 131
San Antonio en Ginebra, 289
San Joâo en Oporto, 264
San Juan de las Abadesas, 194
San Lorenzo, en Padua, 193, 364
San Martín, 194
Sancho el Mayor, 183
Sandy Hill, 367
Sant Apollinare, 262
Santa Lucía en Montevideo, 348
Saulnier, 197
Schaffhausen, 117, 118
Schneider, 153
Schöllenen (colgante), 283
Schöllenen (Diablo), 283
Schuylkill (colgante), 368
Schwandbach, 239, 240, 341
Schwimmschule, 367
Sciotoville, 142, 260, 361
Séjourné, 205
Seraing, 299
Serrières, 289
Severin, 166, 167, 362
Severn, 308, 309, 315
Sfalassa, 266, 267
Shelton Road, 111
Shibenik, 251
Shinno, 167
Sidi-Rached, 27, 205, 244
Simme, 239
Sitka, 167
sobre Allegheny (acueducto), 293
sobre Blauw Krantz, 259
sobre Brahmaputra, 280
sobre Cère, 136, 137
sobre Ceroní, 263
sobre Cismone, 117
sobre Danubio en Columna Trajana, 116
sobre Delaware (acueducto), 293
sobre el Cinca, 65
sobre Fraser (cantilever), 153
sobre Genil (cimbra), 110
sobre Isère, 175
sobre Kansas, 367
sobre Kentucky, 149
sobre Lackawaxen (acueducto), 293
sobre Neversink (acueducto), 293
sobre ría Pontevedra, 271, 272
sobre Rogue, 368
sobre Rondout (acueducto), 293
sobre Segre (colgantes), 316
sobre Segre (pasarela), 347
sobre Sil en Ponferrada, 143
sobre Tajo en Lisboa, 307
sobre Támesis (concurso 1800), 217
sobre Teme, 367
sobre Wistham, 365
sobre Zêzere, 264
Southwark, 366
Spanish Town, 217
Speyer, 184, 185
St. Petesburgo (colgante), 319
Staines, 213, 214, 217, 224, 365
Stanford, 365
Stanley (acueducto), 366
Stauffacher, 235, 238, 367
Stourport, 365
Stratfield Saye, 217, 365
Striegau, 365
Strömsund, 166, 167, 182, 362
Stuttgart (pasarela), 344
Sulmona, 269, 270
Sunderland, 9, 213, 215, 216, 217, 218, 223, 224, 365
Sunniberg, 162
Sydney, 230, 231
Szgedin, 24

Tacoma, 276, 302, 303, 304, 305, 307, 308, 310, 315
Tacoma (nuevo), 315
Taf Fechan, 251
Taft Memorial, 367
Tain-Tournon, 289
Tajo en Lisboa, 309
Tamaraceite, 243
Tamcho Gang, 279
Tashigang, 279
Tavanasa, 238, 240, 264, 367
Tay, 100, 101, 151, 156
Tewkesbury, 219, 226, 366
Thur, 134, 235, 241, 367
Tilsit, 131, 132
Tinkao, 178
Tjörn, 167
Todolella, 194
Tordera, 143
Tordesillas, 194
Torre de Londres, 277
Tortosa, 263, 267
Tournon (piedra), 203

Trentham Park (pasarela), 365
Trezzo, 364
Tribardou, 269
Triborough, 315
Trinità, 206, 364
Tunkhannock, 205, 367

Úbeda la Vieja, 194
Union, 285, 299
Ussy, 269

Vagli di Soto, 252
Vahrer Kreuz, 80
Vaison-la-Romaine, 193
Valence, 289
Valle Nesenbach, 353, 354
Val-Restel, 341
Vauxhall, 366
Vecchio de Florencia, 364
Verantius, 40
Vergel, 271
Verrazano, 276, 297, 307, 308, 315
Verrugas, 139
Veurdre, 75, 243, 330, 367
Viaur, 155, 361
Vienne, 289
Villafáfila, 200
Villeneuve-St. Georges, sobre el Sena, 109
Villeneuve sur Lot, 237, 367
Vilumara, 194
Vinuesa, 194
Vizille, 206

Wadi-Cuf, 159, 160
Wallstrasse en Ulm, 238, 239
Walnut Lane, 236, 367
Walton (King), 119
Wan-An, 81, 82
Wanxian, 248
Waterford (Burr), 121
Waterloo, 109, 366
Weidendamm, 225, 366
Wengern, 199
Westminster (King), 119
Wettingen, 118, 123
Wettingen (Leonhardt), 162, 163
Wheeling, 293, 295, 303, 304
Wheeling (celosía), 37
Wildegg, 367
Williamsburg, 301, 304
Wilton House, 323
Winch, 283
Wintergerst, 185
Winthertur sobre Toss, 240
Wusham, 253
Wye, 132, 167, 366
Wye (atirantado), 309

Yajisha, 253
Yangpu, 169, 363
Yarm, 217, 365
Yung-Thung, 364

Zamora (nuevo), 194
Zaragoza (pabellón), 346
Zizur, 25, 357, 358
Zuoz, 235, 238, 367

ÍNDICE

1. Introducción 7
Una estética poco rigurosa 8
La forma como producto del cálculo 12
Los principios de funcionalidad y belleza 15
Necesidad de una historiografía crítica de los puentes 17

2. El diseño del puente 21
El puente: propósito, estructura y significados 22
Diseño: *topos*, *typos* y forma 26
Topos, las sugerencias del lugar 28
Typos, estructuras primarias con formas activas 31
Forma, síntesis creativa del diseñador 34
El patrimonio de formas y conocimientos tecnológicos 38

3. El tipo como memoria y razón de lo construido 45
Consolidación del concepto de tipo 46
Tipo, modelo y arquetipo en Quatremère de Quincy 47
Tipo, composición y construcción: Jean Louis Durand y Gottfried Semper 47
El tipo, lo particular y lo general en Jakob Burckhardt 50
Tipo y estándar en la modernidad: Gropius y Mies 52
Tipo como forma o esquema base: Argan y Rossi 53
Utilidad del tipo para el diseño y la ordenación de soluciones 56
Clasificación y tipología 58
El papel del tipo en el proceso de diseño 62

4. Creación y trascendencia de la forma 67
La creación autónoma de la forma 70
Tectónica y expresión creativa 74
Validez e innovación en las soluciones de diseño 79
Posición de la solución en la cadena de innovación 84
De la solución al tipo 85
Valoración y fortuna crítica 87

5. La fulgurante aparición de la viga cajón 91
Concepto y comprensión estructural del tipo viga 91
Las nuevas posibilidades del hierro en las vigas 94
Primeros puentes de vigas de alma llena 97
La innovación de la viga cajón: el puente Britannia 102
Apreciación crítica del puente Britannia 104
El cajón en las vigas continuas de hormigón pretensado 108
Innovación en la sección transversal 111

6. La pureza estricta de la celosía Warren 115
Arcos y vigas arqueadas de entramado de madera 116
Desarrollo del tipo con la utilización del hierro 122
El impulso de las vigas en celosía. Patentes y cálculos 124
Dominio de las celosías y permanencia de los cordones curvos 129
Viaductos con pilas metálicas en celosía 134
Formas y continuidad a principios del siglo XX 140
Nuevos materiales y tecnologías para los nudos 142

7. Voladizos para puentes viga de mayor luz 147
Desarrollo de la viga continua con articulaciones: viga Gerber 148
Triunfo de los puentes voladizo: el Forth de Baker 151
El rechazo estético del tipo: América y Europa 154
El esquema híbrido del puente de Maracaibo 157
Puentes con cables extradorsales 160

8. El tirante, más allá de la viga 165
El tirante como solución de referencia 166
Algunos precedentes modernos 171
Interacción de tirantes, pilas y sección transversal 174

Puentes atirantados de más de tres vanos 177
Minimalismo formal y ligereza en los puentes atirantados 179

9. Luces, flechas y huecos en los arcos de piedra 187
La formación del concepto estructural y su explicación 189
Altura del paso y forma del arco en puentes y viaductos 192
Lo hidráulico: pilas, tajamares y arquillos 195
Lo resistente: luces, flechas y aligeramientos 199
Composición formal del alzado 206

10. Forma y estructura en el arco metálico 209
Formas y detalles del arco de hierro de Coalbrookdale 210
Descomposición formal del arco enjutado 214
Formalización del propio arco 218
Formalización estructural del tímpano 223
Arcos de celosía para grandes luces 227

11. Unidad compositiva en los arcos de hormigón 233
Modificaciones tipológicas inducidas por el hormigón 234
Posición y rigidez del arco respecto al tablero 237
La composición del alzado en los arcos 240
Procesos constructivos y grandes luces 244
Arcos de armadura rígida 245
Dovelas prefabricadas 248
Voladizo simultáneo del conjunto arco tablero 249
Voladizos sucesivos para el arco 251
Rotación de semiarcos 251
De la ambivalencia del material a los arcos mixtos 253

12. El pórtico, cruce de arco y viga 255
El pórtico como mejora funcional del arco 257
El pórtico como mejora resistente de la viga 258
El pórtico recto de un solo vano 259
Pórticos de varios vanos 262
Inclinación de las pilas 264
Células triangulares 268

13. Ligereza y rigidez en el puente colgante 275
Tablones sobre la catenaria de bambú o hierro 278
La invención del tablero horizontal con cadenas o cables 280

Finley: cables en América 283
Brown, Telford y Clark: cadenas en el Reino Unido 284
Navier, Vicat y los Seguin: cables en Francia 288
Ellet y Roebling: puentes más rígidos para cargas dinámicas 291

14. El viento en el diseño de grandes luces 297
El diálogo de las torres con cables y tablero 298
Integración de las pilas flexibles en el diseño global 301
El desastre de Tacoma, punto final del diseño estático 302
Refuerzos y diseño con tableros ultrarrígidos 304
Introducción de formas aerodinámicas 307
Tecnificación del diseño de las pilas 312

15. Disolución de los tipos clásicos 317
Raíces culturales en la recepción de la innovación 318
El recorrido de los tipos: innovación, materiales y procesos 323
Consolidación y agotamiento de la estética funcionalista 326
Del cálculo por elementos individuales al diseño integrado 329
La forma se independiza de la funcionalidad resistente 332
La forma se independiza de la belleza 333
La autonomía de la obra: autoría y valoración crítica 335

16. Formas creativas de la innovación 339
Superación de las premisas implícitas en los tipos 340
Pasarelas experimentales 343
Algunas propuestas innovadoras construidas en torno al año 2000 345
Jörg Schlaich en Spandau e Ingolstadt. Rigidizadores protagonistas 345
Zaha Hadid en Zaragoza. Fluidos cascarones orgánicos 346
Javier Rui-Wamba en Lérida. Asimetría en la sección 347
Santiago Calatrava en Ripoll. Torsión inclinada 347
Julio Martínez Calzón en Uruguay. Ábaco para dinteles empujados 348
Norman Foster, Anthony Caro y Ove Arup en Londres. Tensa esbeltez 349
Juan José Arenas de Pablo en Muskiz. Haces de tirantes en ángulo 350
Ingenieros municipales y Ben van Berkel en Rótterdam. Quiebro con tracciones centradas 350
Leonardo Fernández Troyano en Bilbao. Celosías en dovelas 351
Javier Manterola en Navarra. Arcos de planta curva 352
Jörg Schlaich en Loemberg y Nesenbach. Pilas arborescentes 353

Alexander Chan y Projconsult en Brasilia. Arcos diagonales al tablero 354
John Pawson y Simon Fryer (Buro Happold) en Kew. Curva simplicidad 355
Fig. en Tennessee. Arco sin tímpano 356
Javier Manterola en Lorca y Zizur. Tirantes y apoyos para curvas 357
Juan Sobrino en Vitoria. Celosía orgánica 358
Una breve recapitulación 360

TABLAS 361
CARACTERÍSTICAS DE LOS PUENTES 361
Puentes de vigas 361
Puentes en arco 364

REFERENCIAS 369

ÍNDICE ONOMÁSTICO 383

ÍNDICE DE PUENTES 389

Complex Variable Function Solutions in the Mechanical Analysis of Tunnels

Aizhong Lu · Huaning Wang · Luqing Zhang

Complex Variable Function Solutions in the Mechanical Analysis of Tunnels

Volume 1

Springer

Aizhong Lu
School of Water Resources
and Hydropower Engineering
North China Electric Power University
Beijing, China

Huaning Wang
School of Aerospace Engineering
and Applied Mechanics
Tongji University
Shanghai, China

Luqing Zhang
Key Laboratory of Shale Gas
and Geoengineering
Institute of Geology and Geophysics
Chinese Academy of Sciences
Beijing, China

ISBN 978-981-97-1690-6 ISBN 978-981-97-1691-3 (eBook)
https://doi.org/10.1007/978-981-97-1691-3

This Springer imprint is published by the registered company Springer Nature Singapore Pte Ltd.
The registered company address is: 152 Beach Road, #21-01/04 Gateway East, Singapore 189721, Singapore

This book is respectfully dedicated to the memory of Prof. Ziyin Chen.

Foreword

Tunnelling, while still an art, is quickly incorporating engineering and science principles. This is in part driven by the large demand of underground infrastructure, mostly because of the rapid growth of urban settlements and the scarcity and cost of aboveground space. The art of tunneling has been relying, since its beginnings, on the observational method and the related development of empirical methods. This has been the case, and still is, for tunnels in rock, where methods such as the RMR, Q and GSI, among others, are ubiquitously employed. Development and use of such methods has been positive because they have provided the tunneling community with proven tools to build safe underground openings, and have preserved past experience. However, it can be argued that they have hampered the interest and the need for developing rational, mechanistically-based frameworks for tunnel design, similar to what has been accomplished for other engineering structures such as buildings and bridges. This situation is changing quickly because of the advent of economical and powerful numerical algorithms that allow tunnel engineers to model all aspects of tunneling, from design to construction and monitoring. The irruption into the tunneling arena of new concepts in artificial intelligence and machine learning is bringing our predicting capabilities to new levels, arguably beyond our understanding of the mechanical performance of the soil and rock materials where tunnels are excavated.

At a time when tunneling engineering is being dominated by widespread use, and often over-use, of commercial computer codes, it is very refreshing to see a book on analytical methods. Close-form solutions to underground openings are decades old. Arguably, their origins can be traced back to the problem of a thick-walled cylinder subjected to internal and external pressures [1] and later to the Kirsh problem [2], that of an unsupported circular opening in an infinite elastic medium. Since then, solutions to many problems have followed. While the number of authors and publications is extensive, one cannot fail to mention the contributions by Savin [3] and, most importantly, by Timoshenko and Goodier [4]. The reader can find in Gercek [5] a complete narrative of the history of analytical solutions for underground openings in elasticity. A somewhat different, yet complementary approach to solve problems in elasticity is that of complex variable theory and conformal mapping techniques, the object of the book. These techniques have been extensively used for the solution of problems of openings in elastic media, notably by Midlin [6,7], Muskhelishvili [8] and Sokolnikoff [9] and, most recently by Verruijt and coworkers, in Verruijt [10,11] and Strack and Verruijt [12].

While it can be argued that analytical solutions are limited in their applicability because of the assumptions made, most notably that of elasticity, and that they are often restricted to two-dimensional plane-strain problems, they are invaluable. Closed-form solutions are extremely useful because they define behavior in few equations, where key parameters that control the response of ground and structure are easily identified. They can also be used as preliminary design and, most importantly, can be employed for the verification of the more complex numerical methods. And, surely we all agree, they are elegant.

The book is a splendid example of the art of using complex variable theory to solve engineering problems involving tunnels and other underground structures. It provides a detailed and thorough review of the methods and is written for the student wanting to learn the theory, as well as for the experienced researcher as a resource and as a repository of useful information.

The book is a comprehensive compilation of the major applications of complex variable theory to tunneling. I congratulate the authors for such important addition to the technical literature on the subject.

West Lafayette, IN, USA
August 2024

Antonio Bobet

References

1. Lamé, G., and B.P.E. Clapeyron. 1831. Mémoire sur l'équilibre intérieur des corps solides homogènes. *Journal für die reine und angewandte Mathematik (Crelle's Journal)* 1831 (7): 381–413.
2. Kirsch, E.G. 1898. Die Theorie der elastizität und die bedürfnisse der festigkeitslehre, *Zeitschrift des Vereines. Deutscher Ingenieure* 42, (29): 797–807.
3. Savin, G.N. 1961. *Stress concentration around holes*. London: Pergamon Press.
4. Timoshenko, S.P., and J.N. Goodier. 1970. *Theory of elasticity*. New York: McGraw-Hill.
5. Gercek, H. 2016. The past revisited: The giants behind the elastic solutions for stresses around underground openings. *EUROCK, 2016*: 409–413.
6. Mindlin, R.D. 1940. Stress distribution around a tunnel. *Transactions of the ASCE*: 1117–1153.
7. Mindlin, R.D. 1948. Stress distribution around a hole near the edge of a plate under tension. *Proceedings of the Society of Experimental Stress Analysis* 5: 56–57.
8. Muskhelishvili, N.I. 1954. Some basic problems of the mathematical theory of elasticity. groningen, Netherlands: Noordhoof Ltd.
9. Sokolnikoff, I.S. 1956. *Mathematical Theory of Elasticity*, New York: McGraw-Hill.
10. Verruijt, A. 1997. A complex variable solution for a deforming circular tunnel in an elastic half-plane. *International Journal for Numerical and Analytical Methods in Geomechanics*. 21: 77–89.
11. Verruijt, A. 1998. Deformations of an elastic half plane with a circular cavity. *International Journal of Solids and Structures*. 35 (21): 2795–2804.

12. Strack, O.E. and A. Verruijt. 2002. A complex variable solution for a deforming buoyant tunnel in a heavy elastic half-plane. *International Journal for Numerical and Analytical Methods in Geomechanics* 26: 1235–1252.

Preface

In the preliminary design phase of geotechnical engineering, such as evaluating tunnel and wellbore stability, it is crucial to quickly determine the most critical stress and displacement conditions and establish instability criteria. Simplified models with closed-form or analytical solutions derived through rigorous mathematical derivations, serve as powerful tools for these preliminary estimates and guide the conceptual design process. These models effectively illustrate the functional relationships of key parameters, reveal underlying mechanical principles, and provide a benchmark for verifying the accuracy of numerical analyses. Ultimately, this approach facilitates reliable predictions for engineering challenges.

This book focuses on the mechanical problems related to tunnels in the fields of traffic, hydraulic, and mining engineering. By extending theoretical methods, such as complex variable methods, it innovatively develops a series of exact analytical solutions for various tunnelling conditions. These solutions are effectively applied to practical engineering problems, including the back analysis of tunnels, optimization of tunnel shapes, support design, and assessment of tunnel stability.

The book explores different constitutive models, including elasticity, elastoplasticity, viscoelasticity, and anisotropic elasticity. Different engineering conditions are studied, encompassing cases such as deep and shallow excavation, single and multiple tunnels, as well as circular and non-circular shapes, with or without support. This book highlights several innovative achievements, including the development of mapping functions for complex regions, the accurate determination of the noncircular plastic zones around single and twin tunnels, and corresponding elastoplastic solutions. Additionally, it provides a quantitative analysis of the interaction between rock and support systems. These contributions represent significant advancements in both theory and methodology within the field of rock mechanics.

This book summarizes the author's research achievements in analytical theory within the field of geotechnical engineering over the past 20 years. It serves as a valuable reference for researchers, graduate students, and undergraduates in related fields such as geotechnical engineering, traffic engineering, and mining engineering. The book is structured into fifteen chapters, outlined as follows:

Chapter 1 presents methods for determining conformal mapping functions and mapping functions for symmetrical single and double hole problems in infinite and semi-infinite domains.
Chapter 2 explores the complex variable method applied to isotropic elastic plane problems, covering the general form of analytic functions, the power series method, both original and improved versions of the Cauchy integral method, and their applications.
Chapter 3 introduces complex variable methods for solving thermal stress, stress/displacement for viscoelastic and anisotropic plane problems.
Chapter 4 provides analytical solutions for deeply buried circular tunnels excavated in elastic, elastoplastic, or viscoelastic host rocks subjected to anisotropic initial stresses, while considering different rock-liner contact conditions.
Chapter 5 develops analytical solutions for deeply buried non-circular tunnels constructed in elastic, elastoplastic, and viscoelastic host rocks, fully considering various rock-liner interface conditions and sequential excavation processes.
Chapter 6 presents analytical solutions for deeply buried tunnels reinforced by rock bolts, considering the interactions between surrounding rocks and end-anchored rock bolts/fully bonded rock bolts.
Chapter 7 utilizes Schwarz's alternating method for the mechanical analysis of deeply buried twin and multiple tunnels excavated in elastic and viscoelastic rock masses.
Chapter 8 introduces mapping functions for twin holes constructed in infinite domains. The elastic/elastoplastic solutions for deeply buried symmetric twin tunnels are proposed.
Chapter 9 develops analytical solutions of thermal stress for deeply buried unlined/lined circular tunnels considering unsteady temperature influence.
Chapter 10 provides analytical solutions for supported tunnels constructed in anisotropic rock masses, considering various rock-support interface conditions. These solutions are also applied to the mechanical analysis of anisotropic plates with holes, optimizing the design of fibre angles and hole orientations.
Chapter 11 offers analytical solutions for the shallow-buried unsupported circular/non-circular tunnels excavated in elastic/viscoelastic ground, considering different engineering conditions such as tunnelling advancement, surcharge loads, and single and multiple tunnels.
Chapter 12 provides analytical solutions for the mechanical analysis of shallow-buried supported circular tunnels with flexible/rigid linings or point-anchored bolts.
Chapter 13 focuses on tunnel/hole optimization based on analytical solutions, satisfying predetermined stress/displacement conditions. Various cases are analyzed, including isotropic/anisotropic properties of rock masses, unsupported/supported tunnels, and single/double hole problems.
Chapter 14 presents the back analysis of displacements for single and twin tunnels based on analytical solutions, performing sensitivity analysis of key parameters.

Chapter 15 provides developed analytical solutions for other geomechanical problems, including elastic stress solutions and stability analysis of slopes, stress and displacement of soil layers for flexible or general strip foundations, and stress distributions of Brazilian discs.

We would like to thank the outstanding researchers who made significant contributions to this book, including Yaocai Ma, Hui Cai, Xiangtai Zeng, Shaojie Wang, Qianxiang Cheng, Xiaoyang Jia, Guisen Zeng, Xiaoli Zhang, Chonglin Yin, Yijie Liu, Hongyu Chen, Qin Yuan, Ning Zhang, Fei Song, Guangshang Zeng, Yulin Zhou, Haoyu Wang, Xiaojun Peng, Min Zhang, Shaoqiang Yao, Zhen Xu, Junye Tao, Yaoqi Cui, Xiang Gao, Lei Wu, and Zhiyu Li. We are also grateful for the support from the National Natural Science Foundation of China. Additionally, we would like to express our sincere gratitude to the editors and all the reviewers for their time and effort in improving this book.

Beijing, China — Aizhong Lu
Shanghai, China — Huaning Wang
Beijing, China — Luqing Zhang

Contents

1 Determination of Conformal Mapping Function 1
1.1 Symmetrical Single Hole in an Infinite Domain 2
1.1.1 Laurent Series Solution 3
1.1.2 Schwarz–Christoffel Integral Formula Solution 9
1.2 Symmetrical Double Holes in an Infinite Domain 19
1.3 Symmetrical Single Hole in a Semi-infinite Domain 25
1.4 Complex Situations 30
1.4.1 Arbitrary Hole in an Infinite Domain 33
1.4.2 Arbitrary Shaped Annular Domain 36
1.4.3 Arbitrary Double Holes in an Infinite Domain 40
References 47

2 Complex Variable Method for Isotropic Elastic Plane Problems 49
2.1 Analytic Functions 49
2.1.1 Biharmonic Function 49
2.1.2 Stress and Displacement Components 50
2.1.3 Boundary Conditions 52
2.2 The Form of Analytic Functions 53
2.2.1 Finite Multiple Connected Domain Problem 53
2.2.2 Infinite Domain Problem 54
2.2.3 Semi-infinite Domain Problem 56
2.2.4 Degree of Determination of the Analytic Functions 58
2.3 Stresses and Boundary Conditions in Orthogonal Curvilinear Coordinates 58
2.4 Power Series Method 61

2.5 Cauchy Integral Method 69
2.5.1 Basic Formulas 69
2.5.2 Solving Process 71
2.6 Cauchy Integral Method for Solving the Problem of Deep-Buried Non-circular Tunnel Without Support 74
2.6.1 Stresses 74
2.6.2 Excavation Induced Displacement 82
2.7 Improvement of Cauchy Integral Method 84
2.7.1 Abnormal Stress and Displacement 84
2.7.2 Reason for the Anomaly 88
2.7.3 Improvement of the Method 89
2.7.4 Verification of Improved Results 91
2.8 Discussion on the Simplification of Tunnel Excavation from 3D Problem to Plane Problem 93
2.8.1 Determination of Computational Area in Finite Element Method 94
2.8.2 Comparison Between the Results of Space Problem and Plane Problem 99
2.8.3 Conclusions 102
References 103

3 Complex Variable Method for Solving Temperature Stress, Viscoelastic and Anisotropic Problems 105
3.1 Temperature Stress in Isotropic Medium 105
3.1.1 Governing Equation of Temperature Field 106
3.1.2 Solution for Steady-State Temperature Field 106
3.1.3 Complex Variable Method for Solving Temperature Stress 115
3.2 Methods for Solving Isotropic Viscoelastic Problems 117
3.2.1 One-Dimensional Constitutive Equation 117
3.2.2 Three-Dimensional Constitutive Equation 118
3.2.3 Laplace Transform and Correspondence Principle 121
3.2.4 Viscoelastic Solution Expressed by Analytic Functions 123
3.2.5 Inverse Laplace Transform 127
3.2.6 Viscoelastic Solution of Unsupported Deep Tunnels 128
3.3 Complex Variable Method for Anisotropic Problems 132
3.3.1 Anisotropic Constitutive Equation 133
3.3.2 Partial Differential Equations for the Stress Function 135

3.3.3 Analytical Expressions of Stress, Displacement and Boundary Conditions ... 137
3.3.4 Analysis and Discussion ... 140
References ... 142

4 Analytical Solutions for Mechanical Analysis of Deep-Buried Circular Tunnels ... 145
4.1 Elastoplastic Solution for Circular Tunnels—Full Enclosure Plastic Region ... 145
4.1.1 Stresses in Plastic Region ... 147
4.1.2 Analytic Function Expression of Stress in the Elastic Region ... 150
4.1.3 Stress Continuity Condition in the Elastic and Plastic Regions ... 150
4.1.4 Solutions in Elastic and Plastic Region ... 153
4.1.5 Verification ... 156
4.1.6 Analysis and Discussion ... 159
4.2 Elastoplastic Solution of a Circular Tunnel-Local Plastic Zone ... 164
4.2.1 Problem Description ... 164
4.2.2 Stresses Expressed by Analytic Functions ... 166
4.2.3 Stress Continuity and Boundary Conditions ... 167
4.2.4 Determination of Analytic Function Coefficients ... 169
4.2.5 Solution for Coefficients ... 171
4.2.6 Verification ... 173
4.2.7 Analysis and Discussion ... 176
4.3 Elastic Solution of Circular Tunnel with Linings—Perfect Bonding Contact ... 181
4.3.1 Displacement Induced by Excavation ... 183
4.3.2 Determination of Analytical Function Considering Support Installation Process ... 183
4.3.3 Closed-Form Solutions for Stress and Displacement ... 187
4.3.4 Analysis and Discussion ... 189
4.4 Elastic Solution of Circular Tunnel with Linings—Full Slip Contact ... 191
4.4.1 Problem Description ... 191
4.4.2 Basic Principles ... 193
4.4.3 Analysis and Discussions ... 196
4.4.4 Conclusions ... 199
4.5 Elastic Solution of Circular Tunnel with Linings—Frictional Slip Contact ... 202
4.5.1 Problem Description ... 202
4.5.2 Equations for Analytic Function Coefficients ... 202
4.5.3 Sliding Criterion and Model Building ... 204

4.5.4 Verification ... 207
4.5.5 Analysis and Discussion ... 208
4.5.6 Conclusions ... 213
4.6 Viscoelastic Solution for Lined Circular Tunnels ... 214
4.6.1 Problem Description ... 214
4.6.2 Laplace Transform of Elastic Solutions ... 214
4.6.3 Closed-Form Viscoelastic Analytical Solutions ... 216
4.6.4 Analysis and Discussion ... 217
4.6.5 Conclusions ... 225
4.7 Viscoelastic Solution for Circular Tunnels with a Combined Support System ... 226
4.7.1 Problem Description ... 226
4.7.2 Derivation of Analytical Solutions ... 228
4.7.3 Verification ... 237
4.7.4 Analysis and Discussion ... 240
4.7.5 Practical Formulas of the Liner Pressures and Tunnel Convergence ... 247
Appendix 1 ... 264
Appendix 2 ... 267
Appendix 3 ... 273
References ... 281

5 Analytical Solutions for Mechanical Analysis of Deep-Buried Non-circular Tunnels ... 285
5.1 Elastoplastic Solution for Non-circular Tunnels ... 285
5.1.1 Plastic Stresses Determined by Slip Line Theory ... 287
5.1.2 Stress Continuity Condition on the Elastic–Plastic Boundary ... 289
5.1.3 Determination of Plastic Zone ... 291
5.1.4 Validation for Plastic Stress Accuracy ... 293
5.1.5 Verification ... 294
5.1.6 Analysis and Discussion ... 294
5.1.7 Plastic Zones Around Common Tunnels ... 298
5.2 Elastic Solution of Non-circular Tunnel with Linings—Perfect Bonding Contact ... 301
5.2.1 Excavation Induced Displacement ... 301
5.2.2 Analytic Function Expression for Displacement During the Support Stage ... 303
5.2.3 Boundary and Continuity Conditions ... 305
5.2.4 Power Series Solution of Analytic Functions ... 306
5.2.5 Solutions for the Stresses and Displacements ... 314
5.2.6 Analysis and Discussion ... 315

5.3 Elastic Solution of Non-circular Tunnel with Linings—Full Slip Contact ... 322
5.3.1 Analytic Function Expressions for Continuity and Boundary Conditions ... 322
5.3.2 Determination of Analytic Functions ... 324
5.3.3 Analysis and Discussion ... 328
5.3.4 Comparison Between Stresses Under Full Slip and Perfect Bonding Conditions ... 332
5.4 Elastic Solution of Lined Tunnels with Different Lining Thickness ... 335
5.4.1 Mapping Functions for Surrounding Rock and Lining ... 335
5.4.2 Analytic Function and Solving Equations ... 337
5.4.3 Boundary Collocation Method for Determination of Analytic Functions ... 339
5.4.4 Analytical Solutions for Stress and Displacement ... 341
5.4.5 Accuracy Discussion and Solution Verification ... 342
5.4.6 Influence of Lining Thickness on Stress ... 345
5.5 Viscoelastic Solution of Non-circular Lined Tunnel ... 346
5.5.1 Laplace Transformation of Elastic Solutions ... 347
5.5.2 Viscoelastic Solution ... 350
5.5.3 Analysis and Discussion ... 351
5.6 Viscoelastic Solution Considering Sequential Excavation of Non-circular Tunnels ... 357
5.6.1 Problem Description ... 358
5.6.2 Solutions for Stress and Displacement During Sequential Excavation ... 359
5.6.3 Analytic Functions in the Excavation Steps ... 365
5.6.4 Verification ... 365
5.6.5 Mechanical Mechanism of the Time-Dependency of Displacement ... 371
5.6.6 Analysis and Discussion ... 376
References ... 385

6 Analytical Solution for Mechanical Analysis of Deep-Buried Tunnels Reinforced by Rock Bolts ... 387
6.1 Analytical Solution of a Deep Circular Tunnel Subjected to Outside Concentrated Force ... 388
6.1.1 Determination of Analytic Functions ... 388
6.1.2 Analytical Solutions for Stress and Displacement ... 393
6.1.3 Verification ... 397

6.2 Analytical Solutions for Circular Tunnel Reinforced by End Anchored Rock Bolts ... 400
6.2.1 Displacement of Surrounding Rock Subjected to Axial Force of Bolts ... 400
6.2.2 Displacement of Surrounding Rock Subjected to In-Situ Stress ... 402
6.2.3 Analytical Solution of Axial Force of Bolt—The Cases Without Pre-tension ... 403
6.2.4 Analytical Solution of Axial Force of Bolt—The Cases with Pre-tension ... 404
6.2.5 Analysis and Discussion ... 404
6.2.6 Stresses in Rock Considering the Interaction Between Rock and Bolts ... 408
6.2.7 Conclusions ... 411
6.3 Viscoelastic Analytical Solutions for Circular Tunnel Reinforced by End Anchored Rock Bolts ... 411
6.3.1 Laplace Transform of Elastic Solutions ... 411
6.3.2 Viscoelastic Solution of Axial Force of Rock Bolt ... 414
6.3.3 Verification ... 415
6.3.4 Analysis and Discussion ... 417
6.3.5 Conclusions ... 422
6.4 Analytical Solution of Circular Tunnel Reinforce by Fully Bonded Rock Bolt ... 423
6.4.1 Deformation Compatibility Conditions Between Bolts and Rock ... 423
6.4.2 Rock Deformation Subjected to Distributed Shear Stress of Bolts ... 424
6.4.3 Compatibility Equation of Displacement and Its Solving Process ... 427
6.4.4 Analysis and Discussion ... 431
6.4.5 Conclusions ... 435
6.5 Analytical Solution for a Deep Non-circular Tunnel Subjected to Outside Concentrated Force ... 436
6.5.1 Solution for an Infinite Plane Subjected to Outside Concentrated Force ... 436
6.5.2 Analytic Functions for Problem of a Hole Subjected to Reversed Surface Forces at Boundary ... 437
6.5.3 Analytic Functions for Problem of a Hole Subjected to Outside Concentrated Force ... 448
6.6 Analytical Solutions for Non-circular Tunnel Reinforced by End Anchored Rock Bolts ... 450

6.6.1 Explicit Expression of the Analytic Functions with Respect to Bolt Axial Force 450
6.6.2 Displacement Induced by Bolt Axial Force 454
6.6.3 Displacement During Excavation Stage 458
6.6.4 Solution for Bolt Axial Force 459
6.6.5 Verification 461
6.6.6 Analysis and Discussion 462
6.6.7 Conclusion 471
Appendix 472
References 474

7 Schwarz's Alternating Method for Mechanical Analysis of Twin/Multiple Tunnels in Deep Elastic and Viscoelastic Rock Mass 477
7.1 Solution for Double-Hole/Tunnel Problems in Plane Elasticity Using Schwarz's Alternating Method 477
7.1.1 Procedures and Difficulties of Schwarz's Alternating Method 478
7.1.2 Determination of Mapping Functions 480
7.1.3 Solution of Analytic Functions for One Hole Problem 481
7.1.4 Determination of Redundant Surface Forces 484
7.1.5 Analytic Functions for Single Hole Problem Subjected to Inverse Redundant Forces 486
7.1.6 Basic Formulas for Solving Stresses and Displacements Around Two Holes 486
7.1.7 Discussions About Precision of Iteration Convergences 488
7.1.8 Stress Concentrations Around Two Parallel Tunnels 497
7.1.9 Conclusions 499
7.2 Solution for Multiple-Hole/Tunnel Problems in Plane Elasticity Using Schwarz's Alternating Method 499
7.2.1 Solving Procedures and Basic Formulas 500
7.2.2 Comparison with Exact Solution 502
7.2.3 Stress Solution for Symmetrical Arranged Three-Tunnel Problems 503
7.2.4 Analysis and Discussion 504
7.2.5 Conclusions 512
7.3 Viscoelastic Solution for Deeply Buried Twin Tunnels 512
7.3.1 Problem Description 513
7.3.2 Viscoelastic Solutions for Twin-Tunnel Problems 515
7.3.3 Applicability of Proposed Solutions 527
7.3.4 Verification 527

7.3.5 Analysis and Discussion 529
References 541

8 New Method for the Mechanical Analysis of Deep Twin Tunnels 545
8.1 Solution for Simple Double-Hole Problems in Plane Elasticity 546
8.1.1 Determination of the Mapping Function 546
8.1.2 Stress Boundary Conditions Expressed by Analytic Functions 549
8.1.3 Linear Equation System About Coefficients in Analytic Functions 551
8.1.4 Discussion on Accuracy 554
8.1.5 Analysis and Discussion 555
8.2 Solution for Problems of Two Arbitrarily Shaped Holes in Plane Elasticity 558
8.2.1 Problem Description 558
8.2.2 Determination of Analytic Function 559
8.2.3 Verification 564
8.2.4 Analysis and Discussion 565
8.3 Elasto-plastic Solution for Problems of Twin Circular Tunnels 569
8.3.1 Problem Description 570
8.3.2 Mapping Function and Stress Representation 571
8.3.3 Determination of Plastic Zone 576
8.3.4 Verification 583
8.3.5 Analysis and Discussion 589
References 595

9 Analytical Solution for Mechanical Analysis of Deep Circular Tunnels Considering Temperature Influence 597
9.1 Analytical Solution for Circular Tunnel Under Temperature Influence—Without Support 597
9.1.1 Problem Description 597
9.1.2 Analytical Solution for Unsteady Temperature Field 598
9.1.3 Solutions for Mechanical Field 600
9.1.4 Verification 605
9.1.5 Analysis and Discussion 608
9.1.6 Conclusions 613
9.2 Analytical Solution for Circular Tunnel Under Temperature Influence—Lined Tunnels 613
9.2.1 Problem Description 613
9.2.2 Solutions for Unsteady Temperature Fields in Lining and Surrounding Rock 615

9.2.3 Solutions for Stressed in Lining and Surrounding Rock ... 617
9.2.4 Verification ... 623
9.2.5 Analysis and Discussion ... 625
9.2.6 Conclusions ... 629
References ... 630

10 Analytical Solutions for Mechanical Analysis of Hole/ Tunnel Problems in Anisotropic Elastic Plane/Rock Mass ... 631
10.1 Analytical Method for Solving the Stresses and Displacements in Anisotropic Plates with Holes ... 631
10.1.1 Determination of Mapping Functions ... 631
10.1.2 Determination of Analytic Functions ... 633
10.1.3 Stress Solutions ... 639
10.1.4 Analysis and Discussion ... 640
10.1.5 Conclusions ... 644
10.2 Optimum Design of Fiber Angle and Hole Orientation ... 645
10.2.1 Optimization Principles ... 645
10.2.2 Optimization of Fiber Angle ... 648
10.2.3 Optimization of the Fiber and Hole Orientation Angles ... 653
10.2.4 Conclusions ... 658
10.3 Solutions for Unlined Tunnels in Anisotropic Rock Mass ... 658
10.3.1 Comparison on Stresses Between Analytic and Numerical Results ... 659
10.3.2 Comparison Between Results of Transversely Isotropic and Isotropic Problems ... 662
10.3.3 Stresses Around a Reuleaux Triangular Tunnel in an Orthotropic Rock Mass ... 668
10.3.4 Displacement Around Holes in Orthotropic Rock Mass ... 670
10.4 Solutions for Lined Tunnels in Anisotropic Rock Mass—Perfect Bonding Contact ... 673
10.4.1 Determination of Complex Constants μ_1 and μ_2 ... 674
10.4.2 Displacement for Unsupported Tunnel ... 675
10.4.3 Continuity and Boundary Conditions ... 675
10.4.4 Solutions for Stress and Displacement ... 679
10.4.5 Analysis and Discussion ... 681
10.4.6 Conclusions ... 686
10.5 Solutions for Lined Tunnels in Anisotropic Rock Mass—Full Slip Contact ... 687

10.5.1 Basic Equations ... 687
10.5.2 Verification ... 690
10.5.3 Influence of Structural Plane Angle on Stress ... 692
10.5.4 Influence of Anisotropy Degree on Lining Stress ... 694
10.5.5 Influence of Internal Pressure on Stress ... 695
10.5.6 Comparison Between Results Under Full Slip and Perfect Bonding Conditions ... 698
10.6 A New Solution for Anisotropy Problems ... 700
10.6.1 Determination of Two Mapping Functions ... 700
10.6.2 Determination of Analytic Functions ... 705
10.6.3 Solution of Rock Stress ... 707
10.6.4 Analysis and Discussion ... 707
10.6.5 Conclusions ... 710
References ... 711

11 Analytical Solution for Mechanical Analysis of Shallow-Buried Unsupported Tunnels ... 713
11.1 Elastic Solution of a Circular Tunnel Considering Excavation Process ... 714
11.1.1 Problem Description ... 714
11.1.2 Determination of Analytic Functions ... 718
11.1.3 Analytical Solutions for Stresses and Displacements ... 721
11.1.4 Discussion on Calculation Accuracy ... 723
11.1.5 Analysis and Discussion ... 724
11.2 An Efficient Method for Problems Without Load on the Ground Surface ... 728
11.2.1 Basic Equations and Relationship Between Analytic Functions ... 729
11.2.2 Treatment of Boundary Conditions ... 731
11.2.3 Determination of Analytic Functions ... 733
11.2.4 Analytical Solution of Stress and Displacement ... 735
11.2.5 Discussion on Calculation Accuracy ... 736
11.2.6 Analysis and Discussion ... 737
11.3 Elastic/Viscoelastic Solution for Circular Tunnels Subjected to Surcharge Loads ... 741
11.3.1 Problem Description ... 742
11.3.2 Flamant's Solution and Its Modification ... 744
11.3.3 Derivation for Elastic Solution ... 750
11.3.4 Derivation of Viscoelastic Solutions ... 758
11.3.5 Verification ... 759

11.3.6 Validation 764
11.3.7 Analysis and Discussion on Stress 767
11.3.8 Analysis and Discussion on Elastic Displacement 769
11.3.9 Analysis and Discussion on Viscoelastic Displacement 776
11.4 Elastic Solution for a Non-circular Tunnel in Semi-infinite Plane 777
11.4.1 Problem Description 781
11.4.2 Determination of Analytic Functions 784
11.4.3 Calculation Accuracy and Solution Verification 790
11.4.4 Analysis and Discussion 792
11.4.5 Conclusions 797
11.5 Elastic/Viscoelastic Solution for Noncircular Tunnels at Shallow Depths 797
11.5.1 Problem Description 798
11.5.2 Analytical Solutions of Elastic Displacement and Stress 800
11.5.3 Analytical Solution of Viscoelastic Displacement 806
11.5.4 Verification and Validation 808
11.5.5 Analysis and Discussion 814
11.6 Elastic/Viscoelastic Solution for Multiple-Tunnel at Shallow Depths 822
11.6.1 Problem Description 822
11.6.2 Solving Process of the Elastic Problems 824
11.6.3 Viscoelastic Solutions 829
11.6.4 Verification and Validation 831
11.6.5 Analysis and Discussion 834
References 847

12 Analytical Solution for Mechanical Analysis of Shallow-Buried Supported Circular Tunnel 849
12.1 Analytical Solution of Tunnel with Flexible Lining 851
12.1.1 Problem Description 851
12.1.2 Mapping Function of Rock and Lining 851
12.1.3 Determination of Analytic Functions Under Two Contact Conditions 852
12.1.4 Analytical Solution of Stress and Displacement 865
12.1.5 Analysis and Discussion 866
12.1.6 Conclusions 877
12.2 Analytical Solution for Tunnels with Rigid Lining 878
12.2.1 Problem Description 879

12.2.2 Derivation of the Analytical Solutions 880
12.2.3 Verification 890
12.2.4 Analysis and Discussion 890
12.2.5 Conclusions 901
12.3 Analytical Solution for Tunnels Supported by End Anchored Bolts 901
12.3.1 Solution of Unsupported Tunnels Subjected to Gravity 903
12.3.2 Solution of Tunnel Subjected to a Concentrated Force 903
12.3.3 Analytical Solution of Bolt Axial Force 911
12.3.4 Verification 912
12.3.5 Analysis and Discussion 914
12.3.6 Conclusions 917
References 918

13 Tunnel/Hole Shape Optimization Based on Analytical Solution 921
13.1 Inverse Problems in Mechanics 921
13.2 Shape Optimization of Planar Hole Problem—Satisfy Predetermined Displacements Condition 923
13.2.1 Problem Description and Basic Equations 923
13.2.2 Basic Principles and Method 925
13.2.3 Analysis and Discussion 928
13.3 Shape Optimization of Double-Hole Problem—Satisfy Predetermined Stress Condition 929
13.3.1 Shape Optimization for Double Holes with Equal Area 930
13.3.2 Shape Optimization for Double Holes with Unequal Area 943
13.4 Shape Optimization of Double-Hole Problem—Minimizing the Maximum Tangential Stress at Hole Boundary 950
13.4.1 Optimization Principle 950
13.4.2 Optimal Hole Shapes Under Various Loads and Hole Spacings 952
13.5 Shape Optimization of a Lined Tunnel 956
13.5.1 Optimization Principle 958
13.5.2 Constraints 959
13.5.3 Shape Optimization of Lining—Perfect Bonding Contact Condition 962
13.5.4 Shape Optimization of Lining—Full Slip Contact Condition 965
13.6 Shape Optimization of a Hole in Orthogonal Anisotropic Plane 968

13.6.1 Optimization Principles and Constraints 970
13.6.2 Optimal Shape Under Different External Loads 971
13.6.3 Optimal Hole Shape Under Different Anisotropic Degrees 972
13.6.4 Optimal Shape Under Different Orientation of Elastic Principal Plane 973
13.6.5 Comparison on Stress Between the Optimal Hole and Harmonic Hole 974
References 976

14 Displacement Back Analysis in Tunnel Engineering Based on Analytical Solutions 979
14.1 Basic Issues in Displacement Back Analysis 979
14.1.1 Identifiability of Elastic Parameters and In-Situ Stresses 982
14.1.2 Optimal Arrangement of Measuring Points 985
14.1.3 Mesh Division Range in Displacement Back Analysis 989
14.2 Back Analysis for Tunnels in Anisotropic Rock Mass 992
14.2.1 Problem Description 992
14.2.2 Criterion for Parameter Identification 993
14.2.3 Sensitivity Analysis of Parameters 994
14.2.4 Identifiability of Parameters 997
14.2.5 Conclusions 1001
14.3 Back Analysis for Twin-Tunnel Problems 1002
14.3.1 Measuring Points and Displacements 1002
14.3.2 Back Analysis Based on the Damped Least Square Method 1003
14.3.3 Case Study 1004
14.3.4 Conclusions 1008
References 1009

15 Analytical Solution for Other Geo-mechanical Problems 1011
15.1 Analytical Solution for Gravity-Induced Stresses in Slope 1011
15.1.1 Mapping Function 1012
15.1.2 Mapping Accuracy 1015
15.1.3 Analytic Function Expressions of Boundary Conditions 1017
15.1.4 Determination of Analytic Functions and Stress 1019
15.1.5 Validation 1021
15.1.6 Analysis and Discussion 1023
15.2 Slope Stability Estimation Based on Analytical Solution 1028

15.2.1 Theory for Determining Sliding Surface 1029
15.2.2 Description and Determination of the Sliding Surface 1031
15.2.3 Comparison with Previous Results 1033
15.2.4 Analysis and Discussion 1035
15.2.5 Simplified Method 1036
15.2.6 Conclusions 1039
15.3 Analytical Solution for Mechanical Responses of Soil Layer—Applicable to Flexible Strip Foundation 1040
15.3.1 Basic Equation and Method 1041
15.3.2 Verification 1046
15.3.3 Analysis and Discussion 1049
15.3.4 Conclusions 1052
15.4 Analytical Solution for Mechanical Responses of Soil Layer—Applicable to General Strip Foundation 1054
15.4.1 Problem Description 1054
15.4.2 Basic Equation and Method 1055
15.4.3 Validation 1057
15.4.4 Analysis and Discussion 1060
15.5 Analytical Stress Solution for a Brazilian Disc 1064
15.5.1 Introduction 1064
15.5.2 Treatment of Loads and Stress Solution 1067
15.5.3 Discussion on Stress and Suggested Formula for Tensile Strength 1070
15.6 A New Tensile Failure Criterion for Brittle Rock 1072
15.6.1 Strength Criterion Based on Tensile Strains 1073
15.6.2 Strength Criteria Under Complex Stress States 1076
15.6.3 Characteristics of New Criterion and Application Conditions 1078
15.6.4 Verification 1079
15.6.5 Discussion on Strength from Brazilian Disk Tests 1091
15.6.6 Conclusions 1092
15.7 Concentrated Forces Optimization for Reducing Stress Concentration Around Holes 1093
15.7.1 Cauchy's Integral Method 1095
15.7.2 Solutions for a Uniaxial Tensile Plate Subjected to Multiple Concentrated Forces 1097
15.7.3 Verification 1098
15.7.4 Optimal Position of Concentrated Forces for a Circular Hole 1101
15.7.5 Optimal Position of Concentrated Forces for an Elliptical Hole 1105
15.7.6 Conclusions 1107
References 1108

Chapter 1
Determination of Conformal Mapping Function

The partial differential equations of planar elastic problems are generally not easy to solve directly. For specific problems, the inverse or semi-inverse methods are usually used, which is challenging to address the problems with complicated geometric boundaries or load distributions. However, the general solution of the partial differential equations can be obtained directly with the mathematical tool of complex variable functions. The general solution can always be expressed by two analytic functions, and then the specific solution to a given problem can be determined by using boundary conditions. This approach has developed into a complete set of solutions. The method has fixed solving steps and does not require trial and error.

The method of conformal mapping in complex analysis provides a way to solve the above problem. This method can convert some complex problems studied in a complex region into simpler problems in a simple region, that is, it can transform complex problems into relatively simpler ones for processing. For planar elasticity problems, a complex region with a complex boundary shape on the physical plane can be transformed into another region on the image plane with a simple boundary shape through a mapping function $z = \omega(\zeta)$. For example, for simply connected domains, they can be mapped to domains inside or outside a circle on the image plane, while for doubly connected domains, they can be mapped to annular domains on the image plane. This greatly facilitates the solution of the problem.

Since the mapping function is also an analytic function, the analytic function expressed originally in terms of complex variable z becomes an analytic function expressed in terms of the new complex variable ζ after mapping. The analytic function expressed in terms of the new variable ζ has good properties, and the Cauchy integral method directly calculates the analytic function through the integration of the boundary values of the analytic function. In the mapped region, the analytic functions can be expanded into power series or Laurent series, and the form of the function inside the domain is exactly the same as that on the boundary. This provides an important theoretical foundation for power series solutions.

A. Lu et al., *Complex Variable Function Solutions in the Mechanical Analysis of Tunnels*, https://doi.org/10.1007/978-981-97-1691-3_1

The mapping functions for problems with simple geometric boundaries can be found in the previous literatures of complex variables, which usually expressed by explicit functions. However, for problems with complex geometries, the mapping functions are usually absent. This chapter provides the methods with which the approximate mapping functions for complex problems can be found.

1.1 Symmetrical Single Hole in an Infinite Domain

The problem of a single deep-buried tunnel can generally be simplified as a problem of a single hole in an infinite domain. A single hole in an infinite domain is a simply connected domain. By mapping the exterior region of the hole in the z-plane to the domain outside the unit circle in the ζ-plane (see Fig. 1.1), the general form of its mapping function can be expressed by the following Laurent series:

$$z = \omega(\zeta) = R\left(\zeta + \sum_{k=0}^{\infty} C_k \zeta^{-k}\right) \tag{1.1}$$

where R is a positive real number that approximately reflects the hole size, and C_k is generally a complex number. In most cases, only a few terms need to be taken in the series to ensure the mapping accuracy. The term $\zeta^k (k \geq 2)$ is not listed in Eq. (1.1) because it should not exist, otherwise the phenomenon of $\omega'(\zeta) \rightarrow \infty$ will occur when $\zeta \rightarrow \infty$. The process of solving the mapping function is to determine R and C_k in Eq. (1.1) based on the size and shape of the hole boundary.

Various methods have been developed to determine the mapping function coefficients R and C_k in Eq. (1.1). For example, the polygon method is a commonly used method, and the diversity of tunnel shapes leads to the need to use different

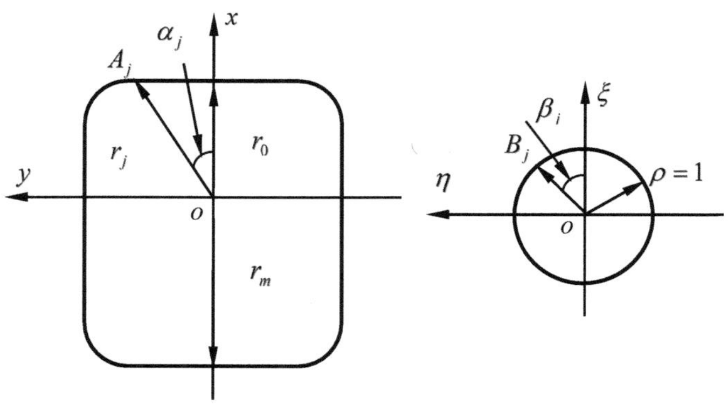

Fig. 1.1 The complex boundary of a hole with complex shape on the z-plane is mapped to the unit circle circumference on the ζ-plane

polygons to approximate different hole shapes, which is an inconvenient aspect of this method [1]. The small parameter method is suitable only for boundary shapes that can be expressed by a mathematical expression and are approximately circular, making it less general. The Mel'nikov method combines drawing and calculation and is suitable for various hole shapes [2], but its accuracy is poor. Reference [3] used this method to determine the mapping function of several commonly used coal mine tunnels. Reference [4] proposed a polynomial iterative solution method that can be used for tunnels with very complex shapes and can determine mapping function series solutions with hundreds of terms.

The generalized methods using optimization techniques is proposed in the following for determining the mapping function of complex problems.

1.1.1 Laurent Series Solution

Considering that the underground tunnels usually have at least one axis of symmetry, we will only discuss the case where there is one axis of symmetry. Without loss of generality, we assume that the axis of symmetry is the x-axis, so the coefficients R and C_k in Eq. (1.1) must be real numbers. Let the polar coordinates of any point A_j on the tunnel boundary be (r_j, α_j), and the corresponding polar coordinates of the mapping point B_j on the unit circle be $(1, \beta_j)$. The relationship between them can be represented by Eq. (1.1) as follows [5]. Since the boundary of the tunnel corresponds to the unit circle on the ζ-plane, we have

$$r_j e^{i\alpha_j} = R\left(e^{i\beta_j} + \sum_{k=0}^{\infty} C_k e^{-ki\beta_j}\right) \tag{1.2}$$

From Eq. (1.2), we have

$$r_j = R\left[e^{i(\beta_j-\alpha_j)} + \sum_{k=0}^{\infty} C_k e^{-i(k\beta_j+\alpha_j)}\right] \tag{1.3}$$

Separating Eq. (1.3) into imaginary and real parts, yields

$$\sin(\alpha_j - \beta_j) + \sum_{k=0}^{\infty} C_k \sin(\alpha_j + k\beta_j) = 0 \tag{1.4}$$

$$r_j = R\left[\cos(\alpha_j - \beta_j) + \sum_{k=0}^{\infty} C_k \cos(\alpha_j + k\beta_j)\right] \tag{1.5}$$

As the mathematical expression of the mapping function is already known, the problem of finding the mapping function reduces to the problem of solving the coefficients R and C_k. The computational steps are as follows:

(1) In the z-plane, select a Cartesian coordinate system and let the x-axis be the axis of symmetry for the tunnel. On the left side of the tunnel boundary along the counterclockwise direction, take $m + 1$ points, with the jth point having Cartesian coordinates (x_j, y_j) and corresponding polar coordinates (r_j, α_j). When calculating, only input (x_j, y_j). Let $j = 0$ corresponds to the point $(r_0, 0)$, and the corresponding Cartesian and polar coordinates on the unit circle in the ζ-plane are both (1, 0). Then, from $\beta_0 = \alpha_0 = 0$ and Eq. (1.5), we have

$$R = \frac{r_0}{1 + \sum_{k=0}^{\infty} C_k} \tag{1.6}$$

Equation (1.6) shows the relationship between R and C_k, so the next key is to find C_k.

(2) According to Eq. (1.5), when $k = 0, 1, 2, \ldots, n$ (n is taken as a finite positive integer), Eq. (1.5) cannot be accurately satisfied. But the optimization techniques can be used to determine C_k ($k = 0, 1, 2, \ldots, n$). At this time, the objective function can be taken as

$$f = \sum_{j=1}^{m} \left\{ r_j - R\left[\cos\left(\alpha_j - \beta_j\right) + \sum_{k=0}^{n} C_k \cos\left(\alpha_j + k\beta_j\right) \right] \right\}^2 \tag{1.7}$$

where r_j, α_j are known values, and C_k and β_j are unknown values which can be associated with C_k through Eq. (1.4). When $m > n$, the mapping function coefficient C_k^* that minimizes f is the mapping function coefficient C_k to be determined.

When the geometric shape of the tunnel can be accurately represented by the mapping function given by Eq. (1.1) (the maximum value of k is n), the solution that minimizes Eq. (1.7) is an exact solution and satisfies $f = 0$. On the other hand, when the solution that minimizes Eq. (1.7) is not an exact solution, but the optimal solution, then $f > 0$.

(3) The compound optimization technique is used to determine the mapping function [6]. The compound optimization method is an optimization method with constraints, which can solve the following optimization problems with inequality constraints.

$$\begin{cases} \min\ f(X) \\ \text{s.t. } g_i(X) \geq 0,\ i = 1, 2, \ldots, s \\ \text{s.t. } a_i \leq x_i \leq b_i,\ i = 1, 2, \ldots, n \end{cases}$$

where $f(X)$ is the objective function and X is the independent variable. For the objective function given by Eq. (1.7), the independent variables are C_k ($k = 1,$

2, …, n). The compound method is an optimization algorithm that starts from an initial guess of p ($p \geq n + 2$) points within the feasible region of X. It compares the objective function values at these vertices, and repeatedly removes the worst vertex (the one with the highest objective function value), and replaces it with a new vertex that improves the objective function value while satisfying the constraints. This process is iterated until the algorithm converges to the optimal vertex.

When seeking C_k^* that minimizes Eq. (1.7), it is necessary to continuously modify the value of C_k, but not all C_k is allowed. There are certain constraints that must be satisfied, namely to ensure that the function $z = \omega(\zeta)$ is single-valued in the discussion domain $|\zeta| \geq 1$, i.e., the function takes distinct values at different points in the discussion domain.

The author has developed a calculation program for determining the mapping function coefficients C_k based on the compound optimization algorithm. To perform the calculation, the program only requires inputting the Cartesian coordinates of the tunnel boundary points (x_j, y_j), which will be referred to as input coordinates. The examples in this book include coal mine tunnels with a vertical-wall and a semicircle, three centers and a curved horseshoe-shaped cross section. The geometric dimensions of the three different shaped tunnels are shown in Fig. 1.2.

Table 1.1 shows the mapping function coefficients for three different shapes of tunnels, with n taking the values of 2, 3, 4, 5. The number of input coordinate points for the three different tunnel shapes are 17, 17, 18, respectively. and these points are distributed approximately evenly along the tunnel boundary where $y \geq 0$.

The approximate tunnel shapes described by the values for R and C_k given in Table 1.1 are plotted in Fig. 1.3. The calculated results for four cases where n takes the values of 2, 3, 4, 5 are shown in Fig. 1.3. It can be seen from Fig. 1.3 that the mapped shape deviates significantly from the design shape when $n = 2$, while a satisfactory result can be obtained when $n = 5$.

The theoretical value of the pole diameter r_i at the input coordinate point can be calculated from R and C_k, thereby obtaining the absolute error between it and the

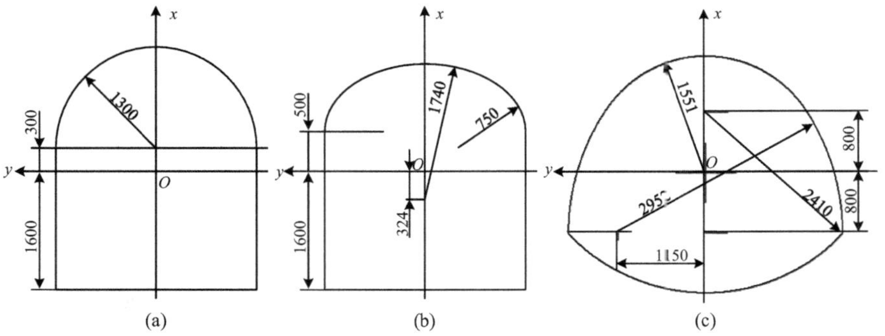

Fig. 1.2 Geometric dimensions of three different shaped tunnel sections (mm): **a** vertical-wall semicircle; **b** vertical-wall three-center arch; **c** curved-wall horseshoe-shaped

Table 1.1 Mapping function coefficients for three different tunnel shapes

	n	R	C_0	C_1	C_2	C_3	C_4	C_5
Vertical-wall semicircle	2	1.5651	−0.1120	0.0591	0.0752	/	/	/
	3	1.6042	– 0.0801	0.0964	0.0749	– 0.0938	/	/
	4	1.5999	– 0.1035	0.0887	0.0747	– 0.0977	0.0378	/
	5	1.5971	– 0.1036	0.0873	0.0729	– 0.0984	0.0384	0.0052
Vertical-wall three-center arch	2	1.5305	– 0.1571	0.0247	0.0576	/	/	/
	3	1.5743	– 0.1215	0.0658	0.0580	– 0.1029	/	/
	4	1.5731	– 0.1397	0.0601	0.0572	– 0.1112	0.0337	/
	5	1.5701	– 0.1401	0.0585	0.0534	– 0.1127	0.0338	0.0089
Curved-wall horseshoe-shaped	2	1.6738	– 0.0740	– 0.0618	0.0624	/	/	/
	3	1.6776	– 0.0716	– 0.0602	0.0649	– 0.0054	/	/
	4	1.6804	– 0.0662	– 0.0571	0.0678	– 0.0023	– 0.0192	/
	5	1.6783	– 0.0673	– 0.0593	0.0672	– 0.0028	– 0.0211	0.0074

actual value of the pole diameter r_i at the input coordinate point. Table 1.2 shows the maximum and minimum absolute errors and average absolute errors among these points, as well as the absolute errors at other points on the tunnel boundary.

According to Table 1.2, for the three different shapes of tunnels, as n increases, the objective function value and the average absolute error both become smaller, indicating that the mapping function becomes more accurate. When $n \geq 4$, these errors are negligible compared to the geometric dimensions of the tunnel. For example, when $n = 4$, the maximum absolute errors at input coordinate points for the three tunnel shapes are 0.0526 m, 0.0535 m and 0.0451 m, respectively. The average absolute errors for the three tunnel shapes are even smaller, at 0.0165 m, 0.0180 m and 0.0117 m, respectively. The absolute errors at other points between input coordinate points are also very small. When $n = 4$, for vertical-walled semi-circular arch and three-centered arch tunnels, the maximum absolute errors at these points are even smaller than those at input coordinate points, at 0.0432 m and 0.0436 m, respectively. For curved wall horseshoe-shaped tunnel, the maximum absolute error at these points is larger than that at input coordinate points, at 0.0706 m. The average absolute errors at these points for the three tunnel shapes are 0.0122 m, 0.0139 m, and 0.0133 m, respectively, which are close to the average absolute errors at input coordinate points. When $n = 4$, the mapped shapes generated by the obtained mapping functions are very close to the design shapes of the tunnels. When $n = 4$, the average absolute

Fig. 1.3 Approximate mapping boundaries for three different shapes of tunnels/m: **a** vertical-wall semicircle; **b** vertical-wall three-center arch; **c** curved-wall horseshoe-shaped

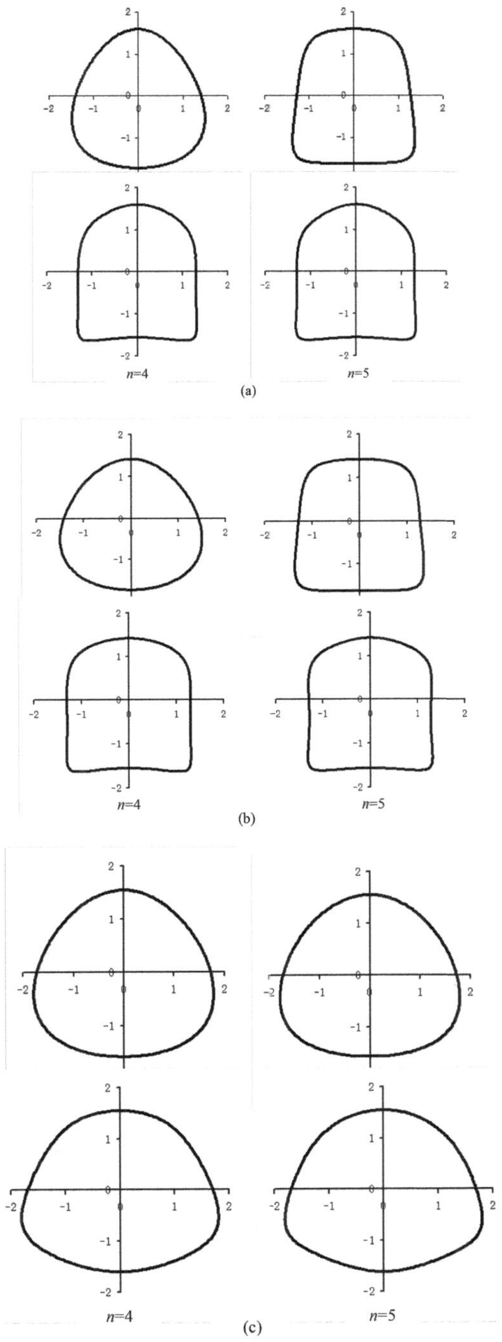

Table 1.2 Absolute errors between theoretical and actual values of polar diameter r_i at different points on the tunnel boundary

Tunnel shape	Point number	n value	Objective value (m^2)	Maximum absolute errors (m)		Minimum absolute errors (m)		Average absolute errors (m)	
				Coordinate point	Other point	Coordinate point	Other point	Coordinate point	Other point
Vertical-wall semicircle	17	2	0.2749	0.2836	0.2227	0.0056	0.0060	0.1069	0.1074
		3	0.0459	0.1239	0.0921	0.0089	0.0018	0.0406	0.0409
		4	0.0089	0.0526	0.0432	0.0012	0.0014	0.0165	0.0122
		5	0.0080	0.0543	0.0346	0.0002	0.0054	0.0164	0.0130
Vertical-wall three-center arch	17	2	0.3202	0.2921	0.2306	0.0131	0.0044	0.1170	0.1170
		3	0.0446	0.1169	0.0874	0.0052	0.0018	0.0408	0.0379
		4	0.0098	0.0535	0.0436	0.0019	0.0003	0.0180	0.0139
		5	0.0067	0.0752	0.0325	0.0005	0.0003	0.0146	0.0096
Curved-wall horseshoe-shaped	18	2	0.0191	0.0811	0.0944	0.0006	0.0013	0.0273	0.0295
		3	0.0165	0.0786	0.0818	0.0034	0.0014	0.0247	0.0255
		4	0.0044	0.0451	0.0706	0.0011	0.0001	0.0117	0.0133
		5	0.0026	0.0345	0.0594	0.0001	0.0001	0.0078	0.0089

errors at input coordinate points for the three tunnel shapes are 0.01645 m, 0.0180 m, and 0.0117 m, respectively.

1.1.2 Schwarz–Christoffel Integral Formula Solution

Section 1.1.1 describes the compound optimization method based on Laurent series. This method directly takes the mapping function coefficients represented by series as the design variables of the optimization method, making it a direct method. Theoretically, this method is applicable to various shapes of openings. The author used this method to obtain the mapping function of three commonly used coal mine tunnels, and the calculation results showed that this method has high accuracy. However, for some complex-shaped openings, to improve accuracy, a large number of terms may be required in the series. When the number of terms in the series exceeds a dozen, that is, when the coefficients of the series to be solved exceed a dozen, the optimization method often fails, mainly because regular constraints cannot be given between the variables to be solved in advance. Next, the author will use arbitrary polygons to approximate non-circular tunnels and use the optimization method to obtain the mapping function. Compared with the previous hexagonal approximation method, this method is more perfect. The side length and number of edges of the polygon can be arbitrarily selected, and the entire calculation process is performed on a computer. The user only needs to input simple data such as the coordinates of the polygon vertices, avoiding the complexity of the previous polygon approximation method [7].

1.1.2.1 Basic Principle and Formula of Polygonal Approximation Method

The boundary of an underground tunnel can be approximated by a polygon, and the approximation accuracy increases as the number of vertices in the polygon increases. Although the Schwarz–Christoffel integration formula can be used to find the mapping function which transforms the polygon region into the region outside the unit circle, the formula involves the unknown corresponding point coordinates on the unit circle for the polygon vertices in the z-plane and the difficulty of integration. Therefore, it is still very difficult to directly use the Schwarz–Christoffel formula to solve the mapping function.

The case where the tunnel has an axis of symmetry is discussed here. The polygon shown in Fig. 1.4 is symmetrical about the x-axis. According to the Schwarz–Christoffel formula, the general formula for the mapping of the outer region of the polygon to the outer region of the unit circle (Fig. 1.5) can be written as follows:

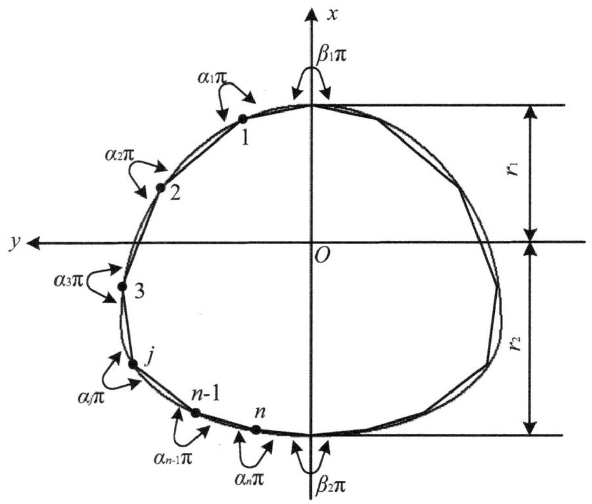

Fig. 1.4 Tunnel geometry and its polygonal approximation

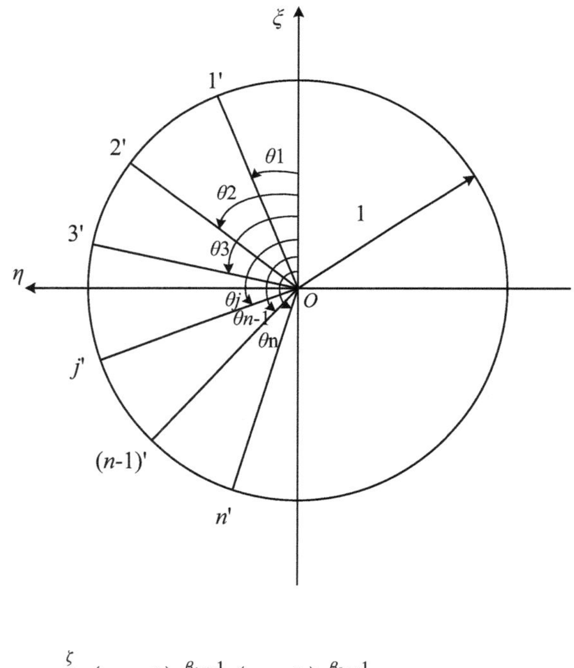

Fig. 1.5 Position of corner points of a polygon on the ζ-plane

$$z = \omega(\zeta) = C \int_1^{\zeta} \left(1 - \frac{1}{t}\right)^{\beta_1 - 1} \left(1 + \frac{1}{t}\right)^{\beta_2 - 1}$$

$$\prod_{j=1}^{n} \left(1 - \frac{a_j}{t}\right)^{\alpha_j - 1} \left(1 - \frac{\overline{a}_j}{t}\right)^{\alpha_j - 1} dt + D \tag{1.8}$$

The boundary of a polygon is mapped to the circumference of the unit circle, and the vertices 1 ~ n of the polygon are mapped to the points $1'$ ~ n' on the unit circle. In Eq. (1.8), β_1, β_2, α_1 ~ α_n are n times the outer angles of the polygon. When the polygon is symmetric about the x-axis, C and D are real constants. a_1 ~ a_n, $\overline{a_1}$ ~ $\overline{a_n}$ are the coordinates of the corresponding points on the unit circle with respect to the vertices of the polygon on the ζ-plane, but the specific locations are unknown and they can be represented as: $a_j = e^{i\theta_j}$, $\overline{a}_j = e^{-i\theta_j}$ ($j = 1, 2, \ldots, n$), that is, θ_j is unknown.

It is difficult to directly obtain the mapping function according to Eq. (1.8). Even if the integral of it can be accurately obtained, such mapping functions are not available in stress analysis because the corner point is a sharp point, and the derivative of the mapping function does not exist at the vertex. The author of this book adopts the following method to handle the integral of Eq. (1.8) [7].

Let $T = 1/t$, then $|T| \leq 1$, the integrand in Eq. (1.8) can be expressed as the product of several series. Since we have

$$(1 - T)^{\beta_1 - 1} = 1 + \sum_{j=1}^{\infty} E_j T^j$$

$$(1 - T)^{\beta_1 - 1} = 1 + \sum_{j=1}^{\infty} E_j T^j$$

where

$$E_1 = -(\beta_1 - 1)$$

$$E_{j+1} = -E_j(\beta_1 - j - 1)/(j + 1) \quad (j = 1, 2, \ldots)$$

$$F_1 = \beta_2 - 1$$

$$F_{j+1} = F_j(\beta_2 - j - 1)/(j + 1) \quad (j = 1, 2, \ldots)$$

Therefore,

$$(1 - T)^{\beta_1 - 1}(1 + T)^{\beta_2 - 1} = 1 + \sum_{j=1}^{\infty} HO(j) T^j$$

where

$$HO(1) = E_1 + F_1$$

$$HO(j) = E_j + F_j + \sum_{k=1}^{j-1} F_k E_{j-k} \quad (j = 1, 2, \ldots, n)$$

Similarly, since $\left|\alpha_j T\right| \leq 1$ and $\left|\overline{\alpha_j} T\right| \leq 1$, then $(1 - \alpha_j T)^{\alpha_j - 1}$ and $(1 - \overline{\alpha}_j T)^{\alpha_j - 1}$ can be expanded into two series, and their product can be determined as:

$$\left(1 - \alpha_j T\right)^{\alpha_j - 1}\left(1 - \overline{\alpha}_j T\right)^{\alpha_j - 1} = 1 + \sum_{k=1}^{\infty} D_{jk} T^k \quad (j = 1, 2, \ldots, n)$$

where D_{jk} is:

$$D_{jk} = 2C_{jk} \cos k\theta_j + 2\sum_{i=1}^{\frac{k-1}{2}} C_{ji} C_{j(k-i)} \cos(k - 2i)\theta_j, \quad (k = 1, 3, 5, \ldots)$$

$$\begin{aligned} D_{jk} &= 2C_{jk} \cos k\theta_j + C_{j\frac{k}{2}} C_{j\frac{k}{2}} \\ &\quad + 2\sum_{i=1}^{\frac{k}{2}-1} C_{ji} C_{j(k-i)} \cos(k - 2i)\theta_j, \quad (k = 2, 4, 6, \ldots) \end{aligned}$$

where C_{ik} is:

$$C_{j1} = -\left(\alpha_j - 1\right)$$

$$C_{j(k+1)} = -C_{jk}(\alpha_j - k - 1)/(k + 1) \quad (k = 1, 2, \ldots)$$

By multiplying all the series obtained from the expansion of the integrand in Eq. (1.8), we can obtain a basic formula that is easy to integrate and determine the mapping function. The process is as follows:

$$\begin{aligned} &(1 - T)^{\beta_1 - 1}(1 + T)^{\beta_2 - 1}(1 - \alpha_1 T)^{\alpha_1 - 1}(1 - \overline{\alpha}_1 T)^{\alpha_1 - 1} \\ &= \left[1 + \sum_{j=1}^{\infty} HO(j) T^j\right] \cdot \left[1 + \sum_{j=1}^{\infty} D_{1j} T^j\right] \\ &= 1 + \sum_{j=1}^{\infty} HH(1, j) T^j \end{aligned}$$

where

$$HH(1, 1) = HO(1) + D_{11}$$

$$HH(1,j) = HO(j) + D_{1j} + \sum_{k=1}^{j-1} D_{1k} HO(j-k) \quad (j = 2, 3, \ldots)$$

$$(1-T)^{\beta_1 - 1}(1+T)^{\beta_2 - 1} \prod_{j=1}^{2} \left(1 - \alpha_j T\right)^{\alpha_j - 1} \left(1 - \overline{\alpha}_j T\right)^{\alpha_j - 1}$$
$$= \left[1 + \sum_{j=1}^{\infty} HH(1,j) T^j\right] \left[1 + \sum_{j=1}^{\infty} D_{2j} T^j\right]$$
$$= 1 + \sum_{j=1}^{\infty} HH(2,j) T^j$$

where

$$HH(2, 1) = HH(1, 1) + D_{21}$$

$$HH(2,j) = HH(1,j) + D_{2j} + \sum_{k=1}^{j-1} D_{2k} HH(1, j-k)$$

The final result is:

$$(1-T)^{\beta_1 - 1}(1+T)^{\beta_2 - 1} \prod_{j=1}^{n} \left(1 - a_j T\right)^{\alpha_j - 1} \left(1 - \overline{a}_j T\right)^{\alpha_j - 1}$$
$$= 1 + \sum_{j=1}^{\infty} HH(n,j) T^j \tag{1.9}$$

where

$$HH(n, 1) = HH(n-1, 1) + D_{n1} = HO(1) + \sum_{j=1}^{n} D_{j1}$$

$$HH(n,j) = HH(n-1,j) + D_{nj} + \sum_{k=1}^{j-1} D_{nk} HH(n-1, j-k) \quad (j = 2, 3, \ldots)$$

The above process can be expressed as a recursive formula as follows.

$$HH(1, 1) = HO(1) + D_{11}$$

$$HH(1,j) = HO(j) + D_{1j} + \sum_{k=1}^{j-1} D_{1k} HO(j-k) \quad (j = 2, 3, \ldots)$$

$$HH(i+1,1) = HH(i,1) + D_{(i+1)1}$$

$$HH(i+1,j) = HH(i,j) + D_{(i+1)j} + \sum_{k=1}^{j-1} D_{(i+1)k} HH(i,j-k)$$

Let $1 + \sum_{j=1}^{\infty} HH(n,j)T^j = 1 + \sum_{j=1}^{\infty} B_j T^j$, then the integral of Eq. (1.8) can be obtained as

$$z = C\left[\zeta + B_1 \ln \zeta - \sum_{j=2}^{\infty} B_j \zeta^{-(j-1)}/(j-1)\right] + D$$

where $B_j = HH(n, j)$ ($j = 1, 2, \ldots$).

$\ln \zeta$ is a multivalued function. To ensure that the mapping is univalent, it is required that $B_1 = 0$. From this condition, the following equation can be derived.

$$2\sum_{j=1}^{n} (\alpha_j - 1)\cos\theta_j + \beta_1 - \beta_2 = 0 \tag{1.10}$$

Therefore, the final form of the mapping function is

$$z = C\left[\zeta - \sum_{k=2}^{\infty} B_k \zeta^{-(k-1)}/(k-1)\right] + D \tag{1.11}$$

where C, D, B_k ($k = 2, 3, \ldots$) are unknowns to be determined, B_k is related to θ_j ($j = 1, 2, \ldots, n$). When θ_j is solved, B_k can be calculated according to the above solution process.

1.1.2.2 Determination of Mapping Functions Using Optimization Methods

It can be calculated from Fig. 1.4 and Eq. (1.11) that

$$C = (r_1 + r_2)/\left\{2 - \sum_{k=2}^{\infty} B_k\left[1 - (-1)^{k-1}\right]/(k-1)\right\}$$

$$D = r_1 - C\left[1 - \sum_{k=2}^{\infty} B_k/(k-1)\right]$$

That is, C and D are also the functions of θ_j ($j = 1, 2, \ldots, n$). The Cartesian coordinates of the actual vertices of the polygon are denoted as (x_j, y_j) ($j = 1$,

2, …, n). From Eq. (1.11), we can also calculate the Cartesian coordinates of the theoretical vertices of the polygon (1, 2, …, n).

$$\begin{cases} \overline{x}_j = C\left[\cos\theta_j - \sum_{k=2}^{\infty} B_k \cos(k-1)\theta_j/(k-1)\right] + D \\ \overline{y}_j = C\left[\sin\theta_j + \sum_{k=2}^{\infty} B_k \sin(k-1)\theta_j/(k-1)\right] \end{cases} \tag{1.12}$$

When k takes infinite, $x_j = \overline{x}_j$, $y_j = \overline{y}_j$. In actual calculation, it is impossible to take infinite terms for k, but only finite terms. When k is taken as a finite term, it does not always hold $x_j = \overline{x}_j$ and $y_j = \overline{y}_j$ for all j.

Based on the condition of finding the closest theoretical vertex $(\overline{x}_j, \overline{y}_j)$ to the actual vertex (x_j, y_j) of a polygon, the unknown quantity θ_j $(j = 1, 2, \ldots, n)$ can be solved. When using optimization methods for calculation, the objective function can be defined as follows:

$$f(\theta_1, \theta_2, \ldots, \theta_n) = \sum_{j=1}^{n} \left[(x_j - \overline{x}_j)^2 + (y_j - \overline{y}_j)^2\right]^{\frac{1}{2}} \tag{1.13}$$

The value of x_j and y_j in Eq. (1.13) are known, $\overline{x}_j$, $\overline{y}_j$ are given by Eq. (1.12). Since C and D are related to B_k, and B_k is related to θ_j, then Eq. (1.13) is the function of θ_j. Using optimization methods, a set of optimal solutions $\hat{\theta}_j$ can be obtained when Eq. (1.13) reaches its minimum value, and the mapping function coefficient B_k can be obtained.

In the process of optimizing Eq. (1.13), θ_j must satisfy the following constraints.

$$\begin{cases} 2\sum_{j=1}^{n}\left(\alpha_j - 1\right)\cos\theta_j + \beta_1 - \beta_2 = 0 \\ \theta_1 > 0 \\ \theta_{j+1} > \theta_j \quad (j = 1, 2, \ldots, n-1) \\ \theta_n < \pi \end{cases} \tag{1.14}$$

Therefore, it is necessary to use a constrained optimization method to obtain the optimal solution of Eq. (1.13). The author adopts a mixed penalty function optimization method to determine the mapping function [8, 9].

1.1.2.3 Steps for Determining Mapping Functions Using Optimization Methods

Firstly, according to the geometric boundary of the tunnel, points (x_j, y_j) $(j = 1, 2, \ldots, n)$ are selected as the vertices of the polygon on the boundary. The number of coordinate points should be determined based on the actual situation to ensure that the lines connecting these vertices are close to the geometric of the tunnel boundary. In particular, when the tunnel boundary contains straight lines, the two endpoints of the line segment can be directly used as the vertices of the polygon. Based on the connecting lines of the vertices of the polygon, the parameters β_1, β_2, $\alpha_1 \sim \alpha_n$ which reflect the size of the exterior angles of the polygon are solved.

The position of the mapped points of the coordinate vertices of the polygon on the z-plane onto the unit circle in the ζ-plane is unknown, and its position is determined by θ_j $(j = 1, 2, \ldots, n)$, which is an unknown variable. To use optimization methods to minimize Eq. (1.13), a finite number of terms from Eq. (1.12) should be used. In this section, the maximum value of k is taken to be m.

The specific optimization process is as follows: assign an initial value to θ_j and use relevant basic formulas to calculate the corresponding B_k, C and D values. Substitute these values and the initial value of θ_j into Eq. (1.12) to solve $(\overline{x}_j, \overline{y}_j)$. Then substitute the given (x_j, y_j) and $(\overline{x}_j, \overline{y}_j)$ into Eq. (1.13) to obtain the objective function value. Continuously adjust the initial value of θ_j until a set of values $\hat{\theta}_j$ that minimizes Eq. (1.13) is found.

Substituting the corresponding B_k, C and D values for $\hat{\theta}_j$ into Eq. (1.11), the final mapping function can be obtained as follows:

$$z = C\left[\zeta - \sum_{k=2}^{m} B_k \zeta^{-(k-1)}/(k-1)\right] + D$$

The above formula can be written in a more concise form as follows:

$$z = C\left[\zeta + \sum_{k=1}^{m-1} C_k \zeta^{-k}\right] + D \tag{1.15}$$

where $C_k = -B_{k+1}/k$.

1.1.2.4 Examples

According to the basic formulas and calculation steps mentioned above, the author developed a calculation program for determining the mapping function coefficients C, D, and C_k using the mixed penalty function optimization method. During the calculation, only the rectangular coordinates (x_j, y_j), m and n values of the tunnel boundary need to be input.

Table 1.3 gives the mapping function coefficients for four different shaped tunnels: trapezoidal, hexagonal, Vertical-walled semi-circular arch, and horseshoe-shaped (only partial results are shown in Table 1.3). Figures 1.6, 1.7, 1.8 and 1.9 show the approximate tunnel boundaries plotted by the mapping function.

The method of approximating the boundary of underground tunnels with arbitrary polygons and using mixed penalty function optimization technology to solve the

Table 1.3 The mapping function coefficients for four different shaped tunnels

Coefficients	Ladder-shaped (m = 15, n = 2)	Hexagon (m = 15, n = 3)	Vertical-wall semicircle (m = 15, n = 6)	Horseshoe-shaped (m = 10, n = 17)
C	1.6334	1.4788	1.6051	1.6780
D	– 0.1254	0.0003	– 0.1669	– 0.1154
C_1	0.0646	– 0.0053	0.0850	– 0.0604
C_2	0.1094	– 0.0001	0.0766	0.0656
C_3	– 0.1491	– 0.0018	– 0.0970	– 0.0031
C_4	– 0.0248	– 0.0002	0.0385	– 0.0212
C_5	– 0.0086	– 0.0667	0.0046	0.0060
C_6	– 0.0149	0.0001	– 0.0091	0.0042
C_7	0.0104	0.0005	0.0068	– 0.0051
C_8	0.0049	0.000	– 0.0053	0.0025
C_9	0.0023	0.0004	0.0011	0.0034
C_{10}	0.0062	0.0001	0.0020	/
C_{11}	– 0.0009	0.0101	– 0.0036	/
C_{12}	– 0.0011	– 0.0000	0.0013	/
C_{13}	– 0.0003	– 0.0002	– 0.0001	/
C_{14}	– 0.0030	– 0.0000	0.0001	/

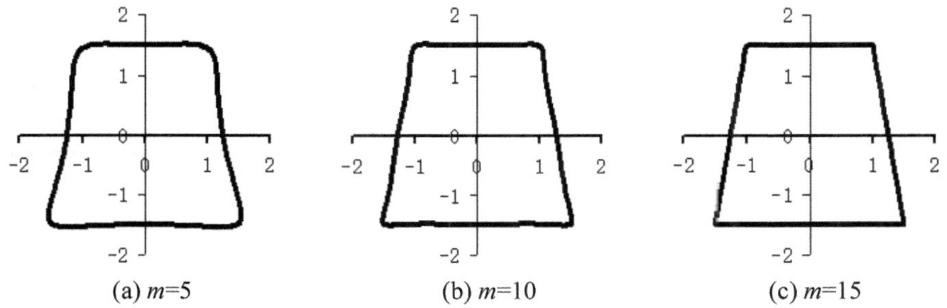

Fig. 1.6 Approximate mapping boundary of trapezoidal tunnel

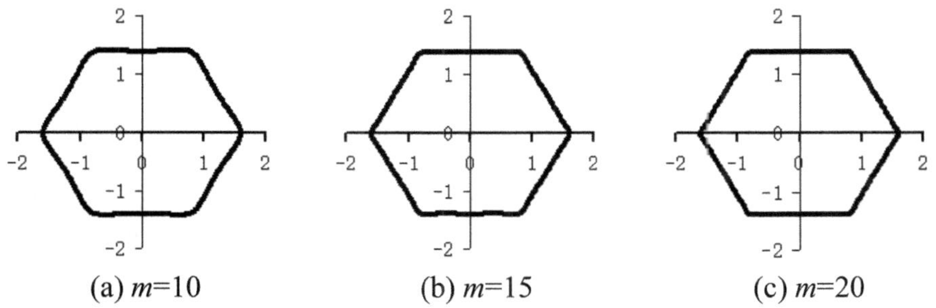

Fig. 1.7 Approximate mapping boundary of hexagonal tunnel

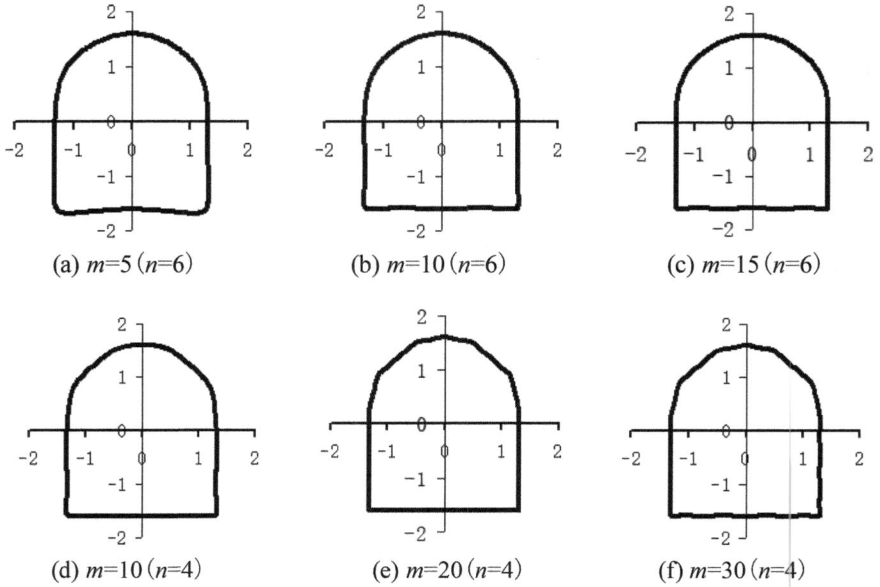

(a) m=5 (n=6) (b) m=10 (n=6) (c) m=15 (n=6)

(d) m=10 (n=4) (e) m=20 (n=4) (f) m=30 (n=4)

Fig. 1.8 Approximate mapping boundary of vertical-wall semicircle tunnel

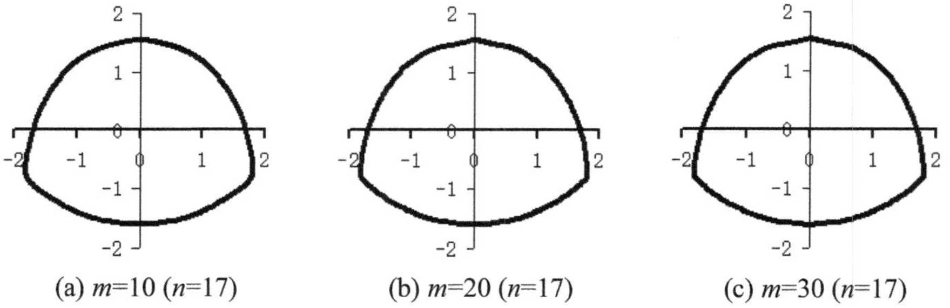

(a) m=10 (n=17) (b) m=20 (n=17) (c) m=30 (n=17)

Fig. 1.9 Approximate mapping boundary of a horseshoe-shaped tunnel

mapping function in the outer region of an underground tunnel is an ideal method. The calculation process of this method is carried out on a computer, and the operator only needs to input some simple data such as the coordinates of the polygon vertices. Through examples, it has been found that this method has strong applicability. It is not only suitable for tunnels with straight boundaries, but also for tunnels with curved boundaries.

When the tunnel boundary is all linear, the mapping accuracy is related to the number of terms of the mapping function. When the number of terms is small, the tunnel boundary determined by the mapping function is curved. As the number of terms increases (m value increases), the mapping accuracy becomes higher and the tunnel boundary obtained by the mapping function becomes closer to a straight line (see Figs. 1.6 and 1.7).

For tunnels with both straight and curved boundaries, as the number of terms in the mapping function increases: when there are more polygon vertices selected in the curved portion, the mapping accuracy of both straight and curved boundaries becomes higher (Fig. 1.8a–c, $n = 6$); when there are fewer polygon vertices selected in the curved portion, the mapping accuracy of the straight portion becomes higher while the mapping accuracy of the curved portion becomes lower (Fig. 1.8d–f, $n = 4$). Therefore, when determining the mapping function for tunnels with curved boundaries, the number of vertices selected in the curved portion should not be too small.

When using a polygon to approximate the actual shape of a tunnel, the number of vertices can be large and the location of the corner points can also be arbitrarily selected to achieve the best approximation effect. This is the innovation and feature of the author, overcoming the previous shortcomings of only using polygons with few vertices to approximate tunnel boundaries.

Through examples, it has been found that when there are many vertices, the optimization method can also achieve very satisfactory results, mainly because the design variables have highly regular constraints, i.e., $0 < \theta_1 < \theta_2 < \theta_3 \ldots < \theta_n < \pi$. Figure 1.9 shows the calculation results of using a thirty-six-sided polygon to approximate a horseshoe-shaped tunnel.

Due to the finite number of terms used in the mapping function calculation (where m is a finite number), the vertices of the polygon have been smoothed, so $\omega'(\zeta)$ exists at the vertices. If it is not like this, there will be sharp points on the boundary line, which will cause errors in stress calculation instead.

1.2 Symmetrical Double Holes in an Infinite Domain

When there are two holes in an infinite plane, this is a doubly-connected domain problem. According to Riemann's theorem for the existence of mappings, one can always find an analytic function that conformally maps the doubly-connected domain to a circular annulus in the image plane, and the ratio of the inner and outer radii of the annulus is uniquely determined.

Underground engineering often encounters the problem of two tunnels. For deeply buried and parallel tunnels, this problem can be simplified as a plane strain problem with two holes in an infinite domain. There are already exact mapping functions for an infinite plane with two circular holes [10, 11]. The author also studied a circular hole and an elliptical hole [12], as well as mapping functions from two elliptical holes to an annulus [13]. The author has found a general method for the mapping function from two complex-shaped holes to an annulus [14].

On the z-plane, the two arbitrary holes symmetric about the x-axis are shown in Fig. 1.10. First, the two holes on the z-plane are mapped to two circular holes on the

ζ_1-plane (see Fig. 1.11), and then these two circular holes are mapped to an annulus on the ζ-plane (see Fig. 1.12).

In Fig. 1.10, points A, B, C, D represent the intersections of the two-hole boundary and the x-axis. Their corresponding mapping points in the ζ_1-plane (Fig. 1.11) and the ζ-plane (Fig. 1.12) are A', B', C', D' and A'', B'', C'', D''. Angles α_1 and α_2 refer to the angle between the line connecting the boundary points and the hole center and the x-axis direction. α_1 starts at point A and rotates clockwise, while α_2 starts at point D and rotates counterclockwise. In order to correspond to the angles in the physical plane, angles β_j $(j = 1, 2)$ in the ζ_1-plane and angles θ_j $(j = 1, 2)$ in the ζ-plane correspond to the image points and direction of rotation of α_j $(j = 1, 2)$.

The mapping function that maps a z-plane containing two arbitrary holes symmetric about the x-axis into two circular holes in the ζ_1 plane has the general form [14]:

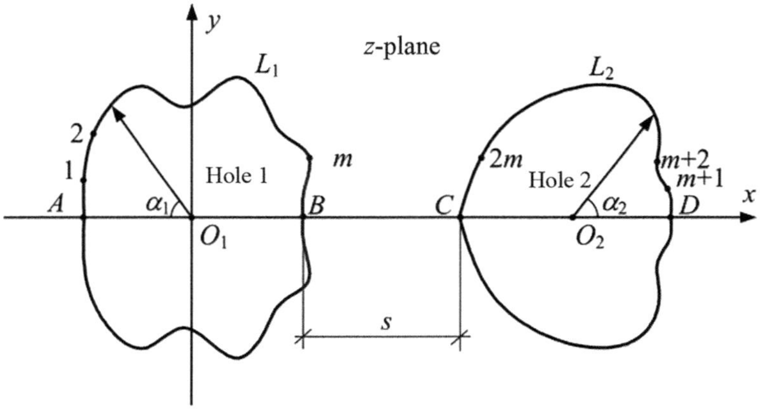

Fig. 1.10 Two arbitrary shaped symmetrical holes in z-plane

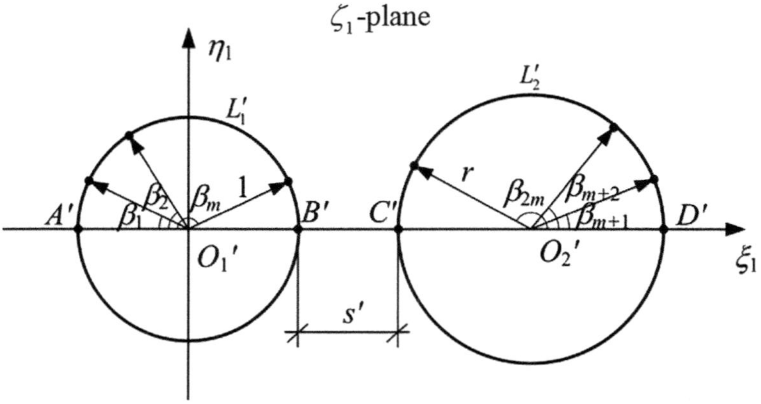

Fig. 1.11 Two circular holes in ζ_1-plane

Fig. 1.12 A ring in ζ-plane

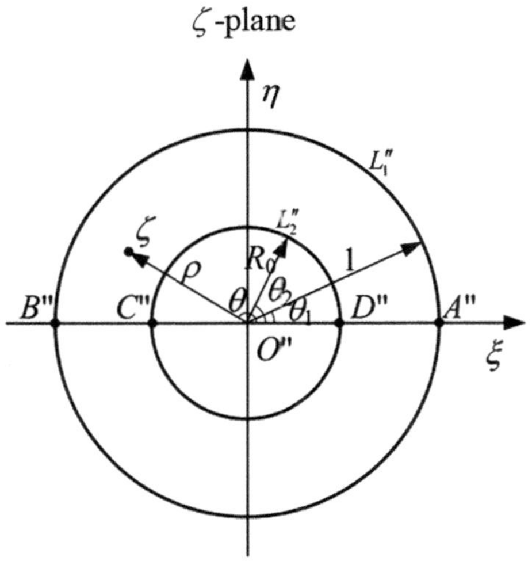

$$z = \omega_1(\zeta_1) = R\left[\zeta_1 + c_0 + \sum_{j=1}^{k_1} \lambda_j \zeta_1^{-j} + \sum_{j=1}^{k_2} \lambda_{-j}(\zeta_1 - s_3)^{-j}\right] \tag{1.16}$$

Let the radius of the left circular hole in Fig. 1.11 be 1, while the radius of the right circular hole is r. The distance between the two holes is s', and r and s' are unknown. In the mapping function (1.16), s_3 is the distance between the centers of two circular holes, that is, $s_3 = 1 + s' + r$.

If the number of terms in the summation of the equation is equal, taking $k = k_1 = k_2$, then R, c_0, λ_1, …, λ_k, and λ_{-1}, …, λ_{-k} are also unknown parameters to be determined, where R roughly reflects the size of the mapping boundary, c_0 controls the position of the center of the figure on the x-axis, and λ_1, …, λ_k and λ_{-1}, …, λ_{-k} are parameters that control the shape of the hole. There are a total of $2k + 4$ unknowns for each mapping, including r, s', R, c_0, λ_1, …, λ_k and λ_{-1}, …, λ_{-k}.

For general mappings, all of these $2k + 4$ unknowns should be complex numbers. However, because the two holes discussed here are symmetric about the x-axis, all $2k + 4$ unknowns are real numbers, greatly reducing the difficulty of solution of the unknowns. When the shapes of the two holes are given, the determination of these $2k + 4$ unknowns is a crucial step. The author used the method of mixed penalty function from the optimization theory to determine these parameters, based on the correspondence between the coordinates of a finite number of points on the boundary of the two holes in Figs. 1.10 and 1.11.

According to the method proposed by Korn, the mapping function of two circular holes on the ζ_1-plane to a circular ring with inner radius R_0 of and outer radius of 1 on the ζ-plane is as follows [11].

$$\zeta_1 = \omega_2(\zeta) = \frac{\zeta - d}{d\zeta - 1} \tag{1.17}$$

where $d = \frac{1+\xi_{D'}\xi_{C'}+\sqrt{(\xi_{D'}^2-1)(\xi_{C'}^2-1)}}{\xi_{D'}+\xi_{C'}}$, $R_0 = \frac{\xi_{D'}\xi_{C'}-1-\sqrt{(\xi_{D'}^2-1)(\xi_{C'}^2-1)}}{\xi_{D'}-\xi_{C'}}$, $\xi_{D'} = 1+s'+2r$, $\xi_{C'} = 1+s'$.

Substituting Eq. (1.17) into Eq. (1.16), the mapping function that maps two arbitrarily shaped holes symmetric with respect to the x-axis to a circular ring is obtained, and it has the following form:

$$z = \omega(\zeta) = R\left[\frac{\zeta - d}{d\zeta - 1} + c_0 + \sum_{j=1}^{k_1}\lambda_j\left(\frac{\zeta - d}{d\zeta - 1}\right)^{-j} + \sum_{j=1}^{k_2}\lambda_{-j}\left(\frac{\zeta - d}{d\zeta - 1} - s_3\right)^{-j}\right] \tag{1.18}$$

To validate the generality of the mapping function (1.18), some examples of holes and their mapping function coefficients are given in Table 1.4 in Ref. [14], with $k = 8$. Figure 1.13 shows the graphics plotted by the mapping functions, which match the given hole shapes quite well.

Each hole in Fig. 1.13 has a mapping function that can be used to map it to a circular ring. From the mapped shapes in Fig. 1.13, the corners of the oval hole similar to a symmetric wing and the triangular hole are close to their true corners, while the corners of the square are curved with small radii of curvature. This is because mapping a square requires more terms in the mapping function to make the mapped hole shape closer to a square. This is similar to the rule for single-hole mapping. The Schwarz–Christoffel formula that maps a circular hole to a square hole is as follows:

$$z = \omega(\zeta) = R\left(\zeta - \frac{1}{6}\zeta^{-3} + \frac{1}{56}\zeta^{-7} - \frac{1}{176}\zeta^{-11} - \frac{1}{384}\zeta^{-15} - \cdots\right) \tag{1.19}$$

The mapping function for a double square hole mapped to a circular ring should also be an infinite series. However, using fewer terms in the mapping function can lead to mapped shapes that are close to the true shapes. As shown in Fig. 1.14, when 18 terms are used in the mapping function, the mapped hole is almost identical to the original square. But a value of $k = 8$ is usually used for future problems to reduce computational time.

The mapping function coefficients given in Table 1.4 were determined by the mixed penalty function optimization method, and the shapes shown in Fig. 1.13 were drawn using these function coefficients.

From Table 1.4, it can be seen that λ_k and λ_{-k} gradually decrease as k increases, although they are not strictly monotonically decreasing. Because Eq. (1.18) is convergent, it is possible to approximate a true mapping function with a finite term mapping function. Furthermore, comparing the mapping function coefficients for two egg-shaped holes, two triangular holes, and two square holes that are mapped in the first step, it is found that the radius of the two circles is the same and the mapping function coefficients follow the following pattern.

Table 1.4 The coefficients of the mapping functions in Fig. 1.13

Coefficients	Oval hole–oval hole	Triangle–triangle	Square–square	Circle–triangle	Square–triangle
s	4.577	1.820	5.924×10^{-1}	8.165×10^{-1}	5.600×10^{-1}
r	1.000	1.000	1.000	8.659×10^{-1}	7.150×10^{-1}
R	2.890×10^{-1}	8.377×10^{-1}	2.349	1.955	2.327
c_0	1.714×10^{-1}	3.177×10^{-1}	-1.917×10^{-2}	-4.316×10^{-2}	-3.674×10^{-2}
λ_1	7.523×10^{-1}	1.140×10^{-3}	-3.756×10^{-3}	-6.125×10^{-3}	-4.400×10^{-3}
λ_2	-6.648×10^{-2}	-3.417×10^{-1}	1.495×10^{-3}	-2.740×10^{-3}	3.005×10^{-3}
λ_3	8.799×10^{-3}	-2.964×10^{-3}	-1.773×10^{-3}	-1.167×10^{-3}	-1.790×10^{-1}
λ_4	-4.161×10^{-3}	-1.051×10^{-3}	-5.742×10^{-3}	-4.795×10^{-4}	-8.345×10^{-3}
λ_5	2.257×10^{-3}	2.160×10^{-2}	-2.801×10^{-3}	-1.920×10^{-4}	-5.254×10^{-3}
λ_6	-1.800×10^{-3}	8.179×10^{-5}	-2.863×10^{-3}	-7.409×10^{-5}	-4.094×10^{-3}
λ_7	1.158×10^{-3}	-1.059×10^{-4}	1.571×10^{-2}	-2.874×10^{-5}	1.605×10^{-2}
λ_8	-8.972×10^{-4}	-3.633×10^{-3}	5.638×10^{-4}	-1.032×10^{-5}	8.435×10^{-4}
λ_{-1}	7.523×10^{-1}	1.154×10^{-3}	-3.751×10^{-3}	-3.466×10^{-5}	3.110×10^{-4}
λ_{-2}	6.646×10^{-2}	3.417×10^{-1}	-1.496×10^{-3}	2.192×10^{-1}	1.269×10^{-1}
λ_{-3}	8.773×10^{-3}	-2.985×10^{-3}	-1.773×10^{-1}	8.259×10^{-7}	-2.370×10^{-3}
λ_{-4}	4.123×10^{-3}	1.075×10^{-3}	5.740×10^{-3}	-1.073×10^{-4}	8.892×10^{-4}
λ_{-5}	2.262×10^{-3}	2.159×10^{-2}	-2.809×10^{-3}	9.130×10^{-3}	2.695×10^{-3}
λ_{-6}	1.798×10^{-3}	-9.523×10^{-5}	2.862×10^{-3}	5.239×10^{-5}	3.170×10^{-5}
λ_{-7}	1.121×10^{-3}	-8.748×10^{-5}	1.571×10^{-2}	-6.750×10^{-5}	-2.225×10^{-5}
λ_{-8}	9.245×10^{-4}	3.627×10^{-3}	-5.617×10^{-4}	9.894×10^{-4}	1.851×10^{-4}

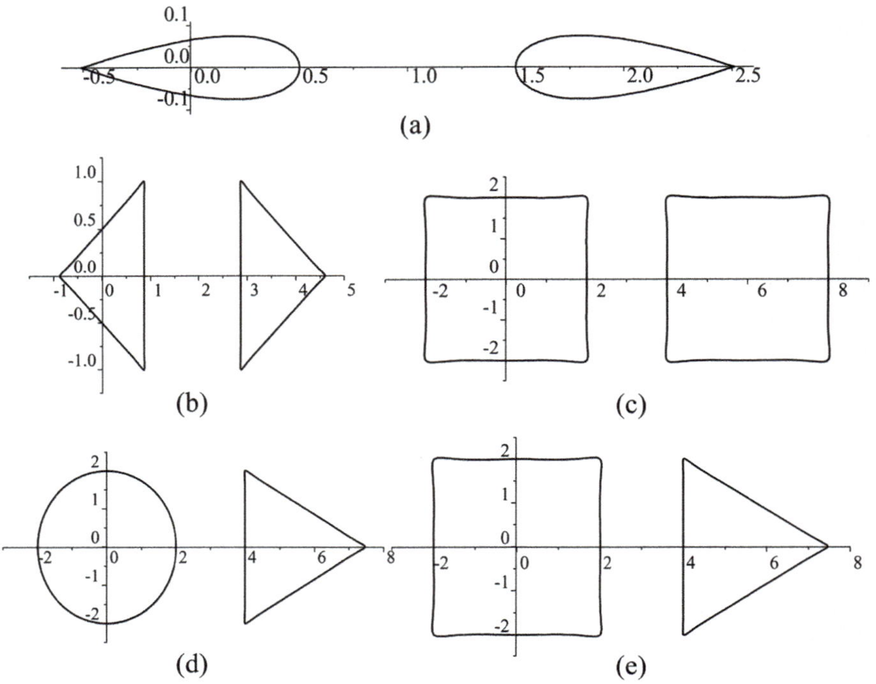

Fig. 1.13 Combinations of holes: **a** two oval holes, **b** two triangles, **c** two squares, **d** circle-triangle, **e** square-triangle

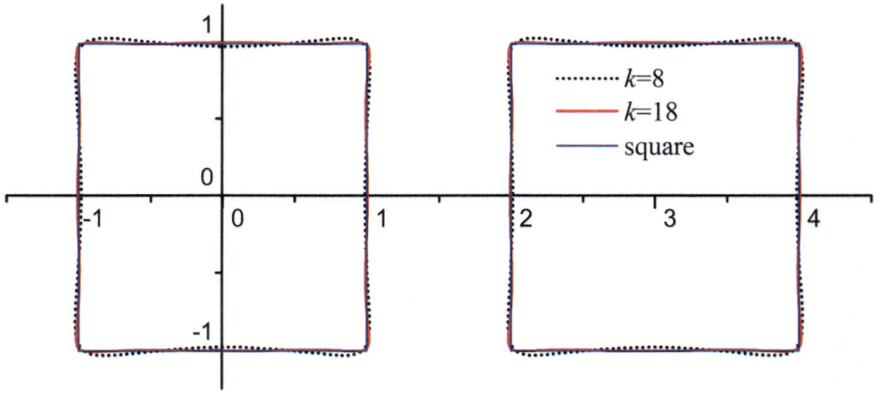

Fig. 1.14 Mapped holes compared with square for different terms of mapping function

$$\lambda_{-k} \approx (-1)^{k+1}\lambda_k \tag{1.20}$$

Reference [15] proves that when the hole shape satisfies the aforementioned symmetry, Eq. (1.20) is always true.

The method described above only applies to the case where both holes are symmetric about the x-axis. When the two holes are not symmetric about the x-axis, the coefficients λ_k and λ_{-k} in the mapping function (1.16) are no longer real constants but rather complex constants. The solution method for this case will be discussed in Sect. 1.4.

1.3 Symmetrical Single Hole in a Semi-infinite Domain

When a semi-infinite domain contains a hole, it becomes a doubly-connected domain problem. When the tunnel depth is shallow, the problem can be simplified. As shown in Fig. 1.15, Verruijt [16, 17] first proposed a mapping function that maps a region containing a circular hole in the physical plane to a annulus in the image plane. The expression for this mapping function is:

$$z = \omega(\zeta) = -ia\frac{1+\zeta}{1-\zeta} \tag{1.21}$$

where the value of a depends on the depth and the size of the tunnel, and the expression for a is:

$$a = H\frac{1-\alpha^2}{1+\alpha^2} \tag{1.22}$$

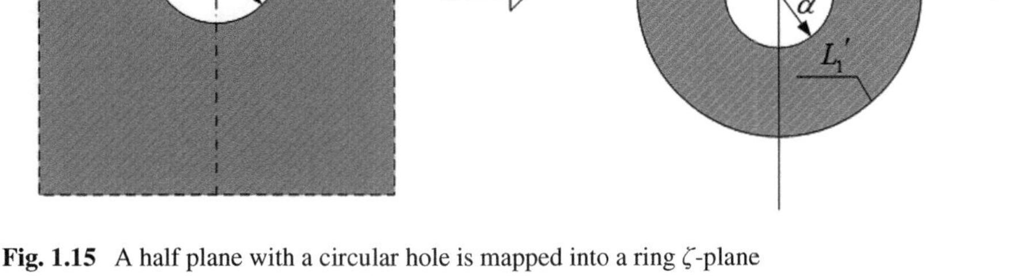

Fig. 1.15 A half plane with a circular hole is mapped into a ring ζ-plane

where α is the inner radius of the annulus in the image plane, and its expression is:

$$\alpha = \frac{H - \sqrt{H^2 - R_0^2}}{R_0} \tag{1.23}$$

where R_0 is the radius of the tunnel.

For a circular tunnel, the surface boundary corresponds to the outer boundary of the annulus in the image plane, and the excavation boundary of the tunnel corresponds to the inner boundary of the annulus. The outer radius of the annulus is 1. The point $\zeta = -1$ corresponds to the origin o in the physical plane. The point $\zeta = 1$ corresponds to the infinity point of the half-plane in the physical plane. That is to say, a point in the image plane corresponds to an infinite number of points in the physical plane, which is the particularity of this mapping function. All points on the unit circle, except for $\zeta = 1$ correspond to the surface boundary $y = 0$.

As shown in Fig. 1.16, when a hole of arbitrary shape with y-axis symmetry is mapped to a circular ring in the image plane, the general form of the mapping function of it was first proposed by the author, and its expression is given by Eq. (1.24) [18, 19].

$$z = \omega(\zeta) = \mathrm{i}a\frac{1+\zeta}{1-\zeta} + \mathrm{i}\sum_{k=1}^{n}\beta_k\left(\zeta^k - \frac{1}{\zeta^k}\right) \tag{1.24}$$

In Eq. (1.24), a, β_k $(k = 1, 2, \ldots, n)$ and the inner radius α of the annulus in Fig. 1.16 are all undetermined real numbers. Due to the existence of the imaginary unit i in complex numbers, the coefficients of the mapping function are pure imaginary numbers. Once the specific control conditions for the hole shape are given, a, α and β_k can be determined. The specific determination method will be introduced in the following.

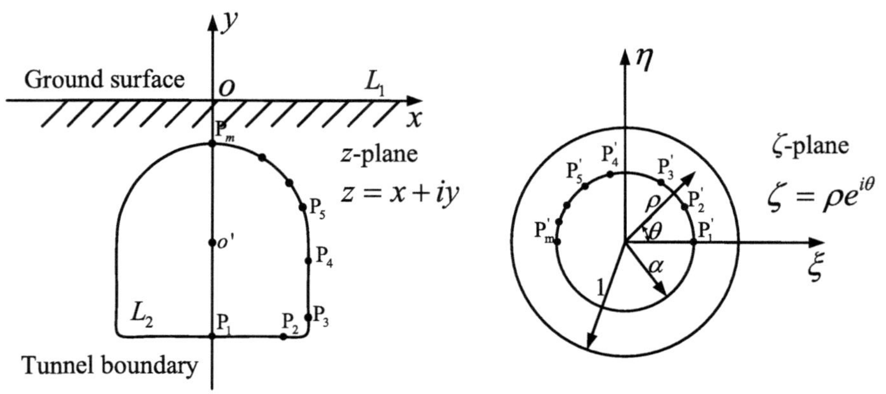

Fig. 1.16 Conformal transformation of the z-plane to the ζ-plane

As shown in Fig. 1.16, the origin of the physical plane corresponds to $\zeta = -1$ and infinity corresponds to $\zeta = 1$. The ground L_1 on the physical plane corresponds to the unit circle in the image plane, and we have $\zeta = \sigma = e^{i\theta}$. Substituting $\sigma = e^{i\theta}$ into Eq. (1.24), the coordinates of a point on L_1 can be obtained as follows:

$$\left.\begin{aligned} x &= -\frac{a\sin\theta}{1-\cos\theta} - 2\sum_{k=1}^{n}\beta_k\sin(k\theta) \\ y &= 0 \end{aligned}\right\} \tag{1.25}$$

As can be seen from Eq. (1.25), the ordinate is zero at the boundary of the ground. This indicates that Eq. (1.24) can naturally satisfied at the surface boundary.

For the boundary of the tunnel, as shown in Fig. 1.16, it corresponds to $\rho = \alpha$ ($\alpha < 1$) and $\zeta = \alpha\sigma = \alpha e^{i\theta}$ on the image plane. The boundary of the tunnel can be represented by giving m control points on the physical plane. Let the coordinates of these points be $P_1(x_1, y_1)$, $P_2(x_2, y_2)$, …, $P_j(x_j, y_j)$, …, $P_m(x_m, y_m)$, where P_1 and P_m control the depth and net height of the tunnel.

As shown in Fig. 1.16, P_1', P_2', P_3', …, P_m' are the mapped points of the control points on the image plane. Since the points on the boundary of the tunnel satisfy $\zeta = \alpha e^{i\theta}$ on the image plane, the coordinates of the jth control point can be expressed as:

$$\left.\begin{aligned} x_j &= -\frac{2a\alpha\sin\theta_j}{1+\alpha^2-2\alpha\cos\theta_j} - \sum_{k=1}^{n}\beta_k\left(\alpha^k + \frac{1}{\alpha^k}\right)\sin\left(k\theta_j\right) \\ y_j &= \frac{a\left(1-\alpha^2\right)}{1+\alpha^2-2\alpha\cos\theta_j} + \sum_{k=1}^{n}\beta_k\left(\alpha^k - \frac{1}{\alpha^k}\right)\cos\left(k\theta_j\right) \end{aligned}\right\} \tag{1.26}$$

The undetermined constants in Eq. (1.26) can be determined by the given control point coordinates. The author used the mixed penalty function method to determine the mapping function coefficients [19]. The mixed penalty function method is an optimization method with both equality and inequality constraints, and can solve the following constrained optimization problems:

$$\begin{aligned} &\min\ f(X) \\ &\text{s.t.}\ \begin{cases} g_j(X) = 0, j = 1, 2, \ldots, s_e \\ g_j(X) \geq 0, j = s_e + 1, s_e + 2, \ldots, l \end{cases} \end{aligned} \tag{1.27}$$

where $f(X)$ is the objective function, $g_j(X)$ is the constraint condition, s_e is the number of equality constraints, and l is the total number of equality and inequality constraints.

As can be seen from Eq. (1.26), $x_1 = x_m = 0$ are always true, so they should not be used as constraint conditions. From Eq. (1.26), we obtain:

$$\begin{cases} g_{j-1} = \dfrac{2a\alpha \sin\theta_j}{1+\alpha^2-2\alpha\cos\theta_j} + \sum\limits_{k=1}^{n} \beta_k \left(\alpha^k + \dfrac{1}{\alpha^k}\right) \sin(k\theta_j) \\ \quad + x_j = 0,\ j = 2, 3, \ldots, m-1 \\ g_{m+j-2} = \dfrac{a(1-\alpha^2)}{1+\alpha^2-2\alpha\cos\theta_j} + \sum\limits_{k=1}^{n} \beta_k \left(\alpha^k - \dfrac{1}{\alpha^k}\right) \cos(k\theta_j) \\ \quad - y_j = 0,\ j = 1, 2, \ldots, m \end{cases} \tag{1.28}$$

where g_j ($j = 1, 2, \ldots, 2m-2$) are equality constraints, and $s_e = 2m-2$.

The inequality constraints should be

$$g_{2m-1} = 1 - \alpha > 0 \tag{1.29}$$

$$g_{2m-2+j} = \theta_{j+1} - \theta_j > 0,\ j = 2, 3, \ldots, m-1 \tag{1.30}$$

From Eqs. (1.29) and (1.30), we can obtain $m-1$ inequality constraints, that is, $l = 3m-3$.

In Eqs. (1.28)–(1.30), there are $n+m$ unknown variables including a, α, β_k ($k = 1, 2, \ldots, n$), θ_j ($j = 2, 3, \ldots, m-1$). The unknown variables can be determined by the mixed penalty function method when $2m-2 \geq m+n$, i.e., $m \geq n+2$. For this problem, no objective function needs to be set. Since it is necessary to give the initial values of design variables in optimization, and the selection of initial values has a great influence on the optimization results, the following are recommended values for the initial values of each design variable. According to Eqs. (1.22) and (1.23), the recommended values for α and a are $\alpha = 2\left(H - \sqrt{H^2 - (D/2)^2}\right)/D$ and $a = H(\alpha^2 - 1)/(\alpha^2 + 1)$, respectively. D is selected as the net height of the tunnel, and H is selected as the distance from the origin o of the ground surface to the center o' of the tunnel (see Fig. 1.16). The initial value of θ_j ($j = 2, 3, \ldots, m-1$) can be guessed as $\theta_j = \pi/(m-1)(j-1)$, and β_k ($k = 1, 2, \ldots, n$) can be set to zero.

The optimization results show that in order to ensure sufficient accuracy, the number of terms required for the mapping function is related to the shape and buried depth of the tunnel. The more complex the tunnel shape and the shallower the buried depth, the more terms are required. This also means that the more control points need to be given on the tunnel boundary in advance. Table 1.5 gives the number of mapping function terms (n), the number of control points (m), and the corresponding mapping function coefficients for horseshoe-shaped holes, straight-wall horseshoe-shaped holes, straight-wall semicircular arch-shaped holes, and square holes at $H = 1.5D$. The graphics drawn from these coefficients are shown in Fig. 1.17. In this case, the mapping function coefficients for horseshoe-shaped tunnels and straight-wall semicircular arch tunnels under different buried depths are also given in Tables 1.6 and 1.7, respectively.

The above discussion is about a specific type of hole shape, in which the axis of symmetry of the tunnel is the y-axis. When the tunnel is not symmetric with respect to

Table 1.5 The mapping function coefficients for different hole shapes

	Horseshoe	Vertical-wall horseshoe	Vertical-wall semicircle	Square
n	6	13	12	12
m	20	40	40	40
a	– 5.7795320	5.7785850	5.8469520	5.5285640
α	0.1797797	1.9498260×10^{-1}	1.8058210×10^{-1}	2.0401300×10^{-1}
β_1	– 0.014059367	$-4.1501347 \times 10^{-2}$	6.9084447×10^{-3}	$-9.1263633 \times 10^{-3}$
β_2	$-4.3996600 \times 10^{-3}$	$-7.1795983 \times 10^{-3}$	$-3.1440237 \times 10^{-3}$	8.5093472×10^{-3}
β_3	$-4.4711313 \times 10^{-4}$	$-1.0750525 \times 10^{-3}$	$-9.3327888 \times 10^{-4}$	$-2.1438715 \times 10^{-3}$
β_4	-1.91702×10^{-6}	$-1.2569972 \times 10^{-4}$	$-1.4967399 \times 10^{-4}$	$-3.2989879 \times 10^{-4}$
β_5	5.09171×10^{-6}	$-7.9334704 \times 10^{-6}$	$-1.5466856 \times 10^{-5}$	$-2.0453934 \times 10^{-5}$
β_6	5.8166898×10^{-7}	8.6184014×10^{-7}	$-8.1242410 \times 10^{-7}$	$-3.1867407 \times 10^{-6}$
β_7	–	3.8520045×10^{-7}	4.4459849×10^{-8}	$-2.9345915 \times 10^{-7}$
β_8	–	7.1498398×10^{-8}	1.5927043×10^{-8}	4.9210492×10^{-8}
β_9	–	8.0102094×10^{-9}	2.3077962×10^{-9}	8.1105611×10^{-9}
B_{10}	–	$1.7223495 \times 10^{-10}$	$2.9112462 \times 10^{-10}$	$9.8070752 \times 10^{-10}$
β_{11}	–	$-1.3406325 \times 10^{-10}$	$3.3828364 \times 10^{-11}$	$3.8386094 \times 10^{-10}$
β_{12}	–	$-4.4097857 \times 10^{-11}$	$1.7962897 \times 10^{-12}$	$-4.4097857 \times 10^{-11}$
β_{13}	–	$-6.2546713 \times 10^{-12}$	–	–

the x-axis, the author proposed the general form of the mapping function as follows:

$$z = \omega(\zeta) = \mathrm{i}a\frac{1+\zeta}{1-\zeta} + \sum_{k=0}^{n}\left(\beta_k\zeta^k + \overline{\beta_k}\zeta^{-k}\right) \tag{1.31}$$

According to Eq. (1.31), it can be proved that $y = 0$ when $\zeta = \sigma = e^{i\theta}$, that is, the outer boundary of the circular ring in the image plane accurately corresponds to the ground surface. The functional form of Eq. (1.31) is different from Eq. (1.24), and

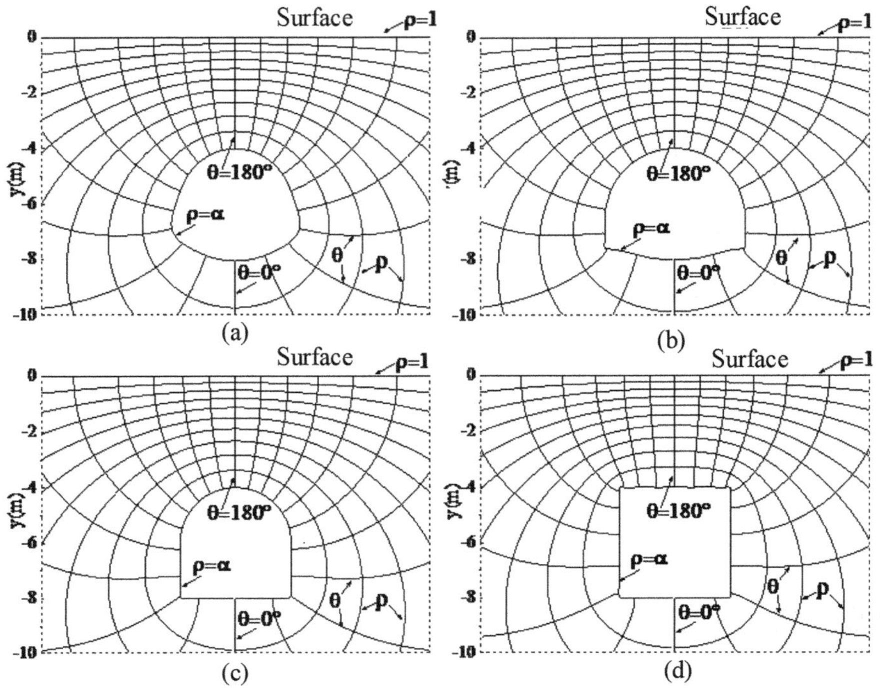

Fig. 1.17 Several hole shapes drawn from the mapping function coefficients given in Table 1.5: **a** horseshoe; **b** vertical-wall horseshoe; **c** vertical-wall semicircle; **d** square

β_k in Eq. (1.31) is a complex constant. In this case, the mapping function coefficients cannot be determined using the above method, but the method described in Sect. 1.4 can be used for solving.

1.4 Complex Situations

In Sects. 1.1–1.3, whether discussing infinite domain problems or semi-infinite domain problems, and whether discussing single-hole problems or double-hole problems, there is a common feature that the hole has at least one axis of symmetry. If the hole is symmetric about the x-axis, the coefficients of the mapping function are all real constants. If the hole is symmetric about the y-axis, each coefficient of the mapping function is a product of a real constant and a purely imaginary number, so the quantity to be solved is actually a real constant. Sections 1.1–1.3 are all based on the optimization techniques to determine the mapping function. Except for the polygon approximation method used in Sect. 1.1.2, which does not directly take the mapping function coefficients as design variables, other methods directly set the mapping function coefficients as design variables. In theory, the more terms in the

Table 1.6 The mapping function coefficients for horseshoe-shaped tunnels with different buried depths

Buried depth (H)	1.0D	1.5D	3.0D	5.0D
a	– 3.578293	– 5.779530	– 11.965910	– 20.038580
α	2.7684460×10^{-1}	1.7977970×10^{-1}	8.9081824×10^{-2}	5.3478912×10^{-2}
β_1	$-1.4576164 \times 10^{-2}$	$-1.4059367 \times 10^{-2}$	$-9.3281418 \times 10^{-3}$	$-6.1574816 \times 10^{-3}$
β_2	$-8.8445228 \times 10^{-3}$	$-4.3996600 \times 10^{-3}$	$-1.1498414 \times 10^{-3}$	$-4.1469518 \times 10^{-4}$
β_3	$-2.0210147 \times 10^{-3}$	$-4.4711313 \times 10^{-4}$	$-3.2571697 \times 10^{-5}$	$-4.7331423 \times 10^{-6}$
β_4	$-2.2367365 \times 10^{-4}$	$-1.9170241 \times 10^{-6}$	1.8156808×10^{-6}	3.0791176×10^{-7}
β_5	1.1456246×10^{-5}	5.0917060×10^{-6}	1.5349950×10^{-7}	9.9983977×10^{-9}
β_6	6.3018406×10^{-6}	5.8166898×10^{-7}	1.9838968×10^{-9}	$-4.8124310 \times 10^{-11}$
β_7	2.3385462×10^{-6}	–	–	–
β_8	3.4944773×10^{-7}	–	–	–

mapping function, the higher the accuracy of the mapping should be. However, in practice, there are sometimes contradictory conclusions. This is because optimization methods often fail when the number of unknowns to be solved exceeds a dozen. The main reason for failure may be the inability to provide constraints between the various unknown variables to be solved. The polygon approximation method introduced in Sect. 1.1.2 is successful precisely because there are regular constraints between the defined design variables.

If we consider a problem that is not symmetric about the coordinate axis (x-axis or y-axis), then the mapping function coefficients to be solved cannot be real constants or pure imaginary numbers, but general complex numbers. Since a general complex number consists of a real part and an imaginary part, when both the real and imaginary parts of the complex number are taken as design variables, the number of unknown variables to be solved will double. At this point, it will be very difficult to solve the mapping function using optimization methods.

Inspired by Sect. 1.1.2, the author proposed a general method for calculating conformal mapping functions [20], which has no restrictions on the shape and symmetry of the computational region on the z-plane. This method utilizes the principle of least squares to set the angle on the image plane as unknown quantities, rather than directly treating the mapping function coefficients as unknown quantities. Further, the problem is transformed into an optimization problem with the angles as the design variables, making it easy to give the initial values and constraints of the

Table 1.7 The mapping function coefficients for vertical-wall semicircle tunnels with different buried depths

Buried depth (H)	1.0D	1.5D	3.0D	5.0D
a	– 3.628290	– 5.846952	– 12.047880	– 20.129710
α	2.7780510×10^{-1}	1.8058210×10^{-1}	8.9802235×10^{-2}	5.4057535×10^{-2}
β_1	1.4741707×10^{-2}	6.9084447×10^{-3}	1.4084507×10^{-3}	2.4127561×10^{-4}
β_2	$-3.7750916 \times 10^{-3}$	$-3.1440237 \times 10^{-3}$	$-1.1839708 \times 10^{-3}$	$-4.9415696 \times 10^{-4}$
β_3	$-2.4711951 \times 10^{-3}$	$-9.3327888 \times 10^{-4}$	$-1.3377899 \times 10^{-4}$	$-3.0263293 \times 10^{-5}$
β_4	$-7.8826497 \times 10^{-4}$	$-1.4967399 \times 10^{-4}$	$-7.7430341 \times 10^{-6}$	$-8.8660255 \times 10^{-7}$
β_5	$-1.7980317 \times 10^{-4}$	$-1.5466856 \times 10^{-5}$	$-1.9426268 \times 10^{-7}$	$-5.7930598 \times 10^{-9}$
β_6	$-3.0605028 \times 10^{-5}$	$-8.1242410 \times 10^{-7}$	7.1090773×10^{-9}	$6.1401095 \times 10^{-10}$
β_7	$-3.4798795 \times 10^{-6}$	4.4459849×10^{-8}	$9.2512936 \times 10^{-10}$	$2.8342474 \times 10^{-11}$
β_8	$-9.9314818 \times 10^{-8}$	1.5927043×10^{-8}	$4.9289288 \times 10^{-11}$	–
β_9	7.4840550×10^{-8}	2.3077962×10^{-9}	$2.2463639 \times 10^{-12}$	–
β_{10}	2.5073426×10^{-8}	$2.9112462 \times 10^{-10}$	–	–
β_{11}	5.9858234×10^{-9}	$3.3828364 \times 10^{-11}$	–	–
β_{12}	1.3940884×10^{-9}	$1.7962897 \times 10^{-12}$	–	–
β_{13}	$2.9125460 \times 10^{-10}$	–	–	–
β_{14}	$3.8681603 \times 10^{-11}$	–	–	–
β_{15}	$-3.8285594 \times 10^{-12}$	–	–	–

design variables within the range of [0, 2π]. Such problems can be effectively solved by using the mixed penalty function method as an optimization tool. This method will be used to determine the mapping functions for the following three types of planar regions.

1.4.1 Arbitrary Hole in an Infinite Domain

The region outside the hole boundary J_a on the z-plane can be mapped onto a bounded region inside or outside of the unit circle on the ζ-plane. Without loss of generality, here it is mapped onto the interior of the unit circle on the ζ-plane (Fig. 1.18). The general form of the mapping function can be expressed as [21]:

$$z = \omega_a(\zeta) = \sum_{k=-1}^{n} c_k \zeta^k \tag{1.32}$$

where $\zeta = \rho e^{i\theta}$, and the coefficients c_k $(k = -1, 0, 1, \ldots, n)$ are all complex numbers for a general domain.

On the boundary J_a' (see Fig. 1.18), we have $\rho = 1$, $\zeta = e^{i\theta}$. Assume that m mapping points are provided clockwise in the z-plane to describe the boundary J_a. Let $z_j = x_j + iy_j$ $(j = 1, 2, \ldots, m)$ be a point on the J_a, corresponding to $\zeta_j = e^{i\theta_j}$ on the J_a' in the ζ-plane. The angles θ_j $(j = 1, 2, \ldots, m)$ are the polar angles in the ζ-plane, and they are unknown when the coefficients of the mapping function are not given. P_1 fixed at the x-axis corresponds to P_1' fixed at the ξ-axis. Then the following equation is obtained according to Eq. (1.32).

$$z_j = \omega_a(\zeta_j) = \sum_{k=-1}^{n} c_k \zeta_j^k = \sum_{k=-1}^{n} c_k e^{ik\theta_j}, \quad j = 1, 2, \ldots, m \tag{1.33}$$

Equation (1.33) can be written as

$$\mathbf{Z} = \mathbf{XY} \tag{1.34}$$

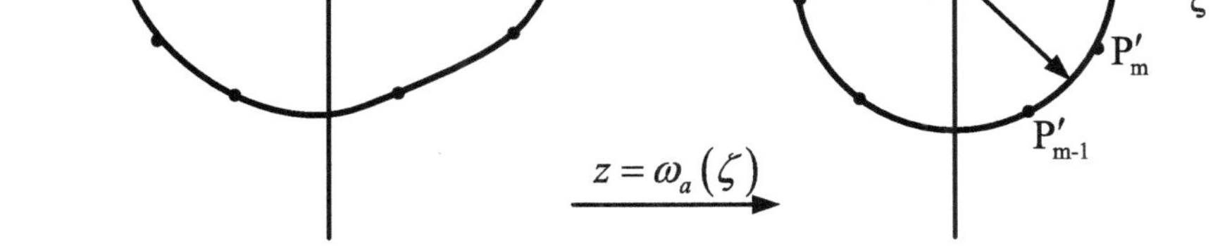

Fig. 1.18 The conformal mapping from the outer region of a single hole in an infinite domain onto the interior region of a unit circle

where

$$\mathbf{Z} = \begin{bmatrix} z_1 & z_2 & \cdots & z_m \end{bmatrix}^{\mathrm{T}}$$

$$\mathbf{X} = \begin{bmatrix} \zeta_1^{-1} & 1 & \zeta_1^1 & \zeta_1^2 & \cdots & \zeta_1^n \\ \zeta_2^{-1} & 1 & \zeta_2^1 & \zeta_2^2 & \cdots & \zeta_2^n \\ \vdots & \vdots & \vdots & \vdots & \vdots & \vdots \\ \zeta_m^{-1} & 1 & \zeta_m^1 & \zeta_m^2 & \cdots & \zeta_m^n \end{bmatrix}$$

$$\mathbf{Y} = \begin{bmatrix} c_{-1} & c_0 & c_1 & \cdots & c_n \end{bmatrix}^{\mathrm{T}}$$

If a set of angles θ_j $(j = 1, 2, \ldots, m)$ is given, $\mathbf{X}$ can be calculated. Since Eq. (1.34) represents a complex linear equation system with respect to the unknown $\mathbf{Y}$, and the estimate $\hat{\mathbf{Y}}$ can be obtained using the complex least-square method [22], that is:

$$\hat{\mathbf{Y}} = \left(\overline{\mathbf{X}}^{\mathrm{T}}\mathbf{X}\right)^{-1}\overline{\mathbf{X}}^{\mathrm{T}}\mathbf{Z} \tag{1.35}$$

where $\overline{\mathbf{X}}$ means to carry out conjugate operation for each element in the matrix $\mathbf{X}$, and $\hat{\mathbf{Y}}$ is the estimate of $\mathbf{Y}$ that allows Eq. (1.36) to reach the minimum value.

$$e = (\hat{\mathbf{Z}} - \mathbf{Z})^{\mathrm{T}}\left(\overline{\hat{\mathbf{Z}} - \mathbf{Z}}\right) \tag{1.36}$$

where $\hat{\mathbf{Z}} = \mathbf{X}\hat{\mathbf{Y}}$, e represents the residual error.

It can be observed from Eq. (1.36) that e is related to θ_j $(j = 1, 2, \ldots, m)$. Once a set of θ_j is given, a minimal value e can be calculated. Our problem then is to find a set of $\theta^* = (\theta_1, \theta_2, \ldots, \theta_m)$ that minimizes e. This can be achieved through optimization techniques. The problem can be solved by means of optimization technique. The mixed penalty function method, which can solve optimization problems with equality and inequality constraints, is introduced herein to address the mapping function coefficients. The θ_j $(j = 1, 2, \ldots, m)$ are set as the design variables and Eq. (1.36) is the objective function. Evidently, we have

$$\theta_1 = 0, \theta_1 < \theta_2 < \cdots < \theta_m < 2\pi$$

Therefore, the following constraints are made:

$$\begin{cases} \theta_1 = 0 \\ \theta_{j+1} - \theta_j > 0\,(j = 1, 2, \ldots, m-1) \\ 2\pi - \theta_m > 0 \end{cases} \tag{1.37}$$

Equation (1.37) contains one equality constraint and m inequality constraints.

Once θ^* is obtained, the mapping function coefficients $\mathbf{Y}^*$ can be given by

$$\mathbf{Y}^* = \left(\overline{\mathbf{X}^*}^{\mathrm{T}}\mathbf{X}^*\right)^{-1}\overline{\mathbf{X}^*}^{\mathrm{T}}\mathbf{Z} \tag{1.38}$$

where $\mathbf{X}^*$ is obtained by substituting θ^* into the previous $\mathbf{X}$.

In theory, the mapping function coefficients will be real numbers if the given domain is symmetric with respect to x-axis. However, through specific examples, we have found that the mapping function coefficients obtained by the above algorithm are sometimes not ideal real numbers, and some coefficients may have small imaginary parts. To improve the accuracy of the mapping function coefficients, the following measures are performed.

From Eq. (1.34), we obtain:

$$\mathbf{U} = \mathbf{V}\mathbf{Y} \tag{1.39}$$

where $\mathbf{U} = \begin{bmatrix} \mathrm{Re}(\mathbf{Z}) \\ \mathrm{Im}(\mathbf{Z}) \end{bmatrix}$ and $\mathbf{V} = \begin{bmatrix} \mathrm{Re}(\mathbf{X}) \\ \mathrm{Im}(\mathbf{X}) \end{bmatrix}$. The signs Re( ) and Im( ) mean to find the real part and imaginary part of each element of the matrix in bracket. Then, the estimate value $\hat{\mathbf{Y}}$ of $\mathbf{Y}$ can be evaluated by the real least square method.

$$\hat{\mathbf{Y}} = \left(\mathbf{V}^{\mathrm{T}}\mathbf{V}\right)^{-1}\mathbf{V}^{\mathrm{T}}\mathbf{U} \tag{1.40}$$

Actually, $\hat{\mathbf{Y}}$ is obtained by minimizing Eq. (1.41).

$$e = \left(\hat{\mathbf{U}} - \mathbf{U}\right)^{\mathrm{T}}\left(\overline{\hat{\mathbf{U}} - \mathbf{U}}\right) \tag{1.41}$$

where $\hat{\mathbf{U}} = \mathbf{V}\hat{\mathbf{Y}}$.

Similar to the previous process, $\mathbf{Y}^*$ can be obtained by using the mixed penalty function method.

$$\mathbf{Y}^* = \left(\mathbf{V}^{*\mathrm{T}}\mathbf{V}^*\right)^{-1}\mathbf{V}^{*\mathrm{T}}\mathbf{U} \tag{1.42}$$

where $\mathbf{V}^*$ is obtained by substituting θ^* into the previous $\mathbf{V}$.

Herein, an infinite domain containing a square with four corners at $z = \pm 1 \pm 1\mathrm{i}$ is discussed as an example. We select 32 mapping points on the square, that is, $m = 32$. In general, it has been found through calculations that the value of m should not exceed 80. Table 1.8 provides the objective function values (i.e., the residual error e) for the mapping function $\omega_a(\zeta)$ with different numbers of terms. Figure 1.19 shows the corresponding hole shapes plotted by the obtained $\omega_a(\zeta)$.

Table 1.8 shows that the residual error e decreases as n increases, which means that the solution will achieve high accuracy as long as the number of the terms of the mapping function is large enough. This law can also be observed from Fig. 1.19. The authors also performed calculations for other hole shapes and provided the

Table 1.8 The residual errors for different terms of a square

	$n = 3$	$n = 7$	$n = 11$	$n = 15$
e	0.12974×10^{-1}	0.17901×10^{-2}	0.66904×10^{-3}	0.40441×10^{-3}

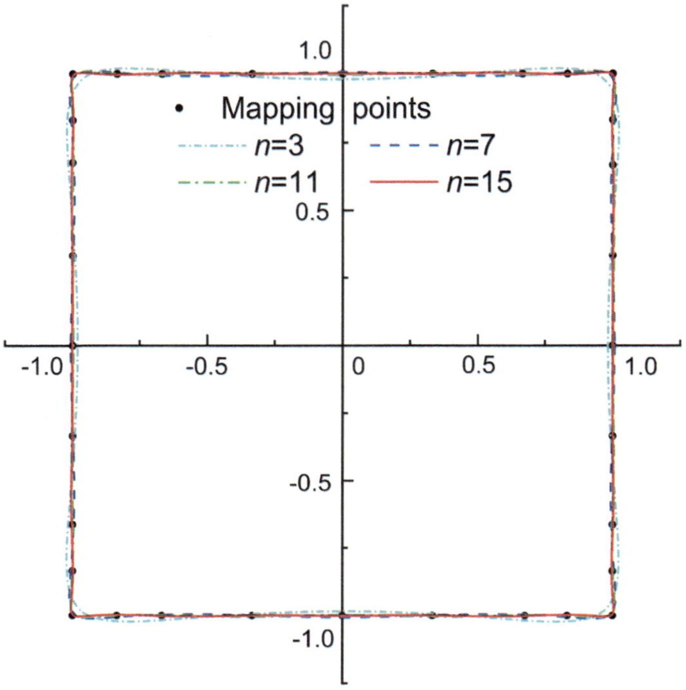

Fig. 1.19 The mapping points and the curves plotted by different terms

corresponding results in Table 1.9 and Fig. 1.20. It was found that even when the hole shape has sharp vertices, a good mapping accuracy can still be obtained.

1.4.2 Arbitrary Shaped Annular Domain

Engineering structures often involve annular regions with non-circular boundaries (Fig. 1.21), for example, the closed lining support problem of non-circular tunnel is such a geometric structure.

The doubly-connected domain bounded externally and internally by two boundaries J_{b1} and J_{b2}, in the z-plane onto a circular annular domain in the image plane (Fig. 1.21). The boundary J_{b1} is mapped onto a circle with radius 1, and the boundary J_{b2} is mapped onto a circle with radius r_b. The mapping function of it can be expressed using a truncated Laurent series.

Table 1.9 The mapping function coefficients for different geometries in Fig. 1.20

Coefficients	Oval	Triangle	Square	Hexagon
c_{-1}	(0.71007, – 0.24055)	(0.73583, – 0.41497)	(1.1656, 0.19546)	(0.92215, – 4.8705×10^{-2})
c_0	(– 2.4003×10^{-4}, – 5.4658×10^{-4})	(–2.3953×10^{-4}, 5.7328×10^{-2})	(6.7615×10^{-4}, – 2.1993×10^{-3})	(– 2.8626×10^{-4}, – 8.6638×10^{-4})
c_1	(4.9193×10^{-2}, 0.24424)	(1.3953×10^{-4}, 2.9350×10^{-4})	(1.2535×10^{-3}, – 9.7808×10^{-4})	(– 3.5183×10^{-5}, – 6.7410×10^{-4})
c_2		(0.24191, – 0.14633)	(2.4320×10^{-3}, – 2.2312×10^{-4})	(– 1.3766×10^{-4}, – 5.9978×10^{-4})
c_3		(– 2.4540×10^{-4}, – 2.2411×10^{-4})	(5.3812×10^{-3}, – 0.19787)	(– 3.2144×10^{-4}, – 6.0976×10^{-4})
c_4		(– 1.1524×10^{-4}, – 2.3328×10^{-4})	(– 1.3381×10^{-3}, – 2.1334×10^{-4})	(– 7.0092×10^{-4}, – 8.5111×10^{-4})
c_5		(1.6577×10^{-2}, – 1.0884×10^{-2})	(– 2.0258×10^{-4}, – 5.2033×10^{-4})	(– 1.6729×10^{-2}, 6.2398×10^{-2})
c_6		(1.8462×10^{-4}, 4.2741×10^{-5})	(– 5.5365×10^{-5}, – 1.4917×10^{-3})	(6.2500×10^{-4}, – 1.2294×10^{-4})
c_7		(1.2088×10^{-5}, – 6.6912×10^{-5})	(– 2.1301×10^{-2}, 2.1203×10^{-3})	(3.5856×10^{-4}, 1.7406×10^{-4})
c_8		(4.4258×10^{-3}, – 3.2537×10^{-3})	(– 2.9561×10^{-5}, – 2.9406×10^{-4})	(3.1094×10^{-4}, 1.4535×10^{-4})
c_9		(1.0649×10^{-4}, 3.0993×10^{-4})	(– 1.1720×10^{-4}, 4.2141×10^{-6})	(3.0898×10^{-4}, 9.3731×10^{-5})
c_{10}		(2.1984×10^{-4}, 3.0512×10^{-4})	(1.6128×10^{-4}, – 2.3872×10^{-4})	(1.5796×10^{-4}, – 1.1818×10^{-4})
c_{11}		(2.5585×10^{-3}, – 1.7658×10^{-3})	(1.4370×10^{-3}, 6.2268×10^{-3})	(– 8.0822×10^{-3}, – 5.4006×10^{-3})
c_{12}			(– 1.6262×10^{-4}, – 4.4685×10^{-4})	(– 7.5624×10^{-5}, – 2.8443×10^{-4})
c_{13}			(– 6.8037×10^{-4}, – 4.3629×10^{-4})	(– 3.4352×10^{-4}, – 2.7102×10^{-4})
c_{14}			(– 3.8986×10^{-4}, – 1.5783×10^{-4})	(– 4.1703×10^{-4}, – 2.2590×10^{-4})
c_{15}			(1.7334×10^{-3}, 1.6694×10^{-4})	(– 4.8575×10^{-4}, – 2.1500×10^{-4})

$$z = \omega_b(\zeta) = \sum_{k=-l}^{n} c_k \zeta^k \tag{1.43}$$

where the coefficients c_k $(k = -l, -(l-1), \ldots, -1, 0, 1, \ldots, (n-1), n)$ are complex constants for a general shape of the domain.

In Fig. 1.21, m_1 and m_2 mapping points are provided anticlockwise to describe the boundaries J_{b1} and J_{b2}, respectively. P_1 fixed at the x-axis corresponds to P_1'

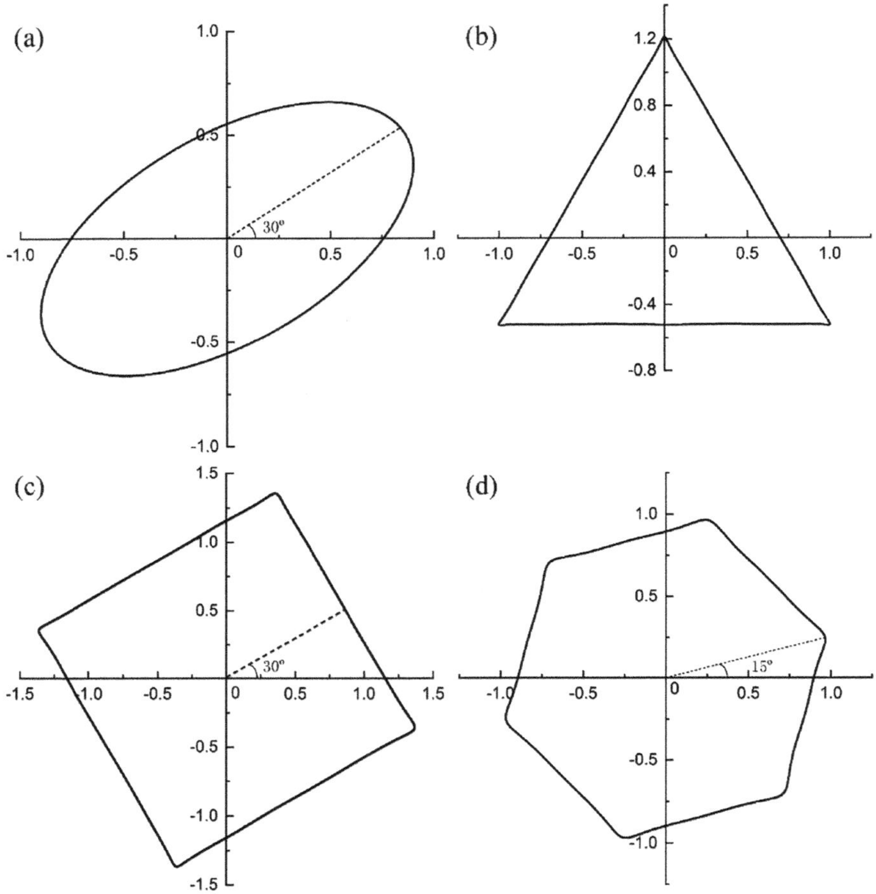

Fig. 1.20 Combinations: a oval, b triangle, c square, d hexagon

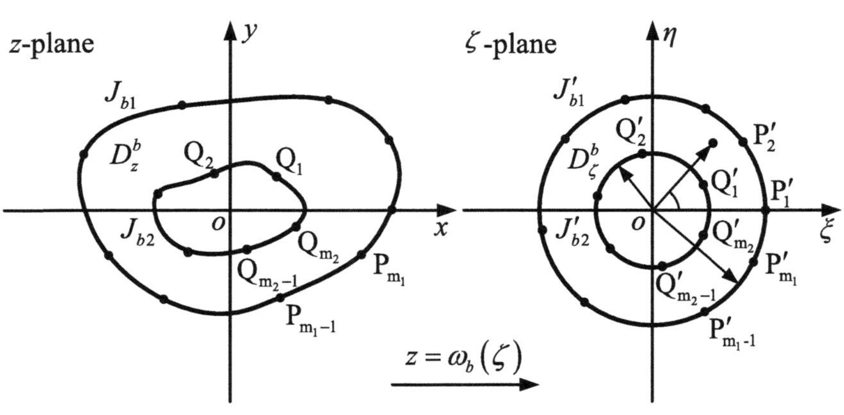

Fig. 1.21 The conformal mapping from an annulus domain onto the finite doubly connected domain

fixed at the ξ-axis. Let $z_j = x_j + y_j$ be a point on the J_{b1} (corresponding to $j = 1, 2, \ldots, m_1$) or J_{b2} (corresponding to $j = m_1 + 1, m_1 + 2, \ldots, m_1 + m_2$). Similarly, the mapping points on the J'_{b1} and J'_{b2} are $\zeta_j = e^{i\theta_j}$ ($j = 1, 2, \ldots, m_1$) and $\zeta_j = r_b e^{i\theta_j}$ ($j = m_1 + 1, m_1 + 2, \ldots, m_1 + m_2$), respectively. Then the following equation is obtained according to Eq. (1.43).

$$z_j = \omega_b(\zeta_j) = \sum_{k=-l}^{n} c_k \zeta_j^k = \begin{cases} \sum\limits_{k=-l}^{n} c_k e^{ik\theta_j}, \ j = 1, 2, \ldots, m_1 \\ \sum\limits_{k=-l}^{n} c_k r_b^k e^{ik\theta_j}, \ j = m_1 + 1, m_1 + 2, \ldots, m_1 + m_2 \end{cases} \tag{1.44}$$

Let $m = m_1 + m_2$, then Eq. (1.44) can be written in the form of Eq. (1.34), the difference is that

$$\mathbf{X} = \begin{bmatrix} \zeta_1^{-l} & \zeta_1^{-(l-1)} & \cdots & \zeta_1^{-1} & 1 & \zeta_1 & \cdots & \zeta_1^{(n-1)} & \zeta_1^n \\ \zeta_2^{-l} & \zeta_2^{-(l-1)} & \cdots & \zeta_2^{-1} & 1 & \zeta_2 & \cdots & \zeta_2^{(n-1)} & \zeta_2^n \\ \vdots & \vdots & \cdots & \vdots & \vdots & \vdots & \cdots & \vdots & \vdots \\ \zeta_m^{-l} & \zeta_m^{-(l-1)} & \cdots & \zeta_m^{-1} & 1 & \zeta_m & \cdots & \zeta_m^{(n-1)} & \zeta_m^n \end{bmatrix}$$

$$\mathbf{Y} = \begin{bmatrix} c_{-l} & c_{-(l-1)} & \cdots & c_{-1} & c_0 & c_1 & \cdots & c_{n-1} & c_n \end{bmatrix}^T$$

The objective function is the same as Eq. (1.36). The θ_j and r_b are set as the design variables. And there are 1 equality constraint and $m + 2$ inequality constraints.

$$\begin{cases} r_b > 0 \\ 1 - r_b > 0 \\ \theta_1 = 0 \\ \theta_{j+1} - \theta_j > 0 \ (j = 1, 2, \ldots, m_1 - 1) \\ 2\pi - \theta_{m_1} > 0 \\ \theta_{j+1} - \theta_j > 0 \ (j = m_1 + 1, m_1 + 2, \ldots, m_1 + m_2 - 1) \\ 2\pi - \theta_m > 0 \end{cases}$$

The remaining calculation process is exactly the same as in Sect. 1.4.1.

We provide an example of a non-circular annular region with an inner boundary that is a square. The radius of the circle is 2 and the corners of the square are at $z = \pm 1 \pm 1\text{i}$. 32 mapping points are selected on each boundary, that is, $m = 64$. Then the presented method is used to solve the mapping function coefficients in $\omega_b(\zeta)$. Figure 1.22 shows the orthogonal curves in the z-plane and ζ-plane. Table 1.10 provides the residual values for different terms of the mapping function $\omega_b(\zeta)$.

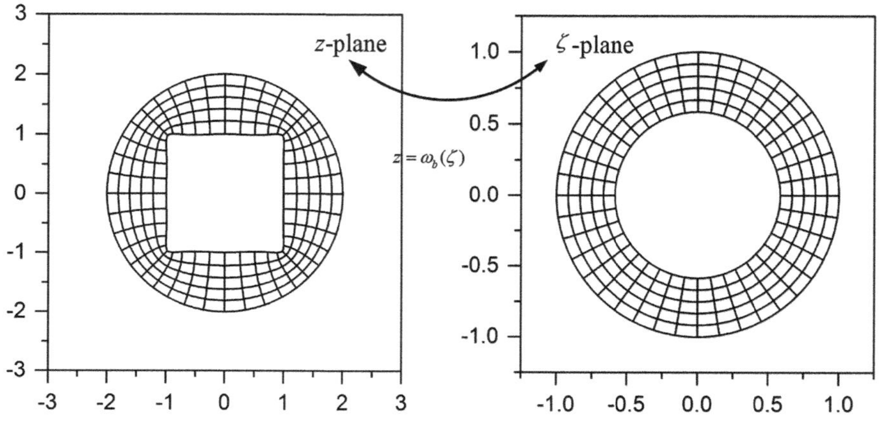

Fig. 1.22 The conformal mapping from the annulus domain onto the finite domain bounded externally by a circle and internally by a square

Table 1.10 The residual errors for different terms of a square in a circle

	$l = 3, n = 1$	$l = 7, n = 5$	$l = 11, n = 9$	$l = 15, n = 13$
e	0.40586×10^{-1}	0.75954×10^{-2}	0.52400×10^{-2}	0.33964×10^{-2}

Figure 1.23 also shows four examples of finite annular regions with different shapes. Table 1.11 provides the coefficients of the obtained mapping functions. If the finite annular region is symmetric about the y-axis, the even powers of ζ in $\omega_b(\zeta)$ are zero. In particular, when the finite annular region has four symmetry axes (see Fig. 1.23d), many terms in $\omega_b(\zeta)$ do not exist, and only terms with coefficients $c_j\ (j = -l, -(l-4), \ldots, -3, 1, 5, \ldots, (n-4), n)$ appear [21].

The two ellipses shown in Fig. 1.23a have a common focus, and the mapping function has an analytical solution [23]. The exact value of r_b is 0.6 and the result obtained by the algorithm in this book is 0.59994, which is very close to the exact analytical solution. The inner and outer boundaries of the annular region shown in Fig. 1.23b are both horseshoe-shaped, which can be used to describe the lining support structure of horseshoe-shaped tunnels and will be used in the subsequent mechanical analysis of the tunnels.

1.4.3 Arbitrary Double Holes in an Infinite Domain

In Fig. 1.24, there are two holes in the z-plane, and the boundaries of the holes are represented by J_{c1} and J_{c2}. After mapping this region onto the image plane, J_{c1} and J_{c2} are respectively mapped as the boundaries of two circles J'_{c1} and J'_{c2}, where the radius of J'_{c1} is 1 and the radius of J'_{c2} is r_c. The general form of the mapping function

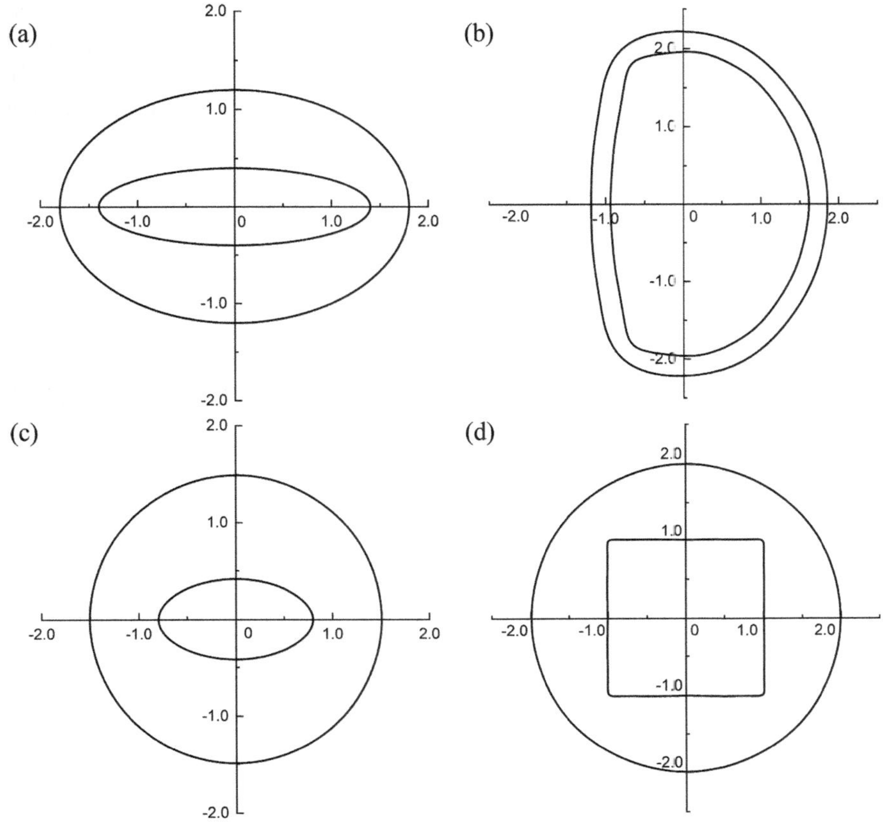

Fig. 1.23 Combinations: **a** oval in an oval, **b** horse-shoe in a horse-shoe, **c** oval in a circle, **d** square in a circle

can be expressed as:

$$z = \omega_c(\zeta) = c'\zeta + c_0 + \sum_{k=1}^{n_1} c_k \zeta^{-k} + \sum_{k=1}^{n_2} c_{-k}(\zeta - S)^{-k} \tag{1.45}$$

where s' is the distance between the two circular curves in the ζ-plane, $S = 1 + s' + r_c$ and the coefficients c', c_0, c_k $(k = 1, 2, \ldots, n_1)$ and c_{-k} $(k = 1, 2, \ldots, n_2)$ are all complex numbers for a general domain. Equations (1.45) and (1.16) have exactly the same functional form, only the notation is different.

As can be seen in Fig. 1.24, m_1 and m_2 control points are selected anticlockwise to describe the boundaries J_{c1} and J_{c2}, respectively. P_1 fixed at the x-axis corresponds to P'_1 fixed at the ξ-axis. Same as Sect. 1.4.2, let $z_j = x_j + iy_j$ be a point on the J_{c1} (corresponding to $j = 1, 2, \ldots, m_1$) or J_{c2} (corresponding to $j = m_1 + 1, m_1 + 2, \ldots, m_1 + m_2$). The mapping points on the J'_{c1} are $\zeta_j = e^{i\vartheta_j}$ $(j = 1, 2, \ldots, m_1)$. The mapping points on the J'_{c2} are $\zeta_{j+m_1} = S + r_c e^{i\gamma_j}$ $(j = 1, 2, \ldots, m_2)$. Then the

Table 1.11 The mapping function coefficients for different geometries in Fig. 1.23

Coefficients	Oval in an oval	Horse-shoe in a horse-shoe	Oval in a circle	Square in a circle
c_{-11}		1.1578×10^{-3}		-1.9594×10^{-5}
c_{-10}		-4.6977×10^{-4}		
c_{-9}	1.9133×10^{-8}	-1.5842×10^{-3}	4.0345×10^{-8}	
c_{-8}		3.1817×10^{-3}		
c_{-7}	2.3282×10^{-7}	-7.8804×10^{-4}	3.9900×10^{-7}	4.0506×10^{-4}
c_{-6}		-5.3278×10^{-3}		
c_{-5}	5.9887×10^{-7}	1.2420×10^{-2}	3.7540×10^{-6}	
c_{-4}		-4.2666×10^{-3}		
c_{-3}	3.7249×10^{-5}	-1.5158×10^{-2}	9.2132×10^{-5}	-3.8779×10^{-2}
c_{-2}		7.4812×10^{-2}		
c_{-1}	0.29976	-0.25328	7.8497×10^{-2}	
c_0		0.21242		
c_1	1.4999	1.8835	1.4949	2.0032
c_2		3.5679×10^{-2}		
c_3	4.4511×10^{-4}	-0.11025	-7.2039×10^{-2}	
c_4		3.0196×10^{-2}		
c_5	-2.9224×10^{-5}	3.2096×10^{-3}	6.3666×10^{-3}	3.7204×10^{-2}
c_6		-1.2928×10^{-2}		
c_7	-2.1199×10^{-5}	8.5990×10^{-3}	-1.7400×10^{-3}	
c_8		-1.0084×10^{-3}		
c_9	-2.8792×10^{-5}	-7.6757×10^{-3}	-5.9515×10^{-4}	2.7238×10^{-4}
c_{10}		3.4637×10^{-3}		
c_{11}		1.0180×10^{-3}		
r_b	0.59994	0.86913	0.40418	0.58547

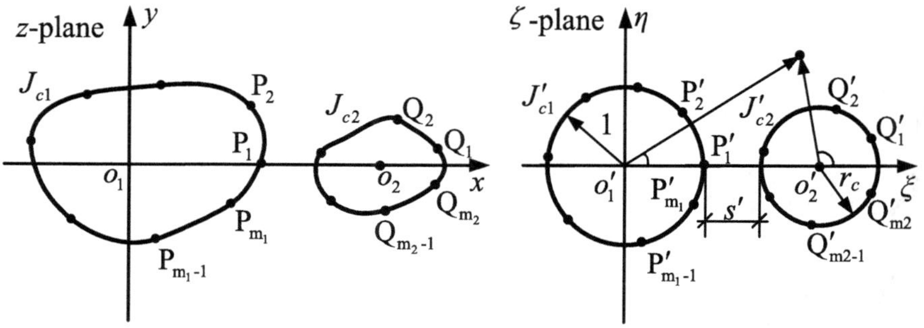

Fig. 1.24 The conformal mapping from the outer domain of two circular holes onto the outer domain of two holes

following equation is obtained according to Eq. (1.45).

$$z_j = \omega_c(\zeta_j) = c'\zeta_j + c_0 + \sum_{k=1}^{n_1} c_k \zeta_j^{-k} + \sum_{k=1}^{n_2} c_{-k}(\zeta_j - S)^{-k}$$
$$= \begin{cases} c'e^{i\theta_j} + c_0 + \sum_{k=1}^{n_1} c_k e^{-ki\theta_j} + \sum_{k=1}^{n_2} c_{-k}(e^{i\theta_j} - S)^{-k}, \ j = 1, 2, \ldots, m_1 \\ c'(S + r_c e^{i\gamma_j}) + c_0 + \sum_{k=1}^{n_1} c_k (S + r_c e^{i\gamma_j})^{-k} + \sum_{k=1}^{n_2} c_{-k} r_c^{-k} e^{-ki\gamma_j}, \\ \qquad j = 1, 2, \ldots, m_2 \end{cases} \tag{1.46}$$

Let $m = m_1 + m_2$, Eq. (1.46) can be written in the form of Eq. (1.34), the difference is that

$$\mathbf{X} = \begin{bmatrix} \zeta_1 & 1 & \zeta_1^{-1} & \zeta_1^{-2} & \cdots & \zeta_1^{-n_1} & (\zeta_1 - S)^{-1} & (\zeta_1 - S)^{-2} & \cdots & (\zeta_1 - S)^{-n_2} \\ \zeta_2 & 1 & \zeta_2^{-1} & \zeta_2^{-2} & \cdots & \zeta_2^{-n_1} & (\zeta_2 - S)^{-1} & (\zeta_2 - S)^{-2} & \cdots & (\zeta_2 - S)^{-n_2} \\ \vdots & \vdots & \vdots & \vdots & \vdots & \vdots & \vdots & \vdots & \vdots & \vdots \\ \zeta_m & 1 & \zeta_m^{-1} & \zeta_m^{-2} & & \zeta_m^{-n_1} & (\zeta_m - S)^{-1} & (\zeta_m - S)^{-2} & \cdots & (\zeta_m - S)^{-n_2} \end{bmatrix}$$

$$\mathbf{Y} = \begin{bmatrix} c' & c_0 & c_1 & c_2 & \cdots & c_{n_1} & c_{-1} & c_{-2} & \cdots & c_{-n_2} \end{bmatrix}^{\mathrm{T}}$$

The objective function is the same as Eq. (1.36). The θ_j, γ_j, s' and r_b are set as the design variables. And there are 1 equality constraint and $m+2$ inequality constraints.

$$\begin{cases} r_c > 0 \\ 1 - r_c > 0 \\ \theta_1 = 0 \\ \theta_{j+1} - \theta_j > 0 \ (j = 1, 2, \ldots, m_1 - 1) \\ 2\pi - \theta_{m_1} > 0 \\ \gamma_{j+1} - \gamma_j > 0 \ (j = 1, 2, \ldots, m_2 - 1) \\ 2\pi - \gamma_{m_2} > 0 \end{cases}$$

The remaining calculation process is exactly the same as in Sect. 1.4.2.

The following is an example of an infinite domain containing a square hole and an oval hole. The corners of the square are at $z = \pm 1 \pm 1\mathrm{i}$. The lengths of the major semi-axis and the minor semi-axis of the oval are 0.75 and 0.375, respectively. Herein, we select 28 mapping points on each boundary, that is, $m = 56$. Let $n_1 = n_2$ in the mapping function. Table 1.12 presents the residual errors of mapping function $\omega_c(\zeta)$ for different numbers of terms, which reflects the effect of n_1 and n_2 on computational accuracy. Figure 1.25 plots a portion of orthogonal curves on the z-plane and ζ-plane.

Table 1.12 The residual errors for different terms of a square and an oval

	$n_1 = n_2 = 5$	$n_1 = n_2 = 7$	$n_1 = n_2 = 9$	$n_1 = n_2 = 11$
e	0.70052×10^{-2}	0.18630×10^{-3}	0.16263×10^{-3}	0.48704×10^{-4}

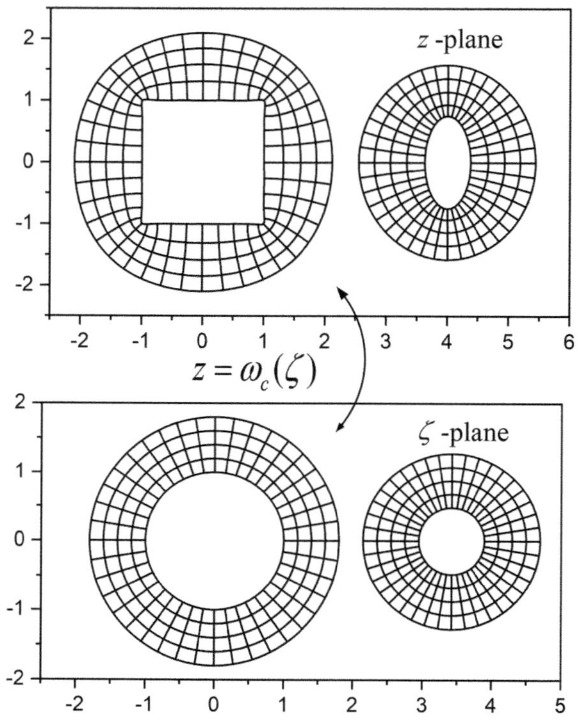

Fig. 1.25 The conformal mapping from the infinite domain with a square hole and an oval hole onto the outer domain of two circular holes

Figure 1.26 provides four examples, and the obtained mapping function coefficients are listed in Table 1.13. The two holes in Fig. 1.26a, b are symmetric with respect to the x-axis, and the mapping function coefficients are real numbers, so they can be solved using the method in Sect. 1.2.

The holes shown in Fig. 1.26 are commonly encountered in underground twin-tunnel engineering. The author has conducted stress analysis on the twin-tunnel problem with an axis of symmetry, which will be discussed in detail later in this book. For the twin-tunnel problem without symmetry, once the mapping function is known, it is not difficult to conduct stress analysis using analytical methods. Such problems cannot be solved because the corresponding mapping function cannot be determined previously (Table 1.13).

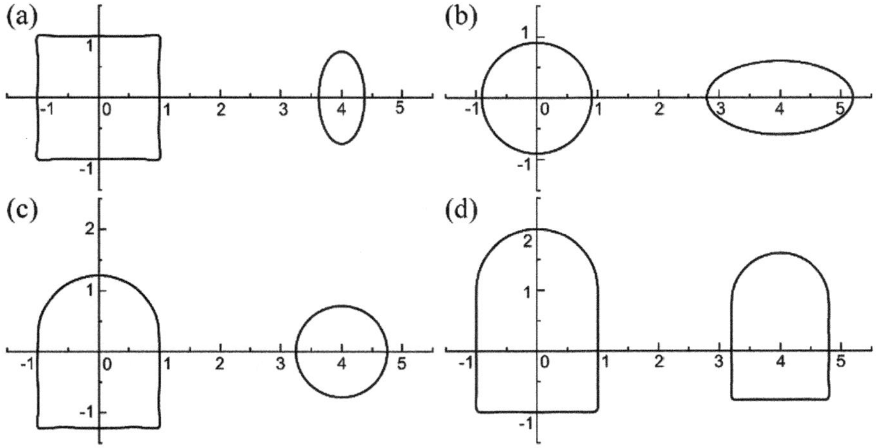

Fig. 1.26 The infinite domain with two holes: **a** square-oval, **b** circle-oval, **c** vertical-wall semicircle-circle, **d** two vertical-wall semicircles

Table 1.13 The mapping function coefficients for different geometries in Fig. 1.26

Coefficients	Square-oval	Circle-oval	Vertical-wall semicircle-circle	Two vertical-wall semicircles
c'	1.1766	0.91599	(1.2414, 4.0752 × 10^-2^)	(1.3667, – 2.2974 × 10^-2^)
c_0	– 2.8392 × 10^-2^	7.2359 × 10^-2^	(– 5.1291 × 10^-4^, – 0.12657)	(– 5.9496 × 10^-2^, 0.37765)
c_1	– 3.1265 × 10^-4^	8.7447 × 10^-4^	(– 0.11803, 4.6651 × 10^-3^)	(– 0.24796, – 3.7751 × 10^-3^)
c_2	1.1553 × 10^-3^	1.9131 × 10^-4^	(– 5.6592 × 10^-3^, – 9.3138 × 10^-2^)	(3.3896 × 10^-3^, – 8.4205 × 10^-2^)
c_3	– 0.20101	7.6589 × 10^-5^	(– 0.12179, 1.2049 × 10^-2^)	(– 0.14129, – 9.8826 × 10^-3^)
c_4	– 1.0705 × 10^-3^	– 7.9637 × 10^-6^	(6.5739 × 10^-3^, 4.7880 × 10^-2^)	(– 6.1032 × 10^-3^, 5.1798 × 10^-2^)
c_5	– 2.4429 × 10^-6^	– 7.7048 × 10^-5^	(– 4.7252 × 10^-3^, 4.5766 × 10^-4^)	(– 2.5086 × 10^-3^, 2.6518 × 10^-4^)
c_6	– 3.2690 × 10^-4^	– 6.1476 × 10^-6^	(2.2059 × 10^-3^, 1.2196 × 10^-2^)	(– 1.3625 × 10^-3^, 5.2319 × 10^-3^)
c_7	2.1192 × 10^-2^	– 4.6018 × 10^-5^	(8.9879 × 10^-3^, – 2.1027 × 10^-3^)	(6.0879 × 10^-3^, 1.3290 × 10^-3^)
c_8	3.3829 × 10^-4^	– 5.1953 × 10^-6^	(– 2.1976 × 10^-3^, – 7.9069 × 10^-3^)	(1.4369 × 10^-3^, – 8.6580 × 10^-3^)
c_9	1.2122 × 10^-4^	– 2.7879 × 10^-5^	(– 2.4172 × 10^-3^, 7.2238 × 10^-4^)	(– 2.9966 × 10^-3^, – 7.8302 × 10^-4^)
c_{10}	– 1.8914 × 10^-4^	4.4327 × 10^-6^	(– 1.0090 × 10^-3^, – 2.9616 × 10^-3^)	(2.3242 × 10^-4^, – 1.6948 × 10^-3^)
c_{-1}	– 8.9233 × 10^-2^	0.29443	(– 2.7230 × 10^-4^, 4.7118 × 10^-5^)	(– 0.15748, – 1.7647 × 10^-3^)
c_{-2}	5.7956 × 10^-5^	– 1.0284 × 10^-5^	(3.4515 × 10^-5^, – 1.8363 × 10^-6^)	(9.9577 × 10^-4^, – 4.2943 × 10^-2^)
c_{-3}	2.8368 × 10^-6^	– 1.2274 × 10^-5^	(– 4.9347 × 10^-6^, 2.9369 × 10^-7^)	(– 5.6714 × 10^-2^, – 9.6781 × 10^-4^)
c_{-4}	1.0194 × 10^-6^	– 2.5531 × 10^-6^	(1.5489 × 10^-7^, 9.0442 × 10^-8^)	(1.7046 × 10^-4^, 1.6457 × 10^-2^)
c_{-5}	– 1.9329 × 10^-7^	– 8.1659 × 10^-5^	(5.9346 × 10^-8^, – 2.4012 × 10^-7^)	(– 6.4543 × 10^-4^, – 3.0315 × 10^-4^)
c_{-6}	– 8.9968 × 10^-9^	– 2.8390 × 10^-6^	(2.0766 × 10^-7^, 1.3814 × 10^-7^)	(4.2475 × 10^-5^, 1.1254 × 10^-3^)
c_{-7}	– 3.0027 × 10^-7^	3.8167 × 10^-6^	(– 4.7644 × 10^-8^, 7.9099 × 10^-8^)	(1.0602 × 10^-3^, – 4.5839 × 10^-5^)
c_{-8}	– 1.4313 × 10^-8^	– 2.7981 × 10^-6^	(3.2481 × 10^-8^, – 2.9219 × 10^-8^)	(4.0667 × 10^-5^, – 1.1326 × 10^-3^)
c_{-9}	– 6.0136 × 10^-8^	– 5.1658 × 10^-6^	(5.0177 × 10^-8^, 5.9180 × 10^-8^)	(– 3.0426 × 10^-4^, 1.5585 × 10^-6^)

(continued)

Table 1.13 (continued)

Coefficients	Square-oval	Circle-oval	Vertical-wall semicircle-circle	Two vertical-wall semicircles
c_{-10}	-2.7427×10^{-9}	3.6700×10^{-7}	$(-3.6618 \times 10^{-8}, 4.2500 \times 10^{-8})$	$(1.5206 \times 10^{-5}, -1.4109 \times 10^{-4})$
s'	1.9521	2.3051	1.6600	1.2444
r_c	0.47620	0.98249	0.59678	0.79334

References

1. Лаврентьев, М.А., and Б.А. Шабат. 1956. *Methods of complex function theory*. Beijing: People's Education Press.
2. Канторович, Л.В., and И.В. Крылов. 1962. Прилиженные методы высшего анализа.
3. Liu, H.C. 1987. The influence of tunnel section shape on the mechanical state of elastic surrounding rock. Thesis for master degree, Shandong Mining Institute.
4. Zhu, D.Y., Q.H. Qian, Z.S., Zhou, and W.H. Xu. 1999. New method for calculating mapping function of opening with complex shape. *Chinese Journal of Rock Mechanics and Engineering.* 18 (3): 279–282.
5. Lu, A.Z., and Q.W. Wang. (1995). New method of determination for the mapping function of tunnel with arbitrary-boundary using optimization techniques. *Chinese Journal of Rock Mechanics and Engineering* 14 (3): 269–274.
6. Liu, W.X. 1997. *Mechanical optimal design*, 143–149. Beijing: Tsinghua University Press.
7. Lu, A.Z., and L.Q. Zhang. 2007. *Complex variable methods for the mechanical analysis of underground tunnels*. Beijing: Science Press.
8. Fletcher, R. 1981. *Practical methods of optimization, volume 2. Constrained optimization.* Chichester, New York, Brisbane, Toronto.
9. Wan, Y.Q., and G.R. Liang. 1983. *Commonly used programming assembly for optimization computing methods*. Beijing: China Worker Press.
10. Haddon, R.A.W. 1967. Stresses in an infinite plate with two unequal circular holes. *The Quarterly Journal of Mechanics and Applied Mathematics* 20 (3): 277–291.
11. Korn, G.A., and T.M. Korn. 1968. *Mathematical handbook for scientists and engineers*, 2nd ed. New York: McGraw-Hill.
12. Lu, A.Z., Z. Xu, and N. Zhang. 2017. Stress analytical solution for an infinite plane containing two holes. *International Journal of Mechanical Sciences* 128–129: 224–234.
13. Zeng, X.T., A.Z. Lu, and N. Zhang. 2018. Analytical stress solution for an infinite plate containing two oval holes. *European Journal of Mechanics—A/Solids* 67: 291–304.
14. Zeng, X.T., and A.Z. Lu. 2019. Stress solution for an infinite elastic plate containing two arbitrarily shaped holes. *AIAA Journal* 57 (4): 1691–1701.
15. Zeng, X.T., A.Z. Lu, and S.J. Wang. 2020. Shape optimization of two equal holes in an infinite elastic plate. *Mechanics Based Design of Structures and Machines* 48 (2): 133–145.
16. Verruijt, A. 1997. A complex variable solution for a deforming circular tunnel in an elastic half-plane. *International Journal for Numerical and Analytical Methods in Geomechanics* 21 (2): 77–89.
17. Verruijt, A. 1998. Deformations of an elastic half plane with a circular cavity. *International Journal of Solids and Structures* 35 (21): 2795–2804.
18. Lu, A.Z., G.S. Zeng, and N. Zhang. 2021. A complex variable solution for a non-circular tunnel in an elastic half-plane. *International Journal for Numerical and Analytical Methods in Geomechanics* 45 (12): 1833–1853.
19. Zeng, G.S., H. Cai, and A.Z. Lu. 2019. An analytical solution for an arbitrary cavity in an elastic half-plane. *Rock Mechanics and Rock Engineering* 52 (11): 1–18.

20. Ma, Y.C., A.Z. Lu, H. Cai, and X.T. Zeng. 2021. Numerical applications of conformal mapping with explicit formulae based on the power series method. In *The 2021 International Conference on Applied Mathematics, Modeling and Computer Simulation (AMMCS 2021)*.
21. Schinzinger, R., and P.A.A. Laura. 2003. *Conformal mapping: methods and applications*. New York: Dover Publications Inc.
22. Zhu, J.J., Q.H. Xie, T.Y. Zuo, et al. 2019. Complex least squares adjustment to improve tree height inversion problem in PolInSAR. *Journal of Geodesy and Geoinformation Science* 2: 1–8.
23. Symm, G.T. 1969. Conformal mapping of doubly-connected domains. *Numerische Mathematik* 13: 448–457.

Chapter 2
Complex Variable Method for Isotropic Elastic Plane Problems

2.1 Analytic Functions

2.1.1 Biharmonic Function

Considering the body force is constant, the solution of stress functions $U(x, y)$ for isotropic elastic plane problems can ultimately reduce to solving a biharmonic equation under given stress boundary conditions, the biharmonic equation is

$$\frac{\partial^4 U}{\partial x^4} + 2\frac{\partial^4 U}{\partial x^2 \partial y^2} + \frac{\partial^4 U}{\partial y^4} = 0 \tag{2.1}$$

where U is the simplified form of $U(x, y)$ which omits independent variables x and y.

In the case of absence of body force, the three stress components can be expressed by the stress function $U(x, y)$:

$$\sigma_x = \frac{\partial^2 U}{\partial y^2}, \sigma_y = \frac{\partial^2 U}{\partial x^2}, \tau_{xy} = \tau_{yx} = -\frac{\partial^2 U}{\partial x \partial y} \tag{2.2}$$

where σ_x and σ_y is respectively the normal stress component in x and y direction of Cartesian coordinates, τ_{xy} and τ_{yx} is respectively the shear stress normal to x axis and y axis. σ_x, σ_y and τ_{xy} here also omit independent variables x and y.

Therefore, when solving stress boundary value problems with constant body force using stress-based methods, it is only necessary to solve the stress function by partial differential equation (2.1), and then use Eq. (2.2) to obtain the stress components. However, these stress components should satisfy the stress boundary conditions, and the single-valued displacement conditions should also be considered in the case of multiple connected domains.

A. Lu et al., *Complex Variable Function Solutions in the Mechanical Analysis of Tunnels*, https://doi.org/10.1007/978-981-97-1691-3_2

The partial differential equation (2.1) is generally impossible to be directly solved without using complex variable method. Therefore, practical problems are usually solved by inverse method and semi-inverse method which gives an impression of problems solved by trial-and-error method and it is difficult to deal with the case of slightly complicated object geometric boundary and load patterns. Nevertheless, taking advantage of the mathematics tool of complex variable function, the ordinary solution of Eq. (2.1) can be obtained first and then the solutions of practical problems are determined by boundary conditions, which develop a complete method along this path. Quite distinct form trial-and-error method, this kind of method has fixed solving steps.

In 1898, Goursat presented the ordinary solution of Eq. (2.1) [1, 2]:

$$U = \mathrm{Re}[\theta_1(z) + \bar{z}\varphi_1(z)] \tag{2.3}$$

where $z = x + iy$, $i = \sqrt{-1}$, Re[] is the real part of [ ], and $\bar{z}$ is the conjugate of z.

Thus, the stress function $U(x, y)$ can always be represented by two analytic functions $\varphi_1(z)$ and $\theta_1(z)$ in the plane problems with constant body force.

The original problem of solving a stress function $U(x, y)$ has now changed to solving two analytic functions $\varphi_1(z)$ and $\theta_1(z)$. It seems the problem is more complicated for the number of functions to be solved increased by one. But in fact, the original stress function needs two real variables x and y to be represented, whereas now $\varphi_1(z)$ and $\theta_1(z)$ can be represented by just one complex variable z, $\varphi_1(z)$ and $\theta_1(z)$ also possess good mathematical properties, which has brought great convenience in solving the problem. For example, by applying the Cauchy integral formula to the boundary values of analytic functions, one can directly obtain the analytic functions.

Moreover, by using a mapping function $z = \omega(\zeta)$ to transform a region in the physic plane z with a complicated boundary shape into another region in the image plane ζ with a simpler boundary shape (such as a circular boundary), one can further simplify the solving process. Since the mapping function is also an analytic function, the original analytic functions represented by z is transformed into analytic functions represented by ζ, which the analytic functions represented by ζ has better properties.

2.1.2 Stress and Displacement Components

Once the two analytic functions $\varphi_1(z)$ and $\theta_1(z)$ are determined by the boundary conditions, the stress and displacement components can be expressed by these two analytic functions through the relationships between stress components and stress functions (Eq. (2.2)), stress components and strain components (physical equations), and strain components and displacement components (geometric equations).

Firstly, represent the stress components using analytic functions $\varphi_1(z)$ and $\theta_1(z)$. In order to simplify the expression of stress components as complex variable functions, they are usually not written individually, they are expressed by the complex variable functions of their combinations $\sigma_x + \sigma_y$ and $\sigma_y - \sigma_x + 2i\tau_{xy}$. Of course, it is not difficult to write the complex variable functions of each stress component based on this foundation. After deduction, the complex variable function representation of the stress components is given by [1, 2]:

$$\sigma_x + \sigma_y = 4\mathrm{Re}\left[\varphi_1'(z)\right] \tag{2.4}$$

$$\sigma_y - \sigma_x + 2i\tau_{xy} = 2\left[\bar{z}\varphi_1''(z) + \theta_1''(z)\right] \tag{2.5}$$

Introducing another analytic function $\psi_1(z)$, let $\psi_1(z) = \theta_1'(z)$, Eq. (2.5) is rewritten as

$$\sigma_y - \sigma_x + 2i\tau_{xy} = 2\left[\bar{z}\varphi_1''(z) + \psi_1'(z)\right] \tag{2.6}$$

Once $\varphi_1(z)$ and $\theta_1(z)$ are determined, the imaginary and real parts on the right side of Eq. (2.6) can be separated, the imaginary part is τ_{xy} and the real part is $\sigma_y - \sigma_x$. σ_x and σ_y are easily obtained by the real part and Eq. (2.4). Finally, stress components are written as

$$\tau_{xy} = \mathrm{Im}\left[\bar{z}\varphi_1''(z) + \psi_1'(z)\right] \tag{2.7}$$

$$\sigma_x = 2\mathrm{Re}\left[\varphi_1'(z)\right] - \mathrm{Re}\left[\bar{z}\varphi_1''(z) + \psi_1'(z)\right] \tag{2.8}$$

$$\sigma_y = 2\mathrm{Re}\left[\varphi_1'(z)\right] + \mathrm{Re}\left[\bar{z}\varphi_1''(z) + \psi_1'(z)\right] \tag{2.9}$$

where Im[] is the imaginary part of [ ].

Trough deduction, the displacement components are represented by complex variable function as [1, 2]:

$$2G(u + iv) = \kappa\varphi_1(z) - z\overline{\varphi_1'(z)} - \overline{\psi_1(z)} \tag{2.10}$$

where u and v are the displacement components at the x and y directions, respectively. u_x (u_y) are also used in the following chapters (e.g., Chaps. 4, 5, 7, 11 and 12) to represent the displacement components at x (y) direction. G is shear modulus which can be denoted by elastic modulus E and Poisson's ratio μ as: $G = E/2(1 + \mu)$. κ is only related to μ, for plane strain and plane stress problem, $\kappa = 3 - 4\mu$ and $\kappa = (3 - \mu)/(1 + \mu)$, respectively.

2.1.3 Boundary Conditions

There are two types of basic boundary conditions, namely displacement boundary conditions and stress boundary conditions. When a part of an object boundary is subjected to external loads (surface forces), the corresponding boundary condition is stress boundary condition; when a part of an object boundary is constrained or given a specific displacement value, the corresponding boundary condition is displacement boundary condition; when some displacement components and surface force are both given on a part of the boundary, this part boundary corresponds to the mixed boundary conditions.

The displacement boundary condition can be directly written using the complex variable function of the displacement components in Sect. 2.1.2. Namely u and v are given in Eq. (2.10), $u = u_0, v = v_0$. u_0 and v_0 denote the displacement components on the boundary, they can be either constant or given functions, where the independent variable z in Eq. (2.10) is the value on the boundary denoted by t,

$$2G(u_0 + iv_0) = \kappa\varphi_1(t) - t\overline{\varphi_1'(t)} - \overline{\psi_1(t)} \tag{2.11}$$

The stress boundary conditions are

$$\left.\begin{aligned} \sigma_x l + \tau_{xy} m &= X_n \\ \tau_{xy} l + m\sigma_y &= Y_n \end{aligned}\right\} \tag{2.12}$$

where l and m are the direction cosines, $l = \cos(n, x), m = \cos(n, y)$. n is the outward normal direction of the boundary; X_n and Y_n is respectively the given surface traction components of x and y directions on the boundary.

Trough deduction, the stress boundary conditions are represented by complex variable function as [1, 2]:

$$\varphi_1(t) + z\overline{\varphi_1'(t)} + \overline{\psi_1(t)} = i\int_A^B (X_n + iY_n)ds + C_A \tag{2.13}$$

where A is the starting point of the integral and B is any point on the boundary. The part of region discussed should lie to the left when integrating from A to B. C_A is a complex constant that is decided by the starting point A and sometimes C_A can be directly taken as zero.

The problem solved only through known stress boundary conditions or displacement boundary conditions is called the first-class boundary value problem and the second-class boundary value problem, respectively. In some cases, the problem solved through given both displacement and stress boundary conditions is called the mixed boundary value problem.

Listing both types of boundary conditions gives the following equation:

$$\text{displacement boundary conditions: } \kappa\varphi_1(t) - t\overline{\varphi_1'(t)} - \overline{\psi_1(t)} = 2G(u_0 + iv_0)$$

$$\text{stress boundary conditions: } -\varphi_1(t) - t\overline{\varphi_1'(t)} - \overline{\psi_1(t)} = -i\int_A^B (X_n + iY_n)ds - C_A$$

Comparing the two types of boundary conditions, although the right sides have different forms, in both cases they are given values, and the difference of left side is only that the first term differs by a constant $-\kappa$, because of which the solving details of the two types of boundary value problems should be exact the same.

In general books on elasticity mechanics, it is often emphasized that there are stress-based and displacement-based methods for solving elasticity problems. However, when using complex variable method, the difference between displacement-based and stress-based methods disappears.

2.2 The Form of Analytic Functions

2.2.1 Finite Multiple Connected Domain Problem

From Sect. 2.1.3, it can be found that the crucial problem of complex variable method is to use the known combined values (2.11) or (and) (2.13) of the two analytic functions on the boundary to determine the specific forms of the two analytic functions. To facilitate further discussion of specific methods in the future, this section first discusses finite multiple connected domains (as shown in Fig. 2.1, L_1, L_2, ..., L_m is respectively the inner boundary of m holes, and L_{m+1} is the outer boundary surrounding m holes), and the general functional form in infinite domains will be discussed based on this. As inferred from behind, for some problems, solving for the unknown functions $\varphi_1(z)$ and $\psi_1(z)$ can be transformed into solving for the unknown coefficients.

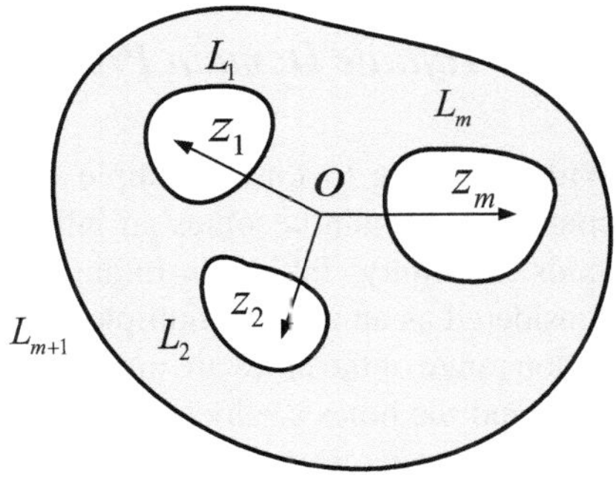

Fig. 2.1 Finite multiple connected domain contains m holes

Through deduction, to ensure the uniqueness of stress and displacement values, the forms of $\varphi_1(z)$ and $\psi_1(z)$ for finite multiple connected domain contains m holes are [1, 2]:

$$\varphi_1(z) = -\frac{1}{2\pi(1+\kappa)}\sum_{k=1}^{m}(X_k + iY_k)\ln(z - z_k) + \varphi_{1*}(z) \tag{2.14}$$

$$\psi_1(z) = \frac{\kappa}{2\pi(1+\kappa)}\sum_{k=1}^{m}(X_k - iY_k)\ln(z - z_k) + \psi_{1*}(z) \tag{2.15}$$

where X_k and Y_k respectively denote the resultant force of surface traction in x and y directions on the boundary L_k $(k = 1, 2, \ldots, m)$, z_k is any point inside L_k, $\varphi_{1*}(z)$ and $\psi_{1*}(z)$ are single-valued analytic functions in the region. It can be found from Eqs. (2.14) and (2.15) that the first terms of $\varphi_1(z)$ and $\psi_1(z)$ are equal to zero when X_k and Y_k on boundary L_k are zero, namely $\varphi_1(z)$ and $\psi_1(z)$ are single-valued analytic functions. If only stress is applied on the outer boundary L_{m+1}, then $\varphi_{1*}(z)$ and $\psi_{1*}(z)$ solved through stress boundary condition (2.13) are independent of the elastic constants (E and μ), namely the stress components σ_x, σ_y, and τ_{xy} of plane problem is unrelated with material properties. Instead, when X_k and Y_k on boundary L_k are not equal to zero, the first terms of $\varphi_1(z)$ and $\psi_1(z)$ are related to Poisson's ratio. And even if all the given boundary conditions are stress boundary conditions, the stresses still depend on the material properties, but only on the Poisson's ratio, not on the elastic modulus.

When X_k and Y_k on boundary L_k are zero, if displacement boundary conditions instead of stress boundary conditions are applied on the outer boundary of the object, namely the displacement components u_0 and v_0 are given, and not all of them are zero, then solving $\varphi_{1*}(z)$ and $\psi_{1*}(z)$ should use displacement boundary conditions (2.11). Since Eq. (2.11) includes E and μ, the solved $\varphi_{1*}(z)$ and $\psi_{1*}(z)$ depend on E and μ, namely the stress components are related to elastic constants (E and μ); if u_0 and v_0 are zero, $\varphi_{1*}(z)$ and $\psi_{1*}(z)$ solved through displacement boundary condition are only related to μ, namely the stress components are related to μ.

2.2.2 *Infinite Domain Problem*

With regarding to finite multiple connected domain (see Fig. 2.1), the multiple connected domain becomes an infinite domain when the external boundary L_{m+1} tends to infinity. Taking an infinite thin plate with holes for example, it could be considered as an infinite multiple connected domain problem if the size and distribution range of the holes are much smaller compared with the dimensions of the thin plate and the holes are located far from the edges of the thin plate. When a tunnel excavated underground is at a considerable depth from the ground surface, namely deep buried tunnel, the problem can be treated as one-hole problem in an infinite domain.

The analytic functions $\varphi_1(z)$ and $\psi_1(z)$ of finite multiple connected domains given in Sect. 2.2.1 is applicable to any part of an infinite domain. By derivation, the form of $\varphi_1(z)$ and $\psi_1(z)$ for one-hole problem in an infinite plano are as follows when the infinite far-field stress is bounded

$$\varphi_1(z) = -\frac{1}{2\pi(1+\kappa)}(X + iY)\ln z + (B + iC)z + \varphi_1^0(z) \tag{2.16}$$

$$\psi_1(z) = \frac{\kappa}{2\pi(1+\kappa)}(X - iY)\ln z + \left(B' + iC'\right)z + \psi_1^0(z) \tag{2.17}$$

where B, C, B', and C' are real constant; $\varphi_1^0(z)$ and $\psi_1^0(z)$ are single-valued analytic functions in the neighborhood of infinity; X and Y denote the resultant force of surface traction in x and y directions on the hole boundary, respectively:

$$\varphi_1^0(z) = a_0 + \frac{a_1}{z} + \frac{a_2}{z^2} + \cdots$$

$$\psi_1^0(z) = b_0 + \frac{b_1}{z} + \frac{b_2}{z^2} + \cdots$$

Equations (2.16) and (2.17) are the forms of $\varphi_1(z)$ and $\psi_1(z)$ in the neighborhood of infinity which is applicable over a large range in an infinite domain. If L_n is a big circle surrounding the inner boundaries $L_1, L_2, \ldots,$ and L_m, Eqs. (2.16) and (2.17) is applicable at every point outside L_m. Therefore, Eqs. (2.16) and (2.17) is applicable over the entire range outside the circular hole if the infinite plate contains only one circular hole.

It can be found from Eqs. (2.7) and (2.8) that the stresses keep unchanged when $\varphi_1(z)$ and $\psi_1(z)$ is respectively replaced by $\varphi_1(z) + icz + d$ and $\psi_1(z) + d'$, so a_0, b_0, and C can be directly taken as zero. The three real constants B, B', and C' in $\varphi_1(z)$ and $\psi_1(z)$ have clear physical meanings in mechanics,

$$B = \frac{\sigma_x^\infty + \sigma_y^\infty}{4},\ B' = \frac{\sigma_y^\infty - \sigma_x^\infty}{2},\ C' = \tau_{xy}^\infty \tag{2.18}$$

where σ_x^∞, σ_y^∞, and τ_{xy}^∞ are the stresses at infinity which must be uniformly distributed. In some practical problems (Fig. 2.2), the knowns at infinity are two principal stresses N_1, N_2, and the angle between the axis of N_1 and x axis, then B, B', and C' are obtained by the following equation

$$B = \frac{N_1 + N_2}{4},\ B' + iC' = -\frac{1}{2}(N_1 - N_2)e^{-2i\beta} \tag{2.19}$$

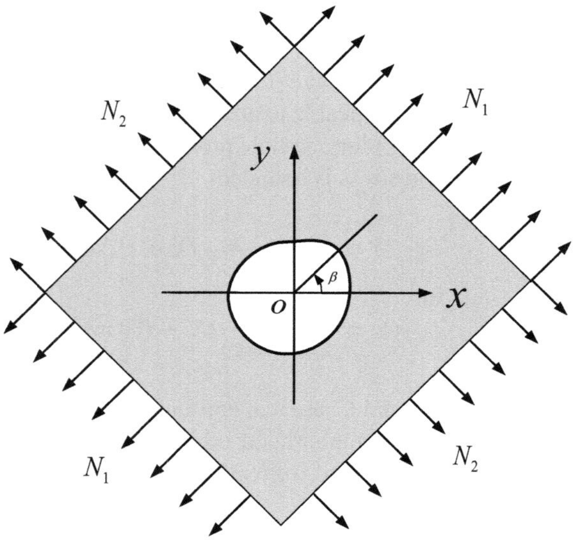

Fig. 2.2 The direction of the far-field stress is not aligned with the coordinate axis

2.2.3 Semi-infinite Domain Problem

As shown in Fig. 2.3, when the excavated tunnel is far away from the ground surface and its length is great, it can be treated as a plane strain problem of an infinite domain with a hole. That is to say, the effect of rock mass gravity near the tunnel is not considered, and it is assumed that the vertical stress component P on the upper and lower boundaries far away from the tunnel is γH (γ is rock unit weight and H is the depth of tunnel), and the horizontal stress component Q on the left and right boundaries far away from the tunnel is $\lambda\gamma H$ (λ is the ratio of horizontal to vertical stress component which is often called the lateral pressure coefficient). It is considered that the vertical stress component and the horizontal stress component are both acting at infinity, namely $\sigma_x^\infty = P$, $\sigma_y^\infty = Q$, and $\tau_{xy}^\infty = 0$.

However, the stress analysis of the tunnel cannot be simplified into an infinite plane problem when the depth of the tunnel is not large. As is shown in Fig. 2.4, the ground surface L_1 must be treated as a boundary and the body force γ of the rock mass near the tunnel L_2 should also be considered. The problem can be simplified as a plane strain problem of a semi-infinite domain with a hole when the length of the tunnel is great. Besides, the horizontal stress on both sides of the tunnel is not uniformly distributed.

For the single tunnel (hole) case, Strack and Verruijt presented the general form of the analytic functions [3]:

$$\varphi_1(z) = -\frac{F_x + iF_y}{2\pi(1+\kappa)}[\kappa \ln(z - \overline{z_c}) + \ln(z - z_c)] + \varphi_1^0(z) \tag{2.20}$$

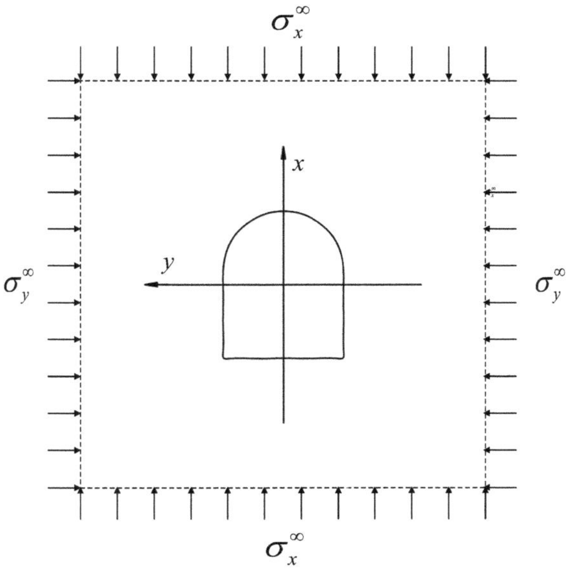

Fig. 2.3 Deep tunnel under an in-situ stress field

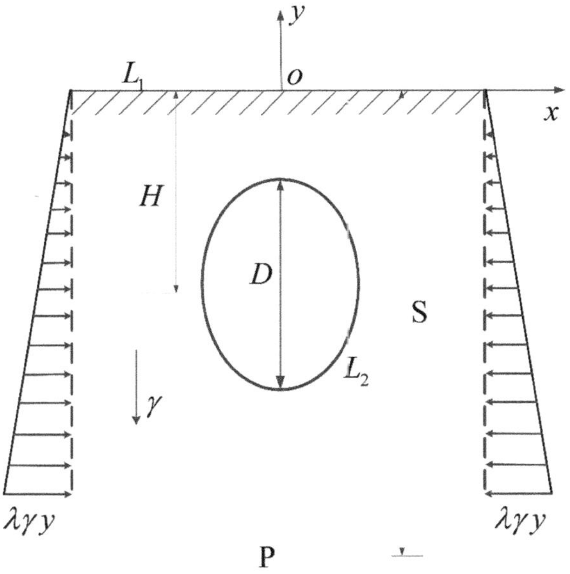

Fig. 2.4 Non-circular tunnel in an elastic half-plane with gravity

$$\psi_1(z) = \frac{F_x - iF_y}{2\pi(1+\kappa)}[\ln(z - \overline{z_c}) + \kappa \ln(z - z_c)] + \psi_1^0(z) \tag{2.21}$$

where z_c is the point inside the hole, F_x and F_y is respectively the resultant force of surface traction in x and y directions on the hole boundary, $\varphi_1^0(z)$ and $\psi_1^0(z)$ are single-valued analytic functions in the region.

2.2.4 Degree of Determination of the Analytic Functions

As can be seen from Sect. 2.1.2, if two analytic functions $\varphi_1(z)$ and $\psi_1(z)$ that satisfy the given boundary conditions can be obtained, the stress components and displacement components can be calculated using Eqs. (2.7)–(2.10). Now the question should be discussed is whether different $\varphi_1(z)$ and $\psi_1(z)$ corresponding to different stress components and displacement components? Of course not, $\varphi_1(z)$ and $\psi_1(z)$ change within a certain range will obtain the same stress and displacement.

It could be proved that, if only requires equal stress components, $\varphi_1(z)$ can be replaced by $\varphi_1(z) + icz + d$ and $\psi_1(z)$ can be replaced by $\psi_1(z) + d'$, respectively, where c is any real constant, d and d' are any complex constant. If also requires that changes of $\varphi_1(z)$ and $\psi_1(z)$ do not affect the displacement components, then the range in which $\varphi_1(z)$ and $\psi_1(z)$ can be changed must be narrowed, one can only replace $\varphi_1(z)$ by $\varphi_1(z) + d$ and replace $\psi_1(z)$ by $\psi_1(z) + \kappa\overline{d}$.

2.3 Stresses and Boundary Conditions in Orthogonal Curvilinear Coordinates

When dealing with complicated boundary shapes, it is difficult to directly solve the two analytic functions using Eqs. (2.11) and (2.13). However, by using a mapping function $z = \omega(\zeta)$ to transform the boundary of a complicated shape into a simple shape (such circle or annulus), the analytic functions represented by the complex variable z is transformed into the analytic functions represented by the complex variable ζ and the boundary conditions expressed as functions of z to be transformed into boundary conditions expressed as functions of ζ. After this transformation, although the expression of the boundary conditions becomes more complicated, a simpler boundary is obtained, which allows the irregular boundary to be represented by a constant in the coordinate system. Additionally, the analytic functions represented by ζ has better properties, for example, it can be expanded into a power series or Laurent series in the mapped region. For many plane problems of single or double opening with complicated shapes, solving the original problem using this conformal mapping method is very effective [4].

Assuming the mapping function $z = \omega(\zeta)$ is known, substituting $z = \omega(\zeta)$ into $\varphi_1(z)$ and $\psi_1(z)$, analytic functions can be expressed in the form of ζ

$$\varphi_1(z) = \varphi_1[\omega(\zeta)] = \varphi(\zeta) \tag{2.22}$$

$$\psi_1(z) = \psi_1[\omega(\zeta)] = \psi(\zeta) \tag{2.23}$$

Substituting $z = \omega(\zeta)$ into the stress combination Eqs. (2.4) and (2.5), one can obtain:

$$\sigma_x + \sigma_y = 4\mathrm{Re}[\Phi(\zeta)] \tag{2.24}$$

$$\sigma_y - \sigma_x + 2i\tau_{xy} = 2\left[\overline{\omega(\zeta)}\frac{\Phi'(\zeta)}{\omega'(\zeta)} + \Psi(\zeta)\right] \tag{2.25}$$

where $\Phi(\zeta) = \frac{\varphi'(\zeta)}{\omega'(\zeta)}$ and $\Psi(\zeta) = \frac{\psi'(\zeta)}{\omega'(\zeta)}$.

Substituting $z = \omega(\zeta)$ into Eq. (2.10), one obtains

$$2G(u + iv) = \kappa\varphi(\zeta) - \frac{\omega(\zeta)}{\overline{\omega'(\zeta)}}\overline{\varphi'(\zeta)} - \overline{\psi(\zeta)} \tag{2.26}$$

Substituting $z = \omega(\zeta)$ into the boundary conditions (2.11) and (2.13), and ζ taking the boundary value σ, obtains

$$\varphi(\sigma) + \frac{\omega(\sigma)}{\overline{\omega'(\sigma)}}\overline{\varphi'(\sigma)} + \overline{\psi(\sigma)} = i\int_L (X_n + iY_n)ds + C_A = f(\sigma) \tag{2.27}$$

$$\kappa\varphi(\sigma) - \frac{\omega(\sigma)}{\overline{\omega'(\sigma)}}\overline{\varphi'(\sigma)} - \overline{\psi(\sigma)} = 2G(\overline{u} + i\overline{v}) \tag{2.28}$$

For a simply connected domain only calculating stress, C_A in Eq. (2.27) can be ignored.

The mapping function $z = \omega(\zeta)$ discussed here is single-valued and analytic in the domain, and its derivative is nonzero. Equations (2.24)–(2.28) are meaningful when the derivative of the mapping function is nonzero at every point in the domain.

By means of a conformal transformation, the boundary of the domain in the plane can be transformed to a circle or an annulus. Taking an infinite domain with one hole as an example (Fig. 2.5), the domain outside the hole on z plane is mapped to a domain exterior to unit circle with origin as its center on ζ plane, which the boundary of the hole corresponds to the unit circle. The coordinates of any point in the image plane can be conveniently represented by polar coordinates:

$$\zeta = \rho e^{i\theta} = \rho(\cos\theta + i\sin\theta) \tag{2.29}$$

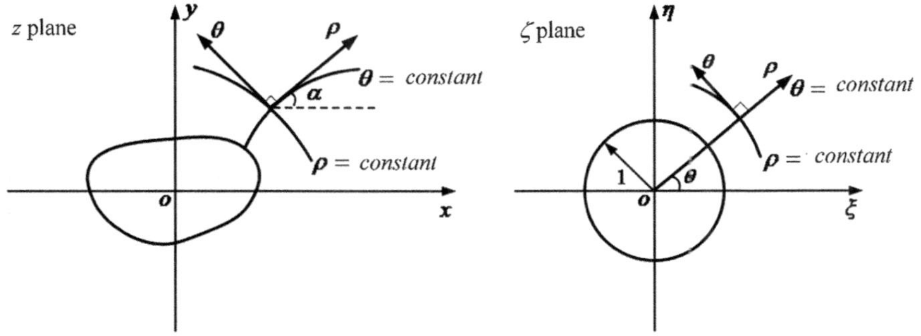

Fig. 2.5 The orthogonal curvilinear coordinate system on the physical plane and the polar coordinate system on the image plane

where ρ and θ are the polar coordinates of point ζ, $\rho = 1$ on the boundary, namely $\zeta = \sigma = e^{i\theta}$.

In the ζ-plane, the coordinate lines consist of circular lines and radial lines where the circular lines are represented by $\rho = const$ and radial lines are represented by $\theta = const$, the two are always orthogonal at any point. According to the property of conformal transformation, the curves in the z plane corresponding to these two families of curves are also orthogonal. These two families of curves on the z plane can be treated as the coordinate lines of an orthogonal coordinate system, and also use $\rho = const$ and $\theta = const$ to represent them. As shown in Fig. 2.5, ρ and θ are the orthogonal coordinate of a point in the plane.

As a result, an orthogonal curvilinear coordinate grid is established in the z plane, with the coordinate lines $\rho = 1$ as the boundary of the discussed region, which the boundary conditions for solving problems are given on it.

The stress and displacement components previously discussed are in the Cartesian coordinate system. Now, the components change accordingly in the aforementioned orthogonal curvilinear coordinate system, but there is still a certain relationship between the two sets of components. Through deduction, the relationship between the displacement components can be derived

$$u_\rho + iu_\theta = e^{-i\alpha}(u + iv) = \frac{\bar{\zeta}}{\rho}\frac{\overline{\omega'(\zeta)}}{|\omega'(\zeta)|}(u + iv) \tag{2.30}$$

where u_ρ and u_θ is respectively the normal and tangential displacement in the orthogonal curvilinear coordinate system.

Therefore, the displacement components in the orthogonal curvilinear coordinate system in the z plane can be expressed as:

$$2G\left(u_\rho + iu_\theta\right) = \frac{\bar{\zeta}}{\rho}\frac{\overline{\omega'(\zeta)}}{|\omega'(\zeta)|}\left[\kappa\varphi(\zeta) - \frac{\omega(\zeta)}{\overline{\omega'(\zeta)}}\overline{\varphi'(\zeta)} - \overline{\psi(\zeta)}\right] \tag{2.31}$$

Problems should be solved through this equation when the given displacement boundary condition s are $u_{\rho 0}$ and $u_{\theta 0}$ instead of u_0 and v_0.

The transformation of stress components can be obtained using the "rotation formula" in elasticity textbooks, which are:

$$\sigma_\rho + \sigma_\theta = \sigma_x + \sigma_y = 4\mathrm{Re}[\Phi(\zeta)] = 4\mathrm{Re}\left[\frac{\varphi'(\zeta)}{\omega'(\zeta)}\right] \tag{2.32}$$

$$\begin{aligned}
\sigma_\theta - \sigma_\rho + 2i\tau_{\rho\theta} &= \left(\sigma_y - \sigma_x + 2i\tau_{xy}\right)e^{2i\alpha} \\
&= \frac{2\zeta^2}{\rho^2}\frac{1}{\overline{\omega'(\zeta)}}\left[\overline{\omega(\zeta)}\Phi'(\zeta) + \omega'(\zeta)\Psi(\zeta)\right] \\
&= \frac{2\zeta^2}{\rho^2\overline{\omega'(\zeta)}}\left[\overline{\omega(\zeta)}\frac{\varphi''(\zeta)\omega'(\zeta) - \omega''(\zeta)\varphi'(\zeta)}{[\omega'(\zeta)]^2} + \psi'(\zeta)\right]
\end{aligned} \tag{2.33}$$

where σ_ρ, σ_θ, and $\tau_{\rho\theta}$ is respectively the normal stress, tangential stress, and shear stress in the orthogonal curvilinear coordinate system. Equations (2.32) and (2.33) are the stress component combinations of orthogonal curvilinear coordinate system in z plane, which are expressed as functions of ζ after the transformation.

The expression of analytic functions in the orthogonal curvilinear coordinate system will be provided when solving specific problems.

2.4 Power Series Method

Chapter 1 introduces how to map a simply connected domain on the physic plane onto a domain inside or outside a unit circle on the image plane, and how to map a doubly connected domain on the physic plane onto an annulus on the image plane. The principles and methods for solving the mapping function are also provided. The mapping function form is mostly Laurent series, except for the case of a semi-infinite plane with a hole which involves rational fractions.

Because the mapping function is an analytic function, the original analytic function expressed by z on the physic plane transforms into an analytic function expressed by ζ on the image plane after mapping. This analytic function has good properties on the image plane that can be expanded as a power series or Laurent series, and the function form inside the domain is exact the same as the function form on the boundary, which provides a theoretical basis for the power series method.

There are three methods applicable when using the complex variable theory to solve plane elasticity problems: power series method, Cauchy integral method, and analytic continuation method. In the past, power series method was considered a secondary method, and some books on complex variable methods did not introduce it. The Cauchy integral method is most commonly introduced and some monographs introduce the analytic continuation method. Both the Cauchy integral method and the analytic continuation method require a good foundation in complex analysis theory, especially the analytic continuation method requires more mathematical knowledge.

The power series method can ultimately reduce the problem to solving an infinite linear equation system with analytic function coefficients as the unknowns. For simple problems, the power series method can obtain an exact analytical solution, but for slightly more complicated problems, it is difficult to obtain an exact solution using this method. In this case, the Cauchy integral method and analytic continuation method may obtain an exact analytical solution. However, when the problem is very complicated, both the Cauchy integral method and the analytic continuation method may be ineffective. For example, it is difficult to obtain an exact analytical solution for the support problem of tunnels, especially for non-circular tunnels. Nevertheless, the power series method is a general method, which can be used to solve such problems efficiently. The solution obtained by the power series method is usually an approximate solution, and its accuracy depends on the number of terms of the analytic function represented by series. When a finite number of terms are retained, the linear equation system established by power series method is finite, and solving linear equation systems in mathematics is a very simple task. The more the terms of the analytic function are taken, the higher the calculation accuracy is, which is very easy to implement on a computer. This provides a wide range of applications for the power series method.

The author's team of this book has used the power series method to solve many problems that were difficult to solve in the past, such as the stress and displacement analysis of underground tunnels, whether circular or non-circular, deep or shallow, single or double, unsupported or supported by lining or anchor, isotropic or anisotropic rock mass, and elastic or viscoelastic problems. Furthermore, the power series method can also be used for the elastoplastic analysis of underground tunnels, finding the intersection between the elastic and plastic zones. It has also been successfully applied to slope engineering and mechanical analysis of foundations and structures.

The power series method requires very little mathematical knowledge. It is carried out by comparing the coefficients of the same power terms of σ on both sides of the stress boundary condition (2.27) or the displacement boundary condition (2.28), and then a linear equation system is established regarding the analytic function coefficients. If the problem of a tunnel with lining is considered, it is necessary to establish equations related to σ by using the contact condition on the contact surface between the lining and the surrounding rock. Similarly, the coefficients of the same power terms of σ on both sides of the equation are compared to construct a linear equation system regarding the analytic function coefficients.

As the power series method is very simple, this section only uses an example to illustrate the specific solving process, so as to serve as an example for more complicated problems and lay a foundation for their solving.

As shown in Fig. 2.6, there is an elliptical hole in an infinite plate which is subjected to uniaxial tensile load p_1 at infinity. This is a simply connected domain problem, in which the exterior region of the elliptical hole is mapped to the domain outside a unit circle in the image plane. The exact mapping function is:

$$z = R\left(\zeta + \frac{m}{\zeta}\right) \tag{2.34}$$

where $R = (a + b)/2, m = (a - b)/(a + b)$, a and b is respectively the semi-axes of the ellipse along the x and y axis. $0 \leq |m| \leq 1$, $m = 0$ represents a circle, $m = \pm 1$ represents a crack.

This is a stress boundary value problem with free load on the boundary, the stress boundary condition can be directly written from Eq. (2.27):

$$\varphi(\sigma) + \frac{\omega(\sigma)}{\overline{\omega'(\sigma)}}\overline{\varphi'(\sigma)} + \overline{\psi(\sigma)} = 0 \tag{2.35}$$

where $\frac{\omega(\sigma)}{\overline{\omega'(\sigma)}} = \frac{\sigma^2+m}{\sigma(1-m\sigma^2)}$.

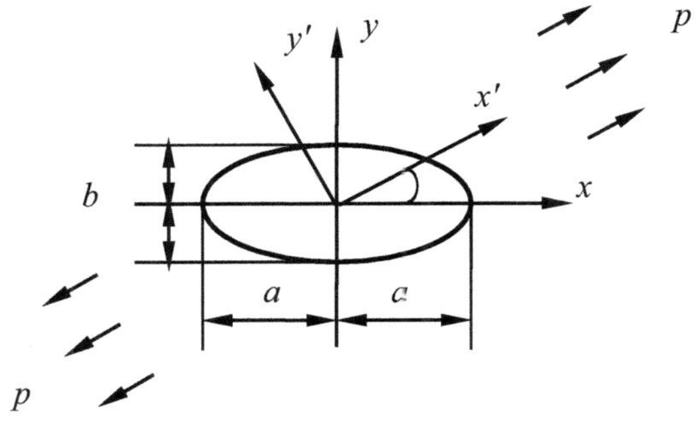

Fig. 2.6 An infinite plate with an elliptical hole is subjected to uniaxial tensile load at infinity

The expression of $\varphi(\sigma)$ and $\psi(\sigma)$ are given by Eqs. (2.16) and (2.17). Since $X = Y = 0$, one obtains:

$$\varphi_1(z) = Bz + \varphi_1^0(z), \quad \psi_1(z) = \left(B' + iC'\right)z + \psi_1^0(z)$$

where B and $B' + iC'$ are found by Eq. (2.19): $B = \frac{p}{4}$, $B' + iC' = -\frac{p}{2}(\cos 2\beta - i \sin 2\beta)$.

For $\varphi_1^0(z) = a_0 + \frac{a_1}{z} + \frac{a_2}{z^2} + \cdots$ and $\psi_1^0(z) = b_0 + \frac{b_1}{z} + \frac{b_2}{z^2} + \cdots$,

$$\varphi(\zeta) = \varphi_1[\omega(\zeta)] = \frac{p}{4}R\left(\zeta + \frac{m}{\zeta}\right) + \varphi_0(\zeta) \tag{2.36}$$

$$\psi(\zeta) = \psi_1[\omega(\zeta)] = -\frac{p}{2}(\cos 2\theta - i \sin 2\theta)R\left(\zeta + \frac{m}{\zeta}\right) + \psi_0(\zeta) \tag{2.37}$$

$\varphi_0(\zeta)$ and $\psi_0(\zeta)$ are the single-valued analytic functions outside the unit circle which could written as:

$$\varphi_0(\zeta) = \sum_{k=1}^{\infty} a_k \zeta^{-k} \tag{2.38}$$

$$\psi_0(\zeta) = \sum_{k=1}^{\infty} b_k \zeta^{-k} \tag{2.39}$$

The constant terms are ignored here since they have no effect on stress.

Taking the conjugate of Eq. (2.35) yields:

$$\overline{\varphi(\sigma)} + \frac{1}{\overline{\sigma}} \frac{\overline{\sigma}^2 + m}{1 - m\overline{\sigma}^2} \varphi'(\sigma) + \psi(\sigma) = 0 \tag{2.40}$$

Some related terms in the equation can be obtained by Eqs. (2.36)–(2.39)

$$\overline{\varphi(\sigma)} = \frac{pR}{4}\left(\overline{\sigma} + \frac{m}{\overline{\sigma}}\right) + \overline{\varphi_0(\sigma)} = \frac{pR}{4}\left(\frac{1}{\sigma} + m\sigma\right) + \sum_{k=1}^{\infty} \overline{a_k}\sigma^k$$

$$\varphi'(\sigma) = \frac{pR}{4}\left(1 - \frac{m}{\sigma^2}\right) - \sum_{k=1}^{\infty} k a_k \sigma^{-(k+1)}$$

$$\psi(\sigma) = -\frac{pR}{2}(\cos 2\beta - i\sin 2\beta)\left(\sigma + \frac{m}{\sigma}\right) + \sum_{k=1}^{\infty} b_k \sigma^{-k}$$

Substituting them into Eq. (2.40) derives:

$$\begin{aligned} &\sum_{k=1}^{\infty} \overline{a_k}\sigma^k - \sigma\frac{1 + m\sigma^2}{\sigma^2 - m}\sum_{k=1}^{\infty} k a_k \sigma^{-(k+1)} + \sum_{k=1}^{\infty} b_k \sigma^{-k} \\ &= \frac{1}{\sigma}\frac{pR}{2}\left(me^{-2i\beta} - 1\right) + \sigma\left(\frac{pR}{2}\right)\left(e^{-2i\beta} - m\right) \end{aligned} \tag{2.41}$$

Equation (2.41) is derived from the stress boundary condition. Based on this formula, a linear equation system regarding the coefficients of the analytic functions will be set up by equating the coefficients of the same power of σ on both sides. It can be found from it that comparing the coefficients of the same power of σ directly is difficult since the second term on the left side is a rational fraction. A general treatment is to expand this rational fraction into a power series [1], while the author multiply both side of Eq. (2.41) by $\sigma^2 - m$, obtains

$$\begin{aligned} &\left(\sigma^2 - m\right)\sum_{k=1}^{\infty} \overline{a_k}\sigma^k - \left(1 + m\sigma^2\right)\sum_{k=1}^{\infty} k a_k \sigma^{-k} + \left(\sigma^2 - m\right)\sum_{k=1}^{\infty} b_k \sigma^{-k} \\ &= \frac{pR}{2}\left(\sigma^2 - m\right)\left[\frac{1}{\sigma}\left(me^{-2i\beta} - 1\right) + \sigma\left(e^{-2i\beta} - m\right)\right] \end{aligned} \tag{2.42}$$

Firstly, equating the coefficients of the same power of σ^k in Eq. (2.42) obtains

$$\sigma^1 : -m\overline{a_1} - ma_1 + b_1 = \frac{pR}{2}\left(me^{-2i\beta} - 1\right) - \frac{pR}{2}m\left(e^{-2i\beta} - m\right)$$

$$\sigma^2 : -m\overline{a_2} = 0$$

$$\sigma^3 : \overline{a_1} - m\overline{a_3} = \frac{pR}{2}\left(e^{-2i\beta} - m\right) \qquad (a)$$

$$\sigma^4 : \overline{a_2} - m\overline{a_4} = 0$$

$$\sigma^5 : \overline{a_3} - m\overline{a_5} = 0 \rightarrow m\overline{a_3} - m^2\overline{a_5} = 0 \quad (b)$$

$$\sigma^6 : \overline{a_4} - m\overline{a_6} = 0$$

$$\sigma^7 : \overline{a_5} - m\overline{a_7} = 0 \rightarrow m^2\overline{a_5} - m^3\overline{a_7} = 0 \quad (c)$$

$$\sigma^8 : \overline{a_6} - m\overline{a_8} = 0$$

$$\sigma^9 : \overline{a_7} - m\overline{a_9} = 0 \rightarrow m^3\overline{a_7} - m^4\overline{a_9} = 0 \quad (d)$$

$$\cdots\cdots$$

It can be found that:

$$a_2 = a_4 = a_6 = a_8 = \cdots = 0$$

It can be obtained by $(a) + (b) + (c) + (d) + \cdots\cdots$:

$$\overline{a_1} - m^n\overline{a_{2n+1}} = \frac{pR}{2}\left(e^{-2i\beta} - m\right)$$

When $n \to \infty$, $\lim_{n\to\infty} m^n = 0$; and $|a_{2n+1}|$ cannot be infinite, one obtains:

$$a_1 = \frac{pR}{2}\left(e^{2i\beta} - m\right)$$

Substituting a_1 into Eq. (a), obtains $a_3 = 0$.
Substituting $a_3 = 0$ into Eqs. (b), (c), (d), $\cdots\cdots$, obtains $a_5 = a_7 = \cdots = 0$.
Substituting a_1 into the equation derived by σ^1, obtains:

$$b_1 = -\frac{pR}{2}\left(1 + m^2 - 2m\cos 2\beta\right)$$

Then equating the coefficients of the same power of σ^{-k} in Eq. (2.42) obtains remainder b_k.

Since $a_k(k \geq 2) = 0$, Eq. (2.42) can be written as:

$$\begin{aligned}&\left(\sigma^2 - m\right)\overline{a_1}\sigma - \left(1 + m\sigma^2\right)a_1\sigma^{-1} + \left(\sigma^2 - m\right)\sum_{k=1}^{\infty} b_k\sigma^{-k}\\ &= \frac{pR}{2}\left(\sigma^2 - m\right)\left[\frac{1}{\sigma}\left(me^{-2i\beta} - 1\right) + \sigma\left(e^{-2i\beta} - m\right)\right]\end{aligned}$$

$$\sigma^0 : b_2 = 0$$

$$\sigma^{-1} : -a_1 + b_3 - mb_1 = -\frac{pRm}{2}\left(me^{-2i\beta} - 1\right), \text{ which obtains:}$$

$$b_3 = \frac{pR}{2}\left(1 + m^2\right)\left(e^{2i\beta} - m\right)$$

$$\sigma^{-2} : b_4 - mb_2 = 0, \; b_4 = mb_2 = 0$$

$$\sigma^{-3} : b_5 - mb_3 = 0, \; b_5 = mb_3$$

$$\sigma^{-4} : b_6 - mb_4 = 0, \; b_6 = mb_4 = 0$$

$$\sigma^{-5} : b_7 - mb_5 = 0, \; b_7 = mb_5 = m \cdot mb_3 = m^2 b_3$$

$$\sigma^{-6} : b_8 - mb_6 = 0, \; b_8 = mb_6 = 0$$

$$\sigma^{-7} : b_9 - mb_7 = 0, \; b_9 = mb_7 = m \cdot \left(m^2 b_3\right) = m^3 b_3$$

$$\cdots\cdots$$

Thus, it can be concluded that

$$\begin{aligned}\psi_0(\zeta) = \sum_{k=1}^{\infty} b_k \zeta^{-k} &= -\frac{pR}{2}\left(1 + m^2 - 2m\cos 2\beta\right)\zeta^{-1} \\ &+ b_3\left(\frac{1}{\zeta^3} + \frac{m}{\zeta^5} + \frac{m^2}{\zeta^7} + \frac{m^3}{\zeta^9} + \cdots\right)\end{aligned}$$

Since $\left|\frac{m}{\zeta^2}\right| < 1$, one obtains

$$\psi_0(\zeta) = -\frac{pR}{2}\left(1 + m^2 - 2m\cos 2\beta\right)\zeta^{-1} + \frac{pR}{2}\left(1 + m^2\right)\left(e^{2i\beta} - m\right)\frac{1}{\zeta\left(\zeta^2 - m\right)}$$

$$\varphi_0(\zeta) = \sum_{k=1}^{\infty} a_k \zeta^{-k} = a_1 \zeta^{-1} = \frac{pR}{2\zeta}\left(e^{2i\beta} - m\right)$$

Substituting the two equations into Eqs. (2.36) and (2.37), obtains

$$\varphi(\zeta) = \frac{pR}{4}\left[\zeta + \frac{2e^{2i\beta} - m}{\zeta}\right] \tag{2.43}$$

$$\psi(\zeta) = -\frac{pR}{2}e^{-2i\beta}\left(\zeta + \frac{m}{\zeta}\right) - \frac{pR}{2}(1 + m^2 - 2m\cos 2\beta)\zeta^{-1}$$
$$+ \frac{pR}{2}(1 + m^2)(e^{2i\beta} - m)\frac{1}{\zeta(\zeta^2 - m)} \quad (2.44)$$

Based on the derived $\varphi(\zeta)$ and $\psi(\zeta)$ and Eqs. (2.32) and (2.33), the stresses at any point ζ can be determined. If only the stresses at the edge of the hole are required, they can be obtained directly from Eq. (2.32), the stress components combination equation is:

$$\sigma_\theta + \sigma_\rho = 4\mathrm{Re}[\Phi(\zeta)] = p\frac{\rho^4 - 2\rho^2\cos 2(\beta - \theta) - m^2 + 2m\cos 2\beta}{\rho^4 - 2m\rho^2\cos 2\theta + m^2}$$

On the boundary, $\rho = 1$ and normal stress $\sigma_\rho = 0$, one obtains:

$$\sigma_\theta = p\frac{1 - m^2 + 2m\cos 2\beta - 2\cos 2(\beta - \vartheta)}{1 - 2m\cos 2\theta + m^2}$$

where σ_θ is the tangential stress on the boundary. Noting that θ here is the polar angle in ζ-plane, its relationship with α in z-plane can be obtained by Eq. (2.34) (Fig. 2.7)

$$\tan\alpha = \frac{(1 - m)\sin\theta}{(1 + m)\cos\theta}$$

The following two special cases will be discussed, where p is parallel to the x-axis and the y-axis, respectively.

(1) $\beta = 0$ when p is parallel to the x-axis, one obtains

$$\sigma_\theta = p\frac{1 - m^2 + 2m - 2\cos 2\theta}{1 + m^2 - 2m\cos 2\theta}$$

The maximum σ_θ occurs at $\theta = \pm\frac{\pi}{2}$ (the two points where the elliptical hole intersects with the y-axis), the maximum value is:

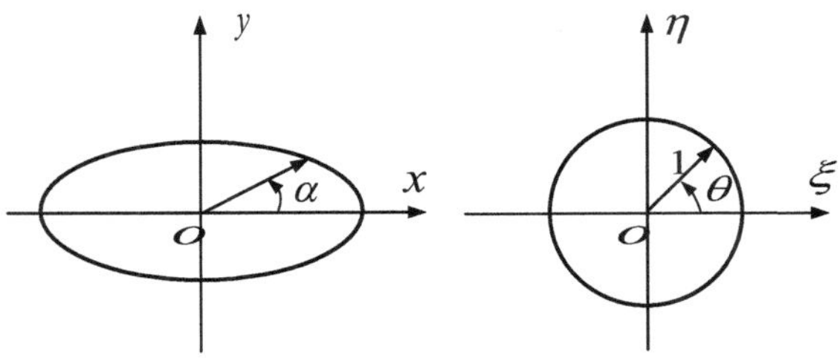

Fig. 2.7 Relationship between α in z-plane and θ on the unit circle

$$\sigma_{\theta\,\max} = p\frac{3+2m-m^2}{1+2m+m^2} = p\frac{3-m}{1+m} = p\left(1+\frac{2b}{a}\right) > p\,(\text{tensile stress})$$

The minimum σ_θ occurs at $\theta = 0, \pi$ (the two points where the elliptical hole intersects with the x-axis), the minimum value is:

$$\sigma_{\theta\,\min} = p\frac{-\left(1-2m+m^2\right)}{1-2m+m} - p\,(\text{compressive stress})$$

(2) $\beta = \frac{\pi}{2}$ when p is parallel to the y-axis, one obtains

$$\sigma_\theta = p\frac{1-m^2-2m+2\cos 2\theta}{1-2m\cos 2\theta+m}$$

The maximum σ_θ occurs at $\theta = 0, \pi$ (the two points where the elliptical hole intersects with the x-axis), the maximum value is:

$$\sigma_{\theta\,\max} = p\frac{1-m^2-2m+2}{1-2m+m^2} = p\frac{3+m}{1-m} = p\left(1+\frac{2a}{b}\right) > p\,(\text{tensile stress})$$

The minimum σ_θ occurs at $\theta = \pm\frac{\pi}{2}$ (the two points where the elliptical hole intersects with the y-axis), the minimum value is:

$$\sigma_{\theta\,\min} = p\frac{1-m^2-2m-2}{1+2m+m^2} = -p\,(\text{compressive stress})$$

Equation (2.33) must be used if one want to calculate all the stress components σ_ρ, σ_θ, and $\tau_{\rho\theta}$ at any point outside the hole.

It can be found from the above solving process that, for the simple problem discussed here, the equation obtained by comparing the coefficients of the same power terms of σ^k on both sides of the equation can solve each coefficient a_k in the equation $\varphi_0(\zeta) = \sum_{k=1}^{\infty} a_k\zeta^{-k}$. Except for a_1 not equal to zero, all other a_k are equal to zero. The equation obtained by comparing the coefficients of the same power terms of σ^{-k} can solve each coefficient b_k in the equation $\psi_0(\zeta) = \sum_{k=1}^{\infty} b_k\zeta^{-k}$. And all b_k are not equal to zero, namely $\psi_0(\zeta)$ has infinite terms, but b_k has a strong regularity and analytic expression of $\psi_0(\zeta)$ can be obtained through the summation formula of an infinite series, which is a rational fraction about ζ (see Eq. (2.43)). That is to say, for such a simple problem, the exact analytical solution is found.

When the discussed problem is complicated, a_k and b_k will not be obtained so easy. In the linear equation system obtained by comparing the coefficients of the same power terms of σ^k and σ^{-k} on both sides of the equation, each equation may contain a_k and b_k. The number of equations and unknowns are both infinite which makes it impossible to find all a_k $(k = 1, \ldots, \infty)$ and b_k $(k = 1, \ldots, \infty)$. Then a_k and b_k must be assumed to be finite, and compare the coefficients of the same power terms of σ^k and σ^{-k} starting from the low power of σ, namely proceeding according to this pattern $k = 0, \pm 1, \pm 2, \ldots$.

Of course, the example mentioned here can also be solved using the Cauchy integral method and other methods. According to Ref. [1], the solving process will be simpler and more straightforward by Cauchy integral method.

2.5 Cauchy Integral Method

2.5.1 Basic Formulas

The Cauchy integral method is an important method, which is highlighted in textbooks of complex variable methods in plane elasticity. Many scholars have extensively applied this method as it is a powerful tool for solving boundary value problems in elasticity. Analytic functions have several special properties that are not present in real functions. By utilizing these properties, we can solve boundary value problems in elasticity that are difficult to tackle using real functions.

A fundamental formula in the theory of analytic functions is the Cauchy integral formula. We can find from this formula that the boundary value $f(t)$ of an analytic function $f(z)$ on a closed contour completely determines the value of the function at any point within the domain D enclosed by the contour. When boundary value problems in elasticity are represented by complex variable functions, the two analytic functions can be determined by the boundary values combination of two analytic functions (as shown in Eqs. (2.27) and (2.28)). It can be found from the properties that the Cauchy integral formula is a powerful tool for solving boundary value problems in elasticity. This section is limited to the discussion of finite and infinite simply connected domains. An infinite domain bounded by a closed contour, that is, an infinite plane with one hole, can be considered as a simply connected domain.

As shown in Fig. 2.8, the boundary of the domain L is a closed contour that divides the infinite plane into two parts. When point t (on L) moves counterclockwise along L, the finite domain to the left of the advancing direction of L is denoted as S^+, while the infinite domain to the right of the advancing direction of L is denoted as S^-.

The Cauchy integral formula is:

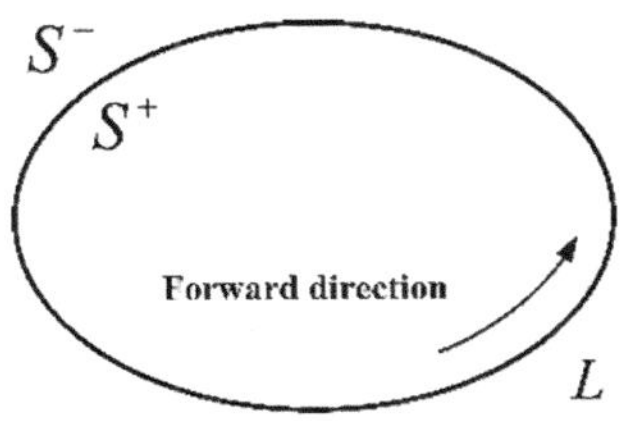

Fig. 2.8 Closed curve L divide the infinite plate into two parts S^+ and S^-

$$f(z) = \frac{1}{2\pi i} \oint_L \frac{f(t)dt}{t - z} \tag{2.45}$$

If the analytic function in domain S^+ is $f(z)$, then it has a relationship with its boundary value $f(t)$ as shown in Eq. (2.45), where $z \in S^+$. The Cauchy Integral Formula for finite simply connected domains is generally presented in this way on complex analysis books.

However, it is not enough to solve the problems we are facing solely based on the Cauchy integral formula (2.45). Additional formulas are required, which are derived in detail in Ref. [1]. For simply connected domain problems, a given region on the z plane can be transformed into a circular region inside or outside the unit circle on the image plane (ζ plane) by mapping function $z = \omega(\zeta)$. The circular region inside and outside the unit circle are denoted as $\sum^+$ and $\sum^-$, respectively. We can learn from Ref. [1] that the following formulas can be used to solve problems of simply connected domains.

When $f(\sigma)$ is the boundary value of the analytic functions inside $\sum^+$:

$$\frac{1}{2\pi i} \oint_\gamma \frac{f(\sigma)}{\sigma - \zeta} d\sigma = f(\zeta), \ \zeta \in \sum{}^+ \tag{2.46}$$

$$\frac{1}{2\pi i} \oint_\gamma \frac{f(\sigma)}{\sigma - \zeta} d\sigma = 0, \ \zeta \in \sum{}^- \tag{2.47}$$

$$\frac{1}{2\pi i} \oint_\gamma \frac{\overline{f(\sigma)}}{\sigma - \zeta} d\sigma = \overline{f(0)}, \ \zeta \in \sum{}^+ \tag{2.48}$$

When $f_*(\sigma)$ is the boundary value of the analytic functions inside $\sum^-$:

$$\frac{1}{2\pi i} \oint_\gamma \frac{f_*(\sigma)}{\sigma - \zeta} d\sigma = -f_*(\zeta) + f_*(\infty), \ \zeta \in \sum{}^- \tag{2.49}$$

$$\frac{1}{2\pi i} \oint_\gamma \frac{f_*(\sigma)}{\sigma - \zeta} d\sigma = f_*(\infty), \ \zeta \in \sum{}^+ \tag{2.50}$$

$$\frac{1}{2\pi i} \oint_\gamma \frac{\overline{f_*(\sigma)}}{\sigma - \zeta} d\sigma = 0, \ \zeta \in \sum{}^- \tag{2.51}$$

where γ represents the unit circle on the ζ plane. $f(\zeta)$ and $f_*(\zeta)$ denote analytic functions in finite and infinite domains, respectively. Some references use the same function symbol $f(\zeta)$ for both $f(\zeta)$ and $f_*(\zeta)$ without differentiation. However, when using this notation, it is important to pay attention to whether $f(\zeta)$ represents an analytic function inside or outside the unit circle.

The above $f(\zeta)$ pertains to an analytic function within the discussion domain without poles. In cases where poles exist, we can use the method of calculating residues or the Cauchy integral formula for poles to calculate the corresponding integral. Discussions on these methods will be initiated when necessary.

According to Harnack's theorem, Cauchy integral operators $\frac{1}{2\pi i}\oint_\gamma \frac{1}{\sigma-\zeta}d\sigma$ can be applied on both sides of the stress boundary condition (2.27), which yields:

$$\frac{1}{2\pi i}\oint\limits_{\gamma} \frac{\phi(\sigma)}{\sigma-\zeta}d\sigma + \frac{1}{2\pi i}\oint\limits_{\gamma} \frac{\omega(\sigma)}{\overline{\omega'(\sigma)}}\frac{\overline{\phi'(\sigma)}}{\sigma-\zeta}d\sigma + \frac{1}{2\pi i}\oint\limits_{\gamma} \frac{\overline{\psi(\sigma)}}{\sigma-\zeta}d\sigma$$
$$= \frac{1}{2\pi i}\oint\limits_{\gamma} \frac{f(\sigma)}{\sigma-\zeta}d\sigma \quad (2.52)$$

In this way, solving the original problem can be transformed into solving Eq. (2.52). Now the terms in the integral can be calculated using Eqs. (2.46)–(2.51), which is why this method is called the Cauchy integral method. In the future, the integral direction on the closed contour will always moves counterclockwise, and sometimes the ○ symbol will not be marked on the integral number.

When integrating Eq. (2.52), we often use the knowledge that $\overline{f(\frac{1}{\zeta_2})}$ is analytic outside the unit circle while $f(\zeta_1)$ is analytic inside the unit circle, and vice versa, where $\zeta_1 \in \sum^+$ and $\zeta_2 \in \sum^-$, with ζ_1 and ζ_2 reflecting each other across the unit circle, and $\zeta_1 \cdot \overline{\zeta_2} = 1$.

2.5.2 Solving Process

For the convenience of later usage, we only discuss the solution process for the problem of an infinite plate with a hole without external loads on the edge of the hole, where $X = Y = 0$ in Eqs. (2.16) and (2.17). Substituting the mapping function $z = \omega(\zeta)$ into Eqs. (2.16) and (2.17) obtains:

$$\varphi(\zeta) = B\omega(\zeta) + \varphi_1^0[\omega(\zeta)] = B\omega(\zeta) + \varphi_0(\zeta) \quad (2.53)$$

$$\psi(\zeta) = \left(B' + iC'\right)\omega(\zeta) + \psi_1^0[\omega(\zeta)] = \left(B' + iC'\right)\omega(\zeta) + \psi_0(\zeta) \quad (2.54)$$

where $\varphi_0(\zeta)$ and $\psi_0(\zeta)$ are analytic functions for the entire region outside the unit circle in ζ plane. Equations (2.53) and (2.54) are applicable for the entire region outside the unit circle.

According to the analytic functions (2.53) and (2.54), when there are no holes in the discussed plate,

$$\varphi(\zeta) = B\omega(\zeta) \quad (2.55)$$

$$\psi(\zeta) = \left(B' + iC'\right)\omega(\zeta) \tag{2.56}$$

In this case, $\varphi_0(\zeta) = 0$ and $\psi_0(\zeta) = 0$. $\varphi_0(\zeta)$ and $\psi_0(\zeta)$ are nonzero while there are holes.

At the hole boundary $\zeta = \sigma = e^{i\theta}$, Eqs. (2.53) and (2.54) can be written as:

$$\varphi(\sigma) = B\omega(\sigma) + \varphi_0(\sigma) \tag{2.57}$$

$$\psi(\sigma) = \left(B' + iC'\right)\omega(\sigma) + \psi_0(\sigma) \tag{2.58}$$

Since $\varphi'(\sigma) = B\omega'(\sigma) + \varphi_0'(\sigma)$, substituting it and Eqs. (2.57) and (2.58) into the stress boundary condition (2.27) obtain:

$$\varphi_0(\sigma) + \frac{\omega(\sigma)}{\overline{\omega'(\sigma)}}\overline{\varphi_0'(\sigma)} + \overline{\psi_0(\sigma)} = f(\sigma) - 2B\omega(\sigma) - \left(B' - iC'\right)\overline{\omega(\sigma)} = f_0(\sigma) \tag{2.59}$$

When there is no external loads at the edge of the hole and only stress components are required, it is possible to ignore C_A in Eq. (2.27). In such a case, $f(\sigma) = 0$ and $f_0(\sigma)$ becomes:

$$f_0(\sigma) = -2B\omega(\sigma) - \left(B' - iC'\right)\overline{\omega(\sigma)} \tag{2.60}$$

Applying the Cauchy integral operator to Eq. (2.59) yields:

$$\begin{aligned}\frac{1}{2\pi i}\oint\limits_{\gamma}\frac{\varphi_0(\zeta)}{\sigma-\zeta}d\sigma + \frac{1}{2\pi i}\oint\limits_{\gamma}\frac{\omega(\sigma)}{\overline{\omega'(\sigma)}}\frac{\overline{\varphi_0'(\sigma)}}{\sigma-\zeta}d\sigma \\ + \frac{1}{2\pi i}\oint\limits_{\gamma}\frac{\omega(\sigma)}{\overline{\omega'(\sigma)}}\frac{\overline{\varphi_0'(\sigma)}}{\sigma-\zeta}d\sigma = \frac{1}{2\pi i}\oint\limits_{\gamma}\frac{f_0(\sigma)}{\sigma-\zeta}d\sigma\end{aligned} \tag{2.61}$$

In the Cauchy integral operator $\frac{1}{2\pi i}\oint_{\gamma}\frac{d\sigma}{\sigma-\zeta}$, whether ζ belongs to $\sum^-$ or $\sum^+$ depends on the problem being solved. If mapping the exterior domain of the hole in the z plane to the exterior of the unit circle in the ζ plane, then $\zeta \in \sum^-$. If mapping the exterior domain of the hole in the z plane to the interior of the unit circle in the ζ-plane, then $\zeta \in \sum^+$.

Since $\varphi_0(\zeta)$ and $\psi_0(\sigma)$ are boundary values of the analytic functions $\varphi_0(\zeta)$ and $\psi_0(\zeta)$ outside the unit circle in the ζ plane, and $\zeta \in \sum^-$ in the Cauchy integral operator, we can use Eqs. (2.49) and (2.51) to obtain:

$$\frac{1}{2\pi i}\oint\limits_{\gamma}\frac{\varphi_0(\sigma)}{\sigma-\zeta}d\sigma = -\varphi_0(\zeta) + \varphi_0(\infty)$$

$$\frac{1}{2\pi i}\oint_{\gamma}\frac{\overline{\psi_0(\sigma)}}{\sigma-\zeta}d\sigma=0$$

where $\varphi_0(\infty)$ is a constant, one can make that $\varphi_0(\infty)=0$ because adding or subtracting any constant in $\varphi_0(\zeta)$ does not affect the stress. Thus, Eq. (2.61) can be written as:

$$\varphi_0(\zeta)=\frac{1}{2\pi i}\oint_{\gamma}\frac{\omega(\sigma)}{\overline{\omega'(\sigma)}}\frac{\overline{\varphi_0'(\sigma)}}{\sigma-\zeta}d\sigma-\frac{1}{2\pi i}\oint_{\gamma}\frac{f_0(\sigma)}{\sigma-\zeta}d\sigma \tag{2.62}$$

For a practical problem, when the mapping function $z=\omega(\zeta)$ is known, the second term on the right side of Eq. (2.62) can be easily calculated. The first term on the right side of Eq. (2.62) can also be calculated, but it requires some mathematical manipulation sometimes. In a word, $\varphi_0(\zeta)$ can be determined based on Eq. (2.62). The specific solution process is detailed introduced in Sect. 2.6. Once $\varphi_0(\zeta)$ is determined, taking the conjugate of both sides of Eq. (2.59) and applying the Cauchy integral operator yields:

$$\frac{1}{2\pi i}\oint_{\gamma}\frac{\overline{\varphi_0(\sigma)}}{\sigma-\zeta}d\sigma+\frac{1}{2\pi i}\oint_{\gamma}\frac{\overline{\omega(\sigma)}}{\omega'(\sigma)}\frac{\varphi_0'(\sigma)}{\sigma-\zeta}d\sigma+\frac{1}{2\pi i}\oint_{\gamma}\frac{\psi_0(\sigma)}{\sigma-\zeta}d\sigma$$
$$=\frac{1}{2\pi i}\oint_{\gamma}\frac{\overline{f_0(\sigma)}}{\sigma-\zeta}d\sigma \tag{2.63}$$

Since

$$\frac{1}{2\pi i}\oint_{\gamma}\frac{\psi_0(\sigma)}{\sigma-\zeta}d\sigma=-\psi_0(\zeta)+\psi_0(\infty)=-\psi_0(\zeta)$$

$$\frac{1}{2\pi i}\oint_{\gamma}\frac{\overline{\varphi_0(\sigma)}}{\sigma-\zeta}d\sigma=0$$

Equation (2.63) can be written as:

$$\psi_0(\zeta)=\frac{1}{2\pi i}\oint_{\gamma}\frac{\overline{\omega(\sigma)}}{\omega'(\sigma)}\frac{\phi_0'(\sigma)}{\sigma-\zeta}d\sigma-\frac{1}{2\pi i}\oint_{\gamma}\frac{\overline{f_0(\sigma)}}{\sigma-\zeta}d\sigma \tag{2.64}$$

Since $\varphi_0(\zeta)$ can be determined based on Eq. (2.62), $\psi_0(\zeta)$ can be determined based on Eq. (2.64). Equations (2.62) and (2.64) are applicable to the case that a plate has an arbitrarily shaped hole and there is no external load on the hole boundary. Once

$\varphi_0(\zeta)$ and $\psi_0(\zeta)$ are determined, $\varphi(\zeta)$ and $\psi(\zeta)$ can be determined using Eqs. (2.57) and (2.58), and the stress components can be determined using Eqs. (2.32) and (2.33).

2.6 Cauchy Integral Method for Solving the Problem of Deep-Buried Non-circular Tunnel Without Support

2.6.1 *Stresses*

Before excavation of underground tunnels, the rock mass is in an initial stress equilibrium state under the action of in-situ stress. After excavation of the tunnel, unloading on the tunnel boundary destroys this equilibrium, and stress in the rock mass around the tunnel changes until stress is readjusted to a new equilibrium. Theoretical studies show that the range of significant changes in stress and displacement is limited to only a part of the area around the tunnel. As the distance from the tunnel boundary increases, the stress change decreases. Far away from a certain distance from the tunnel, the stress in the rock mass tends to the initial stress state, and the displacement caused by excavation tends to zero.

Generally, every tunnel has three dimensions, so the stress and deformation state of the surrounding rock of the tunnel is a three-dimensional space problem. However, if the tunnel except its end is only subject to surface and body forces perpendicular to the tunnel axis, and these loads and the cross section shape of the tunnel do not change along the tunnel axis, then the stress, strain, and displacement components of the surrounding rock are only functions of x and y, and are independent of the coordinate z along the tunnel axis. Since the length of the tunnel axis is generally much larger than the cross section size of the tunnel, this chapter treats the mechanical analysis of the surrounding rock of tunnel as a plane strain problem.

In the case of deep tunnels, the mechanical analysis of the surrounding rock can be reduced to a plane strain problem of an infinite plane with a hole, ignoring the weight of the rock near the tunnel and considering σ_x^∞ and σ_y^∞ acted at infinity (as shown in Fig. 2.3). In the practical solving process, if σ_x^∞ and σ_y^∞ shown in Fig. 2.3 are treated positive, then the compressive normal stress is positive, and the displacement is positive in the negative direction along the coordinate axis. The Cauchy integral formula and the solution process provided in Sect. 2.5 can be used to obtain the two analytic functions $\varphi(\zeta)$ and $\psi(\zeta)$. However, the author of this book found very early that $\psi(\zeta)$ obtained by the conventional method is not suitable for calculating the stress and displacement where far away from the tunnel [4], which anomalies in stress and displacement will appear at a distance. And this section will discuss this problem in detail and propose corresponding treatment.

For convenience of the following calculations, it is assumed that the tunnel has a symmetrical axis namely the x-axis (as shown in Fig. 2.3). The exterior of the tunnel is mapped into the exterior of the unit circle, and the mapping function form is Eq. (1. 1):

$$z = \omega(\zeta) = R\left(\zeta + \sum_{k=0}^{n} C_k \zeta^{-k}\right) \tag{2.65}$$

Since the tunnel is symmetry with regard to the x-axis, it can be easily proved that the C_k in Eq. (2.65) must be real numbers.

The stress analysis of the tunnel discussed in this chapter does not consider the support. When the tunnel is unsupported and its boundary is free of loads, $\varphi(\zeta)$ and $\psi(\zeta)$ can be solved using Eqs. (2.53), (2.54), (2.62), and (2.64).

For the problems in this section,

$$f_0(\sigma) = -2B\omega(\sigma) - B'\overline{\omega(\sigma)} \tag{2.66}$$

where B and B' are the same as which in Eq. (2.18).

$\frac{\omega(\sigma)}{\omega'(\sigma)}$ in Eq. (2.62) is the boundary value of $\frac{\omega(\zeta)}{\overline{\omega'}\left(\frac{1}{\zeta}\right)}$, and substituting Eq. (2.65) into $\frac{\omega(\zeta)}{\overline{\omega'}\left(\frac{1}{\zeta}\right)}$ yields:

$$\begin{aligned}\frac{\omega(\zeta)}{\overline{\omega'}\left(\frac{1}{\zeta}\right)} &= \frac{C_n + C_{n-1}\zeta + \cdots + C_0\zeta^n + \zeta^{n+1}}{\zeta^n\left(1 - C_1\zeta^2 - 2C_2\zeta^3 - \cdots - n\zeta^{n+1}\right)} \\ &= L_n\zeta^{-n} + L_{n-1}\zeta^{-n+1} + \cdots + L_1\zeta^{-1} + \sum_{k=0}^{\infty} L'_k\zeta^k \end{aligned} \tag{2.67}$$

where L_k $(k = 1, 2, \ldots, n)$ are constants related to C_k $(k = 1, 2, \ldots, n)$, and the calculation formula for L_k was derived by the author in Ref. [4]. The expression is:

When $n = 1$, $L_1 = C_1$.

When $n = 2$, $L_1 = C_1$ and $L_2 = C_2$.

When $n \geq 3$,

$$\begin{cases} L_n = C_n \\ L_{n-1} = C_{n-1} \\ L_{n-j+1} = \sum_{k=1}^{j-2} (j-1-k)C_{j-1-k}L_{n-k+1} + C_{n-j+1} \ (j = 3, 4, \ldots, n) \end{cases} \tag{2.68}$$

Since $\varphi_0(\zeta)$ is an analytic function outside the circle, it can be written as:

$$\varphi_0(\zeta) = \sum_{k=1}^{\infty} a_k\zeta^{-k} \tag{2.69}$$

Therefore,

$$\overline{\varphi_0'}\left(\frac{1}{\zeta}\right) = -\sum_{k=1}^{\infty} k\overline{a}_k\zeta^{k+1}$$

Then,

$$\begin{aligned}\frac{\omega(\zeta)}{\overline{\omega'}\left(\frac{1}{\zeta}\right)}\overline{\varphi_0'}\left(\frac{1}{\zeta}\right) &= \big(L_n\zeta^{-n} + L_{n-1}\zeta^{-n+1} + L_{n-2}\zeta^{-n+2} \\ &\quad + L_{n-3}\zeta^{-n+3} + \cdots L_3\zeta^{-3} + L_2\zeta^{-2} \\ &\quad + L_1\zeta^{-1} + \sum_{k=0}^{\infty} L_k'\zeta^k\Big)\big[-\overline{a}_1\zeta^2 - 2\overline{a}_2\zeta^3 \\ &\quad - 3\overline{a}_3\zeta^4 - \cdots - (n-3)\overline{a}_{n-3}\zeta^{n-2} \\ &\quad - (n-2)\overline{a}_{n-2}\zeta^{n-1} - (n-1)\overline{a}_{n-1}\zeta^n - \cdots\big] \\ &= S_1\zeta^{-1} + S_2\zeta^{-2} + S_3\zeta^{-3} + \cdots + S_{n-2}\zeta^{-n+2} + \sum_{k=0}^{\infty} S_k'\zeta^k \end{aligned} \quad (2.70)$$

By comparing the coefficients of the negative powers of ζ on both sides of Eq. (2.70), $S_1, S_2, \ldots S_{n-2}$ can be obtained.

$$\begin{aligned} &\zeta^{-n+2} : S_{n-2} = -L_n\overline{a}_1 \\ &\zeta^{-n+3} : S_{n-3} = -(2L_n\overline{a}_2 + L_{n-1}\overline{a}_1) \\ &\zeta^{-n+4} : S_{n-4} = -(3L_n\overline{a}_3 + 2L_{n-1}\overline{a}_2 + L_{n-2}\overline{a}_1) \\ &\zeta^{-n+5} : S_{n-5} = -(4L_n\overline{a}_4 + 3L_{n-1}\overline{a}_3 + 2L_{n-2}\overline{a}_2 + L_{n-3}\overline{a}_1) \\ &\zeta^{-n+6} : S_{n-6} = -(5L_n\overline{a}_5 + 4L_{n-1}\overline{a}_4 + 3L_{n-2}\overline{a}_3 + 2L_{n-3}\overline{a}_2 + L_{n-4}\overline{a}_1) \end{aligned}$$

$$\vdots \qquad \vdots \qquad \vdots$$

$$\begin{aligned}\zeta^{-2} : S_2 = -\big[&(n-3)L_n\overline{a}_{n-3} + (n-4)L_{n-1}\overline{a}_{n-4} + (n-5)L_{n-2}\overline{a}_{n-5} \\ &+(n-6)L_{n-3}\overline{a}_{n-6} + \cdots + 3L_6\overline{a}_3 + 2L_5\overline{a}_2 + L_4\overline{a}_1\big]\end{aligned}$$

$$\begin{aligned}\zeta^{-1} : S_1 = -\big[&(n-2)L_n\overline{a}_{n-2} + (n-3)L_{n-1}\overline{a}_{n-3} + (n-4)L_{n-2}\overline{a}_{n-4} \\ &+ (n-5)L_{n-3}\overline{a}_{n-5} + \cdots + 3L_5\overline{a}_3 + 2L_4\overline{a}_2 + L_3\overline{a}_1\big]\end{aligned}$$

Since $\omega(\zeta) = R(\zeta + C_0 + C_1\zeta^{-1} + C_2\zeta^{-2} + \cdots + C_n\zeta^{-n})$, then:

$$\omega'(\zeta) = R\big(1 - C_1\zeta^{-2} - 2C_2\zeta^{-3} - \cdots - nC_n\zeta^{-n-1}\big)$$

Therefore, $\omega'(\zeta)$ is analytic and has no poles outside the circle. And $\omega'(\zeta) \neq 0$ according to the requirement of conformal mapping. Since $\omega'(\zeta)$ is analytic outside the circle, it follows from Sect. 2.7 that $\overline{\omega'\left(\frac{1}{\overline{\zeta}}\right)} = \overline{\omega'}\left(\frac{1}{\zeta}\right)$ is analytic and has no poles inside the circle, and $\overline{\omega'}\left(\frac{1}{\zeta}\right) \neq 0$. $\omega(\zeta)$ is also analytic inside the circle except for a pole of nth order at $\zeta = 0$. Therefore, $\omega(\zeta)/\overline{\omega'}\left(\frac{1}{\zeta}\right)$ is analytic inside the circle, but it has a pole of nth order at $\zeta = 0$.

Since $\varphi_0'(\zeta) = -a_1\zeta^{-2} - 2a_2\zeta^{-3} - 3a_3\zeta^{-4} - \cdots$ is analytic outside the circle, $\overline{\varphi_0'}\left(\frac{1}{\zeta}\right) = -\overline{a}_1\zeta^2 - 2\overline{a}_2\zeta^3 - 3\overline{a}_3\zeta^4 - \cdots$ is analytic inside the circle, but has a second order zero point at $\zeta = 0$. Hence, $\frac{\omega(\zeta)}{\overline{\omega'}\left(\frac{1}{\zeta}\right)}\overline{\varphi_0'}\left(\frac{1}{\zeta}\right)$ has a nth order pole at $\zeta = 0$, but is analytic everywhere else inside the circle. Therefore, it follows that the function $\sum_{k=0}^{\infty} S_k'\zeta^k$ in Eq. (2.70) is analytic inside the circle.

From Cauchy integral formulas (2.49) and (2.51), it can be obtained that:

$$\frac{1}{2\pi i}\int_{r} \frac{\omega(\sigma)}{\overline{\overline{\omega'(\sigma)}}}\frac{\overline{\varphi_0'(\sigma)}}{\sigma - \zeta}\alpha\sigma = -S_1\zeta^{-1} - S_2\zeta^{-2} - \cdots - S_{n-2}\zeta^{-n+2} \tag{2.71}$$

$$\frac{1}{2\pi i}\int_{r} \frac{f_0(\sigma)}{\sigma - \zeta}d\sigma = 2BR\left(C_1\zeta^{-1} + C_2\zeta^{-2} + \cdots + C_n\zeta^{-n}\right) + B'R\zeta^{-1} \tag{2.72}$$

By substituting Eqs. (2.69), (2.71), and (2.72) into Eq. (2.62), and comparing the coefficients of the same power terms of ζ^{-k} on both sides of the equation, it can be obtained that:

$$\begin{cases} a_1 + S_1 = -2BRC_1 - B'R \\ a_2 + S_2 = -2BRC_2 \\ a_3 + S_3 = -2BRC_3 \\ \quad\vdots \qquad\qquad \vdots \\ a_{n-2} + S_{n-2} = -2BRC_{n-2} \\ a_{n-1} = -2BRC_{n-1} \\ a_n = -2BRC_n \\ a_k(k \geq n+1) = 0 \end{cases} \tag{2.73}$$

Substituting the previous $S_1, S_2, \ldots, S_{n-2}$ into Eq. (2.73), one can obtain:

$$\left\{\begin{aligned}
& -a_n = 2BRC_n \\
& -a_{n-1} = 2BRC_{n-1} \\
& -a_{n-2} + L_n\overline{a}_1 = 2BRC_{n-2} \\
& -a_{n-3} + 2L_n\overline{a}_2 + L_{n-1}\overline{a}_1 = 2BRC_{n-3} \\
& -a_{n-4} + 3L_n\overline{a}_3 + 2L_{n-1}\overline{a}_2 + L_{n-2}\overline{a}_1 = 2BRC_{n-4} \\
& -a_{n-5} + 4L_n\overline{a}_4 + 3L_{n-1}\overline{a}_3 + 2L_{n-2}\overline{a}_2 + L_{n-3}\overline{a}_1 = 2BRC_{n-5} \\
& -a_{n-6} + 5L_n\overline{a}_5 + 4L_{n-1}\overline{a}_4 + 3L_{n-2}\overline{a}_3 + 2L_{n-3}\overline{a}_2 + L_{n-4}\overline{a}_1 = 2BRC_{n-6} \\
& \quad \vdots \qquad\qquad\qquad \vdots \\
& -a_2 + (n-3)L_n\overline{a}_{n-3} + (n-4)L_{n-1}\overline{a}_{n-4} + (n-5)L_{n-2}\overline{a}_{n-5} \\
& \qquad + (n-6)L_{n-3}\overline{a}_{n-6} + \cdots + 3L_6\overline{a}_3 + 2L_5\overline{a}_2 + L_4\overline{a}_1 = 2BRC_2 \\
& -a_1 + (n-2)L_n\overline{a}_{n-2} + (n-3)L_{n-1}\overline{a}_{n-3} + (n-4)L_{n-2}\overline{a}_{n-4} \\
& \qquad + (n-5)L_{n-3}\overline{a}_{n-5} + \cdots + 3L_5\overline{a}_3 + 2L_4\overline{a}_2 + L_3\overline{a}_1 = 2BRC_1 + B'R
\end{aligned}\right. \tag{2.74}$$

Let $a_k = \alpha_k + i\beta_k$ $(k = 1, 2, \ldots, n)$, where α_k and β_k are undetermined real numbers. Substituting $a_k = \alpha_k + i\beta_k$ and $\overline{a}_k = \alpha_k - i\beta_k$ into Eq. (2.74) and separating the real and imaginary parts, we obtain two sets of linear equation system with respect to α_k and β_k. Since the constant term on the right side of Eq. (2.74) is a real number, the equation system with respect to β_k is a homogeneous linear equation system, which can have either a trivial solution or infinitely many non-trivial solutions. Due to the uniqueness of the problem addressed, there can only be the trivial solution, which means that $\beta_k = 0\,(k = 1, 2, \ldots, n)$ and hence $a_k = \alpha_k$. Therefore, a_k $(k = 1, 2, \ldots, n)$ in Eq. (2.74) must be a real number, and we will continue to use a_k to represent α_k following.

From Eq. (2.74), we can find that a_{n-1} and a_n can be obtained without solving the equation system, which are $a_{n-1} = -2BRC_{n-1}$ and $a_n = -2BRC_n$. But we need to solve the equation system to obtain $a_1, a_2, \ldots, a_{n-2}$. To conveniently compute the value of a_k in Eq. (2.74) using computer, it is necessary to write the equation in matrix form as follows:

$$\begin{pmatrix} D(1,1) & D(1,2) & \cdots & D(1,n-2) \\ D(2,1) & D(2,2) & \cdots & D(2,n-2) \\ \vdots & \vdots & & \vdots \\ D(n-2,1) & D(n-2,2) & \cdots & D(n-2,n-2) \end{pmatrix} \begin{pmatrix} a_1 \\ a_2 \\ \vdots \\ a_{n-2} \end{pmatrix} = \begin{pmatrix} E(1) \\ E(2) \\ \vdots \\ E(n-2) \end{pmatrix} \tag{2.75}$$

From Eq. (2.74), it can be obtained that $D(k, j)$ and $E(k)$ $(k, j = 1, 2, \ldots, n-2)$ in Eq. (2.75) are:

When $k \neq j$, $D(k, j) = jL_{k+j+1}$, if $k + j + 1 > n$, then $D(k, j) = 0$.

When $k = j$, $D(k, j) = jL_{2k+1} - 1$, if $2k + 1 > n$, then $D(k, j) = -1$.

$$E(1) = 2BRC_1 + B'R$$

$$E(k) = 2BRC_k \ (k = 2, 3, \ldots, n-2)$$

The above solving process applies to the case where $n > 2$. When $n \leq 2$, one can easily derive a_k, and the results are as follows:

When $n = 0$, $a_1 = -B'R$ and $a_k(k \geq 2) = 0$.

When $n = 1$, $a_1 = -(2BRC_1 + B'R)$ and $a_k(k \geq 2) = 0$.

When $n = 2$, $a_1 = -(2BRC_1 + B'R)$, $a_2 = -2BRC_2$ and $a_k(k \geq 2) = 0$.

Finally, $\varphi_0(\zeta)$ is:

$$\varphi_0(\zeta) = \sum_{k=1}^{n} a_k \zeta^{-k} \tag{2.76}$$

After $\varphi_0(\zeta)$ is figured out, one can substitute it into Eq. (2.64) to obtain $\psi_0(\zeta)$. The process is as follows:

$\frac{\omega(\sigma)}{\omega'(\sigma)}\overline{\varphi_0'(\sigma)}$ represents the boundary values of function $\frac{\overline{\omega}\left(\frac{1}{\zeta}\right)}{\omega'(\zeta)}\varphi_0'(\zeta)$, function $\omega'(\zeta)$ is analytic outside the unit circle according to previous analysis, and $\omega'(\zeta) \neq 0$. By Eq. (2.65), we can obtain:

$$\overline{\omega}\left(\frac{1}{\zeta}\right) = R\zeta^n\left(\overline{C}_n + \overline{C}_{n-1}\zeta^{-1} + \cdots + \overline{C}_0\zeta^{-n} + \zeta^{-n-1}\right)$$

Therefore, $\overline{\omega}\left(\frac{1}{\zeta}\right)$ is analytic outside the unit circle, but it has an nth order pole at $\zeta = \infty$. Thus, $\frac{\overline{\omega}\left(\frac{1}{\zeta}\right)}{\omega'(\zeta)}$ is also analytic outside the unit circle and has an nth order pole at $\zeta = \infty$. One can conclude from Eq. (2.76) that

$$\varphi_0'(\zeta) = -\sum_{k=1}^{n} k a_k \zeta^{-k-1} = -\zeta^{-2}\left(a_1 + 2a_2\zeta^{-1} + 3a_3\zeta^{-2} + \cdots + na_n\zeta^{-n+1}\right)$$

Therefore, $\frac{\overline{\omega}\left(\frac{1}{\zeta}\right)}{\omega'(\zeta)}\varphi_0'(\zeta) = -\frac{\zeta^{n-2}(\overline{C}_n+\overline{C}_{n-1}\zeta^{-1}+\cdots+\overline{C}_0\zeta^{-n}+\zeta^{-n-1})(a_1+2a_2\zeta^{-1}+\cdots+na_n\zeta^{-n+1})}{1-C_1\zeta^{-2}-2C_2\zeta^{-3}-\cdots-nC_n\zeta^{-n-1}}$ is analytic outside the unit circle, but it has an $(n-2)$th order pole at $\zeta = \infty$. One can conclude from Eq. (2.70) that

$$\frac{\omega(\sigma)}{\omega'(\sigma)}\overline{\varphi_0'(\sigma)} = S_1\sigma^{-1} + S_2\sigma^{-2} + S_3\sigma^{-3} + \cdots + S_{n-2}\sigma^{-n+2} + \sum_{k=0}^{\infty} S_k'\sigma^k \tag{2.77}$$

Taking the conjugate of both sides of this equation yields:

$$\frac{\overline{\omega(\sigma)}}{\omega'(\sigma)}\varphi_0'(\sigma) = \overline{S}_1\sigma + \overline{S}_2\sigma^2 + \overline{S}_3\sigma^3 + \cdots + \overline{S}_{n-2}\sigma^{n-2} + \sum_{k=0}^{\infty}\overline{S'}_k\sigma^{-k}$$

Based on the previous derivation, it can be concluded that:

$$\frac{\overline{\omega}\left(\frac{1}{\zeta}\right)}{\omega'(\zeta)}\varphi_0'(\zeta) = \overline{S}_1\zeta + \overline{S}_2\zeta^2 + \overline{S}_3\zeta^3 + \cdots + \overline{S}_{n-2}\zeta^{n-2} + \sum_{k=0}^{\infty}\overline{S'}_k\zeta^{-k}$$
$$= G_*(\zeta) + G_0(\zeta)$$

where, $G_0(\zeta)$ is a function that is analytic outside the circle, i.e. $G_0(\zeta) = \sum_{k=0}^{\infty}\overline{S}_k'\zeta^{-k}$, and the expression for $G_*(\zeta)$ can also be written from the above as:

$$G_*(\zeta) = \overline{S}_1\zeta + \overline{S}_2\zeta^2 + \overline{S}_3\zeta^3 + \cdots + \overline{S}_{n-2}\zeta^{n-2}$$

Let $\frac{\overline{\omega}\left(\frac{1}{\zeta}\right)}{\omega'(\zeta)}\varphi_0'(\zeta) = G(\zeta)$, then: $G_0(\zeta) = G(\zeta) - G_*(\zeta)$, $G_0(\sigma) = G(\sigma) - G_*(\sigma)$. According to Eq. (2.49):

$$-G_0(\zeta) = \frac{1}{2\pi i}\int\limits_r \frac{G_o(\sigma)}{\sigma - \zeta}d\sigma = \frac{1}{2\pi i}\int\limits_r \frac{G(\sigma)}{\sigma - \zeta}d\sigma - \frac{1}{2\pi i}\int\limits_r \frac{G_*(\sigma)}{\sigma - \zeta}d\sigma$$

Since each term of $G_*(\sigma)$ is a boundary value of an analytic function inside the circle, it follows from Eq. (2.47) that:

$$\frac{1}{2\pi i}\int\limits_r \frac{G_*(\sigma)}{\sigma - \zeta}d\sigma = 0$$

Therefore, $-G_0(\zeta) = \frac{1}{2\pi i}\int_r \frac{G(\sigma)}{\sigma-\zeta}d\sigma$. Substituting $G_0(\zeta) = G(\zeta) - G_*(\zeta)$ into the equation, one obtains:

$$\frac{1}{2\pi i}\int\limits_r \frac{G(\sigma)}{\sigma - \zeta}d\sigma = -G(\zeta) + G_*(\zeta) = -\frac{\overline{\omega}\left(\frac{1}{\zeta}\right)}{\omega'(\zeta)}\varphi_0'(\zeta) + \sum_{k=1}^{n-2}\overline{S}_k\zeta^k$$

That is,

$$\frac{1}{2\pi i}\int\limits_r \frac{\overline{\omega(\sigma)}}{\omega'(\sigma)}\frac{\varphi_0'(\sigma)}{\sigma - \zeta}d\sigma = -\sum_{k=0}^{\infty}\overline{S'}_k\zeta^{-k} = -\overline{\omega}\left(\frac{1}{\zeta}\right)\varphi_0'(\zeta)/\omega'(\zeta) + \sum_{k=1}^{n-2}S_k\zeta^k \tag{2.78}$$

Equation (2.78) is a generalization of the Cauchy integral formula for infinite domains. That is, the integral kernel is an analytic function outside the circle when ζ is a point outside the circle, but the Cauchy integral formula has a pole at $\zeta = \infty$.

By substituting $a_1, a_2, \ldots, a_{n-2}$ obtained from Eq. (2.75) into Eq. (2.73), $S_1, S_2, \ldots, S_{n-2}$ can be obtained. Since $a_1, a_2, \ldots, a_{n-2}$ are real, it can be found from Eq. (2.73) that $S_1, S_2, \ldots, S_{n-2}$ must be real. When $n \geq 3$, the general formula for $S_1, S_2, \ldots, S_{n-2}$ is:

$$S_{n-j+1} = \sum_{k=1}^{j-2} (j-1-k) a_{j-1-k} L_{n-k+1} \quad (j = 3, 4, \ldots, n) \tag{2.79}$$

When $n < 3$, the right side of Eq. (2.78) will not include positive power terms of ζ, i.e.,

$$\frac{1}{2\pi i} \int_r \frac{\overline{\omega(\sigma)}}{\omega'(\sigma)} \varphi_0'(\sigma) \frac{d\sigma}{\sigma - \zeta} = -\frac{\overline{\omega}\left(\frac{1}{\zeta}\right)}{\omega'(\zeta)} \varphi_0'(\zeta) \tag{2.80}$$

According to Cauchy integral formulas (2.49) and (2.51):

$$\frac{1}{2\pi i} \int_r \frac{\overline{f_0(\sigma)}}{\sigma - \zeta} \alpha\sigma = 2B\zeta^{-1} + B'\left(C_1\zeta^{-1} + C_2\zeta^{-2} + \cdots + C_n\zeta^{-n}\right) \tag{2.81}$$

From Eqs. (2.64), (2.78) and (2.81), $\psi_0(\zeta)$ can be determined as:

$$\begin{aligned} \psi_0(\zeta) = & -\frac{\overline{\omega}\left(\frac{1}{\zeta}\right)}{\omega'(\zeta)} \varphi_0'(\zeta) + S_1\zeta + S_2\zeta^2 + \cdots + S_{n-2}\zeta^{n-2} \\ & - 2BR\zeta^{-1} - B'R\left(C_1\zeta^{-1} + C_2\zeta^{-2} + \cdots + C_n\zeta^{-n}\right) \end{aligned} \tag{2.82}$$

Substituting the obtained $\varphi_0(\zeta)$ and $\psi_0(\zeta)$ into Eqs. (2.53) and (2.54) yields:

$$\varphi(\zeta) = BR\left(\zeta + \sum_{k=0}^{n} C_k\zeta^{-k}\right) + \sum_{k=0}^{n} a_k\zeta^{-k} \tag{2.83}$$

$$\psi(\zeta) = -\frac{\overline{\omega}\left(\frac{1}{\zeta}\right)}{\omega'(\zeta)} \varphi_0'(\zeta) + \sum_{k=1}^{n-2} S_k\zeta^k - 2BR\zeta^{-1} + B'R\zeta - B'RC_0 \tag{2.84}$$

Substituting the obtained $\varphi(\zeta)$ and $\psi(\zeta)$ into Eqs. (2.32) and (2.33) yields:

$$\sigma_\rho + \sigma_\theta = 4B + 4\mathrm{Re}\left[\frac{\varphi_0'(\zeta)}{\omega'(\zeta)}\right] \tag{2.85}$$

$$\sigma_\theta - \sigma_\rho + 2i\tau_{\rho\theta} = \frac{2\zeta^2}{\rho^2}\left\{\begin{array}{l}\dfrac{\left[\overline{\omega(\zeta)} - \overline{\omega}\left(\frac{1}{\zeta}\right)\right]\left[\varphi_0''(\zeta)\omega'(\zeta) - \varphi_0'(\zeta)\omega''(\zeta)\right] - \left[\overline{\omega}\left(\frac{1}{\zeta}\right)\right]'\varphi_0'(\zeta)\omega'(\zeta)}{\overline{\omega'(\zeta)}[\omega'(\zeta)]^2} \\ + \dfrac{2BR\zeta^{-2} + B'R + \sum_{k=1}^{n-2} kS_k\zeta^{k-1}}{\overline{\omega'(\zeta)}}\end{array}\right\} \tag{2.86}$$

For any point z in the surrounding rock, the corresponding ζ can be obtained through the mapping function, thus the values on the right side of Eqs. (2.85) and (2.86) could be obtained. The stress component at any point in the surrounding rock can be obtained by separating the real and imaginary parts.

2.6.2 Excavation Induced Displacement

In Sect. 2.6.1, once $\varphi(\zeta)$ and $\psi(\zeta)$ are obtained, the stress at any point in the surrounding rock can be calculated. The displacement can be calculated by substituting $\varphi(\zeta)$ and $\psi(\zeta)$ into Eq. (2.26) or (2.31), but this displacement is not produced by excavation. Since the rock mass under the in-situ stress has already produced displacement before tunnel excavation, the excavation displacement should be the displacement calculated by $\varphi(\zeta)$ and $\psi(\zeta)$ minus the displacement generated before tunnel excavation, that is, the displacement caused by $\varphi_0(\zeta)$ and $\psi_0(\zeta)$, which will be proved below.

Considering compression stress σ_x^∞ and σ_y^∞ are positive as before, the initial stress state around the tunnel before excavation is σ_x^∞, σ_y^∞, 0. Excavation relieves the stress on the boundary, and the excavation displacement field is caused by the stress relief on the boundary. Let X_n and Y_n be the stress components in the x and y direction, respectively, which need to be relieved on the excavation boundary (see Fig. 2.9) and can be obtained from the initial stress field before excavation. Using the stress boundary condition (2.12), the expression for the relieved stress can be obtained.

$$X_n = -\left(l\sigma_x + m\tau_{xy}\right) = -\sigma_x^\infty l = -\sigma_x^\infty\frac{dy}{ds}$$

$$Y_n = -\left(l\tau_{xy} + m\sigma_y\right) = -\sigma_y^\infty m = \sigma_y^\infty\frac{dx}{ds}$$

where $l = \cos(n, x)$, $m = \cos(n, y)$, ds is the small arc length of the excavation boundary.

The excavation displacement components are only generated by the surface forces X_n and Y_n at the boundary, so $B = C = B' = C' = 0$ in $\varphi_1(z)$ and $\psi_1(z)$. Due to

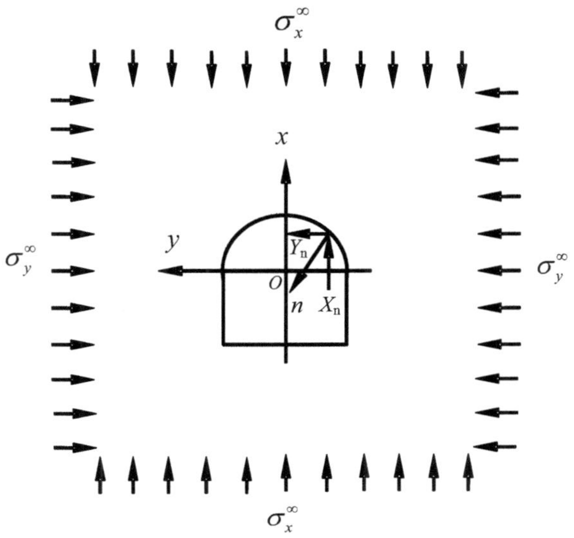

Fig. 2.9 Relieve the stress on the tunnel boundary by excavation

the fact that the surface force at the excavation boundary is a balanced force system, i.e. $X = Y = 0$, $\varphi_1(z)$ and $\psi_1(z)$ in the equation must are as follows when using Eq. (2.10) to calculate the excavation displacement:

$$\varphi_1(z) = \varphi_1^0(z) = a_0 + \sum_{k=1}^{\infty} a_{-k} z^{-k}$$

$$\psi_1(z) = \psi_1^0(z) = b_0 + \sum_{k=1}^{\infty} b_{-k} z^{-k}$$

Moreover, since the excavation displacement is zero at infinity, $a_0 = b_0 = 0$.

The mapping function is still in the form of Eq. (2.65), the boundary conditions for stress at the tunnel boundary are:

$$\varphi_0(\sigma) + \frac{\omega(\sigma)}{\overline{\omega'(\sigma)}}\overline{\varphi_0'(\sigma)} + \overline{\psi_0(\sigma)} = i\oint (X_n + iY_n)ds \tag{2.87}$$

where $i\oint (X_n + iY_n)ds = i\oint \left(-\sigma_x^\infty \frac{dy}{ds} + i\sigma_y^\infty \frac{dx}{ds}\right)ds = -\oint \left(\sigma_y^\infty dx + i\sigma_x^\infty dy\right)$.

Since $dx = \frac{1}{2}(dz + d\bar{z})$, $dy = \frac{i}{2}(d\bar{z} - dz)$, then:

$$-\oint \left(\sigma_y^\infty dx + i\sigma_x^\infty dy\right) = -\oint \sigma_y^\infty \cdot \frac{1}{2}(dz + d\bar{z}) - i\oint \sigma_x^\infty \cdot \frac{i}{2}(d\bar{z} - dz)$$
$$= -\frac{\sigma_y^\infty}{2}(z + \bar{z}) + \frac{\sigma_x^\infty}{2}(\bar{z} - z)$$

$$= -\frac{\sigma_x^\infty + \sigma_y^\infty}{2} z - \frac{\sigma_y^\infty - \sigma_x^\infty}{2} \bar{z}$$

Therefore, $i \oint (X_n + iY_n)ds = -2B\omega(\sigma) - B'\overline{\omega(\sigma)}$. Substituting this equation into Eq. (2.87) yields:

$$\varphi_0(\sigma) + \frac{\omega(\sigma)}{\overline{\omega'(\sigma)}}\overline{\varphi_0'(\sigma)} + \overline{\psi_0(\sigma)} = -2B\omega(\sigma) - B'\overline{\omega(\sigma)} = f_0(\sigma) \quad (2.88)$$

It can be found that this equation is completely the same as Eq. (2.59), so the excavation displacement can be obtained by directly substituting the obtained $\varphi_0(\zeta)$ and $\psi_0(\zeta)$. However, it should be noted that the displacement should be positive in the negative direction along the coordinate axis because the compressive stress is considered positive.

2.7 Improvement of Cauchy Integral Method

Section 2.6 describes the solving process for the stress and displacement fields of surrounding rock after tunnel excavation. In theory, once the analytic functions are derived, the stress and displacement of every point in the surrounding rock can be accurately determined. However, as to complicated non-circular tunnels, results suggest that accurate solutions can be obtained near the tunnel boundary, while the accuracy of stress and displacement decreases with the increases of distance from the boundary. When the distance exceeds a certain value, the calculated stress and displacement will produce extremely unstable oscillations, that is, the stress and displacement calculated by the analytic functions are abnormal, and differ greatly from the actual distribution of stress and displacement. The reason for the calculation anomaly will be analyzed below, and the traditional Cauchy integral method will be improved to establish an analytic method for the stress and displacement of the surrounding rock that is applicable to both the region on the hole boundary and outside the hole [5]. Finally, taking the inverted U-shaped tunnel as an example, the analytic solution will be compared with the numerical solution obtained by ANSYS in order to validate the accuracy of the proposed method.

2.7.1 Abnormal Stress and Displacement

For complicated shaped tunnels, we will take inverted U-shaped tunnel (Fig. 2.3) as an example to illustrate the limitations of the traditional Cauchy integral method. The corresponding mapping function for Fig. 2.3 is given in Table 1.3, which has 14 negative power terms. The expression of the mapping function is:

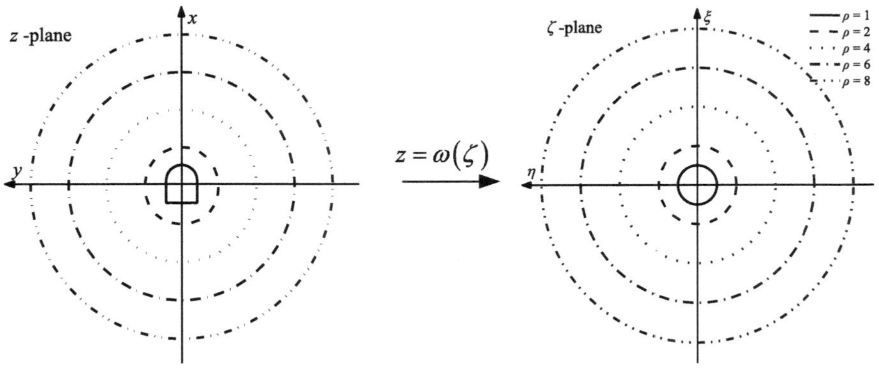

Fig. 2.10 The area outside the tunnel is mapped to outside of the unit circle

$$\begin{aligned} z = 1.6051\big[&\zeta - 0.1040 + 0.0850\zeta^{-1} + 0.0766\zeta^{-2} \\ &- 0.0970\zeta^{-3} + 0.0385\zeta^{-4} + 0.0046\zeta^{-5} - 0.0091\zeta^{-6} \\ &+ 0.0068\zeta^{-7} - 0.0053\zeta^{-8} + 0.0011\zeta^{-9} + 0.0020\zeta^{-10} \\ &- 0.0036\zeta^{-11} + 0.0013\zeta^{-12} - 0.0001\zeta^{-13} + 0.0001\zeta^{-14}\big] \end{aligned} \tag{2.89}$$

The in-situ stress are set as $P = 10$ MPa, $Q = 5$ MPa, and material constants of rock are set as $E = 20$ GPa and $\mu = 0.2$. The stress and displacement at $\rho = 1$, $\rho = 6$, and $\rho = 8$ in ζ plane will be calculated, which correspond to the positions shown in Fig. 2.10 on the z-plane. $\rho = 1$ corresponds to the tunnel boundary, and $\rho =$ constant > 1 corresponds to a coordinate line on the z-plane which is not circular but become more and more circular as ρ increases, as shown clearly in Fig. 2.10. In fact, this result can also be obtained from Eq. (2.89).

The solution by ANSYS is used as a standard to judge whether the stress and displacement are abnormal. The numerical model of the simulation is shown in Fig. 2.11, using the same in-situ and material constants of rock as the analytical solution. The radius of the semi-circular arch of inverted U-shaped tunnel is approximately 1.30 m, and the vertical length of the straight wall is approximately 1.90 m. To simulate the infinite domain, the external boundary of the model is a square with size of 100 m × 100 m, which is meshed using PLANE42 elements. Uniform stress of 10.0 MPa is applied to the top and bottom boundaries of the model, and uniform stress of 5.0 MPa is applied to the left and right boundaries of the model.

Due to the symmetry of the load and structure, the displacements on the x axis in y direction are constrained and the top left and bottom right corners of the external boundary of the model (Fig. 2.11a) is also constrained when calculation the stress. Reverse release loads are applied on the element nodes at the excavation boundary to simulate the tunnel excavation process, and the displacement at the external boundary of the model is constrained when calculating the displacement.

Figures 2.12, 2.13 and 2.14 show a comparison between the analytical and numerical solutions for stress and displacement at $\rho = 1$, $\rho = 6$, $\rho = 8$, respectively. Due

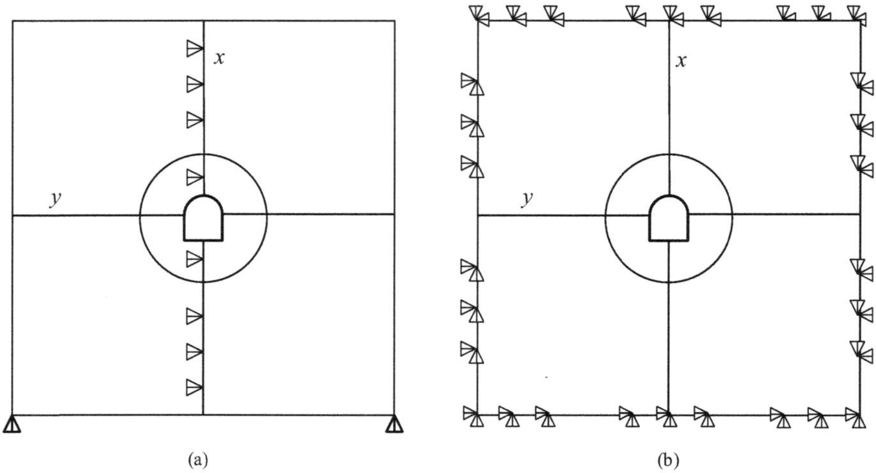

Fig. 2.11 Computational model of ANSYS: **a** constraints for stress computation; **b** constraints for displacement computation

to the symmetry of the structure and loads, only the results on the left side of the x axis in Fig. 2.3 have been demonstrated, where $\theta = 0°$ corresponds to the point on the x axis above the arch, and $\theta = 180°$ corresponds to the point below the arch on the x axis. The normal stress is positive when it is compressive and negative when it is tensile. The direction of displacement is opposite to the directions specified by the coordinate axis.

Since the normal stress and shear stress on the tunnel boundary are both zero, only the results for the tangential stress are shown in Figures 2.12, 2.13 and 2.14. It can be concluded from Figs. 2.12, 2.13 and 2.14 that the analytical solutions of tangential stress and displacement at the edge of the hole are basically the same as the numerical

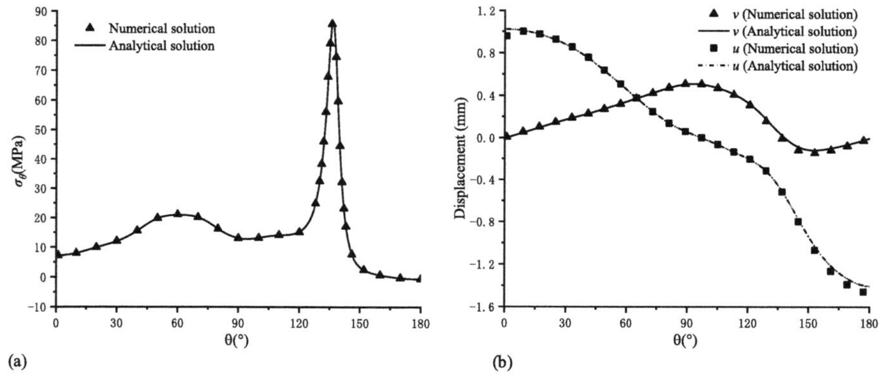

Fig. 2.12 Comparison between traditional Cauchy integral solution and numerical solution when $\rho = 1$

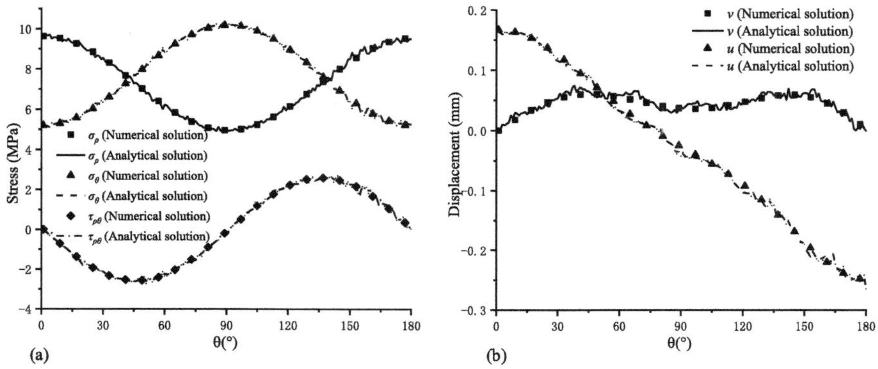

Fig. 2.13 Comparison between traditional Cauchy integral solution and numerical solution when $\rho = 6$

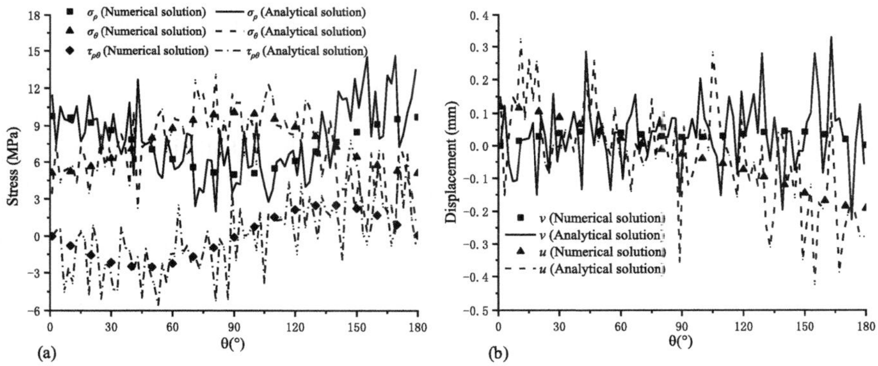

Fig. 2.14 Comparison between traditional Cauchy integral solution and numerical solution when $\rho = 8$

solutions; slight variations begin to appear in the analytical stress and displacement solution at $\rho = 6$, but the difference compared with the numerical solution is not significant; however, the analytical stress and displacement solution show significant fluctuations at $\rho = 8$, and the discrepancies compared to the numerical solutions is large. This indicates that the method can accurately calculate stress and displacement at the tunnel boundary, but its accuracy decreases as the distance from the boundary increases, until there is a computational anomaly, which is due to calculation errors. In this example, the calculation of the analytical solution is done programmatically using FORTRAN. The real and complex data types used in the program are both double precision with 16 significant digits.

2.7.2 Reason for the Anomaly

In theory, $\psi_0(\zeta)$ must be a series of ζ with negative power terms (Eqs. (2.78) and (2.81)) for $\psi_0(\zeta)$ is analytical out of circle. However, it can be found from Eq. (2.82) that $\sum_{k=1}^{n-2} S_k\zeta^k$ is included in the obtained $\psi_0(\zeta)$, which is a series of ζ with positive power terms and is analytic inside the circle not analytic out of the circle when $n \geq 3$. Why is it? The answer to this question can be found by analyzing the derivation process in Sect. 2.6.

By analyzing $-\overline{\omega}\left(\frac{1}{\zeta}\right)\varphi_0'(\zeta)/\omega'(\zeta)$ in $\psi_0(\zeta)$, it can be found that a portion of positive power series of ζ can be separated from this term, which theoretically should exactly cancel out $\sum_{k=1}^{n-2} S_k\zeta^k$. However, in reality, due to rounding errors during computer operations [6], the positive power series of $-\overline{\omega}\left(\frac{1}{\zeta}\right)\varphi_0'(\zeta)/\omega'(\zeta)$ and $\sum_{k=1}^{n-2} S_k\zeta^k$ will not cancel out exactly, and the existence of the positive power series of ζ in $\psi_0(\zeta)$ is the main cause of computational errors. When the number of mapping function terms is large (i.e., when n is large), the value of high-order term is greater since the value of $|\zeta|$ is larger when it far away from the boundary, leading to a large computational error causing the anomaly.

According to the analysis in Sect. 2.6, there is no positive power series term in $\psi_0(\zeta)$ when $n \leq 2$, so there will be no anomaly in the calculation of stress and displacement. The larger the number of mapping function terms is, the greater the computational error is. In the following discussion, the values of n in the mapping function (2.89) are taken as 3, 6, and 12, respectively, and the corresponding hole shapes and the shape at $\rho = 8$ are shown in Fig. 2.15.

Figure 2.16 shows a comparison of the analytical and numerical solutions of the tangential stress for different values of n at $\rho = 8$.

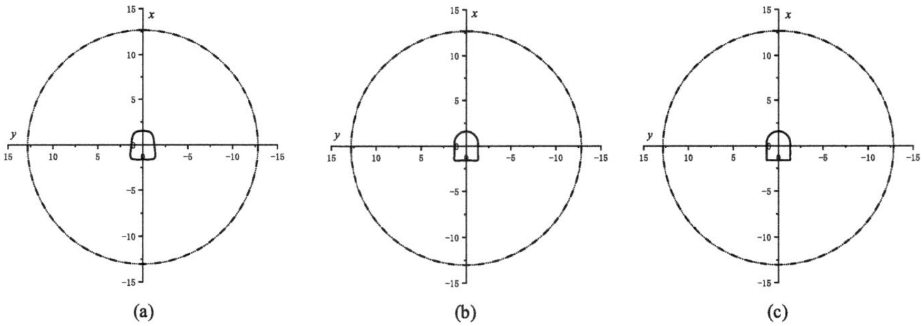

Fig. 2.15 The corresponding shape when $\rho = 8$ and the corresponding tunnel shape for different n: **a** $n = 3$; **b** $n = 6$; **c** $n = 12$

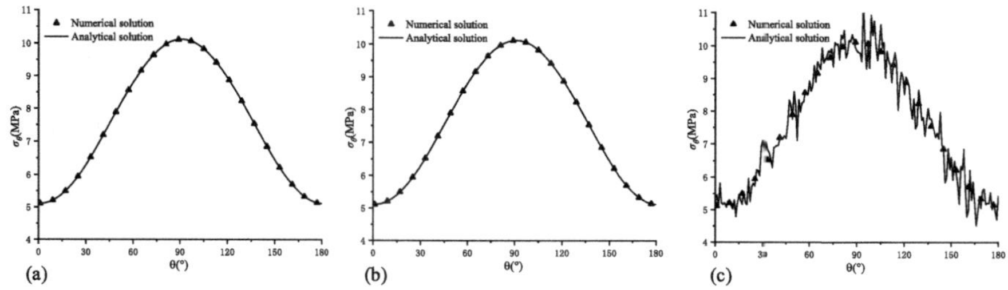

Fig. 2.16 Tangential stress contrast between analytical solution obtained by traditional Cauchy integral method and numerical solution for different n when $\rho = 8$: **a** $n = 3$; **b** $n = 6$; **c** $n = 12$

2.7.3 Improvement of the Method

$\varphi_0(\zeta)$ obtained by the traditional Cauchy integral method is still valid, but it is necessary to tackle the problem of $\psi_0(\zeta)$ to ensure the reliability of the calculation results.

To obtain $\psi_0(\zeta)$ without the positive power series term, the traditional Cauchy integral method will not be used to calculate the stress and displacement. Instead, Eq. (2.77) will be used to obtain S'_k in Eq. (2.78), which can make $\psi_0(\zeta)$ not contain any positive power series term. It is necessary to find the expression of L'_k to obtain S'_k.

From Eq. (2.67), it can be concluded that:

$$\begin{cases} L'_0 = C_0 + \sum_{j=1}^{n-1} jC_jL_{j+1} \\ L'_1 = 1 + \sum_{j=1}^{n} jC_jL_j \\ L'_k = \sum_{j=1}^{k-1} jC_jL'_{k-j-1} + \sum_{j=1}^{n-k+1} (k-1+j)C_{k-1+j}L_j, \quad k = 2, \ldots, n \\ L'_k = \sum_{j=1}^{n} jC_jL'_{k-j-1}, \quad k = n+1, \ldots, \infty \end{cases} \tag{2.90}$$

Substituting the boundary value of Eq. (2.67) and the obtained $\varphi_0(\zeta)$ into Eq. (2.77), comparing the coefficients of the non-negative same power terms of σ, the expression for S'_k can be obtained as follows:

$$\begin{cases} S'_0 = -\sum_{j=1}^{n-1} j\bar{a}_j L_{j+1} \\ S'_1 = -\sum_{j=1}^{n} j\bar{a}_j L_j \\ S'_k = -\sum_{j=1}^{n-k+1} (k-1+j)\bar{a}_{k-1+j} L_j - \sum_{j=1}^{k-1} j\bar{a}_j L'_{k-1+j}, \quad k = 2, \ldots, n \\ S'_k = -\sum_{j=1}^{n} j\bar{a}_j L'_{k-1+j}, \quad k = n+1, \ldots, \infty \end{cases} \tag{2.91}$$

The value of k in S'_k ranges from 0 to ∞, but only a finite number of terms can be taken in the actual calculation. Because the series of $-\sum_{k=0}^{\infty} S'_k \zeta^{-k}$ is convergent, very satisfactory results can be obtained by retaining relatively more terms. It can be seen from Eq. (2.91) that k of L'_k must be taken to $m-2$ when the number of retained terms in S'_k is m, which is not necessary when $k > m-2$.

The expression for $\psi_0(\zeta)$ can be obtained from Eqs. (2.64) and (2.78):

$$\psi_0(\zeta) = -\sum_{k=0}^{m} S'_k \zeta^{-k} - \frac{PR}{2}(1+\lambda)\zeta^{-1} + \frac{PR}{2}(1-\lambda)\sum_{j=1}^{n} C_j \zeta^{-j} \tag{2.92}$$

where λ is the lateral pressure coefficient that $\lambda = Q/P$.

The expression for $\varphi(\zeta)$ can be obtained from Eq. (2.83):

$$\varphi(\zeta) = \frac{PR}{4}(1+\lambda)\left(\zeta + \sum_{k=0}^{n} C_k \zeta^{-k}\right) + \sum_{j=1}^{n} a_j \zeta^{-j} \tag{2.93}$$

Substituting Eqs. (2.65) and (2.92) into Eq. (2.54) yields the following expression for $\psi(\zeta)$:

$$\psi(\zeta) = -\sum_{k=0}^{m} S'_k \zeta^{-k} - \frac{PR}{2}(1+\lambda)\zeta^{-1} + \frac{PR}{2}(\lambda - 1)(\zeta + C_0) \tag{2.94}$$

Substituting Eqs. (2.93) and (2.94) into Eqs. (2.32) and (2.33), and separating the real and imaginary parts can obtain the stress components. Substituting the obtained $\varphi_0(\zeta)$ and $\psi_0(\zeta)$ into Eq. (2.31), and separating the real and imaginary parts can obtain excavation displacement components.

The expression of $\psi_0(\zeta)$ (Eq. (2.92)) only contains the negative power terms and constant terms, where m is the number of negative power terms. What is the minimum value of m needed to meet the accuracy requirement? The influence of the value of m on the calculation results will be studied below. Taking the inverted U-shaped

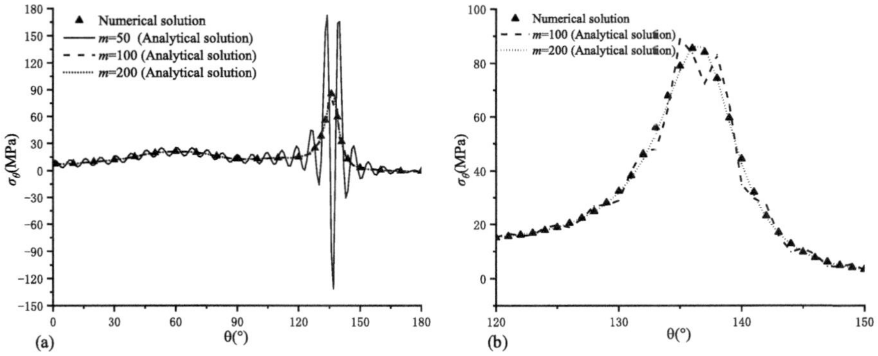

Fig. 2.17 Tangential stress contrast between analytical solution obtained by improved Cauchy integral method and numerical solution for different m when $\rho = 1$: **a** tangential stress ($0° \leq \theta \leq 180°$); **b** tangential stress ($120° \leq \theta \leq 150°$)

tunnel as an example, the in-situ stress and material constants of surrounding rock are the same as before. Figure 2.17 shows the comparison between the analytical and numerical solutions of tangential normal stress corresponding to different values of m when $\rho = 1$.

It can be seen from Fig. 2.17 that the more negative power terms are taken, the smaller the fluctuation of the analytical solution and the higher the computational accuracy are. A very satisfactory calculation result can be obtained when $m = 200$ for the inverted U-shaped tunnel.

2.7.4 Verification of Improved Results

All calculation parameters are the same as before. Figures 2.18, 2.19 and 2.20 show the stress and displacement results and comparison with the numerical solutions by ANSYS at $\rho = 1$, $\rho = 6$ and $\rho = 8$, respectively.

From Figs. 2.18, 2.19 and 2.20, it can be seen that the analytical and numerical solutions for the stress and displacement of the surrounding rock at $\rho = 1$, $\rho = 6$ and $\rho = 8$ are basically the same, which verifies the correctness of the method proposed in this section. Using this method, a high-precision distribution of stress and displacement outside the hole can be obtained, and there is no computational anomaly.

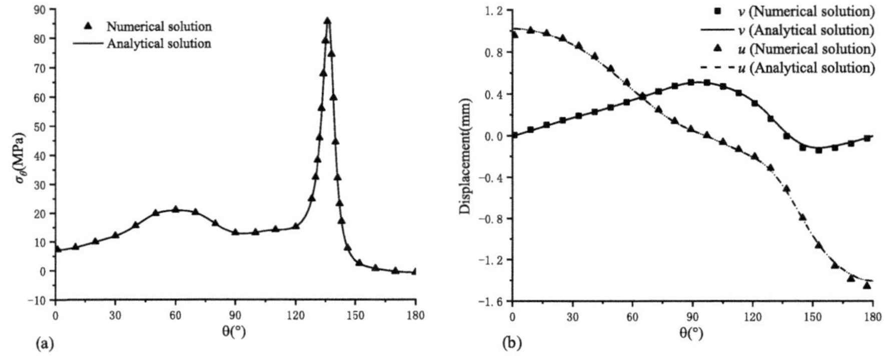

Fig. 2.18 Comparison of improved solution and numerical solution when $\rho = 1$: **a** stress; **b** displacement

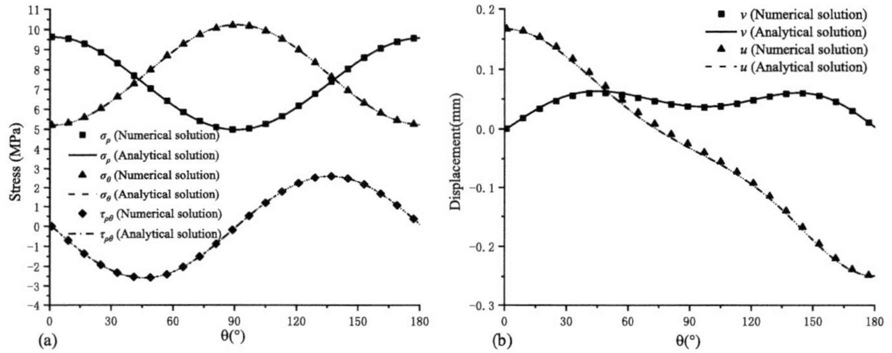

Fig. 2.19 Comparison of improved solution and numerical solution when $\rho = 6$: **a** stress; **b** displacement

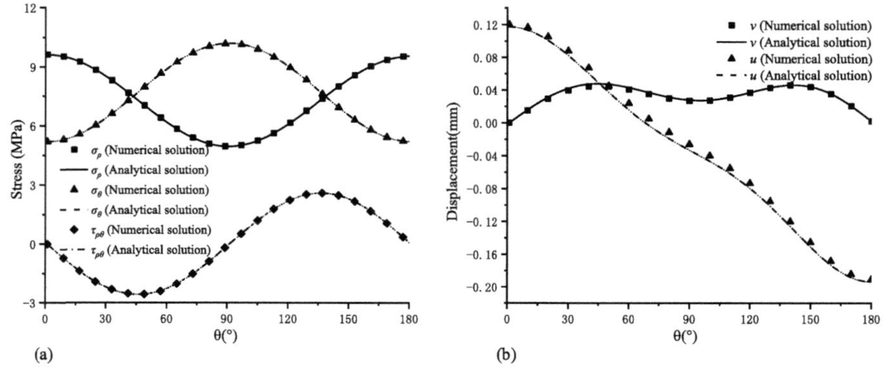

Fig. 2.20 Comparison of improved solution and numerical solution when $\rho = 8$: **a** stress; **b** displacement

2.8 Discussion on the Simplification of Tunnel Excavation from 3D Problem to Plane Problem

Tunnel excavation is a three-dimensional problem (Fig. 2.21) which need a three-dimensional 3D method to accurately consider the excavation process [7, 8]. It is impossible to analyze the mechanical behavior near the tunnel face using closed-form solutions or simplified plane strain assumptions [9].

At present, most scholars regarded this problem as a plane strain one. There are two reasons, firstly, one sometimes can obtain the analytical solution of the problem, for example, the analytical solution of stress and displacement of any tunnel with arbitrary cross-section shape can be obtained using the conformal mapping method of complex variable function as in Sects. 2.6 and 2.7; secondly, when the analytical solution cannot be found out and the numerical solving method should be adopted, the numerical method of the plane strain problem is simpler than that of the space problem. Furthermore, a full three-dimensional numerical analysis often requires excessive computational resources (both storage and time).

As shown in Fig. 2.21, after the excavating of the tunnel, stress components (σ_x, σ_y, τ_{xy}) and strain components (ε_x, ε_y, γ_{xy}) are affected by the tunnel excavating face besides in-situ stress in every cross-section parallels to the xy plane and perpendicular to the axis of the tunnel (z direction in Fig. 2.21), which means that the value of stress and strain in every cross-section is different. But it can be found from the result of the following three-dimensional numerical calculation that the cross-sections away from the excavating face in a certain distance (the length of the zone is L_1 seen in Fig. 2.21) can use plane strain assumptions and the error of this kind simplification is minor when the length of the tunnel L (Fig. 2.21) reaches a certain value. But it brings about big error if the tunnel cross-sections near the excavating face (the length of the zone is L_2 seen in Fig. 2.21) are treated as plane strain problem. It will be discussed in this section under what conditions and in which part of the tunnel

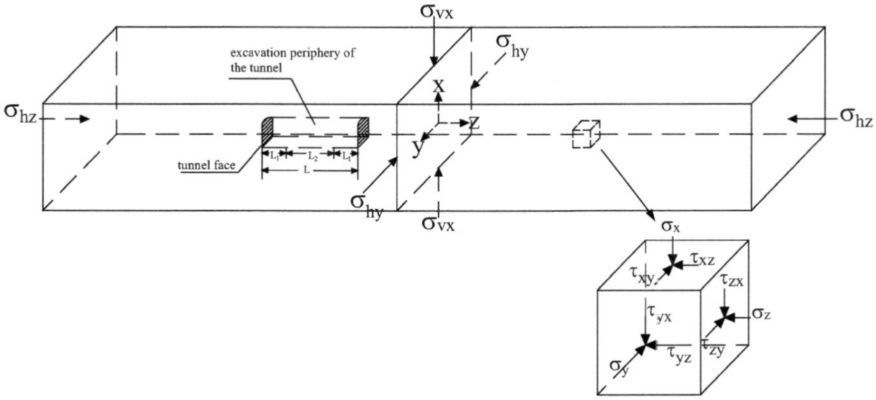

Fig. 2.21 Tunnel of infinite length excavating in rock in initial ground stress fields

(to determine the specific size of L_1) in the axial direction a three-dimensional space problem can be simplified to a plane problem with constant strain.

The plane constant strain problem mentioned here does not completely mean the previous plane strain problem [4], which here refers to the general case when $\varepsilon_z = \varepsilon_0$, where ε_0 is arbitrary constant and ε_z is considered unchangeable before and after the tunnel excavation $\varepsilon_0 = 0$. It is the conventional plane strain problem only when $\varepsilon_0 = 0$. A plane strain problem may exist only if the in-situ stress component σ_{hz} along the tunnel axis has a specific value. In fact, the value of σ_{hz} is existed objectively which its actual value is difficult to meet the plane strain condition, so practical problem can only be simplified as the plane constant strain problem that $\varepsilon_z = \varepsilon_0 \neq 0$. ε_0 can be calculated according to in-situ stress components and the Hooke's law, i.e.,

$$\varepsilon_0 = \left[\sigma_{hz} - \mu(\sigma_{vx} + \sigma_{hy})\right]/E \tag{2.95}$$

Fortunately, solution of σ_x, σ_y, τ_{xy} and displacements due to excavation for isotropic linear elastic plane constant strain problems are the same as in the plane strain problems, and only the normal stress σ_z in the axial direction of the tunnel is different, which is proved in Ref. [4]. The conclusion means that the in-situ stress σ_{hz} in the axial direction of the tunnel will not affect the stress σ_x, σ_y, τ_{xy} and the displacement caused by excavation in *xy* plane.

For convenience, the following assumptions are made in this section: (1) the tunnel is deep enough; (2) influence of the gravity of the rock mass near the tunnel can be ignored; (3) the six planes of the cuboid (Fig. 2.21) are all parallel to coordinate planes, and are far away from the excavation boundary and face of the tunnel, where is no shear stress and only existing normal stresses being known constant, i.e., $\sigma_x = \sigma_{vx}$, $\sigma_y = \sigma_{hy}$, $\sigma_z = \sigma_{hz}$; (4) σ_{vx}, σ_{hy}, σ_{hz} are equal to the in-situ stress components at the depth of the tunnel axis and remain unchanged in the axial direction of the tunnel.

Since there will be a lot of three-dimensional numerical calculations in the analysis, in order to avoid the huge computational workload, it is assumed that surrounding rock of the tunnel is isotropic and elastic, and no plastic zone will appear near the tunnel under the action of the initial stress, which surrounding rock is always in the elastic state. Since the calculation workload in the elastic state is much smaller than that in the elasto-plastic state, it can greatly save the calculation time.

2.8.1 Determination of Computational Area in Finite Element Method

The analytical solution present in Sect. 2.6 applies to the plane strain problem in infinite domain. The meshing area is generally taken as a finite domain when conducting finite element numerical calculations, which this section will discuss how large this

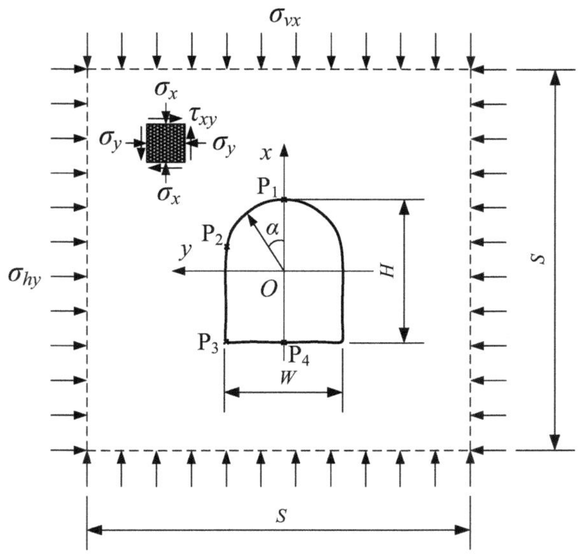

Fig. 2.22 A non-circular tunnel under plane strain

finite area should be in order to better simulate infinite domain problems. As the exact analytical solution is found out in Sect. 2.6, so we can find out the size of the meshing zone that can ensure the precision of finite element numerical computing. That is deciding the minimum value of S in Fig. 2.22 for better simulating the infinite domain problem in xy plane. In the following three-dimensional finite elements computing, the size of the meshing zone is $S \times S$ in xy plane.

Deep buried tunnel without support can be simplified as infinite domain problem, which is known from Sect. 2.6 that the analytical stress solution is irrelevant to Poisson's ratio μ. But as to finite element numerical method, the stress is related to Poisson's ratio μ when using the boundary condition that the displacement is zero far away from the tunnel, which can be found in later calculating results (Figs. 2.23 and 2.24). The excavation displacement for both infinite domain problem and finite domain problem always depends on Poisson's ratio μ, which can be found from formula in Sect. 2.6 and is also suggested by the following calculating results (Figs. 2.25 and 2.26).

The coefficients of the mapping function for the inverted U-shaped tunnel in Fig. 2.22 are: $R = 1.6051$, $c_0 = 0.0$, $c_1 = 0.0850$, $c_2 = 0.0766$, $c_3 = -0.0970$, $c_4 = 0.0385$, $c_5 = 0.046$, $c_6 = -0.091$, $c_7 = 0.0068$, $c_8 = -0.0053$ [4], which the shape shown in Fig. 2.22 is depicted by this mapping function.

In-situ stress is set as: $\sigma_{vx} = 20$ MPa, $\sigma_{hy} = 10$ MPa; the material constants of the rock is $E = 3000$ GPa, three values of μ are taken 0.15, 0.25, 0.35. The exact analytical solution of stress and displacement can be obtained by the method in Sect. 2.6, which provides basis for determining the size of the meshing zone needed for finite element numerical method.

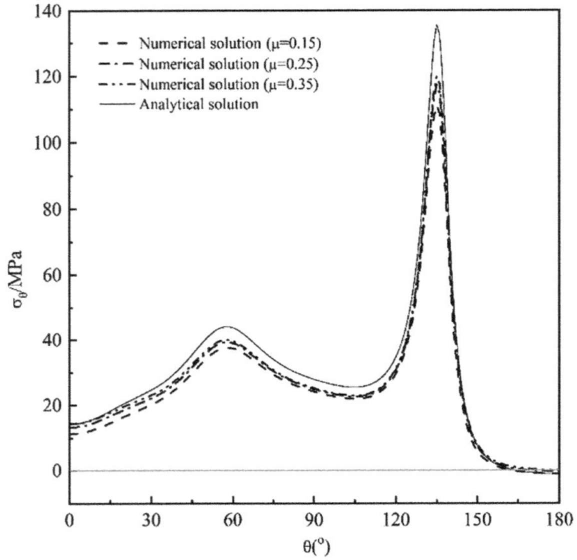

Fig. 2.23 The tangential stress on the edge of the tunnel when $S = 4D$

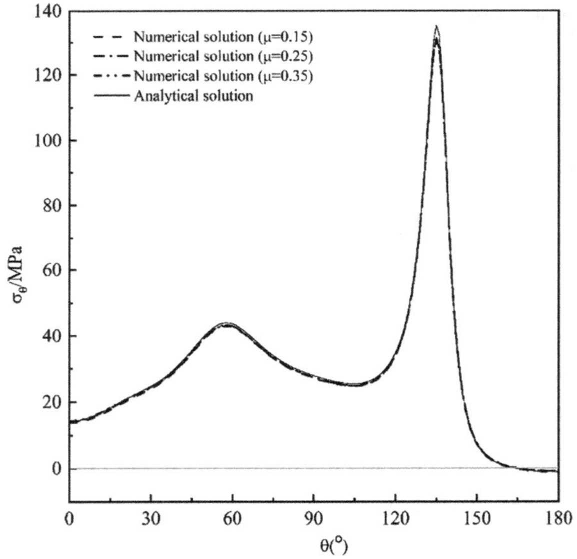

Fig. 2.24 The tangential stress on the edge of the tunnel when $S = 10D$

Take the size of the meshing zone $(S \times S)$ $4D \times 4D$, $6D \times 6D$, $8D \times 8D$, $10D \times 10D$, $12D \times 12D$ respectively, where $D = \max\{W, H\} = 3\,\text{m}$. Use four-node isoparametric element for meshing in all the cases, and set the same number of nodes on the tunnel boundary which reaches very high accuracy when set 360 nodes. The number of obtained elements corresponding to five cases is 4709, 9005, 14,470, 22,898, 30,338, respectively.

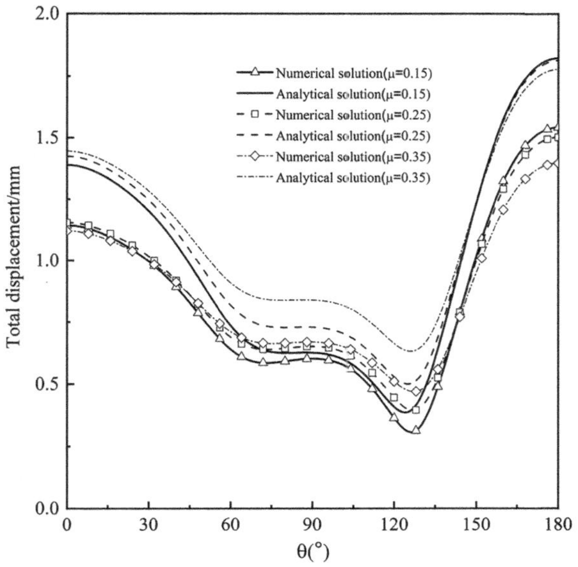

Fig. 2.25 The displacement on the edge of the tunnel when $S = 4D$

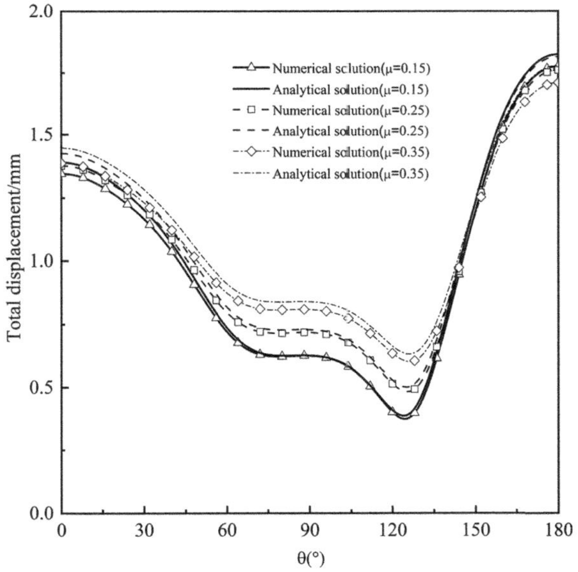

Fig. 2.26 The displacement on the edge of the tunnel when $S = 10D$

The tangential stress on the edge of the tunnel obtained by numerical method (ANSYS) for $S = 4D$, $S = 10D$ is shown in Figs. 2.23 and 2.24, respectively. And the displacement on the edge of the tunnel obtained by numerical method for $S = 4D$, $S = 10D$ is shown in Figs. 2.25 and 2.26, respectively, which are compared with the exact analytical solution of the infinite domain problem.

We can see from Figs. 2.23 and 2.25 that the error between the numerical solution and the analytical solution of infinite domain is large when $S = 4D$, especially the error of displacement. We can see from Figs. 2.24 and 2.26 that the error between the numerical solution and the analytic solution of infinite domain is small when $S = 10D$, which is much smaller than the case of $S = 4D$.

The stress obtained by analytical method is independent on Poisson's ratio μ for infinite domain problem, so there is only one curve corresponding to analytical solution in Figs. 2.23 and 2.24. But the stress of finite domain obtained by the numerical methods is dependent on Poisson's ratio μ, so there are three curves corresponding to the different μ, respectively. It can be found from Fig. 2.24 that the curve of numerical solution is closer to the curve of analytical solution with the increase of S, which means the effect μ on the stress decrease with the increase of S.

For both infinite domain problem and finite domain problem, the displacement is always dependent on Poisson's ratio μ, so there are three curves for analytical solution and three curves for numerical solution in Figs. 2.25 and 2.26. It can be found from Fig. 2.26 that the curves of numerical solution are closer to the curves of analytical solution with the increase of S. But the proximity is low while μ is larger.

Based on the exact analytical solution of infinite domain problem, the relative errors brought by calculating as finite domain problem when S take different values are given in Tables 2.1 and 2.2. Since the tangential normal stresses σ_θ of points P_2 and P_3 are bigger (see in Fig. 2.22) and the vertical displacements of points P_1 and P_4 are bigger (the displacement direction of point P_1 is straight down and the displacement direction of point P_4 is straight up), so the relative errors of tangential normal stresses Δ_σ (%) of point P_2 and point P_3 are given in Table 2.1, and the relative errors of vertical displacements Δ_u (%) of point P_1 and point P_4 are given in Table 2.2.

It can be seen in Tables 2.1 and 2.2 that, the bigger the zone is, the smaller Δ_σ and Δ_u are; the bigger the value of μ is, generally, the bigger Δ_u and Δ_σ are. But the results of point P_3 do not follow this pattern, which may be that point P_3 is a cuspidal point, large stress causing big error.

Table 2.1 The relative errors of tangential normal stresses Δ_σ (%) of point P_2 and point P_3 when S is $4D$, $6D$, $8D$, $10D$, $12D$ respectively

S	$\mu = 0.15$		$\mu = 0.25$		$\mu = 0.35$	
	P_2	P_3	P_2	P_3	P_2	P_3
4D	9.37	11.59	10.97	13.42	14.70	18.01
6D	4.49	6.04	5.07	6.55	6.92	8.42
8D	2.44	3.72	2.91	3.66	3.75	4.39
10D	1.60	3.30	1.83	3.02	2.36	3.09
12D	1.10	2.74	1.11	2.24	1.38	2.04

Table 2.2 The relative errors of vertical displacements Δ_u (%) of point P_1 and point P_4 when S is 4D, 6D, 8D, 10D, 12D respectively

S	$\mu = 0.15$		$\mu = 0.25$		$\mu = 0.35$	
	P_1	P_4	P_1	P_4	P_1	P_4
4D	17.73	15.41	18.91	17.17	22.48	21.38
6D	8.45	7.19	9.01	8.05	10.89	10.27
8D	4.89	4.14	5.20	4.64	6.32	5.96
10D	3.17	2.67	3.37	2.99	4.09	3.85
12D	2.21	1.87	2.34	2.08	2.86	2.69

2.8.2 *Comparison Between the Results of Space Problem and Plane Problem*

The three-dimensional simulation calculation discusses the case of one tunnel with the cross-section shape shown in Fig. 2.22. The results of ANSYS finite element method for 7 cases with different tunnel lengths are shown below. The six coordinate planes far away from the tunnel are constrained. The calculating workload can be reduced based on the symmetrical characteristic, which the tunnel is symmetrical about xy plane and the displacement in z direction in the middle cross-section of the tunnel is zero, so only half of the model is built. The load adding method used is the birth-and-death element method, with initial load being the in-situ stress.

8 nodes hexahedral elements are used in the three-dimensional finite element computing, assuming the size of the meshing zone in xy plane is the same with that of the plane problem and taking $S \times S = 10D \times 10D$ in the following discussion. The results of the stresses and displacements in every tunnel cross-section for different excavation lengths L are shown in Figs. 2.27 and 2.28. The excavation lengths L considered in three-dimensional computing are 2D, 3D, 4D, 5D, 6D, 7D, 8D, respectively. In order to compare with the results of the plane strain problem, tangential stress σ_θ and vertical displacement v' of every cross-section are shown in Figs. 2.27 and 2.28 corresponding to points P_2 and P_3 and points P_1 and P_4 of the plane problem, respectively. The horizontal solid lines in Figs. 2.27 and 2.28 represent the results of plane strain problem; the dotted lines represent the tangential normal stress and vertical displacement of corresponding points of the space problem along the axis of the tunnel. In order to make the results comparable, the results of the plane strain problem used here is also obtained by ANSYS finite element method.

It can be found from Figs. 2.27 and 2.28 that, for different values of L, the three-dimensional results of every cross-section near the tunnel excavating faces differ from the two-dimensional results. However, the closer they are to the middle of the tunnel, the smaller the differences between them. It shows that the stress and displacement values on the section at a distance of D from the excavating face are closer to each other.

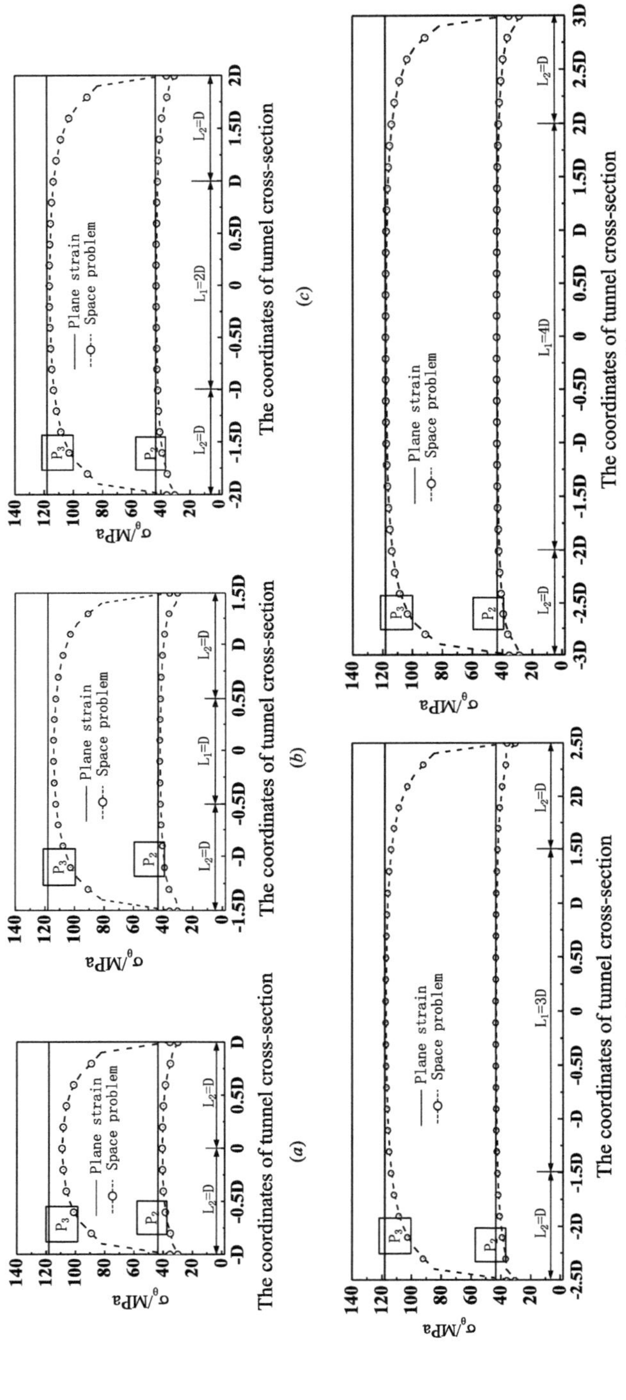

Fig. 2.27 The changing of the tangential stress σ_θ of point P_2, P_3 along the tunnel axis under different tunnel excavation lengths

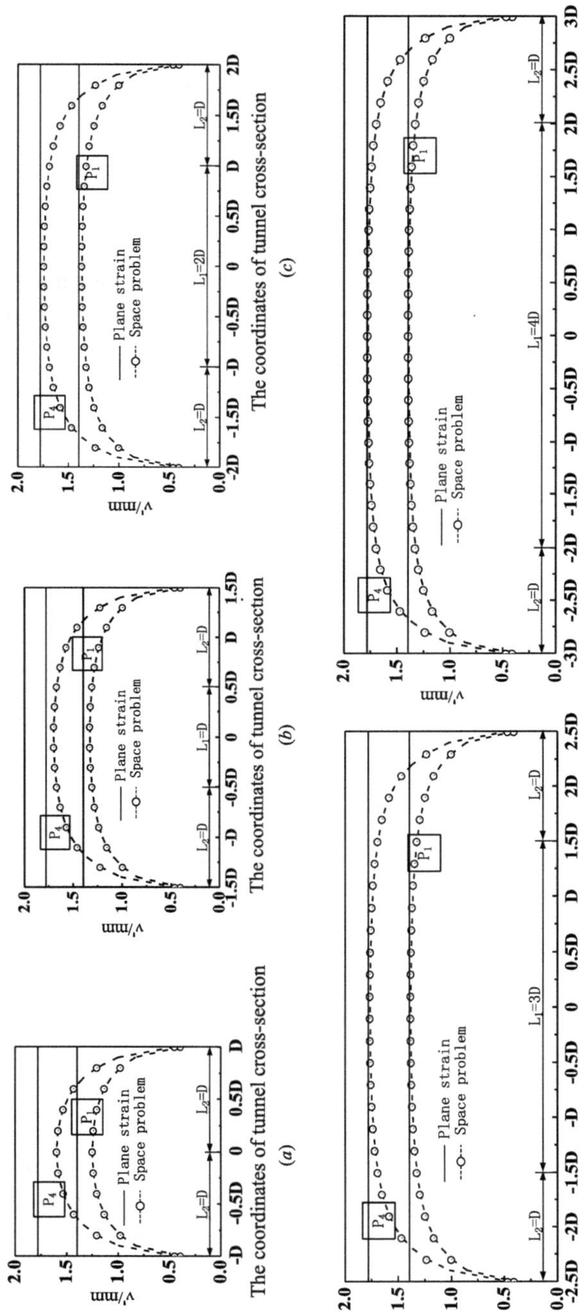

Fig. 2.28 The changing of the vertical displacement v' of point P_1, P_4 along the tunnel axis under different tunnel excavation lengths

The results of every cross-section differ from the results of the plane strain problem when the excavation length $L = 2D$, and the relative error of the stress and displacement of the selected points is big than 6.8% and 10.1%, respectively; the relative error of the stress and displacement is small than 5% and 6.5% when $L > 3D$, which is much smaller than the relative error when $L = 2D$, and with the increase of the excavation length, the stress and displacement of the selected points tend to be a fixed value.

It can be concluded that, the tunnel excavation must be treated as three-dimensional problem when the excavation length of the tunnel is short ($L < 2D$ in the example); the zone in the middle of the tunnel ($L_2 = L - 2D$) can be treated as plane strain problem when the excavation length of the tunnel is large ($L \geq 3D$ in the example), while the rest part (the range $L_1 < D$ from the) must be treated as three-dimensional problem.

2.8.3 *Conclusions*

With the increase of the tunnel length L, the stresses ($\sigma_x, \sigma_y, \tau_{xy}$) and displacements ($u'$, v') in the cross-section of the middle part of the tunnel obtained by three-dimensional method are increasingly closer to the results of plane strain assumption, and the length of this zone L_1 increases.

When the length of the tunnel is $L = nD$ (D is the maximum value between the tunnel height and width and $n > 2$), it can be treated as plane strain problems in the section with a length of approximately L in the middle of the tunnel; when the length of the tunnel $L < 2D$, the stresses and displacements in every cross-section of the tunnel can only be treated as three-dimensional problem. When $L \geq 3D$, regardless of the length of the tunnel L, the general patterns of stress and displacement variations are similar within the range of distance D from the excavating face ($L_2 < D$) where it can only be treated as three-dimensional problem, and the rest of the tunnel (L_1) can be treated as plane strain problem.

The analytical solutions of infinite domain plane strain problem obtained in this chapter can be used to determine the size of the meshing zone needed for finite element method. The error between the numerical solution and the analytical solution of infinite domain problem is great when the size of the meshing zone $S \times S \leq 4D \times 4D$, especially the errors of the displacements; finite element method can commendably simulate the infinite domain plane strain problem of the tunnel cross-section when the size of the meshing zone $S \times S \geq 10D \times 10D$.

It can also be concluded from the results that the size of the meshing zone is dependent on the value of Poisson's ratio. Generally, the bigger the value of the Poisson's ratio is, the bigger size it is needed.

References

1. Chen, Z.Y. 1994. *Analytical methods in rock mechanics analysis*. Beijing: China Coal Industry Publishing House.
2. Muskhelishvili, N.I. 1953. *Some basic problems of mathematical theory of elasticity*. Groningen, Holland: P. Noordhoff.
3. Strack, O.E., and A. Verruijt. 2002. A complex variable solution for a deforming buoyant tunnel in a heavy elastic half-plane. *International Journal for Numerical and Analytical Methods in Geomechanics* 26 (12): 1235–1252.
4. Lu, A.Z., and L.Q. Zhang. 2007. *Complex variable methods for the mechanical analysis of underground tunnels*. Beijing: Science Press.
5. Zhou, Y.L., A.Z. Lu, H. Cai, and Y.C. Ma. 2021. Improvement of Cauchy integral method for the stresses and displacements around the deeply-buried non-circular tunnel. *Journal of Theoretical and Applied Mechanics*.
6. Sauer, T. 2012. *Numerical analysis*. Pearson.
7. Xu, Z. 2017. Analytical stress solution of deep-buried double non-circular tunnels. Thesis for the master degree, March 2017.
8. Do, N.A., D. Dias, P. Oreste, and I. Djeran-Maigre. 2014. 2D tunnel numerical investigation: The influence of the simplified excavation method on tunnel behaviour. *Geotechnical and Geological Engineering* 32 (1): 43–58.
9. Abdel-Meguid, M., R.K. Rowe, and K.Y. Lo. 2003. Three-dimensional analysis of unlined tunnels in rock subjected to high horizontal stress. *Canadian Geotechnical Journal* 40 (6): 1208–1224.

Chapter 3
Complex Variable Method for Solving Temperature Stress, Viscoelastic and Anisotropic Problems

The previous chapter introduced the complex variable method for isotropic elastic problems. In this chapter, the analytical solutions for temperature stress under variable temperature conditions, viscoelasticity problems, and anisotropic elastic problems will be addressed using the complex variable method. The basic theory and solution steps of the complex variable method will be presented.

3.1 Temperature Stress in Isotropic Medium

Underground tunnels are often affected by ambient temperatures, such as tunnels in cold regions or at high altitudes, or underground chambers for storing nuclear waste. Changes in environment temperature can generate thermal stresses, which may increase the surrounding rock's compressive stress or cause tensile stress, affecting the stability of underground tunnels. In recent years, safety issues related to underground tunnels caused by high altitude temperatures or freezing and thawing in cold regions have attracted numerous scholars' attention both domestically and internationally.

In conducting temperature stress analysis with temperature effects, the temperature field distribution around the tunnel must first be determined. Since thermal conduction cannot be completed instantaneously, the temperature field should be a function of time and space, and it is thus an unsteady temperature field. However, in some cases, in order to simplify calculations, only the steady-state distribution of the final temperature is considered, which is called the steady-state temperature field. To solve for the temperature field, the temperature variation at the boundaries and inside the object must be considered, including the temperature boundary conditions, interface temperature connection conditions, and initial temperature distribution. This forms a closed heat conduction boundary value problem [1]. This section will provide the governing equations, solution methods, and partial answers for the temperature

A. Lu et al., *Complex Variable Function Solutions in the Mechanical Analysis of Tunnels*, https://doi.org/10.1007/978-981-97-1691-3_3

field. Changes in the temperature of the surrounding rock result in thermal deformation. If thermal deformation cannot occur completely due to constraint effects, additional stress is generated in the surrounding rock, which is called temperature stress or thermal stress. This section will further provide the general theory and complex variable function solution methods for temperature stress analysis of tunnels under various conditions.

3.1.1 Governing Equation of Temperature Field

The governing equation for an unsteady temperature field (heat conduction) in a planar polar coordinate system is [1]:

$$\frac{\partial^2 T}{\partial \rho^2} + \frac{1}{\rho}\frac{\partial T}{\partial \rho} + \frac{1}{\rho^2}\frac{\partial^2 T}{\partial \theta^2} = \frac{1}{\alpha}\frac{\partial T}{\partial t} \tag{3.1}$$

where T represents temperature, t represents time, ρ, θ are radial and tangential coordinates in the polar coordinate system, α represents thermal conductivity.

For axisymmetric non-steady temperature fields, since T does not vary with θ, the equation is:

$$\frac{\partial^2 T}{\partial \rho^2} + \frac{1}{\rho}\frac{\partial T}{\partial r} = \frac{1}{\alpha}\frac{\partial T}{\partial t} \tag{3.2}$$

In Chap. 9, the author will solve the equation using Laplace transform method, and then use the complex variable method to analyze the stress of circular tunnels under non-steady temperature fields.

For a steady temperature field, since T does not vary with t, Eq. (3.1) becomes:

$$\frac{\partial^2 T}{\partial \rho^2} + \frac{1}{\rho}\frac{\partial T}{\partial \rho} + \frac{1}{\rho^2}\frac{\partial^2 T}{\partial \theta^2} = 0 \tag{3.3}$$

The governing equation for steady axisymmetric temperature fields is:

$$\frac{d^2 T}{d\rho^2} + \frac{1}{\rho}\frac{dT}{d\rho} = 0 \tag{3.4}$$

3.1.2 Solution for Steady-State Temperature Field

Although the more general problem for tunnels, i.e., an arbitrarily shaped doubly-connected domain on the physical plane, is not an axisymmetric problem, it can be

Fig. 3.1 Axisymmetric ring

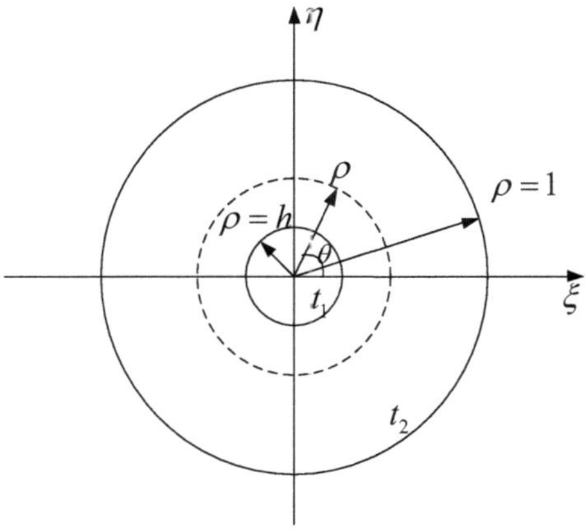

equivalently mapped to an axisymmetric problem on a circular domain in the image plane (as shown in Fig. 3.1) if the temperature on each boundary is the same. Therefore, the partial differential Eq. (3.3) for the steady-state problems on the physical plane can be transformed into an ordinary differential Eq. (3.4) on the circular domain in the image plane. The temperature field in the image plane of the axisymmetric ring can be easily obtained, and then the results can be mapped back to the physical plane using the mapping function, thereby obtaining the temperature field on the physical plane [2]. The temperature field solutions for axially symmetrical annular and eccentric annular domains are given below.

3.1.2.1 Axially Symmetrical Annulus (See Fig. 3.1)

The general solution for Eq. (3.4) is:

$$T = d_1 \ln \rho + d_2 \tag{3.5}$$

where d_1 and d_2 are undetermined coefficients. If t_1 and t_2 are the temperature values at the inner and outer boundaries of the annulus in Fig. 3.1, respectively, i.e., $\rho = h$, $T = t_1$, $\rho = 1$, $T = t_2$, substituting into Eq. (3.5) yields the solution for the temperature field:

$$T = (t_1 - t_2)\frac{\ln \rho}{\ln h} + t_2 \tag{3.6}$$

This result is obtained based on the first type of boundary conditions. Equation (3.5) is not only applicable to the first type of boundary conditions, but also suitable for the second or third type of boundary conditions.

3.1.2.2 Eccentric Annulus (See Fig. 3.2)

For the eccentric annulus shown in Fig. 3.2, it can be mapped to a concentric annulus domain on the image plane with outer radius 1 and inner radius h through the following mapping function:

$$z = \omega(\zeta) = \frac{R_1(b+\zeta)}{1+b\zeta} \tag{3.7}$$

where,

$$b = \frac{R_1^2 + x_1x_2 - \sqrt{(R_1^2 - x_1^2)(R_1^2 - x_2^2)}}{R_1(x_1 + x_2)}$$

$$h = \frac{R_1^2 - x_1x_2 - \sqrt{(R_1^2 - x_1^2)(R_1^2 - x_2^2)}}{R_1(x_1 - x_2)}.$$

x_1 and x_2 represent the x-coordinates of points A and B. (where A and B are the intersection points of the inner boundary of the annulus with the x-axis), R_0 and R_1 represent the inner and outer radii of the circular ring in physical plane, respectively, and $x_1 + x_2 \neq 0$, $h \leq \rho \leq 1$, $0 \leq \theta \leq 2\pi$, $\zeta = \rho e^{i\theta}$. When it is a concentric circular ring, $x_1 + x_2 = 0$ and the mapping function is $z = \omega(\zeta) = R_1\zeta$.

This problem is axisymmetric with respect to the geometric domain and temperature boundary on the image plane, so the solution is given by Eq. (3.6). Since the temperature distribution does not depend on the polar angle θ on the image plane, points at the same polar radius ρ (a circle on the image plane) have the same temperature, forming an isotherm. To obtain the equation of the isotherm in the corresponding physical plane, we perform the following coordinate transformation. Using Eq. (3.7), we can obtain the relationship between a point (x, y) in the physical plane and a point

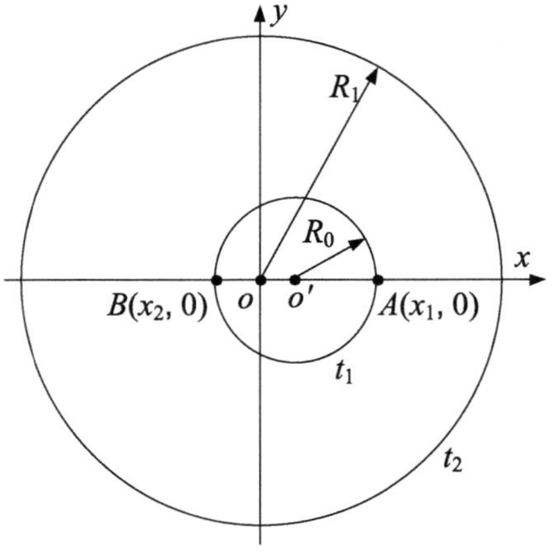

Fig. 3.2 Eccentric circular ring

(ρ, θ) in the image plane:

$$x + iy = R_1 \frac{b + \rho^2 b + (\rho + b^2\rho)\cos\theta + i(\rho - b^2\rho)\sin\theta}{1 + \rho^2 b^2 + 2\rho b\cos\theta}$$

Equating the real and imaginary parts of both sides of the equation, we obtain:

$$\begin{cases} x = R_1 \frac{b+\rho^2 b+(\rho+b^2\rho)\cos\theta}{1+\rho^2 b^2+2\rho b\cos\theta} \\ y = R_1 \frac{(\rho-b^2\rho)\sin\theta}{1+\rho^2 b^2+2\rho b\cos\theta} \end{cases} \tag{3.8}$$

Equation (3.8) can also be written in another form:

$$\begin{cases} \cos\theta = \frac{(1+\rho^2 b^2)x-(b+\rho^2 b)R_1}{R_1(\rho+b^2\rho)+2\rho bx} \\ \sin\theta = \frac{y(1+\rho^2 b^2+2\rho b\cos\theta)}{(\rho-b^2\rho)R_1} \end{cases} \tag{3.9}$$

Eliminating θ, we get:

$$\left[x - \frac{R_1 b(1-\rho^2)}{1-\rho^2 b^2}\right]^2 + y^2 = \frac{R_1^2\rho^2(1-b^2)^2}{(1-\rho^2 b^2)^2} \tag{3.10}$$

Equation (3.10) represents the equation of the isotherm line for the eccentric annular region on a physical plane, for a circle with center $\left(\frac{R_1 b(1-\rho^2)}{1-\rho^2 b^2}, 0\right)$ and radius $\frac{R_1\rho(1-b^2)}{1-\rho^2 b^2}$. When $\rho = h$, the equation of the isotherm line can be derived from Eq. (3.10):

$$\left(x - \frac{x_1 + x_2}{2}\right)^2 + y^2 = \frac{(x_1 + x_2)^2}{4}$$

This is the equation for the inner boundary of the eccentric annular region. When $\rho = 1$, the equation of the isotherm line can be derived from Eq. (3.10): $x^2 + y^2 = R_1^2$, which represents the outer boundary of the eccentric annular region, as we could anticipate beforehand.

When ρ takes different values, the clusters of isotherm lines within the region can be obtained. Taking the given example of an eccentric annular region, assuming the relevant parameters of the eccentric annular region are: $x_1 = 2, x_2 = 0$, the center of the inner circle is at $o\prime(1, 0)$, $R_0 = 1$, $t_1 = 2°\text{C}$ and the center of the outer circle is at $o(0, 0)$, $R_1 = 4$, $t_2 = 10°\text{C}$. The isotherms for $T = 2, 4, 6, 8$ and $10°\text{C}$ are calculated using Eqs. (3.6) and (3.10), as shown in Fig. 3.3. Label the five isotherms as l_1, l_2, l_3, l_4, l_5, respectively.

Use the geometric shapes of the obtained isotherms to grid the eccentric annulus (as shown in Fig. 3.4) and perform numerical calculations through ANSYS finite

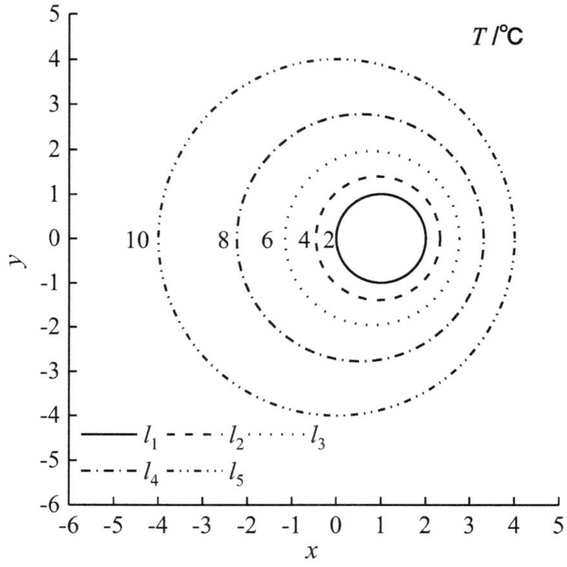

Fig. 3.3 Isotherms of the eccentric circular ring model (analytical solution)

element software to obtain numerical solutions for the temperature field of the eccentric annulus. Compare the analytical solutions for the isotherms l_3 and l_4 in Fig. 3.3 with the results obtained from ANSYS (only the $y \geq 0$ part is taken due to the model's symmetry about the x-axis). As shown in Fig. 3.5, it can be seen that the analytical solution and ANSYS numerical solution for the temperature of the eccentric annulus are basically the same, with a maximum error of only 0.02%. This demonstrates that using the complex variable method to solve the steady-state temperature field in a doubly-connected domain on a plane is correct.

3.1.2.3 Semi-infinite Domain with a Circular Hole

A semi-infinite domain with a circular hole is shown in Fig. 3.6. The radius of the hole is R_2, and the depth of the hole (distance from the center of the hole to the surface) is H. The following mapping function can be used to map this region onto a concentric annular domain on the image plane (with an outer radius of 1 and an inner radius of h) [3, 4]:

$$z = -ia\frac{1+\zeta}{1-\zeta} \tag{3.11}$$

where $a = \frac{H(1-h^2)}{1+h^2}$, $h = \frac{H-\sqrt{H^2-R_2^2}}{R_2}$, where, h represents α in Eq. (1.23).

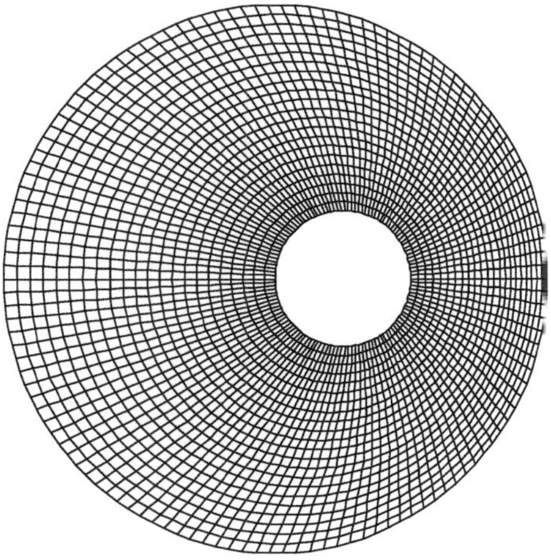

Fig. 3.4 Meshing of the eccentric circular ring model

Fig. 3.5 Comparison between analytical solution and numerical solution

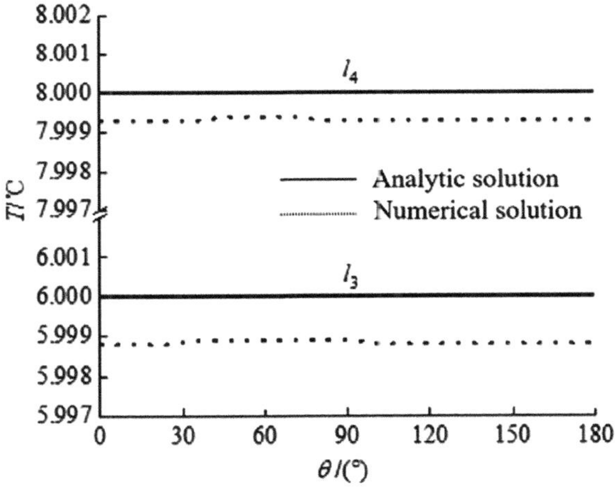

Like the eccentric annular image problem, due to the axisymmetry of the geometry and temperature boundary on the plane, the solution is still given by Eq. (3.6). To obtain the physical isotherm on the plane, substitute $\zeta = \rho e^{i\theta}$ into Eq. (3.11), we have:

$$x + iy = -ia\frac{1 + \rho e^{i\theta}}{1 - \rho e^{i\theta}} \tag{3.12}$$

By taking the real and imaginary parts of Eq. (3.12) equal to each other, we can rewrite it as a system of equations in terms of x and y:

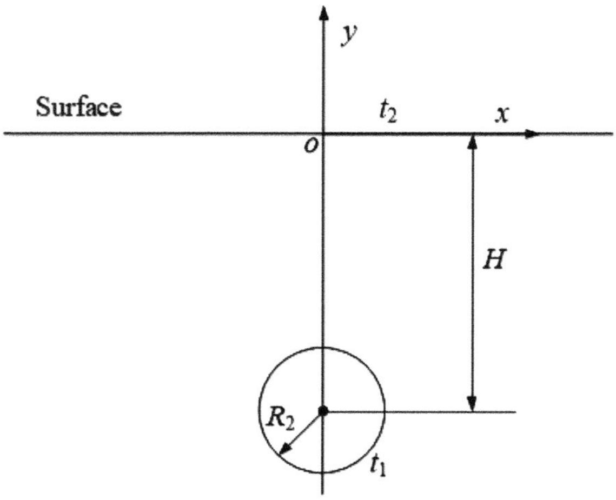

Fig. 3.6 A semi-infinite domain containing a circular hole

$$\begin{cases} \sin\theta = \frac{x(1-\rho^2)}{2\rho y} \\ \cos\theta = \frac{y(1+\rho^2)+(1-\rho^2)a}{2\rho y} \end{cases} \tag{3.13}$$

Eliminating θ, we get:

$$\rho^2 = \frac{x^2 + y^2 + a^2 \pm 2ay}{x^2 + y^2 + a^2 - 2ay} \tag{3.14}$$

Due to $y \le 0$, $a \ge 0$ and $0 < h < \rho \le 1$ are always true. Therefore, the numerator in Eq. (3.14) should be taken as a positive value:

$$\rho^2 = \frac{x^2 + y^2 + a^2 + 2ay}{x^2 + y^2 + a^2 - 2ay} \tag{3.15}$$

When $\rho = 1$, the y value in Eq. (3.15) must be equal to 0, that is, the isothermal line equation is $y = 0$, corresponding to the surface of the physical plane. When $\rho = h$, we obtain the equation of the isothermal line as $x^2 + (y + H)^2 = R_2^2$ from Eq. (3.15). This equation represents a circle with center $(0, -H)$ and radius R_2 on the physical plane, corresponding to the circular boundary of a hole in an semi-infinite medium, which is the expected result.

When $\rho \ne 1$ and $\rho \ne h$, Eq. (3.15) can be written as:

$$x^2 + \left(y + \frac{1+\rho^2}{1-\rho^2}a\right)^2 = \frac{4\rho^2}{\left(1-\rho^2\right)^2}a^2 \tag{3.16}$$

Equation (3.16) represents the isotherm within a region in the physical plane. It is a cluster of circles with $\left(0, -a\left(1+\rho^2\right)/\left(1-\rho^2\right)\right)$ as the center and $2a\rho/\left(1-\rho^2\right)^2$ as the radius, and the center moves in the negative direction along the y-axis.

Substituting Eq. (3.15) and the previous expression for h into Eq. (3.6) yields the temperature distribution solution in the physical plane:

$$T = (t_1 - t_2)\frac{\ln\left(\frac{x^2+\left(y+\sqrt{H^2-R_2^2}\right)^2}{x^2+\left(y-\sqrt{H^2-R_2^2}\right)^2}\right)}{2\ln\frac{H-\sqrt{H^2-R_2^2}}{R_2}} + t_2 \tag{3.17}$$

This is consistent with the temperature distribution formula given by the virtual heat source method in reference [5]. Since the positive direction of the y-axis in the reference is opposite to that in this study, the positive sign is used in the calculation formula for h in the reference.

3.1.2.4 A General Doubly-Connected Domain

In this case, a doubly-connected domain generally refers to an area in the physical plane where the internal boundary can be of any shape and the outer boundary is circular. This is suitable for engineering projects such as deep-buried tunnels. Taking the deep-buried tunnel model shown in Fig. 3.7 as an example, the outer boundary L_2 is a circle centered on the coordinate origin with a radius of $R = 20$ m, and the inner boundary L_1 is an ellipse with the center at the coordinate origin and the semi-major axis $a = 4$ m and semi-minor axis $b = 3$ m. Using the method described in Sect. 1.4.2 of Chap. 1, the coefficients of the mapping function (1.43) can be obtained:

$h = 0.1742$, $c_0 = 0.0000$, $c_1 = 20.0854$, $c_2 = 0.0000$, $c_3 = 0.0000$, $c_4 = 0.0000$, $c_5 = 0.0001$, $c_6 = -0.0025$, $c_7 = 0.0059$, $c_8 = -0.0018$, $c_{-1} = -0.0871$, $c_{-2} = 0.0000$, $c_{-3} = 0.0000$, $c_{-4} = 0.0000$, $c_{-5} = 0.0000$, $c_{-6} = 0.0000$, $c_{-7} = 0.0000$, $c_{-8} = 0.0000$.

Assuming that the temperatures of the inner and outer boundaries are 10 and 50 °C, the isotherms for $T = 10$, 20, 30, 40 and 50 °C are obtained using Eq. (3.6), and denoted as l_1, l_2, l_3, l_4, l_5, respectively, as shown in Fig. 3.8. The numerical solutions of the steady-state temperature field of the model are also obtained using the ANSYS finite element software. Then, the analytical solutions of isotherms l_2, l_3, and l_4 were compared with the numerical solutions (only the $y \geq 0$ part is taken due to the symmetry of the model about the x-axis). From Fig. 3.9, it can be seen that for the internal elliptical outer circular model, the temperatures obtained by the two methods at any point are in good agreement, with a maximum relative error of only 0.03%.

From the above example, it can be seen that using the mapping function method to solve the steady-state heat conduction problem in a planar doubly-connected domain avoids the cumbersome derivation process and greatly simplifies the solution process.

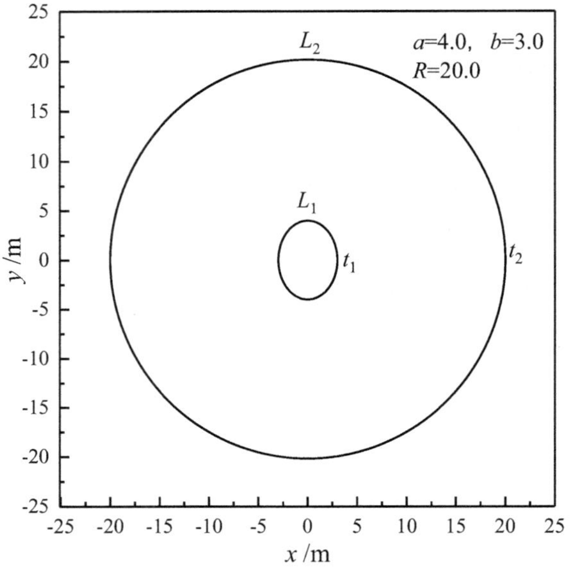

Fig. 3.7 Internal ellipse outer circle model

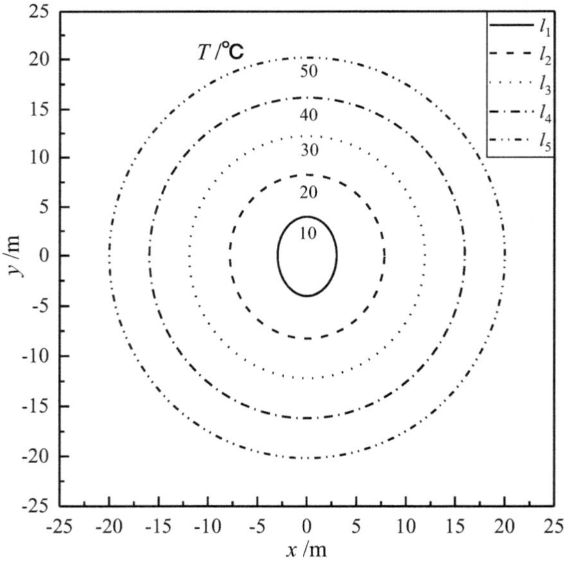

Fig. 3.8 Temperature field of internal ellipse outer circle region (analytical solution)

Especially for the general doubly-connected domain with complex boundary conditions, as long as the mapping function is obtained, the analytical solution of the temperature field can be obtained.

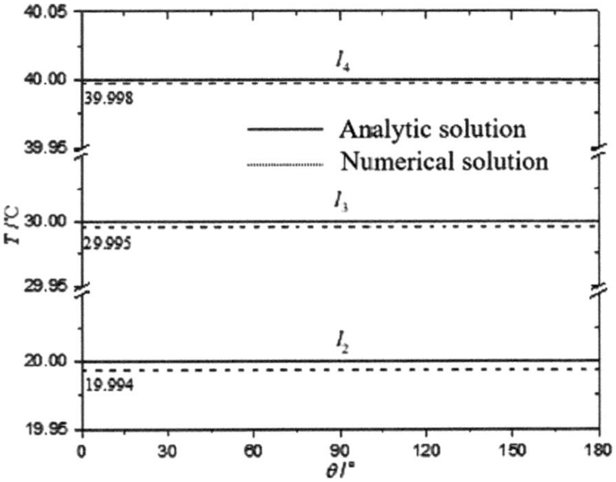

Fig. 3.9 Comparison between analytical solution and numerical solution

3.1.3 Complex Variable Method for Solving Temperature Stress

The basic equations of thermos-elasticity include equilibrium equation, geometric equation, and constitutive equation. The governing and geometric equations are consistent regardless of whether the effect of the temperature field is considered, however, the constitutive equation may not be the same. Under the condition of temperature change, the positive strain component caused by free expansion (contraction) must be considered, while the shear strain component is zero. That is, on the basis of Hooke's law, simply add the influence term βT of temperature difference T to the three positive strain components, where β represents the material constant, known as the coefficient of linear expansion.

By following the approach for isotropic materials, a compatibility equation expressed in terms of the stress function $\chi(x, y)$ can be obtained based on the equilibrium equation, geometric equation, and physical equation. For the plane stress problem, the compatibility equation is [6, 7]:

$$\nabla^2\nabla^2\chi = -\beta E\nabla^2 T \tag{3.18}$$

For the plane strain problem, the compatibility equation is:

$$\nabla^2\nabla^2\chi = -\frac{\beta E}{1-\mu}\nabla^2 T \tag{3.19}$$

By replacing E with $\frac{E}{1-\mu^2}$, μ with $\frac{\mu}{1-\mu}$, and β with $(1+\mu)\beta$ in Eq. (3.18), we can obtain the compatibility Eq. (3.19) for the plane strain problem.

The T in the equation should be understood as the temperature change. Laplacian operator in Cartesian coordinates is denoted by: $\nabla^2 = \frac{\partial^2}{\partial x^2} - \frac{\partial^2}{\partial y^2}$, The function χ

is called the Airy stress function, and its relationship with the stress components is given by:

$$\sigma_x = \frac{\partial^2 \chi}{\partial y^2}, \sigma_y = \frac{\partial^2 \chi}{\partial x^2}, \tau_{xy} = -\frac{\partial^2 \chi}{\partial x \partial y} \tag{3.20}$$

Decompose χ into the general solution of the homogeneous equation U and the particular solution V:

$$\chi(x, y) = U(x, y) - V(x, y) \tag{3.21}$$

For plane strain problems, U and V satisfy the following two equations:

$$\nabla^4 U = 0 \tag{3.22}$$

$$\nabla^2 V = \frac{\beta E}{1-\mu} T \tag{3.23}$$

Equation (3.22) is a biharmonic equation, which is Eq. (2.1) in Chap. 2. As shown in Chap. 2, the biharmonic function U can be expressed in terms of two analytic functions $\varphi_1(z)$ and $\psi_1(z)$. Therefore, the combination of stress components expressed in terms of complex variables is:

$$\begin{cases} \sigma_x + \sigma_y = 4\mathrm{Re}\left[\varphi_1'(z)\right] - \dfrac{\beta E}{1-\mu} T \\ \sigma_y - \sigma_x + 2i\tau_{xy} = 2\left[\bar{z}\varphi_1''(z) + \psi_1'(z)\right] - \left(\dfrac{\partial^2 V}{\partial x^2} - \dfrac{\partial^2 V}{\partial y^2} - 2i\dfrac{\partial^2 V}{\partial x \partial y}\right) \end{cases} \tag{3.24}$$

The expression for displacement components in terms of complex variables is:

$$2G(u + iv) = \kappa\varphi_1(z) - \overline{z\varphi_1'(z)} - \overline{\psi_1(z)} + \left(\frac{\partial V}{\partial x} + i\frac{\partial V}{\partial y}\right) \tag{3.25}$$

Replacing z in equation with the boundary point t gives the displacement boundary condition. The stress boundary condition expressed in terms of complex variables is:

$$\varphi_1(t) + \overline{z\varphi_1'(t)} + \overline{\psi_1(t)} = i\int_A^B (X_n + iY_n)ds + \left(\frac{\partial V}{\partial x} + i\frac{\partial V}{\partial y}\right) \tag{3.26}$$

where, A is the reference point where the surface integral starts along the boundary, and B is any point on the boundary.

From Eqs. (3.25) and (3.26), it can be seen that if V is known, $\varphi_1(z)$ and $\psi_1(z)$ can be solved using the methods presented in Chap. 2. If external loads on the boundary are not considered, i.e., $X_n = Y_n = 0$, the obtained stress is the thermal stress. From

Eq. (3.23), we can see that once the temperature field T is known, V can be obtained by solving for T. The method for solving V will be explained in detail in Chap. 9.

3.2 Methods for Solving Isotropic Viscoelastic Problems

It has been found in engineering that if no support is provided after the tunnel excavation, the surrounding rock may be stable initially, but after a period of time, the rock around the tunnel may collapse. After the lining support applying, the stress and displacement of the surrounding rock and the pressure of the lining often change with time. The above phenomenon mainly has two reasons: first, the gradual release of the ground stress caused by the effect at the end of the tunnel face. As the tunnel face gradually advances, the displacement of the focused section increases with time due to the loss of the supporting effect of the tunnel face, and the stress state will also change accordingly. Second, the time-dependent rheological properties of the rock. This factor will still cause time-related displacement of the surrounding rock and pressure of the lining after the space effect of the tunnel face is no longer effective.

Numerous laboratory tests and field inspections have shown that rocks generally have rheological properties, especially some soft rocks such as mudstone, shale, and sandstone, which have large deformation and long duration [8]. Under high stress levels, even hard and intact rocks exhibit rheological properties [9]. Therefore, when designing tunnel excavation and support, the rheological properties of surrounding rock, such as viscoelasticity and viscoelastic-plasticity, should be considered. This can more accurately reflect the phenomenon of increasing deformation of surrounding rock over time and lead to a more reasonable design of tunnel support, ensuring the long-term stability of the tunnel. In this section, commonly used analytical methods for tunnel mechanics in viscoelastic rock masses will be presented.

3.2.1 One-Dimensional Constitutive Equation

The component-type viscoelastic constitutive model uses a series–parallel combination of multiple springs and dashpots (Fig. 3.10) to reflect different viscoelastic properties during the elastic stage. Because it is intuitive and has a clear physical meaning, the component-type viscoelastic constitutive model is one of the most commonly used models. The constitutive equations can be divided into differential and integral forms in terms of their expression forms. An equation in one-dimension will first be presented below, and then extended to three dimensions.

The elastic element shown in Fig. 3.10a is called a Hooke element, and there is a relationship between stress and strain as follows:

$$\sigma = E\varepsilon \tag{3.27}$$

Fig. 3.10 Basic components

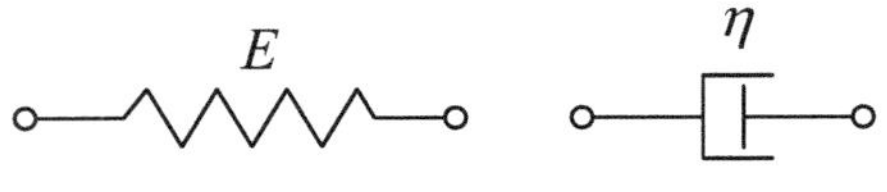

The viscous element shown in Fig. 3.10b is called a Newton element, and there is a relationship between stress and strain as follows:

$$\sigma = \eta \frac{d\varepsilon}{dt} = \eta \dot{\varepsilon} \tag{3.28}$$

where E is the elastic modulus, η is the viscosity coefficient, and $\dot{\varepsilon} = \frac{d\varepsilon}{dt}$ is the strain rate.

By combining the elastic element and the viscous element in different forms of series or parallel, different viscoelastic models can be formed [10, 11]. The most commonly used models include the Maxwell model (M), the Kelvin model (K), the generalized Kelvin model (H-K), the Poynting-Thomson model (H|M), and the Burgers (B) model [12]. The M and B models can simulate creeping of viscoelastic fluids that develop over time. In contrast, the K, H-K, H|M, and other models can simulate solid-like creep with stable displacement under constant stress. The structural form and corresponding one-dimensional constitutive equation are shown in Table 3.1.

Regardless of the composition of the model elements, it can be expressed in the following generic form:

$$P(D)\sigma = Q(D)\varepsilon \tag{3.29}$$

where $P(D) = \sum_{k=0}^{m} p_k \frac{\partial^k}{\partial t^k}, Q(D) = \sum_{k=0}^{n} q_k \frac{\partial^k}{\partial t^k}$, and $D = \frac{\partial}{\partial t}$ are differential operators with respect to time t, while p_k and q_k are related to the model's mechanical parameters.

3.2.2 Three-Dimensional Constitutive Equation

The three-dimensional constitutive equation of linear elasticity can be expressed as follows:

$$s_{jk} = 2Ge_{jk}, \sigma_{jj} = 3K\varepsilon_{jj} \tag{3.30}$$

where G and K represent the shear modulus and bulk modulus of the material; $G = \frac{E}{2(1+\mu)}$, $K = \frac{E}{3(1-2\mu)}$ with E being the elastic modulus and μ being Poisson's ratio; s_{jk}, e_{jk}, σ_{jj} and ε_{jj} represent stress deviator, strain deviator, volume stress,

Table 3.1 The commonly used viscoelastic models and their constitutive equations

Model name	Model structure	One-dimensional constitutive Equation
Maxwell model (M)		$\frac{\eta_M}{E_M}\dot{\sigma} + \sigma = \eta_M \dot{\varepsilon}$
Kelvin model (K)	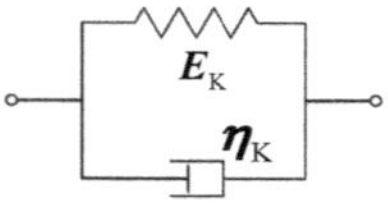	$\sigma = \eta_K \dot{\varepsilon} + E_K \varepsilon$
Generalized Kelvin model (H–K)	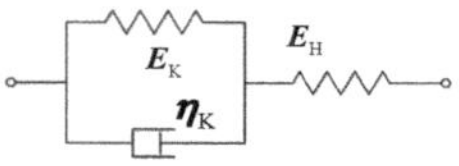	$\frac{\eta_K}{E_H+E_K}\dot{\sigma} + \sigma = \frac{E_H \eta_K}{E_H+E_K}\dot{\varepsilon} + \frac{E_H E_K}{E_H+E_K}\varepsilon$
Poynting-Thomson model (H|M)	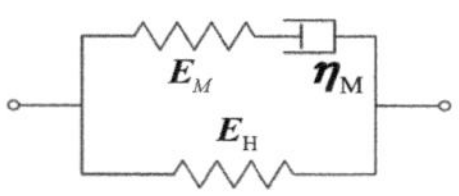	$\frac{\eta_M}{E_M}\dot{\sigma} + \sigma = \frac{E_M+E_K}{E_M}\eta_M \dot{\varepsilon} + E_H \varepsilon$
Burgers model (B)	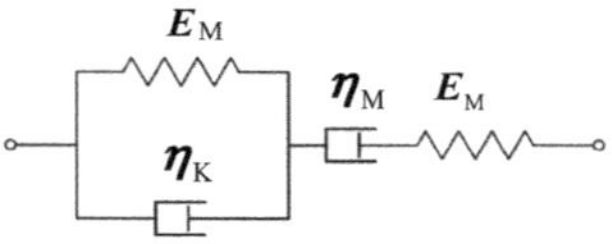	$\frac{\eta_M \eta_K}{E_M E_K}\ddot{\sigma} + (\frac{\eta_M}{E_M} + \frac{\eta_K}{E_K} + \frac{\eta_M}{E_K})\dot{\sigma} + \sigma = \frac{\eta_M \eta_K}{E_K}\ddot{\varepsilon} + \eta_M \dot{\varepsilon}$

volume strain, respectively.

$$s_{jk} = \sigma_{jk} - \sigma_m \delta_{jk}, e_{jk} = \varepsilon_{jk} - \varepsilon_m \delta_{jk}, j, k = x, y, z;$$

When $j = k$, $\delta_{jk} = 1$;
When $j \neq k$, $\delta_{jk} = 0$;

$$\sigma_{jj} = \sigma_{xx} + \sigma_{yy} + \sigma_{zz} = \sigma_1 + \sigma_2 + \sigma_3 = 3\sigma_m;$$

$$\varepsilon_{jj} = \varepsilon_{xx} + \varepsilon_{yy} + \varepsilon_{zz} = \varepsilon_1 + \varepsilon_2 + \varepsilon_3 = 3\varepsilon_m;$$

where $\sigma_1, \sigma_2, \sigma_3 (\varepsilon_1, \varepsilon_2, \varepsilon_3)$ are principal stresses (principal strains).

For geotechnical materials, it is usually assumed that the volumetric stress only causes elastic deformation without any time-dependent deformation, while shear stress causes time-dependent deformation. Combining the first equation of Eq. (3.30) and extending Eq. (3.29) from one dimension to three dimensions, gives rise to the three-dimensional viscoelastic constitutive equation (no viscoelastic behavior is exhibited under volumetric stress):

$$P(D)s_{jk} = 2Q(D)e_{jk}, \quad (3.31)$$

$$\sigma_{jj} = 3K\varepsilon_{jj}. \tag{3.32}$$

It means that a three-dimensional constitutive equation can be obtained by applying the following transformation to a one-dimensional constitutive equation [10]: $\sigma \Rightarrow s_{jk}, \varepsilon \Rightarrow e_{jk}, E \Rightarrow 2G, \eta \Rightarrow 2\eta'$, where $\eta' = \frac{\eta}{2(1+\mu)}$. For example, the constitutive equation of the generalized Kelvin model can be expressed in three dimensions as [10]:

$$\frac{\eta'_K}{G_H + G_K}\dot{s}_{jk} + s_{jk} = \frac{2G_H\eta'_K}{G_H + G_K}\dot{e}_{jk} + \frac{2G_H G_K}{G_H + G_K}e_{jk} \tag{3.33}$$

The constitutive equation of viscoelasticity can also be written in the following integral form:

$$\begin{aligned} s_{jk} &= 2G(t) * de_{jk}, \\ \sigma_{jj} &= 3K(t) * d\varepsilon_{jj}. \end{aligned} \tag{3.34}$$

where $*$ represents convolution integral, which is defined as:

$$f_1(t) * df_2(t) = f_1(t) \cdot f_2(0) + \int_0^t f_1(t-\tau)\frac{df_2(\tau)}{d\tau}d\tau. \tag{3.35}$$

$G(t)$ and $K(t)$ in Eq. (3.34) represent the shear relaxation modulus and the bulk relaxation modulus, respectively. They represent the stress as a function of time under a unit constant strain. When no viscoelastic behavior is exhibited under volumetric stress, $K(t)$ equals the elastic bulk modulus K, which can be determined by the linear relationship between volume stress and strain. The commonly used models for $G(t)$ are shown in Table 3.2.

Table 3.2 Shear relaxation modulus of common viscoelastic models

Viscoelastic model	Maxwell model	Kelvin model	Generalized Kelvin model	Poyting-Thomson model	Burgers model
Shear Relaxation Modulus $G(t)$	$G_M e^{-\frac{G_M}{\eta'_M}t}$	$G_K + \eta'_K\delta(t)$	$\frac{G_H^2}{G_H+G_K}e^{-\frac{G_H+G_K}{\eta'_K}t} + \frac{G_H G_K}{G_H+G_K}$	$G_M e^{-\frac{G_M}{\eta'_M}t} + G_H$	$G_M[a_1 e^{-\frac{t}{b_1}} + a_2 e^{-\frac{t}{b_2}}]$

$a_1 = \frac{b_2 G_M(\eta'_M+\eta'_K) - b_1 G_K\eta'_M}{(b_2-b_1)A_2}$, $a_2 = \frac{b_2 G_K\eta'_M - b_1 G_M(\eta'_M+\eta'_M)}{(b_2-b_1)A_2}$, $b_1 = \frac{2A_3}{A_2+\sqrt{A_2^2-4A_1A_3}}$,

$b_2 = \frac{2A_3}{A_2-\sqrt{A_2^2-4A_1A_3}}$

$A_1 = G_M G_K, A_2 = G_M\eta'_M + G_M\eta'_K + G_K\eta'_M, A_3 = \eta'_M\eta'_K$

3.2.3 Laplace Transform and Correspondence Principle

The function $f(t)$ is defined when $t \geq 0$, and the integral $\int_0^{+\infty} f(t)e^{-st}dt$ is convergent in a domain of complex variable s. The Laplace transform of the time function $f(t)$ is defined as

$$L[f(t)] = \tilde{f}(s) = \int_0^{\infty} f(t)e^{-st}dt. \tag{3.36}$$

the inverse Laplace transform is defined as:

$$f(t) = L^{-1}[\tilde{f}(s)] = \frac{1}{2\pi i}\int_{\beta-i\infty}^{\beta+i\infty} \tilde{f}(s)e^{st}ds, \tag{3.37}$$

where the integration path is taken along a straight line $\mathrm{Re}(s) = \beta$ from bottom to top on the complex plane. The results of Laplace transform of simple function can be analytically obtained, e.g., the Laplace transform of $f(t) = 1,\ t,\ e^{at}$ is $\frac{1}{s}, \frac{1}{s^2}, \frac{1}{s-a}$, respectively.

According to the differentiation property of Laplace transform, the differential operation in viscoelastic constitutive equations (Eq. 3.33) can be eliminated by Laplace transform. In Laplace domain, or after Laplace transform, the stress–strain relationship is as follows [10]:

$$\tilde{\sigma}_{jj} = 3K\tilde{\varepsilon}_{jj}, \tilde{P}(s)\tilde{s}_{jk} = 2\tilde{Q}(s)\tilde{e}_{jk} \tag{3.38}$$

where

$$\tilde{P}(s) = \sum_{k=0}^{m} s^k p_k, \tilde{Q}(s) = \sum_{k=0}^{n} s^k q_k \tag{3.39}$$

$\tilde{P}(s)$ and $\tilde{Q}(s)$ are represented by $\tilde{P}$ and $\tilde{Q}$ in short, respectively. To obtain the relationship of elastic solutions and viscoelastic ones, Laplace transform is also applied to elastic constitutive Eq. (3.30):

$$\tilde{s}_{jk} = 2G\tilde{e}_{jk}, \tilde{\sigma}_{jj} = 3K\tilde{\varepsilon}_{jj}, \tag{3.40}$$

Note that Eq. (3.38) is obtained from Eq. (3.40) by replacing G with $\tilde{Q}/\tilde{P}$. Then, apply Laplace transform to the other governing equations of elastic and viscoelastic problems which have no difference for elastic and viscoelastic problems, i.e., the equilibrium and kinematic compatibility equations. Therefore, the general solution for a viscoelastic problem satisfying the set of differential governing equations in the Laplace domain, can be obtained by replacing G with $\tilde{Q}/\tilde{P}$ in the general solution in the Laplace domain for the associated elastic problem.

To obtain the particular solution, the Laplace transform is also applied to the boundary conditions. Taking the stress boundary value problem as an example, the original and transformed boundary conditions are:

Original condition:

$$\sigma_{ij}(X_0, t)n_j = P_i(X_0, t), \text{ where } X_0 \in S_\sigma(t) \tag{3.41}$$

Condition after Laplace transform:

$$L\Big[\sigma_{ij}(X_0, t)n_j\Big] = \widetilde{P_i(X_0, t)}, \tag{3.42}$$

where S_σ represents the boundary; n_j is the outer normal unit vector; X_0 is the coordinates of the boundary points. If the boundary shape changes over time (e.g., circular holes become elliptical holes, etc.), the time variable involved in the transformation on the left of Eq. (3.42) is not only from the rheology characteristic of geomaterial, but also from the time-dependent boundary coordinates X_0 and n_j. Therefore, the boundary conditions in time domain and Laplace domain are not similar. Furthermore, when the load $P_i(X_0, t)$ at the boundary varies in any form over time, Laplace transform of $P_i(X_0, t)$ may also be a completely different load in spatial distribution from the original problem. Therefore, under the aforementioned general conditions, the problem after Laplace transform becomes a new 'elastic problem' with quite different boundary conditions to the original ones and the elastic solutions in Laplace domain can hardly be obtained. At this point, solving in Laplace domain will lose its advantage, and the general solution in time domain can be directly substituted into Eq. (3.41) to determine the undetermined time-dependent coefficients.

When the boundary shape are time independent and the load can separate variables as functions of time and space (can be called proportional loading), i.e. $P_i(X_0, t) = A(t)P_s(X_0)$, Eq. (3.42) can be rewritten as

$$\widetilde{\sigma}_{ij}(X_0, s)n_j = \widetilde{A(t)}P_s(X_0) \tag{3.43}$$

Noted that the boundary conditions in Laplace domain have the same form as the original problem, therefore, the particular solution in Laplace domain has the same form as that in time domain. In these cases, if the solution for elastic problem can be found, the solution in the Laplace domain for viscoelastic problem can be obtained by replacing G in the elastic solution (Laplace domain) with $\widetilde{Q}/\widetilde{P}$. The viscoelastic solution in the time domain is obtained by inverse transformation. This is called the elastic–viscoelastic correspondence principle [13].

To use the correspondence principle, the elastic modulus E and Poisson's ratio μ in elastic solutions should be expressed by shear and bulk modulus as follows:

$$E = \frac{9KG}{3K + G}, \mu = \frac{3K - 2G}{6K + 2G} \tag{3.44}$$

If volume stress can induce viscoelastic responses, the bulk modulus K in the elastic solution should be replaced by a similar $\widetilde{Q}_k/\widetilde{P}_k$ determined by the viscoelastic constitutive equations for bulk responses.

If the integral constitutive relation (Eq. 3.34) is adopted, the elastic–viscoelastic correspondence principle can also be derived. Laplace transform Eq. (3.34), yields

$$\begin{aligned} L\left[s_{jk}(X,t)\right] &= 2s\widetilde{G}(s)\cdot L\left[e_{jk}(X,t)\right], \\ L\left[\sigma_{jj}(X,t)\right] &= 3s\widetilde{K}(s)\cdot L\left[\varepsilon_{jj}(X,t)\right]. \end{aligned} \tag{3.45}$$

where $\boldsymbol{X}$ is the coordinates. For the problems with fixed boundary shape and subjected to proportional loading, the viscoelastic solution can be obtained by replacing G and K in the elastic solution (Laplace domain) with $s\widetilde{G}(s)$ and $s\widetilde{K}(s)$, respectively, and then inverse Laplace transform. The final results are the same as the ones expressed by P and Q.

For some specific problems, e.g., holes with arbitrary shape in infinite plane subjected to initial far-field stresses, the general solution of elastic stress is independent of elastic constants. Therefore, the viscoelastic stress solution is the same as the elastic stress, and the corresponding principle can be used to obtain the viscoelastic solutions even though the loading is non-proportional. When the boundary shape and load vary with time, the stress solution can directly replace the relevant parameters or loads with time-dependent ones. The time-dependent viscoelastic displacement solution can be obtained by the aforementioned correspondence principle.

3.2.4 Viscoelastic Solution Expressed by Analytic Functions

In addition to the proportional loading conditions, the correspondence principle cannot be directly used when loads are applied at different times. However, tunnel engineering involves a number of time-dependent processes such as excavation and support, which induces the complex boundary variation and stress paths. (1) The sequential excavation of tunnels leads to the time-dependent boundary shape and loading process (ground stress release); (2) Various supports installed at different times makes the supporting force a complex function of time; (3) Other loads may be exerted at different times, e.g., the pressure caused by seepage flow. The following is the solving procedure for the viscoelastic solutions of these problem with more complex time-dependent process. Since the complex variable method is a more general method and is powerful for solving the problem with holes, the formulations and solution are expressed by the complex variable method.

According to the complex variable method and the analysis in previous subsection, the general viscoelastic solution in Laplace domain can be expressed by the analytic functions as follows:

Displacement:

$$L(u) + iL(v) = \frac{1}{2s\tilde{G}(s)} L\left[\gamma(s)\varphi_2(z,s,t) - z\overline{\frac{\partial \varphi_2(z,s,t)}{\partial z}} - \overline{\psi_2(z,s,t)}\right] \tag{3.46}$$

Stresses:

$$L(\sigma_x) + L(\sigma_y) = 4L\left\{\mathrm{Re}[\frac{\partial \varphi_2(z,s,t)}{\partial z}]\right\} \tag{3.47}$$

$$L(\sigma_y) - L(\sigma_x) + 2iL(\tau_{xy}) = 2L\left[\bar{z}\frac{\partial^2 \varphi_2(z,s,t)}{\partial z^2} + \frac{\partial \psi_2(z,s,t)}{\partial z}\right] \tag{3.48}$$

where the function $\gamma(s)$ is obtained by replacing G with $sL[G(t)]$ and K_e with $sL[K(t)]$ in $\kappa = \begin{cases} 1 + \dfrac{6G}{3K+G} & \textit{in case of plane strains} \\ \dfrac{15K+8G}{9K} & \textit{in case of plane stresses} \end{cases}$; the analytical expressions for $\varphi_2(z,s,t)$ and $\psi_2(z,s,t)$ are obtained by replacing the elastic moduli with $sL[G(t)]$ and $sL[K(t)]$ in $\varphi_1(z,t)$ and $\psi_1(z,t)$ (analytic functions of elastic problem) respectively. The analytic functions are time-dependent when the geometric boundaries or loading are the function of time. For the stress boundary value problem mentioned in the previous section, there is indeed no elastic constants in the potentials, therefore, the viscoelastic stress solution is the elastic stress one, which can be determined according to the stress state and geometric conditions at the moment. The viscoelastic displacement is

$$u + iv = L^{-1}\left\{\frac{1}{2s\widetilde{G}(s)}\left[\gamma(s)\widetilde{\varphi}_1(z,s) - z\overline{\frac{\partial \widetilde{\varphi}_1(z,s)}{\partial z}} - \overline{\widetilde{\psi}_1(z,s)}\right]\right\}. \tag{3.49}$$

Assuming that:

$$H(t) = L^{-1}\left[\frac{1}{s\widetilde{G}(s)}\right], I(t) = L^{-1}\left[\frac{\gamma(s)}{s\widetilde{G}(s)}\right], \tag{3.50}$$

and together with the properties of the convolution integral, the displacements in Eq. (3.49) are rewritten as follows:

$$u + iv = \frac{1}{2}\int_0^t I(t-\tau)\varphi_1(z,\tau)d\tau - \frac{1}{2}\int_0^t H(t-\tau)\left[z\overline{\frac{\partial \varphi_1(z,\tau)}{\partial z}} + \overline{\psi_1(z,\tau)}\right]d\tau. \tag{3.51}$$

The above time-dependent viscoelastic displacement solution is expressed in the form of convolution integral, which avoids solving the inverse Laplace transform.

Noted from Eq. (3.51) that if the rock rheology is considered, the displacements at specific times are dependent on the entire stress history.

Noted from Eq. (3.50), the functions $H(t)$ and $I(t)$ are related to shear and bulk relaxation moduli $G(t)$ and $K(t)$ (see Table 3.2). The expression of $G(t)$ and $K(t)$ can be determined by an in-situ creep test, or according to the assumed viscoelastic physical models. For the geo-material, a usual assumption which is made is that the material exhibits a purely elastic volumetric response [14]. Therefore, $K(t)$ can be treated as a constant, which is equal to the elastic bulk modulus K. Table 3.3 presents the expressions of $H(t)$ and $I(t)$ for five viscoelastic physical models which are commonly used to simulate the rheology of different geo-materials. This is different from what occurs in the elastic cases, where the displacements are solely dependent on the stresses applied at that time.

If the external forces (Loads 1, 2, ..., l) are exerted successively on the structures at the times $t_1, t_2, \ldots, t_l$, and then removed at the times $T_1, T_2, \ldots, T_l$, respectively, the total displacements at time t ($t \geq t_{bl}$) can be achieved as follows based on the superposition principle for viscoelastic problems [15] and Eq. (3.51).

$$
\begin{aligned}
u(z,t) + iv(z,t) &= \frac{1}{2}\sum_{k=1}^{l}\int_{t_k}^{T_k} I(t-\tau)\varphi_{(k)}(z,\tau)d\tau \\
&\quad - \frac{1}{2}\sum_{k=1}^{l}\int_{t_k}^{T_k} H(t-\tau)\left[z\frac{\overline{\partial \varphi_{(k)}(z,\tau)}}{\partial z} + \overline{\psi_{(k)}(z,\tau)} \right] d\tau, \qquad (3.52)
\end{aligned}
$$

where $\varphi_{(k)}(z,\tau)$ and $\psi_{(k)}(z,\tau)$ are the two potentials for the elastic problem only with the application of Load k. Noted from Eq. (3.52) that the time in function H and I reflect the time-dependency in constitutive equations (i.e., rheology); while the time in $\varphi_{(k)}$ and $\psi_{(k)}$, t_{bk} and T_k reflect the time-dependency in loading and variation of boundaries; the integration reflects the stress-path dependence. For the problem that elastic stress is independent of elastic constant, the viscoelastic stresses are the same as elastic ones:

$$
\begin{aligned}
\begin{matrix}\sigma_x \\ \sigma_y\end{matrix} &= \mathrm{Re}\left\langle 2\left[\sum_{k=1}^{l}\frac{\partial \varphi_1^{(k)}(z,t)}{\partial z}\right] \mp \left[\bar{z}\sum_{k=1}^{l}\left(\frac{\partial^2 \varphi_1^{(k)}(z,t)}{\partial z^2} + \frac{\partial \psi_1^{(k)}(z,t)}{\partial z}\right)\right]\right\rangle \\
\tau_{xy} &= \mathrm{Im}\left\langle \bar{z}\sum_{k=1}^{l}\left[\frac{\partial^2 \varphi_1^{(k)}(z,t)}{\partial z^2} + \frac{\partial \psi_1^{(k)}(z,t)}{\partial z}\right]\right\rangle \qquad (3.53)
\end{aligned}
$$

Table 3.3 The expressions of $H(t)$ and $I(t)$

Model	$H(t)$	$I(t)$
M	$\frac{1}{G_M}\delta(t)+\frac{1}{\eta'_M}$	$\left(\frac{6}{3K_e+G_M}+\frac{1}{G_M}\right)\delta(t)+\frac{1}{\eta'_M}+\frac{6G_M^2}{\eta'_M(3K_e+G_M)^2}\exp\left[-\frac{3K_eG_M}{\eta'_M(3K_e+G_M)}t\right]$
K	$\frac{1}{\eta'_K}\exp\left(-\frac{G_K}{\eta'_K}t\right)$	$\frac{6}{\eta'_K}\exp\left(-\frac{3K_e+G_K}{\eta'_K}t\right)+\frac{1}{\eta'_K}\exp\left(-\frac{G_K}{\eta'_K}t\right)$
H–K	$\frac{1}{G_H}\delta(t)+\frac{1}{\eta'_K}\exp\left(-\frac{G_K}{\eta'_K}t\right)$	$\left(\frac{6}{3K_e+G_H}+\frac{1}{G_H}\right)\delta(t)+\frac{6G_M^2}{\eta'_K(3K_e+G_H)^2}\cdot\exp\left(-\frac{3K_eG_K+G_H(3K_e+G_K)}{\eta'_K(3K_e+G_H)}t\right)+\frac{1}{\eta'_K}\exp\left(-\frac{G_K}{\eta'_K}t\right)$
H|M	$\frac{1}{\eta'_M}\left(\frac{G_M}{G_M+G_H}\right)^2\exp\left(-\frac{G_MG_H}{(G_M+G_H)\eta'_M}t\right)+\frac{1}{G_M+G_H}\delta(t)$	$\left(\frac{6}{3K_e+G_M+G_H}+\frac{1}{G_M+G_H}\right)\delta(t)+\frac{6G_M^2}{\eta'_M(3K_e+G_M+G_H)^2}\cdot\exp\left(-\frac{G_M(3K_e+G_H)}{\eta'_M(3K_e+G_M+G_H)}t\right)+\frac{1}{\eta'_M}\left(\frac{G_M}{G_M+G_H}\right)^2\exp\left(-\frac{G_MG_H}{(G_M+G_H)\eta'_M}t\right)$
B	$\frac{1}{\eta'_M}+\frac{1}{\eta'_K}\exp\left(-\frac{G_K}{\eta'_K}t\right)+\frac{1}{G_M}\delta(t)$	$\frac{1}{\eta'_M}+\left[\frac{6}{(3K_e+G_M)}+\frac{1}{G_M}\right]\delta(t)+\frac{1}{\eta'_K}\exp\left(-\frac{G_K}{\eta'_K}t\right)+\frac{3G_M^2}{\eta'_M\eta'_K(3K_e+G_M)^2}\cdot\left[(\eta'_M+\eta'_K-M_1)e^{(N_1-\frac{N_2}{2})t}+(\eta'_M+\eta'_K+M_1)e^{-(N_1+\frac{N_2}{2})t}\right]$
	$M_1=[G_K\eta'_M(3K_e+G_M)(\eta'_M-\eta'_K)+3K_eG_M(\eta'_M+\eta'_K)^2]/M_2$, $M_2=\sqrt{[G_MG_K+3(G_M+G_K)K_e]^2\eta'^2_m-6G_MK_e\eta'_M\eta'_K(G_MG_K-3G_MK_e+3G_KK_e)+9G_M^2K_e^2\eta'^2_K}$, $N_1=\frac{M_2}{2(3K_e+G_M)\eta'_M\eta'_K}$, $N_2=\frac{3G_K\eta'_MK_e+G_MG_K\eta'_M+3K_eG_M(\eta'_M+\eta'_k)}{(3K_e+G_M)\eta'_M\eta'_K}$ K_e is the volume strain modulus (the volumetric stress only causes elastic deformation)	

3.2.5 Inverse Laplace Transform

When using the correspondence principle, the inverse Laplace transform is unavoidable. The method of solving inverse Laplace transform of a function $\widetilde{f}(s)$ is given in this sub-section. The definition of inverse Laplace transform has been given in Eq. (3.37).

The inverse formula is an integral of a complex function, and is usually difficult. However, when the integration path $\widetilde{f}(s)$ satisfies certain conditions, the residue theorem can be used to compute the inverse formula. In particular, the computation becomes simpler when $\widetilde{f}(s)$ is in the rational function form of s. If $\widetilde{f}(s) = N(s)/M(s)$, where $N(s)$ and $M(s)$ are polynomials in a complex variable s, and both $N(s)$ and $M(s)$ are irreducible polynomials, and the highest power of s in the numerator is less than the highest power of s in the denominator. Suppose that the highest power of s in $M(s)$ is n. Then we can conclude that $M(s)$ has n distinct first-order zeros $s_1, \ldots, s_n$, which are also the first-order poles of $N(s)/M(s)$. Therefore, the inverse Laplace transform of $\widetilde{f}(s)$ is given by:

$$L^{-1}\big[\widetilde{f}(s)\big] = \sum_{k=1}^{n} \mathrm{Res}\big[\widetilde{f}(s)e^{st}, s_k\big] = \sum_{k=1}^{n} \frac{N(s_k)}{M'(s_k)} e^{s_k t}. \tag{3.54}$$

Except for some special functions (such as rational functions), it is difficult to obtain the inverse transform by analytical methods. Therefore, numerical methods for Laplace inverse transform are needed. There are several numerical algorithms for Laplace inverse transform, and only Iseger's algorithm will be introduced here [16]. The author found that this method has high accuracy and fast speed through many examples. This algorithm can be used to perform Laplace inverse transform on functions with discontinuities and singularities, even if the positions of these discontinuities and singularities are not known in advance.

Firstly, a function $\widetilde{f}(s)$, a time interval Δt, and a number of time points M_1 is input into the program. Then, the parameter n is set to 16, and the following parameters are calculated in sequence:

$$M_2 = 8M_1. \tag{3.55}$$

$$a = 44/M_2. \tag{3.56}$$

$$\widetilde{f}_{jk} = \mathrm{Re}\left[\widetilde{f}\left(\frac{a + i\lambda_j + \frac{2i\pi k}{M_2}}{\Delta t}\right)\right] \quad (k = 0, 1, \ldots, M_2;\ j = 1, 2, \ldots, n/2) \tag{3.57}$$

$$\widetilde{f}_k = \frac{2}{\Delta t} \sum_{j=1}^{n/2} \beta_j \widetilde{f}_{jk}\ (k = 0, 1, \ldots, M_2). \tag{3.58}$$

Table 3.4 Specific numerical values of λ_j and β_j when $n = 16$

j	λ_j	β_j
1	$4.44089209850063 \times 10^{-16}$	1.0
2	6.28318530717958	1.00000000000004
3	12.5663706962589	1.00000015116847
4	18.8502914166954	1.00081841700481
5	25.2872172156717	1.09580332705189
6	34.296971663526	2.00687652338724
7	56.1725527716607	5.94277512934943
8	170.533131190126	54.9537264520382

$$\widetilde{f_0} = \frac{1}{\Delta t}\sum_{j=1}^{n/2} \beta_j\left(\widetilde{f_{j0}} + \widetilde{f_{jM_2}}\right). \tag{3.59}$$

$$f_l = \frac{1}{M_2}\sum_{k=0}^{M_2-1} \widetilde{f_k}\cos\left(\frac{2\pi lk}{M_2}\right)\ (l = 0, 1, \ldots, M_2 - 1). \tag{3.60}$$

The final numerical solution of the function is obtained as:

$$f(l\Delta t) = e^{al} f_l (l = 0, 1, \ldots, M_1 - 1). \tag{3.61}$$

When $n = 16$, the values of λ_j and β_j in the above formula are shown in Table 3.4.

3.2.6 *Viscoelastic Solution of Unsupported Deep Tunnels*

The corresponding principle will be used to solve the viscoelastic solution of unsupported deep tunnels. According to Sect. 2.6, under the assumption that the surrounding rock is elastic, the stress of the surrounding rock after tunnel excavation can be solved using Eqs. (2.85) and (2.86) (unsupported condition). As the expression of elastic stress does not involve the elastic constants E and μ, the viscoelastic stress solution is the same as the elastic solution, i.e., the stress of each point in the surrounding rock is independent of time. However, since the elastic displacement solution involves the elastic constants, the viscoelastic displacement solution is time-dependent. When the tunnel is supported, due to the time-dependent interaction between the surrounding rock and the support, both stress and displacement are time-dependent, as described in Sects. 4.6 and 5.5.

Based on Sect. 2.6, the elastic displacement caused by an unsupported tunnel excavation is given by:

$$2G(u+iv)=\kappa\varphi_0(\zeta)-\frac{\omega(\zeta)}{\overline{\omega'(\zeta)}}\overline{\varphi_0'(\zeta)}-\overline{\psi_0(\zeta)} \tag{3.62}$$

where $\varphi_0(\zeta)$ and $\psi_0(\zeta)$ are given by Eqs. (2.76) and (2.82), respectively, i.e.,

$$\varphi_0(\zeta)=\sum_{k=1}^{n}a_k\zeta^{-k}$$

$$\psi_0(\zeta)=-\frac{\overline{\omega}(\frac{1}{\zeta})}{\omega'(\zeta)}\varphi_0'(\zeta)+S_1\zeta+S_2\zeta^2+\cdots$$
$$+S_{n-2}\zeta^{n-2}-\frac{pR}{2}(1+\lambda)\zeta^{-1}+\frac{pR}{2}(1-\lambda)$$
$$(C_1\zeta^{-1}+C_2\zeta^{-2}+\cdots+C_n\zeta^{-n})$$

It can be seen that $\varphi_0(\zeta)$ and $\psi_0(\zeta)$ are independent of the elastic constants. For convenience, assume that:

$$A=\varphi_0(\zeta),B=\frac{\omega(\zeta)}{\overline{\omega'(\zeta)}}\overline{\varphi_0'(\zeta)}+\overline{\psi_0(\zeta)}, \tag{3.63}$$

Both A and B are also independent of elastic constants. For the case of plane strain, we have:

$$u+iv=\frac{1}{2G}\left[3-\frac{2(3K-2G)}{(3K+G)}\right]A-\frac{1}{2G}B \tag{3.64}$$

Taking the Laplace transform of Eq. (3.64), we have:

$$L(u+iv)=\frac{(3K+7G)A}{2G(3K+G)}\frac{1}{s}-\frac{B}{2G}\frac{1}{s}=\frac{A-B}{2G}\frac{1}{s}+\frac{3A}{G+3K}\frac{1}{s} \tag{3.65}$$

If the rock mass follows the generalized Kelvin model (the constitutive equation is shown in Eq. (3.33), we can obtain from Eqs. (3.33), (3.38) and (3.39):

$$\widetilde{P}=\tau_r s+1,\ \widetilde{Q}=\tau_r G_H s+G_l \tag{3.66}$$

where $\tau_r=\frac{\eta_K'}{G_H+G_K}$, $G_l=\frac{G_H G_K}{G_H+G_K}$. Replacing G with $\frac{\widetilde{Q}}{\widetilde{P}}$ in Eq. (3.65):

$$L(u+iv)=\frac{A-B}{2G_l}\frac{1}{s}+\frac{3A}{3K+G_l}\frac{1}{s}+\frac{(G_l-G_H)(A-B)}{2G_lG_H\left(s+\frac{G_l}{\tau_rG_H}\right)}$$
$$+\frac{3A(G_l-G_H)}{(3K+G_l)(3K+G_H)}\frac{1}{\left(s+\frac{3K+G_l}{\tau_r(3K+G_H)}\right)} \tag{3.67}$$

By performing Laplace inverse transformation on Eq. (3.67), the viscoelastic displacement solution of the rock mass as a function of time is obtained as follows:

$$u + iv = \frac{A - B}{2G_l} + \frac{3A}{3K + G_l} + \frac{(G_l - G_H)(A - B)}{2G_l G_H} e^{-\frac{G_l}{\tau_r G_H} t} + \frac{3A(G_l - G_H)}{(3K + G_l)(3K + G_H)} e^{-\frac{3K + G_l}{\tau_r (3K + G_H)} t} \tag{3.68}$$

When $t = 0$,

$$u + iv = \frac{A - B}{2G_l} + \frac{3A}{3K + G_l} + \frac{(G_l - G_H)(A - B)}{2G_l G_H} + \frac{3A(G_l - G_H)}{(3K + G_l)(3K + G_H)} = \frac{A}{2G_H} + \frac{3A}{3K + G_H} - \frac{B}{2G_H} \tag{3.69}$$

It represents the instantaneous displacement under instantaneous stiffness (G_H) of the viscoelastic model, which is the same as the elastic solution in Eq. (3.64).

When $t \to \infty$, $u + iv = \frac{A - B}{2G_l} + \frac{3A}{3K + G_l} = \frac{A}{2G_l} + \frac{3A}{3K + G_l} - \frac{B}{2G_l}$. It represents the steady-state displacement of the viscoelastic model under permanent stiffness (Gl). Taking the case of a straight-walled semi-circular arch as an example, its cross-sectional shape is shown in Fig. 3.11, and its mapping function is:

$$\begin{aligned} z = \omega(\zeta) = 2.0(&\zeta + 0.0850\zeta^{-1} + 0.0766\zeta^{-2} - 0.0970\zeta^{-3} \\ &+ 0.0385\zeta^{-4} + 0.0046\zeta^{-5} - 0.0091\zeta^{-6} + 0.0068\zeta^{-7} \\ &- 0.0053\zeta^{-8} + 0.0011\zeta^{-9} + 0.0020\zeta^{-10} - 0.0036\zeta^{-11} \\ &+ 0.0013\zeta^{-12} - 0.0001\zeta^{-13} + 0.0001\zeta^{-14}) \end{aligned}$$

The mechanical parameters of the rock are $G_H = 1.0$ GPa, $G_K = 1.0$ GPa, $\eta'_k = 2$ GPa month; $K = 1.67$ GPa. Figure 3.12 shows the variation of relative displacement of the surrounding measuring points of the tunnel with time under three stress conditions. From Fig. 3.12, it can be seen that: for the three cases where the lateral pressure coefficients are 0.5, 1.0, and 1.5 respectively, there is a common law that the relative displacement between two points continues to decrease as time increases. Moreover, the greater the horizontal stress, the greater the displacement produced. The displacement between points C and E on both sides of the tunnel is the largest.

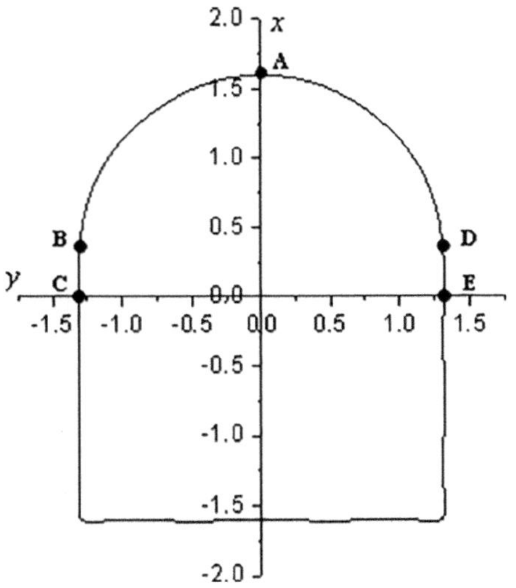

Fig. 3.11 Straight-walled semi-circular arch tunnel and its measurement line distribution

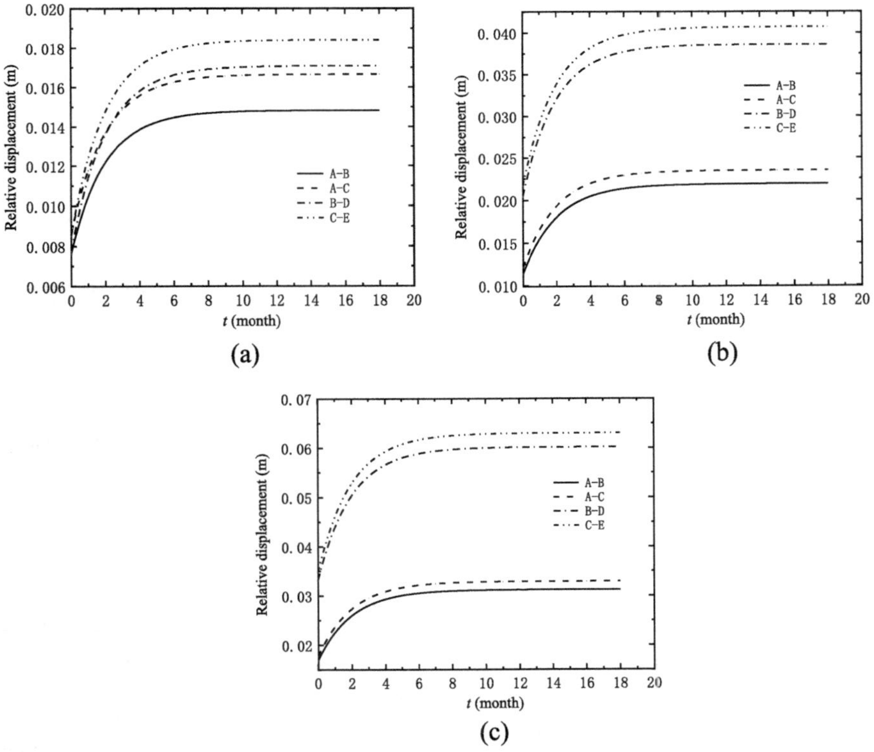

Fig. 3.12 The variation of relative displacement with time: **a** $\sigma_x^\infty = 10\,\text{MPa}$, $\sigma_y^\infty = 5\,\text{MPa}$; **b** $\sigma_x^\infty = 10\,\text{MPa}$, $\sigma_y^\infty = 10\,\text{MPa}$; **c** $\sigma_x^\infty = 10\,\text{MPa}$, $\sigma_y^\infty = 15\,\text{MPa}$

3.3 Complex Variable Method for Anisotropic Problems

Anisotropic properties, as a major feature of rock masses, are widely present in the vast majority of rock masses in nature, such as shale in sedimentary rocks, gneiss, and slate in metamorphic rocks. From a microscopic perspective, due to the complex arrangement of mineral crystals or particles that make up the rock mass, the orientation and overall distribution pattern of mineral crystals or particles determine their anisotropic mechanical properties. For example, the mineral crystal of kyanite has a hardness of about 4 when parallel to its elongation direction and a hardness of about 6 when perpendicular to its elongation direction, thus it is known as a dichroscope. Researchers have found that ignoring the anisotropic properties and still for analyzing the mechanical properties of rock masses can result in significant errors [17–19]. Anisotropy is also widely present in other natural and artificial materials. Wood is a common anisotropic material. Due to the fact that most of the cells are arranged along the axial direction of the wood, the elastic moduli and strengths are different in the longitudinal and transverse directions [20]. For crystal materials, different atomic arrangement periodicities and densities make the elastic modulus, yield strength, and fracture resistance different in different directions along the lattice. Due to the directional nature of processing and treatment, the arrangement of grains in a polycrystalline metallic medium, such as polycrystalline copper, exhibits a certain pattern in terms of their orientation. When the material is subjected to external loads, different responses can be observed along the grain boundaries in different directions, and the distribution of grains along the preferred orientation displays macroscopic anisotropy [21, 22]. Artificial composite materials are also widely used in aerospace, military equipment, machinery manufacturing, and shipbuilding industries to make the manufactured structures have superior properties such as light weight and high strength. Composite materials are prepared from two or more materials with different chemical and physical properties and can exhibit obvious anisotropic properties [23, 24].

Tunnel problems belong to the category of opening problems in mechanical models. In addition, anisotropic plates made of composite materials will also involve opening problems with different shapes in the plate (see Fig. 3.13). Large stress concentration areas will be generated near the openings, and it is necessary to know the stress distribution around the hole during designation to ensure the structural safety and reliability. For anisotropic materials, determination for stress distributions near the opening is much more complicated than that for isotropic materials. For a long time, there is no analytical method for stress calculation of other opening shapes except for elliptical openings. In order to meet engineering needs, the anisotropic elasticity theory and solution methods for various boundary value problems have also been continuously developed. S.G. Lekhnitskiit first proposed the complex variable method for determining the stresses in an anisotropic plate, and had studied the plane stress problem of an anisotropic plate with an elliptical (including circular) hole in 1936 [25–27]. Determination of analytical stress solutions for other opening shapes are very difficult, and most solutions are approximately obtained using the

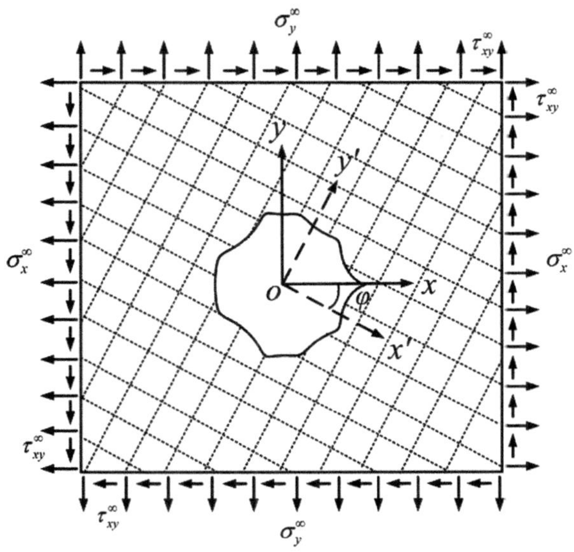

Fig. 3.13 An orthotropic plate with an arbitrary shaped hole

perturbation method [26]. However, the perturbation method has very strict limiting conditions and its calculation accuracy is difficult to guarantee.

Some researchers attempt to obtain the analytical stress solutions for arbitrary shaped holes in anisotropic materials by using the conventional approach for the isotropic plate with holes. However, the authors of this book have found that this type of research method inevitably leads to a similar mathematical error [28–33]. The obtained solutions only apply to the boundary of the hole and are not applicable outside the hole domain. This will be discussed in detail in Sect. 3.3.4. So far there is not a complete and accurate method for determining the stress field for an orthotropic plate with an arbitrary shaped hole. This section will introduce the correct analytical method for stress calculation of holes with arbitrary shapes, according to which, accurate analytical solutions can be obtained. In Chap. 10 of this book, the author will discuss the lining and supporting problem of tunnels in anisotropic rock mass for different contact conditions, and specifically introduce a new method and field solution proposed by the author.

3.3.1 Anisotropic Constitutive Equation

Anisotropic linear elasticity is based on the assumptions of homogeneity, continuity, linear elasticity, and small deformation. The fundamental difference between anisotropic and isotropic elasticity is the constitutive equations. The stress components of anisotropic linear elastic constitutive equations are linear homogeneous functions of the six strain components, and there exist positive shear coupling and shear coupling between different planes [34].

$$\begin{cases} \varepsilon_x = a_{11}\sigma_x + a_{12}\sigma_y + a_{13}\sigma_z + a_{14}\tau_{yz} + a_{15}\tau_{xz} + a_{16}\tau_{xy} \\ \varepsilon_y = a_{21}\sigma_x + a_{22}\sigma_y + a_{23}\sigma_z + a_{24}\tau_{yz} + a_{25}\tau_{xz} + a_{26}\tau_{xy} \\ \varepsilon_z = a_{31}\sigma_x + a_{32}\sigma_y + a_{33}\sigma_z + a_{34}\tau_{yz} + a_{35}\tau_{xz} + a_{36}\tau_{xy} \\ \gamma_{yz} = a_{41}\sigma_x + a_{42}\sigma_y + a_{43}\sigma_z + a_{44}\tau_{yz} + a_{45}\tau_{xz} + a_{46}\tau_{xy} \\ \gamma_{xz} = a_{51}\sigma_x + a_{52}\sigma_y + a_{53}\sigma_z + a_{54}\tau_{yz} + a_{55}\tau_{xz} + a_{56}\tau_{xy} \\ \gamma_{xy} = a_{61}\sigma_x + a_{62}\sigma_y + a_{63}\sigma_z + a_{64}\tau_{yz} + a_{65}\tau_{xz} + a_{66}\tau_{xy} \end{cases} \tag{3.70}$$

where σ_x, σ_y, σ_z, τ_{yz}, τ_{xz}, τ_{xy}, are stress components; ε_x, ε_y, ε_z, γ_{yz}, γ_{xz}, γ_{xy}, are strain components; a_{ij} $(i, j = 1, 2, 3, 4, 5, 6)$ are material elastic constants in the global coordinate system. For isotropic materials, the coordinate system has no effect on the expression of the constitutive equations because the material parameters are the same in all directions. However, in anisotropic problems, the material parameters are related to the coordinate system because the mechanical properties vary in different directions. Although the value of the elastic constants changes for different coordinate systems, there are transformation relationships between them.

If the elastic properties of the material are different at any point in each direction, it is called an extremely anisotropic material, which has 21 independent elastic constants. In practical applications, such materials are rare and therefore rarely discussed. When there is symmetry in anisotropic materials, the constitutive equations can be simplified. There are 13 independent elastic constants when at least one elastic symmetry plane exists, to which the z-axis of the coordinate system is perpendicular. In this case, the constitutive equations can be expressed as follows.

$$\begin{bmatrix} \varepsilon_x \\ \varepsilon_y \\ \varepsilon_z \\ \gamma_{yz} \\ \gamma_{yz} \\ \gamma_{xy} \end{bmatrix} = \begin{bmatrix} a_{11} & a_{12} & a_{13} & 0 & 0 & a_{16} \\ a_{12} & a_{22} & a_{23} & 0 & 0 & a_{26} \\ a_{13} & a_{23} & a_{33} & 0 & 0 & a_{36} \\ 0 & 0 & 0 & a_{44} & a_{45} & 0 \\ 0 & 0 & 0 & a_{45} & a_{55} & 0 \\ a_{16} & a_{26} & a_{36} & 0 & 0 & a_{66} \end{bmatrix} \begin{bmatrix} \sigma_x \\ \sigma_y \\ \sigma_z \\ \tau_{yz} \\ \tau_{xz} \\ \tau_{xy} \end{bmatrix} \tag{3.71}$$

An orthotropic body has three mutually orthogonal elastic symmetry planes. When the three coordinate axes are located in the three elastic symmetry planes, there are nine independent elastic constants and the constitutive equations can be simplified to Eq. (3.72). At this time, the normal stress is only related to normal strain, and shear stress is only related to the corresponding shear strain. The positive shear coupling and shear coupling between different planes disappear.

$$\begin{bmatrix} \varepsilon_x \\ \varepsilon_y \\ \varepsilon_z \\ \gamma_{yz} \\ \gamma_{yz} \\ \gamma_{xy} \end{bmatrix} = \begin{bmatrix} a_{11} & a_{12} & a_{13} & & & \\ a_{12} & a_{22} & a_{23} & & 0 & \\ a_{13} & a_{23} & a_{33} & & & \\ & & & a_{44} & & \\ & 0 & & & a_{55} & \\ & & & & & a_{66} \end{bmatrix} \begin{bmatrix} \sigma_x \\ \sigma_y \\ \sigma_z \\ \tau_{yz} \\ \tau_{xz} \\ \tau_{xy} \end{bmatrix} \tag{3.72}$$

where a_{ij} can be expressed according to the engineering elastic constants, as shown in Eq. (3.73).

$$\begin{cases} a_{11} = \dfrac{1}{E_x}, a_{22} = \dfrac{1}{E_y}, a_{33} = \dfrac{1}{E_z} \\ a_{12} = -\dfrac{\mu_{yx}}{E_y}, a_{13} = -\dfrac{\mu_{zx}}{E_z}, a_{23} = -\dfrac{\mu_{zy}}{E_z} \\ a_{44} = \dfrac{1}{G_{yz}}, a_{55} = \dfrac{1}{G_{xz}}, a_{66} = \dfrac{1}{G_{xy}} \end{cases} \tag{3.73}$$

where E_x, E_x and E_x are elastic moduli along the x, y, and z directions; There are three Poisson's ratios, which is denoted by μ and distinguished by different subscripts. Similarly, there are three shear moduli, which is also denoted by G and distinguished by different subscripts.

Furthermore, when the elastic properties of the material are the same in all directions on one of the three elastic symmetrical planes, it is the transversely isotropic body, and the plane is the isotropic plane. In this case, the independent elastic constants are reduced to five. Taking the xoy plane as the isotropic plane, the constitutive equations can be described in the following form:

$$\begin{bmatrix} \varepsilon_x \\ \varepsilon_y \\ \varepsilon_z \\ \gamma_{yz} \\ \gamma_{yz} \\ \gamma_{xy} \end{bmatrix} = \begin{bmatrix} a_{11} & a_{12} & a_{13} & & & \\ a_{12} & a_{11} & a_{13} & & 0 & \\ a_{13} & a_{13} & a_{33} & & & \\ & & & a_{44} & & \\ & 0 & & & a_{44} & \\ & & & & & 2(a_{11} - a_{12}) \end{bmatrix} \begin{bmatrix} \sigma_x \\ \sigma_y \\ \sigma_z \\ \tau_{yz} \\ \tau_{xz} \\ \tau_{xy} \end{bmatrix} \tag{3.74}$$

That is $a_{11} = a_{22}$, $a_{44} = a_{55}$ and $a_{44} = a_{55}$.

3.3.2 *Partial Differential Equations for the Stress Function*

The isotropic problem can be simplified into a plane strain problem under the following conditions: (1) The object is an infinitely long cylinder with equal cross-sections and the axis of the cylinder is taken as the z-axis. In practice, the cylinder can be of finite length as long as $\varepsilon_z = 0$ is ensured. (2) The loadings (including surface forces and body forces) applied to the cylinder remain constant along the z-axis and are perpendicular to the z-axis. The component of the loadings in the z direction is equal to zero. (3) The constraint conditions of the object remain unchanged in the z-direction, that is, each section of the cylinder has the same constraint conditions.

However, for general anisotropic problems, the cross-sections no longer remain planar after deformation even if the aforementioned loading and geometry conditions are satisfied. This is because that there is positive shear coupling and shear coupling in anisotropic media, which leads to shear strains γ_{yz} and γ_{xz} on the cross-sections. That is the generalized plane strain problem. However, when the z-axis is orthogonal to an elastic symmetry plane, the cross-sections remain planar even after deformation. Thus, the problem can be simplified to an anisotropic plane strain problem. The following discussion is based on the assumption that the z-axis is orthogonal to an elastic symmetry plane.

The constitutive equation for the plane stress problem is as follows:

$$\begin{cases} \varepsilon_x = a_{11}\sigma_x + a_{12}\sigma_y + a_{16}\tau_{xy} \\ \varepsilon_y = a_{12}\sigma_x + a_{22}\sigma_y + a_{26}\tau_{xy} \\ \gamma_{xy} = a_{16}\sigma_x + a_{26}\sigma_y + a_{66}\tau_{xy} \end{cases} \tag{3.75}$$

By replacing a_{ij} in Eq. (3.75) with $\beta_{ij} = a_{ij} - \frac{a_{13}a_{j3}}{a_{33}}$, the constitutive equation for the plane strain problem can be obtained.

For anisotropic plane stress problems, the stress function $F(x, y)$ is also introduced when using the stress analysis method. The body forces are neglected, and the equations for solving $F(x, y)$ are obtained according to the equilibrium, geometric and constitutive equations, as follows.

$$a_{22}\frac{\partial^4 F}{\partial x^4} - 2a_{26}\frac{\partial^4 F}{\partial x^3 \partial y} + (2a_{12} + a_{66})\frac{\partial^4 F}{\partial x^2 \partial y^2} - 2a_{16}\frac{\partial^4 F}{\partial x \partial y^3} + a_{11}\frac{\partial^4 F}{\partial y^4} = 0 \tag{3.76}$$

For plane strain problems, replacing a_{ij} with β_{ij} in Eq. (3.76) is sufficient.

The stress components represented by $F(x, y)$ are:

$$\sigma_x = \frac{\partial^2 F}{\partial y^2}, \quad \sigma_y = \frac{\partial^2 F}{\partial x^2}, \tau_{xy} = -\frac{\partial^2 F}{\partial x \partial y} \tag{3.77}$$

Equation (3.76) is the expression when the z-axis is perpendicular to the elastic symmetry plane. For orthotropic materials, when the x- and y-axes are coincide with the principal directions of the material, $a_{16} = a_{26} = 0$, and Eq. (3.76) can be further simplified to the following form:

$$a_{22}\frac{\partial^4 F}{\partial x^4} + (2a_{12} + a_{66})\frac{\partial^4 F}{\partial x^2 \partial y^2} + a_{11}\frac{\partial^4 F}{\partial y^4} = 0 \tag{3.78}$$

3.3.3 *Analytical Expressions of Stress, Displacement and Boundary Conditions*

It can be shown that the stress function $F(x, y)$ can be represented by using two analytic functions $F_1(z_1)$ and $F_2(z_2)$ as follows:

$$F(x, y) = R_e[F_1(z_1) + F_2(z_2)] \tag{3.79}$$

Unlike the isotropic materials, there are two variables z_1 and z_2, which are defined as follows:

$$\begin{cases} z_1 = x_1 + iy_1 = x + \mu_1 y \\ z_2 = x_2 + iy_2 = x + \mu_2 y \end{cases} \tag{3.80}$$

where x and y are the coordinates in the global coordinate system xoy (in the z-plane); x_1 and y_1 are the coordinates in the coordinate system $x_1o_1y_1$ (in the z_1-plane); x_2 and y_2 are the coordinates in the coordinate system $x_2o_2y_2$ (in the z_2-plane); the μ_1 and μ_2 are roots of the following algebraic equation:

$$a_{11}\mu_k^4 - 2a_{16}\mu_k^3 + (2a_{12} + a_{66})\mu_k^2 - 2a_{26}\mu_k + a_{22} = 0 \tag{3.81}$$

Equation (3.81) is derived from Eq. (3.76).

It can be proved that the roots of Eq. (3.81) are pairs of conjugate complex roots when both a_{11} and $2a_{12} + a_{66}$ are non-zero. The four roots are denoted as μ_1, $\overline{\mu_1}$, μ_2, and $\overline{\mu_2}$.

$$\begin{cases} \mu_1 = \alpha_1 + i\beta_1 \\ \mu_2 = \alpha_2 + i\beta_2 \end{cases} \tag{3.82}$$

where α_1, α_2, β_1, and β_2 are real constants, and it is specified that $\beta_1 > 0, \beta_2 > 0$

When the z-axis of the global coordinate system is perpendicular to an elastic symmetry plane, while the x- and y-axes do not coincide with the other two anisotropic principal axes but are at an angle of φ (shown in Fig. 3.14), a local coordinate system can be established along the principal direction of the material (x' and y'), and then, the roots μ_1' and μ_2' in the local coordinate system can be determined. Finally, the roots μ_1 and μ_2 in the global coordinate system can be obtained according to Eq. (3.83) given by Lekhnitskii [26, 27].

$$\begin{cases} \mu_1 = \dfrac{\mu_1' \cos\varphi - \sin\varphi}{\cos\varphi + \mu_1' \sin\varphi} \\ \mu_2 = \dfrac{\mu_2' \cos\varphi - \sin\varphi}{\cos\varphi + \mu_2' \sin\varphi} \end{cases} \tag{3.83}$$

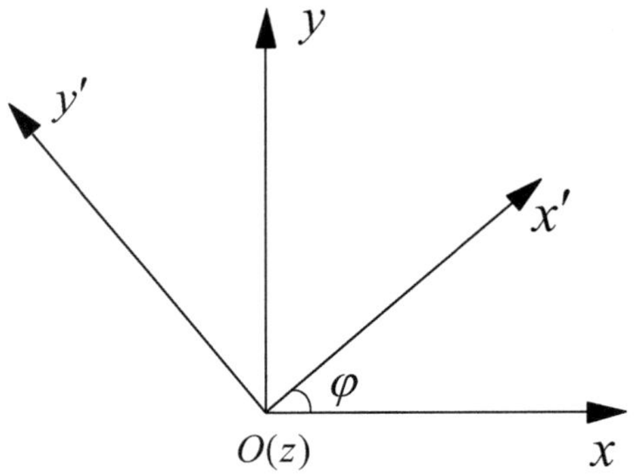

Fig. 3.14 Rotation of new and original coordinate systems

The following relationship between z_1, z_2, and z are obtained according to Eq. (3.80).

$$\begin{cases} z_1 = \gamma_1 z + \delta_1 \bar{z} \\ z_2 = \gamma_2 z + \delta_2 \bar{z} \end{cases} \tag{3.84}$$

where $\gamma_1 = (1 - i\mu_1)/2$, $\gamma_2 = (1 - i\mu_2)/2$, $\delta_1 = (1 + i\mu_1)/2$, and $\delta_2 = (1 + i\mu_2)/2$.

Defining two new analytical functions $\Phi_1(z_1)$ and $\Phi_2(z_2)$,

$$\Phi_1(z_1) = F_1'(z_1) = \frac{dF_1(z_1)}{dz_1}, \ \Phi_2(z_2) = F_2'(z_2) = \frac{dF_2(z_2)}{dz_2}$$

the relationship between stress components and the analytical functions $\Phi_1(z_1)$, $\Phi_2(z_2)$ can be expressed as:

$$\begin{cases} \sigma_x = 2\mathrm{Re}\left[\mu_1^2 \Phi_1'(z_1) + \mu_2^2 \Phi_2'(z_2)\right] \\ \sigma_y = 2\mathrm{Re}\left[\Phi_1'(z_1) + \Phi_2'(z_2)\right] \\ \tau_{xy} = -2\mathrm{Re}\left[\mu_1 \Phi_1'(z_1) + \mu_2 \Phi_2'(z_2)\right] \end{cases} \tag{3.85}$$

The relationship between displacement components and $\Phi_1(z_1)$, $\Phi_2(z_2)$ is:

$$\begin{cases} u = 2\mathrm{Re}\left[p_1 \Phi_1(z_1) + p_2 \Phi_2(z_2)\right] - \omega y + u_0 \\ v = 2\mathrm{Re}\left[q_1 \Phi_1(z_1) + q_2 \Phi_2(z_2)\right] + \omega x + v_0 \end{cases} \tag{3.86}$$

where ω represents rigid body rotation, u_0 and v_0 represent rigid body translation. For plane strain problems, the p_1, p_2, q_1, and q_2 can be expressed as:

$$\begin{cases} p_1 = p_{11} + ip_{21} = \beta_{11}\mu_1^2 + \beta_{12} - \beta_{16}\mu_1 \\ p_2 = p_{12} + ip_{22} = \beta_{11}\mu_2^2 + \beta_{12} - \beta_{16}\mu_2 \\ q_1 = q_{11} + iq_{21} = \beta_{12}\mu_1 + \beta_{22}/\mu_1 - \beta_{26} \\ q_2 = q_{12} + iq_{22} = \beta_{12}\mu_2 + \beta_{22}/\mu_2 - \beta_{26} \end{cases} \tag{3.87}$$

It can be concluded from the above process that, solving for the anisotropic problem ultimately boils down to finding the two analytical functions $\Phi_1(z_1)$ and $\Phi_2(z_2)$. The stress and displacement components can be given according to Eqs. (3.85) and (3.86). The $\Phi_1(z_1)$ and $\Phi_2(z_2)$ can be determined by using stress and/or displacement boundary conditions.

The displacement boundary conditions can be directly given from Eq. (3.86).

$$\begin{cases} p_1\Phi_1(z_1) + \overline{p_1}\overline{\Phi_1(z_1)} + p_2\Phi_2(z_2) + \overline{p_2}\overline{\Phi_2(z_2)} = g_1(s) \\ q_1\Phi_1(z_1) + \overline{q_1}\overline{\Phi_1(z_1)} + q_2\Phi_2(z_2) + \overline{q_2}\overline{\Phi_2(z_2)} = g_2(s) \end{cases} \tag{3.88}$$

where $g_1(s)$ and $g_2(s)$ are the known displacement components on the given boundaries; z_1 and z_2 are specified on the boundary of the body.

The stress boundary conditions can be directly given from Eq. (3.86).

$$\begin{cases} 2\mathrm{Re}[\Phi_1(z_1) + \Phi_2(z_2)] = -\int_0^s Y_n ds + c_1 = f_1 \\ 2\mathrm{Re}[\mu_1\Phi_1(z_1) + \mu_2\Phi_2(z_2)] = \int_0^s X_n ds + c_2 = f_2 \end{cases} \tag{3.89}$$

where z_1 and z_2 are specified on the boundary of s; X_n and Y_n are the surface force components along the x and y directions on the boundary; c_1 and c_2 are complex constants, which can be set to zero when solving for the stresses.

For a hole problem, $\Phi_1(z_1)$ and $\Phi_2(z_2)$ are single-valued analytic functions in the outer domain of the hole on condition that the resultant surface forces are equal to zero on the hole boundary, i.e., the surface forces applying on the hole boundary is an equilibrium force system. If it is an infinite domain problem, $\Phi_1(z_1)$ and $\Phi_2(z_2)$ will take the following form at the infinity neighborhood under the condition that the stress at the infinity point is bounded.

$$\begin{cases} \Phi_1(z_1) = B^* z_1 + \Phi_1^0(z_1) \\ \Phi_2(z_2) = \left(B'^* + iC'^*\right) z_2 + \Phi_2^0(z_2) \end{cases} \tag{3.90}$$

where $\Phi_1^0(z_1)$ and $\Phi_2^0(z_2)$ are single-valued analytic functions in the neighborhood of infinity, and can be expanded in the form of Laurent series:

$$\Phi_1^0(z_1) = a_0 + \frac{a_1}{z_1} + \frac{a_2}{z_1^2} + \ldots, \ \Phi_2^0(z_2) = b_0 + \frac{b_1}{z_2} + \frac{b_2}{z_2^2} + \ldots$$

where B^*, B'^*, and C'^* can be determined by utilization of external loadings and anisotropic material parameters:

$$B^* = \frac{\sigma_x^\infty + (\alpha_2^2 + \beta_2^2)\sigma_y^\infty + 2\alpha_2\tau_{xy}^\infty}{2[(\alpha_2 - \alpha_1)^2 + (\beta_2^2 - \beta_1^2)]}, B'^* = \frac{(\alpha_1^2 - \beta_1^2 - 2\alpha_1\alpha_2)\sigma_y^\infty - \sigma_x^\infty - 2\alpha_2\tau_{xy}^\infty}{2[(\alpha_2 - \alpha_1)^2 + (\beta_2^2 - \beta_1^2)]}$$
$$C'^* = \frac{(\alpha_1 - \alpha_2)\sigma_x^\infty + [(\alpha_1^2 - \beta_1^2) - (\alpha_2^2 - \beta_2^2)]\tau_{xy}^\infty}{2\beta_2[(\alpha_2 - \alpha_1)^2 + (\beta_2^2 - \beta_1^2)]} + \frac{[\alpha_2(\alpha_1^2 - \beta_1^2) - \alpha_1(\alpha_2^2 - \beta_2^2)]\sigma_y^\infty}{2\beta_2[(\alpha_2 - \alpha_1)^2 + (\beta_2^2 - \beta_1^2)]}$$

3.3.4 Analysis and Discussion

Due to the fact that the determination of stress distributions around a hole for anisotropic materials is much more complex than that for isotropic materials, there is no exact analytic method for determining the stresses for other hole shapes except for elliptical holes. Although some studies have provided solutions for complex hole shapes, there are mathematical errors in their methods, and the provided solutions are accurate only at the hole boundaries. The limitations of existing solutions are discussed below.

With the mapping functions $z = \omega(\zeta)$, the outer hole region in z-plane is mapped onto the outer or inner unit circle region in ζ-plane, then the hole boundary represented by Eq. (3.80) in z_1- and z_2-plane can also be mapped onto the ζ-plane. The expressions of the mapping functions are $z_1 = \omega_1(\zeta_1)$ and $z_2 = \omega_2(\zeta_2)$, which can be determined by Eq. (3.84). The hole boundary corresponds to the unit circle on the ζ-plane, thus there is $\zeta = \sigma = e^{i\theta}$ on the unit circle. According to Eq. (3.84),

$$\begin{cases} z_1 = \gamma_1 z + \delta_1 \bar{z} = \gamma_1\omega(\sigma) + \delta_1\overline{\omega(\sigma)} = \gamma_1\omega(\sigma) + \delta_1\overline{\omega}(\overline{\sigma}) = \gamma_1\omega(\sigma) + \delta_1\overline{\omega}\left(\dfrac{1}{\sigma}\right) = \omega_1(\sigma) \\ z_2 = \gamma_2 z + \delta_2 \bar{z} = \gamma_2\omega(\sigma) + \delta_2\overline{\omega(\sigma)} = \gamma_2\omega(\sigma) + \delta_2\overline{\omega}(\overline{\sigma}) = \gamma_2\omega(\sigma) + \delta_2\overline{\omega}\left(\dfrac{1}{\sigma}\right) = \omega_2(\sigma) \end{cases} \tag{3.91}$$

Based on Eq. (3.91), the functional form of $z_1 = \omega_1(\zeta)$ and $z_2 = \omega_2(\zeta)$ can be given directly:

$$\begin{cases} z_1 = \omega_1(\zeta) = \gamma_1\omega(\zeta) + \delta_1\overline{\omega}(1/\zeta) \\ z_2 = \omega_2(\zeta) = \gamma_2\omega(\zeta) + \delta_2\overline{\omega}(1/\zeta) \end{cases} \tag{3.92}$$

The previous solutions are conducted based on Eq. (3.92). It seems reasonable, but it is not in reality. The following is the explanation of the problem in two aspects.

In the first place, when $\omega(\zeta)$ is an analytic function of ζ, it can be proved from Eq. (3.93) that $\omega_1(\zeta)$ and $\omega_2(\zeta)$ are also analytic functions of ζ. But actually, $z_1 = \omega_1(\zeta)$ and $z_2 = \omega_2(\zeta)$ should not be analytic functions of ζ. This is because, substituting $z = \omega(\zeta)$ into Eq. (3.84) yields:

$$\begin{cases} z_1 = \gamma_1 z + \delta_1 \bar{z} = \gamma_1 \omega(\zeta) + \delta_1 \overline{\omega(\zeta)} \\ z_2 = \gamma_2 z + \delta_2 \bar{z} = \gamma_2 \omega(\zeta) + \delta_2 \overline{\omega(\zeta)} \end{cases} \tag{3.93}$$

It can be obtained from Eq. (3.93) that, it is impossible for both z_1 and z_2 to be analytic about ζ due to the presence of the conjugate term $\overline{\omega(\zeta)}$. This can be proved by the definition of analytic functions.

Let $\omega(\zeta) = p(\rho, \theta) + iq(\rho, \theta)$, then the real part $p(\rho, \theta)$ and imaginary part $q(\rho, \theta)$ must satisfy the Cauchy-Riemann conditions.

$$\frac{\partial p(\rho, \theta)}{\partial \theta} = -\rho \frac{\partial q(\rho, \theta)}{\partial \rho}, \ \rho \frac{\partial p(\rho, \theta)}{\partial \rho} = \frac{\partial q(\rho, \theta)}{\partial \theta} \tag{3.94}$$

Taking the complex conjugate of $\omega(\zeta)$: $\overline{\omega(\zeta)} = p(\rho, \theta) - iq(\rho, \theta)$. If $\overline{\omega(\zeta)}$ is also an analytic function of ζ, it must satisfy the Cauchy-Riemann conditions too.

$$\frac{\partial p(\rho, \theta)}{\partial \theta} = \rho \frac{\partial q(\rho, \theta)}{\partial \rho}, \ \rho \frac{\partial p(\rho, \theta)}{\partial \rho} = -\frac{\partial q(\rho, \theta)}{\partial \theta} \tag{3.95}$$

From Eqs. (3.94) and (3.95), we have

$$\frac{\partial p(\rho, \theta)}{\partial \rho} = \frac{\partial p(\rho, \theta)}{\partial \theta} = 0, \ \frac{\partial q(\rho, \theta)}{\partial \rho} = \frac{\partial q(\rho, \theta)}{\partial \theta} = 0 \tag{3.96}$$

We can see from Eq. (3.96) that both $p(\rho, \theta)$ and $q(\rho, \theta)$ are constants. Therefore, when $\omega(\zeta)$ is not constants, $\overline{\omega(\zeta)}$ is definitely not analytical functions.

In the second place, it cannot be inferred that the same function relationship given by Eq. (3.91) is satisfied at every point in the domain merely by satisfying it on the boundary, which means that Eq. (3.92) may not hold everywhere in the domain. This can be demonstrated through the following process.

By substituting the mapping function Eq. (1.1) in Chap. 1 into Eqs. (3.92) and (3.93), we obtain:

$$\begin{cases} z_1 = \omega_1(\zeta) = \gamma_1 \left[R\left(\zeta + \sum\limits_{k=0}^{\infty} C_K \zeta^{-k} \right) \right] + \delta_1 \left[\overline{R}\left(\frac{1}{\zeta} + \sum\limits_{k=0}^{\infty} \overline{C_K} \zeta^k \right) \right] \\ z_2 = \omega_2(\zeta) = \gamma_2 \left[R\left(\zeta + \sum\limits_{k=0}^{\infty} C_K \zeta^{-k} \right) \right] + \delta_2 \left[\overline{R}\left(\frac{1}{\zeta} + \sum\limits_{k=0}^{\infty} \overline{C_K} \zeta^k \right) \right] \end{cases} \tag{3.97}$$

$$\begin{cases} z_1 = \gamma_1\left[R\left(\zeta + \sum_{k=0}^{\infty} C_K \zeta^{-k}\right)\right] + \delta_1\left[\overline{R}\left(\frac{\rho^2}{\zeta} + \sum_{k=0}^{\infty} \overline{C_K} \rho^{-k} \zeta^{k}\right)\right] \\ z_2 = \gamma_2\left[R\left(\zeta + \sum_{k=0}^{\infty} C_K \zeta^{-k}\right)\right] + \delta_2\left[\overline{R}\left(\frac{\rho^2}{\zeta} + \sum_{k=0}^{\infty} \overline{C_K} \rho^{-k} \zeta^{k}\right)\right] \end{cases} \quad (3.98)$$

where ρ is the polar radius of the ζ plane. It can be seen that these two sets of equations are identical only for the boundary of the hole where $\rho = 1$. While for $\rho > 1$, the ζ that satisfies Eq. (3.97) will not simultaneously satisfy Eq. (3.98). As Eq. (3.98) is a correct mathematical relationship that must be satisfied, it is evident that Eq. (3.92) should not be satisfied.

It can be seen from the above analysis that, in the stress analysis of anisotropic plates with holes, there are three Cartesian coordinates (i.e., $z = x + y$, $z_1 = x + \mu_1 y$, and $z_2 = x + \mu_2 y$), involved. The mistake in the existing solutions is due to the fact that only one polar coordinate system is used. Firstly, $z_1 = \omega_1(\zeta)$ and $z_2 = \omega_2(\zeta)$ are not analytic functions of ζ. Secondly, the z_1 and z_2 determined by these methods can not satisfy the known mathematical relationships in Eq. (3.91) at other points in the domain, except for the points at the hole boundary. After abandoning the conventional approaches, the author of this book found that the stress solutions can be determined for arbitrary shaped holes by mapping the outer regions of the hole in z_1- and z_2-planes onto the outer or inner regions of the unit circle in ζ_1- and ζ_2- planes.

The mapping functions from z_1 to ζ_1 and z_2 to ζ_2 are expressed by $z_1 = \omega_1(\zeta_1)$ and $z_2 = \omega_2(\zeta_2)$, respectively. There are two determination methods for the mapping functions. One method is based on Eq. (3.93), which will be discussed in detail in Sect. 10.1. The other method is to obtain the hole shapes in z_1 and z_2 planes based on Eq. (3.80), and then determine the mapping functions by using the method introduced in Chap. 1. It will be introduced in detail in Sect. 10.6.

References

1. Hu, H.P. 2010. *Heat Conduction Theory*. Hefei: Press of University of Science and Technology of China.
2. Lu, A.Z., and Z.Y. Li. 2019. Analytical solution of steady-state temperature field in the plane double connected domain. *Journal of South China University of Technology (Natural Science Edition)* 9: 9–17.
3. Verruijt, A. 1997. A complex variable solution for a deforming circular tunnel in an elastic half-plane. *International Journal for Numerical and Analytical Methods in Geomechanics* 21 (2): 77–89.
4. Verruijt, A. 1998. Deformations of an elastic half plane with a circular cavity. *International Journal of Solids and Structures* 35 (21): 2795–2804.
5. Li, J., Z.H. Fang, and X.H. Qian. 2003. *Advanced Heat Transfer*. Beijing: Higher Education Press.
6. Parkus, H. 1976. *Thermoelasticity*. 2 nd revised and enlarged ed. Wien, New York: Springer.

7. Takeuchi, Y. 1977. *Thermal stresses*. Translated by T.W. Guo, and A.D. Li. Beijing: Science Press.
8. Yang, W.D., Q.Y. Zhang, S.C. Li, and S.G. Wang. 2014. Estimation of in situ viscoelastic parameters of a weak rock layer by time-dependent plate-loading tests. *International Journal of Rock Mechanics and Mining Sciences* 66: 169–176.
9. Malan, D.F. 1999. Time-dependent behaviour of deep level tabular excavations in hard rock. *Rock Mechanics and Rock Engineering* 32 (2): 123–155.
10. Chen, Z.Y. 1994. *Analytical Methods in Rock Mechanics Analysis*. Beijing: China Coal Industry Publishing House.
11. Sun, J. 1999. *Rheology of Geotechnical Materials and its Engineering Applications*. Beijing: China Building Industry Press.
12. Flügge, W. 1975. *Viscoelasticity*. Heidelberg: Springer.
13. Lee, E.H. 1955. Stress analysis in visco-elastic bodies. *Quarterly of Applied Mathematics* 13: 183–190.
14. Sulem, J., M. Panet, and A. Guenot. 1987. Closure analysis in deep tunnels. *International Journal of Rock Mechanics and Mining Sciences & Geomechanics Abstracts* 24 (3): 145–154.
15. Wang, H.N., S. Utili, M.J. Jiang, and P. He. 2015. Analytical solutions for tunnels of elliptical cross-section in rheological rock accounting for sequential excavation. *Rock Mechanics and Rock Engineering* 48 (5): 1997–2029.
16. Iseger, P.D. 2007. Numerical transform inversion using Gaussian quadrature. *Probability in the Engineering & Informational Sciences* 20 (1): 112–130.
17. Chen, X., Q. Yang, M.C. He, and K.F. Li. 2005. Stability analysis of wellbore based on anisotropic strength criterion for deep jointed rock mass. *Chinese Journal of Rock Mechanics and Engineering* 24 (16): 2882–2888.
18. Li, H.Z. and H.J. Liao. 2010. Anisotropy of strength of rock mass under complicated stress state. *Chinese Journal of Rock Mechanics and Engineering* 29(7): 1397–1403.
19. Aadnoy, B.S. 1987. *Modelling of the Stability of Highly Inclined Boreholes in Anisotropic Rock Formations*. Offshore Europe. Society of Petroleum Engineers.
20. Shen, J. 2005. *Wood Processing Technology*. Beijing: Chemical Industry Press.
21. Chen, H.S. 1996. *Elastic Anisotropy of Metals*. Beijing: Metallurgical Industry Press.
22. Wang, F. 2007. *Anisotropy and Non-uniformity of the Plastic Deformation for Polycrystalline Metal*. Thesis for Master Degree, Xian, Northwestern Polytechnical University.
23. Chen, G. 2013. *Introduction to Advanced Materials*. Beijing: National Defense Industry Press.
24. Dai, S.J. 2013. *High-performance Fiber Composite Materials*. Shanghai: East China University of Science and Technology press.
25. Лехницкий, С.Г. 1936. Напряжения в неограниченной анизотропной пластинке, ослабленной эллипт. отв. ДАН СССР. N 4.-1. С. 47–59.
26. Lekhnitskii, S.G. 1968. *Anisotropic Plates*. New York: Gorden and Breach.
27. Lekhnitskii, S.G. 1981. *Theory of Elasticity of an Anisotropic Body*. Moscow: Mir Publishers, 1981.Translated from the revised 1977 Russian edition.
28. Savin, G.N. 1961. *Stress Concentration Around Holes*. New York: Pergamon Press.
29. Ukadgaonker, V.G., and D.K.N. Rao. 1999. Stress distribution around triangular holes in anisotropic plates. *Composite Structures* 45 (3): 171–183.
30. Ukadgaonker, V.G., and V. Kakhandki. 2005. Stress analysis for an orthotropic plate with an irregular shaped hole for different in-plane loading conditions—Part 1. *Composite Structures* 70 (3): 255–274.
31. Nageswara Rao, D.K., Babu, M.R., Reddy, K.R.N., Sunil, D. 2010. Stress around square and rectangular cutouts in symmetric laminates. *Composite Structures* 92(12), 2845–2859.
32. Li, C., and Y.P. Zheng. Influence of different orifice figure on hole-edge stress of composite material plate with hole. *Engineering Mechanics* 24 (10): 19–24.
33. Daoust, J., and S.V. Hoa. 1991. An analytical solution for anisotropic plates containing triangular holes. *Composite Structures* 19: 107–130.
34. Yum, Y.J., and C.S. Hong. 1991. Stress intensity factors in finite orthotropic plates with a crack under mixed mode deformation. *International Journal of Fracture* 47: 53–67.

Chapter 4
Analytical Solutions for Mechanical Analysis of Deep-Buried Circular Tunnels

4.1 Elastoplastic Solution for Circular Tunnels—Full Enclosure Plastic Region

The stability of surrounding rock for a tunnel, is a fundamental research problem in tunnel and underground engineering. The stress redistribution after tunnel excavation leads to a high stress concentration around the tunnel, which causes the formation of a plastic region within a certain range around the tunnel. The distribution of the plastic region in the tunnel can provide an important theoretical basis for tunnel support design [1]. In general, the elasto-plastic problem of deep-buried tunnels can be simplified as a plane strain elasto-plastic problem in an infinite field, and can be divided into two categories based on the tunnel's shape and ground stress: axisymmetric problems and non-axisymmetric problems.

(a) **Axisymmetric problems**

Figure 4.1 shows the axisymmetric problem of a circular tunnel under the action of static water pressure, which has been widely used in underground tunnel engineering. This type of axisymmetric excavation model has led to the development of tunnel support design methods based on the convergence-confinement method, and the famous Fenner formula and Kastner formula are typical representatives. The stress within the elastic region can be derived using thick-walled cylinder theory (Lame's formula), and the plastic limit obtained at the elasto-plastic interface is necessarily circular due to the problem's symmetry. The radius of the elasto-plastic interface can be calculated based on the stress continuity condition on the interface and the stress boundary condition on the inner boundary of the circular tunnel.

(b) **Non-axisymmetric problems**

Figure 4.2 shows the non-axisymmetric problem of a circular tunnel under the action of non-uniform bi-directional ground stress. Although the tunnel is circular and axisymmetric, the external load is non-axisymmetric, so the shape of the plastic

A. Lu et al., *Complex Variable Function Solutions in the Mechanical Analysis of Tunnels*, https://doi.org/10.1007/978-981-97-1691-3_4

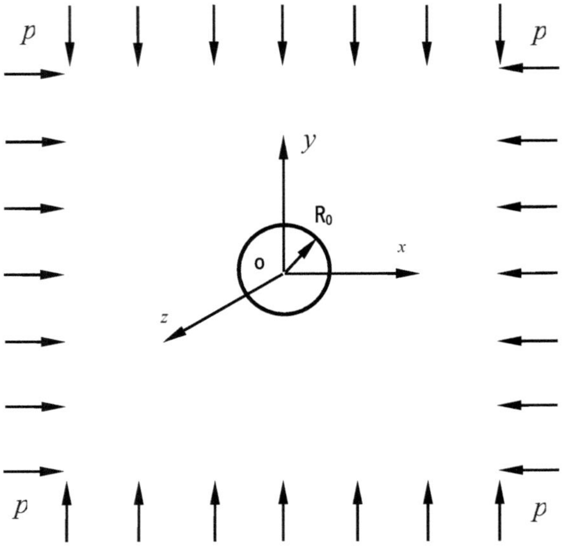

Fig. 4.1 The circular tunnel subjected to hydrostatic in situ stress p

region will no longer be a circular shape. For such problems, most current analytical solutions are limited to approximations of the shape and size of the plastic region. The authors have solved this type of problem reasonably using complex variable function methods. This chapter will introduce the elasto-plastic analysis of a circular tunnel in rock mass, and later describe the solution process for more complex scenarios involving an elliptical tunnel and two circular tunnels.

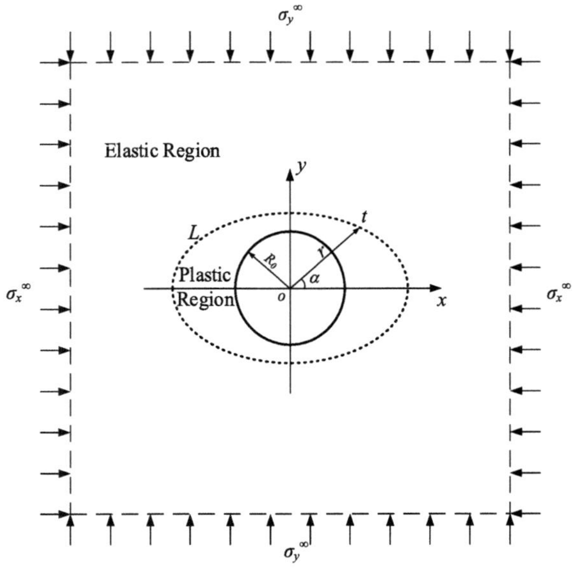

Fig. 4.2 The elastic–plastic region of a circular tunnel under non-hydrostatic stress

In 1946, Galin [2] first used complex variable function methods to provide an exact solution for this problem. The obtained elasto-plastic interface is elliptical shape. However, this method is only applicable to the Tresca criterion and not to the yield criteria of the rock and soil materials. In 2018, the authors [3] used complex variable function methods based on the Mohr–Coulomb criterion to provide an exact analytical solution for this non-axisymmetric problem. The core of this method is to use conformal mapping to transform the problem of determining the elasto-plastic interface into a problem of solving the mapping function, and then introduce optimization methods to solve the mapping function coefficients. In the same year, the authors [4] extended this method to the Hoek–Brown criterion.

The aforementioned studies have shown that when the vertical and horizontal ground stresses differ significantly, the plastic region around the circular tunnel may not fully enclose it. But these studies did not mention how to calculate such non-closed elasto-plastic interfaces. Some scholars have studied this problem and considered the Tresca criterion [5–10], mostly using complex variable function methods or perturbation methods to derive approximate solutions. Our research team, based on the Mohr–Coulomb criterion, also used complex variable function methods and optimization techniques to obtain highly accurate analytical solutions. The following sections will introduce our researches [11].

4.1.1 Stresses in Plastic Region

Assuming that the depth of the tunnel is sufficiently deep, i.e., when the burial depth H is greater than 10 times the tunnel diameter, the influence of the surrounding rock weight near the tunnel can be neglected. The stress boundary condition at infinity is unchanged along the axial direction of the tunnel and the axial strain is zero, so the problem can be simplified as a plane strain problem in an infinite domain.

The circular tunnel with a radius of R is subjected to non-hydrostatic ground stress in the direction at infinity. Here, we first discuss the case where the plastic region formed under the original ground stress can surround the tunnel (as shown in Fig. 4.2), and then in Sect. 4.2, we discuss the case where the plastic region cannot fully enclose the tunnel. The elastic–plastic boundary line is represented by L, the area enclosed by L and the tunnel boundary is the plastic region, and the area outside L is the elastic region. The rock in the elastic region is isotropic linear elastic, while the rock in the plastic region is ideal plastic. The cases where the rock satisfies both the Mohr–Coulomb and Hoek–Brown strength criteria are discussed.

The stresses in the plastic region are determined based on the equilibrium Eqs. (4.1) and (4.2), as well as the strength criteria (4.3) or (4.4).

$$\frac{\partial \sigma_r}{\partial r} + \frac{1}{r}\frac{\partial \tau_{r\alpha}}{\partial \alpha} + \frac{\sigma_r - \sigma_\alpha}{r} = 0 \tag{4.1}$$

$$\frac{1}{r}\frac{\partial \sigma_\alpha}{\partial \alpha}+\frac{\partial \tau_{r\alpha}}{\partial r}+\frac{2\tau_{r\alpha}}{r}=0 \tag{4.2}$$

In equations, r and α are pole diameter and pole angle, σ_r and σ_α are the radial and tangential stresses in polar coordinates, respectively, and $\tau_{r\alpha}$ is the shear stress.

When the rock satisfies the Mohr–Coulomb criterion, we have:

$$\sqrt{(\sigma_r-\sigma_\alpha)^2+4\tau_{r\alpha}^2}-(\sigma_r+\sigma_\alpha)\sin\varphi=2c\cdot\cos\varphi \tag{4.3}$$

In the equation, c and φ represent the cohesive strength and the internal friction angle of the rock.

When the rock satisfies the Hoek–Brown criterion, we have:

$$(\sigma_r-\sigma_\alpha)^2+\tau_{r\alpha}^2=m_i\sigma_c\left[\frac{\sigma_r+\sigma_\alpha}{2}-\sqrt{\left(\frac{\sigma_r-\sigma_\alpha}{2}\right)^2+\tau_{r\alpha}^2}\right]+\sigma_c^2 \tag{4.4}$$

In the equation, σ_c represents the uniaxial compressive strength of the rock, and m_i is an empirical parameter that depends on the type of rock (usually $5\le m_i\le 40$).

Equations (4.1), (4.2) and (4.3) (or (4.4)) represent a statically determinate problems in plastic mechanics with three unknowns σ_r, σ_α, and $\tau_{r\alpha}$. When solving plastic stresses, only equilibrium equations and strength criteria are needed, whereas constitutive equations and kinematic equations are not required.

The stress boundary condition at the edge of tunnel when $r=R_0$ is:

$$\sigma_r=0,\quad \tau_{r\alpha}=0 \tag{4.5}$$

Because σ_r and $\tau_{r\alpha}$ are independent of α along the edge of tunnel, it is assumed that the σ_r, σ_α, $\tau_{r\alpha}$ are independent of α, and $\tau_{r\alpha}$ is equal to zero in entire plastic region. From subsequent derivation, we can see that the assumption is reasonable and results are correct. When σ_r, σ_α, and $\tau_{r\alpha}$ are independent of α, Eq. (4.2) is satisfied naturally. The remaining two equations can be written as:

$$\frac{d\sigma_r}{dr}+\frac{\sigma_r-\sigma_\alpha}{r}=0 \tag{4.6}$$

For Mohr–Coulomb criteria, we have:

$$|\sigma_r-\sigma_\alpha|-(\sigma_r+\sigma_\alpha)\sin\varphi=2c\cdot\cos\varphi \tag{4.7}$$

For Hoek–Brown criteria, we have:

$$(\sigma_r-\sigma_\alpha)^2=m_i\sigma_c\left[\frac{\sigma_r+\sigma_\alpha}{2}-\left|\frac{\sigma_r-\sigma_\alpha}{2}\right|\right]+\sigma_c^2 \tag{4.8}$$

This section stipulates that compressive stresses are positive, and only considers the active limit equilibrium problem, so $\sigma_\alpha > \sigma_z > \sigma_r$. σ_z is the ground stress component in the tunnel axis direction. This means that the radial and tangential stresses within the plastic region are the minimum and maximum principal stresses, respectively.

Using Eqs. (4.6), (4.7) or (4.8) and the stress boundary condition at the tunnel edge, the stress components in plastic region can be calculated. When the rock satisfies the Mohr–Coulomb criterion, we have:

$$\sigma_r = c \cdot \cot\varphi \left(\frac{r}{R_0}\right)^{\frac{2\sin\varphi}{1-\sin\varphi}} - c \cdot \cot\varphi \tag{4.9}$$

$$\sigma_\alpha = c \cdot \cot\varphi \left(\frac{r}{R_0}\right)^{\frac{2\sin\varphi}{1-\sin\varphi}} \frac{1+\sin\varphi}{1-\sin\varphi} - c \cdot \cot\varphi \tag{4.10}$$

$$\tau_{r\alpha} = 0 \tag{4.11}$$

When the rock satisfies the Hoek–Brown criterion, we have:

$$\sigma_r = \sigma_c \ln\left(\frac{r}{R_0}\right) + \frac{m_i\sigma_c}{4}\left[\ln\left(\frac{r}{R_0}\right)\right]^2 \tag{4.12}$$

$$\sigma_\alpha = \sigma_c + \sigma_c\left(1 + \frac{m_i}{2}\right)\ln\left(\frac{r}{R_0}\right) + \frac{m_i\sigma_c}{4}\left[\ln\left(\frac{r}{R_0}\right)\right]^2 \tag{4.13}$$

$$\tau_{r\alpha} = 0 \tag{4.14}$$

In fact, Kastner obtained the results of Eqs. (4.9)–(4.11) under hydrostatic stress condition [12]. Through the author's analysis, it can be seen that the stress field within the plastic region is the same under both hydrostatic and non-hydrostatic stress conditions. Some authors have also used stress expressions obtained under axisymmetric conditions when solving non-axisymmetric elastic–plastic problems [13–15]. Brown et al. obtained the results of Eqs. (4.12)–(4.14) under static water pressure.

The stresses in plastic region are only related to the load acting on tunnel edge. They are not related to the far in situ stresses σ_x^∞ and σ_y^∞. The effect of σ_x^∞ and σ_y^∞ is only on the shape and the size of plastic region. This conclusion will be verified later using numerical methods.

4.1.2 Analytic Function Expression of Stress in the Elastic Region

The stress components in the elastic region are given by Eqs. (2.4) and (2.5) in Chap. 2. For convenience, let's write them again.

$$\sigma_x + \sigma_y = 4\mathrm{Re}\left[\varphi_1'(z)\right] \tag{4.15}$$

$$\sigma_y - \sigma_x + 2i\tau_{xy} = 2\left[\bar{z}\varphi_1''(z) + \psi_1'(z)\right] \tag{4.16}$$

In equations, $\varphi_1'(z)$ and $\psi_1'(z)$ can be obtained by Eqs. (2.16) and (2.17), and we have

$$\varphi_1'(z) = B + \sum_{k=1}^{\infty} a_k' z^{-k} \tag{4.17}$$

$$\psi_1'(z) = B' + \sum_{k=1}^{\infty} b_k' z^{-k} \tag{4.18}$$

where $\sum_{k=1}^{\infty} a_k' z^{-k}$ and $\sum_{k=1}^{\infty} b_k' z^{-k}$ are the single-valued analytic functions. For the problems in this section, a_k' and b_k' are real constants.

If $\varphi_1'(z)$ and $\psi_1'(z)$ are known, the stress components in the elastic region can be obtained using Eqs. (4.15) and (4.16). $\varphi_1'(z)$ and $\psi_1'(z)$ can be obtained through the stress continuity condition on the boundary L. The $\varphi_1'(z)$ and $\psi_1'(z)$ given by Eqs. (4.15) and (4.16) satisfy the stress boundary conditions at infinity, but the elastic–plastic boundary is still unknown. Note that the stress distribution in the elastic region does not involve rock strength criteria, so the formulas are applicable to both criteria.

4.1.3 Stress Continuity Condition in the Elastic and Plastic Regions

Because we discuss a non-axisymmetric problem, the boundary of the elastic–plastic region is a non-circular curve. The stress components in the elastic region with non-circular inner boundary, can be solved by means of conformal transformation. The elastic region in the physical plane can be mapped into the exterior region of the unit circle in the image plane. Thus, the elastic–plastic boundary L corresponds to the unit circle in the image plane. The mapping function can be given as follows (Eq. (1. 1)):

$$z = \omega(\zeta) = R\left(\zeta + \sum_{k=1}^{\infty} c_k \zeta^{-k}\right) \tag{4.19}$$

For the discussed problem, R and c_k should be determined and they are real constants. Because boundary L is symmetric about x and y axes, it can be proved that $c_k = 0$ when k is even in Eq. (4.19). In solving, c_k only takes finite terms, so the maximum value of k is m.

Substituting Eq. (4.19) into Eqs. (4.17) and (4.18), we have:

$$\varphi_1'(z) = B + \sum_{k=1}^{\infty} a_k \zeta^{-k} \tag{4.20}$$

$$\psi_1'(z) = B' + \sum_{k=1}^{\infty} b_k \zeta^{-k} \tag{4.21}$$

where a_k and b_k are also real unknows to be determined, and they can be obtained through the stress continuity condition at L boundary. Equations (4.19)–(4.21) are applicable to both strength criteria.

4.1.3.1 For Mohr–Coulomb Criterion

The stress combination formula on the inside of the boundary L (plastic region) can be obtained from Eqs. (4.9)–(4.11):

$$\sigma_x + \sigma_y = \sigma_r + \sigma_\alpha = \frac{2c \cdot \cot\varphi}{1 - \sin\varphi}\left(\frac{r}{R_0}\right)^{\frac{2\sin\varphi}{1-\sin\varphi}} - 2c \cdot \cot\varphi \tag{4.22}$$

$$\sigma_y - \sigma_x + 2i\tau_{xy} = (\sigma_\alpha - \sigma_r + 2i\tau_{r\alpha})e^{-2i\alpha} = \frac{2c \cdot \cos\varphi}{1 - \sin\varphi}\left(\frac{r}{R_0}\right)^{\frac{2\sin\varphi}{1-\sin\varphi}} \frac{\bar{t}}{t} \tag{4.23}$$

where $t = re^{i\alpha}$, so $e^{-2i\alpha} = \bar{t}/t = \overline{\omega(\sigma)}/\omega(\sigma)$, $r = \sqrt{t\bar{t}} = \sqrt{\omega(\sigma)\overline{\omega(\sigma)}}$, $\sigma = e^{i\theta}$, where θ is the polar angle in ζ plane. The stress continuity conditions on L by Eqs. (4.15)–(4.23) are:

$$\frac{c \cdot \cot\varphi}{1 - \sin\varphi}\left(\frac{\omega(\sigma)\overline{\omega(\sigma)}}{R_0}\right)^{\frac{2\sin\varphi}{1-\sin\varphi}} - c \cdot \cot\varphi = 2B + \sum_{k=1}^{\infty} a_k \sigma^{-k} + \sum_{k=1}^{\infty} a_k \sigma^{k} \tag{4.24}$$

$$\frac{c \cdot \cos\varphi}{1 - \sin\varphi}\left(\frac{\omega(\sigma)\overline{\omega(\sigma)}}{R_0}\right)^{\frac{2\sin\varphi}{1-\sin\varphi}} \frac{\overline{\omega(\sigma)}}{\omega(\sigma)} = \frac{\overline{\omega(\sigma)}}{\omega'(\sigma)} \sum_{k=1}^{\infty} (-k) a_k \sigma^{-k-1} + B' + \sum_{k=1}^{\infty} b_k \sigma^{-k} \tag{4.25}$$

Conjugating Eq. (4.25), we have:

$$\frac{c\cdot\cos\varphi}{1-\sin\varphi}\left(\frac{\omega(\sigma)\overline{\omega(\sigma)}}{R_0}\right)^{\frac{2\sin\varphi}{1-\sin\varphi}}\frac{\omega(\sigma)}{\overline{\omega(\sigma)}}=-\frac{\omega(\sigma)}{\omega'(\sigma)}\sum_{k=1}^{\infty}ka_k\sigma^{k+1}+B'+\sum_{k=1}^{\infty}b_k\sigma^k \tag{4.26}$$

Equations (4.24) and (4.26) are the basic equations for solving the mapping function.

4.1.3.2 For Hoek–Brown Criterion

The stress combination expression on the inside of the boundary L (plastic region) can be obtained from Eqs. (4.12)–(4.14):

$$\sigma_x+\sigma_y=\sigma_r+\sigma_\varphi=e_1+(2e_1+e_2)\ln\left(\frac{r}{R_0}\right)+e_2\left[\ln\left(\frac{r}{R_0}\right)\right]^2 \tag{4.27}$$

$$\sigma_y-\sigma_x+2i\tau_{xy}=\left(\sigma_\varphi-\sigma_r+2i\tau_{r\varphi}\right)e^{-2i\varphi}=\left[e_1+e_2\ln\left(\frac{r}{R_0}\right)\right]e^{-2i\varphi} \tag{4.28}$$

where $e_1=\sigma_c$, $e_2=\frac{m_i\sigma_c}{4}$. Similarly, the stress combination expression on boundary L of the can be obtained from Eqs. (4.15)–(4.21), (4.27) and (4.28).

$$\begin{aligned}&(2e_1+e_2)\ln\left(\frac{\sqrt{\omega(\sigma)\overline{\omega(\sigma)}}}{R_0}\right)+e_2\left[\ln\left(\frac{\sqrt{\omega(\sigma)\overline{\omega(\sigma)}}}{R_0}\right)\right]^2\\&=2\left(2B+\sum_{k=1}^{\infty}a_k\sigma^{-k}+\sum_{k=1}^{\infty}a_k\sigma^k\right)-e_1\end{aligned} \tag{4.29}$$

$$\begin{aligned}&\left[e_1+e_2\ln\left(\frac{\sqrt{\omega(\sigma)\overline{\omega(\sigma)}}}{R_0}\right)\right]\frac{\overline{\omega(\sigma)}}{\omega(\sigma)}\\&=2\left[\frac{\overline{\omega(\sigma)}}{\overline{\omega'(\sigma)}}\sum_{k=1}^{\infty}(-k)a_k\sigma^{-k-1}+B'+\sum_{k=1}^{\infty}b_k\sigma^{-k}\right]\end{aligned} \tag{4.30}$$

Conjugating Eq. (4.30), we have:

$$\left[e_1+e_2\ln\left(\frac{\sqrt{\omega(\sigma)\overline{\omega(\sigma)}}}{R_0}\right)\right]\frac{\omega(\sigma)}{\overline{\omega(\sigma)}}$$

$$= 2\left[\frac{\omega(\sigma)}{\overline{\omega'(\sigma)}}\sum_{k=1}^{\infty}(-k)\overline{a_k}\sigma^{k+1} + B' + \sum_{k=1}^{\infty}\overline{b_k}\sigma^k\right] \tag{4.31}$$

Equations (4.29) and (4.31) are the fundamental equations for solving the mapping function.

4.1.4 *Solutions in Elastic and Plastic Region*

4.1.4.1 Determination of Fourier Series Coefficients

Mohr–Coulomb criterion is used as an example below. In Eqs. (4.24) and (4.26), $\omega(\sigma)$ is the boundary value of the mapping function given by Eq. (4.19). Due to the complexity of the left side of these equations, direct solving will be very difficult. This section will adopt the following method to solve this problem.

As the left side of Eqs. (4.24) and (4.26) are functions of the variable θ and have a period of 2π, they can be expanded into a Fourier series with a period of 2π as follows:

$$\frac{c\cdot\cot\varphi}{1-\sin\varphi}\left(\frac{\omega(\sigma)\overline{\omega(\sigma)}}{R_0}\right)^{\frac{2\sin\varphi}{1-\sin\varphi}} = \sum_{k=1}^{\infty}d_k\sigma^{-k} + \sum_{k=1}^{\infty}d_k'\sigma^k + d_0 \tag{4.32}$$

$$\frac{c\cdot\cos\varphi}{1-\sin\varphi}\left(\frac{\omega(\sigma)\overline{\omega(\sigma)}}{R_0}\right)^{\frac{2\sin\varphi}{1-\sin\varphi}}\frac{\omega(\sigma)}{\overline{\omega(\sigma)}} = \sum_{k=1}^{\infty}e_k\sigma^{-k} + \sum_{k=1}^{\infty}e_k'\sigma^k + e_0 \tag{4.33}$$

Equations (4.32) and (4.33) show $d_k' = d_k$ and $e_k' \neq e_k$. These coefficients are related to R and c_k in mapping function. In theory, when R and c_k are known, these coefficients can be calculated using the Fourier integral formula. However, due to the complexity of Eqs. (4.32) and (4.33), the Fourier integral calculation becomes difficult. The author discovered a simpler way to avoid Fourier integrals and easily obtain the coefficients.

We have $\sigma = e^{i\theta}$, where $\theta \in [0, 2\pi]$. Equations (4.32) and (4.33) are true for any value of θ. We take a finite number of θ_j within a range of $[0, 2\pi]$, and takes a finite series number of right side of Eqs. (4.32) and (4.33). Complex linear equations can be established to solve the coefficients d_k, d_k' and e_k, e_k'. Through the following examples, a high level of calculation accuracy can be achieved, when taking 20 terms of the highest positive and negative order in Eqs. (4.32) and (4.33).

When the highest positive and negative orders in right side of Eqs. (4.32) and (4.33) are both set to n, then the value of θ_j can be obtained.

$$\theta_j = \frac{2\pi(j-1)}{2n+1}, \quad j = 1, 2, \ldots, 2n+1 \tag{4.34}$$

Equation (4.34) represents dividing $[0, 2\pi]$ into $2n$ equal parts, resulting in $2n+1$ points. If we let the values of θ_j in Eqs. (4.32) and (4.33) be $B(j)$ and $C(j)$, then we have:

$$B(j) = \frac{c \cdot cot\varphi}{1 - \sin\varphi}\left[D(j)\right]^{\frac{2\sin\varphi}{1-\sin\varphi}} \tag{4.35}$$

$$C(j) = \frac{c \cdot \cos\varphi}{1 - \sin\varphi}\left[D(j)\right]^{\frac{2\sin\varphi}{1-\sin\varphi}} E(j) \tag{4.36}$$

where

$$D(j) = \sqrt{R^2\left(e^{i\theta_j} + \sum_{k=1}^{m} c_k e^{-ik\theta_j}\right)\left(e^{-i\theta_j} + \sum_{k=1}^{m} c_k e^{ik\theta_j}\right)/R_0}$$

$$E(j) = \frac{e^{i\theta_j} + \sum_{k=1}^{m} c_k e^{-ik\theta_j}}{e^{-i\theta_j} + \sum_{k=1}^{m} c_k e^{ik\theta_j}}$$

Then Eqs. (4.32) and (4.33) can be written in a unified form:

$$F = HY \tag{4.37}$$

where

$$H = \begin{bmatrix} e^{-in\theta_1} & e^{-i(n-1)\theta_1} & \cdots & e^{-i\theta_1} & 1 & e^{i\theta_1} & \cdots & e^{i(n-1)\theta_1} & e^{in\theta_1} \\ e^{-in\theta_2} & e^{-i(n-1)\theta_2} & \cdots & e^{-i\theta_2} & 1 & e^{i\theta_2} & \cdots & e^{(n-1)\theta_2} & e^{in\theta_2} \\ \vdots & \vdots & \cdots & \vdots & \vdots & \vdots & \cdots & \vdots & \vdots \\ e^{-in\theta_{2n+1}} & e^{-i(n-1)\theta_{2n+1}} & \cdots & e^{-i\theta_{2n+1}} & 1 & e^{i\theta_{2n+1}} & \cdots & e^{(n-1)\theta_{2n+1}} & e^{in\theta_{2n+1}} \end{bmatrix}$$

For Eqs. (4.32) and (4.33), the values of F and Y are different.

For Eq. (4.32), we have:

$$F = [B(1)\, B(2)\ \cdots\ B(2n+1)]^T, \quad Y = \left[d_n\, d_{n-1} \cdots d_k \cdots d_1\, d_0\, d_1' \cdots d_{n-1}'\, d_n'\right]^T$$

For Eq. (4.33), we have:

$$F = [C(1)\, C(2)\ \cdots\ C(2n+1)]^T, \quad Y = \left[e_n\, e_{n-1} \cdots e_k \cdots e_1\, e_0\, e_1' \cdots e_{n-1}'\, e_n'\right]^T$$

Since F and H are complex constants, Eq. (4.37) is a system of linear equations in the complex numbers Y. However, for the problem in this article, the values of Y are real constants. Through examples, it is found that the results of e_n, e_n', f_n, f_n' are very small when taking 20 or more terms, which indicates that the series expanded from Eqs. (4.32) and (4.33) converges very quickly.

4.1.4.2 Determination of Coefficients in Mapping Function

From Eqs. (4.24) and (4.32), we have:

$$\sum_{k=1}^{\infty} d_k \sigma^{-k} + \sum_{k=1}^{\infty} d'_k \sigma^k + d_0 - c \cot \varphi = 2B + \sum_{k=1}^{\infty} a_k \sigma^{-k} + \sum_{k=1}^{\infty} a_k \sigma^k$$

By comparing the coefficients of σ^k and σ^{-k}, we have:

$$d_0 = 2B + c \cot \varphi \tag{4.38}$$

$$a_k = d_k, \quad k = 1, 2, \ldots \infty \tag{4.39}$$

In calculation, we take finite terms n of a_k and d_k. Because the right side of Eq. (4.26) is more complex than that of Eq. (4.24), we first discuss Eq. (4.26), and then establish the relationship between e_k, b_k and a_k. Due to:

$$-\frac{\omega(\sigma)}{\overline{\omega'(\sigma)}} \sum_{k=1}^{\infty} k a_k \sigma^{k+1} = \left(\sum_{k=1}^{m} L_k \sigma^{-k} + \sum_{k=1}^{\infty} L'_k \sigma^{k-1} \right) \sum_{k=1}^{\infty} k a_k \sigma^{k+1} \tag{4.40}$$

where L_k and L'_k can be obtained by Eqs. (2.68) and (2.90). Substitute Eqs. (4.40) and (4.33) into (4.26). By comparing the coefficients of σ^0, σ^{-k} and σ^k, we have:

$$e_0 = -2 \sum_{j=1}^{m-1} j f_{j+1} a_j + B' \tag{4.41}$$

$$e_k = -2 \sum_{j=1}^{m-k-1} j f_{j+k+1} a_j, \quad k = 1, 2, \ldots, m-2 \tag{4.42}$$

$$e_k = 0, \quad k = m-1, m, \ldots, n \tag{4.43}$$

$$b_1 = \sum_{j=1}^{m} j f_j a_j + \frac{e'_1}{2} \tag{4.44}$$

$$b_k = \sum_{j=1}^{m} f_j (k + j - 1) a_{k+j-1} + \sum_{j=1}^{k-1} j a_j f'_{k-j} + \frac{e'_k}{2}, \quad k = 2, 3, \ldots, n - m + 1 \tag{4.45}$$

$$b_k = \sum_{j=1}^{n+1-k} f_j (k + j - 1) a_{k+j-1} + \sum_{j=1}^{k-1} j a_j f'_{k-j}, \quad k = n - m + 2, n - m + 3, \ldots, n \tag{4.46}$$

We can establish the system of nonlinear equations for solving R and c_k from Eqs. (4.38), (4.39) and (4.41)–(4.43):

$$d_0 = 2B + c\cot\varphi \tag{4.47}$$

$$e_0 = -\sum_{j=1}^{m-1} jg_{j+1}d_j + B' \tag{4.48}$$

$$e_k = -\sum_{j=1}^{m-k-1} jf_{j+k+1}d_j, \quad k = 1, 2, \ldots, m-2 \tag{4.49}$$

$$e_k = 0, \quad k = m-1, m, \ldots, n \tag{4.50}$$

where e_0, d_j and e_k are unknowns corresponding R and $c_k (k = 1, \ldots, m)$.

Equations (4.47)–(4.50) consist of $n + 2$ equations, but there are only $m + 1$ unknowns. In order to improve computational accuracy, when $n > m$, the system of equations becomes a non-linear system with more equations than unknowns, and can be solved through optimization techniques. If we use Eq. (4.51) to establish the objective function $F(X)$:

$$F(X) = \sum_{k=m-1}^{n} |e_k|, \quad X \in [c_1, c_2, \ldots, c_m, R] \tag{4.51}$$

Equations (4.47)–(4.49) consist of m equations, which are the equality constraint conditions that minimize $F(X)$. As shown in the subsequent examples, when the number of terms m in the mapping function is sufficient, the value of $\min[F(X)]$ will be very small. In other words, Eq. (4.50) is satisfied well.

When rocks meet the Hoek–Brown criterion, the process of solving the mapping function coefficients is basically the same as above, except that the left side of Eqs. (4.29) and (4.31) will be processed accordingly, similar to Eqs. (4.24) and (4.26).

4.1.5 *Verification*

4.1.5.1 Stress Components in the Elastic Region

Taking the Mohr–Coulomb criterion as an example, the components of stress at each point in the plastic region can be calculated from Eqs. (4.9) and (4.10). When R and $c_k (k = 1, 2, \ldots, m)$ are known, d_k, e_k, e'_k can be obtained through the method described in Sect. 4.1.4. a_k can be calculated using Eq. (4.39). b_k is calculated by Eqs. (4.44)–(4.46). The stresses in the elastic region under the polar coordinate system can be obtained from Eqs. (4.52) and (4.53).

$$\sigma_r + \sigma_\alpha = 4B + 4\mathrm{Re}\left[\sum_{k=1}^{n} a_k \zeta^{-k}\right] \tag{4.52}$$

$$\sigma_\alpha - \sigma_r + 2i\tau_{r\alpha} = 2\left[\frac{\overline{\omega(\zeta)}}{\omega'(\zeta)}\sum_{k=1}^{n}(-k)a_k\zeta^{-k-1} + B' + \sum_{k=1}^{n} b_k\sigma^{-k}\right]\frac{\omega(\zeta)}{\overline{\omega(\zeta)}} \tag{4.53}$$

Equations (4.52) and (4.53) can be used to calculate the components of stress at any point ζ in the elastic region. Since $\zeta = \rho e^{i\theta}$, when ζ is given, ρ and θ corresponding to position in z plane can be calculated using Eq. (4.19). Let the right side of Eq. (4.52) equal to h_1 and the right side of Eq. (4.53) equal to $h_2 + ih_3$. When a_k and b_k are known, h_1, h_2 and h_3 can be obtained using Eqs. (4.52) and (4.53). The stress components at any point in the elastic region can be calculated as follows:

$$\sigma_r = \frac{h_1 - h_2}{2} \tag{4.54}$$

$$\sigma_\alpha = \frac{h_1 + h_2}{2} \tag{4.55}$$

$$\tau_{r\alpha} = h_3 \tag{4.56}$$

When $\zeta = \sigma = e^{i\theta}$ and using Eqs. (4.54)–(4.56), the stresses at different θ points on the boundary L in the elastic region can be calculated.

4.1.5.2 Comparison with Galin Solution

According to Eq. (4.3), when $\varphi = 0$, the strength criterion expressed by Eq. (4.3) is identical to the Tresca criterion. Since Galin has already obtained analytical solutions for the Tresca criterion [2], the results obtained from the example as $\varphi = 0$ will be compared to verify the reliability of the method. When $\varphi \neq 0$, the continuity stresses on the boundary L between elastic and plastic region will be checked to verify the reliability of method.

The parameters are $\sigma_x^\infty = 10$ MPa, $\sigma_y^\infty = 15$ MPa, $R_0 = 2$ m, $m = 7$ and $n = 20$. The results for two cases of $\varphi = 0, c = 5$ MPa and $\varphi = 30°, c = 2$ MPa are presented below. From Eqs. (4.9) and (4.10), we can see that both the denominator in σ_r and σ_α contain $\sin\varphi$. When $\varphi = 0$, $\sin\varphi = 0$ and the calculation may encounter overflow if $\varphi = 0$ is directly input. However, the results can be satisfied when $\varphi = 0.01$. Table 4.1 shows the coefficients of mapping function using the method.

When $\varphi = 0$, according to the analytical solution obtained by Galin, we have:

$$R = R_0 \exp\left(\frac{\sigma_x^\infty + \sigma_y^\infty}{4c} - \frac{1}{2}\right) = 4.2340$$

$$c_1 = \frac{\sigma_y^\infty - \sigma_x^\infty}{2c} = 0.5$$

There is no c_k in Galin's solution besides c_1, indicating that the elastic–plastic boundary is elliptical. Therefore, the results obtained by this method are basically consistent with the analytical solution when $\varphi = 0.01$. The coefficients of mapping function are presented in Table 4.2 when $\varphi = 30°$ and $c = 2\,\text{MPa}$.

From Table 4.2 we can see that the values of c_k are very small when k is even. This is the expected result because parameter c_k corresponding to an even k should be theoretically equal to zero.

Herein, we check if stress component on the elastic–plastic boundary L is continuous. The radial stress, tangential stress, and shear stress on the elastic boundary can be calculated using Eqs. (4.54)–(4.56), denoted as σ_r^e, σ_α^e and $\tau_{r\alpha}^e$, respectively. The radial stress and tangential stress on the plastic boundary can be calculated using Eqs. (4.9) and (4.10), denoted as σ_r^p and σ_α^p, respectively. When calculating, we only need to replace r with $\sqrt{\omega(\sigma)\overline{\omega(\sigma)}}$. Figure 4.3 shows the elastic–plastic boundary and σ_r and σ_α on L using values in Table 4.2. Because $\tau_{r\alpha}^p = 0$ in plastic region, the results of $\tau_{r\alpha}$ are not shown in Fig. 4.3.

As shown in Fig. 4.3, each point on the elastic–plastic boundary L (360 points), the stress components calculated using Eqs. (4.54)–(4.56) are basically equal to those calculated using Eqs. (4.9) and (4.10). This indicates that each stress component on the elastic–plastic boundary L is continuous. Along the entire L, the maximum error between the two is very small, and the values are:

Table 4.1 The coefficients in conformal mapping when $\varphi = 0.01$ and $c = 5\,\text{MPa}$

R	c_1	c_2	c_3	c_4	c_5	c_6	c_7
4.2322	0.4997	0.21×10^{-5}	0.80×10^{-4}	0.40×10^{-5}	-0.11×10^{-3}	0.26×10^{-5}	0.4×10^{-5}

Table 4.2 The coefficients of mapping function when $\varphi = 30°$ and $c = 2\,\text{MPa}$

R	c_1	c_2	c_3	c_4	c_5	c_6	c_7
2.9948	0.1657	0.29×10^{-9}	-0.15×10^{-1}	0.26×10^{-8}	0.26×10^{-2}	-0.11×10^{-8}	-0.51×10^{-3}

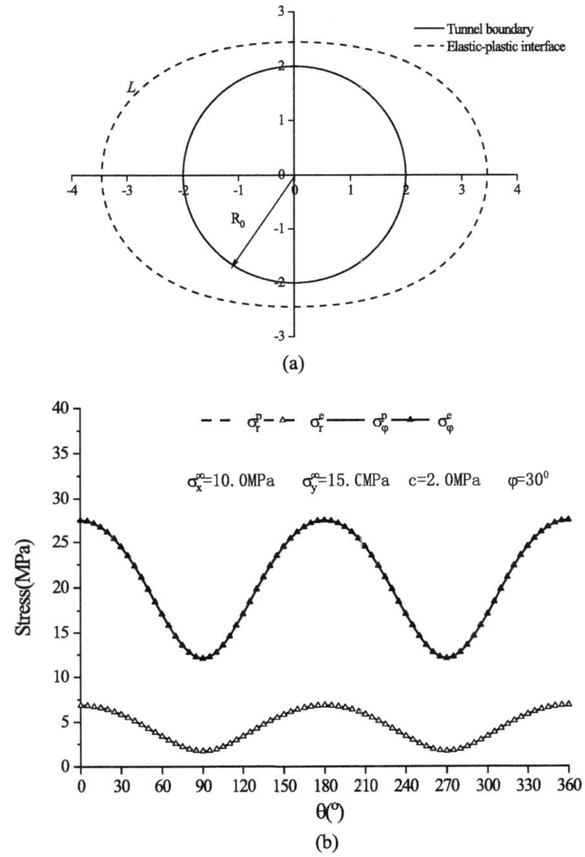

Fig. 4.3 Elastic–plastic boundary L and stress distribution: **a** elastic–plastic region boundary; **b** radial and tangential stresses on the boundary

$$\max_{\theta\in[0,2\pi]}\left|\sigma_r^e-\sigma_r^p\right|=0.26\times10^{-2}\ \text{MPa}$$

$$\max_{\theta\in[0,2\pi]}\left|\sigma_\alpha^e-\sigma_\alpha^p\right|=0.26\times10^{-2}\ \text{MPa}$$

$$\max_{\theta\in[0,2\pi]}\left|\tau_{r\alpha}^e-\tau_{r\alpha}^p\right|=0.47\times10^{-2}\ \text{MPa}$$

4.1.6 Analysis and Discussion

4.1.6.1 Influence of *m* and *n* on Calculation Accuracy

M and *n* are the number of terms in mapping function $\omega(\zeta)$ and the analytical function $\varphi_1'(z)$ and $\psi_1'(z)$, respectively. In theory, as *m* and *n* increase, the calculation accuracy

Table 4.3 The calculation results with different m and n

m	$\max\lvert\sigma_r^e - \sigma_r^p\rvert$ (MPa)	$\max\lvert\sigma_\alpha^e - \sigma_\alpha^p\rvert$ (MPa)	$\max\lvert\tau_{r\alpha}^e - \tau_{r\alpha}^p\rvert$ (MPa)
3	0.38×10^{-1} (0.37×10^{-1})	0.37×10^{-1} (0.37×10^{-1})	0.73×10^{-1} (0.74×10^{-1})
5	0.88×10^{-2} (0.90×10^{-2})	0.88×10^{-2} (0.93×10^{-2})	0.18×10^{-1} (0.18×10^{-1})
7	0.32×10^{-2} (0.26×10^{-2})	0.33×10^{-2} (0.26×10^{-2})	0.60×10^{-2} (0.47×10^{-2})
9	0.91×10^{-3} (0.86×10^{-3})	0.90×10^{-3} (00.81×10^{-3})	0.18×10^{-2} (0.27×10^{-2})
11	0.36×10^{-3} (0.97×10^{-3})	0.36×10^{-3} (0.99×10^{-3})	0.71×10^{-3} (0.22×10^{-2})
13	0.59×10^{-3} (0.40×10^{-2})	0.70×10^{-3} (0.40×10^{-2})	0.13×10^{-2} (0.76×10^{-2})
15	$0.28 \times {}^{10\text{-}4}$ (0.20×10^{-1})	$0.30 \times {}^{10\text{-}4}$ (0.20×10^{-1})	0.19×10^{-3} (0.36×10^{-1})

should be improved. Herein, we take $\varphi = 30°$ and $c = 2$ MPa. Other calculation parameters are the same as in Sect. 4.1.5, and the results are shown in Table 4.3. The stress components at each point on the elastic–plastic boundary (360 points) were calculated using Eqs. (4.54)–(4.56) and Eqs. (4.9) and (4.10), respectively. We find the maximum difference among these points that can reflect the influence of m and n on calculation accuracy. Table 4.3 shows the results obtained when m is taken as 3, 5, 7, 9, 11, 13, and 15, while n is taken as 30 and 20 (shown in parentheses).

In general, when m is big, the calculation accuracy is higher as n becomes larger. When m is taken to be 5, there is a high degree of calculation accuracy, and the maximum absolute error in stress components is less than 0.02 MPa.

4.1.6.2 Influence of Cohesive Force *c* on the Plastic Region

Here, $m = 5$, $n = 20$ and $\varphi = 30°$ are taken, and other parameters are the same as in Sect. 4.1.5. Cohesive force c is taken to be 0.5, 1.0, 2.0, and 4.0, respectively. The shapes and sizes of the elastic–plastic boundaries obtained are shown in Fig. 4.4.

As shown in Fig. 4.4, the elastic–plastic boundaries are similar to ellipses, but they are larger than ellipses, and their major axes are parallel to the direction of minimum principal stress σ_x^∞. As c gets smaller, the plastic region formed is larger, but the increase in the two principal stresses is different. It increases more in the direction of minimum principal stress σ_x^∞. Through calculations, it was also found that when c is less than a certain value, it is impossible to form a plastic region that surrounds the entire boundary of the tunnel.

4.1.6.3 Influence of Internal Friction Angle on Plastic Zone

Here, $m = 5$, $n = 20$, and $c = 1$ MPa are still taken, and other parameters are the same as in Sect. 4.1.5. The internal friction angle φ is taken to be 15°, 30°, 45° and 60°, respectively. The shapes and sizes of the elastic–plastic boundaries obtained are shown in Fig. 4.5.

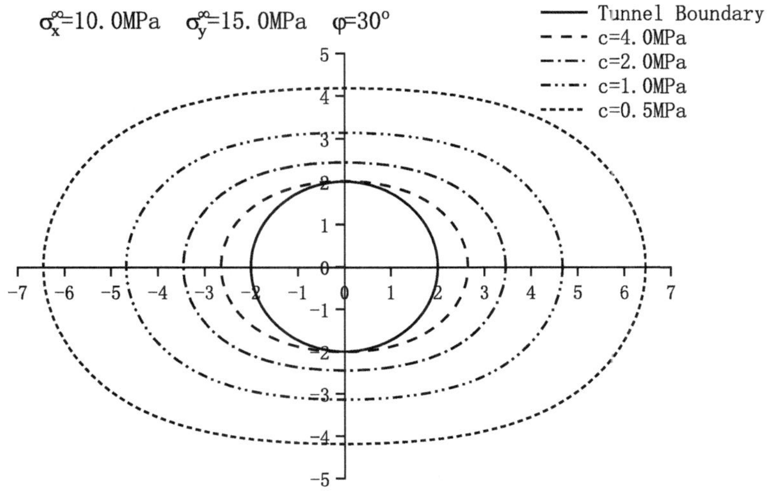

Fig. 4.4 The shapes and sizes of the elastic–plastic boundaries under different cohesive force *c*

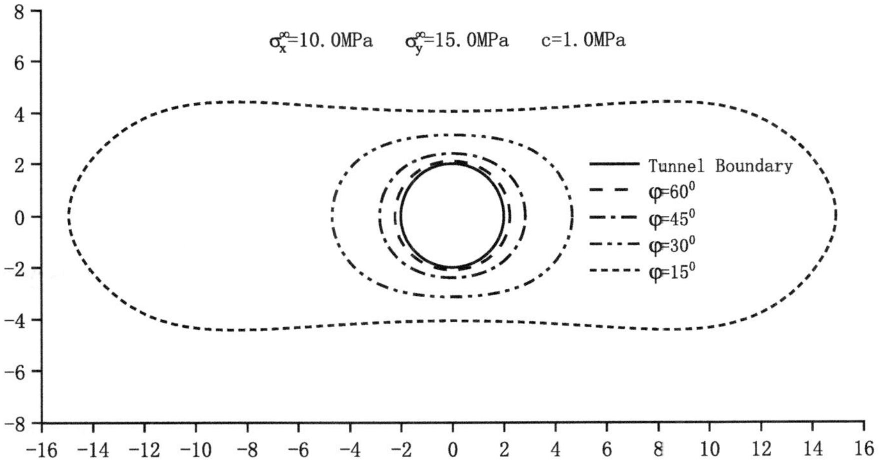

Fig. 4.5 The shapes and sizes of the elastic–plastic boundaries under different friction angle φ

As shown in Fig. 4.5, when φ is relatively small, the elastic–plastic boundary is still an enlarged ellipse-like shape. The smaller the φ, the larger the plastic region formed. The magnitude of increase is different in the two principal stress directions. Plastic region becomes lager in the direction of minimum principal stress σ_x^∞. As φ increases, the elastic–plastic boundary tends to be more circular and closer to the edge of the tunnel. When it reaches 75°, the elastic–plastic boundary is just adjacent to the edge of the tunnel. From this example, it can also be seen that when both *c*

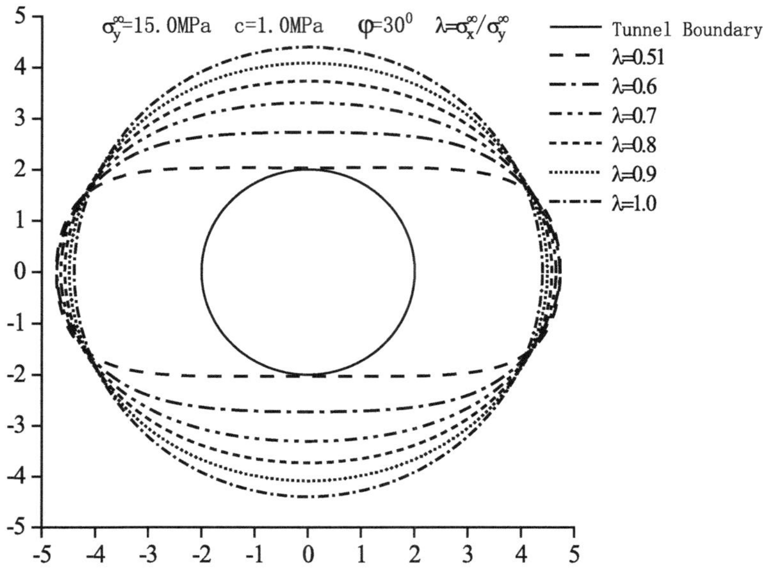

Fig. 4.6 The shapes and sizes of the elastic–plastic boundaries under lateral pressure coefficient λ

and φ are very small, the shape of the elastic–plastic boundary formed is no longer an enlarged elliptical shape, but rather a dumbbell shape with slightly thinner in the middle.

4.1.6.4 Influence of Lateral Pressure Coefficient λ on the Plastic Zone

It was found that when the lateral pressure coefficient λ is either too small or too large, it will not produce a plastic region surrounding the entire tunnel. This section only discusses the case of $\lambda \leq 1$. Figure 4.6 shows the calculation results for λ values of 0.51, 0.6, 0.7, 0.8, 0.9, and 1.0, respectively.

From Fig. 4.6, it can be observed that when σ_y^∞ is fixed and λ is the smaller, less likely to form a plastic region that can surround the entire tunnel. When $\lambda < 0.5$, there is no plastic region surrounding the entire tunnel. As λ increases (σ_x^∞ becomes larger), the plastic zone expands along the vertical direction, while the variation in horizontal is relatively small. The elastic–plastic boundary tends to a circle.

4.1.6.5 Influence of Inner Pressure on Plastic Zone

Taking the Hoek–Brown criterion as an example, Ref. [4] not only analyzed the influence of uniaxial compressive strength σ_c, strength parameter m_i, and lateral pressure coefficient λ on the plastic region, but also considered the effect of internal pressure p_0 inside the tunnel on the plastic region. The influence of lateral pressure

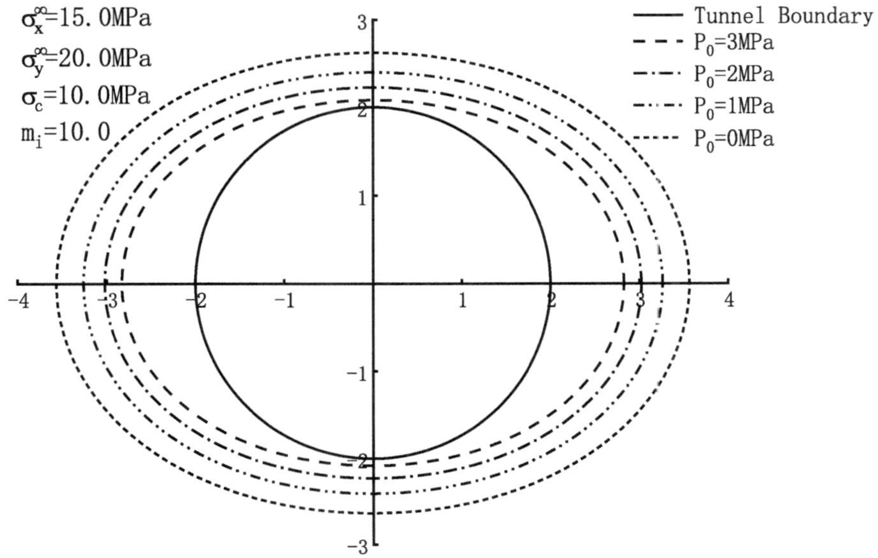

Fig. 4.7 The shapes and sizes of the elastic–plastic boundaries under different inner pressure p_0

coefficient λ is basically the same as that obtained using the Mohr–Coulomb criterion as seen in above section (d). When analyzing the influence of internal pressure p_0 on the plastic region, the calculation parameters used are $\sigma_x^\infty = 15$ MPa, $\sigma_y^\infty = 20$ MPa, $\sigma_c = 10$ MPa, $m_i = 10$, $R_0 = 2$ m, $m = 15$ and $n = 30$. Figure 4.7 shows the shape and size of the plastic zone when $p_0 = 0$, 1, 2 and 3 MPa.

It can be seen from Fig. 4.7 that as p_0 increases, the size of the plastic region decreases from a large elliptical shape to a small elliptical shape. The shape of elastic–plastic boundary remains the same, and the ratio of the major and minor axes of ellipse remains at 1.36. It indicates that the larger the support force provided by the supporting structure to the surrounding rock, the smaller the plastic region generated.

In summary, the method proposed by the author to determine the elastic–plastic boundary is universal, as it is not only applicable to the Mohr–Coulomb strength criterion, but also to the Hoek–Brown strength criterion. Regardless of how complex the strength criterion is, as long as the stress expression can be calculated, the method proposed can be used to determine the plastic region of the circular tunnel under non-hydrostatic pressure conditions.

The problem of elastic–plastic boundary is transformed into a problem of determining coefficient solution of mapping function, which only needs 5 terms can obtained very satisfactory results. By expanding complex stress combination equations of the elastic–plastic boundary into a Fourier series, sufficient computational accuracy can be achieved when the highest positive and negative power terms of the series are both 20. The determined elastic–plastic boundary is mostly similar to an elliptical shape, but is more enlarged than an elliptical shape, with its maximum axis direction along the minimum principal stress direction.

When the cohesive strength c and internal friction angle φ of the rock are smaller, a larger plastic region is formed, and its increase is greater in the direction of the minimum stress. If c and φ increase to a certain value, it is no longer possible to form a plastic region that surrounds the entire boundary of the tunnel. When c and φ are small, the shape of the elastic–plastic boundary formed is no longer an enlarged elliptical shape, but a dumbbell shape with slightly thinner in the middle.

When the lateral pressure coefficient λ is either small or large, a plastic region that surrounds the entire boundary of the tunnel will not be formed. When $\lambda \leq 1$ and the larger λ is, the elastic–plastic boundary tends to be circular. This problem will be analysed in following Sect. 4.2 to explain how to solve such elastic–plastic problems.

4.2 Elastoplastic Solution of a Circular Tunnel-Local Plastic Zone

4.2.1 Problem Description

As demonstrated by the numerical examples in Sect. 4.1, plastic zones will be developed in local regions of the surrounding rock when the difference between the in-situ stresses along the two direction is large. The tunnel edge remains partially elastic and the plastic zone cannot completely enclose the entire tunnel edge. Some scholars have conducted some preliminary studies on this kind of non-enclosed elastoplastic boundary based on the Tresca criterion and obtained some approximate solutions. This section will still use the method proposed in Sect. 4.1 to solve the determination problem of non-enclosed elastoplastic boundary when the circular tunnel is subjected to non-hydrostatic in-situ stresses, considering that the rock yield follows the Mohr–Coulomb criterion. The solution approach is basically the same as that in Sect. 4.1, where the elastic region on the physical plane is mapped to the exterior of the unit circle on the image plane through conformal mapping, and the mapping function coefficients that can describe the elastic–plastic boundary are taken as design variables. The elastic–plastic boundary is found by using optimization algorithm, the objective function for optimization is established based on the stress continuity condition on the elastic–plastic boundary and the stress boundary condition on the elastic boundary of the tunnel edge. Each iteration during optimization is to solve a forward problem with known boundary conditions. The proposed method does not require any assumptions about the shape of the elastic–plastic interface, and the solution obtained is an analytical solution with high accuracy.

As shown in Fig. 4.8, an underground deep buried circular tunnel with a radius of R_0 produces a plastic zone that cannot completely surround the circular tunnel under the action of non-hydrostatic in-situ stresses σ_x^∞ and σ_y^∞ at infinity. Due to the symmetry of the stresses and the tunnel shape, the plastic zone must be symmetrical

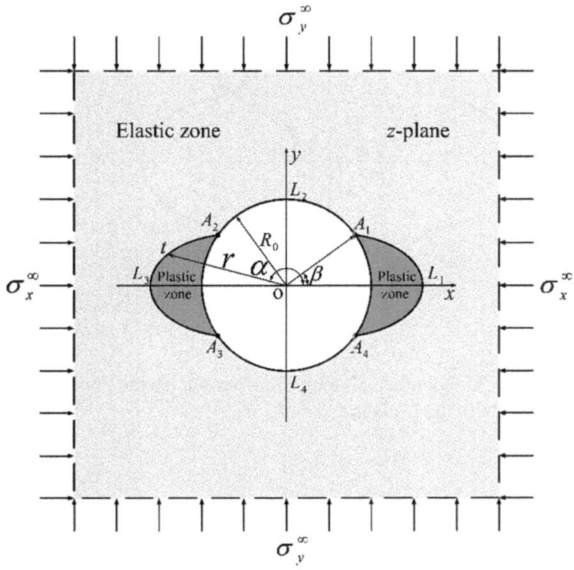

Fig. 4.8 The plastic zone that cannot completely surround the circular tunnel subjected to non-hydrostatic stresses

with respect to the two coordinate axes. L_1 and L_3 represent the elastoplastic interfaces, and L_2 and L_4 represent the partial boundaries of the tunnel, indicating that the surrounding rock is in an elastic state. A_1, A_2, A_3, A_4 are the dividing points between the elastic and plastic parts of the tunnel. The unknown β is the polar angle between A_1 and the positive direction of the x-axis, obviously we have $0 < \beta < \pi/2$.

In addition to the assumptions given in Sect. 4.1, the solution process also requires the assumption that there is no tension stress on the elastic boundaries L_2 and L_4 of the tunnel, which ensures that the yielding of the surrounding rock is caused by compression. As research results show, this assumption can be satisfied when the difference between the in-situ stresses is not significant.

As shown in Fig. 4.9, the inner boundary of the elastic zone is a closed curve composed of the elastic–plastic boundary lines L_1 and L_3, as well as the circular hole boundary lines L_2 and L_4, the surrounding rock outside this closed curve is in an elastic state. The elastic zone in the physical plane (z-plane) is mapped onto the outer region of the unit circle in the image plane (ζ-plane). L_1, L_2, L_3, L_4 in the z-plane correspond to L_1', L_2', L_3', L_4' in the ζ-plane, respectively. β in the z-plane corresponds to β' ζ-plane. It is noted that β' is an unknown that needs to be solved in this section. According to the mapping relationship, β' should satisfy $0 < \beta' < \pi/2$. For the ease of expression, the inner boundary of the elastic zone is denoted as $L = L_1 \cup L_2 \cup L_3 \cup L_4$, corresponding to the unit circle $L' = L_1' \cup L_2' \cup L_3' \cup L_4'$ in the ζ-plane. In Fig. 4.9, $z = x + \mathrm{i}y = re^{\mathrm{i}\alpha}$ represents a point on the z-plane, where r and α are respectively the polar radius and polar angle on the z-plane. $\zeta = \xi + \mathrm{i}\eta = \rho e^{i\theta}$ represents a point on the ζ-plane, where ρ and θ are respectively the polar radius and polar angle on the ζ-plane. The mapping shown in Fig. 4.9 can be expressed using a Taylor series, and its general form remains (Eq. 1.1):

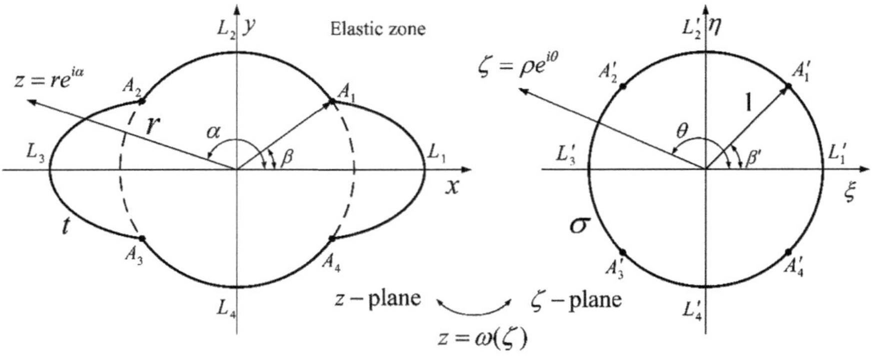

Fig. 4.9 The conformal mapping from the elastic zone in the z-plane into the outer region of the unit circle in the ζ-plane

$$z = \omega(\zeta) = R\left(\zeta + \sum_{k=1}^{\infty} c_k \zeta^{-k}\right) \tag{4.57}$$

where $\rho = 1$ represents unit circle on the ζ-plane, which corresponds to the inner boundary L of the elastic region on the z-plane. Let σ represent a point on the unit circle and t represent a point on L. Since L is symmetric about the x-axis, R and c_k are all real numbers. In addition, due to the y-axis symmetry of L, when k is even, c_k is equal to zero.

Equation (4.57) is an infinite series. Generally, only when L is a simple circle or ellipse can it be accurately represented by a finite number of terms. For the problem discussed here, the shape of L may be complex, and the accurate mapping function can be obtained only when k is infinite. In the actual calculation process, c_k can only be truncated at a finite number of terms m, and the value of m has an impact on the calculation accuracy, which is one of the topics to be discussed in this section.

4.2.2 Stresses Expressed by Analytic Functions

Two analytic functions $\varphi_1(z)$ and $\psi_1(z)$ are still represented in the same form as given in Sect. 4.1. The stress combination expression in rectangular coordinates is transformed to the stress combination expression in polar coordinates, the result after transformation is:

$$\sigma_r^e + \sigma_\alpha^e = 4\mathrm{Re}\left[\varphi_1'(z)\right] \tag{4.58}$$

$$\sigma_\alpha^e - \sigma_r^e + 2\mathrm{i}\tau_{r\alpha}^e = 2\frac{z}{\bar{z}}\left[\bar{z}\varphi_1''(z) + \psi_1'(z)\right] \tag{4.59}$$

where the stress component with the superscript 'e' indicates that it is in the elastic region, so as to distinguish it from the stress component in the plastic region.

On the boundary L of the elastic region, Eqs. (4.58) and (4.59) can be represented as complex variable functions with σ as an independent variable:

$$\sigma_r^e + \sigma_\alpha^e = 2\left(2B + \sum_{k=1}^{n} a_k\sigma^k + \sum_{k=1}^{n} a_k\sigma^{-k}\right) \tag{4.60}$$

$$\sigma_\alpha^e - \sigma_r^e + 2i\tau_{r\alpha}^e = 2\left[\frac{\omega(\sigma)}{\omega'(\sigma)}\sum_{k=1}^{n}(-k)a_k\sigma^{-k-1} + \left(B' + \sum_{k=1}^{n} b_k\sigma^{-k}\right)\frac{\overline{\omega(\sigma)}}{\omega(\sigma)}\right] \tag{4.61}$$

where the meanings of a_k, b_k, B, B' are the same as those in Sect. 4.1, a_k and b_k are real constants. In actual calculations, a_k and b_k are truncated at a finite number n. Due to the symmetry, a_k and b_k are equal to 0 when k is odd.

The stress distributions in the plastic zone depend only on the stress boundary conditions on the tunnel edge, but not on the in-situ stresses σ_x^∞ and σ_y^∞. The stress boundary conditions in this section are the same as those in Sect. 4.1 when the plastic region completely surrounds the entire circular tunnel. Therefore, the stress expressions in the plastic region when it completely surrounds the circular tunnel are also applicable to the problem discussed in this section. The stress on the outer boundary of the plastic region as a function of σ can be expressed as

$$\sigma_r^p = c\cdot\cot\varphi\left(\frac{\sqrt{\omega(\sigma)\overline{\omega(\sigma)}}}{R_0}\right)^{\frac{2\sin\varphi}{1-\sin\varphi}} - c\cdot\cot\varphi \tag{4.62}$$

$$\sigma_\alpha^p = c\cdot\cot\varphi\left(\frac{\sqrt{\omega(\sigma)\overline{\omega(\sigma)}}}{R_0}\right)^{\frac{2\sin\varphi}{1-\sin\varphi}}\frac{1+\sin\varphi}{1-\sin\varphi} - c\cdot\cot\varphi \tag{4.63}$$

$$\tau_{r\alpha}^p = 0 \tag{4.64}$$

where the stress component with the superscript 'p' indicates that it is in the plastic region, so as to distinguish it from the stress component in the elastic region.

4.2.3 *Stress Continuity and Boundary Conditions*

For the convenience of dealing with the stress continuity condition at the elastic–plastic interface and the stress boundary condition at the tunnel edge, a simple deduction of Eqs. (4.60) and (4.61) yields the following form.

$$\begin{aligned}\sigma_r^e - \mathrm{i}\tau_{r\alpha}^e &= 2B + \sum_{k=1}^{n} a_k \sigma^k + \sum_{k=1}^{n} a_k \sigma^{-k} - \frac{\omega(\sigma)}{\omega'(\sigma)} \sum_{k=1}^{n} (-k) a_k \sigma^{-k-1} \\ &\quad - \left(B' + \sum_{k=1}^{n} b_k \sigma^{-k}\right) \frac{\omega(\sigma)}{\overline{\omega(\sigma)}}\end{aligned} \tag{4.65}$$

$$\begin{aligned}\sigma_\alpha^e + \mathrm{i}\tau_{r\alpha}^e &= 2B + \sum_{k=1}^{n} a_k \sigma^k + \sum_{k=1}^{n} a_k \sigma^{-k} + \frac{\omega(\sigma)}{\omega'(\sigma)} \sum_{k=1}^{n} (-k) a_k \sigma^{-k-1} \\ &\quad + \left(B' + \sum_{k=1}^{n} b_k \sigma^{-k}\right) \frac{\omega(\sigma)}{\overline{\omega(\sigma)}}\end{aligned} \tag{4.66}$$

Equations (4.65) and (4.66) represent the stress combination on the inner boundary L of the elastic region, thus they are applicable to any point on the unit circle of the ζ-plane, that is, $\sigma \in L'$.

By using Eqs. (4.62), (4.64), (4.65) and the stress continuity condition on L_1 and L_3, i.e., $\sigma_r^e = \sigma_r^p$ and $\tau_{r\alpha}^e = \tau_{r\alpha}^p$, we can obtain the stress continuity equations:

$$\begin{aligned}&2B + \sum_{k=1}^{n} a_k \sigma^k + \sum_{k=1}^{n} a_k \sigma^{-k} - \frac{\omega(\sigma)}{\omega'(\sigma)} \sum_{k=1}^{n} - k a_k \sigma^{-k-1} - \left(B' + \sum_{k=1}^{n} b_k \sigma^{-k}\right) \frac{\omega(\sigma)}{\overline{\omega(\sigma)}} \\ &= c \cdot \cot\varphi \left(\frac{\sqrt{\omega(\sigma)\overline{\omega(\sigma)}}}{R_0}\right)^{\frac{2\sin\varphi}{1-\sin\varphi}} - c \cdot \cot\varphi\end{aligned} \tag{4.67}$$

By using Eqs. (4.63), (4.64), (4.66), and the stress continuity condition on L_1 and L_3, i.e., $\sigma_\alpha^e = \sigma_\alpha^p$ and $\tau_{r\alpha}^e = \tau_{r\alpha}^p$, we can obtain the stress continuity equations:

$$\begin{aligned}&2B + \sum_{k=1}^{n} a_k \sigma^k + \sum_{k=1}^{n} a_k \sigma^{-k} + \frac{\omega(\sigma)}{\omega'(\sigma)} \sum_{k=1}^{n} - k a_k \sigma^{-k-1} + \left(B' + \sum_{k=1}^{n} b_k \sigma^{-k}\right) \frac{\omega(\sigma)}{\overline{\omega(\sigma)}} \\ &= c \cdot \cot\varphi \left(\frac{\sqrt{\omega(\sigma)\overline{\omega(\sigma)}}}{R_0}\right)^{\frac{2\sin\varphi}{1-\sin\varphi}} \frac{1+\sin\varphi}{1-\sin\varphi} - c \cdot \cot\varphi\end{aligned} \tag{4.68}$$

By using Eq. (4.65) and the stress boundary conditions on the inner elastic boundaries L_2 and L_4 of the circular tunnel, i.e., $\sigma_r^e = 0$ and $\tau_{r\alpha}^e = 0$, we can obtain the stress boundary equations:

$$2B + \sum_{k=1}^{n} a_k \sigma^k + \sum_{k=1}^{n} a_k \sigma^{-k} - \frac{\omega(\sigma)}{\omega'(\sigma)} \sum_{k=1}^{n} (-k) a_k \sigma^{-k-1}$$

$$-\left(B' + \sum_{k=1}^{n} b_k \sigma^{-k}\right) \frac{\omega(\sigma)}{\overline{\omega(\sigma)}} = 0 \tag{4.69}$$

It should be noted that Eqs. (4.67) and (4.68) are only applicable to the points on L_1' and L_3' of the unit circle in the ζ-plane, i.e., $\sigma \in L_1' \cup L_3'$. And Eq. (4.69) is only applicable to the points on L_2' and L_4' of the unit circle in the ζ-plane, i.e., $\sigma \in L_2' \cup L_4'$.

When $\sigma \in L_2' \cup L_4'$, we have $\sqrt{\omega(\sigma)\overline{\omega(\sigma)}} = R_0$, and thus the following equation can be constructed.

$$c \cdot \cot\varphi \left(\frac{\sqrt{\omega(\sigma)\overline{\omega(\sigma)}}}{R_0}\right)^{\frac{2\sin\varphi}{1-\sin\varphi}} - c \cdot \cot\varphi = 0 \tag{4.70}$$

Therefore, Eq. (4.69) can be written as:

$$2B + \sum_{k=1}^{n} a_k \sigma^k + \sum_{k=1}^{n} a_k \sigma^{-k} - \frac{\omega(\sigma)}{\omega'(\sigma)} \sum_{k=1}^{n} (-k) a_k \sigma^{-k-1} - \left(B' + \sum_{k=1}^{n} b_k \sigma^{-k}\right) \frac{\omega(\sigma)}{\overline{\omega(\sigma)}}$$
$$= c \cdot \cot\varphi \left(\frac{\sqrt{\omega(\sigma)\overline{\omega(\sigma)}}}{R_0}\right)^{\frac{2\sin\varphi}{1-\sin\varphi}} - c \cdot \cot\varphi$$

This equation is exactly the same as Eq. (4.67). Therefore, Eqs. (4.67) and (4.69) can be expressed using a single Eq. (4.67), where the value of σ applies to a point on the unit circle in the ζ-plane, i.e., $\sigma \in L'$. This simplifies the analysis process and brings great convenience.

4.2.4 Determination of Analytic Function Coefficients

The unknowns to be solved in this section include the mapping function coefficients R and c_k, as well as the polar angle β' on the ζ-plane. Once the values of R, c_k and β' are given, the coefficients a_k and b_k of the analytic functions $\varphi_1'(z)$ and $\psi_1'(z)$ can be determined according to Eq. (4.67). Then a fast method for solving a_k and b_k is presented. The obtained values of a_k and b_k need to satisfy Eq. (4.68). The objective function will be established through Eq. (4.68) and an optimization method will be used to determine the solutions that satisfy both Eqs. (4.67) and (4.68).

Rewrite Eq. (4.67) in the form of Eq. (4.71) to facilitate the solution of a_k and b_k.

$$\sum_{k=1}^{n} a_k \left[\sigma^k + \sigma^{-k} + k\frac{\omega(\sigma)}{\omega'(\sigma)}\sigma^{-k-1}\right] + \sum_{k=1}^{n} b_k \left[-\sigma^{-k}\frac{\omega(\sigma)}{\overline{\omega(\sigma)}}\right]$$

$$= c \cdot \cot\varphi \left(\frac{\sqrt{\omega(\sigma)\overline{\omega(\sigma)}}}{R_0} \right)^{\frac{2\sin\varphi}{1-\sin\varphi}} + B' \frac{\omega(\sigma)}{\overline{\overline{\omega(\sigma)}}} - c \cdot \cot\varphi - 2B \tag{4.71}$$

The n different points σ_j on the unit circle corresponding to n different values of θ_j in the range of $\theta \in [0, 2\pi]$, a system of complex linear equations with a dimension of $n \times 2n$ can be obtained by substituting the points into Eq. (4.71). As mentioned before, a_k and b_k are real constants, and the number of them is n. Therefore, the number of the unknowns in the resulting complex linear equation system is $2n$. Then, $2n$ real linear equation systems can be constructed by separating the real and imaginary parts of the above complex linear equation system. In this way, the number of equations is equal to the number of unknowns, and the linear equation system is solvable.

In specific calculations, we can take

$$\theta_j = \frac{2\pi}{n} j, \ j = 1, 2, \ldots, n$$

Select n points evenly within the interval $[0, 2\pi]$. When $\theta = \theta_j$, we introduce the following symbols:

$$A_{j,k} = \begin{cases} \sigma_j^k + \sigma_j^{-k} + k\frac{\omega(\sigma_j)}{\omega'(\sigma_j)}\sigma_j^{-k-1}, \ j = 1, 2, \ldots, n; \ k = 1, 2 \ldots, n \\ -\sigma_j^{-k}\frac{\omega(\sigma_j)}{\overline{\overline{\omega(\sigma_j)}}}, \ j = 1, 2, \ldots, n; \ k = n+1, n+2, \ldots, 2n \end{cases}$$

$$B_j = c \cdot \cot\varphi \left(\frac{r_j}{R_0} \right)^{\frac{2\sin\varphi}{1-\sin\varphi}} + B' \frac{\omega(\sigma_j)}{\overline{\overline{\omega(\sigma_j)}}} - c \cdot \cot\varphi - 2B, \ j = 1, 2, \ldots, n$$

Separating the real and the imaginary parts of $A_{j,k}$ and B_j, a matrix denoted as $\mathbf{A}$ with dimensions of $2n \times 2n$ and a matrix denoted as $\mathbf{B}$ with dimensions of $2n \times 1$ are constructed as follows.

$$\mathbf{A} = \begin{bmatrix} \mathrm{Re}(A_{1,1}) & \mathrm{Re}(A_{1,2}) & \cdots & \mathrm{Re}(A_{1,2n}) \\ \mathrm{Re}(A_{2,1}) & \mathrm{Re}(A_{2,2}) & \cdots & \mathrm{Re}(A_{2.2n}) \\ \vdots & \vdots & \ddots & \vdots \\ \mathrm{Re}(A_{n,1}) & \mathrm{Re}(A_{n,2}) & \cdots & \mathrm{Re}(A_{n,2n}) \\ \mathrm{Im}(A_{1,1}) & \mathrm{Im}(A_{1,2}) & \cdots & \mathrm{Im}(A_{1,2n}) \\ \mathrm{Im}(A_{2,1}) & \mathrm{Im}(A_{2,2}) & \cdots & \mathrm{Im}(A_{2,2n}) \\ \vdots & \vdots & \ddots & \vdots \\ \mathrm{Im}(A_{n,1}) & \mathrm{Im}(A_{n,2}) & \cdots & \mathrm{Im}(A_{n,2n}) \end{bmatrix}$$

$$\mathbf{B} = \left[\mathrm{Re}(B_1) \ \mathrm{Re}(B_2) \ \cdots \ \mathrm{Re}(B_n) \ \mathrm{Im}(B_1) \ \mathrm{Im}(B_2) \ \cdots \ \mathrm{Im}(B_n) \right]^{\mathrm{T}}$$

where Re() and Im() represent taking the real part and the imaginary part of the complex number inside the parentheses, respectively.

Accordingly, the relationship between R, c_k, β', a_k and b_k has been established. In other words, the coefficients a_k and b_k of the analytic functions can be obtained by solving the following system of linear equations if R, c_k, β' are given.

$$\mathbf{AX} = \mathbf{B} \tag{4.72}$$

where $\mathbf{X} = \begin{bmatrix} a_1 & a_2 & \cdots & a_n & b_1 & b_2 & \cdots & b_n \end{bmatrix}^{\mathrm{T}}$.

4.2.5 Solution for Coefficients

The stress continuity Eqs. (4.67), (4.68) and the stress boundary Eq. (4.69) are established in Sect. 4.2.3. So far, we have only used Eqs. (4.67) and (4.69), and we have not used Eq. (4.68) that represents the condition $\sigma_\alpha^e = \sigma_\alpha^p$ on the elastic–plastic boundary. Next, we will use Eq. (4.68) to determine R, c_k, β'.

Assuming that the initial values of R, c_k, β' are given, then coefficients a_k and b_k can be determined by Eq. (4.72). The obtained a_k and b_k should also satisfy the stress continuity Eq. (4.68). This is a kind of optimization problem, where R, c_k, β' can be used as the design variables.

Based on the above analysis, the objective function should consist of two parts: one part is the stress continuity condition on the elastic–plastic interface, i.e., Eq. (4.68); the other part indicates the stress the geometric boundary condition (4.70) when the inner boundary of the circular tunnel is in an elastic state. Therefore, the objective function can be constructed as:

$$f(X) = \left[\sum_{j=1}^{n_1} f_{1j}(X) + \sum_{j=1}^{n_2} f_{2j}(X) \right] / (n_1 + n_2) \tag{4.73}$$

where

$$f_{1j}(X) = \left| \begin{array}{l} 2B + \sum_{k=1}^{n} a_k \sigma_j^k + \sum_{k=1}^{n} a_k \sigma_j^{-k} - \dfrac{\omega(\sigma_j)}{\omega'(\sigma_j)} \sum_{k=1}^{n} (-k) a_k \sigma_j^{-k-1} \\ - \left(B' + \sum_{k=1}^{n} b_k \sigma_j^{-k} \right) \dfrac{\omega(\sigma_j)}{\overline{\omega(\sigma_j)}} \\ - c \cdot \cot\varphi \left(\dfrac{\sqrt{\omega(\sigma_j)\overline{\omega(\sigma_j)}}}{R_0} \right)^{\frac{2\sin\varphi}{1-\sin\varphi}} + c \cdot \cot\varphi \end{array} \right| \tag{4.74}$$

$$f_{2j}(X) = \left| c \cdot \cot\varphi \left(\frac{\sqrt{\omega(\sigma_j)\overline{\omega(\sigma_j)}}}{R_0} \right)^{\frac{2\sin\varphi}{1-\sin\varphi}} - c \cdot \cot\varphi \right| \tag{4.75}$$

where n_1 indicates the number of points taken on the elastic–plastic interfaces L_1 and L_3, and n_2 indicates the number of points taken on the elastic parts L_2 and L_4. The object is to find a set of solutions X^* which makes $f(X^*) = 0$ can be found, namely $f_{1j}(X^*) = 0, j = 1, 2, \ldots, n_1$ and $f_{2j}(X^*) = 0, j = 1, 2, \ldots, n_2$. The former indicates that the selected n_1 points exactly satisfy the stress continuity condition on the determined elastic–plastic boundary. The latter indicates that the selected n_2 points on the inner boundary of the elastic parts of the circular tunnel accurately meet the geometric boundary conditions.

In theory, it is possible to find the exact solution X^* which makes the objective function satisfy $f(X^*) = 0$ only when m, n, n_1, and n_2 are taken as infinity. In actual optimization, since m, n, n_1 and n_2 can only take finite values, the obtained objective function value will not be exactly equal to zero, that is, the solution obtained cannot exactly satisfy the stress continuity and geometric boundary conditions. Therefore, we can only seek solutions that make the objective function $f(X)$ that is close to zero. Through examples, it has been found that such an algorithm is feasible, and the obtained R, c_k, β' have high computational accuracy. The function form of the constructed $f_{2j}(X)$ in Eq. (4.75) is mainly chosen to ensure that $f_{2j}(X)$ and the objective function $f_{1j}(X)$ have the same units, which can help to obtain a solution with higher accuracy.

The Differential Evolution algorithm (DE algorithm) is used for optimization. DE algorithm was proposed by Storn and Price in 1997 based on the population evolution algorithm such as Genetic Algorithm [16]. Essentially, it is a multi-objective global optimization algorithm used for finding the global optimal solution in multi-dimensional space. DE algorithm designs genetic operators by simulating hybridization, mutation, and selection in genetics. It has features such as simple structure, easy implementation, rapid convergence, and strong robustness. With the application of DE algorithm in various fields, it has been found that it is an effective algorithm for optimizing real-valued objective functions. Taking R, $c_k (k = 1, 2, \ldots, m)$, and β' as a total of $m + 2$ variables to be solved as design variables, it is found that using the DE algorithm can effectively solve the elastoplastic problem in this section. The parameter settings related to the algorithm are shown in Table 4.4.

Table 4.4 The values of DE algorithm parameters

DE parameters	Value
Dimension of individual	$m + 2$
Population size	200
Crossover factor	0.5
Mutation scaling factor	0.5
Iterations	400

4.2.6 Verification

After obtaining R, c_k, and β' according to the method proposed in this section, the elastic stress components σ_r^e and σ_α^e will be obtained by separating the real and imaginary parts of Eqs. (4.65) and (4.66). The plastic stress components σ_r^p and σ_α^p can be obtained according to Eqs. (4.62) and (4.63). By providing specific examples, the stress components at each point on the inner boundary L of the elastic region can be calculated to verify the stress continuity conditions on the elastic–plastic boundaries L_1 and L_3, and the stress boundary conditions on the elastic part of the circular tunnel boundaries L_2 and L_4.

4.2.6.1 Discussion on Accuracy

In theory, the larger the highest negative power term m of the mapping function, the easier it is to describe complicated elastoplastic boundaries. However, a larger m implies more design variables and a greater likelihood of algorithm failure. Therefore, the selection of an appropriate m value is crucial for the solution. Taking the Gaussian elimination method as an example, the solution of the $2n$ linear equations in Eq. (4.72) requires approximately $8n^3/3$ of the computational effort, so the value of n has a significant impact on the computational efficiency. Although n_1 and n_2 also affect the computational accuracy, as long as they are relatively large, the success of the algorithm can be ensured. The focus of this section is to explore the impact of m and n on the computational accuracy, without considering n_1 and n_2.

The in-situ stress parameters are defined as $\sigma_x^\infty = 6.0\,\text{MPa}$, $\sigma_y^\infty = 15.0\,\text{MPa}$. The rock parameters are defined as $c = 2.0\,\text{MPa}$, $\varphi = 30.0°$. The parameters in the objective function are $n_1 = 200$ and $n_2 = 80$. The radius R_0 of the circular tunnel is 2 m. When m takes 11, 15, 19 and n takes 30, 40, 50, the obtained values of the objective function $f(X)$ are shown in Table 4.5.

Table 4.5 shows that, in general, the larger m and n are, the smaller the objective function value is, which means that the computational accuracy is higher. It can be considered that satisfactory accuracy has been achieved when $m \geq 15$ and $n \geq 30$.

Table 4.5 The values of the objective function for different m and n

$f(X)$	$m = 11$	$m = 15$	$m = 19$
$n = 30$	7.0228×10^{-2}	5.7091×10^{-2}	4.4488×10^{-2}
$n = 40$	6.9604×10^{-2}	5.6826×10^{-2}	4.2351×10^{-2}
$n = 50$	6.9585×10^{-2}	5.5051×10^{-2}	3.5228×10^{-2}

4.2.6.2 Verification of Stress Continuity Conditions and Boundary Conditions

The parameters are defined as $c = 5.0\,\text{MPa}$, $m = 19$, $n = 40$, the other parameters are the same as above. Table 4.6 shows the obtained R, c_k, and β' based on these parameters. Since c_k is equal to zero when k is even, Table 4.6 only lists the c_k values for odd k. Moreover, we can find that as k increases, c_k gradually decreases and approaches to zero, indicating that the mapping function coefficients are convergent.

The upper half of the inner boundary L of the elastic zone which is above the x-axis is taken for verification. The obtained elastic and plastic stress components on the inner boundary L of the elastic zone are shown in Fig. 4.10. Since the shear stress is equal to zero along L, the verification of it is not performed in the figure.

From Fig. 4.10, it can be seen that the elastic stress components σ_r^e and σ_α^e are basically equal to the plastic stress components σ_r^p and σ_α^p on the elastic–plastic boundary L. The stress components σ_r^e are basically equal to zero on the elastic part

Table 4.6 The values of R, c_k and β' obtained by the given parameters

R	c_1	c_3	c_5	c_7	c_9
2.1848	0.12840	3.8242×10^{-2}	-2.1825×10^{-2}	5.0732×10^{-3}	5.7465×10^{-3}
c_{11}	c_{13}	c_{15}	c_{17}	c_{19}	β'
7.1675×10^{-4}	3.8511×10^{-4}	1.8726×10^{-4}	3.4885×10^{-4}	7.3912×10^{-4}	0.86751

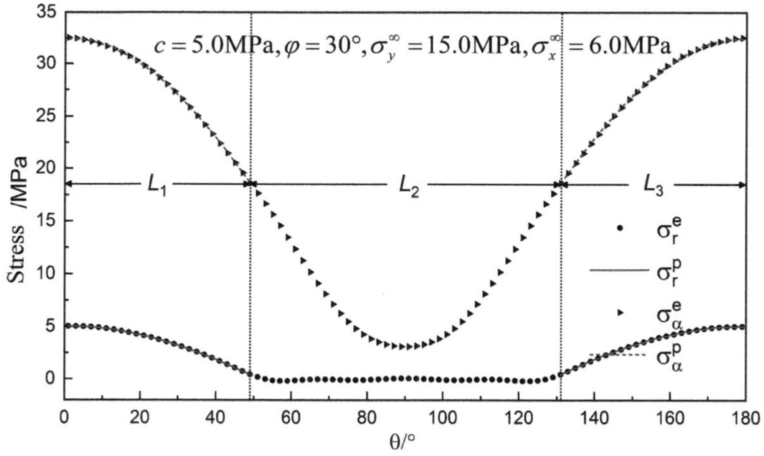

Fig. 4.10 The verification of the stress continuity condition on the elastic–plastic interface and the stress boundary condition on the elastic part of the tunnel edge

L_2 and L_4 of the tunnel boundary, which indicates that the solution obtained by the proposed method can well satisfy the stress continuity condition and stress boundary condition on L. In addition, the stresses σ_r and σ_α along L are not less than zero, indicating that all points on L are in a state of compression, and there is no tensile stress on L. The maximum absolute errors of the stress components along L are as follows:

$$\max_{L_1 \cup L_3}\left|\sigma_r^e - \sigma_r^p\right| = 3.7789 \times 10^{-3}\text{MPa}$$

$$\max_{L_1 \cup L_3}\left|\sigma_\alpha^e - \sigma_\alpha^p\right| = 1.1165 \times 10^{-1}\text{MPa}$$

$$\max_{L_2 \cup L_4}\left|\sigma_r^e\right| = 3.1023 \times 10^{-1}\text{MPa}$$

$$\max_{L}\left|\tau_{r\alpha}^e\right| = 5.9257 \times 10^{-3}\text{MPa}$$

where $\max_{L_1 \cup L_3}\left|\sigma_\alpha^e - \sigma_\alpha^p\right|$ is slightly larger, but it only means that the absolute errors of σ_α^e and σ_α^p near the four points of A_1, A_2, A_3, and A_4 are slightly larger. The errors are very small at other points.

4.2.6.3 Comparison Between Analytical and Numerical Results

The FLAC3D numerical software is used to perform an elastoplastic analysis of a single circular tunnel, which is compared with the analytical solution proposed in this section to verify the correctness of the method in this section. The calculation parameters are identical to the above. Due to the symmetry of the problem, one quarter of the actual model can be taken for analysis, which greatly reduces the number of elements and improves computational efficiency. To simulate an infinite domain problem, the dimensions of the FLAC model are taken as ten times the radius of the circular tunnel, i.e., 20 m × 20 m. The model can be easily meshed using 8-node hexahedron elements. After meshing, the model contains a total of 3300 elements and 6862 nodes. The horizontal direction on the left side of the model and the vertical direction at the bottom are fixed, while horizontal and vertical stresses are applied on the right side and the top, respectively. In addition, to simulate a plane strain problem, the displacement along the direction normal to the paper is set to zero throughout the model. More details about the model can be seen in Fig. 4.11. For convenience, all length units in this section are in meters (m), and the unit will not be repeated later.

For numerical solutions, whether an element reaches yield generally depends on whether the average stress in the element satisfies the yield criterion. Therefore, it is not possible to give a continuous and smooth elastic–plastic boundary as accurate as the analytical solution. However, the difference between them can still serve as

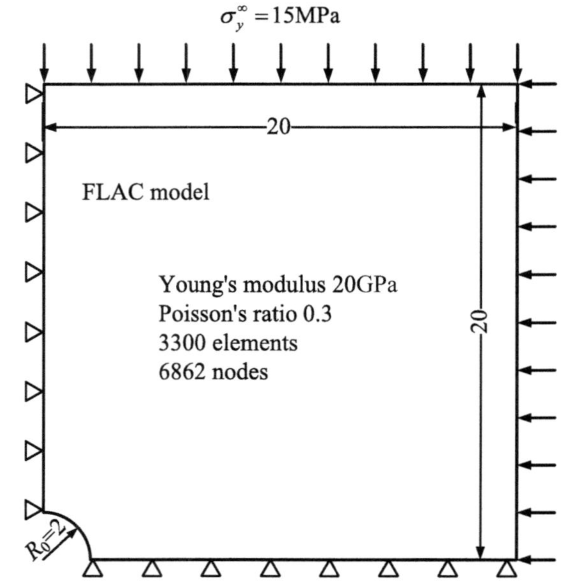

Fig. 4.11 The sketch of FLAC3D model of a circular tunnel

a reliable basis for verifying the correctness of the method proposed in this section. After the FLAC simulation is completed, a total of 63 elements in the model reached yield. The elastic–plastic boundary obtained by the analytical solution can be plotted based on the mapping function coefficients and β' given in Table 4.6. Compare the outermost yield element obtained by FLAC simulation with the elastic–plastic boundary obtained by analytical solution, and the results are shown in Fig. 4.12. It can be seen that the results obtained by the two methods are basically the same, and the elastic–plastic boundary line passes through each yielding element, indicating the correctness of the method proposed in this section.

4.2.7 Analysis and Discussion

The physical properties of the surrounding rock and the magnitude of the in-situ stress level have a significant impact on the plastic zone around the tunnel, and the shape and size of the plastic zone have an important influence on tunnel design. In this section, the proposed analytical method will be used to explore the variation of the plastic zone with changes in various parameters, so as to obtain some understanding of the regularity of the distribution of the plastic zone around circular tunnels.

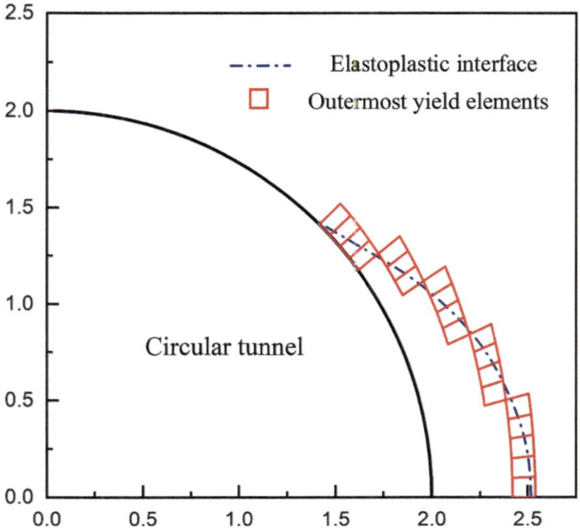

Fig. 4.12 The comparison between analytical solution and numerical solution of single circular tunnel problem

4.2.7.1 Threshold Value of Lateral Pressure Coefficient

According to the Kirsch solution and superposition principle in elasticity mechanics, it is known that in order to ensure that every point around a circular tunnel is in a state of compression, the lateral pressure coefficient λ needs to meet the condition $1/3 < \lambda < 3$. More specifically, only two points at the top and bottom of the inner boundary of the circular tunnel are in a stress-free state when $\lambda = 1/3$. Some regions around the top and bottom points of the inner boundary of the circular hole are in a tensile state when $\lambda < 1/3$. And there are two points at the left and right ends of the inner boundary of the circular tunnel are in a stress-free state when $\lambda = 3$. Some regions at the left and right ends of the inner boundary of the circular tunnel will be in a tensile state if $\lambda > 3$.

For rock materials, their tensile strength is much lower than their compressive strength, and the Mohr Coulomb criterion is not suitable for describing the yield or failure of rocks caused by tension. Therefore, this section only considers the yielding caused by compression of rocks, without considering the plastic zone caused by tensile stress. In order to investigate what conditions that λ need to be satisfied to ensure that the yielding of surrounding rock is caused by biaxial compression after some surrounding rock around the circular tunnel enters the plastic state, the results given in Table 4.7 are obtained through a large number of examples.

For the analysis, we will only consider the case where the vertical stress is greater than the horizontal stress, that is, when λ is less than 1. At this time, the horizontal direction of the surrounding rock is the most likely to yield, resulting in a plastic zone that does not surround the circular tunnel. It is possible to observe whether there is tensile stress at the top and bottom of the circular tunnel, and try to find the corresponding limit value of λ when there is just no tensile stress at the top and

Table 4.7 The threshold values of λ for different c and φ

	$c = 2$ MPa	$c = 3$ MPa	$c = 4$ MPa	$c = 5$ MPa
$\varphi = 20°$	0.435	0.385	0.366	0.349
$\varphi = 30°$	0.390	0.357	0.345	0.341
$\varphi = 40°$	0.359	0.342	0.339	0.336
$\varphi = 50°$	0.343	0.337	0.338	0.334

bottom of the tunnel. Taking the vertical stress σ_y^∞ as 15 MPa, Table 4.7 provides several sets of threshold values of lateral pressure coefficient λ corresponding to the top and bottom of the circular hole where there is no tensile stress when the cohesion c and internal friction angle φ are different.

Table 4.7 shows that the threshold value of λ decreases gradually with the increase of c or φ, but will be no less than 1/3. This is because the plastic zone gradually decreases at this time, and the stress distribution outside the circular tunnel becomes closer and closer to the stress distribution in the elastic state. It should be noted that only when the cohesion c, the internal friction angle φ, and the in-situ stress in a certain direction are known, can the threshold value of λ be determined, which is more complex than the conclusions obtained when the surrounding rock is completely in an elastic state. For a given set of rock parameters and in-situ stresses, when the horizontal direction of the surrounding rock yields, the threshold values of λ obtained are all greater than the threshold value of 1/3 obtained for the elastic state. This indicates that when the plastic behavior of the surrounding rock is considered, tensile stress will occur around the circular tunnel when the difference between the in-situ stresses is not significant. This difference is more conservative than the results obtained from elastic theory.

4.2.7.2 Effect of Cohesion on Plastic Zone

The shape and size of the inner boundary of the elastic zone corresponding to different cohesion c are studied to explore the effect of c on the plastic zone. The calculation parameters are $\varphi = 30.0°$, $\sigma_y^\infty = 15.0\,\text{MPa}$, $\lambda = 0.4$, Fig. 4.13 plots the inner boundary of the elastic zone under different c values.

As can be seen from Fig. 4.13, when the vertical geostress is greater than the horizontal geostress, the plastic zone develops in the horizontal direction where the geostress is smaller. The cohesion c has a significant effect on the shape and size of the plastic zone. When c is small, the shape of the plastic zone is similar to a horizontally elongated spindle. When c is large, the shape of the plastic zone is similar to an elliptical arc. With the increase of c, the area of the plastic zone presents a nonlinear decrease, and the plastic zone gradually shrinks towards the tunnel direction and becomes smaller, with a larger variation in the x-axis direction where the geostress is smaller and a smaller variation in the y-axis direction where

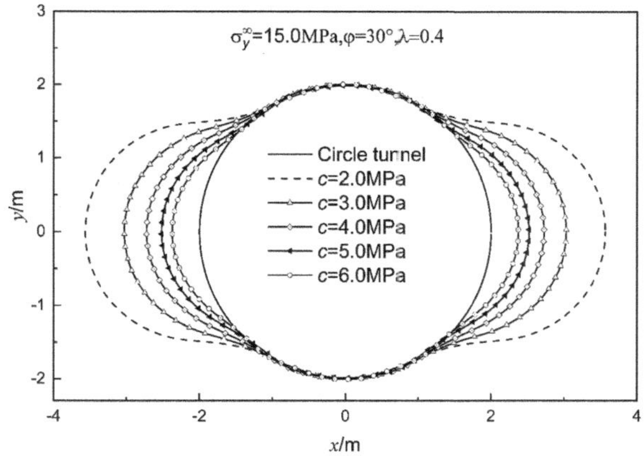

Fig. 4.13 The inner boundaries of elastic zone for different cohesion c

the geostress is larger. In this process, the elastic parts L_2 and L_4 on the circular tunnel gradually increase, but the increase rate is small.

The method in this section cannot accurately predict the tensile failure of the top and bottom of the tunnel, nor determine the tensile failure zone. But for the example in the figure, when the cohesion increases from 2.0 to 6.0 MPa, the radial stress values of the top and bottom of the tunnel are both greater than 0. It means that the stresses are compressive. The σ_α^e value gradually increases and its value is 0.67 MPa, 1.90 MPa, 2.55 MPa, 3.10 MPa, and 3.30 MPa, respectively. This indicates that larger c values make the surrounding rock less prone to tension failure.

4.2.7.3 Effect of Internal Friction Angle on Plastic Zone

The shape and size of the inner boundary of the elastic zone corresponding to different internal friction angle φ are studied to explore the effect of φ on the plastic zone. The calculation parameters are $c = 2.0$ MPa, $\sigma_y^\infty = 15.0$ MPa, $\lambda = 0.5$, Fig. 4.14 plots the inner boundary of the elastic zone under different φ values.

Figure 4.14 demonstrates that the effect of the internal angle of friction on the plastic zone is similar to that of the cohesion. When φ is small, the shape of the plastic zone is similar to a horizontally elongated spindle. When φ is large, the shape of the plastic zone is similar to an elliptical arc. As φ increases, the plastic zone gradually shrinks towards the tunnel direction and becomes smaller, with a larger variation in the horizontal direction where the geostress is smaller, and a smaller variation in the vertical direction where the geostress is larger. The elastic parts L_2 and L_4 on the circular tunnel gradually increase, but the increase rate is smaller. In particular, when φ is very small, the plastic zone increases significantly. Similarly, the examples in the figure can ensure that the plastic zone is generated by compression, and there is no tensile stress on L_2 and L_4.

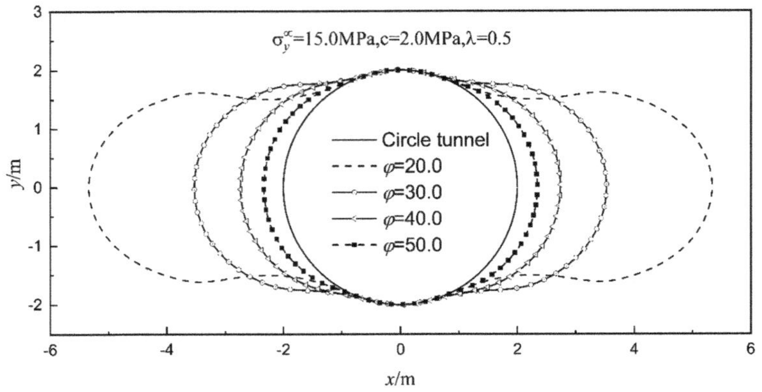

Fig. 4.14 The inner boundaries of elastic zone for different internal frictional angle φ

4.2.7.4 Effect of Lateral Pressure Coefficient on Plastic Zone

The shape and size of the inner boundary of the elastic zone corresponding to different lateral pressure coefficient λ are studied to explore the effect of λ on the plastic zone. The calculation parameters are $c = 2.0\,\text{MPa}$, $\sigma_y^\infty = 15.0\,\text{MPa}$, $\varphi = 30°$, Fig. 4.15 plots the inner boundary of the elastic zone under different λ values.

The lateral pressure coefficients λ in the cases shown in Fig. 4.15 are not significantly different because λ has a significant impact on the plastic zone. When λ is large, the plastic zone will completely surround the circular tunnel. When λ is small, the top and bottom of the tunnel are prone to generate tensile stress, resulting in

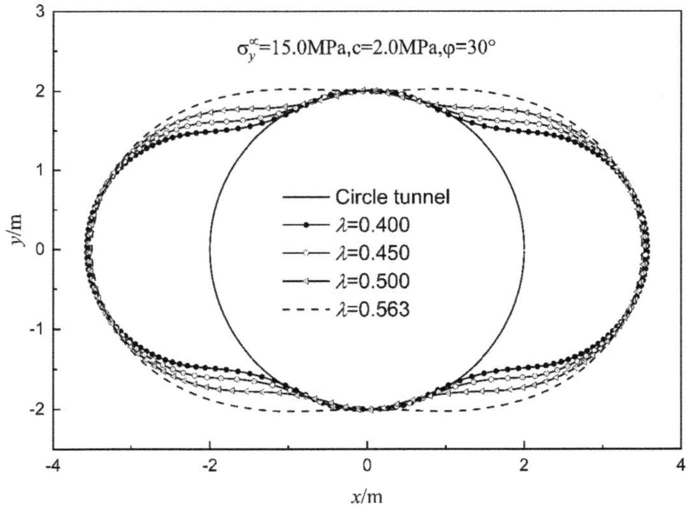

Fig. 4.15 The inner boundaries of elastic zone for different lateral pressure coefficient λ

tensile failure. The two cases are beyond the scope of this discussion. As for the former case, it has been studied in Sect. 4.1.

As can be seen from Fig. 4.15, with the increase of λ, the plastic zone gradually increases. But the change amplitude is very small in the horizontal direction where the geostress is relatively small, only slightly contracting towards the tunnel center. The change amplitude is relatively large in the vertical direction where the geostress is relatively large, with outward expansion being more obvious. During this process, the elastic parts L_2 and L_4 on the circular tunnel gradually decrease, and the decrease amplitude is significant. In other words, when the vertical geostress changes, the variation of the plastic zone in the horizontal direction, whether in shape or size, is not as significant as that in the vertical direction, and vice versa.

4.3 Elastic Solution of Circular Tunnel with Linings—Perfect Bonding Contact

When the tunnel depth is deep, the tunnel is generally in a high initial ground stress state. In some areas, even at a shallow depth, it may be in a high horizontal tectonic stress state. Excavating a tunnel in a rock mass with a high initial ground stress state will result in higher tangential stress concentration in the circumferential direction of the surrounding rock of the tunnel, which will lead to the occurrence of plastic zones within a certain range around the tunnel. The larger the initial ground stress is, the larger the plastic zone will be. If the tunnel is not supported, it will fail and break.

As for elastic solutions for deep supported tunnels, the plane strain problem associated with a single circular tunnel with ring lining in an infinite domain has been studied in depth [17, 18], Theoretically, the solutions based on plain strain can only be applicable to the situation that lining is applied immediately after excavation and no deformation occurs in the surrounding rock mass before that. In fact, after the tunnel is excavated by a certain length and before the lining is applied, some deformation has occurred in the surrounding rock mass. After lining installation, as the working face is advanced, the surrounding rock mass experiences further deformation and leads to forces on the lining. Although the support delay process was considered in Refs. [17, 18], some limitations still exist.

After the tunnel is excavated, some instantaneous elastic deformation occurs in the surrounding rock mass; however, the deformation is not finished. The amount of deformation completed is related to the distance between the working face and the supported section. This is due to the spatial constraint effect exerted by the unexcavated rock mass in front of the working face. Within a certain distance from the working face, the displacement in the surrounding rock mass varied with the distance [19–22]. Reference [19] defined the ratio between this part of displacement and the maximum displacement at any cross section between the working face and unsupported section as the displacement release coefficient η. The coefficients for various forms of cross sections and various distances to the working face for unsupported tunnel were obtained by three-dimensional finite element method. The displacement release coefficient at the working face was in the range 0.20–0.27. When the distance to the working face was 2.5D, where D is the larger value between the height and width of the tunnel cross section, the release coefficient approached 1. It means that the larger the distance between the working face and the supported section, the more the deformation completed in the surrounding rock mass.

Excavation and support of underground tunnels is a spatial problem. If it is assumed to be a plane strain problem, the displacement completed before liner application can be obtained by the methods proposed in Refs. [17, 18]. In this study, the displacement release coefficient is determined according to the distance between the working face and the supported section. In other words, given the displacement completed in the surrounding rock mass before support installation, the analytic stress solutions for a circular pressure tunnel at great depth (Fig. 4.16) can be obtained [23]. Similar to Refs. [17, 18], the following assumptions are made: (1) the surrounding rock mass and the lining are always linear elastic under the action of in situ stresses and hydrostatic pressure and (2) the tunnel is deep enough, so that the problem can be simplified to be an infinite domain problem.

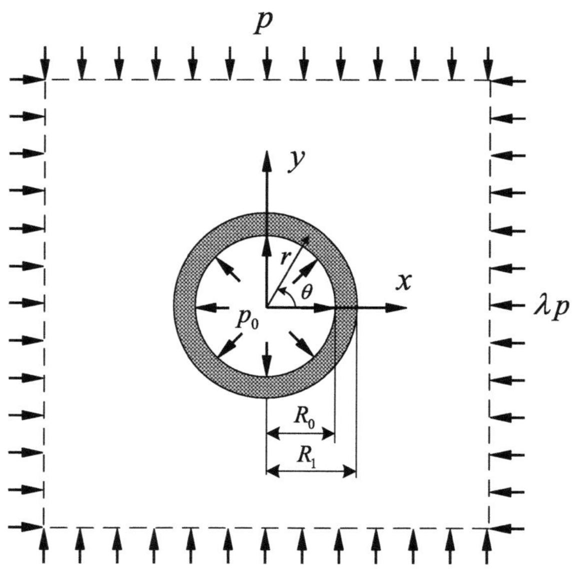

Fig. 4.16 Lined circular tunnel under uniform internal pressure and in situ stresses

4.3.1 Displacement Induced by Excavation

In order to be consistent with the existing results, sign convention is defined as positive for tension, then $\sigma_x^\infty = -\lambda p$, $\sigma_y^\infty = -p$. As derived from Eq. (2.18) in Chap. 2,

$$B = -\frac{(1+\lambda)p}{4}, \quad B' = -\frac{(1-\lambda)p}{2}$$

As indicated in Chap. 2, if the tunnel is not supported after excavation, the displacement of the surrounding rock should be calculated based on Eq. (2.59). The two analytical functions that describe the displacement are given by $\varphi_1^0(z)$, $\psi_1^0(z)$

$$\varphi_1^0(z) = \frac{p(1-\lambda)}{2}R_1^2\frac{1}{z}, \quad \psi_1^0(z) = \frac{p(1+\lambda)}{2}R_1^2\frac{1}{z} + \frac{p(1-\lambda)}{2}R_1^4\frac{1}{z^3} \tag{4.76}$$

The radial displacement u_r and the tangential displacement u_θ at any point in the surrounding rock mass can be obtained as follows:

$$u_r + iu_\theta = \frac{1}{2G_1}e^{-i\theta}\left[\kappa_1\varphi_1^0(z) - z\overline{\varphi_1^{0'}(z)} - \overline{\psi_1^0(z)}\right] \tag{4.77}$$

Substituting Eq. (4.76) into Eq. (4.77) yields,

$$\begin{aligned} u_r + iu_\theta = \frac{1}{2G_1}e^{-i\theta}\Bigg[&\kappa_1\frac{p(1-\lambda)}{2}R_1^2\frac{1}{z} + \frac{p(1-\lambda)}{2}R_1^2\frac{z}{\bar{z}^2} \\ &-\frac{p(1+\lambda)}{2}R_1^2\frac{1}{\bar{z}} - \frac{p(1-\lambda)}{2}R_1^4\frac{1}{\bar{z}^3}\Bigg] \end{aligned} \tag{4.78}$$

where $\kappa_1 = 3 - 4\mu_1$, μ_1 and G_1 are Poisson's ratio and shear modulus of the rock, respectively, $G_1 = \frac{E_1}{2(1+\mu_1)}$, and E_1 is Young's modulus of the rock.

The displacement shown in Eq. (4.78) is the total displacement in the surrounding rock mass when the tunnel is unsupported.

4.3.2 Determination of Analytical Function Considering Support Installation Process

If the support is installed when the displacement is $\eta(0 \le \eta \le 1)$ times of the total displacement, the displacement occurs before support installation can be written as

$$u_r^0 + u_\theta^0 = \eta(u_r + u_\theta) \tag{4.79}$$

In fact, η is the displacement release coefficient β defined in Ref. [19], which is determined by the distance between the working face and the lined section. If $\eta = 0$, the tunnel is supported immediately after excavation and no deformation occurs in the surrounding rock mass before support installation. This is not the real case in engineering practices. It is known from Ref. [19], that 20% of the total displacement has taken place at the working face after excavation. Therefore, some deformation inevitably occurs in the surrounding rock mass even if the support is installed immediately after excavation. If $\eta = 1$, the support is installed when the total displacement is completed.

After the lining is applied, the surrounding rock mass and the lining interact with each other. The two analytic functions corresponding to the surrounding rock mass under the action of lining can be expressed as

$$\varphi_1(z) = \sum_{k=1}^{\infty} c_k z^{-k}, \quad \psi_1(z) = \sum_{k=1}^{\infty} d_k z^{-k} \tag{4.80}$$

On the other hand, the two complex potential functions corresponding to the lining under the action of the surrounding rock mass can be expressed by Laurent series,

$$\varphi_2(z) = \sum_{k=1}^{\infty} e_k z^{-k} + \sum_{k=1}^{\infty} f_k z^k, \quad \psi_2(z) = \sum_{k=1}^{\infty} g_k z^{-k} + \sum_{k=1}^{\infty} h_k z^k \tag{4.81}$$

where c_k, d_k, e_k, f_k, g_k, h_k are real numbers to be determined by the boundary conditions given below.

Suppose that a uniform hydrostatic pressure p_0 acts on the inner boundary of the lining. As the lining and the surrounding rock mass interact with each other, the two complex potential functions corresponding to the surrounding rock mass and the lining under the combined action of in situ stresses and hydrostatic pressure can be still in the form of Eqs. (4.80) and (4.81).

It is assumed that the lining is in perfect bonding contact with the surrounding rock mass. It is believed that there is neither relative sliding nor separation between the lining and the surrounding rock. That is, on the contact interface, the normal stress, shear stress, and displacement are all continuous. Sections 4.4 and 4.5 will discuss full-slip contact and frictional slip contact.

When the lining is in perfect bonding contact with the surrounding rock mass, by the stress and displacement continuity conditions at the interface between the surrounding rock mass ($r = R_1$) and the lining and the stress boundary condition (Fig. 4.16) at the inner boundary of the lining ($r = R_0$), the following equations can be obtained:

$$\varphi_1(z) + z\overline{\varphi_1'(z)} + \overline{\psi_1(z)} = \varphi_2(z) + z\overline{\varphi_2'(z)} + \overline{\psi_2(z)}, \quad z = R_1 e^{i\theta} \tag{4.82}$$

$$(u_r + iu_\theta) - \left(u_r^0 + iu_\theta^0\right) + \frac{1}{2G_1}e^{-i\theta}\left[\kappa_1\varphi_1(z) - z\overline{\varphi_1'(z)} - \overline{\psi_1(z)}\right]$$
$$= \frac{1}{2G_2}e^{-i\theta}\left[\kappa_2\varphi_2(z) - z\overline{\varphi_2'(z)} - \overline{\psi_2(z)}\right], \quad z = R_1 e^{i\theta} \tag{4.83}$$

$$2R_e\left[\varphi_2'(z)\right] - e^{i\theta}\left[\bar{z}\varphi_2''(z) + \psi_2'(z)\right] = -p_0, \quad z = R_0 e^{i\theta} \tag{4.84}$$

where $\kappa_2 = 3 - 4\mu_2$, μ_2 and G_2 are Poisson's ratio and shear modulus of the lining, respectively, $G_2 = E_2/[2(1+\mu_2)]$, E_2 is Young's modulus of the lining.

Substituting Eq. (4.81) into Eq. (4.84), we have

$$\begin{aligned}
&2f_1 + g_1 R_0^{-2} + 2(f_2 R_0 + g_2 R_0^{-3})\cos\theta + 2i\left(-f_2 R_0 + g_2 R_0^{-3}\right)\sin\theta \\
&+ \sum_{k=1}^{\infty}\left[-2ke_k R_0^{-k-1} + 2(k+2)f_{k+2}R_0^{k+1} + (k+2)g_{k+2}R_0^{-k-3}\right]\cos(k+1)\theta \\
&+ \sum_{k=1}^{\infty}\left[-k(k+1)e_k R_0^{-k-1} - (k+2)(k+1)f_{k+2}R_0^{k+1} - kh_k R_0^{k-1}\right]\cos(k+1)\theta \\
&+ i\sum_{k=1}^{\infty}\left[-(k+2)g_{k+2}R_0^{-k-3} + k(k+1)e_k R_0^{-k-1}\right. \\
&\left.-(k+2)(k+1)f_{k+2}R_0^{k+1} - kh_k R_0^{k-1}\right]\sin(k+1)\theta = -p_0
\end{aligned} \tag{4.85}$$

Equation (4.85) is applicable to arbitrary θ. Hence

$$2f_1 + g_1 R_0^{-2} = -p_0, \quad g_2 = f_2 = 0 \tag{4.86}$$

$$e_k R_0^{-k-1} + (k+2)f_{k+2}R_0^{k+1} + h_k R_0^{k-1} = 0, \quad k \geq 1 \tag{4.87}$$

$$-ke_k R_0^{-k-1} + f_{k+2}R_0^{k+1} + g_{k+2}R_0^{-k-3} = 0, \quad k \geq 1 \tag{4.88}$$

By substituting Eqs. (4.78)–(4.81) into Eq. (4.83), the following equations can be obtained:

$$\begin{aligned}
&\frac{(1-\eta)p}{2G_1}\left[\kappa_1(1-\lambda)R_1 e^{-i\theta} - (1+\lambda)R_1 e^{i\theta}\right] + \frac{1}{G_1}(\kappa_1 + G_1/G_2)\sum_{k=1}^{\infty} c_k R_1^{-k}e^{-ik\theta} \\
&-\frac{(G_1/G_2 - 1)}{G_1}\left[\sum_{k=3}^{\infty}(k-2)c_{k-2}R_1^{-k+2}e^{ik\theta} - \sum_{k=1}^{\infty} d_k R_1^{-k}e^{ik\theta}\right] \\
&= \frac{(\kappa_2+1)}{G_2}\left[\sum_{k=1}^{\infty} e_k R_1^{-k}e^{-ik\theta} + \sum_{k=1}^{\infty} f_k R_1^{k}e^{ik\theta}\right]
\end{aligned} \tag{4.89}$$

By comparing the coefficients of $e^{ik\theta}$ in Eq. (4.89), we have

$$\frac{(1-\eta)p}{2G_1}\kappa_1(1-\lambda)R_1+\frac{1}{G_1}(\kappa_1+G_1/G_2)R_1^{-1}c_1=\frac{1}{G_2}(\kappa_2+1)R_1^{-1}e_1 \tag{4.90}$$

$$-\frac{(1-\eta)p}{2G_1}(1+\lambda)R_1+\frac{1}{G_1}(G_1/G_2-1)R_1^{-1}d_1=\frac{1}{G_2}(\kappa_2+1)R_1f_1 \tag{4.91}$$

$$\frac{1}{G_1}(\kappa_1+G_1/G_2)c_k=\frac{1}{G_2}(\kappa_2+1)e_k,\quad k\geq 2 \tag{4.92}$$

$$d_2=0 \tag{4.93}$$

$$\begin{aligned}&-\frac{1}{G_1}(G_1/G_2-1)c_kR_1^{-k}+\frac{1}{G_1}(G_1/G_2-1)d_{k+2}R_1^{-k-2}\\&=\frac{(\kappa_2+1)}{G_2}f_{k+2}R_1^{k+2},\quad k\geq 1\end{aligned} \tag{4.94}$$

Substitution of Eqs. (4.80) and (4.81) into Eq. (4.82) leads to

$$\begin{aligned}&\sum_{k=1}^{\infty}c_kR_1^{-k}e^{-ik\theta}-\sum_{k=3}^{\infty}(k-2)c_{k-2}R_1^{-k+2}e^{ik\theta}+\sum_{k=1}^{\infty}d_kR_1^{-k}e^{ik\theta}\\&=\sum_{k=1}^{\infty}e_kR_1^{-k}e^{-ik\theta}+\sum_{k=1}^{\infty}f_kR_1^{k}e^{ik\theta}-\sum_{k=3}^{\infty}(k-2)e_{k-2}R_1^{-k+2}e^{ik\theta}+f_1R_1e^{i\theta}\\&+2f_2R_1^2+\sum_{k=1}^{\infty}(k+2)f_{k+2}R_1^{k+2}e^{-ik\theta}+\sum_{k=1}^{\infty}g_kR_1^{-k}e^{ik\theta}+\sum_{k=1}^{\infty}h_kR_1^{k}e^{-ik\theta}\end{aligned} \tag{4.95}$$

By comparing the coefficients of $e^{ik\theta}$ in Eq. (4.95), we have

$$d_1R_1^{-1}=2f_1R_1+g_1R_1^{-1} \tag{4.96}$$

$$c_kR_1^{-k}=e_kR_1^{-k}+(k+2)f_{k+2}R_1^{k+2}+h_kR_1^k,\quad k\geq 1 \tag{4.97}$$

$$-kc_kR_1^{-k}+d_{k+2}R_1^{-k-2}=f_{k+2}R_1^{k+2}-ke_kR_1^{-k}+g_{k+2}R_1^{-k-2},\quad k\geq 1 \tag{4.98}$$

It can be seen from Eqs. (4.87), (4.88), (4.92), (4.94), (4.97), (4.98) that, when $k\geq 2$, the coefficients c_k, d_{k+2}, e_k, f_{k+2}, g_{k+2}, h_k are zero and c_1, d_1, d_3, e_1, f_1, f_3, g_1, g_3, h_1 are non-zero. These coefficients can be determined by the linear Eqs. (4.99)–(4.107) composed by Eqs. (4.86), (4.87), (4.88), (4.90), (4.91), (4.94), (4.96), (4.97), (4.98).

$$2R_0^2f_1+g_1=-p_0R_0^2 \tag{4.99}$$

$$e_1 + 3R_0^4 f_3 + R_0^2 h_1 = 0 \tag{4.100}$$

$$R_0^2 e_1 - R_0^6 R_0^{k+1} f_3 - g_3 = 0 \tag{4.101}$$

$$(\kappa_1 + G_1/G_2)c_1 - \frac{G_1}{G_2}(\kappa_2 + 1)e_1 = -\frac{(1-\eta)p}{2}\kappa_1(1-\lambda)R_1^2 \tag{4.102}$$

$$(G_1/G_2 - 1)d_1 - \frac{G_1}{G_2}(\kappa_2 + 1)R_1^2 f_1 = \frac{(1-\eta)p}{2}(1+\lambda)R_1^2 \tag{4.103}$$

$$(G_1/G_2 - 1)R_1^2 c_1 - (G_1/G_2 - 1)d_3 + \frac{G_1}{G_2}(\kappa_2 + 1)R_1^6 f_3 = 0 \tag{4.104}$$

$$d_1 - 2R_1^2 f_1 - g_1 = 0 \tag{4.105}$$

$$c_1 - e_1 - 3R_1^4 f_3 - R_1^2 h_1 = 0 \tag{4.106}$$

$$R_1^2 c_1 - d_3 - R_1^2 e_1 + R_1^6 f_3 + g_3 = 0 \tag{4.107}$$

Hence, the solutions by the complex potential functions for the surrounding rock mass and the lining are obtained.

4.3.3 *Closed-Form Solutions for Stress and Displacement*

With given values of $R_0, R_1, p, \lambda, p_0, G_1, \mu_1, G_2, \mu_2, \eta$, the undetermined coefficients c_1, d_1, d_3, e_1, f_1, f_3, g_1, g_3 and h_1 can be calculated by simultaneously solving the linear equation set composed by Eqs. (4.99)–(4.107). The undetermined functions $\varphi_1(z)$, $\psi_1(z)$, $\varphi_2(z)$, $\psi_2(z)$ can be written as

$$\varphi_1(z) = c_1 z^{-1}, \quad \psi_1(z) = d_1 z^{-1} + d_3 z^{-3} \tag{4.108}$$

$$\varphi_2(z) = e_1 z^{-1} + f_1 z + f_3 z^3, \quad \psi_2(z) = g_1 z^{-1} + g_3 z^{-3} + h_1 z \tag{4.109}$$

Once $\varphi_2(z)$ and $\psi_2(z)$ are known, the stresses in the lining can be expressed as:

$$\sigma_r + \sigma_\theta = 4\mathrm{Re}\left[\varphi_2'(z)\right] \tag{4.110}$$

$$\sigma_\theta - \sigma_r + 2i\tau_{r\theta} = 2e^{2i\theta}\left[\bar{z}\varphi_2''(z) + \psi_2'(z)\right] \tag{4.111}$$

where the symbol θ has the same meaning as the symbol α in Sects. 4.1 and 4.2.

In order to differentiate with the stresses in the surrounding rock mass σ_{r1}, $\sigma_{\theta 1}$, $\tau_{r\theta 1}$, the stresses in the lining are denoted by σ_{r2}, $\sigma_{\theta 2}$, $\tau_{r\theta 2}$, i.e.,

$$\sigma_{r2} = 2f_1 + g_1 r^{-2} + \left(-4e_1 r^{-2} + 3g_3 r^{-4} - h_1\right)\cos 2\theta \tag{4.112}$$

$$\sigma_{\theta 2} = 2f_1 - g_1 r^{-2} + \left(12f_3 r^2 - 3g_3 r^{-4} + h_1\right)\cos 2\theta \tag{4.113}$$

$$\tau_{r\theta 2} = \left(6f_3 r^2 - 2e_1 r^{-2} + 3g_3 r^{-4} + h_1\right)\sin 2\theta \tag{4.114}$$

By substituting $r = R_1$ into Eqs. (4.112), (4.114), the normal contact stress and the tangential contact stress on the interface between the surrounding rock mass and the lining can be obtained

$$p_n = q_1 + q_2\cos 2\theta, \quad \tau_n = q_3 \sin 2\theta \tag{4.115}$$

where,

$$\begin{aligned} q_1 &= 2f_1 + g_1 R_1^{-2}, \quad q_2 = -4e_1 R_1^{-2} + 3g_3 R_1^{-4} - h_1, \\ q_3 &= 6f_3 R_1^2 - 2e_1 R_1^{-2} + 3g_3 R_1^{-4} + h_1 \end{aligned} \tag{4.116}$$

The total stress in the surrounding rock mass is the superposition of the stress before excavation, the stress after excavation and the stress after support installation. Correspondingly, the two complex potential functions are the superimposition of Eqs. (4.76), (4.108) and the complex potential functions before excavation, i.e.,

$$\varphi_1^R(z) = -\frac{p(1+\lambda)}{4}z + \frac{p(1-\lambda)}{2}R_1^2 z^{-1} + c_1 z^{-1}, \tag{4.117}$$

$$\psi_1^R(z) = -\frac{p(1-\lambda)}{2}z + \frac{p(1+\lambda)}{2}R_1^2 z^{-1} + \frac{p(1-\lambda)}{2}R_1^4 z^{-3} + d_1 z^{-1} + d_3 z^{-3} \tag{4.118}$$

The first term in Eqs. (4.117), (4.118) represents the corresponding complex potential function before excavation. The stresses in the surrounding rock mass σ_{r1}, $\sigma_{\theta 1}$, $\tau_{r\theta 1}$, can be obtained by replacing $\varphi_2(z)$, $\psi_2(z)$ by $\varphi_1^R(z)$, $\psi_1^R(z)$

$$\begin{aligned} \sigma_{r1} = &-(1+\lambda)p/2 + \left[(1+\lambda)pR_1^2/2 + d_1\right]/r^2 \\ &+ \left\{(1-\lambda)p/2 - 2\left[(1-\lambda)pR_1^2 + 2c_1\right]/r^2 \right.\\ &\left.+\left[3(1-\lambda)pR_1^4/2 + 3d_3\right]/r^4\right\}\cos 2\theta \end{aligned} \tag{4.119}$$

$$\begin{aligned} \sigma_{\theta 1} = &-(1+\lambda)p/2 - \left[(1+\lambda)pR_1^2/2 + d_1\right]/r^2 \\ &- \left\{(1-\lambda)p/2 + \left[3(1-\lambda)pR_1^4/2 + 3d_3\right]/r^4\right\}\cos 2\theta \end{aligned} \tag{4.120}$$

$$\tau_{r\theta 1} = -\{(1-\lambda)p/2 + \left[(1-\lambda)pR_1^2 + 2c_1\right]/r^2 \\ -\left[3(1-\lambda)pR_1^4/2 + 3d_3\right]/r^4\} \sin 2\theta \quad (4.121)$$

If the tunnel is unsupported, $c_1 = d_1 = d_3 = 0$ in Eqs. (4.119)–(4.121). In this case, the stresses in the surrounding rock mass can be calculated by Kirsch's solution.

The expression for displacement u_{r2}, $u_{\theta 2}$ in the lining is:

$$u_{r2} + iu_{\theta 2} = \frac{1}{2G_2} e^{-i\theta}\left[\kappa_2\varphi_2(z) - z\overline{\varphi_2'(z)} - \overline{\psi_2(z)}\right] \quad (4.122)$$

After the installing of lining, the expression for displacement u_{r1}, $u_{\theta 1}$ in the rock is:

$$u_{r1} + iu_{\theta 1} = (1-\eta)\frac{1}{2G_1} e^{-i\theta}\left[(3-4\mu_1)\varphi_1^0(z) - z\overline{\varphi_1^{0'}(z)} - \overline{\psi_1^0(z)}\right] \\ + \frac{1}{2G_1} e^{-i\theta}\left[(3-4\mu_1)\varphi_1(z) - z\overline{\varphi_1'(z)} - \overline{\psi_1(z)}\right] \quad (4.123)$$

4.3.4 Analysis and Discussion

4.3.4.1 Contact Forces at the Interface

The parameters are $R_1/R_0 = 1.1$, $\mu_1 = \mu_2 = 0.25$, $G_2/G_1 = 10$, $\lambda = 1/3$. The ratios between the contact stresses determined by Eq. (4.115) and $(1-\eta)p$ are:

$$\overline{p}_n = p_n/\left[(1-\eta)p\right] = -0.3799 - 0.1798\cos 2\theta, \\ \overline{\tau}_n = \tau_n/\left[(1-\eta)p\right] = -0.4293\sin 2\theta \quad (4.124)$$

It can be seen that the radial compressive stress and the tangential stress in the lining are related to θ. Owing to the symmetry, only the first quadrant is taken for analysis. The maximum radial compressive stress $\overline{p}_{n\,\max}$ is 0.5577 along the x direction and the minimum value $\overline{p}_{n\,\min}$ is 0.1981 along the y direction. The directions are opposite to the directions of the major and minor principal in situ stresses (the major principal in situ stress is along the y direction), respectively. From the calculation results, when $G_2/G_1 \geq 850$ i.e., the stiffness of the lining is much higher than that of the surrounding rock mass, the maximum radial compressive stress in the lining is no longer along the x direction, instead, it is along the y direction which is the same as the major principal in situ stress.

The tangential stresses in the lining on the x and y axes are zero. When $\theta = 45°$, the tangential stress reaches the maximum value $\overline{\tau}_{n\,\max} = 0.4293$, acting in the clockwise direction.

From the calculation results, when $0 < \lambda < 1$, the distribution laws of the relative normal contact stress $\overline{p}_n$ and the relative tangential contact stress $\overline{\tau}_n$ are similar. With an increase of λ, the difference between $\overline{p}_{n\max}$ and $\overline{p}_{n\min}$, decreases, and so does $\overline{\tau}_{n\max}$. When $\lambda = 1$, the radial compressive stress and the tangential stress on any point in the lining are the same, which are 0.5668 and 0, respectively. Similar analysis can be performed for the case of $\lambda > 1$. The result shows that the distribution law of the radial compressive stress is opposite to the aforementioned case and the tangential stress acts in the anticlockwise direction.

4.3.4.2 Tangential Stress at the Inner Boundary of Lining Considering Support Delay

The stress distribution in the lining is most concerned in the tunnel support design. The tangential stress reaches its maximum on the inner boundary of the lining. Owing to the symmetry, the first quadrant again is taken as an example. Equation (4.113) shows that the tangential stress reaches the peak value when θ is 0° or 90°. When $0 < \lambda < 1$, if tension is defined as positive, the tangential stress has its maximum value $\sigma_{\theta\max}$ when $\theta = 90°$, and its minimum value $\sigma_{\theta\min}$ when $\theta = 0°$.

In this section, the following parameters are taken: $R_0 = 2.5$ m, $R_1 = 3.0$ m, $\mu_1 = 0.25$, $\mu_2 = 0.20$, $E_2/E_1 = 10.0$, $\lambda = 1/3$. The hydrostatic pressure p_0 on the inner boundary of the lining is also considered and $p_0 = 2$ MPa. Table 4.8 presents $\sigma_{\theta\max}/p_0$ and $\sigma_{\theta\min}/p_0$ for $p/p_0 = 0.5, 1.0, 2.0, 5.0, 10.0$, and $\eta = 0.0, 0.2, 0.4, 0.6, 0.8, 1.0$ respectively. The first row is $\sigma_{\theta\max}/p_0$ corresponding to $\theta = 90°$ and the second row is $\sigma_{\theta\min}/p_0$ corresponding to $\theta = 0°$.

It can be seen from Table 4.8 that: for an arbitrary in situ stress p, the smaller the displacement release coefficient η, the larger the difference between the maximum

Table 4.8 Values of $\sigma_{\theta\max}/p_0$ and $\sigma_{\theta\min}/p_0$ at the inner boundary of the lining

p/p_0	η					
	0.0	0.2	0.4	0.6	0.8	1.0
0.1	3.94 3.28	3.94 3.41	3.93 3.53	3.93 3.66	3.93 3.79	3.92 3.92
0.5	4.04 0.70	4.01 1.35	3.99 1.99	3.97 2.63	3.94 3.28	3.92 3.92
1.0	4.15 – 2.52	4.11 – 1.23	4.06 0.06	4.01 1.35	3.97 2.63	3.92 3.92
2.0	4.38 – 8.95	4.29 – 6.38	4.20 – 3.80	4.11 – 1.23	4.01 1.35	3.92 3.92
5.0	5.08 – 28.26	4.85 – 21.82	4.61 – 15.38	4.38 – 8.95	4.15 – 2.51	3.92 3.92
10.0	6.23 – 60.43	5.77 – 47.56	5.31 – 34.69	4.85 – 21.82	4.38 – 8.95	3.92 3.92

and minimum tangential stress on the inner boundary of the lining. With the increase of η, the difference becomes smaller. When $\eta = 1$, the tangential stress for any point on the inner boundary is the same and it is tensile stress, this tensile stress is entirely caused by the internal water pressure.

With an increase of in situ stress p, the difference between the maximum and minimum tangential stress on the inner boundary of the lining becomes larger. When η is relatively small, the tangential stress gradually becomes compressive stress from tensile stress.

4.3.4.3 Distribution of Stresses

The parameters are taken as: $R_0 = 2.5\,\text{m}, R_1 = 3.0\,\text{m}, \mu_1 = \mu_2 = 0.25, p_0 = 2\,\text{MPa}$, $p = 4.0\,\text{MPa}$, $\lambda = 1/3$, $\eta = 0.4$. The radial variation of normalized stresses in the lining and surrounding rock at $\theta = 0°, \theta = 90°$ with $E_2/E_1 = 10$ and $E_2/E_1 = 1/10$ are discussed.

It can be seen from Eqs. (4.114) and (4.121) that $\tau_{r\theta 1} = \tau_{r\theta 2} = 0$ at $\theta = 0°$, $\theta = 90°$. The radial variation of tangential stress σ_θ and radial stress σ_r at $\theta = 0°$ and $\theta = 90°$ with $E_2/E_1 = 10$ and $E_2/E_1 = 1/10$, is shown in Figs. 4.17 and 4.18 respectively. It can be noted from Figs. 4.17 and 4.18 that, at the lining–rock interface, the radial stress σ_r is always continuous, and the tangential stress σ_θ is discontinuous. With increasing radial distance r, the radial stress and the tangential stress in the rock approach the initial stress.

From Fig. 4.17, when $E_2/E_1 = 10$, close to the inner boundary of the lining, the tangential stress is compression at $\theta = 0°$, and the tangential stress is tension at $\theta = 90°$. Their absolute value is more than the absolute value of tangential stress in the surrounding rock.

It can be seen from Fig. 4.18 that, when $E_2/E_1 = 1/10$, close to the inner boundary of the surrounding rock (at the lining–rock interface), the tangential stress is also compression at $\theta = 0°$, and the tangential stress is also tension at $\theta = 90°$. Their absolute value is more than the absolute value of tangential stress in the lining.

4.4 Elastic Solution of Circular Tunnel with Linings—Full Slip Contact

4.4.1 Problem Description

In Sect. 4.3, the conditions for perfect bonding contact between the surrounding rock and lining were discussed, which means that there should be no relative sliding or separation between the surrounding rock and lining, representing an extreme contact

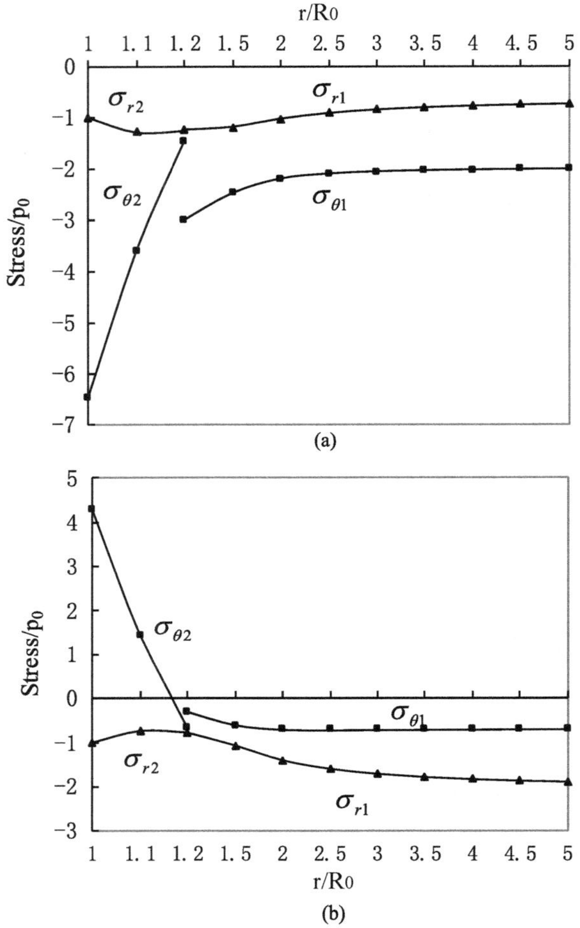

Fig. 4.17 Distribution of stresses when $E_2/E_1 = 10$: **a** $\theta = 0°$; **b** $\theta = 90°$

condition. Another extreme contact condition is full slip contact, which assumes that the contact surface between the surrounding rock and lining is fully smooth, allowing relative sliding between the surrounding rock and lining, but the two materials cannot separate during the sliding process and must remain in close contact. Specifically, the tangential shear stress on the contact interface is zero, the normal stress and displacement in the normal direction are continuous, but the displacement in the tangential direction may not be continuous.

This section will discuss this full-slip contact problem [24], and the following assumptions are still made: the surrounding rock and lining are always linear elastic under the influence of the in situ stress and hydrostatic pressure; and the tunnel is deep enough, so that the problem can be simplified to be an infinite domain problem.

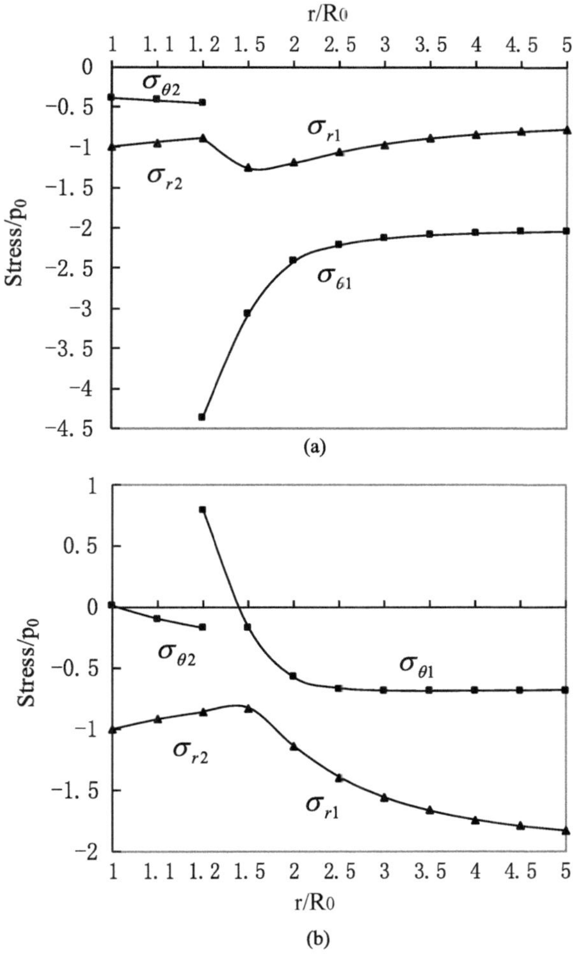

Fig. 4.18 Distribution of stresses when $E_2/E_1 = 1/10$: **a** $\theta = 0°$; **b** $\theta = 90°$

4.4.2 Basic Principles

For the problem in this section, all the formulas before formula (4.81) in Sect. 4.3 still apply, while the displacement continuity condition represented by formula (4.83) cannot be used. The stress continuity condition represented by formula (4.82) and stress boundary condition at the inner boundary of the lining represented by formula (4.84) will not be used in this section. Instead, the various stress and displacement components will be directly expressed using analytic functions, and the equations for solving will be directly derived through the continuity of stress and displacement components on the contact surface. In addition, the condition of zero shear stress on the contact surface should be imposed.

The additional stress σ_{r1}, $\sigma_{\theta 1}$, $\tau_{r\theta 1}$ induced in the surrounding rock by the lining can be determined from Eqs. (4.110) and (4.111):

$$\sigma_{r1} = 2\mathrm{Re}\left[\varphi_1'(z)\right] - \mathrm{Re}\left\{e^{2i\theta}\left[\bar{z}\varphi_1''(z) + \psi_1'(z)\right]\right\} \tag{4.125}$$

$$\sigma_{\theta 1} = 2\mathrm{Re}\left[\varphi_1'(z)\right] + \mathrm{Re}\left\{e^{2i\theta}\left[\bar{z}\varphi_1''(z) + \psi_1'(z)\right]\right\} \tag{4.126}$$

$$\tau_{r\theta 1} = \mathrm{Im}\left\{e^{2i\theta}\left[\bar{z}\varphi_1''(z) + \psi_1'(z)\right]\right\} \tag{4.127}$$

The additional displacement u_{r1}, $u_{\theta 1}$ induced in the surrounding rock by the lining can be determined from Eqs. (4.78) and (4.79) as well as $\varphi_1(z)$, $\psi_1(z)$.

$$u_{r1} = u_r - u_r^0 + \frac{1}{2G_1}\mathrm{Re}\left\{e^{-i\theta}\left[\kappa_1\varphi_1(z) - z\overline{\varphi_1'(z)} - \overline{\psi_1(z)}\right]\right\} \tag{4.128}$$

$$u_{\theta 1} = u_\theta - u_\theta^0 + \frac{1}{2G_1}\mathrm{Im}\left\{e^{-i\theta}\left[\kappa_1\varphi_1(z) - z\overline{\varphi_1'(z)} - \overline{\psi_1(z)}\right]\right\} \tag{4.129}$$

Similarly, the internal stress of the lining σ_{r2}, $\sigma_{\theta 2}$, $\tau_{r\theta 2}$ caused by the surrounding rock and internal water pressure can be determined from $\varphi_2(z)$, $\psi_2(z)$.

$$\sigma_{r2} = 2\mathrm{Re}\left[\varphi_2'(z)\right] - \mathrm{Re}\left\{e^{2i\theta}\left[\bar{z}\varphi_2''(z) + \psi_2'(z)\right]\right\} \tag{4.130}$$

$$\sigma_{\theta 2} = 2\mathrm{Re}\left[\varphi_2'(z)\right] + \mathrm{Re}\left\{e^{2i\theta}\left[\bar{z}\varphi_2''(z) + \psi_2'(z)\right]\right\} \tag{4.131}$$

$$\tau_{r\theta 2} = \mathrm{Im}\left\{e^{2i\theta}\left[\bar{z}\varphi_2''(z) + \psi_2'(z)\right]\right\} \tag{4.132}$$

And the internal displacement of the lining u_{r2}, $u_{\theta 2}$ caused by the surrounding rock and internal water pressure can be determined from $\varphi_2(z)$, $\psi_2(z)$

$$u_{r2} = \frac{1}{2G_2}\mathrm{Re}\left\{e^{-i\theta}\left[\kappa_2\varphi_2(z) - z\overline{\varphi_2'(z)} - \overline{\psi_2(z)}\right]\right\} \tag{4.133}$$

$$u_{\theta 2} = \frac{1}{2G_2}\mathrm{Im}\left\{e^{-i\theta}\left[\kappa_2\varphi_2(z) - z\overline{\varphi_2'(z)} - \overline{\psi_2(z)}\right]\right\} \tag{4.134}$$

The stress boundary conditions at the inner boundary of the lining ($r = R_0$) are:

$$\sigma_{r2} = -p_0 \tag{4.135}$$

$$\tau_{r\theta 2} = 0 \tag{4.136}$$

On the contact surface of surrounding rock and lining, the stress continuity conditions are:

$$\tau_{r\theta 1} = 0 \tag{4.137}$$

$$\tau_{r\theta 2} = 0 \tag{4.138}$$

$$\sigma_{r1} = \sigma_{r2} \tag{4.139}$$

$$u_{r1} = u_{r2} \tag{4.140}$$

Therefore, Eqs. (4.125), (4.127), (4.128), (4.130), (4.132), and (4.135)–(4.140) can be used to obtain the following expressions:

$$2\mathrm{Re}\left[\varphi_2'(z)\right] - \mathrm{Re}\left\{e^{2i\theta}\left[\bar{z}\varphi_2''(z) + \psi_2'(z)\right]\right\} = -p_0, \quad z = R_0 e^{i\theta} \tag{4.141}$$

$$\mathrm{Im}\left\{e^{2i\theta}\left[\bar{z}\varphi_2''(z) + \psi_2'(z)\right]\right\} = 0, \quad z = R_0 e^{i\theta} \tag{4.142}$$

$$\mathrm{Im}\left\{e^{2i\theta}\left[\bar{z}\varphi_1''(z) + \psi_1'(z)\right]\right\} = 0, \quad z = R_1 e^{i\theta} \tag{4.143}$$

$$\mathrm{Im}\left\{e^{2i\theta}\left[\bar{z}\varphi_2''(z) + \psi_2'(z)\right]\right\} = 0, \quad z = R_1 e^{i\theta} \tag{4.144}$$

$$\begin{aligned} &2\mathrm{Re}\left[\varphi_1'(z)\right] - \mathrm{Re}\left\{e^{2i\theta}\left[\bar{z}\varphi_1''(z) + \psi_1'(z)\right]\right\} \\ &= 2\mathrm{Re}\left[\varphi_2'(z)\right] - \mathrm{Re}\left\{e^{2i\theta}\left[\bar{z}\varphi_2''(z) + \psi_2'(z)\right]\right\}, \quad z = R_1 e^{i\theta} \end{aligned} \tag{4.145}$$

$$\begin{aligned} &u_r - u_r^0 + \frac{1}{2G_1}\mathrm{Re}\left\{e^{-i\theta}\left[\kappa_1\varphi_1(z) - z\overline{\varphi_1'(z)} - \overline{\psi_1(z)}\right]\right\} \\ &= \frac{1}{2G_2}\mathrm{Re}\left\{e^{-i\theta}\left[\kappa_2\varphi_2(z) - z\overline{\varphi_2'(z)} - \overline{\psi_2(z)}\right]\right\}, \quad z = R_1 e^{i\theta} \end{aligned} \tag{4.146}$$

Following the derivation process in Sect. 4.3, it can be proven that the only non-zero coefficient is c_1, d_1, d_3, e_1, f_1, f_3, g_1, g_3, h_1, and this conclusion is identical to that of Sect. 4.3. These coefficients can be calculated using the following equations:

$$2R_0^2 f_1 + g_1 = -p_0 R_0^2 \tag{4.147}$$

$$e_1 + 3R_0^4 f_3 + R_0^2 h_1 = 0 \tag{4.148}$$

$$R_0^2 e_1 - R_0^6 f_3 - g_3 = 0 \tag{4.149}$$

$$2R_1^2c_1 - 3d_3 = 0 \tag{4.150}$$

$$-2R_1^2e_1 + 6R_1^6f_3 + 3g_3 + R_1^4h_1 = 0 \tag{4.151}$$

$$d_1 - 2R_1^2f_1 - g_1 = 0 \tag{4.152}$$

$$4R_1^2c_1 - 3d_3 - 4R_1^2e_1 + 3g_3 - R_1^4h_1 = 0 \tag{4.153}$$

$$2d_1 - 2\frac{G_1}{G_2}(1-\kappa_2)R_1^2f_1 - 2\frac{G_1}{G_2}g_1 = -(1-\eta)(1+\lambda)pR_1^2 \tag{4.154}$$

$$\begin{aligned}(\kappa_1+1)R_1^2c_1 - d_3 - \frac{G_1}{G_2}(\kappa_2+1)R_1^2e_1 - \frac{G_1}{G_2}(\kappa_2-3)R_1^6f_3 + \frac{G_1}{G_2}g_3 + \frac{G_1}{G_2}R_1^4h_1 \\ = -\frac{1}{2}\kappa_1(1-\eta)(1-\lambda)pR_1^4\end{aligned} \tag{4.155}$$

With given values of R_0, R_1, p, λ, p_0, G_1, μ_1, G_2, μ_2, η, the undetermined coefficients c_1, d_1, d_3, e_1, f_1, f_3, g_1, g_3 and h_1 can be calculated by simultaneously solving the linear equation set composed by Eqs. (4.147)–(4.155), and hence obtain the analytical expressions for $\varphi_1(z)$, $\psi_1(z)$, $\varphi_2(z)$, $\psi_2(z)$.

The lining stress can still be calculated using Eqs. (4.112)–(4.114), and the rock stress can still be calculated using Eqs. (4.119)–(4.121).

4.4.3 *Analysis and Discussions*

4.4.3.1 Tangential Stress at the Inner Lining Boundary and Comparison with the Results of Perfect Bonding Contact

For comparison, the calculation parameters taken in this example are the same as those in Sect. 4.3, $R_0 = 2.5$ m, $R_1 = 3.0$ m, $\mu_1 = 0.25$, $\mu_2 = 0.20$, $E_2/E_1 = 10.0$, $\lambda = 1/3$. The hydrostatic pressure p_0 on the inner boundary of the lining is also considered and $p_0 = 2$ MPa. Table 4.9 presents $\sigma_{\theta\max}/p_0$ and $\sigma_{\theta\min}/p_0$ for $p/p_0 =$ 0.5, 1.0, 2.0, 5.0, 10.0, and $\eta = 0.0, 0.2, 0.4, 0.6, 0.8, 1.0$ respectively. The first row is $\sigma_{\theta\max}/p_0$ corresponding to $\theta = 90°$ and the second row is $\sigma_{\theta\min}/p_0$ corresponding to $\theta = 0°$.

It can be seen from Table 4.9 that:

For an arbitrary in situ stress p, the smaller the displacement release coefficient η, the larger the difference between the maximum and minimum tangential stress on the inner boundary of the lining. With the increase of η, the difference becomes smaller. When $\eta = 1$, the tangential stress for any point on the inner boundary is the same and it is tensile stress.

Table 4.9 Values of $\sigma_{\theta\,\max}/p_0$ and $\sigma_{\theta\,\min}/p_0$ on the inner boundary of the lining

p/p_0	η					
	0.0	0.2	0.4	0.6	0.8	1.0
0.1	3.87 3.35	3.88 3.46	3.89 3.58	3.90 3.69	3.91 3.81	3.92 3.92
0.5	3.67 1.07	3.72 1.64	3.77 2.21	3.82 2.78	3.87 3.35	3.92 3.92
1.0	3.42 – 1.78	3.52 – 0.64	3.62 0.50	3.72 1.64	3.82 2.78	3.92 3.92
2.0	2.92 – 7.48	3.12 – 5.20	3.32 – 2.92	3.52 – 0.64	3.72 1.64	3.92 3.92
5.0	1.41 – 24.59	1.92 – 18.89	2.42 – 13.19	2.92 – 7.48	3.42 – 1.78	3.92 3.92
10.0	– 1.09 – 53.10	– 0.09 – 41.70	0.91 – 30.29	1.92 – 18.89	2.92 – 7.48	3.92 3.92

With an increase of in situ stress p, the difference between the maximum and minimum tangential stress on the inner boundary of the lining becomes larger. When η is relatively small, the tangential stress gradually becomes compressive stress from tensile stress.

The law above is identical to those under perfect bonding contact between the surrounding rock and the lining. However, there are differences in specific values between them, which can be observed by comparing them with Table 4.8.

From Tables 4.8 and 4.9:

The smaller the ratio of the in situ stress and the internal water pressure p/p_0, the larger the displacement release coefficient η, and the easier it is to generate tensile stress on the inner boundary of the lining. At $\theta = 90°$, the tensile stress produced under perfect bonding contact condition is greater than that under full-slip contact condition.

The bigger the ratio of the in situ stress and the internal water pressure p/p_0, the smaller the displacement release coefficient η, and the easier it is to generate compressive stress on the inner boundary of the lining. At $\theta = 0°$, the compressive stress produced under perfect bonding contact condition is greater than that under full-slip contact condition.

For all values of p/p_0, η, there is a law that the difference between the maximum and minimum tangential stresses on the inner boundary of the lining under two contact conditions: full-slip contact results in a smaller difference, while perfect bonding contact results in a larger difference. In other words, under full-slip contact conditions, the stress distribution on the inner boundary of the lining is more uniform than that under perfect bonding contacting conditions.

The above conclusions were obtained when the lateral pressure coefficient $\lambda = 1/3$. Figures 4.19 and 4.20 present the relationship curves between the maximum tangential stress $\sigma_{\theta\,\max}/p_0$ and the minimum $\sigma_{\theta\,\min}/p_0$ on the inner edge of the lining and the lateral pressure coefficient λ under the condition of $\mu_1 = 0.25$, $\mu_2 = 0.20$, $E_2/E_1 = 10.0$, $p_0 = 2$ MPa, $p = 4.0MPa$, $\eta = 0.4$.

From Figs. 4.19 and 4.20, it can be observed that: when $\theta = 0°$, the perfect bonding contact produces larger compressive stress than the full-slip contact (Fig. 4.19), while at $\theta = 90°$, the perfect bonding contact produces larger tensile stress than the full-slip contact (Fig. 4.20). The smaller the value of λ is, the greater the difference between the results of perfect bonding contact and full-slip contact calculations.

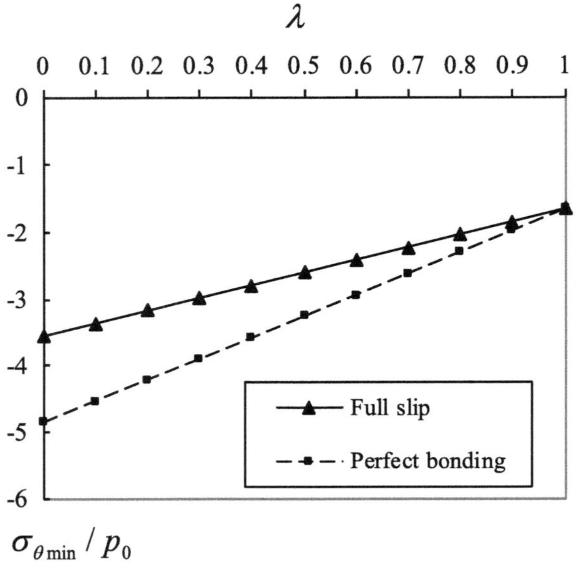

Fig. 4.19 The relationship curve between the minimum tangential stress $\sigma_{\theta\,\min}/p_0$ on the inner edge of the lining and λ ($\theta = 0°$)

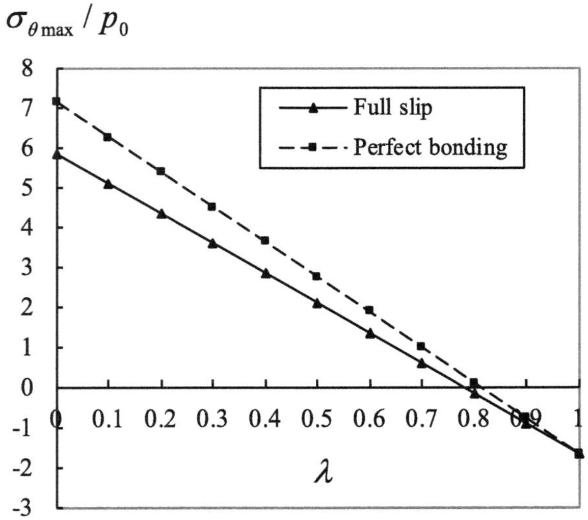

Fig. 4.20 The relationship curve between the maximum tangential stress $\sigma_{\theta\,\max}/p_0$ on the inner edge of the lining and λ ($\theta = 90°$)

As λ increases, the difference between them decreases. When $\lambda = 1$, the stresses produced by perfect bonding contact and full-slip contact are the same, which is a predictable result.

4.4.3.2 Distribution of Stresses and the Comparison with the Results of Perfect Bonding Contact

The parameters are: $R_0 = 2.5\,\text{m}$, $R_1 = 3.0\,\text{m}$, $\mu_1 = \mu_2 = 0.25$, $p_0 = 2\,\text{MPa}$, $p = 4.0\,\text{MPa}$, $\lambda = 1/3$, $\eta = 0.4$. The radial variation of stresses in the lining and surrounding rock at $\theta = 0°$, $\theta = 90°$ with $E_2/E_1 = 10$ and $E_2/E_1 = 1/10$ are discussed.

$\tau_{r\theta 1} = \tau_{r\theta 2} = 0$ at $\theta = 0°$, $\theta = 90°$, that is shear stress is zero. For full-slip contact, the radial variation of tangential stress σ_θ and radial stress σ_r at $\theta = 0°$ and $\theta = 90°$ with $E_2/E_1 = 10$ and $E_2/E_1 = 1/10$, is shown in Figs. 4.21 and 4.22 respectively.

It can be seen from Figs. 4.21 and 4.22 that, at the lining–rock interface, the radial stress σ_r is always continuous, and the tangential stress σ_θ is discontinuous. With increasing radial distance r, the radial stress and the tangential stress in the rock approach the initial stress. And this is the same as the law obtained under the condition of perfect bonding contact (Figs. 4.17 and 4.18).

From Figs. 4.17, 4.18, 4.21 and 4.22: when E_2/E_1 is the same, the radial stress distribution under the two contact conditions is basically the same at the same θ, and the difference is only in the tangential stress distribution.

It can be seen from Figs. 4.17a and 4.21a: when $E_2/E_1 = 10$, at $\theta = 0°$, near the outer boundary of the lining, the tangential stress produced by full-slip contact is tensile stress, while the tangential stress produced by perfect bonding contact is compressive stress; near the inner boundary of the surrounding rock, the tangential compressive stress produced by full-slip contact is larger than that produced by perfect bonding contact.

As can be seen from Figs. 4.17b and 4.21b, when $E_2/E_1 = 10$, at $\theta = 90°$, near the inner boundary of the surrounding rock, the tangential stress produced by full-slip contact is tensile stress, while the tangential stress produced by perfect bonding contact is compressive stress.

From Figs. 4.18 and 4.22, we can observe that: when $E_2/E_1 = 1/10$, at the same θ, the distribution n of tangential stress for the two contact conditions is basically the same. At $\theta = 0°$ and $\theta = 90°$, the tangential stress in the lining is all compressive and the values are very small, which is different from the law when $E_2/E_1 = 10$.

4.4.4 Conclusions

(1) With the increase of η, the tangential stress at the inner boundary of the lining is more likely to be tensile stress. This is mainly due to the compression stress

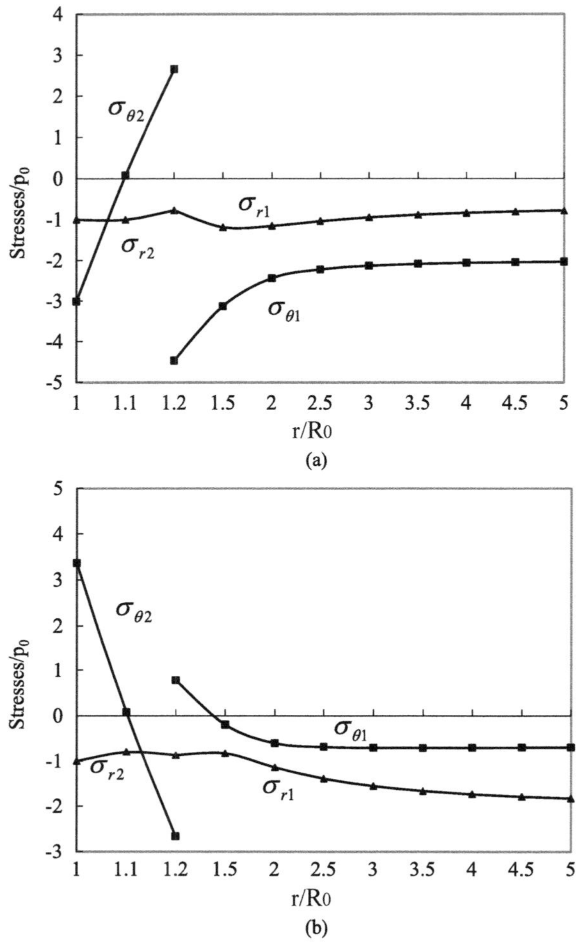

Fig. 4.21 Distribution of stresses when $E_2/E_1 = 10$: **a** $\theta = 0°$; **b** $\theta = 90°$

generated in the lining by the deformation of the surrounding rock, and the tensile stress generated in the lining by the hydrostatic pressure.

(2) The displacement release has a significant impact on the tangential stress at the inner boundary of the lining, and appropriate timing of the support can make the distribution of tangential stress more reasonable. If there is internal water pressure in the lining, the earlier the support is installed when the in situ stress is low, the better. However, when the in situ stress is high, it is not good to install the support too early because it will cause significant compression stress in the lining.

(3) When the elastic modulus of the lining is much smaller than that of the rock, the tangential stress in the lining is relatively small; when the elastic modulus of the lining is much larger than that of the rock, the tangential stress in the lining is relatively large.

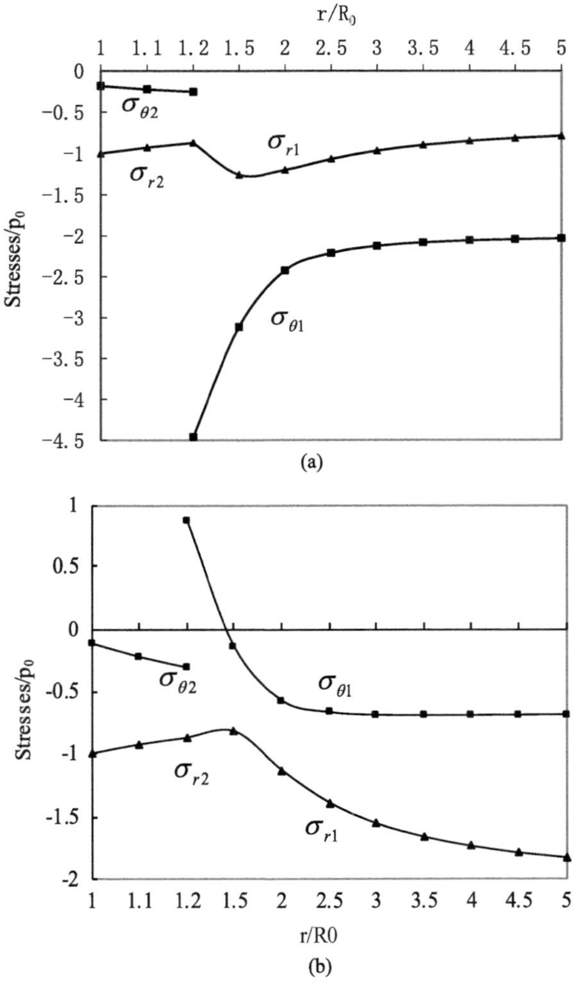

Fig. 4.22 Distribution of stresses when $E_2/E_1 = 1/10$: **a** $\theta = 0°$; **b** $\theta = 90°$

(4) When the elastic modulus of the lining is much smaller than that of the rock, the results of stress calculation under both contact conditions are basically the same. When the elastic modulus of the lining is much greater than that of the rock, the results of stress calculation under the two contact conditions are significantly different.

(5) When the elastic modulus of the lining is much greater than that of the rock, the tangential stress under full-slip contact condition is smaller than that under the perfect bonding contact condition near the inner boundary of the lining. The smaller the lateral pressure coefficient, the greater the difference in the calculation results between the two contact conditions.

(6) When the elastic modulus of the lining is much greater than that of the rock, near the inner boundary of the lining, the difference between the maximum

and minimum values of the tangential stress is smaller for the full-slip contact condition and larger for the perfect bonding contact condition. That is to say, under the full-slip contact condition, the distribution of the tangential stress along the inner edge of the lining is more uniform than under the perfect bonding contact condition.

4.5 Elastic Solution of Circular Tunnel with Linings—Frictional Slip Contact

4.5.1 Problem Description

In Sects. 4.3 and 4.4, mechanical analysis methods were discussed for the conditions of perfect bonding contact and full-slip contact between the surrounding rock and lining, and the obtained stress and displacement are closed-form solutions. Perfect bonding contact assumes that the contact surface between the lining and the surrounding rock is very rough, and can bear great friction, which does not allow relative on the rock–lining interface.

The perfect bonding and full-slip contacts are two artificial ideal situations. In reality, the contact on the rock–lining interface cannot be described by any of the two ideal situations. Because the interface between the lining and the surrounding rock mass is not fully smooth, nor can it bear arbitrarily large friction. The tangential sliding will occur when the shear stress on the interface is greater than the maximum static friction. In this section, the value of tangential friction $\tau_{r\theta}$ cannot exceed the product of normal pressure σ_r and friction coefficient f_r (the Coulomb's friction law), and the bonding between the surrounding rock and the lining will not be considered. Compared with the two ideal assumptions of the perfect bonding and full-slip contacts, the Coulomb law is more suitable for the real situation. This kind of contact is referred to as frictional slip contact in this section. The problem cannot be solved using the methods presented in Sects. 4.3 and 4.4. Therefore, the author proposed a new solution for this frictional slip contact condition [25].

For frictional slip contact problems, the basic assumptions remain the same as those in Sects. 4.3 and 4.4, including the following assumptions: the surrounding rock mass and the lining are isotropic, and they always are linear elastic under the action of in situ stresses and hydrostatic pressure; the tunnel is long and deep enough so that the problem can be simplified to be an infinite domain problem.

4.5.2 Equations for Analytic Function Coefficients

For frictional slip contact problems, it is still required to satisfy the stress continuity condition and the normal displacement continuity condition on the contact surface between the rock mass and the lining, and the stress boundary condition on the lining inner boundary must also be satisfied.

The stress boundary conditions at the inner boundary of the lining ($r = R_0$) are:

$$\sigma_{r2} = -p_0 \tag{4.156}$$

$$\tau_{r\theta 2} = 0 \tag{4.157}$$

On the interface of rock mass and lining ($r = R_1$), the frictional slip contact conditions are:

$$\tau_{r\theta 1} = \tau_{r\theta 2} \tag{4.158}$$

$$\sigma_{r1} = \sigma_{r2} \tag{4.159}$$

$$u_{r1} = u_{r2} \tag{4.160}$$

The meanings of the symbols in Eqs. (4.156)–(4.160) are exactly the same as in Sect. 4.4. Following the derivation process in Sect. 4.4, the following results can be obtained: only c_1, d_1, d_3, e_1, f_1, f_3, g_1, g_3 and h_1 may be non-zero, the remaining coefficients are all zero, and c_1, d_1, d_3, e_1, f_1, f_3, g_1, g_3 and h_1 must satisfy the following linear equations:

$$2R_0^2 f_1 + g_1 = -p_0 R_0^2 \tag{4.161}$$

$$e_1 + 3R_0^4 f_3 + R_0^2 h_1 = 0 \tag{4.162}$$

$$R_0^2 e_1 - R_0^6 f_3 - g_3 = 0 \tag{4.163}$$

$$d_1 - 2R_1^2 f_1 - g_1 = 0 \tag{4.164}$$

$$4R_1^2 c_1 - 3d_3 - 4R_1^2 e_1 + 3g_3 - R_1^4 h_1 = 0 \tag{4.165}$$

$$-2R_1^2 c_1 + 3d_3 = -2R_1^2 e_1 + 6R_1^6 f_3 + 3g_3 + R_1^4 h_1 \tag{4.166}$$

$$2d_1 - 2\frac{G_1}{G_2}(1-\kappa_2)R_1^2 f_1 - 2\frac{G_1}{G_2} g_1 = -(1-\eta)(1+\lambda)pR_1^2 \tag{4.167}$$

$$(\kappa_1+1)R_1^2 c_1 - d_3 - \frac{G_1}{G_2}(\kappa_2+1)R_1^2 e_1 - \frac{G_1}{G_2}(\kappa_2-3)R_1^6 f_3 + \frac{G_1}{G_2} g_3 + \frac{G_1}{G_2} R_1^4 h_1$$

$$= -\frac{1}{2}\kappa_1(1-\eta)(1-\lambda)pR_1^4 \tag{4.168}$$

Equations (4.161)–(4.168) are a total of 8 linear equations, of which 7 equations are exactly the same as in Sect. 4.4. There are 9 unknowns, so there is one more equation needed. The solutions that satisfy Eqs. (4.161)–(4.168) have infinitely many sets.

The reason why perfect bonding contact and full-slip contact have one more equation compared to frictional slip contact is actually determined by the contact characteristics on the contact surface. For perfect bonding contact, it is assumed that the tangential displacement on the contact surface is continuous, while for full-slip contact, it is assumed that the shear stress on the contact surface of the surrounding rock lining is zero. Therefore, one more equation can be added for both cases.

4.5.3 Sliding Criterion and Model Building

When the contact between the surrounding rock and the lining is frictional slip contact, it is unable to supplement the missing equation like perfect bonding contact and full-slip contact [25]. This section will use the optimization technique to deal with this problem. When the shear stress between the surrounding rock and the lining reaches the maximum friction that the contact surface can bear, the relative sliding will occur. In the sliding area, the tangential displacement will be discontinuous, that is on the contact surface $r = R_1$, there will be a region $u_{\theta 1} \neq u_{\theta 2}$. In this section, under the premise of ensuring that the shear stress is not greater than the frictional force provided by the contact surface, the minimum relative sliding on the contact surface is taken as the actual working state of the lining. This assumption is reasonable because if a stable state can be maintained with minimal sliding, there is no need to enter a new state that would result in greater sliding between the surrounding rock and the lining. The slippage of the contact surface is measured by the difference of the tangential displacement $|u_{\theta 1} - u_{\theta 2}|$. From Eqs. (4.129), (4.134),

$$u_{\theta 1} = \frac{1}{4G_1}\left[-pR_1\kappa_1(1-\eta)(1-\lambda) + 2(1-\kappa_1)c_1R_1^{-1} - 2d_3R_1^{-3}\right]\sin 2\theta \tag{4.169}$$

$$u_{\theta 2} = \frac{1}{2G_2}\left[(1-\kappa_2)e_1R_1^{-1} + (3+\kappa_2)f_3R_1^3 - g_3R_1^{-3} + h_1R_1\right]\sin 2\theta \tag{4.170}$$

and from Eqs. (4.169), (4.170), we have

$$|u_{\theta 1} - u_{\theta 2}|$$

$$= \left| \left\{ \begin{array}{l} \frac{1}{4G_1}\left[-pR_1\kappa_1(1-\eta)(1-\lambda)+2(1-\kappa_1)c_1R_1^{-1}-2d_3R_1^{-3}\right] \\ -\frac{1}{2G_2}\left[(1-\kappa_2)e_1R_1^{-1}+(3+\kappa_2)f_3R_1^3-g_3R_1^{-3}+h_1R_1\right] \end{array} \right\} \sin 2\theta \right| \tag{4.171}$$

It can be seen from Eq. (4.171), for different θ, the slippage on the contact surface are different. Specifically, when θ are 0, 90, 180 and 270°, the tangential displacements are zero, and the corresponding slippage are also zero. When θ are 45, 135, 225 and 315°, the slippage reaches the maximum value. For arbitrary θ, when the value of $|\{\ \}|$ is minimum, the tangential displacement discontinuity value is minimal, the slippage on the contact surface are just different for different θ. Therefore, take the objective function F as.

$$F = \left| \frac{1}{4G_1}\left[-pR_1\kappa_1(1-\eta)(1-\lambda)+2(1-\kappa_1)c_1R_1^{-1}-2d_3R_1^{-3}\right] - \frac{1}{2G_2}\left[(1-\kappa_2)e_1R_1^{-1}+(3+\kappa_2)f_3R_1^3-g_3R_1^{-3}+h_1R_1\right] \right| \tag{4.172}$$

A set values of $c_1, d_1, d_3, e_1, f_1, f_3, g_1, g_3$ and h_1 that make formula (4.172) reach minimum can ensure minimum slippage at contact surface. On the contact surface, the constraint conditions that must be satisfied are given by Coulomb's friction law.

$$|\tau_{r\theta}| \le f_r|\sigma_r| \tag{4.173}$$

where $\tau_{r\theta}$ and σ_r are respectively shear stress and radial positive stress on the contact surface, due to the continuity of stress on the contact surface, $\tau_{r\theta}, \sigma_r$ can be $\tau_{r\theta 1}, \sigma_{r1}$, or $\tau_{r\theta 2}, \sigma_{r2}$. This section take the former as the value of $\tau_{r\theta}, \sigma_r$, then formula (4.173) can be written as,

$$f_r\left|d_1R_1^{-2}+\left(3d_3R_1^{-4}-4c_1R_1^{-2}\right)\cos 2\theta\right| - \left|\left(2c_1R_1^{-2}-3d_3R_1^{-4}\right)\sin 2\theta\right| \ge 0 \tag{4.174}$$

For arbitrary θ, formula (4.174) should be true. Because of the symmetry of the problem, we just consider the situation of $\theta \in \left[0, \frac{\pi}{2}\right]$, divide $\left[0, \frac{\pi}{2}\right]$ into m equal parts (m=180 in this section), then the formula (4.174) can be classified into $m+1$ constraint conditions

$$f_r\left|d_1R_1^{-2}+\left(3d_3R_1^{-4}-4c_1R_1^{-2}\right)\cos 2\theta_j\right| - \left|\left(2c_1R_1^{-2}-3d_3R_1^{-4}\right)\sin 2\theta_j\right| \ge 0 \tag{4.175}$$

where $\theta_j = \pi(j-1)/m, j = 1, 2, \ldots, m+1$.

In this section, a mixed penalty function method was used for the optimizing calculation, the mathematic model can be expressed as

$$\min F(\mathbf{X}),\ \mathbf{X} \in D \tag{4.176}$$

$$D:\ h_j(X) = 0, \quad j = 1, 2, \ldots, 8$$

$$g_j(X) \geq 0, \quad j = 1, 2, \ldots, m + 1$$

where $h_j(X) = 0$ denotes an equality constraint condition, which is composed of Eqs. (4.161)–(4.168); $g_j(X) \geq 0$ denotes an inequality constraint condition, which is composed of Eq. (4.175). $F(X)$ is formula (4.172). $X = [c_1, d_1, d_3, e_1, f_1, f_3, g_1, g_3, h_1]$, in which c_1, d_1, d_3, e_1, f_1, f_3, g_1, g_3 and h_1 are the design variables. The set values of $\hat{c}_1, \hat{d}_1, \hat{d}_3, \hat{e}_1, \hat{f}_1, \hat{f}_3, \hat{g}_1, \hat{g}_3$ and $\hat{h}_1$ that make formula (4.172) reach minimum are the solutions to this problem. Thus, after lining installation, the solutions by the complex potential functions for the surrounding rock mass and the lining are obtained.

It can be seen from the above solving process that the solution of this frictional slip contact is general, which contains two limiting cases: perfect bonding contact and full-slip contact.

When $f_r = 0$, the inequality constraint condition denoted by formula (4.173) becomes

$$2c_1R_1^{-2} - 3d_3R_1^{-4} = 0 \tag{4.177}$$

If $\tau_{r\theta 1} = 0$, the equation that is exactly the same as formula (4.177) can be obtained, which represents the situation of pure slip contact.

When the f_r is greater than a certain value, the inequality constraint condition expressed by Eq. (4.173) will always be satisfied. When Eq. (4.172) reaches the minimum value (its value is zero), the solution is

$$\begin{aligned} &\frac{1}{4G_1}\left[-pR_1\kappa_1(1-\eta)(1-\lambda) + 2(1-\kappa_1)c_1R_1^{-1} - 2d_3R_1^{-3}\right] \\ &\quad = \frac{1}{2G_2}\left[(1-\kappa_2)e_1R_1^{-1} + (3+\kappa_2)f_3R_1^3 - g_3R_1^{-3} + h_1R_1\right] \end{aligned} \tag{4.178}$$

Equation (4.178) represents $u_{\theta 1} = u_{\theta 2}$, which is clear from Eqs. (4.169), (4.170). The following examples show that the f_r required to meet the perfect bonding contact condition is closely related to the lateral pressure coefficient λ, the closer the λ is to 1, the smaller the f_r is required.

With given values of R_0, R_1, p, λ, p_0, G_1, μ_1, G_2, μ_2, η, the undetermined c_1, d_1, d_3, e_1, f_1, f_3, g_1, g_3, h_1 can be obtained. The stresses in the lining can be obtained by Eqs. (4.112)–(4.114), and the stress in the surrounding rock mass can be obtained by Eqs. (4.119)–(4.121).

4.5.4 Verification

The parameters are taken as: $p = 10.0\,\text{MPa}$, $\lambda = 0.5$, $R_1 = 3.0\,\text{m}$, $R_0 = 2.5\,\text{m}$, $\mu_1 = 0.25$, $\mu_2 = 0.20$, $E_2/E_1 = 10.0$, $\eta = 0.2$, $p_0 = 2.0\,\text{MPa}$, $f_r = 0.5$. This section will compare the analytical solutions with the results obtained from ANSYS finite element software.

When using ANSYS to solve the frictional slip contact problems of lined tunnels, the contact model is the surface-to-surface contact. The load release coefficient, which is linearly related to the displacement release coefficient, is determined through the "stress release method" to obtain the equivalent nodal load and simulate the excavation process with support delay. The relative sliding on the contact surface is allowed, and the friction coefficient for both materials should be set to 0.5.

Figure 4.23 is the sketch map of boundary conditions and finite element mesh of model in ANSYS. The outer boundary of the model is 50.0 m × 50.0 m, and the radius of the circular tunnel is 3.0 m. The surrounding rock is divided into 58,702 elements with 59,221 nodes, and the lining is divided into 3972 elements with 4332 nodes. In particular, the inner and outer boundaries of lining and the inner boundary of surrounding rock are divided into 360 parts. The point constraints at point A are in the X and Y directions, and point B in the Y direction. On the inner boundary of the lining, the surface load of 2.0 MPa is applied, and the calculated equivalent node loads are applied on the contact surface.

Figure 4.24 shows the comparison of the numerical solutions and analytic solutions, on the inner boundary of the lining, the tangential stresses $\sigma_{\theta 2}^{I}$ obtained by the numerical method and the analytical method have little difference near $\theta = 0$ and 90°. At the lining–rock interface, the contact stresses σ_r and $\tau_{r\theta}$ obtained by the numerical method and analytical method are almost completely coincident, the biggest relative errors being 3.84% and 2.23%, respectively. The results of the frictional slip contact

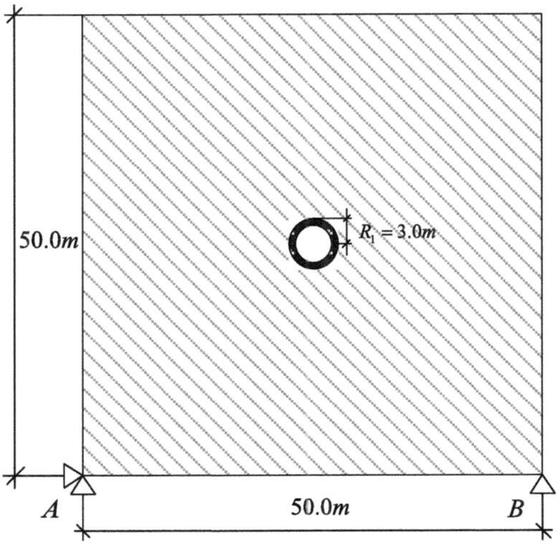

Fig. 4.23 Model sketch and meshing in ANSYS

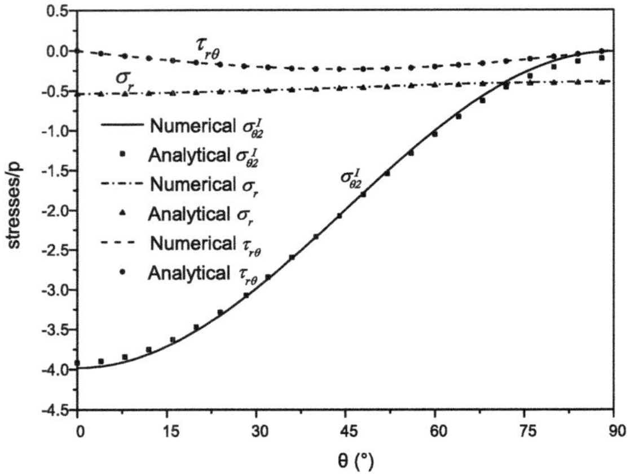

Fig. 4.24 Comparison of the numerical and analytical solutions ($E_2/E_1 = 10.0$)

method presented here are basically consistent with those obtained by ANSYS, and the rationality of the method is proved.

4.5.5 Analysis and Discussion

4.5.5.1 Contact Forces at the Interface

The frictional slip contact in this section regards the state where the minimum relative sliding occurs between the contact surface as the actual working state of the lining. Therefore, the distributions of contact stresses on the interface and the variations of tangential displacement discontinuity value are very important. First, we analyze the distributions of contact stresses on the interface using the same calculation parameters as in Sect. 4.5.4.

The contact stress on the contact surface between the surrounding rock and the lining is composed of radial stress σ_r and tangential stress $\tau_{r\theta}$. The effects of the lateral pressure coefficient and the friction coefficient on the contact stresses can be discussed by taking different values of the two parameters, respectively. Due to the symmetry of the problem, the radial stress σ_r and the shear stress $\tau_{r\theta}$ on the range of $\theta \in [0°, 90°]$ are discussed in this section.

It can be seen from Fig. 4.25a that, the radial stress σ_r on the interface decreases monotonically with increasing angle θ and reaches the maximum compressive stress at $\theta = 0°$. With the increase of the lateral pressure coefficient, the horizontal pressure increases and the absolute value of σ_r at any point of the contact surface increases. When $\lambda = 1.0$, the radial compressive stress on the contact surface is the same and are the maximum value. Figure 4.25c shows that, the absolute value of the shear stress $\tau_{r\theta}$ on the contact surface reaches the maximum value at $\theta = 45°$. $\tau_{r\theta} = 0$ at $\theta = 45$ and 90°, because there is no relative sliding at the 2 points. When λ gets

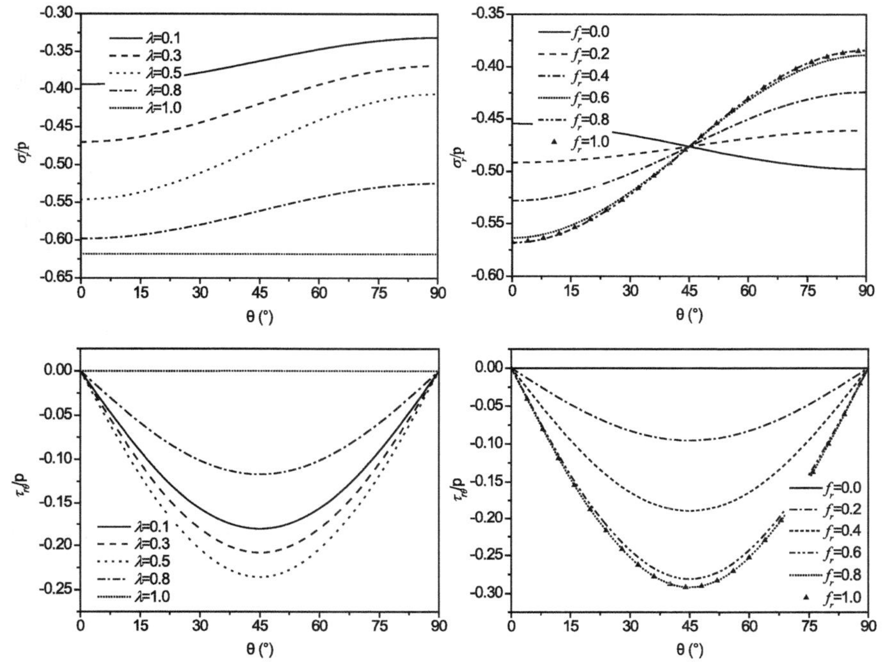

Fig. 4.25 Distributions of the contact stresses on the interface: **a** σ_r for different λ ($f_r = 0.5$); **b** σ_r for different f_r ($\lambda = 0.5$); **c** $\tau_{r\theta}$ for different λ ($f_r = 0.5$); **d** $\tau_{r\theta}$ for different f_r ($\lambda = 0.5$)

closer to 0, the shear stress $\tau_{r\theta}$ at each point on the contact surface increases with increasing λ, however, when λ gets closer to 1.0, the shear stress $\tau_{r\theta}$ at each point on the contact surface decreases with increasing λ, the shear stress on the contact surface is zero when λ = 1.0 which means the two-direction isobaric condition.

It can be seen from Fig. 4.25b that, when $f_r = 0.0$ (i.e., full-slip contact) the absolute value of the radial stress σ_r on the contact surface reaches the minimum value at $\theta = 0°$ while the maximum value at $\theta = 90°$, and this law is the same as that obtained in Sect. 4.4. Nevertheless, when f_r is smaller, the absolute value of σ_r decreases monotonically with increasing angle θ. The radial stress at $\theta = 45°$ is constant, independent of the friction coefficient f_r. And it can be seen in Fig. 4.25d that, the absolute value of the shear stress $\tau_{r\theta}$ increases with f_r and the maximum value is at $\theta = 45°$. When $f_r \geq 0.8$, the contact stresses σ_r and $\tau_{r\theta}$ on the contact surface are the same. It can be known from the next section that, when $f_r \geq 0.8$, there will be no relative sliding happening on the contact surface any more.

4.5.5.2 Tangential Displacement at the Interface

Under frictional slip contact, the normal displacement on the contact surface of the surrounding rock and the lining satisfies the continuity condition of the normal

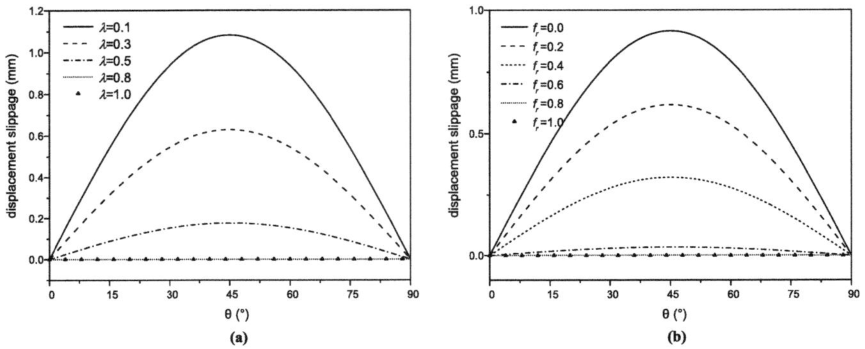

Fig. 4.26 Distribution law of tangential displacement slippage on the interface: **a** $|u_{\theta 1} - u_{\theta 2}|$ on the interface for different λ ($f_r = 0.5$); **b** $|u_{\theta 1} - u_{\theta 2}|$ on the interface for different f_r ($\lambda = 0.5$)

displacement on the boundary $u_{r1} = u_{r2}$. When relative sliding occurs between the contact surface, there will be a discontinuity in the tangential displacement between the surrounding rock and the lining on both sides of the contact surface, which is expressed as $|u_{\theta 1} - u_{\theta 2}|$.

It can be seen from Fig. 4.26 that, once the relative sliding happens, it will cover on the whole interface except the two points of $\theta = 0$ and 90°. The tangential displacement discontinuity values reach the maximum at $\theta = 45°$. The maximum relative slippage always occurs on the point where the shear stress is maximum. The slippage $|u_{\theta 1} - u_{\theta 2}|$ decreases with the increase of the lateral pressure coefficient λ. When $\lambda \geq 0.8$, that is, the stress state approaches the two-direction isobaric condition. $|u_{\theta 1} - u_{\theta 2}|$ is basically equal to zero (Fig. 4.26a), that is, $u_{\theta 1}$ and $u_{\theta 2}$ are basically equal, indicating that there is no relative sliding on the contact surface. Figure 4.26b shows that, when λ is unchanged, $|u_{\theta 1} - u_{\theta 2}|$ decreases monotonically with increasing friction coefficient f_r, because as f_r increases, the relative sliding on the interface becomes more and more difficult. When $f_r \geq 0.8$, $|u_{\theta 1} - u_{\theta 2}| \approx 0$ (i.e., $u_{\theta 1} \approx u_{\theta 2}$). Combined with Fig. 4.26a, b, when $f_r \geq 0.8$, the contact stresses σ_r and $\tau_{r\theta}$ on the contact surface will no longer change, and there is no relative sliding either, which is actually the case of the perfect bonding contact.

4.5.5.3 Tangential Stress at the Excavation Boundary of Rock

In this section, we take different lateral pressure coefficients λ and different friction coefficients f_r to analyze the distribution of tangential stress $\sigma_{\theta 1}$ on the excavation boundary of surrounding rock, and the other parameters remain unchanged.

It can be seen from Fig. 4.27 that, the tangential stress $\sigma_{\theta 1}$ on the rock excavation boundary reaches the extreme value at $\theta = 0°$ and 90°, respectively. Figure 4.27a shows that, when f_r is unchanged, the smaller the λ is, the larger the tensile stress of $\sigma_{\theta 1}$ at $\theta = 90°$, and the larger the compressive stress of $\sigma_{\theta 1}$ at $\theta = 0°$. As the

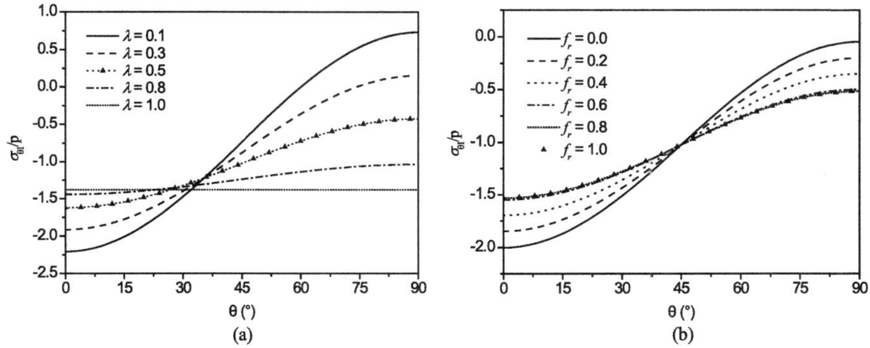

Fig. 4.27 Distribution law of tangential stress on rock excavation boundary: **a** $\sigma_{\theta 1}$ for different λ ($f_r = 0.5$); **b** $\sigma_{\theta 1}$ for different f_r ($\lambda = 0.5$)

lateral pressure coefficient increases, the variation range of tangential stress values is smaller and smaller. When $\lambda = 1.0$, $\sigma_{\theta 1}$ is a certain value on the excavation boundary. Figure 4.27b shows that, as $\lambda = 0.5$, $\sigma_{\theta 1}$ is always compressive stress, and $\sigma_{\theta 1}$ decreases monotonically with increasing angle θ in the range of [0°, 90°]. The minimum compressive stress of $\sigma_{\theta 1}$ is located at $\theta = 90°$ and increases with increasing f_r, while the maximum compressive stress at $\theta = 0°$ decreases with increasing f_r. And $\sigma_{\theta 1}$ is between the results of the full-slip contact and the perfect bonding contact under the frictional slip contact condition.

4.5.5.4 Tangential Stresses at Lining Boundaries

In the design of a tunnel support, we are concerned about the tangential stresses on the inner and outer boundaries of the lining (expressed respectively by $\sigma_{\theta 2}^{\mathrm{I}}$ and $\sigma_{\theta 2}^{\mathrm{O}}$). Thus, in this section, the influences of the lateral pressure coefficient λ and the friction coefficient f_r on the tangential stresses are discussed.

Figure 4.28 shows that, the larger the λ is, the smaller the varying interval of the tangential stresses of $\theta \in [0°, 90°]$, on the lining's inner and outer boundaries, when $\lambda = 1.0$ (i.e., two-direction isobaric), the tangential stresses on the inner and outer boundary of the lining no longer change. When the lateral pressure coefficient is relatively small, tangential tensile stress can be found on the inner boundary of the lining near $\theta = 90°$ (Fig. 4.28a) and on the outer boundary near $\theta = 0°$ (Fig. 4.28c). As $\lambda = 0.5$, the tangential stresses on lining's inner and outer boundaries are compression (Fig. 4.28b, d). On the inner boundary of lining, the tangential stress $\sigma_{\theta 2}^{\mathrm{I}}$ decreases monotonically with increasing angle θ in the range of [0°, 90°]. When increasing f_r, the maximum compressive stress of $\sigma_{\theta 2}^{\mathrm{I}}$ increases and the minimum compressive stress decreases. On the outer boundary of the lining, with the increase of f_r, the change range of $\sigma_{\theta 2}^{\mathrm{O}}$ decreases. When f_r is bigger and closer to 1.0, the compressive stress increases with increasing angle θ in the range of [0°, 90°], and $\sigma_{\theta 2}^{\mathrm{O}}$ achieves the maximum and minimum compressive stresses at $\theta = 0°$ and 90°,

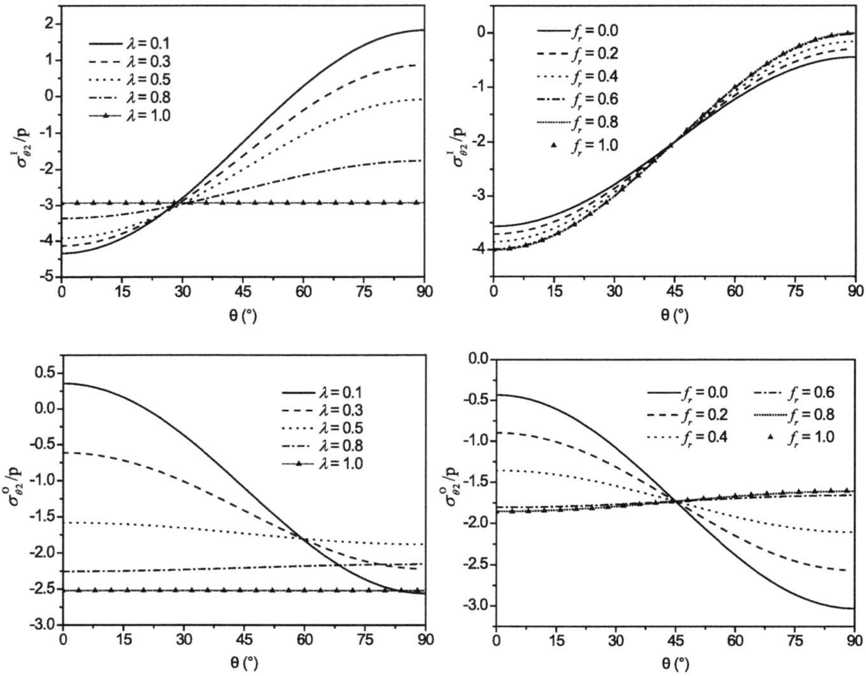

Fig. 4.28 Distributions of the tangential stresses on the inner and outer boundaries of lining: **a** value of $\sigma_{\theta 2}^{\mathrm{I}}$ when λ changes ($f_r = 0.5$); **b** value of $\sigma_{\theta 2}^{\mathrm{I}}$ when f_r changes ($\lambda = 0.5$); **c** value of $\sigma_{\theta 2}^{\mathrm{O}}$ when λ changes ($f_r = 0.5$); **d** value of $\sigma_{\theta 2}^{\mathrm{O}}$ when f_r changes ($\lambda = 0.5$)

respectively; the opposite happens when f_r is smaller and closer to 0. Figure 4.28b, d also indicate that $\sigma_{\theta 2}^{\mathrm{I}}$ and $\sigma_{\theta 2}^{\mathrm{O}}$ are between the results of the full-slip contact and the perfect bonding contact under frictional slip contact condition.

4.5.5.5 Threshold of Friction Coefficient

The case of $f_r = 0.0$ denotes the full-slip contact. From the above results we can see that when f_r is larger than a certain threshold f_{rt}, the displacement discontinuity on the contact surface is zero (i.e., the perfect bonding contact). If we can determine the value of f_{rt} in different situations, we can know what kind of contact it is in practical projects.

Through a large number of calculations, the threshold f_{rt} for different lateral pressure coefficients and elastic modulus ratios are given in Table 4.10. As can be seen from Table 4.10, the smaller the lateral pressure coefficient, the greater the threshold f_{rt}. With the increase of the elastic modulus ratios E_2/E_1, the threshold f_{rt} increases.

Table 4.10 Values of f_{rt} for various E_2/E_1 and λ

E_2/E_1	λ			
	0.2	0.5	0.8	1.0
1.0	0.90	0.50	0.18	0
5.0	1.31	0.65	0.23	0
10.0	1.35	0.80	0.25	0
50.0	1.60	1.15	0.36	0

4.5.6 Conclusions

In this section, the minimum relative sliding between the contact surfaces is taken as the actual working state of the lining. On this basis, a method to solve the frictional slip contact problem is established. The solutions of this problem are general. Through this method, we can obtain the solutions of the two limiting cases: perfect bonding contact and full-slip contact.

When the friction coefficient f_r is larger than threshold f_{rt}, the displacement discontinuity value on the contact surface is zero, which satisfies the perfect bonding contact condition, that is the limiting case of the frictional slip contact. The results show that the stresses of the frictional slip contact are always between the results of the full-slip contact and the perfect bonding contact.

Through a large number of calculations, the threshold f_{rt} for different lateral pressure coefficients λ and elastic modulus ratios E_2/E_1 are given. That is, in practical engineering, if $f_r \geq f_{rt}$, it must be the perfect bonding contact, otherwise, if $f_r < f_{rt}$, it turns to the frictional slip contact.

When f_r getting smaller, surrounding rock and lining will slide relatively, all the other points have been sliding except for the four symmetry points (two midpoints on the top and bottom of the tunnel, two midpoints on the two sides of the tunnel), and there is the maximum relative sliding at the points on the two diagonals of the tunnel, which are also the points where the maximum shear stress occurs. The closer λ is to 1, the smaller the displacement discontinuity value of surrounding rock and lining on the contact surface, when $\lambda = 1.0$, there is no relative sliding between the surrounding rock and the lining.

In order to efficiently solve the frictional slip contact problems, we attempted to establish a simple and efficient algorithm as described in Ref. [26].

4.6 Viscoelastic Solution for Lined Circular Tunnels

4.6.1 Problem Description

Sections 4.3, 4.4 and 4.5 discuss the mechanical analysis methods for three contact conditions between surrounding rock and lining, namely, perfect bonding contact, full slip contact, and frictional slip contact. Closed analytical solutions for stress and displacement can be obtained for all three contact conditions. In contrast to Sects. 4.3, 4.4 and 4.5, this section assumes that rock has time-dependent viscous properties. On the premise that the surrounding rock is a viscoelastic medium, a solution method for the mechanical analysis of lining tunnel is established [27]. The rock is then considered as a generalized Kelvin viscoelastic model, and the stress and displacement solutions for the perfect contact situation are obtained based on the correspondence principle. Similarly, it is not difficult to obtain exact closed-form solutions for stress and displacement for the full slip contact condition, following the method presented in this section.

Taking the stress calculation of the lining and surrounding rock as an example, unlike in Sects. 4.3, 4.4 and 4.5, where the positive stress is defined as tensile stress, we define positive stress as compressive stress. In this case, we need to replace the earth stress p and internal water pressure p_0 with $-p$ and $-p_0$, respectively, in Sects. 4.3, 4.4 and 4.5.

4.6.2 Laplace Transform of Elastic Solutions

Firstly, the Laplace transform is applied to the stress solution (4.112)–(4.114) and Eqs. (4.119)–(4.121) for elastic states, resulting in the following equations:

$$\widetilde{\sigma_{r2}} = 2\widetilde{f_1} + \widetilde{g_1} r^{-2} + \left(-4\widetilde{e_1} r^{-2} + 3\widetilde{g_3} r^{-4} - \widetilde{h_1}\right)\cos 2\theta \tag{4.179}$$

$$\widetilde{\sigma_{\theta 2}} = 2\widetilde{f_1} - \widetilde{g_1} r^{-2} + \left(12\widetilde{f_3} r^2 - 3\widetilde{g_3} r^{-4} + \widetilde{h_1}\right)\cos 2\theta \tag{4.180}$$

$$\widetilde{\tau_{r\theta 2}} = \left(6\widetilde{f_3} r^2 - 2\widetilde{e_1} r^{-2} + 3\widetilde{g_3} r^{-4} + \widetilde{h_1}\right)\sin 2\theta \tag{4.181}$$

$$\begin{aligned}\widetilde{\sigma_{r1}} = & -\frac{(1+\lambda)p}{2s} + \left[\frac{(1+\lambda)pR_1^2}{2s} + \widetilde{d_1}\right]/r^2 \\ & + \left\{\frac{(1-\lambda)p}{2s} - 2\left[\frac{(1-\lambda)pR_1^2}{s} + 2\widetilde{c_1}\right]/r^2\right.\end{aligned}$$

$$+\left[\frac{3(1-\lambda)pR_1^4}{2s}+3\widetilde{d_3}\right]/r^4\bigg\}\cos 2\theta \tag{4.182}$$

$$\widetilde{\sigma_{\theta 1}}=-\frac{(1+\lambda)p}{2s}-\left[\frac{(1+\lambda)pR_1^2}{2s}+\widetilde{d_1}\right]/r^2$$
$$-\left\{\frac{(1-\lambda)p}{2s}+\left[\frac{3(1-\lambda)pR_1^4}{2s}+3\widetilde{d_3}\right]/r^4\right\}\cos 2\theta \tag{4.183}$$

$$\widetilde{\tau_{r\theta 1}}=-\left\{\frac{(1-\lambda)p}{2s}+\left[\frac{(1-\lambda)pR_1^2}{s}+2\widetilde{c_1}\right]/r^2\right.$$
$$\left.-\left[\frac{3(1-\lambda)pR_1^4}{2s}+3\widetilde{d_3}\right]/r^4\right\}\sin 2\theta \tag{4.184}$$

where the values of $\widetilde{c_1}$, $\widetilde{d_1}$, $\widetilde{d_3}$, $\widetilde{e_1}$, $\widetilde{f_1}$, $\widetilde{f_3}$, $\widetilde{g_1}$, $\widetilde{g_3}$ and $\widetilde{h_1}$ are obtained by applying the Laplace transform equation of Eqs. (4.99)–(4.107). During the process of Laplace transformation, the parameter of the rock G_1 should be replaced with $\widetilde{Q}/\widetilde{P}$, and μ_1 should be replaced with $\mu_1=\left(3K_1-2\widetilde{Q}/\widetilde{P}\right)/\left(6K_1+2\widetilde{Q}/\widetilde{P}\right)$ resulting in the following equation:

$$2R_0^2\widetilde{f_1}+\widetilde{g_1}=p_0R_0^2\frac{1}{s} \tag{4.185}$$

$$\widetilde{e_1}+3R_0^4\widetilde{f_3}+R_0^2\widetilde{h_1}=0 \tag{4.186}$$

$$R_0^2\widetilde{e_1}-R_0^6\widetilde{f_3}-\widetilde{g_3}=0 \tag{4.187}$$

$$\widetilde{d_1}-2R_1^2\widetilde{f_1}-\widetilde{g_1}=0 \tag{4.188}$$

$$\widetilde{c_1}-\widetilde{e_1}-3R_1^4\widetilde{f_3}-R_1^2\widetilde{h_1}=0 \tag{4.189}$$

$$R_1^2\widetilde{c_1}-\widetilde{d_3}-R_1^2\widetilde{e_1}+R_1^6\widetilde{f_3}+\widetilde{g_3}=0 \tag{4.190}$$

$$\left(3-4\frac{3K_1-2\widetilde{Q}/\widetilde{P}}{6K_1+2\widetilde{Q}/\widetilde{P}}+\frac{\widetilde{Q}/\widetilde{P}}{G_2}\right)\widetilde{c_1}-\frac{\widetilde{Q}/\widetilde{P}}{G_2}(3-4\mu_2+1)\widetilde{e_1}\widetilde{d_1}$$
$$=\frac{(1-\eta)(1-\lambda)R_1^2p}{2}\left(3-4\frac{3K_1-2\widetilde{Q}/\widetilde{P}}{6K_1+2\widetilde{Q}/\widetilde{P}}\right)\frac{1}{s} \tag{4.191}$$

$$\left(\frac{\widetilde{Q}/\widetilde{P}}{G_2}-1\right)\widetilde{d_1}-\frac{\widetilde{Q}/\widetilde{P}}{G_2}(3-4\mu_2+1)R_1^2\widetilde{f_1}=-\frac{(1-\eta)(1+\lambda)pR_1^2}{2}\frac{1}{s} \tag{4.192}$$

$$\left(\frac{\widetilde{Q}/\widetilde{P}}{G_2}-1\right)R_1^2\widetilde{c_1}-\left(\frac{\widetilde{Q}/\widetilde{P}}{G_2}-1\right)\widetilde{d_3}+\frac{\widetilde{Q}/\widetilde{P}}{G_2}(3-4\mu_2+1)R_1^6\widetilde{f_3}=0 \tag{4.193}$$

The values of $\widetilde{Q}$ and $\widetilde{P}$ in the equation for the generalized Kelvin viscoelastic model can be found in Eq. (3.33) in Chap. 3.

Thus, a system of nine linear equations (Eqs. (4.185)–(4.193)) is established that involves the variables $\widetilde{c_1}$, $\widetilde{d_1}$, $\widetilde{d_3}$, $\widetilde{e_1}$, $\widetilde{f_1}$, $\widetilde{f_3}$, $\widetilde{g_1}$, $\widetilde{g_3}$ and $\widetilde{h_1}$. By solving this system of equations through mathematical deduction, the explicit solutions for the nine coefficients can be obtained.

$$\begin{aligned}&\widetilde{f_3}=\frac{N_1(s)}{M_1(s)},\quad \widetilde{e_1}=\frac{N_2(s)}{M_2(s)},\quad \widetilde{c_1}=\frac{N_3(s)}{M_3(s)},\quad \widetilde{d_3}=\frac{N_4(s)}{M_4(s)},\quad \widetilde{g_3}=\frac{N_5(s)}{M_5(s)}\\&\widetilde{h_1}=\frac{N_6(s)}{M_6(s)},\quad \widetilde{g_1}=\frac{N_7(s)}{M_7(s)},\quad \widetilde{f_1}=\frac{N_8(s)}{M_8(s)},\quad \widetilde{d_1}=\frac{N_9(s)}{M_9(s)}\end{aligned} \tag{4.194}$$

where the expressions of $N_j(s)$ and $M_j(s)$ ($j=1, \ldots, 9$) can be found in Appendix 1. As indicated in Appendix 1, these expressions are quite complex, but they are all polynomials in terms of s.

4.6.3 Closed-Form Viscoelastic Analytical Solutions

In Sect. 4.6.2, we obtained the Laplace domain expressions for each stress component in the lining and surrounding rock, as shown in Eqs. (4.179)–(4.184). By substituting Eq. (4.194) into Eqs. (4.179)–(4.184) and performing a Laplace inverse transformation, we can obtain the viscoelastic solution for the stress in the tunnel lining and surrounding rock. The final expressions are:

$$\sigma_{rt}^{R}=L^{-1}[\widetilde{\sigma_{r1}}] \tag{4.195}$$

$$\sigma_{\theta t}^{R}=L^{-1}[\widetilde{\sigma_{\theta 1}}] \tag{4.196}$$

$$\sigma_{rt}^{L}=L^{-1}[\widetilde{\sigma_{r2}}] \tag{4.197}$$

$$\sigma_{\theta t}^{L}=L^{-1}[\widetilde{\sigma_{\theta 2}}] \tag{4.198}$$

where the superscripts R and L respectively correspond to the surrounding rock and the lining.

After performing the Laplace inverse transformation, each stress component has an added time variable t to reflect that the stress is a function of time. When performing the Laplace inverse transformation, we deal with rational functions of the form $\widetilde{f}(s)=N(s)/M(s)$, where N(s) and M(s) are irreducible polynomials and the highest power of s in the numerator is less than the highest power of s in the denominator. In such cases, we can easily use the residue theorem (3.54) to perform the Laplace inverse transformation.

Similarly, we can first obtain the elastic solutions for the displacement of the lining and surrounding rock based on Eqs. (4.122)–(4.123) and then use the above solving process to obtain the viscoelastic solutions u_{rt}^R, $u_{\theta t}^R$ and u_{rt}^L, $u_{\theta t}^L$ for the displacement of the lining and surrounding rock.

4.6.4 Analysis and Discussion

4.6.4.1 Comparison Between Analytical and Numerical Results

The following specific examples can verify the derivation process. The calculation parameters of the example are taken as: $R_0 = 2.5$ m, $R_1 = 3$ m, $G_2 = 10$ GPa, $\mu_2 = 0.25$, $G_H = 1.0$ GPa, $G_K = 1.0$ GPa, $\eta_k' = 2$ GPa·month, $k_1 = 1.67$ GPa, $p_0 = 0.5$ MPa, $p = 4$ MPa, $\lambda = 0.5$ and $\eta = 0.4$. Due to the symmetry of the whole tunnel model, only 1/4 part of the tunnel model is taken for analysis. Because tangential stresses on both sides of the contact surface can be discontinuous, the tangential stresses of the lining and surrounding rock on both sides of the contact surface are not compared here. Figure 4.29 shows the stress-displacement distribution of surrounding rock boundary and lining boundary on the contact surface between lining and surrounding rock at different times, where the corresponding curve at $t = 0$ month is actually the elastic solution when surrounding rock is considered inviscid.

It can be seen from Fig. 4.29 that for three different time ($t = 0$, 2 and 8 month), the radial displacement, tangential displacement, radial stress and shear stress distribution can be completely matched at different angles θ. The calculation results meet the continuous conditions of displacement and stress, which indicates that the lining and the surrounding rock are always in perfect bonding contact. The author also verified that the stress boundary condition ($\sigma_{rt}^L = p_0$ and $\tau_{r\theta t}^L = 0$) at different time t was always satisfied at the hole edge.

At the same time, ANSYS finite element software is used to solve the problem. Assuming that the load release coefficient is known, the equivalent node load after excavation is calculated by formula and initial condition, and the supporting lag process is simulated according to the released load. When the displacement releases 0.4 times of the whole displacement, the surrounding rock deformation is restrained by lining. Then the equivalent release load can release 0.4 times of the external load, and the remaining 0.6 times of the external load acts on the lining to cause the lining to interact with the surrounding rock (Fig. 4.30).

The comparison between the numerical solution and the analytical solution is shown in Fig. 4.31. The numerical solution and analytical solution of the tangential stress of the inner and outer boundary of the lining are in good agreement, which illustrates the correctness of the solving approach in this section.

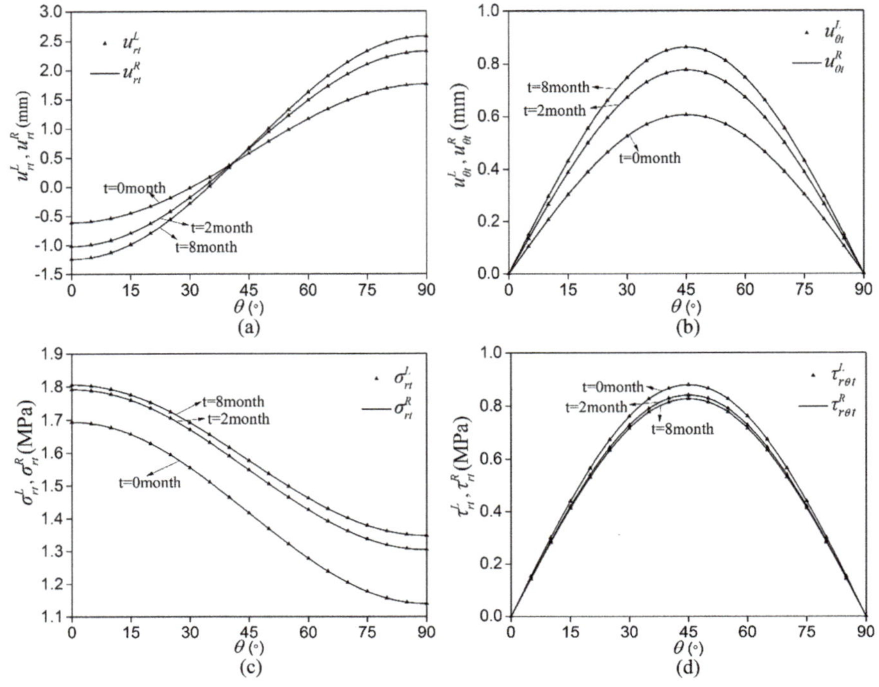

Fig. 4.29 Testing of continuous conditions on the contact surface between lining and surrounding rock. **a** Radial displacement. **b** Shear displacement. **c** Radial stress. **d** Shear stress

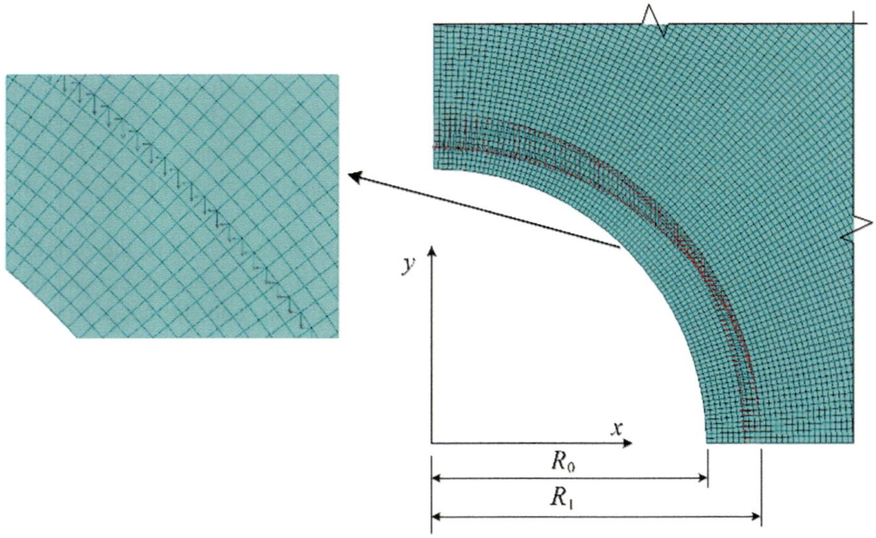

Fig. 4.30 Schematic diagram of ANSYS meshing and load application

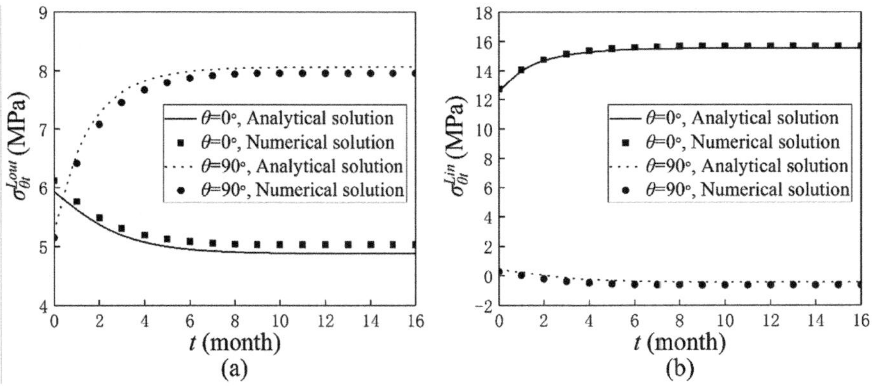

Fig. 4.31 Comparisons between the results of tangential stress analytical and numerical calculation. **a** The outer boundary of lining. **b** The inner boundary of lining

4.6.4.2 Stress and Displacement on Contact Surface

Herein, the tangential stress on the contact surface is analyzed (Fig. 4.32).

It can be seen from Figs. 4.29 and 4.32 that: the radial displacement on the contact surface between lining and surrounding rock increases from negative to positive with increasing angle θ in the range of [0°, 90°]. On the contact surface, the radial displacement is negative at $\theta = 0°$, indicating that the radial displacement is outward. And its absolute value increases with increasing time. This shows that the outward deformation near $\theta = 0°$ on the contact surface increases with increasing time. On the contact surface, the radial displacement is positive at $\theta = 90°$, indicating that the radial displacement is inward. And its absolute value increases with increasing time. This shows that the inward deformation near $\theta = 90°$ on the contact surface increases with increasing time.

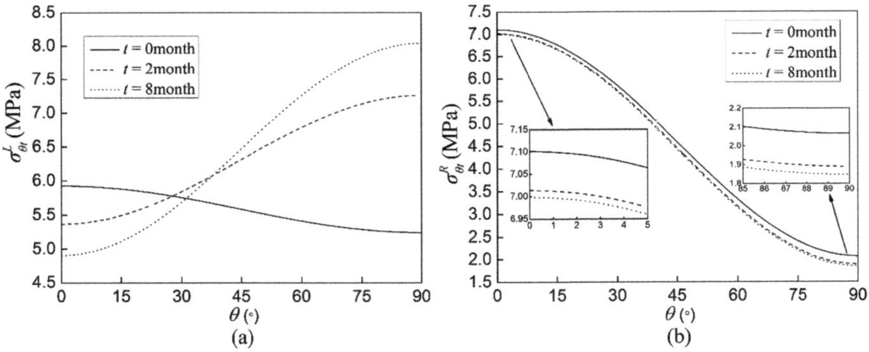

Fig. 4.32 Tangential stress distribution on the contact surface. **a** The outer boundary of lining. **b** The boundary of rock

The tangential displacements and radial compressive stresses at each point of the contact surface increase with time, while the shear stress on the contact surface decreases with increasing time.

The tangential compressive stress on the outer boundary of the lining decreases with time at $\theta = 0°$ and increases with time at $\theta = 90°$. The tangential compressive stress on rock boundary decreases with time. With the increase of time, the whole change range of tangential stress on rock boundary is much smaller than that on the outer boundary of lining.

4.6.4.3 Influence of Lateral Pressure Coefficient on Lining Stress

The damage of lining is caused by the combined action of tangential stress, radial stress and shear stress. However, because the tangential stress of the lining is much larger than the radial and shear stresses of the lining, the damage of the lining is mainly affected by its tangential stress. Therefore, this section mainly analyzes the tangential stress variation law of lining.

The tangential stresses on the inner and outer boundaries of the lining are written as $\sigma_{\theta t}^{Lin}$ and $\sigma_{\theta t}^{Lout}$ respectively. This section still selects the tunnel model and corresponding parameters in the previous section for analysis. The internal water pressure p_0 is 0.5 MPa, and the viscosity coefficient η_k' is 2 GPa·month. Figures 4.33, 4.34 and 4.35 show the changes of the tangential stress on the inner and outer boundaries of the lining with time when $\lambda = 1/3$, 2/3, 1.0, respectively.

It can be seen from Figs. 4.33, 4.34 and 4.35 that: when lateral pressure coefficient $\lambda < 1$, for the given four time ($t = 1$, 2, 4, 8 month), the maximum and minimum tangential compressive stresses are generated on the outer boundary of the lining at $\theta = 0°$ and 90°, respectively. On the inner boundary of the lining, the conclusion is exactly the opposite, the maximum tangential compressive stress is generated at $\theta = 90°$, while the minimum tangential compressive stress is generated at $\theta = 0°$. When

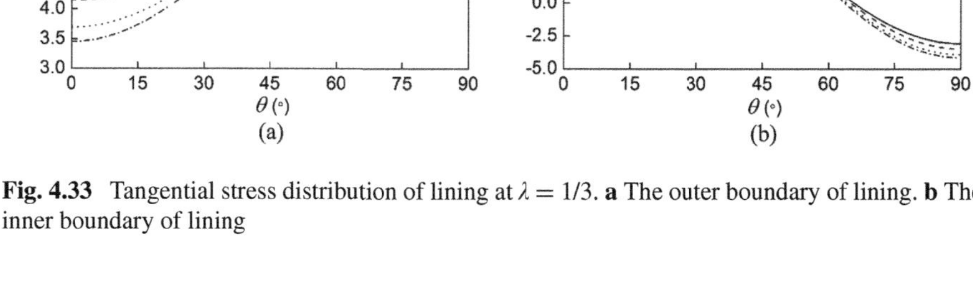

Fig. 4.33 Tangential stress distribution of lining at $\lambda = 1/3$. **a** The outer boundary of lining. **b** The inner boundary of lining

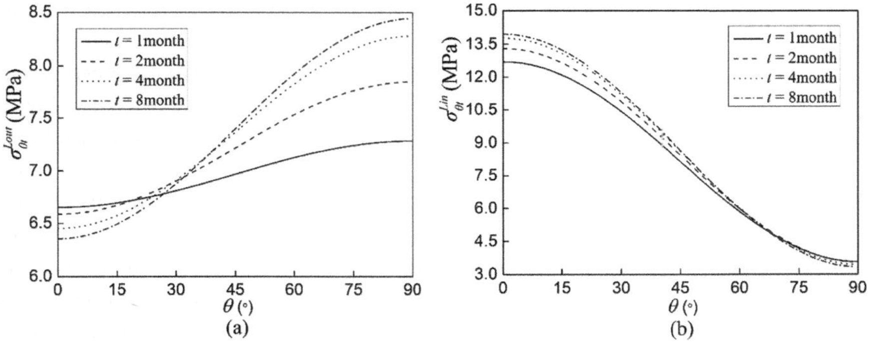

Fig. 4.34 Tangential stress distribution of lining at $\lambda = 2/3$. **a** The outer boundary of lining. **b** The inner boundary of lining

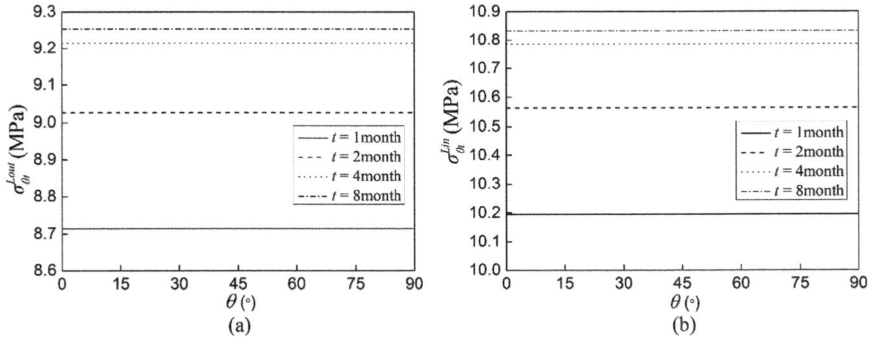

Fig. 4.35 Tangential stress distribution of lining at $\lambda = 1.0$. **a** The outer boundary of lining. **b** The inner boundary of lining

$\lambda = 1$, the tangential compressive stresses at all points in the range of [0°, 90°] are equal whether it is on the outer boundary or the inner boundary of the lining.

When $\lambda \leq 1$, for the given four time, the tangential stress at each point in the range of [0°, 90°] on the outer boundary of the lining is compressive stress; When λ is small ($\lambda = 1/3$), the tangential stress at $\theta = 0°$on the inner boundary of the lining is tensile stress.

When $\lambda \leq 1$, for the given four time, the maximum tangential compressive stress at the inner boundary of the lining is much greater than the maximum tangential compressive stress at the outer boundary of the lining. The smaller the lateral pressure coefficient, the greater the difference between them. When $\lambda = 1/3$, the former is more than twice the latter, and when $\lambda = 1$, the former is more than 1.2 times the latter.

4.6.4.4 Influence of Internal Water Pressure on Lining Stress

In this section, the coefficient of lateral pressure $\lambda = 0.5$, and the coefficient of viscosity $\eta_k' = 2$ GPa·month. Figures 4.36, 4.37 and 4.38 show the changes in the tangential stress on the inner and outer boundaries of the lining with time for $p_0 =$ 0 MPa, 1 MPa, 2 MPa, respectively.

It can be seen from Figs. 4.36, 4.37 and 4.38 that, the tangential compressive stress decreases with the increase of the internal water pressure p_0. When $p_0 = 0$ MPa, the tangential stress on the inner and outer boundaries of the lining is compressive stress. With the increase of internal water pressure p_0, tangential tensile stresses appeared on the inner and outer boundaries of the lining, and the tangential tensile stress increased with time.

The tangential tensile stress on the inner boundary of the lining is much greater than the outer boundary of the lining. When $p_0 = 2$ MPa and $t = 8$ month, the

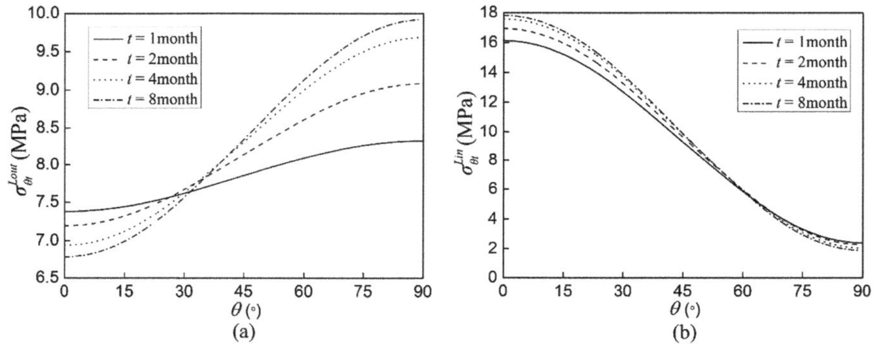

Fig. 4.36 Tangential stress distribution of lining when $p_0 = 0$ MPa. **a** The outer boundary of lining. **b** The inner boundary of lining

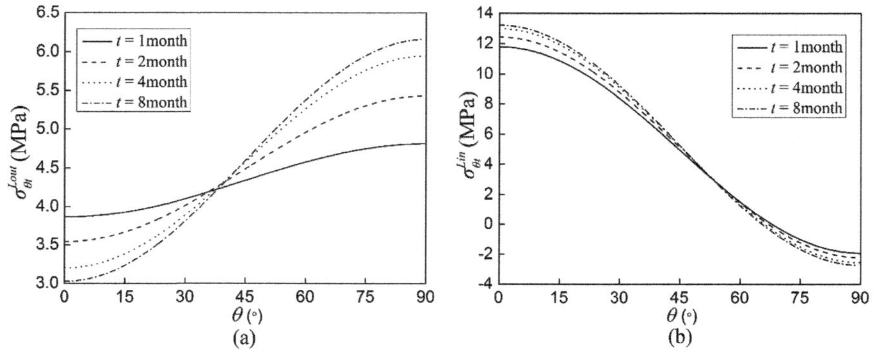

Fig. 4.37 Tangential stress distribution of lining when $p_0 = 1$ MPa. **a** The outer boundary of lining. **b** The inner boundary of lining

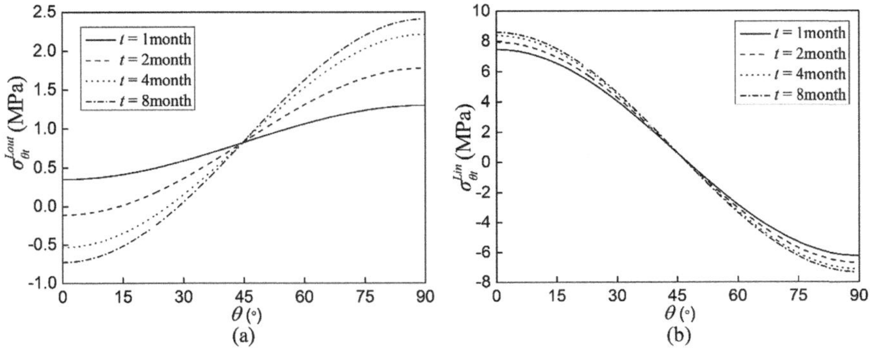

Fig. 4.38 Tangential stress distribution of lining when $p_0 = 2$ MPa. **a** The outer boundary of lining. **b** The inner boundary of lining

maximum tangential tensile stresses on the inner and outer boundaries of the lining are 7.5 MPa and 0.7 MPa, respectively.

4.6.4.5 Influence of Viscoelastic Parameters on Lining Stress

In this section, the lateral pressure coefficient $\lambda = 1.0$, and the internal water pressure $p_0 = 0.5$ MPa. This is an axisymmetric problem, and the tangential stresses are the same at each point on the inner and outer boundaries of the lining. Figures 4.39, 4.40 and 4.41 show the changes of the tangential stress at the inner and outer boundaries of the lining with time for various viscosity coefficients η_k', shear modulus of Kelvin element G_K and shear modulus of Hooke element G_H.

It can be seen from Figs. 4.39, 4.40 and 4.41 that: when the time t = 0 month, the tangential compressive stress on the inner and outer boundaries of the lining is actually the elastic solution when the surrounding rock is inviscid. Its value depends

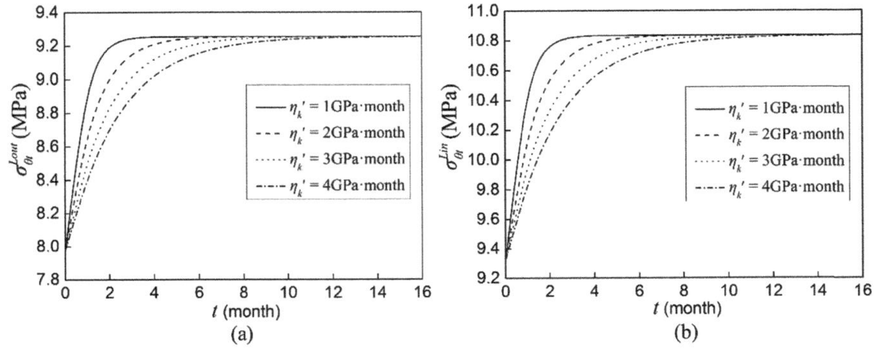

Fig. 4.39 Changes of tangential stress on lining for different viscosity coefficients. **a** The outer boundary of lining. **b** The inner boundary of lining

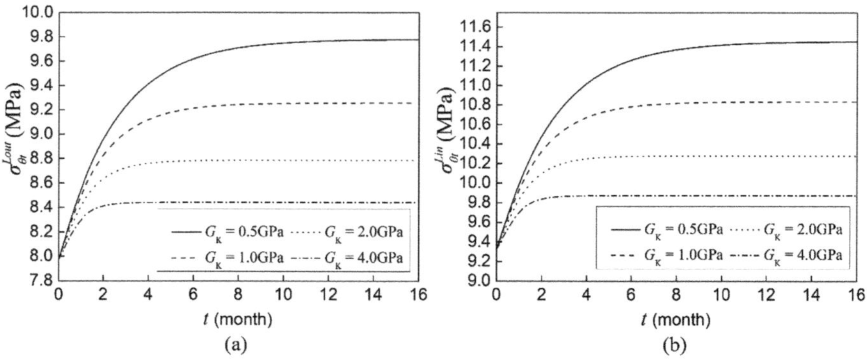

Fig. 4.40 Changes of tangential stress on lining for different shear modulus of Kelvin element. **a** At the outer boundary of lining. **b** At the inner boundary of lining

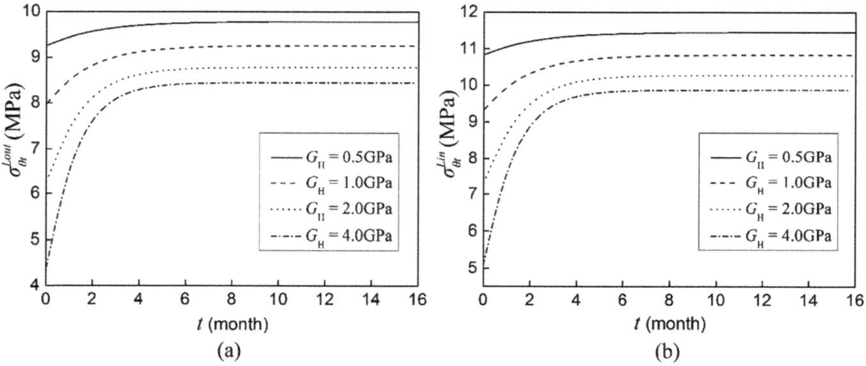

Fig. 4.41 Changes of tangential stress on lining for different shear modulus of Hooke element. **a** The outer boundary of lining. **b** The inner boundary of lining

on the shear modulus of Hooke element in the viscoelastic model. With the increase of time, the tangential compressive stress on the inner and outer boundaries of the lining increases continuously, but not infinitely. There is a limit value which depends on the shear modulus of Kelvin and Hooke elements in the viscoelastic model. The larger the $G_{\rm K}$ and $G_{\rm H}$, the smaller the limit value. Before increasing to the limit value, the smaller the η_k' and the $G_{\rm K}$, the greater the change rate of tangential stress. The shear modulus of Hooke element is opposite. The smaller the value, the smaller the change rate of tangential stress.

4.6.5 Conclusions

For the non-hydrostatic stress field at great depth, considering the support delay effect and internal water pressure, the exact viscoelastic solution for the circular tunnel under the condition of perfect bonding contact between the surrounding rock and the lining is derived. It is assumed in the solution that volume stress only produces volume elastic deformation, but not time-dependent deformation, without the assumption that the volume is incompressible. When using the corresponding principle to solve the problem, the exact solution of the Laplace inverse transform is obtained directly by using the residue theorem, instead of using the previous numerical method. Therefore, the obtained solution is closed analytical solution.

In this section, the generalized Kelvin viscoelastic model is used to simulate the rock mass, and the viscoelastic solution for the lined circular tunnel is derived. However, this method can also be applied to other viscoelastic models, and the difference lies only in the differential operator of the model.

The main results obtained are as follows. The viscoelastic solution at $t = 0$ month is actually the elastic solution when the surrounding rock is considered inviscid. With the increase of time, the tangential compressive stress of surrounding rock decreases continuously. On the inner boundary of the lining, the tangential stress increases with time at the position where the maximum tangential compressive stress is generated and decreases with time at the position where the minimum tangential compressive stress is generated.

When the lateral pressure coefficient is less than 1, the outward deformation of both sides of the tunnel increases with time. As for the deformation of the top and bottom areas of the tunnel, they are oriented inward and increase with time. With the increase of internal water pressure, tangential tensile stresses appeared on the lining, and the tangential tensile stress increased with time. Therefore, in the design of hydraulic tunnel, it is necessary to consider the problem that the inner boundary tension stress of the lining increases with time. In the hydrostatic stress field, the stress and displacement of the lining increase continuously, but not infinitely with time. There is a limit value, which depends on the shear modulus of Kelvin and Hooke elements in the viscoelastic model. However, the limit value is not affected by the viscosity coefficient.

The solution obtained in this section is an exact analytical solution, but it took a long time to derive the expression for $\widetilde{c_1}, \widetilde{d_1}, \widetilde{d_3}, \widetilde{e_1}, \widetilde{f_1}, \widetilde{f_3}, \widetilde{g_1}, \widetilde{g_3}, \widetilde{h_1}$ in terms of s. The authors also used a general method to solve the problem in this section, which is to obtain a numerical solution using the numerical Laplace inverse transform method without deriving the expression of $\widetilde{c_1}, \widetilde{d_1}, \widetilde{d_3}, \widetilde{e_1}, \widetilde{f_1}, \widetilde{f_3}, \widetilde{g_1}, \widetilde{g_3}, \widetilde{h_1}$ in terms of s. It was found that the difference between the numerical solution and the analytical solution is very small through comparison. In Sect. 5.5, the numerical Laplace inverse transform method will be used to obtain the viscoelastic solution of non-circular tunnels.

4.7 Viscoelastic Solution for Circular Tunnels with a Combined Support System

The tunnels supported with a system comprising several liners are commonly encountered in hydraulic, traffic and mining engineering. The primary support (the first liner), typically in the form of a shotcrete liner or steel set, is installed immediately after tunnel excavation to seal the rock and withstand the loads that may arise during the excavation. Later on, the secondary support (the second liner) is put in place to ensure the long-term stability of the tunnel [28].

As introduced in Sect. 3.2, the time-related rheological properties of the rock have been widely observed, which plays a significant role in analyzing the mechanical behaviour of tunnels. Owing to the time-dependency of rock, the tunnel convergence and the support forces increase with time [29]. The final displacements and stresses of the rock and liners, which are crucial in tunnel design, are strongly affected by the rock viscosity, the installation time of liners and their stiffness [30, 31]. Therefore, a proper simulation of the entire process of excavation and support installation is quite necessary to obtain a reliable tool for the determination of the optimal values of the tunnelling parameters and to achieve optimal designs [30–32].

In this section, we attempt to present an alternative analytical model for circular tunnels with two liners, with consideration of (1) various interface conditions, i.e., the full-slip and perfect bonding conditions at rock–liner and liner–liner interfaces, (2) the installation times of the first and second liners, (3) non-hydrostatic initial stress state, and (4) viscoelasticity of surrounding rock. In this study, the most commonly used viscoelastic models will be employed to represent the time-dependency of rocks, including the Maxwell model (M), the Kelvin model (K), the generalized Kelvin model (H–K), the Poynting–Thomson model (H|M), and the Burgers (B) model. A more detailed introduction to these viscoelastic constitutive models can be found in Sect. 3.2. The time-dependent analytical solutions are proposed below for the most generalized model of deeply buried lined circular tunnels, which will be used to enable the quick and simple preliminary design of tunnels.

4.7.1 *Problem Description*

This section considers the construction of a deeply buried circular tunnel in the rheological rock, sequentially installed with two liners. The following assumptions apply throughout the analyses:

(a) The tunnel is of a circular section, excavated instantaneously at $t = 0$. The initial stress field around the tunnel is idealized as p_0 for the vertical pressure, and λp_0 for the horizontal pressure,
(b) The tunnel is deeply buried such that no linear variation of the stresses with depth needs to be considered,

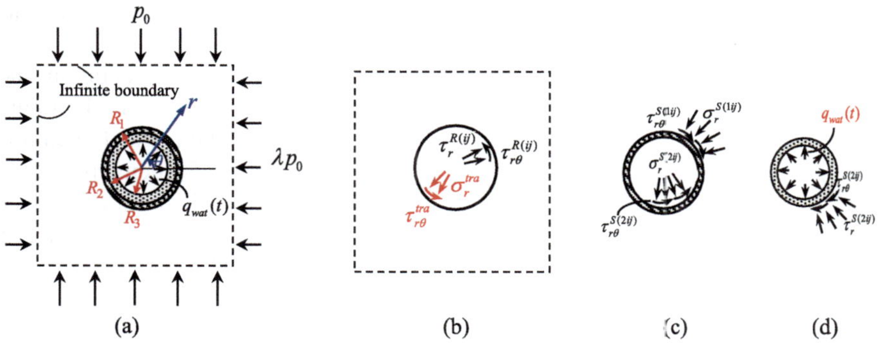

Fig. 4.42 Boundary conditions and reference coordinate systems: **a** supported tunnel, **b** rock, **c** first liner, and **d** second liner

(c) The rock mass is homogeneous and isotropic, which has small deformation properties,

(d) The tunnel is supported by two elastic liners installed instantaneously at $t = t_1$ and t_2 ($t_2 \geq t_1$), respectively. The outer and inner radii of the primary (first) liner are R_1 and R_2, respectively, while those of the secondary (second) liner are R_2 and R_3, respectively,

(e) The uniform pressure $q_{wat}(t)$, acting on the boundary of the second liner at time $t = t_3$ ($t_3 \geq t_2$), is assumed to represent the water pressure of hydraulic tunnels during the operational period.

In the analysis, the effect of the tunnel advancement along the longitudinal direction is not considered. This means that the cross-section considered in this analysis is at a sufficient distance from the tunnel face so that stresses and strains are unaffected by three-dimensional effects. According to the aforementioned assumptions, the equivalent plane–strain problem in the tunnel cross-section plane can be illustrated in Fig. 4.42.

The tunnelling construction process can be divided into three stages: (1) *the excavation stage*, spanning from time $t = 0$ to $t = t_1$: in this stage, the rock is free to deformation since no liners are supported, (2) *the first liner stage*, spanning from time $t = t_1$ to $t = t_2$, when the tunnel is only supported by the first liner, and (3) *the second liner stage*, spanning from $t = t_2$ onwards, when the tunnel is supported by both the first and second liners.

In engineering applications, the full-slip condition is usually assumed for the interfaces involving a waterproof layer, while the perfect bonding condition is set for other interface situations. In this section, analytical solutions are derived for **Cases (1)–(4)**, where all the possible interface conditions at the rock–liner and liner–liner interfaces are considered:

Case (1): Perfect bonding conditions at both rock–liner and liner–liner interfaces,
Case (2): Perfect bonding condition at the rock–liner interface and full-slip condition at the liner–liner interface,

Case (3): Full-slip condition at the rock–liner interface and perfect bonding condition at the liner–liner interface, and
Case (4): Full-slip conditions at both the rock–liner and the liner–liner interfaces.

4.7.2 Derivation of Analytical Solutions

4.7.2.1 Extension of the Correspondence Principle for General Viscoelastic Problems

The correspondence principle gives the relationship between elastic and viscoelastic solutions [33] for the problem with proportional loading conditions (refer to Sect. 3. 2). By using the complex potential theory [34], the Laplace transformation and the inversion with respect to time, the extension of the correspondence principle has been developed by considering time-varying boundaries subjected to loads applied at different time spans. The readers can refer to Sect. 3.2.4 or Wang et al. [35], for a detailed introduction about the extension of the correspondence principle.

The viscoelastic models commonly used in this study, along with their corresponding model structures, are listed in Table 3.1. Table 3.2 lists the shear relaxation modulus of these viscoelastic models. Additionally, the expressions for $H(t)$ and $I(t)$ pertaining to these constitutive models can be found in Table 3.3. It is important to note that some of the expressions in this section differ from those presented in Sect. 3.2:

(1) For the H–K model, the previously defined G_{H} (Sect. 3.2.2) is now expressed as G_{M} in this section.
(2) The symbol η' (from Sect. 3.2.2) is represented as η in this section.
(3) The displacements u and v are denoted as u_{x} and u_{y}, respectively, in this section. Moreover, it is worth mentioning that the displacements and stresses in the (ρ, θ) or (r, θ) system can be obtained by performing a coordinate transformation to the (x, y) system.

4.7.2.2 Displacements and Stresses of the Rock and Liners Expressed by Potentials

The potentials of the rock and liners can be expanded as Laurent series as follows [23]:

$$\text{For the rock: } \varphi_{ij}^{R}(z,t) = \sum_{k=1}^{\infty} a_k^{ij}(t) z^{-k},\ \psi_{ij}^{R}(z,t) = \sum_{k=1}^{\infty} b_k^{ij}(t) z^{-k}$$
$$\text{with } i = 1, 2; j = 1,\ 2, 3, 4 \tag{4.199}$$

For the liners:

$$\begin{aligned} \varphi^S_{mij}(z,t) &= \sum_{k=1}^{\infty} c_k^{mij}(t) z^{-k} + \sum_{k=1}^{\infty} d_k^{mij}(t) z^k \\ \psi^S_{mij}(z,t) &= \sum_{k=1}^{\infty} e_k^{mij}(t) z^{-k} + \sum_{k=1}^{\infty} f_k^{mij}(t) z^k \end{aligned} \quad \text{with } \begin{aligned} m &= 1,2; \\ i &= 1,2; \\ j &= 1,2,3,4 \end{aligned} \tag{4.200}$$

where $\varphi^R_{ij}(z,t)$ and $\psi^R_{ij}(z,t)$ denote the potentials of the rock subjected to the supporting forces induced by the rock–liner interaction in *the first liner stage* ($i = 1$) or *the second liner stage* ($i = 2$) in **Case (*j*)**; φ^S_{1ij} and ψ^S_{1ij} denote the potentials of the first liner in **Case (*j*)** during *the first* ($i = 1$) or *the second* ($i = 2$) *liner* stage; φ^S_{2ij} and ψ^S_{2ij} denote the potentials of the second liner. $a_k^{ij}(t)$, $b_k^{ij}(t)$, $c_k^{mij}(t)$, $d_k^{mij}(t)$, $e_k^{mij}(t)$, and $f_k^{mij}(t)$ are the time-dependent coefficients which will be determined by boundary and interface compatibility conditions.

By using the complex variable method introduced by Muskhelishvili [36], displacements and stresses of the elastic liners can be expressed as follows (each quantity with subscript *mij* indicates that it is for the *m*th liner in the *i*th liner stage in **Case (*j*)**):

$$\text{Displacements}: u_r^{S(mij)}(z,t) + i u_\theta^{S(mij)}(z,t) = \frac{e^{-i\theta}}{2G_{Sm}}\left[\kappa_{Sm}\varphi^S_{mij}(z,t) - z\overline{\frac{\partial \varphi^S_{mij}(z,t)}{\partial z}} - \overline{\psi^S_{mij}(z,t)}\right] \tag{4.201}$$

Stresses:

$$\begin{aligned} \left.\begin{matrix}\sigma_r^{S(mij)}(z,t) \\ \sigma_\theta^{S(mij)}(z,t)\end{matrix}\right\} &= \mathrm{Re}\left\langle 2\left[\frac{\partial \varphi^S_{mij}(z,t)}{\partial z}\right] \mp \left[\bar{z}\frac{\partial^2 \varphi^S_{mij}(z,t)}{\partial z^2} + \frac{\partial \psi^S_{mij}(z,t)}{\partial z}\right] e^{2i\theta}\right\rangle \\ \tau_{r\theta}^{S(mij)}(z,t) &= \mathrm{Im}\left\langle \left[\bar{z}\frac{\partial^2 \varphi^S_{mij}(z,t)}{\partial z^2} + \frac{\partial \psi^S_{mij}(z,t)}{\partial z}\right] e^{2i\theta}\right\rangle \end{aligned} \tag{4.202}$$

where $\kappa_{Sm} = 3 - 4\nu_{Sm}$;$\nu_{Sm}$ and G_{Sm} are the Poisson's ratio and shear modulus, respectively (first liner: $m = 1$ and the second one: $m = 2$).

The tractions, whose values are the same as the initial stresses but the directions are opposite, are exerted on the tunnel boundary to address the displacements and stresses occurring after tunnel excavation induced by far-field initial stresses. According to the initial stress state, the expressions of tractions, σ_r^{tra} and $\tau_{r\theta}^{tra}$ respectively along radial and tangential directions, can be determined as follows:

$$\sigma_r^{tra} = -\frac{(\lambda+1)p_0}{2} - \mathrm{Re}\left[\frac{(\lambda-1)p_0}{2}e^{2i\theta}\right], \quad \tau_{r\theta}^{tra} = -\mathrm{Im}\left[\frac{(1-\lambda)p_0}{2}e^{2i\theta}\right] \tag{4.203}$$

For the rock (see Fig. 4.42b), only tractions are applied to the tunnel boundary during *the excavation stage*, however, both tractions and supporting forces are exerted on the tunnel boundary during *the first* and *second liner stages.* The radial and circumferential displacements (u_r^R and u_θ^R), as well as normal (σ_r^R and σ_θ^R) and shear ($\tau_{r\theta}^R$) stresses of the rock occurring from $t = 0$ during *the first* and *second liner stages*, can be expressed as follows:

$$u_r^R(z,t) + iu_\theta^R(z,t) = \left\langle \begin{array}{c} u_r^{R(ex)}(z,t) + u_r^{R(ij)}(z,t) + \\ i\left[u_\theta^{R(ex)}(z,t) + u_\theta^{R(ij)}(z,t)\right] \end{array} \right\rangle; \begin{array}{l} \text{First liner stage:} \quad i = 1 \\ \text{Second liner stage: } i = 2 \end{array} \tag{4.204}$$

$$\begin{array}{l} \sigma_r^R(z,t) = \sigma_r^{R(ex)}(z,t) + \sigma_r^{R(ij)}(z,t) \\ \sigma_\theta^R(z,t) = \sigma_\theta^{R(ex)}(z,t) + \sigma_\theta^{R(ij)}(z,t); \\ \tau_{r\theta}^R(z,t) = \tau_{r\theta}^{R(ex)}(z,t) + \tau_{r\theta}^{R(ij)}(z,t) \end{array} \begin{array}{l} \text{First liner stage:} \quad i = 1 \\ \text{Second liner stage: } i = 2 \end{array} \tag{4.205}$$

where the superscript "*R(ex)*" represents that the quantity is induced by the tractions (its exact expressions will be provided in the next section); and the quantities with superscript "*R(ij)*" are induced by supporting forces in *the first* ($i = 1$) or *second* ($i = 2$) *liner stages* in **Case (*j*)**, which can then be obtained by substituting Eq. (4.199) into Eqs. (3.51) and (3.53).

Note that the displacements and stresses fields of the rock and liners are addressed so long as the coefficients in potentials (Eqs. (4.199) and (4.200)) have been determined. The boundary and compatibility conditions are satisfied in the next section to build a set of equations for the determination of these coefficients.

4.7.2.3 Boundary and Compatibility Conditions in the Four Cases

The various interface conditions considered in this study include (1) perfect bonding condition, which indicates full continuity of displacements and stresses along the interface, (2) full-slip condition, which implies that the displacements and stresses are only continuous in the radial direction, and the shear stress at the interface should be zero. The compatibility conditions for displacements and stresses are presented as follows:

For perfect bonding conditions at the rock–liner interface ($r = R_1, t \geq t_1$):

$$\begin{aligned} &\left\langle u_r^R(z,t) + iu_\theta^R(z,t) - \left[u_r^{R(ex)}(z,t_1) + iu_\theta^{R(ex)}(z,t_1)\right]\right\rangle\Big|_{z=R_1e^{i\theta}} \\ &= \left\langle u_r^{S(1ij)}(z,t) + iu_\theta^{S(1ij)}(z,t)\right\rangle\Big|_{z=R_1e^{i\theta}} \end{aligned} \tag{4.206}$$

$$\begin{aligned} &\left\langle \sigma_r^{R(ij)}(z,t) - \sigma_r^{S(1ij)}(z,t)\right\rangle\Big|_{z=R_1e^{i\theta}} = 0 \\ &\left\langle \tau_{r\theta}^{R(ij)}(z,t) - \tau_{r\theta}^{S(1ij)}(z,t)\right\rangle\Big|_{z=R_1e^{i\theta}} = 0 \end{aligned} \tag{4.207}$$

For full-slip conditions at the rock–liner interface ($r = R_1, t \geq t_1$):

$$\begin{aligned}
&\mathrm{Re}\left\langle u_r^R(z,t) + iu_\theta^R(z,t) - \left[u_r^{R(ex)}(z,t_1) + iu_\theta^{R(ex)}(z,t_1)\right]\right\rangle\Big|_{z=R_1e^{i\theta}} \\
&\quad = \mathrm{Re}\left\langle u_r^{S(1ij)}(z,t) + iu_\theta^{S(1ij)}(z,t)\right\rangle\Big|_{z=R_1e^{i\theta}}
\end{aligned} \tag{4.208}$$

$$\begin{aligned}
\tau_{r\theta}^{R(ij)}(z,t)\Big|_{z=R_1e^{i\theta}} &= 0 \\
\tau_{r\theta}^{S(1ij)}(z,t)\Big|_{z=R_1e^{i\theta}} &= 0 \\
\left\langle \sigma_r^{R(ij)}(z,t) - \sigma_r^{S(1ij)}(z,t)\right\rangle\Big|_{z=R_1e^{i\theta}} &= 0
\end{aligned} \tag{4.209}$$

For perfect bonding conditions at the liner–liner interface ($r = R_2, t \geq t_2$):

$$\begin{aligned}
&\left\langle u_r^{S(12j)}(z,t) + iu_\theta^{S(12j)}(z,t) - \left[u_r^{S(12j)}(z,t_2) + iu_\theta^{S(12j)}(z,t_2)\right]\right\rangle\Big|_{z=R_2e^{i\theta}} \\
&\quad = \left\langle u_r^{S(22j)}(z,t) + iu_\theta^{S(22j)}(z,t)\right\rangle\Big|_{z=R_2e^{i\theta}}
\end{aligned} \tag{4.210}$$

$$\begin{aligned}
\left\langle \sigma_r^{S(12j)}(z,t) - \sigma_r^{S(22j)}(z,t)\right\rangle\Big|_{z=R_2e^{i\theta}} &= 0 \\
\left\langle \tau_{r\theta}^{S(12j)}(z,t) - \tau_{r\theta}^{S(22j)}(z,t)\right\rangle\Big|_{z=R_2e^{i\theta}} &= 0
\end{aligned} \tag{4.211}$$

For full-slip conditions at the liner–liner interface ($r = R_2, t \geq t_2$):

$$\left\langle u_r^{S(12j)}(z,t) - u_r^{S(11j)}(z,t_2)\right\rangle\Big|_{z=R_2e^{i\theta}} = \left\langle u_r^{S(22j)}(z,t)\right\rangle\Big|_{z=R_2e^{i\theta}} \tag{4.212}$$

$$\begin{aligned}
\tau_{r\theta}^{S(12j)}(z,t)\Big|_{z=R_2e^{i\theta}} &= 0 \\
\tau_{r\theta}^{S(22j)}(z,t)\Big|_{z=R_2e^{i\theta}} &= 0 \\
\left\langle \sigma_r^{S(12j)}(z,t) - \sigma_r^{S(22j)}(z,t)\right\rangle\Big|_{z=R_2e^{i\theta}} &= 0
\end{aligned} \tag{4.213}$$

During *the first liner stage* ($t_1 \leq t < t_2$), the stress boundary condition along the inner boundary of the first liner is:

$$\sigma_r^{S(11j)}(z,t)\Big|_{z=R_2e^{i\theta}} = 0; \quad \tau_{r\theta}^{S(11j)}(z,t)\Big|_{z=R_2e^{i\theta}} = 0 \tag{4.214}$$

During *the second liner stage* ($t \geq t_2$), the stress boundary condition along the inner boundary of the first liner is:

$$\sigma_r^{S(22j)}(z,t)\Big|_{z=R_3e^{i\theta}} = -q_{wat}(t); \quad \tau_{r\theta}^{S(22j)}(z,t)\Big|_{z=R_3e^{i\theta}} = 0 \tag{4.215}$$

According to these conditions, the equations with respect to the undetermined coefficients in potentials (see Eqs. (4.199) and (4.200)) can be obtained accordingly.

4.7.2.4 Solutions for the Excavation Stage

During the *excavation stage* ($0 \le t < t_1$), only tractions (σ_r^{tra} and $\tau_{r\theta}^{tra}$ in Eq. (4.203)) are applied to the internal boundary of the tunnel, and the incremental displacements occurring from $t = 0$ in the polar coordinate reference system can be obtained [35]:

$$\begin{aligned} u_r^{R(ex)}(z,t) + iu_\theta^{R(ex)}(z,t) = \frac{e^{-i\theta}p_0}{4}\bigg[A_1(t)(1-\lambda)\frac{z}{\bar{z}^2} \\ - A_1(t)(1+\lambda)\frac{1}{\bar{z}} + A_2(t)(1-\lambda)\frac{1}{z} - A_3(t)(1-\lambda)\frac{1}{\bar{z}^3}\bigg] \end{aligned} \tag{4.216}$$

where $z = \rho e^{i\theta}$, $A_1(t) = R_1^2 \int_0^t H(t-\tau)d\tau$, $A_2(t) = R_1^2 \int_0^t I(t-\tau)d\tau$, and $A_3(t) = R_1^4 \int_0^t H(t-\tau)d\tau$.

The total stresses of the rock in the *excavation stage* are as follows:

$$\begin{aligned} \begin{matrix} \sigma_r^{R(ex)}(z,t) \\ \sigma_\theta^{R(ex)}(z,t) \end{matrix} &= -\frac{(\lambda+1)p_0}{2} \mp \mathrm{Re}\left[\frac{(\lambda-1)p_0}{2}e^{2i\theta}\right] \\ &+ p_0\mathrm{Re}\left\langle \begin{matrix} -\dfrac{(1-\lambda)R_1^2}{z^2} \pm \bigg[-\bar{z}\dfrac{(1-\lambda)R_1^2}{z^3} \\ +\dfrac{1+\lambda}{2}\dfrac{R_1^2}{z^2} + \dfrac{3(1-\lambda)}{2}\dfrac{R_1^4}{z^4}\bigg]e^{2i\theta} \end{matrix} \right\rangle \\ \tau_{r\theta}^{R(ex)} &= \mathrm{Im}\left[\frac{(\lambda-1)p_0}{2}e^{2i\theta}\right] + p_0\mathrm{Im}\left\langle\left[\bar{z}\frac{(1-\lambda)R_1^2}{z^3} - \frac{3(1-\lambda)}{2}\frac{R_1^4}{z^4}\right]e^{2i\theta}\right\rangle \end{aligned} \tag{4.217}$$

4.7.2.5 Solutions for the Excavation and the First Liner Stages

During *the first liner stage* ($t_1 \le t < t_2$), tractions and supporting forces are both applied to the tunnel boundary, whereas only supporting forces are applied to the first liner. In this stage, the compatibility conditions at the rock–liner, and the boundary condition at the inner boundary of the first liner, should be satisfied. In the following paragraph, the boundary and compatibility conditions are first expressed by potentials, and then the equations with respect to the undetermined coefficients in potentials can be obtained.

Substituting Eqs. (4.201), (4.202), (4.204) and (4.205) into Eqs. (4.206) and (4.207), yields the specific expression of perfect bonding conditions at the rock–liner interface by potentials:

$$D(z,t) - D(z,t_1) + \frac{e^{-i\theta}}{2}\left.\left\{\int_{t_1}^{t} I(t-\tau)\varphi_{1j}^{R}(z,\tau)d\tau - \int_{t_1}^{t} H(t-\tau)\left[z\overline{\frac{\partial\varphi_{1j}^{R}(z,\tau)}{\partial z}} + \overline{\psi_{1j}^{R}(z,\tau)}\right]d\tau\right\}\right|_{z=R_1e^{i\theta}}$$
$$= \frac{e^{-i\theta}}{2G_{S1}}\left.\left[\kappa_{S1}\varphi_{11j}^{S}(z,t) - z\overline{\frac{\partial\varphi_{11j}^{S}(z,t)}{\partial z}} - \overline{\psi_{11j}^{S}(z,t)}\right]\right|_{z=R_1e^{i\theta}} \tag{4.218}$$

$$\left.\left\langle \varphi_{1j}^{R}(z,t) + z\overline{\frac{\partial\varphi_{1j}^{R}(z,t)}{\partial z}} + \overline{\psi_{1j}^{R}(z,t)} - \left[\varphi_{11j}^{S}(z,t) + z\overline{\frac{\partial\varphi_{11j}^{S}(z,t)}{\partial z}} + \overline{\psi_{11j}^{S}(z,t)}\right]\right\rangle\right|_{z=R_1e^{i\theta}} = 0 \tag{4.219}$$

where $D(z,t) = \frac{1}{4}e^{-i\theta}\left\{A_1(t)(1-\lambda)\frac{z}{\bar{z}^2} - A_1(t)(1+\lambda)\frac{1}{\bar{z}} + A_2(t)(1-\lambda)\frac{1}{z} - A_3(t)(1-\lambda)\frac{1}{\bar{z}^3}\right\}$.

Similarly, the expression of the full-slip compatibility conditions at the rock–liner interface by potentials are:

$$\mathrm{Re}\left.\left\langle D(z,t) - D(z,t_1) + \frac{e^{-i\theta}}{2}\left\{\int_{t_1}^{t} I(t-\tau)\varphi_{1j}^{R}(z,\tau)d\tau - \int_{t_1}^{t} H(t-\tau)\left[z\overline{\frac{\partial\varphi_{1j}^{R}(z,\tau)}{\partial z}} + \overline{\psi_{1j}^{R}(z,\tau)}\right]d\tau\right\}\right\rangle\right|_{z=R_1e^{i\theta}}$$
$$= \mathrm{Re}\left.\left\langle \frac{e^{-i\theta}}{2G_{S1}}\left[\kappa_{S1}\varphi_{11j}^{S}(z,t) - z\overline{\frac{\partial\varphi_{11j}^{S}(z,t)}{\partial z}} - \overline{\psi_{11j}^{S}(z,t)}\right]\right\rangle\right|_{z=R_1e^{i\theta}} \tag{4.220}$$

$$\mathrm{Im}\left.\left\langle e^{2i\theta}\left[\bar{z}\frac{\partial^2\varphi_{1j}^{R}(z,t)}{\partial z^2} + \frac{\partial\psi_{1j}^{R}(z,t)}{\partial z}\right]\right\rangle\right|_{z=R_1e^{i\theta}} = 0,$$

$$\mathrm{Im}\left.\left\langle e^{2i\theta}\left[\bar{z}\frac{\partial^2\varphi_{11j}^{S}(z,t)}{\partial z^2} + \frac{\partial\psi_{11j}^{S}(z,t)}{\partial z}\right]\right\rangle\right|_{z=R_1e^{i\theta}} = 0,$$

$$\mathrm{Re}\left.\left\langle 2\frac{\partial\varphi_{1j}^{R}(z,t)}{\partial z} - e^{2i\theta}\left[\bar{z}\frac{\partial^2\varphi_{1j}^{R}(z,t)}{\partial z^2} + \frac{\partial\psi_{1j}^{R}(z,t)}{\partial z}\right]\right\rangle\right|_{z=R_1e^{i\theta}}$$

$$- \operatorname{Re}\left\langle 2\frac{\partial \varphi_{11j}^{S}(z,t)}{\partial z} - e^{2i\theta}\left[\bar{z}\frac{\partial^2 \varphi_{11j}^{S}(z,t)}{\partial z^2} + \frac{\partial \psi_{11j}^{S}(z,t)}{\partial z}\right]\right\rangle\Bigg|_{z=R_1 e^{i\theta}} = 0 \quad (4.221)$$

The boundary condition of the inner boundary of the first liner ($t_1 \le t < t_2$) is:

$$\left\langle 2\operatorname{Re}\left[\frac{\partial \varphi_{11j}^{S}(z,t)}{\partial z}\right] - e^{2i\theta}\left[\bar{z}\frac{\partial^2 \varphi_{11j}^{S}(z,t)}{\partial z^2} + \frac{\partial \psi_{11j}^{S}(z,t)}{\partial z}\right]\right\rangle\Bigg|_{z=R_2 e^{i\theta}} = 0 \quad (4.222)$$

Substituting Eqs. (4.199) and (4.200) into Eqs. (4.218)–(4.222), and by setting the coefficients in the term $e^{\pm ik\theta}$ ($k = 0, \pm 1, \pm 2, \ldots$) to zero, we can build a set of linear algebraic equations with regard to the undetermined coefficients in the potentials. These linear algebraic equations can be easily solved, and the displacements and stresses are then obtained for the rock and liners accordingly. The detailed solving process can be found in Appendix 2.

4.7.2.6 Solutions for the Second Liner Stages

During *the second liner stage* ($t \ge t_2$), the compatibility conditions at the rock–liner and liner–liner interfaces, as well as the boundary condition at the inner boundary of the second liner, should be satisfied.

Substituting Eqs. (4.201), (4.202), (4.204) and (4.205) into Eqs. (4.206) and (4.207), yields the specific expression of perfect bonding conditions at the rock–liner interface by potentials:

$$\operatorname{Re}\Bigg\langle D(z,t) - D(z,t_1) + \frac{e^{-i\theta}}{2}\Bigg\{\int_{t_1}^{t_2} I(t-\tau)\varphi_{1j}^{R}(z,\tau)d\tau$$

$$- \int_{t_1}^{t_2} H(t-\tau)\left[z\overline{\frac{\partial \varphi_{1j}^{R}(z,\tau)}{\partial z}} + \overline{\psi_{1j}^{R}(z,\tau)}\right]d\tau\Bigg\} + \frac{e^{-i\theta}}{2}\Bigg\{\int_{t_2}^{t} I(t-\tau)\varphi_{2j}^{R}(z,\tau)d\tau$$

$$- \int_{t_2}^{t} H(t-\tau)\left[z\overline{\frac{\partial \varphi_{2j}^{R}(z,\tau)}{\partial z}} + \overline{\psi_{2j}^{R}(z,\tau)}\right]d\tau\Bigg\}\Bigg\rangle\Bigg|_{z=R_1 e^{i\theta}}$$

$$= \operatorname{Re}\left\langle \frac{e^{-i\theta}}{2G_{S1}}\left[\kappa_{S1}\varphi_{12j}^{S}(z,t) - z\overline{\frac{\partial \varphi_{12j}^{S}(z,t)}{\partial z}} - \overline{\psi_{12j}^{S}(z,t)}\right]\right\rangle\Bigg|_{z=R_1 e^{i\theta}} \quad (4.223)$$

$$\left\langle \varphi_{2j}^{R}(z,t) + z\overline{\frac{\partial \varphi_{2j}^{R}(z,t)}{\partial z}} + \overline{\psi_{2j}^{R}(z,t)}\right.$$

$$-\left[\varphi_{12j}^{S}(z,t)+z\overline{\frac{\partial\varphi_{12j}^{S}(z,t)}{\partial z}}+\overline{\psi_{12j}^{S}(z,t)}\right]\Bigg\rangle\Bigg|_{z=R_1e^{i\theta}}=0 \tag{4.224}$$

Similarly, other conditions are expressed by potentials as follows:
The full-slip compatibility conditions at the rock–liner interface are:

$$\begin{aligned}
&\mathrm{Re}\Bigg\langle D(z,t)-D(z,t_1)+\frac{e^{-i\theta}}{2}\Bigg\{\int_{t_1}^{t_2}I(t-\tau)\varphi_{1j}^{R}(z,\tau)d\tau\\
&-\int_{t_1}^{t_2}H(t-\tau)\left[z\overline{\frac{\partial\varphi_{1j}^{R}(z,\tau)}{\partial z}}+\overline{\psi_{1j}^{R}(z,\tau)}\right]d\tau\Bigg\}+\frac{e^{-i\theta}}{2}\\
&\Bigg\{\int_{t_2}^{t}I(t-\tau)\varphi_{2j}^{R}(z,\tau)d\tau-\int_{t_2}^{t}H(t-\tau)\left[z\overline{\frac{\partial\varphi_{2j}^{R}(z,\tau)}{\partial z}}+\overline{\psi_{2j}^{R}(z,\tau)}\right]d\tau\Bigg\}\Bigg\rangle\Bigg|_{z=R_1e^{i\theta}}\\
&=\mathrm{Re}\Bigg\langle\frac{e^{-i\theta}}{2G_{S1}}\left[\kappa_{S1}\varphi_{12j}^{S}(z,t)-z\overline{\frac{\partial\varphi_{12j}^{S}(z,t)}{\partial z}}-\overline{\psi_{12j}^{S}(z,t)}\right]\Bigg\rangle\Bigg|_{z=R_1e^{i\theta}}
\end{aligned} \tag{4.225}$$

$$\begin{aligned}
&\mathrm{Im}\Bigg\langle e^{2i\theta}\left[\bar{z}\frac{\partial^2\varphi_{2j}^{R}(z,t)}{\partial z^2}+\frac{\partial\psi_{2j}^{R}(z,t)}{\partial z}\right]\Bigg\rangle\Bigg|_{z=R_1e^{i\theta}}=0,\\
&\mathrm{Im}\Bigg\langle e^{2i\theta}\left[\bar{z}\frac{\partial^2\varphi_{12j}^{S}(z,t)}{\partial z^2}+\frac{\partial\psi_{12j}^{S}(z,t)}{\partial z}\right]\Bigg\rangle\Bigg|_{z=R_1e^{i\theta}}=0,\\
&\mathrm{Re}\Bigg\langle 2\frac{\partial\varphi_{2j}^{R}(z,t)}{\partial z}-e^{2i\theta}\left[\bar{z}\frac{\partial^2\varphi_{2j}^{R}(z,t)}{\partial z^2}+\frac{\partial\psi_{2j}^{R}(z,t)}{\partial z}\right]\Bigg\rangle\Bigg|_{z=R_1e^{i\theta}}\\
&-\mathrm{Re}\Bigg\langle 2\frac{\partial\varphi_{12j}^{S}(z,t)}{\partial z}-e^{2i\theta}\left[\bar{z}\frac{\partial^2\varphi_{12j}^{S}(z,t)}{\partial z^2}+\frac{\partial\psi_{12j}^{S}(z,t)}{\partial z}\right]\Bigg\rangle\Bigg|_{z=R_1e^{i\theta}}=0
\end{aligned} \tag{4.226}$$

The compatibility conditions at the liner–liner interface are:

$$\begin{aligned}
&\frac{e^{-i\theta}}{2G_{S1}}\left[\kappa_{S1}\varphi_{12j}^{S}(z,t)-z\overline{\frac{\partial\varphi_{12j}^{S}(z,t)}{\partial z}}-\overline{\psi_{12j}^{S}(z,t)}\right]\Bigg|_{z=R_2e^{i\theta}}\\
&-\frac{e^{-i\theta}}{2G_{S1}}\left[\kappa_{S1}\varphi_{11j}^{S}(z,t_2)-z\overline{\frac{\partial\varphi_{11j}^{S}(z,t_2)}{\partial z}}-\overline{\psi_{11j}^{S}(z,t_2)}\right]\Bigg|_{z=R_2e^{i\theta}}
\end{aligned}$$

$$= \frac{e^{-i\theta}}{2G_{S2}}\left[\kappa_{S2}\varphi_{22j}^{S}(z,t) - z\overline{\frac{\partial \varphi_{22j}^{S}(z,t)}{\partial z}} - \overline{\psi_{22j}^{S}(z,t)}\right]\Bigg|_{z=R_2e^{i\theta}} \tag{4.227}$$

$$\left\langle \varphi_{12j}^{S}(z,t) + z\overline{\frac{\partial \varphi_{12j}^{S}(z,t)}{\partial z}} + \overline{\psi_{12j}^{S}(z,t)} \right.$$
$$\left. - \left[\varphi_{22j}^{S}(z,t) + z\overline{\frac{\partial \varphi_{22j}^{S}(z,t)}{\partial z}} + \overline{\psi_{22j}^{S}(z,t)}\right]\right\rangle\Bigg|_{z=R_2e^{i\theta}} = 0 \tag{4.228}$$

$$\mathrm{Re}\left\langle \frac{e^{-i\theta}}{2G_{S1}}\left[\kappa_{S1}\varphi_{12j}^{S}(z,t) - z\overline{\frac{\partial \varphi_{12j}^{S}(z,t)}{\partial z}} - \overline{\psi_{12j}^{S}(z,t)}\right] \right.$$
$$\left. - \frac{e^{-i\theta}}{2G_{S1}}\left[\kappa_{S1}\varphi_{11j}^{S}(z,t_2) - z\overline{\frac{\partial \varphi_{11j}^{S}(z,t_2)}{\partial z}} - \overline{\psi_{11j}^{S}(z,t_2)}\right]\right\rangle\Bigg|_{z=R_2e^{i\theta}} \tag{4.229}$$
$$= \mathrm{Re}\left\langle \frac{e^{-i\theta}}{2G_{S2}}\left[\kappa_{S2}\varphi_{22j}^{S}(z,t) - z\overline{\frac{\partial \varphi_{22j}^{S}(z,t)}{\partial z}} - \overline{\psi_{22j}^{S}(z,t)}\right]\right\rangle\Bigg|_{,z=R_2e^{i\theta}}$$

$$\mathrm{Im}\left\langle e^{2i\theta}\left[\bar{z}\frac{\partial^2 \varphi_{12j}^{S}(z,t)}{\partial z^2} + \frac{\partial \psi_{12j}^{S}(z,t)}{\partial z}\right]\right\rangle\Bigg|_{z=R_2e^{i\theta}} = 0,$$

$$\mathrm{Im}\left\langle e^{2i\theta}\left[\bar{z}\frac{\partial^2 \varphi_{22j}^{S}(z,t)}{\partial z^2} + \frac{\partial \psi_{22j}^{S}(z,t)}{\partial z}\right]\right\rangle\Bigg|_{z=R_2e^{i\theta}} = 0,$$

$$\mathrm{Re}\left\langle 2\frac{\partial \varphi_{12j}^{S}(z,t)}{\partial z} - e^{2i\theta}\left[\bar{z}\frac{\partial^2 \varphi_{12j}^{S}(z,t)}{\partial z^2} + \frac{\partial \psi_{12j}^{S}(z,t)}{\partial z}\right]\right\rangle\Bigg|_{z=R_2e^{i\theta}}$$
$$- \mathrm{Re}\left\langle 2\frac{\partial \varphi_{22j}^{S}(z,t)}{\partial z} - e^{2i\theta}\left[\bar{z}\frac{\partial^2 \varphi_{22j}^{S}(z,t)}{\partial z^2} + \frac{\partial \psi_{22j}^{S}(z,t)}{\partial z}\right]\right\rangle\Bigg|_{z=R_2e^{i\theta}} = 0 \tag{4.230}$$

The boundary condition of the inner boundary of the second liner ($t \geq t_2$) is:

$$\left\langle 2\mathrm{Re}\left[\frac{\partial \varphi_{22j}^{S}(z,t)}{\partial z}\right] - e^{2i\theta}\left[\bar{z}\frac{\partial^2 \varphi_{22j}^{S}(z,t)}{\partial z^2} + \frac{\partial \psi_{22j}^{S}(z,t)}{\partial z}\right]\right\rangle\Bigg|_{z=R_3e^{i\theta}} = -q_{wat}(t). \tag{4.231}$$

Substituting Eqs. (4.199) and (4.200) into Eqs. (4.223)–(4.231), and by setting the coefficients in the term $e^{\pm ik\theta}$ ($k = 0, \pm 1, \pm 2, \ldots$) to zero, we can build a set of linear algebraic equations with regard to the undetermined coefficients in the potentials. These linear algebraic equations can be easily solved, and the displacements and stresses are then obtained for the rock and liners accordingly. The detailed derivations are provided in Appendix 3 for **Case (1)** and **Case (2)**. Both cases are more commonly encountered than the other two in geotechnical applications. Solutions for **Case (3)** and **Case (4)** can be obtained in a similar solving process.

4.7.3 Verification

In this section, an example under the boundary conditions of **Case (1)**, i.e. perfect bonding at both rock–liner and liner–liner interfaces, is carried out, and the analytical and numerical results are compared to validate the proposed method and solutions in previous sections. Then both the boundary and compatibility conditions are checked for other cases to validate the correctness of derivation. The Finite Element Method (FEM) code ANSYS is employed (version 13.0).

The numerical model is consistent with the analytical one, and both of them are calculated under plane-strain conditions with small deformation. Only a quarter of the tunnel structure is analyzed in FEM (see Fig. 4.43) because of the double symmetry of the x- and y-axis of geometry and boundary conditions. Moreover, the vertical displacements along the bottom boundary and the horizontal displacements along the left boundary are restrained in the numerical model. Figure 4.44 shows the mesh of the verify of the tunnel in FEM simulations. The parameters employed in the numerical simulations are listed in Table 4.11.

In the numerical simulation, the initial pressures were first applied to the boundary of the ground without holes for a sufficiently long time (100 days in this study), to ensure that the numerical model achieves the equilibrium stress state. Then the

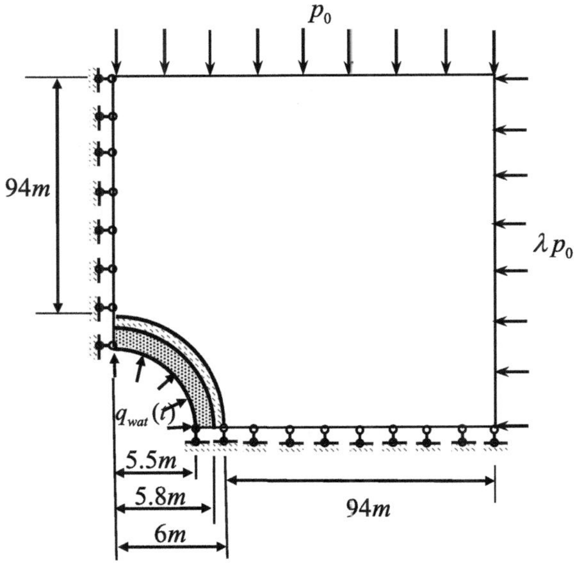

Fig. 4.43 Calculation domain and boundary conditions in FEM numerical simulations

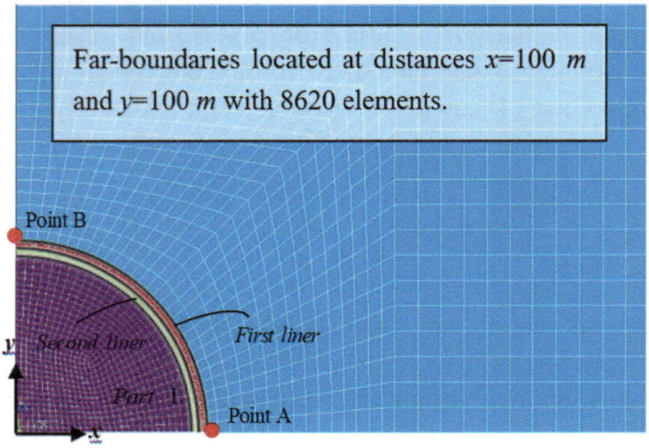

Fig. 4.44 Mesh of the vicinity of the tunnel

tunnel (part I in Fig. 4.44) was instantaneously excavated ($t = 0$) by removing the corresponding elements in this area. After that, the first and second liners were installed on $t = $ 2nd day and 5th day respectively. Five days later, the uniform internal pressure (water pressure) was applied along the inner boundary of the second liner. The comparison between analytical and numerical results in terms of incremental displacements and total stresses of the rock at the rock–liner interface is illustrated in Fig. 4.45, where the incremental displacements were obtained by subtracting the displacements occurring before excavation from the total ones. A good agreement between both results is evident, which can verify the proposed analytical method in derivation.

Since the derivation procedure in **Case (1)**, which has been verified by comparison between analytical and numerical results, is the same as that in **Cases (2)–(4)**, only the boundary and compatibility conditions are checked for other cases in the following to verify the correctness of the derivation. The displacements and stresses of the rock and the first liner at the rock–liner interface versus the angle θ (θ is the polar angle of the coordinate) in **Case (2)** are plotted in Fig. 4.46. Three specific time points are set: (1) $t = 9$ days (before the internal pressure was applied), (2) $t = 11$ days (shortly after the internal pressure was applied), and (3) $t = $ 50th day (when the final state was achieved). Note that the displacements/stresses of the rock are all consistent with those of the first liner, indicating that the compatibility conditions of both displacement and stress at the rock–liner interface are satisfied. Figure 4.47a, b show the distribution of incremental displacements of the first liner occurring after installation of the second liner, as well as the stresses along the liner–liner interface at three specific time points. The quantities for the second liner along the liner–liner interface are also plotted in these figures. It is demonstrated that the displacements/stresses of the first and second liners agree well along the liner–liner interface. Figure 4.47c shows stresses along the inner boundary of the second liner at three specific time points. Note that the radial normal stresses are equal to uniform water pressure at the $t = 11$ and 50 days, but are zero at the $t = 9$ days. The shear stresses are zero all the time. It can be noted that the solutions perfectly satisfied the compatibility conditions of the rock–liner and liner–liner interfaces, as well as

Table 4.11 Input parameters of loading, geometrical and mechanical properties for rock and liners in FEM numerical simulations

Initial stress	Lateral pressure ratio	Geometrical parameters of tunnel and liners (m)			Internal pressure of the liner	Liner installation time	
p_0 (MPa)	λ	R_1	d_1	d_2	$q_{wat}(t)$ (MPa)	t_1 (day)	t_2 (day)
15	0.65	6	0.05	0.1	$q_{wat}(t) = \begin{cases} 0 & 0 \le t \le 10\,\text{days} \\ 1.5 & t > 10\,\text{days} \end{cases}$	2.0	5.0

Parameters for generalized Kelvin model				Elastic parameters of liners			
G_M (MPa)	G_K (MPa)	η_K (MPa day)	Poisson's ratio	G_{S1} (MPa)	G_{S2} (MPa)	ν_{S1}	ν_{S2}
2000	1000	10,000	0.5	10,000	10,000	0.2	0.2

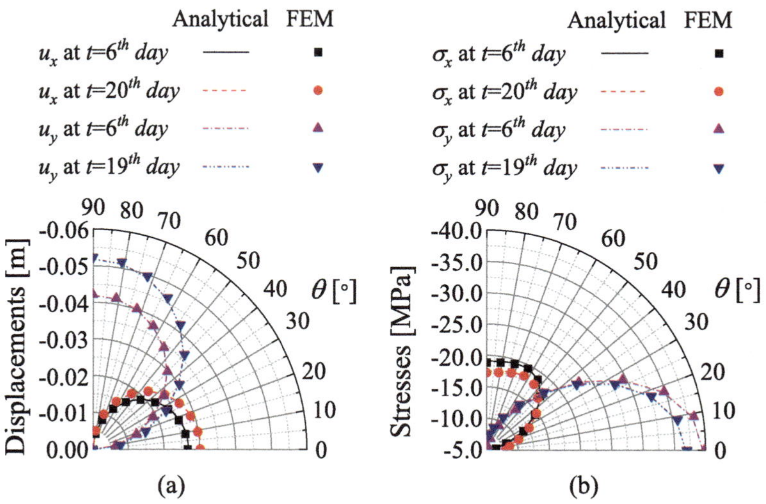

Fig. 4.45 Comparison between analytical solutions (perfect bonding conditions) and FEM results for **a** excavation induced displacements versus θ, and **b** total stresses versus θ

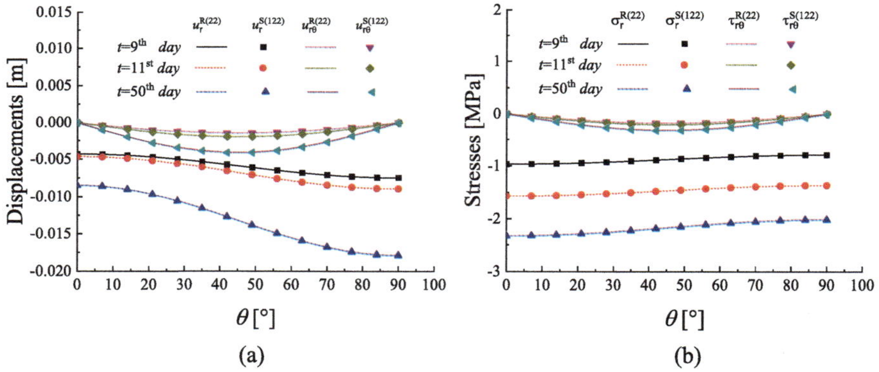

Fig. 4.46 Displacements and stresses of the rock and first liner at the rock–liner interface versus the angle θ in **Case (2)**: **a** radial and circumferential displacements, and **b** radial stress and shear stress. The quantities are presented at three specific times

the stress boundary condition of the second liner. Therefore, we can confirm that the solutions for the case with full-slip condition (**Case 2**) are correct.

4.7.4 Analysis and Discussion

For the rock with good mechanical properties or subject to low stresses, the exhibited mechanical behaviour shows limited viscosity, which can be simulated by the

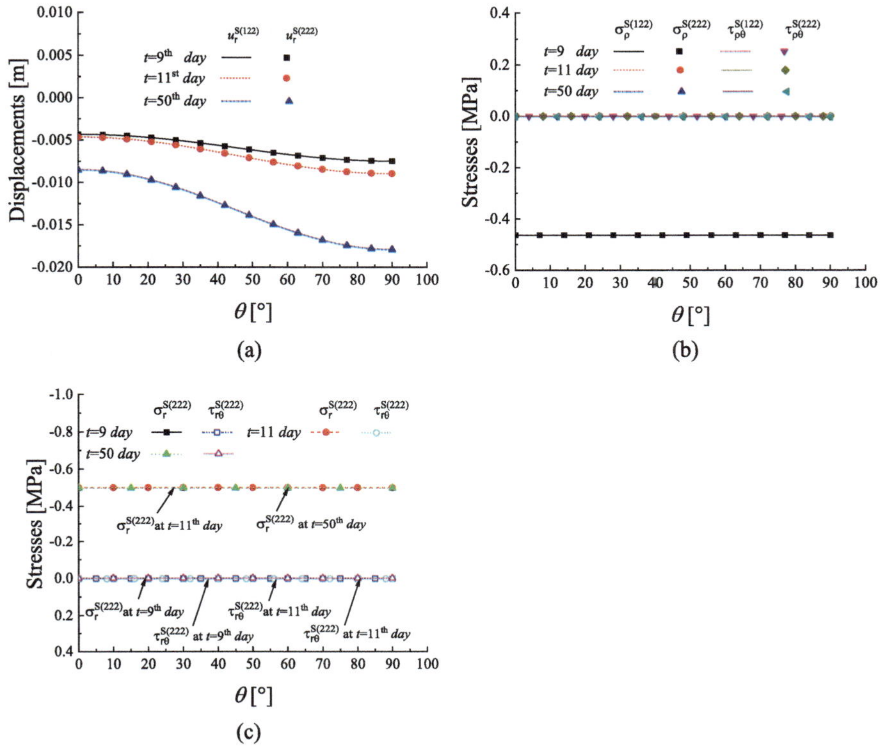

Fig. 4.47 Displacements and stresses of first and second liners versus the angle θ in **Case (2)**: **a** radial displacements at liner–liner interface, **b** stresses at liner–liner interface, and **c** stresses on inner boundary of the second liner. The quantities are presented at three specific times

generalized Kelvin viscoelastic models. Regarding this type of rheological behaviour commonly encountered in rock engineering, a parametric analysis for the effects of the installation time of the second liner on the displacements and stresses of the rock is carried out for **Case (1)** and **Case (2)**, and a method for the design of the second liner is provided by means of the analytical model.

In order to simplify the analysis, all the variables are expressed in dimensionless forms. The shear moduli, geometry parameters and stresses are normalized by G_K, R_1, p_0, respectively. Time spans are normalized by T_K which is the retardation time of the viscoelastic model ($T_K = \eta_K/G_K$ for the generalized Kelvin model). Tunnel convergence is normalized by Δu_r^e, which is the excavation-induced elastic convergence of the unlined circular tunnel subjected to hydrostatic initial stress p_0:

$$\Delta u_r^e = \frac{p_0 R_1 (G_M + G_K)}{2 G_M G_K} \tag{4.232}$$

The constitutive parameters of the generalized Kelvin model adopted in the analysis are the following: $G_M/G_K = 2.0$, $\eta_K/G_K = 10$, and the horizontal to vertical stress ratio of initial stresses is taken as $\lambda = 0.65$. As a preliminary support, the first liner should be installed as soon as the tunnel excavation is completed, hence $t_1/T_K = 0$ in the following analysis. The other parameters of the first liner are assumed within their commonly used values in this section: thickness $d_1/R_1 = 0.02$, shear modulus $G_{S1}/G_K = 10.0$ and Poisson's ratio $\nu_{S1} = 0.2$. Internal pressure (water pressure) is $0.01p_0$, which is applied at the time t_3, and $\frac{t_3-t_2}{T_K} = 0.5$.

Note again that certain expressions differ from those defined in Sect. 3.2. Specifically, in this section: for the H–K model, the previously defined G_H (Sect. 3.2.2) is now denoted as G_M, meanwhile, the symbol η' (from Sect. 3.2.2) is represented as η. Additionally, the displacements u and v are now denoted as u_x and u_y, respectively; displacements and stresses in the (ρ, θ) or (r, θ) system can be obtained by performing a coordinate transformation to the (x, y) system.

4.7.4.1 Effect of Installation Time of the Second Liner

The installation time of the second liner is a crucial parameter in tunnel design. Early installation of the second liner will significantly benefit the rock stability since the large pressure on the rock is induced, however, the second liner is probably yielded if it is installed too early, for it bears excessive stresses due to the rock rheology. On the other hand, later installation of the second liner will induce larger pressure on the first liner and result in a more unstable tunnel, though it is economical to design the second liner. In order to investigate the influence of the installation time of the second liner on the resulting displacements and stresses of the surrounding rock, examples of **Case (1)** and **Case (2)** are presented herein. Three options are considered for the installation time of the second liner: (a) $t_2/T_K = 0$, i.e. both liners are immediately installed after completion of the excavation, (b) $t_2/T_K = 1$, and (c) $t_2/T_K = 2$.

In all the cases, the shear modulus and thickness of the second liner are set to commonly used values, $G_{S2}/G_K = 13$ and $d_2/R_1 = 0.0383$, respectively, and Poisson's ratio of the second liner is $\nu_{S2} = 0.2$. The radial and circumferential final displacements of the rock at the rock–liner interface versus the angle θ (the polar angle in coordinate) are plotted in Fig. 4.48 for different installation time of the second liner. The results show that radial displacements increase gradually with the increase of angle θ, while circumferential displacements first increase to the peak value at $\theta = 45°$ and then decrease. It can be seen that the shape of displacements versus the angle is very similar at different installation time of the second liner, however, earlier installation of the second liner leads to smaller radial and circumferential displacements in **Case (1)**. As a result of the comparison between **Case (1)** and **Case (2)**, no significant differences in radial displacement are found, while the circumferential displacements are almost the same at different installation time of the second liner in **Case (2)**, which is quite different from the change of circumferential displacement in **Case (1)**. The maximum difference between the final radial displacements at different installation time of the second liner in **Case (1)**, accounts for 23.2% of the maximum displacement, while that between the final circumferential displacements is only 13.5% of the maximum displacement.

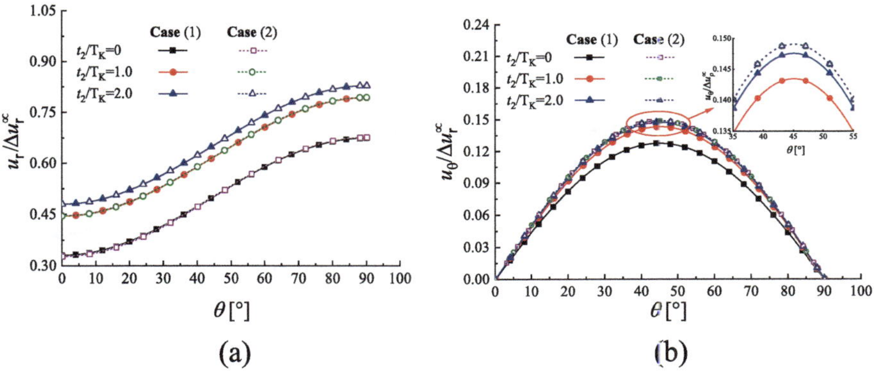

Fig. 4.48 Normalized final displacements of the rock along rock–liner interface in **Cases (1)** and **(2)**, versus the angle θ for various installation times of second liner: **a** radial displacements, and **b** circumferential displacements. Three specific installation times of the first liner are considered

Figure 4.49 shows the normal and shear stresses of the rock in **Case (1)** and **Case (2)** along the rock–liner interface versus θ at various installation time of the second liner. Note that the variation patterns of stress against the angle are very similar at different installation time of the second liner in both **Case (1)** and **Case (2)**: the radial and tangential stresses decrease gradually with the increase of angle θ. However, the shear stresses first increase to a peak value at $\theta = 45°$ and then decrease. Earlier installation leads to larger radial stresses and smaller tangential stresses in both **Case (1)** and **Case (2)**, which is beneficial to tunnel stability. Comparison between the quantities in **Case (1)** and **Case (2)** shows that the values of radial and tangential stress have a small difference, but shear stresses are larger when the second liner is installed earlier in **Case (1)**, however, in **Case (2)**, shear stress is independent of installation time of the second liner and becomes the minimum one among all the cases. The maximum differences of the radial, tangential and shear stresses at the three specific installation time of the second liner, account for 47.2%, 10.3% and 40.76% of the corresponding largest values in **Case (1)**, respectively.

Displacements and stresses of the rock and liners are time-dependent, mainly because of the rheological properties of the rock. The displacements and stresses in **Case (1)** versus time are plotted in Figs. 4.50 and 4.51 respectively, where the quantities are at the tunnel boundary with $\theta = 45°$. The displacements, radial and shear stresses increase, while the tangential stress decreases with time, and finally reaches stable values. Earlier installation of the second liner leads to a slower increase of displacements after installation of the second liner, resulting in smaller final displacement values, as shown in Fig. 4.50. However, it can be seen from Fig. 4.51 that, the earlier the second liner is installed, the more quickly the radial and shear stresses increase with time, the larger the final stress values are reached, and the more quickly the tangential stress decreases with time.

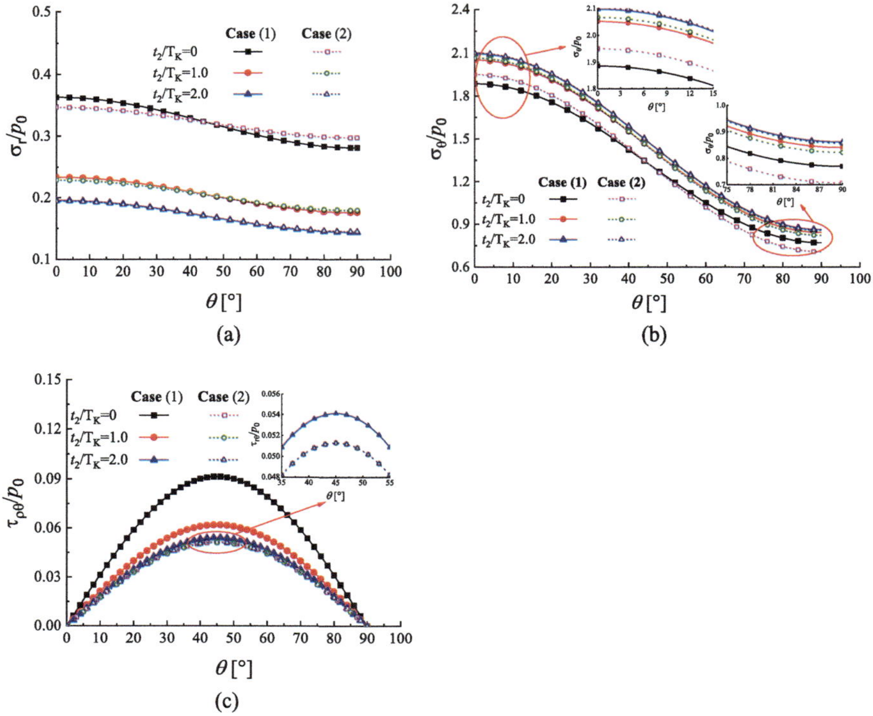

Fig. 4.49 Normalized final stresses of the rock along the rock–liner interface versus the angle θ for various installation times of the second liner: **a** radial stress, **b** tangential stress, and **c** shear stress. The quantities in both **Cases (1)** and **(2)** are plotted, and three specific installation times of the first liner are considered

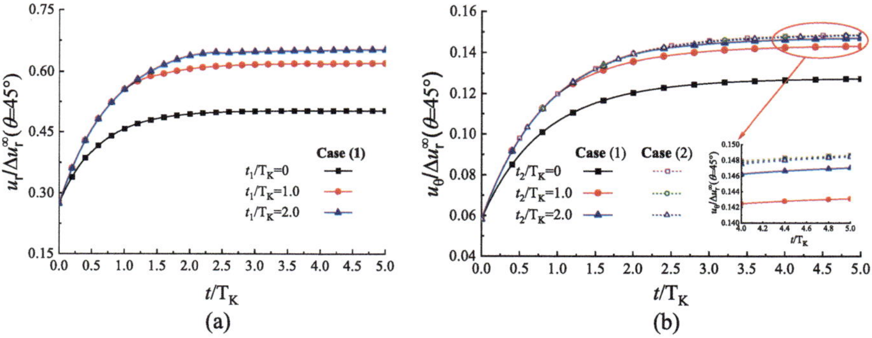

Fig. 4.50 Normalized displacements of the rock on the tunnel boundary ($\theta = 45°$) in **Case (1)** and **Case (2)**, versus normalized time for various installation times of the second liner: **a** radial displacements, and **b** circumferential displacements

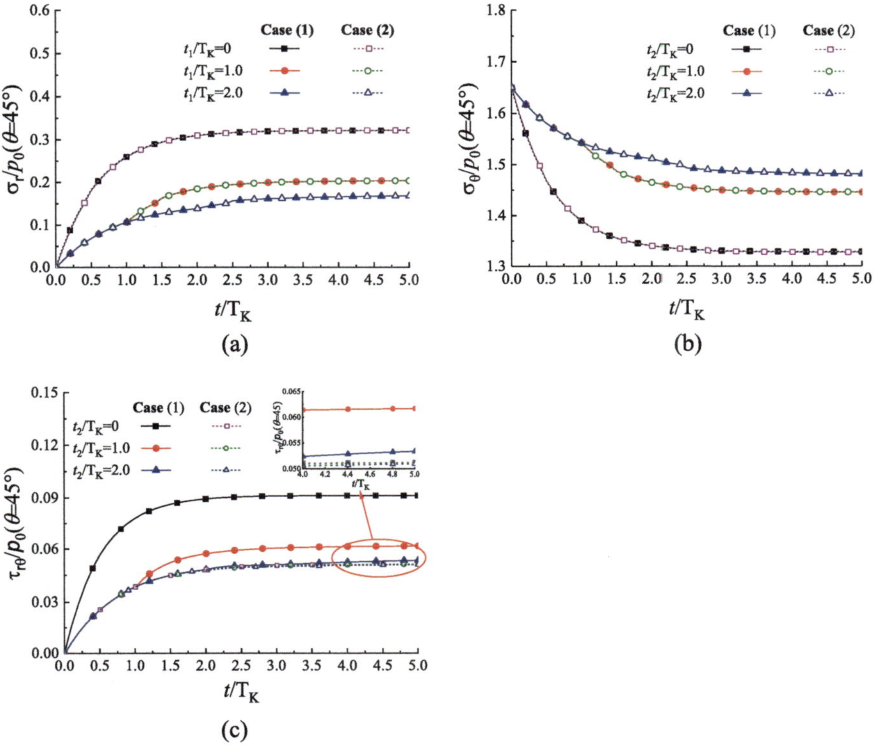

Fig. 4.51 Normalized stresses of the rock on the tunnel boundary ($\theta = 45°$) in **Cases (1)** and **(2)** versus normalized time for various installation times of the second liner: **a** radial stresses, **b** tangential stresses, and **c** shear stresses

4.7.4.2 Analytically-Based Method for the Design of the Second Liner

Owing to the rock rheology, the final pressure applied to the outer boundary of the second liner is significantly affected by the installation time of the second liner. Early installation of the second liner leads to larger final pressure on a support system, probably resulting in the failure of the second liner. In this sub-section, the final stress fields of the second liner determined by the proposed analytical model, as well as the Mohr–Coulomb failure criterion, are employed to predict the initial failure of the second liner for different liner installation time.

According to the Mohr–Coulomb failure criterion, the equivalent stress of the second liner, σ_E^{S2}, is defined as follows:

$$\sigma_E^{S2} = \sigma_1^{S2} - \alpha\sigma_3^{S2} - \sigma_t \tag{4.233}$$

where $\alpha = \sigma_t^{S2}/\sigma_c^{S2}$, with σ_t^{S2} and σ_c^{S2} being tensile and compressive strengths of the liner material, respectively; σ_1^{S2} and σ_3^{S2} are the major and minor principal stresses,

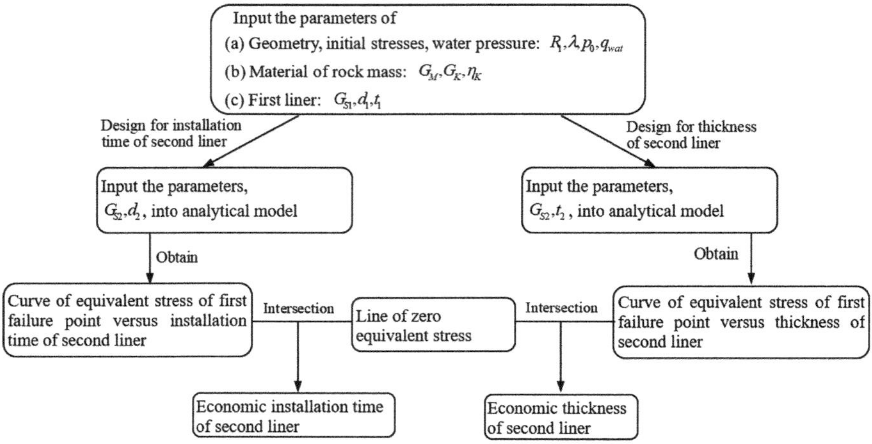

Fig. 4.52 Flow chart in the design of installation time/thickness of the second liner

respectively. We assume that a point will fail in case $\sigma_E^{S2} \geq 0$, so as to approximately predict the initial failure in the second liner. It is also noted that the larger the positive equivalent stress of a point is, the earlier this point will fail. Through a number of calculations, the point (Point A in Fig. 4.44) at the inner boundary of the second liner with $\theta = 0°$ is the first one to fail if $\lambda < 1$, while the first failure point (Point B in Fig. 4.44) is at the inner boundary with $\theta = 90°$, if $\lambda > 1$.

In tunnel engineering, in order to ensure tunnel stability, the second liner is not expected to fail, i.e., σ_E^{S2} of the first failure point should be negative. Figure 4.52 shows the flow chart for the design of the second liner, following the principle that no failure points appear in the second liner. Based on the flow chart, an example below shows how the optimal liner installation time or thickness was determined.

In the application example, the second liner is made of concrete reinforced by steel. The parameters employed in the example are presented in Table 4.12. By using these parameters in the analytical models proposed for **Case (1)** and **Case (2)**, we could calculate equivalent stresses. Figure 4.53a, b show the equivalent stresses at Point A (i.e., the first failure point in the second liner) as a function of installation time and the thickness of the second liner respectively, where the dashed line without bars represents the zero equivalent stress. For the cases with different liner thicknesses (curves with bars) in Fig. 4.53a, the earliest installation time of the second liner (the economic installation time) is determined by the intersection of the zero equivalent stress line and the equivalent stress curves. It is also noted that, the bigger the liner thickness is, the earlier the economic installation time is. Given the same liner thicknesses in **Case (1)** and **Case (2)**, the economic installation time in **Case (1)** is later than that in **Case (2)**. In Fig. 4.53b, the intersections of the zero equivalent stress line and the equivalent stress curves for variable liner installation times relate to the smallest liner thickness of the second liner (the economic liner thickness). The economic liner thickness in **Case (1)** would be greater than that in **Case (2)**, in case the liner installation time in both cases are the same. With the proposed analytical models in this section, the optimization design of the second liner can be conducted conveniently, and the recommended parameters can be used in the preliminary design of tunnel construction.

4.7.5 Practical Formulas of the Liner Pressures and Tunnel Convergence

According to the developed analytical solutions, the displacement and stress fields of the rock and liners at any time can be obtained by feeding the parameters of the geometry and material properties, liner installation times, and boundary conditions into the solutions. However, it should be noted that the analytical solving procedure is very complicated, and may pose difficulties for wide use in tunnel designs. Therefore, by fitting the large number of data which is obtained from analytical solutions, this study presents some succinct practical formulas for the most concerned displacements and stresses, with regard to the input parameters.

4.7.5.1 Fitting Variables and Normalization

Due to the rheology of the rock, the stress and displacement fields are found to be strongly dependent on the installation time of the second liner [28, 37–39]. The stresses on the rock and liner, and first and second liner interfaces, which represent the ground pressure bearing by the first and second liners, respectively, are used to approximately evaluate the stability of the rock and liners [40]. Furthermore, the ratio of the stresses on the first and second liner interface over that on the rock and first liner interface which is dependent on the installation time and stiffness of the second liner, is an important parameter for the liner design [41], and clearly reflect the relative pressure bearing by the first and second liners. Through the analysis of some examples by the analytical solutions, we find that the normal boundary stresses (liner pressures) are significantly larger than the shear stresses, and have a greater influence on the tunnel convergence. In addition, the tunnel convergence after the second liner installation is critical for the tunnel design. Although the liner pressures and tunnel convergence increase with time to the final values due to the rock's viscoelasticity, only the maximum final values are determined to be the most significant for the tunnel designs. Therefore, the final liner pressures exerted on the outer boundaries of the first and second liners (represented as $p_{1\max}$, $p_{2\max}$, respectively), together with the final tunnel convergence that occurred after the second liner installation (represented by $u_{22\max}$), are adopted to formulate the analytical data fitting in the following section.

For the rock with good mechanical properties, or subject to low stresses, the exhibited mechanical behaviour shows limited viscosity. For this type of behaviour, generalized Kelvin viscoelastic models are commonly employed, which is similar to

Table 4.12 Input parameters in the application example

Initial stress		Geometrical parameters of tunnel and liners (m)		The internal pressure of the liner	Liner installation time	Tensile strength of the second liner	Compressive strength of the second liner
p_0 (MPa)	λ	R_1	d_1	$q_{wat}(t)$ (MPa)	t_1 (day)	σ_t^{S2} (MPa)	σ_c^{S2} (MPa)
15	0.65	6	0.12	$q_{wat}(t) = \begin{cases} 0 & 0 \le t \le t_2 + 5 \\ 0.15 & t > t_2 + 5 \end{cases}$	2.0	2.39	26.8

Parameters for generalized Kelvin model				Elastic parameters of liners			
G_M (MPa)	G_K (MPa)	η_K (MPa day)	Poisson's ratio	G_{S1} (MPa)	G_{S2} (MPa)	ν_{S1}	ν_{S2}
2000	1000	10,000	0.5	10,000	13,541	0.2	0.2

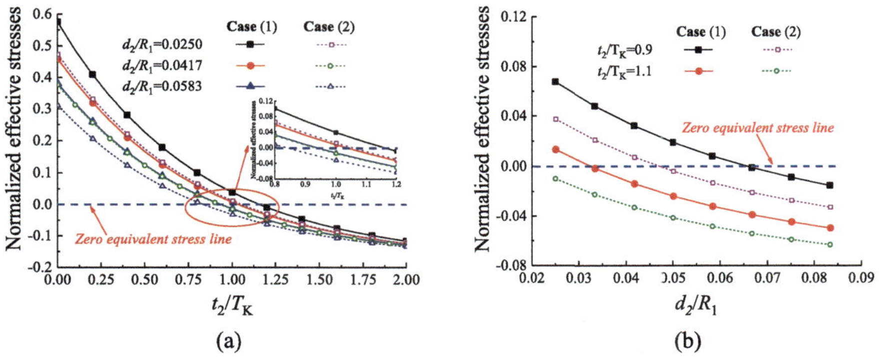

Fig. 4.53 Normalized equivalent stresses of the second liner versus **a** installation time of second liner for various liner thicknesses; **b** thickness of second liner for various installation times of the second liner. Both quantities in **Case (1)** and **Case (2)** are plotted

this section. A more detailed introduction to the viscoelastic constitutive models can be found in Sect. 3.2. In the following, for the process of the generalized analysis, the liner pressures are normalized by p_0, and tunnel convergence is normalized by Δu_r^e, which is expressed by the following:

$$\Delta u_r^e = \frac{p_0 R_1}{2G_\infty} \tag{4.234}$$

where $G_\infty = G_M G_K/(G_M + G_K)$ is the permanent shear modulus of the generalized Kelvin model. It should be noted that Δu_ρ^e is the excavation induced elastic boundary convergence of the unlined circular tunnel subjected to isotropic initial stress p_0. The other parameters are also normalized. For example, the shear moduli are all normalized by G_K; and the thicknesses and installation times of the liners are normalized by R_1 and $T_K = \eta_K/G_K$ (retardation time of the generalized model), respectively.

4.7.5.2 Three Fitting Cases of Practical Formulas

The normalized liner pressures and convergence, $\delta_{p1} = p_{1\max}/p_0$, $\delta_{p2} = p_{2\max}/p_0$, and $\delta_{u_{22}} = u_{22\max}/\Delta u_r^e$, are the functions with respect to the nine parameters: (1) The parameters of the first liner, t_1/T_K, d_1/R_1 and G_{S1}/G_K; (2) The parameters of the second liner, t_2/T_K, d_2/R_1 and G_{S2}/G_K; and (3) The other parameters, G_M/G_K, λ, and the angle θ in the polar coordinate.

In the current research study, through a multitude of trials, it is determined that, if the nine parameters were all considered in the formulas to be fitted, it is almost impossible to obtain practicable equations with adequate precision. Therefore, the parameters which needed to be determined required reduction. In order to gain the maximum benefit from the support system, it is common practice to install (spray) the first liner immediately after the completion of the excavation [37]. Therefore, the installation time of the first liner is assumed as $t_1/T_K = 0$. Furthermore, in the design of the first liner, the shear modulus G_{S1}/G_K roughly varies from 2 (for shotcrete) to 10 (for shotcrete combined with steel sets), and the thickness d_1/R_1 roughly varies from 1/80 to 1/20 to adapt to the different tunnel sizes. Accordingly, the function fitting is processed with the fixed three groups of the first liner parameters within the aforementioned common ranges, which are described as **First liner cases (1)** to **(3)** in the following section:

First liner case (1): $d_1/R_1 = 1/60$, $G_{S1}/G_K = 2$. The stiffness of the first liner is relatively small in this case, which suits the situations where the rock has high shear modulus and strength, and only shotcrete is used as the first liner,
First liner case (2): $d_1/R_1 = 1/40$, $G_{S1}/G_K = 5$. The stiffness of the first liner is medium in this case,
First liner case (3): $d_1/R_1 = 1/30$, $G_{S1}/G_K = 10$. The stiffness of the first liner is large in this case. These parameters are suitable for the supports with shotcrete combined with steel sets for weak rock.

It is found that the **First liner cases (1)–(3)** almost completely cover the commonly encountered conditions of the first liner. The practical formulas under other first liner parameters can be obtained by a similar fitting process. In the following analyses, the Poisson's ratio of the rock and liners are $\mu_R = 0.25$, and $\mu_{S1} = \mu_{S2} = 0.2$, respectively.

4.7.5.3 Assumed Function Forms of the Practical Formulas

In this section, the liner pressures and tunnel convergence against the fitting parameters were investigated in order to obtain the appropriate function forms in the formulas. Figure 4.54 presents the normalized liner pressures (δ_{p1}, δ_{p2}) and tunnel convergence ($\delta_{u_{22}}$) versus the lateral pressure coefficient λ for the point with $\theta = \frac{\pi}{2}$. An approximately linear relationship is found. Then, the practical variables δ_{p1}, δ_{p2}, and $\delta_{u_{22}}$ (for the point with $\theta = \frac{\pi}{2}$) versus G_M/G_K, G_{S2}/G_K, t_2/T_K and d_2/R_1 are also plotted in Figs. 4.55, 4.56, 4.57 and 4.58, respectively. It becomes evident that the function of the liner pressures with regards to t_2/T_K, d_2/R_1 and G_{S2}/G_K can be assumed as an exponential form, while the function with regards to G_M/G_K can be adopted as a hyperbola form. The tunnel convergence with respect to all of the concerned parameters can then be regarded as the exponential function.

In this study, according to the variation forms and characteristics of the curves at the initial and second liner pressure $\delta_{p2}^{(j)}(\theta = \frac{\pi}{2})$, with $j = 1$–3 corresponding to **First liner cases (1)–(3)**, respectively, it can be assumed as the form of a product of the exponential and hyperbola functions with respect to a separate parameter as follows [40]:

$$\delta_{p2}^{(j)}\left(\theta = \frac{\pi}{2}\right) = \left(B_1^{(j)} + B_2^{(j)}\lambda\right)\left(\frac{1}{B_3^{(j)}G_K/G_M + 1}\right)$$

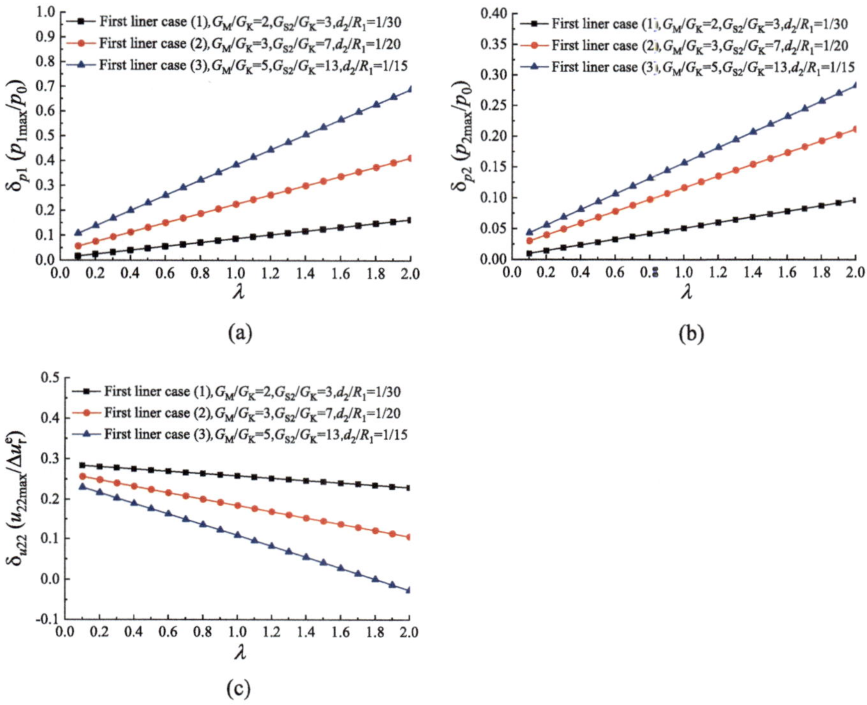

Fig. 4.54 Normalized liner pressures and tunnel convergence versus lateral pressure coefficient λ: **a** and **b** normalized liner pressures of first (δ_{p1}) and second (δ_{p2}) liner, respectively; **c** normalized tunnel convergence (δ_{u22})

$$\left(e^{B_4^{(j)}\frac{G_{S2}}{G_K}}-1\right)e^{B_5^{(j)}\frac{t_2}{T_K}}\left(e^{B_6^{(j)}\frac{d_2}{R_1}}+B_7^{(j)}\right) \tag{4.235}$$

Similarly, the tunnel convergence can be expressed as:

$$\delta_{u22}^{(j)}\left(\theta=\frac{\pi}{2}\right)=\left(C_1^{(j)}+C_2^{(j)}\lambda\right)\left(e^{C_3^{(j)}\frac{G_M}{G_K}}+C_4^{(j)}\right)$$
$$\left(e^{C_5^{(j)}\frac{G_{S2}}{G_K}}+C_6^{(j)}\right)e^{C_7^{(j)}\frac{t_2}{T_K}}\left(e^{C_8^{(j)}\frac{d_2}{R_1}}+C_9^{(j)}\right) \tag{4.236}$$

where $B_k^{(j)}$ ($k=1,\ldots,7$) and $C_k^{(j)}$ ($k=1,\ldots,9$) represent the parameters to be determined by the data fitting.

Then, in accordance with the derivation of the analytical solutions, the first liner pressure $\delta_{p1}^{(1)}$ can be divided into two parts as follows: (1) The pressure occurred in the first liner stage, which is influenced by G_M/G_K, λ, t_2/T_K and the parameters of the first liner, (2) The additional pressure occurred during the second liner stage, where its expression is found to be similar to $\delta_{p2}^{(j)}$ in Eq. (4.235). Therefore, the first liner pressure can be expressed as the sum of the two parts as follows:

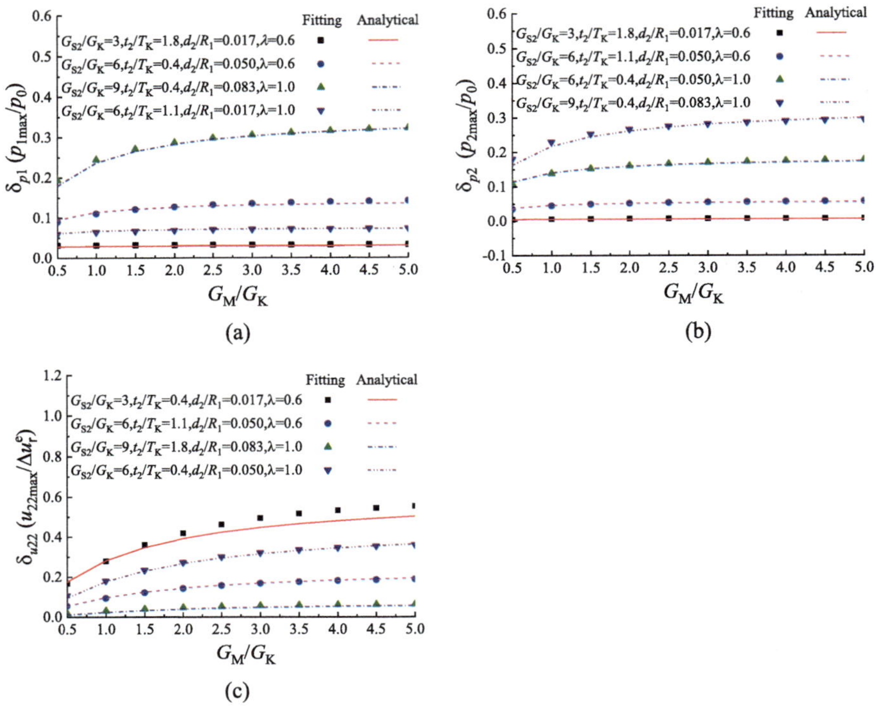

Fig. 4.55 Normalized liner pressures and tunnel convergence for the **First liner case (1)** obtained by analytical solutions and fitting formulas versus G_M/G_K for different parameters of second liner and lateral pressure coefficient: **a** and **b** normalized liner pressures of first (δ_{p1}) and second (δ_{p2}) liner, respectively; **c** normalized tunnel convergence (δ_{u22}). These analytical results are adopted in function fitting

$$\delta_{p1}^{(j)}\left(\theta=\frac{\pi}{2}\right)=\left(D_1^{(j)}+D_2^{(j)}\lambda\right)\left[\left(\frac{1}{D_3^{(j)}G_K/G_M+1}\right)\left(e^{D_4^{(j)}\frac{t_2}{T_K}}+D_5^{(j)}\right)+\left(\frac{D_6^{(j)}}{D_7^{(j)}G_K/G_M+1}\right)\left(e^{D_8^{(j)}\frac{G_{S2}}{G_K}}+D_9^{(j)}\right)e^{D_{10}^{(j)}\frac{t_2}{T_K}}\left(e^{D_{11}^{(j)}\frac{d_2}{R_1}}-1\right)\right] \tag{4.237}$$

where $D_k^{(j)}$ $(k=1,\ldots,11)$ represent the undetermined parameters.

4.7.5.4 Fitting Procedure and Results of Practical Formulas

For **Case (1)**, 2160 groups of data for $\delta_{p2}^{(1)}$, $\delta_{p1}^{(1)}$, and $\delta_{u22}^{(1)}$ obtained by the analytical solutions were adopted in the determination of the coefficients. By substituting all of

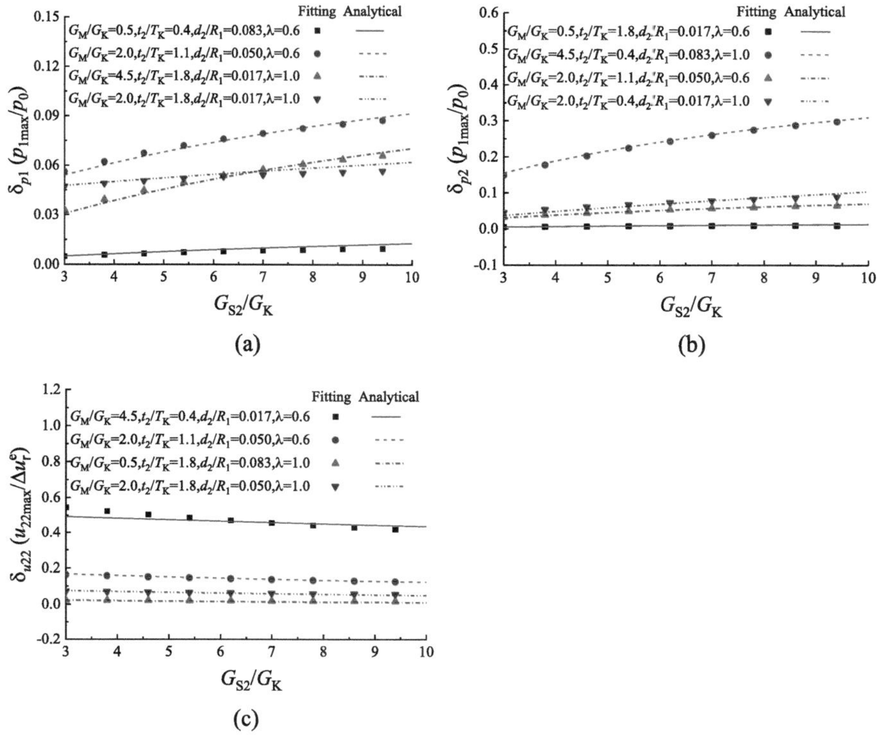

Fig. 4.56 Normalized liner pressures and tunnel convergence for the **First liner case (1)** obtained by analytical solutions and fitting formulas versus G_{S2}/G_K: **a** and **b** normalized first (δ_{p1}) and second (δ_{p2}) liner pressures, respectively; **c** normalized tunnel convergence (δ_{u22}). These analytical results are adopted in function fitting

the analytical data into Eqs. (4.235), (4.236), and (4.237), and then combining these with a least square method, 37 parameters, $B_k^{(1)}$, $C_k^{(1)}$, and $D_k^{(1)}$ were determined with minimum fitting errors. Tables 4.13, 4.14 and 4.15 provide the fitting results. In order to investigate the fitting accuracy, the dotted curves obtained by the practical formulas (4.235) to (4.237) for Case (1) are illustrated in Figs. 4.55, 4.56, 4.57 and 4.58. When compared with the solid curves obtained by the analytical solutions, the practical formulas were found to be in good agreement with the analytical solutions (variance $\geq$ 0.99). However, it should be pointed out that the compared analytical data in these figures were all adopted in the function fitting. Therefore, in order to further investigate the errors of the practical formulas compared with the analytical data which were not adopted in the parameter fitting, the analytical data (solid line) which differed from the ones in the function fitting were compared with the results from practical formulas (dots) in Fig. 4.59. It should be noted that the results were found to be consistent with each other in regard to the small errors. Therefore, it was validated that the proposed practical formulas had almost the same accuracy as the

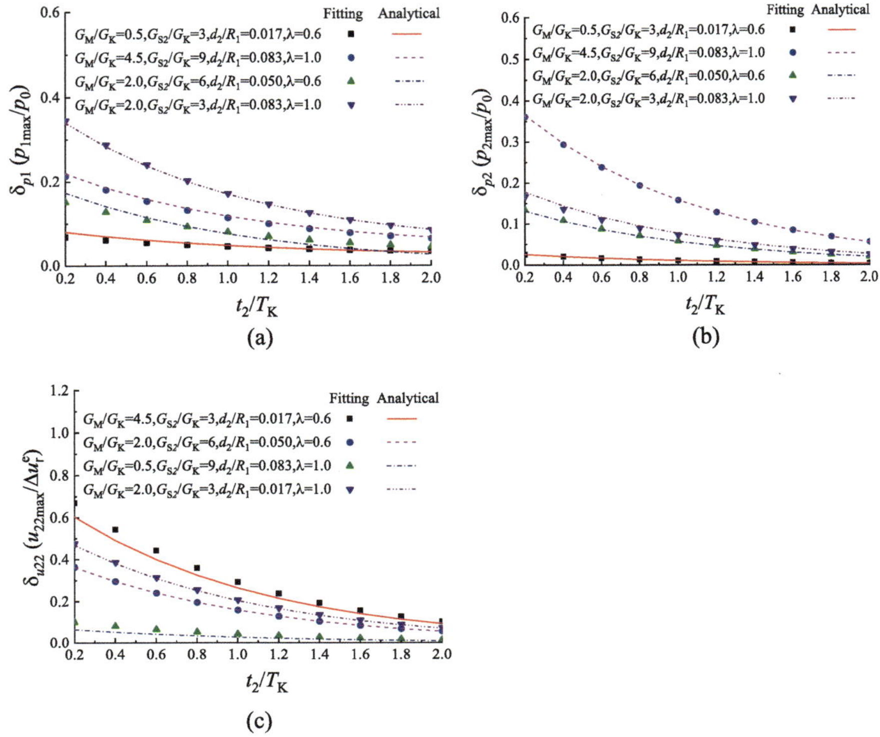

Fig. 4.57 Normalized liner pressures and tunnel convergence for the **First liner case (1)** obtained by analytical solutions and fitting formulas versus t_2/T_K: **a** and **b** normalized first (δ_{p1}) and second (δ_{p2}) liner pressures, respectively; **c** normalized tunnel convergence (δ_{u22}). These analytical results are adopted in function fitting

analytical solutions in the prediction of final liner pressures and tunnel convergence for this case.

The aforementioned equations only provided the pressure and convergence for the point with $\theta = \pi/2$. The function of the liner pressure with respect to θ was presented in the previous work [41, 42]. Therefore, the practical formulas could be modified by multiplying by a function of θ to obtain the expressions of the liner pressures and convergence for any of the boundary points, as follows:

$$
\begin{aligned}
\delta_{p2}^{(j)}(\theta) &= \delta_{p2}^{(j)}\left(\theta = \frac{\pi}{2}\right)\left[1 + \frac{M_1^{(j)} + M_2^{(j)}\lambda}{B_1^{(j)} + B_2^{(j)}\lambda}\cos^2\theta\right] \\
\delta_{u22}^{(j)}(\theta) &= \delta_{u22}^{(j)}\left(\theta = \frac{\pi}{2}\right)\left[1 + \frac{M_3^{(j)} + M_4^{(j)}\lambda}{C_1^{(j)} + C_2^{(j)}\lambda}\cos^2\theta\right] \\
\delta_{p1}^{(j)}(\theta) &= \delta_{p1}^{(j)}\left(\theta = \frac{\pi}{2}\right)\left[1 + \frac{M_5^{(j)} + M_6^{(j)}\lambda}{D_1^{(j)} + D_2^{(j)}\lambda}\cos^2\theta\right]
\end{aligned} \quad (4.238)
$$

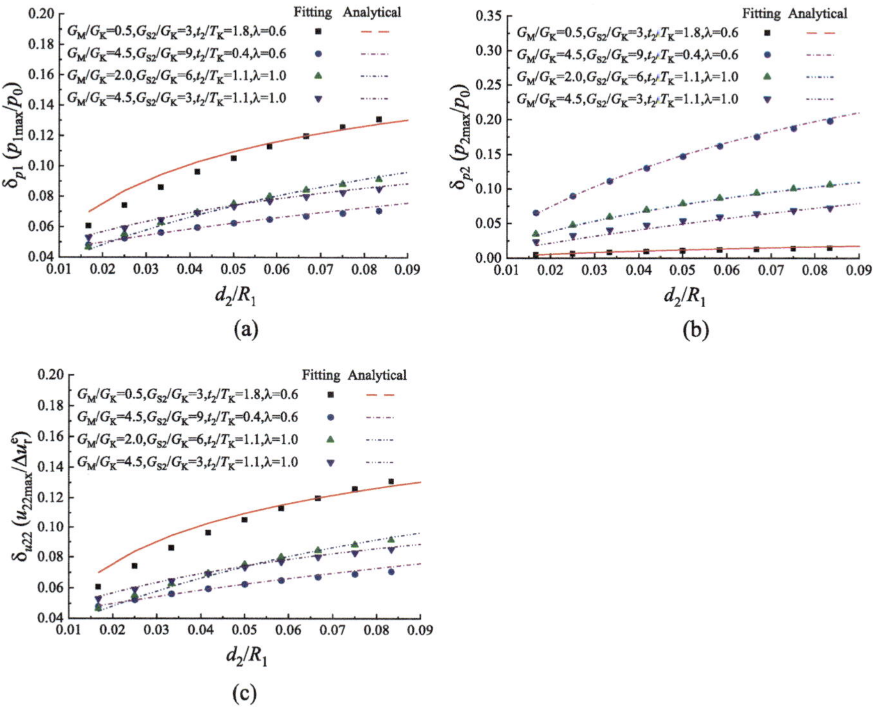

Fig. 4.58 Normalized liner pressures and tunnel convergence for the **First liner case (1)** obtained by analytical solutions and fitting formulas versus d_2/R_1: **a** and **b** normalized first (δ_{p1}) and second (δ_{p2}) liner pressures, respectively; **c** normalized tunnel convergence (δ_{u22}). These analytical results are adopted in function fitting

Table 4.13 Coefficients in fitting formulas of normalized supporting pressure of the second liner, δ_{p2}

	$B_1^{(j)}$	$B_2^{(j)}$	$B_3^{(j)}$	$B_4^{(j)}$	$B_5^{(j)}$	$B_6^{(j)}$	$B_7^{(j)}$	$M_1^{(j)}$	$M_2^{(j)}$
First liner case (1)	0.160	0.699	0.377	− 0.169	− 1.032	− 13.999	− 1.029	0.552	0.551
First liner case (2)	0.178	0.682	0.458	− 0.132	− 1.142	− 18.047	− 1.000	0.516	− 0.516
First liner case (3)	0.175	0.693	0.518	− 0.119	− 1.360	− 16.221	− 1.000	0.535	− 0.534

Table 4.14 Coefficients in fitting formulas of normalized tunnel convergence, δ_{u22}

	$C_1^{(j)}$	$C_2^{(j)}$	$C_3^{(j)}$	$C_4^{(j)}$	$C_5^{(j)}$	$C_6^{(j)}$	$C_7^{(j)}$	$C_8^{(j)}$	$C_8^{(j)}$	$M_3^{(j)}$	$M_4^{(j)}$
First liner case (1)	− 0.396	0.065	− 0.644	− 1.022	− 0.122	0.942	− 1.035	− 12.538	0.654	0.535	− 0.550
First liner case (2)	− 0.618	0.205	− 0.604	− 0.988	− 0.078	0.558	− 1.119	− 13.940	0.549	0.981	− 1.021
First liner case (3)	− 0.560	0.290	− 0.597	− 0.987	− 0.089	0.762	− 1.241	− 11.4	0.513	0.990	− 1.012

Table 4.15 Coefficients in fitting formulas of normalized supporting pressure of the first liner, δ_{p1}

	$D_1^{(j)}$	$D_2^{(j)}$	$D_3^{(j)}$	$D_4^{(j)}$	$D_5^{(j)}$	$D_6^{(j)}$	$D_7^{(j)}$
First liner case (1)	0.121	0.539	– 0.048	– 33.200	0.056	– 0.125	0.527
First liner case (2)	– 0.026	– 0.109	0.119	– 22.690	– 1.000	– 5.940	0.753
First liner case (3)	– 0.063	– 0.232	0.281	– 27.143	– 1.000	27.742	1.169
	$D_8^{(j)}$	$D_9^{(j)}$	$D_{10}^{(j)}$	$D_{11}^{(j)}$	$M_5^{(j)}$	$M_6^{(j)}$	
First liner case (1)	– 0.167	– 1.000	– 1.041	– 16.355	– 0.418	0.418	
First liner case (2)	– 0.099	– 1.095	– 1.157	– 17.330	– 0.081	0.081	
First liner case (3)	0.003	– 0.967	– 1.387	– 15.180	– 0.149	0.148	

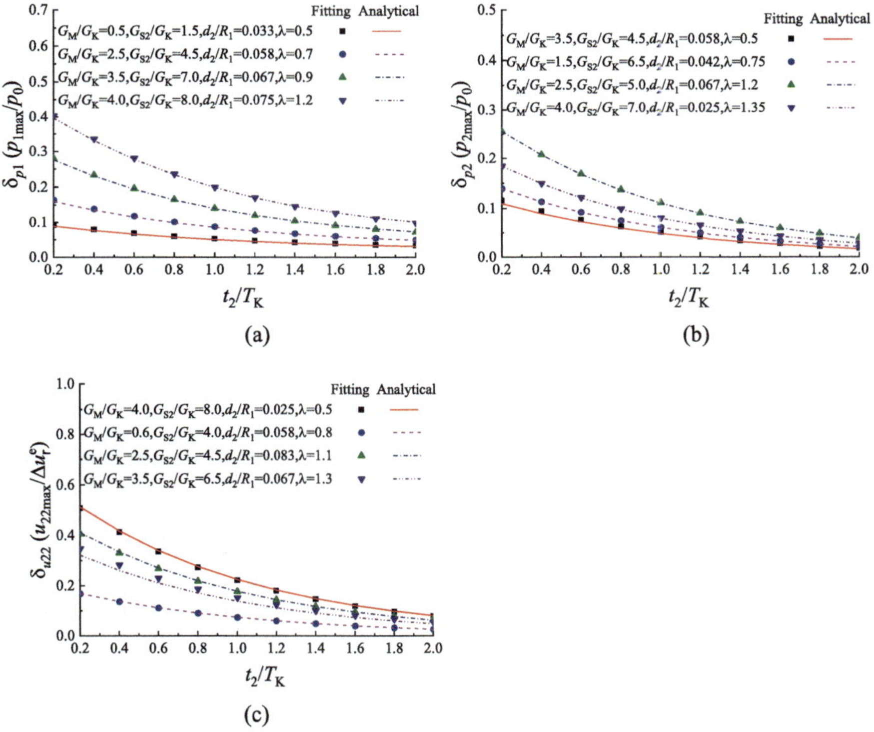

Fig. 4.59 Comparison between the results for the **First liner case (1)** from analytical solutions and fitting formulas: **a** and **b** normalized first (δ_{p1}) and second (δ_{p2}) liner pressures, respectively; **c** normalized tunnel convergence (δ_{u22}). These analytical results were unadopted in function fitting

where $M_k^{(j)}$ ($k = 1, \ldots, 6$) represent the coefficients listed in Tables 4.13, 4.14 and 4.15 fitted by 3640 groups of analytical data. Figure 4.60 presents the comparisons of $\delta_{p1}^{(1)}$, $\delta_{p2}^{(1)}$, and $\delta_{u_{22}}^{(1)}$ between the analytical (solid line) and practical (dots) results,

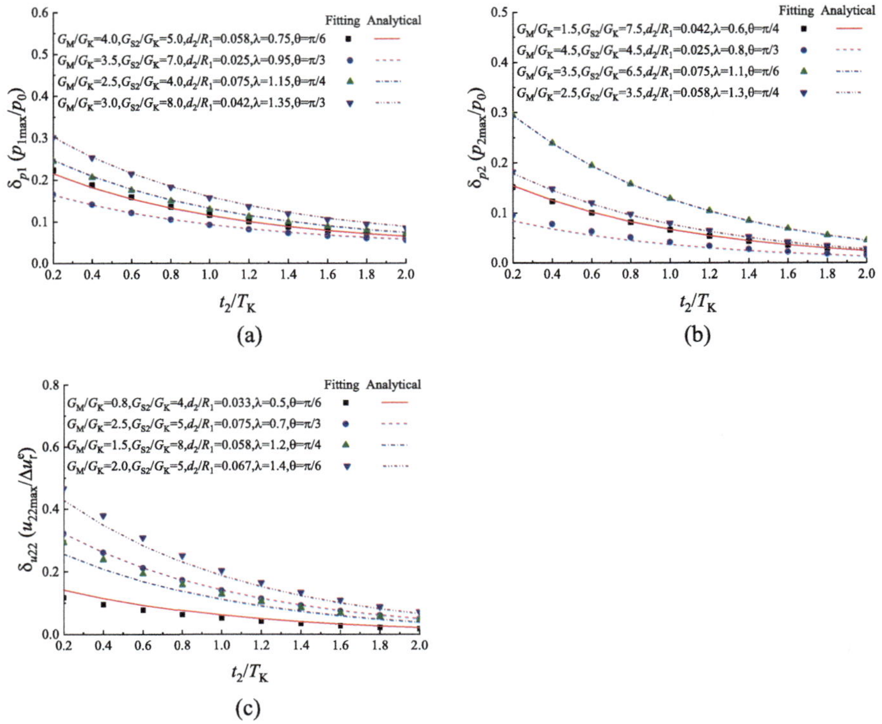

Fig. 4.60 Comparison between the results for the points with different θ obtained by analytical solutions and fitting formulas: **a** and **b** normalized first (δ_{p1}) and second (δ_{p2}) liner pressures, respectively; **c** normalized tunnel convergence (δ_{u22}). The inputting parameters are randomly selected under Case (1)

where the analytical data were randomly selected. It should be noted that all the results were in good agreement between the analytical and practical formulas.

In regard to the other cases ($j = 2, 3$), similar procedures were carried out. For example, 11,840 groups of analytical data were adopted for function fittings of **First liner cases (2)** and **(3)**. The determined coefficients $B_k^{(j)}$, $C_k^{(j)}$, $D_k^{(j)}$, and $M_k^{(j)}$ are listed in Tables 4.13, 4.14 and 4.15. Figures 4.61 and 4.62 display the comparisons of $\delta_{p1}^{(j)}$, $\delta_{p2}^{(j)}$, and $\delta_{u22}^{(j)}$ ($j = 2, 3$) between the analytical (solid line) and practical (dots) formulas, where the analytical data included the ones which participated in the function fitting, as well as those randomly selected. All of the results were found to be very consistent.

It should be pointed out that the proposed succinct formulas (4.235) to (4.238) are the functions of almost all the concerned parameters, which included the parameters of the second liner, lateral pressure coefficient, parameters of the rheology of the rock, and so on. However, they were only available for the fixed three groups of parameters of the first liner, as shown in **First liner cases (1)** to **(3)**.

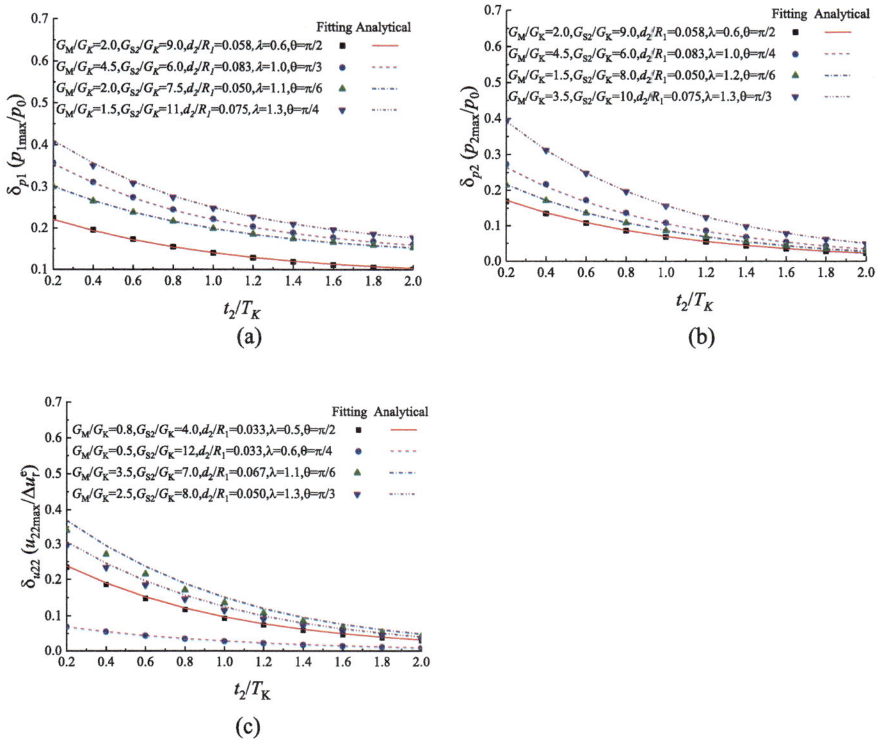

Fig. 4.61 Comparison between the results for the **First liner case (1)** from analytical solutions and fitting formulas: **a** and **b** normalized first (δ_{p1}) and second (δ_{p2}) liner pressures, respectively; **c** normalized tunnel convergence (δ_{u22}). The inputting parameters are ra:domly selected

4.7.5.5 Application of Practical Formulas

In this research study, in order to illustrate the application of the practical succinct formulas proposed, an example is presented. A circular tunnel with a radius R_1 being 6 m is excavated in mudstone and sandstone at a depth of 275 m, and the average unit weight of rock mass is assumed as $\gamma = 26.3$ kN/m^3. Then, according to the buried depth, the initial stress at infinity is taken as $p_0 = 7.23$ MPa. A generalized Kelvin model is adopted to simulate the rheology of the rock. Through the in situ testing or back-analysis [43] of the lateral pressure coefficient, and the three parameters of the viscoelastic model [44], are determined as: $\lambda = 0.65$, $G_M = 2260$ MPa, $G_K = 1000$ MPa, and $\eta_K = 10{,}000$ MPa day.

The second liner is constructed of concrete, with a shear modulus and a Poisson's ratio of $G_{S2} = 13{,}500$ MPa and $\nu_{S2} = 0.2$, respectively. The thickness of the second liner d_2 is adopted as 250 mm or 500 mm in the following analysis. The first liner is installed immediately after the excavation has been completed. Therefore, if the parameters of the first liner are adopted as **First liner case (2)**, for example: $G_{S1} = 5G_K = 5000$ MPa, $d_1 = R_1/40 = 150$ mm, then the final liner pressures and

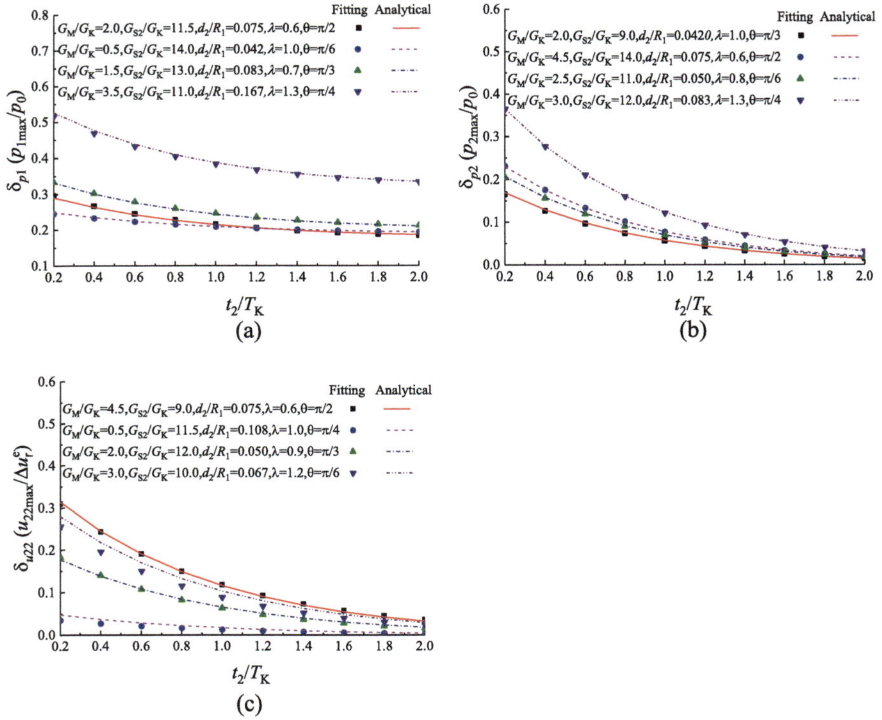

Fig. 4.62 Comparison between the results for the **First liner case (1)** from analytical solutions and fitting formulas: **a** and **b** normalized first (δ_{p1}) and second (δ_{p2}) liner pressures, respectively; **c** normalized tunnel convergence (δ_{u22}). The inputting parameters are randomly selected

tunnel convergence with respect to t_1 (the installation time of the second liner) and θ, are provided in the following by substituting all the parameters into Eqs. (4.235) to (4.238):

$$
\begin{aligned}
p_{1\max} &= \left(0.663 - 0.663e^{-22.69t_2} + 1.33e^{-1.16t_2}\right)\left(1 + 0.292\cos^2\theta\right) \\
p_{2\max} &= e^{-1.14t_2}\left(1.64 + 0.478\cos^2\theta\right) \\
u_{22\max} &= e^{-1.119t_2}\left(0.0111 - 0.0073\cos^2\theta\right)
\end{aligned} \tag{4.239}
$$

If the shotcrete combined with steel sets is employed as a single composite first liner, then the shear modulus and thickness are adopted as $G_{S1} = 10G_K = 10{,}000$ MPa and $d_1 = R_1/30 = 200$ mm, as the **First liner case (3)**. By substituting the parameters into Eqs. (4.235) to (4.238), the expressions of the liner pressures and tunnel convergence are yielded as follows:

$$
\begin{aligned}
p_{1\max} &= \left(1.377 - 1.377e^{-27.140t_2} + 0.898e^{-1.387t_2}\right)\left(1 + 0.248\cos^2\theta\right) \\
p_{2\max} &= e^{-1.360t_2}\left(1.446 + 0.434\cos^2\theta\right)
\end{aligned}
$$

$$u_{22\max} = e^{-1.240t_2}\left(0.010 - 0.009\cos^2\theta\right) \tag{4.240}$$

Either Eq. (4.239) or (4.240) is able to provide the liner pressure and tunnel convergence at any point on the tunnel boundary for any installation time of the second liner.

During the current investigation of the relative pressure bearing by first and second liners, the ratio of the second liner pressure over that of the first liner (pressure ratio for short), $\delta_p^{(j)}(\theta) = \delta_{p2}^{(j)}/\delta_{p1}^{(j)}$, is defined. In regards to the different liner pressure ratios (from 0.1 to 0.6) of the point with $\theta = 90°$, the installation times of the second liner, liner pressures, and tunnel convergence are illustrated in Table 4.16.

Then, the liner pressures and convergence versus installation times of the second liner (t_2) for **First liner cases (2)** and **(3)** with $d_2 = 250$ mm and 500 mm, i.e. the practical formulas (4.239) and (4.240), are presented in Fig. 4.63a, b. It is worth noting that early installations of the second liner are found to lead to larger liner pressures and tunnel convergence, and the parameters of the second liner have a more significant effect than those of the first liner. However, when the second liner is installed later, the liner pressure and convergence are heavily dependent on the first liner parameters. Figure 4.63c shows that the pressure ratio is reduced with the increase of t_2 (the installation time of the second liner). Also, a larger second liner thickness or smaller first liner stiffness is found to lead to larger pressure ratio values.

The liner pressures, and the ratio versus the angle θ (angle of the polar coordinate), are displayed in Fig. 4.64. There are no significant differences observed in the distribution forms of the liner pressures for the different liner parameters. It is also shown that the liner pressures are gradually reduced with the increase of θ, whereas the pressure ratios remain almost unchanged.

Table 4.16 Suggested installation times of second liner, liner pressures and tunnel convergence corresponding to different pressure ratio

δ_p	0.1		0.2		0.3		0.4		0.5		0.6	
First liner case (*j*)	$j = 2$	$j = 3$	$j = 2$	$j = 3$	$j = 2$	$j = 3$	$j = 2$	$j = 3$	$j = 2$	$j = 3$	$j = 2$	$j = 3$
t_2 (day)	27.3	17.1	20.5	11.5	16.0	8.1	12.5	5.4	9.5	3.1	6.6	1.3
$p_{1\max}$ (MPa)	0.929	1.822	1.017	1.946	1.127	2.083	1.261	2.248	1.430	2.447	1.658	2.603
$p_{2\max}$ (MPa)	0.094	0.184	0.204	0.393	0.341	0.625	0.508	0.902	0.716	1.234	0.997	1.576
$u_{22\max}$ (mm)	0.181	0.130	0.388	0.261	0.641	0.398	0.949	0.556	1.327	0.739	1.836	0.924

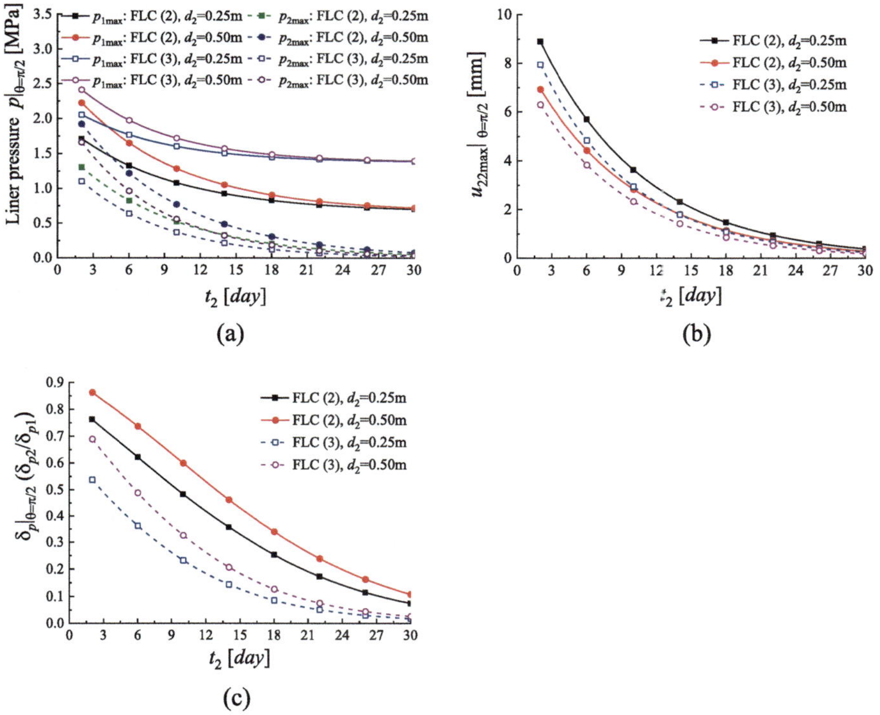

Fig. 4.63 Liner pressures, tunnel convergence and pressure ratio against the installation time of second liner for different second liner thickness. The first liner parameters in the **First liner cases (2)** and **(3)** are adopted respectively. **a** first ($p_{1\,max}$) and second ($p_{2\,max}$) liner pressures; **b** tunnel convergence ($u_{22\,max}$); **c** pressure ratio (δ_p). FLC represents first liner case

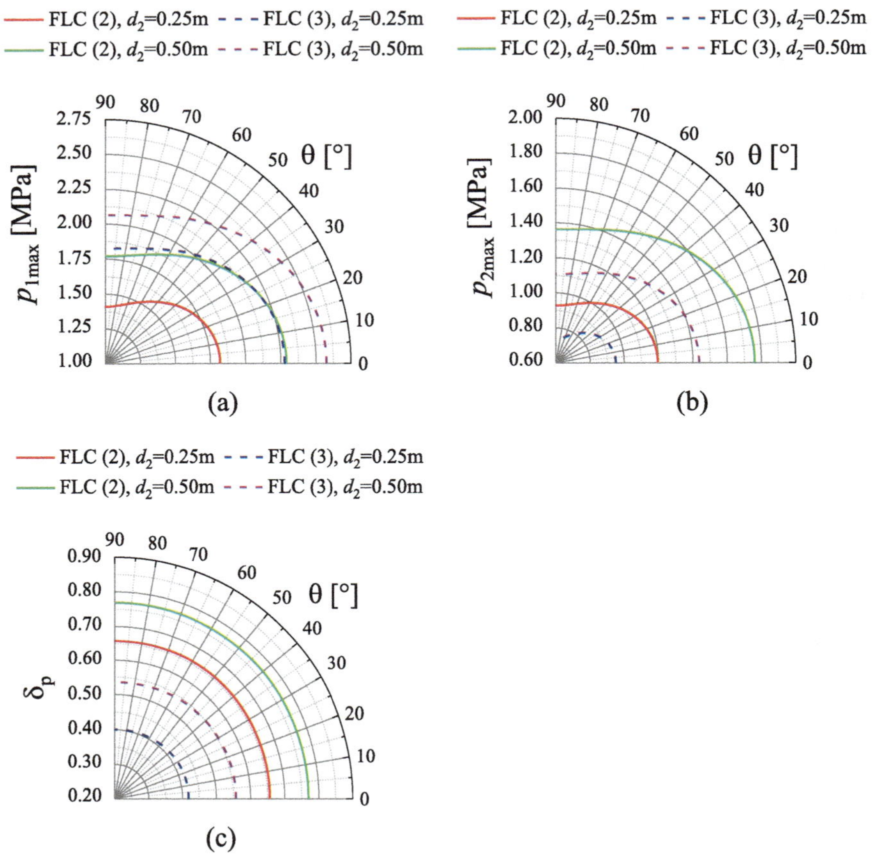

Fig. 4.64 Liner pressures and pressure ratio against the angle θ in polar coordinate for different second liner parameters: **a** and **b** liner pressures of first ($p_{1\,\max}$) and second ($p_{2\,\max}$) liners, respectively; **c** pressure ratio (δ_p)

Appendix 1

The following is the expressions for $M_j(s)$ and $N_j(s)$ with respect to s. When $j = 1$, …, 9, the expressions are respectively

$$M_1(s) = 2\left(C_1 s^3 + C_2 s^2 + C_3 s + C_4\right)s$$

$$M_2(s) = 2\left(R_0^2 - R_1^2\right)\left(C_1 s^3 + C_2 s^2 + C_3 s + C_4\right)[(G_{\mathrm{H}} - G_2)\tau_r s + G_l - G_2]s$$

$$\begin{aligned} M_3(s) = {} & 2\left(R_0^2 - R_1^2\right)\left(C_1 s^3 + C_2 s^2 + C_3 s + C_4\right) \\ & \times \left(C_5 s^2 + C_6 s + C_7\right)[(G_{\mathrm{H}} - G_2)\tau_r s + G_l - G_2]s \end{aligned}$$

$$M_4 = M_3(s)$$

$$M_5(s) = M_2(s)$$

$$M_6(s) = R_0^2 M_2(s)$$

$$M_7(s) = 2(C_8 s + C_9)s$$

$$M_8(s) = 4R_0^2(C_8 s + C_9)s$$

$$M_9(s) = 2R_0^2[(G_{\mathrm{H}} - G_2)\tau_r s + G_l - G_2](C_8 s + C_9)s$$

$$\begin{aligned} N_1(s) = & -pG_2R_0^2R_1^2(1-\eta)(1-\lambda)\left(R_0^2 - R_1^2\right)[(3k_1 + 7G_{\mathrm{H}})\tau_r s + 3k_1 + 7G_l] \\ & \times [(G_{\mathrm{H}} - G_2)\tau_r s + G_l - G_2](\tau_r s + 1) \end{aligned}$$

$$\begin{aligned} N_2(s) = & -N_1(s)\left\{\left[\left(R_1^6 - R_0^6\right)(G_H - G_2) - 4(1-\mu_2)R_1^6 G_{\mathrm{H}}\right]\tau_r s \right. \\ & \left. + \left[\left(R_1^6 - R_0^6\right)(G_l - G_2) - 4(1-\mu_2)R_1^6 G_l\right]\right\} \end{aligned}$$

$$\begin{aligned} N_3(s) = & \, pG_2R_1^2(1-\eta)(1-\lambda)\left(R_0^2 - R_1^2\right)\left(R_0^2 - R_1^2\right)[(3k_1 + 7G_{\mathrm{H}})\tau_r s + 3k_1 + 7G_l] \\ & \times \left(C_1 s^3 + C_2 s^2 + C_3 s + C_4\right)[(G_{\mathrm{H}} - G_2)\tau_r s + G_l - G_2] \\ & - 4(1-\mu_2)N_1(s) \times [(3k_1 + G_{\mathrm{H}})\tau_r s + 3k_1 + G_l] \\ & \left\{\left[\left(R_1^6 - R_0^6\right)(G_{\mathrm{H}} - G_2) - 4(1-\mu_2)R_1^6 G_{\mathrm{H}}\right]\tau_r s \right. \\ & \left. + \left[\left(R_1^6 - R_0^6\right)(G_l - G_2) - 4(1-\mu_2)R_1^6 G_l\right]\right\}(G_{\mathrm{H}}\tau_r s + G_l) \end{aligned}$$

$$N_4(s) = N_3(s)R_1^2 + 4R_1^6 N_1(s)(1-\mu_2)\left(R_0^2 - R_1^2\right)(G_{\mathrm{H}}\tau_r s + G_l)\left(C_5 s^2 + C_6 s + C_7\right)$$

$$N_5(s) = R_0^2 N_2(s) - R_0^6\left(R_0^2 - R_1^2\right)N_1(s)[(G_{\mathrm{H}} - G_2)\tau_r s + G_l - G_2]$$

$$N_6(s) = -N_2(s) - 3R_0^4\left(R_0^2 - R_1^2\right)N_1(s)[(G_{\mathrm{H}} - G_2)\tau_r s + G_l - G_2]$$

$$\begin{aligned} N_7(s) = & \{pG_2(1-\eta)(1+\lambda) - 2p_0[(1-2\mu_2)G_{\mathrm{H}} + G_2]\}R_0^2R_1^2\tau_r s \\ & + \{pG_2(1-\eta)(1+\lambda) - 2p_0[(1-2\mu_2)G_l + G_2]\}R_0^2R_1^2 \end{aligned}$$

$$N_8(s) = 2P_0R_0^2\{C_8 s + C_9\} - N_7(s)$$

$$\begin{aligned} N_9(s) = & -pG_2R_0^2R_1^2(1-\eta)(1+\lambda)(\tau_r s+1)(C_8 s+C_9) \\ & +2R_1^2(1-\mu_2)(G_\mathrm{H}\tau_r s+G_l)N_8(s) \end{aligned}$$

In the above equations, C_j ($j = 1, \ldots, 9$) are

$$C_1 = [(3k_1+7G_\mathrm{H})G_2(G_\mathrm{H}B_1+G_2B_2)+(3k_1+G_\mathrm{H})G_\mathrm{H}(G_\mathrm{H}B_3+G_2B_4)]\tau_r^3$$

$$\begin{aligned} C_2 = & \{(3k_1+7G_\mathrm{H})G_2(G_\mathrm{H}B_1+G_lB_1+2G_2B_2) \\ & +(3k_1+7G_l)G_2(G_\mathrm{H}B_1+G_2B_2)+(3k_1+G_\mathrm{H}) \\ & [2G_\mathrm{H}G_lB_3+G_2(G_l+G_\mathrm{H})B_4]+(3k_1+G_l)G_\mathrm{H}(G_\mathrm{H}B_3+G_2B_4)\}\tau_r^2 \end{aligned}$$

$$\begin{aligned} C_3 = & \{(3k_1+7G_l)G_2(G_\mathrm{H}B_1+G_lB_1+2G_2B_2) \\ & +(3k_1+7G_\mathrm{H})G_2(G_lB_1+G_2B_2)+(3k_1+G_l) \\ & [2G_\mathrm{H}G_lB_3+G_2(G_l+G_\mathrm{H})B_4]+(3k_1+G_\mathrm{H})G_l(G_lB_3+G_2B_4)\}\tau_r \end{aligned}$$

$$C_4 = (3k_1+7G_l)G_2(G_lB_1+G_2B_2)+(3k_1+G_l)G_l(G_lB_3+G_2B_4)$$

$$C_5 = [(3k_1+7G_\mathrm{H})G_2+(3k_1+G_\mathrm{H})G_\mathrm{H}]\tau_r^2$$

$$C_6 = [(3k_1+7G_\mathrm{H})G_2+(3k_1+7G_l)G_2+(3k_1+G_\mathrm{H})G_l+(3k_1+G_l)G_\mathrm{H}]\tau_r$$

$$C_7 = (3k_1+7G_l)G_2+(3k_1+G_l)G_l$$

$$C_8 = \left[G_2\left(R_0^2-R_1^2\right)-G_\mathrm{H}\left(R_0^2+R_1^2-2\mu_2R_1^2\right)\right]\tau_r$$

$$C_9 = G_2\left(R_0^2-R_1^2\right)-G_l\left(R_0^2+R_1^2-2\mu_2R_1^2\right)$$

where

$$B_1 = 4(1-\mu_2)R_1^6\left(R_1^2-R_0^2\right)-\left(R_1^2-R_0^2\right)^4$$

$$B_2 = \left(R_1^2-R_0^2\right)^4$$

$$B_3 = 16(1-\mu_2)^2R_0^2R_1^6+4(1-\mu_2)\left[R_1^6\left(R_1^2-R_0^2\right)-R_0^2\left(R_1^6-R_0^6\right)\right]-\left(R_1^2-R_0^2\right)^4$$

$$B_4 = 4(1-\mu_2)R_0^2\left(R_1^6-R_0^6\right)+\left(R_1^2-R_0^2\right)^4$$

Appendix 2

- **Derivation of the coefficients in potentials with perfect bonding condition**

Substituting Eqs. (4.199) and (4.200) into the compatibility and boundary equations, and replacing the variable t by $t' + t_1$, the Laplace transformation with respect to t' can be introduced to get the equations about the coefficients in the potentials as follows:

$$\begin{aligned}
&\frac{1-\lambda}{4R_1}\left\{e^{-2i\theta}\left[\tilde{A}_2(s)-\frac{A_2(t_1)}{s}\right]+e^{2i\theta}\left[\tilde{A}_1(s)-\frac{A_1(t_1)}{s}\right]\right\}\\
&-\frac{1+\lambda}{4R_1}e^{i\theta}\left[\tilde{A}_1(s)-\frac{A_1(t_1)}{s}\right]-\frac{1-\lambda}{4R_1^3}e^{2i\theta}\left[\tilde{A}_3(s)-\frac{A_3(t_1)}{s}\right]\\
&+\frac{e^{-i\theta}}{2}\left[\tilde{I}(s)\sum_{k=1}^{\infty}\tilde{a}_k^{1j}(s)R_1^{-k}e^{-ki\theta}+\tilde{H}(s)\sum_{k=1}^{\infty}k\tilde{a}_k^{1j}(s)R_1^{-k}e^{(k+2)i\theta}\right.\\
&\left.-\tilde{H}(s)\sum_{k=1}^{\infty}\tilde{b}_k^{1j}(s)R_1^{-k}e^{ki\theta}\right]=\frac{e^{-i\theta}}{2G_s}\left[\kappa_{S1}\sum_{k=1}^{\infty}\tilde{c}_k^{11j}(s)R_1^{-k}e^{-ki\theta}\right.\\
&+\kappa_{S1}\sum_{k=1}^{\infty}\tilde{d}_k^{11j}(s)R_1^{k}e^{ki\theta}+\sum_{k=1}^{\infty}k\tilde{c}_k^{11j}(s)R_1^{-k}e^{(k+2)i\theta}\\
&-\sum_{k=1}^{\infty}k\tilde{d}_k^{11j}(s)R_1^{k}e^{-(k-2)i\theta}-\sum_{k=1}^{\infty}\tilde{e}_k^{11j}(s)R_1^{-k}e^{ki\theta}\\
&\left.-\sum_{k=1}^{\infty}\tilde{f}_k^{11j}(s)R_1^{k}e^{-ki\theta}\right]
\end{aligned}\tag{4.241}$$

$$\begin{aligned}
&\sum_{k=1}^{\infty}(-k)\tilde{c}_k^{11j}(s)R_2^{-k-1}e^{(-k-1)i\theta}+\sum_{k=1}^{\infty}(-k)\tilde{c}_k^{11j}(s)R_2^{-k-1}e^{(k+1)i\theta}\\
&+\sum_{k=1}^{\infty}k\tilde{d}_k^{11j}(s)R_2^{k-1}e^{(-k+1)i\theta}+\sum_{k=1}^{\infty}k\tilde{d}_k^{11j}(s)R_2^{k-1}e^{(k-1)i\theta}\\
&-\sum_{k=1}^{\infty}k(k+1)\tilde{c}_k^{11j}(s)R_2^{-k-1}e^{(-k-1)i\theta}-\sum_{k=1}^{\infty}k(k-1)\tilde{d}_k^{11j}(s)R_2^{k-1}e^{(k-1)i\theta}\\
&-\sum_{k=1}^{\infty}(-k)\tilde{e}_k^{11j}(s)R_2^{-k-1}e^{(-k+1)i\theta}-\sum_{k=1}^{\infty}k\tilde{f}_k^{11j}(s)R_2^{k-1}e^{(k+1)i\theta}+\tilde{q}_{wat}(s)=0
\end{aligned}\tag{4.242}$$

$$\mathrm{Re}\left\langle-\sum_{k=1}^{\infty}k(k+3)\tilde{a}_k^{1j}(s)R_1^{-k-1}e^{(-k-1)i\theta}+\sum_{k=1}^{\infty}k\tilde{b}_k^{1j}(s)R_1^{-k-1}e^{(-k+1)i\theta}\right\rangle$$

$$
\begin{aligned}
& - \mathrm{Re}\left\langle \sum_{k=1}^{\infty} (-2k)\tilde{c}_k^{11j}(s)R_1^{-k-1}e^{(-k-1)i\theta} + \sum_{k=1}^{\infty} 2k\tilde{d}_k^{11j}(s)R_1^{k-1}e^{(k-1)i\theta} \right. \\
& - \sum_{k=1}^{\infty} k(k+1)\tilde{c}_k^{11j}(s)R_1^{-k-1}e^{(-k-1)i\theta} - \sum_{k=1}^{\infty} k(k-1)\tilde{d}_k^{11j}(s)R_1^{k-1}e^{(k-1)i\theta} \\
& \left. + \sum_{k=1}^{\infty} k\tilde{e}_k^{11j}(s)R_1^{-k-1}e^{(-k+1)i\theta} - \sum_{k=1}^{\infty} k\tilde{f}_k^{11j}(s)R_1^{k-1}e^{(k+1)i\theta} \right\rangle = 0
\end{aligned} \tag{4.243}
$$

$$
\begin{aligned}
& \mathrm{Im}\left\langle \sum_{k=1}^{\infty} k(k+1)\tilde{a}_k^{1j}(s)R_1^{-k-1}e^{(-k-1)i\theta} + \sum_{k=1}^{\infty} (-k)\tilde{b}_k^{1j}(s)R_1^{-k-1}e^{(-k+1)i\theta} \right\rangle \\
& - \mathrm{Im}\left\langle \sum_{k=1}^{\infty} k(k+1)\tilde{c}_k^{11j}(s)R_1^{-k-1}e^{(-k-1)i\theta} + \sum_{k=1}^{\infty} k(k-1)\tilde{d}_k^{11j}(s)R_1^{k-1}e^{(k-1)i\theta} \right. \\
& \left. - \sum_{k=1}^{\infty} k\tilde{e}_k^{11j}(s)R_1^{-k-1}e^{(-k+1)i\theta} + \sum_{k=1}^{\infty} k\tilde{f}_k^{11j}(s)R_1^{k-1}e^{(k+1)i\theta} \right\rangle = 0
\end{aligned} \tag{4.244}
$$

The algebraic equations for the coefficients $\tilde{a}_k^{1j}(s)$, $\tilde{b}_k^{1j}(s)$, $\tilde{c}_k^{1j}(s)$, $\tilde{d}_k^{1j}(s)$, $\tilde{e}_k^{1j}(s)$ and $\tilde{f}_k^{1j}(s)$ can be established by setting the same coefficients of all powers of $e^{ik\theta}$ on both sides of Eqs. (4.241)–(4.244), as follows:

$e^{ik\theta}$ in Eq. (4.241):

$$
e^0: \begin{aligned}
& -\frac{1+\lambda}{4R_1}\left\{\tilde{A}_1(s) - \frac{A_1(t_1)}{s}\right\} - \frac{1}{2}\tilde{H}(s)R_1^{-1}\tilde{b}_1^{1j}(s) \\
& = \frac{1}{2G_{S1}}\left[(\kappa_{S1}-1)\tilde{d}_1^{11j}(s)R_1 - \tilde{e}_1^{11j}(s)R_1^{-1}\right]
\end{aligned} \tag{4.245}
$$

$$
e^{i\theta}: -\tfrac{1}{2}\tilde{H}(s)\tilde{b}_2^{1j}(s)R_1^{-2} = \tfrac{1}{2G_{S1}}\left[\kappa_{S1}\tilde{d}_2^{11j}(s)R_1^2 - \tilde{e}_2^{11j}(s)R_1^{-2}\right] \tag{4.246}
$$

$$
e^{2i\theta}: \begin{aligned}
& \frac{1-\lambda}{4R_1}\left\{\tilde{A}_1(s) - \frac{A_1(t_1)}{s} - \frac{\tilde{A}_3(s)}{R_1^2} + \frac{A_3(t_1)}{R_1^2 s}\right\} \\
& + \frac{1}{2}\tilde{H}(s)\left[\frac{\tilde{a}_1^{1j}(s)}{R_1} - \frac{\tilde{b}_3^{1j}(s)}{R_1^3}\right] \\
& = \frac{1}{2G_{S1}}\left[\kappa_{S1}\tilde{d}_3^{11j}(s)R_1^3 + \tilde{c}_1^{11j}(s)R_1^{-1} - \tilde{e}_3^{11j}(s)R_1^{-3}\right]
\end{aligned} \tag{4.247}
$$

$$
\begin{aligned}
& e^{ki\theta} \quad \frac{1}{2}(k-1)\tilde{H}(s)\tilde{a}_{k-1}^{1j}(s)R_1^{-(k-1)} - \frac{1}{2}\tilde{H}(s)\tilde{b}_{k+1}^{1j}(s)R_1^{-k-1} \\
& (k=3,4,\ldots) = \frac{1}{2G_{S1}}\left[\kappa_{S1}\tilde{d}_{k+1}^{11j}(s)R_1^{k+1} + k\tilde{c}_{k-1}^{11j}(s)R_1^{-k+1} - \tilde{e}_{k+1}^{11j}(s)R_1^{-k-1}\right]
\end{aligned} \tag{4.248}
$$

$$
e^{-i\theta}: \tfrac{1}{2G_{S1}}\left[-2\tilde{d}_2^{11j}(s)R_1^2\right] = 0 \tag{4.249}
$$

$$e^{-2i\theta}: \begin{array}{l} \dfrac{1-\lambda}{4R_1}\left\{\tilde{A}_2(s) - \dfrac{A_2(t_1)}{s}\right\} + \dfrac{1}{2}\tilde{I}(s)R_1^{-1}\tilde{a}_1^{1j}(s) \\ = \dfrac{1}{2G_{S1}}\left[\kappa_{S1}\tilde{c}_1^{11j}(s)R_1^{-1} - 3\tilde{d}_3^{11j}(s)R_1^3 - \tilde{f}_1^{11j}(s)R_1\right] \end{array} \tag{4.250}$$

$$\begin{array}{c} e^{-ki\theta} \\ (k=3,4,\ldots) \end{array}: \begin{array}{l} \dfrac{1}{2}\tilde{I}(s)\tilde{a}_{-k-1}^{1j}(s)R_1^{k+1} = \dfrac{1}{2G_{S1}}\Big[\kappa_S\tilde{c}_{-k-1}^{11j}(s)R_1^{k+1} \\ +(k-1)\tilde{d}_{-k+1}^{11j}(s)R_1^{-k+1} - \tilde{f}_{-k-1}^{11j}(s)R_1^{-k-1}\Big] \end{array} \tag{4.251}$$

$e^{ik\theta}$ in Eq. (4.242):

$$e^0: 2\tilde{d}_1^{11j}(s) + \frac{\tilde{e}_1^{11j}(s)}{R_2^2} = -\tilde{q}_{wat}(s) \tag{4.252}$$

$$e^{i\theta}: 2\tilde{d}_2^{11j}(s)R_2 - 2\tilde{d}_2^{11j}(s)R_2 = 0 \tag{4.253}$$

$$\begin{array}{c} e^{ki\theta} \\ (k=2,3,\ldots) \end{array}: \tilde{c}_{k-1}^{11j}(s)R_2^{-k} + (k+1)\tilde{d}_{k+1}^{11j}(s)R_2^k + \tilde{f}_{k-1}^{11j}(s)R_2^{k-2} = 0 \tag{4.254}$$

$$e^{-i\theta}: 2\tilde{d}_2^{11j}(s)R_2 + 2\tilde{e}_2^{11j}(s)R_2^{-3} = 0 \tag{4.255}$$

$$\begin{array}{c} e^{-ki\theta} \\ (k=2,3,\ldots) \end{array}: (k+1)\tilde{c}_{-k-1}^{11j}(s)R_2^k + \tilde{d}_{-k+1}^{11j}(s)R_2^{-k} + \tilde{e}_{-k+1}^{11j}(s)R_2^{k-2} = 0 \tag{4.256}$$

$e^{ik\theta}$ in Eq. (4.243):

$$e^0: 2\frac{\tilde{b}_1^{1j}(s)}{R_1^2} = 4\tilde{d}_1^{11j}(s) + 2\frac{\tilde{e}_1^{11j}(s)}{R_1^2} \tag{4.257}$$

$$e^{\pm i\theta}: \frac{\tilde{b}_2^{1j}(s)}{R_1^3} = \tilde{d}_2^{11j}(s)R_1 + \frac{\tilde{e}_2^{11j}(s)}{R_1^3} \tag{4.258}$$

$$\begin{array}{c} e^{ki\theta} \\ (k=2,3,\ldots) \end{array}: \begin{array}{l} -(k-1)(k+2)\tilde{a}_{k-1}^{1j}(s)R_1^{-k} + (k+1)\tilde{b}_{k+1}^{1j}(s)R_1^{-k-2} \\ = -(k-1)(k+2)\tilde{c}_{k-1}^{11j}(s)R_1^{-k} - (k+1)(k-2)\tilde{d}_{k+1}^{11j}(s)R_1^k \\ +(k+1)\tilde{e}_{k+1}^{11j}(s)R_1^{-k-2} - (k-1)\tilde{f}_{k-1}^{11j}(s)R_1^{k-2} \end{array} \tag{4.259}$$

$$\begin{array}{c} e^{-ki\theta} \\ (k=2,3,\ldots) \end{array}: \begin{array}{l} (k+1)(-k+2)\tilde{a}_{-k-1}^{1j}(s)R_1^k + (-k+1)\tilde{b}_{-k+1}^{1j}(s)R_1^{k-2} \\ = (k+1)(-k+2)\tilde{c}_{-k-1}^{11j}(s)R_1^k \\ -(-k+1)(-k-2)\tilde{d}_{-k+1}^{11j}(s)R_1^{-k} \\ +(-k+1)\tilde{e}_{-k+1}^{11j}(s)R_1^{k-2} + (k+1)\tilde{f}_{-k-1}^{11j}(s)R_1^{-k-2} \end{array} \tag{4.260}$$

$e^{ik\theta}$ in Eq. (4.244):

$$e^{0} : -\frac{\tilde{b}_1^{1j}(s)}{R_1^2} + \frac{\tilde{b}_1^{1j}(s)}{R_1^2} = -\frac{\tilde{e}_1^{11j}(s)}{R_1^2} + \frac{\tilde{e}_1^{11j}(s)}{R_1^2} \tag{4.261}$$

$$e^{\pm i\theta} : \frac{\tilde{b}_2^{1j}(s)}{R_1^3} = \tilde{d}_2^{11j}(s)R_1 + \frac{\tilde{e}_2^{11j}(s)}{R_1^3} \tag{4.262}$$

$$\begin{matrix} e^{ki\theta} \\ (k = 2, 3, \ldots) \end{matrix} : \begin{aligned} &-(k-1)(k)\tilde{a}_{k-1}^{1j}(s)R_1^{-k} + (k+1)\tilde{b}_{k+1}^{1j}(s)R_1^{-k-2} \\ &= -(k-1)(k)\tilde{c}_{k-1}^{11j}(s)R_1^{-k} + k(k+1)\tilde{d}_{k+1}^{11j}(s)R_1^{k} \\ &+ (k+1)\tilde{e}_{k+1}^{11j}(s)R_1^{-k-2} + (k-1)\tilde{f}_{k-1}^{11j}(s)R_1^{k-2} \end{aligned} \tag{4.263}$$

$$\begin{matrix} e^{-ki\theta} \\ (k = 2, 3, \ldots) \end{matrix} : \begin{aligned} &-k(k+1)\tilde{a}_{-k-1}^{1j}(s)R_1^{k} + (-k+1)\tilde{b}_{-k+1}^{1j}(s)R_1^{k-2} \\ &= (k+1)(-k)\tilde{c}_{-k-1}^{11j}(s)R_1^{k} + k(k-1)\tilde{d}_{-k+1}^{11j}(s)R_1^{-k} \\ &+ (-k+1)\tilde{e}_{-k+1}^{11j}(s)R_1^{k-2} - (k+1)\tilde{f}_{-k-1}^{11j}(s)R_1^{-k-2} \end{aligned} \tag{4.264}$$

It can be obtained a set of linear singular equations with respect to $\tilde{a}_k^{1j}(s)$, $\tilde{b}_{k+2}^{1j}(s)$, $\tilde{c}_k^{11j}(s)$, $\tilde{d}_{k+2}^{11j}(s)$, $\tilde{e}_{k+2}^{11j}(s)$ and $\tilde{f}_k^{11j}(s)$ with $k \geq 2$ from Eqs. (4.248), (4.251), (4.254), (4.256), (4.259), (4.260), (4.263), (4.264) and therefore the solutions of these coefficients are zero. All the coefficients in Laplace domain can be calculated by solving Eqs. (4.245)–(4.264), when $k \geq 2$, the coefficients $\tilde{a}_k^{1j}(s)$, $\tilde{b}_{k+2}^{1j}(s)$, $\tilde{c}_k^{11j}(s)$, $\tilde{d}_{k+2}^{11j}(s)$, $\tilde{e}_{k+2}^{11j}(s)$ and $\tilde{f}_k^{11j}(s)$ are zero and $\tilde{a}_1^{1j}(s)$, $\tilde{b}_1^{1j}(s)$, $\tilde{b}_3^{1j}(s)$, $\tilde{c}_1^{11j}(s)$, $\tilde{d}_1^{11j}(s)$, $\tilde{d}_3^{11j}(s)$, $\tilde{e}_1^{11j}(s)$, $\tilde{e}_3^{11j}(s)$ and $\tilde{f}_1^{11j}(s)$ are non-zero. Then the coefficients in time domain can be obtained by inverse Laplace transform.

- **Derivation of the coefficients in potentials with full-slip condition**

The equations about the coefficients in the potentials under the full-slip boundary conditions can be expressed by:

$$\mathrm{Im}\left\langle \sum_{k=1}^{\infty} k(k+1)\tilde{a}_k^{1j}(s)R_1^{-k-1}e^{(-k-1)i\theta} + \sum_{k=1}^{\infty} (-k)\tilde{b}_k^{1j}(s)R_1^{-k-1}e^{(-k+1)i\theta} \right\rangle = 0 \tag{4.265}$$

$$\begin{aligned} \mathrm{Im}\Bigg\langle &\sum_{k=1}^{\infty} k(k+1)\tilde{c}_k^{11j}(s)R_1^{-k-1}e^{(-k-1)i\theta} + \sum_{k=1}^{\infty} k(k-1)\tilde{d}_k^{11j}(s)R_1^{k-1}e^{(k-1)i\theta} \\ &- \sum_{k=1}^{\infty} k\tilde{e}_k^{11j}(s)R_1^{-k-1}e^{(-k+1)i\theta} + \sum_{k=1}^{\infty} k\tilde{f}_k^{11j}(s)R_1^{k-1}e^{(k+1)i\theta} \Bigg\rangle = 0 \end{aligned} \tag{4.266}$$

$$\begin{aligned} \mathrm{Re}\Bigg\langle &\frac{1-\lambda}{4R_1}\left\{ e^{-2i\theta}\left[\tilde{A}_2(s) - \frac{A_2(t_1)}{s}\right] + e^{2i\theta}\left[\tilde{A}_1(s) - \frac{A_1(t_1)}{s}\right]\right\} \\ &- \frac{1+\lambda}{4R_1}e^{i\theta}\left[\tilde{A}_1(s) - \frac{A_1(t_1)}{s}\right] - \frac{1-\lambda}{4R_1^3}e^{2i\theta}\left[\tilde{A}_3(s) - \frac{A_3(t_1)}{s}\right] \end{aligned}$$

$$+\frac{e^{-i\theta}}{2}\left[\hat{I}(s)\sum_{k=1}^{\infty}\tilde{a}_k^{1j}(s)R_1^{-k}e^{-ki\theta}+\tilde{H}(s)\sum_{k=1}^{\infty}k\tilde{a}_k^{1j}(s)R_1^{-k}e^{(k+2)i\theta}\right.$$

$$\left.\left.-\tilde{H}(s)\sum_{k=1}^{\infty}\tilde{b}_k^{1j}(s)R_1^{-k}e^{ki\theta}\right]\right\rangle-\mathrm{Re}\left\langle\frac{e^{-i\theta}}{2G_{s1}}\left[\kappa_{S1}\sum_{k=1}^{\infty}\tilde{c}_k^{11j}(s)R_1^{-k}e^{-ki\theta}\right.\right.$$

$$+\kappa_{S1}\sum_{k=1}^{\infty}\tilde{d}_k^{11j}(s)R_1^{k}e^{ki\theta}+\sum_{k=1}^{\infty}k\tilde{c}_k^{11j}(s)R_1^{-k}e^{(k+2)i\theta}$$

$$-\sum_{k=1}^{\infty}k\tilde{d}_k^{11j}(s)R_1^{k}e^{-(k-2)i\theta}-\sum_{k=1}^{\infty}\tilde{e}_k^{11j}(s)R_1^{-k}e^{ki\theta}$$

$$\left.\left.-\sum_{k=1}^{\infty}\tilde{f}_k^{11j}(s)R_1^{k}e^{-ki\theta}\right]\right\rangle=0 \qquad (4.267)$$

The coefficients of all powers of $e^{ik\theta}$ should be equal on both sides of Eqs. (4.265)–(4.267), which yields:

$e^{ik\theta}$ in Eq. (4.265):

$$e^0:-\frac{\tilde{b}_1^{1j}(s)}{R_1^2}+\frac{\tilde{b}_1^{1j}(s)}{R_1^2}=0 \qquad (4.268)$$

$$e^{\pm i\theta}:2\frac{\tilde{b}_2^{1j}(s)}{R_1^3}=0 \qquad (4.269)$$

$$\underset{(k=2,3,\ldots)}{e^{ki\theta}}:-k(k-1)\tilde{a}_{k-1}^{1j}(s)R_1^{-k}+(k+1)\tilde{b}_{k+1}^{1j}(s)R_1^{-k-2}=0 \qquad (4.270)$$

$$\underset{(k=2,3,\ldots)}{e^{-ki\theta}}:-k(k+1)\tilde{a}_{-k-1}^{1j}(s)R_1^{k}+(-k+1)\tilde{b}_{-k+1}^{1j}(s)R_1^{k-2}=0 \qquad (4.271)$$

$e^{ik\theta}$ in Eq. (4.266):

$$e^0:-\frac{\tilde{e}_1^{11j}(s)}{R_1^2}+\frac{\tilde{e}_1^{11j}(s)}{R_1^2}=0 \qquad (4.272)$$

$$e^{\pm i\theta}:2\tilde{d}_2^{11j}(s)R_1+\frac{2\tilde{e}_2^{11j}(s)}{R_1^3}=0 \qquad (4.273)$$

$$\underset{(k=2,3,\ldots)}{e^{ki\theta}}:\begin{array}{l}-k(k-1)\tilde{c}_{k-1}^{11j}(s)R_1^{-k}+k(k+1)\tilde{d}_{k+1}^{11j}(s)R_1^{k}\\+(k+1)\tilde{e}_{k+1}^{11j}(s)R_1^{-k-2}+(k-1)\tilde{f}_{k-1}^{11j}(s)R_1^{k-2}=0\end{array} \qquad (4.274)$$

$$\underset{(k=2,3,\ldots)}{e^{-ki\theta}}:\begin{array}{l}-k(k+1)\tilde{c}_{-k-1}^{11j}(s)R_1^{k}+k(k-1)\tilde{d}_{-k-1}^{11j}(s)R_1^{-k}\\+(-k+1)\tilde{e}_{-k+1}^{11j}(s)R_1^{k-2}-(k+1)\tilde{f}_{-k-1}^{11j}(s)R_1^{-k-2}=0\end{array} \qquad (4.275)$$

$e^{ik\theta}$ in Eq. (4.267):

$$e^0: \begin{aligned} &-\frac{1+\lambda}{2R_1}\left[\tilde{A}_1(s)-\frac{A_1(t_1)}{s}\right]-\frac{\tilde{H}(s)\tilde{b}_1^{1j}(s)}{R_1} \\ &=\frac{1}{2G_{S1}}\left[2\kappa_{S1}\tilde{d}_1^{11j}(s)R_1-2\tilde{d}_1^{11j}(s)R_1-\frac{2\tilde{e}_1^{11j}(s)}{R_1}\right] \end{aligned} \tag{4.276}$$

$$e^{\pm i\theta}: -\frac{1}{2R_1^2}\tilde{H}(s)\hat{b}_2^{1j}(s)=\frac{1}{2G_{S1}}\left[\kappa_{S1}\tilde{d}_2^{11j}(s)R_1^2-2\tilde{d}_2^{11j}(s)R_1^2-\frac{\tilde{e}_2^{11j}(s)}{R_1^2}\right] \tag{4.277}$$

$$e^{\pm 2i\theta}: \begin{aligned} &\frac{1}{4R_1}(1-\lambda)\left[\tilde{A}_1(s)-\frac{A_1(t_1)}{s}\right]+\frac{1}{4R_1}(1-\lambda)\left[\tilde{A}_2(s)-\frac{A_2(t_1)}{s}\right] \\ &-\frac{1}{4R_1^3}(1-\lambda)\left[\tilde{A}_3(s)-\frac{A_3(t_1)}{s}\right]+\frac{1}{2R_1}\tilde{I}(s)\tilde{a}_1^{1j}(s)+\frac{1}{2R_1}\tilde{H}(s)\tilde{a}_1^{1j}(s) \\ &-\frac{1}{2R_1^3}\tilde{H}(s)\tilde{b}_3^{11j}(s)=\frac{1}{2G_{S1}}\left[\frac{\kappa_{S1}\tilde{c}_1^{11j}(s)}{R_1}+\kappa_{S1}\tilde{d}_3^{11j}(s)R_1^3+\frac{\tilde{c}_1^{11j}(s)}{R_1}\right. \\ &\left.-3\tilde{d}_3^{11j}(s)R_1^3-\frac{\tilde{e}_3^{11j}(s)}{R_1^3}-\tilde{f}_1^{11j}(s)R_1\right] \end{aligned} \tag{4.278}$$

$$\begin{matrix} e^{ki\theta} \\ (k=3,4,\ldots) \end{matrix}: \begin{aligned} &\frac{1}{2}\tilde{I}(s)\tilde{a}_{k-1}^{1j}(s)R_1^{-k+1}+\frac{1}{2}(k-1)\tilde{H}(s)\tilde{a}_{k-1}^{1j}(s)R_1^{-k+1} \\ &-\frac{1}{2}\tilde{H}(s)\tilde{b}_{k+1}^{1j}(s)R^{-k-1} \\ &=\frac{1}{2G_{S1}}\left[\kappa_{S1}\tilde{c}_{k-1}^{11j}(s)R_1^{-k+1}+\kappa_{S1}\tilde{d}_{k+1}^{11j}(s)R_1^{k+1}\right. \\ &+(k-1)\tilde{c}_{k-1}^{11j}(s)R_1^{-k+1}-(k+1)\tilde{d}_{k+1}^{11j}(s)R_1^{k+1} \\ &\left.-\tilde{e}_{k+1}^{11j}(s)R_1^{-(k+1)}-\tilde{f}_{k-1}^{11j}(s)R_1^{k-1}\right] \end{aligned} \tag{4.279}$$

$$\begin{matrix} e^{-ki\theta} \\ (k=3,4,\ldots) \end{matrix}: \begin{aligned} &\frac{1}{2}\tilde{I}(s)\tilde{a}_{-k-1}^{1j}(s)R_1^{k+1}-\frac{1}{2}(k+1)\tilde{H}(s)\tilde{a}_{-k-1}^{1j}(s)R_1^{k+1} \\ &-\frac{1}{2}\tilde{H}(s)\tilde{b}_{-k+1}^{1j}(s)R^{k-1}=\frac{1}{2G_{S1}}\left[\kappa_{S1}\tilde{c}_{-k-1}^{11j}(s)R_1^{k+1}\right. \\ &+\kappa_{S1}\tilde{d}_{-k+1}^{11j}(s)R_1^{-k+1}-(k+1)\tilde{c}_{-k-1}^{11j}(s)R_1^{k+1} \\ &\left.+(k-1)\tilde{d}_{-k+1}^{11j}(s)R_1^{-(k-1)}-\tilde{e}_{-k+1}^{11j}(s)R_1^{k-1}-\tilde{f}_{-k-1}^{11j}(s)R_1^{-k-1}\right] \end{aligned} \tag{4.280}$$

It can be seen from Eqs. (4.254), (4.256), (4.259), (4.260), (4.270), (4.271), (4.274), (4.275), (4.279) and (4.280) that, when $k \geq 2$, the coefficients $\tilde{a}_k^{1j}(s)$, $\tilde{b}_{k+2}^{1j}(s)$, $\tilde{c}_k^{11j}(s)$, $\tilde{d}_{k+2}^{11j}(s)$, $\tilde{e}_{k+2}^{11j}(s)$ and $\tilde{f}_k^{11j}(s)$ are zero. All the coefficients in Laplace domain can be calculated by solving Eqs. (4.245)–(4.264), when $k \geq 2$, the coefficients $\tilde{a}_k^{1j}(s)$, $\tilde{b}_{k+2}^{1j}(s)$, $\tilde{c}_k^{11j}(s)$, $\tilde{d}_{k+2}^{11j}(s)$, $\tilde{e}_{k+2}^{11j}(s)$ and $\tilde{f}_k^{11j}(s)$ are zero and $\tilde{a}_1^{1j}(s)$, $\tilde{b}_1^{1j}(s)$, $\tilde{b}_3^{1j}(s)$,

$\tilde{c}_1^{11j}(s), \tilde{d}_1^{11j}(s), \tilde{d}_3^{11j}(s), \tilde{e}_1^{11j}(s), \tilde{e}_3^{11j}(s)$ and $\tilde{f}_1^{11j}(s)$ are non-zero. Then, the coefficients in time domain are obtained by inverse Laplace transform.

Appendix 3

Owing to the length limit, the detailed derivations are provided only for **Case (1)** and **Case (2)**. Both cases are more commonly encountered than the other two in geoengineering. Solutions for **Case (3)** and **Case (4)** can be obtained in a similar solving process.

- **Derivations for solutions of Case (1)**

The equations expressed by potentials (see Eqs. (4.223), (4.224), (4.227), (4.228), (4.231)) have been provided by satisfying the boundary and compatibility conditions in **Case (1)** during *the second liner stage*. Substituting Eqs. (4.199) and (4.200) into the above equations, and replacing the variable t by $t'' + t_2$, the Laplace transformation with respect to t'' can be introduced to get the equations about the coefficients in the potentials as follows:

$$
\begin{aligned}
&\frac{1}{4}\{L[A_1(t) - A_1(t_1)](1-\lambda)\frac{1}{R_1}e^{2i\theta} - \frac{1}{4}\{L[A_1(t) - A_1(t_1)](1+\lambda)\frac{1}{R_1} \\
&\quad + \frac{1}{4}\cdot\{L[A_2(t) - A_2(t_1)](1-\lambda)\frac{1}{R_1}e^{-2i\theta} - \frac{1}{4}\{L[A_3(t) - A_3(t_1)](1-\lambda)\frac{1}{R_1^3}e^{2i\theta} \\
&\quad + \frac{1}{2}\{L\left[\int_{t_1}^{t_2} I(t-\tau)a_1^{11}(\tau)R_1^{-1}d\tau\right]e^{-2i\theta} + \frac{1}{2}\{L\left[\int_{t_1}^{t_2} H(t-\tau)a_1^{11}(\tau)R_1^{-1}d\tau\right]e^{2i\theta} \\
&\quad - \frac{1}{2}\{L\left[\int_{t_1}^{t_2} H(t-\tau)b_1^{11}(\tau)R_1^{-1}d\tau\right] - \frac{1}{2}\{L\left[\int_{t_1}^{t_2} H(t-\tau)b_3^{11}(\tau)R_1^{-3}d\tau\right]e^{2i\theta} \\
&\quad + \frac{1}{2}\sum_{k=1}^{\infty}\tilde{I}(s)\tilde{a}_k^{21}(s)\cdot R_1^{-k}e^{(-k-1)i\theta} + \frac{1}{2}\sum_{k=1}^{\infty}k\tilde{H}(s)\tilde{a}_k^{21}(s)R_1^{-k}e^{(k+1)i\theta} \\
&\quad - \frac{1}{2}\sum_{k=1}^{\infty}\tilde{H}(s)\tilde{b}_k^{21}(s)R_1^{-k}e^{(k-1)i\theta} = \frac{1}{2G_{S1}}\left[\kappa_{S1}\sum_{k=1}^{\infty}\tilde{c}_k^{121}(s)R_1^{-k}e^{(-k-1)i\theta}\right. \\
&\quad + \kappa_{S1}\sum_{k=1}^{\infty}\tilde{d}_k^{121}(s)R_1^{k}e^{(k-1)i\theta} + \sum_{k=1}^{\infty}k\tilde{c}_k^{121}(s)R_1^{-k}e^{(k+1)i\theta} \\
&\quad \left. - \sum_{k=1}^{\infty}k\tilde{d}_k^{121}(s)R_1^{k}e^{(-k+1)i\theta} - \sum_{k=1}^{\infty}\tilde{e}_k^{121}(s)R_1^{-k}e^{(k-1)i\theta} - \sum_{k=1}^{\infty}\tilde{f}_k^{121}(s)R_1^{k}e^{(-k-1)i\theta}\right]
\end{aligned}
\tag{4.281}
$$

$$\sum_{k=1}^{\infty}\tilde{a}_k^{21}(s)R_1^{-k}e^{-ki\theta}+\sum_{k=1}^{\infty}(-k)\tilde{a}_k^{21}(s)R_1^{-k}e^{(k+2)i\theta}+\sum_{k=1}^{\infty}\tilde{b}_k^{21}(s)R_1^{-k}e^{ki\theta}$$
$$=\sum_{k=1}^{\infty}\tilde{c}_k^{121}(s)R_1^{-k}e^{-ki\theta}+\sum_{k=1}^{\infty}\tilde{d}_k^{121}(s)R_1^{k}e^{ki\theta}+\sum_{k=1}^{\infty}(-k)\tilde{c}_k^{121}(s)R_1^{-k}e^{(k+2)i\theta}$$
$$+\sum_{k=1}^{\infty}k\tilde{d}_k^{121}(s)R_1^{k}e^{(-k+2)i\theta}+\sum_{k=1}^{\infty}\tilde{e}_k^{121}(s)R_1^{-k}e^{ki\theta}+\sum_{k=1}^{\infty}\tilde{f}_k^{121}(s)R_1^{k}e^{-ki\theta} \quad (4.282)$$

$$\frac{1}{2G_{S1}}\left[\sum_{k=1}^{\infty}\kappa_{S1}\tilde{c}_k^{121}(s)R_2^{-k}e^{(-k-1)i\theta}+\sum_{k=1}^{\infty}\kappa_{S1}\tilde{d}_k^{121}(s)R_2^{k}e^{(k-1)i\theta}\right.$$
$$+\sum_{k=1}^{\infty}k\tilde{c}_k^{121}(s)R_2^{-k}e^{(k+1)i\theta}-\sum_{k=1}^{\infty}k\tilde{d}_k^{121}(s)R_2^{k}e^{(-k+1)i\theta}$$
$$\left.-\sum_{k=1}^{\infty}\tilde{e}_k^{121}(s)R_2^{-k}e^{(k-1)i\theta}-\sum_{k=1}^{\infty}\tilde{f}_k^{121}(s)R_2^{k}e^{(-k-1)i\theta}\right]$$
$$+\frac{1}{2G_{S1}}\left[-\kappa_{S1}\tilde{c}_1^{111}(s)R_2^{-1}e^{-2i\theta}-\kappa_{S1}\tilde{d}_1^{111}(s)R_2\right.$$
$$-\kappa_{S1}\tilde{d}_3^{111}(s)R_2^{3}e^{2i\theta}-\tilde{c}_1^{111}(s)R_2^{-1}e^{2i\theta}+\tilde{d}_1^{111}(s)R_2$$
$$+3\tilde{d}_3^{111}(s)R_2^{3}e^{-2i\theta}+\tilde{e}_1^{111}(s)R_2^{-1}+\tilde{e}_3^{111}(s)R_2^{-3}e^{2i\theta}$$
$$\left.+\tilde{f}_1^{111}(s)R_2e^{-2i\theta}\right]=\frac{1}{2G_{S2}}\left[\sum_{k=1}^{\infty}\kappa_{S2}\tilde{c}_k^{221}(s)R_2^{-k}e^{(-k-1)i\theta}\right.$$
$$+\sum_{k=1}^{\infty}\kappa_{S2}\tilde{d}_k^{221}(s)R_2^{k}e^{(k-1)i\theta}+\sum_{k=1}^{\infty}k\tilde{c}_k^{221}(s)R_2^{-k}e^{(k+1)i\theta}$$
$$-\sum_{k=1}^{\infty}k\tilde{d}_k^{221}(s)R_2^{k}e^{(-k+1)i\theta}$$
$$\left.-\sum_{k=1}^{\infty}\tilde{e}_k^{221}(s)R_2^{-k}e^{(k-1)i\theta}-\sum_{k=1}^{\infty}\tilde{f}_k^{221}(s)R_2^{k}e^{(-k-1)i\theta}\right] \quad (4.283)$$

$$\sum_{k=1}^{\infty}\tilde{c}_k^{121}(s)R_2^{-k}e^{-ki\theta}+\sum_{k=1}^{\infty}\tilde{d}_k^{121}(s)R_2^{k}e^{ki\theta}-\sum_{k=1}^{\infty}k\tilde{c}_k^{121}(s)R_2^{-k}e^{(k+2)i\theta}$$
$$+\sum_{k=1}^{\infty}k\tilde{d}_k^{121}(s)R_2^{k}e^{(-k+2)i\theta}+\sum_{k=1}^{\infty}\tilde{e}_k^{121}(s)R_2^{-k}e^{ki\theta}+\sum_{k=1}^{\infty}\tilde{f}_k^{121}(s)R_2^{k}e^{-ki\theta}$$
$$=\sum_{k=1}^{\infty}\tilde{c}_k^{221}(s)R_2^{-k}e^{-ki\theta}+\sum_{k=1}^{\infty}\tilde{d}_k^{221}(s)R_2^{k}e^{ki\theta}-\sum_{k=1}^{\infty}k\tilde{c}_k^{221}(s)R_2^{-k}e^{(k+2)i\theta}$$

$$+\sum_{k=1}^{\infty}k\tilde{d}_k^{221}(s)R_2^k e^{(-k+2)i\theta}+\sum_{k=1}^{\infty}\tilde{e}_k^{221}(s)R_2^{-k}e^{ki\theta}+\sum_{k=1}^{\infty}\tilde{f}_k^{221}(s)R_2^k e^{-ki\theta} \quad (4.284)$$

$$\sum_{k=1}^{\infty}(-k)\tilde{c}_k^{221}(s)R_3^{-k-1}e^{(-k-1)i\theta}+\sum_{k=1}^{\infty}(-k)\tilde{c}_k^{221}(s)R_3^{-k-1}e^{(k+1)i\theta}$$
$$+\sum_{k=1}^{\infty}k\tilde{d}_k^{221}(s)R_3^{k-1}e^{(-k+1)i\theta}+\sum_{k=1}^{\infty}k\tilde{d}_k^{221}(s)R_3^{k-1}e^{(k-1)i\theta}$$
$$-\sum_{k=1}^{\infty}k(k+1)\tilde{d}_k^{221}(s)R_3^{-k-1}e^{(-k-1)i\theta}-\sum_{k=1}^{\infty}k(k-1)\tilde{d}_k^{221}(s)R_3^{k-1}$$
$$e^{(k-1)i\theta}-\sum_{k=1}^{\infty}(-k)\tilde{e}_k^{221}(s)R_3^{-k-1}e^{(-k+1)i\theta}$$
$$-\sum_{k=1}^{\infty}k\tilde{f}_k^{221}(s)R_3^{k-1}e^{(k+1)i\theta}=-\tilde{q}_{wat}(s) \quad (4.285)$$

The linear system of algebraic equations with regard to the coefficients in the Laplace domain is then obtained by setting the coefficients of the term $e^{\pm ik\theta}$ ($k = 0, \pm 1, \pm 2, \ldots$) on both sides of Eqs. (4.281)–(4.285) being equality, as shown in the following:

$e^{ik\theta}$ in Eq. (4.281):

$$e^0: \begin{array}{l} -\frac{1}{4}\mathcal{L}[A_1(t)-A_1(t_1)](1+\lambda)\frac{1}{R_1}-\frac{1}{2}\mathcal{L}\left[\int_{t_1}^{t_2}H(t-\tau)b_1^{11}(\tau)R_1^{-1}d\tau\right] \\ -\frac{1}{2}\tilde{H}(s)\tilde{b}_1^{21}(s)R_1^{-1}=\frac{1}{2G_{S1}}\left[(\kappa_{S1}-1)\tilde{d}_1^{121}(s)R_1-\tilde{e}_1^{121}(s)R_1^{-1}\right] \end{array} \quad (4.286)$$

$$e^{i\theta}: -\tfrac{1}{2}\tilde{H}(s)\tilde{b}_2^{21}(s)R_1^{-2}=\tfrac{1}{2G_{S1}}\left[\kappa_{S1}\tilde{d}_2^{121}(s)R_1^2-\tilde{e}_2^{121}(s)R_1^{-2}\right] \quad (4.287)$$

$$e^{2i\theta}: \begin{array}{l} \frac{1}{4}\mathcal{L}[A_1(t)-A_1(t_1)](1-\lambda)\frac{1}{R_1}-\frac{1}{4}\mathcal{L}[A_3(t)-A_3(t_1)](1-\lambda)\frac{1}{R_1^3} \\ +\frac{1}{2}\mathcal{L}\left[\int_{t_1}^{t_2}H(t-\tau)a_1^{11}(\tau)R_1^{-1}d\tau\right]-\frac{1}{2}\mathcal{L}\left[\int_{t_1}^{t_2}H(t-\tau)b_3^{11}(\tau)R_1^{-3}d\tau\right] \\ +\frac{1}{2}\tilde{H}(s)\tilde{a}_1^{21}(s)R_1^{-1}-\frac{1}{2}\tilde{H}(s)\tilde{b}_3^{21}(s)R_1^{-3} \\ =\frac{1}{2G_{S1}}\left[\kappa_{S1}\tilde{d}_3^{121}(s)R_1^3+\tilde{c}_1^{121}(s)R_1^{-1}-\tilde{e}_3^{121}(s)R_1^{-3}\right] \end{array} \quad (4.288)$$

$$\begin{array}{c} e^{(k+1)i\theta} \\ (k=2,3,\ldots) \end{array} : \begin{array}{l} \frac{1}{2}k\tilde{H}(s)\tilde{a}_k^{21}(s)R_1^{-k} - \frac{1}{2}\tilde{H}(s)\tilde{b}_{k+2}^{21}(s)R_1^{-k-2} \\ = \frac{1}{2G_{S1}}\left[\kappa_{S1}\tilde{d}_{k+2}^{121}(s)R_1^{k+2} + k\tilde{c}_k^{121}(s)R_1^{-k} - \tilde{e}_{k+2}^{121}(s)R_1^{-k-2}\right] \end{array} \tag{4.289}$$

$$e^{-i\theta} : 0 = -\tfrac{1}{2G_{S1}}\left[-2\tilde{d}_2^{121}(s)R_1^2\right] \tag{4.290}$$

$$\begin{array}{l} e^{-2i\theta} : \frac{p_0}{4}\mathcal{L}[A_2(t) - A_2(t_1)](1-\lambda)\frac{1}{R_1} + \frac{1}{2}\mathcal{L}\left[\int_{t_1}^{t_2} I(t_2-\tau)a_1^{11}(\tau)R_1^{-1}d\tau\right] \\ +\frac{1}{2}\tilde{I}(s)\tilde{a}_1^{21}(s)R_1^{-1} = \frac{1}{2G_{S1}}\left[\kappa_{S1}\tilde{c}_1^{121}(s)R_1^{-1} + 2\tilde{d}_3^{121}(s)R_1^3 - \tilde{f}_1^{121}(s)R_1\right] \end{array} \tag{4.291}$$

$$\begin{array}{c} e^{-(k+1)i\theta} \\ (k=2,3,\ldots) \end{array} : \begin{array}{l} \frac{1}{2}\tilde{I}(s)\tilde{a}_k^{21}R_1^{-k} = \frac{1}{2G_{S1}}\left[\kappa_{S1}\tilde{c}_k^{121}(s)R_1^{-k}\right. \\ \left. -(k+2)\tilde{d}_{k+2}^{121}(s)R_1^{k+2} - \tilde{f}_k^{121}(s)R_1^k\right] \end{array} \tag{4.292}$$

$e^{ik\theta}$ in Eq. (4.282):

$$e^0 : 2\tilde{d}_2^{121}(s)R_1^2 = 0 \tag{4.293}$$

$$e^{i\theta} : \tilde{b}_1^{21}(s)R_1^{-1} = 2\tilde{d}_1^{121}(s)R_1 + \tilde{e}_1^{121}(s)R_1^{-1} \tag{4.294}$$

$$e^{2i\theta} : \tilde{b}_2^{21}(s)R_1^{-2} = \tilde{d}_2^{121}(s)R_1^2 + \tilde{e}_2^{121}(s)R_1^{-2} \tag{4.295}$$

$$\begin{array}{c} e^{(k+2)i\theta} \\ (k=1,2,\ldots) \end{array} : \begin{array}{l} -k\tilde{a}_k^{21}(s)R_1^{-k} + \tilde{b}_{k+2}^{21}(s)R_1^{-(k+2)} = \tilde{d}_{k+2}^{121}(s)R_1^{k+2} \\ -k\tilde{c}_k^{121}(s)R_1^{-k} + \tilde{e}_{k+2}^{121}(s)R_1^{-(k+2)} \end{array} \tag{4.296}$$

$$\begin{array}{c} e^{-ki\theta} \\ (k=1,2,\ldots) \end{array} : \tilde{a}_k^{21}(s)R_1^{-k} = \tilde{c}_k^{121}(s)R_1^{-k} + (k+2)\tilde{d}_{k+2}^{121}(s)R_1^{k+2} + \tilde{f}_k^{121}(s)R_1^k \tag{4.297}$$

$e^{ik\theta}$ in Eq. (4.283):

$$e^0 : \begin{array}{l} \frac{1}{2G_{S1}}\left[(\kappa_{S1}-1)\tilde{d}_1^{121}(s)R_2 - \tilde{e}_1^{121}(s)R_2^{-1}\right. \\ \left. -(\kappa_{S1}-1)\tilde{d}_1^{111}(s)R_2 + \tilde{e}_1^{111}(s)R_2^{-1}\right] \\ = \frac{1}{2G_{S2}}\left[(\kappa_{S2}-1)\tilde{d}_1^{221}(s)R_2 - \tilde{e}_1^{221}(s)R_2^{-1}\right] \end{array} \tag{4.298}$$

$$e^{i\theta}:\ \begin{aligned}&\frac{1}{2G_{S1}}\left[\kappa_{S1}\tilde{d}_2^{121}(s)R_2^2-\tilde{e}_2^{121}(s)R_2^{-2}\right]\\&=\frac{1}{2G_{S2}}\left[\kappa_{S2}\tilde{d}_2^{221}(s)R_2^2-\tilde{e}_2^{221}(s)R_2^{-2}\right]\end{aligned}\tag{4.299}$$

$$e^{2i\theta}:\ \begin{aligned}&\frac{1}{2G_{S1}}\Big[\kappa_{S1}\tilde{d}_3^{121}(s)R_2^3+\tilde{c}_1^{(2)}(s)R_2^{-1}-\tilde{e}_3^{121}(s)R_2^{-3}\\&-\kappa_{S1}\tilde{d}_3^{111}(s)R_2^3-\tilde{c}_1^{111}(s)R_2^{-1}+\tilde{e}_3^{111}(s)R_2^{-3}\Big]\\&=\frac{1}{2G_{S2}}\left[\kappa_{S2}\tilde{d}_3^{221}(s)R_2^3+\tilde{c}_1^{221}(s)R_2^{-1}-\tilde{e}_3^{221}(s)R_2^{-3}\right]\end{aligned}\tag{4.300}$$

$$\begin{matrix}e^{(k+1)i\theta}\\(k=2,3,\ldots)\end{matrix}:\ \begin{aligned}&\frac{1}{2G_{S1}}\left[\kappa_{S1}\tilde{d}_{k+2}^{121}(s)R_2^{k+2}+k\tilde{c}_k^{121}(s)R_2^{-k}-\tilde{e}_{k+2}^{121}(s)R_2^{(-k-2)}\right]\\&=\frac{1}{2G_{S2}}\left[\kappa_{S2}\tilde{d}_{k+2}^{221}(s)R_2^{k+2}+k\tilde{c}_k^{221}(s)R_2^{-k}-\tilde{e}_{k+2}^{221}(s)R_2^{(-k-2)}\right]\end{aligned}\tag{4.301}$$

$$e^{-i\theta}:\ \tfrac{1}{2G_{S1}}\left[-2\tilde{d}_2^{121}(s)R_2^2\right]=\tfrac{1}{2G_{S2}}\left[-2\tilde{d}_2^{221}(s)R_2^2\right]\tag{4.302}$$

$$e^{-2i\theta}:\ \begin{aligned}&\frac{1}{2G_{S1}}\Big[\kappa_{S1}\tilde{c}_1^{121}(s)R_2^{-1}-3\tilde{d}_3^{121}(s)R_2^3-\tilde{f}_1^{121}(s)R_2\\&-\kappa_{S1}\tilde{c}_1^{111}(s)R_2^{-1}+3\tilde{d}_3^{111}(s)R_2^3+\tilde{f}_1^{111}(s)R_2\Big]\\&=\frac{1}{2G_{S2}}\left[\kappa_{S2}\tilde{c}_1^{221}(s)R_2^{-1}-3\tilde{d}_3^{221}(s)R_2^3-\tilde{f}_1^{221}(s)R_2\right]\end{aligned}\tag{4.303}$$

$$\begin{matrix}e^{(-k-1)i\theta}\\(k=2,3,\ldots)\end{matrix}:\ \begin{aligned}&\frac{1}{2G_{S1}}\left[\kappa_{S1}\tilde{c}_k^{121}(s)R_2^{-k}-(k+2)\tilde{d}_{k+2}^{121}(s)R_2^{k+2}-\tilde{f}_k^{121}(s)R_2^k\right]\\&=\frac{1}{2G_{S2}}\left[\kappa_{S2}\tilde{c}_k^{221}(s)R_2^{-k}-(k+2)\tilde{d}_{k+2}^{221}(s)R_2^{k+2}-\tilde{f}_k^{221}(s)R_2^k\right]\end{aligned}\tag{4.304}$$

$e^{ik\theta}$ in Eq. (4.284):

$$e^0:\ 2\tilde{d}_2^{121}(s)R_2^2=2\tilde{d}_2^{221}(s)R_2^2\tag{4.305}$$

$$e^{i\theta}:\ 2\tilde{d}_1^{121}(s)R_2+\tilde{e}_1^{121}(s)R_2^{-1}=2\tilde{d}_1^{221}(s)R_2+\tilde{f}_1^{221}(s)R_2^{-1}\tag{4.306}$$

$$e^{2i\theta}:\ \tilde{d}_2^{121}(s)R_2^2+\tilde{e}_2^{121}(s)R_2^{-2}=\tilde{d}_2^{221}(s)R_2^2+\tilde{e}_2^{221}(s)R_2^{-2}\tag{4.307}$$

$$\begin{matrix}e^{(k+2)i\theta}\\(k=1,2,\ldots)\end{matrix}:\ \begin{aligned}&\tilde{d}_{k+2}^{121}(s)R_2^{k+2}-k\tilde{c}_k^{121}(s)R_2^{-k}+\tilde{e}_{k+2}^{121}(s)R_2^{-(k+2)}\\&=\tilde{d}_{k+2}^{221}(s)R_2^{k+2}-k\tilde{c}_k^{221}(s)R_2^{-k}+\tilde{e}_{k+2}^{221}(s)R_2^{-(k+2)}\end{aligned}\tag{4.308}$$

$$\begin{matrix}e^{-ki\theta}\\(k=1,2,\ldots)\end{matrix}:\ \begin{aligned}&\tilde{c}_k^{121}(s)R_2^{-k}+(k+2)\tilde{d}_{k+2}^{121}(s)R_2^{k+2}+\tilde{f}_k^{121}(s)R_2^k\\&=\tilde{c}_k^{221}(s)R_2^{-k}+(k+2)\tilde{d}_{k+2}^{221}(s)R_2^{k+2}+\tilde{f}_k^{221}(s)R_2^k\end{aligned}\tag{4.309}$$

$e^{ik\theta}$ in Eq. (4.285):

$$e^0 : 2\tilde{d}_1^{221}(s) + \frac{\tilde{e}_1^{221}(s)}{R_3^2} = -\tilde{q}_{wat}(s) \tag{4.310}$$

$$e^{i\theta} : 2\tilde{a}_2^{221}(s)R_3 - 2\tilde{d}_2^{221}(s)R_3 = 0 \tag{4.311}$$

$$\begin{matrix} e^{(k+1)i\theta} \\ (k = 1, 2, \ldots) \end{matrix} : \tilde{c}_k^{221}(s)R_3^{-k-1} + (k+2)\tilde{d}_{k+2}^{221}(s)R_3^{k+1} + \tilde{f}_k^{221}(s)R_3^{k-1} = 0 \tag{4.312}$$

$$e^{-i\theta} : 2\tilde{d}_2^{221}(s)R_3 + 2\tilde{e}_2^{221}(s)R_3^{-3} = 0 \tag{4.313}$$

$$\begin{matrix} e^{(-k-1)i\theta} \\ (k = 1, 2, \ldots) \end{matrix} : -k\tilde{c}_k^{221}(s)R_3^{-k-1} + \tilde{d}_{k+2}^{221}(s)R_3^{k+1} + \tilde{e}_{k+2}^{221}(s)R_3^{-k-3} = 0 \tag{4.314}$$

It can be noted that the equations provided in Eqs. (4.289), (4.292), (4.296), (4.297), (4.301), (4.304), (4.308), (4.309), (4.312), (4.314) are singular linearly with respect to $\tilde{a}_k^{21}(s)$, $\tilde{b}_{k+2}^{21}(s)$, $\tilde{c}_k^{m21}(s)$, $\tilde{d}_{k+2}^{m21}(s)$, $\tilde{e}_{k+2}^{m21}(s)$ and $\tilde{f}_k^{m21}(s)$ $(k \geq 2$ and $m = 1, 2)$, and therefore these coefficients should be zero. All the coefficients in the Laplace domain can be calculated by solving Eqs. (4.286)–(4.314), and then the coefficients in time domain can be obtained by inverse Laplace transform.

- **Derivations for solutions of Case (2)**

The equations expressed by potentials (see Eqs. (4.223), (4.224), (4.229), (4.230), (4.231)) have been provided by satisfying the boundary and compatibility conditions in **Case (2)** during *the second liner stage*. Only the new Eqs. (4.229) and (4.230), obtained from the full-slip conditions along the liner–liner interface, are introduced in the following derivation to give the additional equations in **Case (2)**.

Substituting Eqs. (4.199) and (4.200) into Eqs. (4.229) and (4.230), introducing Laplace transformation with respect to t'', yields the equations about the coefficients in the potentials:

$$\begin{aligned}
\mathrm{Re}\Bigg\langle \frac{1}{2G_{S1}} \Bigg[& \sum_{k=1}^{\infty} \kappa_{S1}\tilde{c}_k^{122}(s)R_2^{-k}e^{(-k-1)i\theta} + \sum_{k=1}^{\infty} \kappa_{S1}\tilde{d}_k^{122}(s)R_2^{k}e^{(k-1)i\theta} \\
& + \sum_{k=1}^{\infty} k\tilde{c}_k^{122}(s)R_2^{-k}e^{(k+1)i\theta} - \sum_{k=1}^{\infty} k\tilde{d}_k^{122}(s)R_2^{k}e^{(-k+1)i\theta} \\
& - \sum_{k=1}^{\infty} \tilde{e}_k^{122}(s)R_2^{-k}e^{(k-1)i\theta} - \sum_{k=1}^{\infty} \tilde{f}_k^{122}(s)R_2^{k}e^{(-k-1)i\theta} \Bigg] \\
& + \frac{1}{2G_{S1}}\Big[-\kappa_{S1}\tilde{c}_1^{112}(s)R_2^{-1}e^{-2i\theta} - \kappa_{S1}\tilde{d}_1^{112}(s)R_2 \\
& - \kappa_{S1}\tilde{d}_3^{112}(s)R_2^{3}e^{2i\theta} - \tilde{c}_1^{112}(s)R_2^{-1}e^{2i\theta} + \tilde{d}_1^{112}(s)R_2
\end{aligned}$$

$$+ 3\tilde{d}_3^{112}(s)R_2^3 e^{-2i\theta} + \tilde{e}_1^{112}(s)R_2^{-1} + \tilde{e}_3^{112}(s)R_2^{-3}e^{2i\theta}$$

$$+\tilde{f}_1^{112}(s)R_2 e^{-2i\theta}\Big]\Big\rangle = \mathrm{Re}\Big\langle \frac{1}{2G_{S2}}\Big[\sum_{k=1}^{\infty}\kappa_{S2}\tilde{c}_k^{222}(s)R_2^{-k}e^{(-k-1)i\theta}$$

$$+\sum_{k=1}^{\infty}\kappa_{S2}\tilde{d}_k^{222}(s)R_2^k e^{(k-1)i\theta} + \sum_{k=1}^{\infty}k\tilde{c}_k^{222}(s)R_2^{-k}e^{(k+1)i\theta}$$

$$-\sum_{k=1}^{\infty}k\tilde{d}_k^{222}(s)R_2^k e^{(-k+1)i\theta} - \sum_{k=1}^{\infty}\tilde{e}_k^{222}(s)R_2^{-k}e^{(k-1)i\theta}$$

$$-\sum_{k=1}^{\infty}\tilde{f}_k^{222}(s)R_2^k e^{(-k-1)i\theta}\Big]\Big\rangle \tag{4.315}$$

$$\begin{aligned}&2\sum_{k=1}^{\infty}\tilde{c}_k^{122}(s)(-k)R_2^{-k-1}e^{(-k-1)i\theta} + 2\sum_{k=1}^{\infty}k\tilde{d}_k^{122}(s)R_2^{k-1}e^{(k-1)i\theta}\\ &\mathrm{Re}\Big\langle -\sum_{k=1}^{\infty}k(k+1)\tilde{c}_k^{122}(s)R_2^{-k-1}e^{(-k-1)i\theta} - \sum_{k=1}^{\infty}k(k-1)\tilde{d}_k^{122}(s)R_2^{k-1}e^{(k-1)i\theta}\Big\rangle\\ &+\sum_{k=1}^{\infty}k\tilde{e}_k^{122}(s)R_2^{-k-1}e^{(-k+1)i\theta} - \sum_{k=1}^{\infty}k\tilde{f}_k^{122}(s)R_2^{k-1}e^{(k+1)i\theta}\\ &\quad 2\sum_{k=1}^{\infty}\tilde{c}_k^{222}(s)(-k)R_2^{-k-1}e^{(-k-1)i\theta} + 2\sum_{k=1}^{\infty}k\tilde{d}_k^{222}(s)R_2^{k-1}e^{(k-1)i\theta}\\ &= \mathrm{Re}\Big\langle -\sum_{k=1}^{\infty}k(k+1)\tilde{c}_k^{222}(s)R_2^{-k-1}e^{(-k-1)i\theta} - \sum_{k=1}^{\infty}k(k-1)\tilde{d}_k^{222}(s)R_2^{k-1}e^{(k-1)i\theta}\Big\rangle\\ &\quad +\sum_{k=1}^{\infty}k\tilde{e}_k^{222}(s)R_2^{-k-1}e^{(-k+1)i\theta} - \sum_{k=1}^{\infty}k\tilde{f}_k^{222}(s)R_2^{k-1}e^{(k+1)i\theta}\end{aligned} \tag{4.316}$$

$$\mathrm{Im}\left\langle \begin{array}{l}\sum_{k=1}^{\infty}k(k+1)\tilde{c}_k^{122}(s)R_2^{-k-1}e^{(-k-1)i\theta} + \sum_{k=1}^{\infty}k(k-1)\tilde{d}_k^{122}(s)R_2^{k-1}e^{(k-1)i\theta}\\ -\sum_{k=1}^{\infty}k\tilde{e}_k^{122}(s)R_2^{-k-1}e^{(-k+1)i\theta} + \sum_{k=1}^{\infty}k\tilde{f}_k^{122}(s)R_2^{k-1}e^{(k+1)i\theta}\end{array}\right\rangle = 0 \tag{4.317}$$

$$\operatorname{Im}\left\langle \begin{array}{l} \sum_{k=1}^{\infty} k(k+1)\tilde{c}_k^{222}(s)R_2^{-k-1}e^{(-k-1)i\theta} + \sum_{k=1}^{\infty} k(k-1)\tilde{d}_k^{222}(s)R_2^{k-1}e^{(k-1)i\theta} \\ -\sum_{k=1}^{\infty} k\tilde{e}_k^{222}(s)R_2^{-k-1}e^{(-k+1)i\theta} + \sum_{k=1}^{\infty} k\tilde{f}_k^{222}(s)R_2^{k-1}e^{(k+1)i\theta} \end{array} \right\rangle = 0 \tag{4.318}$$

Similar to the process in determining of potentials of **Case (1)**, the coefficients of term $e^{ik\theta}$ $(k = 0, \pm 1, \pm 2, \ldots)$ on both sides of Eqs. (4.315)–(4.318) should be equal, yields:

$e^{ik\theta}$ in Eq. (4.315):

$$e^0: \begin{array}{l} \frac{1}{2G_{S1}}\left[\begin{array}{l} 2\kappa_{S1}\tilde{d}_1^{122}(s)R_2 - 2\tilde{d}_1^{122}(s)R_2 - 2\tilde{e}_1^{122}(s)R_2^{-1} \\ -2\kappa_{S1}\tilde{d}_1^{112}(s)R_2 + 2\tilde{d}_1^{112}(s)R_2 + 2\tilde{e}_1^{112}(s)R_2^{-1} \end{array}\right] \\ = \frac{1}{2G_{S2}}\left[2\kappa_{S2}\tilde{d}_1^{222}(s)R_2 - 2\tilde{d}_1^{222}(s)R_2 - 2\tilde{e}_1^{222}(s)R_2^{-1}\right] \end{array} \tag{4.319}$$

$$e^{\pm i\theta}: \begin{array}{l} \frac{1}{2G_{S1}}\left[\kappa_{S1}\tilde{d}_2^{122}(s)R_2^2 - 2\tilde{d}_2^{122}(s)R_2^2 - \tilde{e}_2^{122}(s)R_2^{-2}\right] \\ = \frac{1}{2G_{S2}}\left[\kappa_{S2}\tilde{d}_2^{222}(s)R_2^2 - 2\tilde{d}_2^{222}(s)R_2^2 - \tilde{e}_2^{222}(s)R_2^{-2}\right] \end{array} \tag{4.320}$$

$$e^{\pm 2i\theta}: \begin{array}{l} \frac{1}{2G_{S1}}\left[\kappa_{S1}\tilde{c}_1^{122}(s)R_2^{-1} + \kappa_{S1}\tilde{d}_3^{122}(s)R_2^3 + \tilde{c}_1^{122}(s)R_2^{-1}\right. \\ -3\tilde{d}_3^{122}(s)R_2^3 - \tilde{e}_3^{122}(s)R_2^{-3} - \tilde{f}_1^{122}(s)R_2 \\ -\kappa_{S1}\tilde{c}_1^{112}(s)R_2^{-1} - \kappa_{S1}\tilde{d}_3^{112}(s)R_2^3 - \tilde{c}_1^{112}(s)R_2^{-1} \\ \left.+3\tilde{d}_3^{112}(s)R_2^3 + \tilde{e}_3^{112}(s)R_2^{-3} + \tilde{f}_1^{112}(s)R_2\right] \\ = \frac{1}{2G_{S2}}\left[\kappa_{S2}\tilde{c}_1^{222}(s)R_2^{-1} + \kappa_{S2}\tilde{d}_3^{222}(s)R_2^3 + \tilde{c}_1^{222}(s)R_2^{-1}\right. \\ \left.-3\tilde{d}_3^{222}(s)R_2^3 - \tilde{e}_3^{222}(s)R_2^{-3} - \tilde{f}_1^{222}(s)R_2\right] \end{array} \tag{4.321}$$

$$\begin{array}{c} e^{\pm(k+1)i\theta} \\ (k = 2, 3, \ldots) \end{array}: \begin{array}{l} \frac{1}{2G_{S1}}\left[\kappa_{S1}\tilde{c}_k^{122}(s)R_2^{-k} + \kappa_{S1}\tilde{d}_{k+2}^{122}(s)R_2^{k+2}\right. \\ +\tilde{c}_k^{121}(s)kR_2^{-k} - (k+2)\tilde{d}_{k+2}^{122}(s)R_2^{k+2} \\ \left.-\tilde{e}_{k+2}^{122}(s)R_2^{-k-2} - \tilde{f}_k^{122}(s)R_2^k\right] \\ = \frac{1}{2G_{S2}}\left[\kappa_{S2}\tilde{c}_k^{222}(s)R_2^{-k} + \kappa_{S2}\tilde{d}_{k+2}^{222}(s)R_2^{k+2}\right. \\ +\tilde{c}_k^{222}(s)kR_2^{-k} - (k+2)\tilde{d}_{k+2}^{222}(s)R_2^{k+2} \\ \left.-\tilde{e}_{k+2}^{222}(s)R_2^{-k-2} - \tilde{f}_k^{222}(s)R_2^k\right] \end{array} \tag{4.322}$$

$e^{ik\theta}$ in Eq. (4.316):

$$e^0: 2\tilde{d}_1^{122}(s) + \tilde{e}_1^{122}(s)R_2^{-2} = 2\tilde{d}_1^{222}(s) + \tilde{e}_1^{222}(s)R_2^{-2} \tag{4.323}$$

$$e^{\pm i\theta}: \tilde{d}_2^{122}(s)R_2 + \tilde{e}_2^{122}(s)R_2^{-3} = \tilde{d}_2^{222}(s)R_2 + \tilde{e}_2^{222}(s)R_2^{-3} \tag{4.324}$$

$$\begin{array}{l} e^{\pm(k+1)i\theta} \\ (k=1,2,\ldots) \end{array} : \begin{array}{l} -2k\tilde{c}_k^{122}(s)R_2^{-k-1}+2(k+2)\tilde{d}_{k+2}^{122}(s)R_2^{k+1} \\ -k(k+1)\tilde{c}_k^{122}(s)R_2^{-k-1}-(k+2)(k+1)\tilde{d}_{k+2}^{122}(s) \\ \cdot R_2^{k+1}+(k+2)\tilde{e}_{k+2}^{122}(s)R_2^{-k-3}-k\tilde{f}_k^{122}(s)R_2^{k-1} \\ =-2k\tilde{c}_k^{222}(s)R_2^{-k-1}+2(k+2)\tilde{d}_{k+2}^{222}(s)R_2^{k+1} \\ -k(k+1)\tilde{c}_k^{222}(s)R_2^{-k-1}-(k+2)(k+1)\tilde{d}_{k+2}^{222}(s)R_2^{k+1} \\ +(k+2)\tilde{e}_{k+2}^{222}(s)R_2^{-k-3}-k\tilde{f}_k^{222}(s)R_2^{k-1} \end{array} \tag{4.325}$$

$e^{ik\theta}$ in Eq. (4.317):

$$e^0 : -\tilde{e}_1^{122}(s)R_2^{-2}+\tilde{e}_1^{122}(s)R_2^{-2}=0 \tag{4.326}$$

$$e^{\pm i\theta} : 2\tilde{d}_2^{122}(s)R_2+2\tilde{e}_2^{122}(s)R_2^{-3}=0 \tag{4.327}$$

$$\begin{array}{l} e^{\pm(k+1)i\theta} \\ (k=1,2,\ldots) \end{array} : \begin{array}{l} -k(k+1)\tilde{c}_k^{122}(s)R_2^{-k-1}+(k+2)(k+1)\tilde{d}_{k+2}^{122}(s)R_2^{k+1} \\ +(k+2)\tilde{e}_{k+2}^{122}(s)R_2^{-k-3}+k\tilde{f}_k^{122}(s)R_2^{k-1}=0 \end{array} \tag{4.328}$$

$e^{ik\theta}$ in Eq. (4.318):

$$e^0 : -\tilde{e}_1^{222}(s)R_2^{-2}+\tilde{e}_1^{222}(s)R_2^{-2}=0 \tag{4.329}$$

$$e^{\pm i\theta} : 2\tilde{d}_2^{222}(s)R_2+2\tilde{e}_2^{222}(s)R_2^{-3}=0 \tag{4.330}$$

$$\begin{array}{l} e^{\pm(k+1)i\theta} \\ (k=1,2,\ldots) \end{array} : \begin{array}{l} -k(k+1)\tilde{c}_k^{222}(s)R_2^{-k-1}+(k+2)(k+1)\tilde{d}_{k+2}^{222}(s)R_2^{k+1} \\ +(k+2)\tilde{e}_{k+2}^{222}(s)R_2^{-k-3}+k\tilde{f}_k^{222}(s)R_2^{k-1}=0 \end{array} \tag{4.331}$$

Equations (4.319)–(4.331), along with Eqs. (4.286)–(4.297) and (4.310)–(4.314), provide a system of linear algebraic equations with regard to the coefficients in the Laplace domain in **Case (2)**. It can be noted that Eqs. (4.289), (4.292), (4.296), (4.297), (4.312), (4.314), (4.322), (4.325), (4.328), (4.331), are singular linearly with respect to $\tilde{a}_k^{21}(s)$, $\tilde{b}_{k+2}^{21}(s)$, $\tilde{c}_k^{m21}(s)$, $\tilde{d}_{k+2}^{m21}(s)$, $\tilde{e}_{k+2}^{m21}(s)$ and $\tilde{f}_k^{m21}(s)$ ($k \geq 2$ and $m = 1, 2$), and therefore these coefficients are zero. The expression of other non-zero coefficients in the potentials can be determined by solving the other equations.

References

1. Zhen, Y.R., H.H. Zhu, Z.C. Fang, and H.H. Liu. 2012. *The stability analysis and design theory of surrounding rock of underground engineering*. Beijing: China Communications Press.
2. Galin, L.A. 1946. Plane elastic-plastic problem: Plastic regions around circular holes in plates and beam. *Journal of Applied Mathematics and Mechanics* 10: 365–384.

3. Lu, A.Z., X.L. Zhang, and S.J. Wang. 2018. Analytic method for elasto-plastic analysis of circular tunnels under non-axisymmetric stresses. *Chinese Journal of Rock Mechanics and Engineering* 37 (1): 14–22.
4. Lu, A.Z., S.J. Wang, X.L. Zhang, and N. Zhang. 2018. Solution of the elasto-plastic interface of circular tunnels in Hoek–Brown media subjected to non-hydrostatic stress. *International Journal of Rock Mechanics and Mining Sciences* 106: 124–132.
5. Francis, P.H., and K. Rim. 1967. A method of solving certain plane problems of contained elasto-plasticity. *SIAM Journal on Applied Mathematics* 15 (4): 842–855.
6. Lazarev, M.I., and P.I. Lazarev. 1976. Solution of a plane elastoplastic problem for aplate with a hole. *Soviet Applied Mechanics* 12 (9): 925–929.
7. Bykovtsev, G.I., and Y.D. Tsvetkov. 1987. The two-dimensional loading problem of an elasto-plastic plane weakened by a hole. *Journal of Applied Mathematics and Mechanics* 51 (2): 244–250.
8. Lozhkin, V.N. 2001. A generalization of Galin's problem in the theory of ideal plasticity. *Journal of Mathematical Sciences* 103 (3): 363–367.
9. Leitman, M.J., and P. Villaggio. 2009. Plastic zone around circular holes. *Journal of Engineering Mechanics* 135 (12): 1467–1471.
10. Chanyshev, A.I., and I.M. Abdulin. 2014. Assessment of elastoplastic strains around cylindrical excavation by displacements of the excavation boundary. *Journal of Mining Science* 50 (3): 423–430.
11. Ma, Y.C., A.Z. Lu, and H. Cai. 2020. An analytical method for determining the non-enclosed elastoplastic interface of a circular hole. *Mathematics and Mechanics of Solids* 25 (5): 1199–1213.
12. Kastner, H. 1962. *Statik des Tunnel- und Stollenbaues auf der Grundlage geomechanischer Erkenntnisse*. Berlin/Heidelberg: Springer-Verlag.
13. Detournay, E. 1986. An approximate statical solution of the elastoplastic interface for the problem of Galin with a cohesive-frictional material. *International Journal of Solids and Structures* 22 (12): 1435–1454.
14. Detournay, E., and C. Fairhurst. 1987. Two-dimensional elastoplastic analysis of a long, cylindrical cavity under non-hydrostatic loading. *International Journal of Rock Mechanics and Mining Sciences and Geomechanics Abstracts* 24 (4): 197–211.
15. Wei, Y.G. 1990. Perturbation solutions for elasto-plastic analysis of circular tunnel under unequal compression in two directions. *Chinese Journal of Geotechnical Engineering* (04): 11–20.
16. Storn, R., and K. Price. 1997. Differential evolution—a simple and efficient heuristic for global optimization over continuous spaces. *Journal of Global Optimization* 11 (4): 341–359.
17. Булычев, H.C. 1982. *Underground construction mechanics*. Moscow, Russia.
18. Wang, M.B., and S.C. Li. 2009. A complex variable solution for stress and displacement field around a lined circular tunnel at great depth. *International Journal for Numerical and Analytical Methods in Geomechanics* 33 (7): 939–951.
19. Li, Y.P., and H.H. Liu. 1988. FEM analysis of deformation behavior of surrounding rock at face end for typic caverns. *Journal of Xi'an University of Science and Technology* 8 (2): 1–8.
20. Yang, Z.F., Z.F. Liu, and S.J. Wang. 1983. A practical back-analysis method from displacements to estimate some parameters of rock mass for design of an underground opening. In *Proceeding of International Symposium on Field Measurements in Geomechanics*, Zurich, 1267–1276.
21. Zhu, W.S., S.S. Lin, J.Q. Zhu, G.Y. Dai, and C.Z. Zhan. 1987. Some practical cases of back analysis of underground opening deformability concerning time and space effects. In *Proceedings of the 6th International Conference on Rock Mechanics*, Montreal, vol. 2, 1325–1356.
22. Zhu, W.S., J.Q. Zhu, G.Y. Dai, C.Z. Zhan, and S.S. Lin. 1989. Some practical cases of back analysis of underground openings deformability concerning effects of time and space. *Chinese Journal Rock Mechanics and Engineering* 8 (4): 346–353.
23. Lu, A.Z., L.Q. Zhang, and N. Zhang. 2011. Analytic stress solutions for a circular pressure tunnel at pressure and great depth including support delay. *International Journal of Rock Mechanics & Mining Science* 48 (3): 514–519.

24. Lu, A.Z., N. Zhang, H.Y. Chen, Y. Qin, and L.Q. Zhang. 2014. Analytic stress solutions for a circular pressure tunnel at great depth including support delay and pure slip boundary condition. In *Rock Engineering and Rock Mechanics: Structures in and on Rock Masses*, ed. by L. Alejano, A. Perucho, C. Olalla, and R. Jiménez.
25. Lu, A.Z., C.L. Yin, and N. Zhang. 2019. Analytic stress solutions for a lined circular tunnel under frictional slip contact conditions. *European Journal of Mechanics—A/Solids* 75: 10–20.
26. Yin, C.L., and A.Z. Lu. 2020. A new solution for frictional slip contact between surrounding rock and lining in a hydraulic circular tunnel. *Chinese Journal of Theoretical and Applied Mechanics* 52 (1): 247–257.
27. Wang, H.Y. 2020. Viscoelastic analysis for surrounding rock and lining in underground tunnels. Thesis for the master degree, North China Electric Power University.
28. Zhu, H.H. 2011. *Underground building structures*. China Building Industry Press.
29. Zhang, N.N. 2015. Mechanical analysis on secondary lining of high speed railway tunnel. Thesis for the master degree, Beijing Jiaotong University.
30. El Naggar, Hany, Sean D. Hinchberger, and K.Y. Lo. 2008. A closed-form solution for composite tunnel linings in a homogeneous infinite isotropic elastic medium. *Canadian Geotechnical Journal* 45 (2): 266–287.
31. Lo, K.Y., and M.K. Yuen Clement. 1980. Design of tunnel lining in rock for long term time effects. *Canadian Geotechnical Journal* 18 (1): 24–39.
32. Wang, H.N., S. Utili, and M.J. Jiang. 2014. An analytical approach for the sequential excavation of axisymmetric lined tunnels in viscoelastic rock. *International Journal of Rock Mechanics and Mining Sciences* 68: 85–106.
33. Su, F., F.Q. Chen, and Y.Z. Shi. 2012. Analytic continuation solution of deep twin-tunnels. *Chinese Journal of Rock Mechanics and Engineering* 31 (2): 365–374.
34. Chen, Z.Y. 1994. *Analytical methods in rock mechanics analysis*. Beijing: China Coal Industry Publishing House.
35. Wang, H.N., S. Utili, M.J. Jiang, and P. He. 2015. Analytical solutions for tunnels of elliptical cross-section in rheological rock accounting for sequential excavation. *Rock Mechanics and Rock Engineering* 48 (5): 1997–2029.
36. Muskhelishvili, N.I. 1953. *Some basic problems of mathematical theory of elasticity*. Groningen, Holland: P. Noordhoff.
37. Simanjuntak, T.D.Y.F., M. Marence, A.E. Mynett, and A.J. Schleiss. 2014. Pressure tunnels in non-uniform in situ stress conditions. *Tunnelling and Underground Space Technology* 42 : 227–236.
38. Deere, D.U., R.B. Peck, H. Parker, et al. 1970. Design of tunnel support systems. *Highway Research Record*.
39. Leca, E., and G.W. Clough. 1992. Preliminary design for NATM tunnel support in soil. *Journal of Geotechnical Engineering* 118 (4): 558–575.
40. Wang, H.N., Y. Li, Q. Ni, S. Utili, M.J. Jiang, and F. Liu. 2013. Analytical solutions for the construction of deeply buried circular tunnels with two liners in rheological rock. *Rock Mechanics and Rock Engineering* 46 (6): 1481–1498.
41. Wu, Q.L., and A.Z. Lu. 2011. Stress analytical solution for plane problem of a thick-walled cylinder subjected to a type of non-uniform distributed pressures. *Engineering Mechanics* 28 (6): 6–10.
42. Wu, Q.L., A.Z. Lu, Y.T. Gao, S.C. Wu, and N. Zhang. 2014. Stress analytical solution for plane problem of a double-layered thick-walled cylinder subjected to a type of non-uniform distributed pressure. *Journal of Central South University* 21 (5): 2074–2082.
43. Zhang, N. 2002. Study on the current crustal stress field in the rock mass. Thesis for the master degree, Zhejiang University.
44. Feng, X.T., B.R. Chen, C.X. Yang, H. Zhou, and X.L. Du. 2006. Identification of viscoelastic models for rocks using genetic programming coupled with the modified particle swarm optimization algorithm. *International Journal of Rock Mechanics & Mining Sciences* 43 (5): 789–801.

Chapter 5
Analytical Solutions for Mechanical Analysis of Deep-Buried Non-circular Tunnels

5.1 Elastoplastic Solution for Non-circular Tunnels

There have been many studies on the elastic–plastic problems of circular tunnels in the past, especially for axisymmetric problems, which have been extensively researched. For the non-axisymmetric problems with non-hydrostatic stresses, the authors discussed the distribution of the plastic zone around the circular tunnel using analytical methods in Sects. 4.1 and 4.2. The reason why circular tunnels have been selected for analysis in the past is mainly because the geometric shape of the tunnels is simple and easy to analyze, rather than because circular tunnels are more commonly used in engineering. Generally speaking, the cross-sectional shape of a tunnel mainly depends on its spatial usage requirements and considerations for a better stress state. The design of a tunnel aims to meet usage requirements and stability while achieving economic efficiency. Of course, the cross-section of a tunnel is also influenced by factors such as construction methods and geological conditions. In underground engineering, elliptical, horseshoe-shaped, three-centered arch-shaped, and vertical-walled semicircle shaped tunnels have been widely used. However, there has been relatively little research on the elastoplastic problems of these types of tunnels in the past. The results given are mostly obtained through model tests and numerical methods. The research based on the analytical methods is relatively scarce.

In 1990, Wei [1] used the perturbation method to perform elastoplastic analysis on an oval tunnel, providing a second-order solution for both stress expressions and elastoplastic boundary expressions. However, this method has certain limitations. When solving the elastoplastic boundary of a non-circular tunnel, many scholars use the existing solutions of circular tunnels to approximate the original problem by using the mapping method [2, 3] or the equivalent radius method [4] under some inappropriate assumptions.

For circular tunnels, the stresses in the plastic zone around the tunnels can be obtained through analytical methods. However, for non-circular tunnels, it is impossible to obtain an explicit stress expression in the plastic zone. In this section, the

A. Lu et al., *Complex Variable Function Solutions in the Mechanical Analysis of Tunnels*, https://doi.org/10.1007/978-981-97-1691-3_5

stresses in the plastic zone are numerically solved by the slip line theory in plastic mechanics. Similar to Sects. 4.1 and 4.2, the elastic region outside the elastoplastic boundary is conformally mapped to the exterior of the unit circle in the image plane using a mapping function to solve the problem. The mapping function used which is given by Eq. (1.1) in Chap. 1 can still be applied.

Of course, both the stress fields in the elastoplastic boundary and the elastic region are unknown. However, the coefficients of the mapping function can reflect the size and shape of the plastic zone, and then the stress field in the elastic region can be represented by two analytic functions.

A nonlinear equation system which contains the mapping function coefficients and analytic function coefficients based on the stress continuity conditions at the elastoplastic interface is established. This will turn the problem of determining the elastoplastic boundary into an optimization problem for solving the coefficients of the mapping function and the analytic functions. Furthermore, the mapping function coefficients are set as design variables, and the differential evolution algorithm continues to be used to determine them. In fact, the solution obtained by this method is not an accurate analytical solution, and the error mainly comes from the stress treatment in the plastic zone. Although the stress at each point calculated using the slip line is accurate, it is impossible to calculate the stress at each point in advance, and only the stress values at a finite number of points can be calculated. During the solution process, it is impossible to ensure that the points on the elastoplastic boundary exactly coincide with the selected calculation points, and the stress value at the nearest point can be selected to replace the stress at the points on the boundary. Therefore, the accuracy of this method depends on the density of stress calculation points in the plastic zone, and the obtained solution is actually a semi-analytical solution. However, the accuracy of this method can be verified by examples with accurate analytical solutions, mainly because the stress gradients at adjacent points in the plastic zone do not have the characteristics of abrupt changes. The following will first take the elliptical tunnel as an example, focusing on the impact of tunnel size, in-situ stress, rock properties and other parameters on the shape and size of the plastic zone [5].

As shown in Fig. 5.1, the deep buried non-circular tunnel is subjected to the vertical uniform in-situ stress P and the horizontal uniform in-situ stress Q at infinity, resulting in a non-circular plastic zone around the tunnel. The elastic–plastic boundary is still denoted as L. In most cases, the cross-section of the tunnel has a symmetry axis in the vertical direction, so the coordinate axis direction adopted in this section is different from the previous chapters. The x-axis is set as the symmetry axis of the tunnel along the vertical direction. When the in-situ stress is symmetric about the x-axis, the plastic zone must also be symmetric about the x-axis. When the boundary of a plastic zone with such a characteristic is described by a mapping function, its coefficient must be a real number, which brings great convenience to our solution. When solving the plastic zone around a non-circular tunnel in this section, the assumptions in Sects. 4. 1 and 4.2 are still used. Similar to Sect. 4.1, only the case where the plastic zone can completely enclose the tunnel is discussed, that is, the inner boundary of the tunnel is in a plastic state [6].

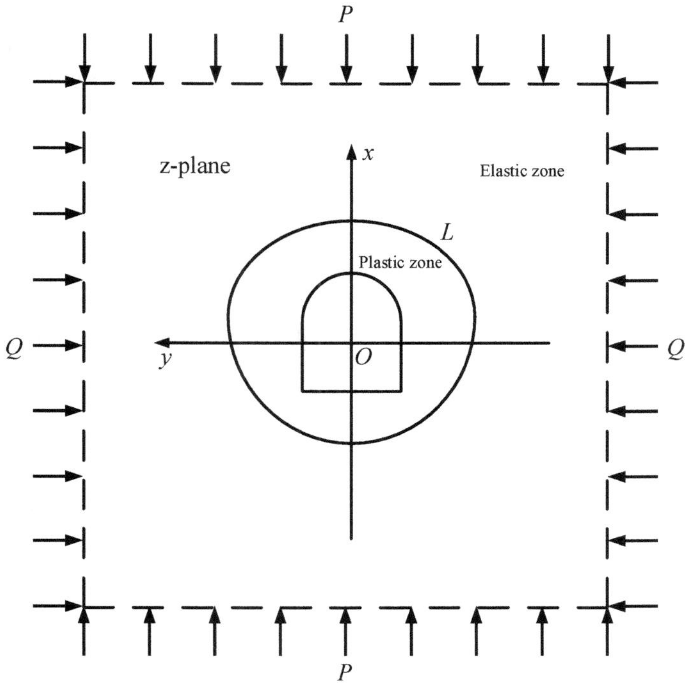

Fig. 5.1 The elastic and plastic zones in the vicinity of a non-circular and deep buried tunnel subjected to in-situ stresses at infinity

5.1.1 Plastic Stresses Determined by Slip Line Theory

After the tunnel surrounding rock reaches plasticity, the surrounding rock is in a limit equilibrium state. At each point, both the equilibrium equations and the yield condition expressed in terms of stress components are satisfied. When the plane strain problem is discussed and the yield condition is independent of the intermediate principal stress, the stress components σ_x, σ_y, τ_{xy} in the plastic zone can be determined by two equilibrium partial differential equations and one yield condition. There are three equations and three unknowns. The problem is solvable without the consideration of constitutive equations or geometric equations. This is a specific class of statically determinate problems in plastic mechanics. For the circular tunnel discussed in Sects. 4.1 and 4.2, it is easy to obtain explicit analytical expressions for the three stress components using polar coordinates. But for a non-circular tunnel, it is impossible to find such a closed-form solution. Therefore, in the following, the slip line method in plastic mechanics will be used to solve for the stresses in the plastic zone.

The theory of slip lines (also known as characteristics lines) originated from the study of metal plastic deformation. It gradually developed into a precise method for solving boundary value problems in plastic mechanics, combining graphical methods and numerical calculations, based on the mechanical analysis of the maximum shear stress trajectory in ideal plastic deformation of materials. It is an important component of classical plasticity theory.

The slip line method, as a numerical method, can be used to study the stress field in the plastic limit state. The slip line theory plays an important role in many rock and soil problems, such as the calculation of earth pressure of vertical retaining wall, the limit stability curve of slope and bearing capacity of strip foundation. The problem it describes is to determine the maximum external load that the structure can withstand, given the shape of the plastic region. The problem discussed in this section does not have such characteristics, but we can use this theory to calculate the stress in the plastic zone. What we need to solve is actually an inverse problem, which is to determine the shape of the plastic zone formed in tunnel surrounding rock when the load (in-situ stress) is known.

Under the condition that the surrounding rock reaches plasticity, the slip line method can be used to calculate the stresses in the surrounding rock. The stresses in the plastic zone only depend on the shape of the tunnel and the external load acting on the tunnel edge, and the stresses are independent of the in-situ stresses acting far away. Therefore, when solving this problem, the stress field of the plastic zone in a larger area should be calculated in advance. Of course, for a specific load case, the plastic stress in some external areas calculated in advance may not be used in the process of finding the elastic–plastic boundary.

Figure 5.2 shows an elliptical tunnel, where a plastic zone is formed around the tunnel, and the dashed curve represents the elastic–plastic boundary. The two intersecting solid curves represent the slip lines (characteristic lines). Before determining the elastic–plastic boundary, the slip lines were drawn based on the stress calculation results, and the area of the slip lines drawn exceeds the actual size of the plastic zone.

The slip line method, as a numerical method combining graphics, can only provide the plastic stress values of discrete points (the intersection of two sets of slip lines) in the plastic zone. The plastic stresses on each point of L can be obtained only when the number of s which means the points on tunnel edge increases to infinity. This is obviously impossible to achieve in practical calculations, as s can only take a finite value. Thus, when a point z on L is not located at the intersection of the two sets of slip lines, the stresses on point z are approximately replaced by the stresses on point Q_{kj} which is closest to z. This treatment will bring some errors but greatly improve the computational efficiency. We define the distance between point z and point Q_{kj} as d_Q, and then

$$d_{\max} = \max_{z \in L}\left(d_Q\right)$$

can be used to estimate the errors. In this way, the errors will be acceptable as long as d_{max} is sufficiently small and approaches zero.

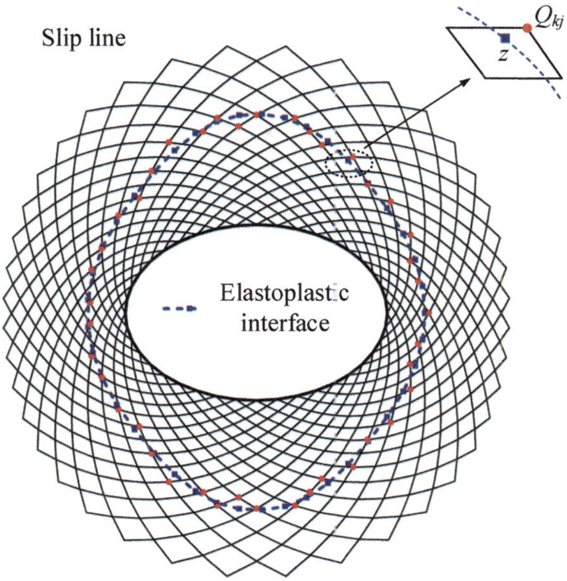

Fig. 5.2 The elastic–plastic interface and the slip lines when s takes 40

5.1.2 Stress Continuity Condition on the Elastic–Plastic Boundary

In Chap. 4, the complex function representation of the elastic stress combination formula in an infinite domain outside an arbitrary hole has been introduced. By substituting Eqs. (4.20), (4.21) into Eqs. (2.4) and (2.6) and by setting the complex variable on the elastic–plastic interface L as σ, the combined formula for the elastic stresses σ_x^e, σ_y^e, and τ_{xy}^e on the interface L can be obtained as follows:

$$\sigma_x^e + \sigma_y^e = 4B + 2\sum_{k=1}^{n} a_k \sigma^{-k} + 2\sum_{k=1}^{n} a_k \sigma^k \tag{5.1}$$

$$\sigma_y^e - \sigma_x^e + 2i\tau_{xy}^e = 2\left[\frac{\overline{\omega(\sigma)}}{\omega'(\sigma)}\sum_{k=1}^{n} -ka_k\sigma^{-k-1} + B' + \sum_{k=1}^{n} b_k\sigma^{-k}\right] \tag{5.2}$$

where $B = (P + Q)/4$, $B' = (Q - P)/2$, same as the approach in the previous two chapters, both analytic functions $\varphi_1(z)$ and $\psi_1(z)$ are approximated by n terms in practical computation.

The stress components σ_x^p, σ_y^p, τ_{xy}^p at a finite number of points on the elastic–plastic boundary L can be obtained by the slip-line method. The value of each stress component depends on the coefficients of the mapping function. Herein, we will transform these stress components into the form of stress combinations. Since the combinations are both function of σ and have a period of 2π, the Fourier series can be approximated by the stress components at a finite number of points as follows:

$$\sigma_x^p + \sigma_y^p = 2\left(d_0 + \sum_{k=1}^{n} d_k\sigma^{-k} + \sum_{k=1}^{n} d_k\sigma^k\right) \tag{5.3}$$

$$\sigma_y^p - \sigma_x^p + 2i\tau_{xy}^p = 2\left[e_0 + \sum_{k=1}^{n} e_k'\sigma^{-k} + \sum_{k=1}^{n} e_k\sigma^k\right] \tag{5.4}$$

where the left-hand side represents the computed values of the stress components at some discrete points on the elastic–plastic boundary that depend on the coefficients of the mapping function. The right-hand side consists of real constants d_0, d_k, e_0, e_k, $e_k{\prime}$ can be determined using the method of solving linear equations.

When performing specific calculations, select $2n + 1$ points on L, corresponding to $2n + 1$ θ_j values selected within the range of $[0, 2\pi]$:

$$\theta_j = \frac{2\pi(j-1)}{2n+1},\ j = 1, 2, \cdots, 2n+1 \tag{5.5}$$

That means the range $[0, 2\pi]$ is divided into $2n + 1$ equal parts.

Substitute θ_j into Eqs. (5.3) and (5.4), and the values of the left ends of Eqs. (5.3) and (5.4) are defined as G_j and H_j, respectively. That is

$$G_j = \left(\sigma_x^p + \sigma_y^p\right)_j \tag{5.6}$$

$$H_j = \left(\sigma_y^p - \sigma_x^p + 2i\tau_{xy}^p\right)_j \tag{5.7}$$

where $\sigma_j = e^{i\theta_j}$.

Thus, a complex linear equation system for solving d_0, d_k, e_0, e_k, and e_k' can be established as follows:

$$\mathbf{ID} = \mathbf{G}/2 \tag{5.8}$$

$$\mathbf{IE} = \mathbf{H}/2 \tag{5.9}$$

where

$$\mathbf{I} = \begin{bmatrix} e^{-in\theta_1} & e^{-i(n-1)\theta_1} & \cdots & e^{-i\theta_1} & 1 & e^{i\theta_1} & \cdots & e^{i(n-1)\theta_1} & e^{in\theta_1} \\ e^{-in\theta_2} & e^{-i(n-1)\theta_2} & \cdots & e^{-i\theta_2} & 1 & e^{i\theta_2} & \cdots & e^{i(n-1)\theta_2} & e^{in\theta_2} \\ \vdots & \vdots & \cdots & \vdots & \vdots & \vdots & \cdots & \vdots & \vdots \\ e^{-in\theta_{2n+1}} & e^{-i(n-1)\theta_{2n+1}} & \cdots & e^{-i\theta_{2n+1}} & 1 & e^{i\theta_{2n+1}} & \cdots & e^{i(n-1)\theta_{2n+1}} & e^{in\theta_{2n+1}} \end{bmatrix},$$

$$\mathbf{G} = \left[G_1\, G_2\, \cdots\, G_{2n+1}\right]^{\mathrm{T}},$$
$$\mathbf{H} = \left[H_1\, H_2\, \cdots\, H_{2n+1}\right]^{\mathrm{T}},$$
$$\mathbf{D} = \left[d_n\, d_{n-1} \cdots d_1\, d_0\, d_1 \cdots d_{n-1}\, d_n\right]^{\mathrm{T}},$$
$$\mathbf{E} = \left[e'_n\, e'_{n-1} \cdots e'_1\, e_0\, e_1 \cdots e_{n-1}\, e_n\right]^{\mathrm{T}}.$$

Because **I**, **G**, and **H** are all complex numbers, Eqs. (5.8) and (5.9) are complex linear equations related to **D** and **E**. For the symmetric problem, the resulting **D** and **E** values are real numbers.

Based on Eqs. (5.1)–(5.4), the stress continuity equations on the elastic–plastic interface L can be established, that is:

$$d_0 + \sum_{k=1}^{n} d_k \sigma^{-k} + \sum_{k=1}^{n} d_k \sigma^{k} = 2B + \sum_{k=1}^{n} a_k \sigma^{-k} + \sum_{k=1}^{n} a_k \sigma^{k} \tag{5.10}$$

$$e_0 + \sum_{k=1}^{n} e'_k \sigma^{-k} + \sum_{k=1}^{n} e_k \sigma^{k} = \frac{\overline{\omega(\sigma)}}{\omega'(\sigma)} \sum_{k=1}^{n} -k a_k \sigma^{-k-1} + B' + \sum_{k=1}^{n} b_k \sigma^{-k} \tag{5.11}$$

5.1.3 Determination of Plastic Zone

Compare the same power of σ in Eq. (5.6), we get

$$d_0 = 2B \tag{5.12}$$

$$a_k = d_k (k = 1, 2, \ldots n) \tag{5.13}$$

The first part of the right-hand side of Eq. (5.11) can be expressed as

$$\frac{\overline{\omega(\sigma)}}{\omega'(\sigma)} \sum_{k=1}^{n} -k a_k \sigma^{-k-1} = -\left(\sum_{k=1}^{\infty} f'_k \sigma^{-k+1} + \sum_{k=1}^{m} f_k \sigma^{k}\right) \sum_{k=1}^{n} k a_k \sigma^{-k-1} \tag{5.14}$$

where the coefficients f_k and $f_k\prime$ are respectively the coefficients L_k and L'_k in Sect. 4. 1, which can be directly given by the mapping function coefficients C_k.

Then, the following relations can be obtained by comparing the same power of σ in Eq. (5.11).

$$\begin{cases} e_0 = -\sum\limits_{j=1}^{m-1} jf_{j+1}a_j + B' \\ e_k = -\sum\limits_{j=1}^{m-k-1} jf_{j+k+1}a_j (k = 1, 2, \ldots, m-2) \\ e_k = 0 (k = m-1, m, \ldots, n) \end{cases} \tag{5.15}$$

$$\begin{cases} b_1 = e'_1 + \sum\limits_{j=1}^{m} jf_j a_j \\ b_k = e'_k + \sum\limits_{j=1}^{m} (k+j-1) f_j a_{k+j-1} + \sum\limits_{j=1}^{k-1} ja_j f'_{k-j} (k = 2, 3, \ldots, n-m+1) \\ b_k = e'_k + \sum\limits_{j=1}^{n+1-k} (k+j-1) f_j a_{k+j-1} \\ \quad + \sum\limits_{j=1}^{k-1} ja_j f'_{k-j} (k = n-m+2, n-m+3, \ldots, n) \end{cases} \tag{5.16}$$

The nonlinear equations are established for solving the mapping function coefficients R, $C_k (k = 1, 3, 5, \ldots, m)$ based on Eqs. (5.12) and (5.15).

The coefficients d_0, e_0, a_k, e_k are only related to R and C_k. There are $n + 2$ equations and $m + 2$ unknowns. When $n > m$ is taken, this is a nonlinear system of equations with a greater number of equations than the number of unknowns, which can be solved using optimization techniques.

In particular, if the tunnel is symmetric about the y-axis, then C_k is equal to 0 when k is even, which greatly reduces the number of unknowns. Obviously, based on Eqs. (5.12) and (5.15), the objective function can be constructed as:

$$f(X) = |d_0 - 2B| + \left| e_0 - B' + \sum_{j=1}^{m-1} jf_{j+1}a_j \right| + \sum_{k=1}^{m-2} \left| e_k + \sum_{j=1}^{m-1} jf_{j+k+1}a_j \right| + \sum_{k=m-1}^{n} |e_k|$$
$$X \in [R, C_1, C_3, \ldots, C_m] \tag{5.17}$$

This section takes R and C_k as design variables and continues to use differential evolution algorithm for solution. When the value of the objective function (5.17) is very close to 0, it indicates that the stress continuity Eqs. (5.10) and (5.11) are well satisfied. In the algorithm, the population size is set to 20 and the number of iterations is set to 200. The R^* and C_k^* values which minimize $f(X)$ are exactly the mapping function coefficients to be determined, and the closed curve depicted by them is the elastic–plastic boundary.

5.1.4 Validation for Plastic Stress Accuracy

The analytical expressions for the stresses in plastic zone around a circular tunnel has been given in Sect. 4.1, that is, Eqs. (4.9)–(4.11). The slip line theory is a universal numerical solution for solving plastic stress fields. The method can be applied to arbitrary non-circular tunnel without symmetry, and undoubtedly, it is also applicable to circular tunnels.

Consider a circular tunnel with a radius of 1 m, and compare the plastic stress components obtained by analytical and numerical methods, as shown in Fig. 5.3. The rock parameters are defined as $c = 5\text{MPa}$, $\varphi = 30°$. And the number s of the points on tunnel edge is set as 100 in Fig. 5.3. It shows that the stresses σ_r^p, σ_α^p, and $\tau_{r\alpha}^p$ obtained by the two methods are highly consistent, which ensures the reliability of the slip line method.

The parameters that affect the calculation accuracy of this section include the number of mapping function terms m, the number of analytic function terms n, and the number s of points taken on the tunnel boundary when using the slip-line theory to solve the stresses in the plastic zone. The impact of m and n on calculation accuracy can be explored using the methods in Sects. 4.1 and 4.2. Herein, the conclusion is given directly. For elliptical tunnels, it is found that when m and n are set to 7 and 20 respectively, sufficient precision can be achieved. For other complex tunnel shapes, it is recommended that m and n should be set to 10 and 40 respectively.

In Sect. 5.1.3, it was suggested to use $d_{\max}$ to evaluate the effect of the value of s on the stress error at the elastic–plastic boundary L. In this section, it is recommended that the value of s should be adjusted appropriately during the calculation process to ensure that the calculation achieves satisfactory accuracy. In all the following examples in this section, it is found that when $d_{\max}$ is less than 1.5 cm, further

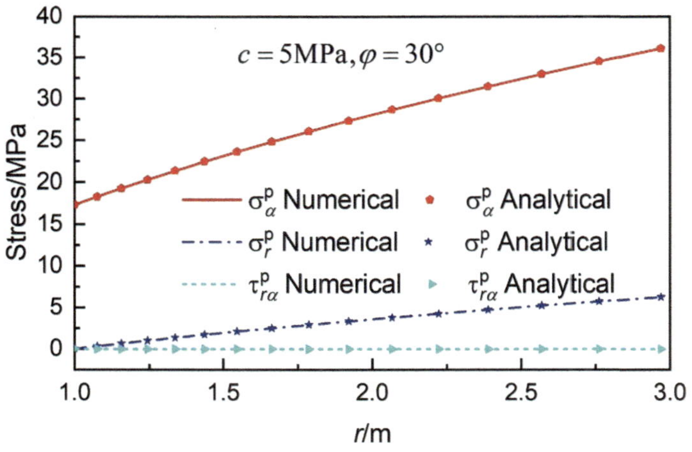

Fig. 5.3 The plastic stresses along the radial direction obtained by numerical solution and analytical solution

improvement in accuracy cannot be achieved significantly. Therefore, s is adjusted in each example to ensure that $d_{\max}$ does not exceed 1.5 cm.

5.1.5 *Verification*

Consider an elliptical tunnel with a horizontal semi-axis of 1.5 m and a vertical semi-axis of 1 m. The cohesion and internal frictional angle of the rock mass are $c = 5$ MPa and $\varphi = 30°$, respectively. Under the action of vertical in-situ stress $P = 20$ MPa and horizontal in-situ stress $Q = 30$ MPa, a plastic zone that completely surrounds the tunnel is formed. The FLAC3D software is used to make a numerical simulation. The comparison between the numerical solution and the semi-analytical solution is shown in Fig. 5.4.

The sketch of the numerical simulation model is shown in Fig. 5.4a, the elastic modulus and Poisson's ratio of the model are 20 GPa and 0.3, respectively. In view of the symmetry, only quarter of the actual model is built to analyze (that is, the upper right part of the elliptical tunnel), which greatly improves the calculation efficiency. The model size is as large as 15 m × 15 m to simulate the infinite domain problem. The 8-node hexahedral element is used to mesh the model. After meshing, the model contains a total of 9925 brick elements and 20,312 nodes. The displacement in the direction perpendicular to the paper is set to zero for the entire model to simulate a plane strain problem. In addition, the displacement in the horizontal direction on the left side of the model and in the vertical direction at the bottom of the model are fixed to zero. When the simulation is over, there are 875 yield elements in total, and the outermost yield elements are plotted to compare with the elastic–plastic interface obtained by the presented semi-analytical method. The mapping function coefficients describing the interface are listed in Table 5.1.

Figure 5.5a and b respectively show the contour lines of the maximum and minimum principal stresses drawn using two methods. The solid line in the figure represents the contour lines obtained by the slip-line method, while the dashed line represents the contour lines obtained by FLAC. Figures 5.4b and 5.5 demonstrate the good agreement between the two methods in obtaining the elastic–plastic interface and plastic stress field, which reflects the reliability of the methods proposed in this section.

5.1.6 *Analysis and Discussion*

5.1.6.1 Plastic Zones for Various Rock Parameters

This section takes an elliptical tunnel as an example to explore the changes in the plastic zone around an elliptical tunnel with various parameters. The semi-axes of the elliptical tunnel are $a = 1.5$ m and $b = 1.0$ m. The in-situ stresses are fixed as

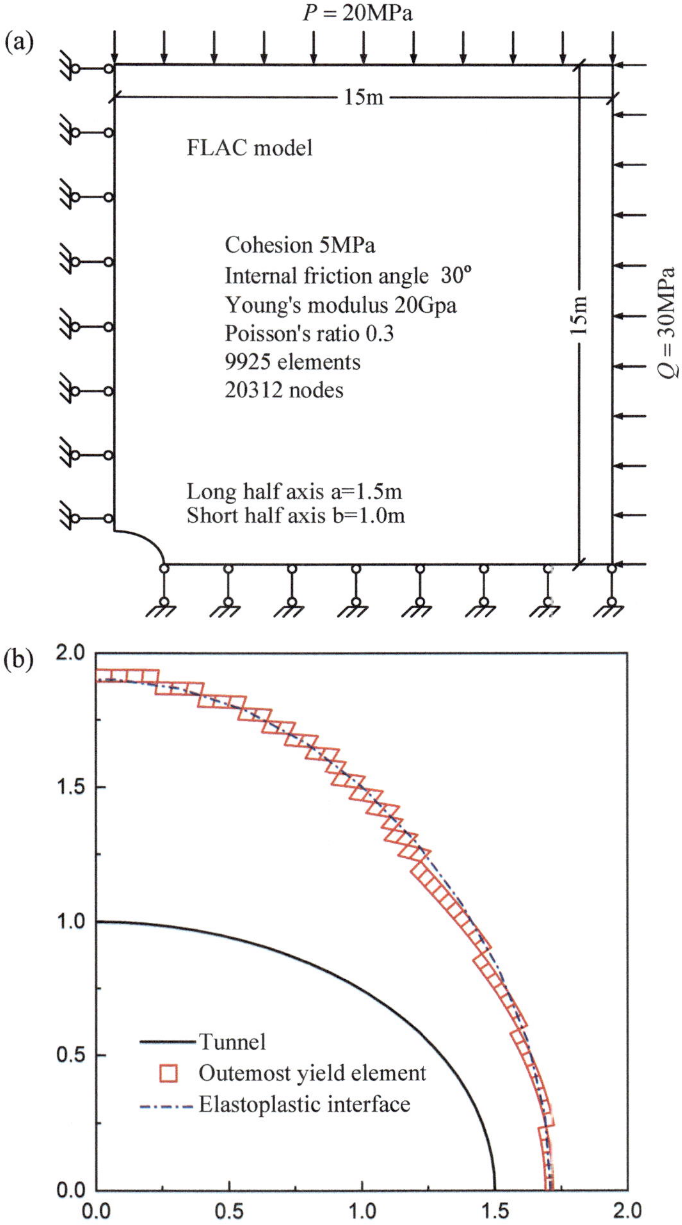

Fig. 5.4 Numerical validation with the help of FLAC3D software: **a** The sketch of the FLAC model, **b** The elastic–plastic interface obtained by the semi-analytical method and the outermost yield element simulated by FLAC

Table 5.1 The mapping function coefficients obtained by the semi-analytical method

R	C_1	C_3	C_5	C_7
1.7814	-6.0227×10^{-2}	1.6452×10^{-2}	3.4767×10^{-3}	9.7907×10^{-4}

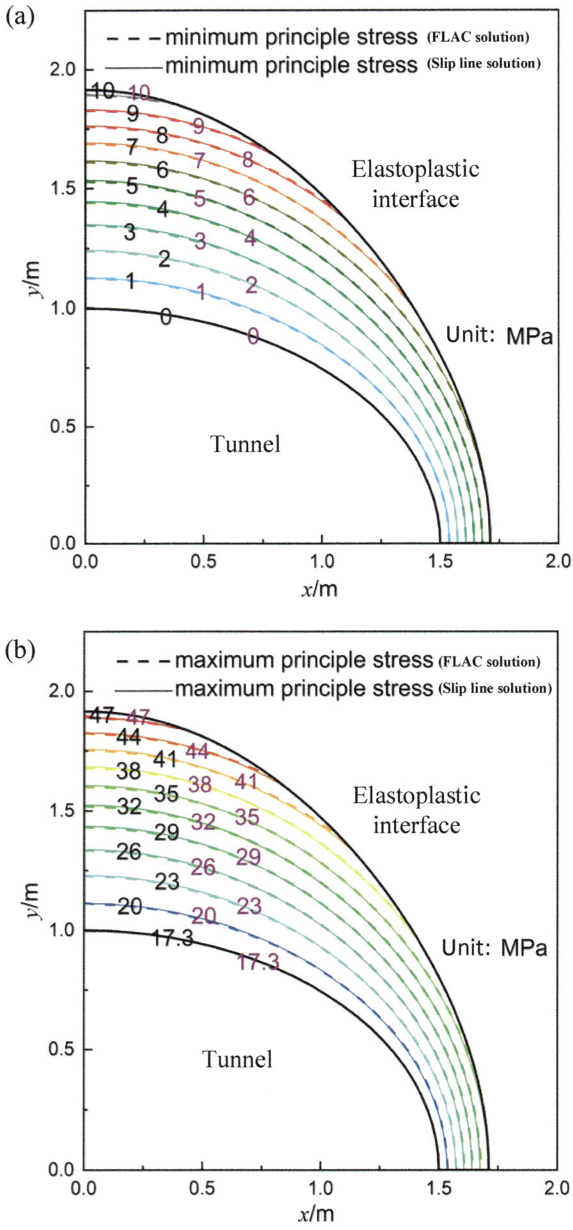

Fig. 5.5 The contours of principle stress plotted by the two methods: **a** The minimum principle stress, **b** The maximum principle stress

$P = Q = 30$ MPa. The influence of cohesion c and internal friction angle φ on the plastic zone is investigated in this section. The elastic–plastic interfaces L plotted by different c and φ are shown in Fig. 5.6a and b.

Figure 5.6 shows that c and φ have similar effects on the plastic zone. The plastic will be larger and the change of the area will be more drastic if c or φ is smaller. Especially when the values of c or φ are small enough, the plastic zone area will be very large. This is the same as the results obtained for circular tunnels, indicating that the stress distribution at various points on the elastic–plastic boundary far from the non-circular tunnel tends to be similar. As c or φ increases, the elastic–plastic boundary will no longer enclose the inner boundary of the tunnel, or more precisely, the top and bottom of the tunnel will first fail to yield. The development degree of

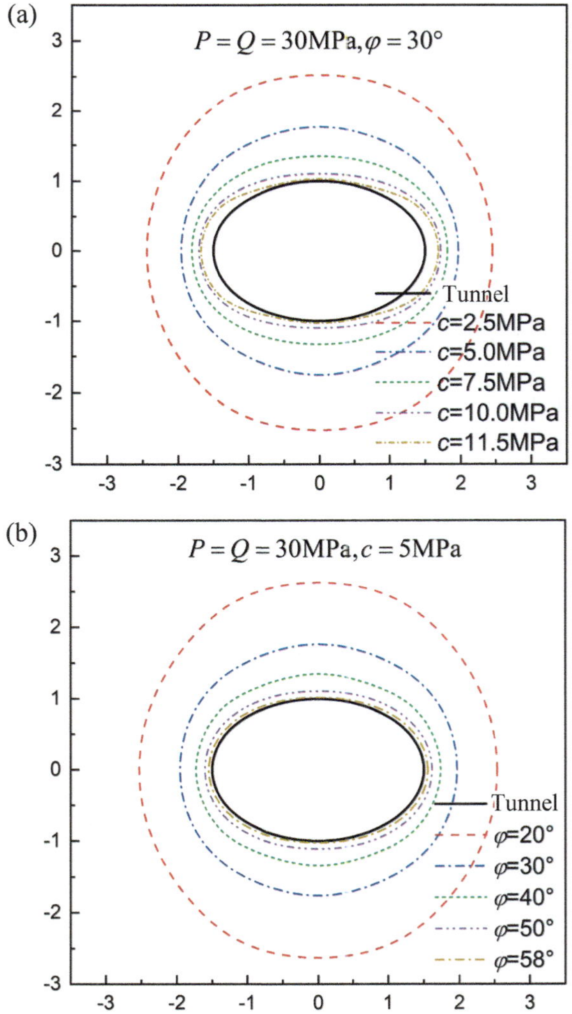

Fig. 5.6 The plastic zones of rock mass with different: **a** cohesions, **b** internal friction angles

the plastic zone along the horizontal and vertical directions is not the same, and the development degree is related to c and φ. When c or φ is large, the plastic zone develops most rapidly along the horizontal direction (i.e., the direction of the long axis of the elliptical tunnel), and the plastic area is greater than that along the vertical direction (i.e., the direction of the short axis of the elliptical tunnel). When c or φ is small, the opposite is true. The plastic zone develops most rapidly along the vertical direction, forming an area greater than that along the horizontal direction.

5.1.6.2 Influence of In-Situ Stresses on Plastic Zone

The size of the elliptical tunnel remains the same as in the last section, and the rock mass parameters are taken as $c = 5\text{MPa}$, $\varphi = 30°$ to investigate the influence of the in-situ stresses P and Q on the plastic zone. The elastic–plastic boundary L obtained by different P and Q is shown in Fig. 5.7a and b, respectively.

Figure 5.7a indicates that as the horizontal in-situ stress Q increases, the plastic zone rapidly expands in the vertical direction and slightly contracts in the horizontal direction. Figure 5.7b shows that as the vertical in-situ stress P increases, the plastic zone contracts in the vertical direction and expands in the horizontal direction, with similar magnitudes of change in both directions. When the in-situ stresses are hydrostatic, the shape of the plastic zone is close to circular.

When there is a large difference between the two in-situ stresses, the plastic zone may not completely enclose the tunnel. Specifically, when the horizontal in-situ stress is small, the top and bottom of the tunnel first fail to yield. When the vertical stress is small, the left and right sides of the tunnel first fail to yield. This also means that if the difference between the two in-situ stresses is too large, local plastic deformation will occur around the tunnel.

5.1.7 Plastic Zones Around Common Tunnels

The above calculation examples are based on a large number of parameter analyses of an elliptical tunnel. Although some useful rules can be obtained, in engineering, the cross-section of the tunnel often has more complex shapes such as curved-wall horseshoe-shaped, vertical-wall semi-circular arch and vertical-wall three-centered circular arch tunnels.

In order to discuss the more general cases, the curved-wall horseshoe-shaped and the vertical-wall semi-circle shaped tunnels are considered to explore the distribution law of plastic zone under different in-situ stresses. The parameters are set as $P = 30$ MPa, $c = 5$ MPa and $\varphi = 30°$. Figures 5.8 and 5.9 respectively show the elastic–plastic boundary L when the horizontal in-situ stress Q is taken as 20 MPa, 30 MPa, 40 MPa and 50 MPa.

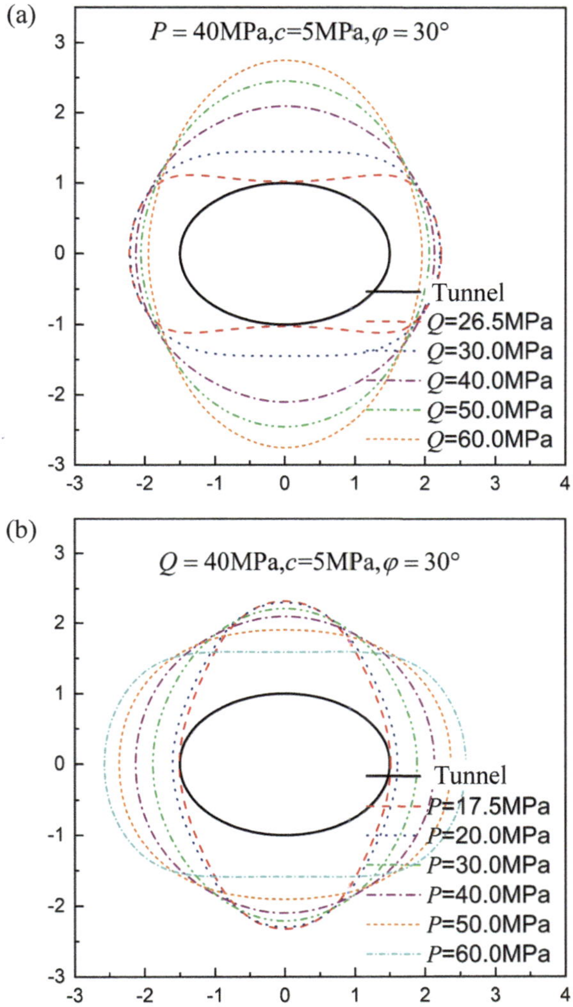

Fig. 5.7 The plastic zones: **a** for different horizontal stresses, **b** for different vertical stresses

It can be seen from Figs. 5.8 and 5.9 that the shape of the elastic–plastic boundary around the horseshoe-shaped tunnel and the vertical-wall semi-circular arch tunnel is more complex. With the change of the horizontal in-situ stress Q, the shape and size of the plastic zone change very sharply.

There still exists a general rule in its variation, that is, the larger the Q, the smaller the plastic zone generated on both sides of the tunnel, while the larger the plastic zone generated at the top and bottom of the tunnel.

At the corners of the arches on both sides of the horseshoe-shaped tunnel and the bottom of the s vertical-wall semi-circular arch tunnel, that is, where the curvature of the tunnel boundary is relatively large, the plastic zones generated are smaller. When the in-situ stress changes, the change of plastic zone in these places is not

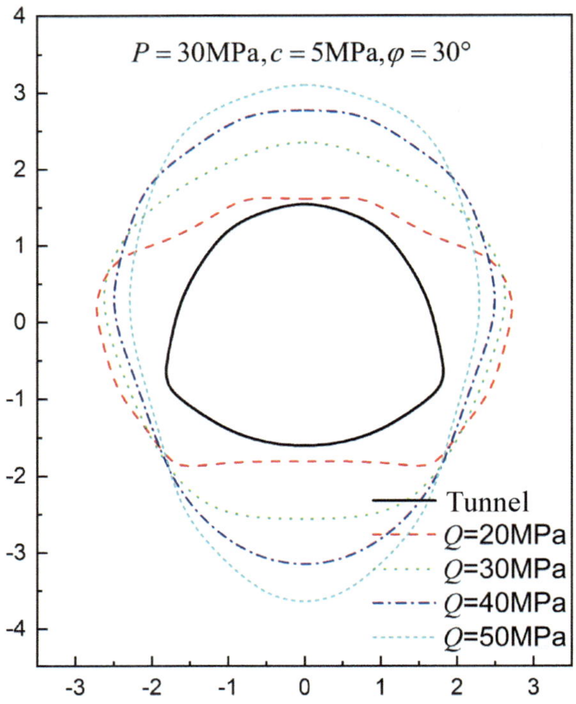

Fig. 5.8 The plastic zones around horse-shoe tunnel

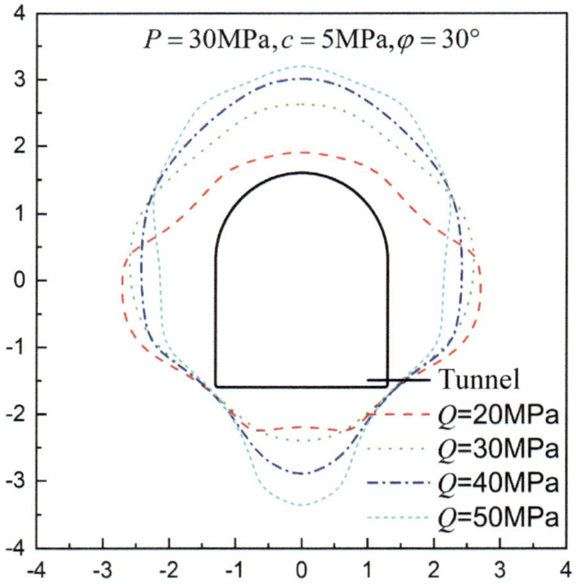

Fig. 5.9 The plastic zones around semi-circle vertical wall tunnel

obvious, and there is no large plastic zone. This conclusion is somewhat contrary to our common sense, which may be difficult to accept. Without the calculation results, it is difficult to identify such rules.

According to the well-known elasticity law, when the tunnel is in an elastic state, larger stress concentrations are easily generated in areas with large curvature at the edge of the tunnel, and those areas are the most susceptible to yielding. Therefore, it may be thought that larger plastic zones should be generated at the sharp points at the edges of the tunnel. When the in-situ stress is relatively small, such understanding may be reasonable, as except for the yielding state around the sharp points, the stress in other areas is not sufficient to generate plastic zones. However, when the in-situ stress is very large, the whole area around the tunnel has reached the plastic state. At this time, it is not appropriate to use the elastic law to judge the distribution characteristics of the plastic zone.

Through the examples in this section, it is found that for relatively complex non-circular tunnels, it is recommended to use negative power order m of the mapping function and order n of the analytic function to be 10 and 40, respectively. This value is larger than that required for elliptical tunnels, the values of m and n can be taken as 7 and 20 respectively, which can achieve high calculation accuracy.

5.2 Elastic Solution of Non-circular Tunnel with Linings—Perfect Bonding Contact

It is difficult to use the complex variable function method to solve problems of deep-buried tunnels with lining support. The more in-depth research focuses on the plane strain problem associated with a single circular tunnel with ring lining in infinite domain. This is discussed in detail in Chap. 4, and elastic solutions are provided for all three contact conditions between the surrounding rock and lining. Additionally, a viscoelastic analysis is also performed under the condition of perfect bonding contact. In this section, an elastic analysis will be conducted for non-circular tunnels with lining supports (Fig. 5.10) to obtain analytical solutions for stress and displacement [7, 8].

Similar to Sects. 4.3 to 4.5, the following assumptions are still valid for this section: the surrounding rock mass and the lining are always linear elastic under the action of in situ stresses and the interaction of them. the tunnel is deep enough, so that the problem can be simplified to be an infinite domain problem.

5.2.1 Excavation Induced Displacement

As the tunnel is unsupported, displacements in surrounding rock mass can be derived according to the following two analytic functions $\varphi_0(\zeta)$, $\psi_0(\zeta)$ given by Eqs. (2.76),

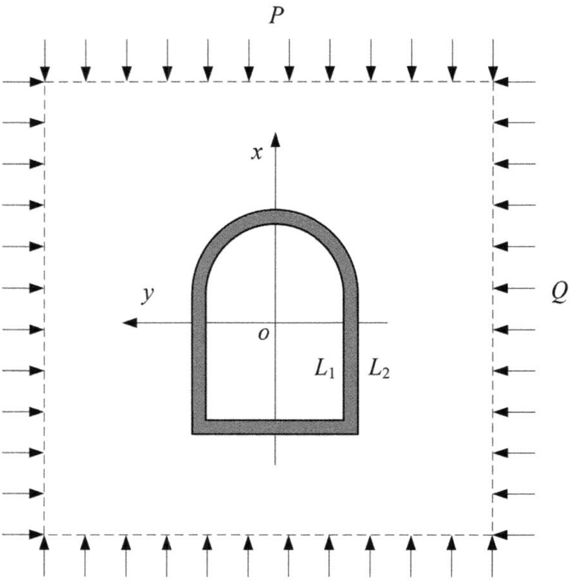

Fig. 5.10 Lined non-circular tunnel under an initial stress field

(2.82). For convenience, we will use $\varphi_1(\zeta)$ and $\psi_1(\zeta)$ to represent these two analytic functions [9].

$$\varphi_1(\zeta) = \sum_{k=1}^{n} a_k \zeta^{-k} \tag{5.18}$$

$$\psi_1(\zeta) = -\frac{\overline{\omega}(1/\zeta)}{\omega'(\zeta)}\varphi_1'(\zeta) + \sum_{k=1}^{n-2} S_k \zeta^k + S_0' - \frac{pR}{2}(1+\lambda)\zeta^{-1} + \frac{pR}{2}(1-\lambda)\sum_{k=1}^{n} c_k \zeta^{-k} \tag{5.19}$$

where $\lambda = Q/P$, a_k, S_k are real numbers, and their solution method is given in Sect. 2.6. Equation (5.19) is similar to Eq. (2.82) but has an additional parameter S_0'. S_0' does not affect the stress, but does affect the displacement. The expression for S_0' is given in Eq. (2.91).

The maximum displacement u_1^R, v_1^R, for an unsupported tunnel at any point in the surrounding rock mass, can be derived as

$$2G_1(u_1^R + iv_1^R) = \kappa_1\varphi_1(\zeta) - \frac{\omega(\zeta)}{\overline{\omega'(\zeta)}}\overline{\varphi_1'(\zeta)} - \overline{\psi_1(\zeta)} \tag{5.20}$$

Equation (5.20) is the total displacement induced by tunnel excavation without support. u_1^R,v_1^R are the displacement components in the x and y directions, respectively. The meaning of κ_1,G_1 are exactly the same as in Sects. 4.3–4.5.

5.2.2 *Analytic Function Expression for Displacement During the Support Stage*

As the non-circular tunnel is supported closely, the interaction of surrounding rock and lining is usually treated as an elastic contact problem. Suppose the tunnel is deep enough, the problem of monolithic lining can be treated as a ring-shaped elastomer embedded within an infinite domain. The transformation $z = \omega(\zeta)$ is introduced here to transform the complicated support across section in the z plane into a simpler ring-shaped region, in the ζ plane (Fig. 5.11). For simplicity, we suppose the inner and outer radius are R_0 and 1, respectively. The existing research assumes that $z = \omega(\zeta)$ takes the form of Eq. (1.1) in Chap. 1 and that the outer region of the tunnel excavation boundary can also be mapped to the outside of this ring region using the same mapping function. While this makes the solution process convenient, it is no longer applicable when the tunnel shape is complex and the lining is thick. A new method will be used to solve such problems in Sect. 5.4.

If the support is installed when the displacement is $\eta(0 \leq \eta \leq 1)$ times of the total displacement $u_1^R + iv_1^R$, the displacement $u_2^R + iv_2^R$ occurs before support installation can be written as

$$u_2^R + iv_2^R = \eta(u_1^R + iv_1^R) \tag{5.21}$$

where u_2^R,v_2^R are the displacement components in the x and y directions, respectively. The meaning of η are exactly the same as in Sects. 4.3–4.5.

Fig. 5.11 Transforming the support cross-section into a ring region in the ζ plane

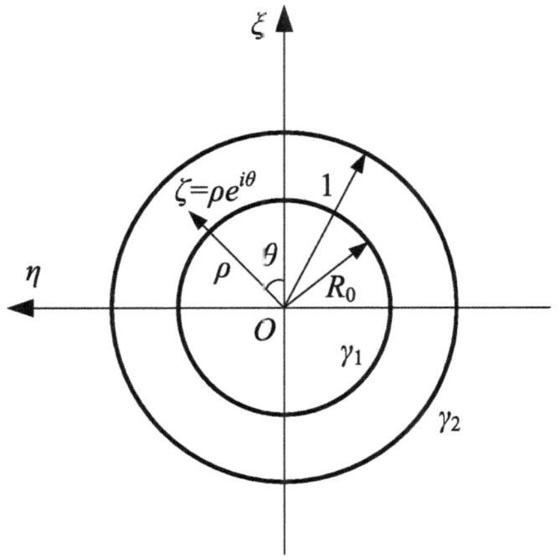

After the lining is applied, surrounding rock mass and lining interact with each other, which will restrict part of the displacement in the surrounding rock mass. The displacement reduced due to the lining support, expressed in terms of $u_3^R + iv_3^R$, can be solved using Eq. (5.22).

$$2G_1(u_3^R + iv_3^R) = \kappa_1\varphi_2(\zeta) - \frac{\omega(\zeta)}{\overline{\omega'(\zeta)}}\overline{\varphi_2'(\zeta)} - \overline{\psi_2(\zeta)} \tag{5.22}$$

where u_3^R,v_3^R are the displacement components in the x and y directions, respectively. $\varphi_2(\zeta)$,$\psi_2(\zeta)$ are two analytic functions in the outer region of unit circle γ_2 with only lining supported, the forms of which can be given as

$$\varphi_2(\zeta) = b_0 + \sum_{k=1}^{\infty} b_k\zeta^{-k} \tag{5.23}$$

$$\psi_2(\zeta) = d_0 + \sum_{k=1}^{\infty} d_k\zeta^{-k} \tag{5.24}$$

where b_0,d_0,b_k,d_k are constants to determined.

After the lining is applied, under the action of the surrounding rock mass, displacements u^L and v^L in any point of lining can be given as

$$2G_2(u^L + iv^L) = \kappa_2\varphi_3(\zeta) - \frac{\omega(\zeta)}{\overline{\omega'(\zeta)}}\overline{\varphi_3'(\zeta)} - \overline{\psi_3(\zeta)} \tag{5.25}$$

where u^L,v^L are the displacement components in the x and y directions, respectively. The meaning of κ_2,G_2 are exactly the same as in Sects. 4.3–4.5.

$\varphi_3(\zeta)$,$\psi_3(\zeta)$ in Eq. (5.25) are analytic functions in the ring-shaped region corresponding to the lining after the lining is applied, the forms of which can be given as

$$\varphi_3(\zeta) = p_0 + \sum_{k=1}^{\infty} e_k\zeta^{-k} + \sum_{k=1}^{\infty} f_k\zeta^{k} \tag{5.26}$$

$$\psi_3(\zeta) = q_0 + \sum_{k=1}^{\infty} g_k\zeta^{-k} + \sum_{k=1}^{\infty} h_k\zeta^{k} \tag{5.27}$$

where p_0, q_0, e_k, f_k, g_k, h_k are constants to determined.

If the lining is symmetrical about the x axis, the coefficients b_0, d_0, p_0, q_0, b_k, d_k, e_k, f_k, g_k, h_k are real constants to be determined. These coefficients can be calculated according to stress boundary conditions along L_1 and stress and displacement continuity conditions along L_2.

5.2.3 Boundary and Continuity Conditions

Suppose that, after the lining is applied, the surrounding rock and the lining still keep perfect bonding contact with each other along the interface, there is no sliding between the surrounding rock and the lining, therefore the continuity of stress on the contact surface can be obtained from the continuity of normal and shear stresses on the contact surface L_2.

$$\varphi_2(\sigma) + \frac{\omega(\sigma)}{\overline{\omega'(\sigma)}}\overline{\varphi_2'(\sigma)} + \overline{\psi_2(\sigma)} = \varphi_3(\sigma) + \frac{\omega(\sigma)}{\overline{\omega'(\sigma)}}\overline{\varphi_3'(\sigma)} + \overline{\psi_3(\sigma)} \tag{5.28}$$

where $\sigma = e^{i\theta}$, θ represents the polar angle on the ζ plane.

When the surrounding rock and lining are in perfect bonding contact, on L_2, the displacement of the rock is equal to the displacement of the lining on this boundary, i.e.,

$$(u_1^R + iv_1^R) - (u_2^R + iv_2^R) + (u_3^R + iv_3^R) = (u^L + iv^L) \tag{5.29}$$

Substituting Eqs. (5.20)–(5.22), (5.25) into Eq. (5.29), and then replacing ζ by σ, the expression for the displacement continuity condition can be given as

$$\begin{aligned} &\frac{1-\eta}{2}\left[\kappa_1\varphi_1(\sigma) - \frac{\omega(\sigma)}{\overline{\omega'(\sigma)}}\overline{\varphi_1'(\sigma)} - \overline{\psi_1(\sigma)}\right] \\ &\quad + \frac{1}{2}\left[\kappa_1\varphi_2(\sigma) - \frac{\omega(\sigma)}{\overline{\omega'(\sigma)}}\overline{\varphi_2'(\sigma)} - \overline{\psi_2(\sigma)}\right] \\ &\quad = \frac{G_1}{2G_2}\left[\kappa_2\varphi_3(\sigma) - \frac{\omega(\sigma)}{\overline{\omega'(\sigma)}}\overline{\varphi_3'(\sigma)} - \overline{\psi_3(\sigma)}\right] \end{aligned} \tag{5.30}$$

For hydraulic tunnels, the inner boundary of the lining is also subjected to hydrostatic pressure. The stress boundary condition on the inner boundary of the lining should have a similar form as Eq. (2.27).

$$\varphi_3(\sigma_1) + \frac{\omega(\sigma_1)}{\overline{\omega'(\sigma_1)}}\overline{\varphi_3'(\sigma_1)} + \overline{\psi_3(\sigma_1)} = i\int_A^B (X_n + iY_n)ds \tag{5.31}$$

where σ_1 represents the point on the inner lining boundary, $\sigma_1 = R_0\sigma$.

When hydrostatic pressure is relatively large, the effect of the self-weight of water inside the tunnel on stress can be ignored. That is, on the inner lining boundary, $\sigma_x = \sigma_y = p$, $\tau_{xy} = 0$ (this section still defines compressive stress as positive), the surface force X_n,Y_n acting on the inner boundary of the lining can be obtained from the stress boundary condition.

$$X_n = l\sigma_x + m\tau_{xy} = l\sigma_x = \cos(n, x)p = \frac{dy}{ds}p \tag{5.32}$$

$$Y_n = l\tau_{xy} + m\sigma_y = m\sigma_y = \cos(n, y)p = -\frac{dx}{ds}p \tag{5.33}$$

$$i\int_A^B (X_n + iY_n)ds = i\int_A^B \left(\frac{dy}{ds}p - i\frac{dx}{ds}p\right)ds = \int_A^B \left(i\frac{dy}{ds}p + \frac{dx}{ds}p\right)ds = pz + c \tag{5.34}$$

The constant C in the equation can be ignored without affecting the calculation results.

Equation (5.34) can be substituted into Eq. (5.31) to obtain the stress boundary condition for the inner lining boundary.

$$\varphi_3(R_0\sigma) + \frac{\omega(R_0\sigma)}{\overline{\omega'(R_0/\sigma)}}\overline{\varphi_3'(R_0\sigma)} + \overline{\psi_3(R_0\sigma)} = p_0\omega(R_0\sigma) \tag{5.35}$$

5.2.4 *Power Series Solution of Analytic Functions*

Equations (5.28), (5.30), (5.35) are the basic equations for solving the analytic function. The author has used the Cauchy integral method to solve them [7], but the derivation process is too complicated and not suitable for programming. The power series method will be used for solving [8], taking a finite number of terms for the positive and negative power series of the analytic function, and setting the highest positive and negative power series to N.

5.2.4.1 Treatment of Stress Boundary Conditions

Using the method outlined in Eq. (2.67) of Chap. 2, $\frac{\omega(R_0\sigma)}{\overline{\omega'(R_0/\sigma)}}$ can be written as:

$$\frac{\omega(R_0\sigma)}{\overline{\omega'(R_0/\sigma)}} = \sum_{k=1}^{n} l_k\sigma^{-k} + \sum_{k=1}^{\infty} l_k'\sigma^{k-1} \tag{5.36}$$

where:

$$l_n = c_n R_0^{-n}$$

$$l_{n-1} = c_{n-1} R_0^{-n+1}$$

$$l_{n-j+1} = \sum_{k=1}^{j-2} (j-1-k)c_{j-1-k}R_0^{-j+k} l_{n-k+1} + c_{n-j+1}R_0^{-n+j-1}, j = 3, 4, \ldots, n$$

$$l'_1 = c_0 + \sum_{k=1}^{n-1} kc_k R_0^{-k-1} l_{k+1}$$

$$l'_2 = R_0 + \sum_{k=1}^{n} kc_k R_0^{-k-1} l_k$$

$$l'_j = \sum_{k=j-1}^{n} kc_k R_0^{-k-1} l_{k-j+2} + \sum_{k=1}^{j-2} kc_k R_0^{-k-1} l'_{j-1-k}, j = 3, 4, \ldots, n+1$$

$$l'_j = \sum_{k=1}^{n} kc_k R_0^{-k-1} l'_{j-1-k}, j = n+2, \cdots \infty$$

From Eqs. (5.26) and (5.36)

$$\begin{aligned}\frac{\omega(R_0\sigma)}{\overline{\omega'(R_0/\sigma)}}\overline{\varphi'_3(R_0\sigma)} &= \left(\sum_{k=1}^{n} l_k\sigma^{-k} + \sum_{k=1}^{\infty} l'_k\sigma^{k-1}\right) \\ &\quad \times \left(-\sum_{k=1}^{N} ke_k R_0^{-k-1}\sigma^{k+1} + \sum_{k=1}^{N} kf_k R_0^{k-1}\sigma^{-k+1}\right) \\ &= \sum_{j=1}^{\infty} w_j\sigma^{-j} + \sum_{j=1}^{\infty} w'_j\sigma^j + w_0\end{aligned} \quad (5.37)$$

where

$$w_0 = -\sum_{k=1}^{N} l_{k+1} ke_k R_0^{-k-1} + \sum_{k=1}^{N} l'_k kf_k R_0^{k-1}$$

$$\begin{cases} w_j = -\sum_{k=1}^{N} l_{k+j+1} ke_k R_0^{-k-1} + \sum_{k=1}^{j} l_{j-k+1} kf_k R_0^{k-1} + \sum_{k=j+1}^{N} l'_{k-j} kf_k R_0^{k-1}, j = 1, 2, \ldots, N-1 \\ w_N = -\sum_{k=1}^{N} l_{k+N+1} ke_k R_0^{-k-1} + \sum_{k=1}^{N} l_{N-k+1} kf_k R_0^{k-1} \end{cases}$$

$$\begin{cases} w'_1 = -\sum_{k=1}^{N} l_k ke_k R_0^{-k-1} + \sum_{k=1}^{N} l'_{k+1} kf_k R_0^{k-1} \\ w'_j = -\sum_{k=j}^{N} l_{k-j+1} ke_k R_0^{-k-1} - \sum_{k=1}^{j-1} l'_{j-k} ke_k R_0^{-k-1} + \sum_{k=1}^{N} l'_{k+j} kf_k R_0^{k-1}, j = 2, 3, \ldots, N \end{cases}$$

Substitute Eq. (5.37) into Eq. (5.35), and according to the fact that the coefficients of the same power term of σ on both sides are equal, we can obtain,

$$\begin{aligned}
&\sigma^1 : f_1R_0 + w_1' + g_1R_0^{-1} = pRR_0 \\
&\sigma^j : f_jR_0^j + w_j' + g_jR_0^{-j} = 0,\ j = 2, 3, \ldots, N \\
&\sigma^{-j} : e_jR_0^{-j} + w_j + h_jR_0^j = pRc_jR_0^{-j},\ j = 1, 2, \ldots, n \\
&\sigma^{-j} : e_jR_0^{-j} + w_j + h_jR_0^j = 0,\ j = n+1, n+2, \ldots, N \\
&\sigma^0 : p_0 + w_0 + q_0 = pRc_0
\end{aligned} \tag{5.38}$$

5.2.4.2 Treatment of Stress Continuity Conditions

$$\begin{aligned}
\frac{\omega(\sigma)}{\overline{\omega'}(1/\sigma)}\overline{\varphi_2'(\sigma)} &= \left(\sum_{k=1}^{n} L_k\sigma^{-k} + \sum_{k=1}^{\infty} L_k'\sigma^{k-1}\right) \times \left(-\sum_{k=1}^{N} kb_k\sigma^{k+1}\right) \\
&= \sum_{j=1}^{\infty} M_j\sigma^{-j} + \sum_{j=1}^{\infty} M_j'\sigma^j + M_0
\end{aligned} \tag{5.39}$$

$$\begin{aligned}
\frac{\omega(\sigma)}{\overline{\omega'}(1/\sigma)}\overline{\varphi_3'(\sigma)} &= \left(\sum_{k=1}^{n} L_k\sigma^{-k} + \sum_{k=1}^{\infty} L_k'\sigma^{k-1}\right) \times \left(-\sum_{k=1}^{N} ke_k\sigma^{k+1} + \sum_{k=1}^{N} kf_k\sigma^{-k+1}\right) \\
&= \sum_{j=1}^{\infty} T_j\sigma^{-j} + \sum_{j=1}^{\infty} T_j'\sigma^j + T_0
\end{aligned} \tag{5.40}$$

where

$$\begin{aligned}
M_0 &= -\sum_{k=1}^{N} L_{k+1}kb_k \\
M_j &= -\sum_{k=1}^{N} L_{k+j+1}kb_k,\ j = 1, 2, \ldots, N \\
M_1' &= -\sum_{k=1}^{N} L_kkb_k \\
M_j' &= -\sum_{k=j}^{N} L_{k-j+1}kb_k - \sum_{k=1}^{j-1} L_{j-k}'kb_k,\ j = 2, 3, \ldots, N \\
T_0 &= -\sum_{k=1}^{N} L_{k+1}ke_k + \sum_{k=1}^{N} L_k'kf_k
\end{aligned}$$

$$T_j = -\sum_{k=1}^{N} L_{k+j+1} k e_k + \sum_{k=1}^{j} L_{j-k+1} k f_k + \sum_{k=j+1}^{N} L'_{k-j} k f_k,\ j = 1, 2, \ldots, N-1$$

$$T_N = -\sum_{k=1}^{N} L_{N+k+1} k e_k + \sum_{k=1}^{N} L_{N-k+1} k f_k$$

$$T'_1 = -\sum_{k=1}^{N} L_k k e_k + \sum_{k=1}^{N} L'_{k+1} k f_k$$

$$T'_j = -\sum_{k=j}^{N} L_{k-j+1} k e_k - \sum_{k=1}^{j-1} L'_{j-k} k e_k + \sum_{k=1}^{N} L'_{j+k} k f_k,\ j = 2, 3, \ldots, N$$

L_k, L'_k are given by (2.68), (2.90), respectively.

Substitute Eqs. (5.39), (5.40) into Eq. (5.28), the equality of the coefficients of the same power term of σ on both sides gives,

$$\begin{aligned}
&\sigma^1 : M'_1 + d_1 = f_1 + T'_1 + g_1 \\
&\sigma^j : M'_j + d_j = f_j + T'_j + g_j,\ j = 2, 3, \ldots, N \\
&\sigma^{-j} : M_j + b_j = e_j + T_j + h_j,\ j = 1, 2, \cdots, N-1 \\
&\sigma^{-N} : M_N + b_N = e_N + T_N + h_N \\
&\sigma^0 : b_0 + M_0 + d_0 = p_0 + T_0 + q_0
\end{aligned} \tag{5.41}$$

5.2.4.3 Treatment of Displacement Continuity Conditions

Equations (5.18), (5.19) give that:

$$\begin{aligned}
&\kappa_1\varphi_1(\sigma) - \frac{\omega(\sigma)}{\overline{\omega'(\sigma)}}\overline{\varphi'_1(\sigma)} - \overline{\psi_1(\sigma)} \\
&= \kappa_1 \sum_{k=1}^{n} a_k \sigma^{-k} - \sum_{k=1}^{n-2} S_k \sigma^{-k} - S'_0 + \frac{PR}{2}(1+\lambda)\sigma \\
&\quad - \frac{PR}{2}(1-\lambda)\sum_{k=1}^{n} c_k \sigma^k
\end{aligned} \tag{5.42}$$

From Eqs. (5.28), (5.30), we have

$$\frac{1-\eta}{G_1}\left[\kappa_1\varphi_1(\sigma) - \frac{\omega(\sigma)}{\overline{\omega'(\sigma)}}\overline{\varphi'_1(\sigma)} - \overline{\psi_1(\sigma)}\right]$$

$$+\frac{G_1+\kappa_1 G_2}{G_1 G_2}\varphi_2(\sigma)+\frac{G_1-G_2}{G_1 G_2}\left[\frac{\omega(\sigma)}{\overline{\omega'(\sigma)}}\overline{\varphi_2'(\sigma)}-\overline{\psi_2(\sigma)}\right]=\frac{1+\kappa_2}{2G_2}\varphi_3(\sigma) \tag{5.43}$$

Substitute Eq. (5.42) into Eq. (5.43), the equality of the coefficients of the same power term of σ on both sides gives

$$\begin{aligned}
&\sigma^1:\frac{1-\eta}{G_1}\left[\frac{PR}{2}(1+\lambda)-\frac{PR}{2}(1-\lambda)c_1\right]+\frac{G_1-G_2}{G_1G_2}(M_1'+d_1)=\frac{1+\kappa_2}{G_2}f_1\\
&\sigma^j:-\frac{1-\eta}{G_1}\frac{PR}{2}(1-\lambda)c_j+\frac{G_1-G_2}{G_1G_2}\left(M_j'+d_j\right)=\frac{1+\kappa_2}{G_2}f_j,\ j=2,3,\ldots,n\\
&\sigma^j:\frac{G_1-G_2}{G_1G_2}\left(M_j'+d_j\right)=\frac{1+\kappa_2}{G_2}f_j,\ j=n+1,n+2,\ldots,N\\
&\sigma^{-j}:\frac{1-\eta}{G_1}\left[\kappa_1a_j-S_j\right]+\frac{\kappa_1G_2+G_1}{G_1G_2}b_j+\frac{G_1-G_2}{G_1G_2}M_j=\frac{1+\kappa_2}{G_2}e_j,\ j=1,2,\ldots,n-2\\
&\sigma^{-j}:\frac{1-\eta}{G_1}\kappa_1a_j+\frac{\kappa_1G_2+G_1}{G_1G_2}b_j+\frac{G_1-G_2}{G_1G_2}M_j=\frac{1+\kappa_2}{G_2}e_j,\ j=n-1,n\\
&\sigma^{-j}:\frac{\kappa_1G_2+G_1}{G_1G_2}b_j+\frac{G_1-G_2}{G_1G_2}M_j=\frac{1+\kappa_2}{G_2}e_j,\ j=n+1,n+2,\ldots,N\\
&\sigma^0:-\frac{1-\eta}{G_1}S_0'+\frac{\kappa_1G_2+G_1}{G_1G_2}b_0+\frac{G_1-G_2}{G_1G_2}(M_0+d_0)=\frac{1+\kappa_2}{G_2}p_0
\end{aligned} \tag{5.44}$$

Equations (5.38), (5.41), and (5.44) can form a linear system of $6N+3$ equations regarding the coefficients of the analytic functions. However, since there are $6N+4$ unknowns $b_0, d_0, p_0, q_0, b_k, d_k, e_k, f_k, g_k, h_k (k=1,2,\ldots,N)$ involved, we need to add another one equation.

After support, the lining will restrict the deformation of the surrounding rock, since the effect of the lining on the surrounding rock decreases as ζ increases, that is, as $\zeta\to\infty$, corresponding to the infinity in the z plane, we have $u_3^R\to 0$ and $v_3^R\to 0$, according formula $\lim\limits_{\zeta\to\infty}\left[2G_1\left(u_3^R+iv_3^R\right)\right]=0$. We have

$$d_0=\kappa_1 b_0 \tag{5.45}$$

The unknowns $b_k, d_k, e_k, f_k, g_k, h_k, b_0, p_0, q_0$ are now written in a unified forms x_J, as shown in the following.

$$\begin{aligned}
&b_k=x_k,\ d_k=x_{N+k},\ e_k=x_{2N+k}, f_k=x_{3N+k},\ g_k=x_{4N+k},\\
&h_k=x_{5N+k},\ b_0=x_{6N+1},\ p_0=x_{6N+2},\ q_0=x_{6N+3}
\end{aligned}$$

The linear equations can be expressed in a unified format

$$P_{IJ}x_J=H_I,\ I,J=1,2,\ldots,6N+3 \tag{5.46}$$

Assuming P_{IJ} corresponding to E_{IJ},D_{IJ},F_{IJ} for Eqs. (5.38), (5.41) and (5.44), we have:

$$P_{IJ} = E_{IJ},\ I = 1, 2, \ldots, 2N+1;\ J = 1, 2, \ldots, 6N+3$$
$$P_{(2N+1+I)J} = D_{IJ},\ I = 1, 2, \ldots, 2N+1;\ J = 1, 2, \ldots, 6N+3$$
$$P_{(4N+2+I)J} = F_{IJ},\ I = 1, 2, \ldots, 2N+1;\ J = 1, 2, \ldots, 6N+3$$

According to Eq. (5.38), we can obtain E_{IJ} and H_I as follows:

$$\sigma^0 : J = 0$$
$$E_{1(2N+k)} = -kl_{k+1}R_0^{-k-1},\ k = 1, 2, \ldots, N$$
$$E_{1(3N+k)} = kl'_k R_0^{k-1},\ k = 1, 2, \ldots, N$$
$$E_{1(6N+2)} = 1.0$$
$$E_{1(6N+3)} = 1.0$$
$$H_1 = Rpc_0$$

$$\sigma^{-J} : J = 1, 2, \ldots, N$$
$$E_{(J+1)(2N+k)} = -kl_{J+k+1}R_0^{-k-1},\ k = 1, 2, \ldots, J-1$$
$$E_{(J+1)(2N+J)} = R_0^{-J} - jl_{2J+1}R_0^{-J-1},\ k = J$$
$$E_{(J+1)(2N+k)} = -kl_{J+k+1}R_0^{-k-1},\ k = J+1, J+2, \ldots, N;\ J \le N-1$$
$$E_{(J+1)(3N+k)} = kl_{J-k+1}R_0^{k-1},\ k = 1, 2, \ldots, J$$
$$E_{(J+1)(3N+k)} = kl'_{k-J}R_0^{k-1},\ k = J+1, J+2, \cdots, N;\ J \le N-1$$
$$E_{(J+1)(5N+J)} = R_0^J,\ k = J$$
$$H_{J+1} = pRc_J R_0^{-J},\ J = 1, 2, \ldots, N$$

$$\sigma^1 : J = 1$$
$$E_{(N+2)(2N+k)} = -kl_k R_0^{-k-1},\ k = 1, 2, \ldots, N$$
$$E_{(N+2)(3N+1)} = R_0 + l'_2$$
$$E_{(N+2)(3N+k)} = kl'_{k+1}R_0^{k-1},\ k = 2, 3, \ldots, N$$
$$E_{(N+2)(4N+1)} = R_0^{-1}$$
$$H_{N+2} = pRR_0$$

$$\sigma^J : J = 2, 3, \ldots, N$$
$$E_{(N+J+1)(2N+k)} = -kl'_{J-k}R_0^{-k-1},\ k = 1, 2, \ldots, J-1$$
$$E_{(N+J+1)(2N+k)} = -kl_{k+1-J}R_0^{-k-1},\ k = J, J+1, \ldots, N$$
$$E_{(N+J+1)(3N+k)} = kl'_{J+k}R_0^{k-1},\ k = 1, 2, \ldots, J-1$$
$$E_{(N+J+1)(3N+J)} = R_0^J + Jl'_{2J}R_0^{J-1},\ k = J$$
$$E_{(N+J+1)(3N+k)} = kl'_{J+k}R_0^{k-1},\ k = J+1, J+2, \ldots, N$$

$$E_{(N+J+1)(4N+J)} = R_0^{-J},\ k = J$$
$$H_{N+J+1} = 0$$

According to Eq. (5.41), we can obtain D_{IJ} and H_I as follows:

$$\begin{aligned}
&\sigma^0 : J = 0\\
&D_{(1)(k)} = -L_{k+1}k,\ k = 1, 2, \ldots, N\\
&D_{(1)(2N+k)} = L_{k+1}k,\ k = 1, 2, \ldots, N\\
&D_{(1)(3N+k)} = -L'_k k,\ k = 1, 2, \ldots, N\\
&D_{(1)(6N+1)} = 1.0 + \kappa_1\\
&D_{(1)(6N+2)} = -1.0\\
&D_{(1)(6N+3)} = -1.0
\end{aligned}$$

$$\begin{aligned}
&\sigma^{-J} : J = 1, 2, \ldots, N\\
&D_{(J+1)(k)} = -L_{k+J+1}k,\ k = 1, 2, \ldots, J-1\\
&D_{(J+1)(J)} = 1.0 - L_{2J+1}J,\ k = J\\
&D_{(J+1)(k)} = -L_{k+J+1}k,\ k = J+1, J+2, \ldots, N;\ J \le N-1\\
&D_{(J+1)(2N+k)} = L_{k+J+1}k,\ k = 1, 2, \ldots, J-1\\
&D_{(J+1)(2N+J)} = -1.0 + L_{2J+1}J,\ k = J\\
&D_{(J+1)(2N+k)} = L_{k+J+1}k,\ k = J+1, J+2, \ldots, N;\ J \le N-1\\
&D_{(J+1)(3N+k)} = -L_{J-k+1}k,\ k = 1, 2, \ldots, J\\
&D_{(J+1)(3N+k)} = -L'_{k-J}k,\ k = J+1, J+2, \ldots, N;\ J \le N-1\\
&D_{(J+1)(5N+J)} = -1.0
\end{aligned}$$

$$\begin{aligned}
&\sigma^1 : J = 1\\
&D_{(N+2)(k)} = -L_k k,\ k = 1, 2, \ldots, N\\
&D_{(N+2)(N+1)} = 1.0\\
&D_{(N+2)(2N+k)} = L_k k,\ k = 1, 2, \ldots, N\\
&D_{(N+2)(3N+1)} = -1.0 - L'_2\\
&D_{(N+2)(3N+k)} = -L'_{k+1}k,\ k = 2, 3, \ldots, N\\
&D_{(N+2)(4N+1)} = -1.0
\end{aligned}$$

$$\begin{aligned}
&\sigma^J : J = 2, 3, \ldots, N\\
&D_{(N+J+1)(k)} = -L'_{j-k}k,\ k = 1, 2, \ldots, J-1\\
&D_{(N+J+1)(k)} = -L_{k-j+1}k,\ k = J, J+1, \ldots, N\\
&D_{(N+J+1)(N+J)} = 1.0
\end{aligned}$$

$$\begin{aligned}
D_{(N+J+1)(2N+k)} &= L'_{J-k}k,\ k = 1, 2, \ldots, J-1 \\
D_{(N+J+1)(2N+k)} &= L_{k+1-J}k,\ k = J, J+1, \ldots, N \\
D_{(N+J+1)(3N+k)} &= -L'_{J+k}k,\ k = 1, 2, \ldots, J-1 \\
D_{(N+J+1)(3N+J)} &= -1.0 - L'_{2J}J,\ k = J \\
D_{(N+J+1)(3N+k)} &= -L'_{J+k}k,\ k = J+1, J+2, \ldots, N;\ J \le N-1 \\
D_{(N+J+1)(4N+J)} &= -1.0
\end{aligned}$$

$$H_I = 0, I = 2N+2, 2N+3, \ldots, 4N+2$$

According to Eq. (5.44), we can obtain F_{IJ} and H_I as follows:

$$\begin{aligned}
\sigma^0 &: J = 0 \\
F_{(1)(k)} &= (1 - I_3)L_{k+1}k,\ k = 1, 2, \ldots, N \\
F_{(1)(6N+1)} &= I_3\kappa_1 + I_3 \\
F_{(1)(6N+2)} &= -I_3 - I_4 \\
H_{(4N+3)} &= I_1 S'_0
\end{aligned}$$

$$\begin{aligned}
\sigma^{-J} &: J = 1, 2, \ldots, N \\
F_{(J+1)(k)} &= (1 - I_3)L_{k+J+1}k,\ k = 1, 2, \ldots, J-1 \\
F_{(J+1)(J)} &= (\kappa_1 + I_3) - (I_3 - 1)L_{2J+1}J,\ k = J \\
F_{(J+1)(k)} &= (1 - I_3)L_{k+J+1}k,\ k = J+1, J+2, \ldots, N \\
F_{(J+1)(2N+J)} &= -I_3 - I_4 \\
H_{4N+3+J} &= I_1 S_J - I_2 a_J
\end{aligned}$$

$$\begin{aligned}
\sigma^1 &: J = 1 \\
F_{(N+2)(k)} &= (1 - I_3)L_k k,\ k = 1, 2, \ldots, N \\
F_{(N+2)(N+1)} &= I_3 - 1 \\
F_{(N+2)(3N+1)} &= -I_3 - I_4 \\
H_{5N+4} &= -I_1\frac{PR}{2}[1 - c_1 + \lambda(1 + c_1)]
\end{aligned}$$

$$\begin{aligned}
\sigma^J &: J = 2, \cdots, N \\
F_{(N+J+1)(k)} &= (1 - I_3)L'_{J-k}k,\ k = 1, \cdots, J-1 \\
F_{(N+J+1)(k)} &= (1 - I_3)L_{k-J+1}k,\ k = J, \cdots, N \\
F_{(N+J+1)(N+J)} &= I_3 - 1 \\
F_{(N+J+1)(3N+J)} &= -I_3 - I_4 \\
H_{5N+J+3} &= I_1\frac{PR}{2}(1 - \lambda)c_j
\end{aligned}$$

where

$$I_1 = 1 - \eta, I_2 = \kappa_1(1 - \eta), I_3 = \frac{G_1}{G_2}, I_4 = \kappa_2 \frac{G_1}{G_2}$$

By using Eqs. (5.46) and (5.45), we can obtain $6N + 4$ coefficients and then obtain the specific expressions of the analytic functions $\varphi_2(\zeta)$, $\psi_2(\zeta)$, $\varphi_3(\zeta)$, $\psi_3(\zeta)$.

5.2.5 *Solutions for the Stresses and Displacements*

5.2.5.1 Solution in the Lining

The stress components for any points in the lining can be solved according to Eqs. (5.47), (5.48),

$$\sigma_\rho + \sigma_\theta = 4\mathrm{Re}\left[\varphi_3'(\zeta)/\omega'(\zeta)\right] \tag{5.47}$$

$$\sigma_\theta - \sigma_\rho + 2i\tau_{\rho\theta} = \frac{2\zeta^2}{\rho^2} \frac{1}{\overline{\omega'(\zeta)}} \left\{ \overline{\omega(\zeta)} \frac{\varphi_3''(\zeta)\omega'(\zeta) - \varphi_3'(\zeta)\omega''(\zeta)}{[\omega'(\zeta)]^2} + \psi_3'(\zeta) \right\} \tag{5.48}$$

The displacement components for any points in the lining can be solved according to Eq. (5.49)

$$2G_2\left(u^L + iv^L\right) = \kappa_2\varphi_3(\zeta) - \omega(\zeta)\overline{\varphi_3'(\zeta)}/\overline{\omega'(\zeta)} - \overline{\psi_3(\zeta)} \tag{5.49}$$

5.2.5.2 Solution in the Surrounding Rock

The stress components for any points in the surrounding rock can be solved according to Eqs. (5.50), (5.51)

$$\sigma_\rho + \sigma_\theta = 4\mathrm{Re}\left[\varphi_4'(\zeta)/\omega'(\zeta)\right] \tag{5.50}$$

$$\sigma_\theta - \sigma_\rho + 2i\tau_{\rho\theta} = \frac{2\zeta^2}{\rho^2} \frac{1}{\overline{\omega'(\zeta)}} \left\{ \overline{\omega(\zeta)} \frac{\varphi_4''(\zeta)\omega'(\zeta) - \varphi_4'(\zeta)\omega''(\zeta)}{[\omega'(\zeta)]^2} + \psi_4'(\zeta) \right\} \tag{5.51}$$

where

$$\varphi_4(\zeta) = B\omega(\zeta) + \varphi_1(\zeta) + \varphi_2(\zeta) \tag{5.52}$$

$$\psi_4(\zeta) = B'\omega(\zeta) + \psi_1(\zeta) + \psi_2(\zeta) \tag{5.53}$$

The first term in the above equation represents the corresponding analytic functions before excavation, the remaining terms reflect the effect of excavation and the lining on the surrounding rock, respectively.

After the lining being installed, the displacement components in the surrounding rock can be given based on Eq. (5.54) as follows

$$2G_1\left(u^R + iv^R\right) = (1-\eta)\left[\kappa_1\varphi_1(\zeta) - \frac{\omega(\zeta)}{\overline{\omega'(\zeta)}}\overline{\varphi_1'(\zeta)} - \overline{\psi_1(\zeta)}\right] + \left[\kappa_1\varphi_2(\zeta) - \frac{\omega(\zeta)}{\overline{\omega'(\zeta)}}\overline{\varphi_2'(\zeta)} - \overline{\psi_2(\zeta)}\right] \tag{5.54}$$

5.2.6 Analysis and Discussion

Take the horseshoe-shaped tunnel as an example. The mapping function of horseshoe-shaped tunnel can be given as:

$$z = \omega(\zeta) = 1.9297\left(\zeta - 0.05980 - 0.04567\zeta^{-1} + 0.043133\zeta^{-2} - 0.00177\zeta^{-3} - 0.01054\zeta^{-4} + 0.002594\zeta^{-5} + 0.001579\zeta^{-6} - 0.00167\zeta^{-7} + 0.000711\zeta^{-8} + 0.00084\zeta^{-9}\right) \tag{5.55}$$

From Eq. (5.55), we note that, $R = 1.9297$,$c_0 = -0.05980$,$c_1, \ldots, c_9$ are the coefficients of the negative power of ζ, respectively; the lining thickness is 0.3 m, and we can get $R_0 = 0.86957$. The tunnel and lining shape represented by this mapping function are shown in Fig. 5.12.

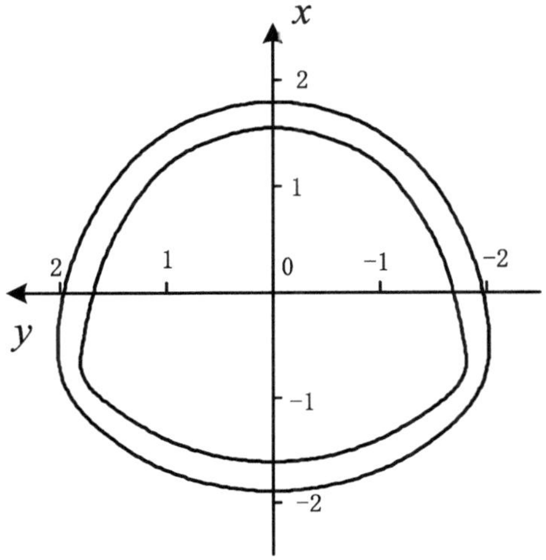

Fig. 5.12 The tunnel and lining depicted by the mapping function

The parameters are $E_1 = 20$ GPa, $\mu_1 = 0.2, E_2 = 30$ GPa, $\mu_2 = 0.2$. The vertical in-situ stress component $P = 5$ MPa, horizontal in-situ stress component λP, λ is lateral pressure coefficient, sign convention is defined as positive for compression. The geometric shape of the tunnel and lining in the example, as well as the in-situ stress and hydrostatic pressure, are symmetric about the x-axis. Therefore, we only need to discuss the left half of the x-axis, which is the range where $\theta \in [0°, 180°]$ in the image plane. This range was divided into 180 equal parts.

On the contact surface, the stress on the outer boundary of the lining can be represented by σ_ρ^L, σ_θ^L, $\tau_{\rho\theta}^L$, and the displacement can be represented by u^L, v^L. The stress on the boundary of the surrounding rock can be represented by σ_ρ^R, σ_θ^R, $\tau_{\rho\theta}^R$, the displacement are be represented by u^R, v^R. The stress on the inner boundary of the lining are represented by σ_ρ, σ_θ, $\tau_{\rho\theta}$.

5.2.6.1 Verification on Continuity and Boundary Conditions

In the process of solving, the value of N needs to be given. Theoretically, if N are infinite, the stress and displacement continuity conditions along L_2 and the stress boundary condition along L_1, can be satisfied accurately. And the results are exact solutions. When performing specific calculations, N can only take a finite number of terms, and therefore the result obtained can only be an approximate solution. The following analysis determines the value of N that satisfies the stress boundary condition on L_1 and the continuity conditions on L_2.

For the case $\eta = 1$, lining is installed after the surrounding rock has undergone all deformation, no action occurs along the lining-surrounding rock mass interface, all the boundary conditions can be satisfied accurately, so we don't need to discuss; while, the smaller the value of η is, the larger the interaction will be, and the results should be more representative. So, we take $\eta = 0.2$ to verify the degree of satisfaction of boundary conditions.

On the inner boundary $\rho = R_0$ of lining, due to the action of hydrostatic pressure, the radial stress and shear stress on the inner boundary should satisfy $\sigma_\rho = p$, $\tau_{\rho\theta} = 0$. If $\sigma_\rho = p$, $\tau_{\rho\theta} = 0$, it indicates that the stress boundary conditions on L_1 are accurately satisfied.

Along the contact surface L_2, $\rho = 1$, since it is perfect bonding contact between the surrounding rock and the lining, if the normal stress and shear stress on the boundary of the surrounding rock are equal to those on the outer boundary of the lining, it indicates that the stress continuity condition on L_2 can be accurately satisfied. If the displacement on the boundary of the surrounding rock is equal to that on the outer boundary of the lining, it indicates that the displacement continuity condition on L_2 can be accurately satisfied.

When $N = 30$, the lateral pressure coefficient is taken as 0.5, and the hydrostatic pressure p on the inner boundary L_1 of the lining is 0.5 MPa. The stress boundary conditions and stress-displacement continuity conditions are tested. The results are shown in Fig. 5.13.

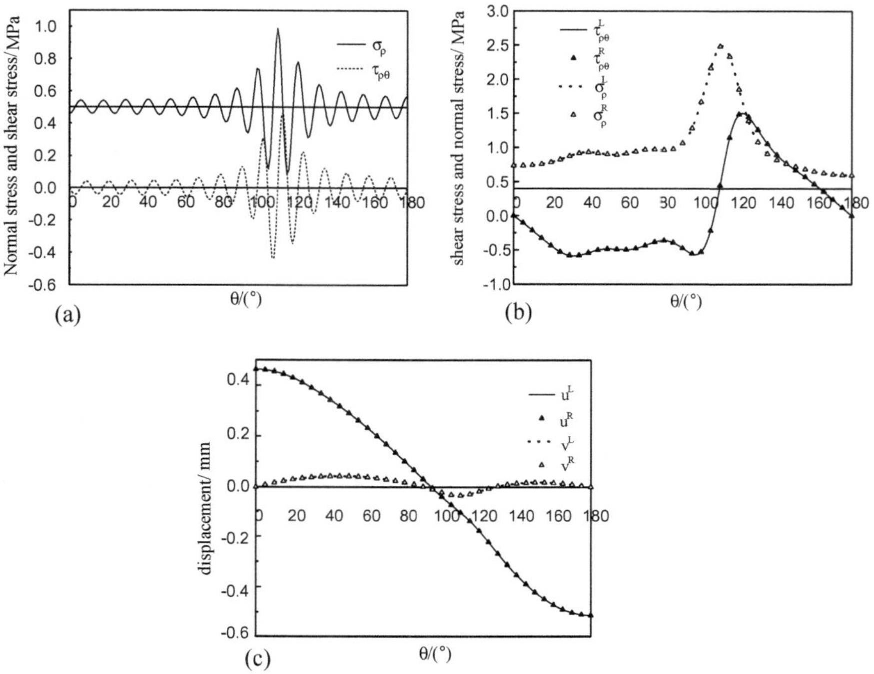

Fig. 5.13 Testing of stress boundary condition, stress and displacement continuity conditions at $N = 30$: **a** stress boundary conditions on the inner boundary of the lining; **b** stress continuity conditions at the contact interface; **c** displacement continuity conditions at the contact interface

It can be seen from Fig. 5.13, as $N = 30$, the stress and displacement continuity conditions along L_2 can be satisfied well. While the situation along L_1 is poor, the radial stress and shear stress both exhibit oscillations, especially near the corner of the inner boundary of the lining, where the error is the largest. From the calculated results, it can be seen that the average value of adjacent oscillation points is approximately equal to the stress boundary condition on L_1, so the stress and displacement continuity conditions on L_2 are well satisfied. To better satisfy the stress boundary conditions on L_1, N needs to be increased. Here, N is set to 50. As shown in Fig. 5.14, the errors in the radial and shear stresses on the inner boundary of the lining satisfy $\max\{|\sigma_\rho - p|, |\tau_{\rho\theta}|\} < 0.02$ MPa, and the calculation precision is high. Therefore, $N = 50$ will be used for the subsequent analysis.

5.2.6.2 Comparison Between Analytical and Numerical Results

Using ANSYS finite element analysis software for validation, the reversed stress release method is employed to simulate the support lagging process. Due to the excavation of the tunnel, the surrounding rock boundaries generate release loads.

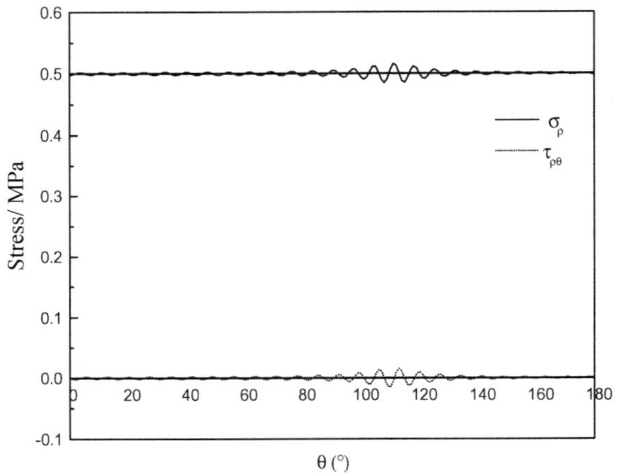

Fig. 5.14 Radial stress and shear stress at the inner boundary of lining at $N = 50$

By calculating the equivalent release loads at each node of the contact element and applying the load values to the contact nodes, the effect of tunnel excavation can be simulated. The magnitude of the equivalent release load depends on the original in-situ stress and the load release coefficient. Different displacement release coefficients reflect the time of support after tunnel excavation. Since the rock load release coefficient is linearly related to the displacement release coefficient, the release load can be used to simulate the support delay.

The finite element mesh size was taken as 40 m × 40 m, and the calculation parameters were the same as before. The analytical and numerical solutions are shown in Fig. 5.15.

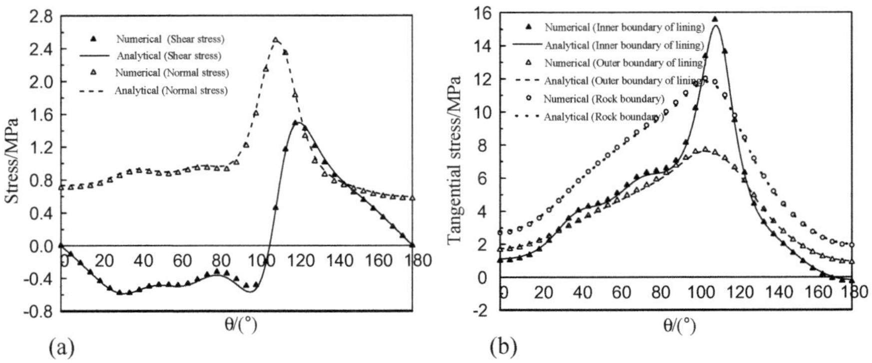

Fig. 5.15 Comparison of numerical and analytical solutions: **a** shear stress and normal stress on the contact surface; **b** tangential stress on the inner and outer boundaries of the lining and on the boundary of surrounding rock

As can be seen from Fig. 5.15, the numerical solution agrees well with the analytical solution, with only small differences in some areas. This indicates that the formula derivation and programming are correct and it also demonstrates the high accuracy of using finite element software to solve this type of problem.

From Fig. 5.15a, it can be seen that the maximum values of tangential normal stresses at the inner and outer boundaries of the lining and the tangential normal stress at the surrounding rock boundary are approximately 15.0 MPa, 7.7 MPa, and 12 MPa, respectively, and all occur at the sharp corners of the tunnel with larger curvatures. Figure 5.15b shows that the maximum values of the shear stress and radial stress on the contact surface between the surrounding rock and the lining are 1.6 MPa and 2.6 MPa, respectively. Comparing Fig. 5.15a and b, it can be found that the tangential normal stress at the inner and outer boundaries of the lining and the surrounding rock boundary is much larger than the shear stress and radial stress on the contact surface between the surrounding rock and the lining. The maximum values of tangential normal stresses at the inner and outer boundaries of the lining and the surrounding rock boundary are 3 times, 4.5 times, and 6 times larger than the maximum value of radial stress, respectively. Therefore, the tangential normal stress is the stress to be primarily considered in tunnel failure.

From Fig. 5.15a, it can be seen that the tangential normal stress at the inner boundary of the lining increases and decreases significantly, especially at the sharp corners with larger curvatures. The tangential normal stress at the inner boundary of the lining appears to be tensile stress at the bottom of the tunnel at around 180 degrees.

The following analysis only provides the calculation results of the tangential normal stress at the inner and outer boundaries of the lining.

5.2.6.3 Stress for Various Lateral Pressure Coefficients

The displacement release coefficient is 0.2, and the hydrostatic pressure p on the inner boundary L_1 of the lining is 0.5 MPa. The lateral pressure coefficients are taken as 0.5, 0.7, and 1.0, and the results obtained are shown in Fig. 5.16.

From Fig. 5.16, it can be seen that the tangential normal stress on the inner boundary of the lining increases with the increase of the lateral pressure coefficient in the range of $0 \leq \theta < 60°$ and $120° < \theta \leq 180°$, while it decreases with the increase of the lateral pressure coefficient in the range of $60° < \theta < 120°$, but the change is not significant. The maximum value is 15.0 MPa at the arch angle. The trend of tangential normal stress on the outer boundary of the lining is similar to that on the inner boundary, but the overall value is smaller. The maximum value is only 7.5 MPa at the arch angle, which is only half of that on the inner boundary.

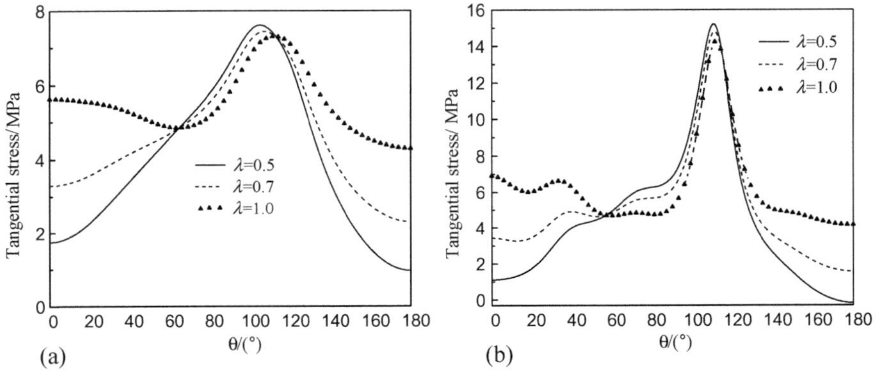

Fig. 5.16 The stresses along the boundaries of the different values of λ: **a** outer boundary; **b** inner boundary

5.2.6.4 Stress for Various Displacement Release Coefficients

The lateral pressure coefficient is 0.5 and the hydrostatic pressure p acting on the inner boundary of the lining is 0.5 MPa. The displacement release coefficients are 0.2, 0.5, and 0.8, respectively, and the results are shown in Fig. 5.17.

From Fig. 5.17, it can be seen that the trend of the tangential normal stress is roughly the same on the inner and outer boundaries of the lining. The maximum stress concentration occurs near the tunnel arch (at $\theta = 110°$), and it decreases with the increase of the displacement release coefficient. The increase and decrease amplitude of the tangential normal stress is relatively large near the corner. Near the tunnel roof ($\theta = 0°$) and bottom ($\theta = 180°$), the tangential normal stress changes from compressive stress to tensile stress. The tensile stress on the inner side is larger than that on the outer side.

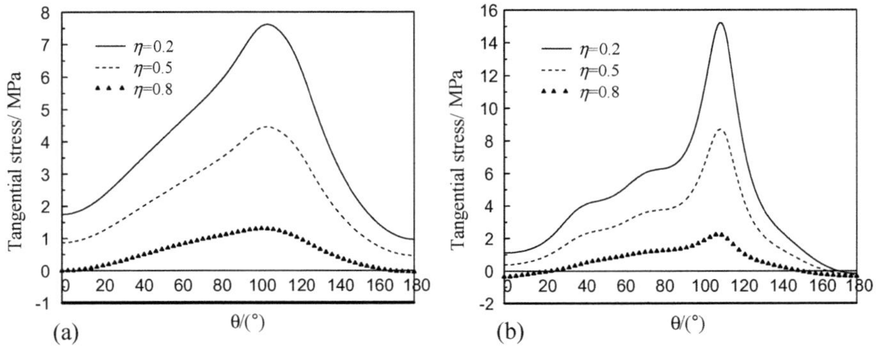

Fig. 5.17 The stresses along the boundaries of the different values of η: **a** outer boundary; **b** inner boundary

5.2.6.5 Stress for Various Internal Pressures

At a lateral pressure coefficient of 0.5 and a displacement release coefficient of 0.2, the internal water pressure p on the L_1 inner boundary of the lining was varied from 0.5 MPa, 1.0 MPa, 2.0 MPa, 3.0 MPa, 4.0 MPa to obtain the results shown in Fig. 5.18

From Fig. 5.18, it can be seen that the tangential compressive stress on both the inner and outer boundaries of the lining decreases with the increase of the hydrostatic pressure. Stress concentration still occurs at the corners. When the hydrostatic pressure $p > 1.0$ MPa, tensile stress appears at the bottom of the inner boundary of the lining. With the increase of the hydrostatic pressure, tensile stress also appears at the top of the lining, and the tensile stress increases with the increase of p. When $p = 4.0$ MPa, the maximum tensile stress of 5.0 MPa occurred at the top. When the hydrostatic pressure $p > 2.0$ MPa, tangential tensile stress appears at the top and bottom of the outer boundary of the lining, but the tensile stress is smaller than that at the inner boundary. When $p = 4.0$ MPa, the maximum tensile stress of less than 2.5 MPa occurred at the top, only half of that at the inner boundary.

The above results were obtained based on a lateral pressure coefficient of 0.5. When λ is greater than 1 and the hydrostatic pressure is high, the part with the maximum tensile stress is not at the roof and bottom of the tunnel, but on both sides of the tunnel. Therefore, to prevent large tensile stress in the lining due to high hydrostatic pressure, timely support should be provided to the surrounding rock. At this time, the displacement release coefficient is small, which can increase the compressive stress of the surrounding rock on the lining and reduce the tangential tensile stress of the lining.

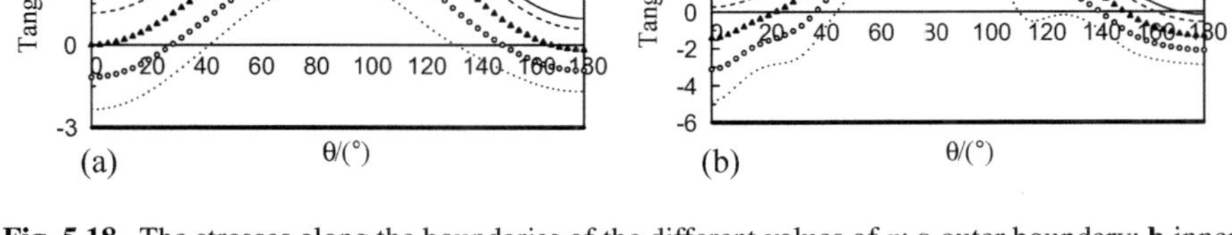

Fig. 5.18 The stresses along the boundaries of the different values of p: **a** outer boundary; **b** inner boundary

5.3 Elastic Solution of Non-circular Tunnel with Linings—Full Slip Contact

During the solving process in Sect. 5.2, the lining and surrounding rock mass are assumed to have perfect bonding contact. Along the interface between the lining and the surrounding rock mass, the stresses and displacements in the normal direction and the shear stresses and displacements in the tangential direction are continuous. However, the contact between the lining and rock cannot be expected to completely satisfy perfect bonding conditions because slippage occurs between the lining and rock. Additionally, the tangential displacements in the lining and rock are discontinuous because slippage occurs.

In this section, we utilize full slip contact; along the interface, the normal stresses and normal displacements are continuous, and the shear stresses are continuous and equal to zero. However, the tangential displacements can be discontinuous. The stress vectors and normal displacements along the interface satisfy the continuity conditions, but slippage can occur between the lining and rock.

The power series method is still used in this section, and the analytic function form set in Sect. 5.2 is still applicable, but the equations listed according to the contact condition are different from those in Sect. 5.2. In terms of the handling of the equations, the author has used two different methods, the first of which is similar to the idea in Sect. 5.2 [10], and the second is different from that in Sect. 5.2. This section will use the latter method to solve the analytic function [11]. Other basic assumptions are the same as in Sect. 5.2.

5.3.1 *Analytic Function Expressions for Continuity and Boundary Conditions*

In this section, the effect of hydrostatic pressure inside the tunnel is not considered, and the stress boundary condition of the lining inner boundary is directly given by Eq. (5.35).

$$\varphi_3(R_0\sigma) + \frac{\omega(R_0\sigma)}{\overline{\omega'}(R_0/\sigma)}\overline{\varphi'_3}(R_0/\sigma) + \overline{\psi_3}(R_0/\sigma) = 0 \tag{5.56}$$

The stress continuity condition (5.28) given in Sect. 5.2 still applies, and for convenience, it can be rewritten as follows.

$$\varphi_2(\sigma) + \frac{\omega(\sigma)}{\overline{\omega'(\sigma)}}\overline{\varphi'_2(\sigma)} + \overline{\psi_2(\sigma)} = \varphi_3(\sigma) + \frac{\omega(\sigma)}{\overline{\omega'(\sigma)}}\overline{\varphi'_3(\sigma)} + \overline{\psi_3(\sigma)} \tag{5.57}$$

For full slip contact, the shear stress in the tangential direction on the contact surface is zero, and the displacement in the normal direction is continuous. Therefore, it is necessary to express the relationship between the shear stress $\tau_{\rho\theta}$, the normal displacement u_ρ, and the analytic functions in an orthogonal curvilinear coordinate system. This is different from Sect. 5.2.

If the tunnel is unlined after excavation, the maximum displacements in the surrounding rock mass, $u_{\rho 1}^R + iu_{\theta 1}^R$ can be written as

$$2G_1(u_{\rho 1}^R + iu_{\theta 1}^R) = \frac{\bar{\zeta}}{\rho}\frac{\overline{\omega'(\zeta)}}{|\omega'(\zeta)|}\left[\kappa_1\varphi_1(\zeta) - \frac{\omega(\zeta)}{\overline{\omega'(\zeta)}}\overline{\varphi_1'(\zeta)} - \overline{\psi_1(\zeta)}\right] \tag{5.58}$$

After setting the lining support, the displacement of surrounding rock is restricted by the support. This part of the displacement $u_{\rho 2}^R + iu_{\theta 2}^R$ can be derived using the following equation.

$$2G_1(u_{\rho 2}^R + iu_{\theta 2}^R) = \frac{\bar{\zeta}}{\rho}\frac{\overline{\omega'(\zeta)}}{|\omega'(\zeta)|}\left[\kappa_1\varphi_2(\zeta) - \frac{\omega(\zeta)}{\overline{\omega'(\zeta)}}\overline{\varphi_2'(\zeta)} - \overline{\psi_2(\zeta)}\right] \tag{5.59}$$

After the lining is installed, the displacements $u_\rho^L + iu_\theta^L$ at any point on the lining can be expressed as

$$2G_2(u_\rho^L + iu_\theta^L) = \frac{\bar{\zeta}}{\rho}\frac{\overline{\omega'(\zeta)}}{|\omega'(\zeta)|}\left[\kappa_2\varphi_3(\zeta) - \frac{\omega(\zeta)}{\overline{\omega'(\zeta)}}\overline{\varphi_3'(\zeta)} - \overline{\psi_3(\zeta)}\right] \tag{5.60}$$

The other expression of the stress boundary condition is [12]

$$\sigma_\rho - i\tau_{\rho\theta} = 2\mathrm{Re}[\Phi(\sigma)] - \frac{\sigma^2}{\rho^2\overline{\omega'(\sigma)}}\left[\overline{\omega(\sigma)}\Phi'(\sigma) + \psi'(\sigma)\right] \tag{5.61}$$

The expressions for the shear stress along L_2 can be derived from $\varphi_2(\sigma)$ and $\psi_2(\sigma)$ or from $\varphi_3(\sigma)$ and $\psi_3(\sigma)$. If we let the expressions of the shear stress be equal to zero, two equations can be obtained. However, the two equations are not independent; therefore, only one equation can be used. And the expressions for $\varphi_2(\zeta)$ and $\psi_2(\zeta)$ are simpler than those for $\varphi_3(\zeta)$ and $\psi_3(\zeta)$. Herein, the expression for the shear stress along the full slip interface is expressed by $\varphi_2(\sigma)$ and $\psi_2(\sigma)$.

We substitute $\Phi(\sigma) = \varphi'(\sigma)/\omega'(\sigma)$, $\Phi'(\sigma)$, $\rho = 1$ into Eq. (5.61), then replace $\varphi(\sigma)$ and $\psi(\sigma)$ in Eq. (5.61) by $\varphi_2(\sigma)$ and $\psi_2(\sigma)$, respectively. For $\overline{\omega'(\sigma)}\omega'(\sigma)$ is a real number, from $\tau_{\rho\theta} = 0$ in Eq. (5.61), we can get

$$\mathrm{Im}\left\{\sigma^2\overline{\omega(\sigma)}\varphi_2''(\sigma) - \sigma^2\overline{\omega(\sigma)}\frac{\omega''(\sigma)}{\omega'(\sigma)}\varphi_2'(\sigma) + \sigma^2\omega'(\sigma)\psi_2'(\sigma)\right\} = 0 \tag{5.62}$$

Equation (5.62) is the expression of the zero-value shear stress along contact interface.

The continuity condition of normal displacement can be obtained by Eqs. (5.58)–(5.60). If the support delay is considered, there is

$$\begin{aligned}&\mathrm{Re}\left\{\frac{1-\eta}{G_1}\left[\kappa_1\overline{\sigma}\overline{\omega'(\sigma)}\varphi_1(\sigma)-\overline{\sigma}\omega(\sigma)\overline{\varphi_1'(\sigma)}-\overline{\sigma}\overline{\omega'(\sigma)\psi_1(\sigma)}\right]\right\}\\&+\mathrm{Re}\left\{\frac{1}{G_1}\left[\kappa_1\overline{\sigma}\overline{\omega'(\sigma)}\varphi_2(\sigma)-\overline{\sigma}\omega(\sigma)\overline{\varphi_2'(\sigma)}-\overline{\sigma}\overline{\omega'(\sigma)\psi_2(\sigma)}\right]\right\}\\&=\mathrm{Re}\left\{\frac{1}{G_2}\left[\kappa_2\overline{\sigma}\overline{\omega'(\sigma)}\varphi_3(\sigma)-\overline{\sigma}\omega(\sigma)\overline{\varphi_3'(\sigma)}-\overline{\sigma}\overline{\omega'(\sigma)\psi_3(\sigma)}\right]\right\}\end{aligned}\tag{5.63}$$

Equations (5.56), (5.57), (5.62) and (5.63) are the basic equations for solving $\varphi_2(\zeta)$, $\psi_2(\zeta)$, $\varphi_3(\zeta)$ and $\psi_3(\zeta)$. How to solve these equations is the key topic to be solved below.

5.3.2 Determination of Analytic Functions

According to the author's case analysis, when $\varphi_2(\zeta)$, $\psi_2(\zeta)$, $\varphi_3(\zeta)$, $\psi_3(\zeta)$ are expanded into a power series, the calculation result can have very high accuracy when the number of terms in the series is sufficient. We take the highest powers of ζ corresponding to b_k, d_k, e_k, f_k, g_k and h_k as N_b, N_d, N_e, N_f, N_g and N_h, according to the author's research, when $N_b = N_e = N_h$, $N_d = N_f = N_g = N_b + 2$, the obtained linear system of equations has very satisfactory results.

For simplicity of calculation, we take $b_k = x_k$, $d_L = x_{N_b+L}$, $e_k = x_{N_b+N_d+k}$, $f_L = x_{2N_b+N_d+L}$, $g_L = x_{2N_b+2N_d+L}$, $h_k = x_{2N_b+3N_d+k}$, $b_0 = x_{3N_b+3N_d+1}$, $d_0 = x_{3N_b+3N_d+2}$, $p_0 = x_{3N_b+3N_d+3}$, $d_0 = x_{3N_b+3N_d+4}$, where $k = 1, 2, ..., N_b$, $L = 1, 2, ..., N_d$. There are a total of $3N_b + 3N_d + 4$ undetermined variables.

In Sect. 5.2.2, $\omega(R_0\sigma)/\overline{\omega'}(R_0/\sigma)$ in Eq. (5.56) was expanded into a power series. However, in this section, instead of using that method, we multiply both sides of Eq. (5.56) by $\overline{\omega'}(R_0/\sigma)$, and we get

$$\overline{\omega'}(R_0/\sigma)\varphi_3(R_0\sigma)+\omega(R_0\sigma)\overline{\varphi_3'}(R_0/\sigma)+\overline{\omega'}(R_0/\sigma)\overline{\psi_3}(R_0/\sigma)=0\tag{5.64}$$

The highest negative power term of σ in $\overline{\omega'}(R_0/\sigma)\varphi_3(R_0\sigma)$, $\omega(R_0\sigma)\overline{\varphi_3'}(R_0/\sigma)$ are σ^{-N_e} and σ^{-N_h}, respectively, and the highest positive powers are σ^{N_f+n+1}, σ^{N_g+n+1}, respectively. The highest negative power term of σ in $\overline{\omega'}(R_0/\sigma)\overline{\psi_3}(R_0/\sigma)$ is $\sigma^{-(N_f+n-1)}$, and the highest positive powers is σ^{N_e+2}. According to that the constant and the coefficients of the negative and positive power items are equal to zero in Eq. (5.64), we then have the following linear equations,

$$\begin{aligned}&E_{J(N_b+N_d+k)}x_{N_b+N_d+k}+E_{J(2N_b+N_d+L)}x_{2N_b+N_d+L}+E_{J(2N_b+2N_d+L)}x_{2N_b+2N_d+L}\\&\quad+E_{J(2N_b+3N_d+k)}x_{2N_b+3N_d+k}+E_{J(3N_b+3N_d+M)}x_{3N_b+3N_d+M}=0\end{aligned}\tag{5.65}$$

where $j = 1, 2, ..., 2N_b + 3$, $k = 1, 2, ..., N_b$, $L = 1, 2, ..., N_d$, and $M = 1, 2, 3, 4$. A total of $2N_b + 3$ equations are included in the equation.

From Eq. (5.57),we have:

$$\overline{\omega'(\sigma)}\varphi_2(\sigma)+\omega(\sigma)\overline{\varphi_2'(\sigma)}+\overline{\omega'(\sigma)\psi_2(\sigma)}=\overline{\omega'(\sigma)}\varphi_3(\sigma)+\omega(\sigma)\overline{\varphi_3'(\sigma)}+\overline{\omega'(\sigma)\psi_3(\sigma)} \tag{5.66}$$

Similar to the discussion for Eq. (5.64), the equality of the constant and the coefficients of the negative power terms $\sigma^{-1}, \sigma^{-2}, ..., \sigma^{-N_b}$ and the positive power terms $\sigma^1, \sigma^2, ..., \sigma^{N_b+2}$ of both sides of Eq. (5.66) yields

$$\begin{aligned} D_{Jk}x_k &+ D_{J(N_b+L)}x_{N_b+L} + \mathrm{D}_{\mathrm{J}(N_b+N_d+k)}x_{N_b+N_d+k} + \mathrm{D}_{J(2N_b+N_d+\mathrm{L})}x_{2N_b+N_d+\mathrm{L}} \\ &+ D_{J(2N_b+2N_d+\mathrm{L})}x_{2N_b+2N_d+\mathrm{L}} + D_{J(2N_b+3N_d+k)}x_{2N_b+3N_d+k} \\ &+ D_{J(3N_b+3N_d+\mathrm{M})}x_{3N_b+3N_d+\mathrm{M}} \\ &= 0 \end{aligned} \tag{5.67}$$

where $J = 1, 2, ..., 2N_b + 3$, $k = 1, 2, ..., N_b$, $L = 1, 2, ..., N_d$ and $M = 1, 2, 3, 4$. A total of $2N_b + 3$ equations are included in the equation.

We now discuss Eq. (5.62). For simplicity, we first discuss the term $\overline{\omega(\sigma)}\omega''(\sigma)/\omega'(\sigma)$ in Eq. (5.62), which can be expressed as a power series as

$$\overline{\omega(\sigma)}\omega''(\sigma)/\overline{\omega'(\sigma)} = R\left[\sum_{k=1}^{n-3} w_k\sigma^k + \sum_{k=1}^{\infty} w_k'\sigma^{-k+1}\right] \tag{5.68}$$

where w_k and w_k' can be derived from,

$$\begin{aligned} w_{n-3} &= 2c_1c_n \\ w_{n-4} &= 2c_1c_{n-1} + 6c_2c_n \\ w_{n-j-3} &= \sum_{k=1}^{j+1} k(k+1)c_kc_{n-j+k-1} + \sum_{k=1}^{j-1} kc_kw_{n-j+k-2}, j = 2, 3, \ldots, n-4 \\ w_1' &= \sum_{k=1}^{n-2} k(k+1)c_kc_{k+2} + \sum_{k=2}^{n-3} (k-1)c_{k-1}w_k \\ w_2' &= \sum_{k=1}^{n-1} k(k+1)c_kc_{k+1} + \sum_{k=2}^{n-3} kc_kw_k \\ w_3' &= c_1w_1' + \sum_{k=1}^{n} k(k+1)c_kc_k + \sum_{k=2}^{n-3} (k+1)c_{k+1}w_k \\ w_4' &= c_1w_2' + 2c_2w_1' + 2c_1c_0 + \sum_{k=2}^{n} k(k+1)c_kc_{k-1} + \sum_{k=1}^{n-3} (k+2)c_{k+2}w_k \\ w_{n+4-j}' &= (n-j)(n-j+1)c_{n-j} + (n-j+1)(n-j+2)c_{n-j+1}c_0 + \end{aligned}$$

$$\sum_{k=1}^{n+2-j} kc_k w'_{n-k+3-j} + \sum_{k=n-j+2}^{n} k(k+1)c_k c_{j-n+k-1}$$

$$+\sum_{k=1}^{n-3} (k+n+2-j)c_{k+n+2-j}w_k, j = n-1, n-2, \ldots, 2$$

$$w'_{n+3} = (n-1)nc_{n-1} + n(n+1)c_n c_0 + \sum_{k=1}^{n} kc_k w'_{n-k+2}$$

$$w'_{n+4} = n(n+1)c_n + \sum_{k=1}^{n} kc_k w'_{n-k+3}$$

$$w'_{n+4+j} = \sum_{k=1}^{n+2-j} kc_k w'_{n-k+3-j}, j = 1, 2, \ldots, \infty$$

In Eq. (5.62), the highest negative and positive powers of $\sigma^2\overline{\omega(\sigma)}\varphi''_2(\sigma)$ are $\sigma^{-(N_b+1)}$ and σ^{n-1}, respectively, and $\sigma^2\omega'(\sigma)\psi'_2(\sigma)$ has only negative power terms of σ, with the highest power being $\sigma^{-(N_d+n)}$. The highest positive power of $\sigma^2\overline{\omega(\sigma)}\frac{\omega''(\sigma)}{\omega'(\sigma)}\varphi'_2(\sigma)$ is σ^{n-3}, and the highest negative power is infinite. The imaginary parts of σ^j and σ^{-j} are $\mathrm{Im}\{\sigma^j\} = \sin(j\theta)$ and $\mathrm{Im}\{\sigma^{-j}\} = -\sin(j\theta)$, respectively. Moreover, Eq. (5.62) should be satisfied for an arbitrary value of θ; hence, we take the highest positive and negative powers of σ to be equal to each other with a value of $N_b + 1$. The coefficients of $\sin(j\theta)$ are equal to zero, which yields the following linear equations, that is Eq. (5.69):

$$F_{Jk}x_k + F_{J(N_b+L)}x_{N_b+L} = 0 \tag{5.69}$$

A total of $L = 1, 2, ..., N_d$ equations are included in Eq. (5.69). Where $J = 1, 2, ..., N_b + 1$, $k = 1, 2, ..., N_b$ and $L = 1, 2, ..., N_d$. The coefficients of the undetermined variables in Eq. (5.69) can be obtained based on those of the corresponding items of $\mathrm{Im}\{\sigma^j, \sigma^{-j}\}$ $(j = 1, 2, ..., N_b)$.

We last discuss Eq. (5.63), the terms that appear in the equation (see Eq. (5.19)) can be obtained through a conjugation of both sides

$$-\frac{\omega(\sigma)}{\overline{\omega'(\sigma)}}\overline{\varphi'_1(\sigma)} - \overline{\psi_1(\sigma)} = -\sum_{k=1}^{n-2} S_k\sigma^{-k} - S'_0 + \frac{pR}{2}(1+\lambda)\sigma - \frac{pR}{2}(1-\lambda)\sum_{k=1}^{n} c_k\sigma^k$$

$$\psi_4(\sigma) = -\sum_{k=1}^{n-2} S_k\sigma^{-k} - S'_0 + \frac{pR}{2}(1+\lambda)\sigma - \frac{pR}{2}(1-\lambda)\sum_{k=1}^{n} c_k\sigma^k = u_0 + \sum_{k=1}^{n-2} u_k\sigma^{-k} + \sum_{k=1}^{n} v_k\sigma^k$$

where

$$u_0 = -s'_0$$
$$u_k = -s_k, k = 1, 2, ..., n-2$$

$$v_1 = PR(1+\lambda)/2 - PR(1-\lambda)c_1/2$$
$$v_k = -PR(1-\lambda)c_k/2, k = 1, 2, \ldots, n$$

Thus, Eq. (5.63) can be rewritten as

$$\begin{aligned}&\mathrm{Re}\left\{-\kappa_1\overline{\sigma}\overline{\omega'(\sigma)}\varphi_2(\sigma)+\overline{\sigma}\omega(\sigma)\overline{\varphi_2'(\sigma)}+\overline{\sigma}\overline{\omega'(\sigma)\psi_2(\sigma)}\right\}+\\&\mathrm{Re}\left\{\frac{G_1}{G_2}\left[\kappa_2\overline{\sigma}\overline{\omega'(\sigma)}\varphi_3(\sigma)-\overline{\sigma}\omega(\sigma)\overline{\varphi_3'(\sigma)}-\overline{\sigma}\overline{\omega'(\sigma)\psi_3(\sigma)}\right]\right\}=\\&\mathrm{Re}\left\{(1-\eta)\kappa_1\overline{\sigma}\overline{\omega'(\sigma)}\varphi_1(\sigma)+(1-\eta)\overline{\sigma}\overline{\omega'(\sigma)}\psi_4(\sigma)\right\}\end{aligned} \tag{5.70}$$

The highest positive powers of $\overline{\sigma}\overline{\omega'(\sigma)}\varphi_2(\sigma)$, $\overline{\sigma}\omega(\sigma)\overline{\varphi_2'(\sigma)}$, $\overline{\sigma}\overline{\omega'(\sigma)\psi_2(\sigma)}$, $\overline{\sigma}\overline{\omega'(\sigma)}\varphi_3(\sigma)$, $\overline{\sigma}\omega(\sigma)\overline{\varphi_3'(\sigma)}$, $\overline{\sigma}\overline{\omega'(\sigma)\psi_3(\sigma)}$, $\overline{\sigma}\overline{\omega'(\sigma)}\varphi_1(\sigma)$ and $\overline{\sigma}\overline{\omega'(\sigma)}\psi_4(\sigma)$ are σ^n, σ^{N_b+1}, σ^{N_d+n}, σ^{N_f+n}, σ^{N_e+1}, σ^{N_g+n}, σ^{n-1} and σ^{2n}, respectively. The highest negative powers are $\sigma^{-(N_b+1)}$, $\sigma^{-(n-1)}$, σ^{-1}, $\sigma^{-(N_e+1)}$, $\sigma^{-(N_f+n)}$, $\sigma^{-(N_h+1)}$, $\sigma^{-(n+1)}$ and $\sigma^{-(n-1)}$, respectively. The real parts of σ^j and σ^{-j} are equal to each other and have a value of $\cos(j\theta)$. Moreover, Eq. (5.70) should be satisfied for an arbitrary value of θ; hence, we take the highest positive and negative powers of σ to be equal to each other at a value of N_b+1. The coefficients of $\cos(j\theta)$ are equal to each other, which yields the following linear equations, that is Eq. (5.71):

$$\begin{aligned}&C_{Jk}x_k + C_{J(N_b+L)}x_{N_b+L} + C_{J(N_b+N_d+k)}x_{N_b+N_d+k}\\&\quad + C_{J(2N_b+N_d+L)}x_{2N_b+N_d+L} + C_{J(2N_b+2N_d+L)}x_{2N_b+2N_d+L}\\&\quad + C_{J(2N_b+3N_d+k)}x_{2N_b+3N_d+k} + C_{J(3N_b+3N_d+M)}x_{3N_b+3N_d+M} = H_J\end{aligned} \tag{5.71}$$

where $J = 1, 2, \ldots, N_b+2$, $k = 1, 2, \ldots, N_b$, $L = 1, 2, \ldots, N_d$, and $M = 1, 2, 3, 4$. A total of N_b+2 equations are included in the equation.

The coefficients in front of the unknown variables in Eqs. (5.65), (5.67), (5.69), and (5.71), as well as H_J in Eq. (5.71), can be found in reference [11].

A total of $6N_b+9$ equations are included in Eqs. (5.65), (5.67), (5.69), and (5.71), but $6N_b+10$ variables must be determined. Hence, one additional equation is required, and the additional equation being added is the same as Eq. (5.45).

Write Eqs. (5.65), (5.67), (5.69), and (5.71) in a uniform form,

$$P_{IJ}x_J = Q_I, I,\quad J = 1, 2, \ldots, 6N_b+10 \tag{5.72}$$

where P_{IJ} and O_I can be listed as follows based on the derivation process described above:

$$\begin{aligned}P_{IJ} &= E_{IJ}, I = 1, 2, \ldots, 2N_b+3; J = 1, 2, \ldots, 6N_b+10\\P_{(2N_b+3+I)J} &= D_{IJ}, I = 1, 2, \ldots, 2N_b+3; J = 1, 2, \ldots, 6N_b+10\\P_{(4N_b+6+I)J} &= F_{IJ}, I = 1, 2, \ldots, N_b+1; J = 1, 2, \ldots, 2N_b+2\end{aligned}$$

$$
\begin{aligned}
P_{(5N_b+7+I)J} &= C_{IJ}, I = 1, 2, \ldots, N_b + 2; J = 1, 2, \ldots, 6N_b + 10 \\
P_{(6N_b+10)(6N_b+7)} &= \kappa_1 \\
P_{(6N_b+10)(6N_b+8)} &= -1 \\
Q_{5N_b+7+i} &= H_I, I = 1, 2, \ldots, N_b + 2
\end{aligned}
$$

The remaining zero terms, including $P_{IJ} = 0$ and $Q_I = 0$, are not listed.

The basic undetermined variables, $b_0, d_0, p_0, q_0, b_1, b_2, \ldots, b_{N_b}, d_1, d_2, \ldots, d_{N_d}, e_1, e_2, \ldots, e_{N_e}, f_1, f_2, \ldots, f_{N_f}, g_1, g_2, \ldots, g_{N_g}$, and $h_1, h_2, \ldots, h_{N_h}$, can be solved easily using a computer. Thus, the analytic functions $\varphi_2(\zeta)$, $\psi_2(\zeta)$,$\varphi_3(\zeta)$ and $\psi_3(\zeta)$ can be determined.

The formulas for calculating stress and displacement in rock masses and linings are similar to those in Eqs. (5.47)–(5.54) in Sect. 5.2, except that this section provides displacement in an orthogonal curvilinear coordinate system.

5.3.3 Analysis and Discussion

We consider a Rectangle-semicircle shaped tunnel that is 1 m thick as an example (Fig. 5.19) [7]. Because $n = 8$, the transformation can be given as

$$
\begin{aligned}
z = \omega(\zeta) = 7.54561(\zeta &- 0.07499 + 0.12076\zeta^{-1} + 0.04536\zeta^{-2} - 0.06513\zeta^{-3} \\
&+ 0.02083\zeta^{-4}0.00118\zeta^{-5} - 0.00285\zeta^{-6} - 0.00096\zeta^{-7} - 0.00221\zeta^{-8})
\end{aligned} \tag{5.73}
$$

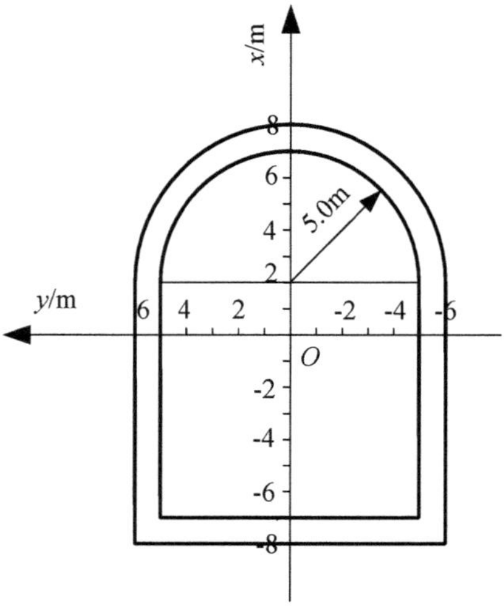

Fig. 5.19 Rectangle-semicircle shaped tunnel

From Eq. (5.73), $R = 7.54561$, $c_0 = -0.07499$, $c_1, c_2, \ldots, c_8$ are the coefficients of the negative powers of ζ, and the inner radius $R_0 = 0.88569$.

The given parameters are: $E_1 = 20$ GPa, $E_2 = 30$ GPa, $\mu_1 = \mu_2 = 0.2$, $P = 10$ MPa, $Q = 5$ MPa.

5.3.3.1 Accuracy of Analytical Solutions

The results are significantly affected by the number of terms in the power series expressions of $\varphi_2(\zeta)$, $\psi_2(\zeta)$, $\varphi_3(\zeta)$ and $\psi_3(\zeta)$. If the number of terms is finite, some of the equations are ignored because the linear equations are found; thus, neither the continuity condition nor the zero shear stress condition can be exactly satisfied on the contact surface; likewise, the stress boundary condition on the inner boundary of the lining cannot be exactly satisfied, and the results are approximate solutions.

The accuracy of the boundary conditions along L_1 and L_2 for different values of N_b if the values of the given parameters remain unchanged and if $\eta = 0$ is discussed below.

We take $\eta = 0$ because for the case of $\eta = 1$, no action occurs along the interface between the lining and the surrounding rock mass; all of the boundary conditions can be satisfied, and thus, we do not need to discuss this case. A smaller value of η leads to a larger interaction and thus more representative results. Therefore, we take $\eta = 0$.

Along the inner boundary of the lining L_1, $\rho = R_0$; thus, if the results can satisfy $\sigma_\rho = 0$ and $\tau_{\rho\theta} = 0$, the stress boundary conditions along L_1 can be satisfied.

Still using σ_ρ^L and $\tau_{\rho\theta}^L$ to represent the stress on the outer boundary of the lining and using σ_ρ^R and $\tau_{\rho\theta}^R$ to represent the stress on the excavation boundary. If the calculation result satisfies $\sigma_\rho^L = \sigma_\rho^R$ and $\tau_{\rho\theta}^L = \tau_{\rho\theta}^R = 0$, it means that the stress boundary condition on L_2 can be accurately satisfied.

Along the rock-lining interface; thus, the normal displacement continuity conditions can be satisfied if normal displacement u_ρ^L of the outer boundary of the lining is equal to the normal displacement u_ρ^R of the excavation boundary of the surrounding rock.

Due to the symmetry of the problem, the left half of Fig. 5.19, which corresponds to the range $\theta \in [0°, 180°]$ in the ζ plane, will be discussed here. The value $\theta = 0°$ corresponds to the x-axis above the midpoint of the vault, and $\theta = 180°$ corresponds to the x-axis below the midpoint of the floor.

The calculation result when $N_b = 30$ indicates that, the stress and normal displacement continuity conditions along L_2 can be satisfied well. In particular, the normal displacement continuity conditions can be satisfied, whereas the results along L_1 are poor, especially at $\theta = 138°$, which corresponds to the corner of the tunnel.

We now discuss the problem of how large N_b should be to satisfy the stress boundary conditions along L_1. The distributions of σ_ρ and $\tau_{\rho\theta}$ along L_1 for $N_b = 80$ and 100 are shown in Figs. 5.20 and 5.21, respectively. When $N_b = 80$, the maximum absolute value of σ_ρ and $\tau_{\rho\theta}$, $\max\{[|\sigma_\rho|, |\tau_{\rho\theta}|]\}$, is less than 0.213 MPa, whereas

Fig. 5.20 σ_ρ, $\tau_{\rho\theta}$ along L_1 when $N_b = 80$

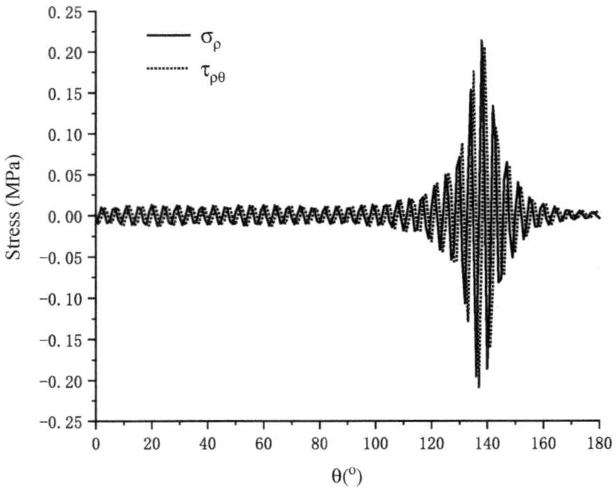

Fig. 5.21 σ_ρ, $\tau_{\rho\theta}$ along L_1 when $N_b = 100$

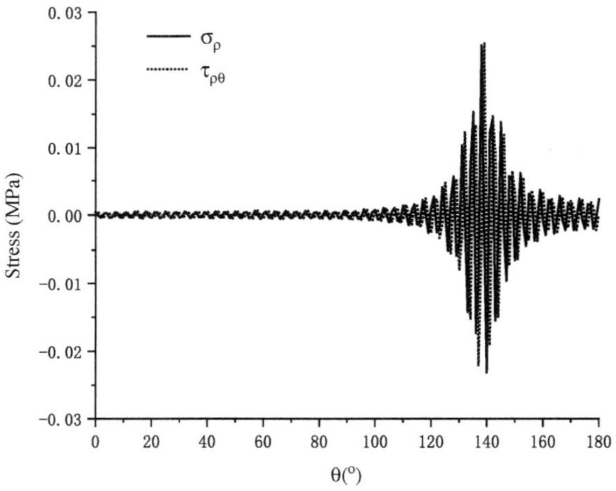

when $N_b = 100$, the absolute value is less than 0.025 MPa. Thus, for $N_b = 100$, the values of σ_ρ and $\tau_{\rho\theta}$ along L_1 are small, which means that the accuracy is high. This conclusion is different from that in Sect. 5.2, where taking the highest power of the analytic function as 50 achieves high accuracy. This is mainly because the curvature of the horseshoe-shaped tunnel section is small.

5.3.3.2 Stresses in the Lining and Surrounding Rock Mass

The results demonstrate that the tangential stress concentration occurs along the excavation boundary and that the stress concentrations decrease to the level of the in situ stress away from the boundary. Thus, for the stresses in the surrounding rock mass, only the tangential stress along the excavation boundary will be discussed. For the stresses in the lining, the tangential stresses along the inner and outer boundaries of the lining will be discussed. The normal stresses along the interface between the lining and surrounding rock will be discussed as well. We take $N_b = 100$ and consider four values of η: 0.2, 0.4, 0.6 and 0.8. The values of the other parameters remain unchanged.

The tangential stresses for different values of η along the excavation boundary are illustrated in Fig. 5.22, and the tangential stresses along the outer and inner boundaries of the lining are shown in Figs. 5.23 and 5.24, respectively.

Noted from Figs. 5.22, 5.23 and 5.24, the tangential stresses along the excavation boundary are compressive. The greatest tangential stress concentration occurs near $\theta = 60°$ (near the foot of the arch at the top of the wall), and the maximum tangential stress occurs at $\theta = 136°$ (near the corner of the wall). The tangential stresses along

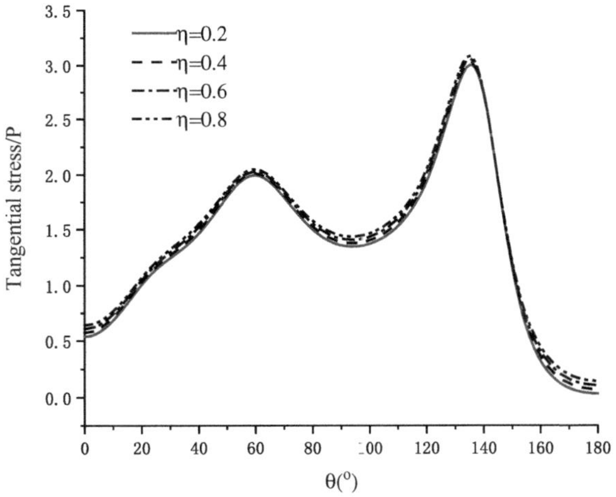

Fig. 5.22 Values of σ_θ along the excavation boundary for different values of η

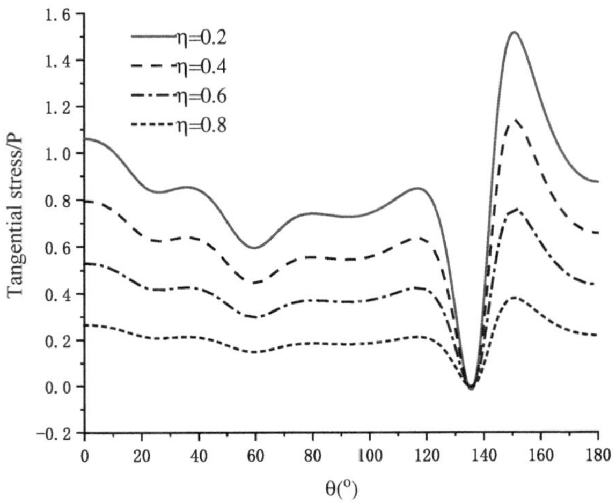

Fig. 5.23 Values of σ_θ along the outer boundary of the lining for different values of η

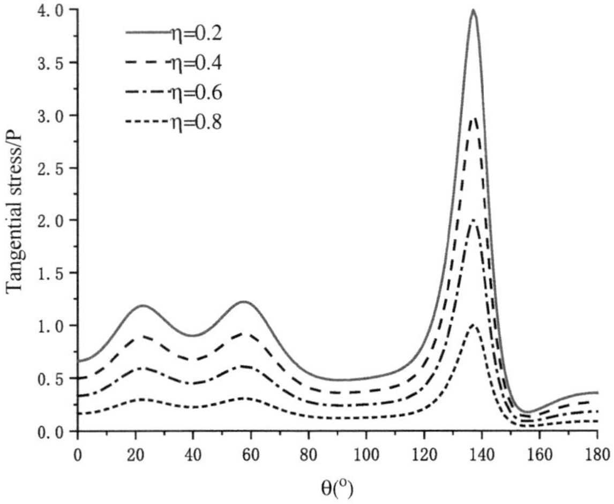

Fig. 5.24 Values of σ_θ along the inner boundary of the lining for different values of η

the excavation boundary increase with increasing η, which is slightly different from the perfect bonding condition [7]. The locations and magnitudes of the tangential stresses are slightly different from those for the perfect bonding condition.

Along the outer boundary of the lining, the tangential stresses are compressive and decrease with increasing η. The greatest tangential stress concentration occurs near $\theta = 150°$ (on the right side of the wall). The tangential stresses are small or even zero near $\theta = 136°$, which is different from the perfect bonding case.

Along the inner boundary of the lining, the tangential stresses are also compressive and decrease with increasing η. The greatest tangential stress concentration occurs near $\theta = 137°$ (near the corner of the wall), which is slightly different from the perfect bonding case. The main difference between the full slip and perfect bonding conditions occurs near $\theta = 180°$ (near the midpoint of the floor), where small compressive stresses are present for the pure slip condition but where tensile stresses occur for the pure bond condition.

5.3.4 Comparison Between Stresses Under Full Slip and Perfect Bonding Conditions

For the two extreme contact conditions (i.e., the full slip and perfect bonding conditions), the distributions of tangential stress along the excavation boundary and the normal stresses along the interface are similar, whereas the distributions of the tangential stresses along the inner and outer boundaries of the lining are significantly different. The greatest stress concentration occurs along the inner boundary, and thus, we only analyse the distribution of the tangential stresses along the inner boundary of the lining for $\eta = 0.2$. Figures 5.25, 5.26, 5.27, and 5.28 illustrate the distributions for two contact conditions at lateral pressure coefficients λ of 0, 0.5, 1 and 1.5, respectively.

Figures 5.25, 5.26, 5.27, and 5.28 demonstrate that for each value of λ (i.e., 0, 0.5, 1.0, 1.5), the maximum value of the tangential stress for the full slip condition is smaller than that for the perfect bonding condition. Tensile stresses are more likely to occur under the perfect bonding condition than under the full e slip condition. When λ = 0, tensile stresses are present under both contact conditions. Under the full slip condition, tensile stresses only occur on the right side of the wall and reach

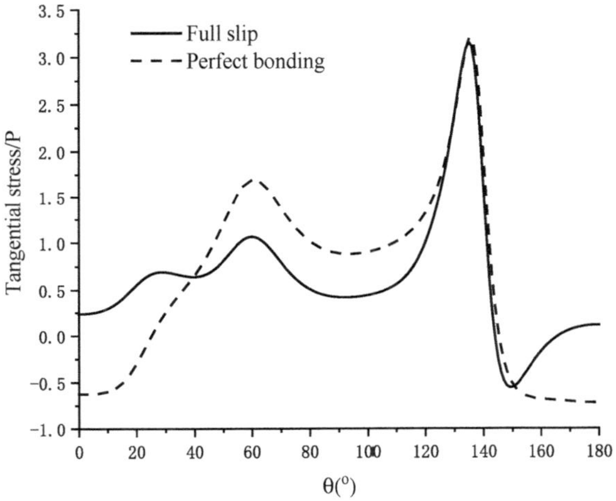

Fig. 5.25 Values of σ_θ along the inner boundary of the lining for the two contact conditions (λ = 0)

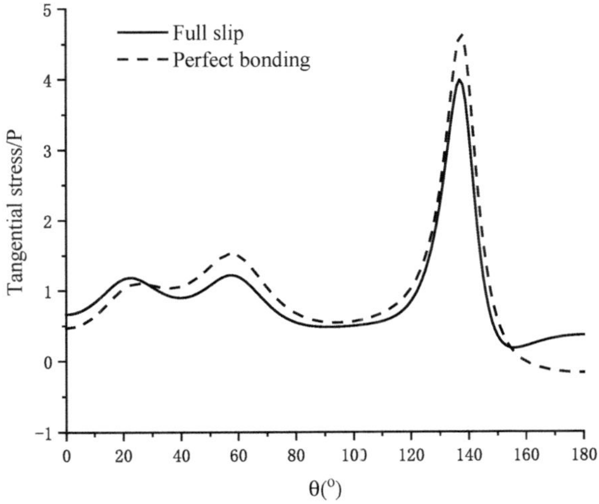

Fig. 5.26 Values of σ_θ along the inner boundary of the lining for the two contact conditions (λ = 0.5)

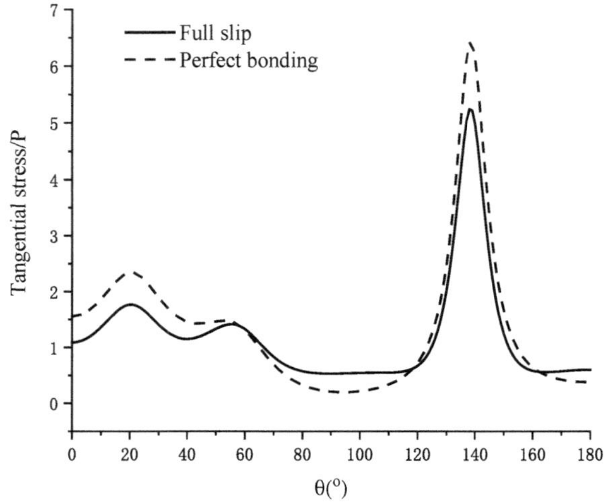

Fig. 5.27 Values of σ_θ along the inner boundary of the lining for the two contact conditions ($\lambda = 1$)

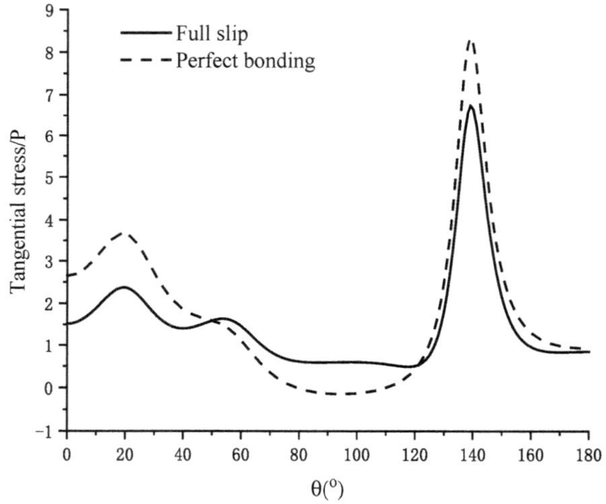

Fig. 5.28 Values of σ_θ along the inner boundary of the lining for the two contact conditions ($\lambda = 1.5$)

a maximum value of $0.55P$, and under the perfect bonding condition, tensile stresses occur on the vault and floor, with maximum values of $0.62P$ and $0.72P$, respectively. When $\lambda = 0.5$, no tensile stresses exist for the full slip condition, but tensile stresses are present at the centre of the floor for the perfect bonding condition, with a maximum value of $0.17P$. When $\lambda = 1$, no tensile stresses exist under either contact condition. The results for $\lambda = 1.5$ shows tensile stresses only occur on the centre of the wall for the perfect bonding condition and have a maximum value of $0.14P$.

From the tangential stress distribution along the inner boundary of lining, full slip contact is better than perfect bonding contact. The maximum tangential compressive stress generated by full slip contact is smaller than that of perfect bonding contact, and perfect bonding contact is more likely to produce tensile stress. Due to the lower tensile strength of concrete, this indicates that placing a layer of material that is easy to slide between the lining and the surrounding rock can help improve the bearing capacity of the lining.

5.4 Elastic Solution of Lined Tunnels with Different Lining Thickness

5.4.1 Mapping Functions for Surrounding Rock and Lining

Sections 5.2–5.3 discuss problems in deep-buried tunnels where the lining and surrounding rock are mapped onto annulus regions and an outer domain of the annulus with the same boundary on the ζ-plane using the same mapping function $z = \omega(\zeta)$. However, theoretically, this method is not feasible for lining cross sections with complex shapes or actual lining thicknesses that are large. This is because the closed lining itself is a doubly connected domain with two boundaries, which should be mapped to an annulus with the general form of Eq. (1.43),

$$z = \omega(\zeta) = \sum_{k=-\infty}^{\infty} c_k \zeta^k \tag{5.74}$$

The mapping function from the outer area of the tunnel surrounding rock to the outer area of the unit circle should have the general form of Eq. (1.1), that is:

$$z = \omega(\zeta) = R\left(\zeta + \sum_{k=0}^{\infty} c_k \zeta^{-k}\right) \tag{5.75}$$

We currently use formula (5.75) to solve the support problem in tunnels. It goes without saying that when the shape of the lining cross-section is complex, for such a doubly connected domain, the mapping function containing only the first power of ζ may not be sufficient. If we choose the form of formula (5.74) as the mapping function, taking multiple positive and negative powers of ζ, we can accurately map the annular doubly connected domain to a circular annulus region. At the same time, it can ensure that the outer area of the surrounding rock is mapped to the outer domain of the circular annulus. From formula (5.74), it can be seen that the point where $\zeta \to \infty$ corresponds to the point where $z \to \infty$, which seems reasonable. However, in fact, this approach is definitely not feasible. Let's not talk about whether such a mapping can ensure a one-to-one mapping. The key is that when $\zeta \to \infty$, the first-order derivative $\omega'(\zeta)$ of $\omega(\zeta)$ with respect to ζ is infinite, which cannot solve the mechanical problem of external forces at infinity.

In this section, the author will use two sets of mapping functions [13] to map the two regions to different planes (Fig. 5.29). The outer infinite domain of the tunnel excavation boundary is mapped to the outer domain of the unit circle in the ζ_1-plane, and the mapping function is:

$$z = \omega_1(\zeta_1) = R\left(\zeta_1 + \sum_{k=0}^{n} c_k \zeta_1^{-k}\right) \tag{5.76}$$

where, R is a positive real number, and c_k is also a real constant when the x-axis is the axis of symmetry. When the shape of the tunnel excavation boundary is known, c_k is a known quantity. $\zeta_1 = \rho_1 e^{i\theta_1}$ represents any point in the ζ_1-plane, θ_1 and ρ_1 are the polar angle and polar radius in the ζ_1-plane, respectively.

Mapping the lining annular region to a circular ring with an outer radius of 1 and an inner radius of R_0 in the ζ_2-plane, the mapping function is

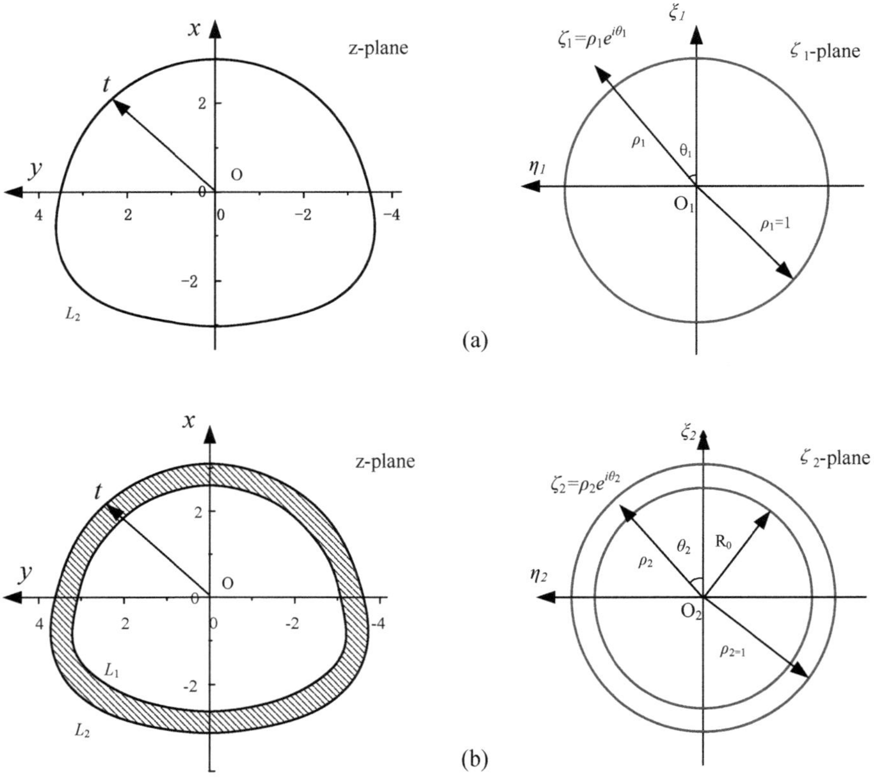

Fig. 5.29 Map the surrounding rock and lining to two different planes. **a** The outer area of the surrounding rock is mapped to the outer domain of the unit circle. **b** The domain of the lining cross-section is mapped to a circular annulus region with inner radius R_0 and outer radius 1

$$z = \omega_2(\zeta_2) = \sum_{k=0}^{n_1} p_k \zeta_2^k + \sum_{k=1}^{n_2} q_k \zeta_2^{-k} \tag{5.77}$$

When the x-axis is the axis of symmetry, p_k, q_k in the formula are real constants. When the lining cross-section is known, p_k, q_k can be obtained by the method given in Chap. 1. $\zeta_2 = \rho_2 e^{i\theta_2}$ represents any point in the ζ_2-plane, where θ_2 and ρ_2 are the polar angle and polar radius in the ζ_2-plane, respectively.

On the contact boundary between lining and surrounding rock, in order to ensure that the points on the unit circle of the ζ_1-plane and the points on the unit circle of the ζ_2-plane correspond to the same point t in the z plane, it can be known from formulas (5.76) and (5.77):

$$R\left(\sigma_1 + \sum_{k=0}^{n} c_k \sigma_1^{-k}\right) = \sum_{k=0}^{n_1} p_k \sigma_2^k + \sum_{k=1}^{n_2} q_k \sigma_2^{-k} \tag{5.78}$$

where $\sigma_1 = e^{i\theta_1}$, $\sigma_2 = e^{i\theta_2}$

Equation (5.78) shows that at each point on the contact boundary, it is impossible to guarantee that $\sigma_1 = \sigma_2$, that is, given σ_1, σ_2 can be obtained through Eq. (5.78), but $\theta_1 = \theta_2 = 0$ can correspond to the point where the contact boundary intersects with the x-axis. When the x-axis is the axis of symmetry, $\theta_1 = \theta_2 = \pi$ also correspond to the point where the contact boundary intersects with the x-axis.

5.4.2 Analytic Function and Solving Equations

In Sects. 5.2 and 5.3, the same mapping function $z = \omega(\zeta)$ was used for convenience, so the analytic functions involved in the lining and surrounding rock were functions of the same complex variable ζ. However, in this section, two sets of mapping functions are used for the lining and surrounding rock, involving two complex variables ζ_1 and ζ_2. Specifically, the analytic function corresponding to the surrounding rock should be a function of ζ_1, while the analytic function corresponding to the lining should also be a function of ζ_2. By following the method used in Sects. 5.2 and 5.3, the analytic functions for both the lining and surrounding rock can be obtained.

As the tunnel is unsupported, displacements in surrounding rock mass can be derived according to the following two analytic functions $\varphi_1(\zeta_1)$, $\psi_1(\zeta_1)$ given by Eqs. (5.79) and (5.80) [9].

$$\varphi_1(\zeta_1) = \sum_{k=1}^{n} a_k \zeta_1^{-k} \tag{5.79}$$

$$\psi_1(\zeta_1) = -\frac{\overline{\omega_1}(1/\zeta_1)}{\omega_1'(\zeta_1)}\varphi_1'(\zeta_1) + \sum_{k=1}^{n-2} s_k \zeta_1^k + s_0' - \frac{PR}{2}(1+\lambda)\zeta_1^{-1}$$

$$+\frac{PR}{2}(1-\lambda)\sum_{k=1}^{n} c_k \zeta_1^{-k} \tag{5.80}$$

After the support installation, the supporting effect of the lining on the surrounding rock can be reflected by the analytic functions $\varphi_2(\zeta_1)$ and $\psi_2(\zeta_1)$ given by Eqs. (5.81) and (5.82), respectively.

$$\varphi_2(\zeta_1) = b_0 + \sum_{k=1}^{\infty} b_k \zeta_1^{-k} \tag{5.81}$$

$$\psi_2(\zeta_1) = d_0 + \sum_{k=1}^{\infty} d_k \zeta_1^{-k} \tag{5.82}$$

After the tunnel is supported by lining, the influence of the surrounding rock and internal water pressure on the lining can be reflected by the analytic functions $\varphi_3(\zeta_2)$ and $\psi_3(\zeta_2)$ given by Eqs. (5.83) and (5.84), respectively.

$$\varphi_3(\zeta_2) = e_0 + \sum_{k=1}^{\infty} e_k \zeta_2^{-k} + \sum_{k=1}^{\infty} f_k \zeta_2^{k} \tag{5.83}$$

$$\psi_3(\zeta_2) = g_0 + \sum_{k=1}^{\infty} g_k \zeta_2^{-k} + \sum_{k=1}^{\infty} h_k \zeta_2^{k} \tag{5.84}$$

The constants mentioned above, b_0, d_0, b_k, d_k, e_0, g_0, e_k, f_k, g_k, and h_k, are all constants to be determined. When the tunnel, lining, and ground stresses are all axisymmetric, these constants are all real numbers. b_0 and d_0 satisfy the following relationship:

$$d_0 = \kappa_1 b_0 \tag{5.85}$$

If it is considered that the perfect bonding contact condition is satisfied between the surrounding rock and the lining, then the stress and displacement continuity conditions on the contact surface and the stress boundary conditions on the inner boundary of the lining can be directly written according to the practice of Sects. 5.2 and 5.3.

$$\varphi_2(\sigma_1) + \frac{\omega_1(\sigma_1)}{\overline{\omega_1'(\sigma_1)}}\overline{\varphi_2'(\sigma_1)} + \overline{\psi_2(\sigma_1)} = \varphi_3(\sigma_2) + \frac{\omega_2(\sigma_2)}{\overline{\omega_2'(\sigma_2)}}\overline{\varphi_3'(\sigma_2)} + \overline{\psi_3(\sigma_2)} \tag{5.86}$$

$$(1-\eta)\left[\kappa_1\varphi_1(\sigma_1) - \frac{\omega_1(\sigma_1)}{\overline{\omega_1'(\sigma_1)}}\overline{\varphi_1'(\sigma_1)} - \overline{\psi_1(\sigma_1)}\right]/2G_1$$

$$+\left[\kappa_1\varphi_2(\sigma_1) - \frac{\omega_1(\sigma_1)}{\overline{\omega_1'(\sigma_1)}}\overline{\varphi_2'(\sigma_1)} - \overline{\psi_2(\sigma_1)}\right]/2G_1$$
$$= \left[\kappa_2\varphi_3(\sigma_2) - \frac{\omega_2(\sigma_2)}{\overline{\omega_2'(\sigma_2)}}\overline{\varphi_3'(\sigma_2)} - \overline{\psi_3(\sigma_2)}\right]/2G_2 \tag{5.87}$$

$$\varphi_3(R_0\sigma_2) + \frac{\omega_2(R_0\sigma_2)}{\overline{\omega_2'(R_0\sigma_2)}}\overline{\varphi_3'(R_0\sigma_2)} + \overline{\psi_3(R_0\sigma_2)} = p\omega_2(R_0\sigma_2) \tag{5.88}$$

The formula (5.86)–(5.88) is the basic equations for solving $\varphi_2(\zeta_1)$, $\psi_2(\zeta_1)$ and $\varphi_3(\zeta_2)$, $\psi_3(\zeta_2)$.

5.4.3 Boundary Collocation Method for Determination of Analytic Functions

In Sects. 5.2 and 5.3, because the equations for solving the analytic function involve only one variable σ, a linear equation system for solving the unknown coefficients can be obtained by comparing the coefficients of the same power of σ on both sides of the equation. However, for the problem in this section, since Eqs. (5.86) to (5.88) involve two complex variables σ_1 and σ_2, and both of them satisfy the algebraic relationship given by Eq. (5.78), it is not possible to directly follow the approach in Sects. 5.2 and 5.3 to derive a linear equation system for solving the unknown coefficients b_0, d_0, b_k, d_k, p_0, q_0, e_k, f_k, g_k, and h_k. In this section, we will use the boundary collocation method to solve the unknown coefficients in the analytic function.

We will divide the unit circle on the ζ_1-plane into m equal parts to obtain m nodes. At each node, we have:

$$\sigma_{1j} = e^{i\theta_{1j}}, j = 1, 2, \ldots, m$$
$$\theta_{1j} = \frac{2\pi}{m}(j-1), j = 1, 2, \ldots, m \tag{5.89}$$

The positions on the unit circle of the ζ_2-plane corresponding to these points should be determined by Eq. (5.90).

$$\sum_{k=0}^{n_1} p_k\sigma_{2j}^k + \sum_{k=1}^{n_2} q_k\sigma_{2j}^{-k} = R\left(\sigma_{1j} + \sum_{k=0}^{n} c_k\sigma_{1j}^{-k}\right), j = 1, 2, \ldots, m \tag{5.90}$$

Since σ_{1j} is known, the value of the function on the right side of the equation can be calculated. Let's denote it as:

$$t_j = R\left(\sigma_{1j} + \sum_{k=0}^{n} c_k\sigma_{1j}^{-k}\right), j = 1, 2, \ldots, m \tag{5.91}$$

By substituting Eq. (5.91) into Eq. (5.90) and multiplying both sides by $\sigma_{2j}^{n_2}$, we obtain:

$$p_{n_1}\sigma_{2j}^{n_1+n_2} + p_{n_1-1}\sigma_{2j}^{n_1+n_2-1} + p_{n_1-2}\sigma_{2j}^{n_1+n_2-2} + \ldots + p_1\sigma_{2j}^{n_2+1} + (p_0 - f_j)\sigma_{2j}^{n_2} + q_1\sigma_{2j}^{n_2-1} + q_2\sigma_{2j}^{n_2-2} + \ldots + q_{n_2-1}\sigma_{2j} + q_{n_2} = 0, j = 1, 2, \ldots, m \tag{5.92}$$

Equation (5.92) is a high-order algebraic equation in terms of σ_{2j}. $\sigma_{2j}(j = 1, 2, \ldots, m)$ can be easily solved by using a computational algebraic solver. It can be observed from the computation that when σ_{1j} is uniformly located on the unit circle of the ζ_1-plane, in general, σ_{2j} will not be uniformly located on the unit circle of the ζ_2-plane. Only when the lining is an ideal circular ring can such uniformity be achieved.

By substituting σ_{1j} and σ_{2j} into Eqs. (5.86)–(5.88), we obtain:

$$\varphi_2(\sigma_{1j}) + \frac{\omega_1(\sigma_{1j})}{\omega_1'(\sigma_{1j})}\overline{\varphi_2'(\sigma_{1j})} + \overline{\psi_2(\sigma_{1j})} = \varphi_3(\sigma_{2j}) + \frac{\omega_2(\sigma_{2j})}{\omega_2'(\sigma_{2j})}\overline{\varphi_3'(\sigma_{2j})} + \overline{\psi_3(\sigma_{2j})}, j = 1, 2, \ldots, m \tag{5.93}$$

$$(1-\eta)\left[\kappa_1\varphi_1(\sigma_{1j}) - \frac{\omega_1(\sigma_{1j})}{\omega_1'(\sigma_{1j})}\overline{\varphi_1'(\sigma_{1j})} - \overline{\psi_1(\sigma_{1j})}\right]/2G_1 + \left[\kappa_1\varphi_2(\sigma_{1j}) - \frac{\omega_1(\sigma_{1j})}{\omega_1'(\sigma_{1j})}\overline{\varphi_2'(\sigma_{1j})} - \overline{\psi_2(\sigma_{1j})}\right]/2G_1, j = 1, 2, \ldots, m = \left[\kappa_2\varphi_3(\sigma_{2j}) - \frac{\omega_2(\sigma_{2j})}{\omega_2'(\sigma_{2j})}\overline{\varphi_3'(\sigma_{2j})} - \overline{\psi_3(\sigma_{2j})}\right]/2G_2 \tag{5.94}$$

$$\varphi_3(R_0\sigma_{2j}) + \frac{\omega_2(R_0\sigma_{2j})}{\omega_2'(R_0\sigma_{2j})}\overline{\varphi_3'(R_0\sigma_{2j})} + \overline{\psi_3(R_0\sigma_{2j})} = p\omega_2(R_0\sigma_{2j}), j = 1, 2, \ldots, m \tag{5.95}$$

σ_{1j} and σ_{2j} in Eqs. (5.93)–(5.95) are known, and σ_{1j}^k, $\sigma_{2j}^{\pm k}$, $\frac{\omega_1(\sigma_{1j})}{\omega_1'(\sigma_{1j})}$, $\frac{\omega_2(\sigma_{2j})}{\omega_2'(\sigma_{2j})}$, $\frac{\omega_2(R_0\sigma_{2j})}{\omega_2'(R_0\sigma_{2j})}$ can be calculated. These equations can be used to easily formulate a linear system of equations in terms of b_0, d_0, b_k, d_k,p_0, q_0, e_k, f_k, g_k, and h_k, with a total of $3m$ equations, where m is the number of equations. In this section, the method of power series is used for solving, setting the maximum positive and negative power of the analytic function as N, which gives $6N + 3$ unknowns. If $3m = 6N + 3$, i.e., $m = 2N + 1$, the number of unknowns to be solved is exactly the same as the number of equations in the system.

Although this method is much easier than the methods in Sects. 5.2 and 5.3 for constructing linear equation systems, the solution of the system of equations can only guarantee precise satisfaction of the contact conditions at $2N + 1$ points on the contact interface and precise satisfaction of stress boundary conditions at $2N + 1$ points on the inner lining boundary. However, generally speaking, it may not precisely satisfy the contact conditions and stress boundary conditions at other points. Since the stress boundary condition on the inner lining boundary is a continuous function with respect to θ_{2j}, and the contact condition on the contact interface should also be a continuous function with respect to θ_{1j} and θ_{2j}, there will be no abrupt changes. Therefore, the method in this section is feasible. In theory, the more items are taken for the analytic function, the more points are needed to be taken, and the calculation results should be more accurate.

5.4.4 *Analytical Solutions for Stress and Displacement*

The formulas for calculating stress and displacement in the lining and surrounding rock are similar to Eqs. (5.47) to (5.54), with the mapping function and corresponding variables being modified accordingly.

5.4.4.1 Solutions for the Lining

$$\sigma_\rho + \sigma_\theta = 4\mathrm{Re}\left[\varphi_3'(\zeta_2)/\omega_2'(\zeta_2)\right] \tag{5.96}$$

$$\sigma_\theta - \sigma_\rho + 2i\tau_{\rho\theta} = \frac{2\zeta_2^2}{\rho^2}\frac{1}{\overline{\omega_2'(\zeta_2)}}\left\{\overline{\omega(\zeta_2)}\frac{\varphi_3''(\zeta_2)\omega_2'(\zeta_2) - \varphi_3'(\zeta_2)\omega_2''(\zeta_2)}{[\omega_2'(\zeta_2)]^2} + \psi_3'(\zeta_2)\right\} \tag{5.97}$$

$$2G_2\left(u^L + iv^L\right) = \kappa_2\varphi_3(\zeta_2) - \omega_2(\zeta_2)\overline{\varphi_3'(\zeta_2)}/\overline{\omega'(\zeta_2)} - \overline{\psi_3(\zeta_2)} \tag{5.98}$$

5.4.4.2 Solutions for the Surrounding Rock

$$\sigma_\rho + \sigma_\theta = 4\mathrm{Re}\left[\varphi_4'(\zeta_1)/\omega_1'(\zeta_1)\right] \tag{5.99}$$

$$\sigma_\theta - \sigma_\rho + 2i\tau_{\rho\theta} = \frac{2\zeta_1^2}{\rho^2}\frac{1}{\overline{\omega_1'(\zeta_1)}}\left\{\overline{\omega_1(\zeta)}\frac{\varphi_4''(\zeta_1)\omega_1'(\zeta_1) - \varphi_4'(\zeta_1)\omega_1''(\zeta_1)}{[\omega_1'(\zeta_1)]^2} + \psi_4'(\zeta_1)\right\} \tag{5.100}$$

where

$$\varphi_4(\zeta_1) = B\omega_1(\zeta_1) + \varphi_1(\zeta_1) + \varphi_2(\zeta_1) \tag{5.101}$$

$$\psi_4(\zeta_1) = B'\omega_1(\zeta_1) + \psi_1(\zeta_1) + \psi_2(\zeta_1) \tag{5.102}$$

$$\begin{aligned} 2G_1\left(u^R + iv^R\right) = (1-\eta)&\left[\kappa_1\varphi_1(\zeta_1) - \frac{\omega_1(\zeta_1)}{\overline{\omega_1'(\zeta_1)}}\overline{\varphi_1'(\zeta_1)} - \overline{\psi_1(\zeta_1)}\right] \\ &+ \left[\kappa_1\varphi_2(\zeta_1) - \frac{\omega_1(\zeta_1)}{\overline{\omega_1'(\zeta_1)}}\overline{\varphi_2'(\zeta_1)} - \overline{\psi_2(\zeta_1)}\right] \end{aligned} \tag{5.103}$$

5.4.5 Accuracy Discussion and Solution Verification

This section uses the horseshoe-shaped tunnel given in Fig. 5.29 as an example to validate the results. Assuming a lining thickness of 0.3 m, the mapping function for the surrounding rock and lining are as follows:

$$\begin{aligned} z = \omega_1(\zeta_1) = 3.4348320(&\zeta_1 - 0.048730 - 0.086384\zeta_1^{-1} + 0.050129\zeta_1^{-2} \\ &- 0.012080\zeta_1^{-3} - 0.00523462\zeta_1^{-4} + 0.00197871\zeta_1^{-5} \\ &+ 0.00207624\zeta_1^{-6} + 0.00107994\zeta_1^{-7} - 0.00123794\zeta_1^{-8} \\ &+ 0.000639599\zeta_1^{-9}) \end{aligned}$$

$$\begin{aligned} z = \omega_2(\zeta_2) = &\ 0.022219\zeta_2^7 - 0.019867\zeta_2^6 - 0.033856\zeta_2^5 + 0.085146\zeta_2^4 \\ &- 0.100514\zeta_2^3 - 0.040998\zeta_2^2 + 3.409052\zeta_2 - 0.104057 \\ &- 0.190203\zeta_2^{-1} + 0.083465\zeta_2^{-2} - 0.002783\zeta_2^{-3} - 0.016162\zeta_2^{-4} \\ &+ 0.008481\zeta_2^{-5} + 0.000833\zeta_2^{-6} - 0.004449\zeta_2^{-7} + 0.000674\zeta_2^{-8} \\ &+ 0.002105\zeta_2^{-9} \end{aligned}$$

The lining cross-section of the horseshoe-shaped tunnel described in this way is shown in Fig. 5.29, with a relatively uniform lining thickness.

Other parameters are as follows: rock mass elastic modulus $E_1 = 20$ GPa, rock mass Poisson's ratio $\mu_1 = 0.2$; lining elastic modulus $E_2 = 30$ GPa, lining Poisson's ratio $\mu_2 = 0.2$, vertical stress $P = 8$ MPa, lateral pressure coefficient $\lambda = 0.5$, internal water pressure $p = 1.5$ MPa, displacement release coefficient $\eta = 0.2$.

The shape of the tunnel and the load discussed in this section are symmetrical with respect to the x-axis, so only the left half of the x-axis is considered for discussion, i.e., in the range of $\theta \in [0°, 180°]$ in the image plane. This section still defines that positive stress is compressive and positive displacement is in the negative direction of the coordinate axis.

5.4.5.1 Verification of Continuity and Boundary Conditions

The stress boundary conditions and continuity conditions of stress and displacement were tested at $N = 30$ and $N = 50$, respectively. The results are shown in Figs. 5.30 and 5.31.

From Figs. 5.30 and 5.31, it can be seen that when $N = 30$, the stress and displacement continuity conditions on the contact surface L_2 between the surrounding rock and the lining have been well satisfied, but the stress boundary conditions on the inner

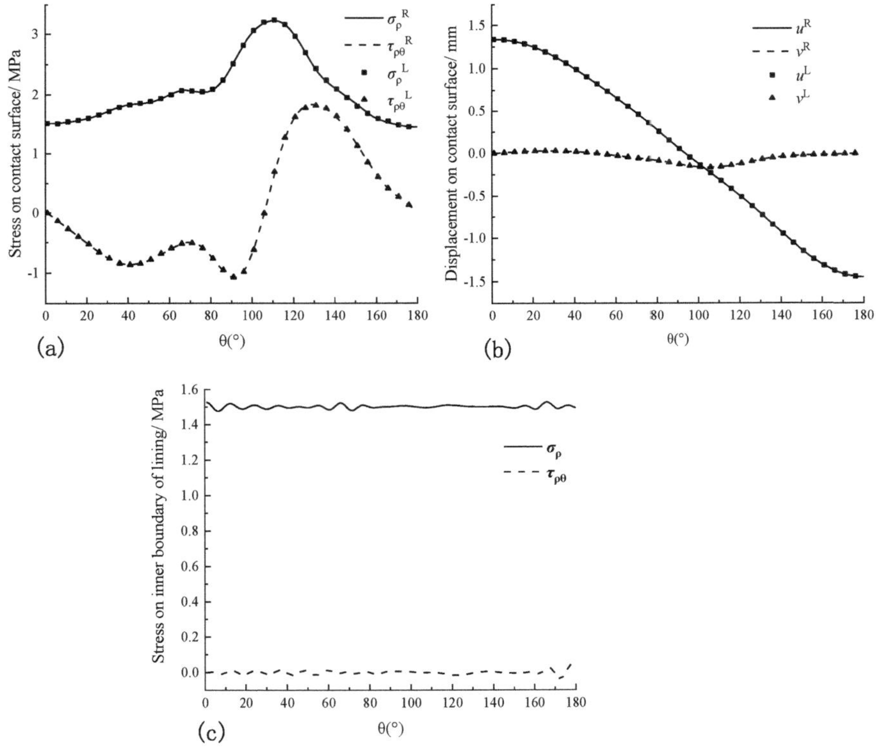

Fig. 5.30 Verification of calculation results at $N = 30$: **a** Stress continuity condition; **b** Displacement continuity condition; **c** Stress boundary condition

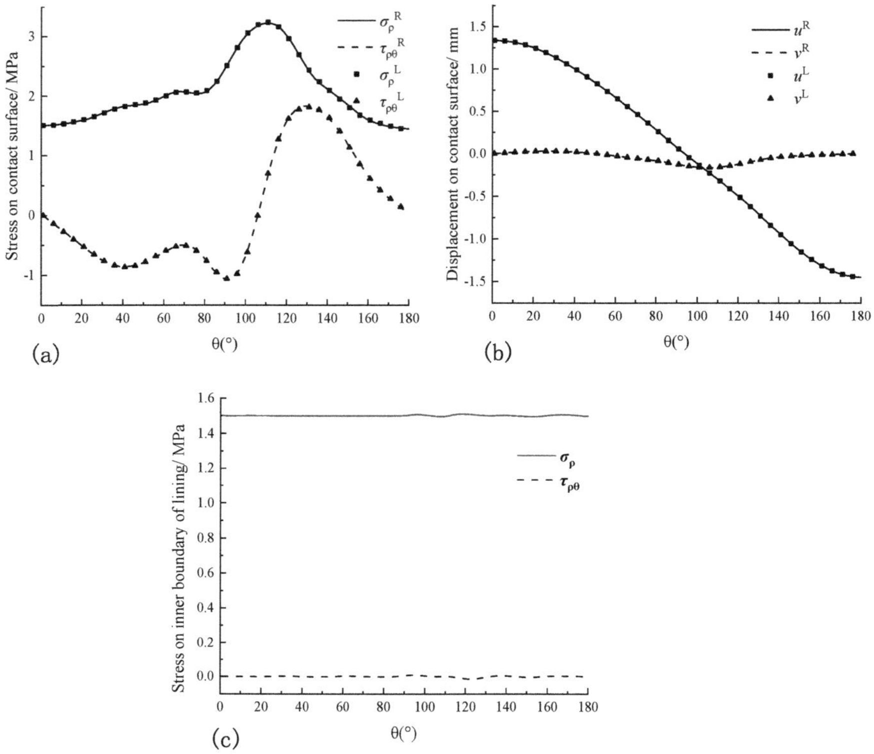

Fig. 5.31 Verification of calculation results at $N = 50$: **a** Stress continuity condition; **b** Displacement continuity condition; **c** Stress boundary condition

boundary L_1 of the lining are slightly unsatisfactory. When $N = 50$, the contact conditions on the contact surface L_2 still satisfy well, and the stress boundary conditions on the inner boundary L_1 of the lining are better than before.

5.4.5.2 Comparison Between Analytical and Numerical Results

In order to further verify the correctness of the analytical solution derivation process, the ANSYS finite element software is still used to solve this problem. The maximum height of the tunnel is 6.2 m, the maximum width is 7.4 m, and the calculation range of the ANSYS model is a square region with a side length of 120 m. The numerical simulation process is the same as in Sect. 5.2.

The comparison results of the numerical solution obtained by ANSYS and the analytical solution in this section are shown in Fig. 5.32. It can be seen from the figure that the displacement obtained by the analytical solution and the numerical solution on the lining inner boundary are in good agreement, while the tangential

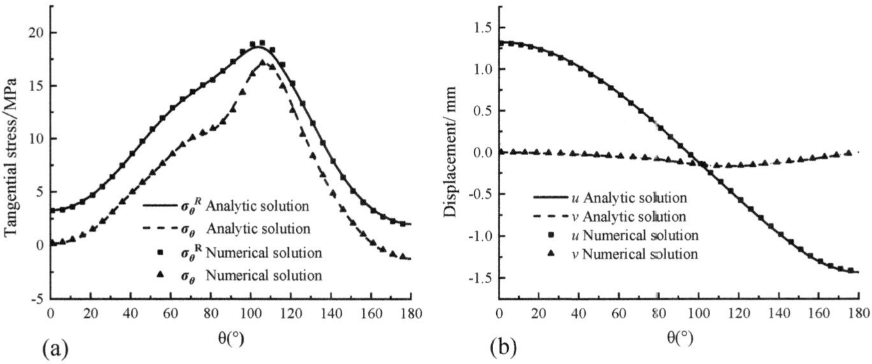

Fig. 5.32 Comparison of analytical solutions and numerical solutions: **a** tangential stress at the surrounding rock excavation boundary and lining inner boundary; **b** displacement of the lining inner boundary

stress σ_θ^R at the surrounding rock excavation boundary and the tangential stress σ_θ at the lining inner boundary also agree well.

5.4.6 Influence of Lining Thickness on Stress

When the thickness of the lining is large, satisfactory results can still be obtained using the method presented in this article, and problems with larger thickness lining support can be solved. In order to analyze the effect of lining thickness on stress, this section calculates the stress when the lining thickness is $d = 0.1$ m, 0.3 m and 0.5 m, respectively. The calculation results are shown in Fig. 5.33.

The following conclusions can be drawn from Fig. 5.33: with the increase of lining thickness, the overall normal compressive stress on the contact surface increases, and the change is most significant near the corners. The lining thickness has a greater influence on the normal compressive stress on the contact surface, and the maximum influence is on the tangential stress on the outer boundary of the lining. With the increase of lining thickness, the tangential normal stress on most areas of the outer boundary of the lining and excavation boundary decreases. The tangential stress on the inner boundary of the lining is least affected by the lining thickness.

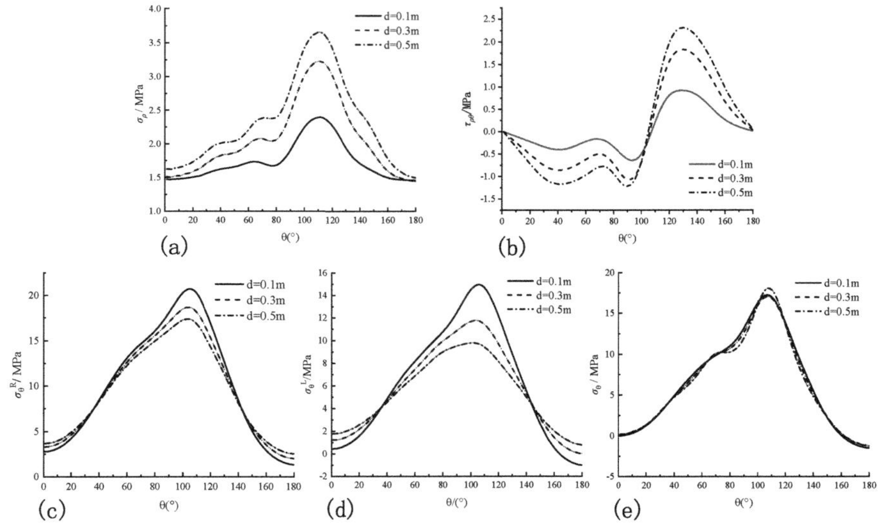

Fig. 5.33 Stress distribution under different lining thicknesses: **a** normal stress on contact surface; **b** shear stress on contact surface; **c** tangential stress at the excavation boundary of surrounding rock; **d** tangential stress at the outer boundary of lining; **e** tangential stress at the inner boundary of lining

5.5 Viscoelastic Solution of Non-circular Lined Tunnel

In Sect. 4.6, the corresponding principle was used to discuss the solution of the viscoelastic problem of circular tunnel with lining support. The existing explicit expressions of elastic solutions (stress or displacement) were directly used, and then the Laplace transformation was applied to the elastic solution.

The elastic shear modulus and Poisson's ratio of rocks in the elastic solution were replaced accordingly.

$$G_1 = \widetilde{Q}(s)/\widetilde{P}(s),\ \mu_1 = \frac{3K_1 - 2\widetilde{Q}(s)/\widetilde{P}(s)}{6K_1 + 2\widetilde{Q}(s)/\widetilde{P}(s)} \tag{5.104}$$

where $\widetilde{Q}(s)$, $\widetilde{P}(\mathrm{s})$ are related to the viscoelastic model, which are Laplace transformations of differential operators and are related to the complex parameter s.

By applying the Laplace inverse transformation to the transformed solution, the viscoelastic solution that varies with time can be obtained. Since the problem discussed in Sect. 4.6, is simple, the transformed solution is a rational polynomial, and an explicit expression of the viscoelastic solution can be obtained directly using the residue theorem. In fact, this method was also used in Sect. 3.2.6 to obtain the viscoelastic solution of unsupported non-circular tunnels.

For tunnels with lining, most of the existing research results focus on the viscoelastic analysis of circular tunnels, and there is relatively little research on non-circular tunnels, especially through analytical methods. In this section, based on the elastic solution of the surrounding rock and lining of non-circular tunnels, considering the hysteresis effect of support and the water pressure inside the tunnel, the Laplace transformation is used to obtain the stress and displacement solutions of non-circular lined tunnels in the Laplace domain. Then, the viscoelastic solution of tunnel stress and displacement is obtained using the Iseger Laplace numerical inverse transform formula [14].

Except for the shape of the tunnel, which is different from Sect. 4.6, all other assumptions remain the same. The surrounding rock and lining are still assumed to be isotropic materials, with only the rock possessing viscosity conforming to the Generalized Kelvin Viscoelastic Model, while the lining has no viscosity. Under the action of in-situ stresses and internal water pressure, the rock remains a viscoelastic state. As the tunnel is long and deeply buried, it can be simplified as an infinite domain problem.

The conformal mapping method is still used to solve the problem of non-circular tunnels. Similar to Sects. 5.2 and 5.3, the lining cross-section is transformed to a simple circular annular region on the image plane through the same mapping function (Eq. 1.1). The outer radius of the annulus is 1, and the inner radius is R_0. The excavation boundary of the surrounding rock is also mapped to the outside of the annulus on the image plane.

It is still assumed that the vertical and horizontal directions of the far-field boundary of the surrounding rock are subject to in-situ stresses P and λP, respectively (see Fig. 5.34). In this section, the normal stress is positive in compression. Therefore, if the calculated displacement is a positive value, it indicates that the displacement is in the opposite direction to the positive direction of the coordinate axis.

5.5.1 *Laplace Transformation of Elastic Solutions*

This section only considers perfect bonding contact condition. Firstly, assuming that both the rock and lining are elastic media, we can use the method described in Sect. 5.2 to establish a linear equation system about the analytic function coefficients. The maximum value of positive and negative exponents in the analytic function to be solved is N. Therefore, there are $6N + 4$ unknowns to be solved, including b_0, $d_0, p_0, q_0, b_k, d_k, e_k, f_k, g_k, h_k$ $(k = 1, 2, \ldots, N)$. Since the supporting structure and external load are symmetric about the x-axis, the unknowns to be solved are all real constants. The real unknowns can be solved by the linear equation system (5.46). For convenience, it is given again:

$$P_{IJ}x_J = H_I,\ I, J = 1, 2, ..., 6N + 3 \tag{5.105}$$

where

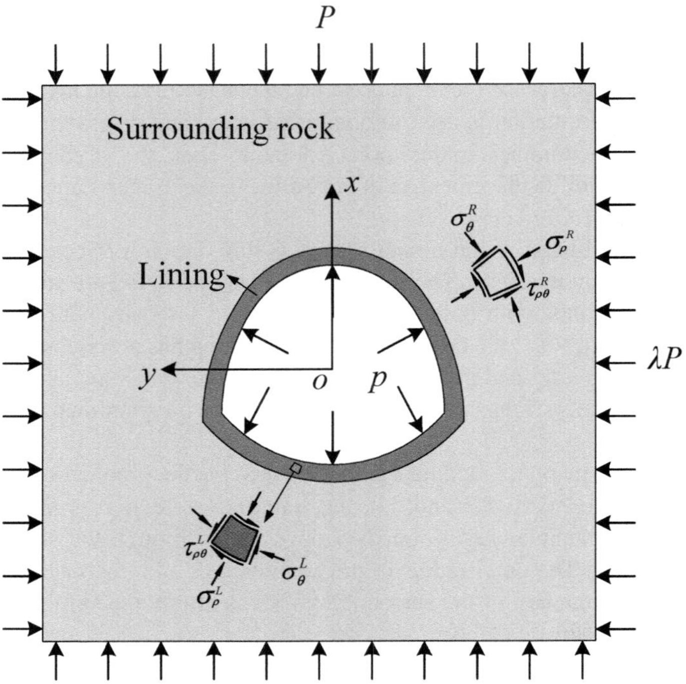

Fig. 5.34 A non-circular tunnel with lining under internal water pressure and in-situ stresses

$$b_k = x_k, d_k = x_{N+k}, e_k = x_{2N+k}, f_k = x_{3N+k}, g_k = x_{4N+k}, h_k = x_{5N+k}, k = 1, 2, \ldots, N$$
$$b_0 = x_{6N+1}, p_0 = x_{6N+2}, q_0 = x_{6N+3}$$
$$d_0 = \kappa_1 b_0$$

Once $x_J (J = 1, 2, \ldots, 6N + 3)$ is solved, the analytic functions $\varphi_2(\zeta)$, $\psi_2(\zeta)$, $\varphi_3(\zeta)$, $\psi_3(\zeta)$ can be obtained. Then, using Eqs. (5.47)–(5.54), we can calculate the elastic solutions of stress and displacement in the surrounding rock and lining.

Perform Laplace transformation on both sides of Eq. (5.105) to obtain

$$P_{IJ}^* \widetilde{x_J} = H_I^*, I, J = 1, 2, \ldots, 6N + 3 \tag{5.106}$$

The meaning of P_{IJ}^* is: if P_{IJ} does not contain G_1 and μ_1, then $P_{IJ}^* = P_{IJ}$. If P_{IJ} contains G_1 and μ_1, the G_1 and μ_1 in P_{IJ} should be replaced according to Eq. (5.104).

The meaning of H_I^* is: if H_I does not contain G_1 and μ_1, then $H_I^* = \frac{H_I}{s}$. If H_I contains G_1 and μ_1, then $H_I^* = \frac{H_I^{**}}{s}$, H_I^{**} is obtained by replacing G_1 and μ_1 in H_I according to Eq. (5.104).

From Eq. (5.106), it can be seen that $\widetilde{x_J} (J = 1, 2, \ldots, 6N + 3)$ is a function of s, that is, $\widetilde{x_J}$ can be written as $\widetilde{x_J}(s)$.

Equations (5.47)–(5.54) represent the elastic solutions of stress and displacement. In order to obtain the corresponding viscoelastic solutions, it is necessary to perform a Laplace transform on Eqs. (5.47)–(5.54).

In the process of obtaining the elastic solutions, the coefficients a_k, S_k, S_0' in the analytic functions $\varphi_1(\zeta)$ and $\psi_1(\zeta)$ only depend on the in-situ stresses and mapping function coefficients, and are independent of material constants G_1 and μ_1. Therefore, in the process of obtaining the viscoelastic solutions, the coefficients a_k, S_k, S_0' should also be time-independent. That is, when performing a Laplace transform on $\varphi_1(\zeta)$ and $\psi_1(\zeta)$, there is no need to perform a Laplace transform on a_k, S_k, S_0'.

However, the coefficients in the analytic functions $\varphi_2(\zeta)$, $\psi_2(\zeta)$, $\varphi_3(\zeta)$, $\psi_3(\zeta)$ are related to the material constants G_1 and μ_1 of the surrounding rock. Thus, the coefficients (b_0, d_0, p_0, q_0, b_k, d_k, e_k, f_k, g_k, h_k) must be Laplace transformed when obtaining the viscoelastic solutions. Applying Laplace transform to the expressions for stress and displacement components of the lining and surrounding rock yields:

$$\begin{cases} \widetilde{\sigma_\rho^L} = \operatorname{Re}\left\{ 2\dfrac{\widetilde{\varphi_3'}(\zeta,s)}{\omega'(\zeta)} - \dfrac{\zeta^2}{\rho^2}\dfrac{1}{\overline{\omega'(\zeta)}}\left[\overline{\omega(\zeta)}\dfrac{\widetilde{\varphi_3''}(\zeta,s)\omega'(\zeta) - \widetilde{\varphi_3'}(\zeta,s)\omega''(\zeta)}{[\omega'(\zeta)]^2} + \widetilde{\psi_3'}(\zeta,s) \right] \right\} \\ \widetilde{\sigma_\theta^L} = \operatorname{Re}\left\{ 2\dfrac{\widetilde{\varphi_3'}(\zeta,s)}{\omega'(\zeta)} + \dfrac{\zeta^2}{\rho^2}\dfrac{1}{\overline{\omega'(\zeta)}}\left[\overline{\omega(\zeta)}\dfrac{\widetilde{\varphi_3''}(\zeta,s)\omega'(\zeta) - \widetilde{\varphi_3'}(\zeta,s)\omega''(\zeta)}{[\omega'(\zeta)]^2} + \widetilde{\psi_3'}(\zeta,s) \right] \right\} \\ \widetilde{\tau_{\rho\theta}^L} = \operatorname{Im}\left\{ \dfrac{\zeta^2}{\rho^2}\dfrac{1}{\overline{\omega'(\zeta)}}\left[\overline{\omega(\zeta)}\dfrac{\widetilde{\varphi_3''}(\zeta,s)\omega'(\zeta) - \widetilde{\varphi_3'}(\zeta,s)\omega''(\zeta)}{[\omega'(\zeta)]^2} + \widetilde{\psi_3'}(\zeta,s) \right] \right\} \end{cases} \tag{5.107}$$

$$\begin{cases} \widetilde{\sigma_\rho^R} = \operatorname{Re}\left\{ 2\dfrac{\widetilde{\varphi_4'}(\zeta,s)}{\omega'(\zeta)} - \dfrac{\zeta^2}{\rho^2}\dfrac{1}{\overline{\omega'(\zeta)}}\left[\overline{\omega(\zeta)}\dfrac{\widetilde{\varphi_4''}(\zeta,s)\omega'(\zeta) - \widetilde{\varphi_4'}(\zeta,s)\omega''(\zeta)}{[\omega'(\zeta)]^2} + \widetilde{\psi'}_4(\zeta,s) \right] \right\} \\ \widetilde{\sigma_\theta^R} = \operatorname{Re}\left\{ 2\dfrac{\widetilde{\varphi_4'}(\zeta,s)}{\omega'(\zeta)} + \dfrac{\zeta^2}{\rho^2}\dfrac{1}{\overline{\omega'(\zeta)}}\left[\overline{\omega(\zeta)}\dfrac{\widetilde{\varphi_4''}(\zeta,s)\omega'(\zeta) - \widetilde{\varphi_4'}(\zeta,s)\omega''(\zeta)}{[\omega'(\zeta)]^2} + \widetilde{\psi'}_4(\zeta,s) \right] \right\} \\ \widetilde{\tau_{\rho\theta}^R} = \operatorname{Im}\left\{ \dfrac{\zeta^2}{\rho^2}\dfrac{1}{\overline{\omega'(\zeta)}}\left[\overline{\omega(\zeta)}\dfrac{\widetilde{\varphi_4''}(\zeta,s)\omega'(\zeta) - \widetilde{\varphi_4'}(\zeta,s)\omega''(\zeta)}{[\omega'(\zeta)]^2} + \widetilde{\psi_4'}(\zeta,s) \right] \right\} \end{cases} \tag{5.108}$$

$$\widetilde{u^L} + i\widetilde{v^L} = \frac{1}{2G_2}\left[(3-4\mu_2)\widetilde{\varphi_3}(\zeta,s) - \frac{\omega(\zeta)}{\overline{\omega'(\zeta)}}\overline{\widetilde{\varphi_3'}(\zeta,s)} - \overline{\widetilde{\psi_3}(\zeta,s)} \right] \tag{5.109}$$

$$\begin{aligned} \widetilde{u^R} + i\widetilde{v^R} = (1-\eta)\Bigg[&\left(3 - 2\frac{3K_1 - 2\widetilde{Q}/\widetilde{P}}{3K_1 + \widetilde{Q}/\widetilde{P}}\right)\widetilde{\varphi_1}(\zeta,s) - \frac{\omega(\zeta)}{\overline{\omega'(\zeta)}}\overline{\widetilde{\varphi_1'}(\zeta,s)} - \overline{\widetilde{\psi_1}(\zeta,s)} \Bigg] / [2\widetilde{Q}/\widetilde{P}] \\ &+ \left[\left(3 - 2\frac{3K_1 - 2\widetilde{Q}/\widetilde{P}}{3K_1 + \widetilde{Q}/\widetilde{P}}\right)\widetilde{\varphi_2}(\zeta,s) - \frac{\omega(\zeta)}{\overline{\omega'(\zeta)}}\overline{\widetilde{\varphi_2'}(\zeta,s)} - \overline{\widetilde{\psi_2}(\zeta,s)} \right] / [2\widetilde{Q}/\widetilde{P}] \end{aligned} \tag{5.110}$$

where $\widetilde{\sigma_\rho^L}$, $\widetilde{\sigma_\theta^L}$, $\widetilde{\tau_{\rho\theta}^L}$ and $\widetilde{u^L}$, $\widetilde{v^L}$ are the Laplace transforms of stress and displacement in the lining, while $\widetilde{\sigma_\rho^R}$, $\widetilde{\sigma_\theta^R}$, $\widetilde{\tau_{\rho\theta}^R}$ and $\widetilde{u^R}$, $\widetilde{v^R}$ are the Laplace transforms of stress and displacement in the surrounding rock. $\widetilde{\varphi_1}(\zeta, s)$–$\widetilde{\psi_4}(\zeta, s)$ are the Laplace transforms of the analytic functions. Thus, the expression for the analytic function in the Laplace domain is given by

$$\widetilde{\varphi_1}(\zeta, s) = \frac{1}{s}\sum_{k=1}^{n} a_k\zeta^{-k} \tag{5.111}$$

$$\begin{aligned}\widetilde{\psi_1}(\zeta, s) = \frac{1}{s}\Bigg[& -\frac{\overline{\omega}(1/\zeta)}{\omega'(\zeta)}\varphi_1'(\zeta) + \sum_{k=1}^{n-2} S_k\zeta^k + S_0' \\ & -\frac{PR}{2}(1+\lambda)\zeta^{-1} + \frac{PR}{2}(1-\lambda)\sum_{k=1}^{n} c_k\zeta^{-k}\Bigg]\end{aligned} \tag{5.112}$$

$$\widetilde{\varphi_2}(\zeta, s) = \widetilde{b_0} + \sum_{k=1}^{N} \widetilde{b_k}\zeta^{-k} \tag{5.113}$$

$$\widetilde{\psi_2}(\zeta, s) = \widetilde{d_0} + \sum_{k=1}^{N} \widetilde{d_k}\zeta^{-k} \tag{5.114}$$

$$\widetilde{\varphi_3}(\zeta, s) = \widetilde{p_0} + \sum_{k=1}^{N} \widetilde{e_k}\zeta^{-k} + \sum_{k=1}^{N} \widetilde{f_k}\zeta^{k} \tag{5.115}$$

$$\widetilde{\psi_3}(\zeta, s) = \widetilde{q_0} + \sum_{k=1}^{N} \widetilde{g_k}\zeta^{-k} + \sum_{k=1}^{N} \widetilde{h_k}\zeta^{k} \tag{5.116}$$

$$\widetilde{\varphi_4}(\zeta, s) = \frac{1}{s}B\omega(\zeta) + \widetilde{\varphi_1}(\zeta, s) + \widetilde{\varphi_2}(\zeta, s) \tag{5.117}$$

$$\widetilde{\psi_4}(\zeta, s) = \frac{1}{s}B'\omega(\zeta) + \widetilde{\psi_1}(\zeta, s) + \widetilde{\psi_2}(\zeta, s) \tag{5.118}$$

5.5.2 *Viscoelastic Solution*

In Sect. 5.5.1, the expressions for stress and displacement of the tunnel lining and surrounding rock in the Laplace domain have been obtained. By taking the inverse Laplace transform, the viscoelastic solutions for stress and displacement of the tunnel lining and surrounding rock can be obtained. Due to the complexity of the problem, numerical inverse Laplace transform is adopted in this study.

In this section, the Iseger algorithm introduced in Chap. 3 is adopted for solving. Firstly, the complex coefficients $s_{jk} = \left(a + i\lambda_j + \frac{2i\pi k}{M_2}\right)/\Delta t$, $j = 1, 2, \ldots, n/2$, $k = 0, 1, \ldots, M_2$ are calculated. Then, s_{jk} is substituted into Eq. (5.106) to obtain $\widetilde{x_J}(s_{jk}), J = 1, 2, \ldots, 6N+3$. Subsequently, by substituting $\widetilde{x_J}(s_{jk})$ into Eqs. (5.111)–(5.118), the values of $\widetilde{\sigma_\rho^L}, \widetilde{\sigma_\theta^L}, \widetilde{\tau_{\rho\theta}^L}, \widetilde{\sigma_\rho^R}, \widetilde{\sigma_\theta^R}, \widetilde{\tau_{\rho\theta}^R}, \widetilde{u^L}, \widetilde{v^L}, \widetilde{u^R}, \widetilde{v^R}$ at s_{jk} are obtained, which is equivalent to solving for $\widetilde{f_{jk}}$ in Eq. (3.57). Finally, after applying the operations in Eqs. (3.58)–(3.61), the time-dependent stress and displacement $\sigma_{\rho t}^L, \sigma_{\theta t}^L, \tau_{\rho\theta t}^L, \sigma_{\rho t}^R, \sigma_{\theta t}^R, \tau_{\rho\theta t}^R, u_t^L, v_t^L, u_t^R, v_t^R$ of the lining and surrounding rock can be obtained.

5.5.3 Analysis and Discussion

5.5.3.1 Verification of Continuity and Boundary Conditions

In the following example, the continuity condition at the contact interface and the stress boundary condition at the tunnel boundary will be used to indirectly verify the correctness of the derivation process.

In this example, the horseshoe-shaped tunnel in Fig. 5.12 will still be used, and the same mapping function as in Sect. 5.2 will be adopted. The other calculation parameters for this example are as follows: $G_2 = 12$ GPa, $\mu_1 = \mu_2 = 0.2$, $G_H = 8$ GPa, $G_K = 8$ GPa, $\eta_k' = 20$ GPa·Month, $K_1 = 10.67$ GPa, $P = 0.5$ MPa, $P = 5$ MPa, $\lambda = 0.5$, $\eta = 0.2$. Due to the symmetry of the entire tunnel model, only half of the tunnel model will be analyzed. Since the tangential normal stress on both sides of the contact interface may not be continuous, the tangential normal stress on both sides of the lining and surrounding rock at the contact interface will not be compared here. Figure 5.35 represents the displacement and stress distribution of the rock and lining boundaries on the contact interface at different times.

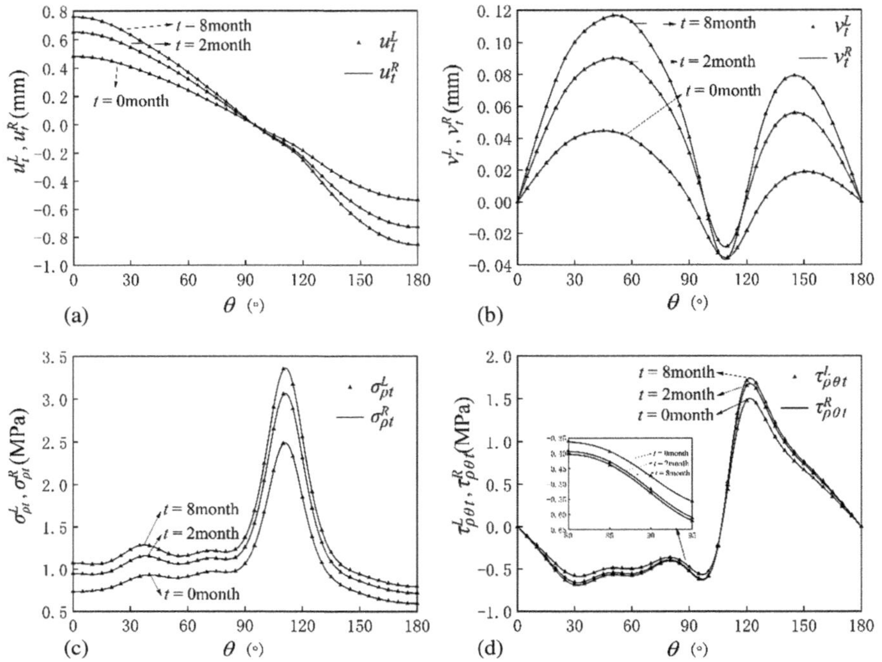

Fig. 5.35 Verification of continuity condition on the contact interface between lining and surrounding rock: **a** Displacement in the x-direction; **b** Y-direction displacement; **c** Normal stress; **d** Shear stress

It can be seen from Fig. 5.35 that for three different time periods ($t = 0$, 2, and 8 months), the displacement in the x and y directions, normal stress, and shear stress can perfectly match at different angles of θ, indicating that the calculation results satisfy both displacement and stress continuity conditions. This suggests that the lining and surrounding rock always satisfy perfect bonding contact conditions at the contact surface. The author also verified the stress boundary conditions at the tunnel edge at different times, and found that the stress boundary conditions ($\sigma_{\rho t}^{L} \doteq p$, $\tau_{\rho\theta t}^{L} \doteq 0$) are satisfied at the tunnel edge.

The authors also calculated the displacement and stress viscoelastic solutions at $t = 0$ and $t = 200$ months (to simulate $t \to \infty$), and found that they corresponded to the elastic solutions with the shear modulus $G = G_H$ and the viscosity coefficient $G = \frac{G_H G_K}{G_H + G_K}$, respectively. This is exactly the expected result.

At $t = 0$, the viscous element in the generalized Kelvin viscoelastic model does not produce instantaneous elastic deformation, only the series elastic element G_H produce instantaneous elastic deformation. When $t \to \infty$, all the elements in the viscoelastic model should stop deforming. At this time, the viscous element cannot bear the load, and all the loads are borne by the two series elastic elements G_H and G_K, which is equivalent to having only one elastic element with a shear modulus of $\frac{G_H G_K}{G_H + G_K}$.

5.5.3.2 Comparison Between Analytical and Numerical Results

The problem was solved using ANSYS finite element software, and the results were compared with the analytical solution. For convenience of expression, the tangential stress at the inner and outer boundaries of the lining are denoted as $\sigma_{\theta t}^{Lin}$ and $\sigma_{\theta t}^{Lout}$, respectively.

In the calculation process, PLANE182 elements were used to simulate the rock and lining elements. At the same time, the "surface to surface" contact method in ANSYS software was used to achieve full contact between the rock and lining by using the TARGE169 element and CONTA171 element. Assuming that the load release coefficient is known, the equivalent node load after excavation was calculated based on the formula and initial conditions, and the support lag was simulated based on the magnitude of the released load. When the lining constrained the deformation of the surrounding rock after the displacement release had reached 0.2 times the full free displacement, it could be seen that the equivalent released load was also released to 0.2 times the load value. And then, the remaining 0.8 times the load acted on the lining, causing interaction between the lining and the surrounding rock.

As shown in Fig. 5.36a, the finite element mesh division area is taken as 40 m × 40 m, with a horseshoe-shaped tunnel excavation width of 4 m. After the model is meshed, there are 2562 nodes and 2196 elements in the lining, and 138,977 nodes and 138,037 elements in the surrounding rock. Point constraints in the x and y directions are applied at point A, and point constraints in the x direction are applied at point B. The application of constraints does not affect the calculation results of stress. A hydraulic pressure of 0.5 MPa is applied to the inner boundary of the lining, and the calculated equivalent nodal load is applied to the nodes on the contact surface (as shown in Fig. 5.36b).

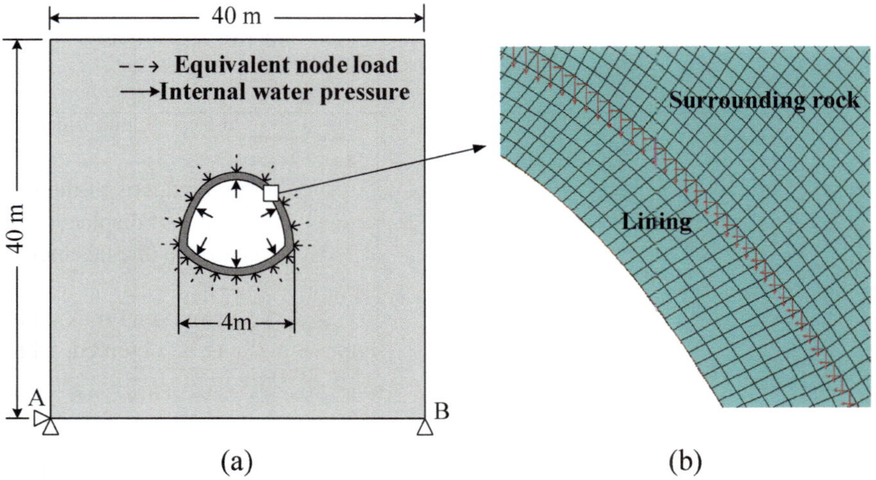

Fig. 5.36 ANSYS calculation diagram: **a** Load application model **b** Equivalent load applied on the contact surface

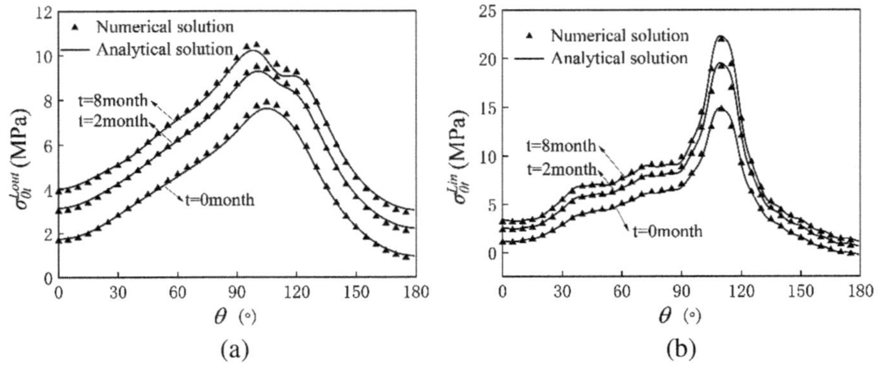

Fig. 5.37 Comparison of numerical and analytical solutions for tangential stress: **a** outer boundary of lining; **b** inner boundary of lining

The comparison between the obtained numerical solution and the analytical solution is shown in Fig. 5.37. The numerical solution of the horseshoe-shaped tunnel obtained by the finite element method is in good agreement with the analytical solution obtained by the method of complex variable method and the corresponding principle, with only small differences in some places. This demonstrates the correctness of the obtained analytical solutions of stress and displacement using the complex variable method.

5.5.3.3 Influence of Lateral Pressure Coefficient on Lining Stress

The same mechanical parameters as above are selected. Figs. 5.38, 5.39, and 5.40 show the tangential normal stress at the inner and outer boundaries of the lining when the lateral pressure coefficients λ are given as 1/3, 2/3 and 1.0, respectively.

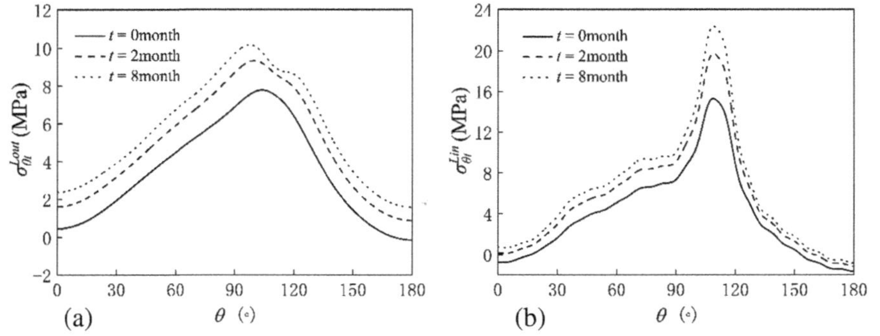

Fig. 5.38 The distribution of tangential normal stress of the lining at the outer and inner boundaries under a lateral pressure coefficient of $\lambda = 1/3$: **a** at the outer boundary; **b** at the inner boundary

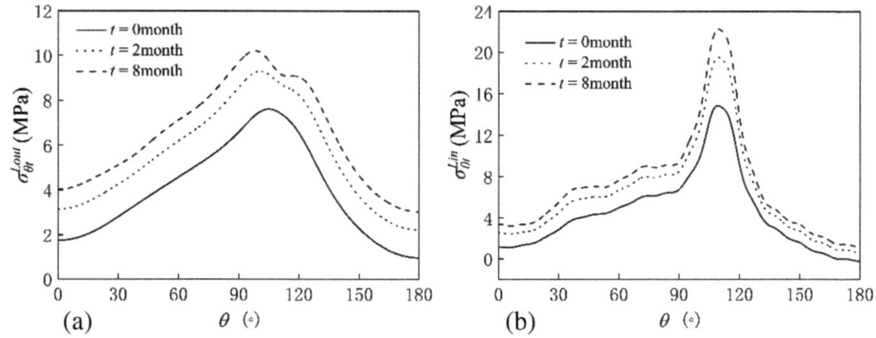

Fig. 5.39 The distribution of tangential normal stress of the lining at the outer and inner boundaries under a lateral pressure coefficient of $\lambda = 2/3$: **a** at the outer boundary; **b** at the inner boundary

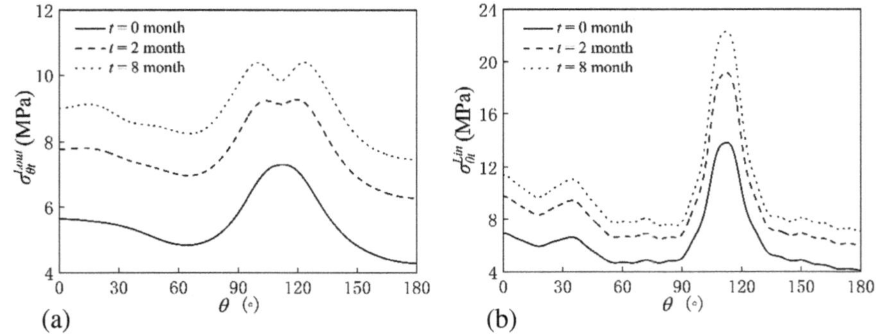

Fig. 5.40 The distribution of tangential normal stress of the lining at the outer and inner boundaries under a lateral pressure coefficient of $\lambda = 1$: **a** at the outer boundary; **b** at the inner boundary

From Figs. 5.38, 5.39, and 5.40, it can be observed that for the given three moments ($t = 0$, 2, 8 months), both the outer and inner boundaries of the lining exhibit the minimum tangential normal stress at $\theta = 180°$ (the bottom of the tunnel), and the maximum tangential compressive stress near the corners. Moreover, the tangential compressive stresses at all points within the range of 0° to 180° increase with time. The maximum tangential compressive stress generated at the internal boundary of the lining is much larger than that generated at the external boundary.

The maximum tangential compressive stress generated at either the external or internal boundary of the lining remains relatively unchanged as λ varies. When t = 8 months, and the lateral pressure coefficient λ takes 1/3, 2/3, 1, the maximum compressive stresses at the external boundary of the lining are 10.2 MPa, 10.3 MPa, and 10.4 MPa, respectively.

At relatively small values of λ ($\lambda = 1/3$), negative values appear at $\theta = 0°$ (the top of the tunnel) and 180° for both the external and internal boundaries of the lining. This indicates that tensile stress is generated at both the top and bottom of the tunnel.

5.5.3.4 Influence of Internal Pressure on Lining Stress

The tangential normal stress variation with time on the internal and external boundaries of the lining under different internal water pressure values of 0 MPa, 1 MPa, and 2 MPa, with a lateral pressure coefficient λ of 0.5, are shown in Figs. 5.41, 5.42, and 5.43.

From Figs. 5.41, 5.42, and 5.43, it can be observed that for different internal water pressures ($p = 0$, 1, 2 MPa), both the external and internal boundaries of the lining have the maximum tangential normal stress near the corner of the tunnel. Moreover, the tangential normal stress at each point within 0° to 180° increases with time. The maximum tangential tensile and compressive stresses at the internal boundary of the lining are higher than those at the external boundary.

Whether it is the external or internal boundary of the lining, when there is no internal water pressure ($p = 0$), the tangential normal stress is compressive stress. As the internal water pressure p increases, the tangential compressive stresses at each point within 0° to 180° decrease, and both the internal and external boundaries of the lining eventually experience tangential tensile stress.

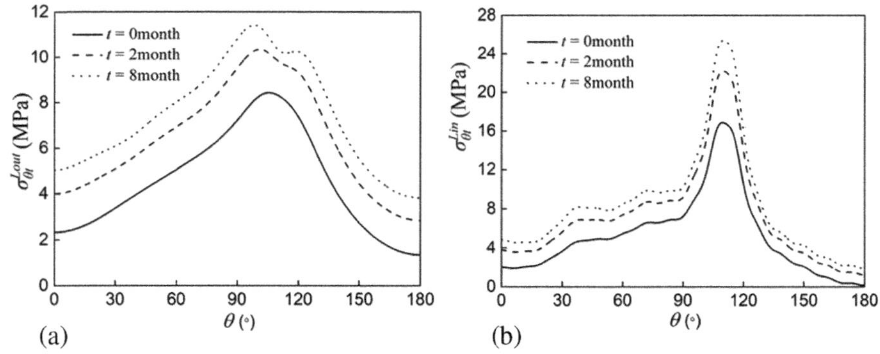

Fig. 5.41 Tangential normal stress distribution of lining under internal water pressure $p = 0$ MPa: **a** outer boundary; **b** inner boundary

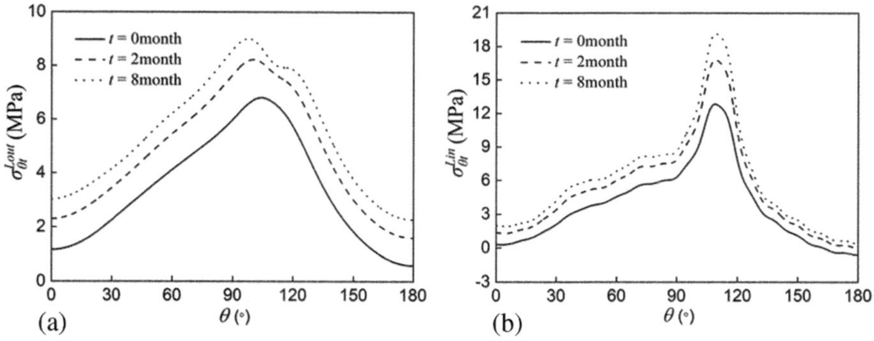

Fig. 5.42 Tangential normal stress distribution of lining under internal water pressure $p = 1$ MPa: **a** outer boundary; **b** inner boundary

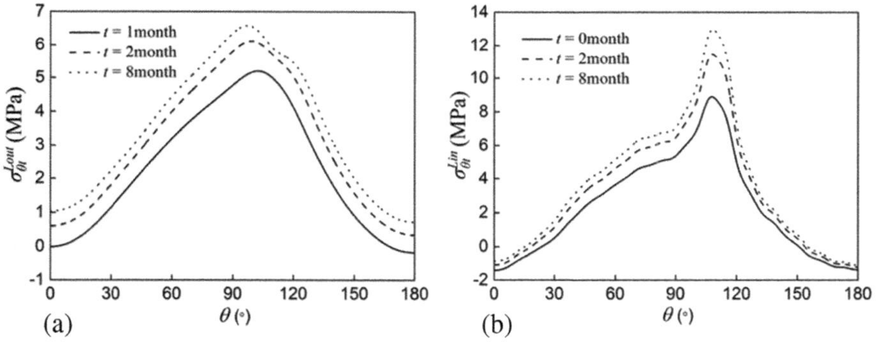

Fig. 5.43 Tangential normal stress distribution of lining under internal water pressure $p = 2$ MPa: **a** outer boundary; **b** inner boundary

5.6 Viscoelastic Solution Considering Sequential Excavation of Non-circular Tunnels

The prediction of ground displacement and stress caused by tunnel excavation is the key for creating a successful tunnel design and implementing its construction safely. To meet the needs of large projects in hydraulic engineering, transportation engineering, etc. and to improve the utilization of underground space and reduce backfilling, large-scale noncircular tunnels are becoming very common currently. The sequential excavation of the cross-section, usually performed via the drill and blast method, is then employed in a large-scale tunnel construction to reduce the impact of excavation on the surrounding rock. Therefore, the displacement and stress are obviously time-dependent due to the long time of the construction process. Furthermore, many types of rocks exhibit obvious rheological behaviors [15], which may, in some cases, contribute up to 70% of their total deformations [16]. Time-dependent sequential excavation combined with rock rheology cause the mechanical response of the surrounding rock to be a complex function of time, which is possibly closely related to the excavation path.

In this sub-section, sequential excavation of large-scale tunnels with a noncircular shape is considered.

5.6.1 Problem Description

Considering a noncircular tunnel sequentially excavated in rheological rock at a great depth, the following key factors are taken into account in the derivation, which strongly influence the stress and displacement distribution around the tunnels:

(a) The noncircular final shape of the tunnel,
(b) Any sequential excavation and the excavation time of each step,
(c) General initial stress state,
(d) Any viscoelastic models to reflect the time-dependence of the rock,
(e) Pressure exerting on the tunnel boundary after each excavation step to consider the supporting effect.

It is assumed that the surrounding rock is relative intact and in a state of small deformations. Therefore, the rock can be approximated as a homogeneous, isotropic medium. The equivalent plane-strain case in the plane of the tunnel cross-section can be formulated as shown in Fig. 5.44, where p_0 and λp_0 are the vertical and horizontal far-field stresses, respectively.

Fig. 5.44 Boundary conditions, geometry of the problem and sequential excavation steps

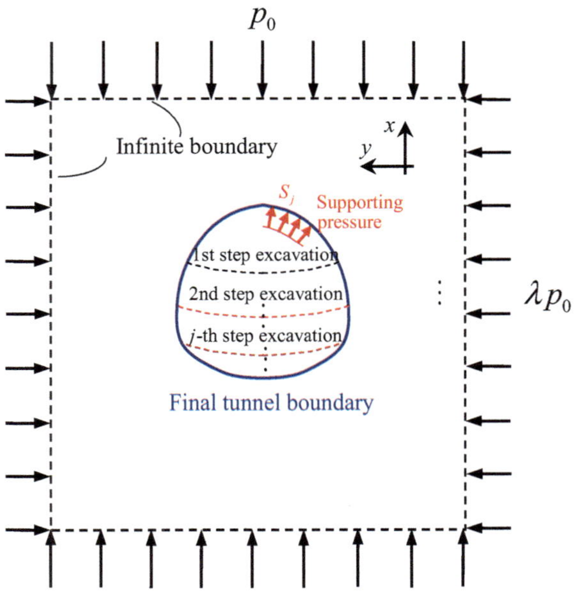

Prior to tunnel excavation, the infinite ground without any holes is subjected to far-field initial stresses. The excavation steps 1 to n are then successively conducted, where the corresponding rock of the j-th step is excavated instantaneously at time $t = t_j$ (where $t_1 = 0$), leading to the time-varied tunnel shape. In the derivation presented herein, the excavation process is divided into n time stages: the j-th stage ($j = 1, \cdots, n-1$) corresponding to the excavation at step j, which spans from $t = t_j$ to $t = t_{j+1}$; and the n-th stage spans from $t = t_n$ onwards.

Note that some of the expressions in this section differ from those presented in Sect. 3.2: (1) for the H–K model, the previously defined G_H (Sect. 3.2.2) is now expressed as G_M in this section, (2) the symbol η' (from Sect. 3.2.2) is represented as η in this section, and (3) the displacements u and v are denoted as u_x and u_y, respectively, in this section. Moreover, displacements and stresses in the (ρ, θ) or (r, θ) system can be obtained by performing a coordinate transformation to the (x, y) system.

5.6.2 *Solutions for Stress and Displacement During Sequential Excavation*

The additional displacements that occurred after tunnel excavation are crucial in engineering applications. Therefore, in the following derivation two displacements are concerned in the j-th time stage: (1) the additional displacements that occurred after $t = 0$, represented by $u_{\cdot}^{(j)}$; (2) the additional displacements that occurred after the j-th step excavation, represented by $\Delta u_{\cdot}^{(j)}$. The stresses of concerned are the total ones, which are denoted by $\sigma_{\cdot}^{(j)}$.

5.6.2.1 Solutions in the First Stage

Prior to tunnel excavation, the infinite ground is in an initial stress state, and the stresses along the anticipated tunnel boundary (denoted by Bj) are in the j-th stage, i.e., σ_x^j and σ_y^j (the horizontal and vertical components, respectively), can be determined according to the initial far-field stresses (see Fig. 5.45a). At time $t = t_1 = 0$, the first step excavation is performed, and the supporting pressure S_1 is then exerted on the tunnel boundary $B1$ after the excavation. The boundary conditions in this stage are shown in Fig. 5.45b, specifically in model (1.a). On the basis of the boundary conditions before and after excavation, the additional equivalent surface force (shown in model 1.b in Fig. 5.45b) exerted in this stage is obtained as the difference of the boundary conditions in model (1.a) (Fig. 5.45b) and model (0) (Fig. 5.45a). The additional displacement that occurred after the tunnel excavation can be expressed as follows:

$$
\begin{aligned}
u_x^{(1)}(z,t) + iu_y^{(1)}(z,t) &= \Delta u_x^{(1)} + i\Delta u_y^{(1)} \\
&= \frac{1}{2}\varphi^{(1)}(z)\int_0^t I(t-\tau)d\tau \\
&\quad - \frac{1}{2}\left[z\overline{\frac{d\varphi^{(1)}(z)}{dz}} + \overline{\psi^{(1)}(z)}\right]\int_0^t H(t-\tau)d\tau
\end{aligned}
\tag{5.119}
$$

where $\varphi^{(1)} = \varphi^{(T1)} + \varphi^{(S1)}$, $\psi^{(1)} = \psi^{(T1)} + \psi^{(S1)}$ with $\varphi^{(T1)}$ and $\psi^{(T1)}$ ($\varphi^{(S1)}$ and $\psi^{(S1)}$) being the analytic functions for the problem subjected to tractions σ_x^1 and σ_y^1 (supporting pressure S_1) along the tunnel boundary $B1$. Tables 3.2 and 3.3 present the expressions of G(t) and the functions H(t) and I(t) for various viscoelastic models, respectively [17, 18]. The expressions of the total stresses are

$$
\begin{aligned}
\begin{matrix}\sigma_x^{(1)}(z) \\ \sigma_y^{(1)}(z)\end{matrix} &= \begin{matrix} p_0 \\ \lambda p_0 \end{matrix} + \mathrm{Re}\left\{\frac{2d\varphi^{(1)}(z)}{dz} \mp \left[\overline{z}\frac{d^2\varphi^{(1)}(z)}{dz^2} + \frac{d\psi^{(1)}(z)}{dz}\right]\right\} \\
\tau_{xy}^{(1)}(z) &= \mathrm{Im}\left\{\overline{z}\frac{d^2\varphi^{(1)}(z)}{dz^2} + \frac{d\psi^{(1)}(z)}{dz}\right\}
\end{aligned}
\tag{5.120}
$$

The analytic functions can be addressed via the complex variable method combined with conformal mapping.

5.6.2.2 Solutions in the Second Stage

After the second step of excavation, the tunnel boundary changes from $B1$ to $B2$. Model (2.a) in Fig. 5.45c presents the boundary conditions in this stage (see model 2.a), where S_2 is the supporting pressure along the tunnel boundary in this step. Similar to the analysis in the first stage, the additional equivalent tractions and pressures along the boundary exerted in this stage can be obtained by subtracting the surface forces in the first stage (model 1.a) from those in the second stage. To clearly determine the analytic functions of the additional forces, model (1.a) (model (2.a)) is divided into model (0) and model (1.b) (model (2.b)), as shown in Fig. 5.45b (Fig. 5.45c). It can therefore be deduced that the difference of the boundary conditions between models (2.a) and (1.a) is equivalent to that between models (2.b) and (1.b). We assume that $\varphi^{(T2)}$ and $\psi^{(T2)}$, and $\varphi^{(S2)}$ and $\psi^{(S2)}$ are the analytic functions for model (2.b) subjected to tractions (σ_x^2 and σ_y^2) and the supporting pressure along tunnel boundary $B2$, respectively, and the additional displacement that occurred after $t = 0$ can be expressed as follows:

$$
u_x^{(2)}(z,t) + iu_y^{(2)}(z,t) = u_x^{(1)} + iu_y^{(1)}
$$

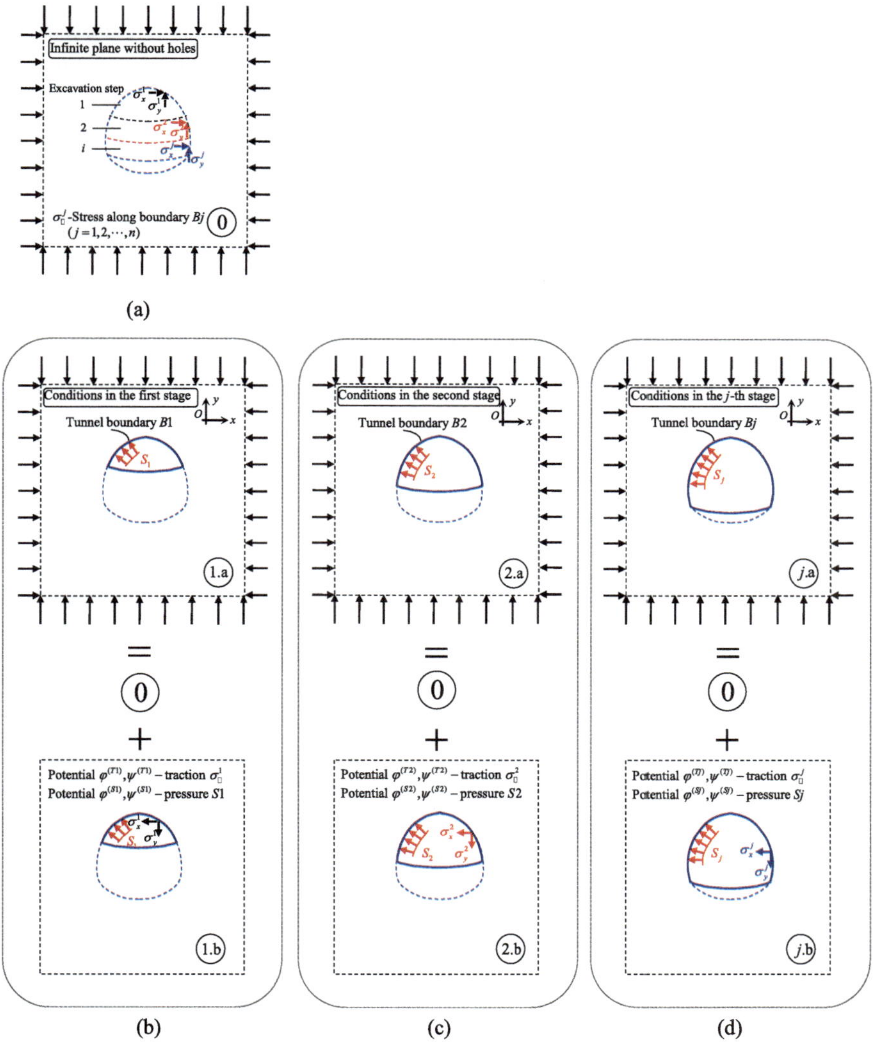

Fig. 5.45 Boundary conditions before excavation and during the time stages: **a** before excavation; **b** the first stage; **c** the second stage; **d** the i-th stage. The superposition relationship is also provided

$$
\begin{aligned}
&+\frac{1}{2}\left[\varphi^{(2)}(z)-\varphi^{(1)}(z)\right]\int_{t_2}^{t} I(t-\tau)d\tau \\
&-\frac{1}{2}\left[z\frac{\overline{\mathrm{d}\left[\varphi^{(2)}(z)-\varphi^{(1)}(z)\right]}}{\overline{\mathrm{d}z}}+\overline{\left[\psi^{(2)}(z)-\psi^{(1)}(z)\right]}\right]\int_{t_2}^{t} H(t-\tau)d\tau
\end{aligned}
\tag{5.121}
$$

where $\varphi^{(2)} = \varphi^{(T2)} + \varphi^{(S2)}, \psi^{(2)} = \psi^{(T2)} + \psi^{(S2)}$ are the analytic functions for model (2.b) in Fig. 5.45c subjected to tractions (σ_x^2 and σ_y^2) and supporting pressure (S_2) along the tunnel boundary $B2$. Substituting Eq. (5.119) into Eq. (5.121) and simplifying yields:

$$u_x^{(2)}(z,t) + iu_y^{(2)}(z,t) = u_x^{(2)-1} + iu_y^{(2)-1} + u_x^{(2)-2} + iu_y^{(2)-2} \tag{5.122}$$

where

$$u_x^{(2)-1} + iu_y^{(2)-1} = \frac{1}{2}\varphi^{(1)}(z)\int_0^{t_2} I(t-\tau)d\tau - \frac{1}{2}\left[z\overline{\frac{d\varphi^{(1)}(z)}{dz}} + \overline{\psi^{(1)}(z)}\right]\int_0^{t_2} H(t-\tau)d\tau \tag{5.123}$$

$$u_x^{(2)-2} + iu_y^{(2)-2} = \frac{1}{2}\varphi^{(2)}(z)\int_{t_2}^{t} I(t-\tau)d\tau - \frac{1}{2}\left[z\overline{\frac{d\varphi^{(2)}(z)}{dz}} + \overline{\psi^{(2)}(z)}\right]\int_{t_2}^{t} H(t-\tau)d\tau \tag{5.124}$$

Note that the displacements are divided into two parts: $u^{(2)-1}$ and $u^{(2)-2}$ are the displacements related to the first and second step excavations, respectively. The additional displacements that occurred after $t = t_2$ are as follows:

$$\begin{aligned}\Delta u_x^{(2)}(z,t) + i\Delta u_y^{(2)}(z,t) &= u_x^{(2)}(z,t) - u_x^{(1)}(z,t_2) + i\left[u_y^{(2)}(z,t) - u_y^{(1)}(z,t_2)\right] \\ &= \Delta u_x^{(2)-1} + i\Delta u_y^{(2)-1} + u_x^{(2)-2} + iu_y^{(2)-2}\end{aligned} \tag{5.125}$$

where

$$\begin{aligned}&\Delta u_x^{(2)-1}(z,t) + i\Delta u_y^{(2)-1}(z,t) \\ &= \frac{1}{2}\varphi^{(1)}(z)\int_0^{t_2}[I(t-\tau) - I(t_2-\tau)]d\tau \\ &\quad - \frac{1}{2}\left[z\overline{\frac{d\varphi^{(1)}(z)}{dz}} + \overline{\psi^{(1)}(z)}\right]\int_0^{t_2}[H(t-\tau) - H(t_2-\tau)]d\tau.\end{aligned} \tag{5.126}$$

It can be noted that $\Delta u_{\cdot}^{(2)-1}$ depends on the excavation time of the second step (t_2), the tunnel shape and the boundary conditions during the first time stage. If viscoelastic models with limited viscosity are employed, *e.g.*, Kelvin, generalized Kelvin, Poyting-Thomson models, $\Delta u_{\cdot}^{(2)-1}$ would be zero when t_2 is sufficiently large. $u_{\cdot}^{(2)-2}$ is the displacement related to the second step excavation.

The expressions of the total stresses in this stage are the follows:

$$\begin{matrix} \sigma_x^{(2)}(z) \\ \sigma_y^{(2)}(z) \end{matrix} = \begin{matrix} p_0 \\ \lambda p_0 \end{matrix} + \mathrm{Re}\left\{ \frac{2\mathrm{d}\varphi^{(2)}(z)}{\mathrm{d}z} \mp \left[\bar{z}\frac{\mathrm{d}^2\varphi^{(2)}(z)}{\mathrm{d}z^2} + \frac{\mathrm{d}\psi^{(2)}(z)}{\mathrm{d}z} \right] \right\}$$

$$\tau_{xy}^{(2)}(z) = \mathrm{Im}\left\{ \bar{z}\frac{\mathrm{d}^2\varphi^{(2)}(z)}{\mathrm{d}z^2} + \frac{\mathrm{d}\psi^{(2)}(z)}{\mathrm{d}z} \right\} \tag{5.127}$$

5.6.2.3 Solutions in the *j*-th Stage (*j* > 1)

The boundary conditions in this stage are shown in Fig. 5.45d (see model (*j*.a)). Model (*j*.a) can be regarded as the summation of model (0) and of model (*j*.b). Therefore, the additional tractions/pressure along the tunnel boundary *Bj* are the difference between the tractions/pressure of model (*j*.b) and (*j*-1.b). The additional displacement that occurred after $t = 0$ in this stage can be expressed as follows:

$$\begin{aligned} u_x^{(j)}(z,t) + iu_y^{(j)}(z,t) &= u_x^{(j-1)} + iu_y^{(j-1)} \\ &+ \frac{1}{2}\left[\varphi^{(j)}(z) - \varphi^{(j-1)}(z)\right] \int_{t_j}^{t} \int \\ &- \frac{1}{2}\left[z\frac{\overline{\mathrm{d}\left[\varphi^{(j)}(z) - \varphi^{(j-1)}(z)\right]}}{\mathrm{d}z} + \overline{\left[\psi^{(j)}(z) - \psi^{(j-1)}(z)\right]} \right] \int_{t_j}^{t} H(t-\tau)d\tau \end{aligned} \tag{5.128}$$

where $\varphi^{(j)} = \varphi^{(Tj)} + \varphi^{(Sj)}$, $\psi^{(j)} = \psi^{(Tj)} + \psi^{(Sj)}$; $\varphi^{(Tj)}(\psi^{(Tj)})$ and $\varphi^{(Sj)}(\psi^{(Sj)})$ are the analytic functions for the model (*j*.b) subjected to tractions (σ_x^j and σ_y^j) and supporting pressure (S_j) along tunnel boundary *Bj*. Therefore, $\varphi^{(j)} = \varphi^{(Tj)} + \varphi^{(Sj)}$, $\psi^{(j)} = \psi^{(Tj)} + \psi^{(Sj)}$ are the analytic functions for model (*j*.b) in Fig. 5.45d subjected to tractions (σ_x^j and σ_y^j) and supporting pressure (S_j) along the tunnel boundary *Bj*. According to the displacement expression in the 1st to (*j*-1)-th stages, the simplified expression is yielded:

$$u_x^{(j)}(z,t) + iu_y^{(j)}(z,t) = \sum_{k=1}^{j}\left[u_x^{(j)-k} + iu_y^{(j)-k}\right] \tag{5.129}$$

where

$$u_x^{(j)-k} + iu_y^{(j)-k} = \frac{1}{2}\varphi^{(k)}(z)\int_{t_k}^{t_{k+1}} I(t-\tau)d\tau - \frac{1}{2}\left[z\overline{\frac{\mathrm{d}\varphi^{(k)}(z)}{\mathrm{d}z}} + \overline{\psi^{(k)}(z)}\right]\int_{t_k}^{t_{k+1}} H(t-\tau)d\tau$$
$$\text{with } k = 1, 2, \ldots, j-1 \tag{5.130}$$

$$u_x^{(j)-j} + iu_y^{(j)-j} = \frac{1}{2}\varphi^{(j)}(z)\int_{t_j}^{t} I(t-\tau)d\tau - \frac{1}{2}\left[z\overline{\frac{\mathrm{d}\varphi^{(j)}(z)}{\mathrm{d}z}} + \overline{\psi^{(j)}(z)}\right]\int_{t_j}^{t} H(t-\tau)d\tau \tag{5.131}$$

$u_{\cdot}^{(j)-k}$ are the displacements related to the k-th step excavations. The additional displacements that occurred after $t = t_j$ are the follows:

$$\Delta u_x^{(j)}(z,t) + i\Delta u_y^{(j)}(z,t) = \sum_{k=1}^{j-1}\left[\Delta u_x^{(j)-k} + i\Delta u_y^{(j)-k}\right] + u_x^{(j)-j} + iu_y^{(j)-j} \tag{5.132}$$

where

$$\begin{aligned}\Delta u_x^{(j)-k}(z,t) + i\Delta u_y^{(j)-k}(z,t) &= \frac{1}{2}\varphi^{(k)}(z)\int_{t_k}^{t_{k+1}}\left[I(t-\tau) - I(t_j-\tau)\right]d\tau \\ &\quad - \frac{1}{2}\left[z\overline{\frac{\mathrm{d}\varphi^{(k)}(z)}{\mathrm{d}z}} + \overline{\psi^{(k)}(z)}\right]\int_{t_k}^{t_{k+1}}\left[H(t-\tau) - H(t_j-\tau)\right]d\tau\end{aligned} \tag{5.133}$$

The expressions of the total stresses are

$$\begin{gathered}\begin{matrix}\sigma_x^{(j)}(z) \\ \sigma_y^{(j)}(z)\end{matrix} = \begin{matrix}p_0 \\ \lambda p_0\end{matrix} + \mathrm{Re}\left\{\frac{2\mathrm{d}\varphi^{(j)}(z)}{dz} \mp \left[\bar{z}\frac{\mathrm{d}^2\varphi^{(j)}(z)}{\mathrm{d}z^2} + \frac{\mathrm{d}\psi^{(j)}(z)}{\mathrm{d}z}\right]\right\} \\ \tau_{xy}^{(j)}(z) = \mathrm{Im}\left\{\bar{z}\frac{\mathrm{d}^2\varphi^{(j)}(z)}{\mathrm{d}z^2} + \frac{\mathrm{d}\psi^{(j)}(z)}{\mathrm{d}z}\right\}\end{gathered} \tag{5.134}$$

5.6.3 *Analytic Functions in the Excavation Steps*

According to Eqs. (5.128)–(5.134), the displacements and stresses are strongly dependent on the analytic functions in the excavation steps. The determination of these analytic functions is provided as follows.

The series form expression of the mapping function Eq.(1.1) is still adopted:

$$z = \omega(\zeta) = R\left(\zeta + \sum_{k=0}^{m} c_k \zeta^{-k}\right) \tag{5.135}$$

where R and c_k are coefficients related to the tunnel size and shape, respectively. If the x axis in Cartesian coordinates is adopted as the symmetry axis of the tunnel, all the coefficients are therefore real numbers. The exact mapping function can therefore be achieved if the term number m is infinite. However, usually a quite good mapping with a small error can be obtained by only taking the first few items, usually a quite good mapping with a small error can be obtained by only taking the first few items. Table 5.2 gives the coefficients of the mapping functions of several tunnel shapes when m = 9, which are employed in the parametric investigation (Sect. 5.6.6), and Fig. 5.46 presents the boundary shape determined by the mapping functions.

Using Harnack's theorem and Cauchy's integral formulas [19], we can obtain analytic functions such as Eqs. (5.18) and (5.19). For a semi-arched tunnel with a vertical wall (the other conditions are provided in Sect. 5.6.6), the coefficients a_k in the two step excavations are presented in Table 5.3.

5.6.4 *Verification*

5.6.4.1 Comparison Between Analytical and FEM Results

To verify the analytical solution presented in this study, the derived solutions were compared with the results from the numerical simulations performed using the ANSYS code (version 14.0). To be consistent with the analytical derivation, all of the FEM analyses were performed under plane-strain conditions and by assuming small deformations.

A rectangular tunnel with a length and width of 8 m and 6 m, respectively, was excavated in two steps: the left half is excavated in the first step ($t_1 = 0$), and the right half was excavated in the second step ($t_2 = 5$ d). Due to the symmetry of the problem about the y axis, the top half of the structure was analyzed in the numerical simulation; the geometry, constraint conditions and domain of the FEM simulation are shown in Fig. 5.47a. Figure 5.47b shows the mesh in the vicinity of the tunnel. The following parameters were employed in the analysis: a generalized Kelvin viscoelastic model (Table 3.3) was assumed to simulate the viscoelasticity of the rock/soil with $G_M = 50$ MPa, $G_K = 25$ MPa, $\eta_K = 75$ MPa · day, and

Table 5.2 Coefficients of the mapping functions for various tunnel shapes

Tunnel shape		Coefficients											
		R	c_0	c_1	c_2	c_3	c_4	c_5	c_6	c_7	c_8	c_9	$c_j (j > 9)$
Rectangular tunnel	Rectangle 1	4.136106	0	−0.134947	0	−0.163632	0	0.013249	0	0.015936	0	−0.005286	0
	Rectangle 1.1	2.946877	0	0.175344	0	−0.161542	0	−0.016995	0	0.014647	0	0.006573	
	Rectangle 1.2	3.195627	0	−0.421382	0	−0.137073	0	0.034656	0	0.001648	0	−0.008457	
Semi-arched tunnel with vertical wall	Semi-arched tunnel with vertical wall	4.607126	−0.192742	0.034986	0.085329	−0.092959	0.036437	0.005745	−0.012471	0.006624	−0.003375	0.000646	
	Semicircle	3.087690	0.495479	−0.312488	0.157978	−0.051424	−0.002517	0.016226	−0.008697	−0.001606	0.005491	−0.002974	
	Rectangle 2	3.767200	0	−0.231479	0	−0.157736	0	0.021908	0	0.012373	0	−0.007987	
Horseshoe tunnel	Horseshoe	5.034	−0.068772	−0.0604	0.0656	−0.0031	−0.0212	0.0060	0.0042	−0.0051	0.0025	0.0034	
	Horseshoe 1.1	3.275658	0.647013	−0.303722	0.062781	0.028979	−0.023478	−0.006500	0.013925	0.002568	−0.004494	0.001581	
	Horseshoe 2.1	2.577116	−0.018626	−0.421976	0.054852	0.037382	−0.016640	−0.007135	0.012479	0.004138	−0.005541	0.000162	
	Horseshoe 2.2	3.905493	0.329904	−0.210487	0.066796	0.019136	−0.025401	−0.002666	0.011308	−0.000943	−0.001171	0.003393	

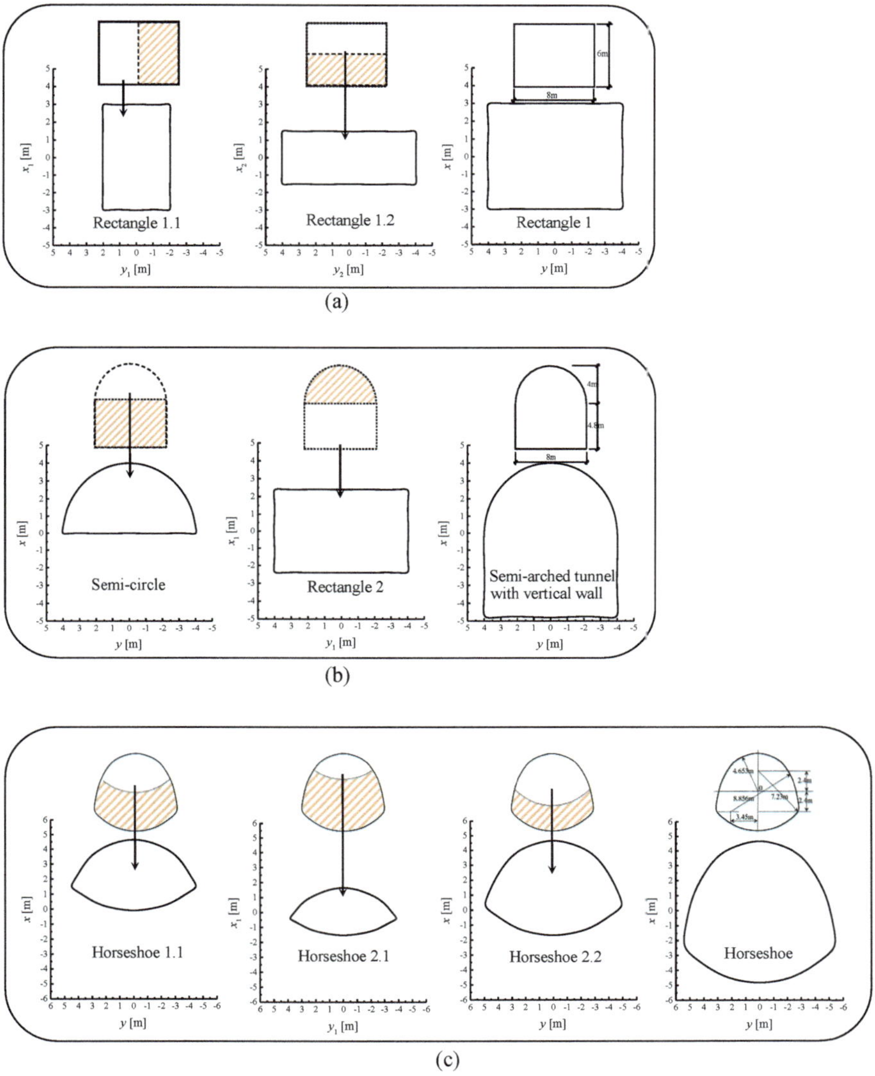

Fig. 5.46 Tunnel boundaries determined by mapping functions for excavation of **a** a rectangular tunnel, **b** a semi-arched tunnel with a vertical wall, **c** a horseshoe tunnel

$K(t) = \infty$ (incompressible volume). Note again that some of the expressions in this section differ from those presented in Sect. 3.2: (1) for the H–K model, the previously defined G_H (Sect. 3.2.2) is now expressed as G_M in this section, (2) the symbol η' (from Sect. 3.2.2) is represented as η in this section.

In the numerical simulation, the initial vertical and horizontal stresses, whose values are $p_0 = 15$ MPa and $\lambda p_0 = 14.25$ MPa, respectively, were first applied

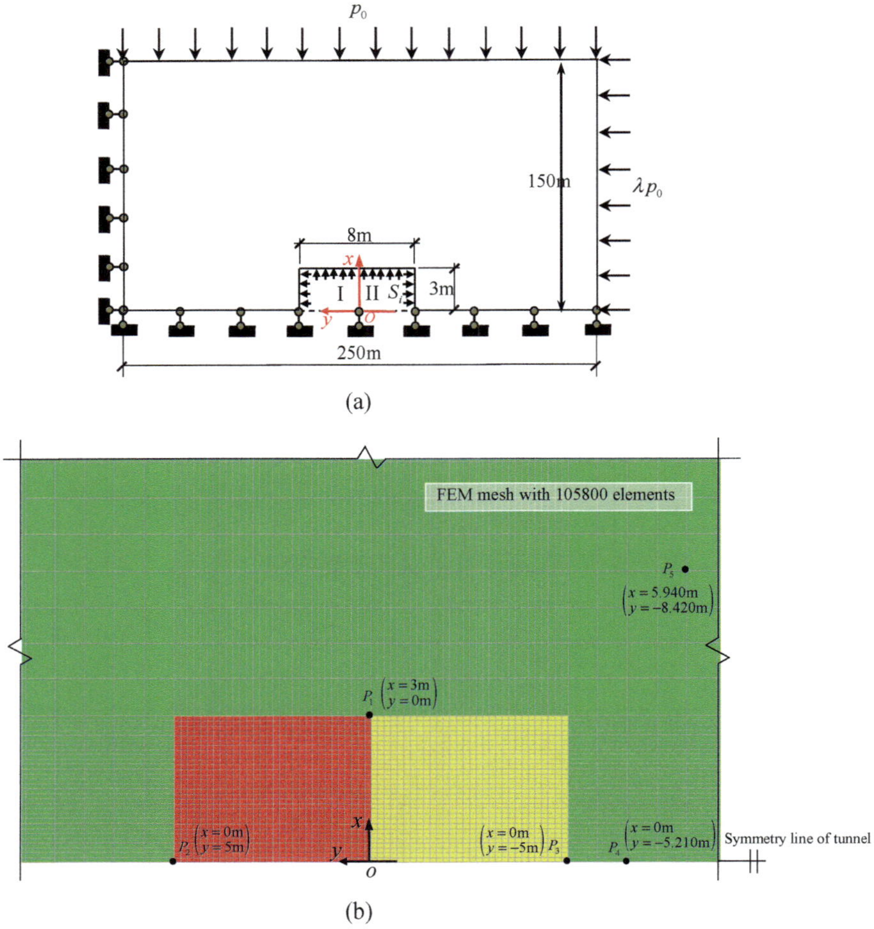

Fig. 5.47 Numerical model: **a** geometry of the numerical domain with the constraint conditions; **b** mesh in the vicinity of the tunnel

to the plane without any holes. The elements inside the holes were then sequentially removed to simulate tunnel excavations. A uniform pressure (supporting forces) of $S_i = 0.2p_0$ was exerted on the hole's boundary after each excavation. Consequently, the incremental displacements and stresses could be obtained by subtracting the displacements and stresses that occurred before excavation from the total displacements and stresses.

Let us consider points P_1-P_5 in Fig. 5.47b. Comparisons of the viscoelastic incremental displacements at points P_1-P_3 between the analytical solutions and the FEM results are plotted in Fig. 5.48a, and comparisons of the total stresses at points P_4-P_5 between the analytical solutions and the FEM results are plotted in Fig. 5.48b. The

Table 5.3 Coefficients in the analytic functions

Tunnel shape		Coefficients									
		a_1/p_0	a_2/p_0	a_3/p_0	a_4/p_0	a_5/p_0	a_6/p_0	a_7/p_0	a_8/p_0	a_9/p_0	$a_j/p_0 (j > 9)$
Semi-arched tunnel with vertical wall	Semi-arched tunnel with vertical wall	0.7116	−0.3078	0.3633	−0.1513	−0.0137	0.0432	−0.0240	0.0124	−0.0024	0
	Semicircle	1.3193	−0.4129	0.1612	−0.0055	−0.0469	0.0312	0	−0.0136	0.0073	
	Rectangle 2	1.2686	0.0002	0.5288	−0.0001	−0.0607	0.0000	−0.0474	0	0.0241	

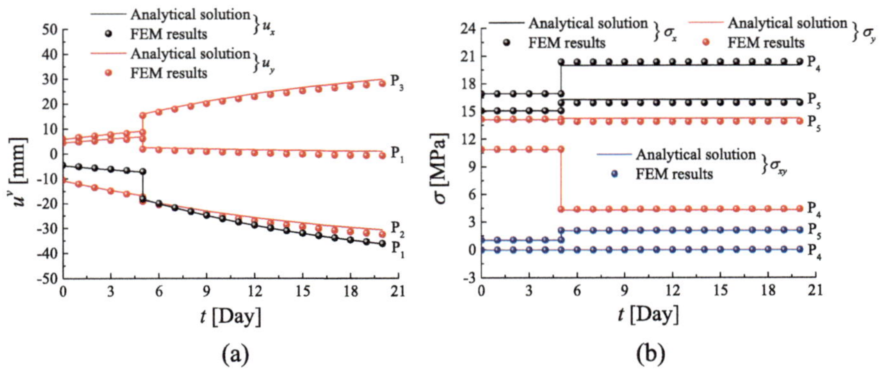

Fig. 5.48 Comparison of the displacements and stresses between the analytical solution and FEM results: **a** displacements and **b** stresses

results show that the analytical solutions exhibit close agreement with the numerical results, which verifies the correctness of the derivation.

5.6.4.2 Comparison Between Analytical Solution and Field Measurements

To further validate the applicability of the proposed analytical solution, comparisons are performed between the analytical solutions and the field data. The field measurements are specifically from the tunnel convergence during the construction of the four-track railway station tunnel excavated on the second railway line from Liupanshui to Zhanyi in southwestern China [20].

For the convenience of a qualitative comparison, the following viscoelastic model and parameters are employed in the analytical solution (the mechanical parameters of the rock are absent in reference [20]): (1) the viscoelasticity of the rock is simulated by the generalized Kelvin viscoelastic model (Table 3.3) with $G_M = 1900$ MPa, $G_K = 750$ MPa, $\eta_K = 8000$ MPa $\cdot$ day, and $K(t) = \infty$. (2) The initial vertical and horizontal stresses are $p_0 = 2.5$ MPa and $\lambda p_0 = 1.5$ MPa, respectively, which are determined by the tunnel's buried depth. (3) The shape of the tunnel, as well as the excavation steps in this project and the simplified ones employed during the analytical solution, are shown in Fig. 5.49a and b. The comparison of the convergences at the tunnel crown is presented in Fig. 5.49c. The figure shows that the tunnel convergence qualitatively agrees well between the analytical results and the field data, where the sudden increase in the convergence at the time the excavation step occurs appears both in the analytical results and the field measurements, and the variation against time is similar for the two models. The comparison demonstrates that the proposed analytical solution can provide reliable qualitative predictions of the displacement field.

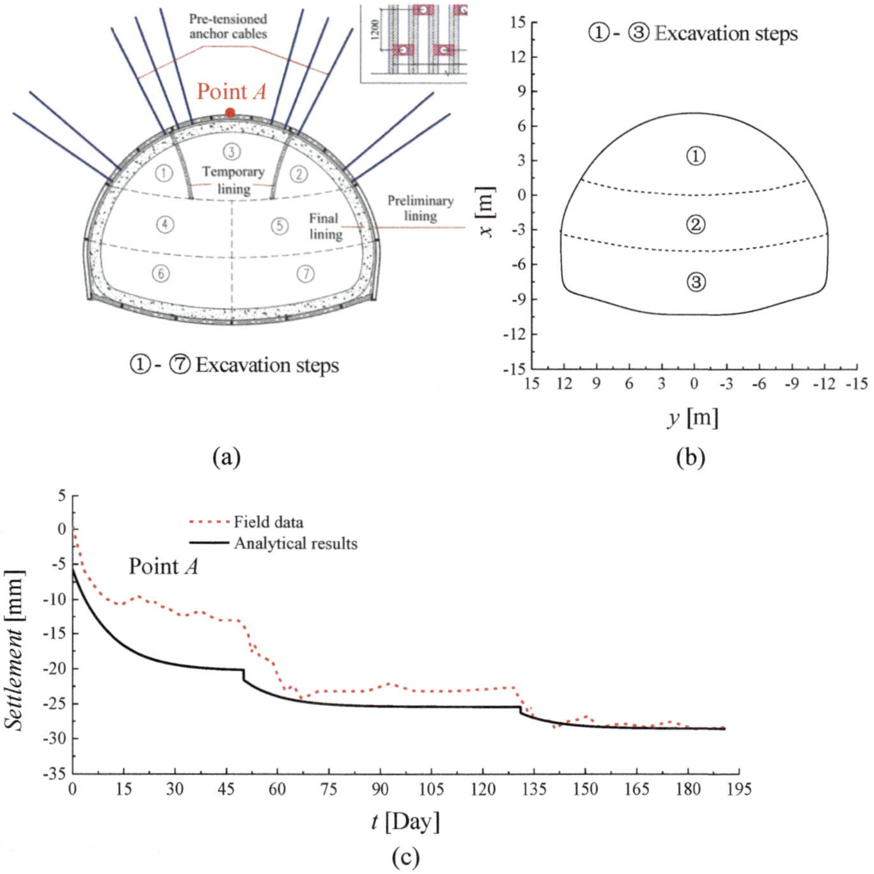

Fig. 5.49 Tunnel shape and excavation steps in **a** a real project and **b** an analytical model; **c** comparison of the convergence at the tunnel crown between the analytical results and the field data

5.6.5 *Mechanical Mechanism of the Time-Dependency of Displacement*

For weak, soft or highly jointed rock masses and/or rock masses subjected to high stresses, which are prone to continuous viscous flows, the Maxwell or Burgers viscoelastic models are suitable to simulate their rheology, since they account for both primary and secondary rock creep. Instead, for rock with good mechanical properties or that is subject to low stresses, limited viscosity is present and generalized Kelvin or Poyting-Thomson viscoelastic models are commonly employed.

The mechanical mechanism of the time-dependency of displacement in the process of sequential excavation is analyzed in detail in the following, in the case of the ground regarded as two types of models, i.e.,

Type I: Maxwell model, Burgers model, and
Type II: generalized Kelvin model and Poyting-Tomson model.

If the other viscoelastic models are employed, a similar analysis for the time-dependency of the displacement can be performed.

Note from Eqs. (5.129), (5.130), (5.131), (5.132) and (5.133) that the displacements with respect to time t in the i-th stage are dependent entirely on the integration of functions correlated with $H(t)$ and $I(t)$. According to the expressions of functions $H(t)$ and $I(t)$ provided in Table 3.3, the results of the six integrations for the four viscoelastic models are presented in Table 5.4. Again, it is worthing to note that some of the expressions in this section differ from those presented in Sect. 3.2: (1) for the H–K model, the previously defined G_H (Sect. 3.2.2) is now expressed as G_M in this section, (2) the symbol η' (from Sect. 3.2.2) is represented as η in this section.

5.6.5.1 Time-Dependency of the Displacement in the j-th Stage

Integrations ① and ② are multiplied with analytic functions $\varphi^{(k)}$ and $\psi^{(k)}$ ($k = 1, \ldots, j$-1) in the displacement expression that occurred after $t = 0$, which reflects the influence of all forward excavations on the displacement with respect to time. It is noted from Table 5.4 that, for Maxwell and Burgers models, these integrations all contain a constant associated with $(t_{k+1} - t_k)(k = 1, \ldots, j\text{-}1)$, as follows:

$$\text{General form}: J_1(t) = A(t_{k+1} - t_k), \tag{5.136}$$

as well as the parts in the natural exponential function with respect to time t:

$$\text{General form}: J_2(t) = C\exp(-Bt)\left[\exp(Bt_{k+1}) - \exp(Bt_k)\right]. \tag{5.137}$$

It can be deduced from the integration results (5.137) and the displacement expressions (5.129) that the displacements induced by forward excavations decrease with the time, and finally converge to a constant value if time tends to infinity (at the last stage). According to Eq. (5.136), the larger the time interval of the k-th stage is, the more significant the influence of the k-th step excavation on the displacement is, which shows a strong dependence of the excavation path on the displacements. If the rheology of the rock is simulated by generalized Kelvin or Poyting-Thomson models, the results of integrations ① and ② are all in a natural exponential function with respect to time t (as $J_2(t)$) and finally tend to zero when $t \to \infty$ in the last stage. In another words, the influence of forward excavations on the j-th stage displacement is weakened against time, and after all the excavations are finished, the final displacements (the time tends to infinity) are independent of the excavation steps.

In the expression of the displacement that occurred after $t = 0$, integrations ③ and ④ are multiplied with analytic functions $\varphi^{(j)}$ and $\psi^{(j)}$, which reflects the influence of the current excavation step (j-th step). Note from Table 5.4 that the results of the

Table 5.4 Integration results for the expressions of displacements for four viscoelastic models

Displacement in j-th stage occurred after $t = 0$

$$u_x^{(j)}(z,t) + iu_y^{(j)}(z,t) = \sum_{k=1}^{j-1}\left\{\frac{1}{2}\varphi^{(k)}(z)\int_{t_k}^{t_{k+1}} I(t-\tau)d\tau - \frac{1}{2}\left[z\frac{\overline{d\varphi^{(k)}(z)}}{dz} + \overline{\psi^{(k)}(z)}\right]\int_{t_k}^{t_{k+1}} H(t-\tau)d\tau\right\}$$
$$+\frac{1}{2}\varphi^{(j)}(z)\int_{t_j}^{t} I(t-\tau)^4 - \frac{1}{2}\left[z\frac{\overline{d\varphi^{(j)}(z)}}{dz} + \overline{\psi^{(j)}(z)}\right]\int_{t_j}^{t} H(t-\tau)^3$$

Displacement in j-th stage occurred after $t = t_j$

$$\Delta u_x^{(j)}(z,t) + i\Delta u_y^{(j)}(z,t) = \sum_{k=1}^{j-1}\left\{\frac{1}{2}\varphi^{(k)}(z)\int_{t_k}^{t_{k+1}} [I(t-\tau) - I(t_j-\tau)]d\tau\right.$$
$$-\frac{1}{2}\left[z\frac{\overline{d\varphi^{(k)}(z)}}{dz} + \overline{\psi^{(k)}(z)}\right]$$
$$\left.\int_{t_k}^{t_{k+1}} [H(t-\tau) - H(t_j-\tau)]d\tau\right\}$$
$$+\frac{1}{2}\varphi^{(j)}(z)\int_{t_j}^{t} I(t-\tau)d\tau - \frac{1}{2}\left[z\frac{\overline{d\varphi^{(j)}(z)}}{dz} + \overline{\psi^{(j)}(z)}\right]\int_{t_j}^{t} H(t-\tau)d\tau$$

① $= \int_{t_k}^{t_{k+1}} H(t-\tau)d\tau$; ② $= \int_{t_k}^{t_{k+1}} I(t-\tau)d\tau$; ③ $= \int_{t_j}^{t} H(t-\tau)d\tau$; ④ $= \int_{t_j}^{t} I(t-\tau)d\tau$; ⑤ $= \int_{t_k}^{t_{k+1}} [H(t-\tau) - H(t_j-\tau)]d\tau$; ⑥ $= \int_{t_k}^{t_{k+1}} [I(t-\tau) - I(t_j-\tau)]d\tau$

Integration		Maxwell model 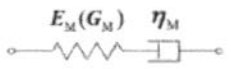	Burgers model 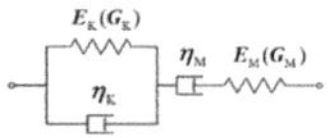
Type II	①	$\frac{1}{\eta_M}(t_{k+1} - t_k)$	$\frac{1}{\eta_M}(t_{k+1} - t_k) + \frac{1}{G_K}\exp\left(-\frac{G_K}{\eta_K}t\right)\left[\exp\left(\frac{G_K}{\eta_K}t_{k+1}\right) - \exp\left(\frac{G_K}{\eta_K}t_k\right)\right]$
	②	① $+\frac{B_M}{C_M}\exp(-C_M t)\left[\exp(C_M t_{k+1}) - \exp(C_M t_k)\right]$	① $+\frac{B_B^1}{C_B^1}\exp(-C_B^1 t)[\exp(C_B^1 t_{k+1}) - \exp(C_B^1 t_k)]$ $+\frac{B_B^2}{C_B^2}\exp(-C_B^2 t)[\exp(C_B^2 t_{k+1}) - \exp(C_B^2 t_k)]$
	③	$\frac{1}{\eta_M}(t - t_j) + \frac{1}{G_M}$	$\frac{1}{\eta_M}(t - t_j) + \frac{1}{G_K}\left[1 - \exp\left(-\frac{G_K}{\eta_K}(t - t_j)\right)\right] + \frac{1}{G_M}$

(continued)

Table 5.4 (continued)

	Displacement in j-th stage occurred after $t = 0$		
	④	$③ + \frac{B_M}{C_M}\left[1 - \exp\left(-C_M(t - t_j)\right)\right] + A_M$	$③ + \frac{B_B^1}{C_B^1}\left[1 - \exp\left(-C_B^1(t - t_j)\right)\right] + \frac{B_B^2}{C_B^2}\left[1 - \exp\left(-C_B^2(t - t_j)\right)\right] + A_B$
	⑤	$-\frac{1}{G_M} \cdot F$, with $F = \begin{cases} 1, k = j - 1 \\ 0, k \neq j - 1 \end{cases}$	$\frac{1}{G_K}\left[\exp\left(-\frac{G_K}{\eta_K'}t\right) - \exp\left(-\frac{G_K}{\eta_K'}t_j\right)\right]\left[\exp\left(\frac{G_K}{\eta_K'}t_{k+1}\right) - \exp\left(\frac{G_K}{\eta_K'}t_k\right)\right]$ $-\frac{1}{G_M} \cdot F$
	⑥	$\frac{B_M}{C_M}\left[\exp(-C_M t) - \exp(-C_M t_j)\right]\left[\exp(C_M t_{k+1}) - \exp(C_M t_k)\right] - A_M \cdot F$	$-A_B \cdot F + \left[\exp(-C_M t) - \exp(-C_M t_j)\right]$ $⑤ \left\{\frac{B_B^1}{C_B^1}\left[\exp\left(C_B^1 t_{k+1}\right) - \exp\left(C_B^1 t_k\right)\right] + \frac{B_B^2}{C_B^2}\left[\exp\left(C_B^2 t_{k+1}\right) - \exp\left(C_B^2 t_k\right)\right]\right\}$
Integration		Generalized Kelvin model 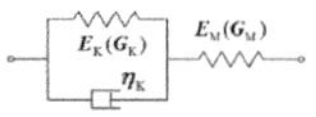	Poyting-Thomson model 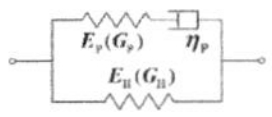
Type II	①	$\frac{1}{G_K}\exp\left(-\frac{G_K}{\eta_K'}t\right)\left[\exp\left(\frac{G_K}{\eta_K'}t_{k+1}\right) - \exp\left(\frac{G_K}{\eta_K'}t_k\right)\right]$	$\frac{B_P^1}{C_P^1}\exp\left(-C_P^1 t\right)\left[\exp\left(C_P^1 t_{k+1}\right) - \exp\left(C_P^1 t_k\right)\right]$
	②	$① + \frac{B_K}{C_K}\exp(-C_K t)\left[\exp(C_K t_{k+1}) - \exp(C_K t_k)\right]$	$① + \frac{B_P^2}{C_P^2}\exp\left(-C_P^2 t\right)\left[\exp\left(C_P^2 t_{k+1}\right) - \exp\left(C_P^2 t_k\right)\right]$
	③	$\frac{1}{G_K}\left[1 - \exp\left(-\frac{G_K}{\eta_K'}(t - t_j)\right)\right] + \frac{1}{G_M}$	$\frac{B_P^1}{C_P^1}\left[1 - \exp\left(-C_P^1(t - t_j)\right)\right] + A_P^1$

(continued)

Table 5.4 (continued)

	Displacement in j-th stage occurred after $t = 0$		
	④	③$+\frac{B_K}{C_K}[1-\exp(-C_K(t-t_j))]+A_K$	③$+\frac{B_P^2}{C_P^1}[1-\exp(-C_P^2(t-t_j))]+A_P^2$
	⑤	$\frac{1}{G_K}\left[\exp\left(-\frac{G_K}{\eta_K'}t\right)-\exp\left(-\frac{G_K}{\eta_K'}t_j\right)\right]\left[\exp\left(\frac{G_K}{\eta_K'}t_{k+1}\right)-\exp\left(\frac{G_K}{\eta_K'}t_k\right)\right]-\frac{1}{G_M}\cdot F$	$\frac{B_P^1}{C_P^1}[\exp(-C_P^1 t)-\exp(-C_P^1 t_j)][\exp(C_P^1 t_{k+1})-\exp(C_P^1 t_k)]-A_P^1\cdot F$
	⑥	⑤ $+\frac{B_K}{C_K}[1-\exp(-C_K(t-t_j))]\cdot[\exp(-C_K(t-t_{k+1}))-\exp(-C_K(t-t_k))]-A_K\cdot F$	⑤ $+\frac{B_P^2}{C_P^2}[\exp(-C_P^2 t)-\exp(-C_P^2 t_j)][\exp(C_P^2 t_{k+1})-\exp(C_P^2 t_k)]-A_P^2\cdot F$

Maxwell: $B_M = \frac{6G_M^2}{\eta_M'(3K_e+G_M)^2}$, $C_M = \frac{3K_e G_M}{\eta_M'(3K_e+G_M)}$, $A_M = \frac{6}{3K_e+G_M}$

Burgers: $B_B^1 = \frac{3G_M^2}{\eta_M'\eta_K'(3K_e+G_M)^2}\cdot(\eta_M'+\eta_K'-M_1)$, $B_B^2 = \frac{3G_M^2}{\eta_M'\eta_K'(3K_e+G_M)^2}\cdot(\eta_M'+\eta_K'+M_1)$, $C_B^1 = \frac{N_2}{2}-N_1$, $C_B^2 = N_1+\frac{N_2}{2}$, $A_B = \frac{6}{3K_e+G_M}$

Generalized Kelvin: $B_K = \frac{6G_M^2}{\eta_K'(3K_e+G_M)^2}$, $C_K = \frac{3K_e G_K+G_M(3K_e+G_K)}{\eta_K'(3K_e+G_M)}$, $A_K = \frac{6}{3K_e+G_M}$

Poyting-Thomson: $B_P^1 = \frac{1}{\eta_P}\left(\frac{G_P}{G_P+G_H}\right)^2$, $C_P^1 = \frac{G_P G_H}{(G_P+G_H)\eta_P}$, $A_P^1 = \frac{1}{G_P+G_H}$, $B_P^2 = \frac{6G_P^2}{\eta_P(3K_e+G_P+G_H)^2}$, $C_P^2 = \frac{G_P(3K_e+G_H)}{\eta_P(3K_e+G_P+G_H)}$, $A_P^2 = \frac{6}{3K_e+G_P+G_H}$

two integrations are the summation of two functions with respect to t for Maxwell and Burgers models: one is a linear function ($J_3(t) = A(t - t_k) + C$) and another is a natural exponential function ($J_4(t) = A\left[1 - \exp\left(-B(t - t_j)\right)\right]$). This indicates that displacements induced by the excavation at step i continue to increase linearly over time. However, for generalized Kelvin and Poyting-Thomson models, the results of the integration only contain a natural exponential function with negative power, which indicates that the displacements induced by excavation step j increase first and finally converge to stable values.

5.6.5.2 Time-Dependency of Additional Displacement that Occurred in the j-th Stage

Except for integrations ③ and ④, integrations ⑤ and ⑥ (which are negative values) are the main parts contained in the displacement expressions, which reflect the influence of all forward excavations on the additional displacements that only occurred in this stage. According to the results shown in Table 5.4, these two integrations (⑤ and ⑥) are zero/negative constants or in the form of $J_5(t) = A\left[\exp(-Bt) - \exp\left(-Bt_j\right)\right]\left[\exp(Bt_{k+1}) - \exp(Bt_k)\right] - C$ in all four viscoelastic models, where the positive constant C is not zero only in case of $k = j-1$. We can conclude that the part of the displacements ($\Delta u_x^{(j)-k}$ and $\Delta u_y^{(j)-k}$ in Eq. (5.132)) induced by forward excavations are strongly dependent on the time since all the excavations began (t_j, t_k, $k = 1, 2, ..., j - 1$). The larger the time interval ($t_{k+1} - t_k$) is (i.e., the excavation is processed slowly), the larger the absolute value of $J_5(t)$ and the corresponding displacements ($\Delta u_x^{(j)-k}$ and $\Delta u_y^{(j)-k}$) are. However, because the displacements $u_\cdot^{(j)-j}$ and $\Delta u_\cdot^{(j)-k}$ in Eq. (5.132) have opposite signs, their summation, i.e., the incremental displacement $\Delta u_\cdot^{(j)}$, is smaller in the slow excavation cases.

5.6.6 *Analysis and Discussion*

5.6.6.1 Parameter Normalization and Calculation Scheme

For geo-materials with good mechanical properties and low stresses in application, a limited viscosity is presented, and thus the Kelvin, generalized Kelvin or Poynting-Thomson viscoelastic models are commonly employed. In this section, the ground rheology is described by the generalized Kelvin viscoelastic model with constitutive parameters $G_M / G_K = 2$, and $\lambda = 0.6$. A parametric analysis is conducted considering the effects of the various parameters on the displacements and stresses around the tunnels.

For generality in the parametric investigation, all of the variables are in their normalized forms. The stresses and displacements are normalized by p_0 and u_0, respectively, where $u_0 = {}^{p_0 R_0}/_{2G_s}$, in which R_0 is the radius of a circular tunnel and whose value is correlated with the actual tunnel size; and G_s is the permanent stiffness of the generalized Kelvin viscoelastic model: $G_s = G_M G_K / (G_M + G_K)$. Note that u_0 is the excavation-induced convergence of a circular tunnel excavated in an infinite elastic ground subjected to a hydrostatic far field stress p_0. The generic time t in the viscoelastic cases is normalized by the retardation time T_K ($T_K = \eta_K / G_K$ for the generalized Kelvin model). In the following analysis, the displacements along the tunnel boundaries are the incremental displacements that occurred after this step of the tunnel excavation, and the stresses are the total stresses.

The excavations of rectangular tunnels, semi-arched tunnels with vertical walls and horseshoe tunnels are considered in this section with the following excavation sequences A to F:

Excavation sequence A: two step excavation of a rectangular tunnel from left to right (Fig. 5.50a);

Excavation sequence B: two step excavation of a rectangular tunnel from top to bottom (Fig. 5.50b);

Excavation sequence C/D: two step excavation from top/ bottom to bottom/top of semi-arched tunnels with vertical walls (Fig. 5.50c);

Excavation sequence E: two step excavation of a horseshoe tunnel from top to bottom (Fig. 5.50d);

Excavation sequence F: three step excavation of a horseshoe tunnel from top to bottom (Fig. 5.50e).

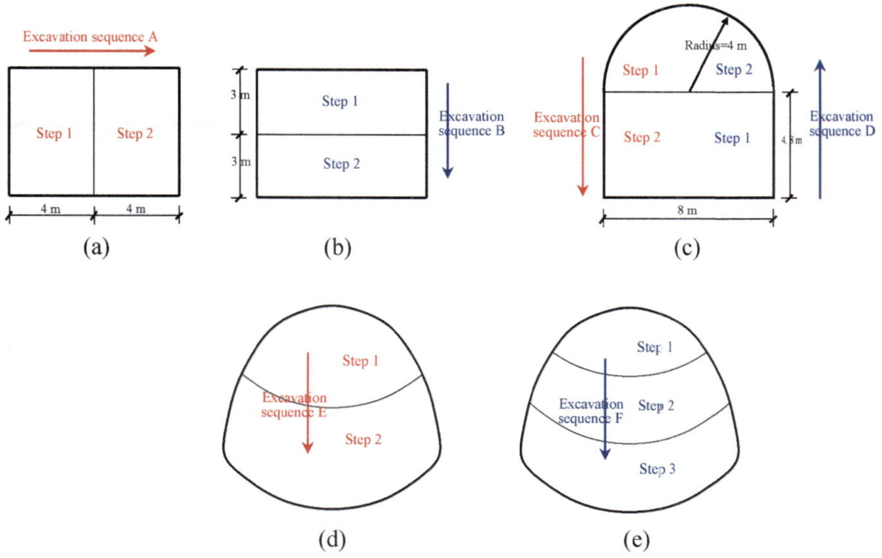

Fig. 5.50 Excavation sequences in the parametric investigation: **a** excavation sequence A, **b** excavation sequence B, **c** excavation sequences C and D, **d** excavation sequence E and **e** excavation sequence F

In excavation sequences A, B, C and D, the second excavation is performed at $t_2 = \frac{10}{9}T_K$; in excavation sequence E, $t_2 = \frac{4}{3}T_K$; and in sequence F $t_2 = \frac{2}{3}T_K$, $t_3 = \frac{4}{3}T_K$. The displacements along the tunnel boundary in the following sub-Sections are the incremental ones that occurred after this point, which is the boundary point. For example, if the left to right excavation sequence of a rectangular tunnel is employed, the displacements at point P_2 in Fig. 5.47b are incremental ones that occurred from $t = 0$, and the displacements at point P_3 are the incremental ones that occurred from $t = t_2$.

5.6.6.2 Influence of Excavation Sequences

(a) **Rectangular tunnel**

Excavation sequences A and B are adopted in rectangular tunnel excavation, where the excavation times of the second step are the same ($t_2 = \frac{10}{9}T_K$). Figure 5.51 presents the additional displacements versus time at the points along the tunnel boundary. It can be observed that the displacements all have step increases at the excavation times, and tend to be stable at certain times (at approximately $t = 4T_K$ in these cases). The influence of the excavation sequences on the displacements (normal and tangential) at points P_1^R and P_2^R are obvious before $t = 2T_K$, whereas the final displacements ($t \to \infty$) at these points for sequence A are the same as those for sequence B. Figure 5.52 plot the normal displacements along tunnel boundary for excavation sequences A and B during the first/second time stage ($t = \frac{10}{9}T_K$ and $t = \frac{10}{3}T_K$, respectively). It can be noted that at the time $t = \frac{10}{9}T_K$ (the first time stage), the tunnel convergence is more uniform in cases with excavation sequence A. At time $t = \frac{10}{3}T_K$(during the second time stage, at which the entire excavation is finished), the larger displacement along the left side than that along the right side is observed for sequence A, and the maximum displacement along right side is approximately 66% of that along the left side. However, for sequence B, the displacements on the left and right sides are the same, whereas the displacement is larger at the crown than that at the bottom after the second excavation ($t = \frac{10}{3}T_K$). The maximum displacement at the bottom is approximately 42% of that at the tunnel crown. In summary, the left to right excavation (sequence A) can reduce the displacement along the right side to a certain extent, and the top to bottom excavation (sequence B) can largely reduce the displacement along the bottom.

If a rock-support interaction is considered, the final stresses are quite different due to the different support pressures when the different excavation sequences are employed. However, it is difficult to exactly take the rock-support interaction into account in the analytical model. To mainly analyze the influence of excavation sequence in Sects. 5.2 and 5.3.1, no supporting pressure is exerted in these cases to simulate the cases without supports. Therefore, the stresses are only dependent on the current tunnel shape and boundary conditions. Therefore, the stresses after finishing excavation are the same for excavation sequences A and B (Fig. 5.53c). In

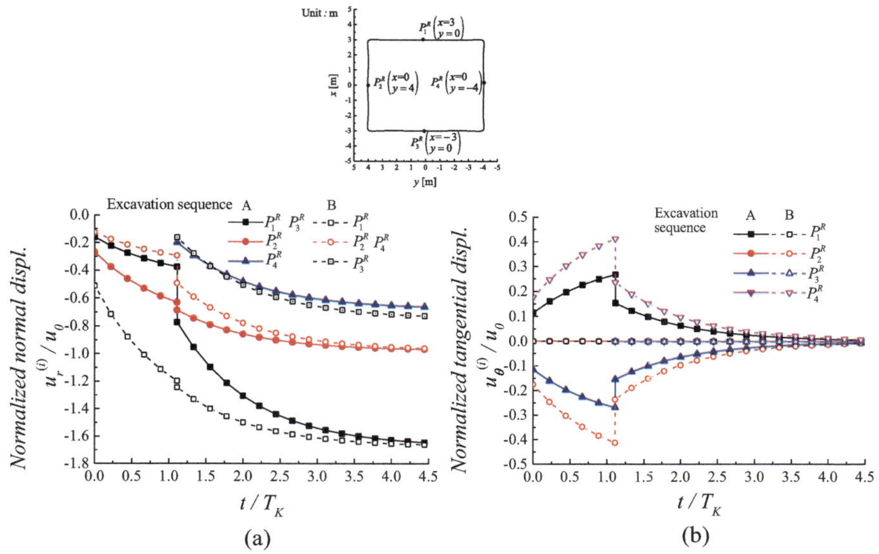

Fig. 5.51 Displacements versus time at points along tunnel boundary: **a** radial displacements and **b** tangential displacements

the future work, the variation of the supporting pressure against time will be analyzed, and accordingly the final stresses will be dependent on the excavation sequence.

Figure 5.53 presents the major and minor principal stresses in first/second time stages for excavation sequences A and B. Note from Fig. 5.53 that the strong stress concentration occurred at the rectangular corners. The major principal stresses (tangential stress) at the corner in the first time stage are $\sigma_1 = 7.6p_0$ for sequence A, and $\sigma_1 = 8.9p_0$ for sequence B. It then becomes $\sigma_1 = 8p_0$ after all the excavations. The tensile principal stresses are observed at the middle of the tunnel top/bottom for sequence B in the first time stage, whereas the principal stresses are all compressive for sequence A.

(b) **Semi-arched tunnels with a vertical wall**

To investigate the influence of the excavation sequences with quite different tunnel shapes in different time stages, the excavation sequences C and D are employed in the excavation of semi-arched tunnels with a vertical wall. Though sequence D is not usually employed in real engineering due to the disadvantages in construction, we still adopt it only for the comparison.

Figure 5.54 plots the displacements versus time at four points for the excavation sequences C and D. The displacements thus dramatically increase with time at the beginning of the first and second excavation. The displacements (that occurred from $t = 0$) at some points have a step increase around the time the second excavation occurs, which can reflect the influence degree of the second excavation. Note that the influence of the second excavation on displacement at point P_6^S is not obvious. The top to bottom sequence C induces much smaller normal displacements, and

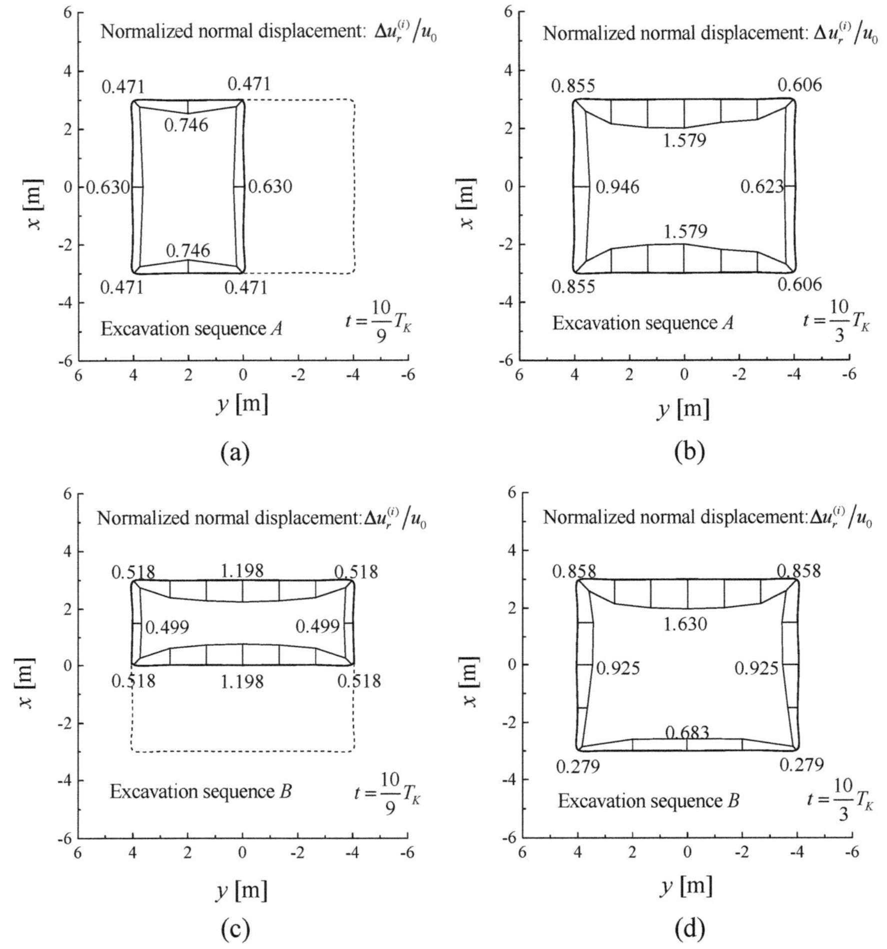

Fig. 5.52 Displacements along a rectangular tunnel boundary after **a** the first step excavation ($t = \frac{10}{9}T_K$) by sequence A and **b** the second step excavation ($t = \frac{10}{3}T_K$) by sequence A; **c** and **d** the first and second step excavations by sequence B

larger tangential ones at point P_6^S (point at the tunnel bottom) and P_4^S (point at the tunnel side). However, the normal displacements around the semicircular boundary are larger by sequence C than that by sequence D.

(c) **Horseshoe tunnels**

The horseshoe tunnels are excavated in two steps (sequence E) and three steps (sequence F), where the time of finishing the excavation of the entire tunnel (t_2 or t_3) is the same. Figure 5.55 plots the displacements versus time at three points for

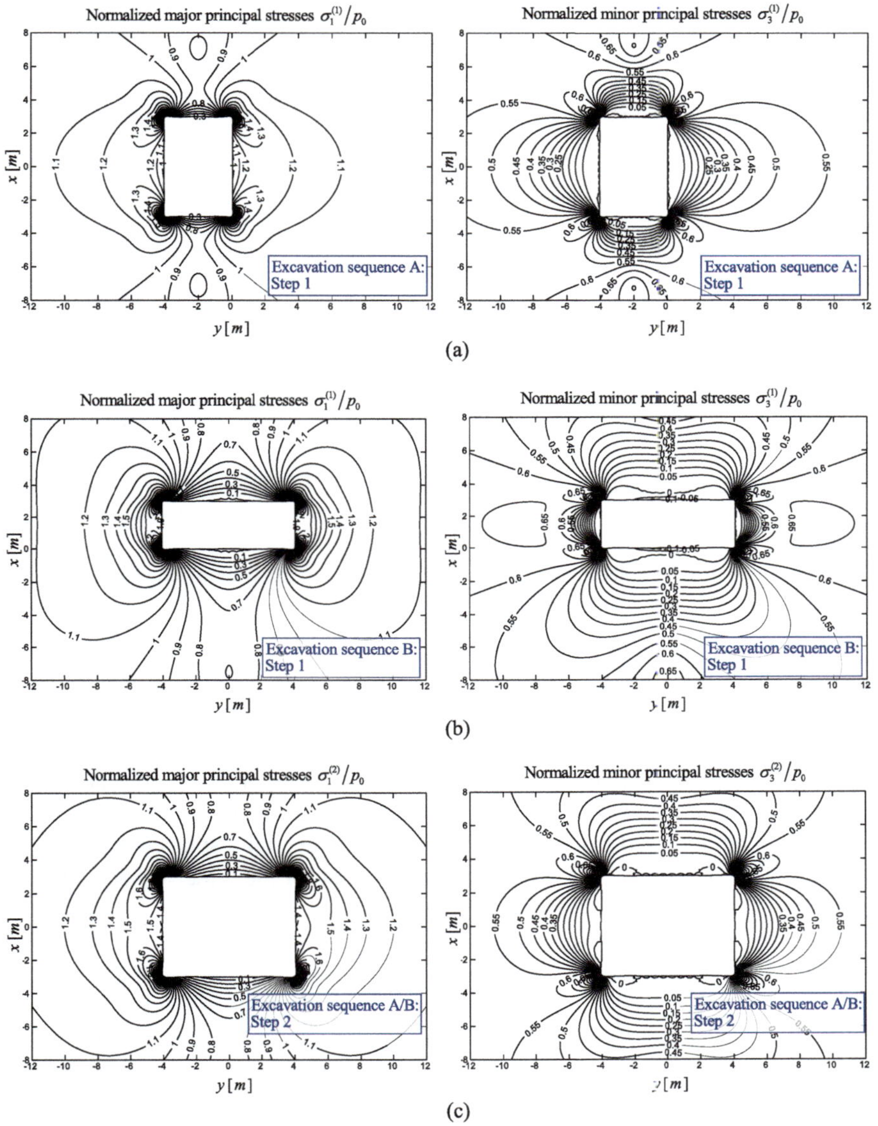

Fig. 5.53 Normalized principal stresses around a rectangular tunnel **a** after the first step in excavation sequence A, **b** after the first step in excavation sequence B and **c** after the second excavation step

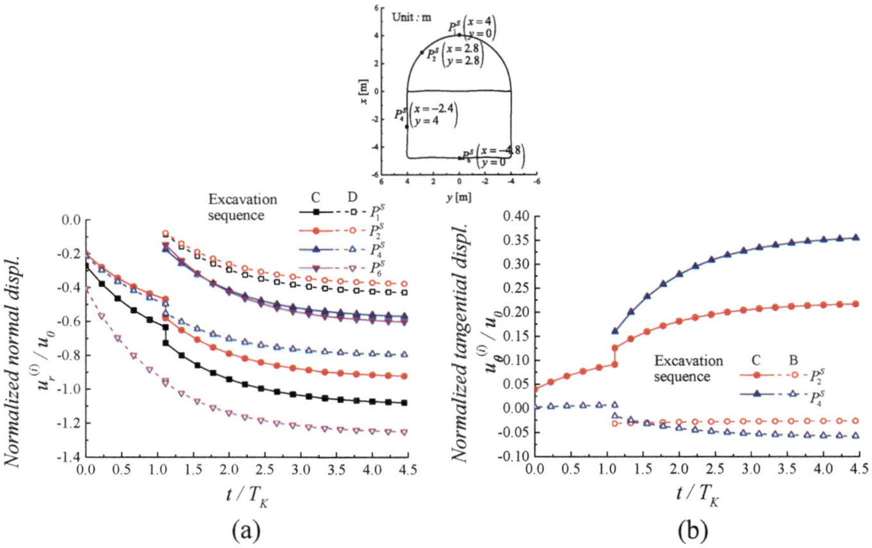

Fig. 5.54 Normalized displacements versus time for various excavation sequences: **a** normal displacements and **b** tangential displacements

the two excavation sequences. It can be observed that the final normal displacements at point P_8^H (point at the bottom) have some differences between the results of the two sequences: two steps of excavation induce larger final displacements. At other points, the difference in the displacements under the two sequences are obvious around the time of the second step excavation (t_2), whereas it is very little at the stable final state. It can be observed from Fig. 5.55b that the tangential displacement at P_4^H for the two step sequence E is obviously larger than that for the three step sequence F.

5.6.6.3 Influence of Excavation Times

Excavation sequence E for a horseshoe tunnel is employed to investigate the influence of the excavation time of the second step t_2 on the displacements. Figure 5.56 presents the displacements at time $t = t_2^-$ (the time just before the second excavation occurs), which are the total displacements in the first stage, versus the excavation time of the second step. Note that the total displacements in the first stage all increase with a delay in the excavation of the second section in the case of t_2 being less than $3T_K$. If the second excavation is performed after $t = 3T_K$, the change in the displacements that occurred in the first stage is not obvious.

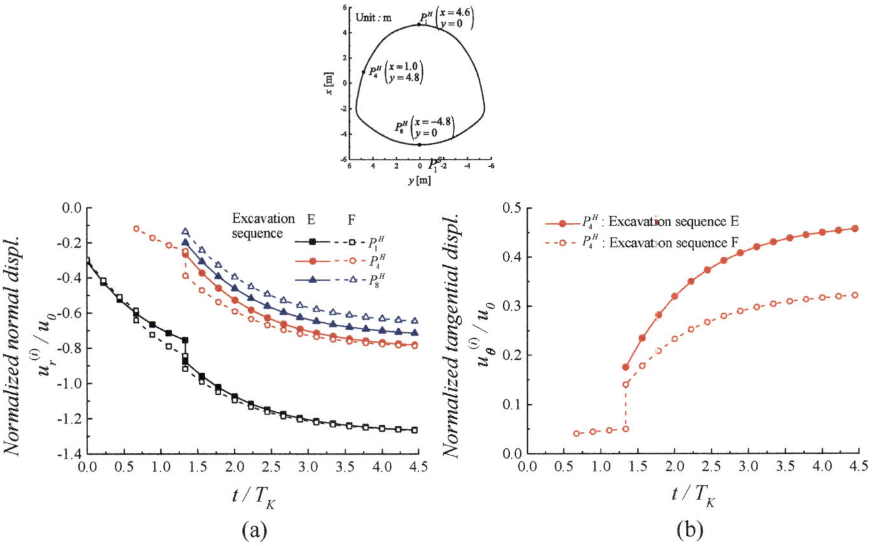

Fig. 5.55 Normalized displacements versus time for excavation sequence E and F: **a** normal displacements and **b** tangential displacements

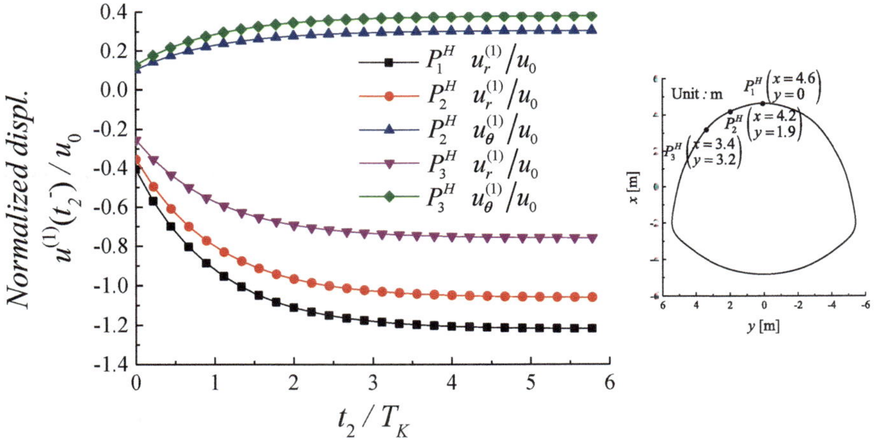

Fig. 5.56 Normalized incremental displacements at time $t = t_2^-$ (total displacement in the first stage) versus the time of second excavation

The time of the second step excavation is adopted for the analysis as follows: (1) $t_2 = {}^4/_9 T_K$; (2) $t_2 = {}^4/_3 T_K$; (3) $t_2 = 10T_K$, i.e., the second excavation is performed after the displacement in the first stage becomes stable. The displacements that occurred after the second excavation, against the incremental time $(t\text{-}t_2)/T_K$, are plotted in Fig. 5.57. Note that the normal displacements at points P_1^H and P_8^H, as

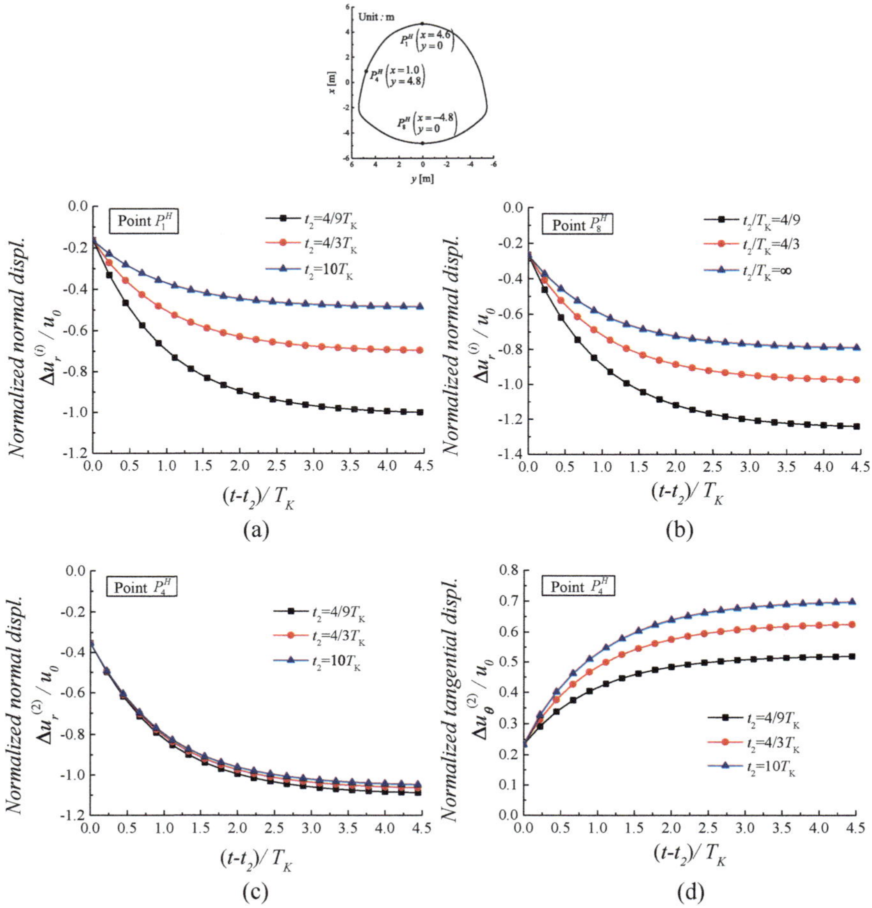

Fig. 5.57 Normalized displacements versus the incremental normalized time for various time t_2: **a** and **b**: normal displacements at points p_1^H and p_8^H, respectively; **c** and **d**: normal and tangential displacements at point p_4^H, respectively. The horseshoe tunnel is excavated in two steps from top to bottom

well as the tangential ones at point P_4^H are strongly influenced by excavation time of the second step (t_2). However, the normal displacements at point P_4^H are almost not influenced by t_2. It is observed that the earlier the second excavation is performed, the larger the normal displacements that occurred after the second excavation are. The final incremental displacement at point P_1^H in the case of $t_2 = 4/9T_K$ is approximately twice as large as that in case of $t_2 = 10T_K$. Because the direction of the tangential displacements in the first stage at point P_4^H is opposite to that in the second stage, the incremental tangential displacements in Fig. 5.57d are smaller in cases with earlier second excavations.

References

1. Wei, Y.G. 1990. Calculating elasto-plastic problem of elliptical tunnel with perturbation methods. *Engineering Mechanics* 02: 93–102.
2. Guo, J.Q., and C.S. Qiao. 2013. Plastic zone around elliptical hole portal and its application in karst tunnel. *Journal of the China Railway Society* 35 (03): 108–114.
3. Xu, X.Y. 2017. Study on the plastic zone of straight wall horseshoe tunnel under unsymmetrical stress. *Shanxi Architecture* 43 (15): 157–158.
4. Kabwe, E., M. Karakus, and E.K. Chanda. 2020. Proposed solution for the ground reaction of non-circular tunnels in an elastic-perfectly plastic rock mass. *Computers and Geotechnics* 119: 103354.
5. Ma, Y.C., A.Z. Lu, H. Cai, and X.T. Zeng. 2022. A semi-analytical method for elastic-plastic analysis of a deep-buried elliptical tunnel. *Computers and Geotechnics* 142: 104589.
6. Ma, Y.C. 2022. *Analytical Method for Elastic-plastic Analysis of Underground Tunnels, Dissertation for the Doctoral Degree, North China Electric Power University.*
7. Lu, A.Z., N. Zhang, and K. Lin. 2014. Analytic solutions of stress and displacement for an non-circular tunnel at great depth including support delay. *International Journal of Rock Mechanics and Mining Sciences* 70: 69–81.
8. Tao, J.Y., A.Z. Lu, and C.L. Yin. 2018. Analytic solutions of stress and displacement for a non-circular pressurized tunnel in consideration of support delay. *Journal of Yangtze River Scientific Research Institute* 35 (3): 164–170.
9. Lu, A.Z., and L.Q. Zhang. 2007. *Complex Variable Methods for the Mechanical Analysis of Underground Tunnels.* Beijing: Science Press.
10. Yin, C.L., A.Z. Lu, and J.Y. Tao. 2018. Analytic solutions of stress and displacement for a non-circular pressure tunnel under full-slip contact condition. *Journal of Yangtze River Scientific Research Institute* 35 (5): 85–92.
11. Lu, A.Z., N. Zhang, and Y. Qin. 2015. Analytical solutions for the stress of a lined non-circular tunnel under full-slip contact conditions [J]. *International Journal of Rock Mechanics and Mining Sciences* 79: 183–192.
12. Chen, Z.Y. 1994. *Analytical Methods in Rock Mechanics Analysis.* Beijing: China Coal Industry Publishing House.
13. Cui, Y.Q. 2022. *A New Solution Method for Stress and Displacement of Deep Buried Non-circular Tunnel with Lining Support.* Thesis for Master Degree: North China Electric Power University.
14. Wang, H.Y. 2020. Viscoelastic Analysis for Surrounding Rock and Lining in Underground Tunnels, Thesis for the Master Degree, North China Electric Power University.
15. Malan, D.F. 2002. Simulating the time-dependent behavior of excavations in hard rock. *Rock Mechanics and Rock Engineering* 35 (4): 225–254.
16. Sulem, J., M. Panet, and A. Guenot. 1987. An analytical solution for time-dependent displacements in a circular tunnel. *International Journal of Rock Mechanics and Mining Sciences and Geomechanics Abstracts* 24 (3): 155–164.
17. Wang, H.N., G.S. Zeng, and M.J. Jiang. 2018. Analytical stress and displacement around noncircular tunnels in semi-infinite ground. *Applied Mathematical Modelling* 63: 303–328.
18. Wang, H.N., X.P. Chen, M.J. Jiang, F. Song, and L. Wu. 2018. The analytical predictions on displacement and stress around shallow tunnels subjected to surcharge loadings. *Tunnelling and Underground Space Technology* 71: 403–427.
19. Muskhelishvili, N.I. 1953. *Some Basic Problems of Mathematical Theory of Elasticity.* Groningen, Holland: P. Noordhoff.
20. Zhang, H.J., Z.Z. Wang, F. Lu, G.Y. Xu, and W.G. Qiu. 2018. Analysis of the displacement increment induced by removing temporary linings and corresponding countermeasures. *Tunnelling and Underground Space Technology* 73: 236–243.

Chapter 6
Analytical Solution for Mechanical Analysis of Deep-Buried Tunnels Reinforced by Rock Bolts

Since the bolt-shotcrete support technology was first used to support mining roadways in the early twentieth century, it has rapidly developed in engineering applications due to its advantages in controlling surrounding rock deformation and improving the overall strength of fragmented rock masses. Researchers have conducted a large amount of qualitative or quantitative research on the anchoring mechanism of rock bolt, including on-site experiments, laboratory experiments, theoretical modelling analysis, and various numerical simulations aided by computers since the 1980s. However, the current design theory and calculation of rock bolts mostly rely on engineering analogies and traditional experiences, which still lag behind engineering practices.

There are two basic types of commonly used rock bolts: fully bonded rock bolts and end anchored rock bolts (Fig. 6.1). The entire body of the fully bonded rock bolt is bonded to the rock mass with a bonding agent such as cement mortar or plastic resin, while one end of the end anchored rock bolt is anchored inside the rock mass through a mechanical device or bonding agent such as resin, and the other end is fixed at the excavation boundary with a tray and nut, with most of the rock bolt not in contact with the rock mass. In most cases, end anchored rock bolts are pre-tensioned to increase the constraint force on the surrounding rock.

Initially, end anchored rock bolts were mostly used for tunnel support and reinforcement. However, with the development of rock bolt support technology, fully bonded rock bolts are typically used for tunnel support in poorer rock conditions due to their better reinforcement effect.

For end anchored rock bolts, accurately calculating the interaction force between the bolt and the surrounding rock and determining the axial force of the rock bolt is an important part of anchorage design. Bobet first proposed a reasonable method for solving this problem, which determines the axial force of the end anchored rock bolt by using an approximate analytical solution of the displacement under the concentrated force in circular tunnel rock [1, 2]. This method simplifies the effect of the end anchored rock bolt on the surrounding rock as a pair of concentrated forces of equal

A. Lu et al., *Complex Variable Function Solutions in the Mechanical Analysis of Tunnels*, https://doi.org/10.1007/978-981-97-1691-3_6

magnitude and opposite direction, which can essentially explain the mechanism of anchorage support. Based on Bobet's simplification model of the end anchored rock bolt, the authors of this book use the complex variable function method to derive an accurate analytical displacement solution. Based on the accurate analytical displacement solution and the deformation coordination conditions between the rock bolt and surrounding rock, the basic equations for solving the axial force of rock bolt are obtained. As discussed later, these equations are linear with respect to the axial force of rock bolt, making it easy to obtain the axial forces of rock bolts.

Regarding fully bonded rock bolts, many researchers have conducted extensive research through field monitoring, laboratory testing, and numerical simulations [3–12]. Many studies have established mechanical models based on pull-out tests, but these models do not fundamentally explain the mechanism of the anchoring support of fully bonded rock bolts. In addition, simplifications and assumptions have been made in the analysis of the anchoring effect, resulting in certain limitations in the conclusions obtained.

In fact, the interaction mechanism between fully bonded rock bolts and surrounding rock is as follows: after the tunnel excavation, when the deformation of the tunnel has not yet been fully completed, rock bolts are installed. As the surrounding rock continues to deform, there will be a tendency for relative sliding between the rock bolts and the surrounding rock, and there must be frictional forces along the length of the rock bolts between the outer surface of the rock bolts and the surrounding rock (referred to as distributed shear stresses hereafter). Assuming that there is no sliding between the rock bolts and the surrounding rock, the distributed shear stresses acting on the rock bolts should be determined through the deformation coordination conditions between the rock bolts and the surrounding rock, which is completely different from the mechanism of pull-out tests and more closely approximates the actual situation.

This chapter still assumes that the tunnel is deeply buried, and under the action of in-situ stresses, the surrounding rock and rock bolts remain in an elastic state. For simplicity, this problem is simplified to a plane strain problem in an infinite domain.

6.1 Analytical Solution of a Deep Circular Tunnel Subjected to Outside Concentrated Force

6.1.1 Determination of Analytic Functions

As shown in Fig. 6.2, when a concentrated force P_j is acting on point o_j in an infinite flat plane region, the components of the force along the x_j and y_j directions are X_j and Y_j, respectively. When there are no holes in the domain, the derivatives of the two corresponding analytic functions $\varphi_1(z_j)$ and $\psi_1(z_j)$ in the Cartesian coordinates system $x_j o_j y_j$ are as follows [13, 14]:

$$\varphi_1'(z_j) = -\frac{X_j + iY_j}{2\pi(1+\kappa)}\frac{1}{z_j} \tag{6.1}$$

$$\psi_1'(z_j) = \frac{\kappa(X_j - iY_j)}{2\pi(1+\kappa)}\frac{1}{z_j} \tag{6.2}$$

It can be deduced from the fact that the stress components at each point are independent of the translation of the coordinate system that the derivatives of the two corresponding analytic functions $\varphi_{(1)}(z)$ and $\psi_{(1)}(z)$ in the Cartesian coordinate system xoy are given by:

$$\varphi_{(1)}'(z) = \varphi_1'(z_j) = \varphi_1'(c_j + z) = -\frac{X_j + iY_j}{2\pi(1+\kappa)}\frac{1}{c_j + z} \tag{6.3}$$

$$\psi_{(1)}'(z) = \psi_1'(z_j) + \overline{c_1}\varphi_1''(z_j) = \frac{\kappa(X_j - iY_j)}{2\pi(1+\kappa)}\frac{1}{c_j + z} + \overline{c_j}\frac{(X_j + iY_j)}{2\pi(1+\kappa)}\frac{1}{(c_j + z)^2} \tag{6.4}$$

Integrating Eqs. (6.3) and (6.4), and ignoring the integration constants that do not affect the stress, the two corresponding analytic functions in the xoy coordinate system under the action of a concentrated force in the absence of a hole can be obtained. Their expressions are as follows:

$$\varphi_{(1)}(z) = -\frac{X_j + iY_j}{2\pi(1+\kappa)}\ln(c_j + z) \tag{6.5}$$

$$\psi_{(1)}(z) = \frac{\kappa(X_j - iY_j)}{2\pi(1+\kappa)}\ln(c_j + z) - \overline{c_j}\frac{(X_j + iY_j)}{2\pi(1+\kappa)}\frac{1}{(c_j + z)} \tag{6.6}$$

When there is no hole, at the boundary L of the circular hole to be excavated (the dashed line in Fig. 6.2), the stress boundary condition Eq. (2.13) from Chap. 2 can be obtained:

$$\varphi_{(1)}(z) + z\overline{\varphi_{(1)}'(z)} + \overline{\psi_{(1)}(z)} = i\int_A^B (X_n + iY_n)\,ds,\ z \in L \tag{6.7}$$

where X_n and Y_n are surface force components acting on the boundary L along the x and y directions, respectively, from the excavation area L^+.

When excavating the rock inside the boundary L^+ to form a circular hole with a radius of R_0 in the area, it is important to solve the problem of how to obtain the solution under the condition of a concentrated force acting at the point o_j at this time.

The term "digging a hole" refers to the application of equal and opposite surface forces on the boundary of the hole, that is, the surface forces $(-X_n, -Y_n)$ are applied on the boundary of the hole. At this time, the expression for the stress boundary condition at the boundary of the hole is:

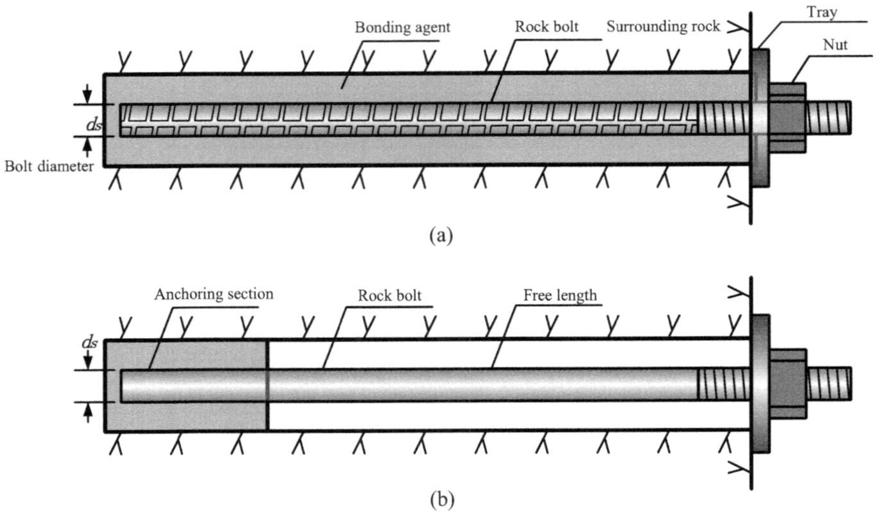

Fig. 6.1 Schematic diagram of bolt installation **a** full length grouted bolt; **b** point anchored bolt

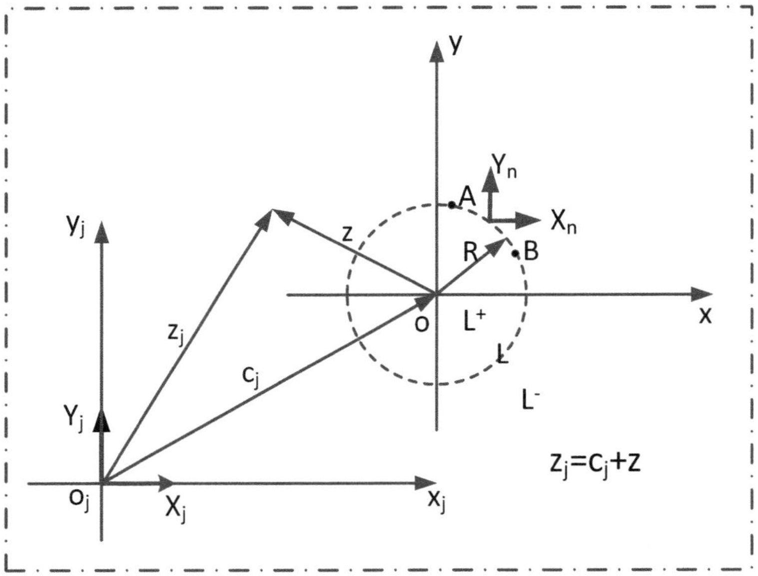

Fig. 6.2 An infinite medium subjected to a concentrated force

$$\varphi_{(2)}(z) + z\overline{\varphi'_{(2)}(z)} + \overline{\psi_{(2)}(z)} = i\int_{A}^{B}(-X_n - iY_n)ds = -i\int_{A}^{B}(X_n + iY_n)\,ds, z \in L \tag{6.8}$$

In the equation, $\varphi_{(2)}(z)$, $\psi_{(2)}(z)$ are two analytic functions in the *xoy* coordinate system when only equal and opposite surface forces are applied at the boundary of the hole.

Substituting Eq. (6.7) into Eq. (6.8) yields the stress boundary condition for solving the analytic functions $\varphi_{(2)}(z)$, $\psi_{(2)}(z)$:

$$\varphi_{(2)}(z) + z\overline{\varphi'_{(2)}(z)} + \overline{\psi_{(2)}(z)} = -\left[\varphi_{(1)}(z) + z\overline{\varphi'_{(1)}(z)} + \overline{\psi_{(1)}(z)}\right],\ z \in L \tag{6.9}$$

When mapping the outer domain of a circle with a radius of R_0 in the z-plane to the outer domain of a unit circle in the image plane, the mapping function is:

$$z = \omega(\zeta) = R_0\zeta \tag{6.10}$$

After mapping, $\varphi_{(2)}(z)$ and $\psi_{(2)}(z)$ can be written as $\varphi_{(2)}(\zeta)$ and $\psi_{(2)}(\zeta)$; where R_0 is the radius of the hole,$\zeta = \rho e^{i\theta}$, ρ is the polar radius of the ζ plane, $\rho = r/R_0$, r is the polar radius of the z plane (Fig. 6.2), θ is the polar angle of the ζ plane, which is the same as the polar angle of the z plane.

By using Eqs. (6.5, 6.6, 6.9 and 6.10), we can obtain:

$$\begin{aligned}&\varphi_{(2)}(\sigma) + \frac{\omega(\sigma)}{\overline{\omega'(\sigma)}}\overline{\varphi'_{(2)}(\sigma)} + \overline{\psi_{(2)}(\sigma)}\\ &= -\frac{1}{2\pi(1+\kappa)}\begin{bmatrix} -(X_j + iY_j)\ln(c_j + R_0\sigma) - (X_j - iY_j)\dfrac{\sigma}{\frac{\overline{c_j}}{R_0} + \frac{1}{\sigma}} \\ +\kappa(X_j + iY_j)\ln\left(\overline{c_j} + \dfrac{R_0}{\sigma}\right) - c_j(X_j - iY_j)\dfrac{1}{\overline{c_j} + \frac{R_0}{\sigma}} \end{bmatrix}\end{aligned} \tag{6.11}$$

where $\sigma = e^{i\theta}$, corresponds to the edge of the hole with a radius of R_0.

Since $\frac{\omega(\sigma)}{\overline{\omega'(\sigma)}} = \sigma$, $\frac{\sigma}{\frac{\overline{c_j}}{R_0}+\frac{1}{\sigma}} = \frac{R_0}{\overline{c_j}}\sigma - \frac{R_0^2}{\overline{c_j}}\frac{1}{\overline{c_j}+\frac{R_0}{\sigma}}$ and $\frac{\omega(\sigma)}{\overline{\omega'(\sigma)}}\overline{\varphi'_{(2)}(\sigma)}$, $\overline{\psi_{(2)}(\sigma)}$, $ln(c_j + R_0\sigma)$ are boundary values of analytic functions inside the circle, while $\varphi_{(2)}(\sigma)$, $\ln\left(\overline{c_j} + \frac{R_0}{\sigma}\right)$, and $\frac{1}{\overline{c_j}+\frac{R_0}{\sigma}}$ are all boundary values of analytic functions outside the circle, therefore, applying the Cauchy integral operator to both sides of Eq. (6.11) (where ζ is the point outside the circle), we can obtain:

$$\begin{aligned}\varphi_{(2)}(\zeta) = &-\frac{X_j - iY_j}{2\pi(1+\kappa)}\frac{R_0}{\overline{c_j}}\frac{1}{\frac{\overline{c_j}}{R_0} + \frac{1}{\zeta}} - \frac{\kappa(X_j + iY_j)}{2\pi(1+\kappa)}\ln\left(\overline{c_j} + \frac{R_0}{\zeta}\right)\\ &+ \frac{X_j - iY_j}{2\pi(1+\kappa)}\frac{c_j}{\overline{c_j} + \frac{R_0}{\zeta}}\end{aligned} \tag{6.12}$$

Taking the conjugate of both sides of Eq. (6.11) gives:

$$\overline{\varphi_{(2)}(\sigma)} + \frac{1}{\sigma}\varphi'_{(2)}(\sigma) + \psi_{(2)}(\sigma)$$

$$= -\frac{1}{2\pi(1+\kappa)}\left[\begin{array}{l} -(X_j - iY_j)\ln\left(\overline{c_j} + \dfrac{R_0}{\sigma}\right) - (X_j + iY_j)\dfrac{\frac{1}{\sigma}}{\frac{c_j}{R_0} + \sigma} \\ +\kappa(X_j + iY_j)\ln(c_j + R_0\sigma) - \overline{c_j}(X_j + iY_j)\dfrac{1}{c_j + R_0\sigma} \end{array}\right] \tag{6.13}$$

Since $\frac{\frac{1}{\sigma}}{\frac{c_j}{R_0}+\sigma} = \frac{R_0}{c_j}\frac{1}{\sigma} - \frac{R_0^2}{c_j}\frac{1}{c_j+R_0\sigma}$ and $\overline{\varphi_{(2)}(\sigma)}$, $\frac{1}{c_j+R\sigma}$, $ln(c_j+R\sigma)$ are boundary values of analytic functions inside the circle, while $\ln\left(\overline{c_j}+\frac{R_0}{\sigma}\right)$, $\psi_{(2)}(\sigma)$, $ln\left(\overline{c_j}+\frac{R_0}{\sigma}\right)$ and $\frac{1}{\sigma}$ are all boundary values of analytic functions outside the circle. Therefore, applying the Cauchy integral operator to both sides of Eq. (6.13) (where ζ is the point outside the circle), we can obtain:

$$\psi_{(2)}(\zeta) = -\frac{1}{\zeta}\varphi'_{(2)}(\zeta) + \frac{X_j - iY_j}{2\pi(1+\kappa)}\ln\left(\overline{c_j} + \frac{R_0}{\zeta}\right) + \frac{X_j + iY_j}{2\pi(1+\kappa)}\frac{R_0}{c_j}\frac{1}{\zeta} \tag{6.14}$$

where $\varphi'_{(2)}(\zeta) = -\frac{\kappa(X_j+iY_j)}{2\pi(1+\kappa)}\frac{-\frac{R_0}{\zeta^2}}{\overline{c_j}+\frac{R_0}{\zeta}} + \frac{X_j-iY_j}{2\pi(1+\kappa)}\frac{c_j\overline{c_j}-R_0^2}{R_0\overline{c_j}}\frac{1}{(1+\frac{\overline{c_j}}{R_0}\zeta)^2}$

The superposition of Eqs. (6.5 and 6.12) gives the analytic function $\varphi(\zeta)$ with the circular hole under the action of (X_j, Y_j) as:

$$\begin{aligned}\varphi(\zeta) = & -\frac{X_j + iY_j}{2\pi(1+\kappa)}\ln(c_j + R_0\zeta) - \frac{\kappa(X_j + iY_j)}{2\pi(1+\kappa)}\ln\left(\overline{c_j} + \frac{R_0}{\zeta}\right) \\ & + \frac{X_j - iY_j}{2\pi(1+\kappa)}\left(\frac{c_j\overline{c_j} - R_0^2}{\overline{c_j}}\right)\frac{\zeta}{R_0 + \overline{c_j}\zeta}\end{aligned} \tag{6.15}$$

The superposition of Eqs. (6.6 and 6.14) gives the analytic function $\psi(\zeta)$ with the circular hole under the action of (X_j, Y_j) as:

$$\begin{aligned}\psi(\zeta) = & \frac{\kappa(X_j - iY_j)}{2\pi(1+\kappa)}\ln(c_j + R_0\zeta) + \frac{X_j - iY_j}{2\pi(1+\kappa)}\ln\left(\overline{c_j} + \frac{R_0}{\zeta}\right) \\ & - \frac{X_j + iY_j}{2\pi(1+\kappa)}\frac{\overline{c_j}}{c_j + R_0\zeta} + \frac{X_j + iY_j}{2\pi(1+\kappa)}\frac{R_0}{c_j\zeta} - \frac{\kappa(X_j + iY_j)}{2\pi(1+\kappa)}\frac{R_0}{\zeta^2(R_0 + \overline{c_j}\zeta)} \\ & - \frac{X_j - iY_j}{2\pi(1+\kappa)}\frac{R_0(c_j\overline{c_j} - R_0^2)}{\overline{c_j}}\frac{1}{\zeta(R_0 + \overline{c_j}\zeta)^2}\end{aligned} \tag{6.16}$$

Since the constant terms in $\varphi(\zeta)$ and $\psi(\zeta)$ do not affect the stress, Eqs. (6.15 and 6.16) can be written as:

$$\varphi(\zeta) = -\frac{X_j + iY_j}{2\pi(1+\kappa)}\ln\left(1 + \frac{R_0}{c_j}\zeta\right) - \frac{\kappa(X_j + iY_j)}{2\pi(1+\kappa)}\ln\left(1 + \frac{R_0}{\overline{c_j}}\frac{1}{\zeta}\right)$$

$$+\frac{X_j - iY_j}{2\pi(1+\kappa)}\left(\frac{c_j\overline{c_j} - R_0^2}{R_0\overline{c_j}}\right)\frac{\zeta}{1+\frac{\overline{c_j}}{R_0}\zeta} \tag{6.17}$$

$$\begin{aligned}\psi(\zeta) = & \frac{\kappa(X_j - iY_j)}{2\pi(1+\kappa)}\ln\left(1+\frac{R_0}{c_j}\zeta\right) + \frac{X_j - iY_j}{2\pi(1+\kappa)}\ln\left(1+\frac{R_0}{\overline{c_j}}\frac{1}{\zeta}\right) \\ & - \frac{X_j + iY_j}{2\pi(1+\kappa)}\frac{\overline{c_j}}{c_j}\frac{1}{1+\frac{R_0}{c_j}\zeta} + \frac{X_j + iY_j}{2\pi(1+\kappa)}\frac{R_0}{c_j}\frac{1}{\zeta} \\ & - \frac{\kappa(X_j + iY_j)}{2\pi(1+\kappa)}\frac{1}{\zeta^2\left(\frac{\overline{c_j}}{R_0}\zeta + 1\right)} - \frac{X_j - iY_j}{2\pi(1+\kappa)}\frac{c_j\overline{c_j} - R_0^2}{R_0\overline{c_j}}\frac{1}{\zeta\left(1+\frac{\overline{c_j}}{R_0}\zeta\right)^2}\end{aligned} \tag{6.18}$$

When the concentrated force acts on the edge of the hole, Eq. (6.15) is also applicable. When the concentrated force acts on the edge of the hole, c_j in the formula satisfies $|c_j| = R_0$.

6.1.2 Analytical Solutions for Stress and Displacement

The stress component when there is a concentrated force acting within the domain can be obtained by solving Eqs. (2.32 and 2.33) in Chap. 2:

$$\sigma_\theta + \sigma_r = 4\mathrm{Re}[\varphi'(\zeta)/\omega'(\zeta)] = \frac{4}{R}\mathrm{Re}[\varphi'(\zeta)] \tag{6.19}$$

$$\begin{aligned}\sigma_\theta - \sigma_r + 2i\tau_{r\theta} &= \frac{2\zeta^2}{\rho^2}\frac{1}{\overline{\omega'(\zeta)}}\left\{\overline{\omega(\zeta)}\frac{\varphi''(\zeta)\omega'(\zeta) - \varphi'(\zeta)\omega''(\zeta)}{[\omega'(\zeta)]^2} + \psi'(\zeta)\right\} \\ &= \frac{2\zeta^2}{R\rho^2}\left[\overline{\zeta}\varphi''(\zeta) + \psi'(\zeta)\right]\end{aligned} \tag{6.20}$$

where σ_r, σ_θ and $\tau_{r\theta}$ are the stress components in the polar coordinate system in the z plane. σ_r and σ_θ are the radial and tangential stresses, respectively, and $\tau_{r\theta}$ is the shear stress.

The displacement component can be obtained using Eq. (2.31) in Chap. 2:

$$2G(u_r + iu_\theta) = \frac{\overline{\zeta}}{\rho}\frac{\overline{\omega'(\zeta)}}{|\omega'(\zeta)|}\left[\kappa\varphi(\zeta) - \frac{\omega(\zeta)}{\overline{\omega'(\zeta)}}\overline{\varphi'(\zeta)} - \overline{\psi(\zeta)}\right] \tag{6.21}$$

where u_r and u_θ are the radial and tangential displacements in the z plane, respectively.

Substituting Eqs. (6.17 and 6.18) into Eqs. (6.19–6.21) yields the stress components $\sigma_r(j)$, $\sigma_\theta(j)$ and $\tau_{r\theta}(j)$ and displacement components $u_r(j)$ and $u_\theta(j)$ of any point (r, θ) within the domain subjected to the j-th concentrated force:

$$
\begin{aligned}
\sigma_r(j) = {} & \frac{1}{2\pi(1+\kappa)}\left\{\frac{R_0^2 d_{1j}}{d_{2j}r^2} - \frac{2d_{1j}+\kappa f_{2j}+(2+\kappa)f_{1j}r}{d_{2j}+2f_{8j}r+r^2}\right. \\
& - \frac{f_{6j}+3f_{3j}r+3d_{1j}r^2+f_{1j}r^3}{\left(d_{2j}+2f_{8j}r+r^2\right)^2} + \frac{R_0^2\left[(1+2\kappa)R_0^2 f_{1j}+d_{1j}r+2\kappa f_{2j}r\right]}{\left(R_0^4+2R_0^2 f_{8j}r+d_{2j}r^2\right)r} \\
& + \frac{2R_0^2\left(d_{2j}-R_0^2\right)\left(R_0^4 d_{1j}+2R_0^2 f_{3j}r+f_{6j}r^2\right)}{d_{2j}\left(R_0^4+2R_0^2 f_{8j}r+d_{2j}r^2\right)^2} \\
& + \frac{\kappa R_0^2\left[R_0^6 f_{1j}+2R_0^4\left(d_{1j}+f_{2j}\right)r+R_0^2\left(4d_{2j}f_{1j}+f_{4j}\right)r^2+2d_{2j}f_{2j}r^3\right]}{\left(R_0^4+2R_0^2 f_{8j}r+d_{2j}r^2\right)^2 r} \\
& - \frac{\kappa R_0^4\left[2R_0^6 f_{1j}+R_0^4\left(3d_{1j}+4f_{2j}\right)r+R_0^2\left(6d_{2j}f_{1j}+2f_{4j}\right)r^2+3d_{2j}f_{2j}r^3\right]}{\left(R_0^4+2R_0^2 f_{8j}r+d_{2j}r^2\right)^2 r^3} \\
& + \frac{2R_0^2\left(d_{2j}-R_0^2\right)\left(R_0^6 f_{1j}+3R_0^4 d_{1j}r+3R_0^2 f_{3j}r^2+f_{6j}r^3\right)r}{\left(R_0^4+2R_0^2 f_{8j}r+d_{2j}r^2\right)^3} \\
& - \frac{R_0^4\left(R_0^2-d_{2j}\right)\left[R_0^8 d_{1j}+6R_0^6 f_{5j}r+R_0^4\left(9d_{1j}d_{2j}+3f_{6j}\right)r^2\right]}{d_{2j}\left(R_0^4+2R_0^2 f_{8j}r+d_{2j}r^2\right)^3 r^2} \\
& \left. - \frac{R_0^4\left(R_0^2-d_{2j}\right)\left[\left(9R_0^2 d_{2j}f_{3j}-R_0^2 f_{7j}\right)r^3+3d_{2j}f_{6j}r^4\right]}{d_{2j}\left(R_0^4+2R_0^2 f_{8j}r+d_{2j}r^2\right)^3 r^2}\right\}
\end{aligned}
\tag{6.22}
$$

$$
\begin{aligned}
\sigma_\theta(j) = {} & \frac{1}{2\pi(1+\kappa)}\left\{-\frac{R_0^2 d_{1j}}{d_{2j}r^2} + \frac{-2d_{1j}+\kappa f_{2j}+(\kappa-2)f_{1j}r}{d_{2j}+2f_{8j}r+r^2}\right. \\
& + \frac{f_{6j}+3f_{3j}r+3d_{1j}r^2+f_{1j}r^3}{\left(d_{2j}+2f_{8j}r+r^2\right)^2} + \frac{R_0^2\left[(2\kappa-1)R_0^2 f_{1j}+\left(-d_{1j}+2\kappa f_{2j}\right)r\right]}{\left(R_0^4+2R_0^2 f_{8j}r+d_{2j}r^2\right)r} \\
& + \frac{2R_0^2\left(d_{2j}-R^2\right)R_0^2\left(d_{1j}R_0^4+2f_{3j}R_0^2 r+f_{6j}r^2\right)}{d_{2j}\left(R_0^4+2R_0^2 f_{8j}r+d_{2j}r^2\right)^2} \\
& - \frac{\kappa R_0^2\left[R_0^6 f_{1j}+2R_0^4\left(d_{1j}+f_{2j}\right)r+R_0^2\left(4d_{2j}f_{1j}+f_{4j}\right)r^2+2d_{2j}f_{2j}r^3\right]}{\left(R_0^4+2R_0^2 f_{8j}r+d_{2j}r^2\right)^2 r} \\
& + \frac{\kappa R_0^4\left[2R_0^6 f_{1j}+R_0^4\left(3d_{1j}+4f_{2j}\right)r+R_0^2\left(6d_{2j}f_{1j}+2f_{4j}\right)r^2+3d_{2j}f_{2j}r^3\right]}{\left(R_0^4+2R_0^2 f_{8j}r+d_{2j}r^2\right)^2 r^3} \\
& - \frac{2R_0^2\left(d_{2j}-R_0^2\right)\left(R_0^6 f_{1j}+3R_0^4 d_{1j}r+3R_0^2 f_{3j}r^2+f_{6j}r^3\right)r}{\left(R_0^4+2R_0^2 f_{8j}r+d_{2j}r^2\right)^3} \\
& \left. + \frac{R_0^4\left(R_0^2-d_{2j}\right)\left[R_0^8 d_{1j}+6R_0^6 f_{5j}r+R_0^4\left(9d_{1j}d_{2j}+3f_{6j}\right)r^2\right]}{d_{j2}\left(R_0^4+2R_0^2 f_{8j}r+d_{2j}r^2\right)^3 r^2}\right\} \\
& + \frac{R_0^4\left(R_0^2-d_{2j}\right)\left[R_0^2\left(9d_{2j}f_{3j}-f_{7j}\right)r^3+3d_{2j}f_{6j}r^4\right]}{d_{j2}\left(R_0^4+2R_0^2 f_{8j}r+d_{2j}r^2\right)^3 r^2}
\end{aligned}
\tag{6.23}
$$

$$
\begin{aligned}
\tau_{r\theta}(j) = {} & \frac{1}{2\pi(1+\kappa)}\left\{-\frac{R_0^2 d_{3j}}{d_{2j} r^2} - \frac{\kappa(-g_{2j}+g_{1j} r)}{d_{2j}+2f_{8j} r + r^2}\right.\\
& + \frac{g_{5j}+3g_{3j} r + 3d_{3j} r^2 + g_{1j} r^3}{\left(d_{2j}+2f_{8j} r + r^2\right)^2} + \frac{R_0^2\left(R_0^2 g_{1j} + d_{3j} r\right)}{\left(R_0^4 + 2R_0^2 f_{8j} r + d_{2j} r^2\right) r}\\
& + \frac{\kappa R_0^2\left[-R_0^6 g_{1j} + 2R_0^4\left(-d_{3j}+g_{2j}\right) r + R_0^2\left(-4d_{2j} g_{1j} + g_{4j}\right) r^2 + 2d_{2j} g_{2j} r^3\right]}{\left(R_0^4 + 2R_0^2 f_{8j} r + d_{2j} r^2\right)^2 r}\\
& + \frac{\kappa R_0^4\left[2R_0^6 g_{1j} + R_0^4\left(3d_{3j} - 4g_{2j}\right) r + R_0^2\left(6d_{2j} g_{1j} - 2g_{4j}\right) r^2 - 3d_{2j} g_{2j} r^3\right]}{\left(R_0^4 + 2R_0^2 f_{8j} r + d_{2j} r^2\right)^2 r^3}\\
& + \frac{2R_0^2\left(d_{2j} - R_0^2\right)\left(R_0^6 g_{1j} + 3R_0^4 d_{3j} r + 3R_0^2 g_{3j} r^2 + g_{5j} r^3\right) r}{\left(R_0^4 + 2R_0^2 f_{8j} r + d_{2j} r^2\right)^3}\\
& + \frac{R_0^4\left(R_0^2 - d_{2j}\right)\left(R_0^8 d_{3j} + 6R_0^6 g_{6j} r + R_0^4\left(9d_{2j} d_{3j} + 3g_{5j}\right) r^2\right)}{d_{2j}\left(R_0^4 + 2R_0^2 f_{8j} r + d_{2j} r^2\right)^3 r^2}\\
& \left. + \frac{R_0^4\left(R_0^2 - d_{2j}\right)\left(R_0^2\left(9d_{2j} g_{3j} + g_{7j}\right) r^3 + 3d_{2j} g_{5j} r^4\right)}{d_{2j}\left(R_0^4 + 2R_0^2 f_{8j} r + d_{2j} r^2\right)^3 r^2}\right\}
\end{aligned}
\tag{6.24}
$$

$$
\begin{aligned}
u_r(j) = {} & \frac{1}{4\pi G(1+\kappa)}\left\{-\frac{R_0^2 d_{1j}}{d_{2j} r} + \frac{f_{3j} - d_{2j} f_{1j} + 2\left(d_{1j} - f_{1j} f_{8j}\right) r}{d_{2j} + 2f_{8j} r + r^2}\right.\\
& - \frac{\kappa R_0^2\left(R_0^2 f_{1j} + f_{2j} r\right)}{R_0^4 + 2R_0^2 f_{8j} r + d_{2j} r^2} + \frac{\kappa r\left(d_{2j} - R_0^2\right)\left(R_0^2 d_{1j} + f_{3j} r\right)}{d_{2j}\left(R_0^4 + 2R_0^2 f_{8j} r + d_{2j} r^2\right)}\\
& + \frac{\kappa R_0^4\left(R_0^2 f_{1j} + f_{2j} r\right)}{\left(R_0^4 + 2R_0^2 f_{8j} r + d_{2j} r^2\right) r^2} - \frac{R_0^2\left(d_{2j} - R_0^2\right)\left(R_0^4 d_{1j} + 2R_0^2 f_{3j} r + f_{6j} r^2\right) r}{d_{2j}\left(R_0^4 + 2R_0^2 f_{8j} r + d_{2j} r^2\right)^2}\\
& + \frac{R_0^4\left(d_{2j} - R_0^2\right)\left(R_0^4 d_{1j} + 2R_0^2 f_{3j} r + f_{6j} r^2\right)}{d_{2j} r\left(R_0^4 + 2R_0^2 f_{8j} r + d_{2j} r^2\right)^2}\\
& + g_{1j}\left(-1+\kappa^2\right)\tan^{-1}\left(\frac{R_0^2 g_{8j}}{R_0^2 f_{8j} + d_{2j} r}\right)\\
& \left. - f_{1j}\left[\kappa \ln\left(\frac{d_{2j} + 2f_{8j} r + r^2}{d_{2j}}\right) + \frac{1}{2}\left(1+\kappa^2\right)\ln\left(\frac{R_0^4 + 2R_0^2 f_{8j} r + d_{2j} r^2}{d_{2j} r^2}\right)\right]\right\}
\end{aligned}
\tag{6.25}
$$

$$
\begin{aligned}
u_\theta(j) = {} & \frac{1}{4\pi G(1+\kappa)}\left\{\frac{R_0^2 d_{3j}}{d_{2j} r} - \frac{g_{3j} - d_{2j} g_{1j} + 2\left(d_{3j} - g_{1j} f_{8j}\right) r}{d_{2j} + 2f_{8j} r + r^2}\right.\\
& + \frac{\kappa R_0^2\left(R_0^2 g_{1j} - g_{2j} r\right)}{R_0^4 + 2R_0^2 f_{8j} r + d_{2j} r^2} - \frac{\kappa r\left(d_{2j} - R_0^2\right)\left(R_0^2 d_{3j} + g_{3j} r\right)}{d_{2j}\left(R_0^4 + 2R_0^2 f_{8j} r + d_{2j} r^2\right)}\\
& - \frac{\kappa R_0^4\left(R_0^2 g_{1j} - g_{2j} r\right)}{\left(R_0^4 + 2R_0^2 f_{8j} r + d_{2j} r^2\right) r^2} - \frac{R_0^2\left(d_{2j} - R_0^2\right)\left(R_0^4 d_{3j} + 2R_0^2 g_{3j} r + g_{5j} r^2\right) r}{d_{2j}\left(R_0^4 + 2R_0^2 f_{8j} r + d_{2j} r^2\right)^2}
\end{aligned}
$$

$$+\frac{R_0^4\left(d_{2j}-R_0^2\right)\left(R_0^4 d_{3j}+2R_0^2 g_{3j} r+g_{5j} r^2\right)}{d_{2j} r\left(R_0^4+2R_0^2 f_{8j} r+d_{2j} r^2\right)^2}$$
$$-f_{1j}\left(-1+\kappa^2\right)\tan^{-1}\left(\frac{R_0^2 g_{8j}}{R_0^2 f_{8j}+d_{2j} r}\right)$$
$$-g_{1j}\left[\kappa\ln\left(\frac{d_{2j}+2f_{8j} r+r^2}{d_{2j}}\right)+\frac{1}{2}\left(1+\kappa^2\right)\ln\left(\frac{R_0^4+2R_0^2 f_{8j} r+d_{2j} r^2}{d_{2j} r^2}\right)\right]\Bigg\} \tag{6.26}$$

where

$$d_{1j}=a_j X_j+b_j Y_j$$

$$d_{2j}=a_j^2+b_j^2$$

$$d_{3j}=a_j Y_j-b_j X_j$$

$$f_{1j}=X_j\cos\theta+Y_j\sin\theta$$

$$f_{2j}=\left(a_j X_j-b_j Y_j\right)\cos 2\theta+\left(b_j X_j+a_j Y_j\right)\sin 2\theta$$

$$f_{3j}=2a_j b_j\left(Y_j\cos\theta+X_j\sin\theta\right)+\left(a_j^2-b_j^2\right)\left(X_j\cos\theta-Y_j\sin\theta\right)$$

$$f_{4j}=\left(a_j^2 X_j-b_j^2 X_j-2a_j b_j Y_j\right)\cos 3\theta+\left(2a_j b_j X_j+a_j^2 Y_j-b_j^2 Y_j\right)\sin 3\theta$$

$$f_{5j}=a_j^2 X_j\cos\theta+b_j^2 Y_j\sin\theta+a_j b_j\left(Y_j\cos\theta+X_j\sin\theta\right)$$

$$f_{6j}=\left(a_j^3 X_j-3a_j b_j^2 X_j+3a_j^2 b_j Y_j-b_j^3 Y_j\right)\cos 2\theta$$
$$+\left(3a_j^2 b_j X_j-b_j^3 X_j-a_j^3 Y_j+3a_j b_j^2 Y_j\right)\sin 2\theta$$

$$f_{7j}=4a_j b_j\left(-a_j^2+b_j^2\right)\left(Y_j\cos 3\theta+X_j\sin 3\theta\right)$$
$$+\left(a_j^4-6a_j^2 b_j^2+b_j^4\right)\left(-X_j\cos 3\theta+Y_j\sin 3\theta\right)$$

$$f_{8j}=a_j\cos\theta+b_j\sin\theta$$

$$g_{1j}=Y_j\cos\theta-X_j\sin\theta$$

$$g_{2j} = -\left(b_j X_j + a_j Y_j\right)\cos 2\theta + \left(a_j X_j - b_j Y_j\right)\sin 2\theta$$

$$g_{3j} = \left(a_j^2 - b_j^2\right)\left(Y_j \cos\theta + X_j \sin\theta\right) + 2a_j b_j\left(-X_j \cos\theta + Y_j \sin\theta\right)$$

$$g_{4j} = -\left(2a_j b_j X_j + a_j^2 Y_j - b_j^2 Y_j\right)\cos 3\theta + \left(a_j^2 X_j - b_j^2 X_j - 2a_j b_j Y_j\right)\sin 3\theta$$

$$\begin{aligned} g_{5j} = &-\left(3a_j^2 b_j X_j - b_j^3 X_j - a_j^3 Y_j + 3a_j b_j^2 Y_j\right)\cos 2\theta \\ &+ \left(a_j^3 X_j - 3a_j b_j^2 X_j + 3a_j^2 b_j Y_j - b_j^3 Y_j\right)\sin 2\theta \end{aligned}$$

$$g_{6j} = a_j^2 Y_j \cos\theta - b_j^2 X_j \sin\theta + a_j b_j\left(-X_j \cos\theta + Y_j \sin\theta\right)$$

$$\begin{aligned} g_{7j} = &\left(a_j^4 - 6a_j^2 b_j^2 + b_j^4\right)\left(Y_j \cos 3\theta + X_j \sin 3\theta\right) \\ &+ 4a_j b_j\left(a_j^2 - b_j^2\right)\left(-X_j \cos 3\theta + Y_j \sin 3\theta\right) \end{aligned}$$

$$g_{8j} = b_j \cos\theta - a_j \sin\theta$$

where a_j and b_j are the components of the vector c_j (from the point of concentrated force to the center of the circular excavation) in the x_j and y_j directions.

From Eqs. (6.25 and 6.26), it is known that $d_{2j} + 2f_{8j}r + r^2$ in ln( ) is equal to zero at the point of concentrated force; when the force acts on the edge of the excavation, the $R_0^4 + 2R_0^2 f_{8j} R_0 + d_{2j} R_0^2$ in ln( ) is also equal to zero, that is, at the point where the force acts, the calculated displacement is infinity.

6.1.3 Verification

When there are multiple concentrated forces acting on various points within the domain, the result can be obtained directly from Eqs. (6.22–6.26) based on the superposition principle. In the example in this section, taking the radius of the circular tunnel as $R_0 = 2$ m, 8 end anchored rock bolts with a length of 2 m are arranged within the surrounding rock. 8 end anchored rock bolts are arranged along the entire boundary of the tunnel, with an angle of 45° between each two bolts. The eight bolts provide 8 pairs of concentrated forces, assuming that the magnitude of each force is known and is equal to 150 kN/m (it is known from subsequent analysis that the magnitude of the concentrated forces is related to various factors, such as the in-situ stress, the mechanical parameters of the surrounding rock and rock bolts, the geometric parameters of the tunnel and rock bolts, and the pretension of the rock bolts). For each pair of concentrated forces, the distance between the point of concentrated forces is 2 m. The elastic modulus of the rock is $E = 2 \times 10^4$ MPa, and the Poisson's ratio is $\mu = 0.25$. To verify the analytical results, the same case was simulated using the finite element software ANSYS. To account for symmetry, only 1/4 of the entire model was simulated (see Fig. 6.3). Displacement constraints were set on two straight boundaries of the model, and the outer radius of the model was set to 20 m, which is 10 times the inner radius. Four-node quadrilateral element PLANE42 was used, and the numerical model contained 31,071 nodes and 30,671 elements. To reduce calculation errors, mesh elements near the excavation boundary are smaller than those farther away from it.

Figures 6.4 and 6.5 respectively show the stress components and displacement components obtained by two calculation methods at a depth of $r = 3.0$ m for $\theta \in [0°, 45°]$. This section stipulates that the normal stress is positive under compression, and the displacement is positive pointing towards the inside of the circle.

From Figs. 6.4 and 6.5, it can be seen that the stress components and displacement components obtained by the two calculation methods match very well. The radial stress is compressive stress and reaches its maximum value near the point of concentrated force, and its value decreases as it moves away from the point of concentrated force. The tangential stress is tensile stress near the point of concentrated force and

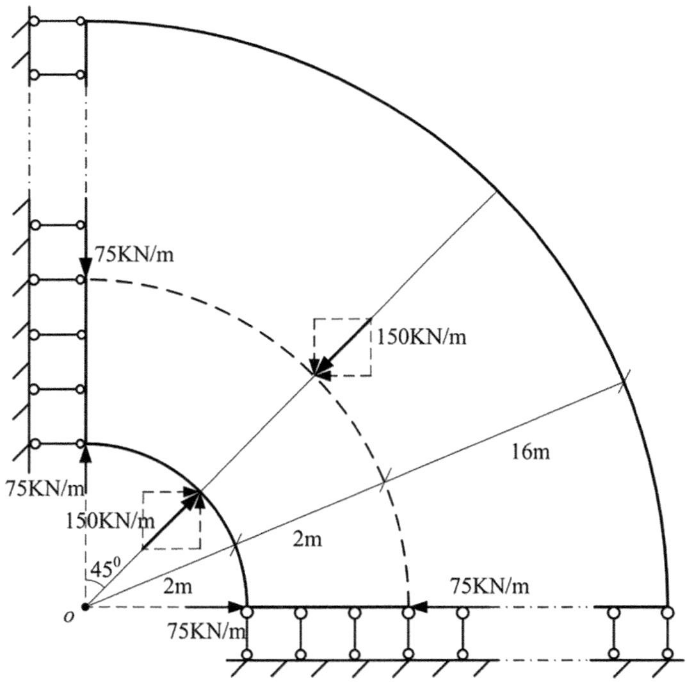

Fig. 6.3 Numerical model used in ANSYS

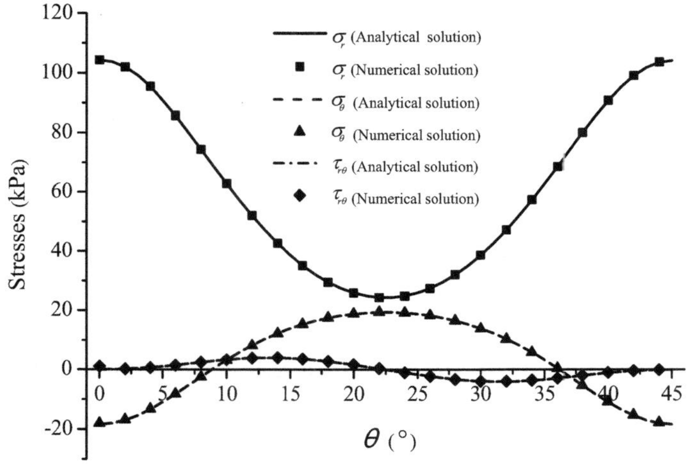

Fig. 6.4 Comparisons of the analytical and numerical results of the stresses

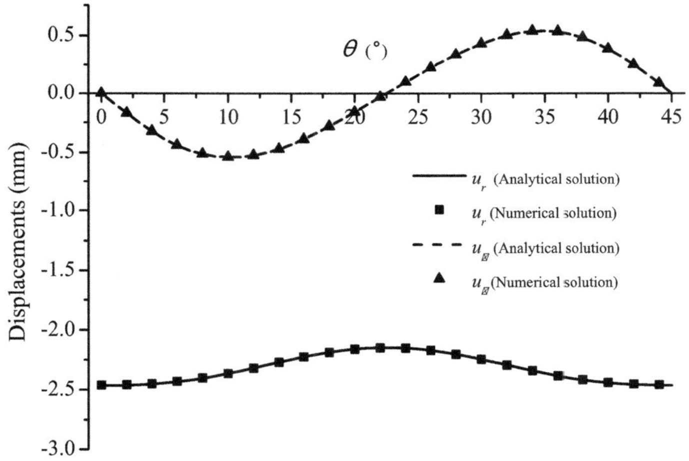

Fig. 6.5 Comparisons of the analytical and numerical results of the displacements

reaches its maximum value there, and gradually becomes compressive stress as it moves away from the point of concentrated force. The value of the shear stress is relatively small within the range of $\theta \in$ [0°, 45°].

The radial displacement points towards the outside of the hole and reaches its maximum value near the point of concentrated force, and its value decreases as it moves away from the point of concentrated force. Within the range of $\theta \in$ [0°, 45°], the value of tangential displacement is smaller than that of radial displacement, and within the range of $\theta \in$ [0°, 22.5°], the tangential displacement is counterclockwise, while within the range of $\theta \in$ [22.5°, 45°], the tangential displacement is clockwise.

The authors also used the two calculation methods to calculate the stress and displacement at the edge of the hole with $r = 2.0$ m, and found that except for the points near the concentrated force where the results obtained by the two calculation methods differ significantly, the results obtained by the two calculation methods match well at other points.

6.2 Analytical Solutions for Circular Tunnel Reinforced by End Anchored Rock Bolts

6.2.1 Displacement of Surrounding Rock Subjected to Axial Force of Bolts

When the bolts are installed radially along the tunnel, they move with the surrounding rock. The j-th bolt applies equal compressive forces N_j at its two ends to the surrounding rock. One force acts at the hole edge where $r_j = R_0$, pointing towards the exterior of the circle, and the other force acts at $r_j = R_j$ and points towards the interior of the circle, where R_j represents the distance from the center of the tunnel to the midpoint of the anchoring segment of the bolt (as shown in Fig. 6.6). The concentrated force P_j in Sect. 6.1 is related to N_j, and when the bolts are spaced at intervals of S along the axis of the tunnel, there are $1/S$ bolts per unit length, so $P_j = N_j/S$.

Only under the action of this concentrated force, the radial displacement $u_r(j, r, \theta)$ induced at each point (r, θ) within the surrounding rock can be obtained from Eq. (6.25) (where it is agreed that the radial displacement towards the interior of the circle is positive).

$$u_r(j, r, \theta) = \frac{P_j}{4\pi(1+\kappa)} \sum_{k=1}^{10} h_k(R_j, \theta_j, r, \theta) = \frac{N_j}{4\pi(1+\kappa)S} \sum_{k=1}^{10} h_k(R_j, \theta_j, r, \theta) \tag{6.27}$$

where $h_1(R_j, \theta_j, r, \theta) = -\frac{R_0}{r} + \frac{R_0^2}{R_j r}$

$$h_2(R_j, \theta_j, r, \theta) = \frac{2R_0 r \sin^2(\theta - \theta_j)}{R_0^2 - 2R_0 r \cos(\theta - \theta_j) + r^2} - \frac{2R_j r \sin^2(\theta - \theta_j)}{R_j^2 - 2R_j r \cos(\theta - \theta_j) + r^2}$$

$$h_3(R_j, \theta_j, r, \theta) = \frac{\kappa R_0\left[R_0 \cos(\theta - \theta_j) - r\cos(2\theta - 2\theta_j)\right]}{R_0^2 - 2R_0 r \cos(\theta - \theta_j) + r^2} - \frac{\kappa R_0^2\left[R_0^2 \cos(\theta - \theta_j) - R_j r\cos(2\theta - 2\theta_j)\right]}{R_j^4 - 2R_0^2 R_j r \cos(\theta - \theta_j) + R_j^2 r^2}$$

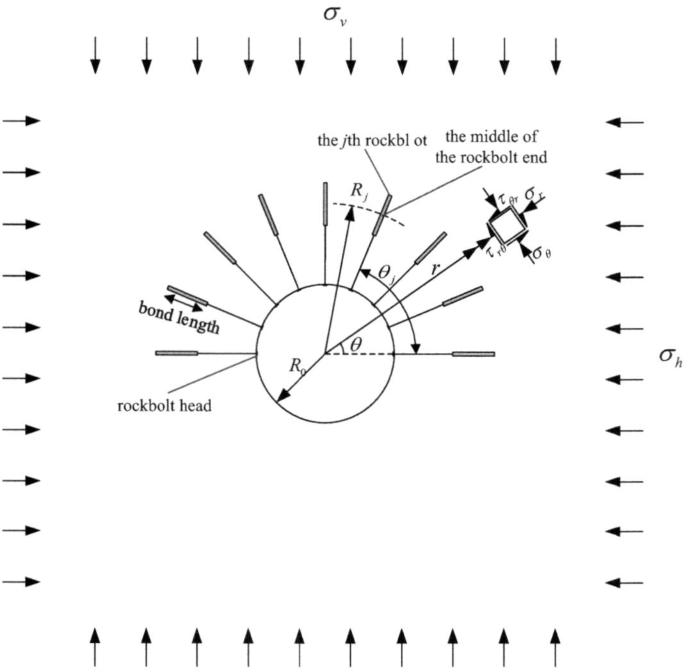

Fig. 6.6 Circular tunnel with point anchored rock bolts

$$h_4(R_j,\theta_j,r,\theta)=\frac{\kappa r\left(R_j^2-R_0^2\right)\left[-R_0^2+R_jr\cos(\theta-\theta_j)\right]}{R_j\left[R_0^4-2R_0^2R_jr\cos(\theta-\theta_j)+R_j^2r^2\right]}$$

$$h_5(R_j,\theta_j,r,\theta)=-\frac{\kappa R_0^3\left[R_0\cos(\theta-\theta_j)-r\cos(2\theta-2\theta_j)\right]}{\left[R_0^2-2R_0r\cos(\theta-\theta_j)+r^2\right]r^2}+\frac{\kappa R_0^4\left[R_0^2\cos(\theta-\theta_j)-R_jr\cos(2\theta-2\theta_j)\right]}{\left[R_0^4-2R_0^2R_jr\cos(\theta-\theta_j)+R_j^2r^2\right]r^2}$$

$$h_6(R_j,\theta_j,r,\theta)=-\frac{R_0^2\left(R_j^2-R_0^2\right)\left[-R_0^4+2R_0^2R_jr\cos(\theta-\theta_j)-R_j^2r^2\cos(2\theta-2\theta_j)\right]}{R_j\left[R_0^4-2R_0^2R_jr\cos(\theta-\theta_j)+R_j^2r^2\right]^2}$$

$$h_7(R_j,\theta_j,r,\theta)=\frac{R_0^4\left(R_j^2-R_0^2\right)\left[-R_0^4+2R_0^2R_jr\cos(\theta-\theta_j)-R_j^2r^2\cos(2\theta-2\theta_j)\right]}{R_jr\left[R_0^4-2R_0^2R_jr\cos(\theta-\theta_j)+R_j^2r^2\right]^2}$$

$$h_8(R_j,\theta_j,r,\theta)=(\kappa^2-1)\sin(\theta-\theta_j)\left\{\tan^{-1}\left[\frac{R_0\sin(\theta-\theta_j)}{-R_0\cos(\theta-\theta_j)+r}\right]\right.$$

$$- \tan^{-1}\left[\frac{R_0^2 \sin(\theta - \theta_j)}{-R_0^2 \cos(\theta - \theta_j) + R_j r}\right]\Bigg\}$$

$$h_9(R_j, \theta_j, r, \theta) = \kappa \cos(\theta - \theta_j) \ln\left[\frac{R_j^2\left(R_0^2 - 2R_0 r \cos(\theta - \theta_j) + r^2\right)}{R_0^2\left(R_j^2 - 2R_j r \cos(\theta - \theta_j) + r^2\right)}\right]$$

$$h_{10}(R_j, \theta_j, r, \theta) = \frac{1}{2}\left(1 + \kappa^2\right) \cos(\theta - \theta_j) \ln\left[\frac{R_j^2\left(R_0^2 - 2R_0 r \cos(\theta - \theta_j) + r^2\right)}{R_0^4 - 2R_0^2 R_j r \cos(\theta - \theta_j) + R_j^2 r^2}\right]$$

When there are m pairs of such concentrated forces $P_1, P_2, \ldots, P_m$, then the radial displacement $u_r(r, \theta)$ induced at each point (r, θ) within the surrounding rock can be obtained from Eq. (6.27) as follows:

$$u_r(r, \theta) = \frac{1}{4\pi(1 + \kappa)GS} \sum_{j=1}^{m} \left[N_j \sum_{l=1}^{10} h_l(R_j, \theta_j, r, \theta)\right] \tag{6.28}$$

From Eq. (6.28), the relative displacement $\Delta u_r(k)$ between the points $r = R_0$ and $r = R_k$ on the radial line θ_k $(k = 1, 2, \ldots, m)$ can be obtained as follows:

$$\Delta u_r(k) = \frac{1}{4\pi(1 + \kappa)GS} \sum_{j=1}^{m} N_j \left\{\sum_{l=1}^{10} \left[h_l(R_j, \theta_j, R_0, \theta_k) - h_l(R_j, \theta_j, R_k, \theta_k)\right]\right\}, \quad k = 1, \ldots, m \tag{6.29}$$

where $N_1, N_2, \ldots, N_{\mathrm{m}}$ are the axial forces of bolts that need to be solved for. When performing specific case analysis, R_0 and R_k can be replaced with $R_0 + 0.01$ and $R_k + 0.01$, respectively, to avoid singularity in displacement at the location of the concentrated force. The resulting displacement values obtained in this way are in agreement with the results computed from ANSYS.

6.2.2 *Displacement of Surrounding Rock Subjected to In-Situ Stress*

Only under the action of the in-situ stress stresses σ_v and σ_h, the maximum radial displacement that can be induced by circular tunnel excavation without considering the influence of bolts on the surrounding rock is given by [15]:

$$U_r = \frac{1 + \mu}{E}\left\{\frac{1}{2}(\sigma_v + \sigma_h)\frac{R_0^2}{r} - \frac{1}{2}(\sigma_v - \sigma_h)\left[4(1 - \mu)\frac{R_0}{r} - \left(\frac{R_0}{r}\right)^3\right] R_0 \cos 2\theta\right\} \tag{6.30}$$

The relative displacement $\Delta U_r(k)$ between the two points at $r = R_0$ and $r = R_k$ on the radial line of $\theta = \theta_k$ ($k = 1, 2, \ldots, m$) can be calculated:

$$\Delta U_r(k) = \frac{\sigma_v(1+\mu)R_0}{2E}\left(1 - \frac{R_0}{R_l}\right)$$
$$\left[(1+\lambda) - (1-\lambda)\left(3 - 4\mu - \frac{R_0}{R_k} - \frac{R_0^2}{R_k^2}\right)\cos 2\theta_k\right],$$
$$k = 1, \ldots, m \tag{6.31}$$

where λ is the lateral pressure coefficient.

6.2.3 Analytical Solution of Axial Force of Bolt—The Cases Without Pre-tension

The compression $\Delta U(k)$ of the bolt under the action of a pair of concentrated forces N_k is:

$$\Delta U(k) = \frac{N_k L_k}{E_s A_k}, \quad k = 1, \ldots, m \tag{6.32}$$

where L_k is the effective length of the k-th bolt, $L_k = R_k - R_C$, which represents the distance from the tunnel edge to the midpoint of the anchor segment of the bolt. A_k is the cross-sectional area of the k-th bolt, and Es is the elastic modulus of the bolt.

The $\Delta u_r(k)$ in Eq. (6.29), $\Delta U_r(k)$ in Eq. (6.31), and $\Delta U(k)$ in Eq. (6.32) should satisfy the following relationship:

$$(1-\eta)\Delta U_r(k) + \Delta u_r(k) = \Delta U(k), \quad k = 1, \ldots, m \tag{6.33}$$

It can be calculated that $\Delta u_r(k)$ in the equation is a negative value, indicating that the radial relative displacement generated only under the action of concentrated forces points outward from the circle. η is the displacement release coefficient.

If σ_v, λ, E, μ, E_s, and the corresponding A_k, R_k, θ_k of each bolt and η are known, the linear equations of $N_1, N_2, \ldots, N_m$ can be obtained by Eq. (6.33):

$$\sum_{j=1}^{m} A_{kj} N_j = (1-\eta)\Delta U_r(k), \quad k = 1, \ldots, m \tag{6.34}$$

where

$$k \neq j, A_{kj} = -B_{kj}$$

$$k = j, A_{kj} = \frac{L_k}{E_s A_k} - B_{kj}$$

$$B_{kj} = \frac{1}{4\pi(1+\kappa)GS} \sum_{l=1}^{10} \left[h_l(R_j, \theta_j, R_0, \theta_k) - h_l(R_j, \theta_j, R_k, \theta_k) \right]$$

Equation (6.34) can be used to determine the axial force of each bolt.

6.2.4 Analytical Solution of Axial Force of Bolt—The Cases with Pre-tension

After the installation of the rock bolt, if the pre-tension force applied to each bolt is N_{0j}, and ΔN_j is the change in the axial force of the rock bolt after the surrounding rock completes deformation, then the final axial force of the rock bolt N_j is:

$$N_j = N_{0j} + \Delta N_j \tag{6.35}$$

Following the previous approach, a linear equation system about ΔN_j can be listed:

$$\sum_{j=1}^{m} A_{kj} \Delta N_j = (1 - \eta)\Delta U_r(k) + \sum_{j=1}^{m} B_{kj} N_{0j}, \quad k = 1, \ldots, m \tag{6.36}$$

By using Eq. (6.36), ΔNj can be calculated, and by substituting ΔN_j into Eq. (6.35), the axial force N_j of each rock bolt can be calculated.

If the final axial force of each rock bolt is set to N, that is $N_j = N$ in Eq. (6.35), and by substituting Eq. (6.35) into Eq. (6.36), the pretension force N_{0k} required for each rock bolt can be obtained:

$$N_{0k} = \left[N \sum_{j=1}^{m} A_{kj} - (1 - \eta)\Delta U_r(k) \right] E_s A_k / L_k, \quad k = 1, \ldots, m \tag{6.37}$$

6.2.5 Analysis and Discussion

In order to analyze the axial force of rock bolt, several examples are given in this section. The common parameters used are: $R_0 = 3.0$ m; $\eta = 0$; $\mu = 0.25$; and $\sigma_v = 2.5$ MPa. Totally 13 rock bolts are installed evenly in the range of $\theta \epsilon [0°, 180°]$ (i.e., a symmetric distribution around the upper half of the tunnel with the rock bolts spaced 15°) and are spaced every 1 m along the axis of the tunnel (i.e., the spacing $S = 1.0$ m). Let all rock bolt have the same length, i.e., $L = L_1 = L_2 = \ldots = L_m$ ($m = 13$), and the same cross-sectional area, i.e., $A = A_1 = A_2 = \ldots = A_m = \pi d_s^2/4$, where d_s is the rock bolt diameter, and take $d_s = 2.5$ cm.

6.2.5.1 Influence of the Ratio of Elastic Modulus E_s/E on the Axial Force of Rock Bolt

Take the rock bolt length $L = 0.5R_0 = 1.5$ m. For those rock bolts without initial pre-tension force, the axial forces of rock bolts can be obtained by Eq. (6.34). Plot the relative axial forces N_j/σ_v versus relative stiffness E_s/E as $\lambda = 0.5$, 1.0 and 1.5, respectively. Due to the symmetry, only the rock bolts at $\theta = 0°$, 30°, 60° and 90° are illustrated.

Suppose that the length of each rock bolt is the same, that is, $L = 0.5\ R_0 = 1.5$ m. And here the pre-tension of the rock bolt is not considered. The formula can be used to obtain the ratio of axial force of rock bolt to vertical stress N_j/σ_v under three situations of lateral pressure coefficient λ being 0.5, 1.0, and 1.5, respectively, with E_s/E being 1.0, 10.0, 100.0, and 1000.0 (shown in Fig. 6.7). Due to symmetry, only the results of $\theta = 0°$, 30°, 60°, and 90°are given in the figure.

It can seen from Fig. 6.7 that the axial force of every rock bolt is tension. For any value of λ, the axial force of every bolt increases with the relative stiffness E_s/E, which can be interpreted as saying that, for the given rock bolt with certain elastic modulus E_s, axial force in the rock bolt will increase as the rock mass becomes softer.

Figure 6.7a and b show that when $\lambda \leq 1$, the axial force of rock bolt increases as θ increases with the smallest value happening at $\theta = 0°$ and the greatest at $\theta = 90°$. Overall, we can come to the conclusion that, the rock bolt installed in the direction of the maximum in-situ stress has the greatest axial force. When $E_s/E \geq 100$, the axial force of each rock bolt differs significantly in the range of $\theta \epsilon [0°, 90°]$ as $\lambda = 0.5$. And as $\lambda = 1.0$, the differences become relatively small.

From Fig. 6.7c, it can be seen that when the lateral pressure coefficient $\lambda = 1.5$, the distribution law of axial force of each rock bolt within the range of θϵ[0°, 90°] is opposite to that before. That is, the rock bolt located on the line $\theta = 0°$ has the maximum axial force, and as θ increases, the corresponding axial force of the rock bolt decreases. The rock bolt located on the line $\theta = 90°$ has the smallest axial force, that is, the axial force of the rock bolt arranged along the direction of minimum in-situ stress is the smallest. The axial forces of each rock bolt within the range of θϵ[0°, 90°] also differ relatively little, but the difference is much greater than when $\lambda = 1.0$.

6.2.5.2 Influence of the Length of Rock Bolt on the Axial Force

Here, the pre-tension of the rock bolt is also not considered. By using Eq. (6.36),we can obtain the ratio of axial force of rock bolts to vertical in-situ stress (N_j/σ_v) under two situations of lateral pressure coefficient λ being 0.5 and 1.5, and $E_s/E = 100$, when L/R_0 takes different values (as shown in Fig. 6.8).

It can be observed from Fig. 6.8 that, for any value of λ, there exist a critical length L_s for each rock bolt, which makes the axial force reaches a maximum value. As $L < L_s$, the axial force increases with the rock bolt length, but as $L > L_s$, the axial force decreases instead. When $\lambda = 0.5$, the critical length $L_s = 0.1R_0$ at $\theta = 0°$ and 30° and $L_s = 0.3R_0$ at $\theta = 60°$ and 90°; when $\lambda = 1.5$, the critical length $L_s = 0.3R_0$ at $\theta = 0°$ and $L_s = 0.2R_0$ at $\theta = 30°$, 60° and 90°.

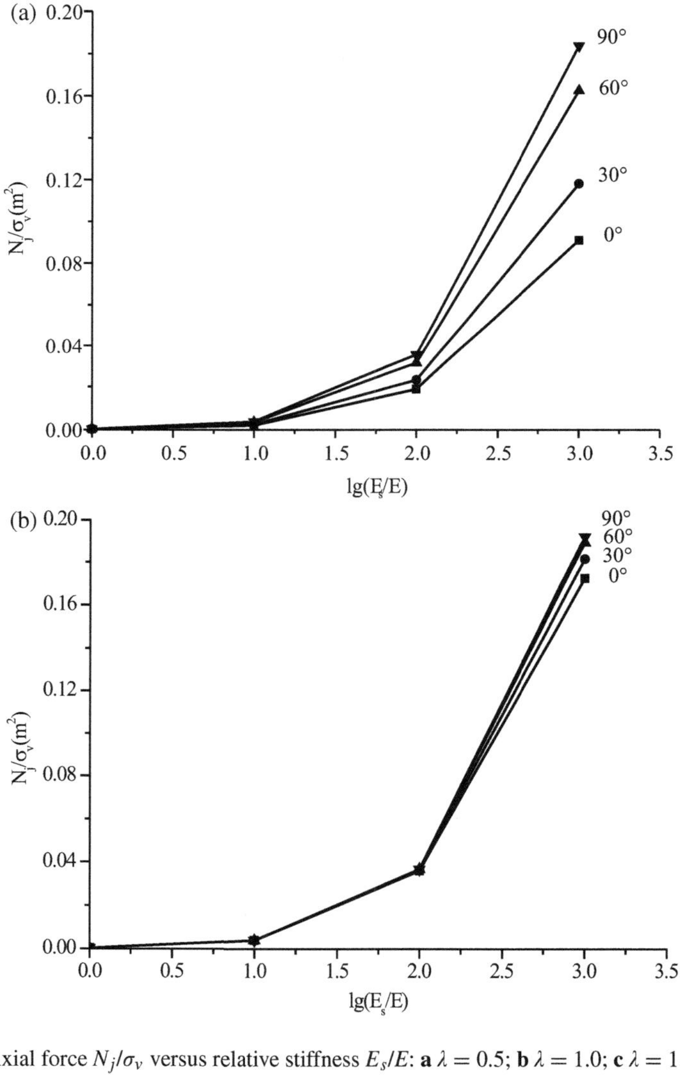

Fig. 6.7 Axial force N_j/σ_v versus relative stiffness E_s/E: **a** $\lambda = 0.5$; **b** $\lambda = 1.0$; **c** $\lambda = 1.5$

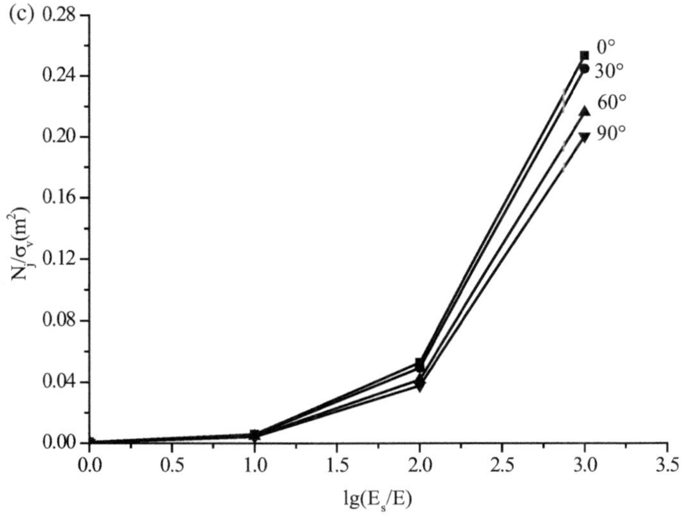

Fig. 6.7 (continued)

6.2.5.3 Influence of Pre-tension Force of Rock Bolt

Suppose that all rock bolt has the same initial pre-tension, i.e., $N_{01} = N_{02} = \ldots = N_{0m} = N_0$. Take $\lambda = 0.5$, $E_s/E = 100$ and $L = 1.6R_0$. The final axial forces of the rock bolts with different initial pre-tension force can be calculated by Eq. (6.36) (as shown in Fig. 6.9).

The Fig. 6.9 shows that the final axial force increases as the initial pre-tension force increases and the two parameters has an linear relationship, which can also be found from Eq. (6.36).

6.2.5.4 Determination of the Pre-tension Force of Rock Bolt

Take the rock bolt length $L = 1.6R_0$, $\lambda = 0.5$ and $E_s/E = 100$. If all rock bolt are expected to have the same final axial force, i.e., $N_1 = N_2 = \ldots = N_m = N$, the initial pre-tension force of each rock bolt can be calculated from Eq. (6.37) under different final axial forces N (as shown in Fig. 6.10).

It can be seen from Fig. 6.10 that, in order to make all rock bolts have the same axial forces, the initial pre-tension force is different in different installation direction. The rock bolt at $\theta = 0°$ needs the maximum initial pre-tension force. With the increase of θ, the initial pre-tension force needed decreases, and reaches the smallest at $\theta = 90°$. It is to say that the rock bolt in the direction of the maximum in-situ stress needs the smallest initial pre-tension force.

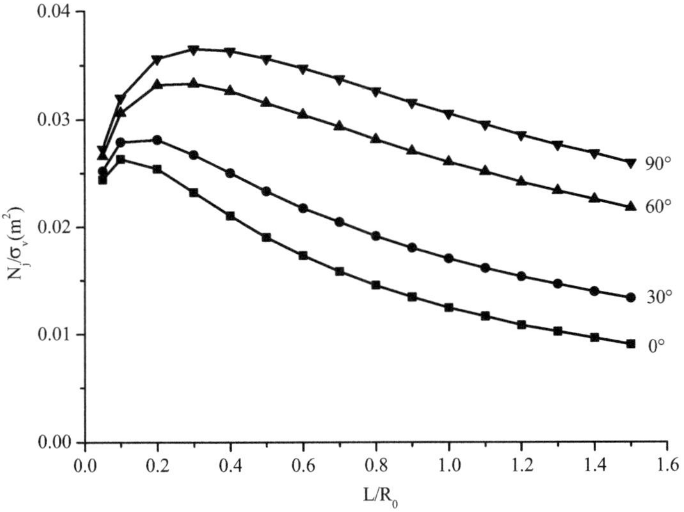

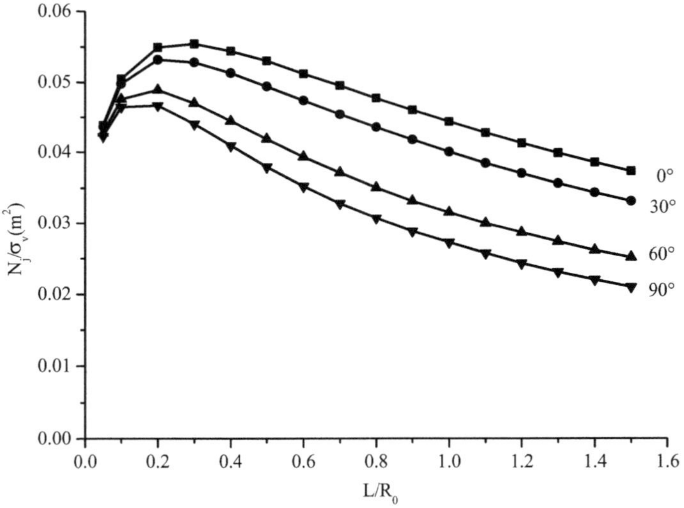

Fig. 6.8 Axial force N_j/σ_v versus relative rock bolt length L/R_0: **a** $\lambda = 0.5$; **b** $\lambda = 1.5$

6.2.6 Stresses in Rock Considering the Interaction Between Rock and Bolts

Under the action of the in-situ stress, the stress around a circular opening are [15]:

$$\sigma_r = \frac{1}{2}(\sigma_v + \sigma_h)\left[1 - \left(\frac{R_0}{r}\right)^2\right] - \frac{1}{2}(\sigma_v - \sigma_h)\left[1 - 4\left(\frac{R_0}{r}\right)^2 + 3\left(\frac{R_0}{r}\right)^4\right]\cos 2\theta \tag{6.38}$$

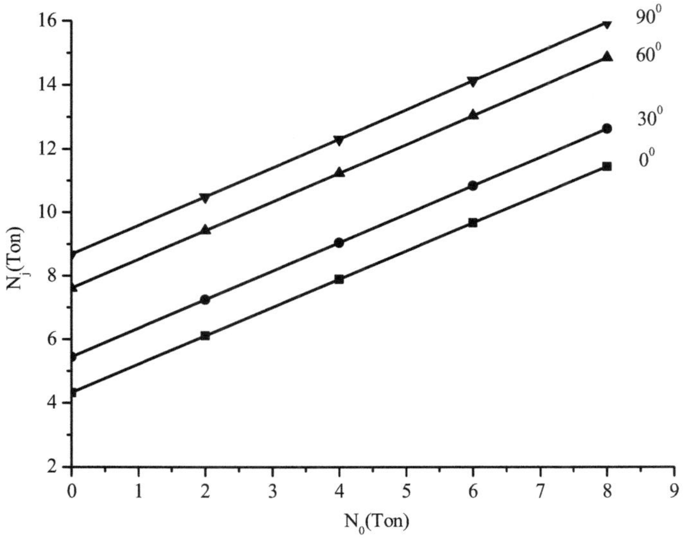

Fig. 6.9 Final axial forces under different initial pre-tension force

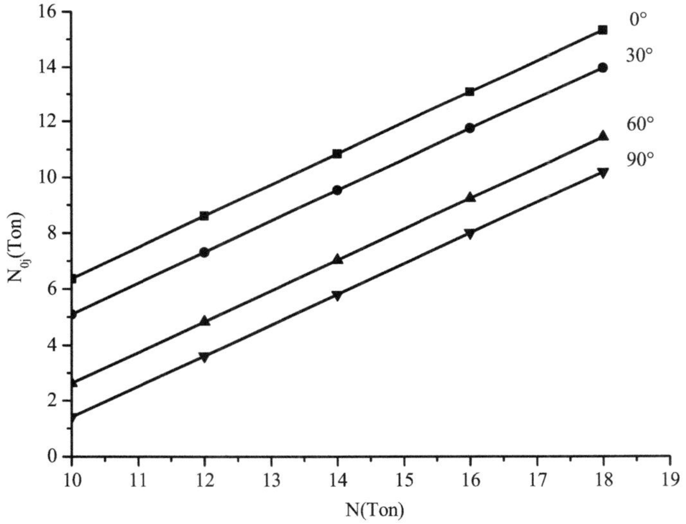

Fig. 6.10 Initial pre-tension force versus the expected final axial forces

$$\sigma_\theta = \frac{1}{2}(\sigma_v + \sigma_h)\left[1 + \left(\frac{R_0}{r}\right)^2\right] + \frac{1}{2}(\sigma_v - \sigma_h)\left[1 + 3\left(\frac{R_0}{r}\right)^4\right]\cos 2\theta \quad (6.39)$$

$$\tau_{r\theta} = \frac{1}{2}(\sigma_v - \sigma_h)\left[1 + 2\left(\frac{R_0}{r}\right)^2 - 3\left(\frac{R_0}{r}\right)^4\right]\sin 2\theta \tag{6.40}$$

Equations (6.38–6.40) can be used to calculate the stress distribution of a circular tunnel in the case where no rock bolts are installed. Using the superposition principle, Eqs. (6.22–6.24) can be used to calculate the stress distribution of a circular tunnel under the action of rock bolts only. The two can be superimposed to calculate the stress components (σ_r, σ_θ and $\tau_{r\theta}$) of a circular tunnel after installing rock bolts, from which the maximum and minimum principal stresses (σ_1 and σ_3) can be determined.

In order to evaluate the stress state in the rock mass before and after the rock bolt installation, examples are given for comparison. The parameters used are: $R_0 =$ 3.0 m; $\eta = 0$; $\sigma_v = 5.0$ MPa; $\lambda = 0.5$; $\mu = 0.25$; and $E_s/E = 100$. In addition, the installation method of the 13 rock bolts is the same as in the previous section, with the same length $L = L_1 = L_2 = \ldots = L_m = 1.6R_0$, the same diameter $d_s = 2.5$ cm, and the spacing $S = 1.0$ m. Three cases are given: Case I: without rock bolt support; Case II: with non-pre-tensioned rock bolts support; and Case III: with pre-tensioned rock bolts support. For Case III, the final axial force of every rock bolt is expected to be 18 tons. Under this requirement, the initial load of the rock bolt from $\theta = 0°$ to 90° are 10.49, 9.80, 7.95, 5.50, 3.06, 1.29 and 0.64 tons, respectively.

According to the strength criterions, the smaller the difference $\sigma_1 - \sigma_3$ is, the more stable the surrounding rock mass is. Fig. 6.11 plots the distribution of $(\sigma_1 - \sigma_3)/\sigma_v$ as the radius $r = 1.02R_0$, and $1.1R_0$ in he right half of the tunnel, i.e., $\theta \epsilon[-90°, 90°]$.

From Fig. 6.11, it can be seen that compared with the case without rock bolts, the difference between the maximum principal stress σ_1 and the minimum principal stress σ_3 at different depths decreases after the installation of rock bolts, and the

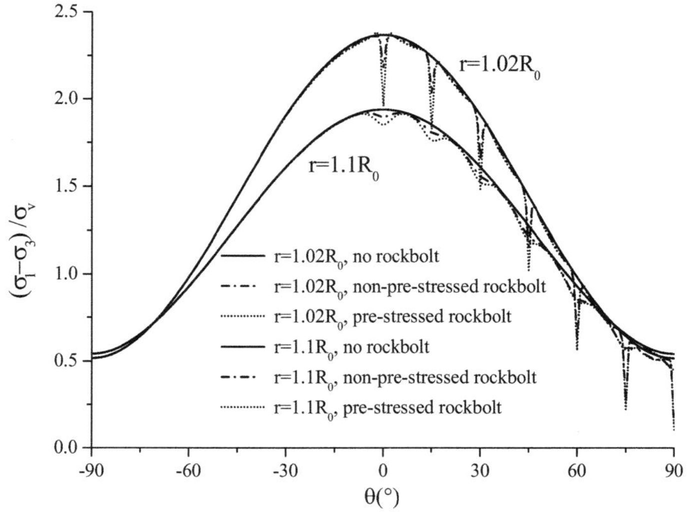

Fig. 6.11 Normalized stress differences $(\sigma_1 - \sigma_3)/\sigma_v$ for different radius r

reduction is the greatest near the point of concentrated force. Far from the point of concentrated force, the reduction of $\sigma_1 - \sigma_3$ is relatively small. The application of pre-tension on the rock bolts results in a greater reduction in $\sigma_1 - \sigma_3$ than without pre-tension. This indicates that the stress distribution in the surrounding rock is improved after installing the end anchored rock bolts, but the range of significant improvement is small.

6.2.7 Conclusions

(1) The greater the ratio of the elastic modulus of the rock bolt to that of the surrounding rock, the greater the axial force borne by the rock bolt. This indicates that the softer the surrounding rock, the greater the axial force borne by the rock bolt. Rock bolts arranged along the direction of maximum in-situ stress exhibit the greatest axial force, while rock bolts arranged along the direction of minimum in-situ stress exhibit the smallest axial force.

(2) Regardless of the lateral pressure coefficient, there exists a specific length for each rock bolt that maximizes its axial force. In other words, if the rock bolt is either too long or too short, it cannot bear a large axial force.

(3) After the rock mass deformation, the final axial force will be greater if the initial pre-tension increases. The final axial force and the initial pre-tension are in a linear relationship.

(4) In order to get the same axial force in each rock bolt, the initial pre-tension of each rock bolt is different. The rock bolt in the direction of the maximum in-situ stress needs the smallest initial pre-tension and the rock bolt in the direction of the minimum in-situ stress needs the maximum initial pre-tension.

(5) After installing rock bolts in the tunnel, the stress distribution of the surrounding rock can be somewhat improved, but the degree of improvement is not significant. The presence of rock bolts increases the radial stress and decreases the circumferential stress. Compared with the case without rock bolts, the minimum principal stress is increased and the maximum principal stress is decreased, making the surrounding rock easier to remain stable.

6.3 Viscoelastic Analytical Solutions for Circular Tunnel Reinforced by End Anchored Rock Bolts

6.3.1 Laplace Transform of Elastic Solutions

Based on the elastic solution of axial force of rock bolt, this section uses corresponding principle to obtain the viscoelastic solution of axial force of rock bolt. Different from Sect. 6.2, which used an explicit expression for the displacement under concentrated forces for solution, this section used the complex potential function express the displacement of the surrounding rock [16].

When the surrounding rock is subjected to m rock bolts, it is equivalent to being subjected to m pairs of concentrated forces. According to the superposition principle, superimposing the complex potential function under the action of each concentrated force, the complex potential function of the surrounding rock under the action of m rock bolts can be obtained, noting them as $\varphi(\zeta)$ and $\psi(\zeta)$. From Eqs. (6.17 and 6.18), the expressions are as follows:

$$\varphi(\zeta)=\sum_{j=1}^{m}\frac{N_j}{S}\left\{\begin{array}{l}-\dfrac{(\cos\theta_j+i\sin\theta_j)}{2\pi(1+\kappa)}\left[\ln\left(1+\dfrac{R_0}{c_{j1}}\zeta\right)-\ln\left(1+\dfrac{R_0}{c_{j2}}\zeta\right)\right]\\ -\dfrac{\kappa(\cos\theta_j+i\sin\theta_j)}{2\pi(1+\kappa)}\left[\ln\left(1+\dfrac{R_0}{\overline{c_{j1}}}\dfrac{1}{\zeta}\right)-\ln\left(1+\dfrac{R_0}{\overline{c_{j2}}}\dfrac{1}{\zeta}\right)\right]\\ +\dfrac{(\cos\theta_j-i\sin\theta_j)}{2\pi(1+\kappa)}\left[\begin{array}{l}\left(\dfrac{c_{j1}\overline{c_{j1}}-R_0^2}{R_0\overline{c_{j1}}}\right)\dfrac{\zeta}{1+\frac{\overline{c_{j1}}}{R_0}\zeta}\\ -\left(\dfrac{c_{j2}\overline{c_{j2}}-R_0^2}{R_0\overline{c_{j2}}}\right)\dfrac{\zeta}{1+\frac{\overline{c_{j2}}}{R_0}\zeta}\end{array}\right]\end{array}\right\} \tag{6.41}$$

$$\psi(\zeta)=\sum_{j=1}^{m}\frac{N_j}{S}\left\{\begin{array}{l}\dfrac{\kappa(\cos\theta_j-i\sin\theta_j)}{2\pi(1+\kappa)}\left[\ln\left(1+\dfrac{R_0}{c_{j1}}\zeta\right)-\ln\left(1+\dfrac{R_0}{c_{j2}}\zeta\right)\right]\\ +\dfrac{(\cos\theta_j-i\sin\theta_j)}{2\pi(1+\kappa)}\left[\ln\left(1+\dfrac{R_0}{\overline{c_{j1}}}\dfrac{1}{\zeta}\right)-\ln\left(1+\dfrac{R_0}{\overline{c_{j2}}}\dfrac{1}{\zeta}\right)\right]\\ -\dfrac{(\cos\theta_j+i\sin\theta_j)}{2\pi(1+\kappa)}\left[\dfrac{\overline{c_{j1}}}{c_{j1}}\dfrac{1}{1+\frac{R_0}{c_{j1}}\zeta}-\dfrac{\overline{c_{j2}}}{c_{j2}}\dfrac{1}{1+\frac{R_0}{c_{j2}}\zeta}\right]\\ +\dfrac{(\cos\theta_j+i\sin\theta_j)}{2\pi(1+\kappa)}\left[\dfrac{R_0}{c_{j1}}\dfrac{1}{\zeta}-\dfrac{R_0}{c_{j2}}\dfrac{1}{\zeta}\right]\\ -\dfrac{\kappa(\cos\theta_j+i\sin\theta_j)}{2\pi(1+\kappa)}\left[\dfrac{1}{\zeta^2\left(\frac{\overline{c_{j1}}}{R_0}\zeta+1\right)}-\dfrac{1}{\zeta^2\left(\frac{\overline{c_{j2}}}{R_0}\zeta+1\right)}\right]\\ -\dfrac{(\cos\theta_j-i\sin\theta_j)}{2\pi(1+\kappa)}\left[\begin{array}{l}\dfrac{c_{j1}\overline{c_{j1}}-R_0^2}{R_0\overline{c_{j1}}}\dfrac{1}{\zeta\left(1+\frac{\overline{c_{j1}}}{R_0}\zeta\right)^2}\\ -\dfrac{c_{j2}\overline{c_{j2}}-R_0^2}{R_0\overline{c_{j2}}}\dfrac{1}{\zeta\left(1+\frac{\overline{c_{j2}}}{R_0}\zeta\right)^2}\end{array}\right]\end{array}\right\} \tag{6.42}$$

where $c_{j1}=R_0e^{i(\theta_j+\pi)}$ and $c_{j2}=R_je^{i(\theta_j+\pi)}$.

By substituting Eqs. (6.41 and 6.42) into Eq. (6.21), the expression of Δu_r in this section was obtained as follows:

$$\Delta u_r = \begin{Bmatrix} \mathrm{Re}\left\{\dfrac{\overline{\zeta_{k1}}}{2G}\left[\kappa\varphi(\zeta_{k1}) - \zeta_{k1}\overline{\varphi'(\zeta_{k1})} - \overline{\psi(\zeta_{k1})}\right]\right\} \\ -\mathrm{Re}\left\{\dfrac{\overline{\zeta_{k2}}R_0}{2GR_k}\left[\kappa\varphi(\zeta_{k2}) - \zeta_{k2}\overline{\varphi'(\zeta_{k2})} - \overline{\psi(\zeta_{k2})}\right]\right\} \end{Bmatrix}, \quad k = 1, \ldots, m \tag{6.43}$$

According to Sect. 6.2, the linear system of equations for solving the elastic solution of the axial force was obtained as follows:

$$\sum_{j=1}^{m} A_{kj}N_j = (1-\eta)\Delta U_r(k), \quad k = 1, \ldots, m \tag{6.44}$$

where

$$k \neq j, A_{kj} = -B_{kj}$$

$$k = j, A_{kj} = \frac{L_k}{E_s A_k} - B_{kj}$$

where $\Delta U_r(k)$ was same as the expression of Sect. 6.2. Taking the unknown quantity N_j in Eqs. (6.41 and 6.42) as a unit quantity, and substituting the obtained equations into Eq. (6.43), the expression of B_{kj} was obtained.

Expressing Eq. (6.44) in matrix form as

$$\mathbf{AN} = \mathbf{C} \tag{6.45}$$

where $\mathbf{C} = [\mathbf{C}_1, \mathbf{C}_2, \ldots, \mathbf{C}_m]^{\mathrm{T}}$, $\mathbf{C}_k = (\mathbf{1} - \eta)\Delta\mathbf{U}_r(\mathbf{k})$.

From Eq. (6.45), the equation for the axial forces of the rock bolts was obtained as

$$\mathbf{N} = \mathbf{A}^{-1}\mathbf{C} \tag{6.46}$$

By applying Laplace transformation to Eq. (6.46), the following expression was obtained:

$$\tilde{\mathbf{N}} = \frac{\mathbf{1}}{\mathbf{s}}\mathbf{A}'^{-1}\mathbf{C}' \tag{6.47}$$

where $\tilde{\boldsymbol{N}}$ is the Laplace transformation of $\boldsymbol{N}$, $\tilde{\boldsymbol{N}} = \left[\tilde{N}_1, \tilde{N}_2, \ldots, \tilde{N}_m\right]^T$, and $\tilde{N}_k$ is the axial force of each rock bolt in the Laplace domain.

It is important to note that the Young's modulus E and Poisson's ratio μ in the expressions of $\boldsymbol{A}$ and $\boldsymbol{C}$ in Eq. (6.46) should be expressed in terms of the shear modulus G and bulk modulus K through Eq. (3.44); thereafter, the elastic parameter G should be replaced by $\tilde{Q}/\tilde{P}$ of Chap. 3 according to the correspondence principle in viscoelasticity. Subsequently, the final expressions of $\boldsymbol{A}'$ and $\boldsymbol{C}'$ in Eq. (6.47) were obtained.

Equation (6.47) was the equation for the axial forces of the rock bolts in the Laplace domain, the value of the axial force of each rock bolt in the Laplace domain can be obtained by solving Eq. (6.59), i.e. $\tilde{N}_1, \ldots, \tilde{N}_m$.

When considering the presence of the preload on the rock bolts, expressing Eq. (6.36) in matrix form as

$$\mathbf{AX} = \mathbf{C} + \mathbf{BH} \tag{6.48}$$

where $\mathbf{X} = [X_1, X_2, \ldots, X_m]^T$, $\mathbf{H} = [H_1, H_2, \ldots, H_m]^{\mathrm{T}}$, $X_k = \Delta N_k$, $H_k = N_{0k}$.

From Eq (6.48) the equation for the variations of the axial forces of the rock bolts was obtained as

$$\mathbf{X} = \mathbf{A}^{-1}(\mathbf{C} + \mathbf{BH}) \tag{6.49}$$

By applying Laplace transformation to Eq. (6.49), the following expression was obtained:

$$\mathbf{X} = \frac{1}{s}\mathbf{A}'^{-1}\left(\mathbf{C}' + \mathbf{B}'\mathbf{H}\right) \tag{6.50}$$

where, $\tilde{\boldsymbol{X}}$ was the Laplace transformation of $\boldsymbol{X}$, $\tilde{\boldsymbol{X}} = \left[\tilde{X}_1, \tilde{X}_2, \ldots, \tilde{X}_m\right]^T$, $\tilde{X}_k = \Delta\tilde{N}_k$, $\Delta\tilde{N}_k$ was the value of the variation of the axial force of each rock bolt in the Laplace domain. $\boldsymbol{B}'$ is the expression of $\boldsymbol{B}$ in Laplace domain, and it was obtained in the same manner as above.

Equation (6.50) was the equation for the variations of the axial forces in the Laplace domain, and the value of the variation in the axial force of each rock bolt in the Laplace domain can be obtained by solving Eq. (6.50), i.e. $\Delta\tilde{N}_1, \ldots, \Delta\tilde{N}_m$.

6.3.2 *Viscoelastic Solution of Axial Force of Rock Bolt*

After applying the Laplace transformation to the equation of the axial forces of the rock bolts, their expressions in the Laplace domain were obtained, and the Laplace inverse transformation was applied to obtain viscoelastic solutions of the axial forces. This section uses the numerical method introduced in Chap. 3 for the Laplace transform. By giving parameters such as the image function to be solved for, time interval Δt, and number of time points M_1, the values of the image function at different time points were obtained.

When applying the Laplace inverse transformation, it was necessary to first calculate the value of complex number s. s was expressed as

$$s = \left(a + i\lambda_n + \frac{2i\pi k}{M_2} \right) / \Delta t \cdot k = 0, 1, \ldots, M_2; n = 1, 2, \ldots, 8 \tag{6.51}$$

where $M_2 = 8M_1$, $a = 44/M_2$, and the values of λ_n were given in Table 3.4.

After the value of the complex number s was obtained, it was necessary to obtain the values of the axial forces in the Laplace domain. By substituting s into the expressions of $\boldsymbol{A}'$ and $\boldsymbol{C}'$, their values in the Laplace domain were obtained; substituting the obtained values into Eq. (6.47), the value of the axial force of each rock bolt in the Laplace domain was obtained, i.e., $\tilde{N}_1$, ..., $\tilde{N}_m$.

By substituting the values of the axial forces in the Laplace domain into the Laplace inverse algorithm, the value of the axial force of each rock bolt with time can be obtained, i.e., N_{jt}, $j = 1$, ..., m; $t = 1$, ..., M_1.

When the preload was considered, s was substituted into $\boldsymbol{B}'$ to obtain its value in the Laplace domain; thereafter, the obtained value was substituted into Eq. (6.50) and the values of the variations in the axial forces in the Laplace domain were obtained by solving this equation, i.e., $\Delta\tilde{N}_1$, ..., $\Delta\tilde{N}_m$. Substituting them into the Laplace inverse algorithm, the value of the variation in the axial force of each rock bolt with time was obtained, i.e., ΔN_{jt}, $j = 1$, ..., m; $t = 1$, ..., M_1, and the final axial forces N_{jt} of each rock bolt were obtained using the following expression:

$$N_{jt} = N_{0j} + \Delta N_{jt} \tag{6.52}$$

6.3.3 Verification

The problem was solved for the same case by using the finite element software ANSYS, and the analytical and numerical results were compared. The parameters used were: tunnel radius $R_0 = 3$ m, and assuming that the length of each rock bolt was 2 m and the diameter was 2.5 cm. The rock bolts were arranged evenly along the upper half of the tunnel. The selected generalized Kelvin model shear modulus $G_H = 769.23$ MPa, $G_K = 800$ MPa, Coefficient of viscosity $\eta_K{}' = 3$ GPa·month, rock bolt Young's modulus $E_S = 200$ GPa. $\mu = 0.3$, $\sigma_v = 4$ MPa, $\lambda = 0.5$, $S = 1$ m.

In ANSYS numerical software, the required mechanical parameters were: $E_H = 2G_H(1 + \mu) = 2$ GPa, $E_K = 2G_K(1 + \mu) = 2.08$ GPa, $\eta_K = 2\eta_K{}'(1 + \mu) = 7.8$ GPa·month, the other parameters were the same as the analytical solution. The rock bolts were simulated with springs, with a stiffness factor $k_t = \pi E_S d^2/4LW$, and the distance between the perimeter boundary of the model and the centre of the tunnel circle was 50 m. Afterwards, equivalent nodal forces were applied on the tunnel boundary by loading release method. In the numerical model, the lateral boundaries were constrained in x direction and the lower boundary was constrained in

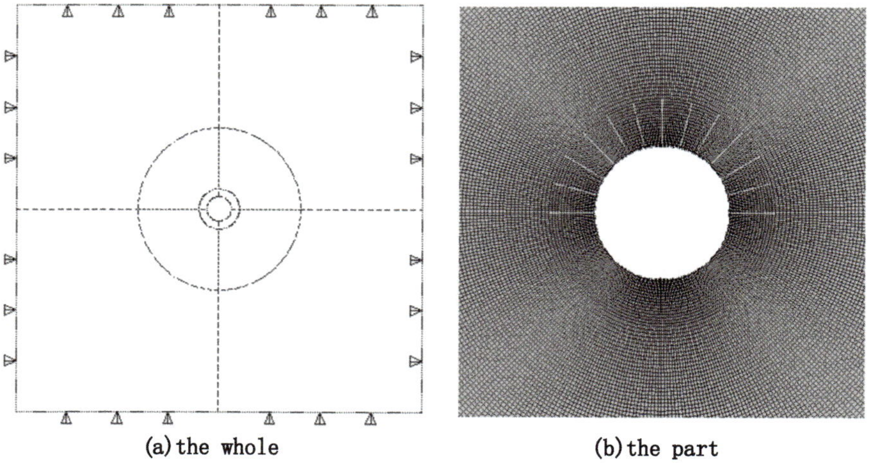

Fig. 6.12 Model of ANSYS

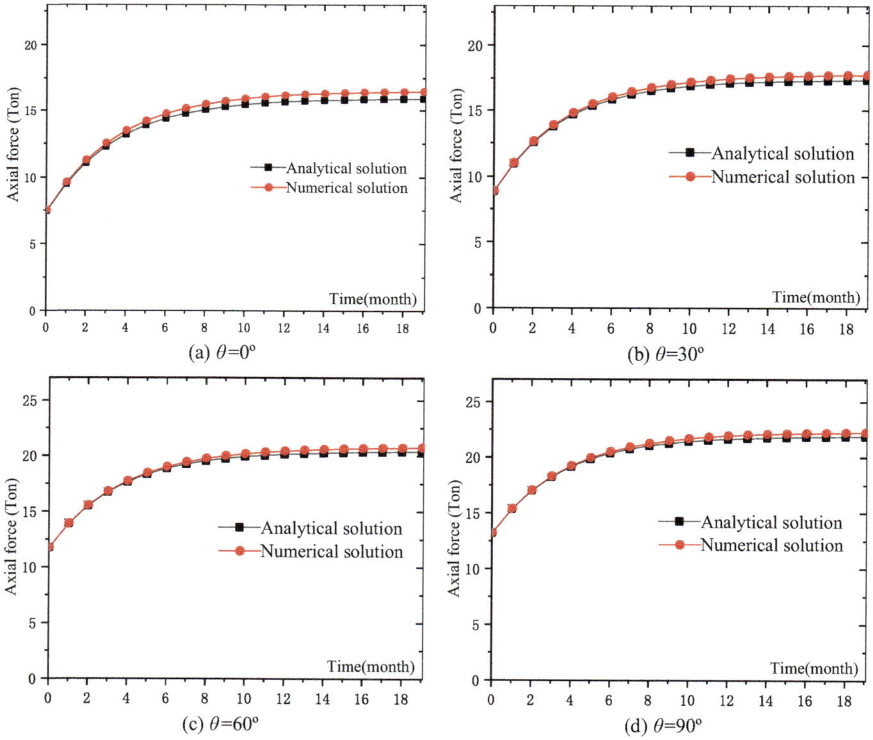

Fig. 6.13 Variation of the axial force with time

y direction. The four-node quadrilateral element PLANE42 was adopted to simulate the surrounding rock, and the one- dimensional element COMBIN14 was adopted to simulate the rock bolt. The model consisted with 119,340 nodes and 118,813 elements. The effect of numerical modelling was shown in Fig. 6.12.

Figure 6.13 gave the variations of the axial force of the rock bolts located at $\theta = 0°, 30°, 60°, 90°$ with time when Poisson's ratio $\mu = 0.3$. It can be found that the analytical solution agreed well with the numerical solution, which verified the correctness and reasonableness of the analytical solution in this section.

6.3.4 Analysis and Discussion

To investigate the effects of different parameters on the axial forces of the rock bolts, the following example analyses were presented. The Poisson's ratio $\mu = 0.25$ and the displacement release factor $\eta = 0.2$. The time interval Δt was chosen as 1 month and the number of time points M_1 was 20, and this meant that the variation of the axial

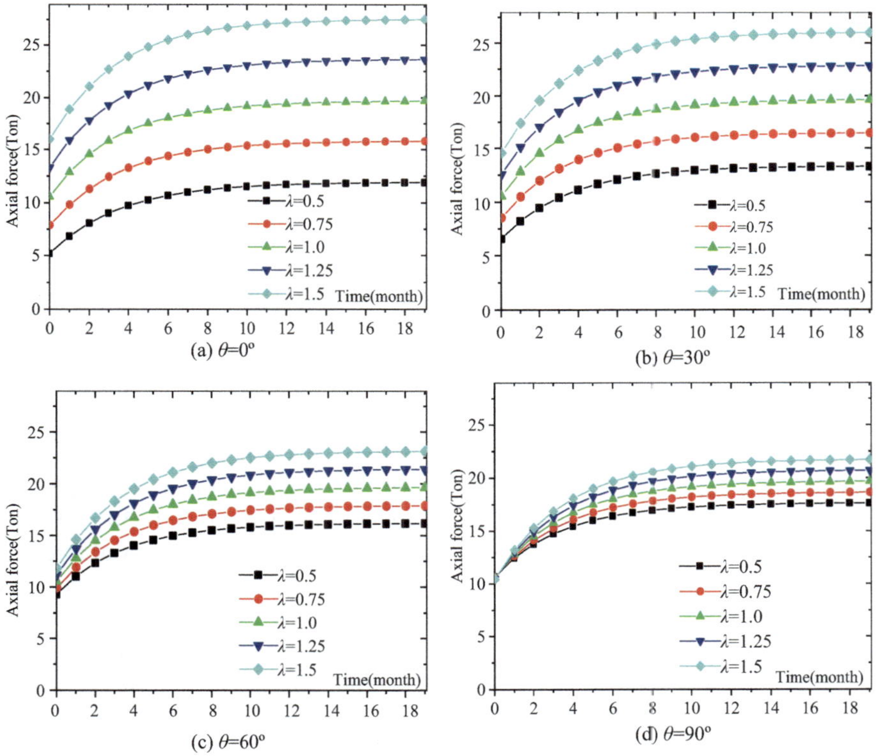

Fig. 6.14 Variations of the axial forces with time under different λ

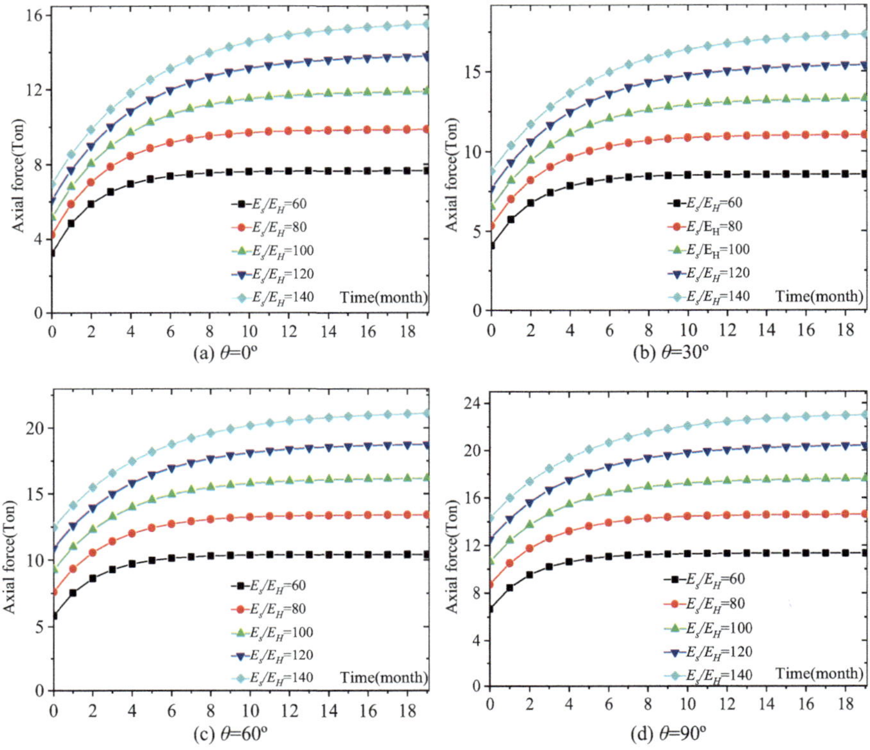

Fig. 6.15 Variations in the axial forces with time under different E_S/E

force with time over 20 months was analyzed. Other parameters of the surrounding rock and rock bolt were the same as in the previous section.

6.3.4.1 Influence of Lateral Stress Coefficient

With the exception of λ, the other calculation parameters remained unchanged. The lateral stress coefficients were 0.5, 0.75, 1.0, 1.25, and 1.5. Figure 6.14 gave the variations of the axial forces with time for rock bolts located at $\theta = 0°, 30°, 60°, 90°$.

As shown in Fig. 6.14, for different lateral stress coefficients, the axial forces of the rock bolts located at different angles increased gradually with time, and the rate of change of the axial forces was large over a short period of time. With an increase in time, the rate of change gradually decreased, and the axial forces finally stabilized. This indicates that the axial forces of the rock bolts changed rapidly within a short period after the tunnel was supported, then changed more slowly, and finally tended to be stable.

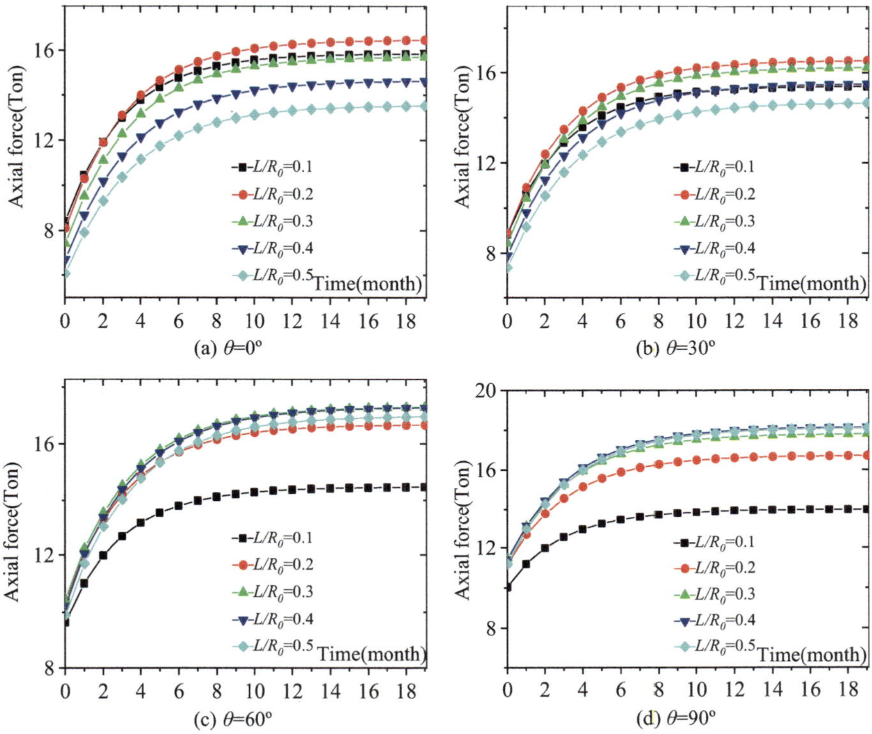

Fig. 6.16 Variations of the axial forces with time under different L/R_0

6.3.4.2 Influence of Young's Modulus of Rock

Except for Young's modulus of the surrounding rock, the other calculation parameters remained unchanged. The ratios of Young's modulus of the rock bolt to the surrounding rocks were 60, 80, 100, 120, and 140. Figure 6.15 gave the variations in the axial forces with time for the rock bolts located at $\theta = 0°$, 30°, 60°, 90° when $\lambda = 0.5$.

It can be observed from Fig. 6.15 that the variation rules of the axial forces of the rock bolts were consistent at different moments and angles, that was, the axial forces of the rock bolts gradually increased with an increase in E_S/E. This indicated that the smaller the Young's modulus of the surrounding rock (the softer the surrounding rock), the larger the axial forces of the rock bolts when the Young's modulus of the rock bolt was fixed, and this variation rule was independent of the time and angle.

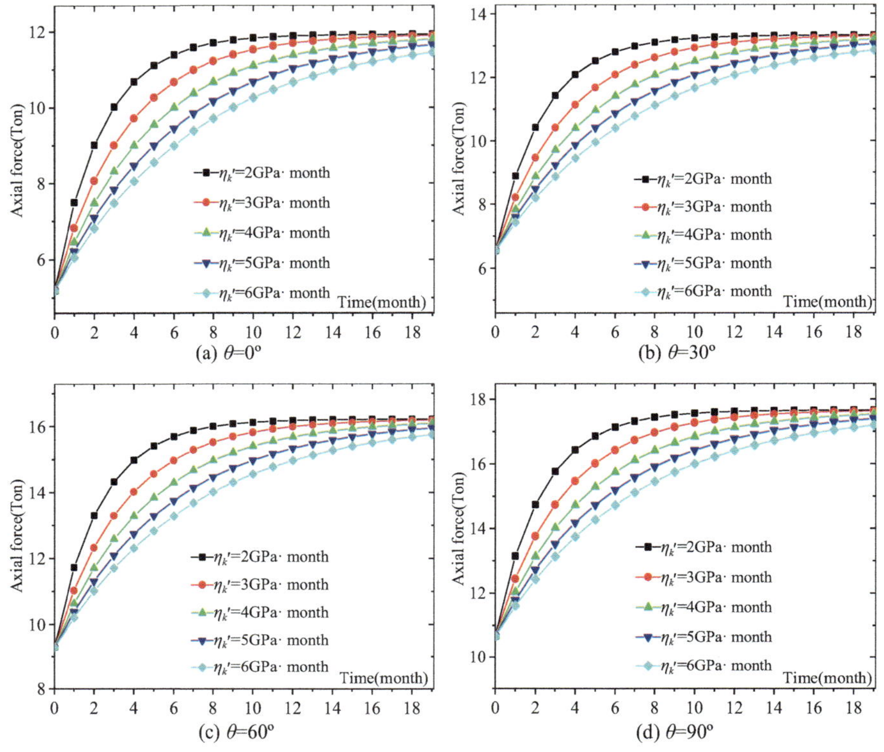

Fig. 6.17 Variations in the axial forces with time under different $\eta_K{}'$

6.3.4.3 Influence of Rock Bolt Length

Except for the rock bolt length, the other calculation parameters remained constant. The ratios of the rock bolt length to the tunnel radius were 0.1, 0.2, 0.3, 0.4 and 0.5, respectively. Figure 6.16 gave the variations of the axial forces with time for the rock bolts located at $\theta = 0°, 30°, 60°, 90°$ when $\lambda = 0.5$.

As shown in Fig. 6.16, When L/R_0 is 0.2, the rock bolts located at 0° and 30° exhibited the largest axial force; When L/R_0 is 0.3, the rock bolts located at 60° exhibited the largest axial force; When L/R_0 is 0.4, the rock bolts located at 90° exhibited the largest axial force. This indicates that for rock bolts located at different arrangement angles, there was a certain rock bolt length L_S, which caused the axial force of the rock bolt to reach the maximum value. When the rock bolt lengths were smaller than L_S, the axial forces increased with the rock bolt length. In contrast, when the rock bolt lengths were greater than L_S, the axial forces decreased with the length of the rock bolts. Comparing Fig. 6.8a, it can be found that the L_S corresponding to rock bolts located at 0°, 30° and 90° were slightly increased compared with those in the elastic condition, and the L_S corresponding to rock bolts located at 60° were the same as those in the elastic condition. Overall, the L_S corresponding to the rock bolts

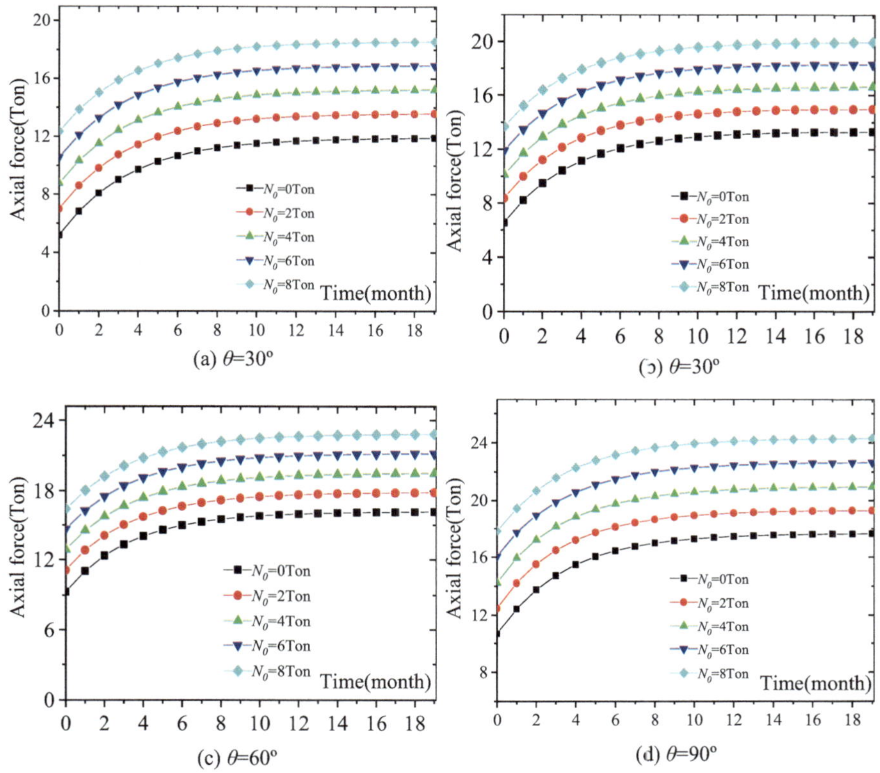

Fig. 6.18 Variations of the axial forces with time under different N_0

length increased when the surrounding rock was viscoelastic compared to that when the surrounding rock was elastomeric. Therefore, when rock bolt support is designed, it is necessary to select the appropriate rock bolt length to effectively perform the role of the rock bolt.

6.3.4.4 Influence of Viscosity Coefficient

With the exception of $\eta_K{}'$, the other calculation parameters remained unchanged. The viscosity coefficients of the surrounding rocks were 2, 3, 4, 5, 6 GPa·month. Figure 6.17 gave the variations of the axial forces with time for the rock bolts located at $\theta = 0°, 30°, 60°, 90°$ when $\lambda = 0.5$.

As shown in Fig. 6.17, at the initial moment $t = 0$, the axial forces of the rock bolts located at 0° and 90° were equal for different viscosity coefficients. In a short time, the magnitude and rate of change of the axial forces for different viscosity coefficients were different, and the smaller the viscosity coefficient, the larger the axial forces and rate of change. Over the long term, the axial forces of the rock bolts gradually became stable, and the difference in the magnitude and rate of change of the axial forces for different viscosity coefficients became smaller and eventually became close to equal. This indicated that $\eta_K{}'$ did not affect the initial values of the axial forces and had little influence on the final values of the axial forces. However, the influence of $\eta_K{}'$ on the axial forces was significant within a short period of time, and the smaller the viscosity coefficient, the shorter the time required for the axial force to reach its final stable value.

6.3.4.5 Influence of Pre-tension Force

Keeping the other calculation parameters constant, applying the same pre-tension force to each rock bolt. The preload forces N_0 applied to each rock bolt were 0, 2, 4, 6, 8Ton. Figure 6.18 gave the variations in the axial forces with time for the rock bolts located at $\theta = 0°$, 30°, 60°, 90° when $\lambda = 0.5$. It can be observed from Fig. 6.18 that the variation rule of the axial forces with the preload was the same at different moments. The larger the pre-tension force applied to the rock bolt at the beginning, the larger was the final axial force. The axial force and pre-tension force applied satisfied a linear relationship at any moment, that was, the axial force increased uniformly with an increase in the pre-tension force.

6.3.5 *Conclusions*

(1) Although the lateral stress coefficients are different, the axial forces of the rock bolts gradually increase with time. The axial forces of the rock bolts increase more rapidly in a short time and increase more slowly with the increase in time until they finally tend to be stable.
(2) When the Young's modulus of the rock bolt is fixed, the larger the ratio of the Young's modulus of the rock bolt to that of the surrounding rock, the greater the axial force of the rock bolt; that is, the softer the surrounding rock, the larger the axial force of the rock bolt. This variation rule was not affected by time.
(3) For rock bolts located at different arrangement angles, there is a certain rock bolt length, which caused the axial force of the rock bolt to reach the maximum value. Therefore, blindly increasing the lengths of the rock bolts do not cause the rock bolts to bear larger axial forces; by contrast, it reduces the axial forces of the rock bolts. Therefore, when the rock bolt support is designed, the rock bolt lengths should be chosen reasonably.
(4) For different viscosity coefficients, the axial forces of the rock bolts are equal at the initial moment for different arrangement angles of the rock bolts, and the differences in the final axial forces are small. However, the effect of the viscosity coefficients on the axial forces is significant in a short time; the smaller the viscosity coefficients, the greater the axial forces and rate of change of the

axial forces and the shorter the time to reach the final stable values. As time increases, the effect on the axial forces decrease.

(5) When the rock bolt support is applied, if the initial pre-tension force applied to each rock bolt is greater, the final axial force of each rock bolt would be larger, independent of the arrangement angle of the rock bolt. The applied pre-tension force is linearly related to the final axial force, that is, the axial force of the rock bolt increases uniformly as the pre-tension force increases, and this variation rule is not affected by time.

6.4 Analytical Solution of Circular Tunnel Reinforce by Fully Bonded Rock Bolt

6.4.1 Deformation Compatibility Conditions Between Bolts and Rock

Due to the deformation of the surrounding rock caused by tunnel excavation, rock bolts are installed to constrain the deformation of the surrounding rock. At the same time, the deformation of the surrounding rock imposes loads on the rock bolts, contact shear stress is generated at the anchoring interface (see Fig. 6.19). When the contact shear stress is less than the shear strength of the interface, there will be no relative displacement at the interface, and the displacement coordination condition between the rock bolt and the surrounding rock is satisfied. This section will establish an interaction model between the rock bolt and the surrounding rock based on this condition.

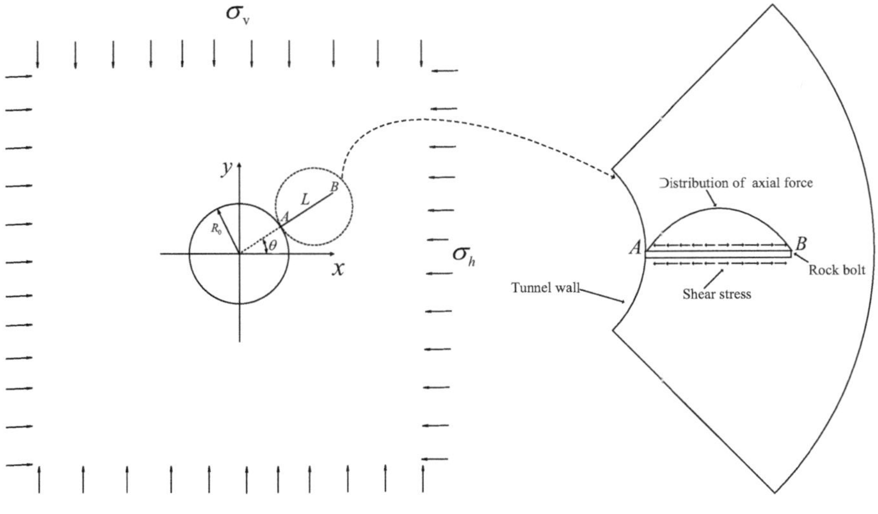

Fig. 6.19 Interaction between rock bolt and surrounding rock

Here, displacement coordination specifically refers to the fact that the displacement of each point on the side of the rock bolt in contact with the surrounding rock is equal along the length direction of the rock bolt. Since the main load causing longitudinal deformation of the rock bolt is the contact shear stress that is distributed along the length direction of the rock bolt, and the longitudinal deformation of the rock bolt caused by the lateral pressure from the surrounding rock acting on the rock bolt is very small, the influence of lateral pressure on the longitudinal deformation of the rock bolt is not considered here, so Fig. 6.19 does not show this lateral pressure, only the longitudinally distributed contact shear stress is depicted. Next, the displacement solution of surrounding rock under the action of only in-situ stress and the displacement solution of rock bolt along the length direction under the action of only the rock bolt are combined with the compression (or tension) deformation of the rock bolt to establish a displacement coordination equation containing the distributed shear stress of the rock bolt. The displacement solution only under the action of the rock bolt is related to the distributed shear stress acting on the rock bolt, which is unknown and will be obtained by solving the displacement coordination equation, and then the axial force of the rock bolt can be obtained [17].

The analytical solution of the displacement of the surrounding rock under the action of only the in-situ stress has been given in Eq. (6.31) in Sect. 6.2.2. The analytical solution of the displacement of the surrounding rock along the length direction of the rock bolt in a circular tunnel under the sole action of rock bolts will be the focus of this section. That is to say, need establishing the relationship between the radial displacement and the distributed shear stress along the lateral side of the rock bolt.

6.4.2 *Rock Deformation Subjected to Distributed Shear Stress of Bolts*

As shown in Fig. 6.19, we discuss a rock bolt *AB* arranged radially with a length of *L*. The effect of the full-length bonded rock bolt on the surrounding rock can be simplified as a distributed shear stress applied to the surrounding rock along the direction of the rock bolt. This distributed shear stress is currently an unknown quantity. Taking a segment of rock bolt with a length of $d\zeta$ (as shown in Fig. 6.20), when $d\zeta \rightarrow 0$, the resultant force of the distributed shear stress on this segment of the rock bolt can be considered as a concentrated force. That is, the effect of the rock bolt on the surrounding rock can be viewed as the effect of an infinite number of concentrated forces on the rock, and the radial displacement of any point in the surrounding rock after this segment of rock bolt acts on it can be calculated by Eq. (6.25) in Sect. 6.1. Then, integrating over the entire rock bolt can obtain the radial displacement of any point in the surrounding rock under the action of the entire rock bolt.

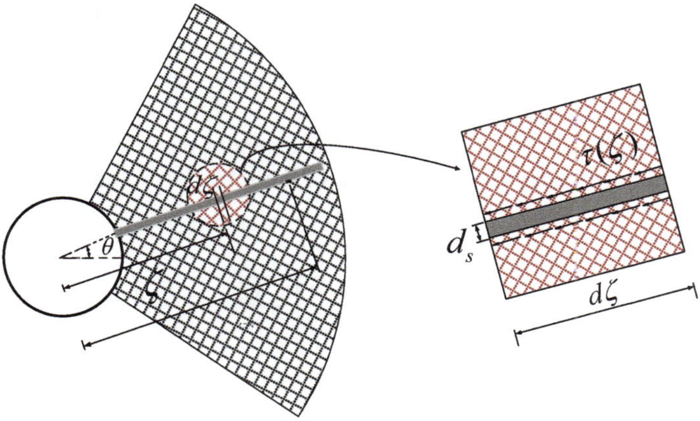

Fig. 6.20 A microelement of bolt subjected to the distributed shear stress

As shown in Fig. 6.20, let $\tau(\zeta)$ be the shear force acting on the surface of the rock bolt by the surrounding rock, and the direction of $\tau(\zeta)$ is towards the hole. Therefore, the shear force of the rock bolt on the surrounding rock is $-\tau(\zeta)$. Thus, the resultant force of microelement $d\zeta$ acting on the surrounding rock can be determined as $-\pi d_s\ \tau(\zeta)d\zeta$, where d_s is the diameter of the rock bolt. If the spacing of the rock bolt along the tunnel axis is S, and the problem is simplified as a plane strain problem, then the force per unit length along the tunnel axis is $-\pi d_s\tau(\zeta)d\zeta/S$, and the radial displacement generated on the anchoring surface under this force can be expressed by Eq. (6.25) by replacing X_j and Y_j with $-\pi d_s\tau(\zeta)d\zeta\cos\theta/S$ and $-\pi d_s\tau(\zeta)d\zeta\sin\theta/S$ respectively, and replacing a_j and b_j with $-\zeta\cos\theta$ and $-\zeta\sin\theta$. By taking θ as zero in this expression, the radial displacement of the surrounding rock along the bolt direction can be obtained under the shear force distribution provided by the microelement $d\zeta$ of the rock bolt arranged along the x axis:

$$\begin{aligned} u_r(\zeta, r) = \frac{\pi d_s\tau(\zeta)d\zeta}{4\pi G(1+\kappa)S}\Bigg[&-\frac{R_0^2}{\zeta r}+\frac{kR_0^2}{R_0^2-\zeta r}+\frac{\kappa r(\zeta^2-R_0^2)}{\zeta(R_0^2-\zeta r)}-\frac{\kappa R_0^4}{(R_0^2-\zeta r)r^2} \\ &-\frac{R_0^2(\zeta^2-R_0^2)r}{\zeta(R_0^2-\zeta r)^2}+\frac{R_0^4(\zeta^2-R_0^2)}{r\zeta(R_0^2-\zeta r)^2} \\ &+\kappa\ln\left(\frac{\zeta-r}{\zeta}\right)^2+\frac{1}{2}(1+\kappa^2)\ln\left(\frac{R_0^2-\zeta r}{\zeta r}\right)^2\Bigg] \end{aligned} \tag{6.53}$$

As long as the longitudinal axis of the rock bolt passes through the center of the circle, Eq. (6.53) is applicable regardless of the angle at which the rock bolt is arranged. This is because circular tunnels have axis-symmetric shapes; when the effect of in-situ stress is not considered, as long as the longitudinal axis of the rock bolt passes through the center of the circle, the distribution pattern of displacements along the longitudinal axis of the rock bolt is the same. That is, the displacement is only related to the polar radius r.

By integrating Eq. (6.53), the radial displacement of the surrounding rock on the anchoring interface under the entire action of the rock bolt can be obtained, which is:

$$\begin{aligned} u_r = \int_{R_0}^{R_0+L} u_r(\zeta, r)d\zeta = \int_{R_0}^{R_0+L} \frac{\pi d_s \tau(\zeta)}{4\pi G(1+\kappa)S}\Bigg[-\frac{R_0^2}{\zeta r} + \frac{kR_0^2}{R_0^2 - \zeta r} + \frac{\kappa r(\zeta^2 - R_0^2)}{\zeta(R_0^2 - \zeta r)} \\ - \frac{\kappa R_0^4}{(R_0^2 - \zeta r)r^2} - \frac{R_0^2(\zeta^2 - R_0^2)r}{\zeta(R_0^2 - \zeta r)^2} + \frac{R_0^4(\zeta^2 - R_0^2)}{r\zeta(R_0^2 - \zeta r)^2} \\ + \kappa \ln\left(\frac{\zeta - r}{\zeta}\right)^2 + \frac{1}{2}(1+\kappa^2)\ln\left(\frac{R_0^2 - \zeta r}{\zeta r}\right)^2 \Bigg] d\zeta \end{aligned} \tag{6.54}$$

By using Eq. (6.54), the relative displacement of the surrounding rock between any point on the anchoring interface with radial coordinate R_k and the point with R_0 can be obtained, only under the action of the distributed shear stress. The equation is:

$$\begin{aligned} \Delta u_r(k) = \int_{R_0}^{R_0+L} \frac{\pi d_s \tau(\zeta)}{4\pi G(1+\kappa)S}\Bigg[-\frac{R_0}{\zeta} + \frac{kR_0}{R_0 - \zeta} - \frac{\kappa(\zeta + R_0)}{\zeta} \\ - \frac{\kappa R_0}{R_0 - \zeta} - \frac{(\zeta + R_0)R_0}{\zeta(\zeta - R_0)} + \frac{R_0(\zeta + R_0)}{\zeta(\zeta - R_0)} + \kappa \ln\left(\frac{\zeta - R_0}{\zeta}\right)^2 \\ + \frac{1}{2}(1+\kappa^2)\ln\left(\frac{R_0 - \zeta}{\zeta}\right)^2 \Bigg] d\zeta \\ - \int_{R_0}^{R_0+L} \frac{\pi d_s \tau(\zeta)}{4\pi G(1+\kappa)S}\Bigg[-\frac{R_0^2}{\zeta R_k} + \frac{kR_0^2}{R_0^2 - \zeta R_k} + \frac{\kappa R_k(\zeta^2 - R_0^2)}{\zeta(R_0^2 - \zeta R_k)} \\ - \frac{\kappa R_0^4}{(R_0^2 - \zeta R_k)R_k^2} - \frac{R_0^2(\zeta^2 - R_0^2)R_k}{\zeta(R_0^2 - \zeta R_k)^2} + \frac{R_0^4(\zeta^2 - R_0^2)}{R_k\zeta(R_0^2 - \zeta R_k)^2} \\ + \kappa \ln\left(\frac{\zeta - R_k}{\zeta}\right)^2 + \frac{1}{2}(1+\kappa^2)\ln\left(\frac{R_0^2 - \zeta R_k}{\zeta R_k}\right)^2 \Bigg] d\zeta \end{aligned} \tag{6.55}$$

6.4.3 Compatibility Equation of Displacement and Its Solving Process

Under the distributed shear stress $\tau(\zeta)$ on the rock bolt (as shown in Fig. 6.21), the rock bolt also undergoes deformation, and the compression (or elongation) deformation of the section of the rock bolt R_k-R_0 can be derived as:

$$\Delta U(k) = \frac{\int_{R_0}^{R_k}\int_{R_0}^{r} \pi d_s \tau(\zeta) d\zeta dr}{\pi d_s^2 E_s/4} = \frac{4\int_{R_0}^{R_k}\int_{R_0}^{r} \tau(\zeta) d\zeta dr}{d_s E_s} \tag{6.56}$$

where E_s is the elastic modulus of the rock bolt.

According to Eqs. (6.31, 6.55 and 6.56), the following displacement coordination conditions can be formulated:

$$(1-\eta)\Delta U_r(k) + \Delta u_r(k) = \Delta U(k) \tag{6.57}$$

That is:

$$\begin{aligned}
&(1-\eta)\frac{\sigma_v(1+\mu)R_0}{2E}\left(1-\frac{R_0}{R_k}\right)\left[(1+\lambda)-(1-\lambda)\left(3-4\mu-\frac{R_0}{R_k}-\frac{R_0^2}{R_k^2}\right)\cos 2\theta\right]\\
&+\int_{R_0}^{R_0+L}\frac{\pi d_s \tau(\zeta)}{4\pi G(1+\kappa)S}\left[-\frac{R_0}{\zeta}+\frac{kR_0}{R_0-\zeta}-\frac{\kappa(\zeta+R_0)}{\zeta}-\frac{\kappa R_0}{R_0-\zeta}-\frac{(\zeta+R_0)R_0}{\zeta(\zeta-R_0)}\right.\\
&\left.+\frac{R_0(\zeta+R_0)}{\zeta(\zeta-R_0)}+\kappa\ln\left(\frac{\zeta-R_0}{\zeta}\right)^2+\frac{1}{2}\left(1+\kappa^2\right)\ln\left(\frac{R_0-\zeta}{\zeta}\right)^2\right]d\zeta\\
&-\int_{R_0}^{R_0+L}\left[\frac{\pi d_s \tau(\zeta)}{4\pi G(1+\kappa)S}-\frac{R_0^2}{\zeta R_k}+\frac{kR_0^2}{R_0^2-\zeta R_k}\right.\\
&+\frac{\kappa R_k(\zeta^2-R_0^2)}{\zeta(R_0^2-\zeta R_k)}-\frac{\kappa R_0^4}{(R_0^2-\zeta R_k)R_k^2}-\frac{R_0^2\left(\zeta^2-R_0^2\right)R_k}{\zeta(R_0^2-\zeta R_k)^2}\\
&\left.+\frac{R_0^4\left(\zeta^2-R_0^2\right)}{R_k\zeta(R_0^2-\zeta R_k)^2}+\kappa\ln\left(\frac{\zeta-R_k}{\zeta}\right)^2+\frac{1}{2}\left(1+\kappa^2\right)\ln\left(\frac{R_0^2-\zeta R_k}{\zeta R_k}\right)^2\right]d\zeta\\
&=\frac{4\int_{R_0}^{R_k}\int_{R_0}^{r}\tau(\zeta)d\zeta dr}{d_s E_s}
\end{aligned} \tag{6.58}$$

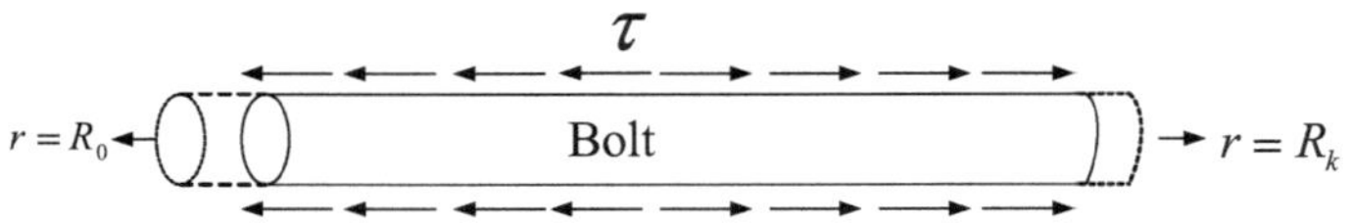

Fig. 6.21 The axial deformation of rock bolt

where η is displacement release coefficient. As $\tau(\zeta)$ is the unknown contact shear stress distribution to be determined, Eq. (6.58) is an integral equation. Due to the complexity of the equation, it is difficult to solve the integral equation analytically. Therefore, numerical methods are used to solve it. The rock bolt is divided into n segments with equal length L/n along the axial direction, and the shear stress at the segment points is numbered from $\zeta = R_0$ to $\zeta = R_0 + L$, sequentially as $\tau_0, \tau_1, \tau_2, \ldots \tau_n$. It is assumed that $\tau(\zeta)$ is linearly distributed in each segment, as shown in Fig. 6.22. There are $n + 1$ shear stress values to be determined. When n is large enough, obtaining the shear stress values at $n + 1$ point positions can provide a highly accurate shear stress distribution.

Under the shear stress distribution shown in Fig. 6.22, Eq. (6.54) can be simplified using the composite trapezoidal numerical integration formula as follows:

$$u_r = \frac{L}{2n}\left[\tau_0 f(0, r) + 2\sum_{j=1}^{n-1} \tau_j f(j, r) + \tau_n f(n, r)\right] \tag{6.59}$$

where

$$f(j, r) = \frac{\pi d_s}{4\pi G(1+\kappa)S}\left\{-\frac{R_0^2}{(R_0 + Lj/n)r} + \frac{kR_0^2}{R_0^2 - (R_0 + Lj/n)r}\right.$$
$$\left. + \frac{\kappa r[(R_0 + Lj/n)^2 - R_0^2]}{(R_0 + Lj/n)\left[R_0^2 - (R_0 + Lj/n)r\right]} - \frac{\kappa R_0^4}{[R_0^2 - (R_0 + Lj/n)r)]r^2}\right.$$

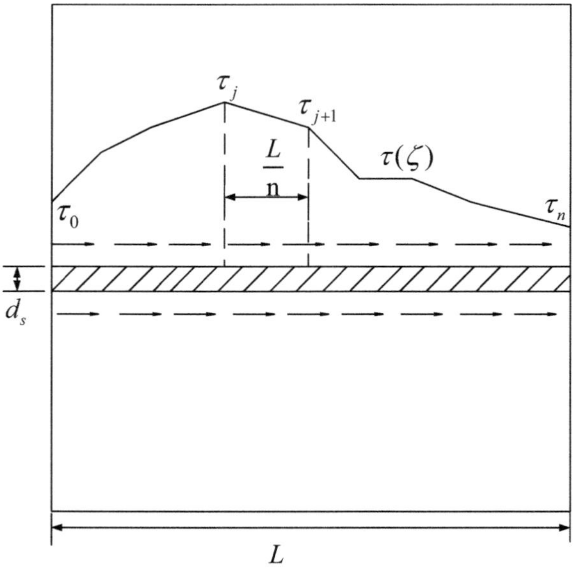

Fig. 6.22 Distribution of shear stress at anchorage interface

$$- \frac{R_0^2[(R_0 + Lj/n)^2 - R_0^2]r}{(R_0 + Lj/n)\left[R_0^2 - (R_0 + Lj/n)r\right]^2}$$
$$+ \frac{R_0^4[(R_0 + Lj/n)^2 - R_0^2]}{r(R_0 + Lj/n)[R_0^2 - (R_0 + Lj/n)r]^2}$$
$$+ \kappa \ln\left[\frac{(R_0 + Lj/n) - r}{R_0 + Lj/n}\right]^2 + \frac{1}{2}\left(1 + \kappa^2\right)\ln\left[\frac{R_0^2 - (R_0 + Lj/n)r}{(R_0 + Lj/n)r}\right]^2 \Bigg\} \tag{6.60}$$

Thus, Eq. (6.55) can be written as:

$$\Delta u_r(k) = \frac{L}{2n}\left[\tau_0 f(0, R_0) + 2\sum_{j=1}^{n-1} \tau_j f(j, R_0) + \tau_n f(n, R_0)\right] - \frac{L}{2n}\left[\tau_0 f(0, R_k) + 2\sum_{j=1}^{n-1} \tau_j f(j, R_k) + \tau_n f(n, R_k)\right] \tag{6.61}$$

Equation (6.56) can also be numerically integrated using composite trapezoidal formula with different values of R_k, and obtain similar expressions as Eq. (6.59) (linear combinations of shear stress at several breakpoints). For example, if $R_k = R_0 + L$, then Eq. (6.56) can be written in the following form:

$$\frac{4\int_{R_0}^{R_0+L/n}\int_{R_0}^{r} 1 - \frac{\zeta - R_0}{L/n} d\zeta\, dr}{d_s E_s}\tau_0 + \frac{4\int_{R_0}^{R_0+L/n}\int_{R_0}^{r} \frac{\zeta - R_0}{L/n} d\zeta\, dr}{d_s E_s}\tau_1 \tag{6.62}$$

The part before τ_0, τ_1 in the equation can be directly computed as a constant, and so on. In this way, we can obtain a system of linear equations with $n + 1$ unknowns including $\tau_0, \tau_1, \tau_2, \ldots \tau_n$ from Eq. (6.58). The shear stress values at the $n + 1$ points on the anchoring interface are unknown and can be solved for. We can set $k = 1$, 2, …, n in Eq. (6.58), corresponding to R_k being set to $R_0 + Lk/n$, and establish n displacement coordination equations. In the calculation analysis, R_0 can be replaced with $R_0 + 0.01$ to avoid singularity of displacement at the point of concentrated force. Furthermore, the overall balance condition of the rock bolt along the axial direction can be obtained as:

$$\frac{\pi d_s L}{2n}\left(\tau_0 + 2\sum_{i=1}^{n-1} \tau_i + \tau_n\right) = 0 \tag{6.63}$$

Simplifying, we get:

$$\tau_0 + 2\sum_{i=1}^{n-1} \tau_i + \tau_n = 0 \tag{6.64}$$

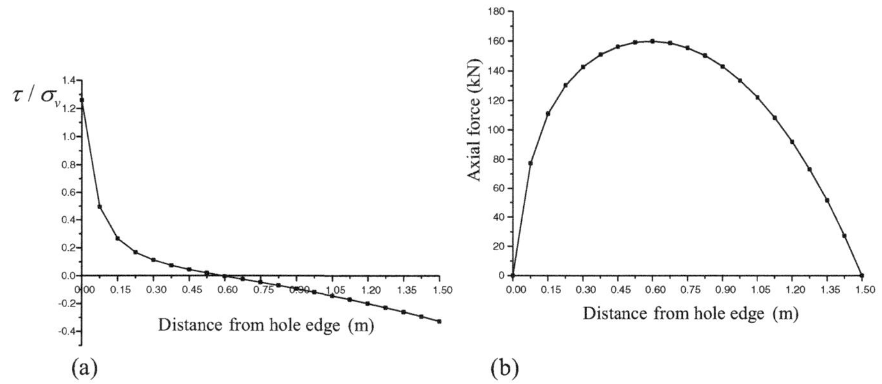

Fig. 6.23 Distribution of shear stress and axial force along the bolt **a** Distribution of shear stress **b** Distribution of axial force

Under the condition that $\sigma_v, \lambda, E, \mu, S, \eta, d_s, L, \theta, E_s$ are known, $n + 1$ linear equations for solving the contact shear stresses $\tau_0, \tau_1, \tau_2, \ldots \tau_n$ on the rock bolt can be obtained by using n displacement coordination equations (setting k to 1, 2, ..., n in Eq. (6.58)) and 1 equilibrium equation (Eq. (6.64)):

$$\begin{cases} \sum_{i=0}^{n} A_{ki}\tau_i = (1-\eta)\Delta U(k), \quad k = 1, \ldots, n \\ \tau_0 + 2\sum_{i=1}^{n-1} \tau_i + \tau_n = 0 \end{cases} \tag{6.65}$$

where $(1-\eta)\Delta U(k)$ can be obtained from Eq. (6.31), and A_{ki} can be obtained from Eqs. (6.56 and 6.61). The results can be obtained by calculations through Fortran programming.

After obtaining $\tau_0, \tau_1, \tau_2, \ldots, \tau_n$, the axial force value at $r = R_k$ can be obtained by integrating the shear stress values from the circular hole to the desired point, that is, $\int_{R_0}^{R_k} \pi d_s \tau(\zeta) d\zeta$.

Now let's take an example to see the general pattern of the shear force on the lateral surface of the rock bolt and axial force.

Taking the radius of the tunnel $R_0 = 3.0$ m, the length of the rock bolt $L = 1.5$ m, the diameter of the rock bolt $d_s = 2.5$ cm, and the rock bolt arranged along the positive direction of the x axis ($\theta = 0°$) with a spacing $S = 1.0$ m. The in-situ stress σ_v, σ_h is 15.0 MPa, the ratio of elastic modulus between the rock bolt and surrounding rock is $E_s/E = 10.0$, Poisson's ratio is $\mu = 0.25$, and the displacement release coefficient is $\eta = 0$. The ratio of shear stress distribution force to vertical stress σ_v on the rock bolt (positive values indicate that the direction points inward the hole) and the distribution of axial force on the rock bolt can be obtained. The results are shown in Fig. 16.23.

From Fig. 16.23, it can be seen that the shear stress on the anchoring interface has positive and negative values, and the intersection of the positive and negative segments is the "neutral point", where the shear stress is equal to zero. Since the axial tensile force on the rock bolt is the integration of the shear stress on the surface of the rock bolt, the "neutral point" must be the point of maximum axial tensile force, which is the neutral point theory [18]. Starting from the endpoint of the rock bolt at the hole opening and moving along the length direction of the rock bolt to the position of the neutral point, the shear stress gradually decreases to 0, and the axial force of the rock bolt gradually increases to the maximum value; from the neutral point to the endpoint of the rock bolt at the depth of the surrounding rock, the shear stress gradually increases in the opposite direction, while the axial force of the rock bolt gradually decreases to 0; the maximum shear stress is reached near the ends of the rock bolt.

6.4.4 Analysis and Discussion

6.4.4.1 Influence of Ratio of Elastic Modulus E_s/E on Shear Stress and Axial Force

Still taking the radius of the tunnel $R_0 = 3.0$ m, the length of the rock bolt $L = 1.5$ m, the diameter of the rock bolt $d_s = 2.5$ cm, and the rock bolt arranged along the positive direction of the x axis ($\theta = 0°$) with a spacing $S = 1.0$ m. The vertical in-situ stress is $\sigma_v = 15.0$ Mpa, Poisson's ratio is $\mu = 0.25$, and the displacement release coefficient is $\eta = 0$. Using the method mentioned above, the ratio of shear stress on the rock bolt to vertical in-situ stress σ_v and the distribution of axial force of the rock bolt can be obtained when the ratio of elastic modulus between the rock bolt and surrounding rock E_s/E is 1, 5, 10, 50, and 100, respectively, under three conditions of lateral pressure coefficient λ being 0.5, 1.0, and 1.5. When the elastic modulus of the rock bolt E_s is taken as a constant, different ratios of E_s/E represent

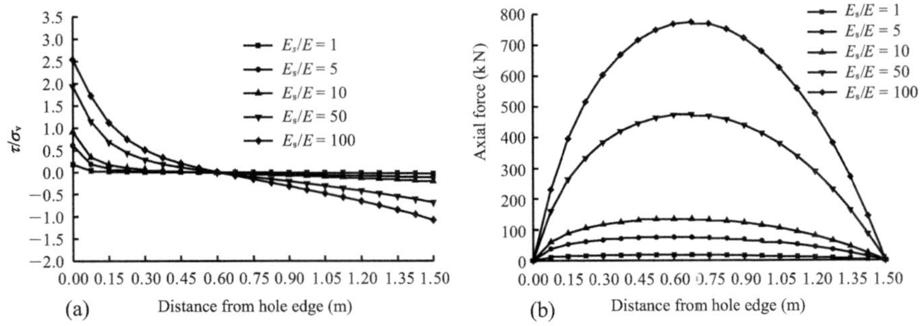

Fig. 6.24 Distribution of shear stress and axial force along the bolt with different Young's modulus of rock mass (λ = 0.5) **a** Distribution of shear stress **b** Distribution of axial force

different characteristics of surrounding rock. The results of the calculations are shown in Figs. 6.24, 6.25, and 6.26.

From Figs. 6.24, 6.25, and 6.26, it can be seen that regardless of the lateral pressure coefficient λ, as the elastic modulus of the surrounding rock decreases, the shear force and axial force on the rock bolt increase, especially at the two ends of the rock bolt. This is mainly because the lower the elastic modulus of the surrounding rock, the softer the rock mass, and the easier the deformation of the surrounding rock. As the elastic modulus of the rock bolt is relatively large, it needs to limit this deformation, which inevitably causes an increase in the shear force and axial force of the rock bolt.

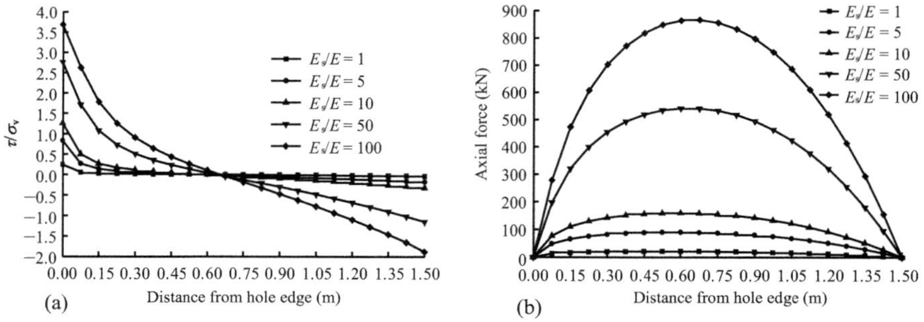

Fig. 6.25 Distribution of shear stress and axial force along the bolt with different Young's modulus of rock mass ($\lambda = 1.0$) **a** Distribution of shear stress **b** Distribution of axial force

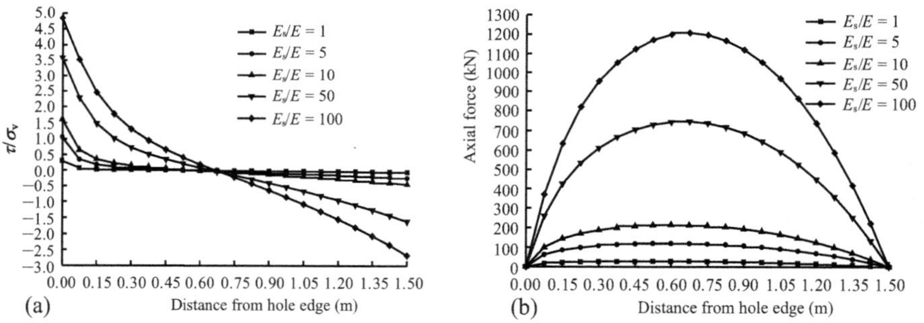

Fig. 6.26 Distribution of shear stress and axial force along the bolt with different Young's modulus of rock mass ($\lambda = 1.5$) **a** Distribution of shear stress **b** Distribution of axial force

6.4.4.2 Influence of Bolt Length on Shear Stress and Axial Force

For a tunnel with a radius of $R_0 = 4.75$ m, the diameter of the rock bolt $d_s = 2.0$ cm. and the rock bolt arranged along the positive direction of the x axis ($\theta = 0°$) with a spacing $S = 1.0$ m. The in-situ stress σ_v is 8.0 MPa, Poisson's ratio is $\mu = 0.25$, and the displacement release coefficient is $\eta = 0$. The elastic modulus of the rock bolt $E_s = 210$ GPa, and the elastic modulus of the surrounding rock $E = 5$ GPa, so $E_s/E = 42.0$. Using the method mentioned above, the ratio of shear stress to vertical in-situ stress σ_v of the rock bolt and the distribution of axial force can be obtained when the lateral pressure coefficient λ is 0.5, 1.0, and 1.5, and L is 1 m, 2 m, 3 m, 4 m, 5 m, and 6 m, as shown in Figs. 6.27, 6.28, and 6.29.

From Figs. 6.27, 6.28, and 6.29, it can be seen that no matter how large the lateral pressure coefficient λ, and the length of the rock bolt L are, the shear stress distribution on the rock bolt conforms to the neutral point theory. As the length of

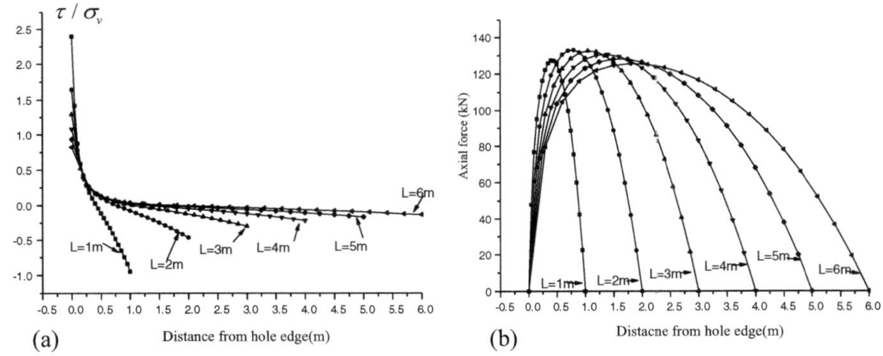

Fig. 6.27 Distribution of shear stress and axial force along the bolt with different lengths of bolt (λ = 0.5) : **a** Distribution of shear stress **b** Distribution of axial force

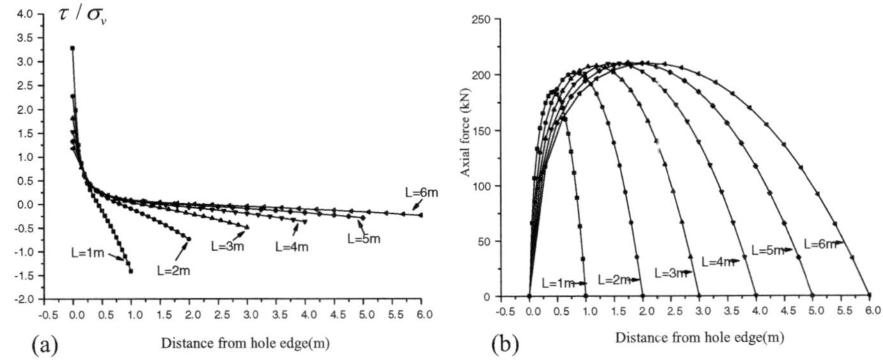

Fig. 6.28 The distribution of shear stress and axial force along the bolt with different lengths of bolt(λ = 1.0): **a** Distribution of shear stress **b** Distribution of axial force

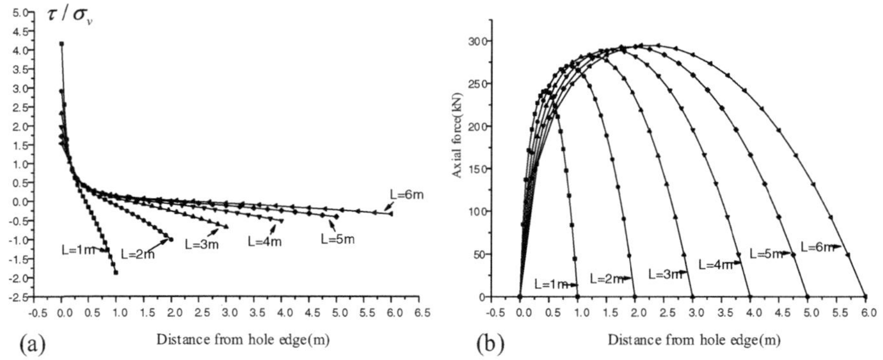

Fig. 6.29 Distribution of shear stress and axial force along the bolt with different lengths of bolt ($\lambda = 1.5$) **a** Distribution of shear stress **b** Distribution of axial force

the rock bolt increases, the shear stress at the ends of the bolt becomes smaller and the shear stress distribution in the middle section becomes more uniform. When the length of the rock bolt exceeds a certain length, the maximum axial force value of the rock bolt remains essentially constant.

6.4.4.3 Shear Stress and Axial Force Distribution Under Various Rock Bolt Angles

Taking the radius of the tunnel $R_0 = 3.0$ m, the length of the rock bolt $L = 1.5$ m, the diameter of the rock bolt $d_s = 2.5$ cm, installment spacing $S = 1.0$ m. The vertical in-situ stress is $\sigma_v = 15.0$ MPa, Poisson's ratio is $\mu = 0.25$, the displacement release coefficient is $\eta = 0$,and the ratio of elastic modulus between the rock bolt and surrounding rock $E_s/E = 10.0$. Using the method mentioned above, the shear stress and axial force distribution of the rock bolt can be obtained for different rock bolt angles $\theta = 0°, 30°, 60°, 90°$ when lateral pressure coefficient λ being 0.5 and 1.5, as shown in Figs. 6.30 and 6.31.

From Figs. 6.30 and 6.31, it can be seen that when the lateral pressure coefficient $\lambda = 0.5$, the rock bolt located on the $\theta = 0°$ line has the smallest shear stress and axial force. As θ increases, the corresponding shear stress and axial force of the rock bolt become larger, and the rock bolt located on the $\theta = 90°$ line has the maximum shear stress and axial force. This indicates that the shear stress and axial force of the rock bolt are maximum when it is arranged along the direction of maximum in-situ stress.

When the lateral pressure coefficient $\lambda = 1.5$, the distribution rule of shear stress and axial force for each rock bolt within the range (0° ~ 90°) is opposite to that of the previous case. That is, the rock bolt located on the $\theta = 0°$ line has the maximum shear stress and axial force, and as θ increases, the corresponding shear stress and axial force of the rock bolt become smaller. The axial force of the rock bolt located

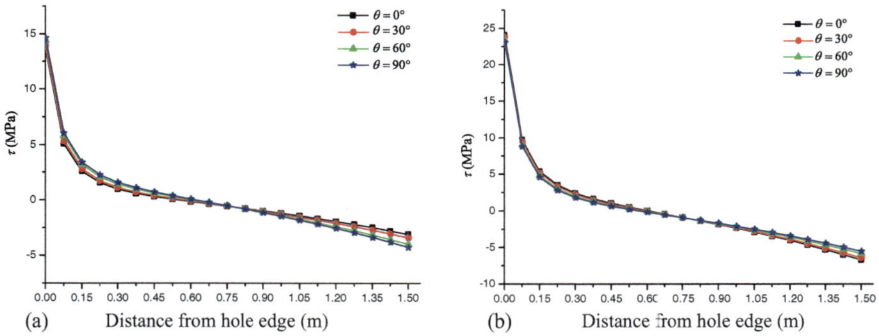

Fig. 6.30 The distribution of shear stress along the bolt with different bolt arrangement angles: **a** (λ = 0.5); **b** (λ = 1.5)

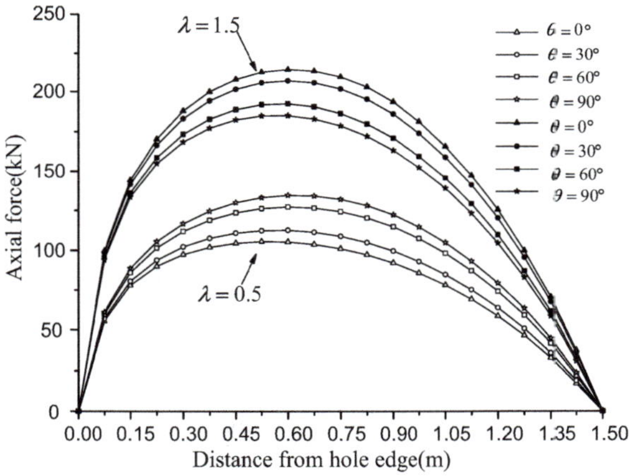

Fig. 6.31 Axial force distribution of the rock bolt along the bolt with different bolt angles

on the $\theta = 90°$ line is minimum, indicating that the shear stress and axial force of the rock bolt are minimum when it is arranged along the direction of minimum in-situ stress.

6.4.5 Conclusions

In this section, assuming that the rock mass and rock bolt are elastic, and utilizing the displacement analytical solution of a deep-buried circular tunnel under concentrated force on the surrounding rock, the contact shear stress distribution and axial force calculation method of the fully bonded rock bolt are established, with the results in line with the neutral point theory.

The larger the ratio of rock bolt elasticity modulus to surrounding rock elasticity modulus, the greater the shear stress and axial force borne by the rock bolt. This indicates that the softer the surrounding rock, the greater the shear stress and axial force borne by the rock bolt, especially the shear stress is maximum at the positions close to the rock bolt endpoints. In this region, there is the greatest possibility of sliding between the rock bolt and the surrounding rock. Through the discussion of different installation angles of the rock bolt, it can be concluded that the rock bolt arranged along the direction of maximum in-situ stress has the maximum shear stress and axial force, while the rock bolt arranged along the direction of minimum in-situ stress has the minimum shear stress and axial force.

In terms of rock bolt length, regardless of the lateral pressure coefficient and the length of the rock bolt, the distribution trend of the contact shear stress on the rock bolt is generally the same and in line with the neutral point theory. The shear stress value decreases and the distribution gradually becomes more uniform as the length of the rock bolt increases. Additionally, it can be observed that when the length of the rock bolt increases to a certain value, the maximum axial force borne by the rock bolt remains relatively constant. This means that an excessively long rock bolt cannot significantly increase the axial force it can bear; thus, an overly long rock bolt cannot play a significant mechanical role.

This section only discusses the case of a single fully bonded rock bolt arranged in surrounding rock with a circular tunnel. For the case of multiple rock bolts, Reference [19] also analyzed and discussed this scenario and obtained results similar to those in this section. This is because the rock bolt is a thin rock bolt that occupies a small proportion of the surrounding rock volume and has limited overall stiffness. Furthermore, the spacing between the rock bolts is relatively large, so the mutual influence between them is minimal. Reference [20] also analyzed the solution method for the combined support of rock bolts and lining.

6.5 Analytical Solution for a Deep Non-circular Tunnel Subjected to Outside Concentrated Force

6.5.1 Solution for an Infinite Plane Subjected to Outside Concentrated Force

At point O_j outside the boundary of the planned excavation L, a concentrated force F_j is applied (as shown in Fig. 6.32), with components along the x axis and y axis represented by X_j and Y_j, respectively. The action effects of the planned excavation zone $L+$ on the surrounding rock zone $L-$ can be replaced by the equivalent distributed surface forces X_n and Y_n distributed along the boundary of the planned excavation L.

For the case of an infinite domain with no hole and only one concentrated force F_j applied within the domain, the two corresponding analytic functions are given by

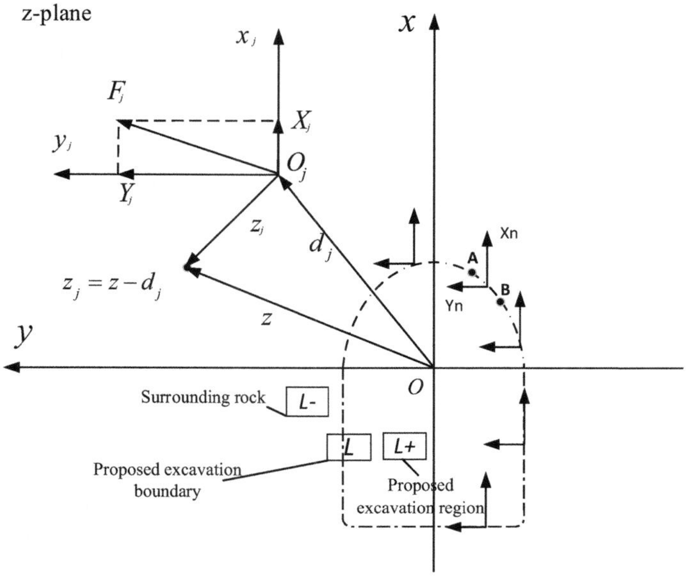

Fig. 6.32 Concentrated force acting on an infinite field without hole

Eqs. (6.5 and 6.6).

$$\begin{cases} \varphi_1(z) = -\dfrac{X_j + iY_j}{2\pi(1+\kappa)} \ln(z - d_j) \\ \psi_1(z) = \dfrac{\kappa(X_j - iY_j)}{2\pi(1+\kappa)} \ln(z - d_j) + \overline{d}_j \dfrac{X_j + iY_j}{2\pi(1+\kappa)} \dfrac{1}{z - d_j} \end{cases} \tag{6.66}$$

New symbols are used here, where $d_j = -c_j$.

6.5.2 *Analytic Functions for Problem of a Hole Subjected to Reversed Surface Forces at Boundary*

Excavating a tunnel in an infinite domain means that the rock inside $L+$ is removed, and reversed surface forces $(-X_n, -Y_n)$ are applied on the boundary of the excavation hole L (Fig. 6.33). The two analytic functions $\varphi_2(z)$ and $\psi_2(z)$ only for the action of $(-X_n, -Y_n)$ can be obtained using Eq. (6.67).

$$\begin{aligned} &\varphi_2(z) + z\overline{\varphi_2'(z)} + \overline{\psi_2(z)} \\ &\quad = -\left[\varphi_1(z) + z\overline{\varphi_1'(z)} + \overline{\psi_1(z)}\right] \end{aligned}$$

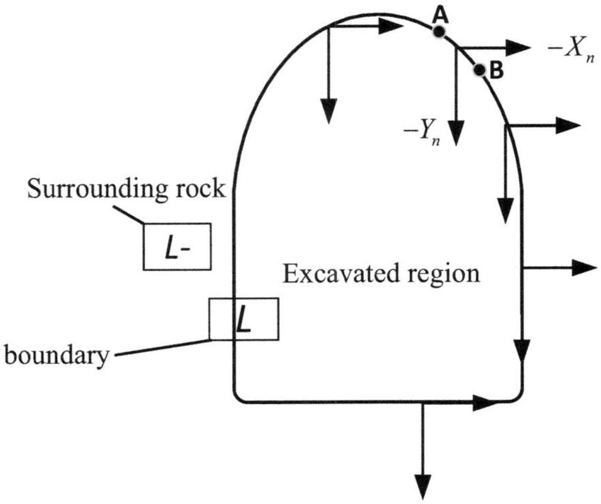

Fig. 6.33 Application of reversed surface forces on the boundary of the tunnel

$$
= -\begin{bmatrix} -\dfrac{X_j + iY_j}{2\pi(1+\kappa)} \ln\left(z - d_j\right) - z\dfrac{X_j - iY_j}{2\pi(1+\kappa)} \dfrac{1}{\overline{z} - \overline{d}_j} \\ +\dfrac{\kappa\left(X_j + iY_j\right)}{2\pi(1+\kappa)} \ln\left(\overline{z} - \overline{d}_j\right) + d_j\dfrac{X_j - iY_j}{2\pi(1+\kappa)} \dfrac{1}{\overline{z} - \overline{d}_j} \end{bmatrix}, \ z \in L \qquad (6.67)
$$

To solve $\varphi_2(z)$ and $\psi_2(z)$, the mapping function Eq. (1.1) from Chap. 1 is used to map the exterior of the hole in the z plane to the exterior of the unit circle in the ζ plane. The functions $\varphi_2(z)$ and $\psi_2(z)$ are also transformed into functions of ζ and represented with the same function symbols, that is, $\varphi_2(\zeta)$ and $\psi_2(\zeta)$.

6.5.2.1 Determination of $\varphi_2(\zeta)$

Equation (6.67) can be expressed on the unit circle of the ζ plane as:

$$
\begin{aligned}
&\varphi_2(\sigma) + \frac{\omega(\sigma)}{\overline{\omega'(\sigma)}}\overline{\varphi_2'(\sigma)} + \overline{\psi_2(\sigma)} \\
&= -\frac{1}{2\pi(1+\kappa)} \left\{ \begin{aligned} &-F_j \ln\left[\omega(\sigma) - d_j\right] - \overline{F}_j \frac{\omega(\sigma)}{\overline{\omega(\sigma)} - \overline{d}_j} \\ &+\kappa F_j \ln\left[\overline{\omega(\sigma)} - \overline{d}_j\right] + d_j\overline{F}_j \frac{1}{\overline{\omega(\sigma)} - \overline{d}_j} \end{aligned} \right\}
\end{aligned} \qquad (6.68)
$$

Applying the Cauchy integral operator to both sides of Eq. (6.68) can solve for $\varphi_2(\zeta)$ and $\psi_2(\zeta)$. The Cauchy integral of $\varphi_2(\sigma)$ is $-\varphi_2(\zeta) + \varphi_2(\infty)$, and the Cauchy integral of $\overline{\psi_2(\zeta)}$ is 0. The focus will now be on the Cauchy integral of the other terms in Eq. (6.68).

(1) $\ln[\omega(\sigma) - d_j]$ is the boundary value of $\ln[\omega(\zeta) - d_j]$, it can be processed as follows:

$$\begin{aligned}\ln[\omega(\zeta) - d_j] &= \ln\left[R\left(\zeta + C_0 + \sum_{k=1}^{n} C_k\zeta^{-k}\right) - d_j\right] \\ &= \ln\left\{R\left[\frac{\zeta^{n+1} + \left(C_0 - \frac{d_j}{R}\right)\zeta^n + C_1\zeta^{n-1} + \cdots + C_{n-1}\zeta + C_n}{\zeta^n}\right]\right\} \\ &= \ln\left\{R\left[\frac{(\zeta - e_1)(\zeta - e_2)\cdots(\zeta - e_n)(\zeta - e_{n+1})}{\zeta^n}\right]\right\}\end{aligned} \tag{6.69}$$

For $\omega(\zeta) - d_j = 0$, there is only one root whose modulus is greater than or equal to 1. Let it be e_{n+1}, so $|e_{n+1}| \geq 1$ and $|e_k| < 1(k = 1,2,\ldots,n)$. Therefore, Eq. (6.69).can be written as:

$$\begin{aligned}&\ln[\omega(\zeta) - d_j] \\ &= \left[\ln\left(1 - \frac{e_1}{\zeta}\right) + \ln\left(1 - \frac{e_2}{\zeta}\right) + \cdots + \ln\left(1 - \frac{e_n}{\zeta}\right)\right] + \ln R + \ln(\zeta - e_{n+1})\end{aligned} \tag{6.70}$$

Due to $\ln\left(1 - \frac{e_j}{\zeta}\right)$ being an analytic function outside the unit circle, and $\ln(\zeta - e_{n+1})$ being an analytic function inside the unit circle, it follows:

$$\frac{1}{2\pi i}\oint_{\gamma} \frac{\ln[\omega(\sigma) - d_j]}{\sigma - \zeta} d\sigma = -\left[\ln\left(1 - \frac{e_1}{\zeta}\right) + \ln\left(1 - \frac{e_2}{\zeta}\right) + \cdots + \ln\left(1 - \frac{e_n}{\zeta}\right)\right] \tag{6.71}$$

(2) $\ln\left[\overline{\omega(\sigma)} - \overline{d}_j\right]$ is the conjugate of $\ln[\omega(\sigma) - d_j]$, it can be proven that $\ln\left[\overline{\omega(\sigma)} - \overline{d}_j\right]$ has:

$$\frac{1}{2\pi i}\oint_{\gamma} \frac{\ln\left[\overline{\omega(\sigma)} - \overline{d}_j\right]}{\sigma - \zeta} d\sigma = -\ln\left(1 - \frac{1}{\overline{e}_{n+1}\zeta}\right) \tag{6.72}$$

(3) $\frac{1}{\overline{\omega(\sigma)}-\overline{d}_j}$ is the boundary value of $\frac{1}{\overline{\omega}\left(\frac{1}{\zeta}\right)-\overline{d}_j}$, it can be processed as follows:

$$\begin{aligned}
\frac{1}{\overline{\omega}\left(\frac{1}{\zeta}\right)-\overline{d}_j} &= \frac{1}{R\left(\frac{1}{\zeta}+C_0+\sum\limits_{k=1}^{n} C_k\zeta^k\right)-\overline{d}_j} \\
&= \frac{1}{RC_n}\frac{\zeta}{(\zeta-f_1)(\zeta-f_2)\cdots(\zeta-f_n)(\zeta-f_{n+1})} \\
&= \frac{1}{RC_n}\left[\frac{A}{\zeta-f_{n+1}}+\frac{B(\zeta)}{(\zeta-f_1)(\zeta-f_2)\cdots(\zeta-f_n)}\right]
\end{aligned} \tag{6.73}$$

where $f_k=\frac{1}{\overline{e}_k}(k=1,2,\ldots,n+1)$, $B(\zeta)=B_0+B_1\zeta+B_2\zeta^2+\cdots+B_{n-1}\zeta^{n-1}$.

A, B_0, B_1, …, B_{n-1} can be obtained from Eq. (6.73) and the solution procedure can be found in the Appendix of this chapter.

Since $\frac{A}{\zeta-f_{n+1}}$ is the analytic function outside the unit circle, while $\frac{B(\zeta)}{(\zeta-f_1)(\zeta-f_2)\cdots(\zeta-f_n)}$ is the analytic function inside the unit circle, so we have:

$$\frac{1}{2\pi i}\oint_{\gamma}\frac{\frac{1}{\overline{\omega(\sigma)}-\overline{d}_j}}{\sigma-\zeta}d\sigma=-\frac{1}{RC_n}\frac{A}{\zeta-f_{n+1}} \tag{6.74}$$

(4) As $\omega(\sigma)\frac{1}{\overline{\omega(\sigma)}-\overline{d}_j}$ is the boundary value of $\omega(\zeta)\frac{1}{\overline{\omega}\left(\frac{1}{\zeta}\right)-\overline{d}_j}$, according to Eq. (6.73), it can be expanded and written as:

$$\begin{aligned}
\omega(\zeta)\frac{1}{\overline{\omega}\left(\frac{1}{\zeta}\right)-\overline{d}_j} &= \frac{1}{C_n}\left[(\zeta+C_0)+\sum_{k=1}^{n}\left(C_k\zeta^{-k}\right)\right] \\
&\quad \left[\frac{A}{\zeta-f_{n+1}}+\frac{B(\zeta)}{(\zeta-f_1)(\zeta-f_2)\cdots(\zeta-f_n)}\right] \\
&= \left[\frac{1}{C_n}(\zeta+C_0)\frac{A}{\zeta-f_{n+1}}\right]+\left[\frac{1}{C_n}\left(\sum_{k=1}^{n}C_k\zeta^{-k}\right)\frac{A}{\zeta-f_{n+1}}\right] \\
&\quad +\left[\frac{1}{C_n}(\zeta+C_0)\frac{B(\zeta)}{(\zeta-f_1)(\zeta-f_2)\cdots(\zeta-f_n)}\right] \\
&\quad +\frac{1}{C_n}\frac{\left(\sum\limits_{k=1}^{n}C_k\zeta^{-k}\right)B(\zeta)}{(\zeta-f_1)(\zeta-f_2)\cdots(\zeta-f_n)}
\end{aligned} \tag{6.75}$$

In the equation, the first and second terms on the right-hand side are analytic functions outside the unit circle, the third term is an analytic function inside the unit circle. The fourth term needs further analysis. Expanding the fourth term yields:

$$\frac{1}{C_n}\frac{\left(H_0 + H_1\zeta + H_2\zeta^2 + \cdots + H_{n-2}\zeta^{n-2}\right)}{(\zeta - f_1)(\zeta - f_2)\cdots(\zeta - f_n)} + \frac{1}{C_n}\frac{\left(H_{-n}\zeta^{-n} + H_{-n+1}\zeta^{-n+1} + \cdots + H_{-1}\zeta^{-1}\right)}{(\zeta - f_1)(\zeta - f_2)\cdots(\zeta - f_n)} \tag{6.76}$$

It can be seen that the first term is an analytic function inside the unit circle, and further analysis is needed for the second term. The subsequent derivation does not require H_l, but requires H_{-l}, which is:

$$H_{-l} = \sum_{k=1}^{n+1-l} (B_{k-1} \cdot C_{l+k-1})(l = 1, \cdots, n) \tag{6.77}$$

Next, we analyze the second term, whose denominator is an analytic function inside the unit circle, and whose numerator is an analytic function inside the unit circle but has at most an n-th order pole at $\zeta = 0$. Therefore, the second term is an analytic function inside the unit circle, but when $\zeta = 0$, it has at most an n-th order pole. It can be proved that the second term is:

$$\frac{M_0 + M_1\zeta + M_2\zeta^2 + \cdots + M_n\zeta^n}{\zeta^n\left[1 + \left(C_0 - \frac{\bar{d}_j}{R}\right)\zeta + C_1\zeta^2 + \cdots + C_{n-1}\zeta^n + C_n\zeta^{n+1}\right]} = L_{-n}\zeta^{-n} + L_{-n+1}\zeta^{-n+1} + \cdots + L_{-1}\zeta^{-1} + L_0 + \sum_{k=1}^{\infty} L_k\zeta^k \tag{6.78}$$

Let

$$L(\zeta) = L_{-n}\zeta^{-n} + L_{-n+1}\zeta^{-n+1} + \cdots + L_{-1}\zeta^{-1} = \sum_{k=1}^{n} L_{-k}\zeta^{-k} \tag{6.79}$$

Thus, $L(\zeta)$ is an analytic function outside the unit circle, and $L_0 + \sum_{k=1}^{\infty} L_k\zeta^k$ is an analytic function inside the unit circle.
where

$$M_0 = -f_{n+1}H_{-n}$$

$$M_l = H_{-n+l-1} - f_{n+1}H_{-n+l},\ l = 1, \cdots, n-1$$

$$M_n = H_{-1}$$

$$L_{-n} = M_0$$

$$L_{-n+1} = M_1 - \left(C_0 - \overline{d}_j/R\right)L_{-n}$$

$$L_{-l} = M_{n-l} - \sum_{k=1}^{n-l-1} (C_{n-l-k}L_{k-1-n}) - \left(C_0 - \overline{d}_j/R\right)L_{-l-1}, l = n-2, \cdots, 1$$

In summary, we have:

$$\frac{1}{2\pi i}\oint_{\gamma} \frac{\omega(\sigma)\frac{1}{\overline{\omega(\sigma)}-\overline{d}_j}}{\sigma - \zeta} d\sigma = -\frac{1}{RC_n}\omega(\zeta)\frac{A}{\zeta - f_{n+1}} - L(\zeta) \tag{6.80}$$

(5) The Cauchy integral of the function $\frac{\omega(\sigma)}{\omega'(\sigma)}\overline{\varphi'_{(2)}(\sigma)}$ can be obtained following the derivation process in Chap. 2, with only a slight difference in the notation used in this context.

$$\frac{1}{2\pi i}\oint_{\gamma} \frac{\frac{\omega(\sigma)}{\omega'(\sigma)}\overline{\varphi'_{(2)}(\sigma)}}{\sigma - \zeta} d\sigma = -\left(S_{-n+2}\zeta^{-n+2} + S_{-n+3}\zeta^{-n+3} + \cdots + S_{-2}\zeta^{-2} + S_{-1}\zeta^{-1}\right) \tag{6.81}$$

where

$$S_{-l} = \sum_{k=1}^{n-1-l} (-kW_{-1-l-k}\overline{a}_k), \quad l = 0, 1, \ldots, n-2 \tag{6.82}$$

$W_{-n} = C_n, W_{-n+1} = C_{n-1}, W_{-l} = C_l + \sum_{k=1}^{n-1-l} (kC_k W_{-1-l-k}), l = 1, \cdots, (n-2)$, a_k is the coefficient of the analytic function $\varphi_2(\zeta)$,, that is: $\varphi_2(\zeta) = \sum_{k=1}^{\infty} a_k\zeta^{-k}$.

$$S(\zeta) = S_{-n+2}\zeta^{-n+2} + S_{-n+3}\zeta^{-n+3} + \cdots + S_{-2}\zeta^{-2} + S_{-1}\zeta^{-1} = \sum_{k=1}^{n-2} \left(S_{-k}\zeta^{-k}\right) \tag{6.83}$$

In summary, applying the Cauchy integral operator to both sides of the stress boundary condition Eq. (6.68) yields:

$$\varphi_2(\zeta) + S(\zeta) = K\left\{\begin{array}{l} F_j\left[\ln\left(1 - \frac{e_1}{\zeta}\right) + \ln\left(1 - \frac{e_2}{\zeta}\right) + \cdots + \ln\left(1 - \frac{e_n}{\zeta}\right)\right] \\ -\kappa F_j \ln\left(1 - \frac{f_{n+1}}{\zeta}\right) - \frac{d_j\overline{F}_j A}{RC_n}\frac{1}{\zeta - f_{n+1}} \\ +\frac{\overline{F}_j A}{RC_n}\frac{\omega(\zeta)}{\zeta - f_{n+1}} + K\overline{F}_j L(\zeta) \end{array}\right\} \tag{6.84}$$

where $K = \frac{1}{2\pi(1+\kappa)}$, which is not the Bulk modulus that appears earlier.

It can be seen from Eq. (6.82) that $s(\zeta)$ contains coefficients a_k ($k = 1, 2, \ldots, n-2$) to be determined. Therefore, the coefficients a_k should be determined first. Once the coefficients a_k are determined, $S(\zeta)$ can be calculated, and then $\varphi_2(\zeta)$ can be obtained.

For the case where the domain lies outside of the unit circle $|\zeta| \geq 1$, the logarithmic and fractional functions in the above equation can be expressed as infinite series as follows:

$$\ln\left(1 - \frac{e_l}{\zeta}\right) = \sum_{k=1}^{\infty}\left(-\frac{1}{k}e_l^k\zeta^{-k}\right), l = 1, 2, \cdots, n$$

$$\ln\left(1 - \frac{f_{n+1}}{\zeta}\right) = \sum_{k=1}^{\infty}\left(-\frac{1}{k}f_{n+1}^k\zeta^{-k}\right)$$

$$\frac{1}{\zeta - f_{n+1}} = \frac{1}{\zeta}\left(\sum_{k=1}^{\infty} f_{n+1}^{k-1}\zeta^{-k+1}\right) = \sum_{k=1}^{\infty}\left(f_{n+1}^{k-1}\zeta^{-k}\right)$$

$$\begin{aligned} \frac{1}{R}\omega(\zeta)\frac{1}{\zeta - f_{n+1}} &= \left(\zeta + C_0 + C_1\zeta^{-1} + \cdots + C_n\zeta^{-n}\right)\left(\sum_{k=1}^{\infty} f_{n+1}^{k-1}\zeta^{-k}\right) \\ &= \left[T_0 + T_{-1}\zeta^{-1} + T_{-2}\zeta^{-2} + \cdots + T_{-n+2}\zeta^{-n+2}\right. \\ &\quad \left. + T_{-n+1}\zeta^{-n+1} + \left(\sum_{k=n}^{\infty} T_{-k}\zeta^{-k}\right)\right] \end{aligned}$$

where

$$T_0 = 1$$

$$T_{-1} = C_0 + f_{n+1}$$

$$T_{-l} = C_{l-1} + f_{n+1}^l + \sum\nolimits_{k=2}^{l}\left(C_{k-2}f_{n+1}^{l-k+1}\right), l = 2, \cdots, n-1$$

Therefore, Eq. (6.82) can be written as a power series of ζ:

$$\sum_{k=0}^{\infty}\left(a_k\zeta^{-k}\right)+\sum_{k=1}^{n-2}S_{-k}\zeta^{-k}=-KF_j\left[\sum_{l=1}^{n}\left(\sum_{k=1}^{\infty}\frac{1}{k}e_l^k\zeta^{-k}\right)\right]$$
$$+K\kappa F_j\left(\sum_{k=1}^{\infty}\frac{1}{k}f_{n+1}^k\zeta^{-k}\right)-\frac{Kd_j\bar{F}_jA}{RC_n}\left(\sum_{k=1}^{\infty}f_{n+1}^{k-1}\zeta^{-k}\right)$$
$$+\frac{K\bar{F}_jA}{C_n}\left[\left(\sum_{k=0}^{n-1}T_{-k}\zeta^{-k}\right)+\left(\sum_{k=n}^{\infty}T_{-k}\zeta^{-k}\right)\right]+K\bar{F}_j\left(\sum_{k=1}^{n}L_{-k}\zeta^{-k}\right) \tag{6.85}$$

Combining Eqs. (6.82 and 6.85), and comparing the coefficients of the terms $\zeta^{-1},\zeta^{-2},\ldots,\zeta^{-n+1}$ on both sides of the equations, n-1 complex linear equations can be obtained. Then, taking the conjugate of both sides of the complex linear equations, we can obtain another $n-1$ complex linear equations. The general formula of the equations can be written as:

$$a_l+\sum_{k=1}^{n-1-l}\left(-kW_{-1-l-k}\overline{a}_k\right)=-KF_j\left(\sum_{k=1}^{n}\frac{1}{l}e_k^l\right)+K\kappa F_j\left(\frac{1}{l}f_{n+1}^l\right)$$
$$-\frac{Kd_j\overline{F}_jA}{RC_n}f_{n+1}^{l-1}+\frac{K\overline{F}_jA}{C_n}T_{-l}+K\overline{F}_jL_{-l}\,,l=1,\cdots,n-2 \tag{6.86}$$

$$a_l=-KF_j\left(\sum_{k=1}^{n}\frac{1}{l}e_k^l\right)+K\kappa F_j\left(\frac{1}{l}f_{n+1}^l\right)$$
$$-\frac{Kd_j\overline{F}_jA}{RC_n}f_{n+1}^{l-1}+\frac{K\overline{F}_jA}{C_n}T_{-l}+K\overline{F}_jL_{-l},l=n-1 \tag{6.87}$$

$$\overline{a}_l+\sum_{k=1}^{n-1-l}\left(-kW_{-1-l-k}a_k\right)=-K\overline{F}_j\left(\sum_{k=1}^{n}\frac{1}{l}\overline{e}_k^l\right)+K\kappa\overline{F}_j\left(\frac{1}{l}\overline{f}_{n+1}^l\right)$$
$$-\frac{K\overline{d}_jF_j\overline{A}}{RC_n}\overline{f}_{n+1}^{l-1}+KF_j\frac{\overline{A}}{C_n}\overline{T}_{-l}+KF_j\overline{L}_{-l},l=1,\cdots,n-2 \tag{6.88}$$

$$\overline{a}_l=-K\overline{F}_j\left(\sum_{k=1}^{n}\frac{1}{l}\overline{e}_k^l\right)+K\kappa\overline{F}_j\left(\frac{1}{l}\overline{f}_{n+1}^l\right)$$
$$-\frac{K\overline{d}_jF_j\overline{A}}{RC_n}\overline{f}_{n+1}^{l-1}+\frac{KF_j\overline{A}}{C_n}\overline{T}_{-l}+KF_j\overline{L}_{-l},l=n-1 \tag{6.89}$$

From Eq. (6.86), a system of complex linear equations with respect to $a_1, a_2,\cdots, a_{n-1}$ and $\overline{a}_1,\overline{a}_2,\cdots,\overline{a}_{n-1}$ can be obtained, consisting of $2n-2$ equations. Therefore,

$2n-2$ complex coefficients can be calculated. By substituting these coefficients into Eq. (6.82), we can find the complex coefficient $S_0, S_{-1}, \cdots, S_{-n+2}$.

Ultimately,$\varphi_2(\zeta)$ can be derived as:

$$\varphi_2(\zeta) = KF_j\left[\sum_{k=1}^{n}\ln\left(1-\frac{e_k}{\zeta}\right)\right] - K\kappa F_j\ln\left(1-\frac{f_{n+1}}{\zeta}\right) - \frac{Kd_j\overline{F}_jA}{RC_n}\frac{1}{\zeta-f_{n+1}}$$
$$+\frac{K\overline{F}_jA}{RC_n}\frac{\omega(\zeta)}{\zeta-f_{n+1}} + K\overline{F}_jL(\zeta) - S(\zeta) \tag{6.90}$$

6.5.2.2 Determination of $\psi_2(\zeta)$

Taking the conjugate of both sides of stress boundary condition Eq. (6.68), we obtain the conjugate of stress boundary condition equation as follows:

$$\overline{\varphi_2(\sigma)} + \frac{\overline{\omega(\sigma)}}{\omega'(\sigma)}\varphi'_{(2)}(\sigma) + \psi_2(\sigma)$$
$$= -\frac{1}{2\pi(1+\kappa)}\left\{\begin{array}{l} -\overline{F}_j\ln\left[\overline{\omega(\sigma)}-\overline{d}_j\right] - F_j\overline{\omega(\sigma)}\dfrac{1}{\omega(\sigma)-d_j} \\ +\kappa\overline{F}_j\ln\left[\omega(\sigma)-d_j\right] + \overline{d}_jF_j\dfrac{1}{\omega(\sigma)-d_j}\end{array}\right\} \tag{6.91}$$

The Cauchy integral of the first term on the left-hand side is 0, and that of the third term is $-\psi_2(\zeta)$. The first and third terms on the right-hand side have been discussed earlier, and the focus will now be on the integration of the other terms.

(1) $\frac{1}{\omega(\sigma)-d_j}$ is the boundary value of $\frac{1}{\omega(\zeta)-d_j}$, which can be expanded as:

$$\frac{1}{\omega(\zeta)-d_j} = \frac{1}{R\left(\zeta + C_0 + \sum\limits_{k=1}^{n} C_k\zeta^{-k}\right) - d_j}$$
$$= \frac{1}{R}\frac{\zeta^n}{(\zeta-e_1)(\zeta-e_2)\cdots(\zeta-e_n)(\zeta-e_{n+1})}$$
$$= \frac{1}{R}\left[\frac{A(\zeta)}{(\zeta-e_1)(\zeta-e_2)\cdots(\zeta-e_n)} + \frac{B}{\zeta-e_{n+1}}\right] \tag{6.92}$$

where $A(\zeta) = A_0 + A_1\zeta + A_2\zeta^2 + \cdots + A_{n-1}\zeta^{n-1}$, and it is easy to know that $\frac{A(\zeta)}{(\zeta-e_1)(\zeta-e_2)\cdots(\zeta-e_n)}$ is an analytic function outside the unit circle and $\frac{B}{\zeta-e_{n+1}}$ is an analytic function inside the unit circle.

Thus, taking the Cauchy integral of the function term $\frac{1}{\omega(\sigma)-d_j}$, we have:

$$\frac{1}{2\pi i}\oint_{\gamma}\frac{\frac{1}{\omega(\sigma)-d_j}}{\sigma-\zeta}d\sigma=-\frac{1}{R}\frac{A(\zeta)}{(\zeta-e_1)(\zeta-e_2)\cdots(\zeta-e_n)}=-\frac{1}{R}\frac{A(\zeta)}{O(\zeta)} \tag{6.93}$$

where $O(\zeta)=O_0+O_1\zeta+O_2\zeta^2+\cdots+O_n\zeta^n=(\zeta-e_1)(\zeta-e_2)\cdots(\zeta-e_n)$, The solutions for $A_0, A_1,\ldots, A_{n-1}$ can be found in Appendix.

In fact, using the property that the conjugate of the boundary values of an analytic function outside (inside) the unit circle is always the boundary values of an analytic function inside (outside) the unit circle, the integral of equation $\frac{1}{\omega(\sigma)-d_j}$ can be directly calculated based on the discussion of $\frac{1}{\overline{\omega(\sigma)-\overline{d}_j}}$ earlier.

(2) $\overline{\omega(\sigma)}\frac{1}{\omega(\sigma)-d_j}$ is the boundary value of $\overline{\omega}\left(\frac{1}{\zeta}\right)\frac{1}{\omega(\zeta)-d_j}$, which can be expanded as:

$$\begin{aligned}
&\overline{\omega}\left(\frac{1}{\zeta}\right)\frac{1}{\omega(\zeta)-d_j}\\
&=R\left[\left(\frac{1}{\zeta}+C_0\right)+\left(\sum_{k=1}^{n}C_k\zeta^k\right)\right]\\
&\frac{1}{R}\left[\frac{A(\zeta)}{(\zeta-e_1)(\zeta-e_2)\cdots(\zeta-e_n)}+\frac{B}{(\zeta-e_{n+1})}\right]\\
&=\left[\begin{array}{c}\left(\frac{1}{\zeta}+C_0\right)\frac{A(\zeta)}{(\zeta-e_1)(\zeta-e_2)\cdots(\zeta-e_n)}+\left(\sum_{k=1}^{n}C_k\zeta^k\right)\frac{B}{\zeta-e_{n+1}}\\
+\left(\frac{1}{\zeta}+C_0\right)\frac{B}{\zeta-e_{n+1}}+\frac{\left(\sum_{k=1}^{n}C_k\zeta^k\right)A(\zeta)}{(\zeta-e_1)(\zeta-e_2)\cdots(\zeta-e_n)}\end{array}\right]
\end{aligned} \tag{6.94}$$

In the equation, the first term is an analytic function outside the unit circle, and the second term is an analytic function inside the unit circle. The third and fourth terms require further analysis.

For the third term:

$$\frac{C_0B}{\zeta-e_{n+1}}+\frac{B}{\zeta\cdot(\zeta-e_{n+1})}=\frac{C_0B}{\zeta-e_{n+1}}-\frac{D}{\zeta-e_{n+1}}+\frac{D}{\zeta} \tag{6.95}$$

where $D=-B/e_{n+1}$.

The first and second terms on the right side are analytic functions inside the unit circle, while the third term is an analytic function outside the unit circle.

For the fourth term:

$$\begin{aligned}
&\frac{\left(C_1\zeta+C_2\zeta^2+\cdots+C_n\zeta^n\right)\left(A_0+A_1\zeta+\cdots+A_{n-1}\zeta^{n-1}\right)}{O_0+O_1\zeta+O_2\zeta^2+\cdots+O_n\zeta^n}\\
&=\frac{\left(I_1\zeta+I_2\zeta^2+\cdots+I_n\zeta^n\right)}{O_0+O_1\zeta+O_2\zeta^2+\cdots+O_n\zeta^n}
\end{aligned}$$

$$+\frac{\left(I_{n+1}\zeta^{n+1}+I_{n+2}\zeta^{n+2}+\cdots+I_{2n-1}\zeta^{2n-1}\right)}{O_0+O_1\zeta+O_2\zeta^2+\cdots+O_n\zeta^n} \tag{6.96}$$

where

$$I_l=\sum_{k=1}^{l}C_kA_{l-j},\ l=1,\cdots,n$$

$$I_l=\sum_{k=1}^{2n-l}C_{n+1-k}A_{l-n-1+k},\ l=n+1,\cdots,2n-1$$

The first term is an analytic function outside the unit circle, and the second term is an analytic function outside the unit circle as well. However, when $|\zeta|\to\infty$, it has at most *n*-1 order poles and can be expressed in the following form:

$$\frac{\left(I_{n+1}\zeta^{n+1}+I_{n+2}\zeta^{n+2}+\cdots+I_{2n-1}\zeta^{2n-1}\right)}{O_0+O_1\zeta+O_2\zeta^2+\cdots+O_n\zeta^n}=P(\zeta)+P_0+\sum_{k=1}^{\infty}P_{-k}\zeta^{-k} \tag{6.97}$$

where $P(\zeta)=P_{n-1}\zeta^{n-1}+P_{n-2}\zeta^{n-2}+\cdots+P_1\zeta$ is analytic functions inside the unit circle while $\sum_{k=1}^{\infty}P_{-k}\zeta^{-k}$ is an analytic function outside the unit circle.

where

$$P_{n-1}=I_{2n-1}$$

$$P_l=I_{l+n}-\sum_{k=1}^{n-1-l}O_{l+k}P_{n-k},\ l=n-2,\cdots,1$$

$$P_0=-\sum\nolimits_{k=1}^{n-1-l}O_{l+k}P_{n-k}$$

The integral of the boundary values of Eq. (6.97) is:

$$\frac{1}{2\pi i}\oint_{\gamma}\frac{\frac{\left(I_{n+1}\sigma^{n+1}+I_{n+2}\sigma^{n+2}+\cdots+I_{2n-1}\sigma^{2n-1}\right)}{O_0+O_1\sigma+O_2\sigma^2+\cdots+O_n\sigma^n}}{\sigma-\zeta}d\sigma$$
$$=-\sum_{k=1}^{\infty}P_{-k}\zeta^{-k}=-\frac{\left(I_{n+1}\zeta^{n+1}+I_{n+2}\zeta^{n+2}+\cdots+I_{2n-1}\zeta^{2n-1}\right)}{O_0+O_1\zeta+O_2\zeta^2+\cdots+O_n\zeta^n}$$
$$+P(\zeta)+P_0$$

Taking into account the analysis above, a Cauchy integral can be applied to the function term $\overline{\omega(\sigma)}\frac{1}{\omega(\sigma)-d_j}$, which yields:

$$\frac{1}{2\pi i}\oint_{\gamma}\frac{\overline{\omega(\sigma)}\frac{1}{\overline{\omega(\sigma)}-\bar{d}_j}}{\sigma-\zeta}d\sigma=-\left(\frac{1}{\zeta}+C_0\right)\frac{A(\zeta)}{O(\zeta)}-\frac{D}{\zeta}-\frac{I(\zeta)}{O(\zeta)}+P(\zeta)+P_0 \tag{6.98}$$

where $I(\zeta)=\left(I_1\zeta+I_2\zeta^2+\cdots+I_n\zeta^n\right)+\left(I_{n+1}\zeta^{n+1}+I_{n+2}\zeta^{n+2}+\cdots+I_{2n-1}\zeta^{2n-1}\right)$.

(3) The Cauchy integral of the function term $\frac{\overline{\omega(\sigma)}}{\omega'(\sigma)}\varphi_2'(\sigma)$ can be obtained following the derivation process in Chap. 2.

$$\frac{1}{2\pi i}\oint_{\gamma}\frac{\frac{\overline{\omega(\sigma)}}{\omega'(\sigma)}\varphi_2'(\sigma)}{\sigma-\zeta}d\sigma=-\frac{\overline{\omega}\left(\frac{1}{\zeta}\right)}{\omega'(\zeta)}\varphi_2'(\zeta)+\left[\overline{S}(\zeta)+\overline{S}_0\right] \tag{6.99}$$

where

$$\overline{S}(\zeta)=\sum_{k=1}^{n-2}\left(\overline{S}_{-k}\zeta^k\right) \tag{6.100}$$

Based on the above analysis, the final expression for the analytic function $\psi_2(\zeta)$ is:

$$\psi_2(\zeta)=\left\{\begin{array}{l} K\bar{F}_j\ln\left(1-\frac{f_{n+1}}{\zeta}\right)-K\kappa\bar{F}_j\left[\sum_{k=1}^{n}\ln\left(1-\frac{e_k}{\zeta}\right)\right]-\frac{K\bar{d}_jF_j}{R}\frac{A(\zeta)}{O(\zeta)} \\ +KF_j\left[\left(\frac{1}{\zeta}+C_0\right)\frac{A(\zeta)}{O(\zeta)}+\frac{D}{\zeta}+\frac{I(\zeta)}{O(\zeta)}-P(\zeta)\right] \\ -\frac{\overline{\omega}\left(\frac{1}{\zeta}\right)}{\omega'(\zeta)}\varphi_2'(\zeta)+\bar{S}(\zeta)+\bar{S}_0 \end{array}\right\} \tag{6.101}$$

6.5.3 *Analytic Functions for Problem of a Hole Subjected to Outside Concentrated Force*

Equation (6.66) gives the expressions for the solutions $\varphi_1(z)$ and $\psi_1(z)$ for a concentrated force acting within the domain without any holes. If the analytic functions for these solutions with ζ as the independent variable are denoted as $\varphi_1(\zeta)$ and $\psi_1(\zeta)$, then

$$\left\{\begin{array}{l} \varphi_1(\zeta)=-KF_j\ln\left[\omega(\zeta)-d_j\right] \\ \psi_1(\zeta)=K\kappa\overline{F}_j\ln\left[\omega(\zeta)-d_j\right]+K\overline{d}_jF_j\frac{1}{\omega(\zeta)-d_j} \end{array}\right. \tag{6.102}$$

By superimposing the obtained solutions $\varphi_2(\zeta)$ and $\psi_2(\zeta)$ with Eq. (6.102), the analytic function for a concentrated force acting only outside of the tunnel can be obtained. These analytic functions can be respectively denoted as $\varphi(\zeta)$ and $\psi(\zeta)$, yielding:

$$\begin{cases} \varphi(\zeta) = \varphi_1(\zeta) + \varphi_2(\zeta) \\ \psi(\zeta) = \psi_1(\zeta) + \psi_2(\zeta) \end{cases} \tag{6.103}$$

By combining Eqs. (6.70 and 6.92), then simplifying, we have:

$$\varphi(\zeta) = \begin{Bmatrix} -KF_j \ln(\zeta - e_{n+1}) - K\kappa F_j \ln\left(1 - \frac{f_{n+1}}{\zeta}\right) - \frac{Kd_j\overline{F}_jA}{RC_n}\frac{1}{\zeta - f_{n+1}} \\ +\frac{K\overline{F}_jA}{RC_n}\frac{\omega(\zeta)}{\zeta - f_{n+1}} + K\overline{F}_jL(\zeta) - S(\zeta) \end{Bmatrix} \tag{6.104}$$

The first derivative of $\varphi'(\zeta)$ with respect to $\varphi(\zeta)$ is:

$$\varphi'(\zeta) = \begin{Bmatrix} -\frac{KF_j}{\zeta - e_{n+1}} - K\kappa F_j\left(\frac{1}{\zeta - f_{n+1}} - \frac{1}{\zeta}\right) + \frac{Kd_j\overline{F}_jA}{RC_n}\frac{1}{(\zeta - f_{n+1})^2} \\ +\frac{K\overline{F}_jA}{RC_n}\frac{\omega'(\zeta)(\zeta - f_{n+1}) - \omega(\zeta)}{(\zeta - f_{n+1})^2} + K\overline{F}_jL'(\zeta) - S'(\zeta) \end{Bmatrix} \tag{6.105}$$

The specific expression for $\psi(\zeta)$ is:

$$\psi(\zeta) = \begin{Bmatrix} K\kappa\overline{F}_j \ln(\zeta - e_{n+1}) + \frac{K\overline{d}_jF_j}{R}\frac{B}{(\zeta - e_{n+1})} + K\overline{F}_j \ln\left(1 - \frac{f_{n+1}}{\zeta}\right) \\ +KF_j\left[\left(\frac{1}{\zeta} + C_0\right)\frac{A(\zeta)}{O(\zeta)} + \frac{D}{\zeta} + \frac{I(\zeta)}{O(\zeta)} - P(\zeta)\right] \\ -\frac{\overline{\omega}\left(\frac{1}{\zeta}\right)}{\omega'(\zeta)}\varphi_2'(\zeta) + \overline{S}(\zeta) + \overline{S}_0 \end{Bmatrix} \tag{6.106}$$

For an elliptical tunnel, Reference [21] provides the specific expressions for $\varphi(\zeta)$ and $\psi(\zeta)$, and obtains explicit expressions for stress and displacement. Reference

[22] discusses stress concentration problems for elliptical holes based on $\varphi(\zeta)$ and $\psi(\zeta)$.

6.6 Analytical Solutions for Non-circular Tunnel Reinforced by End Anchored Rock Bolts

6.6.1 Explicit Expression of the Analytic Functions with Respect to Bolt Axial Force

The force exerted by the end anchored rock bolt on the surrounding rock can be regarded as the concentrated force F_j to be solved, so when establishing the equation for solving F_j, the analytic function must be expressed as a linear function of F_j and $\overline{F}_j$. From the already obtained $\varphi(\zeta)$ and $\psi(\zeta)$, it can be seen that only the complex coefficient $S_{-n+2}, S_{-n+3}, \cdots, S_{-1}, S_0$ and its conjugate $\overline{S}_{-n+2}, \overline{S}_{-n+3}, \cdots, \overline{S}_{-1}, \overline{S}_0$ have not been expressed as a linear function of F_j and $\overline{F}_j$. The following will complete this task.

First, Eq. (6.82) can be expressed in matrix form as follows:

$$\begin{bmatrix} S_{-n+2} \\ S_{-n+3} \\ \vdots \\ S_{-1} \\ S_0 \end{bmatrix}_{(n-1)\times 1} = \mathbf{W}_{(\mathbf{n-1})\times(\mathbf{n-1})} \begin{bmatrix} \overline{a}_1 \\ \overline{a}_2 \\ \vdots \\ \overline{a}_{n-2} \\ \overline{a}_{n-1} \end{bmatrix}_{(\mathbf{n-1})\times \mathbf{1}} \tag{6.107}$$

where $\mathbf{W}_{(n-1)\times(n-1)}$ is a real matrix:

$$\mathbf{W}_{(\mathbf{n-1})\times(\mathbf{n-1})} = \begin{bmatrix} -W_{-n} & & & & \\ -W_{-n+1} & -2W_{-n} & & 0 & \\ \vdots & \vdots & \ddots & & \\ -W_{-3} & -2W_{-4} & \cdots & -(n-2)W_{-n} & \\ -W_{-2} & -2W_{-3} & \cdots & -(n-2)W_{-n+1} & -(n-1)W_{-n} \end{bmatrix} \tag{6.108}$$

Each element in the matrix is only related to the coefficients of the mapping function $C_l(l = 1, \cdots, n)$.

From Eq. (6.107), we can obtain:

$$\begin{bmatrix} \overline{a}_1 \\ \overline{a}_2 \\ \vdots \\ \overline{a}_{n-2} \\ \overline{a}_{n-1} \end{bmatrix}_{(n-1)\times 1} = \mathbf{W}^{-1}_{(n-1)\times(n-1)} \begin{bmatrix} S_{-n+2} \\ S_{-n+3} \\ \vdots \\ S_{-1} \\ S_0 \end{bmatrix}_{(n-1)\times 1} \tag{6.109}$$

It should be noted that the inverse matrix $\mathbf{W}^{-1}_{(n-1)\times(n-1)}$ is also a real matrix and a lower triangular matrix. Taking the conjugate of the above equation, we have:

$$\begin{bmatrix} a_1 \\ a_2 \\ \vdots \\ a_{n-2} \\ a_{n-1} \end{bmatrix}_{(n-1)\times 1} = \mathbf{W}^{-1}_{(n-1)\times(n-1)} \begin{bmatrix} \overline{S}_{-n+2} \\ \overline{S}_{-n+3} \\ \vdots \\ \overline{S}_{-1} \\ \overline{S}_0 \end{bmatrix}_{(n-1)\times 1} \tag{6.110}$$

To determine the linear relationship between complex coefficient $S_{-n+2}, S_{-n+3}, \cdots, S_{-1}, S_0, \overline{S}_{-n+2}, \overline{S}_{-n+3}, \cdots, \overline{S}_{-1}, \overline{S}_0$ and $\left(F_j, \overline{F}_j\right)$, we can obtain the relationship from Eqs. (6.82, 6.85–6.87):

$$\begin{bmatrix} a_1 + S_{-1} \\ a_1 + S_{-2} \\ \vdots \\ a_{n-2} + S_{-n+2} \\ a_{n-1+0} \end{bmatrix}_{(n-1)\times 1} = \begin{bmatrix} a_1 \\ a_2 \\ \vdots \\ a_{n-2} \\ a_{n-1} \end{bmatrix}_{(n-1)\times 1} + \begin{bmatrix} S_{-1} \\ S_{-2} \\ \vdots \\ S_{-n+2} \\ 0 \end{bmatrix}_{(n-1)\times 1} = \mathbf{W}^{-1}_{(n-1)\times(n-1)} \begin{bmatrix} \bar{S}_{-n+2} \\ \bar{S}_{-n+3} \\ \vdots \\ \bar{S}_{-1} \\ \bar{S}_0 \end{bmatrix}_{(n-1)\times 1} + \begin{bmatrix} & & & 1 & 0 \\ & & 1 & 0 & \\ & \iddots & 0 & & \\ 1 & \iddots & & & \\ 0 & & & & \end{bmatrix}_{(n-1)\times(n-1)} \begin{bmatrix} S_{-n+2} \\ S_{-n+3} \\ \vdots \\ S_{-1} \\ S_0 \end{bmatrix}_{(n-1)\times 1}$$

$$= \begin{bmatrix} b_1 & t_1 \\ b_2 & t_2 \\ \vdots & \vdots \\ b_{n-2} & t_{n-2} \\ b_{n-1} & t_{n-1} \end{bmatrix}_{(n-1)\times 2} \begin{bmatrix} F_j \\ \bar{F}_j \end{bmatrix}_{2\times 1} \tag{6.111}$$

In the equation, the complex coefficients $(b_1, b_2, \cdots, b_{n-1})$ and $(t_1, t_2, \cdots, t_{n-1})$ are calculated according to the following formula:

$$\begin{cases} b_l = -\frac{K}{l}\left(\sum_{k=1}^{n} e_k^l\right) + \frac{K\kappa}{l} f_{n+1}^l \\ t_l = -\frac{Kd_jA}{RC_n} f_{n+1}^{l-1} + \frac{KA}{C_n} T_{-l} + KL_{-l} \end{cases} \tag{6.112}$$

Equation (6.111) can be written as:

$$\left[\mathbf{W}^{-1} \;\middle|\; \begin{matrix} & & & 1\;0 \\ & & 1\;0 & \\ & \iddots & 0 & \\ 1 & \iddots & & \\ 0 & & & \end{matrix} \right]_{(n-1)\times(2n-2)} \begin{bmatrix} \bar{S}_{-n+2} \\ \vdots \\ \bar{S}_{-1} \\ \bar{S}_0 \\ \hline S_{-n+2} \\ \vdots \\ S_{-1} \\ S_0 \end{bmatrix}_{(2n-2)\times 1}$$

$$= \begin{bmatrix} b_1 & t_1 \\ b_2 & t_2 \\ \vdots & \vdots \\ b_{n-2} & t_{n-2} \\ b_{n-1} & t_{n-1} \end{bmatrix}_{(n-1)\times 2} \begin{bmatrix} F_j \\ \bar{F}_j \end{bmatrix}_{2\times 1} \tag{6.113}$$

Taking the conjugate of the above equation, we obtain the conjugate expression:

$$
\left[\begin{array}{c|ccccc}
 & & & & 1 & 0 \\
 & & & 1 & 0 & \\
\mathbf{W}^{-1} & & \cdots & 0 & & \\
 & 1 & \cdots & & & \\
 & 0 & & & &
\end{array}\right]_{(n-1)\times(2n-2)}
\left[\begin{array}{c}
S_{-n+2} \\ \vdots \\ S_{-1} \\ S_0 \\ \hline \overline{S}_{-n+2} \\ \vdots \\ \overline{S}_{-1} \\ \overline{S}_0
\end{array}\right]_{(2n-2)\times 1}
$$

$$
= \begin{bmatrix}
\overline{b}_1 & \overline{t}_1 \\
\overline{b}_2 & \overline{t}_2 \\
\vdots & \vdots \\
\overline{b}_{n-2} & \overline{t}_{n-2} \\
\overline{b}_{n-1} & \overline{t}_{n-1}
\end{bmatrix}_{(n-1)\times 2}
\begin{bmatrix} \overline{F}_j \\ F_j \end{bmatrix}_{2\times 1}
= \begin{bmatrix}
\overline{t}_1 & \overline{b}_1 \\
\overline{t}_2 & \overline{b}_2 \\
\vdots & \vdots \\
\overline{t}_{n-2} & \overline{b}_{n-2} \\
\overline{t}_{n-1} & \overline{b}_{n-1}
\end{bmatrix}_{(n-1)\times 2}
\begin{bmatrix} F_j \\ \overline{F}_j \end{bmatrix}_{2\times 1}
\tag{6.114}
$$

We can obtain from Eqs. (6.113 and 6.114):

$$
\left[\begin{array}{ccccc|ccccc}
 & & & & & & & & 1 & 0 \\
 & & & & & & & 1 & & 0 \\
 & & \mathbf{W}^{-1}_{(n-1)\times(n-1)} & & & & \cdots & 0 & & \\
 & & & & & 1 & \cdots & & & \\
 & & & & & 0 & & & & \\
\hline
 & & & 1 & 0 & & & & & \\
 & & 1 & & 0 & & & & & \\
 & \cdots & 0 & & & & & \mathbf{W}^{-1}_{(n-1)\times(n-1)} & & \\
1 & \cdots & & & & & & & & \\
0 & & & & & & & & &
\end{array}\right]_{(2n-2)\times(2n-2)}
\left[\begin{array}{c}
S_{-n+2} \\ S_{-n+3} \\ \vdots \\ S_{-1} \\ S_0 \\ \hline \overline{S}_{-n+2} \\ \overline{S}_{-n+3} \\ \vdots \\ \overline{S}_{-1} \\ \overline{S}_0
\end{array}\right]_{(2n-2)\times 1}
$$

$$
= \left[\begin{array}{cc}
\overline{t}_1 & \overline{b}_1 \\
\overline{t}_2 & \overline{b}_2 \\
\vdots & \vdots \\
\overline{t}_{n-2} & \overline{b}_{n-2} \\
\overline{t}_{n-1} & \overline{b}_{n-1} \\
\hline
b_1 & t_1 \\
b_2 & t_2 \\
\vdots & \vdots \\
b_{n-2} & t_{n-2} \\
b_{n-1} & t_{n-1}
\end{array}\right]_{(2n-2)\times 2}
\begin{bmatrix} F_j \\ \overline{F}_j \end{bmatrix}_{2\times 1}
\tag{6.115}
$$

Simplify Eq. (6.115) as follows:

$$[\mathbf{W}]_{(2n-2)\times(2n-2)}[\mathbf{S}]_{(2n-2)\times 1}=[\mathbf{B_T}]_{(2n-2)\times 2}\begin{bmatrix}F_j\\ \overline{F}_j\end{bmatrix}_{2\times 1} \tag{6.116}$$

Then

$$[S]_{(2n-2)\times 1}=[T_B]_{(2n-2)\times 2}\begin{bmatrix}F_j\\ \overline{F}_j\end{bmatrix}_{2\times 1} \tag{6.117}$$

where $[T_B]_{(2n-2)\times 2}=[W]^{-1}_{(2n-2)\times(2n-2)}[B_T]_{(2n-2)\times 2}$, each element in $[\mathbf{S}]$ is:

$$S_{-l}=T_B(n-1-l,1)F_j+T_B(n-1-l,2)\overline{F}_j,\ l=0,1,\cdots,n-2 \tag{6.118}$$

$$\overline{S}_{-l}=T_B(2n-2-l,1)F_j+T_B(2n-2-l,2)\overline{F}_j,\ l=0,1,\cdots,n-2 \tag{6.119}$$

In the equation, the elements in $[\mathbf{T_B}]$ can be obtained as known quantities.

6.6.2 Displacement Induced by Bolt Axial Force

As shown in Fig. 6.34, m sets of end anchored rock bolts are arranged clockwise around the hole starting from the x axis. All rock bolts are arranged perpendicular to the tunnel hole edge. The effect of m rock bolts on the surrounding rock can be simplified as m pairs of concentrated forces (F_j, $F_j + m$) ($j = 1, 2, \ldots, m$) of equal magnitude and opposite direction along the direction of each rock bolt. Correspondingly, the position of the concentrated force is denoted by (d_j, $d_j + m$). When plane strain is assumed, the concentrated force F_j is related to the axial force of the rock bolt N_j and the spacing S_s along the axial direction, i.e., $F_j = N_j/S_s$. It is defined that the axial force N_j of the rock bolt is positive when the rock bolt is subjected to tension.

Assuming that the rock bolt is in the positive direction from the inside out, the angle between the j-th rock bolt and the positive direction of the x axis is α_j, and the point where the rock bolt intersects the hole edge t_j corresponding to the z plane is denoted by σ_j. Therefore, we have:

$$e^{i\alpha_j}=\cos\alpha_j+i\sin\alpha_j=\sigma_j\frac{\omega'(\sigma_j)}{|\omega'(\sigma_j)|},j=1,2,\cdots,m \tag{6.120}$$

$$d_{j+m}=d_j+\left(L_{sj}\cos\alpha_j+iL_{sj}\sin\alpha_j\right),j=1,2,\cdots,m \tag{6.121}$$

where L_{sj} represents the effective length of the j-th rock bolt.

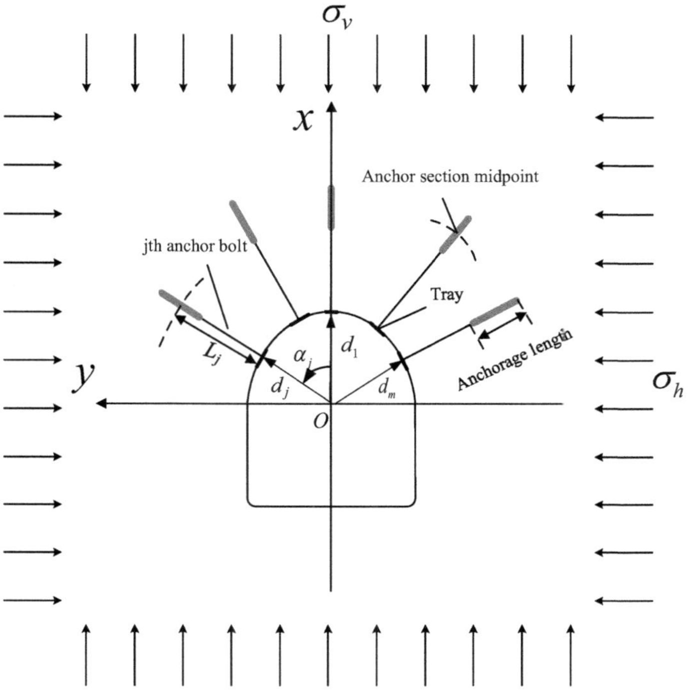

Fig. 6.34 Schematic diagram of end anchored rock bolt support

Note that the concentrated force must be along the direction of the rock bolt, so we have:

$$F_j = X_j + iY_j = X_j + i(X_j \tan\alpha_j), j = 1, 2, \cdots, m \quad (6.122)$$

Considering the spacing of the rock bolts S_s, the relationship between the axial force N_j of the rock bolt and the concentrated force F_j ($j = 1,2,\ldots,m$) in the plane strain model can be expressed as:

$$X_j = \frac{N_j}{S_s}\cos\alpha_j, j = 1, 2, \cdots, m \quad (6.123)$$

Substituting Eqs. (6.104–6.106) into Eq. (2.26), the displacement of any point within the surrounding rock under the action of F_j can be obtained as follows:

$$2G(u_j + iv_j) = g(\zeta, d_j)F_j + h(\zeta, d_j)\overline{F}_j \quad (6.124)$$

In the equation, the expressions for $g(\zeta, d_j)$ and $h(\zeta, d_j)$ are:

$$
\begin{aligned}
g(\zeta, d_j) = & -K\kappa \ln\left[(\zeta - e_{n+1})\left(\overline{\zeta} - \overline{e}_{n+1}\right)\right] - K\kappa^2 \ln\left(1 - \frac{f_{n+1}}{\zeta}\right) \\
& - K \ln\left(1 - \frac{\overline{f}_{n+1}}{\overline{\zeta}}\right) + \frac{K\overline{d}_j\overline{A}}{RC_n}\frac{1}{\left(\overline{\zeta} - \overline{f}_{n+1}\right)^2}\left[\frac{\omega\left(\frac{1}{\overline{\zeta}}\right) - \omega(\zeta)}{\overline{\omega'(\zeta)}}\right] \\
& + K\overline{L'(\zeta)}\left[\frac{\omega\left(\frac{1}{\overline{\zeta}}\right) - \omega(\zeta)}{\overline{\omega'(\zeta)}}\right] + \frac{K\overline{A}}{RC_n}\frac{\overline{\omega'(\zeta)}\left(\overline{\zeta} - \overline{f}_{n+1}\right) - \overline{\omega(\zeta)}}{\left(\overline{\zeta} - \overline{f}_{n+1}\right)^2} \\
& \left[\frac{\omega\left(\frac{1}{\overline{\zeta}}\right) - \omega(\zeta)}{\overline{\omega'(\zeta)}}\right] - \kappa\left[\sum_{k=1}^{n-2} T_B(n-1-k, 1)\zeta^{-k}\right] \\
& + \left[\sum_{k=1}^{n-2} T_B(2n-2-k, 1)k\overline{\zeta}^{-k-1}\right]\left[\frac{\omega\left(\frac{1}{\overline{\zeta}}\right) - \omega(\zeta)}{\overline{\omega'(\zeta)}}\right] \\
& - \left[\sum_{k=1}^{n-2} T_B(n-1-k, 1)\overline{\zeta}^{k}\right]
\end{aligned}
\tag{6.125}
$$

$$
\begin{aligned}
h(\zeta, d_j) = & -\frac{K\kappa d_j A}{RC_n}\frac{1}{(\zeta - f_{n+1})} + K\kappa\left[\frac{A}{RC_n}\frac{\omega(\zeta)}{(\zeta - f_{n+1})} + L(\zeta)\right] \\
& + \frac{\omega(\zeta)}{\overline{\omega'(\zeta)}}\frac{K}{\left(\overline{\zeta} - \overline{e}_{n+1}\right)} + \frac{\omega\left(\frac{1}{\overline{\zeta}}\right)}{\overline{\omega'(\zeta)}}K\left[\left(\sum_{k=1}^{n}\frac{1}{\overline{\zeta} - \overline{e}_k}\right) - \frac{n}{\overline{\zeta}}\right] \\
& - K\left[\left(\frac{1}{\overline{\zeta}} + C_0\right)\frac{\overline{A(\zeta)}}{\overline{O(\zeta)}} + \frac{\bar{D}}{\overline{\zeta}} + \frac{\overline{I(\zeta)}}{\overline{O(\zeta)}} - \overline{P(\zeta)}\right] \\
& - \frac{Kd_j}{R}\frac{\bar{B}}{\left(\overline{\zeta} - \overline{e}_{n+1}\right)} - \left[K\kappa\left(\frac{1}{\overline{\zeta} - \overline{f}_{n+1}} - \frac{1}{\overline{\zeta}}\right)\right]\left[\frac{\omega\left(\frac{1}{\overline{\zeta}}\right) - \omega(\zeta)}{\overline{\omega'(\zeta)}}\right] \\
& - \kappa\left[\sum_{k=1}^{n-2} T_B(n-1-k, 2)\zeta^{-k}\right] \\
& + \left[\sum_{k=1}^{n-2} T_B(2n-2-k, 2)k\overline{\zeta}^{-k-1}\right]\left[\frac{\omega\left(\frac{1}{\overline{\zeta}}\right) - \omega(\zeta)}{\overline{\omega'(\zeta)}}\right] \\
& - \left[\sum_{k=1}^{n-2} T_B(n-1-k, 2)\overline{\zeta}^{k}\right]
\end{aligned}
\tag{6.126}
$$

Equation (6.124) is the displacement component expression under the action of a concentrated force. Therefore, for the total displacement component $U(\zeta) + iV(\zeta)$ of any point ζ under the action of m concentrated forces, it should be expressed as:

$$2G[U(\zeta)+iV(\zeta)]=2G\sum_{j=1}^{2m}\left(u_j+iv_j\right)=\sum_{j=1}^{2m}\left[g(\zeta,d_j)F_j\right]+\sum_{j=1}^{2m}\left[h(\zeta,d_j)\overline{F}_j\right] \tag{6.127}$$

Since $F_j + m = -F_j$, the above equation can be expressed as:

$$\begin{aligned}2G[U(\zeta)+iV(\zeta)]=&\sum_{j=1}^{m}\left\{\left[g(\zeta,d_j)-g(\zeta,d_{j+m})\right]F_j\right\}\\&+\sum_{j=1}^{m}\left\{\left[h(\zeta,d_j)-h(\zeta,d_{j+m})\right]\overline{F}_j\right\}\end{aligned} \tag{6.128}$$

The real and imaginary parts of the functions $g(\zeta, d_j)$ and $h(\zeta, d_j)$ are represented as $g_r(\zeta, d_j)$, $g_a(\zeta, d_j)$ and $h_r(\zeta, d_j)$, $h_a(\zeta, d_j)$ respectively. Using Eqs. (6.122 and 6.123), the real and imaginary parts of the above equation can be written separately as follows:

$$\begin{aligned}U(\zeta)&=\frac{1}{2GS_s}\sum_{j=1}^{m}\left\{\begin{array}{l}\left[g_r(\zeta,d_j)-g_r(\zeta,d_{j+m})\right]\cos\alpha_j\\-\left[g_a(\zeta,d_j)-g_a(\zeta,d_{j+m})\right]\sin\alpha_j\\+\left[h_r(\zeta,d_j)-h_r(\zeta,d_{j+m})\right]\cos\alpha_j\\+\left[h_a(\zeta,d_j)-h_a(\zeta,d_{j+m})\right]\sin\alpha_j\end{array}\right\}N_j\\&=\frac{1}{2GS_s}\sum_{j=1}^{m}\left[g_h(\zeta,d_j,\alpha_j)N_j\right]\end{aligned} \tag{6.129}$$

$$\begin{aligned}V(\zeta)&=\frac{1}{2GS_s}\sum_{j=1}^{m}\left\{\begin{array}{l}\left[g_r(\zeta,d_j)-g_r(\zeta,d_{j+m})\right]\sin\alpha_j\\+\left[g_a(\zeta,d_j)-g_a(\zeta,d_{j+m})\right]\cos\alpha_j\\-\left[h_r(\zeta,d_j)-h_r(\zeta,d_{j+m})\right]\sin\alpha_j\\+\left[h_a(\zeta,d_j)-h_a(\zeta,d_{j+m})\right]\cos\alpha_j\end{array}\right\}N_j\\&=\frac{1}{2GS_s}\sum_{j=1}^{m}\left[h_g(\zeta,d_j,\alpha_j)N_j\right]\end{aligned} \tag{6.130}$$

In summary, under the joint action of m pairs of concentrated forces, the relative displacement in the direction of the rock bolt between the end of the k-th rock bolt (σ_k) and the midpoint of the anchoring section (ζ_k) can be expressed as:

$$\begin{aligned}\Delta U_1(k)&=[U(\sigma_k)-U(\zeta_k)]\cos\alpha_k+[V(\sigma_k)-V(\zeta_k)]\sin\alpha_k\\&=\frac{\cos\alpha_k}{2GS_s}\sum_{j=1}^{m}\left[g_h(\sigma_k,d_j,\alpha_j)-g_h(\zeta_k,d_j,\alpha_j)\right]N_j\end{aligned}$$

$$+\frac{\sin\alpha_k}{2GS_s}\sum_{j=1}^{m}\left[h_g\left(\sigma_k,d_j,\alpha_j\right)-h_g\left(\zeta_k,d_j,\alpha_j\right)\right]N_j$$

$$=\sum_{j=1}^{m}B(k,j)N_j \tag{6.131}$$

where

$$B(k,j)=\frac{\cos\alpha_k}{2GS_s}\left[g_h\left(\sigma_k,d_j,\alpha_j\right)-g_h\left(\zeta_k,d_j,\alpha_j\right)\right]+\frac{\sin\alpha_k}{2GS_s}\left[h_g\left(\sigma_k,d_j,\alpha_j\right)-h_g\left(\zeta_k,d_j,\alpha_j\right)\right] \tag{6.132}$$

Since the point of action of the concentrated force, d_j and d_{j+m} are singular points, when calculating the displacement of these two points, nearby points should be used for calculation. That is, a very small real constant r (here $r = 0.001$) should be added along the direction of the rock bolt for calculation. Specifically, d_j, and d_{j+m} should be replaced by $d_j + (r\cos\alpha_j + ir\sin\alpha_j)$ and $d_{j+m} + (r\cos\alpha_j + ir\sin\alpha_j)$, respectively. In fact, this method was also used in Sect. 6.2.

6.6.3 Displacement During Excavation Stage

The displacement caused by excavation can be obtained from the analytic functions $\varphi_0(\zeta)$ and $\psi_0(\zeta)$ obtained in Sect. 2.6.2 of Chap. 2, that is, the displacement components u_0 and v_0 caused by excavation are:

$$\begin{cases} u_0(\zeta)=\dfrac{1}{2G}\mathrm{Re}\left[\kappa\varphi_0(\zeta)-\dfrac{\omega(\zeta)}{\overline{\omega'(\zeta)}}\overline{\varphi_0'(\zeta)}-\overline{\psi_0(\zeta)}\right] \\ v_0(\zeta)=\dfrac{1}{2G}\mathrm{Im}\left[\kappa\varphi_0(\zeta)-\dfrac{\omega(\zeta)}{\overline{\omega'(\zeta)}}\overline{\varphi_0'(\zeta)}-\overline{\psi_0(\zeta)}\right] \end{cases} \tag{6.133}$$

Therefore, only under the action of excavation load, at the positions of the two ends of the k-th rock bolt, the relative displacement between the two points in the direction of the rock bolt is:

$$\Delta U_2(k)=[u_0(\sigma_k)-u_0(\zeta_k)]\cos\alpha_k+[v_0(\sigma_k)-v_0(\zeta_k)]\sin\alpha_k,\ k=1,\cdots,m \tag{6.134}$$

6.6.4 Solution for Bolt Axial Force

6.6.4.1 Solution of the Axial Force of the Rock Bolt Without Pre-tension Force

For end anchored rock bolts, under the action of axial force N_k, the axial deformation of the k-th rock bolt is:

$$\Delta U(k) = \frac{-N_k L_{sk}}{E_{sk} A_{sk}}, k = 1, \cdots, m \quad (6.135)$$

where E_{sk} and A_{sk} respectively represent the elastic modulus and cross-sectional area of the k-th rock bolt. It is stipulated that the axial force N_k of the rock bolt is positive when it is pulled, and when it is stipulated that the rock bolt is compressed as positive, a negative sign must be added in front of Eq. (6.135).

Therefore, under the joint action of excavation and rock bolts, the surrounding rock at the two end points of the rock bolts must undergo displacement, and the relative displacement between these two points should be equal to the compressive amount of the rock bolts. There is a displacement coordination relationship:

$$\Delta U_1(k) + (1 - \eta) \cdot \Delta U_2(k) = \Delta U(k), k = 1, \cdots, m \quad (6.136)$$

where η is the displacement release coefficient.

Substituting Eqs. (6.131, 6.134 and 6.135) into Eq. (6.136), we obtain the following system of linear equations for solving the axial forces N_1, N_2, ..., N_m of the rock bolts:

$$\sum_{j=1}^{m} B(k, j) N_j + \frac{L_{sk} N_k}{E_{sk} A_{sk}} = (\eta - 1) \Delta U_2(k) \quad (6.137)$$

Expressed in matrix form, it is:

$$[A]_{m \times m} [N]_{m \times 1} = [E]_{m \times 1} \quad (6.138)$$

where the elements of matrix $[E]_{m \times 1}$ are: $E(k) = (\eta - 1) \Delta U_2(k)$, $k = 1, 2, \ldots, m$; and the elements of matrix $[A]_{m \times m}$ are:

$$\begin{cases} j \neq k, \ A(k, j) = B(k, j) \\ j = k, \ A(k, j) = B(k, j) + \dfrac{L_{sk}}{E_{sk} A_{sk}} \end{cases}, k = 1, \cdots, m, j = 1, \cdots, m \quad (6.139)$$

The axial forces of each rock bolt N_1, N_2, ..., N_m can be solved based on the system of linear equations (Eq. (6.138)).

6.6.4.2 Solution of the Final Axial Force of the Rock Bolt with Pre-tension Force

If the pre-tension force applied to each rock bolt N_{0j} is known and after the coordinated deformation between the rock bolt and the surrounding rock is completed, the corresponding axial force variation of each rock bolt is ΔN_j, then the displacement coordination condition between the rock bolt and the surrounding rock can be expressed as:

$$(1-\eta)\Delta U_2(k)+\sum_{j=1}^{m}\left[B(k,j)N_{0j}\right]+\sum_{j=1}^{m}\left[B(k,j)\Delta N_j\right] = \frac{-L_{sk}}{E_{sk}A_{sk}}\Delta N_k,\ k=1,\cdots,m \quad (6.140)$$

By substituting $\Delta N_k = N_k - N_{0k}$ into the right side of the equation, a system of real linear equations for solving the final axial force N_k of the rock bolt can be obtained:

$$\sum_{j=1}^{m} B(k,j)N_j+\frac{L_{sk}}{E_{sk}A_{sk}}N_k=(\eta-1)\Delta U_2(k)+\frac{L_{sk}}{E_{sk}A_{sk}}N_{0k},\ k=1,\cdots,m \quad (6.141)$$

By comparing Eq. (6.137), we can see that only the values on the right side of the equation have changed. We simply need to add $\frac{L_{sk}N_{0k}}{E_{sk}A_{sk}}$ to the original elements of $[\mathbf{E}]_{m\times 1}$.

Solve Eq. (6.141) to obtain the final axial force N_{k} of the rock bolt under a pre-tension force N_{0j}.

6.6.4.3 Solution of the Pre-tension Force When Giving the Final Axial Force of the Rock Bolt

If we assume that the final axial force of each rock bolt is the same, i.e. $N_j = N, j = 1, 2, \ldots, m$, then we can directly obtain the expression for the pre-tension force N_{0k} of the rock bolt from Eq. (6.141):

$$N_{0k}=\left[\frac{E_{sk}A_{sk}}{L_{sk}}\sum_{j=1}^{m}B(k,j)+1\right]N+\left[(1-\eta)\Delta U_2(k)\frac{E_{sk}A_{sk}}{L_{sk}}\right] \quad (6.142)$$

6.6.5 Verification

Taking a horseshoe-shaped tunnel as an example, the mapping function to the exterior of the unit circle in the image plane is [23]:

$$
\begin{aligned}
z = \omega(\zeta) = 1.678(&-0.0688 + \zeta - 0.0604\zeta^{-1} + 0.0656\zeta^{-2} \\
&- 0.0031\zeta^{-3} - 0.0212\zeta^{-4} + 0.0060\zeta^{-5} + 0.0042\zeta^{-6} \\
&- 0.0051\zeta^{-7} + 0.0025\zeta^{-8} + 0.0034\zeta^{-9})
\end{aligned} \tag{6.143}
$$

A ring of rock bolts is installed along the circumference of the tunnel excavation. One rock bolt is installed every 30° in the ζ plane, for a total of 12 rock bolts. The one with $\theta = 0°$ corresponds to the topmost rock bolt on the x axis, and the one with $\theta = 180°$ corresponds to the bottommost rock bolt on the x axis. The rock bolts are installed vertically to the tunnel excavation boundary and the installation pitch in the axial direction of the tunnel is $S_s = 1$ m. The length of the rock bolt is $L_s = 1.5$ m with a diameter of $d_s = 2.5$ cm. The vertical in-situ stress component $\sigma_v = 10$ MPa, the elastic modulus of the rock, $E = 1$ GPa, the Poisson's ratio $\mu = 0.25$, the elastic modulus of the rock bolt, $Es = 210$ GPa, and the displacement release coefficient $\eta = 0.0$. Numerical solutions are obtained using the finite element analysis software ANSYS. The model size used is 100 m × 100 m, with the rock modeled using the Plane42 element and the end anchored rock bolt modeled using the Combin14 element. The excavation process of the tunnel is simulated using the releasing load method. Due to symmetry, Fig. 6.35 shows only the axial forces of seven rock bolts

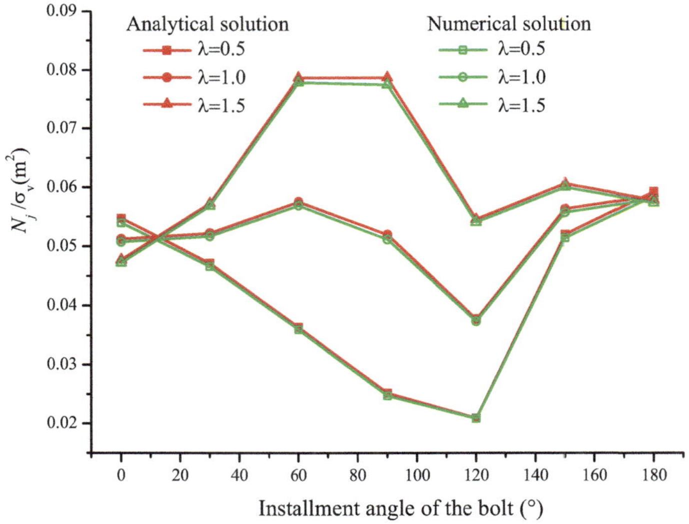

Fig. 6.35 Comparison of the axial forces of rock bolts

located at $\theta = 0°, 30°, 60°, 90°, 120°, 150°, 180°$. The calculations of two methods are shown in the figure for three different lateral pressure coefficients.

From Fig. 6.35, it can be seen that for the three lateral pressure coefficients, the analytical solution and numerical solution of the axial forces of the rock bolts are almost identical. The author also calculated several other types of tunnels and found that the analytical and numerical solutions matched very well. The calculation program developed using the algorithm discussed in this section was also used to calculate the circular tunnel discussed in Sect. 6.2, and the results were almost identical.

6.6.6 Analysis and Discussion

This section will take the five common tunnel shapes of circular hole, flattened elliptical hole, upright elliptical hole, horseshoe-shaped hole, and straight-walled semicircular arch as examples, and comprehensively analyze the influence of lateral pressure coefficient λ, elastic modulus ratio E_s/E of rock bolt and surrounding rock, rock bolt length L_s, and rock bolt pre-tension force N_0 on the final axial force value N_j of rock bolt.

The mapping functions for the five hole shapes are:

A circular hole with a radius of 2 m: $z = \omega(\zeta) = 2\zeta$.

flattened elliptical hole: $z = \omega(\zeta) = 2.5\left(\zeta - 0.2\zeta^{-1}\right)$.

upright elliptical hole: $z = \omega(\zeta) = 2.5\left(\zeta + 0.2\zeta^{-1}\right)$.

straight-walled semi-circular arch hole:

$$
\begin{aligned}
z &= \omega(\zeta) \\
&= 1.6051\begin{pmatrix}
-0.10398 + \zeta + 0.085\zeta^{-1} + 0.0766\zeta^{-2} \\
-0.097\zeta^{-3} + 0.0385\zeta^{-4} + 0.0046\zeta^{-5} - 0.0091\zeta^{-6} \\
+ 0.0068\zeta^{-7} - 0.0053\zeta^{-8} + 0.0011\zeta^{-9} + 0.002\zeta^{-10} \\
-0.0036\zeta^{-11} + 0.0013\zeta^{-12} - 0.0001\zeta^{-13} + 0.0001\zeta^{-14}
\end{pmatrix}
\end{aligned}
$$

The mapping function for the horseshoe-shaped hole still uses Eq. (6.143).

A ring of rock bolts is installed along the circumference of the tunnel excavation. One rock bolt is installed every 30° in the plane, for a total of 12 rock bolts. The one with $\theta = 0°$ corresponds to the topmost rock bolt on the x axis, and the one with $\theta = 180°$ corresponds to the bottommost rock bolt on the x axis. The rock bolts are installed vertically to the tunnel excavation boundary and the installation pitch in the axial direction of the tunnel is $S_s = 1$ m. The length of the rock bolt is $L_s = 1.5$ m with a diameter of $d_s = 2.5$ cm. The vertical in-situ stress component $\sigma_v = 10$ MPa, the elastic modulus of the rock, $E = 1$ GPa, the Poisson's ratio $\mu = 0.25$, the elastic modulus of the rock bolt, $Es = 210$ GPa, and the displacement release coefficient $\eta = 0.0$.

Taking the elastic modulus of the rock $E = 1$ GPa, the Poisson's ratio $\mu = 0.25$, the vertical in-situ stress component $\sigma_v = 2$ MPa, and the displacement release coefficient $\eta = 0.2$. Assuming that all the material and geometric parameters of the rock bolts are the same, take the elastic modulus of the rock bolt $E_s = 2$ GPa (corresponding to the elastic modulus ratio of $E_s/E = 100$ between the rock bolt and the surrounding rock).The length of the rock bolt is $L_s = 2.0$ m with a diameter of $d_s = 2.5$ cm. A ring of rock bolts is installed along the circumference of the tunnel excavation. One rock bolt is installed every 15° in the ζ plane, for a total of 24 rock bolts. The rock bolts are installed perpendicular to the excavation boundary of the tunnel and the installation spacing along the axis of the tunnel is set to $S_s = 1$ m.

6.6.6.1 Influence of Tunnel Shape and Lateral Pressure Coefficient on Bolt Axial Force

For the circular tunnel case, lateral pressure coefficient λ was taken as 0.2, 0.5, 1.0, 1.5 and 3.0 respectively in the calculation process, and the calculated axial force of the rock bolts is shown in Fig. 6.36. Since the calculated results are symmetrical about the x axis and y axis, only the axial force of the rock bolts in the range of $\theta \in [0°, 90°]$ is given. Here $\theta = 0°$ corresponds to the rock bolt on the top x axis, and $\theta = 90°$ corresponds to the rock bolt on the left y axis.

From Fig. 6.36a, it can be seen that there exists a certain value of lateral pressure coefficient $\lambda_0 = 1.0$, where the axial force of rock bolts arranged around the circular tunnel is equal. For lateral pressure coefficients greater than and less than this valueλ_0, the distribution of axial force of rock bolts shows opposite laws: when $\lambda < \lambda_0$, the

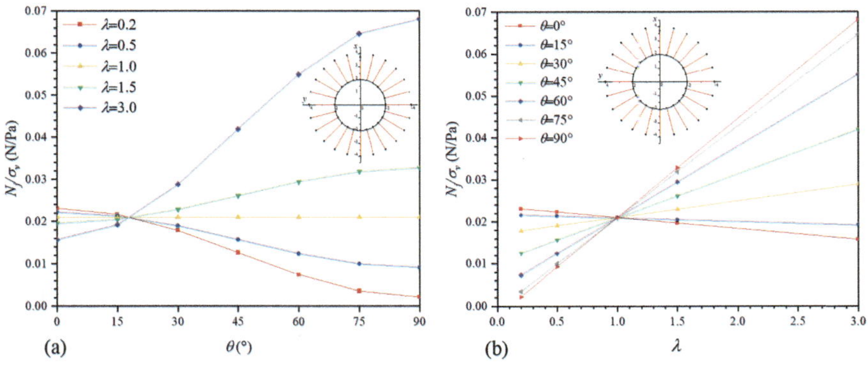

Fig. 6.36 Influence of lateral pressure coefficient and anchor orientation on axial force of rock bolts for circular tunnel: **a** distribution of axial force of rock bolts at different positions under different lateral pressure coefficients; **b** variation law of axial force of rock bolts at different positions when lateral pressure coefficient changes

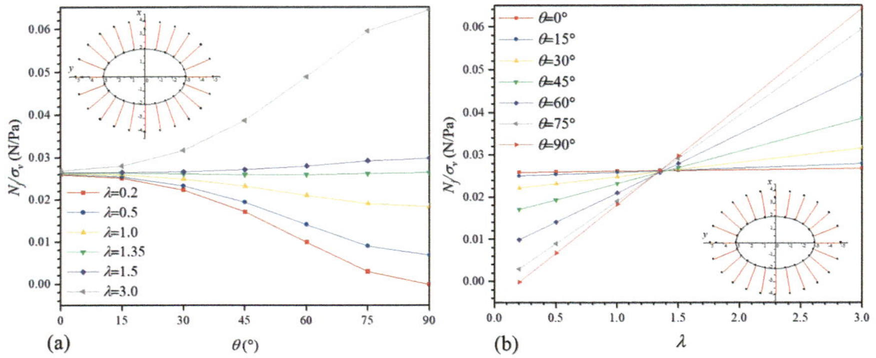

Fig. 6.37 Influence of lateral pressure coefficient and bolt orientation on axial force of rock bolts for flat elliptical tunnel: **a** distribution of axial force of rock bolts at different positions for different lateral pressure coefficients; **b** laws of change of axial force of rock bolts at different positions with varying lateral pressure coefficients

axial force of rock bolt at $\theta = 0°$ is maximum while that at $\theta = 90°$ is minimum; when $\lambda > \lambda_0$, it is exactly the opposite. This indicates that the direction with the maximum axial force of rock bolts in the circular tunnel is always consistent with the direction of the principal in-situ stress, which is consistent with the results obtained in Sec. 6.3. Furthermore, from Fig. 6.36b, it can be further observed that the axial force of rock bolts near $\theta = 0°$, in the circular tunnel decreases linearly with the increase of lateral pressure coefficient, and the closer the position is to the vertical direction $\theta = 0°$, the faster the axial force decreases. Conversely, the axial force of rock bolts near $\theta = 90°$, increases linearly with the increase of lateral pressure coefficient, and the closer the position is to the horizontal direction $\theta = 90°$, the faster the axial force increases.

For the case of flat elliptical tunnel, Fig. 6.37 presents the axial force of rock bolts for lateral pressure coefficients $\lambda = 0.2, 0.5, 1.0, 1.5, 1.35,$ and 3.0.

From Fig. 6.37a, it can be seen that for a flat elliptical tunnel, the position where the maximum axial force of the rock bolt is generated is not simply consistent with the maximum principal in-situ stress direction. It also depends on the aspect ratio *B*/*H* of the tunnel. When the lateral pressure coefficient is 1, the position of the maximum axial force of the rock bolt is $\theta = 0°$, i.e., along the short axis direction of the flat elliptical tunnel. The axial force distribution of rock bolts in a vertical elliptical tunnel also follows this pattern, as shown in Fig. 6.38.

For flat elliptical tunnels and vertical elliptical tunnels with aspect ratios of *B*/*H* = 1.5 and 2/3, respectively, it can be seen from Figs. 6.37a and 6.38a that there is a constant value λ_0 which makes the axial force distribution of rock bolts around the tunnel tend to be equal. For a flat elliptical tunnel with *B*/*H* = 1.5, $\lambda_0 = 1.35$; and for a vertical elliptical tunnel with *B*/*H* = 2/3, $\lambda_0 = 0.74$. This means that when the aspect ratio *B*/*H* is similar in value to the lateral pressure coefficient, the axial force of the rock bolt is more likely to be evenly distributed.

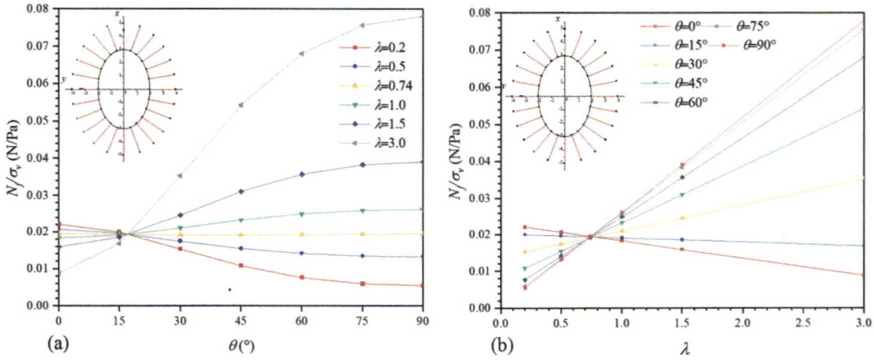

Fig. 6.38 Influence of lateral pressure coefficient and bolt orientation on axial force of rock bolts for vertical elliptical tunnel: **a** distribution of axial force of rock bolts at different positions under different lateral pressure coefficients; **b** variation rule of axial force of rock bolts at different positions with changes in lateral pressure coefficient

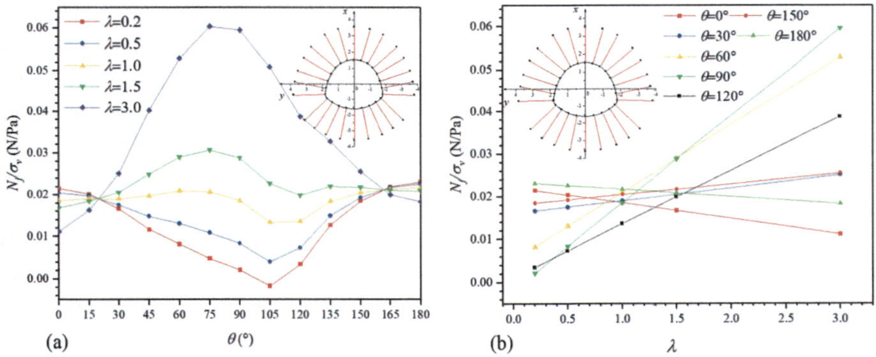

Fig. 6.39 Impact of lateral pressure coefficient and rock bolt orientation on the axial force of rock bolts in horseshoe-shaped tunnels: **a** distribution of axial force of rock bolts at different positions for different lateral pressure coefficients; **b** variation of axial force of rock bolts at different positions with changes in lateral pressure coefficient

When $\lambda < \lambda_0$, the maximum axial force of the rock bolt is located at $\theta = 0°$, while the minimum axial force is located at $\theta = 90°$, and the axial force of the rock bolt decreases monotonically with the increase of angle θ. The opposite is true when $\lambda > \lambda_0$.

Combining Figs. 6.37b and 6.38b, we can also further conclude that the axial force of rock bolts around $\theta = 0°$ in elliptical tunnel decreases linearly with the increase of lateral pressure coefficient, and the closer the position is to the vertical direction $\theta = 0°$, the faster the axial force decreases. On the other hand, the axial force of rock bolts around $\theta = 90°$ in elliptical tunnel increases linearly with the increase of lateral pressure coefficient, and the closer the position is to the horizontal direction $\theta = 90°$, the faster the axial force increases.

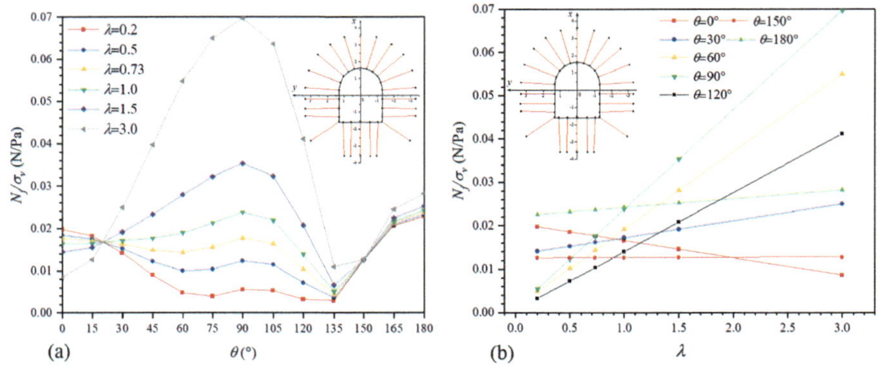

Fig. 6.40 Impact of lateral pressure coefficient and rock bolt orientation on the axial force of rock bolts in straight-walled semi-circular arch tunnels: **a** Distribution of axial force of rock bolt at different positions under different lateral pressure coefficients; **b** Variation trend of axial force of rock bolt at each position with the change of lateral pressure coefficient

For the horseshoe-shaped tunnel, since the calculation results are only symmetric about the x axis, only the axial force results at $\theta \in [0°, 90°]$ are given, where $\theta = 0°$ still corresponds to the rock bolt on the top x axis, and $\theta = 180°$ corresponds to the rock bolt on the bottom x axis. Figure 6.39 shows the axial force results for lateral pressure coefficients of $\lambda = 0.2,\ 0.5,\ 1.0,\ 1.5$, and 3.0.

The mapping function of the horseshoe-shaped tunnel shows that its aspect ratio is $B/H = 1.15$, which is very close to the aspect ratio of the circular tunnel ($B/H = 1.0$). By comparing Figs. 6.36 and 6.39, it is easy to see that the distribution pattern of axial force of rock bolt in the horseshoe-shaped tunnel is very similar to that of the circular tunnel within the range $\theta \in [0°, 90°]$. Similarly, if the fixed lateral pressure coefficient λ_0 is defined as minimizing the variance of axial force, it is found that λ_0 is approximately equal to 1.0 for the horseshoe-shaped tunnel. Furthermore, when the lateral pressure coefficient λ varies on either side of this fixed value λ_0, the distribution pattern of axial force exhibits a similar but opposite trend. Additionally, the minimum value of axial force is located at the position corresponding to $\theta = 105°$ when $\lambda < \lambda_0$, which is where the curvature of the horseshoe-shaped tunnel changes significantly.

Finally, for the straight-walled semi-circular arch tunnel, Fig. 6.40 shows axial force results of the rock bolt for lateral pressure coefficients λ being 0.2, 0.5, 0.73, 1.0, 1.5, and 3.0.

Similarly, the mapping function of the straight-walled semi-circular arch tunnel shows that its aspect ratio is about $B/H = 0.82$. The distribution of axial force of the rock bolt follows a similar pattern as that in the horseshoe-shaped tunnel, except that for the straight-walled semi-circular arch tunnel, the fixed value of the lateral pressure coefficient is $\lambda_0 = 0.73$, and the position with the greatest curvature change is located at $\theta = 135°$. The minimum axial force of rock bolt occurs at this position when $\lambda < \lambda_0$, while the maximum axial force of rock bolt usually appears at the position $\theta = 90°$ when $\lambda > \lambda_0$.

6.6.6.2 Influence of Elastic Modulus Ratio on Bolt Axial Force

In this section, we investigate the influence of the elastic modulus ratio (*Es*/*E*) between the rock bolt and surrounding rock on the axial force of rock bolt. We take the elastic modulus of the rock bolt $E_s = 2 \times 10^3$ as an example, with all other calculation parameters kept the same as the previous section, except for varying the elastic modulus of the surrounding rock, we consider the straight-walled semi-circular arch tunnel as an example. Figure 6.41 shows the axial force of rock bolt for three different lateral pressure coefficients ($\lambda = 0.5$, 1.0 and 1.5) with the elastic modulus ratio *Es*/*E* equal to1, 10, 50, 100 and 200.

From Fig. 6.41, it can be seen that regardless of the value of the lateral pressure coefficient, the axial force of the rock bolt at each location increases with an increase in the elastic modulus ratio, and it can be observed that the corresponding growth rate gradually decreases. When the elastic modulus ratio is within the normal range,

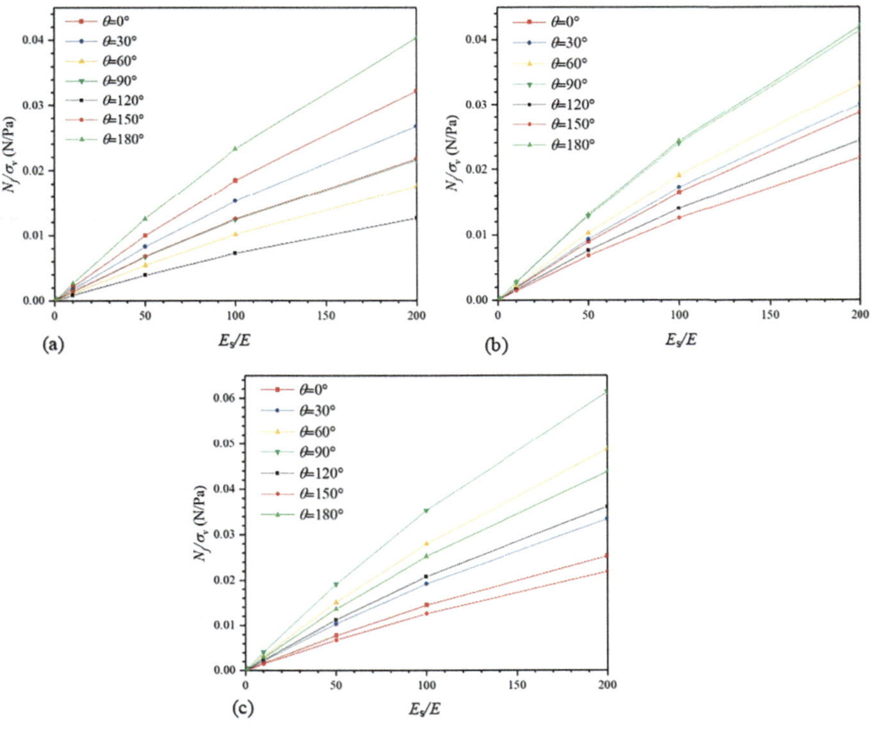

Fig. 6.41 Influence of elastic modulus ratio on axial force of rock bolt: **a** $\lambda = 0.5$; **b** $\lambda = 1.0$; **c** $\lambda = 1.5$

it can be assumed that the axial force of the rock bolt is directly proportional to the elastic modulus ratio. That is, when the elastic modulus of the rock bolt is constant, the softer the rock, the greater the axial force of the rock bolt.

6.6.6.3 Influence of Bolt Length on Axial Force

This section studies the effect of the length of the rock bolt (L_s) on the axial force of the rock bolt. To facilitate the analysis, the length of the rock bolt (L_s) is divided by the coefficient (R) in the mapping function that represents the size of the hole as the variable for analysis. Apart from the change in the length of the rock bolt, the other calculation parameters are the same as the previous section. Similarly, taking the straight-wall semi-circular arch tunnel as an example, for lateral pressure coefficients of $\lambda = 0.5$, 1.0 and 1.5, Fig. 6.42 shows the results of the axial force of the rock bolt within the range of $Ls/R \in (0.06, 1.56)$ (corresponding to the rock bolt length range of $Ls \in [0.1\text{ m}, 2.5\text{ m}]$).

From Fig. 6.42, it can be seen that in general, there is a threshold value L_{s0} for the length of the rock bolt, which results in the maximum axial force of the rock bolt. When the length of the rock bolt exceeds this threshold value, the axial force of the

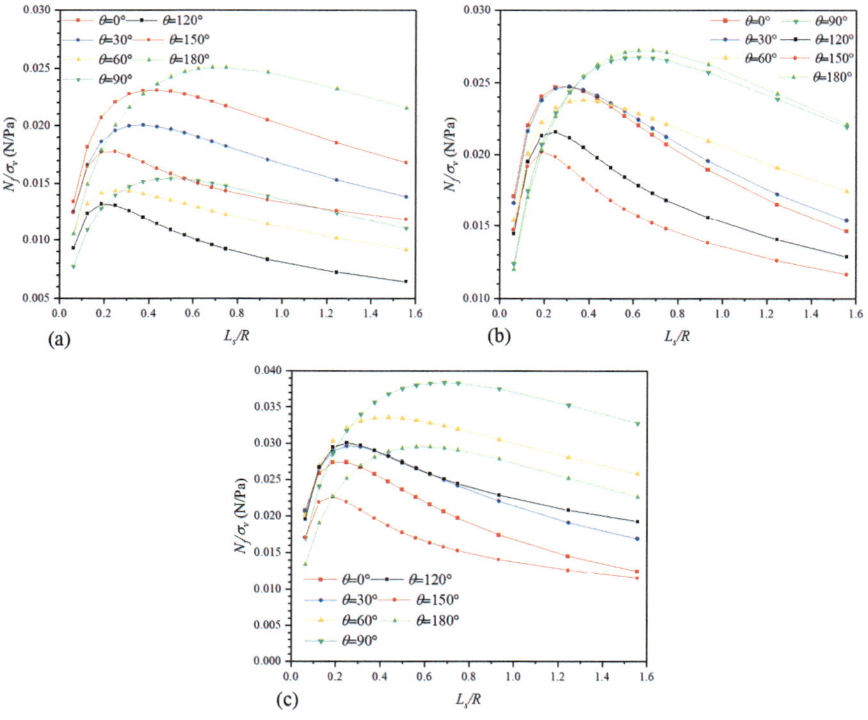

Fig. 6.42 Influence of length of rock bolt on axial force: **a** $\lambda = 0.5$ **b** $\lambda = 1.0$; **c** $\lambda = 1.5$

rock bolt decreases as the length of the rock bolt increases. The threshold values for different positions of the rock bolt are different. When the lateral pressure coefficient $\lambda > \lambda_0$, the threshold value for the rock bolt at $\theta = 90°$ is generally larger. However, when the lateral pressure coefficient $\lambda < \lambda_0$, the rock bolt's length threshold at $\theta = 0°$ and 180° is generally larger. For other tunnel shapes, the conclusions obtained from their examples are consistent with those mentioned above, and are not repeated here.

6.6.6.4 Influence of Pre-tension Force on Axial Force

The above examples consider rock bolts without pre-tension. However, in engineering practice, it is often necessary to apply a certain pre-tension to the rock bolts to generate a greater anchoring force. This section will consider the effect of a given pre-tension force N_0 applied to all rock bolts on the final axial force N_j of each rock bolt. In the calculation, the elastic modulus of the surrounding rock $E = 2 \times 10^4$ MPa, Poisson's ratio $\mu = 0.25$, the vertical in-situ stress component $\sigma_v = 2$ MPa, and the displacement release coefficient $\eta = 0.2$ after excavation. It is also assumed that all rock bolts have the same material and geometric parameters, with elastic modulus $E_s = 2 \times 10^3$ GPa (i.e., an elastic modulus ratio $E_s/E = 100$), diameter $d_s = 0.025$ m, and length $Ls = 2$ m. The rock bolt layout and installation spacing are the same as before.

Using only the straight-wall and semi-circular arch tunnel as an example, for values of the lateral pressure coefficient λ equal to 0.5, 1.0 and 1.5, the final axial force N_j of each rock bolt was calculated for pre-tension forces of $N_0/\sigma_v = 0, 0.0025$, 0.005, 0.0075 and 0.01 (corresponding to pre-tension forces of $N_0 =$ 0N, 5 kN, 10 kN, 15 kN and 20 kN for the rock bolts), as shown in Fig. 6.43.

From Fig. 6.43, it's easy to see that the final axial force of the rock bolt increases with the increase in pre-tension force, and the final axial force of the rock bolt is always linearly related to the applied pre-tension force. This linear relationship can actually be seen directly from Eq. (6.141). It is worth noting that for rock bolts at different positions, their slope values are almost equal and independent of the lateral pressure coefficient value.

6.6.6.5 Determining the Required Pre-tension Force Based on the Final Axial Force

In engineering practice, it is sometimes necessary to require that all installed rock bolts reach a uniform final axial force value N in order to fully utilize the strength of the rock bolt and improve safety and economic benefits. This final axial force value should be close to the strength limit of the rock bolt within the safety factor. In this case, it is necessary to determine the final axial force value N and calculate the pre-tension force required for the installation of the rock bolt. The parameters in this section's example are consistent with the previous section and are based on a

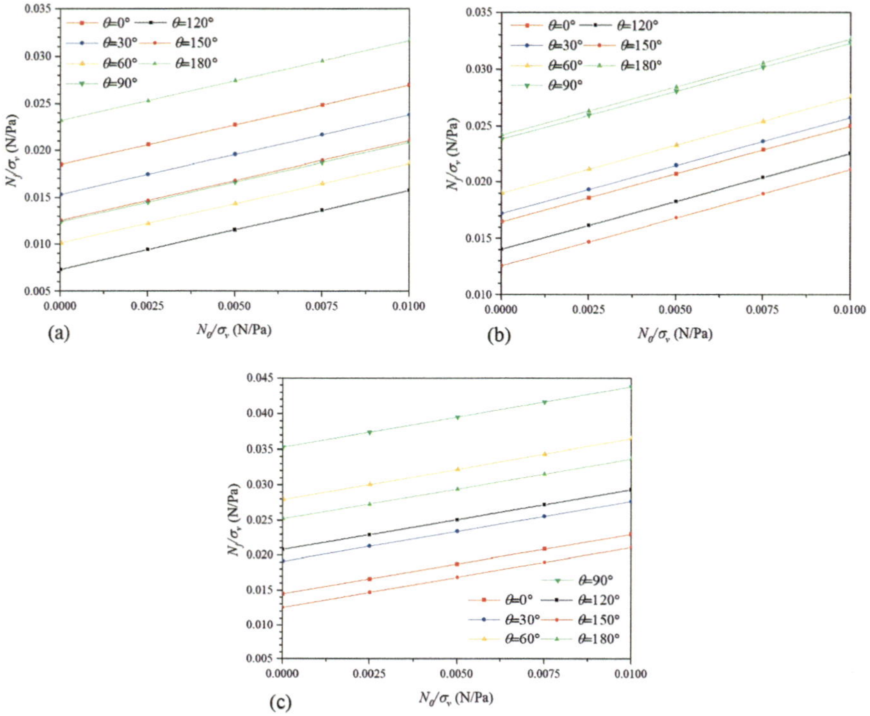

Fig. 6.43 Influence of pre-tension stress of rock bolt on axial force: **a** $\lambda = 0.5$; **b** $\lambda = 1.0$; **c** $\lambda = 1.5$

straight-wall and semi-circular arch tunnel with a lateral pressure coefficient value of $\lambda = 1.0$.

Taking $N/\sigma_v = 0.024616$ N/Pa, 0.03 N/Pa and 0.03973 N/Pa as three cases, corresponding to the final axial force of the rock bolt N being 48329N, 60000N and 79462N, respectively, the pre-tension force required for each rock bolt can be calculated as shown in Fig. 6.44.

It is clear from Fig. 6.44 that there is a linear relationship between the pre-tension force N_{0j} required for each rock bolt and the final axial force N, as indicated by Eq. (6.142). It can be seen that for the case when $\lambda > \lambda_0$, the rock bolt located at $\theta = 135°$ requires the maximum pre-tension force. Similarly to the previous section, the slopes of the linear functions for different rock bolts are also approximately equal.

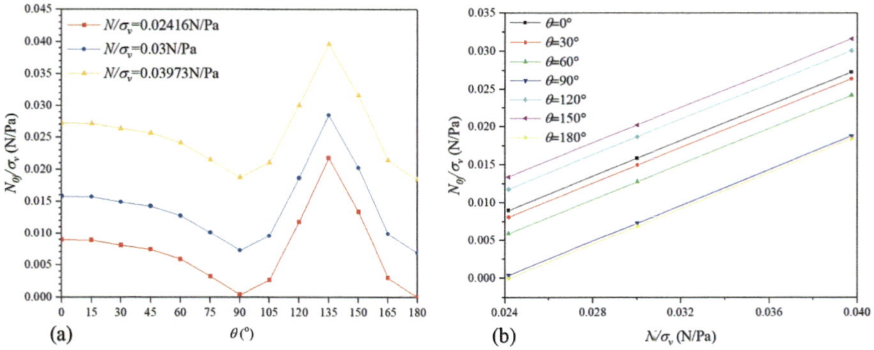

Fig. 6.44 Relationship between pre-tension force and final axial force of rock bolt: **a** pre-tension force required for each rock bolt; **b** pre-tension force and final axial force

6.6.7 Conclusion

Section 6.5 derives the analytical solution for the displacement of non-circular tunnels under the action of concentrated loads, based on which the axial force of the end anchored rock bolt can be determined in this section. As with circular tunnels, based on the displacement analytical solution, it should also be possible to determine the axial force of fully bonded rock bolts and the distribution of shear stress on the sides of the rock bolts.

The method presented in this section should also be applicable to cable anchoring support, but when the anchor cable is long, the displacement far from the tunnel excavation boundary needs to be used. In this case, some mathematical treatment must be applied to the obtained analytic functions $\varphi_2(\zeta)$ (Eq. (6.101)) and $\psi_2(\zeta)$, otherwise, as in Sect. 2.7, abnormal phenomena might occur in the displacement, and the calculated axial force of the rock bolt will be incorrect.

For non-circular tunnels, the distribution pattern of axial force of rock bolt obtained is basically similar to that of circular tunnels. However, the position where the maximum axial force of the rock bolt is generated is not simply consistent with the principal direction of the in-situ stress; it also depends on the width-to-height ratio *B*/*H* of the tunnel. When *B*/*H* is close to the lateral pressure coefficient, the axial force values of the rock bolts arranged around the tunnel circumference are relatively uniform.

Appendix

Solution process of A, B_0, B_1,…, B_{n-1}:

Let $(\zeta - f_1)(\zeta - f_2)\cdots(\zeta - f_n) = G_0 + G_1\zeta + G_2\zeta^2 + \cdots + G_n\zeta^n$, then

$$\left(G_0 + G_1\zeta + G_2\zeta^2 + \cdots + G_n\zeta^n\right)(\zeta - f_{n+1}) = \frac{1}{C_n}\left[C_n\zeta^{n+1} + C_{n-1}\zeta^n + \cdots + C_1\zeta^2 + \left(C_0 - \frac{\bar{d}_j}{R}\right)\zeta + 1\right]$$

By comparing the coefficients of equal powers of ζ on both sides of the equation, we can obtain:

$$G_n = 1$$

$$G_k = \frac{C_k}{C_n} + f_{n+1}G_{k+1}, k = n-1, \cdots, 1$$

$$G_0 = -\frac{1}{C_n f_{n+1}}$$

Since $A\left(G_0 + G_1\zeta + G_2\zeta^2 + \cdots + G_n\zeta^n\right) + (\zeta - f_{n+1})\left(B_0 + B_1\zeta + B_2\zeta^2 + \cdots + B_{n-1}\zeta^{n-1}\right) = \zeta$.

Similarly, by comparing the coefficients of equal powers of ζ on both sides of the equation, we can obtain:

$$\begin{aligned}
\zeta^0 &: AG_0 - B_0 f_{n+1} = 0 \\
\zeta^1 &: AG_1 + B_0 - B_1 f_{n+1} = 1 \\
\zeta^2 &: AG_2 + B_1 - B_2 f_{n+1} = 0 \\
\zeta^3 &: AG_3 + B_2 - B_3 f_{n+1} = 0 \\
&\vdots \\
\zeta^{n-2} &: AG_{n-2} + B_{n-3} - B_{n-2} f_{n+1} = 0 \\
\zeta^{n-1} &: AG_{n-1} + B_{n-2} - B_{n-1} f_{n+1} = 0 \\
\zeta^n &: AG_n + B_{n-1} = 0
\end{aligned}$$

Multiply both sides of the 2nd to the $(n+1)$-th equation by f_{n+1}, and then add these $n+1$ equations together, we can obtain:

$$A = \frac{f_{n+1}}{G_0 + f_{n+1}\sum_{k=1}^{n} G_k}$$

From this, we can obtain:

$$B_0 = \frac{AG_0}{f_{n+1}}$$

$$B_1 = \frac{AG_1 + B_0 - 1}{f_{n+1}}$$

$$B_k = \frac{AG_k + B_{k-1}}{f_{n+1}}, k = 2, \cdots, n-1$$

Solution process of B, A_0, A_1,..., A_{n-1}:

$$O(\zeta) = O_0 + O_1\zeta + O_2\zeta^2 + \cdots + O_n\zeta^n = (\zeta - e_1)(\zeta - e_2)\cdots(\zeta - e_n)$$

$$\left(O_0 + O_1\zeta + O_2\zeta^2 + \cdots + O_n\zeta^n\right)\cdot(\zeta - e_{n+1}) = \zeta^{n+1} + \left(C_0 - \frac{d_j}{R}\right)\zeta^n + C_1\zeta^{n-1} + \cdots + C_{n-1}\zeta + C_n$$

Similarly, by comparing the coefficients of equal powers of ζ on both sides of the equation, we can obtain:

$$O_0 = -\frac{C_n}{e_{n+1}}$$

$$O_l = \frac{(O_{l-1} - C_{n-l})}{e_{n+1}}, l = 1, \cdots, n-1$$

$$O_n = 1$$

Since $\left(A_0 + A_1\zeta + A_2\zeta^2 + \cdots + A_{n-1}\zeta^{n-1}\right)(\zeta - e_{n+1}) + B\left(O_0 + O_1\zeta + O_2\zeta^2 + \cdots + O_n\zeta^n\right) = \zeta^n$.

Similarly, by comparing the coefficients of equal powers of ζ on both sides of the equation, we can obtain:

$$\begin{aligned}
-A_0e_{n+1} + BO_0 &= 0\\
A_0 - A_1e_{n+1} + BO_1 &= 0\\
A_1 - A_2e_{n+1} + BO_2 &= 0\\
A_2 - A_3e_{n+1} + BO_3 &= 0\\
A_{n-2} - A_{n-1}e_{n+1} + BO_{n-1} &= 0\\
A_{n-1} + BO_n &= 1
\end{aligned}$$

Multiply both sides of the 2nd to the $(n+1)$-th equation by e_{n+1}, and then add these $n+1$ equations together, we can obtain:

$$B = \frac{e_{n+1}}{O_0 + e_{n+1} \sum_{k=1}^{n} O_k}$$

From this, we can obtain:

$$A_0 = \frac{BO_0}{e_{n+1}}$$

$$A_1 = \frac{A_0 + BO_1}{e_{n+1}}$$

$$A_k = \frac{A_{k-1} + BO_k}{e_{n+1}}, k = 1, \cdots, n-1$$

References

1. Bobet, A. 2006. A simple method for analysis of point anchored rockbolts in circular tunnels in elastic ground. *Rock Mechanics and Rock Engineering* 39: 315–338.
2. Bobet, A. 2009. Elastic solution for deep tunnels . Application to excavation damage zone and rockbolt support. *Rock Mechanics and Rock Engineering* 42: 147–174.
3. Farmer, I.W. 1975. Stress distribution along a resin grouted rock anchor. *International Journal of Rock Mechanics and Mining Science and Geomechanics Abstracts* 12: 347–351.
4. Maghous, S., D. Bernaud, and E. Couto. 2012. Three-dimensional numerical simulation of rock deformation in bolt-supported tunnels: A homogenization approach. *Tunnelling and Underground Space Technology Incorporating Trenchless Technology Research* 31: 68–79.
5. Tao, Z., and J. X. Chen. 1984. Behavior of rock bolting as tunneling support. In *Proceedings of the International Symposium on Rockboltin*, ed. Stephansson, O, 87–92. Rotterdam: Balkema.
6. Benmokrane, B., A. Chennouf, and H.S. Mitri. 1995. Laboratory evaluation of cement-based grouts and grouted rock anchors. *International Journal of Rock Mechanics and Mining Sciences and Geomechanics Abstracts* 32 (7): 633–642.
7. Liu, G., M. Xiao, J. Chen, et al. 2017. Study on mechanical characteristics of fully grouted rock bolts for underground caverns under seismic loads. *Mathematical Problems in Engineering* 2017 (4): 1–12.
8. Ma, S., Z. Zhao, W. Nie, et al. 2016. A numerical model of fully grouted bolts considering the tri-linear shear bond–slip model. *Tunnelling and Underground Space Technology incorporating Trenchless Technology Research* 54: 73–80.
9. Hyett, A.J., M. Moosavi, and W.F. Bawden. 2015. Load distribution along fully grouted bolts, with emphasis on cable bolt reinforcement. *International Journal for Numerical and Analytical Methods in Geomechanics* 20 (7): 517–544.
10. Li, C., and B. Stillborg. 1999. Analytical models for rock bolts. *International Journal of Rock Mechanics and Mining Sciences* 36: 1013–1029.
11. You, C.N. 2000. Analysis on bolt strain with large deformation under shearing-tensile load. *Chinese Journal of Rock Mechanics and Engineering* 19 (3): 339–341.
12. Yao, X.C., N. Li., and Y.S. Chen. 2005. Theoretical solution for shear stresses on interface of fully grouted bolt in tunnels. *Chinese Journal of Rock Mechanics and Engineering* 24 (13): 2272–2276.
13. Muskhelishvili, N.I. 1953. *Some Basic Problems of Mathematical Theory of Elasticity*. Groningen, Holland: P. Noordhoff.

14. England, A. H. 1971. *Complex Variable Methods in Elasticity: Wiley-Interscience.*
15. Hoek, E., and E.T. Brown. 1982. *Underground Excavations in Rock*. London: The Institution of Mining and Metallurgy.
16. Yao, S.Q., H. Cai, and A.Z. Lu. 2023. Viscoelastic solution for axial forces of point-anchored rock bolts in a circular tunnel. *International Journal of Applied Mechanics* 15(02).
17. Lu, A.Z., Y.J. Liu, and X.L. Zhang. 2018. A theoretical solution for a circular tunnel reinforced by fully grouted rock bolts. *Chinese Journal of Rock Mechanics and Engineering* 37 (7): 1561–1574.
18. Freeman, T.J. 1978. The behaviour of fully-bonded rock bolts in the Kielder experimental tunnel. *Tunnels Tunnelling* 10: 37–40.
19. Liu, Y.J., A.Z. Lu, and X.T. Zeng. 2022. A theoretical method of mechanical analysis for a circular tunnel reinforced by fully grouted rock bolts. *Mathematics and Mechanics of Solids* 27 (7): 1319–1335.
20. Liu, Y.J., A.Z. Lu, and H. Cai. 2022. Mechanical analysis of bolt-lining combined support in deeply buried circular tunnel. *Applied Sciences* 12: 9112.
21. Lu,A.Z., and E.H. Zhu. 2019. An analytical method for determining the axial force of point anchored rock bolts in an elliptical tunnel. *Chinese Journal of Rock Mechanics and Engineering* 38 (6): 1117–1128.
22. Lu, A.Z., N. Zhang, and G.S. Zeng. 2017. Minimizing stress concentrations around an elliptical hole by concentrated forces acting on the uniaxially loaded plate. *Acta Mechanica Solida Sinica* 30: 318–326.
23. Lu, A.Z., and L.Q. Zhang. 2007. *Complex Variable Methods for the Mechanical Analysis of Underground Tunnels*. Beijing: Science Press.

Chapter 7
Schwarz's Alternating Method for Mechanical Analysis of Twin/Multiple Tunnels in Deep Elastic and Viscoelastic Rock Mass

7.1 Solution for Double-Hole/Tunnel Problems in Plane Elasticity Using Schwarz's Alternating Method

Two parallel holes/tunnels are often encountered in engineering designs, and their shapes are sometimes complex and diverse. When they are closely arranged, the induced stress and displacement fields will be strongly disturbed by each other, which is of great significance for engineering designers.

Scholars around the world have made many investigations on the double hole/tunnel problems, but only placing emphasis on an infinite medium containing two circular or elliptic holes [1–18]. It seems that only Hasebe et al. [19] gave a solution method for complex double hole problem, in which one hole has complex geometry and the other is a crack. However, the method is only suitable for symmetrical cases [19].

Two hole problems in mechanics are considered as ones in a doubly connected domain, which are usually difficult to be analytically solved. As an analytic algorithm, Schwarz's alternating method reduces a problem of a doubly connected domain to a sequence of problems in a simply connected domain. In addition, Schwarz's alternating method has been proved to be convergent for doubly connected domains in two dimensions by Mikhlin in 1934 [20] and in three dimensions by Soboleff in 1936 [21]. Obviously, Schwarz's alternating method may be potentially utilized as an effective tool to solve the problems of two holes having arbitrary shapes and arrangements once an efficient alternating algorithm is found.

The authors had conducted some studies about the stress field around two holes with any shapes and arrangement by means of the Schwarz's alternating method and Muskhelishvili's techniques [22, 23]. The studies involved the stress solution of any double hole problem, influences of redundant surface forces on the stress field, comparisons with the exact solution, and stress comparison with the finite element

A. Lu et al., *Complex Variable Function Solutions in the Mechanical Analysis of Tunnels*, https://doi.org/10.1007/978-981-97-1691-3_7

method (FEM). It has been revealed that the Schwarz's alternating method is feasible and reliable to achieve stress and displacement solutions for double hole problems with complex shapes and arbitrary arrangement.

7.1.1 Procedures and Difficulties of Schwarz's Alternating Method

7.1.1.1 Procedures of Schwarz's Alternating Method

As shown in Fig. 7.1, two holes/tunnels in an infinite medium have complex shapes and arbitrary arrangement, with ground stresses uniformly distributed at infinity. For two unsupported tunnels, there are zero surface forces along their boundaries. In Fig. 7.1, z_1 and z_2 are two complex coordinates in local rectangular coordinate systems $x_1o_1y_1$ and $x_2o_2y_2$, respectively. For convenience, $x_1o_1y_1$ is supposed to be the total coordinate system; $\boldsymbol{c}$ is the relative position vector of two tunnels in $x_1o_1y_1$ coordinate system; L_1 and L_2 are boundaries of hole one and hole two, respectively; σ_x^{∞}, σ_y^{∞} and τ_{xy}^{∞} are vertical, horizontal and shear ground stress components, respectively.

When solving a double hole/tunnel problem, Schwarz's alternating method is conducted as follows. At first, hole one is excavated in the rock, and the stress solution can be obtained by using Cauchy integration method in a singly connected domain. Although hole two is not excavated, the stresses on L_2 can be in advance calculated, which result in the redundant surface forces (RSF) on L_2. To satisfy the boundary

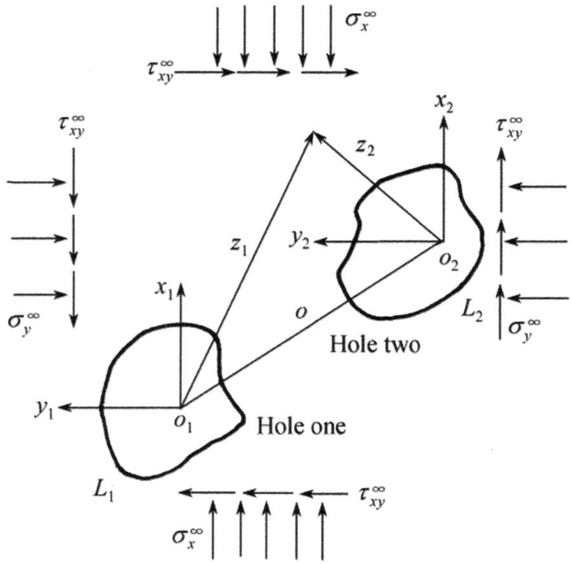

Fig. 7.1 The calculation model for any double tunnel problem in planar elasticity

condition of zero surface forces on L_2, hole two is supposed to be excavated, by applying reverse surface forces of the RSF on L_2. If hole one is supposed not to exist, above problem is one in a simply connected domain, and stresses on L_1 induced by the reverse surface forces on L_2 can be obtained. At present, surface forces on L_1 are not zeros. Further, the stresses on L_2 induced by the corresponding reverse surface forces on L_1 can be again calculated. Above process is repeated till surface forces on both L_1 and L_2 become enough little or approach zeroes. The superposition of all iterative results is the final solution for the given problem.

These authors define that adding the reverse surface forces on L_1 and L_2 one time, respectively, is the completion of one time of iteration (besides the first iteration). Limited by the iterative times, it is impossible to decrease the RSF on L_1 and L_2 to be absolute zeros, and in fact it is unnecessary to do so. When the RSF on L_1 and L_2 become little enough to satisfy the precision requirements, the iteration solving can be terminated.

When the external loads, such as the distributed forces and concentrated forces, exist on the boundaries of two holes, they must be considered during the first iteration. That is to say, when excavating hole one, loading condition contains the external loads on L_1 and ground stresses at infinity; when excavating hole two, the loading condition contains the external loads on L_2 and corresponding reverse surface forces on L_2 induced by the excavation of hole one. During the second and latter iterations, loads to be considered are only the corresponding reverse surface forces on L_1 or L_2.

7.1.1.2 Difficulties in Using Schwarz's Alternating Method

Every single hole problem is solved by using the Cauchy integration method, in which the given domain with a hole will be mapped onto another with a unit circle. To deduce the RSF along the holes' boundary, two complex stress functions and boundary coordinate points need to be repeatedly transformed between two local coordinate systems and two mapping planes, in which inverse mapping functions are introduced. Resulting from complex shapes of two holes, their mapping functions and inverse ones are more complex than circle or elliptic holes, and procedures for solving the double hole problems with complex shapes become more difficult.

When solving the problems of two holes with complex shapes, Schwarz's alternating method will be confronted with two main difficulties because of the introduction of complex mapping functions and inverse ones. The first difficulty is how to acquire the RSF on the boundary of the other hole supposed to be excavated, directly by using two complex stress functions for a single hole problem in its mapping plane. The second difficulty is how to transform RSF into a simple form, so as to conduct the Cauchy integration conveniently during every iteration.

Due to the introduction of mapping functions and inverse ones, it is impossible to conduct coordinate transformation of two complex stress functions for double hole problems with complex hole shapes. For this reason, direct transformation of coordinate points will be utilized to acquire RSF along the boundary of hole to be excavated. It is well known that RSF distributed along unit circle in mapping plane, are balanced and have a periodicity of 2π. Based on approximation theory of complex functions, complex series can be used to approximate complex functions having a periodicity of 2π and distributed along a unit circle. A concise form of complex series ensures the continuous iterations of Schwarz's alternating method.

7.1.2 Determination of Mapping Functions

When solving a single hole problem, the infinite domain around the hole is mapped onto another one with a unit circle, thus the mapping function can be acquired from Eq. (7.1), similar to Eq.(1.1), as

$$z = \omega(\zeta) = R\left(\zeta + B_0 + \frac{B_1}{\zeta} + \frac{B_2}{\zeta^2} + \cdots + \frac{B_n}{\zeta^n}\right) \tag{7.1}$$

where R shows the size of the hole, B_i ($i = 0,1, 2,\ldots, n$) is similar to C_k in Eq. (1.1) and indicates the shape of the hole, z and ζ are complex coordinates in physical and mapping planes, respectively.

The mapping functions for two holes can be rewritten, respectively as

$$\omega_1(\zeta_1) = \sum_{k=-1}^{n} m_k/\zeta_1^k,\ \omega_2(\zeta_2) = \sum_{k=-1}^{n} n_k/\zeta_2^k \tag{7.2}$$

where ζ_1 and ζ_2 are complex coordinates in two mapping planes, respectively.

It is defined that a function mapping an infinite domain with a unit circle onto the given one around a hole, is its inverse mapping function. The inverse mapping function is still a mapping transformation between the infinite domain containing a hole, so it can be expressed as

$$\zeta = \omega^{-1}(z) = r\left(z + A_0 + \frac{A_1}{z} + \frac{A_2}{z^2} + \cdots + \frac{A_m}{z^m}\right) \tag{7.3}$$

As seen from Eqs. (7.2) and (7.3), points z and ζ in these two functions should be consistent and one-to-one correspondent. Thus, it is required that the mapping function is a univalent one, i.e., $z_0 = \omega(\zeta_0)$ and $\zeta_0 = \omega^{-1}(z_0)$ for a point z_0 in physical plane and its one-to-one correspondent point ζ_0 in the mapping plane. This condition will be utilized for determining coefficients A_i ($i = 0, 1, 2, \ldots, m$) of the inverse mapping function.

For points ζ_j ($j = 1, 2, \ldots, l$) along a unit circle in the mapping plane, their one-to-one correspondent points z_j ($j = 1, 2, \ldots, l$) in physical plane are acquired by using the mapping function (7.1). Substituting ζ_j and z_j ($j = 1, 2, \ldots, l$) into Eq. (7.3), a series of complex linear equations can be obtained for determining unknown coefficients $r, A_0, A_1, A_2, \ldots, A_m$. Hence, coefficients r and A_i ($i = 0, 1, 2, \ldots, m$) can be obtained by solving the equation system. When the number of the equations is bigger than that of the unknown coefficients, the equations become a set of contradictory ones, so as to increase the total effects of inverse mapping function.

For conveniences, two inverse mapping functions may be rewritten, respectively as

$$\zeta_1 = \omega_1^{-1}(z_1) = \sum_{k=-1}^{m} p_k / z_1^k$$

$$\zeta_2 = \omega_2^{-1}(z_2) = \sum_{k=-1}^{m} q_k / z_2^k \tag{7.4}$$

Taking trapezoid, regular hexagon, straight wall and semi-circular arch, horseshoe shaped holes as examples, corresponding inverse mapping functions can be acquired according to above procedures. When $m = 25$, the coefficients of four inverse mapping functions are presented in Table 7.1. As seen in Fig. 7.2 and Table 7.2, there are very little differences between ideal unit circle and four approximate circles corresponding to the four inverse mapping functions. This indicates that the inverse mapping functions have been of very high precisions when $m = 25$.

After having high-precision mapping functions and inverse ones, double hole problems can be solved by using Schwarz's alternating method.

7.1.3 Solution of Analytic Functions for One Hole Problem

Considering ground stresses σ_x^∞, σ_y^∞ and τ_{xy}^∞ at infinity, solution for existence of only hole one can be expressed by two complex stress functions $\varphi_{11}(\zeta_1)$ and $\psi_{11}(\zeta_1)$, and its general expression can be rewritten directly from Eqs. (2.53) and (2.54), i.e.,

$$\begin{cases} \varphi_{11}(\zeta_1) = B\omega_1(\zeta_1) + \varphi_{10}(\zeta_1) \\ \psi_{11}(\zeta_1) = (B' + iC')\omega_1(\zeta_1) + \psi_{10}(\zeta_1) \end{cases} \tag{7.5}$$

where subscripts in $\varphi_{11}(\zeta_1)$ and $\psi_{11}(\zeta_1)$ are used mainly for indicating the numbers of iterations and mapping coordinate systems, B, B', and C' are given in Eq. (2.18), and $\varphi_{10}(\zeta_1)$ and $\psi_{10}(\zeta_1)$ are two analytic functions around the unit circle and including points at the infinity. The two functions can be expressed as

$$\begin{cases} \varphi_{10}(\zeta_1) = a_0 + \dfrac{a_1}{\zeta_1} + \dfrac{a_2}{\zeta_1^2} + \cdots \\ \psi_{10}(\zeta_1) = e_0 + \dfrac{e_1}{\zeta_1} + \dfrac{e_2}{\zeta_1^2} + \cdots \end{cases} \tag{7.6}$$

Table 7.1 Inverse mapping functions of four holes with different shapes

Hole shapes / Coefficients	Trapezoid (m = 25)	Regular hexagon ($m = 25$)	Straight wall and semi-circular arch ($m = 25$)	Horseshoe (m = 25)
r	0.6141	0.6763	0.6238	0.5959
A_0	0.1218	– 0.0003	0.1646	0.1155
A_1	– 0.1735	0.0116	– 0.2185	0.1700
A_2	– 0.4253	0.0003	– 0.2683	– 0.3294
A_3	1.0501	0.0084	0.6519	0.0695
A_4	– 0.2770	0.0014	– 0.8525	0.4279
A_5	0.5421	0.6876	0.6928	– 0.5323
A_6	2.0078	– 0.0007	0.1141	– 0.1949
A_7	– 3.2138	– 0.0600	– 1.9348	1.4413
A_8	2.9475	– 0.0015	4.3331	– 1.5323
A_9	– 2.4511	– 0.0590	– 5.9718	– 1.8388
A_{10}	– 10.2149	– 0.0139	4.3903	5.6903
A_{11}	13.2094	– 3.1664	3.7399	– 3.2184
A_{12}	– 22.8270	0.0055	– 18.9030	– 9.9465
A_{13}	9.7546	0.6237	37.5955	20.9933
A_{14}	34.0542	0.0131	– 47.2033	– 2.9839
A_{15}	– 50.6273	0.4470	31.0908	– 47.2259
A_{16}	116.8863	0.0997	25.0346	69.3415
A_{17}	– 34.3412	16.7293	– 116.0911	20.2517
A_{18}	– 20.5396	– 0.0707	211.8992	– 184.6884
A_{19}	147.1907	– 5.3115	– 252.1241	192.5298
A_{20}	– 294.9096	– 0.0691	204.8869	135.3553
A_{21}	113.6997	– 2.2176	– 24.2397	– 533.4501
A_{22}	– 225.0226	– 0.4861	– 129.1103	407.6972
A_{23}	– 217.9312	– 63.1108	351.8896	328.0346
A_{24}	9.6305	0.4756	– 235.6972	– 861.8707
A_{25}	– 214.9552	28.5551	269.2666	553.7059

Constants a_0 and e_0 have no influences in stress results, so they may be deleted from Eq. (7.6). Seen from Eqs. (7.5) and (7.6), functions $\varphi_{11}(\zeta_1)$ and $\psi_{11}(\zeta_1)$ can be obtained mainly by determination of coefficients in $\varphi_{10}(\zeta_1)$ and $\psi_{10}(\zeta_1)$.

Similar to methods and procedures in Sect. 2.6, $\varphi_{11}(\zeta_1)$ and $\psi_{11}(\zeta_1)$ can be solved by the stress boundary condition

$$\varphi_{11}(\sigma_1) + \frac{\omega_1(\sigma_1)}{\overline{\omega_1'(\sigma_1)}}\overline{\varphi_{11}'(\sigma_1)} + \overline{\psi_{11}(\sigma_1)} = 0 \tag{7.7}$$

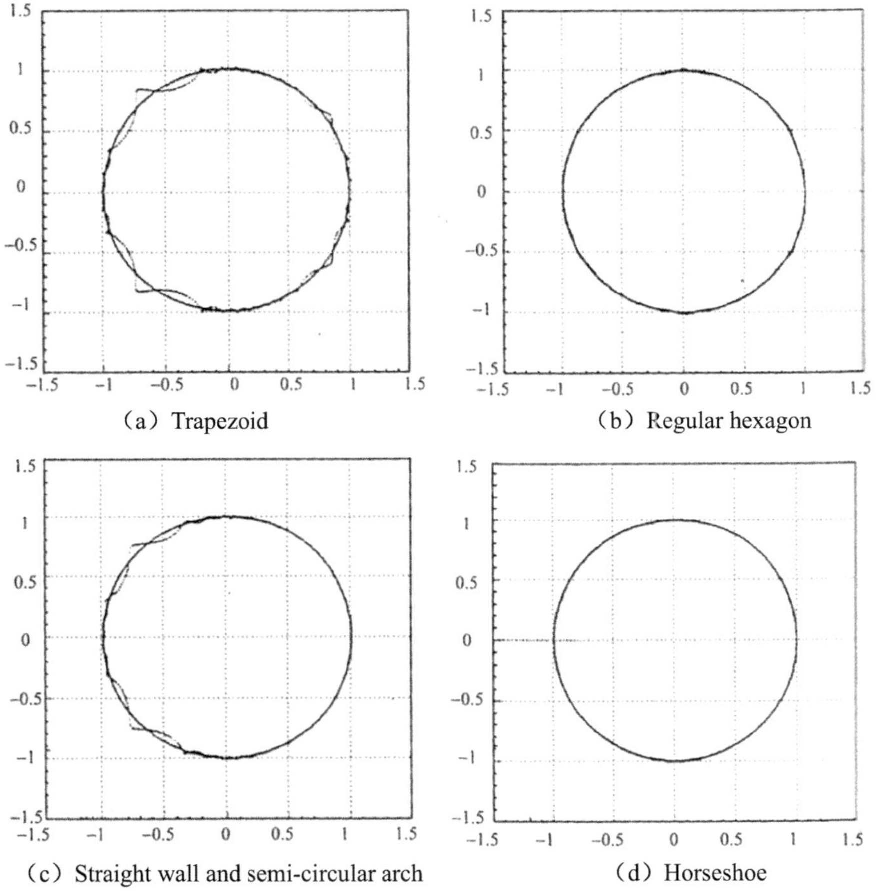

Fig. 7.2 Differences between radial coordinates of ideal unit circles and four approximate circles corresponding to the four inverse mapping functions

Table 7.2 Differences between radial coordinates of ideal unit circles and four approximate ones corresponding to the four inverse mapping functions

Hole shapes / Absolute errors	Trapezoid	Regular hexagon	Straight wall and semi-circular arch	Horseshoe
Maximum	0.0326	0.0133	0.0722	0.0055
Minimum	0.0001	0.0001	0.0002	0.0000
Averaged errors	0.0037	0.0024	0.0014	0.0009

with their expressions as, respectively

$$\begin{cases} \varphi_{11}(\zeta_1) = B\omega_1(\zeta_1) + \dfrac{a_1}{\zeta_1} + \dfrac{a_2}{\zeta_1^2} + \cdots + \dfrac{a_n}{\zeta_1^n} \\ \psi_{11}(\zeta_1) = \overline{k}_{n-2}\zeta_1^{n-2} + \overline{k}_{n-3}\zeta_1^{n-3} + \cdots + \overline{k}_1\zeta_1 \\ \quad - \dfrac{\overline{\omega}_1(\frac{1}{\zeta_1})}{\omega_1'(\zeta_1)}\varphi_{10}'(\zeta_1) - \dfrac{2B\overline{m}_{-1}}{\zeta_1} + (B' + iC')m_{-1}\zeta_1 \end{cases} \tag{7.8}$$

The problem discussed in this section are general. Different from Sect. 2.6, the external loads and hole shapes can be asymmetric about x-axis in this section. Therefore, the coefficients of mapping and analytic functions may not necessarily be real constants, but can be complex constants.

7.1.4 Determination of Redundant Surface Forces

According to Schwarz's alternating method, $\varphi_{11}(\zeta_1)$ and $\psi_{11}(\zeta_1)$ can be used for checking whether zero surface force condition along the boundary of hole two (L_2) is satisfied or not. Because inverse mapping functions, coordinate translation and mapping transformation will be involved, it is very difficult to explicitly formulate redundant surface forces (RSF) on L_2 directly by transforming two complex stress functions $\varphi_{11}(\zeta_1)$ and $\psi_{11}(\zeta_1)$. For this reason, RSF on L_2 will be determined by using coordinate point transformation from ζ_2, z_2, z_1 to ζ_1.

Two complex functions $\varphi_{11}(\zeta_1)$ and $\psi_{11}(\zeta_1)$ will be transformed into different forms in different coordinate systems, i.e., $\varphi_1(z_1)$ and $\psi_1(z_1)$ in $x_1o_1y_1$ coordinate system (z_1-plane), $\varphi_2(z_2)$ and $\psi_2(z_2)$ in $x_2o_2y_2$ coordinate system (z_2-plane), $\varphi_{12}(\zeta_2)$ and $\psi_{12}(\zeta_2)$ in ζ_2-plane. When coordinate point is on L_2, $\varphi_{11}(\zeta_1)$ and $\psi_{11}(\zeta_1)$ are transformed into $\varphi_1(t_1)$ and $\psi_1(t_1)$ in z_1-plane, $\varphi_2(t_2)$ and $\psi_2(t_2)$ in z_2-plane, $\varphi_{12}(\sigma_2)$ and $\psi_{12}(\sigma_2)$ in ζ_2-plane, respectively.

If $f_{12}(\sigma_2)$ may represent RSF on L_2, resulted from $\varphi_{11}(\zeta_1)$ and $\psi_{11}(\zeta_1)$, it can be formulated in z_2-plane by

$$f_2(t_2) = \varphi_2(t_2) + t_2\overline{\varphi_2'(t_2)} + \overline{\psi_2(t_2)} \tag{7.9}$$

where t_2 is coordinate points along L_2 in z_2-plane. In ζ_2-plane, Eq. (7.9) is transformed into

$$f_{12}(\sigma_2) = \varphi_{12}(\sigma_2) + \frac{\omega_2(\sigma_2)}{\overline{\omega_2'(\sigma_2)}}\overline{\varphi_{12}'(\sigma_2)} + \overline{\psi_{12}(\sigma_2)} \tag{7.10}$$

where σ_2 is coordinate points along L_2 in ζ_2-plane. The left sides of Eqs. (7.9) and (7.10) are equal, i.e., $f_2(t_2) = f_{12}(\sigma_2) = f_2[\omega_2(\sigma_2)]$.

In z_2-plane, $\varphi_1(t_1)$ and $\psi_1(t_1)$ can be expressed as

$$\begin{cases} \varphi_2(t_2) = \varphi_1(t_2 + c) \\ \psi_2(t_2) = \psi_1(t_2 + c) + \overline{c}\varphi_1'(t_2 + c) \end{cases} \tag{7.11}$$

where t_2 is coordinate point along L_2 in z_2-plane.

Substituting Eq. (7.11) into Eq. (7.9), one can obtain

$$f_2(t_2) = \varphi_1(t_2 + c) + (t_2 + c)\overline{\varphi_1'(t_2 + c)} + \overline{\psi_1(t_2 + c)} \tag{7.12}$$

If T_1 is used to represent coordinate point on L_2 in z_1-plane, one can get $T_1 = t_2 + c$, and Eq. (7.12) can be rewritten into

$$f_2(t_2) = \varphi_1(T_1) + T_1\overline{\varphi_1'(T_1)} + \overline{\psi_1(T_1)} \tag{7.13}$$

Supposed that γ_1 is coordinated point on L_2 in ζ_1-plane, and based on mapping transformation $T_1 = \omega_1(\gamma_1)$ and equation $f_2(t_2) = f_{12}(\sigma_2)$, one can obtain

$$f_{12}(\sigma_2) = \varphi_{11}(\gamma_1) + \frac{\omega_1(\gamma_1)}{\overline{\omega_1'(\gamma_1)}}\overline{\varphi_{11}'(\gamma_1)} + \overline{\psi_{11}(\gamma_1)} \tag{7.14}$$

As seen from Eq. (7.14), coordinate point transformation is feasible for acquiring RSF on L_2, directly using $\varphi_{11}(\zeta_1)$ and $\psi_{11}(\zeta_1)$ in ζ_1-plane. Detailed procedure is indicated as follows,

(1) Take σ_2 as coordinate on unit circle in ζ_2-plane, mapped from point on L_2;
(2) After mapping transformation $t_2 = \omega_2(\sigma_2)$, σ_2 is transformed to be t_2 in z_2-plane;
(3) Using $T_1 = t_2 + c$, t_2 is translated to be T_1 in z_1-plane;
(4) After inverse mapping transformation $\gamma_1 = \omega_1^{-1}(T_1)$, T_1 is transformed to be γ_1 in ζ_1-plane.

Substituting γ_1 into Eq. (7.14), one can obtain RSF $f_{12}(\sigma_2)$ corresponding to point σ_2 in ζ_2-plane. According to the same procedure, RSF on L_1 and L_2 will be acquired during every iteration. So far the first difficulty described in Sect. 7.1.1.2 has been overcome.

The surface force $f_{12}(\sigma_2)$ is a vector function with a period of 2π, along the unit circle in the ζ_2 plane. If the vector function is expressed in the form of complex function, complex series $\sum_{k=-L}^{L} D_k\sigma_2^k$ can be used to approximate the distribution of $f_{12}(\sigma_2)$ on L_2, i.e.,

$$f_{12}(\sigma_2) = \sum_{k=-L}^{L} D_k\sigma_2^k \tag{7.15}$$

where D_k is coefficient in different power term of σ_2, and generally in form of complex. When L is enough big, Eq. (7.15) will be of very high precision of approximation. L is generally taken to be bigger than n in mapping function shown by Eq. (7.2). So far the second difficulty described in Sect. 7.1.1.2 has been overcome.

7.1.5 Analytic Functions for Single Hole Problem Subjected to Inverse Redundant Forces

When the boundary of hole two is applied with inverse surface force $-\sum_{k=-L}^{L} D_k\sigma_2^k$, solution for the singly connected domain can be expressed by two complex functions $\varphi_{22}(\zeta_2)$ and $\psi_{22}(\zeta_2)$. The stress boundary condition used is

$$\varphi_{22}(\sigma_2) + \frac{\omega_2(\sigma_2)}{\omega_2'(\sigma_2)}\overline{\varphi_{22}'(\sigma_2)} + \overline{\psi_{22}(\sigma_2)} = -\sum_{k=-L}^{L} D_k\sigma_2^k \tag{7.16}$$

where $\varphi_{22}(\sigma_2)$ and $\psi_{22}(\sigma_2)$ are boundary values of $\varphi_{22}(\zeta_2)$ and $\psi_{22}(\zeta_2)$ along the unit circle in ζ_2-plane, respectively. The functions $\varphi_{22}(\zeta_2)$ and $\psi_{22}(\zeta_2)$ has same forms, respectively as $\varphi_{10}(\zeta_1)$ and $\psi_{10}(\zeta_1)$ in Eq. (7.6).

By using the Harnack theorem and generalized formulas of Cauchy integral, $\varphi_{22}(\zeta_2)$ and $\psi_{22}(\zeta_2)$ are given by

$$\begin{cases} \varphi_{22}(\zeta_2) = \dfrac{F_1}{\zeta_2} + \dfrac{F_2}{\zeta_2^2} + \cdots + \dfrac{F_L}{\zeta_2^L} \\ \psi_{22}(\zeta_2) = \overline{L}_{n-2}\zeta_2^{n-2} + \overline{L}_{n-3}\zeta_2^{n-3} + \cdots + \overline{L}_1\zeta_2 \\ \quad - \dfrac{\overline{\omega}_2(\frac{1}{\zeta_2})}{\omega_2'(\zeta_2)}\varphi_{22}'(\zeta_2) - \sum\limits_{k=1}^{L} \overline{D}_k/\zeta_2^k \end{cases} \tag{7.17}$$

where $F_i\ (i=0,1,2,\ldots,L)$ is coefficients to be determined, and $L_i\ (i=0,1,2,\ldots,n-2)$ is coefficients of $\zeta_2^{-i}(\ i=0,\ 1,\ 2,\ \ldots,\ n-2)$ in series expansion of $\frac{\omega_2(\zeta_2)}{\overline{\omega_2}'(\frac{1}{\zeta_2})}\overline{\varphi}_{22}'(\frac{1}{\zeta_2})$.

The superposition of complex functions $\varphi_{11}(\zeta_1)$ and $\psi_{11}(\zeta_1)$, $\varphi_{22}(\zeta_2)$ and $\psi_{22}(\zeta_2)$ is solution for the first iteration of Schwarz's alternating method.

7.1.6 Basic Formulas for Solving Stresses and Displacements Around Two Holes

After the first iteration, zero surface force condition is satisfied on L_2, but RSF still exist on L_1 because of the excavation of hole two. The corresponding reverse surface forces are added on L_1, under which the solutions are obtained by using the stress boundary condition

$$\varphi_{31}(\sigma_1) + \frac{\omega_1(\sigma_1)}{\overline{\omega_1'(\sigma_1)}}\overline{\varphi_{31}'(\sigma_1)} + \overline{\psi_{31}(\sigma_1)} = -\sum_{k=-L}^{L} E_k \sigma_1^k \tag{7.18}$$

where $\varphi_{31}(\sigma_1)$ and $\psi_{31}(\sigma_1)$ are respective values of two analytic functions $\varphi_{31}(\zeta_1)$ and $\psi_{31}(\zeta_1)$ on the unit circle, and E_k is the coefficient of $\sum_{k=-L}^{L} E_k\sigma_1^k$ in the series approximation of RSF on L_1. The functions $\varphi_{31}(\zeta_1)$ and $\psi_{31}(\zeta_1)$ have same forms, respectively as $\varphi_{10}(\zeta_1)$ and $\psi_{10}(\zeta_1)$ in Eq. (7.6).

During latter iterations, stress boundary conditions for solving single hole problems are all similar to Eqs. (7.16) and (7.18). More importantly, more times of iterations can be conducted according to the precision requirements, and the final solution is a superposition of ones for all iterations.

Two final complex stress functions are expressed as $\varphi(\zeta)$ and $\psi(\zeta)$, in which ζ can be taken to be ζ_1 or ζ_2, stress components in curvilinear orthogonal coordinate system can be obtained by Formulas (2.32) and (2.33).

When external loads are applied on L_1 and L_2, corresponding terms of loads should be included in the expressions of functions $\varphi_{11}(\zeta_1)$, $\psi_{11}(\zeta_1)$, $\varphi_{22}(\zeta_2)$ and $\psi_{22}(\zeta_2)$, and the right sides of Eqs. (7.7) and (7.16). Above procedures and basic formulas are suitable for both displacement and mixed bounday-value problems.

Two complex functions $\varphi(\zeta)$ and $\psi(\zeta)$ can be used for solving displacement field around two holes or tunnels. Displacements induced by excavation are of significances in underground projects. A part of the displacements are resulted from in-situ ground stresses, and it should be deleted from the functions $\varphi(\zeta)$ and $\psi(\zeta)$. To solve displacements induced by excavation, two complex functions are changed into

$$\begin{cases} \underline{\varphi}(\zeta_1) = \varphi(\zeta_1) - B\omega_1(\zeta_1) \\ \underline{\psi}(\zeta_1) = \psi(\zeta_1) - (B' + iC')\omega_1(\zeta_1) \end{cases} \tag{7.19}$$

where $\underline{\varphi}(\zeta_1)$ and $\underline{\psi}(\zeta_1)$ are two complex stress functions corresponding to displacement solution in ζ_1-plane, and $\varphi(\zeta_1)$ and $\psi(\zeta_1)$ are complex functions in ζ_1-plane, respectively transformed from $\varphi(\zeta)$ and $\psi(\zeta)$. The displacement field is given by

$$2G(u + iv) = \kappa\underline{\varphi}(\zeta_1) - \frac{\omega_1(\zeta_1)}{\overline{\omega_1'(\zeta_1)}}\overline{\underline{\varphi}'(\zeta_1)} - \overline{\underline{\psi}(\zeta_1)} \tag{7.20}$$

in which u and v are two displacement components, respectively in the directions of two coordinate axes in $x_1o_1y_1$ coordinate system.

If tunnel one is used as measuring tunnel and excavated before tunnel two, the displacements measured in tunnel one are induced only by the excavation of tunnel two. Let the displacements of excavating two tunnels be u_1, v_1 and u_2, v_2, respectively, and the corresponding analytic functions be $\underline{\varphi_1}(\zeta_1)$ and $\underline{\psi_1}(\zeta_1)$, and $\underline{\varphi_2}(\zeta_1)$ and $\underline{\psi_2}(\zeta_1)$, respectively. Then displacement components u_1 and v_1 can be obtained from

$$2G(u_1 + iv_1) = \kappa \underline{\varphi_1}(\zeta_1) - \frac{\omega_1(\zeta_1)}{\overline{\omega_1'(\zeta_1)}} \overline{\underline{\varphi_1'}(\zeta_1)} - \overline{\underline{\psi_1}(\zeta_1)} \tag{7.21}$$

in which

$$\begin{cases} \underline{\varphi_1}(\zeta_1) = \varphi_{11}(\zeta_1) - B\omega_1(\zeta_1) \\ \underline{\psi_1}(\zeta_1) = \psi_{11}(\zeta_1) - (B' + iC')\omega_1(\zeta_1) \end{cases} \tag{7.22}$$

Displacement components u_2 and v_2 can be obtained from

$$2G(u_2 + iv_2) = \kappa \underline{\varphi_2}(\zeta_1) - \frac{\omega_1(\zeta_1)}{\overline{\omega_1'(\zeta_1)}} \overline{\underline{\varphi_2'}(\zeta_1)} - \overline{\underline{\psi_2}(\zeta_1)} \tag{7.23}$$

in which

$$\begin{cases} \underline{\varphi_2}(\zeta_1) = \underline{\varphi}(\zeta_1) - \underline{\varphi_1}(\zeta_1) \\ \underline{\psi_2}(\zeta_1) = \underline{\psi}(\zeta_1) - \underline{\psi_1}(\zeta_1) \end{cases} \tag{7.24}$$

To eliminate rigid body displacements possibly existing in two analytic functions, a constraint condition with zero displacements being at the infinity is introduced. That is to say, rigid body displacements have been eliminated from two complex stress functions, respectively in Eqs. (7.20), (7.21) and (7.23).

7.1.7 Discussions About Precision of Iteration Convergences

For conveniences of precision analysis, two equal tunnels are horizontally arranged and having vertical sidewalls and circular arch, as shown in Fig. 7.3. Considering the geometrical symmetry of the problem in Fig. 7.3 and needs of precision analysis, the points on L_1 and L_2 symmetrical about I-I axis, are given in anticlockwise and clockwise directions, respectively, and their angles deviating from the positive directions of x_1 and x_2 axes are both equal to θ_i. Because two close tunnels are strongly influenced by each other, precision analysis for this case is most representative and convincing.

As seen in Fig. 7.3, two tunnels have same shapes and sizes, so their mapping functions are completely same in respective mapping coordinate systems. Taking 9 as the highest number of negative power terms, two mapping functions can be written to be a unified form as

$$\begin{aligned} z = \omega(\zeta) = {} & 1.602\zeta - 0.162 + 0.133/\zeta + 0.124/\zeta^2 \\ & - 0.155/\zeta^3 + 0.061/\zeta^4 + 0.008/\zeta^5 - 0.015/\zeta^6 \\ & + 0.011/\zeta^7 - 0.008/\zeta^8 + 0.002/\zeta^9 \end{aligned}$$

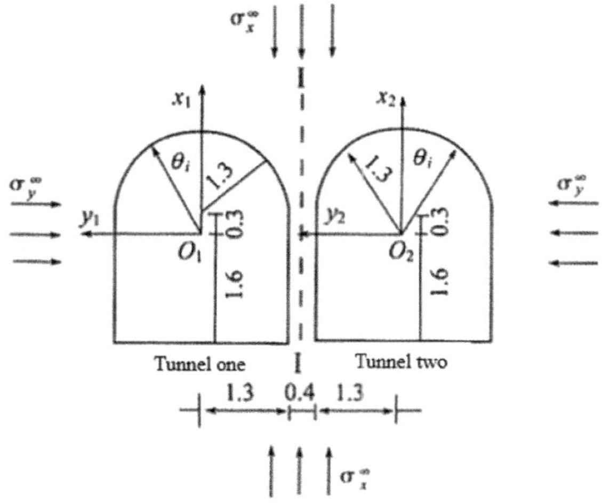

Fig. 7.3 Two parallel tunnels horizontally and closely arranged

As described in the Sect. 7.1.3, inverse mapping functions can be obtained by solving overdetermined equation system of complexes. Taking 25 as the highest number of negative power terms, two inverse mapping functions can be written to be a unified form as

$$\begin{aligned}
\zeta = \omega^{-1}(z) &= 0.652z + 0.100 - 0.133/z - 0.172/z^2 + 0.049/z^3 \\
&- 0.528/z^4 - 0.409/z^5 + 0.126/z^6 - 1.293/z^7 + 2.776/z^8 \\
&- 3.635/z^9 + 2.377/z^{10} + 2.896/z^{11} - 12.314/z^{12} + 22.812/z^{13} \\
&- 26.240/z^{14} + 13.447/z^{15} + 23.829/z^{16} - 78.986/z^{17} \\
&+ 130.356/z^{18} - 138.352/z^{19} + 86.335/z^{20} + 49.445/z^{21} \\
&- 154.711/z^{22} + 293.961/z^{23} - 193.713/z^{24} + 197.874/z^{25}
\end{aligned}$$

Taking two tunnels in Fig. 7.3 as example, one can analyze precision of Schwarz's alternating method after three, five, ten, fifteen and twenty times of iterations when $\sigma_x^\infty = 10.0$ MPa, $\sigma_y^\infty = 20.0$ MPa and $\tau_{xy}^\infty = 0.0$ MPa.

7.1.7.1 Approximation Precision of Redundant Surface Forces

During every iteration, complex series is used to approximate redundant surface forces (RSF) on L_1 and L_2, which become smaller and smaller as increasing number of iterations. Approximation precision directly determines success of iterative solution by using Schwarz's alternating method. As an example, approximation precision of RSF is checked and analyzed on L_2, resulted from excavation of tunnel one during the first iteration.

During the first iteration, redundant surface force $f_{12}(\sigma_2)$ on L_2 is acquired by Eq. (7.14), and its distribution can be approximated by complex series $\sum_{k=-L}^{L} D_k \sigma_2^k$. Taking 100 points on L_2 for precision analyses, one can obtain complex coefficients D_k when L is equal to 5, 10, 15 and 20, respectively, as shown in Table 7.3. Taking 360 points on L_2 for precision analyses, approximation errors of two components of $f_{12}(\sigma_2)$ are presented in Table 7.4.

As indicated in Table 7.3, higher positive or negative power terms of $\sum_{k=-L}^{L} D_k \sigma_2^k$ have smaller and smaller absolute values of coefficients' components. When L is equal to 15 and 20, their coefficients tend to be completely equal. As seen in Table 7.4, absolute errors have decreased to be very little. Same as the first iteration, subsequent iterations will be conducted with $L = 20$ and one hundred points taken for approximation of RSF on L_1 and L_2.

7.1.7.2 Precision Analyses via Redundant Surface Forces

Stress field around two unsupported tunnels should satisfy zero surface force condition on L_1 and L_2. Role of Schwarz alternating method is to gradually reduce redundant surface forces on L_1 and L_2, so boundary condition of zero surface forces can be used for precision analyses of iteration convergences. There are redundant surface forces (RSF) only on L_1 after every iteration, so Fig. 7.4 presents the distribution of the redundant surface forces σ_ρ and $\tau_{\rho\theta}$ on L_1 under various number of iterations, from which it can be observed to gradually approach to zeroes as the further iterations. The degree of redundant surface forces approaching to zero surface forces can be expressed by the mean of their absolute values, as $\overline{\sigma}_\rho$ and $\overline{\tau}_{\rho\theta}$. The indexes, $\overline{\sigma}_\rho$ and $\overline{\tau}_{\rho\theta}$ (5.592 10^{-2} MPa and 5.771 10^{-2} MPa, respectively), for twenty times of iterations are so little that they indicate that the stresses after twenty times of iterations are possibly of very high precision (Fig. 7.5).

To check possible influences of RSF on stress solution, tangential stress σ_θ on L_1 is taken as a sensitive index for further precision analyses. The tangential, radial and shear stresses at θ_i on L_1 for m and n times of iterations are shown as $\sigma_{\theta_i}^m$, $\sigma_{\rho\theta_i}^m$ and $\tau_{\rho\theta_i}^m$, and $\sigma_{\theta_i}^n$, $\sigma_{\rho\theta_i}^n$ and $\tau_{\rho\theta_i}^n$, respectively. Hence the influences of RSF on σ_θ on L_1 are represented by

$$F_\sigma = \frac{\frac{1}{NN}\sum_{i=1}^{NN}\left|\sigma_{\theta_i}^m - \sigma_{\theta_i}^n\right|}{\frac{1}{NN}\sum_{i=1}^{NN}\left|\sigma_{\rho\theta_i}^m - \sigma_{\rho\theta_i}^n\right|} \tag{7.25}$$

$$F_\tau = \frac{\frac{1}{NN}\sum_{i=1}^{NN}\left|\sigma_{\theta_i}^m - \sigma_{\theta_i}^n\right|}{\frac{1}{NN}\sum_{i=1}^{NN}\left|\tau_{\rho\theta_i}^m - \tau_{\rho\theta_i}^n\right|} \tag{7.26}$$

where NN is the number of calculated points on L_1 ($NN = 360$); m and n are different from those in former formulas.

Two indexes F_σ and F_τ stand for the changes of the tangential stress on L_1 induced by unit changes of the radial and shear stresses, respectively. Seen from Table 7.5 F_σ

Table 7.3 Complex coefficients D_k when L is equal to 5, 10, 15 and 20, respectively

L / D_k	5	10	15	20
D_{-20}	/	/	/	0.0006, − 0.0027
D_{-19}	/	/	/	− 0.0034, 0.0012
D_{-18}	/	/	/	0.0039, 0.0031
D_{-17}	/	/	/	0.0007, − 0.0068
D_{-16}	/	/	/	− 0.0083, 0.0041
D_{-15}	/	/	0.0104, 0.0063	0.0105, 0.0063
D_{-14}	/	/	− 0.0011, − 0.0156	− 0.0011, − 0.0155
D_{-13}	/	/	− 0.0150, 0.0134	− 0.0150, 0.0134
D_{-12}	/	/	0.0275, 0.0040	0.0275, 0.0040
D_{-11}	/	/	− 0.0194, 0.0352	− 0.0194, − 0.0352
D_{-10}	/	− 0.0298, 0.0489	− 0.0298, 0.0489	− 0.0299, 0.0489
D_{-9}	/	0.1025, 0.0092	0.1025, 0.0092	0.1025, 0.0091
D_{-8}	/	− 0.1448, − 0.0910	− 0.1448, − 0.0910	− 0.1448, − 0.0910
D_{-7}	/	0.0884, 0.0744	0.0885, 0.0745	0.0885, 0.0745
D_{-6}	/	− 0.0821, − 0.0273	− 0.0821, − 0.0273	− 0.0822, − 0.0273
D_{-5}	− 0.1939, − 0.0823	− 0.1930, − 0.1709	− 0.1930, − 0.1709	− 0.1930, − 0.1709
D_{-4}	0.7324, 0.8467	0.6763, 0.8667	0.6763, 0.8667	0.6763, 0.8667
D_{-3}	− 0.0938, 0.1019	− 0.0646, 0.1107	− 0.0646, 0.1107	− 0.0646, 0.1107
D_{-2}	1.6330, − 4.2581	1.5979, − 4.2786	1.5979, − 4.2786	1.5979, − 4.2768
D_{-1}	1.6937, 0.3268	1.6957, 0.3822	1.6957, 0.3822	1.6957, 0.3822
D_0	− 1.5515, − 20.8364	− 1.5128, − 20.8596	− 1.5128, − 20.8596	− 1.5128, − 20.8596
D_1	18.3676, − 0.5256	18.3371, − 0.5210	18.3371, − 0.5211	18.3371, − 0.5211
D_2	0.0971, 1.7966	0.1350, 1.8092	0.1350, 1.8092	0.1350, 1.8092
D_3	0.5179, − 0.4486	0.5033, − 0.4823	0.5033, − 0.4824	0.5033, − 0.4824
D_4	0.1025, − 0.0757	0.0835, − 0.0501	0.0835, − 0.0501	0.0835, − 0.0501
D_5	− 0.1433, − 0.0429	− 0.1254, − 0.0400	− 0.1254, − 0.0401	− 0.1254, 0.0401
D_6	/	− 0.0560, 0.0009	− 0.0561, 0.0009	− 0.0561, 0.0009
D_7	/	0.0884, 0.0408	0.0884, 0.0408	0.0885, 0.0408
D_8	/	− 0.0522, − 0.0289	− 0.0522, − 0.0289	− 0.0552, − 0.0289
D_9	/	0.0108, 0.0314	0.0128, 0.0314	0.0128, 0.0315
D_{10}	/	0.0108, − 0.0216	0.0108, − 0.0216	0.0108, − 0.0216
D_{11}	/	/	− 0.0183, 0.0061	− 0.0187, 0.0061
D_{12}	/	/	0.0114, 0.0051	0.0114, 0.0051
D_{13}	/	/	− 0.0013, − 0.0067	− 0.0012, − 0.0067
D_{14}	/	/	− 0.0031, 0.0030	− 0.0032, 0.0030
D_{15}	/	/	0.0026, 0.0003	0.0026, 0.0003
D_{16}	/	/	/	− 0.0005, − 0.0013

(continued)

Table 7.3 (continued)

L / D_k	5	10	15	20
D_{17}	/	/	/	– 0.0006, 0.0005
D_{18}	/	/	/	0.0003, 0.0004
D_{19}	/	/	/	0.0003, – 0.0003
D_{20}	/	/	/	– 0.0004, – 0.0002

Table 7.4 Approximation errors of RSF when L is equal to 5, 10, 15 and 20, respectively

Absolute errors	Averaged values		Maximum values		Minimum values	
L	*x*-direction	*y*-direction	*x*-direction	*y*-direction	*x*-direction	*y*-direction
5	0.1996	0.1164	0.2543	0.1786	0.0013	0.0986
10	0.0422	0.0221	0.0976	0.0621	0.00247	0.0049
15	0.0074	0.0067	0.0104	0.0098	0.0005	0.0023
20	0.0014	0.0019	0.0023	0.0027	0.0001	0.0000

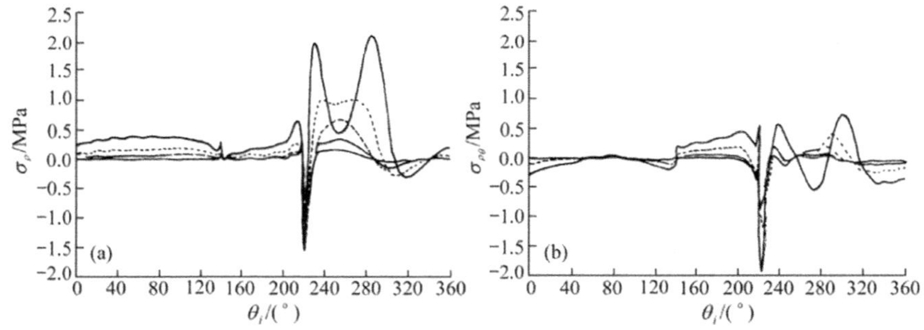

(a) σ_ρ (b) $\tau_{\rho\theta}$

——— three times of iterations - - - - - five times of iterations —·—·— ten times of iterations ·········· fifteen times of iterations -··-··- twenty times of iterations

Fig. 7.4 The redundant surface forces on L_1 for different times of iterations

and F_τ gradually decrease as the further iterations. Using the results for fifteen and twenty times of iterations ($F_\sigma = 0.68$ and $F_\tau = 0.32$, respectively) and comparing zero surface forces with RSF for twenty times of iteration, it can be deduced from Eqs. (7.25) and (7.26) that the changes of the tangential stress on L_1 induced by RSF for twenty times of iterations are only 0.04 MPa and 0.02 MPa, respectively. These two values are very slightly compared with the biggest tangential stress on L_1, 150.465 MPa.

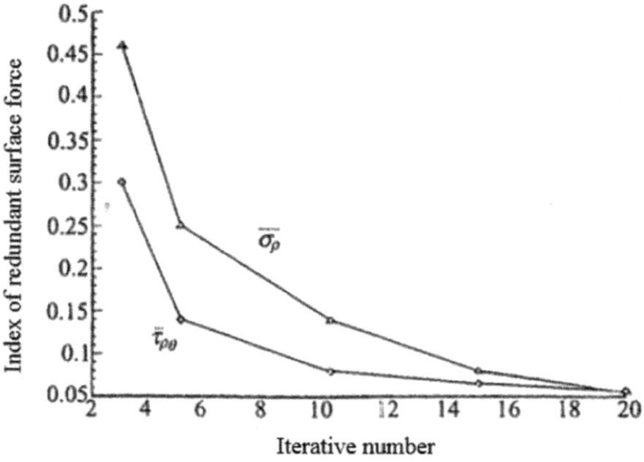

Fig. 7.5 The indexes of redundant surface forces, $\overline{\sigma}_\rho$ and $\overline{\tau}_{\rho\theta}$, after different times iterations

Table 7.5 F_σ and F_τ for different iterations

Iteration number / Index	Between the 3rd and 5th iterations	Between the 5th and 10th iterations	Between the 10th and 15th iterations	Between the 15th and 20th iterations
F_σ	2.04	1.03	0.87	0.68
F_τ	1.32	0.61	0.49	0.32

The enough little RSF and their slight influences on stress results both well interpret that the stress results for twenty times of iteration are of very high precision. Moreover, higher precision can be achieved as the further iterations.

7.1.7.3 Precision Analysis via Tangential Stress and Displacements at Hole Boundaries

In view of the geometrical and loading symmetries shown in Fig. 7.3, actual stresses should be symmetrical about I-I axis. The authors express the symmetry of the tangential stress on L_1 and L_2 as

$$S_l = \frac{1}{NN} \sum_{i=1}^{NN} \left| \frac{\sigma_{\theta_i}^1 - \sigma_{\theta_i}^2}{\sigma_{\theta_i}^1} \right| \tag{7.27}$$

where NN is the number of checking points on every tunnel's boundary ($NN = 360$); $\sigma_{\theta_i}^1$ and $\sigma_{\theta_i}^2$ are tangential stresses at θ_i on L_1 and L_2, respectively.

Less S_l signifies better symmetry. As seen from Fig. 7.6, tangential stresses on L_1 and L_2 after twenty times of iterations are almost completely symmetrical ($S_l = 0.01$).

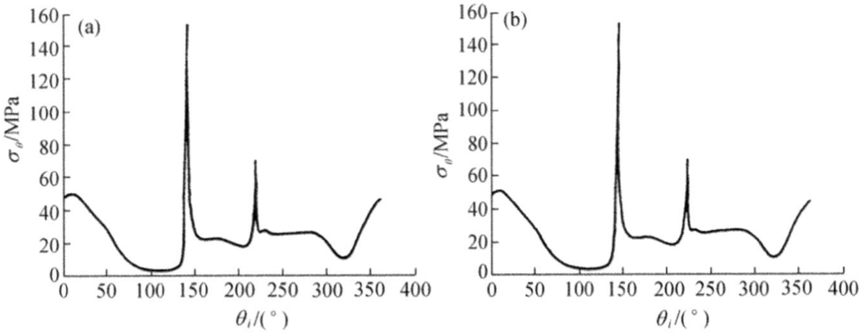

(a) Tangential stress on L_1 (a) Tangential stress on L_2

Fig. 7.6 Distribution of tangential stresses on L_1 and L_2 after twenty times of iterations

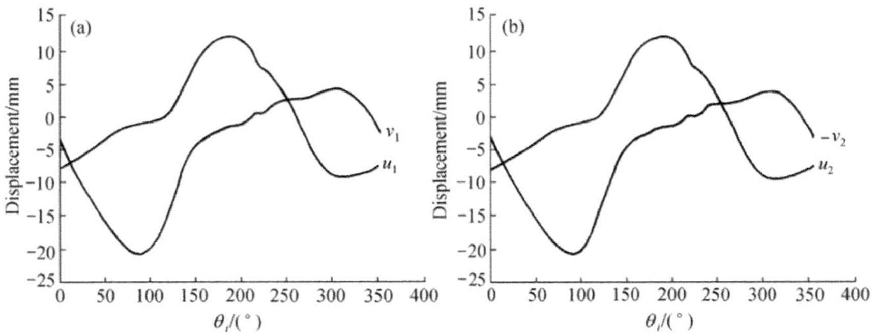

(a) Displacements on L_1 (a) Displacements on L_2

Fig. 7.7 Displacements on L_1 and L_2 after twenty times of iterations

For the symmetry of the displacements at θ_i shown in Fig. 7.3, $u_1 = u_2$ and $v_1 = -v_2$ should be satisfied. The similar symmetry index can be used to show the symmetry of the displacements on L_1 and L_2 for different times of iteration. Due to limited space, the displacements on L_1 and L_2 only for twenty times of iteration are provided in Fig. 7.7, which shows that the displacements on L_1 and L_2 for twenty times of iteration are also almost completely symmetrical.

The fine symmetry of the stresses and displacements for twenty times of iteration directly shows the very high precision of the results.

7.1.7.4 Comparison Between Results from Alternating Algorithm and FEM

To make the simplified alternating algorithm more believable, the example in Fig. 7.3 is calculated by using FEM. Considering the symmetry, only the left of I-I axis is divided into meshes, in which 8-node isoparameter elements are adopted. Ground stresses at infinity are still $\sigma_x^\infty = 10.0$ MPa, $\sigma_y^\infty = 20.0$ MPa and $\tau_{xy}^\infty = 0.0$ MPa.

For the convenience of comparison, this section calculates the stresses along three lines of Gauss points in the first ring of elements (less than 0.1 m deviating from L_1). Because stresses components σ_ρ and $\tau_{\rho\theta}$ at these Gauss points change slightly close to zero stresses, Fig. 7.8 only presents tangential stress σ_θ obtained by using these two methods. As seen from Fig. 7.8, the stress σ_θ at every Gauss point is basically consistent besides near two bottom corners of tunnel one. In Fig. 7.8, θ_i is the angle of Gauss point deviating from the positive direction of x_1 axis.

By using FEM, absolute displacements at every node on L_1 can be acquired. As shown in Fig. 7.9, the displacements on L_1 obtained from these two methods are basically same. The comparison between two methods further proves a reliability of the alternating algorithm.

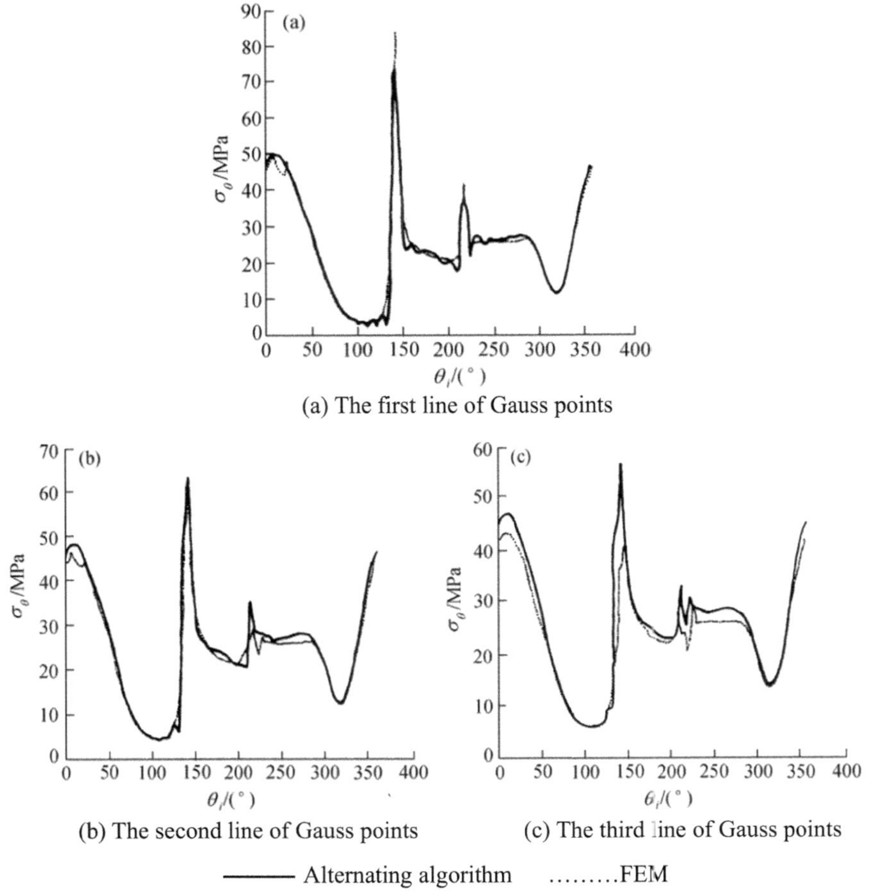

Fig. 7.8 Tangential stress σ_θ along three lines of Gauss points in the elements close to the tunnel from two methods

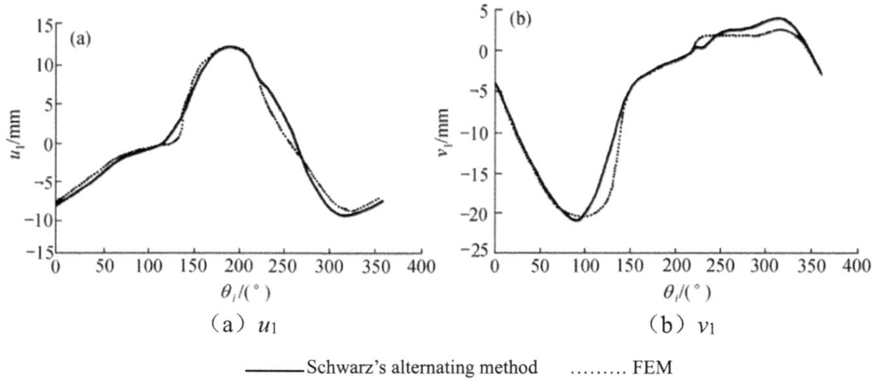

Fig. 7.9 Displacements on L_1 from two methods

7.1.7.5 Comparison with Exact Solution

As shown in Fig. 7.10, two equal circular holes is arranged symmetrically about the y-axis. Its exact solution has been published in 1948 by Ling [5], with three types of unit loads considered, i.e., bidirectional, horizontal and vertical tensions. Due to symmetry of the problem, we only present tangential stresses at two points with bigger stress concentrations along the boundary of the right hole. For comparison with exact solution, tangential stress after 10 times of iterations is presented in Table 7.6.

To distinguish differences from the exact solution, 6 significant digits behind decimal point are kept for tangential stresses calculated from the iterating algorithm. As seen from Table 7.6, tangential stresses from two methods are almost same, except to an extreme case of two tangent circles. This clearly indicates efficiency and high precision of Schwarz's alternating method.

Fig. 7.10 Two equal circular holes with symmetrical arrangement

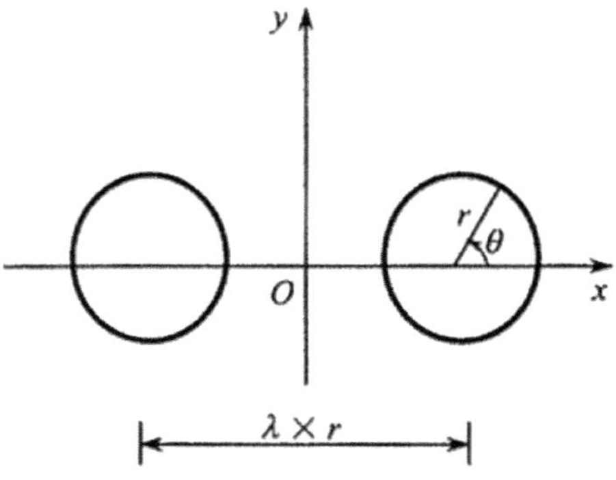

Table 7.6 Comparison of tangential stress on L_1 and L_2 from two methods

Center distance	Method	Bidirectional tension		Horizontal tension		Vertical tension	
		$\theta = 0$	$\theta = \pi$	$\theta = +\pi/2$	$\theta = -\pi/2$	$\theta = 0$	$\theta = \pi$
2 r	Ling [5]	2.894	∞	2.569	2.569	3.869	∞
	Alternating method	2.659375	35.570570	2.557303	2.557303	3.601490	40.281910
3 r	Ling [5]	2.255	2.887	2.623	2.623	3.151	3.264
	Alternating method	2.254839	2.887496	2.623146	2.623145	3.150994	3.264019
4 r	Ling [5]	2.158	2.411	2.703	2.703	3.066	3.020
	Alternating method	2.157655	2.410827	2.702637	2.702636	3.066025	3.020181
6 r	Ling [5]	2.080	2.155	2.825	2.825	3.020	2.992
	Alternating method	2.080380	2.154591	2.825038	2.825037	3.020114	2.992179
10 r	Ling [5]	2.033	2.049	2.927	2.927	3.004	2.997
	Alternating method	2.032807	2.048810	2.926672	2.926672	3.004336	2.996998
16 r	Ling [5]	2.014	2.018	2.970	2.970	3.001	2.999
	Alternating method	2.013795	2.017700	2.969799	2.969798	3.001042	2.999149
∞	Ling [5]	2.000	2.000	3.000	3.000	3.000	3.000
	Alternating method	2.000000	2.000000	3.000000	3.000000	3.000000	3.000000

7.1.8 Stress Concentrations Around Two Parallel Tunnels

To know stress concentrations around two parallel tunnels with complex shapes, iterating solving is conducted for tunnels' sizes in Fig. 7.3, considering three arrangements and three loading patterns. As shown in Fig. 7.11, three arrangements of two tunnels are horizontal, inclined and vertical, having position vectors $c = 0.0 - 4.0i$, $c = 2\sqrt{2} - 2\sqrt{2}i$ and $c = 4.0 + 0.0i$, respectively. When $\tau_{xy}^{\infty} = 0$, three loading patterns are defined by three ratios of σ_y^{∞} and σ_x^{∞} (lateral pressure coefficient λ), i.e., $\lambda = 0.5$, $\lambda = 1.0$ and $\lambda = 2.0$. Maximum tangential stresses and their locations are presented in Tables 7.7 and 7.8.

Two lower corners of each tunnel are located at $\theta = 141°$ and $\theta = 219°$, respectively in their local coordinate systems. Corresponding to unit circle in mapping plane, mapping function will make the corners to be round closely at $\theta = 141°$ and $\theta = 219°$ in physical plane. For this reason, stress concentrations should occur theoretically at the corners, but their locations sometimes have a little deviations from the corners

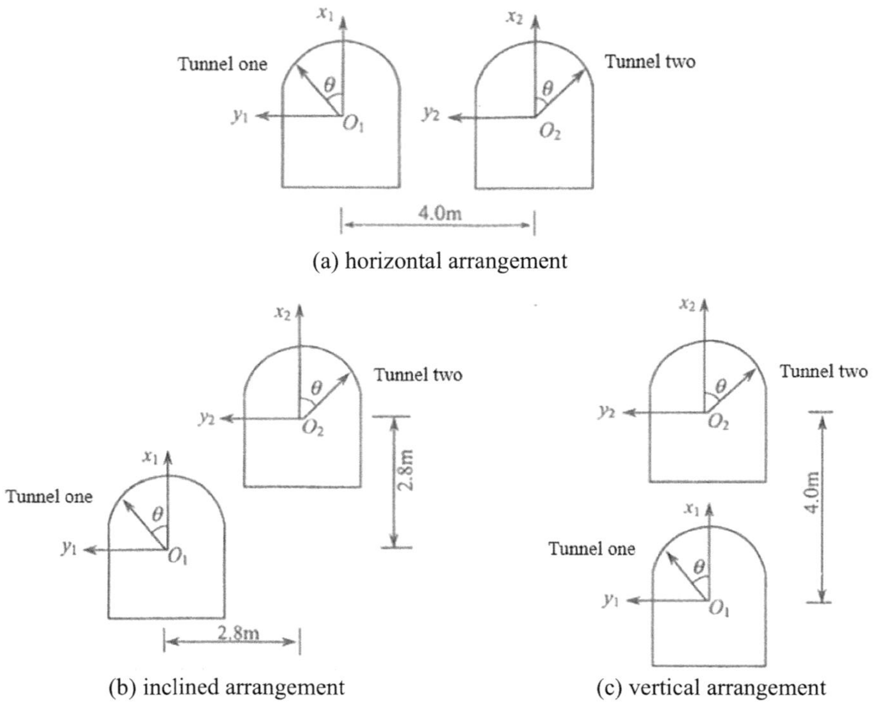

Fig. 7.11 Three arrangements of two equal tunnels

Table 7.7 Tangential stress concentrations on L_1 under three loading and arrangement patterns

Arrangement patterns			$c = 0.0 - 4.0i$		$c = 2\sqrt{2} - 2\sqrt{2}i$		$c = 4.0 + 0.0i$	
λ	σ_x^∞	σ_y^∞	$\theta(°)$	σ_θ	$\theta(°)$	σ_θ	$\theta(°)$	σ_θ
0.5	2.0	1.0	140.4	14.713	140.4	15.742	140.7	14.181
			219.6	13.653	219.6	9.724	219.3	14.181
1.0	1.5	1.5	140.7	14.425	140.7	16.030	140.7	14.978
			219.3	11.291	219.3	12.446	219.3	14.978
2.0	1.0	2.0	141	14.566	141	16.817	141	16.208
			219	9.538	219	15.688	219	16.208

due to approximation of mapping function and iterating algorithm. As seen from Tables 7.7 and 7.8, all stress concentrations occurs at or closely to the corners.

For two equal tunnels horizontally arranged, bigger stress concentrations occur at two outside corners, and smaller ones at two inside corners. When $\lambda = 0.5$, stress concentrations achieve maximum values. For two equal tunnels vertically arranged, stress concentrations symmetrically occur at two corners of each tunnel, whose values are dependent on loading patterns. When $\lambda = 0.5$, stress concentrations around the

Table 7.8 Tangential stress concentrations on L_2 under three loading and arrangement patterns

Arrangement patterns			$c = 0.0 - 4.0i$		$c = 2\sqrt{2} - 2\sqrt{2}i$		$c = 4.0 + 0.0i$	
λ	σ_x^∞	σ_y^∞	$\theta(°)$	σ_θ	$\theta(°)$	σ_θ	$\theta(°)$	σ_θ
0.5	2.0	1.0	140.4	14.722	140.4	13.297	140.7	11.657
			219.6	13.667	219.6	23.706	219.3	11.657
1.0	1.5	1.5	140.7	14.434	140.7	10.339	141	15.010
			219.3	11.324	219.3	25.258	219	15.010
2.0	1.0	2.0	141	14.574	141	7.859	141	18.801
			219	9.587	219	28.087	219	18.801

lower tunnel achieve maximum values. When $\lambda = 1.0$, stress concentrations around two tunnels are almost same. When $\lambda = 2.0$, stress concentrations around the upper tunnel achieve maximum values. For two equal tunnels obliquely arranged, stress concentrations are biggest ones among three arrangements. When two tunnels are arranged with a specific distance, the oblique pattern should be avoided as possible for decreasing stress concentrations.

7.1.9 Conclusions

The alternating algorithm presented in this section is aimed at achieving the solution of the problems for two holes having arbitrary shapes and arrangements in plane elasticity. The solving procedures and basic formulas are suitable for any two hole/tunnel problem. Stress or displacement solutions for random times of iterations can be achieved to satisfy the needs of different precision. The highly accurate solutions will provide more reliable stress and displacement analyses for two hole/tunnel problems in underground engineering, mechanical manufacture, and the designs of pressure vessels and flying machines.

7.2 Solution for Multiple-Hole/Tunnel Problems in Plane Elasticity Using Schwarz's Alternating Method

Through literature review, few scholars have conducted studies on analytic algorithm involving interactive influences of multiple (more than two) holes or tunnels. Howland [3] presented stress functions for a plate containing a group of circle holes. Green [4] studied multiple circle hole problems by suing series expansion, and presented a generalized solution for stress field around multiple circle holes with different sizes and arrangements. These studies were limited to circular hole problems and many specific conditions. So far very few studies are related to analytic algorithm of multiple holes with non-circular shapes [1].

Schwarz's alternating method is successfully utilized in Sect. 7.1 for solving double hole problems with arbitrary shapes and arrangements, which lay a foundation for solution of arbitrary multiple hole problems. Only stress boundary value problems is involved in this section, and no loads are applied on the holes' boundaries. Similar to the definitions in Sect. 7.1, one iteration of Schwarz's alternating method indicates completion of subsequent solutions for all single hole problems, and final result is a superposition of all iterative solutions. Without generality of multiple hole problems, holes or tunnels in this section are arbitrary in their number, shapes and arrangements.

After deriving basic formulas and programing the algorithm, the authors analyze the precision of iterative solutions, including comparison with exact solution for three equal circular holes, and symmetry verification of three holes with complex shapes and symmetrical arrangement. In addition, two cases are discussed and analyzed, one of which is stress field around four water diversion tunnels with equal sizes and horizontal arrangement, and the other is influences of multiple smaller circular holes on one bigger elliptic hole in the middle of a plate.

7.2.1 Solving Procedures and Basic Formulas

When solving a multiple hole/tunnel problem, Schwarz's alternating method is conducted similarly as procedures described in Sect. 7.1.1. At first, stress solution for the first single hole problem can be obtained by using Cauchy integration method in a singly connected domain. The solution satisfies stress boundary conditions at the infinity and on the boundary of hole one (L_1), but induces redundant surface forces (RSF) on the boundaries of other holes. To eliminate RSF on the boundary of hole two (L_2), the second single hole problem is solved, which induces RSF on the boundaries of other holes, including L_1. According to the number of multiple holes, a series of single hole problems should be solved during the first iteration, in order to eliminate RSF on their boundaries. To consider interactions of multiple holes, RSF on every hole boundary will be accumulatively recorded. After the last single hole problem is solved during the first iteration, stress boundary condition is satisfied on its hole boundary, but accumulated RSF exist on the other hole boundaries. To reduce RDF repeatedly on hole boundaries, subsequent iterations will be conducted according to precision requirements.

To present basic formulas, three hole problem in plane elasticity is taken as an example. Same as descriptions in Sect. 7.1, all hole boundaries are free and applied without loads. When Cauchy integration method is used for solving the problem of a non-circular single hole, domain outside the hole will be mapped into the other domain outside an unit circle in the mapping plane, and inverse mapping function needs to be introduced for acquiring stresses at an arbitrary point around the holes.

Corresponding to the three holes, $z_1 = \omega_1(\zeta_1)$, $z_2 = \omega_2(\zeta_2)$ and $z_3 = \omega_3(\zeta_3)$ are defined to be three mapping functions, and $\zeta_1 = \omega_1^{-1}(z_1)$, $\zeta_2 = \omega_2^{-1}(z_2)$ and $\zeta_3 = \omega_3^{-1}(z_3)$ three inverse mapping functions. Here z_1, z_2 and z_3 are three physical coordinates, and ζ_1, ζ_2 and ζ_3 three mapping ones, respectively. When only hole one exists with σ_x^∞, σ_y^∞ and τ_{xy}^∞ applied at infinity, two complex functions for the single hole problem, $\varphi_{11}(\zeta_1)$ and $\psi_{11}(\zeta_1)$, have general form same as Eq. (7.5), and stress boundary condition to be used is same as Eq. (7.7). Based on Eq. (7.7) and its conjugate equation, the two complex functions are expressed as

$$\begin{cases} \varphi_{11}(\zeta_1) = B\omega_1(\zeta_1) + \dfrac{a_1}{\zeta_1} + \dfrac{a_2}{\zeta_1^2} + \cdots + \dfrac{a_n}{\zeta_1^n} \\ \psi_{11}(\zeta_1) = \overline{k}_{n-2}\zeta_1^{n-2} + \overline{k}_{n-3}\zeta_1^{n-3} + \cdots + \overline{k}_1\zeta_1 \\ \quad - \dfrac{\overline{\omega}_1(\frac{1}{\zeta_1})}{\omega_1'(\zeta_1)}\varphi_{10}'(\zeta_1) - \dfrac{2B\overline{R}_1}{\zeta_1} + (B' + iC')R_1\zeta_1 \end{cases} \tag{7.28}$$

where n is the highest number of negative power terms of ζ_1 in the mapping functions; a_i $(i = 1, 2, \ldots, n)$ is coefficients of negative power terms of ζ_1; R_1 is coefficient of ζ_1 in $z_1 = \omega_1(\zeta_1)$; k_i $(i = 1, 2, \ldots, n-2)$ is coefficient of ζ_1^{-i} in series expansion of $\frac{\omega_1(\zeta_1)}{\overline{\omega}_1'(\frac{1}{\zeta_1})}\overline{\varphi}_{10}'(\frac{1}{\zeta_1})$.

RSF on the boundary of any hole will be obtained by using same procedures as Sect. 7.1, and can be approximated by complex series for solving next single hole problem easily and feasibly. RSF on L_2 induced by $\varphi_{11}(\zeta_1)$ and $\psi_{11}(\zeta_1)$, can be approximated by using $\sum_{k=-L}^{L} D_k\sigma_2^k$, in which σ_2 is coordinate of point on the unit circle in ζ_2-plane, and D_k is complex coefficient of σ_2^k. When hole two is applied with the reverse surface force $-\sum_{k=-L}^{L} D_k\sigma_2^k$, solution for the single hole problem is expressed as $\varphi_{22}(\zeta_2)$ and $\psi_{22}(\zeta_2)$, by using the stress boundary condition

$$\varphi_{22}(\sigma_2) + \frac{\omega_2(\sigma_2)}{\overline{\omega_2'(\sigma_2)}}\overline{\varphi_{22}'(\sigma_2)} + \overline{\psi_{22}(\sigma_2)} = -\sum_{k=-L}^{L} D_k\sigma_2^k \tag{7.29}$$

where $\varphi_{22}(\sigma_2)$ and $\psi_{22}(\sigma_2)$ are values of $\varphi_{22}(\zeta_2)$ and $\psi_{22}(\zeta_2)$ on the unit circle in ζ_2-plane.

Based on Eq. (7.29) and its conjugate equation, on can obtain $\varphi_{22}(\zeta_2)$ and $\psi_{22}(\zeta_2)$ as follow

$$\begin{cases} \varphi_{22}(\zeta_2) = \dfrac{A_1}{\zeta_2} + \dfrac{A_2}{\zeta_2^2} + \cdots + \dfrac{A_L}{\zeta_2^L} \\ \psi_{22}(\zeta_2) = \overline{L}_{n-2}\zeta_2^{n-2} + \overline{L}_{n-3}\zeta_2^{n-3} + \cdots + \overline{L}_1\zeta_2 \\ \quad - \dfrac{\overline{\omega}_2(\frac{1}{\zeta_2})}{\omega_2'(\zeta_2)}\varphi_{22}'(\zeta_2) - \sum\limits_{k=1}^{L} \overline{D}_k/\zeta_2^k \end{cases} \tag{7.30}$$

where A_i ($i = 1, 2, \ldots, L$) is the determined coefficient, and L_i ($i = 1, 2, \ldots, n-2$) is coefficient of different power term of ζ_2 in series expansion of $\frac{\omega_2(\zeta_2)}{\overline{\omega}_2'(\frac{1}{\zeta_2})}\overline{\varphi}_{22}'(\frac{1}{\zeta_2})$.

The accumulated RSF on the boundary of hole three (L_3), induced by excavation of hole one and hole two, can be expressed as $\sum_{k=-L}^{L} E_k \sigma_3^k$. When hole three is applied with the reverse surface force $-\sum_{k=-L}^{L} E_k \sigma_3^k$, solution for the single hole problem is expressed as $\varphi_{33}(\zeta_3)$ and $\psi_{33}(\zeta_3)$, by using procedure basically same as the solution of $\varphi_{22}(\zeta_2)$ and $\psi_{22}(\zeta_2)$.

So far the first iteration of Schwarz's alternating method has been finished, and superposition of $\varphi_{11}(\zeta_1)$ and $\psi_{11}(\zeta_1)$, $\varphi_{22}(\zeta_2)$ and $\psi_{22}(\zeta_2)$, $\varphi_{33}(\zeta_3)$ and $\psi_{33}(\zeta_3)$ is solution for the first iteration. After the first iteration, boundary condition of zero surface force is satisfied on L_3, with RSF left on L_1 and L_2. To obtain iterative solution with higher precision, subsequent iterations should be conducted for solving a series of single hole problems, in which stress boundary conditions used are same as Eq. (7.29). The final result is the superposition of all iterative solutions. Two complex stress functions after superposition are $\varphi(\zeta)$ and $\psi(\zeta)$.

7.2.2 *Comparison with Exact Solution*

Green [4] presented a general solution for multiple circular holes with different sizes and arrangements, by using series expansion method. The method is effective only when ratio of holes' radius and center distance of two adjacent holes is smaller than 0.255. For conveniences of precision analyses, the authors solve a multiple hole problem taken from A. G. Green's study, in which three circular holes have same radius (r), same center distances (h), and $r/h = 0.15$. As shown in Fig. 7.12, the three holes are horizontally arranged, with uniform tension T in the horizontal direction. Because stress field is symmetrical about two coordinate axes of hole one, only the upper half is compared between iterative and exact solutions.

The ratio of stress components to T indicates stress concentrations. For conveniences of precision analyses, σ_θ/T on the boundaries of hole one and hole two is presented respectively in Tables 7.9 and 7.10, and σ_θ/T and σ_r/T between the two holes in Table 7.11. When only one hole exists, distribution of σ_θ/T at different locations along its boundary is shown in Table 7.12.

To distinguish differences from the exact solution, six significant digits behind decimal point are kept for tangential and radial stresses calculated from iterative algorithm. As seen from Tables 7.9, 7.10, and 7.11, stress results from two methods are almost the same. This clearly indicates efficiency and high precision of Schwarz's alternating method.

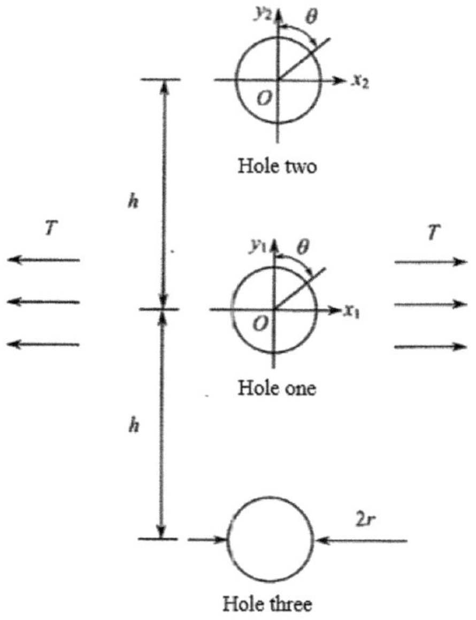

Fig. 7.12 Three equal circular holes with vertical arrangement

Table 7.9 Stress ratio σ_θ / T on the boundary of hole one

θ	Exact solution	Iterative solution	θ	Exact solution	Iterative solution	θ	Exact solution	Iterative solution
0°	3.009	3.009008	40°	1.439	1.438875	70°	– 0.399	– 0.398984
10°	2.896	2.896209	45°	1.103	1.102934	80°	– 0.743	– 0.743361
20°	2.570	2.569731	50°	0.766	0.765198	90°	– 0.863	– 0.863259
30°	2.065	2.064957	60°	0.126	0.126002			

7.2.3 *Stress Solution for Symmetrical Arranged Three-Tunnel Problems*

As shown in Fig. 7.13, three tunnels are symmetrically arranged, the upper one of which is circular, and lower two have vertical walls and semi-circular arches. The loading condition is also symmetrical, with $\sigma_x^\infty = 2.0$ MPa, $\sigma_y^\infty = 1.0$ MPa and $\tau_{xy}^\infty = 0.0$ MPa. Thus stress field around the three tunnels is symmetrical in theory, which will be utilized for symmetry verification and precision analyses.

After twenty times of iterations, RSF on the boundaries of the three tunnels approach to be zeroes. As shown in Fig. 7.14, tangential stresses along the holes' boundaries are almost completely symmetrical, which verifies reliability of iterative

Table 7.10 Stress ratio σ_θ/T on the boundary of hole two

θ	Exact solution	Iterative solution	θ	Exact solution	Iterative solution	θ	Exact solution	Iterative solution
0°	3.019	3.018824	70°	– 0.473	– 0.473383	140°	1.428	1.427722
10°	2.899	2.898847	80°	– 0.807	– 0.807399	150°	2.054	2.054073
20°	2.553	2.553528	90°	– 0.915	– 0.914255	160°	2.558	2.558058
30°	2.024	2.024935	100°	– 0.782	– 0.781317	170°	2.884	2.883618
40°	1.377	1.377504	110°	– 0.426	– 0.425784	180°	2.997	2.996030
50°	0.690	0.690226	120°	0.108	0.107456			
60°	0.047	0.047048	130°	0.752	0.751748			

Table 7.11 Stress ratios σ_θ/T and σ_r/T along center line between hole one and hole two

y_1	Exact solution		Iterative solution		y_1	Exact solution		Iterative solution	
	σ_θ/T	σ_r/T	σ_θ/T	σ_r/T		σ_θ/T	σ_r/T	σ_θ/T	σ_r/T
0.15h	3.009	0.000	3.009008	0.000000	0.60h	1.148	0.264	1.148039	0.263692
0.20h	1.793	0.388	1.792789	0.387703	0.70h	1.257	0.333	1.256481	0.333012
0.30h	1.262	0.336	1.261492	0.336017	0.80h	1.784	0.385	1.783963	0.385522
0.40h	1.150	0.265	1.150361	0.265322	0.85h	2.997	0.000	2.996029	0.000000
0.50h	1.126	0.243	1.125765	0.242976					

Table 7.12 Stress ratio σ_θ/T at different locations along the boundary when only one hole exists

θ	0°	10°	20°	30°	40°	50°	60°	70°	80°	90°
σ_θ/T	3.000	2.879	2.532	2.000	1.347	0.653	0.000	– 0.532	– 0.879	– 1.000

solutions. In addition, there are higher stress concentrations at lower corners of tunnel one and tunnel three.

7.2.4 *Analysis and Discussion*

7.2.4.1 Stresses Around Four Water Diversion Tunnels

As shown in Fig. 7.15, four water diversion tunnels are horizontally arranged, in which every tunnel has a radius of 5 m, and two adjacent tunnels have a center

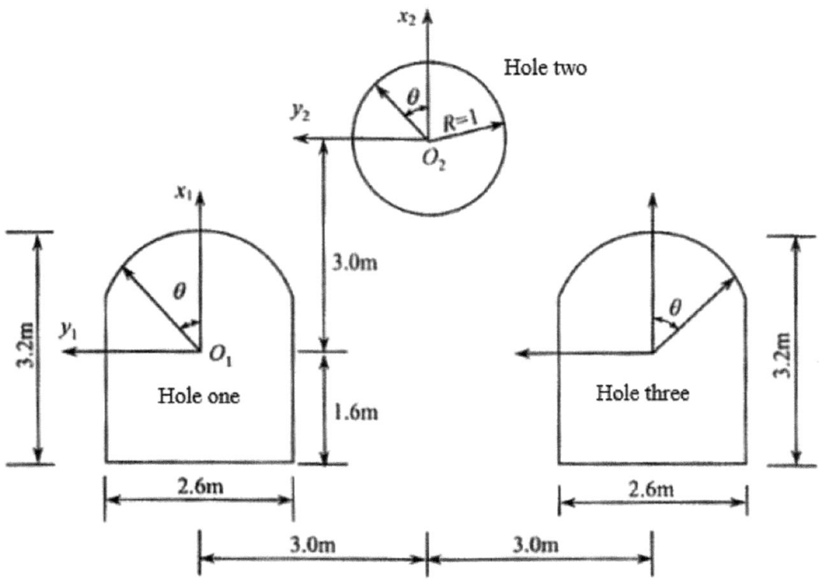

Fig. 7.13 Three tunnels with complex shapes and symmetrical arrangement

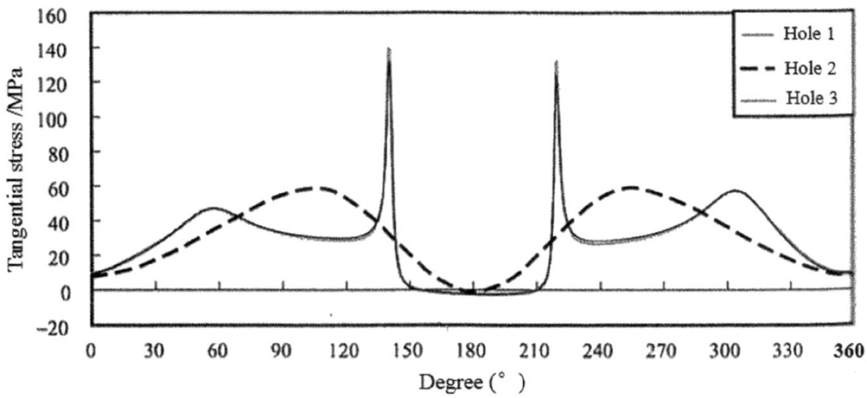

Fig. 7.14 Distribution of tangential stresses along the holes' boundaries after 20 times of iterations

distance of 35 m. The tunnels have a burial depth of 200 m. Averaged unit weight, elastic modulus and Poisson's ratio of rock mass are 2650 kg/m^3, 9.0 GPa and 0.26, respectively. Due to bigger bury depth, the tunnels may be assumed to be in in-situ ground stresses uniformly distributed at infinity, and rock mass to be linearly elastic medium. Thus the problem is simplified as plane strain one in an infinite medium containing four tunnels. If shear ground stress is neglected, only horizontal and vertical ones are applied in the problem. The vertical ground stress can be obtained by multiplying unit weight of rock masses and burial depth of the tunnels, and

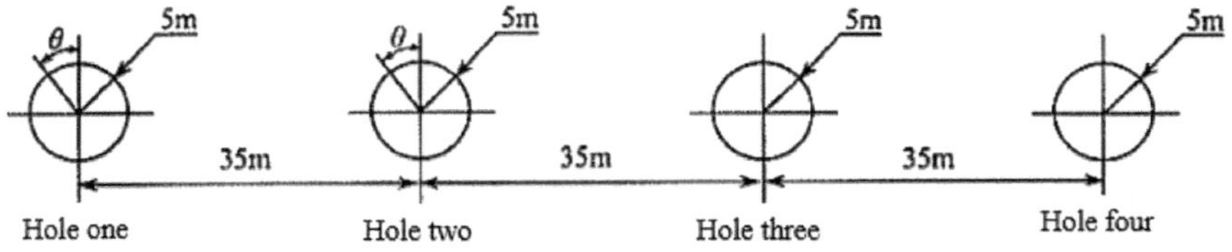

Fig. 7.15 Four water diversion tunnels horizontally arranged

horizontal one by the following formulas

$$\sigma_x^{\infty} = \frac{\mu}{1-\mu} \times \gamma H \tag{7.31}$$

where H is burial depth of the tunnels. Thus vertical ground stress is calculated to be 5.30 MPa, and horizontal one 1.86 MPa.

The distance of hydraulic tunnels is one of key parameters in designs, and its rationality is closely related to degrees of stress concentrations induced by their interactive influences. For this reason, it is greatly important to obtain highly accurate stress solution for the multiple tunnel problems. Due to symmetry of the four tunnels in Fig. 7.15, tangential stresses along the boundaries of hole one and hole two are provided in Figs. 7.16 and 7.17, and tangential stresses at four specific points presented in Table 7.13. For comparison of stress concentrations, tangential stress when one tunnel exists, is also given in Table 7.13.

Seen from Figs. 7.16 and 7.17, no tensile stress occurs on the boundaries of tunnel one and tunnel two, which is advantageous to stability of the surrounding rock. As shown in Table 7.13, bigger compressive stress concentrations occur at points where tunnel boundaries intersect with a line connecting centers of the tunnels, i.e., $\theta = 90^{\circ}$ and 270°. Under interactive influences of the four tunnels, compressive stress concentrations along inside two tunnels (i.e., tunnel two and tunnel three) are bigger than those along outside two tunnels (i.e., tunnel one and tunnel four). Because there

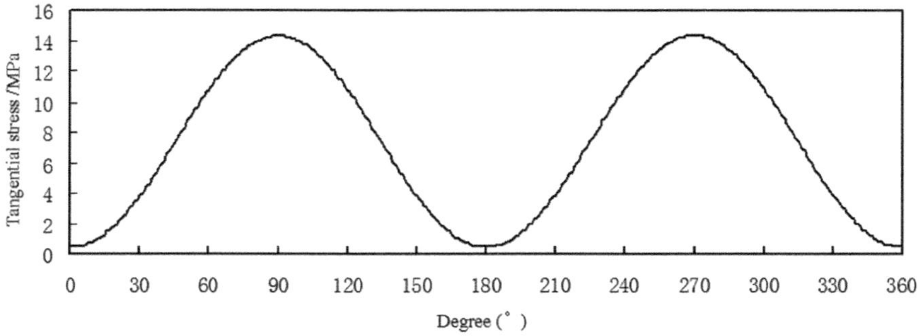

Fig. 7.16 Tangential stress on the boundary of tunnel one (compressive is positive)

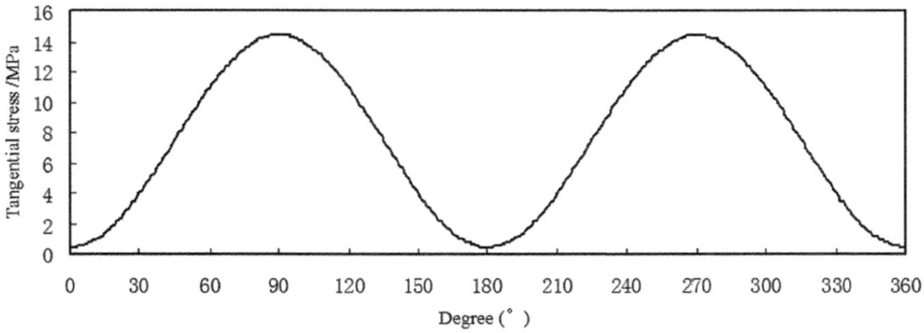

Fig. 7.17 Tangential stress on the boundary of tunnel two (compressive is positive)

Table 7.13 Tangential stresses at four specific points on the boundaries of hole one and hole two (MPa)

Location $\theta(^{\circ})$	0	90	180	270
Tunnel one	0.403	14.261	0.403	14.287
Tunnel two	0.476	14.425	0.476	14.428
Single tunnel problem	0.280	14.040	0.280	14.040

Note Compressive stress is positive one

is an enough separation among the four tunnels, maximum compressive stresses are only 2% bigger than those in case of single tunnel problem.

7.2.4.2 Stresses for Problem of Multiple Circular Holes Around an Elliptic Hole

As shown by six cases in Fig. 7.18, several smaller circular holes are arranged around an elliptic hole in a thin plate, in order to decrease stress concentrations possibly induced on its boundary. When the plate has a size greatly bigger than these holes, the problem can be reduced to be one in plane stress. As one of most disadvantageous cases, the plate is applied with unit tension perpendicular to long axis of the elliptic hole.

When an elliptic hole exists with unit tension applied perpendicularly to its long axis, maximum tensile stress concentrations with a value of 5.0 occur at two points where its boundary and long axis intersect. Moreover maximum compressive stress concentrations with a value of − 1.0 occur at two points where its boundary and short axis intersect. When maximum tensile stress concentration in one case is the smallest one, it can be taken as optimum one of six cases. For comparisons of maximum stress concentrations in six cases, distribution of tangential stresses on the boundary of the

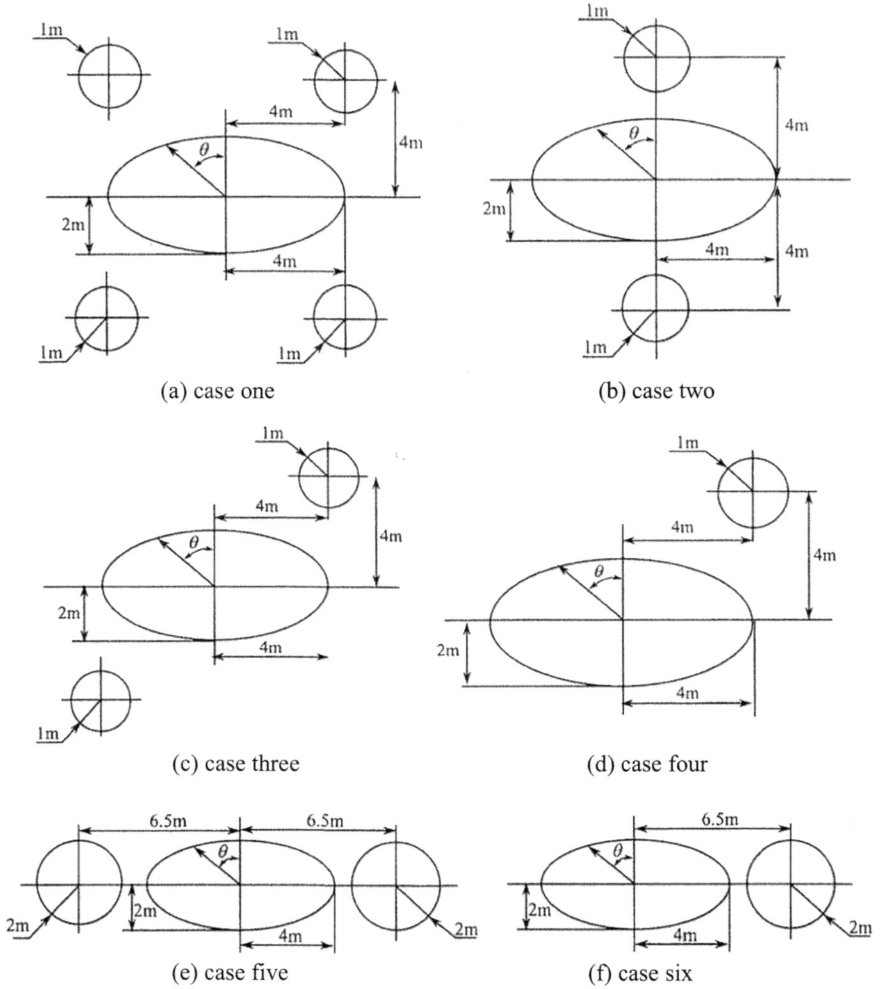

Fig. 7.18 Six arrangement cases of smaller circular holes around an elliptic hole

elliptic hole are provided in Figs. 7.19, 7.20, 7.21, 7.22, 7.23, and 7.24, tangential stresses at specific points in Table 7.14, maximum and minimum tangential stresses in Table 7.15. When the elliptic hole exists independently, distribution of tangential stress on its boundary is shown in Fig. 7.25.

As seen from Table 7.15, the number and arrangement of smaller circular holes have great influences on tensile stress concentrations and their locations on the

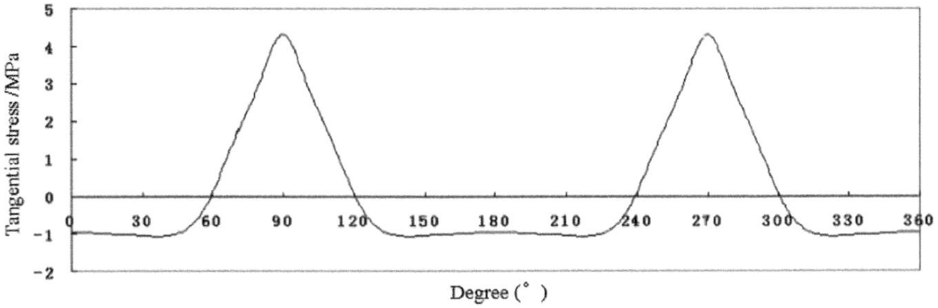

Fig. 7.19 Distribution of tangential stress on the boundary of elliptic hole in case 1

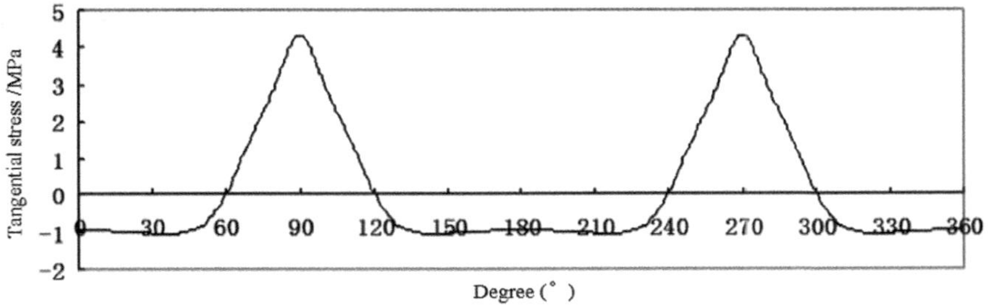

Fig. 7.20 Distribution of tangential stress on the boundary of elliptic hole in case 2

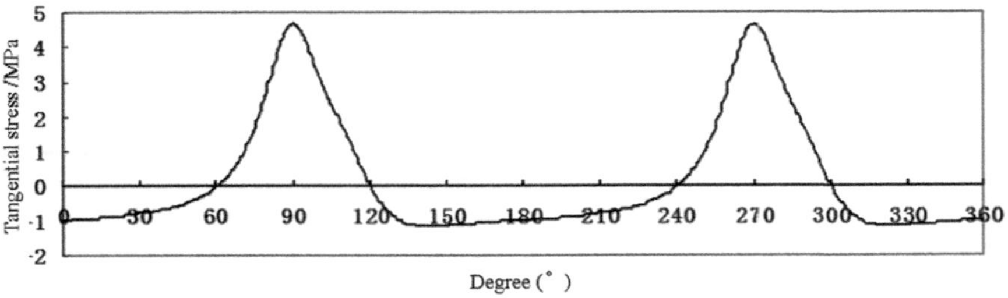

Fig. 7.21 Distribution of tangential stress on the boundary of elliptic hole in case 3

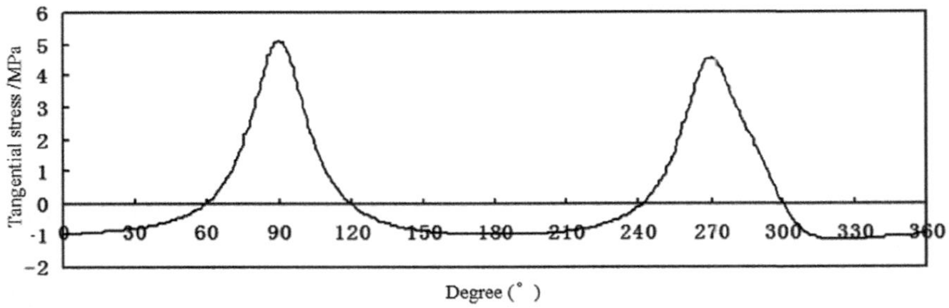

Fig. 7.22 Distribution of tangential stress on the boundary of elliptic hole in case 4

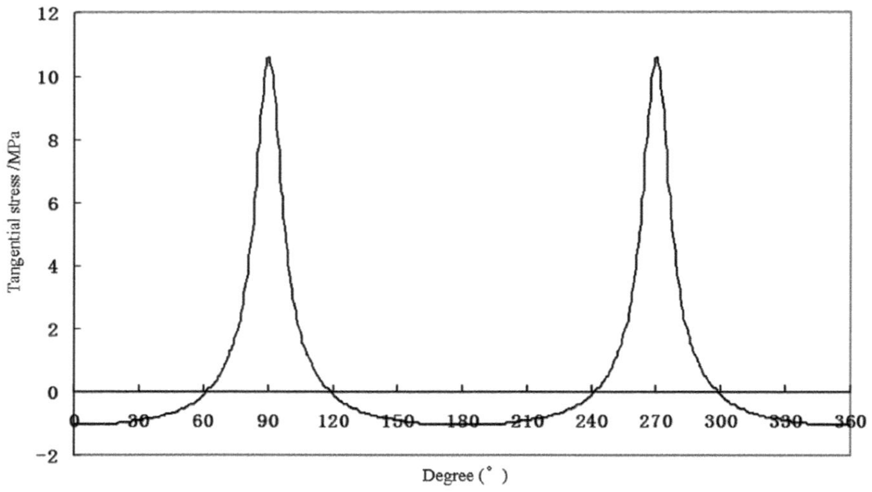

Fig. 7.23 Distribution of tangential stress on the boundary of elliptic hole in case 5

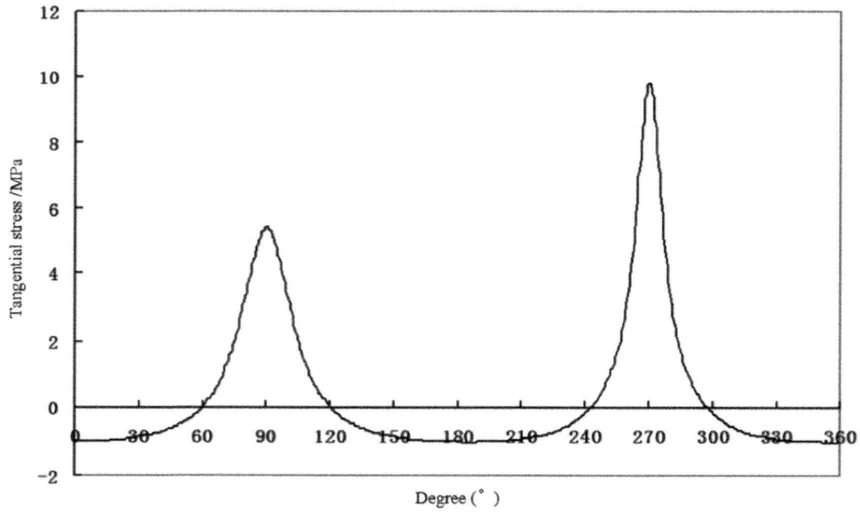

Fig. 7.24 Distribution of tangential stress on the boundary of elliptic hole in case 6

boundary of the elliptic hole, but no obvious role in compressive stress concentrations. Cases 5 and 6 are most disadvantageous, with maximum tensile stress concentrations being 10.590 and 9.776, respectively. The values are greatly bigger than 5.0 when the elliptic hole exists independently. In other words, the worst case is to arrange circular holes around the elliptic hole horizontally side by side, in which the circular holes reduce load bearing area of the plate in a maximum degree. The optimum arrangement is case one, in which maximum tensile stress concentration is

Table 7.14 Tangential stress at specific points on the boundary of elliptic hole (tensile is positive)

θ(°) / Case number	0	90	180	270
1	– 0.978	4.322	– 0.978	4.322
2	– 0.855	4.995	– 0.855	4.995
3	– 0.989	4.643	– 0.989	4.643
4	– 0.985	5.091	– 1.005	4.556
5	– 1.046	10.590	– 1.046	10.590
6	– 1.013	5.396	– 1.013	9.776
Single elliptic hole problem	– 1.000	5.000	– 1.000	– 5.000

Table 7.15 Maximum and minimum tangential stresses on the boundary of elliptic hole (tensile is positive)

Number of case	Maximum tangential stress		Minimum tangential stress	
	θ(°)	Value	θ(°)	Value
1	90, 270	4.322	0, 180	– 0.978
2	90, 270	4.955	26.5, 153.5, 206.5, 333.5	– 0.966
3	90, 270	4.643	142.5, 322.5	– 1.164
4	90	5.091	322.5	1.162
5	90, 270	10.590	0, 180	– 1.046
6	270	9.776	184, 356	– 1.015
Single elliptic hole problem	90, 270	5.000	0, 180	– 1.000

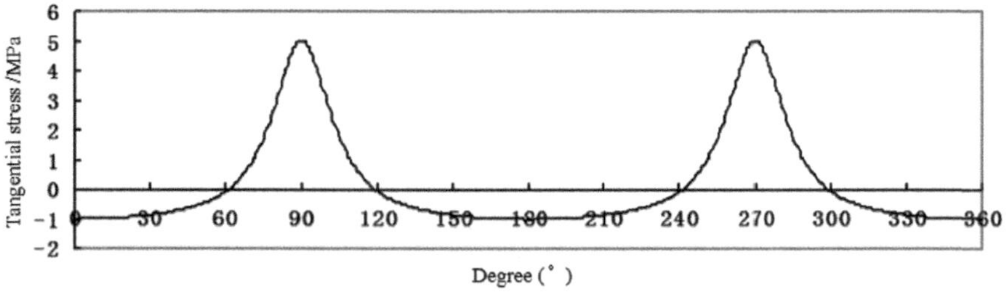

Fig. 7.25 Distribution of tangential stress on the boundary of elliptic hole when it exists independently

4.332, smaller than 5.000 when an elliptic hole exists independently. This indicates an effectiveness of four smaller circular holes for reducing tensile stress concentrations around the elliptic hole. When the holes are required with their number, locations and sizes, optimization designs can be successfully conducted by using analytic algorithm presented by the authors.

Although two small circular holes are also arranged on upper and lower sides of the elliptic hole in case two, they don't effectively reduce stress transferring from loading boundary to two boundary points along long axis of the later. Due to fewer number of small circular holes, optimization effects aren't realized in case three and case four.

7.2.5 Conclusions

Multiple hole problems are often encountered in designs of underground projects, pressure vessels and aerospace equipment. When highly accurate solutions are essential and feasible, analytic algorithm become very significant. Using Schwarz's alternating method and Cauchy integration method, stress solutions for multiple hole problems are presented and analyzed in precision and efficiency, in which these holes can be of arbitrary shapes, sizes and arrangements. When the holes are circular or elliptic, the stress results are almost accurate same as exact solutions in literatures. When the holes are complex in shapes or closely arranged, the stress results after 20 times of iterations have reached a very high precision. Due to high precision of the analytic algorithm, it will become a useful and efficient tool for stress analyses around the holes, optimized layout of the holes, and hole shape optimization. In addition, displacement solutions for multiple holes or tunnels can be also achieved by using two complex functions $\varphi(\zeta)$ and $\psi(\zeta)$, similarly as Eqs. (7.19) to (7.24) in the Sect. 7.1.6.

7.3 Viscoelastic Solution for Deeply Buried Twin Tunnels

The construction of twin tunnels is becoming increasingly common all over the world, driven especially by high-speed train lines and highways which may be located up to thousands of meters below ground surface (e.g. the new Gotthard base tunnel in Switzerland). In general, twin tunnels are designed with as little distance between each other as possible. One of the motivations for the presented work is the current absence of normative guidelines for the design of twin tunnels. This sub-section aims to guide tunnel engineers on how to estimate the likely degree of interaction between two or more twin tunnels built in viscoelastic rock in the preliminary phase of the design process.

In this sub-section, a set of analytical solutions is presented for the first time to calculate the stresses and displacements generated when two closely located circular tunnels are sequentially excavated in viscoelastic rock. The solutions are provided for circular tunnels excavated in time dependent rock for any type of linear viscoelastic model, e.g. Burgers and Poyting-Thomson model.

The viscoelastic models commonly used in this study, along with their corresponding model structures, are listed in Table 3.1. Table 3.2 lists the shear relaxation modulus of these viscoelastic models. Additionally, the expressions for $H(t)$ and $I(t)$ pertaining to these constitutive models can be found in Table 3.3. It is important to note that some of the expressions in this section differ from those presented in Sect. 3.2:

(1) For the Generalized Kelvin (H–K) model, the previously defined G_{H} (Sect. 3.2.2) is now expressed as G_{M} in this section.
(2) The symbol η' (from Sect. 3.2.2) is represented as η in this section.
(3) The displacements u and v are denoted as u_{x} and u_{y}, respectively, in this section. Moreover, it is worth mentioning that the displacements and stresses in the (ρ, θ) or (r, θ) system can be obtained by performing a coordinate transformation to the (x, y) system.

7.3.1 Problem Description

The excavation of two circular twin tunnels in viscoelastic rock is considered herein. The following assumptions are made:

Assumption 1: the two twin tunnels are of circular section. The rock mass is homogeneous, isotropic, and linearly viscoelastic. The tunnels are deeply buried and subject to a hydrostatic state of stress.
Assumption 2: the tunnel excavation is sequential. The excavation process is described by two time dependent functions, $R_1(t)$ and $R_2(t)$, expressing the growth of the radii of the two tunnels, herein called Tunnel 1 and Tunnel 2, indicating the first and second tunnel to be excavated respectively, i.e. the start time for the construction of Tunnel 2 is equal to or later than the start time of Tunnel 1.
Assumption 3: the excavation speed is low enough so that no dynamic stresses are ever induced.

The calculation of stresses and displacements in the vicinity of the face of the tunnel is a genuine three-dimensional (3D) problem. However, previous works [24] show that the problem can be tackled as two dimensional plane-strain accepting the approximation of using a dimensionless parameters $\lambda(t)$ $(0 < (t) \leq 1)$ to account for the progressive release of the initial stresses cause by the tunnel advancement. Considering the excavation of a single tunnel, the normal and tangential tractions (σ_ρ^{tra} and $\tau_{\rho\theta}^{tra}$) acting on the tunnel boundary can be expressed as follows:

$$\sigma_\rho^{tra} = -\lambda(t)\sigma_\rho^0, \quad \tau_{\rho\theta}^{tra} = -\lambda(t)\tau_{\rho\theta}^0 \tag{7.32}$$

where σ_ρ^0 and $\tau_{\rho\theta}^0$ represent the normal and tangential stresses at the periphery of the tunnel prior to the start of excavation; and $\lambda(t)$ is a function of the variation of the radial displacement with the distance z between the tunnel face and the cross-section considered, that can be determined by in-situ measurements, or calculated numerically [25–27]. However, in the case of twin tunnels, two parameters, $\lambda_1(t)$ and $\lambda_2(t)$, need to be introduced to account for the advancement of each tunnel that is likely to take place at different times.

A limitation of the analytical solutions here proposed is due to the lack of consideration of lining. This is because the presence of lining makes the problem mathematically intractable due to structure—ground interactions. Currently, in the literature, no analytical solutions exist for lined twin tunnels even in the simplest of the cases of an elastic medium. However, a key benefit of the analytical solutions presented here is that they can be used to predict tunnel convergence to assess whether the presence of a lining would be necessary already in the preliminary phase of the design. Moreover, they allow for obtaining a first estimate of the magnitude of the excavation induced displacements before the installation of any lining is carried out. Finally, note that for several tunnels excavated in hard rock, the use of lining is not necessary. Sometimes even if a thin lining is applied, this has no structural significance.

According to the aforementioned assumptions, the equivalent plane-strain problem in the plane of the cross-section of the tunnels, can be formulated as shown in Fig. 7.26a. Both Cartesian coordinates (x_1, y_1), (x_2, y_2) and polar coordinates (r_1, θ_1), (r_2, θ_2) will be employed in the derivation of the analytical solutions. The adopted sign convention is as follows: positive for compression and negative for tension.

Suppose that the rock mass is subject to an initial stress state since time $t' = 0$ (before this time the state of stress may have been different due to ongoing geological processes), and the excavation of Tunnel 1 (see Fig. 7.26) takes place from time $t' = t'_1$ until $t' = t'_{1-fin}$. Then Tunnel 2 (the right tunnel in Fig. 7.26) is excavated from $t' = t'_2$ $(t'_2 \geq t'_1)$ until $t' = t'_{2-fin}$. The radii of Tunnel 1 ($R_1 = R_1(t')$) and Tunnel 2 ($R_2 = R_2(t')$) are specified as:

$$R_1(t') = \begin{cases} a_1, & t'_1 \leq t' < t'_{1-fin} \\ R_1^{fin}, & t' \geq t'_{1-fin} \end{cases},$$
$$R_2(t') = \begin{cases} a_2, & t'_2 \leq t' < t'_{2-fin} \\ R_2^{fin}, & t' \geq t'_{2-fin} \end{cases} \tag{7.33}$$

where R_1^{fin} and R_2^{fin} are the final radius of Tunnel 1 and Tunnel 2 respectively and a_1 and a_2 depend on the excavation process employed for the two tunnels: in case drilling and blasting is used, the two functions are time-dependent, so $a_1 = a_1(t')$ and $a_2 = a_2(t')$, whereas in case of TBM excavation, they are time independent, so $a_1 = R_1^{fin}$ and $a_2 = R_2^{fin}$ with t'_1 and t'_2 the times at which the TBM passes. Note that t'_{1fin} may be either smaller, equal to or larger than t'_2 so that any type of sequential excavation process can be accounted for including the excavation of both twin tunnels occurring at the same time.

In the derivation of the analytical solution presented herein, the excavation process is divided into three stages: The first stage, spanning from time $t' = 0$ to $t' = t'_1$, is prior to any excavation taking place. The intact rock mass is subject to a hydrostatic

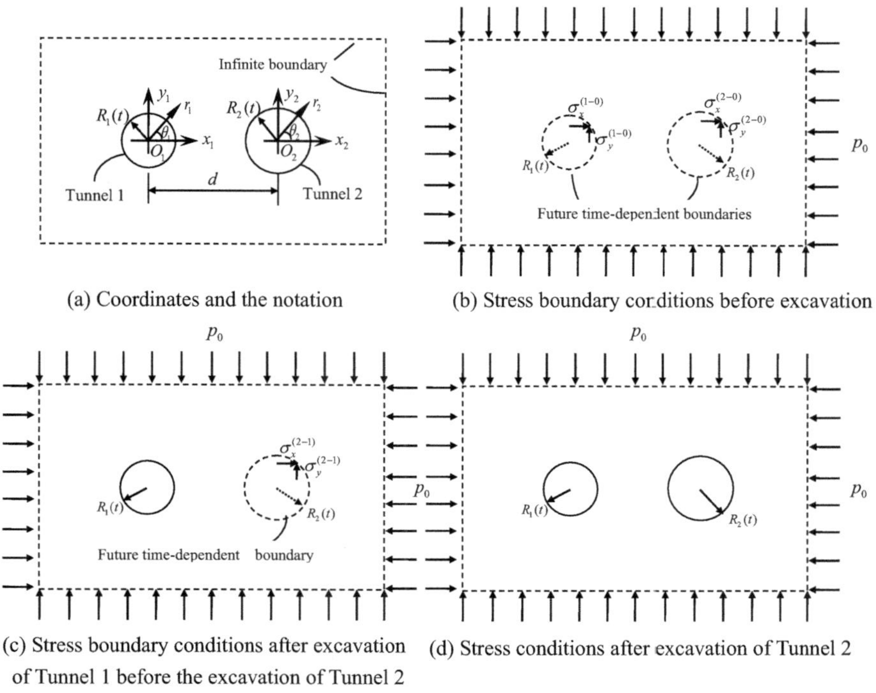

Fig. 7.26 Schematic representation of the stress boundary conditions for the different stages of tunnel excavation

initial stress state (see Fig. 7.26b). The stresses acting on the future boundaries of the tunnel, e.g. $\sigma_x^{(1-0)}$ and $\sigma_y^{(1-0)}$ on the boundary of Tunnel 1 and $\sigma_x^{(2-0)}$ and $\sigma_y^{(2-0)}$ on the boundary of Tunnel 2, are non zero and can be calculated from the initial stress state (see Fig. 7.26b). In the second stage, spanning from $t' = t_1'$ to $t' = t_2'$, only Tunnel 1 is excavated with $\sigma_x^{(2-1)}$ and $\sigma_y^{(2-1)}$ being the stresses acting on the future boundary of Tunnel 2 (see Fig. 7.26c). In the third stage, spanning from $t' = t_2'$ onwards, both twin tunnels are being excavated, as shown in Fig. 7.26d. No stresses are applied to the internal boundaries.

Introducing a new reference time t, with $t = t' - t_1'$, the second stage spans from $t = 0$ to $t = t' - t_2' = t_2$, and the third stage spans from $t = t_2$ onwards. Also $t_{1-fin} = t' - t'_{1-fin}$ and $t_{2-fin} = t' - t'_{2-fin}$.

7.3.2 *Viscoelastic Solutions for Twin-Tunnel Problems*

In this section, the stresses and displacement increments induced by the excavation of Tunnel 1 and 2 are presented for the three aforementioned stages of excavation. The case with fast longitudinal advancement (i.e. 3D effect being ignored) will be investigated first. Then the solutions will be extended to account for the effect of the tunnel face by multiplying the obtained potentials by the dimensionless advancement parameters λ_1 and λ_2.

7.3.2.1 Derivation for the First and Second Stages

The displacements in the first stage, i.e. before any excavation (from time $t' = 0$ to $t' = t_1'$), can be expressed as:

$$u_x^v(z_1, t') + iu_y^v(z_1, t') = \frac{1}{2}\varphi_1^{(0)}(z_1) \int_0^{t'} I(t' - \tau)d\tau - \frac{1}{2}\left[z_1 \overline{\frac{d\varphi_1^{(0)}(z_1)}{dz_1}} + \overline{\psi_1^{(0)}(z_1)}\right] \int_0^{t'} H(t' - \tau)d\tau \quad (7.34)$$

with $z_1 = x_1 + iy_1$, and $\varphi_1^{(0)}$ and $\psi_1^{(0)}$ being potential complex functions for an infinite 2D medium subjected to a hydrostatic (far field) state of stress. Note that with regard to the potentials, the superscript number represents the number of tunnels present in the medium: 0 means no tunnel present, 1 means one tunnel present, etc. The potentials are found to be [28]:

$$\varphi_1^{(0)}(z_1) = \frac{p_0 z_1}{2}, \quad \psi_1^{(0)}(z_1) = 0 \quad (7.35)$$

where p_0 is the hydrostatic stress at infinity.

Two loading cases, *Case* (1) and *Case* (2), are considered in the following, each with different tractions applied on the domain boundaries. Displacements and stresses for the infinite 2D medium are determined as the sum of the displacements and stresses calculated for the two cases by virtue of the principle of superposition. The two cases are as follows (fast longitudinal advancement is assumed):

Case (1): Infinite 2D medium with a hole, corresponding to the cross-section of Tunnel 1, subject to far-field stresses. The corresponding potentials denoted as $\varphi_1^{(1)}$ and $\psi_1^{(1)}$, are given as follows:

$$\varphi_1^{(1)}(z_1, t') = \frac{p_0 z_1}{2}, \quad \psi_1^{(1)}(z_1, t') = -\frac{p_0\left[R_1(t')\right]^2}{z_1} \quad (7.36)$$

with the initial stress being applied for the time period $t' \in [0, \infty]$.

Case (2): Infinite 2D medium with excavation induced tractions acting at the internal boundary of Tunnel 1. Prior to tunnel excavation, due to the interaction between post-excavated rock and outer rock mass, the tractions $\sigma_x^{(1-0)}$ and $\sigma_y^{(1-0)}$ act on the time-dependent tunnel boundary (see Fig. 7.26b). The time period during which the induced tractions are non-zero is $t' \in [0,\ t_1']$. In this period, the corresponding potentials are denoted as $\varphi_1^{(1-0)}$ and $\psi_1^{(1-0)}$. The first superscript number represents the number of tunnels being present whilst the second superscript indicates the cause of the induced tractions: for instance '0' means that the traction acting on the tunnel boundary is due to the far-field initial stresses (no tunnel present); '1' represents the traction due to the excavation of Tunnel 1, etc. The notations used for the potentials together with the corresponding boundary conditions are listed in Table 7.16.

The displacements at time t' ($t' \in [t_1', t_2']$) can be expressed as follows:

$$
\begin{aligned}
u_x^v(z_1, t') + iu_y^v(z_1, t') \\
&= \frac{1}{2}\int_0^{t'} I(t' - \tau)\varphi_1^{(1)}(z_1, t')d\tau \\
&\quad - \frac{1}{2}\int_0^{t'} H(t' - \tau)\left[z_1\overline{\frac{\partial\varphi_1^{(1)}(z_1, \tau)}{\partial z_1}} + \overline{\psi_1^{(1)}(z_1, \tau)}\right]d\tau \\
&\quad + \left\{\frac{1}{2}\int_0^{t_1'} I(t' - \tau)\varphi_1^{(1-0)}(z_1, \tau)d\tau\right.
\end{aligned}
$$

Table 7.16 Notations for the potentials used in the analytical derivation

		Stress boundary conditions			
Notation	Case	Infinite boundary	Boundary of Tunnel 1	Boundary of Tunnel 2	Time period when the potentials are defined
$\varphi_1^{(0)}, \psi_1^{(0)}$	Infinite planewithout any holes	Initial stresses p_0	—	—	$[0, t_1']$
$\varphi_1^{(1-0)}, \psi_1^{(1-0)}$	Infinite plane with Tunnel 1	0	$\sigma_x^{(1-0)}, \sigma_y^{(1-0)}$	—	$[0, t_1']$
$\varphi_1^{(1)}, \psi_1^{(1)}$		Initial stresses p_0	0	—	$[0, t_2']$
$\varphi_1^{(2)}, \psi_1^{(2)}$	Infinite plane with twin tunnels	Initial stresses p_0	0	0	$[0, t']$
$\varphi_1^{(2-0)}, \psi_1^{(2-0)}$		0	$\sigma_x^{(1-0)}, \sigma_y^{(1-0)}$	$\sigma_x^{(2-0)}, \sigma_y^{(2-0)}$	$[0, t_1']$
$\varphi_1^{(2-1)}, \psi_1^{(2-1)}$		0	0	$\sigma_x^{(2-1)}, \sigma_y^{(2-1)}$	$[t_1', t_2']$

$$-\frac{1}{2}\int_{0}^{t_1'} H(t'-\tau)\left[z_1\overline{\frac{\partial\varphi_1^{(1-0)}(z_1,\tau)}{\partial z_1}}+\overline{\psi_1^{(1-0)}(z_1,\tau)}\right]d\tau\Bigg\} \tag{7.37}$$

Applying the principle of superposition, displacements and stresses for the infinite 2D medium are found as the sum of the displacements and stresses respectively calculated for *Case* (1) and (2). Hence, the following relationship between potentials holds true:

$$\begin{aligned}\varphi_1^{(0)}(z_1,t') &= \varphi_1^{(1)}(z_1,t') + \varphi_1^{(1-0)}(z_1,t'),\\ \psi_1^{(0)}(z_1,t') &= \psi_1^{(1)}(z_1,t') + \psi_1^{(1-0)}(z_1,t')\end{aligned} \tag{7.38}$$

Substituting Eq. (7.38) into Eq. (7.39), yields:

$$u_x^v(z_1,t') + iu_y^v(z_1,t') = L_{1-0}(z_1,t') + L_{1-1}(z_1,t'), \tag{7.39}$$

where

$$\begin{aligned}L_{1-0}(z_1,t') = {} & \frac{1}{2}\varphi_1^{(0)}(z_1)\int_0^{t'} I(t'-\tau)d\tau\\ & -\frac{1}{2}\left[z_1\overline{\frac{d\varphi_1^{(0)}(z_1)}{dz_1}}+\overline{\psi_1^{(0)}(z_1)}\right]\int_0^{t'} H(t'-\tau)d\tau\end{aligned} \tag{7.40}$$

$$\begin{aligned}L_{1-1}(z_1,t') = {} & \frac{1}{2}\int_{t_1'}^{t'} I(t'-\tau)\left[-\varphi_1^{(1-0)}(z_1,\tau)\right]d\tau\\ & -\frac{1}{2}\int_{t_1'}^{t'} H(t'-\tau)\left[z_1\overline{\frac{\partial\left[-\varphi_1^{(1-0)}(z_1,\tau)\right]}{\partial z_1}}-\overline{\psi_1^{(1-0)}(z_1,\tau)}\right]d\tau\end{aligned} \tag{7.41}$$

From Eq. (7.38) the expression of $\varphi_1^{(1-0)}$ and $\psi_1^{(1-0)}$. can be obtained:

$$\begin{aligned}\varphi_1^{(1-0)}(z_1,t') &= \varphi_1^{(0)}(z_1) - \varphi_1^{(1)}(z_1,t') = 0\\ \psi_1^{(1-0)}(z_1,t') &= \psi_1^{(0)}(z_1) - \psi_1^{(1)}(z_1) = \frac{p_0\left[R_1(t')\right]^2}{z_1}\end{aligned} \tag{7.42}$$

Accounting for the effect of the advancement of Tunnel 1, tractions $\sigma_x^{re(1-0)}$ and $\sigma_y^{re(1-0)}$ take the following expressions:

$$\sigma_x^{re(1-0)} = \lambda_1(t)\sigma_x^{(1-0)} \text{ and } \sigma_y^{re(1-0)} = \lambda_1(t)\sigma_y^{(1-0)} \text{ with } 0 \le \lambda_1(t) \le 1.0 \tag{7.43}$$

and the corresponding potentials become:

$$\varphi_1^{\mathrm{re}(1-0)}(z_1, t') = \lambda_1(t')\varphi_1^{(1-0)}(z_1, t') \text{ and } \psi_1^{\mathrm{re}(1-0)}(z_1, t') = \lambda_1(t')\psi_1^{(1-0)}(z_1, t') \tag{7.44}$$

with λ_1 being the dimensionless parameter accounting for the 3D effects of the advancement of Tunnel 1. Accordingly, the displacements due to the excavation of Tunnel 1 accounting for the effect of tunnel advancement can be obtained as follows:

$$\begin{aligned}\Delta_1 u_x^v(z_1, t') + i\Delta_1 u_y^v(z_1, t') &= \left[u_x^v(z_1, t') - u_x^v(z_1, t_1')\right] \\ +i\left[u_y^v(z_1, t') - u_y^v(z_1, t_1')\right] &= L_{1-\Delta}(z_1, t') + L_{1-1}^{\mathrm{re}}(z_1, t'), \text{ with } t_1' \le t' < t_2'\end{aligned} \tag{7.45}$$

where

$$\begin{aligned}L_{1-\Delta}(z_1, t') &= L_{1-0}(z_1, t') - L_{1-0}(z_1, t_1') \\ &= \frac{1}{2}\varphi_1^{(0)}(z_1)\left[\int_0^{t'} I(t' - \tau)d\tau - \int_0^{t_1'} I(t_1' - \tau)d\tau\right] \\ &\quad - \frac{1}{2}\left[z_1\overline{\frac{d\varphi_1^{(0)}(z_1)}{dz_1}} + \overline{\psi_1^{(0)}(z_1)}\right]\left[\int_0^{t'} H(t' - \tau)d\tau - \int_0^{t_1'} H(t_1' - \tau)d\tau\right]\end{aligned} \tag{7.46}$$

and $L_{1-1}^{\mathrm{re}}(z_1, t')$ can be obtained by replacing potentials $\varphi_1^{(1-0)}$ and $\psi_1^{(1-0)}$ in Eq. (7.41) with $\varphi_1^{re(1-0)}$ and $\psi_1^{re(1-0)}$ respectively. It can be demonstrated that $L_{1-\Delta}(z_1, t')$ is zero for the Kelvin, generalized Kelvin and Poyting-Thomson viscoelastic models. Introducing the new reference time $t = t' - t_1'$, the displacements in Eq. (7.45) can be expressed as:

$$\begin{aligned}&\Delta_1 u_x^v(z_1, t) + i\Delta_1 u_y^v(z_1, t) \\ &\quad = \left[u_x^v(z_1, t) - u_x^v(z_1, 0)\right] + i\left[u_y^v(z_1, t) - u_y^v(z_1, 0)\right] \\ &\quad = L_{1-\Delta}(z_1, t') + L_{1-1}^{\mathrm{re}}(z_1, t)' \text{ with } 0 \le t < t_2 \left(\text{or } t_1' \le t' < t_2'\right)\end{aligned} \tag{7.47}$$

and in the new reference time as:

$$L_{1-1}^{\mathrm{re}}(z_1, t) = \frac{1}{2}\int_0^t I(t - \tau)\left[-\lambda_1(\tau)\varphi_1^{(1-0)}(z_1, \tau)\right]d\tau$$

$$
-\frac{1}{2}\int_0^t H(t-\tau)\left[z_1\lambda_1(\tau)\overline{\frac{\partial\left[-\varphi_1^{(1-0)}(z_1,\tau)\right]}{\partial z_1}} - \lambda_1(\tau)\overline{\psi_1^{(1-0)}(z_1,\tau)}\right]d\tau \tag{7.48}
$$

In a viscoelastic medium, the applied stresses are independent of any material parameters and therefore they are history independent, i.e. they depend purely on the forces currently applied to the medium. Hence, the additional stresses induced by the excavation of Tunnel 1 can be expressed in the new reference time as follows:

$$
\begin{aligned}
\begin{matrix}\Delta_1\sigma_x^v(z_1,t)\\ \Delta_1\sigma_y^v(z_1,t)\end{matrix} &= -\mathrm{Re}\left\langle 2\lambda_1(t)\left[\frac{\partial\varphi_1^{(1-0)}(z_1,t)}{\partial z_1}\right]\right. \\
&\left.\mp\lambda_1(t)\left[\overline{z_1}\frac{\partial^2\varphi_1^{(1-0)}(z_1,t)}{\partial z_1^2} + \frac{\partial\psi_1^{(1-0)}(z_1,t)}{\partial z_1}\right]\right\rangle \\
\Delta_1\tau_{xy}^v(z_1,t) &= -\mathrm{Im}\left\langle \lambda_1(t)\overline{z_1}\frac{\partial^2\varphi_1^{(1-0)}(z_1,t)}{\partial z_1^2} + \lambda_1(t)\frac{\partial\psi_1^{(1-0)}(z_1,t)}{\partial z_1}\right\rangle
\end{aligned} \tag{7.49}
$$

The total stresses are the summation of the additional stresses and the initial ones (hydrostatic stress state).

7.3.2.2 Derivation for the Third Stage

In the third stage, spanning from $t' = t_2'$ onwards, with both twin tunnels being excavated in the rock mass (see Fig. 7.26d), no stresses are applied to the internal boundaries of the tunnels.

Herein the solution will be calculated by superposition of the following three cases (here fast longitudinal advancement is assumed):

Case (3): infinite 2D medium with Tunnels 1 and 2 present and subject to far-field stresses. The corresponding potentials are denoted by $\varphi_1^{(2)}$ and $\psi_1^{(2)}$.

Case (4): infinite 2D medium with Tunnels 1 and 2 subjected to the induced tractions acting on the inner boundaries of the tunnels. These tractions are equal to the stresses acting on the boundaries of the tunnels in equilibrium with the initial stresses present prior to tunnel excavation, i.e. $\sigma_x^{(1-0)}$ and $\sigma_y^{(1-0)}$ acting on the boundary of Tunnel 1 and $\sigma_x^{(2-0)}$ and $\sigma_y^{(2-0)}$ on the boundary of Tunnel 2 (see Fig. 7.26b). The corresponding time dependent potentials are denoted by $\varphi_1^{(2-0)}$ and $\psi_1^{(2-0)}$, with the time period of the application of loads being $t' \in \left[0, t_1'\right]$.

Case (5): infinite 2D medium subjected to tractions acting on the inner boundary of Tunnel 2. The tractions, denoted by $\sigma_x^{(2-1)}$ and $\sigma_y^{(2-1)}$ in Fig. 7.26c, represent the stresses acting on the time-dependent boundary of Tunnel 2 at a generic time after Tunnel 1 is excavated but before any excavation of Tunnel 2 takes place. The corresponding time-dependent potentials are denoted by $\varphi_1^{(2-1)}$ and $\psi_1^{(2-1)}$ with the time period of load application being $t' \in [t_1', t_2']$. The notations for the potentials are listed in Table 7.16.

The displacements occurring in this stage ($t' \in [t_2', \infty]$) can be expressed as follows:

$$
\begin{aligned}
u_x^v(z_1,t') + iu_y^v(z_1,t') = &\frac{1}{2}\int_0^{t'} I(t'-\tau)\varphi_1^{(2)}(z_1,\tau)d\tau \\
&-\frac{1}{2}\int_0^{t'} H(t'-\tau)\left[z_1\overline{\frac{\partial\varphi_1^{(2)}(z_1,\tau)}{\partial z_1}} + \overline{\psi_1^{(2)}(z_1,\tau)}\right]d\tau \\
&+\frac{1}{2}\int_0^{t_1'} I(t'-\tau)\varphi_1^{(2-0)}(z_1,\tau)d\tau \\
&-\frac{1}{2}\int_0^{t_1'} H(t'-\tau)\left[z_1\overline{\frac{\partial\varphi_1^{(2-0)}(z_1,\tau)}{\partial z_1}} + \overline{\psi_1^{(2-0)}(z_1,\tau)}\right]d\tau \\
&+\frac{1}{2}\int_{t_1'}^{t_2'} I(t'-\tau)\varphi_1^{(2-1)}(z_1,\tau)d\tau \\
&-\frac{1}{2}\int_{t_1'}^{t_2'} H(t'-\tau)\left[z_1\overline{\frac{\partial\varphi_1^{(2-1)}(z_1,\tau)}{\partial z_1}} + \overline{\psi_1^{(2-1)}(z_1,\tau)}\right]d\tau
\end{aligned}
\tag{7.50}
$$

According to the principle of superposition, the potentials in Eq. (7.35) (corresponding to the case of an infinite 2D medium without any hole subject to the initial stress state) are equal to the sum of the ones corresponding to *Cases* (3) and (4):

$$
\begin{aligned}
\varphi_1^{(0)}(z_1,t') &= \varphi_1^{(2)}(z_1,t') + \varphi_1^{(2-0)}(z_1,t'), \\
\psi_1^{(0)}(z_1,t') &= \psi_1^{(2)}(z_1,t') + \psi_1^{(2-0)}(z_1,t')
\end{aligned}
\tag{7.51}
$$

Analogously, the potentials corresponding to *Case* (1) can be obtained as the sum of the potentials of *Case* (3) and (5):

$$
\begin{aligned}
\varphi_1^{(1)}(z_1,t') &= \varphi_1^{(2)}(z_1,t') + \varphi_1^{(2-1)}(z_1,t'), \\
\psi_1^{(1)}(z_1,t') &= \psi_1^{(2)}(z_1,t') + \psi_1^{(2-1)}(z_1,t')
\end{aligned}
\tag{7.52}
$$

Substituting Eqs. (7.51) and (7.52) into (7.50), and rearranging:

$$u_x^v(z_1, t') + iu_y^v(z_1, t') = L_{1-0}(z_1, t') + L_{1-1}(z_1, t') + L_{2-2}(z_1, t') \tag{7.53}$$

with the expressions for L_{1-0} and L_{1-1} being available from Eqs. (7.40) and (7.41):

$$\begin{aligned} L_{2-2}(z_1, t') &= \frac{1}{2}\int_{t_2'}^{t'} I(t'-\tau)\left[-\varphi_1^{(2-1)}(z_1, \tau)\right]d\tau \\ &\quad - \frac{1}{2}\int_{t_2'}^{t'} H(t'-\tau)\left[z_1\overline{\frac{\partial\left[-\varphi_1^{(2-1)}(z_1, \tau)\right]}{\partial z_1}} - \overline{\psi_1^{(2-1)}(z_1, \tau)}\right]d\tau \end{aligned} \tag{7.54}$$

According to Eq. (7.52), the expressions for $\varphi_1^{(2-1)}$ and $\psi_1^{(2-1)}$ can be obtained as:

$$\begin{aligned} \varphi_1^{(2-1)}(z_1, t') &= \varphi_1^{(1)}(z_1, t') - \varphi_1^{(2)}(z_1, t') = \frac{p_0 z_1}{2} - \varphi_1^{(2)}(z_1, t') \\ \psi_1^{(2-1)}(z_1, t') &= \psi_1^{(1)}(z_1, t') - \psi_1^{(2)}(z_1, t') = -\frac{p_0\left[R_1(t')\right]^2}{z_1} - \psi_1^{(2)}(z_1, t') \end{aligned} \tag{7.55}$$

where $\varphi_1^{(2)}$ and $\psi_1^{(2)}$ are the potentials for the twin tunnels. Using Schwarz alternating method and muskhelishvili's complex variable function techniques, the two potentials were found following the method expounded in reference [2]:

$$\varphi_1^{(2)}(z_1, t') = \frac{p_0 z_1}{2} - \frac{p_0 R_1^2(t') R_2^2(t')}{d\left[dz_1 - d^2 + R_2^2(t')\right]} - \sum_{k=1}^{n}\left(D_{-k} z_1^{-k}\right) \tag{7.56}$$

$$\begin{aligned} \psi_1^{(2)}(z_1, t') &= -\frac{p_0 R_1^2(t')}{z_1} - \frac{p_0 R_2^2(t')}{z_1 - d} \\ &\quad - \left[\frac{R_2^2(t')}{z_1 - d} + d\right]\frac{p_0 R_1^2(t') R_2^2(t')}{\left[dz_1 - d^2 + R_2^2(t')\right]^2} - \frac{R_1^2(t')}{z_1}\sum_{k=1}^{n}\left[iD_{-k} z_1^{-(k+1)}\right] \\ &\quad - \sum_{k=1}^{n}\left(\overline{D_k}/z_1^k\right) \end{aligned} \tag{7.57}$$

where d is the distance between the two centres of the tunnels (see Fig. 7.26a), D_k and D_{-k}, with $k = 1$ to n and n being the number of terms, are the complex coefficients of the Laurent series used to approximate the non-zero redundant surface tractions acting on the tunnel boundary that are progressively eliminated in Schwarz alternating method. The values of D_k and D_{-k} for the three cases considered in the next section to validate the proposed analytical solution by comparing displacements and stresses calculated from the analytical solution with displacements and stresses calculated from Finite Element are provided in Table 7.17.

Table 7.17 Values of D_k in Eqs. (7.34) and (7.35) for the three cases employed for comparison with FEM analysis

	D_{-2}		D_{-1}		D_0		D_1		D_2	
	Real Part	Imaginary Part	Real Part	Imaginary Part	Real Part	Imaginary Part	Real Part	Imaginary Part	Real Part	Imaginary Part
Case (1)	1.053	0.0	0.217	0.0	0.045	0.0	0.001	0.0	0.0	0.0
Case (2)	9.487	0.0	4.266	0.0	1.969	0.0	0.026	0.0	0.001	0.0
Case (3)	37.961	0.0	16.958	0.0	7.770	0.0	0.123	0.0	0.004	0.0

If the advancements of Tunnel 1 and 2 are both accounted for, the tractions $\sigma_x^{re(2-1)}$ and $\sigma_y^{re(2-1)}$ on the boundary of Tunnel 2 take the following expressions:

$$\begin{aligned}\sigma_x^{\mathrm{re}(2-1)} &= \lambda_1(t)\lambda_2(t)\sigma_x^{(2-1)} \\ \sigma_y^{\mathrm{re}(2-1)} &= \lambda_1(t)\lambda_2(t)\sigma_y^{(2-1)} \text{ with } 0 \le \lambda_1(t) \le 1.0,\ 0 \le \lambda_2(t) \le 1.0\end{aligned} \tag{7.58}$$

and the corresponding potentials become:

$$\begin{aligned}\varphi_1^{re(2-1)}\left(z_1, t'\right) &= \lambda_1(t')\lambda_2(t')\varphi_1^{(2-1)}\left(z_1, t'\right) \\ \psi_1^{re(2-1)}\left(z_1, t'\right) &= \lambda_1(t')\lambda_2(t')\psi_1^{(2-1)}\left(z_1, t'\right)\end{aligned} \tag{7.59}$$

with λ_1 and λ_2 being the dimensionless parameters accounting for the advancement of Tunnels 1 and 2 respectively.

Subtracting the displacements occurred prior to the excavation of Tunnel 1 from the total displacements in this time period (see Eq. (7.53)), the component of displacements considering the longitudinal advancements of the two tunnels occurred after the excavation of Tunnel 1 are as follows:

$$\begin{aligned}\Delta_1 u_x^v(z_1, t') + i\Delta_1 u_y^v(z_1, t') &= \left[u_x^v(z_1, t') - u_x^v(z_1, t_1')\right] \\ &\quad + i\left[u_y^v(z_1, t') - u_y^v(z_1, t_1')\right] \\ &= L_{1-\Delta}(z_1, t') + L_{1-1}^{\mathrm{re}}(z_1, t') \\ &\quad + L_{2-2}^{\mathrm{re}}(z_1, t'),\ \text{with } t' \ge t_2'\end{aligned} \tag{7.60}$$

with $L_{1-\Delta}$ being given in Eq. (7.46). $L_{1-1}^{\mathrm{re}}(z_1, t')$ can be obtained by replacing the potentials $\varphi_1^{(1-0)}$ and $\psi_1^{(1-0)}$ in Eq. (7.41) with $\varphi_1^{re(1-0)}$ and $\psi_1^{re(1-0)}$, and $L_{2-2}^{\mathrm{re}}(z_1, t')$ is achieved by replacing $\varphi_1^{(2-1)}$ and $\psi_1^{(2-1)}$ in Eq. (7.54) with $\varphi_1^{re(2-1)}$ and $\psi_1^{re(2-1)}$. Subtracting the displacements that occurred prior to the excavation of Tunnel 2 from the total displacements taken place in this time period, the displacements due to the excavation of Tunnel 2 can be obtained:

$$\begin{aligned}\Delta_2 u_x^v(z_1, t') + i\Delta_2 u_y^v(z_1, t') &= \left[u_x^v(z_1, t') - u_x^v(z_1, t_2')\right] \\ &\quad + i\left[u_y^v(z_1, t') - u_y^v(z_1, t_2')\right] \\ &= L_{2-\Delta 1}(z_1, t') + L_{2-\Delta 2}^{\mathrm{re}}(z_1, t') \\ &\quad + L_{2-2}^{\mathrm{re}}(z_1, t') \text{ with } t' \ge t_2'\end{aligned} \tag{7.61}$$

where:

$$L_{2-\Delta 1}(z_1, t') = L_{1-0}(z_1, t') - L_{1-0}(z_1, t_2')$$

$$= \frac{1}{2}\varphi_1^{(0)}(z_1)\left[\int_0^{t'} I(t'-\tau)d\tau - \int_0^{t_2'} I(t_2'-\tau)d\tau\right]$$
$$-\frac{1}{2}\left[z_1\overline{\frac{d\varphi_1^{(0)}(z_1)}{dz_1}} + \overline{\psi_1^{(0)}(z_1)}\right]$$
$$\left[\int_0^{t'} H(t'-\tau)d\tau - \int_0^{t_2'} H(t_2'-\tau)d\tau\right] \tag{7.62}$$

and

$$L_{2-\Delta 2}^{\mathrm{re}}(z_1, t') = L_{1-1}^{\mathrm{re}}(z_1, t') - L_{1-1}^{\mathrm{re}}(z_1, t_2')$$
$$= -\frac{1}{2}\int_{t_1'}^{t\prime} I(t'-\tau)\lambda_1(\tau)\varphi_1^{(1-0)}(z_1,\tau)d\tau$$
$$+\frac{1}{2}\int_{t_1'}^{t_2'} I(t_2'-\tau)\lambda_1(\tau)\varphi_1^{(1-0)}(z_1,\tau)d\tau$$
$$+\frac{1}{2}\int_{t_1'}^{t\prime} H(t'-\tau)\lambda_1(\tau)\left[z_1\overline{\frac{\partial\varphi_1^{(1-0)}(z_1,\tau)}{\partial z_1}} + \overline{\psi_1^{(1-0)}(z_1,\tau)}\right]d\tau$$
$$-\frac{1}{2}\int_{t_1'}^{t_2\prime} H(t_2\prime-\tau)\lambda_1(\tau)\left[z_1\overline{\frac{\partial\varphi_1^{(1-0)}(z_1,\tau)}{\partial z_1}} + \overline{\psi_1^{(1-0)}(z_1,\tau)}\right]d\tau \tag{7.63}$$

In the case of the generalized Kelvin, Kelvin and the Poyting-Thomson viscoelastic models, it can be demonstrated that $L_{2-\Delta 1}$ is zero. Introducing the new reference time $t = t' - t_1'$ (hence $t_2 = t_2' - t_1'$), the calculated excavation induced displacements (see Eqs. (7.45), (7.60) and (7.61) can be expressed as:

$$\Delta_1 u_x^v(z_1, t) + i\Delta_1 u_y^v(z_1, t) = L_{1-\Delta}(z_1, t') + L_{1-1}^{\mathrm{re}}(z_1, t)$$
$$+ L_{2-2}^{\mathrm{re}}(z_1, t) \text{ with } t \geq t_2 \left(or\ t' \geq t_2'\right) \tag{7.64}$$

$$\Delta_2 u_x^v(z_1, t) + i\Delta_2 u_y^v(z_1, t) = L_{2-\Delta 1}(z_1, t') + L_{2-\Delta 2}^{re}(z_1, t)$$
$$+ L_{2-2}^{re}(z_1, t) \text{ with } t \geq t_2 \left(or\ t' \geq t_2'\right) \tag{7.65}$$

and in the new reference time as:

$$
\begin{aligned}
L_{2-\Delta 2}^{\mathrm{re}}(z_1,t) = & -\frac{1}{2}\int_0^t I(t-\tau)\lambda_1(\tau)\varphi_1^{(1-0)}(z_1,\tau)d\tau \\
& +\frac{1}{2}\int_0^{t_2} I(t_2-\tau)\lambda_1(\tau)\varphi_1^{(1-0)}(z_1,\tau)d\tau \\
& +\frac{1}{2}\int_0^t H(t-\tau)\lambda_1(\tau)\left[z_1\overline{\frac{\partial\varphi_1^{(1-0)}(z_1,\tau)}{\partial z_1}}+\overline{\psi_1^{(1-0)}(z_1,\tau)}\right]d\tau \\
& -\frac{1}{2}\int_0^{t_2} H(t_2-\tau)\lambda_1(\tau)\left[z_1\overline{\frac{\partial\varphi_1^{(1-0)}(z_1,\tau)}{\partial z_1}}+\overline{\psi_1^{(1-0)}(z_1,\tau)}\right]d\tau
\end{aligned}
\tag{7.66}
$$

$$
\begin{aligned}
L_{2-2}^{\mathrm{re}}(z_1,t) = & -\frac{1}{2}\int_{t_2}^t I(t-\tau)\lambda_1(\tau)\lambda_2(\tau)\varphi_1^{(2-1)}(z_1,\tau)d\tau \\
& +\frac{1}{2}\int_{t_2}^t H(t-\tau)\lambda_1(\tau)\lambda_2(\tau)\left[z_1\overline{\frac{\partial\varphi_1^{(2-1)}(z_1,\tau)}{\partial z_1}}+\overline{\psi_1^{(2-1)}(z_1,\tau)}\right]d\tau
\end{aligned}
\tag{7.67}
$$

The additional stresses induced by the excavation of Tunnel 2 are as follows:

$$
\begin{aligned}
\begin{matrix}\Delta_2\sigma_x^v(z_1,t)\\ \Delta_2\sigma_y^v(z_1,t)\end{matrix} = & -\mathrm{Re}\left\langle 2\lambda_1(t)\lambda_2(t)\left[\frac{\partial\varphi_1^{(2-1)}(z_1,t)}{\partial z_1}\right]\right. \\
& \left.\mp\lambda_1(t)\lambda_2(t)\left[\overline{z_1}\frac{\partial^2\varphi_1^{(2-1)}(z_1,t)}{\partial z_1^2}+\frac{\partial\psi_1^{(2-1)}(z_1,t)}{\partial z_1}\right]\right\rangle \\
\Delta_2\tau_{xy}^v(z_1,t) = & -\mathrm{Im}\left\langle \lambda_1(t)\lambda_2(t)\overline{z_1}\frac{\partial^2\varphi_1^{(2-1)}(z_1,t)}{\partial z_1^2}+\lambda_1(t)\lambda_2(t)\frac{\partial\psi_1^{(2-1)}(z_1,t)}{\partial z_1}\right\rangle
\end{aligned}
\tag{7.68}
$$

The additional stresses that occurred after excavation of Tunnel 1 are provided by the summation of Eqs. (7.68) and (7.49). Superposing the hydrostatic initial stresses to them yields the total stresses of the ground.

7.3.3 *Applicability of Proposed Solutions*

With regard to rock rheology, Feng et al. [29] investigated which viscoelastic model and which range of values for the relative parameters are best suited for various rock types. For weak, soft or highly jointed rock masses and/or subjected to high stresses, which are prone to excavation induced continuous viscous flows, the Maxwell or Burgers viscoelastic model (see Tables 3.1, 3.2 and 3.3) is suitable to simulate their rheology since they account for both primary and secondary rock creep. Instead for the rock of good mechanical properties or subject to low stresses, limited viscosity is present. For this type of rocks, Kelvin, generalized Kelvin or Poyting-Thomson viscoelastic models are commonly employed.

Also, more complicated viscoelastic models are listed in Feng et al. [29]. The back analysis is often used to identify the most suited rheological model for a specific rock and its constitutive parameters. In the previous work [30], rheological model and constitutive parameters were determined from in-situ measurements during the excavation whereas in Feng et al. [29] they were determined employing genetic algorithms applied to measurements from creep tests.

With regard to consideration of 3D effects for cross sections located near the tunnel face, expressions for the advancement parameters, λ_1 and λ_2, are not available in the literature since tunnel face effects have been investigated only in the case of single tunnels [26, 27]. The variation of λ_1 and λ_2 with time is more complicated than in the case of single tunnel, and the longitudinal displacement profiles for two tunnels advancement are not available in current references to determine the two parameters. Therefore, the following $\lambda_1 = \lambda_2 = 1.0$ is assumed. This means that we consider only cross-sections located at a distance from both tunnel faces such that three dimensional effects are not felt.

7.3.4 *Verification*

Here, in order to validate the analytical solution presented, a comparison is provided between the displacements and stresses calculated according to the determined analytical solution and numerical FEM simulations carried out using the code ANSYS (version 11.0, employing the so-called module 'structure mechanics'). To maintain consistency with the derivation of the analytical solution, all the FEM analyses were carried out under plane-strain conditions and assuming small displacements. Note that the sign convention adopted herein is as follows: compressive stresses and strains are positive while tensile stresses and strains are negative; displacements along the direction of the axes of the coordinate system are negative.

Let us consider an infinite viscoelastic 2D medium with two circular holes subject to hydrostatic stress $p_0 = 20$ MPa (representing the construction of twin tunnels at the depth of approximately 800 m). The final radii of hole 1 and hole 2, R_1^{fin} and R_2^{fin} in Eq. (7.33), are 3 and 6 m, respectively. The two holes are excavated according to the following:

$$R_1(t) = \begin{cases} 1 \text{ m}, \ 0 \leq t < 2 \\ 2 \text{ m}, \ 2 \leq t < 4 \ , \\ 3 \text{ m}, \ t \geq 4 \end{cases}$$

$$R_2(t) = \begin{cases} 1 \text{ m}, \ 2 \leq t < 4 \\ 3 \text{ m}, \ 4 \leq t < 6 \ .(\text{Unit 'Day' for time.}) \\ 6 \text{ m}, \ t \geq 6 \end{cases} \tag{7.69}$$

In parametric analyses, the following values for the constitutive parameters of the generalized Kelvin model (see Tables 3.1, 3.2 and 3.3) were adopted: $G_M = 2000$ MPa, $G_K = 1000$ MPa, $\eta'_K = 10000$ MPa $\cdot$ day and $K(t) = \infty$ (volume incompressible).

To exploit the symmetry of the problem with respect to Ox_1-axis, only half of the domain has been modelled. A rectangular region 400 m long and 200 m wide was employed in the FEM model. In Fig. 7.27, the geometry of the numerical domain adopted together with the boundary conditions employed are provided. In Fig. 7.28, the mesh in the vicinity of the holes together with the parts to be sequentially excavated is presented. In the numerical simulations, the initial stresses are first applied on the rectangular domain without any hole to apply to the medium the initial stresses prior to any excavation. Since the material is assumed incompressible and the medium is subjected to hydrostatic stresses, the displacements before tunnel excavation are zero. Part I-III (see Fig. 7.28) are excavated instantaneously at $t = 0$ day, $t = 2$th day and $t = 4$th day respectively. The excavation of Tunnel 2 starts on the 2th day, and part IV-VI (see Fig. 7.28) are excavated instantaneously at $t = 2$th day, 4th day and $t = 6$th day respectively. Consequently, the induced displacements and stresses can be obtained by subtracting the stresses and displacements present before the excavation takes place from the total ones. In the FEM analysis, the elements were deleted from the mesh at the corresponding excavation times. To delete elements of the mesh, the stiffness of the elements to be deleted is set to zero (the stiffness matrix of the elements was multiplied by 1.0^{-6}).

The comparison of the time dependent displacements predicted by the analytical solution with the ones predicted by the FEM simulations is illustrated in Fig. 7.29. Let us consider points A, B and C (see Fig. 7.28). In Fig. 7.29, the displacements of points A and B occurred after the excavation of Tunnel 1 and the displacement of point C occurred after the excavation of Tunnel 2 are plotted over time. The numerical results exhibit a close agreement with the analytical solution. An analogous comparison in terms of stresses is shown in Fig. 7.30. A good match between numerical results and analytical predictions is apparent for all the stresses considered.

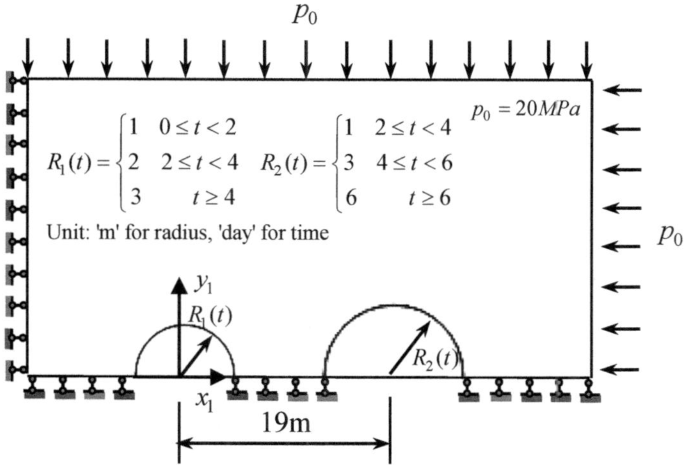

Fig. 7.27 Boundary conditions and external loading applied in the numerical simulations

7.3.5 Analysis and Discussion

A parametric investigation on the effect of various parameters ruling the mutual influence between the two twin tunnels was carried out. The parametric investigation is here illustrated for the case of a rock mass whose rheology is described by the generalized Kelvin viscoelastic model. For the sake of generality, all the variables considered in the analysis, e.g. displacements, stresses and time, will be provided in normalized form. For a single circular tunnel of radius R_1^{fin} excavated in an infinite medium and subject to hydrostatic initial stress p_0, and shear modulus $G_s = \frac{G_H G_K}{G_H + G_K}$ (permanent shear modulus of the generalized Kelvin model), the induced final radial displacement at the inner boundary of the tunnel is:

$$\Delta u_r^\infty = \frac{p_0 R_1^{fin}}{2G_s} \tag{7.70}$$

The excavated induced displacements will be normalized by Δu_r^∞, the stresses by p_0, tunnel radii and tunnel spacing by R_1^{fin} and the generic time t by T_K with $T_K = \frac{\eta_k'}{G_K}$ denoting the retardation time. In the following analysis, the displacements at the boundary of Tunnel 1 are the component of displacements taking place after the excavation of Tunnel 1 ($\Delta_1 u$), and those at the boundary of Tunnel 2 are the component of displacements taking place after the excavation of Tunnel 2 ($\Delta_2 u$), here simply called "displacements". Instead, all the stresses will be current stresses (no stress increments). Note again that some of the expressions in this section differ from those presented in Sect. 3.2: (1) for the Generalized Kelvin (H–K) model, the previously defined G_H (Sect. 3.2.2) is now expressed as G_M in this section, and (2) the symbol η' (from Sect. 3.2.2) is represented as η in this section.

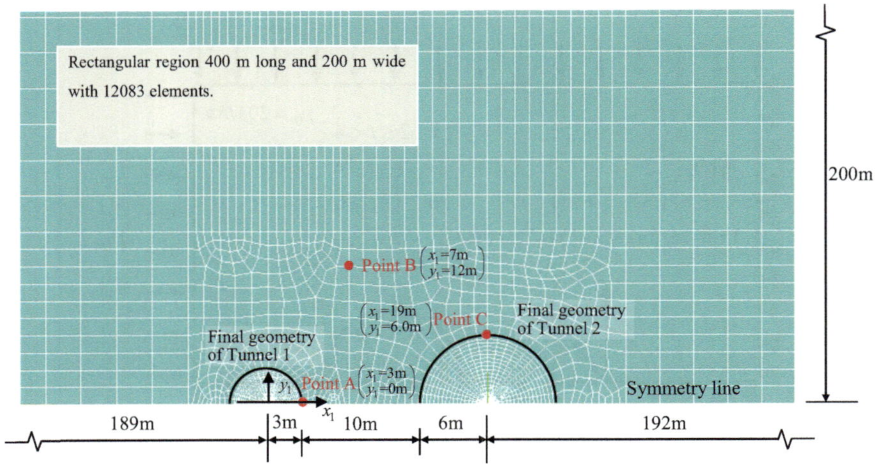

(a) Mesh of the domain

A, B and C are the points where displacements and stresses were compared

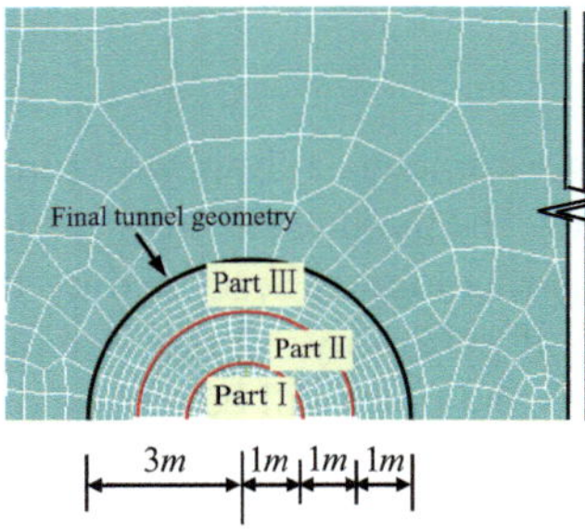

(b) Mesh of Tunnel 1

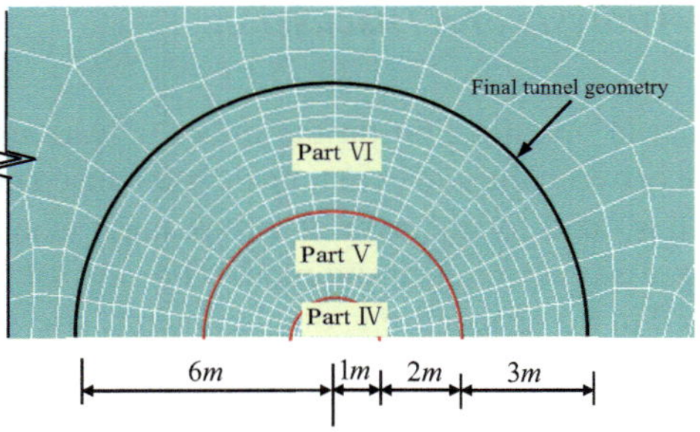

(c) Mesh of Tunnel 2

Fig. 7.28 FEM meshes adopted. Part I to VI are sequentially excavated

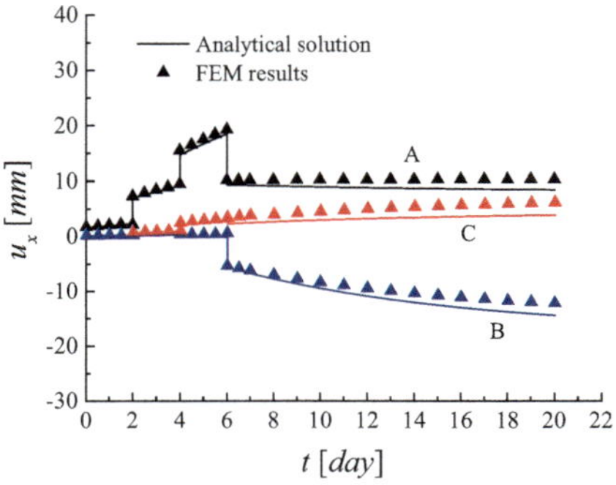

(a) Displacements along u_x direction

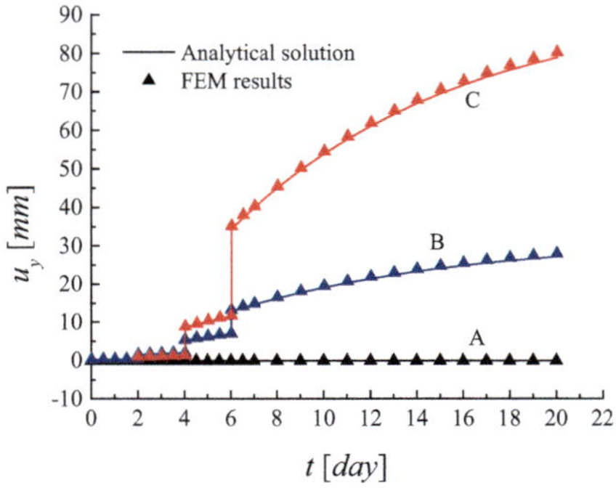

(b) Displacements along u_y direction

Fig. 7.29 Comparison between analytical solutions and FEM results in terms of displacements versus time at points A, B and C. The location of the points is plotted in Fig 7.28

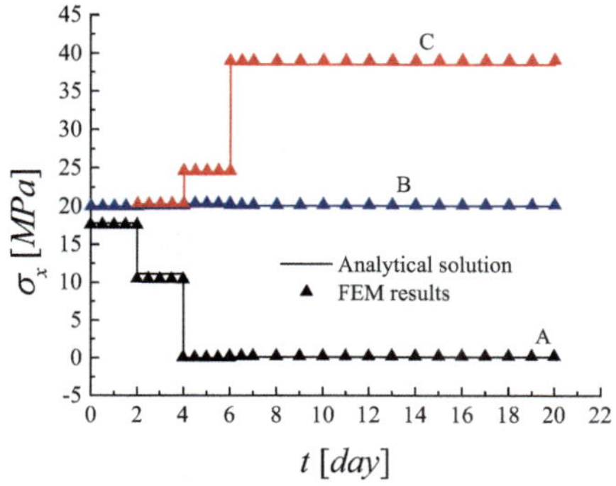

(a) Normal stresses along the x_1 direction

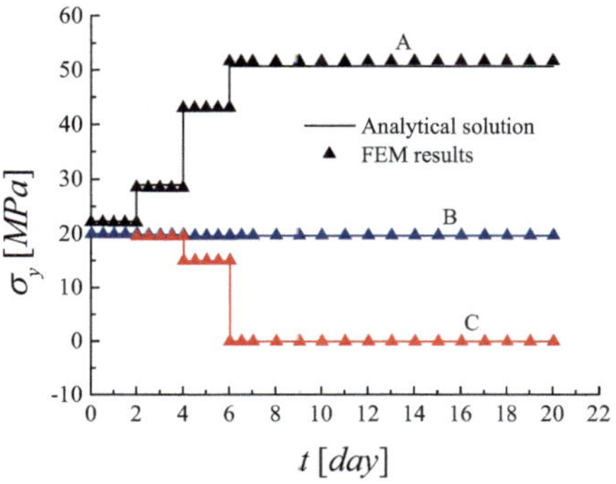

(b) Normal stresses along the y_1 direction

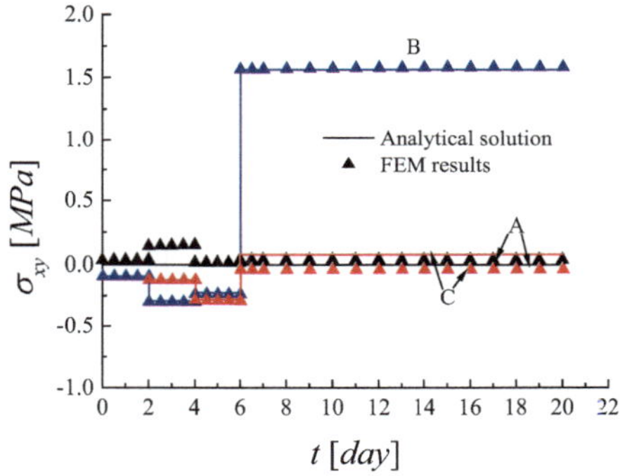

(c) Shear stresses

Fig. 7.30 Comparison between analytical solutions and FEM results in terms of stresses versus time at points A, B and C. The location of the points is plotted in Fig 7.28

7.3.5.1 Influence of Tunnel Spacing

The influence of the spacing between the two tunnels on displacements and stresses is here investigated. For the sake of simplicity, it is assumed that the final radii of the two tunnels are equal, i.e. $R_1^{fin} = R_2^{fin}$ and that Tunnel 1 is excavated instantaneously at $t = 0$, while the excavation of Tunnel 2 starts at $t = t_2$. The radius of Tunnel 2 grows from zero to its final value in a step-like fashion:

$$\frac{R_2(t)}{R_1^{fin}} = \begin{cases} 0, & 0 \leq t < t_2 \\ 0.5, & t_2 \leq t < t_2 + 2 \text{ (Unit for time: Day)} \\ 1, & t \geq t_2 + 2 \end{cases} \tag{7.71}$$

The displacements of Tunnel 2 are analysed at two different times: $t = 0.5T_K + 2[\text{Day}]$, when the excavation of Tunnel 2 is complete and $t = 10T_K$ [Day], when displacements no longer increase. Defined that the tunnel spacing is $w = d - R_1^{fin} -$

R_2^{fin}, Fig. 7.31a and b present the variation of radial displacements along the boundary of Tunnel 1 at $\theta_1 = 0°$ and that along the boundary of Tunnel 2 at $\theta_2 = 180°$ plotted versus tunnel spacing. In Fig. 7.31c instead, the tangential stresses acting on the tunnel boundaries are plotted. From the plots, it emerges that the radial displacements at the boundaries of the tunnels grow larger with tunnel spacing increasing, whereas the tangential stresses become smaller. However, the displacements along the boundary of Tunnel 2 are only marginally influenced by the spacing between the two tunnels, i.e. they are similar to the values exhibited in the case of a single tunnel being excavated (Tunnel 2 being excavated).

A way to quantitatively assess the mutual influence of one tunnel on the other is by comparing the fields of stresses and displacements generated in the case of a single tunnel with the fields generated in the presence of the two twin tunnels. To this end, the radial displacements and the tangential stresses along the boundaries of the tunnels were selected as the variables to be used in the comparison (the radial

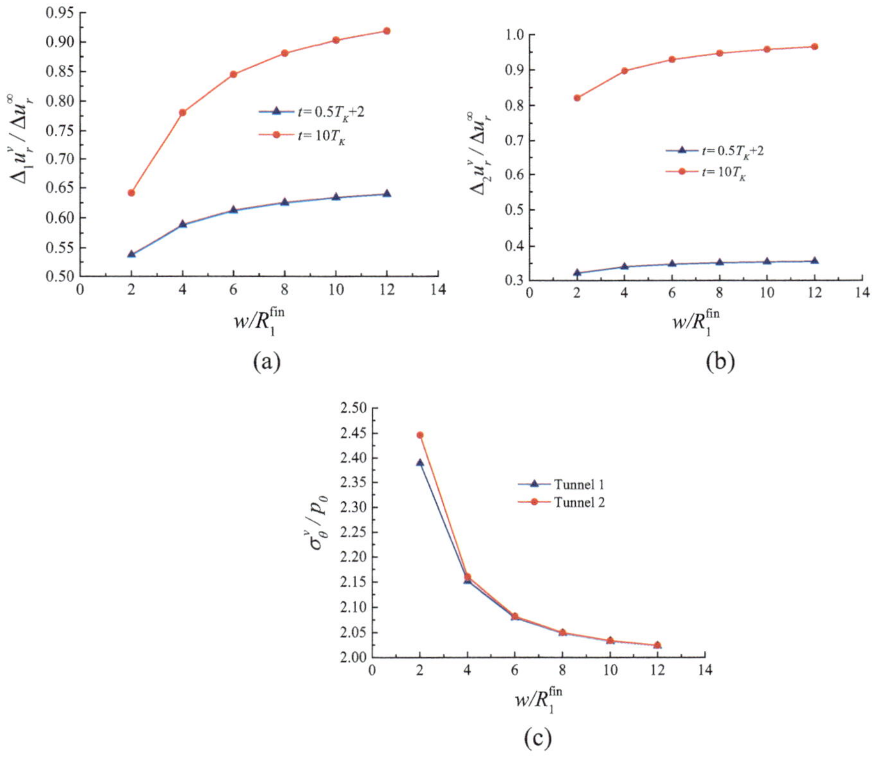

Fig. 7.31 Normalized displacements and stresses calculated at various points along the final boundaries of the two tunnels versus the normalized spacing between the two tunnels: **a** displacements on the boundary of Tunnel 1 at point $\theta_1 = 0°$; **b** displacements on the boundary of Tunnel 2 at point with $\theta_2 = 180°$; **c** tangential stresses on the boundary of Tunnel 1 (point with $\theta_1 = 0°$) and of Tunnel 2 (point with $\theta_2 = 180°$) respectively

stresses are obviously nil and the circumferential displacements are of less interest). For the sake of comparison, it is convenient to define a function, $C_u(t)$, expressing the dimensionless radial displacement occurring at the tunnel boundary for the case of a single tunnel with radius $R = R_1^{fin}$ subject to hydrostatic far-field stress:

$$C_u(t) = \frac{\Delta u_r^v(R, t)}{\Delta u_r^\infty} \tag{7.72}$$

where $\Delta u_r^v(R, t)$ is the excavation induced convergence. $C_\sigma(t)$ instead, expresses the dimensionless tangential stress along the boundary of the single tunnel:

$$C_\sigma(t) = \frac{\sigma_\theta^0(R, t)}{p_0} \tag{7.73}$$

where $\sigma_\theta^0(R, t)$ is the tangential stress at tunnel boundary. The following dimensionless ratios are here proposed as quantitative measures of how strongly the presence of a second twin tunnel modifies the convergence and stresses that would occur in case the tunnel was single:

$$f_{dis}^{(1)}(z_1, t) = \frac{\Delta_1 u_r^v(z_1, t) / \Delta u_r^\infty - C_u(t)}{C_u(t)} \tag{7.74}$$

$$f_{dis}^{(2)}(z_2, t) = \frac{\Delta_2 u_r^v(z_2, t) / \Delta u_r^\infty - C_u(t)}{C_u(t)} \tag{7.75}$$

$$f_{str}(z_1, t) = \frac{\sigma_\theta^v(z_1, t) / p_0 - C_\sigma(t)}{C_\sigma(t)} \tag{7.76}$$

$f_{dis}^{(1)}(z_1, t)$ represents the influence on the component of radial displacements occurring in the vicinity of Tunnel 1 due to the completion of the excavation of Tunnel 2; $f_{dis}^{(2)}(z_2, t)$ represents the influence on the component of radial displacements occurring in the vicinity of Tunnel 2 due to the presence of Tunnel 1; and $f_{str}(z_1, t)$ represents the influence on the circumferential stresses in the vicinity of Tunnel 1 generated by the excavation of Tunnel 2.

In Table 7.18, some values for the introduced dimensionless ratios are provided for various pillar widths. It emerges that the pillar width (w) affects displacements significantly more than stresses, especially in the long term. The stress influence ratio is lower than 10% for $w = 4R_1$, and becomes lower than 5% for $w = 6R_1$. This suggests that the pillar width threshold for which the twin tunnel interaction may be ignored could be taken as $w \geq 6R_1$. However, the maximum influence ratio for the long-term displacements of Tunnel 1 is 22% and 16% for pillar width of $4R_1$ and $6R_1$, respectively. This shows a strong interaction. The influence ratio of Tunnel 1 displacements remains at about 10% for $w = 10R_1$.

Table 7.18 Twin tunnel influence ratio for displacements and stresses

			$C_u(t)$ or $C_\sigma(t)$	Influence Ratio					
				$2R_1$	$4R_1$	$6R_1$	$8R_1$	$10R_1$	$12R_1$
Boundary of Tunnel 1	Radial displacement	$t = 0.5T_k + 2$ days	0.67	21%	13%	9%	7.5%	6%	6%
		$t = 10T_k$	1.0	36%	22%	16%	13%	11%	9%
	Hoop stress		2.0	19.5%	7.5%	3.5%	2%	1%	1%
Boundary of Tunnel 2	Radial displacement	$t = 0.5T_k + 2$ days	0.36	11%	5.6%	2.8%	1.4%	0%	0%
		$t = 10T_k$	1.0	19%	11%	8%	6%	5%	4%
	Hoop stress		2.0	22.5%	7.5%	4%	2%	1.5%	1%

The normalised components of horizontal displacements along the line O_1O_2 are plotted in Fig. 7.32a and b for various pillar widths. It can be noted that the displacements at the points close to tunnel boundaries change more significantly with x_1. As expected, when tunnel spacing is larger, the variation of displacement is smaller and the displacements at the points near the Tunnel 2 boundary become larger. Point I at the stable time is basically located in the middle of the pillar, which means that the displacements are symmetrically distributed. Fig. 7.32c and d show the distribution of stresses in the pillar between the two twin tunnels. Stresses in areas close to the boundaries of two tunnels are subject to a greater change with x_1. For a tunnel pillar larger than $6R_1$, the stresses on the tunnel boundaries, as well as in the middle of the pillar are very little affected. This means that the interaction between tunnels from a static point of view is marginal and can be ignored.

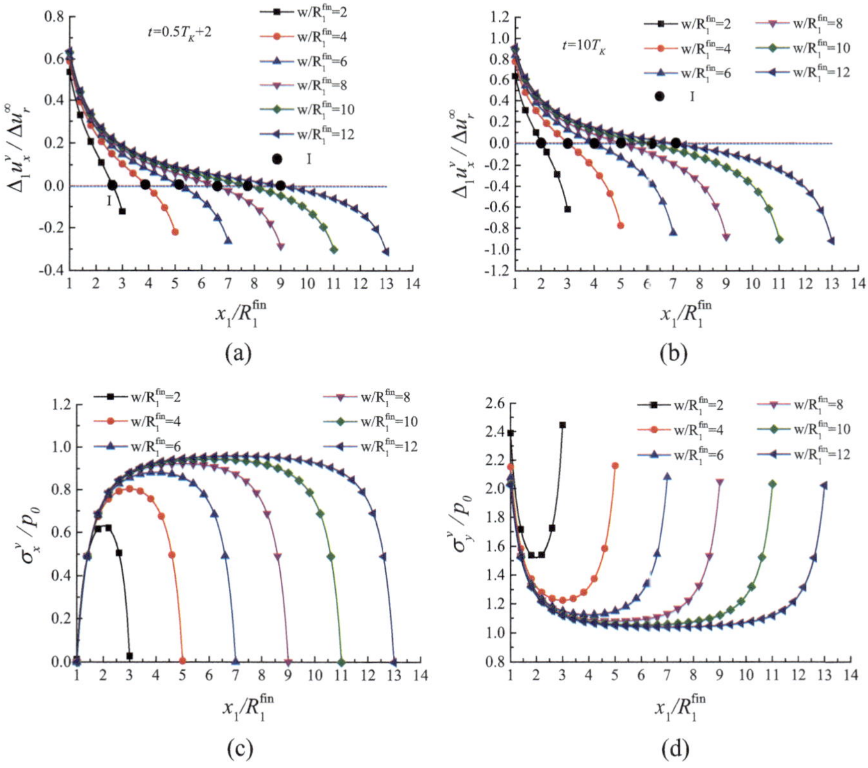

Fig. 7.32 Distribution of the normalized displacements and stresses in the pillar between the two tunnels as a function of the distance from the centre of Tunnel 1, x_1, calculated for various pillar widths: **a** distribution of displacements at time $t = 0.5T_K + 2$ corresponding to the end of Tunnel 2 excavation; **b** distribution of displacements at time $t = 10T_K$ (long term displacements); **c** and **d** distributions of normal stresses along the x and y direction respectively after the excavation of both tunnels has been completed

7.3.5.2 Influence of Starting Time of Excavation of the Second Tunnel on Displacements

In this section, the influence of the starting time of excavation of the second tunnel is further to be investigated. The following three cases are considered: (1) $t_2 = 0$, i.e. the two tunnels are excavated at the same time; (2) $t_2 = 0.5T_K$; (3) $t_2 = T_K$.

The radial displacements ($\Delta_1 u_r^v$) at points D_1 ($\theta_1 = 0°$) and F_1 ($\theta_1 = 180°$) on the boundary of Tunnel 1 ($r_1 = R_1^{fin}$) are plotted in Fig. 7.33a and b respectively. The circumferential displacements at these points must be equal to zero for the reason of symmetry. The radial and circumferential displacements at point E_1 ($\theta_1 = 90°$) are plotted in Fig. 7.33c and d respectively. It emerges that the amount of radial displacement experienced by Tunnel 1 at point D_1 is clearly affected by the start time of the excavation of Tunnel 2. The later the excavation of Tunnel 2 begins, the fewer additional displacements occur after the end of the excavation of Tunnel 2. Instead, the radial displacements due to the excavation of Tunnel 1 at points E_1 and F_1 are affected very little by the start time of the excavation of Tunnel 2, with the displacements being only slightly larger than those experienced in the case of single tunnel being excavated. The circumferential displacements taking place at point E_1 ($\theta_1 = 90°$) are entirely caused by the excavation of Tunnel 2, since no circumferential displacements occur in the case of a single tunnel (see Fig. 7.33d).

The radial displacements ($\Delta_2 u_r^v$) at points F_2 ($\theta_2 = 0°$) and D_2 ($\theta_2 = 180°$) on the boundary of Tunnel 2 ($r_2 = R_2^{fin}$), are plotted in Fig. 7.34a and b respectively. The radial and circumferential displacements at point E_2 ($\theta_2 = 90°$) are plotted in Fig. 7.34c and d respectively. From Fig. 7.34b it can be noted that the later the excavation of Tunnel 2 begins, the larger the incremental rate of radial displacements at point D_2 (with $\theta_2 = 180°$) is, and also the larger the final long-term displacements are. However, with regard to the circumferential displacement at point E_2 ($\theta_2 = 90°$) (see Fig. 7.34d), the rate decreases for later start times of the excavation of Tunnel 2, t_2. Instead, the rates of the radial displacements at points F_2 and E_2 are almost unaffected by the start time t_2 (see Fig. 7.34a and c).

7.3.5.3 Influence of the Relative Size of the Twin Tunnels

In this section, twin tunnels with different radii are examined. Four cases are considered: case (1) $R_2^{fin} = 0.5R_1^{fin}$; case (2) $R_2^{fin} = R_1^{fin}$; case (3) $R_2^{fin} = 1.5R_1^{fin}$; case (4) $R_2^{fin} = 2.5R_1^{fin}$. In all the cases, the same distance between tunnels, $w = 2R_1^{fin}$, is assumed. Also, we assume that Tunnels 1 and 2 are instantaneously excavated at time $t_1 = 0$ and $t_2 = 0.5T_K$ respectively. In Figs. 7.35 and 7.36, the distribution of displacements and stresses along the boundaries of the tunnels are plotted at two significant times: when the excavation of Tunnel 2 is completed, $t = 0.5T_K$, and when displacements no longer increase, $t = 10T_K$. For obvious reasons of symmetry, stresses and displacements along the tunnel boundaries are plotted for $\theta_1,\ \theta_2 \in [0°, 180°]$ only.

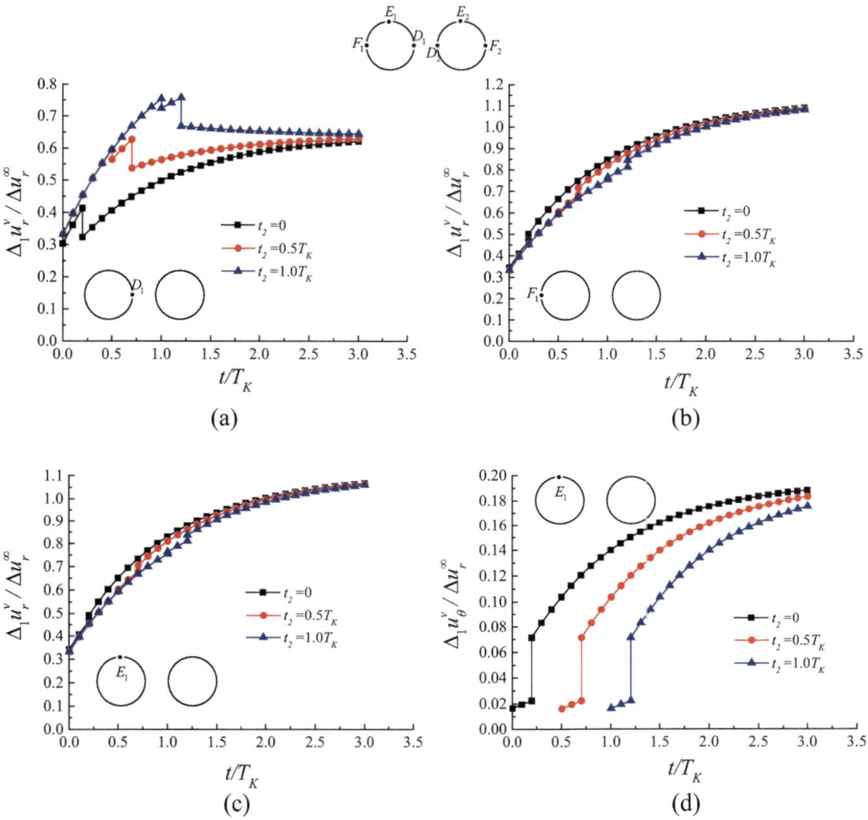

Fig. 7.33 Normalized displacements versus time along the final boundary of Tunnel 1 for various excavation times of Tunnel 2 (generalized Kelvin model with $G_K / G_M = 0.5$); **a** normal displacement at point D_1 ($\theta_1 = 0°$); **b** normal displacement at point F_1 ($\theta_1 = 180°$); **c** and **d** normal and tangential displacements respectively at point E_1 ($\theta_1 = 90°$)

The distributions of radial and circumferential displacements along the boundary of Tunnel 1 at $t = 0.5\ T_K$ and at $t = 10\ T_K$ are plotted in Fig. 7.35a and b and in Fig. 7.35c and d respectively. The figures show that the larger the radius of Tunnel 2 is, the more the radial displacements depend on the radial direction θ_1, i.e. the more significant the influence of the excavation of Tunnel 2 on the convergence of Tunnel 1 is. Note that at $\theta_1 \simeq 65°$ the radial displacements are the same for all the four cases considered. Also, it emerges that the curves of radial displacements versus θ_1 maintain the same shape over time. Finally Fig. 7.35b and d show that the circumferential displacements exhibit a peak for $50° < \theta_1 < 60°$ and that the larger the radius of Tunnel 2 is, the larger the peak is. From Fig. 7.35 it emerges that the size of Tunnel 2 significantly influences the distribution and value of displacement of Tunnel 1, and the maximum difference of radial displacement among these cases is around $0.6\Delta u_r^\infty$.

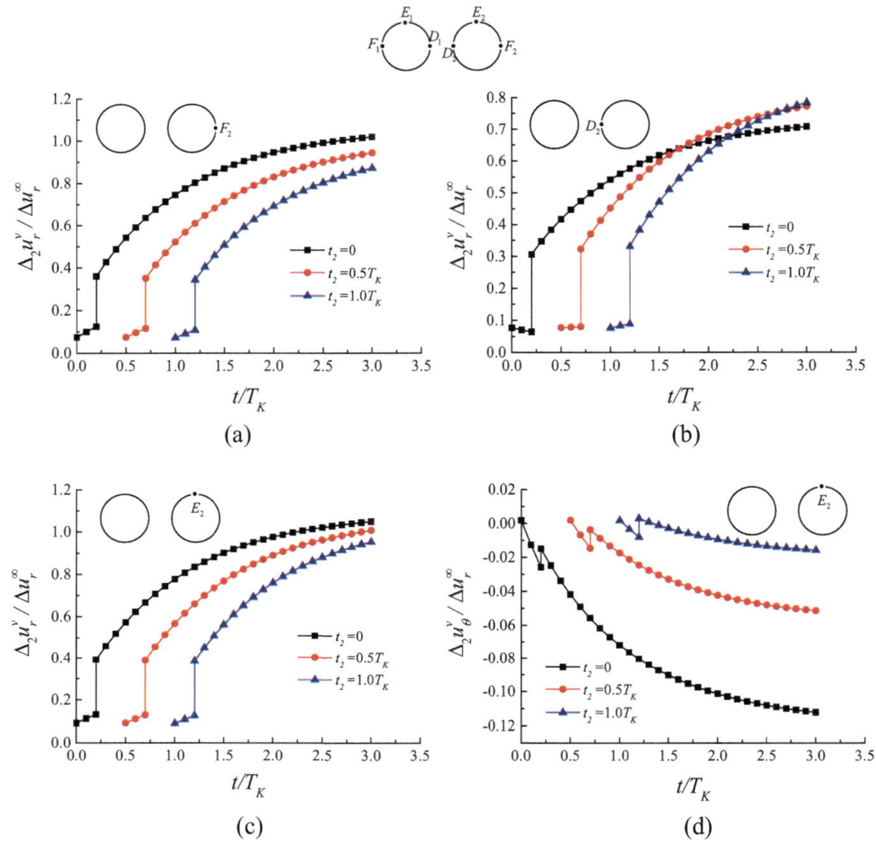

Fig. 7.34 Normalized displacements versus time at points along the final boundary of Tunnel 2 for various excavation times of Tunnel 2 (generalized Kelvin model with $G_K / G_M = 0.5$); **a** normal displacement at a point F_2 ($\theta_2 = 0°$); **b** normal displacement at a point D_2 ($\theta_2 = 180°$); **c** and **d** normal and tangential displacements at a point E_2 ($\theta_2 = 90°$), respectively

The distributions of the displacements along the boundary of Tunnel 2 are plotted in Fig. 7.36. From the figure the following emerges: first, little variation of the radial displacement with the radial direction, θ_2, is exhibited; second, the radial displacement is almost the same as the one of single hole problem. For example, displacement in Fig. 7.36c for the case with $R_2^{fin} = R_1^{fin}$ is approximately equal to Δu_r^∞ which is the long-term radial displacement experienced by a single circular tunnel ($R = R_1^{fin}$); third, looking at circumferential displacements along θ_2 two peaks are visible. However, compared with radial displacement, circumferential displacements are quite small. These three characteristics show that the field of displacements originated by the construction of Tunnel 2 is very similar to the case of a single tunnel, i.e. the convergence experienced by Tunnel 2 is affected only marginally by the presence of Tunnel 2.

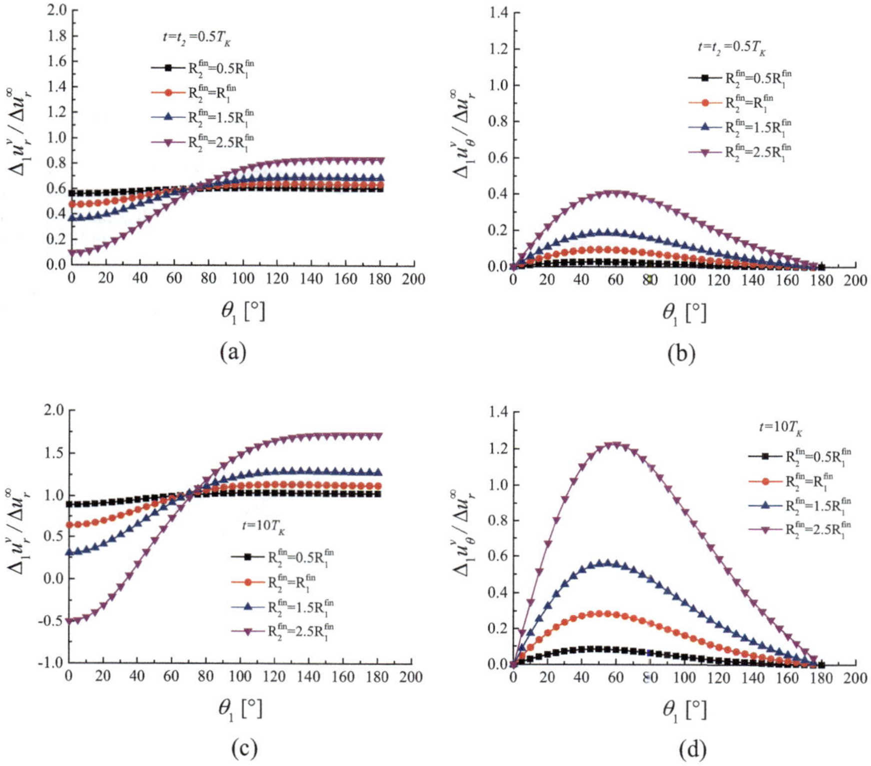

Fig. 7.35 Distribution of normalized displacements along the boundary of Tunnel 1 as a function of the angle θ_1 for various sizes of Tunnel 2 at two different times: **a** and **b** distributions of normal and tangential displacement respectively at time $t = 0.5\ T_K$; **c** and **d** distributions of normal and tangential displacements respectively at time $t = 10\ T_K$

The distribution of tangential stresses along the boundary of Tunnels 1 and 2 are plotted in Fig. 7.37a and b (the radial stress is zero). The maximum tangential stress around Tunnel 1 appears at point $\theta_1 = 0°$, and the minimum one at an angle approximately equal to 70°. The tangential stress of Tunnel 1 changes significantly with angle θ_1 when the radius of Tunnel 2 is large. The larger the Tunnel 2 is, the larger the maximum tangential stress of Tunnel 1 turns out to be and the smaller the minimum tangential stress is. The stress concentration factor is about 3.14 and 2.45 for Tunnel 1 and 2, respectively, when the radius of Tunnel 2 equals to 2.5 times that of Tunnel 1, while the concentration factor is 2 for single tunnel problem. Fig. 7.37b emerges that the maximum tangential stress around Tunnel 2 appears at $\theta_2 = 180°$. The bigger the Tunnel 2, the larger the minimum tangential stress is. However, the maximum tangential stress of Tunnel 2 is almost insensitive to the size of Tunnel 2. The obtained field of tangential stresses for twin-tunnel problem is greatly different from that of the single tunnel problem.

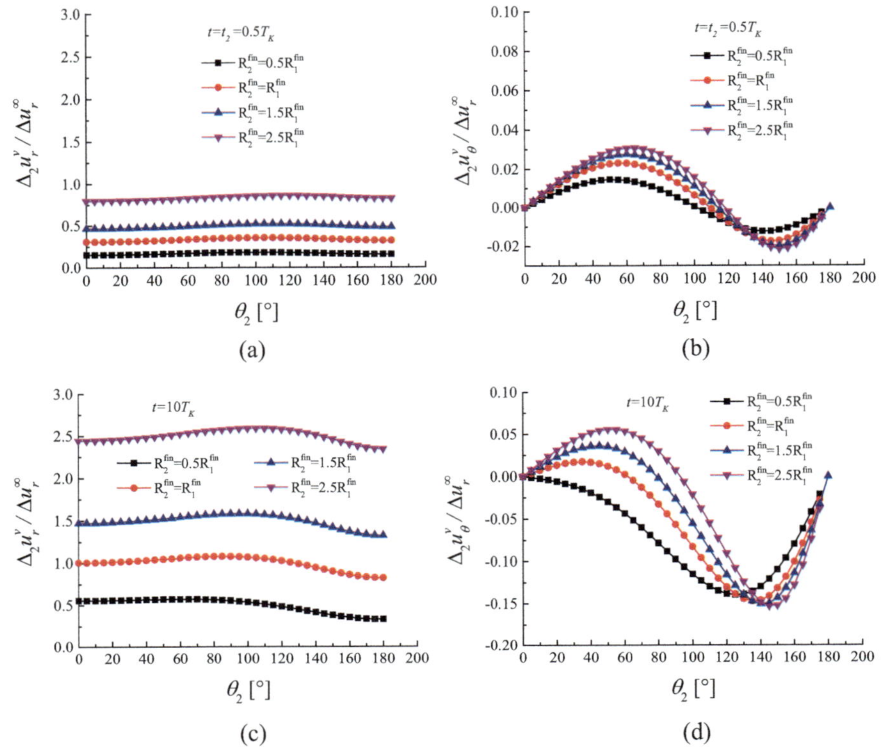

Fig. 7.36 Distribution of normalized displacements along the final boundary of Tunnel 2 as a function of the angle θ_2 for various sizes of Tunnel 2 at two different times: **a** and **b** distributions of normal and tangential displacements respectively at time $t = 0.5\ T_K$; **c** and **d** distributions of normal and tangential displacements respectively at time $t = 10\ T_K$

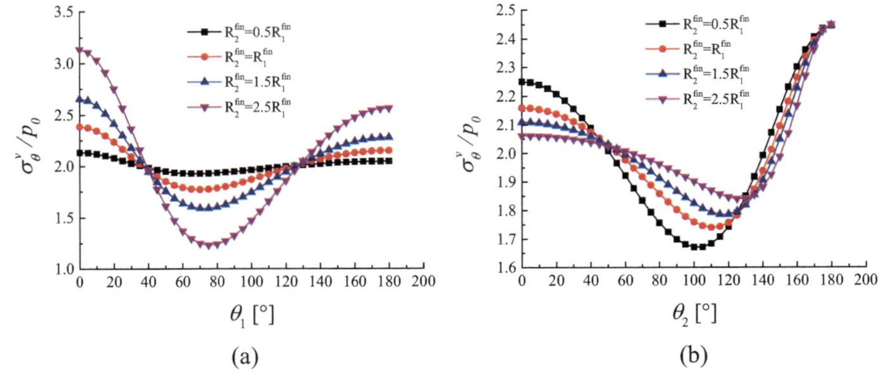

Fig. 7.37 Distribution of normalized tangential stresses along the final boundary of two tunnels as a function of the angle θ_1 and θ_2 for various sizes of Tunnel 2: **a** distribution of tangential stresses along the final boundary of Tunnel 1; **b** distribution of tangential stresses along the final boundary of Tunnel 2

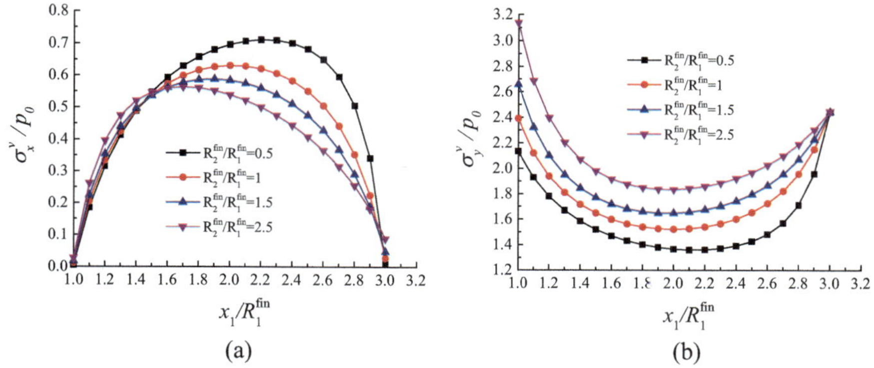

Fig. 7.38 Distributions of the horizontal and vertical normal stresses in the pillar normalized by the hydrostatic stress at infinity versus x_1, the horizontal distance from the centre of Tunnel 1, calculated for various relative sizes of the two tunnel radii: **a** distribution of the horizontal normal stresses; **b** distribution of the vertical normal stresses

In Fig. 7.38 the distributions of vertical and horizontal normal stresses along the horizontal distance between the two tunnels (D_1-D_2) are plotted for various ratios of the tunnel radii. With regard to the distribution of horizontal normal stresses, from Fig. 7.38a emerges that σ_x^v (minor principle stress), increases along the horizontal direction from zero to a peak value taking place not in the middle of the pillar but at a point which is closer to the smaller tunnel. With regard to the distribution of vertical normal stresses, in Fig. 7.38b we observe that σ_x^v (major principle stress), takes different values at the boundary of Tunnel 1 (point D_1) depending on the relative size of the two tunnels. Moving along the horizontal direction, σ_y^v decreases from the value taken at the boundary of tunnel 1 until a minimum and then increases until a maximum value is reached at the boundary of tunnel 2. This maximum value is independent of the relative size of the two tunnels. When the radii of the two tunnels are equal ($R_2^{fin} = R_1^{fin}$), obviously the stresses show symmetrical distributions.

References

1. Zhang, L.Q., Z.Q. Yue, C.F. Lee, L.G. Tham, and Z.F. Yang. 2003. Stress solution of multiple elliptic hole problem in plane elasticity. *ASCE Journal of Engineering Mechanics* 129 (12): 1394–1407.
2. Zhang, L.Q., A.Z. Lu, Z.Q. Yue, and Z.F. Yang. 2009. An efficient and accurate iterative stress solution for an infinite elastic plate around two elliptic holes, subjected to uniform loads on the hole boundaries and at infinity. *European Journal of Mechanics—A/Solids* 28 (1): 189–193.
3. Howland, R.C.J., and R.C. Knight. 1939. Stress functions for a plate containing groups of circular holes. *Philosophical Transactions of the Royal Society of London. Series A, Mathematical and Physical Sciences* 238 (793): 357–392.

4. Green, A.G. 1940. General bi-harmonic analysis for a plate containing circular holes. *Proceedings of the Royal Society of London. Series A. Mathematical and Physical Sciences* 176: 121–139.
5. Ling, C.B. 1948. On the stresses in a plate containing two circular holes. *Journal of Applied Physics* 19: 77–82.
6. Goree, J.G., and H.B. Wilson. 1967. Transverse shear loading in an elastic matrix containing two circular cylindrical inclusions. *ASME Journal of Applied Mechanics* 34: 511-513.
7. Salerno, V.L., and J.B. Mahoney. 1968. Stress solution for an infinite plate containing two arbitrary circular holes under equal biaxial stress. *Journal of Engineering for Industry, Transactions of the ASME* 35: 656–665.
8. Kim, T.J., and V.G. Ukadgaonker. 1971. Plane Strain Analysis of Two Rigid Circular Inclusions. *AIAA Journal* 9: 2294–2296.
9. Yu, I.W., and G.P. Sendeckyj. 1974. Multiple circular inclusion problems in plane elastistatics. Journal of Applied Mechanics, *Transactions of ASME* 41 (3): 215–220.
10. Pan, J.Z. 1979. Principle analysis of adjacent hydraulic tunnels. *Underground Engineering* 1: 2–12.
11. Ukadgaonker, V.G. 1982. Stress analysis of a plate containing two circular holes having tangential stresses. *Journal of AIAA*, 125–128.
12. Liu, X.Y., and X.Y. Hou. 1985. Stress analysis of parallel circular tunnels. *Journal of Tongji University* 3: 15–26.
13. Kienzier, R., and Z.P. Duan. 1987. On the distribution of hoop stresses around circular holes in elastic sheets. *ASME Journal of Applied Mechanics* 54 (1): 110–114.
14. Zimmerman, R.W. 1988. Stress concentration around a pair of circular holes in a hydrostatically stresses elastic sheet. *ASME Journal of Applied Mechanics* 55: P487-488.
15. Zimmerman, R.W. 1988. Second-order approximation for the compression of an elastic plate containing a pair of circular holes. *Journal of Applied Mathematics and Mechanics* 68 (11): 575-577.
16. Zimmerman, R.W. 1988. Stress singularity around two nearby holes. *Mechanics Research Communication* 15 (2): 87-90.
17. Ukadgaonker, V.G., and A.P. Naik. 1991. Interaction effect of two arbitrarily oriented cracks-part I. *International Journal of Fracture* 51 (4): P219-230.
18. Zhang, L.Q., and A.Z. Lu. 1998. Study of alternation method for stress analysis on surrounding rocks of two circular holes. *Chinese Journal of Rock Mechanics and Engineering* 17 (5): 534–543.
19. Hasebe, N., K. Yoshikawa, M. Ueda, and T. Nakamura. 1994. Plane elastic solution for the second mixed boundary value problem and its application. *Archive of Applied Mechanics* 64 (5): 295–306.
20. Mikhlin, S.G. 1934. *Method of Successive Approximations in Solutions to Biharmonic Equations*, 39. Trudy: Seisomological Institute, USSR.
21. Soboleff, S. 1936. *Schwarz Algorithm in the Theory of Elasticity*. Reports from Academy of Science, USSR, IV.
22. Zhang, L.Q., Z.F. Yang, and A.Z. Lu. 2001. Analytics study on the problem of two problems having arbitrary shapes and arrangements in plane elastostatics. *Science in China (Series D)* 44 (2): 146–158.
23. Zhang, L.Q., and A.Z. Lu. 2001. An analytic algorithm of stresses for any double hole problem in plane elastostatics. *Journal of Applied Mechanics, Transactions of ASME* 68 (2): 350–353.
24. Carranza-Torres, C., B. Rysdahl, and M. Kasim. 2013. On the elastic analysis of a circular lined tunnel considering the delayed installation of the support. *International Journal of Rock Mechanics and Mining Sciences* 61: 57–85.
25. Unlu, T., and H. Gercek. 2003. Effect of poisson's ratio on the normalized radial displacements occurring around the face of a circular tunnel. *Tunnelling and Underground Space Technology* 18 (5): 547–553.
26. Vlachopoulos, N., and M.S. Diederichs. 2009. Improved longitudinal displacement profiles for convergence confinement analysis of deep tunnels. *Rock Mechanics and Rock Engineering* 42 (2): 131–146.

27. Panet, M. 1995. *Calcul des Tunnels par la Méthode de Convergence-Confinement*. Paris: Press de 1′ école Nationale des Ponts et Chaussée.
28. Muskhelishvili, N.I. 1953. *Some Basic Problems of Mathematical Theory of Elasticity*. Holland: P. Noordhoff, Groningen.
29. Feng, X.T., B.R. Chen, C.X. Yang, H. Zhou, and X.L. Ding. 2006. Identification of visco-elastic models for rocks using genetic programming coupled with the modified particle swarm optimization algorithm. *International Journal of Rock Mechanics and Mining Sciences* 43 (5): 789–801.
30. Yang, Z.F., Z.Y. Wang, L.Q. Zhang, R.G. Zhou, and N.X. Xing. 2001. Back-analysis of viscoelastic displacements in a soft rock road tunnel. *International Journal of Rock Mechanics and Mining Sciences* 28 (3): 331–341.

Chapter 8
New Method for the Mechanical Analysis of Deep Twin Tunnels

The stress calculation problem of two or more parallel tunnels can be solved using the Schwartz alternating method [1–6], which is applicable to multiple connected domain problems by treating them as a series of simply connected domain problems. This method requires repeated iterations, and the stress boundary conditions are increasingly satisfied as the number of iterations increases. The Schwartz alternating method can only carry out a limited number of iterations initially, and a small number of iterations results in low solution accuracy. The author proposed some ingenious techniques to address this issue, which provide important guarantees for the smooth iterative of the Schwartz alternating method.

However, the author has been thinking about whether it is possible to solve the problem of twin holes more accurately without the Schwartz alternating method? At that time, the problems that were solved without the Schwartz alternating method were some circular hole problems basically. Inspired by Haddon [7], which he used a ready-to-use mapping function to map two circular holes in an infinite plane onto a ring in the image plane for the solution, the author thinks about whether such mapping functions for other hole shapes could be found? The author has been troubled by this problem and started trying some simple hole shapes. In 2017, the author found a mapping function that can map a circular hole and an elliptical hole in an infinite plane to an annulus [8]; in 2018, the author again found the mapping function for two elliptical holes and successfully solved the stress problem for such holes [9]; in 2019 and 2022, the author and his students successively found the general expressions of the mapping functions for complicated hole shapes and the corresponding solving method [10, 11].

This chapter discusses the double hole problem in an infinite plane, which is simplified to a plane strain problem as the depth of two parallel tunnels is large.

A. Lu et al., *Complex Variable Function Solutions in the Mechanical Analysis of Tunnels*, https://doi.org/10.1007/978-981-97-1691-3_8

8.1 Solution for Simple Double-Hole Problems in Plane Elasticity

8.1.1 Determination of the Mapping Function

8.1.1.1 An Elliptical Hole and a Circular Hole in Infinite Plane [8]

The first mapping function maps the z plane with an elliptical hole and a circular hole (Fig. 8.1a) into the ζ_1 plane with two circular holes (Fig. 8.1b); the second mapping function maps the ζ_1 plane with two circular holes into an annulus in the ζ plane. The main discussion is on the first mapping function, as there is already an established formula for the second mapping. Assuming that Hole 1 (L_1) is an elliptical hole, the mapping function that maps it into a unit circle in ζ_1 plane is

$$z_1 = z = R\left(\zeta_1 + \frac{m}{\zeta_1}\right) \tag{8.1}$$

where $R = (a+b)/2$ and $m = (a-b)/(a+b)$.

Assuming that Hole 2 (L_2) can also be mapped into a unit circle in ζ_1 plane by Eq. (8.1), the author proved that the mapped Hole 2 does indeed approximate to a circular hole when the distance between Hole 1 and Hole 2 is not very close [8], the

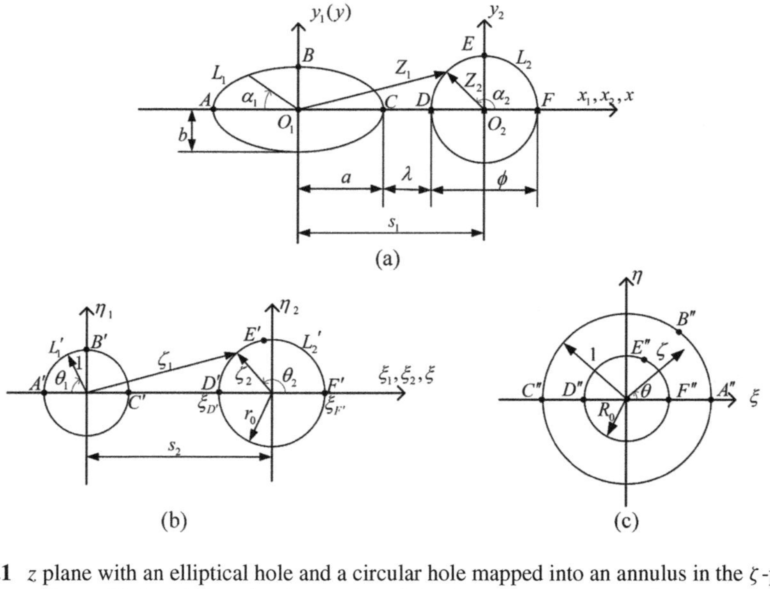

Fig. 8.1 z plane with an elliptical hole and a circular hole mapped into an annulus in the ζ-plane: **a** z plane with an elliptical hole and a circular hole; **b** ζ_1 plane with two circular holes; **c** an annulus in the ζ plane

stress of the structure can fully meet the requirements for engineering calculated as if it were a circular hole.

Figure 8.2 presents the comparison between Hole 2 depicted by Eq. (8.1) and a circular hole for different s_2 when $a/b = 2$ or $a/b = 1/2$ and $r_0 = 2$, while Fig. 8.3 shows the comparison when $a/b = 2$ or $a/b = 1/2$ and $r_0 = 0.5$.

ζ_1 plane with two circular holes in Fig. 8.1b can be conformally mapped into an annulus in the ζ plane (Fig. 8.1c), which the mapping function is [12]:

$$\zeta_1 = \frac{\zeta - d}{d\zeta - 1} \tag{8.2}$$

where $d = \frac{1+\xi_{F'}\xi_{D'}+\sqrt{(\xi_{F'}^2-1)(\xi_{D'}^2-1)}}{\xi_{F'}+\xi_{D'}}$, $R_0 = \frac{\xi_{F'}\xi_{D'}-1-\sqrt{(\xi_{F'}^2-1)(\xi_{D'}^2-1))}}{\xi_{F'}-\xi_{D'}}$, and $\xi_{F'} = s_2+r_0$, $\xi_{D'} = s_2 - r_0$, $\xi_{D'} < d < \xi_{F'}$, $0 < R_0 < 1$.

Substituting Eq. (8.2) into Eq. (8.1) obtains mapping function:

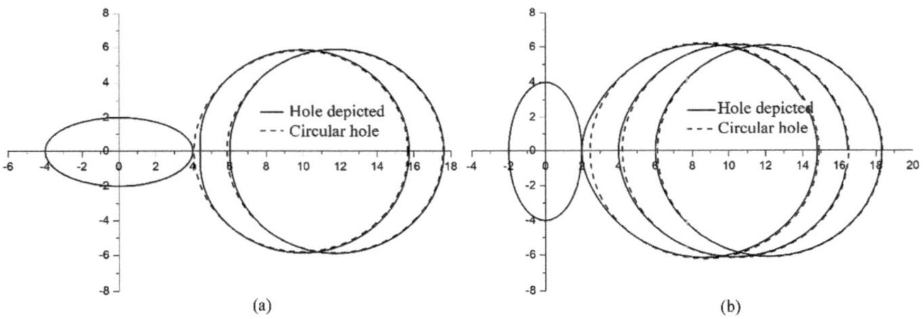

Fig. 8.2 The comparison between hole 2 depicted by mapping function and a circular hole for different s_2 and $r_0 = 2$: **a** $a/b = 2$; **b** $a/b = 1/2$

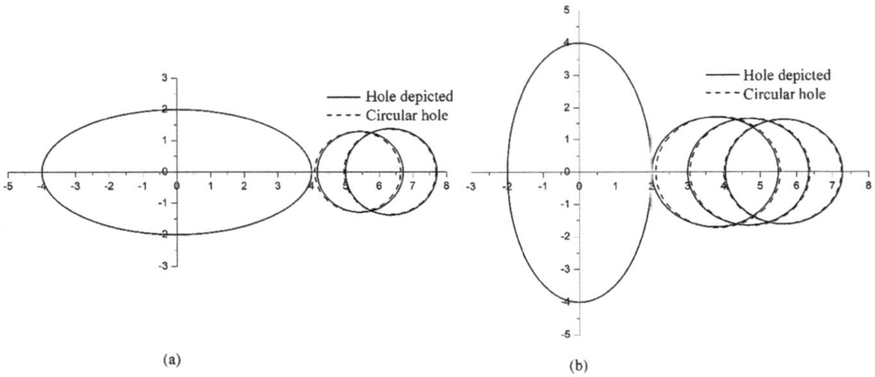

Fig. 8.3 The comparison between hole 2 depicted by mapping function and a circular hole for different s_2 and $r_0 = 0.5$: **a** $a/b = 2$; **b** $a/b = 1/2$

$$z = \omega(\zeta) = R\left[\frac{\zeta - d}{d\zeta - 1} + \frac{m}{\frac{\zeta - d}{d\zeta - 1}}\right] = R\left[\frac{\zeta - d}{d\zeta - 1} + \frac{m(d\zeta - 1)}{\zeta - d}\right] \tag{8.3}$$

where $\zeta = \rho e^{i\theta} = \rho\sigma$ and $\sigma = e^{i\theta}$, $\rho = 1$ corresponds to Hole 1 boundary, $\rho = R_0$ corresponds to Hole 2 boundary.

8.1.1.2 Two Elliptical Holes in Infinite Plane [9]

Using the same method as in Sect. 8.1.1.1, maps z plane with two elliptical holes (Fig. 8.4) into the annulus in ζ plane with inner radius equal to R_0 and outer radius equal to 1, and the determination method of the corresponding mapping function has been found [9], which the mapping function has the following form:

$$z = \omega(\zeta) = (R_1 + R_2)\frac{\zeta - d}{d\zeta - 1} + \frac{m_1(d\zeta - 1)}{\zeta - d} + \frac{m_2(d\zeta - 1)}{(1 - ds_3)\zeta + s_3 - d} - R_2 s_3 \tag{8.4}$$

Because only the overall dimensions (heights and widths) of the two holes are used to decide the mapping function, the two holes depicted by Eq. (8.4) are not ideal elliptical holes, but the deviation from elliptical holes is small. Fig. 8.5 shows the difference between depicted holes and elliptical holes for the distances of the inner sides of the two holes are respectively 0.1, 0.2, 0.4, and 1 when the width and height of Hole 1 are $a_1 = 1$, $b_1 = 2$, respectively, and the width and height of Hole 2 are $a_2 = 2$, $b_2 = 1$, respectively. Here the distance between the holes is denoted as $s = s_1 + s_2$.

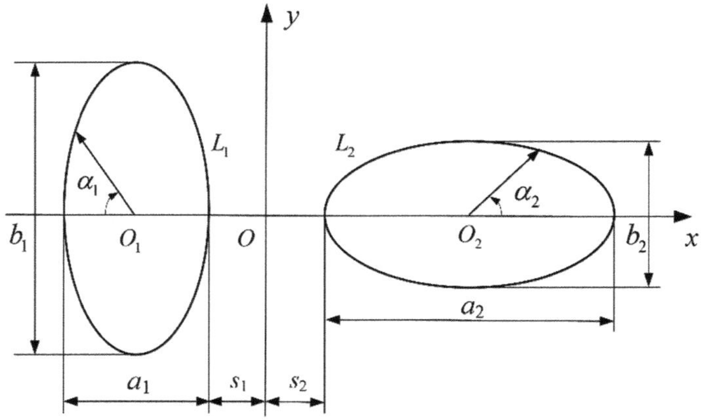

Fig. 8.4 z plane with two elliptical holes

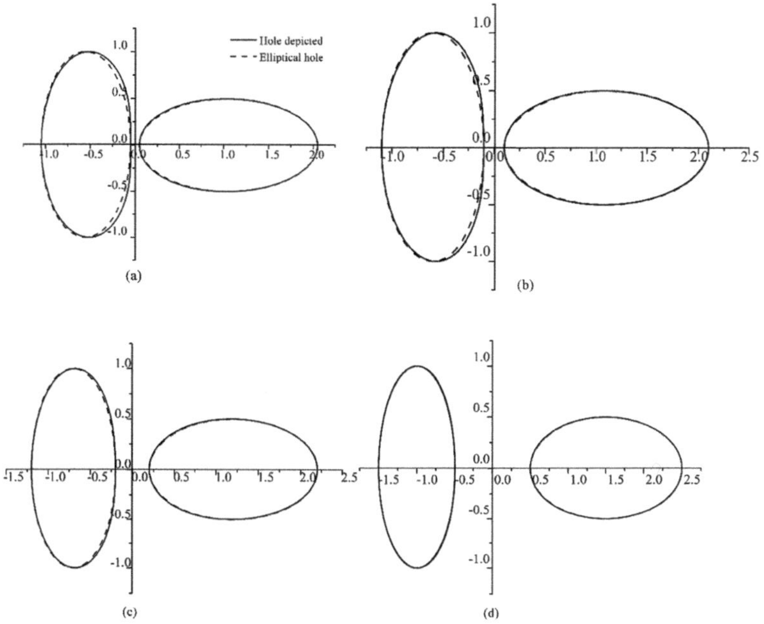

Fig. 8.5 Contrast between mapped holes and elliptical holes for different distances: **a** $s = 0.1$; **b** $s = 0.2$; **c** $s = 0.4$; **d** $s = 1.0$

As can be seen from Fig. 8.5, the mapped hole differs from an elliptical hole when the two holes are very close, but the difference is small. The farther apart the two holes are, the closer the mapping becomes to an ideal elliptical hole.

8.1.2 Stress Boundary Conditions Expressed by Analytic Functions

This section discusses the problem of two elliptical holes in an infinite domain (as shown in Fig. 8.6). The height and width of Hole 1 are denoted as a_1, b_1, and a_2, b_2 for Hole 2. σ_x^∞, σ_y^∞ and τ_{xy}^∞ are the applied horizontal stress, vertical stress, and shear stress at infinity, respectively. The uniform tractions inside the holes are denoted as p_1 and p_2.

From Eqs. (2.16) and (2.17) in Chap. 2, if uniform stresses are applied at infinity and surface tractions acting on the hole edges are in equilibrium, the two analytic functions $\varphi_1(z)$ and $\psi_1(z)$ should have the following form:

$$\varphi_1(z) = (B + iC)z + \varphi_0(z) \tag{8.5}$$

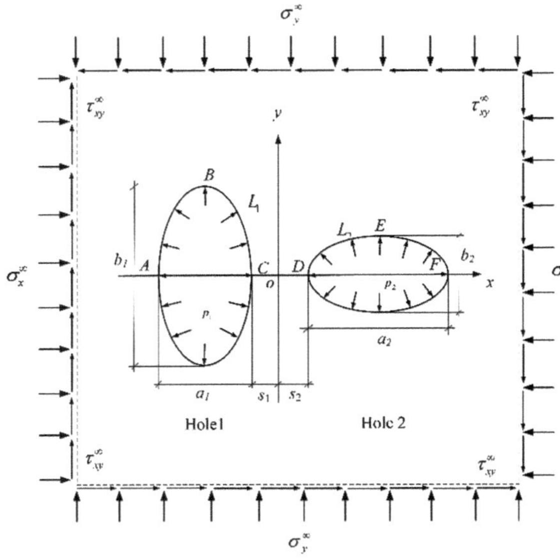

Fig. 8.6 Two oval holes in an infinite plane with uniform stresses on the hole boundary and at infinity

$$\psi_1(z) = (B' + iC')z + \psi_0(z) \tag{8.6}$$

where the meaning of B, C, B', and C' seen Eq. (2.18).

The stress boundary conditions for holes 1 and 2 can be expressed using Eq. (2.13) from Chap. 2:

$$\varphi_1(z) + z\overline{\varphi_1'(z)} + \overline{\psi_1'(z)} = i\int_{L_1} (\overline{X}_{n1} + i\overline{Y}_{n1})ds, z \in L_1 \tag{8.7}$$

$$\varphi_1(z) + z\overline{\varphi_1'(z)} + \overline{\psi_1'(z)} = i\int_{L_2} (\overline{X}_{n2} + i\overline{Y}_{n2})ds + c_A, z \in L_2, \tag{8.8}$$

Without loss of generality, we can set the unknown complex constant in the stress boundary condition for Hole 1 to be 0, and the unknown complex constant c_A in the stress boundary condition for Hole 2 should be retained.

When the boundaries of Hole 1 and 2 are subjected to uniform normal press p_1 and p_2, it can be found from Eq. (5.34) in Chap. 5 that the integrals on the right side of Eqs. (8.7) and (8.8) are p_1z and p_2z, one obtains

$$\varphi_1(z) + z\overline{\varphi_1'(z)} + \overline{\psi_1'(z)} = p_1 z, z \in L_1 \tag{8.9}$$

$$\varphi_1(z) + z\overline{\varphi_1'(z)} + \overline{\psi_1'(z)} = p_2 z + c_A\, z \in L_2 \tag{8.10}$$

Equations (8.5) and (8.6) can be written as two analytic functions with ζ as the complex variable:

$$\varphi_1(z) = (B + C)\omega(\zeta) + \varphi_0(\zeta) \tag{8.11}$$

$$\psi_1(z) = \left(B' + iC'\right)\omega(\zeta) + \psi_0(\zeta) \tag{8.12}$$

where $\varphi_0(\zeta)$ and $\psi_0(\zeta)$ is single-valued analytic functions in the discussed annular region, which can be expressed by Laurent series

$$\varphi_0(\zeta) = \sum_{k=0}^{\infty} a_k\zeta^k + \sum_{k=1}^{\infty} b_k\zeta^{-k} \tag{8.13}$$

$$\psi_0(\zeta) = \sum_{k=0}^{\infty} c_k\zeta^k + \sum_{k=1}^{\infty} d_k\zeta^{-k} \tag{8.14}$$

where a_k, b_k, c_k, d_k are unknown complex numbers.

Since $\zeta = \sigma = e^{i\theta}$ on Hole 1 boundary and $\zeta = R_0\sigma = R_0e^{i\vartheta}$ on Hole 2 boundary, substituting Eqs. (8.11) and (8.12) into Eqs. (8.9) and (8.10) obtains

$$(2B - p_1)\omega(\sigma) + \left(B' - iC'\right)\overline{\omega(\sigma)} + \varphi_0(\sigma) + \frac{\omega(\sigma)}{\overline{\omega'(\sigma)}}\overline{\varphi_0'(\sigma)} - \overline{\psi_0'(\sigma)} = 0 \tag{8.15}$$

$$\begin{aligned}(2B - p_2)\omega(R_0\sigma) &+ \left(B' - iC'\right)\overline{\omega(R_0\sigma)} + \varphi_0(R_0\sigma) \\ &+ \frac{\omega(R_0\sigma)}{\overline{\omega'(R_0\sigma)}}\overline{\varphi_0'(R_0\sigma)} + \overline{\psi_0'(R_0\sigma)} = C_A\end{aligned} \tag{8.16}$$

8.1.3 *Linear Equation System About Coefficients in Analytic Functions*

The Eqs. (8.15) and (8.16) must be expressed in the form of power series without fractions to form equations about unknown coefficients of $\varphi_0(\zeta)$ and $\psi_0(\zeta)$.

From Eq. (8.4), $\omega(\sigma)$ and $\omega(R_0\sigma)$ in Eqs. (8.15) and (8.16) can be written as

$$\omega(\sigma) = h_0 + \sum_{k=1}^{\infty}\left(h_k\sigma^k + h_{-k}\sigma^{-k}\right)$$

$$\omega(R_0\sigma) = g_0 + \sum_{k=1}^{\infty}\left(g_k\sigma^k + g_{-k}\sigma^{-k}\right)$$

where

$$h_0 = \frac{R_1 + R_2}{d} + \frac{m_1}{d} - \frac{m_2 d}{dS_3 - 1} - R_2 s_3,\ h_k = \frac{m_1}{d^{k+1}} - \frac{m_1}{d^{k-1}}$$

$$h_{-k} = \frac{R_1 + R_2}{d^{k+1}} - \frac{R_1 + R_2}{d^{k-1}} - \frac{m_2 d (s_3 - d)^k}{(ds_3 - 1)^{k+1}} + \frac{m_2 (s_3 - d)^{k-1}}{(ds_3 - 1)^k}$$

$$g_0 = (R_1 + R_2)d + \frac{m_1}{d} - \frac{m_2 d}{ds_3 - 1} - R_2 s_3$$

$$g_k = (R_1 + R_2)d^{k+1} R_0^k - (R_1 + R_2)d^{k-1} R_0^k + m_1 \frac{R_0^k}{d^{k+1}} - m_1 \frac{R_0^k}{d^{k-1}}$$

$$g_{-k} = m_2 \frac{(s_3 - d)^{k-1}}{(ds_3 - 1)^k R_0^k} - m_2 d \frac{(s_3 - d)^k}{(ds_3 - 1)^{k+1} R_0^k}$$

$\frac{\omega(\sigma)}{\omega'(\sigma)}$ and $\frac{\omega(R_0\sigma)}{\omega'(R_0\sigma)}$ can be directly derived from Eq. (8.4):

$$\frac{\omega(\sigma)}{\overline{\omega'(\sigma)}} = \frac{\sum_{k=0}^{9} e'_k \sigma^k}{\sum_{k=2}^{9} f'_k \sigma^k}$$

$$\frac{\omega(R_0\sigma)}{\overline{\omega'(R_0\sigma)}} = \frac{\sum_{k=0}^{9} e_k \sigma^k}{\sum_{k=2}^{9} f_k \sigma^k}$$

where $e_0 \sim e_9, f_2 \sim f_9, e'_0 \sim e'_9, f'_2 \sim f'_9$ are determined by R_1, R_2, m_1, m_2, s_3, d, and R_0.

Making a slight change to Eq. (8.15), one obtains:

$$\varphi_0(\sigma) + \frac{\omega(\sigma)}{\overline{\omega'(\sigma)}} \overline{\varphi'_0(\sigma)} + \overline{\psi'_0(\sigma)} = -(2B - p_1)\omega(\sigma) - \left(B' - iC'\right)\overline{\omega(\sigma)} \tag{8.17}$$

The right side of Eq. (8.17) is known and its left side includes unknown complex constants a_k, b_k, c_k, d_k.

Substituting $\omega(\sigma)$ and $\frac{\omega(\sigma)}{\omega'(\sigma)}$ derived above into Eq. (8.17), and both sides multiplied by $\sum_{k=2}^{9} f'_k \sigma^k$, the left side of the equation becomes

$$\left(\sum_{k=0}^{\infty} a_k \sigma^k + \sum_{k=1}^{\infty} b_k \sigma^{-k} + \sum_{k=0}^{\infty} \overline{c}_k \sigma^{-k} + \sum_{k=1}^{\infty} \overline{d}_k \sigma^k\right) \sum_{k=2}^{9} f'_k \sigma^k$$
$$+ \left(\sum_{k=1}^{\infty} k\overline{a}_k \sigma^{-k+1} - \sum_{k=1}^{\infty} k\overline{b}_k \sigma^{k+1}\right) \sum_{k=0}^{9} e'_k \sigma^k$$

the right side of the equation becomes

$$-\left[(2B-p_1)\omega(\sigma)+\left(B'-iC'\right)\overline{\omega(\sigma)}\right]\times\sum_{k=2}^{9}f_k'\sigma^k=\sum_{k=0}^{\infty}A_k\sigma^k+\sum_{k=1}^{\infty}A_{-k}\sigma^{-k}$$

where

$$A_k=-(2B-p_1)\sum_{j=2}^{9}h_{-j+k}f_j'-\left(B'-iC'\right)\sum_{j=2}^{9}h_{j-k}f_j'$$

$$A_{-k}=-(2B-p_1)\sum_{j=2}^{9}h_{-j-k}f_j-\left(B'-iC'\right)\sum_{j=2}^{9}h_{j+k}f_j$$

Making a slight change to Eq. (8.16), one obtains:

$$\begin{aligned}\varphi_0(R_0\sigma)+\frac{\omega(R_0\sigma)}{\omega'(R_0\sigma)}\overline{\varphi_0'(R_0\sigma)}+\overline{\psi_0'(R_0\sigma)}-C_A&=-(2B-p_2)\omega(R_0\sigma)\\&-\left(B'-iC'\right)\overline{\omega(R_0\sigma)}\end{aligned}\tag{8.18}$$

The right side of Eq. (8.18) is known and its left side includes unknown complex constants a_k, b_k, c_k, and d_k.

Substituting $\omega(R_0\sigma)$ and $\frac{\omega(R_0\sigma)}{\omega'(R_0\sigma)}$ derived above into Eq. (8.18), and both sides multiplied by $\sum_{k=2}^{9}f_k\sigma^k$, the left side of the equation becomes

$$\begin{aligned}&\left(\sum_{k=0}^{\infty}a_kR_0^k\sigma^k+\sum_{k=1}^{\infty}b_kR_0^{-k}\sigma^{-k}+\sum_{k=0}^{\infty}\bar{c}_kR_0^k\sigma^{-k}+\sum_{k=1}^{\infty}\bar{d}_kR_0^{-k}\sigma^k-c_A\right)\sum_{k=2}^{9}f_k\sigma^k\\&+\left(\sum_{k=1}^{\infty}k\bar{a}_kR_0^{k-1}\sigma^{-k+1}-\sum_{k=1}^{\infty}k\bar{b}_kR_0^{-k-1}\sigma^{k+1}\right)\sum_{k=0}^{9}e_k\sigma^k\end{aligned}$$

the right side of the equation becomes

$$-\left[(2B-p_2)\omega(R_0\sigma)+\left(B'-iC'\right)\overline{\omega(R_0\sigma)}\right]\times\sum_{k=2}^{9}f_k\sigma^k=\sum_{k=0}^{\infty}B_k\sigma^k+\sum_{k=1}^{\infty}B_{-k}\sigma^{-k}$$

where

$$B_k=-(2B-p_2)\sum_{j=2}^{9}g_{-j+k}f_j-\left(B'-iC'\right)\sum_{j=2}^{9}g_{j-k}f_j$$

$$B_{-k}=-(2B-P_2)\sum_{j=2}^{9}g_{-j-k}f_j-\left(B'-iC'\right)\sum_{j=2}^{9}g_{j+k}f_j$$

One can obtain linear equation system regarding a_k, b_k, c_k, d_k, and c_A by comparing the coefficients of same powers of σ on the two sides of Eqs. (8.17) and (8.18)

An infinite number of linear equations can be obtained by comparing the coefficients of same powers of σ, but only a finite number of equations can be retained during the solving process. The numbers of a_k, b_k, c_k, and d_k in $\varphi_0(z)$ and $\psi_0(z)$ are retained as N_1, N_2, N_3, and N_4, respectively. It can be seen from the latter result that different values of N_1, N_2, N_3, and N_4 are needed for different distances between the two holes to meet calculation accuracy.

The highest positive power and highest negative power are taken as σ^{N_4+6} and σ^{-N_3+6} respectively in Eq. (8.17), and they are taken as σ^{N_1+6} and σ^{-N_2+6} respectively in Eq. (8.18). Then one obtains $N_1+N_2+N_3+N_4+2$ equations related to $a_0+\overline{c}_0-c_A$, $a_0+\overline{c}_0$, $a_1 \sim a_{N_1}$, $b_1 \sim b_{N_2}$, $c_1 \sim c_{N_3}$, and $d_1 \sim d_{N_4}$, which the equations can be solved since the number of unknowns and the number of equations are equal.

Divide the unknowns into the real and imaginary parts to solve them separately

$$\boldsymbol{G}\boldsymbol{X}_{\boldsymbol{R}} = \boldsymbol{H} \tag{8.19}$$

$$\boldsymbol{P}\boldsymbol{X}_{\boldsymbol{I}} = \boldsymbol{Q} \tag{8.20}$$

$$\boldsymbol{X}_{\boldsymbol{R}} = \begin{bmatrix} \mathrm{Re}(a_0+\overline{c}_0-c_A), \mathrm{Re}(a_0+\overline{c}_0), \mathrm{Re}(a_1) \sim \mathrm{Re}(a_{N_1}), \mathrm{Re}(b_1) \sim \mathrm{Re}(b_{N_2}), \\ \mathrm{Re}(c_1) \sim \mathrm{Re}(c_{N_3}), \mathrm{Re}(d_1) \sim \mathrm{Re}(d_{N_4}) \end{bmatrix}^T$$

$$\boldsymbol{X}_{\boldsymbol{I}} = \begin{bmatrix} \mathrm{Im}(a_0+\overline{c}_0-c_A), \mathrm{Im}(a_0+\overline{c}_0), \mathrm{Im}(a_1) \sim \mathrm{Im}(a_{N_1}), \mathrm{Im}(b_1) \sim \mathrm{Im}(b_{N_2}), \\ \mathrm{Im}(c_1) \sim \mathrm{Im}(c_{N_3}), \mathrm{Im}(d_1) \sim \mathrm{Im}(d_{N_4}) \end{bmatrix}^T$$

The two analytic functions are formed by $\boldsymbol{X}_{\boldsymbol{R}}$ and $\boldsymbol{X}_{\boldsymbol{I}}$ which can be used to calculate the stresses and displacements.

8.1.4 Discussion on Accuracy

Theoretically, the two stress boundary conditions can be accurately satisfied when the number of the series $\varphi_0(\zeta)$ and $\psi_0(\zeta)$ is infinite. However, it can be found from the examples that $\varphi_0(\zeta)$ and $\psi_0(\zeta)$ are convergent series and the convergence rates of them are very fast, so a few terms are enough to attain an accurate result.

Using the obtained analytic functions, if the normal stress at the hole edge is basically equal to the internal pressure, and the shear stress is basically equal to zero, it suggests that the stress boundary conditions are essentially satisfied.

This section lets $N_1 = N_2 = N_3 = N_4 = N$ and investigates the value of the number N when meeting the stress boundary conditions, which the criterion is

Table 8.1 Values of N needed for distances s and lateral pressure coefficients λ

	$\lambda = 0$	$\lambda = 0.5$	$\lambda = 1$	$\lambda = 2$	$\lambda = 5$
$s = 0.1$	104	102	99	89	104
$s = 0.3$	66	64	62	55	66
$s = 0.5$	53	52	51	44	54
$s = 1.0$	40	40	39	34	40

$$\max_{\theta\in[0,2\pi]}\left\{\left|\sigma_\rho/\sigma_y^\infty\right|,\left|\tau_{\rho\theta}/\sigma_y^\infty\right|\right\} < 0.001$$

It is found through calculation that stress boundary condition of Hole 2 is more difficult to satisfy than Hole 1, because the radius of Hole 2 is R_0 and $R_0 < 1$, and the solving equations involving Hole 2 contain high-order power operations $R_0^{\pm k}$, which will bring greater computational errors.

Therefore, take Hole 2 as the research object and consider $a_1 = 1$, $b_1 = 2$, $a_2 = 2$, $b_2 = 1$, $\sigma_y^\infty = 1$, $\tau_{xy}^\infty = 0$, and $p_1 = p_2 = 0$. Table 8.1 gives the values of N needed for different distances s and lateral pressure coefficients $\lambda = \sigma_x^\infty/\sigma_y^\infty$.

It can be seen from Table 8.1 that the smaller the distance, the larger the required value of N, while the influence of the lateral pressure coefficient on N is small.

Reference [9] compared the results of the analytical solution with those of the Ansys numerical solution and found that they agree well.

8.1.5 Analysis and Discussion

8.1.5.1 Effects of the Tunnel Spacing on Stresses

According to the results afterwards, the stress patterns of the two holes affect each other when they are close and it can be regarded as a single hole problem when the tunnel spacing between the two holes is too large. Therefore, analyzing the influence of hole distance on stresses is of great significance.

Consider $a_1 = 1$, $b_1 = 2$, $a_2 = 2$, $b_2 = 1$, $\sigma_x^\infty = 1$, $\sigma_y^\infty = 1$, $\tau_{xy}^\infty = 0$, $p_1 = p_2 = 0$, and six different distances that are investigated s: 0.1, 0.3, 0.5, 1, 5 and 20. Figure 8.7a shows the tangential stress distribution at the boundary of the Hole 1 for different s. The maximum tangential stress is near Point B ($\alpha_1 = 90°$) and increases with increasing tunnel spacing between the holes. The tangential stress distribution is roughly the same when $s > 1$, but when $s < 0.5$, another stress concentration point appears near Point C whose stress is no bigger than the maximum tangential stress. The location of this point changes with the distance s; it is at $\alpha_1 = 153°$ when $s = 0.3$ and at $\alpha_1 = 164°$ when $s = 0.1$. It also can be seen from Fig. 8.7a that, with increasing tunnel spacing, the tangential stress at Point A ($\alpha_1 = 0°$) decreases and the tangential stress at Point C first increases then decreases.

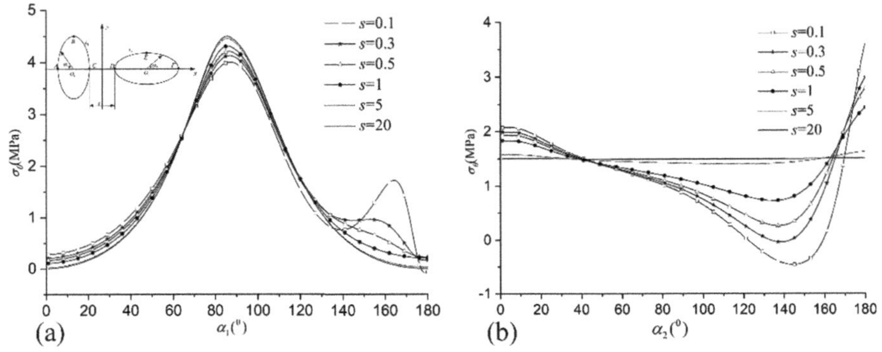

Fig. 8.7 Effects of the distance on tangential stresses: **a** tangential stresses on hole 1 boundary, **b** tangential stresses on hole 2 boundary

Figure 8.7b shows the tangential stress distribution on the boundary of the Hole 2 for different s which is totally different from that in Fig. 8.7a. The maximum tangential stress on the Hole 2 boundary is at Point D ($\alpha_2 = 180$) for all tunnel spacings considered and decreases with increasing tunnel spacing. The minimum tangential stress is near $\alpha_2 = 144°$, increases with increasing tunnel spacing and becomes negative when $s \leq 0.3$. The tangential stress at point F $\left(\alpha_2 = 0^0\right)$ decreases with increasing tunnel spacing. The stress distribution tends to a straight line when $s > 20$ because $\sigma_x^\infty/\sigma_y^\infty = a_2/b_2$, which demonstrates that it can be treated as a single-hole problem when the tunnel spacing is large.

8.1.5.2 Effects of the Lateral Pressure Coefficient on Stresses

Consider $a_1 = 1$, $b_1 = 2$, $a_2 = 2$, $b_2 = 1$, $s = 0.5$, $\sigma_y^\infty = 1$, $\tau_{xy}^\infty = 0$, $p_1 = p_2 = 0$ and lateral pressure coefficients λ: 0, 0.5, 1, 2, 5 (see Fig. 8.8). The tangential stresses at the Points A, C, D, F, where the boundaries of Hole 1 and Hole 2 intersects with the x-axis, decrease with the increase of λ. The tangential stresses near Points A and C are negative when $\lambda > 2$. The tangential stresses near Points B and E are negative and increase with the increases of λ While $\lambda < 0.5$. With the increases of λ, the maximum tangential stress at the Hole 1 boundary appears at $\alpha_2 = 90°$, while the maximum tangential stress at the Hole 2 boundary appears near $\alpha_2 = 65°$. What should be mentioned here is that, there are two points of each hole boundary, $\alpha_1 = 40°$ and $\alpha_1 = 131°$ for Hole 1, $\alpha_2 = 21°$ and $\alpha_2 = 147°$ for Hole 2, whatever the lateral pressure coefficients is the tangential stress there remains the same.

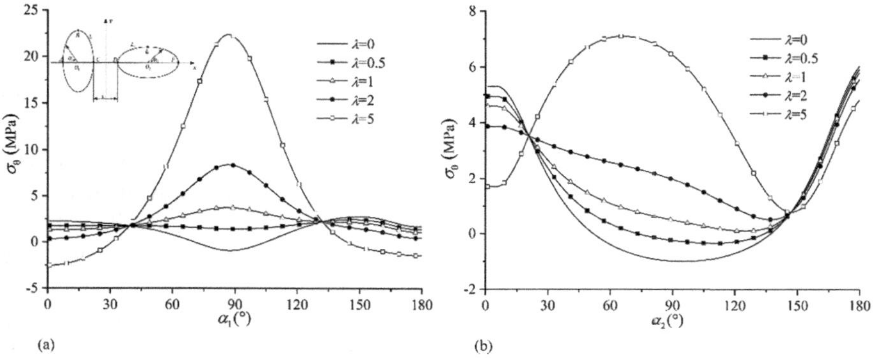

Fig. 8.8 Effects of the lateral pressure coefficients on tangential stresses: **a** tangential stresses on Hole 1 boundary, **b** tangential stresses on hole 2 boundary

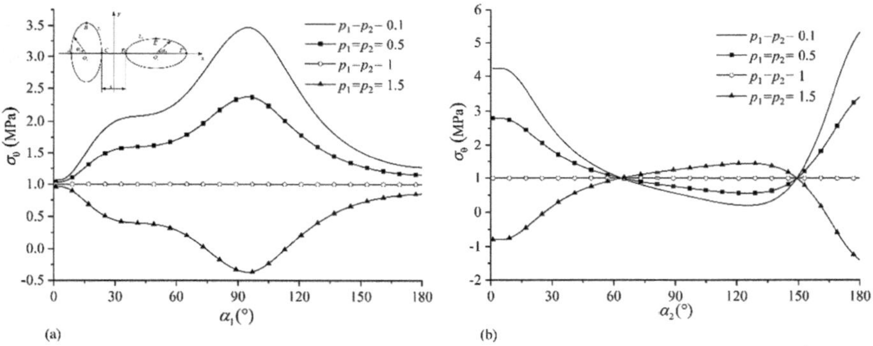

Fig. 8.9 Effects of pressure on tangential stresses: **a** tangential stresses on hole 1 boundary, **b** tangential stresses on hole 2 boundary

8.1.5.3 Effect of Internal Pressure on Stresses

Consider $\sigma_x = \sigma_y = 1$, $\tau_{xy}^{\infty} = 0$, the pressures inside the two holes are the same, i.e., $p_1 = p_2$, and the values of which are taken as 0.1, 0.5, 1.0, and 1.5, the hole shape and tunnel spacing are the same as before.

As shown in Figure 8.9a, the tangential stress decreases with the increase of the pressure. The entire plate is under compression when $p_1 = p_2 = 1$; the tangential stress is greater than 1 when $p_1 = p_2 < 1$ and the maximum tangential stress is near $\alpha_1 = 95°$; most part of the boundary is under compression but tensile stress appeared near $\alpha_1 = 95°$ when $p_1 = p_2 = 1.5$.

Figure 8.9b shows the tangential stress at the boundary of Hole 2. The tangential stress at $\alpha_2 \in [0°, 63°)$, $\alpha_2 \in (149°, 180°]$ is greater than 1 and less than 1 at $\alpha_2 \in [63°, 149°]$ while $p_1 = p_2 < 1$. The tangential stresses at $\alpha_2 = 63°, 149°$ remain unchanged which equals to 1.

Both holes will experience tensile stress as the pressure increases, but Hole 1 first experiences tensile stress near point *B*, while Hole 2 experiences it near points *D* and *F* first.

8.2 Solution for Problems of Two Arbitrarily Shaped Holes in Plane Elasticity

8.2.1 Problem Description

Section 8.1 discusses the solution process for two elliptical holes, which is also applicable to two circular holes. In this section, a similar method as the previous section will be used to solve the problem of two arbitrarily shaped holes in an infinite plane, which these two holes are symmetric with respect to the line connecting their centers.

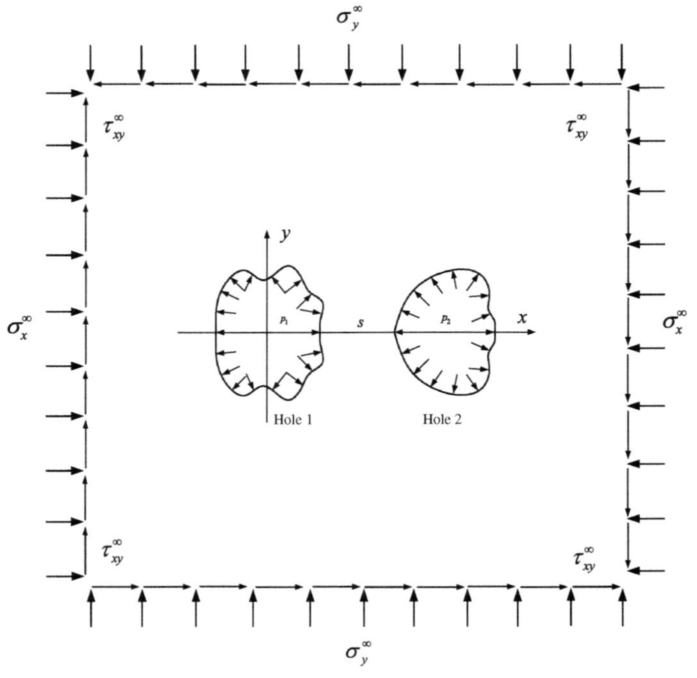

Fig. 8.10 An infinite thin plate with two arbitrary shaped holes under uniform stresses

It is assumed that the centerline of the two holes is parallel to the x-axis, and the distance between the two holes is s, as shown in Fig. 8.10. For this type of symmetric double-hole problem, the mapping function can be determined using the method described in Sect. 1.3, and is not discussed further in this section.

Assuming that the type of loading is identical to that in Sect. 8.1, the plate is subject to horizontal stress σ_x^∞, vertical stress σ_y^∞, and shear stress τ_{xy}^∞ at infinity, the boundaries of the two holes are subject to uniformly normal pressures p_1 and p_2, then the stress boundary conditions and the form of the analytic solutions for the double-hole problem are also identical to those in Sect. 8.1.

8.2.2 Determination of Analytic Function

Similar to Sect. 8.1, the analytic solutions will be obtained through the stress boundary conditions given by Eqs. (8.17) and (8.18) which they should be written in the form of power series without fractions.

In the previous section, each term in $\omega(\sigma)$ and $\omega(R_0\sigma)$ is expanded independently in a power series, while $\frac{\omega(\sigma)}{\omega'(\sigma)}$ and $\frac{\omega(R_0\sigma)}{\omega'(R_0\sigma)}$ are expanded using the mathematical software Mathematica, which can perform symbolic operations. The mapping function in the previous section has a relatively simple form allowing for an analytic expansion, which is impossible for the mapping function of this section (Eq. (1.18)). So $\omega(\sigma)$, $\omega(R_0\sigma)$, $\frac{\omega(\sigma)}{\omega'(\sigma)}$, and $\frac{\omega(R_0\sigma)}{\omega'(R_0\sigma)}$ are expended into series numerically [13].

Take $\omega(\sigma)$ as an example. Since $\zeta = \sigma$ and $\sigma = e^{i\theta}$, $\omega(\sigma)$ is a function of θ and the period of it is 2π, it can be expanded in a Fourier series with a period of 2π

$$\omega(\sigma) = \sum_{j=1}^{n_1} e_j\sigma^{-j} + \sum_{j=0}^{n_1} f_j\sigma^j \tag{8.21}$$

e_j and f_j are undetermined real numbers related to the parameters $(R, c_0, \lambda_1 \ldots \lambda_k \text{and} \ \ \lambda_{-1} \ldots \lambda_{-k})$ of the mapping function. According to the Fourier transform, since $\omega(\sigma)$ is known, the right side of Eq. (8.21) can be obtained directly from the integration formula. However, the integral is difficult to solve analytically due to its complexity, then numerical methods will be used to solve e_j and f_j. Since $\theta \in [0, 2\pi]$ and equality holds for arbitrary θ in Eq. (8.21), the complex linear equation system of e_j and f_j can be established by taking finite θ_j in $[0, 2\pi]$ and remain finite terms of series in the right side of Eq. (8.21).

The process is as follows. When the highest positive and negative power terms of the series on the right side of the equation are taken as n_1, θ_j is chose as

$$\theta_j = \frac{2\pi(j-1)}{2n_1+1}, \quad j = 1, 2, \ldots, 2n_1+1 \tag{8.22}$$

The range $[0, 2\pi]$ is divided into $2n_1 + 1$ equal parts and got $2n_1 + 1$ points, the value of the left side of Eq. (8.21) corresponding to θ_j is $\omega\left(e^{i\theta_j}\right)$.

Then Eq. (8.21) can be written as a complex linear equation system

$$U = WV \tag{8.23}$$

where

$$W = \begin{bmatrix} e^{-in_1\theta_1} & e^{-i(n_1-1)\theta_1} & \cdots & e^{-i\theta_1} & 1 & e^{i\theta_1} & \cdots & e^{i(n_1-1)\theta_1} & e^{in_1\theta_1} \\ e^{-in_1\theta_2} & e^{-i(n_1-1)\theta_2} & \cdots & e^{-i\theta_2} & 1 & e^{i\theta_2} & \cdots & e^{(n_1-1)\theta_2} & e^{in_1\theta_2} \\ \vdots & \vdots & \cdots & \vdots & \vdots & \vdots & \cdots & \vdots & \vdots \\ e^{-in_1\theta_{2n_1+1}} & e^{-i(n_1-1)\theta_{2n_1+1}} & \cdots & e^{-i\theta_{2n_1+1}} & 1 & e^{i\theta_{2n_1+1}} & \cdots & e^{(n_1-1)\theta_{2n_1+1}} & e^{in_1\theta_{2n_1+1}} \end{bmatrix},$$

$$U = \left[\omega(e^{i\theta_1})\,\omega(e^{i\theta_2})\,\cdots\,\omega(e^{i\theta_{2n_1+1}})\right]^T \text{ and}$$
$$V = \left[e_n\, e_{n-1}\cdots e_k \cdots e_1\, f_0\, f_1 \cdots f_{n_1-1}\, f_{n_1}\right]^T.$$

Equation (8.23) is a complex linear equation system about V because W and U are complex. However, the solution of V is real for the hole shape is symmetric about x-axis. Through calculation we found that the absolute values of e_j and f_j are close to 1×10^{-8} when n_1 is bigger than 150.

In the same way, $\omega(R_0\sigma)$, $\frac{\omega(\sigma)}{\overline{\omega'(\sigma)}}$, and $\frac{\omega(R_0\sigma)}{\overline{\omega'(R_0\sigma)}}$ can be expanded as

$$\omega(R_0\sigma) = \sum_{j=1}^{n_1} g_j\sigma^{-j} + \sum_{j=0}^{n_1} h_j\sigma^j. \tag{8.24}$$

$$\frac{\omega(\sigma)}{\overline{\omega'(\sigma)}} = \sum_{j=1}^{n_2} l_j\sigma^{-j} + \sum_{j=0}^{n_2} m_j\sigma^j \tag{8.25}$$

$$\frac{\omega(R_0\sigma)}{\overline{\omega'(R_0\sigma)}} = \sum_{j=1}^{n_2} s_j\sigma^{-j} + \sum_{j=0}^{n_2} t_j\sigma^j \tag{8.26}$$

Substituting Eqs. (8.21) and (8.25) into Eq. (8.17), then the left side of Eq. (8.17) becomes

$$\begin{aligned} \varphi_0(\sigma) + \frac{\omega(\sigma)}{\overline{\omega'(\sigma)}}\overline{\varphi_0'(\sigma)} + \overline{\psi_0(\sigma)} &= \sum_{j=0}^{\infty} a_j\sigma^j + \sum_{j=1}^{\infty} b_j\sigma^{-j} + \sum_{j=0}^{\infty} \overline{c}_j\sigma^{-j} \\ &+ \sum_{j=1}^{\infty} \overline{d}_j\sigma^j + \left(\sum_{j=1}^{n_2} l_j\sigma^{-j} + \sum_{j=0}^{n_2} m_j\sigma^j\right)\left(\sum_{j=1}^{\infty} j\overline{a}_j\sigma^{-j+1} - \sum_{j=1}^{\infty} j\overline{b}_j\sigma^{j+1}\right) \end{aligned} \tag{8.27}$$

the right side of Eq. (8.17) becomes

$$-\left(2B' - p_1\right)\omega(\sigma) - \left(B' - iC'\right)\overline{\omega(\sigma)} = -\sum_{j=1}^{n_1}\left[\left(2B' - p_1\right)e_j + \left(B' - iC'\right)f_j\right]\sigma^{-j}$$

$$-\left(2B - p_1 + B' - iC'\right)f_0 - \sum_{j=1}^{n_1}\left[(2B - p_1)f_j + \left(B' - iC'\right)e_j\right]\sigma^j \tag{8.28}$$

Similarly, substituting Eqs. (8.24) and (8.26) into Eq. (8.18), then the left side of Eq. (8.18) becomes

$$\begin{aligned}&\varphi_0(R_0\sigma) + \frac{\omega(R_0\sigma)}{\omega'(R_0\sigma)}\overline{\varphi_0'(R_0\sigma)} + \overline{\psi_0(R_0\sigma)} - c_A\\ &= \sum_{k=0}^{\infty} a_k R_0^k\sigma^k + \sum_{k=1}^{\infty} b_k R_0^{-k}\sigma^{-k} + \sum_{k=0}^{\infty}\overline{c}_k R_0^k\sigma^{-k} + \sum_{k=1}^{\infty}\overline{d}_k R_0^{-k}\sigma^k\\ &+ \left(\sum_{k=1}^{n_2} s_k\sigma^{-k} + \sum_{k=0}^{n_2} t_k\sigma^k\right)\left(\sum_{k=1}^{\infty} k\overline{a}_k R_0^{k-1}\sigma^{-k+1} - \sum_{k=1}^{\infty} k\overline{b}_k R_0^{-k-1}\sigma^{k+1}\right) - c_A\end{aligned} \tag{8.29}$$

the right side of Eq. (8.18) becomes

$$\begin{aligned}(2B - p_2)\omega(R_0\sigma) + \left(B' - iC'\right)\overline{\omega(R_0\sigma)} &= -\left(2B - p_2 + B' - iC'\right)h_0\\ &- \sum_{j=1}^{n_1}\left[(2B - p_2)g_j + \left(B' - iC'\right)h_j\right]\sigma^{-j}\\ &- \sum_{j=1}^{n_1}\left[(2B - p_2)h_j + \left(B' - iC'\right)g_j\right]\sigma^j\end{aligned} \tag{8.30}$$

The coefficients of σ^j and σ^{-j} in Eqs. (8.28) and (8.30) can be obtained directly, but it needs some mathematical operations to find out the coefficients of σ^j and σ^{-j} in Eqs. (8.27) and (8.29). After combining like terms, the coefficients of the same power terms of σ in Eq. (8.27) are:

$$\sigma^0 : a_0 + \overline{c}_0 + \sum_{k=0}^{n_2}(k+1)m_k\overline{a}_{k+1} - \sum_{k=2}^{n_2}(k-1)l_k\overline{b}_{k-1};$$

$$\sigma^1 : a_1 + \overline{d}_1 + \sum_{k=1}^{n_2} km_k\overline{a}_k - \sum_{k=1}^{n_2} kl_k\overline{b}_k;$$

$$\sigma^j(2 \le j \le n_2) :$$

$$a_j + \overline{d}_j - \sum_{k=0}^{j-2} (j-k-1) m_k \overline{b}_{j-k-1} + \sum_{k=j}^{n_2} (k-j+1) m_k \overline{a}_{k-j+1}$$
$$- \sum_{k=1}^{n_2} (j+k-1) l_k \overline{b}_{j+k-1};$$

$$\sigma^{n_2+1} : a_{n_2+1} + \overline{d}_{n_2+1} - \sum_{k=0}^{n_2-1} (n_2-k) m_k \overline{b}_{n_2-k} - \sum_{k=1}^{n_2} (n_2+k) l_k \overline{b}_{n_2+k};$$

$$\sigma^j (n_2+2 \le j) : a_j + \overline{d}_j - \sum_{k=0}^{n_2} (j-k-1) m_k \overline{b}_{j-k-1} - \sum_{k=1}^{n_2} (j+k-1) l_k \overline{b}_{j+k-1};$$

$$\sigma^{-j} (1 \le j \le n_2 - 2) :$$

$$b_j + \overline{c}_j + \sum_{k=1}^{j} (j-k+1) l_k \overline{a}_{j-k+1} - \sum_{k=j+2}^{n_2} (k-j-1) l_k \overline{b}_{k-j-1}$$
$$+ \sum_{0}^{n_2} (k+j+1) m_k \overline{a}_{k+j+1};$$

$$\sigma^{-(n_2-1)} : b_{n_2-1} + \overline{c}_{n_2-1} + \sum_{k=1}^{n_2-1} (n_2-k) l_k \overline{a}_{n_2-k} + \sum_{k=0}^{n_2} (n_2+k) m_k \overline{a}_{n_2+k};$$

$$\sigma^{-j} (n_2 \le j) : b_j + \overline{c}_j + \sum_{k=1}^{n_2} (j-k+1) l_k \overline{a}_{j-k+1} + \sum_{k=0}^{n_2} (k+j+1) m_k \overline{a}_{k+j+1}.$$

the coefficients of the same power terms of σ in Eq. (8.29) are:

$$\sigma^0 : a_0 + \overline{c}_0 - c_A + \sum_{k=0}^{n_2} (k+1) t_k R_0^k \overline{a}_{k+1} - \sum_{k=2}^{n_2} (k-1) s_k R_0^{-k} \overline{b}_{k-1};$$

$$\sigma^1 : R_0 a_1 + R_0^{-1} \overline{d}_1 + \sum_{k=1}^{n_2} k t_k R_0^{k-1} \overline{a}_k - \sum_{k=1}^{n_2} k s_k R_0^{-k-1} \overline{b}_k;$$

$$\sigma^j (2 \le j \le n_2) :$$

$$R_0^j a_j + R_0^{-j} \overline{d}_j - \sum_{k=0}^{j-2} (j-k-1) t_k R_0^{k-j} \overline{b}_{j-k-1} + \sum_{k=j}^{n_2} (k-j+1) t_k R_0^{k-j} \overline{a}_{k-j+1}$$
$$- \sum_{k=1}^{n_2} (j+k-1) s_k R_0^{-k-j} \overline{b}_{j+k-1};$$

$$\sigma^{n_2+1}: R_0^{n_2+1}a_{n_2+1} + R_0^{-n_2-1}\overline{d}_{n_2+1} - \sum_{k=0}^{n_2-1}(n_2-k)t_kR_0^{k-n_2-1}\overline{b}_{n_2-k}$$
$$-\sum_{k=1}^{n_2}(n_2+k)s_kR_0^{-n_2-k-1}\overline{b}_{n_2+k};$$

$$\sigma^j(n_2+2\le j): R_0^ja_j + R_0^{-j}\overline{d}_j - \sum_{k=0}^{n_2}(j-k-1)t_kR_0^{k-j}\overline{b}_{j-k-1}$$
$$-\sum_{k=1}^{n_2}(j+k-1)s_kR_0^{-k-j}\overline{b}_{j+k-1};$$

$$\sigma^{-j}(1\le j\le n_2-2):$$

$$R_0^{-j}b_j + R_0^j\overline{c}_j + \sum_{k=1}^{j}(j-k+1)s_kR_0^{j-k}\overline{a}_{j-k+1}$$
$$-\sum_{k-j+2}^{n_2}(k-j-1)s_kR_0^{j-k}\overline{b}_{k-j-1}$$
$$+\sum_{0}^{n_2}(k+j+1)t_kR_0^{j+k}\overline{a}_{k+j+1}\sigma^{-(n_2-1)}:$$

$$R_0^{-n_2+1}b_{n_2-1} + R_0^{n_2-1}\overline{c}_{n_2-1} + \sum_{k=1}^{n_2-1}(n_2-k)s_kR_0^{n_2-k-1}\overline{a}_{n_2-k}$$
$$+\sum_{k=0}^{n_2}(n_2+k)t_kR_0^{n_2+k-1}\overline{a}_{n_2+k};$$

$$\sigma^{-j}(n_2\le j): R_0^{-j}b_j + R_0^j\overline{c}_j + \sum_{k=1}^{n_2}(j-k+1)s_kR_0^{j-k}\overline{a}_{j-k+1}$$
$$+\sum_{k=0}^{n_2}(k+j+1)t_kR_0^{j+k}\overline{a}_{k+j+1}.$$

Equations (8.17) and (8.18) hold for any $\theta(\sigma = e^{i\theta})$, which means the coefficients of the same power terms of σ in their two sides must equal to each other. Similar to Sect. 8.1, the linear equation system about the unknowns (a_j, b_j, c_j, and d_j) of $\varphi_0(\zeta)$ and $\psi_0(\zeta)$ can be obtained by comparing the coefficients of the same power terms of σ in Eqs. (8.17) and (8.18). Take $j = N$ for each term of a_j, b_j, c_j and d_j. $a_j = 0$, $b_j = 0$, $c_j = 0$ and $d_j = 0$ for $j > N$. According to coefficients of terms with the same power in Eqs. (8.27) and (8.29), the unknowns are $a_0 + c_0 - c_A$, $a_0 + c_0$, $a_1 \sim a_N$, $b_1 \sim b_N$, $c_1 \sim c_N$ and $d_1 \sim d_N$. Where $a_0 + c_0 - c_A$ and $a_0 + c_0$ are constants, they do not contribute to the stress, which means they are not necessary to be calculated out. Comparing the coefficients of $\sigma^1 \sim \sigma^N$ and $\sigma^{-1} \sim \sigma^{-N}$ in both side of (8.17) obtains $2N$ equations, and also obtains $2N$ equations the same from (8.18). Then, we obtain $4N$ equations related to $a_1 \sim a_N$, $b_1 \sim b_N$, $c_1 \sim c_N$ and $d_1 \sim d_N$ which can be solved.

Similarly, the equation system needs to be divided into real and image parts and solved separately because it contains the conjugate of the unknowns:

$$\boldsymbol{P_R X_R} = \boldsymbol{Q_R} \tag{8.31}$$

$$\boldsymbol{P_I X_I} = \boldsymbol{Q_I} \tag{8.32}$$

where

$$\boldsymbol{X_R} = [\mathrm{Re}(a_1) \sim \mathrm{Re}(a_N), \mathrm{Re}(b_1) \sim \mathrm{Re}(b_N), \mathrm{Re}(c_1) \sim \mathrm{Re}(c_N), \mathrm{Re}(d_1) \sim \mathrm{Re}(d_N)]^T,$$
$$\boldsymbol{X_I} = [\mathrm{Im}(a_1) \sim \mathrm{Im}(a_N), \mathrm{Im}(b_1) \sim \mathrm{Im}(b_N), \mathrm{Im}(c_1) \sim \mathrm{Im}(c_N), \mathrm{Im}(d_1) \sim \mathrm{Im}(d_N)]^T.$$

The two analytic functions are formed by $\boldsymbol{X_R}$ and $\boldsymbol{X_I}$, which can be used to calculate the stresses and displacements.

8.2.3 Verification

The elliptical hole discussed in Sect. 8.1 can reduce to circular hole, and existing results can be used to verify the effectiveness of the proposed method. However, for the general hole shape discussed here, there are currently no exact analytical solutions available for comparison. Therefore, Ref. [10] only compared with the simulation results of ANSYS finite element software.

Take two squares with both sides equal to 4 as an example, which the distance between the two holes $s = 2$. The applied loads are $\sigma_x^\infty = 0.5$, $\sigma_y^\infty = 0.5$, $\tau_{xy}^\infty = 0.5$, $p_1 = 0.5$, and $p_2 = 0.5$. To ignore the influence of plate boundary on the stress distribution of hole edge, the size of the square model was set as 80×80 to simulate an infinite domain.

As the two squares are identical, only the tangential stress of Hole 1 boundary $\alpha_1 \in [0°, 360°]$ was compared, and the calculation results given by Fig. 8.11 show that: the stress near the hole corners are much larger than those on the straight sides and the maximum stress near the corners is about 9. The comparison of the two results shows that only at $\alpha_1 = 225°$, which is the lower right corner of the square hole, the stress obtained by the two methods differ significantly, with a difference of 0.67. However, it is small relative to the stress concentration at this location (the stress obtained by the numerical method is 8.91, and the stress obtained by the analytical method is 8.24). In the other parts of the boundary, the results obtained by the two methods match very well.

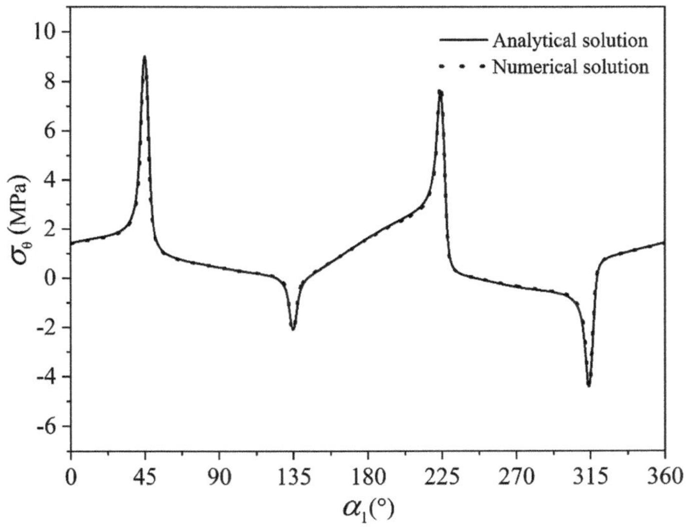

Fig. 8.11 Tangential stress on the hole 1 boundary compared between the two methods

8.2.4 *Analysis and Discussion*

To analyze the influence of different factors on the boundary stress distribution, this chapter provides a large number of examples, including the case of a square hole and an elliptical hole, and two rectangular holes.

8.2.4.1 Effects of the Tunnel Spacing on Stresses

Taking the case of a square hole and an elliptical hole as an example (Fig. 8.12), the influence of distance on the tangential stress distribution of the hole edge is analyzed as shown in Fig. 8.13. The left square has a side length of a_1, the right elliptical hole has a semi-axis parallel to the x-axis of a_2 and a semi-axis parallel to the y-axis of b_2, and the distance between the holes is s.

The tangential stress distribution on the edges of the two holes with three different distances of 2, 4, and 16 is studied when $a_1 = 4$, $a_2 = 3$, $b_2 = 2$, and the plate is subjected to only uniaxial pressure in the x-direction or y-direction. Due to the symmetry of the stress distribution, the tangential stress distribution in the range of [0°, 180°] on the edges of the two holes is given respectively.

Figure 8.13a shows the tangential stress distribution on the edge of the square hole with different distances under the action of $\sigma_x^\infty = 1.0$. Tensile stress is generated in the range of [0°, 42°) ∪ (138°, 180°] and compressive stress is generated on the rest of the boundary when subjected to uniaxial pressure in the x-direction only. The tangential stress in the range of [0°, 58°] remains basically unchanged at different distances. With the increase of the distance, the tangential compressive stress in the

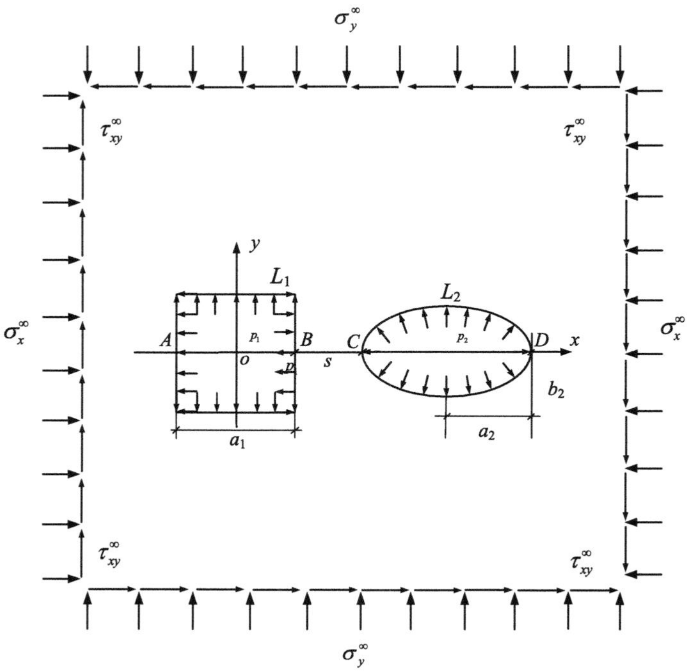

Fig. 8.12 A square hole and an elliptical hole in an infinite plate under uniform stresses

range of (58°, 136°) increases, and increases significantly at the corner $\alpha_1 = 135°$; the tensile stress in the range of (144°, 180°] increases.

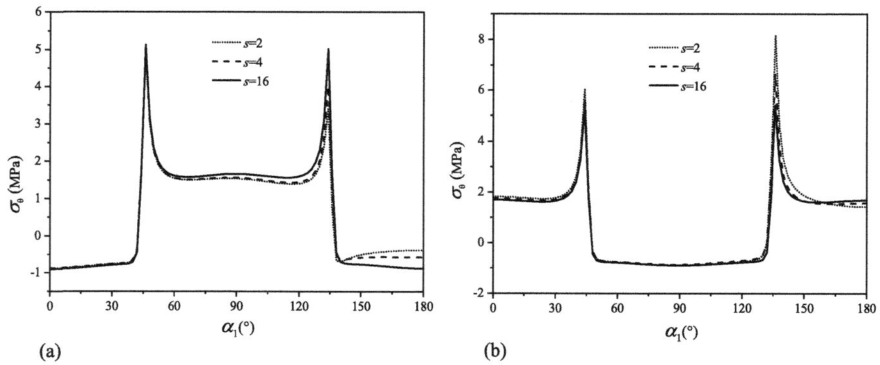

Fig. 8.13 Tangential stress on square hole (left hole) boundary for different tunnel spacing: **a** $\sigma_x^\infty = 1.0$; **b** $\sigma_y^\infty = 1.0$

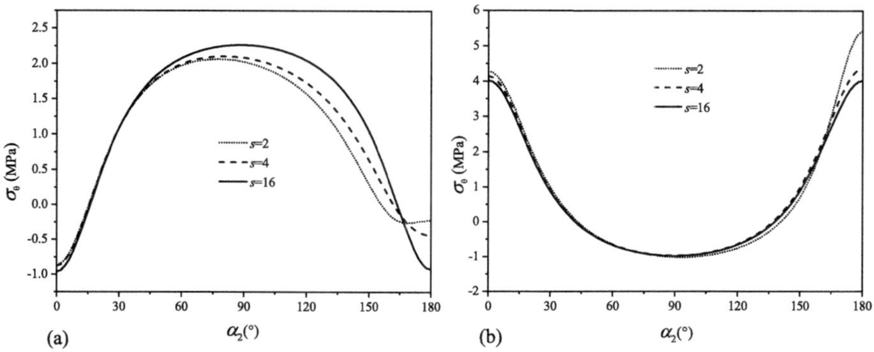

Fig. 8.14 Tangential stress on elliptical hole (right hole) boundary for different tunnel spacing: **a** $\sigma_x^\infty = 1.0$; **b** $\sigma_y^\infty = 1.0$

Figure 8.13b shows the distribution curve of the tangential stress on the square hole edge under uniaxial compression in the y-direction for different distances. Tensile stress is generated in the range of (47°, 132°), and compressive stress is generated on the rest of the boundary. It can be found that the stress on the square hole edge does not change much when only subjected to compression in the y-direction. With the increase of the distance, the tangential stress on the hole edge decreases slightly near $\alpha_1 = 0°$, and increases slightly near $\alpha_1 = 180°$; the stress at the corner of the square hole decreases significantly, especially at the corner $\alpha_1 = 135°$.

Figure 8.14a shows the tangential stress distribution on the edge of the elliptical hole with different distances under $\sigma_x^\infty = 1.0$. Tensile stress is generated in the range of [0°, 14°) ∪ (164°, 180°] and tangential compressive stress is generated on the rest of the boundary when the plate is subjected to uniaxial compression in the x-direction only. With the increase of the distance, the tangential stress in the range of (39°, 165°) increases, and the tangential stress in the range of (165°, 180°] decreases. The tangential stress changes slightly near $\alpha_1 = 0°$.

Figure 8.14b shows the distribution of tangential stress on the edge of the elliptical hole with different distances under external load $\sigma_y^\infty = 1.0$. The tangential stress near the intersection point of the elliptical hole with the x-axis decreases slightly with the increase of the hole distance and the rest of the boundary does not change much when subjected to uniaxial compression in the y-direction.

There is a pattern shown in both Figs. 8.13 and 8.14. The stress distribution curves of the square hole and elliptical hole tend to be symmetrical about $\alpha_1 = 90°$ when the distance is very large ($s > 16$), which means that the mutual influence between the two holes is very small and can be regarded as single-hole situation. With regard to these two types of loading, the influence of distance on the tangential stress on the edge of the square hole is very different, especially for the tangential stress near the corner on the right side, which the influences are opposite, but the influence on the tangential stress on the edge of the elliptical hole is relatively small.

8.2.4.2 Effects of the Hole Size on Stresses

Consider two equal rectangular holes with width $L = 4$ and distance $s = 2$, the influence of different height-width ratios H/L on the tangential stress on the hole edge is analyzed. Because of symmetry, the stress on the left rectangular holes is present.

Figure 8.15a and b present the tangential stress distribution on the left hole boundary while $\sigma_x^\infty = 1.0$ and $\sigma_y^\infty = 1.0$ for three different height-width ratios H/L, respectively. For different heights of the rectangle, the points of the maximum and second maximum tangential stress concentration are both on the corners of the rectangular hole for both types of loading, but the positions are interchanged for different loading conditions. While under uniaxial compression in the x direction, with the height of the rectangular hole increases, the tangential stress at the left corner increases, the tangential stress at the right corner decreases, and the tangential stress on the sides parallel to the x-axis increases, while the tangential stress on the sides parallel to the y-axis remains relatively unchanged. While under uniaxial compression in the y direction, with the height of the rectangular hole increases, the tangential stress at the left corner decreases, the tangential stress at the right corner also decreases, and the tangential stress on the sides parallel to the x-axis remains almost unchanged, while the tangential stress on the sides parallel to the y-axis decreases.

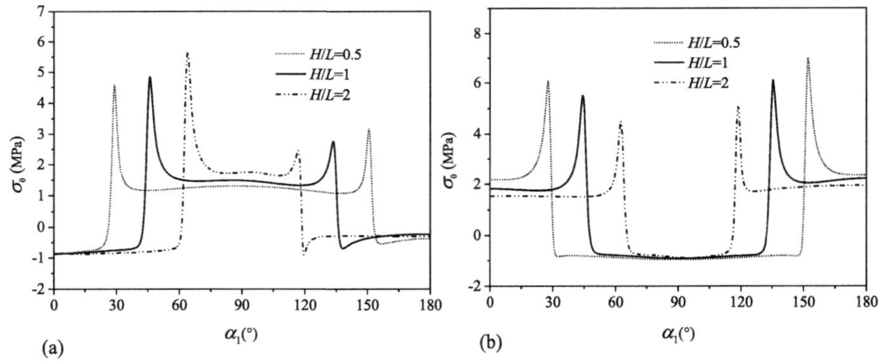

Fig. 8.15 Tangential stress on the boundaries for different aspect ratios: **a** $\sigma_x^\infty = 1.0$; **b** $\sigma_y^\infty = 1.0$

8.3 Elasto-plastic Solution for Problems of Twin Circular Tunnels

Due to the complexity of multi hole problems, most of the current analytical research is still limited to solving the plastic zone around a single circular hole, instead of two or more circular and non-circular tunnels. Even for the elastic theory-based study of the problem of multiple holes, it has undergone a long period of development. Many scholars have used various methods to solve the elastic analytical solutions of multi hole problems. In Sects. 8.1 and 8.2, the author used conformal transformation technology to effectively solve the stress calculation problem of twin tunnels by mapping them into an annulus.

These studies are still limited to elasticity analysis. In Chaps. 4 and 5, the authors analyze the elastic–plastic behavior of a single circular tunnel and non-circular tunnel, respectively. Why does the surrounding rock of the tunnel produce plastic deformation? This is because the excavation of the tunnel relieves the normal support surface stresses on the excavation boundary, causing an increase in tangential normal stress on the excavation boundary. That is, the commonly known stress concentration phenomenon arises. Compared with the situation before the excavation of the tunnel, the difference between the maximum principal stress and minimum principal stress in the rock near the tunnel increases. According to rock strength criterion, the rock is prone to plastic deformation and failure. This is the case of a single tunnel, and when there are multiple tunnels, there must be mutual influence between those tunnels. At this point, the plastic zone distribution law of the tunnel is definitely different from that of a single tunnel. For the elastic–plastic analysis of multiple tunnel problems, only numerical methods were used in the past to conduct elastoplastic numerical simulations, and there was a lack of research on solution methods.

This section will introduce how to determine the plastic zones around two parallel underground deep circular tunnels. We consider that the plastic zones around the two tunnels are not connected and can both surround the circular tunnel (as shown in Fig. 8.16). At this time, the elastic region outside the plastic zone is still a doubly connected domain. Following the methods in Sects. 8.1 and 8.2, we map the elastic region outside the elastic–plastic interface of the two tunnels to a circular annulus domain in the image plane using a mapping function. The difference is that the shapes and sizes of the elastic–plastic interfaces for the two tunnels are unknown, but for the symmetric problem shown in Fig. 8.16, the mapping function can still use Eq. (1.18) given in Chap. 1, where the coefficients in the expression are undetermined.

In this section, we will use the complex variable method to derive a general expression for the analytical solution of stresses in the elastic region. This solution is related to the mapping function. From Chaps. 4 and 5, it can be known that the stresses in the plastic zone only depend on the boundary shape of the tunnel and the surface stress distribution on the boundary. Therefore, the stresses in the unknown plastic zones can be obtained by equilibrium equations and yield condition. Then, a nonlinear system of equations containing the coefficients of the mapping function can be established based on the stress continuity condition on the elastic–plastic

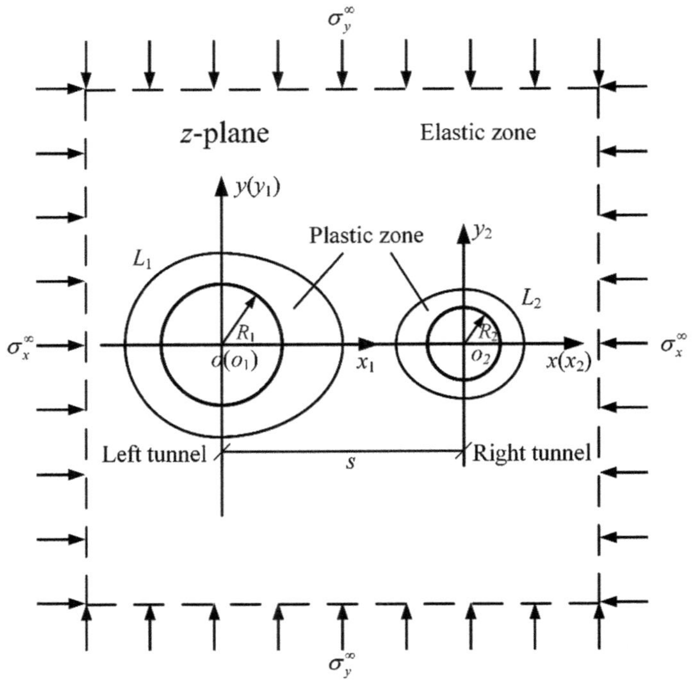

Fig. 8.16 The elastic and plastic zones in the vicinity of two arbitrary deep buried circular tunnels subjected to in-situ stresses at infinity

interface. Following the same idea as in Chaps. 4 and 5, the problem of determining the elastic–plastic interface can be transformed into an optimization problem to solve the coefficients of the mapping function, which the differential evolution algorithm can still be used to determine the coefficients. This section will introduce the solution of the elastic–plastic problem of the twin circular tunnel [14–16]. The influence of tunnel spacing, in-situ stress, relative size of the tunnel, rock properties and other parameters on the shape and size of the plastic zone is analyzed through examples.

8.3.1 Problem Description

As shown in Fig. 8.16, consider two deep-buried circular tunnels with horizontal spacing s and radii of R_1 and R_2, respectively. The tunnels are subjected to uniform far-field stresses σ_x^∞ and σ_y^∞ at infinity along the x and y directions, respectively. The plastic zone around each tunnel can completely surround the tunnel and the two plastic zones are disconnected with each other. Through the later analysis, it is found that such plastic zones exist as long as the spacing between the twin tunnels, cohesive strength, internal friction angle, and in-situ stresses satisfy certain combinations. The elastic–plastic interfaces around the left and right tunnels are represented as L_1 and L_2, respectively. The surrounding rock in the infinite multiply connected domain outside L_1 and L_2 are in an elastic state, the surrounding rock in the domain inside L_1 and L_2 are yield and follows the Mohr–Coulomb criterion. Especially, let $R_1 = R_2 = R_0$ when the two circular tunnels have the same size. Due to the symmetry of the load and circular tunnels, the two plastic zones must have the same shape and size, and are symmetric about the x-axis. When solving the plastic zone around the twin circular tunnels in this section, the assumptions in Chaps. 4 and 5 are still made.

8.3.2 *Mapping Function and Stress Representation*

8.3.2.1 Determination of Mapping Function

The elastic–plastic boundaries L_1 and L_2 discussed in this chapter can be mapped to a circular ring on the image plane in two steps according to the method introduced in Sect. 1.4.3. For ease of reading, the same symbols and illustrations as in Ref. [10] are used here. The mapping process is shown in Fig. 8.17.

The first step is to map L_1 and L_2 on the z-plane (Fig. 8.17a) to two circles L_1' and L_2' on the ζ' plane (Fig. 8.17b). Assuming that the radius of L_1' is 1, and the radius of L_2' is r', which are the unknowns to be solved. The second step is to use the mapping function proposed by Korn to map the two circles on the ζ' plane to an annulus on the ζ plane, with an outer radius of 1 and an inner radius of r_0, denoted as L_1'' and L_2'', (Fig. 8.17c) respectively.

The general form of the mapping function in the first step is:

$$z = \omega_1(\zeta') = R\left[\zeta' + C_0 + \sum_{k=1}^{\infty} C_k \zeta'^{-k} + \sum_{k=1}^{\infty} C_{-k}(\zeta' - 1 - r' - s')^{-k}\right] \quad (8.33)$$

where $\zeta' = \xi' + i\eta'$, s' is the distance between the two circles in Fig. 8.17b, which is the unknown to be solved. R, C_0, C_k and C_{-k} are all real unknowns due to the

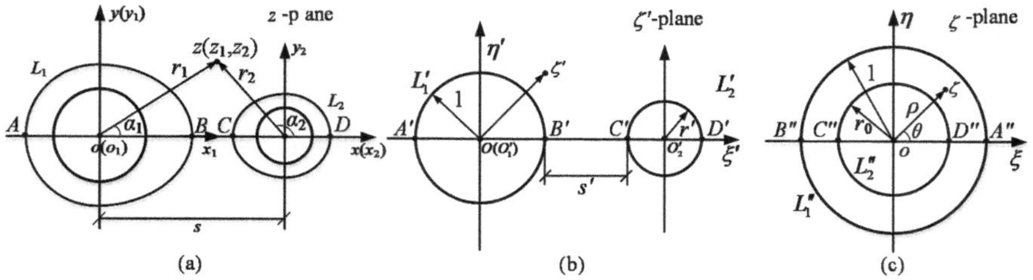

Fig. 8.17 The mapping from z-plane to ζ plane: **a** elastic zone in z-plane, **b** two circles in ζ' plane, **c** an annulus region in ζ-plane

symmetry of L_1 and L_2. In particular, when the two circular tunnels have the same size, the sizes of the two circles on the image plane must be equal, which means $r\prime = 1$. Therefore, the number of unknowns is reduced by one, and there is a relationship between C_k and C_{-k} as follows [17].

$$C_{-k} = (-1)^{k+1} C_k \tag{8.34}$$

The general form of the mapping function in the second step is:

$$\zeta' = \omega_2(\zeta) = \frac{\zeta - d}{d\zeta - 1} \tag{8.35}$$

where $d = \left[1 + \gamma_1\gamma_2 + \sqrt{(\gamma_1^2 - 1)(\gamma_2^2 - 1)}\right] / (\gamma_1 + \gamma_2)$, $\gamma_1 = 1 + 2r' + s'$, $\gamma_2 = 1 + s'$. In Fig. 8.17c, the inner radius of the ring is $r_0 = \left[\gamma_1\gamma_2 - 1 - \sqrt{(\gamma_1^2 - 1)(\gamma_2^2 - 1)}\right] / (2r')$.

Finally, the mapping function from the z-plane to the ζ-plane has the following form:

$$z = \omega(\zeta) = R\left[\frac{\zeta - d}{d\zeta - 1} + C_0 + \sum_{k=1}^{\infty} C_k \left(\frac{\zeta - d}{d\zeta - 1}\right)^{-k} + \sum_{k=1}^{\infty} C_{-k}\left(\frac{\zeta - d}{d\zeta - 1} - 1 - r' - s'\right)^{-k}\right] \tag{8.36}$$

In the specific calculation, only a finite number of terms can be taken for C_k and C_{-k}. In this chapter, the maximum value of k for C_k and C_{-k} is taken as m_1 and m_2, respectively. When the two circular tunnels have the same size, we define $m_1 = m_2 = m$.

In Fig. 8.17, the points A, B, C, and D are the intersections of the elastic–plastic boundary with the x-axis, corresponding to the image points A', B', C', and D' on the ζ'-plane and the points A'', B'', C'', and D'' on the ζ-plane. Figure 8.17a defines a global Cartesian coordinate system xoy, two local Cartesian coordinate systems $x_1o_1y_1$ and $x_2o_2y_2$, corresponding to two local polar coordinate systems $r_1o_1\alpha_1$ and $r_2o_2\alpha_2$. The coordinate origin o, o_1 coincide with the center of the left tunnel, while o_2 coincides with the center of the right tunnel. The vector z_1 in the local coordinate system $x_1o_1y_1$ and the vector z_2 in the local coordinate system $x_2o_2y_2$ satisfy the relationship $z = z_1 = z_2 + s$ in the global coordinate system xoy. Let the points on the unit circle L_1'' in Fig. 8.17c be denoted as $\sigma = e^{i\theta}$, then the points on the inner circle L_2'' of the annulus are given by $r_0\sigma = r_0e^{i\theta}$.

8.3.2.2 Stress in Elastic Zone Represented by Complex Variable

The two analytic functions corresponding to the elastic region are $\varphi_1(z)$ and $\psi_1(z)$. Their derivatives $\varphi_1'(z)$ and $\psi_1'(z)$ are still analytic functions. When taking ζ as the independent variable, they can be expressed as Laurent series.

$$\varphi_1'(z) = B + a_0 + \sum_{k=1}^{\infty} a_k\zeta^k + \sum_{k=1}^{\infty} b_k\zeta^{-k} \tag{8.37}$$

$$\psi_1'(z) = B' + c_0 + \sum_{k=1}^{\infty} c_k\zeta^k + \sum_{k=1}^{\infty} d_k\zeta^{-k} \tag{8.38}$$

where a_0, c_0, a_k, b_k, c_k, and d_k are unknowns to be solved in this chapter. Only a finite number of terms can be taken in the specific calculation, and the highest positive and negative exponents are both set to n in this chapter. It can be seen from Eq. (8.36) that $\zeta=1/d$ corresponds to infinity on the z-plane, and thus, a_0 and c_0 can be determined by the surface force at infinity.

According to Eqs. (2.16) and (2.17) in Chap. 2, we have

$$\lim_{z\to\infty} \varphi_1'(z) = B + iC \tag{8.39}$$

$$\lim_{z\to\infty} \varphi_1'(z) = B' + iC' \tag{8.40}$$

where C can be set to zero, and $C' = 0$ when $\tau_{xy}^{\infty} = 0$. Then it can be obtained from Eqs. (8.37)–(8.40) that:

$$a_0 = -\sum_{k=1}^{n} a_k d^{-k} - \sum_{k=1}^{n} b_k d^k \tag{8.41}$$

$$c_0 = -\sum_{k=1}^{n} c_k d^{-k} - \sum_{k=1}^{n} d_k d^k \tag{8.42}$$

It should be noted that at this point, the coefficients a_k, b_k, c_k, and d_k are all unknown. Equations (8.41) and (8.42) will be used in constructing the objective function for solving the mapping function coefficients in the following.

Substituting Eqs. (8.37) and (8.38) into Eqs. (2.4) and (2.6), the elasticity stress combinations represented by the complex variable ζ can be obtained.

$$\sigma_x^e + \sigma_y^e = 2\left(2B+2a_0 + \sum_{k=1}^{n} a_k\zeta^k + \sum_{k=1}^{n} b_k\zeta^{-k} + \sum_{k=1}^{n} a_k\bar{\zeta}^k + \sum_{k=1}^{n} b_k\bar{\zeta}^{-k}\right) \tag{8.43}$$

$$\sigma_y^e - \sigma_x^e + 2\mathrm{i}\tau_{xy}^e = 2\left[B' + c_0 + \frac{\overline{\omega(\zeta)}}{\omega'(\zeta)}\left(\sum_{k=1}^{n} k a_k \zeta^{k-1} - \sum_{k=1}^{n} k b_k \zeta^{-k-1}\right) + \sum_{k=1}^{n} c_k \zeta^k + \sum_{k=1}^{n} d_k \zeta^{-k}\right] \tag{8.44}$$

Note that the stress combinations here indicates that it is in the global Cartesian coordinate system *xoy*.

The unit circle L_1'' in the ζ-plane corresponds to the elastic–plastic boundary L_1, and the stress combinations on it can be expressed as a function of σ:

$$\sigma_x^e + \sigma_y^e = 2\left(2B+2a_0 + \sum_{k=1}^{n} a_k \sigma^k + \sum_{k=1}^{n} a_k \sigma^{-k} + \sum_{k=1}^{n} b_k \sigma^{-k} + \sum_{k=1}^{n} b_k \sigma^k\right) \tag{8.45}$$

$$\sigma_y^e - \sigma_x^e + 2\mathrm{i}\tau_{xy}^e = 2\left[B' + c_0 + \frac{\overline{\omega(\sigma)}}{\omega'(\sigma)}\left(\sum_{k=1}^{n} k a_k \sigma^{k-1} - \sum_{k=1}^{n} k b_k \sigma^{-k-1}\right) + \sum_{k=1}^{n} c_k \sigma^k + \sum_{k=1}^{n} d_k \sigma^{-k}\right] \tag{8.46}$$

The circle L_2'' with radius r_0 in the ζ-plane corresponds to the elastic–plastic boundary L_2, and the stress combinations on it can be expressed as a function of σ:

$$\sigma_x^e + \sigma_y^e = 2\left(2B+2a_0 + \sum_{k=1}^{n} a_k r_0^k \sigma^k + \sum_{k=1}^{n} a_k r_0^k \sigma^{-k} + \sum_{k=1}^{n} b_k r_0^{-k} \sigma^{-k} + \sum_{k=1}^{n} b_k r_0^{-k} \sigma^k\right) \tag{8.47}$$

$$\sigma_y^e - \sigma_x^e + 2\mathrm{i}\tau_{xy}^e = 2\left[B' + c_0 + \frac{\overline{\omega(r_0\sigma)}}{\omega'(r_0\sigma)}\left(\sum_{k=1}^{n} k a_k r_0^{k-1} \sigma^{k-1} - \sum_{k=1}^{n} k b_k r_0^{-k-1} \sigma^{-k-1}\right) + \sum_{k=1}^{n} c_k r_0^k \sigma^k + \sum_{k=1}^{n} d_k r_0^{-k} \sigma^{-k}\right] \tag{8.48}$$

8.3.2.3 Stresses in Plastic Zone Represented by Complex Variable

For the problem discussed in this section, when the two plastic zones are not connected, the stress boundary conditions of each tunnel are the same as those when only one circular tunnel is excavated in the surrounding rock. Therefore, the stress distribution in the plastic zones around each tunnel can still be determined by the method in Sect. 4.1.1, based on the equilibrium equations and the yield criterion. Herein, we denote:

$$\sigma_{r_j}^p = c\cot\varphi\left(\frac{r_j}{R_0}\right)^{\frac{2\sin\varphi}{1-\sin\varphi}} - c\cot\varphi \tag{8.49}$$

$$\sigma_{\alpha_j}^p = c\cot\varphi\left(\frac{r_j}{R_0}\right)^{\frac{2\sin\varphi}{1-\sin\varphi}}\frac{1+\sin\varphi}{1-\sin\varphi} - c\cot\varphi \tag{8.50}$$

$$\tau_{r_j\alpha_j}^p = 0 \tag{8.51}$$

where the subscript 'j' takes 1 or 2, $\sigma_{r_j}^p$, $\sigma_{\alpha_j}^p$, and $\tau_{r_j\alpha_j}^p$ indicate the radial, tangential, and shear plastic stress components in the local polar coordinate system $r_1o_1\alpha_1$ and $r_2o_2\alpha_2$, respectively.

Notice that Eqs. (8.49)–(8.51) represent stress combinations in the local polar coordinate systems $r_1o_1\alpha_1$ and $r_2o_2\alpha_2$. Using the stress transformation formulae, we can transform them into the stress combinations in the global Cartesian coordinate system xoy. The transformed results are:

$$\sigma_x^p + \sigma_y^p = \sigma_{r_j}^p + \sigma_{\alpha_j}^p = \frac{2c\cot\varphi}{1-\sin\varphi}\left(\frac{r_j}{R_j}\right)^{\frac{2\sin\varphi}{1-\sin\varphi}} - 2c\cot\varphi \tag{8.52}$$

$$\sigma_y^p - \sigma_x^p + 2i\tau_{xy}^p = (\sigma_{\alpha_j}^p - \sigma_{r_j}^p + 2i\tau_{r_j\alpha_j}^p)e^{-2i\alpha_1} = \frac{2c\cos\varphi}{1-\sin\varphi}\left(\frac{r_j}{R_j}\right)^{\frac{2\sin\varphi}{1-\sin\varphi}}\frac{\overline{z_j}}{z_j} \tag{8.53}$$

Substituting $z_1 = z = \omega(\sigma)$ and $r_1 = \sqrt{\omega(\sigma)\overline{\omega(\sigma)}}$ into Eqs. (8.52) and (8.53), we can obtain the plastic stress combinations on the elastic–plastic boundary L_1 as functions of σ:

$$\sigma_x^p + \sigma_y^p = \frac{2c\cot\varphi}{1-\sin\varphi}\left(\frac{\sqrt{\omega(\sigma)\overline{\omega(\sigma)}}}{R_1}\right)^{\frac{2\sin\varphi}{1-\sin\varphi}} - 2c\cot\varphi \tag{8.54}$$

$$\sigma_y^p - \sigma_x^p + 2i\tau_{xy}^p = \frac{2c\cos\varphi}{1-\sin\varphi}\left(\frac{\sqrt{\omega(\sigma)\overline{\omega(\sigma)}}}{R_1}\right)^{\frac{2\sin\varphi}{1-\sin\varphi}}\frac{\overline{\omega(\sigma)}}{\omega(\sigma)} \tag{8.55}$$

Similarly, substituting $z_2 = z - s = \omega(r_0\sigma) - s$ and $r_2 = \sqrt{[\omega(r_0\sigma) - s]\overline{[\omega(r_0\sigma) - s]}}$ into Eqs. (8.52) and (8.53), we can obtain the plastic stress combinations on the elastic–plastic boundary L_2 as functions of σ:

$$\sigma_x^p + \sigma_y^p = \frac{2c\cot\varphi}{1-\sin\varphi}\left(\frac{\sqrt{[\omega(r_0\sigma) - s]\overline{[\omega(r_0\sigma) - s]}}}{R_2}\right)^{\frac{2\sin\varphi}{1-\sin\varphi}} - 2c\cot\varphi \tag{8.56}$$

$$\sigma_y^p - \sigma_x^p + 2\mathrm{i}\tau_{xy}^p = \frac{2c\cos\varphi}{1-\sin\varphi}\left(\frac{\sqrt{[\omega(r_0\sigma) - s]\overline{[\omega(r_0\sigma) - s]}}}{R_2}\right)^{\frac{2\sin\varphi}{1-\sin\varphi}} \frac{\overline{\omega(r_0\sigma) - s}}{\omega(r_0\sigma) - s} \tag{8.57}$$

8.3.3 Determination of Plastic Zone

8.3.3.1 Stress Continuity Equation

According to Eqs. (8.45), (8.46), (8.54) and (8.55), the stress continuity equations along the elastic–plastic interface L_1 can be established as follows:

$$2B+2a_0 + c\cot\varphi + \sum_{k=1}^{n} a_k\sigma^k + \sum_{k=1}^{n} a_k\sigma^{-k} + \sum_{k=1}^{n} b_k\sigma^{-k} + \sum_{k=1}^{n} b_k\sigma^k = \frac{c\cot\varphi}{1-\sin\varphi}\left(\frac{\sqrt{\omega(\sigma)\overline{\omega(\sigma)}}}{R_1}\right)^{\frac{2\sin\varphi}{1-\sin\varphi}} \tag{8.58}$$

$$B' + c_0 + \frac{\overline{\omega(\sigma)}}{\omega'(\sigma)}\left[\sum_{k=1}^{n} k a_k\sigma^{k-1} - \sum_{k=1}^{n} k b_k\sigma^{-k-1}\right] + \sum_{k=1}^{n} c_k\sigma^k + \sum_{k=1}^{n} d_k\sigma^{-k} = \frac{c\cos\varphi}{1-\sin\varphi}\left(\frac{\sqrt{\omega(\sigma)\overline{\omega(\sigma)}}}{R_1}\right)^{\frac{2\sin\varphi}{1-\sin\varphi}} \frac{\overline{\omega(\sigma)}}{\omega(\sigma)} \tag{8.59}$$

According to Eqs. (8.47), (8.48), (8.56) and (8.57), the stress continuity equations along the elastic–plastic interface L_2 can be established as follows:

$$2B+2a_0 + c\cot\varphi + \sum_{k=1}^{n} a_k r_0^k\sigma^k + \sum_{k=1}^{n} a_k r_0^k\sigma^{-k} + \sum_{k=1}^{n} b_k r_0^{-k}\sigma^{-k} + \sum_{k=1}^{n} b_k r_0^{-k}\sigma^k$$

$$= \frac{c\cot\varphi}{1-\sin\varphi}\left(\frac{\sqrt{[\omega(r_0\sigma)-s]\overline{[\omega(r_0\sigma)-s]}}}{R_2}\right)^{\frac{2\sin\varphi}{1-\sin\varphi}} \tag{8.60}$$

$$B' + c_0 + \frac{\overline{\omega(r_0\sigma)}}{\omega'(r_0\sigma)}\left(\sum_{k=1}^{n} ka_k r_0^{k-1}\sigma^{k-1} - \sum_{k=1}^{n} kb_k r_0^{-k-1}\sigma^{-k-1}\right) + \sum_{k=1}^{n} c_k r_0^k \sigma^k$$
$$+ \sum_{k=1}^{n} d_k r_0^{-k}\sigma^{-k} = \frac{c\cos\varphi}{1-\sin\varphi}\left(\frac{\sqrt{[\omega(r_0\sigma)-s]\overline{[\omega(r_0\sigma)-s]}}}{R_2}\right)^{\frac{2\sin\varphi}{1-\sin\varphi}} \frac{\overline{\omega(r_0\sigma)-s}}{\omega(r_0\sigma)-s} \tag{8.61}$$

8.3.3.2 Nonlinear Equations About Coefficients in Mapping Function

The mapping function coefficients R, C_0, C_k, C_{-k}, r', and s' will be solved by the stress continuity Eqs. (8.58)–(8.61). Note that the right-hand sides of Eqs. (8.58) and (8.60) are stress expressions that depend only on the mapping function coefficients, and are periodic with a period of 2π with σ as the independent variable. Therefore, they can be expanded as Fourier series with period 2π with respect to σ.

$$\frac{c\cot\varphi}{1-\sin\varphi}\left(\frac{\sqrt{\omega(\sigma)\overline{\omega(\sigma)}}}{R_1}\right)^{\frac{2\sin\varphi}{1-\sin\varphi}} = e_0 + \sum_{k=1}^{\infty} e_k\sigma^k + \sum_{k=1}^{\infty} e_k\sigma^{-k} \tag{8.62}$$

$$\frac{c\cot\varphi}{1-\sin\varphi}\left(\frac{\sqrt{[\omega(r_0\sigma)-s]\overline{[\omega(r_0\sigma)-s]}}}{R_2}\right)^{\frac{2\sin\varphi}{1-\sin\varphi}} = f_0 + \sum_{k=1}^{\infty} f_k\sigma^k + \sum_{k=1}^{\infty} f_k\sigma^{-k} \tag{8.63}$$

In theory, when the mapping function coefficients R, C_0, C_k, C_{-k}, r', and s' are known, the coefficients e_0, f_0, e_k, and f_k in Eqs. (8.62) and (8.63) can be obtained through Fourier integral formula. However, due to the complexity of the integrands (the left-hand sides of Eqs. (8.62) and (8.63)), the perform of Fourier integral is difficult. Numerical methods can be used to solve these coefficients with high accuracy and simplicity.

In actual calculation, the right-hand side series of Eqs. (8.62) and (8.63) are truncated to a finite number of terms. In this section, the highest positive and negative power terms are truncated to n terms. For any value of θ, Eqs. (8.62) and (8.63) hold true. Therefore, a finite number of θ_j can be taken within the range of $[0, 2\pi]$:

$$\theta_j = \frac{2\pi(j-1)}{2n+1},\ j = 1, 2, \cdots, 2n+1 \tag{8.64}$$

That is, the interval $[0, 2\pi]$ is divided into $2n + 1$ equal parts,

For different θ_j, the values of the left-hand sides of Eqs. (8.62) and (8.63) are defined as L_j and M_j, respectively, and then

$$L_j = \frac{c \cot \varphi}{1 - \sin \varphi} \left(\frac{\sqrt{\omega(\sigma_j)\overline{\omega(\sigma_j)}}}{R_1} \right)^{\frac{2 \sin \varphi}{1 - \sin \varphi}} \tag{8.65}$$

$$M_j = \frac{c \cot \varphi}{1 - \sin \varphi} \left(\frac{\sqrt{[\omega(r_0\sigma_j) - s]\overline{[\omega(r_0\sigma_j) - s]}}}{R_2} \right)^{\frac{2 \sin \varphi}{1 - \sin \varphi}} \tag{8.66}$$

where $\sigma_j = e^{i\theta_j}$.

Thus, a complex linear equation system for solving e_0, e_k, f_0, f_k can be established.

$$\mathbf{IE} = \mathbf{L} \tag{8.67}$$

$$\mathbf{IF} = \mathbf{M} \tag{8.68}$$

where

$$\mathbf{I} = \begin{bmatrix} e^{-in\theta_1} & e^{-i(n-1)\theta_1} & \cdots & e^{-i\theta_1} & 1 & e^{i\theta_1} & \cdots & e^{i(n-1)\theta_1} & e^{in\theta_1} \\ e^{-in\theta_2} & e^{-i(n-1)\theta_2} & \cdots & e^{-i\theta_2} & 1 & e^{i\theta_2} & \cdots & e^{i(n-1)\theta_2} & e^{in\theta_2} \\ \vdots & \vdots & \cdots & \vdots & \vdots & \vdots & \cdots & \vdots & \vdots \\ e^{-in\theta_{2n+1}} & e^{-i(n-1)\theta_{2n+1}} & \cdots & e^{-i\theta_{2n+1}} & 1 & e^{i\theta_{2n+1}} & \cdots & e^{i(n-1)\theta_{2n+1}} & e^{in\theta_{2n+1}} \end{bmatrix},$$

$$\mathbf{L} = \left[L_1\, L_2\, \cdots\, L_{2n+1}\right]^T,$$

$$\mathbf{M} = \left[M_1\, M_2\, \cdots\, M_{2n+1}\right]^T,$$

$$\mathbf{E} = \left[e_n\, e_{n-1} \cdots e_1\, e_0\, e_1 \cdots e_{n-1}\, e_n\right]^T,$$

$$\mathbf{F} = \left[f_n f_{n-1} \cdots f_1 f_0 f_1 \cdots f_{n-1} f_n\right]^T.$$

Because **I**, **L**, **M** are all complex constants, Eqs. (8.67) and (8.68) form a system of complex linear equations with respect to **E** and **F**. However, for the problems discussed in this section, the values of **E** and **F** obtained are real numbers.

From Eqs. (8.58), (8.60), (8.62), and (8.63), the following equations can be derived.

$$2B + 2a_0 + c\cot\varphi + \sum_{k=1}^{n} a_k\sigma^k + \sum_{k=1}^{n} a_k\sigma^{-k} + \sum_{k=1}^{n} b_k\sigma^{-k} + \sum_{k=1}^{n} b_k\sigma^k$$
$$= e_0 + \sum_{k=1}^{n} e_k\sigma^k + \sum_{k=1}^{n} e_k\sigma^{-k} \tag{8.69}$$

$$2B + 2a_0 + c\cot\varphi + \sum_{k=1}^{n} a_k r_0^k\sigma^k + \sum_{k=1}^{n} a_k r_0^k\sigma^{-k} + \sum_{k=1}^{n} b_k r_0^{-k}\sigma^{-k} + \sum_{k=1}^{n} b_k r_0^{-k}\sigma^k$$
$$= f_0 + \sum_{k=1}^{n} f_k\sigma^k + \sum_{k=1}^{n} f_k\sigma^{-k} \tag{8.70}$$

By comparing the same power term of σ in Eqs. (8.69) and (8.70), we obtain:

$$a_k + b_k = e_k \tag{8.71}$$

$$a_k r_0^k + b_k r_0^{-k} = f_k \tag{8.72}$$

$$2B + 2a_0 + c\cot\varphi = e_0 \tag{8.73}$$

$$2B + 2a_0 + c\cot\varphi = f_0 \tag{8.74}$$

Therefore, using Eqs. (8.71) and (8.72), the relationship between the coefficients a_k, b_k and the values R, C_0, C_k, C_{-k}, r', and s' can be obtained as follows.

$$b_k = \left(f_k - r_0^k e_k\right)/\left(r_0^{-k} - r_0^k\right),\ k = 1, 2, \cdots n \tag{8.75}$$

$$a_k = e_k - b_k,\ k = 1, 2, \cdots n \tag{8.76}$$

Equations (8.73) and (8.74) will be used later in the construction of the objective function for solving the mapping function coefficients.

The two stress continuity Eqs. (8.59) and (8.61) which have not been used so far, can be written as:

$$B' + c_0 + \sum_{k=1}^{n} c_k\sigma^k + \sum_{k=1}^{n} d_k\sigma^{-k} = \frac{c\cos\varphi}{1-\sin\varphi}\left(\frac{\sqrt{\omega(\sigma)\overline{\omega(\sigma)}}}{R_1}\right)^{\frac{2\sin\varphi}{1-\sin\varphi}} \frac{\overline{\omega(\sigma)}}{\omega(\sigma)}$$
$$-\frac{\overline{\omega(\sigma)}}{\omega'(\sigma)}\left(\sum_{k=1}^{n} k a_k\sigma^{k-1} - \sum_{k=1}^{n} k b_k\sigma^{-k-1}\right) \tag{8.77}$$

$$
\begin{aligned}
&B' + c_0 + \sum_{k=1}^{n} c_k r_0^k \sigma^k + \sum_{k=1}^{n} d_k r_0^{-k} \sigma^{-k} \\
&= \frac{c\cos\varphi}{1-\sin\varphi}\left(\frac{\sqrt{[\omega(r_0\sigma)-s]\overline{[\omega(r_0\sigma)-s]}}}{R_2}\right)^{\frac{2\sin\varphi}{1-\sin\varphi}} \frac{\overline{\omega(r_0\sigma)-s}}{\omega(r_0\sigma)-s} \\
&\quad - \frac{\overline{\omega(r_0\sigma)}}{\omega'(r_0\sigma)}\left(\sum_{k=1}^{n} k a_k r_0^{k-1}\sigma^{k-1} - \sum_{k=1}^{n} k b_k r_0^{-k-1}\sigma^{-k-1}\right)
\end{aligned}
\tag{8.78}
$$

Similarly, as with Eqs. (8.58) and (8.60), the right-hand side of Eqs. (8.77) and (8.78) can also be expanded into Fourier series:

$$
\begin{aligned}
&\frac{c\cos\varphi}{1-\sin\varphi}\left(\frac{\sqrt{\omega(\sigma)\overline{\omega(\sigma)}}}{R_1}\right)^{\frac{2\sin\varphi}{1-\sin\varphi}} \frac{\overline{\omega(\sigma)}}{\omega(\sigma)} - \frac{\overline{\omega(\sigma)}}{\omega'(\sigma)}\left(\sum_{k=1}^{n} k a_k \sigma^{k-1} - \sum_{k=1}^{n} k b_k \sigma^{-k-1}\right) \\
&= g_0 + \sum_{k=1}^{\infty} g_k \sigma^k + \sum_{k=1}^{\infty} g'_k \sigma^{-k}
\end{aligned}
\tag{8.79}
$$

$$
\begin{aligned}
&\frac{c\cos\varphi}{1-\sin\varphi}\left(\frac{\sqrt{[\omega(r_0\sigma)-s]\overline{[\omega(r_0\sigma)-s]}}}{R_2}\right)^{\frac{2\sin\varphi}{1-\sin\varphi}} \frac{\overline{\omega(r_0\sigma)-s}}{\omega(r_0\sigma)-s} \\
&\quad - \frac{\overline{\omega(r_0\sigma)}}{\omega'(r_0\sigma)}\left(\sum_{k=1}^{n} k a_k r_0^{k-1}\sigma^{k-1} - \sum_{k=1}^{n} k b_k r_0^{-k-1}\sigma^{-k-1}\right) \\
&= h_0 + \sum_{k=1}^{\infty} h_k \sigma^k + \sum_{k=1}^{\infty} h'_k \sigma^{-k}
\end{aligned}
\tag{8.80}
$$

Similarly, the solution method for coefficients g_0, g_k, g'_k, h_0, h_k, and h'_k of Eqs. (8.79) and (8.80) is exactly the same as Eqs. (8.62) and (8.63). Specifically, the right-hand side series of Eqs. (8.79) and (8.80) are also truncated at a finite number of terms n, and the value of θ is the same as in Eq. (8.64). For different values of θ_j, let the corresponding values of the left-hand side of Eqs. (8.79) and (8.80) be P_j and Q_j, respectively, then we have:

$$
\begin{aligned}
P_j = &\frac{c\cos\varphi}{1-\sin\varphi}\left(\frac{\sqrt{\omega(\sigma_j)\overline{\omega(\sigma_j)}}}{R_1}\right)^{\frac{2\sin\varphi}{1-\sin\varphi}} \frac{\overline{\omega(\sigma_j)}}{\omega(\sigma_j)} \\
&- \frac{\overline{\omega(\sigma_j)}}{\omega'(\sigma_j)}\left(\sum_{k=1}^{n} k a_k \sigma_j^{k-1} - \sum_{k=1}^{n} k b_k \sigma_j^{-k-1}\right)
\end{aligned}
\tag{8.81}
$$

$$Q_j = \frac{c\cos\varphi}{1-\sin\varphi}\left(\frac{\sqrt{[\omega(r_0\sigma_j)-s]\overline{[\omega(r_0\sigma_j)-s]}}}{R_2}\right)^{\frac{2\sin\varphi}{1-\sin\varphi}}\frac{\overline{\omega(r_0\sigma_j)-s}}{\omega(r_0\sigma_j)-s}$$
$$-\frac{\overline{\omega(r_0\sigma_j)}}{\omega'(r_0\sigma_j)}\left(\sum_{k=1}^{n}ka_kr_0^{k-1}\sigma_j^{k-1}-\sum_{k=1}^{n}kb_kr_0^{-k-1}\sigma_j^{-k-1}\right) \tag{8.82}$$

Thus, a complex linear system of equations for solving g_0, g_k, g'_k, h_0, h_k, and h'_k can be established.

$$\mathbf{IG} = \mathbf{P} \tag{8.83}$$

$$\mathbf{IH} = \mathbf{Q} \tag{8.84}$$

where

$$\mathbf{P} = \left[P_1\, P_2\, \cdots\, P_{2n+1}\right]^T,$$

$$\mathbf{Q} = \left[Q_1\, Q_2\, \cdots\, Q_{2n+1}\right]^T,$$

$$\mathbf{G} = \left[g'_n\, g'_{n-1}\cdots\, g'_1\, g_0\, g_1\cdots g_{n-1}\, g_n\right]^T,$$

$$\mathbf{H} = \left[h'_n\, h'_{n-1}\cdots\, h'_1\, h_0\, h_1\cdots h_{n-1}\, h_n\right]^T.$$

Since **I**, **P**, and **Q** are all complex constants, Eqs. (8.83) and (8.84) form a complex linear system of equations with respect to **G** and **H**. However, for the problems in this section, the **G** and **H** obtained are real constants.

From Eqs. (8.77)–(8.80), we obtain:

$$B' + c_0 + \sum_{k=1}^{n} c_k\sigma^k + \sum_{k=1}^{n} d_k\sigma^{-k} = g_0 + \sum_{k=1}^{n} g_k\sigma^k + \sum_{k=1}^{n} g'_k\sigma^{-k} \tag{8.85}$$

$$B' + c_0 + \sum_{k=1}^{n} c_kr_0^k\sigma^k + \sum_{k=1}^{n} d_kr_0^{-k}\sigma^{-k} = h_0 + \sum_{k=1}^{n} h_k\sigma^k + \sum_{k=1}^{n} h'_k\sigma^{-k} \tag{8.86}$$

By comparing the same power term of σ in Eqs. (8.85) and (8.86), we obtain:

$$c_k = g_k, k = 1, 2, \cdots, n \tag{8.87}$$

$$d_k = g'_k, k = 1, 2, \cdots, n \tag{8.88}$$

$$c_k r_0^k = h_k, k = 1, 2, \cdots, n \tag{8.89}$$

$$d_k r_0^{-k} = h'_k, k = 1, 2, \cdots, n \tag{8.90}$$

$$B' + c_0 = g_0 \tag{8.91}$$

$$B' + c_0 = h_0 \tag{8.92}$$

From Eqs. (8.41), (8.42), (8.73), (8.74), (8.87)–(8.92), the nonlinear equations for solving the mapping function coefficients R, C_0, C_k, C_{-k}, r', and s' can be obtained as follows:

$$\begin{cases} 2B - \sum\limits_{k=1}^{n} 2a_k d^{-k} - \sum\limits_{k=1}^{n} 2b_k d^k + c\cot\varphi - e_0 = 0 \\ 2B - \sum\limits_{k=1}^{n} 2a_k d^{-k} - \sum\limits_{k=1}^{n} 2b_k d^k + c\cot\varphi - f_0 = 0 \\ B' - \sum\limits_{k=1}^{n} c_k d^{-k} - \sum\limits_{k=1}^{n} d_k d^k - g_0 = 0 \\ B' - \sum\limits_{k=1}^{n} c_k d^{-k} - \sum\limits_{k=1}^{n} d_k d^k - h_0 = 0 \\ g_k r_0^k - h_k = 0, k = 1, 2, \cdots, n \\ h'_k r_0^k - g'_k = 0, k = 1, 2, \cdots, n \end{cases} \tag{8.93}$$

8.3.3.3 Determination of Coefficients in Mapping Function

In fact, the coefficients involved in the nonlinear system of Eq. (8.93) are only functions of the mapping function coefficients R, C_0, C_k, C_{-k}, r', and s', with $m_1 + m_2 + 4$ unknowns and a total of $2n + 4$ equations. When $2n + 4 > m_1 + m_2 + 4$ is taken, it becomes a nonlinear system of equations where the number of equations is greater than the number of unknowns. The optimization techniques can be used to solve this system of equations. In particular, when the sizes of the two circular tunnels are equal, the number of unknown quantities is reduced to $m + 3$ ($m_1 = m_2 = m$) due to the relationship (8.34) between C_k and C_{-k}. Obviously, based on Eq. (8.93), the objective function can be constructed as:

$$f(X) = \left|2B - \sum_{k=1}^{n} 2a_k d^{-k} - \sum_{k=1}^{n} 2b_k d^k + c\cot\varphi - e_0\right| + \left|2B - \sum_{k=1}^{n} 2a_k d^{-k} - \sum_{k=1}^{n} 2b_k d^k + c\cot\varphi - f_0\right|$$

$$+\left|B' - \sum_{k=1}^{n} c_k d^{-k} - \sum_{k=1}^{n} d_k d^k - g_0\right| + \left|B' - \sum_{k=1}^{n} c_k d^{-k} - \sum_{k=1}^{n} d_k d^k - h_0\right|$$
$$+\sum_{k=1}^{n} \left|g_k r_0^k - h_k\right| + \sum_{k=1}^{n} \left|h_k' r_0^k - g_k'\right| \tag{8.94}$$

For the problems in this section, the solution of X^* that can make $f(X) = 0$ is the global optimal solution we are looking for, which means that it satisfies the stress continuity conditions (Eqs. (8.58)–(8.61)) at every point on the elastic–plastic interface. Although it is difficult to find such a solution X^* for practical problems, we can use optimization techniques to find a solution of X that is very close to zero. The solution X can ensure sufficient accuracy and meet engineering requirements.

In this section, R, C_0, C_k, C_{-k}, r', and s' are treated as design variables, and the differential evolution algorithm is used for effective solution. The number of design variables is $m_1 + m_2 + 4$ ($m + 3$ when the sizes of the two circular tunnels are equal). The population size is 40 (20 when the sizes of the two circular tunnels are equal), and the number of iterations is 600 (400 when the sizes of the two circular tunnels are equal).

8.3.4 *Verification*

8.3.4.1 Stress Components at the Elastic–Plastic Interface

When the coefficients of the mapping function are known, substituting $r_1 = \sqrt{\omega(\zeta)\overline{\omega(\zeta)}}$ and $r_2 = \sqrt{[\omega(\zeta) - s][\overline{\omega(\zeta)} - s]}$ into Eqs. (8.49)–(8.51) yields the plastic stress components in the two plastic zones, respectively. When taking $\zeta = \sigma$ and $\zeta = r_0\sigma$, the stress components on the two elastic–plastic interfaces L_1 and L_2 are obtained, respectively. According to Eqs. (8.43) and (8.44), as well as the stress transformation formula, the elastic stress combinations in the local polar coordinate system $r_1 o_1 \alpha_1$ can be expressed as:

$$\sigma_{r_1}^e + \sigma_{\alpha_1}^e = 2\left(2B+2a_0 + \sum_{k=1}^{n} a_k\zeta^k + \sum_{k=1}^{n} b_k\zeta^{-k} + \sum_{k=1}^{n} a_k\zeta^{-k} + \sum_{k=1}^{n} b_k\zeta^k\right) \tag{8.95}$$

$$\sigma_{\alpha_1}^e - \sigma_{r_1}^e + 2i\tau_{r_1\alpha_1}^e = 2\frac{\omega(\zeta)}{\overline{\omega(\zeta)}}\left[\begin{array}{l} B' + c_0 + \dfrac{\overline{\omega(\zeta)}}{\omega'(\zeta)}\left(\displaystyle\sum_{k=1}^{n} ka_k\zeta^{k-1} - \sum_{k=1}^{n} kb_k\zeta^{-k-1}\right) \\ +\displaystyle\sum_{k=1}^{n} c_k\sigma^k + \sum_{k=1}^{n} d_k\zeta^{-k} \end{array}\right] \tag{8.96}$$

Let the right-hand side of Eq. (8.95) be w_1 and the right-hand side of Eq. (8.96) be $w_2 + iw_3$, then the elastic stress components in the local polar coordinate system $r_1o_1\alpha_1$ can be expressed as:

$$\sigma_{r_1}^e = (w_1 - w_2)/2 \tag{8.97}$$

$$\sigma_{\alpha_1}^e = (w_1 + w_2)/2 \tag{8.98}$$

$$\tau_{r_1\alpha_1}^e = w_3/2 \tag{8.99}$$

When the variables in Eqs. (8.97)–(8.99) are set to $\zeta = \sigma$, the resulting expressions represent the elastic stress components on the interface L_1.

According to Eqs. (8.43) and (8.44), as well as the stress transformation formula, the elastic stress combinations in the local polar coordinate system $r_1o_1\alpha_1$ can be expressed as:

$$\sigma_{r_2}^e + \sigma_{\alpha_2}^e = 2\left(2B{+}2a_0 + \sum_{k=1}^{n} a_k\zeta^k + \sum_{k=1}^{n} b_k\zeta^{-k} + \sum_{k=1}^{n} \overline{a_k}\overline{\zeta}^{-k} + \sum_{k=1}^{n} \overline{b_k}\overline{\zeta}^k\right) \tag{8.100}$$

$$\sigma_{\alpha_2}^e - \sigma_{r_2}^e + 2i\tau_{r_2\alpha_2}^e = 2\frac{\omega(\zeta) - s}{\overline{\omega(\zeta) - s}}\left[\begin{array}{l} B' + c_0 + \dfrac{\overline{\omega(\zeta)}}{\omega'(\zeta)}\left(\sum\limits_{k=1}^{n} ka_k\zeta^{k-1} - \sum\limits_{k=1}^{n} kb_k\zeta^{-k-1}\right) \\ + \sum\limits_{k=1}^{n} c_k\zeta^k + \sum\limits_{k=1}^{n} d_k\zeta^{-k} \end{array}\right] \tag{8.101}$$

Let the right-hand side of Eq. (8.100) be w_4 and the right-hand side of Eq. (8.101) be $w_5 + iw_6$, then the elastic stress components in the local polar coordinate system $r_2o_2\alpha_2$ can be expressed as:

$$\sigma_{r_2}^e = (w_4 - w_5)/2 \tag{8.102}$$

$$\sigma_{\alpha_2}^e = (w_4 + w_5)/2 \tag{8.103}$$

$$\tau_{r_2\alpha_2}^e = w_6/2 \tag{8.104}$$

When the variables in Eqs. (8.102)–(8.104) are set to $\zeta = r_0\sigma$, the resulting expressions represent the elastic stress components on the interface L_2.

Table 8.2 The maximum absolute error of each stress component on L_2 for different m and n

m	$\max\lvert\sigma_{r_2}^e - \sigma_{r_2}^p\rvert$ MPa		$\max\lvert\sigma_{\alpha_2}^e - \sigma_{\alpha_2}^p\rvert$ MPa		$\max\lvert\tau_{r_2\alpha_2}^e - \sigma_{r_2\alpha_2}^p\rvert$ MPa	
4	0.03989	(0.03988)	0.03988	(0.03991)	0.03970	(0.03972)
6	0.01259	(0.01236)	0.01262	(0.01211)	0.01235	(0.01233)
8	0.00617	(0.00439)	0.00625	(0.00426)	0.00550	(0.00549)
10	0.00192	(0.00079)	0.00194	(0.00080)	0.00211	(0.00082)
12	0.00307	(0.00094)	0.00308	(0.00086)	0.00294	(0.00088)
14	0.00730	(0.00725)	0.00740	(0.00719)	0.00846	(0.00706)

8.3.4.2 Discussion on Accuracy

First, let's consider the case of two circular tunnels of equal size, and then extend it to the case where the two tunnels have different radii. The difference in magnitude between elastic and plastic stress components on the elastic–plastic interface can reflect the accuracy of the calculations. The mapping function coefficient C_k is truncated at a finite number m, and the coefficients a_k, b_k, c_k, d_k of $\varphi_1'(z)$ and $\psi_1'(z)$ are truncated at a finite number n. The highest positive and negative powers of Fourier expansions in Eqs. (8.62), (8.65), (8.79), and (8.80) are also n terms. Obviously, the values of m and n have an impact on the calculation results. In order to discuss the impact of the values of m and n on the calculation accuracy, let us take the calculation parameters as $R_0 = 1$ m, $s = 5$ m, $c = 5$ MPa, $\varphi = 30°$, $\sigma_x^\infty = 30$ MPa, $\sigma_y^\infty = 40$ MPa. Table 8.2 gives the maximum absolute errors of the elastic–plastic boundary L_2 for each stress component when $m = 4, 6, 8, 10, 12$ and $n = 30, 40$ (the errors when $n = 40$ are listed in parentheses).

In theory, the larger the values of m and n, the smaller the maximum absolute error of each stress component should be, and the higher the calculation accuracy should be. However, it can be observed from Table 8.2 that the calculation accuracy decreases instead when $m > 10$. This is because as the number of design variables increases, the optimization ability of the DE algorithm decreases. It is recommended that the number of design variables should not exceed 30 to ensure the effectiveness of the algorithm. Using the same method, the influence of m and n on the accuracy can be investigated for the case of two circular tunnels with different radii. For two circular tunnels of equal size, it is recommended to take $m = 10$ and $n = 40$; for two circular tunnels of different sizes, when the left tunnel is larger than the right tunnel, m_1 should be greater than m_2, and vice versa.

8.3.4.3 Comparison Between Analytical and Numerical Results

Consider two equally sized circular tunnels for numerical verification. The parameters are defined as follows: elastic modulus E is 20 GPa, Poisson ratio μ is 0.3, and the in-situ stress is $\sigma_x^\infty = 40$ MPa and $\sigma_y^\infty = 30$ MPa. Other parameters are the same as in the previous section. Table 8.3 provides the mapping function coefficients obtained by the analytical solution proposed in this section. It can be seen that as k gradually increases, the overall trend of the mapping function coefficient C_k decreases. When $k = 10$, C_k is very close to 0, indicating that C_k is convergent.

The method in this section is numerically verified using FLAC3D finite difference program as in Chap. 5. As shown in Fig. 8.18, due to symmetry, 1/4 of the model (where the upper half of the left tunnel is taken) can be used for analysis. The horizontal direction on the right side of the model and the vertical direction at the bottom of the model are fixed, and the size of the model is 12.5 m $\times$ 12.5 m. The model is meshed using 8-node hexahedral elements, and after meshing, there are a total of 12,400 elements and 25,322 nodes in the model. To simulate the plane strain problem, the displacement of the entire model along the paper direction is set to zero.

After the numerical simulation, a total of 1017 elements reach yield in the FLAC model. Figure 8.19 shows the elastic–plastic boundary obtained by the analytical solution and the outermost yielded element obtained by FLAC. It can be seen from Fig. 8.19 that the results obtained by the two methods are basically the same. The elastic–plastic boundary passes through almost every yielded element, with only slight errors around $x = 1.5$. Figure 8.19 also defines three different paths, along which the yielded elements obtained by FLAC are identified. The plastic stress components obtained by the analytical method and the stress components obtained by the numerical method are plotted on the same figure, and compare their fitting degree at the elastic–plastic boundary and on the three paths. The specific results are shown in Fig. 8.20.

The stress fitting near $x = 1.5$ in Fig. 8.20a is poor, which is due to the error between the elastic–plastic boundary obtained by the analytical method and the outermost yielded element obtained by the numerical method. Overall, the plastic stress obtained by the two methods fit well. Figure. 8.20b, c, and d prove that for two parallel circular tunnels, when there is no external load acting on the tunnel edge and the two plastic zones are not connected to each other, the stress distribution in the plastic zones (referring to stresses under two local polar coordinate systems, respectively) is the same as that for a single circular tunnel. That is to say, for the problem discussed in this section, Eqs. (8.49)–(8.51) are correct, and the shear stress in the plastic zone is zero while the tangential stress and radial stress are the maximum and minimum principal stresses, respectively.

Table 8.3 The mapping function coefficients of the elastic–plastic interfaces for two equal circular tunnels

R	s'	C_0	C_1	C_2	C_3	C_4
1.5820	1.1441	8.2289×10^{-3}	-5.7312×10^{-2}	3.7397×10^{-2}	1.4092×10^{-2}	8.4928×10^{-3}
C_5	C_6	C_7	C_8	C_9	C_{10}	–
2.2894×10^{-3}	6.9074×10^{-4}	-7.7079×10^{-5}	-1.0911×10^{-4}	-8.1089×10^{-5}	-3.0070×10^{-5}	–

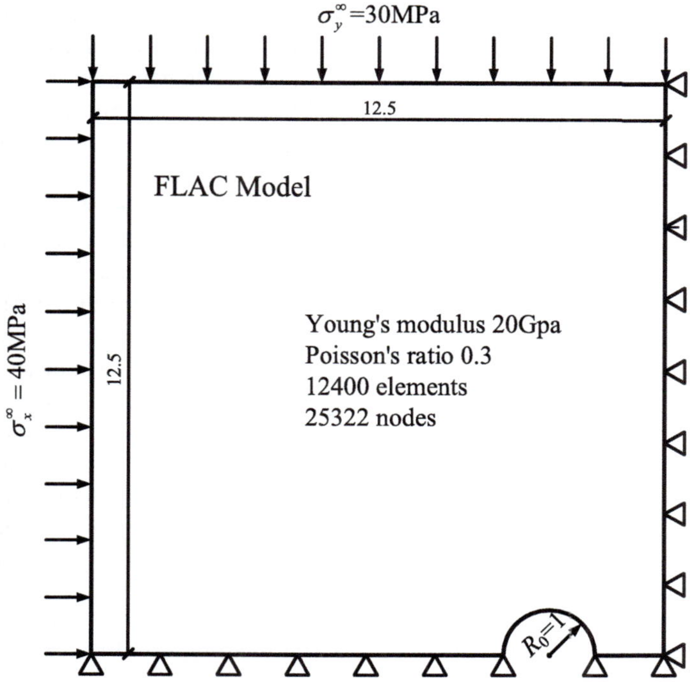

Fig. 8.18 The sketch of the FLAC3D model

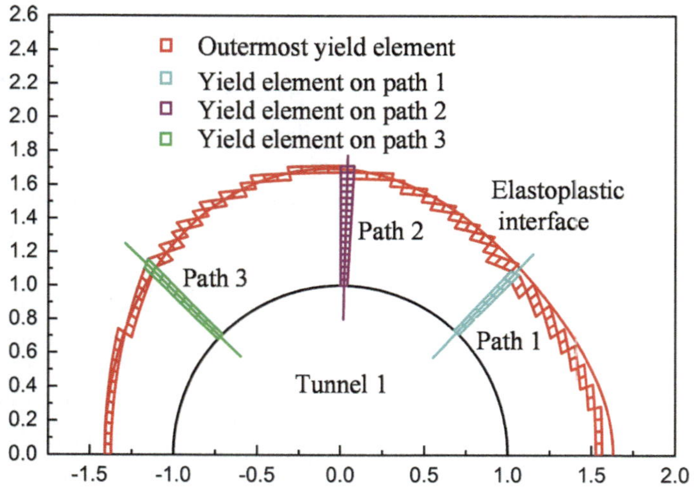

Fig. 8.19 The comparison of the results obtained by analytical and numerical methods and the definition of three paths

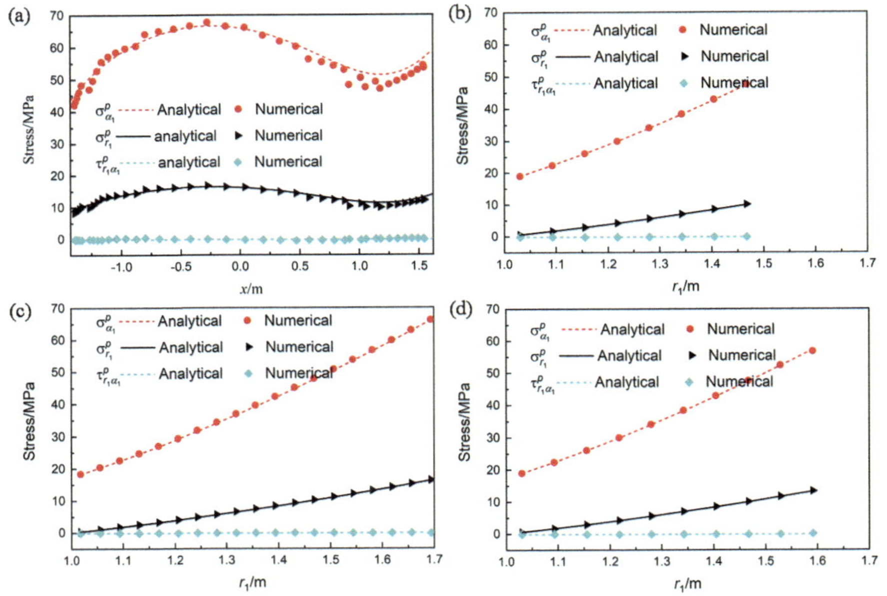

Fig. 8.20 The comparisons between the analytical and numerical methods, **a** the stresses on the outermost yield elements and the elastic–plastic interface, **b** the stresses on Path 1, **c** the stresses on Path 2, **d** the stresses on Path 3

For two circular tunnels of different sizes, the stress distribution in plastic zones can also be verified using numerical software. Herein, we directly give the comparison results of the two methods.

The parameters are defined as $R_1 = 4$ m, $R_2 = 3$ m, $s = 16$ m, $c = 5$ MPa, $\varphi = 30°$, $\sigma_x^\infty = 30$ MPa, $\sigma_y^\infty = 40$ MPa. Similarly, the coefficients of the mapping functions obtained from the analytical solution are shown in Table 8.4, and the elastic–plastic boundaries obtained from the analytical solution and the outermost yielding elements from the numerical method are shown in Fig. 8.21.

From Table 8.4, it can be seen that as k gradually increases, the overall trend of the mapping function coefficients C_k and C_{-k} is decreasing. When k is large, C_k and C_{-k} are very close to 0, indicating that they are convergent.

It can be seen from Fig. 8.21 that the results obtained by the two methods fit well, with only a small error. Now, we check the stress continuity conditions on the elastic–plastic boundaries L_1 and L_2. Due to the symmetry of the stress components on L_1 and L_2, it is sufficient to check only the upper half parts of L_1 and L_2. For specific calculations, the elastic and plastic stress components of the 181 points (from point A to B in a clockwise direction) on L_1 are obtained by substituting the coordinates into Eqs. (8.97) and (8.98), the elastic and plastic stress components of the 181 points (from D to C in a counterclockwise direction) on L_2 are obtained by substituting the coordinates into Eqs. (8.102) and (8.103). The results are shown in Fig. 8.22. Since

Table 8.4 The mapping function coefficients of the elastic–plastic interfaces for two unequal circular tunnels

R	s'	r'	C_0	C_1	C_2
6.3134	0.80747	0.74575	1.1420×10^{-2}	-7.1986×10^{-2}	3.5907×10^{-2}
C_3	C_4	C_5	C_6	C_7	C_8
1.5954×10^{-2}	1.1226×10^{-2}	3.9628×10^{-3}	1.4540×10^{-3}	2.2243×10^{-5}	-1.8344×10^{-4}
C_9	C_{10}	C_{11}	C_{12}	C_{-1}	C_{-2}
-2.0444×10^{-4}	-1.2160×10^{-4}	-1.2087×10^{-5}	2.0387×10^{-5}	-1.4898×10^{-2}	-2.1576×10^{-2}
C_{-3}	C_{-4}	C_{-5}	C_{-6}	C_{-7}	C_{-8}
6.8640×10^{-3}	-2.1528×10^{-3}	2.9127×10^{-4}	3.6536×10^{-5}	-5.4511×10^{-5}	2.1045×10^{-5}

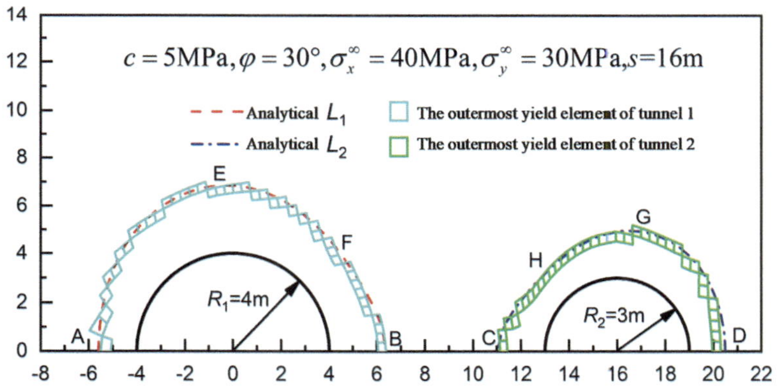

Fig. 8.21 The comparison of the results obtained by analytical and numerical methods when the two circular tunnels are unequal

the shear stress in the plastic zone is zero, it is not shown in the figure. Figure 8.22 reveals that the stress is continuous on both elastic–plastic boundaries.

8.3.5 Analysis and Discussion

8.3.5.1 Influence of Tunnel Spacing on Plastic Zone

Consider two circular tunnels of equal size with a radius R_0 of 1 m. The effect of the tunnel spacing s on the plastic zone is investigated. The parameters are taken as $c = 5$ MPa, $\varphi = 30°$. The results calculated under the action of equal and unequal biaxial in-situ stresses are shown in Fig. 8.23a and b, respectively.

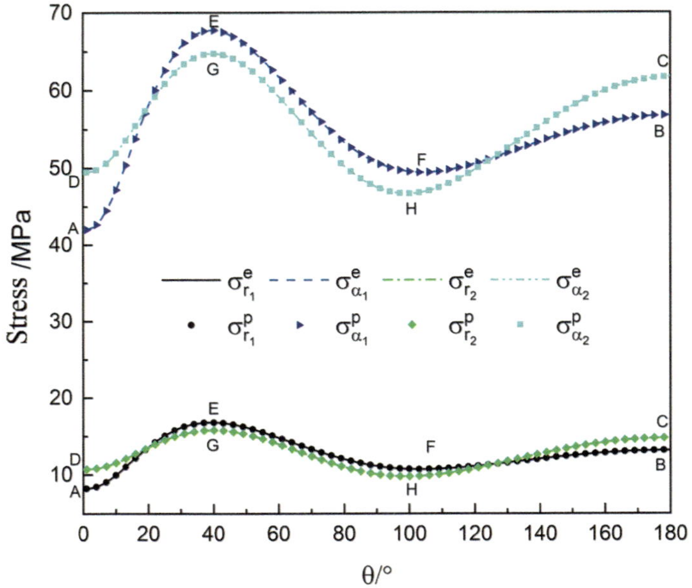

Fig. 8.22 The elastic and plastic stress components along the elastic–plastic interfaces

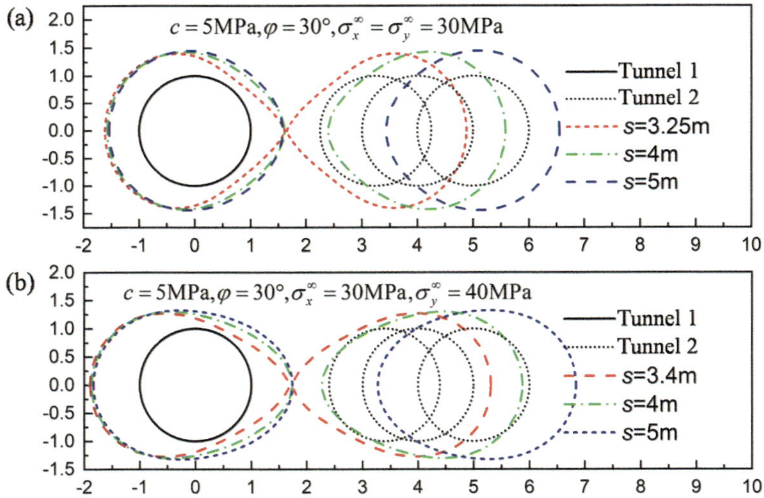

Fig. 8.23 The plastic zones for different *s*, **a** under the action of equal biaxial stresses, **b** under the action of unequal biaxial stresses

From Fig. 8.23, it can be seen that the influence of s on the plastic zone is mainly concentrated in the area between the two circular tunnels, and has a very small effect on the left side of the left tunnel and the right side of the right tunnel. Under the action of hydrostatic stresses, when s is less than 3.25 m, the two plastic zones will connect and form a whole. With the increase of s, the plastic zone will shrink horizontally towards the center of the tunnel, and the shape will become closer to a circular shape. Under the action of non-hydrostatic stresses, when s is less than 3.4 m, the two plastic zones will be connected. Taking the left tunnel as an example, with the increase of s, the left side of the plastic zone slightly shrinks, while the right side will expand more significantly, and the shape will become more and more close to elliptical. It should be noted that the method proposed in this section is not applicable to the case where two plastic zones are connected, this is because when the two plastic zones are connected as a whole, the stress distribution within the plastic zone will change and no longer have the form of Eqs. (8.49)–(8.51). In addition, the plastic zone tends not to surround the circular tunnel when s decreases, whether it is hydrostatic stress or non-hydrostatic stress.

8.3.5.2 Influence of Cohesion on Plastic Zone

Continue to consider two equally sized circular tunnels and explore the influence of cohesion c on plastic zones. Figure 8.24 draws the elastic–plastic interfaces for different c when the other parameters are $\varphi = 30°, \sigma_x^\infty = \sigma_y^\infty = 30$ MPa, and Fig. 8.24a and b correspond to $s = 4$ m and $s = 5$ m, respectively.

Figure 8.24 indicates that when c is too small, the two plastic zones will be connected. For $s = 4$ m, the limit value is 2.9 MPa, while for $s = 5$ m, the limit value is 1.8 MPa. When c is too large, each plastic zone will not be able to enclose the circular tunnel. For $s = 4$ m, the limit value is 14.0 MPa, while for $s = 5$ m, the limit value is 15.0 MPa. The parameter c has a significant influence on the shape and size of the plastic zone. As c changes, although the size of the plastic zone changes, the shape of the plastic zone on the left side of the left tunnel and the right side of the right tunnel remains close to circular. When c is small, the plastic zone is larger, and the shape of the plastic zone between the two tunnels is sharper, and the elastoplastic boundary is closer to a straight line. When c is very large, the plastic zone is small, and the shape of the plastic zone approaches circular.

8.3.5.3 Influence of Internal Friction Angle on Plastic Zone

Continue to consider two equally sized circular tunnels and explore the influence of internal friction angle φ on plastic zones. Figure 8.25 draws the elastic–plastic interfaces for different φ when the other parameters are $c = 5$ MPa, $\sigma_x^\infty = \sigma_y^\infty =$ 30 MPa, and Fig. 8.25a and b correspond to $s = 4$ m, and $s = 5$ m, respectively.

It can be seen from Fig. 8.25 that the smaller the internal friction angle φ, the larger the plastic zone, and the easier it is for the two plastic zones to connect. The

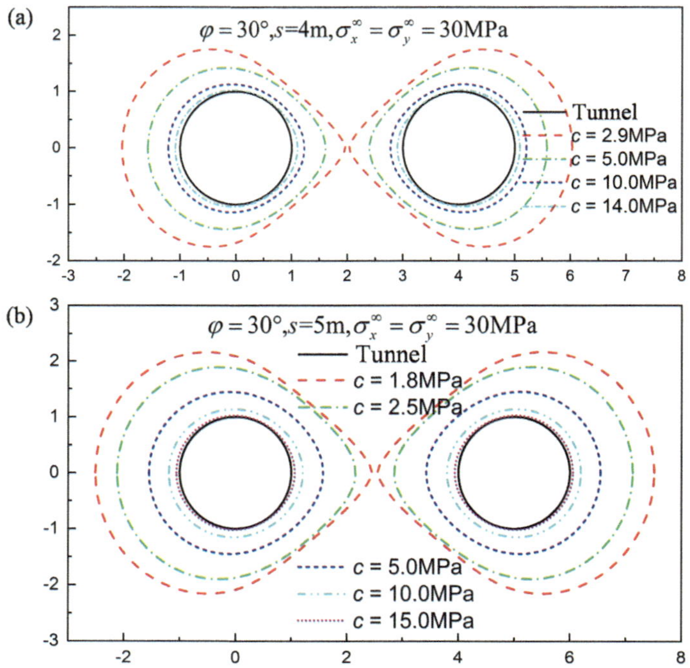

Fig. 8.24 The plastic zones for different cohesions: **a** $s = 4$ m, **b** $s = 5$ m

larger the internal friction angle φ, the smaller the plastic zone, and each plastic zone is more difficult to enclose the circular tunnel.

As φ, increases, the variation law of the plastic zone is similar to the influence of cohesion c on the plastic zone. For $s = 4$ m, the limit value of φ, when the two plastic zones are just connected is 23°, and the limit value of φ when each plastic zone cannot enclose the circular hole is 57°. For $s = 5$ m, the limit values are 17° and 60°. As φ increases from a small value, the area of the plastic zone gradually increases and its shape also changes. However, the shape of the plastic zone on the left side of the left tunnel and the right side of the right tunnel remains almost circular. The area between the two circular tunnels undergoes a larger variation, from an approximate circular shape to a sharp shape with straight boundaries. Particularly, when φ is very large, the plastic zone is very small and the shape of the plastic zone is almost circular.

8.3.5.4 Influence of In-Situ Stresses on Plastic Zone

Continue to consider two equally sized circular tunnels and explore the influence of horizontal in-situ stress σ_x^∞ and vertical in-situ stress σ_y^∞ on plastic zones. Figure 8.26 shows the elastic–plastic boundaries for different values of σ_y^∞ when the calculation parameters are taken as $c = 5$ MPa, $\varphi = 30°$, and σ_x^∞ fixed at 30 MPa. Figure 8.26a and b correspond to $s = 4$ m and $s = 5$ m, respectively. Figure 8.27 shows the

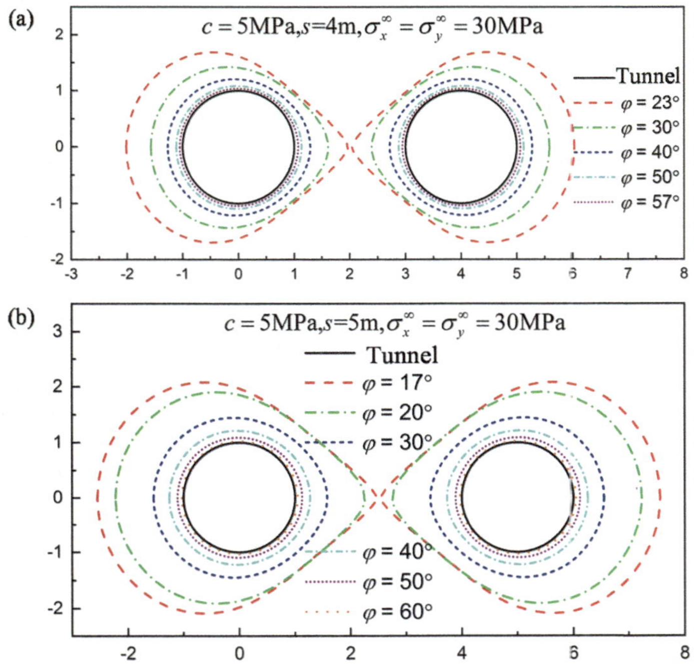

Fig. 8.25 The plastic zones for different internal friction angles: **a** $s = 4$ m, **b** $s = 5$ m

elastic–plastic boundaries for different values of σ_x^∞ when the calculation parameters are taken as $c = 5$ MPa, $\varphi = 30°$, and σ_y^∞ fixed at 30 MPa. Figure 8.27a and b correspond to $s = 4$ m and $s = 5$ m, respectively.

Figure 8.26 demonstrates that σ_y^∞ has a significant influence on the shape and size of the plastic zone. As σ_y^∞ increases, the plastic zone contracts in the vertical direction and expands in the horizontal direction, with a smaller increase in the area between the two circular tunnels.

For the case where the tunnel spacing is 4 m, when σ_y^∞ is less than 17 MPa, the plastic zone on the left and right sides of the left tunnel will not be able to completely surround the circular tunnel. When σ_y^∞ is greater than 47 MPa, the vertical direction of the two plastic zones will not be able to completely enclose the circular tunnels. For a tunnel spacing of 5 m, the corresponding limit values for the plastic zones not being able to completely enclose the circular holes are 18 MPa and 50 MPa, respectively.

Figure 8.27 illustrates that σ_x^∞ also has a significant impact on the shape and size of the plastic zone. As σ_x^∞ increases, the plastic zone in the vertical direction will increase, but the plastic zone on the left side of L_1 and the right side of L_2 will noticeably approach the tunnel boundary in the horizontal direction, while the change of the plastic zone between the two circular tunnels will be small. For a tunnel spacing of 4 m, when σ_x^∞ is less than 20 MPa, the plastic zones will first be unable to completely enclose the circular tunnels in the vertical direction. When σ_x^∞ is greater

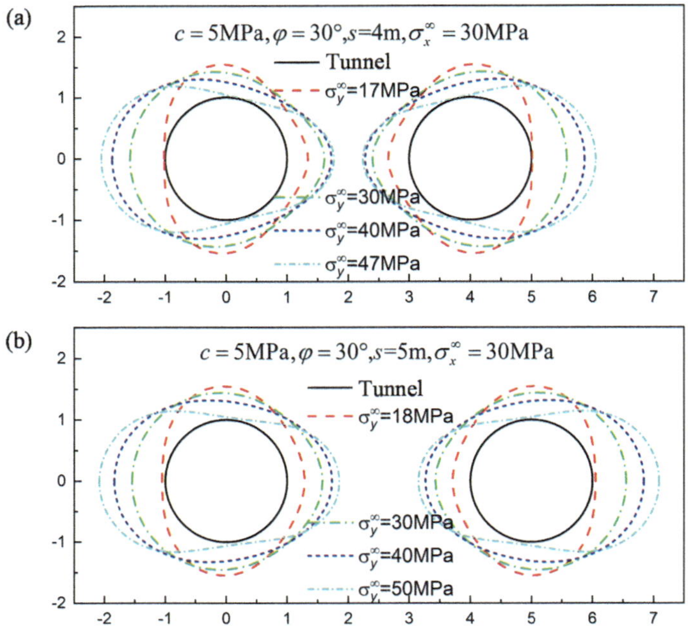

Fig. 8.26 The plastic zones for different vertical in-situ stresses: **a** $s = 4$ m, **b** $s = 5$ m

than 62 MPa, the leftmost point of the left tunnel and the rightmost point of the right tunnel will remain in an elastic state, and the plastic zone will not completely enclose the circular tunnels. For a tunnel spacing of 5 m, the corresponding limit values for the plastic zones not being able to completely enclose the circular holes are 19 MPa and 57 MPa, respectively.

Combining Figs. 8.26 and 8.27, it can be seen that under the action of non-hydrostatic stresses, the plastic zone not only develops obviously along the direction of the minimum in-situ stress, but also has a large range, and often has a certain size in the area between two tunnels.

When there is a large difference between σ_x^∞ and σ_y^∞, each plastic zone will not be able to completely enclose the circular tunnels. Specifically, if σ_x^∞ is too large, the surrounding rock on the left side of the left tunnel and the right side of the right tunnel will not yield. If σ_y^∞ is too large, the surrounding rock between the two circular tunnels and in the vertical direction will be unable to yield. The relationship between σ_x^∞ and σ_y^∞ is particularly important for the shape of the plastic zone. When $\sigma_x^\infty < \sigma_y^\infty$, the shape of the plastic zone is close to an ellipsoidal shape with unequal ends. When $\sigma_x^\infty > \sigma_y^\infty$, the shape of the plastic zone is no longer close to a simple elliptical shape and more like a curved triangular shape with three convexities.

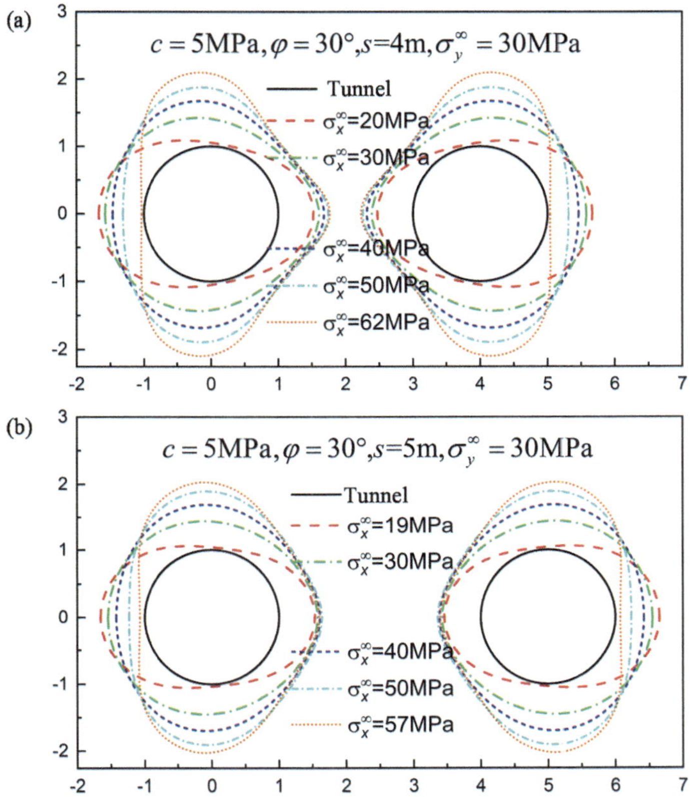

Fig. 8.27 The plastic zones for different horizontal in-situ stresses: **a** $s = 4$ m, **b** $s = 5$ m

References

1. Zhang, L.Q., Z.Q. Yue, C.F. Lee, L.G. Tham, and Z.F. Yang. 2003. Stress solution of multiple elliptic hole problem in plane elasticity. *ASCE Journal of Engineering Mechanics* 129 (12): 1394–1407.
2. Zhang, L.Q., A.Z. Lu, Z.Q. Yue, et al. 2009. An efficient and accurate iterative stress solution for an infinite elastic plate around two elliptic holes, subjected to uniform loads on the hole boundaries and at infinity. *European Journal of Mechanics - A/Solids* 28 (1): 189–193.
3. Zhang, L.Q., Z.F. Yang, A.Z. Lu. 2001. Analytics study on the problem of two problems having arbitrary shapes and arrangements in plane elastostatics. *Science in China (Series D)* 44 (2): 146–158.
4. Zhang, L.Q., A.Z. Lu, and Z.F. Yang. 2001. An analytic algorithm of stresses for any double hole problem in plane elastostatics. *Journal of Applied Mechanics, Transactions of ASME* 68: 350–353.
5. Lu. A.Z., and L.Q. Zhang. 1997. Alternating method study on analysis of surrounding rock for two random geometry tunnels. *Journal of Coal Science and Engineering (China)* 3 (2): 24–29.
6. Zhang, L.Q., Z.F. Yang, and A.Z. Lu. 2000. Analytical study on plane elasticity problems of two arbitrary shaped holes with arbitrary arrangement. *Science China Earth Sciences* 30 (5): 509–518.

7. Haddon, R.A.W. 1967. Stresses in an infinite plate with two unequal circular holes. *The Quarterly Journal of Mechanics and Applied Mathematics* 20 (3): 277–291.
8. Lu, A.Z., Z. Xu, and N. Zhang. 2017. Stress analytical solution for an infinite plane containing two holes. *International Journal of Mechanical Sciences* 128–129: 224–234.
9. Zeng, X.T., A.Z. Lu, and N. Zhang. 2018. Analytical stress solution for an infinite plate containing two oval holes. *European Journal of Mechanics—A/Solids* 67: 291–304.
10. Zeng, X.T., and A.Z. Lu. 2019. Stress solution for an infinite elastic plate containing two arbitrarily shaped holes. *AIAA Journal* 57 (4): 1961–1701.
11. Ma, Y.C., A.Z. Lu, H. Cai, and X.T. Zeng. 2021. Numerical applications of conformal mapping with explicit formulae based on the power series method. *The 2021 International Conference on Applied Mathematics, Modeling and Computer Simulation (AMMCS 2021).*
12. Korn, G.A., and T.M. Korn. 1968. *Mathematical Handbook for Scientists and Engineers*, 2nd ed. New York: McGraw-Hill.
13. Lu, A.Z., X.L. Zhang, and S.J. Wang. 2018. Analytic method for elasto-plastic analysis of circular tunnels under non-axisymmetric stresses. *Chinese Journal of Rock Mechanics and Engineering* 37 (1): 14–22.
14. Ma, Y.C., A.Z. Lu, H. Cai, and X.T. Zeng. 2020. An analytical method for determining the plastic regions around two circular holes in an infinite medium. *Applied Mathematical Modelling* 89 (1): 636–653.
15. Ma, Y.C., A.Z. Lu, X.T. Zeng, and H. Cai. 2020. Analytical solution for determining the plastic zones around twin circular tunnels excavated at great depth. *International Journal of Rock Mechanics and Mining Sciences* 136: 104475.
16. Ma, Y.C., A.Z. Lu, H. Cai, and X.T. Zeng. 2022. Analytical solution for determining the plastic zones around two unequal circular tunnels. *Tunnelling and Underground Space Technology* 120: 104267.
17. Zeng, X.T., A.Z. Lu, and S.J. Wang. 2020. Shape optimization of two equal holes in an infinite elastic plate. *Mechanics Based Design of Structures and Machines* 48 (2): 133–145.

GPSR Compliance

The European Union's (EU) General Product Safety Regulation (GPSR) is a set of rules that requires consumer products to be safe and our obligations to ensure this.

If you have any concerns about our products, you can contact us on ProductSafety@springernature.com

In case Publisher is established outside the EU, the EU authorized representative is:

Springer Nature Customer Service Center GmbH
Europaplatz 3
69115 Heidelberg, Germany

Batch number: 10732594

Printed by Printforce, the Netherlands

Complex Variable Function Solutions in the Mechanical Analysis of Tunnels

Aizhong Lu · Huaning Wang · Luqing Zhang

Complex Variable Function Solutions in the Mechanical Analysis of Tunnels

Volume 2

Springer

Aizhong Lu
School of Water Resources
and Hydropower Engineering
North China Electric Power University
Beijing, China

Huaning Wang
School of Aerospace Engineering
and Applied Mechanics
Tongji University
Shanghai, China

Luqing Zhang
Key Laboratory of Shale Gas
and Geoengineering
Institute of Geology and Geophysics
Chinese Academy of Sciences
Beijing, China

ISBN 978-981-97-1690-6 ISBN 978-981-97-1691-3 (eBook)
https://doi.org/10.1007/978-981-97-1691-3

This Springer imprint is published by the registered company Springer Nature Singapore Pte Ltd.
The registered company address is: 152 Beach Road, #21-01/04 Gateway East, Singapore 189721, Singapore

This book is respectfully dedicated to the memory of Prof. Ziyin Chen.

Foreword

Tunnelling, while still an art, is quickly incorporating engineering and science principles. This is in part driven by the large demand of underground infrastructure, mostly because of the rapid growth of urban settlements and the scarcity and cost of aboveground space. The art of tunneling has been relying, since its beginnings, on the observational method and the related development of empirical methods. This has been the case, and still is, for tunnels in rock, where methods such as the RMR, Q and GSI, among others, are ubiquitously employed. Development and use of such methods has been positive because they have provided the tunneling community with proven tools to build safe underground openings, and have preserved past experience. However, it can be argued that they have hampered the interest and the need for developing rational, mechanistically-based frameworks for tunnel design, similar to what has been accomplished for other engineering structures such as buildings and bridges. This situation is changing quickly because of the advent of economical and powerful numerical algorithms that allow tunnel engineers to model all aspects of tunneling, from design to construction and monitoring. The irruption into the tunneling arena of new concepts in artificial intelligence and machine learning is bringing our predicting capabilities to new levels, arguably beyond our understanding of the mechanical performance of the soil and rock materials where tunnels are excavated.

At a time when tunneling engineering is being dominated by widespread use, and often over-use, of commercial computer codes, it is very refreshing to see a book on analytical methods. Close-form solutions to underground openings are decades old. Arguably, their origins can be traced back to the problem of a thick-walled cylinder subjected to internal and external pressures [1] and later to the Kirsh problem [2], that of an unsupported circular opening in an infinite elastic medium. Since then, solutions to many problems have followed. While the number of authors and publications is extensive, one cannot fail to mention the contributions by Savin [3] and, most importantly, by Timoshenko and Goodier [4]. The reader can find in Gercek [5] a complete narrative of the history of analytical solutions for underground openings in elasticity. A somewhat different, yet complementary approach to solve problems in elasticity is that of complex variable theory and conformal mapping techniques, the object of the book. These techniques have been extensively used for the solution of problems of openings in elastic media, notably by Midlin [6,7], Muskhelishvili [8] and Sokolnikoff [9] and, most recently by Verruijt and coworkers, in Verruijt [10,11] and Strack and Verruijt [12].

While it can be argued that analytical solutions are limited in their applicability because of the assumptions made, most notably that of elasticity, and that they are often restricted to two-dimensional plane-strain problems, they are invaluable. Closed-form solutions are extremely useful because they define behavior in few equations, where key parameters that control the response of ground and structure are easily identified. They can also be used as preliminary design and, most importantly, can be employed for the verification of the more complex numerical methods. And, surely we all agree, they are elegant.

The book is a splendid example of the art of using complex variable theory to solve engineering problems involving tunnels and other underground structures. It provides a detailed and thorough review of the methods and is written for the student wanting to learn the theory, as well as for the experienced researcher as a resource and as a repository of useful information.

The book is a comprehensive compilation of the major applications of complex variable theory to tunneling. I congratulate the authors for such important addition to the technical literature on the subject.

West Lafayette, IN, USA
August 2024

Antonio Bobet

References

1. Lamé, G., and B.P.E. Clapeyron. 1831. Mémoire sur l'équilibre intérieur des corps solides homogènes. *Journal für die reine und angewandte Mathematik (Crelle's Journal)* 1831 (7): 381–413.
2. Kirsch, E.G. 1898. Die Theorie der elastizität und die bedürfnisse der festigkeitslehre, *Zeitschrift des Vereines. Deutscher Ingenieure* 42, (29): 797–807.
3. Savin, G.N. 1961. *Stress concentration around holes*. London: Pergamon Press.
4. Timoshenko, S.P., and J.N. Goodier. 1970. *Theory of elasticity*. New York: McGraw-Hill.
5. Gercek, H. 2016. The past revisited: The giants behind the elastic solutions for stresses around underground openings. *EUROCK, 2016*: 409–413.
6. Mindlin, R.D. 1940. Stress distribution around a tunnel. *Transactions of the ASCE*: 1117–1153.
7. Mindlin, R.D. 1948. Stress distribution around a hole near the edge of a plate under tension. *Proceedings of the Society of Experimental Stress Analysis* 5: 56–57.
8. Muskhelishvili, N.I. 1954. Some basic problems of the mathematical theory of elasticity. groningen, Netherlands: Noordhoof Ltd.
9. Sokolnikoff, I.S. 1956. *Mathematical Theory of Elasticity*, New York: McGraw-Hill.
10. Verruijt, A. 1997. A complex variable solution for a deforming circular tunnel in an elastic half-plane. *International Journal for Numerical and Analytical Methods in Geomechanics.* 21: 77–89.
11. Verruijt, A. 1998. Deformations of an elastic half plane with a circular cavity. *International Journal of Solids and Structures.* 35 (21): 2795–2804.

12. Strack, O.E. and A. Verruijt. 2002. A complex variable solution for a deforming buoyant tunnel in a heavy elastic half-plane. *International Journal for Numerical and Analytical Methods in Geomechanics* 26: 1235–1252.

Preface

In the preliminary design phase of geotechnical engineering, such as evaluating tunnel and wellbore stability, it is crucial to quickly determine the most critical stress and displacement conditions and establish instability criteria. Simplified models with closed-form or analytical solutions derived through rigorous mathematical derivations, serve as powerful tools for these preliminary estimates and guide the conceptual design process. These models effectively illustrate the functional relationships of key parameters, reveal underlying mechanical principles, and provide a benchmark for verifying the accuracy of numerical analyses. Ultimately, this approach facilitates reliable predictions for engineering challenges.

This book focuses on the mechanical problems related to tunnels in the fields of traffic, hydraulic, and mining engineering. By extending theoretical methods, such as complex variable methods, it innovatively develops a series of exact analytical solutions for various tunnelling conditions. These solutions are effectively applied to practical engineering problems, including the back analysis of tunnels, optimization of tunnel shapes, support design, and assessment of tunnel stability.

The book explores different constitutive models, including elasticity, elastoplasticity, viscoelasticity, and anisotropic elasticity. Different engineering conditions are studied, encompassing cases such as deep and shallow excavation, single and multiple tunnels, as well as circular and non-circular shapes, with or without support. This book highlights several innovative achievements, including the development of mapping functions for complex regions, the accurate determination of the noncircular plastic zones around single and twin tunnels, and corresponding elastoplastic solutions. Additionally, it provides a quantitative analysis of the interaction between rock and support systems. These contributions represent significant advancements in both theory and methodology within the field of rock mechanics.

This book summarizes the author's research achievements in analytical theory within the field of geotechnical engineering over the past 20 years. It serves as a valuable reference for researchers, graduate students, and undergraduates in related fields such as geotechnical engineering, traffic engineering, and mining engineering. The book is structured into fifteen chapters, outlined as follows:

Chapter 1 presents methods for determining conformal mapping functions and mapping functions for symmetrical single and double hole problems in infinite and semi-infinite domains.
Chapter 2 explores the complex variable method applied to isotropic elastic plane problems, covering the general form of analytic functions, the power series method, both original and improved versions of the Cauchy integral method, and their applications.
Chapter 3 introduces complex variable methods for solving thermal stress, stress/displacement for viscoelastic and anisotropic plane problems.
Chapter 4 provides analytical solutions for deeply buried circular tunnels excavated in elastic, elastoplastic, or viscoelastic host rocks subjected to anisotropic initial stresses, while considering different rock-liner contact conditions.
Chapter 5 develops analytical solutions for deeply buried non-circular tunnels constructed in elastic, elastoplastic, and viscoelastic host rocks, fully considering various rock-liner interface conditions and sequential excavation processes.
Chapter 6 presents analytical solutions for deeply buried tunnels reinforced by rock bolts, considering the interactions between surrounding rocks and end-anchored rock bolts/fully bonded rock bolts.
Chapter 7 utilizes Schwarz's alternating method for the mechanical analysis of deeply buried twin and multiple tunnels excavated in elastic and viscoelastic rock masses.
Chapter 8 introduces mapping functions for twin holes constructed in infinite domains. The elastic/elastoplastic solutions for deeply buried symmetric twin tunnels are proposed.
Chapter 9 develops analytical solutions of thermal stress for deeply buried unlined/lined circular tunnels considering unsteady temperature influence.
Chapter 10 provides analytical solutions for supported tunnels constructed in anisotropic rock masses, considering various rock-support interface conditions. These solutions are also applied to the mechanical analysis of anisotropic plates with holes, optimizing the design of fibre angles and hole orientations.
Chapter 11 offers analytical solutions for the shallow-buried unsupported circular/non-circular tunnels excavated in elastic/viscoelastic ground, considering different engineering conditions such as tunnelling advancement, surcharge loads, and single and multiple tunnels.
Chapter 12 provides analytical solutions for the mechanical analysis of shallow-buried supported circular tunnels with flexible/rigid linings or point-anchored bolts.
Chapter 13 focuses on tunnel/hole optimization based on analytical solutions, satisfying predetermined stress/displacement conditions. Various cases are analyzed, including isotropic/anisotropic properties of rock masses, unsupported/supported tunnels, and single/double hole problems.
Chapter 14 presents the back analysis of displacements for single and twin tunnels based on analytical solutions, performing sensitivity analysis of key parameters.

Chapter 15 provides developed analytical solutions for other geomechanical problems, including elastic stress solutions and stability analysis of slopes, stress and displacement of soil layers for flexible or general strip foundations, and stress distributions of Brazilian discs.

We would like to thank the outstanding researchers who made significant contributions to this book, including Yaocai Ma, Hui Cai, Xiangtai Zeng, Shaojie Wang, Qianxiang Cheng, Xiaoyang Jia, Guisen Zeng, Xiaoli Zhang, Chonglin Yin, Yijie Liu, Hongyu Chen, Qin Yuan, Ning Zhang, Fei Song, Guangshang Zeng, Yulin Zhou, Haoyu Wang, Xiaojun Peng, Min Zhang, Shaoqiang Yao, Zhen Xu, Junye Tao, Yaoqi Cui, Xiang Gao, Lei Wu, and Zhiyu Li. We are also grateful for the support from the National Natural Science Foundation of China. Additionally, we would like to express our sincere gratitude to the editors and all the reviewers for their time and effort in improving this book.

Beijing, China — Aizhong Lu
Shanghai, China — Huaning Wang
Beijing, China — Luqing Zhang

Contents

1 Determination of Conformal Mapping Function 1
1.1 Symmetrical Single Hole in an Infinite Domain 2
1.1.1 Laurent Series Solution 3
1.1.2 Schwarz–Christoffel Integral Formula Solution 9
1.2 Symmetrical Double Holes in an Infinite Domain 19
1.3 Symmetrical Single Hole in a Semi-infinite Domain 25
1.4 Complex Situations 30
1.4.1 Arbitrary Hole in an Infinite Domain 33
1.4.2 Arbitrary Shaped Annular Domain 36
1.4.3 Arbitrary Double Holes in an Infinite Domain 40
References 47

2 Complex Variable Method for Isotropic Elastic Plane Problems 49
2.1 Analytic Functions 49
2.1.1 Biharmonic Function 49
2.1.2 Stress and Displacement Components 50
2.1.3 Boundary Conditions 52
2.2 The Form of Analytic Functions 53
2.2.1 Finite Multiple Connected Domain Problem 53
2.2.2 Infinite Domain Problem 54
2.2.3 Semi-infinite Domain Problem 56
2.2.4 Degree of Determination of the Analytic Functions 58
2.3 Stresses and Boundary Conditions in Orthogonal Curvilinear Coordinates 58
2.4 Power Series Method 61

2.5 Cauchy Integral Method ... 69
2.5.1 Basic Formulas ... 69
2.5.2 Solving Process ... 71
2.6 Cauchy Integral Method for Solving the Problem of Deep-Buried Non-circular Tunnel Without Support ... 74
2.6.1 Stresses ... 74
2.6.2 Excavation Induced Displacement ... 82
2.7 Improvement of Cauchy Integral Method ... 84
2.7.1 Abnormal Stress and Displacement ... 84
2.7.2 Reason for the Anomaly ... 88
2.7.3 Improvement of the Method ... 89
2.7.4 Verification of Improved Results ... 91
2.8 Discussion on the Simplification of Tunnel Excavation from 3D Problem to Plane Problem ... 93
2.8.1 Determination of Computational Area in Finite Element Method ... 94
2.8.2 Comparison Between the Results of Space Problem and Plane Problem ... 99
2.8.3 Conclusions ... 102
References ... 103

3 Complex Variable Method for Solving Temperature Stress, Viscoelastic and Anisotropic Problems ... 105
3.1 Temperature Stress in Isotropic Medium ... 105
3.1.1 Governing Equation of Temperature Field ... 106
3.1.2 Solution for Steady-State Temperature Field ... 106
3.1.3 Complex Variable Method for Solving Temperature Stress ... 115
3.2 Methods for Solving Isotropic Viscoelastic Problems ... 117
3.2.1 One-Dimensional Constitutive Equation ... 117
3.2.2 Three-Dimensional Constitutive Equation ... 118
3.2.3 Laplace Transform and Correspondence Principle ... 121
3.2.4 Viscoelastic Solution Expressed by Analytic Functions ... 123
3.2.5 Inverse Laplace Transform ... 127
3.2.6 Viscoelastic Solution of Unsupported Deep Tunnels ... 128
3.3 Complex Variable Method for Anisotropic Problems ... 132
3.3.1 Anisotropic Constitutive Equation ... 133
3.3.2 Partial Differential Equations for the Stress Function ... 135

3.3.3 Analytical Expressions of Stress, Displacement and Boundary Conditions ... 137
3.3.4 Analysis and Discussion ... 140
References ... 142

4 Analytical Solutions for Mechanical Analysis of Deep-Buried Circular Tunnels ... 145
4.1 Elastoplastic Solution for Circular Tunnels—Full Enclosure Plastic Region ... 145
4.1.1 Stresses in Plastic Region ... 147
4.1.2 Analytic Function Expression of Stress in the Elastic Region ... 150
4.1.3 Stress Continuity Condition in the Elastic and Plastic Regions ... 150
4.1.4 Solutions in Elastic and Plastic Region ... 153
4.1.5 Verification ... 156
4.1.6 Analysis and Discussion ... 159
4.2 Elastoplastic Solution of a Circular Tunnel-Local Plastic Zone ... 164
4.2.1 Problem Description ... 164
4.2.2 Stresses Expressed by Analytic Functions ... 166
4.2.3 Stress Continuity and Boundary Conditions ... 167
4.2.4 Determination of Analytic Function Coefficients ... 169
4.2.5 Solution for Coefficients ... 171
4.2.6 Verification ... 173
4.2.7 Analysis and Discussion ... 176
4.3 Elastic Solution of Circular Tunnel with Linings—Perfect Bonding Contact ... 181
4.3.1 Displacement Induced by Excavation ... 183
4.3.2 Determination of Analytical Function Considering Support Installation Process ... 183
4.3.3 Closed-Form Solutions for Stress and Displacement ... 187
4.3.4 Analysis and Discussion ... 189
4.4 Elastic Solution of Circular Tunnel with Linings—Full Slip Contact ... 191
4.4.1 Problem Description ... 191
4.4.2 Basic Principles ... 193
4.4.3 Analysis and Discussions ... 196
4.4.4 Conclusions ... 199
4.5 Elastic Solution of Circular Tunnel with Linings—Frictional Slip Contact ... 202
4.5.1 Problem Description ... 202
4.5.2 Equations for Analytic Function Coefficients ... 202
4.5.3 Sliding Criterion and Model Building ... 204

4.5.4 Verification 207
4.5.5 Analysis and Discussion 208
4.5.6 Conclusions 213
4.6 Viscoelastic Solution for Lined Circular Tunnels 214
4.6.1 Problem Description 214
4.6.2 Laplace Transform of Elastic Solutions 214
4.6.3 Closed-Form Viscoelastic Analytical Solutions 216
4.6.4 Analysis and Discussion 217
4.6.5 Conclusions 225
4.7 Viscoelastic Solution for Circular Tunnels with a Combined Support System 226
4.7.1 Problem Description 226
4.7.2 Derivation of Analytical Solutions 228
4.7.3 Verification 237
4.7.4 Analysis and Discussion 240
4.7.5 Practical Formulas of the Liner Pressures and Tunnel Convergence 247
Appendix 1 264
Appendix 2 267
Appendix 3 273
References 281

5 Analytical Solutions for Mechanical Analysis of Deep-Buried Non-circular Tunnels 285
5.1 Elastoplastic Solution for Non-circular Tunnels 285
5.1.1 Plastic Stresses Determined by Slip Line Theory 287
5.1.2 Stress Continuity Condition on the Elastic–Plastic Boundary 289
5.1.3 Determination of Plastic Zone 291
5.1.4 Validation for Plastic Stress Accuracy 293
5.1.5 Verification 294
5.1.6 Analysis and Discussion 294
5.1.7 Plastic Zones Around Common Tunnels 298
5.2 Elastic Solution of Non-circular Tunnel with Linings—Perfect Bonding Contact 301
5.2.1 Excavation Induced Displacement 301
5.2.2 Analytic Function Expression for Displacement During the Support Stage 303
5.2.3 Boundary and Continuity Conditions 305
5.2.4 Power Series Solution of Analytic Functions 306
5.2.5 Solutions for the Stresses and Displacements 314
5.2.6 Analysis and Discussion 315

5.3 Elastic Solution of Non-circular Tunnel with Linings—Full Slip Contact ... 322
5.3.1 Analytic Function Expressions for Continuity and Boundary Conditions ... 322
5.3.2 Determination of Analytic Functions ... 324
5.3.3 Analysis and Discussion ... 328
5.3.4 Comparison Between Stresses Under Full Slip and Perfect Bonding Conditions ... 332
5.4 Elastic Solution of Lined Tunnels with Different Lining Thickness ... 335
5.4.1 Mapping Functions for Surrounding Rock and Lining ... 335
5.4.2 Analytic Function and Solving Equations ... 337
5.4.3 Boundary Collocation Method for Determination of Analytic Functions ... 339
5.4.4 Analytical Solutions for Stress and Displacement ... 341
5.4.5 Accuracy Discussion and Solution Verification ... 342
5.4.6 Influence of Lining Thickness on Stress ... 345
5.5 Viscoelastic Solution of Non-circular Lined Tunnel ... 346
5.5.1 Laplace Transformation of Elastic Solutions ... 347
5.5.2 Viscoelastic Solution ... 350
5.5.3 Analysis and Discussion ... 351
5.6 Viscoelastic Solution Considering Sequential Excavation of Non-circular Tunnels ... 357
5.6.1 Problem Description ... 358
5.6.2 Solutions for Stress and Displacement During Sequential Excavation ... 359
5.6.3 Analytic Functions in the Excavation Steps ... 365
5.6.4 Verification ... 365
5.6.5 Mechanical Mechanism of the Time-Dependency of Displacement ... 371
5.6.6 Analysis and Discussion ... 376
References ... 385

6 Analytical Solution for Mechanical Analysis of Deep-Buried Tunnels Reinforced by Rock Bolts ... 387
6.1 Analytical Solution of a Deep Circular Tunnel Subjected to Outside Concentrated Force ... 388
6.1.1 Determination of Analytic Functions ... 388
6.1.2 Analytical Solutions for Stress and Displacement ... 393
6.1.3 Verification ... 397

6.2 Analytical Solutions for Circular Tunnel Reinforced by End Anchored Rock Bolts 400
6.2.1 Displacement of Surrounding Rock Subjected to Axial Force of Bolts 400
6.2.2 Displacement of Surrounding Rock Subjected to In-Situ Stress 402
6.2.3 Analytical Solution of Axial Force of Bolt—The Cases Without Pre-tension 403
6.2.4 Analytical Solution of Axial Force of Bolt—The Cases with Pre-tension 404
6.2.5 Analysis and Discussion 404
6.2.6 Stresses in Rock Considering the Interaction Between Rock and Bolts 408
6.2.7 Conclusions 411
6.3 Viscoelastic Analytical Solutions for Circular Tunnel Reinforced by End Anchored Rock Bolts 411
6.3.1 Laplace Transform of Elastic Solutions 411
6.3.2 Viscoelastic Solution of Axial Force of Rock Bolt 414
6.3.3 Verification 415
6.3.4 Analysis and Discussion 417
6.3.5 Conclusions 422
6.4 Analytical Solution of Circular Tunnel Reinforce by Fully Bonded Rock Bolt 423
6.4.1 Deformation Compatibility Conditions Between Bolts and Rock 423
6.4.2 Rock Deformation Subjected to Distributed Shear Stress of Bolts 424
6.4.3 Compatibility Equation of Displacement and Its Solving Process 427
6.4.4 Analysis and Discussion 431
6.4.5 Conclusions 435
6.5 Analytical Solution for a Deep Non-circular Tunnel Subjected to Outside Concentrated Force 436
6.5.1 Solution for an Infinite Plane Subjected to Outside Concentrated Force 436
6.5.2 Analytic Functions for Problem of a Hole Subjected to Reversed Surface Forces at Boundary 437
6.5.3 Analytic Functions for Problem of a Hole Subjected to Outside Concentrated Force 448
6.6 Analytical Solutions for Non-circular Tunnel Reinforced by End Anchored Rock Bolts 450

6.6.1 Explicit Expression of the Analytic Functions with Respect to Bolt Axial Force 450
6.6.2 Displacement Induced by Bolt Axial Force 454
6.6.3 Displacement During Excavation Stage 458
6.6.4 Solution for Bolt Axial Force 459
6.6.5 Verification 461
6.6.6 Analysis and Discussion 462
6.6.7 Conclusion 471
Appendix 472
References 474

7 Schwarz's Alternating Method for Mechanical Analysis of Twin/Multiple Tunnels in Deep Elastic and Viscoelastic Rock Mass 477
7.1 Solution for Double-Hole/Tunnel Problems in Plane Elasticity Using Schwarz's Alternating Method 477
7.1.1 Procedures and Difficulties of Schwarz's Alternating Method 478
7.1.2 Determination of Mapping Functions 480
7.1.3 Solution of Analytic Functions for One Hole Problem 481
7.1.4 Determination of Redundant Surface Forces 484
7.1.5 Analytic Functions for Single Hole Problem Subjected to Inverse Redundant Forces 486
7.1.6 Basic Formulas for Solving Stresses and Displacements Around Two Holes 486
7.1.7 Discussions About Precision of Iteration Convergences 488
7.1.8 Stress Concentrations Around Two Parallel Tunnels 497
7.1.9 Conclusions 499
7.2 Solution for Multiple-Hole/Tunnel Problems in Plane Elasticity Using Schwarz's Alternating Method 499
7.2.1 Solving Procedures and Basic Formulas 500
7.2.2 Comparison with Exact Solution 502
7.2.3 Stress Solution for Symmetrical Arranged Three-Tunnel Problems 503
7.2.4 Analysis and Discussion 504
7.2.5 Conclusions 512
7.3 Viscoelastic Solution for Deeply Buried Twin Tunnels 512
7.3.1 Problem Description 513
7.3.2 Viscoelastic Solutions for Twin-Tunnel Problems 515
7.3.3 Applicability of Proposed Solutions 527
7.3.4 Verification 527

7.3.5 Analysis and Discussion 529
References 541

8 New Method for the Mechanical Analysis of Deep Twin Tunnels 545
8.1 Solution for Simple Double-Hole Problems in Plane Elasticity 546
8.1.1 Determination of the Mapping Function 546
8.1.2 Stress Boundary Conditions Expressed by Analytic Functions 549
8.1.3 Linear Equation System About Coefficients in Analytic Functions 551
8.1.4 Discussion on Accuracy 554
8.1.5 Analysis and Discussion 555
8.2 Solution for Problems of Two Arbitrarily Shaped Holes in Plane Elasticity 558
8.2.1 Problem Description 558
8.2.2 Determination of Analytic Function 559
8.2.3 Verification 564
8.2.4 Analysis and Discussion 565
8.3 Elasto-plastic Solution for Problems of Twin Circular Tunnels 569
8.3.1 Problem Description 570
8.3.2 Mapping Function and Stress Representation 571
8.3.3 Determination of Plastic Zone 576
8.3.4 Verification 583
8.3.5 Analysis and Discussion 589
References 595

9 Analytical Solution for Mechanical Analysis of Deep Circular Tunnels Considering Temperature Influence 597
9.1 Analytical Solution for Circular Tunnel Under Temperature Influence—Without Support 597
9.1.1 Problem Description 597
9.1.2 Analytical Solution for Unsteady Temperature Field 598
9.1.3 Solutions for Mechanical Field 600
9.1.4 Verification 605
9.1.5 Analysis and Discussion 608
9.1.6 Conclusions 613
9.2 Analytical Solution for Circular Tunnel Under Temperature Influence—Lined Tunnels 613
9.2.1 Problem Description 613
9.2.2 Solutions for Unsteady Temperature Fields in Lining and Surrounding Rock 615

9.2.3 Solutions for Stressed in Lining and Surrounding Rock ... 617
9.2.4 Verification ... 623
9.2.5 Analysis and Discussion ... 625
9.2.6 Conclusions ... 629
References ... 630

10 Analytical Solutions for Mechanical Analysis of Hole/Tunnel Problems in Anisotropic Elastic Plane/Rock Mass ... 631
10.1 Analytical Method for Solving the Stresses and Displacements in Anisotropic Plates with Holes ... 631
10.1.1 Determination of Mapping Functions ... 631
10.1.2 Determination of Analytic Functions ... 633
10.1.3 Stress Solutions ... 639
10.1.4 Analysis and Discussion ... 640
10.1.5 Conclusions ... 644
10.2 Optimum Design of Fiber Angle and Hole Orientation ... 645
10.2.1 Optimization Principles ... 645
10.2.2 Optimization of Fiber Angle ... 648
10.2.3 Optimization of the Fiber and Hole Orientation Angles ... 653
10.2.4 Conclusions ... 658
10.3 Solutions for Unlined Tunnels in Anisotropic Rock Mass ... 658
10.3.1 Comparison on Stresses Between Analytic and Numerical Results ... 659
10.3.2 Comparison Between Results of Transversely Isotropic and Isotropic Problems ... 662
10.3.3 Stresses Around a Reuleaux Triangular Tunnel in an Orthotropic Rock Mass ... 668
10.3.4 Displacement Around Holes in Orthotropic Rock Mass ... 670
10.4 Solutions for Lined Tunnels in Anisotropic Rock Mass—Perfect Bonding Contact ... 673
10.4.1 Determination of Complex Constants μ_1 and μ_2 ... 674
10.4.2 Displacement for Unsupported Tunnel ... 675
10.4.3 Continuity and Boundary Conditions ... 675
10.4.4 Solutions for Stress and Displacement ... 679
10.4.5 Analysis and Discussion ... 681
10.4.6 Conclusions ... 686
10.5 Solutions for Lined Tunnels in Anisotropic Rock Mass—Full Slip Contact ... 687

10.5.1 Basic Equations 687
10.5.2 Verification 690
10.5.3 Influence of Structural Plane Angle on Stress 692
10.5.4 Influence of Anisotropy Degree on Lining Stress 694
10.5.5 Influence of Internal Pressure on Stress 695
10.5.6 Comparison Between Results Under Full Slip and Perfect Bonding Conditions 698
10.6 A New Solution for Anisotropy Problems 700
10.6.1 Determination of Two Mapping Functions 700
10.6.2 Determination of Analytic Functions 705
10.6.3 Solution of Rock Stress 707
10.6.4 Analysis and Discussion 707
10.6.5 Conclusions 710
References 711

11 Analytical Solution for Mechanical Analysis of Shallow-Buried Unsupported Tunnels 713
11.1 Elastic Solution of a Circular Tunnel Considering Excavation Process 714
11.1.1 Problem Description 714
11.1.2 Determination of Analytic Functions 718
11.1.3 Analytical Solutions for Stresses and Displacements 721
11.1.4 Discussion on Calculation Accuracy 723
11.1.5 Analysis and Discussion 724
11.2 An Efficient Method for Problems Without Load on the Ground Surface 728
11.2.1 Basic Equations and Relationship Between Analytic Functions 729
11.2.2 Treatment of Boundary Conditions 731
11.2.3 Determination of Analytic Functions 733
11.2.4 Analytical Solution of Stress and Displacement 735
11.2.5 Discussion on Calculation Accuracy 736
11.2.6 Analysis and Discussion 737
11.3 Elastic/Viscoelastic Solution for Circular Tunnels Subjected to Surcharge Loads 741
11.3.1 Problem Description 742
11.3.2 Flamant's Solution and Its Modification 744
11.3.3 Derivation for Elastic Solution 750
11.3.4 Derivation of Viscoelastic Solutions 758
11.3.5 Verification 759

11.3.6 Validation 764
11.3.7 Analysis and Discussion on Stress 767
11.3.8 Analysis and Discussion on Elastic Displacement 769
11.3.9 Analysis and Discussion on Viscoelastic Displacement 776
11.4 Elastic Solution for a Non-circular Tunnel in Semi-infinite Plane 777
11.4.1 Problem Description 781
11.4.2 Determination of Analytic Functions 784
11.4.3 Calculation Accuracy and Solution Verification 790
11.4.4 Analysis and Discussion 792
11.4.5 Conclusions 797
11.5 Elastic/Viscoelastic Solution for Noncircular Tunnels at Shallow Depths 797
11.5.1 Problem Description 798
11.5.2 Analytical Solutions of Elastic Displacement and Stress 800
11.5.3 Analytical Solution of Viscoelastic Displacement 806
11.5.4 Verification and Validation 808
11.5.5 Analysis and Discussion 814
11.6 Elastic/Viscoelastic Solution for Multiple-Tunnel at Shallow Depths 822
11.6.1 Problem Description 822
11.6.2 Solving Process of the Elastic Problems 824
11.6.3 Viscoelastic Solutions 829
11.6.4 Verification and Validation 831
11.6.5 Analysis and Discussion 834
References 847

12 Analytical Solution for Mechanical Analysis of Shallow-Buried Supported Circular Tunnel 849
12.1 Analytical Solution of Tunnel with Flexible Lining 851
12.1.1 Problem Description 851
12.1.2 Mapping Function of Rock and Lining 851
12.1.3 Determination of Analytic Functions Under Two Contact Conditions 852
12.1.4 Analytical Solution of Stress and Displacement 865
12.1.5 Analysis and Discussion 866
12.1.6 Conclusions 877
12.2 Analytical Solution for Tunnels with Rigid Lining 878
12.2.1 Problem Description 879

12.2.2 Derivation of the Analytical Solutions 880
12.2.3 Verification 890
12.2.4 Analysis and Discussion 890
12.2.5 Conclusions 901
12.3 Analytical Solution for Tunnels Supported by End Anchored Bolts 901
12.3.1 Solution of Unsupported Tunnels Subjected to Gravity 903
12.3.2 Solution of Tunnel Subjected to a Concentrated Force 903
12.3.3 Analytical Solution of Bolt Axial Force 911
12.3.4 Verification 912
12.3.5 Analysis and Discussion 914
12.3.6 Conclusions 917
References 918

13 Tunnel/Hole Shape Optimization Based on Analytical Solution 921
13.1 Inverse Problems in Mechanics 921
13.2 Shape Optimization of Planar Hole Problem—Satisfy Predetermined Displacements Condition 923
13.2.1 Problem Description and Basic Equations 923
13.2.2 Basic Principles and Method 925
13.2.3 Analysis and Discussion 928
13.3 Shape Optimization of Double-Hole Problem—Satisfy Predetermined Stress Condition 929
13.3.1 Shape Optimization for Double Holes with Equal Area 930
13.3.2 Shape Optimization for Double Holes with Unequal Area 943
13.4 Shape Optimization of Double-Hole Problem—Minimizing the Maximum Tangential Stress at Hole Boundary 950
13.4.1 Optimization Principle 950
13.4.2 Optimal Hole Shapes Under Various Loads and Hole Spacings 952
13.5 Shape Optimization of a Lined Tunnel 956
13.5.1 Optimization Principle 958
13.5.2 Constraints 959
13.5.3 Shape Optimization of Lining—Perfect Bonding Contact Condition 962
13.5.4 Shape Optimization of Lining—Full Slip Contact Condition 965
13.6 Shape Optimization of a Hole in Orthogonal Anisotropic Plane 968

13.6.1 Optimization Principles and Constraints 970
13.6.2 Optimal Shape Under Different External Loads 971
13.6.3 Optimal Hole Shape Under Different Anisotropic Degrees 972
13.6.4 Optimal Shape Under Different Orientation of Elastic Principal Plane 973
13.6.5 Comparison on Stress Between the Optimal Hole and Harmonic Hole 974
References 976

14 Displacement Back Analysis in Tunnel Engineering Based on Analytical Solutions 979
14.1 Basic Issues in Displacement Back Analysis 979
14.1.1 Identifiability of Elastic Parameters and In-Situ Stresses 982
14.1.2 Optimal Arrangement of Measuring Points 985
14.1.3 Mesh Division Range in Displacement Back Analysis 989
14.2 Back Analysis for Tunnels in Anisotropic Rock Mass 992
14.2.1 Problem Description 992
14.2.2 Criterion for Parameter Identification 993
14.2.3 Sensitivity Analysis of Parameters 994
14.2.4 Identifiability of Parameters 997
14.2.5 Conclusions 1001
14.3 Back Analysis for Twin-Tunnel Problems 1002
14.3.1 Measuring Points and Displacements 1002
14.3.2 Back Analysis Based on the Damped Least Square Method 1003
14.3.3 Case Study 1004
14.3.4 Conclusions 1008
References 1009

15 Analytical Solution for Other Geo-mechanical Problems 1011
15.1 Analytical Solution for Gravity-Induced Stresses in Slope 1011
15.1.1 Mapping Function 1012
15.1.2 Mapping Accuracy 1015
15.1.3 Analytic Function Expressions of Boundary Conditions 1017
15.1.4 Determination of Analytic Functions and Stress 1019
15.1.5 Validation 1021
15.1.6 Analysis and Discussion 1023
15.2 Slope Stability Estimation Based on Analytical Solution 1028

15.2.1 Theory for Determining Sliding Surface 1029
15.2.2 Description and Determination of the Sliding Surface 1031
15.2.3 Comparison with Previous Results 1033
15.2.4 Analysis and Discussion 1035
15.2.5 Simplified Method 1036
15.2.6 Conclusions 1039
15.3 Analytical Solution for Mechanical Responses of Soil Layer—Applicable to Flexible Strip Foundation 1040
15.3.1 Basic Equation and Method 1041
15.3.2 Verification 1046
15.3.3 Analysis and Discussion 1049
15.3.4 Conclusions 1052
15.4 Analytical Solution for Mechanical Responses of Soil Layer—Applicable to General Strip Foundation 1054
15.4.1 Problem Description 1054
15.4.2 Basic Equation and Method 1055
15.4.3 Validation 1057
15.4.4 Analysis and Discussion 1060
15.5 Analytical Stress Solution for a Brazilian Disc 1064
15.5.1 Introduction 1064
15.5.2 Treatment of Loads and Stress Solution 1067
15.5.3 Discussion on Stress and Suggested Formula for Tensile Strength 1070
15.6 A New Tensile Failure Criterion for Brittle Rock 1072
15.6.1 Strength Criterion Based on Tensile Strains 1073
15.6.2 Strength Criteria Under Complex Stress States 1076
15.6.3 Characteristics of New Criterion and Application Conditions 1078
15.6.4 Verification 1079
15.6.5 Discussion on Strength from Brazilian Disk Tests 1091
15.6.6 Conclusions 1092
15.7 Concentrated Forces Optimization for Reducing Stress Concentration Around Holes 1093
15.7.1 Cauchy's Integral Method 1095
15.7.2 Solutions for a Uniaxial Tensile Plate Subjected to Multiple Concentrated Forces 1097
15.7.3 Verification 1098
15.7.4 Optimal Position of Concentrated Forces for a Circular Hole 1101
15.7.5 Optimal Position of Concentrated Forces for an Elliptical Hole 1105
15.7.6 Conclusions 1107
References 1108

Chapter 9
Analytical Solution for Mechanical Analysis of Deep Circular Tunnels Considering Temperature Influence

In fact, the surrounding rock of tunnel is always affected by the combination of in situ stress and temperature, when the temperature changes greatly, the effects of temperature must be considered, this chapter will study the influence of temperature changes on a deep buried circular tunnel.

9.1 Analytical Solution for Circular Tunnel Under Temperature Influence—Without Support

9.1.1 Problem Description

In this section, the tunnel can be simplified as a model shown in Fig. 9.1, representing a plane strain problem [1]. It is assumed that the rock mass is an elastic isotropic medium and uniform in situ stresses P and Q act at infinity.

Before the tunnel is excavated, the temperature at each point inside the rock mass is assumed to be a constant T_0. After the excavation, if there is a heat or cold source inside the tunnel, the temperature inside the rock surrounding the tunnel changes due to the heat or cold source. This section assumes that during the heat conduction process, the temperature is always maintained at a constant T_1 across the entire inner boundary; if T_1 is not equal to T_0, heat conduction occurs. This is an unsteady heat conduction problem of the first kind of boundary conditions in thermodynamics.

The stress of the surrounding rock under temperature is expressed by σ_r^*, σ_θ^*, $\tau_{r\theta}^*$. The surrounding rock stress under the in situ stress is expressed by σ_r^0, σ_θ^0, $\tau_{r\theta}^0$. By superposing the two parts of the stress, the radial normal stress σ_r, tangential normal stress σ_θ, and shear stress $\tau_{r\theta}$ of the surrounding rock under the combined action of a temperature load and in situ stress can be obtained:

A. Lu et al., *Complex Variable Function Solutions in the Mechanical Analysis of Tunnels*, https://doi.org/10.1007/978-981-97-1691-3_9

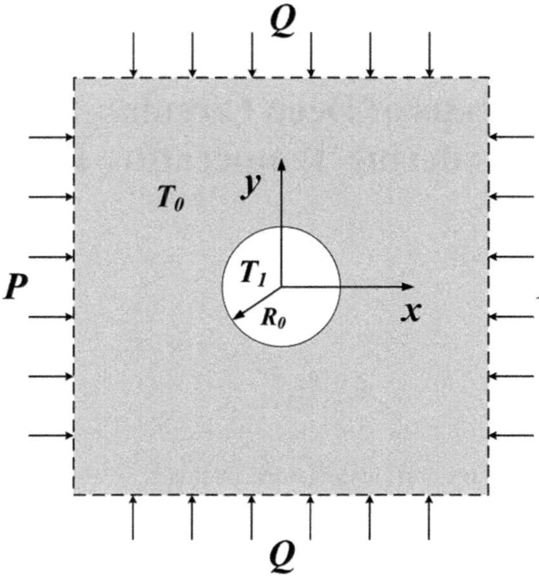

Fig. 9.1 Tunnel model under temperature and in situ stress

$$\begin{cases} \sigma_r = \sigma_r^* + \sigma_r^0 \\ \sigma_\theta = \sigma_\theta^* + \sigma_\theta^0 \\ \tau_{r\theta} = \tau_{r\theta}^* + \tau_{r\theta}^0 \end{cases} \tag{9.1}$$

9.1.2 Analytical Solution for Unsteady Temperature Field

The subject of this section is a deep underground circular tunnel, and the unsteady state temperature field of surrounding rock is to be solved in polar coordinates. The partial differential equation for unsteady state heat conduction in a plane in polar coordinates is given in Eq. (3.1) of Chap. 3:

$$\frac{\partial^2 T}{\partial r^2} + \frac{1}{r}\frac{\partial T}{\partial r} + \frac{1}{r^2}\frac{\partial^2 T}{\partial \theta^2} = \frac{1}{\alpha}\frac{\partial T}{\partial t} \tag{9.2}$$

where T is the temperature to be obtained; $\alpha = K/\rho c$ is the thermal diffusivity; and ρ, c, K are the material density, specific heat and thermal conductivity, respectively.

Since this section discusses that the temperature at each point on the boundary of the circular hole is the same and is not time dependent, the temperature field should be independent of θ, corresponding to a one-dimensional heat conduction problem. Then, Eq. (9.2) becomes:

$$\frac{\partial^2 T}{\partial r^2} + \frac{1}{r}\frac{\partial T}{\partial r} = \frac{1}{\alpha}\frac{\partial T}{\partial t} \tag{9.3}$$

Let $T_2 = T_1 - T_0$, first calculate the temperature field $T_*(r, t)$ when the inner boundary temperature of the surrounding rock is T_2 and the internal temperature of the surrounding rock is 0, and then add T_0 to the obtained result to obtain the solution $T(r, t)$ to the original problem.

Boundary conditions are:

$$\begin{array}{ll} T_*(r,t) = T_2 & r = R_0,\ t > 0 \\ T_*(r,t)\ is\ a\ finite\ value & r \to \infty,\ t > 0 \end{array} \tag{9.4}$$

Initial conditions are:

$$T_*(r,t) = 0 \quad t = 0,\ R_0 \le r \le \infty \tag{9.5}$$

Performing Laplace transformation on both sides of Eqs. (9.3) and (9.4) yields:

$$\frac{d^2\overline{T_*}}{dr^2} + \frac{1}{r}\frac{d\overline{T_*}}{dr} - \frac{s}{\alpha}\overline{T_*} = 0 \tag{9.6}$$

$$\overline{T_*} = \tfrac{T_2}{s},\ r = R_0 \tag{9.7}$$

$$\overline{T_*}\ is\ a\ finite\ value \quad r = \infty \tag{9.8}$$

where $\overline{T_*} = \int_0^\infty T_*(r,t)e^{-st}\mathrm{dt}$ and s is a complex variable.

Equation (9.6) is the zero-order modified Bessel equation, and its solution is:

$$\overline{T_*} = AI_0\left(r\sqrt{s/\alpha}\right) + BK_0\left(r\sqrt{s/\alpha}\right) \tag{9.9}$$

Where, $I_0()$ and $K_0()$ are the zero-order modified Bessel functions.

Since $r \to \infty$ and $I_0\left(r\sqrt{s/\alpha}\right) \to \infty$, because $\overline{T_*}$ is a finite value in Eq. (9.8), so $A = 0$.

From Eqs. (9.7) and (9.9), we can solve for B, and substituting the obtained value of B in Eq. (9.9) gives:

$$\overline{T_*} = \frac{T_2}{s}\frac{K_0\left(r\sqrt{s/\alpha}\right)}{K_0\left(R_0\sqrt{s/\alpha}\right)} \tag{9.10}$$

The solution of $T_*(r, t)$ can be obtained by the inverse Laplace transform of Eq. (9.10). Since the function form given by Eq. (9.10) is complicated, it is difficult to obtain the analytical method of the inverse Laplace transform; therefore, in this section, we will use the numerical method given in Sect. 3.2.5 perform the Laplace inverse transform of Eq. (9.10) and obtain a numerical solution for $T_*(r,t)$. This will give us the solution to the original problem:

$$T(r,t) = T_*(r,t) + T_0 = L^{-1}\left(\frac{T_2}{s}\frac{K_0\left(r\sqrt{s/\alpha}\right)}{K_0\left(R_0\sqrt{s/\alpha}\right)}\right) + T_0 \tag{9.11}$$

9.1.3 Solutions for Mechanical Field

The Airy stress function χ corresponding to plane strain is given by Eq. (3.19):

$$\nabla^2\nabla^2\chi = -k\nabla^2 T \tag{9.12}$$

Due to the fact that temperature stress is caused by temperature difference, in the subsequent derivations, T in Eq. (9.12) is denoted by $T_*(r,t)$. It can be known from Chap. 3 that $\chi = U - V$ and the solution of χ can be transformed into the solution of U and V, where the solving equations are Eqs. (3.22) and (3.23).

9.1.3.1 Solution of *V*

When $T_*(r,t)$ is known, the solution V of Eq. (3.23) can be derived. Under the conditions of this section, V is independent of variable θ, so Eq. (3.23) can be expressed in a polar coordinate system as:

$$\frac{\partial^2 V}{\partial r^2} + \frac{1}{r}\frac{\partial V}{\partial r} = kT_*(r,t) \tag{9.13}$$

Method of Variation of Parameters is used to solve Eq. (9.13):

$$V = k\left[\ln r\int rT_*(r,t)dr - \int r\ln rT_*(r,t)dr\right] \tag{9.14}$$

9.1.3.2 Solution of *U*

When no external force acts on the inner boundary ($z = R_0\sigma = R_0e^{i\theta}$) of the tunnel, Then, Eq. (3.26) is simplified as:

$$\varphi_1(R_0\sigma) + R_0\sigma\overline{\varphi_1'(R_0\sigma)} + \overline{\psi_1(R_0\sigma)} = \left.\left(\frac{\partial V}{\partial x} + i\frac{\partial V}{\partial y}\right)\right|_{r=R_0} \tag{9.15}$$

where $\sigma = e^{i\theta}$, θ is the polar angle in the z-plane, and σ here is different form σ in image plane.

For any time t, there is always a value of R_l that makes the temperature change extremely minimal at $r = R_l$ away from the inner boundary of the tunnel. Thus, we can consider that the displacement caused by temperature at the boundary of $r = R_l$ is negligible; that is, both u and v at $r = R_l$ are 0, and the displacement boundary condition at $r = R_l$ can be obtained from Eq. (3.25) as:

$$-\kappa\varphi_1(R_l\sigma) + R_l\sigma\overline{\varphi_1'(R_l\sigma)} + \overline{\psi_1(R_l\sigma)} = \left(\frac{\partial V}{\partial x} + i\frac{\partial V}{\partial y}\right)\bigg|_{r=R_l} \tag{9.16}$$

Note that $\varphi_1(z)$ and $\psi_1(z)$ are both single-valued analytical functions in the domain, which can be expressed as Laurent's series as:

$$\varphi_1(z)=a_0 + \sum_{k=1}^{\infty} a_k z^{-k} + \sum_{k=1}^{\infty} b_k z^k \tag{9.17}$$

$$\psi_1(z)=c_0 + \sum_{k=1}^{\infty} c_k z^{-k} + \sum_{k=1}^{\infty} d_k z^k \tag{9.18}$$

where $a_0, a_k, b_k, c_o, c_k, d_k$ are unknowns, since the tunnel studied in this section has at least one axis of symmetry and when the x-axis is the axis of symmetry, $a_0, a_k, b_k, c_o, c_k, d_k$ are real constants, Eqs. (9.15) and (9.16) can be used to establish linear equations to solve these unknowns.

Note that $\partial V/\partial x + i(\partial V/\partial y)$ in Eqs. (9.15) and (9.16) can be obtained from Eqs. (9.14) and (9.19):

$$\frac{\partial V}{\partial x} + i\frac{\partial V}{\partial y} = \frac{1}{r}\frac{\partial V}{\partial r}z = \frac{zk}{r^2}\int rT_*(r,t)dr \tag{9.19}$$

When using the power series method to solve $a_0, a_k, b_k, c_o, c_k, d_k$, the infinite series expressed by Eqs. (9.17) and (9.18) should be replaced by finite terms, and the highest order of positive and negative power terms can be taken as N. When N is large enough, the power series solution can obtain high precision. It will be shown later that for the problem in this section, when $N = 1$, an accurate solution to the problem can be obtained.

Next, we will discuss how to establish a set of equations to solve the unknowns through Eqs. (9.15) and (9.16).

Because:

$$\begin{cases} \varphi_1(R_0\sigma)=a_0+\sum_{k=1}^{N} a_k R_0^{-k}\sigma^{-k}+\sum_{k=1}^{N} b_k R_0^{k}\sigma^{k} \\ \overline{\varphi_1'(R_0\sigma)}=-\sum_{k=1}^{N} k a_k R_0^{-k-1}\sigma^{k+1}+\sum_{k=1}^{N} k b_k R_0^{k-1}\sigma^{1-k} \\ \overline{\psi_1(R_0\sigma)}=c_0+\sum_{k=1}^{N} c_k R_0^{-k}\sigma^{k}+\sum_{k=1}^{N} d_k R_0^{k}\sigma^{-k} \\ \left(\frac{\partial V}{\partial x}+i\frac{\partial V}{\partial y}\right)\Big|_{r=R_0}=\frac{kR_0\sigma}{r^2}\int rT_*(r,t)dr\Big|_{r=R_0} \end{cases} \tag{9.20}$$

By substituting Eq. (9.20) into Eq. (9.15) and comparing the coefficient of the same power term of σ, we can obtain:

$$\begin{cases} \sigma^0: a_0+c_0+2b_2R_0^2=0 \\ \sigma^1: 2b_1R_0+c_1R_0^{-1}=\frac{k}{R_0}\int rT_*(r,t)dr\Big|_{r=R_0} \\ \sigma^{-1}: a_1R_0^{-1}+3b_3R_0^3+d_1R_0=0 \\ \vdots \end{cases} \tag{9.21}$$

In addition:

$$\begin{cases} \varphi_1(R_l\sigma)=a_0+\sum_{k=1}^{N} a_k R_l^{-k}\sigma^{-k}+\sum_{k=1}^{N} b_k R_l^{k}\sigma^{k} \\ \overline{\varphi_1'(R_l\sigma)}=-\sum_{k=1}^{N} k a_k R_l^{-k-1}\sigma^{k+1}+\sum_{k=1}^{N} k b_k R_l^{k-1}\sigma^{1-k} \\ \overline{\psi_1(R_l\sigma)}=c_0+\sum_{k=1}^{N} c_k R_l^{-k}\sigma^{k}+\sum_{k=1}^{N} d_k R_l^{k}\sigma^{-k} \\ \left(\frac{\partial V}{\partial x}+i\frac{\partial V}{\partial y}\right)\Big|_{r=R_l}=\frac{kR_l\sigma}{r^2}\int rT_*(r,t)dr\Big|_{r=R_l} \end{cases} \tag{9.22}$$

Substituting Eq. (9.22) into Eq. (9.16) to establish the equations:

$$\begin{cases} \sigma^0: -\kappa a_0+c_0+2b_2R_l^2=0 \\ \sigma^1: (1-\kappa)b_1R_l+c_1R_l^{-1}=\frac{k}{R_l}\int rT_*(r,t)dr\Big|_{r=R_l} \\ \sigma^{-1}: -\kappa a_1R_l^{-1}+3b_3R_l^3+d_1R_l=0 \\ \vdots \end{cases} \tag{9.23}$$

Equations (9.21) and (9.23) can be separated into two independent equations as follows:

$$\begin{cases} \sigma^1: 2b_1R_0 + c_1R_0^{-1} = \dfrac{k}{R_0}\displaystyle\int rT_*(r,t)dr\Big|_{r=R_0} \\ \sigma^1: (1-\kappa)b_1R_l + c_1R_l^{-1} = \dfrac{k}{R_l}\displaystyle\int rT_*(r,t)dr\Big|_{r=R_l} \end{cases} \tag{9.24}$$

$$\begin{cases} \sigma^0: a_0 + c_0 + 2b_2R_0^2 = 0 \\ \sigma^{-1}: a_1R_0^{-1} + 3b_3R_0^3 + d_1R_0 = 0 \\ \sigma^0: -\kappa a_0 + c_0 + 2b_2R_l^2 = 0 \\ \sigma^{-1}: -\kappa a_1R_l^{-1} + 3b_3R_l^3 + d_1R_l = 0 \\ \vdots \end{cases} \tag{9.25}$$

This can be solved by Eq. (9.24):

$$\begin{cases} b_1 = \dfrac{k\int_{R_0}^{R_l} rT_*(r,t)dr}{(1-\kappa)R_l^2 - 2R_0^2} \\ c_1 = k\displaystyle\int rT_*(r,t)dr\Big|_{r=R_0} - \dfrac{2R_0^2k\int_{R_0}^{R_l} rT_*(r,t)dr}{(1-\kappa)R_l^2 - 2R_0^2} \end{cases} \tag{9.26}$$

Equation (9.25) are homogeneous equations, and there must be zero solutions, according to the uniqueness theorem of the elasticity solution:

$$\begin{cases} a_n = d_n = 0,\ n = 0 \sim \infty \\ b_n = c_n = 0, n = 0, 2 \sim \infty \end{cases} \tag{9.27}$$

By substituting Eqs. (9.26) and (9.27) into Eqs. (9.17) and (9.18), we can obtain:

$$\varphi_1(z) = b_1 z \tag{9.28}$$

$$\psi_1(z) = c_1 z^{-1} U \tag{9.29}$$

As known from Chap. 3:

$$U = \mathrm{Re}\left[\bar{z}\varphi_1(z) + \int \psi_1(z)dz\right] = \mathrm{Re}\left[b_1\bar{z}z + c_1\int z^{-1}dz\right] = b_1r^2 + c_1\ln r \tag{9.30}$$

9.1.3.3 Solution of Thermal Stress

The rock mass stress σ_r^*, σ_θ^*, $\tau_{r\theta}^*$ under temperature effect is given by:

$$\begin{cases} \sigma_r^* = \dfrac{1}{r}\dfrac{\partial}{\partial r}(U - V) \\ \sigma_\theta^* = \dfrac{\partial^2}{\partial r^2}(U - V) \\ \tau_{r\theta}^* = 0 \end{cases} \tag{9.31}$$

By substituting the obtained U (Eq. (9.30)) and V (Eq. (9.14)) into Eq. (9.31), we can obtain two non-zero principal stress components:

$$\begin{cases} \sigma_r^* = \left(1 - \dfrac{R_0^2}{r^2}\right)\dfrac{2k\int_{R_0}^{R_l} rT_*(r,t)dr}{(1-\kappa)R_l^2 - 2R_0^2} - \dfrac{k}{r^2}\displaystyle\int_{R_0}^{r} xT_*(x,t)dx \\ \sigma_\theta^* = \left(1 + \dfrac{R_0^2}{r^2}\right)\dfrac{2k\int_{R_0}^{R_l} rT_*(r,t)dr}{(1-\kappa)R_l^2 - 2R_0^2} + \dfrac{k}{r^2}\displaystyle\int_{R_0}^{r} xT_*(x,t)dx - kT_*(r,t) \end{cases} \tag{9.32}$$

Equation (9.32) represents the temperature stress obtained under the assumption of zero displacement at the boundary $r = R_l$. When setting $R_l \to \infty$ in Eq. (9.32), the first term tends to zero, which gives the temperature stress under the condition of zero displacement at infinity:

$$\begin{cases} \sigma_r^* = -\dfrac{k}{r^2}\displaystyle\int_{R_0}^{r} xT_*(x,t)dx \\ \sigma_\theta^* = \dfrac{k}{r^2}\displaystyle\int_{R_0}^{r} xT_*(x,t)dx - kT_*(r,t) \\ \tau_{r\theta}^* = 0 \end{cases} \tag{9.33}$$

Equation (9.33) represents the unsteady temperature stresses in an infinite field. The temperature stresses at different times and locations of the rock mass can be obtained by numerical integration using MATLAB.

9.1.3.4 Total Stress Field

The specific expression σ_r^0, σ_θ^0 and $\tau_{r\theta}^0$ of the stress field of the tunnel surrounding rock under the action of only original stress can be obtained from reference [2].

After superimposing with the temperature stress (9.33), the stress induced by in-situ stresses can be obtained as follows

$$
\begin{cases}
\sigma_r = -\dfrac{k}{r^2}\displaystyle\int_{R_0}^{r} xT_*(x,t)dx - \dfrac{P+Q}{2}\left(1-\dfrac{R_0^2}{r^2}\right) - \dfrac{P-Q}{2}\left(1-\dfrac{4R_0^2}{r^2}+\dfrac{3R_0^4}{r^4}\right)\cos 2\theta \\
\sigma_\theta = \dfrac{k}{r^2}\displaystyle\int_{R_0}^{r} xT_*(x,t)dx - kT_*(r,t) - \dfrac{P+Q}{2}\left(1+\dfrac{R_0^2}{r^2}\right) + \dfrac{P-Q}{2}\left(1+\dfrac{3R_0^4}{r^4}\right)\cos 2\theta \\
\tau_{r\theta} = \dfrac{P-Q}{2}\left(1-\dfrac{2R_0^2}{r^2}+\dfrac{3R_0^3}{r^4}\right)\sin 2\theta
\end{cases}
\tag{9.34}
$$

In this section, tensile stress is defined as positive and compressive stress is defined as negative.

9.1.4 *Verification*

9.1.4.1 Finite Element Model

The numerical solution in this section is calculated by ANSYS software. The parameters in the tunnel model are set as follows: tunnel radius $R_0 = 2\,\text{m}$, surrounding rock density $\rho = 2700\,\text{kg/m}^3$, elastic modulus $E = 2 \times 10^4\,\text{MPa}$, Poisson's ratio $\mu = 0.3$, specific heat $C = 840\,\text{J/(kg °C)}$, thermal conductivity $\lambda_0 = 2.5\,\text{W/(m °C)}$, and thermal expansion coefficient $\beta = 5 \times 10^{-6}\,/°\text{C}$. The initial temperature inside the surrounding rock is set at 30 °C, and the inner boundary temperature of the surrounding rock is always maintained at 250 °C. The in situ stress $P = Q = 10\,\text{MPa}$. The finite element mesh of the model in ANSYS is shown in Fig. 9.2.

Only a quarter of the region shown in Fig. 9.1 is analyzed in ANSYS. Meshing is divided into two parts. The first part is a 1/4 ring with a radius of 2–12 m. In this region, we can see the agreement between the numerical solution and the analytical solution. The second part is the outer region of the ring, and the two straight edges outside the ring are 62 m in length to simulate the infinite region. After the model is divided, there are 7701 nodes and 7500 units. According to symmetry, in Fig. 9.2, a displacement constraint in the y-direction is applied on the line coincident with the x-axis, and the displacement constraint in the x-direction is applied on the line coincident with the y-axis.

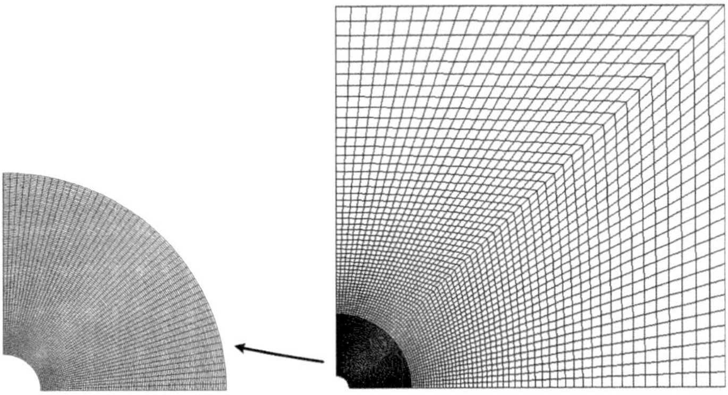

Fig. 9.2 The meshing of surrounding rocks

9.1.4.2 Comparison on Temperature Field Between Analytical and Numerical Results

Because the temperature field is axisymmetric, this section takes only the temperature of different polar diameters on the y-axis for comparison. Figure 9.3 shows the calculation results when t is 5 d, 100 d and 1 a.

From Fig. 9.3, it can be seen that the analytical temperature solution agrees very well with the solution of ANSYS. With increasing time, the temperature of each point in the surrounding rock increases, and the range affected by the temperature of the surrounding rock increases.

Fig. 9.3 Temperature comparison

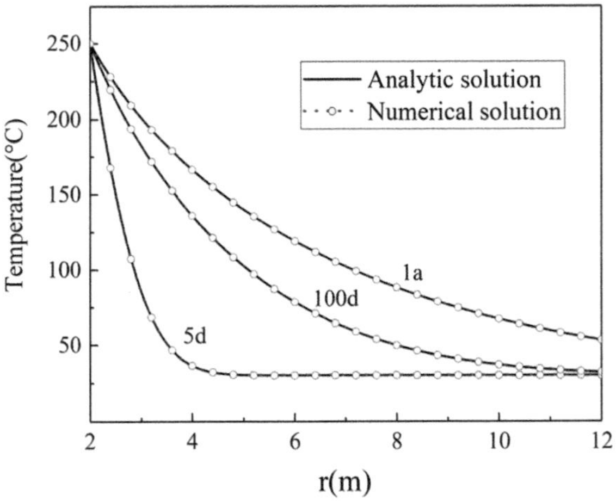

9.1.4.3 Comparison on Stresses Between Analytical and Numerical Results

The comparison of temperature stress at different polar diameters with heat conduction durations of 5 d, 100 d and 1 a is shown in Fig. 9.4.

From Fig. 9.4, it can be seen that the analytical and numerical solutions of the temperature stress agree well. When the temperature around the tunnel is higher than the initial temperature of the surrounding rock, the temperature stress field in the surrounding rock follows these rules: the radial stress is always compressive; around the tunnel, the tangential compressive stress reaches its maximum value, and this value is independent of time. As the radius increases, the tangential stress changes from compressive to tensile; the tangential compressive stress value in the rock near the tunnel is much larger than the radial compressive stress value.

Figure 9.5 also shows the total stress at different radial distances for each duration under the combined effects of temperature and original geostatic stress.

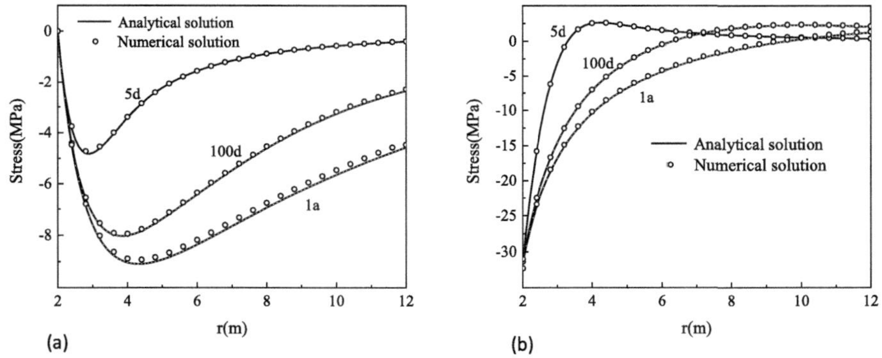

Fig. 9.4 Comparison of thermal stress **a** radial normal stress σ_r^*; **b** tangential normal stress σ_θ^*

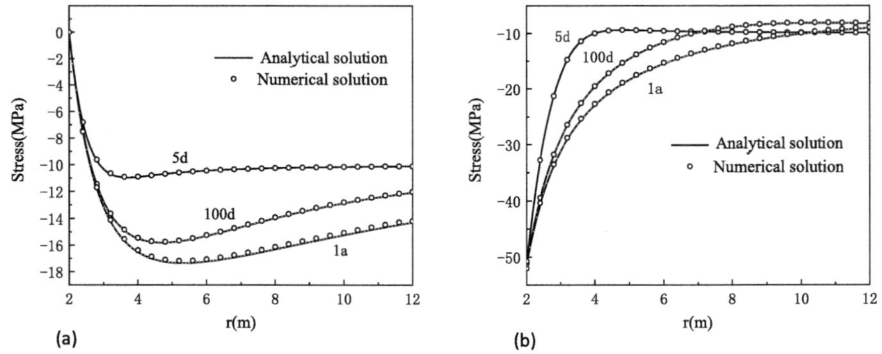

Fig. 9.5 Comparison of total stress **a** radial normal stress σ_r; **b** tangential normal stress σ_θ

It can be observed from Fig. 9.5 that at $t = 5$ days, the analytical and numerical solutions of the total stress also match well, but with an increase in time, the difference between the analytical and numerical solutions becomes larger. This difference should come from the cumulative error calculated at each time step.

As can be seen from Fig. 9.4, in the case of a temperature increase, the radial normal stress σ_r^* is always less than zero at different times and locations, indicating that the radial stress of the surrounding rock is always compressive. For different times, the tangential normal stress σ_θ^* is less than zero near the tunnel; as the radius increases, σ_θ^* changes from compressive stress to tensile stress, the maximum pressure stress value of σ_θ^* is obtained at the tunnel boundary, and for $t = 5$ d, 100 d and 1 a, the stress values are the same, which indicates that the tangential stress at the tunnel boundary is independent of time when the temperature at the tunnel boundary remains constant. The maximum compressive stress value of σ_r^* is obtained inside the surrounding rock, and the minimum compressive stress value is obtained at the tunnel boundary, which is always equal to zero (that is, the stress boundary condition at the tunnel edge is satisfied). In the surrounding rock near the tunnel, the maximum compressive stress value of σ_θ^* is much larger than the maximum pressure stress value of σ_r^*.

It can be inferred from Eq. (9.33) that the magnitude of the surrounding rock temperature stress is the same and the sign is opposite when the rock temperature decreases and increases.

As can be seen from Fig. 9.5, after the temperature stress and the stress caused by the in situ stress are superimposed, for different moments and positions, σ_r and σ_θ are always compressive stresses.

9.1.5 Analysis and Discussion

This section analyzes the impact of temperature changes on rock stress from two perspectives: one is the differences in temperature with the same duration of temperature action, and the other is the differences in duration of temperature action with the same temperature difference. Taking into account the joint effects of initial stress and temperature, the impact of temperature changes on the stress field of tunnels is discussed, and the two scenarios of tunnel temperature increase and decrease are analyzed.

9.1.5.1 Influence of Temperature Difference on Temperature Stress

The rock calculation parameters are the same as those in Sect. 9.1.4. The temperature differences are set at 100 and 200 °C, and the duration of temperature action is 30 days. The temperature change values and temperature stresses at different radial distances are shown in Table 9.1.

Table 9.1 Temperature and temperature stress of surrounding rock under different temperature differences

	100 °C			200 °C		
r/m	T_*/°C	σ_r^*/MPa	σ_θ^*/MPa	T_*/°C	σ_r^*/MPa	σ_θ^*/MPa
2.00	100.00	0.00	−14.29	200.00	0.00	−28.58
2.50	75.68	−2.23	−8.58	151.35	−4.47	−17.15
3.00	56.42	−2.98	−5.08	112.84	−5.96	−10.16
3.50	41.20	−3.10	−2.78	82.40	−6.21	−5.57
4.00	29.36	−2.96	−1.23	58.72	−5.92	−2.47
4.50	20.35	−2.70	−0.20	40.70	−5.41	−0.40
5.00	13.69	−2.42	−0.47	27.38	−4.84	−0.93

From Table 9.1, it can be seen that for any radial position, the variation of surrounding rock temperature and temperature stress is directly proportional to the temperature gradient.

9.1.5.2 Time-Dependency of Temperature Stress

(a) **Problem of temperature rising**

The issue of temperature increase in tunnels, such as nuclear waste disposal facilities, the temperature of the disposal facility will change after nuclear waste is placed in the disposal facility, affecting the distribution of stress fields. The calculation parameters of the surrounding rock for the nuclear waste repository are as follows. The repository tunnel radius is 2 m, surrounding rock density $\rho = 2700\,\text{kg/m}^3$, specific heat $C = 840\,\text{J/(kg °C)}$, elastic modulus $E = 2 \times 10^4\,\text{MPa}$, Poisson's ratio $\mu = 0.3$, thermal conductivity $\lambda_0 = 2.5\,\text{W/(m °C)}$, thermal expansion coefficient $\beta = 5 \times 10^{-6}$/°C, vertical in situ stress component $Q = 10\,\text{MPa}$, initial temperature inside the surrounding rock is 30 °C, and temperature of the inner boundary of the surrounding rock is 250 °C. Under the influence of temperature alone, the shear stress $\tau_{r\theta}^*$ of the surrounding rock remains at zero, but under the action of the in situ stress of $P \neq Q$, there exists shear stress in the surrounding rock that is not equal to zero. The following analysis only considers radial stress σ_r and tangential stress σ_θ.

For temperature action durations of 0 a, 1 a, 10 a, and 30 a, the radial and tangential stresses at different polar radii of the tunnel are discussed when the lateral pressure coefficients are $\lambda = 1.0$ and 0.5. Because when $\lambda = 1.0$, the stress distribution on each radial line is the same, and the shear stress $\tau_{r\theta} = 0$, then Figure 9.6 shows the stress distribution at different polar radii at arbitrary angles when $\lambda = 1.0$. From Eq. (9.34), it can be seen that when $P \neq Q$ ($\lambda \neq 1.0$), the stress component is related to θ. It can be proved that when $\theta = 0, \pm\pi/2, \pi$, the stress reaches its extreme value. Therefore, Figs. 9.7 and 9.8 show the stress distribution on the x and y axes for $\lambda = 0.5$.

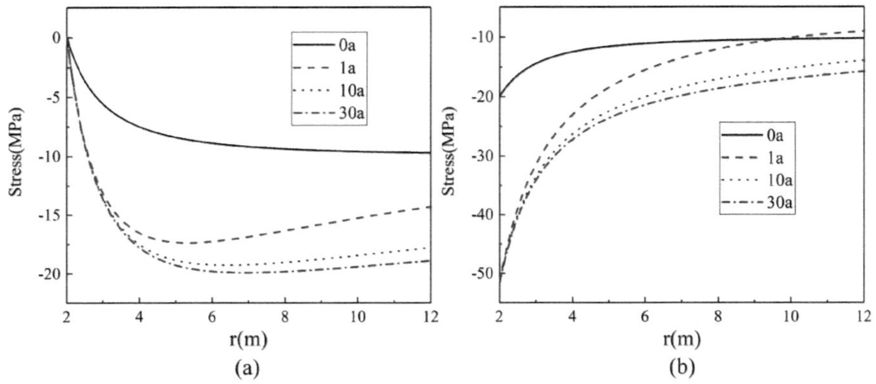

Fig. 9.6 Stress of the surrounding rock at different times in λ = 1.0 while temperature rise **a** radial normal stress σ_r; **b** tangential normal stress σ_θ

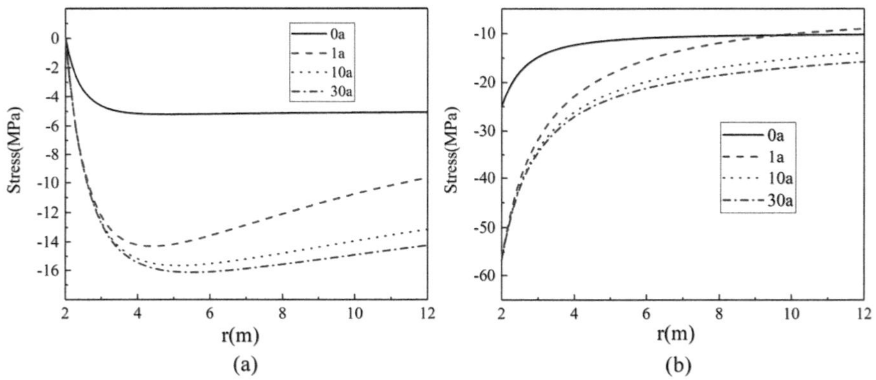

Fig. 9.7 Stress of the surrounding rock along the *x*-axis at different times in λ = 0.5 while temperature rise **a** radial normal stress σ_r; **b** tangential normal stress σ_θ

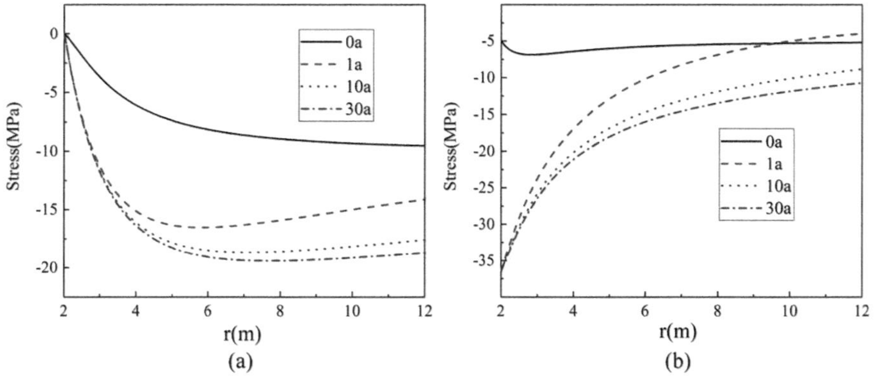

Fig. 9.8 Stress of the surrounding rock along the *y*-axis at different times in λ = 0.5 while temperature rise **a** radial normal stress σ_r; **b** tangential normal stress σ_θ

It can be seen from Figs. 9.6, 9.7, and 9.8 that when the surrounding rock temperature of the nuclear waste repository increases:

The total stresses σ_r and σ_θ are always less than 0, corresponding to compressive stresses, and the compressive stress of the surrounding rock around the tunnel increases prominently. When $t > 0$, σ_r and σ_θ at the surrounding rock of the tunnel boundary do not change with increasing temperature action time. In addition, σ_r is the same as when there is no temperature effect ($t = 0$), which both are 0 MPa, and the magnitude of compressive stress σ_θ increases by more than 30 MPa. Finally, σ_θ at the tunnel boundary is the maximum value of the compressive stress in the surrounding rock; therefore, the most vulnerable place to damage in the case of temperature rise is still the tunnel boundary.

The maximum compressive stress is obtained at the boundary of the tunnel and is independent of time; therefore, if the surrounding rock of the tunnel is destroyed under the effect of heating, it will be destroyed at the beginning only. If the surrounding rock is not damaged at the beginning, the surrounding rock will not be damaged as the temperature action time increases.

When $\lambda = 0.5$, the main difference between the stress of the surrounding rock on the x-axis and y-axis is the magnitude, and their trends are essentially the same. When $\lambda = 0.5$, the maximum compressive stress is larger than that for $\lambda = 1.0$; that is, the temperature rise at $\lambda \neq 1.0$ is more likely to cause damage to the surrounding rock.

(b) **Problem of temperature reduction**

When the water temperature in the unsupported diversion tunnel is lower than the original temperature of the surrounding rock, it will cause the internal temperature of the surrounding rock to drop, resulting in temperature stress. Suppose the initial temperature inside the surrounding rock is 85 °C, and assume that 5 °C water has been flowing inside the tunnel, so that the temperature of the inner boundary of the surrounding rock can always be maintained at 5 °C.The remaining calculation parameters remain the same as the temperature increases.

The duration of temperature in this section is 0 d, 30 d, 180 d, and 1 a. Figure 9.9 shows the results obtained at $\lambda = 1.0$, and Figs. 9.10 and 9.11 show the stress distribution on the x and y-axes at $\lambda = 0.5$, respectively.

It can be seen from Figs. 9.9, 9.10, and 9.11 that when the surrounding rock temperature of the diversion tunnel decreases:

The compressive stress of the surrounding rock near the tunnel boundary is substantially reduced; when $\lambda = 0.5$, on the y-axis, σ_θ of the surrounding rock near the tunnel becomes a tensile stress, from compressive stress -5.0 MPa to tensile stress 6.43 MPa. It can be seen from the calculation that σ_θ will also be tensile in the vicinity of the y-axis.

Similar to the conclusion when the temperature increases, when the temperature drops, the area of the surrounding rock that is most susceptible to destruction is still at the tunnel boundary, and the decrease in temperature at $\lambda \neq 1.0$ is more likely to damage the surrounding rock.

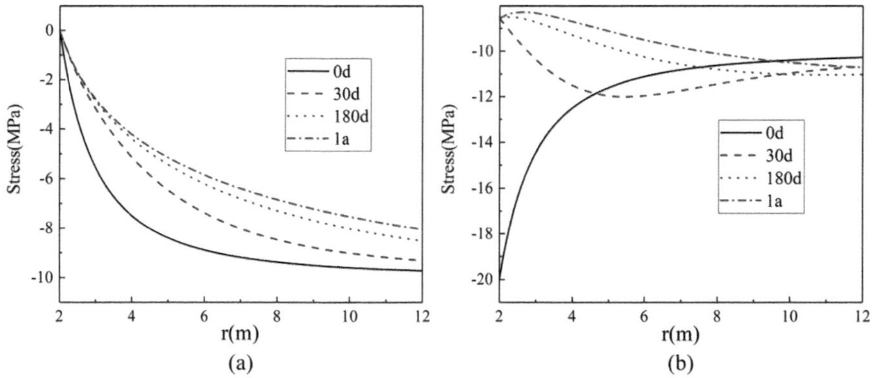

Fig. 9.9 Stress of the surrounding rock at different times in λ = 1.0 while temperature reduce **a** radial normal stress σ_r; **b** tangential normal stress σ_θ

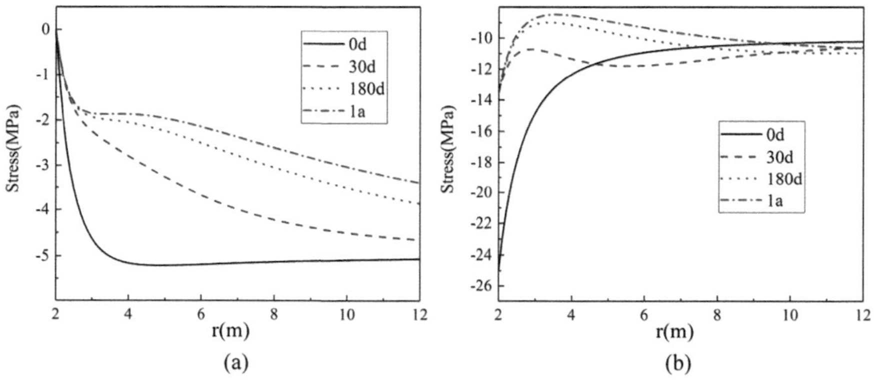

Fig. 9.10 Stress of the surrounding rock along the *x*-axis at different times when λ = 0.5 while temperature reduce **a** radial normal stress σ_r; **b** tangential normal stress σ_θ

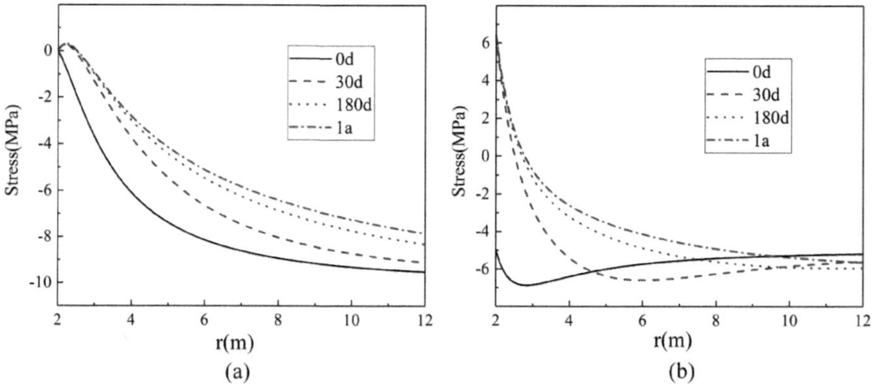

Fig. 9.11 Stress of the surrounding rock along the *y*-axis at different times when λ = 0.5 while temperature reduce **a** radial normal stress σ_r; **b** tangential normal stress σ_θ

9.1.6 Conclusions

In this section, a method for solving the stress field of a deep buried circular tunnel under the combined action of an unsteady temperature field and in situ stress is proposed. It is found through calculation that when the time t is not too large, the numerical solution and the analytical solution agree well. However, if the temperature and stress fields need to be calculated multiple times, the numerical method takes considerable time. Especially when the time t is large, to ensure the calculation accuracy, the grid division range required by numerical methods needs to be increased, the number of time substeps also needs to be increased, and the required machine time must be greatly increased.

The total stress of the surrounding rock of the tunnel depends on factors such as temperature and in situ stress, and specific problems need specific analysis. The main effects of temperature on the surrounding rock of the tunnel are as follows: when the temperature at the tunnel boundary increases or decreases, the most likely place for damage to the surrounding rock of the tunnel is at the tunnel boundary; if the temperature change causes damage to the surrounding rock of the tunnel, it will occur only at the beginning of $t > 0$; if the surrounding rock is not damaged at the beginning, the surrounding rock will not be damaged as the temperature action time increases; as the temperature of the tunnel surrounding rock rises, both the radial and tangential compressive stresses increase; if the surrounding rock fails, it will also be damaged by compression. Appropriately reducing the temperature of the surrounding rock can greatly reduce the radial and tangential compressive stress, which is conducive to the stability of the surrounding rock. However, too much of a decrease will cause tangential tensile stress in some areas of the surrounding rock, which may cause the surrounding rock to be damaged by tension.

9.2 Analytical Solution for Circular Tunnel Under Temperature Influence—Lined Tunnels

9.2.1 Problem Description

Section 9.1 discussed the stress analysis method for unsupported circular tunnels under the combined effects of temperature and earth stresses. In this section, the stress analysis method for circular tunnels with lining support under these influences will be discussed [3]. The research object is still simplified to the plane strain problem in a deeply buried infinite domain, as shown in Fig. 9.12. Before the tunnel is excavated, the temperature at each point inside the surrounding rock is assumed to be a constant T_0. After a lining has been applied to the excavated tunnel, the temperature at each point inside the lining is also considered a constant T_0. If there is a source of heat (cold) inside the tunnel, under the action of the source of heat (cold), there will be a temperature change inside the lining and surrounding rock. This section assumes that

Fig. 9.12 Tunnel model under the action of temperature and original in situ stress

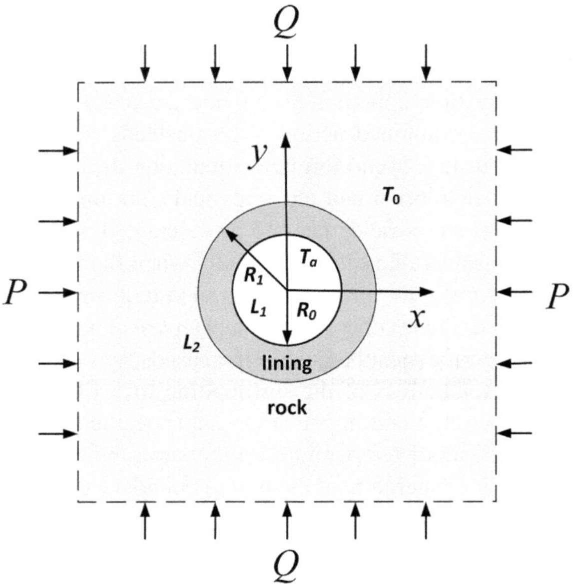

during the heat conduction process, the temperature of the entire inner boundary of the tunnel lining is always maintained at a constant T_a, which belongs to the unsteady heat conduction problem of the first kind of thermodynamic boundary conditions.

The stresses in the lining and surrounding rock under the action of temperature are expressed by $\sigma_{nr}^*, \sigma_{n\theta}^*$, and $\tau_{nr\theta}^*$. $n = 1, 2$ corresponds to the lining and surrounding rock, respectively, and the same goes for the following subscript n. The stresses of the lining and surrounding rock under the action of the original in situ stress are expressed by $\sigma_{nr}^0, \sigma_{n\theta}^0$, and $\tau_{nr\theta}^0$. By superimposing the two parts of stresses, the radial normal stress of the lining and surrounding rock σ_{nr}, tangential normal stress $\sigma_{n\theta}$ and shear stress $\tau_{nr\theta}$ under the combined action of temperature and original in situ stress are:

$$\begin{cases} \sigma_{nr} = \sigma_{nr}^* + \sigma_{nr}^0 \\ \sigma_{n\theta} = \sigma_{n\theta}^* + \sigma_{n\theta}^0 \\ \tau_{nr\theta} = \tau_{nr\theta}^* + \tau_{nr\theta}^0 \end{cases} \tag{9.35}$$

$\sigma_{nr}, \sigma_{n\theta}$, and $\tau_{nr\theta}$ are considered the total stress.

The specific expressions of lining and surrounding rock stress σ_r^0, σ_θ^0 and $\tau_{r\theta}^0$ under the original in situ stress can be directly obtained from reference [4]. The stress $\sigma_{nr}^*, \sigma_{n\theta}^*$, and $\tau_{nr\theta}^*$ in the lining and surrounding rock only under the action of temperature will be the focus of this section.

9.2.2 Solutions for Unsteady Temperature Fields in Lining and Surrounding Rock

We discuss in this section that the temperature at each point on the tunnel boundary is the same and time independent, so temperature field T_n in the lining and surrounding rock should not be related to θ and is just a function of r and t, which is a one-dimensional heat conduction problem. When $t > 0$, in the lining and surrounding rock:

$$\frac{\partial^2 T_n}{\partial r^2} + \frac{1}{r}\frac{\partial T_n}{\partial r} = \frac{1}{\alpha_n}\frac{\partial T_n}{\partial t} \tag{9.36}$$

where $\alpha_n = \lambda_n/\rho_n c_n$ is the thermal diffusivity. ρ_n, c_n, and λ_n are the material density, specific heat and thermal conductivity, respectively.

For convenience, let $T_b = T_a - T_0$. First, the temperature field $T_{n*}(r, t)$ is calculated when the inner boundary temperature of the lining is T_b and the internal temperature of the lining and surrounding rock is 0. Then, we add T_0 to the obtained result to obtain the solution to the original problem $T_n(r, t)$. The boundary value problem for this solution is as follows:

Boundary conditions are:

$$\begin{cases} T_{1*}(r,t) = T_b; & r = R_0,\ t > 0 \\ T_{2*}(r,t)\ \textit{is a finite value}; & r=\infty,\quad t > 0 \end{cases} \tag{9.37}$$

Initial conditions are:

$$T_{1*}(r,t) = T_{2*}(r,t) = 0; \quad t = 0, R_0 \le r \le \infty \tag{9.38}$$

The continuity conditions are:

$$\begin{cases} T_{1*}(r,t) = T_{2*}(r,t); & r = R_1,\ t > 0 \\ \lambda_1 \frac{\partial T_{1*}(r,t)}{\partial r} = \lambda_2 \frac{\partial T_{2*}(r,t)}{\partial r}; & r = R_1,\ t > 0 \end{cases} \tag{9.39}$$

By performing the Laplace transform on Eqs. (9.36), (9.37) and (9.39), we obtain:

$$\frac{d^2\overline{T_{n*}}}{dr^2} + \frac{1}{r}\frac{d\overline{T_{n*}}}{dr} - \frac{s}{\alpha_n}\overline{T_{n*}} = 0 \tag{9.40}$$

$$\begin{cases} \overline{T_{1*}} = \frac{T_b}{s}; & r = R_0 \\ \overline{T_{2*}}\ \textit{is a finite value}; & r = \infty \\ \overline{T_{1*}} = \overline{T_{2*}}; & r = R_1 \\ \lambda_1 \frac{\partial \overline{T_{1*}}}{\partial r} = \lambda_2 \frac{\partial \overline{T_{2*}}}{\partial r}; & r = R_1 \end{cases} \tag{9.41}$$

where $\overline{T_{n*}} = \int_0^\infty T_{n*}(r,t)e^{-st}dt$, and s is a complex variable.

The general solutions of Eq. (9.40) are:

$$\begin{aligned} \overline{T_{1*}} &= AI_0\left(r\sqrt{s/\alpha_1}\right) + BK_0\left(r\sqrt{s/\alpha_1}\right) \; R_0 \le r < R_1 \\ \overline{T_{2*}} &= CI_0\left(r\sqrt{s/\alpha_2}\right) + DK_0\left(r\sqrt{s/\alpha_2}\right) \; R_1 \le r < \infty \end{aligned} \tag{9.42}$$

By using Eqs. (9.41) and (9.42), we obtain:

$$\begin{cases} AI_0\left(R_0\sqrt{s/\alpha_1}\right) + BK_0\left(R_0\sqrt{s/\alpha_1}\right) = \dfrac{T_b}{s} \\ AI_0\left(R_1\sqrt{s/\alpha_1}\right) + BK_0\left(R_1\sqrt{s/\alpha_1}\right) = CI_o\left(R_1\sqrt{s/\alpha_2}\right) + DK_0\left(R_1\sqrt{s/\alpha_2}\right) \\ \lambda_1 A\sqrt{s/\alpha_1} I_1\left(R_1\sqrt{s/\alpha_1}\right) - \lambda_1 B\sqrt{s/\alpha_1} K_1\left(R_1\sqrt{s/\alpha_1}\right) = \\ \lambda_2 C\sqrt{s/\alpha_2} I_1\left(R_1\sqrt{s/\alpha_2}\right) - \lambda_2 D\sqrt{s/\alpha_2} K_1\left(R_1\sqrt{s/\alpha_2}\right) \\ CI_o\left(r\sqrt{s/\alpha_2}\right) + DK_0\left(r\sqrt{s/\alpha_2}\right) \; \textit{is a finite value } r \to \infty \end{cases} \tag{9.43}$$

where $I_1()$ and $K_1()$ are the one-order modified Bessel functions.

From $I_0(\infty) = \infty$, we obtain $C = 0$; Then, we can obtain Eq. (9.43) from the previous calculations:

$$\begin{cases} A = \dfrac{\frac{T_b}{s}\left[\lambda_1\sqrt{s/\alpha_1}\frac{K_{111}}{K_{001}} - \lambda_2\sqrt{s/\alpha_1}\frac{K_{112}}{K_{012}}\frac{K_{011}}{K_{001}}\right]}{\lambda_1\sqrt{s/\alpha_1}I_{11} + \lambda_1\sqrt{s/\alpha_1}\frac{K_{111}}{K_{001}}I_0\left(R_0\sqrt{s/\alpha_1}\right) + \lambda_2\sqrt{s/\alpha_2}\frac{K_{112}}{K_{012}}I_{01} - \lambda_2\sqrt{s/\alpha_2}\frac{K_{112}}{K_{012}}\frac{K_{011}}{K_{001}}I_{00}} \\ B = \dfrac{\frac{T_b}{s} - AI_{00}}{K_{001}} \\ C = 0 \\ D = \dfrac{AI_{01} + BK_{011}}{K_{012}} \end{cases} \tag{9.44}$$

where $I_{ij} = I_i\left(R_j\sqrt{s/\alpha_1}\right)$, and $K_{ijk} = K_i\left(R_j\sqrt{s/\alpha_k}\right)$ $(i = 0, 1; j = 0, 1; k = 1, 2)$. We substitute the solved coefficients $A, B, C,$ and D into Eq. (9.42) to obtain $\overline{T_{1*}}, \overline{T_{2*}}$. The solution of $T_{n*}(r, t)$ can be obtained by inverse Laplace transform of $\overline{T_{n*}}$.Due to the complex form of $\overline{T_{n*}}$, it is difficult to obtain the analytical method of the inverse Laplace transform. Therefore, in this section, numerical methods are used to perform the numerical inverse Laplace transform. The solution to the original problem is:

$$\begin{aligned} T_1(r,t) &= T_{1*}(r,t) + T_0 = L^{-1}\left(\overline{T_{1*}}\right) + T_0 \; R_0 \le r < R_1 \\ T_2(r,t) &= T_{2*}(r,t) + T_0 = L^{-1}\left(\overline{T_{2*}}\right) + T_0 \; R_1 \le r < \infty \end{aligned} \tag{9.45}$$

9.2.3 Solutions for Stressed in Lining and Surrounding Rock

The solving method is basically the same as in Sect. 9.1, with the additional consideration of the contact conditions between the lining and the surrounding rock in this section.

9.2.3.1 Solution of V_n

When $T_{n*}(r, t)$ is known, the solution V_n can be found. Under the conditions of this section, V_n is unrelated to θ, it can be expressed in polar coordinates as:

$$\frac{\partial^2 V_n}{\partial r^2} + \frac{1}{r}\frac{\partial V_n}{\partial r} = k_n T_{n*}(r, t) \tag{9.46}$$

Method of Variation of Parameters is used to solve Eq. (9.46):

$$V_n = k_n\left[\ln r \int rT_{n*}(r, t)dr - \int r \ln rT_{n*}(r, t)dr\right] \tag{9.47}$$

9.2.3.2 Solution of U_n

At the inner boundary of the lining and contact surface between the lining and the surrounding rock:

$$\varphi_n(z) + z\overline{\varphi_n'(z)} + \overline{\psi_n(z)} = i\int_A^B (\overline{X} + i\overline{Y})ds + \left(\frac{\partial V_n}{\partial x} + i\frac{\partial V_n}{\partial y}\right) \tag{9.48}$$

where when $n = 1, z \in L_1\left(z = R_0 e^{i\theta} = R_0\sigma\right), \overline{X}$ and $\overline{Y}$ represent the known surface forces in the x and y directions of the inner boundary of the lining, which is the stress boundary condition of the inner boundary of the lining. When $n = 1, z \in L_2$ $(z = R_1 e^{i\theta} = R_1\sigma)$, $\overline{X}$ and $\overline{Y}$ represent the components of the surrounding rock's force on the outer boundary of the lining in the x and y directions, which is unknown at this time. When $n = 2, z \in L_2, \overline{X}$ and $\overline{Y}$ represent the components of the lining's force on the surrounding rock in the x, y direction, which is equal to the value of $\overline{X}$ and $\overline{Y}$ when $n = 1, z \in L_2$.

On the contact surface of the lining and surrounding rock, the displacement expressed by the analytical function is:

$$2G_n(u_n + iv_n) = \kappa_n\varphi_n(z) - z\overline{\varphi_n'(z)} - \overline{\psi_n(z)} + \left(\frac{\partial V_n}{\partial x} + i\frac{\partial V_n}{\partial y}\right) \tag{9.49}$$

where $z \in L_2$,u_n and v_n are the displacement components in the x and y directions on the boundary, $\kappa_n = 3 - 4\mu_n$, and $G_n = E_n/2(1 + \mu_n)$. It is considered that the lining is in perfect bonding with the surrounding rock, and the displacement on the contact surface is continuous, so $u_1 = u_2$, and $v_1 = v_2$.

If there is no external force at the inner boundary of the lining ($r = R_0$), then $\overline{X} = \overline{Y} = 0$, and the stress boundary condition can be obtained from Eq. (9.48):

$$\varphi_1(R_0\sigma) + R_0\sigma\overline{\varphi_1'(R_0\sigma)} + \overline{\psi_1(R_0\sigma)} = \left(\frac{\partial V_1}{\partial x} + i\frac{\partial V_1}{\partial y}\right)\bigg|_{r=R_0} \tag{9.50}$$

On the contact surface of lining and surrounding rock ($r = R_1$), the continuous condition of surface force can be obtained by Eq. (9.48):

$$\begin{aligned}&\varphi_1(R_1\sigma) + R_1\sigma\overline{\varphi_1'(R_1\sigma)} + \overline{\psi_1(R_1\sigma)} - \left(\frac{\partial V_1}{\partial x} + i\frac{\partial V_1}{\partial y}\right)\bigg|_{r=R_1}\\ &= \varphi_2(R_1\sigma) + R_l\sigma\overline{\varphi_2'(R_1\sigma)} + \overline{\psi_2(R_1\sigma)} - \left(\frac{\partial V_2}{\partial x} + i\frac{\partial V_2}{\partial y}\right)\bigg|_{r=R_1}\end{aligned} \tag{9.51}$$

On the contact surface of lining and surrounding rock ($r = R_1$), the displacement continuous condition can be obtained by Eq. (9.49):

$$\begin{aligned}&\frac{1}{2G_1}\left[\kappa_1\varphi_1(R_1\sigma) - R_1\sigma\overline{\varphi_1'(R_1\sigma)} - \overline{\psi_1(R_1\sigma)} + \left(\frac{\partial V_1}{\partial x} + i\frac{\partial V_1}{\partial y}\right)\bigg|_{r=R_1}\right]\\ &= \frac{1}{2G_2}\left[\kappa_2\varphi_2(R_1\sigma) - R_1\sigma\overline{\varphi_2'(R_1\sigma)} - \overline{\psi_2(R_1\sigma)} + \left(\frac{\partial V_2}{\partial x} + i\frac{\partial V_2}{\partial y}\right)\bigg|_{r=R_1}\right]\end{aligned} \tag{9.52}$$

For any time t, there is always a value of R_l that makes the temperature change extremely minimal at $r = R_l$ away from the inner boundary of the tunnel. Thus, we can consider that the displacement caused by temperature at the boundary of $r = R_l$ is negligible; that is, both u and v at $r = R_l$ are 0, and the displacement boundary condition at $r = R_l$ can be obtained from Eq. (9.49) as:

$$-\kappa_2\varphi_2(R_l\sigma) + R_l\sigma\overline{\varphi_2'(R_l\sigma)} + \overline{\psi_2(R_l\sigma)} = \left(\frac{\partial V_2}{\partial x} + i\frac{\partial V_2}{\partial y}\right)\bigg|_{r=R_l} \tag{9.53}$$

Both $\varphi_n(\zeta)$ and $\psi_n(\zeta)$ are single-valued analytical functions in the domain, which can be expressed as Laurent's series:

$$\varphi_1(z)=a_0 + \sum_{k=1}^{\infty} a_k z^{-k} + \sum_{k=1}^{\infty} b_k z^k \; \psi_1(z) = c_0 + \sum_{k=1}^{\infty} c_k z^{-k} + \sum_{k=1}^{\infty} d_k z^k \tag{9.54}$$

$$\varphi_2(z) = e_0 + \sum_{k=1}^{\infty} e_k z^{-k} + \sum_{k=1}^{\infty} f_k z^k \ \psi_2(z) = g_0 + \sum_{k=1}^{\infty} g_k z^{-k} + \sum_{k=1}^{\infty} h_k z^k \tag{9.55}$$

where $a_0, a_k, b_k, c_o, c_k, d_k, e_0, e_k, f_k, g_o, g_k,$ and h_k are unknown. Since the tunnel and temperature field are symmetrical about the x-axis, $a_0, a_k, b_k, c_o, c_k, d_k, e_0, e_k, f_k, g_o, g_k,$ and h_k are real constants. The linear equations to solve for these unknown quantities can be established by Eqs. (9.50)–(9.53).

$\partial V/\partial x + i(\partial V/\partial y)$ in Eqs. (9.50) –(9.53) can be expressed as:

$$\frac{\partial V_n}{\partial x} + i\frac{\partial V_n}{\partial y} = \frac{1}{r}\frac{\partial V_n}{\partial r} z = \frac{zk_n}{r^2}\int rT_{n*}(r,t)dr \tag{9.56}$$

This section uses power series to solve for $a_0, a_k, b_k, c_o, c_k, d_k, e_0, e_k, f_k, g_o, g_k,$ and h_k. The following will prove that only $b_1, c_1, f_1,$ and g_1 are nonzero, and all other coefficients must be equal to 0.

Next, we establish an equation system to solve for unknown quantities through stress boundary conditions (9.50) because:

$$\begin{cases} \varphi_1(R_0\sigma) = a_0 + \sum\limits_{k=1}^{\infty} a_k R_0^{-k}\sigma^{-k} + \sum\limits_{k=1}^{\infty} b_k R_0^k \sigma^k \\ \overline{\varphi_1'(R_0\sigma)} = -\sum\limits_{k=1}^{\infty} k a_k R_0^{-k-1}\sigma^{k+1} + \sum\limits_{k=1}^{\infty} k b_k R_0^{k-1}\sigma^{1-k} \\ \overline{\psi_1(R_0\sigma)} = c_0 + \sum\limits_{k=1}^{\infty} c_k R_0^{-k}\sigma^k + \sum\limits_{k=1}^{\infty} d_k R_0^k \sigma^{-k} \\ \left(\dfrac{\partial V_1}{\partial x} + i\dfrac{\partial V_1}{\partial y}\right)\Bigg|_{r=R_0} = \dfrac{k_1 R_0 \sigma}{r^2}\displaystyle\int rT_{1*}(r,t)dr\Bigg|_{r=R_0} \end{cases} \tag{9.57}$$

We substitute Eq. (9.57) into Eq. (9.50) and compare the coefficients of the same power term of σ:

$$\begin{cases} \sigma^0 : a_0 + c_0 + 2b_2R_0^2 = 0 \\ \sigma^1 : 2b_1R_0 + c_1R_0^{-1} = \dfrac{k_1}{R_0}\displaystyle\int rT_{1*}(r,t)dr\Bigg|_{r=R_0} \\ \sigma^{-1} : a_1R_0^{-1} + 3b_3R_0^3 + d_1R_0 = 0 \\ \vdots \end{cases} \tag{9.58}$$

Similarly, the coefficients of the same power term of σ can be obtained by expression (9.51):

$$\begin{cases} \sigma^0 : a_0 + c_0 + 2b_2R_1^2 = e_0 + g_0 + 2f_2R_1^2 \\ \sigma^1 : 2b_1R_1 + c_1R_1^{-1} - \frac{k_1}{R_1}\int rT_{1*}(r,t)dr\Big|_{r=R_1} \\ \quad = 2f_1R_1 + g_1R_1^{-1} - \frac{k_2}{R_1}\int rT_{2*}(r,t)dr\Big|_{r=R_1} \\ \sigma^{-1} : a_1R_1^{-1} + 3b_3R_1^3 + d_1R_1 = e_1R_1^{-1} + 3f_3R_1^3 + h_1R \\ \vdots \end{cases} \tag{9.59}$$

Similarly, the coefficients of the same power term of σ can be obtained by conditional expression (9.52):

$$\begin{cases} \sigma^0 : \frac{1}{G_1}\left(\kappa_1a_0 - c_0 - 2b_2R_1^2\right) = \frac{1}{G_2}\left(\kappa_2e_0 - g_0 - 2f_2R_1^2\right) \\ \sigma^1 : \frac{1}{G_1}\left[(\kappa_1 - 1)b_1R_1 - c_1R_1^{-1} + \frac{k_1}{R_1}\int rT_{1*}(r,t)dr\Big|_{r=R_1}\right] \\ = \frac{1}{G_2}\left[(\kappa_2 - 1)f_1R_1 - g_1R_1^{-1} + \frac{k_2}{R_1}\int rT_{2*}(r,t)dr\Big|_{r=R_1}\right] \\ \sigma^{-1} : \frac{1}{G_1}\left(\kappa_1a_1R_1^{-1} - 3b_3R_1^3 - d_1R_1\right) = \frac{1}{G_2}\left(\kappa_2e_1R_1^{-1} - 3f_3R_1^3 - h_1R_1\right) \\ \vdots \end{cases} \tag{9.60}$$

Similarly, the coefficients of the same power term of σ can be obtained by conditional expression (9.53):

$$\begin{cases} \sigma^0 : -\kappa_2e_0 + g_0 + 2f_2R_l^2 = 0 \\ \sigma^1 : (1 - \kappa_2)f_1R_l + g_1R_l^{-1} = \frac{k_2}{R_l}\int rT_{2*}(r,t)dr\Big|_{r=R_l} \\ \sigma^{-1} : -\kappa_2e_1R_l^{-1} + 3f_3R_l^3 + h_1R_l = 0 \\ \vdots \end{cases} \tag{9.61}$$

Equations (9.58)–(9.61) can be separated into two independent equations as follows:

$$\begin{cases} \sigma^1 : 2b_1R_0 + c_1R_0^{-1} = \frac{k_1}{R_0}\int rT_{1*}(r,t)dr\Big|_{r=R_0} \\ \sigma^1 : 2b_1R_1 + c_1R_1^{-1} - \frac{k_1}{R_1}\int rT_{1*}(r,t)dr\Big|_{r=R_1} \\ \quad = 2f_1R_1 + g_1R_1^{-1} - \frac{k_2}{R_1}\int rT_{2*}(r,t)dr\Big|_{r=R_1} \\ \sigma^1 : \frac{1}{G_1}\left[(\kappa_1 - 1)b_1R_1 - c_1R_1^{-1} + \frac{k_1}{R_1}\int rT_{1*}(r,t)dr\Big|_{r=R_1}\right] \\ \quad = \frac{1}{G_2}\left[(\kappa_2 - 1)f_1R_1 - g_1R_1^{-1} + \frac{k_2}{R_1}\int rT_{2*}(r,t)dr\Big|_{r=R_1}\right] \\ \sigma^1 : (1 - \kappa_2)f_1R_l + g_1R_l^{-1} = \frac{k_2}{R_l}\int rT_{2*}(r,t)dr\Big|_{r=R_l} \end{cases} \tag{9.62}$$

$$\begin{cases} \sigma^0 : a_0 + c_0 + 2b_2R_0^2 = 0 \\ \sigma^{-1} : a_1R_0^{-1} + 3b_3R_0^3 + d_1R_0 = 0 \\ \sigma^0 : -\kappa_2 e_0 + g_0 + 2f_2R_l^2 = 0 \\ \sigma^{-1} : -\kappa_2 e_1 R_l^{-1} + 3f_3R_l^3 + h_1R_l = 0 \\ \vdots \end{cases} \tag{9.63}$$

Solving the system of Eq. (9.62), we get:

$$\begin{cases} b_1 = \dfrac{k_1 \int_{R_0}^{R_1} rT_{1*}(r,t)dr\left[\frac{1}{G_1} - \frac{1}{G_2}\frac{(1-\kappa_2)(R_l^2-R_1^2)}{(1-\kappa_2)R_l^2-2R_1^2}\right] + k_2 \int_{R_1}^{h_0} rT_{2*}(r,t)dr\left[\frac{1}{G_2} - \frac{1}{G_2}\frac{(1-\kappa_2)(R_l^2-R_1^2)}{(1-\kappa_2)R_l^2-2R_1^2}\right]}{\frac{(1-\kappa_1)R_1^2-2R_0^2}{G_1} - \frac{2(R_1^2-R_0^2)}{G_2}\frac{(1-\kappa_2)(R_l^2-R_1^2)}{(1-\kappa_2)R_l^2-2R_1^2}} \\ c_1 = k_1 \int rT_{1*}(r,t)dr\Big|_{r=R_0} - 2R_0^2 b_1 \\ f_1 = \dfrac{k_1 \int_{R_0}^{R_1} rT_{1*}(r,t)dr + k_2 \int_{R_1}^{R_l} rT_{2*}(r,t)dr}{(1-\kappa_2)R_l^2 - 2R_1^2} - \dfrac{2(R_1^2 - R_0^2)}{(1-\kappa_2)R_l^2 - 2R_1^2} b_1 \\ g_1 = k_2 \int rT_{2*}(r,t)dr\Big|_{r=R_l} - (1-\kappa_2)R_l^2 f_1 \end{cases} \tag{9.64}$$

Equation (9.63) are homogeneous equations, and there must be zero solutions. According to the uniqueness theorem of the solution of elasticity:

$$\begin{cases} a_n = d_n = e_n = h_n = 0\,(n = 0 \sim N) \\ b_n = c_n = f_n = g_n = 0\,(n = 0, 2 \sim N) \end{cases} \tag{9.65}$$

Substituting Eq. (9.64) into Eqs. (9.54) and (9.55), we can obtain:

$$\varphi_1(z) = b_1 z, \quad \psi_1(z) = c_1 z^{-1} \tag{9.66}$$

$$\varphi_2(z) = f_1 z, \quad \psi_1(z) = g_1 z^{-1} \tag{9.67}$$

As known from Chap. 2:

$$U_1 = \mathrm{Re}\left[\bar{z}\varphi_1(z) + \int \psi_1(z)dz\right] = \mathrm{Re}\left[b_1\bar{z}z + c_1 \int z^{-1}dz\right] = b_1 r^2 + c_1 \ln r \tag{9.68}$$

$$U_2 = \mathrm{Re}\left[\bar{z}\varphi_2(z) + \int \psi_2(z)dz\right] = \mathrm{Re}\left[f_1\bar{z}z + g_1 \int z^{-1}dz\right] = f_1 r^2 + g_1 \ln r \tag{9.69}$$

9.2.3.3 Solutions of Temperature Stress

Then, V_n and U_n can be substituted into Eq. (9.31) to obtain two nonzero normal stress components:

$$\begin{cases} \sigma_{1r}^* = 2\left(1 - \frac{R_0^2}{r^2}\right)b_1 - \frac{k_1}{r^2}\int_{R_0}^{r} xT_{1*}(x,t)dx \\ \sigma_{1\theta}^* = 2\left(1 + \frac{R_0^2}{r^2}\right)b_1 + \frac{k_1}{r^2}\int_{R_0}^{r} xT_{1*}(x,t)dx - k_1T_{1*}(r,t) \end{cases} \quad R_0 \le r < R_1 \tag{9.70}$$

$$\begin{cases} \sigma_{2r}^* = \left[2 - \frac{(1-\kappa_2)R_l^2}{r^2}\right]f_1 + \frac{k_2}{r^2}\int_{r}^{R_l} xT_{2*}(x,t)dx \\ \sigma_{2\theta}^* = \left[2 + \frac{(1-\kappa_2)R_l^2}{r^2}\right]f_1 - \frac{k_2}{r^2}\int_{r}^{R_l} xT_{2*}(x,t)dx - k_2T_{2*}(r,t) \end{cases} \quad R_1 \le r < R_l \tag{9.71}$$

Equations (9.70) and (9.71) represent the temperature stress obtained under the premise that there is zero displacement at the boundary of $r = R_l$. When $R_l \to \infty$ in Eqs. (9.64), (9.70), and (9.71), the temperature stress with zero displacement condition at infinity can be obtained:

$$b_{1\infty} = \frac{k_1\int_{R_0}^{R_1} rT_{1*}(r,t)dr\left(\frac{1}{G_1} - \frac{1}{G_2}\right)}{\frac{(1-\kappa_1)R_1^2 - 2R_0^2}{G_1} - \frac{2(R_1^2 - R_0^2)}{G_2}} \tag{9.72}$$

$$\begin{cases} \sigma_{1r}^* = 2\left(1 - \frac{R_0^2}{r^2}\right)b_{1\infty} - \frac{k_1}{r^2}\int_{R_0}^{r} xT_{1*}(x,t)dx \\ \sigma_{1\theta}^* = 2\left(1 + \frac{R_0^2}{r^2}\right)b_{1\infty} + \frac{k_1}{r^2}\int_{R_0}^{r} xT_{1*}(x,t)dx - k_1T_{1*}(r,t) \end{cases} \quad R_0 \le r < R_1 \tag{9.73}$$

$$\begin{cases} \sigma_{2r}^* = -\frac{k_1}{r^2}\int_{R_0}^{R_1} rT_{1*}(r,t)dr - \frac{k_2}{r^2}\int_{R_1}^{r} rT_{2*}(r,t)dr + \frac{2\left(R_1^2 - R_0^2\right)}{r^2}b_{1\infty} \\ \sigma_{2\theta}^* = \frac{k_1}{r^2}\int_{R_0}^{R_1} rT_{1*}(r,t)dr + \frac{k_2}{r^2}\int_{R_1}^{r} rT_{2*}(r,t)dr - \frac{2\left(R_1^2 - R_0^2\right)}{r^2}b_{1\infty} - k_2T_{2*}(r,t) \end{cases} \quad R_1 \le r < \infty \tag{9.74}$$

Equations (9.73) and (9.74) describe the unsteady temperature stress in the infinite domain. MATLAB can be used to obtain the temperature stress of the lining and surrounding rock at different time and different positions.

9.2.4 *Verification*

9.2.4.1 Finite Element Model

The numerical solution of this section is calculated by ANSYS software. The inner and outer radii of the lining are set as $R_0 = 2\,\text{m}$ and $R_1 = 2.5\,\text{m}$, respectively; the parameters in the lining model are $\rho_1 = 2440\,\text{kg/m}^3$, $C_1 = 970\,\text{J/(kg}\,°\text{C)}$, $\lambda_1 = 1.28\,\text{W/(m}\,°\text{C)}$, $E_1 = 3 \times 10^4\,\text{MPa}$, $\mu_1 = 0.2$, and $\beta_1 = 8 \times 10^{-6}/\,°\text{C}$; and the parameters in the surrounding rock model are $\rho_2 = 2700\,\text{kg/m}^3$, $C_2 = 840\,\text{J/(kg}\,°\text{C)}$, $\lambda_2 = 2.5\,\text{W/(m}\,°\text{C)}$, $E_2 = 2 \times 10^4\,\text{MPa}$, $\mu_2 = 0.3$, and $\beta_2 = 5 \times 10^{-6}/\,°\text{C}$. The initial temperature inside the lining and surrounding rock is set at 30 °C, and the temperature at the inner boundary of the lining is always maintained at 250 °C. The mesh division of the model is shown in Fig. 9.13. This section still utilizes ANSYS software for numerical calculations.

We take 1/4 of Fig. 9.12 to build the model in ANSYS. The mesh is divided into 3 parts: the first part is a 1/4 lining ring with a radius of 2–2.5 m, and the second part is a 1/4 wall rock circle with a radius of 2.5–10 m. The numerical and analytical solutions are compared in these two areas. The third part is the area of two straight sides with a length of 60 m outside the ring, which is used to simulate an infinite area. After the model is divided, there are 3937 nodes and 3810 units. According to the symmetry, the displacement constraint in the y direction is applied on the line that coincides with the x-axis in Fig. 9.13, and the displacement constraint in the x direction is applied on the line that coincides with the y-axis.

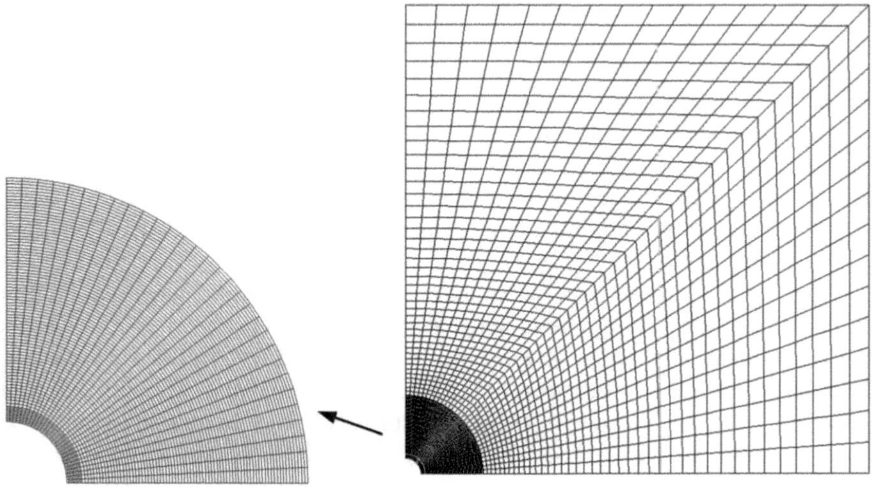

Fig. 9.13 Model grid division

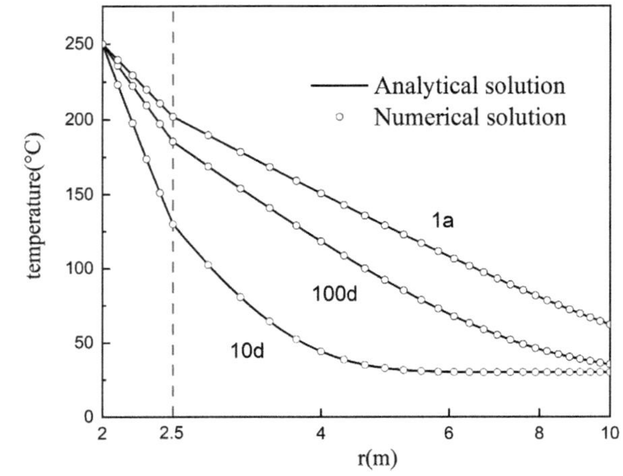

Fig. 9.14 Temperature comparison for lining and surrounding rock

9.2.4.2 Comparison on Temperature Field Between Analytical and Numerical Results

Since the temperature field is axisymmetrically distributed, the temperature distribution on any radial line is also the same. Figure 9.14 shows the calculation results of the temperature at different pole diameters when t is 10 d, 100 d and 1 a.

Figure 9.14 shows that the analytical solution and ANSYS solution are consistent with each other. With increasing t, the temperature at each point in the surrounding rock increases, and the range of surrounding rock affected by temperature steadily increases.

9.2.4.3 Comparison on Temperature Stress Between Analytical and Numerical Results

The stress field distribution on any radial line is also the same. Figure 9.15 shows the temperature stress at different pole diameters when the heat conduction duration is 1 d, 100 d and 1 a.

From Fig. 9.15, it can be seen that the analytical solution and numerical solution of temperature stress are in good agreement, which verifies the correctness of the analytical solution for the stress field under temperature effect. And the correctness of the analytical solution of the stress field caused by the original in situ stress has been verified [4], The analytical solution of total stress is formed by the superposition of these two parts, and the accuracy can be guaranteed, so this section does not compare the analytical solution and numerical solution of the total stress.

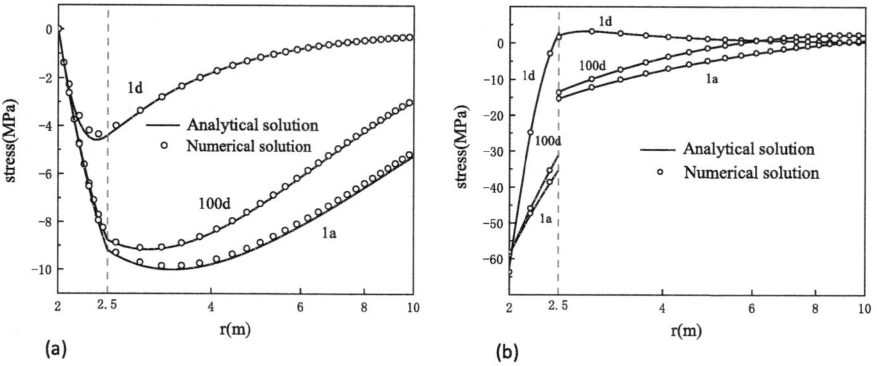

Fig. 9.15 Comparison of temperature stress **a** radial normal stress σ_{nr}^*; **b** tangential normal stress $\sigma_{n\theta}^*$

9.2.5 *Analysis and Discussion*

In this section, we will consider the combined effect of original in situ stress and temperature to discuss the effect of tunnel temperature changes on the tunnel stress field. Two cases of tunnel temperature decrease and increase are analyzed. For the convenience of analysis, suppose that $P = Q$; then, it is an axisymmetric problem. The stress distribution on each radial line is also the same, so the following part only analyzes the radial stress and tangential stress at different polar diameters.

9.2.5.1 Influence of Temperature Difference on Stress

Let the tunnel radius be 2 m, the lining thickness be 0.5 m, and other calculation parameters be the same as in Sect. 9.2.4. When the temperature difference is set to 100 and 200 °C, and the temperature acts for 30 days, the temperature change values and temperature stresses at different radial distances are shown in Table 9.2.

Table 9.2 Temperature and temperature stress of surrounding rock supported by lining under different temperature differences

	100 °C			200 °C		
r/m	T_*/°C	σ_r^*/MPa	σ_θ^*/MPa	T_*/°C	σ_r^*/MPa	σ_θ^*/MPa
2.00	100.00	0	−27.10	200.00	0	−54.21
2.25	78.62	−2.49	−18.20	157.24	−4.99	−36.40
2.50	59.75	−3.71	−11.32	119.50	−7.41	−22.64
2.50	59.75	−3.71	−4.83	119.50	−7.41	−9.66
2.75	51.23	−3.75	−3.57	102.46	−7.50	−7.14
3.00	43.73	−3.69	−2.56	87.46	−7.38	−5.11

From Table 9.2, it can be seen that the temperature change values and temperature stresses of the lining and surrounding rock are proportional to the temperature difference and will not be affected by the increase in the propagation medium. Since the relationship between temperature change and temperature stress is relatively simple and proportional to the temperature difference, this section will not discuss the total stress field in the tunnel in detail.

9.2.5.2 Time-Dependency of Temperature Stress

(a) **Problem of temperature rising**

After the nuclear waste has been put into the repository, the temperature of the nuclear waste repository will change, and the distribution of the stress field will be affected. Let the tunnel radius be 2 m, the lining thickness be 0.5 m, and the material parameters be the same as those in Sect. 9.2.4, $P = Q = 10\,\text{MPa}$, the initial temperature of the lining and surrounding rock is 25°C and after the nuclear waste is placed, the inner boundary of the lining rises to 245°C. When t = 0 years, 1 year, 5 years, and 10 years, the radial and tangential stresses at different polar radii are shown in Fig. 9.16.

The dotted line in Fig. 9.16 shows the stress when $t = 1$ a, 5 a, and 10 a under the action of only temperature, the solid black line shows the result under the action of in situ stress, and the other solid lines show the result when $t = 1$ a, 5 a, and 10 a under the combined action of the original in situ stress and temperature.

There is a negative sign between the temperature stress caused by temperature increase and the temperature decrease which is the same as in Sect. 9.1. In the lining and surrounding rock near the tunnel, the radial normal stress σ^*_{nr} and tangential normal stress $\sigma^*_{n\theta}$ caused by temperature increase are compressive stress; in the lining, the tangential compressive stress $\sigma^*_{1\theta}$ is much greater than the radial compressive

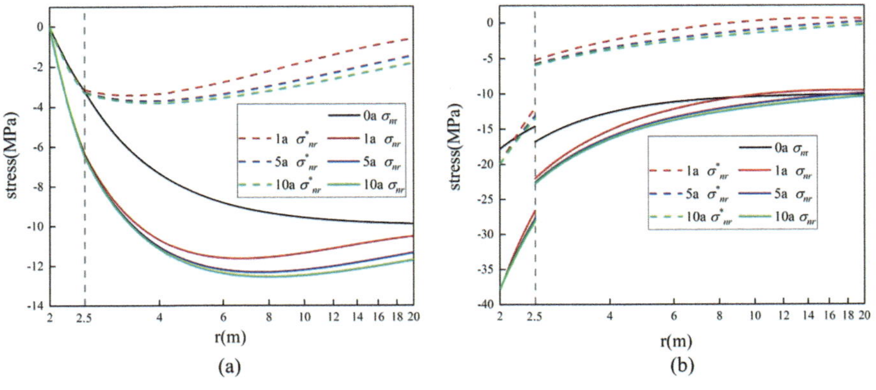

Fig. 9.16 Stress of the lining and surrounding rock when temperature increases: **a** radial normal stress; **b** tangential normal stress

stress σ^*_{n1r}. For the same time, the change laws of σ^*_{nr} and $\sigma^*_{n\theta}$ with radius are exactly the same as the law when the temperature decreases.

Only under the original in situ stress, the radial normal stress σ^0_{nr} and tangential normal stress $\sigma^0_{n\theta}$ in the lining and surrounding rock are compressive stress. The stresses σ^*_{nr} and $\sigma^*_{n\theta}$ caused by the temperature increase are also compressive stress. Therefore, the increase in temperature makes the total compressive stress σ_{nr} and $\sigma_{n\theta}$ increase. In particular, the increase in tangential compressive stress is greater. The compressive stress difference $\sigma_{1\theta} - \sigma_{1r}$ increases, which makes the lining more likely have compression failure.

(b) **Problem of temperature reduction**

When the water temperature in the diversion tunnel is lower than the original temperature of the surrounding rock, it will cause the internal temperature of the surrounding rock to increase, resulting in temperature stress. Let the tunnel radius be 2 m, the lining thickness be 0.5 m, and the material parameters be the same as those in Sect. 9.2.4, $P = Q = 4$ MPa, the initial temperature of the lining and surrounding rock is 25 °C. Assuming that the winter lasts for 90 days, and the temperature inside the tunnel is -5 °C throughout the winter. When t = 0 days, 30 days, 60 days, and 90 days (0 days indicate no temperature effects, and the stresses obtained are the result of only geostatic stresses), Fig. 9.17 shows the radial and tangential stresses at different polar radii.

The dotted line in Fig. 9.17 shows the stress at $t = 30$ d, 60 d, and 90 d under the action of only temperature; the solid black line shows the result when $t = 0$ d, that is, when there is no temperature effect and only in situ stress; the other solid lines show the results when $t = 30$ d, 60 d, and 90 d under the combined action of original in situ stress and temperature.

From Fig. 9.17, it can be observed that: in the lining and surrounding rock near the tunnel, radial normal stress σ^*_{nr} and tangential normal stress $\sigma^*_{n\theta}$ caused by temperature

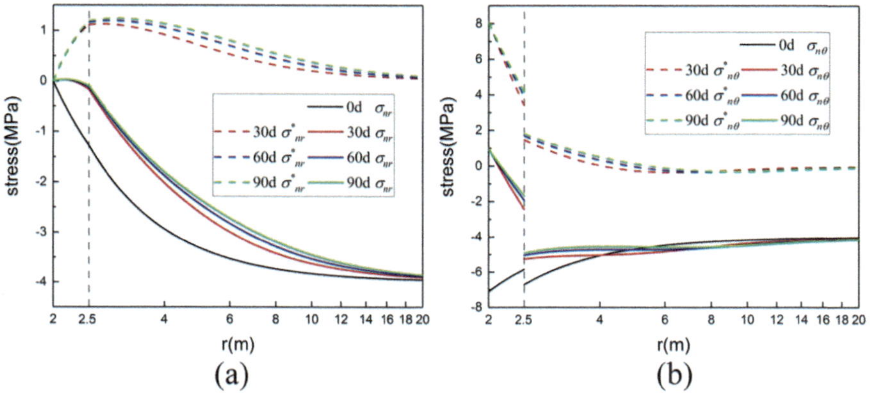

Fig. 9.17 Stress of the lining and surrounding rock when temperature decreases: **a** radial normal stress; **b** tangential normal stress

drop are tensile stress; in the lining, tangential tensile stress $\sigma_{n\theta}^*$ is much larger than radial tensile stress σ_{nr}^*. For the same moment, σ_{nr}^* first increases and then decreases when the radius increases, while $\sigma_{n\theta}^*$ decreases when the radius increases. For any moment, the maximum tensile stress value is obtained at the inner boundary of the lining. On the contact surface between lining and surrounding rock, σ_{nr}^* is continuous, while $\sigma_{n\theta}^*$ is discontinuous. For the contact problem of two materials, the $\sigma_{n\theta}^*$ discontinuity is predictable in advance.

As indicated by the solid black line in Fig. 9.17, only under the original in situ stress, the radial normal stress σ_{nr}^0 and tangential normal stress $\sigma_{n\theta}^0$ in the lining and surrounding rock are compressive stress; in the lining, the tangential compressive stress $\sigma_{1\theta}^0$ is much larger than the radial compressive stress σ_{1r}^0. Stresses σ_{1r}^* and $\sigma_{1\theta}^*$ due to the temperature decrease are tensile stress, so when the temperature difference is not very large, the temperature decrease makes the total stresses σ_{1r} and $\sigma_{1\theta}$ compressive. Both parts of the compressive stress are reduced, the tangential compressive stress is more reduced, and the compressive stress difference $\sigma_{1\theta} - \sigma_{1r}$ is reduced, which makes the lining less likely to produce compression failure. However, if the temperature is greatly reduced, greater temperature tensile stress will be generated, and it will cause tangential tensile stress in the lining. If the lining is made of concrete, the lining may be easily damaged.

9.2.5.3 Influence of Elastic Modulus Ratio on Stress

In the case of tunnels, both the lining and surrounding rock are involved, and the changes in the parameters of these two parts can also affect the stress field in the tunnel. There are many parameters that can affect the stress field of the lining and surrounding rock, such as elastic modulus E, Poisson's ratio μ, thermal conductivity α, coefficient of thermal expansion β, etc. In this section, we analyze the influence of different elastic moduli ratios E_1/E_2 on the stress field of the lining and surrounding rock.

The tunnel radius is 2 m, the lining thickness is 0.5 m, and the surrounding rock material parameters are the same as those in Sect. 9.2.4. The elastic modulus of the lining material is taken as follows: $E_1 = 2 \times 10^4$ MPa, $E_1 = 5 \times 10^4$ MPa and $E_1 = 10 \times 10^4$ MPa, so $E_1/E_2 = 1$, $E_1/E_2 = 2.5$ and $E_1/E_2 = 5$, assuming a temperature difference of 200 °C and a temperature action time of 30 days, the corresponding temperature stress σ_{nr}^* and $\sigma_{n\theta}^*$ are shown in Fig. 9.18.

From Fig. 9.18, it can be seen that when only the elastic modulus of the lining is changed, the trend of temperature stress changing with the radius does not change, and it is basically the same as the trend in Sect. 9.2.5.2. With the increase of the elastic modulus of the lining, the radial temperature stress in the lining and surrounding rock also increases, while the tangential temperature stress in the lining increases with the increase of the elastic modulus, but the tangential temperature stress in the surrounding rock decreases with the increase of the elastic modulus.

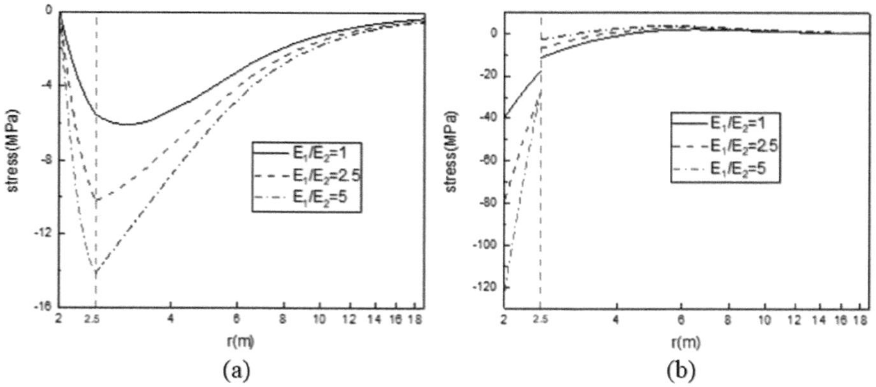

Fig. 9.18 The temperature stress under different elastic moduli is as follows **a** radial normal stress; **b** tangential normal stress

9.2.6 Conclusions

In this section, on the basis of Sect. 9.1 without lining support tunnels, lining support has been added, and the calculation of the temperature and stress fields in the lining has been correspondingly increased. Unlike unsupported tunnels, contact conditions between the lining and the surrounding rock must be considered during the calculation. The main conclusions obtained are:

When the temperature in the tunnel is lower (higher) than the initial temperature of the lining and surrounding rock: in the lining and surrounding rock near the tunnel, both radial and tangential temperature stresses are tensile (compressive) stresses; in the lining, the tangential temperature tensile (compressive) stress is much greater than the radial temperature tensile (compressive) stress. For the same moment, the radial temperature stress first increases and then decreases when the radius increases, while the tangential temperature stress decreases when the radius increases. The maximum tensile (compressive) stress is obtained at the inner boundary of the lining.

The temperature change greatly affects the total stress field of the tunnel. When the temperature in the tunnel is lower than the initial temperature of the lining and surrounding rock, and the temperature difference is not very large, the radial and tangential compressive stresses in the lining will decrease, and the maximum tangential compressive stress will decrease more, so the lining is not easily damaged by compression. However, if the temperature is greatly reduced, tensile stress will appear in the lining, and if the lining is made of concrete, it will be easily damaged. When the temperature in the tunnel is higher than the initial temperature of the lining and surrounding rock, the radial and tangential compressive stresses in the tunnel lining will increase. In particular, the increase in tangential compressive stress is greater. According to the strength criterion of the material, the temperature difference will make the lining more prone to compression failure.

References

1. Cheng, Q.X., A.Z. Lu, and C.L. Yin. 2021. Analytical stress solutions for a deep buried circular tunnel under an unsteady temperature field. *Rock Mechanics and Rock Engineering* 54 (3): 1355–1368.
2. Hoek, E., and E.T. Brown. 1982. *Underground Excavations in Rock*. London: The Institution of Mining and Metallurgy.
3. Cheng, Q.X., A.Z. Lu, and C.L. Yin. 2021. Influence of unsteady temperature on the stress field of a deep buried circular lining tunnel. *Computers and Geotechnics* 132: 104010.
4. Lu, A.Z., L.Q. Zhang, and N. Zhang. 2011. Analytic stress solutions for a circular pressure tunnel at pressure and great depth including support delay. *International Journal of Rock Mechanics & Mining Science* 48: 514–519.

Chapter 10
Analytical Solutions for Mechanical Analysis of Hole/Tunnel Problems in Anisotropic Elastic Plane/Rock Mass

10.1 Analytical Method for Solving the Stresses and Displacements in Anisotropic Plates with Holes

10.1.1 Determination of Mapping Functions

The authors of this book have already provided the correct approach for solving the hole problem in Sect. 3.3.4. The outer regions of the hole in z_1- and z_2-planes are mapped onto the outer regions of the unit circle in ζ_1- and ζ_2-planes by utilizing the mapping functions $z_1 = \omega_1(\zeta_1)$ and $z_2 = \omega_2(\zeta_2)$, respectively, where $\zeta_1 = \rho_1 e^{i\theta_1}$ and $\zeta_2 = \rho_2 e^{i\theta_2}$. In the unit circle, which corresponds to the hole boundary, we have $\rho_1 = \rho_2 = 1$.

In the first five sections of this chapter, the two mapping functions used will be determined by using the first method based on Eq. (3.93), while in the sixth section, they will be directly determined using the second method through Eq. (3.80).

The general expression of the functions mapping the outside region of the hole in z-plane onto the outer region of the unit circle in ζ-plane is as follows (Eq. 1.1):

$$z = \omega(\zeta) = R\left(\zeta + \sum_{k=0}^{\infty} C_k \zeta^{-k}\right) \tag{10.1}$$

Based on Chap. 1, C_k and R are known coefficients when the hole shape is given. Equation (10.1) can represent a variety of hole shapes, provided that k is sufficiently large. Herein, n is the maximum value of k.

Substituting the known mapping function $z = \omega(\zeta)$ and the two unknown ones $z_1 = \omega_1(\zeta_1)$, $z_2 = \omega_2(\zeta_2)$ into Eq. (3.93) gives

A. Lu et al., *Complex Variable Function Solutions in the Mechanical Analysis of Tunnels*, https://doi.org/10.1007/978-981-97-1691-3_10

$$\begin{cases} z_1 = \omega_1(\zeta_1) = \gamma_1 R\left(\zeta + \sum_{k=0}^{n} C_k \zeta^{-k}\right) + \delta_1 \overline{R}\left(\overline{\zeta} + \sum_{k=0}^{n} \overline{C}_k \overline{\zeta}^{-k}\right) \\ z_2 = \omega_2(\zeta_2) = \gamma_2 R\left(\zeta + \sum_{k=0}^{n} C_k \zeta^{-k}\right) + \delta_2 \overline{R}\left(\overline{\zeta} + \sum_{k=0}^{n} \overline{C}_k \overline{\zeta}^{-k}\right) \end{cases} \tag{10.2}$$

In order to determine the relations between ζ_1, ζ_2, and ζ, and solve $\omega_1(\zeta_1)$ and $\omega_2(\zeta_2)$ according to Eq. (10.2), we assume that $\zeta_1 = \zeta_2 = \zeta = \sigma = e^{i\theta}$ in the unit circle which corresponds to the boundary of hole. Substituting the assumption into Eq. (10.2) gives

$$\begin{cases} \omega_1(\sigma) = \gamma_1 R\left(\sigma + \sum_{k=0}^{n} C_k \sigma^{-k}\right) + \delta_1 \overline{R}\left(\frac{1}{\sigma} + \sum_{k=0}^{n} \overline{C}_k \sigma^{k}\right) \\ \omega_2(\sigma) = \gamma_2 R\left(\sigma + \sum_{k=0}^{n} C_k \sigma^{-k}\right) + \delta_2 \overline{R}\left(\frac{1}{\sigma} + \sum_{k=0}^{n} \overline{C}_k \sigma^{k}\right) \end{cases} \tag{10.3}$$

According to the expressions of boundary given by Eq. (10.3), the expressions of $\omega_1(\zeta_1)$ and $\omega_2(\zeta_2)$ are as follows:

$$\begin{cases} z_1 = \omega_1(\zeta_1) = \gamma_1 R\left(\zeta_1 + \sum_{k=0}^{n} C_k \zeta_1^{-k}\right) + \delta_1 \overline{R}\left(\frac{1}{\zeta_1} + \sum_{k=0}^{n} \overline{C}_k \zeta_1^{k}\right) \\ z_2 = \omega_2(\zeta_2) = \gamma_2 R\left(\zeta_2 + \sum_{k=0}^{n} C_k \zeta_2^{-k}\right) + \delta_2 \overline{R}\left(\frac{1}{\zeta_2} + \sum_{k=0}^{n} \overline{C}_k \zeta_2^{k}\right) \end{cases} \tag{10.4}$$

where $\omega_1(\zeta_1)$ and $\omega_2(\zeta_2)$ obtained by this method are analytic functions of ζ_1 and ζ_2, respectively. $\omega_1(\zeta_1)$ and $\omega_2(\zeta_2)$ should satisfy the relationships in Eq. (10.2). Substituting Eq. (10.4) into Eq. (10.2) gives the relationships between ζ_1, ζ_2 and ζ in Eq. (10.5).

$$\begin{cases} \gamma_1 R\left(\zeta_1 + \sum_{k=0}^{n} C_k \zeta_1^{-k}\right) + \delta_1 \overline{R}\left(\frac{1}{\zeta_1} + \sum_{k=0}^{n} \overline{C}_k \zeta_1^{k}\right) \\ \quad = \gamma_1 R\left(\zeta + \sum_{k=0}^{n} C_k \zeta^{-k}\right) + \delta_1 \overline{R}\left(\overline{\zeta} + \sum_{k=0}^{n} \overline{C}_k \overline{\zeta}^{-k}\right) \\ \gamma_2 R\left(\zeta_2 + \sum_{k=0}^{n} C_k \zeta_2^{-k}\right) + \delta_2 \overline{R}\left(\frac{1}{\zeta_2} + \sum_{k=0}^{n} \overline{C}_k \zeta_2^{k}\right) \\ \quad = \gamma_2 R\left(\zeta + \sum_{k=0}^{n} C_k \zeta^{-k}\right) + \delta_2 \overline{R}\left(\overline{\zeta} + \sum_{k=0}^{n} \overline{C}_k \overline{\zeta}^{-k}\right) \end{cases} \tag{10.5}$$

Equation (10.5) is suitable for any point in the region $|\zeta| \geq 1$. Given the ζ of a point, the ζ_1 and ζ_2 can be determined by Eq. (10.5). And Eq. (10.2) can be satisfied by z, z_1 and z_2 calculated by Eqs. (10.1) and (10.4), respectively.

In this way, if $\omega(\zeta)$ is analytic function, the $\omega_1(\zeta_1)$ and $\omega_2(\zeta_2)$ must be analytic functions, just being analytic of two complex variables ζ_1 and ζ_2, respectively. This solves the problem that cannot be solved by using a set of polar coordinate systems [1].

There are also two complex variables ζ_1 and ζ_2, in the solutions of elliptic hole proposed by Lekhnitskiit et al. [2–5]. Actually, the two complex variables in their results have the same meaning as that in this section. The proving process is given as follows.

Equation (10.4) is suitable for any shapes, and ellipse is no exception. For an elliptic hole with the semi-axis lengths being a and b in the x- and y-axis directions, respectively, the mapping function is

$$z = \frac{a+b}{2}\zeta + \frac{a-b}{2}\frac{1}{\zeta} \tag{10.6}$$

From Eqs. (10.1) and (10.6), we have:

$$R = \frac{a+b}{2}, \quad c_1 = \frac{a-b}{a+b}, \quad c_k = 0 \quad (k \geq 2). \tag{10.7}$$

Substituting Eq. (10.7) into Eq. (10.4) yields

$$z_k = \omega_k(\zeta_k) = \frac{a - i\mu_k b}{2}\zeta_k + \frac{a + i\mu_k b}{2}\frac{1}{\zeta_k} \quad (k = 1, 2) \tag{10.8}$$

And Eq. (10.8) is exactly the same with that given by Lekhnitskii [2–4].

As $b \to 0$, Eq. (10.8) denotes a crack. And we have

$$z_k = \omega_k(\zeta_k) = \frac{a}{2}\left(\zeta_k + \frac{1}{\zeta_k}\right) \quad (k = 1, 2). \tag{10.9}$$

10.1.2 Determination of Analytic Functions

Substituting Eq. (10.4) into Eq. (3.90) in Chap. 3 gives $\Phi_{1*}(\zeta_1)$ and $\Phi_{2*}(\zeta_2)$, which are analytic functions of ζ_1 and ζ_2, respectively. $\Phi_{1*}(\zeta_1)$ and $\Phi_{2*}(\zeta_2)$ are two analytic functions of different complex variables ζ_1 and ζ_2. Although $\Phi_{1*}(\sigma)$ and $\Phi_{2*}(\sigma)$ can be expressed by the same complex variable σ along the boundary of the hole, it cannot be solved using the Cauchy integral formula. Therefore, other methods are needed to solve the problem. We find that it can be solved by power series method and the analytic solutions of stresses can be obtained.

Substituting Eq. (10.4) into Eq. (3.90) gives:

$$\begin{cases} \Phi_1^0(z_1) = \Phi_1^0[\omega_1(\zeta_1)] = \Phi_{1*}^0(\zeta_1) = \sum_{k=0}^{\infty} a_k \zeta_1^{-k} \\ \Phi_2^0(z_2) = \Phi_2^0[\omega_2(\zeta_2)] = \Phi_{2*}^0(\zeta_2) = \sum_{k=0}^{\infty} b_k \zeta_2^{-k} \end{cases} \tag{10.10}$$

where $\Phi_{1*}^0(\zeta_1)$ and $\Phi_{2*}^0(\zeta_2)$ are analytic functions of ζ_1 and ζ_2 in the outer region of unit circle, respectively, and $a_k = a_{1k} + ia_{2k}$, $b_k = b_{1k} + ib_{2k}$. The a_{1k}, a_{2k}, b_{1k}, $b_{2k}(k = 0, \ldots, \infty)$ are undetermined real constants.

Along the edge of hole, we have $\zeta_1 = \sigma = e^{i\theta}$, $\zeta_2 = \sigma = e^{i\theta}$. When there is no external loading acting on the hole boundary, the boundary conditions by Eq. (3.89) can be expressed by:

$$\begin{cases} \mathrm{Re}\left[\Phi_{1*}^0(\sigma) + \Phi_{2*}^0(\sigma)\right] \\ \quad = -\mathrm{Re}\left[B^*\omega_1(\sigma) + \left(B^{'*} + iC^{'*}\right)\omega_2(\sigma)\right] = f_1^0(\theta) \\ \mathrm{Re}\left[\mu_1\Phi_{1*}^0(\sigma) + \mu_2\Phi_{2*}^0(\sigma)\right] \\ \quad = -\mathrm{Re}\left[\mu_1 B^*\omega_1(\sigma) + \mu_2\left(B^{'*} + iC^{'*}\right)\omega_2(\sigma)\right] = f_2^0(\theta) \end{cases} \tag{10.11}$$

From Eq. (10.4), we have

$$\begin{aligned} f_1^0(\theta) &= -\mathrm{Re}\left[B^*\omega_1(\sigma) + \left(B^{'*} + iC^{'*}\right)\omega_2(\sigma)\right] \\ &= -\mathrm{Re}\left\{R\left[B^*\gamma_1 + \left(B^{'*} + iC^{'*}\right)\gamma_2\right]\left[\cos\theta + i\sin\theta + \sum_{k=0}^{n} c_k(\cos k\theta - i\sin k\theta\right]\right\} \\ &- \mathrm{Re}\left\{\overline{R}\left[B^*\delta_1 + (B^{'*} + iC^{'*})\delta_2\right]\left[\cos\theta - i\sin\theta + \sum_{k=0}^{n} \overline{c}_k(\cos k\theta + i\sin k\theta\right]\right\} \end{aligned} \tag{10.12}$$

where γ_1, γ_2, δ_1 and δ_2 are detailed in Sect. 3.3.3, and they are only related to μ_1 and μ_2. Let

$$\begin{aligned} &R\left[B^*\gamma_1 + \left(B^{'*} + iC^{'*}\right)\gamma_2\right] = d_1 + id_2 \\ &\overline{R}\left[B^*\delta_1 + \left(B^{'*} + iC^{'*}\right)\delta_2\right] = e_1 + ie_2 \\ &C_k = c_{1k} + ic_{2k} \quad (k = 0, \ldots, \infty) \end{aligned}$$

where d_1, d_2, e_1,e_2,c_{1k} and c_{2k} are known real constants, then,

$$\begin{aligned} f_1^0(\theta) &= [-d_1(1+c_{11}) + d_2c_{21} - e_1(1+c_{11}) - e_2c_{21}]\cos\theta \\ &+ [-d_1c_{21} + d_2(1-c_{11}) - e_1c_{21} + e_2(c_{11}-1)]\sin\theta \\ &+ \sum_{k=2}^{\infty}[-d_1c_{1k} + d_2c_{2k} - e_1c_{1k} - e_2c_{2k}]\cos k\theta \\ &+ \sum_{k=2}^{\infty}[-d_1c_{2k} - d_2c_{1k} - e_1c_{2k} + e_2c_{1k}]\sin k\theta \end{aligned} \tag{10.13}$$

From Eq. (10.10), we have

$$\begin{aligned} \mathrm{Re}\left[\Phi_{1*}^0(\sigma) + \Phi_{2*}^0(\sigma)\right] = &\left[\sum_{k=0}^{\infty} a_{1k}\cos k\theta + \sum_{k=0}^{\infty} a_{2k}\sin k\theta \right. \\ &\left. + \sum_{k=0}^{\infty} b_{1k}\cos k\theta + \sum_{k=0}^{\infty} b_{2k}\sin k\theta\right] \end{aligned} \tag{10.14}$$

Substitute Eqs. (10.13) and (10.14) into the first equation of Eq. (10.11). Since the equation is suitable for any value of θ, by comparing the coefficients in front of $\cos k\theta$ and $\sin k\theta$ $(k = 1, \ldots, \infty)$ in both sides of the equation, we have

$$-d_1(1+c_{11}) + d_2c_{21} - e_1(1+c_{11}) - e_2c_{21} = a_{11} + b_{11} \tag{10.15}$$

$$-d_1c_{21} + d_2(1-c_{11}) - e_1c_{21} + e_2(c_{11}-1) = a_{21} + b_{21} \tag{10.16}$$

$$-d_1c_{1k} + d_2c_{2k} - e_1c_{1k} - e_2c_{2k} = a_{1k} + b_{1k}, \quad (k = 2, \ldots, n) \tag{10.17}$$

$$-d_1c_{2k} - d_2c_{1k} - e_1c_{2k} + e_2c_{1k} = a_{2k} + b_{2k}, \quad (k = 2, \ldots, n) \tag{10.18}$$

$$a_{1k} + b_{1k} = 0, \quad (k = n+1, \ldots, \infty) \tag{10.19}$$

$$a_{2k} + b_{2k} = 0, \quad (k = n+1, \ldots, \infty) \tag{10.20}$$

Since the constants a_0 and b_0 in $\Phi_{1*}^0(\zeta_1)$ and $\Phi_{2*}^0(\zeta_2)$ have no effect on stresses, the constant term is not compared on both sides of the equation, and the equations related to a_0 and b_0 are not listed either.

Similarly, it can be obtained from Eq. (10.4) that

$$\begin{aligned} f_2^0(\theta) &= -\mathrm{Re}\left[B^*\mu_1\omega_1(\sigma) + \mu_2\left(B'^* + iC'^*\right)\omega_2(\sigma)\right] \\ &= -\mathrm{Re}\left\{R\left[B^*\mu_1\gamma_1 + \mu_2\left(B'^* + iC'^*\right)\gamma_2\right]\right. \end{aligned}$$

$$\left[\cos\theta + i\sin\theta + \sum_{k=0}^{n} c_k(\cos k\theta - i\sin k\theta\right]\Bigg\}$$

$$- \mathrm{Re}\Bigg\{\overline{R}\big[B^*\mu_1\delta_1 + \mu_2\big(B'^* + iC'^*\big)\delta_2\big]$$

$$\left[\cos\theta - i\sin\theta + \sum_{k=0}^{n} \overline{c}_k(\cos k\theta + i\sin k\theta\right]\Bigg\} \quad (10.21)$$

Let

$$R\Big[B^*\mu_1\gamma_1 + \mu_2\Big(B^{'*} + iC^{'*}\Big)\gamma_2\Big] = g_1 + ig_2$$
$$\overline{R}\Big[B^*\mu_1\delta_1 + \mu_2\Big(B^{'*} + iC^{'*}\Big)\delta_2\Big] = h_1 + ih_2$$

where g_1, g_2, h_1 and h_2 are also known real constants, then,

$$\begin{aligned} f_2^0(\theta) = & \left[-g_1(1 + c_{11}) + g_2c_{21} - h_1(1 + c_{11}) - h_2c_{21}\right]\cos\theta \\ & + \left[-g_1c_{21} + g_2(1 - c_{11}) - h_1c_{21} + h_2(c_{11} - 1)\right]\sin\theta \\ & + \sum_{k=2}^{\infty}\left[-g_1c_{1k} + g_2c_{2k} - h_1c_{1k} - h_2c_{2k}\right]\cos k\theta \\ & + \sum_{k=2}^{\infty}\left[-g_1c_{2k} - g_2c_{1k} - h_1c_{2k} + h_2c_{1k}\right]\sin k\theta \end{aligned} \quad (10.22)$$

From Eqs. (3.82) and (10.10), we obtain that

$$\begin{aligned} \mathrm{Re}\left[\mu_1\Phi_1^0(\sigma) + \mu_2\Phi_2^0(\sigma)\right] = & \alpha_1\left[\sum_{k=0}^{\infty} a_{1k}\cos k\theta + \sum_{k=0}^{\infty} a_{2k}\sin k\theta\right] \\ & + \beta_1\left[-\sum_{k=0}^{\infty} a_{2k}\cos k\theta + \sum_{k=0}^{\infty} a_{1k}\sin k\theta\right] \\ & + \alpha_2\left[\sum_{k=0}^{\infty} b_{1k}\cos k\theta + \sum_{k=0}^{\infty} b_{2k}\sin k\theta\right] \\ & + \beta_2\left[-\sum_{k=0}^{\infty} b_{2k}\cos k\theta + \sum_{k=0}^{\infty} b_{1k}\sin k\theta\right] \end{aligned} \quad (10.23)$$

Substitute Eqs. (10.22) and (10.23) into the second equation of Eq. (10.11). Since the equation is suitable for any value of θ, by comparing the coefficients in front of $\cos k\theta$ and $\sin k\theta$ $(k = 1, \ldots, \infty)$ in both sides of the equation, we have

$$\begin{aligned} & -g_1(1 + c_{11}) + g_2c_{21} - h_1(1 + c_{11}) - h_2c_{21} \\ & = \alpha_1 a_{11} - \beta_1 a_{21} + \alpha_2 b_{11} - \beta_2 b_{21} \end{aligned} \tag{10.24}$$

$$\begin{aligned} & -g_1c_{21} + g_2(1 - c_{11}) - h_1c_{21} + h_2(c_{11} - 1) \\ & = \alpha_1 a_{21} + \beta_1 a_{11} + \alpha_2 b_{21} + \beta_2 b_{11} \end{aligned} \tag{10.25}$$

$$\begin{aligned} & -g_1c_{1k} + g_2c_{2k} - h_1c_{1k} - h_2c_{2k} \\ & = \alpha_1 a_{1k} - \beta_1 a_{2k} + \alpha_2 b_{1k} - \beta_2 b_{2k}, \quad (k = 2, \ldots, n) \end{aligned} \tag{10.26}$$

$$\begin{aligned} & -g_1c_{2k} - g_2c_{1k} - h_1c_{2k} + h_2c_{1k} \\ & = \alpha_1 a_{2k} + \beta_1 a_{1k} + \alpha_2 b_{2k} + \beta_2 b_{1k}, \quad (k = 2, \ldots, n) \end{aligned} \tag{10.27}$$

$$\alpha_1 a_{1k} - \beta_1 a_{2k} + \alpha_2 b_{1k} - \beta_2 b_{2k} = 0, \quad (k = n + 1, \ldots, \infty) \tag{10.28}$$

$$\alpha_1 a_{2k} + \beta_1 a_{1k} + \alpha_2 b_{2k} + \beta_2 b_{1k} = 0, \ (k = n + 1, \ldots, \infty) \tag{10.29}$$

The values of a_{1k},a_{2k},b_{1k} and b_{2k} $(k = 1, \ldots, \infty)$ can be cbtained according to the system of linear equations listed in Eqs. (10.15)–(10.20) and (10.24)–(10.29).

Firstly, the situation of $k = n + 1, \ldots, \infty$ is discussed. It can be proved that $a_{1k} = 0$, $a_{2k} = 0$,$b_{1k} = 0$ and $b_{2k} = 0$.

Substituting Eqs. (10.19) and (10.20) into Eqs. (10.28) and (10.29), we obtain

$$\begin{cases} (\alpha_1 - \alpha_2)a_{1k} = (\beta_1 - \beta_2)a_{2k} \\ (\alpha_1 - \alpha_2)a_{2k} = (\beta_1 + \beta_2)a_{1k} \end{cases} \tag{10.30}$$

From Eq. (10.30), we have

$$(\alpha_1 - \alpha_2)^2 a_{1k} = (\beta_1^2 - \beta_2^2)a_{1k} \tag{10.31}$$

It can be seen from Eqs. (10.31) and (3.82) that a_{1k} must be equal to zero in the situation of $\mu_1 \neq \mu_2$. Thus, $a_{2k} = 0$, $b_{1k} = 0$ and $b_{2k} = 0$.

Secondly, the situation of $k = 1$ is discussed. The values of a_{11}, a_{21}, b_{11} and b_{21} can be determined based on Eqs. (10.15), (10.16), (10.24) and (10.25).

$$\begin{cases} a_{11} = \dfrac{(\alpha_1 - \alpha_2)(T_3 - \alpha_2 T_1 + \beta_2 T_2) + (\beta_1 - \beta_2)(T_4 - \alpha_2 T_2 - \beta_2 T_1)}{(\alpha_1 - \alpha_2)^2 + (\beta_1 - \beta_2)^2} \\ a_{21} = \dfrac{(\alpha_1 - \alpha_2)(T_4 - \alpha_2 T_2 - \beta_2 T_1) - (\beta_1 - \beta_2)(T_3 - \alpha_2 T_1 + \beta_2 T_2)}{(\alpha_1 - \alpha_2)^2 + (\beta_1 - \beta_2)^2} \\ b_{11} = T_1 - a_{11} \\ b_{21} = T_2 - a_{21} \end{cases} \tag{10.32}$$

where

$$\begin{aligned} T_1 &= -d_1(1 + c_{11}) + d_2 c_{21} - e_1(1 + c_{11}) - e_2 c_{21} \\ T_2 &= -d_1 c_{21} + d_2(1 - c_{11}) - e_1 c_{21} + e_2(c_{11} - 1) \\ T_3 &= -g_1(1 + c_{11}) + g_2 c_{21} - h_1(1 + c_{11}) - h_2 c_{21} \\ T_4 &= -g_1 c_{21} + g_2(1 - c_{11}) - h_1 c_{21} + h_2(c_{11} - 1) \end{aligned}$$

Finally, the situation of $k = 2, \ldots, n$ is discussed. The values of a_{1k}, a_{2k},b_{1k} and b_{2k} can be determined based on Eqs. (10.17), (10.18), (10.26) and (10.27).

$$\begin{cases} a_{1k} = \dfrac{(\alpha_1 - \alpha_2)T_5 - (\beta_1 - \beta_2)T_6}{(\alpha_1 - \alpha_2)^2 + (\beta_1 - \beta_2)^2} \\ a_{2k} = -\dfrac{(\alpha_1 - \alpha_2)T_6 + (\beta_1 - \beta_2)T_5}{(\alpha_1 - \alpha_2)^2 + (\beta_1 - \beta_2)^2} \\ b_{1k} = -(d_1 + e_1)c_{1k} + (d_2 - e_2)c_{2k} - a_{1k} \\ b_{2k} = -(d_2 - e_2)c_{1k} - (d_1 + e_1)c_{2k} - a_{2k} \end{cases} \tag{10.33}$$

where

$$\begin{aligned} T_5 = {} & \left[\alpha_2(d_1 + e_1) + \beta_2(e_2 - d_2) - (g_1 + h_1)\right]c_{1k} \\ & + \left[\alpha_2(e_2 - d_2) - \beta_2(d_1 + e_1) + (g_2 - h_2)\right]c_{2k} \\ T_6 = {} & \left[\alpha_2(e_2 - d_2) - \beta_2(d_1 + e_1) + (g_2 - h_2)\right]c_{1k} \\ & + \left[-\alpha_2(d_1 + e_1) + \beta_2(d_2 - e_2) + (g_1 + h_1)\right]c_{2k} \end{aligned}$$

After calculation of a_{1k}, a_{2k},b_{1k} and b_{2k}, the two analytic functions can be obtained as follows:

$$\begin{cases} \Phi_1^0(\zeta_1) = \displaystyle\sum_{k=0}^{n} a_k \zeta_1^{-k} \\ \Phi_2^0(\zeta_2) = \displaystyle\sum_{k=0}^{n} b_k \zeta_2^{-k} \end{cases} \tag{10.34}$$

10.1.3 Stress Solutions

It can be obtained from Eqs. (3.90), (10.34) and (10.4) that:

$$\begin{cases} \Phi_1'(z_1) = B^* + \dfrac{d\Phi_1^0(z_1)}{d\zeta_1}\dfrac{1}{\omega_1'(\zeta_1)} \\ \quad = B^* - \sum\limits_{k=1}^{n} k a_k \zeta_1^{-k-1} \Big/ \left[\gamma_1 R\left(1 - \sum\limits_{k=1}^{n} k C_k \zeta_1^{-k-1}\right)\right. \\ \quad \left. + \delta_1 \overline{R}\left(-\dfrac{1}{\zeta_1^2} + \sum\limits_{k=1}^{n} k \overline{C}_k \zeta_1^{k-1}\right)\right] \\ \Phi_2'(z_2) = \left(B'^* + iC'^*\right) + \dfrac{d\Phi_2^0(z_2)}{d\zeta_2}\dfrac{1}{\omega_2'(\zeta_2)} \\ \quad = \left(B'^* + iC'^*\right) - \sum\limits_{k=1}^{n} k b_k \zeta_2^{-k-1} \Big/ \left[\gamma_2 R\left(1 - \sum\limits_{k=1}^{n} k C_k \zeta_2^{-k-1}\right)\right. \\ \quad \left. + \delta_2 \overline{R}\left(-\dfrac{1}{\zeta_2^2} + \sum\limits_{k=1}^{n} k \overline{C}_k \zeta_2^{k-1}\right)\right] \end{cases} \tag{10.35}$$

Substitute Eq. (10.35) into Eq. (3.85), the stress components σ_x, σ_y and τ_{xy} in the Cartesian coordinate system can be determined. While the stress components σ_ρ, σ_θ and $\tau_{\rho\theta}$ in the orthogonal curvilinear coordinate system can be calculated according to the following relationship of Eq. (10.36).

$$\begin{cases} \sigma_\rho + \sigma_\theta = \sigma_x + \sigma_y \\ \sigma_\theta - \sigma_\rho + 2i\tau_{\rho\theta} = \dfrac{\zeta^2}{\rho^2}\dfrac{\omega'(\zeta)}{\overline{\omega'(\zeta)}}(\sigma_y - \sigma_x + 2i\tau_{xy}) \end{cases} \tag{10.36}$$

Along the edge of hole where $\zeta_1 = \zeta_2 = \zeta = \sigma = e^{i\theta}$ and $\rho = 1$, the analytical stress solutions can be solved very easily. For the other points where $\zeta \neq \sigma$, there is no relation of $\zeta_1 = \zeta_2 = \zeta$, so the solving process of stresses is relatively complicated. For a given point of ζ in the outer region of the hole, the ζ_1 and ζ_2 should be first calculated according to Eq. (10.5), then the stresses can be obtained according to Eqs. (10.35) and (3.85).

At this point, two algebraic equations for ζ_1 and ζ_2 can be obtained from Eq. (10.5), respectively. The highest power of ζ_1 and ζ_2 is $2n$. Therefore, there exist $2n$ possible solutions for ζ_1 and ζ_2. However, the mapping function maps the outer region of the hole in the physical plane onto the outer region of the unit circle in the image plane. Thus, only n solutions will be in the outer region of the unit circle. Ideally, there should be only one solution that meets the requirements. Based on the principle that the two points in the physical plane are also adjacent in the image plane, the appropriate solution within the n possibilities can be obtained.

10.1.4 Analysis and Discussion

10.1.4.1 Stresses Around Elliptical Hole

For the problem of an elliptical hole in an anisotropic plate, Ukadgaonker et al. [6] have studied the stress distribution around the hole boundary. They considered that the anisotropic plate is subjected to two equal tensile loadings, and the ratio of the long axis to the short axis of the elliptical hole is 2. All material parameters and external loadings are taken the same values as those in Ref. [6]. The complex roots of the characteristic equation are as follows.

$$\mu_1 = 0.1440 + 1.0703i,\ \mu_2 = -0.5456 + 0.2687i$$

The normalized stress components σ_x, σ_y and τ_{xy} along the hole boundary are obtained and compared with the results provided by Ukadgaonker et al. (see Table 3 in Page 348 of Ref. [6]). The comparisons are shown in Table 10.1. It can be seen from Table 10.1 that the calculated results obtained by the two methods are very close.

Table 10.1 Comparison of the stress components obtained by this section with the results in Ref. [6]

	Ref. [6]			This section		
θ (°)	σ_x	σ_y	τ_{xy}	σ_x	σ_y	τ_{xy}
0	0	3.44	0	0.0000	3.4393	0.0000
20	0.82	1.54	– 1.22	0.8172	1.5421	– 1.1226
40	1.46	0.52	– 0.87	1.4589	0.5180	– 0.8693
60	1.54	0.13	– 0.45	1.5423	0.1285	– 0.4452
80	1.41	0.01	– 0.12	1.4076	0.0109	– 0.1241
90	1.3	0	0	1.3033	0.0000	0.0000
100	1.18	0.01	0.1	1.1812	0.0092	0.1041
120	0.89	0.07	0.26	0.8867	0.0739	0.2560
140	0.57	0.2	0.34	0.5651	0.2007	0.3367
160	1.23	2.32	1.69	1.2272	2.3160	1.6859
180	0	3.44	0	0.0000	3.4393	0.0000

10.1.4.2 Stresses Around Irregular Shaped Hole

For the orthotropic plate with an irregular shaped hole, Ukadgaonker et al. [7] considered the composite laminates made of Graphite-Epoxy resin material (G-E) with different fiber orientations (i.e., $[0°/-90°]_s$ and $[45°/-45°]_s$), and gave the mapping function coefficients C_k for the irregular shaped hole as $C_3 = 0.06$, $C_6 = 0.04$, $C_8 = 0.03$ and $C_9 = 0.03$. The other C_k values are zero, and the complex roots of the characteristic equation are as follows.

$$\left[0°/-90°\right]_s : \mu_1 = 0.0 + 3.6404i,\ \mu_2 = 0.0 + 0.2747i;$$
$$\left[45°/-45°\right]_s : \mu_1 = -0.8597 + 0.5109i,\ \mu_2 = 0.8597 + 0.5109i$$

For convenience of comparison, verification and analysis, the parameters mentioned in Ref. [8] are adopted here. The size of the hole has no influence on the stress field solution, because the domain occupied by the plate is infinite. In order not to lose the generality, the value of R in the mapping function is taken as 1.0. The plate is subjected to uniaxial uniform tensile loadings along the x-axis or y-axis at infinity, i.e., $\tau_{xy}^{\infty} = 0$, $\sigma_x^{\infty} = \sigma$ and $\sigma_y^{\infty} = \sigma$ in Fig. 3.13.

In order to analyze the particularity of the stress distribution along the hole boundary of anisotropic plates, the results are compared with that in isotropic plates, as shown in Figs. 10.1 and 10.2. With no external loading applying on the hole boundary, the radial stress σ_ρ and shear stress $\tau_{\rho\theta}$ are equal to zero. Therefore, only the distribution of the normalized tangential stress σ_θ/σ, which is the ratio of the tangential stress to the external loading, is provided. It should be noted that θ is the polar angle in the ζ-plane. As the plate is mainly subjected to tensile stress, in the first two sections of this chapter, the convention for stress symbols is that tensile stress is positive and compressive stress is negative. However, in the last four sections, the convention for stress symbols is reversed.

Comparing with Ref. [7], the distributions of tangential stresses along the hole boundary given by Figs. 10.1b, c and 10.2b, c are basically consistent with that given in Ref. [7]. Especially the point at $\theta = 0°$, where the values of σ_θ/σ obtained by two methods are equal to each other. However, the biggest difference occurs at $\theta = 0.5°$, in which point the value of maximum tangential stress is 57.0 in this section, but this point may be ignored in Ref. [7].

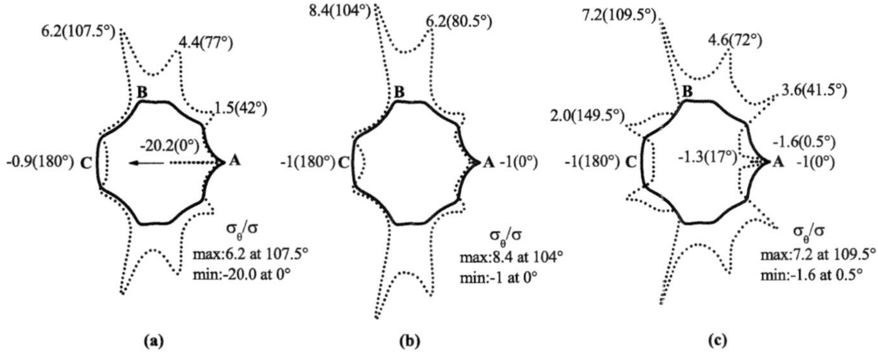

Fig. 10.1 Distribution of normalized tangential stresses for three kinds of plates with irregular shaped hole under uniaxial loading $\sigma_x{}^{\infty} = \sigma$: **a** isotropy; **b** G/E$[0°/-90°]_s$; **c** G/E$[45°/-45°]_s$

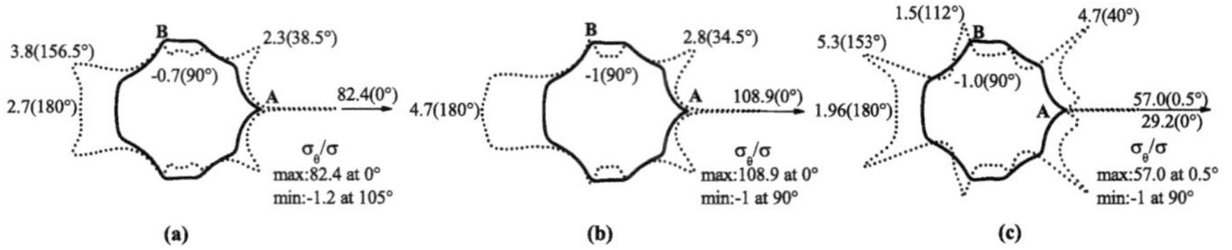

Fig. 10.2 Distribution of normalized tangential stresses for three kinds of plates with irregular shaped hole under uniaxial loading $\sigma_y{}^{\infty} = \sigma$: **a** isotropy; **b** G/E[0°/− 90°]$_S$; **c** G/E[45°/− 45°]$_S$

By comparing these two types of anisotropic materials with the isotropic material, some special rules of the stress distribution along the hole boundary are found for the orthotropic plate. For the isotropic plate subjected to two types of uniaxial tensile loadings, the maximum tangential stress along the boundary is located at the sharp point **A**, where $\theta = 0°$. It is compressive stress at point **A** with only $\sigma_x^{\infty} = \sigma$ acting, and tensile stress at point **A** with only $\sigma_y^{\infty} = \sigma$ acting. But for the orthotropic plate, the maximum tangential stress along the boundary may be located at the sharp point **A** with the value of 108.9 (see Fig. 10.2b) or at the position near point **A**. As shown in Fig. 10.2c that the maximum stress value is 57.0 at $\theta = 0.5°$, which is much greater than that of 29.2 at sharp point A.

In addition, for orthotropic materials, when the loading is applying along the *x*-axis direction $\left(\sigma_x^{\infty} = \sigma\right)$, the tangential stresses at points A and C, where the hole boundary intersects with the *x*-axis, are both compressive. And their magnitudes are both -σ, as shown in Fig. 10.1b and c; When the loading is applying along the *y*-axis direction $\left(\sigma_y^{\infty} = \sigma\right)$, the tangential stresses at two points of the hole boundary intersecting with the *y*-axis are also both compressive. And their magnitudes are -σ too, as shown in Fig. 10.2b and c. However, there is no such kind of rules for isotropic materials under both types of loadings. The common rule among the three types of material is that, greater tangential stress concentration always occurs at or near the sharp point A instead of other corner points when the direction of loadings is perpendicular with the pointing direction of A (i.e., the *x*-axis direction), see Fig. 10.2.

It can be seen from Fig. 10.2 that the tangential stress concentration along the boundary of the irregular shaped hole is so great at $\theta = 0°$ with uniaxial loading along *y*-axis. In order to find out the distributions of tangential stress in the outer region of the hole, we provide the distributions of normalized tangential stress σ_θ/σ in the direction of $\theta = 0°$ and 180° for the three types of material, which are not given in reference [7]. Herein, σ_θ is the normal stress on the horizontal line in Fig. 10.3, that is σ_y.

It can be seen from Fig. 10.3 that, for isotropic materials, the maximum tangential stress occurs in the boundary of the hole, as shown in Fig. 10.3a where $\rho = 1$. Different situation happens for the orthotropic plate, i.e., when the fiber angle is arranged at [0°/− 90°]$_S$, the maximum tangential stress is located in the hole boundary, as shown in Fig. 10.3b where $\rho = 1$; when the fiber angle is arranged at [45°/− 45°]$_S$, the maximum tangential stress is located in the outer region very close to the hole boundary. As shown in Fig. 10.3c: the value of σ_θ/σ reaches a maximum

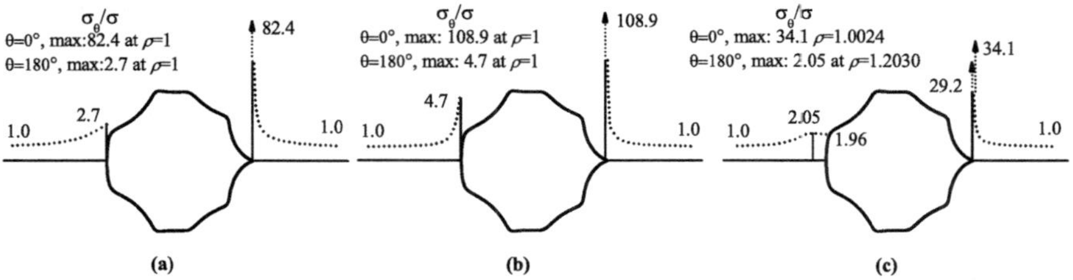

Fig. 10.3 Distribution of normalized tangential stresses in $\theta = 0°$ and $180°$ for irregular shaped hole with uniaxial loading $\sigma_y^{\infty} = \sigma$: **a** isotropy; **b** G/E[0°/− 90°]$_s$; **c** G/E[45°/− 45°]$_s$

of 34.1 at the right point of the hole boundary where $\rho = 1.0024$, while the σ_θ/σ is only 29.2 at the point on hole boundary where $\rho = 1$; the value of σ_θ/σ reaches a maximum of 2.05 at the left point of the hole boundary where $\rho = 1.2030$, while the σ_θ/σ is only 1.96 at the point on the hole boundary where $\rho = 1$.

10.1.4.3 Stresses Around Hexagon Hole

In this section, the mapping function constants C_k for the hexagon hole is given as $C_5 = 0.0667$, $C_{11} = 0.0101$, $C_{17} = 0.0036$, $C_{23} = 0.0018$ and $C_{29} = 0.0010$ [9]. The other C_k values are zero. The material parameters are taken the same value as that in the previous section for irregular shaped hole, so the roots of the characteristic equation are also the same. The value of R is also taken as 1. By comparing the two types of orthotropic materials with the isotropic material, the distributions of σ_θ/σ along the boundary of a hexagon hole with just x- or y-directional loading acting (i.e., $\sigma_x^{\infty} = \sigma$ and $\sigma_y^{\infty} = \sigma$) are illustrated in Figs. 10.4 and 10.5.

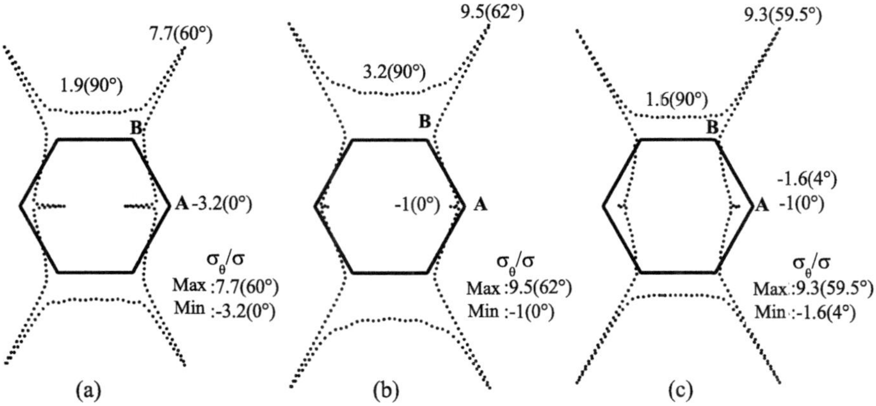

Fig. 10.4 Distribution of normalized tangential stresses for three kinds of plates with hexagon hole under uniaxial loading $\sigma_x^{\infty} = \sigma$: **a** isotropy; **b** G/E[0°/− 90°]$_s$; **c** G/E[45°/− 45°]$_s$

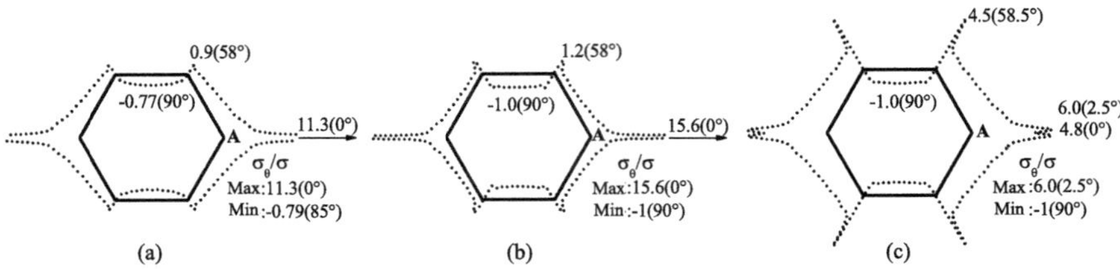

Fig. 10.5 Distribution of normalized tangential stresses for three kinds of plates with hexagon hole under uniaxial loading $\sigma_y^\infty = \sigma$: **a** isotropy; **b** G/E[0°/− 90°]$_S$; **c** G/E[45°/− 45°]$_S$

It can be seen from Figs. 10.4 and 10.5 that, for the isotropic material, the maximum tangential stress along the boundary is located at the sharp point B in Fig. 10.4a where $\theta = 60°$ and the sharp point A in Fig. 10.5a where $\theta = 0°$. But, for the orthotropic material, it may be located at the sharp point (see the point A in Fig. 10.5b, where the maximum stress value is 15.6) or near the sharp points, e.g., the point at $\theta = 62°$ near B in Fig. 10.4b, the point at $\theta = 59.5°$ near B in Fig. 10.4c and the point at $\theta = 2.5°$ near A in Fig. 10.5c. In addition, it can also be seen by analyzing Fig. 10.5 that, the maximum tangential stress for the three types of material always occurs at or near the sharp point A instead of other corner points when the direction of loadings is perpendicular with the pointing direction of A (i.e., the x-axis direction). This is completely consistent with the rule of irregular shaped hole shown in Fig. 10.2.

Combining the results for irregular shaped hole in Figs. 10.1 and 10.2 with the results for hexagon hole in Figs. 10.4 and 10.5, we can come to the conclusion that, when the three types of plate is subjected to uniaxial tensile loading along the y-axis, the tangential stress at and near the intersections of the y-axis and the hole boundary is compression, what's more, the tangential stress at the intersections, where $\theta = 90°$, is all exactly the value of $-\sigma$ for the two orthotropic plates. Similarly, when the uniaxial tensile loading is along the x-axis, the tangential stress at and near the intersections of the x-axis and the hole boundary is also compression, and it is exactly the value of $-\sigma$ at $\theta = 0°$ for the two orthotropic plates.

10.1.5 Conclusions

In this section, the correctness of the method proposed by the author is verified by taking the orthotropic plate with an elliptical hole as an example. The stress distributions along the hole boundary and in some outer regions of the hole are analyzed for conditions of different fiber orientation angles, hole shapes and external loadings, using an irregular shaped hole with an obvious sharp corner and a regular hexagonal hole as examples. Furthermore, the stress results are compared with those for isotropic perforated structures, and the following conclusions are obtained:

(1) Under uniform uniaxial loadings, the maximum tangential stress along the hole boundary occurs at the sharp point for isotropic material, while for orthotropic material, it is not always the case.
(2) When the direction of uniform uniaxial loadings is perpendicular with the pointing direction of the sharp point along the hole boundary, the arrangement of fiber orientation angles at $[0°/-90°]_s$ in orthotropic plate will make the maximum tangential stress occur at the sharp point where $\theta = 0°$. However, with rotation of the fiber orientation angle, the position of the maximum stress gradually deviates from the sharp point, and the value gradually decreases too.
(3) For isotropic material, the position with maximum tangential stress is located along the hole boundary, while for orthotropic material, it is not always the case. When the direction of uniaxial tensile loadings is perpendicular with the pointing direction of the sharp point, the maximum tangential stress may occur along the hole boundary (the fiber orientation angles arranged at $[0°/-90°]_s$), or in the outer region close to the hole (the fiber orientation angles arranged at $[45°/-45°]_s$).
(4) When the uniaxial tensile loading σ is applying along the direction of a certain axis in the infinite plate, the tangential stresses at and near the intersections of the axis and the hole boundary are all compressive. Especially for the orthotropic plate, the tangential stresses at the intersections of the axis and the hole boundary are exactly the value of $-\sigma$.

10.2 Optimum Design of Fiber Angle and Hole Orientation

10.2.1 Optimization Principles

According to the analytical method provided in Sect. 10.1, analytic solutions of stress along the boundary of the hole in anisotropic plates under different loading conditions can be obtained, when the hole shape, material parameters and external loadings are given. However, the above did not analyze how the fiber orientation angle and the hole orientation angle affect the degree of stress concentration at the opening. In other words, how to determine the orientation angles of the fiber and the hole to minimize the stress concentration along the hole boundary, and thus maximize the stability of the structure.

Based on the analytical stress solutions provided in Sect. 10.1, the optimum design of the fiber angle and hole orientation are conducted for orthotropic plates, and the distributions of optimized tangential stress along the hole boundary are provided [10]. The method of Differential Evolution (DE) algorithm will be used in the optimization process to ensure the global optimality of the results. According to the optimization criterion, the optimized results can maximize the improvement of the stress state around the hole, and minimize the stress concentration along the hole boundary.

Although the optimization of fiber orientation angle and hole orientation of an orthotropic plate is an inverse problem, the process of obtaining the optimal results requires solving a series of forward problems. In every optimization process, the solution for the tangential stress along the hole boundary should be based on the material properties, external loadings, shapes and orientation angles of the hole. In this section, the same method as in Sect. 10.1 is used to solve the stress component for the forward problem. Based on the conformal transformation method of the complex function, the outer regions of the hole in the physical plane is mapped to the outer regions of the unit circle in the image plane. Then, the analytic solution of stress along the hole boundary can be obtained using the power-series method. However, in the optimization process, the angle that reflects the fiber orientation of the material is unknown variable, and the orientation of the hole is also uncertain, which is different from Sect. 10.1. This requires establishing a relationship between the fiber angle and hole orientation with the global coordinate system.

As shown in Fig. 10.6 that, an anisotropic plate with an arbitrarily shaped hole is subjected to in-plane loadings at infinity. xoy is the global coordinate system, where x and y are along the directions of σ_x^∞ and σ_y^∞, respectively. x_1oy_1 and $x'oy'$ are two local coordinate systems. x_1 is the symmetric axis, which reflects the hole orientation. The angle between the x_1-axis and the x-axis of global coordinate system is denoted as α. The local coordinate system $x'oy'$ is along the principal direction of the elastic materials, and the angle φ between the x'-axis and the x-axis of global coordinate system denotes the fiber orientation.

Similar to the mapping function in global coordinate system in Eq. (10.1), the outer region of the hole in local coordinate system x_1oy_1 (z-plane) is mapped to the outer region of the unit circle (ζ-plane) for the hole shape symmetric about the x-axis, and the general expression of the mapping function is as follows.

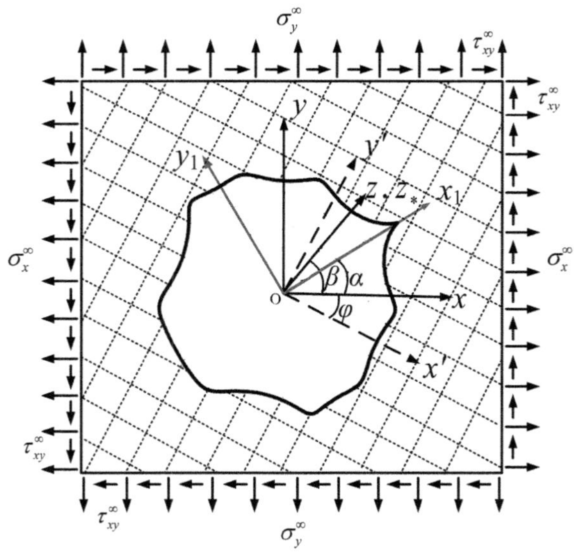

Fig. 10.6 Relationship between the fiber angle and hole orientation of an orthotropic plate with the global coordinate system

$$z_* = x_1 + iy_1 = R_1\left(\zeta + \sum_{k=1}^{n} C_k\zeta^{-k}\right) \tag{10.37}$$

where R_1 and C_k are complex constants denoting the size and shape of the hole, respectively. Since the hole orientation angle α changes in the stress calculation of this chapter, it is necessary to know the mapping function $z = \omega(\zeta)$ of Eq. (10.1) in global coordinate system xoy. The determination method is as follows.

As shown in Fig. 10.6, the local coordinates x_1oy_1 overlap the global coordinates xoy after rotating α degrees clockwise. The vector z ($z = x + iy$) with a length of r in the coordinates xoy makes an angle β with the x-axis. In the global coordinates xoy,

$$z = re^{i\beta} \tag{10.38}$$

In the local coordinates x_1oy_1,

$$z_* = re^{i(\beta-\alpha)} \tag{10.39}$$

It can be obtained from Eq. (10.39) that,

$$z_* = re^{i(\beta-\alpha)} = e^{-i\alpha}re^{i\beta} = e^{-i\alpha}z \tag{10.40}$$

From Eq. (10.40), we have

$$z = \omega(\zeta) = e^{i\alpha}z_* = e^{i\alpha}R_1\left(\zeta + \sum_{k=1}^{n} C_k\zeta^{-k}\right) = R\left(\zeta + \sum_{k=1}^{n} C_k\zeta^{-k}\right) \tag{10.41}$$

It can be seen that the mapping function of Eq. (10.1) in the global coordinates xoy can be easily determined as long as the corresponding mapping function of Eq. (10.37) in the local coordinates x_1oy_1 is given even if the hole orientation angle α changes. Changing the real constant R_1 in Eq. (10.1) to a complex constant $R\left(R = R_1e^{i\alpha}\right)$ is what we need to do.

In addition, since the fiber orientation angle of the material changes, the angle φ must be substituted into Eq. (3.83) to obtain the μ_1 and μ_2 in global coordinate system when solving the first complex parameter. Then, the stress component can be solved. In this way, when the mapping functions denoting the hole shape are known, and the material parameters and external loadings are given, no matter how the fiber and hole orientation angle change, the analytic solution of stress along and near the hole boundary can be calculated for anisotropic plates. In addition, this analytic solution of stress is suitable for an arbitrarily shaped hole.

The maximum absolute tangential stress along the hole boundary is taken as the objective function here [11]. The optimization criterion is that the objective function should be kept at the minimum value. An optimum design of fiber angle and hole orientation is presented for anisotropic plates with different material properties to ensure the minimum stress concentration along the hole boundary. In the optimization, the φ and α are design variables. According to the above solving process of stress, a set of the initial values of φ and α are given; then, the tangential stress with the maximum absolute value $\max|\sigma_\theta|$ could be obtained through the solution method for the forward problems. By revising the values of design variables φ and α, the final values of $\hat{\varphi}$ and $\hat{\alpha}$ that lead to the minimal value of $\max|\sigma_\theta|$ can be obtained, and the fiber and hole orientation angles corresponding to this group of $\hat{\varphi}$ and $\hat{\alpha}$ should be the optimized results. This is actually a minimization problem in the field of optimization, and the mathematical model could be expressed as follows:

$$f(\varphi, \alpha) = \max_{\theta \in [0, 2\pi]} |\sigma_\theta| \tag{10.42}$$

$$\begin{aligned} &\min \quad f(\varphi,\ \alpha) \\ &s.t. \quad 0 \le \varphi \le 2\pi, \quad 0 \le \alpha \le 2\pi \end{aligned} \tag{10.43}$$

The optimization method used in practical computations is the Differential Evolution (DE) algorithm [12].

10.2.2 Optimization of Fiber Angle

In this section, the elliptical and hexagonal holes illustrated in Fig. 10.7 are analyzed. Only the fiber orientation angle is taken as the design variable, while the external loadings and hole orientation angle are given. The uniform external loadings on the boundary of the plate are chosen as $\sigma_x^\infty : \sigma_y^\infty = 2 : 7$ and $\tau_{xy}^\infty = 0$. Sign convention is defined as positive for tension and negative for compression. It can be seen from the results of the following examples that, all of the maximum tangential stresses along the hole boundary are tensile stresses. The values of the independent principal elastic constants in local coordinates $x'oy'$ are as follows: The Young's modulus $E_1 = 1.4 \times 10^5$ Pa, the Poisson's ratio $\upsilon_{12} = 0.46$ and the shear modulus $G_{12} = 1.2 \times 10^4$ Pa, where the subscripts 1 and 2 represent the directions along the x'- and y'-axis, respectively. To analyze the effect of Young's modulus on the optimization results, we take four different values of Young's modulus ratio, i.e., $E_2/E_1 = 0.2$, 0.5, 2 and 5, representing four types of plate material with different degrees of anisotropy. For orthotropic materials in local coordinates $x'oy'$, we have [3, 13]:

$$a'_{11} = 1/E_1, a'_{22} = 1/E_2,\ a'_{16} = a'_{26} = 0,\ a'_{12} = -\upsilon_{12}/E_1,\ a'_{66} = 1/G_{12}$$

Then, the material parameters a'_{ij} can be obtained by the four independent principal elastic constants, and the stress components can also be solved further. The hexagonal hole and the elliptical hole are selected as examples. The size of the hole has no influence on the calculation of the stress field, because the domain occupied by the plate is infinite. In order not to lose the generality, take $R_1 = 1.0$. The mapping

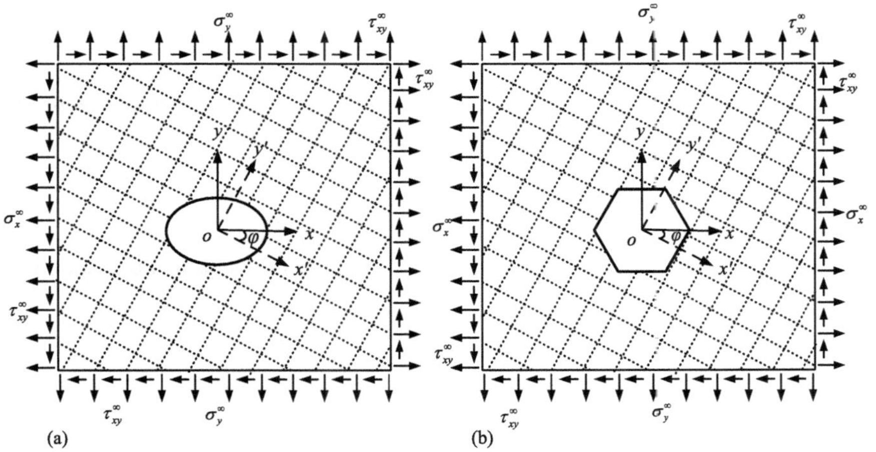

Fig. 10.7 Shape and location of elliptical and hexagonal holes: **a** elliptical hole; **b** hexagonal hole

function can be described as

$$z = \omega(\zeta) = 1.0e^{i\alpha}\left(\zeta + \sum_{k=1}^{n} C_k\zeta^{-k}\right) \tag{10.44}$$

The imaginary parts of the coefficient C_k in the mapping function are equal to zero, because the hole shapes of the examples are all symmetric about the x_1-axis. For the elliptical hole, the ratio of the long axis to the short axis is $a/b = 1.5$, then, $n = 1$ and $C_1 = (a - b)/(a + b) = 0.2$ in Eq. (10.44). For the hexagonal hole: $n = 29$, $C_5 = 0.0667$, $C_{11} = 0.0101$, $C_{17} = 0.0036$, $C_{23} = 0.0018$ and $C_{29} = 0.0010$. The other C_k are all equal to zero.

According to the mapping function, the shape of the two types of holes can be drawn, as shown in Fig. 10.7. Only the fiber orientation angle φ is optimized in this section, and the external loadings and hole orientation are given, therefore, the hole orientation angle α shown in Fig. 10.7 and Eq. (10.44) is set to 0°, meaning that the local coordinates x_1oy_1 coincide with the global coordinates xoy, and the local coordinates $x'oy'$ still follow the principal direction of the elastic constants. The scope of the optimized variable is $\varphi \in [0°-90°]$ because of the symmetry of the external loadings and the hole shapes.

10.2.2.1 Elliptical Hole Problems

For four different values of Young's modulus ratio, the optimal fiber orientation and its corresponding tangential stress along the boundary of the elliptical hole in orthotropic plate are illustrated in Figs. 10.8 and 10.9, respectively. The optimized fiber orientation angles and the corresponding maximum absolute values of the tangential stress max$|\sigma_\theta|$ are listed in Table 10.2.

The global coordinates *xoy* in Fig. 10.8 are in accordance with that in Fig. 10.7a, and the oblique lines in Fig. 10.8 is a simplified representation of the fibers along the

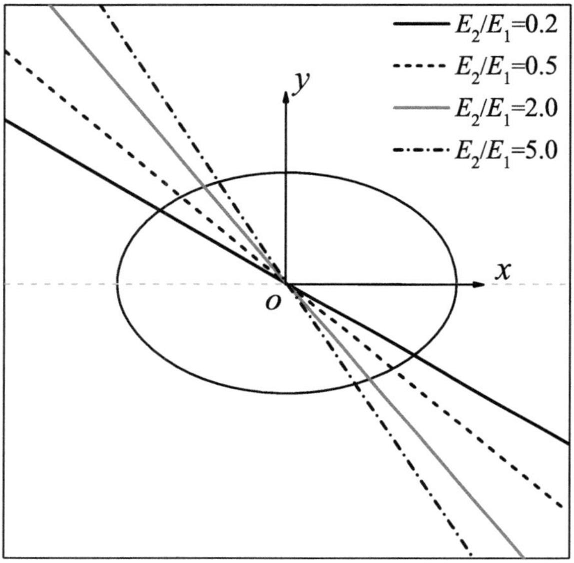

Fig. 10.8 The optimal fiber orientation of orthotropic plate with the elliptical hole

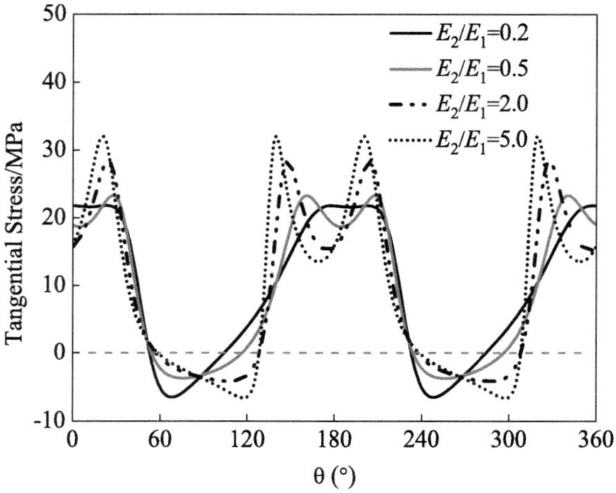

Fig. 10.9 Tangential stresses along the boundary of the elliptical hole at the optimal fiber orientation

Table 10.2 The optimal fiber orientation angles and the corresponding max$|\sigma_\theta|$ of orthotropic plate with the elliptical hole

E_2/E_1	φ (°)	max$|\sigma_\theta|$ (MPa)
0.2	30.46	21.84
0.5	39.89	23.34
2.0	49.96	28.50
5.0	56.49	32.04

direction of the x-axis in Fig. 10.7. Different oblique lines represent the optimal fiber orientations obtained for different values of Young's modulus ratio, and the angle between the oblique line and the positive x-axis denotes the optimal fiber orientation. It should be noted that the angle θ in Fig. 10.9 is the polar angle in the ζ-plane and $\theta = 0°$ corresponds to the intersection of the positive x-axis and the hole boundary.

It can be seen from Figs. 10.8, 10.9 and Table 10.2 that, both the values of the optimal fiber orientation angle and the maximum tangential stress increase with the increasing value of E_2/E_1. Actually, it is E_2 whose value is increasing for the given $E_1 = 1.4 \times 10^5$ Pa. In other words, the optimized fiber orientation along E_1 gradually rotates towards the direction of the larger external loading σ_y^∞. Moreover, the position with the maximum tangential stress also significantly changes with the increase of the Young's modulus ratio, while the stress value increases. In addition, under the given external loadings, compressive stress can be found around the intersection of the y-axis and the hole boundary where $\theta = 90°$ and $\theta = 270°$. But the magnitude of the compressive stress is much smaller than that of the tensile stress.

As we know, when it is an isotropic plate with an elliptical hole and the lager external loading is along the short axis direction of the elliptical hole, the maximum tangential stress along the boundary is generally located at the intersections of the long axis of the elliptical hole and the coordinate where $\theta = 0°$ and $180°$. However, it can be seen from Fig. 10.9 that, for anisotropic plates, the position with the maximum tangential stress is located near the point where $\theta = 30°,\ 150°,\ 210°$ and $330°$, instead of the point where $\theta = 0°$ and $180°$, which reflects the particularity of stress distribution in anisotropic materials.

10.2.2.2 Hexagonal Hole Problems

For four different values of Young's modulus ratio, the optimal fiber orientation and its corresponding tangential stress along the boundary of the hexagonal hole in orthotropic plate are illustrated in Figs. 10.10 and 10.11, respectively. The significance of the coordinate axis and oblique lines in Fig. 10.10 is exactly the same as before, while the points with the maximum tangential stress are marked with an asterisk in Fig. 10.11.

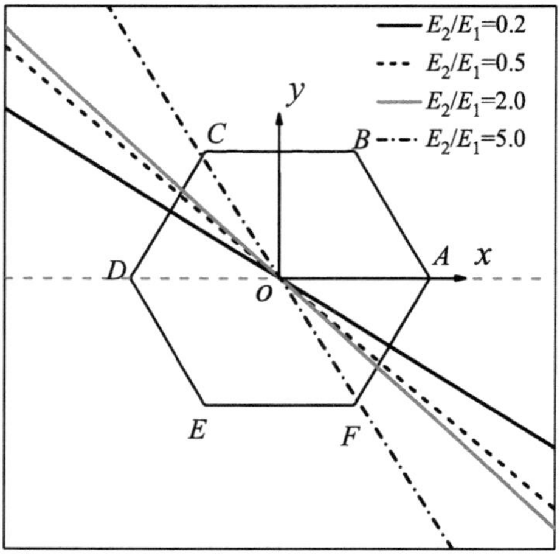

Fig. 10.10 The optimal fiber orientation of orthotropic plate with the hexagonal hole

As shown in Fig. 10.10, when the ratios of the Young's modulus are $E_2/E_1 = 0.2$, 0.5, 2 and 5, the corresponding optimal fiber orientation angles are $\varphi = 32.15°$, $40.47°$, $42.74°$ and $57.90°$, respectively. While it can be seen from Fig. 10.11 that, when the fiber is arranged at the optimal orientation angles, the maximum tangential stresses for different E_2/E_1 are found in different positions, which is similar to the regularity of the elliptical hole. The difference is that the maximum tangential stress along the boundary of a hexagonal hole always occurs at or near the sharp point, and the values of the maximum tangential stress range from 42.89 MPa ($E_2/E_1 = 0.5$) to 70.77 MPa ($E_2/E_1 = 5.0$), meaning that the location and magnitude of the maximum tangential stress are highly dependent on the Young's modulus for a given hole shape and loading condition.

Besides, we can also see that the tangential stresses along the boundary are mainly tensile stresses with the exception of the two sides BC and EF, which are parallel to the direction of the minimum loading. Moreover, the magnitude of the compressive stress is much smaller than that of the tensile stress. By comparing the results of Figs. 10.11 with 10.9, it is found that the stress concentration along the boundary of a hexagonal hole is much larger than that along the boundary of an elliptical hole. This is mainly because that there are sharp corners on the hexagonal hole, while the elliptical hole is smoother.

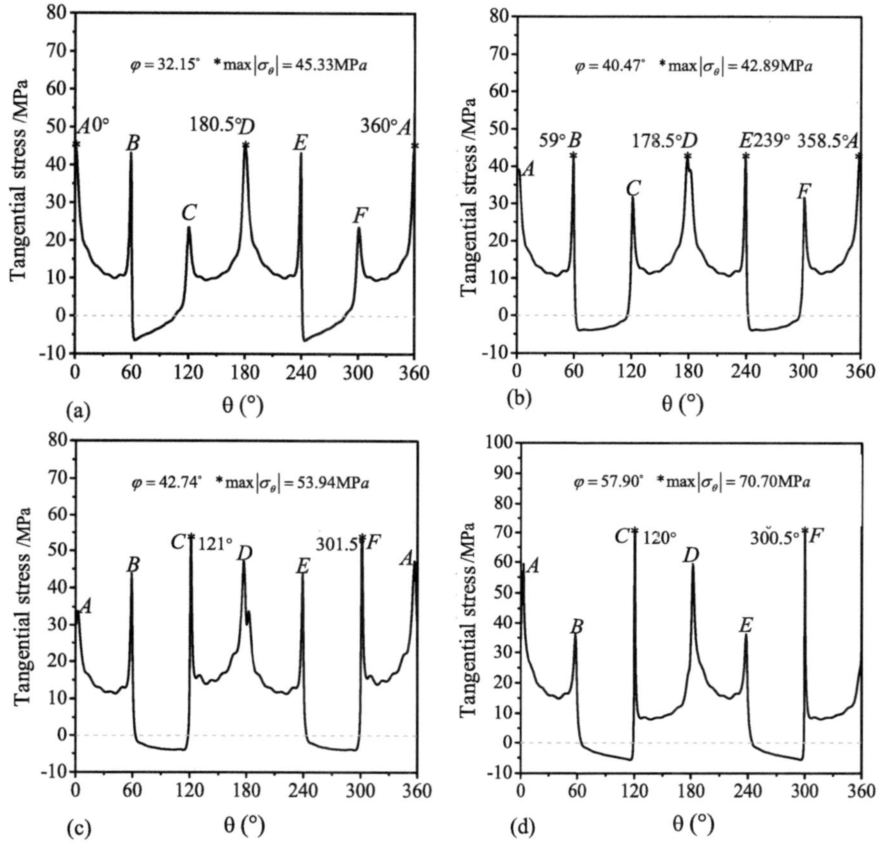

Fig. 10.11 Tangential stresses along the boundary of the hexagonal hole at the optimal fiber orientation: **a** $E_2/E_1 = 0.2$; **b** $E_2/E_1 = 0.5$; **c** $E_2/E_1 = 2.0$; **d** $E_2/E_1 = 5.0$

10.2.3 Optimization of the Fiber and Hole Orientation Angles

In Sect. 10.2.2, only the fiber orientation angle is optimized to decrease the stress concentration along the hole boundary, while the hole orientation is given. In order to obtain the minimum stress concentration, both the fiber orientation angle of the material and the hole orientation angle are taken as the design variables in the optimization of this section. The hole shapes, the values of the principle elastic constants and the external loading conditions are completely the same as those in Sect. 10.2.2. The difference is that the angle α in the mapping function of Eq. (10.44) is no longer a fixed value, but an optimization variable.

10.2.3.1 Elliptical Hole Problems

Because of the symmetry of the external loadings and the elliptical hole, the scopes of the two optimized variables are given as $\alpha \in 0°-180°$ and $\varphi \in 0°-90°$. For four different values of Young's modulus ratio, the optimal fiber and hole orientation angles and its corresponding tangential stress along the boundary of the elliptical hole in an orthotropic plate are illustrated in Figs. 10.12 and 10.13, respectively. The optimized angles and the corresponding maximum absolute values of the tangential stress $\max|\sigma_\theta|$ are listed in Table 10.3.

It can be seen from Fig. 10.12 and Table 10.3 that, when the external loadings are unchanged, the optimized fiber orientation φ varies greatly for different Young's modulus ratios. The value of the optimal fiber orientation angle φ increases with the increase of the ratio of E_2/E_1. Nevertheless, the optimal arrangement of the

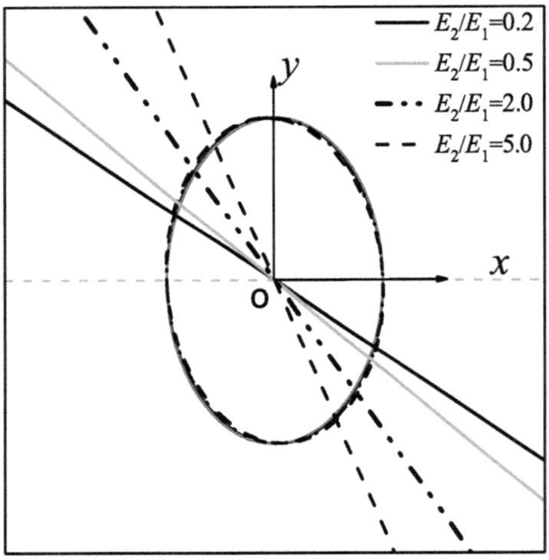

Fig. 10.12 The optimal fiber and hole orientation angles of orthotropic plate with the elliptical hole

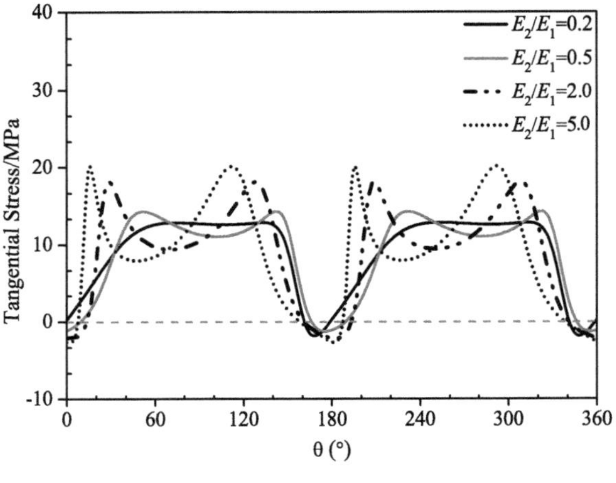

Fig. 10.13 Tangential stresses along the boundary of the elliptical hole at the optimal fiber and hole orientation

Table 10.3 The optimal fiber and hole orientation and the corresponding maximum absolute value of tangential stress along the hole boundary

E_2/E_1	φ (°)	α (°)	max$\lvert\sigma_\theta\rvert$ (MPa)
0.2	33.64	90.95	12.85
0.5	39.25	89.29	14.33
2.0	53.98	92.43	18.12
5.0	66.13	94.84	20.11

hole orientation α does not change significantly, which is basically at the position of $\alpha \approx 90°$. That is to say, the long axis of the elliptical hole should be set in the direction of the lager external loadings. This characteristic of the optimal arrangement of hole orientation is similar to the known rule of isotropic materials.

It can also be seen by comparing the results in Figs. 10.13 and 10.9 that, when the lager external loadings are applying along the y-axis direction of the global coordinates, vertical elliptical holes (Fig. 10.12) always produce smaller stress concentration compared to the horizontal ones (Fig. 10.8). Therefore, if the situation permits, the long axis of an elliptical hole in an orthotropic plate should be designed in the direction of lager external loadings in practical applications. In addition, another similar law between Figs. 10.13 and 10.9 is that the value of maximum tangential stress increases with the ratio of E_2/E_1 and compressive stress is found in Fig. 10.13 as well.

10.2.3.2 Hexagonal Hole Problems

Because a hexagonal hole has more axes of symmetry, it can be analyzed that the scopes of the two optimized variables are reduced to $\alpha \in 0°-60°$ and $\varphi \in 0°-90°$. For four different values of Young's modulus ratio, Figs. 10.14, 10.15, 10.16 and 10.17 illustrate the optimal fiber and hole orientation angles and its corresponding tangential stress along the boundary of the hexagonal hole in an orthotropic plate. It should be noted that the angle $\theta = 0°$ corresponds to the intersection of the positive x_1-axis and the hole in this case.

It can be seen from Figs. 10.14, 10.15, 10.16 and 10.17 that both the optimized fiber orientation angle and the hole orientation are apparently different for four different ratios of E_2/E_1 when the orthotropic plate with an elliptical hole is subject to fixed external loadings. For four different values of Young's modulus ratio, the optimal hole orientation angles α are 27.97°, 8.63°, 56.60° and 48.75°, respectively. From the changes in numbers, there seems to be no evident pattern, but due to the multiple symmetry axes of the regular hexagonal hole, the reflected orientation angles of the hole shape are continuously changing, which can be distinctly observed from Figs. 10.14, 10.15, 10.16 and 10.17. There seems to be no regularity in the change of the angle value. However, due to the fact that the hexagonal hole has multiple symmetry axes, the hole orientation reflected by the angle is continuously changing, which can be clearly seen from Figs. 10.14, 10.15, 10.16 and 10.17. The point B of the hexagonal hole in Fig. 10.14 rotates clockwise with the increase value of the

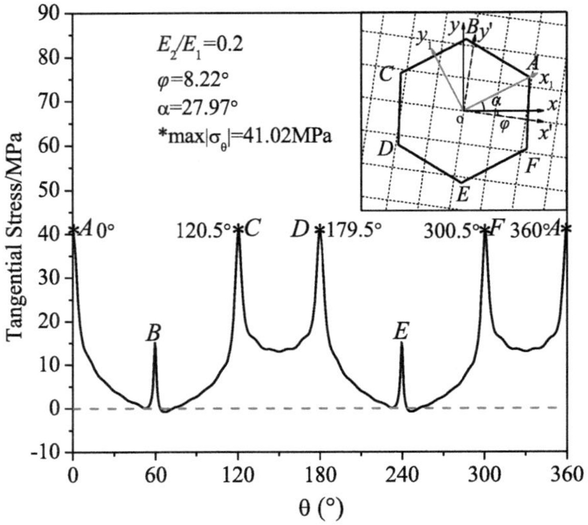

Fig. 10.14 Optimal placement of fiber and hole orientation angles for the hexagonal hole and the corresponding tangential stresses along the hole when $E_2/E_1 = 0.2$

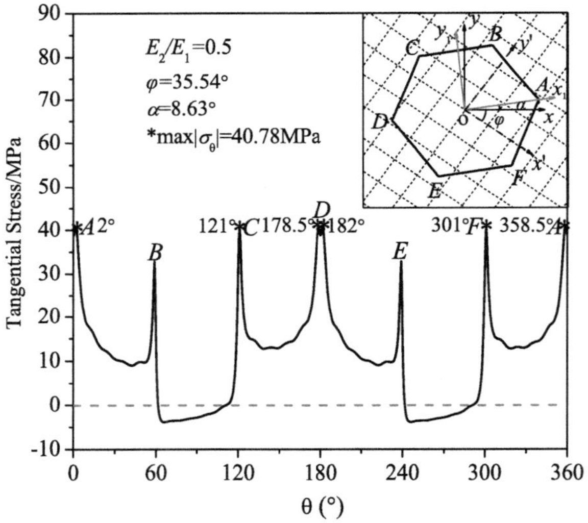

Fig. 10.15 Optimal placement of fiber and hole orientation angles for the hexagonal hole and the corresponding tangential stresses along the hole when $E_2/E_1 = 0.5$

Young's modulus ratio. It is still point B in Fig. 10.15, while it should be understood as point A in Figs. 10.16 and 10.17. This rule is different from the elliptical hole, where the hole orientation is always in the vicinity of a fixed position. This is probably because hexagonal holes do not have a distinct long-axis orientation like elliptical holes. In addition, compressive tangential stress may occur and is more likely to be found in the sides that are parallel (BC and EF in Figs. 10.10 and 10.11) or inclined (BC and EF in Fig. 10.15, AB and DE in Figs. 10.16 and 10.17) to the direction of the minimum external loadings for hexagonal holes under given external loadings.

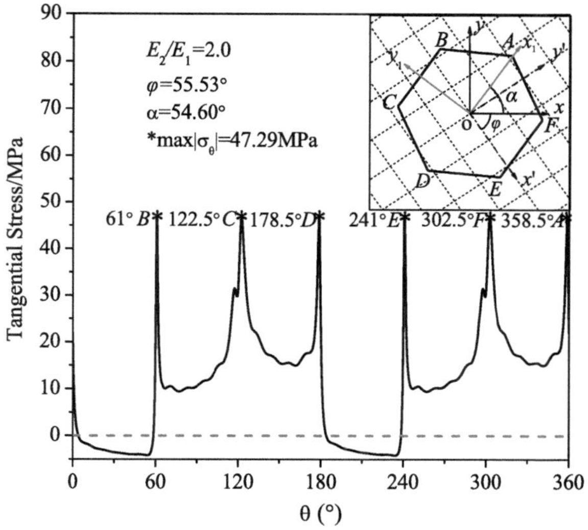

Fig. 10.16 Optimal placement of fiber and hole orientation angles for the hexagonal hole and the corresponding tangential stresses along the hole when $E_2/E_1 = 2.0$

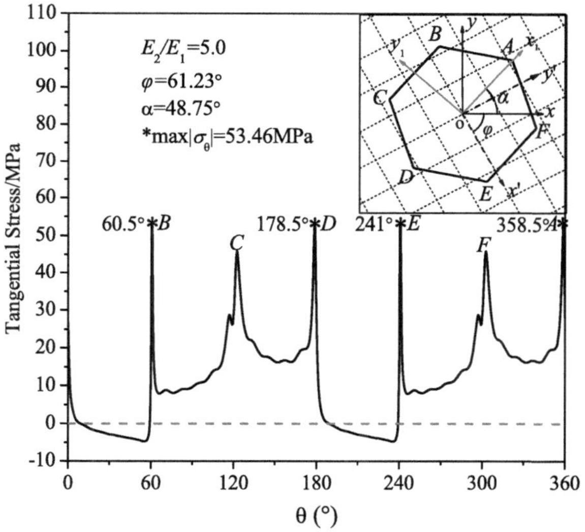

Fig. 10.17 Optimal placement of fiber and hole orientation angles for the hexagonal hole and the corresponding tangential stresses along the hole when $E_2/E_1 = 5.0$

Combining with the results in Figs. 10.10 and 10.11, we find that for holes with sharp corners, tangential stress concentration along the hole boundary is more likely to occur around the corner points but not always exactly in the corner points. Point D in Fig. 10.15 gives the most obvious evidence. The maximum tangential stresses are located at the points of $\theta = 178.5°$ and $\theta = 182°$, which is close to the sharp corner of $\theta = 180°$.

By comparing the results of this section with those in Sect. 10.2.2, it is not difficult to find that, for the same external loadings and hole shapes, the tangential stress concentration along the hole boundary is smaller when both the fiber and hole orientation angles are optimized. Thus, the two parameters should be considered jointly in the design of a perforated orthotropic plate.

10.2.4 Conclusions

Considering that, for fixed external loadings and hole shapes, the fiber and hole orientation angles of an orthotropic plate have significant influence on the stress concentration along the hole boundary, an optimum design of the fiber angle and hole orientation is presented for orthotropic plates in this section to decrease the stress concentration along the hole boundary. The optimized results can maximize the improvement of the stress state around the hole, and minimize the stress concentration along the hole boundary. The following conclusions are obtained by analyzing the examples of elliptical and hexagonal holes.

(1) Whether it is a hexagonal hole or an elliptical hole, the degree of plate anisotropy (E_2/E_1) has significant influence on the optimization results of the fiber angle for known external loadings. While E_2/E_1 has almost no influence on the optimization results of the hole orientation of elliptical holes. The long axis direction of the elliptical hole remains consistent with the direction of the larger external loadings.
(2) The tangential stress concentration around a hole with sharp corner points in an orthotropic plate under inequi-biaxial loading is more likely to occur in or near the corner points. Furthermore, the tangential stress concentration around a hole with sharp corner points is found to be more significant compared to that around a smooth convex hole.
(3) For the same external loadings and hole shapes, the tangential stress concentration along the hole boundary can be better decreased when both the fiber and hole orientation angles are optimized.

10.3 Solutions for Unlined Tunnels in Anisotropic Rock Mass

When a tunnel is excavated in orthotropic rock mass (as illustrated in Fig. 10.18) and some specific requirements are satisfied, the solution method proposed in Sect. 10.1 can be directly used to determine the stress of the surrounding rock mass and the displacement caused by excavation. The problem involved in Sect. 10.1 is a plane stress problem, while it is a plane strain problem for tunnels [1].

Similar to the tunnels in isotropic rock mass, the following assumptions are made for simplicity:

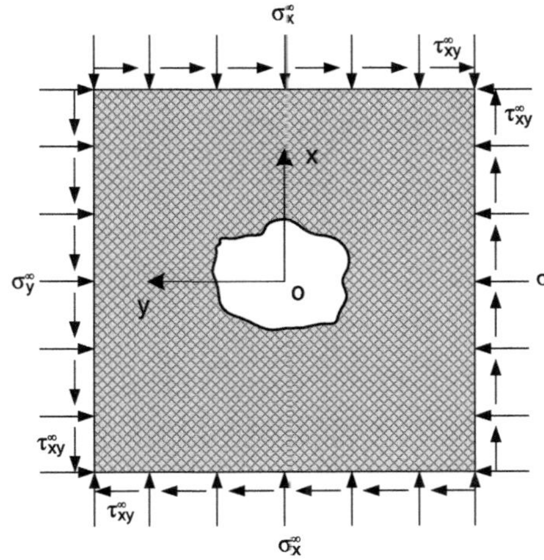

Fig. 10.18 A tunnel with an arbitrary cross section under in-plane loading

(1) The tunnel is deeply buried and arranged along a horizontal straight line. The cross section of the tunnel is arbitrary-shaped and unchanged along the direction of the tunnel axis, that is, the tunnel is a cylinder with equal cross-section and the region outside the cylindrical surface is infinite.
(2) The body forces near the tunnel are absent. In situ stresses (σ_x^∞, σ_y^∞, τ_{xy}^∞) keep unchanged along the direction of the tunnel axis, and the axial strain ε_z is equal to zero.
(3) The surrounding rock mass keeps linear elastic under the action of stresses.

Under these assumptions, Fig. 10.18 shows a plane strain problem in an infinite domain. For orthotropic plane strain problem, the solution process is identical to that in Sect. 10.1. Simply replace the a_{ij} in Chap. 3 with the β_{ij} [13], and the relationship between the two is given in Sect. 3.3.2.

10.3.1 Comparison on Stresses Between Analytic and Numerical Results

It is assumed that the tunnel is located in the tilted sedimentary rock layers, which is a special case of orthotropic body. The relationship between the global coordinates xoy and local coordinates $x'o'y'$ is illustrated in Fig. 10.19, and the origin o' overlaps the origin o. The x'-axis is in the direction of joints with the angle between the x-axis being φ. The z'- and z-axis are the axis directions of the tunnel and overlap each other. So, the $x'o'z'$ plane is an isotropic one, and this is actually a transversely isotropic problem.

Let $E_{x'}$, $E_{y'}$ and $E_{z'}$ denote the elastic modulus in the x'-, y'- and z'-axis directions, respectively, which gives $E_{x'} = E_{z'}$. For the transversely isotropic problem, the values of the Poisson's ratio, shear modulus and elastic modulus should satisfy certain

Fig. 10.19 Relationship between the global coordinates xoy and local coordinates $x'o'y'$

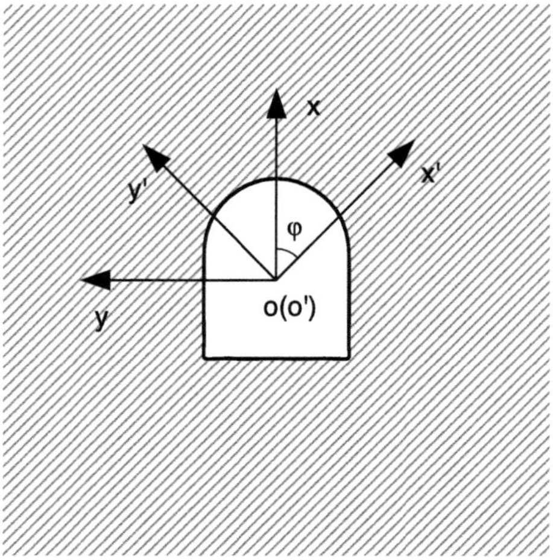

requirements, i.e., $\nu_{z'y'} = \nu_{x'y'}$, $\nu_{z'x'} = \nu_{x'z'}$, $\nu_{y'x'} = \nu_{x'y'}E_{y'}/E_{x'}$, $\nu_{y'z'} = \nu_{y'x'}$, $G_{y'z'} = G_{x'y'}$, and $G_{x'z'} = E_{x'}/[2(1+\nu_{x'z'})]$ [3, 13].

Herein, the angle $\varphi = 45°$ is taken, and the values of the five independent elastic constants are given as $E_{x'} = 2000$ MPa, $E_{y'} = 1000$ MPa, $G_{x'y'} = 600$ MPa, $\nu_{x'y'} = 0.20$, and $\nu_{x'z'} = 0.25$.

For the local rectangular coordinates $x'o'y'$, the material constants can be determined by the five elastic constants as, $a'_{11} = 1/E_{x'}$, $a'_{12} = -\nu_{y'x'}/E_{y'}$, $a'_{13} = -\nu_{z'x'}/E_{z'}$, $a'_{16} = 0$, $a'_{22} = 1/E_{y'}$, $a'_{23} = -\nu_{z'y'}/E_{z'}$, $a'_{26} = 0$, $a'_{33} = 1/E_{z'}$, $a'_{63} = 0$ and $a'_{66} = 1/G_{x'y'}$. And the parameters β'_{ij} of the orthotropic plane strain problem can be given by $\beta'_{ij} = a'_{ij} - a'_{i3}a'_{j3}/a'_{33}$ $(i, j = 1, 2, 4, 5, 6)$.

The four roots of Eq. (3.81) can be calculated by replacing a_{ij} in Eq. (3.76) of Chap. 3 with β'_{ij}, two of which have a positive real part and are denoted by μ'_1 and μ'_2 respectively. The two roots correspond to the local rectangular coordinates $x'o'y'$. The values of μ_1 and μ_2 corresponding to the global rectangular coordinates xoy can be given by μ'_1 and μ'_2 according to Eq. (3.83). For the given material parameters, the μ_1 and μ_2 are determined as

$$\mu_1 = 0.3221 + 0.9467i, \ \mu_2 = 0.0348 + 0.9994i$$

When the values of μ_1 and μ_2 are known, the tangential stresses along the boundary of tunnels with different cross-section shapes under in situ stresses can be determined. Here, only the inverted U-shaped and horse hoof-shaped tunnels are discussed (see Fig. 10.20). Three cases of in situ stresses are considered, i.e., σ_x^∞ and τ_{xy}^∞ are unchanged with the values being 10 MPa and 0 MPa, respectively, and only σ_y^∞ has three different values being 5 MPa, 10 MPa and 15 MPa. Positive values of in situ stress components σ_x^∞ and σ_y^∞ indicate compressive stresses, and the obtained σ_ρ and σ_θ are compressive stresses if it is positive and tensile stresses if it is negative.

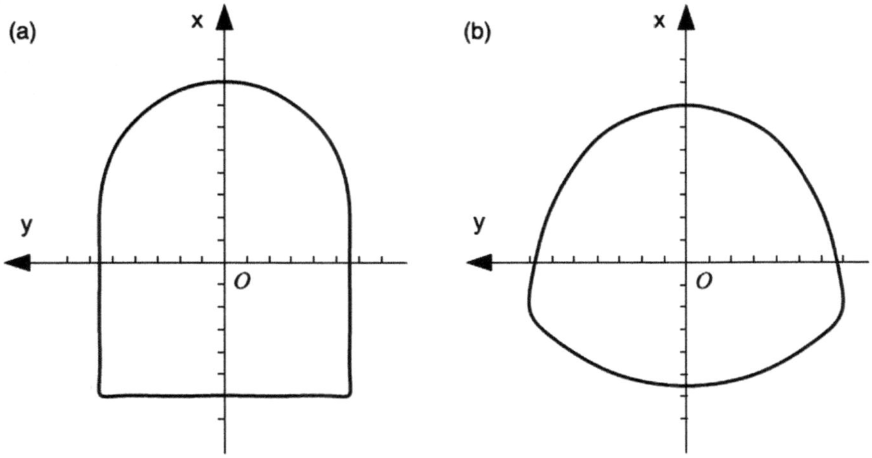

Fig. 10.20 Two tunnels with different cross sections. **a** Inverted U-shaped tunnel; **b** Horse hoof-shaped tunnel

The coefficients C_k of the mapping functions for the two sections are given in Table 1. 3, and Fig. 10.20 is drawn based on the given values of C_k and R ($R = 1$).

Because the lateral pressure coefficients $\lambda\left(\lambda = \sigma_y^{\infty} \big/ \sigma_x^{\infty}\right)$ take different values, the tangential stresses along the boundaries of the inverted U-shaped and horse hoof-shaped tunnels are illustrated in Figs. 10.21 and 10.22, respectively. The solid lines denote the analytic solutions to the complex function and the triangles Δ denote the numerical solutions obtained with the ANSYS software. It can be seen that the analytic solutions agree perfectly with the numerical solutions.

In this example, the four-node quadrilateral element PLANE42 is adopted in the ANSYS numerical models. The entire region includes 287,605 nodes and 286,936 elements in total. To avoid the calculation errors, the grid cells closer to the hole boundary are smaller than those away from the boundary. In order to simulate the infinite domain problem, the area far away from the tunnel is taken as the outer boundary of the region.

For both kinds of tunnels under three different conditions of lateral pressure coefficients, a relatively great tangential stress concentration occurs at the two bottom corners, and for each case, the tangential stress at the right corner is greater than that at the left corner. The tangential stresses at the two bottom corners of the inverted U-shaped tunnel are greater than those of the horse hoof-shaped tunnel. As λ increases from 0.5 to 1.5, the tangential stress increases significantly for the inverted U-shaped tunnel, and it has little changes for the horse hoof-shaped tunnel.

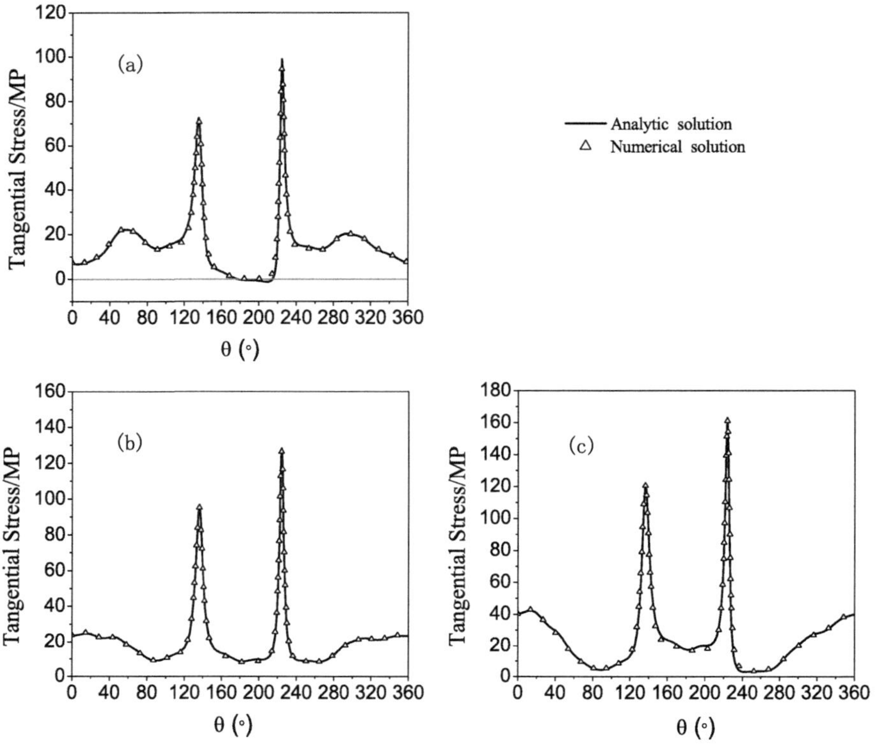

Fig. 10.21 Tangential stresses along the boundary of the inverted U-shaped tunnel obtained by analytic and numerical methods: **a** $\lambda = 0.5$; **b** $\lambda = 1.0$; **c** $\lambda = 1.5$

10.3.2 Comparison Between Results of Transversely Isotropic and Isotropic Problems

Under three different conditions of lateral pressure coefficient λ, the tangential stresses along the boundaries of the inverted U-shaped and horse hoof-shaped tunnels for the transversely isotropic and isotropic rock mass are illustrated in Figs. 10.23 and 10.24, respectively. The distribution rule of tangential stress along the hole boundary is different for the two kinds of materials. Due to the symmetry of the geometry and loadings about the x-axis, and because the rock mass is assumed to be isotropic media, the tangential stresses along the hole boundary are symmetric about the x-axis. However, the situation is different when the rock mass is assumed to be a transversely isotropic rock mass. By comparing the values of the tangential stresses at the right corner, it can be seen that the tangential stress concentration for the transversely isotropic case is greater than that for the isotropic case. Because the degree of anisotropy is weak $\left(E'_x/E'_y = 2\right)$, the distributions of tangential stresses along the boundaries for the transversely isotropic and isotropic rock masses are

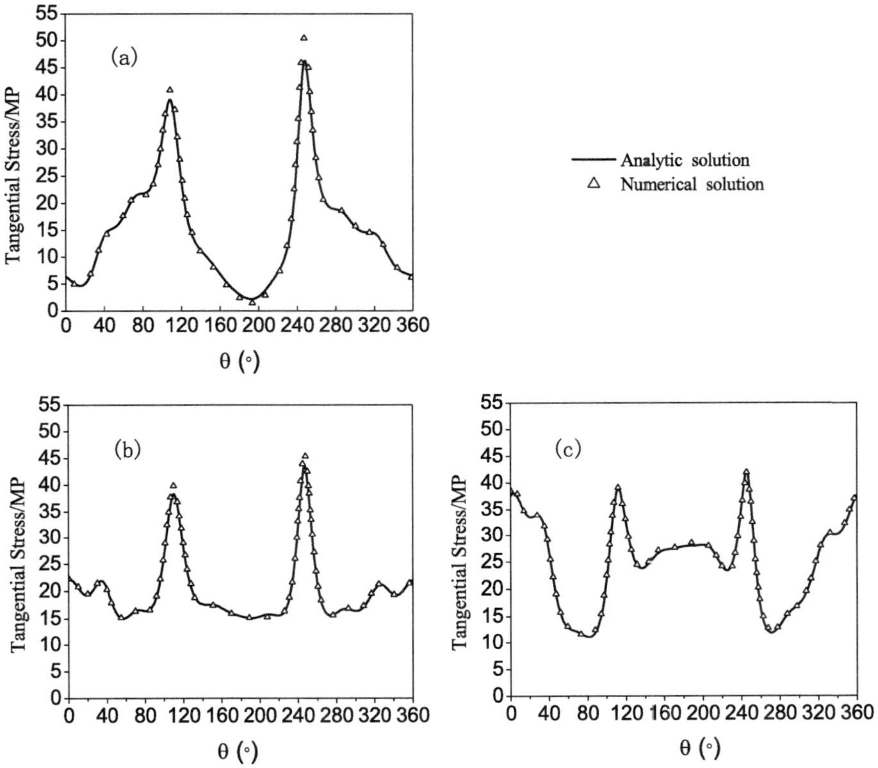

Fig. 10.22 Tangential stresses along the boundary of the horse hoof-shaped tunnel obtained by analytic and numerical methods: **a** $\lambda = 0.5$; **b** $\lambda = 1.0$; **c** $\lambda = 1.5$

not significantly different from each other, except for the regions near the bottom corners.

When the degree of anisotropy is efficient $\left(E_x'/E_y' = 10\right)$, the tangential stresses along the boundaries of both tunnels for the transversely isotropic and isotropic rock masses are illustrated in Figs. 10.25 and 10.26, respectively. It can be seen that the distributions of the tangential stresses along the boundaries are relatively different in the transversely isotropic and isotropic cases. The tangential stress at the right corner of the tunnel is greater for the transversely isotropic rock mass than that in the isotropic case. Figures 10.25a and 10.26a show that, for the transversely isotropic case, tensile stress occurs near the midpoint of the bottom of tunnel, which may be caused by the small value of the lateral pressure coefficient.

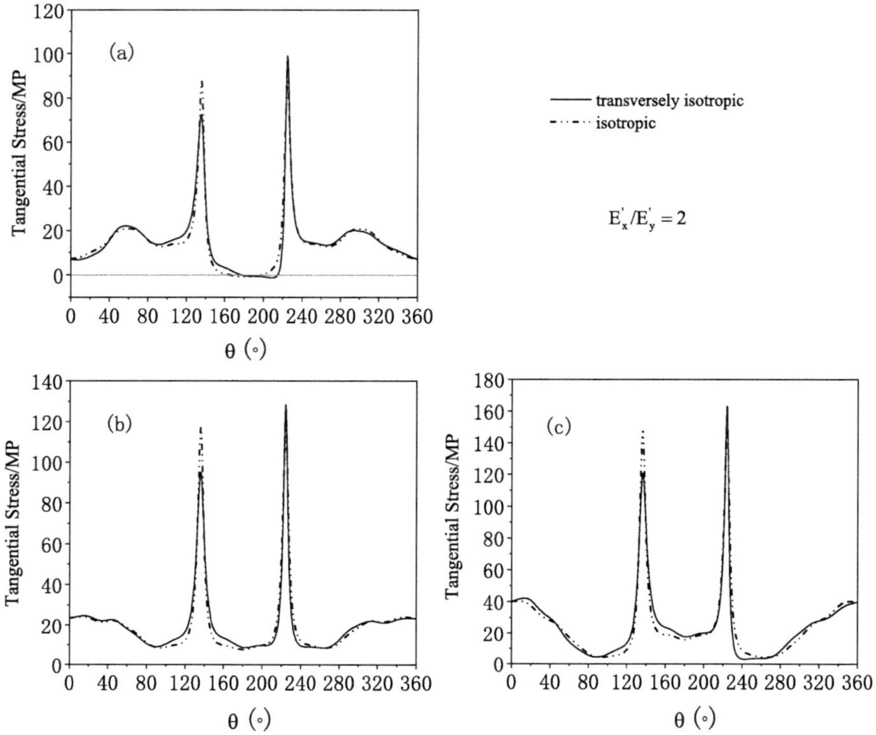

Fig. 10.23 Comparison of tangential stresses along the boundary of the inverted U-shaped tunnel for transversely isotropic $\left(E_x'/E_y' = 2\right)$, and isotropic rock masses: **a** $\lambda = 0.5$; **b** $\lambda = 1.0$; **c** $\lambda = 1.5$

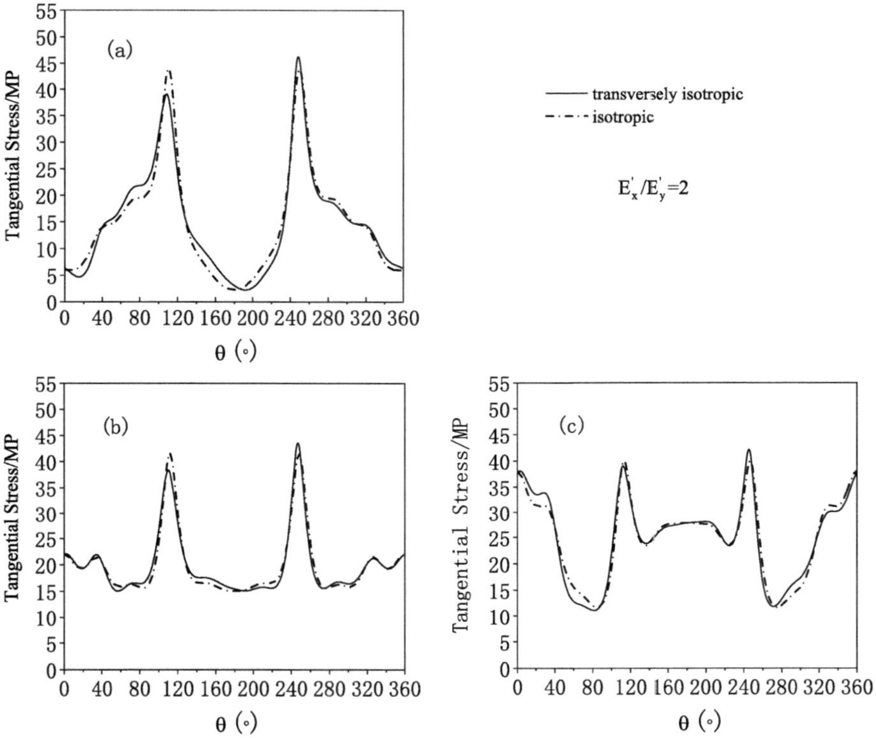

Fig. 10.24 Comparison of tangential stresses along the boundary of the horse hoof-shaped tunnel for transversely isotropic $\left(E_x'/E_y' = 2\right)$, and isotropic rock masses: **a** $\lambda = 0.5$; **b** $\lambda = 1.0$; **c** $\lambda = 1.5$

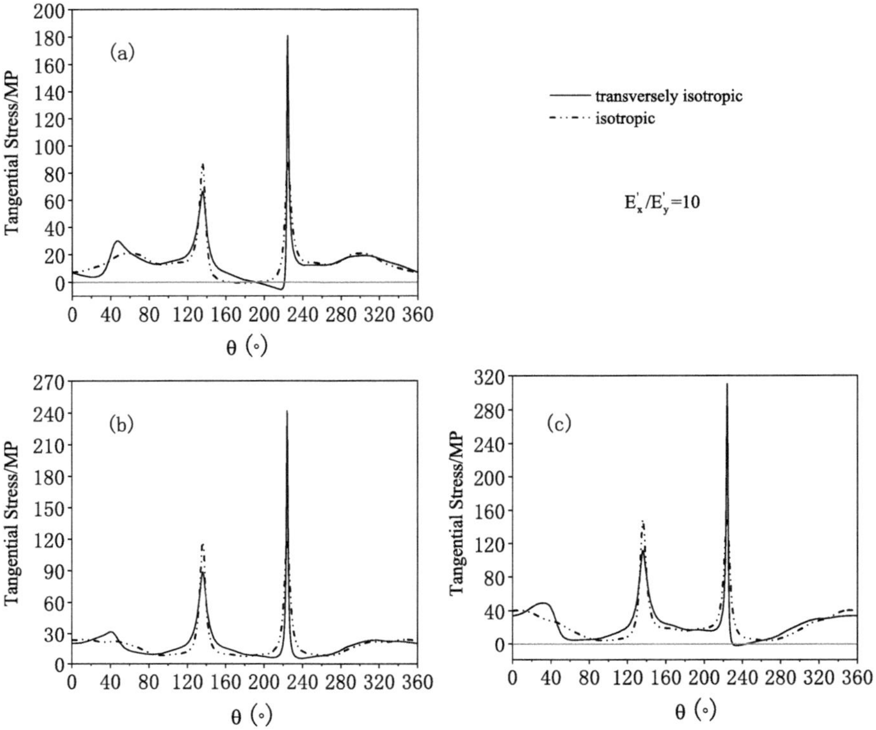

Fig. 10.25 Comparison of tangential stresses along the boundary of the inverted U-shaped tunnel for the transversely isotropic $\left(E_x'/E_y' = 10\right)$, and isotropic rock masses: **a** $\lambda = 0.5$; **b** $\lambda = 1.0$; **c** $\lambda = 1.5$

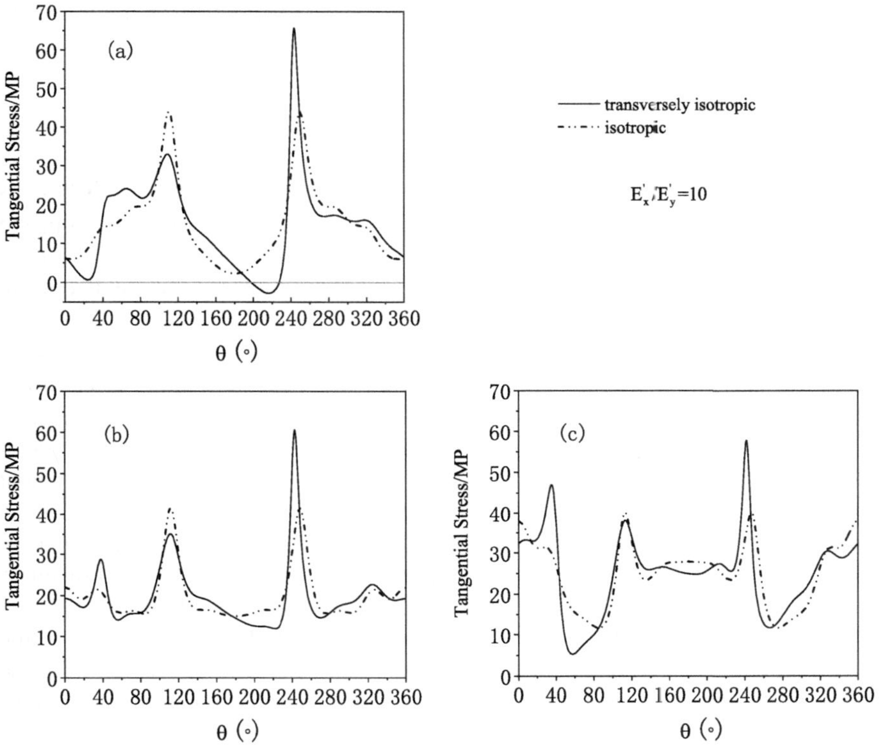

Fig. 10.26 Comparison of tangential stresses along the boundary of the horse hoof-shaped tunnel for transversely isotropic $\left(E'_x/E'_y = 10\right)$, and isotropic rock masses: **a** $\lambda = 0.5$; **b** $\lambda = 1.0$; **c** $\lambda = 1.5$

10.3.3 Stresses Around a Reuleaux Triangular Tunnel in an Orthotropic Rock Mass

The example given in Sect. 10.3.2 only involves the transversely isotropic rock mass, and only the stresses along the hole boundary are solved. In this section, a reuleaux triangular hole (shown in Fig. 10.27) is taken as example. Assuming that the hole is located in an orthotropic rock mass, stresses are calculated not only for the points at the hole boundary, but also for the other points outside the hole.

The coefficients of the mapping functions for the reuleaux triangular hole in Fig. 10.27 are given as $C_1 = 0.0$, $C_2 = -0.2$ and $C_3 = -0.01$. The elastic parameters of rock mass are given as $E_x = 2000$ MPa, $E_y = 1000$ MPa, $E_z = 3000$ MPa, $\nu_{xy} = 0.20$, $\nu_{yz} = 0.3$, $\nu_{xz} = 0.25$, $G_{xy} = 600$ MPa, $G_{yz} = 900$ MPa and $G_{xz} = 800$ MPa. Thus, we have $\mu_1 = 1.3733i$ and $\mu_2 = 0.9242i$.

Only one case of in situ stresses is considered here, i.e., $\sigma_x^\infty = 10$ MPa, $\sigma_y^\infty = 15$ MPa, and $\tau_{xy}^\infty = 0$ MPa. The tangential stresses along the boundary of the hole are illustrated in Fig. 10.28, in which the stress distribution in the positive x-axis direction is given. According to the calculation, the shear stress τ_{xy} in the positive x-axis is almost zero. The distributions of normal stresses σ_x and σ_y in the x-axis are illustrated in Fig. 10.29. It can be seen that the σ_x and σ_y far away from the hole quickly approach to the in-situ stresses σ_x^∞ and σ_y^∞, respectively. In these figures, the solid lines denote the analytic solutions, while the dashed lines denote the numerical solutions obtained with the ANSYS software. It can be seen that the analytic solutions agree perfectly with the numerical solutions.

It can be concluded from Sects. 10.3.1–10.3.3 that,

(1) The analytic solutions, which are obtained using the method proposed by the author, agree very well with the numerical solutions obtained with the ANSYS software. A significant difference only occurs at the corners of the tunnel.
(2) The maximum value of the tangential stress along the boundary of the horse hoof-shaped tunnel is smaller than that of the inverted U-shaped tunnel. When

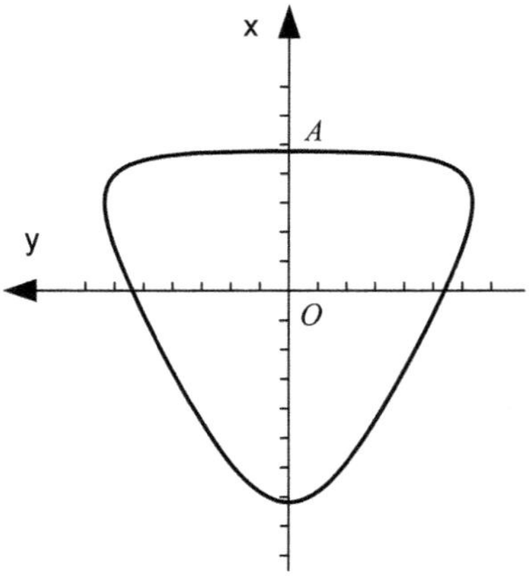

Fig. 10.27 Reuleaux triangle-shaped hole

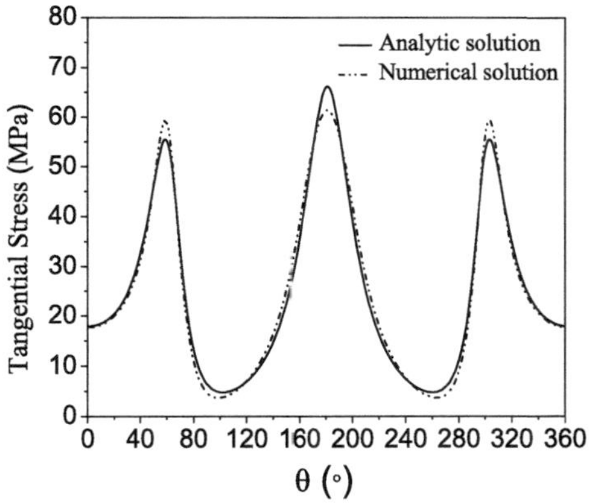

Fig. 10.28 Tangential stresses along the boundary of the reuleaux triangle-shaped hole

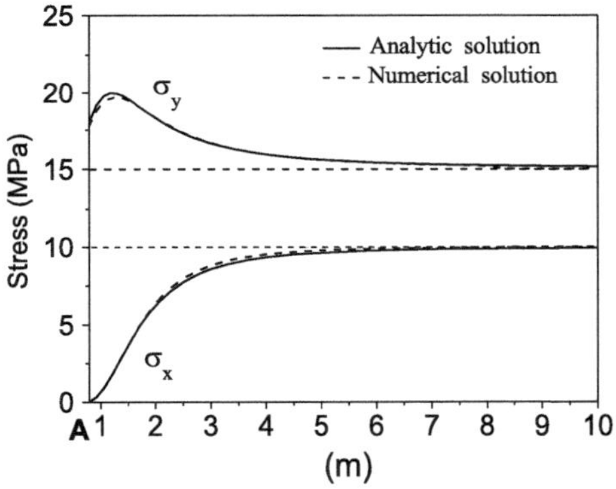

Fig. 10.29 Stress distributions on the x-axis of the reuleaux triangle-shaped tunnel

only considering the factor of tangential stress, the horse hoof shape may be superior to the inverted U-shape.

(3) The comparison results between transversely isotropic and isotropic cases indicate that, at the right corner of the tunnel, the tangential stresses in transversely isotropic media is greater than that in isotropic media. A greater degree of anisotropy may lead to greater tangential stress.

10.3.4 Displacement Around Holes in Orthotropic Rock Mass

Sections 10.3.1–10.3.3 only deal with the stress calculation of the tunnel, and the displacements are also easy to be determined when the two analytic functions are obtained. The displacement components in the x and y directions of the global coordinate system are denoted as u and v, respectively, and their solutions can be obtained from Eq. (10.45) [3, 4, 13].

$$\begin{cases} u = 2\mathrm{Re}\big[p_1\Phi_1(z_1) + p_2\Phi_2(z_2)\big] \\ v = 2\mathrm{Re}\big[q_1\Phi_1(z_1) + q_2\Phi_2(z_2)\big] \end{cases} \tag{10.45}$$

where the meanings of p_1, p_2, q_1 and q_2 are given by Eq. (3.87), and the rigid body displacement has been removed. According to Eqs. (3.90) and (10.10), the expressions of the two analytic functions $\Phi_1(z_1)$ and $\Phi_2(z_2)$ can be provided.

$$\begin{cases} \Phi_1(z_1) = B^* z_1 + \sum\limits_{k=0}^{n} a_k \zeta_1^{-k} \\ \Phi_2(z_2) = \left(B'^* + iC'^*\right) z_2 + \sum\limits_{k=1}^{n} b_k \zeta_2^{-k} \end{cases} \tag{10.46}$$

Before the excavation of the tunnel, the displacement has been generated under the action of in situ stresses, which corresponds to the first item in Eq. (10.46). And the displacement caused by the excavation of the tunnel corresponds to the second item in Eq. (10.46).

In this section, the inverted U-shaped and horse hoof-shaped tunnels in Sect. 10.3.1 are still taken as examples. The rock mass is still assumed to be transversely isotropic, and the angle $\varphi = 45°$ is taken. The other parameters are given as $E_{y'} = 100$ MPa, $G_{x'y'} = 80$ MPa, $\nu_{x'y'} = 0.2$ and $\nu_{x'z'} = 0.2$. The values of $E_{x'}$ are taken as 200 MPa and 1000 MPa, respectively, that is, $E_{x'}/E_{y'} = 2$ and $E_{x'}/E_{y'} = 10$. The following will discuss the calculation results of two tunnels under three cases of in situ stresses, which are identical with those in Sect. 10.3.1 [14].

Positive values of in situ stress components σ_x^∞ and σ_y^∞ indicate compressive stresses, and positive values of the obtained displacement components u and v indicate that the displacement direction is opposite to the positive direction of the coordinate axis.

Figures 10.30, 10.31, 10.32 and 10.33 illustrate the convergent deformation of the inverted U-shaped and horse hoof-shaped tunnels for three different conditions of lateral pressure coefficients $\lambda\left(\lambda = \sigma_y^\infty \big/ \sigma_x^\infty\right)$ when $E_{x'}/E_{y'} = 2$ and $E_{x'}/E_{y'} = 10$, respectively. The dotted line represents the results corresponding to $\lambda = 0.5$, the dot dash line represents the results corresponding to $\lambda = 1.0$, the solid line represents the results corresponding to $\lambda = 1.5$, and the square □ represents the numerical results obtained with the ANSYS software when $\lambda = 1.5$.

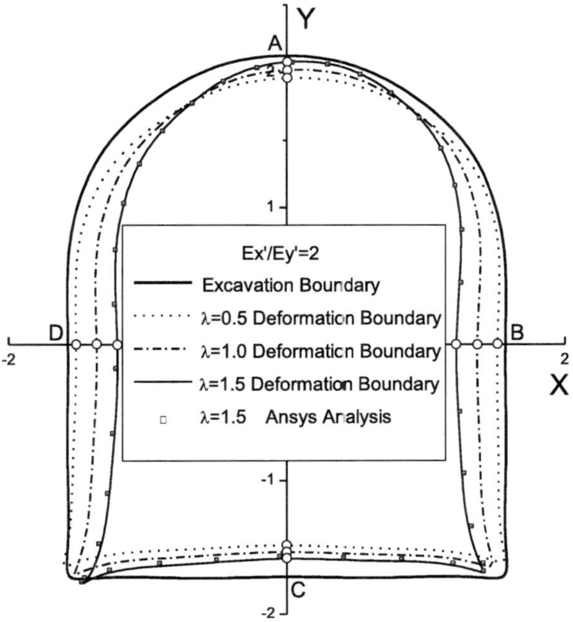

Fig. 10.30 The convergent deformation of the inverted U-shaped tunnel for different lateral pressure coefficients when $E_{x'}/E_{y'} = 2$

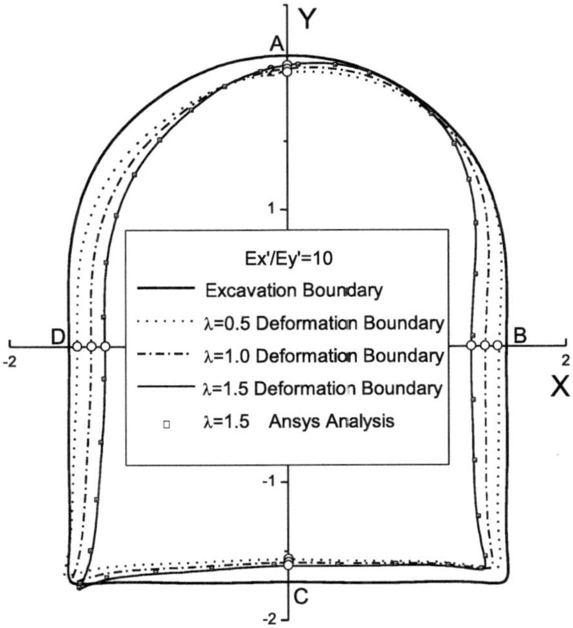

Fig. 10.31 The convergent deformation of the inverted U-shaped tunnel for different lateral pressure coefficients when $E_{x'}/E_{y'} = 10$

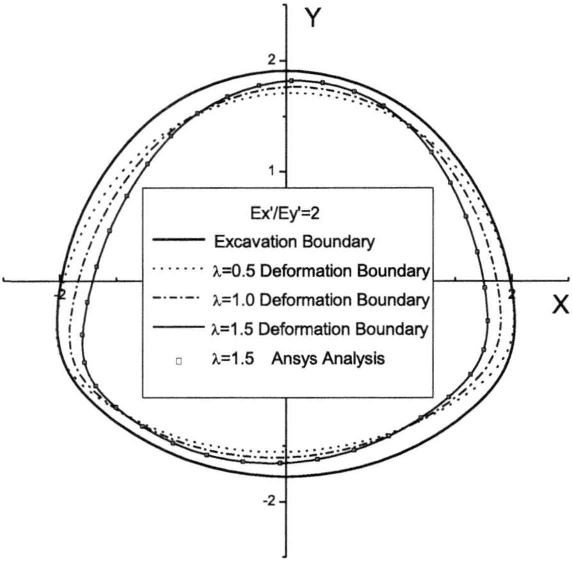

Fig. 10.32 The convergent deformation of the horse hoof-shaped tunnel for different lateral pressure coefficients when $E_{x'}/E_{y'} = 2$

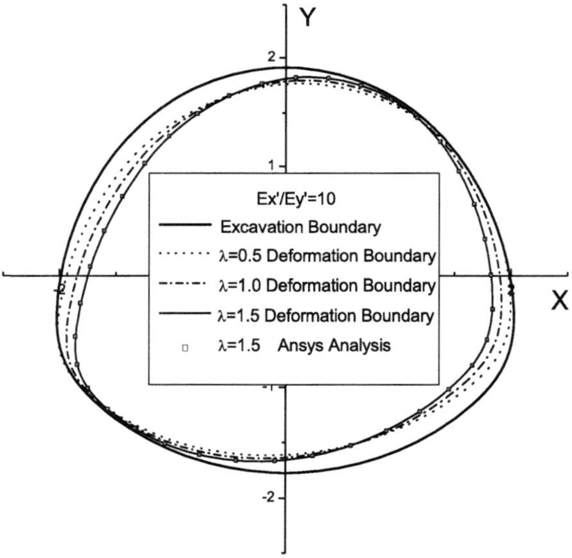

Fig. 10.33 The convergent deformation of the horse hoof-shaped tunnel for different lateral pressure coefficients when $E_{x'}/E_{y'} = 10$

It can be concluded from the above calculation results that,

(1) The method for determining the tunnel displacement in this section is an analytic method. It can be seen by comparing with the numerical solutions obtained with the ANSYS software that, the calculation results of the two methods are in good agreement.

(2) The larger the horizontal in situ stress is, the greater the horizontal convergence deformation is. The horizontal in situ stress has a greater impact on the horizontal deformation, while it has a smaller impact on the vertical deformation.
(3) When $\tau_{xy}^{\infty} = 0$ and the tunnel is symmetric about the x-axis, the convergence deformation of the tunnel must be symmetric about the x-axis for isotropic rock mass. While for anisotropic rock mass, the convergence deformation of the tunnel exhibits extremely strong asymmetry.
(4) The larger the difference between the elastic moduli $E_{x'}$ and $E_{y'}$ in both directions of the rock layer is, the stronger the asymmetry of the tunnel convergence deformation is. The tunnel convergence deformation in the y' direction is more significant than that in the x' direction, mainly because that $E_{y'} < E_{x'}$. The convergence deformations near the upper right corner are minimal for both types of tunnels.

10.4 Solutions for Lined Tunnels in Anisotropic Rock Mass—Perfect Bonding Contact

This section is still based on the basic assumptions of Sect. 10.3, assuming that the surrounding rock always remains in an elastic state under the combined action of in-situ stress and lining. The lining is also in an elastic state. The tunnel is deep enough to simplify an infinite domain problem. The difference from Sect. 10.3 is that closed lining support is applied inside the tunnel, shown in Fig. 10.34.

In Sect. 5.2, an elastic solution for a lined tunnel with perfect bonding support condition was studied based on the assumption that the rock is isotropic [15]. The difference between this section is that the rock is considered as an orthotropic medium. In solution process, as in Sect. 5.2, the stress and displacement continuity conditions on the contact surface between the surrounding rock and lining, as well as the stress boundary conditions on the lining internal boundary, are still used [16].

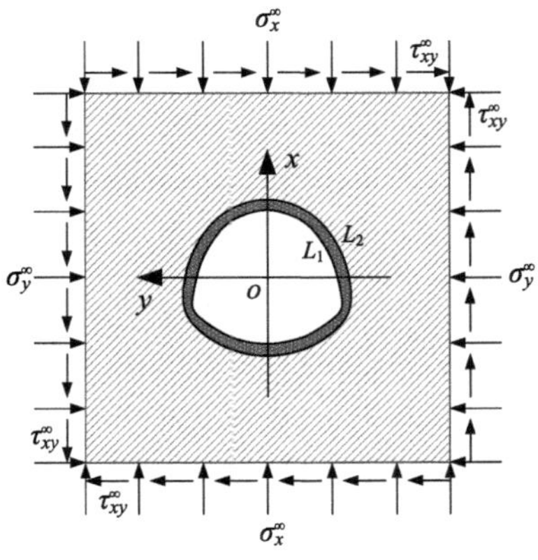

Fig. 10.34 A lined horse hoof-shaped tunnel with far-field stress conditions in the orthotropic rock mass

Similar to Sect. 5.2–5.4, it is still assumed that the lining is an isotropic medium. Therefore, the stress boundary conditions on the lining internal boundary are exactly same. The difference is the stress and displacement continuity conditions on the contact surface, as well as the stress and displacement boundary conditions on the excavation boundaries based on the method introduced in Sect. 10.3.

10.4.1 Determination of Complex Constants μ_1 and μ_2

In Sect. 10.3, the material constants a'_{ij} in the local coordinate system $x'o'y'$ are used to determine the corresponding β'_{ij} for plane strain. Then, two complex constants μ'_1 and μ'_2 are calculated. Based on Eq. (3.83), the μ_1 and μ_2 in the global cartesian coordinate system can be obtained. However, in this section, a different method will be employed to calculate μ_1 and μ_2.

a'_{ij} can be calculate by Eq. (3.73): $a'_{11} = 1/E_{x'}$, $a'_{12} = \nu_{y\prime x\prime}/E_{y\prime}$, $a'_{13} = -\nu_{z'x'}/E_{z'}$, $a'_{22} = 1/E_{y'}$, $a'_{23} = -\nu_{z'y'}/E_{z'}$, $a'_{33} = 1/E_{z'}$, $a'_{44} = 1/G_{y'z'}$, $a'_{55} = 1/G_{x'z'}$ and $a'_{66} = 1/G_{x'y'}$. Where $E_{x'}$, $E_{y'}$ and $E_{z'}$ are elastic moduli corresponding $x\prime$, $y\prime$ and $z\prime$ directions, respectively. $G_{y'z'}$, $G_{x'z'}$, $G_{x'y'}$ are shear moduli in $y'o'z'$, $x'o'z'$, $x'o'y'$ planes. $\nu_{y'x'}$, $\nu_{z'x'}$ and $\nu_{z'y'}$ are Poisson ratios, which relations with another three Poisson ratios $\nu_{x'y'}$, $\nu_{x'z'}$ and $\nu_{y'z'}$ are $\nu_{y'x'} = \nu_{x'y'}E_{y'}/E_{x'}$, $\nu_{z'x'} = \nu_{x'z'}E_{z'}/E_{x'}$, $\nu_{z'y'} = \nu_{y'z'}E_{z'}/E_{y'}$.

If the tunnel is located in sedimentary rock layers or jointed rock masses that are tilted in one direction, and the tilt angle with respect to the horizontal axis y is α, and with respect to vertical axis x is $\varphi = 90° - \alpha$. We have $E_{z'} = E_{x'}$, $\nu_{z'y'} = \nu_{x'y'}$ and $\nu_{z'x'} = \nu_{x'z'}$. In global coordinate system xoy, μ_1 and μ_2 can be obtained by following equations:

$$
\begin{aligned}
a_{11} &= a'_{11}\cos^4\varphi + (2a'_{12} + a'_{66})\sin^2\varphi\cos^2\varphi + a'_{22}\sin^4\varphi \\
a_{22} &= a'_{11}\sin^4\varphi + (2a'_{12} + a'_{66})\sin^2\varphi\cos^2\varphi + a'_{22}\cos^4\varphi \\
a_{12} &= a'_{12} + (a'_{11} + a'_{22} - 2a'_{12} - a'_{66})\sin^2\varphi\cos^2\varphi \\
a_{66} &= a'_{66} + 4(a'_{11} + a'_{22} - 2a'_{12} - a'_{66})\sin^2\varphi\cos^2\varphi \\
a_{16} &= [a'_{22}\sin^2\varphi - a'_{11}\cos^2\varphi + (a'_{12} + 0.5a'_{66})\cos(2\varphi)]\sin 2\varphi \\
a_{26} &= [a'_{22}\cos^2\varphi - a'_{11}\sin^2\varphi - (a'_{12} + 0.5a'_{66})\cos(2\varphi)]\sin 2\varphi \\
a_{13} &= a'_{13}\cos^2\varphi + a'_{23}\sin^2\varphi \\
a_{23} &= a'_{13}\sin^2\varphi + a'_{23}\cos^2\varphi \\
a_{36} &= (a'_{23} - a'_{13})\sin 2\varphi \\
a_{33} &= a'_{33}
\end{aligned}
$$

When a_{ij} are known, the parameters β_{ij} of the orthotropic plane strain problem can be given by $\beta_{ij} = a_{ij} - a_{i3}a_{j3}/a_{33}$ $(i, j = 1, 2, 4, 5, 6)$. μ_1 and μ_2 can be calculated by replacing a_{ij} in Eq. (3.81) of Chap. 3 with β_{ij}.

10.4.2 Displacement for Unsupported Tunnel

The displacement u_1^R and v_1^R of any point in surrounding rock after tunnel excavation can be calculated using Eq. (10.47).

$$\begin{cases} u_1^R = 2\mathrm{Re}\left[p_1\Phi_{1*}^0(\zeta_1) + p_2\Phi_{2*}^0(\zeta_2)\right] \\ v_1^R = 2\mathrm{Re}\left[q_1\Phi_{1*}^0(\zeta_1) + q_2\Phi_{2*}^0(\zeta_2)\right] \end{cases} \tag{10.47}$$

$\Phi_{1*}^0(\zeta_1)$ and $\Phi_{2*}^0(\zeta_2)$ are the second term in Eq. (10.46) and they can be calculated using the methods provided in Sects. 10.1 and 10.3.

Along tunnel boundary we have $\zeta_1 = \zeta_2 = \sigma$. $\overline{u}_1^R$ and $\overline{v}_1^R$ are displacements of boundary. Based on Eq. (10.47) they are:

$$\begin{cases} \overline{u}_1^R = 2\sum_{k=1}^{n} u_{1k}\cos k\theta + 2\sum_{k=1}^{n} u_{2k}\sin k\theta \\ \overline{v}_1^R = 2\sum_{k=1}^{n} v_{1k}\cos k\theta + 2\sum_{k=1}^{n} v_{2k}\sin k\theta \end{cases} \tag{10.48}$$

where

$$\begin{aligned} u_{1k} &= p_{11}a_{1k} - p_{12}a_{2k} + p_{21}b_{1k} - p_{22}b_{2k}, \\ u_{2k} &= p_{11}a_{2k} + p_{12}a_{1k} + p_{21}b_{2k} + p_{22}b_{1k}, \\ v_{1k} &= q_{11}a_{1k} - q_{12}a_{2k} + q_{21}b_{1k} - q_{22}b_{2k}, \\ v_{2k} &= q_{11}a_{2k} + q_{12}a_{1k} + q_{21}b_{2k} + q_{22}b_{1k}, \end{aligned}$$

p_{j1} and p_{j2} are the real and imaginary parts of complex variable p_j $(j = 1, 2)$, respectively. q_{j1} and q_{j2} are the real and imaginary parts of complex variable q_j $(j = 1, 2)$.

10.4.3 Continuity and Boundary Conditions

As shown in Fig. 10.34, L_1 is the inner boundary of the lining. When it is assumed that the rock mass is in perfect bonding with the lining, the L_2 boundary is both the outer boundary of the lining and the excavation boundary of the rock mass. In order to more clearly represent the stress and displacement on the contact boundary, the excavation boundary is represented by R_2 (as seen in Sect. 10.5).

Before lining installed, the displacements of rock mass caused by excavation $\overline{u}_2^R$ and $\overline{v}_2^R$ are:

$$\begin{cases} \overline{u}_2^R = \eta \overline{u}_1^R \\ \overline{v}_2^R = \eta \overline{v}_1^R \end{cases} \tag{10.49}$$

η is the displacement release coefficient and it was used in Sects. 5.2–5.4.

After installing the lining, the rock mass and the lining interact with each other. The lining restricts the displacement of rock mass. The rock mass displacement restricted by the lining can be written according to the Eq. (10.47):

$$\begin{cases} u_3^R = 2\mathrm{Re}\left[p_1 \Phi_{3*}^0(\zeta_1) + p_2 \Phi_{4*}^0(\zeta_2)\right] \\ v_3^R = 2\mathrm{Re}\left[q_1 \Phi_{3*}^0(\zeta_1) + q_2 \Phi_{4*}^0(\zeta_2)\right] \end{cases} \tag{10.50}$$

where $\Phi_{3*}^0(\zeta_1)$ and $\Phi_{4*}^0(\zeta_2)$ are analytical functions of ζ_1 and ζ_2, they are:

$$\begin{cases} \Phi_{3*}^0(\zeta_1) = \sum\limits_{k=1}^{\infty} \mathrm{d}_k \zeta_1^{-k} + d_0 = \sum\limits_{k=1}^{\infty} (\mathrm{d}_{1k} + id_{2k}) \zeta_1^{-k} + d_{10} + id_{20} \\ \Phi_{4*}^0(\zeta_2) = \sum\limits_{k=1}^{\infty} e_k \zeta_2^{-k} + e_0 = \sum\limits_{k=1}^{\infty} (e_{1k} + ie_{2k}) \zeta_2^{-k} + e_{10} + ie_{20} \end{cases} \tag{10.51}$$

in which d_{1k}, d_{2k}, e_{1k} and e_{2k} $(k = 0, 1, \ldots, \infty)$ are constants to be determined. Substituting (10.51) into (10.50) can obtain the displacement of the surrounding rock that is restricted by the lining along the tunnel boundary:

$$\begin{cases} \overline{u}_3^R = 2\sum\limits_{k=1}^{\infty} (p_{11}d_{1k} - p_{12}d_{2k} + p_{21}e_{1k} - p_{22}e_{2k}) \cos k\theta \\ \quad + 2\sum\limits_{k=1}^{\infty} (p_{11}d_{2k} + p_{12}d_{1k} + p_{21}e_{2k} + p_{22}e_{1k}) \sin k\theta \\ \overline{v}_3^R = 2\sum\limits_{k=1}^{\infty} (q_{11}d_{1k} - q_{12}d_{2k} + q_{21}e_{1k} - q_{22}e_{2k}) \cos k\theta \\ \quad + 2\sum\limits_{k=1}^{\infty} (q_{11}d_{2k} + q_{12}d_{1k} + q_{21}e_{2k} + q_{22}e_{1k}) \sin k\theta \end{cases} \tag{10.52}$$

In fact, Eq. (10.52) has already used the displacement boundary condition at infinity. When $|\zeta_1| = |\zeta_2| \to \infty$, we have $u_3^R = v_3^R = 0$, and then:

$$\begin{cases} p_{11}d_{10} - p_{12}d_{20} + p_{21}e_{10} - p_{22}e_{20} = 0 \\ q_{11}d_{10} - q_{12}d_{20} + q_{21}e_{10} - q_{22}e_{20} = 0 \end{cases} \tag{10.53}$$

After the lining of the tunnel, the displacement u^L and v^L at any point in the lining can be obtained by Eq. (10.54).

$$2G(u^L + iv^L) = \kappa\varphi(\zeta) - \frac{\omega(\zeta)}{\overline{\omega'(\zeta)}}\overline{\varphi'(\zeta)} - \overline{\psi(\zeta)} \tag{10.54}$$

Equation (10.54) is applicable to isotropic materials, where $\kappa = 3 - 4v$ and $G = E/[2(1 + v)]$. E and v are the Young's modulus and Poisson's ratio of the lining, respectively. Equation (10.54) has been used in Sect. 5.2 (Eq. (5.25)). $\varphi(\zeta)$ and $\psi(\zeta)$ are analytical functions in ζ plane, so they can be Laurent series.:

$$\begin{cases} \varphi(\zeta) = \sum\limits_{k=1}^{\infty} f_k\zeta^{-k} + \sum\limits_{k=1}^{\infty} g_k\zeta^k + p_0 \\ \quad = \sum\limits_{k=1}^{\infty} (f_{1k} + if_{2k})\zeta^{-k} + \sum\limits_{k=1}^{\infty} (g_{1k} + ig_{2k})\zeta^k + p_{10} + ip_{20} \\ \psi(\zeta) = \sum\limits_{k=1}^{\infty} h_k\zeta^{-k} + \sum\limits_{k=1}^{\infty} s_k\zeta^k + q_0 \\ \quad = \sum\limits_{k=1}^{\infty} (h_{1k} + ih_{2k})\zeta^{-k} + \sum\limits_{k=1}^{\infty} (s_{1k} + is_{2k})\zeta^k + q_{10} + iq_{20} \end{cases} \tag{10.55}$$

where p_{10}, p_{20}, q_{10}, q_{20}, f_{1k}, f_{2k}, g_{1k}, g_{2k}, h_{1k}, h_{2k}, s_{1k} and $s_{2k} (k = 1, \ldots, \infty)$ are real constants to be determined.

When the surrounding rock and the lining are in perfect bonding, the displacement of surrounding rock is equal to the lining u^L and v^L on the contact boundary:

$$\begin{cases} \overline{u}^R = \overline{u}_1^R - \overline{u}_2^R + \overline{u}_3^R = \overline{u}^L \\ \overline{v}^R = \overline{v}_1^R - \overline{v}_2^R + \overline{v}_3^R = \overline{v}^L \end{cases} \tag{10.56}$$

Substituting Eqs. (10.48), (10.49) and (10.52) into Eq. (10.56), we can obtain the displacement continuity condition on the contact boundary between the surrounding rock and the lining:

$$\begin{cases} (1-\eta)\left[\sum_{k=1}^{n} u_{1k}\cos k\theta + \sum_{k=1}^{n} u_{2k}\sin k\theta\right] \\ \quad + \sum_{k=1}^{\infty}(p_{11}d_{1k} - p_{12}d_{2k} + p_{21}e_{1k} - p_{22}e_{2k})\cos k\theta \\ \quad + \sum_{k=1}^{\infty}(p_{11}d_{2k} + p_{12}d_{1k} + p_{21}e_{2k} + p_{22}e_{1k})\sin k\theta \\ \quad = \frac{1}{4G_2}\mathrm{Re}\left[\kappa_2\varphi(\sigma) - \frac{\omega(\sigma)}{\overline{\omega'(\sigma)}}\overline{\varphi'(\sigma)} - \overline{\psi(\sigma)}\right] \\ (1-\eta)\left[\sum_{k=1}^{n} v_{1k}\cos k\theta + \sum_{k=1}^{n} v_{2k}\sin k\theta\right] \\ \quad + \sum_{k=1}^{\infty}(q_{11}d_{1k} - q_{12}d_{2k} + q_{21}e_{1k} - q_{22}e_{2k})\cos k\theta \\ \quad + \sum_{k=1}^{\infty}(q_{11}d_{2k} + q_{12}d_{1k} + q_{21}e_{2k} + q_{22}e_{1k})\sin k\theta \\ \quad = \frac{1}{4G_2}\mathrm{Im}\left[\kappa_2\varphi(\sigma) - \frac{\omega(\sigma)}{\overline{\omega'(\sigma)}}\overline{\varphi'(\sigma)} - \overline{\psi(\sigma)}\right] \end{cases} \tag{10.57}$$

On the contact boundary, the interacting forces between the surrounding rock and the lining are also equal. We can obtain the force continuity condition on this boundary:

$$\begin{cases} 2\mathrm{Re}\left[\Phi_{3*}^{0}(\sigma) + \Phi_{4*}^{0}(\sigma)\right] = \mathrm{Re}\left[\varphi(\sigma) + \frac{\omega(\sigma)}{\overline{\omega'(\sigma)}}\overline{\varphi'(\sigma)} + \overline{\psi(\sigma)}\right] \\ 2\mathrm{Re}\left[\mu_1\Phi_{3*}^{0}(\sigma) + \mu_2\Phi_{4*}^{0}(\sigma)\right] = \mathrm{Im}\left[\varphi(\sigma) + \frac{\omega(\sigma)}{\overline{\omega'(\sigma)}}\overline{\varphi'(\sigma)} + \overline{\psi(\sigma)}\right] \end{cases} \tag{10.58}$$

When the surface force on the contact surface is continuous, the normal stress in the direction of the contact surface and the shear stress in the tangential direction of the contact surface must also be continuous. Therefore, Eq. (10.58) is also called the stress continuity condition.

On the inner boundary of the lining, there is no external load, so the stress boundary condition can be written as:

$$\varphi(R_0\sigma) + \frac{\omega(R_0\sigma)}{\overline{\omega'(R_0\sigma)}}\overline{\varphi'(R_0\sigma)} + \overline{\psi(R_0\sigma)} = 0 \tag{10.59}$$

where R_0 is a known constant corresponding to the thickness of the lining.

If considering a hydraulic tunnel, when the water head is large, the water head gradient inside the tunnel can be neglected. The hydrostatic pressure acting on the inner boundary of the lining can be regarded as a constant P_s. In Eq. (10.59), the right side should be $P_s\omega(R_0\sigma)$. In this case, the elastic solution for tunnel lining can be found in Ref. [17].

Equations (10.57)–(10.59) are the fundamental equations for solving the unknown analytical functions $\Phi_{3*}^0(\zeta_1)$, $\Phi_{4*}^0(\zeta_2)$, $\varphi(\zeta)$ and $\psi(\zeta)$ under the condition of perfect bonding between the surrounding rock and the lining.

10.4.4 Solutions for Stress and Displacement

$\Phi_{3*}^0(\zeta_1)$, $\Phi_{4*}^0(\zeta_2)$, $\varphi(\zeta)$ and $\psi(\zeta)$ are analytical functions, but they are functions of three different variables ζ_1, ζ_2 and ζ. Although their boundary values $\Phi_{3*}^0(\sigma)$, $\Phi_{4*}^0(\sigma)$, $\varphi(\sigma)$ and $\psi(\sigma)$ can be expressed by a single variable σ, it is not possible to solve them using the existing Cauchy integral formula. Therefore, another method should be provided for solving the problem. The author found that the power series method can be used to solve this problem satisfactorily. The problem of solving unknown functions can be reduced to the problem of solving unknown coefficients p_{10}, p_{20}, q_{10}, q_{20}, d_{1k}, d_{2k}, e_{1k}, e_{2k}, f_{1k}, f_{2k}, g_{1k}, g_{2k}, h_{1k}, h_{2k}, s_{1k} and s_{2k} of the power series. Since analytical functions have an infinite number of terms, when using the power series method to solve this problem, it is necessary to consider a finite number of terms. In this section, the maximum value of k is taken as the value of N. When N is a finite value, Eqs. (10.57)–(10.59) cannot be satisfied exactly. As shown in following examples, the larger the value of N is, the better satisfaction of Eqs. (10.57)–(10.59) are. For horse hoof-shaped tunnels, Eqs. (10.57)–(10.59) can be basically satisfied when $N = 60$.

Equations (10.57)–(10.59) can be formulated into $12N+8$ linear equations. These equations are linear equations about unknowns. It is known that there are $12N + 8$ unknowns in the problem. Therefore, this problem is solvable. The solution process is described in detail in Ref. [16], while Ref. 17] uses a different method to establish a system of linear equations to solve the coefficients.

Once the analytical functions are obtained, we can calculate the stress and displacement in the surrounding rock and lining. The stress in the surrounding rock can be calculated using Eq. (3.85). It is noted that $\Phi_1(z_1)$ and $\Phi_2(z_2)$ cannot be calculated using Eq. (3.90). It should be calculated using Eq. (10.60).

$$\begin{cases} \Phi_1(z_1) = B^* z_1 + \sum_{k=1}^{n} (a_{1k} + ia_{2k})\zeta_1^{-k} \\ \quad + \sum_{k=1}^{\infty} (d_{1k} + id_{2k})\zeta_1^{-k} + d_{10} + id_{20} \\ \Phi_2(z_2) = \left(B^{'*} + iC^{'*}\right) z_2 + \sum_{k=1}^{n} (b_{1k} + ib_{2k})\zeta_2^{-k} \\ \quad + \sum_{k=1}^{N} (e_{1k} + ie_{2k})\zeta_2^{-k} + e_{10} + ie_{20} \end{cases} \tag{10.60}$$

When $\zeta_1 = \zeta_2 = \sigma$, the stress components on the excavation boundary can be obtained. The stress components in the curvilinear coordinate system can be calculated using Eq. (10.36).

When lining has been installed, the displacement on the excavation boundary of surrounding rock can be calculated using Eq. (10.61).

$$\begin{cases} \overline{u}^R = (1-\eta)\left[\sum_{k=1}^{n} u_{1k} \cos k\theta + \sum_{k=1}^{n} u_{2k} \sin k\theta\right] \\ \quad + \sum_{k=1}^{N'} (p_{11}d_{1k} - p_{12}d_{2k} + p_{21}e_{1k} - p_{22}e_{2k}) \cos k\theta \\ \quad + \sum_{k=1}^{N} (p_{11}d_{2k} + p_{12}d_{1k} + p_{21}e_{2k} + p_{22}e_{1k}) \sin k\theta \\ \overline{v}^R = (1-\eta)\left[\sum_{k=1}^{n} v_{1k} \cos k\theta + \sum_{k=1}^{n} v_{2k} \sin k\theta\right] \\ \quad + \sum_{k=1}^{N} (q_{11}d_{1k} - q_{12}d_{2k} + q_{21}e_{1k} - q_{22}e_{2k}) \cos k\theta \\ \quad + \sum_{k=1}^{N} (q_{11}d_{2k} + q_{12}d_{1k} + q_{21}e_{2k} + q_{22}e_{1k}) \sin k\theta \end{cases} \tag{10.61}$$

The stress in the lining can be calculated using Eqs. (5.47), (5.48) in Sect. 5.2 by replacing the two analytical functions in the original equation with $\varphi(\zeta)$ and $\psi(\zeta)$. When $\zeta = R_0\sigma$, the stress components at the inner boundary of the lining can be obtained. When $\zeta = \sigma$, the stress components at the outer boundary of the lining can be obtained. The displacement in the lining can be calculated using Eq. (10.54). By substituting $\zeta = R_0\sigma$ and $\zeta = \sigma$ into Eq. (10.54), the displacement components at the inner and outer boundaries of the lining can be obtained, respectively.

10.4.5 Analysis and Discussion

Taking the horse hoof-shaped tunnel in Sect. 5.2 (Fig. 10.34) as an example, the same mapping function can be used (Eq. (5.55)). However, the difference here is that the rock is not considered to be an isotropic medium, it is the inclined transverse isotropic sedimentary rock layer. If the angle between the rock layer and the horizontal plane is $\alpha = 45°$. The rock mechanics parameters are $E_{x'} = 20$ GPa, $E_{y'} = 5$ GPa, $G_{x'y'} = 6$ GPa, $\nu_{x'y'} = 0.2$ and $\nu_{x'z'} = 0.2$. The lining mechanics parameters are $E_L = 30$ GPa, $\nu_L = 0.2$, $\sigma_x^\infty = 10$ MPa, $\sigma_y^\infty = 5$ MPa and $\tau_{xy}^\infty = 0$.

In order to solve the problem using power series method, it is necessary to determine the number of terms N in the analytical functions. The value of N affects the calculation results. In theory, when N is infinite, the displacement and stress continuity conditions can be precisely satisfied on rock boundary R_2 and lining boundary L_2. The stress boundary condition can be precisely satisfied on inner boundary of lining L_1. When N is finite, these conditions cannot be precisely satisfied, and the results are approximate solutions.

Reference [16] has discussed the stress and displacement continuous conditions on L_2 and R_2, and stress boundary condition on L_1 when taking different values of N. The calculation results show that when $N = 20$, the stress and displacement continuity conditions on contact boundary are well satisfied, especially the displacement continuity condition is almost exactly satisfied, but the stress boundary condition on L_1 is poorly satisfied, which is completely consistent with the results in Sect. 5. 2. When $N = 60$, the stress boundary condition on L_1 can be well satisfied. In the following examples, we all take $N = 60$. Reference [16] also demonstrated that the analytical solutions and the numerical solutions simulated by ANSYA have good consistency.

When calculating the stress in the surrounding rock, we only provide the tangential stress at the excavation boundary. But when calculating the stress in the lining, we provide the tangential stress at both the inner and outer boundaries of the lining. At the same time, we provide the distribution of normal stress and shear stress on the contact surface between the surrounding rock and the lining.

10.4.5.1 Influence of Displacement Release Coefficients on Stress

The displacement release coefficient η is taken as 0.2, 0.4, 0.6 and 0.8, while other parameters are unchanged. The distribution of tangential stress at the excavation boundary of surrounding rock is shown in Fig. 10.35. The distribution of tangential stress at the outer boundary of lining is shown in Fig. 10.36. The distribution of tangential stress at the inner boundary of the lining is shown in Fig. 10.37. The distribution of normal stress and shear stress on the contact surface between surrounding rock and lining is shown in Figs. 10.38 and 10.39, respectively.

According to the calculation results shown in Figs. 10.35, 10.36, 10.37, 10.38 and 10.39. At the excavation boundary of the surrounding rock, the tangential stresses are

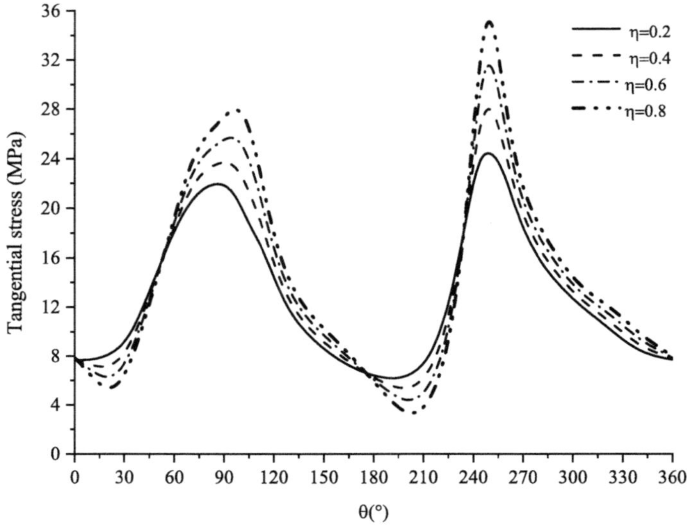

Fig. 10.35 Tangential stress σ_θ at excavation boundary of rock R_2 under different η

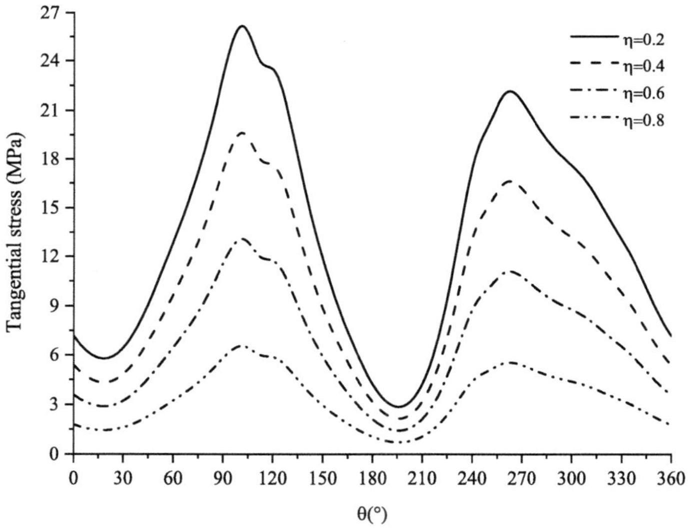

Fig. 10.36 Tangential stress σ_θ at outer boundary of lining L_2 under different η

all compressive stresses. The tangential stresses are relatively large near the left and right bottom corners of the tunnel, but the tangential stress at the right bottom corner is much larger than that at the left bottom corner. The tangential stresses in most regions increase with the increase of the displacement release coefficient η, and the increase is the largest in the regions near the two bottom corners of the tunnel. The

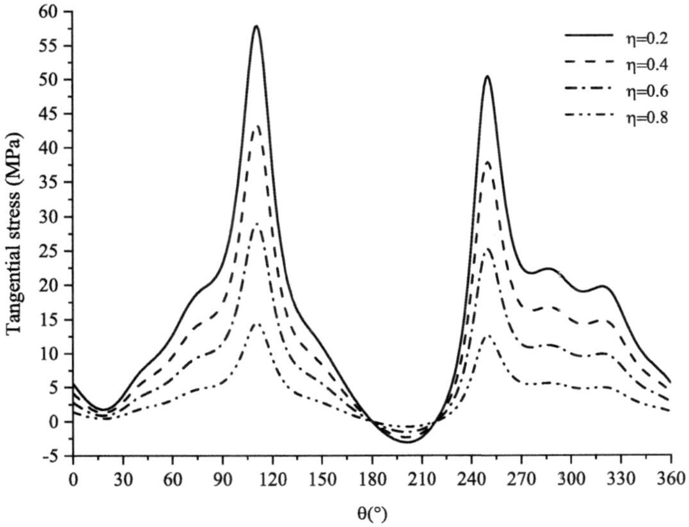

Fig. 10.37 Tangential stress σ_θ at inner boundary of lining L_1 under different η

increase becomes smaller as the distance from these two regions increases. When η increases from 0.2 to 0.8, the tangential stress at the right bottom corner increases from 24.4 to 35.1 MPa.

For inner and outer boundaries of the lining, the tangential stress of left bottom corner is larger than right bottom corners. But for excavation boundary, the right

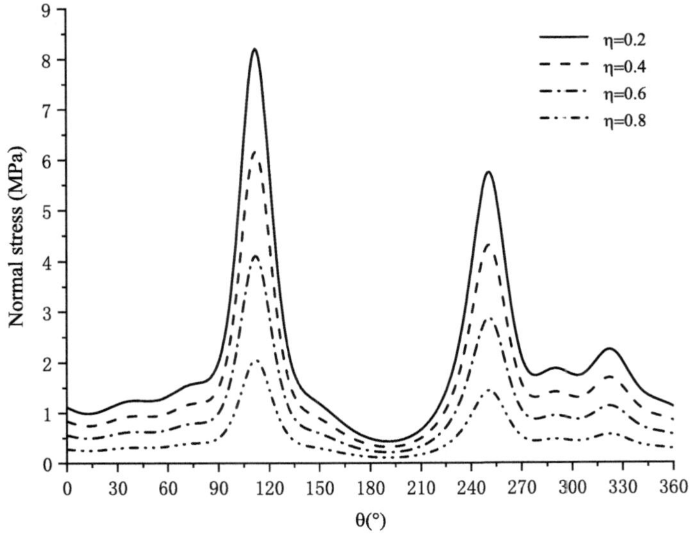

Fig. 10.38 Normal stress σ_ρ on the contact boundary L_2 (R_2) under different η

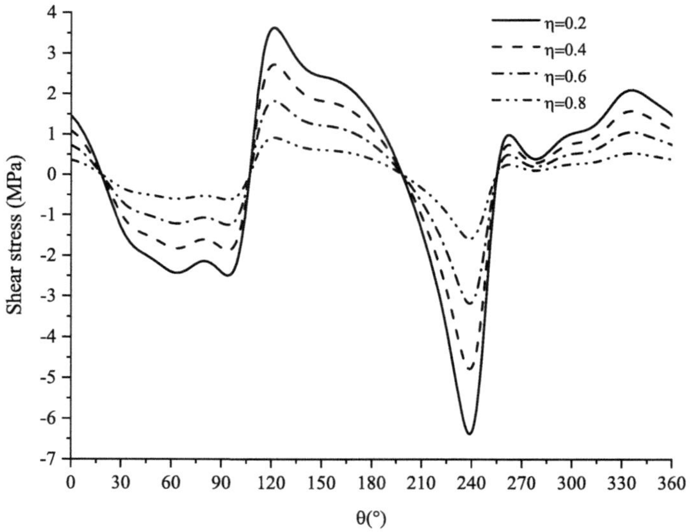

Fig. 10.39 Shear stress $\tau_{\rho\theta}$ on the contact boundary L_2 (R_2) under different η

corner has larger tangential stress. In most regions on both sides of the tunnel, the tangential stress at the inner boundary is larger than that at the outer boundary. In a small region at the top and bottom of the tunnel, the tangential stress at the inner boundary is smaller than that at the outer boundary, and tensile stresses occur. Generally, the tangential stresses decrease with the increase of η, especially for the areas of two bottom corners. When the η increases from 0.2 to 0.8, the maximum tangential stress at the outer boundary of the lining decreases from 26.2 to 6.5 MPa. The maximum tangential stress at the inner boundary of the lining decreases from 57.9 to 14.5 MPa.

The normal stresses on the contact surface between the surrounding rock and the lining are compressive stresses, and they decrease with the increase of η. The regions near the left and right bottom corners of the tunnel also have higher normal stresses. The tangential stresses at the left bottom corner are much larger than those at the right bottom corner. The shear stresses (absolute value) on the contact surface between the surrounding rock and the lining decrease with the increase of η. The shear stresses are larger in the regions near the left and right bottom corners of the tunnel, but the shear stresses at the left bottom corner are smaller than those at the right bottom corner.

10.4.5.2 Influence of Rock Layer Angles on Stress

Assuming that the dip angles of the rock layers α are 0°, 30°, 60° and 90° (corresponding to φ = 90°, 60°, 30° and 0°). The mechanical parameters of the rock layers and lining are the same as before. In the calculation, $\eta = 0.2$ and the tangential stresses at the excavation boundary of the surrounding rock and the inner boundary of the lining are shown in Figs. 10.40 and 10.41, respectively.

From Figs. 10.40 and 10.41, it can be seen that when $\alpha = 0°, 90°$, the two graphs are symmetrical, which indicates that the tangential stresses at the excavation

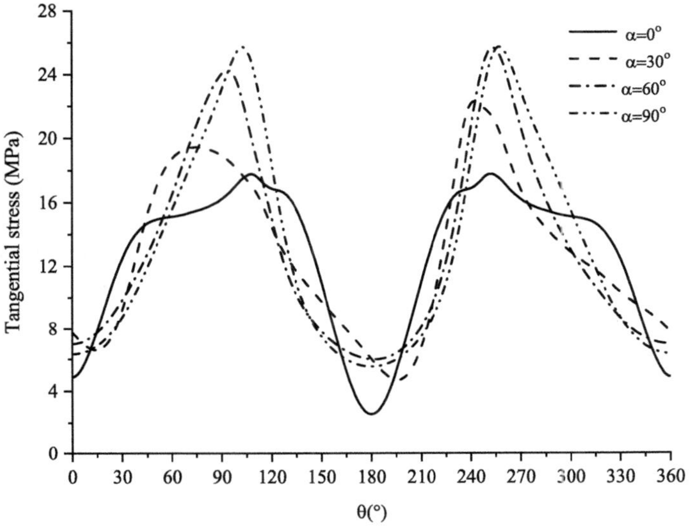

Fig. 10.40 Tangential stress σ_θ at excavation boundary of rock under different α

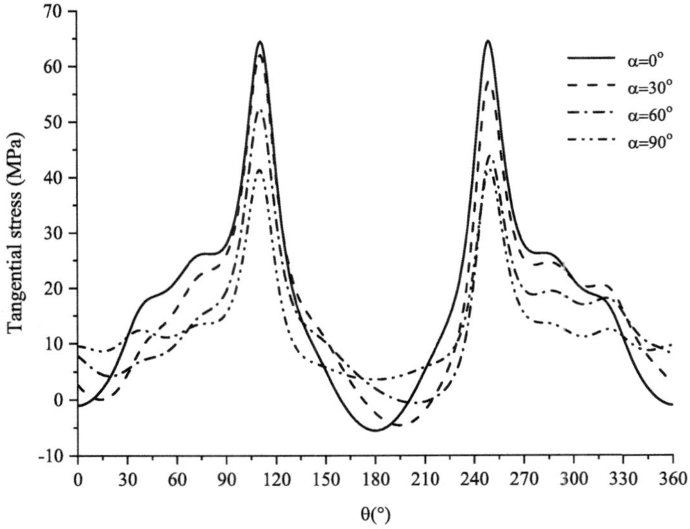

Fig. 10.41 Tangential stress σ_θ at inner boundary of lining under different α

boundary of the surrounding rock and the inner boundary of the lining are symmetrical about the y-axis of the tunnel coordinate system. For different dip angles α, the tangential stresses are higher near the two bottom corners of the horse hoof-shaped tunnel. As the dip angle α increases, the tangential stresses at the excavation boundary of the surrounding rock increase, while those at the inner boundary of the lining decrease.

10.4.6 Conclusions

The rock mass and lining are considered as orthotropic and isotropic materials, respectively. It is assumed that the tunnel axis direction is aligned with the elastic principal direction, and the lining is a fully closed integral support in perfect bonding with the surrounding rock. The proposed method is suitable for tunnels with complex cross-sections and has the advantages of fast speed and high calculation accuracy.

By considering the displacement release coefficient, the actual spatial problem is simplified to a plane strain problem for solution, which eventually reduces to the solution of four unknown analytical functions. Although these analytical functions contain different variables and their boundary values on the tunnel boundary can be represented by the same variable, the existing Cauchy integral formula cannot be used for solution. The authors found that the power series method can be used to achieve satisfactory solution of this problem.

When the unknown analytical functions are represented by power series, the problem of solving the unknown functions can be reduced to the problem of solving the series coefficients. A finite number of terms must be taken in the series. It can be shown through examples in this section that the calculation accuracy increases as the number of terms in the series increases. When the highest power of the series is taken as 60 for the horse hoof-shaped tunnel, the stress and displacement have high calculation accuracy.

Different angles of the rock mass have a significant influence on the tangential stress of the excavation boundary and inner/outer boundary of the lining. For all angles of the rock mass, the following patterns can be observed: the concentration degree of the maximum tangential stress on the inner boundary of the lining is much greater than that on the outer boundary of the lining; the magnitudes of the normal stress and shear stress on the contact surface between the rock mass and lining are much smaller than the tangential stress on the inner and outer boundary of the lining.

The influence of the displacement release coefficient on the tangential stress of lining is greater than that of rock mass. This means that if the lining is installed later, the increase in tangential stress at the excavation boundary in the rock mass will be smaller, while the decrease in tangential stress on the lining will be greater.

10.5 Solutions for Lined Tunnels in Anisotropic Rock Mass—Full Slip Contact

In Sects. 4.4 and 5.3, the stress and displacement solution methods for lined tunnel under full slip contact condition were analyzed, assuming the surrounding rock of the tunnel is an isotropic medium. Section 4.4 dealt with circular tunnels and Sect. 5. 3 dealt with non-circular ones. In this section, we will discuss the stress and displacement solution method for non-circular tunnels in orthotropic surrounding rock under the assumption of isotropic lining support. Similar to Sect. 10.4, we still assume that the lining is a completely enclosed annular structure and the basic assumptions remain the same. The only difference is the contact condition between the surrounding rock and the lining.

Sections 5.2 and 5.3 dealt with isotropic medium in the surrounding rock of the tunnel, and discussed the solution problems of non-circular lined tunnel under two contact conditions. Comparing the analytical process of lined tunnels under full slip contact and perfect bonding, it can be found that the problem of full slip contact is much more complex than that of perfect bonding. The complexity of the former is mainly reflected in the derivation of equations describing the interaction between the lining and the surrounding rock, and the transformation of stress and displacement relations into the orthotropic coordinate system. This greatly increases the difficulty of problem, also in anisotropic problem.

Compared with Sect. 10.4, the model discussed only changes in the contact mode. The analytical functions involved in this problem can still be expressed using the expressions given in Sect. 10.4, i.e., $\Phi^0_{1*}(\zeta_1)$,$\Phi^0_{2*}(\zeta_2)$, $\Phi^0_{3*}(\zeta_1)$,$\Phi^0_{4*}(\zeta_2)$,$\varphi(\zeta)$ and $\psi(\zeta)$. Among them, $\Phi^0_{1*}(\zeta_1)$ and $\Phi^0_{2*}(\zeta_2)$ correspond to the case of unsupported tunnels, which is independent of the contact condition. Therefore, its solution process and results are exactly the same as those in Sect. 10.4. The functions of $\Phi^0_{3*}(\zeta_1)$, $\Phi^0_{4*}(\zeta_2)$, $\varphi(\zeta)$ and $\psi(\zeta)$ still have a power series form as in Sect. 10.4, and this section still takes the highest order term of them up to N. Their solution equations are not exactly the same. The equations in this section need to reflect the characteristics of full slip contact.

10.5.1 *Basic Equations*

10.5.1.1 Stress Coordination Conditions for Contact Boundary

This section will not use the method given in Sect. 10.4, but instead use another approach to derive the continuity condition of surface force on contact boundaries [18]. For isotropic lining, the relationship between the surface forces X_n and Y_n on lining contact boundary L_2, can be expressed by analytical functions $\varphi(\zeta)$ and $\psi(\zeta)$ using boundary conditions (2.13):

$$\varphi(\sigma) + \frac{\omega(\sigma)}{\overline{\omega'(\sigma)}}\overline{\varphi'(\sigma)} + \overline{\psi(\sigma)} = \int (iX_n - Y_n)ds \tag{10.62}$$

For anisotropic surrounding rock, the surface forces acting on the rock which is caused by lining support, can be also expressed based on stress boundary condition (3.89). We can observe from Eqs. (3.89) and (2.13) that the surface force components X_n and Y_n are separated into two equations, whereas in the isotropic case they are combined into one equation. Therefore, if X_n and Y_n in the anisotropic case are combined into one equation with the same form as the isotropic case, the continuity condition of surface force at the contact boundary will be different from Eq. (10.58) obtained.

Multiplying the second equation of (3.89) by the imaginary unit i and adding it to the first equation of (3.89), we have:

$$2\text{Re}\left[\Phi_{3*}^{0}(\sigma) + \Phi_{4*}^{0}(\sigma)\right] + 2i\text{Re}\left[\mu_1\Phi_{3*}^{0}(\sigma) + \mu_2\Phi_{4*}^{0}(\sigma)\right] = i\int (X_n + iY_n)ds \tag{10.63}$$

The surface force integral expression on the right side of Eq. (10.63) is consistent with Eq. (10.62), so the continuity condition of stresses at the contact surface can be directly written as:

$$\begin{aligned}\varphi(\sigma) + \frac{\omega(\sigma)}{\overline{\omega'(\sigma)}}\overline{\varphi'(\sigma)} + \overline{\psi(\sigma)} = {} & 2\text{Re}\left[\Phi_{3*}^{0}(\sigma) + \Phi_{4*}^{0}(\sigma)\right] \\ & + 2i\text{Re}\left[\mu_1\Phi_{3*}^{0}(\sigma) + \mu_2\Phi_{4*}^{0}(\sigma)\right]\end{aligned} \tag{10.64}$$

Equation (10.64) can also be written as:

$$\begin{aligned}\varphi(\sigma) + \frac{\omega(\sigma)}{\overline{\omega'(\sigma)}}\overline{\varphi'(\sigma)} + \overline{\psi(\sigma)} = {} & \Phi_{3*}^{0}(\sigma) + \Phi_{4*}^{0}(\sigma) + \overline{\Phi_{3*}^{0}(\sigma)} + \overline{\Phi_{4*}^{0}(\sigma)} \\ & + i\left[\mu_1\Phi_{3*}^{0}(\sigma) + \mu_2\Phi_{4*}^{0}(\sigma) + \overline{\mu_1\Phi_{3*}^{0}(\sigma)} + \overline{\mu_2\Phi_{4*}^{0}(\sigma)}\right]\end{aligned} \tag{10.65}$$

This new continuity condition of surface force brings great convenience to the solving process. By comparing the coefficients of the same degree of σ in Eq. (10.65), a linear system of equations for the coefficients of analytic functions $\varphi(\zeta)$, $\psi(\zeta)$, $\Phi_{3*}^{0}(\zeta)$ and $\Phi_{4*}^{0}(\zeta)$ can be obtained.

The stress continuity conditions on the contact surface between the lining and the surrounding rock only reflect the continuity of radial stress and shear stress, but cannot reflect the condition of shear stress that is equal to 0. Therefore, additional formulas are needed. Since the premise of shear stress continuity already exists, we only need to discuss the condition where the shear stress is 0 on outer boundary of the lining or on the excavation boundary of the surrounding rock.

Through analysis, it is found [18] that the equation formulated based on the condition of 0 shear stress on the outer boundary of the lining is more convenient for solution. On L_2, the expression of shear stress in the orthogonal curvilinear coordinate system can be obtained by taking the imaginary part of Eq. (5.48):

$$\tau_{\rho\theta}^{L_2} = \mathrm{Im}\left\{\frac{\sigma^2}{\omega'(\sigma)}\left[\overline{\omega(\sigma)}\frac{\varphi''(\sigma)\omega'(\sigma) - \varphi'(\sigma)\omega''(\sigma)}{[\omega'(\sigma)]^2} + \psi'(\sigma)\right]\right\} = 0 \tag{10.66}$$

From Eq. (10.66), it can be obtained that:

$$\begin{aligned}&\sigma^2\overline{\omega(\sigma)}\varphi''(\sigma) - \sigma^2\overline{\omega(\sigma)}\frac{\omega''(\sigma)}{\omega'(\sigma)}\varphi'(\sigma) + \sigma^2\omega'(\sigma)\psi'(\sigma)\\ &-\left[\sigma^{-2}\omega(\sigma)\overline{\varphi''(\sigma)} - \sigma^{-2}\omega(\sigma)\overline{\frac{\omega''(\sigma)}{\omega'(\sigma)}\varphi'(\sigma)} + \sigma^{-2}\overline{\omega'(\sigma)\psi'(\sigma)}\right] = 0\end{aligned} \tag{10.67}$$

For convenience, Eq. (5.68) in Sect. 5.3.2 can also be used to expand the complex term $\overline{\omega(\sigma)}\frac{\omega''(\sigma)}{\omega'(\sigma)}$ in Eq. (10.67) into a Laurent series. Then, by comparing the coefficients of the same degree of σ, a linear system of equations is established to solve the coefficients in analytical function $\varphi(\zeta)$ and $\psi(\zeta)$.

10.5.1.2 Continuity Conditions of Radial Displacement

Since the contact boundary between the lining and the surrounding rock is completely slip, only the radial displacement is continuous. Similar to Sect. 10.4, considering the influence of the delay effect of the lining support, the radial displacement continuity conditions on the contact surface between the anisotropic surrounding rock and the isotropic lining can be obtained [18]:

$$\begin{aligned}&\frac{1}{2G}\left\{\begin{aligned}&\frac{\overline{\omega'(\sigma)}}{\sigma}\left[\kappa\varphi(\sigma) - \frac{\omega(\sigma)}{\overline{\omega'(\sigma)}}\overline{\varphi'(\sigma)} - \overline{\psi(\sigma)}\right]\\ &+\sigma\omega'(\sigma)\left[\kappa\overline{\varphi(\sigma)} - \frac{\overline{\omega(\sigma)}}{\omega'(\sigma)}\varphi'(\sigma) - \psi(\sigma)\right]\end{aligned}\right\}\\ &= (1-\eta)\left\{\begin{aligned}&\frac{\overline{\omega'(\sigma)}}{\sigma}\left\{\begin{aligned}&p_1\Phi_{1*}^0(\sigma) + p_2\Phi_{2*}^0(\sigma) + \overline{p_1\Phi_{1*}^0(\sigma)} + \overline{p_2\Phi_{2*}^0(\sigma)}\\ &+i\left[q_1\Phi_{1*}^0(\sigma) + q_2\Phi_{2*}^0(\sigma) + \overline{q_1\Phi_{1*}^0(\sigma)} + \overline{q_2\Phi_{2*}^0(\sigma)}\right]\end{aligned}\right\}\\ &+\sigma\omega'(\sigma)\left\{\begin{aligned}&\overline{p_1\Phi_{1*}^0(\sigma)} + \overline{p_2\Phi_{2*}^0(\sigma)} + p_1\Phi_{1*}^0(\sigma) + p_2\Phi_{2*}^0(\sigma)\\ &-i\left[\overline{q_1\Phi_{1*}^0(\sigma)} + \overline{q_2\Phi_{2*}^0(\sigma)} + q_1\Phi_{1*}^0(\sigma) + q_2\Phi_{2*}^0(\sigma)\right]\end{aligned}\right\}\end{aligned}\right\}\end{aligned}$$

$$+\left\{\begin{array}{l}\dfrac{\overline{\omega'(\sigma)}}{\sigma}\left\{\begin{array}{l}p_1\Phi_{3*}^0(\sigma)+p_2\Phi_{4*}^0(\sigma)+\overline{p_1\Phi_{3*}^0(\sigma)}+\overline{p_2\Phi_{4*}^0(\sigma)}\\ +i\left[q_1\Phi_{3*}^0(\sigma)+q_2\Phi_{4*}^0(\sigma)+\overline{q_1\Phi_{3*}^0(\sigma)}+\overline{q_2\Phi_{4*}^0(\sigma)}\right]\end{array}\right\}\\ +\sigma\omega'(\sigma)\left\{\begin{array}{l}\overline{p_1\Phi_{3*}^0(\sigma)}+\overline{p_2\Phi_{4*}^0(\sigma)}+p_1\Phi_{3*}^0(\sigma)+p_2\Phi_{4*}^0(\sigma)\\ -i\left[\overline{q_1\Phi_{3*}^0(\sigma)}+\overline{q_2\Phi_{4*}^0(\sigma)}+q_1\Phi_{3*}^0(\sigma)+q_2\Phi_{4*}^0(\sigma)\right]\end{array}\right\}\end{array}\right\} \tag{10.68}$$

By comparing the coefficients of the same degree of σ in Eq. (10.68), a linear equation system about the coefficients of the analytic function $\varphi(\zeta)$, $\psi(\zeta)$, $\Phi_{3*}^0(\zeta)$ and $\Phi_{4*}^0(\zeta)$ can also be obtained.

10.5.1.3 Stress Boundary Conditions at Inner Boundary of Lining

As there is internal water pressure P_s acting on the inner boundary L_1 of lining, the stress boundary condition is:

$$\varphi(R_0\sigma)+\frac{\omega(R_0\sigma)}{\overline{\omega'(R_0\sigma)}}\overline{\varphi'(R_0\sigma)}+\overline{\psi(R_0\sigma)}=P_s\omega(R_0\sigma) \tag{10.69}$$

In order to establish a linear system of equations for the coefficients of the analytic functions $\varphi(\zeta)$ and $\psi(\zeta)$, and using Eq. (10.69), the term $\frac{\omega(R_0\sigma)}{\overline{\omega'(R_0\sigma)}}$ also needs to be expanded into a Laurent series.

Because the form of the analytic function involved in this Section is exactly the same as that in Sect. 10.4, there are also 12N + 8 real unknowns. By using (a)–(d), 12N + 8 real linear equations can be established, and thus the 12N + 8 real unknowns can be uniquely solved.

10.5.2 Verification

When $\varphi(\zeta)$, $\psi(\zeta)$, $\Phi_{3*}^0(\zeta)$ and $\Phi_{4*}^0(\zeta)$ are obtained, the stress and displacement of surrounding rock and lining can be calculated using the same formulas as in Sects. 10.3 and 10.4.

Taking a hydrualic horse hoof-shaped lined tunnel as an example (Fig. 10.42). The tunnel section is approximately 3.7 m high and 4 m wide, and the lining thickness is about 0.3 m. The mapping function $\omega(\zeta)$ is still given by Eq. (5.55), but the value of R_0 is different, which $R_0 = 0.88569$ in this section. On contact boundary, $\theta = 0°$, 180°, 110°, and 25° correspond to the center of the arch, center of the base plate, left and right bottom corners, respectively.

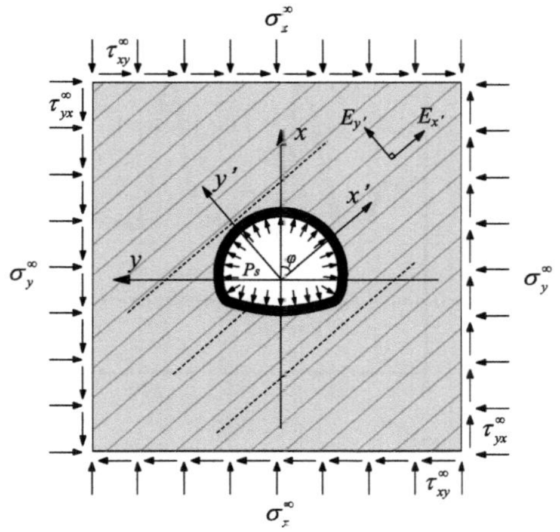

Fig. 10.42 A hydrualic horse hoof-shaped lined tunnel in transversely isotropic rock mass

The definitions for the in-situ stress and the material parameters of transversely isotropic rock mass are shown in Fig. 10.42. The in-situ stresses are: vertical stress $\sigma_x^\infty = 5$ MPa, horizontal stress $\sigma_y^\infty = 2.5$ MPa, and shear stress $\tau_{xy}^\infty = 0$. For the transversely isotropic rock mass, a local coordinate system $x'oy'$ is established along the structural plane on the excavation of tunnel, where the x' axis is in the direction of the structural plane and makes an angle of $\varphi = 30°$ with the x axis of the global coordinate system. The transversely isotropic rock mass has the following material parameters and definitions: $E_{x'} = E_z = 20$ GPa, $E_{y'} = 2GPa$; the shear modulus on the excavation surface of the tunnel is $G_{x'y'} = 6$ GPa; Poisson's ratios are: $v_{x'y'} = v_{zy'} = 0.3$ and $v_{x'z} = v_{zx'} = 0.1$. The elastic modulus of the isotropic lining is $E_L = 30$ GPa, and the Poisson's ratio is $v_L = 0.2$. The lining is constructed with a displacement release coefficient $\eta = 0.4$. The inner boundary of the lining is not subjected to water pressure initially, i.e., $P_s = 0$ MPa.

Reference [18] has verified the stress boundary conditions of the lining inner boundary and the continuity conditions on the contact boundary by providing different values of the highest power N in the analytical function. It was found that when $N = 50$, the calculated radial stress and shear stress on the lining inner boundary showed an oscillating distribution with maximum values of 0.0466 MPa and 0.0472 MPa, respectively. However, when $N = 70$, the calculated radial stress and shear stress were smaller, with maximum values of 0.0012 MPa and 0.0010 MPa, respectively, which were closer to the 0. Therefore, $N = 70$ was used in the subsequent examples. In Sect. 10.4, $N = 60$ was used, and it was found that the results obtained for $N = 60$ and 70 had no significant difference.

Figure 10.43 shows the stress and displacement distribution on the contact boundary, where the L_2 and R_2 represent the outer boundary of the lining and the excavation boundary of rock. It can be seen that the normal stress $\left(\sigma_\rho^{L_2}, \sigma_\rho^{R_2}\right)$, shear stress $\left(\tau_{\rho\theta}^{L_2}, \tau_{\rho\theta}^{R_2}\right)$, and normal displacement $\left(u_\rho^{L_2}, u_\rho^{R_2}\right)$ on the contact boundary satisfy the continuity conditions. It should be noted that the tangential displacement

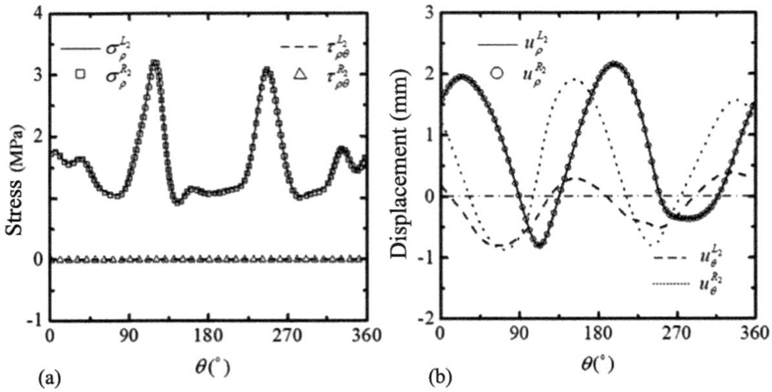

Fig. 10.43 Stresses and displacements on contact boundary L_2 and R_2: **a** stress, **b** displacement

$\left(u_\theta^{L_2}, u_\theta^{R_2}\right)$ on the contact boundary is discontinuous, which indicates that under the full slip contact conditions, there is slight relative sliding between the lining and the surrounding rock. There is no relative sliding at four points, and large displacement discontinuities $\left(u_\theta^{L_2} - u_\theta^{R_2}\right)$ near $\theta = 0°$ and $\theta = 147°$ indicating that there is significant relative sliding at these locations.

According to Ref. [18], the analytical solution and the numerical solution obtained by ANSYS are in good agreement. Through the verification of the lining stress boundary conditions and the continuity conditions on the contact surface, as well as the comparative analysis of the analytical solution and the numerical solution, it is demonstrated that the proposed analytical process is correct. Next, based on the analytical method proposed in this section, the influence of different parameters on the horse hoof-shaped lined tunnel under full slip contact conditions will be discussed.

10.5.3 Influence of Structural Plane Angle on Stress

This section will discuss the influence of the structural plane angle φ on the stress of the contact boundary and lining structure. Two sets of representative structural planes with angles of $\varphi = 0°, 45°$ were taken, and other parameters were consistent with Sect. 10.5.2. The calculation found that when $\varphi = 0°$, the vertical stress, the symmetry axis of the horse hoof-shaped tunnel, and the direction of the structural plane are all consistent, and $\sigma_\rho, \sigma_\theta$ has a symmetrical characteristic in both the surrounding rock and lining. If any of the three symmetrical conditions is not satisfied, then there is no symmetry. For example, when $\varphi = 45°$, the distribution of $\sigma_\rho, \sigma_\theta$ has a non-symmetrical form. Figure 10.44 shows the distribution of normal stress and tangential stress (with zero shear stress distribution) on the excavation boundary R_2.

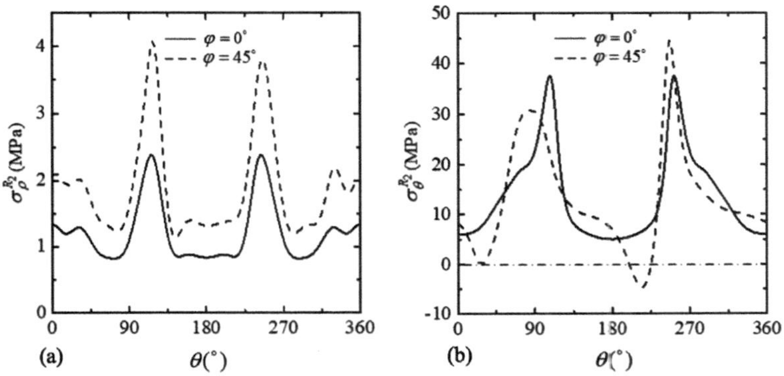

Fig. 10.44 Stresses on excavation boundary R_2 under different angles of structural plane: **a** Normal stress; **b** tangential stress

According to Fig. 10.44, it can be seen that as the angle of the structural plane changes from 0° to 45°, the radial stress on the excavation boundary of the surrounding rock increases continuously. When $\varphi = 0°$, the concentration of the radial stress is highest near the two corners, and the stress distribution is smaller at other locations. The maximum radial stress occurs at positions $\theta = 116°$ and 244°, and both have a value of 2.38 MPa. When the angle of the structural plane is 45°, the higher value of σ_ρ also occurs near the two corners, but the maximum value is reached near the left corner ($\theta = 118°$), with a value of 4.07 MPa, while the maximum normal stress near the right corner ($\theta = 246°$) is less than that near the left corner, with a value of 3.80 MPa.

The tangential stress on the excavation boundary R_2 of the surrounding rock is also highly concentrated near the two corners. As the angle φ changes from 0° to 45°, the maximum tangential stress remains the same near the two corners with a value of 37.53 MPa at positions $\theta = 108°$ and 252°. However, when the angle of the structural plane changes to 45°, only the right corner has the maximum tangential stress, which increases to a value of 44.53 MPa at position $\theta = 247°$. It should be noted that when $\varphi = 45°$, there is tensile tangential stress in the right floor area of the tunnel ($\theta = 200°–225°$), and the maximum tensile stress value occurs at position $\theta = 215°$ with a value of – 4.72 MPa. The appearance of tensile stress is caused by the change in the angle of the rock structural plane. Therefore, inappropriate structural plane orientation will increase the risk of surrounding rock damage and threaten the stability of the lining tunnel.

Figure 10.45 shows the distribution of tangential stress on the outer and inner boundaries of the lining structure. For the two cases of $\varphi = 0°, 45°$, the tangential stress on the outer boundary L_2 of the lining structure has the smallest stress concentration near the two corners, while the tangential stress on the inner boundary L_1 of the lining structure has the largest stress concentration. In most areas, the tangential stress on the inner boundary of the lining structure is greater than that on the outer boundary, and the tangential stress when $\varphi = 45°$ on both boundaries is generally

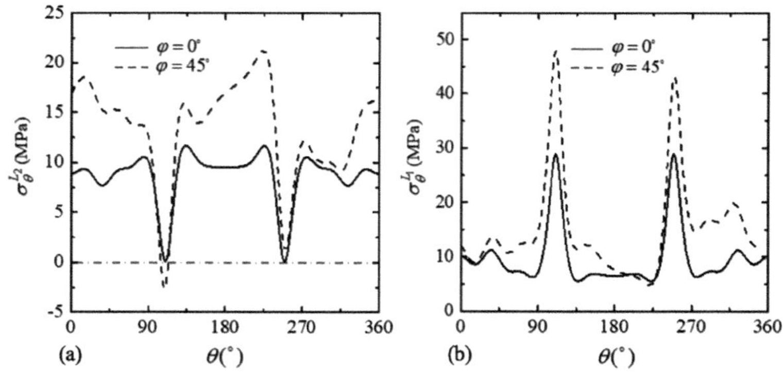

Fig. 10.45 Tangential stresses on lining boundaries L_2 and L_1 under different angles of structural plane: **a** tangential stress in L_2; **b** tangential stress in L_1

higher than that when $\varphi = 0°$. Therefore, it can be seen that the change in the angle of the structural plane in transversely isotropic rock has a significant effect on the stress distribution in the lining structure.

10.5.4 Influence of Anisotropy Degree on Lining Stress

This section discusses the influence of anisotropy degree on stress of the lining. Three sets of different $E_{x'}$ and $E_{y'}$ values were defined, i.e., $E_{x'}$ and $E_{y'}$ are 5, 0.5 GPa, 5, 50 GPa, and 50, 5 GPa, with $E_{x'}/E_{y'}$ ratios of 10, 1/10, and 10, respectively. The angle of the structural plane was set to $\varphi = 0°$, and the other parameters were consistent with those set in Sect. 10.4. Figure 10.46 shows the distribution of tangential stress on the outer and inner boundaries of the lining.

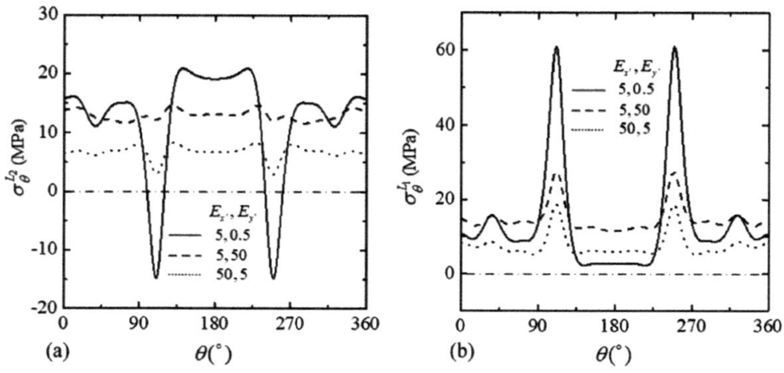

Fig. 10.46 Tangential stresses on lining boundaries L_2 and L_1 under different anisotropies: **a** tangential stress in L_2; **b** tangential stress in L_1

For the tangential stress on the outer boundary L_2 of the lining, both sets of tangential stress are compressive stress when the rock mass elastic modulus $E_{x'}$ and $E_{y'}$ are 5, 50 GPa, and 50, 5 GPa, respectively; and the stress concentration is the lowest in the 50, 5 GPa set. The maximum tangential compressive stress on the outer boundary of the lining structure occurs in the 5, 0.5 GPa set, and its position is near the center of the bottom plate at $\theta = 142°$ and 218°, with a value of 20.88 MPa. The maximum tensile stress concentration occurs near the two corners at $\theta = 110°$ and 250° with a value of – 14.86 MPa.

The tangential stress on the inner boundary L_1 of the lining structure is compressive stress in all three sets. The maximum stress concentration occurs near the two bottom corners at $\theta = 111°$ and 249° in the 5, 0.5 GPa set, with a stress value of 60.93 MPa. The 5, 50 GPa set has a moderate stress concentration degree, and the maximum tangential stress is 27.61 MPa at $\theta = 111°$ and 249°. The 50, 5 GPa set has the smallest stress concentration, with a maximum tangential stress of 18.67 MPa also occurring at $\theta = 111°$ and 249°. Comparing the data from the three sets, it is found that the change in rock mass anisotropy degree has no effect on the position where the maximum tangential compressive stress concentration on L_1, but only affects the stress distribution.

In summary, the distribution of tangential stress on the lining shows that the maximum stress concentration occurs in the 5, 0.5 GPa set. The set's elastic modulus setting makes the overall stiffness of the transversely isotropic rock mass the smallest, resulting in a larger stress borne by the lining structure.

10.5.5 Influence of Internal Pressure on Stress

This section discusses the influence of internal pressure (e.g., water pressure) inside the tunnel on the stress of lining. Different water pressure loads $P_s = 1,\ 3,\ 5$ MPa are applied, with a structural face angle of $\varphi = 30°$, and other parameters consistent with Sect. 10.4.

The normal and tangential stress distribution on the rock excavation boundary R_2 under different water pressure conditions are shown in Fig. 10.47. As the water pressure increases, the normal stress distribution on the rock excavation boundary R_2 continues to increase. When the water pressure is relatively low ($P_s = 1,\ 3$ MPa), the largest stress concentration of normal stress occurs around the left corner of the tunnel. For example, when $P_s = 1$ MPa, the maximum normal stress occurs at $\theta = 120°$ with a value of 3.28 MPa, and when $P_s = 3$ MPa, the maximum radial stress occurs at $\theta = 125°$ with a value of 3.61 MPa. Increasing the water pressure not only increases the maximum normal stress value but also changes the location where the maximum normal stress is generated. When the water pressure rises to 5 MPa, there is no longer the largest stress concentration of normal stress around the two bottom corners of the tunnel, but a phenomenon of stress reduction occurs. For example, when $P_s = 5$ MPa, the minimum radial stress occurs near the left bottom corner at $\theta = 110°$, with a value of 2.82 MPa. At this time, the largest normal

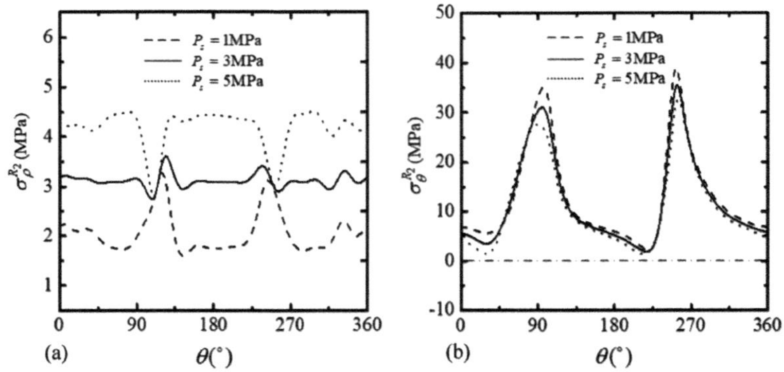

Fig. 10.47 Radial and tangential stresses on excavation boundary R_2 under different water pressures: **a** radial stress; **b** tangential stress

stress transfers to the left wall at $\theta = 81°$ with a value of 4.50 MPa. Therefore, it can be seen that not only an increase in water pressure causes the maximum normal stress on R_2 to increase continuously, but also the location where the maximum stress concentration occurs is changing.

As the water pressure increases, the distribution of tangential stress and normal stress on R_2 is different. With P_s increasing, the tangential stress on R_2 can be continuously reduced, but the magnitude of the reduction is small. For example, under the conditions of $P_s = 1, 3, 5$ MPa, the maximum tangential stresses near the right bottom corner of the horse hoof-shaped tunnel are 38.83 MPa (at $\theta = 252°$), 35.46 MPa (at $\theta = 253°$), and 32.55 MPa (at $\theta = 255°$), respectively.

Figure 10.48 shows the distribution of tangential stress on L_2 and L_1 under different P_s. As P_s increases, the tangential stress on L_2 decreases. When no water pressure, there is a small tangential compressive stress concentration near the two bottom corners of the horse hoof-shaped tunnel, and the smallest tangential stress concentration occurs near the left bottom corner. Therefore, the presence of P_s causes tensile stress near the left bottom corner. For example, when $P_s = 1$ MPa, the maximum tensile stress near the left bottom corner is − 3.08 MPa (at $\theta = 109°$), and the minimum compressive stress near the right bottom corner is 0.47 MPa (at $\theta = 251°$). As P_s increases, tensile stress occurs near both bottom corners of the tunnel. When $P_s = 3$ MPa, the maximum tangential tensile stress near the left and right bottom corners are − 4.04 MPa (at $\theta = 107°$) and − 1.94 MPa (at $\theta = 255°$), respectively. As P_s continues to increase, the asymmetry of the tangential stress distribution on L_2 decreases, and the maximum tensile stresses near both bottom corners become closer in value. When $P_s = 5$ MPa, the maximum tensile stresses near the left and right bottom corners are − 7.04 MPa (at $\theta = 98°$) and − 7.25 MPa (at $\theta = 264°$), respectively, with the maximum tensile stress near the right bottom corner being greater than that near the left bottom corner. The above data shows that when water pressure increases, the maximum tangential tensile stress increases, and the location shifts towards the left and right walls.

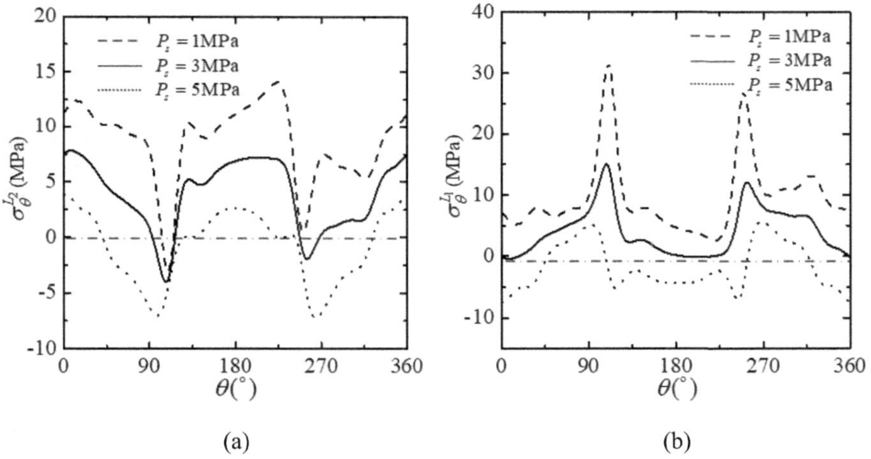

Fig. 10.48 Tangential stresses on lining boundaries L_2 and L_1 under different water pressures: **a** tangential stress in L_2; **b** tangential stress in L_1

As P_s increases, the tangential compressive stress on L_1 is also reduced. The larger stress is concentrated near the two bottom corners, with the maximum stress concentration near the left bottom corner. For example, when $P_s = 1$ MPa, the maximum tangential stresses near the left and right bottom corners are 31.72 MPa (at $\theta = 110°$) and 27.05 MPa (at $\theta = 250°$), respectively. When P_s increases to 3 MPa, the maximum stresses are 15.03 MPa (at $\theta = 108°$) and 12.07 MPa (at $\theta = 253°$), respectively. At this time, small tangential tensile stresses appear at the center of the arch and the right bottom plate of the tunnel. When P_s increases to 5 MPa, a large part of the area on L_1 is in a state of tangential tensile. The maximum tensile stress under this condition appears at the center of the tunnel's arch with $\theta = 0°$, and its value is $-$ 7.41 MPa. In addition, there are also large tangential tensile stresses near the two bottom corners of the tunnel, with values of $-$ 5.17 MPa (at $\theta = 118°$) and $-$ 7.11 MPa (at $\theta = 244°$), respectively. Comparing the tangential stress distribution on L_2 and L_1, it can be seen that the increase in water pressure can reduce the asymmetry of stress distribution on the lining, in other words, it can reduce the influence of rock anisotropy on the lining.

10.5.6 Comparison Between Results Under Full Slip and Perfect Bonding Conditions

Full slip contact and perfect bonding are two important contact assumptions widely used in the analysis and calculation of various contact problems. What is the effect of these two contact modes on the lining of an anisotropic rock mass in a tunnel, and which contact mode is better? These will be discussed in this section.

A comparative discussion is carried out for the horse hoof-shaped lined tunnel in transversely isotropic rock mass. The geometric dimensions of the tunnel are shown in Fig. 10.42. The rock mass parameters are set as follows: $E_{x'} = E_z = 20$ GPa, $E_{y'} = 5$ GPa, $G_{x'y'} = 6$ GPa; $\nu_{x'y'} = \nu_{zy'} = 0.2$, $\nu_{x'z} = \nu_{zx'} = 0.2$, $\varphi = 45°$. The isotropic lining parameters are: $E_L = 30$ GPa, $\nu_L = 0.2$. The original in-situ stresses are: $\sigma_x^\infty = 5$ MPa, $\sigma_y^\infty = 2.5$ MPa, $\tau_{xy}^\infty = 0$. The displacement release coefficient $\eta = 0.2$.

Figure 10.49 shows the radial and tangential stress distribution on the excavation boundary R_2 under perfect bonding and full slip contact conditions. For the normal stress on R_2, the maximum stress concentration occurs near the two corners of the tunnel for both contact conditions. Under perfect bonding conditions, the stress distribution exhibits more significant asymmetric features, larger stress fluctuations, and more severe stress concentration. The asymmetric distribution features of normal stress under the full slip contact condition are less significant, and the range of stress fluctuations and the degree of stress concentration are relatively lower. For example, under perfect bonding conditions, the maximum normal stress distribution near the left and right bottom corners is 8.21 MPa ($\theta = 112°$) and 5.75 MPa ($\theta = 251°$), respectively. Under full slip contact conditions, they are 4.18 MPa ($\theta = 116°$) and 4.07 MPa ($\theta = 246°$), respectively. The maximum normal stress near the left bottom corner is about half of that under perfect bonding conditions.

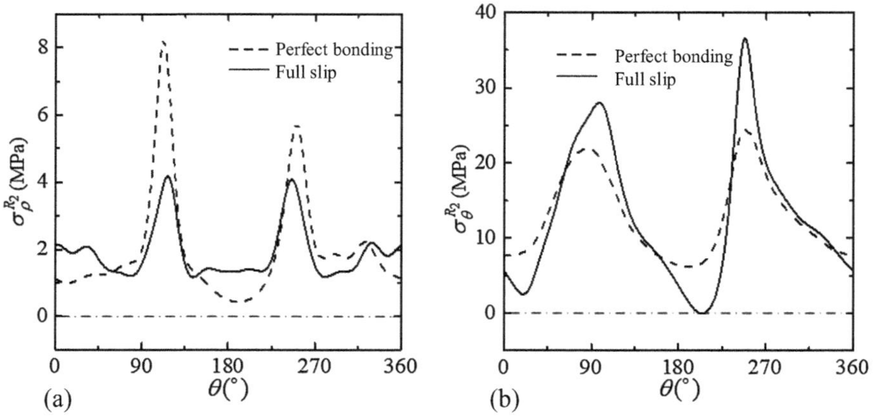

Fig. 10.49 Normal and tangential stresses on excavation boundary R_2 under different contact conditions: **a** normal stress; **b** tangential stress

On the other hand, the tangential stress distribution on the excavation boundary R_2 exhibits the opposite characteristics. Full slip contact condition makes the asymmetry of the tangential stress distribution on R_2 more apparent, with a larger range of stress fluctuations and more severe stress concentration. Under perfect bonding condition, the asymmetry of the tangential stress distribution is less apparent, and the range of stress fluctuations and the degree of stress concentration are relatively smaller. For example, under full slip contact conditions, the maximum tangential stress near the left and right bottom corners are 28.04 MPa ($\theta = 98°$) and 36.59 MPa ($\theta = 248°$), respectively, and the tangential stress near the right bottom corner is greater than the left. At the same time, there is a small tensile stress with a value of – 0.04 MPa at $\theta = 204°$ on the right bottom lining plate. Under perfect bonding conditions, the maximum tangential stress near the left and right bottom corners are 21.94 MPa ($\theta = 86°$) and 24.40 MPa ($\theta = 249°$), respectively, and there is no tensile stress on R_2. This indicates that under perfect bonding conditions, the lining restricts the anisotropic characteristics of the rock mass.

Figure 10.50 shows the distribution of tangential stress on the L_1 and L_2 under different contact conditions. Under perfect bonding conditions, the degree of stress concentration of the tangential stress on the outer boundary L_2 is greater than that under full slip contact conditions. For example, under perfect bonding conditions, the maximum tangential stress is located near the left lower sidewall of the horse hoof-shaped tunnel at $\theta = 101°$, with a value of 26.16 MPa; while under full slip contact conditions, the maximum tangential stress is located on the right bottom plate at $\theta = 226°$, with a value of 19.57 MPa. It should be noted that different contact conditions lead to completely different distributions of tangential stress on L_2, and the most significant difference is near the two corners. Under perfect bonding conditions, this area has the highest concentration of tangential stress, the maximum tangential stress near the left and right bottom corners are 26.16 MPa ($\theta = 101°$) and 22.14 MPa ($\theta = 262°$), respectively. But for full slip contact it is the smallest, the tangential stress near the left and right bottom corners are 0.77 MPa ($\theta = 109°$) and 3.51 MPa ($\theta = 251°$), respectively.

As for the tangential stress on L_1, the range of stress fluctuation and the degree of stress concentration are the largest under perfect bonding conditions. The maximum tangential stress occurs near the left lower corner at $\theta = 111°$, with a value of 57.90 MPa. At this time, the maximum tangential tensile stress occurs on the right bottom plate at $\theta = 201°$, with a value of – 3.10 MPa. Under full slip contact conditions, the range of tangential stress distribution and the degree of stress concentration on L_1 are relatively small. The maximum tangential stress concentration occurs near the left bottom corner at $\theta = 110°$, with a value of 43.86 MPa, and there is no tangential tensile stress generated on L_1 at this time.

In summary, when the lining and surrounding rock are in full slip contact conditions, the normal stress on the contact boundary and the tangential stress in the lining have the smallest stress concentration. Under perfect bonding conditions, the degree of tangential stress concentration at the boundary of rock excavation is the smallest. Therefore, when the rock has a high strength, it is possible to consider reducing the friction on the contact surface between the lining and surrounding rock in some

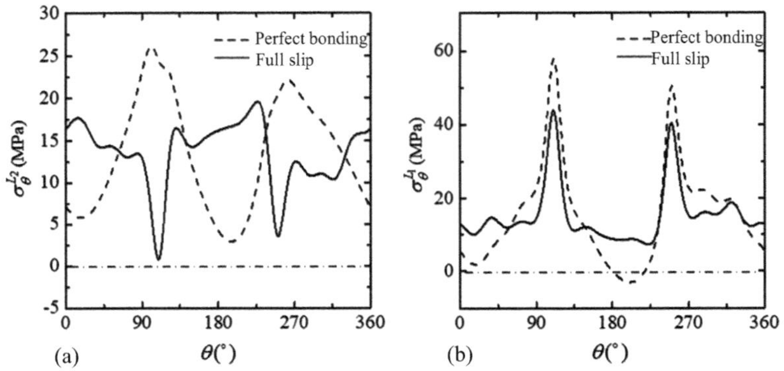

Fig. 10.50 Tangential stresses on lining boundaries L_2 and L_1 under different contact conditions: **a** tangential stress in L_2; **b** tangential stress in L_1

way, which can greatly reduce the tangential stress concentration in the lining. If the rock strength is low, the friction on the contact surface between the lining and surrounding rock should be increased (to make the contact surface rough), so that the lining can fully play its supporting role and reduce the tangential stress distribution in the surrounding rock, making it less prone to damage.

10.6 A New Solution for Anisotropy Problems

According to the analysis in Sect. 10.1, the mapping functions determined based on the assumption that $\zeta_1 = \zeta_2 = \zeta = \sigma = e^{i\theta}$ at the hole boundary (Eq. (10.4)) are complex, which poses significant challenges for solving stress outside the hole. Before calculating the stress at a given point ζ outside the hole, the corresponding ζ_1 and ζ_2 must be determined based on Eq. (10.5). However, in the mapping function, the maximum positive and negative powers of ζ_1 and ζ_2 are specified as n, which results in 2n possible solutions for ζ_1 and ζ_2, making it difficult to quickly and easily identify the unique solution that meets the requirements. The author of this book found that using another method [19] to determine the mapping functions with a simpler form can avoid this problem and quickly and effectively calculate the stress at any point in the surrounding rock.

10.6.1 Determination of Two Mapping Functions

In Sect. 3.3, the author provides a method to determine the mapping function. When the shape of the hole on the z-plane, μ_1 and μ_2 are known, one can use Eq. (3.84) to calculate the hole shapes on the z_1-plane and z_2-plane. Then, the regions outside the holes on the z_1-plane and z_2-plane are mapped to the exterior of the unit circle on the ζ_1-plane and ζ_2-plane, respectively (shown in Fig. 10.51). This is a problem of mapping an infinite region containing one hole to the exterior of the unit circle on the image plane. The mapping functions has the following form:

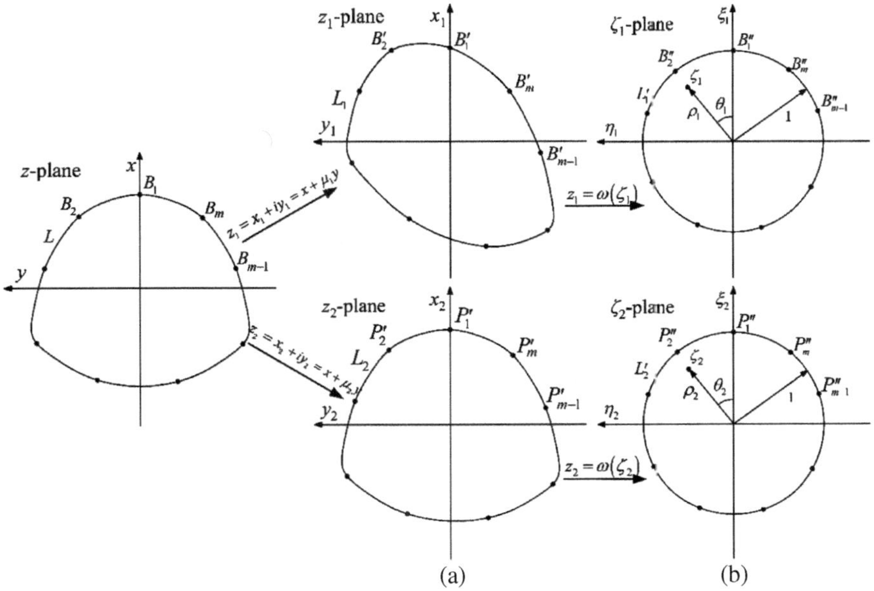

Fig. 10.51 The boundary of the hole on the z_1-plane and z_2-plane are mapped to the unit circle on the ζ_1-plane and ζ_2-plane

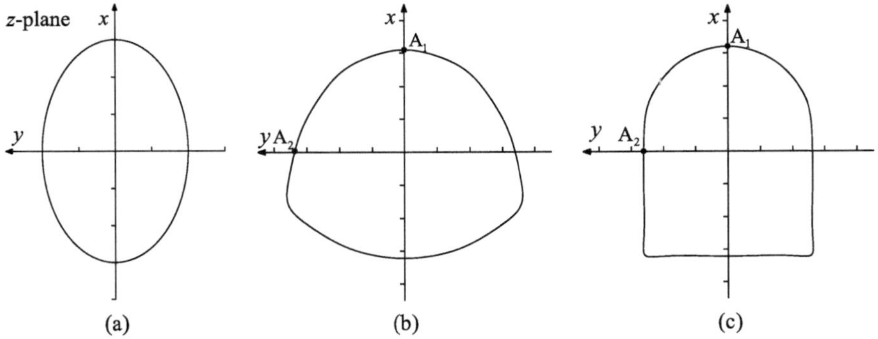

Fig. 10.52 Three types of hole shapes on the z-plane: **a** oval; **b** the horse hcof-shaped; **c** the inverted U-shaped

$$z_1 = \omega(\zeta_1) = R_1\zeta_1 + \sum_{k=0}^{m_1} D_k \zeta_1^{-k} \tag{10.70}$$

$$z_2 = \omega(\zeta_2) = R_2\zeta_2 + \sum_{k=0}^{m_2} E_k \zeta_2^{-k} \tag{10.71}$$

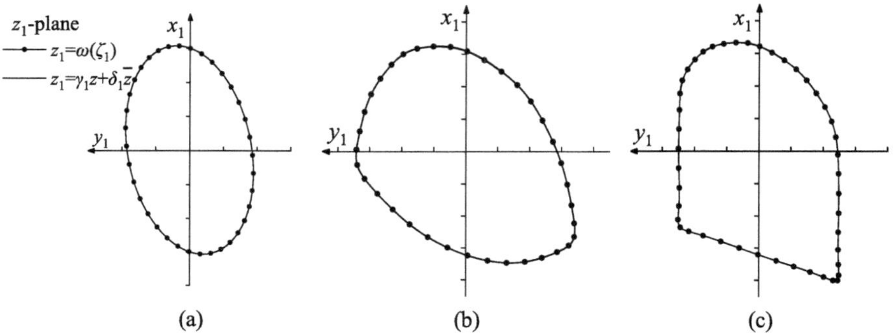

Fig. 10.53 Affine mapping of three types of hole shapes on the z-plane to the z_1-plane: **a** oval; **b** the horse hoof-shaped; **c** the inverted U-shaped

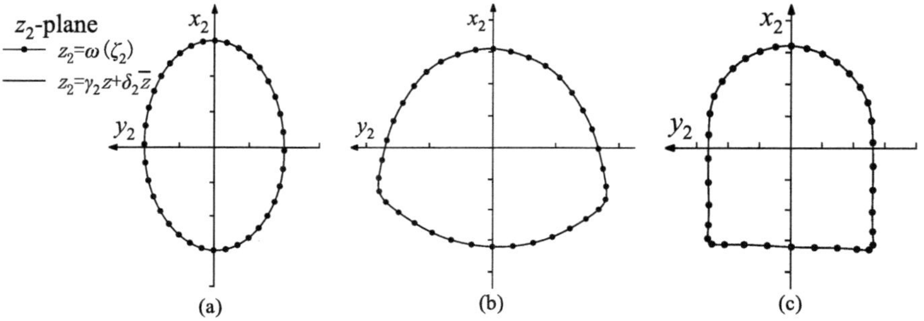

Fig. 10.54 Affine mapping of three types of hole shapes on the z-plane to the z_2-plane: **a** oval; **b** the horse hoof-shaped; **c** the inverted U-shaped

where, $\zeta_1 = \rho_1 e^{i\theta_1}$, $\zeta_2 = \rho_2 e^{i\theta_2}, \rho_1 = \rho_2 = 1$ corresponds to the hole boundary. At the hole boundary, $\zeta_1 = \sigma_1 = e^{i\theta_1}$, $\zeta_2 = \sigma_2 = e^{i\theta_2}$ and $\sigma_1 \neq \sigma_2$. R_1, R_2, D_k, E_k are the complex constants to be solved, which approximate the mapping function coefficients that reflect the size and shape of the cavity on the z_1-plane and z_2-plane. These constants can be determined by optimization methods presented in Sect. 1.4.

Taking $z_1 = \omega(\zeta_1)$ as an example to explain the process of determining the mapping function coefficients through optimization methods. The complex roots of the characteristic equation are the same as in Sect. 10.4.1, where $\mu_1 = 0.3221 + 0.9467i$, $\mu_2 = 0.03488 + 0.9994i$. First, m points $z_{\mathrm{j}}= x_{\mathrm{j}} + iy_{\mathrm{j}}$ are taken counterclockwise on L, and then x_{j} and y_{j} are substituted into Eq. (3.84) to obtain m points $z_{1\mathrm{j}}= x_{1\mathrm{j}} + iy_{1\mathrm{j}}$ arranged counterclockwise on L_1. These correspond to m points $\sigma_{1j} = e^{i\theta_{1j}}$ arranged counterclockwise on the unit circle in the ζ_1-plane, where $\theta_{1\mathrm{j}}$ is positive in the counterclockwise direction, and point B_1' on the x_1-axis corresponds to point B_1'' on the ξ_1-axis. From Eq. (10.70) it can be concluded that:

Table 10.4 The coefficients of the mapping function of $z_1 = \omega(\zeta_1)$

	Oval	The horse hoof-shaped	The inverted U-shaped
R_1	(1.222196, – 0.1696502)	(1.632516, – 0.2811505)	(1.570583, – 0.2415273)
D_0	(1.8755347 × 10^{-4}, 3.7305150 × 10^{-4})	(– 0.1202243, – 1.8495256 × 10^{-2})	(– 0.1770059, – 2.5368478 × 10^{-2})
D_1	(0.2753216, 0.1633766)	(– 5.1714554 × 10^{-2}, 0.2916200)	(0.1810665, 0.2752821)
D_2	(7.7784061 × 10^{-6}, 6.1555579 × 10^{-4})	(0.1053200, – 1.2817640 × 10^{-2})	(0.1131499, – 3.6121964 × 10^{-2})
D_3	–	(– 5.0151311 × 10^{-3}, 4.8786774 × 10^{-4})	(– 0.1445159, 2.5690973 × 10^{-2})
D_4	–	(– 3.3353634 × 10^{-2}, 6.2670186 × 10^{-3})	(5.5877648 × 10^{-2}, – 1.3087753 × 10^{-2})
D_5	–	(9.8428633 × 10^{-3}, – 1.7796010 × 10^{-3})	(8.7316781 × 10^{-3}, 7.0392638 × 10^{-3})
D_6	–	(6.5442231 × 10^{-3}, – 1.4728494 × 10^{-3})	(– 1.3902655 × 10^{-2}, – 3.0769408 × 10^{-4})
D_7	–	(– 7.9334415 × 10^{-3}, 3.0724593 × 10^{-3})	(1.0430595 × 10^{-2}, – 3.1574555 × 10^{-3})
D_8	–	(5.6597777 × 10^{-3}, – 1.9047037 × 10^{-4})	(– 7.3784441 × 10^{-3}, 3.5473257 × 10^{-3})
D_9	–	(7.4209496 × 10^{-3}, 5.1140040 × 10^{-4})	(1.7092787 × 10^{-3}, 2.3264103 × 10^{-3})
D_{10}	–	(1.2206100 × 10^{-3}, 4.6162680 × 10^{-4})	(5.6781508 × 10^{-3}, 2.7983598 × 10^{-3})
D_{11}	–	(1.5771985 × 10^{-3}, 5.1873550 × 10^{-3})	(– 2.5957450 × 10^{-4}, 3.2572374 × 10^{-3})
f	6.92759130 × 10^{-5}	4.856511270645569 × 10^{-4}	2.0736073 × 10^{-4}

$$z_{1j} = \omega(\sigma_{1j}) = R_1\sigma_{1j} + \sum_{k=0}^{m_1} D_k\sigma_{1j}^{-k} = R_1 e^{i\theta_{1j}} + \sum_{k=0}^{m_1} D_k e^{-ik\theta_{1j}}, \quad j = 1, 2, \ldots, m \tag{10.72}$$

Equation (10.72) can be written in the following matrix form:

$$\mathbf{Z}_1 = \mathbf{X}_1\mathbf{Y}_1 \tag{10.73}$$

where

$$\mathbf{Z}_1 = \begin{bmatrix} z_{11} \; z_{12} \; \cdots \; z_{1m} \end{bmatrix}^{\mathbf{T}}$$

Table 10.5 The coefficients of the mapping function of $z_2 = \omega(\zeta_2)$

	Oval	The horse hoof-shaped	The inverted U-shaped
R_2	(1.249502, – 2.7180571 × 10^{-2})	(1.677490, – 3.0285446 × 10^{-2})	(1.604368, – 3.0794635 × 10^{-2})
E_0	(−1.3177469 × 10^{-4}, 2.8546993 × 10^{-4})	(– 0.1153861, – 2.1734964 × 10^{-3})	(– 0.1668555, – 2.4927696 × 10^{-3})
E_1	(0.2498720, 2.1391604 × 10^{-2})	(– 0.1009180, 3.1732336 × 10^{-2})	(0.1366275, 3.0286252 × 10^{-2})
E_2	(– 7.5139105 × 10^{-5}, 5.5510923 × 10^{-4})	(0.1096656, – 1.5040524 × 10^{-3})	(0.1224915, −2.9290691 × 10^{-3})
E_3	–	(– 5.3106584 × 10^{-3}, – 7.7012926 × 10^{-5})	(– 0.1551243, 1.6888976 × 10^{-3})
E_4	–	(– 3.5248812 × 10^{-2}, 5.7394058 × 10^{-4})	(6.1312191 × 10^{-2}, – 8.8649243 × 10^{-4})
E_5	–	(9.8928865 × 10^{-3}, – 9.9331141 × 10^{-5})	(7.3414156 × 10^{-3}, 1.1820719 × 10^{-3})
E_6	–	(6.8319514 × 10^{-3}, – 7.7486411 × 10^{-4})	(– 1.4623634 × 10^{-2}, – 2.2128224 × 10^{-5})
E_7	–	(– 8.3800983 × 10^{-3}, – 7.1756542 × 10^{-5})	(1.0926612 × 10^{-2}, – 1.7970055 × 10^{-4})
E_8	–	(4.2637549 × 10^{-3}, 1.8280372 × 10^{-4})	(– 8.3892792 × 10^{-3}, 1.2287870 × 10^{-4})
E_9	–	(5.4117963 × 10^{-3}, 4.5192614 × 10^{-4})	(1.6557090 × 10^{-3}, 3.4799054 × 10^{-4})
E_{10}	–	(6.3624233 × 10^{-5}, – 6.7671761 × 10^{-4})	(3.5223961 × 10^{-3}, 3.2042339 × 10^{-4})
E_{11}	–	(9.3705952 × 10^{-5}, 3.3944892 × 10^{-3})	(– 1.5101582 × 10^{-4}, 1.2831651 × 10^{-3})
f	4.6733444 × 10^{-5}	6.251662062695118 × 10^{-5}	4.1223741 × 10^{-5}

$$\mathbf{X}_1 = \begin{bmatrix} \sigma_{11} & 1 & \sigma_{11}^{-1} & \sigma_{11}^{-2} & \cdots & \sigma_{11}^{-m} \\ \sigma_{12} & 1 & \sigma_{12}^{-1} & \sigma_{12}^{-2} & \cdots & \sigma_{12}^{-m} \\ \vdots & \vdots & \vdots & \vdots & \vdots & \vdots \\ \sigma_{1m_1} & 1 & \sigma_{1m_1}^{-1} & \sigma_{1m_1}^{-2} & \cdots & \sigma_{1m_1}^{-m} \end{bmatrix}$$

$$\mathbf{Y}_1 = \left[R_1 \; D_0 \; D_1 \; \cdots \; D_{m_1} \right]^{\mathrm{T}}$$

Given the initial values of θ_{1j}(j = 1, ... , m), X_1 can be calculated. Since Z_1 is known, when m is greater than the number of mapping function coefficients ($m_1 + 2$), the least squares solution $\hat{Y}_1$ of the mapping function coefficient Y_1 can be obtained by Eq. (10.74):

$$\hat{Y}_1 = \left(\overline{X}_1^T X_1\right)^{-1} \overline{X}_1^T Z_1 \tag{10.74}$$

where $\overline{X}_1$ represents the conjugate operation on each element in matrix X_1.

Substituting Eq. (10.74) into Eq. (10.73), the estimated value $\hat{Z}_1$ of Z_1 can be obtained:

$$\hat{Z}_1 = \left[\hat{z}_{11}\ \hat{z}_{12} \cdots \hat{z}_{1m}\right]^T = X_1 \hat{Y}_1 \tag{10.75}$$

Our goal is to find a set of $\theta_{1j}(j = 1, \ldots, m)$, making the actual value $z_{1j} = x_{1j} + iy_{1j}$ closest to the estimated value $\hat{z}_{1j} = \hat{x}_{1j} + i\hat{y}_{1j}$. Therefore, we establish the following objective function:

$$f(\theta_{11}, \theta_{12}, \ldots, \theta_{1m}) = \left(\hat{Z}_1 - Z_1\right)^{T} \overline{\left(\hat{Z}_1 - Z_1\right)} \tag{10.76}$$

By using optimization methods, we can find a set of $\hat{\theta}_{1j}(j = 1, \ldots, m)$, which minimizes the objective function f. These $\hat{\theta}_{1j}$ are the true angles in the ζ_1-plane that correspond to z_{1j}. X_1 can be calculated from these $\hat{\theta}_{1j}$, and by substituting X_1 into Eq. (10.74), the mapping function coefficients can be determined.

During the optimization process, the design variables θ_{1j} must satisfy the following constraints:

$$\begin{cases} \theta_{11} = 0 \\ \theta_{1(j+1)} > \theta_{1j}, \quad j = 1, 2, \cdots, m - 1 \\ 2\pi - \theta_{1m} > 0 \end{cases} \tag{10.77}$$

This is an optimization problem with one equality constraint and m inequality constraints. We can use the mixed penalty function method to find the optimal solution $\hat{\theta}_{1j}$, and then calculate the coefficients of $z_1 = \omega(\zeta_1)$. Similarly, the coefficients of $z_2 = \omega(\zeta_2)$ can be determined.

For example, in the case of elliptical, the horse hoof-shaped and the inverted U-shaped tunnels shown in Fig. 10.52. we first select 24 control points on each tunnel boundary, i.e., $m = 24$. Then, the corresponding control points on the z_1-plane and z_2-plane are calculated using Eq. (3.84). Finally, the coefficients of the mapping functions $z_1 = \omega(\zeta_1)$ and $z_2 = \omega(\zeta_2)$ were determined through optimization methods, as shown in Tables 10.4 and 10.5. It can be seen from Tables 10.4 and 10.5 that the objective function f is very small, indicating a high accuracy of the mapping function. From Figs. 10.53 and 10.54, it can also be seen clearly that the mapping figures generated by $z_1 = \omega(\zeta_1)$ and $z_2 = \omega(\zeta_2)$ almost completely overlap with the affine figures generated by Eq. (3.84).

10.6.2 Determination of Analytic Functions

In this section, the author will solve the analytical functions using the boundary collocation method. This is because $\zeta_1 \neq \zeta_2$ at the boundary. Therefore, the boundary values $\Phi_{1*}(\sigma_1)$ and $\Phi_{2*}(\sigma_2)$ corresponding to the two analytic functions $\Phi_1(z_1)$ and $\Phi_2(z_2)$ at the boundary cannot be expressed with the same variable, which makes the analytical functions impossible to solve by the power series method.

At the hole boundary $\zeta_1 = \sigma_1 = e^{i\theta_1}$, $\zeta_2 = \sigma_2 = e^{i\theta_2}$ when there is no external load acting on the hole boundary, the stress boundary condition (3.89) can be written as:

$$\begin{cases} \operatorname{Re}\left[\Phi_{1*}^0(\sigma_1) + \Phi_{2*}^0(\sigma_2)\right] = -\operatorname{Re}\left[B^*\omega_1(\sigma_1) + \left(B'^* + iC'^*\right)\omega_2(\sigma_2)\right] \\ \operatorname{Re}\left[\mu_1\Phi_{1*}^0(\sigma_1) + \mu_2\Phi_{2*}^0(\sigma_2)\right] = -\operatorname{Re}\left[\mu_1 B^*\omega_1(\sigma_1) + \mu_2\left(B'^* + iC'^*\right)\omega_2(\sigma_2)\right] \end{cases} \tag{10.78}$$

Equation (10.10) involves taking a finite number of terms for the coefficients a_k and b_k. In this section, a_k is taken to be m_3 terms and b_k is taken to be m_4 terms. Let us denote $\sigma_1^{-k} = f_{1k} + if_{2k}$, $\sigma_2^{-k} = f'_{1k} + if'_{2k}$, where $f_{1k}, f_{2k}, f'_{1k}, f'_{2k}$ are all real numbers. Substituting the expressions for σ_1^{-k} and σ_2^{-k} from Eq. (10.10) into the left-hand side of Eq. (10.78) yields:

$$\begin{cases} \operatorname{Re}\left[\Phi_{1*}^0(\sigma_1) + \Phi_{2*}^0(\sigma_2)\right] \\ \quad = g_1 + \sum\limits_{k=1}^{m_3} a_{1k}f_{1k} - \sum\limits_{k=1}^{m_3} a_{2k}f_{2k} + \sum\limits_{k=1}^{m_4} b_{1k}f'_{1k} - \sum\limits_{k=1}^{m_4} b_{2k}f'_{2k} \\ \operatorname{Re}\left[\mu_1\Phi_{1*}^0(\sigma_1) + \mu_2\Phi_{2*}^0(\sigma_2)\right] \\ \quad = g_2 + \sum\limits_{k=1}^{m_3} (\alpha_1 f_{1k} - \beta_1 f_{2k})a_{1k} - \sum\limits_{k=1}^{m_3} (\alpha_1 f_{2k} + \beta_1 f_{1k})a_{2k} \\ \qquad + \sum\limits_{k=1}^{m_4} \left(\alpha_2 f'_{1k} - \beta_2 f'_{2k}\right)b_{1k} - \sum\limits_{k=1}^{m_4} \left(\alpha_2 f'_{2k} + \beta_2 f'_{1k}\right)b_{2k} \end{cases} \tag{10.79}$$

where $g_1 = a_{10} + b_{10}$, $g_2 = \alpha_1 a_{10} - \beta_1 a_{20} + \alpha_2 b_{10} - \beta_2 b_{20}$.

a_k and b_k can be calculated by the boundary collocation method. Firstly, we select n_1 points at the boundary of the z-plane. Then, the coordinates of each point are substituted into Eq. (3.84) to obtain the corresponding z_1 and z_2. Afterwards, z_1 and z_2 are substituted into Eqs. (10.70) and (10.71) to obtain the corresponding σ_{1j} and σ_{2j}. Next, substitute σ_{1j} and σ_{2j} with Eq. (10.79) into Eq. (10.78) to obtain $2n_1$ equations. According to Eq. (10.79), there are $2m_3 + 2m_4 + 2$ unknowns in the system of equations. We set $n_1 = m_3 + m_4 + 1$ and solve the system of equations to obtain the values of a_k(k = 1, ... , m_3) and b_k (k = 1, ... , m_4).

10.6.3 Solution of Rock Stress

Substituting the calculated a_k and b_k, as well as Eq. (10.10), into Eq. (3.90) and taking the derivative yields:

$$\Phi_1'(z_1) = B^* - \sum_{k=1}^{m_3} ka_k\zeta_1^{-k-1} \Bigg/ \left(R_1 - \sum_{k=1}^{m_1} kD_k\zeta_1^{-k-1}\right) \tag{10.80}$$

$$\Phi_2'(z_2) = B'^* + iC'^* - \sum_{k=1}^{m_4} kb_k\zeta_2^{-k-1} \Bigg/ \left(R_1 - \sum_{k=1}^{m_2} kE_k\zeta_2^{-k-1}\right) \tag{10.81}$$

By substituting Eq. (10.35) into Eq. (3.85), we can obtain the stress components σ_x, σ_y and τ_{xy} in Cartesian coordinates. The stress components σ_ρ, σ_θ and $\tau_{\rho\theta}$ in the orthogonal curvilinear coordinate system can be obtained from Eq. (10.36).

Given the coordinates of any point within the surrounding rock, substituting them into Eq. (3.84) can obtain the corresponding z_1 and z_2. Then, substituting z_1 and z_2 into $z_1 = \omega(\zeta_1)$ and $z_2 = \omega(\zeta_2)$ respectively can obtain the corresponding ζ_1 and ζ_2 (ζ_1 and ζ_2 have m_1+1 and m_2+1 solutions, respectively. For points on the hole boundary, as long as ζ_1 and ζ_2 with the module closest to 1 are selected, they meet the requirements. For points in the outer domain of the hole, as this section maps the outer domain of the hole on the physical plane to the outer domain of the unit circle on the image plane, and only 1 solution is in the outer domain of the unit circle, so as long as ζ_1 and ζ_2 with the module greater than 1 are selected, they meet the requirements.). Finally, the stress at this point can be calculated by substituting the calculated values ζ_1 and ζ_2 with Eqs. (10.80) and (10.81) into Eq. (3.85).

10.6.4 Analysis and Discussion

In this section, tunnels excavated in layered sedimentary rock are considered as an example, as shown in Fig. 10.55. The basic assumptions and rock mass parameters are the same as those in Sect. 10.4.1. The stress distribution of the horse hoof-shaped and the inverted U-shaped tunnels the action of original stresses $\left(\sigma_x^\infty = 10\ \text{MPa},\ \sigma_y^\infty = 5\ \text{MPa}\right)$ will be discussed below.

10.6.4.1 The Influence of the Number of Power Terms in $\Phi_1^0(z_1)$ and $\Phi_2^0(z_2)$ on Calculation Accuracy

$\Phi_1^0(z_1)$ and $\Phi_2^0(z_2)$ have negative power terms of m_3 and m_4, respectively. Figure 10.56 presents the calculation results of tangential stress at the tunnel boundary when $m_3 = m_4 = 50$. According to Fig. 10.56, for the horse hoof-shaped tunnel, the

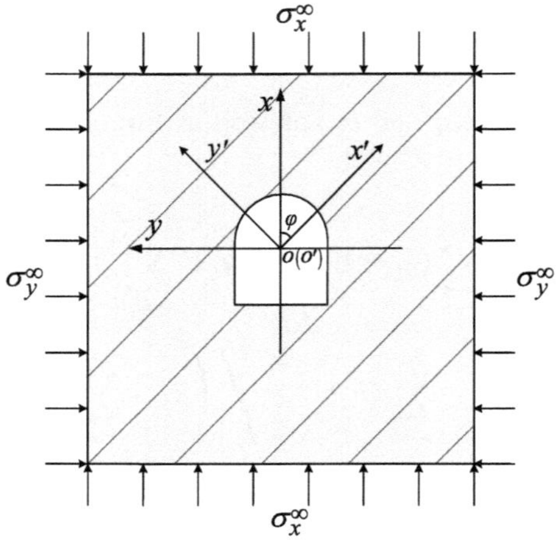

Fig. 10.55 Tunnel excavated in layered sedimentary rock

analytical solution agrees well with the numerical solution, and therefore this parameter can be used to obtain accurate results. For circular tunnels with vertical walls, the stress fluctuation is relatively small, but it still agrees well with the numerical solution. However, let m_4 is larger than m_3, that is, when $m_3 = 40$ and $m_4 = 60$, the stress calculation results are more accurate, as shown in Fig. 10.57b. Therefore, in the subsequent stress analysis of the inverted U-shaped tunnel, $m_3 = 40$ and $m_4 = 60$ are commonly used parameters.

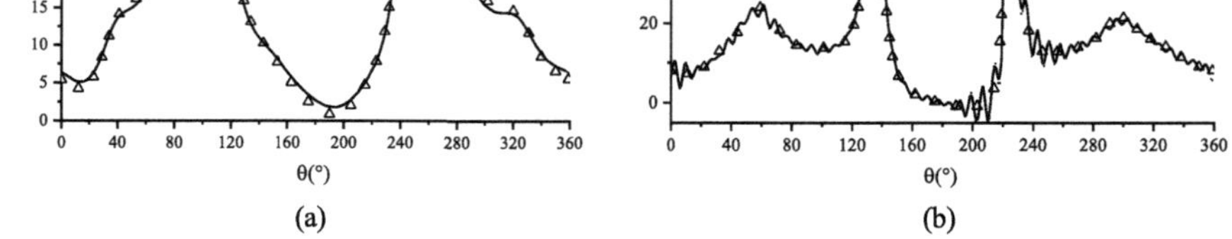

Fig. 10.56 Analytic and numerical solutions for tangential stress at the edge of tunnel holes: **a** the horse hoof-shaped; **b** the inverted U-shaped

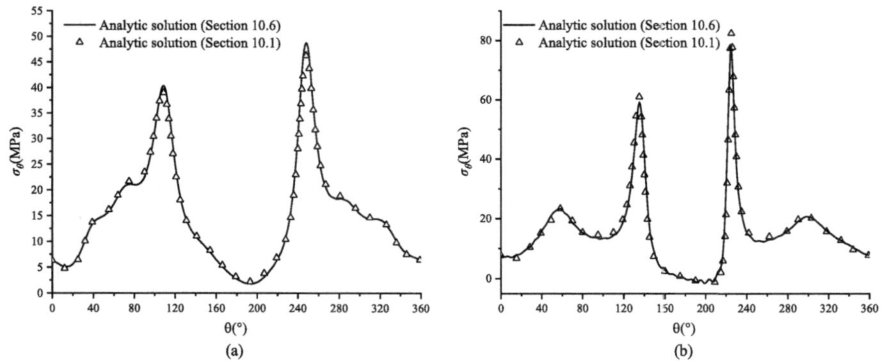

Fig. 10.57 Analytical solutions for tangential stress at the hole edge obtained through different methods: **a** the horse hoof-shaped; **b** the inverted U-shaped

10.6.4.2 Comparison with Results Obtained by Previous Methods

The comparison in Fig. 10.57 demonstrates that the analytical solution for tunnel boundary stresses obtained by this method is in good agreement with the exact solution obtained by the method in Sect. 10.1, which validates the correctness of the current method. This method can be used to accurately calculate the tunnel boundary stresses with arbitrary shapes in highly anisotropic rock mass, and therefore can provide higher precision in stress analysis.

10.6.4.3 Comparison Between Analytical and Numerical Results

To demonstrate whether the method in this section is applicable to the field outside the hole, take the horse hoof-shaped and the inverted U-shaped tunnels as examples, and compare the stresses on the *x*-axes and *y*-axes obtained by this method with the numerical solution obtained by ANSYS. It is known from the calculation that the shear stress on the *x*-axes and *y*-axes is relatively small. Therefore, Figs. 10.58 and 10.59 only present the stress distributions of σ_x and σ_y. The points A_k (k = 1,2) in Figs. 10.58 and 10.59 correspond to the points A_k (k = 1,2) in Fig. 10.51. It can be seen from Figs. 10.58 and 10.59 that the analytical solution for the stress outside the hole obtained by this method is in good agreement with the numerical solution, which validates the applicability of this method in the field outside the hole. This method can be used to accurately calculate the stress outside the hole with high precision.

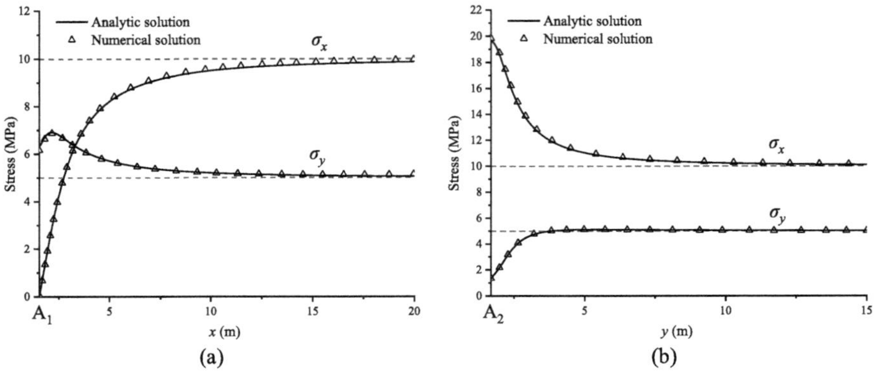

Fig. 10.58 Stresses on the x-axis and y-axis of the horse hoof-shaped tunnel: **a** x-axis; **b** y-axis

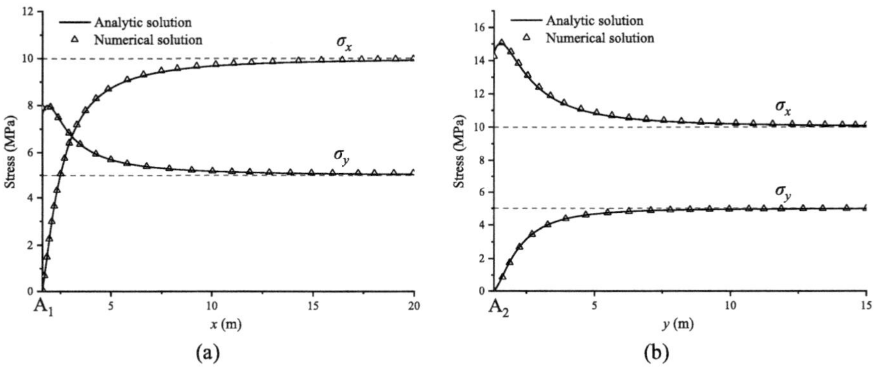

Fig. 10.59 Stresses on the x-axis and y-axis of the inverted U-shaped tunnel: **a** x-axis; **b** y-axis

10.6.5 Conclusions

In this section, firstly, the hole shape on the z-plane is used to calculate the hole shapes on the z_1-plane and z_2-plane, respectively. Then, the outside field of the hole on these two planes is mapped to the unit circle outside the ζ_1-plane and ζ_2-plane, respectively, through two mapping functions $z_1 = \omega(\zeta_1)$ and $z_2 = \omega(\zeta_2)$. The coefficients of the mapping functions are determined by an optimization method. The stress boundary conditions based on z can be transformed into σ_1 and σ_2, where $\sigma_1 \neq \sigma_2$, by mapping. Therefore, the boundary conditions include two different variables and cannot be solved by the power series method. The boundary collocation method can be used to effectively solve this problem.

The method presented in this section can quickly and effectively calculate the surrounding rock stress of tunnels with arbitrary shapes in highly anisotropic rock mass. Given the coordinates of any point in the surrounding rock, ζ_1 and ζ_2 can be calculated by the mapping functions $z_1 = \omega(\zeta_1)$ and $z_2 = \omega(\zeta_2)$. However, the calculated ζ_1 and ζ_2 are not unique. The cleverness of this section lies in that the form of the mapping functions is very simple (the highest positive power is 1), so the unique solution can be quickly screened out by the modulus of ζ_1 and ζ_2. Finally, the ζ_1 and ζ_2 are substituted into the stress expression to obtain the stress at the point.

References

1. Lu, A.Z., N. Zhang, X.L. Zhang, et al. 2015. Analytic method of stress analysis for an orthotropic rock mass with an arbitrary-shaped tunnel. *International Journal of Geomechanics* 15 (4): 04014068.
2. Лехницкий С.Г. Напряжения в неограниченной анизотропной пластинке, ослабленной эллипт. отв. ДАН СССР. 1936. N 4.-1. C. 47–59.
3. Lekhnitskii, S.G. 1968. *Anisotropic plates*. New York: Gorden and Breach.
4. Lekhnitskii, S.G. 1981. Theory of elasticity of an anisotropic body. Moscow: Mir Publishers. Translated from the revised 1977 Russian edition.
5. Yum, Y.J., and Hong, C.S. 1991. Stress intensity factors in finite orthotropic plates with a crack under mixed mode deformation. *International Journal of Fracture* 47: 53–67.
6. Ukadgaonker, V.G., and D.K.N. Rao. 2000. A general solution for stresses around holes in symmetric laminates under inplane loading. *Composite Structures* 49 (3): 339–354.
7. Ukadgaonker, V.G., and Vyasraj Kakhandki. 2005. Stress analysis for an orthotropic plate with an irregular shaped hole for different in-plane loading conditions—Part 1. *Composite Structures* 70: 255–274.
8. Lu, A.Z., X.L. Zhang, and S.J. Wang. 2018. Stress analysis for an orthotropic plate with a general shaped hole. *Journal of Tongji University (Natural Science)* 46 (4): 491–497.
9. Lu, A.Z., and L.Q. Zhang. 2007. Complex variable methods for the mechanical analysis of underground tunnels. Beijing: Science Press.
10. Zhang, X.L., A.Z. Lu, S.J. Wang, et al. 2018. Optimum design of fiber angle and hole orientation of an orthotropic plate. *Journal of Theoretical and Applied Mechanics* 56 (1): 297–311.
11. Lu, A.Z. 1996. Optimization of hole shapes based on optimality criterion-minization of the maximally tangential stress (absolute value) on the boundary of hole. *Acta Mechanica Solida Sinica* 1: 73–76.
12. Storn, R., and K. Price. 1997. Differential evolution—A simple and efficient heuristic for global optimization over continuous spaces. *Journal of global optimization* 11 (4): 341–359.
13. Chen, Z.Y. 1994. *Analytical methods in rock mechanics analysis*. Beijing: China Coal Industry Publishing House.
14. Wang, S.J., A.Z. Lu, and Y. Qin. Analytic method of displacement analysis for an orthotropic rock mass with an arbitrary-shaped tunnel. In *The 15th International Conference of the International Association for Computer Methods and Advances in Geomechanics (15th IACMAG International Conference)*.
15. Lu, A.Z., N. Zhang, and L. Kuang. 2014. Analytic solutions of stress and displacement for an non-circular tunnel at great depth including support delay. *International Journal of Rock Mechanics & Mining Sciences* 70: 69–81.
16. Lu, A.Z., N. Zhang, S.J. Wang, and X.L. Zhang. 2017. Analytical solution for a lined tunnel with arbitrary cross-sections excavated in orthogonal anisotropic rock mass. *International Journal of Geomechanics* 17 (9): 04017044.

17. Wang, S.J., A.Z. Lu, X.L. Zhang. 2018. Analytical solution for the non-circular hydraulic tunnel buried in the orthotropic rock mass. *Rock and Soil Mechanics* 39 (12): 4437–4447.
18. Wang, S.J., A.Z. Lu, J.Y. Tao, X.T. Zeng, and C.L. Yin. 2020. Analytical Solution for an arbitrarily shaped tunnel with the full-slip contact lining in anisotropic rock mass. *International Journal of Rock Mechanics and Mining Sciences* 128: 104276.
19. Zhou, Y.L., N. Zhang, Y.C. Ma, and A.Z. Lu. 2023. Stress analysis for an arbitrary-shaped tunnel in orthotropic rock masses based on a simple mapping function. *Tunnelling and Underground Space Technology* 140: 105302.

Chapter 11
Analytical Solution for Mechanical Analysis of Shallow-Buried Unsupported Tunnels

Chapters 4–10 discussed deep-buried tunnel problems with the assumption that the upper and lower boundaries as well as the left and right boundaries far away from the tunnel are located at infinite distance. Due to the high in-situ stress, the gravity of surrounding rock can be neglected, and the in-situ stress field distribution before excavation can be achieved by applying a uniform surface force at the infinite boundaries. The deep-buried tunnel problems can be simplified as cavity problems in an infinite domain, which belong to the single-connected domain problem. However, when the tunnel depth is shallow, the effect of the ground surface boundary on the stress and displacement around the tunnel cannot be ignored. This situation is referred to shallow-buried tunnel in this book. As the in-situ stress is generally small in shallow-buried tunnels, the influence of the gravity of the excavated surrounding rock needs to be considered. Even for a single tunnel, the shallow-buried problem can only be simplified as a semi-infinite domain problem, which belongs to double-connected domain problem. Therefore, the solution of shallow-buried tunnel problems will be much more complex than that of deep-buried tunnel problems.

Verruijt [1, 2] firstly used the conformal mapping method in the complex variable to map the region in the z-plane is conformally mapped to a ring region in the ζ-plane, and considered two simple cases of uniform radial stress and uniform radial displacement on the hole boundary, which presented a method for solving the problem of a semi-infinite domain containing a circular hole without considering body forces. However, the literatures [1, 2] did not consider the effect of the gradient of the excavated surrounding rock. Considering the gradient, the released loads around the tunnel no longer constitute an equilibrium force system, and their resultant force is equal to the gravity of the excavated surrounding rock. To consider the influence of the body force of the surrounding rock, Verruijt and Booker [3] simplified the gravity of the excavated surrounding rock as a concentrated force acting in the half-plane, but this method cannot accurately reflect the impact of the unbalanced distribution force system. Strack and Verruijt [4] presented that each of the two analytic functions $\varphi(z)$ and $\psi(z)$ must contain a logarithmic term to reflect the effect of the unbalanced force

A. Lu et al., *Complex Variable Function Solutions in the Mechanical Analysis of Tunnels*, https://doi.org/10.1007/978-981-97-1691-3_11

system. Therefore, an additional logarithmic term related to the resultant force of the unbalanced force system was added to each of the two original analytic functions, then a more applicable analytic function form for shallow-buried tunnel problems was proposed.

Since the problem solved by Strack and Verruijt was the displacement boundary value problem on the boundary of tunnel, the specific distribution of the unbalanced force system on the boundary of tunnel was not involved in the displacement boundary conditions, and the solution obtained was still not accurate enough. Therefore, the author of this book [5] used the conformal transformation method and the analytic function form proposed by Verruijt and Strack, considered the effect of gravity and arbitrary lateral stress coefficient, and adopted the more realistic stress boundary condition at the tunnel excavation boundary to reasonably solve the problem of the unbalanced force system caused by excavation. On this basis, the effect of horizontal stress near the ground surface was also considered, and the analytical solution for a shallow-buried tunnel under structural stress was obtained [6].

The research mentioned above is all about circular tunnels. Due to the difficulty in solving non-circular shallow-buried tunnels, relevant studies are relatively scarce. Initially, the mapping function of a non-circular shallow-buried tunnel was not found, so the authors of this book [7–9] used the Schwarz alternating method to solve the non-circular tunnel problem. On this basis, the analytical solution was deduced using the corresponding principle when the surrounding rock was considered a viscoelastic material. Later, the authors of this book [10, 11] found the general form of the mapping function for a non-circular shallow-buried tunnel, and the analytical solution for non-circular tunnel problems can be obtained using the power series method. The authors of this book also used the Schwarz alternating method to study the stress and displacement solutions for two shallow-buried circular tunnels of different sizes under arbitrary external loads on the ground [12].

This chapter will systematically introduce the analytical methods and the solutions to various boundary value problems for elastic and viscoelastic problems of unsupported shallow-buried circular, non-circular, and porous tunnels.

11.1 Elastic Solution of a Circular Tunnel Considering Excavation Process

11.1.1 Problem Description

This section assumes that the surrounding rock is in an elastic stage, the length of the tunnel is long enough so that any cross-section of the tunnel perpendicular to its axis satisfies the plane strain condition. The calculation model and coordinate system are shown in Fig. 11.1. The stress boundary conditions are given by two analytic functions $\varphi(z)$ and $\psi(z)$, which are shown in Eqs. (2.20) and (2.21) of Chap. 2:

Fig. 11.1 Half-plane with a circular hole

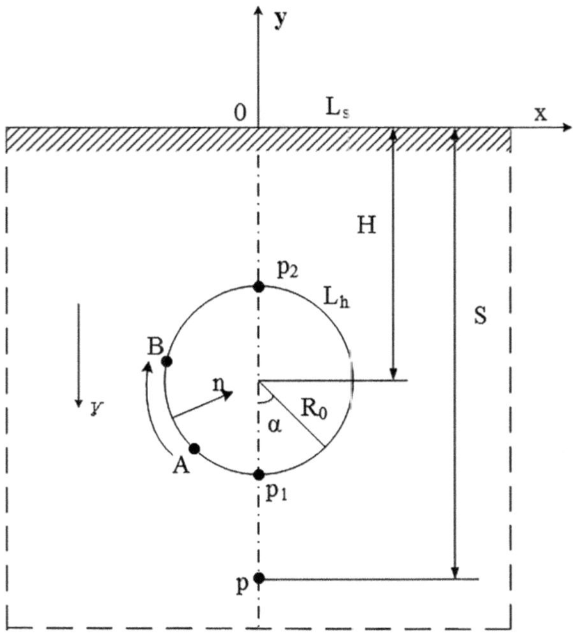

$$\varphi(z) + z\overline{\varphi'(z)} + \overline{\psi(z)} = i\int_A^B (X_n + iY_n)ds + C_A \tag{11.1}$$

where z is the variable on the boundary of the region, A and B are points on the boundary, C_A a complex constant. Equation (11.1) is applicable to both the surface boundary and the tunnel excavation boundary.

When no loads acting on the surface boundary ($y = 0$), we have $X_n = Y_n = 0$ and the stress boundary condition is given by:

$$\varphi(z) + z\overline{\varphi'(z)} + \overline{\psi(z)} = 0 \tag{11.2}$$

Equation (11.2) is obtained by letting $C_A = 0$. But C_A no longer equals to zero when establishing the boundary condition along the tunnel boundary L_h where C_A is an unknown number to be determined.

The stress distribution in the half-plane $y < 0$ before excavating is:

$$\sigma_x^0 = \lambda\gamma y \tag{11.3}$$

$$\sigma_y^0 = \gamma y \tag{11.4}$$

$$\tau_{xy}^0 = 0 \tag{11.5}$$

where γ is uniform volumetric weight, λ is the lateral stress coefficient, when $y < 0$, the stresses calculated by Eqs. (11.3) and (11.4) are negative.

The surface force components on the tunnel boundary by the proposed excavated part (Fig. 11.2b) can be determined by Eqs. (11.3)–(11.5). Excavation of a tunnel is equivalent to taking away the forces on the boundary, or applying the equal but opposite surface traction on the boundary. Let X_n and Y_n denote the surface force components (Fig. 11.2b) and we have:

$$X_n = -(l\sigma_x^0 + m\tau_{xy}^0) \tag{11.6}$$

$$Y_n = -(l\tau_{xy}^0 + m\sigma_y^0) \tag{11.7}$$

where l and n are the direction cosines of the outward unit normal vector of the tunnel boundary,

$$l = \cos(n, x) = \frac{dy}{ds} \tag{11.8}$$

$$m = \cos(n, y) = -\frac{dx}{ds} \tag{11.9}$$

The stress boundary condition on the tunnel boundary L_h can be obtained by substituting Eqs. (11.3), (11.9) into Eq. (11.1):

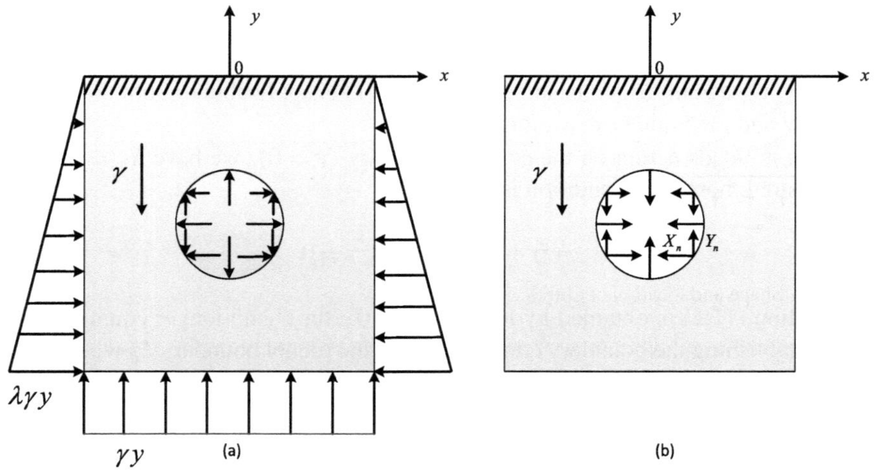

Fig. 11.2 **a** Force of the surrounding rock to be excavated on the excavation boundary; **b** equal and opposite surface forces on the excavation boundary

$$\varphi(z) + z\overline{\varphi'(z)} + \overline{\psi(z)} = -i\lambda\gamma \int_A^B ydy - \gamma \int_A^B ydx + C_A, \quad z \in L_h, y \in L_h \quad (11.10)$$

Under the action of X_n and Y_n without considering the gravity, the two analytic functions $\varphi(z)$ and $\psi(z)$ can be determined by Eqs. (11.2) and (11.10), and then we can obtain the stress components $\sigma_x^*, \sigma_y^*, \tau_{xy}^*$ in any point of the half-plane. The stress components after the tunnel excavation can be obtained by the superposition of this solution and that given by Eqs. (11.3)–(11.5):

$$\sigma_x = \sigma_x^0 + \sigma_x^* \quad (11.11)$$

$$\sigma_y = \sigma_y^0 + \sigma_y^* \quad (11.12)$$

$$\tau_{xy} = \tau_{xy}^0 + \tau_{xy}^* \quad (11.13)$$

where σ_x^*, σ_y^*, τ_{xy}^* and the displacements due to by the excavation of tunnel can be calculated by Eqs. (2.4), (2.6) and (2.10).

When there is no external load on the ground surface, the analytic functions can be written in the following forms [4]:

$$\varphi(z) = -\frac{F_x + iF_y}{2\pi(1+\kappa)}[\kappa \ln(z - \bar{z}_c) + \ln(z - z_c)] + \varphi_0(z) \quad (11.14)$$

$$\psi(z) = \frac{F_x - iF_y}{2\pi(1+\kappa)}[\ln(z - \bar{z}_c) + \kappa \ln(z - z_c)] + \psi_0(z) \quad (11.15)$$

where

$$z_c = -ia \quad (11.16)$$

$$F_x = \oint X_n ds \quad (11.17)$$

$$F_y = \oint Y_n ds \quad (11.18)$$

The expression of a is given latter. It can be seen from the subsequent derivation that $F_x = 0, F_y = \pi R_0^2 \gamma$. $\varphi_0(z)$ and $\psi_0(z)$ in Eqs. (11.14) and (11.15) are single valued analytic functions.

11.1.2 Determination of Analytic Functions

For the sake of simplification, the region in the z-plane is mapped conformally onto a ring in the ζ-plane. The mapping function is [1, 2]:

$$z = \omega(\zeta) = -ia\frac{1+\zeta}{1-\zeta} \tag{11.19}$$

where $a = H(1-\alpha^2)/(1+\alpha^2)$, $\alpha = \frac{H-\sqrt{H^2-R_0^2}}{R_0}$, R_0 is the tunnel radius. The circle $|\zeta| = 1$ corresponds to the ground surface $y = 0$, except one point $\zeta = 1$ corresponding to the point at infinity in the half-plane.

Combine the mapping function $z = \omega(\zeta)$, the functions $\varphi_0(z)$ and $\psi_0(z)$ can be transformed as the functions of ζ, denoted as $\varphi_0(\zeta)$ and $\psi_0(\zeta)$, respectively. $\varphi_0(\zeta)$ and $\psi_0(\zeta)$ can be represented by the Laurent series:

$$\varphi_0(\zeta) = \sum_{k=0}^{\infty} a_k\zeta^k + \sum_{k=1}^{\infty} b_k\zeta^{-k} \tag{11.20}$$

$$\psi_0(\zeta) = \sum_{k=0}^{\infty} c_k\zeta^k + \sum_{k=1}^{\infty} d_k\zeta^{-k} \tag{11.21}$$

Substituting Eq. (11.19) into Eqs. (11.14) and (11.15) and on the boundary $\zeta = \sigma = e^{i\theta}$, we have:

$$\varphi_0(\sigma) + \frac{1}{2}\left(1 - \frac{1}{\sigma^2}\right)\overline{\varphi_0'(\sigma)} + \overline{\psi_0(\sigma)} = f_1(\sigma) \tag{11.22}$$

where

$$f_1(\sigma) = -\frac{i\gamma R_0^2}{4(1+\kappa)}(\sigma + \kappa\sigma^{-1}) - \frac{i\gamma R_0^2}{4} = \sum_{k=-\infty}^{+\infty} A_k\sigma^k \tag{11.23}$$

where

$$A_0 = -\frac{i\gamma R_0^2}{4},\ A_1 = -\frac{i\gamma R_0^2}{4(1+\kappa)},\ A_{-1} = -\frac{i\kappa\gamma R_0^2}{4(1+\kappa)},$$
$$A_k(k \geq 2) = 0,\ A_{-k}(k \geq 2) = 0 \tag{11.24}$$

From Eq. (11.22), it can be obtained that:

$$c_0 = \overline{A_0} - \overline{a_0} - \frac{1}{2}a_1 - \frac{1}{2}b_1 \tag{11.25}$$

$$c_k = \overline{A_{-k}} - \overline{b_k} + \frac{1}{2}(k-1)a_{k-1} - \frac{1}{2}(k+1)a_{k+1}, \quad k \geq 1 \tag{11.26}$$

$$d_k = \overline{A_k} - \overline{a_k} + \frac{1}{2}(k-1)b_{k-1} - \frac{1}{2}(k+1)b_{k+1}, \quad k \geq 1 \tag{11.27}$$

Equations (11.25)–(11.27) gave the relationship between the undetermined coefficients of two analytic functions. It is not possible to obtain all the undetermined coefficients using these equations alone, the equations must be supplemented by the stress boundary conditions at the tunnel boundary.

Substituting $\zeta = \alpha\sigma = \alpha e^{i\theta}$ into Eq. (11.19) gives:

$$x = \frac{z + \overline{z}}{2} = -\frac{ia(1+\alpha\sigma)}{2(1-\alpha\sigma)} + \frac{ia(\sigma+\alpha)}{2(\sigma-\alpha)} \tag{11.28}$$

$$y = \frac{z - \overline{z}}{2i} = -\frac{a}{2}\left(\frac{1+\alpha\sigma}{1-\alpha\sigma} + \frac{\sigma+\alpha}{\sigma-\alpha}\right) \tag{11.29}$$

From Eq. (11.28), we have:

$$dx = -ia\alpha\left[\frac{1}{(1-\alpha\sigma)^2} + \frac{1}{(\sigma-\alpha)^2}\right]d\sigma \tag{11.30}$$

From Eqs. (11.29) and (11.30), we have:

$$\begin{aligned} i\int_A^B (X_n + iY_n)ds &= -i\lambda\gamma\int_A^B ydy - \gamma\int_A^B ydx = -\frac{i\lambda\gamma a^2}{8}\left(\frac{1+\alpha\sigma}{1-\alpha\sigma} + \frac{\sigma+\alpha}{\sigma-\alpha}\right)^2 \\ &\quad - \frac{i\gamma\alpha a^2}{2}\left[\begin{array}{l} \frac{\sigma}{(1-\alpha\sigma)^2} + \frac{\sigma+\alpha}{\alpha(\sigma-\alpha)(1-\alpha\sigma)} \\ + \frac{2}{(\alpha^2-1)(\sigma-\alpha)} - \frac{1+\alpha\sigma}{(1-\alpha\sigma)(\sigma-\alpha)} \\ + \frac{2\alpha}{(\alpha^2-1)(\alpha\sigma-1)} - \frac{\sigma+\alpha}{2(\sigma-\alpha)^2} - \frac{1}{2(\sigma-\alpha)} \end{array}\right] \\ &\quad - \frac{i\gamma R_0^2}{2}\ln\frac{\sigma-\alpha}{\alpha\sigma-1} \end{aligned} \tag{11.31}$$

The items in the right side of Eq. (11.31) are single valued except the last one. The increment of $\ln\frac{\sigma-\alpha}{\alpha\sigma-1}$ around a whole circle in the clockwise direction is $-2\pi i$, so we have:

$$iF_x - F_y = -\frac{i\gamma R_0^2}{2}\cdot(-2\pi i) = -\pi R_0^2\gamma \tag{11.32}$$

where $F_x = 0$, $F_y = \pi R_0^2 \gamma$, the same as we mentioned earlier. F_y is the gravity of the excavated surrounding rock.

Substituting Eqs. (11.14), (11.15), (11.31) into Eq. (11.10), we have:

$$\varphi_0(\alpha\sigma) + \frac{\omega(\alpha\sigma)}{\overline{\omega'(\alpha\sigma)}}\overline{\varphi_0'(\alpha\sigma)} + \overline{\psi_0(\alpha\sigma)} = f_2(\alpha\sigma) + C \tag{11.33}$$

where C is an undetermined constant, and

$$\begin{aligned} f_2(\alpha\sigma) = {} & \frac{i\gamma R_0^2}{4(1+\kappa)}\left(\frac{\kappa}{\sigma} + \frac{1}{\alpha}\right)\frac{(1+\alpha\sigma)(\sigma-\alpha)}{(1-\alpha\sigma)} - \frac{i\lambda\gamma a^2}{2}\frac{(1-\alpha^2)^2\sigma^2}{(1-\alpha\sigma)^2(\sigma-\alpha)^2} \\ & - \frac{i\gamma a^2}{2}\frac{4\alpha^3\sigma^3 - (1+5\alpha^2+5\alpha^4+\alpha^6)\sigma^2 + 4\alpha(1+\alpha^2+\alpha^4)\sigma - 2\alpha^2(1+\alpha^2)}{(\alpha^2-1)(1-\alpha\sigma)^2(\sigma-\alpha)^2} \end{aligned} \tag{11.34}$$

Substituting Eqs. (11.14) and (11.15) into left side of Eq. (11.10), the same multi valued term $-\frac{i\gamma R_0^2}{2}\ln\frac{\sigma-\alpha}{\alpha\sigma-1}$ in the right side is appeared as well. Thus, the multi valued term can be eliminated. To solve the problem more easily, multiplying both sides of Eq. (11.10) by $(1-\alpha\sigma)$, gives:

$$(1-\alpha\sigma)\left[\varphi_0(\alpha\sigma) + \frac{\omega(\alpha\sigma)}{\overline{\omega'(\alpha\sigma)}}\overline{\varphi_0'(\alpha\sigma)} + \overline{\psi_0(\alpha\sigma)}\right] = (1-\alpha\sigma)f_2(\alpha\sigma) + C(1-\alpha\sigma) \tag{11.35}$$

the term $(1-\alpha\sigma)f_2(\alpha\sigma)$ can be expanded in a Taylor series:

$$(1-\alpha\sigma)f_2(\alpha\sigma) = \sum_{k=-\infty}^{+\infty} B_k\sigma^k \tag{11.36}$$

where B_k was presented in Ref. [5].

By substituting c_0, c_k, d_k given in Eqs. (11.25)–(11.27) into Eq. (11.21), and then substituting Eqs. (11.20), (11.21) and (11.36) into Eq. (11.35), and comparing the coefficients of the same power terms on both sides of Eq. (11.35), the following equations can be obtained:

$$\begin{aligned} \sigma^{-k} \to {} & k(1-\alpha^2)\alpha^k a_k + (\alpha^{-k} - \alpha^k)\overline{b_k} + (k+1)(\alpha^2-1)\alpha^k a_{k+1} \\ & + (\alpha^{k+2} - \alpha^{-k})\overline{b_{k+1}} = \overline{B_{-k}} - \overline{A_{-k}}\alpha^k + \overline{A_{-(k+1)}}\alpha^{k+2}, \quad k \geq 1 \end{aligned} \tag{11.37}$$

$$\begin{aligned} \sigma^{k+1} \to {} & (\alpha^{-k+1} - \alpha^{k+1})a_k + k(1-\alpha^2)\alpha^{-k-1}\overline{b_k} + (\alpha^{k+1} - \alpha^{-k-1})a_{k+1} \\ & + (k+1)(\alpha^2-1)\alpha^{-k-1}\overline{b_{k+1}} = B_{k+1} + A_k\alpha^{-k+1} - A_{k+1}\alpha^{-k-1}, \quad k \geq 1 \end{aligned} \tag{11.38}$$

$$\sigma^0 \to (1-\alpha^2)a_1 + (1-\alpha^2)\overline{b_1} = -\overline{B_0} - \overline{C} + \overline{A_0} - \overline{A_{-1}}\alpha^2 \tag{11.39}$$

$$\sigma^1 \to (1-\alpha^2)a_1 + (1-\alpha^2)\overline{b_1} = -B_1\alpha + C\alpha^2 - A_0\alpha^2 + A_1 \quad (11.40)$$

The equation for deriving C can be obtained from Eqs. (11.39) and (11.40) as:

$$\overline{C} + C\alpha^2 = \overline{A_0} - \overline{B_0} - A_1 + B_1\alpha + (A_0 - \overline{A_{-1}})\alpha^2 \quad (11.41)$$

Once C is determined, Eqs. (11.39) and (11.40) are linear dependent, either one can be used for solving the equations.

Equations (11.37)–(11.40) contain an infinite set of equations. To solve the problem, only a finite set can be considered. We take the maximum positive and negative powers of ζ in $\varphi_0(\zeta)$ as N, and the coefficients a_k and b_k equal to zero while $k > N$. From Eqs. (11.26) and (11.27), the maximum positive and negative powers of ζ in $\psi_0(\zeta)$ are $N+1$. If the exact solutions of $\varphi_0(\zeta)$ and $\psi_0(\zeta)$ could be expressed as Laurent series with limited terms and the positive and negative maximum power of ζ are not larger than $N+1$, the results are exact solutions, otherwise, only the approximate solutions can be obtained. From the following discussion, we know that the calculation becomes more accuracy with larger value of N, which is because the expansions of $\varphi_0(\zeta)$ and $\psi_0(\zeta)$ are convergent series and convergence faster with the increase of N.

Take the value of k from 1 to N in Eq. (11.37) and from 1 to $N-1$ in Eq. (11.38), giving $2N-1$ equations, also considering Eq. (11.39) or Eq. (11.40), we totally have $2N$ equations for $2N$ undetermined coefficients $(a_k, b_k k = 1, 2 \ldots N)$. These coefficients can be solved by the complex linear equations:

$$\boldsymbol{AX} = \boldsymbol{B} \quad (11.42)$$

where $\boldsymbol{A} = \boldsymbol{AR} + i\boldsymbol{AI}$, $\boldsymbol{B} = \boldsymbol{BR} + i\boldsymbol{BI}$, $\boldsymbol{X} = [a_1\ \overline{b_1}\ a_2\ \overline{b_2}\ \ldots\ a_N\ \overline{b_N}]^T$. $\boldsymbol{AR}$ and $\boldsymbol{AI}$ are the real and imaginary parts of the coefficients matrix $\boldsymbol{A}$, respectively. For the problem we discussed in this section, $\boldsymbol{AI} = 0$. $\boldsymbol{BR}$ and $\boldsymbol{BI}$ are the real and imaginary parts of the known constants matrix $\boldsymbol{B}$, respectively. The expressions of $\boldsymbol{AR}$, $\boldsymbol{BR}$ and $\boldsymbol{BI}$ are given in Ref. [5].

11.1.3 Analytical Solutions for Stresses and Displacements

In the orthogonal curvilinear coordinate system, the stress components σ_ρ^*, σ_θ^*, $\tau_{\rho\theta}^*$ caused by excavation can be calculated from the analysis in the previous section. The stress component σ_ρ^0, σ_θ^0, $\tau_{\rho\theta}^0$ before excavation in the orthogonal curvilinear coordinate system can be derived from Eqs. (11.3)–(11.5):

$$\sigma_\rho^0 + \sigma_\theta^0 = \frac{(\lambda+1)\gamma}{2i}\left[\omega(\zeta) - \overline{\omega(\zeta)}\right] \quad (11.43)$$

$$\sigma_\theta^0 - \sigma_\rho^0 + 2i\tau_{\rho\theta}^0 = \frac{(1-\lambda)\gamma}{2i}\left[\omega(\zeta) - \overline{\omega(\zeta)}\right]\frac{\zeta^2\omega'(\zeta)}{\rho^2\overline{\omega'(\zeta)}} \tag{11.44}$$

The final stress component is the superposition of the two expressions:

$$\sigma_\rho = \sigma_\rho^* + \sigma_\rho^0, \sigma_\theta = \sigma_\theta^* + \sigma_\theta^0, \tau_{\rho\theta} = \tau_{\rho\theta}^* + \tau_{\rho\theta}^0 \tag{11.45}$$

In the Cartesian coordinate system, the displacement components caused by excavation can be given by Eq. (2.26) in Chap. 2:

$$2G(u + iv) = \kappa\varphi(\zeta) - \frac{\omega(\zeta)}{\overline{\omega'(\zeta)}}\overline{\varphi\prime(\zeta)} - \overline{\psi(\zeta)} \tag{11.46}$$

The coefficient a_0 in Eq. (11.20) does not affect the stresses but affect the displacements, representing the rigid translation of the half-plane. a_0 can be determined by the following method. Based on the symmetry of the problem, it is assumed that the horizontal displacement at point o on the surface equals to zero, i.e., $u_o = 0$, and the vertical displacement at point p with a vertical distance of S from point o equals to zero, i.e., $v_p = 0$ (see Fig. 11.1), which eliminates the rigid body displacement of the half-plane. The value of S has no effect on the stress and horizontal displacement, but only on the vertical displacement; Moreover, it only affects the absolute displacement and has no effect on the relative displacement between two points.

Let $a_0 = a_{01} + ia_{02}$, from $u_o = 0$, we have:

$$a_{01} = -\frac{\pi(1-\kappa)R_0^2\gamma}{4(1+\kappa)} \tag{11.47}$$

From $v_p = 0$, we have:

$$a_{02} = \frac{T_1 - T_2 - \kappa T_3 + (\beta^2 - 1)T_4/2 + T_5}{1+k} \tag{11.48}$$

where $\beta = (S-a)/(S+a)$, Herein, we take $S = 3H$.

$$T_1 = \frac{R_0^2\gamma}{2(1+\kappa)}\left[(1+\kappa^2)\ln\left(\frac{2a}{1-\beta}\right) + 2\kappa\ln\left(\frac{2a\beta}{1-\beta}\right)\right]$$

$$T_2 = \frac{(1+\beta)(1+\kappa\beta)R_0^2\gamma}{4(1+\kappa)\beta}$$

$$T_3 = \sum_{k=1}^{N}\mathrm{Im}\left[a_k\beta^k + b_k\beta^{-k}\right]$$

$$T_4 = \sum_{k=1}^{N} k\mathrm{Im}\left[\overline{a_k}\beta^{k-1} - \overline{b_k}\beta^{-k-1}\right]$$

$$T_5 = \sum_{k=1}^{N+1} \mathrm{Im}\left[\overline{c_k}\beta^{k} + \overline{d_k}\beta^{-k}\right] + \mathrm{Im}\left[A_0 - (\overline{a_1} + \overline{b_1})/2\right]$$

11.1.4 Discussion on Calculation Accuracy

The number of terms in the series of $\varphi_0(\zeta)$ and $\psi_0(\zeta)$ will affect significantly the results. Theoretically, if the number of terms in the series is infinite, the stress boundary conditions on L_s and L_h, i.e., Eqs. (11.22) and (11.33), can be satisfied accurately. And the results are the exact solutions. While, if the number of terms in the series is finite, the stress boundary condition on L_s (Eq. (11.22)) can be satisfied accurately, however, due to abandoning some equations when establishing solving equations, the stress boundary condition on L_h (Eq. (11.33)) cannot be satisfied accurately. Therefore, the results are the approximate solutions.

If the obtained stresses $\sigma_\rho = 0, \tau_{\rho\theta} = 0$ on L_h, it suggests that the stress boundary condition on L_h is satisfied accurately. The calculation results show that the stress boundary condition can be satisfied better with the increase N. Therefore, the following relative accuracy is proposed for determining the value of N:

$$\max_{\theta\in[0,2\pi]}\left\{\left|\sigma_\rho/\gamma H\right|, \left|\tau_{\rho\theta}/\gamma H\right|\right\} < 10^{-4} \tag{11.49}$$

When $\mu = 0.3$, the values of N corresponding to the given accuracy for different lateral stress coefficients λ and different ratios H/R_0 are given in Table 11.1.

The results show that, for a certain depth H, N takes the minimum value as the lateral stress coefficient $\lambda = 1$, and for a certain lateral stress coefficient, N decreases with the depth H.

Table 11.1 Requirements of N for different lateral stress coefficients λ and different buried depths H/R_0

H/R_0	1.001	1.01	1.1	1.5	2.0	5.0	10.0	20.0	50.0
$\lambda = 0.1$	560	169	48	22	16	9	8	6	6
$\lambda = 0.5$	545	156	47	21	15	9	7	6	6
$\lambda = 1.0$	405	116	34	15	11	6	4	4	3
$\lambda = 2.0$	558	166	50	22	16	9	8	6	6

11.1.5 Analysis and Discussion

11.1.5.1 Influence of Buried Depth and Lateral Stress Coefficient on Stress at Tunnel Boundary

The parameters of the surrounding rock are assumed as: $\mu = 0.3$, $E = 10.0$ MPa, $\gamma = 25$ kN/m^3. Due to the symmetry of the in-situ stress and the tunnel with respect to the y-axis, we just discuss the right half tunnel $\alpha \in [0°, 180°]$ (Fig. 11.1), corresponding to the same range $\theta \in [0°, 180°]$ in ζ-plane. The relationship between the two angles α and θ can be derived by Eq. (11.19). $\alpha = \theta = 0°$ corresponds to the bottom point P_1 and $\alpha = \theta = 180°$ corresponds to the top point P_2.

Figure 11.3 shows the variation of the dimensionless tangential stress on the right half tunnel boundary with the polar coordinate angle α when H/R_0 is taken as 1.01, 1.5, 2.0, 5.0, 10, and λ is taken as 0.1, 0.5, 1.0, 2.0, respectively. It can be seen that as $H/R_0 > 5.0$, the curves get more closer, which suggests that the distributions of the dimensionless tangential stress on the tunnel boundary are similar as the depth is more than five times of the tunnel radius. When $H/R_0 = 10.0$, $\lambda = 1.0$, the distribution of $\sigma_\theta/\gamma H$ on the excavation boundary approaches a horizontal line with a value approximately equal to – 2, which can be clearly found to be consistent with the results of Kirsch's solution. Therefore, it can be roughly considered that when the buried depth of a tunnel is greater than 10 times the diameter of the tunnel, it can be considered as a deep-buried tunnel, which can be solved using the method of the deep-buried tunnel problem.

The following conclusions can also be seen: (1) When λ is very small like $\lambda = 0.1$, the tangential stress σ_θ is tensile stress near the bottom and top points P_1 and P_2. The tensile stress near the top point is larger than at the bottom when $H/R_0 \leq 1.5$, the opposite happens when $H/R_0 \geq 2.0$. (2) When $0.1 \leq \lambda \leq 2.0$, σ_θ on both lateral boundaries is compressive stress and decrease with the increase of λ, but the tangential compressive stress near point P_1 and P_2 increase with λ. (3) When $\lambda \geq 1.0$, σ_θ on the tunnel boundary is compressive stress. Except for $H/R_0 = 1.01$, the maximum compressive stress occurs at the bottom of the tunnel. When $H/R_0 = 1.01$, the maximum compressive stress occurs at the top of the tunnel and is much greater than the compressive stress at the bottom of the tunnel.

11.1.5.2 Influence of Buried Depth and Lateral Stress Coefficient on Stress at Ground Surface

Figure 11.4 shows the variation of the dimensionless tangential stress on the ground surface with x coordinate when H/R_0 is taken as 1.01, 1.5, 2.0, 5.0, 10, and λ is taken as 0.1, 0.5, 1.0, 2.0, respectively (The tangential normal stress σ_θ at the surface is the normal stress σ_x in the x direction). It can be seen that as $H/R_0 > 10.0$, the curves get closer to the line $\sigma_\theta = 0.0$ with the increase of H/R_0, which suggests that when the depth of the tunnel is 10 times larger than the radius of the tunnel, the tangential

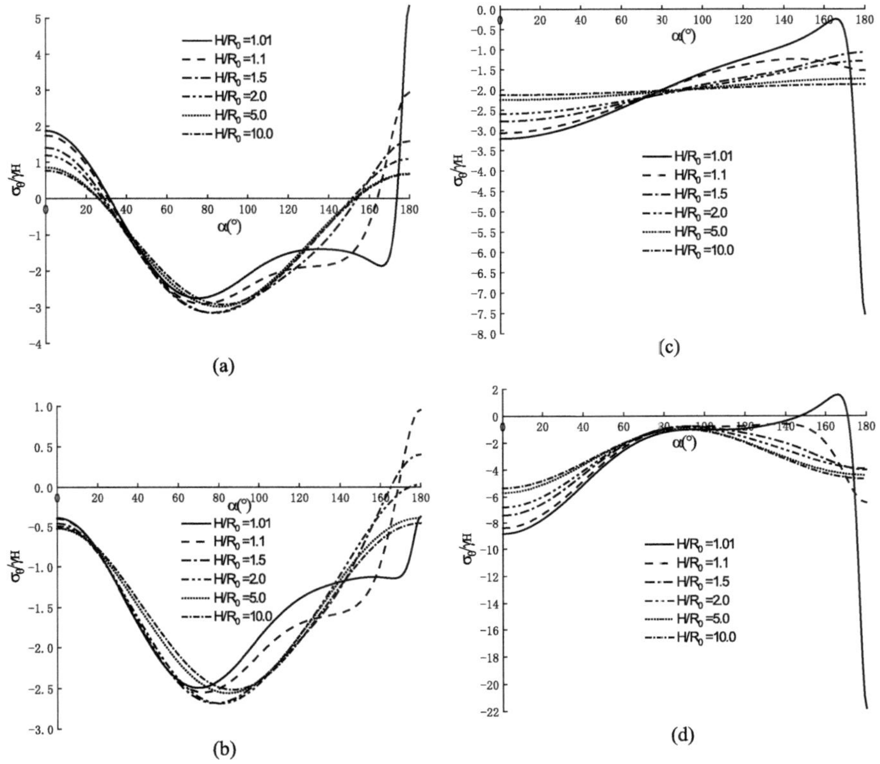

Fig. 11.3 Distribution of $\sigma_\theta/\gamma H$ on the excavation boundary under different buried depth (H) and lateral stress coefficient (λ): **a** $\lambda = 0.1$; **b** $\lambda = 0.5$; **c** $\lambda = 1.0$; **d** $\lambda = 2.0$

stress on the ground surface is close to zero, the impact of tunnel excavation on the ground surface can be ignored. Thus, the problem can be calculated as a deep-buried tunnel problem. This conclusion is consistent with the conclusion in the previous section.

Besides, σ_x on the ground surface is compressive stress near the original point o and turns to tensile stress in near-field. Smaller buried depth H results to greater maximum absolute value of σ_x. And as $\lambda \leq 0.5$ (see Fig. 11.4a and b), the maximum absolute value is located in the original point o, but as $\lambda \geq 1.0$ (see Fig. 11.4c and d), it is not in the original point anymore but in the close field.

11.1.5.3 Influence of Buried Depth and Lateral Stress Coefficient on Displacement

Figure 11.5 shows the deformation of the tunnel boundary when H/R_0 is taken as 10.0, 1.5 and λ is taken as 0.1, 0.5, 1.0, 2.0, respectively (to show the deformation more clearly, the displacement is magnified 10 times, as well as in Fig. 11.6). It

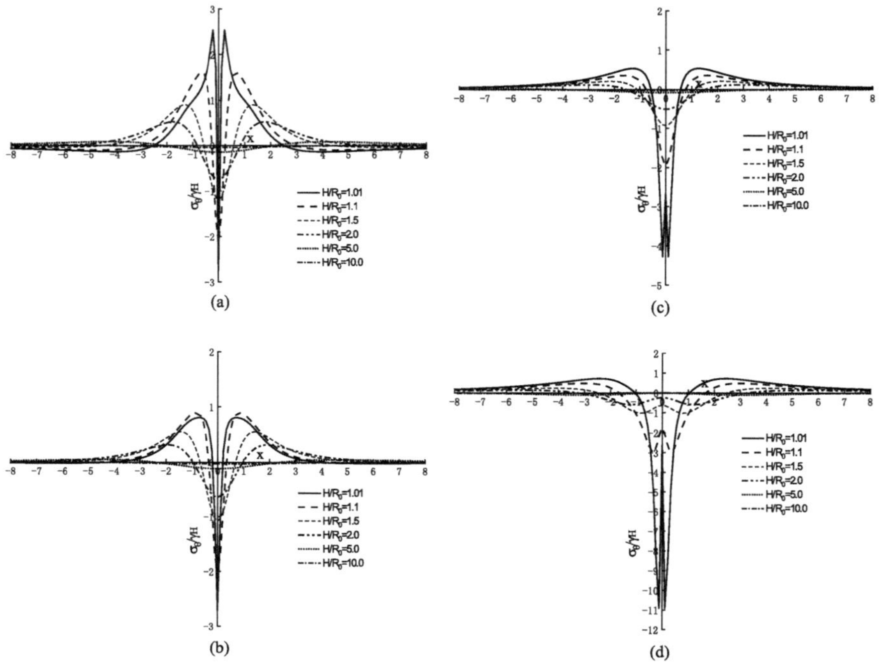

Fig. 11.4 Distribution of $\sigma_\theta/\gamma H$ on the ground surface under different buried depth (H) and lateral stress coefficient (λ): **a** $\lambda = 0.1$; **b** $\lambda = 0.5$; **c** $\lambda = 1.0$; **d** $\lambda = 2.0$

can be seen that the deformation of tunnel boundary increases with the increase of the depth of the tunnel. When $\lambda < 1.0(\lambda > 1.0)$, the deformation in the vertical (horizontal) direction is larger than that in the horizontal (vertical) direction. The tunnel exhibits flat (vertical) elliptical deformation, and the smaller (larger) the lateral stress coefficient, the greater the deformation.

Figure 11.6 shows the deformation of the ground surface when H/R_0 is taken as 1.01, 1.5 and λ is taken as 0.1, 0.5, 1.0, 2.0, respectively. It can be seen that greater ground subsidence will happen for a smaller lateral stress coefficient λ. When $\lambda <$ 1.0, a funnel-shaped surface is found around the original point *o*, greater subsidence in this area happening in the point *o*. But the opposite happens when $\lambda = 2.0$, the ground surface turns to an inverted funnel-shaped, the vertical deformation is not downward but upward, with the maximum upward displacement in the original point as well.

11.1.5.4 Summary

(1) When the buried depth of the tunnel is very shallow, the trend of the stress distribution and displacement distribution at the excavation boundary and the ground surface is greatly different from the stress distribution in other situations.

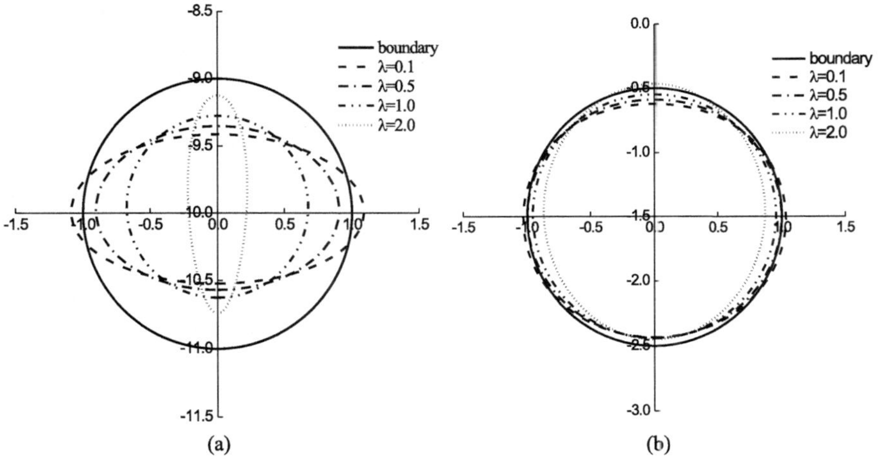

Fig. 11.5 Deformation of the tunnel under different buried depth H/R_0: **a** $H/R_0 = 10.0$; **b** $H/R_0 = 1.5$

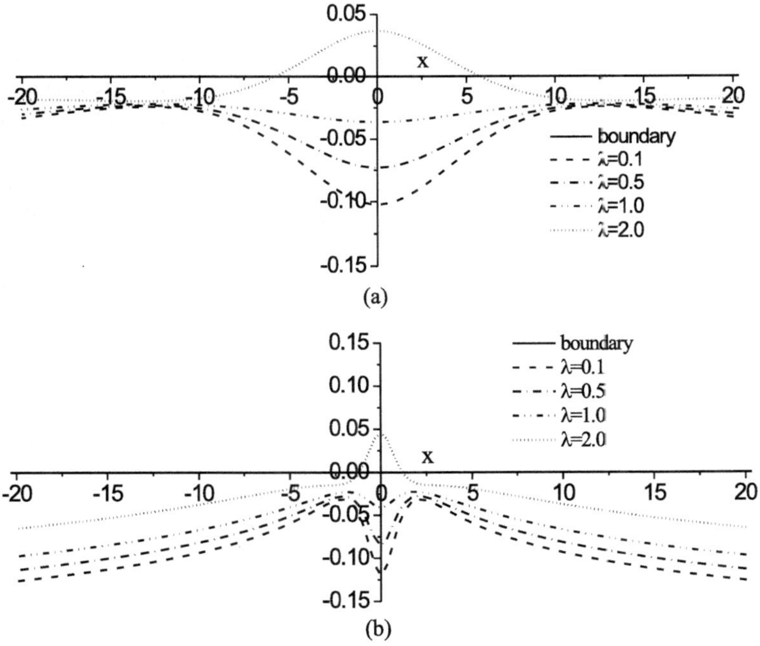

Fig. 11.6 Deformation of the ground surface under different buried depth H/R_0: **a** $H/R_0 = 1.01$, **b** $H/R_0 = 1.5$

A large tensile stress occurs near the origin of the ground surface, which is very detrimental to the stability of the surrounding rock.

(2) Lateral stress coefficient λ have a significant impact on the distribution of stress and different values of λ have different ways of influencing them.
(3) For any lateral stress coefficient λ, when the buried depth is greater than 10 times the tunnel radius, the impact of excavation on surface stress can be ignored, and the tangential stress distribution on the tunnel boundary is similar to the Kirsh's solution of the infinite domain problem.

11.2 An Efficient Method for Problems Without Load on the Ground Surface

In Sect. 11.1, the equations are established based on the stress boundary conditions on the ground surface and excavation boundary, then the two analytic functions $\varphi(z)$ and $\psi(z)$ are solved using the power series method, and obtain the analytical solution. This section proposes a new method for solving this problem [13]. According to the condition that there is no external load on the ground surface, the relationship between two analytic functions can be directly obtained, which are applicable in the entire half-plane. Therefore, only the stress boundary conditions of the excavation boundary need to be considered in the solving process, and solving process only involves solving the undetermined coefficients in the analytic function $\varphi(z)$. Therefore, the new method in this section is relatively simple compared to the previous method, and is universal for shallow buried circular and non-circular tunnels without external load on the ground surface. This section intends to obtain the stress and displacement fields of the hydraulic tunnel under the action of excavation and internal water pressure for non-seepage conditions by the new approach (see Fig. 11.7). The surrounding rock is assumed to be a continuous medium without pore continuity and the seepage is not considered. Due to the inequivalent of bulk densities between the water and surrounding rock, the surface force acting on the tunnel boundary is still unbalance in the y direction after the tunnel being filled with water. Therefore, the form of the analytic function proposed by Strack and Verruijt is still used.

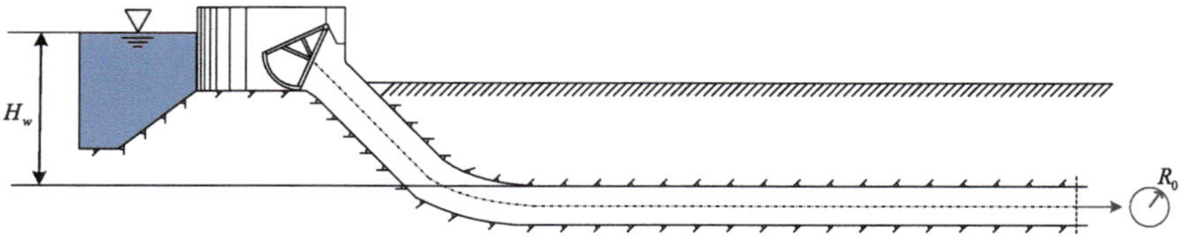

Fig. 11.7 Schematic diagram of hydraulic tunnel

In order to solve the shallow buried circular hydraulic tunnel problem under internal water pressure, in addition to meeting the assumptions in Sect. 11.1, this section also assumes that the water head is higher than the tunnel section, ensuring that the entire tunnel section is filled with water. As in Sect. 11.1, it is also assumed that the tunnel is not supported, but this assumption is not consistent with the actual situation. In fact, hydraulic tunnels are generally filled with water on the premise of having a lining, so the mechanical analysis conducted on this premise is conservative, but has guiding significance for estimating the minimum cover thickness required for the tunnel.

11.2.1 Basic Equations and Relationship Between Analytic Functions

Similar to Sect. 11.1, this section still does not consider the external load on the ground surface, so the stress boundary condition of the ground surface boundary is still Eq. (11.2). However, the boundary conditions around the excavation boundary are different from those in Sect. 11.1. In addition to considering the surface force released by tunnel excavation, it is also necessary to consider the effect of filling the tunnel with water on the excavation boundary. When the hydraulic tunnel is filled with water and the water head height of the point p_2 is H_w (Fig. 11.8), the water pressure at any point on the boundary of tunnel is:

$$\sigma_x^w = \sigma_y^w = -H_w\gamma_w + \left[y + (H - R_0)\right]\gamma_w \tag{11.50}$$

$$\tau_{xy}^w = 0 \tag{11.51}$$

where γ_w is volumetric weight of water, H is the depth of tunnel center below free surface, R_0 is the radius of tunnel, $-(H + R_0) \le y \le -(H - R_0)$. The surface force components on the tunnel boundary formed by σ_x^w, σ_y^w, τ_{xy}^w is:

$$X_n' = l\sigma_x^w + m\tau_{xy}^w \tag{11.52}$$

$$Y_n' = l\tau_{xy}^w + m\sigma_y^w \tag{11.53}$$

By superposing the water pressure (Eqs. (11.52) and (11.53)) and the excavation release load (Eqs. (11.6) and (11.7)), the total surface force components at any point on the excavation boundary can be obtained. Substituting Eq. (11.1), the stress boundary conditions on the excavation boundary L_h can be obtained:

$$\varphi(z) + z\overline{\varphi'(z)} + \overline{\psi(z)} = i\int_A^B (H - H_w - R_0)\gamma_w dy$$

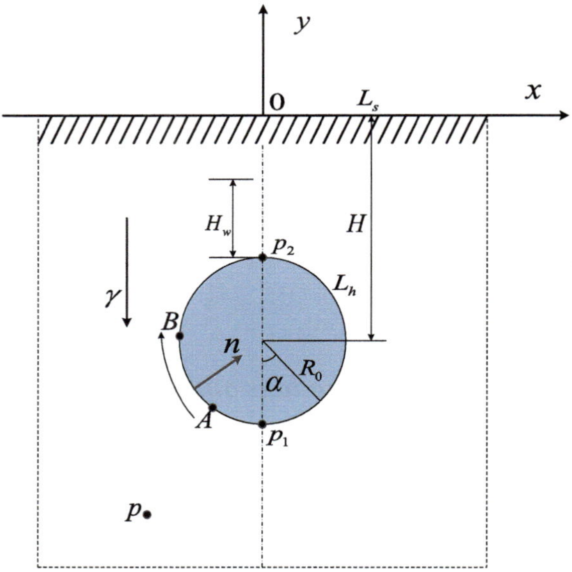

Fig. 11.8 Shallow circular hydraulic tunnel filled with water

$$
\begin{aligned}
&+ i\int_A^B (\gamma_w - \lambda\gamma)ydy + \int_A^B (H - H_w - R_0)\gamma_w dx \\
&+ \int_A^B (\gamma_w - \gamma)ydx + C_A \\
&z \in L_h, y \in L_h
\end{aligned}
\tag{11.54}
$$

When no loads acting on the ground surface boundary, from Eq. (11.2) we have:

$$\psi(z) = -\overline{\varphi(z)} - \overline{z}\varphi'(z) \tag{11.55}$$

On the ground surface, the imaginary part of z is equal to zero, i.e., z is a real number, therefore $\overline{z} = z$. Substituting $\overline{z} = z$ into the Eq. (11.55) gives:

$$\psi(z) = -\overline{\varphi}(z) - z\varphi'(z) \tag{11.56}$$

When $z \in L_s$(L_s is the ground surface), Eq. (11.56) satisfies the stress boundary condition on the ground surface. At any point in discussion region, it can be assumed that Eq. (11.56) is also satisfied. The assumption is reasonable, because when $\varphi(z)$ is an analytic function, $\psi(z)$ given by Eq. (11.56) is also an analytic function and satisfies the stress boundary condition on the ground surface. In this way, only the equation for solving $\varphi(z)$ should be listed by the stress boundary condition of tunnel boundary. Thus, the solution of two analytic functions $\varphi(z)$ and $\psi(z)$, is reduced to solving one analytic function $\varphi(z)$.

11.2.2 Treatment of Boundary Conditions

Substituting Eqs. (11.28)–(11.30) into Eq. (11.54), we have:

$$
\begin{aligned}
i\int_A^B (X_n+iY_n)ds &= i\int_A^B q_1 dy + i\int_A^B q_2 y dy + \int_A^B q_1 dx + \int_A^B q_3 y dx \\
&= -\frac{iq_1 a}{2}\left(\frac{1+\alpha\sigma}{1-\alpha\sigma}+\frac{\sigma+\alpha}{\sigma-\alpha}\right)+\frac{iq_2 a^2(1-\alpha^2)}{2}\frac{\sigma^2}{(1-\alpha\sigma)^2(\sigma-\alpha)^2} \\
&+ iq_1 a\frac{\alpha(1-\sigma^2)}{(1-\alpha\sigma)(\sigma-\alpha)} \\
&+ \frac{iq_3\alpha a^2}{2}\left[\begin{array}{l}\dfrac{\sigma}{(1-\alpha\sigma)^2}+\dfrac{\sigma+\alpha}{\alpha(\sigma-\alpha)(1-\alpha\sigma)} \\ +\dfrac{2}{(\alpha^2-1)(\sigma-\alpha)}-\dfrac{1+\alpha\sigma}{(1-\alpha\sigma)(\sigma-\alpha)} \\ -\dfrac{2\alpha}{(\alpha^2-1)(1-\alpha\sigma)}-\dfrac{\sigma+\alpha}{2(\sigma-\alpha)^2}-\dfrac{1}{2(\sigma-\alpha)}\end{array}\right] \\
&+ \frac{iq_3 R_0^2}{2}\ln\frac{\sigma-\alpha}{\alpha\sigma-1}
\end{aligned} \tag{11.57}
$$

where $q_1 = (H - H_w - R_0)\gamma_w, q_2 = \gamma_w - k_0\gamma, q_3 = \gamma_w - \gamma$. The items in right side of Eq. (11.57) are single valued except the last one. Already mentioned in Sect. 11.1, the increment of $\ln[(\sigma-\alpha)/(\alpha\sigma-1)]$ around the whole circle in clockwise direction is $-2\pi i$, so we have:

$$
iF_x - F_y = \frac{iq_3R_0^2}{2}(-2\pi i) = \pi R_0^2 q_3 = \pi R_0^2(\gamma_w-\gamma) \tag{11.58}
$$

Substituting Eqs. (11.14), (11.56), (11.57)into Eq. (11.54), we have:

$$
\varphi_0(\zeta) - \varphi_0(\overline{z}) + \frac{\omega(\zeta)-\overline{\omega(\zeta)}}{\overline{\omega'(\zeta)}}\overline{\varphi_0{'}(\zeta)} = f(\alpha\sigma) + C_A;\ \zeta = \alpha\sigma \tag{11.59}
$$

where

$$
\begin{aligned}
f(\alpha\sigma) &= -\frac{iq_3R_0^2}{2(1+\kappa)}\frac{(1-\alpha^2)(\kappa\alpha+\sigma)}{(1-\alpha\sigma)\alpha}-\frac{iq_1 a}{2}\left(\frac{1+\alpha\sigma}{1-\alpha\sigma}+\frac{\sigma+\alpha}{\sigma-\alpha}\right) \\
&+\frac{iq_2a^2(1-\alpha^2)^2}{2}\frac{\sigma^2}{(1-\alpha\sigma)^2(\sigma-\alpha)^2}+iq_1 a\frac{\alpha(1-\sigma^2)}{(1-\alpha\sigma)(\sigma-\alpha)} \\
&+\frac{iq_3a^2}{2}\frac{4\alpha^3\sigma^3-(1+5\alpha^2+5\alpha^4+\alpha^6)\sigma^2+4\alpha(1+\alpha^2+\alpha^4)\sigma-2\alpha^2(1+\alpha^2)}{(\alpha^2-1)(1-\alpha\sigma)^2(\sigma-\alpha)^2}
\end{aligned} \tag{11.60}
$$

$$\begin{aligned}\varphi_0(\overline{z}) &= \sum_{k=0}^{\infty} a_k\left(\frac{\overline{z}+ia}{\overline{z}-ia}\right)^k + \sum_{k=1}^{\infty} b_k\left(\frac{\overline{z}+ia}{\overline{z}-ia}\right)^{-k} \\ &= \sum_{k=0}^{\infty} a_k\left(\frac{ia\frac{1+\frac{\alpha}{\sigma}}{1-\frac{\alpha}{\sigma}}+ia}{ia\frac{1+\frac{\alpha}{\sigma}}{1-\frac{\alpha}{\sigma}}-ia}\right)^k + \sum_{k=1}^{\infty} b_k\left(\frac{ia\frac{1+\frac{\alpha}{\sigma}}{1-\frac{\alpha}{\sigma}}+ia}{ia\frac{1+\frac{\alpha}{\sigma}}{1-\frac{\alpha}{\sigma}}-ia}\right)^{-k} \\ &= \sum_{k=0}^{\infty} a_k\alpha^{-k}\sigma^k + \sum_{k=1}^{\infty} b_k\alpha^k\sigma^{-k}\end{aligned} \tag{11.61}$$

After substituting Eqs. (11.14), (11.56) into Eq. (11.54), the same multi valued term $iq_3R_0^2\ln[(\sigma-\alpha)/(\alpha\sigma-1)]/2$ in the right hand side is appeared as well. Thus, the multi valued term can be eliminated.

In order to solve the problem more easily, multiplying both sides of Eq. (11.59) by $(1-\alpha\sigma)$ gives:

$$\begin{aligned}&(1-\alpha\sigma)\left[\varphi_0(\zeta)-\varphi_0(\overline{z})+\frac{\omega(\zeta)-\overline{\omega(\zeta)}}{\overline{\omega'(\zeta)}}\overline{\varphi_0'(\zeta)}\right] \\ &= (1-\alpha\sigma)f(\alpha\sigma)+C_A(1-\alpha\sigma)\end{aligned} \tag{11.62}$$

where

$$(1-\alpha\sigma)f(\alpha\sigma) = w_1 + w_2\sigma + \frac{w_4\sigma^3+(w_3+w_5)\sigma^2+w_6\sigma+w_7}{(1-\alpha\sigma)(\sigma-\alpha)^2} + w_8(1-\alpha\sigma) \tag{11.63}$$

where

$$w_1 = -\frac{iq_3R_0^2\kappa\left(1-\alpha^2\right)}{2(1+\kappa)},\ w_2 = -\frac{iq_3R_0^2\left(1-\alpha^2\right)}{2(1+\kappa)\alpha},\ w_3 = \frac{iq_2a^2(1-\alpha^2)^2}{2},$$
$$w_4 = \frac{2iq_3a^2\alpha^3}{\alpha^2-1},\ w_5 = -\frac{iq_3a^2(1+5\alpha^2+5\alpha^4+\alpha^6)}{2(\alpha^2-1)},\ w_6 = \frac{2iq_3a^2(\alpha+\alpha^3+\alpha^5)}{\alpha^2-1},$$
$$w_7 = -\frac{2iq_3a^2(\alpha^2+\alpha^4)}{\alpha^2-1},\ w_8 = -iq_1a.$$

Because

$$\frac{1}{(1-\alpha\sigma)(\sigma-\alpha)^2} = \sum_{k=0}^{\infty} e_k\sigma^k + \sum_{k=1}^{\infty} f_k\sigma^{-k} \tag{11.64}$$

where

$$e_0 = \frac{\alpha^2}{\left(1-\alpha^2\right)^2},\ e_k = \frac{\alpha^{k+2}}{\left(1-\alpha^2\right)^2},\quad k = 1, 2, \ldots \tag{11.65}$$

$$f_1 = \frac{\alpha}{\left(1-\alpha^2\right)^2}, f_k = \frac{\left[k\left(1-\alpha^2\right)+2\alpha^2-1\right]\alpha^{k-2}}{\left(1-\alpha^2\right)^2}, \quad k = 1, 2, \ldots \tag{11.66}$$

Therefore, the term $(1-\alpha\sigma)f(\alpha\sigma)$ can be expanded as a Laurent series:

$$(1-\alpha\sigma)f(\alpha\sigma) = \sum_{k=-\infty}^{+\infty} B_k\sigma^k \tag{11.67}$$

From Eqs. (11.62), (11.64), (11.67), we have:

$$B_0 = w_1 + w_4 f_3 + (w_3+w_5)f_2 + w_6 f_1 + w_7 e_0 + w_8 \tag{11.68}$$

$$B_1 = w_2 + w_4 f_2 + (w_3+w_5)f_1 + w_6 e_0 + w_7 e_1 + w_8\alpha \tag{11.69}$$

$$B_2 = w_4 f_1 + (w_3+w_5)e_0 + w_6 e_1 + w_7 e_2 \tag{11.70}$$

$$B_k = w_4 e_{k-3} + (w_3+w_5)e_{k-2} + w_6 e_{k-1} + w_7 e_k, \quad k \geq 3 \tag{11.71}$$

$$B_{-1} = w_4 f_4 + (w_3+w_5)f_3 + w_6 f_2 + w_7 f_1 \tag{11.72}$$

$$B_{-k} = w_4 f_{k+3} + (w_3+w_5)f_{k+2} + w_6 f_{k+1} + w_7 f_k, \quad k \geq 2 \tag{11.73}$$

11.2.3 Determination of Analytic Functions

Substituting Eqs. (11.20), (11.67) into Eq. (11.62), comparing the coefficients of σ in both sides, we have:

$$\begin{aligned}\sigma^k \rightarrow & \left(\alpha^{-k+2}-\alpha^k\right)a_{k-1} + (k-1)\left(1-\alpha^2\right)\alpha^{-k}\overline{b_{k-1}} \\ & + \left(\alpha^k-\alpha^{-k}\right)a_k - k\left(1-\alpha^2\right)\alpha^{-k}\overline{b_k} = B_k \quad (k \geq 2)\end{aligned} \tag{11.74}$$

$$\begin{aligned}\sigma^{-k} \rightarrow & k\left(1-\alpha^2\right)\alpha^k a_k + \left(\alpha^{-k}-\alpha^k\right)\overline{b_k} \\ & - (k+1)\left(1-\alpha^2\right)\alpha^k a_{k+1} + \left(\alpha^{k+2}-\alpha^{-k}\right)\overline{b_{k+1}} = \overline{B_{-k}} \quad (k \geq 1)\end{aligned} \tag{11.75}$$

$$\sigma^1 \rightarrow \left(1-\alpha^2\right)\left(a_1+\overline{b_1}\right) = -\alpha B_1 + \alpha^2 C_A \tag{11.76}$$

$$\sigma^0 \to \left(1-\alpha^2\right)\left(a_1+\overline{b_1}\right) = -\overline{B_0} - \overline{C_A} \tag{11.77}$$

The equation for deriving C_A was obtained from Eqs. (11.76) and (11.77) as:

$$\overline{C_A} + C_A\alpha^2 = \alpha B_1 - \overline{B_0} \tag{11.78}$$

so

$$\mathrm{Re}(C_A) = \frac{\mathrm{Re}\left(\alpha B_1 - \overline{B_0}\right)}{1+\alpha^2} \tag{11.79}$$

$$\mathrm{Im}(C_A) = \frac{\mathrm{Im}\left(\alpha B_1 - \overline{B_0}\right)}{\alpha^2-1} \tag{11.80}$$

This section still takes the maximum positive and negative powers of ζ in $\varphi_0(\zeta)$ as N, then there are $2N$ unknowns $(a_k, b_k,\ k = 1, 2, \ldots N)$ And taking the value of k from 2 to N in Eq. (11.74) and from 1 to N in Eq. (11.75), respectively, giving $2N - 1$ equations, also considering Eq. (11.76) or Eq. (11.77), there are totally $2N$ equations for $2N$ unknowns. These coefficients can be solved by the complex linear equations (11.81).

$$\mathbf{AX} = \mathbf{B} \tag{11.81}$$

where $\mathbf{A} = \mathbf{AR} + i\mathbf{AI}$, $\mathbf{B} = \mathbf{BR} + i\mathbf{BI}$, $\mathbf{X} = \left[a_1\overline{b_1}a_2\overline{b_2}\ldots a_N\overline{b_N}\right]^T$. **AR** and **AI** are the real and imaginary parts of the coefficients matrix **A**, respectively. For the problem in this section, $\mathbf{AI} = \mathbf{0}$, **BR** and **BI** are the real and imaginary parts of known constants matrix **B**, respectively. The expressions of **AR, BR** and **BI** were given in Ref. [13].

In particular, α is the inner radius of the ring, so the value range of α is $0 < \alpha < 1$. As can be seen from the expression of **AR**, there is an item α^{-k} in the expressions, when the value of k is large, α^{-k} is a large value. Therefore, when the number of analytic function terms is large, there will be some numbers with large orders of magnitude in the coefficients of linear equations, which can cause the coefficient matrix to approach singularity, making the accuracy of the obtained results reduced or impossible to solve the equations when using programming software to solve them. Therefore, Ref. [13] proposed a method to process the coefficients of linear equations so that the coefficient matrix is no longer close to singularity.

Using $\alpha^{-k}a_k$ and $\alpha^{-k}\overline{b_k}$ as the unknown coefficients to be solved instead of the original unknown coefficients a_k and $\overline{b_k}$, the value of a_k and $\overline{b_k}$ can naturally be determined after obtaining the value of $\alpha^{-k}a_k$ and $\alpha^{-k}\overline{b_k}$. It ensured that the coefficient matrix in a linear equation system does not have large numbers of magnitude, it is found that the accuracy of the results obtained by this method is much higher than that of the original method, and there is no situation where the analytic function cannot be calculated when the number of terms is too large. Of course, through the discussion of accuracy in Sect. 11.2.5 below, it can be found that for cases where the buried depth is not particularly shallow, the value of N does not need to be too large, and the results can achieve high accuracy. Therefore, the method described above is only a reference for dealing with such problems, and it is not necessary to process the coefficient matrix to obtain an analytical solution for the problem in this section.

11.2.4 Analytical Solution of Stress and Displacement

The stresses under the combined action of excavation release force and internal water pressure can be calculated from Eqs. (2.32) and (2.33):

$$\sigma_\rho^* + \sigma_\theta^* = 4\mathrm{Re}\left[\frac{\varphi'(\zeta)}{\omega'(\zeta)}\right] \tag{11.82}$$

$$\begin{aligned}&\sigma_\theta^* - \sigma_\rho^* + 2i\tau_{\rho\theta}^*\\ &= \frac{2\zeta^2}{\rho^2\overline{\omega'(\zeta)}}\left\{\overline{\omega(\zeta)}\frac{\varphi''(\zeta)\omega'(\zeta) - \omega''(\zeta)\varphi'(\zeta)}{[\omega'(\zeta)]^2} + \psi'(\zeta)\right\}\end{aligned} \tag{11.83}$$

Substituting Eq. (11.56). into Eq. (11.83), we have:

$$\begin{aligned}&\sigma_\theta^* - \sigma_\rho^* + 2i\tau_{\rho\theta}^*\\ &= \frac{2\zeta^2}{\rho^2\overline{\omega'(\zeta)}}\left\{\begin{array}{l}\left[\overline{\omega(\zeta)} - \omega(\zeta)\right]\dfrac{\varphi''(\zeta)\omega'(\zeta) - \omega''(\zeta)\varphi'(\zeta)}{[\omega'(\zeta)]^2}\\ -\varphi'(\zeta) - \omega'(\zeta)\overline{\varphi}'(z)\end{array}\right\}\end{aligned} \tag{11.84}$$

where

$$\overline{\varphi}'(z) = \frac{iF_y}{2\pi(1+k)}\left(\frac{k}{z - z_c} + \frac{1}{z - \overline{z}_c}\right) + \frac{1}{\omega'(\zeta)}\left(-\sum_{k=1}^{\infty} k\overline{a}_k\zeta^{-k-1} + \sum_{k=1}^{\infty} k\overline{b}_k\zeta^{k-1}\right) \tag{11.85}$$

The initial stress components $\sigma_\rho^0, \sigma_\theta^0, \tau_{\rho\theta}^0$ before tunnel excavation are still calculated by and Eqs. (11.43) and (11.44), the final stress component is obtained by superposition of the initial stress components and $\sigma_\rho^*, \sigma_\theta^*, \tau_{\rho\theta}^*$. The displacement components caused by excavation in the Cartesian coordinate system are:

$$2G(u + iv) = k\varphi(\zeta) + \varphi(\overline{z}) + \frac{\overline{\omega(\zeta)} - \omega(\zeta)}{\omega(\zeta)}\overline{\varphi'(\zeta)} \tag{11.86}$$

The determination of the coefficient a_0 in the analytic function (Eq. (11.20)) still requires the condition that the horizontal displacement of the ground coordinate origin o is zero. Unlike Sect. 11.1, it is necessary to select a point p that is farther away from the tunnel, with a vertical displacement of zero (as shown in Fig. 11.8), and the coordinates of the point p are $(-10R_0, -10R_0)$. Based on the above two conditions, the coefficient a_0 in Eq. (11.20) can be determined.

It should be noted that, to eliminate rigid body displacement, for deep buried tunnels, it is only necessary to limit the displacement at infinity to zero; However, for shallow buried tunnels, the logarithmic term in the analytic function exists due to the unbalanced excavation load release, resulting in an infinite displacement at infinity. Therefore, a point with zero displacement cannot be selected at infinity. In actual engineering, there may be relatively hard bedrock at a certain depth, where the displacement can be considered as zero. The point p of finite depth with zero displacement can be considered as a point on the bedrock. Although the points on the interface between the bedrock and the upper surrounding rock should all be displacement zeros, research has found that for deeper bedrock, limiting only one point to displacement zeros has little impact on the displacement of ground surface and tunnel boundary. In Sect. 11.2, the symmetrical method will be used to obtain the displacement solution for the horizontal situation of the bedrock (the vertical displacement on the horizontal line at a certain depth is zero).

11.2.5 Discussion on Calculation Accuracy

The selection of the maximum number of positive and negative power terms N in $\varphi_0(\zeta)$ will significantly affect the results. The following discusses the impact of the value of N on accuracy and the value of N required to achieve the expected accuracy in this section.

If the obtained stress σ_ρ on the tunnel boundary L_h is equal to the water pressure σ_ρ^w on L_h, and $\tau_{\rho\theta}$ on L_h is equal to zero, it suggests that the stress boundary condition on L_h is satisfied accurately. The following discussion on what the value of N should we take to get the stress boundary condition on L_h well satisfied. The calculation results show that the stress boundary condition on L_h can be satisfied better with the increase N. Following Eq. (11.49), Eq. (11.87) is used as the criterion for determining the value of N.

$$\max_{\theta\in[0,2\pi]}\left\{\left|\frac{\sigma_\rho-\sigma_\rho^w}{\gamma H}\right|,\left|\frac{\tau_{\rho\theta}}{\gamma H}\right|\right\}<10^{-4} \tag{11.87}$$

where $\sigma_\rho^w = -H_w\gamma_w + \left[y + (H - R_0)\right]\gamma_w$.

Let $\mu = 0.3$, $E = 10$ MPa, $\gamma = 25$ kN/m^3, $\gamma_w = 10$ kN/m^3. The value of N under the given accuracy for different water head height H_w, different lateral stress coefficients λ and different relative depth H/R_0 are given in Table 11.2.

Table 11.2 Value of N for a given precision

H/R$_0$		1.01	1.1	1.5	2.0	5.0	10.0	20.0
$H_w = 0.1H$	$\lambda = 0.5$	160	48	21	15	9	7	6
	$\lambda = 1.0$	112	33	14	10	6	4	3
$H_w = H$	$\lambda = 0.5$	160	48	21	15	9	7	6
	$\lambda = 1.0$	114	33	14	10	6	4	3
$H_w = 10H$	$\lambda = 0.5$	159	48	21	15	9	7	6
	$\lambda = 1.0$	114	33	14	10	6	4	3

Table 11.2 shows that, when the depth H is not very shallow, the required value of N does not need to be too large to obtain high-precision results. N takes the minimum value when the lateral stress coefficient $\lambda = 1.0$ regardless of the value of relative depth H and water head height H_w. All the lateral pressure coefficient λ have such a law: N decreases with the increase of depth H and water head height H_w has little effect on the value of N. It is very close to the results of Table 11.1 which did not consider the internal water pressure.

11.2.6 Analysis and Discussion

In Sect. 11.1, the influence of different buried depth on stress and displacement under different lateral stress coefficient was discussed. Here, we focus on discussing the influence of internal water pressure on stress and displacement. The calculation parameters are the same as before. H/R_0 takes 2.0, λ takes 0.5, 1.0 and H_w takes 0.0, $1.0H, 2.0H, 3.0H, 4.0H, 5.0H$. The effects of water head height H_w on the distribution of tangential stresses on the ground surface and the tunnel boundary are discussed.

Figure 11.9 gives the distribution of dimensionless tangential normal stress $\sigma_\theta/\gamma H$ on the excavation boundary for different H_w and λ. It can be seen from the results that:

(1) Regardless of the value of λ, the tangential stress on the excavation boundary increases with the increase of internal water pressure and gradually transitions from compressive stress to tensile stress. When the internal water pressure is smaller, the tangential stress reaches its maximum value at the top of the tunnel, however, when the internal water pressure is higher, the tangential stress at the top of the tunnel is no longer the maximum value. When $\lambda = 0.5$, the maximum tangential stress occurs at $\theta = 146°$. When $\lambda = 1.0$, the maximum tangential stress occurs at $\theta = 127°$.

(2) When $\lambda = 0.5$, the minimum value of $\sigma_\theta/\gamma H$ appears on both sides of the tunnel. When $\lambda = 1.0$, the minimum value of $\sigma_\theta/\gamma H$ appears at the bottom of the tunnel. An appropriate internal water pressure is beneficial for reducing stress concentration at the excavation boundary. However, if the internal water

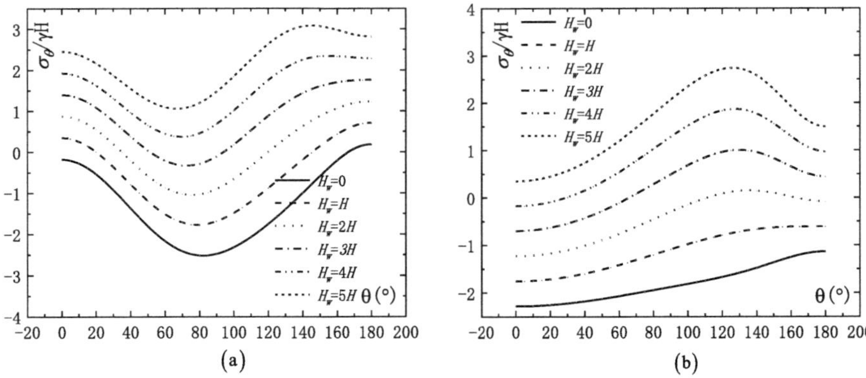

Fig. 11.9 Distribution of $\sigma_\theta/\gamma H$ along the excavation boundary for different H_w: **a** $\lambda = 0.5$; **b** $\lambda = 1.0$

pressure is too large, there will be significant tensile stress at the excavation boundary, which is more detrimental to the stability of the tunnel.

Figure 11.10 gives the distribution of dimensionless tangential normal stress $\sigma_\theta/\gamma H$ on ground surface for different H_w and λ. It can be seen from the results that:

(1) When the water head height is smaller, the tangential stress is compressive on the ground surface in the original point. And with the increase of H_w, the compressive stress gradually turns into tensile. However, the tangential stress near the origin point of the ground surface is exactly the opposite, which decreases with the increase of internal water pressure and transitions from tensile stress to compressive stress.
(2) Similar to the excavation boundary, an appropriate internal water pressure is beneficial for reducing the tangential stress on the ground surface. However,

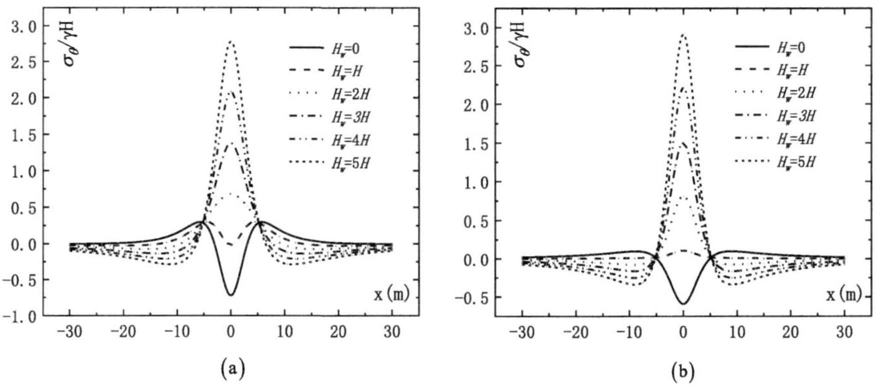

Fig. 11.10 Distribution of $\sigma_\theta/\gamma H$ on the ground surface under various H_w: **a** $\lambda = 0.5$; **b** $\lambda = 1.0$

if the internal water pressure is too large, the surface boundary will appear significant tensile stress, which is even more detrimental to the stability of the tunnel.

Figure 11.11 gives the distribution of subsidence v (later referred to as displacement) on ground surface for different H_w and λ. It can be seen from the results that: when there is no internal water pressure, the displacement on the ground surface is downward and reaches its maximum at point o. When there is internal water pressure, the displacement on the ground surface moves upwards and increases with the increase of internal water pressure. When $\lambda = 0.5$, $H_w = 5H$, the surface displacement is 0.18 m; When $\lambda = 1.0$, $H_w = 5H$, the displacement on the ground surface is 0.20 m.

Figures 11.12 and 11.13 give the displacement distribution of the tunnel for different H_w and λ. It can be seen that:

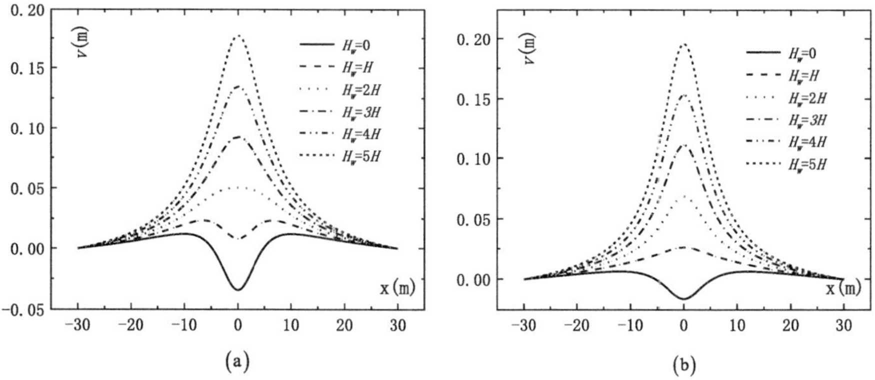

Fig. 11.11 Distribution of surface subsidence v for different H_w: **a** $\lambda = 0.5$; **b** $\lambda = 1.0$

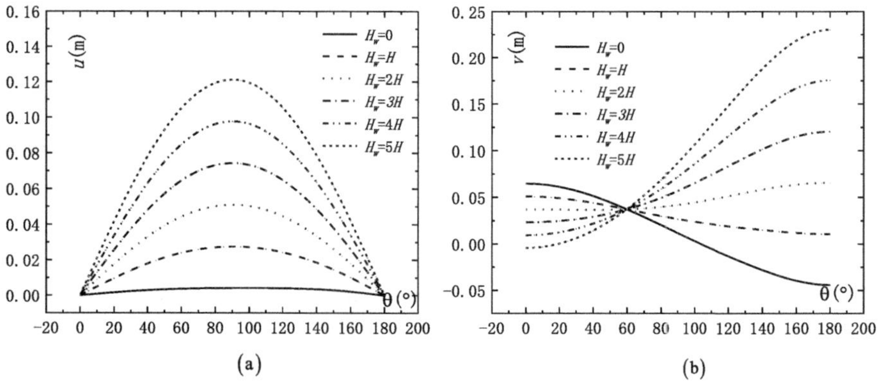

Fig. 11.12 Displacement at tunnel boundary versus polar angle under various H_w ($\lambda = 0.5$): **a** horizontal displacement; **b** vertical displacement.

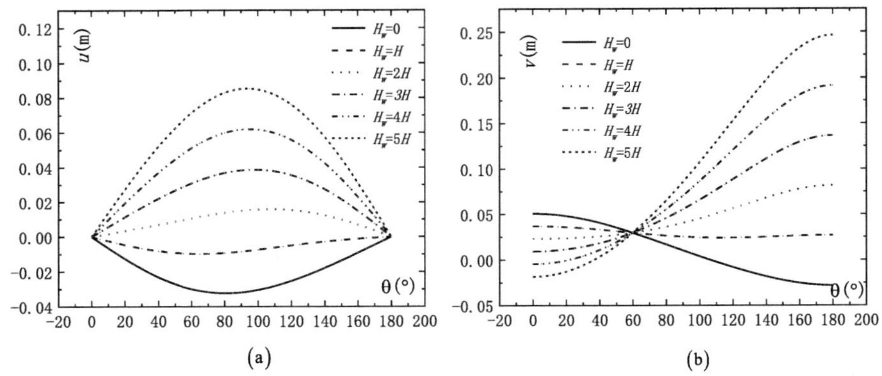

Fig. 11.13 Displacement at tunnel boundary versus polar angle under various H_w ($\lambda = 1.0$): **a** horizontal displacement; **b** vertical displacement.

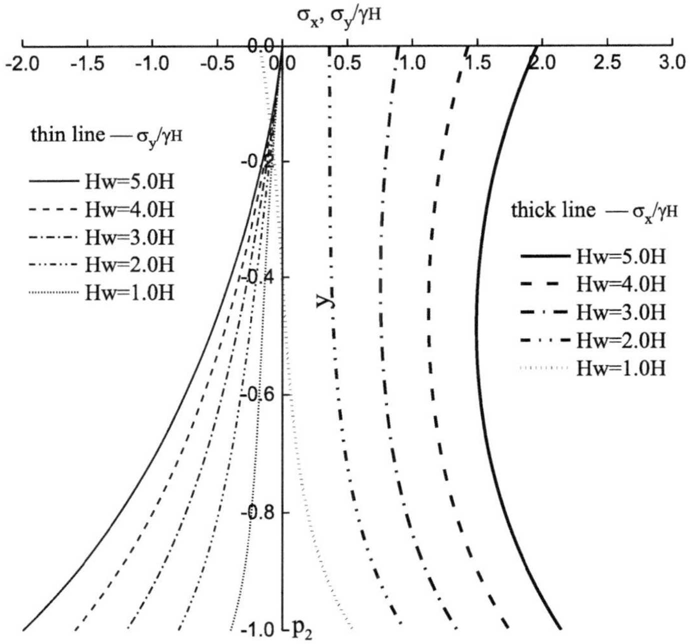

Fig. 11.14 Distribution of σ_x and σ_y in y-axis above the tunnel for different water head H_w

(1) When the internal water pressure is smaller, the tunnel contracts inward, and as the internal water pressure increases, the tunnel expands outward. The influence of internal water pressure on the displacement of the top of the tunnel is greater than that on the displacement of the bottom of the tunnel.

(2) Regardless of the height of the water head, the displacement in the y-direction at $\theta = 60°$ remains basically unchanged, when $\lambda = 0.5$, the displacement in

the y-direction at $\theta = 60°$ is 0.037 m, when $\lambda = 1.0$, the displacement in the y-direction at $\theta = 60°$ is 0.030 m.

Then we discuss the effect of water head height H_w on stresses along op_2 line at the top of tunnel (as shown in Fig. 11.1), which is located on the y-axis. Due to symmetry, we have $\tau_{xy} = 0$.

Figure 11.14 gives the distribution of σ_x and σ_y on op_2 line when $\lambda = 0.5$, $\gamma = 25$ kN/m^3, $R_0 = 1.0$ m, $H/R_0 = 2.0$ and H_w takes $1.0H$, $2.0H$, $3.0H$, $4.0H$, $5.0H$. From the results, it can be seen that:

(1) On the op_2 line, σ_y is compressive and σ_y at point p_2 is equal to the hydrostatic pressure and gradually decreases to zero at point o.
(2) When $H_w = 1.0H$, σ_x is compressive near the original point o and tensile near point p_2. With the increase of H_w, σ_x is tensile on the whole op_2 line. The tensile stress σ_x at point p_2 is greater than that at point o, and σ_x at two points is greater than that at middle part of op_2 line.
(3) It is also known from calculation that, with the increase of H_w, the increasing amplitude of the tensile stress σ_x at point o is greater than that at point p_2, so when $H_w = 7.0H$, σ_x at point o is greater than that at point p_2. σ_x at the two points are still greater than that at middle part of op_2 line.

From the above analysis, it can be seen that:

When the water head height H_w is small, the tangential stress on the ground surface near the tunnel is compressive stress, and the tangential stress gradually transforms into tensile stress on both sides of the compressive stress area. However, when the water head height H_w is large, there is significant tensile stress at the origin of the ground surface, and the tangential stress is gradually transformed into compressive stress on both sides of the tensile stress area. An appropriate internal water pressure is beneficial for reducing stress concentration at the excavation boundary. However, if the internal water pressure is too large, the tunnel excavation boundary will transition from a compressed state to a tensile state, and the horizontal tensile stress on the y-axis at the top of the tunnel is also increase with the increase of internal water pressure, which is not conducive to the stability of the surrounding rock.

11.3 Elastic/Viscoelastic Solution for Circular Tunnels Subjected to Surcharge Loads

Tunnels in urban areas are usually constructed at shallow depths, and they inevitably lie in the region near the above-ground structures. The loads on the surface significantly affect the initial stress field before tunnel excavation, and accordingly the excavation induced quite different ground responses, e.g., surface settlement and tunnel displacement, compared with that with stress free ground surface. Furthermore, the existing tunnel is probably subjected to extreme surcharge produced by the dumped soils from nearby construction site, construction of new building, as well as the excavation of foundation pits. These effects can be approximately equivalent to the loads imposed on ground surface (surcharge loads). According to the statistics of the number of recorded man-made tunnel accidents in Shanghai from 2004 to 2013 [14], the accidents induced by extreme surcharge and nearby excavation are the most significant. The prediction of ground responses considering the surcharge loadings exerted on the surface before/after tunnel excavation is crucial in estimation of the stability and safety of shallow tunnels in excavation and operation period.

In this section, shallow tunnel excavations with loads imposed on the surface (surcharge loads) are considered. Two models are considered in the derivation of analytical solutions:

Case (A): The tunnel is excavated near existing structures. If the structural loads are simplified as surcharge loads on the ground surface, this case can be modelled as a tunnel which is being excavated after the application of surcharge loads on the surface;

Case (B): The structures or foundation pits are constructed near a shallow tunnel, or a surcharge is applied on the ground surface after tunnel excavation. The model of this case can be simplified as a tunnel subjected to loads on the surface with downward or upward directions after the tunnel excavation.

11.3.1 Problem Description

The stress and deformation of the ground of the aforementioned two models can be divided into two parts, as follows: the first is induced by the release of the initial stresses due to gravity, and the second is induced by the surcharge loads. Since the first part has been discussed or derived in the previous sections, of which only the second parts, which are due to the surcharge loads, are analyzed in this section. The plane strain conditions are considered, and a circular tunnel with radius R_0 is excavated below the ground surface, with the buried depth being H. The surcharge loads are assumed to be the arbitrary distributed vertical loads q_j ($j = 1, \ldots, m$) exerted on the surface from point A_j to B_j. The geo-material is assumed homogeneous, isotropic, and linearly elastic or viscoelastic. The proposed analytical results can be used for preliminary prediction of initial plastic zone, displacement and stress field. The problem in the plane of the cross-section of the tunnel is shown in Fig. 11.15. Both the Cartesian coordinates (x, y) and polar coordinates (r, θ) will be employed in the derivation of these analytical solutions. The x coordinate of the midpoint of line A_jB_j, x_j ("load location" in short) is adopted to represent the location of the surcharge load. Also, the width of the load is represented by w_j.

In Case (A), before the tunnel excavation, the half-plane medium without holes is subjected to surcharge loads (Model 1, with boundary stress shown in Fig. 11.16a), and the corresponding displacement, which is not significant in tunnel engineering, has occurred. The incremental displacements and stresses will then occur after the tunnel excavation, which is more critical for the assessment of tunnel stability and the impacts of the tunnelling on the existing structures. If the stresses at the periphery

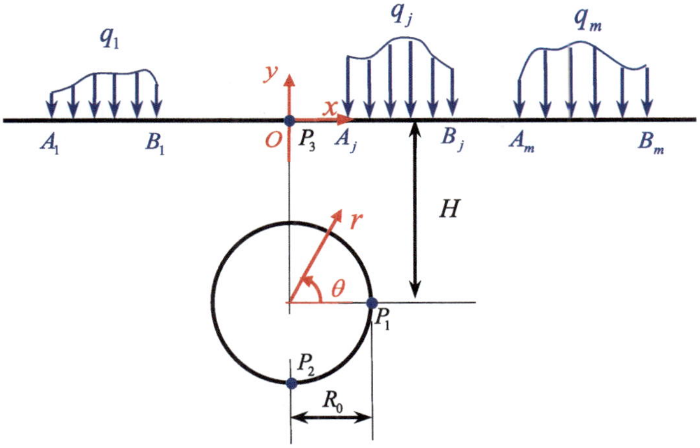

Fig. 11.15 Geometry of the problem, surcharge loads and reference coordinate systems

of the tunnel prior to the excavation, σ_x^b (the normal stress at x direction) and σ_y^b (the normal stress at y direction) are determined, then the tunnelling-induced displacement and stress can be calculated by Model 2, where the tunnel boundary is loaded by the tractions $\sigma_x^{tra} = -\sigma_x^b$ and $\sigma_y^{tra} = -\sigma_y^b$ (Fig. 11.16b). However, the total stress should be determined by the model in Fig. 11.16c.

In regard to Case (B), the surcharge loads are imposed on the surface after the tunnel excavation. Therefore, Model 3, with surcharge loads along ground surface and free stress along tunnel boundary (Fig. 11.16c), should be adopted to determine the stresses and displacements around the tunnel. In this section, an elastic or viscoelastic superposition principle is introduced to gain the analytical solutions of Model 3 by superimposing the solutions of Models 1 and 2.

In the following sections, the elastic solutions of the stresses and displacements for the Models 1 and 2, respectively, are first derived. Next, the analytical solutions for the elastic and viscoelastic problems for Cases (A) and (B) are given. Then, based on the analytical solutions, a parametric investigation is carried out. The adopted sign conventions are positive for tension, and negative for compression.

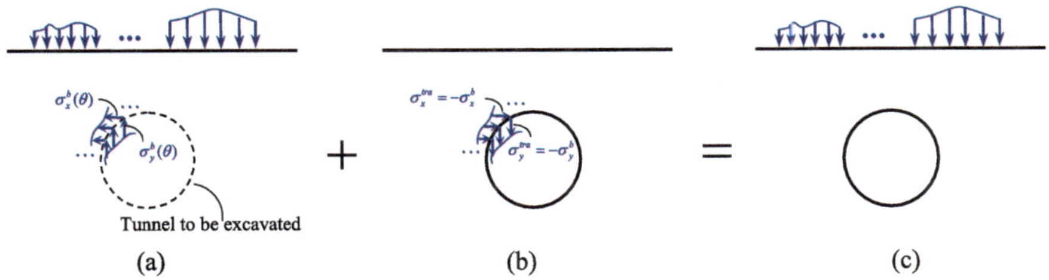

Fig. 11.16 Stress boundary conditions for calculation of **a** stress and displacement before excavation; **b** excavation induced incremental stress and displacement; **c** total stress and displacement. The relationship among three models is also shown

11.3.2 *Flamant's Solution and Its Modification*

The model in Fig. 11.16a (Model 1) is a half-plane without any holes subjected to arbitrary distributed loads at surface. The stress of Model 1 provides the initial stresses for Case (A), and it is also the part of the results of Case (B). The solution can also be used to calculate the additional stress and settlement of foundation under surcharge loads.

11.3.2.1 Stress and Modified Displacement Solutions

The elastic stress and displacement solutions for the half-plane subjected to a concentrated force at a point on the surface were provided by Flamant [15]. For the cases that the arbitrary distributed loads are exerted on the ground surface, the elastic stresses in Cartesian coordinates can be obtained by integrating Flamant's solutions:

$$\sigma_x^{1-e} = \frac{2}{\pi}\sum_{j=1}^{l}\int_{x_{A_j}}^{x_{B_j}} \frac{q_j(\varepsilon)y(x-\varepsilon)^2}{[y^2+(x-\varepsilon)^2]^2}d\varepsilon,\ \sigma_y^{1-e} = \frac{2}{\pi}\sum_{j=1}^{l}\int_{x_{A_j}}^{x_{B_j}} \frac{q_j(\varepsilon)y^3}{[y^2+(x-\varepsilon)^2]^2}d\varepsilon,\ \tau_{xy}^{1-e} = \frac{2}{\pi}\sum_{j=1}^{l}\int_{x_{A_j}}^{x_{B_j}} \frac{q_j(\varepsilon)y^2(x-\varepsilon)}{[y^2+(x-\varepsilon)^2]^2}d\varepsilon \tag{11.88}$$

where σ_x^{1-e}, σ_y^{1-e} are the normal stress at x and y directions, respectively; τ_{xy}^{1-e} is the shear stress; x_{A_j} is the x-coordinate of point A_j. The Cartesian coordinate system is shown in Fig. 11.17. It can be noted from the stress expression that all the stresses decrease as the increasing of distance from the origin. The stresses at the periphery of the tunnel prior to the excavation can be expressed as:

$$\sigma_x^b = l\sigma_x^{1-e} + m\sigma_{xy}^{1-e},\ \sigma_y^b = l\sigma_{xy}^{1-e} + m\sigma_y^{1-e} \tag{11.89}$$

For Case (A), only stress solutions of Model (1) are used; while for Case (B), stress and displacement solutions are both used.

Similar to the aforementioned tunnel problem subjected to unbalanced tractions at tunnel boundary, the displacement solution in this problem does not converge at infinity due to a logarithmic term in the expressions. Therefore, a point must be constrained to eliminate the rigid body displacement and fully determine the displacement solution. Whereas the displacement of the half-space (three dimensional problem, Boussinesq solution [16]) subjected to surcharge loads converges to zero at infinity. In theory of elasticity and geotechnical applications, the ground responses under various surface loads are given directly based on Flamant solutions [17]. However, the single point constraint condition is not consistent with the real engineering, and the absolute displacement has large difference with the actual value.

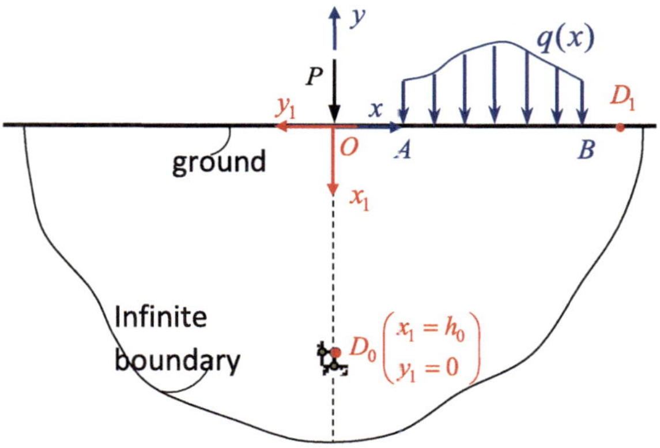

Fig. 11.17 Boundary conditions in derivation of displacement solution

In geo-engineering, the vertical displacement is constrained along the uncompressible strata which usually has a horizontal direction (located at a certain depth h_0). Therefore, the Flamant's displacement solution is modified for this condition. The modified displacements are as follows

Vertical displacement:

$$v^{1-e} = -\frac{2(1-\mu^2)}{\pi E}\sum_{j=1}^{l}\left(\int_{y_{A_j}}^{y_{B_j}} q_j(\varepsilon)\ln\frac{\sqrt{y^2+(x-\varepsilon)^2}}{\sqrt{(2h_0-y)^2+(x-\varepsilon)^2}}d\varepsilon\right)$$
$$-\frac{1+v}{\pi E}\sum_{j=1}^{l}\left\{\int_{y_{A_j}}^{y_{B_j}} q_j(\varepsilon)\left[\frac{(x-\varepsilon)^2}{y^2+(x-\varepsilon)^2}-\frac{(x-\varepsilon)^2}{(2h_0-y)^2+(x-\varepsilon)^2}\right]d\varepsilon\right\} \tag{11.90}$$

Horizontal displacement (surcharge load is symmetric about Oy-axis):

$$u^{1-e} = \frac{(1-2\mu)(1+\mu)}{\pi E}\sum_{j=1}^{l}\left\{\int_{y_{A_j}}^{y_{B_j}} q_j(\varepsilon)\left[\arctan\frac{x-\varepsilon}{y}+\arctan\frac{x-\varepsilon}{2h_0-y}\right]d\varepsilon\right\}$$
$$+\frac{1+\mu}{\pi E}\sum_{j=1}^{l}\left\{\int_{y_{B_j}}^{y_{A_j}} q_j(\varepsilon)\left[\frac{y(x-\varepsilon)}{y^2+(x-\varepsilon)^2}+\frac{(2h_0-y)(x-\varepsilon)}{(2h_0-y)^2+(x-\varepsilon)^2}\right]d\varepsilon\right\} \tag{11.91}$$

In the following, the modification procedure and basis are provided, and the limitations and application conditions of the original solution are pointed out.

11.3.2.2 Modification of Flamant's Solution

To analyze this problem in more detail, the boundary conditions in the derivation of displacement are shown in Fig. 11.17. In coordinate system $-\gamma \int_A^B ydx$ the general solution of displacement for the problem of concentration force P at ground surface is as follows [15, 17]

$$u_1^1 = -\frac{2(1-\mu^2)P}{\pi E}\ln\sqrt{x_1^2+y_1^2} - \frac{(1+\mu)P}{\pi E}\cdot\frac{y_1^2}{x_1^2+y_1^2} + C_2 - C_3 y_1 \quad (11.92)$$

$$v_1^1 = -\frac{(1-2\mu)(1+\mu)P}{\pi E}\arctan\frac{y_1}{x_1} + \frac{(1+\mu)P}{\pi E}\frac{x_1 y_1}{x_1^2+y_1^2} + C_1 + C_3 x_1 \quad (11.93)$$

where E is elastic modulus, μ is Poisson's ratio, C_1–C_3 is undetermined coefficients. Through the symmetry condition that the horizontal and angular displacements at the load symmetry axis (y_1=0) are zero, as well as the zero vertical displacement of point D_0 at axis of symmetry (see Fig. 11.17, $x_1 = h_0$), the particular solution can be obtained:

$$u_1^1 = \frac{2(1-\mu^2)P}{\pi E}\ln\frac{h_0}{\sqrt{x_1^2+y_1^2}} - \frac{(1+\mu)P}{\pi E}\cdot\frac{y_1^2}{x_1^2+y_1^2} \quad (11.94)$$

$$v_1^1 = -\frac{(1-2\mu)(1+\mu)P}{\pi E}\arctan\frac{y_1}{x_1} + \frac{(1+\mu)P}{\pi E}\frac{x_1 y_1}{x_1^2+y_1^2} \quad (11.95)$$

Therefore, yields the vertical displacement at the points with same depth of point D_0 ($x_1 = h_0, y_1 \neq 0$):

$$u_1^1 = -\frac{2(1-\mu^2)P}{\pi E}\ln\frac{\sqrt{h_0^2+y_1^2}}{h_0} - \frac{(1+\mu)P}{\pi E}\cdot\frac{y_1^2}{h_0^2+y_1^2} \quad (11.96)$$

Obviously, the displacements of these points are not zero (especially if y_1 is large) and they are upward. It does not satisfy the zero vertical displacement along the uncompressible strata which usually has a horizontal direction. In addition, when integrating the solution of concentrated force to obtain the displacement induced by distributed loads, the boundary conditions of the mechanical model for distributed loads is not clear because the constrained conditions for the load dq_i (load differential element) at different position are different. To find the displacement solution that strictly satisfy the displacement condition, i.e., zero vertical displacement for all the points at a depth $x_1 = h_0$, the original Flamant's displacement solution should be modified for this condition.

We consider a rectangular ground model, with a depth being $2h_0$ from the top to the bottom boundaries, whereas the width from the right to the left boundaries being infinite, as shown in Fig. 11.18a. We suppose that two vertical symmetrical concentrated force with the same value, but opposite directions (P and P') in Fig. 11.18a are exerted respectively on upper and lower surface. Due to the symmetry with respect to axis $y = -h_0$, the half structure with zero vertical displacement along the symmetrical axis can be modelled (Fig. 11.18b)). It should be noted that it is the proper model of the ground in geo-engineering, with a full slip rigid support at the bottom. If h_0 is large enough, the entire model in Fig. 11.18a can be regarded as a half-plane, and the lower surface corresponds to infinity. According to superposition principle of the elastic problem, the ground deformations of model in Fig. 11.18a can be obtained by superimposing the Flamant's solutions (general solution (11.92) and (11.93)) for the two cases, with P and P' separately applied on the upper and lower surface of the entire ground. The solution for model in Fig. 11.18 is

$$u_1^2 = -\frac{2(1-\mu^2)P}{\pi E}\ln\frac{\sqrt{x_1^2+y_1^2}}{\sqrt{(2h_0-x_1)^2+y_1^2}} - \frac{(1+\mu)P}{\pi E}\left(\frac{y_1^2}{x_1^2+y_1^2} - \frac{y_1^2}{(2h_0-x_1)^2+y_1^2}\right) \tag{11.97}$$

$$v_1^2 = -\frac{(1-2\mu)(1+\mu)P}{\pi E}\left(\arctan\frac{y_1}{x_1} + \arctan\frac{y_1}{2h_0-x_1}\right) + \frac{(1+\mu)P}{\pi E}\left(\frac{x_1y_1}{x_1^2+y_1^2} + \frac{(2h_0-x_1)y_1}{(2h_0-x_1)^2+y_1^2}\right) + 2C_1 + 2h_0C_3 \tag{11.98}$$

Noted that there are no undetermined constants in the expression of vertical displacement. If using the symmetric condition, i.e., horizontal and rotational displacement is zero at $y_1 = 0$, $C_1 = C_3 = 0$ can be determined. If additional constraints are applied, C_1 and C_3 can be determined by the specific conditions. Integrating the results of concentrated force, the displacements for the half-plane problem subjected to surcharge loads can be obtained, as shown in Eq. (11.90) and (11.91). However, Eq. (11.91) only gives the solution for the cases subjected to surcharge loads symmetrical on axis Oy, i.e. non-lateral displacements of the points on the Oy-axis.

To verify the correctness and application of modified solution, the modified solution is compared with numerical results based on the same mechanical model. Surcharge load is symmetric about Oy-axis, Elastic modulus $E = 60$ MPa, Poisson's ratio $\mu = 0.5$, $h_0 = 200$ m. The model is shown in Fig. 11.19. FEM simulations are carried out using the code ANSYS. The mesh and comparison lines and points are shown in Fig. 11.20. Figure 11.21 plots the comparison on displacement at these lines and points between modified Flamant's solution and FEM results, and the very good agreement can be found. In order to provide the range of the h_0 with which the acceptable accuracy of the solutions will be achieved, the comparison on settlements

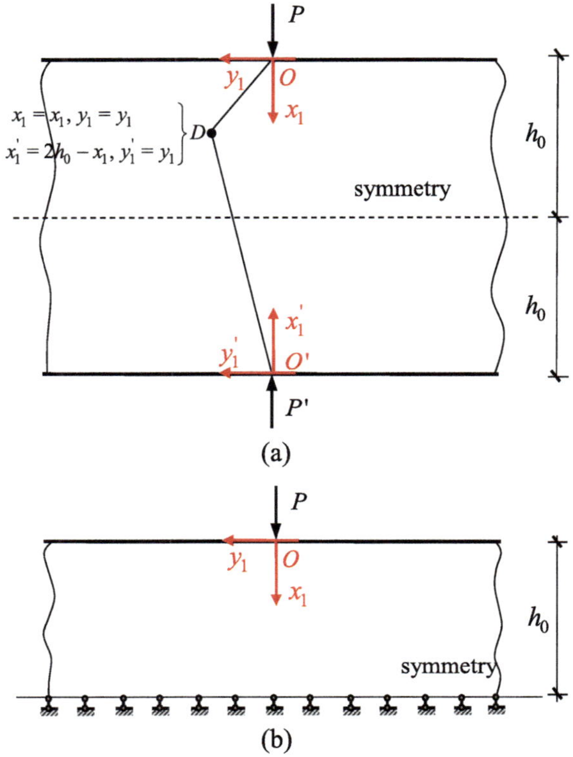

Fig. 11.18 Model for modified Flamant solution: **a** overall model; **b** equivalent model

of points P_1 and P_2 (see Fig. 11.20) between the modified Flamant's solution and FEM results are plotted in Fig. 11.22 for models with various depths h_0 (from 10 to 200 m). It should be noted that the displacements agree well for all of the models, which indicates that the modified Flamant's displacement solution provides a high accuracy for a wide range of h_0 ($h_0 \geq 10$ m).

To investigate the difference between modified (Eqs. (11.94), (11.95)) and original solution (Eqs. (11.90) and (11.91)), the comparison between the two solutions on displacements at depth 0 m, 10 m, 50 m, 100 m is plotted in Figs. 11.23 and 11.24. It can be noted that the settlements of the two solutions are similar in variation with the x-coordinate (increase first and then decrease), but the settlement values are quite different. Except the vertical displacement at 100 m depth, the absolute displacement of the modified solution is larger than that of the original solution.

The relative settlement is also concerned in the engineering. In the following, the vertical displacement is subtracted by a displacement at base point (point at a certain horizontal distance at the same depth) to get the relative settlement. Figure 11.25 presents the comparison between the two solutions on relative settlement, where the base point is at $x = 50$ m. It can be observed that the difference between two solutions increases with the depth, while the difference is much smaller than Fig. 11.24. When the base point is selected at position close to the load, the difference between them is

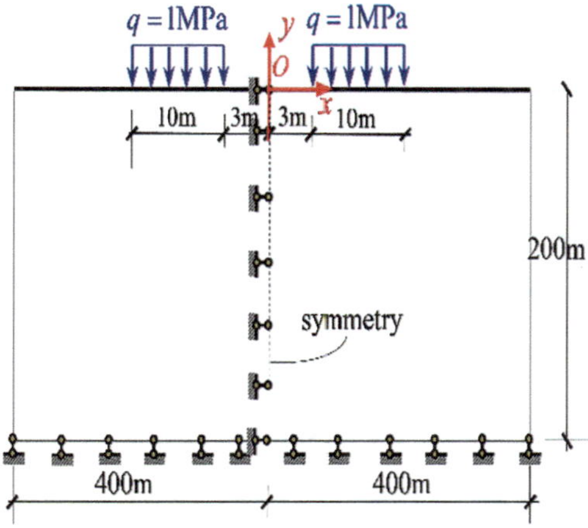

Fig. 11.19 Model in comparison between analytical and numerical results

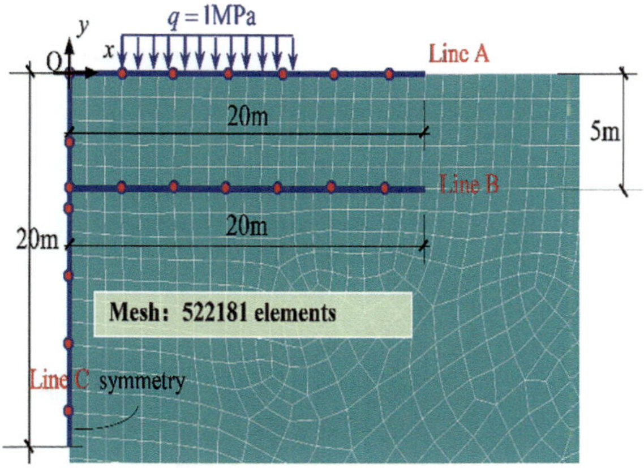

Fig. 11.20 FEM mesh and the comparison lines and points

small. Fig. 11.26 presents the comparison on relative settlement when the base point is at $x = 100$ m. Observed that the difference is larger than that in Fig. 11.25. It can be concluded that there is a larger difference between the modified solution and the original solution at a position with larger distance from load point. However, if the base point close to the load, the relative displacement near the ground surface has little difference between the results of the two solutions.

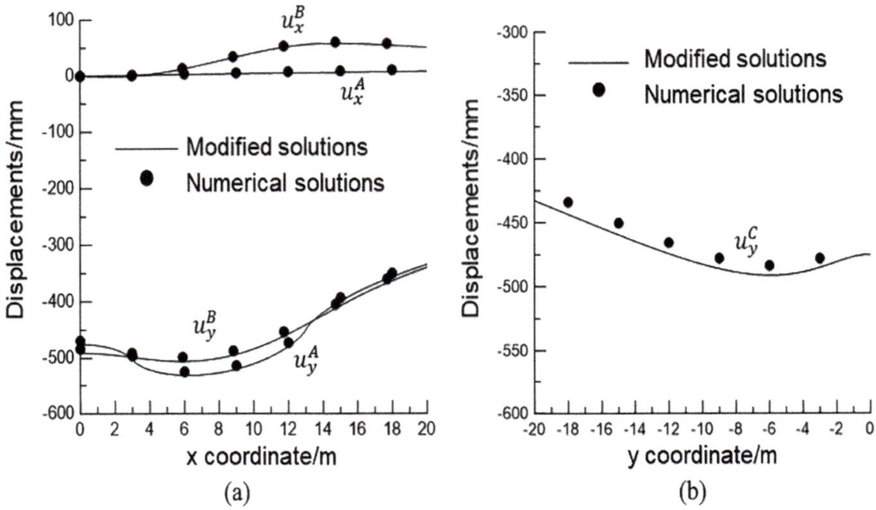

Fig. 11.21 Comparison on displacement between modified solution and numerical result at: **a** lines A and B; **b** line C

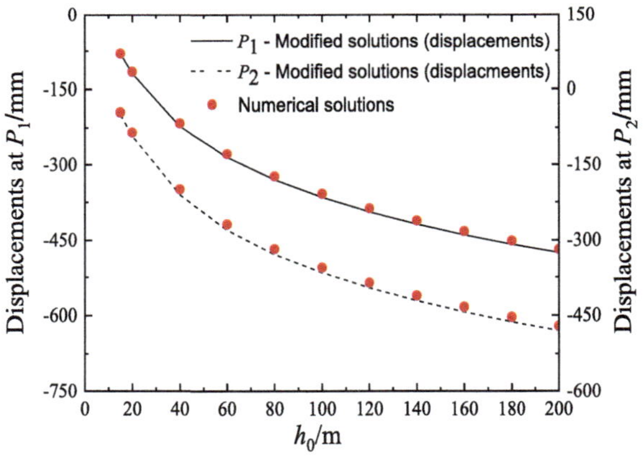

Fig. 11.22 Comparison on displacement versus h_0 between modified solution and numerical result

11.3.3 Derivation for Elastic Solution

11.3.3.1 Case (A)—Tunnel Excavation Under Surcharge Loading

Case (A) represents a half-plane with a circular tunnel which is only subjected to the tractions at the tunnel boundary (see Fig. 11.16b). The tractions can be calculated according to Eq. (11.88). By the model (Model 2) in Fig. 11.16b, the excavation induced additional stress and displacement for Case (A) can be calculated. It can be noted that the Model 2 is similar to the situation in Sect. 11.1 where the

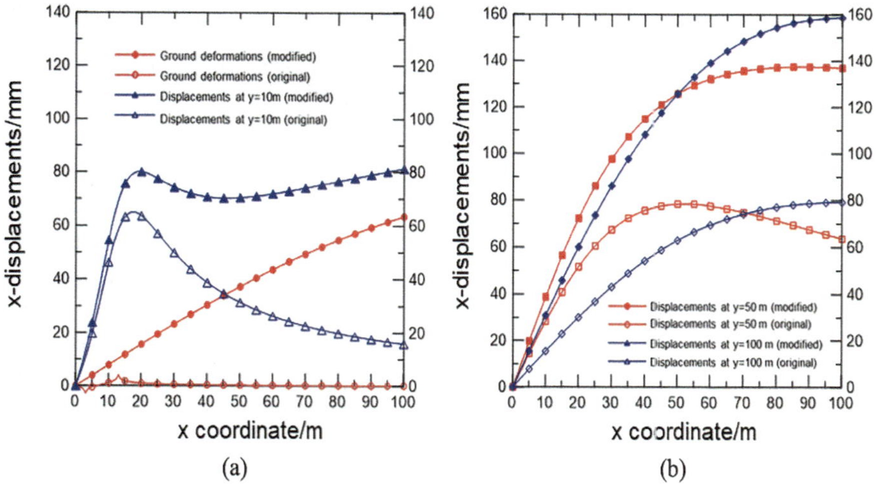

Fig. 11.23 Comparison on horizontal displacement between modified and original solutions at **a** ground surface and the line y = 10 m; **b** the lines y = 50 and 100 m

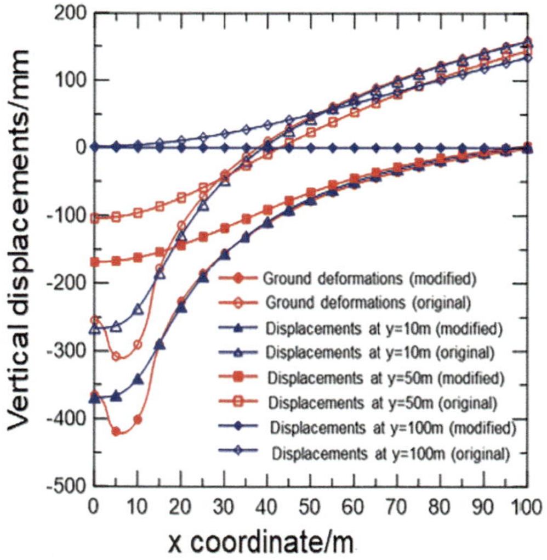

Fig. 11.24 Comparison on vertical displacement between modified and original solution

gravity stress release at tunnel boundary induced by gravity is considered. Therefore, similar solving procedure, i.e., the complex variable theory combined with conformal mapping, is adopted.

By introducing the mapping function, the region of the semi-infinite plane containing a circular tunnel (physical plane, z-plane) can be mapped conformably onto an annulus in the ζ-plane (image plane), with the outer and inner radii being 1

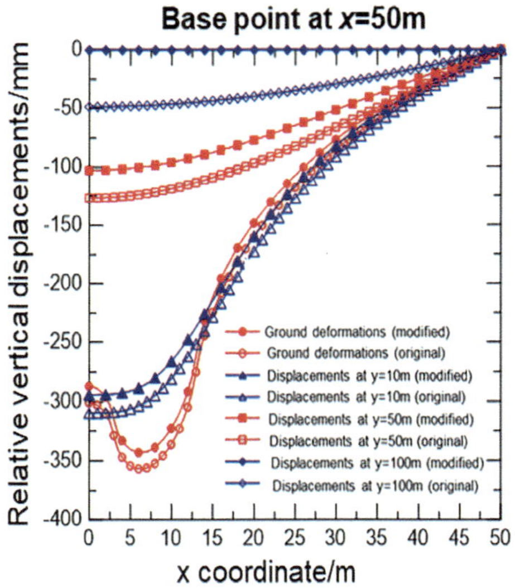

Fig. 11.25 Comparison on relative vertical displacement between modified and original solution (base point at x = 50 m)

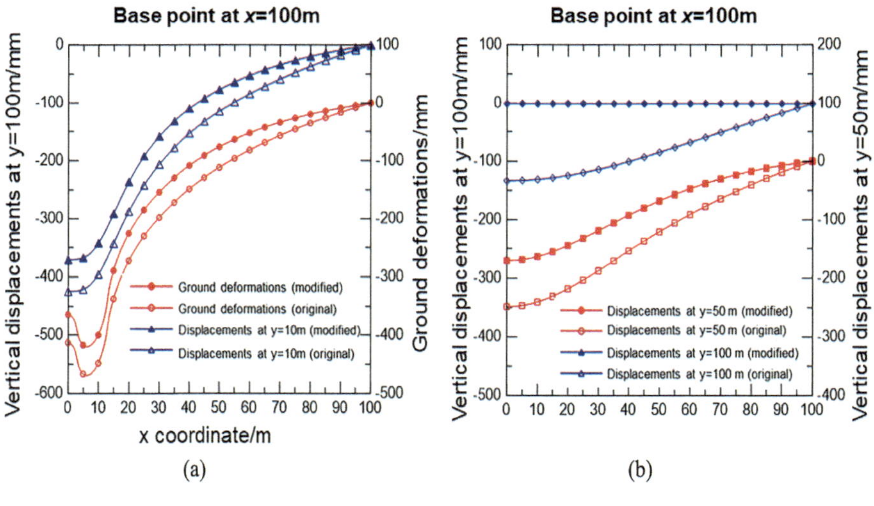

Fig. 11.26 Comparison on relative vertical displacement between modified and original solution (base point at x = 100 m) at: **a** ground surface and y = 10 m; **b** y = 50 m and 100 m

and δ, respectively [1]. The mapping equation can be expressed as follows:

$$z = \omega(\zeta) = -iH\frac{1-\alpha^2}{1+\alpha^2}\frac{1+\zeta}{1-\zeta} \tag{11.99}$$

where $\alpha = \frac{h}{R_0}\left(1 - \sqrt{1 - \frac{R_0^2}{h^2}}\right)$; and H is the depth of the tunnel center. The corresponding boundaries and coordinate systems in physical and image planes are plotted in Fig. 11.27. It may be noted from Eq. (11.99) and Fig. 11.27 that the ground surface in the z-plane is mapped into the outer unit circle, and the tunnel boundary corresponds to the inner circle in the ζ-plane.

Because the tractions at tunnel boundary are equilibrium force system, according to the analysis in Sect. 11.1, the potentials can be represented by a Laurent series as follows [1]:

$$\varphi(\zeta) = \sum_{k=0}^{\infty} a_k \zeta^k + \sum_{k=1}^{\infty} b_k \zeta^{-k}$$
$$\psi(\zeta) = \sum_{k=0}^{\infty} c_k \zeta^k + \sum_{k=1}^{\infty} d_k \zeta^{-k}, \quad (11.100)$$

where the coefficients (for example: $(a_k, B_k, C_k,$ and $d_k)$ will be determined according to the stress boundary conditions. The boundary conditions, in terms of the potentials for the ground surface (zero stress), are as follows:

$$\left\langle \varphi(\zeta, t) + \frac{\omega(\zeta)}{\overline{\omega'(\zeta)}} \overline{\frac{\partial \varphi(\zeta, t)}{\partial \zeta}} + \overline{\psi(\zeta, t)} \right\rangle \Bigg|_{\zeta = e^{i\beta}} = 0, \quad (11.101)$$

The stress condition on the tunnel boundary is as follows:

$$\left(1 - \alpha e^{i\beta}\right)\left\langle \varphi(\zeta, t) + \frac{\omega(\zeta)}{\overline{\omega'(\zeta)}} \overline{\frac{\partial \varphi(\zeta, t)}{\partial \zeta}} + \overline{\psi(\zeta, t)} \right\rangle \Bigg|_{\zeta = \alpha e^{i\beta}}$$
$$= \left(1 - \alpha e^{i\beta}\right)\left[i \int \left(\sigma_x^b + i\sigma_y^b\right) ds + C_3\right]; \quad (11.102)$$

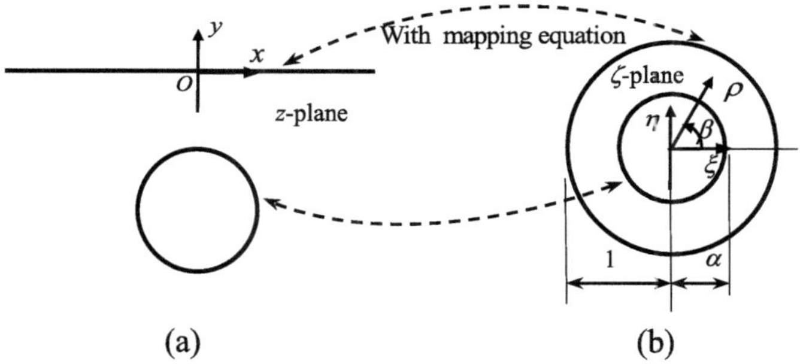

Fig. 11.27 Corresponding boundaries and coordinate systems in physical and image planes: **a** semi-infinite plane with a circular hole in z-plane and **b** an annulus in z-plane

where C_3 is a constant, σ_x^b and σ_y^b are projections along the x and y of boundary stresses (see Eqs. (11.110)), respectively. According to the boundary conditions, the equations with regard to the coefficients in the potentials can be determined.

By substituting Eq. (11.100) into the boundary condition Eq. (11.101), the equation with regards to the coefficients in potentials is yielded. The linear system of the equations in the following is then obtained by setting the coefficients of all of the power of $e^{\pm ki\beta}(k = 0, \ldots, \infty)$ equal to zero[1]:

$$c_0 = -\overline{a_0} - \frac{1}{2}a_1 - \frac{1}{2}b_1; \tag{11.103}$$

$$c_k = -\overline{b_k} + \frac{1}{2}(k-1)a_{k-1} - \frac{1}{2}(k+1)a_{k+1}, \quad k = 1, 2, \ldots, \infty; \tag{11.104}$$

$$d_k = -\overline{a_k} + \frac{1}{2}(k-1)b_{k-1} - \frac{1}{2}(k+1)b_{k+1}, k = 1,\ 2,\ \cdots, \infty; \tag{11.105}$$

The treatment of boundary condition (11.101) is the same as in Sect. 11.1. While the right side of Eq. (11.102) can not be directly expressed analytically as a sum of terms $e^{ki\beta}$, as in the case of gravity in Sect. 11.1. Therefore, the term at the right side of the boundary condition Eq. (11.102) can be the Fourier expansion as follows:

$$\left(1 - \delta e^{i\beta}\right)i \int \left(\sigma_x^b + i\sigma_y^b\right)ds = \sum_{k=-\infty}^{+\infty} D_k e^{ki\beta}. \tag{11.106}$$

By the equality of the coefficients between the left and right terms $e^{\pm ki\beta}(k = 0, \ldots, \infty)$. in Eq. (11.102), another linear system of equations is provided as follows:

$$\begin{aligned}&(1-\delta^{2k+2})a_{k+1} + (1-\delta^2)(k+1)\overline{b_{k+1}} \\ &\quad = \delta^2(1-\delta^{2k})a_k + (1-\delta^2)k\overline{b_k} - D_{k+1}\delta^{k+1}, \quad k = 1, 2, \ldots, \infty.\end{aligned} \tag{11.107}$$

$$\begin{aligned}&(1-\delta^2)\delta^{2k}(k+1)a_{k+1} + (1-\delta^{2k+2})\overline{b_{k+1}} \\ &\quad = (1-\delta^2)\delta^{2k}ka_k + (1-\delta^{2k})\overline{b_k} - \overline{D_{-k}}\delta^k, \quad k = 1, 2, \ldots, \infty.\end{aligned} \tag{11.108}$$

$$(1-\delta^2)(a_1 + \overline{b_1}) + \overline{C_3} = -\overline{D_0} \tag{11.109}$$

$$(1-\delta^2)(a_1 + \overline{b_1}) - C_3\delta^2 = -A_1\delta \tag{11.110}$$

By solving Eqs. (11.103) to (11.105), and (11.107) to (11.110), with respect to a_k, b_k, c_k, and d_k, the coefficients in the potentials (Eq. (11.100)) can then be determined. The stress and displacement of Case (A) can be expressed as

$$\sigma_x^{2-e} + \sigma_y^{2-e} = 4\mathrm{Re}[\Phi(\zeta)],\ \ \sigma_y^{2-e} - \sigma_x^{2-e} + 2i\tau_{xy}^{2-e} = 2\left[\overline{\omega(\zeta)}\frac{\Phi'(\zeta)}{\omega'(\zeta)} + \Psi(\zeta)\right], \tag{11.111}$$

$$2G_e(u^{2-e} + iv^{2-e}) = \kappa\varphi(\zeta) - \frac{\omega(\zeta)}{\overline{\omega'(\zeta)}}\overline{\varphi'(\zeta)} - \overline{\psi(\zeta)}, \tag{11.112}$$

G_e is the shear modulus; $\kappa = \frac{3K_e+7G_e}{3K_e+G_e}$ (plane strain), K_e is the bulk modulus.

The following gives the determination of D_k and the accuracy of the Fourier expansion of Eq. (11.106). The projection of the tractions along x and y directions which are induced by the surcharge loads, σ_x^b and σ_y^b, can be expressed by the stresses as follows:

$$\sigma_x^b + i\sigma_y^b = \cos\theta\sigma_x^{1-e} + \sin\theta\sigma_{xy}^{1-e} + i(\sin\theta\sigma_y^{1-e} + \cos\theta\sigma_{xy}^{1-e}), \tag{11.113}$$

where σ_x^{1-e}, σ_y^{1-e}, and τ_{xy}^{1-e} are presented in Eq. (11.88), q is the polar angle in physical plane. By substituting Eq. (11.113) into Eq. (11.106), together with the conformal mapping, the left side of Eq. (11.106) with respect to b can be determined. The coefficient D_k of the Fourier expansion can then be determined by simple numerical approach. Although the infinite terms in the expansion can make the equal sign of Eq. (11.106) accurate, for a continuous and smooth function, only a few positive and negative power terms can be taken in calculation to obtain a result with high precision. By introducing some approximation, n terms are adopted ($k = -n, \ldots, n$ in Eq. (11.106)) in the Fourier expansion, and a minimum least squares method is employed in the determination of the coefficient D_k.

In this section, in order to investigate the accuracy of the Fourier expansion, the results obtained from the left side of Eq. (11.106) and Fourier expansion of the right side are compared. The tunnel is excavated at depth $H = 6$ m, with the radius R_0 being 3 m. Then, two cases with one surcharge load $q_1 = 1$ MPa are considered: (1) the x coordinate of the midpoint of line A_1B_1 ('load location' for short), x_1, is zero, load width $w_1 = 12$ m; (2) $x_1 = 11$ m and $w_1 = 10$ m. Table 11.3 presents the values of D_k for the two cases where $n = 2$, 3, and 4, respectively. It can be seen that D_k decreases with the increase of k.

The distributions of the functions $f_1(\beta) = \left(1 - \delta e^{i\beta}\right)i\int\left(\sigma_x^b + i\sigma_y^b\right)ds$ and $f_2(\beta) = \sum_{k=-n}^{+n} D_k e^{ki\beta}$ against the angle β are plotted in Fig. 11.28. It is shown that the Fourier expansion shows a very high accuracy for Case (2) when n is larger than 2. Also, the expansion for Case (1) displays adequate accuracy in all the cases.

11.3.3.2 Case (B)—Influence of Surcharge Loads on Existing Tunnels

By superimposing the solutions of Models 1 and 2, the solutions for Case (B) are yielded as follows:

Displacements:

Table 11.3 Coefficients of Fourier expansion in two cases (the unit of coefficient: N)

	Case (1)						Case (2)					
	$n = 2$		$n = 3$		$n = 4$		$n = 2$		$n = 3$		$n = 4$	
	Real	Imaginary	Real	Imaginary	Real	Imaginary	Real	Imaginary	Real	Imaginary	Real	Imaginary
D_{-4}	–	–	–	–	0.44	7.14	–	–	–	–	0	– 0.44
D_{-3}	–	–	20.72	25.08	20.66	23.16	–	–	0	6.84	0	7.11
D_{-2}	120.42	27.88	114.87	21.23	114.92	21.24	0	146.96	0	145.65	0	145.76
D_{-1}	315.43	– 166.22	315.44	– 166.16	315.48	– 166.16	0	884.32	0	884.71	0	884.82
D_0	– 411.96	641.91	– 411.96	641.97	– 411.91	641.97	0	770.40	0	770.79	0	770.90
D_1	22.58	– 336.28	22.59	– 366.23	22.63	– 366.22	0	– 1456.36	0	– 1455.98	0	– 1455.87
D_2	– 39.26	– 131.00	– 33.56	– 122.01	– 33.52	– 122.01	0	– 290.43	0	– 272.70	0	– 272.59
D_3	–	–	– 21.24	– 33.24	– 19.26	– 31.29	–	–	0	– 64.19	0	– 59.56
D_4	–	–	–	–	– 7.16	– 7.30	–	–	–	–	0	– 16.68

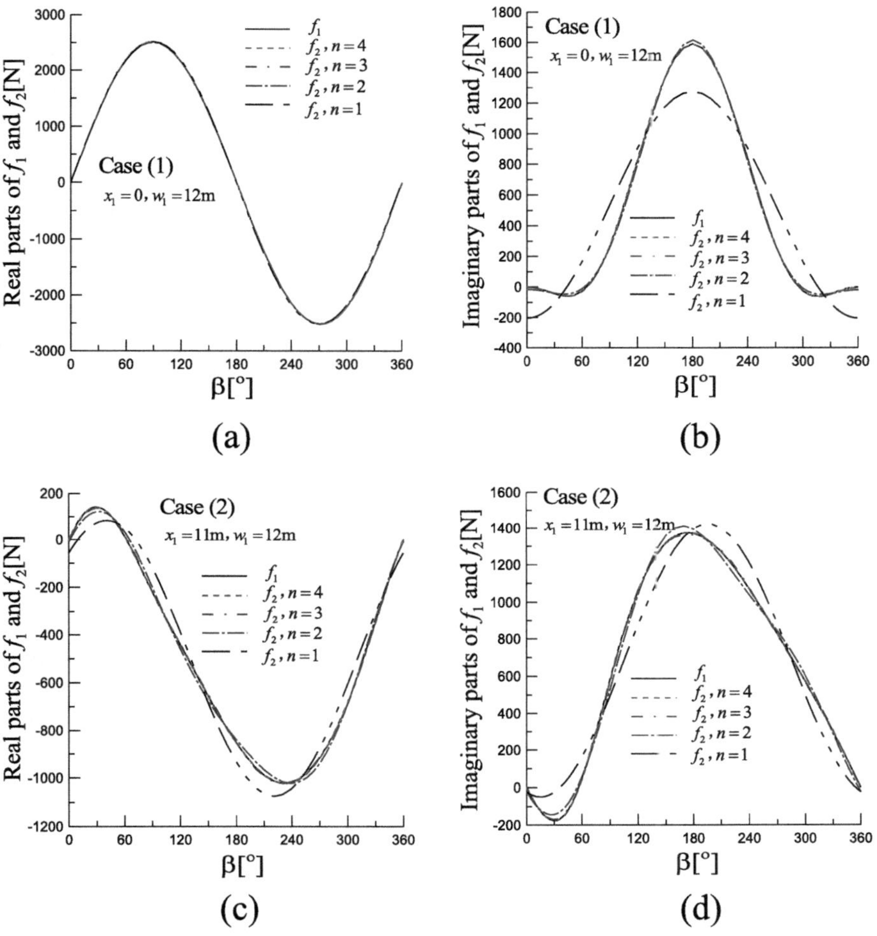

Fig. 11.28 Real and imaginary parts of series f_1 and f_2 versus b for different adopted terms in the series: **a** and **b** real and imaginary parts, respectively, when load width $x_1 = 0$ and load location $w_1 = 12$ m; **c** and **d** real and imaginary parts, respectively, when load location $x_1 = 11$ m and load width $w_1 = 12$ m, respectively

$$u^{B-e} = u^{1-e} + u^{2-e}, v^{B-e} = v^{1-e} + v^{2-e}, \tag{11.114}$$

Stresses:

$$\sigma_x^{B-e} = \sigma_x^{1-e} + \sigma_x^{2-e}, \sigma_y^{B-e} = \sigma_y^{1-e} + \sigma_y^{2-e}, \tau_{xy}^{B-e} = \tau_{xy}^{1-e} + \tau_{xy}^{2-e}. \tag{11.115}$$

where u^{1-e} and v^{1-e} are provided in Eqs. (11.90) and (11.91); u^{2-e} and v^{2-e} are provided in Eq. (11.112); σ_x^{1-e},σ_y^{1-e}, and τ_{xy}^{1-e} are given in Eq. (11.88); and σ_x^{2-e}, σ_y^{2-e}, and τ_{xy}^{2-e} are given in Eq. (11.111).

11.3.4 Derivation of Viscoelastic Solutions

The viscoelastic solution can be obtained via the elastic ones. For the problem of the stress boundary conditions in this section, because the elastic stresses are independent of elastic constants, the stress expressions are the same for the elastic and viscoelastic cases.

According to the viscoelastic displacement expressed by potentials in Sect. 3.2.4, the viscoelastic displacement of Case (A) are as follows:

$$u^{A-v} + iv^{A-v} = \frac{1}{2}\left[\int_0^t I(\tau)d\tau\right]\varphi(\zeta) - \frac{1}{2}\left[\int_0^t H(\tau)d\tau\right]\left[\frac{\omega(\zeta)}{\overline{\omega'(\zeta)}}\overline{\varphi'(\zeta)} - \overline{\psi(\zeta)}\right] \tag{11.116}$$

where $H(t)$ and $I(t)$ are functions related to viscoelastic models, $H(t) = \mathrm{L}^{-1}\left[\frac{1}{s\hat{G}(s)}\right]$, $I(t) = \mathrm{L}^{-1}\left[\frac{\mu(s)}{s\hat{G}(s)}\right]$, and $\mu(s) = \frac{3\hat{K}(s)+7\hat{G}(s)}{3\hat{K}(s)+\hat{G}(s)}$. $\hat{K}(s)$ ($\hat{G}(s)$) represents the Laplace transform of the shear (bulk) relaxation moduli of the viscoelastic model, $K(t)$ ($G(t)$); $\hat{f}(s)$ (or $\mathrm{L}[f(t)]$) is a function of the variable s, which is defined in the Laplace transform of the function $f(t)$; and $\mathrm{L}^{-1}[g(s)]$ indicates the inverse Laplace transformation, which is defined as $\mathrm{L}^{-1}[g(s)] = \frac{1}{2\pi i}\int_{c-i\infty}^{c+i\infty} g(s)\exp^{st} dt$. For the geo-material, the material exhibits a purely elastic volumetric response. Therefore, $K(t)$ is equal to the elastic bulk modulus K_e. The expression of $G(t)$ and $K(t)$ can be found in Table 3.3 in Sect. 3.2.4.

For Case (B), the displacement solutions are the superposition of the two parts as follows:

$$u^{B-v} = u^{1-v} + u^{A-v}, v^{B-v} = v^{1-v} + v^{A-v} \tag{11.117}$$

where

$$u^{1-v} = \frac{3}{2\pi}\sum_{j=1}^{l}\left\{\int_0^t J(t-\tau)q_j(\tau)d\tau \cdot \int_{y_{B_j}}^{y_{A_j}}\left[\arctan\frac{y_1-\varepsilon}{x_1} + \arctan\frac{y_1-\varepsilon}{2h_0-x_1}\right]d\varepsilon\right\}$$
$$-\frac{1}{2\pi}\sum_{j=1}^{l}\left\{\int_0^t H(t-\tau)q_j(\tau)d\tau\right.$$
$$\left.\cdot\int_{y_{B_j}}^{y_{A_j}}\left[\frac{x_1(y_1-\varepsilon)}{x_1^2+(y_1-\varepsilon)^2} + \frac{(2h_0-x_1)(y_1-\varepsilon)}{(2h_0-x_1)^2+(y_1-\varepsilon)^2}\right]d\varepsilon\right\}, \tag{11.118}$$

$$v^{1-v} = \frac{2}{\pi}\sum_{j=1}^{l}\left(\int_0^t F(t-\tau)q_j(\tau)d\tau \cdot \int_{y_{B_j}}^{y_{A_j}} \ln\frac{\sqrt{x_1^2+(y_1-\varepsilon)^2}}{\sqrt{(2h_0-x_1)^2+(y_1-\varepsilon)^2}}d\varepsilon\right)$$
$$+\frac{1}{2\pi}\sum_{j=1}^{l}\left\{\int_0^t H(t-\tau)q_j(\tau)d\tau\right.$$
$$\left.\cdot\int_{y_{B_j}}^{y_{A_j}}\left[\frac{(y_1-\varepsilon)^2}{x_1^2+(y_1-\varepsilon)^2}-\frac{(y_1-\varepsilon)^2}{(2h_0-x_1)^2+(y_1-\varepsilon)^2}\right]d\varepsilon\right\}, \tag{11.119}$$

where $J(t) = L^{-1}\left[\frac{1}{s\widehat{G}(s)+3s\widehat{K}(s)}\right]$, $F(t) = L^{-1}\left[\frac{4\widehat{G}(s)+3\widehat{K}(s)}{4\widehat{G}(s)[s\widehat{G}(s)+3s\widehat{K}(s)]}\right]$. The expressions of the $J(t)$ and $F(t)$ of the models are detailed in Table 3.3, with the absence of those of the Burgers model (due to the complicated expressions).

11.3.5 Verification

Although analytical derivation is accurate with strict mathematical basis, it is sometimes difficult to detect errors only from the derivation process due to the deviation of cognize and other reasons, especially for dealing with complex problems. The authors have found inaccuracy in several analytical studies. In addition, there may be errors in the implementation of the solution. Therefore, it is necessary to verify the analytical solutions comprehensively for relatively complex analytical solutions.

In this section, in order to validate the presented analytical solutions, comparisons between the displacements and stresses determined by the analytical solution and numerical FEM simulations which were carried out using ANSYS are provided. All of the FEM analyses were carried out under plane strain conditions, and assumed small displacements, which is completely consistent with the derivation of the analytical solution. The two considered numerical models corresponding to Cases (A) and (B) are presented in Fig. 11.29, in which the geometry of the domain and the boundary conditions are provided.

11.3.5.1 Verification of the Elastic and Viscoelastic Solutions of Case (A)

In the numerical simulations, the uniform surcharge load is first applied on the rectangular domain without any holes, in order to apply the medium to the initial stresses prior to any excavation, then the tunnel is excavated instantaneously at the $t = 0$ day. The incremental displacements and stresses which occurred after the tunnel excavation can be obtained by subtracting the stresses and displacements which are

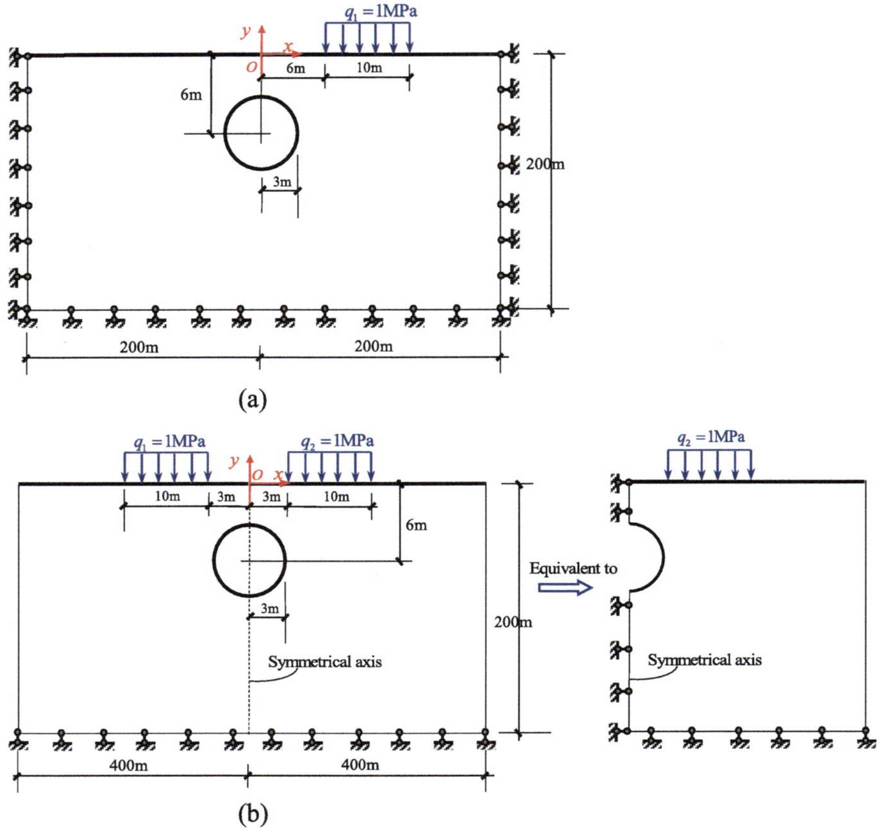

Fig. 11.29 Boundary conditions applied in the numerical simulations for: **a** Case (A), with load exerted on ground surface before excavation; **b** Case (B), with symmetrical loads exerted after excavation

present before the excavation takes place from the totals. In the FEM simulations, the elements were deleted from the mesh at the corresponding excavation times.

As can be seen in Fig. 11.30, the FEM mesh in the vicinity of the hole is evident. The following values of the constitutive parameters for the elastic and viscoelastic problems were adopted in both the numerical and analytical models:

(1) *Elastic problem:* Young modulus $E = 60$ MPa, and Poisson's ratio $\mu = 0.5$;
(2) *Viscoelastic problem:* a generalized Kelvin viscoelastic model was assumed to simulate the viscoelasticity of the rock/soil with: $G_M = 20$ MPa, $G_K = 10$ MPa, $\eta'_k = 100$ MPa day, and $K(t) = \infty$ (volume incompressible).

Four points (N_1 to N_4) on the tunnel boundary, along with point on ground surface, were selected for the comparison between the FEM results and analytical solution, as

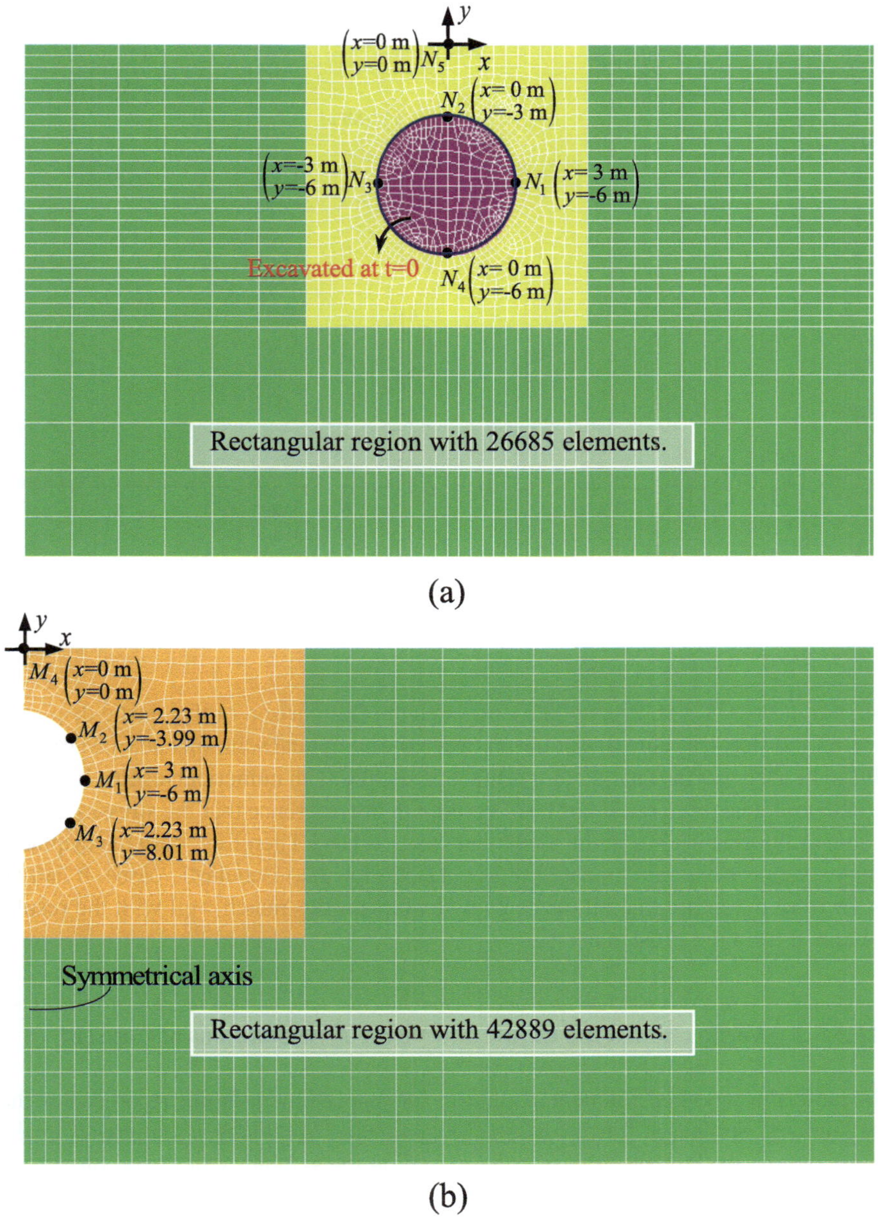

Fig. 11.30 FEM mesh in the vicinity of the tunnel employed in **a** Case (A); and **b** Case (B)

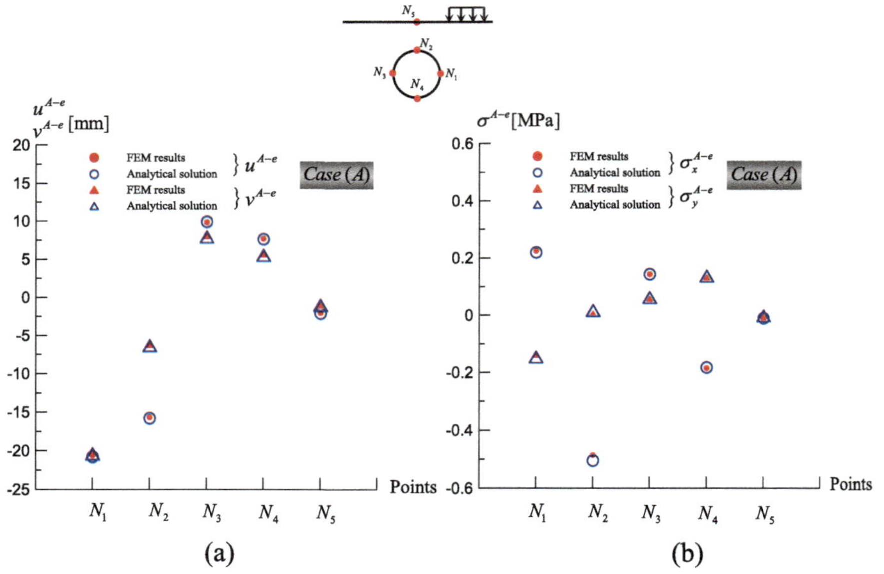

Fig. 11.31 Comparison on the elastic displacements and stresses in Case (A) between analytical and FEM results: **a** displacements; **b** stresses

shown in Fig. 11.30a. Figure 11.31 presents the comparison of the elastic displacements and stresses at the five points between the analytical solution and FEM results. It can be seen that the analytical solution agrees well with numerical results. In regard to the viscoelastic cases, it has been verified in the reference that the stresses are the same as the elastic ones in the analytical solution [18]. Therefore, only the displacements versus time are compared in Fig. 11.32a for the viscoelastic cases. It can be seen from the figure that all of the analytical quantities match well with the results obtained from the FEM analyses.

11.3.5.2 Verification of the Elastic and Viscoelastic Solutions of Case (B)

Because the modified Flamant's solution for displacement is not rigorous for the asymmetric surcharge (on Oy axis), the symmetric surcharge is employed in the verification (see Fig. 11.29b). In order to exploit the symmetry of the problem with respect to the Oy-axis, only half of the domain is modelled. A rectangular region, measuring 200 m in length and 400 m in width, was employed in the FEM model. The FEM mesh near the hole is displayed in Fig. 11.30b. The constitutive parameters for elastic problem are the same as the ones in Case (A). However, the parameters for the generalized Kelvin viscoelastic model are different, for the sake of a more sufficient validation, as shown in the following: $G_M = 100$ MPa, $G_K = 50$ MPa, $\eta_k' = 100$ MPa day, and $K(t) = \infty$. Four points (M_1 to M_4) were selected for the comparison, as shown in Fig. 11.30b.

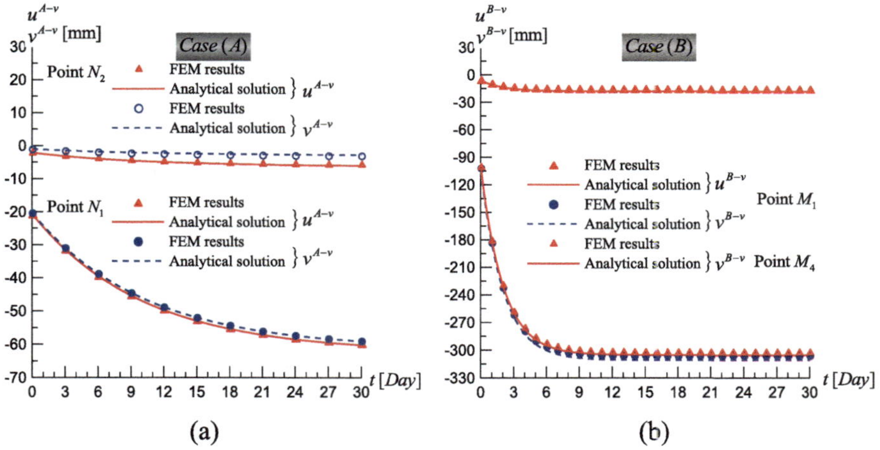

Fig. 11.32 Comparison on the viscoelastic displacements against time between analytical and FEM results: **a** displacements at points N_1 and N_2 of Case (A); **b** displacements of points M_1 and M_4 of Case (B)

In Figs. 11.33 and 11.32b, respectively, the comparisons are presented on elastic displacements/stresses and the viscoelastic displacements versus time, between the analytical solution and FEM results. A good match between the numerical results and analytical predictions is apparent for all of the displacements and stresses which are considered.

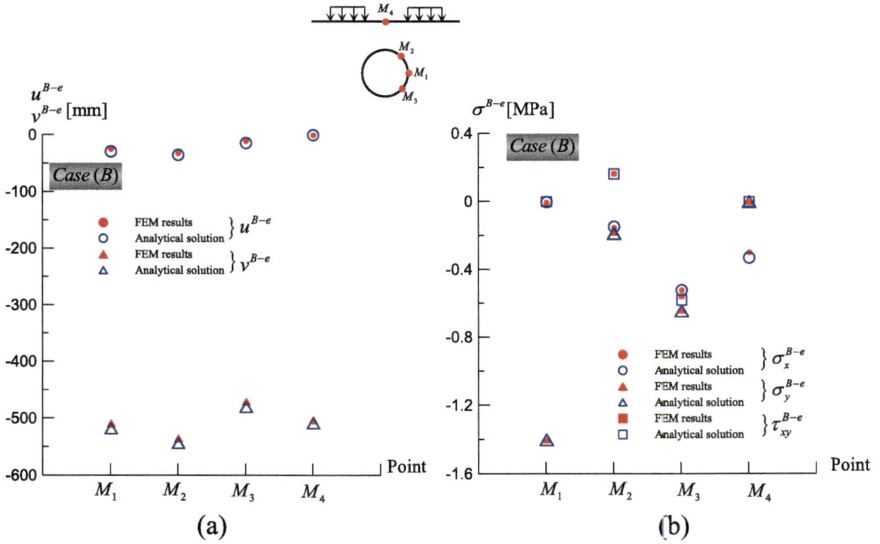

Fig. 11.33 Comparison on the elastic displacements and stresses of Case (B) between analytical and FEM results: **a** displacements; **b** stresses

These comparisons indicate the correctness of the derivation process and the solutions.

11.3.6 Validation

The accuracy of the analytical solution cannot be doubted. But in order to obtain the analytical solution, the engineering problems are greatly simplified. At this point, whether the solution can still be applied to the qualitative and quantitative prediction of engineering problems, and the possible deviation induced by simplification are questions that need to be answered. Therefore, it is necessary to validate the analytical solutions for engineering applicability which can greatly improve their value. In general, the field measurement, experimental result or numerical results of complex models can be used for applicability validation.

The analytical solutions in this section are validate through qualitative comparison with the measured results. In Ref. [19], a case of extreme surcharge loading on the ground surface above the metro tunnel was presented. Fig. 11.34a presents the longitudinal geological profile of the affected area in this case and Fig. 11.34b is the geometry of the tunnel. The surcharged area had an approximate length of 400 m and width of 120 m, and the height of the dumped soil ranged from 2 to 7 m. Deformations of tunnel lining were found due to the extreme surcharge whose value exceeded the design level of the code. The physical and mechanical properties of the soil around the tunnel were detailed in Table 11.4 [21], and the height of surcharge, together with the buried depth of tunnel at the sections represented by the segment ring numbers, were presented in Table 11.5 [21]. It can be seen from Fig. 11.34a that all of the soil layers above the tunnels can be regarded as impervious layers, except for a thin laye (sandy silt). Furthermore, only a small amount of water which penetrated from the lining joints appeared [21]. Therefore, regarding this case, the deviation of neglect of soil consolidation in the analytical solution is likely to not be great.

Based on the measured data, the schematic of observed tunnel convergence was shown in Fig. 11.35a, and ovalization deformation was found. The elastic Young's modulus in the analytical model is approximated adopted as the average one of the surrounding soil layers, and uniform surcharge load is assumed. All the parameters employed in analytical model are shown in Table 11.6. The tunnel deformations in Cases (A) and (B) predicted by analytical solutions are plotted in Fig. 11.35b and c. In Fig. 11.35, the solid lines represent the deformed boundaries of the tunnel, where the vertical displacements shown in the figures are ten times the actual calculated values, and the horizontal ones are twenty times. In order to show the comparison, the circular boundaries before tunnel deformation are represented by dashed lines. Because the integral tunnel subsidence occurs in Case (B), the initial location of the circular tunnel in Case (B) before surcharge applied is represented by short dashed line in Fig. 11.35c. It can be noted from Fig. 11.35 that the tunnel deformation pattern

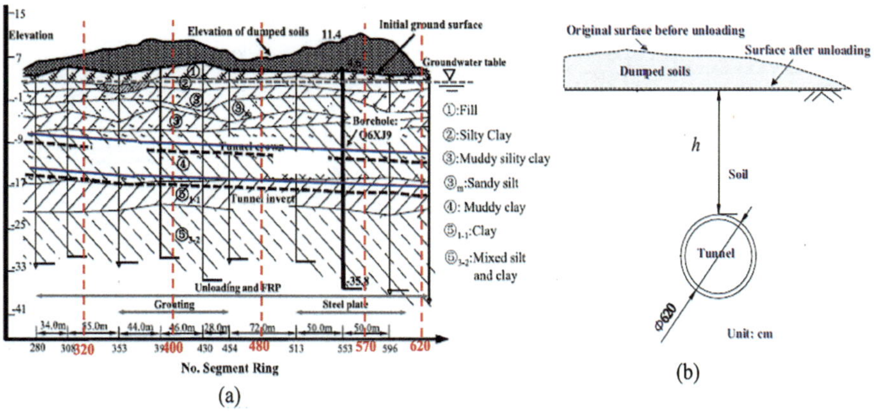

Fig. 11.34 Geology and geometry for the tunnel disrupted by the extreme surcharge: **a** geological profile of longitudinal cross section; **b** schematic of surcharge and tunnel geometry

Table 11.4 Physical and mechanical properties of soils [21]

No. of soil layer in Fig. 13(a)	Soil name	Unit weight (kN m^{-3})	Void ratio	Rate of water content (%)
③	Muddy sility clay	17.5	1.15	40.4
④	Muddy clay	16.6	1.43	50.1
⑤$_{1\text{-}1}$	Clay	17.3	1.22	42.3
⑤$_{3\text{-}2}$	Mixed silt and clay	18.0	0.99	34.2

Table 11.5 Height of surcharge and tunnel buried depth at five sections [21]

No. segment ring	Height of surcharge (h_s) (m)	Buried depth of tunnel (h) (m)
320	2.4	18.1
400	4.8	19.1
480	2.4	19.1
570	7.0	19.4
620	1.3	19.4

predicted by the analytical model agrees well with that of the in-situ observation. Compared with the deformation in Cases (A) and (B), the tunnel exhibits integral subsidence combined with ovalization deformation in Case (B); however, in Case (A), only ovalization deformation is shown.

In Fig. 11.36, the measured displacement (u_s), together with height of surcharge, were presented at five sections represented as ring numbers, and the horizontal displacement predicted by the analytical model was also plotted. It is shown in Fig. 11.36 that the variation pattern of convergence of the analytical model against the

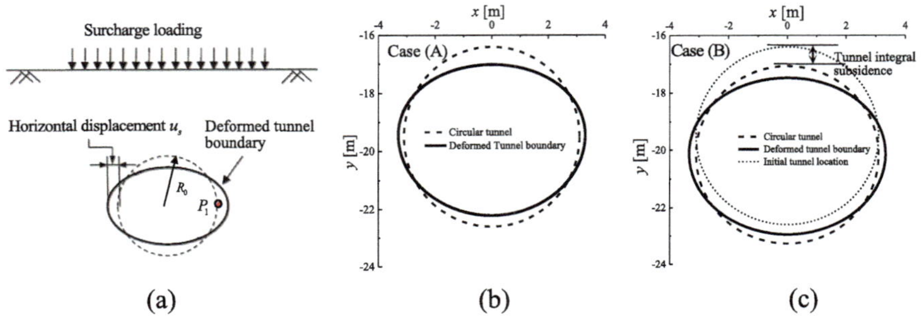

Fig. 11.35 Deformation pattern of the tunnel subjected to surcharge: **a** schematic of tunnel deformation based on measured data; **b** tunnel deformation obtained by analytical model of Case (A); **c** tunnel deformation and the deformation relative to that of the point with $\theta = 0°$ (P_1) obtained by analytical model of Case (B)

Table 11.6 Parameters employed in analytical model

No. segment ring	Young's modulus E (MPa)	Poisson's ratio μ	Tunnel buried depth h (m)	Depth of layer with zero vert. Displ. h_0 (m)	Height of surcharge h_s (m)	Load width w_1 (m)	Midpoint location of load x_1 (m)
570	5	0.35	19.4	40	7.0	12.4	0.0

ring number is consistent with the measured data; however, the analytical values are smaller than the measured ones due to the neglecting of the more complex geological conditions of the surrounding soil in the analytical models.

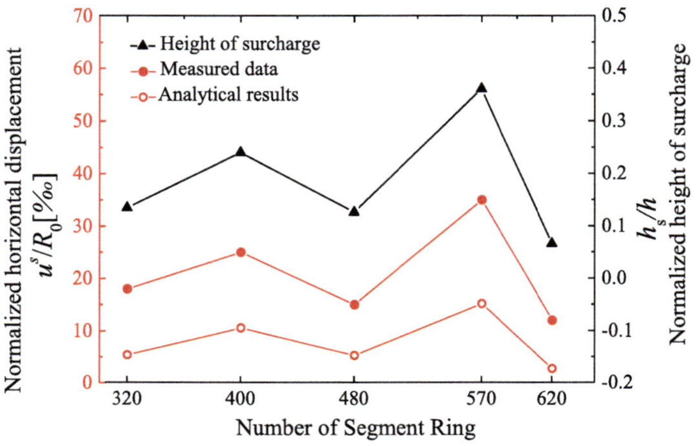

Fig. 11.36 Comparison on normalized tunnel horizontal displacement between analytical results and measured data. The measured data is from Ref. [21]

Through the comparison of tunnel convergence between the analytical solution and measured data, it was verified that the analytical results are qualitatively consistent with the measured data.

11.3.7 Analysis and Discussion on Stress

A uniform surcharge load q_1 is considered. For the sake of generality, the stresses are normalized by q_1. Other parameters (e.g. the buried depth H, load width w_1 and location) are normalized by the tunnel radius R_o. In the following figures, the compressive stress is positive. According to superposition principle, the total elastic stresses for Cases (A) and (B) are clearly the same. Furthermore, due to the fact that the stress expressions are independent of the elastic parameters (E, μ), the stresses of the viscoelastic case are the same as those of the elastic case. Therefore, the analysis of the stresses in this section is suitable for both the elastic and viscoelastic problems of Cases (A) and (B).

The contours of the major and minor principal stresses are plotted in Fig. 11.37, where the surcharge load is symmetrical on the Oy-axis. The dense contours of the major principal stress, and obvious stress concentration (the largest one appears at approximately $\theta = 45°$) are found at the tunnel boundary with $\theta = 30° - 60°$ and $120° - 150°$ (angle in polar coordinates, Fig. 11.15). Though the major principal stress (compressive) is relatively small at the tunnel crown and bottom, the minor principal stress is tensile at these regions, as shown in Fig. 11.37b. It also emerges that different load widths lead to almost the same pattern of stress contours, but with different stress magnitudes. It should be noted that the maximum compressive (tensile) stresses in the case with $w_1 = 2R_0$ are 1.8 (1.2) times those in the cases where $w_1 = R_0$.

Figure 11.38 presents the elasto-plastic results shown in Ref. [22] by finite element limit analyses, where the tunnel was subjected to continuous surcharge loading (see Fig. 11.39, model ②). It is shown that the location and propagation direction of the initial plastic zone in Fig. 11.38a are similar to those of the region with high compressive major principal stress obtained by the analytical model (see Fig. 11.37c). However, due to the assumption of elasticity in the analytical model, the final large plastic zone extending to the ground surface in Fig. 11.38a cannot be predicted.

Figure 11.40 presents the contours of the principal stresses when a surcharge load is exerted on the right side of the surface ($x_1 = 2R_0$), where the cases with $w_1 = R_0$ and $w_1 = 2R_0$ are investigated. It can be noted that, if a line L_1L_2 is drawn from the surcharge midpoint to the tunnel centre, the stress contours at the right of the L_1L_2 are very similar to those at right side of the tunnel in Fig. 11.37. However, the stress values in Fig. 11.40 are much smaller than those in Fig. 11.37. The stresses at the left of the L_1L_2 show a similar distribution to the ones at the right, while the values are smaller. As can be seen from Fig. 11.40b and d, the tensile minor principal stress

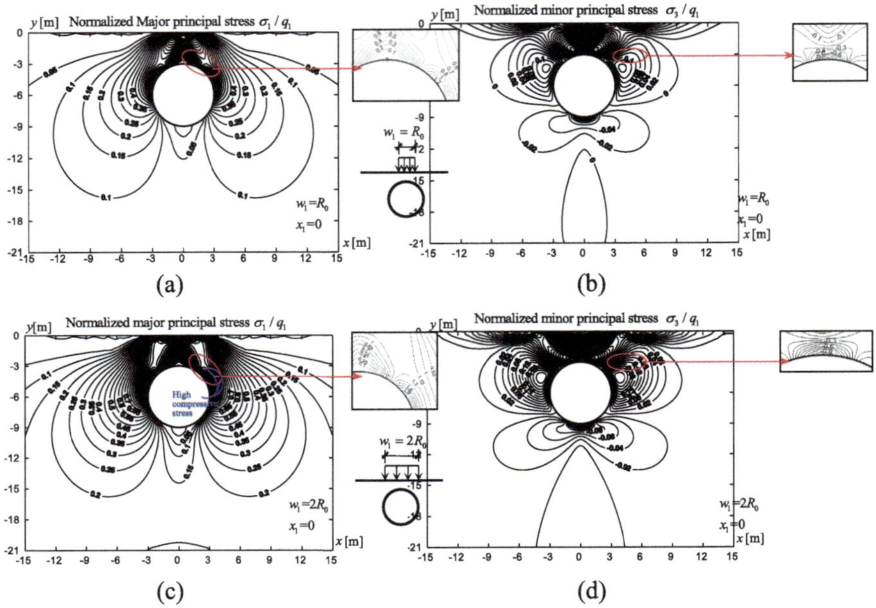

Fig 11.37 Contours of normalized principal stresses of ground subjected to symmetrical surcharge load: **a** and **b** major and minor principal stresses when load width, respectively; **c** and **d** major and minor principal stresses when load width, respectively

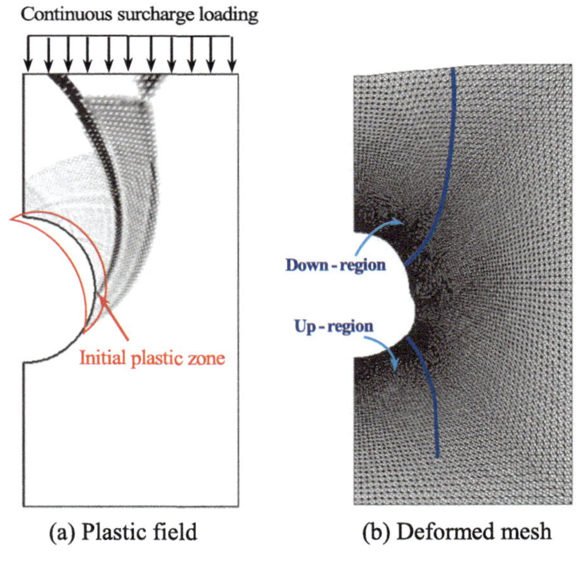

Fig. 11.38 Elasto-plastic results by finite element limit analyses

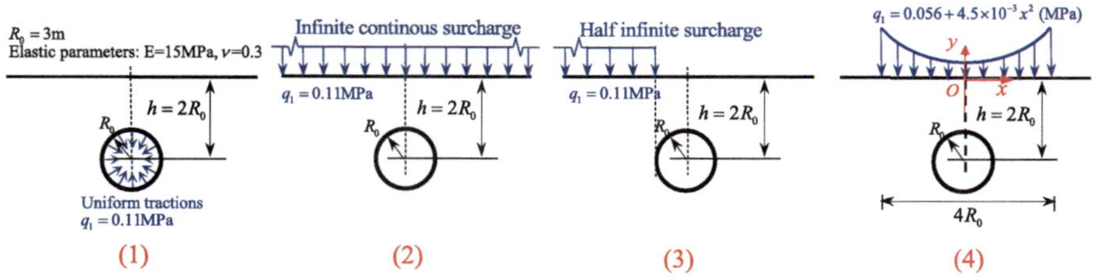

Fig. 11.39 Boundary conditions in various models

occurs around point L_2 (lower intersection of the line L_1L_2 and tunnel boundary), and the maximum tensile stresses are reduced to 0.5 times those of the corresponding ones in Fig. Fig. 11.37b and d (cases with $x_1 = 0$). It should also be noted that the maximum major and minor principal stresses of the cases with $w_1 = 2R_0$ are respectively 1.86 and 1.84 times those of the corresponding cases where $w_1 = R_0$. The shear failure at the lower right of the tunnel, as well as the tensile failure at the intersection of line L_1L_2 and the tunnel boundary, should draw a great deal of attention in these cases.

11.3.8 Analysis and Discussion on Elastic Displacement

11.3.8.1 Influence of Distribution Pattern of Surcharge on Displacement—Case (A)

In Verrijt's solution, the semi-infinite elastic ground containing a circular tunnel is considered, which is loaded by uniform tractions along the tunnel boundary induced by the gravitational initial stresses ($\sigma_x^0 = \sigma_y^0 = q_1$, a particular gravitational field prior to excavation, see Fig. 11.39, model ①). In this section, the displacement of Case (A) under various distribution patterns of surcharge are compared and discussed, where Verruijt's solution is also compared with. In Fig. 11.39, the boundary conditions are presented for the following four models:

Model ①: circular tunnel is loaded by uniform tractions along the tunnel boundary;
Model ②: infinite uniform surcharge is exerted on the ground surface;
Model ③: half infinite uniform surcharge is exerted on the ground surface;
Model ④: non-uniform surcharge with finite width is exerted on the ground surface.

The displacements of models ② to ④ are predicted by the solution of Case (A). Figure 11.41 plots the horizontal and vertical displacements along the ground surface and tunnel boundary for the four models. It may be noted from Fig. 11.41 that the results of the new solution for model ② are closest to Verruijt's solution, due to the fact that the infinite uniform surcharge leads to the uniform initial stress state

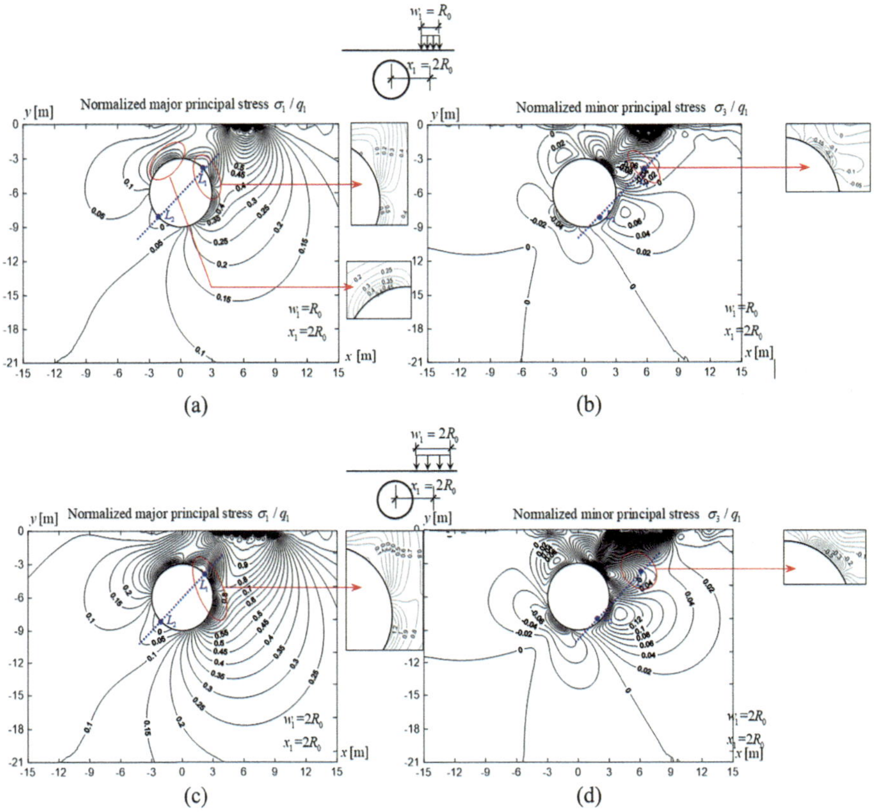

Fig. 11.40 Contours of normalized principal stresses of ground subjected to surcharge load exerting on the right surface $(x_1 = 2R_0)$: **a** and **b** major and minor principal stresses, when load width $w_1 = R_0$, respectively; **c** and **d** major and minor principal stresses, when load width $w_1 = 2R_0$, respectively

$\left(\sigma_x^0 = \frac{\mu}{1-\mu} q_1, \sigma_y^0 = q_1\right)$ before tunnel excavation, which is more similar to model ①. However, the displacements for models ③ and ④, as well as Verruijt's solution are quite different, due to the significant differences in loading pattern. Particular differences are shown in Fig. 11.41b and c: surface heave appears in model ③, and very small horizontal displacement occurs when the surcharge is non-uniform in model ④.

11.3.8.2 Displacement of Case (A)

A uniform surcharge load q_1 is considered in the analysis of ② and ③. The displacements are normalized by Δu_r, which is the radial displacement on a tunnel boundary for a circular tunnel excavated in an infinite elastic medium, subjected to hydrostatic

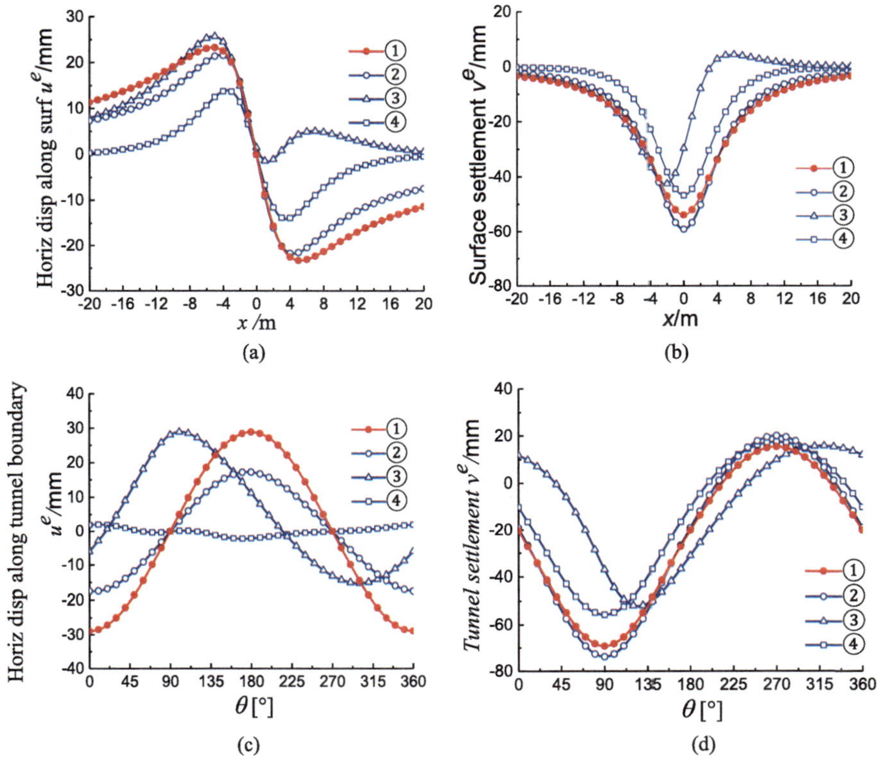

Fig. 11.41 Displacement for four models: **a** and **b** horizontal and vertical displacements along ground surface versus x, respectively; **c** and **d** horizontal and vertical displacements along tunnel boundary versus θ, respectively

far field stress q_1:

$$\Delta u_r = \frac{q_1 R_0}{2G_s} \tag{11.120}$$

where R_0 is the tunnel radius; and G_s is the shear modulus. The displacement forward along the coordinate axis is positive.

The incremental displacement induced by tunnel excavation is concerned, which is called 'displacement' in short in this section. The contours of the elastic displacement of Case (A) are plotted in Fig. 11.42, for the surcharge load being symmetrical on the Oy-axis, and with the width w_1 being R_0 and $2R_0$, respectively. It can be seen from Fig. 11.42a and c that the horizontal displacements first decrease, then increase, and finally decrease to zero with the increase in depth. Figure 11.42b and d show that the vertical displacements around the upper half of the tunnel are in a downward direction; however, they tend to be in an upward direction near the bottom of the tunnel. The down/up-regions in Fig. 11.42b and d denote the region with large downward/upward vertical displacement $(v \geq 16\% u_r^0)$, they are called down/up-region. With the increase of the load width, the down-region extends only along the horizontal direction, while the up-region extends along the vertical direction. Fig. 11.38b provides the deformed mesh in Ref. [22] determined by the finite element limit analyses, where the down/up-regions are very similar, as predicted by the analytical solution in Fig. 11.42d.

Figure 11.43 plots the contours of displacement when the surcharge load, with width w_1 being R_0 and $2R_0$, exerts on the right surface ($x_1 = 2R_0$). The figure shows that the horizontal displacement is positive near point L_2, while it is negative in the other regions. The vertical displacement is downward at the right side of the tunnel, with the maximum value achieved at point L_1. In contrast, it is upward at the left side, and the maximum value occurs at point L_2. Compared with the tunnel subjected to symmetrical surcharge (Fig. 11.42), the down-region at the right side of the tunnel in Fig. 11.44 is much larger than that in Fig. 11.42, however, the up-region in Fig. 11.44

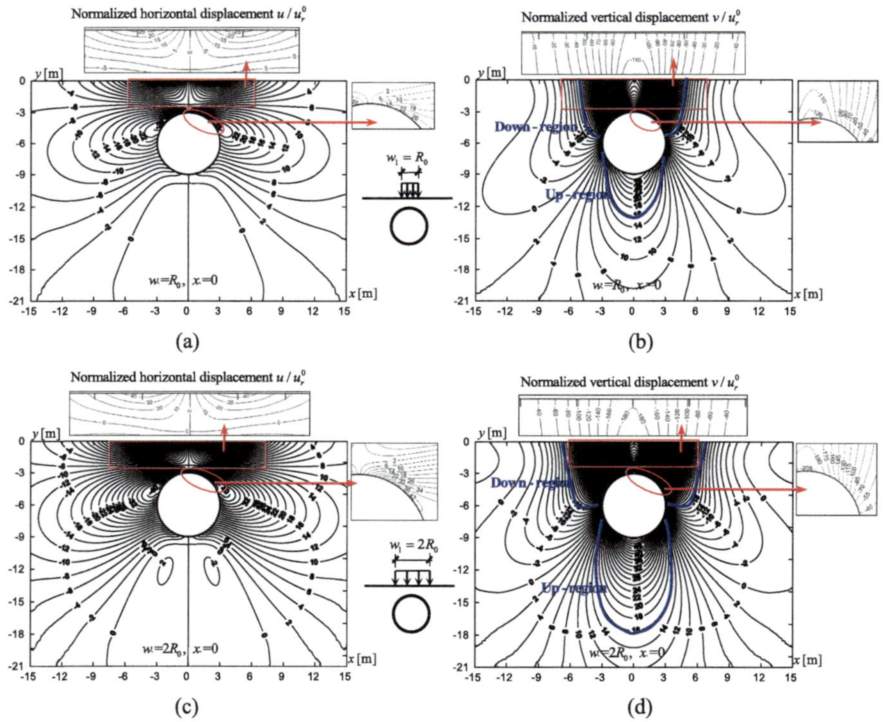

Fig. 11.42 Contours of normalized displacements of ground subjected to symmetrical surcharge load: **a** and **b** horizontal and vertical displacements, respectively, when load width $w_1 = R_0$; **c** and **d** horizontal and vertical displacements, respectively, when load width $w_1 = 2R_0$

is much smaller. Furthermore, with the increase of load width, the down/up-regions both significantly extend downwards.

To better display the influence of surcharge location and width, Fig. 11.44 particularly presents the surface/boundary displacements versus x/θ under various w_1 and x_1. It can be noted from Fig. 11.44a and c that the maximum horizontal displacements are almost the same for the cases with the same load widths (w_1), despite the fact that the load locations (x_1) are different. However, the settlements are sensitive to both the load width and location, as shown in Fig. 11.44b and d: the maximum settlement in the case where $x_1 = 0$ is more than 2.5 times as much as that in the case where $x_1 = 2R_0$; when the load width increases from R_0 to $2R_0$, the maximum settlement increases to 1.8–2.0 times that of the original one. Furthermore, when symmetrical surcharge (asymmetrical surcharge, $x_1 = 2R_0$) is applied, the point with the largest

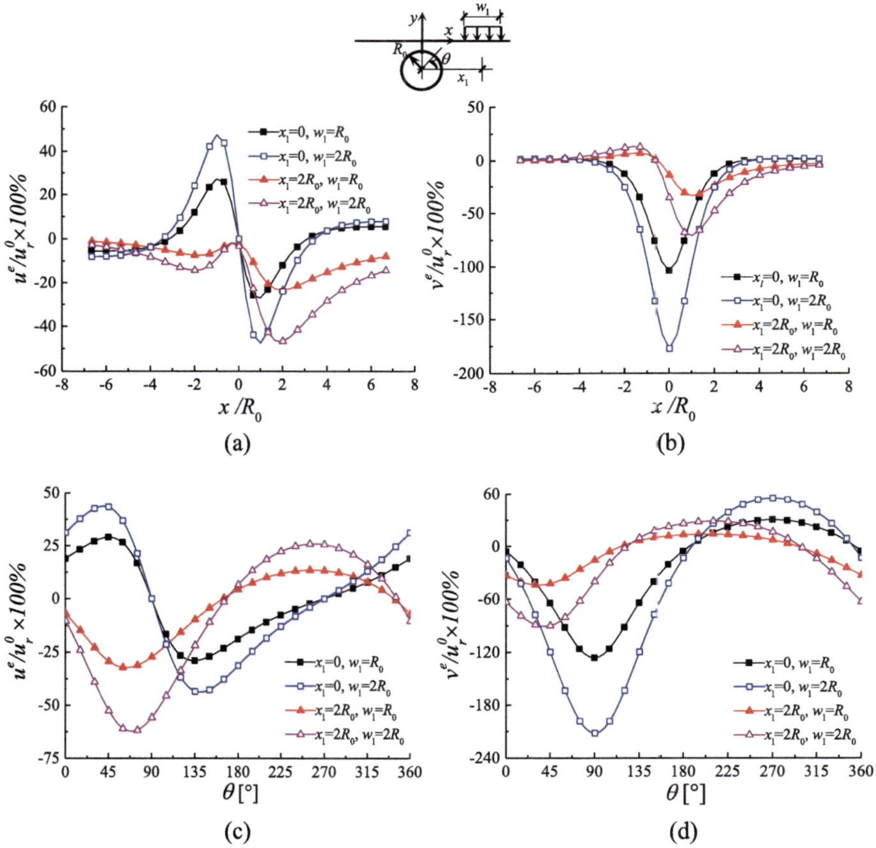

Fig 11.43 Distributions of normalized displacement along ground surface and tunnel boundary for various width and location of surcharge load: **a** and **b** horizontal and vertical displacements of ground surface versus x/R_0, respectively; **c** and **d** horizontal and vertical displacements along tunnel boundary versus θ, respectively

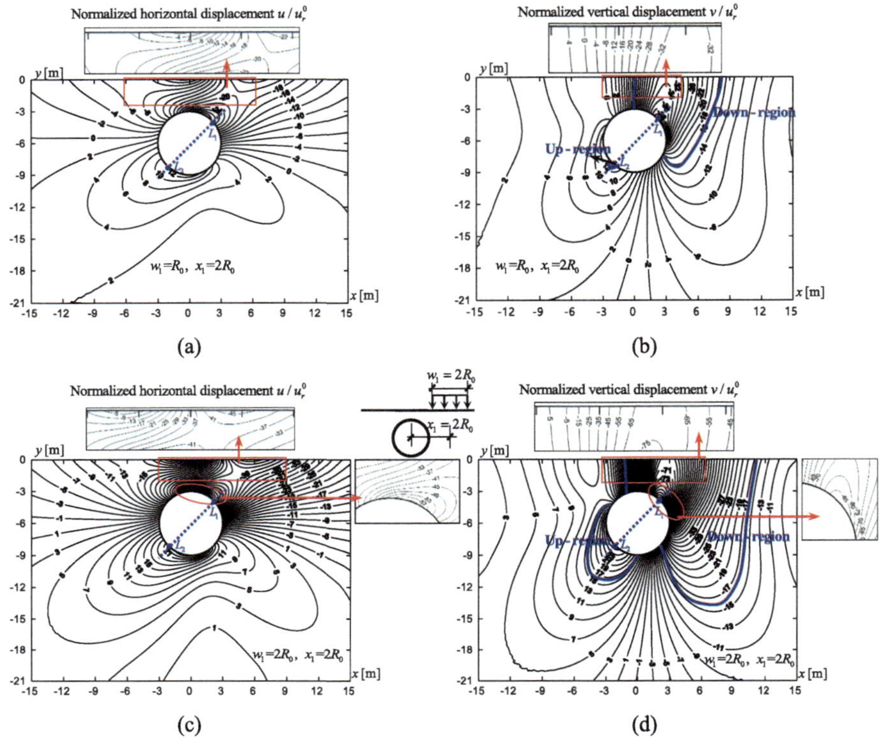

Fig. 11.44 Contours of normalized displacements of ground subjected to surcharge load exerting on the right surface $(x_1 = 2R_0)$: **a** and **b** horizontal and vertical displacements, respectively, when load width $w_1 = R_0$; **c** and **d** horizontal and vertical displacements, respectively, when load width $w_1 = 2R_0$

vertical displacement along tunnel boundary is at $\theta = 90°$ ($\theta = 30°$), and the largest surface settlement occurs at $x = 0$ ($x = R_0$). It is also interesting to note that the ground heave occurs to the left of the settlement trough when the surcharge exerts on the right side of the ground.The horizontal and relative vertical displacements on the tunnel boundary versus θ, as well as the surface settlements versus x for Cases (A) and (B), are displayed in Fig. 11.45 for the various buried depths of the tunnel. The surcharge load is symmetrical, and the load width is $2R_0$. It is shown that the patterns of the displacement variations are similar for the two cases. However, the displacements of Case (B) are larger than those of Case (A). The buried depth has significant impact on the displacements. The larger buried depth leads to smaller displacements on the tunnel boundary and surface settlements for both of the cases. When buried depth increases from $2R_0$ to $4R_0$, the normalized surface settlement decreases from 500 to 200%.

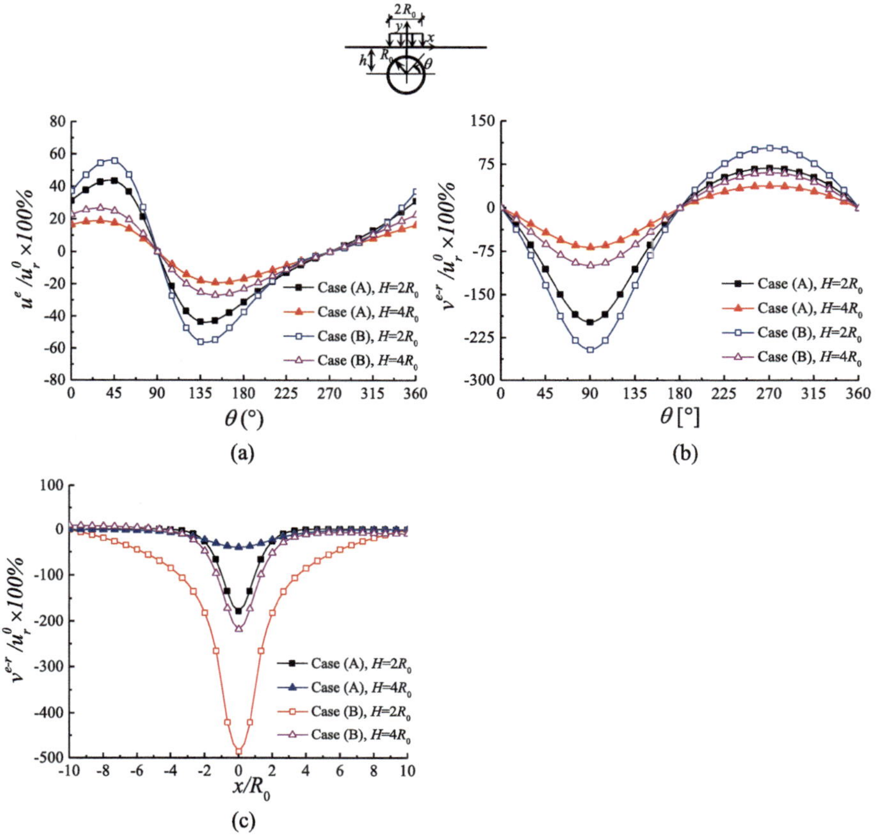

Fig. 11.45 Normalized displacements of Cases (A) and (B) for various buried depth H: **a** and **b** horizontal and relative vertical displacements along tunnel boundary versus θ, respectively; **c** relative surface settlements versus x/R_0

11.3.8.3 Displacement of Case (B) and the Comparison with Case (A)

The displacement for Case (B) is the one after surcharge exerts. In this section, it is assumed that the vertical displacements of points located at the depth $h_0 = 50$ m (Fig. 11.18b) are restrained, and also that the surcharge load is symmetrical on the Oy-axis where $w_1 = 2R_0$.

The displacements along the surface and tunnel boundary, respectively, versus $^x/_{R_0}$ and θ, are displayed in Fig. 11.46 for Case (B), and the displacements for Case (A) are also presented for comparison purposes. It can be noted from Fig. 11.46 that the maximum surface settlement and the settlement trough of Case (B) are much larger than those of Case (A). Moreover, it may also be noted from Fig. 11.46b that the difference of settlement along the tunnel boundary between Cases (A) and (B) is approximately a constant, which indicates the same relative deformation of tunnel

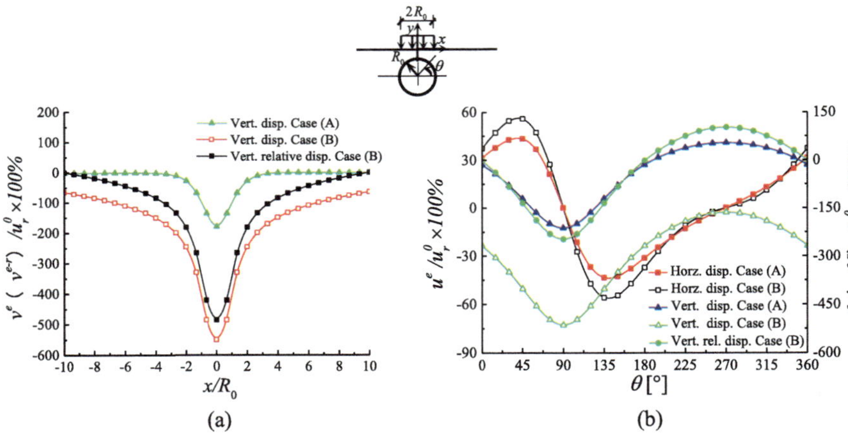

Fig. 11.46 Distribution of normalized displacements and the relative ones in Case (B), and the comparison with the ones in Case (A): **a** surface settlement versus x/R_0; **b** displacements along tunnel boundary versus θ

in the two cases, while in Case (B), large integral subsidence of tunnel occurs. This is consistent with the phenomenon in geo-engineering of tunnel movement induced by excavation of a foundation pit (a foundation pit excavation can be regarded as the ground subjected to upward surface loads) [23]. The settlement along the tunnel boundary relative to that of point P_1 ($x = R_0$, $y = -h$, $\theta = 0°$), or surface settlement relative to points with $|x| = 10R_0$, are mainly analyzed in the following section, in order to clearly reflect the influence of the surcharge load on the relative displacements in Case (B). The relative vertical displacements along the surface and tunnel boundary are also plotted in Fig. 11.46. It can be noted that the relative displacement of Case (B) is also larger than that of Case (A). Especially for surface settlement, the maximum settlement of Case (B) is 2.5 times of that of Case (A).

11.3.9 Analysis and Discussion on Viscoelastic Displacement

In the viscoelastic analysis, Δu_r in Eq. (11.120) is also used to normalized the viscoelastic displacement. $G_s = G_H G_K / (G_H + G_K)$ for generalized Kelvin model; $G_s = G_H$ for the Poyting-Tomson model; and $G_s = G_K$ for the Burgers model. The generic time t in the viscoelastic cases is normalized by the retardation time T_K ($T_K = \eta'_K / G_K$ for the generalized Kelvin and Burgers models; and $T_K = \eta'_M / G_H$ for the Poyting-Tomson model).

The viscoelastic displacements of Cases (A) and (B) versus the time for points P_1, P_2, and P_3 (Fig. 11.15) are presented in Fig. 11.47, and generalized Kelvin, Poyting-Thomson, and Burgers viscoelastic models are adopted, respectively. When the rock/soil is simulated as generalized Kelvin and Poyting-Thomson viscoelastic models, the displacements first rapidly increase/decrease with time but the variation rate decreases, and then reach stable values when the time t approximately equals $4T_k$, as shown in Fig. 11.47a–d. The variation of displacement in these cases is consistent with the creep characteristic of the two viscoelastic models. While when a Burgers viscoelastic model is adopted, with the increase of time, the e displacement first non-linearly increases (except the horizontal displacement at point P_1, which increases slightly first and then decreases, but the magnitude is not large), and then the increase decelerates after $t = 1.5T_K$, as illustrated in Fig. 11.47e and f. These variation is consistent with the creep characteristics of Burgers viscoelastic model.

In order to investigate the influence of the viscoelastic parameters on the displacements, Fig. 11.48 presents the vertical displacement at point P_3 in Case (A), versus the time for various G_H/G_K in a generalized Kelvin model, and G_M/G_H in a Poyting-Thomson model. It can be noted from Fig. 11.48a that more time is needed for the displacement to be stable when the G_H/G_K is larger, and that the instantaneous deformations and final stable ones are larger. However, Fig. 11.48b shows that the times needed for the displacement to become stable, as well as the final displacement for the Poyting-Thomson model, are almost the same for the cases with different G_M/G_H, and only larger instantaneous deformations when the G_M/G_H is larger are shown. The displacements at point P_3 versus time for the various G_M/G_K and η_M/η_K in the Burgers model are displayed in Fig. 11.49a and b, respectively. Figure 11.49a shows that the displacements are larger at any time when the G_M/G_K are smaller. However, the variation patterns of the displacement against time are very similar for the different G_M/G_K, all of which exhibit linear increases with time after $t = 1.5T_K$. As can be seen from Fig. 11.49ab, the increase rate of the displacement is strongly influenced by the η'_M/η'_K, and the rate is larger when the η'_M/η'_K is small.

11.4 Elastic Solution for a Non-circular Tunnel in Semi-infinite Plane

The common tunnel shape in practical engineering is not all circular. How to use the methods presented in this chapter to solve the problem of shallow buried non-circular tunnels is the content to be studied in this section. The author of this book was the first to carry out work in this field [10, 11], successively solving the force field of tunnels with simple and complex shapes. The key to this problem is the determination of the mapping function, which can map the region containing non-circular holes in a half-plane to a concentric ring domain on the image-plane. The author first provided a general expression for this mapping function (Eq. (1.24)) in Ref. [10], and provided a method for solving the coefficients of the mapping function. This method is theoretically feasible, but not ideal for complex hole shapes, for complex hole shapes, the mapping function requires more terms, resulting in a higher number of unknowns to be solved. When the number of terms in the mapping function is small, this method is applicable, so its effect is still acceptable for some simple hole

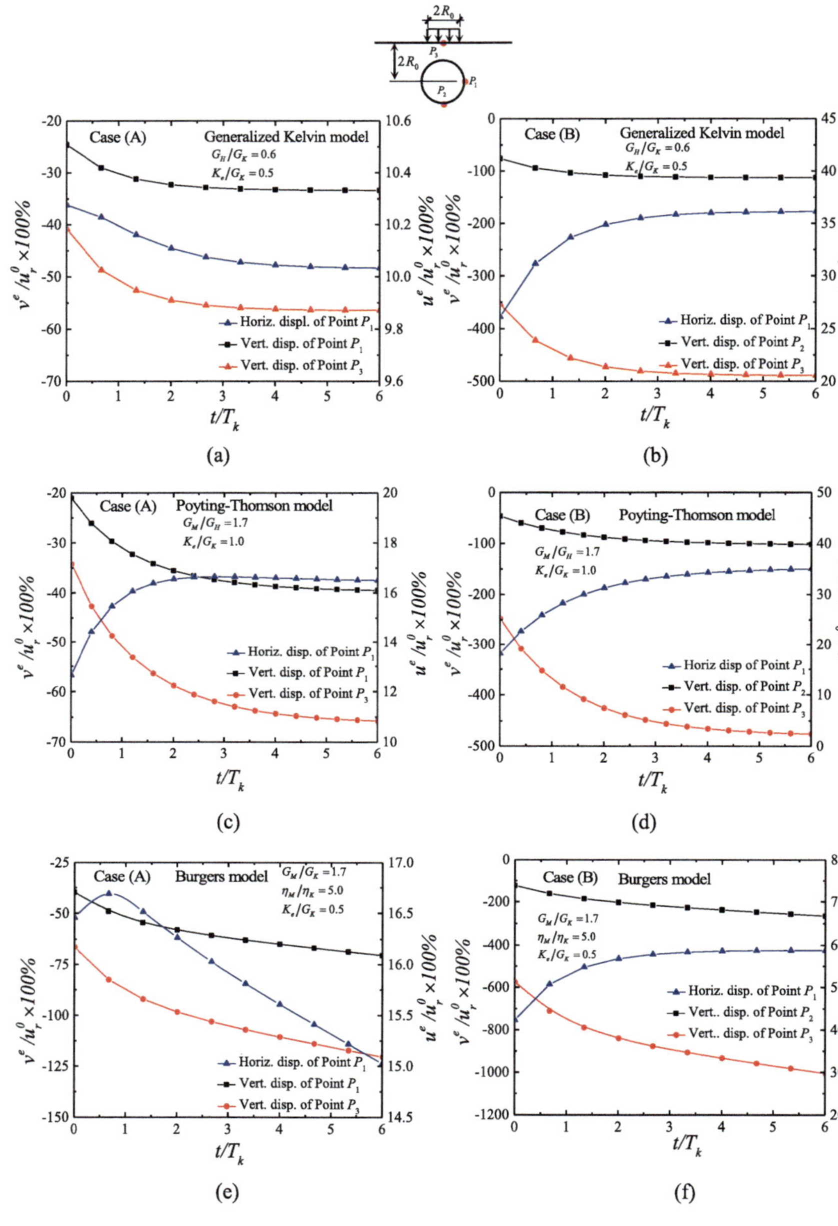

Fig. 11.47 Displacements versus time at points P_1, P_2 and P_3 in viscoelastic cases: **a** and **b** displacements of Cases (A) and (B), respectively, when rock/soil is assumed to be generalized Kelvin model; **c** and **d** displacements of Cases (A) and (B), respectively, when rock/soil is assumed to be Poyting-Thomson model; **e** and **f** displacements of Cases (A) and (B), respectively, when rock/soil is assumed to be Burgers model

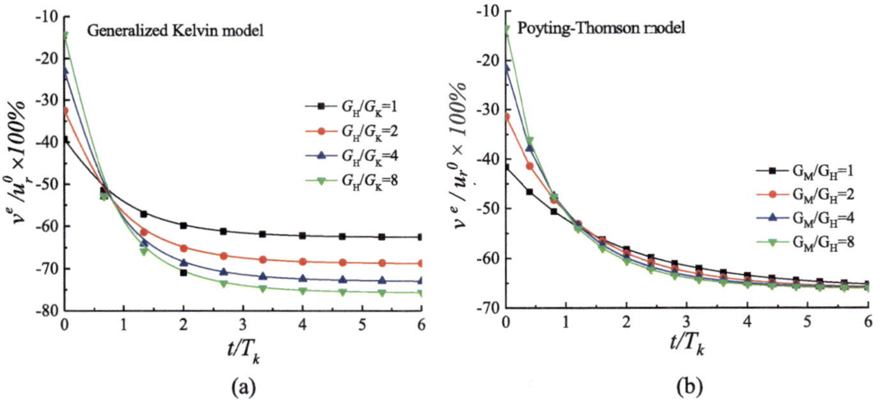

Fig. 11.48 Normalized vertical displacements at Point P_3 in Case (A) versus time: **a** for different values of G_H/G_K in generalized Kelvin model; **b** for different values of G_M/G_H in Poyting-Thomson model

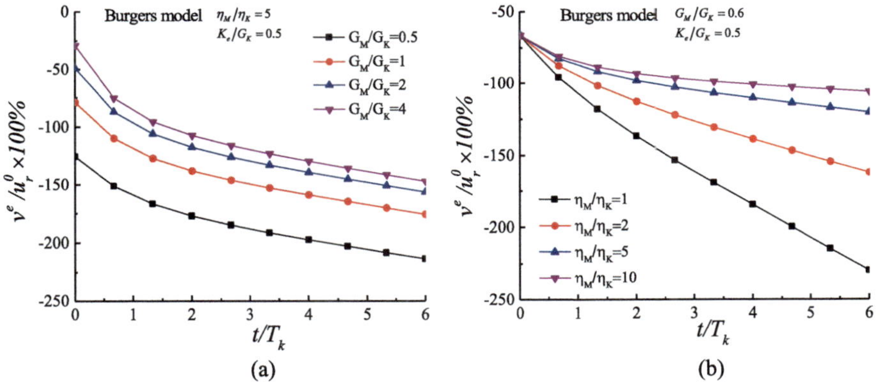

Fig. 11.49 Normalized vertical displacements at Point P_3 in Case (A) versus time for various parameter values of Burgers model: **a** for different values of G_M/G_K; **b** for different values of η'_M/η'_K

shapes. For example, Fig. 11.50 shows the class horseshoe, class triangular, and class elliptical holes depicted by the mapping function Eq. (1.24) when $n = 2$.

Figure 11.51 shows a real elliptical hole with a major axis of 3 and a minor axis of 2, as well as a class elliptical hole obtained using the mapping function. Figure 11.51a and b respectively represent an upright elliptical hole and a lying elliptical hole [10]. It can be seen that when $n = 2$, the approximate degree of the class elliptical holes and real elliptical holes obtained is very high (Fig. 11.51), but for triangular or horseshoe shaped holes, the shape obtained is not very good when $n = 2$. On the basis of Ref. [10 and 11] proposed a new method for solving the coefficients of mapping functions using optimization techniques, which is also

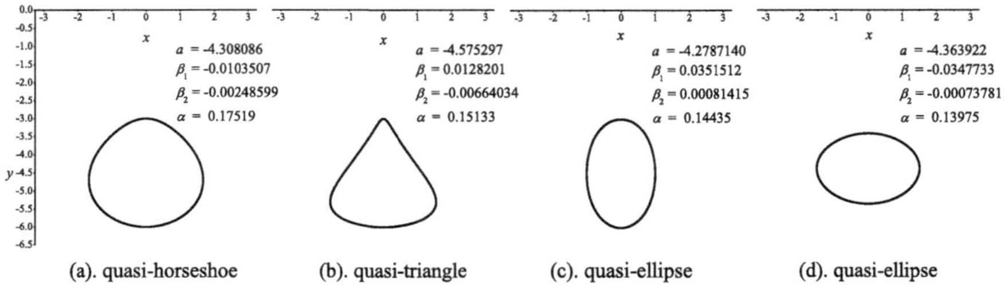

Fig. 11.50 Regulates n = 2 several simple apertures obtained from the mapping function when $n = 2$

applicable to complex shapes. The author provides the specific solution process for the mapping function in Sect. 1.4, and provides the calculation results for horseshoe holes, vertical-wall horseshoe hole, vertical-wall semicircle hole, and square holes (Fig. 1.17). From the calculation results, it can be seen that the number of terms required for the mapping function is related to the hole shape and buried depth of tunnel. The shallower the buried depth, the more complex the tunnel shape, and the more terms required for the mapping function.

On the basis of the known mapping function, the solving equations can be established by the stress boundary conditions of the tunnel boundary and the ground surface. By using the power series method in the complex variable method, the analytical solution of the problem for a non-circular tunnel in the elastic half-plane can be obtained. For the simple hole shape when $n = 2$, the method described in Sect. 11.1 is adopted in Ref. [10], and two analytic functions are directly used as unknown functions to be solved. When n is large, Ref. [11] used the method in Sect. 11.2 to derive the relationship between two analytic functions through the boundary condition of

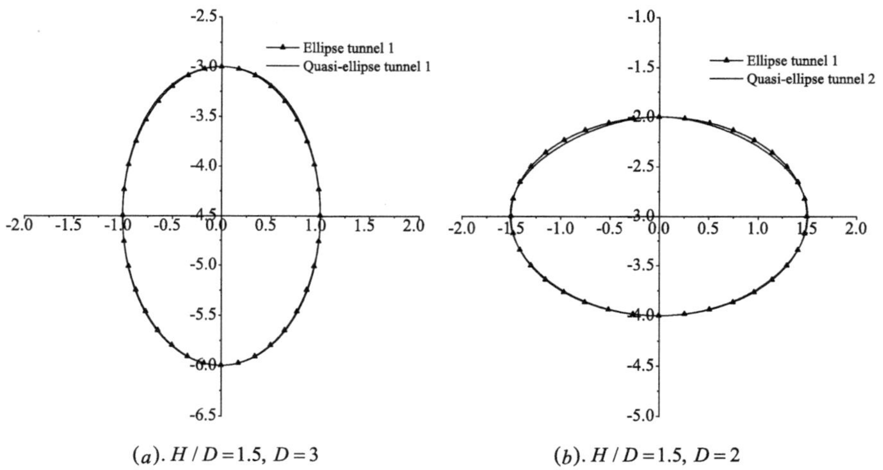

Fig. 11.51 Elliptic hole and class elliptic hole obtained by mapping function

ground surface without surface force. The solution only needs to satisfied the stress boundary condition of the tunnel boundary. The solution of the analytic function can be reduced to the solution of a linear equation set, which makes the solution process more convenient.

In Ref. [10] and [11], the mechanical analysis methods of simple non-circular and complex non-circular tunnels are given, respectively. The following only introduces the solution method of stress and displacement given in Ref. [11], which is also applicable to simple non-circular tunnels.

11.4.1 Problem Description

Figure 11.52 shows the calculation model of a non-circular tunnel under gravity. λ is the lateral stress coefficient, γ is the bulk density of the surrounding rock, H is the distance from the center of the tunnel to the ground surface (tunnel depth), and D is the net height of the tunnel. Figure 11.52 shows a schematic diagram of a tunnel after the excavation. It is difficult to directly obtain the solution of the problem, and can be obtained by superimposing the two models in Fig. 11.53a and b. Fig. 11.53a is the model when the tunnel is not excavated, that is, the initial in-situ stress field state. The imaginary line represents the boundary line of the tunnel to be excavated. At this time, the expression of the original stress state $\left(\sigma_x^0, \sigma_y^0, \tau_{xy}^0\right)$ at any point in the domain is Eqs. (11.3)–(11.5), and the excavation release force X_n and Y_n are expressed in Eqs. (11.6) and (11.7).

Only under the action of excavation release force X_n and Y_n (Fig. 11.53b, excavation-induced surrounding rock response), the stress surrounding rock σ_x^*, σ_y^*,

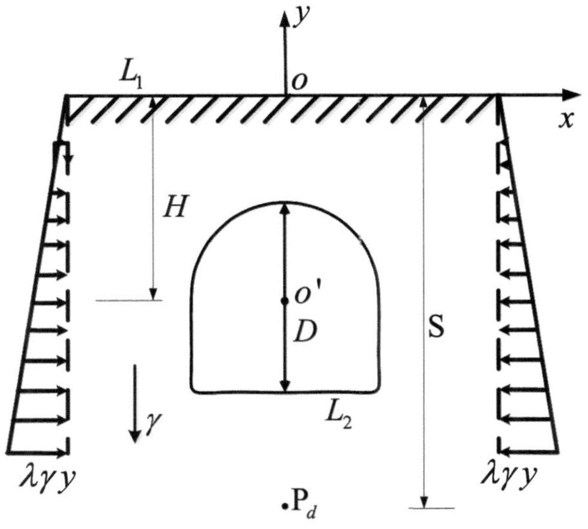

Fig. 11.52 An arbitrary tunnel excavated in an elastic half-plane with gravity

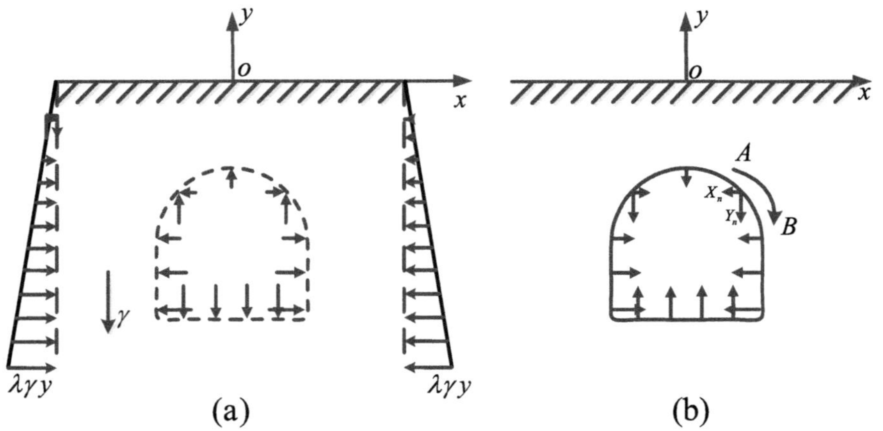

Fig. 11.53 **a** Forces of rock will be excavated acting on surrounding rock, **b** the applied equal and opposite surface forces on boundary

τ_{xy}^* and displacement u, v can be expressed by two analytic functions $\varphi(z)$ and $\psi(z)$:

$$\begin{cases} \sigma_y^* + \sigma_x^* = 4\mathrm{Re}\left[\varphi'(z)\right] \\ \sigma_y^* - \sigma_x^* + 2i\tau_{xy}^* = 2\left[\bar{z}\varphi''(z) + \psi'(z)\right] \end{cases} \tag{11.121}$$

$$2G(u + iv) = \kappa\varphi(z) - z\overline{\varphi'(z)} - \overline{\psi(z)} \tag{11.122}$$

The analytic function $\psi(z)$ can be represented by the analytic function $\varphi(z)$ when there is no external load acting on the ground surface:

$$\psi(z) = -\overline{\varphi}(z) - z\varphi'(z) \tag{11.123}$$

The stress boundary condition on the tunnel boundary is expressed as:

$$\varphi(z) - \varphi(\bar{z}) + (z - \bar{z})\overline{\varphi'(z)} = -\frac{1}{2}i\lambda\gamma y^2 - \gamma\int_A^B y dx + C_A \tag{11.124}$$

where the expression of $\varphi(z)$ is:

$$\varphi(z) = -\frac{F_x + iF_y}{2\pi(1+\kappa)}[\kappa\ln(z - \bar{z}_c) + \ln(z - z_c)] + \varphi_0(z) \tag{11.125}$$

Thus, the expression of $\varphi(\bar{z})$ is:

$$\varphi(\bar{z}) = -\frac{F_x + iF_y}{2\pi(1+\kappa)}[\kappa\ln(\bar{z} - \bar{z}_c) + \ln(\bar{z} - z_c)] + \varphi_0(\bar{z}) \tag{11.126}$$

For the problem discussed in this section, $z_c = ia$, $F_x = 0$, F_y is the weight of the surrounding rock to be excavated, and its specific expression is shown in Eq. (11.18). $\varphi_0(z)$ in Eq. (11.125) is a single-valued analytic function. After mapping, $\varphi_0(z)$ is expressed as $\varphi_0(\zeta)$, which can be expressed by Laurent series:

$$\varphi_0(\zeta) = a_0 + \sum_{k=1}^{\infty} a_k \zeta^k + \sum_{k=1}^{\infty} b_k \zeta^{-k} = a_0 + \sum_{k=1}^{\infty} a_k \rho^k \sigma^k + \sum_{k=1}^{\infty} b_k \rho^{-k} \sigma^{-k} \tag{11.127}$$

From Eq. (1.24), we have:

$$z = \omega(\zeta) = ia\frac{1+\rho\sigma}{1-\rho\sigma} + i\sum_{k=1}^{n} \beta_k \left(\rho^k\sigma^k - \frac{1}{\rho^k\sigma^k}\right) \tag{11.128}$$

Substituting σ in Eq. (11.128) with σ/ρ^2,the expression of $\overline{z}$ is obtained:

$$\overline{z} = -ia\frac{\sigma+\rho}{\sigma-\rho} - i\sum_{k=1}^{n} \beta_k \left(\rho^k\sigma^{-k} - \rho^{-k}\sigma^k\right) \tag{11.129}$$

Thus, we have:

$$\varphi_0(\overline{z}) = a_0 + \sum_{k=1}^{\infty} a_k \rho^{-k}\sigma^k + \sum_{k=1}^{\infty} b_k \rho^k \sigma^{-k} \tag{11.130}$$

$\rho = \alpha$ corresponds to the tunnel, then we have:

$$\varphi_0(\overline{z}) = a_0 + \sum_{k=1}^{\infty} a_k \alpha^{-k}\sigma^k + \sum_{k=1}^{\infty} b_k \alpha^k \sigma^{-k} \tag{11.131}$$

The stress boundary condition expressed by Eq. (11.124) can be written as:

$$\varphi(\zeta) - \varphi(\overline{z}) + \frac{\omega(\zeta) - \overline{\omega(\zeta)}}{\overline{\omega'(\zeta)}}\overline{\varphi'(\zeta)} = -\frac{1}{2}i\lambda\gamma y^2 - \gamma\int_A^B y dx + C_A \tag{11.132}$$

By substituting Eq. (11.131) into Eq. (11.132), $a_k (k \neq 0)$ can be obtained, and the determination of a_0 is detailed in Ref. [11].

11.4.2 Determination of Analytic Functions

Substituting Eqs. (11.125), (11.126) into Eq. (11.132), we have:

$$\begin{aligned}
&\varphi_0(\zeta) - \varphi_0(\overline{z}) + \frac{\omega(\zeta) - \overline{\omega(\zeta)}}{\overline{\omega'(\zeta)}}\overline{\varphi_0'(\zeta)} \\
&= \frac{iF_y}{2\pi(1+\kappa)}\left[\kappa \ln\frac{z - \overline{z}_c}{\overline{z} - \overline{z}_c} + \ln\frac{z - z_c}{\overline{z} - z_c}\right] - \frac{iF_y}{2\pi(1+\kappa)}\left[\frac{\kappa(z - \overline{z})}{\overline{z} - z_c} + \frac{z - \overline{z}}{\overline{z} - \overline{z}_c}\right] \\
&- \frac{1}{2}i\lambda\gamma y^2 - \gamma\int_A^B y dx + C_A
\end{aligned} \tag{11.133}$$

Expanding the right side of Eq. (11.133) into a series expression yields:

$$\varphi_0(\zeta) - \varphi_0(\overline{z}) + \frac{\omega(\zeta) - \overline{\omega(\zeta)}}{\overline{\omega'(\zeta)}}\overline{\varphi_0'(\zeta)} = C_A + \lambda_0 + \sum_{k=1}^{\infty}\lambda_k\sigma^k + \sum_{k=1}^{\infty}\delta_k\sigma^{-k} \tag{11.134}$$

where $\lambda_0 = L_0 + e_0 + g_0$, $\lambda_k = L_k + e_k + g_k$, $\delta_k = M_k + f_k + h_k$, the derivation process of Eq. (11.134) is as follows:

Substituting $z = \omega(\alpha\sigma)$ into $x = (z + \overline{z})/2$, $y = (z - \overline{z})/(2i)$, yields x and y with respect to σ. Thus, it can be determined that:

$$\begin{aligned}
-\frac{1}{2}ik_0\gamma y^2 &= -\frac{i\lambda\gamma}{8}\left[a\left(\frac{1+\alpha\sigma}{1-\alpha\sigma} + \frac{\sigma+\alpha}{\sigma-\alpha}\right) + \sum_{k=1}^{n}\beta_k\left(\alpha^k - \frac{1}{\alpha^k}\right)\left(\sigma^k + \frac{1}{\sigma^k}\right)\right]^2 \\
&= l_0 + \sum_{k=1}^{\infty}l_k\sigma^k + \sum_{k=1}^{\infty}m_k\sigma^{-k}
\end{aligned} \tag{11.135}$$

The right of the first equal sign in Eq. (11.135) is a function with a period of 2π, which can be represented as a convergent Fourier series. Therefore, l_k, m_k in Eq. (11.135) can be determined according to the method in Sect. 4.1.4.

$$\begin{aligned}
-\gamma\int_A^B y dx &= B_1 + B_2 + B_3 + B_4 \\
&= -\frac{i\alpha\gamma a^2}{2}\int\left[\frac{1}{(1-\alpha\sigma)^2} + \frac{1}{(\sigma-\alpha)^2}\right]\left(\frac{1+\alpha\sigma}{1-\alpha\sigma} + \frac{\sigma+\alpha}{\sigma-\alpha}\right)d\sigma \\
&- \frac{i\gamma a}{4}\int\left(\frac{1+\alpha\sigma}{1-\alpha\sigma} + \frac{\sigma+\alpha}{\sigma-\alpha}\right)
\end{aligned}$$

$$\sum_{k=1}^{n} k\beta_k\left(\alpha^k + \frac{1}{\alpha^k}\right)\left(\sigma^{k-1} + \frac{1}{\sigma^{k+1}}\right)d\sigma$$
$$- \frac{i\alpha\gamma a}{2}\int\left[\frac{1}{(1-\alpha\sigma)^2} + \frac{1}{(\sigma-\alpha)^2}\right]$$
$$\sum_{k=1}^{n} \beta_k\left(\alpha^k - \frac{1}{\alpha^k}\right)\left(\sigma^k + \frac{1}{\sigma^k}\right)d\sigma$$
$$- \frac{i\gamma}{4}\int\sum_{k=1}^{n} \beta_k\left(\alpha^k - \frac{1}{\alpha^k}\right)\left(\sigma^k + \frac{1}{\sigma^k}\right)$$
$$\sum_{k=1}^{n} k\beta_k\left(\alpha^k + \frac{1}{\alpha^k}\right)\left(\sigma^{k-1} + \frac{1}{\sigma^{k+1}}\right)d\sigma \quad (11.136)$$

Thus,

$$B_1 = -\frac{i\alpha\gamma a^2}{2}\left[\frac{1}{\alpha(1-\alpha\sigma)^2} - \frac{\alpha}{(\sigma-\alpha)^2} + \frac{2\alpha}{(1-\alpha^2)(1-\alpha\sigma)} - \frac{2}{(1-\alpha^2)(\sigma-\alpha)}\right]$$
$$- \frac{2i\gamma\alpha^2 a^2}{(1-\alpha^2)^2}\left[\ln\left(1-\frac{\alpha}{\sigma}\right) - \ln(1-\alpha\sigma)\right] - \frac{2i\gamma\alpha^2 a^2}{(1-\alpha^2)^2}\ln\sigma + C_1$$
$$= ll_0 + \sum_{k=1}^{\infty} ll_k\sigma^k + \sum_{k=1}^{\infty} mm_k\sigma^{-k} - \frac{2i\gamma\alpha^2 a^2}{(1-\alpha^2)^2}\ln\sigma \quad (11.137)$$

where C_1 is an integration constant.

$$B_2 = \frac{i\gamma a}{4}\sum_{k=1}^{n} k\beta_k\left(\alpha^k + \frac{1}{\alpha^k}\right)\left[\int\frac{(1+\alpha\sigma)\sigma^{k-1}}{1-\alpha\sigma}d\sigma\right.$$
$$\left. + \int\frac{(1+\alpha\sigma)}{(1-\alpha\sigma)\sigma^{k+1}}d\sigma + \int\frac{(\sigma+\alpha)\sigma^{k-1}}{\sigma-\alpha}d\sigma + \int\frac{\sigma+\alpha}{(\sigma-\alpha)\sigma^{k+1}}d\sigma\right]$$

Thus,

$$\begin{cases} \int\frac{(1+\alpha\sigma)\sigma^k}{1-\alpha\sigma}d\sigma = \frac{1}{\alpha}\left[\int\frac{(1+\alpha\sigma)\sigma^{k-1}}{1-\alpha\sigma}d\sigma - \frac{\sigma^k}{k} - \frac{\alpha\sigma^{k+1}}{k+1}\right] \\ \int\frac{1+\alpha\sigma}{1-\alpha\sigma}d\sigma = -\sigma - \frac{2}{\alpha}\ln(1-\alpha\sigma) \end{cases}, \quad (k \ge 1)$$

$$\begin{cases} \int\frac{1+\alpha\sigma}{(1-\alpha\sigma)\sigma^{k+1}}d\sigma = \alpha\int\frac{1+\alpha\sigma}{(1-\alpha\sigma)\sigma^k}d\sigma - \frac{1}{k\sigma^k} - \frac{\alpha}{(k-1)\sigma^{k-1}} \\ \int\frac{1+\alpha\sigma}{(1-\alpha\sigma)\sigma^2}d\sigma = -\frac{1}{\sigma} + 2\alpha\ln\sigma - 2\alpha\ln(1-\alpha\sigma) \end{cases}, \quad (k \ge 2)$$

$$\begin{cases} \displaystyle\int \frac{(\sigma+\alpha)\sigma^k}{\sigma-\alpha}d\sigma = \alpha\left[\int \frac{(\sigma+\alpha)\sigma^{k-1}}{\sigma-\alpha}d\sigma + \frac{\sigma^k}{k} + \frac{\sigma^{k+1}}{\alpha(k+1)}\right] \\ \displaystyle\int \frac{\sigma+\alpha}{\sigma-\alpha}d\sigma = \sigma + 2\alpha\ln\sigma + 2\alpha\ln\left(1-\frac{\alpha}{\sigma}\right) \end{cases}, \quad (k \ge 1)$$

$$\begin{cases} \displaystyle\int \frac{\sigma+\alpha}{(\sigma-\alpha)\sigma^{k+1}}d\sigma = \frac{1}{\alpha}\int \frac{\sigma+\alpha}{(\sigma-\alpha)\sigma^k}d\sigma + \frac{1}{k\sigma^k} + \frac{1}{(k-1)\alpha\sigma^{k-1}} \\ \displaystyle\int \frac{1+\alpha\sigma}{(1-\alpha\sigma)\sigma^2}d\sigma = \frac{1}{\sigma} + \frac{2}{\alpha}\ln\left(1-\frac{\alpha}{\sigma}\right) \end{cases}, \quad (k \ge 2)$$

Thus,

$$B_2 = lll_0 + \sum_{k=1}^{\infty} lll_k\sigma^k + \sum_{k=1}^{\infty} mmm_k\sigma^{-k} - i\gamma a\sum_{k=1}^{n} k\beta_k\left(\alpha^{2k}+1\right)\ln\sigma$$

$$\begin{aligned} B_3 = &-\frac{i\alpha\gamma a}{2}\sum_{k=1}^{n}\beta_k\left(\alpha^k - \frac{1}{\alpha^k}\right)\left[\int \frac{\sigma^k}{(1-\alpha\sigma)^2}d\sigma\right. \\ &\left.+\int \frac{1}{(1-\alpha\sigma)^2\sigma^k}d\sigma + \int \frac{\sigma^k}{(\sigma-\alpha)^2}d\sigma + \int \frac{1}{(\sigma-\alpha)^2\sigma^k}d\sigma\right] \end{aligned} \quad (11.138)$$

Thus,

$$\begin{aligned} \int \frac{\sigma^k}{(1-\alpha\sigma)^2}d\sigma = &\sum_{m=1}^{k}\frac{(k-m)\sigma^m}{m\alpha^{k+1-m}} + \frac{1}{\alpha^{k+1}(1-\alpha\sigma)} \\ &+ \frac{k}{\alpha^{k+1}}\ln(1-\alpha\sigma), \quad (k \ge 1) \end{aligned}$$

$$\begin{cases} \displaystyle\int \frac{1}{(1-\alpha\sigma)^2\sigma}d\sigma = \frac{1}{1-\alpha\sigma} - \ln(1-\alpha\sigma) + \ln\sigma \\ \displaystyle\int \frac{1}{(1-\alpha\sigma)^2\sigma^k}d\sigma = -\sum_{m=1}^{k-1}\frac{m\alpha^{m-1}}{(k-m)\sigma^{k-m}} + \frac{\alpha^{k-1}}{1-\alpha\sigma} - k\alpha^{k-1}\ln(1-\alpha\sigma) + k\alpha^{k-1}\ln\sigma, \end{cases} \quad (k \ge 2)$$

$$\int \frac{\sigma^k}{(\sigma-\alpha)^2}d\sigma = \sum_{m=1}^{k}\frac{(k-m)\alpha^{k-m-1}\sigma^m}{m} - \frac{\alpha^k}{(\sigma-\alpha)} + k\alpha^{k-1}\ln\left(1-\frac{\alpha}{\sigma}\right) + k\alpha^{k-1}\ln\sigma, \quad (k \ge 1)$$

$$\begin{cases} \displaystyle\int \frac{1}{(\sigma-\alpha)^2\sigma}d\sigma = \frac{1}{(\alpha^2-\alpha\sigma)} - \frac{1}{\alpha^2}\ln\left(1-\frac{\alpha}{\sigma}\right) \\ \displaystyle\int \frac{1}{(\sigma-\alpha)^2\sigma^k}d\sigma = -\sum_{m=1}^{k-1}\frac{m}{(k-m)\alpha^{m+1}\sigma^{k-m}} - \frac{1}{\alpha^k(\sigma-\alpha)} - \frac{k}{\alpha^{k+1}}\ln\left(1-\frac{\alpha}{\sigma}\right) \end{cases}, \quad (k \ge 2)$$

Thus,

$$B_3 = l'_0 + \sum_{k=1}^{\infty} l'_k\sigma^k + \sum_{k=1}^{\infty} m'_k\sigma^{-k} - i\gamma\alpha a\sum_{k=1}^{n} k\beta_k\left(\alpha^{2k-1} - \frac{1}{\alpha}\right)\ln\sigma \quad (11.139)$$

The calculation of B_4 is slightly more complex, as shown below:

$$B_4 = -\frac{i\gamma}{4}\int \sum_{k=1}^{n} \beta_k\left(\alpha^k - \frac{1}{\alpha^k}\right)\left(\sigma^k + \frac{1}{\sigma^k}\right)\sum_{k=1}^{n} k\beta_k\left(\alpha^k + \frac{1}{\alpha^k}\right)\left(\sigma^{k-1} + \frac{1}{\sigma^{k+1}}\right)d\sigma$$

Let **AA** as a matrix with n rows and n columns, and $AA(j,k) = \beta_j\left(\alpha^j - \frac{1}{\alpha^j}\right)\beta_k\left(\alpha^k + \frac{1}{\alpha^k}\right), j, k \in [1, n]$, let $sum = sum_1 + sum_2$, where:

$$\begin{cases} sum_1 = \sum_{j=1}^{n}\sum_{\substack{k=1 \\ k\neq j}}^{n} AA(j,k)\left(\frac{k\sigma^{k+j}}{k+j} + \frac{k\sigma^{j-k}}{j-k} + \frac{k\sigma^{k-j}}{k-j} - \frac{k\sigma^{-k-j}}{k+j}\right) \\ sum_2 = \sum_{k=1}^{n} AA(k,k)\frac{\sigma^{2k} - \sigma^{-2k}}{2} \end{cases}$$

Thus,

$$\begin{aligned} B_4 &= -\frac{i\gamma}{4} sum - \frac{i\gamma}{2}\sum_{k=1}^{n} kAA(k,k)\ln\sigma \\ &= ll_0' + \sum_{k=1}^{\infty} ll_k'\sigma^k + \sum_{k=1}^{\infty} mm_k'\sigma^{-k} - \frac{i\gamma}{2}\sum_{k=1}^{n} k\beta_k^2\left(\alpha^{2k} - \frac{1}{\alpha^{2k}}\right)\ln\sigma \end{aligned} \tag{11.140}$$

It can be known from Eqs. (11.137)–(11.140) that $-\gamma\int_A^B ydx$ can be expressed as the sum of Fourier series terms and the terms with $\ln\sigma$, where the coefficient of $\ln\sigma$ is I, and we have,

$$\begin{aligned} I = &-\frac{2i\gamma\alpha^2 a^2}{\left(1-\alpha^2\right)^2} - i\gamma a\sum_{k=1}^{n} k\beta_k\left(\alpha^{2k} + 1\right) \\ &- i\gamma\alpha a\sum_{k=1}^{n} k\beta_k\left(\alpha^{2k-1} - \frac{1}{\alpha}\right) - \frac{i\gamma}{2}\sum_{k=1}^{n} k\beta_k^2\left(\alpha^{2k} - \frac{1}{\alpha^{2k}}\right) \end{aligned} \tag{11.141}$$

The integral of $-\frac{1}{2}ik_0\gamma y^2$ and the series terms of $-\gamma\int_A^B ydx$ around a whole circle are zero, and the increment of $\ln\sigma$ is $-2\pi i$, so we have,

$$i\oint (X_n + iY_n)ds = -\oint Y_n ds = -I2\pi i \tag{11.142}$$

Thus,

$$F_y = \oint Y_n ds = 2\pi I i \tag{11.143}$$

where F_y is the unbalance resultant force deduced by excavation.

From Eqs. (11.135)–(11.140), it can be concluded that:

$$-\frac{1}{2}i\lambda\gamma y^2 - \gamma\int_A^B ydx = L_0 + \sum_{k=1}^{\infty} L_k\sigma^k + M_k\sigma^{-k} + I\ln\sigma \tag{11.144}$$

where $L_0 = l_0 + ll_0 + lll_0 + l_0' + ll_0'$, $L_k = l_k + ll_k + lll_k + l_k' + ll_k'$, $M_k = m_k + mm_k + mmm_k + m_k' + mm_k'$.

Then calculate the following:

$$\frac{iF_y}{2\pi(1+\kappa)}\left[\kappa\ln\frac{z-\bar{z}_c}{\bar{z}-\bar{z}_c} + \ln\frac{z-z_c}{\bar{z}-z_c}\right] - \frac{iF_y}{2\pi(1+\kappa)}\left[\frac{\kappa(z-\bar{z})}{\bar{z}-z_c} + \frac{z-\bar{z}}{\bar{z}-\bar{z}_c}\right]$$

where

$$\kappa\ln\frac{z-\bar{z}_c}{\bar{z}-\bar{z}_c} = \kappa\ln\frac{\alpha-\sigma}{1-\alpha\sigma} + \kappa\ln\frac{\left[2ai + i(1-\alpha\sigma)\sum_{k=1}^{n}\beta_k\left(\alpha^k\sigma^k - \frac{1}{\alpha^k\sigma^k}\right)\right]}{\left[2\alpha ai + i(\sigma-\alpha)\sum_{k=1}^{n}\beta_k\left(\frac{\alpha^k}{\sigma^k} - \frac{\sigma^k}{\alpha^k}\right)\right]}$$

$$\ln\frac{z-z_c}{\bar{z}-z_c} = \ln\frac{\alpha-\sigma}{1-\alpha\sigma} + \ln\frac{\left[2\alpha ai\sigma + i(1-\alpha\sigma)\sum_{k=1}^{n}\beta_k\left(\alpha^k\sigma^k - \frac{1}{\alpha^k\sigma^k}\right)\right]}{\left[2ai\sigma + i(\sigma-\alpha)\sum_{k=1}^{n}\beta_k\left(\frac{\alpha^k}{\sigma^k} - \frac{\sigma^k}{\alpha^k}\right)\right]}$$

Thus,

$$\frac{iF_y}{2\pi(1+\kappa)}\left[\kappa\ln\frac{z-\bar{z}_c}{\bar{z}-\bar{z}_c} + \ln\frac{z-z_c}{\bar{z}-z_c}\right] = -I\ln\sigma + e_0 + \sum_{k=1}^{\infty} e_k\sigma^k + \sum_{k=1}^{\infty} f_k\sigma^{-k} \tag{11.145}$$

$$-\frac{iF_y}{2\pi(1+\kappa)}\left[\frac{\kappa(z-\bar{z})}{\bar{z}-z_c} + \frac{z-\bar{z}}{\bar{z}-\bar{z}_c}\right] = g_0 + \sum_{k=1}^{\infty} g_k\sigma^k + \sum_{k=1}^{\infty} h_k\sigma^{-k} \tag{11.146}$$

Substituting Eqs. (14.143)–(14.146) into Eq. (14.133) yields Eq. (14.134).

Since $\frac{\omega(\zeta)-\overline{\omega(\zeta)}}{\overline{\omega'(\zeta)}}$ is a periodic function with a period 2π, it can be expressed as the following Fourier series:

$$\frac{\omega(\zeta)-\overline{\omega(\zeta)}}{\overline{\omega'(\zeta)}} = w_0 + \sum_{k=1}^{\infty} w_k\sigma^k + \sum_{k=1}^{\infty} x_k\sigma^{-k} \tag{11.147}$$

The method in Sect. 4.1.4 can also be used to determine w_k, x_k in Eq. (11.147).

Substituting Eqs. (11.127), (11.147) into Eq. (11.134), by comparing the same power term of σ on both sides of the equations, a linear equation system about a_0, a_k, b_k, $(k = 1, \ldots, \infty)$ can be obtained. Only finite terms can be considered, the maximum positive and negative power of ζ in $\varphi_0(\zeta)$ is taken as n_1. $2n_1 + 1$ equations with $2n_1+2$ pending complex constants is established, the pending complex constants are a_0, a_k, $b_k(k = 1, \ldots, n_1)$, C_A. In fact, a_0 can be eliminated. therefore, a_k, b_k $(k = 1, \ldots, n_1)$, C_A can be solved by the following linear system of equations:

$$\mathbf{AX} = \mathbf{B} \tag{11.148}$$

where

$$\mathbf{X} = \left(\bar{\mathbf{a}}_1, \bar{\mathbf{a}}_2, \ldots, \bar{\mathbf{a}}_{\mathbf{n_2}}, \bar{\mathbf{b}}_1, \bar{\mathbf{b}}_2, \ldots, \bar{\mathbf{b}}_{\mathbf{n_2}}, \mathbf{C_A}\right)^{\mathrm{T}} \tag{11.149}$$

A is a matrix with $2n_1 + 1$ rows and $2n_1 + 1$ columns, **B** is a matrix with $2n_1 + 1$ rows and 1 column. The expression of $A(k,j)$, $B(k, 1)$ are:

$$\begin{aligned}
&k = 1, j \in [1, n_1]: \\
&A(k,j) = j\left(ww_j\alpha^{j-1}\right)
\end{aligned}$$

$$\begin{aligned}
&k = 1, j \in [n_1 + 1, 2n_1]: \\
&A(k,j) = (j - n_2)\left(-xx_{j-n_1}\alpha^{-(j-n_1+1)}\right)
\end{aligned}$$

$$\begin{aligned}
&k \in [2, n_1], j \in [1, n_1 + 1 - k]: \\
&A(k,j) = j\left(ww_{k+j-1}\alpha^{j-1}\right) \\
&k \in [2, n_1], j \in [n_1 + 1, n_1 + k - 1]: \\
&A(k,j) = (j - n_1)\left(-ww_{n_1+k-j-1}\alpha^{-(j-n_1+1)}\right) \\
&k \in [2, n_1], j \in [n_1 + k, 2n_1]: \\
&A(k,j) = (j - n_1)\left(-xx_{j-n_1-k+1}\alpha^{-(j-n_1+1)}\right)
\end{aligned}$$

$$\begin{aligned}
&k \in [n_1 + 1, 2n_1 - 2], j \in [1, k - n_1]: \\
&A(k,j) = j\left(xx_{k-n_1-j+1}\alpha^{j-1}\right) \\
&k \in [n_1 + 1, 2n_1 - 2], j \in [k - n_1 + 1, n_1]: \\
&A(k,j) = j\left(ww_{j-k+n_1-1}\alpha^{j-1}\right) \\
&k \in [n_1 + 1, 2n_1 - 2], j \in [n_1 + 1, 3n_1 - k - 1]: \\
&A(k,j) = (j - n_1)\left(-xx_{j+k-2n_1+1}\alpha^{n_1-j-1}\right)
\end{aligned}$$

$$\begin{aligned}
&k = 2n_1 - 1, j \in [1, n_1 - 1]: \\
&A(k,j) = j\left(xx_{n_1-j}\alpha^{j-1}\right) \\
&A(2n_1 - 1, n_1) = n_1\left(ww_0\alpha^{n_1-1}\right)
\end{aligned}$$

$$k = 2n_1, j \in [1, n_1]$$
$$A(k, j) = j\left(xx_{n_1-j+1}\alpha^{j-1}\right)$$

$$k = 2n_1 + 1, j \in [1, n_1]$$
$$A(k, j) = j\left(ww_{j-1}\alpha^{j-1}\right)$$
$$k = 2n_1 + 1, j \in [n_1 + 1, 2n_1 - 1]$$
$$A(k, j) = (j - n_1)\left(-xx_{j-n_1+1}\alpha^{n_1-j-1}\right)$$
$$A(2n_1 + 1, 2n_1 + 1) = -1$$

$$k \in [1, n_1]$$
$$A(k, k) = A(k, k) + \alpha^{-k} - \alpha^{k}$$
$$k \in [n_1 + 1, 2n_1]$$
$$A(k, k) = A(k, k) + \alpha^{k-n_1} - \alpha^{-(k-n_1)}$$

$$k \in [1, n_1], B(k, 1) = BB_k$$
$$k \in [n_1 + 1, 2n_1],\ B(k, 1) = CC_{k-n_1}$$
$$B(2n_1 + 1, 1) = BB_0$$

Although the coefficient a_0 has no effect on stress, it has an impact on displacement and can be determined using the same method as mentioned earlier in this chapter.

11.4.3 Calculation Accuracy and Solution Verification

From the above analysis, it can be seen that the selection of the maximum number of positive and negative power terms N in $\varphi_0(\zeta)$ will significantly affect the results. The following is the value of N required for the problem in this section. If the radial normal stress σ_ρ and shear stress $\tau_{\rho\theta}$ at the tunnel boundary are both equal to 0, it indicates that the obtained analytical solution meets the boundary condition on the tunnel boundary. The following equation will be used as a criterion for determining the minimum N:

$$\max_{\theta\in[0,2\pi]}\left\{\left|\sigma_\rho/\gamma H\right|, \left|\tau_{\rho\theta}/\gamma H\right|\right\} < 10^{-3} \tag{11.150}$$

For a given accuracy requirement, the N required for different tunnel buried depths and tunnel shapes is not the same. Reference [11] has found that the more complex the shape of the tunnel, the shallower the buried depth, and the greater the required N. For horseshoe tunnels with any buried depth, $N = 60$ can meet the accuracy, but for a vertical-wall semicircle tunnel with any buried depth, $n_1 = 218$ can meet the accuracy. For consistency, Ref. [11] takes $N = 220$.

To verify the correctness of the method, this section provides a comparison between the analytical solution and the ANSYS numerical solution for the radial stress on the tunnel boundary and the deformation on the tunnel boundary and ground surface of a vertical-wall semicircle tunnel. Among them, the lateral stress coefficient $\lambda = 0.25$, the tunnel buried depth is 1.0D, 5.0D, D = 4.0 m, Poisson's ratio is 0.3, bulk density $\gamma = 27$ kN/m^3, and the elastic modulus $E = 5$ MPa. The reason for the small value of E is to make the calculated displacement value larger in order to clearly display the deformation. These parameters are applicable to all the following examples.

Figure 11.54a and b illustrates the tangential stresses distribution on tunnel boundary when buried depth takes 1.0*D*, 5.0*D*. Figure 11.54c, d illustrate the tangential stresses and radial stress distribution on axis $x = 0$ when buried depth takes 1.0*D*, 5.0*D*. The stresses of p_1, p_2 and p_3 corresponding to the values of the intersections of the extension lines $o'p_1$, $o'p_2$, $o'p_3$ and the stress lines, respectively. It can be seen that the results obtained by the present analytical method and numerical method are in good agreements, the maximum relative errors in p_1, p_2 and p_3 is about 5%.

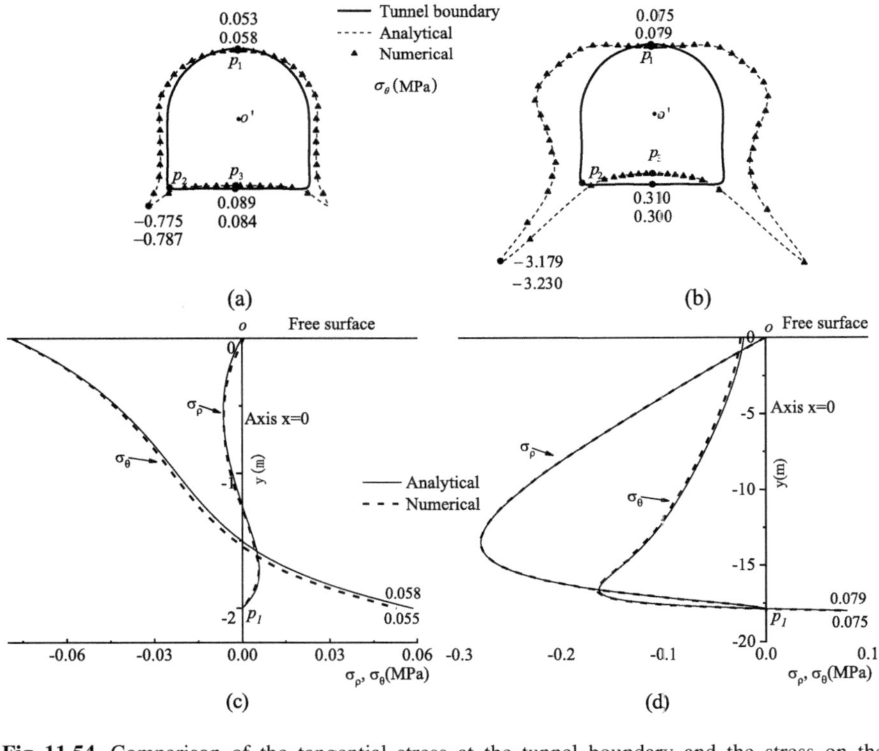

Fig. 11.54 Comparison of the tangential stress at the tunnel boundary and the stress on the symmetry axis above the tunnel under different buried depths: **a** $H = 1.0D$; **b** $H = 5.0D$; **c** $H = 1.0D$; and **d** $H = 5.0D$

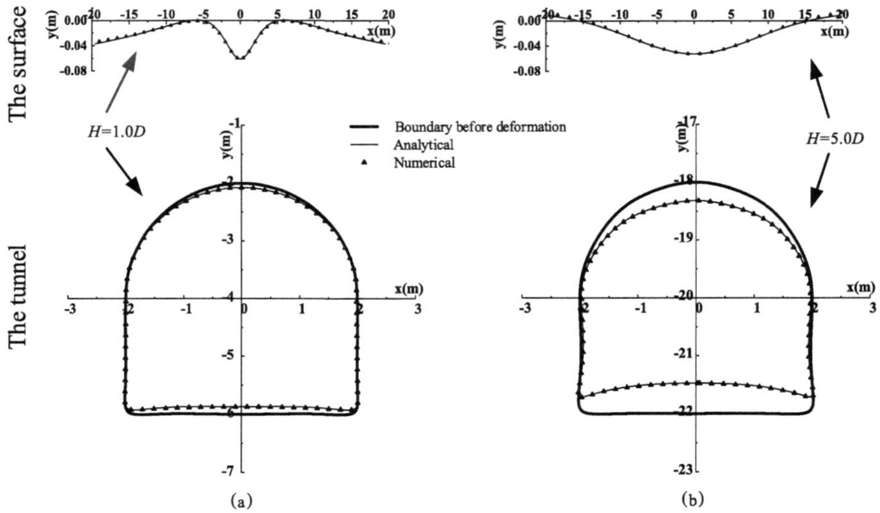

Fig. 11.55 Deformation of hole edge and surface under different buried depths: **a** $H = 1.0D$; **b** $H = 5.0D$

Figure 11.55 illustrates the deformations of the tunnel and the ground surface. The different positions of P_d would cause different rigid displacements. Therefore, Fig. 11.55 is obtained with a translation process, and the value of translation is the difference between the analytical result and the numerical result. Figure 11.55 shows the analytical solution and numerical solution have a great agreement for the deformations in tunnel boundary, and for the ground surface, the closer to the point o, the smaller the deviation is. When the distance is relatively large (around $x = \pm 20$ m), the error is relatively large, but the overall consistency is good.

11.4.4 Analysis and Discussion

In this part, examples for horseshoe tunnels and vertical-wall semicircle tunnels are given, the buried depths are 1.0*D*, 1.5*D*, 3.0*D* and 5.0*D*, respectively, the lateral pressure coefficients λ are 0.25, 0.5, 1.0, 1.5, respectively. The coefficients of the mapping function under different buried depths are shown in Tables 1.6 and 1.7 in Chap. 1.

11.4.4.1 Influence of Lateral Stress Coefficient and Buried Depth on Stress

Figures 11.56 and 11.57 illustrate the tangential stresses distribution on tunnel boundary with different buried depths and different lateral pressure coefficients for

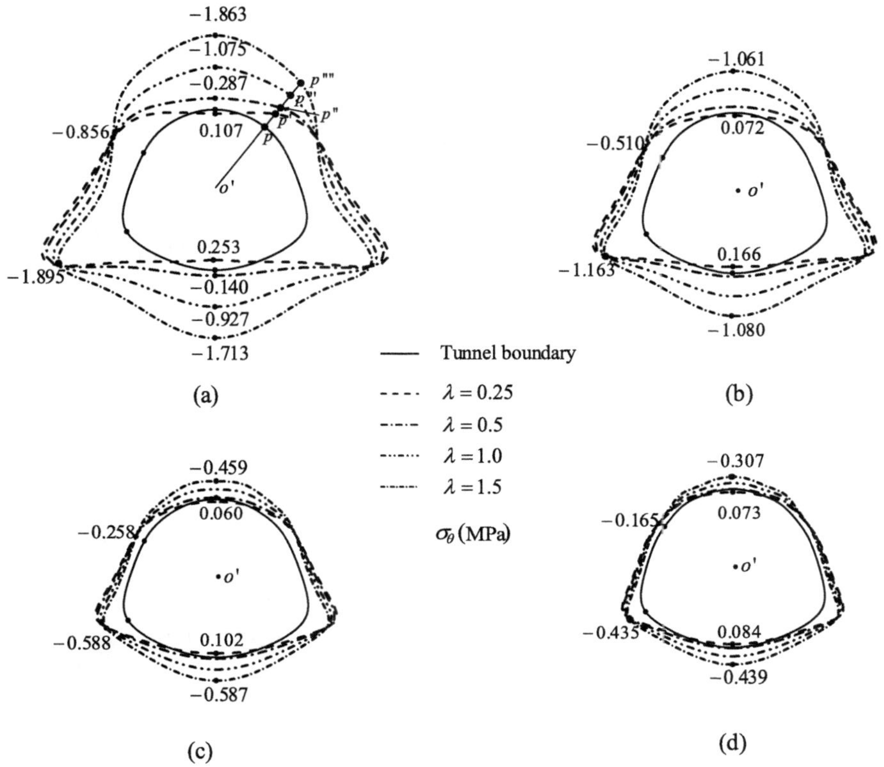

Fig. 11.56 Tangential stress distribution on the horseshoe tunnel boundary under different buried depths: **a** $H = 5.0D$; **b** $H = 3.0D$; **c** $H = 1.5D$; **d** $H = 1.0D$

horseshoe tunnels and vertical-wall semicircle tunnels, respectively. It can be seen that:

(1) When the lateral stress coefficient is small (0.25), there are tensile stresses in the top and bottom areas of the horseshoe tunnel, and the greater the depth, the bigger the tensile stresses. There will be no tensile stresses on tunnel boundary with the increasing of the lateral pressure coefficient, and the compressive stress is gradually increasing with the depth increase and the maximum compressive stress is in the area of biggest curvature.
(2) The distribution of tangential stresses on side-walls are fairly well-distribute and less affected by the lateral stress coefficient, but in the top and bottom areas, the lateral stress coefficient has great influence on tangential stresses.
(3) When the lateral stress coefficient is small, the middle floor and top areas of the vertical-wall semicircle tunnel may appear tensile stresses and will disappear with the lateral stress coefficient increase.

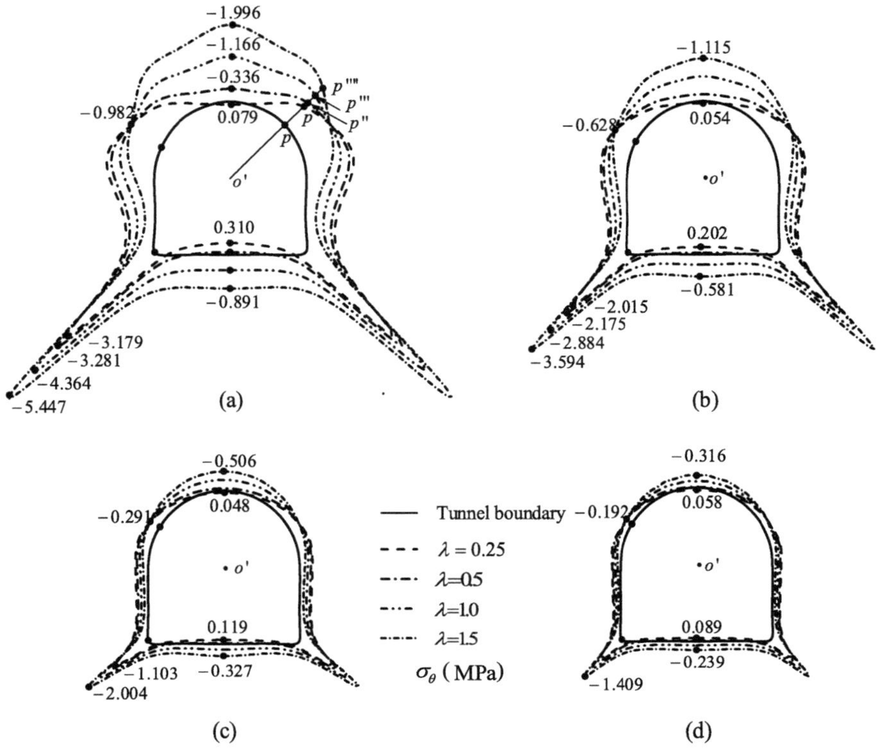

Fig. 11.57 Tangential stress distribution on the vertical-wall semicircle tunnel boundary under different buried depths: **a** $H = 5.0D$; **b** $H = 3.0D$; **c** $H = 1.5D$; **d** $H = 1.0D$

(4) The areas of biggest curvature have great compressive stress concentration, and the degree will increase with the increasing of the buried depth or the lateral stress coefficient.
(5) The distribution of tangential stresses on side-walls is fairly well-distribute and the smaller the lateral pressure coefficient, the greater the stresses are.

11.4.4.2 Influence of Lateral Stress Coefficient and Buried Depth on Displacement

Figures 11.58 and 11.59 illustrate the deformations of the tunnel boundary and the ground surface with different buried depths and different lateral stress coefficients for horseshoe tunnels and vertical-wall semicircle tunnels, respectively. To eliminate rigid body displacement, it is considered that the displacement at the $|x| \geq 20$ m of ground surface caused by excavation is 0, that is, the relative displacement at the $|x| = 20$ m of ground surface is calculated as zero. If the relative displacement of other areas on the ground surface is positive, it indicates the ground surface uplift; if it is negative, it indicates the ground surface subsidence. It can be seen that:

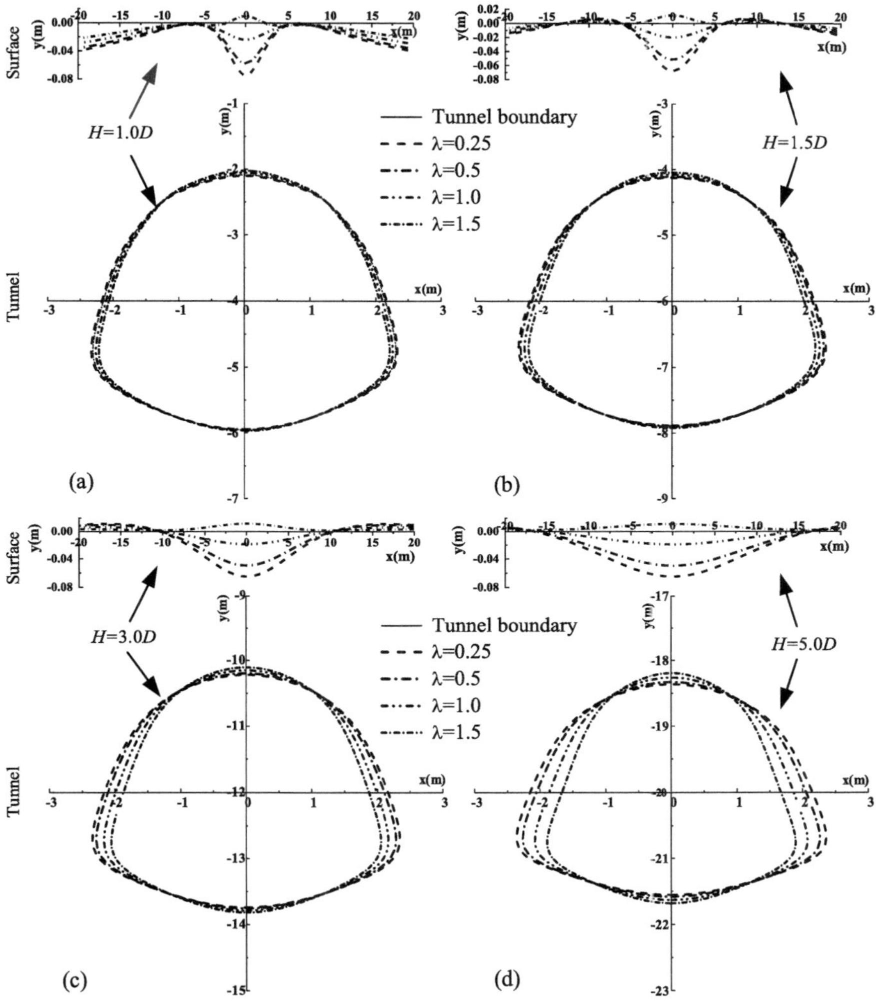

Fig. 11.58 Deformations of tunnel and vertical displacements on surface caused by the excavation of horseshoe tunnel: **a** $H = 1.0D$; **b** $H = 1.5D$; **c** $H = 3.0D$; **d** $H = 5.0D$

(1) When the size and depth of tunnels are similar, the influence of the excavation of a horseshoe tunnel on the ground surface is approximately same as that of a vertical-wall semicircle tunnel. When the lateral stress coefficient is small, the subsidence funnel-shaped areas on the surface increase with the increasing of the buried depth, and the greatest subsidence is always at the ground surface directly

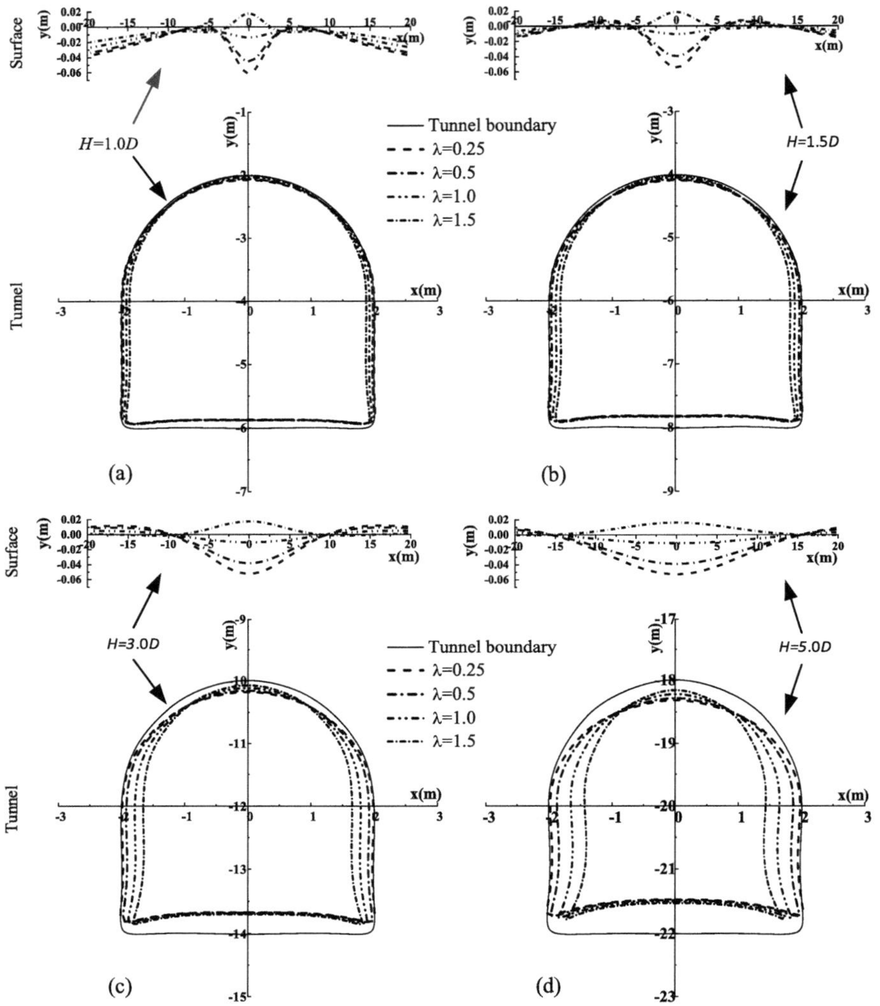

Fig. 11.59 Deformations of tunnel and vertical displacements on surface caused by the excavation of inverted U-shaped and semicircle tunnel: **a** $H = 1.0D$; **b** $H = 1.5D$; **c** $H = 3.0D$; **d** $H = 5.0D$

above the tunnel. But for a bigger lateral stress coefficient, an inverted funnel-shape surface appears around the ground surface directly above the tunnel, with the biggest uplift at the ground surface directly above the tunnel as well.

(2) For a same depth, the greater the lateral stress coefficient, the greater the biggest subsidence is.
(3) For a certain lateral stress coefficient, the buried depth affects the level of the shrinkage deformation of the tunnel.
(4) The deformation of the tunnel floor is mainly influenced by the buried depth and has little relation to lateral stress coefficient. For a vertical-wall semicircle

tunnel, there will be an obvious upturn in the floor when the buried depth is great.

11.4.5 Conclusions

This section found that when the hole shape is complex, the number of mapping function terms is large, and the buried depth is shallow, if both analytic functions are used as unknown functions to be solved, the equation system will become ill conditioned, making the entire solution difficult or even impossible. When using the method introduced in this chapter to only use one analytic function as the unknown function to be solved, the number of unknowns is reduced by half, which can avoid the above problems and enable the solution to proceed smoothly. This section provides a general solution process for mapping functions with any number of terms.

The correctness of the solve process is verified, the results obtained by the present method are compared with numerical results and that show in great agreements. As examples, the solutions for horseshoe tunnels and vertical-wall semicircle tunnels with different depths and different lateral pressure coefficients were given. It can be found that:

(1) When the lateral stress coefficient is small, the middle floor and top areas of vertical-wall semicircle tunnel may appear tensile stresses as well as the horseshoe tunnel; (2) For the vertical-wall semicircle tunnel, the areas of biggest curvature have great compressive stress concentration, and there will be an obvious upturn in the floor when the buried depth is great; (3) Comparing with the vertical-wall semicircle tunnel, the tangential stresses of horseshoe tunnel are well-distribute; (4) With the increasing of the buried depth, subsidence funnel-shape areas on the ground surface will increase but the greatest subsidence will decrease, particularly, for a great lateral stress coefficient, an inverted funnel-shape surface appeared.

11.5 Elastic/Viscoelastic Solution for Noncircular Tunnels at Shallow Depths

As an important form of underground development, tunnels are widely employed in underground transportation, water conservancy and hydropower, mining, national defence and other engineering fields. Recently, the construction of non-circular tunnels at shallow depths has become increasingly common in urban areas to efficiently utilize underground space and reduce the need for backfilling. However, due to the non-circular tunnel shape and the presence of the ground surface, strong stress concentrations are likely to occur at the corners of the tunnel, and the ground surface settlement and settlement trough are both quite different from those of circular tunnels. Therefore, the study of the specific characteristics of the ground responses due to the construction of non-circular tunnels is crucial to the evaluation of tunnel stability and the safety of existing structures.

In this section, by considering the real shapes of shallow non-circular tunnels that are subjected to any prescribed stresses along the tunnel boundary, the analytical solutions for the ground stresses and movements are derived. The viscoelastic models commonly used in this study, along with their corresponding model structures, are listed in Table 3.1. Table 3.2 lists the shear relaxation modulus of these viscoelastic models. Additionally, the expressions for $H(t)$ and $I(t)$ pertaining to these constitutive models can be found in Table 3.3. It is important to note that some of the expressions in this section differ from those presented in Sect. 3.2: (1) for the H-K model, the previously defined G_{H} (Sect. 3.2.2) is now expressed as G_{M} in this section, and (b) the displacements u and v are denoted as u_{x} and u_{y}, respectively, in this section. Moreover, it is worth mentioning that the displacements and stresses in the (ρ, θ) or (r, θ) system can be obtained by performing a coordinate transformation to the (x, y) system.

11.5.1 Problem Description

A quasi-rectangular tunnel excavation in a semi-infinite elastic/viscoelastic ground is analytically investigated. Plane-strain conditions are assumed; namely, the cross-section is located at a sufficient distance from the tunnel face. The notations of the tunnel geometry and the boundary conditions are shown in Fig. 11.60a. We consider the stress release induced by tunnel excavation by exerting the initial stresses T_{ini} on the tunnel boundary in reverse (Fig. 11.60a). The initial stresses T_{ini} are induced by gravity or surcharge loads prior to tunnel excavation. The effect of the supports is considered by applying a uniform supporting pressure T_s along the tunnel boundary. The additional stresses and displacements that occur after tunnel excavation will be addressed by this model.

Tunnel excavation under the initial stresses induced by gravity is the most common situation. In this case, the tractions $-T_{ini}$ along the tunnel boundary should be determined by the height of the boundary point, which results in a non-zero resultant of the tractions, whose value is equal to the weight of the excavated rock/soil, and whose direction is vertical upward. However, in real engineering, the weights of the liner and shield machine can partially balance the resultant forces. Therefore, the variation of gravity with the height of the excavation can be neglected. That is, T_{ini} can be calculated by the initial stresses at the centre of the tunnel; i.e., $\sigma_x^{ini} = \lambda p_0$, $\sigma_y^{ini} = p_0$ ($p_0 = \gamma h$,, where γ is the unit weight of the geomaterial). In our previous study of two shallowly buried circular tunnels, the ground settlement (analytical) of the model that did not consider the variation in gravity was more consistent with the results of the finite differential method (FDM) [24] than that of the model that considered the variation in gravity, as shown in Fig. 11.61. Some studies [25, 26] have employed models that do not consider the variation in gravity and obtained highly accurate results.

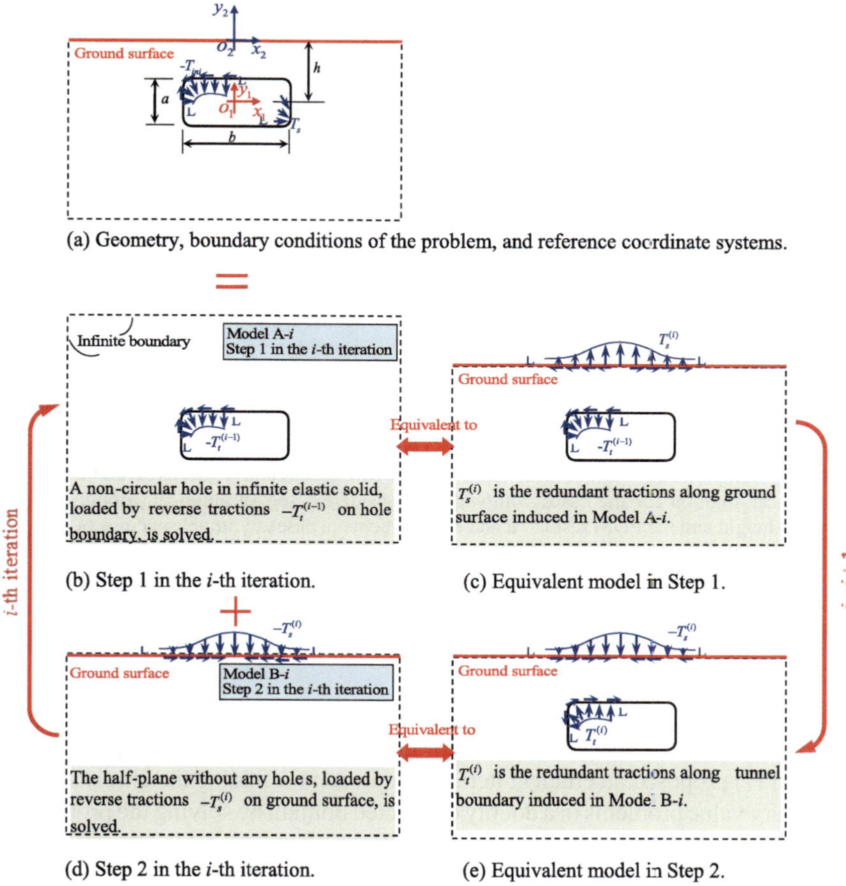

Fig. 11.60 Boundary conditions of the problem and the mechanical model in the i-th alternating iteration

The ground, which is composed of rock or medium/stiff clay, is in a state of small deformations and can be approximated as a homogeneous, isotropic medium. The derivations for cases with elastic and viscoelastic constitutive models are provided below. The sign conventions in the following derivations are defined as follows: compressive stresses are positive, and displacements in the directions of the coordinate axes are positive.

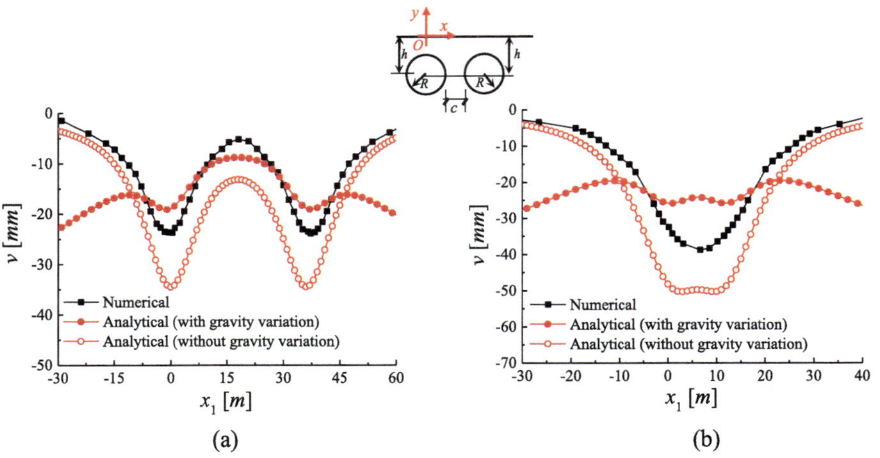

Fig. 11.61 Comparison of surface settlements induced by twin circular tunnel excavations between the analytical solution for the cases with/without considering the variation of gravity with the excavation height and the FDM results: **a** and **b** settlements in cases of tunnel spacings of $c = 10R$ and $c = 2R$, respectively, where $R = 3.08$ m, and $h = 9.74$ m

11.5.2 Analytical Solutions of Elastic Displacement and Stress

A hole in a half-plane belongs to the set of problems with a doubly connected domain. Schwarz [27] proposed an efficient iteration approach for finding the elastic solution to boundary value problems in a doubly connected domain by solving the problem on each of the two simply connected domains in turn and always taking the last values of the approximate solutions as the next boundary conditions.

11.5.2.1 Iterative Procedures in the Schwarz Alternation Method

Figure 11.60b and d present the i-th ($i = 1, 2,\ldots, n$) iteration procedure for solving the problem with the boundary conditions in Fig. 11.60a, where the two problems in a simply connected domain, which are referred to as Model A-i and Model B-i, are repeatedly solved.

Model A-i (Fig. 11.60b, Step 1 in the i-th iteration) is a quasi-rectangular hole in an infinite plane loaded by the tractions $-T_t^{(i-1)}$ along the hole's boundary, where $T_t^{(i-1)}$ are the redundant tractions induced in Step 2 of the (i-1)-th iteration ($-T_t^{(0)} = -T_{ini} + T_s$ in the first iteration). In this step, the redundant tractions $T_s^{(i)}$ are induced at the anticipated ground surface, as shown in Fig. 11.60c.

To reduce the stresses on the ground surface to zero to satisfy the boundary conditions of the original problem, Model B-i (Fig. 11.60d, Step 2 in the i-th iteration) is introduced, which is a half-plane without a hole subjected to the tractions $-T_s^{(i)}$

along the ground surface. Similarly, the redundant tractions $T_t^{(i)}$ along the anticipated tunnel boundary are induced, as shown in Fig. 11.60e. In the next iteration, $T_t^{(i)}$ will be exerted in reverse on the boundary of the tunnel in the infinite plane to balance the redundant tractions.

Through repeating iterations, the redundant tractions along the hole's boundary and the redundant tractions along the ground surface will approach zero with an increasing number of iterations. The solutions for shallowly buried quasi-rectangular tunnel problems are finally addressed by superimposing the stresses and displacements calculated in all of the iterations. It can easily be demonstrated that the solutions satisfy the boundary conditions on the ground surface and the tunnel boundary as long as the redundant tractions are approximately zero in the last iteration.

11.5.2.2 Derivation in Step 1 of the *i*-th Iteration

This step considers a quasi-rectangular hole in an infinite plane, as shown in Fig. 11.60b. By employing complex variable theory [28] combined with conformal mapping, the analytical solution to this boundary value problem can be easily derived. The series form expression of the mapping function by which the quasi-rectangular/ rectangular hole's boundary and the external infinite region are mapped into a unit circle in the mapped plane [28] is:

$$z_1 = \omega(\zeta) = aR\left(\zeta + \sum_{k=0}^{m} c_k \zeta^{-k}\right) \tag{11.151}$$

where z_1 is the complex coordinates of the local coordinate systems $x_1 o_1 y_1$; ζ is the complex coordinates in the corresponding mapped planes (Fig. 11.62); a is the height of the tunnel; and R and c_k are dimensionless coefficients related to the tunnel shape. The various hole boundaries (i.e., rectangular boundaries with various width-height ratios (b/a) and quasi-rectangular boundaries) which are determined by Eq. (11.151), are plotted in Fig. 11.63. Table 11.7 shows the coefficients of the mapping functions. Note that the mapped boundaries in the physical plane are very similar to rectangles/ quasi-rectangles.

Suppose that $\varphi_1^{(i)}(\zeta)$ and $\psi_1^{(i)}(\zeta)$ denote the two potentials of this boundary value problem. Thus, the potentials should satisfy the stress boundary condition (hole boundary) as follows:

$$\left[\varphi_1^{(i)}(\zeta) + \frac{\omega(\zeta)}{\overline{\omega'(\zeta)}}\overline{\varphi_1^{(i)'}(\zeta)} + \overline{\psi_1^{(i)}(\zeta)}\right]_{\zeta=\alpha=e^{i\theta}} = -i\int_{\alpha_0}^{\alpha}\left(T_{t-x_1}^{(i-1)}(\theta) + iT_{t-y_1}^{(i-1)}(\theta)\right)ds \tag{11.152}$$

where α_0 and α are specific and generic points on the tunnel boundary, respectively; $T_{t-x_1}^{(i-1)}$ and $T_{t-y_1}^{(i-1)}$ are the horizontal and vertical components of the redundant

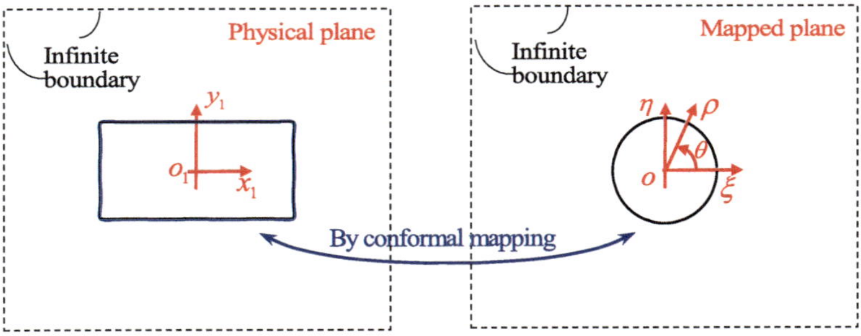

Fig. 11.62 Regions and coordinate system in the physical and mapped plane

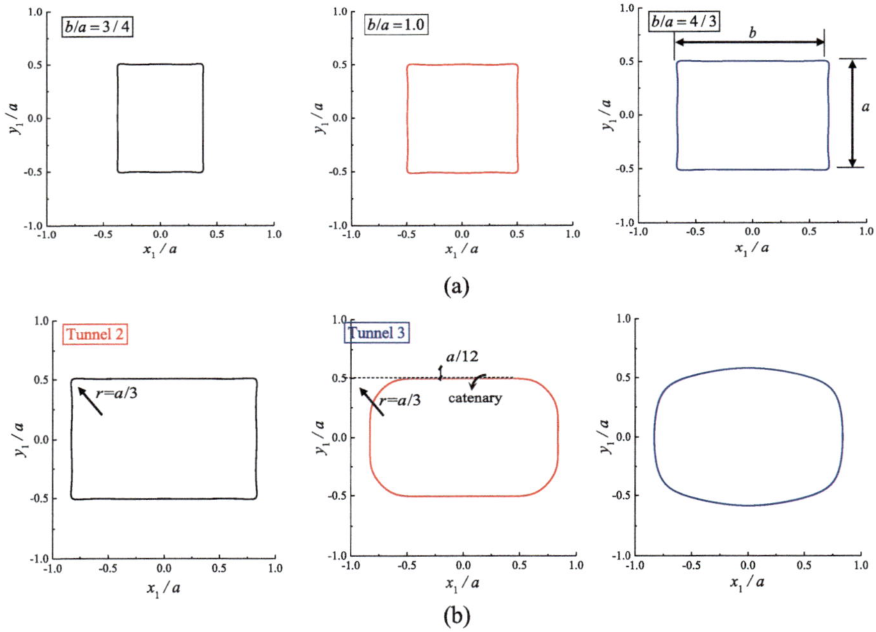

Fig. 11.63 Various boundaries of rectangular and quasi-rectangular tunnels determined by the mapping functions: **a** rectangular tunnels with various width-height ratios (b/a) and **b** rectangular/quasi-rectangular tunnels with the same width-height ratio ($b/a = 5/3$)

traction $T_t^{(i-1)}$, respectively; and θ denotes the polar angle in the mapped plane, as shown in Fig. 11.62. By expanding the term on the right side of Eq. (11.152) as a series (i.e., $-i\int_{\alpha_0}^{\alpha}\left(T_{t-x_1}^{(i-1)}(\theta)+iT_{t-y_1}^{(i-1)}(\theta)\right)ds \approx \sum_{j=-L}^{L} B_j t^j$ with $\alpha = e^{i\theta}$) and utilizing Harnack's theorem and Cauchy's integral formulas, we obtain the following expressions for the potentials:

Table 11.7 Coefficients of the mapping functions for various tunnel shapes

	R	c_1	c_3	c_5	c_7	c_9	c_j
$b/a = 3/4$	0.517058	– 0.135015	– 0.163628	0.013255	0.015934	– 0.005288	($j = 2, 4, \cdots; j > 9$)
$b/a = 1.0$	0.592129	– 0.007204	– 0.166658	0.000720	0.017852	– 0.000300	0
$b/a = 4/3$	0.689159	0.122473	– 0.164167	– 0.012064	0.016270	0.004851	
Tunnel 1	0.783855	0.222107	– 0.158445	– 0.021115	0.012789	0.007785	
Tunnel 2	0.735772	0.227432	– 0.088205	0.003866	-0.005371	– 0.005124	
Tunnel 3	0.747733	0.178907	– 0.054491	– 0.012604	0.002300	0.000368	

$$\varphi_1^{(i)}(\zeta) = \sum_{k=-L}^{-1} A_k^{(i)} \zeta^k \tag{11.153}$$

$$\psi_1^{(i)}(\zeta) = -\frac{\overline{\omega}\left(\frac{1}{\zeta}\right)}{\omega\prime(\zeta)} \frac{d\varphi_1^{(i)}(\zeta)}{d\zeta} + \sum_{k=1}^{L-2} \overline{D_k^{(i)}} \zeta^k + \sum_{k=1}^{L} \frac{\overline{B_k}}{\zeta^k} \tag{11.154}$$

where the determination of $A_k^{(i)}$ and $D_k^{(i)}$ is detailed in Ref. [29], and the values are functions of B_k and c_k.

Subsequently, by substituting the inverse function of Eq. (11.151) into Eqs. (11.153) and (11.154) and using the stress and displacement expressions with respect to the potentials in complex variable theory, the excavation-induced stresses and displacements in this iteration step are obtained as follows with respect to the two potentials:

Normal stresses in the x_1 and y_1 directions:

$$\begin{aligned}\sigma_{x_1}^{i,1} &= 2\mathrm{Re}\left[\varphi_1^{(i)\prime}(z_1)\right] - \mathrm{Re}\left[\overline{z_1}\varphi_1^{(i)\prime\prime(z_1)+\psi_1^{(i)\prime}(z_1)}\right] \\ \sigma_{y_1}^{i,1} &= 2\mathrm{Re}\left[\varphi_1^{(i)\prime}(z_1)\right] + \mathrm{Re}\left[\overline{z_1}\varphi_1^{(i)\prime\prime}(z_1) + \psi_1^{(i)\prime}(z_1)\right]\end{aligned} \tag{11.155}$$

Shear stress:

$$\tau_{x_1 y_1}^{i,1} = \mathrm{Im}\left[\overline{z_1}\varphi_1^{(i)\prime\prime}(z_1) + \psi_1^{(i)\prime}(z_1)\right] \tag{11.156}$$

Horizontal and vertical displacements:

$$
\begin{aligned}
u_{x_1}^{i,1(e)} &= \frac{1}{2G}\mathrm{Re}\left[\kappa\varphi_1^{(i)}(z_1) - z_1\overline{\varphi_1^{(i)\prime}(z_1)} - \overline{\psi_1^{(i)}(z_1)}\right] \\
u_{y_1}^{i,1(e)} &= \frac{1}{2G}\mathrm{Im}\left[\kappa\varphi_1^{(i)}(z_1) - z_1\overline{\varphi_1^{(i)\prime}(z_1)} - \overline{\psi_1^{(i)}(z_1)}\right]
\end{aligned}
\tag{11.157}
$$

11.5.2.3 Derivation in Step 2 of the *i*-th Iteration

In Step 2 of the i-th iteration (Fig. 11.60d), the redundant tractions, whose expressions are as follows:

$$
\begin{aligned}
&\begin{matrix} \textit{Horizontal} \\ \textit{component} \end{matrix} : \begin{matrix} x_1o_1y_1 : T_{s-x_1}^{(i)}(x_1) = \tau_{x_1y_1}^{i,1}(x_1 + hi) \\ x_2o_2y_2 : T_{s-x_2}^{(i)}(x_2) = T_{s-x_1}^{(i)}(x_1) \end{matrix} ; \\
&\begin{matrix} \textit{Vertical} \\ \textit{component} \end{matrix} : \begin{matrix} x_1o_1y_1 : T_{s-y_1}^{(i)}(x_1) = \sigma_{y_1}^{i,1}(x_1 + hi) \\ x_2o_2y_2 : T_{s-y_2}^{(i)}(x_2) = T_{s-y_1}^{(i)}(x_1) \end{matrix} .
\end{aligned}
\tag{11.158}
$$

The redundant tractions are exerted in reverse on the surface of the semi-infinite ground without any holes. The additional stresses and displacements in this step can be addressed by Flamant's solution [15] and its modification [30] with respect to the variables x_2 and y_2 as follows:

The normal stress in the x_2 and y_2 directions is:

$$
\begin{aligned}
\sigma_{x_2}^{i,2} &= \frac{2}{\pi}\int_{-\infty}^{+\infty} \frac{y_2(x_2+\varepsilon)^2 T_{s-y_2}^{(i)}(\varepsilon) + (x_2+\varepsilon)^3 T_{s-x_2}^{(i)}(\varepsilon)}{\left[y_2^2 + (x_2+\varepsilon)^2\right]^2} d\varepsilon \\
\sigma_{y_2}^{i,2} &= \frac{2}{\pi}\int_{-\infty}^{+\infty} \frac{y_2^3 T_{s-y_2}^{(i)}(\varepsilon) + y_2^2(x_2+\varepsilon) T_{s-x_2}^{(i)}(\varepsilon)}{\left[y_2^2 + (x_2+\varepsilon)^2\right]^2} d\varepsilon
\end{aligned}
\tag{11.159}
$$

The shear stress is:

$$
\tau_{x_2y_2}^{i,2} = \frac{2}{\pi}\int_{-\infty}^{+\infty} \frac{T_{s-y_2}^{(i)}(\varepsilon) y_2^2(x_2+\varepsilon) + T_{s-x_2}^{(i)}(\varepsilon) y_2(x_2+\varepsilon)^2}{\left[y_2^2 + (x_2+\varepsilon)^2\right]^2} d\varepsilon
\tag{11.160}
$$

The horizontal displacement is:

$$
\begin{aligned}
u_{x_2}^{i,2(e)} = \int_{-\infty}^{+\infty} & \frac{2(1-\nu^2)T_{s-x_2}^{(i)}(\varepsilon)}{\pi E} \ln\left[\sqrt{y_2^2 + (x_2+\varepsilon)^2} \cdot \sqrt{(2H+y_2)^2 + (x_2+\varepsilon)^2}\right] \\
&+ \frac{(1+\nu)T_{s-x_2}^{(i)}(\varepsilon)}{\pi E}\left[\frac{y_2^2}{y_2^2 + (x_2+\varepsilon)^2} + \frac{y_2^2}{(2H+y_2)^2 + (x_2+\varepsilon)^2}\right] d\varepsilon
\end{aligned}
$$

$$+\int_{-\infty}^{+\infty}\frac{(1-2\nu)(1+\nu)T_{s-y_2}^{(i)}(\varepsilon)}{\pi E}\left[\arctan\left(\frac{x_2+\varepsilon}{y_2}\right)-\arctan\left(\frac{x_2+\varepsilon}{2H+y_2}\right)\right]$$
$$+\frac{(1+\nu)T_{s-y_2}^{(i)}(\varepsilon)}{\pi E}\left[\frac{y_2(x_2+\varepsilon)}{y_2^2+(x_2+\varepsilon)^2}-\frac{(2H+y_2)(x_2+\varepsilon)}{(2H+y_2)^2+(x_2+\varepsilon)^2}\right]d\varepsilon \qquad (11.161)$$

The vertical displacement is:

$$u_{y_2}^{i,2(e)}=\int_{-\infty}^{+\infty}\frac{2(1-\nu^2)T_{s-y_2}^{(i)}(\varepsilon)}{\pi E}\ln\left(\frac{\sqrt{y_2^2+(x_2+\varepsilon)^2}}{\sqrt{(2H+y_2)^2+(x_2+\varepsilon)^2}}\right)$$
$$+\frac{(1+\nu)T_{s-y_2}^{(i)}(\varepsilon)}{\pi E}\left(\frac{(x_2+\varepsilon)^2}{y_2^2+(x_2+\varepsilon)^2}-\frac{(x_2+\varepsilon)^2}{(2H+y_2)^2+(x_2+\varepsilon)^2}\right)d\varepsilon$$
$$-\int_{-\infty}^{+\infty}\frac{(1-2\nu)(1+\nu)T_{s-x_2}^{(i)}(\varepsilon)}{\pi E}\left[\arctan\left(\frac{x_2+\varepsilon}{y_2}\right)+\arctan\left(\frac{x_2+\varepsilon}{2H+y_2}\right)\right]$$
$$+\frac{(1+\nu)T_{s-x_2}^{(i)}(\varepsilon)}{\pi E}\left[\frac{y_2(x_2+\varepsilon)}{y_2^2+(x_2+\varepsilon)^2}+\frac{(2H+y_2)(x_2+\varepsilon)}{(2H+y_2)^2+(x_2+\varepsilon)^2}\right]d\varepsilon \qquad (11.162)$$

and H is the depth of the horizontal bearing layer at which the vertical displacement is zero (11.8). Subsequently, the redundant tractions on the tunnel boundary $T_t^{(i)}$ (including the horizontal and vertical components $T_{t-x_1}^{(i)}$ and $T_{t-y_1}^{(i)}$) with respect to θ can be determined as follows:

$$T_{t-x_1}^{(i)}(\theta)=l\sigma_{x_1}^{i,2}(\theta)+m\tau_{x_1y_1}^{i,2}(\theta),\ T_{t-y_1}^{(i)}(\theta)=m\sigma_{y_1}^{i,2}(\theta)+l\tau_{x_1y_1}^{i,2}(\theta) \qquad (11.163)$$

where $\sigma_{x_1}^{i,2}=\sigma_{x_2}^{i,2}$; $\sigma_{y_1}^{i,2}=\sigma_{y_2}^{i,2}$; $\tau_{x_1y_1}^{i,2}=\tau_{x_2y_2}^{i,2}$; and l (m) denotes the cosines of the angle between the normal direction of the tunnel boundary and the x_1 (y_1) axes.

The stresses and displacements of a shallowly buried tunnel in a half-plane (Fig. 11.60a) are finally determined via the superposition of the stresses and displacements calculated in all of the iterations:

$$\textit{Stresses}:\ \sigma_{x_1}=\sum_{i=1}^{n}\sum_{j=1}^{2}\sigma_{x_1}^{i,j};\quad \sigma_{y_1}=\sum_{i=1}^{n}\sum_{j=1}^{2}\sigma_{y_1}^{i,j};\quad \sigma_{x_1y_1}=\sum_{i=1}^{n}\sum_{j=1}^{2}\sigma_{x_1y_1}^{i,j}.$$
$$\textit{Displacements}:\ u_{x_1}^{(e)}=\sum_{i=1}^{n}\sum_{j=1}^{2}u_{x_1}^{i,j(e)};\quad u_{y_1}^{(e)}=\sum_{i=1}^{n}\sum_{j=1}^{2}u_{y_1}^{i,j(e)} \qquad (11.164)$$

where $\sigma_{x_1}^{i,2} = \sigma_{x_2}^{i,2}$; $\sigma_{y_1}^{i,2} = \sigma_{y_2}^{i,2}$; $\tau_{x_1y_1}^{i,2} = \tau_{x_2y_2}^{i,2}$; $u_{x_1}^{i,2(e)} = u_{x_2}^{i,2(e)}$; $u_{y_1}^{i,2(e)} = u_{y_2}^{i,2(e)}$; and n is the final iteration number.

11.5.3 Analytical Solution of Viscoelastic Displacement

According to the extended corresponding principle [18], the viscoelastic solution can then be obtained via the elastic solutions. For the problem of the stress boundary conditions in this section, the stress expressions are the same for the elastic and viscoelastic cases [16], and the displacement expressions for the viscoelastic case are as follows [31]:

$$u_{x_1}^{(v)} = \sum_{i=1}^{n}\sum_{j=1}^{2} u_{x_1}^{i,j(v)};\ u_{y_1}^{(v)} = \sum_{i=1}^{n}\sum_{j=1}^{2} u_{y_1}^{i,j(v)} \tag{11.165}$$

where

$$\begin{aligned} u_{x_1}^{i,1(v)} + iu_{y_1}^{i,1(v)} &= \frac{1}{2}\left[\int_0^t I(\tau)d\tau\right]\varphi_1^{(i)}(z_1) \\ &\quad - \frac{1}{2}\left[\int_0^t H(\tau)d\tau\right]\left[z\overline{\frac{d\varphi_1^{(i)}(z_1)}{dz_1}} + \overline{\psi_1^{(i)}(z_1)}\right], \end{aligned}$$

with $\varphi_1^{(i)}(z_1)$ and $\psi_1^{(i)}(z_1)$ being the potentials with respect to z_1 in the first step of the i-th iteration; $H(t) = L^{-1}\left[\frac{1}{s\hat{G}(s)}\right]$; $I(t) = L^{-1}\left[\frac{\mu(s)}{s\hat{G}(s)}\right]$; $\mu(s) = \frac{3\hat{K}(s)+7\hat{G}(s)}{3\hat{K}(s)+\hat{G}(s)}$; $\hat{K}(s)$ ($\hat{G}(s)$) represents the Laplace transform of the shear (bulk) relaxation moduli of the viscoelastic model, $K(t)$ ($G(t)$); $\hat{f}(s)$ (or $L[f(t)]$) is a function of the variable s, which is defined in the Laplace transform of the function $f(t)$; and $L^{-1}[g(s)]$ indicates the inverse Laplace transformation, which is defined as $L^{-1}[g(s)] = \frac{1}{2\pi i}\int_{c-i\infty}^{c+i\infty} g(s)\exp^{st}dt$. The expressions for $G(t)$ and $K(t)$ can be determined by an in situ creep test or according to the assumed viscoelastic physical models.

The expressions for $u_{x_1}^{i,2(v)}$ and $u_{y_1}^{i,2(v)}$ in Eq. (11.165) are as follows:

$$\begin{aligned} u_{x_1}^{i,2(v)} = u_{x_2}^{i,2(v)} &= \int_{-\infty}^{+\infty}\left[\frac{2}{\pi}\int_0^t F(t-\tau)d\tau\right] \\ &\cdot T_{s-x_2}^{(i)}(\varepsilon)\ln\left[\sqrt{y_2^2 + (x_2+\varepsilon)^2}\cdot\sqrt{(2H+y_2)^2 + (x_2+\varepsilon)^2}\right] \\ &+ \left[\frac{1}{2\pi}\int_0^t H(t-\tau)d\tau\right] \end{aligned}$$

$$\cdot T_{s-x_2}^{(i)}(\varepsilon)\left[\frac{y_2^2}{y_2^2+(x_2+\varepsilon)^2}+\frac{y_2^2}{(2H+y_2)^2+(x_2-\varepsilon)^2}\right]d\varepsilon$$

$$+\int_{-\infty}^{+\infty}\left[\frac{-3}{2\pi}\int_0^t J(t-\tau)d\tau\right]$$

$$\cdot T_{s-y_2}^{(i)}(\varepsilon)\left[\arctan\left(\frac{x_2+\varepsilon}{y_2}\right)-\arctan\left(\frac{x_2+\varepsilon}{2H+y_2}\right)\right]$$

$$+\left[\frac{1}{2\pi}\int_0^t H(t-\tau)d\tau\right]$$

$$\cdot T_{s-y_2}^{(i)}(\varepsilon)\left[\frac{y_2(x_2+\varepsilon)}{y_2^2+(x_2+\varepsilon)^2}-\frac{(2H+y_2)(x_2+\varepsilon)}{(2H+y_2)^2+(x_2+\varepsilon)^2}\right]d\varepsilon \qquad (11.166)$$

$$u_{y_1}^{i,2(v)}=u_{y_2}^{i,2(v)}=\int_{-\infty}^{+\infty}\left[\frac{2}{\pi}\int_0^t F(t-\tau)d\tau\right]$$

$$\cdot T_{s-y_2}^{(i)}(\varepsilon)\ln\left(\frac{\sqrt{y_2^2+(x_2+\varepsilon)^2}}{\sqrt{(2H+y_2)^2+(x_2+\varepsilon)^2}}\right)$$

$$+\left[\frac{1}{2\pi}\int_0^t H(t-\tau)d\tau\right]$$

$$\cdot T_{s-y_2}^{(i)}(\varepsilon)\left(\frac{(x_2+\varepsilon)^2}{y_2^2+(x_2+\varepsilon)^2}-\frac{(x_2+\varepsilon)^2}{(2H+y_2)^2+(x_2+\varepsilon)^2}\right)d\varepsilon$$

$$-\int_{-\infty}^{+\infty}\left[\frac{-3}{2\pi}\int_0^t J(t-\tau)d\tau\right]$$

$$\cdot T_{s-x_2}^{(i)}(\varepsilon)\left[\arctan\left(\frac{x_2+\varepsilon}{y_2}\right)+\arctan\left(\frac{x_2+\varepsilon}{2H+y_2}\right)\right]$$

$$+\left[\frac{1}{2\pi}\int_0^t H(t-\tau)d\tau\right]$$

$$k4\cdot T_{s-x_2}^{(i)}(\varepsilon)\left[\frac{y_2(x_2+\varepsilon)}{y_2^2+(x_2+\varepsilon)^2}+\frac{(2H+y_2)(x_2+\varepsilon)}{(2H+y_2)^2+(x_2+\varepsilon)^2}\right]d\varepsilon \qquad (11.167)$$

where $J(t)=L^{-1}\left[\frac{1}{s\widehat{G}(s)+3s\widehat{K}(s)}\right]$; and $F(t)=L^{-1}\left[\frac{4\widehat{G}(s)+3\widehat{K}(s)}{4\widehat{G}(s)[s\widehat{G}(s)+3s\widehat{K}(s)]}\right]$.

For a geomaterial, a common assumption is that the material exhibits a purely elastic volumetric response. Therefore, $K(t)$ can be treated as a constant, which is equal to the elastic bulk modulus K_e. For rock/soil with good mechanical properties or subjected to low stresses, a limited viscosity is presented. For this type of geomaterial, Kelvin, generalized Kelvin or Poynting-Thomson viscoelastic models are commonly employed, as shown in Table 3.1. The corresponding expressions for $G(t)$, as well as the corresponding $H(t)$, $I(t)$, $J(t)$ and $F(t)$, are also presented in Tables 3.2 and Table 3.3.

11.5.4 Verification and Validation

11.5.4.1 Comparison Between Analytical and FEM Results

To verify the analytical solution presented in this section, the derived solutions were compared with the results from numerical simulations performed using the ANSYS code. To maintain consistency with the analytical derivation, all of the FEM analyses were performed under plane strain conditions and assuming small deformations.

Noted from the derivation that the expression forms of solution for quasi-rectangular and rectangular tunnels are exactly the same (the values of coefficients are different). Therefore, the rectangular tunnel is employed in the comparison between analytical and numerical results to show the possible maximum differences, since the stress concentration at the corner is the highest in rectangular tunnels.

A rectangular tunnel with a length and width of 10 m and 6 m, respectively, is excavated in a semi-infinite ground at a depth $h = 15$ m. Because of the symmetry of the problem along the y_1 axis, the right half of the structure was analysed in the numerical simulation; the geometry, constraint conditions and domain of the FEM simulation are shown in Fig. 11.64. Figure 11.65 shows the mesh in the vicinity of the tunnel. The following parameters were employed in the analysis: (1) *elastic problem:* Young modulus $E = 50$ MPa, Poisson's ratio $\mu = 0.33$, and unit weight $\gamma = 18.5$ kN/m^3. (2) *viscoelastic problem:* a generalized Kelvin viscoelastic model (Table 3.1) was assumed to simulate the viscoelasticity of the rock/soil with $G_M =$ 50 MPa, $G_K = 25$ MPa, $\eta'_K = 50$ MPa day, and $K(t) = \infty$ (incompressible volume). Note again that some expressions in this section differ from those presented in Sect. 3.2, including: (1) for the H-K model, the previously defined G_{H} (Sect. 3.2.2) is now expressed as G_{M} in this section, and (b) the displacements u and v are denoted as u_{x} and u_{y}, respectively, in this section.

In the numerical simulation, the initial conditions of the vertical and horizontal stresses, whose values are γh and $\lambda\gamma h$ ($\lambda = 0.5$), respectively, were first applied to the half-plane without any holes. The elements inside the holes were then removed to simulate tunnel excavation. A uniform pressure (supporting forces) $T_s = 0.3\gamma h$ was exerted on the hole's boundary after the excavation. Consequently, the incremental displacements and stresses could be obtained by subtracting the displacements and stresses that occurred before excavation from the total displacements and stresses.

Let us consider points P_1–P_6 in Fig. 11.65. Comparisons of the elastic and viscoelastic incremental displacements between the analytical solutions and the FEM results are plotted in Figs. 11.66a and b, respectively, and comparisons of the total stresses at these points between the analytical solutions for the elastic cases and the FEM results are plotted in Fig. 11.66c. The analytical results are superpositions of those in the first and second iterations and step 1 of the third iteration. The results show that the analytical solutions exhibit close agreement with the numerical results, which verifies the correctness of the derivation. According to the research in Ref. [31] for stress boundary problems, the stresses in viscoelastic cases are the same as

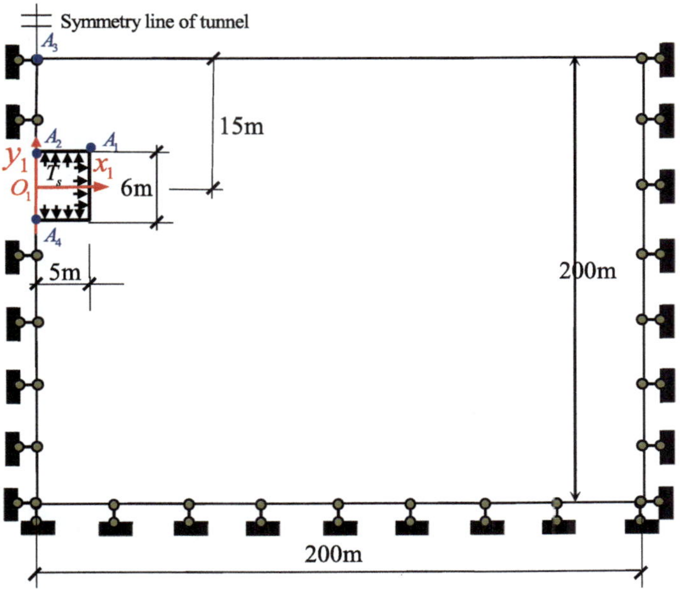

Fig. 11.64 Geometry of the numerical domain with the constraint conditions

those in elastic cases with the same geometry and boundary conditions; therefore, the stresses in viscoelastic cases are not compared with the FEM results in this section.

11.5.4.2 Comparison Between the Analytical Solution and Field Measurements

To further validate the applicability of the proposed analytical model, comparisons of the surface settlement were performed between the analytical solutions and field data. The field measurements are for the surface settlement during construction of the quasi-rectangular Ningbo metro tunnel [32]. The tunnel was located at a depth $h =$ 13.17 m, and the thickness and mechanical properties of the soil layers are provided in Table 11.8 [32]. The equivalent material parameters are defined as follows:

$$Q_e = \frac{\sum_{i=1}^{n} Q_i H_i}{\sum_{i=1}^{n} H_i} \tag{11.168}$$

where Q_i and $H_i (i = 1, 2, 3, 4)$ represent the material/loading parameters (i.e., Young's modulus, unit weight and ratio of the horizontal to vertical initial stresses)

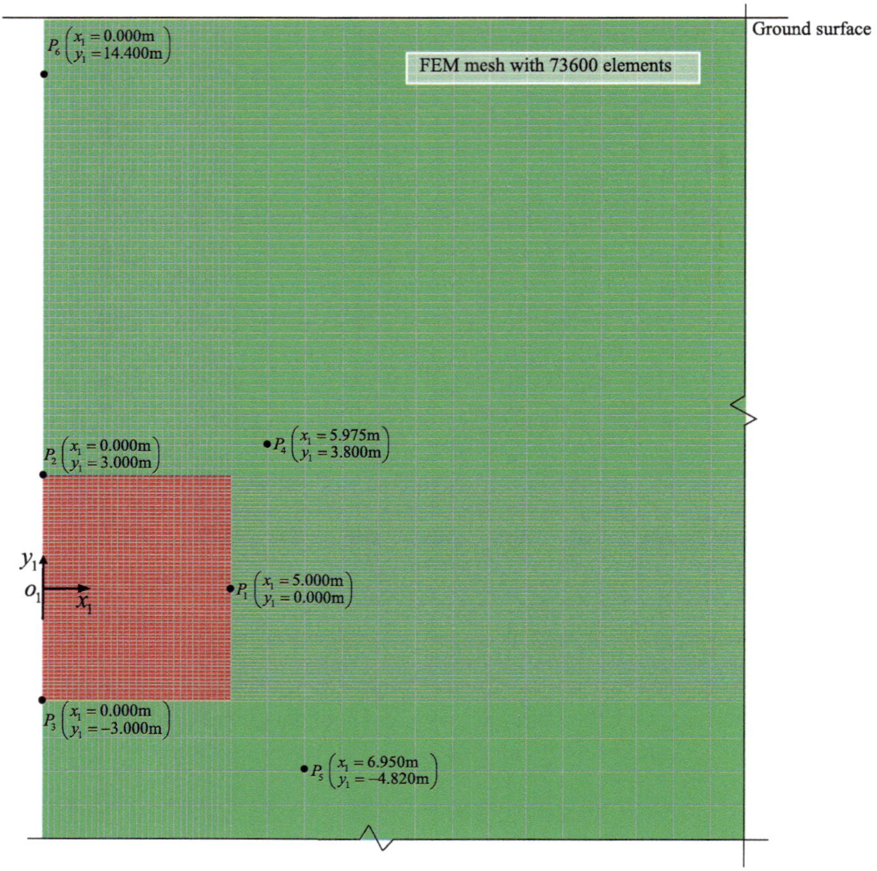

Fig. 11.65 FEM mesh of the domain and the comparison points

and the thickness of soil layer i, respectively. The shape of the tunnel liner (quasi-rectangular) in this project and the simplified tunnel shape employed in the analytical solution are shown in Fig. 11.67.

The parameters employed in the analytical solution are given in Table 11.8, where the elastic modulus is adopted as approximately 20 times the equivalent compression modulus to achieve the same maximum settlement in the analytical results and the field data (convenient for a qualitative comparison), and the other parameters are the same as the equivalent ones. The comparison of the surface settlements is presented in Fig. 11.68. The variation in settlement and the size of the settlement trough both agree well between the analytical results and the field data, which demonstrates that the proposed analytical solution can provide reliable qualitative predictions of the displacement field.

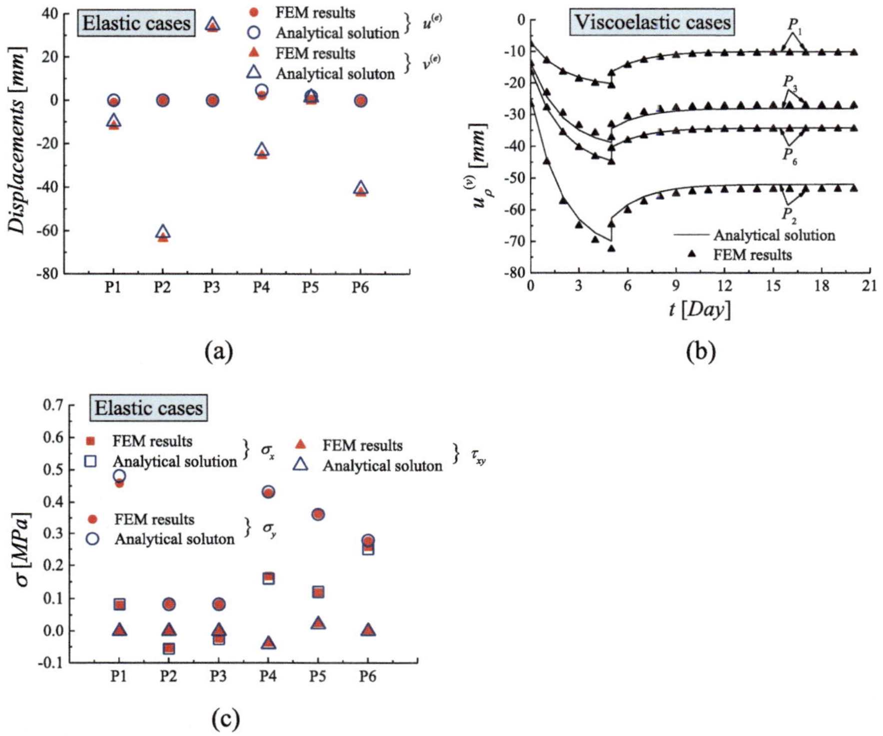

Fig. 11.66 Comparisons of the displacements and stresses between the analytical and FEM results: **a** elastic displacements at six points; **b** viscoelastic displacements versus time; **c** stresses. The parameters $u_x^{(e)}$ and $u_y^{(e)}$ represent the horizontal and vertical displacements, respectively; $u_\rho^{(v)}$ represents the viscoelastic radial displacements; σ_x and σ_y represent the normal stresses in the horizontal and vertical directions, respectively; and τ_{xy} is the shear stress

11.5.4.3 Comparison Between the Results from the Analytical and Finite Element Limit Analyses

The stability of a square tunnel in cohesive-frictional soils has been investigated by applying the finite element limit analysis technique [33]. The initial plastic zone obtained by the proposed analytical solution combined with the Mohr-Coulomb failure criterion will be compared with the results presented by Yamamoto et al. [33].

The equivalent stress σ_e is defined as follows in the analytical model based on the Mohr-Coulomb failure criterion:

$$\sigma_e = \sigma_1 - \left[\sigma_3 \tan^2\left(45^\circ + \varphi/2\right) + 2c \cdot \tan\left(45^\circ + \varphi/2\right)\right] \tag{11.169}$$

where c and φ are the cohesion and friction angle of the geomaterial, respectively; σ_1 and σ_3 are the major and minor principal stresses, respectively. The initial plastic

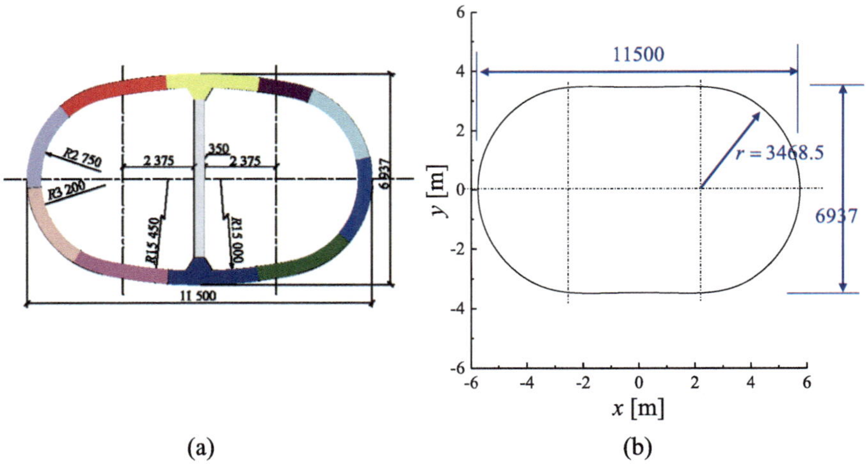

Fig. 11.67 Tunnel/liner shapes in cases for comparison between the analytical solution and field data: **a** liner shape in a real project (quasi-rectangular); **b** tunnel shape employed in the analytical solution

Table 11.8 Material/loading parameters of the soil layers

Soil layer	Layer thickness/ (m)	Unit weight/ (kN m^{-3})	Compression modulus/(MPa)	Lateral pressure coefficient
Miscellaneous fill	1.5	18.0	3.41	0.60
Silt	1.7	16.4	1.65	0.72
Clay	0.8	18.3	3.15	0.63
Silt	4.4	16.5	1.63	0.72
Mucky clay	8.4	17.2	2.02	0.67
Silt clay	3.7	18.3	3.03	0.47
Mucky silty clay	7.3	18.0	2.84	0.54
Clay	5.7	17.4	2.87	0.55

Fig. 11.68 Comparison of the surface settlements between the analytical results and field data

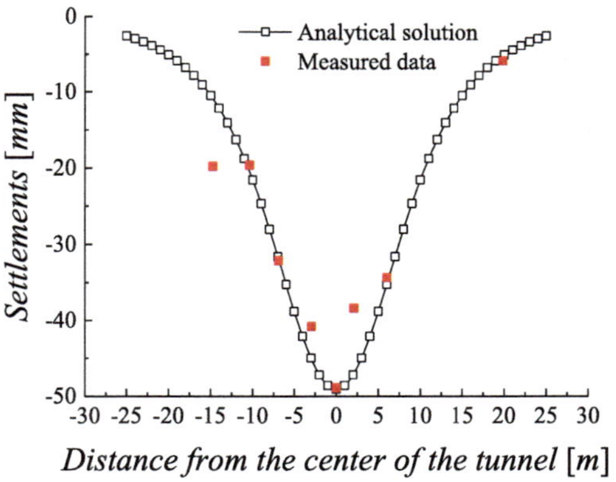

zone around the tunnel can be approximately predicted by the analytical solutions in the case of an equivalent stress $\sigma_e \geq 0$. Note from Eq. (11.169) that the greater the positive equivalent stress at a point is, the earlier this point will fail.

In Ref. [33], the infinite surcharge loads and the gravity-induced stress field are considered. Because the infinite surcharge loads induce uniform initial stresses before excavation, the initial vertical stress in the analytical model is determined by the summation of the gravity stress at the tunnel center and the surcharge load σ_s. Figure 11.69a and b present contour maps of the equivalent stress around the square tunnel obtained by the analytical solutions and the plastic field determined by the finite element limit analysis [33], respectively. The material and tunnel parameters employed in the two methods are shown in the figures. Figure 11.69 shows that the sizes of the initial plastic zones (zones with positive equivalent stresses) and the plastic zone propagation directions (direction of the contour extension) predicted by the two methods are similar. The consistency of the results of the two methods demonstrates the reliability of the analytical solutions in predicting the stress field around rectangular tunnels.

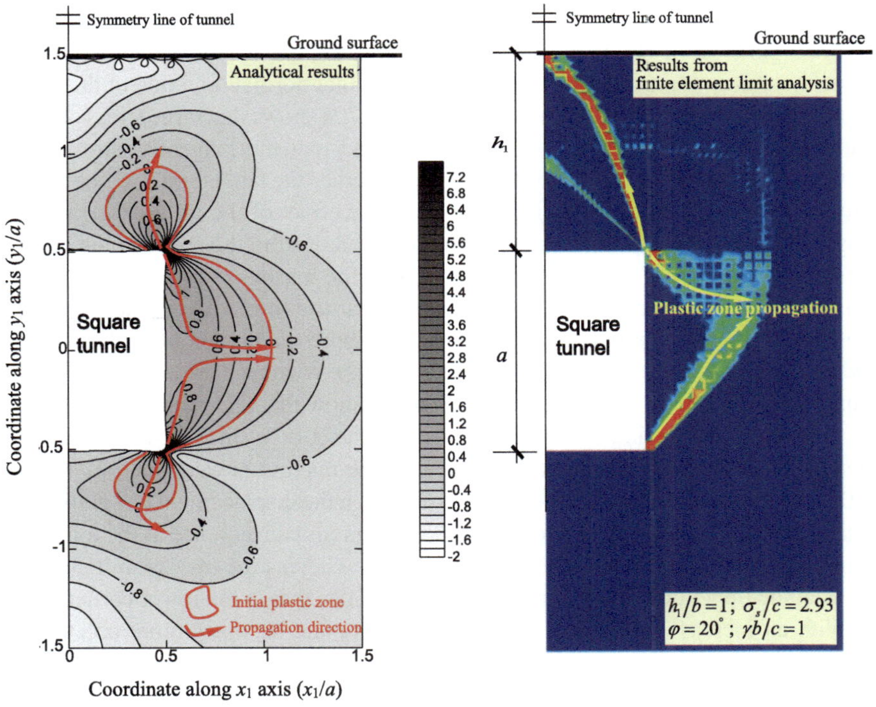

(a) (b)

Fig. 11.69 Comparison of the initial plastic zones and propagation directions between the analytical solutions and the results from the finite element limit analysis: **a** contour map of equivalent stress from analytical solutions; and **b** plastic zone from finite element limit analysis

11.5.5 Analysis and Discussion

For generality in the parametric investigation, all of the variables will be in normalized form. The stresses and displacements are normalized by p_0 and u_0, respectively, where $p_0 = \gamma h$; and $u_0 = {}^{p_0 R}/_{2G_s}$, in which $R = a/2$; G_s is the elastic shear modulus (in analyses of elastic cases) or the permanent stiffness of the generalized Kelvin viscoelastic model: $G_s = G_M G_K \big/ (G_M + G_K)$ (in analyses of viscoelastic cases); and u_0 is the excavation-induced convergence of a circular tunnel excavated in an infinite elastic ground subjected to a hydrostatic far field stress p_0. In the following analysis, the displacements are the incremental displacements that occurred after tunnel excavation, and the stresses are the total stresses.

11.5.5.1 Influence of the Tunnel Shape

Considering a rectangular tunnel buried in semi-infinite ground at a depth $h = 2.5a$, the ground displacement and stress in cases with various values of *a*/*b* are investigated, where a and b are the height and width of the rectangular tunnel, respectively. Figure 11.70 shows the normalized stresses and displacements along the tunnel boundary versus θ (the angle between the outer normal direction of the tunnel boundary and the horizontal direction). Figure 11.70a shows that large stress concentrations occur around the rectangle's corners and that the tangential stresses are mainly tensile along the top and bottom sides, whereas the tangential stresses around circular tunnels fluctuate only slightly. Due to the effect of the ground surface, the tangential stresses at the top corners are quite different from those that at the bottom corners. For example, in the case of $b/a = 5/3$, the normalized tangential stresses at the upper two corners are 9.5, whereas those at the lower two corners are only 8.6. The maximum normalized tensile stress is approximately 0.39 in these cases, and it is located at the midpoint of the tunnel's top, whereas it is 0.18 for the deep tunnel with the same shape. Figure 11.70b and c show that the radial displacements are quite large at the middle of the tunnel top and the bottom sides for the rectangular tunnel, and the tangential displacements reach their maximum values at $\theta = 40°$ and $160°$. In addition, the effect of the ground surface on the displacement is significantly greater than the effect on the stress; i.e., the maximum convergence at the top of the tunnel is approximately twice that at the bottom, whereas the maximum tangential stress at the upper corners is approximately 1.1 times that at the lower corners.

With an increase in *b*/*a* (i.e., the rectangular tunnel becomes more oblate), the maximum compressive stress at the upper corner increases significantly, whereas the maximum tensile stresses remain nearly the same. Among all of the cases, the maximum compressive stress in the case with $b/a = 5/3$ is approximately 1.35 times that in the case with $b/a = 3/4$; the stresses around a circular tunnel fluctuate less and are more stable. Figure 11.70b and c show that the variation patterns of

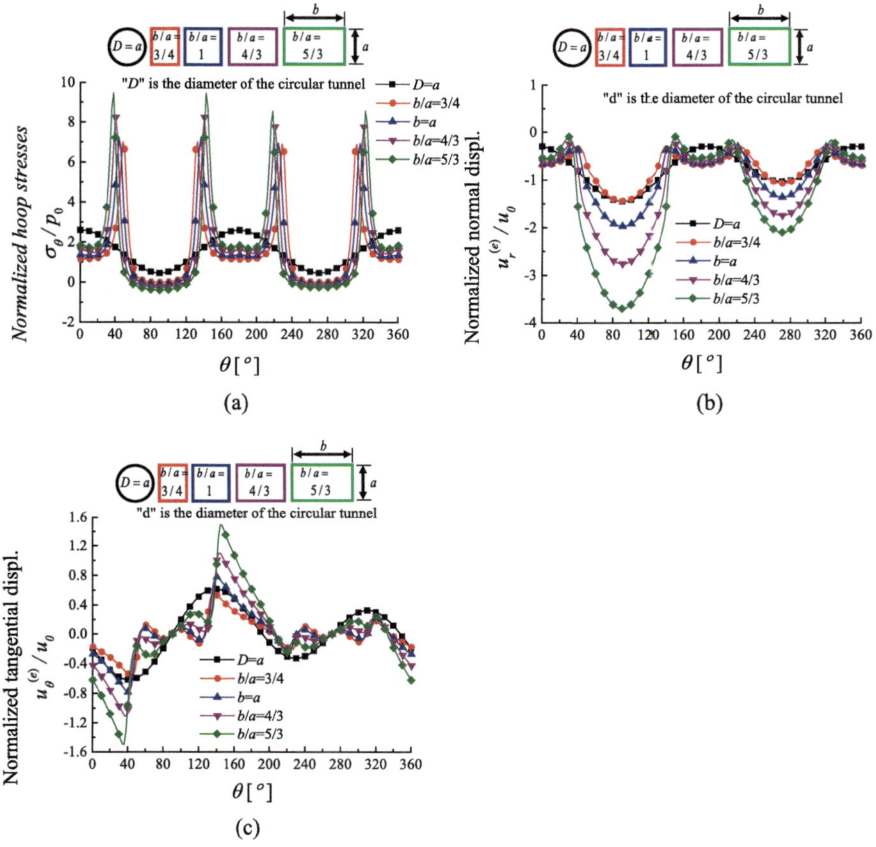

Fig. 11.70 Normalized stresses and displacements along the tunnel boundary versus θ for different tunnel shapes: **a** tangential stresses on the tunnel boundary; **b** and **c** displacements of the tunnel boundary in the normal and tangential directions, respectively. The parameter θ is the polar angle in the mapped plane

the displacement are very similar in cases with different values of b, except for the magnitudes. The greater the tunnel width (b) is, the larger the displacements are. Among all of the cases, the normal displacement that occurred at the point at $\theta = 90°$ in the case with $b/a = 5/3$ (largest displacement) is approximately 1.9 times that in the case with $b = a$ (square tunnel); the largest tangential displacement in this case is also 1.9 times that of the square tunnel. The maximum displacement in the cases with $b/a = 3/4$ and the circular tunnel are almost the same.

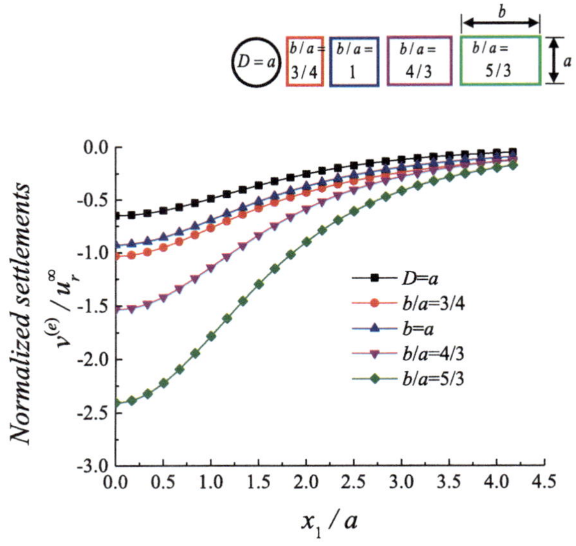

Fig. 11.71 Normalized surface settlements for different tunnel shapes

The surface settlements versus x_1 for various tunnel shapes are plotted in Fig. 11.71. Note that the settlement at x_1=0 (maximum settlement) and the width of the settlement trough increase with increasing *b*/*a*. The largest surface settlement in the case with $b/a = 5/3$ is approximately 2.6 times that of the square tunnel. The settlement induced by a circular tunnel is the smallest.

11.5.5.2 Influence of the Tunnel Burial Depth

Rectangular tunnels with *b*/*a* = 5/3 excavated at various depths are considered below. We focus on points A_1–A_3 on the tunnel boundary or near the ground surface, as shown in Fig. 11.64. The normalized tangential stresses and normal displacements at these points versus the burial depth (h) are plotted in Figs. 11.72 and 11.73, respectively. In general, the displacements and tangential stresses all decrease gradually as the depth increases before approaching constant values. When the normalized burial depth is greater than $h = 4a$ in these cases, the stress remains nearly constant with h; however, the displacements still decrease significantly with increasing burial depth. The difference between the stresses at point A_1 in the shallow and deep tunnels is less than 5% of the stress in the deep tunnel, whereas the difference between the displacements is approximately 23% under these conditions. Until the burial depth is greater than 12*a*, the difference between the displacements is less than 5%, and the stress difference is 0.4%.

The normalized surface settlements versus x_1 for various tunnel shapes are plotted in Fig. 11.74. Note that the width of the settlement trough increases with increasing h, but the settlement at $x_1 = 0$ (maximum settlement) decreases with increasing h.

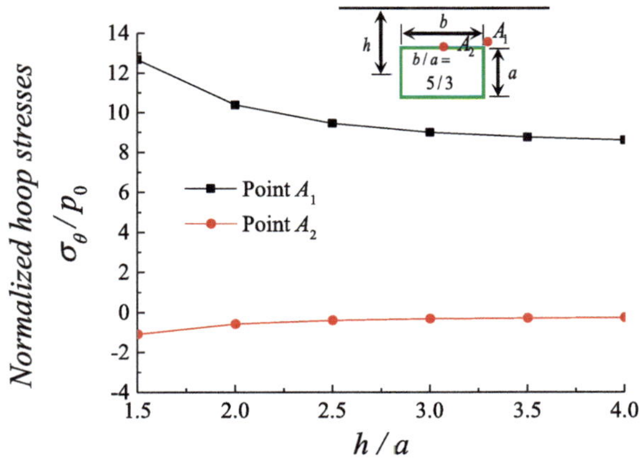

Fig. 11.72 Normalized tangential stresses versus burial depth h at two points

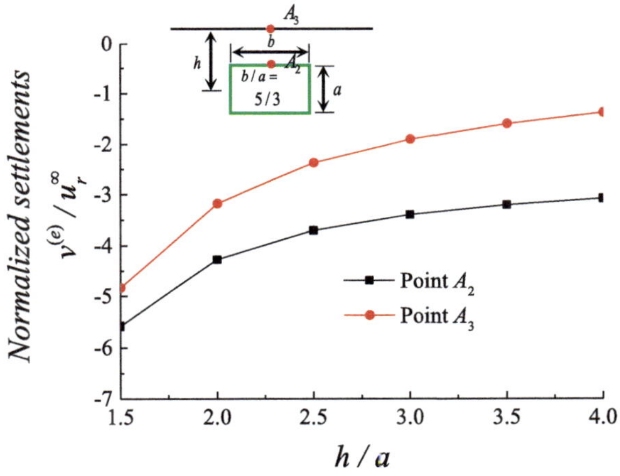

Fig. 11.73 Normalized settlements versus burial depth h at two points

The largest surface settlement in the case with $h = 2a$ is approximately 2.3 times that in the case with $h = 4a$.

11.5.5.3 Analysis for Quasi-rectangular Tunnels

The analysis presented above shows that strong stress concentrations occur at the corners of the rectangle. To optimize the stress distribution of the ground around the liner and for the convenience of liner installation, a modified rectangular shape (quasi-rectangle) is usually employed in real engineering. The differences in the stress and displacement due to the modification of the rectangular shape are investigated by employing the following three rectangular/quasi-rectangular tunnels with a width to height ratio (b/a) of approximately 5/3:

Tunnel 1: rectangular shape.

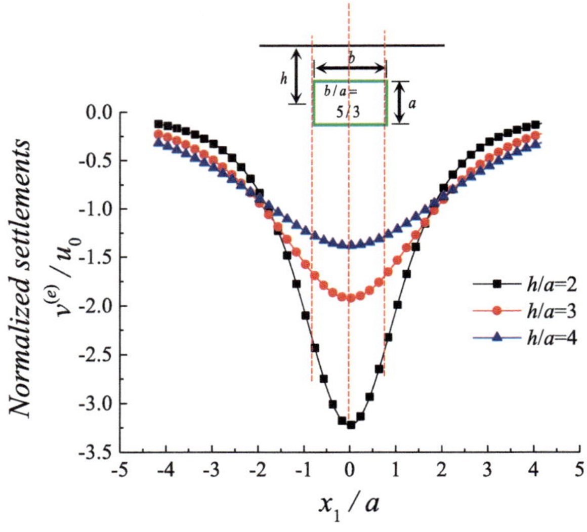

Fig. 11.74 Normalized surface settlements for different burial depths h

Tunnel 2: quasi-rectangular shape with rounded corners (radius of $a/3$) and straight sides.
Tunnel 3: quasi-rectangular shape with rounded corners (radius of $a/3$) and arched top and bottom sides (arch height of $a/12$).

The coefficients of the mapping functions (Eq. (11.151)) for the three tunnel shapes are listed in Table 11.7, and the mapping boundaries in the physical plane are shown in Fig. 11.63b. The tunnels are all excavated at a depth $h = 2.5a$. Figure 11.75 presents the normalized tangential stresses and displacements along the tunnel boundary versus the angle θ. The results show that the normalized tangential stresses at the top corners decrease sharply from 9.5 in Tunnel 1 to 3.7 (3.4) in Tunnel 2 (Tunnel 3), and the tangential stresses along the right and left sides decrease if the rectangles have rounded corners; however, the tangential stresses along the top and bottom sides of the three tunnels are almost the same. Figure 11.75b shows that the normal displacements become small and their variations with θ are relatively smooth in the rectangles with rounded corners (Tunnels 2 and 3). The maximum normalized normal displacements of Tunnel 2 and Tunnel 3 are 89% and 86%, respectively, of that of Tunnel 1. The difference in magnitude of the tangential displacements of the three tunnels is quite small (Fig. 11.75c), whereas the rounded corners and arched sides in Tunnel 3 induce smoother variations of the tangential displacement. Figure 11.75 also shows that the stress and displacement differ little in Tunnel 2 and Tunnel 3, which indicates that the arched sides have a minor influence on the mechanical response of the ground. However, the arched shape would be favourable to the stress distribution and the installation of the liners.

The surface settlements versus x_1 for the three tunnels are plotted in Fig. 11.76. The results show that the maximum surface settlement in Tunnel 1 is approximately 1.2 times that in Tunnels 2 and 3, and the variations of the surface settlements of

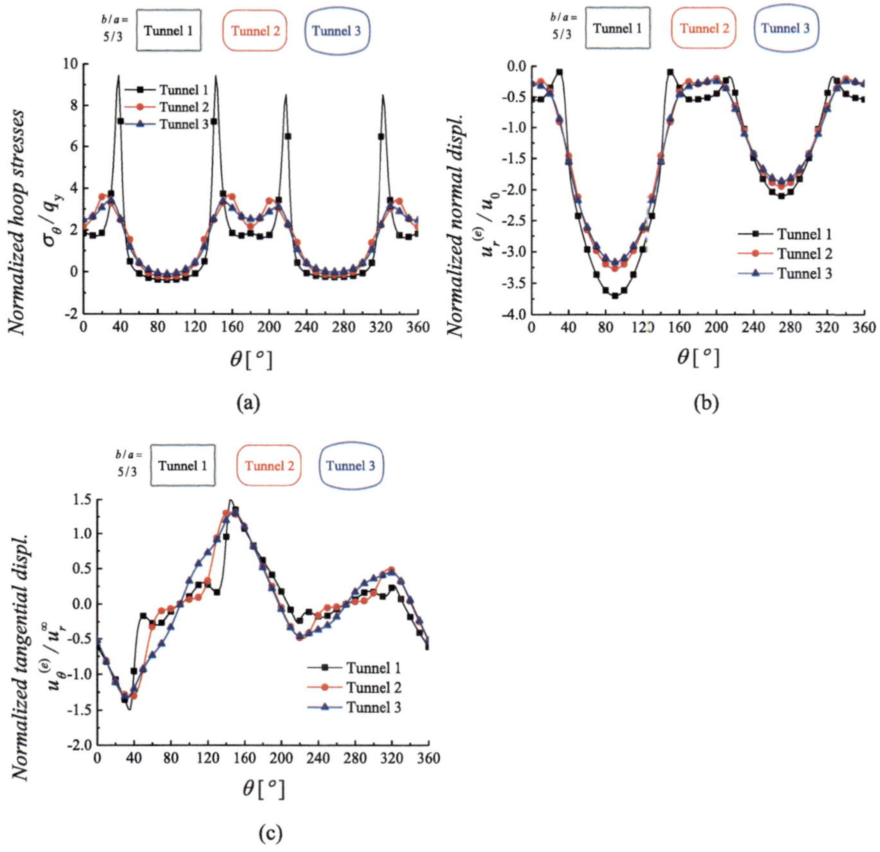

Fig. 11.75 Normalized stresses and displacements along the tunnel boundary versus θ for rectangular/quasi-rectangular tunnels: **a** tangential stresses, **b** normal displacements and **c** tangential displacements

Tunnels 2 and 3 are nearly the same. This indicates that the rounded corners of the quasi-rectangular tunnel can significantly reduce the surface settlement; however, the arched side has little influence.

11.5.5.4 Displacements Considering Ground Viscoelasticity

In this section, the influences of the time of exertion and the magnitude of the supporting pressure on the displacement are investigated considering the viscoelasticity of the ground (assumed to be a generalized Kelvin viscoelastic model). The generic time t in viscoelastic cases is normalized by the retardation time $T_K = \eta_K / G_K$ for the generalized Kelvin model with $G_M / G_K = 2.0$.

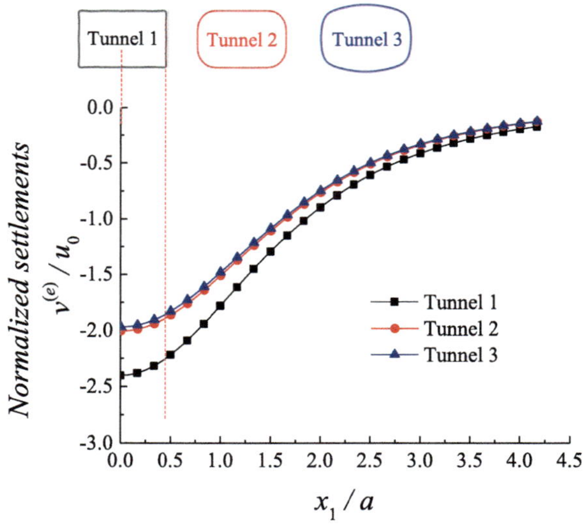

Fig. 11.76 Normalized surface settlements for rectangular/quasi-rectangular tunnels

Figure 11.77 presents the radial displacements at the boundary points A_2 (mid-point of the crown) and A_4 (mid-point of the bottom side) versus time for various times that the supporting pressure is exerted. The results show that the variations of the displacements at the two points are very similar; the displacements increase sharply before the supporting pressure is exerted, decrease in steps at the exertion time, and finally approach a stable value of approximately $t = 6T_k$; the later the supporting pressure is exerted (t_1 is the exertion time), the larger the displacement that occurs at a generic time is. When the supporting pressure is exerted earlier (*e.g.*, $t_1 = 0$, T_k), the displacements increase continuously with time after the pressure is exerted; however, the displacements decrease with time when the supporting pressure is exerted later (e.g., $t_1 = 2T_k$, $3T_k$).

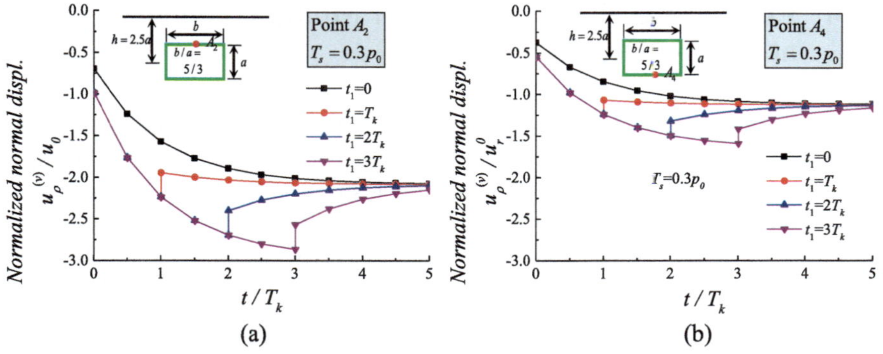

Fig. 11.77 Normalized radial displacements versus time for various exertion times of the supporting pressure (t_1): **a** displacements at point A_2 and **b** displacements at point A_4

Figure 11.78 presents the radial displacements versus time at the boundary points A_2 and A_4 for various values of the supporting pressure T_s. The final displacement decreases with increasing supporting pressure. If the supporting pressure is greater (e.g., $T_s = 0.4p_0$, $0.3p_0$), the displacements decrease with time after the pressure is exerted; however, the displacement increases very slowly with time if the supporting pressure is small. The final displacement in the case of $T_s = 0.4p_0$ is 39.5% (Point A_2) and 42.1% (Point A_4) lower than that in the case of $T_s = 0$.

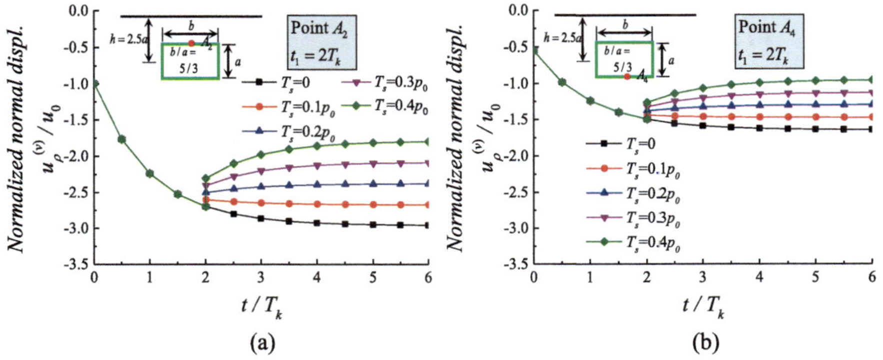

Fig. 11.78 Normalized radial displacements versus time for various values of the supporting pressure: **a** displacements at point A_2 and **b** displacements at point A_4

11.6 Elastic/Viscoelastic Solution for Multiple-Tunnel at Shallow Depths

In practical engineering, the construction of twin tunnels or multiple tunnels with small net distances at shallow depths is increasingly commonplace [34–36]. Owing to the interaction between tunnels, tunnel stability is strongly dependent on tunnel spacings, arrangements, burial depths and excavation sequences. In addition, because of the obvious rheological behaviour exhibited in many types of soil/rock [37], the rheological displacement during tunnel excavation can reach 70% of the total displacement [38] in some cases. Therefore, the tunnel interactions and time dependency in the mechanical behaviour and excavation process are the key factors in stability analysis and the associated optimized design for multiple tunnels.

In this section, by considering the various ground viscoelasticities, any number and location of tunnels and the effect of support, the analytical solutions for the ground stresses and movements are derived. Again, it is worthing to note that some expressions in this section differ from those presented in Sect. 3.2: (1) for the H-K model, the previously defined G_H (Sect. 3.2.2) is now expressed as G_M in this section, and (b) the displacements u and v are denoted as u_x and u_y, respectively, in this section. Moreover, it is worth mentioning that the displacements and stresses in the (ρ, θ) or (r, θ) system can be obtained by performing a coordinate transformation to the (x, y) system.

11.6.1 Problem Description

Considering multiple circular tunnels sequentially excavated in rheological rock at shallow depths, the following key factors are precisely considered in the derivation:

(a) Arrangement of tunnel groups,
(b) Any sequential excavation and the excavation time of each tunnel,
(c) General initial stress state,
(d) Any viscoelastic models to reflect the time dependence of the rock,
(e) Pressure exerted after excavation on each tunnel boundary to consider the supporting effect.

It is assumed that the ground is in a state of small deformations and can be approximated as a homogeneous isotropic medium. The excavation speed is low enough that no dynamic stresses are ever induced. Assuming that the cross-section of the tunnels is located at a sufficiently large distance from the tunnel face, the equivalent plane strain case in the plane of the tunnel cross-section can be formulated as shown in Fig. 11.79, where s_j denotes the supporting force at the boundary of Tunnel j, and R_j (H_j) denotes the radius (buried depth) of Tunnel j. In practice

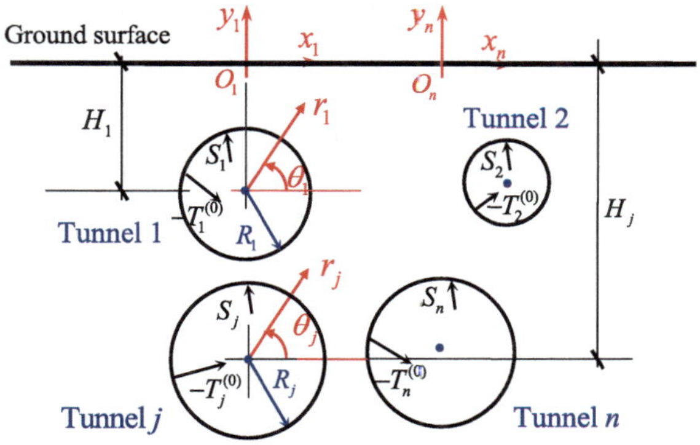

Fig. 11.79 Geometry and boundary conditions of the problem, the reference coordinate systems

engineering, the weights of the lining and shield machine can partially balance the upward release tractions induced by gravity variation, therefore, the analytical model neglects the gravity variation with depth to obtain more realistic ground settlement (Wang et al. 2020, Massinas and Sakellariou 2009). The tractions $-T_j^{(0)}$ ($-T_{jx}^{(0)}$ and $-T_{jy}^{(0)}$ are the components along the x and y directions, respectively) at the boundary of Tunnel j are induced by tunnel excavation and can be determined by the initial stresses at the tunnel centre (Massinas and Sakellariou 2009): the initial normal stresses along the horizontal and vertical directions are $\sigma_{jx}^{(0)} = \lambda p_0^j$ and $\sigma_{jy}^{(0)} = p_0^j$ $\left(p_0^j = \gamma H_j\right)$. The model in Fig. 11.79 is used to address the incremental ground responses that occurred after tunnel excavation. Based on the plane strain model in Fig. 11.79, the three-dimensional effect near the tunnel wall can be easily considered by exerting the fictitious supporting forces on the tunnel boundaries to approximate the progressive release of the initial stresses.

Prior to tunnel excavation, the infinite ground without any holes is subjected to far-field initial stresses. Tunnels 1 to n are then successively excavated, with the corresponding rock inside Tunnel j being excavated instantaneously at time $t = t_j$ (where $t_1 = 0$). In the derivation presented herein, the excavation process is divided into n time stages: the j-th excavation stage ($j = 1, \ldots, n - 1$) corresponds to the excavation of Tunnel j, which spans from $t = t_j$ to $t = t_{j+1}$, and the n-th stage spans from $t = t_n$ onwards. Both Cartesian coordinates (x_1, y_1), ..., (x_n, y_n) and polar coordinates (r_1, θ_1), ..., (r_n, θ_n) are used in the following derivations. The sign conventions in the following derivations are defined as follows: compressive stresses are positive, and displacements in the directions of the coordinate axes are positive.

11.6.2 Solving Process of the Elastic Problems

Because elastic solutions for problems with n tunnels subjected to tractions induced by initial stresses are required in the derivation of viscoelastic problems, elastic solutions are first derived in this section.

11.6.2.1 Schwartz's Alternating Method

The problems of multiple shallow-buried tunnels are multiconnected domain problems, which can be solved by complex variable theory combined with the Schwarz alternating method. In the process of alternating iterations, the problems of a single circular tunnel in the half-plane are solved in turn, and the redundant tractions at the boundaries of other tunnels can be obtained. In the next step/iteration, the sum of the redundant tractions is reversely exerted at the boundary of the concerned tunnel to satisfy the actual boundary conditions.

Through repeating iterations, the redundant tractions along each hole's boundary approach zero. The solutions for shallow-buried multiple-tunnel problems are finally addressed by superimposing the solutions calculated in all the iterations. It can be easily demonstrated that the solutions precisely satisfy the conditions at each tunnel boundary if the redundant tractions are approximately zero in the last iteration. The detailed process is illustrated in Fig. 11.80.

11.6.2.2 Complex Variable Theory and Coordinate Transformation

The method proposed by Verruijt [1, 2] is used to solve the problem of a circular tunnel (i.e., Tunnel j) in a half-plane. The half-plane containing a circular hole can be conformally mapped onto an annulus in the ζ_j-plane, as shown in Fig. 11.81, with outer and inner radii of 1 and δ_j, respectively [1, 2]. The mapping function can be expressed as follows:

$$z_j = \omega_j(\zeta_j) = -iH_j \frac{1-\delta_j^2}{1+\delta_j^2} \frac{1+\zeta_j}{1-\zeta_j}, \tag{11.170}$$

where $\delta_j = \frac{H_j - \sqrt{H_j^2 - R_j^2}}{R_j}$; H_j is the buried depth of Tunnel j (see Fig. 11.81), $z_j = x_j + iy_j = r_j e^{i\theta_j}$ and $\zeta_j = \xi_j + i\eta_j = \rho_j e^{i\beta_j}$.

According to complex variable theory, the displacements and stresses of a two-dimensional (2D) elastic problem can be expressed in terms of two analytic functions (potentials), *i.e.*, $\varphi_j(\zeta_j)$ and $\psi_j(\zeta_j)$, with respect to complex variable ζ_j:

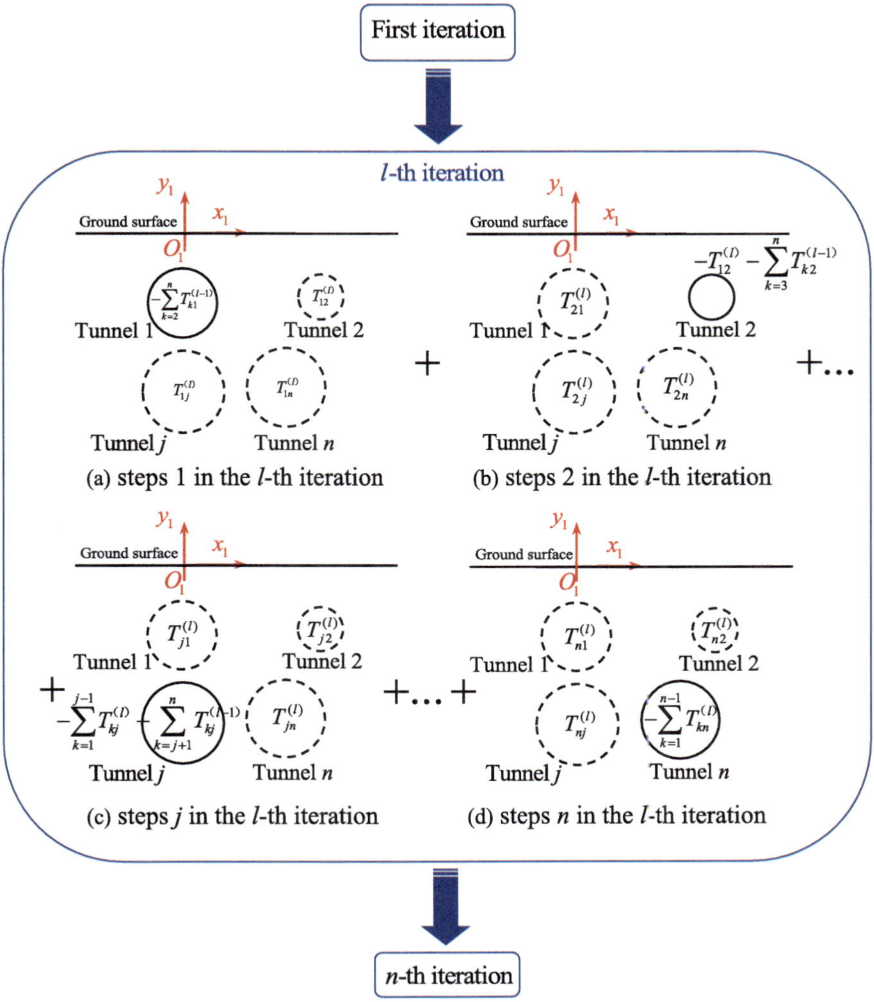

Fig. 11.80 Boundary conditions in the l-th iteration

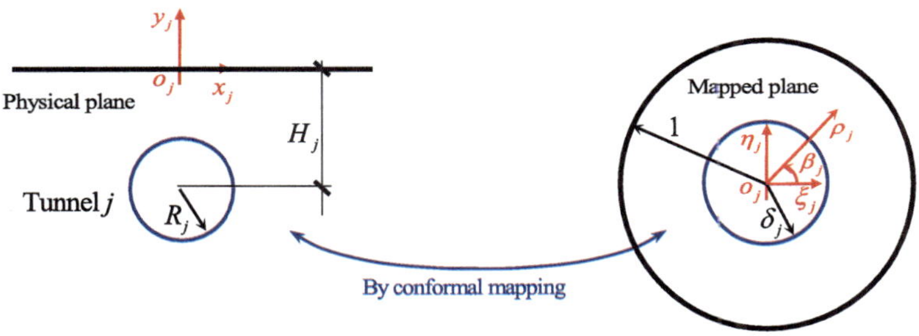

Fig. 11.81 Regions in the physical and mapped planes

Stress:

$$\begin{aligned}\sigma_x + \sigma_y &= 4\mathrm{Re}[\frac{\varphi_j{}'(\zeta_j)}{\omega_j{}'(\zeta_j)}],\\ \sigma_y - \sigma_x + 2i\tau_{xy} &= \frac{2}{\omega_j{}'(\zeta_j)}\left\{\overline{\omega_j(\zeta_j)}\frac{d}{d\zeta_j}\left[\frac{\varphi_j{}'(\zeta_j)}{\omega_j{}'(\zeta_j)}\right] + \psi_j{}'(\zeta_j)\right\},\end{aligned} \tag{11.171}$$

Displacements:

$$u + iv = \frac{1}{2G}\left[\kappa\varphi_j(\zeta_j) - \frac{\omega_j(\zeta_j)}{\overline{\omega_j'(\zeta_j)}}\overline{\varphi_j'(\zeta_j)} - \overline{\psi_j(\zeta_j)}\right] \tag{11.172}$$

The stress boundary conditions can be written as

$$\left\langle \varphi_j(\zeta_j) + \frac{\omega_j(\zeta_j)}{\overline{\omega_j{}'(\zeta_j)}}\overline{\varphi_j{}'(\zeta_j)} + \overline{\psi_j(\zeta_j)} \right\rangle\Bigg|_s = i\int_{\chi_0}^{\chi}\left(T_{jx} + iT_{jy}\right)ds, \tag{11.173}$$

where T_{jx} (T_{jy}) represents the horizontal (vertical) component of T_j and χ_0 and χ are certain and generic points at the tunnel boundary, respectively.

To derive the unified coordinate system, coordinate system transformation is required in the alternating iteration process. If $\varphi_{jj}^{(l)}(z_j)$ and $\psi_{jj}^{(l)}(z_j)$ denote the potentials in the l-th iteration in terms of z_i in Cartesian coordinates $x_jo_jy_j$; $\varphi_{jk}^{(l)}(z_k)$ and $\psi_{jk}^{(l)}(z_k)$ denote the same potentials in terms of z_k in Cartesian coordinates $x_ko_ky_k$, the relationship between the two groups of potentials is as follows:

$$\begin{cases}\varphi_{jk}^{(l)}(z_k) = \varphi_{jj}^{(l)}(z_k + z_{kj}) + C_{kk},\\ \psi_{jk}^{(l)}(z_k) = \psi_{jj}^{(l)}(z_k + z_{kj}) + \overline{z_{kj}}\dfrac{\varphi_{jj}^{(l)}(z_k + z_{kj})}{\partial z_k} + C_{jk},\end{cases} \tag{11.174}$$

where z_{kj} denotes the coordinates of the origin of the Cartesian coordinates $x_ko_ky_k$ in the Cartesian coordinates $x_jo_jy_j$; $\overline{z_{kj}}$ is the conjugate of z_{kj}; and C_{kk} and C_{jk} are constants. In addition, to express conciseness, $\varphi_{jj}^{(l)}(z_j)$ and $\psi_{jj}^{(l)}(z_j)$ can be abbreviated as $\varphi_j^{(l)}(z_j)$ and $\psi_j^{(l)}(z_j)$, respectively.

11.6.2.3 Derivation in the l-th Iteration

As illustrated in Fig. 11.80a, only Tunnel 1, contained in the half-plane in the first step in the l-th iteration, was subjected to tractions at the tunnel boundary, i.e., $-T_1^l = -\sum_{k=2}^{n} T_{k1}^{(l-1)}$ ($-T_1^{(1)} = S_1 - T_1^{(0)}$ in the first iteration), with $T_{k1}^{(l-1)}$ being the redundant tractions in the (l-1)-th iteration. Therefore, the expressions of the boundary conditions at the ground surface and the tunnel boundary can be obtained according to Eq. (11.173) as follows:

$$\begin{aligned}\left\langle \varphi_1^{(l)}(\zeta_1) + \frac{\omega_1(\zeta_1)}{\overline{\omega_1'(\zeta_1)}} \overline{\frac{\partial \varphi_1^{(l)}(\zeta_1)}{\partial \zeta_1}} + \overline{\psi_1^{(l)}(\zeta_1)} \right\rangle\Bigg|_{\zeta_1 = e^{i\beta}} &= 0, \\ \left\langle \varphi_1^{(l)}(\zeta_1) + \frac{\omega_1(\zeta_1)}{\overline{\omega_1'(\zeta_1)}} \overline{\frac{\partial \varphi_1^{(l)}(\zeta_1)}{\partial \zeta_1}} + \overline{\psi_1^{(l)}(\zeta_1)} \right\rangle\Bigg|_{\zeta_1 = \delta_1 e^{i\beta}} &= i\int_{\chi_0}^{\chi} \left(-T_{1x}^{(l)} - iT_{1y}^{(l)}\right) ds,\end{aligned} \tag{11.175}$$

where $\varphi_1^{(l)}(\zeta_1)$ and $\psi_1^{(l)}(\zeta_1)$ are the potentials in this step. The two potentials can be expressed as Laurent series in the corresponding mapped planes [1, 2]:

$$\begin{aligned}\varphi_1^{(l)}(\zeta_1) &= \sum_{r=0}^{\infty} a_{1r}^{(l)} \zeta_1^r + \sum_{r=1}^{\infty} b_{1r}^{(l)} \zeta_1^{-r}, \\ \psi_1^{(l)}(\zeta_1) &= \sum_{r=0}^{\infty} c_{1r}^{(l)} \zeta_1^r + \sum_{r=1}^{\infty} d_{1r}^{(l)} \zeta_1^{-r},\end{aligned} \tag{11.176}$$

where $a_{1r}^{(l)}$, $b_{1r}^{(l)}$, $c_{1r}^{(l)}$, and $d_{1r}^{(l)}$ are undetermined coefficients.

According to the boundary conditions in Eq. (11.175), the linear system of the equations with regard to the coefficients in the potentials can finally be determined. The detailed derivation has been provided in references [1, 2], and therefore, we do not present these equations here. Subsequently, the additional stresses and displacements in this iteration step are obtained with respect to the two potentials by substituting Eq. (11.176) into Eq. (11.171) and Eq. (11.172). Accordingly, the redundant tractions along the boundaries of other tunnels are obtained according to the stresses at the tunnel boundaries.

In the j-th step in this iteration (see Fig. 11.80c), only Tunnel j is contained in the half-plane, and the traction at the tunnel boundary is $-T_j^{(l)} =$

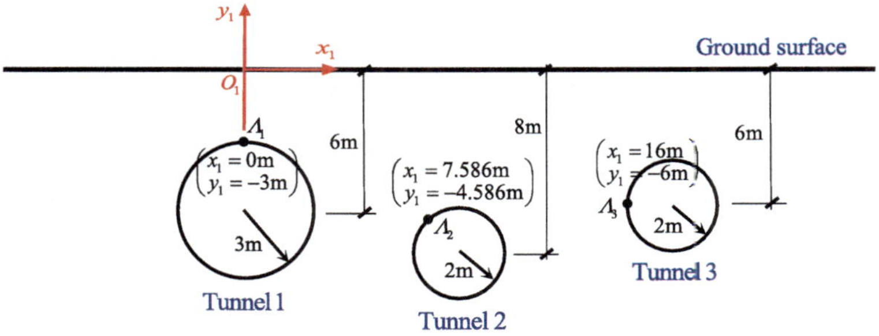

Fig. 11.82 The geometric dimensions of the model and the locations of points Λ_1, Λ_2 and Λ_3

$-\left(\sum_{k=1}^{j-1} T_{kj}^{(l)} + \sum_{k=j+1}^{n} T_{kj}^{(l-1)}\right)$ $(-T_j^{(1)} = S_j - T_j^{(0)} - \sum_{k=1}^{j-1} T_{kj}^{(1)}$ in the first iteration). Through a similar derivation in step 1, the potentials $\varphi_j^{(l)}(z_j)$ and $\psi_j^{(l)}(z_j)$ in this step can be addressed, and the stresses can be obtained by substituting the potentials into Eq. (11.171). Accordingly, the induced redundant tractions in this step, $T_{j1}^{(l)}, \ldots, T_{j(j-1)}^{(l)}, T_{j(j+1)}^{(l)}, \ldots, T_{jn}^{(l)}$, along the boundaries of other tunnels can be obtained.

Through the subsequent repeating iterations, the redundant tractions along the boundary of each tunnel tend to zero. The potentials can be transformed into those with respect to the uniform variable z_k in Cartesian coordinates $x_k o_k y_k$ by Eq. (11.174). Hence, the potentials for the n-tunnel problems subjected to supporting pressure S_j and tractions $-T_j^{(0)}$ induced by initial stresses in the half-plane are finally addressed via the superposition of the potentials calculated in all the iterations. The expressions are as follows:

$$\varphi_{(n)}(z_k) = \sum_{l=1}^{m} \sum_{j=1}^{n} \varphi_{jk}^{(l)}(z_k),$$
$$\psi_{(n)}(z_k) = \sum_{l=1}^{m} \sum_{j=1}^{n} \psi_{jk}^{(l)}(z_k), \tag{11.177}$$

where n is the number of tunnels and m is the number of iterations. The stresses and displacements can be obtained by substituting the potentials $\varphi_{(n)}$ and $\psi_{(n)}$ into Eqs. (11.171) and (11.172).

11.6.2.4 Convergence of the Iterative Solutions

To investigate the convergence of the final iterative solutions, the tangential stresses at points Λ_1, Λ_2 and Λ_3 (see Fig. 11.82) after different numbers of iterations are plotted in Fig. 11.83. The geometric dimensions of the model are shown in Fig. 11.82. The elastic modulus E and Poisson's ratio ν of the geomaterial are 20 MPa and 0.25, respectively. The unit weight of the geomaterial γ and ratio of the horizontal stress to the vertical stress K_0 are 18.5 kN/m^3 and 0.35, respectively. Uniform pressures (supporting forces) $S_1 = S_2 = S_3 = 0.1\gamma H_1$ are exerted on the tunnel boundaries after their excavation. Note that the stress gradually converges to a certain value with an increasing number of iterations in all cases. As seen in Fig. 11.83a, when the tunnel spacing is $x_{12} = x_{23} = 6$ m, the relative differences (with respect to the final value after three iterations) between the tangential stress at Point Λ_1 after one and two iterations are 15% and 3.8%, respectively. This difference decreases to 2.7% and 0.47% when the tunnel spacing is $x_{12} = x_{23} =$ 10m (Fig. 11.83b). Therefore, the solutions have sufficient accuracy only after two to three iterations. The larger the distance between tunnels, the faster the convergence will be.

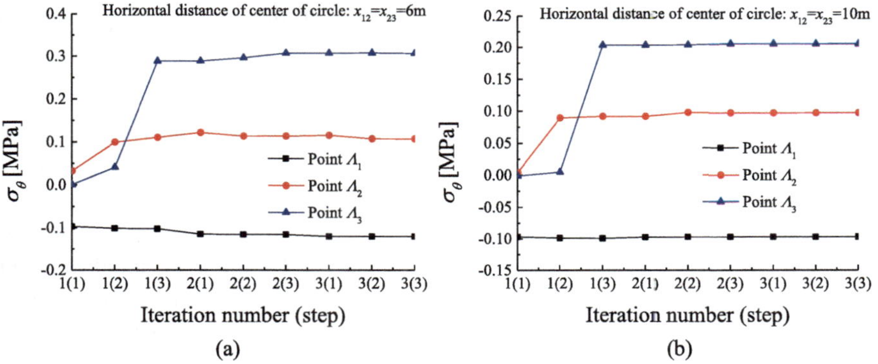

Fig. 11.83 Tangential stresses at points Λ_1, Λ_2 and Λ_3 versus number of iterations in the cases of the horizontal distance from tunnel centre to centre being **a** 6 m and **b** 10 m

11.6.3 Viscoelastic Solutions

When the rock has obvious rheological properties, the displacements are obviously time-dependent due to the long time of the construction process. The following derivation focuses on the time dependency of ground responses induced by the sequential excavation of multiple tunnels in a rheological surrounding rock.

Tunnel j is excavated instantaneously at time $t = t_j$ in this stage. The equivalent tractions additionally exerted after Tunnel j excavation (model A in Fig. 11.84) can be obtained by subtracting the boundary forces in model C from those in model B. Models B and C in Fig. 11.84 present the boundary conditions after and before Tunnel j excavation, respectively. According to the superposition principle of elastic problems, the potentials corresponding to model A are the difference between the potentials of model B ($\varphi_{(j)}$ and $\psi_{(j)}$) and those of model C ($\varphi_{(j-1)}$ and $\psi_{(j-1)}$), which have been determined in Section 11.5.2. Therefore, the displacement that occurred after t=0 in the j-th excavation stage ($j > 1$) can be expressed in recurrence relation form as follows:

$$
\begin{aligned}
u_x^{(j)}(z,t) + iu_y^{(j)}(z,t) &= u_x^{(j-1)}(z,t) + iu_y^{(j-1)}(z,t) \\
&\quad + \frac{1}{2}\left[\varphi_{(j)}(z) - \varphi_{(j-1)}(z)\right] \int_{t_j}^{t} I(t-\tau)d\tau \\
&\quad - \frac{1}{2}\left[z\overline{\frac{\mathrm{d}\left[\varphi_{(j)}(z) - \varphi_{(j-1)}(z)\right]}{\mathrm{d}z}} + \overline{\left[\psi_{(j)}(z) - \psi_{(j-1)}(z)\right]} \right] \\
&\quad \int_{t_j}^{t} H(t-\tau)d\tau,
\end{aligned}
\tag{11.178}
$$

where $u_x^{(j-1)}$ and $u_y^{(j-1)}$ are the displacement expressions in the $(j-1)$-th excavation stage. In the first excavation stage ($j = 1$),

$$u_x^{(1)}(z,t) + iu_y^{(1)}(z,t) = \frac{1}{2}\varphi_{(1)}(z)\int_{t_1}^{t} I(t-\tau)d\tau - \frac{1}{2}\left[z\overline{\frac{\mathrm{d}\varphi_{(1)}(z)}{\mathrm{d}z}} + \overline{\psi_{(1)}(z)}\right]\int_{t_1}^{t} H(t-\tau)d\tau, \quad (11.179)$$

According to the progressive relation (11.178) of displacements in the 1st to $(j-1)$-th stages, the displacement in the j-th excavation stage can be simplified as follows:

$$u_x^{(j)}(z,t) + iu_y^{(j)}(z,t) = \sum_{k=1}^{j}\left[u_x^{(j)-k} + iu_y^{(j)-k}\right], \quad (11.180)$$

where

$$u_x^{(j)-k} + iu_y^{(j)-k} = \frac{1}{2}\varphi_{(k)}(z)\int_{t_k}^{t_{k+1}} I(t-\tau)d\tau - \frac{1}{2}\left[z\overline{\frac{d\varphi_{(k)}(z)}{dz}} + \overline{\psi_{(k)}(z)}\right]\int_{t_k}^{t_{k+1}} H(t-\tau)d\tau$$
$$\text{with } k = 1, 2, \ldots, j-1, \quad (11.181)$$

$$u_x^{(j)-j} + iu_y^{(j)-j} = \frac{1}{2}\varphi_{(j)}(z)\int_{t_j}^{t} I(t-\tau)d\tau$$

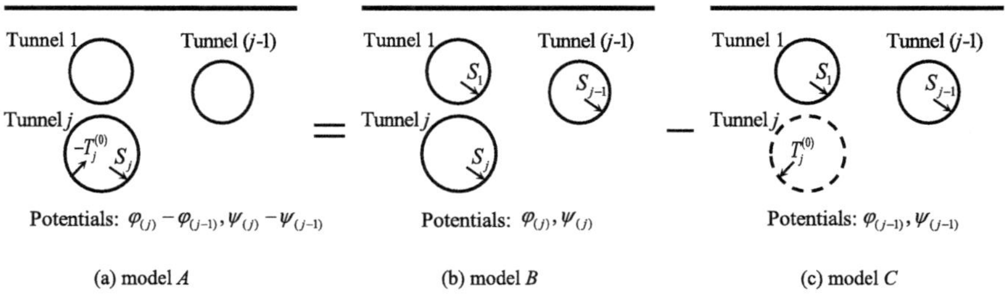

Fig. 11.84 Models under various conditions and their relationship: **a** the model with tractions additionally exerted after Tunnel j excavation (model A); **b** the model with boundary conditions after Tunnel j excavation (model B); **c** the model before Tunnel j excavation (model C)

$$
-\frac{1}{2}\left[z\overline{\frac{d\varphi_{(j)}(z)}{dz}}+\overline{\psi_{(j)}(z)}\right]\int_{t_j}^{t} H(t-\tau)d\tau. \tag{11.182}
$$

$u_{\cdot}^{(j)-k}$ are the displacements related to the excavation of Tunnel k. The additional displacements that occurred after $t = t_j$ are as follows:

$$
\Delta u_x^{(j)}(z,t)+i\Delta u_y^{(j)}(z,t)=\sum_{k=1}^{j-1}\left[\Delta u_x^{(j)-k}+i\Delta u_y^{(j)-k}\right]+u_x^{(j)-j}+iu_y^{(j)-j}, \tag{11.183}
$$

where

$$
\begin{aligned}
\Delta u_x^{(j)-k}(z,t)+i\Delta u_y^{(j)-k}(z,t)=&\frac{1}{2}\varphi_{(k)}(z)\int_{t_k}^{t_{k+1}}\left[I(t-\tau)-I(t_j-\tau)\right]d\tau\\
&-\frac{1}{2}\left[z\overline{\frac{d\varphi_{(k)}(z)}{dz}}+\overline{\psi_{(k)}(z)}\right]\\
&\int_{t_k}^{t_{k+1}}\left[H(t-\tau)-H(t_j-\tau)\right]d\tau.
\end{aligned} \tag{11.184}
$$

It should be noted from Eqs. (11.180) and (11.183) that the displacements with respect to time t in the j-th stage are dependent entirely on the integration of functions correlated with $H(t)$ and $I(t)$. Tables 11.10 and 11.11 present the expressions of $G(t)$ and the functions $H(t)$ and $I(t)$ for various viscoelastic models, respectively. It is obvious in Tables 3.1, 3.2 and 3.3 that different viscoelastic models lead to different forms of displacement. For example, when $H(t)$ and $I(t)$ for the generalized Kelvin model are substituted into Eqs. (11.180) and (11.183), the result of the integration with respect to time only contains a natural exponential term with negative power, which indicates that the displacements induced by tunnel excavation increase first and finally converge to stable values. However, the result of the integration for the Maxwell model only contains a linear function of time, which indicates that the displacements induced by tunnel excavation increase linearly over time.

11.6.4 Verification and Validation

In this section, the analytical solutions are verified and validated via the following two comparisons: (1) the comparison between analytical solutions and numerical results based on the same assumptions to verify the correctness in derivation and implementation (verification); (2) the comparison between analytical solutions and numerical/experimental results based on more complex conditions to show the possible deviation induced by the simplifications in the analytical derivation, as well as to show the applicability of the solutions in real engineering (validation).

11.6.4.1 Verification

To verify the analytical solution presented in this section, the derived solutions were compared with the results from numerical simulations performed using ANSYS software. To maintain consistency with the analytical derivation, all FEM analyses were performed under plane-stain conditions and assuming small deformation.

Three circular tunnels (Tunnels 1, 2 and 3) were successively excavated on days $t = 0, 5$ and 10. The following parameters were employed in the analysis: the radii (buried depths) of the three tunnels are $R_1 = 3$ m ($H_1 = 6$ m), $R_2 = 2$ m ($H_2 = 8$ m), and $R_3 = 2$ m ($H_3 = 6$ m), respectively; a generalized Kelvin viscoelastic model was assumed to simulate the viscoelasticity of the rock with $G_M = 50$ MPa, $G_K = 25$ MPa, $\eta'_K = 75$ MPa day, $K(t) = \frac{2G_M(1+\mu)}{3(1-2\mu)}$, and Poisson's ratio $\mu = 0.25$. The tractions induced by tunnel excavation along Tunnel j boundaries and the uniform pressures (supporting forces) are the same as those in Subsection "Convergence of the iterative solutions". The geometry, constraint conditions and domain of the FEM simulation are shown in Fig. 11.85. Figure 11.86 shows the mesh in the vicinity of the tunnel. The FEM mesh consists of 12,595 quadrilateral elements.

The comparisons between the analytical solutions and FEM results for the incremental displacements and stresses are plotted in Figs. 11.87 and 11.88 for the results

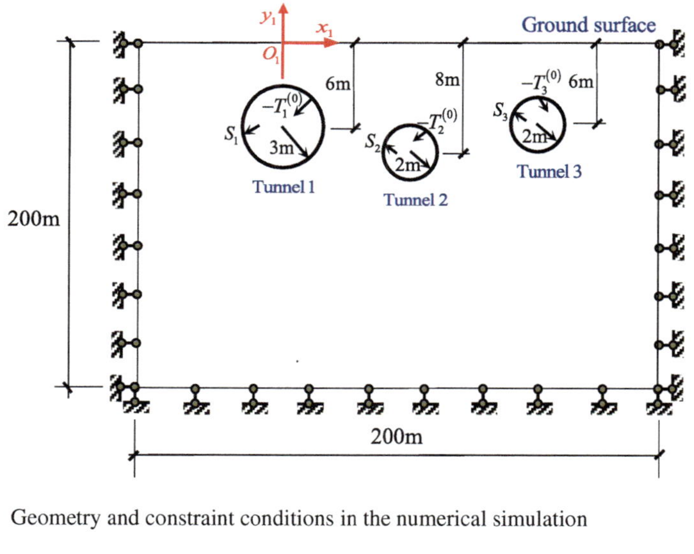

Fig. 11.85 Geometry and constraint conditions in the numerical simulation

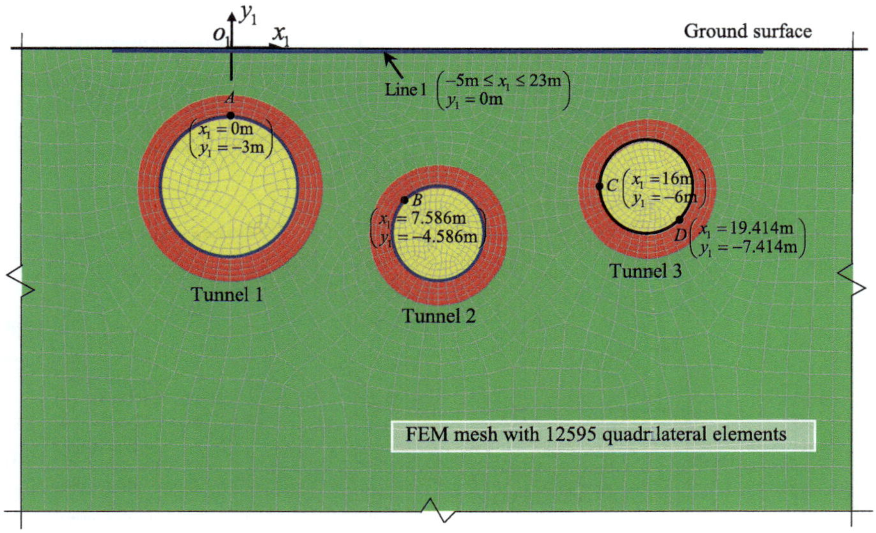

Fig. 11.86 FEM mesh of the vicinity domain

at several points, lines and tunnel boundaries shown in Fig. 11.86. It is shown that the analytical solutions exhibit close agreement with the numerical results, which verifies the correctness of the analytical solutions.

11.6.4.2 Validation

To further validate the applicability of the proposed analytical solution, another comparison is carried out between the analytical and numerical results for the surface settlement of a real case. The Tianjin trunk line project of the middle route of the South-to-North Water Transfer Project is taken as a specific case [39], which contains three tunnels with small net spacing. The maximum span of each tunnel section is 7.5 m, the height is 9.95 m and the net spacing between two holes is 10 m. The thickness of the overburden soil layer of the tunnel is 4.33 m. In the actual situation, the radius of each tunnel is 4.67 m in the analytical model according to the equivalent excavation area method.

The generalized Kelvin viscoelastic model is employed in the analytical solution with the parameters shown in Table 11.9 (the mechanical parameters of the soil are absent in reference [39]). The comparison of the final surface settlement ($t \to \infty$) is presented in Fig. 11.89. The figure shows that the surface settlement qualitatively agrees well between the analytical results and the results in reference [39]. The comparison demonstrates that the proposed analytical solution can provide reliable qualitative predictions of the displacement field.

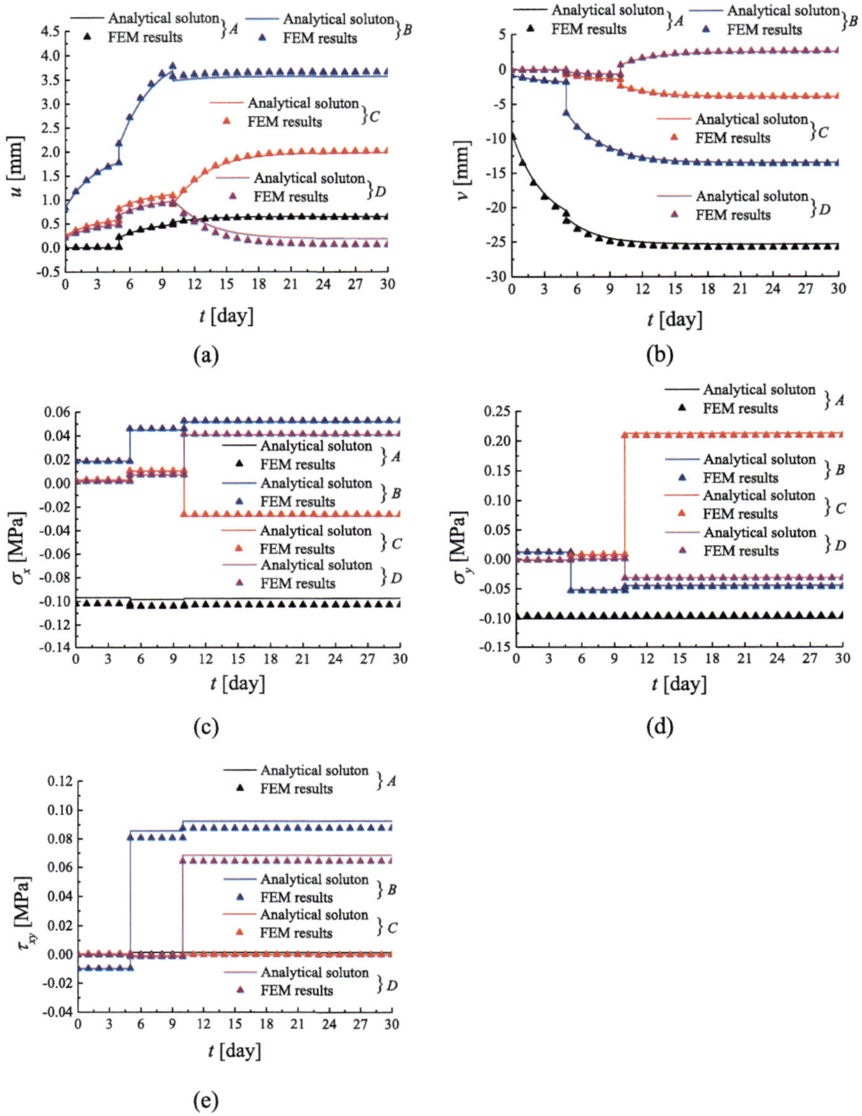

Fig. 11.87 Comparison on stresses versus time at points A, B, C and D between analytical solutions and FEM results

11.6.5 Analysis and Discussion

Based on the analytical solutions, this section attempts to provide a detailed analysis of the influence of key parameters on ground responses under the initial stress state

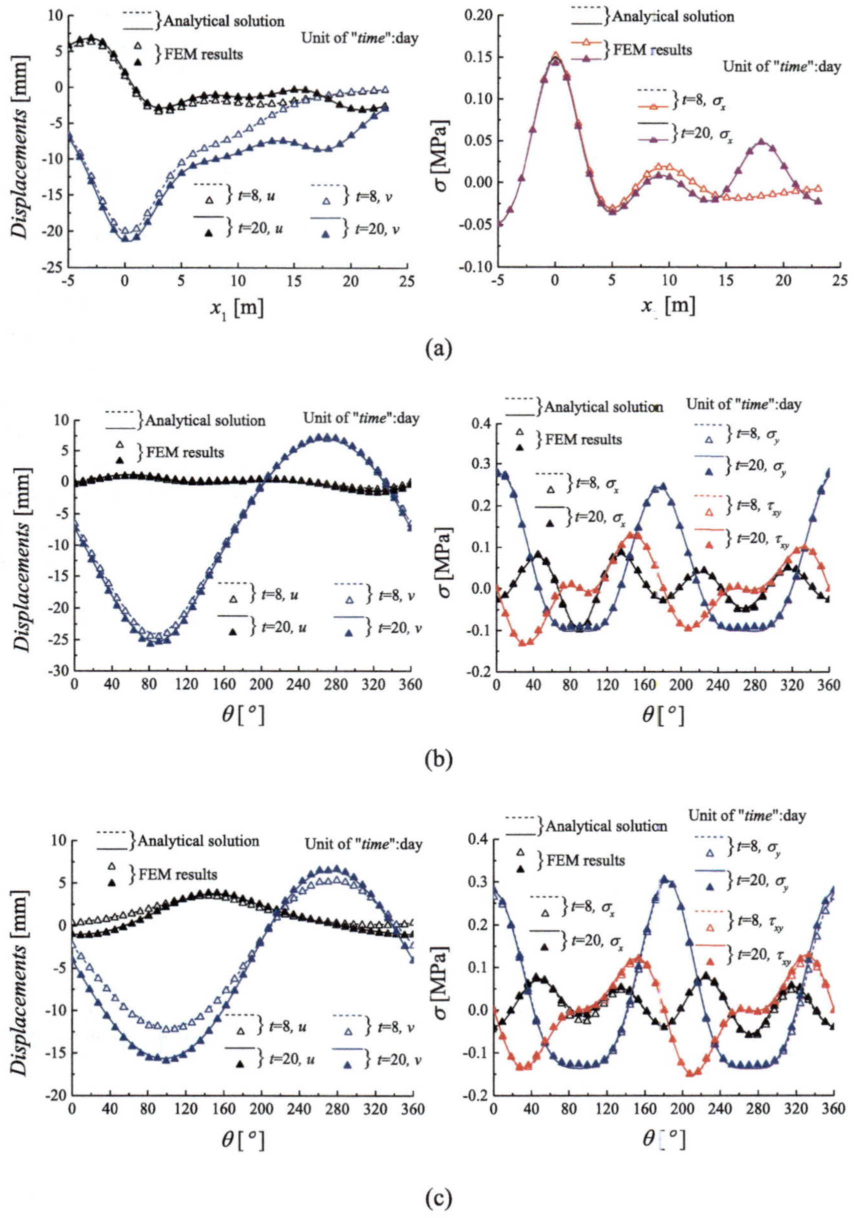

Fig. 11.88 Comparison on displacements and stresses between the analytical and FEM results: **a** sisplacements and stresses along Line 1; **b** displacmeents and stresses at Tunnel 1 boundary versus θ_1; and **c** displacements and stresses at Tunnel 2 boudnary versus θ_2

Table 11.9 Parameters employed in the analytical solution in validation

Viscoelastic model	Generalized Kelvin model					
G_M (MPa)	G_K (MPa)	η_K(MPa day)	μ	γ (kN/m^3)	λ	S_i(i = 1, 2, 3) (MPa)
298	142	1000	0.35	18.5	0.9	0.05

induced by gravity. Similar to Sect. 5.1, the tractions at tunnel boundaries are determined by the initial stresses at tunnel centres, and the generalized Kelvin viscoelastic model is employed to simulate the rock rheology. For the sake of generality, all variables are provided in normalized form. The stresses and displacements are normalized by p_0^1 and u_0^1, respectively, where $p_0^1 = \gamma H_1$ (vertical stress at centre of Tunnel 1), $u_0^1 = p_0^1 R_1 / 2G_s$, in which R_1 is the radius of Tunnel 1; and G_s is the permanent stiffness of the generalized Kelvin viscoelastic model, i.e., $G_s = G_M G_K / (G_M + G_K)$. Note that u_0^1 is the excavation-induced convergence of a circular tunnel excavated in infinite elastic ground subjected to a hydrostatic far field stress p_0^1. The buried depths and tunnel radius are normalized by R_1, and the generic time t in the viscoelastic cases is normalized by the retardation time Γ_K ($\Gamma_K = \eta_K' / G_K$ for the generalized Kelvin model). Note that the normalized stresses and displacements are functions of normalized buried depths H_i / R_1 ($i = 1, \ldots, n$), tunnel radii R_i / R_1 ($i = 2, \ldots, n$), tunnel excavation times, and normalized supporting forces. Additionally, the displacements are also functions of t / Γ_K, G_M / G_K and Poisson's ratios μ.

In the following analysis, the displacements along Tunnel j boundaries are the incremental displacements that occurred after Tunnel j excavation, and the stresses are the total displacements. The parameters not mentioned in the following subsections are given as follows: $G_M / G_K = 2$; Poisson's ratio is 0.3; supporting forces $S_i = 0$.

11.6.5.1 Influence of Tunnel Arrangements

Three-tunnel problems are considered in this subsection. The excavation times of the three tunnels are $t_1 = 0$, $t_2 = \frac{5}{4}\Gamma_K$, and $t_3 = \frac{5}{2}\Gamma_K$. The first case concerns the optimal arrangement of newly excavated Tunnel 3 under the condition of fixed locations of Tunnels 1 and 2. The arrangement with the minimum radial displacement or tangential stress is regarded as the optimal arrangement; the second case concerns the influence of the vertical and horizontal tunnel arrangements on the surface settlement.

The first case: optimal arrangement of Tunnel 3

In this case, the radii of the tunnels are the same, i.e., $R_1 = R_2 = R_3 = R$, and the locations of Tunnels 1 and 2 are fixed at $H_1 = H_2 = 5R$ with a tunnel spacing (centre to centre) of $3R$. Calculations of the final displacements and stresses under various arrangements of Tunnel 3 are performed to find the optimal one. Under the eleven arrangements of Tunnel 3 in Fig. 11.90, the maximum final displacement and stress at

Table 11.10 Location of maximum radial displacement and tangential stress under various tunnel arrangements

Arrangement	Location of max. disp./ stress	At ground surface (x_1/R_1)	At Tunnel 1 (θ_1, °)	At Tunnel 2 (θ_2, °)	At Tunnel 3 (θ_3, °)
1	For maximum displacement	0.54	81	92	72
	For maximum stress	0.22	358	178	157
2	For maximum displacement	1.5	92	87	84
	For maximum stress	1.5	0	180	143
3	For maximum displacement	2.46	87	98	108
	For maximum stress	2.78	2	182	23
4	Location of maximum displacement	3.76	84	94	104
	Location of maximum stress	4.2	358	179	219
5	Location of maximum displacement	5.54	85	90	97
	Location of maximum stress	5.84	358	178	197
6	Location of maximum displacement	3	84	89	94
	Location of maximum stress	3	358	2	182
7	Location of maximum displacement	2.68	84	87	90
	Location of maximum stress	2.7	356	177	353
8	Location of maximum displacement	2.7	82	84	88

(continued)

Table 11.10 (continued)

Arrangement	Location of max. disp./stress	At ground surface (x_1/R_1)	At Tunnel 1 (θ_1, °)	At Tunnel 2 (θ_2, °)	At Tunnel 3 (θ_3, °)
	Location of maximum stress	2.76	353	172	353
9	Location of maximum displacement	1.68	85	91	90
	Location of maximum stress	1.44	349	167	352
10	Location of maximum displacement	1.5	83	96	90
	Location of maximum stress	1.5	172	8	186
11	Location of maximum displacement	1.32	88	95	90
	Location of maximum stress	1.58	13	191	188

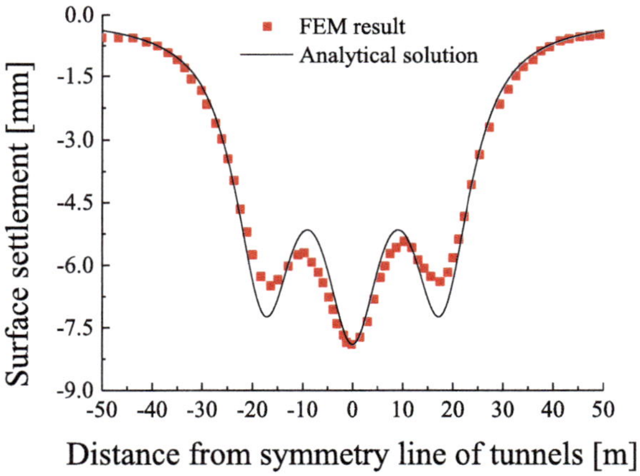

Fig. 11.89 Comparison on the surface settlements between analytical and FEM result

the ground surface and tunnel boundaries are presented in Fig. 11.91. Figure 11.91a shows that the settlement achieves the maximum (minimum) value under arrangement 10 (5), with the minimum value being approximately 80.6% of the maximum value. Regarding the radial displacement at the Tunnel 3 boundaries, the maximum (minimum) value is in the case under arrangement 10 (1), where the minimum value is approximately 40.5% of the maximum value. Additionally, the influence of tunnel arrangement on radial displacement is relatively large around the newly excavated tunnel (Tunnel 3). Regarding the normal stresses along the circumferential direction (tangential stress) at the tunnel boundaries shown in Fig. 11.91b, the difference in tangential stress in the cases under various tunnel arrangements is small at the Tunnel 1 and 2 boundaries, while it is very large at the Tunnel 3 boundary. The tangential stress at the Tunnel 3 boundary achieves the minimum value under arrangement 2 while obtaining the maximum value under arrangement 8. The maximum stress is 3.83 times the minimum stress. Table 11.10 presents the locations of the maximum radial displacement and tangential stress under different tunnel arrangements. Note that the horizontal coordinates of the maximum surface settlement or stress position increase first and then decrease with the arrangements and reach the maximum in arrangement 5. From arrangement 1 to arrangement 5, the maximum surface settlement or stress position is approximately above Tunnel 3. Because of the influence of the ground surface, the maximum displacements around Tunnels 1, 2 and 3 all occur approximately at the tunnel crown.

Figure 11.92a plots the surface settlement versus x under various tunnel arrangements. The surface settlements present a 'V' shape except under arrangement 5. The widest (narrowest) settlement trough is found in arrangement 6 (1) because of the widest (narrowest) arrangement in this case. Figure 11.92b–d present the radial displacement at tunnel boundaries versus the polar angle θ. Note that the displacements at the boundaries of Tunnels 1 and 2 under arrangement 1 are almost the same as those under arrangement 5, whereas they are quite different from those under arrangement 10, especially at $\theta = 40° - 120°$ (Tunnel 1 and Tunnel 2), $\theta = 240° - 360°$ (Tunnel 1) and $\theta = 180° - 320°$(Tunnel 2). Therefore, it can be concluded that when

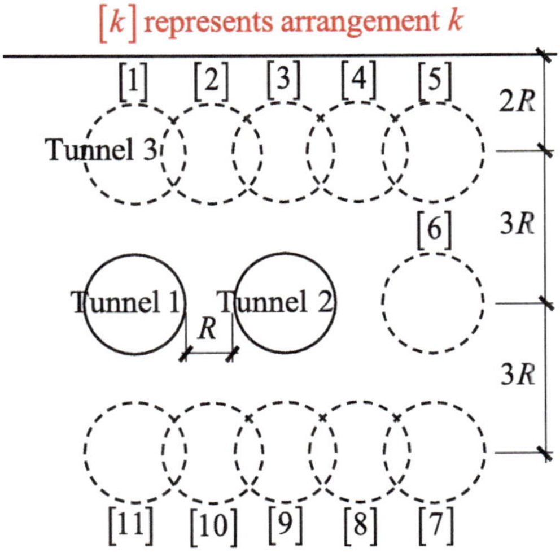

Fig. 11.90 Different arrangements of Tunnel 3

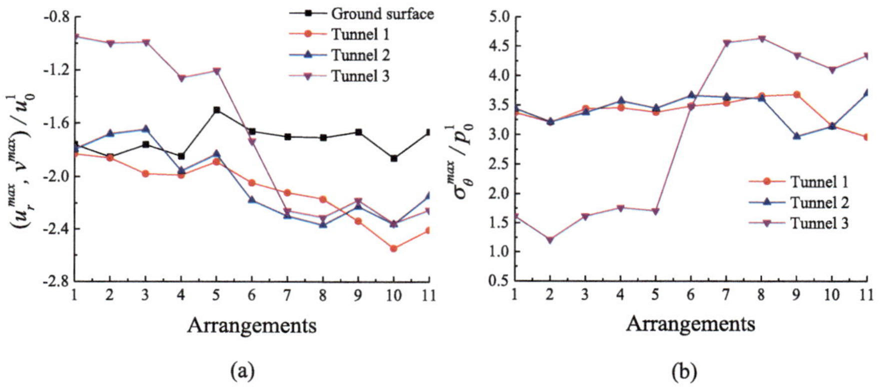

Fig. 11.91 Normalized maximum displacement and circumferential stress versus tunnel arrangements: **a** surface settlements and radial displacements at tunnel boundary; **b** tangential stresses

Tunnel 3 is located below Tunnels 1 and 2, the influence of Tunnel 3 on the displacement along the other tunnel boundaries is the most obvious. Because the location of Tunnel 3 is different in all cases, the displacements around Tunnel 3 are quite different under various tunnel arrangements.

The second case: vertical and horizontal tunnel arrangements

To investigate the surface settlement under various vertical and horizontal tunnel arrangements, seven cases are considered under three horizontal and four vertical arrangements with different tunnel sizes (see Fig. 11.93). Figure 11.94 presents the ground settlements versus x under these arrangements. It can be observed that under the horizontal arrangements, the increase in tunnel radius obviously increases the maximum settlement, which occurs above the largest tunnel. The maximum settlement in case 2 (case 3) is 2.2 (2.4) times that in case 1. Under the vertical arrangements, it can be noted that the settlement troughs are all obviously wider than those under the horizontal arrangements, and the values of settlement in cases 5 to 7 are larger than those in the other cases. The similar values of settlements in cases 6 and 7 indicate that the increase in tunnel radius of deeper tunnels has less influence on the surface settlements. The settlement in case 5 (case 1) is the largest (smallest), and the value of the maximum settlement in case 5 is 1.57 times that in case 4.

11.6.5.2 Influence of the Excavation Sequence

In this section, the inverted triangle arrangement in Fig. 11.95 is adopted. The excavation times of the three tunnels are $t_1 = 0$, $t_2 = \frac{5}{4}\Gamma_K$ and $t_3 = \frac{5}{2}\Gamma_K$, and the following excavation sequences are considered:

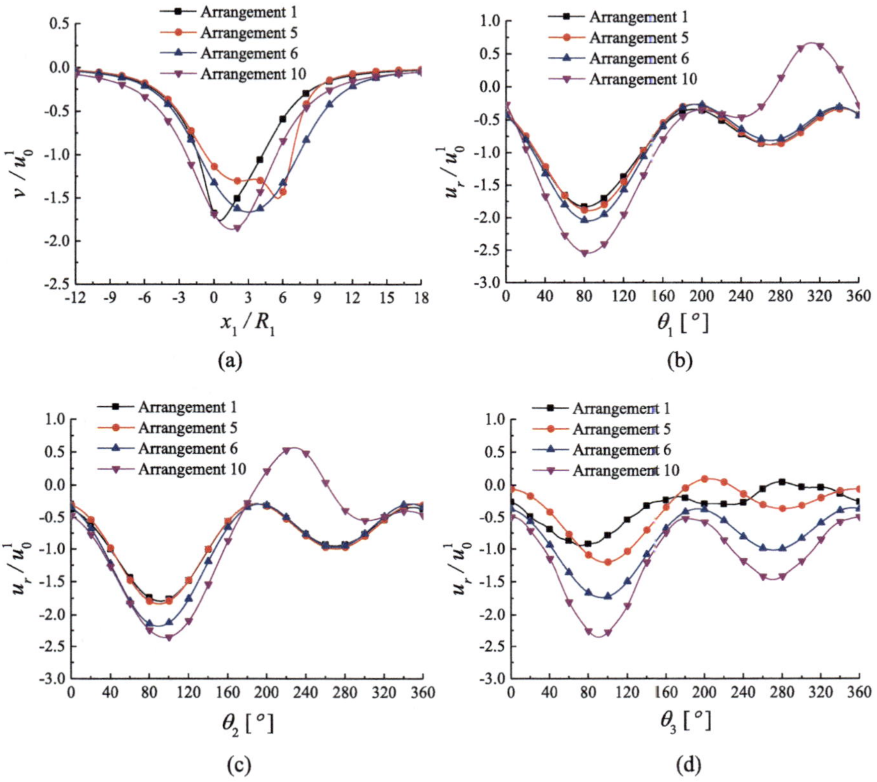

Fig. 11.92 Normalized displacements under different arrangements: **a** surface settlement; **b** radial displacement at Tunnel 1 boundary versus θ_1; **c** radial displacement at Tunnel 2 boundary versus θ_2; **d** radial displacement at Tunnel 3 boundary versus θ_3

Sequence 1: Tunnel 1–Tunnel 2–Tunnel 3;
Sequence 2: Tunnel 1–Tunnel 3–Tunnel 2;
Sequence 3: Tunnel 2–Tunnel 1–Tunnel 3;
Sequence 4: Tunnel 2–Tunnel 3–Tunnel 1;
Sequence 5: Tunnel 3–Tunnel 1–Tunnel 2;
Sequence 6: Tunnel 3–Tunnel 2–Tunnel 1.

Figure 11.96 presents the displacements versus time at points E ($\theta = 0°$), F ($\theta = 90°$) and G ($\theta = 300°$) on the boundary of Tunnel 1 under the six excavation sequences. It can be observed that the displacement increases or decreases with time, jumps increases or decreases at the tunnel excavation times, and gradually stabilizes over a certain period (the stabilization time is approximately $t = 7\Gamma_K$ in these examples). Figure 11.96a and b show that the displacements at Point E are almost the same under sequences 4 and 6, and the radial displacement under the two sequences

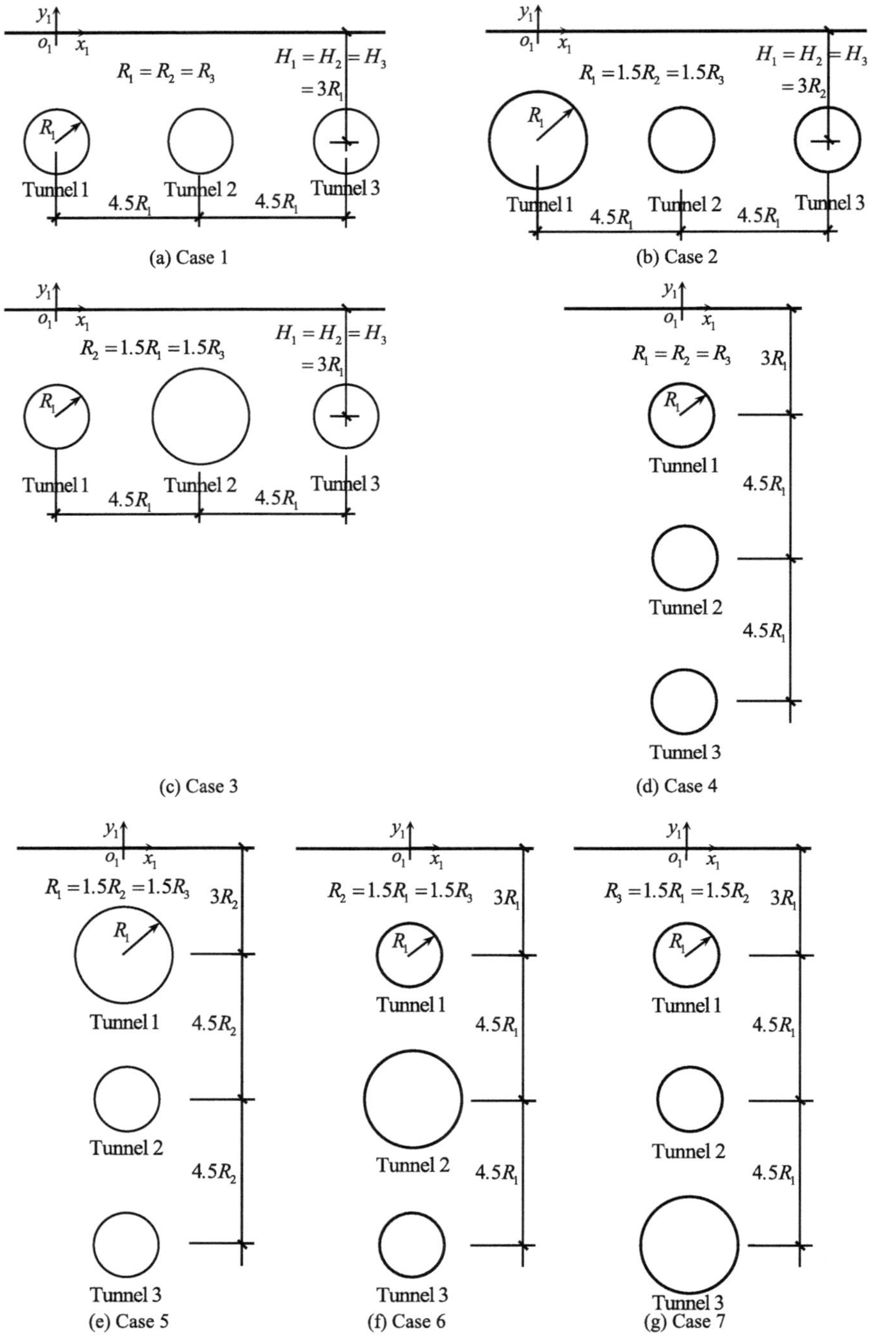

Fig. 11.93 Tunnel arrangements

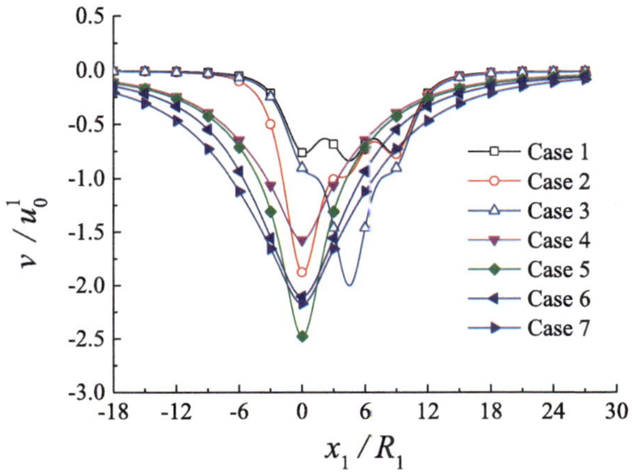

Fig. 11.94 Surface settlement versus x_1 under various horizontal and vertical arrangements of tunnels

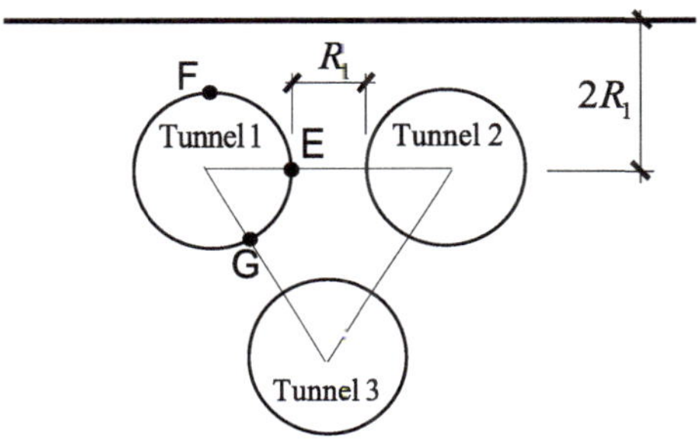

Fig. 11.95 Inverted triangle arrangement

is the largest among all the cases. The tangential displacement under sequences 1, 2 and 3 jumps greatly at tunnel excavation times, and the displacement remains larger in the following time period. This indicates that the excavation of Tunnel 3 after Tunnel 1 can increase the circumferential displacement at this point. However, the difference in the final displacements under the three excavation sequences is not obvious (the maximum difference is approximately 7%).

Figure 11.96c and e show that the radial displacements at Point F and Point G under Sequences 1, 2 and 3 dramatically increase at tunnel excavation times, indicating that the excavation of Tunnel 3 after Tunnel 1 can increase the radial displacement at this point, while the excavation sequence of Tunnel 2 has little effect on the radial displacement at this point. Figure 11.96b, d and f show that the tangential displacements under Sequences 4 and 6 have little difference, which indicates that the excavation sequence of Tunnels 2 and 3 has no obvious influence on the tangential displacement when Tunnel 1 is excavated at the end.

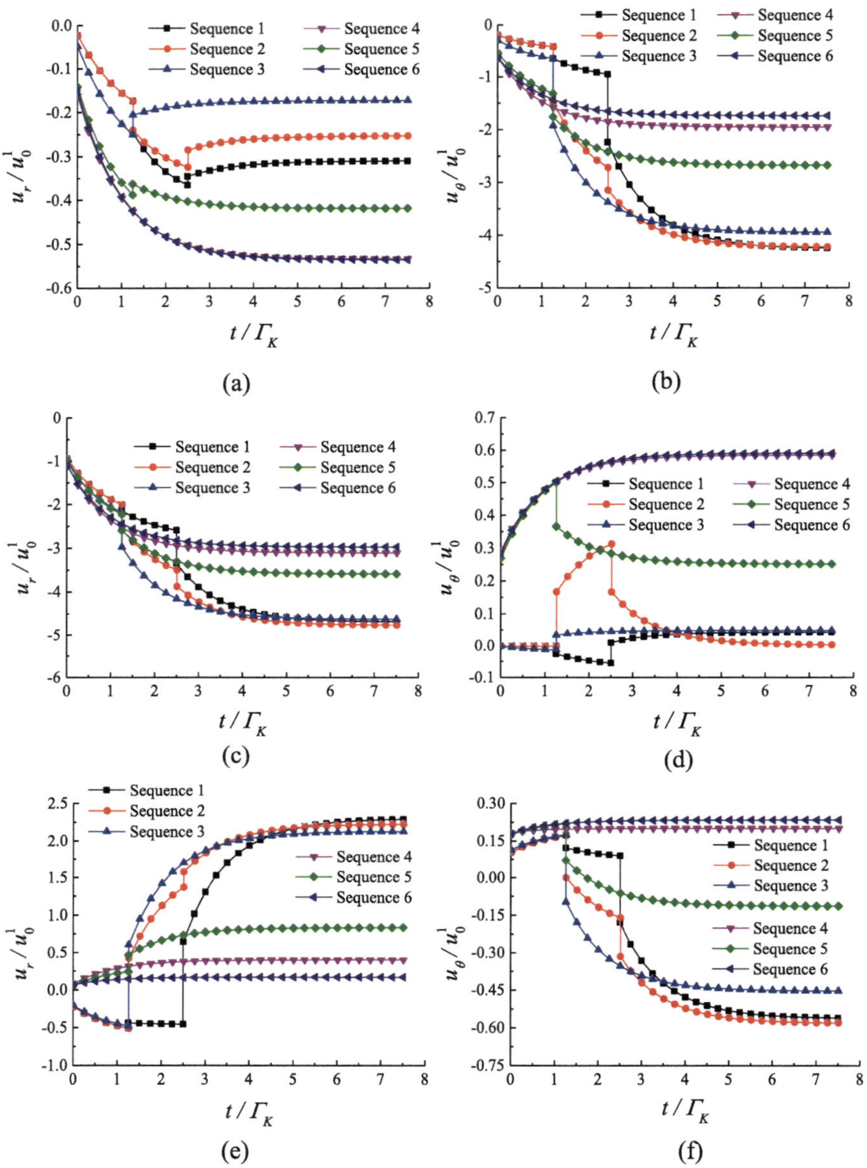

Fig. 11.96 Normalized displacements versus time under various excavation sequences: **a** radial displacement at Point E; **b** tangential displacement at Point E; **c** radial displacement at Point F; **d** tangential displacement at Point F; **e** radial displacement at Point G; and **f** tangential displacement at Point G

11.6.5.3 Influence of the Excavation Times

In this section, the influence of the excavation time of Tunnel 3 on displacement is analysed by employing the inverted triangle layout (see Fig. 11.97) with the excavation times of Tunnels 1 and 2 being $t_1 = t_2 = 0$. The excavation time of Tunnel 3 is as follows: (1) $t_3 = 0$, that is, three tunnels are excavated simultaneously; (2) $t_3 = \frac{5}{4}\Gamma_K$; (3) $t_3 = \frac{5}{2}\Gamma_K$; (4) $t_3 = 10\Gamma_K$, that is, the displacement induced by excavation of Tunnels 1 and 2 has been stabilized before excavation of Tunnel 3.

The displacements versus incremental time $(t - t_3)/\Gamma_K$ are presented in Fig. 11.97. It can be observed that the absolute values of the displacements at points E, F and G gradually increase with time and finally tend to be stable, except the radial displacement at Point E only slightly changes with time under $t_3 = \frac{5}{4}\Gamma_K$. When the three tunnels are excavated at the same time, the radial displacements at Point E move towards the Tunnel 1 centre, whereas under other excavation times, they move away from the Tunnel 1 centre. In addition, the displacements at the three points when the tunnels are excavated at the same time are quite different from those under the other excavation times. The earlier Tunnel 3 is excavated, the greater the tangential displacement of Point E and radial displacement of Point F are. In case $t_3 = 0$, the final values of these two displacements are 1.34 times and 2.44 times those in case $t_3 = 10\Gamma_K$, respectively. However, the earlier Tunnel 3 is excavated, the smaller the circumferential displacement at Point F and the radial and tangential displacements at Point G. The final values of the three displacements in case $t_3 = 0$ are 39.5%, 83.3% and 87.8% of those in case $t_3 = 10\Gamma_K$, respectively. Regarding the displacements at Point G (Fig. 11.97e and f), except for the displacements under the same excavation times, the other displacements have almost the same variation form and values against time, which indicates little influence by the excavation time of Tunnel 3.

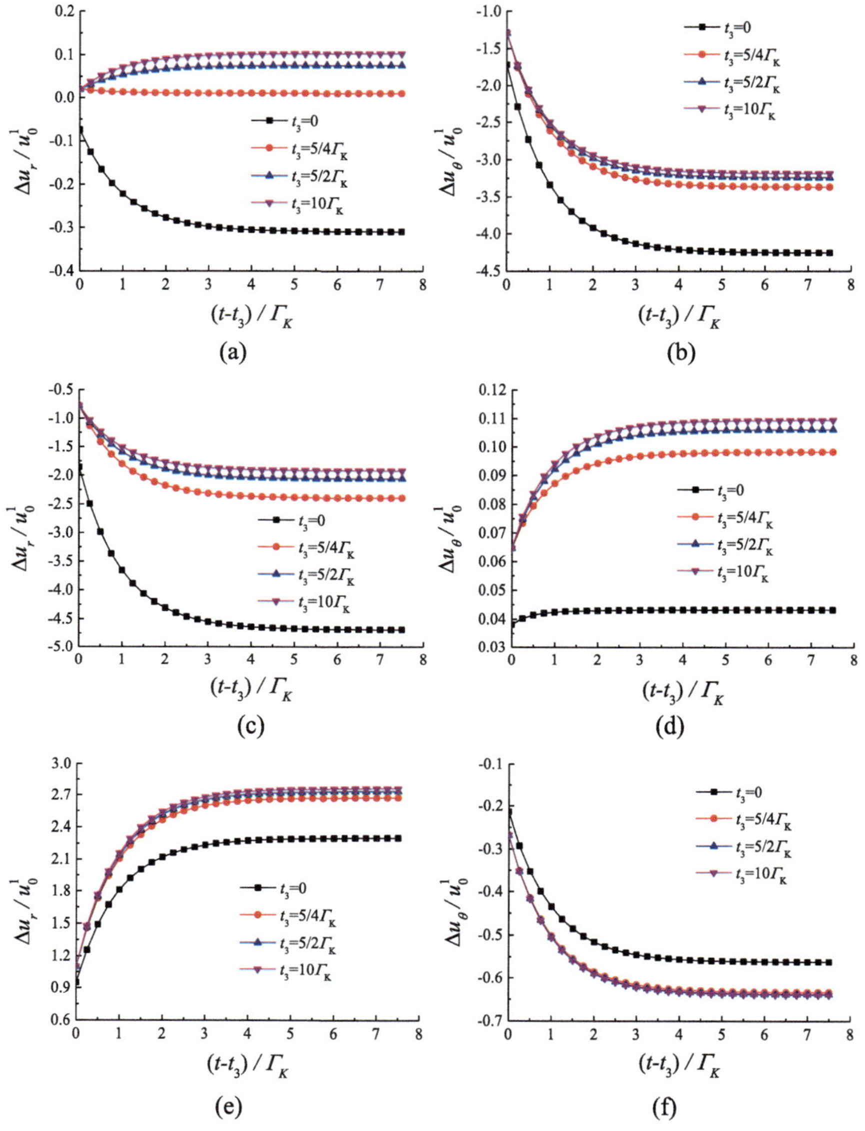

Fig. 11.97 Normalized displacements versus time under various excavation time of Tunnel 3: **a** radial displacement at Point E; **b** tangential displacement at Point E; **c** Radial displacement at Point F; **d** tangential displacement at Point F; **e** radial displacement at Point G; and **f** tangential displacement at Point G

References

1. Verruijt, A. 1997. A complex variable solution for a deforming circular tunnel in an elastic half-plane. *International Journal for Numerical and Analytical Methods in Geomechanics* 21 (2): 77–89.
2. Verruijt, A. 1998. Deformations of an elastic half plane with a circular cavity. *International Journal of Solids and Structures* 35 (21): 2795–2804.
3. Verruijt, A., and J.R. Booker. 2000. Complex variable analysis of Mindlin's tunnel problem. In *Developments in Theoretical Geomechanics*, 1–20.
4. Strack, O.E., and A. Verruijt. 2002. A complex variable solution for a deforming buoyant tunnel in a heavy elastic half-plane. *International Journal for Numerical and Analytical Methods in Geomechanics* 26 (12): 1235–1252.
5. Lu, A.Z., X.T. Zeng, and Z. Xu. 2016. Solution for a circular cavity in an elastic half plane under gravity and arbitrary lateral stress. *International Journal of Rock Mechanics and Mining Sciences* 89: 34–42.
6. Zeng, G.S., and A.Z. Lu. 2017. Analytical solution for shallow circular tunnel under action of tectonic stress. *Rock and Soil Mechanics* 38 (S1):79–86.
7. Wang, H.N., G.S. Zeng, and M.J. Jiang. 2018. Analytical stress and displacement around non-circular tunnels in semi-infinite ground. *Applied Mathematical Modelling* 63: 303–328.
8. Wang, H.N., G.S. Zeng, and M.J. Jiang. 2018. Analytical prediction of stresses around non-circular tunnels excavated at shallow depth. In *Proceedings of the GeoShanghai International Conference*, 39–47. Springer.
9. Zeng, G.S., H.N. Wang, and M.J. Jiang. 2019. Analytical study of ground responses induced by the excavation of quasirectangular tunnels at shallow depths. *International Journal for Numerical and Analytical Methods in Geomechanics* 43 (13): 2200–2223.
10. Lu, A.Z., G.S. Zeng, and N. Zhang. 2021. A complex variable solution for a non-circular tunnel in an elastic half-plane. *International Journal for Numerical and Analytical Methods in Geomechanics.* 45 (12): 1833–1853.
11. Zeng, G.S., H. Cai, and A.Z. Lu. 2019. An Analytical Solution for an Arbitrary Cavity in an Elastic Half-Plane[J]. *Rock Mechanics and Rock Engineering* 52 (11): 4509–4526.
12. Wang, H.N., L. Wu, M.J. Jiang, and F.Song. 2018. Analytical stress and displacement due to twin tunneling in an elastic semi-infinite ground subjected to surcharge loads. *International Journal for Numerical and Analytical Methods in Geomechanics* 42 (6): 809–828.
13. Lu, A.Z., H. Cai, and S.J. Wang. 2019. A new analytical approach for a shallow circular hydraulic tunnel. *Meccanica* 54 (1): 223–238.
14. Huang, H.W., and D.M. Zhang. 2016. Resilience analysis of shield tunnel lining under extreme surcharge: Characterization and field application. *Tunnelling and Underground Space Technology* 51: 301–312.
15. Flamant, A. 1892. Sur la répartition des pressions dans un solide rectangulaire chargé transversalement. *Comptes Rendus de l'Academie des Sciences de Paris* 114: 1465–1468.
16. Boussinesq, Joseph. 1885. Application des potentiels à l'étude de l'équilibre et du mouvement des solides élastiques: principalement au calcul des deformations et des pressions que produisent, dans ces solides, des efforts quelconques exercés sur und petite partie de leur surface ou de leur intérieur; memoire suivi de notes étendues sur divers points de physique mathématique et d'analyse. Gauthier-Villars.
17. Timoshenko, S. 1970. *Goodier, theory of elasticity*. Inc, New York: McGraw-Hill Book Co.
18. Wang, H.N., S. Utili, and M.J. Jiang. 2014. An analytical approach for the sequential excavation of axisymmetric lined tunnels in viscoelastic rock. *International Journal of Rock Mechanics and Mining Sciences* 68: 85–106.
19. Fletcher, R. 1981. *Practical methods of optimization, vol. 2. Constrained optimization.* Chichelser, New York, Brisbane, Toronto: Wiley.
20. Lu, A.Z., Z. Xu, and N. Zhang. 2017. Stress analytical solution for an infinite plane containing two holes. *International Journal of Mechanical Sciences* 128: 224–234.

21. Shao, H., H.W. Huang, D.M. Zhang, and R.L. Wang. 2016. Case study on repair work for excessively deformed shield tunnel under accidental surface surcharge in soft clay. *Chinese Journal of Geotechnical Engineering* 38 (6): 1036–1043.
22. Yamamoto, K., A.V. Lyamin, D.W. Wilson, S.W. Sloan, and J.A. Andrew. 2011. Stability of a circular tunnel in cohesive-frictional soil subjected to surcharge loading. *Computers and Geotechnics* 38 (4): 504–514.
23. Shi, J.W., C.W.W. Ng, and Y.H. Chen. 2015. Three-dimensional numerical parametric study of the influence of basement excavation on existing tunnel. *Computers and Geotechnics* 63: 146–158.
24. Hasanpour, R., H. Chakeri, Y. Ozcelik, and H. Denek. 2012. Evaluation of surface settlements in the Istanbul metro in terms of analytical, numerical and direct measurements. *Bulletin of Engineering Geology and the Environment* 71: 499–510.
25. Detournay, E., and C. Fairhurst. 1987. Two-dimensional elastoplastic analysis of a long, cylindrical cavity under non-hydrostatic loading. *International Journal of Rock Mechanics and Mining Sciences and Geomechanics Abstracts* 24 (4): 197–211.
26. Massinas, S.A., and M.G. Sakellariou. 2009. Closed-form solution for plastic zone formation around a circular tunnel in half-space obeying Mohr-Coulomb criterion. *Geotechnique* 59 (8): 691–701.
27. Sokolnikoff, Ivan Stephen, and Robert Dickerson Specht. 1956. *Mathematical theory of elasticity*, Vol. 83. New York: McGraw-Hill.
28. Muskhelishvili, N.I. 1953. Some basic problems of mathematical theory of elasticity. Groningen, Holland: P. Noordhoff.
29. Lu, A.Z., N. Zhang, and K. Lin. 2014. Analytic solutions of stress and displacement for an non-circular tunnel at great depth including support delay. *International Journal of Rock Mechanics & Mining Sciences* 70: 69–81.
30. Wang, H.N., X.P. Chen, M.J. Jiang, F. Song, and L. Wu. 2018. The analytical predictions on displacement and stress around shallow tunnels subjected to surcharge loadings. *Tunnelling and Underground Space Technology* 71: 403–427.
31. Wang, H.N., S. Utili, M.J. Jiang, and P. He. 2015. Analytical solutions for tunnels of elliptical cross-section in rheological rock accounting for sequential excavation. *Rock Mechanics and Rock Engineering* 48 (5): 1997–2029.
32. Si, J.B., Y.H. Zhu, C. Ji, and S.H. Zhou. 2017. Measurement and analysis of vertical deformation of stratum induced by quasi-rectangular shield tunneling in soft ground. *Chinese Journal of Rock Mechanics and Engineering* 36 (6): 1551–1559.
33. Yamamoto, K, A.V. Lyamin, D.W. Wilson, S.W. Sloan, and A.J. Abbo. 2011. Stability of a single tunnel in cohesive–frictional soil subjected to surcharge loading. *Canadian Geotechnical Journal* 48 (12): 1841–1854.
34. Chang, C.T., C.W. Sun, S.W. Duann, and R.N. Hwang. 2001. Response of a Taipei rapid transit system (TRTS) tunnel to adjacent excavation. *Tunnelling Underground Space Technology* 16 (3): 151–158.
35. Chakeri, H., Y. Ozcelik, and B. Unver. 2015. Investigation of ground surface settlement in twin tunnels driven with EPBM in urban area. *Arabian Journal of Geosciences* 8 (9): 7655–7666.
36. Liang, R.Z., T.D. Xia, Y. Hong, and F. Yu. 2016. Effects of above-crossing tunnelling on the existing shield tunnels. *Tunnelling Underground Space Technology* 58: 159–176.
37. Malan, D.F. 2002. Manuel Rocha medal recipient simulating the timedependent behaviour of excavations in hard rock. *Rock Mechanics and Rock Engineering* 35 (4): 225–254.
38. Sulem, J., M. Panet, and A. Guenot. 1987. Closure analysis in deep tunnels. *International Journal of Rock Mechanics and Mining Sciences* 24 (3): 145–154.
39. Fu, S.F. 2016. Research on the surface subsidence control standard of small spacing three-hole tunnels underneath-crossing trunk railway. *Jounal Shijiazhuang Railway Institute* 29 (1): 33–37.

Chapter 12
Analytical Solution for Mechanical Analysis of Shallow-Buried Supported Circular Tunnel

In Chaps. 4 and 5, the methods for solving the stress and displacement of the lining and surrounding rock of circular and non-circular lined tunnels under various contact conditions were discussed. Chapter 10 also discusses the case where the surrounding rock of non-circular lined tunnels is anisotropic. For simplicity, it is assumed that the depth of the tunnel is relatively large, and this problem is treated as an infinite domain problem. From Chap. 11, it can be seen that shallow tunnels can only be treated as infinite domain problems when their buried depth is greater than 10 times the tunnel radius. In practical engineering, shallow tunnel problems are often encountered, such as underground transportation tunnels in cities, pipe gallery tunnels, and hydraulic tunnels. Chapter 11 discusses the solving method for the stress and displacement for unsupported shallow buried circular tunnels. The ground surface must be considered as a boundary condition to obtain some mechanical characteristics different from deep buried tunnels and calculate the ground surface displacement caused by tunnel excavation. Shallow buried tunnels are generally supported, which mainly includes bolt support and lining support. Therefore, it is also of great significance to study the problem of shallow buried lined tunnel.

For the problem of deep buried lined tunnels, there is sufficient analytical studies, including the analytical solutions of circular tunnels [1–3] and non-circular tunnels [4–7] under the perfect bonding condition and circular tunnels [8, 9] and non-circular tunnels [10, 11] under the full slip condition. However, due to the complexity of the problem of shallow lined tunnels, there are few related analytical studies.

Bobet [12] and Zhang et al. [13] used the shell theory proposed by Flügge [14] to simulate the lining. On this basis, the interactions between the lining and soil mass were studied. However, shell theory can only be used when the lining thickness is far less than the tunnel radius. The thickness of the lining may not meet the shell theory requirements in actual engineering, and may not be applicable for simulating the lining.

This section considers the perfect bonding and full slip conditions, and a semi-analytical solution for a shallow buried lined circular tunnel was presented using

A. Lu et al., *Complex Variable Function Solutions in the Mechanical Analysis of Tunnels*, https://doi.org/10.1007/978-981-97-1691-3_12

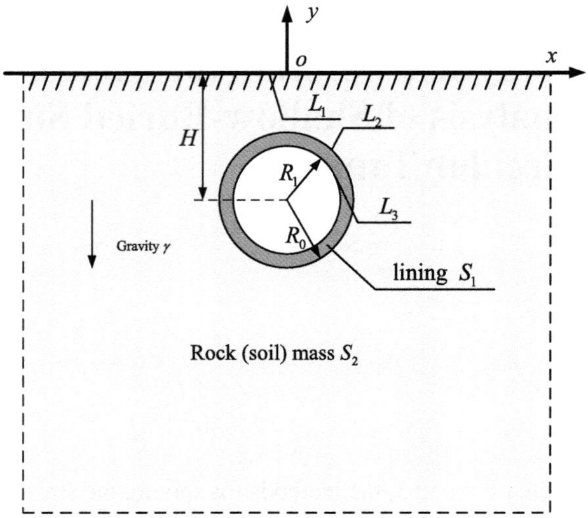

Fig. 12.1 Shallow buried lined tunnel

the complex variable method. as shown in Fig. 12.1 (L_1 is the ground surface, L_2 is the excavation line, L_3 is the inner boundary of lining, γ is the uniform volumetric weight of the rock mass (The rock mass mentioned in this section also includes soil), H is the buried depth of the tunnel, R_0 is the radius of the tunnel, and R_1 is the radius of the lining interior). This solution considers the interaction between the rock mass and the lining, and also the body force of the rock mass. Under the perfect bonding condition, the stress boundary conditions of the inner boundary of the lining and the stress and displacement continuity conditions between the lining and the rock mass are used to establish the equations. Under the full slip condition, the stress boundary conditions of the inner boundary of the lining, the normal stress and normal displacement continuity conditions between the lining and the rock mass, and the shear stress between the lining and the rock mass are used to establish the equations. In the process of solving the coefficients of analytic functions, the conventional power series method is no longer applicable. Therefore, the boundary collocation method is used to take points on the boundary to establish linear equations, and then the coefficients of analytic functions are solved.

In Chap. 6, the authors study the bolt support problem of deep buried tunnel. According to the deformation coordination condition of surrounding rock and bolt, the basic equations for solving the axial forces or lateral shear forces of bolts are established, so that the axial forces or lateral shear forces of bolts can be calculated quantitatively, and the distribution law of axial forces or lateral shear forces of bolts in different directions can be found out. This chapter also discusses the mechanical analysis method of a shallow buried tunnel supported by point anchored bolt.

12.1 Analytical Solution of Tunnel with Flexible Lining

12.1.1 Problem Description

To obtain the solution for the shallow buried lined tunnel, the following assumptions were made:

(1) Elastic behaviour of the rock mass and lining;
(2) Plane strain conditions on any cross-section perpendicular to the tunnel axis;
(3) Perfect bonding condition or full slip condition between the rock mass and lining;
(4) There is no external load acting on the lining interior and ground surface, and the rock mass is subject only to the action of gravity;
(5) The lining is installed immediately after tunnel excavation.

12.1.2 Mapping Function of Rock and Lining

As shown in Fig. 12.2, the regions S_1 and S_2 in the z-plane and z_1-plane were conformally mapped using two conformal mapping functions onto two ring regions Ω_1 and Ω_2 in the ζ-plane and ζ_1-plane, respectively. The mapping functions are expressed as:

$$\begin{cases} z = \omega(\zeta) = -ia\dfrac{1+\zeta}{1-\zeta} \\ z_1 = \omega_1(\zeta_1) = R_0\zeta_1 \end{cases} \tag{12.1}$$

In Fig. 12.2, it can be seen from Eq. (12.1) that, the inner radius β of the ring in the ζ_1-plane is R_1/R_0; L_2 is the interface between S_1 and S_2. The vector of point p on L_2 in the z-plane is t, and the vector of point p on L_2 in the z_1-plane is t_1. The coordinates of the original point of the two coordinate systems xoy and $x_1o_1y_1$ differ only by H in the vertical direction: thus, the relationship between t and t_1 is:

$$t = t_1 - iH \tag{12.2}$$

Substituting Eq. (12.1) into Eq. (12.2) yields:

$$\zeta_1 = \frac{i}{R_0}\left(H - a\frac{1+\zeta}{1-\zeta}\right) \tag{12.3}$$

where ζ and ζ_1 are the coordinates of the point on L_2' in the ζ-plane and ζ_1-plane, respectively.

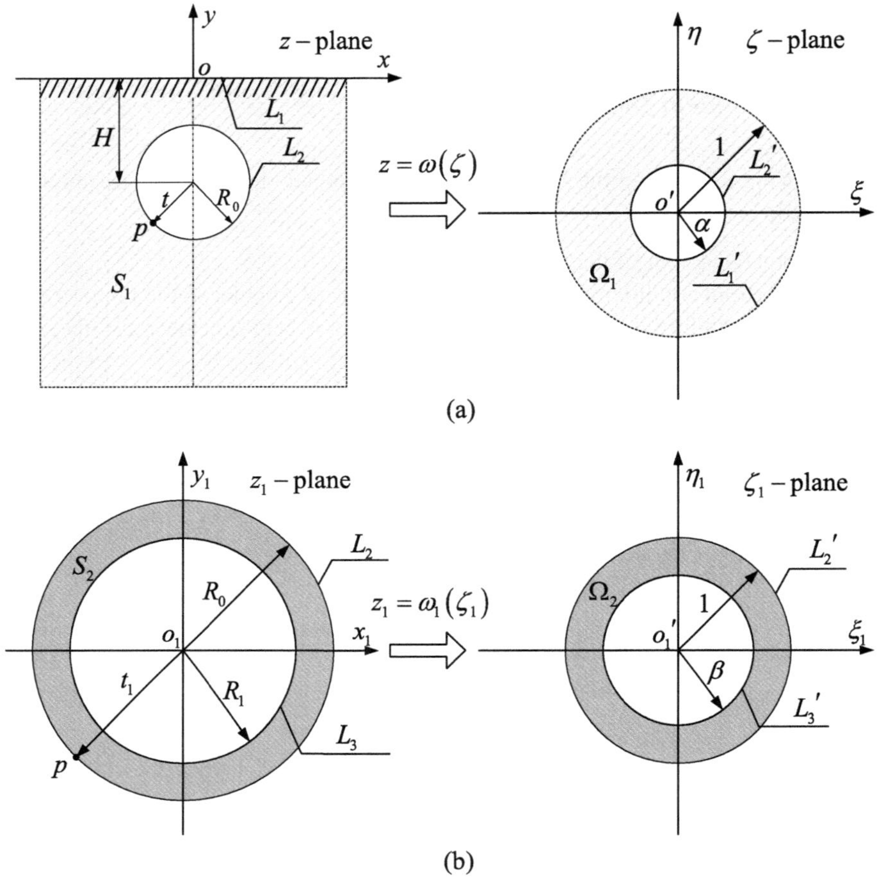

Fig. 12.2 **a** Mapping of rock mass; **b** mapping of lining

12.1.3 Determination of Analytic Functions Under Two Contact Conditions

This problem involves three sets of analytic functions. In order to facilitate the use of complex variable method to solve the problem, the meaning of each set of analytic functions is defined first. When the tunnel is unsupported, the analytic functions in the region S_1 are represented by $\varphi_1(z)$ and $\psi_1(z)$. After the region S_1 is mapped into the region Ω_1, the analytic functions in the region Ω_1 are represented by $\varphi_1(\zeta)$ and $\psi_1(\zeta)$. After the lining is applied, the analytic functions with only the lining support are represented by $\varphi_2(z)$, $\psi_2(z)$ in the region S_1 and $\varphi_2(\zeta)$, $\psi_2(\zeta)$ in region Ω_1. After lining installation, the analytic functions are represented by $\varphi_3(z_1)$, $\psi_3(z_1)$ in region S_2 and $\varphi_3(\zeta_1)$, $\psi_3(\zeta_1)$ in region Ω_2. The form of each analytic function is:

$$\varphi_1(z) = -\frac{F_x + iF_y}{2\pi(1+\kappa_1)}[\kappa_1 \ln(z - ia) + \ln(z + ia)] + \varphi_0(z) \tag{12.4}$$

$$\varphi_0(z) = \varphi_0(\zeta) = \sum_{k=-\infty}^{\infty} a_k \zeta^k \tag{12.5}$$

$$\varphi_2(z) = \varphi_2(\zeta) = \sum_{k=-\infty}^{\infty} b_k \zeta^k \tag{12.6}$$

$$\varphi_3(z_1) = \varphi_3(\zeta_1) = \sum_{k=-\infty}^{\infty} c_k \zeta_1^k \tag{12.7}$$

$$\psi_3(z_1) = \psi_3(\zeta_1) = \sum_{k=-\infty}^{\infty} d_k \zeta_1^k \tag{12.8}$$

where $F_x = 0$, $F_y = \pi R_0^2 \gamma$. For the plane strain problem studied in this chapter $\varphi_0(\zeta)$ can be solved by the method in Chap. 11. Therefore, the analytic function coefficients a_k are known, and b_k, c_k, d_k are the analytic function coefficients to be solved. Since the problem corresponding to $\varphi_2(\zeta)$, $\varphi_3(\zeta_1)$ and $\psi_3(\zeta_1)$ does not have the influence of the unbalanced force system, the logarithmic term of the unbalanced force system is not reflected in their expression.

This section uses the method in Sect. 11.2 to solve the analytic functions, so $\psi_1(z)$ and $\psi_2(z)$ are not listed. Similar to Sect. 11.2, when there is no external load on the ground surface, the relationship between two sets of analytic functions $\varphi_1(z)$ and $\psi_1(z)$, $\varphi_2(z)$ and $\psi_2(z)$ can be directly given according to the stress boundary conditions of the ground surface:

$$\psi_1(z) = -\overline{\varphi}_1(z) - z\varphi_1'(z) \tag{12.9}$$

$$\psi_2(z) = -\overline{\varphi}_2(z) - z\varphi_2'(z) \tag{12.10}$$

12.1.3.1 Analytic Functions Under Perfect Bonding Condition [15]

As there is no load acting on the inner boundary of the lining, the stress boundary condition along the inner boundary of the lining is expressed as:

$$\varphi_3(z_1) + z_1\overline{\varphi_3'(z_1)} + \overline{\psi_3(z_1)} = C_1, z_1 \in L_3 \tag{12.11}$$

where C_1 is a complex constant.

Substituting Eqs. (12.1), (12.7), (12.8) into Eq. (12.11) $(\zeta_1 = \beta\sigma_1$ along $L_3, \sigma_1 = e^{i\theta_1})$ yields:

$$\sum_{k=-\infty}^{\infty} c_k \beta^k \sigma_1^k + \beta\sigma_1 \sum_{k=-\infty}^{\infty} k\overline{c_k}\beta^{k-1}\sigma_1^{-k+1} + \sum_{k=-\infty}^{\infty} \overline{d_k}\beta^k \sigma_1^{-k} = C_1 \tag{12.12}$$

Due to the symmetry of the problem, it is easy to prove that: $\overline{c_k} = (-1)^{k+1} c_k$, $\overline{d_k} = (-1)^{k+1} d_k$ Thus, Eq. (12.12) can be simplified as:

$$\sum_{k=-\infty}^{\infty} \left[\beta^k \sigma_1^k + (-1)^{k+1}\beta^k \sigma_1^{-k+2}\right] c_k + \sum_{k=-\infty}^{\infty} \left[(-1)^{k+1}\beta^k \sigma_1^{-k}\right] d_k = C_1 \tag{12.13}$$

Since the contact surface between the lining and the rock mass satisfies the perfect bonding condition, the contact surface needs to meet the stress continuity condition. The expression is:

$$\varphi_2(z) + z\overline{\varphi_2'(z)} + \overline{\psi_2(z)} = \varphi_3(z_1) + z_1\overline{\varphi_3'(z_1)} + \overline{\psi_3(z_1)} + C_2, \quad z, z_1 \in L_2 \tag{12.14}$$

Substituting Eqs. (12.1), (12.6), (12.8) and (12.10) into Eq. (12.14) $\left(\zeta = \alpha\sigma,\ \zeta_1 = \sigma_1,\ \text{along } L_2, \sigma = e^{i\theta}\right)$ yields:

$$\sum_{k=-\infty}^{\infty} b_k \alpha^k \sigma^k - \sum_{k=-\infty}^{\infty} b_k \alpha^{-k}\sigma^k - \frac{\left(1-\alpha^2\right)(\sigma-\alpha)}{1-\alpha\sigma} \sum_{k=-\infty}^{\infty} k\overline{b_k}\alpha^{k-1}\sigma^{-k}$$
$$= \sum_{k=-\infty}^{\infty} c_k \sigma_1^k + \sum_{k=-\infty}^{\infty} k\overline{c_k}\sigma_1^{-k+2} + \sum_{k=-\infty}^{\infty} \overline{d_k}\sigma_1^{-k} + C_2 \tag{12.15}$$

Similarly, due to the symmetry of the problem, it is easy to prove that: $\overline{b_k} = -b_k$. Thus, Eq. (12.15) can be simplified as:

$$\sum_{k=-\infty}^{\infty} \left[\alpha^k\sigma^k - \alpha^{-k}\sigma^k + \frac{\left(1-\alpha^2\right)(\sigma-\alpha)}{1-\alpha\sigma} k\alpha^{k-1}\sigma^{-k}\right] b_k$$
$$- \sum_{k=-\infty}^{\infty} \left[\sigma_1^k + k(-1)^{k+1}\sigma_1^{-k+2}\right] c_k - \sum_{k=-\infty}^{\infty} (-1)^k \sigma_1^{-k} d_k - C_2 = 0 \tag{12.16}$$

The displacement continuity condition on the excavation boundary is discussed below. The displacements for an unsupported tunnel in the rock mass can be expressed as:

$$2G_1\left(u_1^R + iv_1^R\right) = \kappa_1\varphi_1(z) + \varphi_1(\overline{z}) - (z-\overline{z})\overline{\varphi_1'(z)} \tag{12.17}$$

The displacements caused by the lining installation can be expressed as:

$$2G_1\left(u_2^R + iv_2^R\right) = \kappa_1\varphi_2(z) + \varphi_2(\overline{z}) - (z-\overline{z})\overline{\varphi_2'(z)} \tag{12.18}$$

The displacements of lining under the action of the rock mass can be expressed as:

$$2G_2\left(u^L + iv^L\right) = \kappa_2\varphi_3(z_1) - z_1\overline{\varphi_3'(z_1)} - \overline{\psi_3(z_1)} \tag{12.19}$$

The contact surface between the lining and the rock mass satisfies the perfect bonding condition, the displacement continuity condition is satisfied on the contact surface, and the expression is:

$$\left(u_1^R + iv_1^R\right) + \left(u_2^R + iv_2^R\right) = u^L + iv^L \tag{12.20}$$

The condition for the establishment of Eq. (12.20) is that the lining is constructed immediately after the excavation of the tunnel. If the support delay of the lining is considered, it is necessary to introduce a displacement release coefficient like Chaps. 4 and 5, that is:

$$(1-\eta)\left(u_1^R + iv_1^R\right) + \left(u_2^R + iv_2^R\right) = u^L + iv^L \tag{12.21}$$

Substituting Eqs. (12.1), (12.17)–(12.19) into Eq. (12.20) yields:

$$\begin{aligned}
&\frac{1}{2G_1}\left[\kappa_1\varphi_1(\alpha\sigma) + \varphi_1(\overline{z}) - \frac{\omega(\alpha\sigma) - \overline{\omega(\alpha\sigma)}}{\overline{\omega'(\alpha\sigma)}}\overline{\varphi_1'(\alpha\sigma)}\right] \\
&+ \frac{1}{2G_1}\left[\kappa_1\varphi_2(\alpha\sigma) + \varphi_2(\overline{z}) - \frac{\omega(\alpha\sigma) - \overline{\omega(\alpha\sigma)}}{\overline{\omega'(\alpha\sigma)}}\overline{\varphi_2'(\alpha\sigma)}\right] \\
&= \frac{1}{2G_2}\left[\kappa_2\varphi_3(\sigma_1) - \frac{\omega_1(\sigma_1)}{\overline{\omega_1'(\sigma_1)}}\overline{\varphi_3'(\sigma_1)} - \overline{\psi_3(\sigma_1)}\right] + C_3
\end{aligned} \tag{12.22}$$

Substituting Eqs. (12.6)–(12.10) into Eq. (12.22) yields:

$$\begin{aligned}
&\frac{1}{G_1}\sum_{k=-\infty}^{\infty}\left[\kappa_1\alpha^k\sigma^k + \alpha^{-k}\sigma^k - \frac{\left(1-\alpha^2\right)(\sigma-\alpha)}{1-\alpha\sigma}k\alpha^{k-1}\sigma^{-k}\right]b_k \\
&- \frac{1}{G_2}\sum_{k=-\infty}^{\infty}\left[\kappa_2\sigma_1^k - k(-1)^{k+1}\sigma_1^{-k+2}\right]c_k - \frac{1}{G_2}\sum_{k=-\infty}^{\infty}(-1)^k\sigma_1^{-k}d_k - C_3 \\
&= \frac{1}{G_1}\left[\kappa_1\varphi_1(\alpha\sigma) + \varphi_1(\overline{z}) - \frac{\omega(\alpha\sigma) - \overline{\omega(\alpha\sigma)}}{\overline{\omega'(\alpha\sigma)}}\overline{\varphi_1'(\alpha\sigma)}\right]
\end{aligned} \tag{12.23}$$

Based on the derivation, the coefficients b_k, c_k, and d_k ($k = -\infty, \ldots, +\infty$) of the analytic functions and the complex constants C_1, C_2, and C_3 are unknown. The values of b_0, c_0, and d_0 do not affect stresses. Thus, by first assuming $b_0 = c_0 = d_0 = 0$, then the values of these coefficients are determined by selecting the points that limit the rigid body displacement. The maximum positive and negative powers of ζ and ζ_1 in $\varphi_2(\zeta)$, $\varphi_3(\zeta_1)$, and $\psi_3(\zeta_1)$ are considered as N; there exist $6N + 3$ unknowns (b_k, c_k, and d_k ($k = -\mathrm{N}, \ldots, -1, 1, \ldots, \mathrm{N}$), C_1, C_2, C_3), except for b_0, c_0, and d_0. The accuracy of the results increases with the value of N. To obtain the $6N + 3$ unknowns, a system with $6N + 3$ linear equations is presented in the following calculation. The system of linear equations can be expressed as

$$\mathbf{AX} = \mathbf{B} \tag{12.24}$$

where $\mathbf{X} = [b_{-N}, \ldots, b_{-1}, b_1, \ldots, b_N, c_{-N}, \ldots, c_{-1}, c_1, \ldots, c_N, d_{-N}, \ldots, d_{-1}, d_1 \ldots, d_N, C_1, C_2, C_3]^T$.

The power series method in the complex variable method is generally used to establish the linear equations by comparing the coefficients of σ on both sides of the equations. However, Eqs. (12.16) and (12.23) contain two variables σ and σ_1; it is difficult to compare terms of σ and σ_1. Thus, in this section, the idea of boundary collocation method is used to establish linear equations. The specific process of establishing linear equations is given below.

$2N + 1$ points along the inner boundary of the lining L_3 ($z_{1,j}(j = 1, 2, \cdots, 2N + 1)$) are chosen, $z_{1,j}$ correspond to $\zeta_{1,j}$ in the ζ_1-plane. Since the entire inner boundary of the lining satisfies the stress boundary condition Eq. (12.13), the $2N + 1$ points are evenly distributed on the inner boundary of the lining, then the expression of $\zeta_{1,j}$ is:

$$\begin{cases} \theta_{1,j} = \dfrac{2\pi}{2N+1} j \\ \sigma_{1,j} = e^{i\theta_{1,j}} \\ \zeta_{1,j} = \beta\sigma_{1,j} \end{cases}, \quad j = 1, 2, \ldots, 2N + 1 \tag{12.25}$$

Substituting $\sigma_{1,j}$ into Eq. (12.13), $2N + 1$ equations are obtained, yielding:

$$\begin{cases} j = -N, \ldots, N, k = -N, \ldots, -1 \\ A(N+1+j, 3N+1+k) = \beta^k \sigma_{1,j}^k + (-1)^{k+1} k \beta^k \sigma_{1,j}^{-k+2} \\ A(N+1+j, 5N+1+k) = (-1)^{k+1} \beta^k \sigma_{1,j}^{-k} \\ A(N+1+j, 6N+1) = -1 \\ B(N+1+j) = 0 \end{cases} \tag{12.26}$$

$$\begin{cases} j = -N, \ldots, N, k = 1, \ldots, N \\ A(N+1+j, 3N+k) = \beta^k \sigma_{1,j}^k + (-1)^{k+1} k \beta^k \sigma_{1,j}^{-k+2} \\ A(N+1+j, 5N+k) = (-1)^{k+1} \beta^k \sigma_{1,j}^{-k} \end{cases} \tag{12.27}$$

Similarly, $2N + 1$ points along excavation line L_2 ($z_j(j = 1, 2, \ldots, 2N + 1)$) are chosen, z_j corresponds to ζ_j in the ζ-plane. ζ_j can be expressed as:

$$\begin{cases} \theta_j = \dfrac{2\pi}{2N+1}j \\ \sigma_j = e^{i\theta_j} \\ \zeta_j = \alpha\sigma_j \end{cases}, \quad j = 1, 2, \ldots, 2N+1 \tag{12.28}$$

The excavation boundary is in contact with the outer boundary of the lining, the points on the excavation boundary are also on the outer boundary of the lining. It can be seen from Eq. (12.3) that the $2N + 1$ points ($z_j(j = 1, 2, \ldots, 2N + 1)$) selected on the excavation boundary L_2 correspond to the points on the outer boundary of the lining:

$$\sigma_{2,j} = \frac{i}{R_0}\left(H - a\frac{1+\alpha\sigma_j}{1-\alpha\sigma_j}\right), \quad j = 1, 2, \ldots, 2N+1 \tag{12.29}$$

Substituting σ_j and $\sigma_{2,j}$ into Eq. (12.24), $2N + 1$ equations are obtained, yielding:

$$\begin{cases} j = -N, \ldots, N, k = -N, \ldots, -1 \\ A(3N+2+j, N+1+k) = \alpha^k\sigma_j^k - \alpha^{-k}\sigma_j^k + \dfrac{(1-\alpha^2)(\sigma_j - \alpha)}{1-\alpha\sigma_j}k\alpha^{k-1}\sigma_j^{-k} \\ A(3N+2+j, 3N+1+k) = -\sigma_{2,j}^k - (-1)^{k+1}k\sigma_{2,j}^{-k+2} \\ A(3N+2+j, 5N+1+k) = -(-1)^{k+1}\sigma_{2,j}^{-k+2} \\ A(3N+2+j, 6N+2) = -1 \\ B(3N+2+j) = 0 \end{cases} \tag{12.30}$$

$$\begin{cases} j = -N, \ldots, N, k = 1, \ldots, N \\ A(3N+2+j, N+k) = \alpha^k\sigma_j^k - \alpha^{-k}\sigma_j^k + \dfrac{(1-\alpha^2)(\sigma_j - \alpha)}{1-\alpha\sigma_j}k\alpha^{k-1}\sigma_j^{-k} \\ A(3N+2+j, 3N+k) = -\sigma_{2,j}^k - (-1)^{k+1}k\sigma_{2,j}^{-k+2} \\ A(3N+2+j, 5N+k) = -(-1)^{k+1}\sigma_{2,j}^{-k+2} \end{cases} \tag{12.31}$$

Substituting σ_j and $\sigma_{2,j}$ into Eq. (12.23), $2N + 1$ equations are obtained, yielding:

$$
\begin{cases}
j=-N,\ldots,N,k=-N,\ldots,-1\\
A(5N+3+j,N+1+k)=\dfrac{1}{G_1}\left[\kappa_1\alpha^k\sigma_j^k+\alpha^{-k}\sigma_j^k-\dfrac{\left(1-\alpha^2\right)\left(\sigma_j-\alpha\right)k\alpha^{k-1}\sigma_j^{-k}}{1-\alpha\sigma_j}\right]\\
A(5N+3+j,3N+1+k)=\dfrac{1}{G_2}\left[-\kappa_2\sigma_{2,j}^k+(-1)^{k+1}k\sigma_{2,j}^{-k+2}\right)\\
A(5N+3+j,5N+1+k)=\dfrac{1}{G_2}(-1)^{k+1}\sigma_{2,j}^{-k+2}\\
A(5N+3+j,6N+2)=-1\\
B(5N+3+j)=-\dfrac{1}{G_1}\left[\kappa_1\varphi_1\left(\alpha\sigma_j\right)+\varphi_1\left(\overline{z_j}\right)-\dfrac{\omega\left(\alpha\sigma_j\right)-\overline{\omega\left(\alpha\sigma_j\right)}}{\overline{\omega'\left(\alpha\sigma_j\right)}}\overline{\varphi_1'\left(\alpha\sigma_j\right)}\right]
\end{cases}
\tag{12.32}
$$

$$
\begin{cases}
j=-N,\ldots,N,k=1,\ldots,N\\
A(5N+3+j,N+k)=\dfrac{1}{G_1}\left[\kappa_1\alpha^k\sigma_j^k+\alpha^{-k}\sigma_j^k-\dfrac{\left(1-\alpha^2\right)\left(\sigma_j-\alpha\right)k\alpha^{k-1}\sigma_j^{-k}}{1-\alpha\sigma_j}\right]\\
A(5N+3+j,3N+k)=\dfrac{1}{G_2}\left[-\kappa_2\sigma_{2,j}^k+(-1)^{k+1}k\sigma_{2,j}^{-k+2}\right)\\
A(5N+3+j,5N+k)=\dfrac{1}{G_2}(-1)^{k+1}\sigma_{2,j}^{-k+2}
\end{cases}
\tag{12.33}
$$

In addition to the above equations, other coefficients in matrix **A** are equal to 0. So far, Eqs. (12.26), (12.27), (12.30), (12.33) give all the coefficients in the linear equations (12.24), and the coefficients of the analytic functions can be obtained by solving the linear equations.

12.1.3.2 Analytic Functions Under Full Slip Condition [16]

The stress boundary condition of the inner boundary of the lining under the full slip condition is the same as that of the perfect bonding condition. However, in this section, according to the characteristics of the full slip condition problem, to solve the solution, the analytic function coefficients b_0, c_0 and d_0 are no longer equal to 0, but need to be solved. It is easy to prove that b_0 is a real constant, while c_0 and d_0 are complex constants. Let $c_0=c_{01}+ic_{02}$, $d_0=d_{01}+id_{02}$. Due to the symmetry of the problem, the horizontal displacements of the points on the y-axis are all equal to 0. Based on the displacement expression of each point in the lining Eq. (12.19), it's easy to obtain that $d_{01}=\kappa_2c_{01}$. Since c_{02} and d_{02} jointly determine the vertical rigid displacement of the lining, thus, one of the coefficients can be taken as 0, i.e., $d_{02}=0$.

Since there is no external load on the inner boundary of the lining, the expression of the stress boundary condition is:

$$\sum_{k=-N,k\neq 0}^{N} \left[\beta^k \sigma_1^k + (-1)^{k+1} k \beta^k \sigma_1^{-k+2}\right] c_k$$
$$+ \sum_{k=-N,k\neq 0}^{N} \left[(-1)^{k+1} \beta^k \sigma_1^{-k}\right] d_k + (1+\kappa_2) c_{01} + i c_{02} = 0 \tag{12.34}$$

Similarly, the stress continuity condition of the excavation boundary under the full slip condition is the same as that under the perfect bonding condition, and its expression is:

$$\sum_{k=-N,k\neq 0}^{N} \left[\alpha^k \sigma^k - \alpha^{-k} \sigma^k + \frac{(1-\alpha^2)(\sigma-\alpha)}{1-\alpha\sigma} k \alpha^{k-1} \sigma^{-k}\right] b_k$$
$$- \sum_{k=-N,k\neq 0}^{N} \left[\sigma_1^k + k(-1)^{k+1} \sigma_1^{-k+2}\right] c_k - \sum_{k=-N,k\neq 0}^{N} (-1)^k \sigma_1^{-k} d_k$$
$$- (1+\kappa_2) c_{01} - i c_{02} - C = 0 \tag{12.35}$$

where C is an undetermined complex constant.

Based on the full slip condition, the shear stresses $\tau_{\rho\theta}$ along the interface between the lining and surrounding rock are equal to zero. The expressions for $\tau_{\rho\theta}$ can be derived from $\varphi_2(\zeta)$ and $\psi_2(\zeta)$ or from $\varphi_3(\zeta_1)$ and $\psi_3(\zeta_1)$. Only one expression can be used because the two expressions are not independent. Here, the equation for $\tau_{\rho\theta}$ was derived from $\varphi_3(\zeta_1)$ and $\psi_3(\zeta_1)$. The expression is:

$$\tau_{\rho\theta} = \mathrm{Im}\left[\sigma_1 \varphi_3''(\sigma_1) + \sigma_1^2 \psi_3'(\sigma_1)\right] = 0 \tag{12.36}$$

Substituting Eqs. (12.7), (12.8) into Eq. (12.36) yields:

$$\mathrm{Im}\left[\sum_{k=-N,k\neq 0}^{N} k(k-1) c_k \sigma_1^{k-1} + \sum_{k=-N,k\neq 0}^{N} k d_k \sigma_1^{k+1}\right] = 0 \tag{12.37}$$

For the full slip condition, the lining and rock mass can slide relatively, only the normal displacement is continuous on the excavation boundary. Therefore, the normal displacement of lining and rock mass at the interface should satisfy the following equation:

$$u_{\rho 1}^R + u_{\rho 2}^R = u_\rho^L \tag{12.38}$$

where $u_{\rho 1}^R$ is the normal displacement of the excavation boundary without lining support under the action of gravity, $u_{\rho 2}^R$ is the normal displacement of the excavation boundary only under the action of lining support, u_ρ^L is the normal displacement of the outer boundary of the lining under the action of rock mass. According to Eq. (2.31), three expressions of normal displacement can be obtained. Therefore, Eq. (12.38) can be expanded as follows:

$$\begin{aligned}
&\mathrm{Re}\left\{\frac{1}{2G_1}\frac{\overline{\sigma\omega'(\alpha\sigma)}}{|\omega'(\alpha\sigma)|}\left[\kappa_1\varphi_1(\alpha\sigma)+\varphi_1(\overline{z})-\frac{\omega(\alpha\sigma)-\overline{\omega(\alpha\sigma)}}{\overline{\omega'(\alpha\sigma)}}\overline{\varphi_1'(\alpha\sigma)}\right]\right\}\\
&\quad+\mathrm{Re}\left\{\frac{1}{2G_1}\frac{\overline{\sigma\omega'(\alpha\sigma)}}{|\omega'(\alpha\sigma)|}\left[\kappa_1\varphi_2(\alpha\sigma)+\varphi_2(\overline{z})-\frac{\omega(\alpha\sigma)-\overline{\omega(\alpha\sigma)}}{\overline{\omega'(\alpha\sigma)}}\overline{\varphi_2'(\alpha\sigma)}\right]\right\}\\
&\quad=\mathrm{Re}\left\{\frac{1}{2G_2}\frac{\overline{\sigma_1\omega_1'(\sigma_1)}}{\left|\omega_1'(\sigma_1)\right|}\left[\kappa_2\varphi_3(\sigma_1)-\frac{\omega_1(\sigma_1)}{\overline{\omega_1'(\sigma_1)}}\overline{\varphi_3'(\sigma_1)}-\overline{\psi_3(\sigma_1)}\right]\right\}
\end{aligned}\tag{12.39}$$

Substituting Eqs. (12.6), (12.10) into Eq. (12.39) yields:

$$\begin{aligned}
&\mathrm{Re}\left\{\frac{\overline{\sigma\omega'(\alpha\sigma)}}{G_1|\omega'(\alpha\sigma)|}\sum_{k=-N,k\neq 0}^{N}\left[\kappa_1\alpha^k\sigma^k+\alpha^{-k}\sigma^k-\frac{(1-\alpha^2)(\sigma-\alpha)}{1-\alpha\sigma}k\alpha^{k-1}\sigma^{-k}\right]b_k\right\}\\
&\quad-\mathrm{Re}\left\{\frac{\overline{\sigma_1\omega_1'(\sigma_1)}}{G_2\left|\omega_1'(\sigma_1)\right|}\left\{\sum_{k=-N,k\neq 0}^{N}\left[\kappa_2\sigma_1^k-k(-1)^{k+1}\sigma_1^{-k+2}\right]c_k\right.\right.\\
&\quad\left.\left.-\sum_{k=-N,k\neq 0}^{N}(-1)^{k+1}\sigma_1^{-k}d_k\right\}\right.\\
&\quad=\mathrm{Re}\left\{-\frac{\overline{\sigma\omega'(\alpha\sigma)}}{G_1|\omega'(\alpha\sigma)|}\left[\kappa_1\varphi_1(\alpha\sigma)+\varphi_1(\overline{z})-\frac{\omega(\alpha\sigma)-\overline{\omega(\alpha\sigma)}}{\overline{\omega'(\alpha\sigma)}}\overline{\varphi_1'(\alpha\sigma)}\right]\right\}
\end{aligned}\tag{12.40}$$

Similar to the perfect bonding condition, the corresponding linear equations should be listed to solve the coefficients of the analytic functions. There exists $6N+4$ unknowns (b_k, c_k, d_k ($k = -\mathrm{N},\ldots,-1,1,\ldots,\mathrm{N}$), b_0, c_{01}, ic_{02}, C). To obtain the $6N+4$ unknowns, a system of linear equations with $6N+4$ equations should be presented in the following calculation. The form of the linear equations are the same as Eq. (12.24), where $\mathbf{X} = [\mathbf{b}_{-\mathbf{N}},\ldots,\mathbf{b}_{-\mathbf{1}},\mathbf{b}_{\mathbf{1}},\ldots,\mathbf{b}_{\mathbf{N}},\mathbf{c}_{-\mathbf{N}},\ldots,\mathbf{c}_{-\mathbf{1}},\mathbf{c}_{\mathbf{1}}\ldots,\mathbf{c}_{\mathbf{N}},\mathbf{d}_{-\mathbf{N}},\ldots,\mathbf{d}_{-\mathbf{1}},\mathbf{d}_{\mathbf{1}}\ldots,\mathbf{d}_{\mathbf{N}},\mathbf{b}_{\mathbf{0}}, c_{01}, c_{02}, C]^T$.

Similarly, since the power series method is no longer applicable, the boundary collocation method is used to take points on the inner boundary of the lining and the interface between the lining and the rock mass. Firstly, $2N+1$ points along the inner boundary of the lining L_3 ($z_{1,j}(j=-N,\ldots,N)$) are chosen. $z_{1,j}$ correspond to $\zeta_{1,j}$ in ζ_1-plane. $\zeta_{1,j}$ can be expressed as:

$$\begin{cases} \theta_{1,j} = \dfrac{2\pi}{2N+1}(j+N) \\ \sigma_{1,j} = e^{i\theta_{1,j}} \\ \zeta_{1,j} = \beta\sigma_{1,j} \end{cases}, \quad j = -N, \ldots, N \tag{12.41}$$

Substituting $\sigma_{1,j}$ into Eq. (12.34) yields $2N + 1$ equations:

$$\begin{cases} j = -N, \ldots, N, k = -N, \ldots, -1 \\ A(N+1+j, 3N+1+k) = \beta^k \sigma_{1,j}^k + (-1)^{k+1} k \beta^k \sigma_{1,j}^{-k+2} \\ A(N+1+j, 5N+1+k) = (-1)^{k+1} \beta^k \sigma_{1,j}^{-k} \end{cases} \tag{12.42}$$

$$\begin{cases} j = -N, \ldots, N, k = 1, \ldots, N \\ A(N+1+j, 3N+k) = \beta^k \sigma_{1,j}^k + (-1)^{k+1} k \beta^k \sigma_{1,j}^{-k+2} \\ A(N+1+j, 5N+k) = (-1)^{k+1} \beta^k \sigma_{1,j}^{-k} \\ A(N+1+j, 6N+2) = 1+\kappa_2 \\ A(N+1+j, 6N+3) = 1 \end{cases} \tag{12.43}$$

$2N + 1$ points along the interface L_2 between the lining and surrounding rock are chosen, the $2N + 1$ points $z_j (j = 1, 2, \ldots, 2N + 1)$, z_j correspond to ζ_j in ζ-plane. ζ_j can be expressed as

$$\begin{cases} \theta_j = \dfrac{2\pi}{2N+1}(j+N) \\ \sigma_j = e^{i\theta_j} \\ \zeta_j = \alpha\sigma_j \end{cases}, \quad j = -N, \ldots, N \tag{12.44}$$

Similarly, the corresponding point $\sigma_{2,j}$ on the outer boundary of the lining can be obtained from Eq. (12.3). By substituting σ_j and $\sigma_{2,j}$ into the stress continuity condition Eq. σ_j and $\sigma_{2,j}$ on the contact surface between the lining and the rock mass, $2N + 1$ equations can be obtained:

$$\begin{cases} j = -N, \ldots, N, k = -N, \ldots, -1 \\ A(3N+2+j, N+1+k) = \alpha^k \sigma_j^k - \alpha^{-k} \sigma_j^k + \dfrac{(1-\alpha^2)(\sigma_j - \alpha)}{1 - \alpha\sigma_j} k \alpha^{k-1} \sigma_j^{-k} \\ A(3N+2+j, 3N+1+k) = -\sigma_{2,j}^k - (-1)^{k+1} k \sigma_{2,j}^{-k+2} \\ A(3N+2+j, 5N+1+k) = -(-1)^{k+1} \sigma_{2,j}^{-k+2} \end{cases} \tag{12.45}$$

$$\begin{cases} j = -N, \ldots, N, k = 1, \ldots, N \\ A(3N+2+j, N+k) = \alpha^k \sigma_j^k - \alpha^{-k} \sigma_j^k + \dfrac{(1-\alpha^2)(\sigma_j - \alpha)}{1 - \alpha\sigma_j} k\alpha^{k-1} \sigma_j^{-k} \\ A(3N+2+j, 3N+k) = -\sigma_{2,j}^k - (-1)^{k+1} k\sigma_{2,j}^{-k+2} \\ A(3N+2+j, 5N+k) = -(-1)^{k+1} \sigma_{2,j}^{-k+2} \\ A(3N+2+j, 6N+2) = -1 - \kappa_2 \\ A(3N+2+j, 6N+3) = -1 \\ A(3N+2+j, 6N+4) = -1 \end{cases} \tag{12.46}$$

The above selection of the point of the inner boundary of the lining and the excavation boundary is similar to the selection of the point under the perfect bonding condition. However, unlike before, the Eq. (12.37) only takes the imaginary part of the expression, and the problem is axisymmetric about y-axis, only $N + 1$ points $z_{3,j}(j = -N/2, \ldots, N/2)$ in the right half of the excavation boundary are selected. $z_{3,j}$ correspond to $\zeta_{3,j}$ in ζ-plane. $\zeta_{3,j}$ can be expressed as (N should be even in this section):

$$\begin{cases} \theta_{3,j} = \dfrac{\pi}{N+1}\left(j + \dfrac{N}{2}\right) \\ \sigma_{3,j} = e^{i\theta_{3,j}} \\ \zeta_{3,j} = \alpha\sigma_{3,j} \end{cases}, \quad j = -\frac{N}{2}, \ldots, \frac{N}{2} \tag{12.47}$$

Similarly, the $N + 1$ points $z_{4,j}(j = -N/2, \ldots, N/2)$ along the right half lining outer boundary correspond to $\zeta_{4,j}$ in ζ_1-plane. The equation always holds when substituting $\sigma_{4,-N/2} = -i$ into Eq. (12.37), Therefore, substituting $\sigma_{4,j}(j = -N/2 + 1, \ldots, N/2)$ into Eq. (12.37) yields N equations:

$$\begin{cases} j = -\dfrac{N}{2} + 1, \ldots, \dfrac{N}{2}, k = -N+1, -N+3, \ldots, -3, -1 \\ AI\left(\dfrac{9}{2}N + 2 + j, 3N + 1 + k\right) = \mathrm{Im}\left[k(k-1)\sigma_{4,j}^{k-1}\right] \\ AI\left(\dfrac{9}{2}N + 2 + j, 5N + 1 + k\right) = \mathrm{Im}\left(k\sigma_{4,j}^{k+1}\right) \\ k = -N, -N+2, \ldots, -4, -2 \\ AR\left(\dfrac{9}{2}N + 2 + j, 3N + 1 + k\right) = \mathrm{Re}\left[k(k-1)\sigma_{4,j}^{k-1}\right] \\ AR\left(\dfrac{9}{2}N + 2 + j, 5N + 1 + k\right) = \mathrm{Re}\left(k\sigma_{4,j}^{k+1}\right) \end{cases} \tag{12.48}$$

$$\left\{\begin{array}{l} j=-\dfrac{N}{2}+1,\ldots,\dfrac{N}{2}, k=1,3,\ldots,N-3,N-1 \\ AI\left(\dfrac{9}{2}N+2+j,3N+k\right)=\mathrm{Im}\left[k(k-1)\sigma_{4,j}^{k-1}\right] \\ AI\left(\dfrac{9}{2}N+2+j,5N+k\right)=\mathrm{Im}\left(k\sigma_{4,j}^{k+1}\right) \\ k=2,4,\ldots,N-2,N \\ AR\left(\dfrac{9}{2}N+2+j,3N+k\right)=\mathrm{Re}\left[k(k-1)\sigma_{4,j}^{k-1}\right] \\ AR\left(\dfrac{9}{2}N+2+j,5N+k\right)=\mathrm{Re}\left(k\sigma_{4,j}^{k+1}\right) \end{array}\right. \quad (12.49)$$

Substituting $\sigma_{3,j}$ and $\sigma_{4,j}$ into Eq. (12.39) yields $N+1$ equation:

$$\left\{\begin{array}{l} j=-\dfrac{N}{2},\ldots,\dfrac{N}{2}, k=-N,\ldots,-1 \\ AI\left(\dfrac{11}{2}N+3+j,N+1+k\right)=\mathrm{Im}\left\{\dfrac{\overline{\sigma_{3,j}\omega'(\alpha\sigma_{3,j})}}{G_1\left|\omega'(\alpha\sigma_{3,j})\right|}\left[\begin{array}{l}\left(\kappa_1\alpha^k+\alpha^{-k}\right)\sigma_{3,j}^k \\ -\dfrac{\left(1-\alpha^2\right)\left(\sigma_{3,j}-\alpha\right)}{1-\alpha\sigma_{3,j}}k\alpha^{k-1}\sigma_{3,j}^{-k}\end{array}\right]\right\} \\ k=-N+1,-N+3,\ldots,-3,-1 \\ AR\left(\dfrac{11}{2}N+3+j,3N+1+k\right)=\mathrm{Re}\left\{-\dfrac{\overline{\sigma_{4,j}\omega_1'(\sigma_{4,j})}}{G_2\left|\omega_1'(\sigma_{4,j})\right|}\left[\kappa_2\sigma_{4,j}^k-k(-1)^{k+1}\sigma_{4,j}^{-k+2}\right]\right\} \\ AR\left(\dfrac{11}{2}N+3+j,5N+1+k\right)=\mathrm{Re}\left\{\dfrac{\overline{\sigma_{4,j}\omega_1'(\sigma_{4,j})}}{G_2\left|\omega_1'(\sigma_{4,j})\right|}\left[(-1)^{k+1}\sigma_{4,j}^{-k}\right]\right\} \\ k=-N,-N+2,\ldots,-4,-2 \\ AI\left(\dfrac{11}{2}N+3+j,3N+1+k\right) \\ \quad =\mathrm{Im}\left\{-\dfrac{\overline{\sigma_{4,j}\omega_1'(\sigma_{4,j})}}{G_2\left|\omega_1'(\sigma_{4,j})\right|}\left[\kappa_2\sigma_{4,j}^k-k(-1)^{k+1}\sigma_{4,j}^{-k+2}\right]\right\} \\ AR\left(\dfrac{11}{2}N+3+j,5N+1+k\right)=\mathrm{Im}\left\{\dfrac{\overline{\sigma_{4,j}\omega_1'(\sigma_{4,j})}}{G_2\left|\omega_1'(\sigma_{4,j})\right|}\left[(-1)^{k+1}\sigma_{4,j}^{-k}\right]\right\} \end{array}\right.$$

(12.50)

$$\begin{cases} j=-\frac{N}{2},\ldots,\frac{N}{2}, k=1,\ldots,N \\ AI\left(\frac{11}{2}N+3+j,N+k\right)=\mathrm{Im}\left\{\frac{\overline{\sigma_{3,j}\omega'(\alpha\sigma_{3,j})}}{G_1|\omega'(\alpha\sigma_{3,j})|}\left[\begin{array}{l}\left(\kappa_1\alpha^k+\alpha^{-k}\right)\sigma_{3,j}^k \\ -\frac{\left(1-\alpha^2\right)\left(\sigma_{3,j}-\alpha\right)}{1-\alpha\sigma_{3,j}}k\alpha^{k-1}\sigma_{3,j}^{-k}\end{array}\right]\right\} \\ k=1,3,\ldots,N-3,N-1 \\ AR\left(\frac{11}{2}N+3+j,3N+k\right)=\mathrm{Re}\left\{-\frac{\overline{\sigma_{4,j}\omega_1'(\sigma_{4,j})}}{G_2|\omega_1'(\sigma_{4,j})|}\left[\kappa_2\sigma_{4,j}^k-k(-1)^{k+1}\sigma_{4,j}^{-k+2}\right]\right\} \\ AR\left(\frac{11}{2}N+3+j,5N+k\right)=\mathrm{Re}\left\{\frac{\overline{\sigma_{4,j}\omega_1'(\sigma_{4,j})}}{G_2|\omega_1'(\sigma_{4,j})|}\left[(-1)^{k+1}\sigma_{4,j}^{-k}\right]\right\} \\ k=2,4,\ldots,N-2,N \\ AI\left(\frac{11}{2}N+3+j,3N+k\right)=\mathrm{Im}\left\{-\frac{\overline{\sigma_{4,j}\omega_1'(\sigma_{4,j})}}{G_2|\omega_1'(\sigma_{4,j})|}\left[\kappa_2\sigma_{4,j}^k-k(-1)^{k+1}\sigma_{4,j}^{-k+2}\right]\right\} \\ AR\left(\frac{11}{2}N+3+j,5N+k\right)=\mathrm{Im}\left\{\frac{\overline{\sigma_{4,j}\omega_1'(\sigma_{4,j})}}{G_2|\omega_1'(\sigma_{4,j})|}\left[(-1)^{k+1}\sigma_{4,j}^{-k}\right]\right\} \end{cases} \tag{12.51}$$

A total of $6N + 3$ equations are established, but $6N + 4$ unknowns must be determined. Hence, one additional equation is required. The effect of the lining on the surrounding rock decreases with increasing ζ. Thus, the displacement at infinity is equal to zero. It can be seen from Chap. 11 that z approaches infinity when ζ approaches 1. Therefore, we have:

$$\lim_{\zeta\to 1}\left\{\frac{1}{2G_1}\left[\kappa_1\varphi_2(\zeta)+\varphi_2(\bar{z})-\frac{\omega(\zeta)-\overline{\omega(\zeta)}}{\overline{\omega'(\zeta)}}\overline{\varphi_2'(\zeta)}\right]\right\}=0 \tag{12.52}$$

Substituting Eqs. (12.1) and (12.6) into Eq. (12.52) yields:

$$\sum_{k=-n}^{n} b_k = 0 \tag{12.53}$$

Therefore, the coefficients of the last equation of Eq. (12.24) can be obtained:

$$\begin{cases} A(6N+4,N+1+k)=1, k=-N,\ldots,-1 \\ A(6N+4,N+k)=1, k=1,\ldots,N \\ A(6N+4,6N+1)=1 \\ B(6N+4)=0 \end{cases} \tag{12.54}$$

The coefficients of matrix **A** which are not listed above are all equal to 0. the coefficients of analytic functions can be easily determined by solving the system of linear equations.

12.1.4 Analytical Solution of Stress and Displacement

12.1.4.1 Stress of Lining and Rock Mass

From the derivation of Chap. 2, the stress component expressions of any point in the lining are:

$$\sigma_\theta^L + \sigma_\rho^L = 4\mathrm{Re}\left[\frac{\varphi_3'(\zeta_1)}{\omega_1'(\zeta_1)}\right] \tag{12.55}$$

$$\begin{aligned}&\sigma_\theta^L - \sigma_\rho^L + 2i\tau_{\rho\theta}^L\\ &= \frac{2\zeta_1^2}{\rho^2\overline{\omega_1'(\zeta_1)}}\left\{\overline{\omega_1(\zeta_1)}\frac{\varphi_3''(\zeta_1)\omega_1'(\zeta_1) - \omega_1''(\zeta_1)\varphi_3'(\zeta_1)}{\left[\omega_1'(\zeta_1)\right]^2} + \psi_3'(\zeta_1)\right\}\end{aligned} \tag{12.56}$$

where $\sigma_\rho^L, \sigma_\theta^L$ and $\tau_{\rho\theta}^L$ are the stress components of the lining in orthogonal curvilinear coordinates.

The stress components of the rock mass that do not consider initial stress can be expressed as follows:

$$\sigma_\rho^* + \sigma_\theta^* = 4\mathrm{Re}\left[\frac{\varphi'(\zeta)}{\omega'(\zeta)}\right] \tag{12.57}$$

$$\begin{aligned}&\sigma_\theta^* - \sigma_\rho^* + 2i\tau_{\rho\theta}^*\\ &= \frac{2\zeta^2}{\rho^2\overline{\omega'(\zeta)}}\left\{\begin{array}{l}\left[\overline{\omega(\zeta)} - \omega(\zeta)\right]\dfrac{\varphi''(\zeta)\omega'(\zeta) - \omega''(\zeta)\varphi'(\zeta)}{[\omega'(\zeta)]^2}\varphi'(\zeta)\\ -\omega'(\zeta)\overline{\varphi}'(z)\end{array}\right\}\end{aligned} \tag{12.58}$$

where $\sigma_\rho^*, \sigma_\theta^*$ and $\tau_{\rho\theta}^*$ are the stress components in orthogonal curvilinear coordinates when the initial stress is not considered, and

$$\varphi(\zeta) = \varphi_1(\zeta) + \varphi_2(\zeta) \tag{12.59}$$

The stress components for the initial stress components can be expressed as follows:

$$\sigma_\rho^0 + \sigma_\theta^0 = \frac{(\lambda+1)\gamma}{2i}\left[\omega(\zeta) - \overline{\omega(\zeta)}\right] \tag{12.60}$$

$$\sigma_\theta^0 - \sigma_\rho^0 + 2i\tau_{\rho\theta}^0 = \frac{(1-\lambda)\gamma}{2i}\left[\omega(\zeta) - \overline{\omega(\zeta)}\right]\frac{\zeta^2\omega'(\zeta)}{\rho^2\overline{\omega'(\zeta)}} \tag{12.61}$$

By superimposing σ_ρ^*, σ_θ^*, $\tau_{\rho\theta}^*$ and σ_ρ^0, σ_θ^0, $\tau_{\rho\theta}^0$, the stress components at any point in the rock mass can be obtained. The expressions are:

$$\begin{cases} \sigma_\rho^R = \sigma_\rho^* + \sigma_\rho^0 \\ \sigma_\theta^R = \sigma_\theta^* + \sigma_\theta^0 \\ \tau_{\rho\theta}^R = \tau_{\rho\theta}^* + \tau_{\rho\theta}^0 \end{cases} \tag{12.62}$$

where σ_ρ^R, σ_θ^R and $\tau_{\rho\theta}^R$ are the stress components of the rock mass in orthogonal curvilinear coordinates

12.1.4.2 Displacement of Lining and Rock Mass

The expression of displacement components at any point in the lining is:

$$2G_2\left(u^L + iv^L\right) = \kappa_2\varphi_3(\zeta_1) - \frac{\omega_1(\zeta_1)}{\overline{\omega_1'(\zeta_1)}}\overline{\varphi_3'(\zeta_1)} - \overline{\psi_3(\zeta_1)} \tag{12.63}$$

where u^L and v^L are the horizontal displacement and vertical displacement of any point in the lining, respectively.

The expression of displacement components at any point in the surrounding rock is:

$$2G_1\left(u^R + iv^R\right) = \kappa_1\varphi(\zeta) + \varphi(\overline{z}) + \frac{\overline{\omega(\zeta)} - \omega(\zeta)}{\overline{\omega'(\zeta)}}\overline{\varphi'(\zeta)} \tag{12.64}$$

where u^R and v^R are the horizontal displacement and vertical displacement of any point in the surrounding rock, respectively.

12.1.5 Analysis and Discussion

Rock mass is taken as an example in this section, and the basic parameters used are shown in Table 12.1. When discussing the effects of the change of a parameter on the calculation results, other parameters are fixed. This section analyzes the effects of the elastic modulus ratio of lining to rock mass and tunnel burial depth on the stress and displacement of lining and rock mass under two contact conditions through several sets of numerical examples.

12.1.5.1 Influence of Elastic Modulus Ratio

Figures 12.3 and 12.4 show the distribution of tangential stress at the inner boundary of the lining for different elastic modulus ratios E_2/E_1 under two different contact conditions, it can be seen that:

Table 12.1 Parameters of tunnel and lining

Bulk density of rock mass (kN/m^3)	Buried depth H (m)	Young's modulus of rock mass E_1 (MPa)	Poisson's ratio of rock mass μ_1	Lateral stress coefficient λ
19.0	10.0	10.0	0.3	0.5
Young's modulus of lining E_2 (MPa)	Poisson's ratio of lining μ_2	Excavation radius R_0(m)	Inner radius of lining R_1(m)	
2000.0	0.2	3.0	2.7	

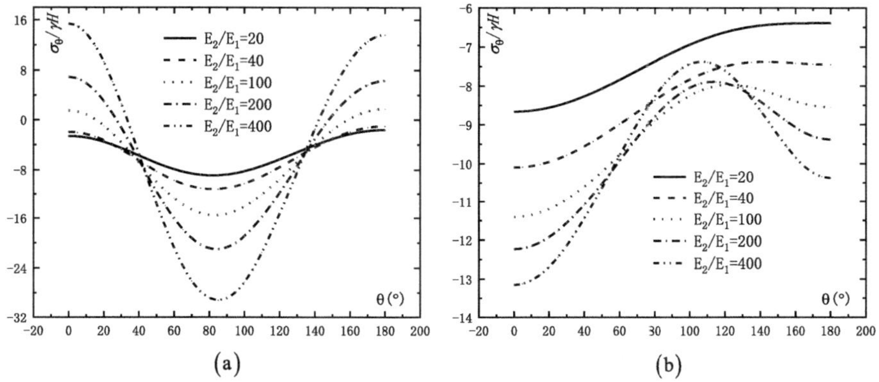

Fig. 12.3 Tangential stress of lining inner boundary with different E_2/E_1 under perfect bonding condition **a** $\lambda = 0.5$; **b** $\lambda = 1.0$

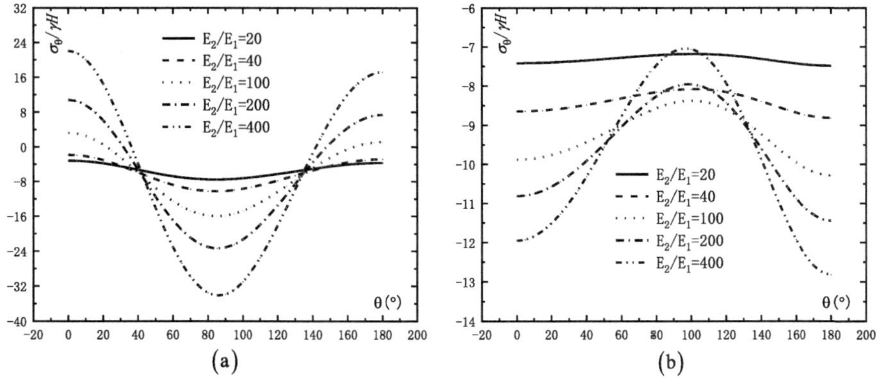

Fig. 12.4 Tangential stress of lining inner boundary with different E_2/E_1 under full slip condition **a** $\lambda = 0.5$; **b** $\lambda = 1.0$

(1) When λ = 0.5, the maximum tangential compressive stress is appeared on both sides of the tunnel under two different contact conditions, and increases with the increase of E_2/E_1. When E_2/E_1 is small, the compressive stress under the perfect bonding condition is slightly larger, while when E_2/E_1 is large, the compressive stress under the full slip condition is greater. When E_2/E_1 is small, the minimum tangential compressive stress is appeared at the top and bottom of the tunnel. However, as E_2/E_1 increases, the tangential compressive stress gradually becomes tensile stress. The larger E_2/E_1, the greater the tensile stress appeared. When E_2/E_1 is large, the tensile stress under the full slip condition is greater.
(2) When λ = 1.0, regardless of the perfect bonding or full slip conditions, tangential compressive stress is appeared at the inner boundary of the lining, and the maximum tangential compressive stress is appeared at the top and bottom of the tunnel, which increases with the increase of E_2/E_1. In general, the tangential compressive stress appeared on both sides of the tunnel is relatively small.

Figures 12.5 and 12.6 show the distribution of tangential stress at the outer boundary of the lining for different elastic modulus ratios E_2/E_1 under two different contact conditions, it can be seen that:

For both contact conditions, the tangential stress distribution at the inner and outer boundaries of the lining is exactly opposite. On both sides of the tunnel, the maximum compressive stress is appeared at the inner boundary, which increases with E_2/E_1, while the minimum compressive stress is appeared at the outer boundary, which gradually changes from compressive stress to tensile stress as E_2/E_1 increases. At the top and bottom of the tunnel, the minimum compressive stress is appeared at the inner boundary, and as E_2/E_1 increases, even tensile stress occurred, while the maximum compressive stress is appeared at the outer boundary, which increases with E_2/E_1.

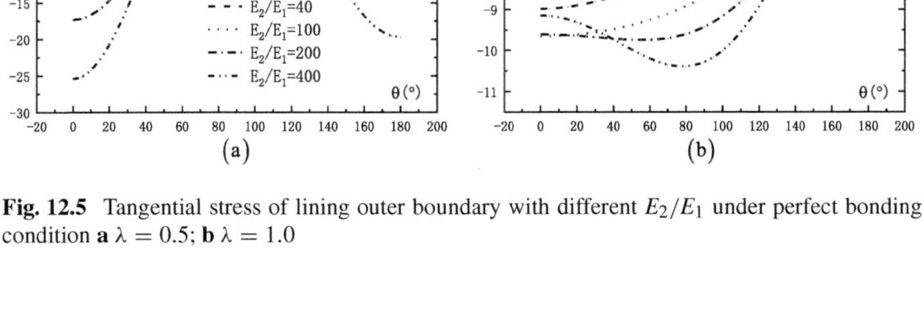

Fig. 12.5 Tangential stress of lining outer boundary with different E_2/E_1 under perfect bonding condition **a** λ = 0.5; **b** λ = 1.0

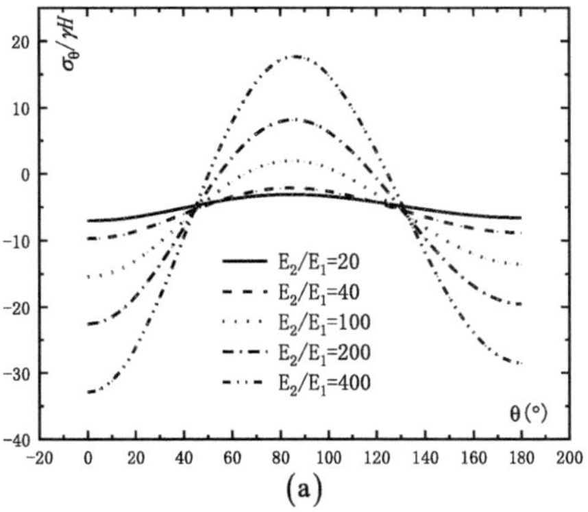

Fig. 12.6 Tangential stress of lining outer boundary with different $\frac{E_2}{E_1}$ under full slip condition **a** $\lambda = 0.5$; **b** $\lambda = 1.0$

When $\lambda = 1.0$, $E_2/E_1 \leq 100$, the maximum tangential compressive stress under the full slip condition is smaller than that under the perfect bonding condition, while when $E_2/E_1 \geq 200$, the maximum tangential compressive stress under the full slip condition is greater than that under the perfect bonding condition. When $\lambda = 0.5$, no matter how large E_2/E_1 is, the maximum tangential compressive stress under the perfect bonding condition is relatively small. When E_2/E_1 is large, tensile stress is more likely to occurred under the full slip condition.

Figures 12.7 and 12.8 show the distribution of tangential stress on the excavation boundary for different elastic modulus ratios E_2/E_1 under two different contact conditions, and to study the effect of lining support on the stress at the excavation boundary, the tangential stress distribution at the excavation boundary without lining support is also shown in the figures. It can be seen that:

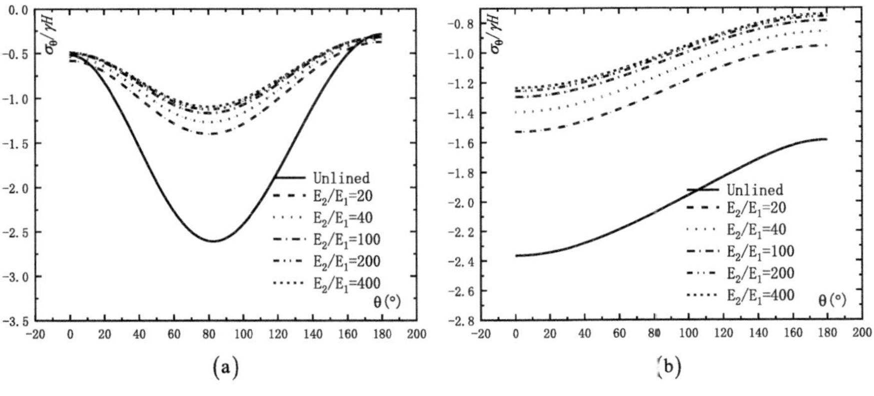

Fig. 12.7 Tangential stress of excavation boundary with different E_2/E_1 under perfect bonding condition: **a** $\lambda = 0.5$; **b** $\lambda = 1.0$

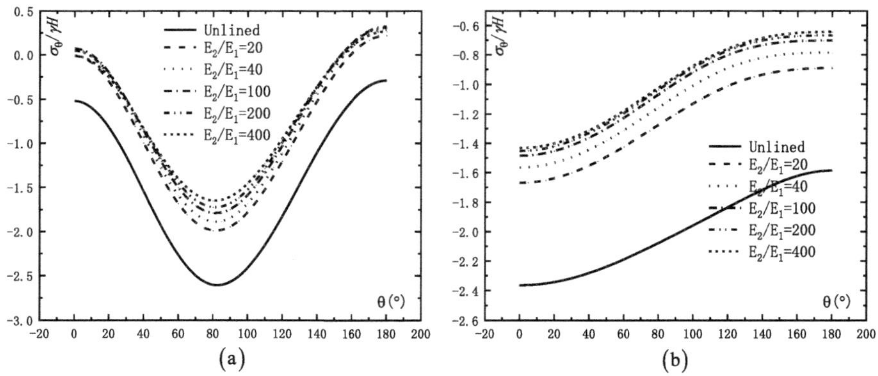

Fig. 12.8 Tangential stress of excavation boundary with different E_2/E_1 under full slip condition: **a** $\lambda = 0.5$; **b** $\lambda = 1.0$

The distribution of tangential stress at the tunnel excavation boundary is similar for both contact conditions. For two contact conditions and two lateral stress coefficients, the tangential stress of excavation boundary is basically compressive stress, and the tangential compressive stress decreases with the increase of elastic modulus ratio E_2/E_1.

Lining support has a significant effect on reducing stress concentration on the excavation boundary. When $\lambda = 0.5$, the maximum value of $|\sigma_\theta/\gamma H|$ on the excavation boundary of an unsupported tunnel is 2.6. Under the perfect bonding condition, the maximum value of $|\sigma_\theta/\gamma H|$ on the excavation boundary of a lined supported tunnel ($E_2/E_1 = 200$) is 1.1, which is 58% less than that of an unsupported tunnel. Under the full slip condition, the maximum value of $|\sigma_\theta/\gamma H|$ on the excavation boundary of a lined supported tunnel ($E_2/E_1 = 200$) is 1.7, which is 35% less than that of an unsupported tunnel; When $\lambda = 1.0$, the maximum value of $|\sigma_\theta/\gamma H|$ on the excavation boundary of an unsupported tunnel is 2.36. Under the perfect bonding condition, the maximum value of $|\sigma_\theta/\gamma H|$ on the excavation boundary of a lined supported tunnel ($E_2/E_1 = 200$) is 1.25, which is 47% less than that of an unsupported tunnel. Under the full slip condition, the maximum value of $|\sigma_\theta/\gamma H|$ on the excavation boundary of a lined supported tunnel ($E_2/E_1 = 200$) is 1.43, which is 39% less than that of an unsupported tunnel. Therefore, in terms of reducing the stress concentration at the excavation boundary, the effect of lining under the perfect bonding condition is better than that under the full slip condition.

Figures 12.9 and 12.10 show the displacement on the excavation boundary under the perfect bonding condition with different elastic modulus ratios E_2/E_1. Similarly, to study the limiting effect of lining on the displacement of the excavation boundary, the displacement of the excavation boundary without lining is also shown in the figures. It can be seen that:

When $\lambda = 1.0$, there is a maximum inward horizontal displacement on both sides of the tunnel, and the lining has a very significant limitation on the horizontal displacement. The larger E_2/E_1, the smaller the horizontal displacement appeared.

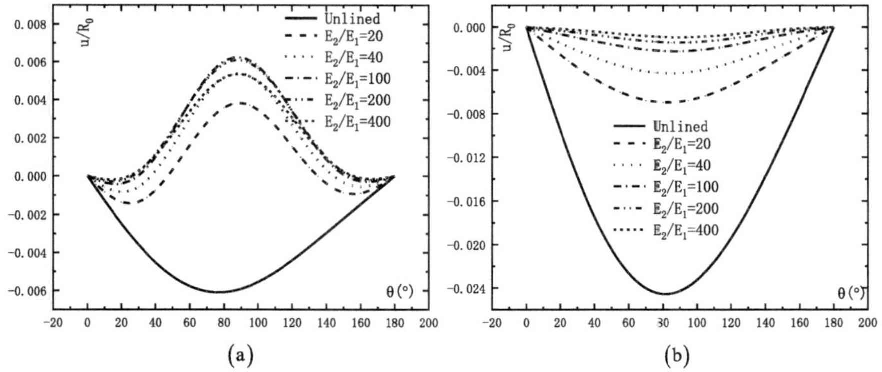

Fig. 12.9 Horizontal displacement u/R_0 of excavation boundary with different E_2/E_1 under perfect bonding condition: **a** $\lambda = 0.5$; **b** $\lambda = 1.0$

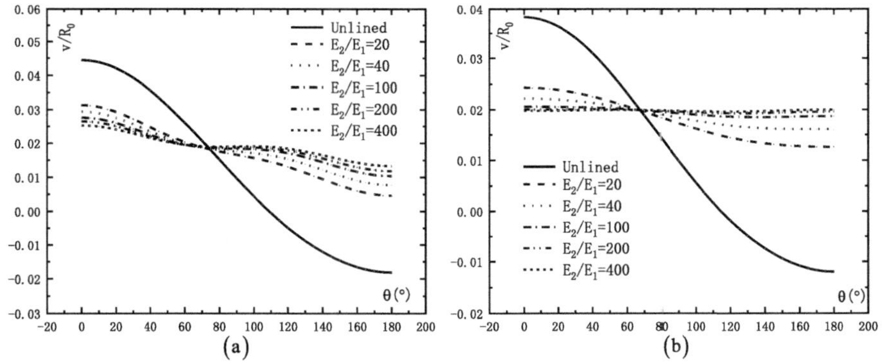

Fig. 12.10 Vertical displacement v/R_0 of excavation boundary with different E_2/E_1 under perfect bonding condition: **a** $\lambda = 0.5$; **b** $\lambda = 1.0$

When $\lambda = 0.5$, if there is no support, the maximum horizontal displacement inward will occur on both sides of the tunnel. However, with support, the horizontal displacement on both side of the tunnel changes from inward contraction without support to outward expansion with support.

If there is no support, the lower of the excavation boundary moves upwards and the upper of the excavation boundary moves downwards. However, when the support is applied, the entire excavation boundary of the tunnel moves upwards, the lower part moves larger than the upper part. The larger E_2/E_1, the more obvious the limitation on the vertical displacement of the excavation boundary.

Figures 12.11 and 12.12 show the displacement on the excavation boundary under the full slip condition with different elastic modulus ratios E_2/E_1. It can be seen that:

The trend of displacement on the excavation boundary under the full slip condition is similar to that under the perfect bonding condition.

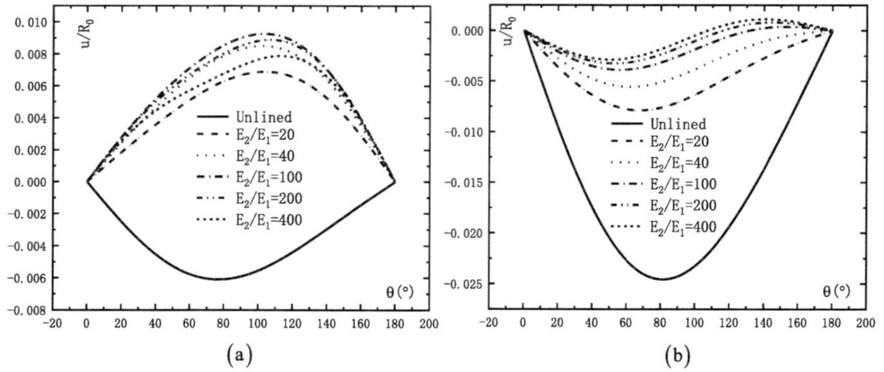

Fig. 12.11 Horizontal displacement u/R_0 of excavation boundary with different E_2/E_1 under full slip condition: **a** $\lambda = 0.5$; **b** $\lambda = 1.0$

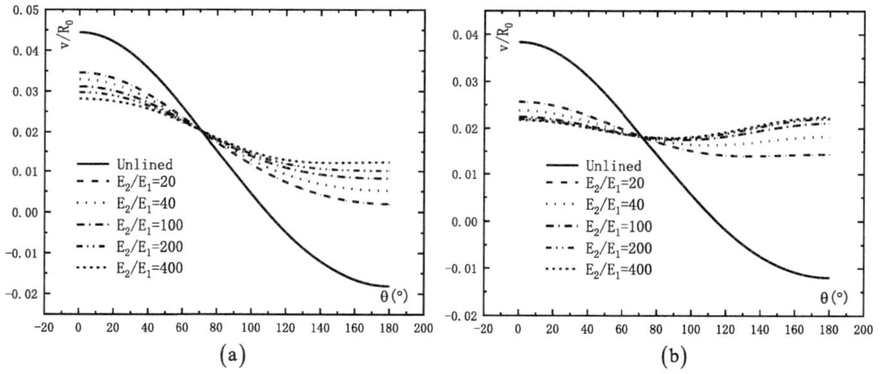

Fig. 12.12 Vertical displacement v/R_0 of excavation boundary with different E_2/E_1 under full slip condition: **a** $\lambda = 0.5$; **b** $\lambda = 1.0$

Under the same parameter condition, regardless of What value of λ is taken, the limiting effect of the lining on the displacement on the excavation boundary under the perfect bonding condition is better than that of the lining under the full slip condition.

12.1.5.2 Influence of Buried Depth

The following discussions are all based on $E_2/E_1 = 200$.

Figures 12.13 and 12.14 show the distribution of the tangential stress on the inner boundary of the lining under different relative buried depths H/R_0 under the perfect bonding and full slip conditions, respectively. The maximum compressive or tensile stress generated under the perfect bonding condition is smaller than that under the full slip condition. For the two contact conditions, the distribution of the tangential stress is basically the same. The amplitude of change is small as H/R_0 increases When $\lambda = 0.5$, but the amplitude of change is slightly large with the increase of H/R_0 when $\lambda = 1.0$, especially when H/R_0 is small.

Figures 12.15 and 12.16 show the distribution of the tangential stress on the outer boundary of the lining under different relative buried depths H/R_0 under the perfect bonding and full slip conditions, respectively. The maximum compressive or tensile stress under the perfect bonding condition is smaller than that under the full slip condition. When $\lambda = 0.5$, for the two contact conditions, the distribution of the tangential stress is basically the same. As H/R_0 increases, the amplitude of change is very small. But when $\lambda = 1.0$, the distributions for the two contact conditions are different.

Figures 12.17 and 12.18 show the distribution of the tangential stress on the excavation boundary under different relative buried depths H/R_0 under the perfect

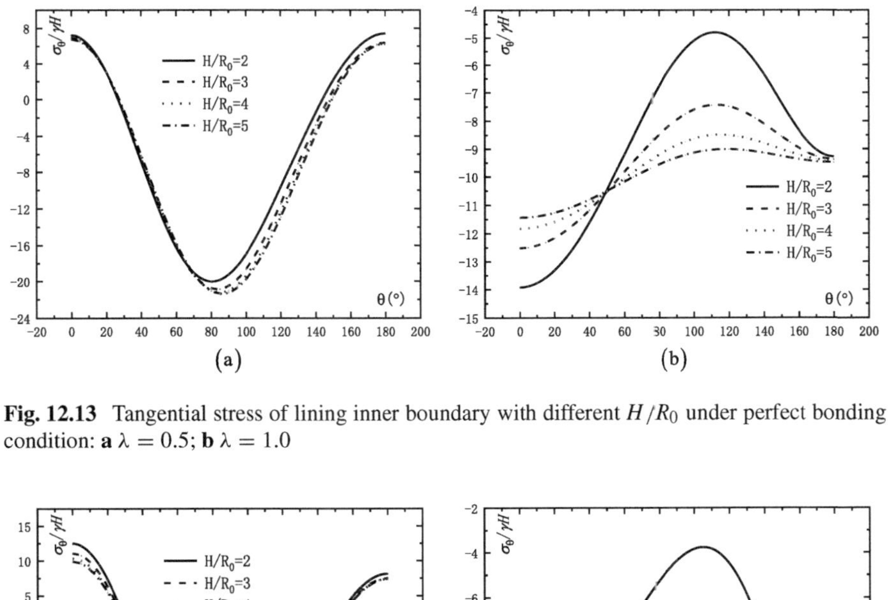

Fig. 12.13 Tangential stress of lining inner boundary with different H/R_0 under perfect bonding condition: **a** $\lambda = 0.5$; **b** $\lambda = 1.0$

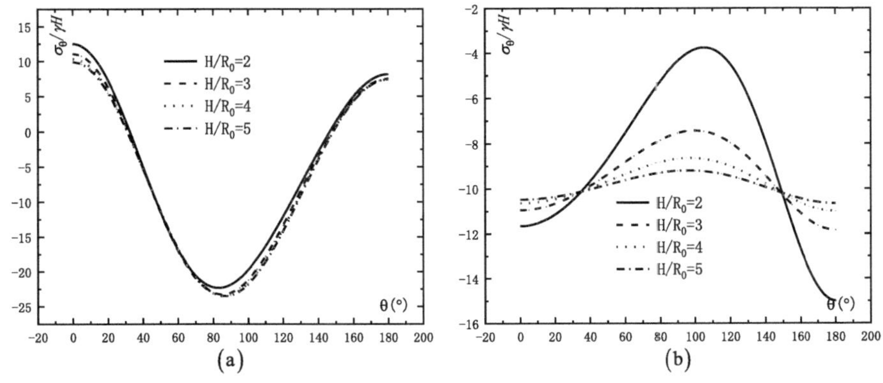

Fig. 12.14 Tangential stress of lining inner boundary with different H/R_0 under full slip condition: **a** $\lambda = 0.5$; **b** $\lambda = 1.0$

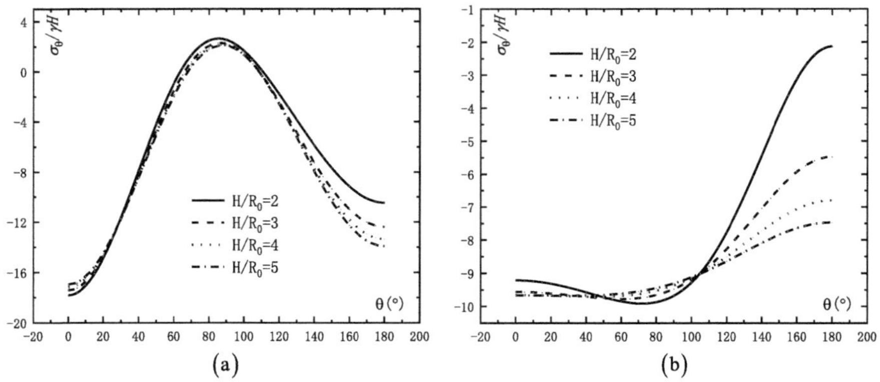

Fig. 12.15 Tangential stress of lining outer boundary with different H/R_0 under perfect bonding condition: **a** $\lambda = 0.5$; **b** $\lambda = 1.0$

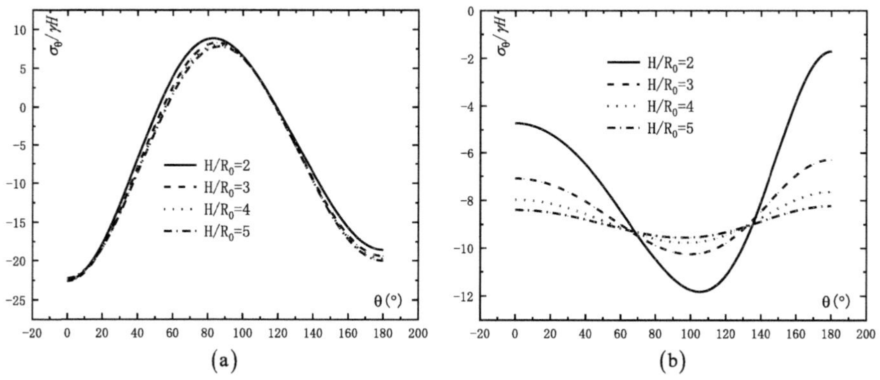

Fig. 12.16 Tangential stress of lining outer boundary with different H/R_0 under full slip condition: **a** $\lambda = 0.5$; **b** $\lambda = 1.0$

bonding and full slip conditions, respectively. When $\lambda = 0.5$ and 1.0, for the two contact conditions, the distribution of the tangential stress is basically the same. The amplitude of change decreases with the increase of H/R_0. The maximum compressive or tensile stress under on the excavation boundary under perfect bonding condition is smaller than that under full slip condition.

Figures 12.19 and 12.20 show the distribution of the displacement on the excavation boundary under different relative buried depths H/R_0 under the perfect bonding condition. It can be seen that:

(1) When $\lambda = 0.5$, the excavation boundary expands outward in the horizontal direction, and the amount of displacement increases with the increase of H/R_0. When $\lambda = 1.0$, the excavation boundary contracts inward in the horizontal direction, and the displacement increases with the increase of H/R_0.

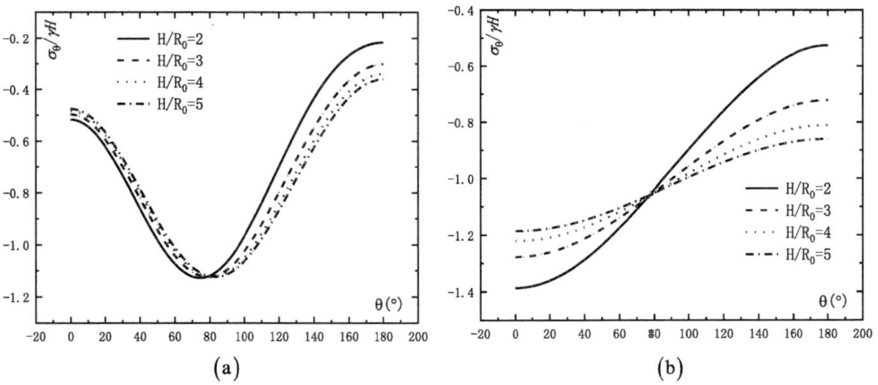

Fig. 12.17 Tangential stress of excavation boundary with different H/R_0 under perfect bonding condition: **a** $\lambda = 0.5$; **b** $\lambda = 1.0$

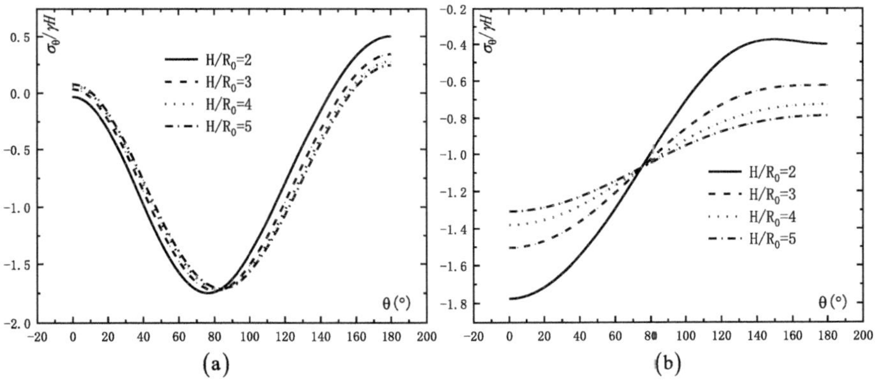

Fig. 12.18 Tangential stress of excavation boundary with different H/R_0 under full slip condition: **a** $\lambda = 0.5$; **b** $\lambda = 1.0$

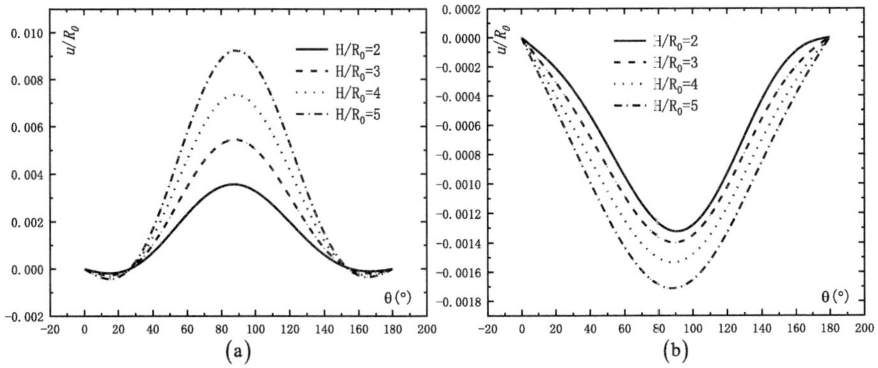

Fig. 12.19 Horizontal displacement u/R_0 of excavation boundary with different H/R_0 under perfect bonding condition: **a** $\lambda = 0.5$; **b** $\lambda = 1.0$

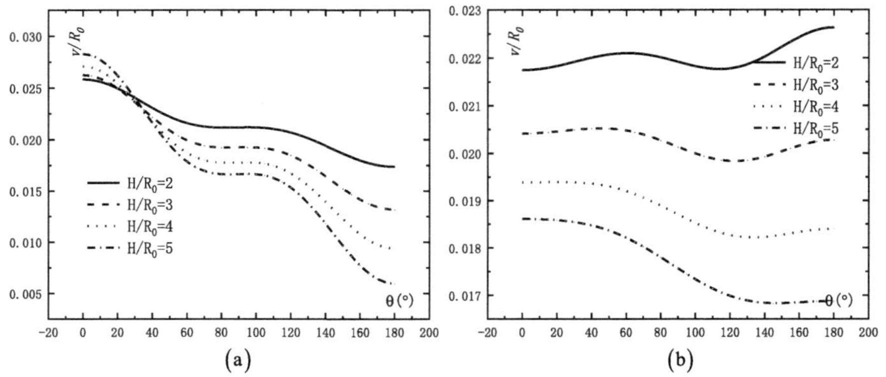

Fig. 12.20 Vertical displacement v/R_0 of excavation boundary with different H/R_0 under perfect bonding condition: **a** $\lambda = 0.5$; **b** $\lambda = 1.0$

(2) In most cases, the excavation boundary contracts inward in the vertical direction. However, when $\lambda = 1.0$ and the buried depth is small ($H/R_0 = 2$), the excavation boundary tunnel expands outward.
(3) The deformation of the excavation boundary in the vertical direction increases with the increase of H/R_0. However, the increase of H/R_0 reduces the overall upward rigid displacement of the excavation boundary, meaning that the larger the buried depth, the smaller the effect of shallow tunnel uplift.

Figures 12.21 and 12.22 show the distribution of the displacement on the excavation boundary under different relative buried depths H/R_0 under the full slip condition. It can be seen that:

For vertical displacement, the distribution trend of displacement under the perfect bonding and full slip conditions is similar, but there are differences in the values. The perfect bonding condition has a better effect on limiting the displacement of

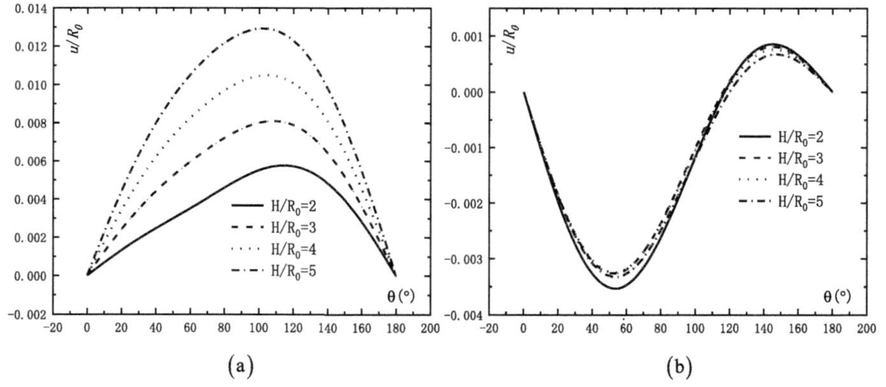

Fig. 12.21 Horizontal displacement u/R_0 of excavation boundary with different H/R_0 under full slip condition: **a** $\lambda = 0.5$; **b** $\lambda = 1.0$

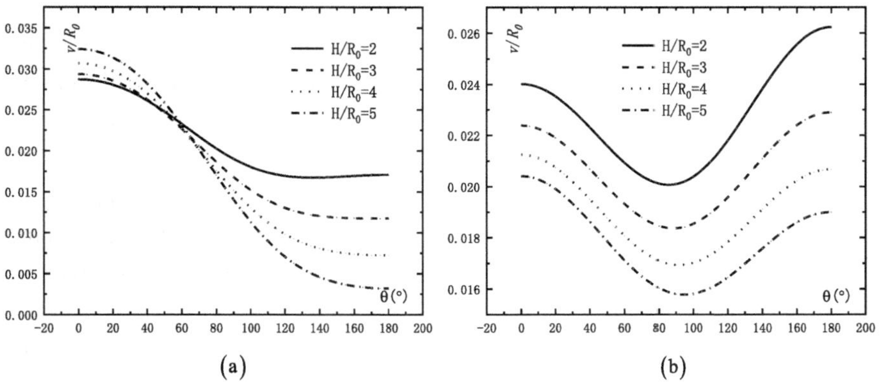

Fig. 12.22 Vertical displacement v/R_0 of excavation boundary with different H/R_0 under full slip condition: **a** $\lambda = 0.5$; **b** $\lambda = 1.0$

the excavation boundary. For horizontal displacement, there is a significant difference in displacement distribution between perfect bonding and full slip conditions. Especially when $\lambda = 1.0$, for perfect bonding condition, the horizontal displacement is always less than 0, which means the overall inward contraction. For the full slip condition, the horizontal displacement of the lower half of the excavation boundary contracts inward, while the horizontal displacement of the upper half of the excavation boundary expands outward.

12.1.6 Conclusions

This section presents a semi-analytical solution for a shallow buried circular lined tunnel under the perfect bonding and full slip conditions. Due to the use of boundary collocation method in solving the coefficients of the analytic functions, the obtained analytic function only satisfies the boundary conditions and continuity conditions of each discrete point, rather than the entire boundary. Therefore, the solution obtained in this section is a semi-analytical solution. However, as long as the number of points taken is sufficient, the accuracy of the obtained results is still very high. The main conclusions obtained are as follows:

(1) There are significant differences in the support effect of lining on rock mass under the perfect bonding and full slip conditions. When the lateral stress coefficient $\lambda = 1.0$, no matter how large E_2/E_1 is, the maximum tangential compressive stress on the both sides of the inner boundary of the lining under the perfect bonding condition is smaller than that under the full slip condition. When $\lambda = 0.5$, if E_2/E_1 is small ($E_2/E_1 \leq 40$), the maximum tangential compressive stress under the full slip condition is smaller than that under the perfect bonding condition, which is consistent with the results of deep buried

circular tunnels in Chap. 4. When E_2/E_1 is large ($E_2/E_1 > 100$), the maximum tangential compressive stress under the perfect bonding condition is smaller than that under the full slip condition. The author also calculated the case of $E_2/E_1 = 400$, the maximum tangential compressive stress under the perfect bonding condition is significantly smaller than that under the full slip condition. Compared with the perfect bonding condition, the full slip condition is more likely to occur tensile stress at the top and bottom of the tunnel.

(2) Lining support can effectively reduce the stress concentration at the excavation boundary, and the larger the elastic modulus of the lining, the more significant its effect. Conversely, the larger the elastic modulus of the lining, the greater the tangential compressive stress on the lining boundary. The tangential compressive stress on the inner boundary of the lining is generally greater than that on the outer boundary of the lining.

(3) When the elastic modulus of the lining is large enough and the lateral stress coefficient is not equal to 1, large tensile stresses appear on the lining boundary. Since the tensile strength of concrete is far less than the compressive strength, this is not conducive to the stability of the concrete lining structure. Therefore, when designing concrete lining structures, it is necessary to fully consider the tensile stress that occurs in the lining structure.

(4) If there is no support, the lower excavation boundary moves upwards and the upper excavation boundary moves downwards. However, when the support is applied, the entire excavation boundary moves upwards, the lower part moves larger than the upper part. The characteristics of the uplift effect of this tunnel are completely different from those of deep buried tunnels. If the lower excavation boundary of deep buried circular tunnels moves upwards, the upper excavation boundary must move downwards. As the depth of the tunnel increases, the uplift effect of the tunnel decreases.

12.2 Analytical Solution for Tunnels with Rigid Lining

In Sect. 12.1, the problem of tunnels with flexible lining support is studied. For tunnels located at shallow depths, the stiffness of the surrounding rock is typically lower than that of the lining due to the deterioration caused by weathering and hydration, among other factors. In this section, the lining is regarded as rigid and non-deformable, which greatly simplifies the difficulty in analysis and enables more rigorous analytical solutions. Furthermore, Urban tunnels are usually located at shallow depths; hence, they are likely significantly affected by adjacent new buildings construction or other overloading on the ground surface, which significantly influences the stability of the tunnel and lining. According to the statistics of the number of recorded man-made tunnel accidents in Shanghai from 2004 to 2013, the accidents (lining damage) induced by extreme surcharge and nearby excavation are the most significant [17]. Therefore, it is very important for the assessment of tunnel stability, lining safety and ground settlement after the surcharge loads are exerted, as well as the investigation of the mechanical mechanism of ground/lining responses under loads with various distribution forms and locations.

In Sect. 12.1, the complexity of shallow lined tunnel problems has already been elaborated, and in current studies [13], various simplifications have been employed to avoid directly solving the coordinated equations of the lining-tunnel interface, in order to analyze the problem of shallow-cover lining tunnels. Additionally, the issue of surface loading is rarely considered.

This section attempts to derive the analytical solution for the additional displacement and stress for lined tunnels (rigid support) at shallow depths, subjected to the sudden exertion of surcharge loads with arbitrary distribution forms. Notably, a reasonable simplification that the lining does not deform is employed in the analysis, and this assumption is applicable when the stiffness of the lining is relatively large compared to that of the surrounding rock. The interaction between the lining and ground is taken into account. The analytical solutions can help reveal the effect of the parameters directly by means of the function form in analytical expressions, and provide an alternative method for the preliminary designs of future tunnels.

12.2.1 Problem Description

In this section, a circular tunnel supported by a rigid lining at shallow depths is considered. The surcharge loadings with arbitrary distribution forms are suddenly exerted after the excavation is finished, and the additional displacement and stress occurred after the surcharge exerted are analyzed. Owing to the difficulty in mathematical derivation, several desirable simplifications must be made:

(1) The ground is approximately homogeneous, isotropic and in an elastic stage with small deformation. This simplification is reasonable in some cases when the ground is rock or a medium/stiff soil.
(2) The rigid support problem is considered, i.e., the deformation of the lining is neglected. This simplification is reasonable when the Young's modulus of the lining is large enough relative to that of the surrounding rock/soil, or when the lining is very thick. For other cases with a deformable lining, this study can present the upper-bound solution, e.g., the maximum supporting forces and the most dangerous stress state of the lining.

The region subjected to surcharge load is assumed to be long enough along the tunnel longitudinal direction; therefore, a plane strain problem is deduced at the cross-section perpendicular to the longitudinal direction, as shown in Fig. 12.23, where R, R_0 and H denote the tunnel radius, inner radius of the lining and buried depth, respectively. The surcharge loading is denoted by $q(x)$, where W represents the width of surcharge loading, and L represents the location of the centroid of the surcharge. The solutions for the additional displacement and stress after applying the sudden surcharge loads, are derived by employing Cartesian coordinates (x, y) and polar coordinates (r, θ). A tension-positive notation is used throughout this study.

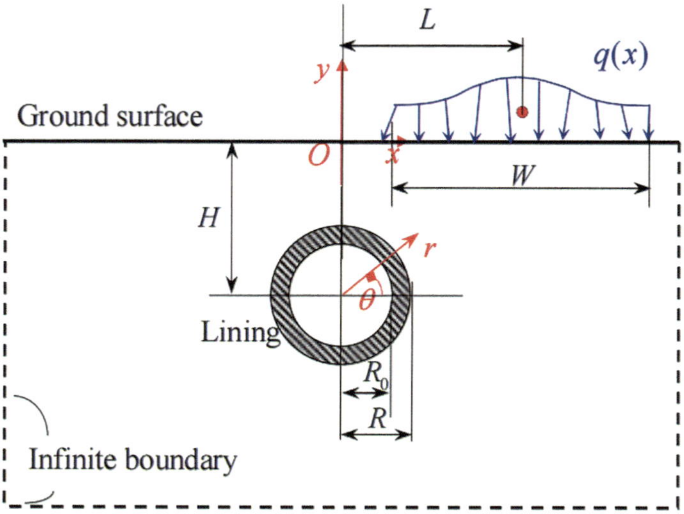

Fig. 12.23 Mechanical model of the problem

Moreover, it is worth mentioning that the displacements and stresses in the (ρ, θ) or (r, θ) system can be obtained by performing a coordinate transformation to the (x, y) system.

12.2.2 Derivation of the Analytical Solutions

The surrounding rock is considered to be perfect bonded with the lining while the surcharge loads are exerted; therefore, the tunnel boundary has no relative deformation (i.e., remains circular shape with radius R) because of the zero deformation of the rigid lining. According to the superposition principle, this problem can be regarded as the superposition of the following two problems:

Problem 1: the semi-infinite ground without tunnels, subjected to the surcharge loadings (Fig. 12.24b);

Problem 2: a tunnel in the semi-infinite ground loaded by prescribed displacement along the tunnel boundary (Fig. 12.24c).

The boundary conditions in Problem 2 are $-u_0$, $-v_0$ with u_0 and v_0 being the horizontal and vertical displacements along the tunnel boundary relative to those of the tunnel centre in Problem 1, respectively. It is easy to prove that the boundary conditions along the tunnel boundary and ground surface for the superposition of Problems 1 and 2 are consistent with those of the original problem. The following will provide the analytical solutions for the two problems, and the solutions of the original problem can be achieved by the superposition of the two solutions.

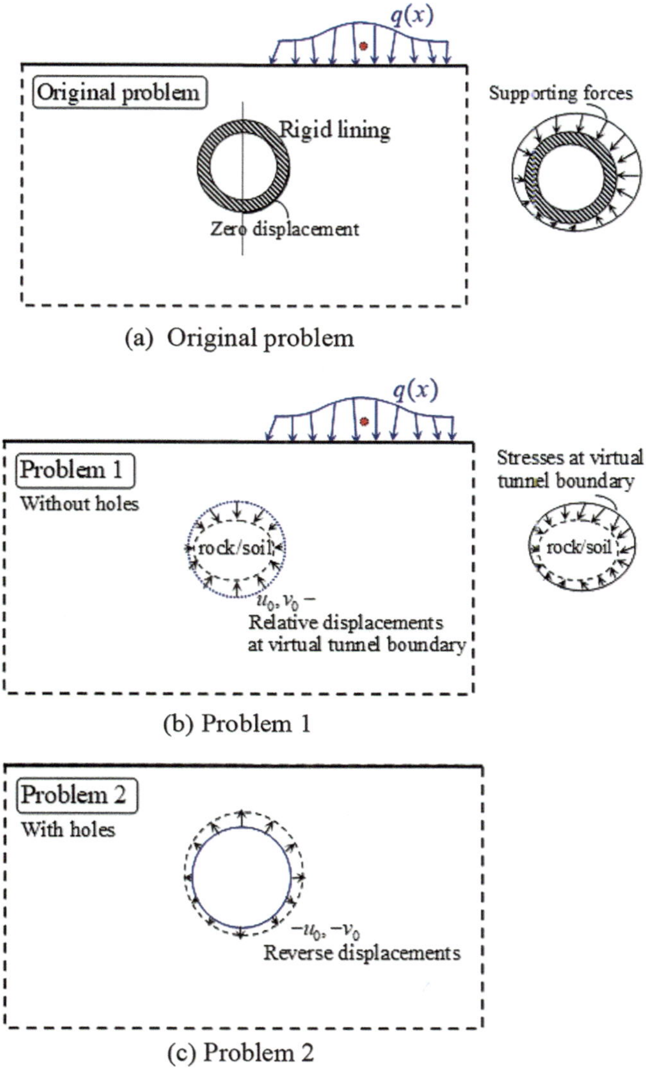

Fig. 12.24 Boundary conditions of **a** the original problem, **b** Problem 1 and **c** Problem 2

12.2.2.1 Analytical Solutions for Problem 1

The stress and displacement of the problem with a concentrated vertical force at a point on the surface of semi-infinite ground have been provided by Flamant. The stress solution can be directly applied to Problem 1 with verification, which can be addressed as follows:

Normal stresses along the x and y directions:

$$\sigma_x^{(1)} = \frac{2}{\pi}\int_{-\infty}^{+\infty} \frac{y(x+\varepsilon)^2 q_y(\varepsilon) + (x+\varepsilon)^3 q_x(\varepsilon)}{\left[y^2 + (x+\varepsilon)^2\right]^2} d\varepsilon$$

$$\sigma_y^{(1)} = \frac{2}{\pi}\int_{-\infty}^{+\infty} \frac{y^3 q_y(\varepsilon) + y^2(x+\varepsilon) q_x(\varepsilon)}{\left[y^2 + (x+\varepsilon)^2\right]^2} d\varepsilon \tag{12.65}$$

Shear stress:

$$\tau_{xy}^{(1)} = \frac{2}{\pi}\int_{-\infty}^{+\infty} \frac{q_y(\varepsilon) y^2 (x+\varepsilon) + q_x(\varepsilon) y (x+\varepsilon)^2}{\left[y^2 + (x+\varepsilon)^2\right]^2} d\varepsilon \tag{12.66}$$

where $\sigma_x^{(1)}$, $\sigma_y^{(1)}$, $\tau_{xy}^{(1)}$ are the stress solutions of Problem 1; the superscript (i) in the following derivation represents that the variable belongs to Problem $i(i = 1, 2)$; q_x, q_y are the surcharge loadings along the horizontal and vertical directions, respectively.

The original Flamant's displacement solution is valid for the model of semi-infinite plane in which the vertical displacement of a point at a certain depth on the symmetrical axis of loads ($y = 0$) is zero, whereas in geo-engineering, the vertical displacement is constrained along the uncompressible strata at a certain depth. The displacement solution was modified to satisfy the more realistic conditions in geotechnical engineering where the vertical displacement is zero along a horizontal plane (bedrock) at finite depth. The detailed derivation and verification can refer to Ref. [18], the modified displacement solutions can be applied to Problem 1, which are as follows:

Horizontal displacement:

$$\begin{aligned} u^{(1)} = \frac{1+\mu_s}{\pi E_s}\Bigg\{ & -2(1-\mu_s)\int_{-\infty}^{+\infty} q_x(\varepsilon)\ln\left[\frac{\sqrt{y^2 + (x+\varepsilon)^2}}{\sqrt{(2H_0+y)^2 + (x+\varepsilon)^2}}\right] d\varepsilon \\ & - \int_{-\infty}^{+\infty} q_x(\varepsilon)\left[\frac{y^2}{y^2 + (x+\varepsilon)^2} + \frac{y^2}{(2H_0+y)^2 + (x+\varepsilon)^2}\right] d\varepsilon \\ & - (1-2\mu_s)\int_{-\infty}^{+\infty} q_y(\varepsilon)\left[\arctan\left(\frac{x+\varepsilon}{y}\right) - \arctan\left(\frac{x+\varepsilon}{2H_0+y}\right)\right] \\ & + \int_{-\infty}^{+\infty} q_y(\varepsilon)\left[\frac{y(x+\varepsilon)}{y^2 + (x+\varepsilon)^2} - \frac{(2H_0+y)(x+\varepsilon)}{(2H_0+y)^2 + (x+\varepsilon)^2}\right] d\varepsilon \Bigg\} \end{aligned} \tag{12.67}$$

Vertical displacement:

$$
\begin{aligned}
v^{(1)} = \frac{1+\mu_s}{\pi E_s}\Bigg\{ & -2(1-\mu_s)\int_{-\infty}^{+\infty} q_y(\varepsilon)\ln\left[\frac{\sqrt{y^2+(x+\varepsilon)^2}}{\sqrt{(2H_0+y)^2+(x+\varepsilon)^2}}\right]d\varepsilon \\
& - \int_{-\infty}^{+\infty} q_y(\varepsilon)\left[\frac{(x+\varepsilon)^2}{y^2+(x+\varepsilon)^2} - \frac{(x+\varepsilon)^2}{(2H_0+y)^2+(x+\varepsilon)^2}\right]d\varepsilon \\
& + (1-2\mu_s)\int_{-\infty}^{+\infty} q_x(\varepsilon)\left[\arctan\left(\frac{x+\varepsilon}{y}\right) + \arctan\left(\frac{x+\varepsilon}{2H_0+y}\right)\right] \\
& + \int_{-\infty}^{+\infty} q_x(\varepsilon)\left[\frac{y(x+\varepsilon)}{y^2+(x+\varepsilon)^2} + \frac{(2H_0+y)(x+\varepsilon)}{(2H_0+y)^2+(x+\varepsilon)^2}\right]d\varepsilon\Bigg\}
\end{aligned}
\tag{12.68}
$$

where E_s and μ_s are the Young's modulus and Poisson's ratio of the ground, respectively; H_0 denotes the depth of the horizontal plane with zero vertical displacement.

Accordingly, the displacements along the anticipated tunnel boundary relative to the displacements at the tunnel centre are as follows:

$$
\begin{aligned}
u_0 &= u^{(1)}|_{r=R} - u^{(1)}|_{r=0} \\
v_0 &= v^{(1)}|_{r=R} - v^{(1)}|_{r=0}
\end{aligned}
\tag{12.69}
$$

These displacements will be reversely exerted at the tunnel boundary in Problem 2.

12.2.2.2 Analytical Solutions for Problem 2

In Problem 2, the tunnel boundary is loaded by the prescribed displacements $-u_0$ and $-v_0$ (see Eq. (12.69). The complex variable method combined with conformal mapping is employed to obtain the potentials in the displacement and stress expressions, the details can be referred to the analysis process of shallow tunnel without lining in Chap. 11. By the same mapping function $z = \omega(\zeta) = -iH\frac{1-\delta^2}{1+\delta^2}\frac{1+\zeta}{1-\zeta}$ with $\delta = \frac{H}{R} - \sqrt{\left(\frac{H}{R}\right)^2 - 1}$, the region of the half plane containing a circular hole (physical plane) can be mapped onto an annular region in the mapped plane, with the outer and inner radii being 1 and δ, respectively. The boundaries in the physical and mapped planes are displayed in Fig. 12.25a.

The discussion of analytic functions in Chap. 2 reveals that the form of the analytic function varies slightly depending on the stress boundary conditions, especially the expression of the potentials is closely related to the integral results (F_x and F_y) of

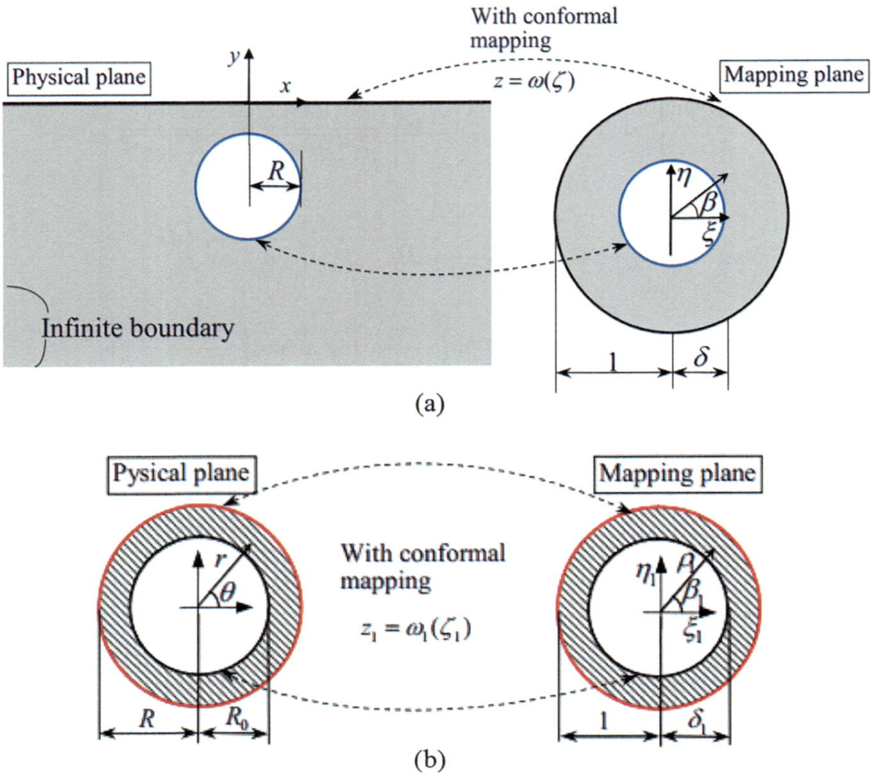

Fig. 12.25 Corresponding boundaries in the physical and mapping planes: **a** surrounding rock; **b** lining

the tractions along the tunnel boundary. Non-zero integral results F_x and F_y indicate that the tractions are an unbalanced force system. In Chap. 11, for the problem of tunnels at shallow depths without lining, solutions are provided for problems with special unbalanced traction induced by gravity.

According to the analysis of the analytic function for shallow-buried tunnels in the above chapters, it is necessary to select an appropriate the analytic function for the Problem 2 based on the equilibrium of the force system. For the problem with displacement boundary conditions as in Problem 2, according to the mechanical models shown in Fig. 12.24, the stresses (radial and shear stresses) along the tunnel boundary in the original problem and Problem 1 are both balanced force systems determined by the analysis of the lining (Fig. 12.24a) and inside the circular region (Fig. 12.24b). Since the boundary stresses in Problem 2 (Fig. 12.24c) are the difference between those in Fig. 12.24a and b, the boundary stresses (constraint force) in Problem 2 corresponding to the exerted boundary displacements $-u_0$ and $-v_0$ belong to a balanced force system. According to the above analysis and superimposition relationship, F_x and F_y in Eq. are zero for Problem 2, and the expressions for the potentials can be rewritten as:

$$\begin{aligned}\varphi(z) &= \varphi_0(\zeta) = \sum_{k=0}^{\infty} a_k\zeta^k + \sum_{k=1}^{\infty} b_k\zeta^{-k} \\ \psi(z) &= \psi_0(\zeta) = \sum_{k=0}^{\infty} c_k\zeta^k + \sum_{k=1}^{\infty} d_k\zeta^{-k}\end{aligned} \tag{12.70}$$

where the single valued analytic functions $\varphi_0(z)$ and $\psi_0(z)$ can be represented in series form. The coefficients a_k, b_k, c_k and d_k can be determined by the boundary conditions.

In Problem 2, the ground surface is stress free, according to the expression of the stress boundary condition in Chap. 2 with $i\int_{\zeta_A}^{\zeta_B}(T_x + iT_y)ds = 0$, where T_x and T_y are the projection of the given tractions on the boundary along the x and y directions, respectively; ζ_A and ζ_B respectively represent a fixed integration starting point and an arbitrary point on the boundary. Therefore, the stress boundary condition of the ground surface is as follows:

$$\left\langle \varphi(\zeta) + \frac{\omega(\zeta)}{\overline{\omega'(\zeta)}}\overline{\varphi'(\zeta)} + \overline{\psi(\zeta)} \right\rangle \Bigg|_{\zeta=\sigma=e^{i\beta}} = 0 \tag{12.71}$$

Substituting Eq. (12.70) into Eq. (12.71) and comparing the coefficients of σ^k on both sides of the equation, the following equations about the undetermined coefficients can be obtained:

$$\begin{cases} c_0 = -\overline{a_0} - \dfrac{1}{2}a_1 - \dfrac{1}{2}b_1 \\ c_k = -\overline{b_k} + \dfrac{1}{2}(k-1)a_{k-1} - \dfrac{1}{2}(k+1)a_{k+1}, \quad k \geq 1 \\ d_k = -\overline{a_k} + \dfrac{1}{2}(k-1)b_{k-1} - \dfrac{1}{2}(k+1)b_{k+1}, \quad k \geq 1 \end{cases} \tag{12.72}$$

The conditions along the tunnel boundary are as follows:

$$\left\langle \kappa_s\varphi(\zeta) - \frac{\omega(\zeta)}{\overline{\omega'(\zeta)}}\overline{\varphi'(\zeta)} - \overline{\psi(\zeta)} \right\rangle \Bigg|_{\zeta=\delta\sigma=\delta e^{i\beta}} = -2G_s(u_0 + iv_0) \tag{12.73}$$

where u_0 and v_0 have been determined by Eq. (12.69); $\kappa_s = 3-4\mu_s$; and $G_s = \frac{E_s}{2(1+\mu_s)}$. According to Eqs. (12.67) and (12.68), u_0 and v_0 are inversely proportional to the Young's modulus E_s and can be expressed briefly as:

$$u_0 = \frac{1}{E_s}f_1(\delta\sigma)$$

$$v_0 = \frac{1}{E_s} f_2(\delta\sigma) \tag{12.74}$$

Substituting Eq. (12.74) into Eq. (12.73), the boundary condition for Problem 2 (Eq. (12.73)) can be rewritten as:

$$\left\langle \kappa_s \varphi(\zeta) - \frac{\omega(\zeta)}{\overline{\omega'(\zeta)}} \overline{\varphi'(\zeta)} - \overline{\psi(\zeta)} \right\rangle \Bigg|_{\zeta=\delta\sigma=\delta e^{i\beta}} = -\frac{1}{1+\mu_s}\left[f_1(\delta\sigma) + if_2(\delta\sigma)\right] \tag{12.75}$$

It can be noted from Eq. (12.75) that the boundary condition is independent of the Young's modulus. Multiplying both sides of Eq. (12.75) by $(1-\delta\sigma)$, yields:

$$(1-\delta\sigma)\left[\kappa_s \varphi(\delta\sigma) - \frac{\omega(\delta\sigma)}{\overline{\omega'(\delta\sigma)}} \overline{\varphi'(\delta\sigma)} - \overline{\psi(\delta\sigma)}\right] = -\frac{1-\delta\sigma}{1+\mu_s}\left[f_1(\delta\sigma) + if_2(\delta\sigma)\right] \tag{12.76}$$

where the terms on the right side can be expanded into Fourier series:

$$(1-\delta\sigma)\left[f_1(\delta\sigma) + if_2(\delta\sigma)\right] = \sum_{-\infty}^{+\infty} A_k \sigma^k \tag{12.77}$$

where A_k can be determined by fitting the function of the data at a large number of points along the tunnel boundary (the number of employed points in this study is 360). Substituting Eqs. (12.70), (12.72)and (12.77)into Eq. (12.76), and by the equality of the coefficients of the same terms (σ^k, σ^{-k}) in the left and right, yields:

$$\begin{aligned} &\left(1+\kappa_s \delta^{2k+2}\right) a_{k+1} + (1+k)\left(1-\delta^2\right) \overline{b_{k+1}} \\ &= \left(1+\kappa_s \delta^{2k}\right) \delta^2 a_k + \left(1-\delta^2\right) k \overline{b_k} - \frac{A_{k+1}}{1+\mu_s} \delta^{k+1}, \quad k = 0, 1, 2, 3, \ldots, n \end{aligned} \tag{12.78}$$

$$\begin{aligned} &(1+k)\left(1-\delta^2\right) a_{k+1} - \left(\delta^2 + \kappa_s \delta^{-2k}\right) \overline{b_{k+1}} \\ &= \left(1-\delta^2\right) k a_k - \left(1+\kappa_s \delta^{-2k}\right) \overline{b_k} - \frac{\overline{A_{-k}}}{1+\mu_s} \delta^{-k}, \quad k = 0, 1, 2, 3, \ldots, n \end{aligned} \tag{12.79}$$

Equations (12.78) and (12.79) can be rewritten as matrix form:

$$\begin{bmatrix} (1+\kappa_s \delta^{2k+2}) & (1+\kappa)(1-\delta^2) \\ (1+\kappa)(1-\delta^2) & -(\delta^2+\kappa_s \delta^{-2k}) \end{bmatrix} \begin{bmatrix} a_{k+1} \\ \overline{b_{k+1}} \end{bmatrix} = \begin{bmatrix} (1+\kappa_s \delta^{2k+2})\delta^2 & (1-\delta^2)k \\ (1-\delta^2)k & -(1+\kappa_s \delta^{-2k}) \end{bmatrix} \begin{bmatrix} a_k \\ \overline{b_k} \end{bmatrix} - \begin{bmatrix} A_{k+1}\delta^{k+1} \\ \overline{A_{-k}}\delta^{-k} \end{bmatrix} \tag{12.80}$$

According to Eq. (12.80), the recurrence equations for a_{k+1}, b_{k+1} and a_k, b_k is expressed as:

$$\begin{bmatrix} a_{k+1} \\ \overline{b_{k+1}} \end{bmatrix} = [M]\left([N]\begin{bmatrix} a_k \\ \overline{b_k} \end{bmatrix} - \frac{1}{1+\mu_s}[L]\right) \tag{12.81}$$

where

$$[M] = \begin{bmatrix} \left(1+\kappa_s\delta^{2k+2}\right) & (1+k)\left(1-\delta^2\right) \\ (1+k)\left(1-\delta^2\right) & -\left(\delta^2+\kappa_s\delta^{-2k}\right) \end{bmatrix}^{-1}$$

$$= \frac{\begin{bmatrix} -\left(\delta^2+\kappa_s\delta^{-2k}\right) & -(1+k)\left(1-\delta^2\right) \\ -(1+k)\left(1-\delta^2\right) & \left(1+\kappa_s\delta^{2+2k}\right) \end{bmatrix}}{-\left(1+\kappa_s\delta^{2+2k}\right)\left(\delta^2+\kappa_s\delta^{-2k}\right) - (1+k)^2\left(1-\delta^2\right)^2};$$

$$[N] = \begin{bmatrix} \left(1+\kappa_s\delta^{2k}\right)\delta^2 & \left(1-\delta^2\right)k \\ \left(1-\delta^2\right)k & -\left(1+\kappa_s\delta^{-2k}\right) \end{bmatrix}; \quad [L] = \begin{bmatrix} A_{k+1}\delta^{k+1} \\ \overline{A_{-k}\delta^{-k}} \end{bmatrix}.$$

The initial value of a_0=0 is first assumed, then a_k and b_k ($k = 1, 2, \ldots, n$, with n being a sufficient large number) can be determined by the linear Eqs. (12.72) and (12.81). By the convergence condition of the series ($a_n\big|_{n\to\infty} = 0$ should be satisfied), the final value of a_0 ($k = 1, 2, \ldots, n$) is then addressed by a_0=$a_0 - a_n\big|_{n\to\infty}$, and the other coefficients are determined through the same process. Substituting Eq. (12.70) into equations of stress and displacement solutions in Chap. 2, the stresses $\sigma_x^{(2)}$, $\sigma_y^{(2)}$, $\tau_{xy}^{(2)}$ and displacements $u^{(2)}$, $v^{(2)}$ for Problem 2 can be addressed.

Because the equations for demining the coefficients of the potentials, Eqs. (12.72) and (12.81), are independent of the Young's modulus E_s of the ground, but are involved with the Poisson's ratio. According to Eq. (12.70), the potentials for Problem 2 are only the functions of the Poisson's ratio. Therefore, the stresses are only dependent on the Poisson's ratio from equations of the stress solutions in Chap. 2, and the displacements are functions of both the Young's modulus and Poisson's ratio from equations of the displacement solutions in Chap. 2.

12.2.2.3 Analytical Solutions for the Original Problem

Superimposing the solutions of Problems 1 and 2, yields the additional displacements and stresses of the ground induced by the surcharge loading as follows:

Stresses:

$$\sigma_x = \sigma_x^{(1)} + \sigma_x^{(2)}, \ \sigma_y = \sigma_y^{(1)} + \sigma_y^{(2)}, \ \tau_{xy} = \tau_{xy}^{(1)} + \tau_{xy}^{(2)} \tag{12.82}$$

Displacements:

$$u = u^{(1)} + u^{(2)}, \ v = v^{(1)} + v^{(2)} \tag{12.83}$$

where the stresses and displacements of Problem 1 are addressed by Eqs. (12.65), (12.66), (12.67) and (12.68); and the stresses and displacements of Problem 2 are addressed by the equations of stresses and displacement solution in Chap. 2.

By the mapping function $z_1 = \omega_1(\zeta_1) = R\zeta_1$ ($\zeta_1 = \rho_1 e^{i\beta_1}$), the lining annulus can be mapped onto an annular region in the ζ_1-plane, with outer and inner radii of 1 and δ_1 ($\delta_1 = R_0/R$), respectively (see Fig. 12.25b). The contact forces between the ground and lining (supporting forces) can be determined by Eq. (12.82). According to the analysis in the previous section, the supporting forces belong to the balanced stress system, and the potentials of the lining can be expressed in series form:

$$\begin{aligned}\varphi_L(\zeta_1) &= \sum_{k=0}^{\infty} a_k^{(L)} \zeta_1^k + \sum_{k=1}^{\infty} b_k^{(L)} \zeta_1^{-k} \\ \psi_L(\zeta_1) &= \sum_{k=0}^{\infty} c_k^{(L)} \zeta_1^k + \sum_{k=1}^{\infty} d_k^{(L)} \zeta_1^{-k}\end{aligned} \tag{12.84}$$

where the coefficients $a_k^{(L)}$, $b_k^{(L)}$, $c_k^{(L)}$ and $d_k^{(L)}$ can be determined according to the stress boundary conditions along the inner and outer boundary of the lining, as shown in the following equations:

$$\left\langle \varphi_L(\zeta_1) + \frac{\omega_1(\zeta_1)}{\overline{\omega_1'(\zeta_1)}} \overline{\varphi_L'(\zeta_1)} + \overline{\psi_L(\zeta_1)} \right\rangle \Bigg|_{\zeta_1 = \delta_1 \sigma_1 = \delta_1 e^{i\beta_1}} = 0 \tag{12.85}$$

$$\left\langle \varphi_L(\zeta_1) + \frac{\omega_1(\zeta_1)}{\overline{\omega_1'(\zeta_1)}} \overline{\varphi_L'(\zeta_1)} + \overline{\psi_L(\zeta_1)} \right\rangle \Bigg|_{\zeta_1 = \sigma_1 = e^{i\beta_1}} = i \int_{t_0}^{t} (T_x + iT_y) ds \tag{12.86}$$

where t_0 and t are the fixed and arbitrary points at the outer boundary of the lining, respectively; T_x and T_y represent the horizontal and vertical components of the supporting force, respectively, determined by Eq. (12.82). The term on the right side of Eq. (12.20) can be expanded into a series:

$$i \int_{t_0}^{t} (T_x + iT_y) ds = \sum_{-\infty}^{+\infty} B_k \sigma_1^k \tag{12.87}$$

Substituting Eqs. (12.84) and (12.87) into Eqs. (12.85) and (12.86), and then by the equality of the coefficients between the left and right terms σ_1^k, the linear system of the equations about the undetermined coefficients in Eq. (12.84) are as follows:

By Eq. (12.85):

$$\begin{cases} \sigma^0: & b_0^{(L)} + 2\overline{a_2^{(L)}}\delta_1^2 + \overline{d_0^{(L)}} = 0 \\ \sigma^1: & a_1^{(L)}\delta_1 + \overline{a_1^{(L)}}\delta_1 + \overline{d_1^{(L)}}\delta_1^{-1} = 0 \\ \sigma^2: & a_2^{(L)}\delta_1^2 + \overline{d_2^{(L)}}\delta_1^{-2} = 0 \\ \sigma^{-k}: & b_k^{(L)}\delta_1^{-k} + (k+2)\overline{a_{k+2}^{(L)}}\delta_1^{k+2} + \overline{c_k^{(L)}}\delta_1^k = 0, \quad with\ k \geq 1 \\ \sigma^k: & a_k^{(L)}\delta_1^k - (k-2)\overline{b_{k-2}^{(L)}}\delta_1^{-k+2} + \overline{d_k^{(L)}}\delta_1^{-k} = 0, \quad with\ k \geq 3 \end{cases} \tag{12.88}$$

By Eq. (12.86):

$$\begin{cases} \sigma^0: & b_0^{(L)} + 2\overline{a_2^{(L)}} + \overline{d_0^{(L)}} = B_0, \\ \sigma^1: & a_1^{(L)} + \overline{a_1^{(L)}} + \overline{d_1^{(L)}} = B_1, \\ \sigma^2: & a_2^{(L)} + \overline{d_2^{(L)}} = B_2, \\ \sigma^{-k}: & b_k^{(L)} + (k+2)\overline{a_{k+2}^{(L)}} + \overline{c_k^{(L)}} = B_{-k}, \quad with\ k \geq 1 \\ \sigma^k: & a_k^{(L)} - (k-2)\overline{b_{k-2}^{(L)}} + \overline{d_k^{(L)}} = B_k, \quad with\ k \geq 3 \end{cases} \tag{12.89}$$

Taking the value of k from 1 to n in Eqs. (12.88) and (12.89), $4n + 2$ equations are obtained with $4n + 2$ undetermined coefficients ($a_0^{(L)}$, $c_0^{(L)}$, $a_k^{(L)}$, $b_k^{(L)}$, $c_k^{(L)}$, $d_k^{(L)}$, $k = 1, 2, \ldots, n$). The potentials of the lining can be determined by solving these linear equations.

By substituting Eq. (12.84) into the equations of the stress solutions in Chap. 2, the stresses of the lining can be addressed. The axial force, shear forces and bending moment at the radial cross-section of the lining can be obtained as follows:

Axial force:

$$F_N = \int_{R_0}^{R} \sigma_\theta^{(L)} dr \tag{12.90}$$

Shear force:

$$F_S = \int_{R_0}^{R} \tau_{r\theta}^{(L)} dr \tag{12.91}$$

Bending moment:

$$M = \int_{R_0}^{R} \sigma_\theta^{(L)} \left(r - \frac{R + R_0}{2} \right) dr \tag{12.92}$$

where $\sigma_{\theta}^{(L)}$ and $\tau_{r\theta}^{(L)}$ are the tangential and shear stresses of the lining, respectively; R and R_0 are the outer and inner radii, respectively.

So far, the analytical solutions for the stresses and displacements of the ground and lining are all addressed. The solutions can be found in the following equations. Stresses of the ground: Eqs. (12.65), (12.66), and (12.82); displacements for the ground: Eqs. (12.67), (12.68), and (12.83) the axial forces, shear forces and bending moment at the cross-section of the lining: Eqs. (12.90),(12.91)and(12.92).

12.2.3 Verification

In this section, the analytical solutions are verified by comparing the analytical solutions with the results from the finite element method (FEM) based on the same simplification, and the difference between the results of two models is discussed. The software ABAQUS is employed to obtain the numerical results. The geometry and mechanical parameters are shown in Table 12.2, and the calculation domain and constraint conditions in the numerical simulation are displayed in Fig. 12.26. The comparison is carried out for cases under non-uniform symmetrical vertical loads (surcharge 1) and uniform asymmetric loads (surcharge 2).

Figures 12.27 plots the comparison between the analytical solution and numerical results on stresses along the tunnel boundary, as well as the stresses in the lining at $r = (R + R_0)/2$ for a Poisson's ratio of 0.35 and 0.5, respectively. The comparisons of the surface settlements are presented in Fig. 12.27c. Note that all the analytical stresses, as well as the analytical displacements are in good agreement with the numerical results in the case of $\mu_s = 0.5$, while there is a little difference for the settlements and the normal stress along the x-direction at the vertical line near the surface when $\mu_s = 0.35$. We also find that the differences in the surface settlements are the same at all the comparison points, i.e., a rigid displacement is present, and through more comparison results with the numerical results, it can be concluded that the difference of the surface settlements in the case of $\mu_s = 0.35$ is entirely from the Flamant's displacement solution. The figure also illustrates that the analytical displacement has large deviation from the numerical results for cases with a surcharge load asymmetry at vertical centerline of the tunnel, since the modified Flamant's displacement solution is only valid for a symmetric loading [18]. However, the stress solutions are verified to be applicable through comparison.

12.2.4 Analysis and Discussion

The influence of the parameters on the displacement and stress is investigated in detail in this section directly from the expressions of the analytical solution or from the charts. For generality in the parametric investigation, all the variables are dimensionless: the stresses and displacements are normalized by the intensity of the uniform

Table. 12.2 The geometry and mechanical parameters in numerical simulation

Depth of tunnel H (m)	Depth of incompressible Stratum H_0 (m)	Tunnel radius of tunnel R (m)	Thickness of lining d (m)	Young's modulus of ground E_s (MPa)	Young's modulus of lining E_L (GPa)	Poisson's ratio of lining	Intensity of surcharge 1 $(-10 < x < 10)$ (MPa)	Intensity of surcharge 2 $(0 < x < 10)$ (MPa)
6	200	3	0.35	50	100	0.25	$1.777 \times 10^{-3}x^2 + 0.140764$	0.2

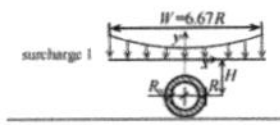

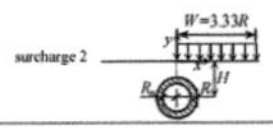

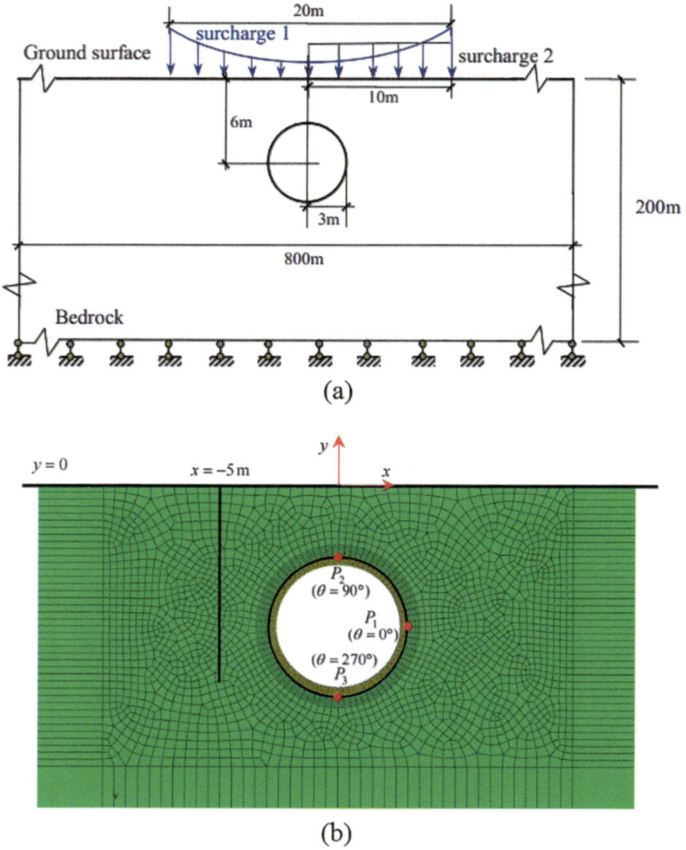

Fig. 12.26 Numerical simulation model for validation: **a** the geometry and boundary conditions; **b** FEM mesh

vertical surcharge loadings ($q_2 = 1$) and $u_r^\infty = q_2R/2G_s$, respectively, where u_r^∞ represents the radial displacement on a tunnel boundary for a circular tunnel excavated in an infinite elastic medium, subjected to hydrostatic far field stress q_2. The buried depth H and the location and width of the surcharge loads L and W are all normalized by the tunnel radius R.

12.2.4.1 Influence of Mechanical Parameters of Ground

The influence of Young's modulus on the stress and displacement is directly discussed from the following analytical expressions. Note from Eqs. (12.65) and (12.66) that the stresses of Problem 1 are independent of any mechanical parameters. Moreover, because all the boundary conditions of Problem 2 are independent of the Young's modulus, it can be concluded that the potentials, as well as the stress solutions

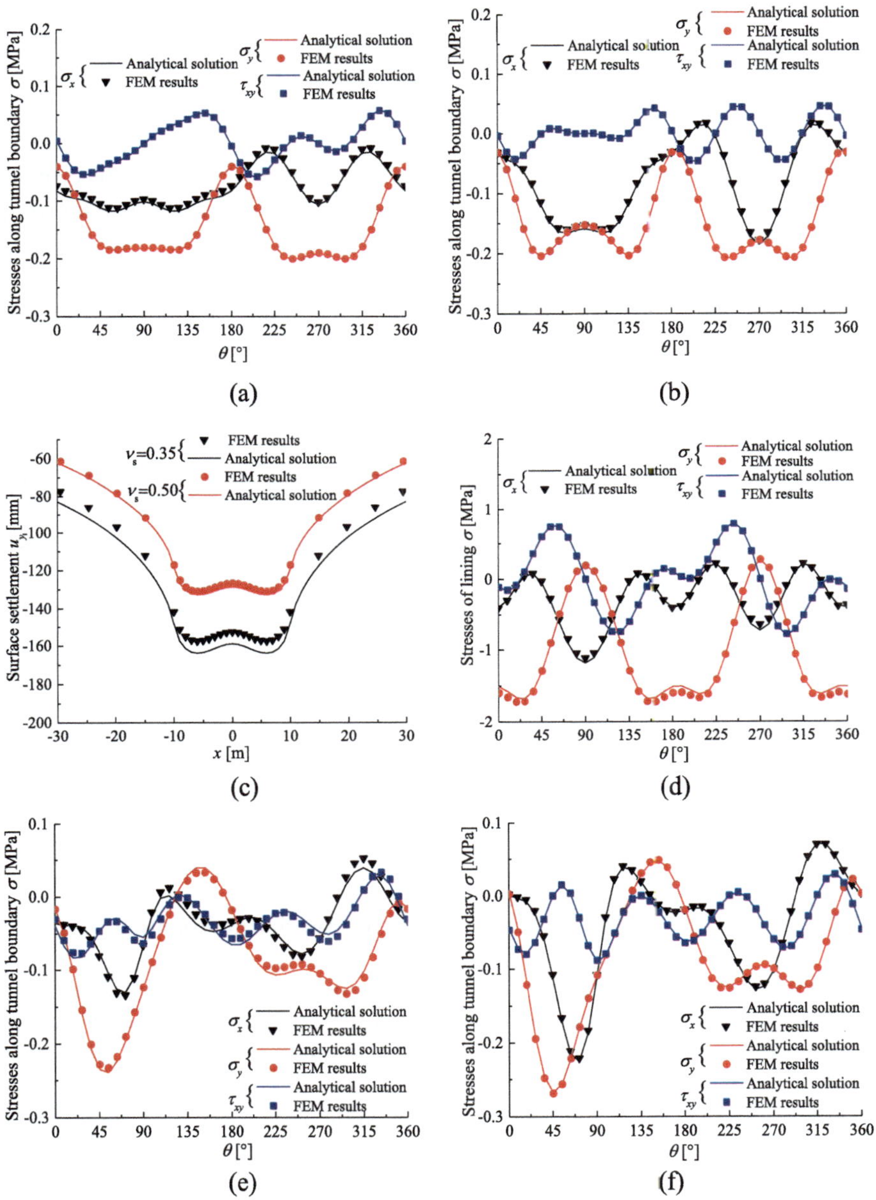

Fig. 12.27 Comparison of the displacements and stresses versus *x*/*y* between the analytical and FEM results in cases subjected to surcharge 1 or surcharge 2: **a** and **b** stresses along the tunnel boundary with $\mu_s = 0.35$ and $\mu_s = 0.5$ in cases subjected to surcharge 1, respectively; **c** settlement on the surface in cases subjected to surcharge 1; **d** stresses of the lining at $r = R + R_0/2$ in cases subjected to surcharge 1; **e** and **f** stresses versus polar angle along the tunnel boundary with $\mu_s = 0.35$ and 0.5 in cases subjected to surcharge 2, respectively

of Problem 2, are only functions of the Poisson's ratio and the space variables. Accordingly, the stress solution for problem of concern, which is the superposition of the stresses from Problems 1 and 2, is independent of the Young's modulus. For the displacement solutions of Problem 1 and 2, which are inversely proportional to the Young's modulus according to Eqs. (12.67), (12.68) and the expression of displacement solution in Chap. 2. Similarly, the superposition of the displacements from Problems 1 and 2 (the displacement solution for problem of concern) is inversely proportional to the Young's modulus.

To our knowledge, the stress, as well as the supporting force, should be a function of the ratio of the Young's modulus between the lining and ground $\left(R_s = {}^{E_L}/_{E_s}\right)$.In this section, the modulus ratio R_s is infinite because the modulus of the lining is considered to be infinity. Therefore, the stress solutions in this section are independent of the Young's modulus of the ground and are regarded as the upper limit solutions. The lower limit solution can be determined by the problem without the linings [18]. Accordingly, the range of stresses and displacements of tunnels supported by lining with specific stiffness can be determined through the two liming cases.

According to Eqs. (12.65) and (12.66), the stresses for Problem 1 are independent of the Poisson's ratio; therefore, the influence of the Poisson's ratio on stresses is only from Problem 2, whereas the influence on displacement is both from Problems 1 and 2. Figure 12.28 plots the variation in the stresses at the tunnel boundary against the polar angle for various Poisson's ratios. Note that all the stresses fluctuate against the polar angle along the tunnel boundary, while the stress values are quite different under different Poisson's ratios: the radial stress decreases, shear stress slightly increases and tangential stress obviously increases with the increase in the Poisson's ratio. The maximum differences of the radial, tangential and shear stress are 0.308, 0.495 and 0.548, respectively.

12.2.4.2 Influence of Distribution Form of the Surcharge Loadings

The surcharge loadings are sometimes induced by the interaction between the structure (e.g., the foundation) and the ground. Figure 12.29 presents the possible distribution forms of surcharge loads based on numerical results. For a flexible foundation, the distribution of the contact force (surcharge) between foundation and ground is approximately consistent with the load acting on the foundation. For rigid foundations, the contact force is presented as a concave parabola form with a large value on both sides when the ground is elastic. The force distribution changes to a convex parabola form after the plastic zone of the ground appears at the edge of the foundation. The three types of loads in Fig. 12.29, with the following expressions, are adopted to analyze the influence of the distribution form of the surcharge loadings on the ground stress and displacement:

Type 1: concave parabola distribution $q_1(x) = 0.008885x^2 + 0.70382$,
Type 2: uniform distribution $q_2(x) = 1$,
Type 3: convex parabola distribution $q_3(x) = -0.006855x^2 + 1.2285133$,

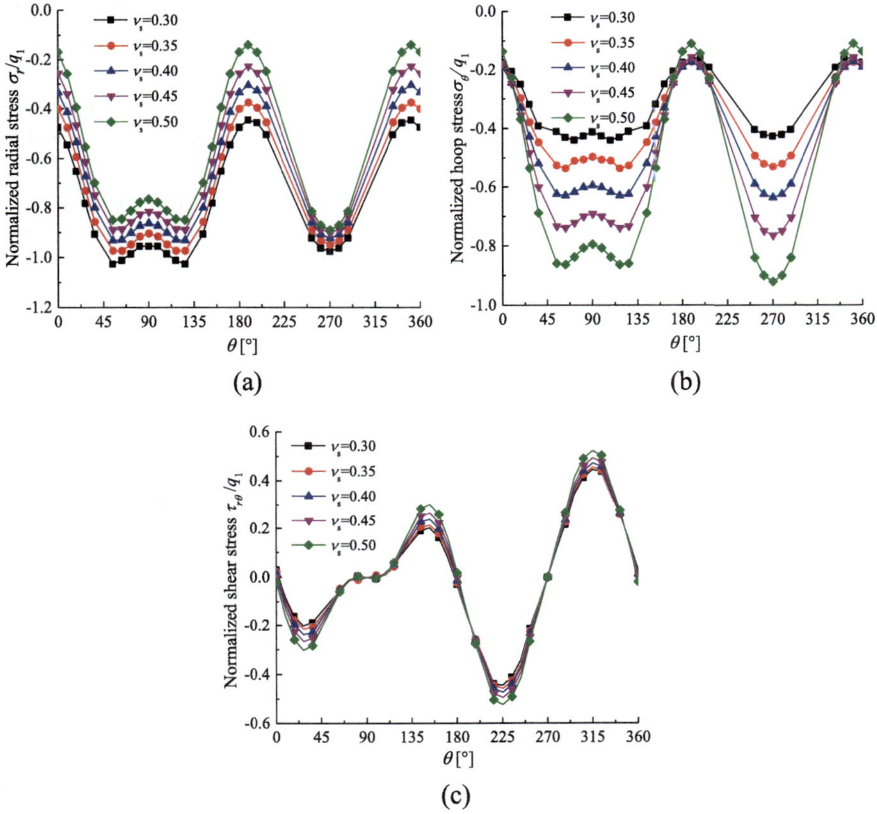

Fig. 12.28 Stresses along the tunnel boundary versus θ under the different Poisson's ratios: **a** radial stress; **b** tangential stress; **c** shear stress

where the resultants of the three types of loads are the same: $\int_{-10}^{10} q_i(x)dx = 20$ MPa ($i = 1, 2, 3$). Poisson's ratio $\nu_s = 0.35$, and the other parameters are consistent with those in Sect. 12.2.3.

Figures 12.29 and 12.30 plot the stresses along the tunnel boundary versus the polar angle and the surface settlements under the three types of surcharge loadings, respectively. The tangential stresses along the tunnel boundary and the settlements in the cases without a lining are also presented (lower limit solution). It is evident from the figures that all the stresses around the tunnel fluctuate against the polar angle, and the maximum (minimum) radial and tangential stresses for lined tunnels both occur at approximately $\theta = 90° = (0°)$. However, for tunnels without linings, the maximum tangential stress occurs at about $\theta = 15°$ and is significantly larger than that of the lined tunnels. It is also noted that the type of surcharge loadings has a great influence on the stresses around $\theta = 45°$ to $135°$ (the tunnel crown). When the form of the surcharge loads changes from type 1 to type 3, the compressive radial and tangential stresses around the tunnel crown and bottom both increase, and the stress

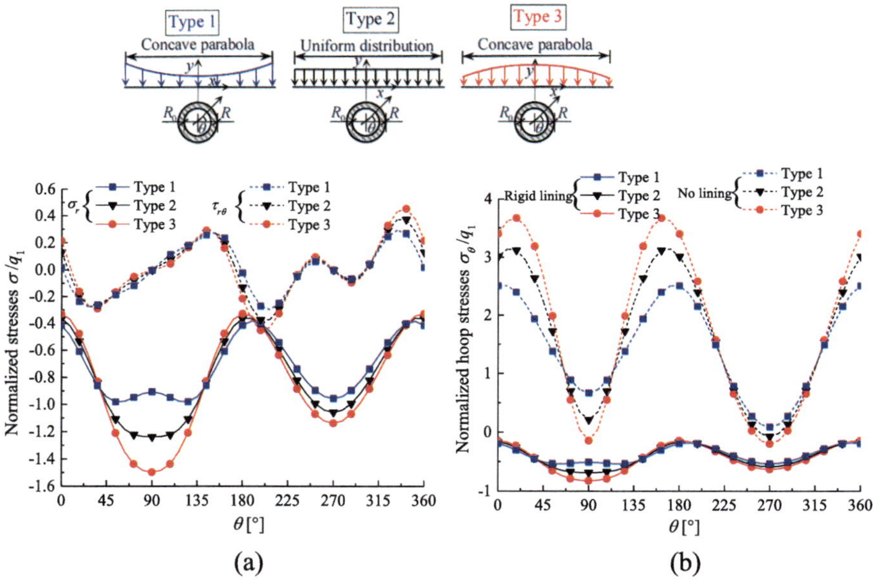

Fig. 12.29 Stresses along the tunnel boundary versus θ under three types of surcharge loads: **a** radial and shear stresses; **b** tangential stresses

variation around the tunnel crown becomes flatter or even in a convex form due to the smaller surcharge magnitude above the tunnel for type 3 loading and the squeeze effect of the larger surcharge at the sides. The squeeze effect can also be illustrated in the surface settlement (Fig. 12.30), where the settlement trough presents an obvious convex form at the region above the tunnel and the settlement is the smallest under type 3 loading. It is also observed from Fig. 12.30 that the settlements are smaller and much flatter in cases with a lining than those without a lining. When the distance $|x|$ is larger than half of the load width, the ground settlement values under different loadings types tend to be equal.

12.2.4.3 Influence of Width and Location of a Surcharge

The existing tunnels are significantly affected by the adjacent surcharge loading at different scales and locations. In this section, the influence of the width and location of a uniform distributed surcharge on the mechanical responses of the ground and lining are discussed. Except for the parameters mentioned below, the parameters are consistent with those in Sect. 12.2.3.

The surcharge loadings are assumed to be symmetrical with respect to *y-axis*, and the Poisson's ratio of the ground is 0.35. Figure 12.31 plots the variation in the stresses along the tunnel boundary against the polar angle for various surcharge widths. Note that the variation in the stresses is similar under different loading widths,

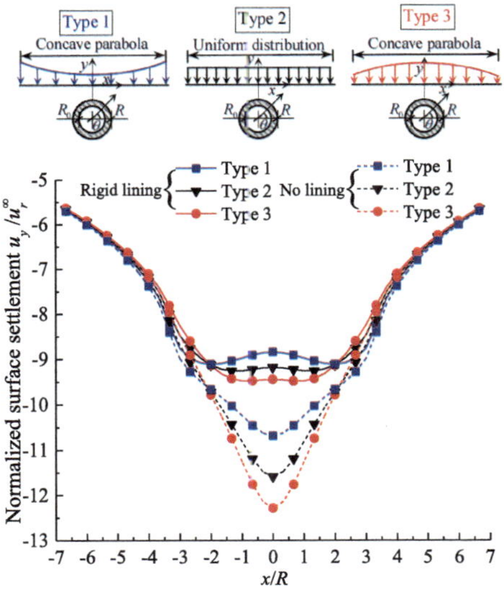

Fig. 12.30 Surface settlement versus x under three types of surcharge loads

but the magnitude is different. At any fixed point, the radial stresses increase with the increasing surcharge width; the variation of tangential stress is similar to radial stress, except the difference in numerical value, the figure of tangential stress is not displayed here; the shear stresses have obvious differences only around $\theta = 210°$ and 330° in cases with different surcharge widths. When $W/R \geq 3$, the influence of the surcharge width on the stress around the tunnel crown becomes weakened, whereas the influence on the stress around the tunnel bottom is still obvious.

According to the verification in Sect. 12.2.3, when the surcharge loading is not symmetric with respect to the *y-axis*, the stress solutions have a higher accuracy in the case of the Poisson's ratio being equal to 0.5. Therefore, the influence of surcharge location is analyzed only for $\mu_s = 0.5$. The distance from the midpoint of the surcharge to the origin of the coordinate (L) is used to represent the surcharge location. The surcharge width is 6.6R in the following analysis.

The stresses along the tunnel boundary versus θ under various surcharge locations L are plotted in Fig. 12.32. Note that the variation in the radial and tangential stresses are almost the same under $\mu_S = 0.5$. With the increase in L, the stress curve is observed to move left, and the values decrease, except for the small increase in maximum, minimum radial stress and maximum shear stress when L/R increase from 0 to 1. When $L/R \geq 4$, the stress decreases rapidly, and the point with the maximum stress moves counterclockwise, since the loading is entirely located on the right side of the *y-axis*. When $L/R \geq 6$, the influence of the surcharge loading sharply decreases.

Figure 12.33 plots the variation in the axial force and bending moment of the lining against the polar angle. It is observed that the extreme points of the axial force are consistent with those of the bending moment. With the increase in L/R, the curves of the axial force and bending moment are moved left; the maximum axial

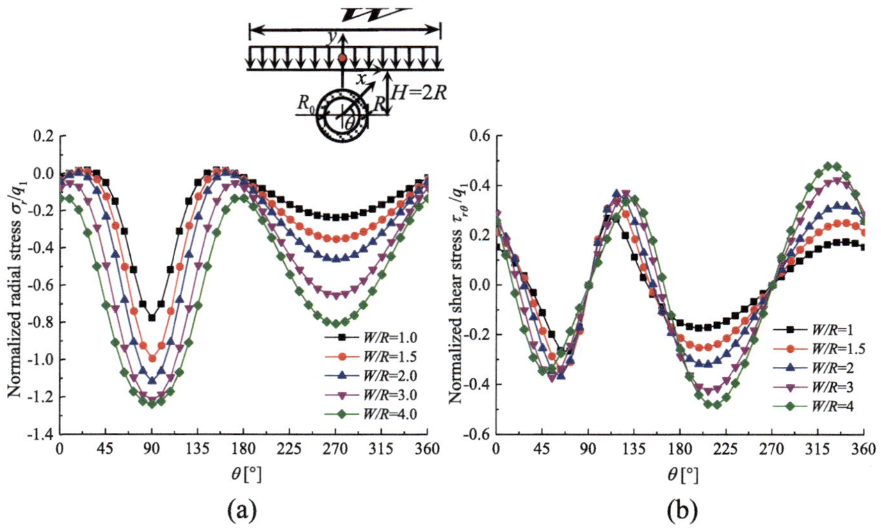

Fig. 12.31 Stresses along the tunnel boundary versus $\theta$for the different widths of loadings: **a** radial stress; **b** tangential stresses

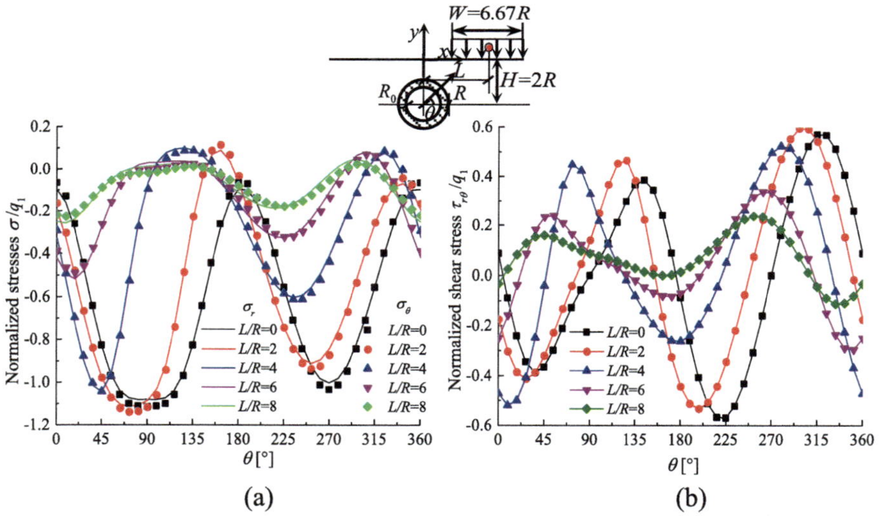

Fig. 12.32 Stresses along the tunnel boundary versus θ for the various locations of loadings: **a** radial and tangential stresses; **b** shear stress

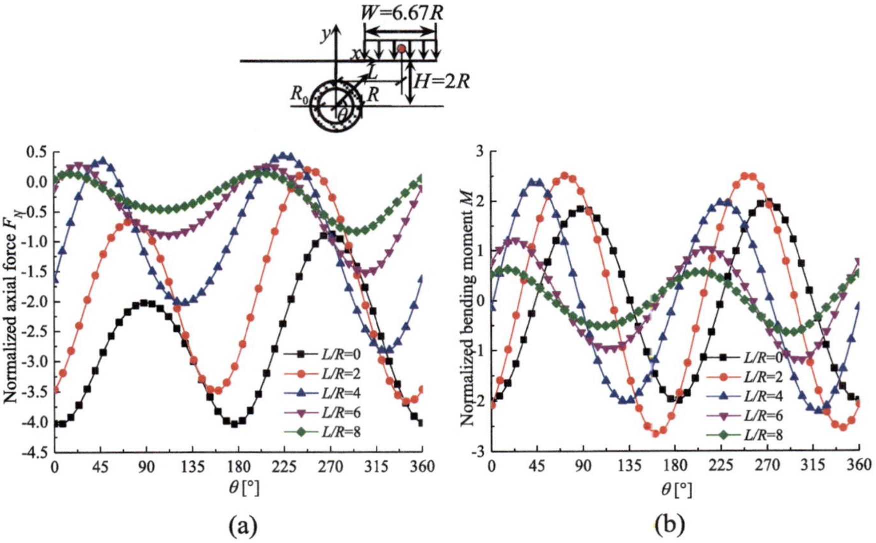

Fig. 12.33 Axial force and bending moment of the lining for the various locations of loadings: **a** axial force; **b** bending moment

force continuously decreases while the maximum bending moment first increases to the peak value at $L/R = 2$ (θ=165°) and then decreases. It is worth noting that the tensile axial force appears around θ=180°–90° and θ=180°–270° when L/R is larger than a certain value ($L/R > 3$ in these cases).

12.2.4.4 Influence of Buried Depth of Tunnel

In this section, the influence of the tunnel buried depth of tunnel is discussed under Type 1 loading. The Poisson's ratio μ_s=0.35 and the other parameters are consistent with those in Sect. 12.2.3.

The stresses along the tunnel boundary versus the polar angle are plotted in Fig 12.34 under various buried depths of tunnel. It is shown that the radial obviously decreases in most positions with the increase in the buried depth, especially in the upper part of the tunnel ($0° \leq \theta \leq 180°$). Owing to the squeeze effect of the surcharge loads, the very obvious convex form of the radial is observed around the tunnel crown when the tunnel is shallowly buried, and this phenomenon gradually disappeared with the increase in the buried depth (disappears at approximately $H/R \geq 2.5$). The variation of tangential stress is similar to radial stress, except the difference in numerical value, the figure of tangential stress is not displayed here. It is noted from Fig. 12.34b that the shear stress first increases and then decreases with increasing depth, and the influence of the buried depth on the shear stress is more obvious at approximately 30° to 150°.

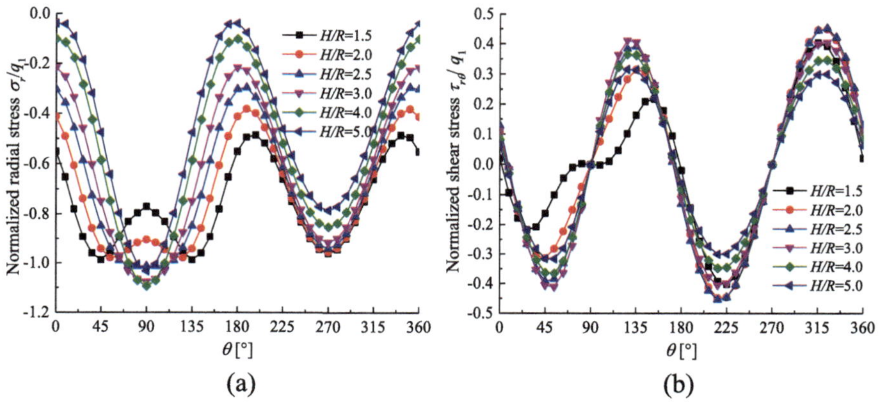

Fig. 12.34 Stresses along the tunnel boundary versus θ for various tunnel buried depths: **a** radial stress; **b** shear stress

Figure 12.35 shows the surface settlements under various buried depths. The width of the settlement trough is slightly influenced by the buried depth; however, the variation in the middle of the settlement trough is quite different under different buried depths. The convex form of settlement can be observed above the tunnel, and the convex degree quickly decreases with increasing of buried depth. When $H/R = 5$, the settlement at $x \in [-2, 2]$ is almost flat. Therefore, we can conclude that the width of the settlement trough is mainly controlled by the surcharge loading, while the settlement above the tunnel is obviously influenced by the tunnel location.

Fig. 12.35 Surface settlement versus x for various tunnel buried depths

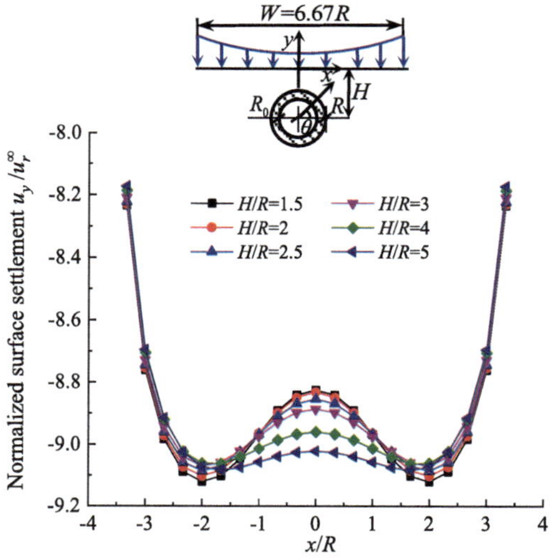

12.2.5 Conclusions

In this section, the problem of a tunnel with rigid lining subjected to additional surcharge loadings is studied. An analytical solutions for the stress and displacement of the ground and lining are proposed, fully considering the interaction between the ground and rigid lining, as well as the surcharge at ground surface. This study is an extension of Verruijt's solutions [19, 20] and provides the upper-bound solution of the supporting pressure on the lining. Based on the analytical solution, detailed analyses are carried out for the influence of mechanical parameters of the ground, surcharge distribution form, surcharge width/location etc. on the ground and lining responses.

The proposed analytical approach provides a reference for solving the similar problems. Furthermore, the analytical solutions presented in this section can quickly obtain the mechanical response of the ground/lining to provide reference for the preliminary design of engineering, and can reveal the effect of some of the parameters directly by the analytical expressions.

12.3 Analytical Solution for Tunnels Supported by End Anchored Bolts

Chapter 6 provides an analytical method for the mechanical analysis of bolts support in deep buried circular tunnels and non-circular tunnels. For circular tunnels, two cases of end anchored bolts and fully grouted bolts are discussed. Due to complex solution process of the fully grouted bolts compared to end anchored bolts, only the solution process of end anchored bolts is discussed for non-circular tunnels. For simplicity, for shallow buried circular tunnels, only the case of the end anchored bolts is discussed here. For deep buried circular tunnels, Bobet [21] firstly proposed the calculation method for the axial force of the end anchored bolts, while the shallow buried tunnels supported by end anchored bolts is not solved.

As shown in Fig. 12.36, multiple bolts are arranged in the upper part of the shallow circular tunnel, and the assumption proposed by Bobet is still adopted, that is, the effect of each bolt on the surrounding rock is regarded as a pair of concentrated forces. Therefore, to calculate the axial force of the bolts, it is necessary to solve the displacement solution of the shallow tunnel under a concentrated force. Then, on the basis of the solution, a linear equation set about the axial force of the bolt is proposed, and the final result is obtained by solving the linear equation set. Then the stress distribution and displacement distribution of rock mass are obtained. In order to verify the correctness of the derivation process and enhance the credibility, this section uses the finite element software ANSYS to simulate the problems solved in this section. The end anchored bolt is simplified as a pair of concentrated forces. Therefore, in the ANSYS model, the end anchored bolts are simulated as multiple springs. In the example, the influence of the elastic modulus ratio of the bolt to the

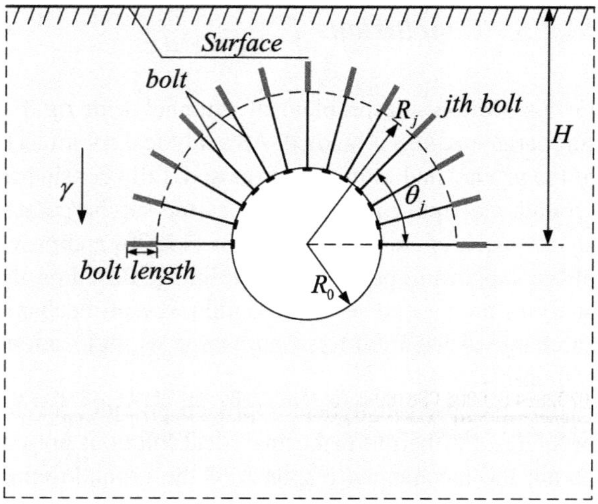

Fig. 12.36 Shallow buried tunnel reinforced by end anchored bolts

rock mass and the buried depth of the tunnel on the axial force of the bolt is analyzed, and the supporting effect of the end anchored bolts is analyzed by comparing with the stress and displacement solutions of the unsupported tunnel.

In order to solve the problem of shallow circular tunnel supported by end anchored bolts, the following assumptions are still made in this section as in Chap. 6: (1) rock mass and bolt are always elastic, (2) The length of the tunnel is long enough, and the bolts are distributed at equal intervals along the tunnel direction. The concentrated force of the bolt on the rock mass is evenly distributed along the tunnel axis, so the problem can be simplified as a plane strain problem. In addition, it is assumed that the tunnel excavation boundary and the surface have no other external loads, and the rock mass is only affected by the bolt and gravity.

The bolts in Fig. 12.36 can be simplified as a number of pairs of concentrated forces with the equal magnitude and opposite direction. These concentrated forces act on the rock mass and the excavation boundary, respectively. Therefore, the problem solved in this section can be divided into three parts. The first part is the problem of shallow circular tunnel under gravity. The second part is the problem of a concentrated force acting on the rock mass of shallow circular tunnel. The third part is the problem of a concentrated force acting on the excavation boundary of shallow circular tunnel, as shown in Fig. 12.37. The first part of the problem, as shown in Fig. 12.37a, has been solved analytically in Sect. 12.1. This section focuses on the other two parts. In this section, the solving process of the second part (Fig. 12.37b) and the third part (Fig. 12.37c) is the same. Therefore, the following only introduces the solving process of the second part in detail.

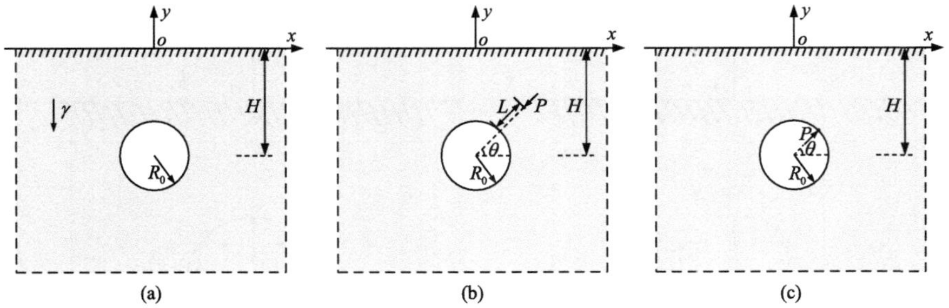

Fig. 12.37 Circular tunnel under various loads: **a** Under the action of gravity; **b** a concentrated force applying at rock mass; **c** a concentrated force applying at tunnel boundary

12.3.1 Solution of Unsupported Tunnels Subjected to Gravity

In this section, the solving process of shallow buried tunnel without support under gravity is deduced in detail. In order to facilitate the next derivation, the solving process of this problem is briefly described below.

Let $\varphi_1(z)$ denote the analytic function corresponding to Fig. 11.1, the expression is:

$$\varphi_1(z) = -\frac{i\pi R_0\gamma}{2\pi(1+\kappa)}[\kappa \ln(z - ia) + \ln(z + ia)] + \varphi_0(z) \tag{12.93}$$

According to the stress boundary condition on the tunnel boundary, we have:

$$\varphi_1(z) - \varphi_1(\overline{z}) + (z - \overline{z})\overline{\varphi_1'(z)} = i\int_A^B (X_n + iY_n)ds + C_A \tag{12.94}$$

Substituting Eq. (12.93) into Eq. (12.94), equations for the coefficients of $\varphi_0(z)$ were obtained. Afterwards, the coefficients of $\varphi_0(z)$ were determined by solving the equations, then the analytical solution of the problem can be obtained.

12.3.2 Solution of Tunnel Subjected to a Concentrated Force

When the concentrated force applied in the rock mass, the concentrated force was not directly reflected in the boundary conditions. To reflect the effect of the concentrated force, the problem was divided into two steps. Step I: A concentrated load P was applied at a half plane (Fig. 12.38a); Step II: surface force F, of equal and opposite magnitude to the field produced in Step I at the same location, was applied around the tunnel (Fig. 12.38b). The solution of a shallow buried tunnel with a concentrated

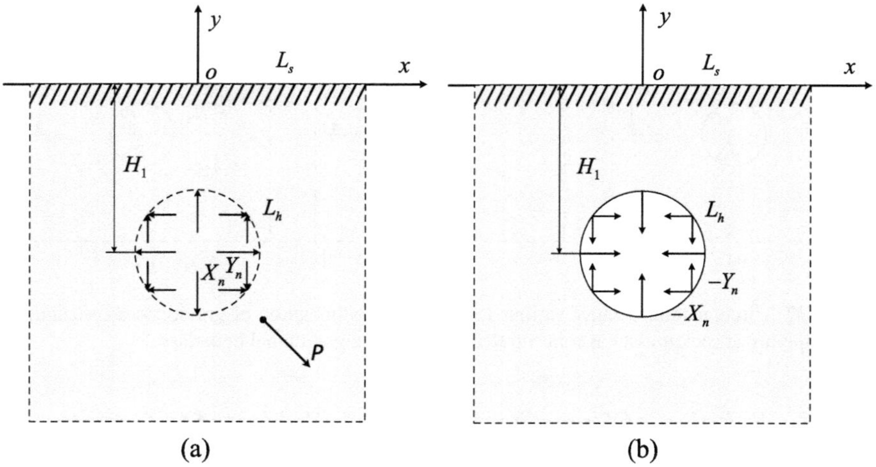

Fig. 12.38 **a** A concentrated force applied in half plane; **b** applied equal and opposite surface force components on the excavation boundary

force can be obtained by superposition of these two steps. Next, the analytic functions corresponding to each step are obtained respectively [22].

For Step I, Melan [23] gave the stress expression for this problem. However, the Melan's solution is not obtained by using the complex function method, so the analytic function $\varphi_2(z)$ required for Step I is not provided. In order to obtain $\varphi_2(z)$, this section will use the complex variable method to solve the problem shown in Step I.

The concentrated force acts in the rock mass, the effect of the concentrated force cannot be reflected by the boundary condition. Therefore, it is difficult to directly solve the problem corresponding to Step I by using the complex variable method. Supposing there was a circular hole with point z_0 as the center, and R_1 as the radius of the half-plane. Afterwards, a uniformly distributed load of magnitude $P/2\pi R_1$ was applied at the hole perimeter, and the direction of the uniformly distributed load was kept as same as that of the concentrated force P, as shown in Fig. 12.39. When R_1 approached zero, the analytical solution of Step I can be obtained.

A new Cartesian coordinate system, $x_1o_1y_1$ was established, and the ground surface was selected as x_1-axis and the vertical line through the hole center was selected as y_1-axis. In $x_1o_1y_1$, the region in the physical plane is mapped into a ring in the image plane. From Chap. 11, the mapping function is:

$$z' = \omega(\zeta') = -ia'\frac{1+\zeta'}{1-\zeta'} \tag{12.95}$$

where z' is the point in the new Cartesian coordinate system $x_1o_1y_1$, $a' = H_2(1-\alpha'^2)/(1+\alpha'^2)$, a' is the inner radius of the ring, the expression of a' is:

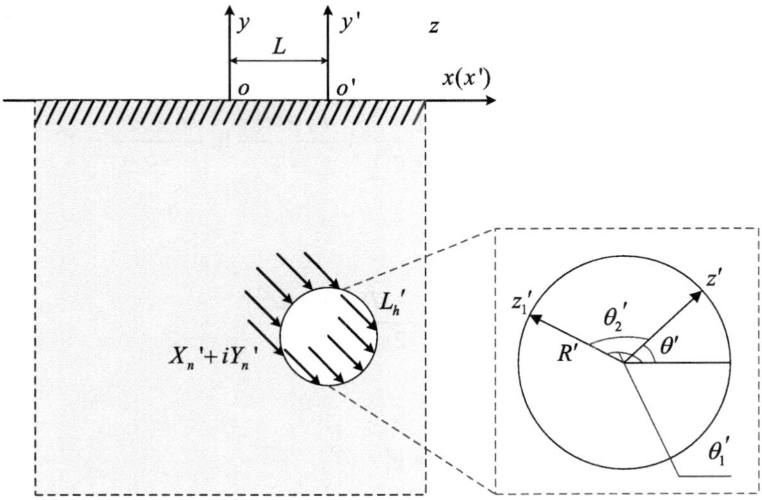

Fig. 12.39 Parallel surface forces acting on the virtual circular hole

$$\alpha' = \frac{H_2 - \sqrt{H_2^2 - R'^2}}{R'} \tag{12.96}$$

where H_1 is the vertical distance between the hole center and ground surface.

Let $\varphi_2(z)$ denote the analytic function in the original coordinate xoy corresponding to the case shown in Fig. 12.39, and $\varphi_{(2)}(z')$ denote the analytic function in the new coordinate $x_1o_1y_1$. From the stress boundary conditions of the hole edge of the virtual circular hole, we have:

$$\varphi_{(2)}(z') - \varphi_{(2)}(\overline{z'}) + (z' - \overline{z'})\overline{\varphi'_{(2)}(z')} = i\int_{z_1'}^{z'} (X_n' + iY_n')ds + C, \quad z' \in L_h' \tag{12.97}$$

where

$$\varphi_{(2)}(z') = -\frac{P_x + iP_y}{2\pi(1+\kappa)}\left[\kappa \ln(z' - ia') + \ln(z' + ia')\right] + \sum_{k=0}^{\infty} c_k \zeta'^k + \sum_{k=1}^{\infty} d_k \zeta'^{-k} \tag{12.98}$$

where c_k and d_k are the undetermined coefficients of the analytic function.

Substituting Eqs. (12.95), (12.98) into Eq. (12.97) yields:

$$\sum_{k=0}^{\infty} c_k\left(\alpha'^k - \alpha'^{-k}\right)\sigma'^k + \sum_{k=1}^{\infty} d_k\left(\alpha'^{-k} - \alpha'^k\right)\sigma'^{-k}$$

$$
-\frac{(1-\alpha'^2)(\sigma'-\alpha')}{1-\alpha'\sigma'}\sum_{k=1}^{\infty}\left(k\overline{c_k}\alpha'^{k-1}\sigma'^{-k}-k\overline{d_k}\alpha'^{-k-1}\sigma'^{k}\right)
$$

$$
=i\int_{z_1'}^{z'}(X_n'+iY_n')ds-\frac{W(\kappa\alpha'+\sigma')}{\alpha_1(1-\alpha'\sigma')}+\frac{F_x+iF_y}{2\pi}\ln\frac{\alpha'-\sigma'}{1-\alpha'\sigma'}+C \tag{12.99}
$$

where

$$
W=\frac{(P_x-iP_y)(1-\alpha'^2)}{2\pi(1+\kappa)} \tag{12.100}
$$

It can be seen from Fig. 12.39 that:

$$
\begin{cases}\theta_2'=\theta_1'-\theta'\\ R'e^{i\theta'}=z'+iH_2\\ R'e^{i\theta_1'}=z_1'+iH_2\end{cases} \tag{12.101}
$$

Thus,

$$
\theta_2'=i\ln(z'+iH_2)-i\ln(z_1'+iH_2) \tag{12.102}
$$

When z' is located at the boundary of the circular hole,

$$
z'=-iH_2\frac{1-\alpha'^2}{1+\alpha'^2}\frac{1+\alpha'\sigma'}{1-\alpha'\sigma'} \tag{12.103}
$$

Substituting Eq. (12.103) into Eq. (12.102) yields:

$$
\theta_2'=i\left[\ln\frac{\alpha'-\sigma'}{1-\alpha'\sigma'}+\ln\frac{2i\alpha'H_2}{1+\alpha'^2}-\ln(z_1'+iH_2)\right]=i\ln\frac{\alpha'-\sigma'}{1-\alpha'\sigma'}+C \tag{12.104}
$$

Thus,

$$
i\int_{z_1'}^{z'}(X_n'+iY_n')ds=i(X_n'+iY_n')R'\theta_2'=-\frac{P_x+iP_y}{2\pi}\left(\ln\frac{\alpha'-\sigma'}{1-\alpha'\sigma'}+iC\right) \tag{12.105}
$$

Substituting Eq. (12.105) into Eq. (12.99) yields:

$$
\sum_{k=0}^{\infty}c_k(\alpha'^k-\alpha'^{-k})\sigma'^k+\sum_{k=1}^{\infty}d_k(\alpha'^{-k}-\alpha'^k)\sigma'^{-k}
$$

$$
\begin{aligned}
&-\frac{\left(1-\alpha'^2\right)\left(\sigma'-\alpha'\right)}{1-\alpha'\sigma'}\sum_{k=1}^{\infty}\left(k\overline{c_k}\alpha'^{k-1}\sigma'^{-k}-k\overline{d_k}\alpha'^{-k-1}\sigma'^{k}\right)\\
&=-\frac{W\left(\kappa\alpha'+\sigma'\right)}{\alpha'(1-\alpha'\sigma')}+C'
\end{aligned}\tag{12.106}
$$

In order to facilitate the solution, multiply both sides of Eq. (12.106) by $\left(1-\alpha'\sigma'\right)$, we have:

$$
\begin{aligned}
&\left(1-\alpha'\sigma'\right)\left[\sum_{k=0}^{\infty}c_k\left(\alpha'^k-\alpha'^{-k}\right)\sigma'^k+\sum_{k=1}^{\infty}d_k\left(\alpha'^{-k}-\alpha'^k\right)\sigma'^{-k}\right]\\
&\quad-\left(1-\alpha'^2\right)\left(\sigma'-\alpha'\right)\left[\sum_{k=1}^{\infty}\left(k\overline{c_k}\alpha'^{k-1}\sigma'^{-k}-k\overline{d_k}\alpha'^{-k-1}\sigma'^{k}\right)\right]\\
&=-\frac{W\left(\kappa\alpha'+\sigma'\right)}{\alpha'}+C'\left(1-\alpha'\sigma'\right)
\end{aligned}\tag{12.107}
$$

By comparing the same power terms of σ' on the left and right sides of the equation, the following equations are obtained:

$$
\begin{aligned}
\sigma'^k\rightarrow{}&\left(\alpha'^2-\alpha'^{2k}\right)c_{k-1}+(k-1)\left(1-\alpha'^2\right)\overline{d_{k-1}}\\
&+\left(\alpha'^{2k}-1\right)c_k-k\left(1-\alpha'^2\right)\overline{d_k}=0,\quad k\geq 3
\end{aligned}\tag{12.108}
$$

$$
\begin{aligned}
\sigma'^{-k}\rightarrow{}&k\left(1-\alpha'^2\right)\alpha'^{2k}c_k+\left(1-\alpha'^{2k}\right)\overline{d_k}\\
&-(k+1)\left(1-\alpha'^2\right)\alpha'^{2k}c_{k+1}+\left(\alpha'^{2k+2}-1\right)\overline{d_{k+1}}=0,\quad k\geq 2
\end{aligned}\tag{12.109}
$$

$$
\sigma'^2\rightarrow\left(\alpha'^2-\alpha'^4\right)c_1+\left(1-\alpha'^2\right)\overline{d_1}+\left(\alpha'^2-1\right)c_2-2\left(1-\alpha'^2\right)\overline{d_2}=0\tag{12.110}
$$

$$
\sigma'^1\rightarrow\left(1-\alpha'^2\right)\left(c_1+\overline{d_1}\right)=W+\alpha'^2C'\tag{12.111}
$$

$$
\sigma'^0\rightarrow\left(1-\alpha'^2\right)\left(c_1+\overline{d_1}\right)=\kappa\overline{W}-\overline{C'}\tag{12.112}
$$

$$
\sigma'^{-1}\rightarrow\left(\alpha'^2-\alpha'^4\right)c_1+\left(1-\alpha'^2\right)\overline{d_1}-2\left(\alpha'^2-\alpha'^4\right)c_2+\left(\alpha'^4-1\right)\overline{d_2}=0\tag{12.113}
$$

From Eqs. (12.110), (12.113), we have:

$$
c_2+\overline{d_2}=0\tag{12.114}
$$

Assuming that the highest positive and negative powers of ζ' in $\varphi_{(2)}\left(z'\right)$ is N, then combining Eqs. (12.108), (12.109) and (12.114), there are $2N-2$ equations for $2N-2$ undetermined coefficients ($c_k, d_k, k = 2, 3, \ldots, N$). The equation set is homogeneous. Homogeneous equation set must have zero solutions and analytic function is unique, so we have:

$$c_k = d_k = 0,\ 2 \le k \le N \tag{12.115}$$

Therefore, only the following equations need to be solved:

$$\begin{cases} \left(\alpha'^2 - \alpha'^4\right)c_1 + \left(1-\alpha'^2\right)\overline{d_1} = 0 \\ \left(1-\alpha'^2\right)\left(c_1 + \overline{d_1}\right) = W + \alpha'^2 C' \\ \left(1-\alpha\prime^2\right)\left(c_1 + \overline{d_1}\right) = \kappa\overline{W} - \overline{C'} \end{cases} \tag{12.116}$$

Solving the equations yields:

$$\begin{cases} \mathrm{Re}\left(C'\right) = -\dfrac{(1-\kappa)\mathrm{Re}(W)}{1+\alpha'^2} \\ \mathrm{Im}\left(C'\right) = \dfrac{(1-\kappa)\mathrm{Im}(W)}{1-\alpha'^2} \\ c_1 = \dfrac{W + \alpha'^2 C'}{\left(1-\alpha'^2\right)^2} \\ \overline{d_1} = -\dfrac{\alpha'^2\left(W + \alpha'^2 C'\right)}{\left(1-\alpha'^2\right)^2} \end{cases} \tag{12.117}$$

When the radius R' is equal to zero, then $\alpha' = 0$. Let $\alpha' = 0$ and substituting Eqs. (12.95), (12.115) and (12.117) into Eq. (12.98) yields:

$$\varphi_{(2)}\left(z'\right) = -\frac{P_x + iP_y}{2\pi(1+\kappa)}\left[\kappa\ln\left(z - ia'\right) + \ln\left(z' + ia'\right)\right] + \frac{P_x - iP_y}{2\pi(1+\kappa)}\frac{z' + iH_2}{z' - iH_2} \tag{12.118}$$

Therefore, the derivative of $\varphi_{(2)}\left(z'\right)$ is:

$$\varphi'_{(2)}\left(z'\right) = -\frac{P_x + iP_y}{2\pi(1+\kappa)}\left[\frac{\kappa}{z' - ia'} + \frac{1}{z' + ia'}\right] - \frac{P_x - iP_y}{2\pi(1+\kappa)}\frac{2iH_2}{\left(z' - iH_2\right)^2} \tag{12.119}$$

Due to the stress components at each point are independent of the translation of the coordinate system, the expression of $\varphi'_2(z)$ can be derived as follows:

$$\varphi'_2(z) = \varphi'_{(2)}\left(z'\right) = \varphi'_{(2)}(z - L)$$

$$= -\frac{P_x + iP_y}{2\pi(1+\kappa)}\left[\frac{\kappa}{z - L - ia'} + \frac{1}{z - L + ia'}\right] - \frac{P_x - iP_y}{2\pi(1+\kappa)}\frac{2iH_2}{(z - L - iH_2)^2} \tag{12.120}$$

where L is the horizontal coordinate difference of the origin of the two coordinate systems.

Integrating Eq. (12.120) and neglecting the integral constant which does not affect the stress, we have:

$$\begin{aligned}\varphi_2(z) = &-\frac{P_x + iP_y}{2\pi(1+\kappa)}\left[\kappa\ln(z - L - ia') + \ln(z - L + ia')\right]\\ &+\frac{P_x - iP_y}{2\pi(1+\kappa)}\frac{2iH_2}{z - L - iH_2}\end{aligned} \tag{12.121}$$

So far, Eq. (12.121) is the analytic function in Step I.

For the analytic function$\varphi_2(z)$, according to the stress boundary condition on the proposed excavation boundaryL_h, it can be obtained that:

$$\varphi_2(z) - \varphi_2(\overline{z}) + (z - \overline{z})\overline{\varphi_2'(z)} = i\int_{z_1}^{z}(X_n + iY_n)ds + C_1, \quad z \in L_h \tag{12.122}$$

$\varphi_3(z)$ is used to represent the analytic function corresponding to Step II, the expression of $\varphi_3(z)$ is:

$$\varphi_3(z) = \varphi_3(\zeta) = \sum_{k=0}^{\infty} e_k\zeta^k + \sum_{k=1}^{\infty} f_k\zeta^{-k} \tag{12.123}$$

According to the stress boundary condition on the proposed excavation boundary L_h, $\varphi_3(z)$ needs to satisfy the following equation:

$$\varphi_3(z) - \varphi_3(\overline{z}) + (z - \overline{z})\overline{\varphi_3'(z)} = i(-X_n - iY_n)ds + C_2, \quad z \in L_h \tag{12.124}$$

Substituting Eq. (12.124) into Eq. (12.122) yields:

$$\begin{aligned}&\varphi_3(z) - \varphi_3(\overline{z}) + (z - \overline{z})\overline{\varphi_3'(z)}\\ &= -\left[\varphi_2(z) - \varphi_2(\overline{z}) + (z - \overline{z})\overline{\varphi_2'(z)} + C_3\right], \quad z \in L_h\end{aligned} \tag{12.125}$$

Multiplying both sides by $(1 - \alpha\sigma)$ gives:

$$\begin{aligned}&(1 - \alpha\sigma)\left[\varphi_3(z) - \varphi_3(\overline{z}) + (z - \overline{z})\overline{\varphi_3'(z)}\right]\\ &= -(1 - \alpha\sigma)\left[\varphi_2(z) - \varphi_2(\overline{z}) + (z - \overline{z})\overline{\varphi_2'(z)} + C_3\right], z \in L_h\end{aligned} \tag{12.126}$$

Substituting Eq. (12.121) into Eq. (12.126) yields:

$$(1-\alpha\sigma)\left[\varphi_3(z)-\varphi_3(\overline{z})+(z-\overline{z})\overline{\varphi_3'(z)}\right]=\sum_{k=0}^{\infty}A_k\sigma^k+\sum_{k=1}^{\infty}B_k\sigma^{-k}+(1-\alpha\sigma)C_3 \tag{12.127}$$

where

$$A_k=-U_1\left[\kappa\left(\frac{T_1^k-\alpha^k}{k}-\frac{\alpha T_1^{k-1}-\alpha^k}{k-1}\right)+\left(\frac{T_2^k-\alpha^k}{k}-\frac{\alpha T_2^{k-1}-\alpha^k}{k-1}\right)\right] - U_2W_1\left(T_1^k-2\alpha T_1^{k-1}+\alpha^2T_1^{k-2}\right),\quad k\geq 2 \tag{12.128}$$

$$B_k=U_1\left[\kappa\left(\frac{T_3^k-\alpha^k}{k}-\frac{\alpha T_3^{k+1}-\alpha^{k+2}}{k+1}\right)+\left(\frac{T_4^k-\alpha^k}{k}-\frac{\alpha T_4^{k+1}-\alpha^{k+2}}{k+1}\right)\right] - U_2W_2\left(-\alpha T_3^{k+1}+(1+\alpha^2)T_3^k-\alpha T_3^{k-1}\right) + 2ia(1-\alpha^2)\left\{U_1\left(\kappa W_3T_4^k+W_4T_3^k\right)-U_2W_4\left[(k+1)T_4^k-k\alpha T_4^{k-1}\right]\right\},\quad k\geq 1 \tag{12.129}$$

$$A_1=-U_1[\kappa(T_1-\alpha)+(T_2-\alpha)]-U_2[W_1(T_1-2\alpha)+W_2\alpha] \tag{12.130}$$

$$A_0=-U_1\left[\kappa(\alpha T_3-\alpha^2)+(\alpha T_4-\alpha^2)\right]-U_2\left[W_1-W_2(1+\alpha^2-\alpha T_3)\right] \tag{12.131}$$

where

$$T_1=\alpha\frac{L+i(H_1-a)}{L+i(H_1+a)},\quad T_2=\alpha\frac{L-i(H_1+a)}{L-i(H_1-a)},\quad T_3=\alpha\frac{L+i(H_1+a)}{L+i(H_1-a)},$$
$$T_4=\alpha\frac{L-i(H_1-a)}{L-i(H_1+a)},\quad U_1=\frac{F_x'+iF_y'}{2\pi(1+\kappa)},\quad U_2=\frac{F_x'-iF_y'}{2\pi(1+\kappa)}$$

$$W_1=-\frac{2iH_1}{L+i(H_1+a)},\quad W_2=-\frac{2iH_1}{L+i(H_1-a)},\quad W_3=-\frac{1}{L-i(H_1+a)}$$
$$W_4=-\frac{1}{L+i(H_1-a)},\quad W_5=\frac{2iH_1}{[L-i(H_1+a)]^2}$$

Comparing the coefficients of σ in both sides of Eq. (12.127), The following equations can be obtained:

$$\sigma^k\rightarrow\left(\alpha^2-\alpha^{2k}\right)e_{k-1}+(k-1)\left(1-\alpha^2\right)\overline{f_{k-1}} + \left(\alpha^{2k}-1\right)e_k-k\left(1-\alpha^2\right)\overline{f_k}=\alpha^kA_k,\quad k\geq 2 \tag{12.132}$$

$$\sigma^{-k} \to k\left(1-\alpha^2\right)\alpha^{2k}e_k + \left(1-\alpha^{2k}\right)\overline{f_k} - (k+1)\left(1-\alpha^2\right)\alpha^{2k}e_{k+1} + \left(\alpha^{2k+2}-1\right)\overline{f_{k+1}} = \alpha^k\overline{B_k}. \quad k \geq 1 \tag{12.133}$$

$$\sigma^1 \to \left(1-\alpha^2\right)\left(e_1+\overline{f_1}\right) = -\alpha A_1 + \alpha^2 C_3 \tag{12.134}$$

$$\sigma^0 \to \left(1-\alpha^2\right)\left(e_1+\overline{f_1}\right) = -\overline{A_0} - \overline{C_3} \tag{12.135}$$

Combining Eqs. (12.134), (12.135) yields:

$$\mathrm{Re}(C_3) = \mathrm{Re}\left(\frac{\alpha A_1 - \overline{A_0}}{\alpha^2+1}\right) \tag{12.136}$$

$$\mathrm{Im}(C_3) = \mathrm{Im}\left(\frac{\alpha A_1 - \overline{A_0}}{\alpha^2-1}\right) \tag{12.137}$$

Assuming that the highest positive and negative powers of ζ in $\varphi_3(z)$ is N, there are $2N$ equations for $2N$ undetermined coefficients ($e_k, f_k, k = 1, 2, \ldots, N$). The undetermined coefficients c_k and d_k of the analytic function $\varphi_3(z)$ can be obtained by solving the linear equations.

When the concentrated force applied on the tunnel boundary (as shown in Fig. 12.37c), the analytic functions of Step I and step II are represented by $\varphi_4(z)$ and $\varphi_5(z)$ respectively. It has been pointed out before that when the concentrated force acts on the tunnel boundary, the solution process is the same as that of $\varphi_2(z)$ and $\varphi_3(z)$ so the derivation is not repeated here. Therefore, the analytic function of a pair of concentrated forces with equal magnitude and opposite direction acting on a shallow tunnel is:

$$\varphi(z) = \varphi_2(z) + \varphi_3(z) + \varphi_4(z) + \varphi_5(z) \tag{12.138}$$

12.3.3 Analytical Solution of Bolt Axial Force

For the problem in this section, the compatibility of displacements between the bolts and rock mass should be satisfied as:

$$(1-\eta)\Delta u_{r1}(j) + \Delta u_{r2}(j) = \Delta u(j) \tag{12.139}$$

where η is the displacement release coefficient, which reflects the displacement completed before installing the support. In $\Delta u_{r1}(j)$ and $\Delta u_{r2}(j)$, j reflects the position of j-th bolt. And in $\Delta u(j)$, j reflects j-th bolt. $\Delta u_{r1}(j)$ is the relative radial displacement of the rock mass between the two positions (the bolt head and anchor point), induced only by the excavation of a circular tunnel. Furthermore, $\Delta u_{r2}(j)$ is the relative radial displacement of the rock mass, induced only by the pairs of concentration forces. $\Delta u(j)$ is the elongation of the bolt shaft.

$\Delta u_{r1}(j)$ was obtained by the method in Chap. 11. $\Delta u_{r2}(j)$ can be obtained by substituting the analytic function $\varphi(z)$ obtained by Sect. 12.2.3 into Eq. (12.84). The elongation of the bolt $\Delta u(j)$ is:

$$\Delta u(j) = \frac{4LN_j}{\pi E_s d_s^2} \tag{12.140}$$

where N_j is the axial load of j-th bolt, and $N_j = P_j S_1$, where S_1 is the spacing of bolts in the axial direction of the tunnel, E_s is the elastic modulus of bolts, and d_s is the diameter of bolts.

Therefore, according to Eq. (12.139), the linear equations of the axial force N_j of the bolts can be obtained, and the axial force of the bolts can be obtained by solving the linear equations [24]. Then, by combining N_j with the corresponding analytic functions and substituting them into Eqs. (12.80),(12.82) and (12.84) the analytical solution of the shallow buried circular tunnel only under the action of the end anchored bolt can be obtained. The stress and displacement solution of the shallow buried circular tunnel supported by end anchored bolt can be obtained by superimposing the analytical solution of the shallow buried circular tunnel under gravity.

For the problem of prestressed bolt, this section is solved by the following methods. Assuming that the initial load of each prestressed bolt is N_{0j}, when solving the elongation $\Delta u(j)$ of the bolt, the original axial force N_j of the bolt is replaced by $N_j - N_{0j}$, that is:

$$\Delta u(j) = \frac{4L(N_j - N_{0j})}{\pi E_s d_s^2} \tag{12.141}$$

In addition, the other solving process is the same as that of non-prestressed bolt.

12.3.4 Verification

To verify the analytical results, analytical and numerical results were compared for the same case. The numerical results were obtained using ANSYS. The parameters used were shown in Table 12.3.

Table 12.3 Parameters of tunnel and bolts

Bulk density of rock mass $(\mathrm{kN/m^3})$	Buried depth H (m)	Elastic modulus of rock mass E_1 (MPa)	Poisson's ratio of rock mass μ_1	Lateral stress coefficient. λ	Tunnel radius R_0 (m)
19.0	10.0	10.0	0.3	0.5	3.0
Elastic modulus of Bolts E_2 (MPa)	Length of bolts L (m)	Diameter of bolt (m)	Spacing of bolts in axial direction S_1 (m)	Displacement release coefficient η	
10,000.0	3.0	0.25	1.0	0.3	

A total of 13 bolts are installed, evenly distributed along the upper part of the tunnel, and each bolt is separated by 15°, as shown in Fig. 12.36. In this section, the effect of end anchored bolt on rock mass is simplified as a pair of concentrated forces with equal magnitude and opposite direction. Therefore, to correspond to the assumption of analytical solution, the end anchored bolt is simulated by spring element in ANSYS, which is the same as the fixed point of the bolt. One end of the spring is placed at the bolt head, while the other end is placed at the anchor point. The expression of the coefficient k_1 of the spring is:

$$k_1 = \frac{\pi E_s d_s^2}{4S_1 L} \tag{12.142}$$

The distance between the lower boundary of the ANSYS model and the center of the tunnel is 500 m, and the equivalent node force is applied to the tunnel boundary by using the release load method. The model is large enough compared with the tunnel size, thus, the excavation of the tunnel has little effect on the left and right boundaries and the lower boundary. Therefore, it is assumed that the left and right boundaries of the ANSYS model have no horizontal displacement, and the lower boundary has no vertical displacement, that is, the left and right boundaries are constrained in the x direction, and the lower boundary is constrained in the y direction. The four-node quadrilateral element PLANE42 is used. After meshing, a total of 276,650 nodes and 275,613 elements are formed.

Since both the tunnel and the load are symmetrical about y-axis, the following only discusses the results of the right half of the tunnel. Table 12.4 is the comparison between the analytical results and the numerical results of the axial force of the end anchored bolts. θ is the installation angle of the bolt. $\theta = 0°$ corresponds to the bolt installed on the right side of the tunnel, and $\theta = 90°$ corresponds to the bolt installed on the top of the tunnel. It can be seen from Table 12.4 that the results of numerical solution and analytical solution of bolt axial force are in good agreement, and the maximum relative error is only 0.97%.

Table 12.4 Comparison between numerical results and analytical results

Angle of anchor installation θ (°)	0	15	30	45	60	75	90
Numerical solution of axial force N_j (kN)	11.58	11.23	12.44	13.93	14.88	15.09	15.12
Analytical solution of axial force N_j (kN)	11.64	11.34	12.52	14.00	14.97	15.20	15.15

12.3.5 Analysis and Discussion

In the following, the influence of main parameters such as lateral stress coefficient, tunnel buried depth, bolt length, elastic modulus ratio of bolt to rock mass and prestress on the bolts are analyzed through several examples. The parameters are the same as that of Sect. 12.1.5.

12.3.5.1 Influence of Elastic Modulus Ratio on Axial Force

Figure 12.40 shows the axial force distribution of bolts at different positions under different elastic modulus ratios E_s/E. It can be seen that:

(1) The axial forces of the bolts increase with the increase of the elastic modulus ratio, that is, when the elastic modulus of the rock mass is constant, the larger the elastic modulus of the bolts, the greater the axial force of the bolts.
(2) When $\lambda = 0.5$, the axial force of the bolts at the top of the tunnel is larger, the axial force of the bolts at $'' = 15°$ is the smallest, and the axial force of the bolts

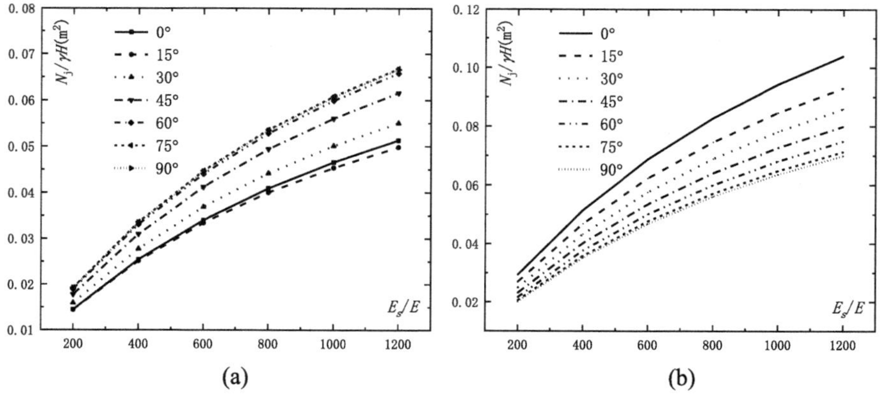

Fig. 12.40 Axial loads of bolts for different E_s/E: **a** $\lambda = 0.5$; **b** $\lambda = 1.0$

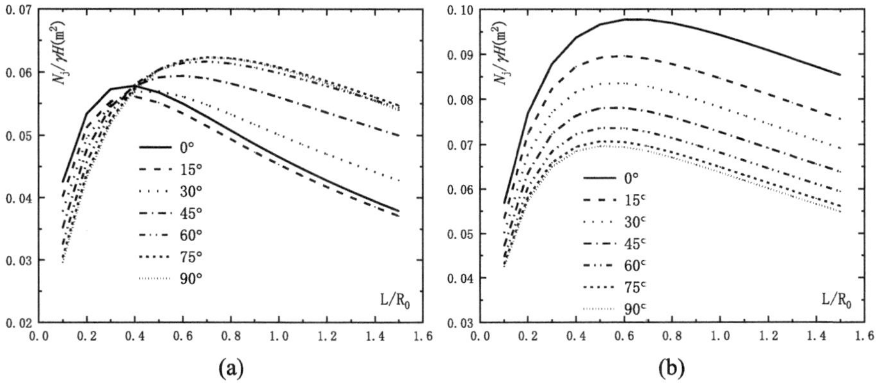

Fig. 12.41 Axial loads of bolts for different L/R_0: **a** $\lambda = 0.5$; **b** $\lambda = 1.0$

at $\theta = 15°$ is the largest. When $\lambda = 1.0$, the axial force of the bolt at $\theta = 90°$ is the smallest, and the axial force of the bolt at $\theta = 0°$ is the largest.

12.3.5.2 Influence of Bolt Length on Axial Force

Figure 12.41 shows the axial force distribution of bolts at different positions under different bolt length L/R_0. It can be seen that:

(1) When the relative bolt length L/R_0 is small, the axial force of the bolt increases with the increase of L/R_0 until it reaches a peak, and then decreases with the increase of L/R_0. Thus, it is very important to select the appropriate length of bolts. When the bolts are too long, the effect of bolts is not good.
(2) For the case of $\lambda = 0.5$, when the length of the bolts are small, the axial force of the bolts at the side of the tunnel is larger than that at the top of the tunnel. When the length of the bolts is large, the axial force of the bolts at the top of the tunnel is larger than that at the side of the tunnel. For the case of $\lambda = 1.0$, the axial force of the bolts on the side of the tunnel is always larger than that on the side of the tunnel.
(3) When the length of the bolts is small, the difference of axial force at different positions is small. When the length of the bolts is large, the axial force of the bolts at different positions varies greatly.

12.3.5.3 Influence of Buried Depth on Axial Force

Figure 12.42 shows the axial force distribution of bolts at different positions under different buried depth H/R_0. It can be seen that:

(1) Regardless of the value of λ, the relative buried depth has little effect on the relative axial force $N_j/\gamma H$ at $\theta = 0°$, and has a significant effect on $N_j/\gamma H$ at the top of the tunnel.

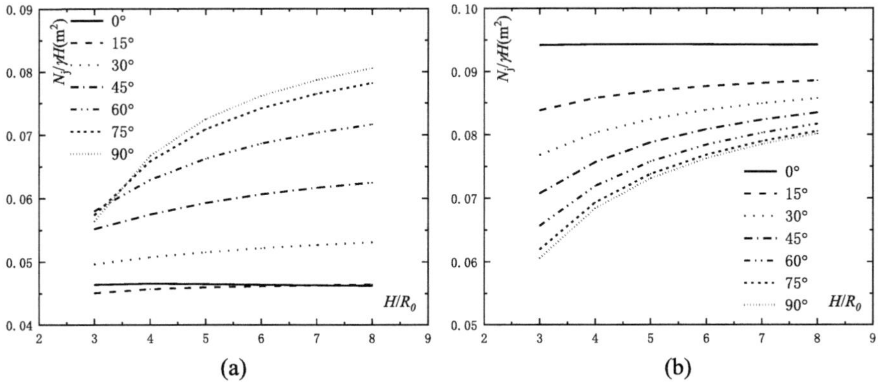

Fig. 12.42 Axial loads of bolts for different H/R_0: **a** $\lambda = 0.5$; **b** $\lambda = 1.0$

(2) For the case of $\lambda = 0.5$, when the buried depth of the tunnel is small, the difference of the axial force at different positions is small, and the difference of the axial force at different positions increases with the increase of the buried depth of the tunnel. For the case of $\lambda = 1.0$, when the buried depth of the tunnel is small, the difference of the axial force at different positions is large, and the difference of the axial force at different positions decreases with the increase of the buried depth of the tunnel.
(3) For the case of $\lambda = 1.0$, no matter what the buried depth of the tunnel is, the maximum axial force appears on the bolt at $\theta = 0°$, and the minimum axial force appears on the bolt at $\theta = 90°$. For the case of $\lambda = 0.5$, when the buried depth of the tunnel is very small (such as $H/R_0 = 3.0$), the maximum axial force of the bolts appears on the bolt at $\theta = 60°$, and the minimum axial force appears on the bolt at $\theta = 15°$. When the buried depth of the tunnel is large, the maximum axial force of the bolt appears on the bolt at $\theta = 90°$, and the minimum axial force appears on the bolt at $\theta = 0°$.

12.3.5.4 Influence of Prestress on Axial Force

The above discussion is the axial force of the non-prestressed bolts. The influence of the initial prestress on the axial force of the bolt is discussed below. Figure 12.43 shows the axial force distribution of bolts at different positions under different prestress N_0. It can be seen that:

(1) Due to the assumption of linear elasticity of the bolt and rock mass, the axial force of the bolts is linear with the prestress.
(2) With the increase of the prestress, the axial force of the bolts is increasing, and the increment of the axial force of the bolt at different positions is basically the same.

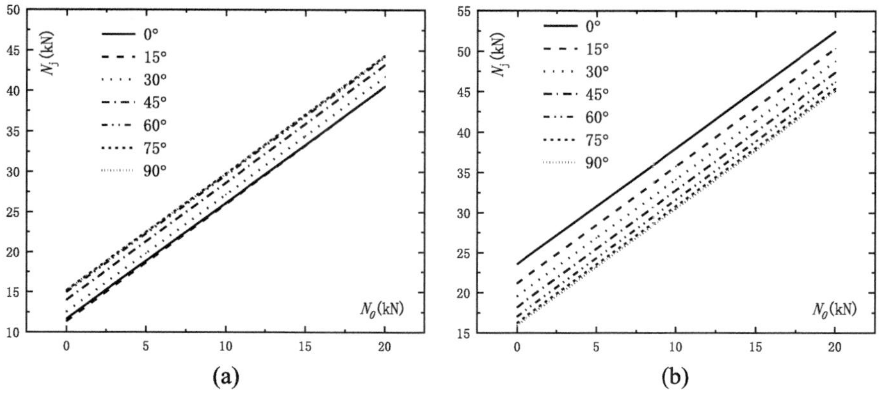

Fig. 12.43 Axial loads of bolts for different N_0: **a** $\lambda = 0.5$; **b** $\lambda = 1.0$

12.3.6 Conclusions

In this section, the effect of the end anchored bolts on the rock mass is simplified as a pair of concentrated forces of equal magnitude and opposite direction. The size of the concentrated force is unknown. Therefore, firstly, the analytic function corresponding to a circular hole in a half-plane subjected to a concentrated force is derived by using the complex variable method. On this basis, the analytical solution of the shallow circular tunnel supported by end anchored bolts is derived, and the axial force of the end anchored bolts and the stress and displacement field in the rock mass after the bolt support are obtained. In the solving process, the interaction between the bolts and the rock mass is considered. The linear equations are established by using the displacement coordination condition between the bolts and the rock mass, and the equations are solved to obtain the axial force of the bolt. Combining the axial force of the bolts with the analytic function corresponding to a circular hole in a half-plane subjected to a concentrated force, the analytical solution of a shallow circular tunnel supported by the end anchored bolt can be obtained. When using ANSYS software to verify the analytical solution, to correspond to the assumption that the bolts is simplified as a pair of concentrated forces in the analytical solution, the bolts is simulated as spring elements. On this basis, the numerical solution of the axial force is obtained. The axial force of the bolts obtained by the two methods is in good agreement. The influence of elastic modulus ratio, bolt length, buried depth and prestress is studied by example analysis. The main conclusions are as follows:

(1) The greater the elastic modulus of the bolts, the greater the axial force of the bolt, but the longer the length of the bolt, the axial force of the bolt may not be greater. There is a specific length for each bolt. When the length of the bolt is taken, the axial forces of the bolts reach the maximum value. If the bolts are too long or too short, the bolts cannot bear the larger axial force. Therefore, it is necessary to select the appropriate length of the bolts to achieve the best effect of bolts. The method in this section provides a reference for the preliminary

design of the length of the bolts. The theoretically optimal length of the bolt can be quickly obtained by providing parameters.

(2) The change of buried depth has little effect on the relative axial forces of the bolts on the side of the tunnel, but has a significant effect on the relative axial forces of the bolts on the top of the tunnel. Moreover, regardless of the value of the lateral stress coefficient, the relative axial forces of the bolts always increase with the increase of the buried depth. The axial forces of the bolts increase linearly with the increase of prestress.

References

1. Wang, M.B., and S.C. Li. 2009. A complex variable solution for stress and displacement field around a lined circular tunnel at great depth. *International Journal for Numerical and Analytical Methods in Geomechanics* 33: 939–951.
2. Lu, A.Z., L.Q. Zhang, and N. Zhang. 2011. Analytic stress solutions for a circular pressure tunnel at pressure and great depth including support delay. *International Journal of Rock Mechanics & Mining Science* 48: 514–519.
3. Li, S.C., and M.B. Wang. 2008. An elastic stress–displacement solution for a lined tunnel at great depth. *International Journal of Rock Mechanics and Mining Sciences* 45 (4): 486–494.
4. Lu, A.Z., N. Zhang, and L. Kuang. 2014. Analytic solutions of stress and displacement for an non-circular tunnel at great depth including support delay. *International Journal of Rock Mechanics & Mining Sciences* 70: 69–81.
5. Tao, J.Y., A.Z. Lu, and C.L. Yin. 2018. Analytic solutions of stress and displacement for a non-circular pressurized tunnel in consideration of support delay. *Journal of Yangtze River Scientific Research Institute* 35 (3): 164–170.
6. Kargar, A., R. Rahmannejad, and M. Hajabasi. 2014. A semi-analytical elastic solution for stress field of lined non-circular tunnels at great depth using complex variable method. *International Journal of Solids and Structures* 51 (6): 1475–1482.
7. Lu, A.Z., Y. Qin, and H.Y. Chen. 2014. Stress analysis of deep horseshoe tunnel considering support delay. *Rock and Soil Mechanics* 35 (S1): 42–48.
8. Lu, A.Z., N. Zhang, H.Y. Chen, et al. Analytic Stress Solutions for a Circular Pressure Tunnel at Great Depth Including Support Delay and Pure Slip Boundary Condition[J]. 2014 Rock Engineering and Rock Mechanics: Structures in and on Rock Masses – Alejano, Perucho, Olalla & Jiménez (Eds)
9. Carranza-Torres, C., B. Rysdahl, and M. Kasim. 2013. On the elastic analysis of a circular lined tunnel considering the delayed installation of the support. *International Journal of Rock Mechanics and Mining Sciences* 61 (10): 57–85.
10. Yin, C.L., A.Z. Lu, and J.Y. Tao. 2018. Analytic solutions of stress and displacement for a non-circular pressure tunnel under full-slip contact condition. *Journal of Yangtze River Scientific Research Institute* 35 (5): 85–92, 102.
11. Lu, A.Z., N. Zhang, and Y. Qin. 2015. Analytical solutions for the stress of a lined non-circular tunnel under full-slip contact conditions. *International Journal of Rock Mechanics and Mining Sciences* 79: 183–192.
12. Bobet, A. 2001. Analytical solutions for shallow tunnels in saturated ground. *Journal of Engineering Mechanics* 127 (12): 1258–1266.
13. Zhang, Z.G., M.X. Zhang, Y.J. Jiang, et al. 2017. Analytical prediction for ground movements and liner internal forces induced by shallow tunnels considering non-uniform convergence pattern and ground-liner interaction mechanism. *Soils and Foundations* 57 (2): 211–226.
14. Flügge, W. 2013. *Stresses in shells*. Springer Science & Business Media.

15. Cai, H., A.Z. Lu, Y.C. Ma, et al. 2021. Semi-analytical solution for stress and displacement of lined circular tunnel at shallow depths. *Applied Mathematical Modelling* 100: 263–281.
16. Cai H. Analytical studies on mechanical analysis of shallow buried supported tunnels, Dissertation for the Doctoral Degree, North China Electric Power University, June, 2022.
17. Huang, H.W., and D.M. Zhang. 2016. Resilience analysis of shield tunnel lining under extreme surcharge: Characterization and field application. *Tunnelling and Underground Space Technology* 51: 301–312.
18. Wang, H.N., X.P. Chen, M.J. Jiang, F. Song, and L. Wu. 2018. The analytical predictions on displacement and stress around shallow tunnels subjected to surcharge loadings. *Tunnelling and Underground Space Technology* 71: 403–427.
19. Verruijt, A. 1997. A complex variable solution for a deforming circular tunnel in an elastic half-plane. *International Journal for Numerical and Analytical Methods in Geomechanics* 21 (2): 77–89.
20. Verruijt, A. 1998. Deformations of an elastic half plane with a circular cavity. *International Journal of Solids and Structures* 35 (21): 2795–2804.
21. Bobet, A. 2006. A simple method for analysis of point anchored rockbolts in circular tunnels in elastic ground. *Rock Mechanics and Rock Engineering* 39: 315–338.
22. Cai, H., A.Z. Lu, and Y.C. Ma. 2019. Analytic stress solution for a circular tunnel in half plane with a concentrated force. *Mathematics and Mechanics of Solids* 24 (12): 3862–3879.
23. Melan E. 1932. Spannungszustand der durch eine Einzelkraft im Innern beanspruchten Halbscheibe. *Zamm - Journal of Applied Mathematics & Mechanics* 12 (6): 343–346.
24. Cai, H., A.Z. Lu, and Y.C. Ma. 2020. An analytical solution for shallow buried tunnel reinforced by point anchored rockbolts. *Tunnelling and Underground Space Technology* 100: 103402.

Chapter 13
Tunnel/Hole Shape Optimization Based on Analytical Solution

13.1 Inverse Problems in Mechanics

The forward problem of solid mechanics is to find the law of stress distribution and deformation (strain or displacement) inside the object when the external loadings, geometric shape, and material properties (constitutive equation) of the object are known. The previous discussions from Chap. 2 to Chap. 12 all focus on forward problems. The corresponding inverse problem refers to the situation in which certain unknown quantities in the forward problem are turned into known quantities through on-site measurements or artificial designations, while certain known quantities are used as unknown quantities. The inverse problem can be divided into displacement back analysis and hole shape optimization [1].

The displacement back analysis refers to the process of determining the material parameters in the constitutive equations or/and the applied external loadings according to the measured displacement field, when the geometric shape of the object and the functional form of the constitutive equations are assumed to be given. This part of the content will be discussed in Chap. 14. If the constitutive equations are not given in advance, the specific functional form and material parameters of constitutive equations are inversed from the given multiple constitutive equations (e.g., linear elasticity for isotropy, linear elasticity for anisotropy, and elasto-plasticity) according to the measured displacement field. This is actually the content of model identification.

The hole shape optimization refers to the situation in which the geometric shape of the object (e.g., the hole shape in a plane problem) is taken as the unknown quantity to be solved, when the constitutive equations (e.g., linear elasticity for isotropy, linear elasticity for anisotropy, and elasto-plasticity), the material parameters and the applied external loadings (including the in situ stresses) are given, and the stress or displacement fields are assumed to satisfy predetermined conditions. This is a class of geometric inverse problems.

A. Lu et al., *Complex Variable Function Solutions in the Mechanical Analysis of Tunnels*, https://doi.org/10.1007/978-981-97-1691-3_13

This type of inverse problem can include two situations. One is how to design the shape of the hole to make the deformed hole boundary under external loadings meet the predetermined shape requirements. This part will be discussed in Sect. 13.2; Another situation is how to design the shape of the hole to achieve the minimum stress concentration along the hole boundary under external loadings, which will be discussed in Sects. 13.3–13.6.

The hole shape optimization with stress satisfying predetermined conditions aims to reduce stress concentration along the hole boundary. There have been various methods for studying the hole shape optimization in the past. Among them, the photo elastic test method, finite element method, and complex variable method are the three main methods. Due to the fact that the tests required for the photo elastic test method is too many and the computational workload of finite element method is too large, these two methods have not been highly concerned by mechanics researchers. While the complex variable method is favored because it is particularly effective for stress analysis of holes. The optimization of hole shape is achieved by taking some coefficients in the mapping function as design variables.

The optimization criterion needs to be determined first for hole shape optimization. The optimal hole shape obtained for different optimization criterion may be different, as well as the stress distribution along the hole boundary. Therefore, there is also an optimality issue with the optimization criterion. A suitable optimization criterion should minimize the degree of stress concentration along the hole boundary.

Bjorkman et al. proposed the concept of a harmonic hole in 1976 [2], i.e., they obtained the optimal hole shape under different loadings by taking the optimal condition that the first invariant of stress with and without holes remains unchanged [2, 3]. The tangential normal stresses σ_θ are the same at each point along the boundary of the optimal hole, therefore, this criterion can indeed obtain the minimum stress concentration. The shortcoming of this criterion is its poor practicality, which is manifested by the fact that for some external loadings, the harmonic hole does not exist, or the obtained harmonic holes are some impractical hole shapes.

The optimization criterion used by Dhir in 1981 is to minimize the integral of the square of tangential stress along the hole boundary $\left(J = \int_0^{2\pi} \sigma_\theta^2 d\theta\right)$ [4]. Like Bjorkman, he also used the complex variable method and solved a class of hole shape optimization problem. The hole shape obtained based on this optimization criterion can generally achieve good stress distribution along the hole boundary, but may not necessarily achieve the minimum stress concentration.

The author of this book, Aizhong Lu, proposed a new optimization criterion for hole shapes in 1996 [5], which is to find the optimal hole shape by minimizing the tangential stress with the maximum absolute value along the hole boundary. It can be seen from the definition of the criterion that, the hole shape obtained by this criterion makes the maximum absolute value of the tangential stress along the hole boundary reach its minimum value, that is, the minimum stress concentration can be obtained along the hole boundary. This criterion has wide applicability, and can be used to determine the excavation shape of tunnels [6, 7].

According to the usage requirements of the tunnel, the authors search for the optimal tunnel shape under the condition that the tunnel width and/or height are given. As rock is a material whose uniaxial compressive strength is much greater than its uniaxial tensile strength, the constraint condition that the tangential stress at the tunnel boundary does not appear tensile stress can also be added in the optimization process of tunnel shape [7]. It is found through the author's research that for a specific project and the in situ stress field is known, the constraint condition of no tensile stress at the tunnel boundary can be relaxed in the shape optimization of the excavation section of a tunnel. That is, tensile stress at the tunnel boundary is allowed, but its magnitude should be less than the uniaxial tensile strength of the rock. So that the maximum tangential compressive stress at the tunnel boundary can be further reduced.

The authors also find that, when the width and height of the tunnel are limited coupled with the constraint condition of no tensile stress at the tunnel boundary, it may not be possible to find a tunnel shape that meets these requirements, which reflects the possible unsolvable characteristic of the inverse problem. In other words, when there are certain limitations on the width and height of the tunnel, tensile stress will inevitably occur at certain points along the hole boundary no matter how to adjust the hole shape.

The above-mentioned researches are all about the shape optimization problem of a single hole without support structure, and the involved materials are all isotropic media. Two optimization criteria are used in this book to discuss the shape optimization problem of an isotropic plate with two holes. One criterion can ensure that the tangential stresses at each point of the hole boundary are equal, and the other criterion ensures that the tangential stress with the maximum absolute value along the hole boundary reaches the minimum. It is found that the hole shapes obtained by the two criteria are the same. This part will be discussed in Sects. 13.3 and 13.4, respectively.

In Sect. 13.5, the shape optimization problem will be discussed for a single deep-buried tunnel with lining support structure, assuming that the surrounding rock mass and lining are both isotropic media. While in Sect. 13.6, the shape optimization will be discussed for a hole in an orthotropic plate.

13.2 Shape Optimization of Planar Hole Problem—Satisfy Predetermined Displacements Condition

13.2.1 Problem Description and Basic Equations

In plate structures, a crucial criterion for measuring the optimality of the hole shape is the stress concentration along the hole boundaries. Reducing the stress concentration along the hole boundary is an important research subject in the optimization of planar hole shapes. However, from a theoretical and practical perspective, sometimes what we are concerned about is not the problem of stress concentration along the hole boundary, but the shape of the hole after deformation subject to known loadings. For example, how to design the hole shape in a plate so that the boundary of the deformed hole is circular, which is more conducive for the rotation of the cylindrical structure within the circular hole. Therefore, it has important practical significance for studying the hole shape design with the given hole boundary displacement as a prerequisite, that is, how to design the hole shape so that the hole boundary can meet the predetermined requirements after deformation under external loadings. The author has conducted some preliminary researches in this regard.

Herein, the problem of an infinite plate with a hole is discussed. The plate is only subjected to uniform loadings σ_x^∞ and σ_y^∞ (where $\tau_{xy}^\infty = 0$) at infinity, and there is no external loading applying on the hole boundary. Besides, the plate is assumed to be an isotropic linear elastic material. This is a stress boundary value problem that can be directly solved by using Eqs. (2.18), (2.27), (2.38), (2.39), (2.53) and (2.54) in Chap. 2. For convenience, these equations are listed in the following with some corresponding simplifications for the problem in this section.

$$\varphi(\sigma) + \frac{\omega(\sigma)}{\overline{\omega\prime(\sigma)}}\overline{\varphi\prime(\sigma)} + \overline{\psi(\sigma)} = 0 \tag{13.1}$$

$$\varphi(\zeta) = B\omega(\zeta) + \varphi_0(\zeta) \tag{13.2}$$

$$\psi(\zeta) = B\prime\omega(\zeta) + \psi_0(\zeta) \tag{13.3}$$

$$\varphi_0(\zeta) = \sum_{k=1}^{\infty} a_k\zeta^{-k} \tag{13.4}$$

$$\psi_0(\zeta) = \sum_{k=1}^{\infty} b_k\zeta^{-k} \tag{13.5}$$

$$B = \frac{\sigma_x^\infty + \sigma_y^\infty}{4}, B' = \frac{\sigma_y^\infty - \sigma_x^\infty}{2} \tag{13.6}$$

Taking the boundary values of Eqs. (13.2) and (13.3), and substituting them into Eq. (13.1) yields

$$2B\omega(\sigma) + \varphi_0(\sigma) + \frac{\omega(\sigma)}{\overline{\omega'(\sigma)}}\overline{\varphi_0'(\sigma)} + \overline{B'\omega(\sigma)} + \overline{\psi_0(\sigma)} = 0 \tag{13.7}$$

The $\omega(\zeta)$ in Eqs. (13.1)–(13.3) and (13.7) is mapping function. When solving a forward problem, the hole shape is given in advance and the functional form of $z = \omega(\zeta)$ is known, which is the functional form of Eq. (1.1) in Chap. 1 and the R and C_k are known constants. Equation (1.1) represents that the outer regions of the hole in an infinite plate are mapped onto the outer regions of the unit circle in the image plane. The $\omega(\sigma)$ in Eqs. (13.1) and (13.7) is the boundary value of $\omega(\zeta)$, and the hole boundary corresponds to the unit circle in the image plane where $\sigma = e^{i\theta}$.

In the forward problem, the $z = \omega(\zeta)$, B and B' are all known. If there is no external loading applying on the hole boundary, the two analytic functions $\varphi_0(\zeta)$ and $\psi_0(\zeta)$ can be obtained based on the stress boundary condition of Eq. (13.1), and then, the displacement can be determined according to Eq. (2.26) in Chap. 2. That is exactly the problem discussed in Chap. 2.

For the problem discussed in this section, the displacement boundary conditions given in Eq. (2.28) are also needed.

$$2G(\overline{u} + i\overline{v}) = \kappa\varphi(\sigma) - \frac{\omega(\sigma)}{\overline{\omega'(\sigma)}}\overline{\varphi'(\sigma)} - \overline{\psi(\sigma)} \tag{13.8}$$

where G and κ are material parameters, and their meanings have been explained in Chap. 2.

13.2.2 Basic Principles and Method

For the problem in this section, the B and B' are still known, while the $z = \omega(\zeta)$ is the unknown to be solved. The displacement vector along the hole boundary needs to meet predetermined conditions.

The boundary of the designed hole shape is denoted by z, and the boundary of the deformed hole under external loadings is denoted by z_d, which is a known condition given in advance. Then, the displacement vector $\overline{u} + i\overline{v}$ is related to z and z_d by the following geometric relationship (as shown in Fig. 13.1).

$$z_d = z + \overline{u} + i\overline{v} \tag{13.9}$$

The followings can be directly given according to Eq. (1.1) in Chap. 1.

$$z_d = D\sigma + \sum_{k=1}^{m} D_k\sigma^{-k} \tag{13.10}$$

$$z = C\sigma + \sum_{k=1}^{n} C_k\sigma^{-k} \tag{13.11}$$

When the boundary of the deformed hole is known, the D and D_k in Eq. (13.10) can be obtained by using the method in Chap. 1. If the deformed hole boundary is symmetric about the x-axis, the D and D_k are both real constants.

This section aims to find the boundary shape of the designed hole, so the C and C_k in Eq. (13.11) are unknowns to be solved. It can be proven that the C and C_k are

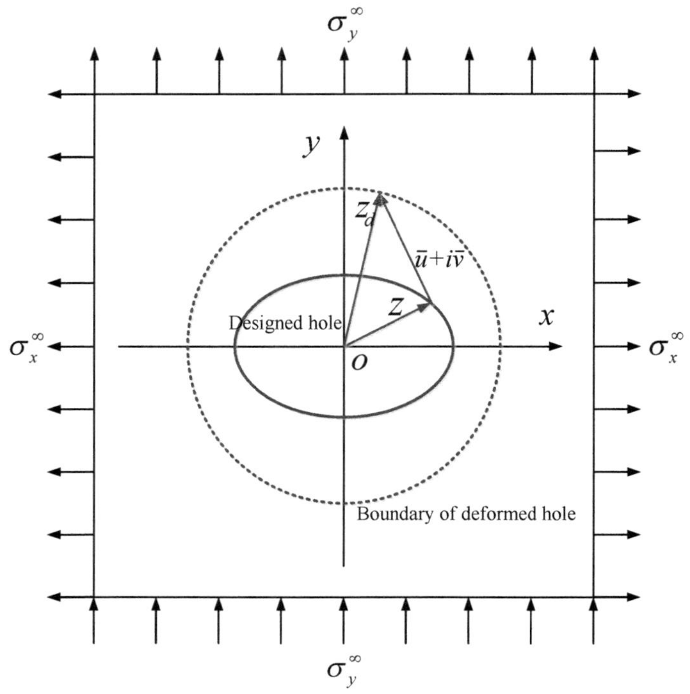

Fig. 13.1 The designed hole and boundary of the deformed hole

also real constants when the loadings and deformed hole shapes are both symmetric about the x-axis. This section only discusses such symmetric problems.

Replacing σ with ζ in Eq. (13.11) gives the expression for the mapping function.

$$z = \omega(\zeta) = C\zeta + \sum_{k=1}^{n} C_k\zeta^{-k} \tag{13.12}$$

Substituting Eq. (13.1) into Eq. (13.8) yields

$$\bar{u} + \mathrm{i}\bar{v} = \frac{1+\kappa}{2G}\varphi(\sigma) \tag{13.13}$$

Substituting Eqs. (13.10), (13.11) and (13.13) into Eq. (13.9) yields

$$D\sigma + \sum_{k=1}^{m} D_k\sigma^{-k} = C\sigma + \sum_{k=1}^{n} C_k\sigma^{-k} + \frac{1+\kappa}{2G}\left[B\left(C\sigma + \sum_{k=1}^{n} C_k\sigma^{-k}\right) + \varphi_0(\sigma)\right] \tag{13.14}$$

Conjugating both sides of Eq. (13.14) and applying the Cauchy's integral operator $\frac{1}{2\pi i}\oint_{\gamma}\frac{d\sigma}{\sigma-\zeta}$ (where ζ is the point outside the circle) yields that

$$C = \frac{2GD}{2G + (1+\kappa)B} \tag{13.15}$$

Applying the Cauchy's integral operator $\frac{1}{2\pi i}\oint_{\gamma}\frac{d\sigma}{\sigma-\zeta}$ (where ζ is the point outside the circle) on both sides of Eq. (13.14) yields that

$$\varphi_0(\zeta) = \frac{2G}{1+\kappa}\sum_{k=1}^{m} D_k\zeta^{-k} - \frac{2G+(1+\kappa)B}{1+\kappa}\sum_{k=1}^{n} C_k\zeta^{-k} \tag{13.16}$$

Substituting the boundary value $\varphi_0(\sigma)$ of $\varphi_0(\zeta)$ into Eq. (13.7) and applying the Cauchy's integral operator $\frac{1}{2\pi i}\oint_{\gamma}\frac{d\sigma}{\sigma-\zeta}$ (where ζ is the point outside the circle) yields that

$$\begin{aligned} &-2B\sum_{k=1}^{n} C_k\zeta^{-k} - \frac{2G}{1+\kappa}\sum_{k=1}^{m} D_k\zeta^{-k} \\ &+ \frac{2G+(1+\kappa)B}{1+\kappa}\sum_{k=1}^{n} C_k\zeta^{-k} \\ &+ \frac{1}{2\pi i}\oint_{\gamma}\frac{1}{\sigma-\zeta}\frac{\omega(\sigma)}{\overline{\omega'(\sigma)}}\overline{\varphi_0'(\sigma)}d\sigma - B'C\zeta^{-1} = 0 \end{aligned} \tag{13.17}$$

It is known from Chap. 2 that $\oint_{\gamma}\frac{1}{\sigma-\zeta}\frac{\omega(\sigma)}{\overline{\omega'(\sigma)}}\overline{\varphi_0'(\sigma)}d\sigma = 0$ for $n \le 2$, then, the C_k can be easily determined according to Eq. (13.17). It can be seen that when $n \le 2$, there must be $m \le 2$, that is, the shape of the designed hole can be easily determined only when the deformed hole shape is a specific type.

When $n \le 2$, the following equations can be given by comparing the coefficients of the same power of ζ on both sides of Eq. (13.17).

$$\begin{cases} -2BC_1 - \dfrac{2G}{1+\kappa}C_1 + \dfrac{2G+(1+\kappa)B}{1+\kappa}C_1 - B'C = 0 \\ -2BC_2 - \dfrac{2G}{1+\kappa}C_2 + \dfrac{2G+(1+\kappa)B}{1+\kappa}C_2 = 0 \end{cases} \tag{13.18}$$

From Eq. (13.18), we have

$$C_1 = \frac{2GD_1 + (1+\kappa)B'C}{2G-(1+\kappa)B} \tag{13.19}$$

$$C_2 = \frac{2GD_2}{2G-(1+\kappa)B} \tag{13.20}$$

13.2.3 Analysis and Discussion

13.2.3.1 When $D_2 = 0$

From Eqs. (13.10) and (13.11), we have $C_2 = 0$. This indicates that the designed hole shape must be elliptical if the deformed hole shape is elliptical.

The semi-axes of the deformed elliptical hole along the *x*- and *y*-axes are denoted as a_d and b_d, respectively, and we can obtain from Eq. (13.10) that

$$\begin{cases} a_d = D + D_1 \\ b_d = D - D_1 \end{cases} \tag{13.21}$$

The semi-axes of the designed hole along the *x*- and *y*-axes are denoted as *a* and *b*, respectively, and we can obtain from Eq. (13.11) that

$$\begin{cases} a = C + C_1 \\ b = C - C_1 \end{cases} \tag{13.22}$$

Substituting Eqs. (13.15) and (13.19) into Eq. (13.22) yields

$$\begin{cases} a = 2G\dfrac{2G(D_0 + D_1) - B(1+\kappa)(D_0 - D_1) + B'(1+\kappa)D_0}{4G^2 - B^2(1+\kappa)^2} \\ b = 2G\dfrac{2G(D_0 - D_1) - B(1+\kappa)(D_0 + D_1) - B'(1+\kappa)D_0}{4G^2 - B^2(1+\kappa)^2} \end{cases} \tag{13.23}$$

Substituting Eq. (13.6) into Eq. (13.23) yields

$$\frac{a}{b} = \frac{(D_0 + D_1)\left\{1 - \frac{(1+\kappa)\sigma_x^\infty D_0}{[2G+B(1+\kappa)](D_0-D_1)}\right\}}{(D_0 - D_1)\left\{1 - \frac{(1+\kappa)\sigma_y^\infty D_0}{[2G+B(1+\kappa)](D_0-D_1)}\right\}} \tag{13.24}$$

Only the situation that σ_x^∞ and σ_y^∞ are tensile stresses are discussed in the following, and sign convention is defined as positive for tensile stresses.

As $D_0 > 0, D_0 + D_1 > 0, D_0 - D_1 > 0$ and $2G + B(1+\kappa) > 0$, it can be obtained from Eq. (13.24) that

when $\sigma_x^\infty < \sigma_y^\infty$, then, $\frac{a}{b} > \frac{D_0+D_1}{D_0-D_1} = \frac{a_d}{b_d}$;
when $\sigma_x^\infty > \sigma_y^\infty$, then, $\frac{a}{b} < \frac{D_0+D_1}{D_0-D_1} = \frac{a_d}{b_d}$;
when $\sigma_x^\infty = \sigma_y^\infty$, then, $\frac{a}{b} = \frac{D_0+D_1}{D_0-D_1} = \frac{a_d}{b_d}$.

13.2.3.2 When $D_1 = D_2 = 0$

From Eqs. (13.19) and (13.20), we have $C_2 = 0$ and $C_1 = -\frac{(1+\kappa)B'C}{2G-(1+\kappa)B}$, which indicates that if the hole shape after loading is circular and the designed hole must be elliptical. At this time, we have

$$D = \frac{2G + (1+\kappa)B}{2G}C \tag{13.25}$$

13.2.3.3 When $D_2 \neq 0$

We can obtain from Eq. (13.20) that $C_2 \neq 0$. In this case, the deformed hole shape can be assumed to be a wider class of hole shapes, and the designed hole shape must also belong to a wider class of hole shapes. This class of hole shape is only symmetric about the x-axis, but not symmetric about the y-axis.

13.3 Shape Optimization of Double-Hole Problem—Satisfy Predetermined Stress Condition

As early as 1974, Cherepanov [8] conducted research on the optimization problem of hole shape in an infinite plate containing two holes. By conformally mapping the external of the two holes into the external of two cracks arranged along the real axis of the plane, an equal stress hole was obtained that can equalize the tangential stress at the edge of the hole. The mapping function contains elliptic integral of the first and second kinds. Vigdergauz [9, 10] used the conformal transformation to map the outside of each hole into the outside of the unit circle to optimize the two hole shapes. Vigenergau [11, 12] used another method (monolayer potential function) to obtain the equal stress holes.

When using the conformal transformation method in the complex variable method for hole shape optimization, some coefficients in the mapping function are used as design variables, which is a highly accurate analytical method. Of course, boundary element method and finite element method are also commonly used numerical methods for hole shape optimization [13–19]. The key to using these numerical methods to find the optimal hole shape is how to define the design variables. Compared with complex variable functions, numerical methods require a lot of calculation work and the results obtained are not exact solutions, but they have strong adaptability and can solve complex load and material problems.

The shape optimization problem of an infinite planar structure with two holes under uniformly distributed loads at a distance is discussed (Fig. 13.2), so that the tangential stress at each point on the boundary of the obtained optimal hole shape is equal. The author has used the conformal mapping method in complex variable

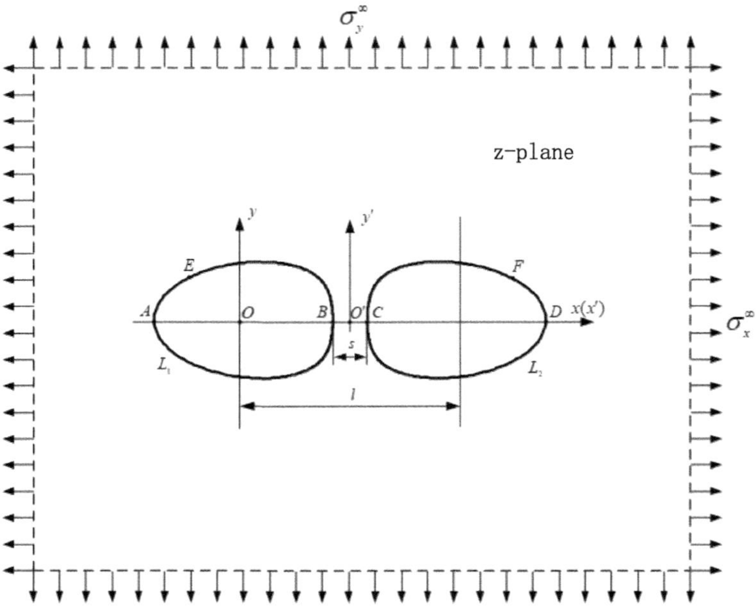

Fig. 13.2 An infinite plate with two symmetrical holes subjected to uniform loadings σ_x^∞, σ_y^∞ at a distance

method to identify such equal stress holes [20, 21]. This method maps the outer domain of a hole containing two holes on the z-plane into a ring on the ζ-plane through a mapping function. Unlike the mapping function used in references [8–10], the mapping function used is a global mapping function and can be expressed as an explicit expression of the coefficient to be solved [22, 23]. The solution method proposed in reference [20, 21] is easy to understand and has the characteristics of simple algorithm, fast calculation speed, and high accuracy.

13.3.1 Shape Optimization for Double Holes with Equal Area

When the structure is a homogeneous isotropic linear elastic material and the external load is symmetric about the coordinate axis, the shapes of two equal stress holes must be symmetric about the coordinate axis. If it is assumed that the areas of two holes are equal, then such two holes must also be symmetric about the axis (as shown in Fig. 13.2).

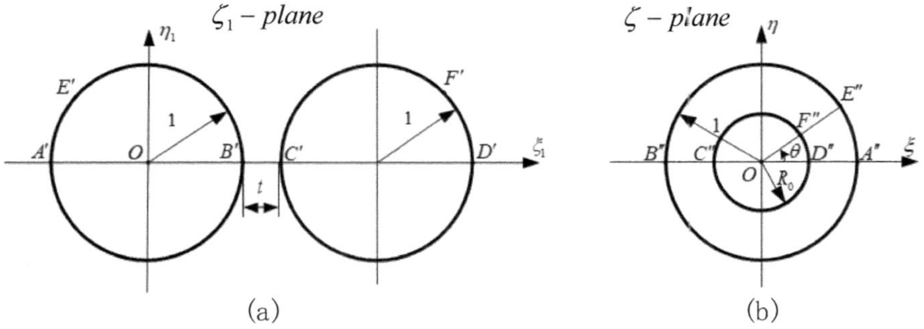

Fig. 13.3 **a** Two unit circles in ζ_1–plane; **b** a ring in ζ–plane

Chapter 8 provides a stress solution for an infinite region containing two holes based on known mapping functions. When solving, firstly mapping the two holes on the z-plane (Fig. 13.2) into the two circles on the ζ_1-plane (Fig. 13.3a). If the shapes of two holes are the same, then the radius of the circular holes of two circles on the ζ_1-plane is equal to 1. Then mapping it into a ring on the ζ-plane with an inner radius of R_0 and an outer radius of 1 (Fig. 13.3b).

When mapping an x-axis and y'-axis symmetric outer domain of holes into two unit circles in the ζ_1-plane, it can be seen from Sect. 1.4.3 and that the mapping function has the following general form:

$$z = R\left[\zeta_1 + \lambda_0 + \sum_{k=1}^{\infty} \lambda_k \zeta_1^{-j} + \sum_{k=1}^{\infty} (-1)^{(k+1)} \lambda_k (\zeta_1 - 2 - t)^{-k}\right] \tag{13.26}$$

where R, λ_0, λ_k are real numbers. R reflects the size of holes and λ_k reflect the shape of holes. λ_0 has no effect on the shape and size of the holes, but only reflects the translation of the holes in the x-axis direction.

The mapping function of two circular holes on the ζ_1-plane to a circular ring on the ζ-plane has been given by Eq. (1.17):

$$\zeta_1 = \frac{\zeta - d}{d\zeta - 1} \tag{13.27}$$

where $d = \left(2 + t + \sqrt{t^2 + 4t}\right)/2$, $R_0 = \left(2 + 4t + t^2 - (t + 2)\sqrt{t^2 + 4t}\right)/2$. The meaning of t is shown in Fig. 13.3a, and t should satisfy the following equation:

$$R\left[t + 2\sum_{k=1}^{\infty} \lambda_k (1 + t)^{-k} - 2\sum_{k=1}^{\infty} \lambda_k\right] = s \tag{13.28}$$

where s is the distance between two holes in the z-plane on the x-axis (as shown in Fig. 13.2).

By substituting Eq. (13.27) into Eq. (13.26), the general form of the mapping function can be written as:

$$z = \omega(\zeta) = R\left[\frac{\zeta - d}{d\zeta - 1} + \lambda_0 + \sum_{k=1}^{\infty}\lambda_k\left(\frac{\zeta - d}{d\zeta - 1}\right)^{-k} + \sum_{k=1}^{\infty}\lambda_k(-1)^{k+1}\left(\frac{\zeta - d}{d\zeta - 1} - 2 - t\right)^{-k}\right] \tag{13.29}$$

From Eqs. (8.17) and (8.18) in Chap. 8, the stress boundary conditions for the holes 1 and 2 can be written as:

$$\varphi_0(\sigma) + \frac{\omega(\sigma)}{\omega'(\sigma)}\overline{\varphi_0'(\sigma)} + \overline{\psi_0(\sigma)} = -2B\omega(\sigma) - B'\overline{\omega(\sigma)} \tag{13.30}$$

$$\varphi_0(R_0\sigma) + \frac{\omega(R_0\sigma)}{\omega'(R_0\sigma)}\overline{\varphi_0'(R_0\sigma)} + \overline{\psi_0(R_0\sigma)} - C_A = -2B\omega(R_0\sigma) - B'\overline{\omega(R_0\sigma)} \tag{13.31}$$

where $\varphi_0(\zeta)$ and $\psi_0(\zeta)$ are the unknown functions to be solved and must be solved through Eqs. (13.30) and (13.31). When the shapes of two holes are known, in the mapping function $\omega(\zeta)$ represented by Eq. (13.29), R, c_0, λ_k are all known constants, that is, $\omega(\zeta)$ is a known function, and Eqs. (13.30) and (13.31) represent boundary value problems related to $\varphi_0(\zeta)$ and $\psi_0(\zeta)$. Two analytic functions can be obtained by the power series method, so the stress components at any point can be obtained by the Eqs. (2.32) and (2.33) in Chap. 2.

This is the conventional process of using complex function methods to solve problems when the hole shapes are known, while this section solves the inverse problem in elasticity, which has certain requirements for the stress components in advance. Under predetermined stress conditions, it seeks $\varphi_0(\zeta)$, $\psi_0(\zeta)$ and $\omega(\zeta)$ that can satisfy Eqs. (13.30) and (13.31), the mapping function $\omega(\zeta)$ is unknown function to be solved.

The problem to be solved in this section is to find such hole shapes that the tangential stress at each point on the boundary of the holes (L_1 and L_2) is constant. That is, the tangential stress at the boundary of two holes meets the following conditions:

$$\sigma_\theta = \sigma = \text{const, on } L_1, L_2 \tag{13.32}$$

Such holes are called equal stress holes [8], and σ also need to be determined. When there is no external load acting on the hole boundaries:

$$\sigma_\rho = \tau_{\rho\theta} = 0 \text{ on } L_1, L_2 \tag{13.33}$$

According to Eqs. (2.32) and (13.2), the tangential normal stress σ_θ at the hole boundaries is:

$$\sigma_\theta = 4B + 4\mathrm{Re}\left[\frac{\varphi_0'(\zeta)}{\omega'(\zeta)}\right] \tag{13.34}$$

Let $\sigma = 4B = \sigma_x^\infty + \sigma_y^\infty$, which means that the first invariant of the stress after the hole excavation remains unchanged. From the following examples, it can be seen that holes that meet this condition exist. There must be:

$$\mathrm{Re}\left[\frac{\varphi_0'(\zeta)}{\omega'(\zeta)}\right] = 0 \tag{13.35}$$

The general expression of $\varphi_0(\zeta)$ can be obtained from Eq. (13.35) as follows:

$$\varphi_0(\zeta) = iC\omega(\zeta) + D \tag{13.36}$$

The constant D has no effect on the stress, and it is assumed to be zero. Substituting Eq. (13.36) into Eqs. (13.30) and (13.31) shows that for any C, the first two terms on the left side of each equation cancel out each other. Equations (13.30) and (13.31) do not contain C, which means $\psi_0(\zeta)$ is independent of C, so C has no effect on the stress. Therefore, for simplicity, C is assumed to be zero. In this way, directly using condition $\sigma = 4B$ without the need for Eqs. (13.30) and (13.31) can easily obtain the expression of $\varphi_0(\zeta)$ as:

$$\varphi_0(\zeta) = 0 \tag{13.37}$$

By substituting Eq. (13.37) into Eqs. (13.30) and (13.31), the boundary value conditions for solving $\psi_0(\zeta)$ and $\omega(\zeta)$ can be obtained as follows:

$$\psi_0(\sigma) = -2B\overline{\omega(\sigma)} - B'\omega(\sigma) \tag{13.38}$$

$$\psi_0(R_0\sigma) = -2B\overline{\omega(R_0\sigma)} - B'\omega(R_0\sigma) + C_A \tag{13.39}$$

In theory, there are two unknown functions to be solved in two equations, which are solvable.

From Fig. 13.2, it can be seen that if point E on hole 1 and F on hole 2 are symmetric about the y'-axis, then $z_F = -\overline{z}_E + l$, due to $z_E = \omega(\sigma)$, $z_F = \omega(R_0\sigma)$, thus $\omega(R_0\sigma) = -\overline{\omega(\sigma)} + l$. Substituting this result into Eqs. (13.38), (13.39) can obtain:

$$\overline{\psi_0(R_0\sigma)} = -\psi_0(\sigma) + c' \tag{13.40}$$

where $c' = C_A - (2B + B')l$ is a complex constant.

$\psi_0(\zeta)$ can be expanded into a Laurent series in the ring, and its expression is:

$$\psi_0(\zeta) = \sum_{k=0}^{\infty} a_k \zeta^k + \sum_{k=1}^{\infty} b_k \zeta^{-k} \tag{13.41}$$

where $\zeta = \rho e^{i\theta}$, $\rho \in [R_0, 1]$, $\theta \in [0, 2\pi]$.

From Eqs. (13.40) and (13.41), it can be obtained that $c' = a_0 + \overline{a}_0$, a_k and b_k satisfy the following relationship:

$$b_k = -a_k R_0^k,\ k = 1, \ldots, \infty \tag{13.42}$$

Equations (13.42) and (13.38) (or (13.39)) are the basic equations for solving λ_k, a_k, $b_k (k = 1, \cdots, \infty)$. Through numerical examples, it was found that using Eq. (13.38) can obtain very satisfactory results, but if the results obtained using Eq. (13.39) are not ideal, the reason is that Eq. (13.39) contains R_0, which is a number less than 1. When R_0 is small and k is large, R_0^{-k} will have a large value.

It is difficult to directly use Eqs. (13.38) and (13.42) to obtain $\psi_0(\zeta)$ and $\omega(\zeta)$. In this section, optimization techniques are used to determine $\lambda_k (k = 1, \cdots, \infty)$ in the mapping function and a_k,$b_k (k = 1, \ldots, \infty)$ in the analytic functions. In the specific calculation, λ_k, a_k, b_k takes a finite term, and the maximum value of k in λ_k is n, and the maximum value of k in a_k and b_k is m, respectively.

In theory, if λ_k is known and the right side of Eq. (13.38) can be expanded into a Laurent series, then comparing the same power coefficients of σ in Eq. (13.38) can obtain a_k and b_k. Due to the difficulty of this method, this section adopts the following method to solve this problem.

Equation (13.38) should establish for any $\theta (\theta \in [0, 2\pi])$. This section assumes that Eq. (13.38) establishes for a finite number of $\theta_1, \ldots, \theta_j, \ldots, \theta_{2m+1}$ (m is sufficiently large), that is, taking a finite number of θ_j within the range, θ_j are taken as:

$$\theta_j = \frac{2\pi(j-1)}{2m+1},\ j = 1, 2, \ldots, 2m+1 \tag{13.43}$$

Equation (13.43) represents dividing $2m+1$ equally within the range $[0, 2\pi]$, and $2m+1$ points can be obtained on the boundary. When the initial values $(\lambda_1, \ldots, \lambda_n, t)$ are given, the right side of Eq. (13.38) is also known, which can obtain a complex linear equation system about a_k and b_k. When establishing the equation system, subtract the first equation corresponding to $j = 1$ from each equation corresponding to $j = 2, \ldots, 2m+1$, which can eliminate a_0 and the constant terms in the equations. The obtained equation system is:

$$\begin{bmatrix} C_{11} & C_{12} & \cdots & C_{1k} & \cdots & C_{1(2m)} \\ C_{21} & C_{22} & \cdots & C_{2k} & \cdots & C_{2(2m)} \\ \vdots & \vdots & \vdots & \vdots & \vdots & \vdots \\ C_{j1} & C_{j2} & \cdots & C_{jk} & \cdots & C_{j(2m)} \\ \vdots & \vdots & \vdots & \vdots & \vdots & \vdots \\ C_{(2m)1} & C_{(2m)2} & \cdots & C_{(2m)k} & \cdots & C_{(2m)(2m)} \end{bmatrix}_{2m\times 2m} \begin{bmatrix} a_1 \\ \vdots \\ a_m \\ b_1 \\ \vdots \\ b_m \end{bmatrix}_{2m\times} = \begin{bmatrix} D_1 \\ D_2 \\ \vdots \\ D_j \\ \vdots \\ D_{2m} \end{bmatrix}_{2m\times 1} \tag{13.44}$$

where the expression of C_{jk} is:

$C_{jk} = e^{ik\theta_{j+1}} - e^{ik\theta_1}$, $C_{j(m+k)} = e^{-ik\theta_{j+1}} - e^{-ik\theta_1}$, $j = 1, 2, \ldots, 2m$; $k = 1, 2, \ldots, m$.

$D_j = f(\theta_{j+1}) - f(\theta_1), j = 1, 2, \ldots, 2m$.

where

$$\begin{aligned} f(\theta_j) = -2\Gamma R & \left[\frac{1 - de^{i\theta_j}}{d - e^{i\theta_j}} + \lambda_0 + \sum_{k=1}^{n} \lambda_k \left(\frac{1 - de^{i\theta_j}}{d - e^{i\theta_j}} \right)^{-k} \right. \\ & \left. + \sum_{k=1}^{n} (-1)^{(k+1)} \lambda_k \left(\frac{1 - de^{i\theta_j}}{d - e^{i\theta_j}} - t - 2 \right)^{-k} \right] \\ & - \Gamma' R \left[\frac{e^{i\theta_j} - d}{de^{i\theta_j} - 1} + \lambda_0 + \sum_{k=1}^{n} \lambda_k \left(\frac{e^{i\theta_j} - d}{de^{i\theta_j} - 1} \right)^{-k} \right. \\ & \left. + \sum_{k=1}^{n} (-1)^{(k+1)} \lambda_k \left(\frac{e^{i\theta_j} - d}{de^{i\theta_j} - 1} - t - 2 \right)^{-k} \right] \end{aligned}$$

For the problem in this section, the solution $[a_1 \ldots a_m \, b_1 \ldots b_m]^T$ of Eq. (13.44) are real numbers.

By using Eq. (13.44), the a_k and b_k for a given $\lambda_1, \ldots, \lambda_n, t$ can be obtained. By continuously adjusting $\lambda_1, \cdots, \lambda_n, t$, the obtained a_k and b_k must also satisfy Eq. (13.42). Mathematically, this problem can be reduced to a minimization problem in optimization techniques, the corresponding objective function is:

$$F(X) = \sum_{k=1}^{m} \left(b_k + a_k R_0^k\right)^2 \tag{13.45}$$

where $X = [\lambda_1, \ldots, \lambda_n, t]^T$, $\lambda_1, \lambda_2, \ldots, \lambda_n$, t are design variables, $\lambda_1, \ldots, \lambda_n$ are free variables, t is nonnegative variable. The constraints that need to be satisfied are:

$$R\left[t + 2\sum_{k=1}^{n} \lambda_k (1+t)^{-k} - 2\sum_{k=1}^{n} \lambda_k \right] = s, t > 0 \tag{13.46}$$

Although a_k and b_k are also unknown coefficients to be sought, they are not design variables and are automatically obtained during the optimization process. The set of $X^* = \left[\lambda_1^* \dots \lambda_n^* t^*\right]^T$ that minimizes Eq. (13.45) is the required optimal solution. Reference [20] used the mixed penalty function method to find the minimum value of Eq. (13.45).

Reference [20] provides some examples, which show that the values of n in the mapping function and m in the analytic function have a significant impact on the calculation results. From the analysis of examples, it can be seen that $m=$ 120 can achieve high accuracy. The following analysis based on the premise of $m=$ 120, discusses the mapping function coefficients $\lambda_1^*, \dots, \lambda_{n^*}^*$ corresponding to the minimum value of the objective function $F(X^*)$ in Eq. (13.45) when the range of n is 2–20, and n^* is the number of terms of the mapping function to be solved.

Tables 13.1, 13.2, and 13.3 provide the values of $F(X^*)$ for different values of R/s and n in three different conditions $\sigma_x^\infty/\sigma_y^\infty = 0.5, 1.0, 1.5$. Due to taking finite terms, it is generally impossible for $F(X^*)$ to be equal to zero. In the optimization process, this section assumed that when $F(X^*) < 10^{-5}$, the corresponding solution is the optimal solution. The dark black numbers shown in the tables represent the minimum value achieved by $F(X^*)$ for different R/s.

It can be seen from Tables 13.1, 13.2 and 13.3 that: when $\sigma_x^\infty/\sigma_y^\infty = 0.5$, the values of n^* for R/s equal to 0.5, 1.0, 1.5, 2.0, 2.5, 3.0 are 4, 6, 10, 14, 18, 20, respectively,when $\sigma_x^\infty/\sigma_y^\infty = 1.0$, the values of n^* are 4, 6, 8, 12, 14, 16, respectively, when $\sigma_x^\infty/\sigma_y^\infty = 1.5$, the values of n^* are 4, 6, 8, 10, 10, 10, respectively. It can be seen that when the hole spacing s is constant, the larger the hole size, the more terms of the mapping function are required. When R/s is large, the smaller the ratio of $\sigma_x^\infty/\sigma_y^\infty$, the more terms of the mapping function are required.

It can be seen from Tables 13.1, 13.2 and 13.3 that when the value of n is less than n^*, the smaller the value of n, the larger the value of $F(X^*)$, which is relatively easy to understand. However, when the value of n is greater than n^*, as n increases, $F(X^*)$ becomes larger, which seems contrary to common sense. In theory, if $\lambda_1^*, \dots, \lambda_{n^*}^*$ is the optimal solution to the problem, then as n increases, the original optimal solution $\lambda_1^*, \dots, \lambda_{n^*}^*$ should remain unchanged, while the other $\lambda_{n*+1}, \dots, \lambda_n$ should be equal to zero, that is, the obtained $F(X^*)$ should not change. Why is the $F(X^*)$ obtained when $n > n^*$ greater than when $n = n^*$? This is mainly due to the dimensionality reduction phenomenon of multiple variables during the optimization process. According to the calculation results, some variables in $\lambda_{n*+1}, \dots, \lambda_n$ are basically equal, which are small and non-zero constants. For example, when $\sigma_x^\infty/\sigma_y^\infty = 0.5$, $R/s = 0.5, 1.0$, the values of n^* are 4 and 6, respectively (see Table 13.1). However, if $n = 20$ is taken during the optimization process, the coefficients of the mapping function are obtained as shown in Table 13.4. The dark black numbers in Tables 13.4 are basically equal, with values less than 0.0022.

The above analysis obtained the number of terms n required for the mapping function in each case, and in this process, the mapping function coefficients $\lambda_1^*, \dots, \lambda_{n^*}^*$ and t^* in each case have been simultaneously calculated. Tables 13.5 only provide

Table 13.1 $\sigma_x^\infty/\sigma_y^\infty = 0.5$, the value of $F(X^*)$ for different R/s and n

R/s	$n = 2$	$n = 4$	$n = 6$	$n = 8$	$n = 10$	$n = 12$	$n = 14$	$n = 16$	$n = 18$	$n = 20$
0.5	0.97×10^{-5}	$\mathbf{0.13 \times 10^{-5}}$	0.20×10^{-5}	0.27×10^{-5}	0.35×10^{-5}	0.42×10^{-5}	0.50×10^{-5}	0.56×10^{-5}	0.63×10^{-5}	0.70×10^{-5}
1.0	0.64×10^{-3}	0.24×10^{-4}	$\mathbf{0.25 \times 10^{-5}}$	0.25×10^{-5}	0.33×10^{-5}	0.40×10^{-5}	0.47×10^{-5}	0.55×10^{-5}	0.13×10^{-3}	0.14×10^{-3}
1.5	0.45×10^{-2}	0.36×10^{-3}	0.30×10^{-4}	0.42×10^{-5}	$\mathbf{0.24 \times 10^{-5}}$	0.28×10^{-5}	0.34×10^{-5}	0.88×10^{-4}	0.10×10^{-3}	0.11×10^{-3}
2.0	0.15×10^{-1}	0.18×10^{-2}	0.26×10^{-3}	0.41×10^{-4}	0.81×10^{-5}	0.30×10^{-5}	$\mathbf{0.25 \times 10^{-5}}$	0.27×10^{-5}	0.32×10^{-5}	0.37×10^{-5}
2.5	0.33×10^{-1}	0.54×10^{-2}	0.11×10^{-2}	0.25×10^{-3}	0.60×10^{-4}	0.16×10^{-4}	0.51×10^{-5}	0.27×10^{-5}	$\mathbf{0.24 \times 10^{-5}}$	0.26×10^{-5}
3.0	0.60×10^{-1}	0.12×10^{-1}	0.30×10^{-2}	0.86×10^{-3}	0.26×10^{-3}	0.81×10^{-4}	0.26×10^{-4}	0.91×10^{-5}	0.37×10^{-5}	$\mathbf{0.24 \times 10^{-5}}$

Table 13.2 $\sigma_x^\infty/\sigma_y^\infty = 1.0$, the value of $F(X^*)$ for different R/s and n

R/s	$n = 2$	$n = 4$	$n = 6$	$n = 8$	$n = 10$	$n = 12$	$n = 14$	$n = 16$	$n = 18$
0.5	0.59×10^{-5}	**0.62×10^{-6}**	0.91×10^{-6}	0.12×10^{-5}	0.15×10^{-5}	0.18×10^{-5}	0.22×10^{-5}	0.25×10^{-5}	0.27×10^{-5}
1.0	0.37×10^{-3}	0.78×10^{-5}	**0.11×10^{-5}**	0.13×10^{-5}	0.17×10^{-5}	0.43×10^{-4}	0.51×10^{-4}	0.58×10^{-4}	0.65×10^{-4}
1.5	0.29×10^{-2}	0.12×10^{-3}	0.57×10^{-5}	**0.14×10^{-5}**	0.16×10^{-5}	0.20×10^{-5}	0.51×10^{-4}	0.60×10^{-4}	0.68×10^{-4}
2.0	0.10×10^{-1}	0.73×10^{-3}	0.54×10^{-4}	0.52×10^{-5}	0.16×10^{-5}	**0.16×10^{-5}**	0.19×10^{-5}	0.49×10^{-4}	0.56×10^{-4}
2.5	0.25×10^{-1}	0.25×10^{-2}	0.29×10^{-3}	0.39×10^{-4}	0.66×10^{-5}	0.21×10^{-5}	**0.16×10^{-5}**	0.36×10^{-4}	0.43×10^{-4}
3.0	0.48×10^{-1}	0.62×10^{-2}	0.99×10^{-3}	0.19×10^{-3}	0.39×10^{-4}	0.90×10^{-5}	0.28×10^{-5}	**0.16×10^{-5}**	0.32×10^{-4}

Table 13.3 $\sigma_x^\infty/\sigma_y^\infty = 1.5$, the value of $F(X^*)$ for different R/s and n

R/s	$n = 2$	$n = 4$	$n = 6$	$n = 8$	$n = 10$	$n = 12$
0.5	0.49×10^{-5}	$\mathbf{0.33 \times 10^{-6}}$	0.48×10^{-6}	0.65×10^{-6}	0.82×10^{-6}	0.99×10^{-6}
1.0	0.27×10^{-3}	0.39×10^{-5}	$\mathbf{0.58 \times 10^{-5}}$	0.71×10^{-6}	0.91×10^{-6}	0.11×10^{-5}
1.5	0.21×10^{-2}	0.58×10^{-4}	0.20×10^{-5}	$\mathbf{0.83 \times 10^{-6}}$	0.10×10^{-5}	0.26×10^{-4}
2.0	0.79×10^{-2}	0.36×10^{-3}	0.15×10^{-4}	0.14×10^{-5}	$\mathbf{0.10 \times 10^{-5}}$	0.26×10^{-4}
2.5	0.20×10^{-1}	0.13×10^{-2}	0.87×10^{-4}	0.71×10^{-5}	$\mathbf{0.14 \times 10^{-5}}$	0.21×10^{-4}
3.0	0.40×10^{-1}	0.35×10^{-2}	0.34×10^{-3}	0.39×10^{-4}	$\mathbf{0.58 \times 10^{-5}}$	0.17×10^{-4}

the coefficients of the mapping function when $\sigma_x^\infty/\sigma_y^\infty = 1.5$ and R/s takes different values.

Substituting the obtained coefficients of the mapping function and the number of terms n^* of the mapping function into Eq. (13.29), that is, replace ∞ and λ_k in Eq. (13.29) with n^* and λ_k^*, and substituting $\zeta = e^{i\theta}$ and $\zeta = R_0 e^{i\theta}$ into Eq. (13.29), respectively. Given an angle θ ($\theta \in [0, 2\pi)$, the Cartesian coordinate system (x, y) of each point in the hole boundary can be obtained by taking the real part and imaginary part of Eq. (13.29), thus the optimal hole shape can be drawn.

Figures 13.4, 13.5 and 13.6 shows the optimal hole shape when R/s equals to 0.5, 1.0, 1.5, 2.0, 2.5, 3.0 and $\sigma_x^\infty/\sigma_y^\infty$ equals to 0.5, 1.0, 1.5, respectively. It can be seen from Figures 13.4, 13.5 and 13.6 that:

When the spacing s between two holes is constant, the smaller the R/s (meaning the smaller size of two holes), the closer the optimal hole shape is to a circle or ellipse. For example, when $R/s = 0.5$, $\sigma_x^\infty/\sigma_y^\infty = 0.5$ corresponds to an upright ellipse, $\sigma_x^\infty/\sigma_y^\infty = 1.0$ corresponds to a circle, and $\sigma_x^\infty/\sigma_y^\infty = 1.5$ corresponds to a horizontal ellipse. The smaller the R/s, the smaller the mutual influence between the two holes, and the results obtained are closer to the results of single hole obtained by Bjorkman [2].

The optimal hole shape has the characteristic of gradually narrowing from the middle to the upper and lower ends, and its flatness is related to $\sigma_x^\infty/\sigma_y^\infty$. The larger the $\sigma_x^\infty/\sigma_y^\infty$, the greater the W/H (W is the maximum width of the hole, H is the maximum height of the hole), that is $W/H \propto \sigma_x^\infty/\sigma_y^\infty$, which means that the maximum size of the optimal hole shape is the same as the direction of the maximum external load. Figure 13.7 shows the optimal hole shape for different R/s when $\sigma_x^\infty/\sigma_y^\infty$ is taken as a larger value ($\sigma_x^\infty/\sigma_y^\infty = 3$), which W/H is larger.

For the four cases of external load $\sigma_x^\infty/\sigma_y^\infty = 0.5, 1.0, 1.5, 3.0$, when R/s is large, the inner side of each optimal hole shape approaches a perpendicular line, and there is a longitudinal strip with a width approximately s between the two holes. The larger the size of the holes, the higher the height of the longitudinal strip. No matter how large R/s is, the outer side of each optimal hole shape is a convex curve towards the outer side.

Based on the condition of equal tangential stress on the hole boundaries, the shape of the holes that satisfies the predetermined condition was obtained based

Table 13.4 Coefficients of the mapping function for $\sigma_x^{\infty}/\sigma_y^{\infty} = 0.5$, $R/s = 0.5$, 1.0

R/s	λ_1	λ_2	λ_3	λ_4	λ_5	λ_6	λ_7	λ_8	λ_9	λ_{10}
0.5	−0.418	-0.237×10^{-1}	-0.606×10^{-2}	-0.929×10^{-3}	0.574×10^{-3}	0.990×10^{-3}	0.108×10^{-2}	0.112×10^{-2}	**0.114×10^{-2}**	**0.115×10^{-2}**
	λ_{11}	λ_{12}	λ_{13}	λ_{14}	λ_{15}	λ_{16}	λ_{17}	λ_{18}	λ_{19}	λ_{20}
	0.115×10^{-2}	**0.115×10^{-2}**	**0.116×10^{-2}**	**0.115×10^{-2}**	**0.114×10^{-2}**	**0.114×10^{-2}**	**0.115×10^{-2}**	**0.115×10^{-2}**	**0.114×10^{-2}**	0.167×10^{-2}
1.0	λ_1	λ_2	λ_3	λ_4	λ_5	λ_6	λ_7	λ_8	λ_9	λ_{10}
	−0.503	-0.663×10^{-1}	-0.253×10^{-1}	-0.891×10^{-2}	-0.235×10^{-2}	0.320×10^{-3}	0.141×10^{-2}	0.185×10^{-2}	0.204×10^{-2}	0.212×10^{-2}
	λ_{11}	λ_{12}	λ_{13}	λ_{14}	λ_{15}	λ_{16}	λ_{17}	λ_{18}	λ_{19}	λ_{20}
	0.215×10^{-2}	**0.217×10^{-2}**	**0.218×10^{-2}**	**0.218×10^{-2}**	**0.219×10^{-2}**	**0.219×10^{-2}**	**0.218×10^{-2}**	**0.219×10^{-2}**	**0.218×10^{-2}**	0.420×10^{-2}

Table 13.5 Coefficients of the mapping function when $\sigma_x^{\infty}/\sigma_y^{\infty} = 1.5$ and R/s takes different values

R/S	$t^{(*)}$	$\lambda_1^{(*)}$	$\lambda_2^{(*)}$	$\lambda_3^{(*)}$	$\lambda_4^{(*)}$	$\lambda_5^{(*)}$	$\lambda_6^{(*)}$	$\lambda_7^{(*)}$	$\lambda_8^{(*)}$	$\lambda_9^{(*)}$	$\lambda_{10}^{(*)}$
0.5	0.22×10^{1}	0.14	-0.13×10^{-1}	-0.29×10^{-2}	-0.35×10^{-3}	-	-	-	-	-	-
1.0	0.10×10^{1}	0.90×10^{-1}	-0.36×10^{-1}	-0.12×10^{-1}	-0.39×10^{-2}	-0.12×10^{-2}	-0.24×10^{-3}	-	-	-	-
1.5	0.57	0.48×10^{-1}	-0.59×10^{-1}	-0.23×10^{-1}	-0.89×10^{-2}	-0.34×10^{-2}	-0.13×10^{-2}	-0.43×10^{-3}	-0.58×10^{-4}	-	-
2.0	0.36	0.15×10^{-1}	-0.80×10^{-1}	-0.34×10^{-1}	-0.15×10^{-1}	-0.64×10^{-2}	-0.28×10^{-2}	-0.12×10^{-2}	-0.49×10^{-3}	-0.18×10^{-3}	0.82×10^{-5}
2.5	0.24	-0.11×10^{-1}	-0.97×10^{-1}	-0.45×10^{-1}	-0.21×10^{-1}	-0.98×10^{-2}	-0.47×10^{-2}	-0.23×10^{-2}	-0.11×10^{-2}	-0.54×10^{-3}	-0.34×10^{-3}
3.0	0.17	-0.31×10^{-1}	-0.11	-0.53×10^{-1}	-0.26×10^{-1}	-0.13×10^{-1}	-0.68×10^{-2}	-0.36×10^{-2}	-0.19×10^{-2}	-0.11×10^{-2}	-0.96×10^{-3}

Fig. 13.4 Optimal hole shape when $\sigma_x^{\infty}/\sigma_y^{\infty} = 0.5$

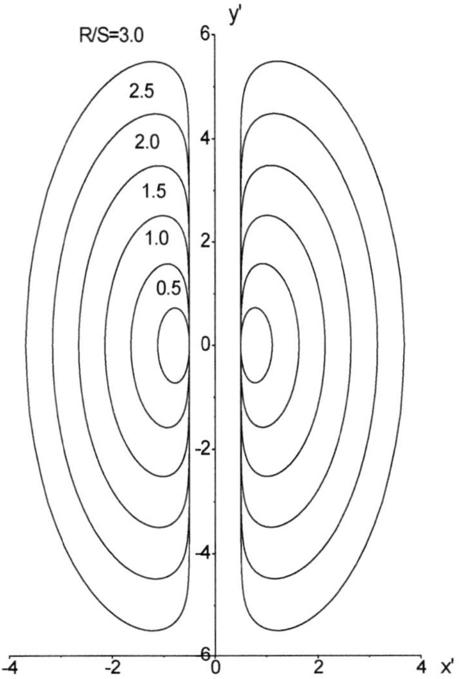

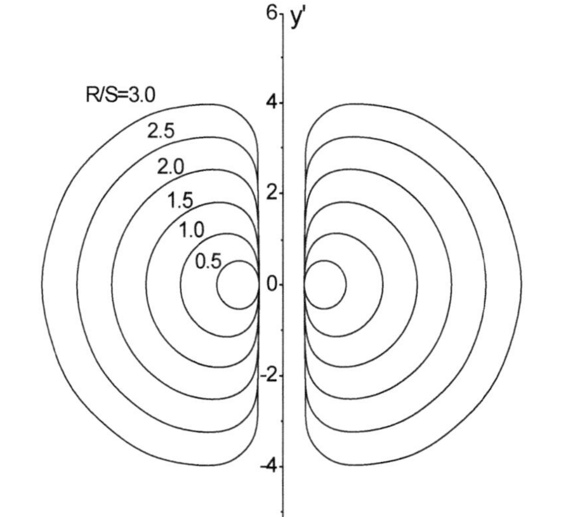

Fig. 13.5 Optimal hole shape when $\sigma_x^{\infty}/\sigma_y^{\infty} = 1.0$

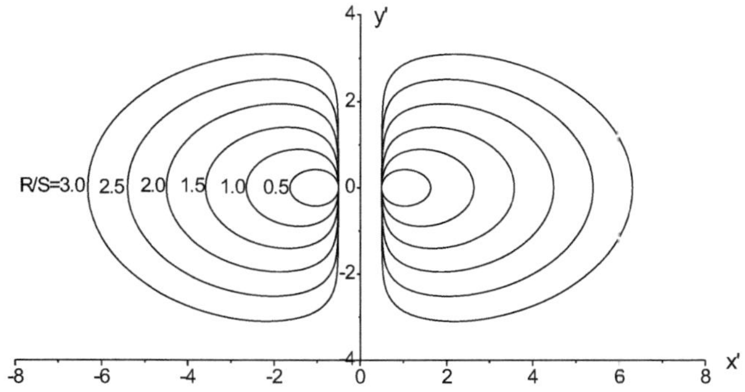

Fig. 13.6 Optimal hole shape when $\sigma_x^{\infty}/\sigma_y^{\infty} = 1.5$

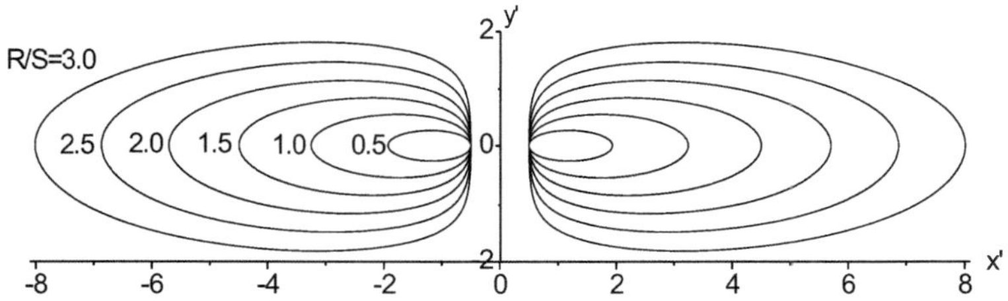

Fig. 13.7 Optimal hole shape when $\sigma_x^{\infty}/\sigma_y^{\infty} = 3.0$

on the stress boundary conditions on the hole boundaries. The current question is: can we ensure that the tangential stress at each point on the hole boundaries is equal around the hole boundaries? In theory, the obtained hole shape must satisfy the requirements, but to ensure the correctness of the derivation process and the reliability of the optimization process, reference [20] verified the optimal hole shape obtained through finite element soft ANSYS. The calculation results showed that the tangential stress around the obtained optimal hole shape was basically constant and equal, thus verifying the correctness of the method.

13.3.2 Shape Optimization for Double Holes with Unequal Area

The homogeneous and isotropic plate structures are still discussed, and the external loads acting at infinity are also symmetric about the coordinate axis. It is assumed that the areas of the two holes are not equal, then the shapes of the two equal stress holes must also be symmetric about the x-axis, but definitely not about the y' axis (as shown in Fig. 13.8).

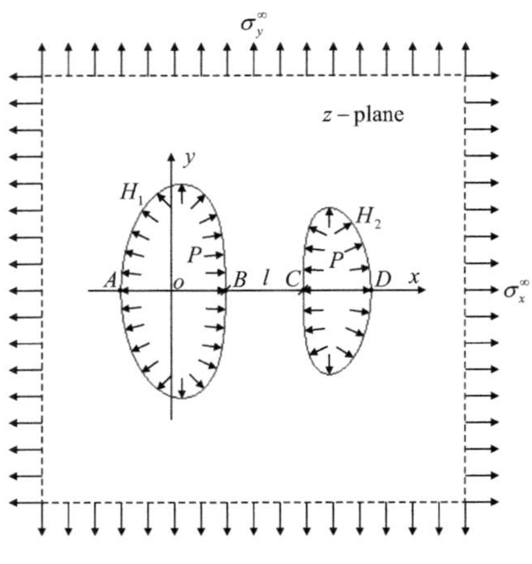

Fig. 13.8 Problem schematic: an infinite plate with two non-symmetrical holes subjected to biaxial loads at infinity and internal uniform pressure on hole boundaries

Same as Sect. 13.3.1, the region in the z-plane (Fig. 13.8) is mapped onto two non-symmetrical circular holes in the ζ_1-plane (Fig. 13.9a). Unlike Sect. 13.3.1, these two circular holes are asymmetric, the radii of two holes are equal to 1 and R_1, respectively. The form of the mapping function is as follows:

$$z = \omega_1(\zeta_1) = R\left[\zeta_1 + C_0 + \sum_{k=1}^{\infty} C_k \zeta_1^{-k} + \sum_{k=1}^{\infty} C_{-k}(\zeta_1 - l_1 - 1 - R_1)^{-k}\right] \quad (13.47)$$

where R, C_0, C_k, and C_{-k} are real numbers.

Same as Sect. 13.3.1, the region in the ζ_1-plane is mapped onto an annulus in the ζ-plane (Fig. 13.9b), the internal radius of the annulus equals to R_0 and the outer radius of the annulus equals to 1. The form of the mapping function is as follows:

$$\zeta_1 = \omega_2(\zeta) = \frac{\zeta - d}{d\zeta - 1} \quad (13.48)$$

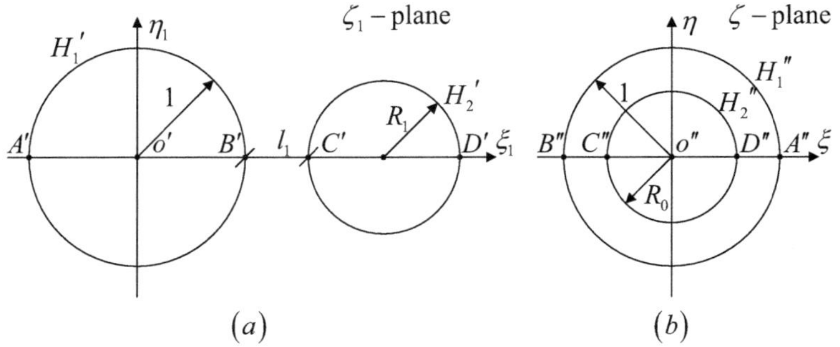

Fig. 13.9 Image plane: **a** two non-symmetrical circular holes in the ζ_1-plane; **b** an annulus in the ζ-plane

where

$$d = \left[1 + \lambda_1\lambda_2 + \sqrt{\left(\lambda_1^2 - 1\right)\left(\lambda_2^2 - 1\right)}\right] \Big/ (\lambda_1 + \lambda_2) \tag{13.49}$$

$$R_0 = \left[\lambda_1\lambda_2 - 1 - \sqrt{\left(\lambda_1^2 - 1\right)\left(\lambda_2^2 - 1\right)}\right] \Big/ 2R_1 \tag{13.50}$$

where $\lambda_1 = l_1 + 2R_1 + 1$, $\lambda_2 = l_1 + 1$.

Substituting Eq. (13.1) into Eq. (13.47) yields:

$$\begin{aligned} z &= \omega(\zeta) \\ &= R\left[\frac{\zeta - d}{d\zeta - 1} + C_0 + \sum_{k=1}^{\infty} C_k\left(\frac{\zeta - d}{d\zeta - 1_1}\right)^{-k} + \sum_{k=1}^{\infty} C_{-k}\left(\frac{\zeta - d}{d\zeta - 1} - l_1 - 1 - R_1\right)^{-k}\right] \end{aligned} \tag{13.51}$$

Same as Sect. 13.3.1, for the equal stress holes, the tangential stress σ_θ would be a constant,

$$\sigma_\theta = \sigma = \text{const, on } H_1 + H_2 \tag{13.52}$$

The hole boundaries are subjected to uniform pressure P, so:

$$\sigma_\rho = -P,\ \tau_{\rho\theta} = 0, \text{ on } H_1 + H_2 \tag{13.53}$$

It can be concluded from Eqs. (2.32) and (13.2) that:

$$\sigma - P = 4B + 4\text{Re}\left[\frac{\varphi_0'(\zeta)}{\omega'(\zeta)}\right],\ \zeta \in H_1 + H_2 \tag{13.54}$$

Let $\sigma = 4B + P$, we have:

$$\text{Re}\left[\frac{\varphi_0'(\zeta)}{\omega'(\zeta)}\right] = 0,\ \zeta \in H_1 + H_2 \tag{13.55}$$

From Sect. 13.3.1, $\varphi_0(\zeta) = 0$, we have:

$$\varphi(\zeta) = B\omega(\zeta),\ \zeta \in H_1 + H_2 \tag{13.56}$$

Note that Eq. (13.56) apply to the entire domain.

In the solving process of Sect. 13.3.1, the stress boundary conditions (Eqs. 8.17 and 8.18) of Chap. 8 were used, while reference [21] used a different method from Sect. 13.3.1, that is, Substituting Eqs. (13.52), (13.53), (13.56), (13.3) into Eqs. (2.3) and (2.24) of Chap. 2, yield:

$$\frac{2\zeta^2}{\rho^2\overline{\omega'(\zeta)}}\left[B'\omega'(\zeta)+\psi_0'(\zeta)\right]=4B+2P,\ \zeta\in H_1+H_2 \tag{13.57}$$

For the hole 1 (H_1), $\zeta=\sigma$, then:

$$\frac{2\sigma^2}{\overline{\omega'(\sigma)}}\left[B'\omega'(\sigma)+\psi_0'(\sigma)\right]=4B+2P \tag{13.58}$$

For the hole 2 (H_2), $\zeta=R_0\sigma$, then:

$$\frac{2\sigma^2}{\overline{\omega'(R_0\sigma)}}\left[B'\omega'(R_0\sigma)+\psi_0'(R_0\sigma)\right]=4B+2P \tag{13.59}$$

$\psi_0(\zeta)$ can also be the form of Eq. (13.41), Substituting Eq. (13.41)into (13.58) and (13.59) yields:

$$\sum_{k=1}^{\infty}ka_k\sigma^{k-1}-\sum_{k=1}^{\infty}kb_k\sigma^{-k-1}=\frac{(2B+P)\overline{\omega'(\sigma)}}{\sigma^2}-B'\omega'(\sigma) \tag{13.60}$$

$$\sum_{k=1}^{\infty}ka_kR_0^{k-1}\sigma^{k-1}-\sum_{k=1}^{\infty}kb_kR_0^{-k-1}\sigma^{-k-1}=\frac{(2B+P)\overline{\omega'(R_0\sigma)}}{\sigma^2}-B'\omega'(R_0\sigma) \tag{13.61}$$

The differential evolution (DE) algorithm is used to solve the problem. In the practical calculation process, the terms of C_k, C_{-k}, and a_k, b_k are infinite, C_k, C_{-k} are truncated at a finite number N_1 and N_2, respectively, a_k, b_k are truncated at a finite number M. Thus, C_k ($k=1,2,\ldots,N_1$), C_{-k} ($k=1,2,\ldots,N_2$), l_1 and R_1 are taken as design variables. Reference [21] used the same method as Sect. 13.3.1 to establish two sets of linear equations for a_k, b_k.

$$\begin{bmatrix} 1 & 2e^{i\theta_1} & \cdots & Me^{i(M-1)\theta_1} & -e^{-2i\theta_1} & -2e^{-3i\theta_1} & \cdots & -Me^{-i(M+1)\theta_1} \\ 1 & 2e^{i\theta_2} & \cdots & Me^{i(M-1)\theta_2} & e^{-2i\theta_2} & -2e^{-3i\theta_2} & \cdots & -Me^{-i(M+1)\theta_2} \\ \vdots & \vdots & \ddots & \vdots & \vdots & \vdots & \ddots & \vdots \\ 1 & 2e^{i\theta_{2M}} & \cdots & Me^{i(M-1)\theta_{2M}} & e^{-2i\theta_{2M}} & -2e^{-3i\theta_{2M}} & \cdots & -Me^{-i(M+1)\theta_{2M}} \end{bmatrix}_{2M\times 2M} \begin{bmatrix} a_1 \\ a_2 \\ \vdots \\ a_M \\ b_1 \\ b_2 \\ \vdots \\ b_M \end{bmatrix}_{1\times 2M} = \begin{bmatrix} V_1 \\ V_2 \\ \vdots \\ V_{2M} \end{bmatrix}_{1\times 2M} \tag{13.62}$$

$$\begin{bmatrix} 1 & 2e^{i\theta_1} & \cdots & Me^{i(M-1)\theta_1} & -e^{-2i\theta_1} & -2e^{-3i\theta_1} & \cdots & -Me^{-i(M+1)\theta_1} \\ 1 & 2e^{i\theta_2} & \cdots & Me^{i(M-1)\theta_2} & e^{-2i\theta_2} & -2e^{-3i\theta_2} & \cdots & -Me^{-i(M+1)\theta_2} \\ \vdots & \vdots & \ddots & \vdots & \vdots & \vdots & \ddots & \vdots \\ 1 & 2e^{i\theta_{2M}} & \cdots & Me^{i(M-1)\theta_{2M}} & e^{-2i\theta_{2M}} & -2e^{-3i\theta_{2M}} & \cdots & -Me^{-i(M+1)\theta_{2M}} \end{bmatrix}_{2M\times 2M} \begin{bmatrix} f_1 \\ f_2 \\ \vdots \\ f_M \\ g_1 \\ g_2 \\ \vdots \\ g_M \end{bmatrix}_{1\times 2M}$$

$$= \begin{bmatrix} W_1 \\ W_2 \\ \vdots \\ W_{2M} \end{bmatrix}_{1\times 2M} \tag{13.63}$$

where

$$\begin{cases} f_k = R_0^{k-1} a_k \\ g_k = R_0^{-k-1} b_k \end{cases}, k = 1, 2, \ldots, M \tag{13.64}$$

$$\begin{cases} V_k = \dfrac{(2B+P)\overline{\omega'(e^{i\theta_k})}}{e^{2i\theta_k}} - B'\omega'(e^{i\theta_k}) \\ W_k = \dfrac{(2B+P)\overline{\omega'(R_0 e^{i\theta_k})}}{e^{2i\theta_k}} - B'\omega'(R_0 e^{i\theta_k}) \end{cases}, k = 1, 2, \ldots, 2M \tag{13.65}$$

a_k, b_k and f_k, g_k for given C_k, C_{-k}, l_1 and R_1 can be obtained by Eq. (13.62) and Eq. (13.63), respectively. And a_k, b_k, f_k, g_k should satisfied Eq. (13.64). Therefore, the problem in this section can be equivalently replaced by optimization problem. The following objective function can be set by Eq. (13.64):

$$F(X) = \sum_{k=1}^{M} \left| f_k - R_0^{k-1} a_k \right| + \sum_{k=1}^{M} \left| R_0^{k+1} g_k - b_k \right| \tag{13.66}$$

where, X is the design variable: C_k ($k = 1, 2, \ldots, N_1$), C_{-k} ($k = 1, 2, \ldots, N_2$), l_1 and R_1.

From the distance between point B and point C equal to l (as shown in Fig. 13.8), it can be concluded that:

$$l = R\left[l_1 + \sum_{k=1}^{N_1} C_k (1 + l_1)^{-k} + \sum_{k=1}^{N_2} C_{-k} (-R_1)^{-k} - \sum_{k=1}^{N_1} C_k - \sum_{k=1}^{N_2} C_{-k} (-l_1 - R_1)^{-k} \right] \tag{13.67}$$

When l is known, Eq. (13.67) represented the constraints in the optimization process.

The areas of two holes are written as:

$$S_1 = \frac{1}{2i}\oint_{H_1} \bar{z}dz = \frac{1}{2}\int_0^{2\pi} \overline{\omega_1(e^{i\theta})}\omega_1'(e^{i\theta})e^{i\theta}d\theta \tag{13.68}$$

$$S_2 = \frac{1}{2i}\oint_{H_2} \bar{z}dz = \frac{1}{2}\int_0^{2\pi} \overline{\omega_1(R_1e^{i\theta})}\omega_1'(R_1e^{i\theta})R_1e^{i\theta}d\theta \tag{13.69}$$

The areas ratio t is:

$$t = S_2/S_1 \tag{13.70}$$

If t is given, Eq. (13.70) are also equality constraints in the optimization process.

According to reference [21], N_1, N_2, M have a great influence on the accuracy of the results. Theoretically, the greater the value of N_1, N_2 and M, the higher the accuracy of results. However, calculating result shows that the value of N_1, N_2 and M should be chosen appropriately rather than as large as possible. Based on several calculations, the result is able to satisfy high accuracy when $M = 60$. The values of N_1 and N_2 depend on the size of the holes, when the left hole is larger than the right hole, i.e., $S_1 > S_2$, N_1 should be larger than N_2. Similarly, when the left hole is smaller than the right hole, N_1 should be smaller than N_2. The larger the difference between the areas of two holes, the greater the difference between the values of N_1 and N_2. The smaller the relative distance between the two holes, the larger the value of N_1, N_2 required. Other parameters have little influence on the value of N_1 and N_2.

Let $P = 0.0$, $S_2/S_1 = 0.5$, Fig. 13.10 shows the optimal hole shape for different R/l when $\sigma_x^\infty/\sigma_y^\infty$ equals to 0.5, 1.0 and 2.0, respectively. The shape of larger hole (left) is similar to that of smaller hole (right) regardless of the value of $\sigma_x^\infty/\sigma_y^\infty$ and R/l. When $\sigma_x^\infty/\sigma_y^\infty = 0.5$, the optimal hole shape is flat in the y-axis direction, then with the increase of $\sigma_x^\infty/\sigma_y^\infty$, the optimal hole shape expands in the x-axis direction and contracts in the y-axis direction. The variation trend is the same as the case in Sect. 13.3.1. When R/l is small, the hole shape is similar to an ellipse for $\sigma_x^\infty/\sigma_y^\infty = 0.5$ or 2.0 and nears a circle for $\sigma_x^\infty/\sigma_y^\infty = 1.0$. Then with the increase of R/l, the relative distance between the two holes gets closer, and the influence of the two holes on each other gets greater, therefore, the hole shape is no longer similar to an ellipse or a circle. Especially when R/l is large, the inside of the holes becomes close to a straight line.

Let $R = 1.5$, $l = 1.0$, $P = 0.0$, Fig. 13.11 shows the optimal hole shape for different area ratio S_2/S_1 when $\sigma_x^\infty/\sigma_y^\infty$ equals to 0.5, 1.0 and 2.0. When $S_2/S_1 = 1.0$, the optimal holes are symmetrical. Then with the decrease of S_2/S_1, the optimal hole on the right becomes smaller and smaller, meanwhile, the optimal hole on the left expands in the x-axis direction and contracts in the y-axis direction gradually. And the optimal holes become more and more similar to an ellipse or a circle. When S_2/S_1 tends to zero, the optimal hole on the right has little effect on the stress filed, the optimal hole on the left becomes a circle for equal biaxial loads and an ellipse for

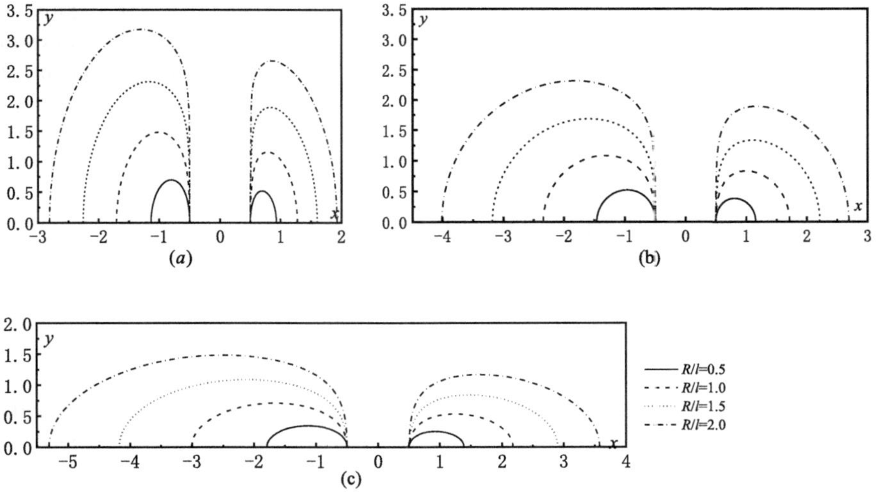

Fig. 13.10 Optimal hole shapes for different R/l **a** $\sigma_x^{\infty}/\sigma_y^{\infty} = 0.5$; **b** $\sigma_x^{\infty}/\sigma_y^{\infty} = 1.0$; **c** $\sigma_x^{\infty}/\sigma_y^{\infty} = 2.0$

unequal biaxial loads, which is same as the case for single optimal hole presented by Bjorkman [2].

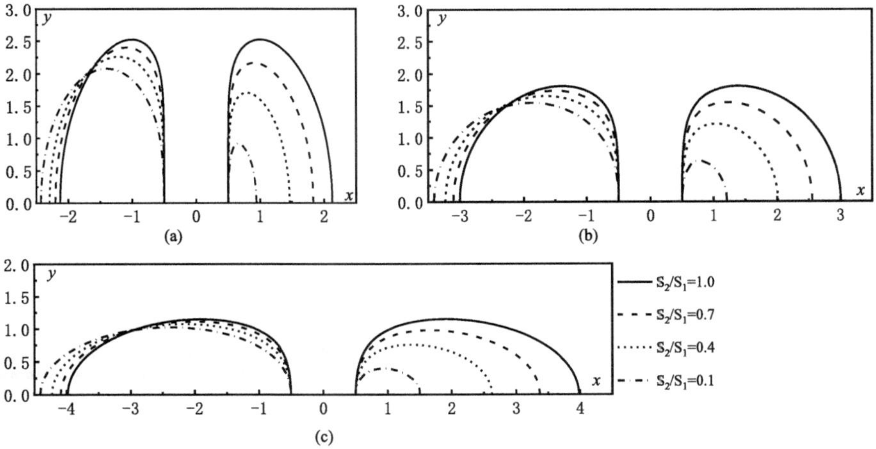

Fig. 13.11 Optimal hole shapes for different S_2/S_1 **a** $\sigma_x^{\infty}/\sigma_y^{\infty} = 0.5$; **b** $\sigma_x^{\infty}/\sigma_y^{\infty} = 1.0$; **c** $\sigma_x^{\infty}/\sigma_y^{\infty} = 2.0$

The analysis method proposed in this section overcomes the difficulties of asymmetric problems and is effective and general. When the areas of the left and right holes are the same, the method proposed in this section can obtain the results obtained in Sect. 13.3.1.

13.4 Shape Optimization of Double-Hole Problem—Minimizing the Maximum Tangential Stress at Hole Boundary

In Sect. 13.3, we found the equal-stress hole in two cases of equal and unequal hole area using the condition of equal tangential stress on the hole edge. It was originally called the harmonic hole, and sometimes referred to as the equal-strength hole since the plastic area will simultaneously appear throughout the boundary when the load is large and the hole cannot keep elastic state. However, the applicability of the equal-stress hole is poor. Taking a single hole for example, the equal-stress hole does not exist when the load distribution is complicated or there are constraints on the shape of the hole. This section will be based on the criterion of the minimum absolute value of the tangential stress on the hole edge to find the optimal shape of the hole [23].

This section discusses the shape optimization problem of two adjacent holes of the same size under symmetrical loading. Load distribution is the same as Sect. 13.3, except that the situation of opposite signs of σ_x^∞ and σ_y^∞ can be considered, and the hole shape requirements are exactly the same as in Sect. 13.3.2. The author found that the equal-stress hole exists when the far-field load σ_x^∞ and σ_y^∞ are both tensile or both compressive stresses, but the equal-stress hole does not exist when they have opposite signs which this section can solve the hole shape optimization problem under this situation.

This section will adopt the solution method described in Chap. 8 to calculate the stress on the hole edge, still using the mapping function given by Eq. (13.29). Only the coefficients of the mapping function describing boundary are considered as design variables. Depending on the forward problem solving algorithm, the differential evolution algorithm is used to find the coefficients of the mapping function to ensure that the tangential stress on the hole edge with the maximum absolute value is minimized.

13.4.1 Optimization Principle

In this section, the forward problem solving algorithm will be used to find the optimal hole shape. The mechanical model diagram is shown in Fig. 13.12, which is slightly

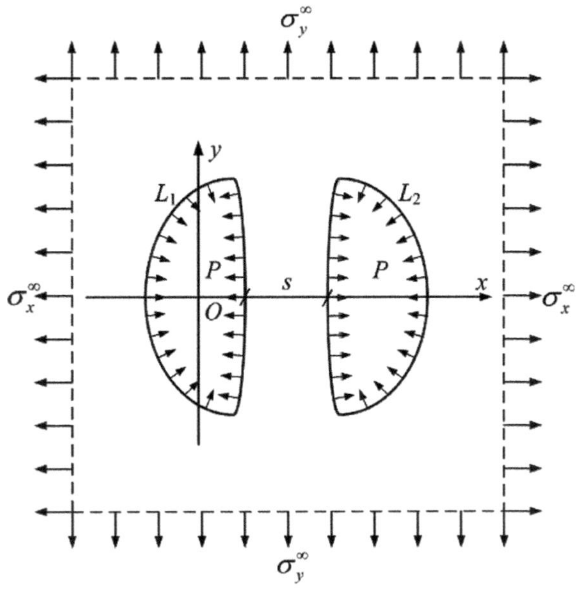

Fig. 13.12 An infinite plate contains two holes under symmetrical stresses

different from 13.3.1 in that it considers that the boundaries of two holes are subjected to the same uniform normal surface force P.

With regarding to the forward problem, the mapping function $\omega(\zeta)$ is given, so the tangential stresses of each point on the boundary can be obtained by the method given in Sect. 8.2. $\omega(\zeta)$ is unknown for the hole shape optimization problem here, that is, the coefficients of the mapping function should be determined according to the condition that the objective function reaches the minimum value.

When the optimal criterion is to minimize the maximum absolute tangential stress at the edge of the hole, the objective function can be written as [5]:

$$F(X) = \max_{\theta \in [0, 2\pi]} |\sigma_\theta| \tag{13.71}$$

The coefficients λ_k of the mapping function should be truncated at a limited number in the optimization process, here the maximum value of k is taken as N. Due to symmetry, the stress distribution on the boundaries of the two holes is the same, therefore, one hole can be selected for stress calculation, reference [23] chose the left hole and divided its entire hole boundary $\theta \in [0, 2\pi]$ into 360 parts. The maximum absolute tangential stress on the equally divided points can be found for each change of λ_k, which our task is to find a set of λ_k^* that minimizes Eq. (13.71).

As we know, R and λ_0 do not disturb the stress distribution for elastic infinite plate problem then set $\lambda_0 = 0$ and $R = 1$ here. As examples analyzed in Chap. 8, the stress distribution is different when their distance is different for the double-hole problem with two holes of the same size and shape. In other words, the optimal hole shape obtained at different distance must be different when given an external load and the size of the hole. Therefore, the distance between the two holes must be fixed when searching for the optimal hole shape, otherwise there may be infinitely many solutions.

The distance s between the two holes on the z-plane (Fig. 13.2) and the distance t between two circular holes in the ζ_1-plane (Fig. 13.3) satisfy the relationship given in Eq. (13.28) which is used as an equality constraint condition in the optimization process in Sect. 13.3.1. Reference [23] redefined a new objective function based on Eq. (13.71):

$$F(X) = \max_{\theta\in[0,2\pi]} |\sigma_\theta| + \left| R\left[t + 2\sum_{k=1}^{N} \lambda_k (1+t)^{-k} - 2\sum_{k=1}^{N} \lambda_k \right] - s \right| \tag{13.72}$$

The added term in the equation reflects the equality constraint condition of Eq. (13.28), where t and λ_k are $N + 1$ design variables.

13.4.2 Optimal Hole Shapes Under Various Loads and Hole Spacings

Since λ_k is truncated at a limited number N during the process of solving the optimal shape, it is necessary to discuss first what is the appropriate value of N to accurately describe the optimal shape. Based on the example of mapping functions in Chap. 1, it is known that, a sufficient number of terms are necessary to make the mapping graph and actual graph match well for a specific shape.

Table 13.6 provides the optimal results obtained for different values of N, namely 2, 4, 6, 8, 10, and 12, when the plate is under biaxial tension with $\sigma_x^\infty = \sigma_y^\infty = 1.0$ and the ratio of size to distance is $R/s = 1.0$. It can be seen from the table that regardless of the value of N, the coefficients λ_k of the mapping function are convergent and the convergence speed is relatively fast. With the increase of the number of mapping function terms, the first few optimized coefficients are basically equal, which indicates that the solution obtained has good consistency.

By substituting the parameters in Table 13.6 into the mapping function (13.29), the corresponding optimized hole shape can be depicted. Due to the symmetry of the hole shape, the hole boundary L_1 on the upper half of the x-axis is compared here, as shown in Fig. 13.13. And the corresponding tangential stress distribution curve of boundary is shown in Fig. 13.14.

It can be seen from Fig. 13.13 that the hole boundary is slightly different only when $N = 2$, and the obtained optimal hole boundary is almost the same when $N \geq 4$. However, with the increase of N, the absolute value of tangential stress on the hole edge is still decreasing. N from 2 to 12, the maximum tangential stress values on the corresponding hole edges are 2.22703, 2.04892, 2.00906, 2.00219, 2.00044, 2.00019.

Table 13.6 Solution of the design variables for different terms of the mapping function

N	2	4	6	8	10	12
t	8.1628×10^{-1}	7.7379×10^{-1}	7.6864×10^{-1}	7.7027×10^{-1}	7.6842×10^{-1}	7.6859×10^{-1}
λ_1	-1.2063×10^{-1}	-1.3899×10^{-1}	-1.3606×10^{-1}	-1.3334×10^{-1}	-1.3485×10^{-1}	-1.3471×10^{-1}
λ_2	-5.4021×10^{-2}	-4.9316×10^{-2}	-4.8981×10^{-2}	-4.8302×10^{-2}	-4.8923×10^{-2}	-4.8892×10^{-2}
λ_3		-1.5415×10^{-2}	-1.7730×10^{-2}	-1.7927×10^{-2}	-1.7831×10^{-2}	-1.7778×10^{-2}
λ_4		-6.8734×10^{-3}	-6.5528×10^{-3}	-6.4658×10^{-3}	-6.4594×10^{-3}	-6.4570×10^{-3}
λ_5			-2.0672×10^{-3}	-2.2212×10^{-3}	-2.3676×10^{-3}	-2.3551×10^{-3}
λ_6			-8.9830×10^{-4}	-7.7525×10^{-4}	-8.5167×10^{-4}	-8.5434×10^{-4}
λ_7				-3.6782×10^{-4}	-3.1026×10^{-4}	-3.1674×10^{-4}
λ_8				-2.3314×10^{-4}	-1.0468×10^{-4}	-1.1506×10^{-4}
λ_9					-3.7210×10^{-5}	-4.6041×10^{-5}
λ_{10}					-9.3838×10^{-6}	-1.6206×10^{-5}
λ_{11}						-6.8961×10^{-6}
λ_{12}						-2.8198×10^{-6}

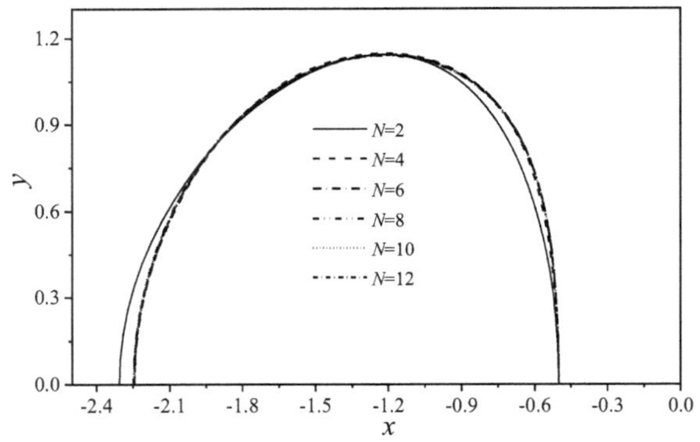

Fig. 13.13 The optimal boundary L_1 for different N

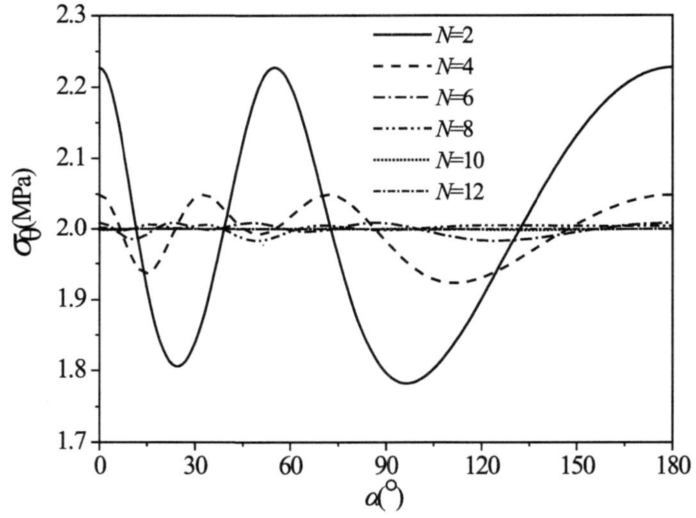

Fig. 13.14 The distribution of tangential stress for different N

With the increase of N, the magnitude of the variation of tangential stress distribution on the optimal hole boundary gradually decreases. The tangential stress at all points on the boundary is very close to 2 when $N = 8$, and the tangential stress distribution curve of the optimal hole boundary is basically coincident with the line $\sigma_\theta = 2$ when $N > 8$. If N is larger, the tangential stress on the obtained optimal hole boundary will approach 2, that is, the tangential stress at the hole edge will be equal to a constant:

$$\sigma_\theta = \left(\sigma_x^\infty + \sigma_y^\infty\right) = \text{constant} \tag{13.73}$$

This result is consistent with the results obtained in Sect. 13.3.1.

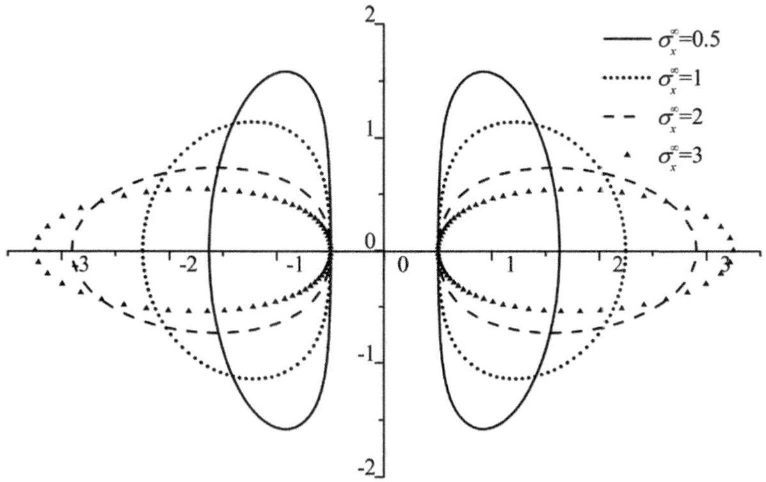

Fig. 13.15 Optimal hole shapes for different $\sigma_x^\infty / \sigma_y^\infty$

We now discuss the optimal hole shape for different ratios $\sigma_x^\infty / \sigma_y^\infty$. The value of *N* is set to 8 for the examples here and later. Figure 13.15 shows the optimal hole shapes under four different σ_x^∞:0.5, 1, 2, and 3 when $s = 1$ and $\sigma_y^\infty = 1$. The maximum tangential stress on the hole edge is 1.5089, 2.0070, 3.0009, and 4.0005, respectively. It can be seen that the maximum tangential stress on the optimal hole boundary is also very close to $\sigma_x^\infty + \sigma_y^\infty$. The obtained optimal hole shape is consistent with the results obtained by the method given in Sect. 13.3.1.

Reference [23] also provides the optimal hole shapes for different *R*/*s* ratios, and the variation trend of the obtained optimal shapes is exactly the same as that in Sect. 13.3.1.

Next, we analyze the case that σ_x^∞ and σ_y^∞ have opposite signs, taking $\sigma_x^\infty = 1$ and $\sigma_y^\infty = -1$ as example which is equivalent to a pure shear at infinity. Figure 13.16 shows the optimal hole shapes for various *R*/*s* ratios when the hole distance is $s = 1$. The optimal hole shape has a height greater than its width, and the aspect ratio increases with increasing *R*/*s*.

Figure 13.17 shows the tangential stress distribution on the optimal hole boundary under this loading. The tangential stress on the hole boundary is both positive and negative in this case. The tangential stress undergoes a sudden change from maximum to minimum on the optimal hole boundary. The maximum tangential stresses for $R/s = 0.5$, 1, 2, and 3 are 2.7175, 2.7282, 2.8618, and 2.9855, respectively. The absolute value of the minimum tangential stress (compressive stress) is smaller than the maximum tensile stress, but the difference is small. The maximum tangential stress on the hole boundary is not a constant when subjected to pure shear loading, so we increased the number of terms in the mapping function *N*, but the maximum

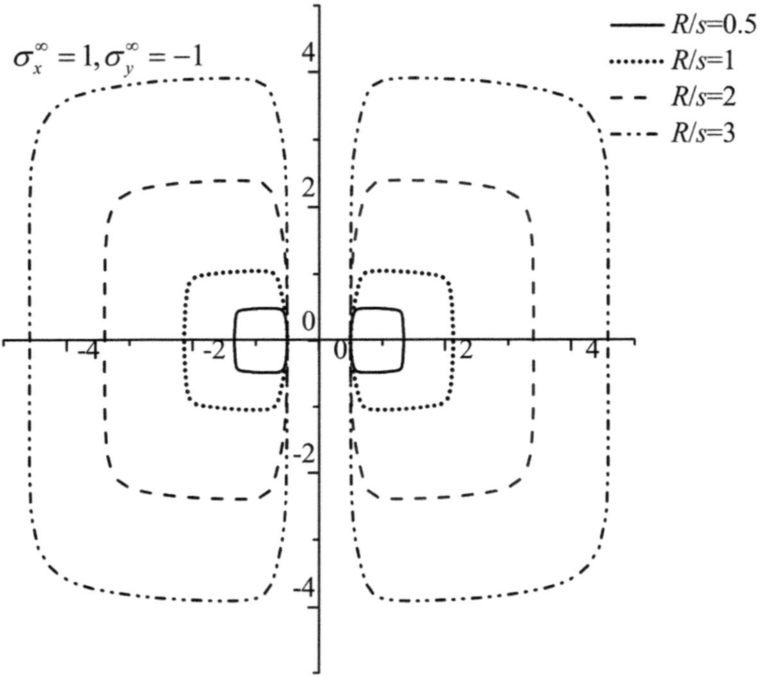

Fig. 13.16 Optimal hole shapes for different *R*/*s* under remote shear

tangential stress remained essentially unchanged, indicating that this difference is not the result of numerical accuracy, but rather depends on the distribution form of the loading.

13.5 Shape Optimization of a Lined Tunnel

Previous studies on shape optimization of a single-hole tunnel and a double-hole tunnel discussed in Sects. 13.3 and 13.4, mostly find the optimal shape which can achieve lower stress concentration based on predetermined conditions of different tangential stress around the hole boundary. The structures discussed are assumed using the same material. When the results are applied to shape optimization of the excavation section of a tunnel, it can only solve the problem of excavation without lining support, which lacks practical significance because failure of the surrounding rock in a tunnel can occur even when using the optimal excavation section.

To prevent the influence of rock mass failure on the stability of the tunnel, a support should be established to the excavated chamber, as shown in Fig. 13.18. It can be inferred from Chaps. 4 and 5, the support can provide a radial supporting force on the surrounding rock; in this manner, the stress field in the surrounding rock

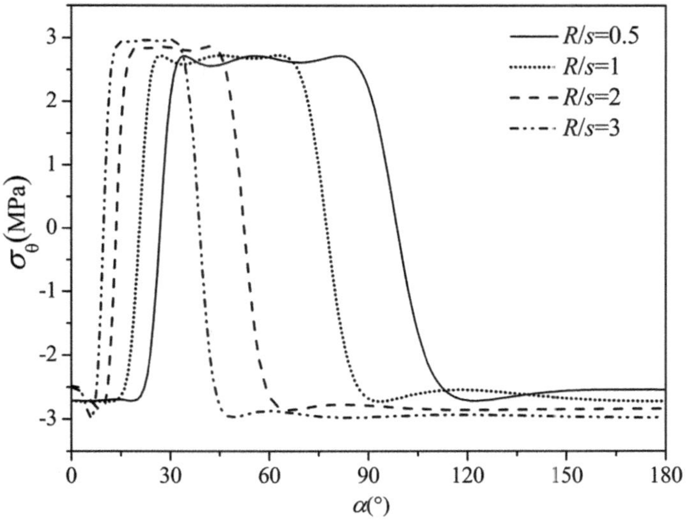

Fig. 13.17 Tangential stress on the optimal hole boundaries different *R*/*s* under remote shear

changes, and the tangential stress along the inner edge of tunnel can be reduced, and make the rock surrounding of the tunnel less prone to fail.

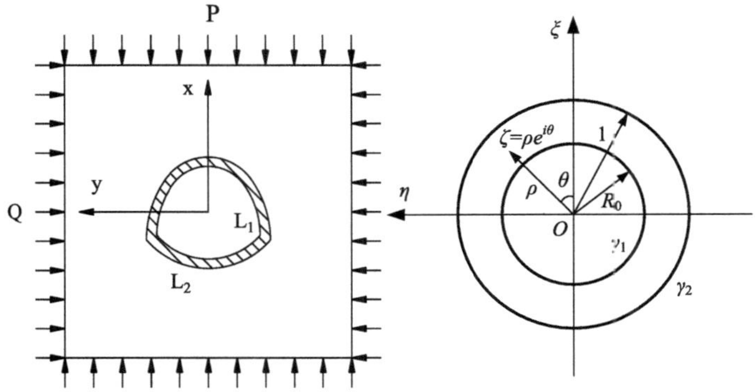

Fig. 13.18 **a** Lined non-circular tunnel for an initial stress field; **b** ring-shaped region in the ζ plane

According to Chaps. 4 and 5, after the excavation of a tunnel, the surrounding rock of the tunnel will undergo deformation towards the inside of the tunnel, even after the establishment of the concrete lining support, the surrounding rock still deforms towards the inside, and the lining support will prevent this deformation. Then, the surrounding rock exerts a force on the lining support, which is called rock pressure or contact surface force. Under the influence of rock pressure, the lining support will undergo stress. The problem discussed in this section is how to determine the optimal shape when the closed concrete support is established, which minimize the concentration of stress within the structure and prevent the failure of the lining support.

The following assumptions are made: (1) the surrounding rock mass and lining are always linear elastic under the action of in situ stresses; (2) because the tunnel is sufficiently deep, the problem can be simplified as an infinite domain problem; (3) the surrounding rock and lining are isotropic media, and there is only one tunnel in the surrounding rock; (4) the lining support is fully enclosed with a relatively uniform thickness; (5) there are two types of contact between the surrounding rock and the lining: perfect bonding contact and full slip contact; (6) the tunnel and the ground stress are symmetric about the x-axis.

In this section, the optimization criterion is based on the maximum absolute tangential stress along the inner boundary of the lining support, which proposed in Sect. 13.4 [5] will still be used. There are two reasons not to choose the tangential stress along the outer boundary or the surrounding rock excavation boundary as the criterion. First, the lining structure will experience significant stress concentration along the inner boundary, making it more susceptible to damage than the outer boundary. Second, the stress state at the surrounding rock excavation boundary is multi-directional and is less prone to fail.

13.5.1 Optimization Principle

The objective function $F(X)$ is the same as Eq. (13.71) in Sect. 13.4, except that the value range of angle θ is $\theta \in [0, \pi]$ due to the symmetry of the hole shape and external load. The σ_θ is the tangential stress component on the inner boundary of the lining support and X is the design variable.

$$X \in D = [C_1, C_2, ..., C_n, R, R_0] \tag{13.74}$$

where $C_1, C_2, \cdots, C_n, R$ are the coefficients in the mapping function (Eq.1.1) and R is a real number. When the shape of the tunnel is symmetric about the x-axis, $C_1, C_2, \ldots, C_n$ must be real numbers. R_0 is a parameter that reflects the lining thickness and is a real number. Known from Chap. 5, when the surrounding rock outside the tunnel is mapped to the exterior of a unit circle (Fig. 13.17a), the lining structure is mapped to a ring with an inner radius of R_0 and an outer radius of 1 (Fig. 13.17b).

When the lining thickness is relatively uniform and not too thick, it is feasible to use the mapping function (Eq. 1.1).

Given the external load, P, Q (Fig. 13.18a) and the material parameters, the distributions of tangential stress for any points on the inner edge of the support are dependent on the values of R, R_0 and $C_k(k = 1, \ldots, n)$, and are functions of θ. For the given initial values of R, R_0 and $C_k(k = 1, \ldots, n)$, i.e., $R^{(0)}$, $R_0^{(0)}$, and $C_k^{(0)}(k = 1, \ldots, \text{n})$, the maximum absolute tangential stress along the inner edge of the lining can be calculated using the method for solving the forward problems discussed in Chap. 5 when $\theta \in [0, \pi]$. By constantly revising $R^{(0)}$, $R_0^{(0)}$, and $C_k^{(0)}(k = 1, \ldots, \text{n})$, a group of values for R^*, R_0^*, and $C_k^*(k = 1, \ldots, n)$, which minimize the absolute value of the maximum tangential stress, can always be searched. The support section determined by R^*, R_0^*, and $C_k^*(k = 1, \ldots, n)$ is the optimal support.

Thus, the process for obtaining the optimal shape of a hole requires solving a series of forward problems, although the optimization of the shape of a hole is an inverse geometry problem. From the subsequent analysis, we learn that the process for determining the optimal shape of the support is equivalent to the process for solving a series of forward problems. The algorithm in Sect. 5.2 should be used to calculate the tangential stress on the internal boundary of the lining when the contact between the surrounding rock and the lining is assumed to be perfect bonding contact. And when it is a full slip contact, the method in Sect. 5.3 should be used to calculate the stress.

To revise the values of R, R_0 and $C_k(k = 1, \ldots, n)$ to reduce the calculation times of the forward problem and quickly find the solution that yields the minimum value, optimization method can be employed. A mixed penalty function method in References [24, 25] is used to solve the problem proposed in this section.

13.5.2 *Constraints*

To ensure that the optimal supporting section is adequately designed in engineering, specific basic requirements for the size and shape of the section must be satisfied. The number of independent design variables and the corresponding inequality constraints $g_i(X)$ and equality constraints $h_i(X)$ can be determined by these requirements.

13.5.2.1 Tunnel Width Is Restrained

The net width W of tunnel is the horizontal distance between the two intersections of the inner edge of the support and the y axis (Fig. 13.18a). According to Eq. (1.1), the Cartesian coordinates (x_L, y_L) of any points on the inner edge of the support are given as

$$x_L = R(R_0 \cos\theta + C_0 + \sum_{k=1}^{n} C_k R_0^{-k} \cos k\theta) \tag{13.75}$$

$$y_L = R(R_0 \sin\theta - \sum_{k=1}^{n} C_k R_0^{-k} \sin k\theta) \tag{13.76}$$

When $\theta = \pi/2$,$x_L = 0$, $y_L = W/2$, and C_0,R_0 can be obtained by replacing θ, x_L and y_L in Eqs. (13.75) and (13.76) as

$$C_0 = \sum_{k=1}^{n_1} (-1)^{k+1} C_{2k} R_0^{-2k} \tag{13.77}$$

$$R = \frac{W}{2\left[R_0 + \sum_{k=1}^{n_2} (-1)^k C_{2k-1}/R_0^{2k-1}\right]} \tag{13.78}$$

where $n_1 = INT(n/2)$ and $n_2 = INT[(n+1)/2]$, with INT indicating the integer number in the bracket. Thus, if only a width constraint in the y-axis direction exists, C_1, C_2 … C_n, and R_0 can be set as independent design variables during the optimization process.

13.5.2.2 Tunnel Width and Height Are Restrained

The net height H of a tunnel is the vertical distance between the two intersections of the inner edge of the support and the x axis (Fig. 13.18a). If a width constraint along the y axis and a height constraint along the x axis exist, the net height H can be given as

$$H = 2R[R_0 + \sum_{k=1}^{n_2} C_{2k-1}/R_0^{2k-1}] \tag{13.79}$$

Then, C_1 can be obtained by substituting Eq. (13.78) into Eq. (13.79)

$$C_1 = \frac{H\left[R_0 + \sum_{k=2}^{n_2} (-1)^k C_{2k-1}/R_0^{2k-1}] - W(R_0 + \sum_{k=2}^{n_2} C_{2k-1}/R_0^{2k-1})\right]}{H + W} \tag{13.80}$$

Thus, if the net width W and height H are constrained simultaneously, C_2, C_3, …, C_n, and R_0 can be selected as independent design variables and C_0, C_1, and R are not considered as independent design variables.

13.5.2.3 Other Constraints

Assume that the support thickness must be greater than 0 for the same angle θ and that the polar radius (ρ_R) of the point on the outer edge of the support is longer than the polar radius (ρ_L) of the point on the inner edge. Then,

$$\rho_R^2 - \rho_L^2 = (x_R^2 + y_R^2) - (x_L^2 + y_L^2) > 0 \tag{13.81}$$

where x_L and y_L are given by Eqs. (13.75) and (13.76) and the Cartesian coordinates of a point on the outer edge of the support x_R and y_R can be obtained using Eq. (1.1) as follows

$$x_R = R(\cos\theta + C_0 + \sum_{k=1}^{n} C_k \cos k\theta) \tag{13.82}$$

$$y_R = R(\sin\theta - \sum_{k=1}^{n} C_k \sin k\theta) \tag{13.83}$$

By substituting Eqs. (13.75), (13.76), (13.82) and (13.83) into inequality (13.81), the constraint condition that the lining thickness is greater than 0 can be obtained.

Assume that the thicknesses at the top and bottom of the support are equivalent; namely, the thicknesses at $\theta = 0°$ equal the thicknesses at $\theta = \pi$. Thus, we obtain

$$x_{R|\theta=0} - x_{L|\theta=0} = x_{L|\theta=\pi} - x_{R|\theta=\pi} \tag{13.84}$$

Substituting Eqs. (13.75), (13.76), (13.82) and (13.83) into Eq. (13.84) yields

$$\sum_{k=1}^{n_2} C_{2k}(1 - R_0^{-2k}) = 0 \tag{13.85}$$

Considering that the thickness of the lining has a specific limitation in this section, the lining thickness at $\theta = 0°(180°)$ is assumed to be 0.3 m, which yields

$$x_{R|\theta=0} - x_{L|\theta=0} = 0.3 \tag{13.86}$$

Substituting Eqs. (13.75) and (13.76) into Eq. (13.86) yields

$$R\left[1 - R_0 + \sum_{k=1}^{n} C_k(1 - R_0^{-k})\right] = 0.3 \tag{13.87}$$

By conformal mapping of a complex function, C_k and R_0 should be restricted, i.e.,

$$\sum_{k=1}^{n} |C_k| < 1 \tag{13.88}$$

$$0 < R_0 < 1 \tag{13.89}$$

Based on the constraints in Sects. 13.5.2.1, 13.5.2.2 and 13.5.2.3, the mixed penalty function method is employed to optimize the liner section.

13.5.3 Shape Optimization of Lining—Perfect Bonding Contact Condition

13.5.3.1 Tunnel Width Is Restrained

The following assumptions are made: the net width W of the tunnel is restricted, i.e., $W = 10\,\text{m}$, and the net height H is not limited. The lining thickness is 0.3 m and the number of mapping function terms is selected as $n = 8$. The elastic modulus of the surrounding rock and lining are $E_1 = 30{,}000\,\text{MPa}$ and $E_2 = 20{,}000\,\text{MPa}$,respectively. Poisson's ratio of the surrounding rock and lining $\mu_1 = \mu_2 = 0.2$, and the displacement release coefficient $\eta = 0.2$.In this section, we intend to adjust the lateral pressure coefficient λ after the given vertical load to study the optimal lining section shape under different conditions. Here we have selected three representative values for λ, namely 0.2, 0.5, and 1.0.

When $P = 10\,\text{MPa}$, optimal sections when $\lambda = 0.2, 0.5, 1.0$ are shown in Fig. 13.19, and the mapping functions obtained after optimization are as follows, respectively:

$z = \omega(\zeta) = 11.5491(\zeta + 0.4868\zeta^{-1}), R_0 = 0.9470.$

$z = \omega(\zeta) = 7.0304(\zeta + 0.2206\,\zeta^{-1}), R_0 = 0.9448.$

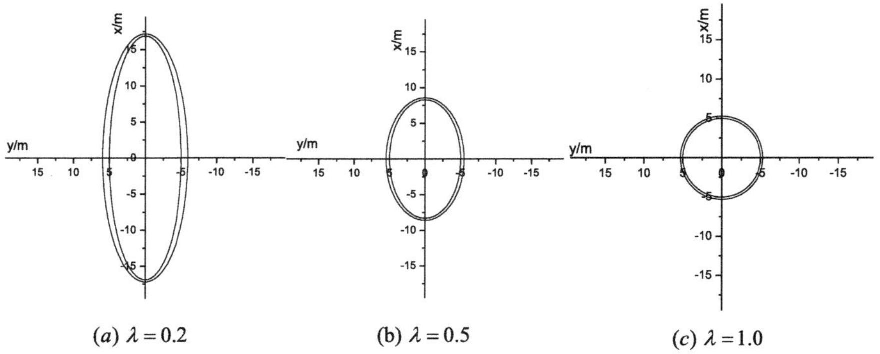

Fig. 13.19 Optimum supporting sections for **a** $\lambda = 0.2$, **b** $\lambda = 0.5$, and **c** $\lambda = 1.0$ with W restricted and perfect bonding contact

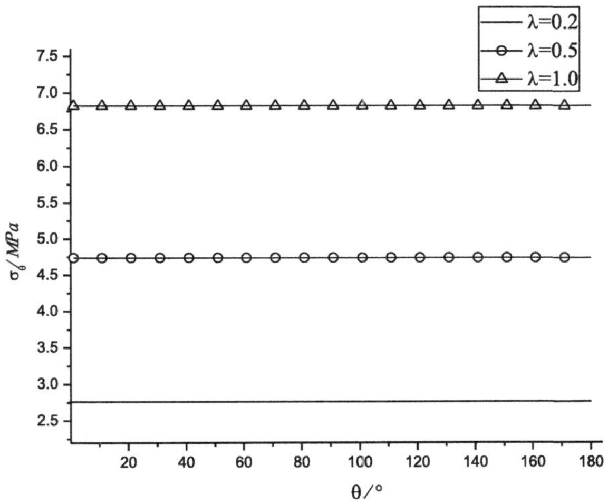

Fig. 13.20 Distribution of σ_θ along the inner boundary with θ for the three types of conditions

$z = \omega(\zeta) = 5.3000\zeta$, $R_0 = 0.9434$.

From above, the optimal tunnel sections are all elliptical. We know that the harmonic hole in the bare tunnel is also elliptical, and its axial ratio is P/Q (5.0, 2.0, 1.0), while the axial ratio of the lining inner boundary here is H/W, with values of 3.37, 1.66, 1.0, all of which are smaller than or equal to P/Q. That is, the axial ratios of the two are not completely different. Only when $P = Q$ they are exactly the same.

Figure 13.19 illustrates that the optimal section is a narrow ellipse with the long axis and maximum load in the same direction. And Fig. 13.20 presents the change rule of σ_θ about θ for the three cases.

Figure 13.20 illustrates that when the contact between the surrounding rock and the lining is perfect bonding contact and there is only a constraint of net width and the lateral pressure coefficient λ increases from 0.2 to 1.0, the tangential stress σ_θ along the inner boundary of the obtained optimal section changes slightly with a varying angle, exhibiting almost uniform distribution, and the corresponding maximum tangential stresses $\sigma_{\theta\,\max}$ are 2.76, 4.74, and 6.82 MPa, respectively, which are much smaller than the tangential stresses at the edges of the bare harmonic holes (12.0, 15.0 and 20.0 MPa). Two reasons have contributed to the result. First, it is assumed that the elastic modulus of the lining is smaller than that of the surrounding rock. Second, displacement release coefficients are considered.

13.5.3.2 Tunnel Width and Height Are Restrained

Assume that the net width and net height are both restricted, i.e., $W = 10\,\text{m}$ and $H = 14\,\text{m}$. Set $P = 10\text{MPa}$, and $\lambda = 0.2,\ 0.5,\ 1.0$, and remain the other parameters unchanged.

The optimal sections for different lateral pressure coefficients are given in Fig.13.21.

From Fig. 13.21, when the net width and height of the tunnel are both restricted, the optimal section is slightly pointed at the top and bottom with large curvature at the sides when the lateral pressure coefficient is small. As the lateral pressure coefficient increases, the holes at the top and bottom of the tunnel gradually widen, and the curvature at the sides of the tunnel decreases, becoming more and more vertical.

The corresponding tangential stress distribution along the inner boundary is shown in Fig. 13.22.

Figure 13.22 illustrates that when the contact between the surrounding rock and the lining is perfect bonding contact and the net width and net height are both restricted, a uniform tangential stress σ_θ along the inner boundary of the lining cannot be guaranteed when the lateral pressure coefficient λ increases from 0.2 to 1.0, namely the σ_θ will change with the variation of θ.

When $\lambda = 0.2$, the maximum tangential tensile stress occurs at the top and bottom of the tunnel (corresponding to $\theta = 0°$ and 180°, respectively) with a value

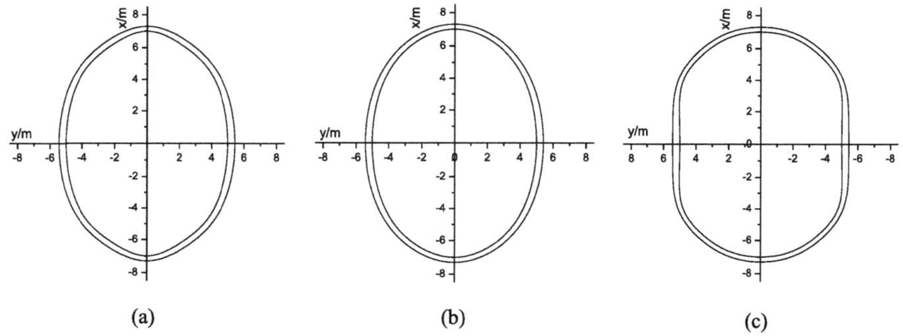

Fig. 13.21 Optimum supporting sections for **a** $\lambda = 0.2$, **b** $\lambda = 0.5$, and **c** $\lambda = 1.0$ with W and H restricted and perfect bonding contact

Fig. 13.22 Three cases of tangential stress distribution along the inner boundary with W and H restricted and perfect bonding contact

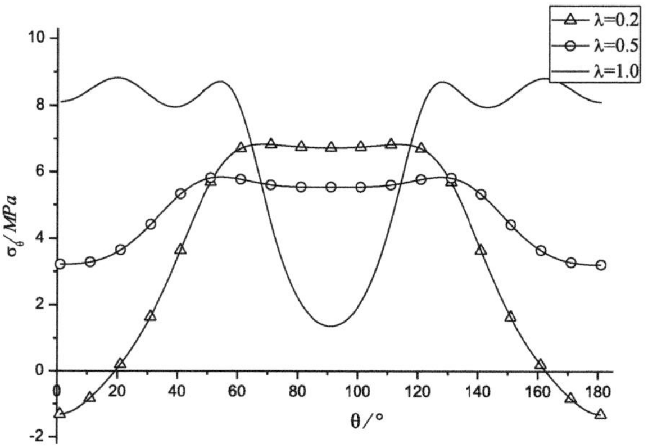

of −1.31 MPa. Large tangential compressive stresses are generated on both sides of the tunnel (corresponding to angles that range from $\theta = 50°$ to $130°$), with a maximum value of 6.84 MPa.

When $\lambda = 0.5$, a significant stress concentration occurs on both sides of the tunnel (corresponding to the range $\theta = 50°$ to $130°$), with a maximum value of 5.85 MPa.

When $\lambda = 1.0$, a relatively large tangential stress concentration occurs at the top (corresponding to the range $\theta = 0°$ to $50°$) and bottom (corresponding to the range $\theta = 130°$ to $180°$) of the tunnel, with a maximum tangential stress of 8.82 MPa.

A comparison with case in Sect. 13.5.3.1 indicates that the tangential stress σ_θ along the inner boundary when both the net height and net width are constrained is greater than that when only the net width is constrained for the same lateral pressure coefficient λ, and σ_θ changes significantly with θ. When the lateral pressure coefficient λ is small, tensile stress even appears on a small part of the boundary at the top and bottom of the tunnel.

When the contact between the surrounding rock and the lining is perfect bonding contact, Reference [24] also obtained optimal section results under different displacement release coefficients η. It was found that when only the net width of the tunnel was constrained, the optimal lining section was almost identical to that in Fig. 13.19 as the displacement release coefficient increased from 0 to 0.8. When both the net width and net height of the tunnel were constrained, the optimal lining section was also similar to that in Fig. 13.21.

13.5.4 Shape Optimization of Lining—Full Slip Contact Condition

When discussing the shape optimization of a lining section under the full slip contact condition, the same computational parameters as the perfect bonding contact condition are used, and the content discussed is exactly the same as in Sect. 13.5.3.

13.5.4.1 Tunnel Width Is Restrained

When $P = 10$ MPa, optimal sections when $\lambda = 0.2, 0.5, 1.0$ are shown in Fig. 13.23, and the mapping functions obtained after optimization are as follows, respectively

$$z = \omega(\zeta) = 5.8989(\zeta + 0.0907\zeta^{-1}), R_0 = 0.9437$$
$$z = \omega(\zeta) = 5.5992(\zeta + 0.0477\zeta^{-1}), R_0 = 0.9436$$
$$z = \omega(\zeta) = 5.3000\zeta, R_0 = 0.9434$$

From Fig. 13.23, the optimal tunnel section shape is still an ellipse, and the long axis of the ellipse is still in the same direction as the maximum ground stress. However, the aspect ratio H/W of the inner boundary of the lining is smaller than

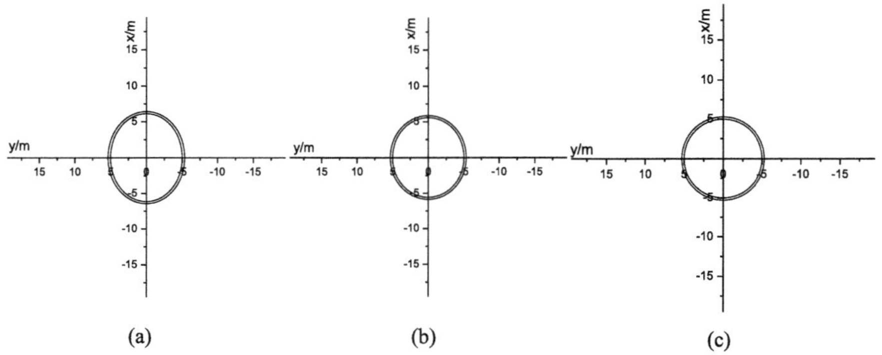

Fig. 13.23 Optimum supporting sections for **a** $\lambda = 0.2$, **b** $\lambda = 0.5$, and **c** $\lambda = 1.0$ with W restricted and full slip contact

that under the perfect bonding contact condition, with aspect ratios of 1.23, 1.11, and 1.0 for the three lateral pressure coefficients, while the aspect ratio under the perfect bonding contact condition is 3.37, 1.66, and 1.0. When the lateral pressure coefficient $\lambda = 1$, the results are exactly the same for both contact conditions, and the optimal tunnel section shape is circular. When the lateral pressure coefficient $\lambda < 1$, the optimal tunnel section shape under the full slip contact condition is close to circular. The distribution of tangential stress σ_θ along the inner boundary of the lining under this condition is shown in Fig. 13.24.

From Fig. 13.24, under the condition of full slip contact between the surrounding rock and lining, and only restricting the net width of the tunnel, the tangential stress σ_θ on the inner boundary of the optimal lining section is linearly distributed when $\lambda = 1.0$. However, for coefficients λ of 0.2 and 0.5, the tangential stress on the inner boundary of the lining is not uniformly distributed and has small fluctuations, and the degree of fluctuation increases as the coefficient decreases. The maximum

Fig. 13.24 Three cases of tangential stress distribution along the inner boundary with W restricted and full slip contact

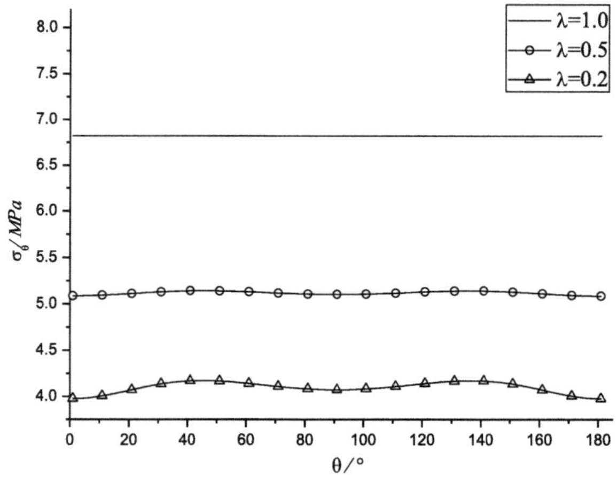

tangential stress $\sigma_{\theta\,\max}$ values corresponding to the three lateral pressure coefficients are 4.17, 5.14, and 6.82 MPa, which are higher than those under the condition of perfect bonding contact, which are 2.76, 4.74, and 6.82 MPa, respectively. Especially when the lateral pressure coefficient is small, the difference between the two is large, and the corresponding optimal tunnel section shape is also significantly different.

13.5.4.2 Tunnel Width and Height Are Restrained

All calculation parameters are still the same as those under the perfect bonding contact. Figure 13.25 shows the optimal shapes for lateral pressure coefficients λ of 0.2, 0.5, and 1.0 when $P = 10\text{MPa}$. The tangential stress distribution along the inner boundary of the corresponding lining is shown in Fig. 13.26.

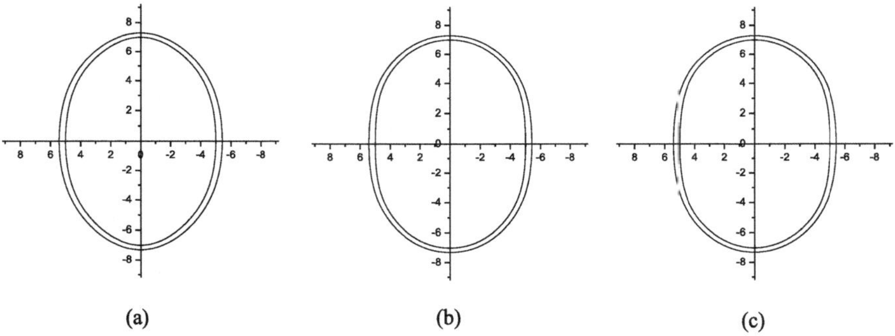

Fig. 13.25 Optimum supporting sections for **a** $\lambda = 0.2$, **b** $\lambda = 0.5$, and **c** $\lambda = 1.0$ with W and H restricted and full slip contact

Fig. 13.26 Three cases of tangential stress distribution along the inner boundary with W and H restricted and full slip contact

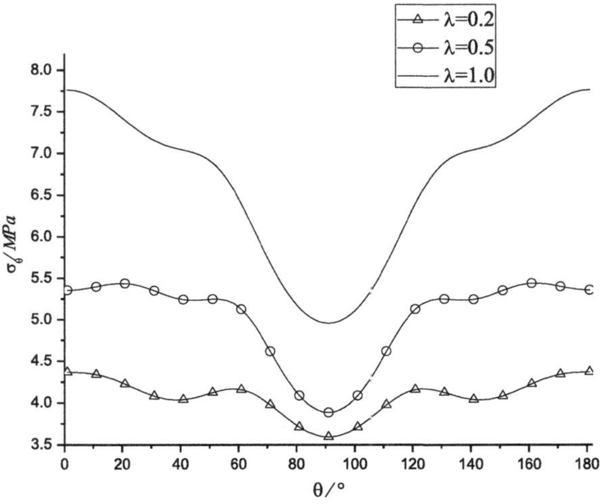

From Fig. 13.25, the shape of the optimal section is also related to the lateral pressure coefficient. The change trend with the lateral pressure coefficient is similar to that under perfect bonding contact, but the optimal section shapes under the three lateral pressure coefficients are not significantly different.

From Fig. 13.26, when the contact between the surrounding rock and the lining is full slip contact and both the net width and net height of the tunnel are restricted, the tangential stress along the inner boundary of the optimal section under the three lateral pressure coefficients is no longer uniformly distributed. The magnitude of the stress varies with the value of θ, but the change trend under the three lateral pressure coefficients is basically the same. This is very different from the case of perfect bonding contact, where the stress distribution under the three lateral pressure coefficients is significantly different and even tensile stresses may occur.

For full slip contact, the areas with the high stress concentration under the three lateral pressure coefficients (0.2, 0.5, 1.0) are located near the top and bottom of the tunnel section (i.e., $\theta \in [0°, 60°]$ and $\theta \in [120°, 180°]$), and the corresponding maximum tangential stress values are 4.37, 5.44, and 7.76 MPa, respectively. The maximum stress values are smaller than those under perfect bonding contact, where the maximum stress values are 6.84, 5.85, and 8.782 MPa, respectively. The minimum tangential stress occurs on both sides of the tunnel section (i.e., $\theta = 90°$) with minimum values of 3.59, 3.88, and 4.95 MPa, respectively.

From above, it can be concluded that when both the net width and net height of the tunnel are restricted, full slip contact is superior to perfect bonding contact just in reducing the stress concentration. This conclusion has been obtained in Chap. 5.

When the contact between the surrounding rock and the lining is full slip contact, reference [25] has also obtained the optimal section results for different displacement release coefficients η. Results show that, the optimal shape of lining section hardly changes when the displacement release coefficient η increases from 0 to 0.8, which is the same as that under perfect bonding contact.

13.6 Shape Optimization of a Hole in Orthogonal Anisotropic Plane

This section discusses the orthogonal anisotropic plate structure, assuming that it is a uniform elastic plate of equal thickness, and the plate surface is parallel to an elastic symmetrical plane. The external load acts on the edge of the plate and its direction is parallel to the plate surface (see Fig. 13.27), and remains unchanged along the thickness direction of the plate. The plate is very thin, and its volume force can be ignored. When there is no external load acting on both surfaces of the plate, it can be simplified into a plane stress problem in anisotropic plate. When the size of the hole in the plate is much smaller than the size of the plate, it can be regarded as an infinite domain problem.

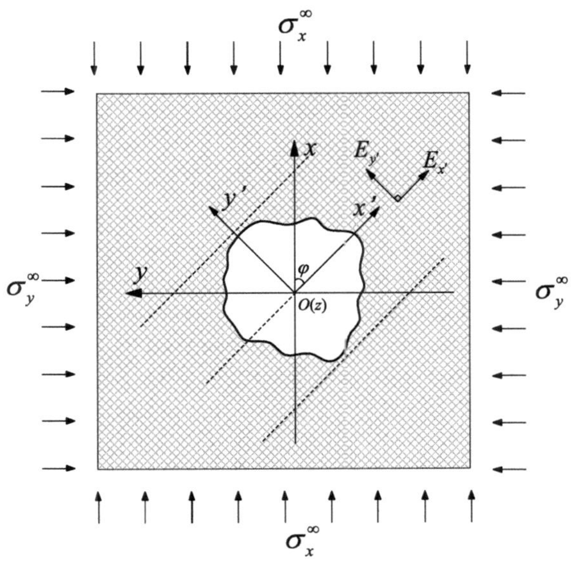

Fig. 13.27 Material parameters and external loads for an orthotropic plate with arbitrarily shaped

Currently, most of the structures involved in hole shape optimization are isotropic media, and there are few studies on hole shape optimization in anisotropic plates (or media). Only a few research results [26–28] have appeared in recent years, which can only be considered as preliminary work. The methods used include the boundary element numerical method and the complex function method. However, due to insufficient consideration of mapping function orders and the use of rigorous analytical mapping processes, the optimal results may not cover enough hole shapes, and the universality of these methods is generally limited.

As described in Sects. 13.4 and 13.5, solving the inverse problem of hole shape optimization actually involves solving a series of forward problems. The stress calculation for each iteration can be performed using the algorithms for solving the forward problem. However, to find the optimal hole shape that satisfies the optimization criteria, it is necessary to combine optimization techniques. This section still uses the same optimization criteria as described in Sect. 13.5, where the optimal criterion is to minimize the maximum absolute tangential stress on the boundary of the hole. To solve the forward problem for each iteration, the stress on the boundary of the hole should be calculated using the method presented in Sect. 10.1.

This section discusses structures that are made from the same orthogonal anisotropic material, and without reinforcement rings (supports) at the edge of the hole. The optimization method used is exactly the same as the Mixed Penalty Function Method described in Sects. 13.4 and 13.5. As the optimization process of hole shape involves solving a series of forward problems, there should be no difficulties in optimizing holes with reinforcement rings. The stress calculation can be performed using the forward problem solution method presented in Sects. 10.4 and 10.5, with only the plane strain problem replaced by the plane stress problem. If the discussion involves deep underground tunnels with linings, then the stress calculation algorithm presented in Sects. 10.4 and 10.5 can be directly used.

13.6.1 Optimization Principles and Constraints

When the absolute value of the maximum tangential stress at the edge of the hole is taken as the optimization criterion, the objective function $F(X)$ is the same as Eq. (13.71) in Sect. 13.4. The design variable X is the complex coefficient C_k (k = 1,2,3…,n) that describes the shape of the hole in the mapping function $z = \omega(\zeta)$ (Eq. 1.1). Since C_0 only determines the position of the hole, it can be set to 0. We have

$$X = [C_1, C_2, ..., C_n]^T \tag{13.90}$$

For anisotropic problems, since the material properties may not be symmetric about the x-axis, the optimal hole shape may not be symmetric even when the external loads are symmetric about the x-axis. Therefore, C_k may not be real numbers. Because the mapping function is a single-valued function, C_k must satisfy the following non-negative constraints [1]:

$$1.0 - \sum_{k=1}^{n} k|C_k| \geq 0 \tag{13.91}$$

In order to ensure that the starting point of $\theta = 0$ is on the x-axis in Fig. 13.26, the following equality constraint conditions can be obtained from the mapping function:

$$\sum_{k=1}^{n} \mathrm{Im}[C_k] = 0 \tag{13.92}$$

In the equation, $\mathrm{Im}[C_k]$ represents the imaginary part of C_k, and when $C_k = C_{1k} + iC_{2k}$, we have $\mathrm{Im}[C_k] = C_{2k}$.

Therefore, when the external load conditions and anisotropic material property parameters are known, given a set of initial values for C_k, denoted as $C_k^{(0)}$, the tangential stress distribution on the hole edge can be obtained by the forward problem calculation process in Sect. 10.1. Since the stress on the hole edge is only a function of the angle θ, the maximum absolute value of tangential stress $\max|\sigma_\theta|$ can be found within $[0, 2\pi]$. By continuously modifying C_k with the mixed penalty function method, a set of optimal C_k^* can always be found to minimize $\max|\sigma_\theta|$. Substituting C_k^* into the mapping function Eq. (1.1), the shape of the optimal hole is obtained [29].

For an infinite domain problem, the size of R does not affect the stress, so in the specific optimization process, the parameter R reflecting the size of the hole can be set to 1. It was found through calculation that only considering 5 terms of C_k is sufficient, so the design variable X is composed of 10 undetermined real numbers C_{1k} and C_{2k} ($k = 1, 2, \ldots, 5$). The initial values of the design variables are all set to 0, that means the initial shape of the hole is a circle. It was also found in Sect. 13.4 that only a few terms are needed for the mapping function in the optimization of the double-hole shape.

The reason why the mapping function does not require too many terms is that the optimal hole shape, which minimizes stress concentration on the hole edge, must be a closed and smooth curve. The mapping function can reflect the characteristics of a smooth curve without requiring too many terms. Only for hole shapes with corners, many terms are necessary. As explained in Sect. 10.1, such hole shapes will experience significant stress concentration at the corners, and the optimal hole shape will definitely not have corners.

13.6.2 Optimal Shape Under Different External Loads

In isotropic problems, under uniform external loads σ_x^∞ and σ_y^∞ shown in Fig. 13.27 (tensile stress is positive in this section), a harmonic hole is an elliptical hole, and the long axis of the ellipse is along with maximum external direction. The aspect ratio of the elliptical shape is exactly equal to the external load ratio $\sigma_x^\infty/\sigma_y^\infty$ [2] and the harmonic hole is circular under the condition of equal biaxial stress ($\sigma_x^\infty = \sigma_y^\infty$). Therefore, does the optimal hole shape in orthotropic plates under different external loads also follow this rule? This section will discuss the influence of different external load ratios $\sigma_y^\infty/\sigma_x^\infty$ on the optimal hole shape. Because the optimal hole shape depends only on the ratio of $\sigma_y^\infty/\sigma_x^\infty$ instead of their specific values, so we assume $\sigma_x^\infty = 1$.

For anisotropic problems, stress depends on $\mu_{x'y'}$ and $E_{y'}/E_{x'}$, where we take $\mu_{x'y'} = 0.21, \lambda_E = E_{y'}/E_{x'} = 2$ and $\varphi = 0°$ as fixed values. We discuss the two cases here $\sigma_y^\infty/\sigma_x^\infty = 1.0, 1.5$. The corresponding optimal hole shape and the corresponding hole-edge tangential stress distribution σ_θ are shown in Fig. 13.28. The overall conclusion is that $\sigma_y^\infty/\sigma_x^\infty$ has a significant influence on the optimal hole shape.

The optimal hole shape under biaxial stress condition $\sigma_y^\infty/\sigma_x^\infty = 1$ is plotted with solid lines in Fig. 13.28a. The dashed line in the Fig. 13.28a represents the isotropic harmonic hole (circular hole). The comparison shows that the optimal hole shape under equal biaxial stress in orthotropic plates is not circular, but tends to a circular shape. The hole-edge tangential stress distribution of this hole is shown in Fig. 13.28c, which indicates that σ_θ is not equal to the constant value of $\sigma_y^\infty + \sigma_x^\infty$, but fluctuates. This is slightly different from the results of the isotropic harmonic hole.

Under unequal biaxial stress condition, the optimal hole shape is shown in Fig. 13.28b with solid lines, and the isotropic harmonic hole (standard ellipse) with axis ratio $\sigma_y^\infty/\sigma_x^\infty = 1.5$ is shown with dashed lines. By comparing, it can be seen

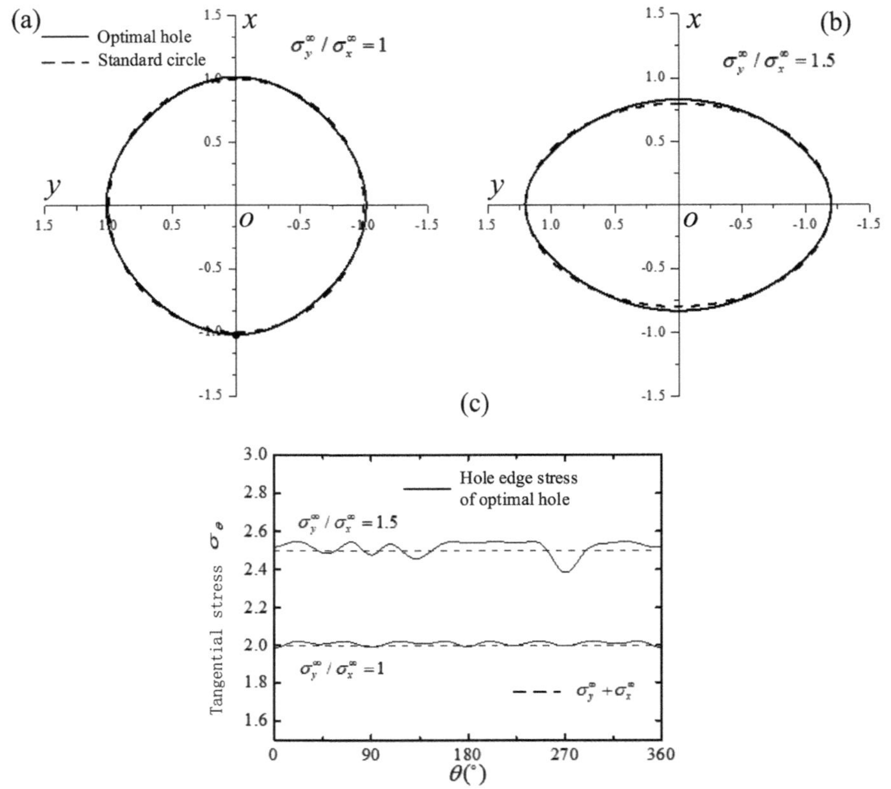

Fig. 13.28 Optimal results when $\sigma_y{}^\infty/\sigma_x{}^\infty = 1$ and 1.5 **a** optimal shape when $\sigma_y{}^\infty/\sigma_x{}^\infty = 1$; **b** optimal shape when $\sigma_y{}^\infty/\sigma_x{}^\infty = 1.5$; **c** tangential stresses of optimal hole when $\sigma_y{}^\infty/\sigma_x{}^\infty = 1$ and 1.5

that the optimal hole shape under unequal biaxial stress is not a standard ellipse, but tends to be an ellipse, hereafter referred to as a quasi-ellipse. The axial ratio y/x = 1.2070/0.8261 = 1.461, which is close to $\sigma_y^\infty/\sigma_x^\infty = 1.5$. The distribution of σ_θ along the hole edge is shown in Fig. 13.28c, which shows that the maximum hole-edge tangential stress value of the optimal hole shape is slightly larger than $\sigma_y^\infty + \sigma_x^\infty$.

13.6.3 Optimal Hole Shape Under Different Anisotropic Degrees

In this section, we will analyze the effect of $\lambda_E = E_{y'}/E_{x'}$ on the optimal hole shape. λ_E can reflect the degree of anisotropy. Here, $\lambda_E = 0.5, 2, 5$, $\sigma_y^\infty/\sigma_x^\infty = 2.5$, $\varphi = 30°$ are taken. Figure 13.29 shows the optimal hole shape and the tangential

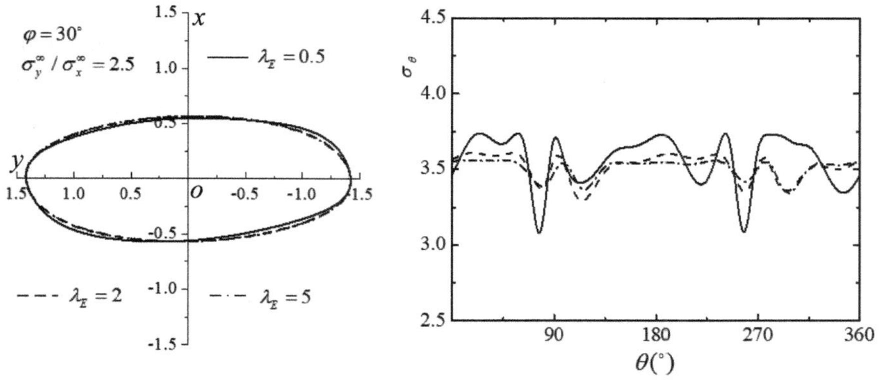

Fig. 13.29 Optimal results under various anisotropies when $\sigma_y^{\infty}/\sigma_x^{\infty} = 2.5$ and $\varphi = 30^{\circ}$

stress distribution of different λ_E. The calculation results show that λ_E has little effect on the optimal hole shape, but a significant effect on the tangential stress at the hole edge. The optimal hole shapes for $\lambda_E = 2, 5$ are basically the same. When $\lambda_E = 0.5, 5$, they differ 10 times of anisotropic degree, but the optimal hole shapes are very similar. As λ_E increases from 0.5 to 5, the maximum tangential stress of the optimal hole shape decreases continuously, which are 3.738, 3.609, and 3.561 respectively. The minimum tangential stress increases continuously, which are 3.081, 3.292, and 3.341 respectively. This indicates that the range of tangential stress fluctuation at the hole edge becomes smaller, and the stress distribution become more uniform.

13.6.4 Optimal Shape Under Different Orientation of Elastic Principal Plane

The angle φ shown in Fig. 13.27 represents the orientation of the elastic principal plane of the material. In this section, we will discuss the optimal hole shape under different φ angles, taking $\varphi = 0°, 45°, 75°$. Here, $\sigma_y^{\infty}/\sigma_x^{\infty} = 5$ and $\lambda_E = 0.5$. Figure 13.30 shows the corresponding optimal hole shape and the tangential stress distribution along the hole edge. The φ change causes a more significant change in the optimal hole shape. The hole shape changes from a symmetric shape at $\varphi = 0°$ to a non-symmetric shape similar to an ellipse at $\varphi = 45°, 75°$. The stress distribution along the hole edge is compressive stress. Near the tip of long axis where θ is around 90° and 270°, phenomenon of stress drop occurs. When $\varphi = 0°, 45°, 75°$, the maximum σ_θ are almost the same, which are 6.386, 6.417, and 6.402 respectively. However, the degree of stress drop is reduced. In other word, the minimum σ_θ increases, and they are 2.559, 4.317, and 3.949 respectively. This phenomenon indicates that σ_θ fluctuation range is the largest and the stress distribution is the most

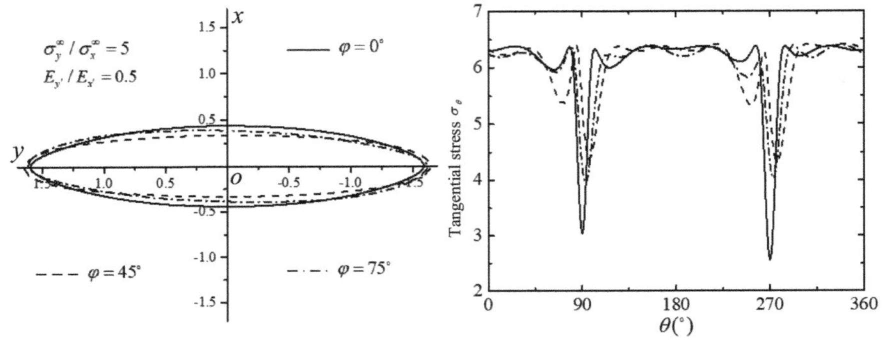

Fig. 13.30 Optimal results under various fiber angles when $\sigma_y{}^\infty/\sigma_x{}^\infty = 5$ and $E_{y'}/E_{x'} = 0.5$

uneven at $\varphi = 0°$, while the stress distribution is the most uniform at $\varphi = 45°$. The above results show that φ change has impact on the shape and the uniformity of stress, but has limited influence on stress concentration.

13.6.5 Comparison on Stress Between the Optimal Hole and Harmonic Hole

Based on the above calculations and analyses, we obtained the optimal hole shapes in an orthotropic plate under different external load conditions, degrees of anisotropy, and elastic principal directions. In these optimal results, some hole shapes are referred to as "elliptic-like" and "circular-like" because they do not have the standard properties of ellipses and circles. This begs the question of whether this difference is due to calculation errors or if the optimal hole shapes in anisotropic problems are not standard shapes? To answer this question, we selected the optimized results closest to ellipses and circles under two unequal biaxial and pure shear loading conditions and compared them with the hole shapes of standard ellipses and circles.

Figure 13.31 shows the optimal hole shape with $\varphi = 0°$, $\sigma_y^\infty/\sigma_x^\infty = 2.5$ and $\lambda_E = 3$. The aspect ratio of this hole shape is y/x = 1.4217/0.5965 = 2.383, which is close to the load ratio value $\sigma_y^\infty/\sigma_x^\infty = 2.5$. Based on the length of its major axis, a standard ellipse with an aspect ratio of 2.5 was drawn using the mapping function [30]. The tangential stresses along the hole edge were obtained using the forward problem calculation process described in Sect. 10.1. By comparison, we found that the optimized elliptic-like shape had a smaller tangential stress concentration along the hole edge than the standard ellipse, and its stress distribution was more uniform. For example, the maximum and minimum tangential stresses of the optimal hole shape were 3.568 and 3.348, respectively, while those of the standard ellipse were 3.840 and 3.152, respectively. The optimal hole shape reduced the stress concentration level of the maximum tangential stress along the hole edge by 7.62%.

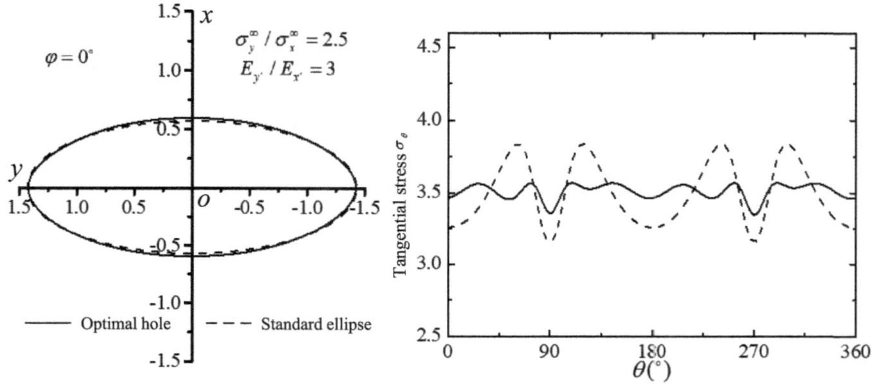

Fig 13.31 Comparisons between optimal and standard elliptical holes when $\varphi = 0^{\circ}$, $\sigma_y{}^{\infty}/\sigma_x{}^{\infty} = 2.5$ and $E_{y'}/E_{x'} = 3$

Figure 13.32 shows the optimal hole shape with $\varphi = 45°$, $\sigma_y^{\infty}/\sigma_x^{\infty} = -1$ and $\lambda_E = 3$. The optimal hole shape under this condition is circular-like, with an aspect ratio of y/x = 0.9739/0.9677 = 1.006, which is very close to 1. The tangential stresses along the hole edge of the circular and circular-like holes were obtained using the forward problem calculation process described in Sect. 10.1. It was found that both hole shapes had tensile and compressive stress distributions under pure shear loading. The optimal hole shape had a stress drop around $\theta = 90°$ and 270°, which reduced the stress concentration level at that position. However, the standard circle did not exhibit this phenomenon. The maximum tensile and compressive stresses for the optimal hole shape were −3.810 and 3.978, respectively, while those for the standard circle were −4.472 and 4.472, respectively. The optimal hole shape reduced the maximum tensile and compressive stresses by 17.38% and 12.42%, respectively.

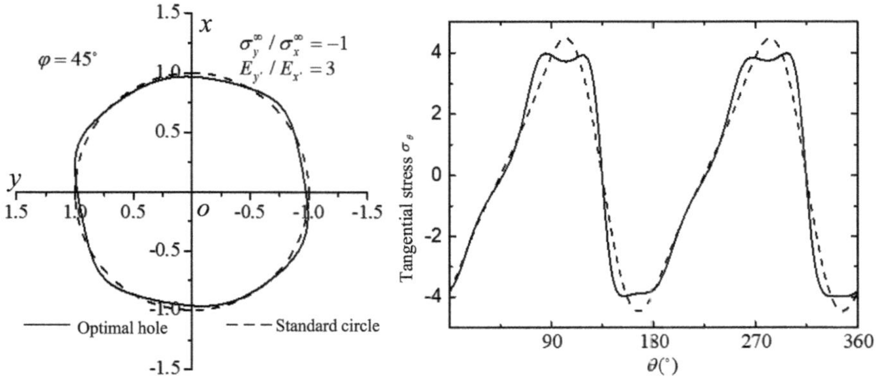

Fig. 13.32 Comparisons between optimal and standard circular holes when $\varphi = 45^{\circ}$, $\sigma_y{}^{\infty}/\sigma_x{}^{\infty} = -1$ and $E_{y'}/E_{x'} = 3$

The above results fully demonstrate that the optimal hole shapes in orthotropic plates are not standard ellipses or circles, but rather ellipse-like and circle-like shapes. Therefore, the conclusions from isotropic problems cannot be applied to anisotropic problems directly, and a specific analysis should be conducted for each problem.

References

1. Lu, A.Z., and B.S. Jiang. 1998. *Inverse Problem in Rock Mechanics*. Beijing: China Coal Industry Publishing House.
2. Bjorkman, G.S., and R. Richards. 1976. Harmonic hole—an inverse problem in elasticity. *ASME Journal of Applied Mechanics* 43: 414–418.
3. Bjorkman, G.S., and R. Richards. 1979. Harmonic hole for nonconstant field. *ASME Journal of Applied Mechanics* 46: 573–576.
4. Dhir, S.K. 1981. Optimization in a class of hole shapes in plate structures. *ASME Journal of Applied Mechanics* 48: 905–908.
5. Lu, A.Z. 1996. Optimization of hole shapes based on optimality criterion-minization of the maximally tangential stress (absolute value) on the boundary of hole. *Acta Mechanica Solida Sinica* 1: 73–76.
6. Lu, A.Z. 1996. The method for optimum shapes of tunnels and cavities. *Chinese Journal of Rock Mechanics and Engineering* 15 (3), 275–281.
7. Lu, A.Z. 1997. Selection method of section configuration of underground chamber in high strata stress zone. *Journal of China Coal Society* 22 (5), 495–498.
8. Cherepanov, G.P. 1974. Inverse problem of the plane theory of elasticity. *Journal of Applied Mathematics and Mechanics* 38 (5): 913–931.
9. Vigdergauz, S.B. 2008. Shape optimization in an elastic plate under remote shear: From single to interacting holes. *Mathematics and Mechanics of Solids* 3: 1341–1363.
10. Vigdergauz, S.B. 2010. Energy-minimizing openings around a fixed hole in an elastic plate. *Mathematics and Mechanics of Solids* 5: 661–677.
11. Vigdergauz, S.B. 2017. Equi-stress boundaries in two- and three-dimensional elastostatics: the single-layer potential approach. *Mathematics and Mechanics of Solids* 22: 837–851.
12. Vigdergauz, S.B. 2018. Simply and doubly periodic arrangements of the equi-stress holes in a perforated elastic plane: the single-layer potential approach. *Mathematics and Mechanics of Solids* 23: 805–819.
13. Heller, M., R. Kaye, and L.R. Rose. 1999. A gradientless finite element procedure for shape optimization. *Journal of Strain Analysis for Engineering Design* 34: 323–336.
14. Pedersen, P. 2004. Design study of hole positions and hole shapes for crack tip stress releasing. *Struct Multidisc Optim* 28: 243–251.
15. Pedersen, P. 2007. Suggested benchmarks for shape optimization for minimum stress concentration. *Structural and Multidisciplinary Optimization* 35: 273–283.
16. Schmid, F., K. Hirschen, S. Meynen, and M. Schäfer. 2005. An enhanced approach for shape optimization using an adaptive algorithm. *Finite Element Analysis and Design* 41: 521–543.
17. Sonmez, F.O. 2007. Shape optimization of 2D structures using simulated annealing. *Computer Methods in Applied Mechanics and Engineering* 196: 3279–3299.
18. Van Miegroet, L, and P. Duysinx. 2007. Stress concentration minimization of 2D filets using X-FEM and level set description. *Structural and Multidisciplinary Optimization* 33: 425–438.
19. Wu, Z.X. 2009. Optimal hole shape for minimum stress concentration using parameterized geometry models. *Structural and Multidisciplinary Optimization* 37: 625–634.
20. Yin, C.L., A.Z. Lu, and X.T. Zeng. 2019. An accurate and efficient computational method for seeking two equi-tangential stress hole shapes. *Archive of Applied Mechanics* 89 (11): 2321–2334.

21. Cai, H., A.Z. Lu, and Y.C. Ma. 2019. Shape optimization of two interacting holes with different areas in an infinite plate. *European Journal of Mechanics/A Solids* 78: 103844.
22. Zeng, X.T., and A.Z. Lu. 2019. Stress solution for an infinite elastic plate containing two arbitrarily shaped holes. *AIAA Journal* 57 (4): 1961–1701.
23. Zeng, X.T., and A.Z. Lu, and S.J. Wang. 2020. Shape optimization of two equal holes in an infinite elastic plate. *Mechanics Based Design of Structures and Machines* 48 (2): 133–145.
24. Lu, A. Z., H.Y. Chen, Y. Qin, and N. Zhang. 2014. Shape optimisation of the support section of a tunnel at great depths. *Computers and Geotechnics* 61: 190–197.
25. Lu, A.Z., H.Y. Chen, Y. Qin, and N. Zhang. 2014. Shape optimization of tunnel support section under contact condition of pure slip. *Chinese Journal of Rock Mechanics & Engineering* 33 (8): 1563–1571.
26. Maksymovych, O., and O. Illiushyn. 1813. Stress calculation and optimization in composite plates with holes based on the modified integral equation method. *Engineering Analysis with Boundary Elements* 2017 (83): 187.
27. Xie, C.H., and P. Xue. Aeronautics, et al. 2014. Optimization and analysis of stress concentration in composite laminates with different cutouts. *Journal of Shaanxi Normal University (Natural Science Edition)* 4: 27–32.
28. Su, Z., C. Xie, and Y. Tang. 2018. Stress distribution analysis and optimization for composite laminate containing hole of different shapes. *Aerospace Science & Technology* 76: 466–470.
29. Wang, S.J., A.Z. Lu, X.L. Zhang, and N. Zhang. 2018. Shape optimization of the hole in an orthotropic plate. *Mechanics Based Design of Structures & Machines* 46 (1): 23–37.
30. Yum, Y.J., and C.S. Hong. 1991. Stress intensity factors in finite orthotropic plates with a crack under mixed mode deformation. *International Journal of Fracture* 47: 53–67.

Chapter 14
Displacement Back Analysis in Tunnel Engineering Based on Analytical Solutions

In Sect. 13.1, we have discussed what displacement back analysis is. When it comes to tunnel problems, displacement back analysis refers to the process of determining material parameters (such as elastic modulus and Poisson's ratio) and/or the stress field (equivalent to loads) that cause tunnel displacement. This is done by using measuring the convergent displacements on the tunnel boundary and interior of rock, based on information of tunnel cross-sectional shape and the constitutive relation (such as isotropic linear elasticity, anisotropic linear elasticity and elasto-plasticity, etc.) are known.

Since the first proposal of displacement back analysis method in the 1970s, fruitful achievements have been made in theoretical establishment, method development, and engineering application [1–10]. These achievements have greatly promoted the progress of displacement back analysis.

14.1 Basic Issues in Displacement Back Analysis

If the "measured displacement field" is considered as "result," and the mechanical parameters of rock and in-situ stress are "cause," then there may exist many "causes" according to one specific "result". This is a type of ill-posedness in the inverse problem. The inverse problem also features non-existence and instability of solutions. In Chap. 13, if the given external load does not meet requirements in hole optimization, the equivalent stress hole does not exist. Taking an instability example, a small error of measurement data may result in large deviation or even uncontrollability of outcomes. The inverse problem is deemed well-posed if the solution is unique and stable when it exists.

A. Lu et al., *Complex Variable Function Solutions in the Mechanical Analysis of Tunnels*, https://doi.org/10.1007/978-981-97-1691-3_14

Similar to hole shape optimization, a criterion function is required in displacement back analysis. A commonly used criterion function is:

$$F(X) = \sum_{k=1}^{m} [u_k(X) - \overline{u_k}]^2 \tag{14.1}$$

In the formula, $\overline{u_k}$ are measured displacement of k point. $u_k(X)$ is calculated displacement. m represents the number of measurement points, and the displacement here refers to absolute displacement. X represents the mechanical parameters and/ or the in-situ stresses to be solved.

Absolute displacement of a single point is not easy to measure, so displacement back analysis often uses relative displacement between two points. In this case, Eq. (14.1) can be rewritten as:

$$F(X) = \sum_{k=1}^{m} \left[\Delta u_k(X) - \overline{\Delta u_k}\right]^2 \tag{14.2}$$

where $\Delta u_k(X)$ and $\overline{\Delta u_k}$ are relative displacement of k measuring lines.

Equations (14.1) and (14.2) are suitable for problems independent of time t. If the problem is time dependent, such as viscoelasticity, we can use the following criterion function:

$$F(X) = \sum_{j=1}^{n} \sum_{k=1}^{m} \left[\Delta u_k(X, t_j) - \overline{\Delta u_k(t_j)}\right]^2 \tag{14.3}$$

where $\Delta u_k(X, t_j)$ and $\overline{\Delta u_k(t_j)}$ are relative displacement of k measuring lines at t_j time. n represents the total amount of time measuring.

The task of displacement back analysis is to find a set of parameters X^* that minimize Eqs. (14.1)–(14.3). If X^* can be directly calculated using Eqs. (14.1)–(14.3), it is called inverse method in displacement back analysis. Specifically, when the displacement can be expressed as a linear function of X, then X^* can be obtained through the inverse method, which is the conventional least-squares method. Furthermore, if the problem is isotropic linear elasticity, and only the ratio of in-situ stress to elastic modulus needs to be calculated, the conventional least-squares method can be used.

When the displacement can be expressed as a linear function of X, and in order to facilitate the solution using the inverse method, Eqs. (14.1)–(14.3) are written in matrix form. For example of Eq. (14.2), when the displacement can be expressed by linear function VX, the matrix is:

$$F(X) = (\Delta U - VX)^T (\Delta U - VX) \tag{14.4}$$

where $\Delta U = \left[\overline{\Delta u_1}, \ldots, \overline{\Delta u_m}\right]^T$ represents the measured displacement. $X = [x_1, \ldots, x_n]^T$ represents the n parameter to be solved. VX represents the calculated value of displacement, where V is:

$$V = \begin{bmatrix} V_{11} & V_{12} & \cdots & V_{1n} \\ V_{21} & V_{21} & \cdots & V_{2n} \\ \vdots & \vdots & \vdots & \vdots \\ V_{m1} & V_{m1} & \cdots & V_{mn} \end{bmatrix}. \quad (14.5)$$

In the equation, V is called sensitivity matrix. It is the first-order partial derivative of displacement with respect to each parameter. For a specific problem, each element in the matrix is known.

When $m > n$, the solution X^* that minimize the $F(X)$ is:

$$X^* = \left(V^T V\right)^{-1} V^T \Delta U \quad (14.6)$$

where X^* is determined parameters. In parameter identification, X^* is called the least squares estimate.

If the displacement cannot be expressed as a linear function of X, X^* cannot generally be obtained by inverse methods. In this case, we need to use direct methods to obtain X^*. The so-called direct method means to use the displacement calculation method in forward problem, then add an optimization process to calculate. In Eqs. (14.1)–(14.3), the measured displacements are known. During the parameter optimization process, X varies continuously. By optimizing X to make the calculated displacement $\Delta u_k(X)$ or $\Delta u_k\left(X, t_j\right)$ closer to the measured displacement $\overline{\Delta u_k}$ or $\overline{\Delta u_k\left(t_j\right)}$, so that minimize the $F(X)$. The forward problem calculation needs to be performed every time in each optimizing step.

In theory, if the selected mechanical model (constitutive equation) can truly reflect the displacement field of tunnel surrounding rock, and the measured displacement has no errors (which is actually impossible), then the obtained X^* must satisfy the following equation:

$$F\left(X^*\right) = 0 \quad (14.7)$$

In reality, there must be errors in mechanical model, and the measurement errors also exist. Therefore, in displacement back analysis, there must be $F(X^*) > 0$. The smaller $F(X^*)$ is, the better the mechanical model is.

From the above analysis, it can be seen that the inverse method can be reduced to the solution of a linear equation system. It is convenient to discuss the stability of the solution, and it also has the advantage of fast calculating speed. Direct method (forward method) has the advantage of wider applicability, which is suitable for all models, and another advantage is that can use the existing method and program to solve the problem.

14.1.1 Identifiability of Elastic Parameters and In-Situ Stresses

The method is effective to use tunnel displacements and back analysis process to calculate the in-situ stresses and mechanical parameters of surrounding rock. However, in order to determine the unknown parameters through measured displacements, a criterion is needed. This criterion is identifiability condition of parameters, which is discussed in reference [11].

A concept closely related to the identifiability condition of parameters is the sensitivity coefficient. Consider a model:

$$\eta = \eta(Y, X) \tag{14.8}$$

η is the model's output. For tunnel issues, η can be understood as the displacement of surrounding rock. Y can be regarded as the coordinates of position, and X can be seen as the mechanical parameters and in-situ stresses.

The sensitivity coefficient refers to the change rate of η caused by a small change of X. The sensitivity coefficient s_j of the x_j parameter is:

$$s_j = \frac{\partial \eta}{\partial x_j}, j = 1, \ldots, n \tag{14.9}$$

If all second and higher-order partial derivatives of η with respect to X are zero, then η is a linear function of X. This type of model is called a linear model. Obviously, if none of the sensitivity coefficient s_j contains the parameter x_j (i.e., they are not related to X), then the model must be a linear model.

If within the measurement range, all sensitivity coefficients of unknown parameters are linearly independent, then all parameters can be uniquely identified based on the measurement values. Conversely, if the sensitivity coefficients of the parameters are linearly dependent, it is impossible to uniquely identify all parameters simultaneously. Linear dependence or independence of the sensitivity coefficients can be determined based on Eq. (14.10).

$$\begin{cases} c_1 \dfrac{\partial \eta(Y_1, X)}{\partial x_1} + c_2 \dfrac{\partial \eta(Y_1, X)}{\partial x_2} + \cdots + c_n \dfrac{\partial \eta(Y_1, X)}{\partial x_n} = 0 \\ c_1 \dfrac{\partial \eta(Y_2, X)}{\partial x_1} + c_2 \dfrac{\partial \eta(Y_2, X)}{\partial x_2} + \cdots + c_n \dfrac{\partial \eta(Y_2, X)}{\partial x_n} = 0 \\ \vdots \\ c_1 \dfrac{\partial \eta(Y_m, X)}{\partial x_1} + c_2 \dfrac{\partial \eta(Y_m, X)}{\partial x_2} + \cdots + c_n \dfrac{\partial \eta(Y_m, X)}{\partial x_n} = 0 \end{cases} \tag{14.10}$$

Where $\eta\left(Y_j, X\right)$ is model's output of j-th point.

Fig. 14.1 Circular tunnel under biaxial isotropic stress

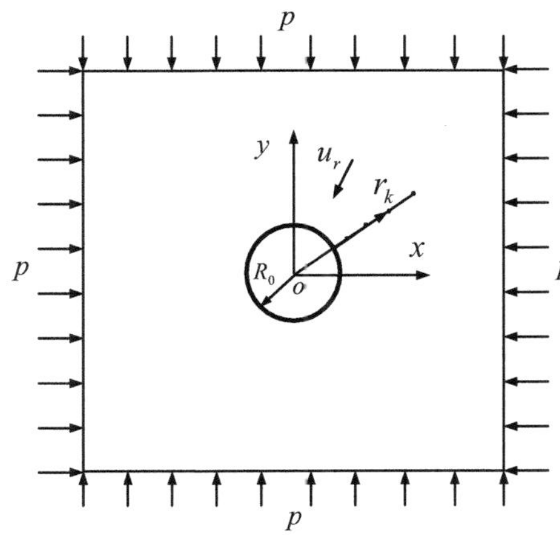

Linear dependence means that there exists at least one non-zero c_j to make Eq. (14.10) valid. Linear independence means that only when all c_j are equal to zero, Eq. (14.10) becomes valid. The parameter identifiability applies to both linear and nonlinear models.

The application of parameter identifiability will be demonstrated through an example. For a circular tunnel with radius R_0 under biaxial isotropic in-situ stress p (shown in Fig. 14.1), the radial displacement u_r is:

$$u_r = \frac{1+\mu}{E}\frac{R_0^2}{r}p \tag{14.11}$$

In the equation, r represents the distance from any point inside the rock to the center of the tunnel. Assuming that the Poisson's ratio μ of rock is known, and the measured radial displacement value at r_k is $\overline{u_r(r_k)}(k = 1, \ldots, n)$. Can the elastic modulus E of the rock and in-situ stresses p be uniquely determined? Because $\frac{\partial u_r(r_k)}{\partial E} = -\frac{1+\mu}{E^2}\frac{R_0^2}{r_k}p$ and $\frac{\partial u_r(r_k)}{\partial p} = \frac{1+\mu}{E}\frac{R_0^2}{r_k}$, we can obtain from Eq. (14.10):

$$\begin{cases} c_1\dfrac{1+\mu}{E^2}\dfrac{R_0^2}{r_1}p + c_2\dfrac{1+\mu}{E}\dfrac{R_0^2}{r_1} = 0 \\ c_1\dfrac{1+\mu}{E^2}\dfrac{R_0^2}{r_2}p + c_2\dfrac{1+\mu}{E}\dfrac{R_0^2}{r_2} = 0 \\ \vdots \\ c_1\dfrac{1+\mu}{E^2}\dfrac{R_0^2}{r_m}p + c_2\dfrac{1+\mu}{E}\dfrac{R_0^2}{r_m} = 0 \end{cases} \tag{14.12}$$

From Eq. (14.12), it can be seen that m equations are the same. And we have:

$$c_1 \frac{p}{E} + c_2 = 0 \tag{14.13}$$

As long as c_1 and c_2 satisfy Eq. (14.13), there exists non-zero solutions for Eq. (14.12). This indicates that the values of elastic modulus and ground stress cannot be uniquely determined by $\overline{u_r(r_k)}(k = 1, \ldots, n)$.

If we treat $\frac{p}{E}$ as the parameter to be solved, i.e., $x_1 = \frac{p}{E}$. It can be proved that the value of $\frac{p}{E}$ can be uniquely determined by $\overline{u_r(r_k)}(k = 1, \ldots, n)$.

For tunnels with arbitrary shapes, the general analytical solution for displacement of non-circular tunnels was explored in literature [11, 12]. By using parameter identifiability conditions, the identification of rock mass parameters and in-situ stress were discussed. The maximum number of parameters that can be uniquely identified was proved, and the influence of measurement point layout on identifiability was analyzed. Under the assumption of isotropic rock mass, the following conclusions were obtained:

Displacement back analysis cannot identify the components of in-situ stress (σ_x^∞, σ_y^∞, τ_{xy}^∞) and all parameters of rock mass properties (elastic modulus E and Poisson's ratio μ), which means that even if the displacements of all points are measured, it is not possible to uniquely determine σ_x^∞, σ_y^∞, τ_{xy}^∞, E and μ simultaneously. If μ is a known quantity, the values of σ_x^∞, σ_y^∞, τ_{xy}^∞ and E cannot be uniquely determined either.

If E is a known quantity, the values of σ_x^∞, σ_y^∞ and τ_{xy}^∞ can be calculated. If one of the in-situ stress components is known, the remaining stress components and the elastic modulus can be calculated. In order to ensure the uniqueness of the displacement back analysis solution, it is generally assumed that the vertical component of in-situ stress is known and equal to the weight of the overlying rock.

Through the identifiability analysis of circular tunnels, it is known that the layout of measuring points has an impact on the identifiability of parameters. Improper selection of the measurement positions may cause certain parameters that were originally identifiable to become unidentifiable.

The identifiability analysis of the above parameters was carried out under the assumption of displacement expressions for plane strain. For actual spatial problems, there is no exact displacement expression available, and it is difficult to conduct precise discussions on the identifiability of parameters for spatial problems. Currently, many authors solve this problem by using an approximation method that takes into account the actual spatial effect. This method involves multiplying the displacement obtained from the plane strain problem by a spatial effect coefficient, and the identifiability of parameters is the same as that discussed above.

The application of parameter identifiability conditions is based on the existence of analytical expressions for tunnel displacement. When the rock is an anisotropic material, it is difficult to write an explicit expression between displacement and the parameters to be solved. In this case, the discussion of parameter identifiability will be analyzed and discussed in Sect. 14.2

14.1.2 *Optimal Arrangement of Measuring Points*

14.1.2.1 Optimal Criteria

Taking a tunnel in isotropic linear elastic rock as an example, when the measured displacements of the tunnel can be expressed as linear functions of the unknown parameters, we have

$$\Delta U = VX + \varepsilon \tag{14.14}$$

where ΔU, X and V are same with them in Eq. (14.4). ε is measuring errors, $\varepsilon = \{\varepsilon_1, \ldots, \varepsilon_m\}^T$.

Because $\varepsilon_k(k = 1, \ldots, m)$ is random variable, X^* calculated in Eq. (14.6) is also random variables. Under the assumption ε_k has zero mean, ε_i, $\varepsilon_j(i \neq j)$ are not correlated and have equal variance of σ^2. The covariance matrix of X^* can be obtained from Eq. (14.6):

$$\text{cov}\left(X^*\right) = \left(V^T V\right)^{-1}\sigma^2 \tag{14.15}$$

where $\left(V^T V\right)^{-1}$ is a square matrix in form of $n \times n$. Its diagonal elements are the variances of parameter estimates X^*, reflecting the degree to which parameter estimate values deviate from the true values. Because the smaller the variance is, the higher the accuracy of the parameter estimate is. Therefore, minimizing the variance of the parameter estimate values is considered as the optimal criterion for measuring point arrangement. Our task is to determine how to arrange the measuring points, which is to adjust V to minimize the variances of parameter estimate values.

Since every parameter corresponds to a variance, so whether it is possible to minimize the variance by adjusting the measuring points. This may be difficult, and such a measuring plan may not exist. For simplicity, we can adjust the measuring points to make the sum of variances minimized, which can also minimize the average variance. In following discussion, the optimal criterion is minimizing the sum of variances by adjusting measuring point arrangement.

If measurement accuracy is given, the σ^2 is known. Minimizing the trace of the matrix $\left(V^T V\right)^{-1}$ can ensure that the sum of variances is minimized. Many research results have shown that in most cases, minimizing the variance of parameter estimates is equivalent to minimizing the value of the determinant $|\text{cov}(X^*)|$ in corresponding covariance matrix $\text{cov}(X^*)$, which is equivalent to minimizing the value of determinant $\left|\left(V^T V\right)^{-1}\right|$.

When discussing a model with only one parameter x_1, the matrix $V^T V$ actually has one element, so minimizing $\left|\left(V^T V\right)^{-1}\right|$ is equivalent to maximizing $V^T V$. For a single parameter model, in order to minimize the variance of the parameter estimate, the position of the measurement point should make each element in the matrix V as large as possible, which is equivalent to making VX as large as possible by arranging the position of measurement point.

This conclusion has certain guiding significance for the layout of measurement points in displacement back analysis. That is to say, the measurement points should be arranged in locations where larger displacements can be generated, as much as possible. How should we qualitatively understand this issue? This is because the measurement error $\varepsilon_k(k = 1 \ldots m)$ is assumed to be homoscedastic in advance. If the displacement is large, the proportion of measurement error is small, but if the displacement is small, the proportion of measurement error increases. When the displacement is small enough, the measurement error may even be larger than the actual displacement, which can "drown out" the true displacement value.

14.1.2.2 Optimal Arrangement of Measuring Points for Axisymmetric Circular Tunnels

Taking axisymmetric circular tunnel as an example (Fig. 14.1), when it is assumed that the elastic modulus E and Poisson's ratio μ of the surrounding rock are known, the estimated value of p can be obtained using Eqs. (14.6) and (14.11):

$$p^* = \frac{E}{(1+\mu)R_0^2} \frac{\sum_{k=1}^{m} \overline{u_r(r_k)}/r_k}{\sum_{k=1}^{m} 1/r_k^2} \tag{14.16}$$

The variance of p^* can be obtained from Eq. (14.15).

$$V(p^*) = \frac{E^2\sigma^2}{(1+\mu)^2 R_0^4 \sum_{k=1}^{m} 1/r_k^2} \tag{14.17}$$

From Eq. (14.17), it can be seen that the smaller r_k is, the smaller the $V(p^*)$ is. The measuring points are closer to the boundary of the tunnel. The variance of the estimated value p^* is smaller, which means the estimation precision of p^* is higher. It can also be seen from Eq. (14.11) that the smaller r_k means the position where the displacement is larger. This suggests that in order to improve the accuracy in back analysis, measuring points should be arranged as close as possible to the tunnel boundary of surrounding rock.

14.1.2.3 Optimal Arrangement of Measurement Points for an Inverted U-shaped Tunnel.

When Poisson's ratio is known, the ratio of the in-situ stress to the elastic modulus $(\sigma_x^\infty/E, \sigma_y^\infty/E, \tau_{xy}^\infty/E)$ can be obtained by conventional least squares method [5], and its result can be directly given by Eq. (14.6):

$$X^* = [\sigma_x^\infty/E, \sigma_y^\infty/E, \tau_{xy}^\infty/E]^T = (V^T V)^{-1} V^T \Delta U \tag{14.18}$$

In the equation, ΔU is the relative displacement, and the algorithm for solving X^* can be obtained by finite element method in reference [5]. When the Poisson's ratio of rock and the node coordinates of each element are known, reference [5] gives a method to form matrix V which of course is also related to the coordinates of measuring points. Different arrangements of measuring points will result in different matrices V being formed.

As Sect. 14.1.2.2 suggests, the arrangement of measurement points will affect the accuracy of the parameters to be estimated. In tunnel displacement back analysis, there are two commonly used methods for measuring displacement: one is convergence measurement, which refers to the relative displacement measurement between two points on the boundary of the tunnel rock mass and can be measured by convergence gauges; the other is multi-point displacement measurement inside the rock mass, which can be realized by using multi-point displacement gauges to measure the relative displacement between two points inside the borehole. For parameter estimation, which one is better? How should the measuring points be arranged for each type of measurement to achieve better inversion results? Reference [13] provides a good answer based on the optimal criterion for the arrangement of measuring points as described earlier.

In the case where the measurement accuracy and the distribution form of the measurement error are known, the corresponding parameter accuracy can be obtained given a confidence level. Assuming that the measurement accuracy of displacement is δ and the measurement error satisfies the Gaussian distribution, the confidence level corresponding to the standard deviation $\sigma = \delta/3$ of displacement is 99.7%. At the same confidence level, the accuracy $\delta_j^* (j = 1, 2, 3)$ of each parameter $x_j (j = 1, 2, 3)$ can be obtained as

$$\delta_j^* = \sqrt{C_{jj}}, \, j = 1, 2, 3 \tag{14.19}$$

where C_{jj} is the main diagonal element of matrix $\left(V^T V\right)^{-1}$.

Taking the inverted U-shaped tunnel shown in Fig. 14.2 as an example, reference [13] divided the surrounding rock into 48 elements, with a total of 160 nodes. The internal displacement measurement scheme of the rock mass is as follows: the displacement measurement points are arranged on a straight line, for example, measurement points 1, 2, 3, 4, 5, and 6 are arranged on the straight line 1–6, ranging

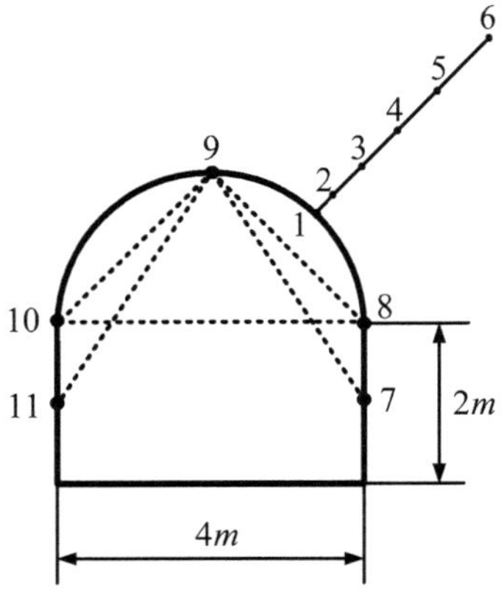

Fig. 14.2 Arrangement of measuring points in inverted U-shaped tunnel

from dense at boundary to sparse at deep surrounding rock, and overlap with the element nodes. The relative displacement between points 1, 2, 3, 4, 5, and the deep point 6 is measured. The convergence measurement scheme at the tunnel surface is as follows: measurement points are arranged on the tunnel surface, for example, measurement points 7, 8, 1, 9, 10, and 11 in the figure, and overlap with the element nodes. The distance change between two points measured by a convergence meter is used as the relative displacement between the two points. The 5 lines shown in the figure, such as 9-7, 9-8, 9–10, 9–11 and 8–10, are the 5 convergence measurement lines on the boundary.

Reference [13] discussed three different scenarios with Poisson's ratios of 0.2, 0.3, and 0.4. 6 different schemes were employed for the internal displacement measurements of the rock mass, each assuming that multi-point displacement measurements were carried out within a borehole. 14 schemes were used for the convergence measurements at the boundary of tunnel.

Regarding the accuracy of parameter estimation, the following main conclusions were obtained [1, 13]:

(1) The convergence measurement at the boundary of the tunnel is much better for than the internal displacement measurement. Under the same measurement accuracy conditions, the former has an estimation accuracy one order of magnitude higher than the latter. This conclusion also holds true when the internal displacement measurements of the rock mass are not arranged within a single borehole, but in multiple boreholes.
(2) The relative displacement between the measurement points at tunnel vault and two sides is the best. The dashed lines in Fig. 14.2 represent the 5 best positions for measuring (9-7, 9-8, 9–10, 9–11, 8–10).
(3) The back analysis results are not good when the convergence measurement is emitted from a single point, or has short distance in the calculation.
(4) Improper arrangement of measurement points can lead to non-unique estimates of parameters.

14.1.3 Mesh Division Range in Displacement Back Analysis

In Sect. 2.8.1, a forward problem of determining the mesh division range that ensures the calculation accuracy of stress and displacement has been discussed. This section will address the problem of mesh division range in displacement back analysis, which can meet the parameter accuracy requirements.

Due to the complexity of the rock mass and the diversity of tunnel shapes, numerical methods are sometimes indispensable in displacement back analysis. A deep-buried underground tunnel can be considered as an infinite domain problem. When selecting the finite element method for calculation, the range is a technical problem. A larger range results in more accurate calculation results, but at the cost of longer computing time and limited computer memory. On the other hand, if the range is too small, the calculation results will be affected by artificial boundaries. From existing studies, it can be observed that the range of the finite element grid varies greatly among different authors.

In theory, the stress and displacement at infinitely far away from the excavation site should not be affected by the excavation. However, the finite element method must be performed in a limited area, and the analysis range cannot be infinite. The local excavation of rock mass only has a significant impact within a limited range. It this area, the displacement due to excavation at the boundary can be assumed to be zero. Under the premise of ensuring the accuracy of the calculation, this section focuses on how to give the minimum range of the element partition to solve the problem.

14.1.3.1 Determination Principle

When excavating a tunnel in an infinitely rock mass, it is assumed that the surrounding rock of the tunnel is an isotropic linear elastic medium. When the in-situ stress $\left(\sigma_x^0, \sigma_y^0, \tau_{xy}^0\right)$ and rock property parameters $\left(E^0, \mu^0\right)$ are known, the displacement field of the surrounding rock can be accurately calculated using the solution method provided in Sect. 2.6.2. This displacement value is then simulated as "measured displacement" $\overline{\Delta u_k}$ ($k = 1, \ldots, m$, m is the number of relative displacements measuring lines). In this section, displacement back analysis is carried out using the finite element method, assuming that the corresponding displacement is $\Delta u_k(X)$. Because the range of element division is limited, $\overline{\Delta u_k}$ cannot be equal to $\Delta u_k(X)$. Therefore, the square-sum form of the objective function given by Eq. (14.2) is adopted in this section.

In Eq. (14.2), we have $X = \left[\sigma_x, \sigma_y, \tau_{xy}, E, \mu\right]^T$. $\Delta u_k(X)$ is not only related to X, but also to the range of finite element mesh. The optimal solution that minimizes Eq. (14.2) can be found X^* using optimization methods. The corresponding X^* is in-situ stress and rock mechanics parameters.

Obviously when the area is smaller, the value of $F(X^*)$ will be larger, and the difference between the calculated $X^*\left(\sigma_x^*, \sigma_y^*, \tau_{xy}^*, E^*, \mu^*\right)$ and true $X^0\left(\sigma_x^0, \sigma_y^0, \tau_{xy}^0, E^0, \mu^0\right)$ will be greater. Conversely, when the area larger, the value of $F(X^*)$ will be smaller, and the difference between the calculated X^* and true X^0 will be smaller. The different areas will lead to different X^* values. Therefore, the minimum area can be determined based on the requirement for the difference between X^* and X^0.

To ensure computational accuracy, the element size in the mesh division range should be as small as possible, especially near the tunnel. To simplify the problem, this section only discusses the elastic displacement back analysis in plane strain case.

14.1.3.2 Examples

Taking the two types of tunnels, i.e., inverted U-shaped and horse hoof-shaped tunnels (shown in Fig. 14.3), as examples. Two types of in-situ stress and elastic moduli are discussed: the first type, $\sigma_x^0 = 20\,\text{MPa}$, $\sigma_y^0 = 10\,\text{MPa}$, $E^0 = 5\,\text{GPa}$; the second type, $\sigma_x^0 = 15\,\text{MPa}$, $\sigma_y^0 = 30\,\text{MPa}$, $E^0 = 4\,\text{GPa}$. In each case, Poisson's ratio is set to 0.1, 0.2, 0.3 and 0.4, respectively. It will result in 16 cases. For each case, the accurate tunnel displacement can be obtained by the method in Sect. 2.6.2. These displacements are simulated as "measured displacements". Table 14.1 only lists the "measured displacements" of 6 lines around the tunnel for $\mu^0 = 0.2$ of the second type.

When using "measured relative displacement" for displacement back analysis based on finite element method, the higher accuracy of 8-node iso-parametric elements are used in meshing. The 4 cases of 4 ranges: 5D, 8D, 10D, and 15D (D is the maximum diameter of tunnel), with 176, 208, 224, and 240 elements are

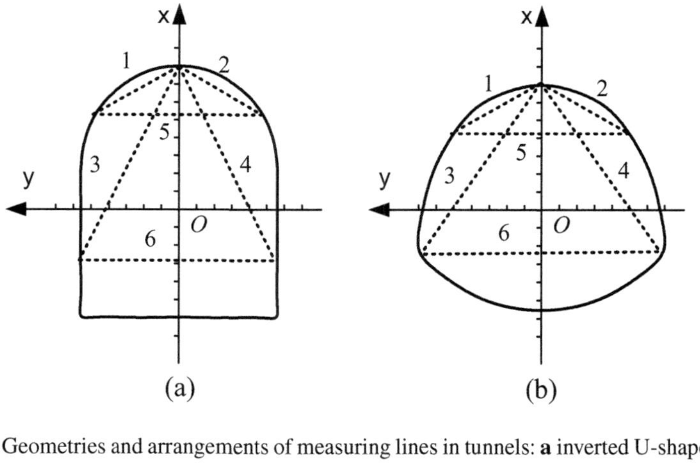

Fig. 14.3 Geometries and arrangements of measuring lines in tunnels: **a** inverted U-shaped tunnel; **b** horse hoof-shaped tunnel

Table 14.1 Measured relative displacement of tunnel $\left(\sigma_x^0 = 15\ \text{MPa}, \sigma_y^0 = 30\ \text{MPa}, E^0 = 4\ \text{GPa}\right)$ (mm)

Measuring line	1	2	3	4	5	6
Inverted U-shaped	15.5342	15.5342	10.3008	10.3008	35.7972	43.4250
Horse hoof-shaped	14.7326	14.7326	12.5362	12.5362	33.3105	32.7095

considered, respectively. Thus, $16 \times 4 = 64$ cases have been established [14]. As discussed in Sect. 14.1.1, the elastic modulus of surrounding rock and the in-situ stress cannot be simultaneously used as unknowns to be identified. Therefore, the vertical in-situ stress is assumed to be known. Using the "measured relative displacement", the displacement back analysis results under 4 cases can be obtained by the minimum damping least square optimization method. Table 14.2 shows the results based on the measured displacement values given in Table 14.1.

In Table 14.2, Δ represents the mean relative error between the parameter obtained from the back analysis σ_y^*, E^*, μ^* and the true parameter σ_y^0, E^0, μ^0. It can be obtained according to reference [14] that when the finite element range is 5D, the parameter errors obtained from the displacement back analysis are relatively large. Especially for the case of Poisson's ratio 0.1, the mean relative error is the largest. At this time, the mean relative errors for inverted U-shaped and horse hoof-shaped tunnels under two loading conditions are 27.1%, 6.9%, and 20.5%, 18.2%, respectively. When the range is increased to 8D, the parameter errors are significantly reduced compared to 5D. For example, the corresponding errors are 6.2%, 3.1%, and 3.9%, 7.8% for the case of Poisson's ratio 0.1. When the finite element range increases to 10D, the reduction in parameter errors is not significant compared to 8D. The corresponding errors are 2.0%, 3.0%, and 1.2%, 5.87% for the case of Poisson's ratio 0.1. When the range is increased to 15D, the reduction is even smaller compared to 10D, and the corresponding errors are 1.4%, 3.0%, and 1.1%, 3.4%.

Table 14.2 Results of back analysis obtained from the displacement in Table 14.1

	Inverted U-shaped					Horse hoof-shaped				
	σ_y^* MPa	E^* GPa	μ^*	$F(X^*)$ mm^2	Δ %	σ_y^* MPa	E^* GPa	μ^*	$F(X^*)$ mm^2	Δ %
5D	35.71	4.05	0.229	0.5×10^{-2}	11.8	33.74	4.15	0.237	0.3×10^{-3}	11.6
8D	31.46	3.96	0.205	0.5×10^{-3}	2.8	31.64	4.11	0.216	0.1×10^{-4}	5.4
10D	30.66	3.95	0.201	0.1×10^{-3}	1.3	31.24	4.10	0.212	0.6×10^{-5}	4.2
15D	30.21	3.95	0.198	0.3×10^{-4}	1.0	30.83	4.09	0.207	0.6×10^{-6}	2.8

14.1.3.3 Summary

When using displacement back analysis to determine the in-situ stress and rock properties parameters, the range of finite element meshing should not be too small. When the range is 5D (where D is the maximum diameter of tunnel), the accuracy of the back analysis results is not good. The average relative error of all examples (16 in total) is 12.2%, with highest 3 relative errors of 27.1%, 20.5%, and 18.2%. When the range is set to 8D, satisfactory computational results can be obtained, with an average relative error of 3.9%, and only 3 examples have errors that exceed 5% (7.8%, 6.2%, and 5.4%, respectively). When the range is more than 10D, very satisfactory back analysis results can be achieved, with an average relative error of 2.5%. Only one example has a large error with 5.7%. When the range is 15D, the average relative error is 2.0%, and the maximum error is only 3.1%.

14.2 Back Analysis for Tunnels in Anisotropic Rock Mass

14.2.1 Problem Description

Displacement back analysis for tunnels in isotropic rock mass has been extensively studied. However, there is relatively little research in anisotropic rock mass. Reference [15–17] proposed a parameter identification method for arbitrarily shaped tunnel problems in transversely isotropic linear elastic surrounding rock. However, this method assumes that the tunnel cross-section is parallel to the transverse isotropy plane, so the problem can be degenerated into an isotropic linear elastic problem. It can directly use the isotropic theory to analyze.

In this section, we will discuss parameter identification for displacement back analysis under a complex condition. In transversely isotropic surrounding rock, the tunnel cross-section is perpendicular to the transverse isotropy plane and parallel with anisotropic plane. As shown in Fig. 14.4, this situation occurs frequently in tunnel engineering.

Chapter 10 provides a method for solving stress and displacement of the tunnels in orthotropic anisotropic rock mass. In this section, the obtained results can be directly applied. Although analytical expression for displacement analysis cannot be represented as an explicit function of rock property, so the conclusions of reference [11] cannot be directly used for parameter identification.

Therefore, this section will combine the direct method in Chap. 10 with the intelligent algorithm with global optimization-Differential Evolution Algorithm, to explore the parameter identification problem in unlined horse hoof-shaped tunnel. When conducting the analysis, it is still assumed to be a plane strain problem in an infinite field.

Fig. 14.4 Mechanical parameters and horse hoof-shaped tunnel excavated in an anisotropic plane of transeversely isotropic rock mass

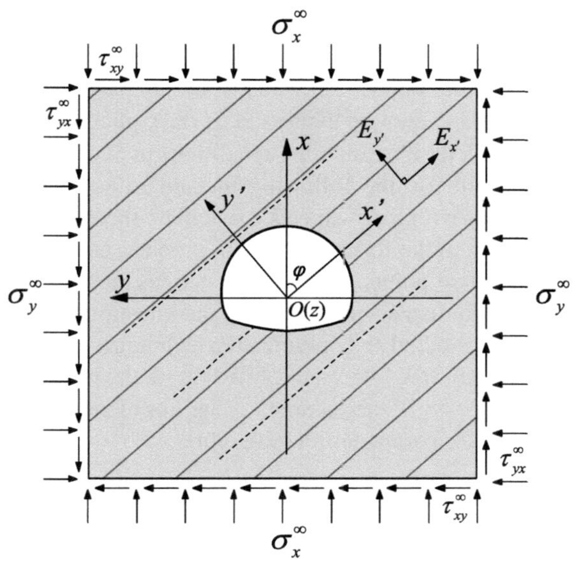

14.2.2 Criterion for Parameter Identification

In the transversely isotropic rock mass shown in Fig. 14.4, a local coordinate system is established along the elastic symmetry plane direction of the surrounding rock, where the $x'oz$ plane is the isotropic plane, the y' axis is perpendicular to this plane, and the $x'oy'$ plane is the anisotropic plane. There are 5 independent anisotropic parameters in this coordinate system, including 2 elastic moduli $E_{x'}$ and $E_{y'}$, 2 Poisson's ratios $\mu_{x'y'}$ and $\mu_{x'z}$, and 1 shear modulus $G_{x'y'}$. Other anisotropic material parameters can be obtained from these 5 independent parameters.

In addition to the above 5 independent parameters, there is also the inclination angle φ of the elastic symmetry plane in the transversely isotropic rock mass, adding to the in-situ stress components $\sigma_x{}^\infty$, $\sigma_y{}^\infty$ and $\tau_{xy}{}^\infty$. There are 9 independent parameters.

The criterion function given by Eq. (14.2) in this section is still used.

$$F(X) = \sum_{j=1}^{m} \left[\Delta u_k(X) - \overline{\Delta u_k}\right]^2 \tag{14.20}$$

where $\overline{\Delta u_k}$ represents the measured relative displacement between two measuring points on the kth measuring line of the surrounding rock. In reality, $\overline{\Delta u_k}$ is known; $\Delta u_k(X)$ is the theoretical value of relative displacement, where $\boldsymbol{X} = [E_{x'}, E_{y'}, \mu_{x'y'}, \mu_{x'z}, G_{x'y'}, \varphi, \sigma_x{}^\infty, \sigma_y{}^\infty, \tau_{xy}{}^\infty]^T$, and $\Delta u_k(X)$ represents the calculated displacement value.

In the specific displacement back analysis, the $\boldsymbol{X}$ that minimizes Eq. (14.20) is the parameter value we want to determine. The question now is that can $\boldsymbol{X}$ be calculated based on the known $\overline{\Delta u_k}$, and $\boldsymbol{X}$ be unique? Because the displacement analytical expression cannot be expressed as an explicit function of $\boldsymbol{X}$, it is difficult to apply the parameter identifiability conditions in Sect. 14.1.1 to answer this question.

We will use the following method to solve this problem. Assuming a set of parameter with true values X_0, calculate the absolute displacements of some points according to the forward problem process, and calculate the relative displacements between two points. This section defines these calculated relative displacements as "measured displacements" $\overline{\Delta u_k}$, and substitutes $\overline{\Delta u_k}$ into Eq. (14.20). Then, using the direct method and optimization techniques, we find X^* that can minimize $F(X)$ in Eq. (14.20). If $X^* \approx X_0$ and $F(X^*) \approx 0$, the parameters are identifiable. If $X^* \neq X_0$ and $F(X^*) \approx 0$, the parameters are not identifiable. The author defines this as the criterion for parameter identifiability.

14.2.3 Sensitivity Analysis of Parameters

This section takes the horse hoof-shaped tunnel in transversely isotropic surrounding rock as the example to explore the parameter identifiability (shown in Fig. 14.5). The mapping function for the horse hoof-shaped is:

$$z = \omega(\zeta) = 4.8993\begin{pmatrix} \zeta - 0.1051\zeta^{-1} + 0.0456\zeta^{-2} \\ -0.0256\zeta^{-3} + 0.0071\zeta^{-4} + 0.0057\zeta^{-5} \end{pmatrix} \tag{14.21}$$

Assume the true values of parameter are:

$$\begin{cases} E_{x'} = E_z = 8\,\text{GPa}, \quad E_{y'} = 4\,\text{GPa} \\ G_{x'y'} = 2\,\text{GPa} \\ \mu_{x'y'} = 0.3, \mu_{x'z} = 0.1 \\ \varphi = 30^\circ \\ \sigma_x^\infty = 10\,\text{MPa}, \sigma_y^\infty = 5\,\text{MPa}, \tau_{xy}^\infty = 1\,\text{MPa} \end{cases} \tag{14.22}$$

"Measured displacements" $\overline{\Delta u_k}$ can be calculated from above true values. In order to ensure that the calculated parameters have high accuracy, according to the discussion in Sect. 14.1.2, the relative displacements between some points on the boundary of the tunnel are taken as $\overline{\Delta u_k}$. 9 measurement lines are arranged on the tunnel section, and the arrangement plan is shown in Fig. 14.5. The solid line in the figure represents the excavation section of the horse hoof-shaped tunnel, and the dashed line represents the deformation (with a displacement magnification of 50

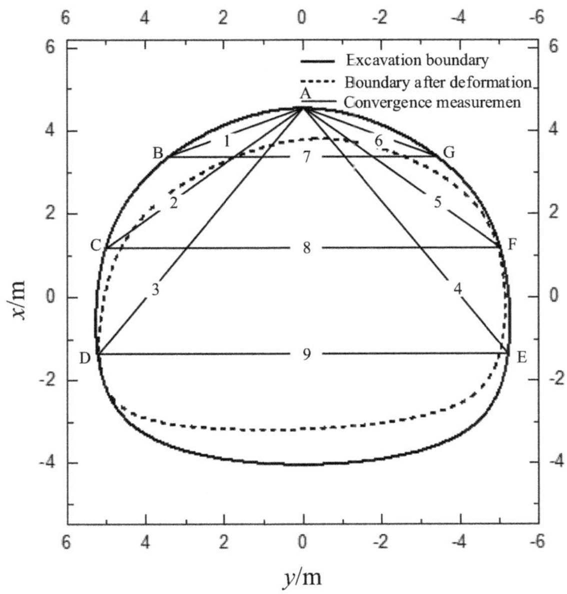

Fig. 14.5 Cross section and measuring lines in a horse hoof-shaped tunnel (deformation magnified 50 times)

times) of the tunnel under the parameter setting in Eq. (14.22). Under this parameter setting, the deformation of the tunnel has obvious asymmetrical characteristics.

The positions of the measurement points *A*, *B*, *C*, *D*, *E*, *F*, and *G* on the tunnel boundary in Fig. 14.5 correspond to the points where $\rho = 1$ and $\theta = 45°, 75°, 105°, 225°, 285°, 315°$ in the imaginary plane. By inputting the mechanical parameters (Eq. 14.22) and measurement point information into the FORTRAN program, the relative displacements of the 9 measurement lines can be quickly obtained. They are listed in Table 14.3, where negative values indicate that the relative distance between two points has decreased, and positive means that they are increased. The data is "measured displacement" $\overline{\Delta u_k}(\ k = 1,2,\ldots,9)$ simulated the real measurement.

In Sect. 14.1.1, the concept of parameter sensitivity coefficient is introduced, and the identifiable condition of parameters is given through parameter sensitivity. For the tunnel problem in isotropic rock mass, an explicit expression of the tunnel surrounding rock displacement with regard to the unknown parameters can be derived. So the partial derivatives of displacement with respect to each parameter can be calculated, and the sensitivity coefficient of each parameter can be obtained. However, for anisotropic problems, the explicit expression of displacement with respect to the unknown parameters cannot be obtained. Thus, the above method cannot be used to calculate the sensitivity coefficient of each parameter in anisotropic problem.

Based on the concept of parameter sensitivity, we can approximately measure the sensitivity of each parameter through the following method. The sensitivity of each parameter in transverse isotropic rock mass will be analyzed using the "perturbation" method: each of the 9 mechanical parameters is decreased (or increased) by 1%, and

Table 14.3 Relative displacements $\overline{\Delta u_k}$ of measuring lines

Measuring line	1	2	3	4	5	6	7	8	9
Relative displacements /mm	1.4999	6.9860	13.2352	− 7.5357	− 7.9818	− 4.9141	− 4.8005	− 6.5766	− 6.4241

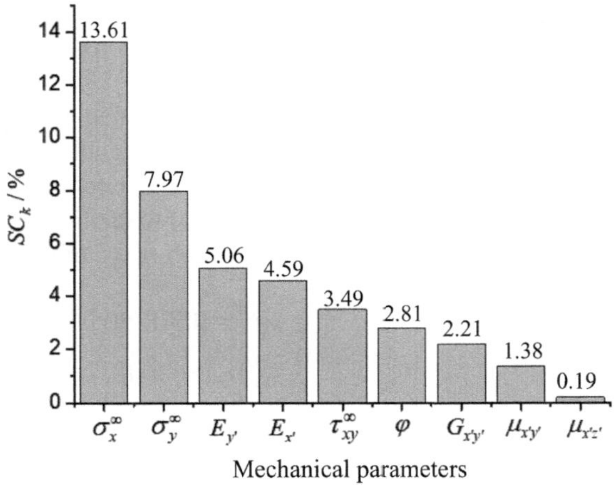

Fig. 14.6 SC_k values of each parameter

the SC_k value of each measuring line is calculated one by one according to the following formula:

$$SC_k = \sum_{j=1}^{m} \left| \frac{\overline{\Delta u_j} - \Delta u_{j,k}}{\overline{\Delta u_j}} \right| \tag{14.23}$$

In the equation, the subscript k corresponds to the k-th mechanical parameter. m is the number of measuring lines. j represents the j-th measuring line. $\Delta u_{j,k}$ represents the relative displacement of the j-th measuring line when only the k-th mechanical parameter is "perturbed". After decreasing each of the 9 mechanical parameters by 1%, 9 SC_k (%) values can be obtained. From the definition of SC_k, it can reflect the sensitivity on displacement of the k-th parameter. The calculation results and data are plotted in Fig. 14.6.

The results show that $\sigma_x{}^\infty$ and $\sigma_y{}^\infty$ are most sensitive, and the sensitivity of $\tau_{xy}{}^\infty$ is moderate. $\mu_{x'y'}$ and $\mu_{x'z}$ are the least sensitive. $E_{x'}$, $E_{y'}$, $G_{x'y'}$ and φ have moderate sensitivity. We also increased the above 9 parameters by 1% and calculated the corresponding SC_k values again. The conclusion is the same.

14.2.4 Identifiability of Parameters

Based on a large amount of field measurements, it is generally believed that the original vertical in-situ stress $\sigma_x{}^\infty$ is basically consistent with the weight of the overlying rock within the depth range of 25–2700 m [18]. $\sigma_x{}^\infty$ can be considered as a known parameter. The angle of the elastic symmetry plane in transversely isotropic surrounding rock can be measured on-site, so φ is also known. Therefore, the above 9 unknown parameters are reduced to 7. We conducted back analysis for these 7 parameters in a total of $C_7^1 + C_7^2 + \cdots + C_7^7 = 127$ cases and obtained the uniquely identifiable conclusions for each combination of parameters. The specific process is as follows.

In theory, if true values X^* can be identified, the objective function $F(X^*)$ should be equal to 0. However, due to the unavoidable rounding errors in the calculation process, $F(X^*)$ can only approach 0. The iteration stops when the target function is set to $F(X^*) \leq \varepsilon = 1 \times 10^{-18}$. In order to facilitate optimization, certain constraints are given to the parameters. The search range of each parameter is set to:

$$\begin{cases} \sigma_y^\infty \in [0.01, 50.00]\text{MPa} \\ \tau_{xy}^\infty \in [-25.00, 25.00]\text{MPa} \\ E_{x\prime}, E_{y\prime} \in [0.01, 40.00]\text{GPa} \\ G_{x\prime y\prime} \in [0.01, 20.00]\text{GPa} \\ \mu_{x\prime y\prime}, \mu_{x\prime z} \in [0.01, 0.49] \end{cases} \tag{14.24}$$

The calculation results show that the DE algorithm can efficiently and quickly converge the objective function. As an example, a set of parameters with 3 unidentified parameters is taken, namely D = 3, which are $\sigma_y{}^\infty$, $E_{y'}$ and $\mu_{x'y'}$. After calculation, the value of the objective function $F(X)$ is output for each generation, which is plotted in Fig. 14.7, and the convergence process of the objective function under the order of 1×10^{-10} and 1×10^{-18} are plotted separately. It can be observed that $F(X)$ shows a rapid and unidirectional decreasing trend under the optimization of DE algorithm. After 35 generations of optimization calculation, the objective function finally satisfies the convergence condition. The final identification results of the parameter group are output. Round off to 4 decimal places, they are 5.0000 MPa, 4.0000 GPa, and 0.3000, which are consistent with the true values of $\sigma_y{}^\infty$, $E_{y'}$ and $\mu_{x'y'}$. This example shows that the analytical method of displacement back analysis has high computational efficiency and accuracy. We use $\left(1 - \left|X^* - X^0\right|/X^0\right) \times 100\%$ to reflect the accuracy of parameter identification.

By back- analyzing the 127 sets of parameters one by one, the following rules and conclusions are obtained:

(1) When the number of parameters is less than or equal to 3 (D ≤ 3), each parameter in all $C_7^1 + C_7^2 + C_7^3 = 63$ combinations can be uniquely identified with high precision. Even for the 3 parameters $G_{x'y'}$, $\mu_{x'y'}$ and $\mu_{x'z}$ with lowest sensitivity, the identification accuracy is very high, basically reaching 100%. This result is listed in the "D = 3, group 1" row in Table 14.4.

(2) When the number of parameters is 4 (D = 4), there are total of $C_7^4 = 35$ parameter combinations. Parameters in 30 of these combinations can be uniquely identified with high precision, and the identification accuracy can reach 99% or higher. Even though in the "D = 4, Group 1" row listed, which includes the lowest sensitive parameter $\mu_{x'z}$, the identification accuracy of each parameter reaches 100%.

Fig. 14.7 Convergence process of DE algorithm

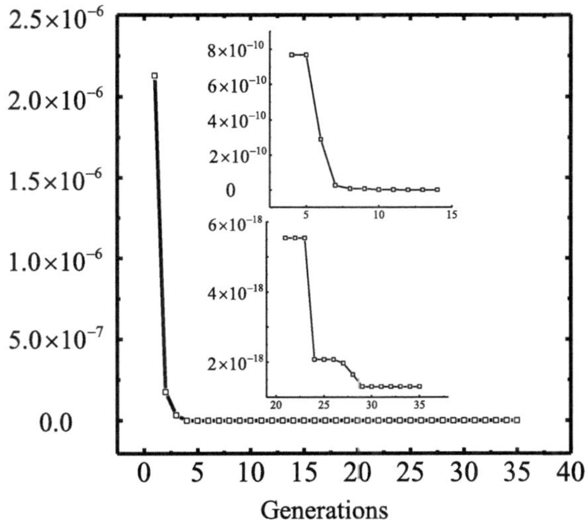

There are 5 sets of parameter combinations that cannot be uniquely identified with high precision when D = 4. These 5 parameter sets all include 4 parameters of the material. Specifically, any 4 of the 5 rock material parameters $E_{x'}$, $E_{y'}$, $G_{x'y'}$, $\mu_{x'y'}$ and $\mu_{x'z}$ are selected to form a parameter set. Even try to reduce the value of ε, the identification accuracy could not be significantly improved. The "D = 4, Group 2 to 6" rows in Table 14.4 list the identification results of these 5 sets of parameters. They show that the identification accuracy of lowest sensitive parameter $\mu_{x'z}$ is much worse than others, The identification accuracies of $E_{x''}$ $E_{y'}$ and $G_{x'y'}$ are relatively high. This result indicates that parameter with low sensitivity may not only has poor identifiability, but also affects the identification results for other parameters in some parameter combinations.

(3) When the number of unknown parameters is 5 (D = 5), $C_5^4 \times C_2^1 + C_5^5 = 11$ sets cannot be uniquely identified in total. Except for the combinations that include 4 or more material parameters as described above, another one combination needs to be noted. This combination is $\sigma_y{}^{\infty}$, $\tau_{xy}{}^{\infty}$, $E_{x'}$, $E_{y'}$ and $G_{x'y'}$. The results of identifying this combination are listed in the "D = 5, Group 1" row of Table 14.4. Through multiple calculations, we found that further reduction of ε could not make all the parameters be uniquely identified. It is worth noting that, the initial stress components $\sigma_y{}^{\infty}$ and $\tau_{xy}{}^{\infty}$ can be uniquely identified with 99% or higher precision. Their identifiability is not affected by the rock material parameters $E_{x'}$, $E_{y'}$ and $G_{x'y'}$. But the identification accuracy of $E_{x'}$, $E_{y'}$ and $G_{x'y'}$ combination is relatively low. It is noteworthy that each parameter in this combination has a higher sensitivity, but they cannot be completely uniquely identified with high precision. It indicates that the uniqueness of parameter combinations is not only related to the sensitivity of parameters but also to the specific form of parameter combinations.

Table 14.4 Identified results for representative parameter combinations

Parameter	Parameters to be identified							Accuracy
	$\sigma_y{}^\infty$	$\tau_{xy}{}^\infty$	$E_{x'}$	$E_{y'}$	$G_{x'y'}$	$\mu_{x'y'}$	$\mu_{x'z}$	
True Value	5.0	1.0	8.0	4.0	2.0	0.3	0.1	
$D = 3$,Group 1					1.999985 (100.0%)	0.300002 (100.0%)	0.100003 (100.0%)	High
$D = 4$,Group 1	5.0000 (100.0%)		8.0000 (100.0%))	4.0000 (100.0%))			0.1000 (100.0%)	High
$D = 4$,Group 2			10.4268 (66.67%)	5.4586 (63.54%)	1.3681 (68.41%)	0.0118 (3.93%)		Low
$D = 4$,Group 3			8.3116 (96.11%)	4.1165 (97.09%)	1.9164 (95.82%)		0.0102 (10.20%)	Moderate
$D = 4$,Group 4			8.0728 (99.09%)	3.9735 (99.34%)		0.3228 (92.4%)	0.0314 (31.41%)	Moderate
$D = 4$,Group 5			7.7707 (97.13%)		2.0170 (99.15%)	0.2775 (92.50%)	0.1816 (18.40%)	Moderate
$D = 4$,Group 6				3.9616 (99.04%)	2.0159 (99.21%)	0.3152 (94.93%)	0.0695 (69.50%)	Moderate
$D = 5$,Group 1	5.0000 (100.0%)	1.0000 (100.0%)	8.3360 (95.80%)	4.1282 (96.80%)	1.9082 (95.41%)			Low for material parameter
$D = 5$,Group 2	5.0000 (100.0%)	1.0000 (100.0%))			2.0000 (100.0%)	0.3000 (100.0%)	0.1000 (100.0%)	High

Except for the parameter combination mentioned above, all other combinations of parameters in D = 5 can be uniquely identified with high precision, such as the "D = 5, Group 2" row in Table 14.4. Although this parameter combination includes 3 of the lowest sensitive parameters ($G_{x'y'}$, $\mu_{x'y'}$ and $\mu_{x'z}$), very high identification precision can still be achieved, even reaching 100%.

(D) When the number of parameters is greater than or equal to 6 (D $\geq$ 6), no parameter combination can be uniquely identified with high precision.

14.2.5 Conclusions

In this section, a set of parameter values $\boldsymbol{X}^{\mathbf{0}}$ (referred to as the true parameter values) are assumed, and the relative displacements between two points on the measuring line are calculated through the forward problem calculation process. These calculated relative displacements are simulated as the "measured displacement" $\overline{\Delta u_k}$ in reality measurement. The measured displacement is then used as input to the objective function, and parameter back analysis is performed using forward problem algorithms and optimization techniques. During the analyzing process, it is assumed that the vertical in-situ stress and the angle of elastic symmetry plane of the rock mass are known, which reduces the number of parameters to be determined. In this section, parameter back analysis was carried out for a total of 127 parameter combinations, and conclusions were drawn regarding the unique identifiability and identification accuracy of different parameter combinations.

When the number of unknown parameters is less than or equal to 3, each parameter in each combination can be uniquely identified with high precision. When the number of parameters in the unidentified group is 4 or 5, except for combinations containing at least 4 material parameters, the parameter combinations consisting of 2 original stress components, 2 elastic moduli, and 1 shear modulus cannot be fully uniquely identified with high precision. In this model, up to 5 parameters can be uniquely identified with high precision at one time.

The unique and high-precision identifiability of each parameter, is not only related to the sensitivity but also to the specific combination. Among these parameters, the sensitivity of the two Poisson ratios is the lowest. They not only have very low identification accuracy in certain parameter combinations but also affect the identification results of other parameters. The identification effect of the in-situ stresses is very good. Even in parameter combinations that cannot be uniquely identified with high precision, the identification accuracy of the in-situ stress is not significantly affected by other parameters.

14.3 Back Analysis for Twin-Tunnel Problems

Displacement back analysis is a relatively reliable method for determining in-situ ground stresses and mechanical parameters of rock mass [5, 19–22], but current studies in theories and practices are mostly limited to single tunnel problem. When two tunnels are closely excavated, it is necessary to consider their interactive influences during displacement back analysis [23, 24]. As seen in Sect. 7.1, displacement solution for double tunnel problems is of very high precision by using Schwarz's alternating method. This has lay a foundation for displacement back analysis based on analytic solution for double tunnel problems.

Provided that investigation tunnel (tunnel one) has existed or can be excavated near tunnel two (deformation tunnel), boreholes can be drilled in the investigation tunnel, and measuring points be installed for measuring displacements induced by the excavation of the deformation tunnel. Then, displacement back analysis can be conducted by using the analytic solution and displacement measurements, for identification of important ground stress component and mechanical parameters of the rock mass.

Three Gorges Project is the biggest hydropower and hydroelectric engineering in the world, attracting many attentions from investigators in the world. Influenced by many complex geological conditions, the flight lock region is a key to the success of the Three Gorges Project. To determine mechanical parameters of rock mass concerned and in-situ ground stress components, lots of measurements and tests were conducted in situ and in the laboratory. During the excavation of two engineering testing tunnels located in the rock mass of the flight lock region, the measuring points were arranged and displacement data measured. Using these data and the back analysis method, one can identify horizontal ground stress component perpendicular to the axis line of the deformation tunnel and elastic modulus of the surrounding rock.

14.3.1 Measuring Points and Displacements

The investigation tunnel (tunnel one) is usually excavated earlier than the deformation tunnel (tunnel two) to be excavated. In other words, displacements due to the excavation of investigation tunnel take place before the measuring points are installed in the rock mass between the two tunnels. Thus, the displacements measured at the measuring points are in fact induced only by the excavation of the deformation tunnel. As seen from Fig. 14.8, the excavation of two tunnels induces two displacements of the initial point (x_0, y_0), respectively defined by two vectors $\vec{d}_1$ and $\vec{d}_2$. $\vec{d}_1$ can be expressed by $[u_1, v_1]^T$ and obtained by Eq. (7.26). The initial point moves to point (x_1, y_1) by displacement $\vec{d}_1$, in which (x_1, y_1) is so called measuring point. $\vec{d}_2$ can be expressed by $[u_2, v_2]^T$ and obtained by Eq. (7.28). The measuring point moves to point (x_2, y_2) by displacement $\vec{d}_2$, in which (x_2, y_2) is the final point. The sum

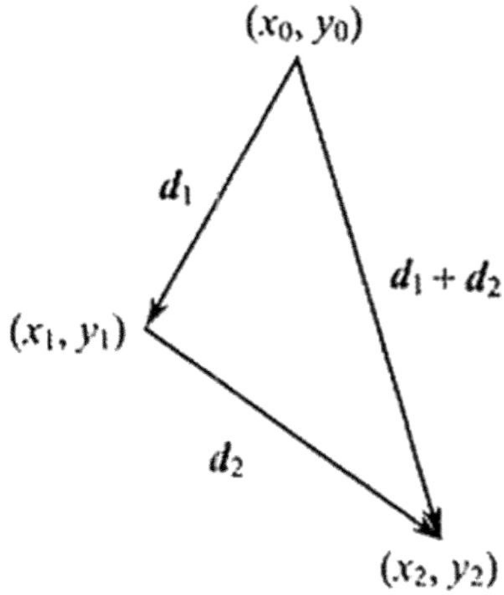

Fig. 14.8 The displacements $\vec{d}_1$ and $\vec{d}_2$ induced by the excavation of two tunnels

of $\vec{d}_1$ and $\vec{d}_2$ is the total displacement at point (x_0, y_0) due to the excavation of the two tunnels. Here, only $\vec{d}_2$ is the displacement that can be measured at measuring point (x_1, y_1), and only it can be used to identify parameters using displacement back analysis. In addition, it should be emphasized that, in most cases, only the resultant displacement of u_2 and v_2 can be measured.

14.3.2 Back Analysis Based on the Damped Least Square Method

Many optimization methods can be used for back analysis of displacements, in which the damped least square method is a practical one with quick convergence speed and high accuracy [25–27]. Let us suppose that $u_j(X)$ is the calculated displacement, in which j refers to the j-th measurement. Moreover, X has a form of

$$X = \left[\sigma_x^{\infty}, \sigma_y^{\infty}, \tau_{xy}^{\infty}, E, \mu\right]^T \tag{14.25}$$

in which E and μ are respectively the elastic modulus and Poisson's ratio of the surrounding rock.

Assume that the measured displacement is $\overline{u}_j$ ($j = 1, 2, \ldots, m$), in which m is the total number of measurements. The corresponding objective function is written as

$$F(X) = \sum_{j=1}^{m} \left[u_j(X) - \overline{u}_j\right]^2 \tag{14.26}$$

Using the damped least square method, one can find a new X^* for minimizing the objective function. Then, X^* stands for in-situ ground stresses and mechanical parameters to be identified.

It is well known that back analysis method is impossibly used to identify all ground stress components and mechanical parameters. Therefore, some parameters that can be readily and reliably tested in the laboratory or in field should be determined in terms of field geological conditions and some effective testing ways. For example, the vertical ground stress component is generally considered equal to multiplication of unit weight and buried depth of rock mass. When two coordinate axes in calculation model are established parallel with the directions of two principle ground stress components in plane, respectively, it is reasonable to consider that shear ground stress is zero. The Poisson's ratio has a small variation of 0.0 to 0.5, and its change has a smaller influence on the back-analyzed results. Hence, the parameter is generally regarded as a known one during the back analysis. Horizontal ground stress component perpendicular to tunnels' axis lines and elastic modulus of rock mass are two more important parameters of practical interests. In this section we will only consider the two parameters as unknown ones during displacement back analysis in two testing tunnels of the Three George Project. Hence, the Eq. (14.25) can be rewritten as

$$X = \left[\sigma_y^{\infty}, E\right]^T \tag{14.27}$$

14.3.3 *Case Study*

14.3.3.1 Engineering Geology Conditions

The engineering geology plane and section maps of two testing tunnels are plotted in Figs. 14.9 and 14.10, respectively. According to testing requirements and engineering geological conditions, the deformation tunnel ($4^{\#}$ sub-tunnel in Figs. 14.9 and 14.10) was chosen for the deformation measurements of the surrounding rock. The tunnel is located 247.5 m distant from the entrance of the principle tunnel and has a section of circular arch and vertical walls, a width of 4.0 m, a height of 3.0 m and a length of 30.5 m. There is 80 m thickness of rock mass above the tunnel with an average mass density of 2.7 g/cm^3. The investigation tunnel ($3^{\#}$ sub-tunnel in Figs. 14.9 and 14.10) is 15.5 m distant from $4^{\#}$ sub-tunnel.

The rock around $4^{\#}$ sub-tunnel is plagioclase granite. The rock mass around the tunnel and 0.0–14.5 m distant from the principle tunnel, are slightly weathered ones, where geological structure planes aren't very developmental. The strikes of the fissures consist of NE–NEE (44°–85°), NNW (324°–354°), NNE (30°–35°) and

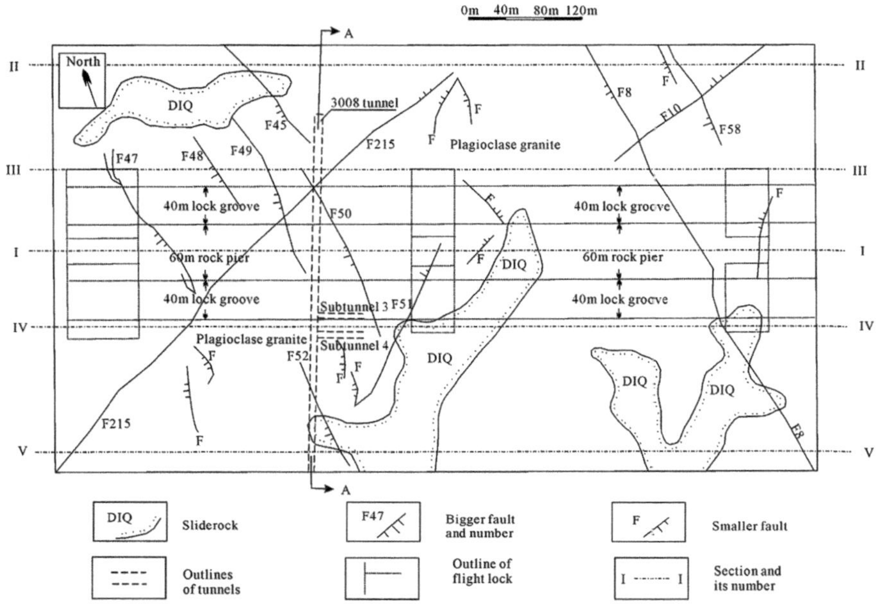

Fig. 14.9 Engineering geology plane map of two testing tunnels in the three gorges project

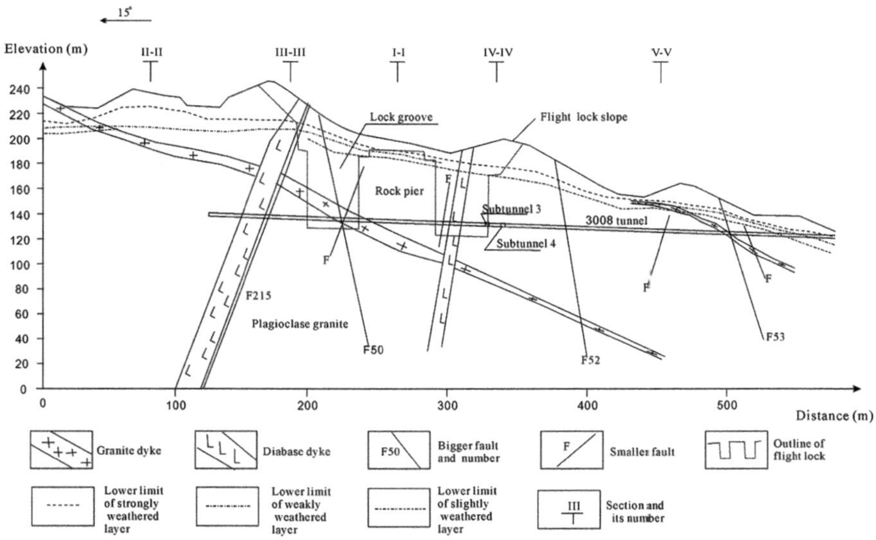

Fig. 14.10 Engineering geology section map of two testing tunnels in the three gorges project

NWW (273°–314°), in which a group of fissures of 327°∠ 72° are more developmental. The structure planes are generally unfilled, or filled by stiff materials. The thickness of the fillings is generally less than 1.0 m.

The rock revealed by $3^{\#}$ sub-tunnel is also plagioclase granite. The rock mass around the tunnel are fresh and intact ones, which can be attributed to be intact and blocky structures.

14.3.3.2 Displacement Measurements and Back-Analyzed Results

The measurement arrangement in the two testing tunnels is plotted in Fig. 14.11. To measure deformations induced by the excavation of $4^{\#}$ sub-tunnel, three boreholes were previously drilled in the rock mass from $3^{\#}$ sub-tunnel to the vicinity of $4^{\#}$ sub-tunnel. There are three measuring points tightly fixed at the ends of the three boreholes, respectively. As shown in Fig. 14.11, the three measuring points are about 0.1 m distant from the left boundary of $4^{\#}$ sub-tunnel. Moreover, measuring points 1 and 2 are located near the left arch socket of $4^{\#}$ sub-tunnel and measuring point 3 near the middle of the left sidewall. When $4^{\#}$ sub-tunnel was excavated, the induced deformations at the measuring points can be measured by observers in $3^{\#}$ sub-tunnel. The instruments used for the deformation measurements were KDY type borehole displacement gauges with iron string, with an accuracy of 0.02 mm. The displacement curves of the three measuring points, as the advance of tunnelling face of $4^{\#}$ sub-tunnel, are plotted in Fig. 14.12.

Obviously, displacements induced by underground excavation increase as time and advance of tunnelling face, including continuous (e.g., elastic, plastic, viscoelastic) and discontinuous portions due to generation and development of structure planes. Summation of all portions can be called total displacements in the surrounding rock. It is impossible to obtain more accurate elastic modulus from the total displacements including inelastic or discontinuous ones. Under influenced by space effects of the tunnelling face, deformations at measuring sections will be gradually released. When the tunnelling face is very distant from measuring section, the total displacements become to be stable. Displacements induced by several earlier advances of tunnelling face account for biggest part of the stable displacements, which can be approximately regarded as elastic ones because inelastic or discontinuous ones don't almost occur in time. As shown in Fig. 14.11, the displacements induced by two or three times of excavations near measuring sections approximately increase linearly, accounting for a dominant proportion of the stable ones. That is to say, elastic displacements in plane strain will be smaller than the stable ones shown in Fig. 14.11, but bigger than ones induced by several earlier excavations. In addition, it is very difficult for us to obtain the proportion of elastic displacements and stable ones by means of calculations or measurements. However, we can obtain upper and lower limits of elastic displacements in plane strain, in which the upper one is the stable displacement shown in Fig. 14.11 and the lower one is approximate elastic displacements induced by earlier several advances of the tunnelling face. In this example, the lower limits of elastic displacements are taken as those induced

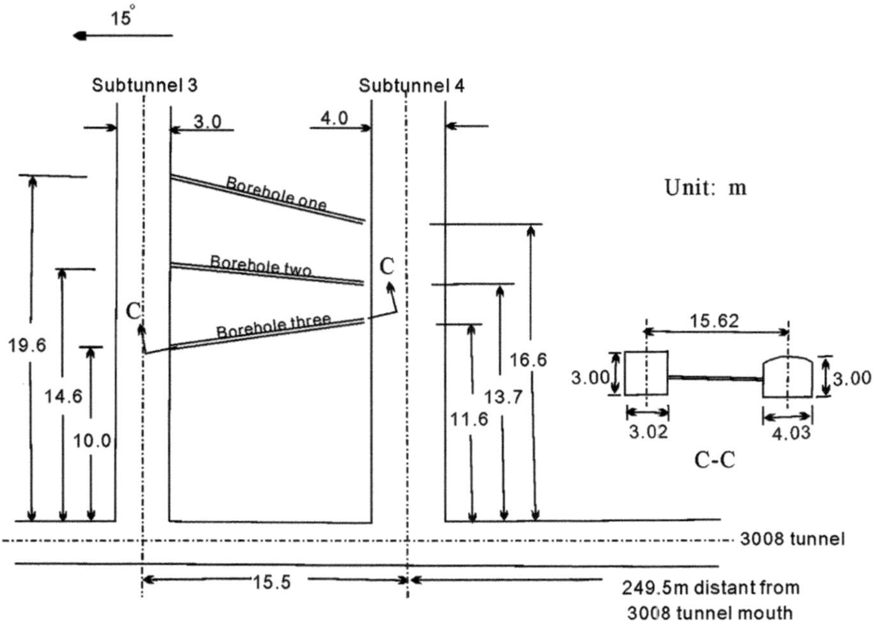

Fig. 14.11 Measurement arrangement of the two testing tunnels

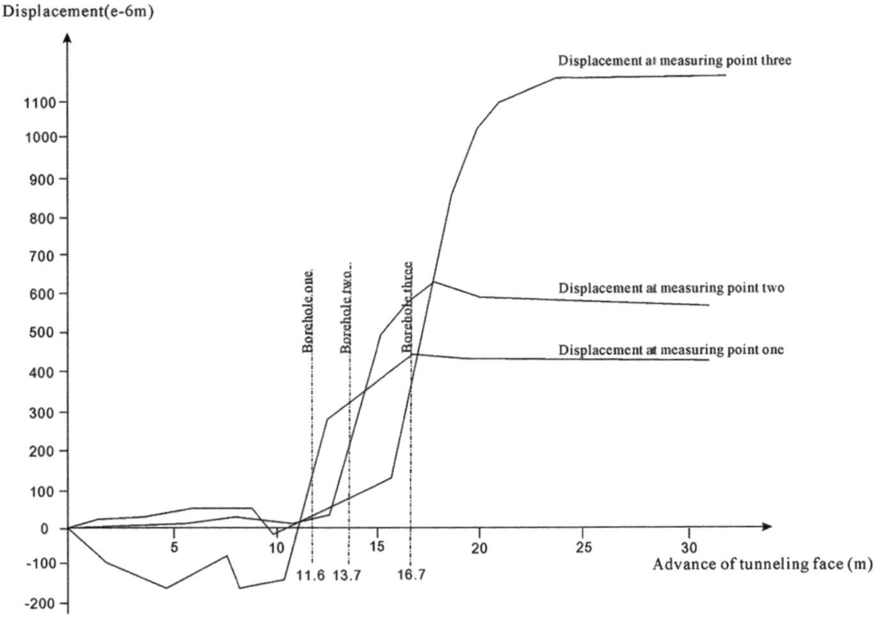

Fig. 14.12 The displacement curves of the three measuring points

Table 14.5 The back-analyzed results of σ_y^∞ and E

Elastic displacements (mm)		Mean of upper and lower limits of elastic displacements (mm)	
Measuring points and measured data		Measuring points No. 1 and 3	Measuring points No. 2 and 3
		0.31 0.95	0.53 0.95
Back-analyzed parameters	σ_y^∞ MPa	2.19	2.89
	EGPa	19.10	20.81

by the excavation of 1.8 m thickness rock mass behind the measuring section. Then the mean of the upper and lower limits of elastic displacements are considered as averaged measured displacements, which will be used for obtaining back-analyzed results.

We take horizontal ground stress component perpendicular to the axis line of the two testing tunnels and elastic modulus of the surrounding rock, σ_y^∞ and E, as unknown parameters. The other parameters will be determined in the laboratory or in situ, and be taken as known ones in the back analysis, in which $\sigma_x^\infty = 2.16$ MPa, $\tau_{xy}^\infty = 0.0$ MPa and $\mu = 0.23$. Using the damped least square method and displacement solution of the double tunnel problem in this example, the back-analyzed results of σ_y^∞ and E are presented in Table. 14.5.

As seen in Table 14.5, averaged value of back-analyzed elastic modulus is 19.96 GPa, which is slightly smaller than lower limit of comprehensively tested results of deformation modulus from slight weathered to fresh rock mass. From views of size effects, the back-analyzed result is closer to actual size and structural effects of rock mass. The averaged value of back-analyzed σ_y^∞ is 2.54 MPa, which is smaller than in-situ tests by overcoring stress relief method. From views of operational principles, the latter method will generally generate a higher testing result of σ_y^∞ than actual one.

14.3.4 Conclusions

Using the Schwarz's alternating method and Muskhelishvili's complex variable function techniques, analytic solution of displacements can be used in back analysis of elastic displacements for parallel double tunnel problems under elastic and homogeneous assumptions. To conduct such back analyses, more continuous, homogeneous and deeply buried rock mass should be preferentially chosen for satisfying the assumption of linear elasticity. One application of practical interests in the flight lock slope of the Three Gorges Project indicates that the back analysis method is effective and feasible, and more satisfactory results are obtained.

References

1. Lu, A.Z., and B.S. Jiang. 1998. *Inverse problem in rock mechanics*. Beijing: China Coal Industry Publishing House.
2. Yang, Z.F. 1989. *Elastic Finite Element Chart for Plane Problems in Underground Engineering*. Beijing: Science Press.
3. Sun, J. 1996. Stochastic Theory and Methods for Inverse Problems in Geomechanics. Shantou: Shantou University Press.
4. Wang, Z.Y., and Y.P. Li. 1993. Displacement Inverse Analysis Method and Program for Underground Engineering. Xian: Shanxi Science and Technology Publishing House.
5. Sakurai, S., and K. Takeuchi. 1983. Back analysis of measured displacements of tunnels. *Rock Mechanics & Rock Engineering* 16 (3): 173–180.
6. Yang, Z., C.F. Lee, and S. Wang. 2000. Three-dimensional back-analysis of displacements in exploration adits—Principles and application. *International Journal of Rock Mechanics & Mining Sciences* 37 (3): 525–533.
7. Yang, L.D., and H.H. Zhu. 1991. 3-D back analysis of visco-elasticity ground. *Chinese Jounal of Geotechnical Engineering* 13 (6): 18–26.
8. Wang, Z.Y., and Y.P. Li 1990. Back analysis of viscoelastic-plastic parameters of surrounding rock in underground engineering. *Journal of Hydraulic Engineering* 9: 13–18.
9. Sun, J., and W. Huang 1992. An optimization method for the elastoplastic inversion of parameters in rock mechanics. *Chinese Journal of Rock Mechanics and Engineering* 11 (3): 221–229.
10. Feng, X.T., Z.Q. Zhang, C.X. Yang, and Y.M. Lin. 1999. Study on genetic-neural network method of displacement back analysis. *Chinese Journal of Rock Mechanics and Engineering* 18 (5): 529–533.
11. Lu, A.Z. 1988. Discussion of Identifiability for parameters of the surrounding rock of a tunnel and in situ stress. *Chinese Journal Rock Mechanics and Engineering* 7 (2): 155–164.
12. Zhang, L.Q., and Z.X. Jia. 2001. Inversion uniqueness of elastic displacement back-analysis for ground stress, elastic modulus and Poisson's ratio. *Chinese Journal of Geotechnical Engineering* 23 (2): 172–177.
13. Lu, A.Z., and Y.J. Wang. 1991. Optimal layout of measurement points for displacement inverse analysis of tunnels. In Proceedings of the Fourth National Symposium on Numerical Analysis and Analytical Methods in Geomechanics, Wuhan, 121–128. Wuhan Technical University of Surveying and Mapping Press.
14. Lu, A.Z., B.S. Jiang, and C.A. You. 1999. Study on range of mesh about finite element for back analysis of displacement. *China Civil Engineering Journal* 32 (1): 26–30.
15. Zhang, Z., X. Li, and Y. Li. 2017. Uniqueness of displacement back analysis of a deep tunnel with arbitrary cross section in transversely isotropic rock. *International Journal of Rock Mechanics & Mining Sciences* 97: 110–121.
16. Zhang, Z.Z., and Z.K. Li. 2011. Uniqueness of displacement back analysis of a circular tunnel in transversely isotropic rock mass. *Rock and Soil Mechanics* 32 (7): 2066–2072.
17. Zhang, Z.Z., X.C. Li, and K.Z. Wang. 2016. Uniqueness of displacement back analysis of circular tunnel in transversely isotropic rock mass when considering shear stress. *Rock and Soil Mechanics* 37: 449–460.
18. Hoek, E., and E.T. Brown. 1982. *Underground excavations in rock*. London: The Institution of Mining and Metallurgy.
19. Kirsten, H.A.D. 1976. Determination of rock mass elastic moduli by back analysis of deformation measurement. In Proceedings of Symposium on Exploration for Rock Engineerings, Johannesbuerg.
20. Gioda, G. 1980. Indirect identification of the average elastic of rock masses. In Proceedings of International Conference on Structural Foundations on Rock, Sydney.
21. Yang, Z.F., and Z.H. Liu. 1981. Preliminary application of displacement back analysis in underground engineering design. *Underground Engineering* 2: 9–14.

22. Yang, Z.F., Z.H. Liu and S.J. Wang. 1983. A practical back analysis method from displacements to estimate some parameters of a rock mass for design of an underground opening. In Proceedings of International Symposium on Field Measurements in Geomechanics, Zurich, 1267–1276.
23. Zhang, L.Q., Z.F. Yang, and P. Xu. 2007. An application of planar elastic displacement solution for double hole problem in back-analysis of two testing adits of Three Gorges Project, China. In The Proceedings of The 11th Congress of the International Society for Rock Mechanics (ISRM 2007), Lisbon, Portugal, 9–13 July 2007, 165–167.
24. Zhang, L.Q., Z.F. Yang, and A.Z. Lu. 2000. Analysis study on displacement field of surrounding rocks of two parallel tunnels with arbitrary shapes and its application to back-analysis of displacement. *Chinese Journal of Rock Mechanics and Engineering* 19 (5): 584–843 589.
25. Lu, A.Z. 1996. Discussion on six kinds of optimization methods on the application in back analysis of elastic displacement for underground tunnel. *Rock and Soil Mechanics* 17 (2):29–34.
26. Lu, A.Z. 1996. Discussion on various optimization methods for back analysis of visco elastic displacement in roadway. *Journal of China Coal Society* 21 (4): 370–373.
27. Lu, A.Z. 1996. Exploration of various optimization methods in axisymmetric tunnel elasto-plastic displacement inverse analysis. *Journal of Shanxi Mining Institute* 14: 29–33.

Chapter 15
Analytical Solution for Other Geo-mechanical Problems

15.1 Analytical Solution for Gravity-Induced Stresses in Slope

Many engineering fields involve the analysis of slope stability, such as building foundation pits, open-pit mines, embankments in road engineering and embankments dams in hydraulic engineering. The stability of slopes directly affects the economic benefits and safety of these engineering projects. For a long time, a lot of scholars in the fields of geotechnical and mechanics have conducted research on this problem.

The stability of slopes is closely related to the stress distribution within the slope. Obtaining an accurate solution for the stress of a slope under the action of gravity is the key to conducting slope stability analysis. Scholars such as Wright [1], Lo [2], Silvestri [3, 4], and Tavenas [5] pointed out that neglecting the influence of gravity will lead to inaccurate safety factor and wrong results in the analysis of homogeneous slope.

In elasticity mechanics, the problem with body force is usually decomposed into a superposition of a particular solution and a general solution in analytical solutions of elastic mechanics. This approach is convenient in dealing with half plane with flat surface. However, the solution of half plane with irregular surface is related to the coordinate system, which brings mathematical difficulties to the solution. As a result, for a long time, scholars tend to use numerical methods to analyze gravity-induced stress distribution in slope [3]. Giam [6], Matsui [7], Kim [8] used the finite element method to calculate the stress field of slope. Martel [9, 10] used the boundary element method to obtain the slope stress solution. Ostanin et al. [11] proposed the complex variables boundary element method for elasticity problems with constant body force.

Even with mathematical difficulties, Perloff et al. [12] and Verruijt [13] managed to obtain the analytic gravity-induced stress solution of trapezoidal embankment and notched half plane by using the analytic continuation and the Cauchy integral methods based on Muskhelishvili's theory [14]. Their methods are applicable to half plane models whose ground surfaces at both ends have same height. They pointed out

A. Lu et al., *Complex Variable Function Solutions in the Mechanical Analysis of Tunnels*, https://doi.org/10.1007/978-981-97-1691-3_15

that the influence of slope on stresses can be simulated by applying virtual load on half plane surface. Based on this simulation theory, Silvestri [3, 4] mapped the half plane with slope to the half plane with flat surface by conformal transformation, and obtained the approximate stress solution of the original problem from the solution of half plane with flat surface under virtual load. Their method simplified the problem excessively, and the approximate stress solution cannot show the stress concentration at the foot of slope. Savage [15, 16] used a similar conformal transformation to map the slope to a half plane, then solved the stress by applying virtual load on its boundary and using the analytic continuation and the Cauchy integral method. Their solution process is complex and difficult, and the form of the mapping function they used must be adjusted accordingly for different slope angles.

Hasebe and Wang [17] got the conformal transformation which maps a half plane with slope to a unit circle in ζ plane through Schwarz-Christoffel transformation. According to the elastic superposition theory, the gravity-induced stress of slope is decomposed into the gravity-induced stress of half plane and the stress of slope boundary under the action of excavation release load, and the Cauchy integral method is used. However, the obtained stress solution is independent of the Poisson's ratio, which is inconsistent with the numerical results calculated by other scholars using boundary element method [9] or by the author using ANSYS software.

15.1.1 Mapping Function

In this section, the mapping function that maps the half plane with slope in z plane to the interior of a unit circle in ζ plane (Fig. 15.1) will be discussed. This is the basis for calculating stress in later sections related to slope analysis, which was not covered in Chap. 1.

The mapping function needed can be obtained through the Schwarz–Christoffel transformation as follows [17]:

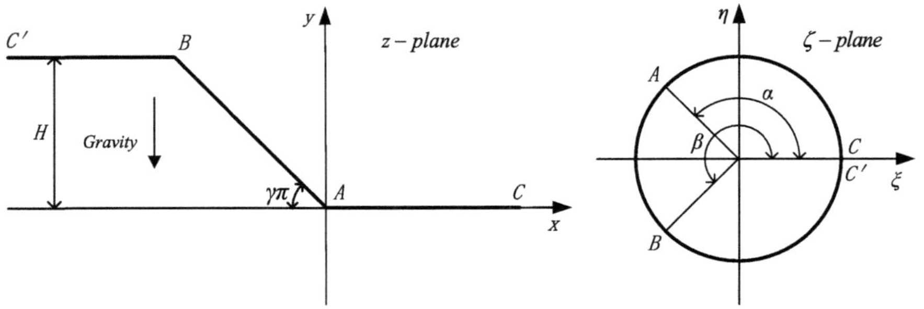

Fig. 15.1 The mapping relationship

$$z = \omega(\zeta) = Ke^{i(\alpha-\beta)\gamma} \int \frac{\left(1 - \zeta e^{-i\alpha}\right)^{\gamma}}{(1-\zeta)^2\left(1 - \zeta e^{-i\beta}\right)^{\gamma}} d\zeta \tag{15.1}$$

Equation (15.1) maps the area below the ground surface to the interior of the unit circle, and the ground surface is mapped onto the circumference of the unit circle, in which point $\zeta = 1$ in ζ plane corresponds to point $|z| = \infty$ in z plane. In the formula, γ is a constant related to the slope angle, α and β are the angles of the slope toe point A and the slope apex B on the unit circle in ζ plane; and K is a constant related to the height H of the slope.

The mapping function given by Eq. (15.1) is in integral form, which is difficult to use directly for stress analysis. It needs to be processed to obtain a more usable form, such as expanding the integrand as a power series in the unit circle. However, inside of the unit circle, the integrand has two singular points at $\zeta = 1$ and $\zeta = e^{i\beta}$, which makes it impossible to directly expand the integrand as a power series.

In reference [18], the singularities were separated from the integrand function by expressing Eq. (15.1) as:

$$\begin{aligned} z &= \omega(\zeta) \\ &= Ke^{i(\alpha-\beta)\gamma}\left\{\frac{D_1}{1-\zeta} - D_2\ln(1-\zeta) - \frac{e^{i\beta}D_3}{1-\gamma}\left(1 - e^{-i\beta}\zeta\right)^{1-\gamma}\right. \\ &\quad \left. + \int\left[\frac{\left(1-\zeta e^{-i\alpha}\right)^{\gamma}}{(1-\zeta)^2\left(1-\zeta e^{-i\beta}\right)^{\gamma}} - \frac{D_1}{(1-\zeta)^2} - \frac{D_2}{1-\zeta} - \frac{D_3}{\left(1-e^{-i\beta}\zeta\right)^{\gamma}}\right] d\zeta\right\} \end{aligned} \tag{15.2}$$

where D_1, D_2 and D_3 are defined as:

$$D_1 = \frac{\left(1-e^{-i\alpha}\right)^{\gamma}}{\left(1-e^{-i\beta}\right)^{\gamma}},\ D_2 = \frac{\gamma\left(1-e^{-i\alpha}\right)^{\gamma}}{\left(1-e^{-i\beta}\right)^{\gamma}}\left[\frac{e^{-i\alpha}}{1-e^{-i\alpha}} - \frac{e^{-i\beta}}{1-e^{-i\beta}}\right],\ D_3 = \frac{\left(1-e^{i(\beta-\alpha)}\right)^{\gamma}}{\left(1-e^{i\beta}\right)^2} \tag{15.3}$$

K is a constant related to the height of the slope, which satisfies the following equations:

$$|K| = \frac{H}{\left|\pi e^{i(\alpha-\beta)\gamma}D_2\right|},\ \arg\left(Ke^{i(\alpha-\beta)\gamma}D_1\right) = -\frac{\pi}{2} \tag{15.4}$$

Let $J(\zeta)$ be the integrand in Eq. (15.2). It has been proven in reference [18] that $\zeta = 1$ and $\zeta = e^{i\beta}$ are not singularities of $J(\zeta)$. Therefore, $J(\zeta)$ can be expanded as a power series inside the unit circle. Which is:

$$J(\zeta) = \sum_{k=1}^{\infty} B_k\zeta^{k-1} \tag{15.5}$$

After $J(\zeta)$ is integrated in Eq. (15.2), it becomes a power series also without singularities. However, it can be seen from other terms that $\zeta = 1$ is still a singularity of Eq. (15.2), but $\zeta = e^{i\beta}$ is no longer a singularity. This means that the original integrand in Eq. (15.2) had two singularities, and after integration, one singularity was removed, leaving one remaining singularity.

In application, the power series in Eq. (15.5) is truncated at a finite number of n. B_k can be obtained through the method already used by the author. The unit circle boundary within $\theta \in [\delta, 2\pi - \delta]$ (δ is a small quantity) is divided into $(N - 1)$ equal parts, then we get N points (σ_j) on the boundary of the unit circle whose coordinates are

$$\begin{cases} \sigma_1 = e^{i\delta} \\ \sigma_{j+1} = e^{\frac{i(2\pi-\delta)j}{N-1}}, j = 1, 2, \ldots, N-1 \end{cases} \tag{15.6}$$

Once δ is given, both σ_j and $J(\sigma_j)$ are known complex numbers, and the complex linear equations of B_k can be established from (15.5):

$$J(\sigma_j) = \sum_{k=1}^{n} B_k \sigma_j^{k-1}, \quad j = 1, 2, \ldots, N \tag{15.7}$$

Set $B_k = E_k + iF_k$, in which E_k and F_k are both real number. The real part and imaginary part of Eq. (15.7)are handled separately as:

$$\begin{cases} \mathrm{Re}[J(\sigma_j)] = \sum\limits_{k=1}^{n} \left[E_k \mathrm{Re}\left(\sigma_j^{k-1}\right) - F_k \mathrm{Im}\left(\sigma_j^{k-1}\right)\right], j = 1, 2, \ldots, N \\ \mathrm{Im}[J(\sigma_j)] = \sum\limits_{k=1}^{n} \left[E_k \mathrm{Im}\left(\sigma_j^{k-1}\right) + F_k \mathrm{Re}\left(\sigma_j^{k-1}\right)\right], j = 1, 2, \ldots, N \end{cases} \tag{15.8}$$

where Re( ) and Im( ) mean to take the real and imaginary parts of the numbers in parentheses.

Equation (15.8) gives the linear equations of the real unknowns E_k and F_k. $2N$ equations can be constructed by taking N points on the unit circumference in ζ plane. When the number of terms of the power series in Eq. (15.7) takes n, there are n unknown complex coefficients, corresponding to $2n$ real unknowns. Then the coefficients can be calculated by taking $N = n$. However, it is found in practice that the approximation formula obtained through this method is exactly equal to $J(\sigma_j)$ at σ_j, there will be larger errors in the remaining positions.

In order to improve the accuracy of the approximation, N is taken greater than n when establishing equations. At this time, the number of the linear equations is more than the unknowns. Which means we get an inconsistent system of equations and it can be solved by the least square method. The equations formed by Eq. (15.8) are

$$AX = b \tag{15.9}$$

where

$$A = \begin{bmatrix} \mathrm{Re}(\sigma_1^0), -\mathrm{Im}(\sigma_1^0), \mathrm{Re}(\sigma_1^1), -\mathrm{Im}(\sigma_1^1), \ldots, \mathrm{Re}(\sigma_1^{n-1}), -\mathrm{Im}(\sigma_1^{n-1}) \\ \mathrm{Re}(\sigma_2^0), -\mathrm{Im}(\sigma_2^0), \mathrm{Re}(\sigma_2^1), -\mathrm{Im}(\sigma_2^1), \ldots, \mathrm{Re}(\sigma_2^{n-1}), -\mathrm{Im}(\sigma_2^{n-1}) \\ \cdots \\ \mathrm{Re}(\sigma_N^0), -\mathrm{Im}(\sigma_N^0), \mathrm{Re}(\sigma_N^1), -\mathrm{Im}(\sigma_N^1), \ldots, \mathrm{Re}(\sigma_N^{n-1}), -\mathrm{Im}(\sigma_N^{n-1}) \end{bmatrix}$$

$$X = \left[E_1, F_1, E_2, F_2, \ldots, E_n, F_n\right]^T$$

$$b = \left[\mathrm{Re}J(\sigma_1), \mathrm{Im}J(\sigma_1), \mathrm{Re}J(\sigma_2), \mathrm{Im}J(\sigma_2), \ldots, \mathrm{Re}J(\sigma_N), \mathrm{Im}J(\sigma_N)\right]^T$$

Its least squares solution is

$$X = \left(A^T A\right)^{-1} A^T b \tag{15.10}$$

After B_k is solved, $J\left(\sigma_j\right)$ is integrated.

$$\int J(\zeta)\, d\zeta = \sum_{k=1}^{n} \frac{B_k}{k}\zeta^k + c_0 = \sum_{k=1}^{n} c_k \zeta^k + c_0 \tag{15.11}$$

where $c_k = B_k/k$, $k = 1, 2, \ldots n$; c_0 is a complex constant that controls the position of the figure in z plane, which can be determined by the coordination of point A or B in Fig. 15.1. The usable expression of the mapping function obtained through the above process is

$$z = \omega(\zeta) = Ke^{i(\alpha-\beta)\theta}\left[\frac{D_1}{1-\zeta} - D_2 \ln(1-\zeta) - \frac{e^{i\beta} D_3}{1-\gamma}\left(1 - e^{-i\beta}\zeta\right)^{1-\gamma} + \sum_{k=1}^{n} c_k \zeta^k + c_0\right] \tag{15.12}$$

15.1.2 Mapping Accuracy

Theoretically, the larger the number of terms, the higher the accuracy of $J\left(\sigma_j\right)$ approximated by power series will be. The influence of the number of terms on the mapping accuracy is analyzed. The parameters are: the slope height $H = 10\,\mathrm{m}$, the slope angles 45° ($\gamma = 1/4$), the coefficients $\alpha = 0.4\pi$, $\beta = 1.6\pi$ and n takes 5, 10, 50 and 100, respectively. Figure 15.2 shows the slope surface draw by the mapping function with different numbers of terms.

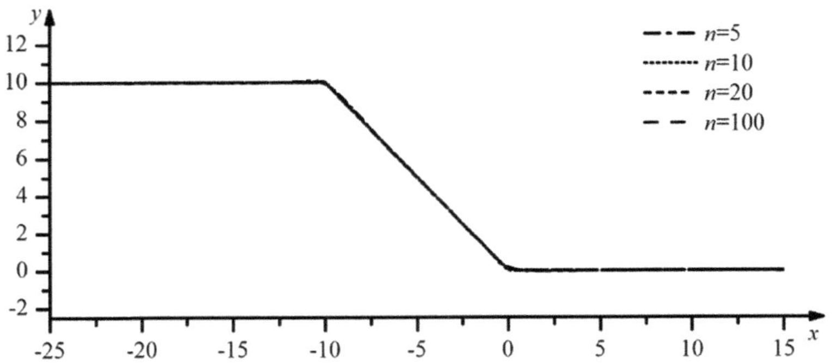

Fig. 15.2 The slope surface drawn by the mapping function with different numbers of terms

It can be seen from Fig. 15.2 that, on the whole, there is few differences between the slope graphics drawn with different numbers of terms, but the difference can be found by enlarging the top and bottom surfaces of the slope.

In the mapping graph of Eq. (15.2), both the top surface and bottom surface of the slope should be straight lines. From Fig. 15.3, it can be seen that the approximation can achieve ideal results when $n = 100$. Figure 15.4 shows mapping graph with the same slope height and different slope angles of 45°, 60°, 75°, 90°. The number of terms is set as $n = 100$. Two sets of orthogonal coordinate lines in the ζ plane polar coordinate system are given, and the corresponding two sets of orthogonal curves in the z plane after mapping are shown. The unit circle boundary of the ζ plane corresponds to the boundary of the z plane semi-infinite body.

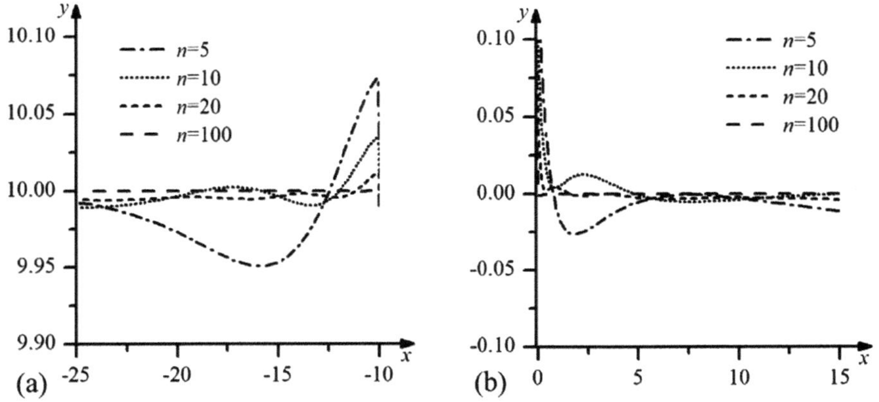

Fig. 15.3 Enlarged mapping graphs: **a** top surface of the slope; **b** bottom surface of the slope

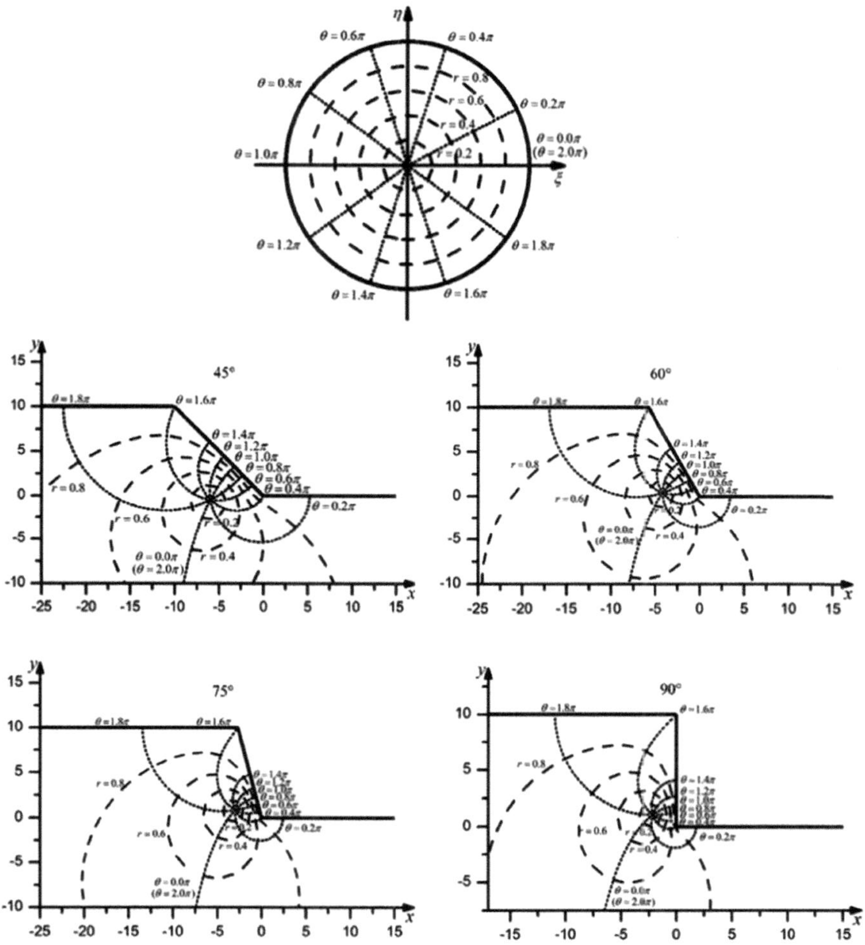

Fig. 15.4 The corresponding mapping curves of the orthogonal coordinate lines in ζ plane

15.1.3 Analytic Function Expressions of Boundary Conditions

When the y axis direction is opposite to the body force direction, the stress components can be expressed as A. H. England given [19]:

$$\begin{cases} \sigma_x + \sigma_y - \frac{V}{1-\mu} = 2\left[\varphi_1'(z) + \overline{\varphi_1'(z)}\right] \\ \sigma_y - \sigma_x + 2i\tau_{xy} = 2\left[\bar{z}\varphi_1''(z) + \psi_1'(z)\right] - c\overline{\frac{\partial W}{\partial \bar{z}}} \end{cases} \tag{15.13}$$

where $c = (1-2\mu)/(1-\mu)$; V is the body force potential; W and V satisfy $V = \partial W / \partial z$. When the body force is only gravity, V and W are

$$V = \frac{i}{2}\rho g(z - \overline{z}) \tag{15.14}$$

$$W = \frac{i}{2}\rho g\left(\frac{1}{2}z^2 - z\overline{z}\right) \tag{15.15}$$

where ρ is the density of the material; g is acceleration of gravity. The means of the other symbols in Eqs. (15.13)–(15.15) are exactly the same as in Chap. 2.

The stress components σ_x, σ_y and τ_{xy} in Eq. (15.13) which is in Cartesian coordinate system are transformed into the stress components σ_r, σ_θ and $\tau_{r\theta}$ in the curvilinear coordinates expressed by the mapping function. Then V and W are substituted into the fowling equation.

$$\begin{cases} \sigma_r + \sigma_\theta = 2\left[\varphi_1'(z) + \overline{\varphi_1'(z)}\right] + \dfrac{i\rho g}{2(1-\mu)}\left[\omega(\zeta) - \overline{\omega(\zeta)}\right] \\ \sigma_\theta - \sigma_r + 2i\tau_{r\theta} = \left\{2\left[\overline{\omega(\zeta)}\varphi_1''(z) + \psi_1'(z)\right] - \dfrac{i}{2}c\rho g\overline{\omega(\zeta)}\right\}\dfrac{\zeta^2\omega'(\zeta)}{r^2\overline{\omega'(\zeta)}} \end{cases} \tag{15.16}$$

Subtracting the two equations in Eq. (15.16), we can obtain:

$$\begin{aligned} \sigma_r - i\tau_{r\theta} = {} & \left[\varphi_1'(z) + \overline{\varphi_1'(z)}\right] + \frac{i\rho g}{4(1-\mu)}\left[\omega(\zeta) - \overline{\omega(\zeta)}\right] \\ & - \left\{\left[\overline{z}\varphi_1''(z) + \psi_1'(z)\right] - \frac{i}{4}c\rho g\overline{\omega(\zeta)}\right\}\frac{\zeta^2\omega'(\zeta)}{r^2\overline{\omega'(\zeta)}} \end{aligned} \tag{15.17}$$

On the slope surface, we define $z = t$, $r = 1$, $\zeta = \sigma$; And when there is no other external loads, the stress boundary conditions are $\sigma_r = 0$ and $\tau_{r\theta} = 0$. Substitute them into Eq. (15.17), then

$$\begin{aligned} & \left[\varphi_1'(t) + \overline{\varphi_1'(t)}\right] + \frac{i\rho g}{4(1-\mu)}\left[\omega(\sigma) - \overline{\omega(\sigma)}\right] \\ & - \left\{\left[\overline{z}\varphi_1''(t) + \psi_1'(t)\right] - \frac{i}{4}c\rho g\overline{\omega(\sigma)}\right\}\frac{\sigma^2\omega'(\sigma)}{\overline{\omega'(\sigma)}} = 0 \end{aligned} \tag{15.18}$$

Substituting the corresponding equations from Sect. 2.3 directly into Eq. (15.18), we obtain:

$$\begin{aligned} & \left[\Phi(\sigma) + \overline{\Phi(\sigma)}\right] - \frac{\sigma^2\omega'(\sigma)}{\overline{\omega'(\sigma)}}\left[\overline{\omega(\sigma)}\frac{\Phi'(\sigma)}{\omega'(\sigma)} + \Psi(\sigma)\right] \\ & = -\frac{i\rho g\left[\omega(\sigma) - \overline{\omega(\sigma)}\right]}{4(1-\mu)} - \frac{ic\rho g}{4}\frac{\sigma^2\omega'(\sigma)\overline{\omega(\sigma)}}{\overline{\omega'(\sigma)}} \end{aligned} \tag{15.19}$$

Equation (15.19) is the surface stress boundary condition expressed by the boundary value of $\Phi(\zeta)$ and $\Psi(\zeta)$.

15.1.4 Determination of Analytic Functions and Stress

In the previous chapters, $\varphi(z)$ and $\psi(z)$ were used as the unknown analytic functions to correspond to $\varphi_1(z)$ and $\psi_1(z)$, respectively. In this section, $\Phi(\zeta)$ and $\Psi(\zeta)$ are directly used as the analytic functions to be solved for. Due to the complexity of the mapping function, it is difficult to obtain $\Phi(\zeta)$ and $\Psi(\zeta)$ using Eq. (15.19) through Cauchy integral method. In this sector, power series method will be used.

The analytic functions $\Phi(\zeta)$ and $\Psi(\zeta)$ can be expanded into power series. Taking a limited number of terms:

$$\Phi(\zeta) = \sum_{k=0}^{N_1} P_k \zeta^k \tag{15.20}$$

$$\Psi(\zeta) = \sum_{k=0}^{N_2} Q_k \zeta^k \tag{15.21}$$

Using the method similar to Sect. 15.1.1, the unit circle boundary within $\theta \in [\delta, 2\pi - \delta]$ (δ is a small quantity) is divided into $(M_1 - 1)$ equal parts and we get M_1 points on the boundary of the unit circle whose coordinates are

$$\begin{cases} \sigma_1 = e^{i\delta} \\ \sigma_{j+1} = e^{\frac{i(2\pi-\delta)j}{M_1-1}}, \ j = 1, 2, \dots M_1 - 1 \end{cases} \tag{15.22}$$

A complex linear equations of P_k and Q_k can be established by Substituting Eq. (15.20), Eq. (15.21) and Eq. (15.22) into Eq. (15.19).

$$\left[\Phi(\sigma_j) + \overline{\Phi(\sigma_j)}\right] - \frac{\sigma_j^2 \omega'(\sigma_j)}{\omega'(\sigma_j)} \left[\overline{\omega(\sigma_j) \frac{\Phi'(\sigma_j)}{\omega'(\sigma_j)} + \Psi(\sigma_j)}\right]$$
$$= -\frac{i\rho g\left[\omega(\sigma_j) - \overline{\omega(\sigma_j)}\right]}{4(1-\mu)} - \frac{ic\rho g}{4} \frac{\sigma_j^2 \omega'(\sigma_j)\overline{\omega(\sigma_j)}}{\overline{\omega'(\sigma_j)}}, \ j = 1, 2, \dots M_1 \tag{15.23}$$

Setting $P_k = S_k + iT_k$, $Q_k = J_k + iK_k$, in which S_k, T_k, J_k and K_k are all real number. In this way, the real part and imaginary part of Eq. (15.23) are handed separately. We can get

$$\begin{cases} 2\sum_{k=0}^{N_1}\left[S_k\mathrm{Re}\left(\sigma_j^k\right)-T_k\mathrm{Im}\left(\sigma_j^k\right)\right]-\sum_{k=1}^{N_1}k\left\{S_k\mathrm{Re}\left[\frac{\sigma_j^2\overline{\omega(\sigma_j)}}{\overline{\omega'(\sigma_j)}}\sigma_j^{k-1}\right]\right. \\ \left.\quad -T_k\mathrm{Im}\left[\frac{\sigma_j^2\overline{\omega(\sigma_j)}}{\overline{\omega'(\sigma_j)}}\sigma_j^{k-1}\right]\right\} \\ \quad -\sum_{k=0}^{N_2}\left\{J_k\mathrm{Re}\left[\frac{\sigma_j^2\omega'(\sigma_j)}{\overline{\omega'(\sigma_j)}}\sigma_j^k\right]-K_k\mathrm{Im}\left[\frac{\sigma_j^2\omega'(\sigma_j)}{\overline{\omega'(\sigma_j)}}\sigma_j^k\right]\right\} \\ \quad =\mathrm{Re}\left\{-\frac{i\rho g\left[\omega(\sigma_j)-\overline{\omega(\sigma_j)}\right]}{4(1-\mu)}-\frac{ic\rho g}{4}\frac{\sigma^2\omega'(\sigma_j)\overline{\omega(\sigma_j)}}{\overline{\omega'(\sigma_j)}}\right\},\ j=1,2,\ldots,M_1 \\ \quad -\sum_{k=1}^{N_1}k\left\{S_k\mathrm{Im}\left[\frac{\sigma_j^2\overline{\omega(\sigma_j)}}{\overline{\omega'(\sigma_j)}}\sigma_j^{k-1}\right]+T_k\mathrm{Re}\left[\frac{\sigma_j^2\overline{\omega(\sigma_j)}}{\overline{\omega'(\sigma_j)}}\sigma_j^{k-1}\right]\right\} \\ \quad -\sum_{k=0}^{N_2}\left\{J_k\mathrm{Im}\left[\frac{\sigma_j^2\omega'(\sigma_j)}{\overline{\omega'(\sigma_j)}}\sigma_j^k\right]+K_k\mathrm{Re}\left[\frac{\sigma_j^2\omega'(\sigma_j)}{\overline{\omega'(\sigma_j)}}\sigma_j^k\right]\right\} \\ \quad =\mathrm{Im}\left\{-\frac{i\rho g\left[\omega(\sigma_j)-\overline{\omega(\sigma_j)}\right]}{4(1-\mu)}-\frac{ic\rho g}{4}\frac{\sigma^2\omega'(\sigma_j)\overline{\omega(\sigma_j)}}{\overline{\omega'(\sigma_j)}}\right\},\ j=1,2,\ldots,M_1 \end{cases} \tag{15.24}$$

It can be seen that the value of T_0 has no effect on the stress result, and thus $T_0 = 0$ is considered. $2M_1$ equations can be constructed according to Eq. (15.24). Same as Sect. 15.1.1, in order to improve the solution accuracy, the system of equations, which are also solved by the least square method, are established by taking M_1 greater than $N_1 + N_2$. If N_1 and N_2 are taken large enough, it seems that correct result can be obtained through the above approach, but it does not happen. In reference [18], the same method as reference [17] is used to improve the result, which involve the extra condition that σ_θ on the surface at infinity should be zero. As indicated in reference [20], for a semi-infinite domain with a flat surface under the action of gravity, σ_θ at every point on the surface is equal to zero. For a half plane with a slope, the effect of the slope on the surface stress at a position far from the slope can be neglected, and it is reasonable to assume $\sigma_\theta = 0$ on the surface at infinity. We can get from Eq. (15.16) that:

$$\left[\Phi(\sigma)+\overline{\Phi(\sigma)}\right]+\frac{i\rho g}{4(1-\mu)}\left[\omega(\sigma)-\overline{\omega(\sigma)}\right]=0 \tag{15.25}$$

where σ should be the point on the surface at infinity. Noted that $\sigma = 1$ not only correspond to the point on ground surface at infinity, but also the point that $y = -\infty$, so we can't directly taking $\sigma = 1$ in Eq. (15.25) to get additional equations. As a result, θ is taken close to 0 and 2π to get the point on ground surface that far away from the slope. Let $\theta \in [\delta_1, \delta_2] \cup [2\pi - \delta_2, 2\pi - \delta_1], 0 < \delta_1 < \delta_2 < \delta$ (δ is a small quantity).

These two intervals are divided into $(M_2 - 1)$ equal parts and we get $2M_2$ points on the boundary of the unit circle whose coordinates are

$$\begin{cases} \sigma_{M_1+1} = e^{i\delta_1} \\ \sigma_{j+M_1+1} = e^{\frac{i(\delta_2-\delta_1)j}{M_2-1}}, \ j = 1, 2, \ldots, M_2 - 1 \\ \sigma_{M_1+M_2+1} = e^{i(2\pi-\delta_2)} \\ \sigma_{j+M_1+M_2+1} = e^{i(2\pi-\delta_2)+\frac{i(\delta_2-\delta_1)j}{M_2-1}}, \ j = 1, 2, \ldots, M_2 - 1 \end{cases} \tag{15.26}$$

From Eqs. (15.26) and (15.25), we have

$$4\sum_{k=0}^{N_1}\left[S_k\mathrm{Re}\left(\sigma_j^k\right) - T_k\mathrm{Im}\left(\sigma_j^k\right)\right]$$
$$= -\frac{i\rho g}{2(1-\mu)}\left[\omega(\sigma) - \overline{\omega(\sigma)}\right], \ j = M_1 + 1, M_1 + 2, \ldots, M_1 + 2M_2 \tag{15.27}$$

We can get $2M_2$ real linear equations of S_k and T_k.

A new set of equations is formed by combining Eqs. (15.27) and (15.24), which are solved by the least square method. Once $\Phi(\zeta)$ and $\Psi(\zeta)$ are obtained, the stress components can be easily calculated by Eq. (15.28).

$$\begin{aligned} \sigma_x &= \frac{1}{2}\mathrm{Re}\left\{\begin{array}{l} 2\left[\Phi(\zeta) + \overline{\Phi(\zeta)}\right] + \dfrac{i\rho g}{2(1-\mu)}\left[\omega(\sigma) - \overline{\omega(\sigma)}\right] \\ -2\left[\overline{\omega(\zeta)}\dfrac{\Phi'(\zeta)}{\omega'(\zeta)} + \Psi(\zeta)\right] + \dfrac{i}{2}c\rho g\overline{\omega(\zeta)} \end{array}\right\} \\ \sigma_y &= \frac{1}{2}\mathrm{Re}\left\{\begin{array}{l} 2\left[\Phi(\zeta) + \overline{\Phi(\zeta)}\right] + \dfrac{i\rho g}{2(1-\mu)}\left[\omega(\sigma) - \overline{\omega(\sigma)}\right] \\ +2\left[\overline{\omega(\zeta)}\dfrac{\Phi'(\zeta)}{\omega'(\zeta)} + \Psi(\zeta)\right] - \dfrac{i}{2}c\rho g\overline{\omega(\zeta)} \end{array}\right\} \\ \tau_{xy} &= \frac{1}{2}\mathrm{Im}\left\{2\left[\overline{\omega(\zeta)}\frac{\Phi'(\zeta)}{\omega'(\zeta)} + \Psi(\zeta)\right] - \frac{i}{2}c\rho g\overline{\omega(\zeta)}\right\} \end{aligned} \tag{15.28}$$

15.1.5 Validation

The calculation parameters are defined as: $\mu = 0.2$, $E = 10\text{GPa}$, $\rho = 2.0 \times 10^3\text{kg/m}^3$, $g = 9.8\text{m/s}^2$, $H = 10.0\text{m}$ and the slope angles are taken as 45° and 60°. In reference [18], based on the above calculation parameters, the method in this chapter and the ANSYS finite element software are both used to obtain results. In the ANSYS model, the distance between the top and bottom of the slope to the left and right boundaries of the model is 500 m, and the distance between the bottom surface of the slope and the lower boundary of the model is also 500 m. After meshing, the model has a total of 312,870 nodes and 312,112 elements. Since the model is large enough relative to the slope, the effect of the slope on the side and lower boundaries of the model can be ignored. Therefore, it can be assumed that there is no horizontal displacement on the lateral boundary and no horizontal or vertical displacement on the lower boundary. When the vertical displacement is set to zero, it does not affect the calculation results of the stress. That is, a constraint in the x direction is applied to the lateral boundary, and constraints in the x and y directions are applied to the lower boundary (in Fig. 15.5, the height of the slope is amplified by a factor of 10 to highlight the slope). This section defines tensile stress as positive and compressive stress as negative, and both methods take the foot of the slope as the origin of the Cartesian coordinate system. Figure 15.6 shows the stress calculation results obtained by the two methods.

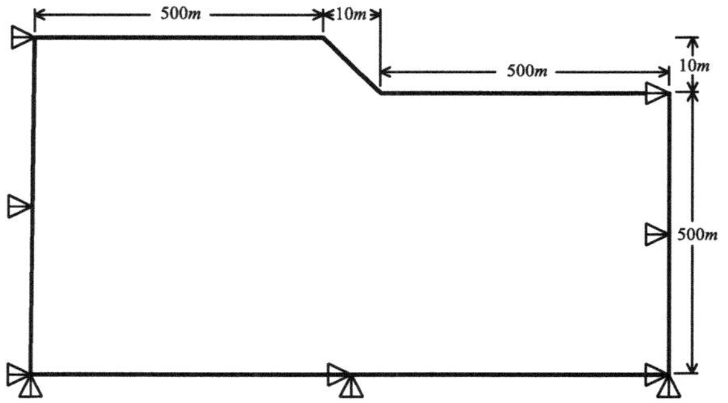

Fig. 15.5 The sketch of ANSYS model

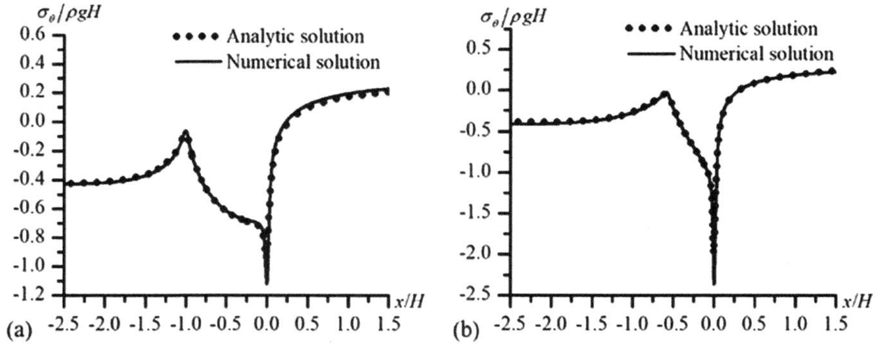

Fig. 15.6 Tangential normal stress on the ground surface obtained by different methods: **a** slope angle is 45°; **b** slope angle is 60°

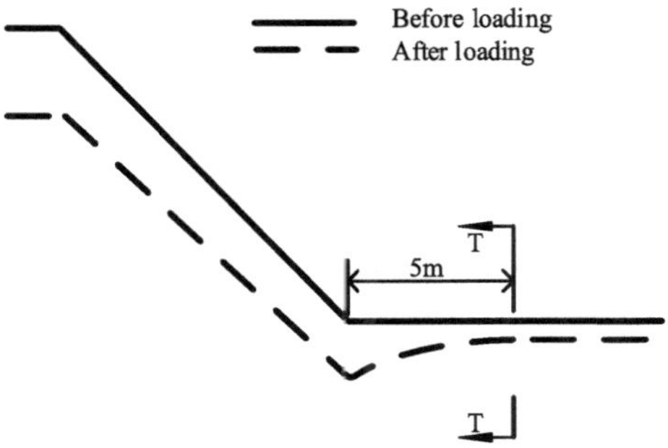

Fig. 15.7 The deformation of the slope surface

It can be seen from Fig. 15.6 that the tangential normal stress σ_θ on the ground surface obtained by the two methods are in good agreement. Besides, σ_r and $\tau_{r\theta}$ on the ground surface obtained by the method in this chapter are close to zero and satisfy the surface stress boundary conditions, which indirectly illustrates the correctness of the approach.

15.1.6 Analysis and Discussion

15.1.6.1 Tensile Stress at Slope Bottom

It can be seen from the stress results in Fig. 15.6 that tensile stress exists on the surface of slope bottom under both slope angles, which are similar to the stress distribution obtained by Martel and Muller using the boundary element method [9] and numerical solution obtained by the authors through ANSYS software. This phenomenon can be explained by analyzing the deformation of the slope bottom.

Figure 15.7 shows the deformation of the slope under gravity calculated by ANSYS, and the subsidence is uneven. The subsidence at the foot of the slope is greater than the rest of bottom surface, which makes the original boundary of the bottom surface elongated, so that there is tensile stress on the bottom surface of the slope. In ANSYS software, the uneven subsidence of the slope is related to the depth of the model, which is not obvious when the model is shallow. However, in order to simulate the infinite half plane, the model should be as deep as possible. The T-T section in Fig. 15.7 is a virtual section for the convenience of stress analysis.

15.1.6.2 Influence of Poisson's Ratio

For the half plane with flat surface, the gravity-induced stresses are $\sigma_y = \rho g y$, $\sigma_x = \mu \rho g y/(1 - \mu)$, $\tau_{xy} = 0$, in which only the horizontal stress σ_x is related to Poisson's ratio. But for the problem in this section, the stress result is affected by Poisson's ratio. The parameters are defined as: $\rho = 2.0 \times 10^3\ \mathrm{kg/m^3}$, $g = 9.8\ \mathrm{m/s^2}$,

$H = 10.0$ m, then the stress results when the slope angle is 45° and 60° are obtained to explore the influence of Poisson's ratio.

It can be seen from Figs. 15.8, 15.9 and 15.10 that:

(1) When the slope angel and the other mechanical properties of the slope mass are the same, the smaller the Poisson's ratio, the greater the tangential normal stress along the surface, and the greater the stress concentration near the foot of the slope.
(2) On the T-T section, σ_x is tensile stress at shallow position, and it becomes compressive stress below a certain depth ($y/H \leq -0.1$). The smaller the Poisson's ratio, the greater the value of $|\sigma_x|$. At a relatively deep position ($y/H \leq -0.4$), the slope has few effects on the stress, and σ_x is close to the linear variation of $\mu\rho g y/(1-\mu)$, which is the same as the conclusion obtained when the semi-infinite soil has no lateral deformation [20].

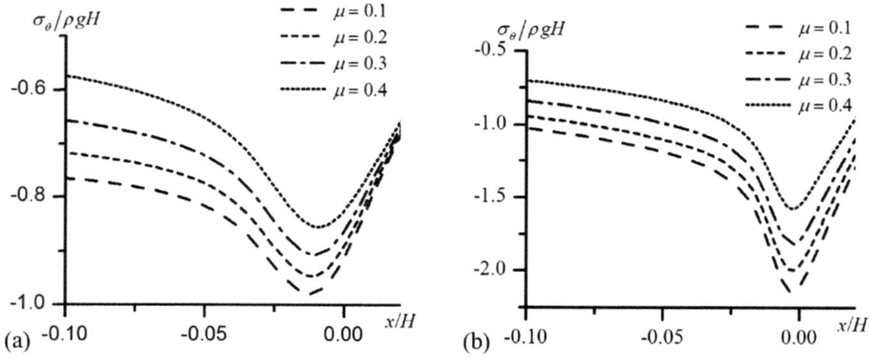

Fig. 15.8 The distribution of $\sigma_\theta/\rho g H$ on the surface near the foot of the slope: **a** slope angle is 45°; **b** slope angle is 60°

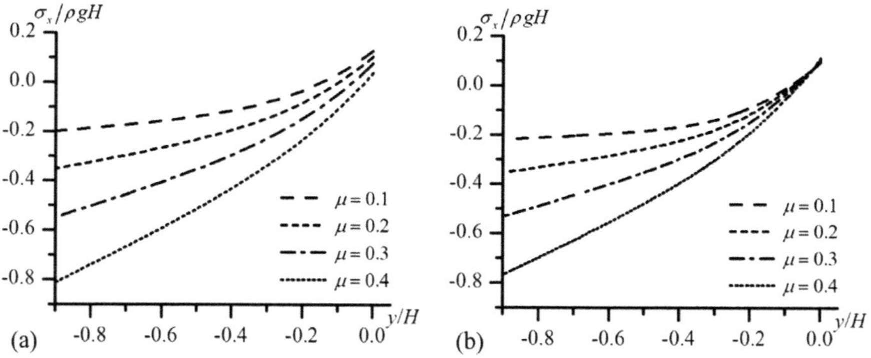

Fig. 15.9 The distribution of $\sigma_x/\rho g H$ on the T-T section (see Fig. 15.7): **a** slope angle is 45°; **b** slope angle is 60°

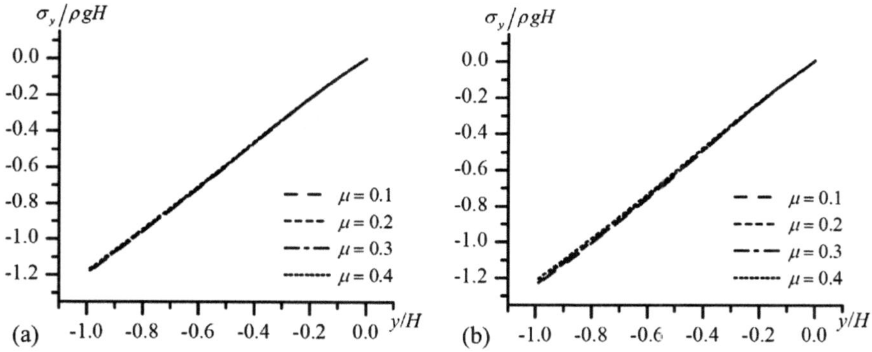

Fig. 15.10 The distribution of $\sigma_y/\rho gH$ along the T-T section (see Fig. 15.7): **a** slope angle is 45°; **b** slope angle is 60°

(3) On the T-T section, σ_y is little affected by Poisson's ratio and basically meets the linear variation of ρgy, which is also the same as the conclusion obtained when the semi-infinite soil has no lateral deformation [20].

15.1.6.3 Influence of Slope Angle

The parameters are defined as: $\mu = 0.2$, $\rho = 2.0 \times 10^3\,\text{kg/m}^3$, $g = 9.8\,\text{m/s}^2$, $H = 10.0\,\text{m}$, then the distribution of $\sigma_\theta/\rho gH$ on the surface when the slope angle is 30°, 45°, 60° and 70° are obtained to explore the effect of slope angle.

It can be seen from Fig. 15.11 that there is an extreme point of $\sigma_\theta/\rho gH$ near the slope apex, and the extreme values are close to 0 with all slope angles. There is also an extreme point of $\sigma_\theta/\rho gH$ near the foot of the slope, which get the greatest compressive stress concentration. When the slope angle is below 45°, the stress changes along the slope surface are relatively gentle, and the stress concentration at the bottom of the slope is not obvious. When the slope angle exceeds 60°, the stress along the slope surface changes rapidly, and as the slope angle increases, the stress value near the slope foot increases sharply.

In order to better analyze the stress distribution, the stress contour lines with slope angles of 30°, 45° and 60° are drawn in Figs. 15.12, 15.13 and 15.14, in which (a), (b), (c) correspond to the maximum principal stress σ_1, the minimum principal stress σ_3 and the maximum shear stress $\tau_{\max}$, respectively, and (d) shows the contour lines of $\tau_{\max}$ near the foot of the slope.

Comparing the stress contour figure of different slope angles, we can get that:

(1) When the slope angle is small (30°), the maximum shear stress $\tau_{\max}$ near the slope foot is smaller, and when the slope angle is greater than 45°, the $\tau_{\max}$ near the slope foot increases with the increase of the slope angle, which can be seen from (d) in Figs. 15.12, 15.13 and 15.14. When the slope angle is 45° and 60°, the stress contour line of $\tau_{\max}$ presents a dense annular distribution with the foot of the slope as the peak point, which reflects the stress concentration

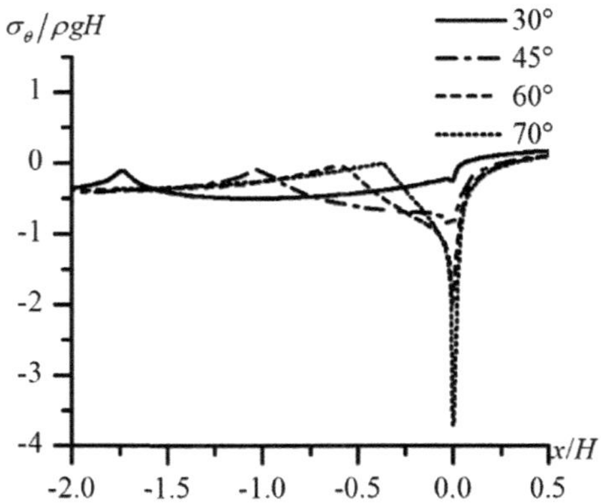

Fig. 15.11 The distribution of $\sigma_\theta / \rho g H$ on the surface with different slope angle

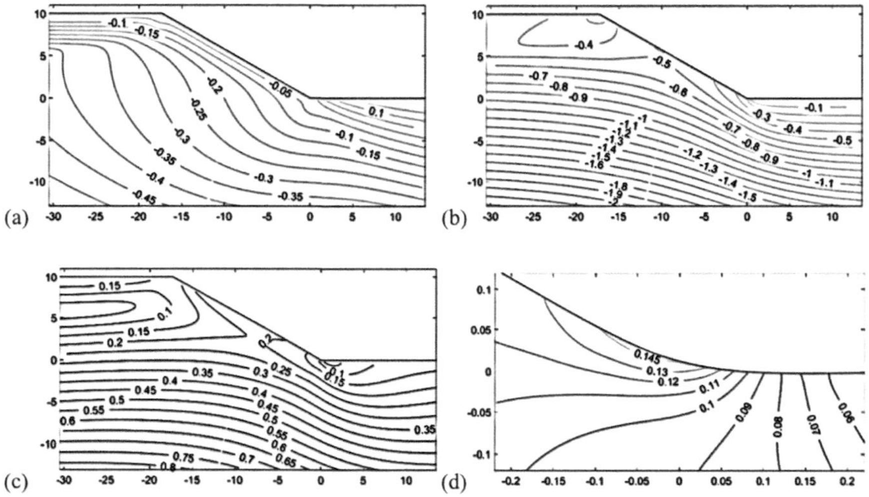

Fig. 15.12 The stress contour lines with slope angles of 30°: **a** $\sigma_1 / \rho g H$; **b** $\sigma_3 / \rho g H$; **c** $\tau_{\max} / \rho g H$; **d** $\tau_{\max} / \rho g H$ near the foot of the slope

phenomenon at the foot of the slope, and the stress concentration with the foot angle of 60° is much more greater than it is 45°.

(2) On the whole, the contours of $\sigma_1 / \rho g H$, $\sigma_3 / \rho g H$ and $\tau_{\max} / \rho g H$ are distributed in layers. The contour lines of them are close to the horizontal lines in places far away from the slope or deep from the ground surface, and are distributed equidistantly by depth. The slope has little effect on the stress in these places, and the stress state is mainly affected by the weight of the soil above.

(3) In the places near the slope apex, $\sigma_1 / \rho g H$, $\sigma_3 / \rho g H$ and $\tau_{\max} / \rho g H$ are small and the contour lines of them are sparse, and the changes of stress value are gentle.

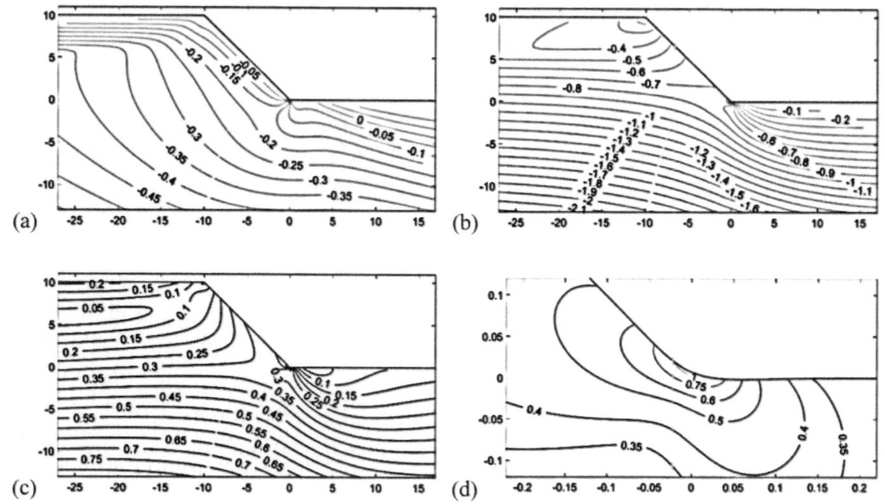

Fig. 15.13 The stress contour lines with slope angles of 45°: **a** $\sigma_1 / \rho g H$; **b** $\sigma_3 / \rho g H$; **c** $\tau_{max} / \rho g H$; **d** $\tau_{max} / \rho g H$ near the foot of the slope

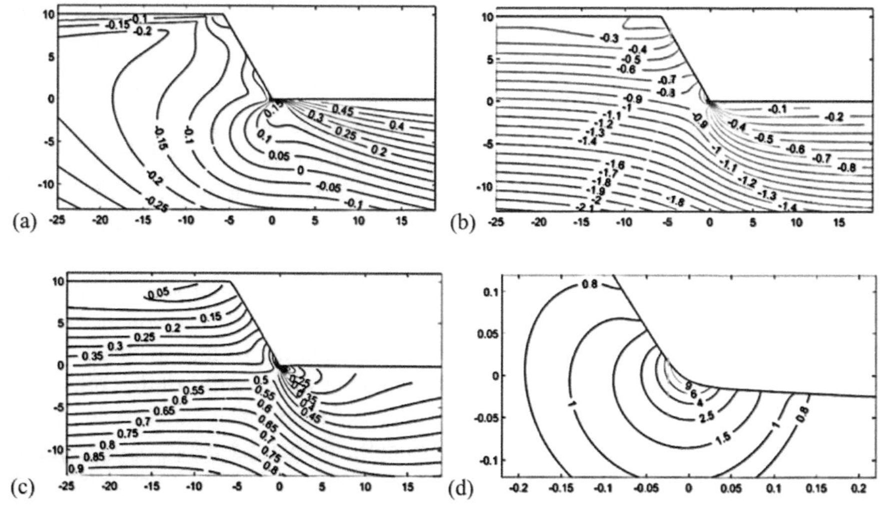

Fig. 15.14 The stress contour lines with slope angles of 60°: **a** $\sigma_1 / \rho g H$; **b** $\sigma_3 / \rho g H$; **c** $\tau_{max} / \rho g H$; **d** $\tau_{max} / \rho g H$ near the foot of the slope

15.2 Slope Stability Estimation Based on Analytical Solution

The factor of safety (also known as safety factor) is generally used to judge the stability of a slope. The commonly used methods for slope stability analysis are limit equilibrium method and numerical analysis method. The earliest quantitative analysis method used is the limit equilibrium method, which is also the most widely used analysis method today. Based on limit equilibrium theory, Fellenius [21], Bishop [22], Janbu [23], Morgenstern and Price [24], Spencer [25], Sarma [26, 27] proposed a series of stability analysis methods. For decades, the limit equilibrium method has been widely applied. In operation of the traditional limit equilibrium method, first assumes a sliding surface in the slope, divides the sliding mass above the sliding surface into several vertical soil strips, and calculates the forces acting on these soil strips through equilibrium equations. From this, the normal force and the sliding force in tangential direction to the sliding surface can be calculated. When the normal force on the sliding surface is known, the maximum sliding force (also known as the resistance force) that can be sustained on this surface can be calculated through Mohr–Coulomb shear strength theory. The ratio of the resistance force to the sliding force is called the factor of safety of the slope. The surface that minimizes this ratio is the most likely sliding surface, and the corresponding ratio is the actual factor of safety of the slope. If used properly, this method can produce satisfactory results.

Since the inception of the limit equilibrium method, it has been continuously improved and developed. Scholars such as Maslov [28], Zhu [29], and Zheng [30] have proposed analysis methods that satisfy the equilibrium conditions and do not require vertical division of the sliding mass based on the assumption of normal stress distribution on the sliding surface. Chen Zuyu, Zheng Hong, Zhu Dayong and others have applied the limit equilibrium calculation method to the three-dimensional stability analysis of slopes [31–34].

It should be noted that traditional limit equilibrium method introduces simplified conditions in the following three aspects: many assumptions are made on the form of the sliding surface, such as assuming the shape of the sliding surface to be a polyline, circular arc, logarithmic spiral, etc.; the requirement of static equilibrium is relaxed in mechanics, and only partial equilibrium of forces and moments is satisfied during the calculation process; assumptions are made about the numerical values or distribution shapes of the excess unknowns. These three simplified conditions compromise the rigor of the traditional limit equilibrium method.

The most representative numerical analysis method is the finite element method, which is also the earliest numerical method applied in slope stability evaluation. This analysis method uses the finite element principle to calculate the stress of the slope and maintains a rigorous theoretical system in mechanics. However, this method is not ideal for simulating the semi-infinite domain of the slope and solving stress concentration problems at its apex [35]. In practical applications, there are also issues such as large calculation workload and unclear physical meaning of the safety factor.

The evaluation methods for the stability of slopes and the selection of parameters in the design of slope protection engineering are still important research topics in the field of engineering. Especially for high and steep rock slopes, which are becoming more and more common in large-scale projects, there is currently no practical analysis method available [36]. Therefore, a slope stability analysis method with a realistic sliding surface shape, clear physical meaning, fewer assumptions, and simple calculation operations is an urgent engineering problem to be solved.

A new slope stability analysis method is proposed in this section, which is based on the exact stress calculation method discussed in Sect. 15.1 and the idea of limit equilibrium method, and the optimization techniques is involved to find the most critical slip surface to calculate the corresponding safety factor. This method uses the exact stress calculation method, which means that every point on the slope satisfies the equilibrium equation and the deformation is coordinated. This method does not assume the shape of the slip surface and treats the slip surface as an unknown function to be solved, and then uses rigorous mathematical methods to find the surface that minimizes the ratio of resisting force to sliding force. In theory, the most likely slip surface and safety factor obtained by this method should be more reasonable than the traditional limit equilibrium method.

15.2.1 Theory for Determining Sliding Surface

The key focus of this section is to discuss how to determine the most probable sliding surface using the precise stress calculation method described in Sect. 15.1. For convenience, we will flip the x-axis and y-axis directions of the coordinate system used in the previous section and move the origin of the coordinate system to the crest of the slope. This will require us to convert the stress components from the previous section into stress components in this section's coordinate system, namely σ_x, σ_y and τ_{xy}. Since both coordinate systems are Cartesian and the direction of the axis is the same as in the previous section, the stress components at the same point are identical. The only difference is, in the previous section, stress was defined as positive for tension, while in this section, for convenience, stress is defined as positive for compression and negative for tension.

When dealing with plane strain problems, in the slope section, the sliding surface can be regarded as the curve $\overset{\frown}{AB}$ in the xOy plane, which can be represented by $x = f(y)$ (Fig. 15.15). The unknown function $x = f(y)$ is we need to determine.

Through the transformation of stress components in elasticity, the normal stress σ_n and the tangential shear stress τ_n of each point on curve $\overset{\frown}{AB}$ are obtained.

$$\begin{cases} \sigma_n = l^2\sigma_x + m^2\sigma_y + 2lm\tau_{xy} \\ \tau_n = lm(\sigma_y - \sigma_x) + (l^2 - m^2)\tau_{xy} \end{cases} \tag{15.29}$$

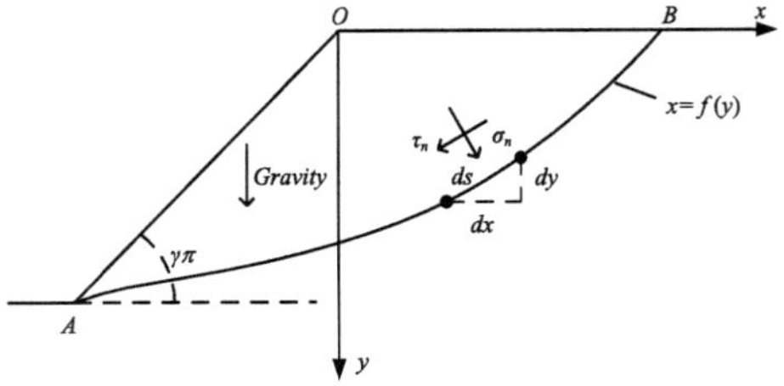

Fig. 15.15 The normal stress σ_n and the tangential shear stress τ_n on sliding surface

where σ_x, σ_y and τ_{xy} are stress components on the curve $x = f(y)$; l, m is the direction cosine of the normal to the curve $x = f(y)$. We get

$$l = \frac{dy}{ds}, \quad m = -\frac{dx}{ds} \tag{15.30}$$

Substituting Eq. (15.30) into Eq. (15.29), we get:

$$\begin{cases} \sigma_n = \dfrac{1}{1+\left(\frac{dx}{dy}\right)^2}\left[\sigma_x + \left(\dfrac{dx}{dy}\right)^2\sigma_y - 2\dfrac{dx}{dy}\tau_{xy}\right] \\ \tau_n = \dfrac{1}{1+\left(\frac{dx}{dy}\right)^2}\left\{\dfrac{dx}{dy}(\sigma_x - \sigma_y) + \left[1 - \left(\dfrac{dx}{dy}\right)^2\right]\tau_{xy}\right\} \end{cases} \tag{15.31}$$

The shear stress component along the curve $x = f(y)$ denoted by τ_n causes the slope to slide and its magnitude affects the stability of the slope. The integration of τ_n along the curve $x = f(y)$ is defined as the sliding force. The normal stress component along the curve $x = f(y)$ denoted by σ_n provides the inherent cohesive force and internal frictional resistance that can prevent the slope from sliding. The integration of σ_n along the curve $x = f(y)$ is defined as the resisting force. Therefore, the safety factor F_S of the slope can be defined as:

$$F_S = \frac{\int_A^B (c + \sigma_n \tan\varphi)ds}{\int_A^B \tau_n ds} \tag{15.32}$$

where c and φ represent the cohesive strength and internal friction angle of the rock (soil), respectively.

Substituting Eq. (15.31) into Eq. (15.32). It can be seen that once the geometry and mechanical properties of the slope are determined, the value of F_S only relates to the shape of curve $\overset{\frown}{AB}$, which is controlled by function $x = f(y)$. As a result, F_S can be considered as $F_S = F_S[f(y)]$, a functional of $x = f(y)$. The search for the most dangerous sliding surface $x = f*(y)$ is a functional extremum problem. When $F_S* < 1$, the slope failure will occur along the sliding surface. When $F_S* = 1$, the slope is on critical state. When $F_S* > 1$, the slope is on a safe condition.

15.2.2 Description and Determination of the Sliding Surface

For the problem discussed in this section, it is difficult to obtain an accurate critical sliding surface $x = f*(y)$ through analytic methods. For simplicity, we assume that the sliding surface is a plane passing through the toe point A of the slope, although this assumption may not fully correspond to the actual situation. According to reference [37], when the slope angle and internal friction angle are relatively small, the sliding surface may not pass through the toe point, but the difference from the results obtained by assuming the sliding surface passes through the toe point is less than 2%. When the internal friction coefficient is greater than 0.3, the sliding surface always passes through the toe point, which makes it reasonable to assume that the sliding surface passes through the toe point in most cases.

One feasible approach to obtain the $x = f*(y)$ that minimizes Eq. (15.32) is to use a spline function to represent the shape of the sliding surface [38, 39].

As shown in Fig. 15.16, curve $\overset{\frown}{AB}$ is divided into segments with equal length Δh in vertical direction. The curve in each segment is described by a quadratic polynomial function, which represents a parabola. When the piecewise segments are short enough, this description method can reflect arbitrarily curved shape. If n segments are divided, the sliding surface $x = f(y)$ can be expressed as the following piecewise function:

$$x = f(y) = \begin{cases} f_1(y) = a_1y^2 + b_1y + c_1 & y_1 \le y \le y_0 \\ f_2(y) = a_2y^2 + b_2y + c_2 & y_2 \le y < y_1 \\ \cdots & \\ f_n(y) = a_ny^2 + b_ny + c_n & y_n \le y \le y_{n-1} \end{cases} \tag{15.33}$$

The unknowns we are trying to determine are a_k, b_k and c_k (k = 1,2,…,n) in the equation, and once they are determined, the shape of the sliding surface is also determined.

a_k, b_k and c_k (k = 1,2,…,n) are not all independent, because the curve is continuous at the intersection of two adjacent sections. Thus, a set of relationships between a_k, b_k and c_k can be established. Additionally, to ensure the uniqueness of the parabolic curve passing through two given points, it is assumed that the curve at the intersection

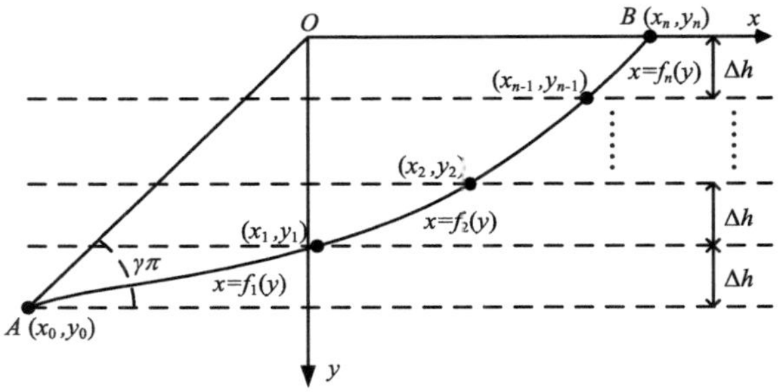

Fig. 15.16 The piecewise description of sliding surface

of two adjacent sections is also smooth, the first-order derivative values should be equal. Therefore, Eq. (15.33) can be used to formulate $2(n-1)$ necessary equations at $n-1$ intersection points:

$$\begin{cases} a_k y_k^2 + b_k y_k + c_k = a_{k+1} y_k^2 + b_{k+1} y_k + c_{k+1} \\ 2a_k y_k + b_k = 2a_{k+1} y_k + b_{k+1} \end{cases}, \quad k = 1, 2, \ldots, n-1 \quad (15.34)$$

Furthermore, since the curve $\widehat{AB}$ passes through the known coordinates of the slope toe, we can obtain from Eq. (15.33) that:

$$a_1 y_0^2 + b_1 y_0 + c_1 = x_0 \quad (15.35)$$

From Eqs. (15.34) and (15.35), we can obtain:

$$\begin{cases} c_1 = x_0 - a_1 y_0^2 + b_1 y_0 \\ b_{k+1} = 2(a_k - a_{k+1}) y_k + b_k \\ c_{k+1} = (a_k - a_{k+1}) y_k^2 - 2(a_k - a_{k+1}) y_k + c_k \end{cases}, \quad k = 1, 2, \ldots, n-1 \quad (15.36)$$

where x_0, y_k $(k = 0, 1, \ldots, n-1)$ are known.

Therefore, when using a_1, b_1, a_2, a_3, …, a_{n-1}, a_n as the unknown variables, the other variables b_k and c_k are not independent, and they can be calculated using Eq. (15.36). After dividing the sliding surface into n segments, a total of $n+1$ independent unknown variables are needed to describe the entire sliding surface, and reducing the number of variables makes finding the critical sliding surface more conducive.

Substituting Eq. (15.31) into Eq. (15.32) and noting that $dx/dy = f'(y)$, $ds = \sqrt{(dx)^2 + (dy)^2}$, we obtain the formula for calculating the corresponding F_S of any curve $\widehat{AB}$:

$$F_S(X) = \frac{\int_0^H \left\{ c + \frac{\tan\varphi}{1+(f'(y))^2} \left[\sigma_x + \left(f'(y)\right)^2 \sigma_y - 2f'(y)\tau_{xy} \right] \right\} \sqrt{1 + f'(y)^2} dy}{\int_0^H \left\{ f'(y)\left(\sigma_x - \sigma_y\right) + \left[1 - (f'(y))^2\right]\tau_{xy} \right\} \frac{1}{\sqrt{1+(f'(y))^2}} dy} \quad (15.37)$$

in which $X = \left[a_1, b_1, a_2, a_3 \ldots, a_{n-1}, a_n\right]^T$. $f'(y)$ can be obtained from Eq. (15.33):

$$f'(y) = \begin{cases} f_1'(y) = 2a_1 y + b_1 & y_1 \le y \le y_0 \\ f_2'(y) = 2a_2 y + b_2 & y_2 \le y < y_1 \\ \ldots \\ f_n'(y) = 2a_n y + b_n & y_n \le y \le y_{n-1} \end{cases} \quad (15.38)$$

Numerical integration method is involved to calculate the integral values in Eq. (15.37). Each segment of the curve $\overset{\frown}{AB}$ is divided into m equally spaced smaller segments along the vertical direction, with a total of $m \times n$ micro-segments along the entire curve. When the segment spacing is small enough and there are enough micro-segments, it can be assumed that the stress components σ_x, σ_y and τ_{xy} are linearly distributed along each micro-segment. The integral values in Eq. (15.37) can be calculated using the trapezoidal integration formula.

Therefore, Eq. (15.37) is a function of X only. Our goal is to find a set of X^* that minimizes Eq. (15.37). Substituting X^* into Eqs. (15.36) and (15.33) yields the most probable sliding surface, and the corresponding F is the safety factor.

From this, it can be seen that by using spline functions, the original problem of finding the extremum of a functional has been transformed into a problem of finding the extremum of a function. We have used a mixed penalty function optimization method to achieve the optimization process of the objective function (15.37) [40, 41].

In order to ensure that the obtained sliding surface is reasonable, it is necessary to add some constraint conditions in calculation. This section only applies constraint conditions to the $m \times n + 1$ segment points that are partitioned during numerical integration. The y coordinate value of the k-th segment point is h_k, which can be expressed as follows:

$$f(h_k) - \left(-\frac{h_k}{\tan \gamma\pi}\right) > 0\,, \quad k = 1, 2, \ldots, m \times n + 1 \tag{15.39}$$

$$-f'(h_k) > 0, \quad k = 1, 2, \ldots, m \times n + 1 \tag{15.40}$$

The geometric meaning of Eq. (15.39) is to limit the sliding surface $\overset{\frown}{AB}$ at any depth to the right of the slope surface AO, that is, make sure all points on the sliding surface are located inside the slope. The geometric meaning of Eq. (15.40) is to ensure the monotonicity of the curve equation $f(y)$, and prevent the sliding surface curve from bending in the opposite direction to the x-axis.

15.2.3 Comparison with Previous Results

Let's consider a soil slope with a height of 8 m [42, 43]. The material density of the slope is 18.5 kN/m^3, and the Poisson's ratio is 0.2. We analyze two different slopes with different inclinations: one with slope ratio of 1:1, i.e., a slope angle of 45°, and the other with slope ratio of 1:2, i.e., a slope angle of approximately 26.6°. The cohesion of the slope material c varies from 2.5 to 30.0 kPa, and the internal friction angle φ ranges from 10° to 20°. Table 15.1 presents the results obtained using our method, the finite element method, and the simplified Bishop method. The results obtained using the finite element method are from reference [42], which employs a strength reduction technique. The results for the simplified Bishop method are from reference [44], which presents a stability chart. The method in this section takes $m = 10, \quad n = 10$ for the calculation.

Table 15.1 shows that the stability safety factor of the slope increases with the increase of the internal friction angle φ and cohesion c of the slope material, and the stability factors obtained by the three methods are very close. When the slope ratio is 1:1, there is a basic rule among the 12 results of different parameter combinations: the stability safety factor obtained by the finite element method is the largest, the stability safety factor obtained by the simplified Bishop method is the smallest, and the stability safety factor obtained by the method in this section is between the two. However, when the slope ratio is 1:2, the rule obtained is completely different from that obtained when the slope ratio is 1:1. Among the 12 examples, except for the equal stability safety factor, the simplified Bishop method obtained the largest stability safety factor in 6 cases, and the finite element method obtained the largest

Table 15.1 The safety factor obtained through different methods

Slope ratio	c (kPa)	φ (°)	Method in this section	Finite element method	Simplified Bishop method
1:1	25	20	1.73	1.87	1.71
	20	20	1.51	1.69	1.50
	15	20	1.29	1.46	1.28
	10	20	1.05	1.00	1.05
	30	15	1.79	1.85	1.76
	25	15	1.56	1.65	1.55
	20	15	1.35	1.45	1.33
	15	15	1.14	1.24	1.12
	10	15	0.94	1.00	0.90
	25	10	1.38	1.42	1.37
	20	10	1.17	1.23	1.17
	15	10	0.97	1.00	0.96
1:2	20	20	2.09	2.05	2.09
	15	20	1.83	1.85	1.81
	10	20	1.54	1.60	1.53
	5	20	1.22	1.23	1.22
	2.5	20	1.02	1.00	1.03
	25	15	2.00	1.87	2.04
	20	15	1.74	1.72	1.80
	15	15	1.54	1.54	1.55
	10	15	1.28	1.29	1.28
	5	15	0.99	1.00	0.99
	15	10	1.24	1.19	1.27
	10	10	1.02	1.00	1.03

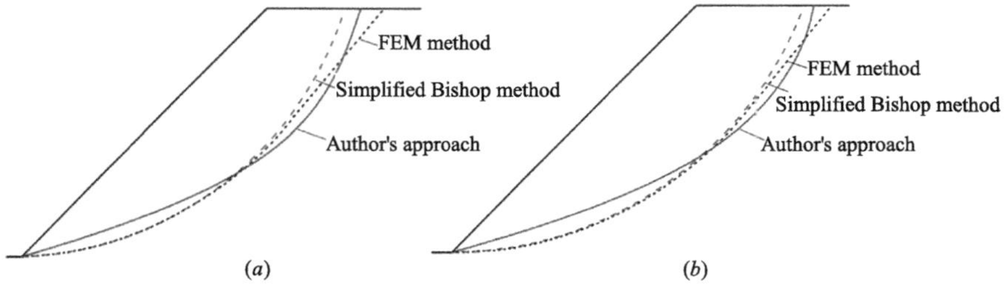

Fig. 15.17 The most probable sliding surface of the 1:1 slope for three methods: **a** $c = 10\,\text{kPa}$, $\varphi = 15°$ **b** $c = 15\,\text{kPa}$, $\varphi = 10°$

stability safety factor in 5 cases. In summary, the stability safety factor obtained by the method in this section is basically between the finite element method and the simplified Bishop method.

Figure 15.17 shows the most probable sliding surface of the 1:1 slope obtained by the three methods for two combinations of internal friction angle φ and cohesion c. It can be seen that the shapes of the sliding surfaces obtained by the three methods are different. The sliding surface obtained by the method in this section is located above the sliding surfaces obtained by the other two methods near the slope toe, while it is located between the other two methods near the slope crest. However, the volumes of the sliding masses obtained by the three methods are similar. The most critical sliding surface determined by the method in this section reflects the characteristic of a steep upper curve and a gentle lower curve. Due to the obtained $a_k^* < 0$, the sliding surface is a concave curve upward, but the curvature at the bottom is small and close to a straight line, while the curvature in the middle is larger and the top is close to a smooth vertical curve. This is consistent with the actual situation and can explain the occurrence of steep cracks at the top of the slope during landslides.

15.2.4 Analysis and Discussion

15.2.4.1 Influence of Poisson's Ratio on Safety Factor

As mentioned in the previous section, the stress within the slope is related to the Poisson's ratio, and it goes without saying that the safety factor of the slope should also be related to the Poisson's ratio. To discuss the influence of Poisson's ratio on the results, a 45° slope with a height of 8 m is selected, and the material density of the slope is 18.5 kN/m^3, the cohesion is 25 kPa, and the internal friction angle is 15°. m and n are still chosen as10, and the Poisson's ratios are taken as 0.1, 0.2, 0.3, and 0.4 respectively. The calculated stability factors of safety are 1.50, 1.56, 1.61, and 1.63, respectively. That is, as the Poisson's ratio increases, the stability factor gradually increases. In the example analysis of stress analysis in the previous section, it was concluded that the smaller the Poisson's ratio, the more obvious the stress concentration in the slope section. Therefore, it seems reasonable that the larger the Poisson's ratio, the greater the stability coefficient.

15.2.4.2 Influence of Slope Height on Safety Factor

To discuss the influence of slope height on safety factor, a 45° slope is selected with the same values of material density, cohesion, and internal friction angle of slope material as in (a). Poisson's ratio is chosen as 0.2. m and n remain at 10. The safety factor for slope heights ranging from 6 to 16 m is shown in Fig. 15.18.

According to Fig. 15.18, the safety factor of the slope decreases rapidly with increasing slope height. At a slope height of 6 m, the factor of safety reaches 1.92; when the slope height increases to 16 m, the safety factor is only 1.02. For the material combination selected in this example, the maximum slope height within the safe range can be considered as 16 m. Overall, slope height has a significant impact on the safety factor, and it is an important factor that cannot be ignored in slope design.

15.2.5 *Simplified Method*

The above-mentioned slope stability analysis method can obtain reliable analysis results. But in process of the solution, it involves the solution of the contradictory equation group and the solution of the nonlinear complex variable equation, which requires a big amount of computing time. In addition, in the optimization process, continuous calculation of the forward problem is needed, so a large number of iterative operations are required, resulting in lower computational efficiency. In this

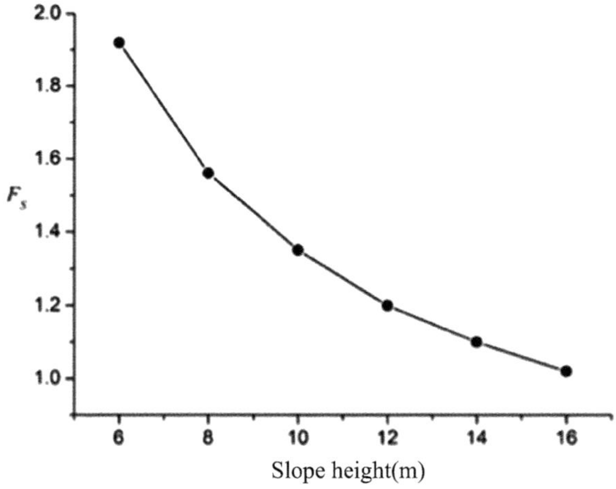

Fig. 15.18 Relationship between safety factor and slope height

Fig. 15.19 Simplification of the model: **a** original slope; **b** wedge

section, based on the stress solution of the wedge [45], and still using the representation method for the sliding surface and the mixed penalty function optimization algorithm, a slope stability analysis method with faster calculation speed is proposed.

By simplifying the slope as an elastic wedge (as shown in Fig. 15.19), assuming that the slope surface extends infinitely downward and there is no slope bottom surface, which makes the influence of the actual slope bottom surface on stress be neglected. The stress analytical solution for this problem can be easily obtained using the conventional methods in elastic mechanics [45]:

$$\begin{cases} \sigma_x = \frac{1}{\tan \gamma\pi} \rho g x + \frac{2}{\tan^2 \gamma\pi} \rho g y \\ \sigma_y = \rho g y \\ \tau_{xy} = -\dfrac{1}{\tan \gamma\pi} \rho g y \end{cases} \tag{15.41}$$

The symbols in the equation have the same meanings as before. However, the stress components in this case have explicit expressions. Using the same method to represent the sliding surface as before, substituting Eqs. (15.41) and (15.31) into Eq. (15.32) yields the safety factor for this case as:

$$F_S = \frac{\int_0^H \left\{c + \frac{\tan\varphi}{1+f'(y)^2}\left[\frac{\rho g}{\tan\gamma\pi} f(y) + \frac{2\rho g y}{\tan^2\gamma\pi} + \rho g y f'(y)^2 + \frac{2\rho g y}{\tan\gamma\pi} f'(y)\right]\right\}\sqrt{1+f'(y)^2}\,dy}{-\int_0^H \left\{f'(y)\left[\left(1 - \frac{2}{\tan^2\gamma\pi}\right)\rho g y - \frac{\rho g}{\tan\gamma\pi} f(y)\right] + \left[1 - f'(y)^2\right]\frac{\rho g y}{\tan\gamma\pi}\right\}\frac{1}{\sqrt{1+f'(y)^2}}\,dy} \tag{15.42}$$

The same numerical integration method and constraints as before are used, and the mixed penalty function optimization algorithm is also employed for the search [39] of the most probable sliding surface.

The stability analysis results obtained from the simplified method and the previous method for the same slope presented in Sect. 15.2.3, with the same geometry and material properties m and n values of 10, are shown in Table 15.2.

From Table 15.2, it can be seen that the safety factor obtained by the two methods differ very little. Among the 24 parameter combinations, the two methods obtained the same safety factor in 5 combinations. There were only 2 combinations where the simplified method resulted in a smaller safety factor. In the remaining 17 combinations, the simplified method obtained slightly larger but still small errors, all within 5%.

Table 15.2 The safety factor obtained through simplified method and Riginal method

Slope ratio	c (kPa)	φ (°)	Simplified method	Original method
1:1	25	20	1.76	1.73
	20	20	1.52	1.51
	15	20	1.30	1.29
	10	20	1.05	1.05
	30	15	1.85	1.79
	25	15	1.57	1.56
	20	15	1.36	1.35
	15	15	1.19	1.14
	10	15	0.99	0.94
	25	10	1.38	1.38
	20	10	1.18	1.17
	15	10	0.99	0.97
1:2	20	20	2.09	2.09
	15	20	1.85	1.83
	10	20	1.55	1.54
	5	20	1.22	1.22
	2.5	20	1.00	1.02
	25	15	1.96	2.00
	20	15	1.75	1.74
	15	15	1.55	1.54
	10	15	1.30	1.28
	5	15	1.00	0.99
	15	10	1.24	1.24
	10	10	1.05	1.02

Figure 15.20 shows the most probable sliding surface determined by both methods for a 1:1 slope with two different combinations of internal friction angle and cohesion.

As shown in Fig. 15.20, the most probable sliding surface determined by the two methods for the 1:1 slope under two combinations of internal friction angle and cohesion are presented. It can be seen that for the two parameter combinations, the sliding surfaces obtained by the two methods are roughly the same. The sliding surfaces obtained by the two methods are very close to each other near the toe of the slope, almost coinciding. In the upper part of the slope, the sliding surfaces obtained by the two methods show different trends, but the difference is very small, and the volume of the sliding mass obtained by the two methods is almost the same.

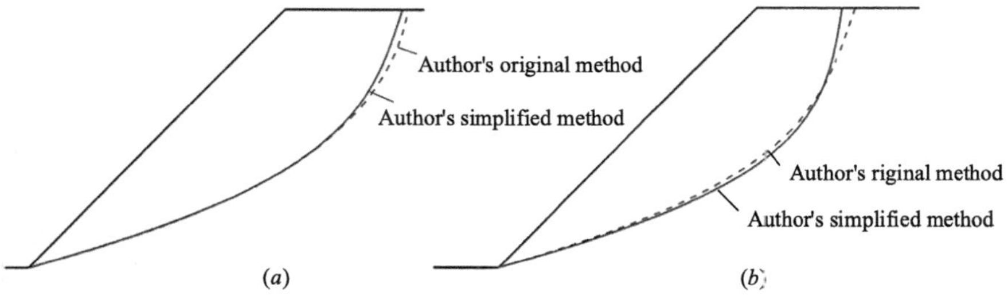

Fig. 15.20 The most probable sliding surface of the 1:1 slope for two methods: **a** $c = 10\,\text{kPa}$, $\varphi = 15°$ **b** $c = 15\,\text{kPa}$, $\varphi = 10°$

15.2.6 Conclusions

In this section, based on the stress analytical solution obtained in Sect. 15.1, assuming the slope material is Coulomb material and the sliding surface passes through the toe of the slope, a limit equilibrium method for analyzing the sliding stability of homogeneous slopes is proposed, where the sliding surface is represented by a piecewise quadratic polynomial function. Using mixed penalty function optimization method, the shape of the most dangerous sliding surface can be obtained and the safety factor of the slope can be calculated. This method has the advantage of clear physical meaning and relatively fewer assumed conditions. The main conclusions obtained through the analysis of examples are:

(1) The safety factor obtained by the method proposed in this section for slope stability analysis is very close to the safety factor results obtained by the simplified Bishop method and the finite element strength reduction method, and the stability factor is generally between that of the finite element method and the simplified Bishop method.
(2) The calculated most probable sliding surface exhibits a steep upper portion and a gentle lower portion, with a smooth upward concave shape. Moreover, the shape of the slip surface at the crest is closer to the actual situation, which can explain the appearance of steep cracks at the crest during landslides.
(3) A larger Poisson's ratio results in a larger safety factor for the slope, but the change is not significant. On the other hand, for other parameters held constant, the slope height has a significant impact on the stable safety factor, with the stable safety factor decreasing rapidly as the slope height increases.
(4) A simplified analysis method based on wedge stress solutions is proposed, which makes numerical calculations easier, faster, and yields safety factors comparable to other methods with errors within 5%.

15.3 Analytical Solution for Mechanical Responses of Soil Layer—Applicable to Flexible Strip Foundation

The additional stress generated in foundation soil by the footing causes the deformation of the soil and the settlement of the building. Settlement is an important quantity to calculate in soil mechanics and a key indicator to evaluate the safety of the building. A practical method is to calculate the additional stress and settlement using the theory of elasticity [46]. When the compressible soil layer is very thick and the footing is relatively shallow, the soil layer can be simplified to a uniform semi-infinite medium, and the Boussinesq solution can be used to calculate the additional stress in the soil layer and the ground settlement. The Boussinesq solution is a classical one in elasticity theory [47] and a fundamental solution to the elasticity problem in rock and soil mechanics [48–51]. The Boussinesq solution is applicable to situations where the soil layer can be simplified to a semi-infinite body.

In fact, there is generally a bedrock lying below the soil layer and the bedrock is much harder than the soil. When the bedrock is only a few meters to tens of meters away from the foundation surface, it is obviously not in line with the actual engineering situation to treat the bedrock as a half-space body. The deformation of the hard bedrock can be ignored in the calculation because the stiffness of the hard bedrock is very high compared with the soil layer. That is, the displacement at the contact surface of the soil layer and the bedrock can be assumed to be zero. However, the displacement at this position will not be equal to zero when the foundation is regarded as a semi-infinite body.

The Winkler model [52, 53] can consider the situation of bedrock lying under the soil layer but has a defect that cannot be ignored. The Winkler model which considers the soil as a number of independent spring elements is an idealized model, but it is limited to the non-cohesive soil media that the interaction between soil elements is not significant. In order to overcome the above shortcomings, some scholars proposed a two-parameter model that allows the interaction of spring elements, but the parameters in the model are difficult to be determined [54–56].

In the past, the settlement problem of footing has also been approximated by the layer-wise summation method or the finite element method. Firstly, the author tries to calculate the stress and displacement of the compressible soil layer by analytical method [57, 58], which is proposed to solve the plane strain problem under the action of strip footings. By using a mapping function to convert a soil layer with a finite thickness into the unit circle in the image plane, the stress boundary condition or mixed boundary condition of the ground surface, as well as the displacement boundary condition with the bottom of the soil layer are represented by a combined expression for the boundary values of the two analytic functions. A system of linear equations to find the coefficients of the analytic functions is established using a new power series method, and it is solved using the least squares method. The stress and displacement at any point in the soil layer can be calculated quickly and efficiently

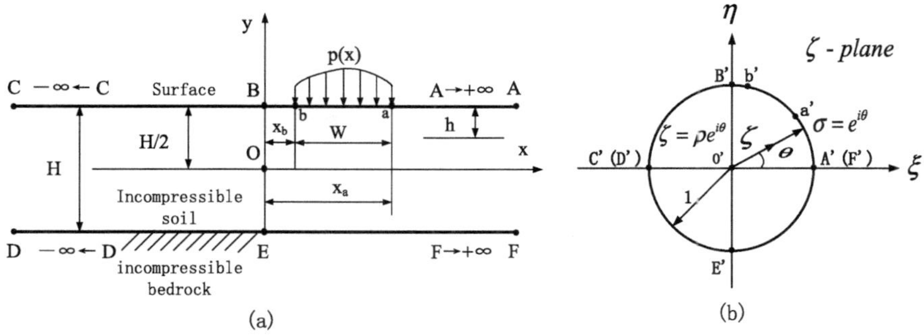

Fig. 15.21 The conformal mapping of a soil layer above the bedrock in the physical plane to the unit circle region on the image plane, **a** the surface of the ground is subjected to a vertical load **b** the unit circle of the image plane

using the derived analytic function, which can accurately determine the elastic settlement characteristics of the ground and explore the influence of soil depth on the stress and displacement distribution.

This section addresses stress and displacement in soil layers under a flexible strip footing, with an assumed known load distribution of base pressure between the footing and the soil. The next Sect. (15.4) will address stress and displacement in soil layers under a general strip footing. In this case, the base pressure will be unknown, but we'll assume the displacement distribution underneath the footing is known. The actual displacement magnitude will be determined by the load transmitted from the superstructure footing.

In the context of a flexible strip footing, the known vertical load distribution on the ground surface, labeled as $p(x)$ in Fig. 15.21a, can be considered to be constant along the length direction of the footing, provided that the strip footing is sufficiently long. Thus, this problem can be categorized as a plane strain problem.

This focus here is only on the case of a compressible soil layer above the horizontal bedrock (Fig. 15.21a). When the ground surface is subjected to a vertical distributed load, the deformation of the bedrock can be considered negligible compared with that of the compressible soil layer. When the compressible soil layer is in complete contact with the bedrock, each displacement component at the lower boundary $\overline{DEF}$ of the soil layer is equal to 0. Figure 15.21a shows a problem with an upper stress boundary and a lower displacement boundary.

15.3.1 Basic Equation and Method

The soil layer upper boundary is given as a stress boundary condition. Instead of using the stress boundary condition given in Sect. 2.1, another form of the stress boundary condition on the $\overline{ABC}$ boundary is derived through the expression of stress component complex function (2.4) and (2.6):

$$2\mathrm{Re}[\varphi_1(z)] + \bar{z}\varphi_1''(z) + \psi_1'(z) = \sigma_y = \begin{cases} 0, x \in (x_a, \infty) \\ p(x), x \in [x_b, x_a] \\ 0, x \in (-\infty, x_b) \end{cases} \tag{15.43}$$

where z is a point on $\overline{\mathrm{ABC}}$, $x_a - x_b = W$, and W is the width of the footing (Fig. 15.21a).

The lower boundary $\overline{\mathrm{DEF}}$ of the soil layer is subjected to displacement boundary condition, where u = v = 0. Thus, it follows from Eq. (2.10) that:

$$\kappa\varphi_1(z) - z\overline{\varphi_1'(z)} - \overline{\psi_1(z)} = 0 \tag{15.44}$$

A strip soil layer with a thickness H is mapped to the inner domain of the unit circle in the ζ-plane (Fig. 15.21b), using the following mapping function:

$$z = \frac{H}{\pi}\ln\frac{1+\zeta}{1-\zeta} \tag{15.45}$$

where $\zeta = \rho\exp(i\theta)$. In the ζ -plane, the circle with a radius $\rho = 1$ corresponds to the upper and lower boundaries of the strip soil layer; A, B, C, D, E, and F are mapped to A, B′, C′, D′, E′, and F′, respectively; the straight-line boundary $\overline{\mathrm{ABC}}$ is mapped to the upper semicircle $\widehat{A'B'C'}$ with $0 \le \theta \le \pi$, and the straight-line boundary $\overline{\mathrm{DEF}}$ is mapped to the lower semicircle $\widehat{D'E'F'}$ with $\pi \le \theta \le 2\pi$; the coordinate origin o is mapped to the center of the unit circle in the ζ-plane; all points $x \to +\infty$ are mapped to the same point $\zeta = 1$ in the ζ-plane, and all points $x \to -\infty$ are mapped to the same point $\zeta = -1$ in the ζ-plane; and the end points of the load application range, a and b, are mapped to a' and b', respectively.

After mapping, $\varphi_1(z)$ and $\psi_1(z)$ are written as $\varphi(\zeta)$ and $\psi(\zeta)$, respectively. Within the unit circle, they can be expressed as:

$$\begin{cases} \varphi(\zeta) = \sum_{k=0}^{\infty} a_k\zeta^k \\ \psi(\zeta) = \sum_{k=0}^{\infty} b_k\zeta^k \end{cases} \tag{15.46}$$

where a_k and b_k are are undetermined complex coefficients. Let:

$$\left.\begin{aligned} a_k &= a_{Rk} + ia_{Ik} \\ b_k &= b_{Rk} + ib_{Ik} \end{aligned}\right\} \tag{15.47}$$

Using Eqs. (15.43) and (15.44), the stress and displacement boundary conditions expressed in terms of the complex variable σ are obtained as follows:

$$2\text{Re}\left[\frac{\varphi'(\sigma)}{\omega'(\sigma)}\right] + \frac{\overline{\omega(\sigma)}}{\overline{[\omega'(\sigma)]^2}}\left[\overline{\varphi''(\sigma)} - \frac{\overline{\omega''(\sigma)\varphi'(\sigma)}}{\overline{\omega'(\sigma)}}\right] + \frac{\overline{\psi'(\sigma)}}{\overline{\omega'(\sigma)}} = \begin{cases} 0, \theta \in [0, \theta_{a'}) \\ p(x), \theta \in [\theta_{a'}, \theta_{b'}] \\ 0, \theta \in (\theta_{b'}, \pi] \end{cases} \tag{15.48}$$

$$\kappa\varphi(\sigma) - \frac{\omega(\sigma)}{\overline{\omega'(\sigma)}}\overline{\varphi'(\sigma)} - \overline{\psi(\sigma)} = 0 \tag{15.49}$$

where $x = \frac{H}{\pi}\ln\left(\frac{\sin\theta}{1-\cos\theta}\right)$. The variables $a_{Rk}, a_{ik}, b_{Rk},$ and b_{ik} should be solved using the stress boundary condition and displacement boundary condition given by Eqs. (15.48) and (15.49).

In view of $\theta \in [0, \pi]$ in Eq. (15.48) and $\theta \in [\pi, 2\pi]$ in Eq. (15.49), it is difficult to solve the two analytic functions $\varphi(\zeta)$ and $\psi(\zeta)$ directly through the Cauchy integral method and the traditional power series method. This is because when the equations have been solved in the past, θ has always belonged to the same interval, i.e., $\theta \in [0, 2\pi]$.

The power series method is still used in reference [57, 58] to solve $a_{Rk}, a_{ik}, b_{Rk},$ and b_{ik}. Note that for the traditional power series method, since θ in the given equations belongs to the same interval, by comparing the coefficients of terms with the same power of σ on the two sides of these equations [59–61], the system of linear equations for solving the analytic function's coefficients can be obtained. For the problem in this section, since θ in Eqs. (15.48) and (15.49) can belong to different intervals, the traditional power series method is not suitable. Therefore, the following solution method can be used: the circumference of the unit circle in the ζ-plane is divided into four intervals, i.e., $[\delta, \theta_{a'})$, $[\theta_{a'}, \theta_{b'}]$, $(\theta_{b'}, \pi - \delta]$, and $[\pi + \delta, 2\pi - 2\delta]$, where δ is a small value and is taken as 0.000001 here. Note that δ cannot be taken as 0 because Eqs. (15.48) and (15.49) become meaningless when $\theta = 0$ or 2π. The interval $[\theta_{a\prime}, \theta_{b\prime}]$ corresponds to the application range of the surface load; $[\delta, \theta_{a\prime})$ and $(\theta_{b\prime}, \pi - \delta]$ correspond to the ranges of no load applied on the surface; and $[\pi + 2, \pi - 2\delta]$ corresponds to the lower boundary of the soil layer. These four ranges are evenly divided into parts m_1, m_2, m_3, and m_4, respectively (Fig. 15.22). Then at each node, we have

$$\left.\begin{aligned} &\theta_j = \delta + \frac{\theta_{a'} - \delta}{m_1}(j-1), \quad j = 1, 2, \ldots, m_1 \\ &\theta_{m_1+j} = \theta_{a'} + \frac{\theta_{b'} - \theta_{a'}}{m_2}(j-1), \quad j = 1, 2, \ldots, m_2 + 1 \\ &\theta_{m_1+m_2+1+j} = \theta_{b'} + \frac{\pi - \delta - \theta_{b'}}{m_3}j, \quad j = 1, 2, \ldots, m_3 \\ &\theta_{m_1+m_2+m_3+1+j} = \pi + \delta + \frac{\pi - 2\delta}{m_4}(j-1), \quad j = 1, 2, \ldots, m_4 + 1 \end{aligned}\right\} \tag{15.50}$$

where

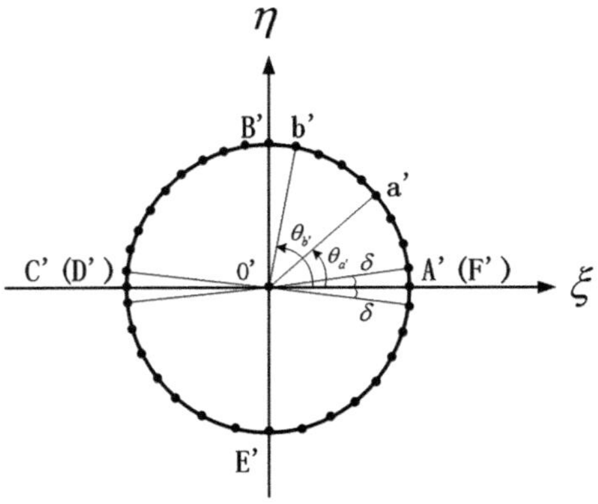

Fig. 15.22 The node distribution of each interval on the unit circle in ζ-plane

$$\begin{cases} \theta_{a'} = \arccos\left(\dfrac{e^{\frac{2\pi}{H}x_a} - 1}{e^{\frac{2\pi}{H}x_a} + 1}\right) \\ \theta_{b'} = \arccos\left(\dfrac{e^{\frac{2\pi}{H}x_b} - 1}{e^{\frac{2\pi}{H}x_b} + 1}\right) \end{cases}$$

Thus, $\sigma_j = \exp(\mathrm{i}\theta_\mathrm{j})(j = 1, 2, m_4 + m_5 + 1)$ at each θ_j can be obtained, where $m_5 = m_1 + m_2 + m_3 + 1$. Substitution of σ_j into Eqs. (15.48) and (15.49) gives a system of linear equations in a_k, $\overline{a_k}$, b_k, and $\overline{b_k}$.

When using the power series method, let $\varphi(\zeta)$ and $\psi(\zeta)$ each have finite terms, and let a_k and b_k have the highest powers of n_1 and n_2, respectively. Then the following systems of linear equations in a_k, $\overline{a_k}$, b_k, and $\overline{b_k}$ can be obtained based on the stress and displacement boundary conditions, respectively:

$$2R_e\left(\sum_{k=1}^{n_1} c_{jk}a_k\right) + \sum_{k=1}^{n_1} d_{jk}a_k - \sum_{k=1}^{n_1} e_{jk}a_k + \sum_{k=1}^{n_2} f_{jk}b_k = f_j, \quad j = 1, 2, \ldots m_5 \tag{15.51}$$

$$\sum_{k=1}^{n_1} g_{jk}a_k - \sum_{k=1}^{n_1} h_{jk}\overline{a_k} - \sum_{k=1}^{n_2} l_{jk}\overline{b}_k + \kappa a_0 - \overline{b}_0 = 0, \quad j = 1, 2, \cdots m_4 + 1 \tag{15.52}$$

where c_{jk}, d_{jk}, e_{jk}, f_{jk}, g_{jk}, h_{jk}, and l_{jk} are defined in references [57].

By using Eq. (15.51) and (15.52), we can write a system of linear equations to solve for a_{Rk}, a_{ik}, b_{Rk}, and b_{ik}. Separating the real and imaginary parts of Eqs. (15.51) and (15.52), we get:

$$\begin{aligned}&\sum_{k=1}^{n_1}\mathrm{Re}[2c_{jk}+d_{jk}-e_{jk}]a_{Rk}+\sum_{k=1}^{n_1}\mathrm{Im}[-2c_{jk}-d_{jk}+e_{jk}]a_{Ik}+\\&\sum_{k=1}^{n_2}\mathrm{Re}[f_{jk}]b_{Rk}-\sum_{k=1}^{n_2}\mathrm{Im}[f_{jk}]b_{Ik}=\mathrm{Re}[f_j],\quad j=1,\cdots m_5\end{aligned}\tag{15.53}$$

$$\begin{aligned}&\sum_{k=1}^{n_1}\mathrm{Im}[d_{jk}-e_{jk}]a_{Rk}+\sum_{k=1}^{n_1}\mathrm{Re}[d_{jk}-e_{jk}]a_{Ik}+\\&\sum_{k=1}^{n_2}\mathrm{Im}[f_{jk}]b_{Rk}+\sum_{k=1}^{n_2}\mathrm{Re}[f_{jk}]b_{Ik}=\mathrm{Im}[f_j],\quad j=1,\cdots m_4+1\end{aligned}\tag{15.54}$$

$$\begin{aligned}&\sum_{k=1}^{n_1}\mathrm{Re}[g_{jk}-h_{jk}]a_{Rk}-\sum_{k=1}^{n_1}\mathrm{Im}[g_{jk}+h_{jk}]a_{Ik}-\\&\sum_{k=1}^{n_2}\mathrm{Re}[l_{jk}]b_{Rk}-\sum_{k=1}^{n_2}\mathrm{Im}[l_{jk}]b_{Ik}+\kappa a_{R0}-b_{R0}=0,\quad j=1,\cdots m_4+1\end{aligned}\tag{15.55}$$

$$\begin{aligned}&\sum_{k=1}^{n_1}\mathrm{Im}[g_{jk}-h_{jk}]a_{Rk}+\sum_{k=1}^{n_1}\mathrm{Re}[g_{jk}+h_{jk}]a_{Ik}-\\&\sum_{k=1}^{n_2}\mathrm{Im}[l_{jk}]b_{Rk}+\sum_{k=1}^{n_2}\mathrm{Re}[l_{jk}]b_{Ik}+\kappa a_{I0}+b_{I0}=0,\quad j=1,\cdots m_4+1\end{aligned}\tag{15.56}$$

Because a_0 and b_0 do not affect the stress, they represent rigid body translation, so setting a_0 or b_0 equal to 0 will not affect the calculation of the displacement. For this reason, we can set $b_0 = 0$.

From Eqs. (15.53) to (15.56), we obtain the system of linear equations in a_{Rk}, a_{Ik}, b_{Rk}, and b_{Ik}:

$$\mathbf{DX} = \mathbf{F}\tag{15.57}$$

where $\mathbf{X} = (a_{R1}\, a_{I1} \cdots a_{Rn_1}\, a_{In_1} \quad b_{R1}\, b_{I1} \cdots b_{Rn_2}\, b_{In_2} \quad a_{R0}\, a_{I0})^T$,

$\mathbf{F} = \left(Re[f_1] \cdots Re[f_{m_5}] \quad \mathrm{Im}[f_1] \cdots \mathrm{Im}[f_{m_5}] 0 \cdots 0\right)^{\mathrm{T}}$.

After the specific load is given, $\mathrm{Re}[f_j]$ and Im $[f_j]$ in F can be calculated. D is a two-dimensional matrix with a size of $2(\mathrm{m}_5 + \mathrm{m}_4 + 1) \times 2(\mathrm{n}_1 + \mathrm{n}_2 + 1)$ and is formed by the coefficients of a_{Rk}, a_{Ik}, b_{Rk}, and b_{Ik} in Eqs. (15.53) to (15.56). To improve the computational accuracy, each term in D and F is multiplied by H when doing calculations.

When $\mathrm{m}_5 + \mathrm{m}_4 = \mathrm{n}_1 + \mathrm{n}_2$, the solution to Eq. (15.57) is:

$$\mathbf{X} = \mathbf{D}^{-1}\mathbf{F}\tag{15.58}$$

To ensure calculation accuracy, $m_5 + m_4$ must have a relatively large value, i.e., a very large number of terms are needed for each analytic function. However, the calculation results using this strategy turns out to be highly unsatisfactory. To obtain satisfactory results, we decide to take $m_5 + m_4 > n_1 + n_2$, and the corresponding least squares solution to Eq. (15.57) is

$$\mathbf{X} = \left(\mathbf{D}^T\mathbf{D}\right)^{-1}\mathbf{D}^T\mathbf{F} \tag{15.59}$$

From Eqs. (15.58) and (15.59), we obtain the two analytic functions $\varphi(\zeta)$ and $\psi(\zeta)$.

By using Eqs. (2.31) to (2.33) in Chap. 2, the displacement and stress at each point within the field can be determined. In the displacement expression, let $\zeta = \sigma = \exp(i\theta)$. Then the horizontal displacement u and vertical displacement v of the ground surface can be obtained when $\theta \in (0, \pi)$. Note that v is also referred to as ground surface settlement.

Substituting the obtained values of $\varphi(\zeta)$ and $\psi(\zeta)$ into Eq. (15.48) will verify the satisfaction of the ground surface stress boundary conditions. As can be seen from the latter example, when n_1 and n_2 are high enough, the stress boundary conditions at the ground surface are well satisfied, and the displacement conditions on the lower boundary of the soil layer are even better satisfied. Let $\zeta = \sigma = \exp(i\theta)$ in the displacement expression. Then the displacement components on the lower boundary of the soil layer can be obtained when $\theta \in (\pi, 2\pi)$, so that the level of satisfaction of the displacement conditions can be verified.

15.3.2 Verification

15.3.2.1 Comparison Between Analytical and Numerical Results

A uniformly distributed load $p(x) = -1.0$ is considered in the following example. The calculation parameters are as follows: $W = 4\,\text{m}$, $x_b = -2\,\text{m}$, $x_a = 2\,\text{m}$, $H = 100\,\text{m}$, $\delta = 0.000001$, $n_1 = 360$, $n_2 = 370$, $m_1 = m_3 = 1000$, $m_2 = 50$, $m_4 = 500$, $\mu = 0.2$, and $G = 1.0$. Note that the units of $p(x)$ and G are not specified here. If $p(x)$ has the unit of Pa, then G has the unit of MPa, and the stress and displacement are in units of Pa and mm, respectively.

The numerical solutions are calculated by ANSYS software. Figure 15.23 shows the constraints on the boundaries of the calculation region. Specifically, displacement constraints are imposed in the x direction on each side of the region and in both the x and y directions at the bottom of the model. The width of the model, L, is set to 100 m and 500 m, respectively. For both cases, the 10 m × 10 m region centered at the load area is meshed into 8470 elements and 8669 nodes. For the rest of the region, there are 3141 elements and 3129 nodes for the L = 100 m case and 13,727 elements and

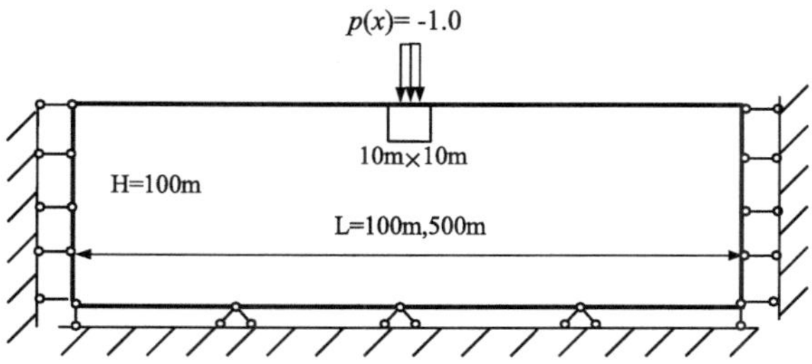

Fig. 15.23 Constraints on the boundary of the computational region

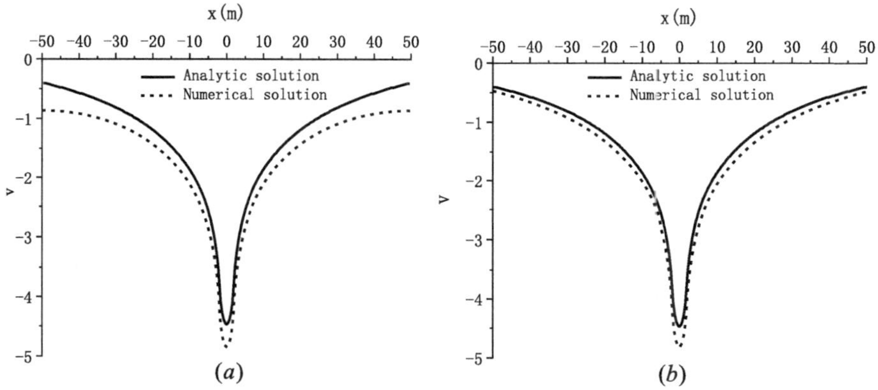

Fig. 15.24 Comparison of analytical and numerical solutions for surface vertical displacement: **a** L = 100 m; **b** L = 500 m

14,109 nodes for the L = 500 m case. Four-node quadrilateral elements (plane 42) are used for both cases.

Figure 15.24 compares the analytic and numerical solutions of the vertical displacement of the ground surface when the model has a width of 100 m or 500 m. When the width of the model is 100 m, which is equal to the thickness of the compressible soil layer H, the analytical solution and numerical solution do not agree well, especially in regions far away from the load area. When the width of the model is 500 m, the analytical solution agrees well with the numerical solution.

15.3.2.2 Verification of Boundary Conditions

In the method used in this book, two analytic functions are obtained according to the stress conditions on the upper boundary and the displacement conditions on the lower boundary of the soil layer, so that the stress and displacement at any point in the domain can be calculated. In theory, the boundary stress and displacement derived from the two analytic functions should satisfy the stress and displacement boundary

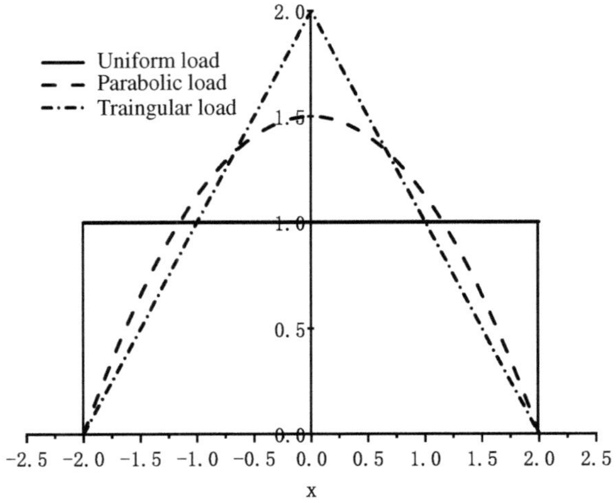

Fig. 15.25 Three types of pressure loads acting on the ground surface

conditions, respectively. In practice, the boundary stress and displacement obtained do not precisely satisfy the stress and displacement boundary conditions due to the use of finite terms in the analytic functions. Three forms of load distribution, i.e., uniform, parabolic, and triangular distributions, are considered. It is assumed that the resultant force of each distributed load, P, is equal and is set to 4 N/m. The other parameters are exactly the same as Sect. 15.3.2.1. The three forms of load distribution are as follows:

Uniformly distributed load: $p(x) = -1.0$

Parabolically distributed load: $p(x) = -\frac{3}{8}\left(4 - x^2\right)$.

Triangularly distributed load: $p(x) = \begin{cases} -(x+2), & -2 \le x \le 0 \\ -(2-x), & 0 \le x \le 2 \end{cases}$

The three forms of load distribution are shown in Fig. 15.25, where the vertical axis shows the absolute value of $p(x)$, which is the compression.

References [57] tested the degree to which boundary conditions were satisfied for three types of loads and four soil layer thicknesses H (100 m, 200 m, 400 m, 800 m), and obtained the following results:

Under the three load distributions, $p(x)$ and the calculated σ_y agree well when H = 100 m, 200 m, and 400 m but agree poorly when H = 800 m (H/W = 200). We further studied the case of H = 600 m and found that $p(x)$ and the calculated σ_y agree slightly better than they do when H = 800 m. That is, the smaller the H, the better the agreement. Finally, the cases of H = 5 and 50 m (H/W = 1.25, 12.5) were studied, which show that $p(x)$ is even closer to the calculated σ_y.

Regardless of the specific value of H, the maximum of the absolute value of the displacement at the bottom of the soil layer is very small (close to 0), so it is negligible compared with the maximum vertical displacement generated at the ground surface. Therefore, the displacement boundary conditions at the bottom of the soil layer are satisfied very well. The calculation shows that when H is relatively small (H = 5 m), the load application range should be divided into enough segments (increasing from

50 to 500 in this case) to obtain satisfactory results. This is because the smaller H is, the larger the corresponding load application range in the image plane becomes.

15.3.3 Analysis and Discussion

15.3.3.1 Ground Surface Settlement

To investigate ground surface settlement, the calculation parameters are the same as those in Sect. 15.3.2. Figure 15.26 shows the distribution of the vertical displacement of the ground surface with five different soil layer thicknesses (H = 5, 50, 100, 200, 400 m).

It can be seen from Fig. 15.26 that, for the same H, when $|x|$ is not very small, the vertical displacement curves corresponding to the three load distributions are basically the same. There is some difference between the settlements corresponding to the three load distributions only when $|x|$ is very small, and the difference is the largest at $x = 0$. The maximum displacements under the three types of distributed load all occur at $x = 0$. The displacement generated by the triangular load is the largest, followed by that by the parabolic load and finally by the uniform load. This is because the distribution intensity of the triangular load is the highest in the vicinity of $x = 0$. As H increases, the vertical displacement curves corresponding to the three load distributions remain basically the same except that as H grows larger, the settlement generated by each distributed load becomes greater, as does the range of the vertically displaced region. As H increases from 5 to 400 m, the range of the vertically displaced region increases from (−5 m, 5 m) to (−400 m, 400 m).

15.3.3.2 Stress Distribution

The calculation parameters are the same as those in Sect. 15.3. Figures 15.27, 15.28 and 15.29 show different stress components under a parabolically distributed load at a depth h $\left(\mathrm{h} = \frac{\mathrm{H}}{2} - y\right)$ of 1 m and 3 m from the ground surface under four different H values (5, 50, 100, and 200 m).

It can be seen from Figs. 15.27, 15.28 and 15.29 that when H $\geq$ 50 m, then σ_y and τ_{xy} at the same depth (h = 1, 3 m) from the ground surface vary little or none with the change in H, that is, the distributions of σ_y and τ_{xy} are essentially unrelated to H. This pattern also holds as H increases. However, as H changes, σ_x varies, but by only a small amount. σ_y is generally a compressive stress, while σ_x can be a compressive stress or sometimes a tensile stress. As h increases, the maximum absolute value of each of the three stress components decreases, but the spreading range of each of the three stress components in the horizontal direction increases.

Because the load is symmetrical about the y axis, τ_{xy} is 0, and there only exist σ_x and σ_y on the y axis. Figure 15.30 shows the variation patterns of σ_x and σ_y with the depth h when the soil layer thickness is 50 m. At the ground surface, σ_x is essentially

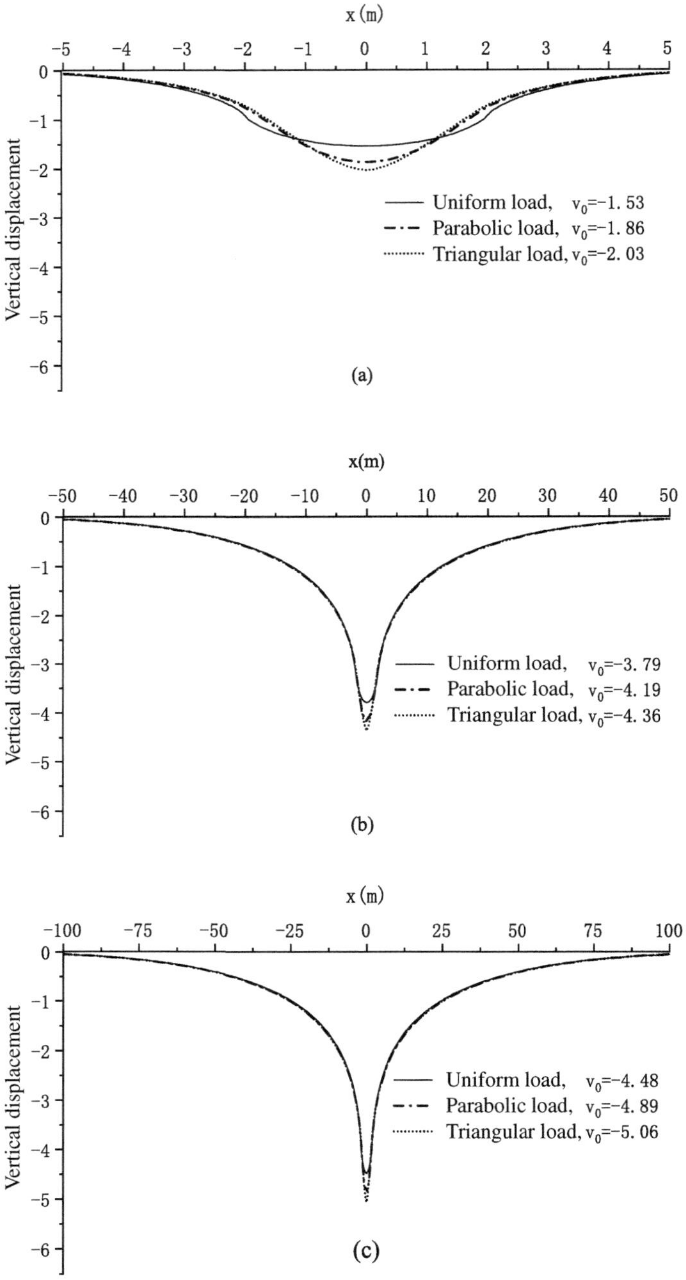

Fig. 15.26 Vertical displacement of ground surface corresponding to three loads under different layer thicknesses H: **a** H = 5 m; **b** H = 50 m; **c** H = 100 m; **d** H = 200 m; **e** H = 400 m

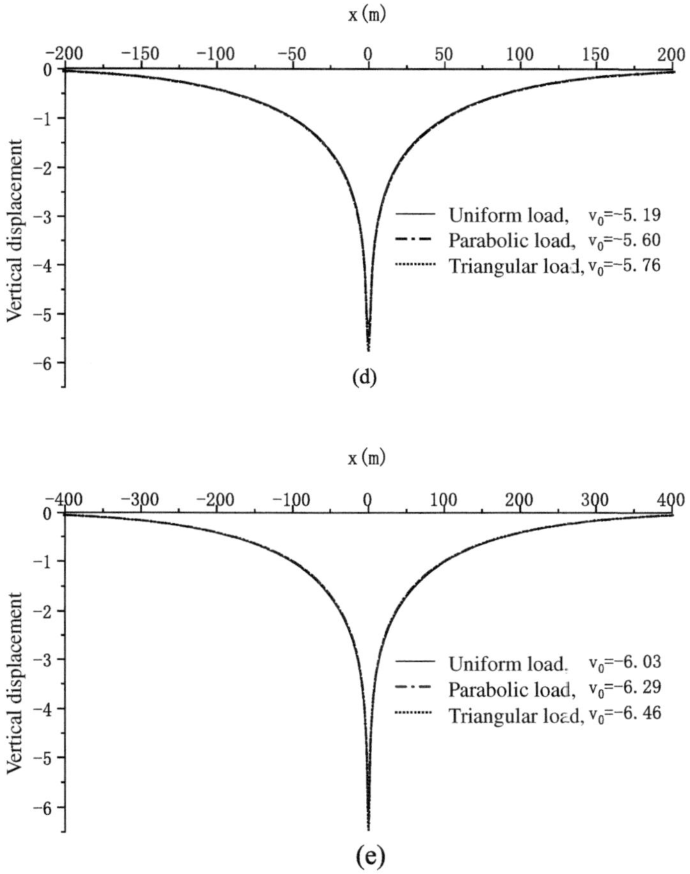

Fig. 15.26 (continued)

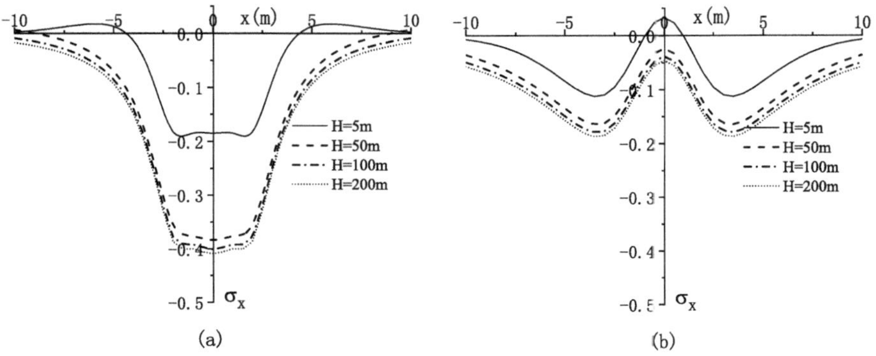

Fig. 15.27 Stress component σ_x for different layer thickness H: **a** h = 1 m; **b** h = 3 m

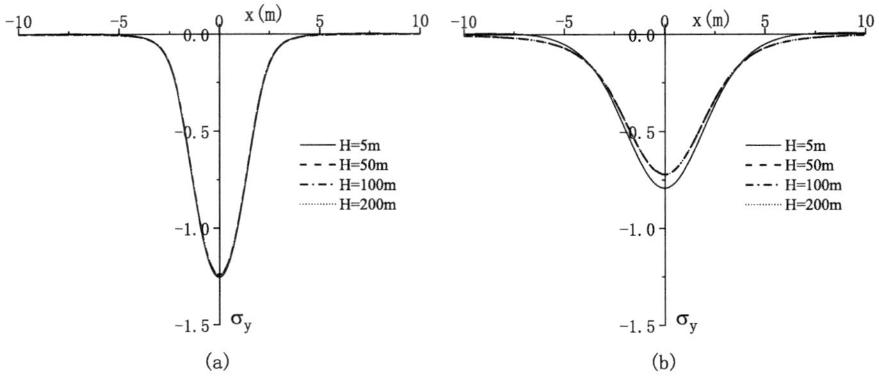

Fig. 15.28 Stress component σ_y for different layer thickness H: **a** h = 1 m; **b** h = 3 m

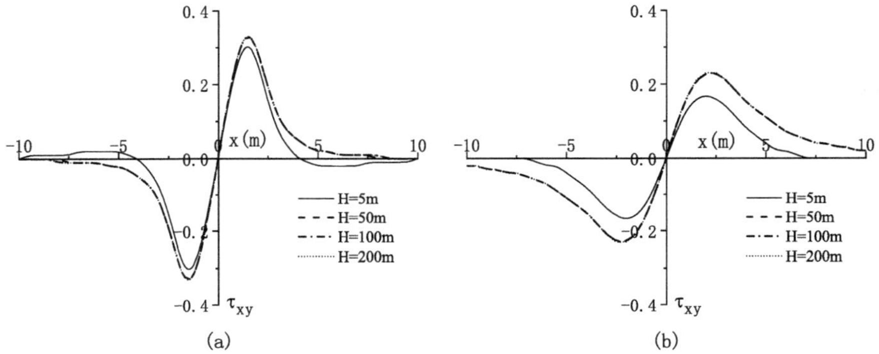

Fig. 15.29 Stress component τ_{xy} for different layer thickness H: **a** h = 1 m; **b** h = 3 m

equal to σ_y. As h increases, σ_x and σ_y both rapidly decay, σ_x faster than σ_y. We can see that σ_x is about -1.5 at the ground surface and essentially decays to 0 at a depth of 4 m.

15.3.4 Conclusions

The method proposed in this section can calculate the stress and displacement in the soil layer under the action of a strip footing. It is actually an analytic method, and the obtained solution can well satisfy the stress boundary conditions at the ground surface and the displacement boundary conditions at the bottom of the soil layer. In particular, the calculation accuracy is very high when the ratio of the soil layer thickness H to the footing width W is small (H/W $\leq$ 100) Nevertheless, when H/W $\geq$ 150, the stress boundary conditions at the ground surface are poorly satisfied.

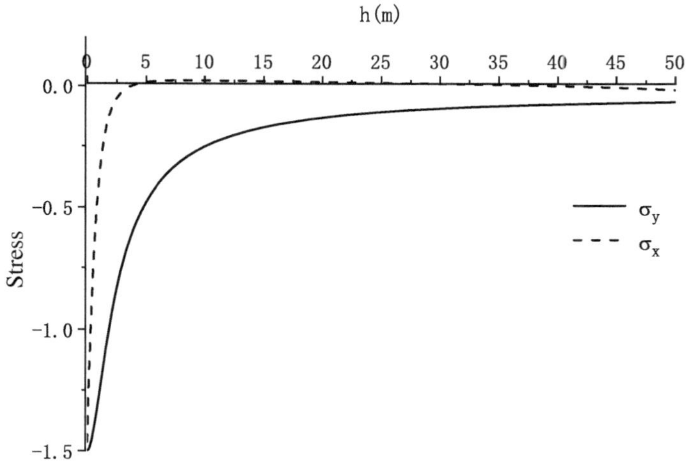

Fig. 15.30 Attenuation law of σ_x and σ_y on the y-axis with respect to depth h (H = 50 m)

In this section, an example of uniformly distributed load with H = 100 m and W = 4 m was used. The analytical solutions of uniformly distributed load are compared with the numerical solutions, reflecting that the size of the selected mesh area affects the calculated ground surface settlement. When the width of the model is set to 100 m, the analytical solutions do not agree well with the numerical solutions, especially in regions far from the load area. In comparison, when the width of the model was increased to 500 m, the analytical solutions and the numerical solutions are in relatively good agreement.

With H/W $\leq$ 100, satisfactory calculation results can be readily obtained when the number of terms in the two analytic functions is set to 360 and 370, respectively, and the number of mesh points for the upper and lower boundaries of the soil layer is set to 2051 and 501, respectively. When H is small, more mesh points must be used within the load application area. Specifically, when H = 50, 100, 200, 400 m, 51 points suffice to guarantee a satisfactory calculation accuracy, while in the case of H = 5 m, it is necessary to use 501 points to attain this goal.

When H/W $\geq$ 12.5, the vertical normal stress σ_y and the shear stress τ_{xy} in the vicinity of footing vary little with H. That is, the distributions of σ_y and τ_{xy} are basically unrelated to H. However, the horizontal normal stress σ_x varies with H, but by a relatively small amount. σ_y is generally a compressive stress, and σ_x can be a compressive stress or sometimes a tensile stress. The maximum of the absolute value of each of the three stress components decreases with increasing depth h, whereas the spreading range of each of the three stress components in the horizontal direction increases.

When H/W $\geq$ 12.5, the ground surface settlement curves corresponding to the three load distributions are basically the same, with some differences between the three only in the vicinity of the midpoint of the load application range (x = 0). For each of the three load types, the maximum displacement occurs at x = 0. The displacements generated by the triangularly and uniformly distributed loads are the largest and the smallest, respectively, leaving that generated by the parabolic load between the two. This is because the intensity of the triangularly distributed load is the highest in the vicinity of $x = 0$.

As the soil layer thickness H increases, the vertical displacement curves corresponding to the three types of load distribution remain basically the same, except that the larger the H, the larger the ground surface settlement generated by each distributed load and the larger the range of the vertically displaced region at the ground surface. Specifically, as H increases from 5 to 400 m, the range of the vertically displaced region increases from (−5 m, 5 m) to (−400 m, 400 m).

This section discusses the case where there is only one soil layer above hard rock. For the solution method of multiple soil layers, please refer to references [62]. Reference [63] also discusses the analytical solution of the interaction between two adjacent strip footings.

15.4 Analytical Solution for Mechanical Responses of Soil Layer—Applicable to General Strip Foundation

15.4.1 Problem Description

This section considers the same problem as Sect. 15.3: the elastic soil layer whose lower boundary is supported by bedrock and the upper boundary is pressed by a strip footing is considered. However, the footing is considered rigid or deformable. The premise of the investigation is that the displacement (it can be set to arbitrary form) of strip footing bottom surface is known. The solutions of the stress and displacement in the soil layer are derived by the complex variable method. There is a displacement boundary condition on the upper surface of the soil layer where the strip indentation acts and a stress boundary condition on the rest of the upper surface. In addition, the contact surface of the soil layer and bedrock can be considered as a displacement boundary condition. Therefore, it is a mixed boundary value problem.

As shown in Fig. 15.31a, the upper surface of the soil layer is acted by a strip footing with width W, and the bottom surface is supported by an incompressible bedrock. The displacement vector of the contact surface $\overline{BC}$ between the soil layer and the footing is denoted as $\lambda(x)$, and the projections of $\lambda(x)$ on the x and y directions are denoted as $\lambda(x)_x$ and $\lambda(x)_y$, which represent the displacement in the horizontal and vertical directions, respectively. The resultant force acting on the strip footing is P. There is no load on the parts $\overline{A_1B}$ and $\overline{CA_2}$ of the upper surface, and the bottom surface is in contact with the bedrock. We assume that the soil layer is in complete contact with the bedrock, and then the displacement of the bottom surface of the soil layer is zero. The strip footing and the foundation are long enough along the direction perpendicular to the paper surface, and $\lambda(x)$ remains unchanged along the direction

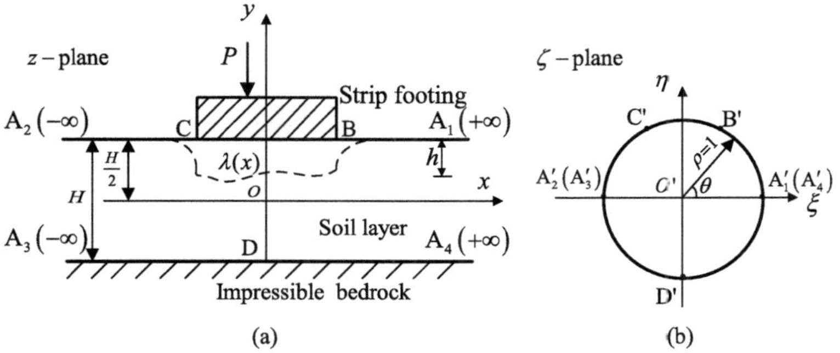

Fig. 15.31 The conformal mapping of a layer with finite thickness in the physical plane to the unit circle region on the image plane, **a** description of the soil layer, strip footing and strip indentation, **b** corresponding points in the unit circle region

perpendicular to the paper, thereby this problem can be simplified as a plane strain problem.

15.4.2 Basic Equation and Method

The stress boundary condition on the upper surface $\overline{A_1B}$ and $\overline{CA_2}$ of the soil layer is: $\sigma_y = 0$, $\tau_{yx} = 0$. Following Eq. (15.43), we get:

$$2\mathrm{Re}[\varphi_1(z)] + \bar{z}\varphi_1''(z) + \psi_1'(z) = 0\,,\ z \in \overline{A_1B} \cup \overline{CA_2} \tag{15.60}$$

If the displacement vector on the upper surface $\overline{BC}$ of the soil layer is known, the displacement boundary condition can be obtained according to Eq. (2.20):

$$\kappa\varphi_1(z) - z\overline{\varphi_1'(z)} - \overline{\psi_1(z)} = 2G\left[\boldsymbol{\lambda}(x)_x + i\boldsymbol{\lambda}(x)_y\right], z \in \overline{BC} \tag{15.61}$$

The displacement components u and v of each point on the bottom surface of the soil layer $\overline{A_3A_4}$ are zero. According to Eq. (2.10), the displacement boundary condition can be obtained:

$$\kappa\varphi_1(z) - z\overline{\varphi_1'(z)} - \overline{\psi_1(z)} = 0, z \in \overline{A_3A_4} \tag{15.62}$$

The soil layer with thickness H in the physical plane is mapped to the inner domain of the unit circle in the image plane through conformal transformation (see Fig. 15.31b), and the mapping function is still given by Eq. (15.45). Points A_1, B, C, A_2, A_3, D and A_4 on the physical plane are mapped to points A_1', B', C', A_2', A_3', D', and A_4' on the image plane, respectively. The unit circle on the image plane corresponds to the upper and lower boundaries of the soil layer, where the upper boundary $\overline{A_1A_2}$ corresponds to the upper semi-circular arc $\overset{\frown}{A_1'A_2'}$ of the unit circle, that is, $0^+ \leq \theta \leq \pi^-$, the lower boundary $\overline{A_3A_4}$ corresponds to the lower semi-circular arc $\overset{\frown}{A_3'A_4'}$ of the unit circle, that is, $\pi^- \leq \theta \leq 2\pi^+$. $\sigma = 1$ corresponds to $x \to +\infty$, and $\sigma = -1$ corresponds to $x \to -\infty$. By using the coordinates of points B and C as well as Eq. (15.45), we can calculate the corresponding angles $\theta_{B'}$ and $\theta_{C'}$ for B' and C'.

The two unknown analytic functions, $\varphi(\zeta)$ and $\psi(\zeta)$, still take the form of power series as in Eq. (15.46). The series coefficients are still expressed using Eq. (15.47). From Eqs. (15.60)–(15.62), we obtain the boundary conditions for the upper and lower boundaries of the soil layer:

$$2\text{Re}\left[\frac{\varphi'(\sigma)}{\omega'(\sigma)}\right] + \frac{\overline{\omega(\sigma)}}{[\omega'(\sigma)]^2}\left[\varphi''(\sigma) - \frac{\omega''(\sigma)\varphi'(\sigma)}{\omega'(\sigma)}\right] + \frac{\psi'(\sigma)}{\omega'(\sigma)} = \begin{cases} 0, \theta \in [0, \theta_{B'}) \\ 0, \theta \in (\theta_{C'}, \pi] \end{cases} \tag{15.63}$$

$$\kappa\varphi(\sigma) - \frac{\omega(\sigma)}{\overline{\omega'(\sigma)}}\overline{\varphi'(\sigma)} - \overline{\psi(\sigma)} = \begin{cases} \lambda(x), \theta \in [\theta_{B'}, \theta_{C'}] \\ 0, \theta \in [\pi, 2\pi] \end{cases} \tag{15.64}$$

We can use Eqs. (15.63) and (15.64) to solve for the two analytic functions $\varphi(\zeta)$ and $\psi(\zeta)$. As in Sect. 15.3, it is difficult to calculate the coefficients a_k and b_k using traditional power series or Cauchy integral methods, but we can use the approach outlined in Sect. 15.3 to solve the problem in this section.

In specific calculation, θ is equally divided into m_1, m_2, m_3, and m_4 parts within the range of $[\delta, \theta_{B'})$, $[\theta_{B'}, \theta_{C'}]$, $(\theta_{C'}, \pi - \delta]$, and $[\pi + \delta, 2\pi - \delta]$, where δ takes a small value of 0.000001, corresponding to m_1, m_2+1, m_3, and m_4+1 points, respectively. Let $m_5 = m_1 + m_2 + m_3 + 1$, then the polar angle of the corresponding point is:

$$\left.\begin{aligned} &\theta_j = \delta + \frac{\theta_{B'} - \delta}{m_1}(j-1), \quad j = 1, \cdots, m_1 \\ &\theta_{m_1+j} = \theta_{B'} + \frac{\theta_{C'} - \theta_{B'}}{m_2}(j-1), \quad j = 1, \cdots, m_2+1 \\ &\theta_{m_1+m_2+1+j} = \theta_{C'} + \frac{\pi - \delta - \theta_{C'}}{m_3}j, \quad j = 1, \cdots, m_3 \\ &\theta_{m_5+j} = \pi + \delta + \frac{\pi - 2\delta}{m_4}(j-1), \quad j = 1, \cdots, m_4+1 \end{aligned}\right\} \tag{15.65}$$

Substitute $\sigma_j = e^{i\theta_j}$ into Eqs. (15.63) and (15.64), a_k and b_k take n_1 and n_2 finite items respectively. We get

$$2\text{R}_e\left(\sum_{k=1}^{n_1} c_{jk}a_k\right) + \sum_{k=1}^{n_1} d_{jk}a_k - \sum_{k=1}^{n_1} e_{jk}a_k + \sum_{k=1}^{n_2} f_{jk}b_k = \begin{cases} 0 j = 1, \cdots, m_1 \\ 0 j = m_1 + m_2 + 2, \cdots, m_5 \end{cases} \tag{15.66}$$

$$\sum_{k=1}^{n_1} g_{jk}a_k - \sum_{k=1}^{n_1} h_{jk}\overline{a_k} - \sum_{k=1}^{n_2} l_{jk}\overline{b}_k + \kappa a_0 - \overline{b}_0 = \begin{cases} \lambda_j j = m_1+1,\cdots,m_1+m_2+1 \\ 0 j = m_5+1,\cdots,m_4+m_5+1 \end{cases} \tag{15.67}$$

where c_{jk}, d_{jk}, e_{jk}, f_{jk}, g_{jk}, h_{jk} and l_{jk} are known values that can be calculated using a specific formula described in reference [58]. By separating the real and imaginary parts of Eqs. (15.66) and (15.67), we can derive a system of linear equations that involve variables a_{Rk}, a_{Ik}, b_{Rk} and b_{Ik}.

$$\mathbf{DX} = \mathbf{F} \tag{15.68}$$

where **D** is a $2(m_5 + m_4+1) \times 2(n_1 + n_2+1)$ matrix composed of coefficients a_{Rk}, a_{Ik}, b_{Rk}, b_{Ik};

$$\mathbf{X} = (a_{R1}\, a_{I1} \cdots a_{Rn_1}\, a_{In_1} \quad b_{R1}\, b_{I1} \cdots b_{Rn_2}\, b_{In_2} \quad a_{R0}\, a_{I0})^T;$$

$$\mathbf{F} = \left(0\cdots 0\,\mathrm{Re}\left[\lambda_{m_1+1}\right]\cdots \mathrm{Re}\left[\lambda_{m_1+m_2+1}\right] \;\; \mathrm{Im}\left[\lambda_{m_1+1}\right]\cdots \mathrm{Im}\left[\lambda_{m_1+m_2+1}\right]0\cdots 0\right)^T$$

When λ_j ($j = m_1, m_1 + 1, \ldots, m_1 + m_2 + 1$) is given, the optimal solution, similar to the approach in Sect. 15.3, is achieved by setting $m_5 + m_4 > n_1 + n_2$. The least squares method can be used to obtain the solution:

$$\mathbf{X} = \left(\mathbf{D}^{\mathrm{T}}\mathbf{D}\right)^{-1}\mathbf{D}^{\mathrm{T}}\mathbf{F} \tag{15.69}$$

Two analytic functions $\varphi(\zeta)$ and $\psi(\zeta)$ are obtained by Eq. (15.69), so that the stress and displacement fields at any point can be obtained. Following the method in Sect. 15.3, the stress and displacement boundary conditions at the upper and lower boundaries of the soil layer can be tested.

15.4.3 Validation

15.4.3.1 Verification of Boundary Conditions

The calculation parameters are: footing width W = 6 m, x_B = 3 m, x_C = −3 m, the thickness of the soil layer H = 50 m, Poisson's ratio μ = 0.2, elastic modulus E = 20 MPa, the other parameters are δ = 0.000001, n_1 = 420, n_2 = 430, $m_1 = m_2$ = 190, m_3 = 500, m_4 = 500.

The general form of the horizontal displacement $\lambda(x)_x$ and the vertical displacement $\lambda(x)_y$ can be given as:

$$\left.\begin{aligned}\lambda(x)_x &= \sum_{k=-\infty}^{+\infty} r_k x^k \; x \in [-3, 3] \\ \lambda(x)_y &= \sum_{k=-\infty}^{+\infty} q_k x^k \; x \in [-3, 3]\end{aligned}\right\} \tag{15.70}$$

where r_k and q_k are real constants.

This section differs from Sect. 15.3 in that it stipulates that stresses are considered positive under compression and negative under tension, while the corresponding displacements are considered positive along the negative direction of the coordinate axis and negative along the positive direction of the coordinate axis.

There are two different displacement modes discussed in references [58], which are determined based on the actual situation. In the first case, the footing is a rigid footing, and only vertical uniform settlement occurs, we define $\lambda(x)_x = 0$, $\lambda(x)_y = 1.0(m)$. In the second case, the foundation undergoes deformation under the action of external loads, resulting in non-uniform subsidence in the vertical direction and displacement in the horizontal direction. At this time, let $\lambda(x)_x = 0.002x^3 - 0.01x(m)$, $\lambda(x)_y = -0.02x^2 + 1.0(m)$. The magnitude of horizontal displacement is symmetrical about the *y*-axis, with the largest displacement (0.023 m) occurring on both sides of the foundation and equalling to 0 at the center of the foundation. The magnitude of vertical displacement is also symmetrical about the *y*-axis, with the largest displacement (1.0 m) occurring at the center of the foundation and the smallest displacement (0.82 m) occurring on both sides of the foundation.

For the two different displacement cases, the satisfaction degree of the displacement boundary conditions on the upper surface of the soil layer is shown in Fig. 15.32.

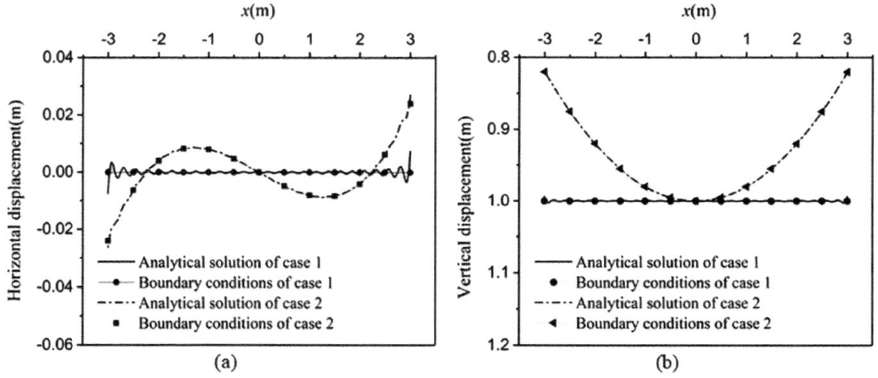

Fig. 15.32 Inspection of displacement boundary conditions on the upper surface of soil layer for two displacement cases, **a** horizontal displacement; **b** vertical displacement

It can be seen from Fig. 15.32 that the horizontal displacement in case 1 fluctuates slightly at the edge of the footing, which is not in good agreement with the displacement boundary condition, while the horizontal displacement boundary condition in case 2 is satisfied basically. For the vertical displacement, both cases are in good agreement with the boundary condition. Actually, neither horizontal nor vertical displacements are completely equal to the given displacement boundary values, they still fluctuate around the values. It is just that some of the fluctuations are too small to be seen in Fig. 15.32.

References [58] also verified the displacement boundary conditions at the bottom of the soil layer by calculating the displacement values on the boundary using analytical methods. The maximum displacement on the bottom boundary of the soil layer is close to zero for the two cases. Moreover, they are very small compared with the maximum displacement value on the upper surface of the soil layer under the same condition, and the largest ratio is 0.18%. Therefore, the displacement boundary condition at the bottom of the soil layer is satisfied well.

The stress boundary conditions on the upper surface of the soil layer are also satisfied well. No more details are given here.

15.4.3.2 Comparison Between Analytical and Numerical Results

The calculation parameters are the same as those in Sect. 15.4.3.1. The numerical calculation model is shown in Fig. 15.33. To simulate that the soil layer is infinite along the horizontal direction, the model width L = 600 m is taken. The horizontal displacement on both sides of the model and the horizontal and vertical displacement on the bottom surface are constrained. The element size is 0.1 m × 0.1 m near the action range of the footing, the number of the elements is 11,200 and the number of the nodes is 11370. In the region away from the footing, the element size is 1.0 m × 1.0 m, the number of elements is 27,572 and the number of the nodes is 28,229. The element type in the model is plane-42.

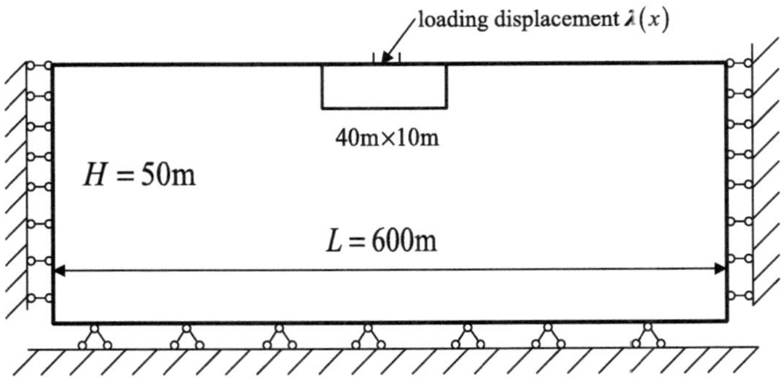

Fig. 15.33 The model of ANSYS simulation

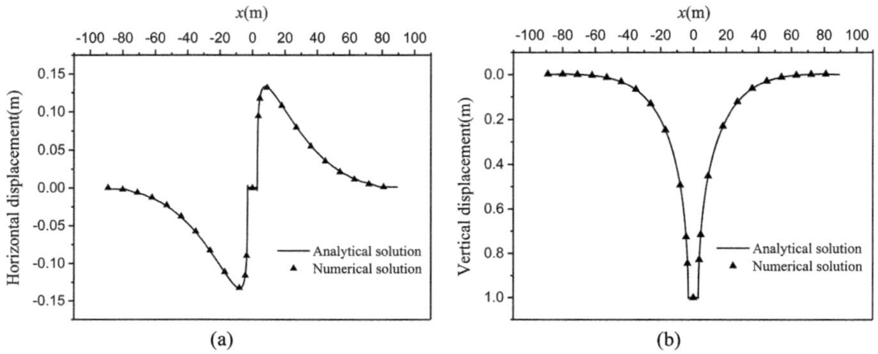

Fig. 15.34 Comparison of displacement in case 1, **a** horizontal displacement; **b** vertical displacement

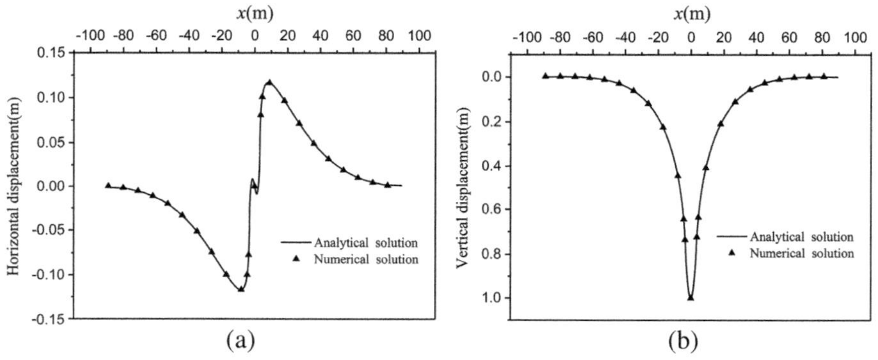

Fig. 15.35 Comparison of displacement in case 2, **a** horizontal displacement; **b** vertical displacement

Figures 15.34 and 15.35 show the upper surface displacement of the soil layer calculated by the two methods under two displacement load cases. It can be seen from the figure that the displacement analytical expression and numerical solution are in good agreement.

15.4.4 Analysis and Discussion

15.4.4.1 Stress in Soil

Figure 15.36 shows the contour lines of the three stress components inside the soil mass under the second displacement loading condition, along with both analytical and numerical solutions.

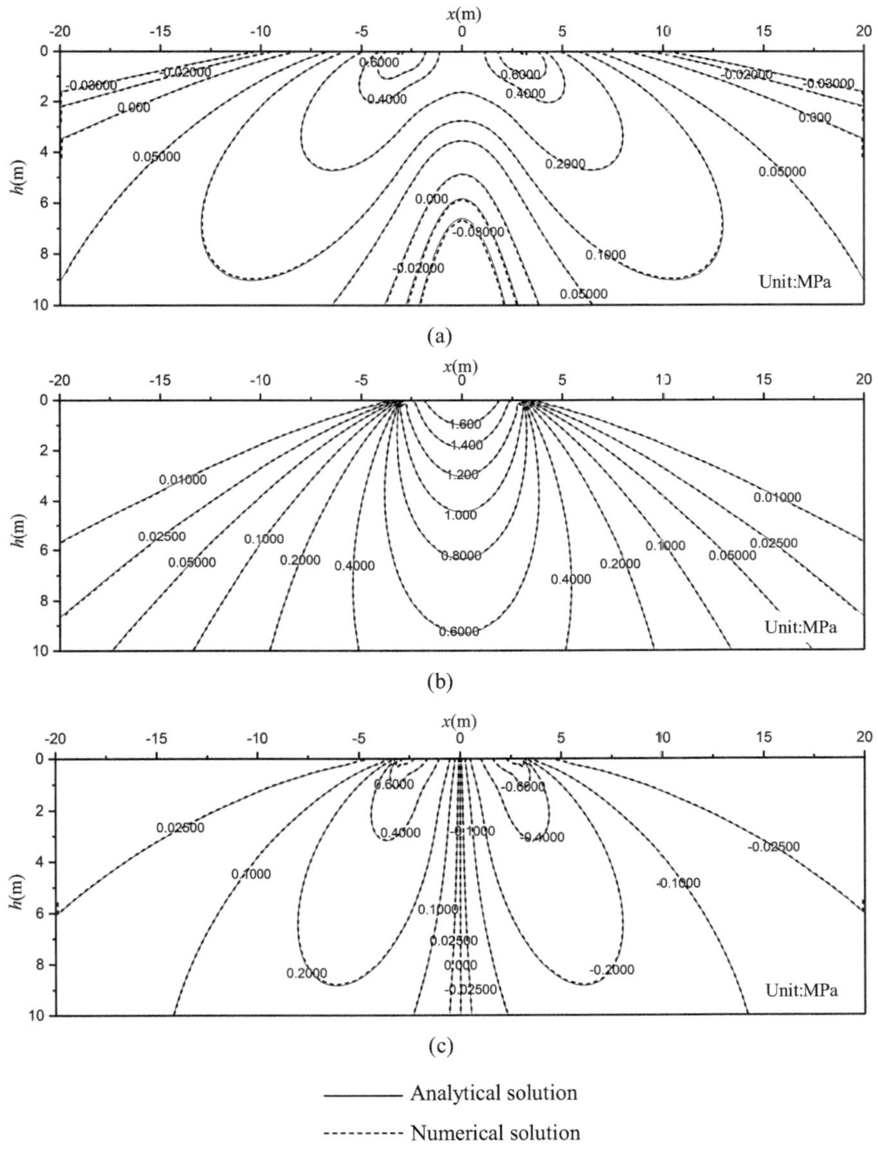

Fig. 15.36 Stress contours inside the soil layer, **a** σ_x; **b** σ_y; **c** τ_{xy}

It can be seen from Fig. 15.36 that the analytical and numerical solutions of the stresses in the soil layer are in a good agreement, and there is no surface stress fluctuation. The maximum values of the three stress components all appear on the soil surface. For the horizontal stress σ_x, the contour with zero stress value appears at a certain distance from the centre of the footing. In the area between the zero-contour line and the footing, the stress is compressive, and the farther away from the footing, the smaller the stress. In addition, there are three regions of tensile stress outside the contour line and the footing. For the vertical stress σ_y, the stresses in the discussed region are all compressive, and the stress value decreases with the increase of the distance from the centre of the footing. For the shear stress τ_{xy}, the value of it is zero at $x = 0$. And τ_{xy} decreases as the distance from the edge of the footing (that is, at $x = \pm 3, h = 0$) increases.

15.4.4.2 Footing Settlement and Base Reaction

In the action area of footing, that is, $x \in (-3, 3)$, the displacement boundary condition is given.

The obtained σ_y is exactly the normal distributed force of the footing acting on the upper surface of the soil layer. Figure 15.37 provides both the analytical and numerical solutions for σ_y.

From Fig. 15.37, although the analytical solution σ_y for the two displacement boundary conditions fluctuates, it is generally in good agreement with the numerical solution. The slight jitter of σ_y can be explained by the satisfactory degree of the displacement boundary condition. It is found that the displacement boundary conditions on the upper surface of the soil layer are not exactly satisfied in Sect. 15.4.3.2, therefore the stress in the corresponding interval will also produce a corresponding fluctuation.

We find that the change of displacement mode has a great influence on the distribution of the vertical stress component σ_y (base pressure) on the upper surface of the soil layer in the action zone of footing. In case 1, the distribution of the base pressure, which is similar to the distribution of pressure on the bottom surface of the rigid strip footing in semi-elastic space, shows large at two ends and little in the middle. The

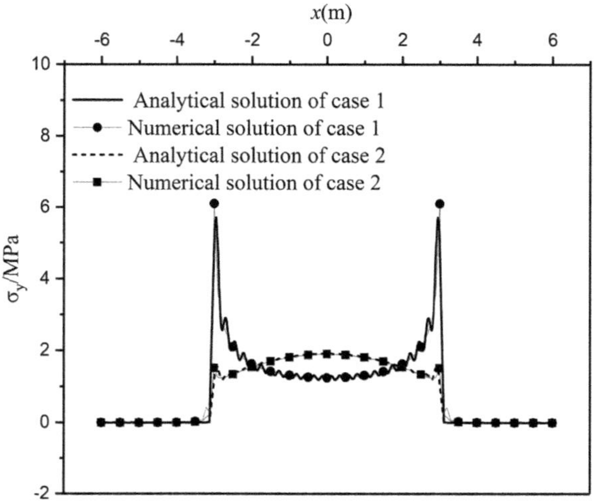

Fig. 15.37 The vertical stress component σ_y on the upper surface of the soil layer for two cases

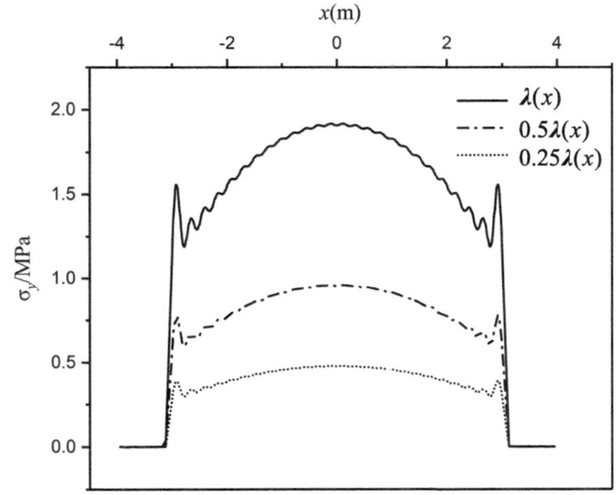

Fig. 15.38 Vertical stress σ_y on the soil surface for different displacement values

distribution of base pressure in case 2 is large in the middle while small at both ends, which is almost the opposite of the distribution of the base pressure in case 1.

The displacement mode has a great influence on the law of the base pressure distribution. The results reveal that it is not accurate to treat the footing as a rigid body when solving the base pressure, namely the deformation of the footing cannot be ignored in the calculation.

The following analysis examines the effect of different displacement values on the distribution of basal pressure for the same displacement mode. The change law of the stress on the soil layer surface is investigated. Taking the displacement mode $\lambda(x)$ in case two as an example, the values of the displacement are defined as $\lambda(x)$, $0.5\lambda(x)$, and $0.25\lambda(x)$. The calculation results are shown in Fig. 15.38.

As can be seen from Fig. 15.38, in the interval of the footing action, the distribution form of vertical stress σ_y on the soil layer surface will not be changed when $\lambda(x)$ decreases (or increases) in the same proportion. And there is a proportional relationship $\Delta\lambda(x)/\lambda(x) = \Delta\sigma_y/\sigma_y$. This relationship is applicable to all displacement boundary conditions, which is a characteristic of linear elasticity problems. Through this relationship, we can relate the external load p (the force applied by the building to the unit length of the footing) acting on the footing to the actual displacement generated by the footing.

Taking the example of a rigid footing and assuming a settlement of 1, the corresponding base reaction force σ_y can be calculated using the algorithm provided in Sect. 15.4.2. Integrating σ_y along the width of the footing will give the corresponding external load. This can be used to calculate the settlement Δ of the footing under the actual external load p.

$$\Delta = p \int_{-W/2}^{W/2} \sigma_y dx \tag{15.71}$$

where W is the base width.

15.5 Analytical Stress Solution for a Brazilian Disc

15.5.1 Introduction

The Brazilian disc test is a well-known indirect tensile strength test for rock or rock-like materials, first proposed by Akazawa [64] and Carneiro [65]. The test applies a concentrated load on the diameter direction of the specimen. The specimen is compressed vertically and spitted by tension along horizontal direction (shown in Fig. 15.39). The material's uniaxial tensile strength can be indirectly obtained. Later, many scholars [66–72] conducted in-depth studies on this splitting test. However, due to the high stress concentration near the loading point, failure is more likely to occur near the disc boundary. It possibly results in compressive shear failure rather than tensile failure on disc, which will lead to inaccurate calculation of tensile strength [73].

Over the years, the Brazilian disc test has been continuously improved considering different loading methods, materials, sample sizes and analytical methods [74]. The International Society for Rock Mechanics (ISRM) and the American Society for Testing and Materials (ASTM) have also provided two methods for the experimental standards of the Brazilian disk test [75, 76], as shown in Fig. 15.40. The recommended formula for tensile strength is:

$$\sigma_t = \frac{2P_{\max}}{\pi dt} \tag{15.72}$$

In the formula, σ_t is the tensile strength, $P_{\max}$ is external load corresponding to the splitting failure. d and t are the diameter and thickness of the specimen, respectively.

The determination of the contact stress between specimen and loading device, is the essential for calculating the stress in disc. Many scholars have made different assumptions, some believed that the contact surface force is radial load. The radial

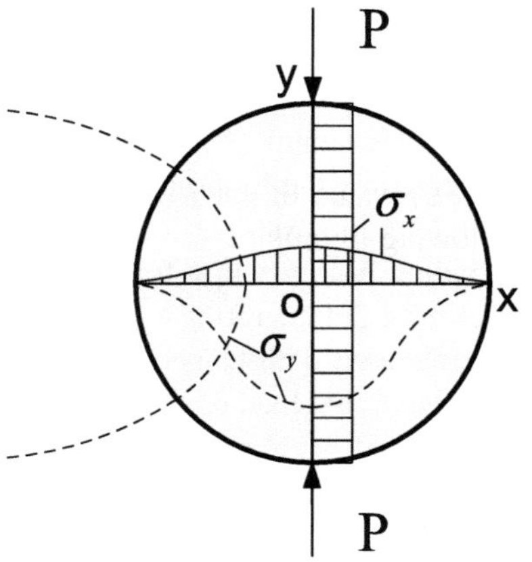

Fig. 15.39 Original loading method on Brazilian disc test and the stress distribution along x and y axes

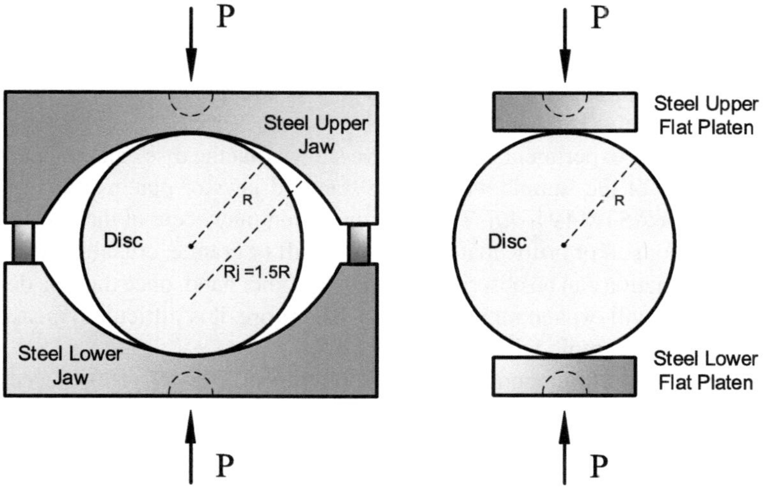

Fig. 15.40 The standard jaws and flat platens for the Brazilian disc test, as suggested by the ISRM and ASTM

load is classified as various distributions shown in Fig. 15.41a. References [77–81] mainly studies the radial uniform load through analytical, experimental, and finite element methods (FEM). References [82–86] studies the parabolic and elliptical radial loads. Yu et al. analyzed the changes of tensile strength and elastic modulus under three load patterns (uniform, triangular, and cosine) [87].

In addition to radial loads, research has shown that tangential loads (friction) between the disc and the testing equipment should not be ignored. Reference [88] analyses the stress distribution under tangential loads. References [89, 90] explore analytical solutions under combined radial and tangential loads, shown in Fig. 15.41b, c, where the frictional force is derived using Coulomb's criteria. Furthermore, for

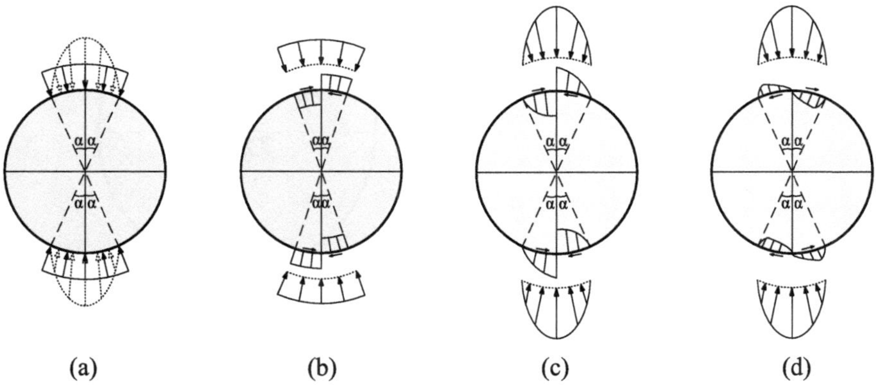

Fig. 15.41 Different loads for the Brazilian disc test

the contact problem between the sample and jaw (or platens), references [91, 92] proposed analytical solutions and reference [93] proposed numerical solutions for this problem. According to their results, the contact stress distribution on the contact edge is shown in Fig. 15.41d.

However, some experimental studies have shown that the disc cannot ideally split from the center of the sample when using standard jaws or platens recommended by the ISRM or ASTM [94–96]. The crack initiation may occur at the contact edge. Additionally, for soft or brittle materials such as tuff or granite, crushing failure with extreme deformation can be observed [97]. On the other hand, once the disc deforms, the contact area will expand rapidly [98, 99]. Therefore, it is difficult to measure the contact area when sample failure.

To address the aforementioned issues, references [95–97, 100] successfully conducted Brazilian disc tests on soft and brittle materials using a different device, the rigid loading arcs (shown in Fig. 15.42). They have a well-defined contact area and the same radius as the disk. This loading device is relatively ideal, and the key is to use what formula to calculate the tensile strength of the disc. In their experiments, formula (15.72) recommended by the ISRM (ASTM) or Hondros' solution was used to calculate the tensile strength of the disc. The former was derived based on concentrated force loading, while the latter was based on the load pattern in Fig. 15.41a, assuming the load is a uniformly distributed radial pressure and ignoring the tangential force of the loading arc on contact surface.

Focusing on the experimental device shown in Fig. 15.43a, we presume that the vertically and uniformly distributed load acts on two sides of disk symmetrically,

Fig. 15.42 Disk under external load P compressed by loading arcs

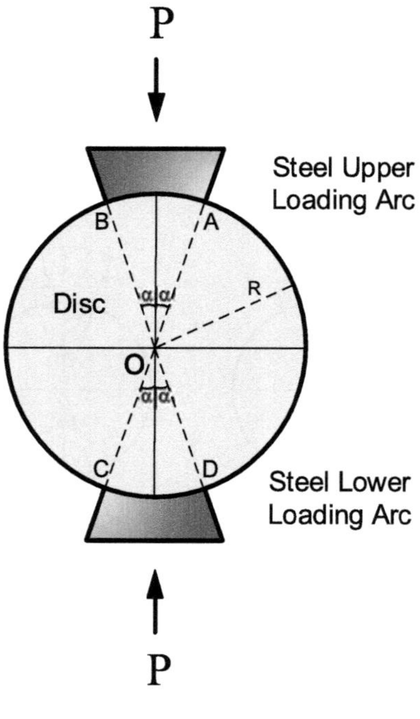

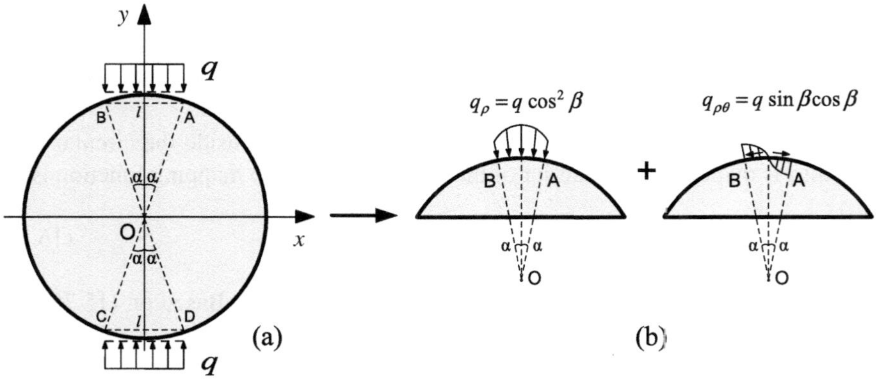

Fig. 15.43 Decomposition of vertical uniform load on disk

with a certain contact area 2α (shown in Fig. 15.43a). The load is decomposed into radial and tangential forces on the boundary surface, shown in Fig. 15.43b. It will be shown in the subsequent analysis that the assumption is reasonable and acceptable. Reference [101] assumes the disc to be a homogenous material with isotropic and linear elasticity. Under this load, the disk can be regarded as a two-dimensional plane stress problem. The closed-form solution of the stress field inside the disk was obtained using a complex variable method in reference [101]. By obtaining an explicit expression, the tensile strength formula can be obtained.

15.5.2 Treatment of Loads and Stress Solution

External load P is applied to the loading arcs. Assuming that the load is transmitted to the disc edge vertically, shown in Fig. 15.43a. At the boundary of the disk, the vertical load density q is:

$$q = \frac{P}{lt} = \frac{P}{2Rt\sin\alpha} \tag{15.73}$$

The radial and tangential forces along the circular disc can be decomposed into two surface forces q_ρ and $q_{\rho\theta}$ [101]:

$$\begin{cases} q_\rho = q\cos^2\beta \\ q_{\rho\theta} = q\ \sin\beta\ \cos\beta \end{cases} \tag{15.74}$$

where $\beta \in [-\alpha,\ \alpha]$.

Equation (15.74) shows that the radial surface force presents a cosine squared curve, which reaches the maximum value at midpoint and decreasing to the minimum non-zero value at the end points near loading arcs. The tangential surface force is zero at midpoint and the absolute value increases continuously away from it, which eventually produces the maximum values along different directions at the end points near loading arcs, shown in Fig. 15.43b.

Conformal mapping method is used to solve the stress inside the circular disc. The disc is mapped to the interior of the unit circle, and the mapping function is:

$$z = \omega(\zeta) = R\zeta \tag{15.75}$$

where $z = x + iy = re^{i\alpha}$ $(0 \leq r \leq R)$, $\zeta = \xi + i\eta = \rho e^{i\theta}$. Based on (15.75), we have $\alpha = \theta$。

As stated in Chap. 2, the stress components $\sigma_\rho, \sigma_\theta$ and $\tau_{\rho\theta}$ can be obtained through Eqs. (2.32) and (2.33), where two analytic functions $\varphi(\zeta)$ and $\psi(\zeta)$ need to be determined by the stress boundary conditions on outer boundary of disc. Reference [101] obtained the analytic expressions of $\varphi(\zeta)$ and $\psi(\zeta)$ using Cauchy integral method.

$$\begin{aligned}\varphi(\zeta) = &-\frac{qR}{4\pi i}\left[-\frac{4i\alpha}{\zeta} + \left(\zeta + \frac{1}{\zeta}\right)Ln\frac{(\sigma_{B'} - \zeta)(\sigma_{D'} - \zeta)}{(\sigma_{A'} - \zeta)(\sigma_{C'} - \zeta)}\right]\\ &-\frac{qR\sin\alpha}{2\pi i}Ln\frac{(\sigma_{A'} - \zeta)(\sigma_{B'} - \zeta)}{(\sigma_{D'} - \zeta)(\sigma_{C'} - \zeta)} + \frac{qR}{2\pi}\left(\alpha + \frac{1}{2}\sin 2\alpha\right)\zeta\end{aligned} \tag{15.76}$$

$$\begin{aligned}\psi(\zeta) = &-\frac{qR}{4\pi i}\left\{\begin{aligned}&-\frac{4i\alpha}{\zeta^3} + \left(\zeta + \frac{1}{\zeta^3}\right)\left[4i\alpha + Ln\frac{\left(1 - \frac{\zeta}{\sigma_{B'}}\right)\left(1 - \frac{\zeta}{\sigma_{D'}}\right)}{\left(1 - \frac{\zeta}{\sigma_{A'}}\right)\left(1 - \frac{\zeta}{\sigma_{C'}}\right)}\right]\\ &+\left(1 + \frac{1}{\zeta^2}\right)\left(\frac{1}{\sigma_{B'} - \zeta} + \frac{1}{\sigma_{D'} - \zeta} - \frac{1}{\sigma_{A'} - \zeta} - \frac{1}{\sigma_{C'} - \zeta}\right)\end{aligned}\right\}\\ &-\frac{qR\sin\alpha}{2\pi i}\left[\begin{aligned}&Ln\frac{\left(1 - \frac{\zeta}{\sigma_{A'}}\right)\left(1 - \frac{\zeta}{\sigma_{B'}}\right)}{\left(1 - \frac{\zeta}{\sigma_{D'}}\right)\left(1 - \frac{\zeta}{\sigma_{C'}}\right)}\\ &+\frac{1}{\zeta}\left(\frac{1}{\sigma_{A'} - \zeta} + \frac{1}{\sigma_{B'} - \zeta} - \frac{1}{\sigma_{D'} - \zeta} - \frac{1}{\sigma_{C'} - \zeta}\right)\end{aligned}\right]\\ &-\frac{qR\sin 2\alpha}{2\pi\zeta}\end{aligned} \tag{15.77}$$

where $\sigma_{A'} = ie^{-i\alpha}$,$\sigma_{B'} = ie^{i\alpha}$,$\sigma_{C'} = -ie^{-i\alpha}$ 和 $\sigma_{D'} = -ie^{i\alpha}$。

Stress components are calculated by $\varphi(\zeta)$ and $\psi(\zeta)$:

$$\sigma_\rho = qS\frac{\left[-2\rho^4 + \left(-3 + 4\rho^2 + \rho^4\right)\cos 2\theta\right]}{4\pi\rho^4} + qT\frac{\left(3 - 4\rho^2 + \rho^4\right)\sin 2\theta}{4\pi\rho^4}$$

$$
+q\frac{\left\{\begin{array}{l} 2\alpha\rho^4\left[\begin{array}{l} -\left(1+2\rho^4+\rho^8\right)-8\rho^2\left(1+\rho^4\right)\sin^2\theta\cos 2\theta\cos 2\alpha \\ +\rho^4(-2\cos 4\alpha-2\cos 4\theta+\cos 6\theta+2\cos 2\theta\cos 4\alpha) \\ +\left(1+3\rho^4+\rho^8\right)\cos 2\theta \end{array}\right] \\ +\rho^2\left\{\begin{array}{l} \left(-3+3\rho^2-\rho^4+\rho^6-\rho^8+\rho^{10}\right)\sin 2\alpha \\ +\rho^4\left(1-\rho^2\right)(2\sin 4\alpha-\sin 6\alpha-4\sin 2\alpha\cos 4\theta) \\ +2\rho^2\left[\left(1-\rho^2+\rho^4-\rho^6\right)\sin 2\alpha+\left(-2+2\rho^2-\rho^4+\rho^6\right)\sin 4\alpha\right]\cos 2\theta \end{array}\right\} \end{array}\right\}}{2\pi\rho^4\left[\left(1+\rho^4\right)^2+4\rho^2\left(1+\rho^4\right)\cos 2\alpha\cos 2\theta+2\rho^4(\cos 4\alpha+\cos 4\theta)\right]}
\tag{15.78}
$$

$$
\sigma_\theta=-qS\frac{\left[2\rho^4+\left(-3+\rho^4\right)\cos 2\theta\right]}{4\pi\rho^4}-qT\frac{\left(3+\rho^4\right)\sin 2\theta}{4\pi\rho^4}
$$

$$
+q\frac{\left\{\begin{array}{l} 2\alpha\rho^4\left[\begin{array}{l} \left(1+2\rho^4+\rho^8\right)+8\rho^2\left(1+\rho^4\right)\cos^2\theta\cos 2\theta\cos 2\alpha \\ +\rho^4(2\cos 4\alpha+2\cos 4\theta+\cos 6\theta+2\cos 2\theta\cos 4\alpha) \\ +\left(1+3\rho^4+\rho^8\right)\cos 2\theta \end{array}\right] \\ +\rho^2\left\{\begin{array}{l} \left(-3+\rho^2-\rho^4-\rho^6-\rho^8-\rho^{10}\right)\sin 2\alpha \\ +\rho^4\left[2\left(1-\rho^2\right)\sin 4\alpha-\left(1+\rho^2\right)\sin 6\alpha-4\sin 2\alpha\cos 4\theta\right] \\ +2\rho^2\left[\left(1-\rho^2+\rho^4-\rho^6\right)\sin 2\alpha-\left(2+\rho^4+\rho^6\right)\sin 4\alpha\right]\cos 2\theta \end{array}\right\} \end{array}\right\}}{2\pi\rho^4\left[\left(1+\rho^4\right)^2+4\rho^2\left(1+\rho^4\right)\cos 2\alpha\cos 2\theta+2\rho^4(\cos 4\alpha+\cos 4\theta)\right]}
\tag{15.79}
$$

$$
\tau_{\rho\theta}=-qS\frac{\left(3-2\rho^2+\rho^4\right)\sin 2\theta}{4\pi\rho^4}+qT\frac{\left(-3+2\rho^2+\rho^4\right)\cos 2\theta}{4\pi\rho^4}
$$

$$
+q\frac{\left\{\begin{array}{l} 2\alpha\rho^4\left[\begin{array}{l} -\left(1+\rho^4+\rho^8\right)\sin 2\theta-2\rho^2\left(1+\rho^4\right)\sin 4\theta\cos 2\alpha \\ -\rho^4(\sin 6\theta+2\sin 2\theta\cos 4\alpha) \end{array}\right] \\ +2\rho^4\left\{\left(1-\rho^2\right)\left[\left(-1+\rho^4-2\cos 2\alpha\right)\sin 2\theta-\rho^2\sin 4\theta\right]\sin 2\alpha\right\} \end{array}\right\}}{2\pi\rho^4\left[\left(1+\rho^4\right)^2+4\rho^2\left(1+\rho^4\right)\cos 2\alpha\cos 2\theta+2\rho^4(\cos 4\alpha+\cos 4\theta)\right]}
\tag{15.80}
$$

where, the expression of S and T are

$$
S=\arctan\left[1+\rho^4\cos 4\alpha+2\rho^2\cos 2\alpha\cos 2\theta,-2\rho^2\left(\rho^2\cos 2\alpha+\cos 2\theta\right)\sin 2\alpha\right]
\tag{15.81}
$$

$$
T=\frac{1}{2}Ln\left[\frac{1+\rho^4+2\rho^2\cos(2\alpha-2\theta)}{1+\rho^4+2\rho^2\cos(2\alpha+2\theta)}\right]
\tag{15.82}
$$

where $\rho=r/R$.

15.5.3 Discussion on Stress and Suggested Formula for Tensile Strength

By Eqs. (15.78) and (15.80), reference [101] verifies that the solutions can satisfy the stress boundary conditions, and are in good agreements with finite element method (FEM) simulated by ANSYS. Figure 15.44 shows the stress components σ_ρ, σ_θ and $\tau_{\rho\theta}$ along four typical directions $\theta = 0°$(x-axis), $\theta = 80°$(angle corresponding to Point A in Fig. 15.43), $\theta = 90°$(y-axis). The vertical axis represents the ratio of stress components to q The horizontal axis represents the distance from center to edge disc r, which ranges from 0 to 1.

From Fig. 15.44, it can be observed that on the y-axis, the radial stress is compressive. The tangential stress is tensile at the range of $0 \leq r \leq 0.77$, and the maximum tangential tensile stress occurs at the center of disc. In the Brazilian disc test, splitting failure occurs along the y-axis. On this axis, we have $\tau_{\rho\theta} = 0$. The other two analytical expressions are derived:

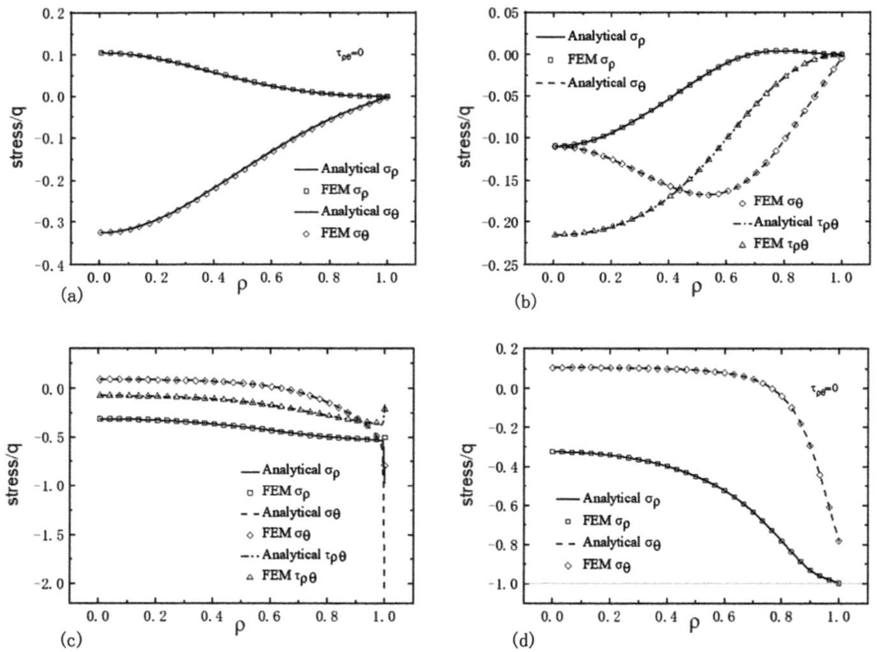

Fig. 15.44 Stress components along four typical directions: **a** $\theta = 0°$; **b** $\theta = 45°$; **c** $\theta = 80°$; **d** $\theta = 90°$

$$\sigma_\rho\big|_{\theta=90^\circ} = q\frac{\left\{W(3-4\rho^2-3\rho^4)+2\rho^2\left[\begin{array}{l}8\alpha\rho^4\cos 2\alpha+\left(-3+\rho^2+\rho^4+\rho^6\right)\sin 2\alpha\\ +\rho^2\left(-4\alpha\left(1+\rho^4\right)+\left(\rho^2-1\right)\sin 4\alpha\right)\end{array}\right]\right\}}{4\pi\rho^4(1+\rho^4-2\rho^2\cos 2\alpha)} \tag{15.83}$$

$$\sigma_\theta\big|_{\theta=90^\circ} = q\frac{\left[-W(3+\rho^4)+2\rho^2(1+\rho^2)(3-2\rho^2+\rho^4-2\rho^2\cos 2\alpha)\sin 2\alpha\right]}{4\pi\rho^4\left(1+\rho^4-2\rho^2\cos 2\alpha\right)} \tag{15.84}$$

$$W = \arctan\left[1-2\rho^2\cos 2\alpha+\rho^4\cos 4\alpha,\ -2\rho^2\left(-1+\rho^2\cos 2\alpha\right)\sin 2\alpha\right] \tag{15.85}$$

Based on Eq. (15.84), reference [101] proved when the loading arc contact range $\alpha \in 0^\circ \sim 45^\circ$, the maximum tangential tensile stress occurs at the center. The maximum tangential tensile stress expression is:

$$\lim_{\rho\to 0}\sigma_\theta\Big|_{\theta=90^\circ} = \frac{2q\cos^3\alpha\sin\alpha}{\pi} = \frac{P\cos^3\alpha}{\pi tR} \tag{15.86}$$

We obtained the expression of the maximum tangential stress. If we use assume that it reaches the uniaxial tensile strength of the rock, then we can acquire the tensile strength σ_t' of rock under the loading arcs pression, which is given by:

$$\sigma_t' = \frac{2P_{\max}\cos^3\alpha}{\pi dt} \tag{15.87}$$

Compared with original formula Eq. (15.72), it does not contain any information about the contact angle, so there must be errors when calculating the tensile strength. The ratio between the original method σ_t and new method σ_t' is:

$$\frac{\sigma_t}{\sigma_t'} = \frac{1}{\cos^3\alpha} \tag{15.88}$$

According to the contact angle shown in Fig. 15.42, it is certain that $0 < \cos^3\alpha \leq 1$. If the disc is splitted under the $P_{\max}$ pressure, the tensile strength σ_t will be overestimated using the original Eq. (15.72). Especially under a wide contact area, the error will be enlarged. If the contact area is narrow, then the resultis close the original theory. When $\alpha \to 0$, the two results are exactly the same.

Can the uniaxial tensile strength of rock, indirectly obtained by Brazilian disc test, fully replace the uniaxial tensile strength directly obtained by uniaxial tensile test? In other words, whether the uniaxial tensile strengths obtained by two methods are the same? Through the strength criterion proposed by author, this question will be discussed in next section.

15.6 A New Tensile Failure Criterion for Brittle Rock

Rock is a natural material, and its mechanical characteristics are quite different from those of metal materials. How to establish a strength criterion (also known as a failure criterion, sometimes called a yield criterion) that can reflect the inherent characteristics of rock has always been an important research topic for rock mechanics workers. In 1773, Coulomb first proposed a linear failure criterion applicable to rock and soil materials, believing that the maximum shear force carried by rock is jointly composed of the cohesion force and the internal friction force caused by normal stress of the material [102]. In 1900, Mohr proposed a non-linear shear failure criterion based on the stress envelope of all stress circles of the failure stress state [103]. In 1921, Griffith derived a non-linear criterion based on the initiation of crack extension in brittle materials [104]. In 1961, Yu Maohong proposed a biaxial shear yield criterion [105, 106]. In 1980, Hoek and Brown proposed a non-linear empirical failure criterion [107].

In the past 60 years, many experts and scholars have proposed strength criteria for rock [108–119], most of which are applicable to compression states and not suitable for tension states [120]. Most of these criteria only consider the maximum principal stress σ_1 and the minimum principal stress σ_3, and cannot consider the influence of the intermediate principal stress σ_2 on the strength. For the true triaxial stress state of $\sigma_1 > \sigma_2 > \sigma_3$, some failure criteria [121–127] that can consider intermediate principal stress have been proposed, among which the Drucker-Prager criterion is the most widely used.

In summary, most of these criteria attribute the failure mechanism of rock under compression to shear failure mechanism, and some criteria assume that there is a certain functional relationship among σ_1, σ_2 and σ_3 They determine unknown parameters in the function through fitting some experimental results. These parameters may lack clear physical significance. Therefore, it is difficult for the established criteria to be universal and widely accepted and used.

The author initially established a strength criterion for brittle intact rock based on the concept of the sum of the maximum and sub-maximum tensile strains, ε_1 and ε_2 [128, 129]. The physical meaning of this criterion is that material will undergo failure when the maximum area growth rate reaches a certain threshold. Unlike the shear failure mechanism, this criterion is not only applicable to compression states, but also suitable for tension—compression complex stress states and can consider the effect of intermediate principal stress σ_2 on strength, as shown in the subsequent analysis.

For rock engineering, tensile stress may occur in certain areas such as the sides, roof, and floor of a tunnel, as well as the lower part of the roof under cover in a mining operation. As rock are materials that can withstand compression but not tension, the existence of tensile stress will inevitably have a great impact on rock failure. However, most previous strength criteria reflect shear failure mechanisms, making these criteria difficult to apply to tension—compression stress states. Currently, there has been little research on strength criteria for tension—compression stress states.

In 2012, Bineshian proposed a non-linear compressive-tensile strength criterion that only contains σ_1 and σ_3 [120]. The criterion consists of three parameters, one of which is the uniaxial compressive strength of the rock, while the other two parameters are obtained through regression analysis and cannot be directly obtained through testing.

The strength criterion established by the authors based on the maximum area growth rate has clear physical significance. The parameters involved in the criterion are Poisson's ratio and uniaxial compressive strength. The strength criterion expressed in terms of principal stress is very concise. Such strength criteria can not only reflect the impact of intermediate stress σ_2 on strength but also reflect the characteristic that hydrostatic tensile stress can cause failure while hydrostatic compressive stress cannot.

15.6.1 Strength Criterion Based on Tensile Strains

For a point in a material subjected to the principal stresses σ_1, σ_2 andσ_3, tensile strain may occur along some principal stress directions, regardless of its tensile or compressive nature. The maximum tensile strain theory states that when the maximum tensile strain ε_1 of a material equals the uniaxial tensile yield strain ε_s, the material will fail. This theory does not agree with most experimental results and, although widely used in the past, is now rarely applied [130].

This section sets the convention that all three principal stresses, σ_1, σ_2 and σ_3, are taken as positive under compression and negative under tension, while all three principal strains, ε_1, ε_2 and ε_3, are taken as positive under elongation. Therefore, for any stress state, the following can be determined: ε_1 must be directed along the σ_3 axis, and ε_2 must be directed along the σ_2 axis. The author believes that material failure is not only dependent on the maximum tensile strain ε_1, but also on the sub-maximum tensile strain ε_2. When $\varepsilon_1 + \varepsilon_2$ equals the ultimate strain ε_u, the material will fail due to tension and cracking. The strength criterion expressed in terms of principal strain components is:

$$\varepsilon_1 + \varepsilon_2 = \varepsilon_u \tag{15.89}$$

It can be proven that $\varepsilon_1 + \varepsilon_2$ represents the actual area growth rate $\Delta s/s$ of σ_1-plane. As shown in Fig. 15.45, the area growth rate of σ_1-plane is the largest, and it is greater than the area growth rate of σ_2-plane and σ_3-plane.

Consider a cube with side length of l, under the three stress conditions of σ_1, σ_2 and σ_3, the σ_1-plane, a square with the length of l, becomes a rectangle with the length of $(l + \Delta l_1)$ and $(l + \Delta l_2)$. From this, the area growth rate of σ_1-plane can be calculated as:

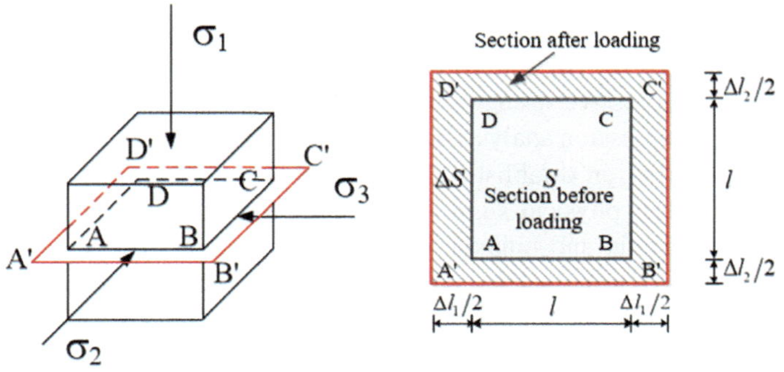

Fig. 15.45 The area of σ_1-plane increases from s to $\Delta s + s$ ($\sigma_1 \geq \sigma_2 \geq \sigma_3$)

$$\begin{aligned}\Delta s/s &= \frac{(l+\Delta l_1)(l+\Delta l_2)-l^2}{l^2}\\ &= \frac{l\Delta l_1 + l\Delta l_2 + \Delta l_1 \Delta l_2}{l^2} = \frac{\Delta l_1}{l} + \frac{\Delta l_2}{l} + \frac{\Delta l_1}{l}\frac{\Delta l_2}{l} = \varepsilon_1 + \varepsilon_2 + \varepsilon_1\varepsilon_2\end{aligned} \tag{15.90}$$

When dealing with small deformation problems, $\varepsilon_1\varepsilon_2$ compared to ε_1 and ε_2 is a higher-order quantity and can be neglected, i.e.

$$\Delta s/s = \varepsilon_1 + \varepsilon_2 \tag{15.91}$$

From Fig. 15.45, it can be clearly seen that when the maximum principal stress is in the direction of the lead weight, Eq. (15.89) reflects the lateral macroscopic expansion to a certain extent, and the rock will undergo tensile cracking failure. In reality, this phenomenon has been discovered in compression tests. For example, under conventional triaxial compression conditions, the brittle failure of rock is actually a process of initiation, propagation, and coalescence of microscopic cracks along the σ_1 direction. Especially when the values of σ_2 (σ_3) are relatively small, lateral macroscopic expansion failure can be observed [102, 131] (see Fig. 15.46).

From Fig. 15.46, it can be seen that the stress–strain curve can be divided into four regions. In the AB segment, some visible microcracks appear, which are basically parallel to the σ_1 direction (within $\pm$ 10° range). At the end of the BC segment, the microcracks begin to coalesce along a plane and form a macroscopic fracture "plane" at the failure point C. Finally, in the CD segment, the fracture surface extends to the entire specimen. Reference [132] also believes that the development process of rock failure is related to the deformation of microcracks and voids. Under the continuous increase of stress, the number of cracks increases, and the cracks merge and intersect, gradually forming macroscopic cracks along the σ_1 direction. The past commonly seen failure of conical specimens is actually caused by lateral macroscopic expansion. The reason why the failure mode of conical specimens is observed is due

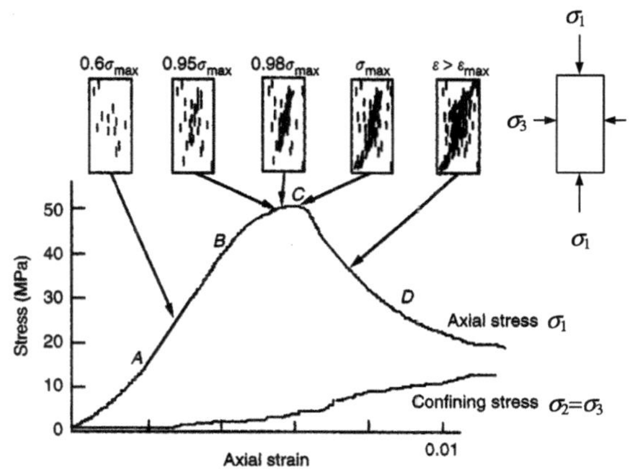

Fig. 15.46 The stress–strain curve of argillaceous quartzite specimens and cartoons of the state of microcracking observed on specimens [102, 131]

to the friction effect at the end of the specimen [133], and the loading device restricts the free deformation of the end of the specimen.

When a rock specimen is subjected to compression, it is difficult for strength criteria based on the mechanism of shear failure to reflect the above-mentioned lateral macroscopic expansion failure [134]. From the Eq. (15.91), it can be seen that the strength criteria proposed by the author can reflect the failure characteristics of lateral macroscopic expansion. When the rock specimen is subjected to tension, the rock specimen is more easily subjected to tensile strain, resulting in a larger $\varepsilon_1 + \varepsilon_2$, and the rock is more easily damaged. Therefore, using $\varepsilon_1 + \varepsilon_2$ to establish strength criteria for stress states under compression-tension is reasonable.

When the author first established the strength criteria, they subjectively assumed the size of ε_u, believing that $\varepsilon_u = 2\varepsilon_s$ (ε_s is the yield strain during uniaxial tension) [128]. In fact, this assumption does not need to be used, and the size of ε_u can be determined by the limit failure state under uniaxial tension or uniaxial compression. The method proposed in reference [129] is more rigorous than that in reference [128]. Moreover, it can be known from reference [129] that for the triaxial compression stress state, the strength criteria obtained in this section are exactly the same as those in reference [128].

Equation (15.89) is the strength criteria expressed in terms of principal strain components, but for convenience in application, the strength criteria should be expressed in terms of stress components. When derived the strength criteria, we assumed the rock was an isotropic material, but it could have different elastic parameters and strengths under tension and compression. Under the premise that the rock undergoes brittle failure, it can be assumed that the rock is a linear elastic material before failure. That is, at the limit state of failure, the corresponding stress and strain satisfy the generalized Hooke's law.

It has been proven by many tests that rock have different elastic parameters under tension and compression [135–141]. Test results show that the compressive elastic modulus E_c is greater than the tensile elastic modulus E_t, and the compressive

Poisson's ratio μ_c is also greater than the tensile Poisson's ratio μ_t. The μ_c generally falls between 0.05 and 0.3, while μ_t for most rock are between 0.05 and 0.1. The elastic parameters of rock under tension and compression can be approximately related by the following equation [142]:

$$\frac{\mu_c}{E_c} = \frac{\mu_t}{E_t} \tag{15.92}$$

According to the generalized Hooke's law, for the ultimate failure state of uniaxial tension in which $\sigma_1 = \sigma_2 = 0$ and $\sigma_3 = -\sigma_t$ (σ_t is the uniaxial tensile strength of the rock), it can be derived that:

$$\varepsilon_1 + \varepsilon_2 = \frac{1}{E_t}\sigma_t - \frac{\mu_t}{E_t}\sigma_t = \frac{1-\mu_t}{E_t}\sigma_t = \varepsilon_u \tag{15.93}$$

While according to the generalized Hooke's law, for the ultimate failure state of uniaxial compression in which $\sigma_2 = \sigma_3 = 0$ and $\sigma_1 = \sigma_c$ (σ_c is the uniaxial compressive strength of the rock), it can be derived that:

$$\varepsilon_1 + \varepsilon_2 = \frac{\mu_c}{E_c}\sigma_c + \frac{\mu_c}{E_c}\sigma_c = \frac{2\mu_c}{E_c}\sigma_c = \varepsilon_u \tag{15.94}$$

Equations (15.93, 15.94) provide the formula for calculating ε_u, and while Eqs. (15.92)–(15.94) yields:

$$\sigma_t = \frac{2\mu_t}{1-\mu_t}\sigma_c \tag{15.95}$$

When μ_t is within the range of 0.05–0.1, $\sigma_c = (4.5\text{–}9.5)\sigma_t$. This means that σ_c is much larger than σ_t, and Eq. (15.95) may provide a way to indirectly determine the uniaxial tensile strength of the rock.

15.6.2 Strength Criteria Under Complex Stress States

15.6.2.1 Case 1: $\sigma_1 \le \sigma_2 \le \sigma_3$

The strength criterion obtained for triaxial tensile stress state is:

$$\sigma_1 = \sigma_c + \frac{1-\mu_t}{2\mu_t}(\sigma_2 + \sigma_3) \tag{15.96}$$

For the triaxial isotropic tension state (referred to as the hydrostatic tension state in this article) where $\sigma_1 = \sigma_2 = \sigma_3 = -\sigma_t^{(3)}$($\sigma_t^{(3)}$>0), by substituting it into Eq. (15.96) and using Eq. (15.95), we can obtain the hydrostatic tension required for rock failure:

$$\sigma_t^{(3)} = \frac{1 - \mu_t}{2(1 - 2\mu_t)}\sigma_t > 0 \tag{15.97}$$

It can be concluded that there exists a hydrostatic tension $\sigma_t^{(3)}$that can cause rock failure. This indicates that the strength criterion proposed here is related to hydrostatic tension, i.e. hydrostatic tension affects failure, which is consistent with previous knowledge.

When μ_t is in the range of 0.05 to 0.1, $\sigma_t^{(3)}$ is slightly larger than $\sigma_t/2$, indicating that the triaxial tensile strength is slightly larger than half of the uniaxial tensile strength.

15.6.2.2 Case 2: $\sigma_1 \geq 0, \sigma_3 \leq \sigma_2 \leq 0$

At this time, corresponding to the uniaxial compression and biaxial tension state, the obtained strength criterion is:

$$\sigma_1 = \sigma_c + \frac{1 - \mu_t}{2\mu_t}(\sigma_2 + \sigma_3) \tag{15.98}$$

Equations (15.98) and (15.96) are exactly the same. This indicates that the strength criterion obtained is the same regardless of whether σ_1 is compressive or tensile stress, as long as σ_2 and σ_3 are tensile stress.

If $\sigma_1 = 0$ and $\sigma_2 = \sigma_3 = -\sigma_t^{(2)}$ in the Eq. (15.98), where $\sigma_t^{(2)}$ is the biaxial tensile strength, then the biaxial tensile strength $\sigma_t^{(2)}$ can be obtained from Eqs. (15.98) and (15.95).

$$\sigma_t^{(2)} = \frac{\sigma_t}{2}$$

That is to say, the biaxial tensile strength is exactly half of the uniaxial tensile strength. And interestingly, the biaxial tensile strength is slightly smaller than the triaxial tensile strength.

15.6.2.3 Case 3: $\sigma_1 \geq \sigma_2 \geq 0, \sigma_3 \leq 0$

In this case, the strength criterion obtained corresponds to biaxial compression and uniaxial tension, which can be expressed as:

$$\sigma_1 = \sigma_c + \frac{1 - \mu_c}{2\mu_c}\sigma_2 + \frac{1 - \mu_t}{2\mu_t}\sigma_3 \tag{15.99}$$

15.6.2.4 Case 4: $\sigma_1 \geq \sigma_2 \geq \sigma_3 \geq 0$

In this case, the strength criterion obtained corresponds to triaxial compression, which can be expressed as:

$$\sigma_1 = \sigma_c + \frac{1 - \mu_c}{2\mu_c}(\sigma_2 + \sigma_3) \tag{15.100}$$

As under the action of hydrostatic pressure, where $\sigma_1 = \sigma_2 = \sigma_3 > 0$ and $\varepsilon_1 = \varepsilon_2$ are both compressive strains, the area strain on the σ_1-plane is negative, i.e., the area on the σ_1-plane decreases. According to the criterion provided by Eq. (15.89), the rock will not fail in this case, which is consistent with past knowledge. In fact, this conclusion can also be proven through Eq. (15.100).

When $E_c = E_t$, $\mu_c = \mu_t = \mu$, the strength criteria under different stress states, including Eqs. (15.96), (15.98), (15.99) and (15.100) all become the same equation:

$$\sigma_1 = \sigma_c + \frac{1 - \mu}{2\mu}(\sigma_2 + \sigma_3) \tag{15.101}$$

15.6.3 Characteristics of New Criterion and Application Conditions

The above strength criteria are based on $\varepsilon_1 + \varepsilon_2 = \varepsilon_u$. Therefore, $\varepsilon_1 + \varepsilon_2$ should be greater than zero. This leads to the application conditions for strength criteria under various circumstances. For example, for a triaxial compressive state, the application condition is:

$$\sigma_2 + \sigma_3 < \frac{2\mu_c}{1 - \mu_c}\sigma_1 \tag{15.102}$$

Equation (15.102) indicates that only under the condition of relatively small confining pressure can the σ_1-plane expand outwardly, and when the expansion reaches its limit, the rock will undergo tensile failure. When the confining pressure is relatively high and the Eq. (15.102) is not satisfied, the failure mode of the rock is not tensile failure, and the strength criteria cannot be used.

It is known from reference [128] that Eq. (15.101) (mentioned earlier) describes a yield surface in the principal stress space that resembles a regular tetrahedron, with the vertex of the tetrahedron located at $(-\sigma_t^{(3)}, -\sigma_t^{(3)}, -\sigma_t^{(3)})$. Reference [129] compared the proposed criterion with the commonly used Mohr–Coulomb criterion and found that the plastic volume strain increments reflected by the two criteria were different. The proposed criterion can better reflect the expansion phenomenon of rock than the Mohr–Coulomb criterion.

The Mohr–Coulomb criterion is more conservative than the proposed criterion. This is because the Mohr–Coulomb criterion does not consider the influence of the intermediate principal stress σ_2 on the strength of the rock. As can be seen from the proposed strength criterion Eq. (15.101), the intermediate principal stress σ_2 has a significant impact on the strength of the rock. The influence of σ_2 on the strength is completely equivalent to that of the minimum principal stress σ_3, which is consistent with the theory of double shear strength [105, 106]. In fact, many scholars have revealed through numerous true triaxial tests that the strength increases with the increase of σ_2, and it is generally believed that the structure has greater bearing capacity after considering the effect of the intermediate principal stress [143].

15.6.4 Verification

15.6.4.1 Comparison with Experimental Results from Conventional Triaxial Compression Tests

Short cylindrical specimens are used. The specimens are first loaded to the confining pressure ($\sigma_2 = \sigma_3$). Then, the confining pressure is kept constant ($\sigma_2 = \sigma_3 =$ constant), and σ_1 is loaded until the rock specimen fails. This method is called the conventional triaxial test.

When $\sigma_2 = \sigma_3$, the strength criterion can be obtained from Eq. (15.100).

$$\sigma_1 = \sigma_c + \frac{1 - \mu_c}{\mu_c}\sigma_3 \tag{15.103}$$

Since in previous strength tests, most of the focus was on determining the value of σ_1 when the specimen failed at a given σ_3, little attention has been paid to measuring the Poisson's ratio during uniaxial compression in experiments. Therefore, when using other people's experimental results to verify the strength criterion below, the optimal fitted values for the Poisson's ratio and uniaxial compressive strength $\mu_c{}^*$ and $\sigma_c{}^*$ of the Eq. (15.103) are obtained through least squares fitting using the experimental data (σ_{1i}, σ_{2i}) (i = 1,2,…,n):

$$\mu_c^* = \frac{\sum \sigma_{3i}^2 - \frac{1}{n}\left(\sum \sigma_{3i}\right)^2}{\sum \sigma_{1i}\sigma_{3i} - \frac{1}{n}\sum \sigma_{1i}\sum \sigma_{3i} + \sum \sigma_{3i}^2 - \frac{1}{n}\left(\sum \sigma_{3i}\right)^2} \tag{15.104}$$

$$\sigma_c^* = \frac{1}{n}\sum \sigma_{1i} - \frac{1 - \mu_c^*}{n\mu_c^*}\sum \sigma_{3i} \tag{15.105}$$

The summation symbol in the equation means that i varies from 1 to n.

If μ_c and σ_c in the Eq. (15.103) are replaced by $\mu_c{}^*$ and $\sigma_c{}^*$ respectively, then $\hat{\sigma}_1$ can be calculated from the following equation when σ_3 is given:

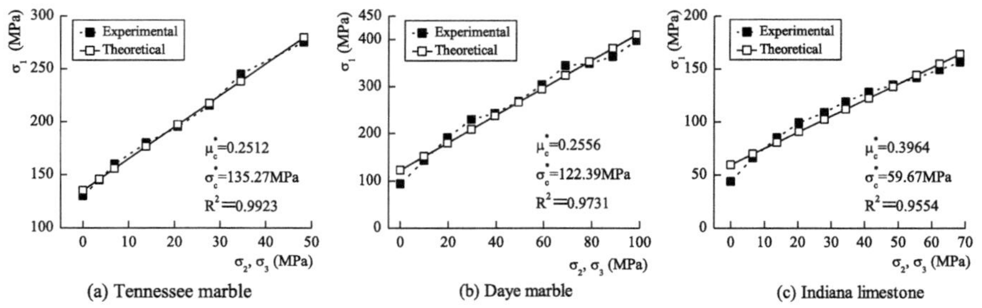

Fig. 15.47 The results of conventional triaxial tests and theoretical calculations for three types of rock: **a** Tennessee marble [144, 145] ; **b** Daye marble [145, 146]; **c** Indiana limestone [145, 147]

$$\hat{\sigma}_1=\sigma_c^* + \frac{1-\mu_c^*}{\mu_c^*}\sigma_3 \tag{15.106}$$

$\hat{\sigma}_1$ is the theoretical calculation result, also known as the estimated value. The correlation between $\hat{\sigma}_1$ and the measured σ_1 can be expressed by the coefficient of determination R^2 (Eq. 15.107).

$$R^2 = 1 - \frac{\sum(\sigma_{1i} - \hat{\sigma}_{1i})^2}{\sum(\sigma_{1i} - \overline{\sigma}_1)^2} \tag{15.107}$$

where $\hat{\sigma}_{1i}$ is determined by Eq. (15.106),and $\overline{\sigma}_1 = \frac{1}{n}\sum\sigma_{1i}$

If the value of R^2 approaches 1, it indicates that the calculated value of $\hat{\sigma}_1$ is more consistent with the measured value of σ_1. Therefore, if the value of R^2 is close to 1 and the calculated value of $\mu_c{}^*$ falls within the range of values for rock, it can be considered that the proposed strength criterion is applicable to conventional triaxial tests.

Figure 15.47 shows the experimental results and theoretical calculation results of Tennessee marble, Daye marble, and Indiana limestone.

Figure 15.48 shows the theoretical calculation results and experimental results for three types of rock: Westerly granite, Dunham dolomite, and Solnhofen limestone. Figures 15.48c, d correspond to the same rock, but with different confining pressures. The confining pressure used in Fig. 15.48c ranges from 0 to 46 MPa, while the confining pressure used in Fig. 15.48d ranges from 0 to 304 MPa.

Figure 15.49 shows the experimental results and theoretical calculation results for red sandstone, Jinping marble, and medium-coarse-grained marble.

From Figs. 15.47, 15.48 and 15.49, it can be seen that the R^2 obtained from the 11 conventional triaxial test results are close to 1, with the minimum R^2 being 0.9433 and the average being 0.9745. When the confining pressure is not very high and the rock is brittle, the relative error between the uniaxial compressive strength $\sigma_c{}^*$obtained from multiple $(\sigma_{3j}, \sigma_{1j})$ pairs and the actual measured strength σ_c is 14.3% on average, and the Poisson's ratio $\mu_c{}^*$ obtained from these tests mostly falls within the range of 0.16–0.3, within the range of values for rock [152]. However, when the confining pressure

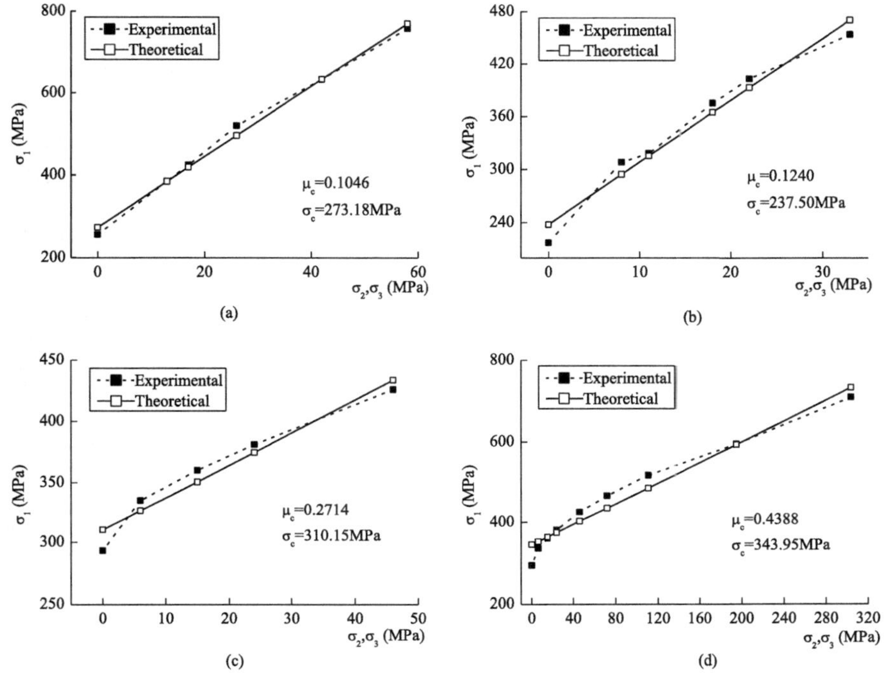

Fig. 15.48 The conventional triaxial test results [148] and theoretical calculation results by Mogi for: **a** Westerly granite; **b** Dunham dolomite; **c** Solnhofen limestone (low confining pressure); **d** Solnhofen limestone (high confining pressure)

is relatively high (Fig. 15.48d), the relative error between the uniaxial compressive strength σ_c^* obtained from tests and the actual measured strength σ_c is relatively large (18.2%), and the Poisson's ratio μ_c^* obtained from these tests is also relatively large (0.44). This may be because when the confining pressure is high, the condition for the strength criterion given in the Eq. (15.102) may not be satisfied. The rock undergoes significant plastic deformation before failure under high confinement, and the failure mode of the rock is ductile rather than brittle, which is inconsistent with the assumption, made by the authors, that the rock is a linear elastic material before failure.

15.6.4.2 Comparison with Experimental Results from True Triaxial Compression Test

Following the procedure of Sect. 15.6.4.1, the Poisson's ratio and uniaxial compressive strength of the rock will be determined using the experimental data (σ_{1j}, σ_{2j}, σ_{3j},) ($j = 1,2,\ldots,n$) obtained from the true triaxial compression test. By replacing σ_{3j} in Eqs. (15.104) and (15.105) with $(\sigma_{2j} + \sigma_{3j})/2$, the optimal fitting values μ_c^* and σ_c^* of Eq. (15.101) can be obtained.

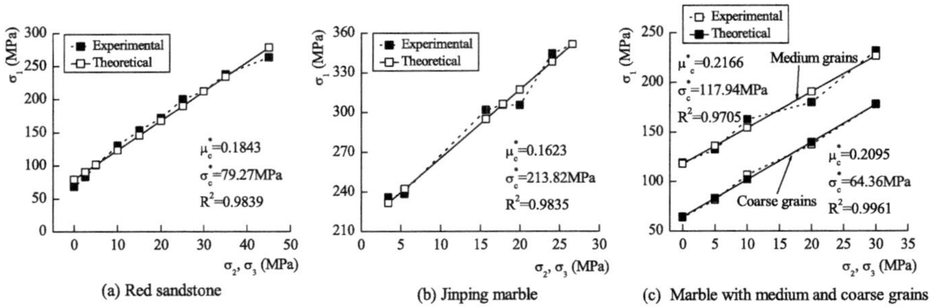

Fig. 15.49 The conventional triaxial test results and theoretical calculation results by three Chinese scholars for: **a** red sandstone [149]; **b** Jinping marble [150]; **c** medium-coarse-grained marble [151]

Replace μ_c and σ_c in the Eq. (15.100) with the obtained $\mu_c{}^*$ and $\sigma_c{}^*$, then when σ_2 and σ_3 are given, $\hat{\sigma}_1$ can be obtained from Eq. (15.108).

$$\hat{\sigma}_1 = \sigma_c^* + \frac{1-\mu_c^*}{2\mu_c^*}(\sigma_2+\sigma_3) \tag{15.108}$$

The goodness of fit R^2 will still be calculated using Eq. (15.107) in Sect. 15.6.4.1, but $\hat{\sigma}_{1j}$ should be determined by Eq. (15.108) in this case. The values of R^2 and $\mu_c{}^*$ will still be used to judge whether the proposed strength criteria are suitable for the true tri-axial compression test.

Table 15.3 presents the test results of coarse-grained, dense marble [153], comprising 30 sets of test data. Among the 30 sets of data, four sets of data are marked in bold font, which show a decrease in σ_1 with an increase in σ_2. This does not conform to the strength criterion [(Eq. 15.100) (Eq. 15.102) may not be satisfied when σ_2 is large]. Therefore, only data which σ_1 is positively relative to σ_2 are used when calculating $\mu_c{}^*$ and $\sigma_c{}^*$, leaving 26 sets of test data available for use.

The results obtained from these 26 sets of test data are: $\mu_c{}^* = 0.2167$, $\sigma_c{}^* = 66.41$ MPa, $R^2 = 0.9877$. Figure 15.50 shows the corresponding test results and theoretical calculations.

Table 15.4 presents the test results of Dunham dolomite [148]. The table provides 45 sets of test data, of which 12 sets of data indicated by bold numbers show a decrease in σ_1 with an increase in σ_2. As the Eq. (15.102) may not be satisfied when σ_2 is large, 33 sets of test data related to σ_1 being positively correlated with σ_2 were used to solve $\mu_c{}^*$ and $\sigma_c{}^*$.

The results obtained from these 33 sets of test data are: $\mu_c{}^* = 0.3004$, $\sigma_c{}^* = 382.7$ MPa, $R^2 = 0.8803$. Figure 15.51 shows the corresponding test results and theoretical calculations.

Figure 15.52 shows the test results and theoretical calculations of Raxiwa marble [105] and trachyte [148].

For Raxiwa marble, all 5 sets of test data follow the rule that σ_1 increases with σ_2, and the calculated results are: $\mu_c{}^* = 0.2256$, $\sigma_c{}^* = 165.8$ MPa, $R^2 = 0.9891$. For

Table 15.3 Test results of coarse-grained dense marble

σ_3	3.45							6.89						13.79	
σ_2	3.45	5.17	6.89	10.34	27.58	68.95	**82.74**	6.89	13.79	27.58	55.16	**82.14**	**110.3**	13.79	20.68
σ_1	66.3	75.1	83.9	94.1	129.8	192.7	**143.3**	83.8	112.8	134.1	191.6	**188.1**	**174.6**	115.9	126.3

13.79					20.68					27.58				
27.58	41.37	55.16	82.74	110.31	20.68	27.58	62.05	82.73	110.31	27.58	**48.26**	55.16	82.74	110.31
147.2	154.8	196.4	254.4	278.1	138.0	150.2	208.7	260.2	289.1	170.6	**166.6**	222.0	274.8	324.0

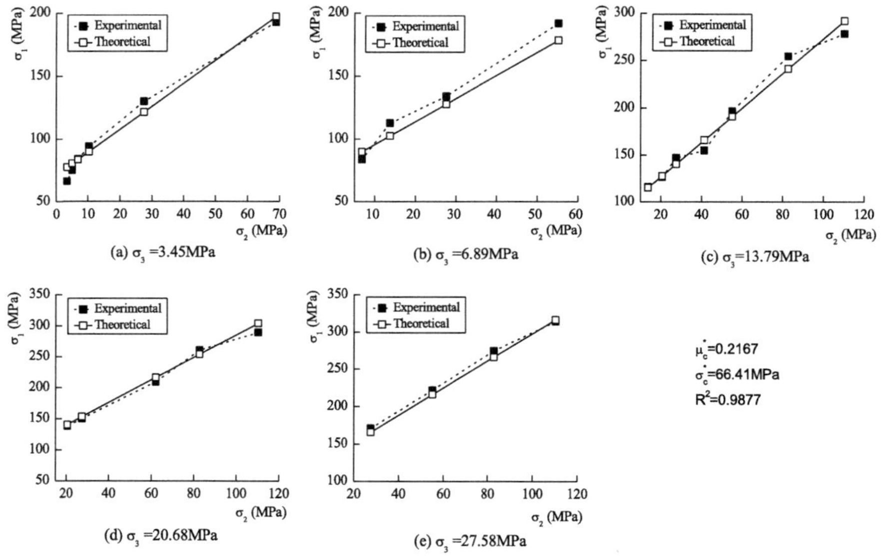

Fig. 15.50 True triaxial test results [153] and theoretical calculations of coarse-grained dense marble: **a** $\sigma_3 = 3.45$ MPa; **b** $\sigma_3 = 6.89$ MPa; **c** $\sigma_3 = 13.79$ MPa; **d** $\sigma_3 = 20.68$ MPa; **e** $\sigma_3 = 27.58$ MPa

Table 15.4 Test results of Dunham dolomite

σ_3	0	25							45							
σ_2	0	25	66	96	129	174	229	**272**	45	97	126	160	183	240	**266**	**294**
σ_1	265	400	475	495	560	571	586	**545**	487	570	576	606	639	670	**670**	**622**

65							85						
65	117	153	208	**262**	**318**	**393**	85	128	153	233	306	376	**445**
567	638	644	687	**685**	**746**	**701**	620	684	719	744	773	818	**798**

105								125						
105	167	205	268	270	**334**	**356**	**415**	125	187	239	293	414	**463**	**516**
682	778	786	805	863	**824**	**840**	**822**	725	824	860	897	941	**918**	**886**

the trachyte, only 7 sets of partial test data with $\sigma_3 \leq 45$ MPa were used. The test data also follow the rule that σ_1 increases with σ_2. The calculated results are: $\mu_c{}^* = 0.2213$, $\sigma_c{}^* = 129.5$ MPa, $R^2 = 0.9445$.

After calculating $\mu_c{}^*$ and $\sigma_c{}^*$from the test data and then using Eq. (15.108) to calculate $\hat{\sigma}_1$, a comparison between $\hat{\sigma}_1$ and the experimental result σ_1 shows that when the value of confining pressure (σ_2 or σ_3) is not very large (in Figs. 15.50 and 15.52), the theoretical calculation results are in good agreement with the measured results. The calculated values of R^2 are 0.9877, 0.9891, and 0.9445, respectively. However, when the value of confining pressure (σ_2 or σ_3) is very large (in Fig. 15.51),

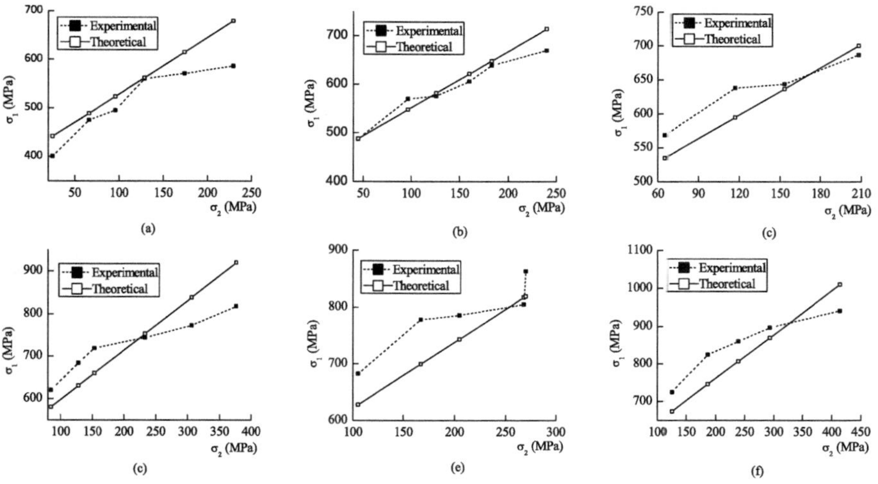

Fig. 15.51 True triaxial test results [148] and theoretical calculations of Dunham dolomite: **a** $\sigma_3 = 25$ MPa; **b** $\sigma_3 = 45$ MPa; **c** $\sigma_3 = 65$ MPa; **d** $\sigma_3 = 85$ MPa; **e** $\sigma_3 = 105$ MPa; **f** $\sigma_3 = 125$ MPa

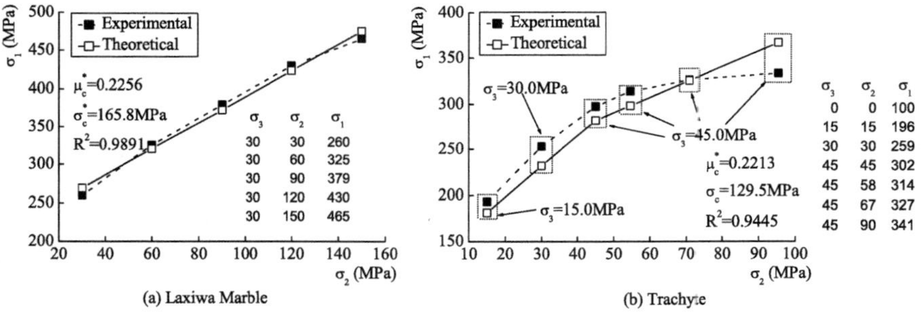

Fig. 15.52 True triaxial test results and theoretical calculations of Raxiwa marble and trachyte **a** Raxiwa marble [105]; **b** trachyte [148]

the theoretical calculation results are less consistent with the measured results, and the calculated value of R^2 is 0.8803. All calculated values of Poisson's ratio $\mu_c{}^*$ from the test results fall within the range of 0.2–0.3, which is also within the range of values for rock. This indicates that when the confining pressure is not very high and the rock failure is brittle, the strength criterion proposed by the author for the true triaxial stress state can also achieve relatively ideal results.

15.6.4.3 Applicability in Compressive-Tensile State

At present, there are no corresponding test data for the stress states discussed in Sects. 15.6.2.1 and 15.6.2.3. For the biaxial tensile and uniaxial compressive stress state discussed in Sect. 15.6.2.2, there are also few test data available. Brace provided some test data for rock in the state of biaxial tensile and uniaxial compression ($\sigma_2 = \sigma_{3,}\ \sigma_1 \geq 0$) in his work [115]. Brace also provided test data for conventional triaxial stress states. Therefore, the following will use Brace's test results to verify the strength criteria (Eqs. 15.98 and 15.100) corresponding to different stress states.

When using test data to calculate the Poisson's ratio and compressive strength, the two stress states should be separately discussed. For the biaxial tensile and uniaxial compressive state, the strength criterion Eq. (15.98) should be used, while for the conventional triaxial compressive stress state, the strength criterion Eq. (15.100) should be used.

For the two stress state, since the forms of Eq. (15.98) and Eq. (15.100) are identical, the difference between the two equations lies only in the Poisson's ratio, one of which involves the tensile Poisson's ratio and the other involves the compressive Poisson's ratio. Therefore, the method used in Sect. 15.6.2.2 can be used to directly obtain the optimal fitting values of the tensile Poisson's ratio μ_t^* and uniaxial compressive strength σ_{c1}^* in the Eq. (15.98), as well as the corresponding fitting degree R_t^2. For the conventional triaxial compressive stress state, Eqs. (15.104), (15.105) and (15.107) described earlier can be directly used to calculate the optimal fitting values of the tensile Poisson's ratio μ_c^* and uniaxial compressive strength σ_{c2}^*, as well as the fitting degree R_c^2.

Figures 15.53, 15.54, 15.55 and 15.56 show the calculation results for four types of rock: dolomite, diabase, granite, and quartzite. It can be seen from the figures that the values of μ_t^* for the four types of rock are 0.06, 0.09, 0.10, and 0.08, respectively, while the values of μ_c^* are 0.25, 0.17, 0.11, and 0.09, respectively. In all four types of rock, μ_c^* is greater than μ_t^*. The values of R_t^2 for the four types of rock are 0.9541, 0.9336, 0.9379, and 0.9440, with an average of 0.9424, while the values of R_c^2 are 0.9905, 0.9976, 0.9986, and 0.9970, with an average of 0.9971. In all four types of rock, R_c^2 is greater than R_t^2.

The compressive strength of rock obtained from the two types of tests is different. For the biaxial tensile and uniaxial compressive state of the four types of rock, the relative errors δ_t between the calculated σ_{c1}^* and the measured σ_c are 7.5%, 3.6%, 3.3%, and 3.4%, with an average of 4.5%. For the triaxial compression state of the four types of rock, the relative errors δ_c between the calculated σ_{c2}^* and the measured σ_c are 11.2%, 7.8%, 5.2%, and 7.3%, with an average of 7.9%.

From the values of R_t^2, R_c^2, δ_t, and δ_c, we can see that the calculated results for the four types of rock correspond well with the experimental results. The obtained Poisson's ratio μ_t^* is between 0.06 and 0.10, and the values of μ_c^*a are between 0.11 and 0.25, which are all within the range of values for rock [152]. This indicates that the strength criterion proposed by the author is also applicable to complex stress states with both tension and compression.

In Reference [115], Betourney and Borecki also provided experimental results for simpler stress states. The experiments only included one biaxial tension test ($\sigma_2 = \sigma_3 < 0,\ \sigma_1 = 0$), while others were triaxial compression tests. By using uniaxial compressive strength and biaxial tensile tests (actually biaxial tensile strength) data,

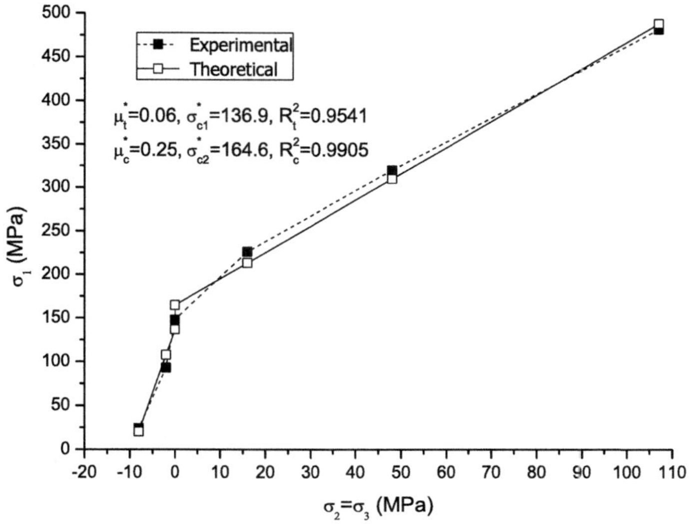

Fig. 15.53 Comparison of test results [115] and theoretical calculation results for Dolomite

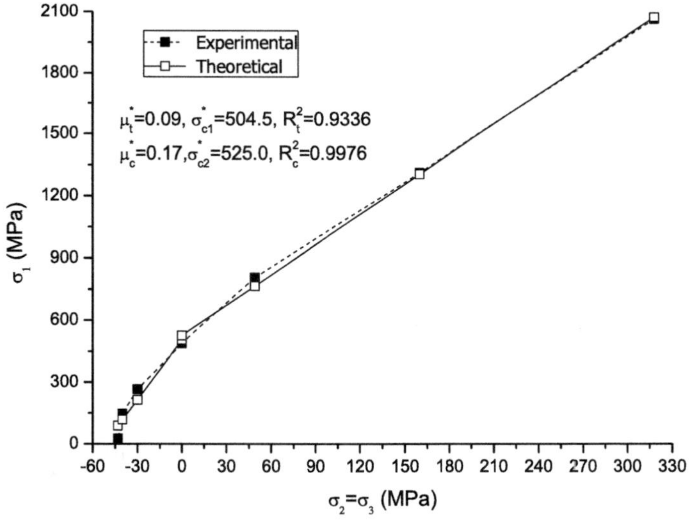

Fig. 15.54 Comparison of test results [115] and theoretical calculation results for Diabase

μ_t can be calculated using Eq. (15.98). For triaxial compression tests, $\mu_c{}^*$, $\sigma_c{}^*$, $R_c{}^2$ and δ_c can be calculated using the corresponding formulas presented earlier (Table 15.5).

As shown in Table 15.5, μ_t for 17 groups of rock is between 0.04 and 0.13, with an average of 0.08. Except for one group with $\mu_c = 0.41$, the values of μ_c for the other 17 groups are mostly between 0.07 and 0.3, with an average of 0.20. Except for the quartz monzonite from Copper Cliff mine with $\mu_t = \mu_c$, other rock has $\mu_t < \mu_c$.

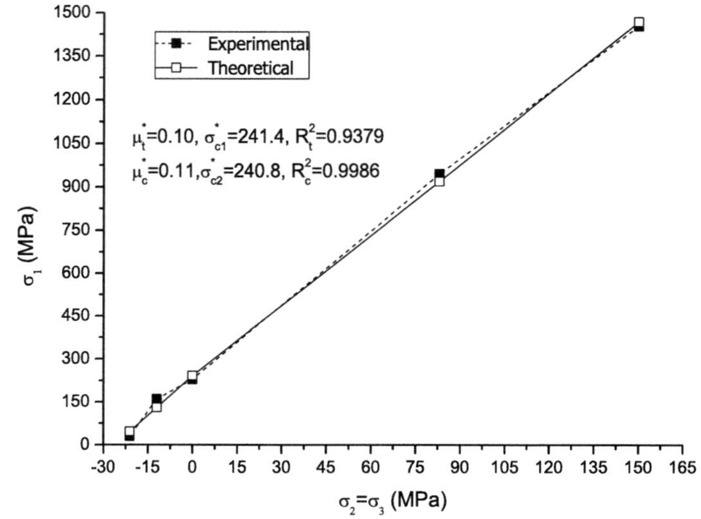

Fig. 15.55 Comparison of test results [115] and theoretical calculation results for Granite

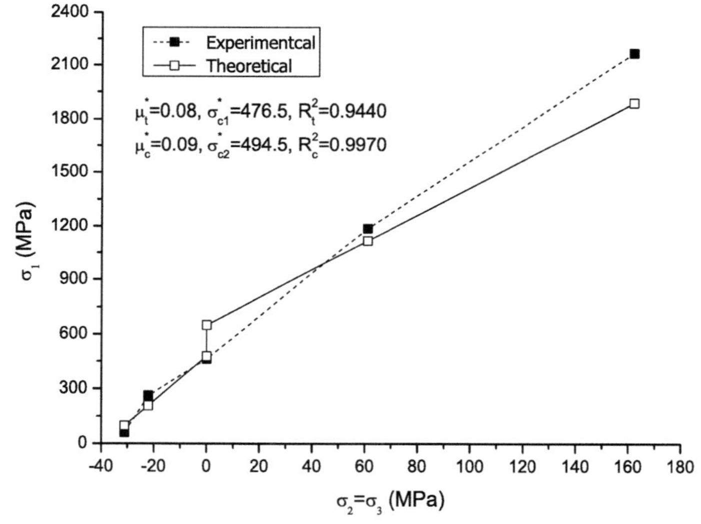

Fig. 15.56 Comparison of test results [115] and theoretical calculation results for Quartzite

The average value of R_c^2 is 0.9737, and the average relative error of σ_c is 5.5%. The calculated Poisson's ratio μ_t and $\mu_c^*$are also within the range of values for rock [152]. Therefore, the experimental results of Betourney and Borecki also verify the applicability of the strength criterion proposed in this section.

Table 15.5 μ_t of rock under biaxial equal tension and μ_c^*,σ_c^*,R_c^2, δ_c of rock under three-dimensional compression

Author	Location	Rock category	Bidirectional equal pull data/MPa	Uniaxial compressive strength/MPa	Number of three-dimensional compression groups	μ_t	μ_c^*	σ_c^*	R_c^2	δ_c δc δc/%
Betourney.(1991)	Nepean	Sandstone	−6.8	145.8	4	0.04	0.11	156.5	0.9861	7.3
	Blue Beach	Granite	−12.94	223.9	4	0.05	0.10	232.6	0.9935	3.9
	Canada Potash	Sandstone-1	−9.4	128.1	5	0.07	0.16	133.0	0.9876	3.8
	Canada Potash	Sandstone-2	−5.4	56.4	5	0.09	0.16	68.2	0.9838	7.3
	Beauche-min mine	Quartz diorite	−14.9	184.5	5	0.07	0.15	174.8	0.9708	5.3
	Copper cliff mine	Quartz diorite	−12.3	155.1	3	0.07	0.07	150.4	0.9998	3.0
	Lupin mine	Quartzite	−13.7	168.1	4	0.08	0.26	167.4	0.9993	3.0
	Belmoral mine	Granodiorite	−12.1	83.3	5	0.13	0.14	101.0	0.9232	21.2
	Strathcona mine	Granite breccia	−17.8	363.0	5	0.05	0.16	368.2	0.9828	1.4
	Strathcona mine	Gneiss	−15.9	326.8	5	0.05	0.13	334.8	0.9486	2.4
	Beliveau mine	Lamprophyre	−12.5	140.4	5	0.08	0.22	125.3	0.8450	10.8

(continued)

Table 15.5 (continued)

Author	Location	Rock category	Bidirectional equal pull data/MPa	Uniaxial compressive strength/MPa	Number of three-dimensional compression groups	μ_t	μ_c^*	σ_c^*	R_c^2	δ_c δc δc/%
	Beliveau mine	Agglomerate tuff	−9.3	100.1	5	0.09	0.23	101.5	0.9967	1.4
	Beliveau mine	Diorite	−12.7	144.6	4	0.08	0.32	145.7	0.9949	0.8
	Beliveau mine	Basalt	−10.8	99.0	4	0.10	0.41	98.4	0.9909	0.6
	Kidd Creek mine	Rhyolite	−12.5	112.0	4	0.10	0.26	117.2	0.9769	4.6
Borecki (1982)	Pniowek	Sandstone	−10.9	125.4	8	0.08	0.20	135.4	0.9886	8.0
	Anna	Sandstone	−11.66	115.4	8	0.09	0.24	125.3	0.9850	8.6

15.6.5 Discussion on Strength from Brazilian Disk Tests

In 15.5.3, the author asked whether it is reasonable to directly use the maximum tensile stress on the Brazilian disk as the uniaxial tensile strength? In 1995, Tao Jinan explained through a large number of experimental results [154]: the splitting method cannot truly reflect the tensile strength of rock. For hard rock, the splitting method is generally low; for soft rock or layered rock, the splitting method is high. This rule can be well explained by the strength criterion proposed in this section.

Compared with uniaxial tensile tests, the stress state of specimens in the splitting method tests is slightly more complex, with the compressive-tensile stress state. In the past, when using the splitting method to determine the uniaxial tensile strength of rock, it was believed that when the tensile stress σ_x along the x direction of the center of the disk reached the uniaxial tensile strength σ_t^* of the rock, the disk would start to split and fail along the direction of the applied force P from the center of the disk. The strength criterion (Eq. 15.98) established below will be used to prove that the obtained σ_t^* is smaller than the real uniaxial tensile strength σ_t.

In fact, the failure at the center of the disk is caused by the combined action of the tensile stress σ_x and the compressive stress σ_y (σ_y = -3σ_x). Since σ_x and σ_y are principal stresses, the stress state corresponding to the failure state is as follows: $\sigma_1 = 3\sigma_t^*$, $\sigma_2 = 0$, $\sigma_3 = -\sigma_t^*$. Substituting into Eq. (15.98) and using Eq. (15.95), it can be obtained that:

$$\sigma_t^* = \frac{1-\mu_t}{1+5\mu_t}\sigma_t \tag{15.109}$$

Since $0 < \mu_t < 0.5$, σ_t^*obtained by the splitting method is smaller than the uniaxial tensile strength σ_t of the actual rock. When $\mu_t = 0.05$, then $\sigma_t^*/\sigma_t = 0.76$; When $\mu_t = 0.1$, then $\sigma_t^*/\sigma_t = 0.6$. Therefore, using σ_t^* directly as the uniaxial tensile strength will be lower than the actual uniaxial tensile strength σ_t, with a potential decrease of 24% when $\mu_t = 0.05$ and up to 40% when $\mu_t = 0.1$.

But why is the σ_t^*obtained by the splitting method too high for soft rock? This is mainly because the calculation formula (Eq. 15.72) of σ_t^* in the splitting method is based on the premise that the external load P is a concentrated force line. However, in the experiment, it was based on the recommended like Fig. 15.40 in the ISRM, and the arc mold compressed the disk within a certain range. This will be more obvious for soft rock. According to 15.6.5, the P_{max} that causes the rock to fail is definitely greater than when the load is concentrated. But if the stress at the center of the disk is still calculated according to Eq. (15.72), this will inevitably cause an increase in the tensile strength. The influence of the contact angle on the strength can also be seen from the experimental results of Professor He Manchao [155]. For the two loading methods in Fig. 15.40, when σ_t^* is calculated using Eq. (15.72), the difference between the two can be about twice. Even if the decrease in compressive stress on strength is considered, the obtained tensile strength σ_t of soft rock may still be too high.

15.6.6 Conclusions

The authors established strength criteria for four stress states of brittle rock based on the maximum area growth rate of the main plane. The obtained strength criteria have three mathematically similar forms of expressions, and the strength criteria expressed by the principal stresses σ_1, σ_2 and σ_3 are all linear equations. The strength criteria contain only two or three parameters, namely, Poisson's ratio (μ_c, μ_t) and uniaxial compressive strength σ_c. The applicability of such criteria was verified by experimental data of triaxial compression (conventional and true triaxial) and tension–compression stress states, and the obtained Poisson's ratios fell within the normal range of rock values. It can be proved that, for conventional triaxial tests, the strength criteria proposed by the author is the same as the maximum tensile strain theory.

In the principal stress space, the strength criterion represents a tetrahedron, and the yield surface on the deviatoric plane is a convex equilateral triangle. The yield surface corresponding to this criterion encloses the Mohr–Coulomb yield surface and the Drucker-Prager yield surface, indicating that this criterion is the least conservative, mainly because it can consider the influence of the intermediate principal stress σ_2 on strength. The influence of the intermediate principal stress σ_2 on strength is completely equivalent to that of the minimum principal stress σ_3. The established strength criterion can also reflect the influence of hydrostatic stress state on strength. Hydrostatic tension can affect failure, while hydrostatic compression cannot.

The established strength criteria can lead to the following conclusions: the triaxial and biaxial tensile strength of rock are smaller than the uniaxial tensile strength, only about half of the uniaxial tensile strength. The uniaxial compressive strength of rock is approximately 4.5–9.5 times that of the uniaxial tensile strength. The traditional calculation formula for determining the actual tensile strength of rock using the disk splitting method is not accurate. For hard rock, the calculation results using traditional formulas are lower than the actual uniaxial tensile strength. When the tensile Poisson's ratio is between 0.05 and 0.1, the deviation can reach 24% to 40%. The proposed strength criteria can better reflect the dilatancy phenomenon of rock than the Coulomb criterion. These are only theoretical results and need to be further verified by a large number of experiments.

For the compressive stress state, the author provides the applicable conditions for the strength criteria. If the intermediate and minimum principal stresses σ_2 and σ_3 are not too large, the area growth rate of the main plane is positive, and tension cracks may occur, leading to failure. However, when σ_2 and σ_3 are relatively large, the area growth rate of the main plane is negative, and tension cracks will not occur. In this case, a greater σ_1 is required for the rock to fail, and the rock has entered a plastic state before failure. The failure of the rock in this case is ductile failure, and other strength criteria are needed to describe such problems.

15.7 Concentrated Forces Optimization for Reducing Stress Concentration Around Holes

The exact solutions for the plane elastic problem of an elliptical hole in an infinite plane can be easily solved using the analytical methods only when the position and distribution of external loadings are in a certain form. For example, when the uniform loadings are applied in the far-field or the radial and/or tangential uniform surface forces are applied on the hole boundary, we can deal with these issues using the method of conformal transformation and the Cauchy's integral formula proposed by Muskhelishvili [14, 47, 156] in Chap. 2. There are many research results in this area. The essence of this method is to map the outer regions of the hole in the z-plane onto the outer regions of the unit circle in ζ-plane by the mapping function $z = \omega(\zeta)$, and derive the two analytic functions $\varphi(\zeta)$ and $\psi(\zeta)$ according to the loading form acting at infinity and the stress boundary conditions along the hole boundary.

As illustrated in Fig. 15.57, an infinite plate with an elliptical hole is subjected to uniform tensile stresses of Q along the y-direction. It can be seen from Sect. 2.4 of Chap. 2 that, the tangential stress reaches its extreme value at points A and B with $\sigma_{\theta A} = (1 + 2a/b)Q$ and $\sigma_{\theta B} = -Q$, respectively. This means that the maximum tangential stress concentration occurs at point A with the coefficient being $1 + 2a/b$, especially when b is smaller, the coefficient becomes greater.

Suppose that there are four more concentrated forces P (as shown in Fig. 15.58) acting in the plate, which are equal in size and symmetric about the x- and y-axes. The distance from the application point of the concentrated forces to the coordinate axes are W and H, respectively. The concentrated forces P can be provided by the connecting elements fixed to two points on the plate, that is, the concentrated forces P are applied through the element connecting z_1 and z_2, and the element connecting

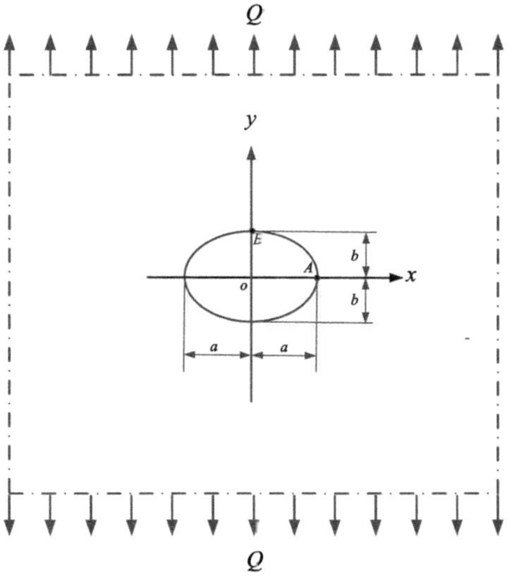

Fig. 15.57 An infinite plate with an elliptical hole under uniform uniaxial tensile loading in far-field

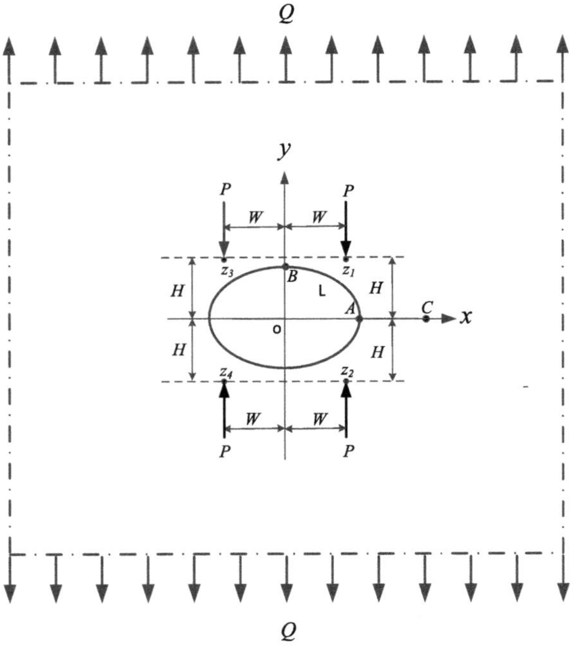

Fig. 15.58 An infinite plate with an elliptical hole under uniaxial tensile loading in far-field and four symmetrical concentrated forces in the domain

z_3 and z_4. Before applying Q, a portion of P can be obtained by applying pre-stresses. After the application of Q, the connecting elements are stretched along with the plate, and the magnitude of the concentrated forces P increases accordingly. The greater tensile stiffness of the elements and the value of Q, the greater concentrated forces P.

It can be found through the author's analysis in reference [157], the existence of concentrated forces P in the plate can indeed reduce the stress concentration along the hole boundary. Actually, there are many ways to reduce the stress concentration around a hole, e.g. (1) thicken the plate around the hole [158, 159]; (2) reinforce the area around the hole with other materials [160–162]; (3) introduce smaller holes on either side of the original hole [163, 164]; (4) use multi-material fabrication techniques [165, 166]. In order to minimize the stress concentration around the elliptical hole, the optimization method is introduced in reference [157] to determine the optimum positions and/or values of the concentrated forces.

For the problem of a concentrated force applying at any point inside the region (as shown in Fig. 15.59), references [157, 167, 168] used the conformal transformation and the Cauchy's integral method. SIH first proposed the analytic functions for the elliptical hole by using the power series method [169], while references [170, 171] solved the problem by introducing auxiliary functions and using the method of analytic continuation. In this section, the Cauchy's integral formula is to be used to solve the ellipse problem.

The two analytic functions $\varphi(\zeta)$ and $\psi(\zeta)$ can be directly solved according to the stress boundary conditions of the hole boundary, then, the analytic expression

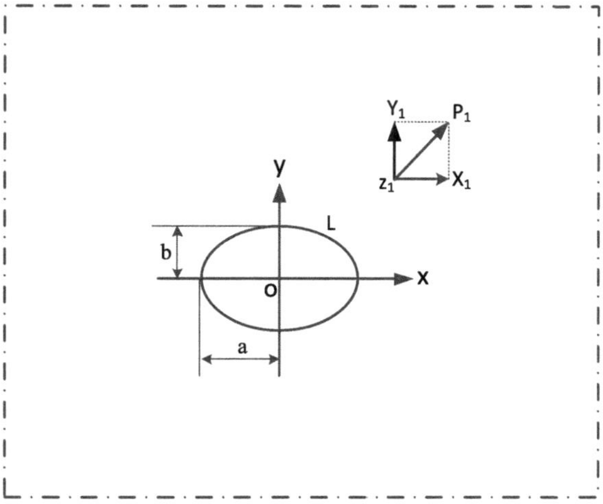

Fig. 15.59 An elliptical hole in an infinite field is subjected to a concentrated force P_1 at any point z_1 in the domain

for the tangential stress along the hole boundary can be derived. On this basis, the problem shown in Fig. 15.58 can be solved by using the optimization method, i.e., determining the optimum positions of the concentrated forces in order to minimize the stress concentration around the elliptical hole when the plate is subjected to uniaxial tensile stresses.

15.7.1 Cauchy's Integral Method

As shown in Fig. 15.60, a concentrated force P_1 acts at one point of an infinite plane z_1 and the components in the *x*- and *y*-axes are X_1 and Y_1, respectively. When there is no hole in the plane, the two corresponding analytic functions $\varphi_{(1)}(z)$ and $\psi_{(1)}(z)$ can be directly written in the following forms according to Eq. (6.54) [14].

$$\varphi_{(1)}(z) = -\frac{X_1 + iY_1}{2\pi(1+\kappa)} \ln(z - z_1) \tag{15.110}$$

$$\psi_{(1)}(z) = \frac{\kappa(X_1 - iY_1)}{2\pi(1+\kappa)} \ln(z - z_1) + \overline{z_1}\frac{(X_1 + iY_1)}{2\pi(1+\kappa)}\frac{1}{(z - z_1)} \tag{15.111}$$

Under the action of concentrated force P_1, the forces exerted by the inner region L^+ of the proposed excavated elliptical hole on the boundary L are denoted as (X_n, Y_n), which exist at any point of the hole boundary. Drilling the hole can be considered as applying the opposite surface force (-X_n, -Y_n) on the boundary. Let $\varphi_{(2)}(z)$ and $\psi_{(2)}(z)$ denote the two analytic functions as the ellipse boundary is subjected to (-X_n, -Y_n), the functions $\varphi_1(z)$ and $\psi_1(z)$ under the action of concentrated force (X_1, Y_1) and surface force (-X_n, -Y_n) can be obtained by superposition as

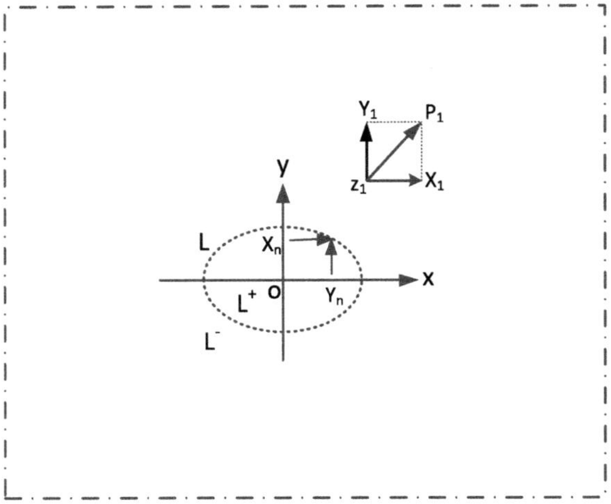

Fig. 15.60 Surface forces on the proposed excavated boundary induced by a concentrated force in the infinite domain

$$\varphi_1(z) = \varphi_{(1)}(z) + \varphi_{(2)}(z) = -\frac{X_1 + iY_1}{2\pi(1+\kappa)}\ln(z - z_1) + \varphi_{(2)}(z) \tag{15.112}$$

$$\begin{aligned}\psi_1(z) = \psi_{(1)}(z) + \psi_{(2)}(z) &= \frac{\kappa(X_1 - iY_1)}{2\pi(1+\kappa)}\ln(z - z_1) \\ &+ \overline{z_1}\frac{(X_1 + iY_1)}{2\pi(1+\kappa)}\frac{1}{(z - z_1)} + \psi_{(2)}(z)\end{aligned} \tag{15.113}$$

where $\varphi_{(2)}(z)$ and $\psi_{(2)}(z)$ can be derived by the stress boundary condition of the hole boundary in Eq. (2.13). Because $\oint_L (-X_n)ds = 0$ and $\oint_L (-Y_n)ds = 0$, Substituting Eqs. (15.112) and (15.113) into Eq. (2.13) yields

$$\begin{aligned}\varphi_{(2)}(t) + z\overline{\varphi'_{(2)}(t)} + \overline{\psi_{(2)}(t)} &= \frac{X_1 + iY_1}{2\pi(1+\kappa)}\ln(t - z_1) + \frac{X_1 - iY_1}{2\pi(1+\kappa)}\frac{t}{\overline{t} - \overline{z_1}} \\ &- \frac{\kappa(X_1 + iY_1)}{2\pi(1+\kappa)}\ln(\overline{t} - \overline{z_1}) - z_1\frac{(X_1 - iY_1)}{2\pi(1+\kappa)}\frac{1}{(\overline{t} - \overline{z_1})}\end{aligned} \tag{15.114}$$

To map the outer region of an elliptical hole in the z-plane into the outer region of a unit circle in the ζ plane, the mapping function is given by Eq. (2.34)

$$z = \omega(\zeta) = R\left(\zeta + \frac{m}{\zeta}\right) \tag{15.115}$$

Substituting Eq. (15.115) into $\varphi_{(2)}(z)$ and $\psi_{(2)}(z)$ gives the expressions of $\varphi_{(2)}(z)$ and $\psi_{(2)}(z)$. The $\varphi_{(2)}(\zeta)$ and $\psi_{(2)}(\zeta)$ are single valued analytic functions in the outer region of the unit circle. Substituting Eq. (15.115) into Eq. (15.114), we have the following equations for solving $\varphi_{(2)}(\zeta)$ and $\psi_{(2)}(\zeta)$.

$$\begin{aligned}\varphi_{(2)}(\sigma) + \frac{\omega(\sigma)}{\overline{\omega'(\sigma)}}\overline{\varphi'_{(2)}(\sigma)} + \overline{\psi_{(2)}(\sigma)} = & \frac{X_1 + iY_1}{2\pi(1+\kappa)}\ln\left(\frac{R\sigma^2 - z_1\sigma + Rm}{\sigma}\right) \\ & - \frac{\kappa(X_1 + iY_1)}{2\pi(1+\kappa)}\ln\left(\frac{Rm\sigma^2 - \overline{z_1}\sigma + R}{\sigma}\right) \\ & + \frac{X_1 - iY_1}{2\pi(1+\kappa)}\frac{m+\sigma^2}{Rm\sigma^2 - \overline{z_1}\sigma + R} \\ & - z_1\frac{(X_1 - iY_1)}{2\pi(1+\kappa)}\frac{\sigma}{Rm\sigma^2 - \overline{z_1}\sigma + R}\end{aligned} \quad (15.116)$$

Applying the Cauchy's integral operator $\frac{1}{2\pi i}\oint_\gamma \frac{1}{\sigma-\zeta}d\sigma$ to both sides of Eq. (15.116), the expression of $\varphi_{(2)}(\zeta)$ can be obtained as follows [157].

$$\varphi_{(2)}(\zeta) = a_1\ln\left(1 - \frac{m}{\zeta_1\zeta}\right) + b_1\ln\left(1 - \frac{1}{\overline{\zeta_1}\zeta}\right) + \frac{c_1}{1 - \overline{\zeta_1}\zeta} \quad (15.117)$$

where $a_1 = \frac{X_1+iY_1}{2\pi(1+\kappa)}$, $b_1 = -\frac{\kappa(X_1+iY_1)}{2\pi(1+\kappa)}$, $c_1 = \frac{\left[\zeta_1\left(1+m\overline{\zeta_1}^2\right)-\overline{\zeta_1}\left(\zeta_1^2+m\right)\right]}{\zeta_1\left(\overline{\zeta_1}^2-m\right)}\overline{a_1}$ and $\zeta_1 = \frac{z_1\pm\sqrt{z_1^2-4mR^2}}{2R}$.Take the values of $|\zeta_1| \geq 1$.

Substituting Eq. (15.115) into the $\varphi_1(z)$ and $\psi_1(z)$ in Eqs. (15.112) and (15.113) gives $\varphi(\zeta)$ and $\psi(\zeta)$. Substituting Eq. (15.117) into Eq. (15.112) and eliminating the constants which have no effect on the stress, we obtain the following expression.

$$\varphi(\zeta) = -a_1\ln(\zeta - \zeta_1) + b_1\ln\left(1 - \frac{1}{\overline{\zeta_1}\zeta}\right) + \frac{c_1}{1 - \overline{\zeta_1}\zeta} \quad (15.118)$$

Taking the conjugates of both sides of Eq. (15.116) and applying the Cauchy's integral operator $\frac{1}{2\pi i}\oint_\gamma \frac{1}{\sigma-\zeta}d\sigma$, the expression of $\psi_{(2)}(\zeta)$ can be obtained [157].

$$\psi(\zeta) = \overline{a_1}\ln\left(1 - \frac{1}{\overline{\zeta_1}\zeta}\right) - \overline{b_1}\ln(\zeta - \zeta_1) + \frac{\overline{d_1}}{\zeta - \zeta_1} - \frac{\zeta\left(1 + m\zeta^2\right)}{\zeta^2 - m}\varphi'(\zeta) \quad (15.119)$$

where $d_1 = \frac{\overline{\zeta_1}\left(1-\zeta_1\overline{\zeta_1}\right)\left(m\overline{\zeta_1}-\zeta_1\right)}{\zeta_1\left(\overline{\zeta_1}^2-m\right)}\overline{a_1}$.

15.7.2 *Solutions for a Uniaxial Tensile Plate Subjected to Multiple Concentrated Forces*

When the multiple concentrated forces (X_j, Y_j) $(j = 1, 2, \ldots, n)$ are applied at z_j in the domain, the two corresponding analytic functions can be directly given from

Eqs. (15.118) and (15.119).

$$\varphi(\zeta) = -\sum_{j=1}^{n} a_j \ln(\zeta - \zeta_j) + \sum_{j=1}^{n} b_j \ln\left(1 - \frac{1}{\overline{\zeta_j}\zeta}\right) + \sum_{j=1}^{n} \frac{c_j}{1 - \overline{\zeta_1}\zeta} \tag{15.120}$$

$$\psi(\zeta) = \sum_{j=1}^{n} \overline{a_1} \ln\left(1 - \frac{1}{\overline{\zeta_j}\zeta}\right) - \sum_{j=1}^{n} \overline{b_1} \ln(\zeta - \zeta_j) + \sum_{j=1}^{n} \frac{\overline{d_j}}{\zeta - \zeta_j} - \frac{\zeta(1 + m\zeta^2)}{\zeta^2 - m}\varphi'(\zeta) \tag{15.121}$$

where
$a_j = \frac{X_j + iY_j}{2\pi(1+\kappa)}$, $b_j = -\frac{\kappa(X_j + iY_j)}{2\pi(1+\kappa)}$, $c_j = \frac{\left[\zeta_j\left(1+m\overline{\zeta_j}^2\right) - \overline{\zeta_j}\left(\zeta_j^2+m\right)\right]}{\zeta_j\left(\overline{\zeta_j}^2 - m\right)}\overline{a_j}$, $d_j = \frac{\overline{\zeta_j}(1-\zeta_j\overline{\zeta_j})(m\overline{\zeta_j}-\zeta_j)}{\zeta_j\left(\overline{\zeta_j}^2 - m\right)}\overline{a_j}$
and $\zeta_j = \frac{z_j \pm \sqrt{z_j^2 - 4mR^2}}{2R}$. Take the values of $|\zeta_j| \geq 1$.

If the infinite plate is only subjected to uniform tensile stress of Q along the y-direction, the corresponding two analytic functions can be obtained by substituting $\beta = \pi/2$ into Eqs. (2.43) and (2.44) in Chap. 2, and replacing p with Q.

$$\varphi(\zeta) = \frac{RQ}{4}\left[\zeta - \frac{2+m}{\zeta}\right] \tag{15.122}$$

$$\psi(\zeta) = \frac{RQ}{2}\left[\zeta + \frac{\zeta^2(1+m+m^2)+1}{\zeta(m-\zeta^2)}\right] \tag{15.123}$$

Under the action of concentrated force and uniform tensile stress of Q, the stress components should be calculated by using Eqs. (2.32) and (2.33), where the $\varphi(\zeta)$ and $\psi(\zeta)$ should be the superposition of Eqs. (15.120) and (15.122) with Eqs. (15.121) and (15.123), respectively.

When there is no loading on the hole boundary, the normal stress $\sigma_\rho = 0$, and the tangential stress σ_θ along the hole boundary is given as

$$\sigma_\theta = 4\mathrm{Re}[\varphi'(\zeta)/\omega'(\zeta)] = 4\mathrm{Re}\left[\frac{\varphi'(\zeta)}{R(1 - m/\zeta^2)}\right] \tag{15.124}$$

where $\varphi'(\zeta) = -\sum_{j=1}^{n} \frac{a_j}{\zeta - \zeta_j} + \sum_{j=1}^{n} \frac{b_j}{\zeta(\overline{\zeta_j}\zeta - 1)} + \sum_{j=1}^{n} \frac{c_j\overline{\zeta_1}}{(1-\overline{\zeta_1}\zeta)^2} + \frac{RQ}{4}\left[1 + \frac{2+m}{\zeta^2}\right]$.

15.7.3 Verification

The parameters are taken as follows: Poisson's ratio $\mu = 0.2$; dimensions of the elliptical hole $a = 2$ and $b = 1$; and external loading in the far-field $Q = 2$. Considering that there are four concentrated forces applying at the four points of z_1, z_2, z_3 and z_4 in the plate. The four concentrated forces are symmetric about the x- and y-axes, while unlike Fig. 15.58, each concentrated force has non-zero components along the x-axis. Assume that their complex expressions are.

$X_1 + iY_1 = -3.0 - 1.0i$, $X_2 + iY_2 = -3.0 + 1.0i$, $X_3 + iY_3 = 3.0 - 1.0i$ and $X_4 + iY_4 = 3.0 + 1.0i$.

Two positions of the concentrated force are considered, which are $W = 1.0$, $H = 1.0$ and $W = 2.1$, $H = 0.6$. The former position of the concentrated force is closer to the hole boundary. All parameters are in international units, i.e., tension Q in Pa, dimensions a, b, W and H in m, and concentrated force in N/m.

To achieve results with high accuracy, a numerical model with large dimension of 100 × 100 is used to simulate the infinite plane. The elliptical hole is in the center of the model. The plane 4-node iso-parametric element is used. Totally, 170,202 elements and 171,128 nodes are generated. There are 360 nodes on the hole boundary, and the interval between adjacent nodes is in the range of 0.015–0.035. The constraints are applied on the symmetrical axis, i.e., the horizontal constraints on the y-axis and the vertical constraints on the x-axis Considering the symmetry of the model, 1/4 of the elliptical hole and the neighboring region are taken as examples, and the meshing and constraints near the hole boundary are given in Fig. 15.61.

The stresses on the hole boundary and the x-axis calculated using the analytical and numerical methods are illustrated in Fig. 15.62a–c. When there is no external loading applying on the hole boundary, only tangential stress exists. Due to symmetry, only σ_x and σ_y appear on the x-axis.

It can be seen from Fig. 15.62 that the analytical and numerical results agree with each other very well for the two positions of the concentrated force. Only when the concentrated forces are close to the hole boundary, e.g. when $W = 1.0$ and $H = 1.0$, there exist slight differences in the tangential stress on the hole boundary close to the concentrated force.

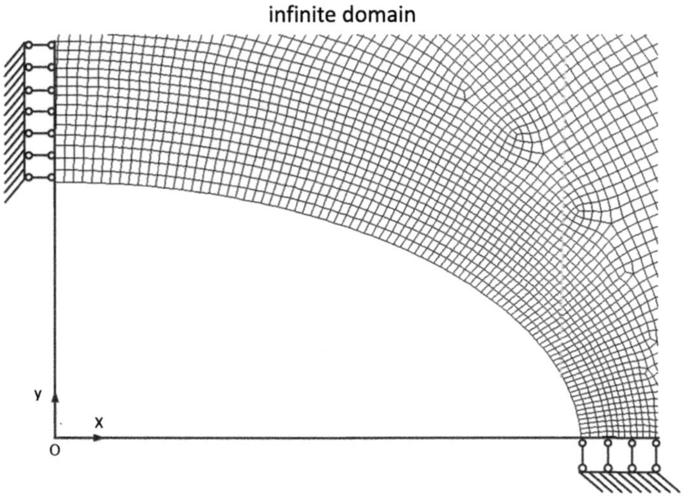

Fig. 15.61 Meshing and constraints near the hole boundary

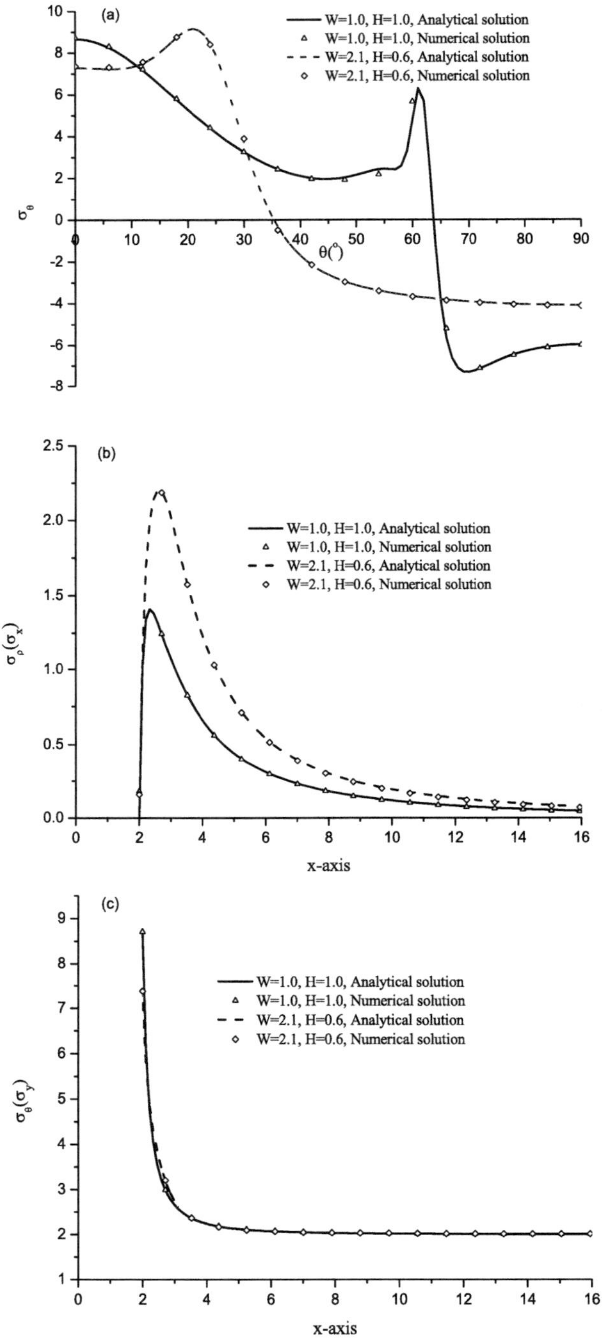

Fig. 15.62 Comparisons between the analytical and numerical results. **a** σ_θ on the hole boundary; **b** σ_x on the x-axis; **c** σ_y on the x-axis

15.7.4 *Optimal Position of Concentrated Forces for a Circular Hole*

As shown in Fig. 15.58, under the action of Q and P, the tangential stress at each point of the hole boundary cannot be uniform. Greater tangential stress concentration will occur at certain points along the hole boundary. In order to reduce the stress concentration, a criterion should be provided. Here, the optimization criterion is still to minimize the maximum absolute value of the tangential stress along the hole boundary [172] in order to determine the optimal positions and values of the concentrated forces.

In mathematics, this is a minimization problem using optimization techniques, for which the objective function can be given as

$$F = \max_{\theta \in [0, \pi/2]} |\sigma_\theta| \tag{15.125}$$

The mathematical model can be expressed as

$$\begin{aligned} &\min F(X) \\ \text{s.t.} \quad &g_j(X) > 0,\ j = 1, 2, \ldots, M \\ &X \in (W, H, P)^T \end{aligned} \tag{15.126}$$

where $g_j(X) > 0$ is the constraint condition. For the issue discussed in this work, when using a constrained optimization method, the constraint conditions are

$$W > 0,\ H > 0,\ P > 0,\ W^2/a^2 + H^2/b^2 > 1 \tag{15.127}$$

Reference [157] used the mixed penalty function method to solve this problem. In this section, we take $a = b = 2$, $Q = 1$ and $\mu = 0.2$. $a = b$ means that the hole is a circle, which is a special case of the elliptical hole.

15.7.4.1 Optimizations on W, H and P

The optimizing process for W, H and P should be conducted under the constraint condition of Eq. (15.127), as well as $W_s - W > 0$, $H_s - H > 0$ and $P_s - P > 0$, where W_s, H_s and P_s are the upper limits of W, H and P, respectively. The optimization results are listed in Table 15.6 under six different constraint intervals, i.e., [0, 10000], [0, 1000], [0, 100], [0, 10], [0, 5] and [0, 2.5]. The stresses σ_θ, which correspond to the obtained stresses of $|\sigma_\theta|_{\max}$, in all examples of this section are tensile stresses, so we directly use $\sigma_{\theta\max}$ to denote the $|\sigma_\theta|_{\max}$. Table 15.6 provides the optimization results of W, H and P for different intervals.

The first column of Table 15.6 indicates that the interval ranges of W, H, and P are all the same. For each interval, the optimal value of P always approaches to or

Table 15.6 Optimization results of W, H and P for different intervals

Intervals	W	H	P	$\sigma_{\theta\max}$	W:H:P
[0,10000]	3562.83	5038.60	9893.76	5.17×10^{-7}	1:1.4142:2.7768
[0,1000]	360.12	509.28	999.98	4.57×10^{-5}	1:1.4142:2.7768
[0,100]	36.01	50.91	99.99	4.57×10^{-3}	1:1.4137:2.7764
[0,10]	3.73	8.02	9.99	0.2717	1:2.1931:2.6811
[0,5]	1.69	4.35	5.00	0.3661	1:2.5707:2.9555
[0,2.5]	1.61	2.50	2.50	1.1744	1:1.5523:1.5523

equals to the corresponding upper limit. A larger interval results in greater optimal values of W, H and P but smaller tangential stress concentration. When the interval is further increased, the values of W, H and P are almost in the same ratio, i.e., 1:1.4142:2.7768; which however, is not for the case when the interval is small.

When the values of W, H and P are relatively large, the maximum tangential stress along the hole boundary is very small, and almost approaches to zero. It is remarkably different from the case where no concentrated forces are applied. When no concentrated forces are applied in the domain, the maximum tangential stress is $3Q$, occurring at point A. When W and H are small, or when the concentrated forces are applied near the hole boundary, the maximum tangential stress at point A can still be decreased significantly. Such as the last three intervals given in Table 15.6, the $\sigma_{\theta\max}$ obtained for the optimal results is decreased by 90.94%, 87.80% and 60.85%, respectively, comparing with the 3Q without concentrated forces. The tangential stress distributions along the hole boundary of $\theta \in [0°, 90°]$ are illustrated in Fig. 15.63 for the three cases. The $\theta = 0°$ and 90° in Fig. 15.63 denote points A and B in Fig. 15.58, respectively.

Figure 15.63 shows that, when $W = 3.73$, $H = 8.02$ and $P = 9.99$, the tangential stress along the hole boundary is relatively uniform and the maximum value $\sigma_{\theta\max} = 0.2717$ occurs at point C_1 where $\theta = 55°$. When $W = 1.69$, $H = 4.35$ and $P = 5.00$, the tangential stress is still relatively uniform with $\sigma_{\theta\max} = 0.3661$ at point C_2 ($\theta = 68°$). However, when $W = 1.61$, $H = 2.50$ and $P = 2.50$, the tangential stress changes greatly with $\sigma_{\theta\max} = 1.1744$ happening at points C_3 (where $\theta = 0°$) and C_4 (where $\theta = 54°$) simultaneously. But the compressive stress happens at point B with $\sigma_\theta = -1.0511$, which is almost the same as the σ_θ without any concentrated forces applied.

The mixed penalty function method and the differential evolution method are used for each case. Only when the results obtained by the two methods are the same, can they be considered as the correct optimization results.

15.7.4.2 Optimizations on *W* and *H*

As can be seen from the previous discussion that, in order to minimize the tangential stress concentration, a relatively great concentrated force P must be applied, which

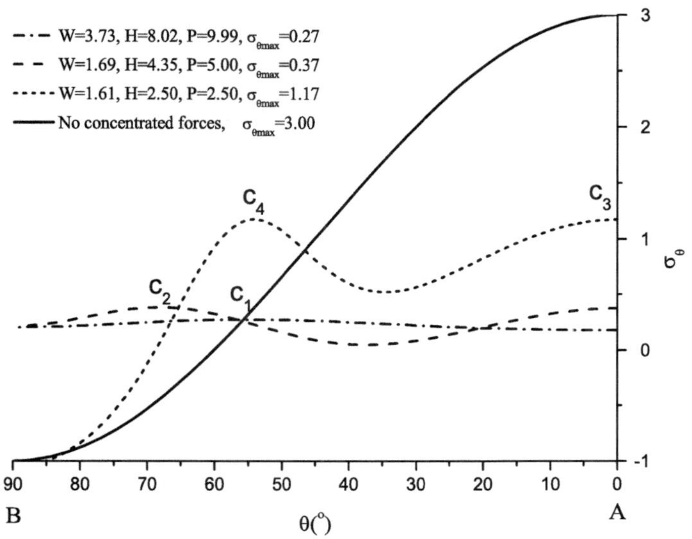

Fig. 15.63 Comparison of tangential stress along the hole boundary with and without concentrated forces

may be difficult to achieve in practice. Thus, we just search for the optimal position of concentrated force (W, H) under a given value of P. For this situation, the optimization results of W and P can be obtained using the unconstrained nonlinear simplex method, and the optimality of the solution is verified by two other optimization methods. The optimization results for different values of P are listed in Table 15.7. Figure 15.64 illustrates the tangential stress distributions along the hole boundary when $P = 0.1$, 0.4, 0.8 and 1.5.

Table 15.7 and Fig. 15.64 indicate that the obtained values of W, H and $\sigma_{\theta\max}$ are different for different values of P. the $\sigma_{\theta\max}$ decreases with the increasing of P. The $\sigma_{\theta\max}$ occurs at two positions: one is point A and the other (see points C_1, C_2, C_3 and C_4 in Fig. 15.64) changes with increasing P. However, the tangential stress at point B is almost unaffected by P with the value being around -1, which is almost the same as the one without any concentrated forces applied. This indicates that the optimized concentrated force has the greatest effect on the stress at point A but small effect on the stress at point B.

It can also be seen from Table 15.7 that the optimized H increases with the increasing of P, while the variation law of the optimized W is different from H. When $P \leq 0.2$, the optimized W increases with the increasing of P, and the value of W is slightly larger than the radius of the hole. When $P > 0.2$, the optimized W decreases with the increasing P. When $0.2 < P \leq 0.7$, the value of W is also slightly larger than the radius of the hole. However, when $P \geq 0.8$, the value of W is smaller than the radius of the hole.

Table 15.7 Optimization results of W and H for different values of P

P	W	H	$\sigma_{\theta A}$	$\sigma_{\theta B}$	$\sigma_{\theta max}$
0.01	2.0240	0.2471	2.9491	−1.0000	2.9491
0.02	2.0450	0.3147	2.9215	−1.0000	2.9215
0.1	2.0552	0.5936	2.7804	−0.9990	2.7804
0.2	2.0715	0.7775	2.6561	−0.9965	2.6561
0.4	2.0530	1.0438	2.4585	−0.9896	2.4585
0.6	2.0223	1.2490	2.2925	−0.9819	2.2925
0.8	1.9953	1.4215	2.1440	−0.9756	2.1440
1.0	1.9664	1.5759	2.0073	−0.9727	2.0073
1.5	1.8755	1.9170	1.7004	−0.9887	1.7004
2.0	1.7495	2.2198	1.4266	−1.0329	1.4266
2.5	1.6305	2.5010	1.1742	−1.0506	1.1742
3.0	1.4626	2.7703	0.9377	−0.9253	0.9377

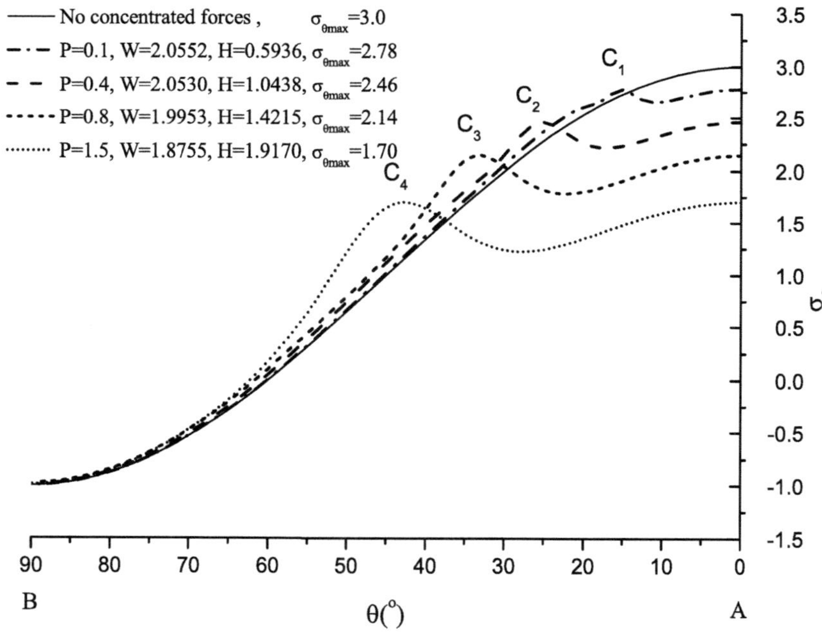

Fig. 15.64 Tangential stresses along the hole boundary for different values of P

Table 15.8 Optimization results under $W \geq a$

P	W	H	$\sigma_{\theta A}$	$\sigma_{\theta B}$	$\sigma_{\theta \max}$
0.8	2.0000	1.4208	2.1441	−0.9756	2.1441
1.0	2.0000	1.5709	2.0082	−0.9727	2.0082
1.5	2.0000	1.9110	1.7101	−0.9870	1.7101
2.0	2.0000	2.2271	1.4541	−1.0220	1.4541
2.5	2.0000	2.5336	1.2276	−1.0390	1.2276
3.0	2.0000	2.8390	1.0240	−0.9973	1.0240

15.7.4.3 Optimizations on W and H Under the Constraint Condition $W \geq a$

According to Section (b), when $P \geq 0.8$, the optimized $W < a$, which means that the connecting element that provides the concentrated forces must pass through the region of the hole. Sometimes, this is not allowed for the usage requirements of the hole. At this time, besides Eq. (15.127), the constraint condition of $W\text{-}a \geq 0$ is also needed in the optimization of W and H. For this case, the mixed penalty function method and the differential evolution method are used. The optimization results under $W \geq a$ are listed in Table 15.8.

It can be seen from Table 15.8 that, in order to obtain a smaller stress concentration, the optimized W always equals to a under the constraint condition of $W \geq a$, regardless of the value of P. Compared with Table 15.7, the maximum tangential stress is slightly larger than that without constraint condition of $W \geq$ a. The optimized H increases with the increasing P and the maximum tangential stress is just slightly greater than that without constraint condition of $W \geq a$.

Figure 15.65 presents the tangential stress distributions on the hole boundary when $P = 1$, $W = 2$, and H takes different values being 0.2, 0.5, 1.0, 1.5709 and 2.5, respectively. When H is relatively small (0.2, 0.5), the tangential stress near the point of the concentrated force changes greatly. For example, when $H = 0.2$, the tangential stress $\sigma_\theta = -17.25$ at $\theta = 5°$, but sharply increases to $\sigma_\theta = 18.99$ at $\theta = 6.5°$. The maximum tangential stress $\sigma_{\theta\max}$ is always found at cnly one point, except for the case when $H = 1.5709$, $\sigma_{\theta\max}$ is found at two points of A and C, where $\theta = 35°$ (see point C in Fig. 15.65).

15.7.5 Optimal Position of Concentrated Forces for an Elliptical Hole

For the elliptical hole, we conduct the optimization on W and H under a given P and the constraint situation $W \geq a$. In this section, we take $a = 2$, $P = 1$, $Q = 1$ and $\mu = 0.2$. The mixed penalty function method and the differential evolution method are used to obtain the optimal solutions of W and H for different values of b in this case.

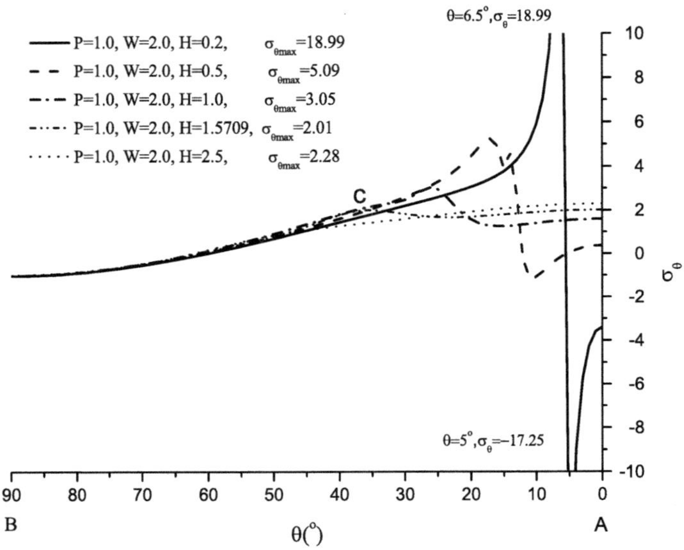

Fig. 15.65 Tangential stresses along the hole boundary when $P = 1$, $W = 2$ and H take different values

The optimization results for $b = 0.1, 0.5, 1.0, 1.5, 2.0, 2.5, 3.0$ and 5.0 are listed in Table 15.9.

The $\sigma_{\theta\max2}$ in Table 15.9 denotes the maximum tangential stress on the hole boundary when no concentrated forces are applied.

It can be seen from Table 15.9 that, when $b \leq a = 2$, the optimized W is equal to a in all cases except for $b = 1.5$. The smaller the value of b, the smaller the obtained H, which means that the point with the concentrated force is closer to point A. When $b > a$, the optimized W is slightly larger than a. The larger the value of b, the larger the obtained H, which means that the point with the concentrated force is farther away from point A. As b increases, the magnitude of the reduction in the maximum tangential stress along the hole boundary decreases gradually after applying the

Table 15.9 Optimization results for different values of b

b	W	H	$\sigma_{\theta A}$	$\sigma_{\theta B}$	$\sigma_{\theta\max1}$	$\sigma_{\theta\max2}$	$(\sigma_{\theta\max2}-\sigma_{\theta\max1})/\sigma_{\theta\max2}$ (%)
0.1	2.0000	0.1368	5.4165	−1.0080	5.4165	41.0	86.79
0.5	2.0000	0.3787	3.6370	−0.9969	3.6370	9.0	59.59
1.0	2.0000	0.7347	2.8468	−0.9429	2.8468	5.0	43.06
1.5	2.0105	1.3340	2.4429	−0.9057	2.4429	8/3	33.38
2.0	2.0000	1.5709	2.0082	−0.9727	2.0082	3	33.06
2.5	2.0712	2.0035	1.9995	−0.8984	1.9995	2.6	24.60
3.0	2.1044	2.4615	1.8582	−0.9051	1.8582	7/3	20.36
5.0	2.0423	4.4851	1.5188	−0.9298	1.5188	1.8	15.62

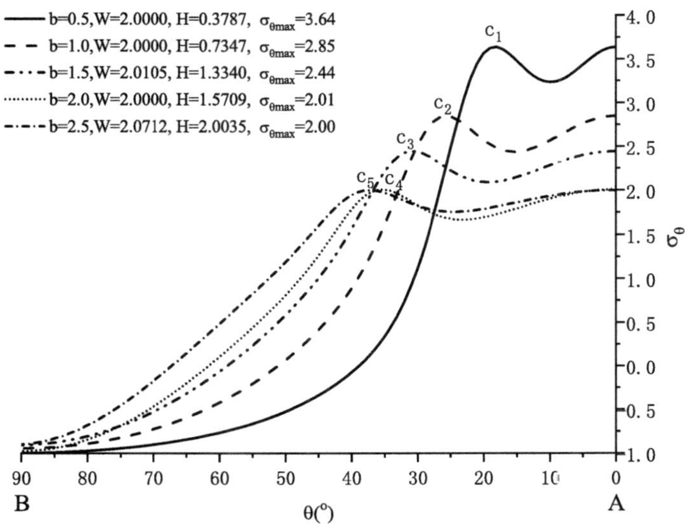

Fig. 15.66 Distribution of tangential stresses along the boundary of the elliptical hole with different semi-axis *b*

concentrated force. Figure 15.66 illustrates the tangential stress distributions along the hole boundary when $b = 0.5$, 1.0, 1.5, 2.0 and 2.5.

The $\sigma_{\theta\max}$ also occurs at two positions: one is point A and the other points (see points C_1, C_2, C_3 and C_4 in Fig. 15.66) changes with increasing *b*. However, the tangential stress at point B is almost unaffected for various conditions with the value being around -1, which is almost the same as the one without any concentrated forces applied. This also indicates that the optimized concentrated force has the greatest effect on the stress at point A but small effect on the stress at point B. This law is consistent with the circular hole discussed earlier.

15.7.6 Conclusions

In this section, the Cauchy's integral method is used to obtain the analytic function for an infinite domain with a hole and subjected to concentrated forces at an arbitrary point within the domain. The analytic expressions for the tangential stress along the hole boundary is also obtained. On this basis, the optimal positions and values of concentrated forces are determined by using the optimization method to ensure that the stress concentration along the boundary of the elliptical hole reaches its minimum value when the plate is subjected to uniaxial tensile loadings.

The optimized positions (W, H) and values of concentrated forces P can significantly release the stress concentration on the hole boundary. A larger interval of W,

H and P results in greater optimal values of W, H and P but smaller tangential stress concentration.

The optimized concentrated force P has the greatest effect on the stress at point A on the boundary of the circular hole, but small effect on the stress at point B. The optimized H increases with the increasing of P, while the variation law of the optimized W is different from H. When $P \leq 0.2$, the optimized W increases with the increasing of P. When $P > 0.2$, the optimized W decreases with the increasing P.

Under the constraint condition that W is greater than the radius a of the circular hole, the optimized W always equals to a regardless of the value of P. The optimized H increases with the increasing P and the maximum tangential stress along the hole boundary is slightly larger than that without constraint condition of $W \geq a$.

Under the constraint condition that W is greater than the semi-axis a of the elliptical hole, when $b \leq a$, the optimized W is basically equal to a. The smaller the value of b, the smaller the obtained H, which means that the point with the concentrated force is closer to point A. When $b > a$, the larger the value of b, the larger the obtained H, which means that the point with the concentrated force is farther away from point A.

Whether it is a circular or an elliptical hole, on the boundary of the hole where $\theta \in [0°, 90°]$, the optimal values of W and H generally make the maximum tangential stress $\sigma_{\theta\max}$ occur at two positions: one is point A and the other point changes with increasing P or b. However, the tangential stress at point B is almost the same value as the condition without any concentrated forces applied.

References

1. Wright, S.G., F.H. Kulhawy, and J.M. Duncan. 1973. Accuracy of equilibrium slope stability analysis. *Journal of Soil Mechanics Foundations Engng ASCE* 99: 783–791.
2. Lo, K.Y., M. Bozozuk, and K.T. Law. 1976. *Settlement Analysis of the Gloucester Test Fill*, vol. 13, issue 4. Ottawa, Canada: NRC Research Press.
3. Silvestri, V., and C. Tabib. 1983. Exact determination of gravity stresses in finite elastic slopes: Part I. Theoretical considerations. *Canadian Geotechnical Journal* 20(1): 47–54.
4. Silvestri, V., and C. Tabib. 1983. Exact determination of gravity stresses in finite elastic slopes: Part II. Applications. *Canadian Geotechnical Journal* 20(1): 55–60.
5. Tavenas, F., B. Trak, and S. Leroueil. 2011. Remarks on the validity of stability analyses. *Canadian Geotechnical Journal* 17 (1): 61–73.
6. Giam, S.K., and I.B. Donald. 1988. Determination of critical slip surfaces for slopes via stress-strain calculations. *Optical & Quantum Electronics* 47 (5): 1–9.
7. Matsui, T., and K.C. San. 1992. Finite element slope stability analysis by shear strength reduction technique. *Soils and Foundations* 32 (1): 59–70.
8. Kim, J.Y., and S.R. Lee. 1997. An improved search strategy for the critical slip surface using finite element stress fields. *Computers and Geotechnics* 21(4).
9. Martel, S.J., and J.R. Muller. 2000. A two-dimensional boundary element method for calculating elastic gravitational stresses in slopes. *Pure and Applied Geophysics* 157 (6–8): 989–1007.
10. Martel, S.J. 2000. Modeling elastic stresses in long ridges with the displacement discontinuity method. *Pure and Applied Geophysics* 157 (6–8): 1039–1057.

11. Ostanin, I.A., S.G. Mogilevskaya, J.F.L. Jf, et al. 2011. Complex variables boundary element method for elasticity problems with constant body force. *Engineering Analysis with Boundary Elements* 35 (4): 623–630.
12. Perloff, W.H., G.Y. Baladi, and M.E. Harr. 1967. *Stress Distribution Within and Under Long Elastic Embankments.*
13. Verruijt, A. 1969. Stresses due to gravity in a notched elastic half-plane. *Ingenieur-Archiv* 38 (2): 107–118.
14. Muskhelishvili, N.I. 1953. *Some Basic Problems of Mathematical Theory of Elasticity.* Groningen, Holland: P. Noordhoff.
15. Savage, W.Z. 1993. Gravity-induced stresses near a vertical cliff. *International Journal of Rock Mechanics and Mining Sciences & Geomechanics Abstracts* 30(4).
16. Savage, W.Z. 1994. Gravity-induced stresses in finite slopes. *International Journal of Rock Mechanics and Mining Sciences & Geomechanics Abstracts* 31(5).
17. Hasebe, N., and X.F. Wang. 2003. Irregular elastic half-plane gravity problem. *International Journal of Rock Mechanics and Mining Sciences* 40 (6): 863–875.
18. Jia, X.Y., A.Z. Lu, H. Cai, H., and Y.C. Ma. 2021. An analytical method for solving gravity-induced stresses in slope. *Applied Mathematical Modelling* 89: 636-653.
19. England, A.H. 1971. *Complex Variable Methods in Plane Elasticity.* Wiley InterScience.
20. Budhu, M. 2010. *Soil Mechanics and Foundations.* John Wiley & Sons.
21. Fellenius, W. 1936. *Calculation of the Stability of Earth Dams.* Trans 2nd congress on large dams, issue 14, p. 445. Washington.
22. Bishop, A.W. 1955. The use of slipe circle in the Stability analysis of slopes. *Geoteehnique* 5 (1): 7–17.
23. Janbu, Nilmar. 1973. Slope stability computations, in *Embankment-dam Engineering*, 47–86.
24. Morgenstern, N.R., and V.E. Price. 1965. The analysis of the stability of general slip surface. *Geotechnique* 15: 79–93.
25. Spencer, E.A. 1967. Method of analysis of the stability of embankments assuming parallel inter-slice forces. *Geotechnique* 17(1), 11–26.
26. Sarma, S.K. 1973. Stability analysis of embankments and slope. *Geotechnique* 23 (3): 423–433.
27. Sarma, S.K. 1974. Critical acceleration versus static factor of safety in stability analysis of earth dams and embankments. *Geotechnique* 24 (4): 562–574.
28. Maslov, I.A. 1990. Analytical method of calculating slope stability. *Hydrotechnical Construction* 23(12).
29. Zhu, D.Y., C.F. Lee, and H.D. Jiang. 2003. Generalised framework of limit equilibrium methods for slope stability analysis. *Géotechnique* 53(4).
30. Zheng, H., and L.G. Tham. 2009. Improved Bell's method for the stability analysis of slopes. *International Journal for Numerical and Analytical Methods in Geomechanics* 33 (14): 1673–1689.
31. Zu, C., M.I. Hong, and W. Xiao. 2001. A three-dimensional limit equilibrium method for slope stability analysis. *Chinese Journal of Geotechnical Engineering* (05): 525–529.
32. Chen, Z.Y., and N. Morgenstern. 1983. Extensions to the generalized method of slices for stability analysis. *Canadian Geotechnical Journal* 20 (1): 104–119.
33. Zheng, Hong. 2007. Rigorous three-dimensional limit equilibrium method. *Chinese Journal of Rock Mechanics and Engineering* 08: 1529–1537.
34. Zhu, D.Y., and Q.H. Qian. 2007. Rigorous and quasi-rigorous limit equilibrium solutions of 3d slope stability and application to engineering. *Chinese Journal of Rock Mechanics and Engineering* 26(8): 1513–1528.
35. Xia, Y.Y., and M. Li. 2002. Evaluation method research of slope stability and its developing trend. *Chinese Journal of Rock Mechanics and Engineering* (07): 1087–1091.
36. Zheng, Y.R., S.Y. Zhao, W.M. Shi et al. 2001. Progress in analysis of slope stability. *Underground Space* (04): 262–271.
37. You, M.Q. 2008. Analysis of homogeneous soil slope slipping in circular arc. *Rock and Soil Mechanics* 29 (8): 2025–2032.

38. Jia, X.Y. 2021. An Analytical Method for Mechanical and Stability Analysis of Slopes. North China Electric Power University, Master of Engineering.
39. Lu, A.Z., and X.Y. Jia. 2022. Mechanical analysis method for dangerous sliding sur-face and factor of safety. *Journal of Engineering Geology* 30(1): 110–116.
40. Fletcher, R. 1981. Practical methods of optimization, vol. 2, in *Constrained Optimization.* Chichelser New York Brisbane Toronto.
41. Wan, Y.Q., and G.R. Liang. 1983. *Commonly Used Programming Assembly for Optimization Computing Methods.* Binjing: China Worker Press.
42. Huang, S.L., and K. Yamasaki. 1993. Slope failure analysis using local minimum factor of safety approach. *Journal of Geotechnical Engineering* 119(12).
43. Yang, M.C., and Y.R. Zheng. 2002. Local minimum factor-of-safety method based on limit equilibrium theory. *Chinese Journal of Geotechnical Engineering* (05): 600–604.
44. Huang, Y.H. 1988. *Stability Analysis of Slopes.* Bao Chenggang (translator), Tsinghua University Press.
45. Gu, S.C., and Q.D. Han 1994. Analysis of the side slope stability of mine by elasticity theory. *Journal of Xi'an Mining Institute* 01: 1–5.
46. Gong, X.N., S.Y. Liu, G.X. Li, et al. 2002. *Soil Mechanics.* Beijing: China Architecture & Building Press.
47. Timoshenko, S.P., and J.N. Goodier. 1970. *Theory of Elasticity.* New York: Mc Graw-Hill.
48. Poulos, H.G., and E.H. Davis. 1974. *Elastic Solutions for Soil and Rock Mechanics.* New York: John Wiley & Sons Inc.
49. Davis, R.O., and A.P.S. Selvadurai. 1996. *Elasticity and Geomechanics.* Cambridge: Cambridge University Press.
50. Das, B.M. 2008. *Advanced Soil Mechanics.* New York: Taylor & Francis.
51. Milovićd. 1992. *Stresses and Displacements for Shallow Foundations.* Amsterdam: Elsevier Science Publishers.
52. Allotey, N., and M. Naggar. 2003. Analytical moment–rotation curves for rigid foundations based on a Winkler model. *Soil Dynamics & Earthquake Engineering* 23 (5): 367–381.
53. Allotey, N., and M.E. Naggar. 2008. Generalized dynamic Winkler model for nonlinear soil–structure interaction analysis. *Canadian Geotechnical Journal* 45 (4): 560–573.
54. Kerr, A.D. 1964. Elastic and Viscoelastic Foundation Models. 31 (3): 491-498.
55. Vallabhan, C.V.G., and Y.C. Das. 1988. Parametric study of beams on elastic foundations. *Journal of Engineering Mechanics* 114 (12): 2072–2082.
56. Girija Vallabhan, C.V., and Y.C. Das. 1991. Modified Vlasov model for beams on elastic foundations. *Journal of Geotechnical Engineering* 117 (6): 956–966.
57. Lu, A.Z., N. Zhang, Y.J. Liu, et al. 2021. Analytic solutions for stress and displacement of a compressible soil layer above Bedrock. *International Journal of Geomechanics* 21 (12): 04021232.
58. Zhang, M. A.Z. Lu, Y.C. Ma, X.Y. Sha. 2022. Analytical solution for stress and displacement of a finite thickness soil layer subjected to strip footing. *Applied Mathematical Modeling* 108: 553–566.
59. Lu, A.Z., N. Zhang, and Y. Qin. 2015. Analytical solutions for the stress of a lined non-circular tunnel under full-slip contact conditions. *International Journal of Rock Mechanics and Mining Sciences* 79: 183–192.
60. Lu, A.Z., N. Zhang, X.L. Zhang, et al. 2015. Analytic method of stress analysis for an orthotropic rock mass with an arbitrary-shaped tunnel. *International Journal of Geomechanics* 15 (4): 04014068.
61. Lu, A.Z., X.T. Zeng, and Z. Xu. 2016. Solution for a circular cavity in an elastic half plane under gravity and arbitrary lateral stress. *International Journal of Rock Mechanics and Mining Sciences* 89(Supplement C): 34–42.
62. Sha, X.Y., A.Z. Lu, H. Cai and C.L. Yin. 2022. Complex variable solution for stress and displacement of layered soil with finite thickness, in *Applied Science* 12 (12): 766.
63. Sha, X.Y., A.Z. Lu, and N. Zhang. 2023. Complex variable solution of interference effect of two nearby strip footings on layered soil. *International Journal of Geomechanics* 23 (10): 1-11.

64. Akazawa, T. 1943. New test method for evaluating internal stress due to compression of concrete (the splitting tension test) (part 1). *J Jpn Soc Civ Eng* 29: 777–787.
65. Carneiro, F.L.L.B. 1943. A new method to determine the tensile strength of concrete, in *Proceedings of the 5th meeting of the Brazilian Association for Technical Rules*, 126–129.
66. Jaeger, J.C., and E.R. Hoskins. 1966. Rock failure under the confined Brazilian test. *Journal of Geophysical Research* 71: 2651–2659.
67. Colback PSB, An analysis of brittle fracture initiation and propagation in the Brazilian test. In: Proceedings of the 1st Congress of ISRM, 1967, pp. 385–391
68. Claesson, J., and B. Bohloli. 2002. Brazilian test: Stress field and tensile strength of anisotropic rocks using an analytical solution. *International Journal of Rock Mechanics and Mining Sciences* 39: 991–1004.
69. Wei, X.X., and K.T. Chau. 2002. Analytic solution for finite transversely isotropic circular cylinders under the axial point load test. *Journal of Engineering Mechanics* 128: 209–219.
70. Yu, Y., J.M. Yin, and Z.W. Zhong. 2006. Shape effects in the Brazilian tensile strength test and a 3D FEM correction. *International Journal of Rock Mechanics and Mining Sciences* 43: 623–627.
71. Tong, J., K.Y. Wong, and C. Lupton. 2007. Determination of interfacial fracture toughness of bone-cement interface using sandwich Brazilian disks. *Engineering Fracture Mechanics* 74: 1904–1916.
72. Ye, J., F.Q. Wu, and J.Z. Sun. 2009. Estimation of the tensile elastic modulus using Brazilian disc by applying diametrically opposed concentrated loads. *International Journal of Rock Mechanics and Mining Sciences* 46: 568–576.
73. Yu, Y. 2005. Questioning the validity of the Brazilian test for determining tensile strength of rocks. *Chinese Journal of Rock Mechanics & Engineering* 24: 1150–1157.
74. Li, D., and L.N.Y. Wong. 2013. The Brazilian disc test for rock mechanics applications: Review and New Insights. *Rock Mechanics and Rock Engineering* 46: 269–287.
75. ISRM (Co-ordinator: Ouchterlony, F.). 1988. Suggested methods for determining the fracture toughness of rock. International Journal of Rock Mechanics and Mining Science and Geomechanics Abstracts 25: 71–96.
76. ASTM D3967-08. 2008. *Standard Test Method for Splitting Tensile Strength of Intact Rock Core Specimens*. PA USA: ASTM: West Conshohocken.
77. Hondros, G. 1959. The evaluation of Poisson's ratio and the modulus of materials of a low tensile resistance by the Brazilian (indirect tensile) test with particular reference to concrete. *Australian Journal of Applied Science* 10: 243–268.
78. Wijk, G. 1978. Some new theoretical aspects of indirect measurements of the tensile strength of rocks. *International Journal of Rock Mechanics and Mining Sciences and Geomechanics Abstracts* 15: 149–160.
79. Chen, C.S., E. Pan, and B. Amadei. 1998. Determination of deformability and tensile strength of anisotropic rock using Brazilian tests. *International Journal of Rock Mechanics and Mining Sciences* 35: 43–61.
80. Ma, C.C., and K.M. Hung. 2008. Exact full-field analysis of strain and displacement for circular disks subjected to partially distributed compressions. *International Journal of Mechanical Sciences* 50: 275–292.
81. Markides, C.F., D.N. Pazis, and S.K. Kourkoulis. 2010. Closed full-field solutions for stresses and displacements in the Brazilian disk under distributed radial load. *International Journal of Rock Mechanics and Mining Sciences* 47: 227–237.
82. Kourkoulis, S.K., C.F. Markides, and P.E. Chatzistergos. 2003. The Brazilian disc under parabolically varying load: Theoretical and experimental study of the displacement field. *International Journal of Solids and Structures* 40: 959–972.
83. Kourkoulis, S.K., C.F. Markides, and P.E. Chatzistergos. 2013. The standardized Brazilian disc test as a contact problem. *International Journal of Rock Mechanics and Mining Sciences* 57: 132–141.
84. Markides, C.F., and S.K. Kourkoulis. 2012. The stress field in a standardized Brazilian Disc: The influence of the loading type acting on the actual contact length. *Rock Mechanics and Rock Engineering* 45: 145–158.

85. Japaridze, L. 2015. Stress-deformed state of cylindrical specimens during indirect tensile strength testing. *Journal of Rock Mechanics and Geotechnical Engineering* 7: 509–518.
86. Wei, X.X., and K.T. Chau. 2013. Three dimensional analytical solution for finite circular cylinders subjected to indirect tensile test. *International Journal of Solids and Structures* 50: 2395–2406.
87. Yu, J.H., X.C. Shang, and P.F. Wu. 2016. Experimental study and theoretical analysis on shale strength (in Chinese). *Scientia Sinica Technologica* 46: 135–141.
88. Lavrov, A., and A. Vervoort. 2002. Theoretical treatment of tangential loading effects on the Brazilian test stress distribution. *International Journal of Rock Mechanics and Mining Sciences* 39: 275–283.
89. Markides, C.F., D.N. Pazis, and S.K. Kourkoulis. 2011. Influence of friction on the stress field of the Brazilian tensile test. *Rock Mechanics and Rock Engineering* 44: 113–119.
90. Markides, C.F., D.N. Pazis, and S.K. Kourkoulis. 2012. The Brazilian disc under non-uniform distribution of radial pressure and friction. *International Journal of Rock Mechanics and Mining Sciences* 50: 47–55.
91. Markides, C.F., and S.K. Kourkoulis. 2013. Naturally accepted boundary conditions for the Brazilian Disc test and the corresponding stress field. *Rock Mechanics and Rock Engineering* 46: 959–980.
92. Markides, C.F., and S.K. Kourkoulis. 2016. The influence of jaw's curvature on the results of the Brazilian disc test. *J Rock Mech Geotech Eng* 8 (2): 127–146.
93. Yuan, R., and B. Shen. 2017. Numerical modelling of the contact condition of a Brazilian disk test and its influence on the tensile strength of rock. *International Journal of Rock Mechanics and Mining Sciences* 93: 54–65.
94. Yu, Y., J.X. Zhang, and J. Zhang. 2009. A modified Brazilian disc tension test. *International Journal of Rock Mechanics and Mining Sciences* 46: 421–425.
95. Erarslan, N., and D.J. Williams. 2012. Experimental, numerical and analytical studies on tensile strength of rocks. *International Journal of Rock Mechanics and Mining Sciences* 49: 21–30.
96. Erarslan, N., Z.Z. Liang, and D.J. Williams. 2012. Experimental and numerical studies on determination of indirect tensile strength of rocks. *International Journal of Rock Mechanics and Mining Sciences* 45: 739–751.
97. Komurlu, E., and A. Kesimal. 2015. Evaluation of indirect tensile strength of rocks using different types of jaws. *Rock Mechanics and Rock Engineering* 48: 1723–1730.
98. Jaeger, J.C., and N.G.W. Cook. 1976. *Fundamentals of Rock Mechanics*. London: Chapman and Hall.
99. Aono, Y., K. Tani, T. Okada, and M. Sakai. Failure mechanism of the specimen in the splitting tensile strength test, in *Proceedings of the 7th Asian Rock Mechanics Symposium, Seoul, South Korea*, 615–623.
100. Komurlu, E., A. Kesimal, and S. Demir. 2016. Experimental and numerical analyses on determination of indirect (splitting) tensile strength of cemented paste backfill materials under different loading apparatus. *Geomech Eng* 10: 775–791.
101. Lu, A.Z., S.J. Wang, and H. Cai. 2018. Closed-form solution for the stresses in Brazilian disc tests under vertical uniform loads. *Rock Mechanics and Rock Engineering* 51 (11): 3489–3503.
102. Jaeger, J.C., N.G. Cook, and R. Zimmerman. *Fundamentals of Rock Mechanics*. John Wiley & Sons.
103. Mohr, O. 1900. Welche Umstände bedingen die Elastizitätsgrenze und den Bruch eines Materials? [What are the conditions for the elastic limit and the fracturing of a material?] Zeitschrift des Vereins Deutscher Ingenieure 46:1524–1530, 1572–1577.
104. Griffith, A.A. 1921. The phenomena of rupture and flow in solids. *Philosophical Transactions of the Royal Society of London* 221: 163–198.
105. Yu, M.H. 1998. *Double Shear Theory and Its Application*. Beijing: Science Press.
106. Yu, M.H., Y.W. Zan, J. Zhao, et al. 2002. A unified strength criterion for rock material. *International Journal of Rock Mechanics and Mining Sciences* 39 (8): 975–989.

107. Hoek, E., and E.T. Brown. 1980. Empirical strength criterion for rock masses. *Journal of Geotechnical Engineering Division ASCE* 106 (9): 1013–1035.
108. Balmer, G. 1952. A general analytical solution for Mohr envelope. *American Society of Testing Materials* 52: 1260–1271.
109. Murrell, S.A.F. 1963. *A Criterion for Brittle Fracture of Rocks and Concrete Under Triaxial Stress and the Effect of Pore Pressure on the Criterion.* Oxford: Pergamon Press.
110. Bieniawski, Z.T. 1974. Estimating the strength of rock materials. *Journal of South African Institute of Mining and Metallurgy* 74 (8): 312–320.
111. Yudhbir, L.W., and F. Prinzl. 1983. An empirical failure criterion for rock masses, in *Proceedings of the 5th ISRM International Congress on Rock Mechanics.* Melbourne: A. A. Balkema, B1–B9.
112. Rao, K.S. 1984. *Strength and Deformation Behavior of Sandstone.* Ph.D. Thesis. Delhi: Indian Institute of Technology.
113. Johnston, I.W. 1985. Strength of intact geomechanical materials. *Journal of Geotechnical Engineering Division ASCE* 111 (6): 730–749.
114. Ramamurthy, T., Rao, G.V., and K.S. Rao. 1988. A linear nonlinear strength criterion for rocks in *Proceedings of the 5th Australia-New Zealand Conference on Geomechanics*, 247–252. Sydney, Australia: Institution of Engineering.
115. Sheorey PR, Empirical rock failure criteria AA Balkema, Rotterdam, 1997
116. Singh, M., and B. Singh. 2005. A strength criterion based on critical state mechanics for intact rocks. *Rock Mechanics and Rock Engineering* 38: 243–248.
117. Barton, N. 2013. Shear strength criteria for rock, rock joints, rock fill and rock masses: Problems and some solution. *Journal of Rock Mechanics and Geotechnical Engineering* 5: 249–261.
118. Liu, M.D., and J.P. Carter. 2003. A general strength criterion for geomaterials. *International Journal of Geomechanics ASCE* 3 (3): 253–259.
119. Liu, M.D. 2017. Indraratna, strength criterion for intact rock. *Indian Geotechnical Journal* 47 (3): 261–264.
120. Bineshian, Hossein, Abdolhadi Ghazvinian, and Zahra Bineshian. 2012. Comprehensive compressive-tensile strength criterion for intact rock. *Journal of Rock Mechanics and Geotechnical Engineering* 4 (2): 140–148.
121. Drucker, D.C., and W. Prager. 1952. Soil mechanics and plastic analysis or limit design. *Quartely of Applied Mathematics* (10): 157–165.
122. Wiebols, G., and N. Cook. 1968. An energy criterion for the strength of rock in polyaxial compression. *International Journal of Rock Mechanics and Mining Sciences* 5: 529–549.
123. Mogi, K. 1967. Effect of the intermediate principal stress on rock failure. *Journal of Geophysics Research* 72 (20): 5117–5131.
124. Mogi, K. 1971. Effect of the triaxial stress system on the failure of dolomite and limestone. *Tectonophysics* 11 (11): 111–127.
125. Colmenares, L.B., and M.D. Zoback. 2002. A statistical evaluation of intact rock failure criteria constrained by polyaxial test data for five different rocks. *International Journal of Rock Mechanics & Mining Sciences* 39: 695–729.
126. Al-Ajmi, A.M., and R.W. Zimmerman. 2005. Relation between the Mogi and the Coulomb failure criteria. *International Journal of Rock Mechanics & Mining Sciences* 42: 431–439.
127. You, M.Q. 2009. True-triaxial strength criteria for rock. *International Journal of Rock Mechanics and Mining Sciences* 46: 115–127.
128. Lu, A.Z., N. Zhang, and G.S. Zeng. 2020. An extension failure criterion for brittle rock. *Hindawi Advances in Civil Engineering* 8891248.
129. Lu, A.Z., Y.J. Liu, and C.L. Yin. 2021. Extension failure criterion for intact rock under tension and compression stress. *Chinese Journal of Theoretical and Applied Mechanics* 53(6): 1647–1657.
130. Yu, M.H. 2002. Advances in strength theories for materials under complex stress state in the 20th century. *Applied Mechanics Reviews* 55 (3): 169–218.

131. Hallbauer, D., H. Wagner, and N. Cook. 1973. Some observations concerning the microscopic and mechanical behaviour of quartzite specimens in stiff, triaxial compression tests. *International Journal of Rock Mechanics Mining Sciences and Geomechanical Abstracts* 10: 713–726.
132. Zhou, W.Y. 1990. *Advanced Rock Mechanics*. Beijing: Hydraulic and Electric Power Press.
133. Tao, Z.Y. 2013. *Theory and Practice of Rock Mechanics*. Wuhan: Wuhan University Press.
134. Zhai, Y., J.H. Zhao, X.Q. Ai, and Z.C. Deng. 2015. Analysis on splitting strength of Brazilian Disc based on unified strength theory. *Journal of Architecture and Civil Engineering* 32(3): 46–51.
135. Hawkes, I., M. Mellor, and S. Gariepy. 1973. Deformation of rocks under uniaxial tension. *International Journal of Rock Mechanics and Mining Sciences & Geomechanics Abstracts* 10 (6): 493–507.
136. Stimpson, B, and R. Chen. 1993. Measurement of rock elastic moduli in tension and in compression and its practical significance. *Canadian Geotechnical Journal* 30(2): 338–347.
137. Yu, X.B., Q.R. Wang; X.Y. Li, et al. 2008. Experimental research on deformation of rocks in direct tension and compression. *Rock and Soil Mechanics* 29(1): 18–22.
138. Li, D., X. Li, and C.C. Li. 2010. Experimental studies of mechanical properties of two rocks under direct compression and tension. *Chinese Journal of Rock Mechanics and Engineering* 29 (3): 624–632.
139. Kittitep, F., and K. Sippakorn. 2011. Laboratory determination of direct tensile strength and deformability of intact rocks. *Geotechnical Testing Journal* 34 (1): 1–6.
140. Jiang, W. 2014. *Comparative Study on Rocks in Different Tensile and Compressive Tests*. Nanjing University, Thesis for Master Degree.
141. Yuan, S.B. 2016. *Experimental and Numerical Analysis Study on Direct Tensile Test of Hard Brittle Rocks*. Thesis for Master Degree, Shandong University.
142. Амбарцумян, C.A. 1986. *Different Modulus Elasticity Theories*. Wu Ruifeng, Zhang Yunzhen (translator), Beijing, China: Railway Publishing House.
143. You, M.Q. 2008. Fitting and evaluation of test data using unified strength theory. *Chinese Journal of Rock Mechanics and Engineering* 27 (11): 2193–2204.
144. Wawersik, W.R., and C. Fairhurst. 1970. A study of brittle rock fracture in laboratory compression experiments. *International Journal of Rock Mechanics and Mining Sciences & Geomechanics Abstracts* 7 (5): 561–575.
145. Peng, J., G. Rong, M. Cai, X. Wang, and C. Zhou. 2014. An empirical failure criterion for intact rocks. *Rock Mechanics and Rock Engineering* 47 (2): 347–356.
146. Singh, M., and K.S. Rao. 2005. Bearing capacity of shallow foundations in anisotropic non-hoek Brown rock masses. *Journal of Geotechnical and Geoenvironmental Engineering* 131 (8): 1014–1023.
147. Schwartz, A.E. 1964. Failure of rock in the triaxial shear test, in *Proceedings of the Sixth Symposium on Rock Mechanics*, 109–151, Rolla, MO, USA.
148. Mogi, K. 2007. *Experimental Rock Mechanics*. London, UK: Taylor & Francis.
149. Su, C.D., and Y.S. Fu. 2014. Experimental study of triaxial compression deformation and strength characteristics of red sandstone. *Chinese Journal of Rock Mechanics and Engineering* 33: 3164–3169.
150. Li, X.P., H. Zhao, T.L. Xiao. 2012. Research on constitutive model of Jinping marble under unloading conditions and numerical simulation. *Rock and Soil Mechanics* 33: 401–407.
151. Yang, S.Q., C.D. Su, W.Y. Xu. 2005. Experimental investigation on strength and deformation properties of marble under conventional triaxial compression. *Rock and Soil Mechanics* 26 (3): 475–478.
152. Gerek. 2007. Posson's ratio values for rock. *International Journal of Rock Mechanics & Mining Sciences* 44: 1–13.
153. Michelis, P. 1985. Polyaxial yielding of granular rock. *Journal of Engineering Mechanics* 111: 1049–1066.
154. Tao, J.N. 1995. Comparative analysis of test results by axial tension method and splitting method. *Metal Mine* 3: 28–31.

155. He, M.C., J.C. Hu, and W. Xiong et al. 2005. Splitting test and analysis of rock tensile strength. *Mining Research and Development* 25 (2): 12–16.
156. Gao, X.L. 1996. A general solution of an infinite elastic plate with an elliptic hole under biaxial loading. *International Journal of Pressure Vessels and Piping* 67: 95–104.
157. Lu, A.Z., N, Zhang, and G.S. Zeng. 2017. Minimizing stress concentrations around an elliptical hole by concentrated forces acting on the uniaxially loaded plate. *Acta Mechanica Solida Sinica* 30: 318–326.
158. Vovk, L.M., V.F. Kozhevnikov, and I.E. Semenov-Ezhov. 2001. Stress concentration around holes in plates and lugs with symmetric reinforcements in uniaxial tension. *Russian Engineering Research* 21 (11): 27–31.
159. Tenchev, Rosen T., Magne K. Nygard, and Andreas Echtermeyer. 1995. Design procedure for reducing the stress concentration around circular holes in laminated composites. *Composites* 26: 815–828.
160. Savin, G.N. 1961. *Stress Concentration Around Holes*. New York: Pergamon Press.
161. Giare, G.S., and R. Shabahang. 1989. The reduction of stress concentration around the hole in an isotropic plate using composite materials. *Engineering Fracture Mechanics* 32 (5): 757–166.
162. Engels, S., and W. Becker. 2000. Optimization of hole reinforcements by doublers. *Structural Multidisciplinary Optimization* 20: 57–66.
163. Jindal, U.C. 1983. Reduction of stress concentration around a holes in a uniaxially loaded plate. *Journal of Strain Analysis* 18 (2): 135–141.
164. Erickson, P.E., and W.F. Riley. 1978. Minimizing stress concentrations around circular hole in uniaxially loaded plates. *Experimental Mechanics* 18 (3): 97–100.
165. Huang, J., S. Venkataraman, R.J. Rapoff, and R.T. Haftka. 2003. Optimization of axisymmetric elastic modulus distributions around a hole for increased strength. *Journal of Structural Multidisciplinary Optimization* 25 (4): 225–236.
166. Muc, A., and A. Ulatowska. 2012. Local fibre reinforcement of holes in composite multilayered plates. *Composite Structures* 94: 1413–1419.
167. Peng, X.J. 2019. *An Analytical Method for Mechanical Analysis of Rockbolts in an Arbitrary Hole-Shaped Tunnel*. Thesis for Master Degree, North China Electric Power University.
168. Lu, A.Z., E.H. Zhu. 2019. An analytical method for determining the axial force of point anchored rockbolts in an elliptical tunnel. *Chinese Journal of Rock Mechanics and Engineering* 38(6): 1117–1128.
169. Sih, G.C. 1964. Stress distribution around an ovaloid hole under arbitrary concentrated forces. *Applied Scientific Research Section A* 12 (4–5) 379–390.
170. Chen Y.Z. 1994. A new analysis method of an infinite plate containing elliptical hole and applied by concentrated forces and a couple. *Shanhai Journal of Mechanics* 15 (4): 64–66.
171. Chao, C.K. and F.M. Chen. 2016. Revisit of an elliptic hole problem by using complex variable method. *Journal of the Chinese Institute of Engineers* 39 (1): 121–130.
172. Lu, A.Z. 1996. Optimization of hole shapes based on optimality criterion-minization of the maximally tangential stress (absolute value) on the boundary of hole. *Acta Mechanica Solida Sinica* 1: 73–76.

GPSR Compliance

The European Union's (EU) General Product Safety Regulation (GPSR) is a set of rules that requires consumer products to be safe and our obligations to ensure this.

If you have any concerns about our products, you can contact us on ProductSafety@springernature.com

In case Publisher is established outside the EU, the EU authorized representative is:

Springer Nature Customer Service Center GmbH
Europaplatz 3
69115 Heidelberg, Germany

Batch number: 10732594

Printed by Printforce, the Netherlands